U0210797

一、二级注册结构工程师必备规范汇编

（修订缩印本）

（上　册）

本社　编

中国建筑工业出版社

图书在版编目（CIP）数据

一、二级注册结构工程师必备规范汇编：修订缩印本/
中国建筑工业出版社编.—北京：中国建筑工业出版
社，2017.5

ISBN 978-7-112-20781-7

Ⅰ.①一… Ⅱ.①中… Ⅲ.①建筑结构-建筑规范-汇
编-中国-资格考试-自学参考资料　Ⅳ.①TU3-65

中国版本图书馆 CIP 数据核字（2017）第 112587 号

责任编辑：咸大庆　王　梅　刘瑞霞

一、二级注册结构工程师必备规范汇编
（修订缩印本）
本社　编

*

中国建筑工业出版社出版、发行（北京海淀三里河路 9 号）
各地新华书店、建筑书店经销
北京红光制版公司制版
北京富生印刷厂印刷

*

开本：787×1092 毫米　1/16　印张：144¾　插页：4　字数：5214 千字
2017 年 6 月第一版　2017 年 6 月第一次印刷
定价：**298.00** 元（上、下册）
ISBN 978-7-112-20781-7
（30443）

版权所有　翻印必究
如有印装质量问题，可寄本社退换
（邮政编码　100037）

出　版　说　明

按照有关规定，我国一级注册结构工程师考试分两阶段进行。第一次是基础考试，在考生大学毕业后按相应规定的年限进行，其目的是测试考生是否基本掌握进行结构工程设计所必须具备的基础及专业理论知识。第二次考试是专业考试，在考生通过基础考试，并在结构工程设计岗位上实践规定年限的基础上进行，其目的是测试考生是否已具备按照国家法律、法规及设计规范进行结构设计、能够保证工程的安全可靠和经济合理的能力。

按照有关规定，凡参加一、二级注册结构工程师专业考试的考生，可携带参考书目中所列的设计规范入场。本汇编收录了 2016 年度全国一、二级注册结构工程师专业考试所使用的 31 种规范、规程和条文说明，另外 3 种规范由于种种原因未能收录，请参见相关规范。这样，考生一册在手，不仅消除了搜集上述规范和规程所带来的困扰，而且也解决了携带诸多规范带来的不便，节省了考生的宝贵时间。

本汇编收录了结构工程师常用的规范和规程，它不仅为一、二级注册结构工程师考试所必备，而且也是结构工程师必备的工具书。

中国建筑工业出版社

2017 年 4 月

总 目 录

（附条文说明）

（● 为二级注册结构工程师考试必备规范）

中华人民共和国国家标准

建筑结构可靠度设计统一标准

Unified standard for reliability design of building structures

GB 50068—2001

主编部门：中华人民共和国建设部
批准部门：中华人民共和国建设部
施行日期：２００２年３月１日

关于发布国家标准
《建筑结构可靠度设计统一标准》的通知

建标［2001］230号

根据我部"关于印发《一九九七年工程建设标准制订、修订计划的通知》"（建标［1997］108号）的要求,由建设部会同有关部门共同修订的《建筑结构可靠度设计统一标准》,经有关部门会审,批准为国家标准,编号为 GB 50068—2001,自 2002 年 3 月 1 日起施行。其中,1.0.5、1.0.8 为强制性条文,必须严格执行。原《建筑结构设计统一标准》GBJ 68—84 于 2002 年 12 月 31 日废止。

本标准由建设部负责管理,中国建筑科学研究院负责具体解释工作,建设部标准定额研究所组织中国建筑工业出版社出版发行。

中华人民共和国建设部
2001 年 11 月 13 日

前　　言

本标准是根据建设部建标［1997］108 号文的要求,由中国建筑科学研究院会同有关单位对原《建筑结构设计统一标准》（GBJ 68—84）共同修订而成的。

本次修订的内容有:

1. 标准的适用范围:鉴于《建筑地基基础设计规范》、《建筑抗震设计规范》在结构可靠度设计方法上有一定特殊性,从原标准要求的"应遵守"本标准,改为"宜遵守"本标准;

2. 根据《工程结构可靠度设计统一标准》（GB 50153—92）的规定,增加了有关设计工作状况的规定,并明确了设计状况与极限状态的关系;

3. 借鉴最新版国际标准 ISO 2394:1998《结构可靠度总原则》,给出了不同类型建筑结构的设计使用年限;

4. 在承载能力极限状态的设计表达式中,对于荷载效应的基本组合,增加了永久荷载效应为主时起控制作用的组合式;

5. 对楼面活荷载、风荷载、雪荷载标准值的取值原则和结构构件的可靠指标以及结构重要性系数等作了调整;

6. 首次对结构构件正常使用的可靠度做出了规定,这将促进房屋使用性能的改善和可靠度设计方法的发展;

7. 取消了原标准的附件。

本标准黑体字标志的条文为强制性条文,必须严格执行。

本标准将来可能需要进行局部修订,有关局部修订的信息和条文内容将刊登在《工程建设标准化》杂志上。

为了提高标准质量,请各单位在执行本标准的过程中,注意总结经验,积累资料,随时将有关的意见和建议寄给中国建筑科学研究院,以供今后修订时参考。

本标准主编单位:中国建筑科学研究院。

本标准参编单位:中国建筑东北设计研究院、重庆大学、中南建筑设计院、四川省建筑科学研究院、福建师范大学。

本标准主要起草人:李明顺、胡德炘、史志华、陶学康、陈基发、白生翔、苑振芳、戴国欣、陈雪庭、王永维、钟亮、戴国莹、林忠民。

目　次

1 总 则

1.0.1 为统一各类材料的建筑结构可靠度设计的基本原则和方法，使设计符合技术先进、经济合理、安全适用、确保质量的要求，制定本标准。

1.0.2 本标准适用于建筑结构、组成结构的构件及地基基础的设计。

1.0.3 制定建筑结构荷载规范以及钢结构、薄壁型钢结构、混凝土结构、砌体结构、木结构等设计规范应遵守本标准的规定；制定建筑地基基础和建筑抗震等设计规范宜遵守本标准规定的原则。

1.0.4 本标准所采用的设计基准期为50年。

1.0.5 结构的设计使用年限应按表1.0.5采用。

表 1.0.5　　设计使用年限分类

类　别	设计使用年限（年）	示　　例
1	5	临时性结构
2	25	易于替换的结构构件
3	50	普通房屋和构筑物
4	100	纪念性建筑和特别重要的建筑结构

1.0.6 结构在规定的设计使用年限内应具有足够的可靠度。结构可靠度可采用以概率理论为基础的极限状态设计方法分析确定。

1.0.7 结构在规定的设计使用年限内应满足下列功能要求：

　　1　在正常施工和正常使用时，能承受可能出现的各种作用；

　　2　在正常使用时具有良好的工作性能；

　　3　在正常维护下具有足够的耐久性能；

　　4　在设计规定的偶然事件发生时及发生后，仍能保持必需的整体稳定性。

1.0.8 建筑结构设计时，应根据结构破坏可能产生的后果（危及人的生命、造成经济损失、产生社会影响等）的严重性，采用不同的安全等级。建筑结构安全等级的划分应符合表1.0.8的要求。

表 1.0.8　　建筑结构的安全等级

安全等级	破坏后果	建筑物类型
一　级	很严重	重要的房屋
二　级	严　重	一般的房屋
三　级	不严重	次要的房屋

注：1　对特殊的建筑物，其安全等级应根据具体情况另行确定；

　　2　地基基础设计安全等级及按抗震要求设计时建筑结构的安全等级，尚应符合国家现行有关规范的规定。

1.0.9 建筑物中各类结构构件的安全等级，宜与整个结构的安全等级相同。对其中部分结构构件的安全等级可进行调整，但不得低于三级。

1.0.10 为保证建筑结构具有规定的可靠度，除应进行必要的设计计算外，还应对结构材料性能、施工质量、使用与维护进行相应的控制。对控制的具体要求，应符合有关勘察、设计、施工及维护等标准的专门规定。

1.0.11 当缺乏统计资料时，结构设计应根据可靠的工程经验或必要的试验研究进行。

2　术语、符号

2.1　术　语

2.1.1　可靠性 reliability

结构在规定的时间内，在规定的条件下，完成预定功能的能力。

2.1.2　可靠度 degree of reliability（reliability）

结构在规定的时间内，在规定的条件下，完成预定功能的概率。

2.1.3　失效概率 probability of failure

结构不能完成预定功能的概率。

2.1.4　可靠指标 β reliability index β

由 $\beta = -\Phi^{-1}(p_f)$ 定义的代替失效概率 p_f 的指标，其中 $\Phi^{-1}(\cdot)$ 为标准正态分布函数的反函数。

2.1.5　基本变量 basic variable

代表物理量的一组规定的变量，它表示各种作用、材料与岩土性能以及几何量的特征。

2.1.6　设计基准期 design reference period

为确定可变作用及与时间有关的材料性能等取值而选用的时间参数。

2.1.7　设计使用年限 design working life

设计规定的结构或结构构件不需进行大修即可按其预定目的使用的时期。

2.1.8　极限状态 limit state

整个结构或结构的一部分超过某一特定状态就不能满足设计规定的某一功能要求，此特定状态为该功能的极限状态。

2.1.9　设计状况 design situation

代表一定时段的一组物理条件，设计应做到结构在该时段内不超越有关的极限状态。

2.1.10　功能函数 performance function

基本变量的函数，该函数表征一种结构功能。

2.1.11　概率分布 probability distribution

随机变量取值的统计规律，一般采用概率密度函数或概率分布函数表示。

2.1.12　统计参数 statistical parameter

在概率分布中用来表示随机变量取值的平均水平

和分散程度的数字特征，如平均值、标准差、变异系数等。

2.1.13 分位值 fractile

与随机变量分布函数某一概率相应的值。

2.1.14 作用 action

施加在结构上的集中力或分布力（直接作用，也称为荷载）和引起结构外加变形或约束变形的原因（间接作用）。

2.1.15 作用代表值 representative value of an action

设计中用以验证极限状态所采用的作用值。作用代表值包括标准值、组合值、频遇值和准永久值。

2.1.16 作用标准值 characteristic value of an action

作用的基本代表值，为设计基准期内最大作用概率分布的某一分位值。

2.1.17 组合值 combination value

对可变作用，使组合后的作用效应在设计基准期内的超越概率与该作用单独出现时的相应概率趋于一致的作用值；或组合后使结构具有统一规定的可靠指标的作用值。

2.1.18 频遇值 frequent value

对可变作用，在设计基准期内被超越的总时间仅为设计基准期一小部分的作用值；或在设计基准期内其超越频率为某一给定频率的作用值。

2.1.19 准永久值 quasi-permanent value

对可变作用，在设计基准期内被超越的总时间为设计基准期一半的作用值。

2.1.20 作用设计值 design value of an action

作用代表值乘以作用分项系数所得的值。

2.1.21 材料性能标准值 characteristic value of a material property

符合规定质量的材料性能概率分布的某一分位值。

2.1.22 材料性能设计值 design value of a material property

材料性能标准值除以材料性能分项系数所得的值。

2.1.23 几何参数标准值 characteristic value of a geometrical parameter

设计规定的几何参数公称值或几何参数概率分布的某一分位值。

2.1.24 几何参数设计值 design value of a geometrical parameter

几何参数标准值增加或减少一个几何参数附加量所得的值。

2.1.25 作用效应 effect of an action

由作用引起的结构或结构构件的反应，例如内力、变形和裂缝等。

2.1.26 抗力 resistance

结构或结构构件承受作用效应的能力，如承载能力等。

2.2 符　　号

T——结构的设计基准期；

p_f——结构构件失效概率的运算值；

β——结构构件的可靠指标；

p_s——结构构件的可靠度；

S——结构或结构构件的作用效应；

μ_s——结构或结构构件作用效应的平均值；

σ_s——结构或结构构件作用效应的标准差；

G_k——永久荷载的标准值；

Q_k——可变荷载的标准值；

R——结构或结构构件的抗力；

μ_R——结构或结构构件抗力的平均值；

σ_R——结构或结构构件抗力的标准差；

μ_f——材料性能的平均值；

σ_f——材料性能的标准差；

f_k——材料性能的标准值；

a——结构或结构构件的几何参数；

a_k——结构或结构构件几何参数的标准值；

ψ_c——荷载组合值系数；

ψ_f——荷载频遇值系数；

ψ_q——荷载准永久值系数；

γ_F——结构上的作用分项系数；

γ_G——永久荷载分项系数；

γ_Q——可变荷载分项系数；

γ_R——结构构件抗力分项系数；

γ_f——材料性能分项系数；

γ_0——结构重要性系数；

S_d——变形、裂缝等荷载效应的设计值；

C——设计对变形、裂缝等规定的相应限值。

3 极限状态设计原则

3.0.1 对于结构的各种极限状态，均应规定明确的标志及限值。

3.0.2 极限状态可分为下列两类：

1 承载能力极限状态。这种极限状态对应于结构或结构构件达到最大承载能力或不适于继续承载的变形。

当结构或结构构件出现下列状态之一时，应认为超过了承载能力极限状态：

1）整个结构或结构的一部分作为刚体失去平衡（如倾覆等）；

2）结构构件或连接因超过材料强度而破坏（包括疲劳破坏），或因过度变形而不适于继续承载；

3）结构转变为机动体系；

4) 结构或结构构件丧失稳定（如压屈等）；

5) 地基丧失承载能力而破坏（如失稳等）。

2 正常使用极限状态。这种极限状态对应于结构或结构构件达到正常使用或耐久性能的某项规定限值。

当结构或结构构件出现下列状态之一时，应认为超过了正常使用极限状态：

1) 影响正常使用或外观的变形；

2) 影响正常使用或耐久性能的局部损坏（包括裂缝）；

3) 影响正常使用的振动；

4) 影响正常使用的其他特定状态。

3.0.3 建筑结构设计时，应根据结构在施工和使用中的环境条件和影响，区分下列三种设计状况：

1 持久状况。在结构使用过程中一定出现，其持续期很长的状况。持续期一般与设计使用年限为同一数量级；

2 短暂状况。在结构施工和使用过程中出现概率较大，而与设计使用年限相比，持续期很短的状况，如施工和维修等。

3 偶然状况。在结构使用过程中出现概率很小，且持续期很短的状况，如火灾、爆炸、撞击等。

对于不同的设计状况，可采用相应的结构体系、可靠度水准和基本变量等。

3.0.4 建筑结构的三种设计状况应分别进行下列极限状态设计：

1 对三种设计状况，均应进行承载能力极限状态设计；

2 对持久状况，尚应进行正常使用极限状态设计；

3 对短暂状况，可根据需要进行正常使用极限状态设计。

3.0.5 建筑结构设计时，对所考虑的极限状态，应采用相应的结构作用效应的最不利组合：

1 进行承载能力极限状态设计时，应考虑作用效应的基本组合，必要时尚应考虑作用效应的偶然组合。

2 进行正常使用极限状态设计时，应根据不同设计目的，分别选用下列作用效应的组合：

1) 标准组合，主要用于当一个极限状态被超越时将产生严重的永久性损害的情况；

2) 频遇组合，主要用于当一个极限状态被超越时将产生局部损害、较大变形或短暂振动等情况；

3) 准永久组合，主要用在当长期效应是决定性因素时的一些情况。

3.0.6 对偶然状况，建筑结构可采用下列原则之一按承载能力极限状态进行设计：

1 按作用效应的偶然组合进行设计或采取防护措施，使主要承重结构不致因出现设计规定的偶然事件而丧失承载能力；

2 允许主要承重结构因出现设计规定的偶然事件而局部破坏，但其剩余部分具有在一段时间内不发生连续倒塌的可靠度。

3.0.7 结构的极限状态应采用下列极限状态方程描述：

$$g(X_1, X_2, \cdots, X_n) = 0 \qquad (3.0.7)$$

式中 $g(\cdot)$ ——结构的功能函数；

$X_i(i=1,2,\cdots,n)$——基本变量，系指结构上的各种作用和材料性能、几何参数等；进行结构可靠度分析时，也可采用作用效应和结构抗力作为综合的基本变量；基本变量应作为随机变量考虑。

3.0.8 结构按极限状态设计应符合下列要求：

$$g(X_1, X_2, \cdots, X_n) \geqslant 0 \qquad (3.0.8\text{-}1)$$

当仅有作用效应和结构抗力两个基本变量时，结构按极限状态设计应符合下列要求：

$$R - S \geqslant 0 \qquad (3.0.8\text{-}2)$$

式中 S——结构的作用效应；

R——结构的抗力。

3.0.9 结构构件的可靠度宜采用可靠指标度量。结构构件的可靠指标宜采用考虑基本变量概率分布类型的一次二阶矩方法进行计算。

1 当仅有作用效应和结构抗力两个基本变量且均按正态分布时，结构构件的可靠指标可按下列公式计算：

$$\beta = \frac{\mu_R - \mu_S}{\sqrt{\sigma_R^2 + \sigma_S^2}} \qquad (3.0.9\text{-}1)$$

式中 β——结构构件的可靠指标；

μ_S、σ_S——结构构件作用效应的平均值和标准差；

μ_R、σ_R——结构构件抗力的平均值和标准差。

2 结构构件的失效概率与可靠指标具有下列关系：

$$p_f = \Phi(-\beta) \qquad (3.0.9\text{-}2)$$

式中 p_f——结构构件失效概率的运算值；

$\Phi(\cdot)$——标准正态分布函数。

3 结构构件的可靠度与失效概率具有下列关系：

$$p_s = 1 - p_f \qquad (3.0.9\text{-}3)$$

式中 p_s——结构构件的可靠度。

4 当基本变量不按正态分布时，结构构件的可靠指标应以结构构件作用效应和抗力当量正态分布的平均值和标准差代入公式（3.0.9-1）进行计算。

3.0.10 结构构件设计时采用的可靠指标，可根据对现有结构构件的可靠度分析，并考虑使用经验和经济因素等确定。

3.0.11 结构构件承载能力极限状态的可靠指标，不应小于表3.0.11的规定。

表 3.0.11　　结构构件承载能力
极限状态的可靠指标

破坏类型	安　全　等　级		
	一　级	二　级	三　级
延性破坏	3.7	3.2	2.7
脆性破坏	4.2	3.7	3.2

注：当承受偶然作用时，结构构件的可靠指标应符合专门
规范的规定。

3.0.12 结构构件正常使用极限状态的可靠指标，根据其可逆程度宜取 0~1.5。

4　结构上的作用

4.0.1 结构上的各种作用，若在时间上或空间上可作为相互独立时，则每一种作用均可按对结构单独的作用考虑；当某些作用密切相关，且经常以其最大值同时出现时，可将这些作用按一种作用考虑。

4.0.2 结构上的作用可按下列性质分类：

　　1 按随时间的变异分类：

　　1）永久作用，在设计基准期内量值不随时间变化，或其变化与平均值相比可以忽略不计的作用；

　　2）可变作用，在设计基准期内其量值随时间变化，且其变化与平均值相比不可忽略的作用；

　　3）偶然作用，在设计基准期内不一定出现，而一旦出现其量值很大且持续时间很短的作用。

　　2 按随空间位置的变异分类：

　　1）固定作用，在结构上具有固定分布的作用；

　　2）自由作用，在结构上一定范围内可以任意分布的作用。

　　3 按结构的反应特点分类：

　　1）静态作用，使结构产生的加速度可以忽略不计的作用；

　　2）动态作用，使结构产生的加速度不可忽略不计的作用。

4.0.3 施加在结构上的荷载宜采用随机过程概率模型描述。

　　住宅、办公楼等楼面活荷载以及风、雪荷载随机过程的样本函数可模型化为等时段的矩形波函数。

4.0.4 荷载的各种统计参数和任意时点荷载的概率分布函数，应以观测和试验数据为基础，运用参数估计和概率分布的假设检验方法确定。检验的显著性水平可采用 0.05。

　　当观测和试验数据不足时，荷载的各种统计参数可结合工程经验经分析判断确定。

4.0.5 结构设计时，应根据各种极限状态的设计要求采用不同的荷载代表值。永久荷载应采用标准值作为代表值；可变荷载应采用标准值、组合值、频遇值或准永久值作为代表值。

4.0.6 结构自重的标准值可按设计尺寸与材料重力密度标准值计算。对于某些自重变异较大的材料或结构构件（如现场制作的保温材料、混凝土薄壁构件等），自重的标准值应根据结构的不利状态，通过结构可靠度分析，取其概率分布的某一分位值。

　　可变荷载标准值，应根据设计基准期内最大荷载概率分布的某一分位值确定。

　　注：当观测和试验数据不足时，荷载标准值可结合工程经验，经分析判断确定。

4.0.7 荷载组合值是当结构承受两种或两种以上可变荷载时，承载能力极限状态按基本组合设计和正常使用极限状态按标准组合设计采用的可变荷载代表值。

4.0.8 荷载频遇值是正常使用极限状态按频遇组合设计采用的一种可变荷载代表值。

4.0.9 荷载准永久值是正常使用极限状态按准永久组合和频遇组合设计采用的可变荷载代表值。

4.0.10 承载能力极限状态设计时采用的各种偶然作用的代表值，可根据观测和试验数据或工程经验，经综合分析判断确定。

4.0.11 进行建筑结构设计时，对可能同时出现的不同种类的作用，应考虑其效应组合；对不可能同时出现的不同种类的作用，不应考虑其效应组合。

5　材料和岩土的性能及几何参数

5.0.1 材料和岩土的强度、弹性模量、变形模量、压缩模量、内摩擦角、粘聚力等物理力学性能，应根据有关的试验方法标准经试验确定。

　　材料性能宜采用随机变量概率模型描述。材料性能的各种统计参数和概率分布函数，应以试验数据为基础，运用参数估计和概率分布的假设检验方法确定。检验的显著性水平可采用 0.05。

5.0.2 当利用标准试件的试验结果确定结构中实际的材料性能时，尚应考虑实际结构与标准试件、实际工作条件与标准试验条件的差别。结构中的材料性能与标准试件材料性能的关系，应根据相应的对比试验结果通过换算系数或函数来反映，或根据工程经验判断确定。结构中材料性能的不定性，应由标准试件材料性能的不定性和换算系数或函数的不定性两部分组成。

　　岩土性能指标和地基、桩基承载力等，应通过原位测试、室内试验等直接或间接的方法确定，并应考虑由于钻探取样扰动、室内外试验条件与实际工程结构条件的差别以及所采用公式的误差等因素的影响。

5.0.3 材料强度的概率分布宜采用正态分布或对数正态分布。

　　材料强度的标准值可取其概率分布的 0.05 分位值确定。材料弹性模量、泊松比等物理性能的标准值

可取其概率分布的 0.5 分位值确定。

> 注：当试验数据不足时，材料性能的标准值可采用有关标准的规定值，也可结合工程经验，经分析判断确定。

5.0.4 岩土性能的标准值宜根据原位测试和室内试验的结果，按有关标准的规定确定。

> 注：当有条件时，岩土性能的标准值可按其概率分布的某个分位值确定。

5.0.5 结构或结构构件的几何参数 a 宜采用随机变量概率模型描述。几何参数的各种统计参数和概率分布函数，应以正常生产情况下结构或结构构件几何尺寸的测试数据为基础，运用参数估计和概率分布的假设检验方法确定。

当测试数据不足时，几何参数的统计参数可根据有关标准中规定的公差，经分析判断确定。

6 结 构 分 析

6.0.1 结构分析应包括下列内容：

1 结构作用效应的分析，以确定结构或截面上的作用效应；

2 结构抗力及其他性能的分析，以确定结构或截面的抗力及其他性能。

6.0.2 结构分析可采用计算、模型试验或原型试验等方法。

结构分析采用的基本假定和计算模型应能描述所考虑极限状态下的结构反应。

根据结构的具体情况，可采用一维、二维、三维的计算模型进行结构分析。

6.0.3 结构分析采用的基本假定和计算模型应能描述所考虑极限状态下的结构反应。

6.0.4 当建筑结构按承载能力极限状态设计时，根据材料和结构对作用的反应，可采用线性、非线性或塑性理论计算。

当建筑结构按正常使用极限状态设计时，可采用线性理论计算；必要时，可采用非线性理论计算。

6.0.5 当结构承受自由作用时，应根据每一自由作用可能出现的空间位置，确定对结构最不利的作用布置。

6.0.6 环境对材料、构件和结构性能的系统影响，宜在结构分析中直接考虑，如湿度对木材强度的影响，高温对钢结构性能的影响等。

6.0.7 计算模型的不定性应在极限状态方程中采用一个或几个附加的基本变量考虑。附加基本变量的概率分布类型和统计参数，可通过按计算模型的计算结果与按精确方法的计算结果或实际观测的结果相比较，经统计分析确定，或根据工程经验判断确定。

7 极限状态设计表达式

7.0.1 结构构件的极限状态设计表达式，应根据各种极限状态的设计要求，采用有关的荷载代表值、材料性能标准值、几何参数标准值以及各种分项系数等表达。

作用分项系数 γ_F（包括荷载分项系数 γ_G、γ_Q）和结构构件抗力分项系数 γ_R（或材料性能分项系数 γ_f），应根据结构功能函数中基本变量的统计参数和概率分布类型，以及本标准 3.0.11 条规定的结构构件可靠指标，通过计算分析，并考虑工程经验确定。

结构重要性系数 γ_0 应按结构构件的安全等级、设计使用年限并考虑工程经验确定。

7.0.2 对于承载能力极限状态，结构构件应按本标准 3.0.5 条的要求采用荷载效应的基本组合和偶然组合进行设计。

1 基本组合

1) 对于基本组合，应按下列极限状态设计表达式中最不利值确定：

$$\gamma_0\left(\gamma_G S_{G_k} + \gamma_{Q_1} S_{Q_{1k}} + \sum_{i=2}^{n} \gamma_{Q_i}\psi_{ci}S_{Q_{ik}}\right) \leqslant R(\gamma_R, f_k, a_k, \cdots)$$

(7.0.2-1)

$$\gamma_0\left(\gamma_G S_{G_k} + \sum_{i=1}^{n} \gamma_{Q_i}\psi_{ci}S_{Q_{ik}}\right) \leqslant R(\gamma_R, f_k, a_k, \cdots)$$

(7.0.2-2)

式中 γ_0——结构重要性系数，应按本标准 7.0.3 条的规定采用；

γ_G——永久荷载分项系数，应按本标准 7.0.4 条的规定采用；

γ_{Q_1}，γ_{Q_i}——第 1 个和第 i 个可变荷载分项系数，应按本标准 7.0.4 条的规定采用；

S_{G_k}——永久荷载标准值的效应；

$S_{Q_{1k}}$——在基本组合中起控制作用的一个可变荷载标准值的效应；

$S_{Q_{ik}}$——第 i 个可变荷载标准值的效应；

ψ_{ci}——第 i 个可变荷载的组合值系数，其值不应大于 1；

$R(\cdot)$——结构构件的抗力函数；

γ_R——结构构件抗力分项系数，其值应符合各类材料结构设计规范的规定；

f_k——材料性能的标准值；

a_k——几何参数的标准值，当几何参数的变异对结构构件有明显影响时可另增减一个附加值 Δ_a 考虑其不利影响。

2) 对于一般排架、框架结构，式 (7.0.2-1) 可采用下列简化极限状态设计表达式：

$$\gamma_0\left(\gamma_G S_{G_k} + \psi\sum_{i=1}^{n} \gamma_{Q_i}S_{Q_{ik}}\right) \leqslant R(\gamma_R, f_k, a_k, \cdots)$$

(7.0.2-3)

式中 ψ——简化设计表达式中采用的荷载组合系数；一般情况下可取 $\psi = 0.90$，当只有一个可变荷载时，取 $\psi=1.0$。

　注：1　荷载的具体组合规则及组合值系数，应符合《建筑结构荷载规范》的规定；

　　　2　式（7.0.2-1）、（7.0.2-2）和（7.0.2-3）中荷载效应的基本组合仅适用于荷载效应与荷载为线性关系的情况。

　2　偶然组合

对于偶然组合，极限状态设计表达式宜按下列原则确定：偶然作用的代表值不乘以分项系数；与偶然作用同时出现的可变荷载，应根据观测资料和工程经验采用适当的代表值。具体的设计表达式及各种系数，应符合专门规范的规定。

7.0.3　结构重要性系数 γ_0 应按下列规定采用：

　1　对安全等级为一级或设计使用年限为 100 年及以上的结构构件，不应小于 1.1；

　2　对安全等级为二级或设计使用年限为 50 年的结构构件，不应小于 1.0；

　3　对安全等级为三级或设计使用年限为 5 年的结构构件，不应小于 0.9。

　注：对设计使用年限为 25 年的结构构件，各类材料结构设计规范可根据各自情况确定结构重要性系数 γ_0 的取值。

7.0.4　荷载分项系数应按下列规定采用：

　1　永久荷载分项系数 γ_G，当永久荷载效应对结构构件的承载能力不利时，对式（7.0.2-1）及（7.0.2-3），应取 1.2，对式（7.0.2-2），应取 1.35；当永久荷载效应对结构构件的承载能力有利时，不应大于 1.0。

　2　第 1 个和第 i 个可变荷载分项系数 γ_{Q_1} 和 γ_{Q_i}，当可变荷载效应对结构构件的承载能力不利时，在一般情况下可取 1.4；当可变荷载效应对结构构件的承载能力有利时，应取为 0。

7.0.5　对于正常使用极限状态，结构构件应按本标准 3.0.5 条的要求分别采用荷载效应的标准组合、频遇组合和准永久组合进行设计，使变形、裂缝等荷载效应的设计值符合下式的要求：

$$S_d \leqslant C \qquad (7.0.5\text{-}1)$$

式中　S_d——变形、裂缝等荷载效应的设计值；

　　　C——设计对变形、裂缝等规定的相应限值。

7.0.6　变形、裂缝等荷载效应的设计值 S_d 应符合下列规定：

　1　标准组合：$S_d = S_{G_k} + S_{Q_{1k}} + \sum\limits_{i=2}^{n} \psi_{ci} S_{Q_{ik}}$

$$(7.0.6\text{-}1)$$

　2　频遇组合：$S_d = S_{G_k} + \psi_{f1} S_{Q_{1k}} + \sum\limits_{i=2}^{n} \psi_{qi} S_{Q_{ik}}$

$$(7.0.6\text{-}2)$$

　3　准永久组合：$S_d = S_{G_k} + \sum\limits_{i=1}^{n} \psi_{qi} S_{Q_{ik}}$

$$(7.0.6\text{-}3)$$

式中　$\psi_{f1} S_{Q_{1k}}$——在频遇组合中起控制作用的一个可变荷载频遇值效应；

　　　$\psi_{qi} S_{Q_{ik}}$——为第 i 个可变荷载准永久值效应。

　注：S_d 的计算公式仅适用于荷载效应与荷载为线性关系的情况。

8　质量控制要求

8.0.1　材料和构件的质量可采用一个或多个质量特征表达。在各类材料结构设计与施工规范中，应对材料和构件的力学性能、几何参数等质量特征提出明确的要求。

材料和构件的合格质量水平，应根据各类材料结构设计规范规定的结构构件可靠指标确定。

8.0.2　材料宜根据统计资料，按不同质量水平划分等级。等级划分不宜过密。对不同等级的材料，设计时应采用不同的材料性能标准值。

8.0.3　对建筑结构应实施为保证结构可靠度所必需的质量控制。建筑结构的各项质量控制应由有关标准作出规定。建筑结构的质量控制应包括下列内容：

　1　勘察与设计的质量控制；

　2　材料和制品的质量控制；

　3　施工的质量控制；

　4　使用和维护的质量控制。

8.0.4　勘察与设计的质量控制应达到下列要求：

　1　勘察资料应符合工程要求，数据准确，结论可靠；

　2　设计方案、基本假定和计算模型合理，数据运用正确；

　3　图纸和其他设计文件符合有关规定。

8.0.5　为进行施工质量控制，在各工序内应实行质量自检，在各工序间应实行交接质量检查。对工序操作和中间产品的质量，应采用统计方法进行抽查；在结构的关键部位应进行系统检查。

8.0.6　在建筑结构使用期间，应保证设计预定的使用条件，定期检查结构状况，并进行必要的维修。当实际使用条件和设计预定的使用条件不同时，应进行专门的验算和采取必要的措施。

8.0.7　材料和构件的质量控制应包括下列两种控制：

　1　生产控制：在生产过程中，应根据规定的控制标准，对材料和构件的性能进行经常性检验，及时纠正偏差，保持生产过程中质量的稳定性。

　2　合格控制（验收）：在交付使用前，应根据规定的质量验收标准，对材料和构件进行合格性验收，保证其质量符合要求。

8.0.8 合格控制可采用抽样检验的方法进行。

各类材料和构件应根据其特点制定具体的质量验收标准，其中应明确规定验收批量、抽样方法和数量、验收函数和验收界限等。

质量验收标准宜在统计理论的基础上制定。

8.0.9 对于生产连续性较差或各批间质量特征的统计参数差异较大的材料和构件，在制定质量验收标准时，必须控制用户方风险率。计算用户方风险率时采用的极限质量水平，可按各类材料结构设计规范的有关要求和工程经验确定。

仅对连续生产的材料和构件，当产品质量稳定时，可按控制生产方风险率的条件制定质量验收标准。

8.0.10 当一批材料或构件经抽样检验判为不合格时，应根据有关的质量验收标准对该批产品进行复查或重新确定其质量等级，或采取其他措施处理。

本标准用词说明

为便于在执行本标准条文时区别对待，对执行标准严格程度的用词说明如下：

一、表示很严格，非这样做不可的用词

正面词采用"必须"，反面词采用"严禁"；

二、表示严格，在正常情况下均应这样做的用词

正面词采用"应"，反面词采用"不应"或"不得"；

三、表示允许稍有选择，在条件许可时首先应这样做的用词

正面词采用"宜"，反面词采用"不宜"。

表示有选择，在一定条件下可以这样做的，采用"可"。

中华人民共和国国家标准

建筑结构可靠度设计统一标准

GB 50068—2001

条 文 说 明

目　次

1 总　则

1.0.1~1.0.2　本标准对各类材料的建筑结构可靠度和极限状态设计原则做出了统一规定，适用于建筑结构、组成结构的构件及地基基础的设计；适用于结构的施工阶段和使用阶段。

1.0.3　制定建筑结构荷载规范以及各类材料的建筑结构设计规范均应遵守本标准的规定，由于地基基础和建筑抗震设计在土性指标与地震反应等方面有一定的特殊性，故规定制定建筑地基基础和建筑抗震等设计规范宜遵守本标准规定的原则，表示允许稍有选择。

1.0.4　设计基准期是为确定可变作用及与时间有关的材料性能取值而选用的时间参数，它不等同于建筑结构的设计使用年限。本标准所考虑的荷载统计参数，都是按设计基准期为 50 年确定的，如设计时需采用其他设计基准期，则必须另行确定在设计基准期内最大荷载的概率分布及相应的统计参数。

1.0.5　随着我国市场经济的发展，建筑市场迫切要求明确建筑结构的设计使用年限。值得重视的是最新版国际标准 ISO 2394：1998《结构可靠度总原则》上首次正式提出了设计工作年限（design working life）的概念，并给出了具体分类。本次修订中借鉴了 ISO 2394：1998，提出了各种建筑结构的"设计使用年限"，明确了设计使用年限是设计规定的一个时期，在这一规定时期内，只需进行正常的维护而不需进行大修就能按预期目的使用，完成预定的功能，即房屋建筑在正常设计、正常施工、正常使用和维护下所应达到的使用年限，如达不到这个年限则意味着在设计、施工、使用与维护的某一环节上出现了非正常情况，应查找原因。所谓"正常维护"包括必要的检测、防护及维修。设计使用年限是房屋建筑的地基基础工程和主体结构工程"合理使用年限"的具体化。

1.0.6　结构可靠度与结构的使用年限长短有关，本标准所指的结构可靠度或结构失效概率，是对结构的设计使用年限而言的，当结构的使用年限超过设计使用年限后，结构失效概率可能较设计预期值增大。

　　结构在规定的时间内，在规定的条件下，完成预定功能的能力，称为结构可靠性。结构可靠度是对结构可靠性的定量描述，即结构在规定的时间内，在规定的条件下，完成预定功能的概率。这是从统计数学观点出发的比较科学的定义，因为在各种随机因素的影响下，结构完成预定功能的能力只能用概率来度量。结构可靠度的这一定义，与其他各种从定值观点出发的定义是有本质区别的。

　　本标准规定的结构可靠度是以正常设计、正常施工、正常使用为条件的，不考虑人为过失的影响。人为过失应通过其他措施予以避免。

1.0.7　在建筑结构必须满足的四项功能中，第 1、第 4 两项是结构安全性的要求，第 2 项是结构适用性的要求，第 3 项是结构耐久性的要求，三者可概括为结构可靠性的要求。

　　所谓足够的耐久性能，系指结构在规定的工作环境中，在预定时期内，其材料性能的恶化不致导致结构出现不可接受的失效概率。从工程概念上讲，足够的耐久性能就是指在正常维护条件下结构能够正常使用到规定的设计使用年限。

　　所谓整体稳定性，系指在偶然事件发生时和发生后，建筑结构仅产生局部的损坏而不致发生连续倒塌。

1.0.8　在本标准中，按建筑结构破坏后果的严重性统一划分为三个安全等级，其中，大量的一般建筑物列入中间等级，重要的建筑物提高一级；次要的建筑物降低一级。至于重要建筑物与次要建筑物的划分，则应根据建筑结构的破坏后果，即危及人的生命、造成经济损失、产生社会影响等的严重程度确定。

1.0.9　同一建筑物内的各种结构构件宜与整个结构采用相同的安全等级，但允许对部分结构构件根据其重要程度和综合经济效果进行适当调整。如提高某一结构构件的安全等级所需额外费用很少，又能减轻整个结构的破坏，从而大大减少人员伤亡和财物损失，则可将该结构构件的安全等级比整个结构的安全等级提高一级；相反，如某一结构构件的破坏并不影响整个结构或其他结构构件，则可将其安全等级降低一级。

2　术语、符号

　　本章的术语和符号主要依据国家标准《工程结构设计基本术语和通用符号》（GBJ 132—90）、国际标准《结构可靠性总原则》（ISO 2394：1998）以及原标准（GBJ 68—84）的规定。

3　极限状态设计原则

3.0.2　承载能力极限状态可理解为结构或结构构件发挥允许的最大承载功能的状态。结构构件由于塑性变形而使其几何形状发生显著改变，虽未达到最大承载能力，但已彻底不能使用，也属于达到这种极限状态。

　　疲劳破坏是在使用中由于荷载多次重复作用而达到的承载能力极限状态。

　　正常使用极限状态可理解为结构或结构构件达到使用功能上允许的某个限值的状态。例如，某些构件必须控制变形、裂缝才能满足使用要求。因过大的变形会造成房屋内粉刷层剥落、填充墙和隔断墙开裂及屋面积水等后果；过大的裂缝会影响结构的耐久性；

过大的变形、裂缝也会造成用户心理上的不安全感。

3.0.3 本条中"环境"一词的含义是广义的，包括结构所受的各种作用。例如，房屋结构承受家具和正常人员荷载的状况属持久状况；结构施工时承受堆料荷载的状况属短暂状况；结构遭受火灾、爆炸、撞击、罕遇地震等作用的状况属偶然状况。

3.0.5 建筑结构按极限状态设计时，必须确定相应的结构作用效应的最不利组合。两类极限状态的各种组合，详见 7.0.2 和 7.0.5 条。设计时应针对各种有关的极限状态进行必要的计算或验算，当有实际工程经验时，也可采用构造措施来代替验算。

3.0.6 当考虑偶然事件产生的作用时，主要承重结构可仅按承载能力极限状态进行设计，此时采用的结构可靠指标可适当降低。

由于偶然事件而出现特大的作用时，一般说来，要求结构仍保持完整无缺是不现实的，只能要求结构不致因此而造成与其起因不相称的破坏后果。譬如，仅由于局部爆炸或撞击事故，不应导致整个建筑结构发生灾难性的连续倒塌。为此，当按承载能力极限状态的偶然组合设计主要承重结构在经济上不利时，可考虑采用允许结构发生局部破坏而其剩余部分仍具有适当可靠度的原则进行设计。按这种原则设计时，通常可采取构造措施来实现，例如可对结构体系采取有效的超静定措施，以限制结构因偶然事件而造成破坏的范围。

3.0.7 基本变量是指极限状态方程中所包含的影响结构可靠度的各种物理量。它包括：引起结构作用效应 S（内力等）的各种作用，如恒荷载、活荷载、地震、温度变化等，构成结构抗力 R（强度等）的各种因素，如材料性能、几何参数等。分析结构可靠度时，也可将作用效应或结构抗力作为综合的基本变量考虑。基本变量一般可认为是相互独立的随机变量。

极限状态方程是当结构处于极限状态时各有关基本变量的关系式。当结构设计问题仅包含两个基本变量时，在以基本变量为坐标的平面上，极限状态方程为直线（线性问题）或曲线（非线性问题）；当结构设计问题中包含多个基本变量时，在以基本变量为坐标的空间中，极限状态方程为平面（线性问题）或曲面（非线性问题）。

3.0.8～3.0.9 为了合理地统一我国各类材料结构设计规范的结构可靠度和极限状态设计原则，促进结构设计理论的发展，本标准采用了以概率理论为基础的极限状态设计方法，即考虑基本变量概率分布类型的一次二阶矩极限状态设计法。在原标准（GBJ 68—84）编制过程中，主要借鉴了欧洲—国际混凝土委员会（CEB）等六个国际组织联合组成的"结构安全度联合委员会"（JCSS）提出的《结构统一标准规范国际体系》的第一卷——《对各类结构和各种材料的共同统一规则》及国际标准化组织（ISO）编制的《结

构可靠度总原则》（ISO 2394）。美国国家标准局 1980 年出版的《为美国国家标准 A58 拟定的基于概率的荷载准则》和前西德 1981 年出版的工业标准《结构安全要求规程的总原则》（草案）均采用了类似的方法。许多其他欧洲国家也采用这种方法编制了有关的国家标准草案。

以往采用的半概率极限状态设计方法，仅在荷载和材料强度的设计取值上分别考虑了各自的统计变异性，没有对结构构件的可靠度给出科学的定量描述。这种方法常常使人误认为只要设计中采用了某一给定安全系数，结构就能百分之百的可靠，将设计安全系数与结构可靠度简单地等同了起来。而以概率理论为基础的极限状态设计方法则是以结构失效概率来定义结构可靠度，并以与结构失效概率相对应的可靠指标 β 来度量结构可靠度，从而能较好地反映结构可靠度的实质，使设计概念更为科学和明确。

当极限状态方程中仅有作用效应 S 和结构抗力 R 两个基本变量时，可采用式（3.0.9-1）计算结构构件的可靠指标 β。当基本变量均按正态分布时，式（3.0.9-1）可以直接应用；当基本变量不按正态分布时，则须将其转化为相应的当量正态分布，也就是在设计验算点处以概率密度函数值和概率分布函数值各自相等为条件，求出当量正态分布的平均值、标准差，然后代入式（3.0.9-1）计算。由于设计验算点在设计时往往是待求的，因此就需要从假定设计验算点的坐标值开始，通过若干次迭代过程，最后得出所需的设计验算点和相应的统计参数。利用计算机进行计算是较为简便的。

在实际工程问题中，仅有作用效应和结构抗力两个基本变量的情况是很少的，一般均为多个基本变量。上述的原则和方法也适用于多个基本变量情况下结构可靠指标的计算。

3.0.11 表 3.0.11 中规定的结构构件承载能力极限状态设计时采用的可靠指标，是以建筑结构安全等级为二级时延性破坏的 β 值 3.2 作为基准，其他情况下相应增减 0.5。可靠指标 β 与失效概率运算值 p_{f} 的关系见下表：

β	2.7	3.2	3.7	4.2
p_{f}	3.5×10^{-3}	6.9×10^{-4}	1.1×10^{-4}	1.3×10^{-5}

表 3.0.11 中延性破坏是指结构构件在破坏前有明显的变形或其他预兆；脆性破坏是指结构构件在破坏前无明显的变形或其他预兆。

表 3.0.11 中作为基准的 β 值，是根据对 20 世纪 70 年代各类材料结构设计规范校准所得的结果，经综合平衡后确定的。本次修订根据"可靠度适当提高一点"的原则，取消了原标准"可对本表的规定值作不超过 ±0.25 幅度的调整"的规定，因此表 3.0.11 中规定的 β 值是各类材料结构设计规范应采用的最低

β 值。

表 3.0.11 中规定的 β 值是对结构构件而言的。对于其他部分如连接等，设计时采用的 β 值，应由各类材料的结构设计规范另作规定。

目前由于统计资料不够完备以及结构可靠分析中引入了近似假定，因此所得的失效概率 p_f 及相应的 β 尚非实际值。这些值是一种与结构构件实际失效概率有一定联系的运算值，主要用于对各类结构构件可靠度作相对的度量。

3.0.12 为促进房屋使用性能的改善，根据 ISO 2394: 1998 的建议，结合国内近年来对我国建筑结构构件正常使用极限状态可靠度所做的分析研究成果，对结构构件正常使用的可靠度做出了规定。对于正常使用极限状态，其可靠指标一般应根据结构构件作用效应的可逆程度选取：可逆程度较高的结构构件取较低值；可逆程度较低的结构构件取较高值，例如 ISO 2394: 1998 规定，对可逆的正常使用极限状态，其可靠指标取为 0；对不可逆的正常使用极限状态，其可靠指标取为 1.5。

不可逆极限状态指产生超越状态的作用被移掉后，仍将永久保持超越状态的一种极限状态；可逆极限状态指产生超越状态的作用被移掉后，将不再保持超越状态的一种极限状态。

4 结构上的作用

4.0.1 结构上的某些作用，例如楼面活荷载和风荷载，它们各自出现与否以及数值大小，在时间上和空间上均彼此互不相关，故称为在时间上和在空间上互相独立的作用。这种作用在计算其效应和进行组合时，可按单独的作用处理。

4.0.2

1 作用按随时间的变异分类，是对作用的基本分类。它直接关系到概率模型的选择，而且按各类极限状态设计时所采用的作用代表值一般与其出现的持续时间长短有关。

1）永久作用的特点是其统计规律与时间参数无关，故可采用随机变量概率模型来描述。例如结构自重，其量值在整个设计基准期内基本保持不变或单调变化而趋于限值，其随机性只是表现在空间位置的变异上。

2）可变作用的特点是其统计规律与时间参数有关，故必须采用随机过程概率模型来描述。例如楼面活荷载、风荷载等。

3）偶然作用的特点是在设计基准期内不一定出现，而一旦出现其量值是很大的。例如爆炸、撞击、罕遇的地震等。

2 作用按随空间位置的变异分类，是由于进行荷载效应组合时，必须考虑荷载在空间的位置及其所占面积大小。

1）固定作用的特点是在结构上出现的空间位置固定不变，但其量值可能具有随机性。例如，房屋建筑楼面上位置固定的设备荷载、屋盖上的水箱等。

2）自由作用的特点是可以在结构的一定空间上任意分布，出现的位置及量值都可能是随机的。例如，楼面的人员荷载等。

3 作用按结构的反应分类，主要是因为进行结构分析时，对某些出现在结构上的作用需要考虑其动力效应（加速度反应）。作用划分为静态或动态作用的原则，不在于作用本身是否具有动力特性，而主要在于它是否使结构产生不可忽略的加速度。有很多作用，例如民用建筑楼面上的活荷载，本身可能具有一定的动力特性，但使结构产生的动力效应可以忽略不计，这类作用仍应划为静态作用。

对于动态作用，在结构分析时一般均应考虑其动力效应。有一部分动态作用，例如吊车荷载，设计时可采用增大其量值（即乘以动力系数）的方法按静态作用处理。另一部分动态作用，例如地震作用、大型动力设备的作用等，则须采用结构动力学方法进行结构分析。

作用按时间、按空间位置、按结构反应进行分类，是三种不同的分类方法，各有其不同的用途。例如吊车荷载，按随时间变异分类为可变作用，按随空间位置变异分类为自由作用，按结构反应分类为动态作用。每种作用按此分类方法各属何类，需依据作用的性质具体确定。本条中的举例，旨在说明分类的基本概念，而不是全部的分类。

4.0.3 施加在结构上的荷载，不但具有随机性质，而且一般还与时间参数有关，所以用随机过程来描述是适当的。

在一个确定的设计基准期 T 内，对荷载随机过程作一次连续观测（例如对某地的风压连续观测 50 年），所获得的依赖于观测时间的数据就称为随机过程的一个样本函数。每个随机过程都是由大量的样本函数构成的。

荷载随机过程的样本函数是十分复杂的，它随荷载的种类不同而异。目前对各类荷载随机过程的样本函数及其性质了解甚少。对于常见的楼面活荷载、风荷载、雪荷载等，为了简化起见，采用了平稳二项随机过程概率模型，即将它们的样本函数统一模型化为等时段矩形波函数，矩形波幅值的变化规律采用荷载随机过程 $\{Q(t), t \in [0, T]\}$ 中任意时点荷载的概率分布函数 $F_Q(x) = P\{Q(t_0) \leqslant x, t_0 \in [0, T]\}$ 来描述。

对于永久荷载，其值在设计基准期内基本不变，从而随机过程就转化为与时间无关的随机变量 $\{G(t) = G, t \in [0, T]\}$，所以样本函数的图像是平行于时间轴的一条直线。此时，荷载一次出现的持续

时间 $\tau = T$，在设计基准期内的时段数 $r = \frac{T}{\tau} = 1$，而且在每一时段内出现的概率 $p = 1$。

对于可变荷载（住宅、办公楼等楼面活荷载及风、雪荷载等），其样本函数的共同特点是荷载一次出现的持续时间 $\tau < T$，在设计基准期内的时段数 $r > 1$，且在 T 内至少出现一次，所以平均出现次数 $m = pr \geqslant 1$。不同的可变荷载，其统计参数 τ、p 以及任意时点荷载的概率分布函数 $F_Q(x)$ 都是不同的。

对于住宅、办公楼楼面活荷载及风、雪荷载随机过程的样本函数采用这种统一的模型，为推导设计基准期最大荷载的概率分布函数和计算组合的最大荷载效应（综合荷载效应）等带来很多方便。

当采用一次二阶矩极限状态设计法时，必须将荷载随机过程转化为设计基准期最大荷载

$$Q_{\mathrm{T}} = \max_{0 \leqslant t \leqslant T} Q(t)$$

因 T 已规定，故 Q_{T} 是一个与时间参数 t 无关的随机变量。

各种荷载的概率模型必须通过调查实测，根据所获得的资料和数据进行统计分析后确定，使之尽可能反映荷载的实际情况，并不要求一律选用平稳二项随机过程这种特定的概率模型。

4.0.4 任意时点荷载的概率分布函数 $F_Q(x)$ 是结构可靠度分析的基础。它应根据实测数据，运用 χ^2 检验或 K-S 检验等方法，选择典型的概率分布如正态、对数正态、伽马、极值 I 型、极值 II 型、极值 III 型等来拟合，检验的显著性水平统一取 0.05。显著性水平是指所假设的概率分布类型为真而经检验被拒绝的最大概率。

荷载的统计参数，如平均值、标准差、变异系数等，应根据实测数据，按数理统计学的参数估计方法确定。当统计资料不足而一时又难以获得时，可根据工程经验适当的判断确定。

4.0.5 荷载代表值有荷载的标准值、组合值、频遇值和准永久值，本次修订中增加了频遇值。根据各类荷载的概率模型，荷载的各种代表值均应具有明确的概率意义。

4.0.6 根据概率极限状态设计方法的要求，荷载标准值应根据设计基准期内最大荷载概率分布的某一分位值确定。在原标准的编制过程中，各类荷载的标准值维持了当时规范的取值水平，只对个别不合理者作了适当调整。

各类荷载标准值的取值水平分别为：

永久荷载标准值一般相当于永久荷载概率分布（也是设计基准期内最大荷载概率分布）的 0.5 分位值，即正态分布的平均值。对易于超重的钢筋混凝土板类构件（屋面板、楼板等）的调查表明，其标准值相当于统计平均值的 0.95 倍。由此可知，对大多数截面尺寸较大的梁、柱等承重构件，其标准值按设计尺寸与材料重力密度标准值计算，必将更接近于重力概率分布的平均值。

对于某些重量变异较大的材料和构件（如屋面的保温材料、防水材料、找平层以及钢筋混凝土薄板等），为在设计表达式中采用统一的永久荷载分项系数而又能使结构构件具有规定的可靠指标，其标准值应根据对结构的不利状态，通过结构可靠度分析，取重力概率分布的某一分位值确定，例如 0.95 或 0.05 分位值。计算分析表明，按第 7 章给出的设计表达式设计，对承受自重为主的屋盖结构，由保温、防水及找平层等产生的恒荷载宜取高分位值的标准值，具体数值应符合荷载规范的规定。

根据统计资料，新修订的荷载规范规定的楼面活荷载标准值（2.0kN/m²），对于办公楼楼面活荷载相当于设计基准期最大荷载平均值加 3.16 倍标准差，对于住宅楼面活荷载相当于设计基准期最大荷载平均值加 2.38 倍标准差。

根据统计资料，荷载规范规定的风荷载标准值接近于设计基准期最大风荷载的平均值。某些部门和地区曾反映，对于风荷载较敏感的高耸结构，规范规定的风荷载标准值偏低，有些输电塔还发生过风灾事故。新修订的建筑结构荷载规范已将风、雪荷载标准值由原来规定的"三十年一遇"值，提高到"五十年一遇"值。

4.0.7 荷载组合值是对可变荷载而言的，主要用于承载能力极限状态的基本组合中，也用于正常使用极限状态的标准组合中。组合值是考虑施加在结构上的各可变荷载不可能同时达到各自的最大值，因此，其取值不仅与荷载本身有关，而且与荷载效应组合所采用的概率模型有关。荷载组合值系数 S_{C_k} 可根据荷载在组合后产生的总作用效应值在设计基准期内的超越概率与考虑单一作用时相应概率趋于一致的原则确定，其实质是要求结构在单一可变荷载作用下的可靠度与在两个及以上可变荷载作用下的可靠度保持一致。

4.0.8 荷载频遇值也是对可变荷载而言的，主要用于正常使用极限状态的频遇组合中。根据国际标准 ISO 2394：1998，频遇值是设计基准期内荷载达到和超过该值的总持续时间与设计基准期的比值小于 0.1 的荷载代表值。

4.0.9 荷载准永久值也是对可变荷载而言的。主要用于正常使用极限状态的准永久组合和频遇组合中。准永久值反映了可变荷载的一种状态，其取值系按可变荷载出现的频繁程度和持续时间长短确定。国际标准 ISO 2394：1998 中建议，准永久值根据在设计基准期内荷载达到和超过该值的总持续时间与设计基准期的比值为 0.5 确定。对住宅、办公楼楼面活荷载及风雪荷载等，这相当于取其任意时点荷载概率分布的 0.5 分位值。准永久值的具体取值，将由建筑结构荷

载规范作出规定。在结构设计时，准永久值主要用于考虑荷载长期效应的影响。

4.0.10 目前，由于对许多偶然作用尚缺乏研究，缺少必要的实际观测资料，因此，偶然作用的代表值及有关参数，常常只能根据工程经验、建筑物类型等情况，经综合分析判断确定。对有观测资料的偶然作用，则应建立符合其特性的概率模型，给出有明确概率意义的代表值。

5 材料和岩土的性能及几何参数

5.0.1 材料性能实际上是随时间变化的，有些材料性能，例如木材、混凝土的强度等，这种变化相当明显，但为了简化起见，各种材料性能仍作为与时间无关的随机变量来考虑，而性能随时间的变化一般通过引进换算系数来估计。

5.0.2 用材料的标准试件试验所得的材料性能 f_{spe}，一般说来，不等同于结构中实际的材料性能 f_{str}，有时两者可能有较大的差别。例如，材料试件的加荷速度远超过实际结构的受荷速度，致使试件的材料强度较实际结构中偏高；试件的尺寸远小于结构的尺寸，致使试件的材料强度受到尺寸效应的影响而与结构中不同；有些材料，如混凝土，其标准试件的成型与养护与实际结构并不完全相同，有时甚至相差很大，以致两者的材料性能有所差别。所有这些因素一般习惯于采用换算系数或函数 K_0 来考虑，从而结构中实际的材料性能与标准试件材料性能的关系可用下式表示：

$$f_{str} = K_0 f_{spe}$$

由于结构所处的状态具有变异性，因此换算系数或函数 K_0 也是随机变量。

5.0.3 材料强度标准值一般取概率分布的低分位值，国际上一般取 0.05 分位值，本标准也采用这个分位值确定材料强度标准值。此时，当材料强度按正态分布时，标准值为

$$f_k = \mu_f - 1.645\sigma_f$$

当按对数正态分布时，标准值近似为

$$f_k = \mu_f \exp(-1.645\delta_f)$$

式中 μ_f、σ_f 及 δ_f 分别为材料强度的平均值、标准差及变异系数。

当材料强度增加对结构性能不利时，必要时可取高分位值。

5.0.4 岩土性能参数的标准值当有可能采用可靠性估值时，可根据区间估计理论确定，单侧置信界限值由式 $f_k = \mu_f \left(1 \pm \dfrac{t_a}{\sqrt{n}}\delta_f\right)$ 求得，式中 t_a 为学生氏函数，按置信度 $1-\alpha$ 和样本容量 n 确定。

5.0.5 结构的某些几何参数，例如梁跨和柱高，其变异性一般对结构抗力的影响很小，设计时可按确定

量考虑。

6 结 构 分 析

6.0.1 结构的作用效应是指在作用影响下的结构反应。通常包括截面内力（如轴力、剪力、弯矩、扭矩）以及变形和裂缝。设计时，将前者与计算的结构抗力相比较，将后者与规定的限值相比较，可验证结构是否可靠。

6.0.3 一维的结构计算模型适用于结构的某一维（长度）比其他两维大得多的情况，如梁、柱、拱；二维的结构计算模型适用于结构的某一维（厚度）比其他两维小得多的情况，如双向板、深梁、壳体；三维的结构计算模型适用于结构中没有一维显著大于或小于其他两维的情况。

6.0.7 作用效应及结构构件抗力计算模式的不精确性，是指计算结果与实际情况不相吻合的程度。其中包括确定作用效应时采用的计算简图和分析方法的误差，截面抗力的计算公式的误差，以及关于作用、材料性能、几何参数统计分析中的误差等。这类误差不是定值而是随机变量，因此，在极限状态方程中应引进附加的基本变量予以考虑。它的概率分布函数和统计参数，理论上应根据作用效应和结构构件抗力的实际值与按规范公式的计算值的比值，运用统计分析方法来确定。在具体实践时，作用效应和结构构件抗力的实际值，可以采用精确计算值或试验实测值。因为进行精确计算往往有困难，所以通常是根据试验结果，辅以工程经验判断，对这种误差的统计规律作出估计。

7 极限状态设计表达式

7.0.1 为了使所设计的结构构件在不同情况下具有比较一致的可靠度，本标准采用了多个分项系数的极限状态设计表达式。

本标准将荷载分项系数按永久荷载与可变荷载分为两大类，以便按荷载性质区别对待。这与目前许多国家规范所采用的设计表达式基本相同。考虑到各类材料结构的通用性，通过对各种结构构件的可靠度分析，本标准对常用荷载分项系数给出了统一的规定。

结构构件抗力分项系数，应按不同结构构件的特点分别确定，亦可转换为按不同的材料采用不同的材料性能分项系数。本标准对此未提出统一要求，在各类材料的结构设计规范中，应按在各种情况下 β 具有较佳一致性的原则，并适当考虑工程经验具体规定。

7.0.2 原标准中规定的荷载分项系数系按下列原则经优选确定的：在各种荷载标准值已给定的前提下，要选取一组分项系数，使按极限状态设计表达式设计的各种结构构件具有的可靠指标与规定的可靠指标之

间在总体上误差最小。在定值过程中，对钢、薄钢、钢筋混凝土、砖石和木结构选择了14种有代表性的构件，若干种常遇的荷载效应比值（可变荷载效应与永久荷载效应之比）以及三种荷载效应组合情况（恒荷载与住宅楼面活荷载、恒荷载与办公楼楼面活荷载、恒荷载与风荷载）进行分析。最后确定，在一般情况下采用 $\gamma_G = 1.2$，$\gamma_Q = 1.4$，本标准继续采用。

为保证以永久荷载为主结构构件的可靠指标符合规定值，本次修订增加了式（7.0.2-2），与式（7.0.2-1）同时使用，该设计表达式对以永久荷载为主的结构起控制作用。

一般情况下，一个建筑总有两种及两种以上荷载同时作用。每个荷载的大小都是一个随机变量，而且是随时间而变化的，不应也不可能同时都以最大值出现在同一结构物上。将荷载模型化为等时段矩形波函数，按荷载组合理论，依据可靠指标一致性原则，可根据荷载统计参数与荷载样本函数求得组合值系数。原《建筑结构设计统一标准》（GBJ 68—84），仅给出当风荷载与其他可变荷载组合时，组合值系数可均采用 0.6 这一规定，避而不谈其他情况，其原因是荷载规范一直沿用遇风组合原则，当时规范编制者认为这种情况最有把握。这样规定的结果可能产生其他情况不应考虑组合值系数的误解。新修订的荷载规范认为"遇风组合"原则过于保守，因此取消"遇风组合"规定，采用两种及两种以上可变荷载均应考虑组合值系数的规定。

考虑到采用式（7.0.2-1）对排架和框架结构可能增加一定的计算工作量，为了应用简便起见，本标准允许对一般排架、框架结构采用简化的设计表达式（7.0.2-3），并与式（7.0.2-2）同时使用。

当结构承受两种或两种以上可变荷载，且其中有一种量值较大时，则有可能仅考虑较大的一种可变荷载更为不利。

荷载效应与荷载为线性关系是指两者之比为常量的情况。

偶然组合是指一种偶然作用与其他可变荷载相组合。偶然作用发生的概率很小，持续的时间较短，但对结构却可造成相当大的损害。鉴于这种特性，从安全与经济两方面考虑，当按偶然组合验算结构的承载能力时，所采用的可靠指标值允许比基本组合有所降低。国际"结构安全度联合委员会"（JCSS）编制的《对各类结构和各种材料的共同统一规则》附录一中也反映了这个原则，其偶然状态下可靠指标的计算公式如下：

$$\beta = -\Phi^{-1}\left(\frac{p_f}{p_0}\right)$$

式中 p_f——正常情况下结构构件失效概率的运算值；

p_0——在结构的设计基准期内偶然作用出现一次的概率；

$\Phi^{-1}(\ )$——标准正态分布函数的反函数。

应该指出，当 $p_f \geqslant p_0/2$ 时 β 为负值，故应用上述公式时尚需规定其他条件。

由于不同的偶然作用，如撞击和爆炸，其性质差别较大，目前尚难给出统一的设计表达式，故本标准只提出了建立偶然组合设计表达式的一般原则。对于偶然组合，一般是：（1）只考虑一种偶然作用与其他荷载相组合；（2）偶然作用不乘以荷载分项系数；（3）可变荷载可根据与偶然作用同时出现的可能性，采用适当的代表值，如准永久值等；（4）荷载与抗力分项系数值，可根据结构可靠度分析或工程经验确定。

7.0.3 结构重要性系数 γ_0 在原标准中是考虑结构破坏后果的严重性而引入的系数，对于安全等级为一级和三级的结构构件分别取 1.1 和 0.9。可靠度分析表明，采用这些系数后，结构构件可靠指标值较安全等级为二级的结构构件分别增减 0.5 左右，与表 3.0.11 的规定基本一致。本次修订中除保留原来的意义外，对设计使用年限为 100 年及以上和 5 年的结构构件，也通过结构重要性系数 γ_0 对作用效应进行调整。考虑不同投资主体对建筑结构可靠度的要求可能不同，故允许结构重要性系数 γ_0 分别取不应小于 1.1、1.0 和 0.9。

7.0.4 对永久荷载系数 γ_G 和可变荷载系数 γ_Q 的取值，分别根据对结构构件承载能力有利和不利两种情况，做出了具体规定。

在某些情况下，永久荷载效应与可变荷载效应符号相反，而前者对结构承载能力起有利作用。此时，若永久荷载分项系数仍取同号效应时相同的值，则结构构件的可靠度将严重不足。为了保证结构构件具有必要的可靠度，并考虑到经济指标不致波动过大和应用方便，本标准规定当永久荷载效应对结构构件的承载能力有利时，γ_G 不应大于 1.0。

7.0.5～7.0.6 对于正常使用极限状态，本标准规定按荷载的持久性采用三种组合：标准组合、频遇组合和准永久组合。由于目前对正常使用极限状态的各种限值及结构可靠度分析方法研究得不充分，因此结构设计仍需以过去的经验为基础进行。频遇组合和准永久组合在设计时如何应用，应由各类材料结构设计规范根据各自的特点具体规定。

8 质量控制要求

8.0.1 材料和构件的质量可采用一个或多个质量特征来表达，例如，材料的试件强度及其他物理力学性能以及构件的尺寸误差等。为了保证结构具有预期的可靠度，必须对结构设计、原材料生产以及结构施工提出统一配套的质量水平要求。材料与构件的质量水平可按各类材料结构设计规范规定的结构构件可靠指

标 β 近似地确定，并以有关的统计参数来表达。当荷载的统计参数已知后，材料与构件的质量水平原则上可采用下列质量方程来描述：

$$q(\mu_f, \delta_f, \beta, f_k) = 0$$

式中 μ_f 和 δ_f 为材料和构件的某个质量特征 f 的平均值和变异系数，β 为规范规定的结构构件可靠指标。

应当指出，当按上述质量方程确定材料和构件的合格质量水平时，需以安全等级为二级的典型结构构件的可靠指标为基础进行分析。材料和构件的质量水平要求，不应随安全等级而变化，以便于生产管理。

8.0.2 材料的等级一般以材料强度标准值划分。同一等级的材料采用同一标准值。无论天然材料还是人工材料，对属于同一等级的不同产地和不同厂家的材料，其性能的质量水平一般不宜低于各类材料结构设计规范规定的可靠指标 β 的要求。按本标准制定质量要求时，允许各有关规范根据材料和构件的特点对此指标稍作增减。

8.0.7 材料及构件的质量控制包括两种，其中生产控制属于生产单位内部的质量控制；合格控制是在生产单位和用户之间进行的质量控制，即按统一规定的质量验收标准或双方同意的其他规则进行验收。

在生产控制阶段，材料性能的实际质量水平应控制在规定的合格质量水平之上。当生产有暂时性波动时，材料性能的实际质量水平亦不得低于规定的极限质量水平。

8.0.8 由于交验的材料和构件通常是大批量的，而且很多质量特征的检验是破损性的，因此，合格控制一般采用抽样检验方式。对于有可靠依据采用非破损检验方法的，必要时可采用全数检验方式。

验收标准主要包括下列内容：

1　批量大小——每一交验批中材料或构件的数量；

2　抽样方法——可为随机的或系统的抽样方法。系统的抽样方法是指抽样部位或时间是固定的；

3　抽样数量——每一交验批中抽取试样的数量；

4　验收函数——验收中采用的试样数据的某个函数，例如样本平均值、样本方差、样本最小值或最大值等；

5　验收界限——与验收函数相比较的界限值，用以确定交验批合格与否。

当前在材料和构件生产中，抽样检验标准多数是根据经验来制订的。其缺点在于没有从统计学观点合理考虑生产方和用户方的风险率或其他经济因素，因而所规定的抽样数量和验收界限往往缺乏科学依据，标准的松严程度也无法相互比较。

为了克服非统计抽样检验方法的缺点，本标准规定宜在统计理论的基础上制订抽样质量验收标准，以使达不到质量要求的交验批基本能判为不合格，而已达到质量要求的交验批基本能判为合格。

8.0.9 现有质量验收标准形式很多，本标准系按下述原则考虑：

对于生产连续性较差或各批间质量特征的统计参数差异较大的材料和构件，很难使产品批的质量基本维持在合格质量水平之上，因此必须按控制用户方风险率制订验收标准。此时，所涉及的极限质量水平，可按各类材料结构设计规范的有关要求和工程经验确定，与极限质量水平相应的用户风险率，可根据有关标准的规定确定。

对于工厂内成批连续生产的材料和构件，可采用计数或计量的调整型抽样检验方案。当前可参考国际标准 ISO 2859 及 ISO 3951 制定合理的验收标准和转换规则。规定转换规则主要是为了限制劣质产品出厂，促进提高生产管理水平；此外，对优质产品也提供了减少检验费用的可能性。考虑到生产过程可能出现质量波动，以及不同生产单位的质量可能有差别，允许在生产中对质量验收标准的松严程度进行调整。当产品质量比较稳定时，质量验收标准通常可按控制生产方的风险率来制订。此时所涉及的合格质量水平，可按规范规定的结构构件可靠指标 β 来确定。确定生产方的风险率时，应根据有关标准的规定并考虑批量大小、检验技术水平等因素确定。

8.0.10 当交验的材料或构件按质量验收标准检验判为不合格时，并不意味着这批产品一定不能使用，因为实际上存在着抽样检验结果的偶然性和试件的代表性等问题。为此，应根据有关的质量验收标准采取各种措施对产品做进一步检验和判定。例如，可以重新抽取较多的试样进行复查；当材料或构件已进入结构物时，可直接从结构中截取试件进行复查，或直接在结构物上进行荷载试验；也允许采用可靠的非破损检测方法并经综合分析后对结构做出质量评估。对于不合格的产品允许降级使用，直至报废。

中华人民共和国国家标准

建筑结构荷载规范

Load code for the design of building structures

GB 50009—2012

主编部门：中华人民共和国住房和城乡建设部
批准部门：中华人民共和国住房和城乡建设部
施行日期：２０１２年１０月１日

中华人民共和国住房和城乡建设部
公　告

第 1405 号

关于发布国家标准《建筑结构
荷载规范》的公告

现批准《建筑结构荷载规范》为国家标准，编号为 GB 50009 - 2012，自 2012 年 10 月 1 日起实施。其中，第 3.1.2、3.1.3、3.2.3、3.2.4、5.1.1、5.1.2、5.3.1、5.5.1、5.5.2、7.1.1、7.1.2、8.1.1、8.1.2 条为强制性条文，必须严格执行。原《建筑结构荷载规范》GB 50009 - 2001（2006 年版）同时废止。

本规范由我部标准定额研究所组织中国建筑工业出版社出版发行。

中华人民共和国住房和城乡建设部

2012 年 5 月 28 日

前　　言

根据住房和城乡建设部《关于印发〈2009 年工程建设标准规范制订、修订计划〉的通知》（建标［2009］88 号文）的要求，本规范由中国建筑科学研究院会同各有关单位在国家标准《建筑结构荷载规范》GB 50009 - 2001（2006 年版）的基础上进行修订而成。修订过程中，编制组认真总结了近年来的设计经验，参考了国外规范和国际标准的有关内容，开展了多项专题研究，在全国范围内广泛征求了建设主管部门以及设计、科研和教学单位的意见，经反复讨论、修改和试设计，最后经审查定稿。

本规范共分 10 章和 9 个附录，主要技术内容是：总则、术语和符号、荷载分类和荷载组合、永久荷载、楼面和屋面活荷载、吊车荷载、雪荷载、风荷载、温度作用、偶然荷载。

本规范修订的主要技术内容是：1. 增加可变荷载考虑设计使用年限的调整系数的规定；2. 增加偶然荷载组合表达式；3. 增加第 4 章"永久荷载"；4. 调整和补充了部分民用建筑楼面、屋面均布活荷载标准值，修改了设计墙、柱和基础时消防车活荷载取值的规定，修改和补充了栏杆活荷载；5. 补充了部分屋面积雪不均匀分布的情况；6. 调整了风荷载高度变化系数和山峰地形修正系数；7. 补充完善了风荷载体型系数和局部体型系数，补充了高层建筑群干扰效应系数的取值范围，增加对风洞试验设备和方法要求的规定；8. 修改了顺风向风振系数的计算表达式和计算参数，增加大跨屋盖结构风振计算的原则

规定；9. 增加了横风向和扭转风振等效风荷载计算的规定，增加了顺风向风荷载、横风向及扭转风振等效风荷载组合工况的规定；10. 修改了阵风系数的计算公式与表格；11. 增加了第 9 章"温度作用"；12. 增加了第 10 章"偶然荷载"；13. 增加了附录 B"消防车活荷载考虑覆土厚度影响的折减系数"；14. 根据新的观测资料，重新统计全国各气象台站的雪压和风压，调整了部分城市的基本雪压和基本风压值，绘制了新的全国基本雪压和基本风压图；15. 根据历年月平均最高和月平均最低气温资料，经统计给出全国各气象台站的基本气温，增加了全国基本气温分布图；16. 增加了附录 H"横风向及扭转风振的等效风荷载"；17. 增加附录 J"高层建筑顺风向和横风向风振加速度计算"。

本规范中以黑体字标志的条文为强制性条文，必须严格执行。

本规范由住房和城乡建设部负责管理和对强制性条文的解释，由中国建筑科学研究院负责具体技术内容的解释。在执行中如有意见和建议，请寄送中国建筑科学研究院国家标准《建筑结构荷载规范》管理组（地址：北京市北三环东路 30 号，邮编 100013）。

本 规 范 主 编 单 位：中国建筑科学研究院
本 规 范 参 编 单 位：同济大学
　　　　　　　　　　　中国建筑设计研究院
　　　　　　　　　　　中国建筑标准设计研究院
　　　　　　　　　　　北京市建筑设计研究院

中国气象局公共气象服务
中心
哈尔滨工业大学
大连理工大学
中国航空规划建设发展有
限公司
华东建筑设计研究院有限
公司
中国建筑西南设计研究院
有限公司
中南建筑设计院股份有限
公司
深圳市建筑设计研究总院
有限公司

浙江省建筑设计研究院

本规范主要起草人员：金新阳（以下按姓氏笔画
排列）

王　建　王国砚　冯　远
朱　丹　贡金鑫　李　霆
杨振斌　杨蔚彪　束伟农
陈　凯　范　重　范　峰
林　政　顾　明　唐　意
韩纪升

本规范主要审查人员：程懋堃　汪大绥　徐永基
陈基发　薛　珩　任庆英
娄　宇　袁金西　左　江
吴一红　莫　庸　郑文忠
方小丹　章一萍　樊小卿

目　　次

Contents

1 总　则

1.0.1 为了适应建筑结构设计的需要，符合安全适用、经济合理的要求，制定本规范。

1.0.2 本规范适用于建筑工程的结构设计。

1.0.3 本规范依据国家标准《工程结构可靠性设计统一标准》GB 50153-2008 规定的基本准则制订。

1.0.4 建筑结构设计中涉及的作用应包括直接作用（荷载）和间接作用。本规范仅对荷载和温度作用作出规定，有关可变荷载的规定同样适用于温度作用。

1.0.5 建筑结构设计中涉及的荷载，除应符合本规范的规定外，尚应符合国家现行有关标准的规定。

2　术语和符号

2.1　术　语

2.1.1 永久荷载　permanent load

在结构使用期间，其值不随时间变化，或其变化与平均值相比可以忽略不计，或其变化是单调的并能趋于限值的荷载。

2.1.2 可变荷载　variable load

在结构使用期间，其值随时间变化，且其变化与平均值相比不可以忽略不计的荷载。

2.1.3 偶然荷载　accidental load

在结构设计使用年限内不一定出现，而一旦出现其量值很大，且持续时间很短的荷载。

2.1.4 荷载代表值　representative values of a load

设计中用以验算极限状态所采用的荷载量值，例如标准值、组合值、频遇值和准永久值。

2.1.5 设计基准期　design reference period

为确定可变荷载代表值而选用的时间参数。

2.1.6 标准值　characteristic value/nominal value

荷载的基本代表值，为设计基准期内最大荷载统计分布的特征值（例如均值、众值、中值或某个分位值）。

2.1.7 组合值　combination value

对可变荷载，使组合后的荷载效应在设计基准期内的超越概率，能与该荷载单独出现时的相应概率趋于一致的荷载值；或使组合后的结构具有统一规定的可靠指标的荷载值。

2.1.8 频遇值　frequent value

对可变荷载，在设计基准期内，其超越的总时间为规定的较小比率或超越频率为规定频率的荷载值。

2.1.9 准永久值　quasi-permanent value

对可变荷载，在设计基准期内，其超越的总时间约为设计基准期一半的荷载值。

2.1.10 荷载设计值　design value of a load

荷载代表值与荷载分项系数的乘积。

2.1.11 荷载效应　load effect

由荷载引起结构或结构构件的反应，例如内力、变形和裂缝等。

2.1.12 荷载组合　load combination

按极限状态设计时，为保证结构的可靠性而对同时出现的各种荷载设计值的规定。

2.1.13 基本组合　fundamental combination

承载能力极限状态计算时，永久荷载和可变荷载的组合。

2.1.14 偶然组合　accidental combination

承载能力极限状态计算时永久荷载、可变荷载和一个偶然荷载的组合，以及偶然事件发生后受损结构整体稳固性验算时永久荷载与可变荷载的组合。

2.1.15 标准组合　characteristic/nominal combination

正常使用极限状态计算时，采用标准值或组合值为荷载代表值的组合。

2.1.16 频遇组合　frequent combination

正常使用极限状态计算时，对可变荷载采用频遇值或准永久值为荷载代表值的组合。

2.1.17 准永久组合　quasi-permanent combination

正常使用极限状态计算时，对可变荷载采用准永久值为荷载代表值的组合。

2.1.18 等效均布荷载　equivalent uniform live load

结构设计时，楼面上不连续分布的实际荷载，一般采用均布荷载代替；等效均布荷载系指其在结构上所得的荷载效应能与实际的荷载效应保持一致的均布荷载。

2.1.19 从属面积　tributary area

考虑梁、柱等构件均布荷载折减所采用的计算构件负荷的楼面面积。

2.1.20 动力系数　dynamic coefficient

承受动力荷载的结构或构件，当按静力设计时采用的等效系数，其值为结构或构件的最大动力效应与相应的静力效应的比值。

2.1.21 基本雪压　reference snow pressure

雪荷载的基准压力，一般按当地空旷平坦地面上积雪自重的观测数据，经概率统计得出 50 年一遇最大值确定。

2.1.22 基本风压　reference wind pressure

风荷载的基准压力，一般按当地空旷平坦地面上 10m 高度处 10min 平均的风速观测数据，经概率统计得出 50 年一遇最大值确定的风速，再考虑相应的空气密度，按贝努利（Bernoulli）公式（E.2.4）确定的风压。

2.1.23 地面粗糙度　terrain roughness

风在到达结构物以前吹越过 2km 范围内的地面时，描述该地面上不规则障碍物分布状况的等级。

2.1.24 温度作用 thermal action

结构或结构构件中由于温度变化所引起的作用。

2.1.25 气温 shade air temperature

在标准百叶箱内测量所得按小时定时记录的温度。

2.1.26 基本气温 reference air temperature

气温的基准值，取 50 年一遇月平均最高气温和月平均最低气温，根据历年最高温度月内最高气温的平均值和最低温度月内最低气温的平均值经统计确定。

2.1.27 均匀温度 uniform temperature

在结构构件的整个截面中为常数且主导结构构件膨胀或收缩的温度。

2.1.28 初始温度 initial temperature

结构在施工某个特定阶段形成整体约束的结构系统时的温度，也称合拢温度。

2.2 符 号

2.2.1 荷载代表值及荷载组合

A_d ——偶然荷载的标准值；

C ——结构或构件达到正常使用要求的规定限值；

G_k ——永久荷载的标准值；

Q_k ——可变荷载的标准值；

R_d ——结构构件抗力的设计值；

S_{A_d} ——偶然荷载效应的标准值；

S_{Gk} ——永久荷载效应的标准值；

S_{Qk} ——可变荷载效应的标准值；

S_d ——荷载效应组合设计值；

γ_0 ——结构重要性系数；

γ_G ——永久荷载的分项系数；

γ_Q ——可变荷载的分项系数；

γ_{L_j} ——可变荷载考虑设计使用年限的调整系数；

ψ_c ——可变荷载的组合值系数；

ψ_f ——可变荷载的频遇值系数；

ψ_q ——可变荷载的准永久值系数。

2.2.2 雪荷载及风荷载

$a_{D,z}$ ——高层建筑 z 高度顺风向风振加速度 (m/s^2)；

$a_{L,z}$ ——高层建筑 z 高度横风向风振加速度 (m/s^2)；

B ——结构迎风面宽度；

B_z ——脉动风荷载的背景分量因子；

C'_L ——横风向风力系数；

C'_T ——风致扭矩系数；

C_m ——横风向风力的角沿修正系数；

C_{sm} ——横风向风力功率谱的角沿修正系数；

D ——结构平面进深（顺风向尺寸）或直径；

f_1 ——结构第 1 阶自振频率；

f_{T1} ——结构第 1 阶扭转自振频率；

f_1^* ——折算频率；

f_{T1}^* ——扭转折算频率；

F_{Dk} ——顺风向单位高度风力标准值；

F_{Lk} ——横风向单位高度风力标准值；

T_{Tk} ——单位高度风致扭矩标准值；

g ——重力加速度，或峰值因子；

H ——结构或山峰顶部高度；

I_{10} ——10m 高度处风的名义湍流强度；

K_L ——横风向振型修正系数；

K_T ——扭转振型修正系数；

R ——脉动风荷载的共振分量因子；

R_L ——横风向风振共振因子；

R_T ——扭转风振共振因子；

Re ——雷诺数；

St ——斯脱罗哈数；

S_k ——雪荷载标准值；

S_0 ——基本雪压；

T_1 ——结构第 1 阶自振周期；

T_{L1} ——结构横风向第 1 阶自振周期；

T_{T1} ——结构扭转第 1 阶自振周期；

w_0 ——基本风压；

w_k ——风荷载标准值；

w_{Lk} ——横风向风振等效风荷载标准值；

w_{Tk} ——扭转风振等效风荷载标准值；

α ——坡度角，或风速剖面指数；

β_z ——高度 z 处的风振系数；

β_{gz} ——阵风系数；

v_{cr} ——横风向共振的临界风速；

v_H ——结构顶部风速；

μ_r ——屋面积雪分布系数；

μ_z ——风压高度变化系数；

μ_s ——风荷载体型系数；

μ_{sl} ——风荷载局部体型系数；

η ——风荷载地形地貌修正系数；

η_a ——顺风向风振加速度的脉动系数；

ρ ——空气密度，或积雪密度；

ρ_x、ρ_z ——水平方向和竖直方向脉动风荷载相关系数；

φ_z ——结构振型系数；

ζ ——结构阻尼比；

ζ_a ——横风向气动阻尼比。

2.2.3 温度作用

T_{max}、T_{min} ——月平均最高气温，月平均最低气温；

$T_{s,max}$、$T_{s,min}$ ——结构最高平均温度，结构最低平均温度；

$T_{0,max}$、$T_{0,min}$ ——结构最高初始温度，结构最低初始温度；

ΔT_k ——均匀温度作用标准值；

α_T ——材料的线膨胀系数。

2.2.4 偶然荷载

A_V——通口板面积（m²）；

K_{dc}——计算爆炸等效均布静力荷载的动力系数；

m——汽车或直升机的质量；

P_k——撞击荷载标准值；

p_c——爆炸均布动荷载最大压力；

p_V——通口板的核定破坏压力；

q_{ce}——爆炸等效均布静力荷载标准值；

t——撞击时间；

v——汽车速度（m/s）；

V——爆炸空间的体积。

3 荷载分类和荷载组合

3.1 荷载分类和荷载代表值

3.1.1 建筑结构的荷载可分为下列三类：

1 永久荷载，包括结构自重、土压力、预应力等。

2 可变荷载，包括楼面活荷载、屋面活荷载和积灰荷载、吊车荷载、风荷载、雪荷载、温度作用等。

3 偶然荷载，包括爆炸力、撞击力等。

3.1.2 建筑结构设计时，应按下列规定对不同荷载采用不同的代表值：

1 对永久荷载应采用标准值作为代表值；

2 对可变荷载应根据设计要求采用标准值、组合值、频遇值或准永久值作为代表值；

3 对偶然荷载应按建筑结构使用的特点确定其代表值。

3.1.3 确定可变荷载代表值时应采用 50 年设计基准期。

3.1.4 荷载的标准值，应按本规范各章的规定采用。

3.1.5 承载能力极限状态设计或正常使用极限状态按标准组合设计时，对可变荷载应按规定的荷载组合采用荷载的组合值或标准值作为其荷载代表值。可变荷载的组合值，应为可变荷载的标准值乘以荷载组合值系数。

3.1.6 正常使用极限状态按频遇组合设计时，应采用可变荷载的频遇值或准永久值作为其荷载代表值；按准永久组合设计时，应采用可变荷载的准永久值作为其荷载代表值。可变荷载的频遇值，应为可变荷载标准值乘以频遇值系数。可变荷载准永久值，应为可变荷载标准值乘以准永久值系数。

3.2 荷载组合

3.2.1 建筑结构设计应根据使用过程中在结构上可能同时出现的荷载，按承载能力极限状态和正常使用极限状态分别进行荷载组合，并应取各自的最不利的组合进行设计。

3.2.2 对于承载能力极限状态，应按荷载的基本组合或偶然组合计算荷载组合的效应设计值，并应采用下列设计表达式进行设计：

$$\gamma_0 S_d \leqslant R_d \qquad (3.2.2)$$

式中：γ_0——结构重要性系数，应按各有关建筑结构设计规范的规定采用；

S_d——荷载组合的效应设计值；

R_d——结构构件抗力的设计值，应按各有关建筑结构设计规范的规定确定。

3.2.3 荷载基本组合的效应设计值 S_d，应从下列荷载组合值中取用最不利的效应设计值确定：

1 由可变荷载控制的效应设计值，应按下式进行计算：

$$S_d = \sum_{j=1}^{m} \gamma_{G_j} S_{G_jk} + \gamma_{Q_1} \gamma_{L_1} S_{Q_1k} + \sum_{i=2}^{n} \gamma_{Q_i} \gamma_{L_i} \psi_{c_i} S_{Q_ik}$$

$$(3.2.3-1)$$

式中：γ_{G_j}——第 j 个永久荷载的分项系数，应按本规范第 3.2.4 条采用；

γ_{Q_i}——第 i 个可变荷载的分项系数，其中 γ_{Q_1} 为主导可变荷载 Q_1 的分项系数，应按本规范第 3.2.4 条采用；

γ_{L_i}——第 i 个可变荷载考虑设计使用年限的调整系数，其中 γ_{L_1} 为主导可变荷载 Q_1 考虑设计使用年限的调整系数；

S_{G_jk}——按第 j 个永久荷载标准值 G_{jk} 计算的荷载效应值；

S_{Q_ik}——按第 i 个可变荷载标准值 Q_{ik} 计算的荷载效应值，其中 S_{Q_1k} 为诸可变荷载效应中起控制作用者；

ψ_{c_i}——第 i 个可变荷载 Q_i 的组合值系数；

m——参与组合的永久荷载数；

n——参与组合的可变荷载数。

2 由永久荷载控制的效应设计值，应按下式进行计算：

$$S_d = \sum_{j=1}^{m} \gamma_{G_j} S_{G_jk} + \sum_{i=1}^{n} \gamma_{Q_i} \gamma_{L_i} \psi_{c_i} S_{Q_ik}$$

$$(3.2.3-2)$$

注：1 基本组合中的效应设计值仅适用于荷载与荷载效应为线性的情况；

2 当对 S_{Q_1k} 无法明显判断时，应轮次以各可变荷载效应作为 S_{Q_1k}，并选取其中最不利的荷载组合的效应设计值。

3.2.4 基本组合的荷载分项系数，应按下列规定采用：

1 永久荷载的分项系数应符合下列规定：

1）当永久荷载效应对结构不利时，对由可变荷载效应控制的组合应取1.2，对由永久荷载效应控制的组合应取1.35；

2）当永久荷载效应对结构有利时，不应大于1.0。

2 可变荷载的分项系数应符合下列规定：

1）对标准值大于4kN/m²的工业房屋楼面结构的活荷载，应取1.3；

2）其他情况，应取1.4。

3 对结构的倾覆、滑移或漂浮验算，荷载的分项系数应满足有关的建筑结构设计规范的规定。

3.2.5 可变荷载考虑设计使用年限的调整系数 γ_L 应按下列规定采用：

1 楼面和屋面活荷载考虑设计使用年限的调整系数 γ_L 应按表3.2.5采用。

表3.2.5 楼面和屋面活荷载考虑设计使用年限的调整系数 γ_L

结构设计使用年限（年）	5	50	100
γ_L	0.9	1.0	1.1

注：1 当设计使用年限不为表中数值时，调整系数 γ_L 可按线性内插确定；

2 对于荷载标准值可控制的活荷载，设计使用年限调整系数 γ_L 取1.0。

2 对雪荷载和风荷载，应取重现期为设计使用年限，按本规范第E.3.3条的规定确定基本雪压和基本风压，或按有关规范的规定采用。

3.2.6 荷载偶然组合的效应设计值 S_d 可按下列规定采用：

1 用于承载能力极限状态计算的效应设计值，应按下式进行计算：

$$S_d = \sum_{j=1}^{m} S_{G_j k} + S_{A_d} + \psi_{f_1} S_{Q_1 k} + \sum_{i=2}^{n} \psi_{q_i} S_{Q_i k}$$

(3.2.6-1)

式中：S_{A_d}——按偶然荷载标准值 A_d 计算的荷载效应值；

ψ_{f_1}——第1个可变荷载的频遇值系数；

ψ_{q_i}——第 i 个可变荷载的准永久值系数。

2 用于偶然事件发生后受损结构整体稳固性验算的效应设计值，应按下式进行计算：

$$S_d = \sum_{j=1}^{m} S_{G_j k} + \psi_{f_1} S_{Q_1 k} + \sum_{i=2}^{n} \psi_{q_i} S_{Q_i k}$$

(3.2.6-2)

注：组合中的设计值仅适用于荷载与荷载效应为线性的情况。

3.2.7 对于正常使用极限状态，应根据不同的设计要求，采用荷载的标准组合、频遇组合或准永久组合，并应按下列设计表达式进行设计：

$$S_d \leqslant C \qquad (3.2.7)$$

式中：C——结构或结构构件达到正常使用要求的规定限值，例如变形、裂缝、振幅、加速度、应力等的限值，应按各有关建筑结构设计规范的规定采用。

3.2.8 荷载标准组合的效应设计值 S_d 应按下式进行计算：

$$S_d = \sum_{j=1}^{m} S_{G_j k} + S_{Q_1 k} + \sum_{i=2}^{n} \psi_{c_i} S_{Q_i k} \quad (3.2.8)$$

注：组合中的设计值仅适用于荷载与荷载效应为线性的情况。

3.2.9 荷载频遇组合的效应设计值 S_d 应按下式进行计算：

$$S_d = \sum_{j=1}^{m} S_{G_j k} + \psi_{f_1} S_{Q_1 k} + \sum_{i=2}^{n} \psi_{q_i} S_{Q_i k}$$

(3.2.9)

注：组合中的设计值仅适用于荷载与荷载效应为线性的情况。

3.2.10 荷载准永久组合的效应设计值 S_d 应按下式进行计算：

$$S_d = \sum_{j=1}^{m} S_{G_j k} + \sum_{i=1}^{n} \psi_{q_i} S_{Q_i k} \quad (3.2.10)$$

注：组合中的设计值仅适用于荷载与荷载效应为线性的情况。

4 永久荷载

4.0.1 永久荷载应包括结构构件、围护构件、面层及装饰、固定设备、长期储物的自重，土压力、水压力，以及其他需要按永久荷载考虑的荷载。

4.0.2 结构自重的标准值可按结构构件的设计尺寸与材料单位体积的自重计算确定。

4.0.3 一般材料和构件的单位自重可取其平均值，对于自重变异较大的材料和构件，自重的标准值应根据对结构的不利或有利状态，分别取上限值或下限值。常用材料和构件单位体积的自重可按本规范附录A采用。

4.0.4 固定隔墙的自重可按永久荷载考虑，位置可灵活布置的隔墙自重应按可变荷载考虑。

5 楼面和屋面活荷载

5.1 民用建筑楼面均布活荷载

5.1.1 民用建筑楼面均布活荷载的标准值及其组合值系数、频遇值系数和准永久值系数的取值，不应小于表5.1.1的规定。

表 5.1.1 民用建筑楼面均布活荷载标准值及其组合值、频遇值和准永久值系数

项次	类 别			标准值（kN/m²）	组合值系数ψ_c	频遇值系数ψ_f	准永久值系数ψ_q
1	（1）住宅、宿舍、旅馆、办公楼、医院病房、托儿所、幼儿园			2.0	0.7	0.5	0.4
	（2）试验室、阅览室、会议室、医院门诊室			2.0	0.7	0.6	0.5
2	教室、食堂、餐厅、一般资料档案室			2.5	0.7	0.6	0.5
3	（1）礼堂、剧场、影院、有固定座位的看台			3.0	0.7	0.5	0.3
	（2）公共洗衣房			3.0	0.7	0.6	0.5
4	（1）商店、展览厅、车站、港口、机场大厅及其旅客等候室			3.5	0.7	0.6	0.5
	（2）无固定座位的看台			3.5	0.7	0.5	0.3
5	（1）健身房、演出舞台			4.0	0.7	0.6	0.5
	（2）运动场、舞厅			4.0	0.7	0.6	0.3
6	（1）书库、档案库、贮藏室			5.0	0.9	0.9	0.8
	（2）密集柜书库			12.0	0.9	0.9	0.8
7	通风机房、电梯机房			7.0	0.9	0.9	0.8
8	汽车通道及客车停车库	（1）单向板楼盖（板跨不小于2m）和双向板楼盖（板跨不小于3m×3m）	客车	4.0	0.7	0.7	0.6
			消防车	35.0	0.7	0.5	0.0
		（2）双向板楼盖（板跨不小于6m×6m）和无梁楼盖（柱网不小于6m×6m）	客车	2.5	0.7	0.7	0.6
			消防车	20.0	0.7	0.5	0.0
9	厨房	（1）餐厅		4.0	0.7	0.7	0.7
		（2）其他		2.0	0.7	0.6	0.5
10	浴室、卫生间、盥洗室			2.5	0.7	0.6	0.5
11	走廊、门厅	（1）宿舍、旅馆、医院病房、托儿所、幼儿园、住宅		2.0	0.7	0.5	0.4
		（2）办公楼、餐厅、医院门诊部		2.5	0.7	0.6	0.5
		（3）教学楼及其他可能出现人员密集的情况		3.5	0.7	0.5	0.3
12	楼梯	（1）多层住宅		2.0	0.7	0.5	0.4
		（2）其他		3.5	0.7	0.5	0.3
13	阳台	（1）可能出现人员密集的情况		3.5	0.7	0.6	0.5
		（2）其他		2.5	0.7	0.6	0.5

注：1 本表所给各项活荷载适用于一般使用条件，当使用荷载较大、情况特殊或有专门要求时，应按实际情况采用；

  2 第6项书库活荷载当书架高度大于2m时，书库活荷载尚应按每米书架高度不小于2.5kN/m²确定；

  3 第8项中的客车活荷载仅适用于停放载人少于9人的客车；消防车活荷载适用于满载总重为300kN的大型车辆；当不符合本表的要求时，应将车轮的局部荷载按结构效应的等效原则，换算为等效均布荷载；

  4 第8项消防车活荷载，当双向板楼盖板跨介于3m×3m～6m×6m之间时，应按跨度线性插值确定；

  5 第12项楼梯活荷载，对预制楼梯踏步平板，尚应按1.5kN集中荷载验算；

  6 本表各项荷载不包括隔墙自重和二次装修荷载；对固定隔墙的自重应按永久荷载考虑，当隔墙位置可灵活自由布置时，非固定隔墙的自重应取不小于1/3的每延米长墙重（kN/m）作为楼面活荷载的附加值（kN/m²）计入，且附加值不应小于1.0kN/m²。

5.1.2 设计楼面梁、墙、柱及基础时，本规范表 5.1.1 中楼面活荷载标准值的折减系数取值不应小于下列规定：

1 设计楼面梁时：

1）第 1（1）项当楼面梁从属面积超过 25m² 时，应取 0.9；

2）第 1（2）～7 项当楼面梁从属面积超过 50m² 时，应取 0.9；

3）第 8 项对单向板楼盖的次梁和槽形板的纵肋应取 0.8，对单向板楼盖的主梁应取 0.6，对双向板楼盖的梁应取 0.8；

4）第 9～13 项应采用与所属房屋类别相同的折减系数。

2 设计墙、柱和基础时：

1）第 1（1）项应按表 5.1.2 规定采用；

2）第 1（2）～7 项应采用与其楼面梁相同的折减系数；

3）第 8 项的客车，对单向板楼盖应取 0.5，对双向板楼盖和无梁楼盖应取 0.8；

4）第 9～13 项应采用与所属房屋类别相同的折减系数。

注：楼面梁的从属面积应按梁两侧各延伸二分之一梁间距的范围内的实际面积确定。

表 5.1.2　活荷载按楼层的折减系数

墙、柱、基础计算截面以上的层数	1	2～3	4～5	6～8	9～20	>20
计算截面以上各楼层活荷载总和的折减系数	1.00 (0.90)	0.85	0.70	0.65	0.60	0.55

注：当楼面梁的从属面积超过 25m² 时，应采用括号内的系数。

5.1.3 设计墙、柱时，本规范表 5.1.1 中第 8 项的消防车活荷载可按实际情况考虑；设计基础时可不考虑消防车荷载。常用板跨的消防车活荷载按覆土厚度的折减系数可按附录 B 规定采用。

5.1.4 楼面结构上的局部荷载可按本规范附录 C 的规定，换算为等效均布活荷载。

5.2　工业建筑楼面活荷载

5.2.1 工业建筑楼面在生产使用或安装检修时，由设备、管道、运输工具及可能拆移的隔墙产生的局部荷载，均应按实际情况考虑，可采用等效均布活荷载代替。对设备位置固定的情况，可直接按固定位置对结构进行计算，但应考虑因设备安装和维修过程中的位置变化可能出现的最不利效应。工业建筑楼面堆放原料或成品较多、较重的区域，应按实际情况考虑；一般的堆放情况可按均布活荷载或等效均布活荷载

考虑。

注：1　楼面等效均布活荷载，包括计算次梁、主梁和基础时的楼面活荷载，可分别按本规范附录 C 的规定确定；

2　对于一般金工车间、仪器仪表生产车间、半导体器件车间、棉纺织车间、轮胎准备车间和粮食加工车间，当缺乏资料时，可按本规范附录 D 采用。

5.2.2 工业建筑楼面（包括工作平台）上无设备区域的操作荷载，包括操作人员、一般工具、零星原料和成品的自重，可按均布活荷载 2.0kN/m² 考虑。在设备所占区域内可不考虑操作荷载和堆料荷载。生产车间的楼梯活荷载，可按实际情况采用，但不宜小于 3.5kN/m²。生产车间的参观走廊活荷载，可采用 3.5kN/m²。

5.2.3 工业建筑楼面活荷载的组合值系数、频遇值系数和准永久值系数除本规范附录 D 中给出的以外，应按实际情况采用；但在任何情况下，组合值和频遇值系数不应小于 0.7，准永久值系数不应小于 0.6。

5.3　屋面活荷载

5.3.1 房屋建筑的屋面，其水平投影面上的屋面均布活荷载的标准值及其组合值系数、频遇值系数和准永久值系数的取值，不应小于表 5.3.1 的规定。

表 5.3.1　屋面均布活荷载标准值及其组合值系数、频遇值系数和准永久值系数

项次	类　别	标准值 (kN/m²)	组合值系数 ψ_c	频遇值系数 ψ_f	准永久值系数 ψ_q
1	不上人的屋面	0.5	0.7	0.5	0.0
2	上人的屋面	2.0	0.7	0.5	0.4
3	屋顶花园	3.0	0.7	0.6	0.5
4	屋顶运动场地	3.0	0.7	0.6	0.4

注：1　不上人的屋面，当施工或维修荷载较大时，应按实际情况采用；对不同类型的结构应按有关设计规范的规定采用，但不得低于 0.3kN/m²；

2　当上人的屋面兼作其他用途时，应按相应楼面活荷载采用；

3　对于因屋面排水不畅、堵塞等引起的积水荷载，应采取构造措施加以防止；必要时，应按积水的可能深度确定屋面活荷载；

4　屋顶花园活荷载不应包括花圃土石等材料自重。

5.3.2 屋面直升机停机坪荷载应按下列规定采用：

1　屋面直升机停机坪荷载应按局部荷载考虑，或根据局部荷载换算为等效均布活荷载考虑。局部荷载标准值应按直升机实际最大起飞重量确定，当没有机型技术资料时，可按表 5.3.2 的规定选用局部荷载标准值及作用面积。

表 5.3.2 屋面直升机停机坪局部荷载标准值及作用面积

类型	最大起飞重量（t）	局部荷载标准值（kN）	作用面积
轻型	2	20	0.20m×0.20m
中型	4	40	0.25m×0.25m
重型	6	60	0.30m×0.30m

 2 屋面直升机停机坪的等效均布荷载标准值不应低于 5.0kN/m²。

 3 屋面直升机停机坪荷载的组合值系数应取 0.7，频遇值系数应取 0.6，准永久值系数应取 0。

5.3.3 不上人的屋面均布活荷载，可不与雪荷载和风荷载同时组合。

5.4 屋面积灰荷载

5.4.1 设计生产中有大量排灰的厂房及其邻近建筑时，对于具有一定除尘设施和保证清灰制度的机械、冶金、水泥等的厂房屋面，其水平投影面上的屋面积灰荷载标准值及其组合值系数、频遇值系数和准永久值系数，应分别按表 5.4.1-1 和表 5.4.1-2 采用。

表 5.4.1-1 屋面积灰荷载标准值及其组合值系数、频遇值系数和准永久值系数

项次	类 别	标准值（kN/m²）			组合值系数 ψ_c	频遇值系数 ψ_f	准永久值系数 ψ_q
		屋面无挡风板	屋面有挡风板				
			挡风板内	挡风板外			
1	机械厂铸造车间（冲天炉）	0.50	0.75	0.30	0.9	0.9	0.8
2	炼钢车间（氧气转炉）	—	0.75	0.30			
3	锰、铬铁合金车间	0.75	1.00	0.30			
4	硅、钨铁合金车间	0.30	0.50	0.30			
5	烧结室、一次混合室	0.50	1.00	0.20			
6	烧结厂通廊及其他车间	0.30			0.9	0.9	0.8
7	水泥厂有灰源车间（窑房、磨房、联合贮库、烘干房、破碎房）	1.00					
8	水泥厂无灰源车间（空气压缩机站、机修间、材料库、配电站）	0.50					

 注：1 表中的积灰均布荷载，仅应用于屋面坡度 α 不大于25°；当 α 大于45°时，可不考虑积灰荷载；当 α 在25°～45°范围内时，可按插值法取值。

   2 清灰设施的荷载另行考虑；

   3 对第1～4项的积灰荷载，仅应用于距烟囱中心20m半径范围内的屋面；当邻近建筑在该范围内时，其积灰荷载对第1、3、4应按车间屋面无挡风板的采用，对第2项应按车间屋面挡风板外的采用。

表 5.4.1-2 高炉邻近建筑的屋面积灰荷载标准值及其组合值系数、频遇值系数和准永久值系数

高炉容积（m³）	标准值（kN/m²）			组合值系数 ψ_c	频遇值系数 ψ_f	准永久值系数 ψ_q
	屋面离高炉距离（m）					
	≤50	100	200			
<255	0.50	—	—	1.0	1.0	1.0
255～620	0.75	0.30	—			
>620	1.00	0.50	0.30			

 注：1 表 5.4.1-1 中的注1和注2也适用本表；

   2 当邻近建筑屋面离高炉距离为表内中间值时，可按插入法取值。

5.4.2 对于屋面上易形成灰堆处，当设计屋面板、檩条时，积灰荷载标准值宜乘以下列规定的增大系数：

 1 在高低跨处两倍于屋面高差但不大于 6.0m 的分布宽度内取 2.0；

 2 在天沟处不大于 3.0m 的分布宽度内取 1.4。

5.4.3 积灰荷载应与雪荷载或不上人的屋面均布活荷载两者中的较大值同时考虑。

5.5 施工和检修荷载及栏杆荷载

5.5.1 施工和检修荷载应按下列规定采用：

 1 设计屋面板、檩条、钢筋混凝土挑檐、悬挑雨篷和预制小梁时，施工或检修集中荷载标准值不应小于 1.0kN，并应在最不利位置处进行验算；

 2 对于轻型构件或较宽的构件，应按实际情况验算，或应加垫板、支撑等临时设施；

 3 计算挑檐、悬挑雨篷的承载力时，应沿板宽每隔 1.0m 取一个集中荷载；在验算挑檐、悬挑雨篷的倾覆时，应沿板宽每隔 2.5m～3.0m 取一个集中荷载。

5.5.2 楼梯、看台、阳台和上人屋面等的栏杆活荷载标准值，不应小于下列规定：

 1 住宅、宿舍、办公楼、旅馆、医院、托儿所、幼儿园，栏杆顶部的水平荷载应取 1.0kN/m；

 2 学校、食堂、剧场、电影院、车站、礼堂、展览馆或体育场，栏杆顶部的水平荷载应取 1.0kN/m，竖向荷载应取 1.2kN/m，水平荷载与竖向荷载应分别考虑。

5.5.3 施工荷载、检修荷载及栏杆荷载的组合值系数应取 0.7，频遇值系数应取 0.5，准永久值系数应取 0。

5.6 动力系数

5.6.1 建筑结构设计的动力计算，在有充分依据时，可将重物或设备的自重乘以动力系数后，按静力计算方法设计。

5.6.2 搬运和装卸重物以及车辆启动和刹车的动力

系数，可采用 1.1～1.3；其动力荷载只传至楼板和梁。

5.6.3 直升机在屋面上的荷载，也应乘以动力系数，对具有液压轮胎起落架的直升机可取 1.4；其动力荷载只传至楼板和梁。

6 吊车荷载

6.1 吊车竖向和水平荷载

6.1.1 吊车竖向荷载标准值，应采用吊车的最大轮压或最小轮压。

6.1.2 吊车纵向和横向水平荷载，应按下列规定采用：

1 吊车纵向水平荷载标准值，应按作用在一边轨道上所有刹车轮的最大轮压之和的 10% 采用；该项荷载的作用点位于刹车轮与轨道的接触点，其方向与轨道方向一致。

2 吊车横向水平荷载标准值，应取横行小车重量与额定起重量之和的百分数，并应乘以重力加速度，吊车横向水平荷载标准值的百分数应按表 6.1.2 采用。

表 6.1.2　吊车横向水平荷载标准值的百分数

吊车类型	额定起重量（t）	百分数（%）
软钩吊车	≤10	12
	16～50	10
	≥75	8
硬钩吊车	—	20

3 吊车横向水平荷载应等分于桥架的两端，分别由轨道上的车轮平均传至轨道，其方向与轨道垂直，并应考虑正反两个方向的刹车情况。

注：1 悬挂吊车的水平荷载应由支撑系统承受；设计该支撑系统时，尚应考虑风荷载与悬挂吊车水平荷载的组合；
　　2 手动吊车及电动葫芦可不考虑水平荷载。

6.2 多台吊车的组合

6.2.1 计算排架考虑多台吊车竖向荷载时，对单层吊车的单跨厂房的每个排架，参与组合的吊车台数不宜多于 2 台；对单层吊车的多跨厂房的每个排架，参与组合的吊车台数不宜多于 4 台；对双层吊车的单跨厂房宜按上层和下层吊车分别不多于 2 台进行组合；对双层吊车的多跨厂房宜按上层和下层吊车分别不多于 4 台进行组合，且当下层吊车满载时，上层吊车应按空载计算；上层吊车满载时，下层吊车不应计入。考虑多台吊车水平荷载时，对单跨或多跨厂房的每个排架，参与组合的吊车台数不应多于 2 台。

注：当情况特殊时，应按实际情况考虑。

6.2.2 计算排架时，多台吊车的竖向荷载和水平荷载的标准值，应乘以表 6.2.2 中规定的折减系数。

表 6.2.2　多台吊车的荷载折减系数

参与组合的吊车台数	吊车工作级别	
	A1～A5	A6～A8
2	0.90	0.95
3	0.85	0.90
4	0.80	0.85

6.3 吊车荷载的动力系数

6.3.1 当计算吊车梁及其连接的承载力时，吊车竖向荷载应乘以动力系数。对悬挂吊车（包括电动葫芦）及工作级别 A1～A5 的软钩吊车，动力系数可取 1.05；对工作级别为 A6～A8 的软钩吊车、硬钩吊车和其他特种吊车，动力系数可取 1.1。

6.4 吊车荷载的组合值、频遇值及准永久值

6.4.1 吊车荷载的组合值系数、频遇值系数及准永久值系数可按表 6.4.1 中的规定采用。

表 6.4.1　吊车荷载的组合值系数、频遇值系数及准永久值系数

吊车工作级别		组合值系数 ψ_c	频遇值系数 ψ_f	准永久值系数 ψ_q
软钩吊车	工作级别 A1～A3	0.70	0.60	0.50
	工作级别 A4、A5	0.70	0.70	0.60
	工作级别 A6、A7	0.70	0.70	0.70
硬钩吊车及工作级别 A8 的软钩吊车		0.95	0.95	0.95

6.4.2 厂房排架设计时，在荷载准永久组合中可不考虑吊车荷载；但在吊车梁按正常使用极限状态设计时，宜采用吊车荷载的准永久值。

7 雪 荷 载

7.1 雪荷载标准值及基本雪压

7.1.1 屋面水平投影面上的雪荷载标准值应按下式计算：

$$s_k = \mu_r s_0 \qquad (7.1.1)$$

式中：s_k——雪荷载标准值（kN/m²）；
　　　μ_r——屋面积雪分布系数；
　　　s_0——基本雪压（kN/m²）。

7.1.2 基本雪压应采用按本规范规定的方法确定的 50 年重现期的雪压；对雪荷载敏感的结构，应采用 100 年重现期的雪压。

7.1.3 全国各城市的基本雪压值应按本规范附录 E 中表 E.5 重现期 R 为 50 年的值采用。当城市或建设地点的基本雪压值在本规范表 E.5 中没有给出时，基本雪压值应按本规范附录 E 规定的方法，根据当地年最大雪压或雪深资料，按基本雪压定义，通过统计分析确定，分析时应考虑样本数量的影响。当地没有雪压和雪深资料时，可根据附近地区规定的基本雪压或长期资料，通过气象和地形条件的对比分析确定；也可比照本规范附录 E 中附图 E.6.1 全国基本雪压分布图近似确定。

7.1.4 山区的雪荷载应通过实际调查后确定。当无实测资料时，可按当地邻近空旷平坦地面的雪荷载值乘以系数 1.2 采用。

7.1.5 雪荷载的组合值系数可取 0.7；频遇值系数可取 0.6；准永久值系数应按雪荷载分区 Ⅰ、Ⅱ 和 Ⅲ 的不同，分别取 0.5、0.2 和 0；雪荷载分区应按本规范附录 E.5 或附图 E.6.2 的规定采用。

7.2 屋面积雪分布系数

7.2.1 屋面积雪分布系数应根据不同类别的屋面形式，按表 7.2.1 采用。

表 7.2.1 屋面积雪分布系数

项次	类别	屋面形式及积雪分布系数 μ_r	备注
1	单跨单坡屋面	表格：α：≤25°、30°、35°、40°、45°、50°、55°、≥60°；μ_r：1.0、0.85、0.7、0.55、0.4、0.25、0.1、0	—
2	单跨双坡屋面	均匀分布的情况 μ_r；不均匀分布的情况 $0.75\mu_r$、$1.25\mu_r$	μ_r 按第 1 项规定采用
3	拱形屋面	均匀分布的情况 μ_r；不均匀分布的情况 $0.5\mu_{r,m}$、$\mu_{r,m}$；$\mu_r=l/(8f)$ $(0.4\leqslant\mu_r\leqslant1.0)$；$\mu_{r,m}=0.2+10f/l$ $(\mu_{r,m}\leqslant2.0)$	—
4	带天窗的坡屋面	均匀分布的情况 1.0；不均匀分布的情况 1.1、0.8、1.1	—
5	带天窗有挡风板的坡屋面	均匀分布的情况 1.0；不均匀分布的情况 1.0、1.4、0.8、1.4、1.0	—

项次	类别	屋面形式及积雪分布系数 μ_r	备注
6	多跨单坡屋面（锯齿形屋面）	均匀分布的情况 1.0 不均匀分布的情况1 0.6 1.4 0.6 1.4 0.6 1.4 $l/2$ $l/2$ 不均匀分布的情况2 2.0 μ_r 2.0 μ_r 2.0 μ_r $l/2$ $l/2$ α l l	μ_r 按第 1 项规定采用
7	双跨双坡或拱形屋面	均匀分布的情况 1.0 不均匀分布的情况1 μ_r 1.4 μ_r 不均匀分布的情况2 μ_r 2.0 μ_r f α l l	μ_r 按第 1 或 3 项规定采用
8	高低屋面	情况1: $\mu_{r,m}$ 1.0 1.0 a 1.0 $\mu_{r,m}$ 1.0 a 情况2: 1.0 2.0 1.0 a 1.0 2.0 a h b_1 b_2 b_1 $b_2<a$ $a=2h$（$4m<a<8m$） $\mu_{r,m}=(b_1+b_2)/2h$（$2.0\leqslant\mu_{r,m}\leqslant4.0$）	—
9	有女儿墙及其他突起物的屋面	$\mu_{r,m}$ μ_r $\mu_{r,m}$ a a h $a=2h$ $\mu_{r,m}=1.5h/s_0$（$1.0\leqslant\mu_{r,m}\leqslant2.0$）	—
10	大跨屋面（$l>$100m）	0.8μ_r 1.2μ_r 0.8μ_r $l/4$ $l/2$ $l/4$ l	1 还应同时考虑第 2 项、第 3 项的积雪分布； 2 μ_r 按第 1 或 3 项规定采用

注：1 第 2 项单跨双坡屋面仅当坡度 α 在 $20°\sim30°$ 范围时，可采用不均匀分布情况；

  2 第 4、5 项只适用于坡度 α 不大于 $25°$ 的一般工业厂房屋面；

  3 第 7 项双跨双坡或拱形屋面，当 α 不大于 $25°$ 或 f/l 不大于 0.1 时，只采用均匀分布情况；

  4 多跨屋面的积雪分布系数，可参照第 7 项的规定采用。

7.2.2 设计建筑结构及屋面的承重构件时，应按下列规定采用积雪的分布情况：

　　1 屋面板和檩条按积雪不均匀分布的最不利情况采用；

　　2 屋架和拱壳应分别按全跨积雪的均匀分布、不均匀分布和半跨积雪的均匀分布按最不利情况采用；

　　3 框架和柱可按全跨积雪的均匀分布情况采用。

8 风 荷 载

8.1 风荷载标准值及基本风压

8.1.1 垂直于建筑物表面上的风荷载标准值，应按下列规定确定：

　　1 计算主要受力结构时，应按下式计算：

$$w_k = \beta_z \mu_s \mu_z w_0 \qquad (8.1.1\text{-}1)$$

式中：w_k——风荷载标准值（kN/m^2）；

　　　　β_z——高度 z 处的风振系数；

　　　　μ_s——风荷载体型系数；

　　　　μ_z——风压高度变化系数；

　　　　w_0——基本风压（kN/m^2）。

　　2 计算围护结构时，应按下式计算：

$$w_k = \beta_{gz} \mu_{sl} \mu_z w_0 \qquad (8.1.1\text{-}2)$$

式中：β_{gz}——高度 z 处的阵风系数；

　　　　μ_{sl}——风荷载局部体型系数。

8.1.2 基本风压应采用按本规范规定的方法确定的 **50** 年重现期的风压，但不得小于 **0.3kN/m²**。对于高层建筑、高耸结构以及对风荷载比较敏感的其他结构，基本风压的取值应适当提高，并应符合有关结构设计规范的规定。

8.1.3 全国各城市的基本风压值应按本规范附录 E 中表 E.5 重现期 R 为 50 年的值采用。当城市或建设地点的基本风压值在本规范表 E.5 没有给出时，基本风压值应按本规范附录 E 规定的方法，根据基本风压的定义和当地年最大风速资料，通过统计分析确定，分析时应考虑样本数量的影响。当地没有风速资料时，可根据附近地区规定的基本风压或长期资料，通过气象和地形条件的对比分析确定；也可比照本规范附录 E 中附图 E.6.3 全国基本风压分布图近似确定。

8.1.4 风荷载的组合值系数、频遇值系数和准永久值系数可分别取 0.6、0.4 和 0.0。

8.2 风压高度变化系数

8.2.1 对于平坦或稍有起伏的地形，风压高度变化系数应根据地面粗糙度类别按表 8.2.1 确定。地面粗糙度可分为 A、B、C、D 四类：A 类指近海海面和海岛、海岸、湖岸及沙漠地区；B 类指田野、乡村、丛林、丘陵以及房屋比较稀疏的乡镇；C 类指有密集建筑群的城市市区；D 类指有密集建筑群且房屋较高的城市市区。

表 8.2.1 风压高度变化系数 μ_z

离地面或海平面高度（m）	地面粗糙度类别			
	A	B	C	D
5	1.09	1.00	0.65	0.51
10	1.28	1.00	0.65	0.51
15	1.42	1.13	0.65	0.51
20	1.52	1.23	0.74	0.51
30	1.67	1.39	0.88	0.51
40	1.79	1.52	1.00	0.60
50	1.89	1.62	1.10	0.69
60	1.97	1.71	1.20	0.77
70	2.05	1.79	1.28	0.84
80	2.12	1.87	1.36	0.91
90	2.18	1.93	1.43	0.98
100	2.23	2.00	1.50	1.04
150	2.46	2.25	1.79	1.33
200	2.64	2.46	2.03	1.58
250	2.78	2.63	2.24	1.81
300	2.91	2.77	2.43	2.02
350	2.91	2.91	2.60	2.22
400	2.91	2.91	2.76	2.40
450	2.91	2.91	2.91	2.58
500	2.91	2.91	2.91	2.74
≥550	2.91	2.91	2.91	2.91

8.2.2 对于山区的建筑物，风压高度变化系数除可按平坦地面的粗糙度类别由本规范表 8.2.1 确定外，还应考虑地形条件的修正，修正系数 η 应下列规定采用：

　　1 对于山峰和山坡，修正系数应按下列规定采用：

　　1) 顶部 B 处的修正系数可按下式计算：

$$\eta_B = \left[1 + \kappa \tan\alpha \left(1 - \frac{z}{2.5H} \right) \right]^2 \quad (8.2.2)$$

式中：$\tan\alpha$——山峰或山坡在迎风面一侧的坡度；当 $\tan\alpha$ 大于 0.3 时，取 0.3；

　　　　κ——系数，对山峰取 2.2，对山坡取 1.4；

　　　　H——山顶或山坡全高（m）；

　　　　z——建筑物计算位置离建筑物地面的高度（m）；当 $z > 2.5H$ 时，取 $z = 2.5H$。

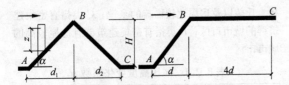

图 8.2.2 山峰和山坡的示意

2）其他部位的修正系数，可按图 8.2.2 所示，取 A、C 处的修正系数 η_A、η_C 为 1，AB 间和 BC 间的修正系数按 η 的线性插值确定。

2 对于山间盆地、谷地等闭塞地形，η 可在 0.75～0.85 选取。

3 对于与风向一致的谷口、山口，η 可在 1.20～1.50 选取。

8.2.3 对于远海海面和海岛的建筑物或构筑物，风压高度变化系数除可按 A 类粗糙度类别由本规范表 8.2.1 确定外，还应考虑表 8.2.3 中给出的修正系数。

表 8.2.3 远海海面和海岛的修正系数 η

距海岸距离（km）	η
＜40	1.0
40～60	1.0～1.1
60～100	1.1～1.2

8.3 风荷载体型系数

8.3.1 房屋和构筑物的风荷载体型系数，可按下列规定采用：

1 房屋和构筑物与表 8.3.1 中的体型类同时，可按表 8.3.1 的规定采用；

2 房屋和构筑物与表 8.3.1 中的体型不同时，可按有关资料采用；当无资料时，宜由风洞试验确定；

3 对于重要且体型复杂的房屋和构筑物，应由风洞试验确定。

表 8.3.1 风荷载体型系数

项次	类别	体型及体型系数 μ_s		备注
1	封闭式落地双坡屋面		α / μ_s : 0°→0.0; 30°→+0.2; ≥60°→+0.8	中间值按线性插值法计算
2	封闭式双坡屋面		α / μ_s : ≤15°→−0.6; 30°→0.0; ≥60°→+0.8	1　中间值按线性插值法计算； 2　μ_s 的绝对值不小于 0.1
3	封闭式落地拱形屋面		f/l / μ_s : 0.1→+0.1; 0.2→+0.2; 0.5→+0.6	中间值按线性插值法计算
4	封闭式拱形屋面		f/l / μ_s : 0.1→−0.8; 0.2→0.0; 0.5→+0.6	1　中间值按线性插值法计算； 2　μ_s 的绝对值不小于 0.1
5	封闭式单坡屋面			迎风坡面的 μ_s 按第 2 项采用

项次	类　别	体型及体型系数 μ_s	备　注
6	封闭式 高低双坡屋面	μ_s　−0.6　−0.2　−0.5 α　−0.6　−0.5 +0.8　−0.5　+0.8　−0.5	迎风坡面的 μ_s 按第 2 项采用
7	封闭式 带天窗 双坡屋面	−0.7 +0.6　−0.6 −0.2　−0.6 +0.8　−0.5	带天窗的拱形屋面可按照本图采用
8	封闭式 双跨双坡 屋面	μ_s　−0.5　−0.4　−0.4 α +0.8　−0.4	迎风坡面的 μ_s 按第 2 项采用
9	封闭式 不等高不 等跨的双 跨双坡 屋面	μ_s　−0.6　−0.6 α　−0.6　−0.4 +0.8　−0.4 μ_s　−0.6　−0.2　−0.5 α　−0.6 +0.8　−0.4	迎风坡面的 μ_s 按第 2 项采用
10	封闭式 不等高不 等跨的三 跨双坡 屋面	μ_{s1}　−0.2　−0.5 μ_s　−0.6　−0.5 α　h_1　h +0.8　−0.5　−0.4	1　迎风坡面的 μ_s 按第 2 项采用； 2　中跨上部迎风墙面的 μ_{s1} 按下式采用： $\mu_{s1}=0.6\,(1-2h_1/h)$ 当 $h_1=h$，取 $\mu_{s1}=-0.6$
11	封闭式 带天窗带坡的 双坡屋面	+0.6　−0.7　−0.6 −0.2　−0.5 +0.8　−0.5　+0.8　−0.2　+0.3　−0.6　−0.6 −0.5	—
12	封闭式 带天窗带双坡 的双坡屋面	+0.6　+0.3　−0.6　+0.6 −0.2　+0.7　−0.3　−0.6　−0.5 +0.8　−0.4	—
13	封闭式不等高 不等跨且中 跨带天窗的 三跨双坡屋面	+0.3　−0.6　+0.6 μ_{s1}　+0.3　−0.6 μ_s　−0.6 α　h_1　h +0.8　−0.5　−0.4	1　迎风坡面的 μ_s 按第 2 项采用； 2　中跨上部迎风墙面的 μ_{s1} 按下式采用： $\mu_{s1}=0.6(1-2h_1/h)$ 当 $h_1=h$，取 $\mu_{s1}=-0.6$
14	封闭式 带天窗的 双跨双坡 屋面	+0.6　−0.7　a　−0.6 −0.2　−0.5　μ_s　−0.5 +0.8　−0.4　h	迎风面第 2 跨的天窗面的 μ_s 下列规定采用： 1　当 $a\leqslant4h$，取 $\mu_s=0.2$； 2　当 $a>4h$，取 $\mu_s=0.6$

项次	类 别	体型及体型系数 μ_s	备 注
15	封闭式带女儿墙的双坡屋面	+1.3　0 +0.8　−0.5	当屋面坡度不大于15°时，屋面上的体型系数可按无女儿墙的屋面采用
16	封闭式带雨篷的双坡屋面	(a) μ_s −0.6 −0.3；+0.8 α −0.5 (b) −1.4 −0.9 −0.5；+0.8 −0.5	迎风坡面的 μ_s 按第2项采用
17	封闭式对立两个带雨篷的双坡屋面	μ_s −0.4 −0.3；+0.8 α −0.4；−0.2 −0.4 −0.5；+0.2 −0.3　s	1　本图适用于 s 为8m～20m范围内； 2　迎风坡面的 μ_s 按第2项采用
18	封闭式带下沉天窗的双坡屋面或拱形屋面	−0.8 −0.5；+0.8 [−1.2] −0.5	—
19	封闭式带下沉天窗的双跨双坡或拱形屋面	−0.8 −0.5 −0.4；+0.8 [−1.2] [−1.2] −0.4	—
20	封闭式带天窗挡风板的坡屋面	+0.4 +0.8 −0.7 −0.6 0；+0.3 +0.8 −0.8 −0.6 −0.5 −0.6	—
21	封闭式带天窗挡风板的双跨坡屋面	+0.4 +0.8 −0.7 −0.6 0 −0.6 +0.5 −0.6 −0.4 0；+0.3 +0.8 −0.8 −0.6 −0.6 −0.5 −0.4 −0.4	—
22	封闭式锯齿形屋面	μ_s −0.6 −0.5 −0.5 −0.4 0.4；+0.8 α (1)(2)(3)　−0.6 −0.6 −0.5 −0.5 −0.4 0.4 −0.4；+0.8 (1)(2)(3)	1　迎风坡面的 μ_s 按第2项采用； 2　齿面增多或减少时，可均匀地在(1)、(2)、(3)三个区段内调节
23	封闭式复杂多跨屋面	a a a −0.6 −0.7 −0.6 −0.7 −0.5 −0.5 −0.6 −0.5 −0.4；h +0.6 +0.6 −0.2 −0.2 −0.5 −0.5 −0.4；+0.8 −0.2 −0.6 −0.5 −0.5 −0.4 −0.4 −0.4	天窗面的 μ_s 按下列规定采用： 1　当 $a \leqslant 4h$ 时，取 μ_s =0.2； 2　当 $a > 4h$ 时，取 μ_s =0.6

项次	类　别	体型及体型系数 μ_s	备　注
24	靠山封闭式双坡屋面	(a) 本图适用于 $H_m/H \geqslant 2$ 及 $s/H = 0.2 \sim 0.4$ 的情况 体型系数 μ_s 按下表采用： 体型系数 μ_s 按下表采用：	—

体型系数 μ_s 按下表采用：

β	α	A	B	C	D	E
30°	15°	+0.9	−0.4	0.0	+0.2	−0.2
	30°	+0.9	+0.2	−0.2	−0.2	−0.3
	60°	+1.0	+0.7	−0.4	−0.2	−0.5
60°	15°	+1.0	+0.3	+0.4	+0.5	+0.4
	30°	+1.0	+0.4	+0.3	+0.4	+0.2
	60°	+1.0	+0.8	−0.3	0.0	−0.5
90°	15°	+1.0	+0.5	+0.7	+0.8	+0.6
	30°	+1.0	+0.6	+0.8	+0.9	+0.7
	60°	+1.0	+0.9	−0.1	+0.2	−0.4

(b)

体型系数 μ_s 按下表采用：

β	ABCD	E	A'B'C'D'	F
15°	−0.8	+0.9	−0.2	−0.2
30°	−0.9	+0.9	−0.2	−0.2
60°	−0.9	+0.9	−0.2	−0.2

25	靠山封闭式带天窗的双坡屋面	本图适用于 $H_m/H \geqslant 2$ 及 $s/H = 0.2 \sim 0.4$ 的情况 体型系数 μ_s 按下表采用：	—

β	A	B	C	D	D'	C'	B'	A'	E
30°	+0.9	+0.2	−0.6	−0.4	−0.3	−0.3	−0.3	−0.2	−0.5
60°	+0.9	+0.6	+0.1	+0.1	+0.2	+0.2	+0.2	+0.4	+0.1
90°	+1.0	+0.8	+0.6	+0.2	+0.6	+0.6	+0.6	+0.8	+0.6

26	单面开敞式双坡屋面	(a) 开口迎风　　(b) 开口背风	迎风坡面的 μ_s 按第 2 项采用

项次	类 别	体型及体型系数 μ_s	备 注
27	双面开敞及四面开敞式双坡屋面	**(a) 两端有山墙**　**(b) 四面开敞** μ_{s1}　α　μ_{s2} **体型系数 μ_s** 	α	μ_{s1}	μ_{s2}
---	---	---
$\leqslant 10°$	-1.3	-0.7
$30°$	$+1.6$	$+0.4$		1 中间值按线性插值法计算; 2 本图屋面对风作用敏感,风压时正时负,设计时应考虑 μ_s 值变号的情况; 3 纵向风荷载对屋面所引起的总水平力,当 $\alpha \geqslant 30°$ 时,为 $0.05Aw_h$;当 $\alpha < 30°$ 时,为 $0.10Aw_h$;其中,A 为屋面的水平投影面积,w_h 为屋面高度 h 处的风压; 4 当室内堆放物品或房屋处于山坡时,屋面吸力应增大,可按第 26 项(a)采用
28	前后纵墙半开敞双坡屋面	$\mu_s\ -0.3$　-0.8 $+0.5$　α　-0.8	1 迎风坡面的 μ_s 按第 2 项采用; 2 本图适用于墙的上部集中开敞面积 $\geqslant 10\%$ 且 $< 50\%$ 的房屋; 3 当开敞面积达 50% 时,背风墙面的系数改为 -1.1
29	单坡及双坡顶盖	(a) $\mu_{s1}\ \mu_{s2}$　$\mu_{s3}\ \mu_{s4}$ α　α | α	μ_{s1}	μ_{s2}	μ_{s3}	μ_{s4}
---	---	---	---	---
$\leqslant 10°$	-1.3	-0.5	$+1.3$	$+0.5$
$30°$	-1.4	-0.6	$+1.4$	$+0.6$ | (b) $\mu_{s1}\ \mu_{s2}$ α (c) $\mu_{s1}\ \mu_{s2}$ α | α	μ_{s1}	μ_{s2}
---	---	---
$\leqslant 10°$	$+1.0$	$+0.7$
$30°$	-1.6	-0.4		1 中间值按线性插值法计算; 2 (b)项体型系数按第 27 项采用; 3 (b)、(c)应考虑第 27 项注 2 和注 3
30	封闭式房屋和构筑物	**(a) 正多边形(包括矩形)平面** -0.7　　0　-0.5　$+0.4$　-0.7 $+0.8$ □ -0.5　0 ⬡ -0.5　$+0.8$ ⬡ -0.5 -0.7　　0　-0.5　$+0.4$　-0.7 　-0.7　　　　　　-0.5	—

项次	类　别	体型及体型系数 μ_s	备　注

30　封闭式房屋和构筑物

(b) Y形平面

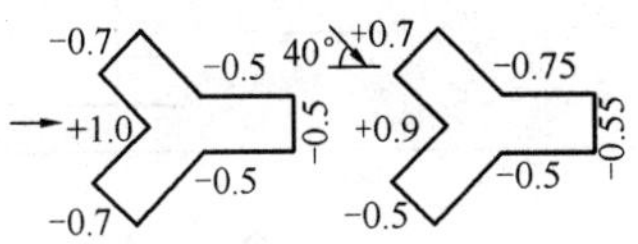

(c) L形平面　　(d) Π形平面

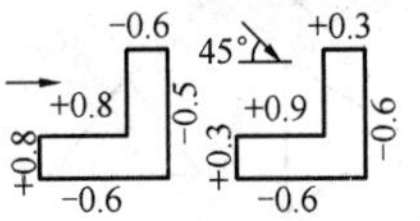

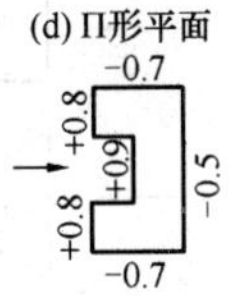

(e) 十字形平面　　(f) 截角三边形平面

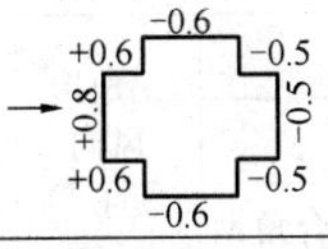

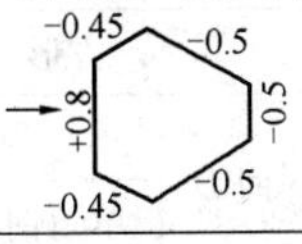

备注：—

31　高度超过45m的矩形截面高层建筑

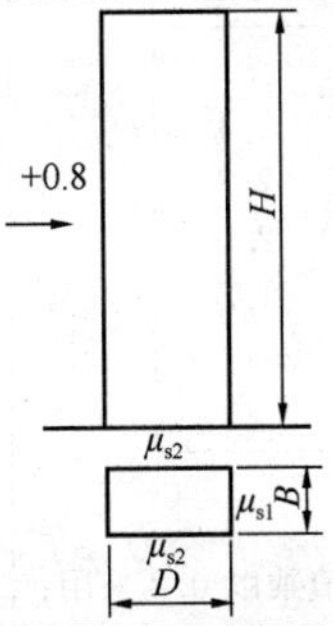

D/B	$\leqslant 1$	1.2	2	$\geqslant 4$
μ_{s1}	-0.6	-0.5	-0.4	-0.3
μ_{s2}	-0.7			

备注：—

32　各种截面的杆件

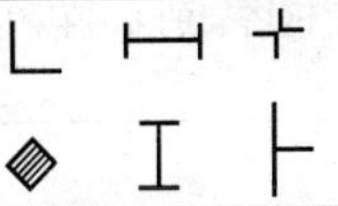

$\mu=+1.3$

备注：—

33　桁架

(a)

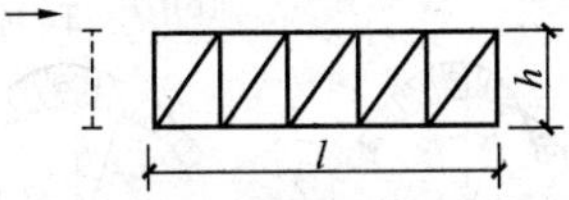

单榀桁架的体型系数

$$\mu_{st} = \phi\mu_s$$

式中：μ_s 为桁架构件的体型系数，对型钢杆件按第32项采用，对圆管杆件按第37（b）项采用；

$\phi = A_n/A$ 为桁架的挡风系数；

A_n 为桁架杆件和节点挡风的净投影面积；

$A = hl$ 为桁架的轮廓面积。

(b)

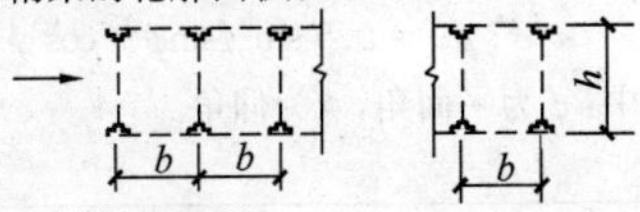

n 榀平行桁架的整体体型系数

$$\mu_{stw} = \mu_{st}\frac{1-\eta^n}{1-\eta}$$

式中：μ_{st} 为单榀桁架的体型系数；

η 系数按下表采用。

ϕ ＼ b/h	$\leqslant 1$	2	4	6
$\leqslant 0.1$	1.00	1.00	1.00	1.00
0.2	0.85	0.90	0.93	0.97
0.3	0.66	0.75	0.80	0.85
0.4	0.50	0.60	0.67	0.73
0.5	0.33	0.45	0.53	0.62
0.6	0.15	0.30	0.40	0.50

备注：—

项次	类别	体型及体型系数 μ_s	备注
34	独立墙壁及围墙	$\rightarrow$ $+1.3$	—
35	塔架	(a) 角钢塔架整体计算时的体型系数 μ_s 按下表采用。 (b) 管子及圆钢塔架整体计算时的体型系数 μ_s： 当 $\mu_z w_0 d^2$ 不大于 0.002 时，μ_s 按角钢塔架的 μ_s 值乘以 0.8 采用； 当 $\mu_z w_0 d^2$ 不小于 0.015 时，μ_s 按角钢塔架的 μ_s 值乘以 0.6 采用。	中间值按线性插值法计算
36	旋转壳顶	(a) $f/l > \dfrac{1}{4}$　　(b) $f/l \leqslant \dfrac{1}{4}$ $\mu_s = -\cos^2\phi$ $\mu_s = 0.5\sin^2\phi\sin\psi - \cos^2\phi$ 式中：ψ 为平面角，ϕ 为仰角。	—
37	圆截面构筑物（包括烟囱、塔桅等）	(a) 局部计算时表面分布的体型系数	1 (a) 项局部计算用表中的值适用于 $\mu_z w_0 d^2$ 大于 0.015 的表面光滑情况，其中 w_0 以 kN/m² 计，d 以 m 计。 2 (b) 项整体计算用表中的中间值按线性插值法计算；Δ 为表面凸出高度

项次 35 塔架 (a) 角钢塔架整体计算表：

挡风系数 ϕ	方形			三角形 风向 ③④⑤
	风向①	风向②		
		单角钢	组合角钢	
≤0.1	2.6	2.9	3.1	2.4
0.2	2.4	2.7	2.9	2.2
0.3	2.2	2.4	2.7	2.0
0.4	2.0	2.2	2.4	1.8
0.5	1.9	1.9	2.0	1.6

项次	类 别	体型及体型系数 μ_s	备 注

<table>
<tr><th>α</th><th>$H/d \geqslant 25$</th><th>$H/d=7$</th><th>$H/d=1$</th></tr>
<tr><td>0°</td><td>+1.0</td><td>+1.0</td><td>+1.0</td></tr>
<tr><td>15°</td><td>+0.8</td><td>+0.8</td><td>+0.8</td></tr>
<tr><td>30°</td><td>+0.1</td><td>+0.1</td><td>+0.1</td></tr>
<tr><td>45°</td><td>−0.9</td><td>−0.8</td><td>−0.7</td></tr>
<tr><td>60°</td><td>−1.9</td><td>−1.7</td><td>−1.2</td></tr>
<tr><td>75°</td><td>−2.5</td><td>−2.2</td><td>−1.5</td></tr>
<tr><td>90°</td><td>−2.6</td><td>−2.2</td><td>−1.7</td></tr>
<tr><td>105°</td><td>−1.9</td><td>−1.7</td><td>−1.2</td></tr>
<tr><td>120°</td><td>−0.9</td><td>−0.8</td><td>−0.7</td></tr>
<tr><td>135°</td><td>−0.7</td><td>−0.6</td><td>−0.5</td></tr>
<tr><td>150°</td><td>−0.6</td><td>−0.5</td><td>−0.4</td></tr>
<tr><td>165°</td><td>−0.6</td><td>−0.5</td><td>−0.4</td></tr>
<tr><td>180°</td><td>−0.6</td><td>−0.5</td><td>−0.4</td></tr>
</table>

37　圆截面构筑物（包括烟囱、塔桅等）

(b) 整体计算时的体型系数

$\mu_z w_0 d^2$	表面情况	$H/d \geqslant 25$	$H/d=7$	$H/d=1$
$\geqslant 0.015$	$\Delta \approx 0$	0.6	0.5	0.5
	$\Delta = 0.02d$	0.9	0.8	0.7
	$\Delta = 0.08d$	1.2	1.0	0.8
$\leqslant 0.002$		1.2	0.8	0.7

备注：
1 (a) 项局部计算用表中的值适用于 $\mu_z w_0 d^2$ 大于 0.015 的表面光滑情况，其中 w_0 以 kN/m² 计，d 以 m 计。
2 (b) 项整体计算用表中的中间值按线性插值法计算；Δ 为表面凸出高度

38　架空管道

(a) 上下双管

s/d	$\leqslant 0.25$	0.5	0.75	1.0	1.5	2.0	$\geqslant 3.0$
μ_s	+1.20	+0.90	+0.75	+0.70	+0.65	+0.63	+0.60

(b) 前后双管

s/d	$\leqslant 0.25$	0.5	1.5	3.0	4.0	6.0	8.0	$\geqslant 10.0$
μ_s	+0.68	+0.86	+0.94	+0.99	+1.08	+1.11	+1.14	+1.20

(c) 密排多管

$\mu_s = +1.4$

备注：
1 本图适用于 $\mu_z w_0 d^2 \geqslant 0.015$ 的情况；
2 (b) 项前后双管的 μ_s 值为前后两管之和，其中前管为 0.6；
3 (c) 项密排多管的 μ_s 值为各管之总和

项次	类别	体型及体型系数 μ_s	备注
39	拉索	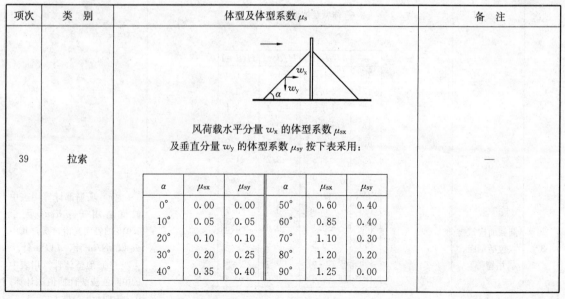 风荷载水平分量 w_x 的体型系数 μ_{sx} 及垂直分量 w_y 的体型系数 μ_{sy} 按下表采用：	—

α	μ_{sx}	μ_{sy}	α	μ_{sx}	μ_{sy}
0°	0.00	0.00	50°	0.60	0.40
10°	0.05	0.05	60°	0.85	0.40
20°	0.10	0.10	70°	1.10	0.30
30°	0.20	0.25	80°	1.20	0.20
40°	0.35	0.40	90°	1.25	0.00

8.3.2 当多个建筑物，特别是群集的高层建筑，相互间距较近时，宜考虑风力相互干扰的群体效应；一般可将单独建筑物的体型系数 μ_s 乘以相互干扰系数。相互干扰系数可按下列规定确定：

1 对矩形平面高层建筑，当单个施扰建筑与受扰建筑高度相近时，根据施扰建筑的位置，对顺风向风荷载可在 1.00～1.10 范围内选取，对横风向风荷载可在 1.00～1.20 范围内选取；

2 其他情况可比照类似条件的风洞试验资料确定，必要时宜通过风洞试验确定。

8.3.3 计算围护构件及其连接的风荷载时，可按下列规定采用局部体型系数 μ_{sl}：

1 封闭式矩形平面房屋的墙面及屋面可按表 8.3.3 的规定采用；

2 檐口、雨篷、遮阳板、边棱处的装饰条等突出构件，取 -2.0；

3 其他房屋和构筑物可按本规范第 8.3.1 条规定体型系数的 1.25 倍取值。

表 8.3.3 封闭式矩形平面房屋的局部体型系数

项次	类别	体型及局部体型系数	备注
1	封闭式矩形平面房屋的墙面	（图示见左）迎风面 1.0；侧面 S_a -1.4，S_b -1.0；背风面 -0.6	E 应取 $2H$ 和迎风宽度 B 中较小者
2	封闭式矩形平面房屋的双坡屋面	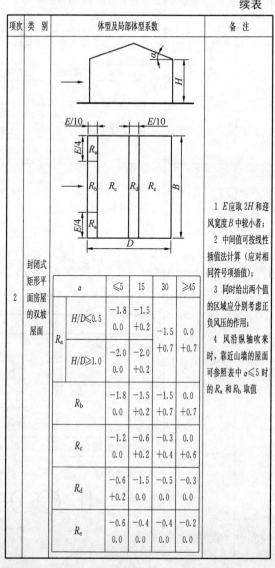（见下表）	1 E 应取 $2H$ 和迎风宽度 B 中较小者；2 中间值可按线性插值法计算（应对同符号项插值）；3 同时给出两个值的区域应分别考虑正负风压的作用；4 风沿纵轴吹来时，靠近山墙的屋面可参照表中 $a \leqslant 5$ 时的 R_a 和 R_b 取值

区域		a	$\leqslant 5$	15	30	$\geqslant 45$
R_a	$H/D \leqslant 0.5$		-1.8 0.0	-1.5 +0.2	-1.5 +0.7	0.0 +0.7
	$H/D \geqslant 1.0$		-2.0 0.0	-2.0 +0.2	-1.5 +0.7	0.0 +0.7
R_b			-1.8 0.0	-1.5 +0.2	-1.5 +0.7	0.0 +0.7
R_c			-1.2 0.0	-0.6 +0.2	-0.3 +0.4	0.0 +0.6
R_d			-0.6 +0.2	-1.5 0.0	-0.5 0.0	-0.3 0.0
R_e			-0.6 0.0	-0.4 0.0	-0.4 0.0	-0.2 0.0

项次	类别	体型及局部体型系数	备注
3	封闭式矩形平面房屋的单坡屋面		1 E 应取 $2H$ 和迎风宽度 B 中的较小者； 2 中间值可按线性插值法计算； 3 迎风坡面可参考第 2 项取值

α	$\leqslant 5$	15	30	$\geqslant 45$
R_a	-2.0	-2.5	-2.3	-1.2
R_b	-2.0	-2.0	-1.5	-0.5
R_c	-1.2	-1.2	-0.8	-0.5

8.3.4 计算非直接承受风荷载的围护构件风荷载时，局部体型系数 μ_{sl} 可按构件的从属面积折减，折减系数按下列规定采用：

1 当从属面积不大于 $1m^2$ 时，折减系数取 1.0；

2 当从属面积大于或等于 $25m^2$ 时，对墙面折减系数取 0.8，对局部体型系数绝对值大于 1.0 的屋面区域折减系数取 0.6，对其他屋面区域折减系数取 1.0；

3 当从属面积大于 $1m^2$ 小于 $25m^2$ 时，墙面和绝对值大于 1.0 的屋面局部体型系数可采用对数插值，即按下式计算局部体型系数：

$$\mu_{sl}(A) = \mu_{sl}(1) + [\mu_{sl}(25) - \mu_{sl}(1)]\log A / 1.4 \tag{8.3.4}$$

8.3.5 计算围护构件风荷载时，建筑物内部压力的局部体型系数可按下列规定采用：

1 封闭式建筑物，按其外表面风压的正负情况取 -0.2 或 0.2；

2 仅一面墙有主导洞口的建筑物，按下列规定采用：

1）当开洞率大于 0.02 且小于或等于 0.10 时，取 $0.4\mu_{sl}$；

2）当开洞率大于 0.10 且小于或等于 0.30 时，取 $0.6\mu_{sl}$；

3）当开洞率大于 0.30 时，取 $0.8\mu_{sl}$。

3 其他情况，应按开放式建筑物的 μ_{sl} 取值。

注：1 主导洞口的开洞率是指单个主导洞口面积与该墙面全部面积之比；

2 μ_{sl} 应取主导洞口对应位置的值。

8.3.6 建筑结构的风洞试验，其试验设备、试验方法和数据处理应符合相关规范的规定。

8.4 顺风向风振和风振系数

8.4.1 对于高度大于 30m 且高宽比大于 1.5 的房屋，以及基本自振周期 T_1 大于 0.25s 的各种高耸结构，应考虑风压脉动对结构产生顺风向风振的影响。顺风向风振响应应计算应按结构随机振动理论进行。对于符合本规范第 8.4.3 条规定的结构，可采用风振系数法计算其顺风向风荷载。

注：1 结构的自振周期应按结构动力学计算；近似的基本自振周期 T_1 可按附录 F 计算；

2 高层建筑顺风向风振加速度可按本规范附录 J 计算。

8.4.2 对于风敏感的或跨度大于 36m 的柔性屋盖结构，应考虑风压脉动对结构产生风振的影响。屋盖结构的风振响应，宜依据风洞试验结果按随机振动理论计算确定。

8.4.3 对于一般竖向悬臂型结构，例如高层建筑和构架、塔架、烟囱等高耸结构，均可仅考虑结构第一振型的影响，结构的顺风向风荷载可按公式（8.1.1-1）计算。z 高度处的风振系数 β_z 可按下式计算：

$$\beta_z = 1 + 2gI_{10}B_z\sqrt{1+R^2} \tag{8.4.3}$$

式中：g ——峰值因子，可取 2.5；

I_{10} ——10m 高度名义湍流强度，对应 A、B、C 和 D 类地面粗糙度，可分别取 0.12、0.14、0.23 和 0.39；

R ——脉动风荷载的共振分量因子；

B_z ——脉动风荷载的背景分量因子。

8.4.4 脉动风荷载的共振分量因子可按下列公式计算：

$$R = \sqrt{\frac{\pi}{6\zeta_1}\frac{x_1^2}{(1+x_1^2)^{4/3}}} \tag{8.4.4-1}$$

$$x_1 = \frac{30f_1}{\sqrt{k_w w_0}}, x_1 > 5 \tag{8.4.4-2}$$

式中：f_1 ——结构第 1 阶自振频率（Hz）；

k_w ——地面粗糙度修正系数，对 A 类、B 类、C 类和 D 类地面粗糙度分别取 1.28、1.0、0.54 和 0.26；

ζ_1 ——结构阻尼比，对钢结构可取 0.01，对有填充墙的钢结构房屋可取 0.02，对钢筋混凝土及砌体结构可取 0.05，对其他结构可根据工程经验确定。

8.4.5 脉动风荷载的背景分量因子确定：

1 对体型和质量沿高度均匀分布的高层建筑和高耸结构，可按下式计算：

$$B_z = kH^{a_1}\rho_x\rho_z\frac{\phi_1(z)}{\mu_z} \tag{8.4.5}$$

式中：$\phi_1(z)$——结构第1阶振型系数；

　　　　H——结构总高度（m），对A、B、C和D类地面粗糙度，H的取值分别不应大于300m、350m、450m和550m；

　　　　ρ_x——脉动风荷载水平方向相关系数；

　　　　ρ_z——脉动风荷载竖直方向相关系数；

　　　　k、a_1——系数，按表8.4.5-1取值。

表8.4.5-1　系数 k 和 a_1

粗糙度类别		A	B	C	D
高层	k	0.944	0.670	0.295	0.112
建筑	a_1	0.155	0.187	0.261	0.346
高耸	k	1.276	0.910	0.404	0.155
结构	a_1	0.186	0.218	0.292	0.376

　　2　对迎风面和侧风面的宽度沿高度按直线或接近直线变化，而质量沿高度按连续规律变化的高耸结构，式（8.4.5）计算的背景分量因子 B_z 应乘以修正系数 θ_B 和 θ_v。θ_B 为构筑物在 z 高度处的迎风面宽度 $B(z)$ 与底部宽度 $B(0)$ 的比值；θ_v 可按表8.4.5-2确定。

表8.4.5-2　修正系数 θ_v

$\dfrac{B(H)}{B(0)}$	1	0.9	0.8	0.7	0.6	0.5	0.4	0.3	0.2	≤0.1
θ_v	1.00	1.10	1.20	1.32	1.50	1.75	2.08	2.53	3.30	5.60

8.4.6　脉动风荷载的空间相关系数可按下列规定确定：

　　1　竖直方向的相关系数可按下式计算：

$$\rho_z = \frac{10\sqrt{H + 60e^{-H/60} - 60}}{H} \qquad (8.4.6-1)$$

式中：H——结构总高度（m）；对A、B、C和D类地面粗糙度，H的取值分别不应大于300m、350m、450m和550m。

　　2　水平方向相关系数可按下式计算：

$$\rho_x = \frac{10\sqrt{B + 50e^{-B/50} - 50}}{B} \qquad (8.4.6-2)$$

式中：B——结构迎风面宽度（m），$B \leqslant 2H$。

　　3　对迎风面宽度较小的高耸结构，水平方向相关系数可取 $\rho_x = 1$。

8.4.7　振型系数应根据结构动力计算确定。对外形、质量、刚度沿高度按连续规律变化的竖向悬臂型高耸结构及沿高度比较均匀的高层建筑，振型系数 $\phi_1(z)$ 也可根据相对高度 z/H 按本规范附录G确定。

8.5　横风向和扭转风振

8.5.1　对于横风向风振作用效应明显的高层建筑以及细长圆形截面构筑物，宜考虑横风向风振的影响。

8.5.2　横风向风振的等效风荷载可按下列规定采用：

　　1　对于平面或立面体型较复杂的高层建筑和高

耸结构，横风向风振的等效风荷载 w_{Lk} 宜通过风洞试验确定，也可比照有关资料确定；

　　2　对于圆形截面高层建筑及构筑物，其由跨临界强风共振（旋涡脱落）引起的横风向风振等效风荷载 w_{Lk} 可按本规范附录H.1确定；

　　3　对于矩形截面及凹角或削角矩形截面的高层建筑，其横风向风振等效风荷载 w_{Lk} 可按本规范附录H.2确定。

　　注：高层建筑横风向风振加速度可按本规范附录J计算。

8.5.3　对圆形截面的结构，应按下列规定对不同雷诺数 Re 的情况进行横风向风振（旋涡脱落）的校核：

　　1　当 $Re < 3 \times 10^5$ 且结构顶部风速 v_H 大于 v_{cr} 时，可发生亚临界的微风共振。此时，可在构造上采取防振措施，或控制结构的临界风速 v_{cr} 不小于 15m/s。

　　2　当 $Re \geqslant 3.5 \times 10^6$ 且结构顶部风速 v_H 的 1.2 倍大于 v_{cr} 时，可发生跨临界的强风共振，此时应考虑横风向风振的等效风荷载。

　　3　当雷诺数为 $3 \times 10^5 \leqslant Re < 3.5 \times 10^6$ 时，则发生超临界范围的风振，可不作处理。

　　4　雷诺数 Re 可按下列公式确定：

$$Re = 69000vD \qquad (8.5.3-1)$$

式中：v——计算所用风速，可取临界风速值 v_{cr}；

　　　　D——结构截面的直径（m），当结构的截面沿高度缩小时（倾斜度不大于0.02），可近似取2/3结构高度处的直径。

　　5　临界风速 v_{cr} 和结构顶部风速 v_H 可按下列公式确定：

$$v_{cr} = \frac{D}{T_i St} \qquad (8.5.3-2)$$

$$v_H = \sqrt{\frac{2000\mu_H w_0}{\rho}} \qquad (8.5.3-3)$$

式中：T_i——结构第 i 振型的自振周期，验算亚临界微风共振时取基本自振周期 T_1；

　　　　St——斯脱罗哈数，对圆截面结构取0.2；

　　　　μ_H——结构顶部风压高度变化系数；

　　　　w_0——基本风压（kN/m²）；

　　　　ρ——空气密度（kg/m³）。

8.5.4　对于扭转风振作用效应明显的高层建筑及高耸结构，宜考虑扭转风振的影响。

8.5.5　扭转风振等效风荷载可按下列规定采用：

　　1　对于体型较复杂以及质量或刚度有显著偏心的高层建筑，扭转风振等效风荷载 w_{Tk} 宜通过风洞试验确定，也可比照有关资料确定；

　　2　对于质量和刚度较对称的矩形截面高层建筑，其扭转风振等效风荷载 w_{Tk} 可按本规范附录H.3确定。

8.5.6　顺风向风荷载、横风向风振及扭转风振等效风荷载宜按表8.5.6考虑风荷载组合工况。表8.5.6

中的单位高度风力 F_{Dk}、F_{Lk} 及扭矩 T_{Tk} 标准值应按下列公式计算：

$$F_{Dk} = (w_{k1} - w_{k2})B \qquad (8.5.6\text{-}1)$$

$$F_{Lk} = w_{Lk}B \qquad (8.5.6\text{-}2)$$

$$T_{Tk} = w_{Tk}B^2 \qquad (8.5.6\text{-}3)$$

式中：F_{Dk}——顺风向单位高度风力标准值（kN/m）；

F_{Lk}——横风向单位高度风力标准值（kN/m）；

T_{Tk}——单位高度风致扭矩标准值（kN·m/m）；

w_{k1}、w_{k2}——迎风面、背风面风荷载标准值（kN/m²）；

w_{Lk}、w_{Tk}——横风向风振和扭转风振等效风荷载标准值（kN/m²）；

B——迎风面宽度（m）。

表 8.5.6　风荷载组合工况

工况	顺风向风荷载	横风向风振等效风荷载	扭转风振等效风荷载
1	F_{Dk}	—	—
2	$0.6F_{Dk}$	F_{Lk}	—
3	—	—	T_{Tk}

8.6　阵风系数

8.6.1　计算围护结构（包括门窗）风荷载时的阵风系数应按表 8.6.1 确定。

表 8.6.1　阵风系数 β_{gz}

离地面高度 (m)	地面粗糙度类别			
	A	B	C	D
5	1.65	1.70	2.05	2.40
10	1.60	1.70	2.05	2.40
15	1.57	1.66	2.05	2.40
20	1.55	1.63	1.99	2.40
30	1.53	1.59	1.90	2.40
40	1.51	1.57	1.85	2.29
50	1.49	1.55	1.81	2.20
60	1.48	1.54	1.78	2.14
70	1.48	1.52	1.75	2.09
80	1.47	1.51	1.73	2.04
90	1.46	1.50	1.71	2.01
100	1.46	1.50	1.69	1.98
150	1.43	1.47	1.63	1.87
200	1.42	1.45	1.59	1.79
250	1.41	1.43	1.57	1.74
300	1.40	1.42	1.54	1.70
350	1.40	1.41	1.53	1.67
400	1.40	1.41	1.51	1.64
450	1.40	1.41	1.50	1.62
500	1.40	1.41	1.50	1.60
550	1.40	1.41	1.50	1.59

9　温　度　作　用

9.1　一　般　规　定

9.1.1　温度作用应考虑气温变化、太阳辐射及使用热源等因素，作用在结构或构件上的温度作用应采用其温度的变化来表示。

9.1.2　计算结构或构件的温度作用效应时，应采用材料的线膨胀系数 α_T。常用材料的线膨胀系数可按表 9.1.2 采用。

表 9.1.2　常用材料的线膨胀系数 α_T

材　料	线膨胀系数 α_T（$\times 10^{-6}$/℃）
轻骨料混凝土	7
普通混凝土	10
砌体	6～10
钢，锻铁，铸铁	12
不锈钢	16
铝，铝合金	24

9.1.3　温度作用的组合值系数、频遇值系数和准永久值系数可分别取 0.6、0.5 和 0.4。

9.2　基　本　气　温

9.2.1　基本气温可采用按本规范附录 E 规定的方法确定的 50 年重现期的月平均最高气温 T_{max} 和月平均最低气温 T_{min}。全国各城市的基本气温值可按本规范附录 E 中表 E.5 采用。当城市或建设地点的基本气温值在本规范附录 E 中没有给出时，基本气温值可根据当地气象台站记录的气温资料，按附录 E 规定的方法通过统计分析确定。当地没有气温资料时，可根据附近地区规定的基本气温，通过气象和地形条件的对比分析确定；也可比照本规范附录 E 中图 E.6.4 和图 E.6.5 近似确定。

9.2.2　对金属结构等对气温变化较敏感的结构，宜考虑极端气温的影响，基本气温 T_{max} 和 T_{min} 可根据当地气候条件适当增加或降低。

9.3　均匀温度作用

9.3.1　均匀温度作用的标准值应按下列规定确定：

1　对结构最大温升的工况，均匀温度作用标准值按下式计算：

$$\Delta T_k = T_{s,max} - T_{0,min} \qquad (9.3.1\text{-}1)$$

式中：ΔT_k——均匀温度作用标准值（℃）；

$T_{s,max}$——结构最高平均温度（℃）；

$T_{0,min}$——结构最低初始平均温度（℃）。

2　对结构最大温降的工况，均匀温度作用标准值按下式计算：

$$\Delta T_k = T_{s,min} - T_{0,max} \qquad (9.3.1\text{-}2)$$

式中：$T_{s,min}$——结构最低平均温度（℃）；

$T_{0,max}$——结构最高初始平均温度（℃）。

9.3.2 结构最高平均温度 $T_{s,max}$ 和最低平均温度 $T_{s,min}$ 宜分别根据基本气温 T_{max} 和 T_{min} 按热工学的原理确定。对于有围护的室内结构，结构平均温度应考虑室内外温差的影响；对于暴露于室外的结构或施工期间的结构，宜依据结构的朝向和表面吸热性质考虑太阳辐射的影响。

9.3.3 结构的最高初始平均温度 $T_{0,max}$ 和最低初始平均温度 $T_{0,min}$ 应根据结构的合拢或形成约束的时间确定，或根据施工时结构可能出现的温度按不利情况确定。

10 偶 然 荷 载

10.1 一 般 规 定

10.1.1 偶然荷载应包括爆炸、撞击、火灾及其他偶然出现的灾害引起的荷载。本章规定仅适用于爆炸和撞击荷载。

10.1.2 当采用偶然荷载作为结构设计的主导荷载时，在允许结构出现局部构件破坏的情况下，应保证结构不致因偶然荷载引起连续倒塌。

10.1.3 偶然荷载的荷载设计值可直接取用按本章规定的方法确定的偶然荷载标准值。

10.2 爆 炸

10.2.1 由炸药、燃气、粉尘等引起的爆炸荷载宜按等效静力荷载采用。

10.2.2 在常规炸药爆炸动荷载作用下，结构构件的等效均布静力荷载标准值，可按下式计算：

$$q_{ce} = K_{dc} p_c \qquad (10.2.2)$$

式中：q_{ce}——作用在结构构件上的等效均布静力荷载标准值；

p_c——作用在结构构件上的均布动荷载最大压力，可按国家标准《人民防空地下室设计规范》GB 50038－2005 中第 4.3.2 条和第 4.3.3 条的有关规定采用；

K_{dc}——动力系数，根据构件在均布动荷载作用下的动力分析结果，按最大内力等效的原则确定。

注：其他原因引起的爆炸，可根据其等效 TNT 装药量，参考本条方法确定等效均布静力荷载。

10.2.3 对于具有通口板的房屋结构，当通口板面积 A_V 与爆炸空间体积 V 之比在 0.05～0.15 之间且体积 V 小于 1000m³ 时，燃气爆炸的等效均布静力荷载 p_k 可按下列公式计算并取其较大值：

$$p_k = 3 + p_V \qquad (10.2.3\text{-}1)$$

$$p_k = 3 + 0.5 p_V + 0.04 \left(\frac{A_V}{V}\right)^2 \qquad (10.2.3\text{-}2)$$

式中：p_V——通口板（一般指窗口的平板玻璃）的额定破坏压力（kN/m²）；

A_V——通口板面积（m²）；

V——爆炸空间的体积（m³）。

10.3 撞 击

10.3.1 电梯竖向撞击荷载标准值可在电梯总重力荷载的(4～6)倍范围内选取。

10.3.2 汽车的撞击荷载可按下列规定采用：

1 顺行方向的汽车撞击力标准值 P_k(kN) 可按下式计算：

$$P_k = \frac{mv}{t} \qquad (10.3.2)$$

式中：m——汽车质量（t），包括车自重和载重；

v——车速（m/s）；

t——撞击时间（s）。

2 撞击力计算参数 m、v、t 和荷载作用点位置宜按照实际情况采用；当无数据时，汽车质量可取 15t，车速可取 22.2m/s，撞击时间可取 1.0s，小型车和大型车的撞击力荷载作用点位置可分别位于路面以上 0.5m 和 1.5m 处。

3 垂直行车方向的撞击力标准值可取顺行方向撞击力标准值的 0.5 倍，二者可不考虑同时作用。

10.3.3 直升飞机非正常着陆的撞击荷载可按下列规定采用：

1 竖向等效静力撞击力标准值 P_k（kN）可按下式计算：

$$P_k = C\sqrt{m} \qquad (10.3.3)$$

式中：C——系数，取 3kN·kg$^{-0.5}$；

m——直升飞机的质量（kg）。

2 竖向撞击力的作用范围宜包括停机坪内任何区域以及停机坪边缘线 7m 之内的屋顶结构。

3 竖向撞击力的作用区域宜取 2m×2m。

附录 A 常用材料和构件的自重

表 A 常用材料和构件的自重表

项次	名 称		自重	备 注
1	木材 (kN/m³)	杉木	4.0	随含水率而不同
		冷杉、云杉、红松、华山松、樟子松、铁杉、拟赤杨、红椿、杨木、枫杨	4.0～5.0	随含水率而不同
		马尾松、云南松、油松、赤松、广东松、桤木、枫香、柳木、檫木、秦岭落叶松、新疆落叶松	5.0～6.0	随含水率而不同

项次	名称	自重	备注
1	木材(kN/m³) 东北落叶松、陆均松、榆木、桦木、水曲柳、苦楝、木荷、臭椿	6.0~7.0	随含水率而不同
	锥木(栲木)、石栎、槐木、乌墨	7.0~8.0	随含水率而不同
	青冈栎(槠木)、栎木(柞木)、桉树、木麻黄	8.0~9.0	随含水率而不同
	普通木板条、椽檩木料	5.0	随含水率而不同
	锯末	2.0~2.5	加防腐剂时为3kN/m³
	木丝板	4.0~5.0	—
	软木板	2.5	—
	刨花板	6.0	—
2	胶合板材(kN/m²) 胶合三夹板(杨木)	0.019	—
	胶合三夹板(椴木)	0.022	—
	胶合三夹板(水曲柳)	0.028	—
	胶合五夹板(杨木)	0.030	—
	胶合五夹板(椴木)	0.034	—
	胶合五夹板(水曲柳)	0.040	—
	甘蔗板(按10mm厚计)	0.030	常用厚度为13mm,15mm,19mm,25mm
	隔声板(按10mm厚计)	0.030	常用厚度为13mm,20mm
	木屑板(按10mm厚计)	0.120	常用厚度为6mm,10mm
3	金属矿产(kN/m³) 锻铁	77.5	—
	铁矿渣	27.6	—
	赤铁矿	25.0~30.0	—
	钢	78.5	—
	紫铜、赤铜	89.0	—
	黄铜、青铜	85.0	—
	硫化铜矿	42.0	—
	铝	27.0	—
	铝合金	28.0	—
	锌	70.5	—
	亚锌矿	40.5	—
	铅	114.0	—
	方铅矿	74.5	—
	金	193.0	—
	白金	213.0	—
	银	105.0	—

项次	名称	自重	备注
3	金属矿产(kN/m³) 锡	73.5	—
	镍	89.0	—
	水银	136.0	—
	钨	189.0	—
	镁	18.5	—
	锑	66.6	—
	水晶	29.5	—
	硼砂	17.5	—
	硫矿	20.5	—
	石棉矿	24.6	—
	石棉	10.0	压实
	石棉	4.0	松散,含水量不大于15%
	石垩(高岭土)	22.0	—
	石膏矿	25.5	—
	石膏	13.0~14.5	粗块堆放$\varphi=30°$ 细块堆放$\varphi=40°$
	石膏粉	9.0	—
4	土、砂、砂砾、岩石(kN/m³) 腐殖土	15.0~16.0	干,$\varphi=40°$;湿,$\varphi=35°$;很湿,$\varphi=25°$
	黏土	13.5	干,松,空隙比为1.0
	黏土	16.0	干,$\varphi=40°$,压实
	黏土	18.0	湿,$\varphi=35°$,压实
	黏土	20.0	很湿,$\varphi=25°$,压实
	砂土	12.2	干,松
	砂土	16.0	干,$\varphi=35°$,压实
	砂土	18.0	湿,$\varphi=35°$,压实
	砂土	20.0	很湿,$\varphi=25°$,压实
	砂土	14.0	干,细砂
	砂土	17.0	干,粗砂
	卵石	16.0~18.0	干
	黏土夹卵石	17.0~18.0	干,松
	砂夹卵石	15.0~17.0	干,松
	砂夹卵石	16.0~19.2	干,压实
	砂夹卵石	18.9~19.2	湿
	浮石	6.0~8.0	干

项次	名　称	自重	备　注
4 土、砂、砂砾、岩石（kN/m³）	浮石填充料	4.0～6.0	—
	砂岩	23.6	
	页岩	28.0	
	页岩	14.8	片石堆置
	泥灰石	14.0	$\varphi=40°$
	花岗岩、大理石	28.0	
	花岗岩	15.4	片石堆置
	石灰石	26.4	
	石灰石	15.2	片石堆置
	贝壳石灰岩	14.0	
	白云石	16.0	片石堆置 $\varphi=48°$
	滑石	27.1	
	火石（燧石）	35.2	—
	云斑石	27.6	
	玄武岩	29.5	—
	长石	25.5	
	角闪石、绿石	30.0	—
	角闪石、绿石	17.1	片石堆置
	碎石子	14.0～15.0	堆置
	岩粉	16.0	黏土质或石灰质的
	多孔黏土	5.0～8.0	作填充料用，$\varphi=35°$
	硅藻土填充料	4.0～6.0	—
	辉绿岩板	29.5	
5 砖及砌块（kN/m³）	普通砖	18.0	240mm×115mm×53mm（684块/m³）
	普通砖	19.0	机器制
	缸砖	21.0～21.5	230mm×110mm×65mm（609块/m³）
	红缸砖	20.4	
	耐火砖	19.0～22.0	230mm×110mm×65mm（609块/m³）
	耐酸瓷砖	23.0～25.0	230mm×113mm×65mm（590块/m³）
	灰砂砖	18.0	砂∶白灰＝92∶8
	煤渣砖	17.0～18.5	—
	矿渣砖	18.5	硬矿渣∶烟灰∶石灰＝75∶15∶10
	焦渣砖	12.0～14.0	—
	烟灰砖	14.0～15.0	炉渣∶电石渣∶烟灰＝30∶40∶30

项次	名　称	自重	备　注
5 砖及砌块（kN/m³）	黏土坯	12.0～15.0	—
	锯末砖	9.0	—
	焦渣空心砖	10.0	290mm×290mm×140mm（85块/m³）
	水泥空心砖	9.8	290mm×290mm×140mm（85块/m³）
	水泥空心砖	10.3	300mm×250mm×110mm（121块/m³）
	水泥空心砖	9.6	300mm×250mm×160mm（83块/m³）
	蒸压粉煤灰砖	14.0～16.0	干重度
	陶粒空心砌块	5.0	长600mm、400mm，宽150mm、250mm，高250mm、200mm
		6.0	390mm×290mm×190mm
	粉煤灰轻渣空心砌块	7.0～8.0	390mm×190mm×190mm，390mm×240mm×190mm
	蒸压粉煤灰加气混凝土砌块	5.5	—
	混凝土空心小砌块	11.8	390mm×190mm×190mm
	碎砖	12.0	堆置
	水泥花砖	19.8	200mm×200mm×24mm（1042块/m³）
	瓷面砖	17.8	150mm×150mm×8mm（5556块/m³）
	陶瓷马赛克	0.12kN/m²	厚5mm
6 石灰、水泥、灰浆及混凝土（kN/m³）	生石灰块	11.0	堆置，$\varphi=30°$
	生石灰粉	12.0	堆置，$\varphi=35°$
	熟石灰膏	13.5	—
	石灰砂浆、混合砂浆	17.0	
	水泥石灰焦渣砂浆	14.0	
	石灰炉渣	10.0～12.0	
	水泥炉渣	12.0～14.0	
	石灰焦渣砂浆	13.0	
	灰土	17.5	石灰∶土＝3∶7，夯实
	稻草石灰泥	16.0	—
	纸筋石灰泥	16.0	
	石灰锯末	3.4	石灰∶锯末＝1∶3
	石灰三合土	17.5	石灰、砂子、卵石
	水泥	12.5	轻质松散，$\varphi=20°$
	水泥	14.5	散装，$\varphi=30°$

项次	名　称		自重	备　注
6	石灰、水泥、灰浆及混凝土（kN/m³）	水泥	16.0	袋装压实，$\varphi=40°$
		矿渣水泥	14.5	—
		水泥砂浆	20.0	—
		水泥蛭石砂浆	5.0~8.0	—
		石棉水泥浆	19.0	—
		膨胀珍珠岩砂浆	7.0~15.0	—
		石膏砂浆	12.0	—
		碎砖混凝土	18.5	—
		素混凝土	22.0~24.0	振捣或不振捣
		矿渣混凝土	20.0	—
		焦渣混凝土	16.0~17.0	承重用
		焦渣混凝土	10.0~14.0	填充用
		铁屑混凝土	28.0~65.0	—
		浮石混凝土	9.0~14.0	—
		沥青混凝土	20.0	—
		无砂大孔性混凝土	16.0~19.0	—
		泡沫混凝土	4.0~6.0	—
		加气混凝土	5.5~7.5	单块
		石灰粉煤灰加气混凝土	6.0~6.5	—
		钢筋混凝土	24.0~25.0	—
		碎砖钢筋混凝土	20.0	—
		钢丝网水泥	25.0	用于承重结构
		水玻璃耐酸混凝土	20.0~23.5	—
		粉煤灰陶砾混凝土	19.5	—
7	沥青、煤灰、油料（kN/m³）	石油沥青	10.0~11.0	根据相对密度
		柏油	12.0	—
		煤沥青	13.4	—
		煤焦油	10.0	—
		无烟煤	15.5	整体
		无烟煤	9.5	块状堆放，$\varphi=30°$
		无烟煤	8.0	碎状堆放，$\varphi=35°$
		煤末	7.0	堆放，$\varphi=15°$
		煤球	10.0	堆放
		褐煤	12.5	—
		褐煤	7.0~8.0	堆放
		泥炭	7.5	—
		泥炭	3.2~3.4	堆放
		木炭	3.0~5.0	—
		煤焦	12.0	—

项次	名　称	自重	备　注
7	沥青、煤灰、油料（kN/m³）		
	煤焦	7.0	堆放，$\varphi=45°$
	焦渣	10.0	—
	煤灰	6.5	—
	煤灰	8.0	压实
	石墨	20.8	—
	煤蜡	9.0	—
	油蜡	9.6	—
	原油	8.8	—
	煤油	8.0	—
	煤油	7.2	桶装，相对密度0.82~0.89
	润滑油	7.4	—
	汽油	6.7	—
	汽油	6.4	桶装，相对密度0.72~0.76
	动物油、植物油	9.3	—
	豆油	8.0	大铁桶装，每桶360kg
8	杂项（kN/m³） 普通玻璃	25.6	—
	钢丝玻璃	26.0	—
	泡沫玻璃	3.0~5.0	—
	玻璃棉	0.5~1.0	作绝缘层填充料用
	岩棉	0.5~2.5	—
	沥青玻璃棉	0.8~1.0	导热系数0.035~0.047[W/(m·K)]
	玻璃棉板（管套）	1.0~1.5	—
	玻璃钢	14.0~22.0	—
	矿渣棉	1.2~1.5	松散，导热系数0.031~0.044[W/(m·K)]
	矿渣棉制品（板、砖、管）	3.5~4.0	导热系数0.047~0.07[W/(m·K)]
	沥青矿渣棉	1.2~1.6	导热系数0.041~0.052[W/(m·K)]
	膨胀珍珠岩粉料	0.8~2.5	干，松散，导热系数0.052~0.076[W/(m·K)]
	水泥珍珠岩制品、憎水珍珠岩制品	3.5~4.0	强度1N/m²；导热系数0.058~0.081[W/(m·K)]
	膨胀蛭石	0.8~2.0	导热系数0.052~0.07[W/(m·K)]
	沥青蛭石制品	3.5~4.5	导热系数0.81~0.105[W/(m·K)]

项次	名称		自重	备注
8	杂项 (kN/m³)	水泥蛭石制品	4.0~6.0	导热系数0.093~0.14[W/(m·K)]
		聚氯乙烯板(管)	13.6~16.0	
		聚苯乙烯泡沫塑料	0.5	导热系数不大于0.035[W/(m·K)]
		石棉板	13.0	含水率不大于3%
		乳化沥青	9.8~10.5	—
		软性橡胶	9.30	
		白磷	18.30	
		松香	10.70	
		磁	24.00	
		酒精	7.85	100%纯
		酒精	6.60	桶装,相对密度0.79~0.82
		盐酸	12.00	浓度40%
		硝酸	15.10	浓度91%
		硫酸	17.90	浓度87%
		火碱	17.00	浓度60%
		氯化铵	7.50	袋装堆放
		尿素	7.50	袋装堆放
		碳酸氢铵	8.00	袋装堆放
		水	10.00	温度4℃密度最大时
		冰	8.96	
		书籍	5.00	书架藏置
		道林纸	10.00	—
		报纸	7.00	—
		宣纸类	4.00	—
		棉花、棉纱	4.00	压紧平均重量
		稻草	1.20	—
		建筑碎料(建筑垃圾)	15.00	—
9	食品 (kN/m³)	稻谷	6.00	$\varphi=35°$
		大米	8.50	散放
		豆类	7.50~8.00	$\varphi=20°$
		豆类	6.80	袋装
		小麦	8.00	$\varphi=25°$
		面粉	7.00	—
		玉米	7.80	$\varphi=28°$
		小米、高粱	7.00	散装
		小米、高粱	6.00	袋装

项次	名称	自重	备注
9	食品 (kN/m³)		
	芝麻	4.50	袋装
	鲜果	3.50	散装
	鲜果	3.00	箱装
	花生	2.00	袋装带壳
	罐头	4.50	箱装
	酒、酱、油、醋	4.00	成瓶箱装
	豆饼	9.00	圆饼放置,每块28kg
	矿盐	10.0	成块
	盐	8.60	细粒散放
	盐	8.10	袋装
	砂糖	7.50	散装
	砂糖	7.00	袋装
10	砌体 (kN/m³)		
	浆砌细方石	26.4	花岗石,方整石块
	浆砌细方石	25.6	石灰石
	浆砌细方石	22.4	砂岩
	浆砌毛方石	24.8	花岗石,上下面大致平整
	浆砌毛方石	24.0	石灰石
	浆砌毛方石	20.8	砂岩
	干砌毛石	20.8	花岗石,上下面大致平整
	干砌毛石	20.0	石灰石
	干砌毛石	17.6	砂岩
	浆砌普通砖	18.0	—
	浆砌机砖	19.0	—
	浆砌缸砖	21.0	—
	浆砌耐火砖	22.0	—
	浆砌矿渣砖	21.0	—
	浆砌焦渣砖	12.5~14.0	—
	土坯砖砌体	16.0	—
	黏土砖空斗砌体	17.0	中填碎瓦砾,一眠一斗
	黏土砖空斗砌体	13.0	全斗
	黏土砖空斗砌体	12.5	不能承重
	黏土砖空斗砌体	15.0	能承重
	粉煤灰泡沫砌块砌体	8.0~8.5	粉煤灰:电石渣废石膏=74:22:4
	三合土	17.0	灰:砂:土=1:1:9~1:1:4

项次	名　　称		自重	备　注
11	隔墙与墙面（kN/m²）	双面抹灰板条隔墙	0.9	每面抹灰厚16～24mm，龙骨在内
		单面抹灰板条隔墙	0.5	灰厚16～24mm，龙骨在内
		C形轻钢龙骨隔墙	0.27	两层12mm纸面石膏板，无保温层
			0.32	两层12mm纸面石膏板，中填岩棉保温板50mm
			0.38	三层12mm纸面石膏板，无保温层
			0.43	三层12mm纸面石膏板，中填岩棉保温板50mm
			0.49	四层12mm纸面石膏板，无保温层
			0.54	四层12mm纸面石膏板，中填岩棉保温板50mm
		贴瓷砖墙面	0.50	包括水泥砂浆打底，共厚25mm
		水泥粉刷墙面	0.36	20mm厚，水泥粗砂
		水磨石墙面	0.55	25mm厚，包括打底
		水刷石墙面	0.50	25mm厚，包括打底
		石灰粗砂粉刷	0.34	20mm厚
		刷假石墙面	0.50	25mm厚，包括打底
		外墙拉毛墙面	0.70	包括25mm水泥砂浆打底
12	屋架、门窗（kN/m²）	木屋架	$0.07+0.007l$	按屋面水平投影面积计算，跨度l以m计算
		钢屋架	$0.12+0.011l$	无天窗，包括支撑，按屋面水平投影面积计算，跨度l以m计算
		木框玻璃窗	0.20～0.30	—
		钢框玻璃窗	0.40～0.45	—
		木门	0.10～0.20	—
		钢铁门	0.40～0.45	—

项次	名　　称	自重	备　注
13	屋顶（kN/m²）　黏土平瓦屋面	0.55	按实际面积计算，下同
	水泥平瓦屋面	0.50～0.55	—
	小青瓦屋面	0.90～1.10	—
	冷摊瓦屋面	0.50	—
	石板瓦屋面	0.46	厚6.3mm
	石板瓦屋面	0.71	厚9.5mm
	石板瓦屋面	0.96	厚12.1mm
	麦秸泥灰顶	0.16	以10mm厚计
	石棉板瓦	0.18	仅瓦自重
	波形石棉瓦	0.20	1820mm×725mm×8mm
	镀锌薄钢板	0.05	24号
	瓦楞铁	0.05	26号
	彩色钢板波形瓦	0.12～0.13	0.6mm厚彩色钢板
	拱形彩色钢板屋面	0.30	包括保温及灯具重0.15kN/m²
	有机玻璃屋面	0.06	厚1.0mm
	玻璃屋顶	0.30	9.5mm夹丝玻璃，框架自重在内
	玻璃砖顶	0.65	框架自重在内
	油毡防水层（包括改性沥青防水卷材）	0.05	一层油毡刷油两遍
		0.25～0.30	四层做法，一毡二油上铺小石子
		0.30～0.35	六层做法，二毡三油上铺小石子
		0.35～0.40	八层做法，三毡四油上铺小石子
	捷罗克防水层	0.10	厚8mm
	屋顶天窗	0.35～0.40	9.5mm夹丝玻璃，框架自重在内
14	顶棚（kN/m²）　钢丝网抹灰吊顶	0.45	—
	麻刀灰板条顶棚	0.45	吊木在内，平均灰厚20mm
	砂子灰板条顶棚	0.55	吊木在内，平均灰厚25mm
	苇箔抹灰顶棚	0.48	吊木龙骨在内
	松木板顶棚	0.25	吊木在内
	三夹板顶棚	0.18	吊木在内
	马粪纸顶棚	0.15	吊木及盖缝条在内
	木丝板吊顶棚	0.26	厚25mm，吊木及盖缝条在内

项次	名　称		自重	备　注
14 顶棚 (kN/m²)	木丝板吊顶棚		0.29	厚30mm，吊木及盖缝条在内
	隔声纸板顶棚		0.17	厚10mm，吊木及盖缝条在内
	隔声纸板顶棚		0.18	厚13mm，吊木及盖缝条在内
	隔声纸板顶棚		0.20	厚20mm，吊木及盖缝条在内
	V形轻钢龙骨吊顶		0.12	一层9mm纸面石膏板，无保温层
			0.17	二层9mm纸面石膏板，有厚50mm的岩棉板保温层
			0.20	二层9mm纸面石膏板，无保温层
			0.25	二层9mm纸面石膏板，有厚50mm的岩棉板保温层
	V形轻钢龙骨及铝合金龙骨吊顶		0.10~0.12	一层矿棉吸声板厚15mm，无保温层
	顶棚上铺焦渣锯末绝缘层		0.20	厚50mm焦渣、锯末按1∶5混合
15 地面 (kN/m²)	地板格栅		0.20	仅格栅自重
	硬木地板		0.20	厚25mm，剪刀撑、钉子等自重在内，不包括格栅自重
	松木地板		0.18	—
	小瓷砖地面		0.55	包括水泥粗砂打底
	水泥花砖地面		0.60	砖厚25mm，包括水泥粗砂打底
	水磨石地面		0.65	10mm面层，20mm水泥砂浆打底
	油地毡		0.02~0.03	油地毡，地板表面用
	木块地面		0.70	加防腐油膏铺砌厚76mm
	菱苦土地面		0.28	厚20mm
	铸铁地面		4.00~5.00	60mm碎石垫层，60mm面层
	缸砖地面		1.70~2.10	60mm砂垫层，53mm棉层，平铺
	缸砖地面		3.30	60mm砂垫层，115mm棉层，侧铺
	黑砖地面		1.50	砂垫层，平铺

项次	名　称		自重	备　注
16 建筑用压型钢板 (kN/m²)	单波型 V-300(S-30)		0.120	波高173mm，板厚0.8mm
	双波型 W-500		0.110	波高130mm，板厚0.8mm
	三波型 V-200		0.135	波高70mm，板厚1mm
	多波型 V-125		0.065	波高35mm，板厚0.6mm
	多波型 V-115		0.079	波高35mm，板厚0.6mm
17 建筑墙板 (kN/m²)	彩色钢板金属幕墙板		0.11	两层，彩色钢板厚0.6mm，聚苯乙烯芯材厚25mm
	金属绝热材料(聚氨酯)复合板		0.14	板厚40mm，钢板厚0.6mm
			0.15	板厚60mm，钢板厚0.6mm
			0.16	板厚80mm，钢板厚0.6mm
	彩色钢板夹聚苯乙烯保温板		0.12~0.15	两层，彩色钢板厚0.6mm，聚苯乙烯芯材板厚(50~250)mm
	彩色钢板岩棉夹心板		0.24	板厚100mm，两层彩色钢板，Z型龙骨岩棉芯材
			0.25	板厚120mm，两层彩色钢板，Z型龙骨岩棉芯材
	GRC增强水泥聚苯复合保温板		1.13	—
	GRC空心隔墙板		0.30	长(2400~2800)mm，宽600mm，厚60mm
	GRC内隔墙板		0.35	长(2400~2800)mm，宽600mm，厚60mm
	轻质GRC保温板		0.14	3000mm×600mm×60mm
	轻质GRC空心隔墙板		0.17	3000mm×600mm×60mm
	轻质大型墙板(太空板系列)		0.70~0.90	6000mm×1500mm×120mm，高强水泥发泡芯材

项次	名 称			自重	备 注
17	建筑墙板 (kN/m²)	轻质条型墙板(太空板系列)	厚度80mm	0.40	标准规格 3000mm ×1000(1200、1500) mm高强水泥发泡
			厚度100mm	0.45	芯材，按不同檩距及荷载配有不同钢骨架及冷拔钢丝网
			厚度120mm	0.50	
		GRC墙板		0.11	厚10mm
		钢丝网岩棉夹芯复合板 (GY板)		1.10	岩棉芯材厚50mm，双面钢丝网水泥砂浆各厚25mm
		硅酸钙板		0.08	板厚6mm
				0.10	板厚8mm
				0.12	板厚10mm
		泰柏板		0.95	板厚10mm，钢丝网片夹聚苯乙烯保温层，每面抹水泥砂浆层20mm
		蜂窝复合板		0.14	厚75mm
		石膏珍珠岩空心条板		0.45	长(2500~3000)mm，宽600mm，厚60mm
		加强型水泥石膏聚苯保温板		0.17	3000mm×600mm ×60mm
		玻璃幕墙		1.00~1.50	一般可按单位面积玻璃自重增大 20% ~30%采用

附录 B 消防车活荷载考虑覆土厚度影响的折减系数

B.0.1 当考虑覆土对楼面消防车活荷载的影响时，可对楼面消防车活荷载标准值进行折减，折减系数可按表 B.0.1、表 B.0.2 采用。

表 B.0.1 单向板楼盖楼面消防车活荷载折减系数

折算覆土厚度 $\bar{s}$ (m)	楼板跨度（m）		
	2	3	4
0	1.00	1.00	1.00
0.5	0.94	0.94	0.94
1.0	0.88	0.88	0.88
1.5	0.82	0.81	0.81
2.0	0.70	0.70	0.71
2.5	0.56	0.60	0.62
3.0	0.46	0.51	0.54

表 B.0.2 双向板楼盖楼面消防车活荷载折减系数

折算覆土厚度 $\bar{s}$ (m)	楼板跨度（m）			
	3×3	4×4	5×5	6×6
0	1.00	1.00	1.00	1.00
0.5	0.95	0.96	0.99	1.00
1.0	0.88	0.93	0.98	1.00
1.5	0.79	0.83	0.93	1.00
2.0	0.67	0.72	0.81	0.92
2.5	0.57	0.62	0.70	0.81
3.0	0.48	0.54	0.61	0.71

B.0.2 板顶折算覆土厚度 $\bar{s}$ 应按下式计算：

$$\bar{s} = 1.43 s \tan\theta \qquad (B.0.2)$$

式中：s——覆土厚度（m）；

θ——覆土应力扩散角，不大于 45°。

附录 C 楼面等效均布活荷载的确定方法

C.0.1 楼面（板、次梁及主梁）的等效均布活荷载，应在其设计控制部位上，根据需要按内力、变形及裂缝的等值要求来确定。在一般情况下，可仅按内力的等值来确定。

C.0.2 连续梁、板的等效均布活荷载，可按单跨简支计算。但计算内力时，仍应按连续考虑。

C.0.3 由于生产、检修、安装工艺以及结构布置的不同，楼面活荷载差别较大时，应划分区域分别确定等效均布活荷载。

C.0.4 单向板上局部荷载（包括集中荷载）的等效均布活荷载可按下列规定计算：

1 等效均布活荷载 q_e 可按下式计算：

$$q_e = \frac{8M_{max}}{bl^2} \qquad (C.0.4-1)$$

式中：l——板的跨度；

b——板上荷载的有效分布宽度，按本附录 C.0.5 确定；

M_{max}——简支单向板的绝对最大弯矩，按设备的最不利布置确定。

2 计算 M_{max} 时，设备荷载应乘以动力系数，并扣去设备在该板跨内所占面积上由操作荷载引起的弯矩。

C.0.5 单向板上局部荷载的有效分布宽度 b，可按下列规定计算：

1 当局部荷载作用面的长边平行于板跨时，简支板上荷载的有效分布宽度 b 为（图 C.0.5-1）：

当 $b_{cx} \geq b_{cy}$，$b_{cy} \leq 0.6l$，$b_{cx} \leq l$ 时：

$$b = b_{cy} + 0.7l \qquad (C.0.5-1)$$

当 $b_{cx} \geq b_{cy}$，$0.6l < b_{cy} \leq l$，$b_{cx} \leq l$ 时：

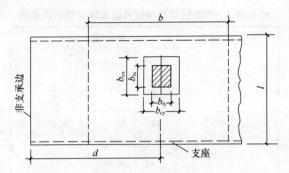

图 C.0.5-1 简支板上局部荷载的有效分布宽度
（荷载作用面的长边平行于板跨）

$$b = 0.6b_{cy} + 0.94l \qquad (C.0.5-2)$$

2 当荷载作用面的长边垂直于板跨时，简支板上荷载的有效分布宽度 b 按下列规定确定（图 C.0.5-2）：

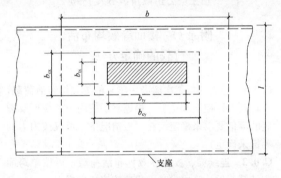

图 C.0.5-2 简支板上局部荷载的有效分布宽度
（荷载作用面的长边垂直于板跨）

1） 当 $b_{cx} < b_{cy}$，$b_{cy} \leqslant 2.2l$，$b_{cx} \leqslant l$ 时：

$$b = \frac{2}{3}b_{cy} + 0.73l \qquad (C.0.5-3)$$

2） 当 $b_{cx} < b_{cy}$，$b_{cy} > 2.2l$，$b_{cx} \leqslant l$ 时：

$$b = b_{cy} \qquad (C.0.5-4)$$

式中：l——板的跨度；

b_{cx}、b_{cy}——荷载作用面平行和垂直于板跨的计算宽度，分别取 $b_{cx} = b_{tx} + 2s + h$，$b_{cy} = b_{ty} + 2s + h$。其中 b_{tx} 为荷载作用面平行于板跨的宽度，b_{ty} 为荷载作用面垂直于板跨的宽度，s 为垫层厚度，h 为板的厚度。

3 当局部荷载作用在板的非支承边附近，即 $d < \frac{b}{2}$ 时（图 C.0.5-1），荷载的有效分布宽度应予折减，可按下式计算：

$$b' = \frac{b}{2} + d \qquad (C.0.5-5)$$

式中：b'——折减后的有效分布宽度；

d——荷载作用面中心至非支承边的距离。

4 当两个局部荷载相邻且 $e < b$ 时（图 C.0.5-3），荷载的有效分布宽度应予折减，可按下式计算：

$$b' = \frac{b}{2} + \frac{e}{2} \qquad (C.0.5-6)$$

式中：e——相邻两个局部荷载的中心间距。

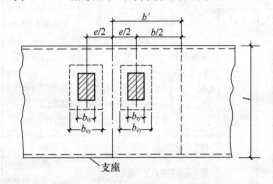

图 C.0.5-3 相邻两个局部荷载的有效分布宽度

5 悬臂板上局部荷载的有效分布宽度（图 C.0.5-4）按下式计算：

$$b = b_{cy} + 2x \qquad (C.0.5-7)$$

式中：x——局部荷载作用面中心至支座的距离。

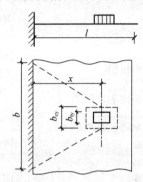

图 C.0.5-4 悬臂板上局部荷载的有效分布宽度

C.0.6 双向板的等效均布荷载可按与单向板相同的原则，按四边简支板的绝对最大弯矩等值来确定。

C.0.7 次梁（包括槽形板的纵肋）上的局部荷载应按下列规定确定等效均布活荷载：

1 等效均布活荷载应取按弯矩和剪力等效的均布活荷载中的较大者，按弯矩和剪力等效的均布活荷载分别按下列公式计算：

$$q_{eM} = \frac{8M_{max}}{sl^2} \qquad (C.0.7-1)$$

$$q_{eV} = \frac{2V_{max}}{sl} \qquad (C.0.7-2)$$

式中：s——次梁间距；

l——次梁跨度；

M_{max}、V_{max}——简支次梁的绝对最大弯矩与最大剪力，按设备的最不利布置确定。

2 按简支梁计算 M_{max} 与 V_{max} 时，除了直接传给次梁的局部荷载外，还应考虑邻近板面传来的活荷载（其中设备荷载应考虑动力影响，并扣除设备所占面积上的操作荷载），以及两侧相邻次梁卸荷作用。

C.0.8 当荷载分布比较均匀时，主梁上的等效均布活荷载可由全部荷载总和除以全部受荷面积求得。

C.0.9 柱、基础上的等效均布活荷载，在一般情况下，可取与主梁相同。

附录 D 工业建筑楼面活荷载

D.0.1 一般金工车间、仪器仪表生产车间、半导体器件车间、棉纺织车间、轮胎厂准备车间和粮食加工车间的楼面等效均布活荷载，可按表 D.0.1-1～表 D.0.1-6 采用。

表 D.0.1-1 金工车间楼面均布活荷载

序号	项目	标准值（kN/m²）				组合值系数 ψ_c	频遇值系数 ψ_f	准永久值系数 ψ_q	代表性机床型号
		板		次梁（肋）					
		板跨≥1.2m	板跨≥2.0m	梁间距≥1.2m	梁间距≥2.0m	主梁				
1	一类金工	22.0	14.0	14.0	10.0	9.0	1.00	0.95	0.85	CW6180、X53K、X63W、B690、M1080、Z35A

续表

序号	项目	标准值（kN/m²）				组合值系数 ψ_c	频遇值系数 ψ_f	准永久值系数 ψ_q	代表性机床型号
		板		次梁（肋）					
		板跨≥1.2m	板跨≥2.0m	梁间距≥1.2m	梁间距≥2.0m	主梁				
2	二类金工	18.0	12.0	12.0	9.0	8.0	1.00	0.95	0.85	C6163、X52K、X62W、B6090、M1050A、Z3040
3	三类金工	16.0	10.0	10.0	8.0	7.0	1.00	0.95	0.85	C6140、X51K、X61W、B6050、M1040、Z3025
4	四类金工	12.0	8.0	8.0	6.0	5.0	1.00	0.95	0.85	C6132、X50A、X60W、B635-1、M1010、Z32K

注：1 表列荷载适用于单向支承的现浇梁板及预制槽形板等楼面结构，对于槽形板，表列板跨系指槽形板纵肋间距。
2 表列荷载不包括隔墙和吊顶自重。
3 表列荷载考虑了安装、检修和正常使用情况下的设备（包括动力影响）和操作荷载。
4 设计墙、柱、基础时，表列楼面活荷载可采用与设计主梁相同的荷载。

表 D.0.1-2 仪器仪表生产车间楼面均布活荷载

序号	车间名称		标准值（kN/m²）				组合值系数 ψ_c	频遇值系数 ψ_f	准永久值系数 ψ_q	附注
			板		次梁（肋）	主梁				
			板跨≥1.2m	板跨≥2.0m						
1	光学车间	光学加工	7.0	5.0	5.0	4.0	0.80	0.80	0.70	代表性设备 H015 研磨机、ZD-450 型及 GZD300 型镀膜机、Q8312 型透镜抛光机
2		较大型光学仪器装配	7.0	5.0	5.0	4.0	0.80	0.80	0.70	代表性设备 C0502A 精整车床，万能工具显微镜
3		一般光学仪器装配	4.0	4.0	4.0	3.0	0.70	0.70	0.60	产品在桌面上装配
4		较大型光学仪器装配	7.0	5.0	5.0	4.0	0.80	0.80	0.70	产品在楼面上装配
5		一般光学仪器装配	4.0	4.0	4.0	3.0	0.70	0.70	0.60	产品在桌面上装配
6		小模数齿轮加工，晶体元件（宝石）加工	7.0	5.0	5.0	4.0	0.80	0.80	0.70	代表性设备 YM3680 滚齿机，宝石平面磨床
7	车间仓库	一般仪器仓库	4.0	4.0	4.0	3.0	1.0	0.95	0.85	—
		较大型仪器仓库	7.0	7.0	7.0	6.0	1.0	0.95	0.85	—

注：见表 D.0.1-1 注。

表 D.0.1-3 半导体器件车间楼面均布活荷载

序号	车间名称	标准值（kN/m²）					组合值系数 ψ_c	频遇值系数 ψ_f	准永久值系数 ψ_q	代表性设备单件自重（kN）
		板		次梁（肋）		主梁				
		板跨≥1.2m	板跨≥2.0m	梁间距≥1.2m	梁间距≥2.0m					
1	半导体器件车间	10.0	8.0	8.0	6.0	5.0	1.0	0.95	0.85	14.0～18.0
2		8.0	6.0	6.0	5.0	4.0	1.0	0.95	0.85	9.0～12.0
3		6.0	5.0	5.0	4.0	3.0	1.0	0.95	0.85	4.0～8.0
4		4.0	4.0	3.0	3.0	3.0	1.0	0.95	0.85	≤3.0

注：见表 D.0.1-1 注。

表 D. 0. 1-4　棉纺织造车间楼面均布活荷载

序号	车间名称	标准值（kN/m²）					组合值系数 ψ_c	频遇值系数 ψ_f	准永久值系数 ψ_q	代表性设备
		板		次梁（肋）		主梁				
		板跨 ≥1.2m	板跨 ≥2.0m	梁间距 ≥1.2m	梁间距 ≥2.0m					
1	梳棉间	12.0	8.0	10.0	7.0	5.0	0.8	0.8	0.7	FA201，203
		15.0	10.0	12.0	8.0					FA221A
2	粗纱间	8.0 (15.0)	6.0 (10.0)	6.0 (8.0)	5.0	4.0				FA401，415A，421TJEA458A
3	细纱间 络筒间	6.0 (10.0)	5.0	5.0	5.0	4.0				FA705，506，507A GA013，015ESPERO
4	捻线间整经间	8.0	6.0	6.0	5.0	4.0	0.8	0.8	0.7	FAT05，721，762 ZC-L-180 D3-1000-180
5	织布间	有梭织机	12.5	6.5	6.5	5.5	4.4				GA615-150 GA615-180
		剑杆织机	18.0	9.0	10.0	6	4.5				GA731-190，733-190 TP600-200 SOMET-190

注：括号内的数值仅用于粗纱机机头部位局部楼面。

表 D. 0. 1-5　轮胎厂准备车间楼面均布活荷载

序号	车间名称	标准值（kN/m²）				组合值系数 ψ_c	频遇值系数 ψ_f	准永久值系数 ψ_q	代表性设备
		板		次梁（肋）	主梁				
		板跨≥1.2m	板跨≥2.0m						
1	准备车间	14.0	14.0	12.0	10.0	1.0	0.95	0.85	炭黑加工投料
2		10.0	8.0	8.0	6.0	1.0	0.95	0.85	化工原料加工配合、密炼机炼胶

注：1 密炼机检修用的电葫芦荷载未计入，设计时应另行考虑。
　　2 炭黑加工投料活荷载系考虑兼作炭黑仓库使用的情况，若不兼作仓库时，上述荷载应予降低。
　　3 见表 D. 0. 1-1 注。

表 D. 0. 1-6　粮食加工车间楼面均布活荷载

序号	车间名称	标准值（kN/m²）						主梁	组合值系数 ψ_c	频遇值系数 ψ_f	准永久值系数 ψ_q	代表性设备
		板			次梁							
		板跨 ≥2.0m	板跨 ≥2.5m	板跨 ≥3.0m	梁间距 ≥2.0m	梁间距 ≥2.5m	梁间距 ≥3.0m					
1	面粉厂	拉丝车间	14.0	12.0	12.0	12.0	12.0	12.0	12.0				JMN10 拉丝机
2		磨子间	12.0	10.0	9.0	10.0	9.0	8.0	9.0				MF011 磨粉机
3		麦间及制粉车间	5.0	5.0	4.0	5.0	4.0	4.0	4.0				SX011 振动筛 GF031 擦麦机 GF011 打麦机
4		吊平筛的顶层	2.0	2.0	2.0	6.0	6.0	6.0	6.0	1.0	0.95	0.85	SL011 平筛
5		洗麦车间	14.0	12.0	10.0	10.0	9.0	9.0	9.0				洗麦机
6	米厂	砻谷机及碾米车间	7.0	6.0	5.0	5.0	4.0	4.0	4.0				LG309 胶辊砻谷机
7		清理车间	4.0	3.0	3.0	4.0	3.0	3.0	3.0				组合清理筛

注：1 当拉丝车间不可能满布磨辊时，主梁活荷载可按 10kN/m² 采用。
　　2 吊平筛的顶层荷载系按设备吊在梁下考虑的。
　　3 米厂清理车间采用 SX011 振动筛时，等效均布活荷载可按面粉厂麦间的规定采用。
　　4 见表 D. 0. 1-1 注。

附录 E 基本雪压、风压和温度的确定方法

E.1 基本雪压

E.1.1 在确定雪压时，观察场地应符合下列规定：

1 观察场地周围的地形为空旷平坦；

2 积雪的分布保持均匀；

3 设计项目地点应在观察场地的地形范围内，或它们具有相同的地形；

4 对于积雪局部变异特别大的地区，以及高原地形的山区，应予以专门调查和特殊处理。

E.1.2 雪压样本数据应符合下列规定：

1 雪压样本数据应采用单位水平面积上的雪重（kN/m²）；

2 当气象台站有雪压记录时，应直接采用雪压数据计算基本雪压；当无雪压记录时，可采用积雪深度和密度按下式计算雪压 s：

$$s = h\rho g \qquad (E.1.2)$$

式中：h——积雪深度，指从积雪表面到地面的垂直深度（m）；

ρ——积雪密度（t/m³）；

g——重力加速度，9.8m/s²。

3 雪密度随积雪深度、积雪时间和当地的地理气候条件等因素的变化有较大幅度的变异，对于无雪压直接记录的台站，可按地区的平均雪密度计算雪压。

E.1.3 历年最大雪压数据按每年 7 月份到次年 6 月份间的最大雪压采用。

E.1.4 基本雪压按 E.3 中规定的方法进行统计计算，重现期应取 50 年。

E.2 基本风压

E.2.1 在确定风压时，观察场地应符合下列规定：

1 观测场地及周围应为空旷平坦的地形；

2 能反映本地区较大范围内的气象特点，避免局部地形和环境的影响。

E.2.2 风速观测数据资料应符合下述要求：

1 应采用自记式风速仪记录的 10min 平均风速资料，对于以往非自记的定时观测资料，应通过适当修正后加以采用。

2 风速仪标准高度应为 10m；当观测的风速仪高度与标准高度相差较大时，可按下式换算到标准高度的风速 v：

$$v = v_z \left(\frac{10}{z}\right)^\alpha \qquad (E.2.2)$$

式中：z——风速仪实际高度（m）；

v_z——风速仪观测风速（m/s）；

α——空旷平坦地区地面粗糙度指数，取 0.15。

3 使用风杯式测风仪时，必须考虑空气密度受温度、气压影响的修正。

E.2.3 选取年最大风速数据时，一般应有 25 年以上的风速资料；当无法满足时，风速资料不宜少于 10 年。观测数据应考虑其均一性，对不均一数据应结合周边气象站状况等作合理性订正。

E.2.4 基本风压应按下列规定确定：

1 基本风压 w_0 应根据基本风速按下式计算：

$$w_0 = \frac{1}{2}\rho v_0^2 \qquad (E.2.4-1)$$

式中：v_0——基本风速；

ρ——空气密度（t/m³）。

2 基本风速 v_0 应按本规范附录 E.3 中规定的方法进行统计计算，重现期应取 50 年。

3 空气密度 ρ 可按下列规定采用：

1）空气密度 ρ 可按下式计算：

$$\rho = \frac{0.001276}{1 + 0.00366t}\left(\frac{p - 0.378p_{vap}}{100000}\right) \qquad (E.2.4-2)$$

式中：t——空气温度（℃）；

p——气压（Pa）；

p_{vap}——水汽压（Pa）。

2）空气密度 ρ 也可根据所在地的海拔高度按下式近似估算：

$$\rho = 0.00125e^{-0.0001z} \qquad (E.2.4-3)$$

式中 z——海拔高度（m）。

E.3 雪压和风速的统计计算

E.3.1 雪压和风速的统计样本均应采用年最大值，并采用极值 I 型的概率分布，其分布函数应为：

$$F(x) = \exp\{-\exp[-\alpha(x-u)]\} \qquad (E.3.1-1)$$

$$\alpha = \frac{1.28255}{\sigma} \qquad (E.3.1-2)$$

$$u = \mu - \frac{0.57722}{\alpha} \qquad (E.3.1-3)$$

式中：x——年最大雪压或年最大风速样本；

u——分布的位置参数，即其分布的众值；

α——分布的尺度参数；

σ——样本的标准差；

μ——样本的平均值。

E.3.2 当由有限样本 n 的均值 $\bar{x}$ 和标准差 σ_1 作为 μ 和 σ 的近似估计时，分布参数 u 和 α 应按下列公式计算：

$$\alpha = \frac{C_1}{\sigma_1} \qquad (E.3.2-1)$$

$$u = \bar{x} - \frac{C_2}{\alpha} \qquad (E.3.2-2)$$

式中：C_1、C_2——系数，按表 E.3.2 采用。

n	C_1	C_2	n	C_1	C_2
10	0.9497	0.4952	60	1.17465	0.55208
15	1.02057	0.5182	70	1.18536	0.55477
20	1.06283	0.52355	80	1.19385	0.55688
25	1.09145	0.53086	90	1.20649	0.5586
30	1.11238	0.53622	100	1.20649	0.56002
35	1.12847	0.54034	250	1.24292	0.56878
40	1.14132	0.54362	500	1.2588	0.57240
45	1.15185	0.54630	1000	1.26851	0.57450
50	1.16066	0.54853	∞	1.28255	0.57722

E.3.3　重现期为 R 的最大雪压和最大风速 x_R 可按下式确定:

$$x_R = u - \frac{1}{\alpha}\ln\left[\ln\left(\frac{R}{R-1}\right)\right] \quad (E.3.3)$$

E.3.4　全国各城市重现期为 10 年、50 年和 100 年的雪压和风压值可按表 E.5 采用,其他重现期 R 的相应值可根据 10 年和 100 年的雪压和风压值按下式确定:

$$x_R = x_{10} + (x_{100} - x_{10})(\ln R/\ln 10 - 1)$$
$$(E.3.4)$$

E.4　基本气温

E.4.1　气温是指在气象台站标准百叶箱内测量所得按小时定时记录的温度。

E.4.2　基本气温根据当地气象台站历年记录所得的最高温度月的月平均最高气温值和最低温度月的月平均最低气温值资料,经统计分析确定。月平均最高气温和月平均最低气温可假定其服从极值 I 型分布,基本气温取极值分布中平均重现期为 50 年的值。

E.4.3　统计分析基本气温时,选取的月平均最高气温和月平均最低气温资料一般应取最近 30 年的数据;当无法满足时,不宜少于 10 年的资料。

E.5　全国各城市的雪压、风压和基本气温

表 E.5　全国各城市的雪压、风压和基本气温

省市名	城市名	海拔高度(m)	风压(kN/m²)			雪压(kN/m²)			基本气温(℃)		雪荷载准永久值系数分区
			$R=10$	$R=50$	$R=100$	$R=10$	$R=50$	$R=100$	最低	最高	
北京	北京市	54.0	0.30	0.45	0.50	0.25	0.40	0.45	−13	36	Ⅱ
天津	天津市	3.3	0.30	0.50	0.60	0.25	0.40	0.45	−12	35	Ⅱ
	塘沽	3.2	0.40	0.55	0.65	0.20	0.35	0.40	−12	35	Ⅱ
上海	上海市	2.8	0.40	0.55	0.60	0.10	0.20	0.25	−4	36	Ⅲ
重庆	重庆市	259.1	0.25	0.40	0.45	—	—	—	1	37	—
	奉节	607.3	0.25	0.35	0.45	0.20	0.35	0.40	−1	35	Ⅲ
	梁平	454.6	0.20	0.30	0.35	—	—	—	−1	36	—
	万州	186.7	0.20	0.35	0.45	—	—	—	0	38	—
	涪陵	273.5	0.20	0.30	0.35	—	—	—	1	37	—
	金佛山	1905.9	—	—	—	0.35	0.50	0.60	−10	25	Ⅱ
河北	石家庄市	80.5	0.25	0.35	0.40	0.20	0.30	0.35	−11	36	Ⅱ
	蔚县	909.5	0.20	0.30	0.35	0.20	0.30	0.35	−24	33	Ⅱ
	邢台市	76.8	0.20	0.30	0.35	0.25	0.35	0.40	−10	36	Ⅱ
	丰宁	659.7	0.30	0.40	0.45	0.15	0.25	0.30	−22	33	Ⅱ
	围场	842.8	0.35	0.45	0.50	0.20	0.30	0.35	−23	32	Ⅱ
	张家口市	724.2	0.35	0.55	0.60	0.15	0.20	0.25	−18	34	Ⅱ
	怀来	536.8	0.25	0.35	0.40	0.15	0.20	0.25	−17	35	Ⅱ

省市名	城 市 名	海拔高度(m)	风压(kN/m²)			雪压(kN/m²)			基本气温(℃)		雪荷载准永久值系数分区
			R=10	R=50	R=100	R=10	R=50	R=100	最低	最高	
河北	承德市	377.2	0.30	0.40	0.45	0.20	0.30	0.35	−19	35	Ⅱ
	遵化	54.9	0.30	0.40	0.45	0.25	0.40	0.50	−18	35	Ⅱ
	青龙	227.2	0.25	0.30	0.35	0.25	0.40	0.45	−19	34	Ⅱ
	秦皇岛市	2.1	0.35	0.45	0.50	0.15	0.25	0.30	−15	33	Ⅱ
	霸县	9.0	0.25	0.40	0.45	0.20	0.30	0.35	−14	36	Ⅱ
	唐山市	27.8	0.30	0.40	0.45	0.20	0.35	0.40	−15	35	Ⅱ
	乐亭	10.5	0.30	0.40	0.45	0.25	0.40	0.45	−16	34	Ⅱ
	保定市	17.2	0.30	0.40	0.45	0.20	0.35	0.40	−12	36	Ⅱ
	饶阳	18.9	0.30	0.35	0.40	0.20	0.30	0.35	−14	36	Ⅱ
	沧州市	9.6	0.30	0.40	0.45	0.20	0.30	0.35	—	—	Ⅱ
	黄骅	6.6	0.30	0.40	0.45	0.20	0.30	0.35	−13	36	Ⅱ
	南宫市	27.4	0.25	0.35	0.40	0.15	0.25	0.30	−13	37	Ⅱ
山西	太原市	778.3	0.30	0.40	0.45	0.25	0.35	0.40	−16	34	Ⅱ
	右玉	1345.8	—	—	—	0.20	0.30	0.35	−29	31	Ⅱ
	大同市	1067.2	0.35	0.55	0.65	0.15	0.25	0.30	−22	32	Ⅱ
	河曲	861.5	0.30	0.50	0.60	0.20	0.30	0.35	−24	35	Ⅱ
	五寨	1401.0	0.30	0.40	0.45	0.20	0.25	0.30	−25	31	Ⅱ
	兴县	1012.6	0.25	0.45	0.55	0.20	0.25	0.30	−19	34	Ⅱ
	原平	828.2	0.30	0.50	0.60	0.20	0.30	0.35	−19	34	Ⅱ
	离石	950.8	0.30	0.45	0.50	0.20	0.30	0.35	−19	34	Ⅱ
	阳泉市	741.9	0.30	0.40	0.45	0.20	0.35	0.40	−13	34	Ⅱ
	榆社	1041.4	0.20	0.30	0.35	0.20	0.30	0.35	−17	33	Ⅱ
	隰县	1052.7	0.25	0.35	0.40	0.20	0.30	0.35	−16	34	Ⅱ
	介休	743.9	0.25	0.40	0.45	0.20	0.30	0.35	−15	35	Ⅱ
	临汾市	449.5	0.25	0.40	0.45	0.15	0.25	0.30	−14	37	Ⅱ
	长治县	991.8	0.30	0.50	0.60	—	—	—	−15	32	Ⅱ
	运城市	376.0	0.30	0.45	0.50	0.15	0.25	0.30	−11	38	Ⅱ
	阳城	659.5	0.30	0.45	0.50	0.20	0.30	0.35	−12	34	Ⅱ
内蒙古	呼和浩特市	1063.0	0.35	0.55	0.60	0.25	0.40	0.45	−23	33	Ⅱ
	额右旗拉布达林	581.4	0.35	0.50	0.55	0.35	0.45	0.50	−41	30	Ⅰ
	牙克石市图里河	732.6	0.30	0.40	0.45	0.40	0.60	0.70	−42	28	Ⅰ
	满洲里市	661.7	0.50	0.65	0.70	0.20	0.30	0.35	−35	30	Ⅰ
	海拉尔市	610.2	0.45	0.65	0.75	0.35	0.45	0.50	−38	30	Ⅰ
	鄂伦春小二沟	286.1	0.30	0.40	0.45	0.40	0.50	0.55	−40	31	Ⅰ
	新巴尔虎右旗	554.2	0.45	0.60	0.65	0.25	0.40	0.45	−32	32	Ⅰ
	新巴尔虎左旗阿木古朗	642.0	0.40	0.55	0.60	0.25	0.35	0.40	−34	31	Ⅰ
	牙克石市博克图	739.7	0.40	0.55	0.60	0.35	0.55	0.65	−31	28	Ⅰ

省市名	城 市 名	海拔高度(m)	风压(kN/m²)			雪压(kN/m²)			基本气温(℃)		雪荷载准永久值系数分区
			R=10	R=50	R=100	R=10	R=50	R=100	最低	最高	
内蒙古	扎兰屯市	306.5	0.30	0.40	0.45	0.35	0.55	0.65	−28	32	Ⅰ
	科右翼前旗阿尔山	1027.4	0.35	0.50	0.55	0.45	0.60	0.70	−37	27	Ⅰ
	科右翼前旗索伦	501.8	0.45	0.55	0.60	0.25	0.35	0.40	−30	31	Ⅰ
	乌兰浩特市	274.7	0.40	0.55	0.60	0.20	0.30	0.35	−27	32	Ⅰ
	东乌珠穆沁旗	838.7	0.35	0.55	0.65	0.20	0.30	0.35	−33	32	Ⅰ
	额济纳旗	940.5	0.40	0.60	0.70	0.05	0.10	0.15	−23	39	Ⅱ
	额济纳旗拐子湖	960.0	0.45	0.55	0.60	0.10	0.10	0.10	−23	39	Ⅱ
	阿左旗巴彦毛道	1328.1	0.40	0.55	0.60	0.10	0.15	0.20	−23	35	Ⅱ
	阿拉善右旗	1510.1	0.45	0.55	0.60	0.05	0.10	0.10	−20	35	Ⅱ
	二连浩特市	964.7	0.55	0.65	0.70	0.15	0.25	0.30	−30	34	Ⅱ
	那仁宝力格	1181.6	0.40	0.55	0.60	0.20	0.30	0.35	−33	31	Ⅰ
	达茂旗满都拉	1225.2	0.50	0.75	0.85	0.15	0.20	0.25	−25	34	Ⅱ
	阿巴嘎旗	1126.1	0.35	0.50	0.55	0.30	0.45	0.50	−33	31	Ⅰ
	苏尼特左旗	1111.4	0.40	0.50	0.55	0.25	0.35	0.40	−32	33	Ⅰ
	乌拉特后旗海力素	1509.6	0.45	0.50	0.55	0.10	0.15	0.20	−25	33	Ⅱ
	苏尼特右旗朱日和	1150.8	0.50	0.65	0.75	0.15	0.20	0.25	−26	33	Ⅱ
	乌拉特中旗海流图	1288.0	0.45	0.60	0.65	0.15	0.20	0.25	−26	33	Ⅱ
	百灵庙	1376.6	0.50	0.75	0.85	0.25	0.35	0.40	−27	32	Ⅱ
	四子王旗	1490.1	0.40	0.60	0.70	0.30	0.45	0.55	−26	30	Ⅱ
	化德	1482.7	0.45	0.75	0.85	0.15	0.25	0.30	−26	29	Ⅱ
	杭锦后旗陕坝	1056.7	0.30	0.45	0.50	0.15	0.20	0.25	—	—	Ⅱ
	包头市	1067.2	0.35	0.55	0.60	0.15	0.25	0.30	−23	34	Ⅱ
	集宁市	1419.3	0.40	0.60	0.70	0.25	0.35	0.40	−25	30	Ⅱ
	阿拉善左旗吉兰泰	1031.8	0.35	0.50	0.55	0.05	0.10	0.15	−23	37	Ⅱ
	临河市	1039.3	0.30	0.50	0.60	0.15	0.25	0.30	−21	35	Ⅱ
	鄂托克旗	1380.3	0.35	0.55	0.65	0.15	0.20	0.25	−23	33	Ⅱ
	东胜市	1460.4	0.30	0.50	0.60	0.25	0.35	0.40	−21	31	Ⅱ
	阿腾席连	1329.3	0.40	0.50	0.55	0.20	0.30	0.35	—	—	Ⅱ
	巴彦浩特	1561.4	0.40	0.60	0.70	0.15	0.20	0.25	−19	33	Ⅱ
	西乌珠穆沁旗	995.9	0.45	0.55	0.60	0.30	0.40	0.45	−30	30	Ⅰ
	扎鲁特鲁北	265.0	0.40	0.55	0.60	0.20	0.30	0.35	−23	34	Ⅱ
	巴林左旗林东	484.4	0.40	0.55	0.60	0.20	0.30	0.35	−26	32	Ⅱ
	锡林浩特市	989.5	0.40	0.55	0.60	0.30	0.40	0.45	−30	31	Ⅰ
	林西	799.0	0.45	0.60	0.70	0.25	0.40	0.45	−25	32	Ⅰ
	开鲁	241.0	0.40	0.55	0.60	0.20	0.30	0.35	−25	34	Ⅱ
	通辽	178.5	0.40	0.55	0.60	0.20	0.30	0.35	−25	33	Ⅱ
	多伦	1245.4	0.40	0.55	0.60	0.25	0.30	0.35	−28	30	Ⅰ
	翁牛特旗乌丹	631.8	—	—	—	0.20	0.30	0.35	−23	32	Ⅱ
	赤峰市	571.1	0.30	0.55	0.65	0.20	0.30	0.35	−23	33	Ⅱ
	敖汉旗宝国图	400.5	0.40	0.50	0.55	0.25	0.40	0.45	−23	33	Ⅱ

省市名	城 市 名	海拔高度(m)	风压(kN/m²)			雪压(kN/m²)			基本气温(℃)		雪荷载准永久值系数分区
			R=10	R=50	R=100	R=10	R=50	R=100	最低	最高	
辽宁	沈阳市	42.8	0.40	0.55	0.60	0.30	0.50	0.55	−24	33	Ⅰ
	彰武	79.4	0.35	0.45	0.50	0.20	0.30	0.35	−22	33	Ⅱ
	阜新市	144.0	0.40	0.60	0.70	0.25	0.40	0.45	−23	33	Ⅱ
	开原	98.2	0.30	0.45	0.50	0.35	0.45	0.55	−27	33	Ⅰ
	清原	234.1	0.25	0.40	0.45	0.45	0.70	0.80	−27	33	Ⅰ
	朝阳市	169.2	0.40	0.55	0.60	0.30	0.45	0.55	−23	35	Ⅱ
	建平县叶柏寿	421.7	0.30	0.35	0.40	0.35	0.40		−22	35	Ⅱ
	黑山	37.5	0.45	0.65	0.75	0.30	0.45	0.50	−21	33	Ⅱ
	锦州市	65.9	0.40	0.60	0.70	0.30	0.40	0.45	−18	33	Ⅱ
	鞍山市	77.3	0.30	0.50	0.60	0.30	0.45	0.55	−18	34	Ⅱ
	本溪市	185.2	0.35	0.45	0.50	0.40	0.55	0.60	−24	33	Ⅰ
	抚顺市章党	118.5	0.30	0.45	0.50	0.35	0.45	0.50	−28	33	Ⅰ
	桓仁	240.3	0.25	0.30	0.35	0.40	0.50	0.55	−25	32	Ⅰ
	绥中	15.3	0.25	0.40	0.45	0.25	0.35	0.40	−19	33	Ⅱ
	兴城市	8.8	0.35	0.45	0.50	0.20	0.30	0.35	−19	32	Ⅱ
	营口市	3.3	0.40	0.65	0.75	0.30	0.40	0.45	−20	33	Ⅱ
	盖县熊岳	20.4	0.30	0.45	0.45	0.30	0.40	0.45	−22	33	Ⅱ
	本溪县草河口	233.4	0.25	0.45	0.55	0.35	0.55	0.60	—	—	Ⅰ
	岫岩	79.3	0.30	0.45	0.50	0.35	0.50	0.55	−22	33	Ⅱ
	宽甸	260.1	0.30	0.50	0.60	0.40	0.60	0.70	−26	32	Ⅱ
	丹东市	15.1	0.35	0.55	0.65	0.30	0.40	0.45	−18	32	Ⅱ
	瓦房店市	29.3	0.35	0.50	0.55	0.20	0.30	0.35	−17	32	Ⅱ
	新金县皮口	43.2	0.35	0.50	0.55	0.20	0.30	0.35	—		Ⅱ
	庄河	34.8	0.35	0.50	0.55	0.25	0.35	0.40	−19	32	Ⅱ
	大连市	91.5	0.40	0.65	0.75	0.25	0.40	0.45	−13	32	Ⅱ
吉林	长春市	236.8	0.45	0.65	0.75	0.30	0.45	0.50	−26	32	Ⅰ
	白城市	155.4	0.45	0.65	0.75	0.15	0.20	0.25	−29	33	Ⅱ
	乾安	146.3	0.35	0.45	0.55	0.15	0.20	0.23	−28	33	Ⅱ
	前郭尔罗斯	134.7	0.30	0.45	0.50	0.15	0.25	0.30	−28	33	Ⅱ
	通榆	149.5	0.35	0.50	0.55	0.15	0.25	0.30	−28	33	Ⅱ
	长岭	189.3	0.30	0.45	0.50	0.15	0.20	0.25	−27	32	Ⅱ
	扶余市三岔河	196.6	0.40	0.60	0.70	0.25	0.35	0.40	−29	32	Ⅱ
	双辽	114.9	0.35	0.50	0.55	0.20	0.30	0.35	−27	33	Ⅰ
	四平市	164.2	0.40	0.55	0.60	0.20	0.35	0.40	−24	33	Ⅱ
	磐石县烟筒山	271.6	0.30	0.40	0.45	0.25	0.40	0.45	−31	31	Ⅰ
	吉林市	183.4	0.40	0.50	0.55	0.30	0.45	0.50	−31	32	Ⅰ
	蛟河	295.0	0.30	0.45	0.50	0.50	0.75	0.85	−31	32	Ⅰ

省市名	城 市 名	海拔高度(m)	风压(kN/m²)			雪压(kN/m²)			基本气温(℃)		雪荷载准永久值系数分区
			$R=10$	$R=50$	$R=100$	$R=10$	$R=50$	$R=100$	最低	最高	
吉林	敦化市	523.7	0.30	0.45	0.50	0.30	0.50	0.60	−29	30	Ⅰ
	梅河口市	339.9	0.30	0.40	0.45	0.30	0.45	0.50	−27	32	Ⅰ
	桦甸	263.8	0.30	0.40	0.45	0.40	0.65	0.75	−33	32	Ⅰ
	靖宇	549.2	0.25	0.35	0.40	0.40	0.60	0.70	−32	31	Ⅰ
	扶松县东岗	774.2	0.30	0.45	0.55	0.80	1.15	1.30	−27	30	Ⅰ
	延吉市	176.8	0.35	0.50	0.55	0.35	0.55	0.65	−26	32	Ⅰ
	通化市	402.9	0.30	0.50	0.60	0.50	0.80	0.90	−27	32	Ⅰ
	浑江市临江	332.7	0.20	0.30	0.30	0.45	0.70	0.80	−27	33	Ⅰ
	集安市	177.7	0.20	0.30	0.35	0.45	0.70	0.80	−26	33	Ⅰ
	长白	1016.7	0.35	0.45	0.50	0.40	0.60	0.70	−28	29	Ⅰ
黑龙江	哈尔滨市	142.3	0.35	0.55	0.70	0.30	0.45	0.50	−31	32	Ⅰ
	漠河	296.0	0.25	0.35	0.40	0.60	0.75	0.85	−42	30	Ⅰ
	塔河	357.4	0.25	0.30	0.35	0.50	0.65	0.75	−38	30	Ⅰ
	新林	494.6	0.25	0.35	0.40	0.50	0.65	0.75	−40	29	Ⅰ
	呼玛	177.4	0.30	0.50	0.60	0.45	0.60	0.70	−40	31	Ⅰ
	加格达奇	371.7	0.25	0.35	0.40	0.45	0.65	0.70	−38	30	Ⅰ
	黑河市	166.4	0.35	0.50	0.55	0.60	0.75	0.85	−35	31	Ⅰ
	嫩江	242.2	0.40	0.55	0.60	0.40	0.55	0.60	−39	31	Ⅰ
	孙吴	234.5	0.40	0.60	0.70	0.45	0.60	0.70	−40	31	Ⅰ
	北安市	269.7	0.30	0.50	0.60	0.40	0.55	0.60	−36	31	Ⅰ
	克山	234.6	0.30	0.45	0.50	0.30	0.50	0.55	−34	31	Ⅰ
	富裕	162.4	0.30	0.40	0.45	0.25	0.35	0.40	−34	32	Ⅰ
	齐齐哈尔市	145.9	0.35	0.45	0.50	0.25	0.40	0.45	−30	32	Ⅰ
	海伦	239.2	0.35	0.55	0.65	0.30	0.40	0.45	−32	31	Ⅰ
	明水	249.2	0.35	0.45	0.50	0.25	0.40	0.45	−30	31	Ⅰ
	伊春市	240.9	0.25	0.35	0.40	0.50	0.65	0.75	−36	31	Ⅰ
	鹤岗市	227.9	0.30	0.40	0.45	0.45	0.65	0.70	−27	31	Ⅰ
	富锦	64.2	0.30	0.45	0.50	0.40	0.55	0.60	−30	31	Ⅰ
	泰来	149.5	0.30	0.45	0.50	0.20	0.30	0.35	−28	33	Ⅰ
	绥化市	179.6	0.35	0.55	0.65	0.35	0.50	0.60	−32	31	Ⅰ
	安达市	149.3	0.35	0.45	0.50	0.20	0.30	0.35	−31	32	Ⅰ
	铁力	210.5	0.25	0.35	0.40	0.50	0.75	0.85	−34	31	Ⅰ
	佳木斯市	81.2	0.40	0.65	0.75	0.60	0.85	0.95	−30	32	Ⅰ
	依兰	100.1	0.45	0.65	0.75	0.30	0.45	0.50	−29	32	Ⅰ
	宝清	83.0	0.30	0.40	0.45	0.55	0.85	1.00	−30	31	Ⅰ
	通河	108.6	0.35	0.50	0.55	0.50	0.75	0.85	−33	32	Ⅰ
	尚志	189.7	0.35	0.55	0.60	0.40	0.55	0.60	−32	32	Ⅰ

省市名	城 市 名	海拔高度(m)	风压(kN/m²)			雪压(kN/m²)			基本气温(℃)		雪荷载准永久值系数分区
			R＝10	R＝50	R＝100	R＝10	R＝50	R＝100	最低	最高	
黑龙江	鸡西市	233.6	0.40	0.55	0.65	0.45	0.65	0.75	－27	32	Ⅰ
	虎林	100.2	0.35	0.45	0.50	0.95	1.40	1.60	－29	31	Ⅰ
	牡丹江市	241.4	0.35	0.50	0.55	0.50	0.75	0.85	－28	32	Ⅰ
	绥芬河市	496.7	0.40	0.60	0.70	0.60	0.75	0.85	－30	29	Ⅰ
山东	济南市	51.6	0.30	0.45	0.50	0.20	0.30	0.35	－9	36	Ⅱ
	德州市	21.2	0.30	0.45	0.50	0.20	0.35	0.40	－11	36	Ⅱ
	惠民	11.3	0.40	0.50	0.55	0.25	0.35	0.40	－13	36	Ⅱ
	寿光县羊角沟	4.4	0.30	0.45	0.50	0.15	0.25	0.30	－11	36	Ⅱ
	龙口市	4.8	0.45	0.60	0.65	0.25	0.35	0.40	－11	35	Ⅱ
	烟台市	46.7	0.40	0.55	0.60	0.30	0.40	0.45	－8	32	Ⅱ
	威海市	46.6	0.45	0.65	0.75	0.30	0.50	0.60	－8	32	Ⅱ
	荣成市成山头	47.7	0.60	0.70	0.75	0.25	0.40	0.45	－7	30	Ⅱ
	莘县朝城	42.7	0.35	0.45	0.50	0.25	0.35	0.40	－12	36	Ⅱ
	泰安市泰山	1533.7	0.65	0.85	0.95	0.40	0.55	0.60	－16	25	Ⅱ
	泰安市	128.8	0.30	0.40	0.45	0.20	0.35	0.40	－12	33	Ⅱ
	淄博市张店	34.0	0.30	0.40	0.45	0.30	0.45	0.50	－12	36	Ⅱ
	沂源	304.5	0.30	0.35	0.40	0.20	0.30	0.35	－13	35	Ⅱ
	潍坊市	44.1	0.30	0.40	0.45	0.25	0.35	0.40	－12	36	Ⅱ
	莱阳市	30.5	0.30	0.40	0.45	0.15	0.25	0.30	－13	35	Ⅱ
	青岛市	76.0	0.45	0.60	0.70	0.15	0.20	0.25	－9	33	Ⅱ
	海阳	65.2	0.40	0.55	0.60	0.10	0.15	0.15	－10	33	Ⅱ
	荣成市石岛	33.7	0.40	0.55	0.65	0.10	0.15	0.15	－8	31	Ⅱ
	菏泽市	49.7	0.25	0.40	0.45	0.20	0.30	0.35	－10	36	Ⅱ
	兖州	51.7	0.25	0.40	0.45	0.25	0.35	0.45	－11	36	Ⅱ
	营县	107.4	0.25	0.35	0.40	0.20	0.35	0.40	－11	35	Ⅱ
	临沂	87.9	0.30	0.40	0.45	0.25	0.40	0.45	－10	35	Ⅱ
	日照市	16.1	0.30	0.40	0.45	—	—	—	－8	33	—
江苏	南京市	8.9	0.25	0.40	0.45	0.40	0.65	0.75	－6	37	Ⅱ
	徐州市	41.0	0.25	0.35	0.40	0.25	0.35	0.40	－8	35	Ⅱ
	赣榆	2.1	0.30	0.45	0.50	0.25	0.35	0.40	－8	35	Ⅱ
	盱眙	34.5	0.25	0.35	0.40	0.20	0.30	0.35	－7	36	Ⅱ
	淮阴市	17.5	0.25	0.40	0.45	0.25	0.40	0.45	－7	35	Ⅱ
	射阳	2.0	0.30	0.45	0.45	0.15	0.20	0.25	－7	35	Ⅲ
	镇江	26.5	0.30	0.40	0.45	0.25	0.35	0.40	—	—	Ⅲ
	无锡	6.7	0.30	0.45	0.50	0.30	0.40	0.45	—	—	Ⅲ
	泰州	6.6	0.25	0.40	0.45	0.25	0.35	0.40	—	—	Ⅲ
	连云港	3.7	0.35	0.55	0.65	0.25	0.40	0.45	—	—	Ⅱ

省市名	城市名	海拔高度(m)	风压(kN/m²)			雪压(kN/m²)			基本气温(℃)		雪荷载准永久值系数分区
			R=10	R=50	R=100	R=10	R=50	R=100	最低	最高	
江苏	盐城	3.6	0.25	0.45	0.55	0.20	0.35	0.40	—	—	Ⅲ
	高邮	5.4	0.25	0.40	0.45	0.20	0.35	0.40	−6	36	Ⅲ
	东台市	4.3	0.30	0.40	0.45	0.20	0.30	0.35	−6	36	Ⅲ
	南通市	5.3	0.30	0.45	0.50	0.15	0.25	0.30	−4	36	Ⅲ
	启东县吕泗	5.5	0.35	0.50	0.55	0.10	0.20	0.25	−4	35	Ⅲ
	常州市	4.9	0.25	0.40	0.45	0.20	0.35	0.40	−4	37	Ⅲ
	溧阳	7.2	0.25	0.40	0.45	0.30	0.50	0.55	−5	37	Ⅲ
	吴县东山	17.5	0.30	0.45	0.50	0.25	0.40	0.45	−5	36	Ⅲ
浙江	杭州市	41.7	0.30	0.45	0.50	0.30	0.45	0.50	−4	38	Ⅲ
	临安县天目山	1505.9	0.55	0.75	0.85	1.00	1.60	1.85	−11	28	Ⅱ
	平湖县乍浦	5.4	0.35	0.45	0.50	0.25	0.35	0.40	−5	36	Ⅲ
	慈溪市	7.1	0.30	0.45	0.50	0.25	0.35	0.40	−4	37	Ⅲ
	嵊泗	79.6	0.85	1.30	1.55	—	—	—	−2	34	—
	嵊泗县嵊山	124.6	1.00	1.65	1.95	—	—	—	0	30	—
	舟山市	35.7	0.50	0.85	1.00	0.30	0.50	0.60	−2	35	Ⅲ
	金华市	62.6	0.25	0.35	0.40	0.35	0.55	0.65	−3	39	Ⅲ
	嵊县	104.3	0.25	0.40	0.50	0.35	0.55	0.65	−3	39	Ⅲ
	宁波市	4.2	0.30	0.50	0.60	0.20	0.30	0.35	−3	37	Ⅲ
	象山县石浦	128.4	0.75	1.20	1.45	0.25	0.35	0.35	−2	35	Ⅲ
	衢州市	66.9	0.25	0.35	0.40	0.30	0.50	0.60	−3	38	Ⅲ
	丽水市	60.8	0.20	0.30	0.35	0.30	0.45	0.50	−3	39	Ⅲ
	龙泉	198.4	0.20	0.30	0.35	0.35	0.55	0.65	−2	38	Ⅲ
	临海市括苍山	1383.1	0.60	0.90	1.05	0.45	0.65	0.75	−8	29	Ⅲ
	温州市	6.0	0.35	0.60	0.70	0.25	0.35	0.40	0	36	Ⅲ
	椒江市洪家	1.3	0.35	0.55	0.65	0.20	0.30	0.35	−2	36	Ⅲ
	椒江市下大陈	86.2	0.95	1.45	1.75	0.25	0.35	0.40	−1	33	Ⅲ
	玉环县坎门	95.9	0.70	1.20	1.45	0.20	0.35	0.40	0	34	Ⅲ
	瑞安市北麂	42.3	1.00	1.80	2.20	—	—	—	2	33	—
安徽	合肥市	27.9	0.25	0.35	0.40	0.40	0.60	0.70	−6	37	Ⅱ
	砀山	43.2	0.25	0.35	0.40	0.25	0.40	0.45	−9	36	Ⅱ
	亳州市	37.7	0.25	0.45	0.55	0.25	0.40	0.45	−8	37	Ⅱ
	宿县	25.9	0.25	0.40	0.50	0.25	0.40	0.45	−8	36	Ⅱ
	寿县	22.7	0.25	0.35	0.40	0.30	0.50	0.55	−7	35	Ⅱ
	蚌埠市	18.7	0.25	0.35	0.40	0.30	0.45	0.55	−6	36	Ⅱ
	滁县	25.3	0.25	0.35	0.40	0.30	0.50	0.60	−6	36	Ⅱ
	六安市	60.5	0.20	0.35	0.40	0.35	0.55	0.60	−5	37	Ⅱ
	霍山	68.1	0.20	0.35	0.40	0.45	0.65	0.75	−6	37	Ⅱ

省市名	城市名	海拔高度(m)	风压(kN/m²)			雪压(kN/m²)			基本气温(℃)		雪荷载准永久值系数分区
			R=10	R=50	R=100	R=10	R=50	R=100	最低	最高	
安徽	巢湖	22.4	0.25	0.35	0.40	0.30	0.45	0.50	−5	37	Ⅱ
	安庆市	19.8	0.25	0.40	0.45	0.20	0.35	0.40	−3	36	Ⅲ
	宁国	89.4	0.25	0.35	0.40	0.30	0.50	0.55	−6	38	Ⅲ
	黄山	1840.4	0.50	0.70	0.80	0.35	0.45	0.50	−11	24	Ⅲ
	黄山市	142.7	0.25	0.35	0.40	0.30	0.45	0.50	−3	38	Ⅲ
	阜阳市	30.6	—	—	—	0.35	0.55	0.60	−7	36	Ⅱ
江西	南昌市	46.7	0.30	0.45	0.55	0.30	0.45	0.50	−3	38	Ⅲ
	修水	146.8	0.20	0.30	0.35	0.25	0.40	0.50	−4	37	Ⅲ
	宜春市	131.3	0.20	0.30	0.35	0.25	0.40	0.45	−3	38	Ⅲ
	吉安	76.4	0.20	0.30	0.35	0.25	0.35	0.45	−2	38	Ⅲ
	宁冈	263.1	0.20	0.30	0.35	0.30	0.45	0.50	−3	38	Ⅲ
	遂川	126.1	0.20	0.30	0.35	0.30	0.45	0.55	−1	38	Ⅲ
	赣州市	123.8	0.20	0.30	0.35	0.20	0.35	0.40	0	38	Ⅲ
	九江	36.1	0.25	0.35	0.40	0.30	0.40	0.45	−2	38	Ⅲ
	庐山	1164.5	0.40	0.55	0.60	0.60	0.95	1.05	−9	29	Ⅲ
	波阳	40.1	0.25	0.40	0.45	0.35	0.60	0.70	−3	38	Ⅲ
	景德镇市	61.5	0.20	0.30	0.40	0.25	0.35	0.40	−3	38	Ⅲ
	樟树市	30.4	0.20	0.30	0.35	0.25	0.40	0.45	−3	38	Ⅲ
	贵溪	51.2	0.20	0.30	0.35	0.30	0.50	0.60	−2	38	Ⅲ
	玉山	116.3	0.20	0.30	0.35	0.35	0.55	0.65	−3	38	Ⅲ
	南城	80.8	0.25	0.30	0.35	0.20	0.35	0.40	−3	37	Ⅲ
	广昌	143.8	0.20	0.30	0.35	0.30	0.45	0.50	−2	38	Ⅲ
	寻乌	303.9	0.25	0.30	0.35	—	—	—	−0.3	37	—
福建	福州市	83.8	0.40	0.70	0.85	—	—	—	3	37	
	邵武市	191.5	0.20	0.30	0.35	0.25	0.35	0.40	−1	37	Ⅲ
	崇安县七仙山	1401.9	0.55	0.70	0.80	0.40	0.60	0.70	−5	28	Ⅲ
	浦城	276.9	0.20	0.30	0.35	0.35	0.55	0.65	−2	37	Ⅲ
	建阳	196.9	0.25	0.35	0.40	0.35	0.50	0.55	−2	38	Ⅲ
	建瓯	154.9	0.25	0.35	0.40	0.25	0.35	0.40	0	38	Ⅲ
	福鼎	36.2	0.35	0.70	0.90	—	—	—	1	37	
	泰宁	342.9	0.20	0.30	0.35	0.30	0.50	0.60	−2	37	Ⅲ
	南平市	125.6	0.20	0.35	0.45	—	—	—	2	38	
	福鼎县台山	106.6	0.75	1.00	1.10	—	—	—	4	30	
	长汀	310.0	0.20	0.35	0.40	0.15	0.25	0.30	0	36	Ⅲ
	上杭	197.9	0.25	0.30	0.35	—	—	—	2	36	
	永安市	206.0	0.25	0.40	0.45	—	—	—	2	38	
	龙岩市	342.3	0.20	0.35	0.45	—	—	—	3	36	

省市名	城 市 名	海拔高度(m)	风压(kN/m²)			雪压(kN/m²)			基本气温(℃)		雪荷载准永久值系数分区
			R=10	R=50	R=100	R=10	R=50	R=100	最低	最高	
福建	德化县九仙山	1653.5	0.60	0.80	0.90	0.25	0.40	0.50	−3	25	Ⅲ
	屏南	896.5	0.20	0.30	0.35	0.25	0.45	0.50	−2	32	Ⅲ
	平潭	32.4	0.75	1.30	1.60	—	—	—	4	34	—
	崇武	21.8	0.55	0.85	1.05	—	—	—	5	33	—
	厦门市	139.4	0.50	0.80	0.95	—	—	—	5	35	—
	东山	53.3	0.80	1.25	1.45	—	—	—	7	34	—
陕西	西安市	397.5	0.25	0.35	0.40	0.20	0.25	0.30	−9	37	Ⅱ
	榆林市	1057.5	0.25	0.40	0.45	0.20	0.25	0.30	−22	35	Ⅱ
	吴旗	1272.6	0.25	0.40	0.50	0.15	0.20	0.20	−20	33	Ⅱ
	横山	1111.0	0.30	0.40	0.45	0.15	0.20	0.30	−21	35	Ⅱ
	绥德	929.7	0.30	0.40	0.45	0.20	0.35	0.40	−19	35	Ⅱ
	延安市	957.8	0.25	0.35	0.40	0.15	0.25	0.30	−17	34	Ⅱ
	长武	1206.5	0.20	0.30	0.35	0.20	0.30	0.35	−15	32	Ⅱ
	洛川	1158.3	0.25	0.35	0.40	0.25	0.35	0.40	−15	32	Ⅱ
	铜川市	978.9	0.20	0.35	0.40	0.15	0.20	0.25	−12	33	Ⅱ
	宝鸡市	612.4	0.20	0.35	0.40	0.15	0.20	0.25	−8	37	Ⅱ
	武功	447.8	0.20	0.35	0.40	0.20	0.25	0.30	−9	37	Ⅱ
	华阴县华山	2064.9	0.40	0.50	0.55	0.50	0.70	0.75	−15	25	Ⅱ
	略阳	794.2	0.25	0.35	0.40	0.10	0.15	0.15	−6	34	Ⅲ
	汉中市	508.4	0.20	0.30	0.35	0.15	0.20	0.25	−5	34	Ⅲ
	佛坪	1087.7	0.25	0.35	0.45	0.15	0.25	0.30	−8	33	Ⅲ
	商州市	742.2	0.25	0.30	0.35	0.20	0.30	0.35	−8	35	Ⅱ
	镇安	693.7	0.20	0.35	0.40	0.20	0.30	0.35	−7	36	Ⅲ
	石泉	484.9	0.20	0.30	0.35	0.20	0.30	0.35	−5	35	Ⅲ
	安康市	290.8	0.30	0.45	0.50	0.10	0.15	0.20	−4	37	Ⅲ
甘肃	兰州	1517.2	0.20	0.30	0.35	0.10	0.15	0.20	−15	34	Ⅱ
	吉诃德	966.5	0.45	0.55	0.60	—	—	—	—	—	—
	安西	1170.8	0.40	0.55	0.60	0.10	0.20	0.25	−22	37	Ⅱ
	酒泉市	1477.2	0.40	0.55	0.60	0.20	0.30	0.35	−21	33	Ⅱ
	张掖市	1482.7	0.30	0.50	0.60	0.05	0.10	0.15	−22	34	Ⅱ
	武威市	1530.9	0.35	0.55	0.65	0.15	0.20	0.25	−20	33	Ⅱ
	民勤	1367.0	0.40	0.50	0.55	0.05	0.10	0.10	−21	35	Ⅱ
	乌鞘岭	3045.1	0.35	0.40	0.45	0.35	0.55	0.60	−22	21	Ⅱ
	景泰	1630.5	0.25	0.40	0.45	0.10	0.15	0.20	−18	33	Ⅱ
	靖远	1398.2	0.20	0.30	0.35	0.15	0.20	0.25	−18	33	Ⅱ
	临夏市	1917.0	0.20	0.30	0.35	0.20	0.25	0.30	−18	30	Ⅱ
	临洮	1886.6	0.20	0.30	0.35	0.30	0.50	0.55	−19	30	Ⅱ
	华家岭	2450.6	0.30	0.40	0.45	0.25	0.40	0.45	−17	24	Ⅱ

省市名	城市名	海拔高度(m)	风压(kN/m²)			雪压(kN/m²)			基本气温(℃)		雪荷载准永久值系数分区
			R=10	R=50	R=100	R=10	R=50	R=100	最低	最高	
甘肃	环县	1255.6	0.20	0.30	0.35	0.15	0.25	0.30	−18	33	Ⅱ
	平凉市	1346.6	0.25	0.30	0.35	0.15	0.25	0.30	−14	32	Ⅱ
	西峰镇	1421.0	0.20	0.30	0.35	0.25	0.40	0.45	−14	31	Ⅱ
	玛曲	3471.4	0.25	0.30	0.35	0.15	0.20	0.25	−23	21	Ⅱ
	夏河县合作	2910.0	0.25	0.30	0.35	0.25	0.40	0.45	−23	24	Ⅱ
	武都	1079.1	0.25	0.35	0.40	0.05	0.10	0.15	−5	35	Ⅲ
	天水市	1141.7	0.20	0.35	0.40	0.15	0.20	0.25	−11	34	Ⅱ
	马宗山	1962.7	—	—	—	0.10	0.15	0.20	−25	32	Ⅱ
	敦煌	1139.0	—	—	—	0.10	0.15	0.20	−20	37	Ⅱ
	玉门市	1526.0	—	—	—	0.15	0.20	0.25	−21	33	Ⅱ
	金塔县鼎新	1177.4	—	—	—	0.05	0.10	0.15	−21	36	Ⅱ
	高台	1332.2	—	—	—	0.10	0.15	0.20	−21	34	Ⅱ
	山丹	1764.6	—	—	—	0.15	0.20	0.25	−21	32	Ⅱ
	永昌	1976.1	—	—	—	0.10	0.15	0.20	−22	29	Ⅱ
	榆中	1874.1	—	—	—	0.15	0.20	0.25	−19	30	Ⅱ
	会宁	2012.2	—	—	—	0.20	0.30	0.35	—	—	Ⅱ
	岷县	2315.0	—	—	—	0.10	0.15	0.20	−19	27	Ⅱ
宁夏	银川	1111.4	0.40	0.65	0.75	0.15	0.20	0.25	−19	34	Ⅱ
	惠农	1091.0	0.45	0.65	0.70	0.05	0.10	0.10	−20	35	Ⅱ
	陶乐	1101.6	—	—	—	0.05	0.10	0.10	−20	35	Ⅱ
	中卫	1225.7	0.30	0.45	0.50	0.05	0.10	0.15	−18	33	Ⅱ
	中宁	1183.3	0.30	0.35	0.40	0.10	0.15	0.20	−18	34	Ⅱ
	盐池	1347.8	0.30	0.40	0.45	0.20	0.30	0.35	−20	34	Ⅱ
	海源	1854.2	0.25	0.35	0.40	0.25	0.40	0.45	−17	30	Ⅱ
	同心	1343.9	0.20	0.30	0.35	0.10	0.15	0.15	−18	34	Ⅱ
	固原	1753.0	0.25	0.35	0.40	0.30	0.40	0.45	−20	29	Ⅱ
	西吉	1916.5	0.20	0.30	0.35	0.15	0.20	0.20	−20	29	Ⅱ
青海	西宁	2261.2	0.25	0.35	0.40	0.15	0.20	0.25	−19	29	Ⅱ
	茫崖	3138.5	0.30	0.40	0.45	0.05	0.10	0.10	—	—	Ⅱ
	冷湖	2733.0	0.40	0.55	0.60	0.05	0.10	0.10	−26	29	Ⅱ
	祁连县托勒	3367.0	0.30	0.40	0.45	0.20	0.25	0.30	−32	22	Ⅱ
	祁连县野牛沟	3180.0	0.30	0.40	0.45	0.15	0.20	0.20	−31	21	Ⅱ
	祁连县	2787.4	0.30	0.35	0.40	0.10	0.15	0.15	−25	25	Ⅱ
	格尔木市小灶火	2767.0	0.30	0.40	0.45	0.05	0.10	0.10	−25	30	Ⅱ
	大柴旦	3173.2	0.30	0.40	0.45	0.10	0.15	0.15	−27	26	Ⅱ
	德令哈市	2981.5	0.25	0.35	0.40	0.10	0.15	0.20	−22	28	Ⅱ
	刚察	3301.5	0.25	0.35	0.40	0.20	0.25	0.30	−26	21	Ⅱ

省市名	城 市 名	海拔高度(m)	风压(kN/m²)			雪压(kN/m²)			基本气温(℃)		雪荷载准永久值系数分区
			R=10	R=50	R=100	R=10	R=50	R=100	最低	最高	
青海	门源	2850.0	0.25	0.35	0.40	0.20	0.30	0.30	−27	24	Ⅱ
	格尔木市	2807.6	0.30	0.40	0.45	0.10	0.20	0.25	−21	29	Ⅱ
	都兰县诺木洪	2790.4	0.35	0.50	0.60	0.05	0.10	0.10	−22	30	Ⅱ
	都兰	3191.1	0.30	0.45	0.55	0.20	0.25	0.30	−21	26	Ⅱ
	乌兰县茶卡	3087.6	0.25	0.35	0.40	0.15	0.20	0.25	−25	25	Ⅱ
	共和县恰卜恰	2835.0	0.25	0.35	0.40	0.10	0.15	0.20	−22	26	Ⅱ
	贵德	2237.1	0.25	0.30	0.35	0.05	0.10	0.10	−18	30	Ⅱ
	民和	1813.9	0.20	0.30	0.35	0.10	0.10	0.15	−17	31	Ⅱ
	唐古拉山五道梁	4612.2	0.35	0.45	0.50	0.25	0.30	0.30	−29	17	Ⅰ
	兴海	3323.2	0.25	0.35	0.40	0.15	0.20	0.20	−25	23	Ⅱ
	同德	3289.4	0.25	0.35	0.40	0.30	0.30	0.35	−28	23	Ⅱ
	泽库	3662.8	0.25	0.30	0.35	0.20	0.40	0.45	—	—	Ⅱ
	格尔木市托托河	4533.1	0.40	0.50	0.55	0.25	0.35	0.40	−33	19	Ⅰ
	治多	4179.0	0.25	0.30	0.35	0.15	0.20	0.25	—	—	Ⅰ
	杂多	4066.4	0.25	0.35	0.40	0.20	0.25	0.30	−25	22	Ⅰ
	曲麻莱	4231.2	0.25	0.35	0.40	0.15	0.25	0.30	−28	20	Ⅰ
	玉树	3681.2	0.20	0.30	0.35	0.15	0.20	0.25	−20	24.4	Ⅱ
	玛多	4272.3	0.30	0.40	0.45	0.25	0.35	0.40	−33	18	Ⅰ
	称多县清水河	4415.4	0.25	0.30	0.35	0.25	0.30	0.35	−33	17	Ⅰ
	玛沁县仁峡姆	4211.1	0.30	0.35	0.40	0.20	0.30	0.35	−33	18	Ⅰ
	达日县吉迈	3967.5	0.25	0.35	0.40	0.20	0.25	0.30	−27	20	Ⅰ
	河南	3500.0	0.25	0.40	0.45	0.20	0.25	0.30	−29	21	Ⅱ
	久治	3628.5	0.20	0.30	0.35	0.20	0.25	0.30	−24	21	Ⅱ
	昂欠	3643.7	0.25	0.30	0.35	0.10	0.20	0.25	−18	25	Ⅱ
	班玛	3750.0	0.20	0.30	0.35	0.15	0.20	0.25	−20	22	Ⅱ
新疆	乌鲁木齐市	917.9	0.40	0.60	0.70	0.65	0.90	1.00	−23	34	Ⅰ
	阿勒泰市	735.3	0.40	0.70	0.85	1.20	1.65	1.85	−28	32	Ⅰ
	阿拉山口	284.8	0.95	1.35	1.55	0.20	0.25	0.25	−25	39	Ⅰ
	克拉玛依市	427.3	0.65	0.90	1.00	0.20	0.30	0.35	−27	38	Ⅰ
	伊宁市	662.5	0.40	0.60	0.70	1.00	1.40	1.55	−23	35	Ⅰ
	昭苏	1851.0	0.25	0.40	0.45	0.65	0.85	0.95	−23	26	Ⅰ
	达坂城	1103.5	0.55	0.80	0.90	0.15	0.20	0.20	−21	32	Ⅰ
	巴音布鲁克	2458.0	0.25	0.35	0.40	0.55	0.75	0.85	−40	22	Ⅰ
	吐鲁番市	34.5	0.50	0.85	1.00	0.15	0.20	0.25	−20	44	Ⅱ
	阿克苏市	1103.8	0.30	0.45	0.50	0.15	0.25	0.30	−20	36	Ⅱ
	库车	1099.0	0.35	0.50	0.60	0.15	0.20	0.30	−19	36	Ⅱ
	库尔勒	931.5	0.30	0.45	0.50	0.15	0.20	0.30	−18	37	Ⅱ

省市名	城 市 名	海拔高度(m)	风压(kN/m²)			雪压(kN/m²)			基本气温(℃)		雪荷载准永久值系数分区
			$R=10$	$R=50$	$R=100$	$R=10$	$R=50$	$R=100$	最低	最高	
新疆	乌恰	2175.7	0.25	0.35	0.40	0.35	0.50	0.60	−20	31	Ⅱ
	喀什	1288.7	0.35	0.55	0.65	0.30	0.45	0.50	−17	36	Ⅱ
	阿合奇	1984.9	0.25	0.35	0.40	0.25	0.35	0.40	−21	31	Ⅱ
	皮山	1375.4	0.20	0.30	0.35	0.15	0.20	0.25	−18	37	Ⅱ
	和田	1374.6	0.25	0.40	0.45	0.10	0.20	0.25	−15	37	Ⅱ
	民丰	1409.3	0.20	0.30	0.35	0.10	0.15	0.15	−19	37	Ⅱ
	安德河	1262.8	0.20	0.30	0.35	0.05	0.05	0.05	−23	39	Ⅱ
	于田	1422.0	0.20	0.30	0.35	0.10	0.15	0.15	−17	36	Ⅱ
	哈密	737.2	0.40	0.60	0.70	0.15	0.25	0.30	−23	38	Ⅱ
	哈巴河	532.6	—	—	—	0.70	1.00	1.15	−26	33.6	Ⅰ
	吉木乃	984.1	—	—	—	0.85	1.15	1.35	−24	31	Ⅰ
	福海	500.9	—	—	—	0.30	0.45	0.50	−31	34	Ⅰ
	富蕴	807.5	—	—	—	0.95	1.35	1.50	−33	34	Ⅰ
	塔城	534.9	—	—	—	1.10	1.55	1.75	−23	35	Ⅰ
	和布克塞尔	1291.6	—	—	—	0.25	0.40	0.45	−23	30	Ⅰ
	青河	1218.2	—	—	—	0.90	1.30	1.45	−35	31	Ⅰ
	托里	1077.8	—	—	—	0.55	0.75	0.85	−24	32	Ⅰ
	北塔山	1653.7	—	—	—	0.55	0.65	0.70	−25	28	Ⅰ
	温泉	1354.6	—	—	—	0.35	0.45	0.50	−25	30	Ⅰ
	精河	320.1	—	—	—	0.20	0.30	0.35	−27	38	Ⅰ
	乌苏	478.7	—	—	—	0.40	0.55	0.60	−26	37	Ⅰ
	石河子	442.9	—	—	—	0.50	0.70	0.80	−28	37	Ⅰ
	蔡家湖	440.5	—	—	—	0.40	0.50	0.55	−32	38	Ⅰ
	奇台	793.5	—	—	—	0.55	0.75	0.85	−31	34	Ⅰ
	巴仑台	1752.5	—	—	—	0.20	0.30	0.35	−20	30	Ⅱ
	七角井	873.2	—	—	—	0.05	0.10	0.15	−23	38	Ⅱ
	库米什	922.4	—	—	—	0.10	0.15	0.15	−25	38	Ⅱ
	焉耆	1055.8	—	—	—	0.15	0.20	0.25	−24	35	Ⅱ
	拜城	1229.2	—	—	—	0.20	0.30	0.35	−26	34	Ⅱ
	轮台	976.1	—	—	—	0.15	0.20	0.30	−19	38	Ⅱ
	吐尔格特	3504.4	—	—	—	0.40	0.55	0.65	−27	18	Ⅱ
	巴楚	1116.5	—	—	—	0.10	0.15	0.20	−19	38	Ⅱ
	柯坪	1161.8	—	—	—	0.05	0.10	0.15	−20	37	Ⅱ
	阿拉尔	1012.2	—	—	—	0.05	0.10	0.10	−20	36	Ⅱ
	铁干里克	846.0	—	—	—	0.10	0.15	0.15	−20	39	Ⅱ
	若羌	888.3	—	—	—	0.10	0.15	0.20	−18	40	Ⅱ
	塔吉克	3090.9	—	—	—	0.15	0.25	0.30	−28	28	Ⅱ

省市名	城 市 名	海拔高度(m)	风压(kN/m²)			雪压(kN/m²)			基本气温(℃)		雪荷载准永久值系数分区
			$R=10$	$R=50$	$R=100$	$R=10$	$R=50$	$R=100$	最低	最高	
新疆	莎车	1231.2	—	—	—	0.15	0.20	0.25	−17	37	Ⅱ
	且末	1247.5	—	—	—	0.10	0.15	0.20	−20	37	Ⅱ
	红柳河	1700.0	—	—	—	0.10	0.15	0.15	−25	35	Ⅱ
河南	郑州市	110.4	0.30	0.45	0.50	0.25	0.40	0.45	−8	36	Ⅱ
	安阳市	75.5	0.25	0.45	0.55	0.25	0.40	0.45	−8	36	Ⅱ
	新乡市	72.7	0.30	0.40	0.45	0.20	0.30	0.35	−8	36	Ⅱ
	三门峡市	410.1	0.25	0.40	0.45	0.15	0.20	0.25	−8	36	Ⅱ
	卢氏	568.8	0.20	0.30	0.35	0.20	0.30	0.35	−10	35	Ⅱ
	孟津	323.3	0.30	0.45	0.50	0.30	0.40	0.50	−8	35	Ⅱ
	洛阳市	137.1	0.25	0.40	0.45	0.25	0.35	0.40	−6	36	Ⅱ
	栾川	750.1	0.20	0.30	0.35	0.30	0.40	0.45	−9	34	Ⅱ
	许昌市	66.8	0.30	0.40	0.45	0.25	0.40	0.45	−8	36	Ⅱ
	开封市	72.5	0.30	0.45	0.50	0.20	0.30	0.35	−8	36	Ⅱ
	西峡	250.3	0.25	0.35	0.40	0.20	0.30	0.35	−6	36	Ⅱ
	南阳市	129.2	0.25	0.35	0.40	0.30	0.45	0.50	−7	36	Ⅱ
	宝丰	136.4	0.25	0.35	0.40	0.20	0.30	0.35	−8	36	Ⅱ
	西华	52.6	0.25	0.45	0.55	0.30	0.45	0.50	−8	37	Ⅱ
	驻马店市	82.7	0.25	0.40	0.45	0.30	0.45	0.50	−8	36	Ⅱ
	信阳市	114.5	0.25	0.35	0.40	0.35	0.55	0.65	−6	36	Ⅱ
	商丘市	50.1	0.20	0.35	0.45	0.30	0.45	0.50	−8	36	Ⅱ
	固始	57.1	0.20	0.35	0.40	0.35	0.55	0.65	−6	36	Ⅱ
湖北	武汉市	23.3	0.25	0.35	0.40	0.30	0.50	0.60	−5	37	Ⅱ
	郧县	201.9	0.20	0.30	0.35	0.25	0.40	0.45	−3	37	Ⅱ
	房县	434.4	0.20	0.30	0.35	0.20	0.30	0.35	−7	35	Ⅲ
	老河口市	90.0	0.20	0.30	0.35	0.25	0.35	0.40	−6	36	Ⅱ
	枣阳	125.5	0.25	0.40	0.45	0.25	0.40	0.45	−6	36	Ⅱ
	巴东	294.5	0.15	0.30	0.35	0.15	0.20	0.25	−2	38	Ⅲ
	钟祥	65.8	0.20	0.30	0.35	0.25	0.35	0.40	−4	36	Ⅱ
	麻城市	59.3	0.20	0.35	0.45	0.35	0.55	0.65	−4	37	Ⅱ
	恩施市	457.1	0.20	0.30	0.35	0.15	0.20	0.25	−2	36	Ⅲ
	巴东县绿葱坡	1819.3	0.30	0.35	0.40	0.65	0.95	1.10	−10	26	Ⅲ
	五峰县	908.4	0.20	0.30	0.35	0.25	0.35	0.40	−5	34	Ⅲ
	宜昌市	133.1	0.20	0.30	0.35	0.20	0.30	0.35	−3	37	Ⅲ
	荆州	32.6	0.20	0.30	0.35	0.25	0.40	0.45	−4	36	Ⅱ
	天门市	34.1	0.20	0.30	0.35	0.25	0.35	0.45	−5	36	Ⅱ
	来凤	459.5	0.20	0.30	0.35	0.15	0.20	0.25	−3	35	Ⅲ
	嘉鱼	36.0	0.20	0.35	0.45	0.25	0.35	0.40	−3	37	Ⅲ
	英山	123.8	0.20	0.30	0.35	0.25	0.40	0.45	−5	37	Ⅲ
	黄石市	19.6	0.25	0.35	0.40	0.25	0.35	0.40	−3	38	Ⅲ

省市名	城 市 名	海拔高度(m)	风压(kN/m²)			雪压(kN/m²)			基本气温(℃)		雪荷载准永久值系数分区
			R=10	R=50	R=100	R=10	R=50	R=100	最低	最高	
湖南	长沙市	44.9	0.25	0.35	0.40	0.30	0.45	0.50	−3	38	Ⅲ
	桑植	322.2	0.20	0.30	0.35	0.25	0.35	0.40	−3	36	Ⅲ
	石门	116.9	0.25	0.30	0.35	0.25	0.35	0.40	−3	36	Ⅲ
	南县	36.0	0.25	0.40	0.50	0.30	0.45	0.50	−3	36	Ⅲ
	岳阳市	53.0	0.25	0.40	0.45	0.35	0.55	0.65	−2	36	Ⅲ
	吉首市	206.6	0.20	0.30	0.35	0.20	0.30	0.35	−2	36	Ⅲ
	沅陵	151.6	0.20	0.30	0.35	0.20	0.35	0.40	−3	37	Ⅲ
	常德市	35.0	0.25	0.40	0.50	0.30	0.50	0.60	−3	36	Ⅱ
	安化	128.3	0.20	0.30	0.35	0.30	0.45	0.50	−3	38	Ⅱ
	沅江市	36.0	0.25	0.40	0.45	0.35	0.55	0.65	−3	37	Ⅲ
	平江	106.3	0.20	0.30	0.35	0.25	0.40	0.45	−4	37	Ⅲ
	芷江	272.2	0.20	0.30	0.35	0.25	0.35	0.45	−3	36	Ⅲ
	雪峰山	1404.9	—	—	—	0.50	0.75	0.85	−8	27	Ⅱ
	邵阳市	248.6	0.20	0.30	0.35	0.20	0.30	0.35	−3	37	Ⅲ
	双峰	100.0	0.20	0.30	0.35	0.25	0.40	0.45	−4	38	Ⅲ
	南岳	1265.9	0.60	0.75	0.85	0.50	0.75	0.85	−8	28	Ⅲ
	通道	397.5	0.25	0.30	0.35	0.15	0.25	0.30	−3	35	Ⅲ
	武岗	341.0	0.20	0.30	0.35	0.20	0.30	0.35	−3	36	Ⅲ
	零陵	172.6	0.25	0.40	0.45	0.15	0.25	0.30	−2	37	Ⅲ
	衡阳市	103.2	0.25	0.40	0.45	0.20	0.35	0.40	−2	38	Ⅲ
	道县	192.2	0.25	0.35	0.40	0.15	0.20	0.25	−1	37	Ⅲ
	郴州市	184.9	0.20	0.30	0.35	0.20	0.30	0.35	−2	38	Ⅲ
广东	广州市	6.6	0.30	0.50	0.60	—	—	—	6	36	—
	南雄	133.8	0.20	0.30	0.35	—	—	—	1	37	—
	连县	97.6	0.20	0.30	0.35	—	—	—	2	37	—
	韶关	69.3	0.20	0.35	0.45	—	—	—	2	37	—
	佛岗	67.8	0.20	0.30	0.35	—	—	—	4	36	—
	连平	214.5	0.20	0.30	0.35	—	—	—	2	36	—
	梅县	87.8	0.20	0.30	0.35	—	—	—	4	37	—
	广宁	56.8	0.20	0.30	0.35	—	—	—	4	36	—
	高要	7.1	0.30	0.50	0.60	—	—	—	6	36	—
	河源	40.6	0.20	0.30	0.35	—	—	—	5	36	—
	惠阳	22.4	0.35	0.55	0.60	—	—	—	6	36	—
	五华	120.9	0.20	0.30	0.35	—	—	—	4	36	—
	汕头市	1.1	0.50	0.80	0.95	—	—	—	6	35	—
	惠来	12.9	0.45	0.75	0.90	—	—	—	7	35	—
	南澳	7.2	0.50	0.80	0.95	—	—	—	9	32	—

省市名	城市名	海拔高度(m)	风压(kN/m²)			雪压(kN/m²)			基本气温(℃)		雪荷载准永久值系数分区
			$R=10$	$R=50$	$R=100$	$R=10$	$R=50$	$R=100$	最低	最高	
广东	信宜	84.6	0.35	0.60	0.70	—	—	—	7	36	—
	罗定	53.3	0.20	0.30	0.35	—	—	—	6	37	—
	台山	32.7	0.35	0.55	0.65	—	—	—	6	35	—
	深圳市	18.2	0.45	0.75	0.90	—	—	—	8	35	—
	汕尾	4.6	0.50	0.85	1.00	—	—	—	7	34	—
	湛江市	25.3	0.50	0.80	0.95	—	—	—	9	36	—
	阳江	23.3	0.45	0.75	0.90	—	—	—	7	35	—
	电白	11.8	0.45	0.70	0.80	—	—	—	8	35	—
	台山县上川岛	21.5	0.75	1.05	1.20	—	—	—	8	35	—
	徐闻	67.9	0.45	0.75	0.90	—	—	—	10	36	—
广西	南宁市	73.1	0.25	0.35	0.40	—	—	—	6	36	—
	桂林市	164.4	0.20	0.30	0.35	—	—	—	1	36	—
	柳州市	96.8	0.20	0.30	0.35	—	—	—	3	36	—
	蒙山	145.7	0.20	0.30	0.35	—	—	—	2	36	—
	贺山	108.8	0.20	0.30	0.35	—	—	—	2	36	—
	百色市	173.5	0.25	0.45	0.55	—	—	—	5	37	—
	靖西	739.4	0.20	0.30	0.35	—	—	—	4	32	—
	桂平	42.5	0.20	0.30	0.35	—	—	—	5	36	—
	梧州市	114.8	0.20	0.30	0.35	—	—	—	4	36	—
	龙舟	128.8	0.20	0.30	0.35	—	—	—	7	36	—
	灵山	66.0	0.20	0.30	0.35	—	—	—	5	35	—
	玉林	81.8	0.20	0.30	0.35	—	—	—	5	36	—
	东兴	18.2	0.45	0.75	0.90	—	—	—	8	34	—
	北海市	15.3	0.45	0.75	0.90	—	—	—	7	35	—
	涠洲岛	55.2	0.70	1.10	1.30	—	—	—	9	34	—
海南	海口市	14.1	0.45	0.75	0.90	—	—	—	10	37	—
	东方	8.4	0.55	0.85	1.00	—	—	—	10	37	—
	儋县	168.7	0.40	0.70	0.85	—	—	—	9	37	—
	琼中	250.9	0.30	0.45	0.55	—	—	—	8	36	—
	琼海	24.0	0.50	0.85	1.05	—	—	—	10	37	—
	三亚市	5.5	0.50	0.85	1.05	—	—	—	14	36	—
	陵水	13.9	0.50	0.85	1.05	—	—	—	12	36	—
	西沙岛	4.7	1.05	1.80	2.20	—	—	—	18	35	—
	珊瑚岛	4.0	0.70	1.10	1.30	—	—	—	16	36	—
四川	成都市	506.1	0.20	0.30	0.35	0.10	0.10	0.15	−1	34	Ⅲ
	石渠	4200.0	0.25	0.30	0.35	0.35	0.50	0.60	−28	19	Ⅱ
	若尔盖	3439.6	0.25	0.30	0.35	0.30	0.40	0.45	−24	21	Ⅱ
	甘孜	3393.5	0.35	0.45	0.50	0.30	0.50	0.55	−17	25	Ⅱ

省市名	城 市 名	海拔高度(m)	风压(kN/m²)			雪压(kN/m²)			基本气温(℃)		雪荷载准永久值系数分区
			R=10	R=50	R=100	R=10	R=50	R=100	最低	最高	
四川	都江堰市	706.7	0.20	0.30	0.35	0.15	0.25	0.30	—	—	Ⅲ
	绵阳市	470.8	0.20	0.30	0.35	—	—	—	−3	35	—
	雅安市	627.6	0.20	0.30	0.35	0.10	0.20	0.20	0	34	Ⅲ
	资阳	357.0	0.20	0.30	0.35	—	—	—	1	33	—
	康定	2615.7	0.30	0.35	0.40	0.30	0.50	0.55	−10	23	Ⅱ
	汉源	795.9	0.20	0.30	0.35	—	—	—	2	34	—
	九龙	2987.3	0.20	0.30	0.35	0.15	0.20	0.20	−10	25	Ⅲ
	越西	1659.0	0.25	0.30	0.35	0.15	0.25	0.30	−4	31	Ⅲ
	昭觉	2132.4	0.25	0.30	0.35	0.25	0.35	0.40	−6	28	Ⅲ
	雷波	1474.9	0.20	0.30	0.40	0.20	0.30	0.35	−4	29	Ⅲ
	宜宾市	340.8	0.20	0.30	0.35	—	—	—	2	35	—
	盐源	2545.0	0.20	0.30	0.35	0.20	0.30	0.35	−6	27	Ⅲ
	西昌市	1590.9	0.20	0.30	0.35	0.20	0.30	0.35	−1	32	Ⅲ
	会理	1787.1	0.20	0.30	0.35	—	—	—	−4	30	—
	万源	674.0	0.20	0.30	0.35	0.05	0.10	0.15	−3	35	Ⅲ
	阆中	382.6	0.20	0.30	0.35	—	—	—	−1	36	—
	巴中	358.9	0.20	0.30	0.35	—	—	—	−1	36	—
	达县市	310.4	0.20	0.35	0.45	—	—	—	0	37	—
	遂宁市	278.2	0.20	0.30	0.35	—	—	—	0	36	—
	南充市	309.3	0.20	0.30	0.35	—	—	—	0	36	—
	内江市	347.1	0.25	0.40	0.50	—	—	—	0	36	—
	泸州市	334.8	0.20	0.30	0.35	—	—	—	1	36	—
	叙永	377.5	0.20	0.30	0.35	—	—	—	1	36	—
	德格	3201.2	—	—	—	0.15	0.20	0.25	−15	26	Ⅲ
	色达	3893.9	—	—	—	0.30	0.40	0.45	−24	21	Ⅲ
	道孚	2957.2	—	—	—	0.15	0.20	0.25	−16	28	Ⅲ
	阿坝	3275.1	—	—	—	0.25	0.40	0.45	−19	22	Ⅲ
	马尔康	2664.4	—	—	—	0.15	0.25	0.30	−12	29	Ⅲ
	红原	3491.6	—	—	—	0.25	0.40	0.45	−26	22	Ⅱ
	小金	2369.2	—	—	—	0.10	0.15	0.15	−8	31	Ⅱ
	松潘	2850.7	—	—	—	0.20	0.30	0.35	−16	26	Ⅱ
	新龙	3000.0	—	—	—	0.10	0.15	0.15	−16	27	Ⅱ
	理唐	3948.9	—	—	—	0.35	0.50	0.60	−19	21	Ⅱ
	稻城	3727.7	—	—	—	0.20	0.30	0.30	−19	23	Ⅲ
	峨眉山	3047.4	—	—	—	0.40	0.55	0.60	−15	19	Ⅱ
贵州	贵阳市	1074.3	0.20	0.30	0.35	0.10	0.20	0.25	−3	32	Ⅲ
	威宁	2237.5	0.25	0.35	0.40	0.25	0.35	0.40	−6	26	Ⅲ

省市名	城市名	海拔高度(m)	风压(kN/m²)			雪压(kN/m²)			基本气温(℃)		雪荷载准永久值系数分区
			R=10	R=50	R=100	R=10	R=50	R=100	最低	最高	
贵州	盘县	1515.2	0.25	0.35	0.40	0.25	0.35	0.45	−3	30	Ⅲ
	桐梓	972.0	0.20	0.30	0.35	0.10	0.15	0.20	−4	33	Ⅲ
	习水	1180.2	0.20	0.30	0.35	0.15	0.20	0.25	−5	31	Ⅲ
	毕节	1510.6	0.20	0.30	0.35	0.15	0.25	0.30	−4	30	Ⅲ
	遵义市	843.9	0.20	0.30	0.35	0.10	0.15	0.20	−2	34	Ⅲ
	湄潭	791.8	—	—	—	0.15	0.20	0.25	−3	34	Ⅲ
	思南	416.3	0.20	0.30	0.35	0.10	0.20	0.25	−1	36	Ⅲ
	铜仁	279.7	0.20	0.30	0.35	0.20	0.30	0.35	−2	37	Ⅲ
	黔西	1251.8	—	—	—	0.15	0.20	0.25	−4	32	Ⅲ
	安顺市	1392.9	0.20	0.30	0.35	0.20	0.30	0.35	−3	30	Ⅲ
	凯里市	720.3	0.20	0.30	0.35	0.15	0.20	0.25	−3	34	Ⅲ
	三穗	610.5	—	—	—	0.20	0.30	0.35	−4	34	Ⅲ
	兴仁	1378.5	0.20	0.30	0.35	0.20	0.35	0.40	−2	30	Ⅲ
	罗甸	440.3	0.20	0.30	0.35	—	—	—	1	37	—
	独山	1013.3	—	—	—	0.20	0.30	0.35	−3	32	Ⅲ
	榕江	285.7	—	—	—	0.10	0.15	0.20	−1	37	Ⅲ
云南	昆明市	1891.4	0.20	0.30	0.35	0.20	0.30	0.35	−1	28	Ⅲ
	德钦	3485.0	0.25	0.35	0.40	0.60	0.90	1.05	−12	22	Ⅱ
	贡山	1591.3	0.20	0.30	0.35	0.45	0.75	0.90	−3	30	Ⅱ
	中甸	3276.1	0.20	0.30	0.35	0.50	0.80	0.90	−15	22	Ⅱ
	维西	2325.6	0.20	0.30	0.35	0.45	0.65	0.75	−6	28	Ⅲ
	昭通市	1949.5	0.25	0.35	0.40	0.15	0.25	0.30	−6	28	Ⅲ
	丽江	2393.2	0.25	0.30	0.35	0.20	0.30	0.35	−5	27	Ⅲ
	华坪	1244.8	0.30	0.45	0.55	—	—	—	−1	35	—
	会泽	2109.5	0.25	0.35	0.40	0.25	0.35	0.40	−4	26	Ⅲ
	腾冲	1654.6	0.20	0.30	0.35				−3	27	
	泸水	1804.9	0.20	0.30	0.35	—			1	26	
	保山市	1653.5	0.20	0.30	0.35	—			−2	29	
	大理市	1990.5	0.45	0.65	0.75	—			−2	28	
	元谋	1120.2	0.25	0.35	0.40	—			2	35	
	楚雄市	1772.0	0.20	0.35	0.40	—			−2	29	
	曲靖市沾益	1898.7	0.25	0.30	0.35	0.25	0.40	0.45	−1	28	Ⅲ
	瑞丽	776.6	0.20	0.30	0.35	—			3	32	
	景东	1162.3	0.20	0.30	0.35	—			1	32	
	玉溪	1636.7	0.20	0.30	0.35	—			−1	30	
	宜良	1532.1	0.25	0.45	0.55	—			1	28	
	泸西	1704.3	0.25	0.30	0.35	—			−2	29	

省市名	城 市 名	海拔高度（m）	风压（kN/m²）			雪压（kN/m²）			基本气温（℃）		雪荷载准永久值系数分区
			$R=10$	$R=50$	$R=100$	$R=10$	$R=50$	$R=100$	最低	最高	
云南	孟定	511.4	0.25	0.40	0.45	—	—	—	−5	32	—
	临沧	1502.4	0.20	0.30	0.35	—	—	—	0	29	—
	澜沧	1054.8	0.20	0.30	0.35	—	—	—	1	32	—
	景洪	552.7	0.20	0.40	0.50	—	—	—	7	35	—
	思茅	1302.1	0.25	0.45	0.50	—	—	—	3	30	—
	元江	400.9	0.25	0.30	0.35	—	—	—	7	37	—
	勐腊	631.9	0.20	0.30	0.35	—	—	—	7	34	—
	江城	1119.5	0.20	0.40	0.50	—	—	—	4	30	—
	蒙自	1300.7	0.25	0.35	0.45	—	—	—	3	31	—
	屏边	1414.1	0.20	0.40	0.35	—	—	—	2	28	—
	文山	1271.6	0.20	0.30	0.35	—	—	—	3	31	—
	广南	1249.6	0.25	0.35	0.40	—	—	—	0	31	—
西藏	拉萨市	3658.0	0.20	0.30	0.35	0.10	0.15	0.20	−13	27	Ⅲ
	班戈	4700.0	0.35	0.55	0.65	0.20	0.25	0.30	−22	18	Ⅰ
	安多	4800.0	0.45	0.75	0.90	0.25	0.40	0.45	−28	17	Ⅰ
	那曲	4507.0	0.30	0.45	0.50	0.30	0.40	0.45	−25	19	Ⅰ
	日喀则市	3836.0	0.20	0.30	0.35	0.10	0.15	0.15	−17	25	Ⅲ
	乃东县泽当	3551.7	0.20	0.30	0.35	0.15	0.15	0.15	−12	26	Ⅲ
	隆子	3860.0	0.30	0.45	0.50	0.10	0.15	0.20	−18	24	Ⅲ
	索县	4022.8	0.30	0.40	0.50	0.20	0.25	0.30	−23	22	Ⅰ
	昌都	3306.0	0.20	0.30	0.35	0.15	0.20	0.20	−15	27	Ⅱ
	林芝	3000.0	0.25	0.35	0.45	0.10	0.15	0.15	−9	25	Ⅲ
	葛尔	4278.0	—	—	—	0.10	0.15	0.15	−27	25	Ⅰ
	改则	4414.9	—	—	—	0.20	0.30	0.35	−29	23	Ⅰ
	普兰	3900.0	—	—	—	0.50	0.70	0.80	−21	25	Ⅰ
	申扎	4672.0	—	—	—	0.15	0.20	0.20	−22	19	Ⅰ
	当雄	4200.0	—	—	—	0.30	0.45	0.50	−23	21	Ⅱ
	尼木	3809.4	—	—	—	0.15	0.20	0.25	−17	26	Ⅲ
	聂拉木	3810.0	—	—	—	2.00	3.30	3.75	−13	18	Ⅰ
	定日	4300.0	—	—	—	0.15	0.25	0.30	−22	23	Ⅱ
	江孜	4040.0	—	—	—	0.10	0.10	0.15	−19	24	Ⅲ
	错那	4280.0	—	—	—	0.60	0.90	1.00	−24	16	Ⅲ
	帕里	4300.0	—	—	—	0.95	1.50	1.75	−23	16	Ⅱ
	丁青	3873.1	—	—	—	0.25	0.35	0.40	−17	22	Ⅱ
	波密	2736.0	—	—	—	0.25	0.35	0.40	−9	27	Ⅲ
	察隅	2327.6	—	—	—	0.35	0.55	0.65	−4	29	Ⅲ

省市名	城 市 名	海拔高度(m)	风压(kN/m²)			雪压(kN/m²)			基本气温(℃)		雪荷载准永久值系数分区
			$R=10$	$R=50$	$R=100$	$R=10$	$R=50$	$R=100$	最低	最高	
台湾	台北	8.0	0.40	0.70	0.85	—	—	—	—	—	—
	新竹	8.0	0.50	0.80	0.95	—	—	—	—	—	—
	宜兰	9.0	1.10	1.85	2.30	—	—	—	—	—	—
	台中	78.0	0.50	0.80	0.90	—	—	—	—	—	—
	花莲	14.0	0.40	0.70	0.85	—	—	—	—	—	—
	嘉义	20.0	0.50	0.80	0.95	—	—	—	—	—	—
	马公	22.0	0.85	1.30	1.55	—	—	—	—	—	—
	台东	10.0	0.65	0.90	1.05	—	—	—	—	—	—
	冈山	10.0	0.55	0.80	0.95	—	—	—	—	—	—
	恒春	24.0	0.70	1.05	1.20	—	—	—	—	—	—
	阿里山	2406.0	0.25	0.35	0.40	—	—	—	—	—	—
	台南	14.0	0.60	0.85	1.00	—	—	—	—	—	—
香港	香港	50.0	0.80	0.90	0.95	—	—	—	—	—	—
	横澜岛	55.0	0.95	1.25	1.40	—	—	—	—	—	—
澳门	澳门	57.0	0.75	0.85	0.90	—	—	—	—	—	—

注：表中"—"表示该城市没有统计数据。

E.6 全国基本雪压、风压及基本气温分布图

E.6.1 全国基本雪压分布图见图 E.6.1。

E.6.2 雪荷载准永久值系数分区图见图 E.6.2。

E.6.3 全国基本风压分布图见图 E.6.3。

E.6.4 全国基本气温(最高气温)分布图见图 E.6.4。

E.6.5 全国基本气温(最低气温)分布图见图 E.6.5。

附录 F 结构基本自振周期的经验公式

F.1 高 耸 结 构

F.1.1 一般高耸结构的基本自振周期，钢结构可取下式计算的较大值，钢筋混凝土结构可取下式计算的较小值：

$$T_1 = (0.007 \sim 0.013)H \qquad (\text{F.1.1})$$

式中：H——结构的高度(m)。

F.1.2 烟囱和塔架等具体结构的基本自振周期可按下列规定采用：

1 烟囱的基本自振周期可按下列规定计算：

1)高度不超过 60m 的砖烟囱的基本自振周期按下式计算：

$$T_1 = 0.23 + 0.22 \times 10^{-2} \frac{H^2}{d} \qquad (\text{F.1.2-1})$$

2)高度不超过 150m 的钢筋混凝土烟囱的基本

自振周期按下式计算：

$$T_1 = 0.41 + 0.10 \times 10^{-2} \frac{H^2}{d} \qquad (\text{F.1.2-2})$$

3)高度超过 150m，但低于 210m 的钢筋混凝土烟囱的基本自振周期按下式计算：

$$T_1 = 0.53 + 0.08 \times 10^{-2} \frac{H^2}{d} \qquad (\text{F.1.2-3})$$

式中：H——烟囱高度(m)；

d——烟囱 1/2 高度处的外径(m)。

2 石油化工塔架(图 F.1.2)的基本自振周期可按下列规定计算：

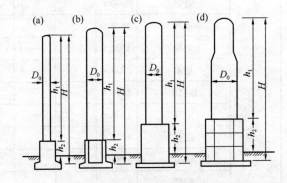

图 F.1.2 设备塔架的基础形式

(a)圆柱基础塔；(b)圆筒基础塔；(c)方形(板式)框架基础塔；(d)环形框架基础塔

1)圆柱(筒)基础塔(塔壁厚不大于 30mm)的基

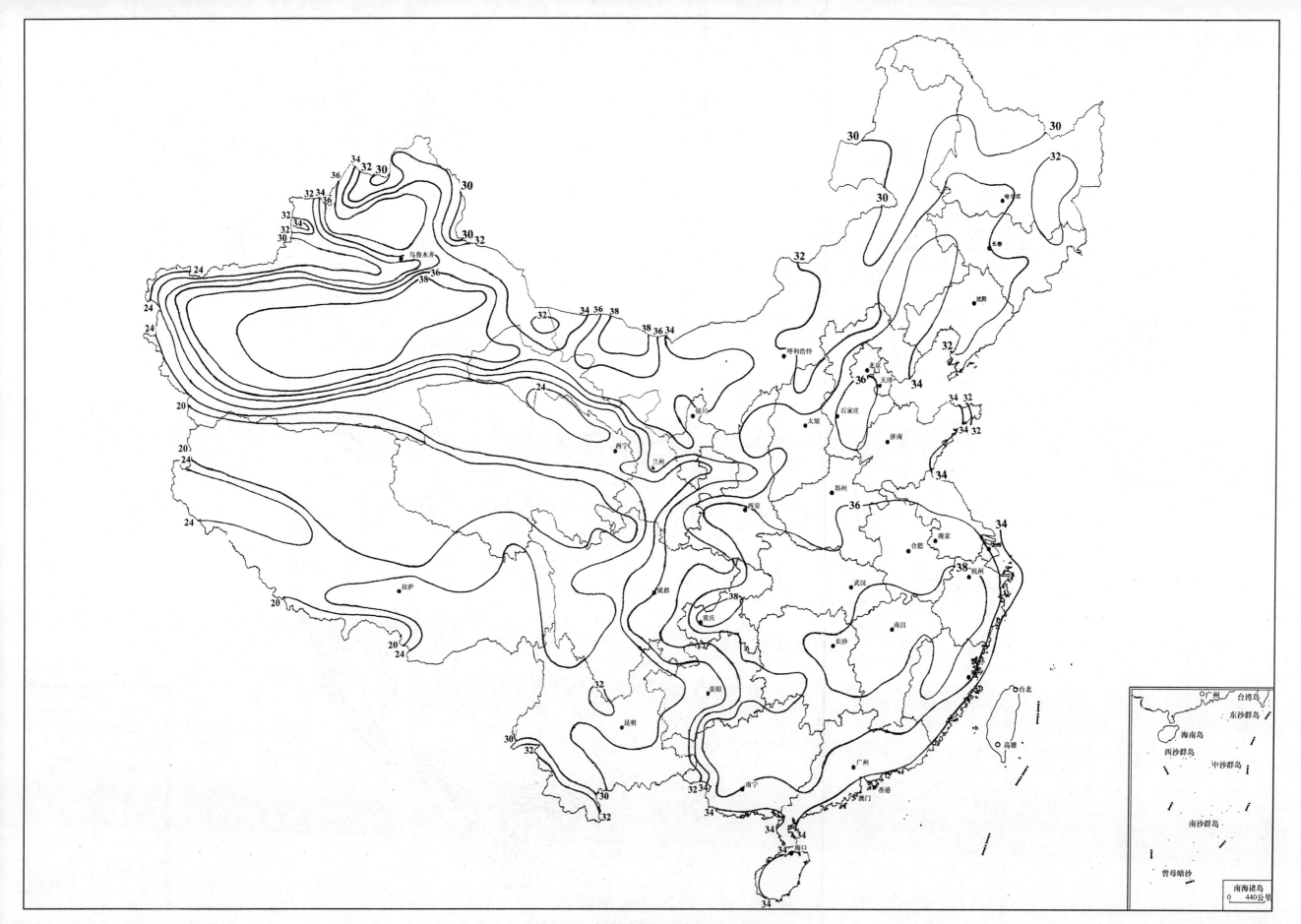

图 E.6.4　全国基本气温（最高气温）分布图

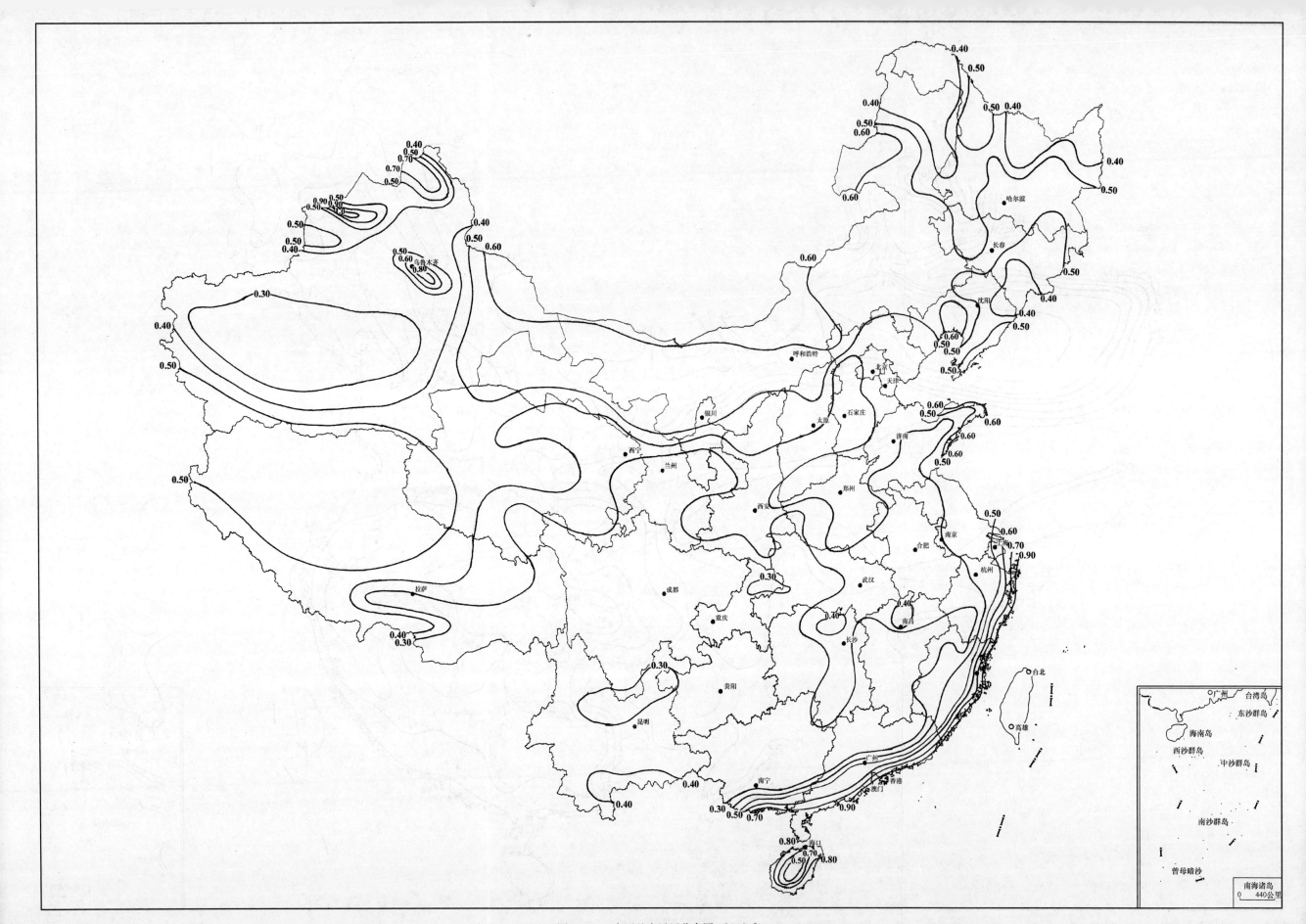

图 E.6.3　全国基本风压分布图（kN/m²）

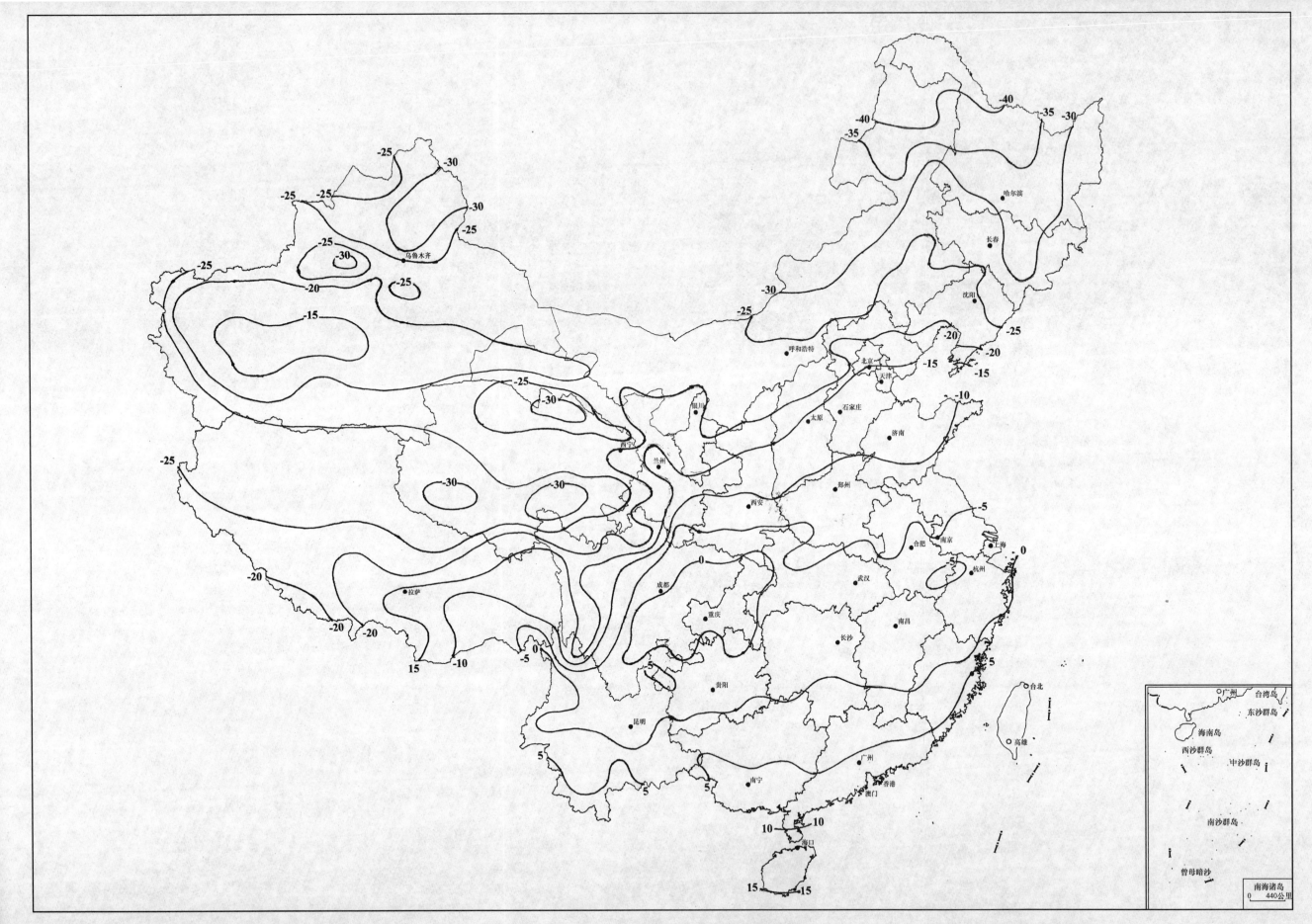

图 E.6.5 全国基本气温（最低气温）分布图

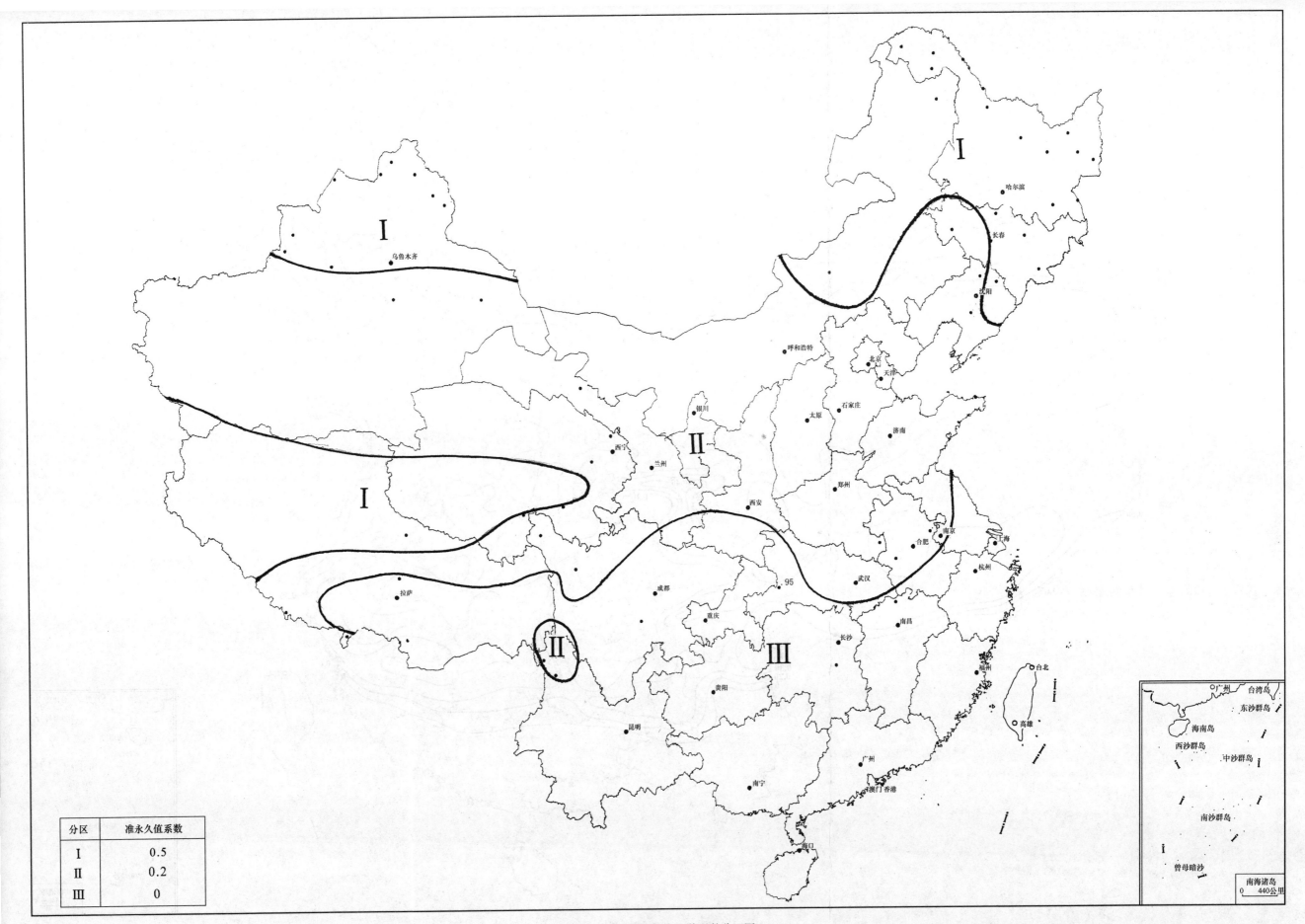

分区	准永久值系数
I	0.5
II	0.2
III	0

图 E.6.2 雪荷载准永久值系数分区图

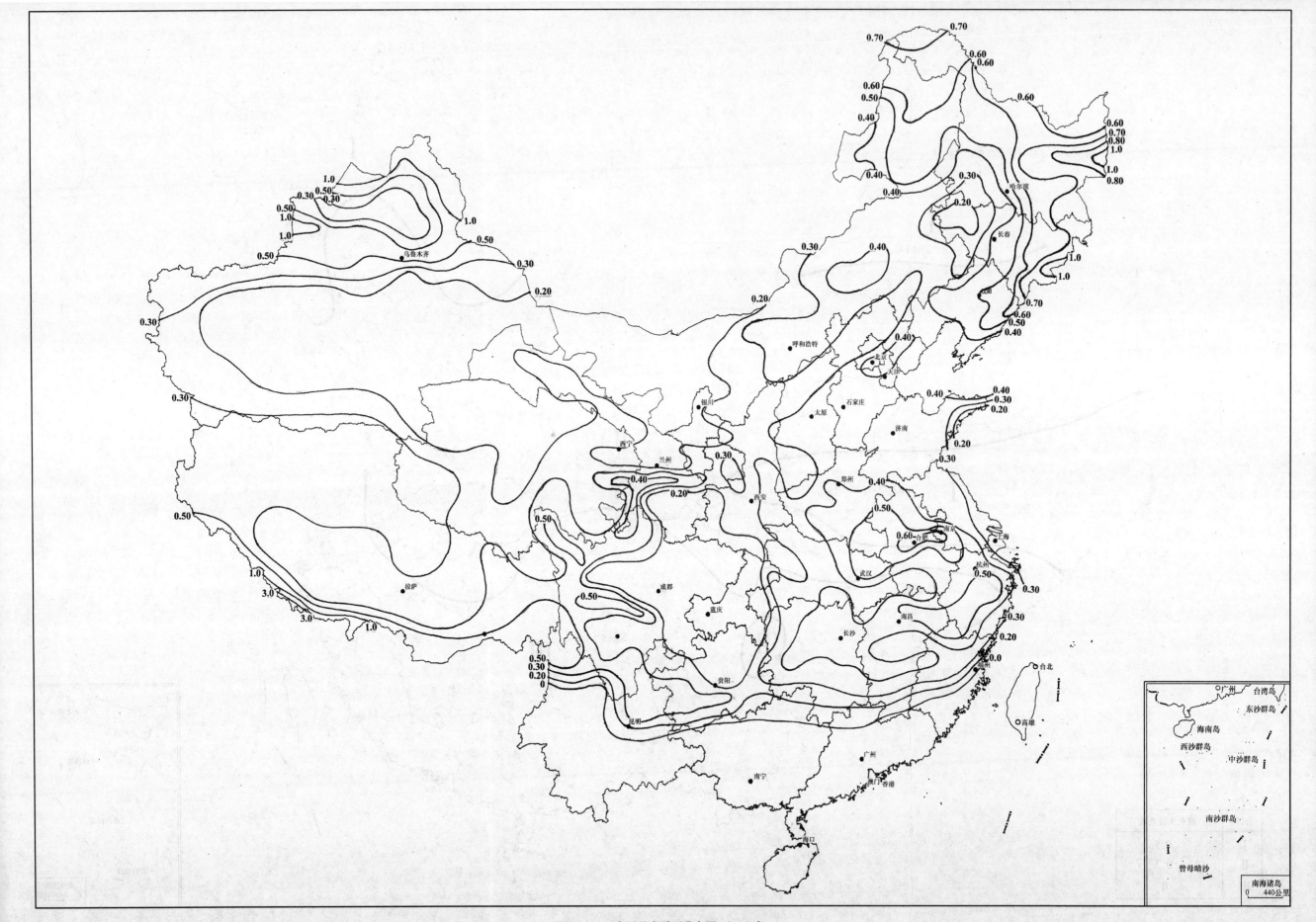

图 E.6.1 全国基本雪压分布图（kN/m²）

本自振周期按下列公式计算：

当 $H^2/D_0 < 700$ 时

$$T_1 = 0.35 + 0.85 \times 10^{-3} \frac{H^2}{D_0} \quad (F.1.2-4)$$

当 $H^2/D_0 \geqslant 700$ 时

$$T_1 = 0.25 + 0.99 \times 10^{-3} \frac{H^2}{D_0} \quad (F.1.2-5)$$

式中：H——从基础底板或柱基顶面至设备塔顶面的总高度(m)；

D_0——设备塔的外径(m)；对变直径塔，可按各段高度为权，取外径的加权平均值。

2）框架基础塔（塔壁厚不大于 30mm）的基本自振周期按下式计算：

$$T_1 = 0.56 + 0.40 \times 10^{-3} \frac{H^2}{D_0} \quad (F.1.2-6)$$

3）塔壁厚大于 30mm 的各类设备塔架的基本自振周期应按有关理论公式计算。

4）当若干塔由平台连成一排时，垂直于排列方向的各塔基本自振周期 T_1 可采用主塔（即周期最长的塔）的基本自振周期值；平行于排列方向的各塔基本自振周期 T_1 可采用主塔基本自振周期乘以折减系数 0.9。

F.2 高 层 建 筑

F.2.1 一般情况下，高层建筑的基本自振周期可根据建筑总层数近似地按下列规定采用：

1 钢结构的基本自振周期按下式计算：

$$T_1 = (0.10 \sim 0.15)n \quad (F.2.1-1)$$

式中：n——建筑总层数。

2 钢筋混凝土结构的基本自振周期按下式计算：

$$T_1 = (0.05 \sim 0.10)n \quad (F.2.1-2)$$

F.2.2 钢筋混凝土框架、框剪和剪力墙结构的基本自振周期可按下列规定采用：

1 钢筋混凝土框架和框剪结构的基本自振周期按下式计算：

$$T_1 = 0.25 + 0.53 \times 10^{-3} \frac{H^2}{\sqrt[3]{B}} \quad (F.2.2-1)$$

2 钢筋混凝土剪力墙结构的基本自振周期按下式计算：

$$T_1 = 0.03 + 0.03 \frac{H}{\sqrt[3]{B}} \quad (F.2.2-2)$$

式中：H——房屋总高度(m)；

B——房屋宽度(m)。

附录 G 结构振型系数的近似值

G.0.1 结构振型系数应按实际工程由结构动力学计算得出。一般情况下，对顺风向响应可仅考虑第 1 振型的影响，对圆截面高层建筑及构筑物横风向的共振响应，应验算第 1 至第 4 振型的响应。本附录列出相应的前 4 个振型系数。

G.0.2 迎风面宽度远小于其高度的高耸结构，其振型系数可按表 G.0.2 采用。

表 G.0.2 高耸结构的振型系数

相对高度	振 型 序 号			
z/H	1	2	3	4
0.1	0.02	−0.09	0.23	−0.39
0.2	0.06	−0.30	0.61	−0.75
0.3	0.14	−0.53	0.76	−0.43
0.4	0.23	−0.68	0.53	0.32
0.5	0.34	−0.71	0.02	0.71
0.6	0.46	−0.59	−0.48	0.33
0.7	0.59	−0.32	−0.66	−0.40
0.8	0.79	0.07	−0.40	−0.64
0.9	0.86	0.52	0.23	−0.05
1.0	1.00	1.00	1.00	1.00

G.0.3 迎风面宽度较大的高层建筑，当剪力墙和框架均起主要作用时，其振型系数可按表 G.0.3 采用。

表 G.0.3 高层建筑的振型系数

相对高度	振 型 序 号			
z/H	1	2	3	4
0.1	0.02	−0.09	0.22	−0.38
0.2	0.08	−0.30	0.58	−0.73
0.3	0.17	−0.50	0.70	−0.40
0.4	0.27	−0.68	0.46	0.33
0.5	0.38	−0.63	−0.03	0.68
0.6	0.45	−0.48	−0.49	0.29
0.7	0.67	−0.18	−0.63	−0.47
0.8	0.74	0.17	−0.34	−0.62
0.9	0.86	0.58	0.27	−0.02
1.0	1.00	1.00	1.00	1.00

G.0.4 对截面沿高度规律变化的高耸结构，其第 1 振型系数可按表 G.0.4 采用。

表 G.0.4 高耸结构的第 1 振型系数

相对高度	高 耸 结 构				
z/H	$B_H/B_0 = 1.0$	0.8	0.6	0.4	0.2
0.1	0.02	0.02	0.01	0.01	0.01
0.2	0.06	0.06	0.05	0.04	0.03
0.3	0.14	0.12	0.11	0.09	0.07
0.4	0.23	0.21	0.19	0.16	0.13
0.5	0.34	0.32	0.29	0.26	0.21
0.6	0.46	0.44	0.41	0.37	0.31
0.7	0.59	0.57	0.55	0.51	0.45
0.8	0.79	0.71	0.69	0.66	0.61
0.9	0.86	0.86	0.85	0.83	0.80
1.0	1.00	1.00	1.00	1.00	1.00

注：表中 B_H、B_0 分别为结构顶部和底部的宽度。

附录 H 横风向及扭转风振的等效风荷载

H.1 圆形截面结构横风向风振等效风荷载

H.1.1 跨临界强风共振引起在 z 高度处振型 j 的等效风荷载标准值可按下列规定确定：

1 等效风荷载标准值 $w_{Lk,j}$ (kN/m^2) 可按下式计算：

$$w_{Lk,j} = |\lambda_j| v_{cr}^2 \phi_j(z)/12800\zeta_j \quad (H.1.1-1)$$

式中：λ_j——计算系数；

v_{cr}——临界风速，按本规范公式(8.5.3-2)计算；

$\phi_j(z)$——结构的第 j 振型系数，由计算确定或按本规范附录 G 确定；

ζ_j——结构第 j 振型的阻尼比；对第 1 振型，钢结构取 0.01，房屋钢结构取 0.02，混凝土结构取 0.05；对高阶振型的阻尼比，若无相关资料，可近似按第 1 振型的值取用。

2 临界风速起始点高度 H_1 可按下式计算：

$$H_1 = H \times \left(\frac{v_{cr}}{1.2v_H}\right)^{1/\alpha} \quad (H.1.1-2)$$

式中：α——地面粗糙度指数，对 A、B、C 和 D 四类地面粗糙度分别取 0.12、0.15、0.22和 0.30；

v_H——结构顶部风速(m/s)，按本规范公式(8.5.3-3)计算。

注：横风向风振等效风荷载所考虑的高阶振型序号不大于 4，对一般悬臂型结构，可只取第 1 或第 2 阶振型。

3 计算系数 λ_j 可按表 H.1.1 采用。

表 H.1.1 λ_j 计算用表

结构类型	振型序号	H_1/H										
		0	0.1	0.2	0.3	0.4	0.5	0.6	0.7	0.8	0.9	1.0
高耸结构	1	1.56	1.55	1.54	1.49	1.42	1.31	1.15	0.94	0.68	0.37	0
	2	0.83	0.82	0.76	0.60	0.37	0.09	-0.16	-0.33	-0.38	-0.27	0
	3	0.52	0.48	0.32	0.06	-0.19	-0.30	-0.21	0.00	0.20	0.23	0
	4	0.30	0.33	0.02	-0.20	-0.23	0.03	0.16	0.15	-0.05	-0.18	0
高层建筑	1	1.56	1.56	1.54	1.49	1.41	1.28	1.12	0.91	0.65	0.35	0
	2	0.73	0.72	0.63	0.45	0.19	-0.11	-0.36	-0.52	-0.53	-0.36	0

H.2 矩形截面结构横风向风振等效风荷载

H.2.1 矩形截面高层建筑当满足下列条件时，可按

本节的规定确定其横风向风振等效风荷载：

1 建筑的平面形状和质量在整个高度范围内基本相同；

2 高宽比 $H/\sqrt{BD}$ 在 4～8 之间，深宽比 D/B 在 0.5～2 之间，其中 B 为结构的迎风面宽度，D 为结构平面的进深(顺风向尺寸)；

3 $v_H T_{L1}/\sqrt{BD} \leqslant 10$，$T_{L1}$ 为结构横风向第 1 阶自振周期，v_H 为结构顶部风速。

H.2.2 矩形截面高层建筑横风向风振等效风荷载标准值可按下式计算：

$$w_{Lk} = gw_0\mu_z C_L'\sqrt{1+R_L^2} \quad (H.2.2)$$

式中：w_{Lk}——横风向风振等效风荷载标准值(kN/m^2)，计算横风向风力时应乘以迎风面的面积；

g——峰值因子，可取 2.5；

C_L'——横风向风力系数；

R_L——横风向共振因子。

H.2.3 横风向风力系数可按下列公式计算：

$$C_L' = (2+2\alpha)C_m\gamma_{CM} \quad (H.2.3-1)$$

$$\gamma_{CM} = C_R - 0.019\left(\frac{D}{B}\right)^{-2.54} \quad (H.2.3-2)$$

式中：C_m——横风向风力角沿修正系数，可按本附录第 H.2.5 条的规定采用；

α——风速剖面指数，对应 A、B、C 和 D 类粗糙度分别取 0.12、0.15、0.22和 0.30；

C_R——地面粗糙度系数，对应 A、B、C 和 D 类粗糙度分别取 0.236、0.211、0.202和 0.197。

H.2.4 横风向共振因子可按下列规定确定：

1 横风向共振因子 R_L 可按下列公式计算：

$$R_L = K_L\sqrt{\frac{\pi S_{F_L} C_{sm}/\gamma_{CM}^2}{4(\zeta_1 + \zeta_{a1})}} \quad (H.2.4-1)$$

$$K_L = \frac{1.4}{(\alpha+0.95)C_m} \cdot \left(\frac{z}{H}\right)^{-2\alpha+0.9} \quad (H.2.4-2)$$

$$\zeta_{a1} = \frac{0.0025(1-T_{L1}^{*2})T_{L1}^* + 0.000125T_{L1}^{*2}}{(1-T_{L1}^{*2})^2 + 0.0291T_{L1}^{*2}} \quad (H.2.4-3)$$

$$T_{L1}^* = \frac{v_H T_{L1}}{9.8B} \quad (H.2.4-4)$$

式中：S_{F_L}——无量纲横风向广义风力功率谱；

C_{sm}——横风向风力功率谱的角沿修正系数，可按本附录第 H.2.5 条的规定采用；

ζ_1——结构第 1 阶振型阻尼比；

K_L——振型修正系数;

ζ_{a1}——结构横风向第 1 阶振型气动阻尼比;

T_{L1}^*——折算周期。

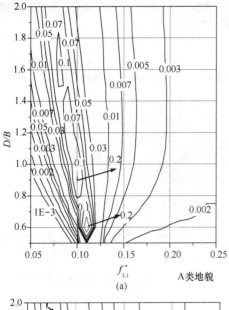
(a) A类地貌

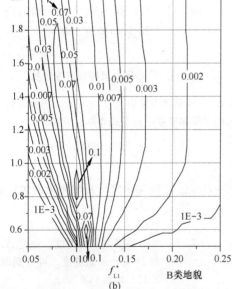
(b) B类地貌

图 H.2.4 无量纲横风向广义风力功率谱(一)

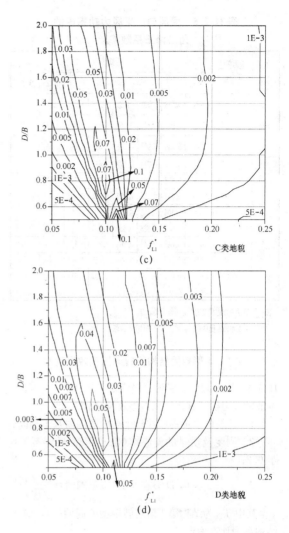
(c) C类地貌

(d) D类地貌

图 H.2.4 无量纲横风向广义风力功率谱(二)

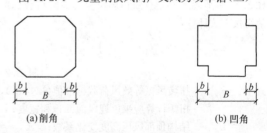

(a)削角   (b)凹角

图 H.2.5 截面削角和凹角示意图

2 无量纲横风向广义风力功率谱 S_{F_L},可根据深宽比 D/B 和折算频率 f_{L1}^* 按图 H.2.4 确定。折算频率 f_{L1}^* 按下式计算:

$$f_{L1}^* = f_{L1}B/v_H \qquad (H.2.4\text{-}5)$$

式中: f_{L1}——结构横风向第 1 阶振型的频率(Hz)。

H.2.5 角沿修正系数 C_m 和 C_{sm} 可按下列规定确定:

1 对于横截面为标准方形或矩形的高层建筑,C_m 和 C_{sm} 取 1.0;

2 对于图 H.2.5 所示的削角或凹角矩形截面,横风向风力系数的角沿修正系数 C_m 可按下式计算:

$$C_m = \begin{cases} 1.00 - 81.6\left(\dfrac{b}{B}\right)^{1.5} + 301\left(\dfrac{b}{B}\right)^2 - 290\left(\dfrac{b}{B}\right)^{2.5} \\ \qquad 0.05 \leqslant b/B \leqslant 0.2 \quad 凹角 \\ 1.00 - 2.05\left(\dfrac{b}{B}\right)^{0.5} + 24\left(\dfrac{b}{B}\right)^{1.5} - 36.8\left(\dfrac{b}{B}\right)^2 \\ \qquad 0.05 \leqslant b/B \leqslant 0.2 \quad 削角 \end{cases}$$

$$(H.2.5)$$

式中: b——削角或凹角修正尺寸(m)(图 H.2.5)。

3 对于图 H.2.5 所示的削角或凹角矩形截面,横风向广义风力功率谱的角沿修正系数 C_{sm} 可按表 H.2.5 取值。

**表 H.2.5　横风向广义风力功率谱的
角沿修正系数 C_{sm}**

角沿情况	地面粗糙度类别	b/B	折减频率(f_{L1}^*)						
			0.100	0.125	0.150	0.175	0.200	0.225	0.250
削角	B类	5%	0.183	0.905	1.2	1.2	1.2	1.2	1.1
		10%	0.070	0.349	0.568	0.653	0.684	0.670	0.653
		20%	0.106	0.902	0.953	0.819	0.743	0.667	0.626
削角	D类	5%	0.368	0.749	0.922	0.955	0.943	0.917	0.897
		10%	0.256	0.504	0.659	0.706	0.713	0.697	0.686
		20%	0.339	0.974	0.977	0.894	0.841	0.805	0.790
凹角	B类	5%	0.106	0.595	0.980	1.0	1.0	1.0	1.0
		10%	0.033	0.228	0.450	0.565	0.610	0.604	0.594
		20%	0.042	0.842	0.563	0.451	0.421	0.400	0.400
凹角	D类	5%	0.267	0.586	0.839	0.955	0.987	0.991	0.984
		10%	0.091	0.261	0.452	0.567	0.613	0.633	0.628
		20%	0.169	0.954	0.659	0.527	0.475	0.447	0.453

注：1　A类地面粗糙度的 C_{sm} 可按B类取值；
　　2　C类地面粗糙度的 C_{sm} 可按B类和D类插值取用。

H.3　矩形截面结构扭转风振等效风荷载

H.3.1　矩形截面高层建筑当满足下列条件时，可按本节的规定确定其扭转风振等效风荷载：

　1　建筑的平面形状在整个高度范围内基本相同；

　2　刚度及质量的偏心率（偏心距/回转半径）小于0.2；

　3　$\dfrac{H}{\sqrt{BD}} \leqslant 6$，$D/B$ 在 1.5～5 范围内，$\dfrac{T_{T1} v_H}{\sqrt{BD}} \leqslant$ 10，其中 T_{T1} 为结构第1阶扭转振型的周期(s)，应按结构动力计算确定。

H.3.2　矩形截面高层建筑扭转风振等效风荷载标准值可按下式计算：

$$w_{Tk} = 1.8 g w_0 \mu_H C_T' \left(\frac{z}{H}\right)^{0.9} \sqrt{1+R_T^2}$$
（H.3.2）

式中：w_{Tk}——扭转风振等效风荷载标准值(kN/m^2)，扭矩计算应乘以迎风面面积和宽度；

　　　μ_H——结构顶部风压高度变化系数；

　　　g——峰值因子，可取 2.5；

　　　C_T'——风致扭矩系数；

　　　R_T——扭转共振因子。

H.3.3　风致扭矩系数可按下式计算：
$$C_T' = \{0.0066 + 0.015(D/B)^2\}^{0.78} \text{（H.3.3）}$$

H.3.4　扭转共振因子可按下列规定确定：

　1　扭转共振因子可按下列公式计算：

$$R_T = K_T \sqrt{\frac{\pi F_T}{4\zeta_1}}$$
（H.3.4-1）

$$K_T = \frac{(B^2 + D^2)}{20r^2} \left(\frac{z}{H}\right)^{-0.1}$$
（H.3.4-2）

式中：F_T——扭矩谱能量因子；

　　　K_T——扭转振型修正系数；

　　　r——结构的回转半径(m)。

　2　扭矩谱能量因子 F_T 可根据深宽比 D/B 和扭转折算频率 f_{T1}^* 按图 H.3.4 确定。扭转折算频率 f_{T1}^* 按下式计算：

$$f_{T1}^* = \frac{f_{T1}\sqrt{BD}}{v_H}$$
（H.3.4-3）

式中：f_{T1}——结构第1阶扭转自振频率(Hz)。

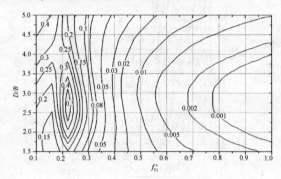

图 H.3.4　扭矩谱能量因子

附录 J　高层建筑顺风向和横风向风振加速度计算

J.1　顺风向风振加速度计算

J.1.1　体型和质量沿高度均匀分布的高层建筑，顺风向风振加速度可按下式计算：

$$a_{D,z} = \frac{2g I_{10} w_R \mu_s \mu_z B_z \eta_a B}{m}$$
（J.1.1）

式中，$a_{D,z}$——高层建筑 z 高度顺风向风振加速度(m/s^2)；

　　　g——峰值因子，可取 2.5；

　　　I_{10}——10m 高度名义湍流度，对应 A、B、C 和 D 类地面粗糙度，可分别取 0.12、0.14、0.23 和 0.39；

　　　w_R——重现期为 R 年的风压(kN/m^2)，可按本规范附录 E 公式(E.3.3)计算；

　　　B——迎风面宽度(m)；

　　　m——结构单位高度质量(t/m)；

　　　μ_z——风压高度变化系数；

　　　μ_s——风荷载体型系数；

　　　B_z——脉动风荷载的背景分量因子，按本规范公式(8.4.5)计算；

　　　η_a——顺风向风振加速度的脉动系数。

J.1.2　顺风向风振加速度的脉动系数 η_a 可根据结构阻尼比 ζ_1 和系数 x_1 确定，按表 J.1.2 确定。系数 x_1 按本规范公式(8.4.4-2)计算。

表 J.1.2　顺风向风振加速度的脉动系数 η_a

x_1	$\zeta_1=0.01$	$\zeta_1=0.02$	$\zeta_1=0.03$	$\zeta_1=0.04$	$\zeta_1=0.05$
5	4.14	2.94	2.41	2.10	1.88
6	3.93	2.79	2.28	1.99	1.78
7	3.75	2.66	2.18	1.90	1.70
8	3.59	2.55	2.09	1.82	1.63
9	3.46	2.46	2.02	1.75	1.57
10	3.35	2.38	1.95	1.69	1.52
20	2.67	1.90	1.55	1.35	1.21
30	2.34	1.66	1.36	1.18	1.06
40	2.12	1.51	1.23	1.07	0.96
50	1.97	1.40	1.15	1.00	0.89
60	1.86	1.32	1.08	0.94	0.84
70	1.76	1.25	1.03	0.89	0.80
80	1.69	1.20	0.98	0.85	0.76
90	1.62	1.15	0.94	0.82	0.74
100	1.56	1.11	0.91	0.79	0.71
120	1.47	1.05	0.86	0.74	0.67
140	1.40	0.99	0.81	0.71	0.63
160	1.34	0.95	0.78	0.68	0.61
180	1.29	0.91	0.75	0.65	0.58
200	1.24	0.88	0.72	0.63	0.56
220	1.20	0.85	0.70	0.61	0.55
240	1.17	0.83	0.68	0.59	0.53
260	1.14	0.81	0.66	0.58	0.52
280	1.11	0.79	0.65	0.56	0.50
300	1.09	0.77	0.63	0.55	0.49

J.2　横风向风振加速度计算

J.2.1　体型和质量沿高度均匀分布的矩形截面高层建筑，横风向风振加速度可按下式计算：

$$a_{L,z}=\frac{2.8gw_R\mu_H B}{m}\phi_{L1}(z)\sqrt{\frac{\pi S_{F_L}C_{sm}}{4(\zeta_1+\zeta_{a1})}}$$

（J.2.1）

式中：$a_{L,z}$——高层建筑 z 高度横风向风振加速度（m/s²）；

g——峰值因子，可取 2.5；

w_R——重现期为 R 年的风压（kN/m²），可按本规范附录 E 第 E.3.3 条的规定计算；

B——迎风面宽度（m）；

m——结构单位高度质量（t/m）；

μ_H——结构顶部风压高度变化系数；

S_{F_L}——无量纲横风向广义风力功率谱，可按本规范附录 H 第 H.2.4 条确定；

C_{sm}——横风向风力谱的角沿修正系数，可按本规范附录 H 第 H.2.5 条的规定采用；

$\phi_{L1}(z)$——结构横风向第 1 阶振型系数；

ζ_1——结构横风向第 1 阶振型阻尼比；

ζ_{a1}——结构横风向第 1 阶振型气动阻尼比，可按本规范附录 H 公式（H.2.4-3）计算。

本规范用词说明

1　为便于在执行本规范条文时区别对待，对执行规范严格程度的用词说明如下：

　1）表示很严格，非这样做不可的用词：

　　正面词采用"必须"，反面词采用"严禁"；

　2）表示严格，在正常情况下均应这样做的用词：

　　正面词采用"应"，反面词采用"不应"或"不得"；

　3）表示允许稍有选择，在条件许可时首先应这样做的用词：

　　正面词采用"宜"，反面词采用"不宜"；

　4）表示有选择，在一定条件下可以这样做的，采用"可"。

2　条文中指明应按其他有关标准执行的写法为："应符合……的规定"或"应按……执行"。

引用标准名录

1　《人民防空地下室设计规范》GB 50038

2　《工程结构可靠性设计统一标准》GB 50153

中华人民共和国国家标准

建筑结构荷载规范

GB 50009—2012

条 文 说 明

修 订 说 明

《建筑结构荷载规范》GB 50009－2012，经住房和城乡建设部 2012 年 5 月 28 日以第 1405 号公告批准、发布。

本规范是在《建筑结构荷载规范》GB 50009－2001（2006 年版）的基础上修订而成。上一版的主编单位是中国建筑科学研究院，参编单位是同济大学、建设部建筑设计院、中国轻工国际工程设计院、中国建筑标准设计研究所、北京市建筑设计研究院、中国气象科学研究院。主要起草人是陈基发、胡德炘、金新阳、张相庭、顾子聪、魏才昂、蔡益燕、关桂学、薛桁。本次修订中，上一版主要起草人陈基发、张相庭、魏才昂、薛桁等作为顾问专家参与修订工作，发挥了重要作用。

本规范修订过程中，编制组开展了设计使用年限可变荷载调整系数与偶然荷载组合、雪荷载灾害与屋面积雪分布、风荷载局部体型系数与内压系数、高层建筑群体干扰效应、高层建筑结构顺风向风振响应计算、高层建筑横风向与扭转风振响应计算、国内外温度作用规范与应用、国内外偶然作用规范与应用等多项专题研究，收集了自上一版发布以来反馈的意见和建议，认真总结了工程设计经验，参考了国内外规范和国际标准的有关内容，在全国范围内广泛征求了建设主管部门和设计院等有关使用单位的意见，并对反馈意见进行了汇总和处理。

本次修订增加了第 4 章、第 9 章和第 10 章，增加了附录 B、附录 H 和附录 J，规范的涵盖范围和技术内容有较大的扩充和修订。

为了便于设计、审图、科研和学校等单位的有关人员在使用本规范时能正确理解和执行条文规定，《建筑结构荷载规范》编制组按章、节、条顺序编写了本规范的条文说明，对条文规定的目的、编制依据以及执行中需注意的有关事项进行了说明，部分条文还列出了可提供进一步参考的文献。但是，本条文说明不具备与规范正文同等的法律效力，仅供使用者作为理解和把握条文内容的参考。

目　次

1 总　　则

1.0.1　制定本规范的目的首先是要保证建筑结构设计的安全可靠，同时兼顾经济合理。

1.0.2　本规范的适用范围限于工业与民用建筑的主结构及其围护结构的设计，其中也包括附属于该类建筑的一般构筑物在内，例如烟囱、水塔等。在设计其他土木工程结构或特殊的工业构筑物时，本规范中规定的风、雪荷载也可作为设计的依据。此外，对建筑结构的地基基础设计，其上部传来的荷载也应以本规范为依据。

1.0.3　本标准在可靠性理论基础、基本原则以及设计方法等方面遵循《工程结构可靠性设计统一标准》GB 50153-2008 的有关规定。

1.0.4　结构上的作用是指能使结构产生效应（结构或构件的内力、应力、位移、应变、裂缝等）的各种原因的总称。直接作用是指作用在结构上的力集（包括集中力和分布力），习惯上统称为荷载，如永久荷载、活荷载、吊车荷载、雪荷载、风荷载以及偶然荷载等。间接作用是指那些不是直接以力集的形式出现的作用，如地基变形、混凝土收缩和徐变、焊接变形、温度变化以及地震等引起的作用等。

本次修订增加了温度作用的规定，因此本规范涉及的内容范围也由直接作用（荷载）扩充到间接作用。考虑到设计人员的习惯和使用方便，在规范条文中规定对于可变荷载的规定同样适用于温度作用，这样，在后面的条文的用词中涉及温度作用有关内容时不再区分作用与荷载，统一以荷载来表述。

对于其他间接作用，目前尚不具备条件列入本规范。尽管在本规范中没有给出各类间接作用的规定，但在设计中仍应根据实际可能出现的情况加以考虑。

对于位于地震设防地区的建筑结构，地震作用是必须考虑的主要作用之一。由于《建筑抗震设计规范》GB 50011 已经对地震作用作了相应规定，本规范不再涉及。

1.0.5　除本规范中给出的荷载外，在某些工程中仍有一些其他性质的荷载需要考虑，例如塔桅结构上结构构件、架空线、拉绳表面的裹冰荷载，由《高耸结构设计规范》GB 50135 规定，储存散料的储仓荷载由《钢筋混凝土筒仓设计规范》GB 50077 规定，地下构筑物的水压力和土压力由《给水排水工程构筑物结构设计规范》GB 50069 规定，烟囱结构的温差作用由《烟囱设计规范》GB 50051 规定，设计中应按相应的规范执行。

2　术语和符号

术语和符号是根据现行国家标准《工程结构设计基本术语和通用符号》GBJ 132、《建筑结构设计术语和符号标准》GB/T 50083 的规定，并结合本规范的具体情况给出的。

本次修订在保持原有术语符号基本不变的情况下，增加了与温度作用相关的术语，如温度作用、气温、基本气温、均匀温度以及初始温度等，增加了横风向与扭转风振、温度作用以及偶然荷载相关的符号。

3　荷载分类和荷载组合

3.1　荷载分类和荷载代表值

3.1.1　《工程结构可靠性设计统一标准》GB 50153 指出，结构上的作用可按随时间或空间的变异分类，还可按结构的反应性质分类，其中最基本的是按随时间的变异分类。在分析结构可靠度时，它关系到概率模型的选择；在各类极限状态设计时，它还关系到荷载代表值及其效应组合形式的选择。

本规范中的永久荷载和可变荷载，类同于以往所谓的恒荷载和活荷载；而偶然荷载也相当于 50 年代规范中的特殊荷载。

土压力和预应力作为永久荷载是因为它们都是随时间单调变化而能趋于限值的荷载，其标准值都是依其可能出现的最大值来确定。在建筑结构设计中，有时也会遇到有水压力作用的情况，对水位不变的水压力可按永久荷载考虑，而水位变化的水压力应按可变荷载考虑。

地震作用（包括地震力和地震加速度等）由《建筑抗震设计规范》GB 50011 具体规定。

偶然荷载，如撞击、爆炸等是由各部门以其专业本身特点，一般按经验确定采用。本次修订增加了偶然荷载一章，偶然荷载的标准值可按该章规定的方法确定采用。

3.1.2　结构设计中采用何种荷载代表将直接影响到荷载的取值和大小，关系结构设计的安全，要以强制性条文给以规定。

虽然任何荷载都具有不同性质的变异性，但在设计中，不可能直接引用反映荷载变异性的各种统计参数，通过复杂的概率运算进行具体设计。因此，在设计时，除了采用能便于设计者使用的设计表达式外，对荷载仍应赋予一个规定的量值，称为荷载代表值。荷载可根据不同的设计要求，规定不同的代表值，以使之能更确切地反映它在设计中的特点。本规范给出荷载的四种代表值：标准值、组合值、频遇值和准永久值。荷载标准值是荷载的基本代表值，而其他代表值都可在标准值的基础上乘以相应的系数后得出。

荷载标准值是指其在结构的使用期间可能出现的最大荷载值。由于荷载本身的随机性，因而使用期间的最大荷载也是随机变量，原则上也可用它的统计分布来描述。按《工程结构可靠性设计统一标准》GB 50153 的规定，荷载标准值统一由设计基准期最大荷载概率分布的某个分位值来确定，设计基准期统一规定为 50 年，而对该分位值的百分位未作统一规定。

因此，对某类荷载，当有足够资料而有可能对其统计分布作出合理估计时，则在其设计基准期最大荷载的分布上，可根据协议的百分位，取其分位值作为该荷载的代表值，原则上可取分布的特征值（例如均值、众值或中值），国际上习惯称之为荷载的特征值（Characteristic value）。实际上，对于大部分自然荷载，包括风雪荷载，习惯上都以其规定的平均重现期来定义标准值，也即相当于以其重现期内最大荷载的分布的众值为标准值。

目前，并非对所有荷载都能取得充分的资料，为此，不得不从实际出发，根据已有的工程实践经验，通过分析判断后，协议一个公称值（Nominal value）作为代表值。在本规范中，对按这两种方式规定的代表值统称为荷载标准值。

3.1.3 在确定各类可变荷载的标准值时，会涉及出现荷载最大值的时域问题，本规范统一采用一般结构的设计使用年限 50 年作为规定荷载最大值的时域，在此也称之为设计基准期。采用不同的设计基准期，会得到不同的可变荷载代表值，因而也会直接影响结构的安全，必须以强制性条文予以确定。设计人员在按本规范的原则和方法确定其他可变荷载时，也应采用 50 年设计基准期，以便与本规范规定的分项系数、组合值系数等参数相匹配。

3.1.4 本规范所涉及的荷载，其标准值的取值应按本规范各章的规定采用。本规范提供的荷载标准值，若属于强制性条款，在设计中必须作为荷载最小值采用；若不属于强制性条款，则应由业主认可后采用，并在设计文件中注明。

3.1.5 当有两种或两种以上的可变荷载在结构上要求同时考虑时，由于所有可变荷载同时达到其单独出现时可能达到的最大值的概率极小，因此，除主导荷载（产生最大效应的荷载）仍可以其标准值为代表值外，其他伴随荷载均应采用相应时段内的最大荷载，也即以小于其标准值的组合值为荷载代表值，而组合值原则上可按相应时段最大荷载分布中的协议分位值（可取与标准值相同的分位值）来确定。

国际标准对组合值的确定方法另有规定，它出于可靠指标一致性的目的，并采用经简化后的敏感系数 α，给出两种不同方法的组合系数表达式。在概念上这种方式比同分位值的表达方式更为合理，但在研究中发现，采用不同方法所得的结果对实际应用来说，并没有明显的差异，考虑到目前实际荷载取样的局限性，因此本规范暂时不明确组合值的确定方法，主要还是在工程设计的经验范围内，偏保守地加以确定。

3.1.6 荷载的标准值是在规定的设计基准期内最大荷载的意义上确定的，它没有反映荷载作为随机过程而具有随时间变异的特性。当结构按正常使用极限状态的要求进行设计时，例如要求控制房屋的变形、裂缝、局部损坏以及引起不舒适的振动时，就应从不同的要求出发，来选择荷载的代表值。

在可变荷载 Q 的随机过程中，荷载超过某水平 Q_x 的表示方式，国际标准对此建议有两种：

1 用超过 Q_x 的总持续时间 $T_x = \Sigma t_i$，或其与设计基准期 T 的比值 $\mu_x = T_x/T$ 来表示，见图 1（a）。图 1（b）给出的是可变荷载 Q 在非零时域内任意时点荷载 Q^* 的概率分布函数 $F_{Q^*}(Q)$，超越 Q_x 的概率为 p^* 可按下式确定：

$$p^* = 1 - F_{Q^*}(Q_x)$$

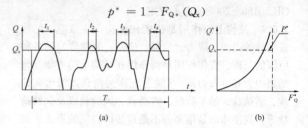

图 1 可变荷载按持续时间确定代表值示意图

对于各态历经的随机过程，μ_x 可按下式确定：

$$\mu_x = \frac{T_x}{T} = p^* q$$

式中，q 为荷载 Q 的非零概率。

当 μ_x 为规定时，则相应的荷载水平 Q_x 按下式确定：

$$Q_x = F_{Q^*}^{-1}\left(1 - \frac{\mu_x}{q}\right)$$

对于与时间有关联的正常使用极限状态，荷载的代表值均可考虑按上述方式取值。例如允许某些极限状态在一个较短的持续时间内被超过，或在总体上不长的时间内被超过，可以采用较小的 μ_x 值（建议不大于 0.1）计算荷载频遇值 Q_f 作为荷载的代表值，它相当于在结构上时而出现的较大荷载值，但总是小于荷载的标准值。对于在结构上经常作用的可变荷载，应以准永久值为代表值，相应的 μ_x 值建议取 0.5，相当于可变荷载在整个变化过程中的中间值。

2 用超越 Q_x 的次数 n_x 或单位时间内的平均超越次数 $\nu_x = n_x/T$（跨阈率）来表示（图 2）。

跨阈率可通过直接观察确定，一般也可应用随机过程的某些特性（例如其谱密度函数）间接确定。当其任意时点荷载的均值 μ_{Q^*} 及其跨阈率 ν_m 为已知，而且荷载是高斯平稳各态历经的随机过程，则对应于跨阈率 ν_x 的荷载水平 Q_x 可按下式确定：

$$Q_x = \mu_{Q^*} + \sigma_{Q^*} \sqrt{\ln(\nu_m/\nu_x)^2}$$

对于与荷载超越次数有关联的正常使用极限状态，荷载的代表值可考虑按上述方式取值，国际标准

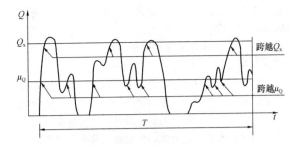

图 2　可变荷载按跨阈率确定代表值示意图

建议将此作为确定频遇值的另一种方式，尤其是当结构振动时涉及人的舒适性、影响非结构构件的性能和设备的使用功能的极限状态，但是国际标准关于跨阈率的取值目前并没有具体的建议。

按严格的统计定义来确定频遇值和准永久值目前还比较困难，本规范所提供的这些代表值，大部分还是根据工程经验并参考国外标准的相关内容后确定的。对于有可能再划分为持久性和临时性两类的可变荷载，可以直接引用荷载的持久性部分，作为荷载准永久值取值的依据。

3.2　荷载组合

3.2.1、3.2.2　当整个结构或结构的一部分超过某一特定状态，而不能满足设计规定的某一功能要求时，则称此特定状态为结构对该功能的极限状态。设计中的极限状态往往以结构的某种荷载效应，如内力、应力、变形、裂缝等超过相应规定的标志为依据。根据设计中要求考虑的结构功能，结构的极限状态在总体上可分为两大类，即承载能力极限状态和正常使用极限状态。对承载能力极限状态，一般是以结构的内力超其承载能力为依据；对正常使用极限状态，一般是以结构的变形、裂缝、振动参数超过设计允许的限值为依据。在当前的设计中，有时也通过结构应力的控制来保证结构满足正常使用的要求，例如地基承载应力的控制。

对所考虑的极限状态，在确定其荷载效应时，应对所有可能同时出现的诸荷载作用加以组合，求得组合后在结构中的总效应。考虑荷载出现的变化性质，包括出现与否和不同的作用方向，这种组合可以多种多样，因此还必须在所有可能组合中，取其中最不利的一组作为该极限状态的设计依据。

3.2.3　对于承载能力极限状态的荷载组合，可按《工程结构可靠性设计统一标准》GB 50153-2008 的规定，根据所考虑的设计状况，选用不同的组合；对持久和短暂设计状况，应采用基本组合，对偶然设计状况，应采用偶然组合。

在承载能力极限状态的基本组合中，公式（3.2.3-1）和公式（3.2.3-2）给出了荷载效应组合设计值的表达式，由于直接涉及结构的安全性，故要以强制性条文规定。建立表达式的目的是保证在各种可能出现的荷载组合情况下，通过设计都能使结构维持在相同的可靠度水平上。必须注意，规范给出的表达式都是以荷载与荷载效应有线性关系为前提，对于明显不符合该条件的情况，应在各本结构设计规范中对此作出相应的补充规定。这个原则同样适用于正常使用极限状态的各个组合的表达式。

在应用公式（3.2.3-1）时，式中的 $S_{Q_1 K}$ 为诸可变荷载效应中其设计值为控制其组合为最不利者，当设计者无法判断时，可轮次以各可变荷载效应 $S_{Q_i K}$ 为 $S_{Q_1 K}$，选其中最不利的荷载效应组合为设计依据，这个过程建议由计算机程序的运算来完成。

GB 50009-2001 修订时，增加了结构的自重占主要荷载时，由公式（3.2.3-2）给出由永久荷载效应控制的组合设计值。考虑这个组合式后可以避免可靠度可能偏低的后果；虽然过去在有些结构设计规范中，也曾为此专门给出某些补充规定，例如对某些以自重为主的构件采用提高重要性系数、提高屋面活荷载的设计规定，但在实际应用中，总不免有挂一漏万的顾虑。采用公式（3.2.3-2）后，可在结构设计规范中撤销这些补充的规定，同时也避免了永久荷载为主的结构安全度可能不足的后果。

在应用公式（3.2.3-2）的组合式时，对可变荷载，出于简化的目的，也可仅考虑与结构自重方向一致的竖向荷载，而忽略影响不大的横向荷载。此外，对某些材料的结构，可考虑自身的特点，由各结构设计规范自行规定，可不采用该组合式进行校核。

考虑到简化规则缺乏理论依据，现在结构分析及荷载组合基本由计算机软件完成，简化规则已经用得很少，本次修订取消原规范第 3.2.4 条关于一般排架、框架结构基本组合的简化规则。在方案设计阶段，当需要用手算初步进行荷载效应组合计算时，仍允许采用对所有参与组合的可变荷载的效应设计值，乘以一个统一的组合系数 0.9 的简化方法。

必须指出，条文中给出的荷载效应组合值的表达式是采用各项可变荷载效应叠加的形式，这在理论上仅适用于各项可变荷载的效应与荷载为线性关系的情况。当涉及非线性问题时，应根据问题性质，或按有关设计规范的规定采用其他不同的方法。

GB 50009-2001 修订时，摈弃了原规范"遇风组合"的惯例，即只有在可变荷载包含风荷载时才考虑组合值系数的方法，而要求基本组合中所有可变荷载在作为伴随荷载时，都必须以其组合值为代表值。对组合值系数，除风荷载取 $\psi_c=0.6$ 外，对其他可变荷载，目前建议统一取 $\psi_c=0.7$。但为避免与以往设计结果有过大差别，在任何情况下，暂时建议不低于频遇值系数。

参照《工程结构可靠性设计统一标准》GB 50153-2008，本次修订引入了可变荷载考虑结构设计使用

年限的调整系数 γ_L。引入可变荷载考虑结构设计使用年限调整系数的目的，是为解决设计使用年限与设计基准期不同时对可变荷载标准值的调整问题。当设计使用年限与设计基准期不同时，采用调整系数 γ_L 对可变荷载的标准值进行调整。

设计基准期是为统一确定荷载和材料的标准值而规定的年限，它通常是一个固定值。可变荷载是一个随机过程，其标准值是指在结构设计基准期内可能出现的最大值，由设计基准期最大荷载概率分布的某个分位值来确定。

设计使用年限是指设计规定的结构或结构构件不需要进行大修即可按其预定目的使用的时期，它不是一个固定值，与结构的用途和重要性有关。设计使用年限长短对结构设计的影响要从荷载和耐久性两个方面考虑。设计使用年限越长，结构使用中荷载出现"大值"的可能性越大，所以设计中应提高荷载标准值；相反，设计使用年限越短，结构使用中荷载出现"大值"的可能性越小，设计中可降低荷载标准值，以保持结构安全和经济的一致性。耐久性是决定结构设计使用年限的主要因素，这方面应在结构设计规范中考虑。

3.2.4 荷载效应组合的设计值中，荷载分项系数应根据荷载不同的变异系数和荷载的具体组合情况（包括不同荷载的效应比），以及与抗力有关的分项系数的取值水平等因素确定，以使在不同设计情况下的结构可靠度能趋于一致。但为了设计上的方便，将荷载分成永久荷载和可变荷载两类，相应给出两个规定的系数 γ_G 和 γ_Q。这两个分项系数是在荷载标准值已给定的前提下，使按极限状态设计表达式设计所得的各类结构构件的可靠指标，与规定的目标可靠指标之间，在总体上误差最小为原则，经优化后选定的。

《建筑结构设计统一标准》GBJ 68-84 编制组曾选择了 14 种有代表性的结构构件；针对永久荷载与办公楼活荷载、永久荷载与住宅活荷载以及永久荷载与风荷载三种简单组合情况进行分析，并在 γ_G = 1.1、1.2、1.3 和 γ_Q = 1.1、1.2、1.3、1.4、1.5、1.6 共 3×6 组方案中，选得一组最优方案为 γ_G = 1.2 和 γ_Q = 1.4。但考虑到前提条件的局限性，允许在特殊的情况下作合理的调整，例如对于标准值大于 4kN/m² 的工业楼面活荷载，其变异系数一般较小，此时从经济上考虑，可取 γ_Q = 1.3。

分析表明，当永久荷载效应与可变荷载效应相比很大时，若仍采用 γ_G = 1.2，则结构的可靠度就不能达到目标值的要求，因此，在本规范公式（3.2.3-2）给出的由永久荷载效应控制的设计组合值中，相应取 γ_G = 1.35。

分析还表明，当永久荷载效应与可变荷载效应异号时，若仍采用 γ_G = 1.2，则结构的可靠度会随永久荷载效应所占比重的增大而严重降低，此时，γ_G 宜

取小于 1.0 的系数。但考虑到经济效果和应用方便的因素，建议取 γ_G = 1.0。地下水压力作为永久荷载考虑时，由于受地表水位的限制，其分项系数一般建议取 1.0。

在倾覆、滑移或漂浮等有关结构整体稳定性的验算中，永久荷载效应一般对结构是有利的，荷载分项系数一般应取小于 1.0 的值。虽然各结构标准已经广泛采用分项系数表达方式，但对永久荷载分项系数的取值，如地下水荷载的分项系数，各地方有差异，目前还不可能采用统一的系数。因此，在本规范中原则上不规定与此有关的分项系数的取值，以免发生矛盾。当在其他结构设计规范中对结构倾覆、滑移或漂浮的验算有具体规定时，应按结构设计规范的规定执行，当没有具体规定时，对永久荷载分项系数应按工程经验采用不大于 1.0 的值。

3.2.5 本条为本次修订增加的内容，规定了可变荷载设计使用年限调整系数的具体取值。

《工程结构可靠性设计统一标准》GB 50153-2008 附录 A1 给出了设计使用年限为 5、50 和 100 年时考虑设计使用年限的可变荷载调整系数 γ_L。确定 γ_L 可采用两种方法：（1）使结构在设计使用年限 T_L 内的可靠指标与在设计基准期 T 的可靠指标相同；（2）使可变荷载按设计使用年限 T_L 定义的标准值 Q_{kL} 与按设计基准期 T（50 年）定义的标准值 Q_k 具有相同的概率分位值。按第二种方法进行分析比较简单，当可变荷载服从极值 I 型分布时，可以得到下面 γ_L 的表达式：

$$\gamma_L = 1 + 0.78 k_Q \delta_Q \ln\left(\frac{T_L}{T}\right)$$

式中，k_Q 为可变荷载设计基准期内最大值的平均值与标准值之比；δ_Q 为可变荷载设计基准期最大值的变异系数。表 1 给出了部分可变荷载对应不同设计使用年限时的调整系数，比较可知规范的取值基本偏于保守。

表 1　考虑设计使用年限的可变荷载调整系数 γ_L 计算值

设计使用年限（年）	5	10	20	30	50	75	100
办公楼活荷载	0.839	0.858	0.919	0.955	1.000	1.036	1.061
住宅活荷载	0.798	0.859	0.920	0.955	1.000	1.036	1.061
风荷载	0.651	0.756	0.861	0.923	1.000	1.061	1.105
雪荷载	0.713	0.799	0.886	0.936	1.000	1.051	1.087

对于风、雪荷载，可通过选择不同重现期的值来考虑设计使用年限的变化。本规范在附录 E 除了给出

重现期为 50 年（设计基准期）的基本风压和基本雪压外，也给出了重现期为 10 年和 100 年的风压和雪压值，可供选用。对于吊车荷载，由于其有效荷载是核定的，与使用时间没有太大关系。对温度作用，由于是本次规范修订新增内容，还没有太多设计经验，考虑设计使用年限的调整尚不成熟。因此，本规范引入的《工程结构可靠性设计统一标准》GB 50153 - 2008 表 A.1.9 可变荷载调整系数 γ_L 的具体数据，仅限于楼面和屋面活荷载。

根据表 1 计算结果，对表 3.2.5 中所列以外的其他设计使用年限对应的 γ_L 值，按线性内插计算是可行的。

荷载标准值可控制的活荷载是指那些不会随时间明显变化的荷载，如楼面均布活荷载中的书库、储藏室、机房、停车库，以及工业楼面均布活荷载等。

3.2.6 本次修订针对结构承载能力计算和偶然事件发生后受损结构整体稳固性验算分别给出了偶然组合效应设计值的计算公式。

对于偶然设计状况（包括撞击、爆炸、火灾事故的发生），均应采用偶然组合进行设计。偶然荷载的特点是出现的概率很小，而一旦出现，量值很大，往往具有很大的破坏作用，甚至引起结构与起因不成比例的连续倒塌。我国近年因撞击或爆炸导致建筑物倒塌的事件时有发生，加强建筑物的抗连续倒塌设计刻不容缓。目前美国、欧洲、加拿大、澳大利亚等有关规范都有关于建筑结构抗连续倒塌设计的规定。原规范只是规定了偶然荷载效应的组合原则，本规范分别给出了承载能力计算和整体稳定验算偶然荷载效应组合的设计值的表达式。

偶然荷载效应组合的表达式主要考虑到：（1）由于偶然荷载标准值的确定往往带有主观和经验的因素，因而设计表达式中不再考虑荷载分项系数，而直接采用规定的标准值为设计值；（2）对偶然设计状况，偶然事件本身属于小概率事件，两种不相关的偶然事件同时发生的概率更小，所以不必同时考虑两种或两种以上偶然荷载；（3）偶然事件的发生是一个强不确定性事件，偶然荷载的大小也是不确定的，所以实际情况下偶然荷载值超过规定设计值的可能性是存在的，按规定设计值设计的结构仍然存在破坏的可能性；但为保证人的生命安全，设计还要保证偶然事件发生后受损的结构能够承担对应于偶然设计状况的永久荷载和可变荷载。所以，表达式分别给出了偶然事件发生时承载能力计算和发生后整体稳固性验算两种不同的情况。

设计人员和业主首先要控制偶然荷载发生的概率或减小偶然荷载的强度，其次才是进行抗连续倒塌设计。抗连续倒塌设计有多种方法，如直接设计法和间接设计法等。无论采用直接方法还是间接方法，均需要验算偶然荷载下结构的局部强度及偶然荷载发生后结构的整体稳固性，不同的情况采用不同的荷载组合。

3.2.7～3.2.10 对于结构的正常使用极限状态设计，过去主要是验算结构在正常使用条件下的变形和裂缝，并控制它们不超过限值。其中，与之有关的荷载效应都是根据荷载的标准值确定的。实际上，在正常使用的极限状态设计时，与状态有关的荷载水平，不一定非以设计基准期内的最大荷载为准，应根据所考虑的正常使用具体条件来考虑。参照国际标准，对正常使用极限状态的设计，当考虑短期效应时，可根据不同的设计要求，分别采用荷载的标准组合或频遇组合，当考虑长期效应时，可采用准永久组合。频遇组合系指永久荷载标准值、主导可变荷载的频遇值与伴随可变荷载的准永久值的效应组合。

可变荷载的准永久值系数仍按原规范的规定采用；频遇值系数原则上应按本规范第 3.1.6 条的条文说明中的规定，但由于大部分可变荷载的统计参数并不掌握，规范中采用的系数目前是按工程经验经判断后给出。

此外，正常使用极限状态要求控制的极限标志也不一定仅限于变形、裂缝等常见现象，也可延伸到其他特定的状态，如地基承载应力的设计控制，实质上是控制地基的沉陷，因此也可归入这一类。

与基本组合中的规定相同，对于标准、频遇及准永久组合，其荷载效应组合的设计值也仅适用于各项可变荷载效应与荷载为线性关系的情况。

4 永久荷载

4.0.1 本章为本次修订新增的内容，主要是为了完善规范的章节划分，并与国外标准保持一致。本章内容主要由原规范第 3.1.3 条扩充而来。

民用建筑二次装修很普遍，而且增加的荷载较大，在计算面层及装饰自重时必须考虑二次装修的自重。

固定设备主要包括：电梯及自动扶梯，采暖、空调及给排水设备，电器设备，管道、电缆及其支架等。

4.0.2、4.0.3 结构或非承重构件的自重是建筑结构的主要永久荷载，由于其变异性不大，而且多为正态分布，一般以其分布的均值作为荷载标准值，由此，即可按结构设计规定的尺寸和材料或结构构件单位体积的自重（或单位面积的自重）平均值确定。对于自重变异性较大的材料，如现场制作的保温材料、混凝土薄壁构件等，尤其是制作屋面的轻质材料，考虑到结构的可靠性，在设计中应根据该荷载对结构有利或不利，分别取其自重的下限值或上限值。在附录 A 中，对某些变异性较大的材料，都分别给出其自重的上限和下限值。

对于在附录 A 中未列出的材料或构件的自重，应根据生产厂家提供的资料或设计经验确定。

4.0.4　可灵活布置的隔墙自重按可变荷载考虑时，可换算为等效均布荷载，换算原则在本规范表 5.1.1 注 6 中规定。

5　楼面和屋面活荷载

5.1　民用建筑楼面均布活荷载

5.1.1　作为强制性条文，本次修订明确规定表 5.1.1 中列入的民用建筑楼面均布活荷载的标准值及其组合值系数、频遇值系数和准永久值系数为设计时必须遵守的最低要求。如设计中有特殊需要，荷载标准值及其组合值、频遇值和准永久值系数的取值可以适当提高。

本次修订，对不同类别的楼面均布活荷载，除调整和增加个别项目外，大部分的标准值仍保持原有水平。主要修订内容为：

1）提高教室活荷载标准值。原规范教室活荷载取值偏小，目前教室除传统的讲台、课桌椅外，投影仪、计算机、音响设备、控制柜等多媒体教学设备显著增加；班级学生人数可能出现超员情况。本次修订将教室活荷载取值由 2.0kN/m² 提高至 2.5kN/m²。

2）增加运动场的活荷载标准值。现行规范中尚未包括体育馆中运动场的活荷载标准值。运动场应考虑举办运动会、开闭幕式、大型集会等密集人流的活动外，还应考虑跑步、跳跃等冲击力的影响。本次修订运动场活荷载标准值取为 4.0kN/m²。

3）第 8 项的类别修改为汽车通道及"客车"停车库，明确本项荷载不适用于消防车的停车库；增加了板跨为 3m×3m 的双向板楼盖停车库活荷载标准值。在原规范中，对板跨小于 6m×6m 的双向板楼盖和柱网小于 6m×6m 的无梁楼盖的消防车活荷载未作出具体规定。由于消防车活荷载本身较大，对结构构件截面尺寸、层高与经济性影响显著，设计人员使用不方便，故在本次修订中予以增加。

根据研究与大量试算，在表注 4 中明确规定板跨在 3m×3m 至 6m×6m 之间的双向板，可以按线性插值方法确定活荷载标准值。

对板上有覆土的消防车活荷载，明确规定可以考虑覆土的影响，一般可在原消防车轮压作用范围的基础上，取扩散角为 35°，以扩散后的作用范围按等效均布方法确定活荷载标准值。新增加附录 B，给出常用板跨消防车活荷载覆土厚度折减系数。

4）提高原规范第 10 项第 1 款浴室和卫生间的活荷载标准值。近年来，在浴室、卫生间中安装浴缸、坐便器等卫生设备的情况越来越普遍，故在本次修订中，将浴室和卫生间的活荷载统一规定为 2.5kN/m²。

5）楼梯单列一项，提高除多层住宅外其他建筑楼梯的活荷载标准值。在发生特殊情况时，楼梯对于人员疏散与逃生的安全性具有重要意义。汶川地震后，楼梯的抗震构造措施已经大大加强。在本次修订中，除了使用人数较少的多层住宅楼梯活荷载仍按 2.0kN/m² 取值外，其余楼梯活荷载取值均改为 3.5kN/m²。

在《荷载暂行规范》规结 1−58 中，民用建筑楼面活荷载取值是参照当时的苏联荷载规范并结合我国具体情况，按经验判断的方法来确定的。《工业与民用建筑结构荷载规范》TJ 9−74 修订前，在全国一定范围内对办公室和住宅的楼面活荷载进行了调查。当时曾对 4 个城市（北京、兰州、成都和广州）的 606 间住宅和 3 个城市（北京、兰州和广州）的 258 间办公室的实际荷载作了测定。按楼板内弯矩等效的原则，将实际荷载换算为等效均布荷载，经统计计算，分别得出其平均值为 1.051kN/m² 和 1.402kN/m²，标准差为 0.23kN/m² 和 0.219kN/m²；按平均值加两倍标准差的标准荷载定义，得出住宅和办公室的标准活荷载分别为 1.513kN/m² 和 1.84kN/m²。但在规结 1−58 中对办公楼允许按不同情况可取 1.5kN/m² 或 2kN/m² 进行设计，而且较多单位根据当时的设计实践经验取 1.5kN/m²，而只对兼作会议室的办公楼可提高到 2kN/m²。对其他用途的民用楼面，由于缺乏足够数据，一般仍按实际荷载的具体分析，并考虑当时的设计经验，在原规范的基础上适当调整后确定。

《建筑结构荷载规范》GBJ 9‐87 根据《建筑结构统一设计标准》GBJ 68‐84 对荷载标准值的定义，重新对住宅、办公室和商店的楼面活荷载作了调查和统计，并考虑荷载随空间和时间的变异性，采用了适当的概率统计模型。模型中直接采用房间面积平均荷载来代替等效均布荷载，这在理论上虽然不很严格，但对结果估计不会有严重影响，而调查和统计工作却可得到很大的简化。

楼面活荷载按其随时间变异的特点，可分持久性和临时性两部分。持久性活荷载是指楼面上在某个时段内基本保持不变的荷载，例如住宅内的家具、物品，工业房屋内的机器、设备和堆料，还包括常住人员自重。这些荷载，除非发生一次搬迁，一般变化不大。临时性活荷载是指楼面上偶尔出现短期荷载，例如聚会的人群、维修时工具和材料的堆积、室内扫除时家具的集聚等。

对持续性活荷载 L_i 的概率统计模型，可根据调查给出荷载变动的平均时间间隔 τ 及荷载的统计分布，采用等时段的二项平稳随机过程（图 3）。

对临时性活荷载 L_r 由于持续时间很短，要通过调查确定荷载在单位时间内出现次数的平均率及其荷载值的统计分布，实际上是有困难的。为此，提出一个勉强可以代替的方法，就是通过对用户的查询，了

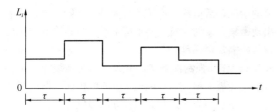

图 3　持续性活荷载随时间变化示意图

解到最近若干年内一次最大的临时性荷载值，以此作为时段内的最大荷载 L_{rs}，并作为荷载统计的基础。对 L_r 也采用与持久性活荷载相同的概率模型（图 4）。

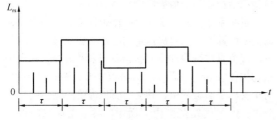

图 4　临时性活荷载随时间变化示意图

出于分析上的方便，对各类活荷载的分布类型采用了极值Ⅰ型。根据 L_r 和 L_{rs} 的统计参数，分别求出 50 年最大荷载值 L_{iT} 和 L_{rT} 的统计分布和参数。再根据 Tukstra 的组合原则，得出 50 年内总荷载最大值 L_T 的统计参数。在 1977 年以后的三年里，曾对全国某些城市的办公室、住宅和商店的活荷载情况进行了调查，其中：在全国 25 个城市实测了 133 栋办公楼共 2201 间办公室，总面积为 63700m²，同时调查了 317 栋用户的搬迁情况；对全国 10 个城市的住宅实测了 556 间，总为 7000m²，同时调查了 229 户的搬迁情况；在全国 10 个城市实测了 21 家百货商店共 214 个柜台，总面积为 23700m²。

表 2 中的 L_K 系指《建筑结构荷载规范》GBJ 9-87 中给出的活荷载的标准值。按《建筑结构可靠度设计统一标准》GB 50068 的规定，标准值应为设计基准期 50 年内荷载最大值分布的某一个分位值。虽然没有对分位值的百分数作具体规定，但对性质类同的可变荷载，应尽量使其取值在保证率上保持相同的水平。从表 5.1.1 中可见，若对办公室而言，L_K = 1.5kN/m²，它相当于 L_T 的均值 μ_{L_T} 加 1.5 倍的标准差 σ_{L_T}，其中 1.5 系数指保证率系数 α。若假设 L_T 的分布仍为极值Ⅰ型，则与 α 对应的保证率为 92.1%，也即 L_K 取 92.1% 的分位值。以此为标准，则住宅的活荷载标准值就偏低较多。鉴于当时调查时的住宅荷载还是偏高的实际情况，因此原规范仍保持以往的取值。但考虑到工程界普遍的意见，认为对于建设工程量比较大的住宅和办公楼来说，其荷载标准值与国外相比显然偏低，又鉴于民用建筑的楼面活荷载今后的变化趋势也难以预测，因此，在《建筑结构荷载规范》GB 50009—2001 修订时，楼面活荷载的最小值规定为 2.0kN/m²。

表 2　全国部分城市建筑楼面活荷载统计分析表

	办公室			住宅			商店		
	μ	σ	τ	μ	σ	τ	μ	σ	τ
L_i	0.386	0.178	10年	0.504	0.162	10年	0.580	0.351	10年
L_{rs}	0.355	0.244		0.468	0.252		0.955	0.428	
L_{iT}	0.610	0.178		0.707	0.162		4.650	0.351	
L_{rT}	0.661	0.244		0.784	0.252		2.261	0.428	
L_T	1.047	0.302		1.288	0.300		2.841	0.553	
L_K	1.5			1.5			3.5		
α	1.5			0.7			1.2		
p (%)	92.1			79.1			88.5		

关于其他类别的荷载，由于缺乏系统的统计资料，仍按以往的设计经验，并参考国际标准化组织 1986 年颁布的《居住和公共建筑的使用和占用荷载》ISO 2103 而加以确定。

对藏书库和档案库，根据 70 年代初期的调查，其荷载一般为 3.5kN/m² 左右，个别超过 4kN/m²，而最重的可达 5.5kN/m²（按书架高 2.3m，净距 0.6m，放 7 层精装书籍估计）。GBJ 9-87 修订时参照 ISO 2103 的规定采用为 5kN/m²，并在表注中又给出按书架每米高度不少于 2.5kN/m² 的补充规定。对于采用密集柜的无过道书库规定荷载标准值为 12kN/m²。

客车停车库及车道的活荷载仅考虑由小轿车、吉普车、小型旅行车（载人少于 9 人）的车轮局部荷载以及其他必要的维修设备荷载。在 ISO 2103 中，停车库活荷载标准值取 2.5kN/m²。按荷载最不利布置核算其等效均布荷载后，表明该荷载值只适用于板跨不小于 6m 的双向板或无梁楼盖。对国内目前常用的单向板楼盖，当板跨不小于 2m 时，应取 4.0kN/m² 比较合适。当结构情况不符合上述条件时，可直接按车轮局部荷载计算楼板内力，局部荷载取 4.5kN，分布在 0.2m×0.2m 的局部面积上。该局部荷载也可作为验算结构局部效应的依据（如抗冲切等）。对其他车的车库和车道，应按车辆最大轮压作为局部荷载确定。

目前常见的中型消防车总质量小于 15t，重型消防车总质量一般在（20～30）t。对于住宅、宾馆等建筑物，灭火时以中型消防车为主，当建筑物总高在 30m 以上或建筑物面积较大时，应考虑重型消防车。消防车楼面活荷载按等效均布活荷载确定，本次修订对消防车活荷载进行了更加广泛的研究和计算，扩大了楼板跨度的取值范围，考虑了覆土厚度影响。计算中选用的消防车为重型消防车，全车总重 300kN，前轴重为 60kN，后轴重为 2×120kN，有 2 个前轮与 4 个后轮，轮压作用尺寸均为 $0.2m \times 0.6m$。选择的楼板跨度为 2m～4m 的单向板和跨度为 3m～6m 的双向板。计算中综合考虑了消防车台数、楼板跨度、板长宽比以及覆土厚度等因素的影响，按照荷载最不利布置原则确定消防车位置，采用有限元软件分析了在消防车轮压作用下不同板跨单向板和双向板的等效均布活荷载值。

根据单向板和双向板的等效均布活荷载值计算结果，本次修订规定板跨在 3m 至 6m 之间的双向板，活荷载可根据板跨按线性插值确定。当单向板楼盖板跨介于 2m～4m 之间时，活荷载可按跨度在（35～25）kN/m^2 范围内线性插值确定。

当板顶有覆土时，可根据覆土厚度对活荷载进行折减，在新增的附录 B 中，给出了不同板跨、不同覆土厚度的活荷载折减系数。

在计算折算覆土厚度的公式（B.0.2）中，假定覆土应力扩散角为 35°，常数 1.43 为 tan35° 的倒数。使用者可以根据具体情况采用实际的覆土应力扩散角 θ，按此式计算折算覆土厚度。

对于消防车不经常通行的车道，也即除消防站以外的车道，适当降低了其荷载的频遇值和准永久值系数。

对民用建筑楼面可根据在楼面上活动的人和设施的不同状况，可以粗略将其标准值分成以下七个档次：

（1）活动的人很少 $L_K = 2.0kN/m^2$；

（2）活动的人较多且有设备 $L_K = 2.5kN/m^2$；

（3）活动的人很多且有较重的设备 $L_K = 3.0kN/m^2$；

（4）活动的人很集中，有时很挤或有较重的设备 $L_K = 3.5kN/m^2$；

（5）活动的性质比较剧烈 $L_K = 4.0kN/m^2$；

（6）储存物品的仓库 $L_K = 5.0kN/m^2$；

（7）有大型的机械设备 $L_K = (6 \sim 7.5)kN/m^2$。

对于在表 5.1.1 中没有列出的项目可对照上述类别和档次选用，但当有特别重的设备时应另行考虑。

作为办公楼的荷载还应考虑会议室、档案室和资料室等的不同要求，一般应在（2.0～2.5）kN/m^2 范围内采用。

对于洗衣房、通风机房以及非固定隔墙的楼面均布活荷载，均系参照国内设计经验和国外规范的有关内容酌情增添的。其中非固定隔墙的荷载应按活荷载考虑，可采用每延米长度的墙重（kN/m）的 1/3 作为楼面活荷载的附加值（kN/m^2），该附加值建议不小于 $1.0kN/m^2$，但对于楼面活荷载大于 $4.0kN/m^2$ 的情况，不小于 $0.5kN/m^2$。

走廊、门厅和楼梯的活荷载标准值一般应按相连通房屋的活荷载标准值采用，但对有可能出现密集人流的情况，活荷载标准值不应低于 $3.5kN/m^2$。可能出现密集人流的建筑主要是指学校、公共建筑和高层建筑的消防楼梯等。

5.1.2 作为强制性条文，本次修订明确规定本条列入的设计楼面梁、墙、柱及基础时的楼面均布活荷载的折减系数，为设计时必须遵守的最低要求。

作用在楼面上的活荷载，不可能以标准值的大小同时布满在所有的楼面上，因此在设计梁、墙、柱和基础时，还要考虑实际荷载沿楼面分布的变异情况，也即在确定梁、墙、柱和基础的荷载标准值时，允许按楼面活荷载标准值乘以折减系数。

折减系数的确定实际上是比较复杂的，采用简化的概率统计模型来解决这个问题还不够成熟。目前除美国规范是按结构部位的影响面积来考虑外，其他国家均按传统方法，通过从属面积来虑荷载折减系数。对于支撑单向板的梁，其从属面积为梁两侧各延伸二分之一的梁间距范围内的面积；对于支撑双向板的梁，其从属面积由板面的剪力零线围成。对于支撑梁的柱，其从属面积为所支撑梁的从属面积的总和；对于多层房屋，柱的从属面积为其上部所有柱从属面积的总和。

在 ISO 2103 中，建议按下述不同情况对荷载标准值乘以折减系数 λ。

当计算梁时：

1 对住宅、办公楼等房屋或其房间按下式计算：

$$\lambda = 0.3 + \frac{3}{\sqrt{A}} \quad (A > 18m^2)$$

2 对公共建筑或其房间按下式计算：

$$\lambda = 0.5 + \frac{3}{\sqrt{A}} \quad (A > 36m^2)$$

式中：A——所计算梁的从属面积，指向梁两侧各延伸 1/2 梁间距范围内的实际楼面面积。

当计算多层房屋的柱、墙和基础时：

1 对住宅、办公楼等房屋按下式计算：

$$\lambda = 0.3 + \frac{0.6}{\sqrt{n}}$$

2 对公共建筑按下式计算：

$$\lambda = 0.5 + \frac{0.6}{\sqrt{n}}$$

式中：n——所计算截面以上的楼层数，$n \geq 2$。

为了设计方便，而又不明显影响经济效果，本条文的规定作了一些合理的简化。在设计柱、墙和基础时，对第 1（1）建筑类别采用的折减系数改用 $\lambda = 0.4 + \frac{0.6}{\sqrt{n}}$。对第 1（2）～8 项的建筑类别，直接按楼面梁的折减系数，而不另考虑按楼层的折减。这与 ISO 2103 相比略为保守，但与以往的设计经验比较接近。

停车库及车道的楼面活荷载是根据荷载最不利布置下的等效均布荷载确定，因此本条文给出的折减系数，实际上也是根据次梁、主梁或柱上的等效均布荷载与楼面等效均布荷载的比值确定。

本次修订，设计墙、柱和基础时针对消防车的活荷载的折减不再包含在本强制性条文中，单独列为第 5.1.3 条，便于设计人员灵活掌握。

5.1.3 消防车荷载标准值很大，但出现概率小，作用时间短。在墙、柱设计时应容许作较大的折减，由设计人员根据经验确定折减系数。在基础设计时，根据经验和习惯，同时为减少平时使用时产生的不均匀沉降，允许不考虑消防车通道的消防车活荷载。

5.2 工业建筑楼面活荷载

5.2.1 本规范附录 C 的方法主要是为确定楼面等效均布活荷载而制订的。为了简化，在方法上作了一些假设：计算等效均布荷载时统一假定结构的支承条件都为简支，并按弹性阶段分析内力。这对实际上为非简支的结构以及考虑材料处于弹塑性阶段的设计会有一定的设计误差。

计算板面等效均布荷载时，还必须明确板面局部荷载实际作用面的尺寸。作用面一般按矩形考虑，从而可确定荷载传递到板轴心面处的计算宽度，此时假定荷载按 45°扩散线传递。

板面等效均布荷载按板内分布弯矩等效的原则确定，也即在实际的局部荷载作用下在简支板内引起的绝对最大的分布弯矩，使其等于在等效均布荷载作用下在该简支板内引起的最大分布弯矩作为条件。所谓绝对最大是指在设计时假定实际荷载的作用位置是在对板最不利的位置上。

在局部荷载作用下，板内分布弯矩的计算比较复杂，一般可参考有关的计算手册。对于边长比大于 2 的单向板，本规范附录 C 中给出更为具体的方法。在均布荷载作用下，单向板内分布弯矩沿板宽方向是均匀分布的，因此可按单位宽度的简支板来计算其分布弯矩；在局部荷载作用下，单向板内分布弯矩沿板宽方向不再是均匀分布，而是在局部荷载处具有最大值，并逐渐向宽度两侧减小，形成一个分布宽度。现以均布荷载代替，为使板内分布弯矩等效，可相应确定板的有效分布宽度。在本规范附录 C 中，根据计算结果，给出了五种局部荷载情况下有效分布宽度的近似公式，从而可直接按公式（C.0.4-1）确定单向板的等效均布活荷载。

不同用途的工业建筑，其工艺设备的动力性质不尽相同。对一般情况，荷载中应考虑动力系数 1.05 ～1.1；对特殊的专用设备和机器，可提高到 1.2～1.3。

本次修订增加固定设备荷载计算原则，增加原料、成品堆放荷载计算原则。

5.2.2 操作荷载对板面一般取 2kN/m²。对堆料较多的车间，如金工车间，操作荷载取 2.5kN/m²。有的车间，例如仪器仪表装配车间，由于生产的不均衡性，某个时期的成品、半成品堆放特别严重，这时可定为 4kN/m²。还有些车间，其荷载基本上由堆料所控制，例如粮食加工厂的拉丝车间、轮胎厂的准备车间、纺织车间的齿轮室等。

操作荷载在设备所占的楼面面积内不予考虑。

本次修订增加设备区域内可不考虑操作荷载和堆料荷载的规定，增加参观走廊活荷载。

5.3 屋面活荷载

5.3.1 作为强制性条文，本次修订明确规定表 5.3.1 中列入的屋面均布活荷载的标准值及其组合值系数、频遇值系数和准永久值系数为设计时必须遵守的最低要求。

对不上人的屋面均布活荷载，以往规范的规定是考虑在使用阶段作为维修时所必需的荷载，因而取值较低，统一规定为 0.3kN/m²。后来在屋面结构上，尤其是钢筋混凝土屋面上，出现了较多的事故，原因无非是屋面超重、超载或施工质量偏低。特别对无雪地区，按过低的屋面活荷载设计，就更容易发生质量事故。因此，为了进一步提高屋面结构的可靠度，在 GBJ 9-87 中将不上人的钢筋混凝土屋面活荷载提高到 0.5kN/m²。根据原颁布的 GBJ 68-84，对永久荷载和可变荷载分别采用不同的荷载分项系数以后，荷载以自重为主的屋面结构可靠度相对又有所下降。为此，GBJ 9-87 有区别地适当提高其屋面活荷载的值为 0.7kN/m²。

GB 50009-2001 修订时，补充了以恒载控制的不利组合式，而屋面活荷载中主要考虑的仅是施工或维修荷载，故将原规范项次 1 中对重屋盖结构附加的荷载值 0.2kN/m² 取消，也不再区分屋面性质，统一取为 0.5kN/m²。但在不同材料的结构设计规范中，尤其对于轻质屋面结构，当出于设计方面的历史经验而有必要改变屋面荷载的取值时，可由该结构设计规范自行规定，但不得低于 0.3kN/m²。

关于屋顶花园和直升机停机坪的荷载是参照国内设计经验和国外规范有关内容确定的。

本次修订增加了屋顶运动场地的活荷载标准值。随着城市建设的发展，人民的物质文化生活水平不断提高，受到土地资源的限制，出现了屋面作为运动场地的情况，故在本次修订中新增屋顶运动场活荷载的内容。参照体育馆的运动场，屋顶运动场地的活荷载值为 4.0kN/m²。

5.4 屋面积灰荷载

5.4.1 屋面积灰荷载是冶金、铸造、水泥等行业的建筑所特有的问题。我国早已注意到这个问题，各设计、生产单位也积累了一定的经验和数据。在制订 TJ 9-74 前，曾对全国 15 个冶金企业的 25 个车间，

13个机械工厂的18个铸造车间及10个水泥厂的27个车间进行了一次全面系统的实际调查。调查了各车间设计时所依据的积灰荷载、现场的除尘装置和实际清灰制度，实测了屋面不同部位、不同灰源距离、不同风向下的积灰厚度，并计算其平均日积灰量，对灰的性质及其重度也作了研究。

调查结果表明，这些工业建筑的积灰问题比较严重，而且其性质也比较复杂。影响积灰的主要因素是：除尘装置的使用维修情况、清灰制度执行情况、风向和风速、烟囱高度、屋面坡度和屋面挡风板等。对积灰特别严重或情况特殊的工业厂房屋面积灰荷载应根据实际情况确定。

确定积灰荷载只有在工厂设有一般的除尘装置，且能坚持正常的清灰制度的前提下才有意义。对一般厂房，可以做到（3~6）个月清灰一次。对铸造车间的冲天炉附近，因积灰速度较快，积灰范围不大，可以做到按月清灰一次。

调查中所得的实测平均日积灰量列于表3中。

表3 实测平均日积灰量

车间名称		平均日积灰量（cm）
贮矿槽、出铁场		0.08
炼钢车间	有化铁炉	0.06
	无化铁炉	0.065
铁合金车间		0.067~0.12
烧结车间	无挡风板	0.035
	有挡风板（挡风板内）	0.046
铸造车间		0.18
水泥厂	窑房	0.044
	磨房	0.028
生、熟料库和联合贮库		0.045

对积灰取样测定了灰的天然重度和饱和重度，以其平均值作为灰的实际重度，用以计算积灰周期内的最大积灰荷载。按灰源类别不同，分别得出其计算重度（表4）。

表4 积灰重度

车间名称	灰源类别	重度（kN/m³）			备注
		天然	饱和	计算	
炼铁车间	高炉	13.2	17.9	15.55	
炼钢车间	转炉	9.4	15.5	12.45	
铁合金车间	电炉	8.1	16.6	12.35	—
烧结车间	烧结炉	7.8	15.8	11.80	
铸造车间	冲天炉	11.2	15.6	13.40	
水泥厂	生料库	8.1	12.6	10.35	建议按熟料采用
	熟料库			15.00	

5.4.2 易于形成灰堆的屋面处，其积灰荷载的增大系数可参照雪荷载的屋面积雪分布系数的规定来确定。

5.4.3 对有雪地区，积灰荷载应与雪荷载同时考虑。此外，考虑到雨季的积灰有可能接近饱和，此时的积灰荷载的增值是偏于安全的，可通过不上人屋面活荷载来补偿。

5.5 施工和检修荷载及栏杆荷载

5.5.1 设计屋面板、檩条、钢筋混凝土挑檐、雨篷和预制小梁时，除了按第5.3.1条单独考虑屋面均布活荷载外，还应另外验算在施工、检修时可能出现在最不利位置上，由人和工具自重形成的集中荷载。对于宽度较大的挑檐和雨篷，在验算其承载力时，为偏于安全，可沿其宽度每隔1.0m考虑有一个集中荷载；在验算其倾覆时，可根据实际可能的情况，增大集中荷载的间距，一般可取（2.5~3.0）m。

地下室顶板等部位在建造施工和使用维修时，往往需要运输、堆放大量建筑材料与施工机具，因施工超载引起建筑物楼板开裂甚至破坏时有发生，应该引起设计与施工人员的重视。在进行首层地下室顶板设计时，施工活荷载一般不小于4.0kN/m²，但可以根据情况扣除尚未施工的建筑地面做法与隔墙的自重，并在设计文件中给出相应的详细规定。

5.5.2 作为强制性条文，本次修订明确规定栏杆活荷载的标准值为设计时必须遵守的最低要求。

本次修订时，考虑到楼梯、看台、阳台和上人屋面等的栏杆在紧急情况下对人身安全保护的重要作用，将住宅、宿舍、办公楼、旅馆、医院、托儿所、幼儿园等的栏杆顶部水平荷载从0.5kN/m提高至1.0kN/m。对学校、食堂、剧场、电影院、车站、礼堂、展览馆或体育场等的栏杆，除了将顶部水平荷载提高至1.0kN/m外，还增加竖向荷载1.2kN/m。参照《城市桥梁设计荷载标准》CJJ 77－98对桥上人行道栏杆的规定，计算桥上人行道栏杆时，作用在栏杆扶手上的竖向活荷载采用1.2kN/m，水平向外活荷载采用1.0kN/m。两者应分别考虑，不应同时作用。

6 吊车荷载

6.1 吊车竖向和水平荷载

6.1.1 按吊车荷载设计结构时，有关吊车的技术资料（包括吊车的最大或最小轮压）都应由工艺提供。多年实践表明，由各工厂设计的起重机械，其参数和尺寸不太可能完全与该标准保持一致。因此，设计时仍应直接参照制造厂当时的产品规格作为设计依据。

选用的吊车是按其工作的繁重程度来分级的，这不仅对吊车本身的设计有直接的意义，也和厂房结构的设计有关。国家标准《起重机设计规范》GB

3811-83 是参照国际标准《起重设备分级》ISO 4301-1980 的原则，重新划分了起重机的工作级别。在考虑吊车繁重程度时，它区分了吊车的利用次数和荷载大小两种因素。按吊车在使用期内要求的总工作循环次数分成 10 个利用等级，又按吊车荷载达到其额定值的频繁程度分成 4 个载荷状态（轻、中、重、特重）。根据要求的利用等级和载荷状态，确定吊车的工作级别，共分 8 个级别作为吊车设计的依据。

这样的工作级别划分在原则上也适用于厂房的结构设计，虽然根据过去的设计经验，在按吊车荷载设计结构时，仅参照吊车的载荷状态将其划分为轻、中、重和超重 4 级工作制，而不考虑吊车的利用因素，这样做实际上也并不会影响到厂房的结构设计，但是，在执行国家标准《起重机设计规范》GB 3811-83 以来，所有吊车的生产和定货，项目的工艺设计以及土建原始资料的提供，都以吊车的工作级别为依据，因此在吊车荷载的规定中也相应改用按工作级别划分。采用的工作级别是按表 5 与过去的工作制等级相对应的。

表 5　吊车的工作制等级与工作级别的对应关系

工作制等级	轻级	中级	重级	超重级
工作级别	A1～A3	A4，A5	A6，A7	A8

6.1.2　吊车的水平荷载分纵向和横向两种，分别由吊车的大车和小车的运行机构在启动或制动时引起的惯性力产生。惯性力为运行重量与运行加速度的乘积，但必须通过制动轮与钢轨间的摩擦传递给厂房结构。因此，吊车的水平荷载取决于制动轮的轮压和它与钢轨间的滑动摩擦系数，摩擦系数一般可取 0.14。

在规范 TJ 9-74 中，吊车纵向水平荷载取作用在一边轨道上所有刹车轮最大轮压之和的 10%，虽比理论值为低，但经长期使用检验，尚未发现有问题。太原重机学院曾对 1 台 300t 中级工作制的桥式吊车进行了纵向水平荷载的测试，得出大车制动力系数为 0.084～0.091，与规范规定值比较接近。因此，纵向水平荷载的取值仍保持不变。

吊车的横向水平荷载可按下式取值：
$$T = \alpha(Q + Q_1)g$$
式中：Q——吊车的额定起重量；

　　　Q_1——横行小车重量；

　　　g——重力加速度；

　　　α——横向水平荷载系数（或称小车制动力系数）。

如考虑小车制动轮数占总轮数之半，则理论上 α 应取 0.07，但 TJ 9-74 当年对软钩吊车取 α 不小于 0.05，对硬钩吊车取 α 为 0.10，并规定该荷载仅由一边轨道上各车轮平均传递到轨顶，方向与轨道垂直，同时考虑正反两个方向。

经浙江大学、太原重机学院及原第一机械工业部第一设计院等单位，在 3 个地区对 5 个厂房及 12 个露天栈桥的额定起重量为 5t～75t 的中级工作制桥式吊车进行了实测。实测结果表明：小车制动力的上限均超过规范的规定值，而且横向水平荷载系数 α 往往随吊车起重量的减小而增大，这可能是由于司机对起重量大的吊车能控制以较低的运行速度所致。根据实测资料分别给出 5t～75t 吊车上小车制动力的统计参数，见表 6。若对小车制动力的标准值按保证率 99.9% 取值，则 $T_k = \mu_T + 3\sigma_T$，由此得出系数 α，除 5t 吊车明显偏大外，其他约在 0.08～0.11 之间。经综合分析比较，将吊车额定起重量按大小分成 3 个组别，分别规定了软钩吊车的横向水平荷载系数为 0.12，0.10 和 0.08。

对于夹钳、料耙、脱锭等硬钩吊车，由于使用频繁，运行速度高，小车附设的悬臂结构使起吊的重物不能自由摆动等原因，以致制动时产生较大的惯性力。TJ 9-74 规范规定它的横向水平荷载虽已比软钩吊车大一倍，但与实测相比还是偏低，曾对 10t 夹钳吊车进行实测，实测的制动力为规范规定值的 1.44 倍。此外，硬钩吊车的另一个问题是卡轨现象严重。综合上述情况，GBJ 9-87 已将硬钩吊车的横向水平荷载系数 α 提高为 0.2。

表 6　吊车制动力统计参数

吊车额定起重量 (t)	制动力 T (kN)		标准值 T_k (kN)	$\alpha = \dfrac{T_k}{(Q+Q_1)g}$
	均值 μ_T	标准差 σ_T		
5	0.056	0.020	0.116	0.175
10	0.074	0.022	0.140	0.108
20	0.121	0.040	0.247	0.079
30	0.181	0.048	0.325	0.081
75	0.405	0.141	0.828	0.080

经对 13 个车间和露天栈桥的小车制动力实测数据进行分析，表明吊车制动轮与轨道之间的摩擦力足以传递小车制动时产生的制动力。小车制动力是由支承吊车的两边相应的承重结构共同承受，并不是 TJ 9-74 规范中所认为的仅由一边轨道传递横向水平荷载。经对实测资料的统计分析，当两边柱的刚度相等时，小车制动力的横向分配系数多数为 0.45/0.55，少数为 0.4/0.6，个别为 0.3/0.7，平均为 0.474/0.526。为了计算方便，GBJ 9-87 规范已建议吊车的横向水平荷载在两边轨道上平等分配，这个规定与欧美的规范也是一致的。

6.2　多台吊车的组合

6.2.1　设计厂房的吊车梁和排架时，考虑参与组合的吊车台数是根据所计算的结构构件能同时产生效应的吊车台数确定。它主要取决于柱距大小和厂房跨间的数量，其次是各吊车同时集聚在同一柱距范围内的可能性。根据实际观察，在同一跨度内，2台吊车以邻接距离运行的情况还是常见的，但3台吊车相邻运行却很罕见，即使发生，由于柱距所限，能产生影响的也只是2台。因此，对单跨厂房设计时最多考虑2台吊车。

对多跨厂房，在同一柱距内同时出现超过2台吊车的机会增加。但考虑隔跨吊车对结构的影响减弱，为了计算上的方便，容许在计算吊车竖向荷载时，最多只考虑4台吊车。而在计算吊车水平荷载时，由于同时制动的机会很小，容许最多只考虑2台吊车。

本次修订增加了双层吊车组合的规定；当下层吊车满载时，上层吊车只考虑空载的工况；当上层吊车满载时，下层吊车不应同时作业，不予考虑。

6.2.2 TJ 9-74规范对吊车荷载，无论是由2台还是4台吊车引起的，都按同时满载，且其小车位置都按同时处于最不利的极限工作位置上考虑。根据在北京、上海、沈阳、鞍山、大连等地的实际观察调查，实际上这种最不利的情况是不可能出现的。对不同工作制的吊车，其吊车载荷有所不同，即不同吊车有各自的满载概率，而2台或4台同时满载，且小车又同时处于最不利位置的概率就更小。因此，本条文给出的折减系数是从概率的观点考虑多台吊车共同作用时的吊车荷载效应组合相对于最不利效应的折减。

为了探讨多台吊车组合后的折减系数，在编制GBJ 68-84时，曾在全国3个地区9个机械工厂的机械加工、冲压、装配和铸造车间，对额定起重量为2t～50t的轻、中、重级工作制的57台吊车做了吊车竖向荷载的实测调查工作。根据所得资料，经整理并通过统计分析，根据分析结果表明，吊车荷载的折减系数与吊车工作的载荷状态有关，随吊车工作载荷状态由轻级到重级而增大；随额定起重量的增大而减小；同跨2台和相邻跨2台的差别不大。在对竖向吊车荷载分析结果的基础上，并参考国外规范的规定，本条文给出的折减系数值还是偏于保守的；并将此规定直接引用到横向水平荷载的折减。GB 50009-2001修订时，在参与组合的吊车数量上，插入了台数为3的可能情况。

双层吊车的吊车荷载折减系数可以参照单层吊车的规定采用。

6.3 吊车荷载的动力系数

6.3.1 吊车竖向荷载的动力系数，主要是考虑吊车在运行时对吊车梁及其连接的动力影响。根据调查了解，产生动力的主要因素是吊车轨道接头的高低不平和工件翻转时的振动。从少量实测资料来看，其量值都在1.2以内。TJ 9-74规范对钢吊车梁取1.1，对钢筋混凝土吊车梁按工作制级别分别取1.1，1.2和

1.3。在前苏联荷载规范CНИП6-74中，不分材料，仅对重级工作制的吊车梁取动力系数1.1。GBJ 9-87修订时，主要考虑到吊车荷载分项系数统一按可变荷载分项系数1.4取值后，相对于以往的设计而言偏高，会影响吊车梁的材料用量。在当时对吊车梁的实际动力特性不甚清楚的前提下，暂时采用略为降低的值1.05和1.1，以弥补偏高的荷载分项系数。

TJ 9-74规范当时对横向水平荷载还规定了动力系数，以计算重级工作制的吊车梁上翼缘及其制动结构的强度和稳定性以及连接的强度，这主要是考虑在这类厂房中，吊车在实际运行过程中产生的水平卡轨力。产生卡轨力的原因主要在于吊车轨道不直或吊车行驶时的歪斜，其大小与吊车的制造、安装、调试和使用期间的维护等管理因素有关。在下沉的条件下，不应出现严重的卡轨现象，但实际上由于生产中难以控制的因素，尤其是硬钩吊车，经常产生较大的卡轨力，使轨道被严重啮蚀，有时还会造成吊车梁与柱连接的破坏。假如采用按吊车的横向制动力乘以所谓动力系数的方式来规定卡轨力，在概念上是不够清楚的。鉴于目前对卡轨力的产生机理、传递方式以及在正常条件下的统计规律还缺乏足够的认识，因此在取得更为系统的实测资料以前，还无法建立合理的计算模型，给出明确的设计规定。TJ 9-74规范中关于这个问题的规定，已从本规范中撤销，由各结构设计规范和技术标准根据自身特点分别自行规定。

6.4 吊车荷载的组合值、频遇值及准永久值

6.4.2 处于工作状态的吊车，一般很少会持续地停留在某一个位置上，所以在正常条件下，吊车荷载的作用都是短时间的。但当空载吊车经常被安置在指定的某个位置时，计算吊车梁的长期荷载效应可按本条文规定的准永久值采用。

7 雪 荷 载

7.1 雪荷载标准值及基本雪压

7.1.1 影响结构雪荷载大小的主要因素是当地的地面积雪自重和结构上的积雪分布，它们直接关系到雪荷载的取值和结构安全，要以强制性条文规定雪荷载标准值的确定方法。

7.1.2 基本雪压的确定方法和重现期直接关系到当地基本雪压值的大小，因而也直接关系到建筑结构在雪荷载作用下的安全，必须以强制性条文作规定。确定基本雪压的方法包括对雪压观测场地、观测数据以及统计方法的规定，重现期为50年的雪压即为传统意义上的50年一遇的最大雪压，详细方法见本规范附录E。对雪荷载敏感的结构主要是指大跨、轻质屋盖结构，此类结构的雪荷载经常是控制荷载，极端雪

荷载作用下的容易造成结构整体破坏，后果特别严重，应此基本雪压要适当提高，采用 100 年重现期的雪压。

本规范附录 E 表 E.5 中提供的 50 年重现期的基本雪压值是根据全国 672 个地点的基本气象台（站）的最大雪压或雪深资料，按附录 E 规定的方法经统计得到的雪压。本次修订在原规范数据的基础上，补充了全国各台站自 1995 年至 2008 年的年极值雪压数据，进行了基本雪压的重新统计。根据统计结果，新疆和东北部分地区的基本雪压变化较大，如新疆的阿勒泰基本雪压由 1.25 增加到 1.65，伊宁由 1.0 增加到 1.4，黑龙江的虎林由 0.7 增加到 1.4。近几年西北、东北及华北地区出现了历史少见的大雪天气，大跨轻质屋盖结构工程因雪灾遭受破坏的事件时有发生，应引起设计人员的足够重视。

我国大部分气象台（站）收集的都是雪深数据，而相应的积雪密度数据又不齐全。在统计中，当缺乏平行观测的积雪密度时，均以当地的平均密度来估算雪压值。

各地区的积雪的平均密度按下述取用：东北及新疆北部地区的平均密度取 $150kg/m^3$；华北及西北地区取 $130kg/m^3$，其中青海取 $120kg/m^3$；淮河、秦岭以南地区一般取 $150kg/m^3$，其中江西、浙江取 $200kg/m^3$。

年最大雪压的概率分布统一按极值 I 型考虑，具体计算可按本规范附录 E 的规定。我国基本雪压分布图具有如下特点：

1) 新疆北部是我国突出的雪压高值区。该区由于冬季受北冰洋南侵的冷湿气流影响，雪量丰富，且阿尔泰山、天山等山脉对气流有阻滞和抬升作用，更利于降雪。加上温度低，积雪可以保持整个冬季不融化，新雪覆老雪，形成了特大雪压。在阿尔泰山区域雪压值达 $1.65kN/m^2$。

2) 东北地区由于气旋活动频繁，并有山脉对气流的抬升作用，冬季多降雪天气，同时因气温低，更有利于积雪。因此大兴安岭及长白山区是我国又一个雪压高值区。黑龙江省北部和吉林省东部的广泛地区，雪压值可达 $0.7kN/m^2$ 以上。但是吉林西部和辽宁北部地区，因地处大兴安岭的东南背风坡，气流有下沉作用，不易降雪，积雪不多，雪压不大。

3) 长江中下游及淮河流域是我国稍南地区的一个雪压高值区。该地区冬季积雪情况不很稳定，有些年份一冬无积雪，而有些年份在某种天气条件下，例如寒潮南下，到此区后冷暖空气僵持，加上水汽充足，遇较低温度，即降下大雪，积雪很深，也带来雪灾。1955 年元旦，江淮一带降大雪，南京雪深达 51cm，正阳关达 52cm，合肥达 40cm。1961 年元旦，浙江中部降大雪，东阳雪深达 55cm，金华达 45cm。江西北部以及湖南一些地点也会出现（40～50）cm

以上的雪深。因此，这一地区不少地点雪压达（0.40～0.50）kN/m^2。但是这里的积雪期是较短的，短则 1、2 天，长则 10 来天。

4) 川西、滇北山区的雪压也较高。因该区海拔高，温度低，湿度大，降雪较多而不易融化。但该区的河谷内，由于落差大，高度相对低和气流下沉增温作用，积雪就不多。

5) 华北及西北大部地区，冬季温度虽低，但水汽不足，降水量较少，雪压也相应较小，一般为（0.2～0.3）kN/m^2。西北干旱地区，雪压在 $0.2kN/m^2$ 以下。该区内的燕山、太行山、祁连山等山脉，因有地形的影响，降雪稍多，雪压可在 $0.3kN/m^2$ 以上。

6) 南岭、武夷山脉以南，冬季气温高，很少降雪，基本无积雪。

对雪荷载敏感的结构，例如轻型屋盖，考虑到雪荷载有时会远超过结构自重，此时仍采用雪荷载分项系数为 1.40，屋盖结构的可靠度可能不够，因此对这种情况，建议将基本雪压适当提高，但这应由有关规范或标准作具体规定。

7.1.4 对山区雪压未开展实测研究仍按原规范作一般性的分析估计。在无实测资料的情况下，规范建议比附近空旷地面的基本雪压增大 20% 采用。

7.2 屋面积雪分布系数

7.2.1 屋面积雪分布系数就是屋面水平投影面积上的雪荷载 s_h 与基本雪压 s_0 的比值，实际也就是地面基本雪压换算为屋面雪荷载的换算系数。它与屋面形式、朝向及风力等有关。

我国与前苏联、加拿大、北欧等国相比，积雪情况不甚严重，积雪期也较短。因此本规范根据以往的设计经验，参考国际标准 ISO 4355 及国外有关资料，对屋面积雪分布仅概括地规定了典型屋面积雪分布系数，现就这些图形作以下几点说明：

1 坡屋面

我国南部气候转暖，屋面积雪容易融化，北部寒潮风较大，屋面积雪容易吹掉。

本次修订根据屋面积雪的实际情况，并参考欧洲规范的规定，将第 1 项中屋面积雪为 0 的最大坡度 α 由原规范的 $50°$ 修改为 $60°$，规定当 $\alpha \geqslant 60°$ 时 $\mu_r = 0$；规定当 $\alpha \leqslant 25°$ 时 $\mu_r = 1$；屋面积雪分布系数 μ_r 的值也作相应修改。

2 拱形屋面

原规范只给出了均匀分布的情况，所给积雪系数与矢跨比有关，即 $\mu_r = l/8f$（l 为跨度，f 为矢高），规定 μ_r 不大于 1.0 及不小于 0.4。

本次修订增加了一种不均匀分布情况，考虑拱形屋面积雪的飘移效应。通过对拱形屋面实际积雪分布的调查观测，这类屋面由于飘积作用往往存在不均匀分布的情况，积雪在屋脊两侧的迎风面和背风面都有分布，峰值出现在有积雪范围内（屋面切线角小于等于 60°）的中间处，迎风面的峰值大约是背风面峰值的 50%。增加的不均匀积雪分布系数与欧洲规范相当。

3 带天窗屋面及带天窗有挡风板的屋面

天窗顶上的数据 0.8 是考虑了滑雪的影响，挡风板内的数据 1.4 是考虑了堆雪的影响。

4 多跨单坡及双跨（多跨）双坡或拱形屋面

其系数 1.4 及 0.6 则是考虑了屋面凹处范围内，局部堆雪影响及局部滑雪影响。

本次修订对双坡屋面和锯齿形屋面都增加了一种不均匀分布情况（不均匀分布情况 2），双坡屋面增加了一种两个屋脊间不均匀积雪的分布情况，而锯齿形屋面增加的不均匀情况则考虑了类似高低跨衔接处的积雪效应。

5 高低屋面

前苏联根据西伯利亚地区的屋面雪荷载的调查，规定屋面积雪分布系数 $\mu_r = \dfrac{2h}{s_0}$，但不大于 4.0，其中 h 为屋面高低差，以"m"计，s_0 为基本雪压，以"kN/m^2"计；又规定积雪分布宽度 $a_1 = 2h$，但不小于 5m，不大于 10m；积雪按三角形状分布，见图 5。

我国高雪地区的基本雪压 $s_0 = (0.5 \sim 0.8)\ kN/m^2$，当屋面高低差达 2m 以上时，则 μ_r 通常均取 4.0。根据我国积雪情况调查，高低屋面堆雪集中程度远次于西伯利亚地区，形成三角形分布的情况较少，一般高低屋面处存在风涡作用，雪堆多形成曲线图形的堆积情况。本规范将它简化为矩形分布的雪堆，μ_r 取平均值为 2.0，雪堆长度为 2h，但不小于 4m，不大于 8m。

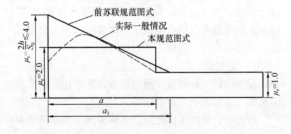

图 5 · 高低屋面处雪堆分布图示

本次修订增加了一种不均匀分布情况，考虑高跨墙体对低跨屋面积雪的遮挡作用，使得计算的积雪分布更接近于实际，同时还增加了低跨屋面跨度较小时的处理。$\mu_{r,m}$ 的取值主要参考欧洲规范。

这种积雪情况同样适用于雨篷的设计。

6 有女儿墙及其他突起物的屋面

本次修订新增加的内容，目的是要规范和完善女儿墙及其他突起物屋面积雪分布系数的取值。

7 大跨屋面

本次修订针对大跨屋面增加一种不均匀分布情

况。大跨屋面结构对雪荷载比较敏感，因雪破坏的情况时有发生，设计时增加一类不均匀分布情况是必要的。由于屋面积雪在风作用下的飘移效应，屋面积雪会呈现中部大边缘小的情况，但对于不均匀积雪分布的范围以及屋面积雪系数具体的取值，目前尚没有足够的调查研究作依据，规范提供的数值供参酌情使用。

8 其他屋面形式

对规范典型屋面图形以外的情况，设计人员可根据上述说明推断酌定，例如天沟处及下沉式天窗内建议 $\mu_r = 1.4$，其长度可取女儿墙高度的 $(1.2 \sim 2)$ 倍。

7.2.2 设计建筑结构及屋面的承重构件时，原则上应按表 7.2.1 中给出的两种积雪分布情况，分别计算结构构件的效应值，并按最不利的情况确定结构构件的截面，但这样的设计计算工作量较大。根据长期以来积累的设计经验，出于简化的目的，规范允许设计人员按本条文的规定进行设计。

8 风 荷 载

8.1 风荷载标准值及基本风压

8.1.1 影响结构风荷载因素较多，计算方法也可以有多种多样，但是它们将直接关系到风荷载的取值和结构安全，要以强制性条文分别规定主体结构和围护结构风荷载标准值的确定方法，以达到保证结构安全的最低要求。

对于主要受力结构，风荷载标准值的表达可有两种形式，其一为平均风压加上由脉动风引起结构风振的等效风压；另一种为平均风压乘以风振系数。由于在高层建筑和高耸结构等悬臂型结构的风振计算中，往往是第 1 振型起主要作用，因而我国与大多数国家相同，采用后一种表达形式，即采用平均风压乘以风振系数 β_z，它综合考虑了结构在风荷载作用下的动力响应，其中包括风速随时间、空间的变异性和结构的阻尼特性等因素。对非悬臂型的结构，如大跨空间结构，计算公式（8.1.1-1）中风荷载标准值也可理解为结构的静力等效风荷载。

对于围护结构，由于其刚性一般较大，在结构效应中可不必考虑其共振分量，此时可仅在平均风压的基础上，近似考虑脉动风瞬间的增大因素，可通过局部风压体型系数 μ_{s1} 和阵风系数 β_{gz} 来计算其风荷载。

8.1.2 基本风压的确定方法和重现期直接关系到当地基本风压值的大小，因而也直接关系到建筑结构在风荷载作用下的安全，必须以强制性条文作规定。确定基本风压的方法包括对观测场地、风速仪的类型和高度以及统计方法的规定，重现期为 50 年的风压即为传统意义上的 50 年一遇的最大风压。

基本风压 w_0 是根据当地气象台站历年来的最大风速记录，按基本风速的标准要求，将不同风速仪高度和时次时距的年最大风速，统一换算为离地 10m 高，自记 10min 平均年最大风速数据，经统计分析确定重现期为 50 年的最大风速，作为当地的基本风速 v_0，再按以下贝努利公式计算得到：

$$w_0 = \frac{1}{2}\rho v_0^2$$

详细方法见本规范附录 E。

对风荷载比较敏感的高层建筑和高耸结构，以及自重较轻的钢木主体结构，这类结构风荷载很重要，计算风荷载的各种因素和方法还不十分确定，因此基本风压应适当提高。如何提高基本风压值，仍可由各结构设计规范，根据结构的自身特点作出规定，没有规定的可以考虑适当提高其重现期来确定基本风压。对于此类结构物中的围护结构，其重要性与主体结构相比要低些，可仍取 50 年重现期的基本风压。对于其他设计情况，其重现期也可由有关的设计规范另行规定，或由设计人员自行选用，附录 E 给出了不同重现期风压的换算公式。

本规范附录 E 表 E.5 中提供的 50 年重现期的基本风压值是根据全国 672 个地点的基本气象台（站）的最大风速资料，按附录 E 规定的方法经统计和换算得到的风压。本次修订在原规范数据的基础上，补充了全国各台站自 1995 年至 2008 年的年极值风速数据，进行了基本风压的重新统计。虽然部分城市在采用新的极值风速数据统计后，得到的基本风压比原规范小，但考虑到近年来气象台站地形地貌的变化等因素，在没有可靠依据情况下一般保持原值不变。少量城市在补充新的气象资料重新统计后，基本风压有所提高。

20 世纪 60 年代前，国内的风速记录大多数根据风压板的观测结果，刻度所反映的风速，实际上是统一根据标准的空气密度 $\rho = 1.25 \text{kg/m}^3$ 按上述公式反算而得，因此在按该风速确定风压时，可统一按公式 $w_0 = v_0^2/1600$（kN/m²）计算。

鉴于通过风压板的观测，人为的观测误差较大，再加上时次时距换算中的误差，其结果就不太可靠。当前各气象台站已累积了较多的根据风杯式自记风速仪记录的 10min 平均年最大风速数据，现在的基本风速统计基本上都是以自记的数据为依据。因此在确定风压时，必须考虑各台站观测当时的空气密度，当缺乏资料时，也可参考附录 E 的规定采用。

8.2 风压高度变化系数

8.2.1 在大气边界层内，风速随离地面高度增加而增大。当气压场随高度不变时，风速随高度增大的规律，主要取决于地面粗糙度和温度垂直梯度。通常认为在离地面高度为 300m～550m 时，风速不再受地面粗糙度的影响，也即达到所谓"梯度风速"，该高度称之梯度风高度 H_G。地面粗糙度等级低的地区，其梯度风高度比等级高的地区为低。

风速剖面主要与地面粗糙度和风气候有关。根据气象观测和研究，不同的风气候和风结构对应的风速剖面是不同的。建筑结构要承受多种风气候条件下的风荷载的作用，从工程应用的角度出发，采用统一的风速剖面表达式是可行和合适的。因此规范在规定风剖面和统计各地基本风压时，对风的性质并不加以区分。主导我国设计风荷载的极端风气候为台风或冷锋风，在建筑结构关注的近地面范围，风速剖面基本符合指数律。自 GBJ 9-87 以来，本规范一直采用如下的指数律作为风速剖面的表达式：

$$v_z = v_{10}\left(\frac{z}{10}\right)^\alpha$$

GBJ 9-87 将地面粗糙度类别划分为海上、乡村和城市 3 类，GB 50009-2001 修订时将地面粗糙度类别规定为海上、乡村、城市和大城市中心 4 类，指数分别取 0.12、0.16、0.22 和 0.30，梯度高度分别取 300m、350m、400m 和 450m，基本上适应了各类工程建设的需要。

但随着国内城市发展，尤其是诸如北京、上海、广州等超大型城市群的发展，城市涵盖的范围越来越大，使得城市地貌下的大气边界层厚度与原来相比有显著增加。本次修订在保持划分 4 类粗糙度类别不变的情况下，适当提高了 C、D 两类粗糙度类别的梯度风高度，由 400m 和 450m 分别修改为 450m 和 550m。B 类风速剖面指数由 0.16 修改为 0.15，适当降低了标准场地类别的平均风荷载。

根据地面粗糙度指数及梯度风高度，即可得出风压高度变化系数如下：

$$\mu_z^{\text{A}} = 1.284\left(\frac{z}{10}\right)^{0.24}$$

$$\mu_z^{\text{B}} = 1.000\left(\frac{z}{10}\right)^{0.30}$$

$$\mu_z^{\text{C}} = 0.544\left(\frac{z}{10}\right)^{0.44}$$

$$\mu_z^{\text{D}} = 0.262\left(\frac{z}{10}\right)^{0.60}$$

针对 4 类地貌，风压高度变化系数分别规定了各自的截断高度，对应 A、B、C、D 类分别取为 5m、10m、15m 和 30m，即高度变化系数取值分别不小于 1.09、1.00、0.65 和 0.51。

在确定城区的地面粗糙度类别时，若无 α 的实测可按下述原则近似确定：

1 以拟建房 2km 为半径的迎风半圆影响范围内的房屋高度和密集度来区分粗糙度类别，风向原则上应以该地区最大风的风向为准，但也可取其主导风；

2 以半圆影响范围内建筑物的平均高度 $\bar{h}$ 来划分地面粗糙度类别，当 $\bar{h} \geqslant 18\text{m}$，为 D 类，$9\text{m} < \bar{h} < 18\text{m}$，为 C 类，$\bar{h} \leqslant 9\text{m}$，为 B 类；

3 影响范围内不同高度的面域可按下述原则确

定，即每座建筑物向外延伸距离为其高度的面域内均为该高度，当不同高度的面域相交时，交叠部分的高度取大者；

4 平均高度 $\bar{h}$ 取各面域面积为权数计算。

8.2.2 地形对风荷载的影响较为复杂。原规范参考加拿大、澳大利亚和英国的相关规范，以及欧洲钢结构协会 ECCS 的规定，针对较为简单的地形条件，给出了风压高度变化系数的修正系数，在计算时应注意公式的使用条件。更为复杂的情形可根据相关资料或专门研究取值。

本次修订将山峰修正系数计算公式中的系数 κ 由 3.2 修改为 2.2，原因是原规范规定的修正系数在 z/H 值较小的情况下，与日本、欧洲等国外规范相比偏大，修正结果偏于保守。

8.3 风荷载体型系数

8.3.1 风荷载体型系数是指风作用在建筑物表面一定面积范围内所引起的平均压力（或吸力）与来流风的速度压的比值，它主要与建筑物的体型和尺度有关，也与周围环境和地面粗糙度有关。由于它涉及的是关于固体与流体相互作用的流体动力学问题，对于不规则形状的固体，问题尤为复杂，无法给出理论上的结果，一般均应由试验确定。鉴于原型实测的方法对结构设计的不现实性，目前只能根据相似性原理，在边界层风洞内对拟建的建筑物模型进行测试。

表8.3.1列出39项不同类型的建筑物和各类结构体型及其体型系数，这些都是根据国内外的试验资料和国外规范中的建议性规定整理而成，当建筑物与表中列出的体型类同时可参考应用。

本次修订增加了第31项矩形截面高层建筑，考虑深宽比 D/B 对背风面体型系数的影响。当平面深宽比 $D/B \leqslant 1.0$ 时，背风面的体型系数由 -0.5 增加到 -0.6，矩形高层建筑的风力系数也由 1.3 增加到 1.4。

必须指出，表8.3.1中的系数是有局限性的，风洞试验仍应作为抗风设计重要的辅助工具，尤其是对于体型复杂而且重要的房屋结构。

8.3.2 当建筑群，尤其是高层建筑群，房屋相互间距较近时，由于旋涡的相互干扰，房屋某些部位的局部风压会显著增大，设计时应予注意。对比较重要的高层建筑，建议在风洞试验中考虑周围建筑物的干扰因素。

本条文增加的矩形平面高层建筑的相互干扰系数取值是根据国内大量风洞试验研究结果给出的。试验研究直接以基底弯矩响应作为目标，采用基于基底弯矩的相互干扰系数来描述基底弯矩由于干扰所引起的静力和动力干扰作用。相互干扰系数定义为受扰后的结构风荷载和单体结构风荷载的比值。在没有充分依据的情况下，相互干扰系数的取值一般不小于1.0。

建筑高度相同的单个施扰建筑的顺风向和横风向风荷载相互干扰系数的研究结果分别见图6和图7。图中假定风向是由左向右吹，b 为受扰建筑的迎风面宽度，x 和 y 分别为施扰建筑离受扰建筑的纵向和横向距离。

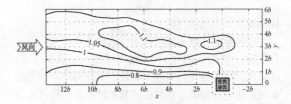

图6 单个施扰建筑作用的
顺风向风荷载相互干扰系数

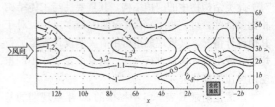

图7 单个施扰建筑作用的横风向
风荷载相互干扰系数

建筑高度相同的两个干扰建筑的顺风向荷载相互干扰系数见图8。图中 l 为两个施扰建筑 A 和 B 的中心连线，取值时 l 不能和 l_1 和 l_2 相交。图中给出的是两个施扰建筑联合作用时的最不利情况，当这两个建筑都不在图中所示区域时，应按单个施扰建筑情况处理并依照图6选取较大的数值。

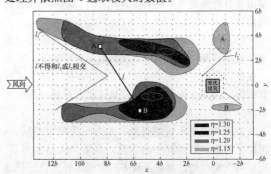

图8 两个施扰建筑作用的
顺风向风荷载相互干扰系数

8.3.3 通常情况下，作用于建筑物表面的风压分布并不均匀，在角隅、檐口、边棱处和在附属结构的部位（如阳台、雨篷等外挑构件），局部风压会超过按本规范表8.3.1所得的平均风压。局部风压体型系数是考虑建筑物表面风压分布不均匀而导致局部部位的风压超过全表面平均风压的实际情况作出的调整。

本次修订细化了原规范对局部体型系数的规定，补充了封闭式矩形平面房屋墙面及屋面的分区域局部体型系数，反映了建筑物高宽比和屋面坡度对局部体型系数的影响。

8.3.4 本条由原规范 7.3.3 条注扩充而来，考虑了从属面积对局部体型系数的影响，并将折减系数的应用限于验算非直接承受风荷载的围护构件，如檩条、幕墙骨架等，最大的折减从属面积由 10m² 增加到 25m²，屋面最小的折减系数由 0.8 减小到 0.6。

8.3.5 本条由原规范 7.3.3 条第 2 款扩充而来，增加了建筑物某一面有主导洞口的情况，主导洞口是指开孔面积较大且大风期间也不关闭的洞口。对封闭式建筑物，考虑到建筑物内实际存在的个别孔口和缝隙，以及机械通风等因素，室内可能存在正负不同的气压，参照国外规范，大多取±（0.18～0.25）的压力系数，本次修订仍取±0.2。

对于有主导洞口的建筑物，其内压分布要复杂得多，和洞口面积、洞口位置、建筑物内部格局以及其他墙面的背景透气率等因素都有关。考虑到设计工作的实际需要，参考国外规范规定和相关文献的研究成果，本次修订对仅有一面墙有主导洞口的建筑物内压作出了简化规定。根据本条第 2 款进行计算时，应注意考虑不同风向下内部压力的不同取值。本条第 3 款所称的开放式建筑是指主导洞口面积过大或不止一面墙存在大洞口的建筑物（例如本规范表 8.3.1 的 26 项）。

8.3.6 风洞试验虽然是抗风设计的重要研究手段，但必须满足一定的条件才能得出合理可靠的结果。这些条件主要包括：风洞风速范围、静压梯度、流场均匀度和气流偏角等设备的基本性能；测试设备的量程、精度、频响特性等；平均风速剖面、湍流度、积分尺度、功率谱等大气边界层的模拟要求；模型缩尺比、阻塞率、刚度；风洞试验数据的处理方法等。由住房与城乡建设部立项的行业标准《建筑工程风洞试验方法标准》正在制订中，该标准将对上述条件作出具体规定。在该标准尚未颁布实施之前，可参考国外相关资料确定风洞试验应满足的条件，如美国 ASCE 编制的 Wind Tunnel Studies of Buildings and Structures、日本建筑中心出版的《建筑风洞实验指南》（中国建筑工业出版社，2011，北京）等。

8.4 顺风向风振和风振系数

8.4.1 参考国外规范及我国建筑工程抗风设计和理论研究的实践情况，当结构基本自振周期 $T \geq 0.25s$ 时，以及对于高度超过 30m 且高宽比大于 1.5 的高柔房屋，由风引起的结构振动比较明显，而且随着结构自振周期的增长，风振也随之增强。因此在设计中应考虑风振的影响，而且原则上还应考虑多个振型的影响；对于前几阶频率比较密集的结构，例如桅杆、屋盖等结构，需要考虑的振型可多达 10 个及以上。应按随机振动理论对结构的响应进行计算。

对于 $T < 0.25s$ 的结构和高度小于 30m 或高宽比小于 1.5 的房屋，原则上也应考虑风振影响。但已有研究表明，对这类结构，往往按构造要求进行结构设计，结构已有足够的刚度，所以这类结构的风振响应一般不大。一般来说，不考虑风振响应不会影响这类结构的抗风安全性。

8.4.2 对如何考虑屋盖结构的风振问题过去没有提及，这次修订予以补充。需考虑风振的屋盖结构指的是跨度大于 36m 的柔性屋盖结构以及质量轻刚度小的索膜结构。

屋盖结构风振响应和等效静力风荷载计算是一个复杂的问题，国内外规范均没有给出一般性计算方法。目前比较一致的观点是，屋盖结构不宜采用与高层建筑和高耸结构相同的风振系数计算方法。这是因为，高层及高耸结构的顺风向风振系数方法，本质上是直接采用风速谱估计风压谱（准定常方法），然后计算结构的顺风向振动响应。对于高层（耸）结构的顺风向风振，这种方法是合适的。但屋盖结构的脉动风压除了和风速脉动有关外，还和流动分离、再附、旋涡脱落等复杂流动现象有关，所以风压谱不能直接用风速谱来表示。此外，屋盖结构多阶模态及模态耦合效应比较明显，难以简单采用风振系数方法。

悬挑型大跨屋盖结构与一般悬臂型结构类似，第 1 阶振型对风振响应的贡献最大。另有研究表明，单侧独立悬挑型大跨屋盖结构可按照准定常方法计算风振响应。比如澳洲规范（AS/NZS 1170.2：2002）基于准定常方法给出悬挑型大跨屋盖的设计风荷载。但需要注意的是，当存在另一侧看台挑篷或其他建筑物干扰时，准定常方法有可能也不适用。

8.4.3～8.4.6 对于一般悬臂型结构，例如框架、塔架、烟囱等高耸结构，高度大于 30m 且高宽比大于 1.5 高柔房屋，由于频谱比较稀疏，第一振型起到绝对的作用，此时可以仅考虑结构的第一振型，并通过下式的风振系数来表达：

$$\beta(z) = \frac{\overline{F}_{Dk}(z) + \hat{F}_{Dk}(z)}{\overline{F}_{Dk}(z)} \tag{1}$$

式中：$\overline{F}_{Dk}(z)$ 为顺风向单位高度平均风力（kN/m），可按下式计算：

$$\overline{F}_{Dk}(z) = w_0 \mu_s \mu_z(z) B \tag{2}$$

$\hat{F}_{Dk}(z)$ 为顺风向单位高度第 1 阶风振惯性力峰值（kN/m），对于重量沿高度无变化的等截面结构，采用下式计算：

$$\hat{F}_{Dk}(z) = g\omega_1^2 m\phi_1(z)\sigma_{q_1} \tag{3}$$

式中：ω_1 为结构顺风向第 1 阶自振圆频率；g 为峰值因子，取为 2.5，与原规范取值 2.2 相比有适当提高；σ_{q_1} 为顺风向一阶广义位移均方根，当假定相干函数与频率无关时，σ_{q_1} 可按下式计算：

$$\sigma_{q_1} = \frac{2w_0 I_{10} B\mu_s}{\omega_1^2 m}$$

$$\sqrt{\frac{\int_0^B \int_0^B coh_x(x_1,x_2)\mathrm{d}x_1\mathrm{d}x_2 \int_0^H \int_0^H [\mu_z(z_1)\phi_1(z_1)\overline{I}_z(z_1)][\mu_z(z_2)\phi_1(z_2)\overline{I}_z(z_2)]coh_z(z_1,z_2)\mathrm{d}z_1\mathrm{d}z_2}{\int_0^H \phi_1^2(z)\mathrm{d}z}}$$

$$\times \sqrt{\int_0^\infty \omega_1^4 |H_j(i\omega)|^2 S_f(\omega)\mathrm{d}\omega} \tag{4}$$

将风振响应近似取为准静态的背景分量及窄带共振响应分量之和。则式（4）与频率有关的积分项可近似表示为：

$$\left[\omega_1^4 \int_{-\infty}^\infty |H_{q_1}(i\omega)|^2 S_f(\omega)\cdot\mathrm{d}\omega\right]^{1/2} \approx \sqrt{1+R^2} \tag{5}$$

$$B_z = \frac{\sqrt{\int_0^B \int_0^B coh_x(x_1,x_2)\mathrm{d}x_1\mathrm{d}x_2 \int_0^H \int_0^H [\mu_z(z_1)\phi_1(z_1)\overline{I}_z(z_1)][\mu_z(z_2)\phi_1(z_2)\overline{I}_z(z_2)]coh_z(z_1,z_2)\mathrm{d}z_1\mathrm{d}z_2}}{\int_0^H \phi_1^2(z)\mathrm{d}z} \frac{\phi_1(z)}{\mu_z(z)} \tag{6}$$

将式（2）～式（6）代入式（1），就得到规范规定的风振系数计算式（8.4.3）。

共振因子 R 的一般计算式为：

$$R = \sqrt{\frac{\pi f_1 S_f(f_1)}{4\zeta_1}} \tag{7}$$

S_f 为归一化风速谱，若采用 Davenport 建议的风速谱密度经验公式，则：

$$S_f(f) = \frac{2x^2}{3f(1+x^2)^{4/3}} \tag{8}$$

利用式（7）和式（8）可得到规范的共振因子计算公式（8.4.4-1）。

在背景因子计算中，可采用 Shiotani 提出的与频率无关的竖向和水平向相干函数：

$$coh_z(z_1,z_2) = e^{-\frac{|z_1-z_2|}{60}} \tag{9}$$

$$coh_x(x_1,x_2) = e^{-\frac{|x_1-x_2|}{50}} \tag{10}$$

湍流度沿高度的分布可按下式计算：

$$I_z(z) = I_{10}\overline{I}_z(z) \tag{11}$$

$$\overline{I}_z(z) = \left(\frac{z}{10}\right)^{-\alpha} \tag{12}$$

式中 α 为地面粗糙度指数，对应于 A、B、C 和 D 类地貌，分别取为 0.12、0.15、0.22 和 0.30。I_{10} 为 10m 高名义湍流度，对应 A、B、C 和 D 类地面粗糙度，可分别取 0.12、0.14、0.23 和 0.39，取值比原规范有适当提高。

式（6）为多重积分式，为方便使用，经过大量试算及回归分析，采用非线性最二乘法拟合得到简化经验公式（8.4.5）。拟合计算过程中，考虑了迎风面和背风面的风压相关性，同时结合工程经验乘以了 0.7 的折减系数。

对于体型或质量沿高度变化的高耸结构，在应用公式（8.4.5）时应注意如下问题：对于进深尺寸比

而式（4）中与频率无关的积分项乘以 $\phi_1(z)/\mu_z(z)$ 后以背景分量因子表达：

较均匀的构筑物，即使迎风面宽度沿高度有变化，计算结果也和按等截面计算的结果十分接近，故对这种情况仍可采用公式（8.4.5）计算背景分量因子；对于进深尺寸和宽度沿高度按线性或近似于线性变化、而重量沿高度按连续规律变化的构筑物，例如截面为正方形或三角形的高耸塔架及圆形截面的烟囱，计算结果表明，必须考虑外形的影响，对背景分量因子予以修正。

本次修订在附录 J 中增加了顺风向风振加速度计算的内容。顺风向风振加速度计算的理论与上述风振系数计算所采用的相同，在仅考虑第一振型情况下，加速度响应峰值可按下式计算：

$$a_D(z) = g\phi_1(z)\sqrt{\int_{-\infty}^\infty \omega^4 S_{q_1}(\omega)\mathrm{d}\omega}$$

式中，$S_{q_1}(\omega)$ 为顺风向第 1 阶广义位移响应功率谱。

采用 Davenport 风速谱和 Shiotani 空间相关性公式，上式可表示为：

$$a_D(z) = \frac{2g I_{10} w_R \mu_s \mu_z B_z B}{m}\sqrt{\int_0^\infty \omega^4 |H_{q_1}(i\omega)|^2 S_f(\omega)\mathrm{d}\omega}$$

为便于使用，上式中的根号项用顺风向风振加速度的脉动系数 η_a 表示，则可得到本规范附录 J 的公式（J.1.1）。经计算整理得到 η_a 的计算用表，即本规范表 J.1.2。

8.4.7 结构振型系数按理应通过结构动力分析确定。为了简化，在确定风荷载时，可采用近似公式。按结构变形特点，对高耸构筑物可按弯曲型考虑，采用下述近似公式：

$$\phi_1 = \frac{6z^2 H^2 - 4z^3 H + z^4}{3H^4}$$

对高层建筑，当以剪力墙的工作为主时，可按弯剪型考虑，采用下述近似公式：

$$\phi_1 = \tan\left[\frac{\pi}{4}\left(\frac{z}{H}\right)^{0.7}\right]$$

对高层建筑也可进一步考虑框架和剪力墙各自的弯曲和剪切刚度，根据不同的综合刚度参数 λ，给出不同的振型系数。附录 G 对高层建筑给出前四个振型系数，它是假设框架和剪力墙均起主要作用时的情况，即取 $\lambda=3$。综合刚度参数 λ 可按下式确定：

$$\lambda = \frac{C}{\eta}\left(\frac{1}{EI_w} + \frac{1}{EI_N}\right)H^2$$

式中：C——建筑物的剪切刚度；

EI_w——剪力墙的弯曲刚度；

EI_N——考虑墙柱轴向变形的等效刚度；

$$\eta = 1 + \frac{C_f}{C_w}$$

C_f——框架剪切刚度；

C_w——剪力墙剪切刚度；

H——房屋总高。

8.5 横风向和扭转风振

8.5.1 判断高层建筑是否需要考虑横风向风振的影响这一问题比较复杂，一般要考虑建筑的高度、高宽比、结构自振频率及阻尼比等多种因素，并要借鉴工程经验及有关资料来判断。一般而言，建筑高度超过150m 或高宽比大于 5 的高层建筑可出现较为明显的横风向风振效应，并且效应随着建筑高度或建筑高宽比增加而增加。细长圆形截面构筑物一般指高度超过30m 且高宽比大于 4 的构筑物。

8.5.2、8.5.3 当建筑物受到风力作用时，不但顺风向可能发生风振，而且在一定条件下也能发生横风向的风振。导致建筑横风向风振的主要激励有：尾流激励（旋涡脱落激励）、横风向紊流激励以及气动弹性激励（建筑振动和风之间的耦合效应），其激励特性远比顺风向要复杂。

对于圆截面柱体结构，若旋涡脱落频率与结构自振频率相近，可能出现共振。大量试验表明，旋涡脱落频率 f_s 与平均风速 v 成正比，与截面的直径 D 成反比，这些变量之间满足如下关系：$St = \dfrac{f_s D}{v}$，其中，St 是斯脱罗哈数，其值仅决定于结构断面形状和雷诺数。

雷诺数 $Re = \dfrac{vD}{\nu}$（可用近似公式 $Re = 69000vD$ 计算，其中，分母中 ν 为空气运动黏性系数，约为 $1.45\times10^{-5}\,\mathrm{m^2/s}$；分子中 v 是平均风速；D 是圆柱结构的直径）将影响圆截面柱体结构的横风向风力和振动响应。当风速较低，即 $Re \leqslant 3\times10^5$ 时，$St \approx 0.2$。一旦 f_s 与结构频率相等，即发生亚临界的微风共振。当风速增大而处于超临界范围，即 $3\times10^5 \leqslant Re < 3.5\times10^6$ 时，旋涡脱落没有明显的周期，结构的横向振动

也呈随机性。当风更大，$Re \geqslant 3.5\times10^6$，即进入跨临界范围，重新出现规则的周期性旋涡脱落。一旦与结构自振频率接近，结构将发生强风共振。

一般情况下，当风速在亚临界或超临界范围内时，只要采取适当构造措施，结构不会在短时间内出现严重问题。也就是说，即使发生亚临界微风共振或超临界随机振动，结构的正常使用可能受到影响，但不至于造成结构破坏。当风速进入跨临界范围内时，结构有可能出现严重的振动，甚至于破坏，国内外都曾发生过很多这类损坏和破坏的事例，对此必须引起注意。

规范附录 H.1 给出了发生跨临界强风共振时的圆形截面横风向风振等效风荷载计算方法。公式（H.1.1-1）中的计算系数 λ_j 是对 j 振型情况下考虑与共振区分布有关的折算系数。此外，应注意公式中的临界风速 v_{cr} 与结构自振周期有关，也即对同一结构不同振型的强风共振，v_{cr} 是不同的。

附录 H.2 的横风向风振等效风荷载计算方法是依据大量典型建筑模型的风洞试验结果给出的。这些典型建筑的截面为均匀矩形，高宽比（$H/\sqrt{BD}$）和截面深宽比（D/B）分别为 4～8 和 0.5～2。试验结果的适用折算风速范围为 $v_H T_{L1}/\sqrt{BD} \leqslant 10$。

大量研究结果表明，当建筑截面深宽比大于 2时，分离气流将在侧面发生再附，横风向风力的基本特征变化较大；当设计折算风速大于 10 或高宽比大于 8，可能发生不利并且难以准确估算的气动弹性现象，不宜采用附录 H.2 计算方法，建议进行专门的风洞试验研究。

高宽比 $H/\sqrt{BD}$ 在 4～8 之间以及截面深宽比 D/B 在 0.5～2 之间的矩形截面高层建筑的横风向广义力功率谱可按下列公式计算得到：

$$S_{F_L} = \frac{S_p \beta_k (f_{L1}^*/f_p)^\gamma}{\{1 - (f_{L1}^*/f_p)^2\}^2 + \beta_k (f_{L1}^*/f_p)^2}$$

$$f_p = 10^{-5}\left(191 - 9.48N_R + \frac{1.28H}{\sqrt{DB}} + \frac{N_R H}{\sqrt{DB}}\right)$$
$$\left[68 - 21\left(\frac{D}{B}\right) + 3\left(\frac{D}{B}\right)^2\right]$$

$$S_p = (0.1N_R^{-0.4} - 0.0004e^{N_R})$$
$$\left[\frac{0.84H}{\sqrt{DB}} - 2.12 - 0.05\left(\frac{H}{\sqrt{DB}}\right)^2\right] \times$$
$$\left[0.422 + \left(\frac{D}{B}\right)^{-1} - 0.08\left(\frac{D}{B}\right)^{-2}\right]$$

$$\beta_k = (1 + 0.00473e^{1.7N_R})$$
$$(0.065 + e^{1.26 - \frac{0.63H}{\sqrt{DB}}})e^{1.7 - \frac{3.44B}{D}}$$

$$\gamma = (-0.8 + 0.06N_R + 0.0007e^{N_R})$$
$$\left[-\left(\frac{H}{\sqrt{DB}}\right)^{0.34} + 0.00006e^{\frac{H}{\sqrt{DB}}}\right] \times$$
$$\left[\frac{0.414D}{B} + 1.67\left(\frac{D}{B}\right)^{-1.23}\right]$$

式中：f_p——横风向风力谱的谱峰频率系数；

N_R——地面粗糙度类别的序号，对应 A、B、C 和 D 类地貌分别取 1、2、3 和 4；

S_p——横风向风力谱的谱峰系数；

β_k——横风向风力谱的带宽系数；

γ——横风向风力谱的偏态系数。

图 H.2.4 给出的是将 $H/\sqrt{BD}=6.0$ 代入该公式计算得到的结果，供设计人员手算时用。此时，因取高宽比为固定值，忽略了其影响，对大多数矩形截面高层建筑，计算误差是可以接受的。

本次修订在附录 J 中增加了横风向风振加速度计算的内容。横风向风振加速度计算的依据和方法与横风向风振等效风荷载相似，也是基于大量的风洞试验结果。大量风洞试验结果表明，高层建筑横风向风力以旋涡脱落激励为主，相对于顺风向风力谱，横风向风力谱的峰值比较突出，谱峰的宽度较小。根据横风向风力谱的特点，并参考相关研究成果，横风向加速度响应可只考虑共振分量的贡献，由此推导可得到本规范附录 J 横风向加速度计算公式（J.2.1）。

8.5.4、8.5.5 扭转风荷载是由于建筑各个立面风压的非对称作用产生的，受截面形状和湍流度等因素的影响较大。判断高层建筑是否需要考虑扭转风振的影响，主要考虑建筑的高度、高宽比、深宽比、结构自振频率、结构刚度与质量的偏心等因素。

建筑高度超过 150m，同时满足 $H/\sqrt{BD}\geqslant 3$、$D/B\geqslant 1.5$、$\dfrac{T_{T1}v_H}{\sqrt{BD}}\geqslant 0.4$ 的高层建筑［T_{T1} 为第 1 阶扭转周期（s）］，扭转风振效应明显，宜考虑扭转风振的影响。

截面尺寸和质量沿高度基本相同的矩形截面高层建筑，当其刚度或质量的偏心率（偏心距/回转半径）不大于 0.2，且同时满足 $\dfrac{H}{\sqrt{BD}}\leqslant 6$，$D/B$ 在 1.5～5 范围，$\dfrac{T_{T1}v_H}{\sqrt{BD}}\leqslant 10$，可按附录 H.3 计算扭转风振等效风荷载。

当偏心率大于 0.2 时，高层建筑的弯扭耦合风振效应显著，结构风振响应规律非常复杂，不能直接采用附录 H.3 给出的方法计算扭转风振等效风荷载；大量风洞试验结果表明，风致扭矩与横风向风力具有较强相关性，当 $\dfrac{H}{\sqrt{BD}}>6$ 或 $\dfrac{T_{T1}v_H}{\sqrt{BD}}>10$ 时，两者的耦合作用易发生不稳定的气动弹性现象。对于符合上述情况的高层建筑，建议在风洞试验基础上，有针对性地进行专门研究。

8.5.6 高层建筑结构在脉动风荷载作用下，其顺风向风荷载、横风向风振等效风荷载和扭转风振等效风荷载一般是同时存在的，但三种风荷载的最大值并不一定同时出现，因此在设计中应当按表 8.5.6 考虑三种风荷载的组合工况。

表 8.5.6 主要参考日本规范方法并结合我国的实际情况和工程经验给出。一般情况下顺风向风振响应与横风向风振响应的相关性较小，对于顺风向风荷载为主的情况，横风向风荷载不参与组合；对于横风向风荷载为主的情况，顺风向风荷载仅静力部分参与组合，简化为在顺风向风荷载标准值前乘以 0.6 的折减系数。

虽然扭转风振与顺风向及横风向风振响应之间存在相关性，但由于影响因素较多，在目前研究尚不成熟情况下，暂不考虑扭转风振等效风荷载与另外两个方向的风荷载的组合。

8.6 阵风系数

8.6.1 计算围护结构的阵风系数，不再区分幕墙和其他构件，统一按下式计算：

$$\beta_{zg}=1+2gI_{10}\left(\dfrac{z}{10}\right)^{-\alpha}$$

其中 A、B、C、D 四类地面粗糙度类别的截断高度分别为 5m，10m，15m 和 30m，即对应的阵风系数不大于 1.65，1.70，2.05 和 2.40。调整后的阵风系数与原规范相比系数有变化，来流风的极值速度压（阵风系数乘以高度变化系数）与原规范相比降低了约 5% 到 10%。对幕墙以外的其他围护结构，由于原规范不考虑阵风系数，因此风荷载标准值会有明显提高，这是考虑到近几年来轻型屋面围护结构发生风灾破坏的事件较多的情况而作出的修订。但对低矮房屋非直接承受风荷载的围护结构，如檩条等，由于其最小局部体型系数由 -2.2 修改为 -1.8，按面积的最小折减系数由 0.8 减小到 0.6，因此风荷载的整体取值与原规范相当。

9 温度作用

9.1 一般规定

9.1.1 引起温度作用的因素很多，本规范仅涉及气温变化及太阳辐射等由气候因素产生的温度作用。有使用热源的结构一般是指有散热设备的厂房、烟囱、储存热物的筒仓、冷库等，其温度作用应由专门规范作规定，或根据建设方和设备供应商提供的指标确定温度作用。

温度作用是指结构或构件内温度的变化。在结构构件任意截面上的温度分布，一般认为可由三个分量叠加组成：① 均匀分布的温度分量 ΔT_u（图 9a）；② 沿截面线性变化的温度分量（梯度温差）ΔT_{My}、ΔT_{Mz}（图 9b、c），一般采用截面边缘的温度差表示；③ 非线性变化的温度分量 ΔT_E（图 9d）。

结构和构件的温度作用即指上述分量的变化，对超大型结构、由不同材料部件组成的结构等特殊情况，尚需考虑不同结构部件之间的温度变化。对大体积结构，尚需考虑整个温度场的变化。

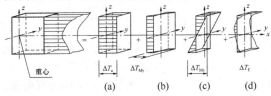

图 9　结构构件任意截面上的温度分布

建筑结构设计时，应首先采取有效构造措施来减少或消除温度作用效应，如设置结构的活动支座或节点、设置温度缝、采用隔热保温措施等。当结构或构件在温度作用和其他可能组合的荷载共同作用下产生的效应（应力或变形）可能超过承载能力极限状态或正常使用极限状态时，比如结构某一方向平面尺寸超过伸缩缝最大间距或温度区段长度、结构约束较大、房屋高度较高等，结构设计中一般应考虑温度作用。是否需要考虑温度作用效应的具体条件由《混凝土结构设计规范》GB 50010、《钢结构设计规范》GB 50017 等结构设计规范作出规定。

9.1.2 常用材料的线膨胀系数表主要参考欧洲规范的数据确定。

9.1.3 温度作用属于可变的间接作用，考虑到结构可靠指标及设计表达式的统一，其荷载分项系数取值与其他可变荷载相同，取 1.4。该值与美国混凝土设计规范 ACI 318 的取值相当。

作为结构可变荷载之一，温度作用应根据结构施工和使用期间可能同时出现的情况考虑其与其他可变荷载的组合。规范规定的组合值系数、频遇值系数及准永久值系数主要依据设计经验及参考欧洲规范确定。

混凝土结构在进行温度作用效应分析时，可考虑混凝土开裂等因素引起的结构刚度的降低。混凝土材料的徐变和收缩效应，可根据经验将其等效为温度作用。具体方法可参考有关资料和文献。如在行业标准《水工混凝土结构设计规范》SL 191-2008 中规定，初估混凝土干缩变形时可将其影响折算为（10～15)℃的温降。在《铁路桥涵设计基本规范》TB 10002.1-2005 中规定混凝土收缩的影响可按降低温度的方法来计算，对整体浇筑的混凝土和钢筋混凝土结构分别相当于降低温度 20℃和 15℃。

9.2　基本气温

9.2.1 基本气温是气温的基准值，是确定温度作用所需最主要的气象参数。基本气温一般是以气象台站记录所得的某一年极值气温数据为样本，经统计得到的具有一定年超越概率的最高和最低气温。采用什么气温参数作为年极值气温样本数据，目前还没有统一

模式。欧洲规范 EN 1991-1-5：-2003 采用小时最高和最低气温；我国行业标准《铁路桥涵设计基本规范》TB 10002.1-2005 采用七月份和一月份的月平均气温，《公路桥涵设计通用规范》JTG D60-2004 采用有效温度并将全国划分为严寒、寒冷和温热三个区来规定。目前国内在建筑结构设计中采用的基本气温也不统一，钢结构设计有的采用极端最高、最低气温，混凝土结构设计有的采用最高或最低月平均气温，这种情况带来的后果是难以用统一尺度评判温度作用下结构的可靠性水准，温度作用分项系数及其他各系数的取值也很难统一。作为结构设计的基本气象参数，有必要加以规范和统一。

根据国内的设计现状并参考国外规范，本规范将基本气温定义为 50 年一遇的月平均最高和月平均最低气温。分别根据全国各基本气象台站最近 30 年历年最高温度月的月平均最高和最低温度月的月平均最低气温为样本，经统计（假定其服从极值 I 型分布）得到。

对于热传导速率较慢且体积较大的混凝土及砌体结构，结构温度接近当地月平均气温，可直接采用月平均最高气温和月平均最低气温作为基本气温。

对于热传导速率较快的金属结构或体积较小的混凝土结构，它们对气温的变化比较敏感，这些结构要考虑昼夜气温变化的影响，必要时应对基本气温进行修正。气温修正的幅度大小与地理位置相关，可根据工程经验及当地极值气温与月平均最高和月平均最低气温的差值以及保温隔热性能酌情确定。

9.3　均匀温度作用

9.3.1 均匀温度作用对结构影响最大，也是设计时最常考虑的，温度作用的取值及结构分析方法较为成熟。对室内外温差较大且没有保温隔热面层的结构，或太阳辐射较强的金属结构等，应考虑结构或构件的梯度温度作用，对体积较大或约束较强的结构，必要时应考虑非线性温度作用。对梯度和非线性温度作用的取值及结构分析目前尚没有较为成熟统一的方法，因此，本规范仅对均匀温度作用作出规定，其他情况设计人员可参考有关文献或根据设计经验酌情处理。

以结构的初始温度（合拢温度）为基准，结构的温度作用效应要考虑温升和温降两种工况。这两种工况产生的效应和可能出现的控制应力或位移是不同的，温升工况会使构件产生膨胀，而温降则会使构件产生收缩，一般情况两者都应校核。

气温和结构温度的单位采用摄氏度（℃），零上为正，零下为负。温度作用标准值的单位也是摄氏度（℃），温升为正，温降为负。

9.3.2 影响结构平均温度的因素较多，应根据工程施工期间和正常使用期间的实际情况确定。

对暴露于环境气温下的室外结构，最高平均温度

和最低平均温度一般可依据基本气温 T_{max} 和 T_{min} 确定。

对有围护的室内结构，结构最高平均温度和最低平均温度一般可依据室内和室外的环境温度按热工学的原理确定，当仅考虑单层结构材料且室内外环境温度类似时，结构平均温度可近似地取室内外环境温度的平均值。

在同一种材料内，结构的梯度温度可近似假定为线性分布。

室内环境温度应根据建筑设计资料的规定采用，当没有规定时，应考虑夏季空调条件和冬季采暖条件下可能出现的最低温度和最高温度的不利情况。

室外环境温度一般可取基本气温，对温度敏感的金属结构，尚应根据结构表面的颜色深浅及朝向考虑太阳辐射的影响，对结构表面温度予以增大。夏季太阳辐射对外表面最高温度的影响，与当地纬度、结构方位、表面材料色调等因素有关，不宜简单近似。参考早期的国际标准化组织文件《结构设计依据—温度气候作用》技术报告 ISO TR 9492 中相关的内容，经过计算发现，影响辐射量的主要因素是结构所处的方位，在我国不同纬度的地方（北纬 20 度～50 度）虽然有差别，但不显著。

结构外表面的材料及其色调的影响肯定是明显的。表7为经过计算归纳近似给出围护结构表面温度的增大值。当没有可靠资料时，可参考表7确定。

表7　考虑太阳辐射的围护结构表面温度增加

朝向	表面颜色	温度增加值（℃）
平屋面	浅亮	6
	浅色	11
	深暗	15
东向、南向和西向的垂直墙面	浅亮	3
	浅色	5
	深暗	7
北向、东北和西北向的垂直墙面	浅亮	2
	浅色	4
	深暗	6

对地下室与地下结构的室外温度，一般应考虑离地表面深度的影响。当离地表面深度超过 10m 时，土体基本为恒温，等于年平均气温。

9.3.3　混凝土结构的合拢温度一般可取后浇带封闭时的月平均气温。钢结构的合拢温度一般可取合拢时的日平均温度，但当合拢时有日照时，应考虑日照的影响。结构设计时，往往不能准确确定施工工期，因此，结构合拢温度通常是一个区间值。这个区间值应包括施工可能出现的合拢温度，即应考虑施工的可行性和工期的不可预见性。

10　偶然荷载

10.1　一般规定

10.1.1　产生偶然荷载的因素很多，如由炸药、燃气、粉尘、压力容器等引起的爆炸，机动车、飞行器、电梯等运动物体引起的撞击，罕遇出现的风、雪、洪水等自然灾害及地震灾害等等。随着我国社会经济的发展和全球反恐面临的新形势，人们使用燃气、汽车、电梯、直升机等先进设施和交通工具的比例大大提高，恐怖袭击的威胁仍然严峻。在建筑结构设计中偶然荷载越来越重要，为此本次修订专门增加偶然荷载这一章。

限于目前对偶然荷载的研究和认知水平以及设计经验，本次修订仅对炸药及燃气爆炸、电梯及汽车撞击等较为常见且有一定研究资料和设计经验的偶然荷载作出规定，对其他偶然荷载，设计人员可以根据本规范规定的原则，结合实际情况或参考有关资料确定。

依据 ISO 2394，在设计中所取的偶然荷载代表值是由有关权威机构或主管工程人员根据经济和社会政策、结构设计和使用经验按一般性的原则确定的，其值是唯一的。欧洲规范进一步规定偶然荷载的确定应从三个方面来考虑：①荷载的机理，包括形成的原因、短暂时间内结构的动力响应、计算模型等；②从概率的观点对荷载发生的后果进行分析；③针对不同后果采取的措施从经济上考虑优化设计的问题。从上述三方面综合确定偶然荷载代表值相当复杂，因此欧洲规范提出当缺乏后果定量分析及经济优化设计数据时，对偶然荷载可以按年失效概率万分之一确定，相当于偶然荷载万年一遇。其思路大致如此：假设在偶然荷载设计状况下结构的可靠指标为 β = 3.8（稍高于一般的 3.7），则其取值的超越概率为：

$$\Phi(-\alpha\beta) = \Phi(-0.7 \times 3.8) = \Phi(-2.66) = 0.003$$

这是对设计基准期是 50 年而言，对 1 年的超越概率则为万分之零点六，近似取万分之一。由于偶然荷载的有效统计数据在很多情况下不够充分，此时只能根据工程经验来确定。

10.1.2　偶然荷载的设计原则，与《工程结构可靠性设计统一标准》GB 50153 - 2008 一致。建筑结构设计中，主要依靠优化结构方案、增加结构冗余度、强化结构构造等措施，避免因偶然荷载作用引起结构发生连续倒塌。在结构分析和构件设计中是否需要考虑偶然荷载作用，要视结构的重要性、结构类型及复杂程度等因素，由设计人员根据经验决定。

结构设计中应考虑偶然荷载发生时和偶然荷载发生后两种设计状况。首先，在偶然事件发生时应保证某些特殊部位的构件具备一定的抵抗偶然荷载的承载能力，结构构件受损可控。此时结构在承受偶然荷载的同时，还要承担永久荷载、活荷载或其他荷载，应采用结构承载能力设计的偶然荷载效应组合。其次，要保证在偶然事件发生后，受损结构能够承担对应于偶然设计状况的永久荷载和可变荷载，保证结构有足够的整体稳固性，不致因偶然荷载引起结构连续倒塌，此时应采用结构整体稳固验算的偶然荷载效应组合。

10.1.3 与其他可变荷载根据设计基准期通过统计确定荷载标准值的方法不同，在设计中所取的偶然荷载代表值是由有关的权威机构或主管工程人员根据经济和社会政策、结构设计和使用经验按一般性的原则来确定的，因此不考虑荷载分项系数，设计值与标准值取相同的值。

10.2 爆 炸

10.2.1 爆炸一般是指在极短时间内，释放出大量能量，产生高温，并放出大量气体，在周围介质中造成高压的化学反应或状态变化。爆炸的类型很多，例如炸药爆炸（常规武器爆炸、核爆炸）、煤气爆炸、粉尘爆炸、锅炉爆炸、矿井下瓦斯爆炸、汽车等物体燃烧时引起的爆炸等。爆炸对建筑物的破坏程度与爆炸类型、爆炸源能量大小、爆炸距离及周围环境、建筑物本身的振动特性等有关，精确度量爆炸荷载的大小较为困难。本规范首次加入爆炸荷载的内容，对目前工程中较为常用且有一定研究和应用经验的炸药爆炸和燃气爆炸荷载进行规定。

10.2.2 爆炸荷载的大小主要取决于爆炸当量和结构离爆炸源的距离，本条主要依据《人民防空地下室设计规范》GB 50038－2005 中有关常规武器爆炸荷载的计算方法制定。

确定等效均布静力荷载的基本步骤为：

1）确定爆炸冲击波波形参数，即等效动荷载。

常规武器地面爆炸空气冲击波波形可取按等冲量简化的无升压时间的三角形，见图10。

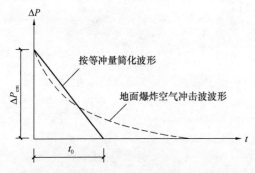

图 10　常规武器地面爆炸
空气冲击波简化波形

常规武器地面爆炸冲击波最大超压（N/mm²）ΔP_{cm} 可按下式计算：

$$\Delta P_{cm} = 1.316 \left(\frac{\sqrt[3]{C}}{R} \right)^3 + 0.369 \left(\frac{\sqrt[3]{C}}{R} \right)^{1.5}$$

式中：C——等效 TNT 装药量（kg），应按国家现行有关规定取值；

　　　R——爆心至作用点的距离（m），爆心至外墙外侧水平距离应按国家现行有关规定取值。

地面爆炸空气冲击波按等冲量简化的等效作用时间 t_0（s），可按下式计算：

$$t_0 = 4.0 \times 10^{-4} \Delta P_{cm}^{-0.5} \sqrt[3]{C}$$

2）按单自由度体系强迫振动的方法分析得到构件的内力。

从结构设计所需精度和尽可能简化设计的角度考虑，在常规武器爆炸动荷载或核武器爆炸动荷载作用下，结构动力分析一般采用等效静荷载法。试验结果与理论分析表明，对于一般防空地下室结构在动力分析中采用等效静荷载法除了剪力（支座反力）误差相对较大外，不会造成设计上明显不合理。

研究表明，在动荷载作用下，结构构件振型与相应静荷载作用下挠曲线很相近，且动荷载作用下结构构件的破坏规律与相应静荷载作用下破坏规律基本一致，所以在动力分析时，可将结构构件简化为单自由度体系。运用结构动力学中对单自由度集中质量等效体系分析的结果，可获得相应的动力系数。

等效静荷载法一般适用于单个构件。实际结构是个多构件体系，如有顶板、底板、墙、梁、柱等构件，其中顶板、底板与外墙直接受到不同峰值的外加动荷载，内墙、柱、梁等承受上部构件传来的动荷载。由于动荷载作用的时间有先后，动荷载的变化规律也不一致，因此对结构体系进行综合的精确分析是较为困难的，故一般均采用近似方法，将它拆成单个构件，每一个构件都按单独的等效体系进行动力分析。各构件的支座条件应按实际支承情况来选取。例如对钢筋混凝土结构，顶板与外墙的刚度接近，其连接处可近似按弹性支座（介于固端与铰支之间）考虑。而底板与外墙的刚度相差较大，在计算外墙时可将二者连接处视作固定端。对通道或其他简单、规则的结构，也可近似作为一个整体构件按等效静荷载法进行动力计算。

对于特殊结构也可按有限自由度体系采用结构动力学方法，直接求出结构内力。

3）根据构件最大内力（弯矩、剪力或轴力）等效的原则确定等效均布静力荷载。

等效静荷载法规定结构构件在等效静力荷载作用下的各项内力（如弯矩、剪力、轴力）等与动荷载作用下相应内力最大值相等，这样即可把动荷载视为静荷载。

10.2.3 当前在房屋设计中考虑燃气爆炸的偶然荷载是有实际意义的。本条主要参照欧洲规范《由撞击和爆炸引起的偶然作用》EN 1991-1-7 中的有关规定。设计的主要思想是通过通口板破坏后的泄压过程，提供爆炸空间内的等效静力荷载公式，以此确定关键构件的偶然荷载。

爆炸过程是十分短暂的，可以考虑构件设计抗力的提高，爆炸持续时间可近似取 $t=0.2s$。

EN 1991 Part 1.7 给出的抗力提高系数的公式为：

$$\varphi_d = 1 + \sqrt{\frac{p_{SW}}{p_{Rd}}} \sqrt{\frac{2u_{max}}{g(\Delta t)^2}}$$

式中：p_{SW}——关键构件的自重；

p_{Rd}——关键构件的在正常情况下的抗力设计值；

u_{max}——关键构件破坏时的最大位移；

g——重力加速度。

10.3 撞 击

10.3.1 当电梯运行超过正常速度一定比例后，安全钳首先作用，将轿厢（对重）卡在导轨上。安全钳作用瞬间，将轿厢（对重）传来的冲击荷载作用给导轨，再由导轨传至底坑（悬空导轨除外）。在安全钳失效的情况下，轿厢（对重）才有可能撞击缓冲器，缓冲器将吸收轿厢（对重）的动能，提供最后的保护。因此偶然情况下，作用于底坑的撞击力存在四种情况：轿厢或对重的安全钳通过导轨传至底坑；轿厢或对重通过缓冲器传至底坑。由于这四种情况不可能同时发生，表 10 中的撞击力取值为这四种情况下的最大值。根据部分电梯厂家提供的样本，计算出不同的电梯品牌、类型的撞击力与电梯总重力荷载的比值（表 8）。

根据表 8 结果，并参考了美国 IBC 96 规范以及我国《电梯制造与安装安全规范》GB 7588-2003，确定撞击荷载标准值。规范值适用于电力驱动的拽引式或强制式乘客电梯、病床电梯及载货电梯，不适用于杂物电梯和液压电梯。电梯总重力荷载为电梯核定载重和轿厢自重之和，忽略了电梯装饰荷载的影响。额定速度较大的电梯，相应的撞击荷载也较大，高速电梯（额定速度不小于 2.5m/s）宜取上限值。

表 8 撞击力与电梯总重力荷载比值计算结果

电梯类型		品牌 1	品牌 2	品牌 3
无机房	低速客梯	3.7～4.4	4.1～5.0	3.7～4.7
有机房	低速客梯	3.7～3.8	4.1～4.3	4.0～4.8
	低速观光梯	3.7	4.9～5.6	4.9～5.4
	低速医梯	4.2～4.7	5.2	4.0～4.5
	低速货梯	3.5～4.1	3.9～7.4	3.6～5.2
	高速客梯	4.7～5.4	5.9～7.0	6.5～7.1

10.3.2 本条借鉴了《公路桥涵设计通用规范》JTG D60-2004 和《城市人行天桥与人行地道技术规范》CJJ 69-95 的有关规定，基于动量定理给出了撞击力的一般公式，概念较为明确。按上述公式计算的撞击力，与欧洲规范相当。

我国公路上 10t 以下中、小型汽车约占总数的 80%，10t 以上大型汽车占 20%。因此，该规范规定计算撞击力时撞击车质量取 10t。而《城市人行天桥与人行地道技术规范》CJJ 69-95 则建议取 15t。本规范建议撞击车质量按照实际情况采用，当无数据时可取为 15t。又据《城市人行天桥与人行地道技术规范》CJJ 69-95，撞击车速建议取国产车平均最高车速的 80%。目前高速公路、一级公路、二级公路的最高设计车速分别为 120km/h、100km/h 和 80km/h，综合考虑取车速为 80km/h（22.2m/s）。

在没有试验资料时，撞击时间按《公路桥涵设计通用规范》JTG D60-2004 的建议，取值 1s。

参照《城市人行天桥与人行地道技术规范》CJJ 69-95 和欧洲规范 EN 1991-1-7，垂直行车方向撞击力取顺行方向撞击力的 50%，二者不同时作用。

建筑结构可能承担的车辆撞击主要包括地下车库及通道的车辆撞击、路边建筑物车辆撞击等，由于所处环境不同，车辆质量、车速等变化较大，因此在给出一般值的基础上，设计人员可根据实际情况调整。

10.3.3 本条主要参考欧洲规范 EN 1991-1-7 的有关规定。

中华人民共和国国家标准

建筑抗震设计规范

Code for seismic design of buildings

GB 50011—2010

（2016 年版）

主编部门：中华人民共和国住房和城乡建设部
批准部门：中华人民共和国住房和城乡建设部
施行日期：２０１０ 年 １２ 月 １ 日

中华人民共和国住房和城乡建设部
公　　告

第 1199 号

住房城乡建设部关于发布国家标准
《建筑抗震设计规范》局部修订的公告

现批准《建筑抗震设计规范》GB 50011－2010 局部修订的条文，自 2016 年 8 月 1 日起实施。经此次修改的原条文同时废止。

局部修订的条文及具体内容，将刊登在我部有关网站和近期出版的《工程建设标准化》刊物上。

中华人民共和国住房和城乡建设部

2016 年 7 月 7 日

修　订　说　明

本次局部修订系根据住房和城乡建设部《关于印发 2014 年工程建设标准规范制订、修订计划的通知》（建标〔2013〕169 号）的要求，由中国建筑科学研究院会同有关的设计、勘察、研究和教学单位对《建筑抗震设计规范》GB 50011－2010 进行局部修订而成。

此次局部修订的主要内容包括两个方面，即，（1）根据《中国地震动参数区划图》GB 18306－2015 和《中华人民共和国行政区划简册 2015》以及民政部发布 2015 年行政区划变更公报，修订《建筑抗震设计规范》GB 50011－2010 附录 A：我国主要城镇抗震设防烈度、设计基本地震加速度和设计地震分组；（2）根据《建筑抗震设计规范》GB 50011－2010 实施以来各方反馈的意见和建议，对部分条款进行文字性调整。修订过程中广泛征求了各方面的意见，对具体修订内容进行了反复的讨论和修改，与相关标准进行协调，最后经审查定稿。

此次局部修订，共涉及一个附录和 10 条条文的修改，分别为附录 A 和第 3.4.3 条、第 3.4.4 条、第 4.4.1 条、第 6.4.5 条、第 7.1.7 条、第 8.2.7 条、第 8.2.8 条、第 9.2.16 条、第 14.3.1 条、第 14.3.2 条。

本规范条文下划线部分为修改的内容；用黑体字标志的条文为强制性条文，必须严格执行。

本次局部修订的主编单位：中国建筑科学研究院

本次局部修订的参编单位：中国地震局地球物理研究所

　　　　　　　　　　　　中国建筑标准设计研究院

　　　　　　　　　　　　北京市建筑设计研究院

　　　　　　　　　　　　中国电子工程设计院

本规范主要起草人员：黄世敏　王亚勇　戴国莹
　　　　　　　　　　符圣聪　罗开海　李小军
　　　　　　　　　　柯长华　郁银泉　娄　宇
　　　　　　　　　　薛慧立

本规范主要审查人员：徐培福　齐五辉　范　重
　　　　　　　　　　吴　健　郭明田　吴汉福
　　　　　　　　　　马东辉　宋　波　潘　鹏

中华人民共和国住房和城乡建设部
公　告

第 609 号

关于发布国家标准
《建筑抗震设计规范》的公告

　　现批准《建筑抗震设计规范》为国家标准，编号为 GB 50011-2010，自 2010 年 12 月 1 日起实施。其中，第 1.0.2、1.0.4、3.1.1、3.3.1、3.3.2、3.4.1、3.5.2、3.7.1、3.7.4、3.9.1、3.9.2、3.9.4、3.9.6、4.1.6、4.1.8、4.1.9、4.2.2、4.3.2、4.4.5、5.1.1、5.1.3、5.1.4、5.1.6、5.2.5、5.4.1、5.4.2、5.4.3、6.1.2、6.3.3、6.3.7、6.4.3、7.1.2、7.1.5、7.1.8、7.2.4、7.2.6、7.3.1、7.3.3、7.3.5、7.3.6、7.3.8、7.4.1、7.4.4、7.5.7、7.5.8、8.1.3、8.3.1、8.3.6、8.4.1、8.5.1、10.1.3、10.1.12、10.1.15、12.1.5、12.2.1、12.2.9 条为强制性条文，必须严格执行。原《建筑抗震设计规范》GB 50011-2001 同时废止。

　　本规范由我部标准定额研究所组织中国建筑工业出版社出版发行。

中华人民共和国住房和城乡建设部

2010 年 5 月 31 日

前　　言

　　本规范系根据原建设部《关于印发〈2006 年工程建设标准规范制订、修订计划（第一批）〉的通知》（建标〔2006〕77 号）的要求，由中国建筑科学研究院会同有关的设计、勘察、研究和教学单位对《建筑抗震设计规范》GB 50011-2001 进行修订而成。

　　修订过程中，编制组总结了 2008 年汶川地震震害经验，对灾区设防烈度进行了调整，增加了有关山区场地、框架结构填充墙设置、砌体结构楼梯间、抗震结构施工要求的强制性条文，提高了装配式楼板构造和钢筋伸长率的要求。此后，继续开展了专题研究和部分试验研究，调查总结了近年来国内外大地震（包括汶川地震）的经验教训，采纳了地震工程的新科研成果，考虑了我国的经济条件和工程实践，并在全国范围内广泛征求了有关设计、勘察、科研、教学单位及抗震管理部门的意见，经反复讨论、修改、充实和试设计，最后经审查定稿。

　　本次修订后共有 14 章 12 个附录。除了保持 2008 年局部修订的规定外，主要修订内容是：补充了关于 7 度（0.15g）和 8 度（0.30g）设防的抗震措施规定，按《中国地震动参数区划图》调整了设计地震分组；改进了土壤液化判别公式；调整了地震影响系数曲线的阻尼调整参数、钢结构的阻尼比和承载力抗震调整系数、隔震结构的水平向减震系数的计算，并补充了大跨屋盖建筑水平和竖向地震作用的计算方法；提高了对混凝土框架结构房屋、底部框架砌体房屋的抗震设计要求；提出了钢结构房屋抗震等级并相应调整了抗震措施的规定；改进了多层砌体房屋、混凝土抗震墙房屋、配筋砌体房屋的抗震措施；扩大了隔震和消能减震房屋的适用范围；新增建筑抗震性能化设计原则以及有关大跨屋盖建筑、地下建筑、框排架厂房、钢支撑-混凝土框架和钢框架-钢筋混凝土核心筒结构的抗震设计规定。取消了内框架砖房的内容。

　　本规范中以黑体字标志的条文为强制性条文，必须严格执行。

　　本规范由住房和城乡建设部负责管理和对强制性条文的解释，中国建筑科学研究院负责具体技术内容的解释。在执行过程中，请各单位结合工程实践，认真总结经验，并将意见和建议寄交北京市北三环东路 30 号中国建筑科学研究院国家标准《建筑抗震设计规范》管理组（邮编：100013，E-mail：GB 50011-cabr@163.com）。

　　主 编 单 位：中国建筑科学研究院

　　参 编 单 位：中国地震局工程力学研究所、中国建筑设计研究院、中国建筑标准设计研究院、北京市建筑设计研究院、中国电子工程设计院、中国建筑西南设计研究院、中国建筑西北设计研究院、中国建筑东北设计研究院、华东建筑设计研究院、中南建筑设计院、广东省建筑设计研究院、上海建筑设计研究院、新疆维吾尔自治区建筑设计研究院、云南省设计院、四川省建筑设计院、深圳市建筑设计研究总院、北京市勘察设计研究院、上海市隧道工程轨道交通设计研究院、中建国际（深圳）设计顾问有限公司、中冶集团建筑研究总院、中国机械工业集团公司、中国中元国际工程公司、清华大学、同济大学、哈尔滨工业大学、浙江大学、重庆大学、云南大学、广州大学、大连理工大学、北京工业大学

主要起草人：黄世敏　王亚勇（以下按姓氏笔画排列）

丁洁民	方泰生	邓　华	叶燎原
冯　远	吕西林	刘琼祥	李　亮
李　惠	李　霆	李小军	李亚明
李英民	李国强	杨林德	苏经宇

肖　伟	吴明舜	辛鸿博	张瑞龙
陈　炯	陈富生	欧进萍	郁银泉
易方民	罗开海	周正华	周炳章
周福霖	周锡元	柯长华	娄　宇
姜文伟	袁金西	钱基宏	钱稼茹
徐　建	徐永基	唐曹明	容柏生
曹文宏	符圣聪	章一萍	葛学礼
董津城	程才渊	傅学怡	曾德民
窦南华	蔡益燕	薛彦涛	薛慧立
戴国莹			

主要审查人：徐培福　吴学敏　刘志刚（以下按姓氏笔画排列）

刘树屯	李　黎	李学兰	陈国义
侯忠良	莫　庸	顾宝和	高孟谭
黄小坤	程懋堃		

目　　次

Contents

1 总 则

1.0.1 为贯彻执行国家有关建筑工程、防震减灾的法律法规并实行以预防为主的方针，使建筑经抗震设防后，减轻建筑的地震破坏，避免人员伤亡，减少经济损失，制定本规范。

按本规范进行抗震设计的建筑，其基本的抗震设防目标是：当遭受低于本地区抗震设防烈度的多遇地震影响时，主体结构不受损坏或不需修理可继续使用；当遭受相当于本地区抗震设防烈度的设防地震影响时，可能发生损坏，但经一般性修理仍可继续使用；当遭受高于本地区抗震设防烈度的罕遇地震影响时，不致倒塌或发生危及生命的严重破坏。使用功能或其他方面有专门要求的建筑，当采用抗震性能化设计时，具有更具体或更高的抗震设防目标。

1.0.2 抗震设防烈度为 6 度及以上地区的建筑，必须进行抗震设计。

1.0.3 本规范适用于抗震设防烈度为 6、7、8 和 9 度地区建筑工程的抗震设计以及隔震、消能减震设计。建筑的抗震性能化设计，可采用本规范规定的基本方法。

抗震设防烈度大于 9 度地区的建筑及行业有特殊要求的工业建筑，其抗震设计应按有关专门规定执行。

> 注：本规范"6 度、7 度、8 度、9 度"即"抗震设防烈度为 6 度、7 度、8 度、9 度"的简称。

1.0.4 抗震设防烈度必须按国家规定的权限审批、颁发的文件（图件）确定。

1.0.5 一般情况下，建筑的抗震设防烈度应采用根据中国地震动参数区划图确定的地震基本烈度（本规范设计基本地震加速度值所对应的烈度值）。

1.0.6 建筑的抗震设计，除应符合本规范要求外，尚应符合国家现行有关标准的规定。

2 术语和符号

2.1 术 语

2.1.1 抗震设防烈度 seismic precautionary intensity

按国家规定的权限批准作为一个地区抗震设防依据的地震烈度。一般情况，取 50 年内超越概率 10% 的地震烈度。

2.1.2 抗震设防标准 seismic precautionary criterion

衡量抗震设防要求高低的尺度，由抗震设防烈度或设计地震动参数及建筑抗震设防类别确定。

2.1.3 地震动参数区划图 seismic ground motion parameter zonation map

以地震动参数（以加速度表示地震作用强弱程度）为指标，将全国划分为不同抗震设防要求区域的图件。

2.1.4 地震作用 earthquake action

由地震动引起的结构动态作用，包括水平地震作用和竖向地震作用。

2.1.5 设计地震动参数 design parameters of ground motion

抗震设计用的地震加速度（速度、位移）时程曲线、加速度反应谱和峰值加速度。

2.1.6 设计基本地震加速度 design basic acceleration of ground motion

50 年设计基准期超越概率 10% 的地震加速度的设计取值。

2.1.7 设计特征周期 design characteristic period of ground motion

抗震设计用的地震影响系数曲线中，反映地震震级、震中距和场地类别等因素的下降段起始点对应的周期值，简称特征周期。

2.1.8 场地 site

工程群体所在地，具有相似的反应谱特征。其范围相当于厂区、居民小区和自然村或不小于 1.0km^2 的平面面积。

2.1.9 建筑抗震概念设计 seismic concept design of buildings

根据地震灾害和工程经验等所形成的基本设计原则和设计思想，进行建筑和结构总体布置并确定细部构造的过程。

2.1.10 抗震措施 seismic measures

除地震作用计算和抗力计算以外的抗震设计内容，包括抗震构造措施。

2.1.11 抗震构造措施 details of seismic design

根据抗震概念设计原则，一般不需计算而对结构和非结构各部分必须采取的各种细部要求。

2.2 主 要 符 号

2.2.1 作用和作用效应

F_{Ek}、F_{Evk}——结构总水平、竖向地震作用标准值；

G_E、G_{eq}——地震时结构（构件）的重力荷载代表值、等效总重力荷载代表值；

w_k——风荷载标准值；

S_E——地震作用效应（弯矩、轴向力、剪力、应力和变形）；

S——地震作用效应与其他荷载效应的基本组合；

S_k——作用、荷载标准值的效应；

M——弯矩；

N——轴向压力；

V——剪力；

p——基础底面压力；

u——侧移；

θ——楼层位移角。

2.2.2 材料性能和抗力

K——结构（构件）的刚度；

R——结构构件承载力；

f、f_k、f_E——各种材料强度（含地基承载力）设计值、标准值和抗震设计值；

$[\theta]$——楼层位移角限值；

2.2.3 几何参数

A——构件截面面积；

A_s——钢筋截面面积；

B——结构总宽度；

H——结构总高度、柱高度；

L——结构（单元）总长度；

a——距离；

a_s、a'_s——纵向受拉、受压钢筋合力点至截面边缘的最小距离；

b——构件截面宽度；

d——土层深度或厚度，钢筋直径；

h——构件截面高度；

l——构件长度或跨度；

t——抗震墙厚度、楼板厚度。

2.2.4 计算系数

α——水平地震影响系数；

α_{max}——水平地震影响系数最大值；

α_{vmax}——竖向地震影响系数最大值；

γ_G、γ_E、γ_w——作用分项系数；

γ_{RE}——承载力抗震调整系数；

ζ——计算系数；

η——地震作用效应（内力和变形）的增大或调整系数；

λ——构件长细比，比例系数；

ξ_y——结构（构件）屈服强度系数；

ρ——配筋率，比率；

ϕ——构件受压稳定系数；

ψ——组合值系数，影响系数。

2.2.5 其他

T——结构自振周期；

N——贯入锤击数；

I_{lE}——地震时地基的液化指数；

X_{ji}——位移振型坐标（j 振型 i 质点的 x 方向相对位移）；

Y_{ji}——位移振型坐标（j 振型 i 质点的 y 方向相对位移）；

n——总数，如楼层数、质点数、钢筋根数、跨数等；

v_{se}——土层等效剪切波速；

Φ_{ji}——转角振型坐标（j 振型 i 质点的转角方向相对位移）。

3 基本规定

3.1 建筑抗震设防分类和设防标准

3.1.1 抗震设防的所有建筑应按现行国家标准《建筑工程抗震设防分类标准》GB 50223 确定其抗震设防类别及其抗震设防标准。

3.1.2 抗震设防烈度为 6 度时，除本规范有具体规定外，对乙、丙、丁类的建筑可不进行地震作用计算。

3.2 地震影响

3.2.1 建筑所在地区遭受的地震影响，应采用相应于抗震设防烈度的设计基本地震加速度和特征周期表征。

3.2.2 抗震设防烈度和设计基本地震加速度取值的对应关系，应符合表 3.2.2 的规定。设计基本地震加速度为 $0.15g$ 和 $0.30g$ 地区内的建筑，除本规范另有规定外，应分别按抗震设防烈度 7 度和 8 度的要求进行抗震设计。

表 3.2.2 抗震设防烈度和设计基本地震加速度值的对应关系

抗震设防烈度	6	7	8	9
设计基本地震加速度值	$0.05g$	$0.10(0.15)g$	$0.20(0.30)g$	$0.40g$

注：g 为重力加速度。

3.2.3 地震影响的特征周期应根据建筑所在地的设计地震分组和场地类别确定。本规范的设计地震共分为三组，其特征周期应按本规范第 5 章的有关规定采用。

3.2.4 我国主要城镇（县级及县级以上城镇）中心地区的抗震设防烈度、设计基本地震加速度值和所属的设计地震分组，可按本规范附录 A 采用。

3.3 场地和地基

3.3.1 选择建筑场地时，应根据工程需要和地震活动情况、工程地质和地震地质的有关资料，对抗震有利、一般、不利和危险地段做出综合评价。对不利地段，应提出避开要求；当无法避开时应采取有效的措施。对危险地段，严禁建造甲、乙类的建筑，不应建造丙类的建筑。

3.3.2 建筑场地为 I 类时，对甲、乙类的建筑应允许仍按本地区抗震设防烈度的要求采取抗震构造措施；对丙类的建筑应允许按本地区抗震设防烈度降低一度的要求采取抗震构造措施，但抗震设防烈度为6度时仍应按本地区抗震设防烈度的要求采取抗震构造措施。

3.3.3 建筑场地为Ⅲ、Ⅳ类时，对设计基本地震加速度为 0.15g 和 0.30g 的地区，除本规范另有规定外，宜分别按抗震设防烈度 8 度（0.20g）和 9 度（0.40g）时各抗震设防类别建筑的要求采取抗震构造措施。

3.3.4 地基和基础设计应符合下列要求：

1 同一结构单元的基础不宜设置在性质截然不同的地基上；

2 同一结构单元不宜部分采用天然地基部分采用桩基；当采用不同基础类型或基础埋深显著不同时，应根据地震时两部分地基基础的沉降差异，在基础、上部结构的相关部位采取相应措施。

3 地基为软弱黏性土、液化土、新近填土或严重不均匀土时，应根据地震时地基不均匀沉降和其他不利影响，采取相应的措施。

3.3.5 山区建筑的场地和地基基础应符合下列要求：

1 山区建筑场地勘察应有边坡稳定性评价和防治方案建议；应根据地质、地形条件和使用要求，因地制宜设置符合抗震设防要求的边坡工程。

2 边坡设计应符合现行国家标准《建筑边坡工程技术规范》GB 50330 的要求；其稳定性验算时，有关的摩擦角应按设防烈度的高低相应修正。

3 边坡附近的建筑基础应进行抗震稳定性设计。建筑基础与土质、强风化岩质边坡的边缘应留有足够的距离，其值应根据设防烈度的高低确定，并采取措施避免地震时地基基础破坏。

3.4 建筑形体及其构件布置的规则性

3.4.1 建筑设计应根据抗震概念设计的要求明确建筑形体的规则性。不规则的建筑应按规定采取加强措施；特别不规则的建筑应进行专门研究和论证，采取特别的加强措施；严重不规则的建筑不应采用。

注：形体指建筑平面形状和立面、竖向剖面的变化。

3.4.2 建筑设计应重视其平面、立面和竖向剖面的规则性对抗震性能及经济合理性的影响，宜择优选用规则的形体，其抗侧力构件的平面布置宜规则对称、侧向刚度沿竖向宜均匀变化、竖向抗侧力构件的截面尺寸和材料强度宜自下而上逐渐减小、避免侧向刚度和承载力突变。

不规则建筑的抗震设计应符合本规范第 3.4.4 条的有关规定。

3.4.3 建筑形体及其构件布置的平面、竖向不规则性，应按下列要求划分：

1 混凝土房屋、钢结构房屋和钢-混凝土混合结构房屋存在表 3.4.3-1 所列举的某项平面不规则类型或表 3.4.3-2 所列举的某项竖向不规则类型以及类似

的不规则类型，应属于不规则的建筑。

表 3.4.3-1 平面不规则的主要类型

不规则类型	定义和参考指标
扭转不规则	在具有偶然偏心的规定水平力作用下，楼层两端抗侧力构件弹性水平位移（或层间位移）的最大值与平均值的比值大于 1.2
凹凸不规则	平面凹进的尺寸，大于相应投影方向总尺寸的 30%
楼板局部不连续	楼板的尺寸和平面刚度急剧变化，例如，有效楼板宽度小于该层楼板典型宽度的 50%，或开洞面积大于该层楼面面积的 30%，或较大的楼层错层

表 3.4.3-2 竖向不规则的主要类型

不规则类型	定义和参考指标
侧向刚度不规则	该层的侧向刚度小于相邻上一层的 70%，或小于其上相邻三个楼层侧向刚度平均值的 80%；除顶层或出屋面小建筑外，局部收进的水平向尺寸大于相邻下一层的 25%
竖向抗侧力构件不连续	竖向抗侧力构件（柱、抗震墙、抗震支撑）的内力由水平转换构件（梁、桁架等）向下传递
楼层承载力突变	抗侧力结构的层间受剪承载力小于相邻上一楼层的 80%

2 砌体房屋、单层工业厂房、单层空旷房屋、大跨屋盖建筑和地下建筑的平面和竖向不规则性的划分，应符合本规范有关章节的规定。

3 当存在多项不规则或某项不规则超过规定的参考指标较多时，应属于特别不规则的建筑。

3.4.4 建筑形体及其构件布置不规则时，应按下列要求进行地震作用计算和内力调整，并应对薄弱部位采取有效的抗震构造措施：

1 平面不规则而竖向规则的建筑，应采用空间结构计算模型，并应符合下列要求：

1) 扭转不规则时，应计入扭转影响，且在具有偶然偏心的规定水平力作用下，楼层两端抗侧力构件弹性水平位移或层间位移的最大值与平均值的比值不宜大于 1.5，当最大层间位移远小于规范限值时，可适当放宽；

2）凹凸不规则或楼板局部不连续时，应采用符合楼板平面内实际刚度变化的计算模型；高烈度或不规则程度较大时，宜计入楼板局部变形的影响；

3）平面不对称且凹凸不规则或局部不连续，可根据实际情况分块计算扭转位移比，对扭转较大的部位应采用局部的内力增大系数。

2 平面规则而竖向不规则的建筑，应采用空间结构计算模型，刚度小的楼层的地震剪力应乘以不小于1.15的增大系数，其薄弱层应按本规范有关规定进行弹塑性变形分析，并应符合下列要求：

1）竖向抗侧力构件不连续时，该构件传递给水平转换构件的地震内力应根据烈度高低和水平转换构件的类型、受力情况、几何尺寸等，乘以1.25～2.0的增大系数；

2）侧向刚度不规则时，相邻层的侧向刚度比应依据其结构类型符合本规范相关章节的规定；

3）楼层承载力突变时，薄弱层抗侧力结构的受剪承载力不应小于相邻上一楼层的65%。

3 平面不规则且竖向不规则的建筑，应根据不规则类型的数量和程度，有针对性地采取不低于本条1、2款要求的各项抗震措施。特别不规则的建筑，应经专门研究，采取更有效的加强措施或对薄弱部位采用相应的抗震性能化设计方法。

3.4.5 体型复杂、平立面不规则的建筑，应根据不规则程度、地基基础条件和技术经济等因素的比较分析，确定是否设置防震缝，并分别符合下列要求：

1 当不设置防震缝时，应采用符合实际的计算模型，分析判明其应力集中、变形集中或地震扭转效应等导致的易损部位，采取相应的加强措施。

2 当在适当部位设置防震缝时，宜形成多个较规则的抗侧力结构单元。防震缝应根据抗震设防烈度、结构材料种类、结构类型、结构单元的高度和高差以及可能的地震扭转效应的情况，留有足够的宽度，其两侧的上部结构应完全分开。

3 当设置伸缩缝和沉降缝时，其宽度应符合防震缝的要求。

3.5 结 构 体 系

3.5.1 结构体系应根据建筑的抗震设防类别、抗震设防烈度、建筑高度、场地条件、地基、结构材料和施工等因素，经技术、经济和使用条件综合比较确定。

3.5.2 结构体系应符合下列各项要求：

1 应具有明确的计算简图和合理的地震作用传递途径。

2 应避免因部分结构或构件破坏而导致整个结构丧失抗震能力或对重力荷载的承载能力。

3 应具备必要的抗震承载力，良好的变形能力和消耗地震能量的能力。

4 对可能出现的薄弱部位，应采取措施提高其抗震能力。

3.5.3 结构体系尚宜符合下列各项要求：

1 宜有多道抗震防线。

2 宜具有合理的刚度和承载力分布，避免因局部削弱或突变形成薄弱部位，产生过大的应力集中或塑性变形集中。

3 结构在两个主轴方向的动力特性宜相近。

3.5.4 结构构件应符合下列要求：

1 砌体结构应按规定设置钢筋混凝土圈梁和构造柱、芯柱，或采用约束砌体、配筋砌体等。

2 混凝土结构构件应控制截面尺寸和受力钢筋、箍筋的设置，防止剪切破坏先于弯曲破坏、混凝土的压溃先于钢筋的屈服、钢筋的锚固粘结破坏先于钢筋破坏。

3 预应力混凝土的构件，应配有足够的非预应力钢筋。

4 钢结构构件的尺寸应合理控制，避免局部失稳或整个构件失稳。

5 多、高层的混凝土楼、屋盖宜优先采用现浇混凝土板。当采用预制装配式混凝土楼、屋盖时，应从楼盖体系和构造上采取措施确保各预制板之间连接的整体性。

3.5.5 结构各构件之间的连接，应符合下列要求：

1 构件节点的破坏，不应先于其连接的构件。

2 预埋件的锚固破坏，不应先于连接件。

3 装配式结构构件的连接，应能保证结构的整体性。

4 预应力混凝土构件的预应力钢筋，宜在节点核心区以外锚固。

3.5.6 装配式单层厂房的各种抗震支撑系统，应保证地震时厂房的整体性和稳定性。

3.6 结 构 分 析

3.6.1 除本规范特别规定者外，建筑结构应进行多遇地震作用下的内力和变形分析，此时，可假定结构与构件处于弹性工作状态，内力和变形分析可采用线性静力方法或线性动力方法。

3.6.2 不规则且具有明显薄弱部位可能导致重大地震破坏的建筑结构，应按本规范有关规定进行罕遇地震作用下的弹塑性变形分析。此时，可根据结构特点采用静力弹塑性分析或弹塑性时程分析方法。

当本规范有具体规定时，尚可采用简化方法计算结构的弹塑性变形。

3.6.3 当结构在地震作用下的重力附加弯矩大于初

始弯矩的10%时，应计入重力二阶效应的影响。

>注：重力附加弯矩指任一楼层以上全部重力荷载与该楼层地震平均层间位移的乘积；初始弯矩指该楼层地震剪力与楼层层高的乘积。

3.6.4 结构抗震分析时，应按照楼、屋盖的平面形状和平面内变形情况确定为刚性、分块刚性、半刚性、局部弹性和柔性等的横隔板，再按抗侧力系统的布置确定抗侧力构件间的共同工作并进行各构件间的地震内力分析。

3.6.5 质量和侧向刚度分布接近对称且楼、屋盖可视为刚性横隔板的结构，以及本规范有关章节有具体规定的结构，可采用平面结构模型进行抗震分析。其他情况，应采用空间结构模型进行抗震分析。

3.6.6 利用计算机进行结构抗震分析，应符合下列要求：

　　1 计算模型的建立、必要的简化计算与处理，应符合结构的实际工作状况，计算中应考虑楼梯构件的影响。

　　2 计算软件的技术条件应符合本规范及有关标准的规定，并应阐明其特殊处理的内容和依据。

　　3 复杂结构在多遇地震作用下的内力和变形分析时，应采用不少于两个合适的不同力学模型，并对其计算结果进行分析比较。

　　4 所有计算机计算结果，应经分析判断确认其合理、有效后方可用于工程设计。

3.7 非结构构件

3.7.1 非结构构件，包括建筑非结构构件和建筑附属机电设备，自身及其与结构主体的连接，应进行抗震设计。

3.7.2 非结构构件的抗震设计，应由相关专业人员分别负责进行。

3.7.3 附着于楼、屋面结构上的非结构构件，以及楼梯间的非承重墙体，应与主体结构有可靠的连接或锚固，避免地震时倒塌伤人或砸坏重要设备。

3.7.4 框架结构的围护墙和隔墙，应估计其设置对结构抗震的不利影响，避免不合理设置而导致主体结构的破坏。

3.7.5 幕墙、装饰贴面与主体结构应有可靠连接，避免地震时脱落伤人。

3.7.6 安装在建筑上的附属机械、电气设备系统的支座和连接，应符合地震时使用功能的要求，且不应导致相关部件的损坏。

3.8 隔震与消能减震设计

3.8.1 隔震与消能减震设计，可用于对抗震安全性和使用功能有较高要求或专门要求的建筑。

3.8.2 采用隔震或消能减震设计的建筑，当遭遇到本地区的多遇地震影响、设防地震影响和罕遇地震影响时，可按高于本规范第1.0.1条的基本设防目标进行设计。

3.9 结构材料与施工

3.9.1 抗震结构对材料和施工质量的特别要求，应在设计文件上注明。

3.9.2 结构材料性能指标，应符合下列最低要求：

　　1 砌体结构材料应符合下列规定：

　　　　1）普通砖和多孔砖的强度等级不应低于MU10，其砌筑砂浆强度等级不应低于M5；

　　　　2）混凝土小型空心砌块的强度等级不应低于MU7.5，其砌筑砂浆强度等级不应低于Mb7.5。

　　2 混凝土结构材料应符合下列规定：

　　　　1）混凝土的强度等级，框支梁、框支柱及抗震等级为一级的框架梁、柱、节点核芯区，不应低于C30；构造柱、芯柱、圈梁及其他各类构件不应低于C20；

　　　　2）抗震等级为一、二、三级的框架和斜撑构件（含梯段），其纵向受力钢筋采用普通钢筋时，钢筋的抗拉强度实测值与屈服强度实测值的比值不应小于1.25；钢筋的屈服强度实测值与屈服强度标准值的比值不应大于1.3，且钢筋在最大拉力下的总伸长率实测值不应小于9%。

　　3 钢结构的钢材应符合下列规定：

　　　　1）钢材的屈服强度实测值与抗拉强度实测值的比值不应大于0.85；

　　　　2）钢材应有明显的屈服台阶，且伸长率不应小于20%；

　　　　3）钢材应有良好的焊接性和合格的冲击韧性。

3.9.3 结构材料性能指标，尚宜符合下列要求：

　　1 普通钢筋宜优先采用延性、韧性和焊接性较好的钢筋；普通钢筋的强度等级，纵向受力钢筋宜选用符合抗震性能指标的不低于HRB400级的热轧钢筋，也可采用符合抗震性能指标的HRB335级热轧钢筋；箍筋宜选用符合抗震性能指标的不低于HRB335级的热轧钢筋，也可选用HPB300级热轧钢筋。

>注：钢筋的检验方法应符合现行国家标准《混凝土结构工程施工质量验收规范》GB 50204的规定。

　　2 混凝土结构的混凝土强度等级，抗震墙不宜超过C60，其他构件，9度时不宜超过C60，8度时不宜超过C70。

　　3 钢结构的钢材宜采用Q235等级B、C、D的碳素结构钢及Q345等级B、C、D、E的低合金高强度结构钢；当有可靠依据时，尚可采用其他钢种和钢号。

3.9.4 在施工中，当需要以强度等级较高的钢筋替代原设计中的纵向受力钢筋时，应按照钢筋受拉承载力设计值相等的原则换算，并应满足最小配筋率要求。

3.9.5 采用焊接连接的钢结构，当接头的焊接拘束度较大、钢板厚度不小于 40mm 且承受沿板厚方向的拉力时，钢板厚度方向截面收缩率不应小于国家标准《厚度方向性能钢板》GB/T 5313关于 Z15 级规定的容许值。

3.9.6 钢筋混凝土构造柱和底部框架-抗震墙房屋中的砌体抗震墙，其施工应先砌墙后浇构造柱和框架梁柱。

3.9.7 混凝土墙体、框架柱的水平施工缝，应采取措施加强混凝土的结合性能。对于抗震等级一级的墙体和转换层楼板与落地混凝土墙体的交接处，宜验算水平施工缝截面的受剪承载力。

3.10 建筑抗震性能化设计

3.10.1 当建筑结构采用抗震性能化设计时，应根据其抗震设防类别、设防烈度、场地条件、结构类型和不规则性，建筑使用功能和附属设施功能的要求、投资大小、震后损失和修复难易程度等，对选定的抗震性能目标提出技术和经济可行性综合分析和论证。

3.10.2 建筑结构的抗震性能化设计，应根据实际需要和可能，具有针对性：可分别选定针对整个结构、结构的局部部位或关键部位、结构的关键部件、重要构件、次要构件以及建筑构件和机电设备支座的性能目标。

3.10.3 建筑结构的抗震性能化设计应符合下列要求：

1 选定地震动水准。对设计使用年限 50 年的结构，可选用本规范的多遇地震、设防地震和罕遇地震的地震作用，其中，设防地震的加速度应按本规范表 3.2.2 的设计基本地震加速度采用，设防地震的地震影响系数最大值，6 度、7 度（0.10g）、7 度（0.15g）、8 度（0.20g）、8 度（0.30g）、9 度可分别采用 0.12、0.23、0.34、0.45、0.68 和 0.90。对设计使用年限超过 50 年的结构，宜考虑实际需要和可能，经专门研究后对地震作用作适当调整。对处于发震断裂两侧 10km 以内的结构，地震动参数应计入近场影响，5km 以内宜乘以增大系数 1.5，5km 以外宜乘以不小于 1.25 的增大系数。

2 选定性能目标，即对应于不同地震动水准的预期损坏状态或使用功能，应不低于本规范第 1.0.1 条对基本设防目标的规定。

3 选定性能设计指标。设计应选定分别提高结构或其关键部位的抗震承载力、变形能力或同时提高抗震承载力和变形能力的具体指标，尚应计及不同水准地震作用取值的不确定性而留有余地。设计宜确定在不同地震动水准下结构不同部位的水平和竖向构件承载力的要求（含不发生脆性剪切破坏、形成塑性铰、达到屈服值或保持弹性等）；宜选择在不同地震动水准下结构不同部位的预期弹性或弹塑性变形状

态，以及相应的构件延性构造的高、中或低要求。当构件的承载力明显提高时，相应的延性构造可适当降低。

3.10.4 建筑结构的抗震性能化设计的计算应符合下列要求：

1 分析模型应正确、合理地反映地震作用的传递途径和楼盖在不同地震动水准下是否整体或分块处于弹性工作状态。

2 弹性分析可采用线性方法，弹塑性分析可根据性能目标所预期的结构弹塑性状态，分别采用增加阻尼的等效线性化方法以及静力或动力非线性分析方法。

3 结构非线性分析模型相对于弹性分析模型可有所简化，但二者在多遇地震下的线性分析结果应基本一致；应计入重力二阶效应、合理确定弹塑性参数，应依据构件的实际截面、配筋等计算承载力，可通过与理想弹性假定计算结果的对比分析，着重发现构件可能破坏的部位及其弹塑性变形程度。

3.10.5 结构及其构件抗震性能化设计的参考目标和计算方法，可按本规范附录 M 第 M.1 节的规定采用。

3.11 建筑物地震反应观测系统

3.11.1 抗震设防烈度为 7、8、9 度时，高度分别超过 160m、120m、80m 的大型公共建筑，应按规定设置建筑结构的地震反应观测系统，建筑设计应留有观测仪器和线路的位置。

4 场地、地基和基础

4.1 场 地

4.1.1 选择建筑场地时，应按表 4.1.1 划分对建筑抗震有利、一般、不利和危险的地段。

表 4.1.1 有利、一般、不利和危险地段的划分

地段类别	地质、地形、地貌
有利地段	稳定基岩，坚硬土，开阔、平坦、密实、均匀的中硬土等
一般地段	不属于有利、不利和危险的地段
不利地段	软弱土，液化土，条状突出的山嘴，高耸孤立的山丘，陡坡，陡坎，河岸和边坡的边缘，平面分布上成因、岩性、状态明显不均匀的土层（含故河道、疏松的断层破碎带、暗埋的塘浜沟谷和半填半挖地基），高含水量的可塑黄土，地表存在结构性裂缝等
危险地段	地震时可能发生滑坡、崩塌、地陷、地裂、泥石流等及发震断裂带上可能发生地表位错的部位

4.1.2 建筑场地的类别划分，应以土层等效剪切波速和场地覆盖层厚度为准。

4.1.3 土层剪切波速的测量，应符合下列要求：

1 在场地初步勘察阶段，对大面积的同一地质单元，测试土层剪切波速的钻孔数量不宜少于3个。

2 在场地详细勘察阶段，对单幢建筑，测试土层剪切波速的钻孔数量不宜少于2个，测试数据变化较大时，可适量增加；对小区中处于同一地质单元内的密集建筑群，测试土层剪切波速的钻孔数量可适量减少，但每幢高层建筑和大跨空间结构的钻孔数量均不得少于1个。

3 对丁类建筑及丙类建筑中层数不超过10层、高度不超过24m的多层建筑，当无实测剪切波速时，可根据岩土名称和性状，按表4.1.3划分土的类型，再利用当地经验在表4.1.3的剪切波速范围内估算各土层的剪切波速。

表4.1.3 土的类型划分和剪切波速范围

土的类型	岩土名称和性状	土层剪切波速范围（m/s）
岩石	坚硬、较硬且完整的岩石	$v_s > 800$
坚硬土或软质岩石	破碎和较破碎的岩石或软和较软的岩石，密实的碎石土	$800 \geqslant v_s > 500$
中硬土	中密、稍密的碎石土，密实、中密的砾、粗、中砂，$f_{ak} > 150$ 的黏性土和粉土，坚硬黄土	$500 \geqslant v_s > 250$
中软土	稍密的砾、粗、中砂，除松散外的细、粉砂，$f_{ak} \leqslant 150$ 的黏性土和粉土，$f_{ak} > 130$ 的填土，可塑新黄土	$250 \geqslant v_s > 150$
软弱土	淤泥和淤泥质土，松散的砂，新近沉积的黏性土和粉土，$f_{ak} \leqslant 130$ 的填土，流塑黄土	$v_s \leqslant 150$

注：f_{ak} 为由载荷试验等方法得到的地基承载力特征值（kPa）；v_s 为岩土剪切波速。

4.1.4 建筑场地覆盖层厚度的确定，应符合下列要求：

1 一般情况下，应按地面至剪切波速大于500m/s且其下卧各层岩土的剪切波速均不小于500m/s的土层顶面的距离确定。

2 当地面5m以下存在剪切波速大于其上部各土层剪切波速2.5倍的土层，且该层及其下卧各层岩土的剪切波速均不小于400m/s时，可按地面至该土

层顶面的距离确定。

3 剪切波速大于500m/s的孤石、透镜体，应视同周围土层。

4 土层中的火山岩硬夹层，应视为刚体，其厚度应从覆盖土层中扣除。

4.1.5 土层的等效剪切波速，应按下列公式计算：

$$v_{se} = d_0/t \qquad (4.1.5\text{-}1)$$

$$t = \sum_{i=1}^{n}(d_i/v_{si}) \qquad (4.1.5\text{-}2)$$

式中：v_{se}——土层等效剪切波速（m/s）；

d_0——计算深度（m），取覆盖层厚度和20m两者的较小值；

t——剪切波在地面至计算深度之间的传播时间；

d_i——计算深度范围内第 i 土层的厚度（m）；

v_{si}——计算深度范围内第 i 土层的剪切波速（m/s）；

n——计算深度范围内土层的分层数。

4.1.6 建筑的场地类别，应根据土层等效剪切波速和场地覆盖层厚度按表4.1.6划分为四类，其中Ⅰ类分为Ⅰ₀、Ⅰ₁两个亚类。当有可靠的剪切波速和覆盖层厚度且其值处于表4.1.6所列场地类别的分界线附近时，应允许按插值方法确定地震作用计算所用的特征周期。

表4.1.6 各类建筑场地的覆盖层厚度（m）

岩石的剪切波速或土的等效剪切波速（m/s）	场 地 类 别				
	Ⅰ₀	Ⅰ₁	Ⅱ	Ⅲ	Ⅳ
$v_s > 800$	0				
$800 \geqslant v_s > 500$		0			
$500 \geqslant v_{se} > 250$		<5	≥5		
$250 \geqslant v_{se} > 150$		<3	3～50	>50	
$v_{se} \leqslant 150$		<3	3～15	15～80	>80

注：表中 v_s 系岩石的剪切波速。

4.1.7 场地内存在发震断裂时，应对断裂的工程影响进行评价，并应符合下列要求：

1 对符合下列规定之一的情况，可忽略发震断裂错动对地面建筑的影响：

1）抗震设防烈度小于8度；

2）非全新世活动断裂；

3）抗震设防烈度为8度和9度时，隐伏断裂的土层覆盖厚度分别大于60m和90m。

2 对不符合本条1款规定的情况，应避开主断裂带。其避让距离不宜小于表4.1.7对发震断裂最小避让距离的规定。在避让距离的范围内确有需要建造分散的、低于三层的丙、丁类建筑时，应按提高一度采取抗震措施，并提高基础和上部结构的整体性，且不得跨越断层线。

表 4.1.7 发震断裂的最小避让距离（m）

烈　度	建筑抗震设防类别			
	甲	乙	丙	丁
8	专门研究	200m	100m	—
9	专门研究	400m	200m	—

4.1.8 当需要在条状突出的山嘴、高耸孤立的山丘、非岩石和强风化岩石的陡坡、河岸和边坡边缘等不利地段建造丙类及丙类以上建筑时，除保证其在地震作用下的稳定性外，尚应估计不利地段对设计地震动参数可能产生的放大作用，其水平地震影响系数最大值应乘以增大系数。其值应根据不利地段的具体情况确定，在 1.1～1.6 范围内采用。

4.1.9 场地岩土工程勘察，应根据实际需要划分的对建筑有利、一般、不利和危险的地段，提供建筑的场地类别和岩土地震稳定性（含滑坡、崩塌、液化和震陷特性）评价，对需要采用时程分析法补充计算的建筑，尚应根据设计要求提供土层剖面、场地覆盖层厚度和有关的动力参数。

4.2 天然地基和基础

4.2.1 下列建筑可不进行天然地基及基础的抗震承载力验算：

　　1 本规范规定可不进行上部结构抗震验算的建筑。

　　2 地基主要受力层范围内不存在软弱黏性土层的下列建筑：

　　　　1）一般的单层厂房和单层空旷房屋；

　　　　2）砌体房屋；

　　　　3）不超过 8 层且高度在 24m 以下的一般民用框架和框架-抗震墙房屋；

　　　　4）基础荷载与 3）项相当的多层框架厂房和多层混凝土抗震墙房屋。

　　注：软弱黏性土层指 7 度、8 度和 9 度时，地基承载力特征值分别小于 80、100 和 120kPa 的土层。

4.2.2 天然地基基础抗震验算时，应采用地震作用效应标准组合，且地基抗震承载力应取地基承载力特征值乘以地基抗震承载力调整系数计算。

4.2.3 地基抗震承载力应按下式计算：

$$f_{aE} = \zeta_a f_a \qquad (4.2.3)$$

式中：f_{aE}——调整后的地基抗震承载力；

　　　　ζ_a——地基抗震承载力调整系数，应按表 4.2.3 采用；

　　　　f_a——深宽修正后的地基承载力特征值，应按现行国家标准《建筑地基基础设计规范》GB 50007 采用。

表 4.2.3　地基抗震承载力调整系数

岩土名称和性状	ζ_a
岩石，密实的碎石土，密实的砾、粗、中砂，$f_{ak} \geqslant 300$ 的黏性土和粉土	1.5
中密、稍密的碎石土，中密和稍密的砾、粗、中砂，密实和中密的细、粉砂，$150kPa \leqslant f_{ak} < 300kPa$ 的黏性土和粉土，坚硬黄土	1.3
稍密的细、粉砂，$100kPa \leqslant f_{ak} < 150kPa$ 的黏性土和粉土，可塑黄土	1.1
淤泥，淤泥质土，松散的砂，杂填土，新近堆积黄土及流塑黄土	1.0

4.2.4 验算天然地基地震作用下的竖向承载力时，按地震作用效应标准组合的基础底面平均压力和边缘最大压力应符合下列各式要求：

$$p \leqslant f_{aE} \qquad (4.2.4-1)$$
$$p_{max} \leqslant 1.2 f_{aE} \qquad (4.2.4-2)$$

式中：p——地震作用效应标准组合的基础底面平均压力；

　　　　p_{max}——地震作用效应标准组合的基础边缘的最大压力。

高宽比大于 4 的高层建筑，在地震作用下基础底面不宜出现脱离区（零应力区）；其他建筑，基础底面与地基土之间脱离区（零应力区）面积不应超过基础底面面积的 15%。

4.3 液化土和软土地基

4.3.1 饱和砂土和饱和粉土（不含黄土）的液化判别和地基处理，6 度时，一般情况下可不进行判别和处理，但对液化沉陷敏感的乙类建筑可按 7 度的要求进行判别和处理，7～9 度时，乙类建筑可按本地区抗震设防烈度的要求进行判别和处理。

4.3.2 地面下存在饱和砂土和饱和粉土时，除 6 度外，应进行液化判别；存在液化土层的地基，应根据建筑的抗震设防类别、地基的液化等级，结合具体情况采取相应的措施。

　　注：本条饱和土液化判别要求不含黄土、粉质黏土。

4.3.3 饱和的砂土或粉土（不含黄土），当符合下列条件之一时，可初步判别为不液化或可不考虑液化影响：

　　1 地质年代为第四纪晚更新世（Q_3）及其以前时，7、8 度时可判为不液化。

　　2 粉土的黏粒（粒径小于 0.005mm 的颗粒）含量百分率，7 度、8 度和 9 度分别不小于 10、13 和 16 时，可判为不液化土。

　　注：用于液化判别的黏粒含量系采用六偏磷酸钠作分散剂测定，采用其他方法时应按有关规定换算。

3 浅埋天然地基的建筑，当上覆非液化土层厚度和地下水位深度符合下列条件之一时，可不考虑液化影响：

$$d_u > d_0 + d_b - 2 \quad (4.3.3-1)$$
$$d_w > d_0 + d_b - 3 \quad (4.3.3-2)$$
$$d_u + d_w > 1.5d_0 + 2d_b - 4.5 \quad (4.3.3-3)$$

式中：d_w——地下水位深度（m），宜按设计基准期内年平均最高水位采用，也可按近期内年最高水位采用；

d_u——上覆盖非液化土层厚度（m），计算时宜将淤泥和淤泥质土层扣除；

d_b——基础埋置深度（m），不超过2m时应采用2m；

d_0——液化土特征深度（m），可按表4.3.3采用。

表 4.3.3　液化土特征深度（m）

饱和土类别	7度	8度	9度
粉土	6	7	8
砂土	7	8	9

注：当区域的地下水位处于变动状态时，应按不利的情况考虑。

4.3.4 当饱和砂土、粉土的初步判别认为需进一步进行液化判别时，应采用标准贯入试验判别法判别地面下20m范围内土的液化；但对本规范第4.2.1条规定可不进行天然地基及基础的抗震承载力验算的各类建筑，可只判别地面下15m范围内土的液化。当饱和土标准贯入锤击数（未经杆长修正）小于或等于液化判别标准贯入锤击数临界值时，应判为液化土。当有成熟经验时，尚可采用其他判别方法。

在地面下20m深度范围内，液化判别标准贯入锤击数临界值可按下式计算：

$$N_{cr} = N_0 \beta \left[\ln(0.6d_s + 1.5) - 0.1d_w \right] \sqrt{3/\rho_c}$$
$$(4.3.4)$$

式中：N_{cr}——液化判别标准贯入锤击数临界值；

N_0——液化判别标准贯入锤击数基准值，可按表4.3.4采用；

d_s——饱和土标准贯入点深度（m）；

d_w——地下水位（m）；

ρ_c——黏粒含量百分率，当小于3或为砂土时，应采用3；

β——调整系数，设计地震第一组取0.80，第二组取0.95，第三组取1.05。

表 4.3.4　液化判别标准贯入锤击数基准值 N_0

设计基本地震加速度（g）	0.10	0.15	0.20	0.30	0.40
液化判别标准贯入锤击数基准值	7	10	12	16	19

4.3.5 对存在液化砂土层、粉土层的地基，应探明各液化土层的深度和厚度，按下式计算每个钻孔的液化指数，并按表4.3.5综合划分地基的液化等级：

$$I_{lE} = \sum_{i=1}^{n} \left[1 - \frac{N_i}{N_{cri}} \right] d_i W_i \quad (4.3.5)$$

式中：I_{lE}——液化指数；

n——在判别深度范围内每一个钻孔标准贯入试验点的总数；

N_i、N_{cri}——分别为i点标准贯入锤击数的实测值和临界值，当实测值大于临界值时应取临界值；当只需要判别15m范围以内的液化时，15m以下的实测值可按临界值采用；

d_i——i点所代表的土层厚度（m），可采用与该标准贯入试验点相邻的上、下两标准贯入试验点深度差的一半，但上界不高于地下水位深度，下界不深于液化深度；

W_i——i土层单位土层厚度的层位影响权函数值（单位为m^{-1}）。当该层中点深度不大于5m时应采用10，等于20m时应采用零值，5～20m时应按线性内插法取值。

表 4.3.5　液化等级与液化指数的对应关系

液化等级	轻微	中等	严重
液化指数 I_{lE}	$0 < I_{lE} \leqslant 6$	$6 < I_{lE} \leqslant 18$	$I_{lE} > 18$

4.3.6 当液化砂土层、粉土层较平坦且均匀时，宜按表4.3.6选用地基抗液化措施；尚可计入上部结构重力荷载对液化危害的影响，根据液化震陷量的估计适当调整抗液化措施。

不宜将未经处理的液化土层作为天然地基持力层。

表 4.3.6　抗液化措施

建筑抗震设防类别	地基的液化等级		
	轻微	中等	严重
乙类	部分消除液化沉陷，或对基础和上部结构处理	全部消除液化沉陷，或部分消除液化沉陷且对基础和上部结构处理	全部消除液化沉陷
丙类	基础和上部结构处理，亦可不采取措施	基础和上部结构处理，或更高要求的措施	全部消除液化沉陷，或部分消除液化沉陷且对基础和上部结构处理

续表4.3.6

建筑抗震设防类别	地基的液化等级		
	轻微	中等	严重
丁类	可不采取措施	可不采取措施	基础和上部结构处理，或其他经济的措施

注：甲类建筑的地基抗液化措施应进行专门研究，但不宜低于乙类的相应要求。

4.3.7 全部消除地基液化沉陷的措施，应符合下列要求：

1 采用桩基时，桩端伸入液化深度以下稳定土层中的长度（不包括桩尖部分），应按计算确定，且对碎石土，砾、粗、中砂，坚硬黏性土和密实粉土尚不应小于0.8m，对其他非岩石土尚不宜小于1.5m。

2 采用深基础时，基础底面应埋入液化深度以下的稳定土层中，其深度不应小于0.5m。

3 采用加密法（如振冲、振动加密、挤密碎石桩、强夯等）加固时，应处理至液化深度下界；振冲或挤密碎石桩加固后，桩间土的标准贯入锤击数不宜小于本规范第4.3.4条规定的液化判别标准贯入锤击数临界值。

4 用非液化土替换全部液化土层，或增加上覆非液化土层的厚度。

5 采用加密法或换土法处理时，在基础边缘以外的处理宽度，应超过基础底面下处理深度的1/2且不小于基础宽度的1/5。

4.3.8 部分消除地基液化沉陷的措施，应符合下列要求：

1 处理深度应使处理后的地基液化指数减少，其值不宜大于5；大面积筏基、箱基的中心区域，处理后的液化指数可比上述规定降低1；对独立基础和条形基础，尚不应小于基础底面下液化土特征深度和基础宽度的较大值。

注：中心区域指位于基础外边界以内沿长宽方向距外边界大于相应方向1/4长度的区域。

2 采用振冲或挤密碎石桩加固后，桩间土的标准贯入锤击数不宜小于按本规范第4.3.4条规定的液化判别标准贯入锤击数临界值。

3 基础边缘以外的处理宽度，应符合本规范第4.3.7条5款的要求。

4 采取减小液化震陷的其他方法，如增厚上覆非液化土层的厚度和改善周边的排水条件等。

4.3.9 减轻液化影响的基础和上部结构处理，可综合采用下列各项措施：

1 选择合适的基础埋置深度。

2 调整基础底面积，减少基础偏心。

3 加强基础的整体性和刚度，如采用箱基、筏基或钢筋混凝土交叉条形基础，加设基础圈梁等。

4 减轻荷载，增强上部结构的整体刚度和均匀对称性，合理设置沉降缝，避免采用对不均匀沉降敏感的结构形式等。

5 管道穿过建筑处应预留足够尺寸或采用柔性接头等。

4.3.10 在故河道以及临近河岸、海岸和边坡等有液化侧向扩展或流滑可能的地段内不宜修建永久性建筑，否则应进行抗滑动验算、采取防土体滑动措施或结构抗裂措施。

4.3.11 地基中软弱黏性土层的震陷判别，可采用下列方法。饱和粉质黏土震陷的危害性和抗震陷措施应根据沉降和横向变形大小等因素综合研究确定，8度（0.30g）和9度时，当塑性指数小于15且符合下式规定的饱和粉质黏土可判为震陷性软土：

$$W_S \geqslant 0.9W_L \qquad (4.3.11-1)$$
$$I_L \geqslant 0.75 \qquad (4.3.11-2)$$

式中：W_S——天然含水量；

W_L——液限含水量，采用液、塑限联合测定法测定；

I_L——液性指数。

4.3.12 地基主要受力层范围内存在软弱黏性土层和高含水量的可塑性黄土时，应结合具体情况综合考虑，采用桩基、地基加固处理或本规范第4.3.9条的各项措施，也可根据软土震陷量的估计，采取相应措施。

4.4 桩 基

4.4.1 承受竖向荷载为主的低承台桩基，当地面下无液化土层，且桩承台周围无淤泥、淤泥质土和地基承载力特征值不大于100kPa的填土时，下列建筑可不进行桩基抗震承载力验算：

1 6度～8度时的下列建筑：

1）一般的单层厂房和单层空旷房屋；

2）不超过8层且高度在24m以下的一般民用框架房屋和框架-抗震墙房屋；

3）基础荷载与2）项相当的多层框架厂房和多层混凝土抗震墙房屋。

2 本规范第4.2.1条之1款规定的建筑及砌体房屋。

4.4.2 非液化土中低承台桩基的抗震验算，应符合下列规定：

1 单桩的竖向和水平向抗震承载力特征值，可均比非抗震设计时提高25%。

2 当承台周围的回填土夯实至干密度不小于现行国家标准《建筑地基基础设计规范》GB 50007对填土的要求时，可由承台正面填土与桩共同承担水平地震作用；但不应计入承台底面与地基土间的摩擦力。

4.4.3 存在液化土层的低承台桩基抗震验算，应符合下列规定：

1 承台埋深较浅时，不宜计入承台周围土的抗力或刚性地坪对水平地震作用的分担作用。

2 当桩承台底面上、下分别有厚度不小于1.5m、1.0m的非液化土层或非软弱土层时，可按下列二种情况进行桩的抗震验算，并按不利情况设计：

1）桩承受全部地震作用，桩承载力按本规范第4.4.2条取用，液化土的桩周摩阻力及桩水平抗力均应乘以表4.4.3的折减系数。

表4.4.3　土层液化影响折减系数

实际标贯锤击数/临界标贯锤击数	深度 d_s（m）	折减系数
≤0.6	$d_s \leq 10$	0
	$10 < d_s \leq 20$	1/3
>0.6~0.8	$d_s \leq 10$	1/3
	$10 < d_s \leq 20$	2/3
>0.8~1.0	$d_s \leq 10$	2/3
	$10 < d_s \leq 20$	1

2）地震作用按水平地震影响系数最大值的10%采用，桩承载力仍按本规范第4.4.2条1款取用，但应扣除液化土层的全部摩阻力及桩承台下2m深度范围内非液化土的桩周摩阻力。

3 打入式预制桩及其他挤土桩，当平均桩距为2.5~4倍桩径且桩数不少于5×5时，可计入打桩对土的加密作用及桩身对液化土变形限制的有利影响。当打桩后桩间土的标准贯入锤击数值达到不液化的要求时，单桩承载力可不折减，但对桩尖持力层强度校核时，桩群外侧的应力扩散角应取为零。打桩后桩间土的标准贯入锤击数宜由试验确定，也可按下式计算：

$$N_1 = N_p + 100\rho(1 - e^{-0.3N_p}) \quad (4.4.3)$$

式中：N_1——打桩后的标准贯入锤击数；

ρ——打入式预制桩的面积置换率；

N_p——打桩前的标准贯入锤击数。

4.4.4 处于液化土中的桩基承台周围，宜用密实干土填筑夯实，若用砂土或粉土则应使土层的标准贯入锤击数不小于本规范第4.3.4条规定的液化判别标准贯入锤击数临界值。

4.4.5 液化土和震陷软土中桩的配筋范围，应自桩顶至液化深度以下符合全部消除液化沉陷所要求的深度，其纵向钢筋应与桩顶部相同，箍筋应加粗和加密。

4.4.6 在有液化侧向扩展的地段，桩基除应满足本节中的其他规定外，尚应考虑土流动时的侧向作用力，且承受侧向推力的面积应按边桩外缘间的宽度

计算。

5 地震作用和结构抗震验算

5.1 一般规定

5.1.1 各类建筑结构的地震作用，应符合下列规定：

1 一般情况下，应至少在建筑结构的两个主轴方向分别计算水平地震作用，各方向的水平地震作用应由该方向抗侧力构件承担。

2 有斜交抗侧力构件的结构，当相交角度大于15°时，应分别计算各抗侧力构件方向的水平地震作用。

3 质量和刚度分布明显不对称的结构，应计入双向水平地震作用下的扭转影响；其他情况，应允许采用调整地震作用效应的方法计入扭转影响。

4 8、9度时的大跨度和长悬臂结构及9度时的高层建筑，应计算竖向地震作用。

注：8、9度时采用隔震设计的建筑结构，应按有关规定计算竖向地震作用。

5.1.2 各类建筑结构的抗震计算，应采用下列方法：

1 高度不超过40m、以剪切变形为主且质量和刚度沿高度分布比较均匀的结构，以及近似于单质点体系的结构，可采用底部剪力法等简化方法。

2 除1款外的建筑结构，宜采用振型分解反应谱法。

3 特别不规则的建筑、甲类建筑和表5.1.2-1所列高度范围的高层建筑，应采用时程分析法进行多遇地震下的补充计算；当取三组加速度时程曲线输入时，计算结果宜取时程法的包络值和振型分解反应谱法的较大值；当取七组及七组以上的时程曲线时，计算结果可取时程法的平均值和振型分解反应谱法的较大值。

采用时程分析法时，应按建筑场地类别和设计地震分组选用实际强震记录和人工模拟的加速度时程曲线，其中实际强震记录的数量不应少于总数的2/3，多组时程曲线的平均地震影响系数曲线应与振型分解反应谱法所采用的地震影响系数曲线在统计意义上相符，其加速度时程的最大值可按表5.1.2-2采用。弹性时程分析时，每条时程曲线计算所得结构底部剪力不应小于振型分解反应谱法计算结果的65%，多条时程曲线计算所得结构底部剪力的平均值不应小于振型分解反应谱法计算结果的80%。

表5.1.2-1　采用时程分析的房屋高度范围

烈度、场地类别	房屋高度范围（m）
8度Ⅰ、Ⅱ类场地和7度	>100
8度Ⅲ、Ⅳ类场地	>80
9度	>60

表 5.1.2-2　时程分析所用地震加速度
时程的最大值（cm/s²）

地震影响	6 度	7 度	8 度	9 度
多遇地震	18	35(55)	70(110)	140
罕遇地震	125	220(310)	400(510)	620

注：括号内数值分别用于设计基本地震加速度为 0.15g 和 0.30g 的地区。

4　计算罕遇地震下结构的变形，应按本规范第 5.5 节规定，采用简化的弹塑性分析方法或弹塑性时程分析法。

5　平面投影尺度很大的空间结构，应根据结构形式和支承条件，分别按单点一致、多点、多向单点或多向多点输入进行抗震计算。按多点输入计算时，应考虑地震行波效应和局部场地效应。6 度和 7 度 Ⅰ、Ⅱ 类场地的支承结构、上部结构和基础的抗震验算可采用简化方法，根据结构跨度、长度不同，其短边构件可乘以附加地震作用效应系数 1.15～1.30；7 度 Ⅲ、Ⅳ 类场地和 8、9 度时，应采用时程分析方法进行抗震验算。

6　建筑结构的隔震和消能减震设计，应采用本规范第 12 章规定的计算方法。

7　地下建筑结构应采用本规范第 14 章规定的计算方法。

5.1.3　计算地震作用时，建筑的重力荷载代表值应取结构和构配件自重标准值和各可变荷载组合值之和。各可变荷载的组合值系数，应按表 5.1.3 采用。

表 5.1.3　组合值系数

可变荷载种类		组合值系数
雪荷载		0.5
屋面积灰荷载		0.5
屋面活荷载		不计入
按实际情况计算的楼面活荷载		1.0
按等效均布荷载计算的楼面活荷载	藏书库、档案库	0.8
	其他民用建筑	0.5
起重机悬吊物重力	硬钩吊车	0.3
	软钩吊车	不计入

注：硬钩吊车的吊重较大时，组合值系数应按实际情况采用。

5.1.4　建筑结构的地震影响系数应根据烈度、场地类别、设计地震分组和结构自振周期以及阻尼比确定。其水平地震影响系数最大值应按表 5.1.4-1 采用；特征周期应根据场地类别和设计地震分组按表 5.1.4-2 采用，计算罕遇地震作用时，特征周期应增加 0.05s。

注：周期大于 6.0s 的建筑结构所用的地震影响系数应专门研究。

表 5.1.4-1　水平地震影响系数最大值

地震影响	6 度	7 度	8 度	9 度
多遇地震	0.04	0.08(0.12)	0.16(0.24)	0.32
罕遇地震	0.28	0.50(0.72)	0.90(1.20)	1.40

注：括号中数值分别用于设计基本地震加速度为 0.15g 和 0.30g 的地区。

表 5.1.4-2　特征周期值(s)

设计地震分组	场　地　类　别				
	Ⅰ₀	Ⅰ₁	Ⅱ	Ⅲ	Ⅳ
第一组	0.20	0.25	0.35	0.45	0.65
第二组	0.25	0.30	0.40	0.55	0.75
第三组	0.30	0.35	0.45	0.65	0.90

5.1.5　建筑结构地震影响系数曲线（图 5.1.5）的阻尼调整和形状参数应符合下列要求：

1　除有专门规定外，建筑结构的阻尼比应取 0.05，地震影响系数曲线的阻尼调整系数应按 1.0 采用，形状参数应符合下列规定：

1）直线上升段，周期小于 0.1s 的区段。

2）水平段，自 0.1s 至特征周期区段，应取最大值（α_{max}）。

3）曲线下降段，自特征周期至 5 倍特征周期区段，衰减指数应取 0.9。

4）直线下降段，自 5 倍特征周期至 6s 区段，下降斜率调整系数应取 0.02。

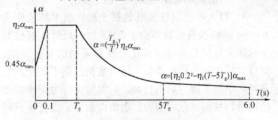

图 5.1.5　地震影响系数曲线
α—地震影响系数；α_{max}—地震影响系数最大值；
η_1—直线下降段的下降斜率调整系数；γ—衰减指数；
T_g—特征周期；η_2—阻尼调整系数；T—结构自振周期

2　当建筑结构的阻尼比按有关规定不等于 0.05 时，地震影响系数曲线的阻尼调整系数和形状参数应符合下列规定：

1）曲线下降段的衰减指数应按下式确定：

$$\gamma = 0.9 + \frac{0.05 - \zeta}{0.3 + 6\zeta} \qquad (5.1.5-1)$$

式中：γ——曲线下降段的衰减指数；
　　　ζ——阻尼比。

2）直线下降段的下降斜率调整系数应按下式确定：

$$\eta_1 = 0.02 + \frac{0.05 - \zeta}{4 + 32\zeta} \qquad (5.1.5-2)$$

式中：η_1——直线下降段的下降斜率调整系数，小于 0 时取 0。

3）阻尼调整系数应按下式确定：

$$\eta_2 = 1 + \frac{0.05 - \zeta}{0.08 + 1.6\zeta} \quad (5.1.5-3)$$

式中：η_2——阻尼调整系数，当小于 0.55 时，应取 0.55。

5.1.6 结构的截面抗震验算，应符合下列规定：

1 6 度时的建筑（不规则建筑及建造于Ⅳ类场地上较高的高层建筑除外），以及生土房屋和木结构房屋等，应符合有关的抗震措施要求，但应允许不进行截面抗震验算。

2 6 度时不规则建筑、建造于Ⅳ类场地上较高的高层建筑，7 度和 7 度以上的建筑结构（生土房屋和木结构房屋等除外），应进行多遇地震作用下的截面抗震验算。

注：采用隔震设计的建筑结构，其抗震验算应符合有关规定。

5.1.7 符合本规范第 5.5 节规定的结构，除按规定进行多遇地震作用下的截面抗震验算外，尚应进行相应的变形验算。

5.2 水平地震作用计算

5.2.1 采用底部剪力法时，各楼层可仅取一个自由度，结构的水平地震作用标准值，应按下列公式确定（图 5.2.1）：

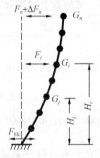

图 5.2.1 结构水平
地震作用计算简图

$$F_{Ek} = \alpha_1 G_{eq} \quad (5.2.1-1)$$

$$F_i = \frac{G_i H_i}{\sum_{j=1}^{n} G_j H_j} F_{Ek}(1 - \delta_n)(i = 1, 2, \cdots n) \quad (5.2.1-2)$$

$$\Delta F_n = \delta_n F_{Ek} \quad (5.2.1-3)$$

式中：F_{Ek}——结构总水平地震作用标准值；

α_1——相应于结构基本自振周期的水平地震影响系数值，应按本规范第 5.1.4、第 5.1.5 条确定，多层砌体房屋、底部框架砌体房屋，宜取水平地震影响系数最大值；

G_{eq}——结构等效总重力荷载，单质点应取总重力荷载代表值，多质点可取总重力

荷载代表值的 85%；

F_i——质点 i 的水平地震作用标准值；

G_i、G_j——分别为集中于质点 i、j 的重力荷载代表值，应按本规范第 5.1.3 条确定；

H_i、H_j——分别为质点 i、j 的计算高度；

δ_n——顶部附加地震作用系数，多层钢筋混凝土和钢结构房屋可按表 5.2.1 采用，其他房屋可采用 0.0；

ΔF_n——顶部附加水平地震作用。

表 5.2.1 顶部附加地震作用系数

T_g（s）	$T_1 > 1.4 T_g$	$T_1 \leq 1.4 T_g$
$T_g \leq 0.35$	$0.08 T_1 + 0.07$	
$0.35 < T_g \leq 0.55$	$0.08 T_1 + 0.01$	0.0
$T_g > 0.55$	$0.08 T_1 - 0.02$	

注：T_1 为结构基本自振周期。

5.2.2 采用振型分解反应谱法时，不进行扭转耦联计算的结构，应按下列规定计算其地震作用和作用效应：

1 结构 j 振型 i 质点的水平地震作用标准值，应按下列公式确定：

$$F_{ji} = \alpha_j \gamma_j X_{ji} G_i \quad (i = 1, 2, \cdots n, j = 1, 2, \cdots m) \quad (5.2.2-1)$$

$$\gamma_j = \sum_{i=1}^{n} X_{ji} G_i \Big/ \sum_{i=1}^{n} X_{ji}^2 G_i \quad (5.2.2-2)$$

式中：F_{ji}——j 振型 i 质点的水平地震作用标准值；

α_j——相应于 j 振型自振周期的地震影响系数，应按本规范第 5.1.4、第 5.1.5 条确定；

X_{ji}——j 振型 i 质点的水平相对位移；

γ_j——j 振型的参与系数。

2 水平地震作用效应（弯矩、剪力、轴向力和变形），当相邻振型的周期比小于 0.85 时，可按下式确定：

$$S_{Ek} = \sqrt{\sum S_j^2} \quad (5.2.2-3)$$

式中：S_{Ek}——水平地震作用标准值的效应；

S_j——j 振型水平地震作用标准值的效应，可只取前 2～3 个振型，当基本自振周期大于 1.5s 或房屋高宽比大于 5 时，振型个数应适当增加。

5.2.3 水平地震作用下，建筑结构的扭转耦联地震效应应符合下列要求：

1 规则结构不进行扭转耦联计算时，平行于地震作用方向的两个边榀各构件，其地震作用效应应乘以增大系数。一般情况下，短边可按 1.15 采用，长边可按 1.05 采用；当扭转刚度较小时，周边各构件宜按不小于 1.3 采用。角部构件宜同时乘以两个方向各自的增大系数。

2 按扭转耦联振型分解法计算时，各楼层可取两个正交的水平位移和一个转角共三个自由度，并应按下列公式计算结构的地震作用和作用效应。确有依据时，尚可采用简化计算方法确定地震作用效应。

1）j 振型 i 层的水平地震作用标准值，应按下列公式确定：

$$F_{xji} = \alpha_j \gamma_{tj} X_{ji} G_i$$

$$F_{yji} = \alpha_j \gamma_{tj} Y_{ji} G_i \quad (i=1,2,\cdots n, j=1,2,\cdots m)$$

$$F_{tji} = \alpha_j \gamma_{tj} r_i^2 \varphi_{ji} G_i \quad (5.2.3\text{-}1)$$

式中：F_{xji}、F_{yji}、F_{tji}——分别为 j 振型 i 层的 x 方向、y 方向和转角方向的地震作用标准值；

X_{ji}、Y_{ji}——分别为 j 振型 i 层质心在 x、y 方向的水平相对位移；

φ_{ji}——j 振型 i 层的相对扭转角；

r_i——i 层转动半径，可取 i 层绕质心的转动惯量除以该层质量的商的正二次方根；

γ_{tj}——计入扭转的 j 振型的参与系数，可按下列公式确定：

当仅取 x 方向地震作用时

$$\gamma_{tj} = \sum_{i=1}^{n} X_{ji} G_i \Big/ \sum_{i=1}^{n} (X_{ji}^2 + Y_{ji}^2 + \varphi_{ji}^2 r_i^2) G_i$$

$$(5.2.3\text{-}2)$$

当仅取 y 方向地震作用时

$$\gamma_{tj} = \sum_{i=1}^{n} Y_{ji} G_i \Big/ \sum_{i=1}^{n} (X_{ji}^2 + Y_{ji}^2 + \varphi_{ji}^2 r_i^2) G_i$$

$$(5.2.3\text{-}3)$$

当取与 x 方向斜交的地震作用时，

$$\gamma_{tj} = \gamma_{xj} \cos\theta + \gamma_{yj} \sin\theta \quad (5.2.3\text{-}4)$$

式中：γ_{xj}、γ_{yj}——分别由式（5.2.3-2）、式（5.2.3-3）求得的参与系数；

θ——地震作用方向与 x 方向的夹角。

2）单向水平地震作用下的扭转耦联效应，可按下列公式确定：

$$S_{Ek} = \sqrt{\sum_{j=1}^{m} \sum_{k=1}^{m} \rho_{jk} S_j S_k} \quad (5.2.3\text{-}5)$$

$$\rho_{jk} = \frac{8\sqrt{\zeta_j \zeta_k}(\zeta_j + \lambda_T \zeta_k)\lambda_T^{1.5}}{(1-\lambda_T^2)^2 + 4\zeta_j\zeta_k(1+\lambda_T^2)\lambda_T + 4(\zeta_j^2 + \zeta_k^2)\lambda_T^2}$$

$$(5.2.3\text{-}6)$$

式中：S_{Ek}——地震作用标准值的扭转效应；

S_j、S_k——分别为 j、k 振型地震作用标准值的效应，可取前 9～15 个振型；

ζ_j、ζ_k——分别为 j、k 振型的阻尼比；

ρ_{jk}——j 振型与 k 振型的耦联系数；

λ_T——k 振型与 j 振型的自振周期比。

3）双向水平地震作用下的扭转耦联效应，可按下列公式中的较大值确定：

$$S_{Ek} = \sqrt{S_x^2 + (0.85 S_y)^2} \quad (5.2.3\text{-}7)$$

或 $$S_{Ek} = \sqrt{S_y^2 + (0.85 S_x)^2} \quad (5.2.3\text{-}8)$$

式中，S_x、S_y 分别为 x 向、y 向单向水平地震作用按式(5.2.3-5)计算的扭转效应。

5.2.4 采用底部剪力法时，突出屋面的屋顶间、女儿墙、烟囱等的地震作用效应，宜乘以增大系数 3，此增大部分不应往下传递，但与该突出部分相连的构件应予计入；采用振型分解法时，突出屋面部分可作为一个质点；单层厂房突出屋面天窗架的地震作用效应的增大系数，应按本规范第 9 章的有关规定采用。

5.2.5 抗震验算时，结构任一楼层的水平地震剪力应符合下式要求：

$$V_{EKi} > \lambda \sum_{j=i}^{n} G_j \quad (5.2.5)$$

式中：V_{EKi}——第 i 层对应于水平地震作用标准值的楼层剪力；

λ——剪力系数，不应小于表 5.2.5 规定的楼层最小地震剪力系数值，对竖向不规则结构的薄弱层，尚应乘以 1.15 的增大系数；

G_j——第 j 层的重力荷载代表值。

表 5.2.5 楼层最小地震剪力系数值

类别	6 度	7 度	8 度	9 度
扭转效应明显或基本周期小于 3.5s 的结构	0.008	0.016(0.024)	0.032(0.048)	0.064
基本周期大于 5.0s 的结构	0.006	0.012(0.018)	0.024(0.036)	0.048

注：1 基本周期介于 3.5s 和 5s 之间的结构，按插入法取值；

2 括号内数值分别用于设计基本地震加速度为 0.15g 和 0.30g 的地区。

5.2.6 结构的楼层水平地震剪力，应按下列原则分配：

1 现浇和装配整体式混凝土楼、屋盖等刚性楼、屋盖建筑，宜按抗侧力构件等效刚度的比例分配。

2 木楼盖、木屋盖等柔性楼、屋盖建筑，宜按抗侧力构件从属面积上重力荷载代表值的比例分配。

3 普通的预制装配式混凝土楼、屋盖等半刚性楼、屋盖的建筑，可取上述两种分配结果的平均值。

4 计入空间作用、楼盖变形、墙体弹塑性变形和扭转的影响时，可按本规范各有关规定对上述分配结果作适当调整。

5.2.7 结构抗震计算，一般情况下可不计入地基与结构相互作用的影响；8 度和 9 度时建造于 Ⅲ、Ⅳ 类场地，采用箱基、刚性较好的筏基和桩箱联合基础的钢筋混凝土高层建筑，当结构基本自振周期处于特征周期的1.2倍至5倍范围时，若计入地基与结构动力相互作用的影响，对刚性地基假定计算的水平地震剪力可按下列规定折减，其层间变形可按折减后的楼层剪力计算。

1 高宽比小于3的结构，各楼层水平地震剪力的折减系数，可按下式计算：

$$\psi = \left(\frac{T_1}{T_1 + \Delta T} \right)^{0.9} \tag{5.2.7}$$

式中：ψ——计入地基与结构动力相互作用后的地震剪力折减系数；

T_1——按刚性地基假定确定的结构基本自振周期（s）；

ΔT——计入地基与结构动力相互作用的附加周期（s），可按表5.2.7采用。

表5.2.7 附加周期（s）

烈 度	场 地 类 别	
	Ⅲ类	Ⅳ类
8	0.08	0.20
9	0.10	0.25

2 高宽比不小于3的结构，底部的地震剪力按第1款规定折减，顶部不折减，中间各层按线性插入值折减。

3 折减后各楼层的水平地震剪力，应符合本规范第5.2.5条的规定。

5.3 竖向地震作用计算

5.3.1 9度时的高层建筑，其竖向地震作用标准值应按下列公式确定（图5.3.1）；楼层的竖向地震作用效应可按各构件承受的重力荷载代表值的比例分配，并宜乘以增大系数1.5。

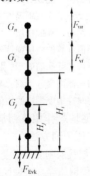

图5.3.1 结构竖向地震
作用计算简图

$$F_{Evk} = \alpha_{vmax} G_{eq} \tag{5.3.1-1}$$

$$F_{vi} = \frac{G_i H_i}{\sum G_j H_j} F_{Evk} \tag{5.3.1-2}$$

式中：F_{Evk}——结构总竖向地震作用标准值；

F_{vi}——质点i的竖向地震作用标准值；

α_{vmax}——竖向地震影响系数的最大值，可取水平地震影响系数最大值的65%；

G_{eq}——结构等效总重力荷载，可取其重力荷载代表值的75%。

5.3.2 跨度、长度小于本规范第5.1.2条第5款规定且规则的平板型网架屋盖及跨度大于24m的屋架、屋盖横梁及托架的竖向地震作用标准值，宜取其重力荷载代表值和竖向地震作用系数的乘积；竖向地震作用系数可按表5.3.2采用。

表5.3.2 竖向地震作用系数

结构类型	烈度	场 地 类 别		
		Ⅰ	Ⅱ	Ⅲ、Ⅳ
平板型网架、钢屋架	8	可不计算（0.10）	0.08(0.12)	0.10(0.15)
	9	0.15	0.15	0.20
钢筋混凝土屋架	8	0.10(0.15)	0.13(0.19)	0.13(0.19)
	9	0.20	0.25	0.25

注：括号中数值用于设计基本地震加速度为0.30g的地区。

5.3.3 长悬臂构件和不属于本规范第5.3.2条的大跨结构的竖向地震作用标准值，8度和9度可分别取该结构、构件重力荷载代表值的10%和20%，设计基本地震加速度为0.30g时，可取该结构、构件重力荷载代表值的15%。

5.3.4 大跨度空间结构的竖向地震作用，尚可按竖向振型分解反应谱方法计算。其竖向地震影响系数可采用本规范第5.1.4、第5.1.5条规定的水平地震影响系数的65%，但特征周期可均按设计第一组采用。

5.4 截面抗震验算

5.4.1 结构构件的地震作用效应和其他荷载效应的基本组合，应按下式计算：

$$S = \gamma_G S_{GE} + \gamma_{Eh} S_{Ehk} + \gamma_{Ev} S_{Evk} + \psi_w \gamma_w S_{wk} \tag{5.4.1}$$

式中：S——结构构件内力组合的设计值，包括组合的弯矩、轴向力和剪力设计值等；

γ_G——重力荷载分项系数，一般情况应采用1.2，当重力荷载效应对构件承载能力有利时，不应大于1.0；

γ_{Eh}、γ_{Ev}——分别为水平、竖向地震作用分项系数，应按表5.4.1采用；

γ_w——风荷载分项系数，应采用1.4；

S_{GE}——重力荷载代表值的效应，可按本规范第5.1.3条采用，但有吊车时，尚应包括悬吊物重力标准值的效应；

S_{Ehk}——水平地震作用标准值的效应，尚应乘以相应的增大系数或调整系数；

S_{Evk}——竖向地震作用标准值的效应，尚应乘以相应的增大系数或调整系数；

S_{wk}——风荷载标准值的效应；

ψ_w——风荷载组合值系数，一般结构取 0.0，风荷载起控制作用的建筑应采用 0.2。

注：本规范一般略去表示水平方向的下标。

表 5.4.1 地震作用分项系数

地 震 作 用	γ_{Eh}	γ_{Ev}
仅计算水平地震作用	1.3	0.0
仅计算竖向地震作用	0.0	1.3
同时计算水平与竖向地震作用（水平地震为主）	1.3	0.5
同时计算水平与竖向地震作用（竖向地震为主）	0.5	1.3

5.4.2 结构构件的截面抗震验算，应采用下列设计表达式：

$$S \leqslant R/\gamma_{RE} \qquad (5.4.2)$$

式中：γ_{RE}——承载力抗震调整系数，除另有规定外，应按表 5.4.2 采用；

R——结构构件承载力设计值。

表 5.4.2 承载力抗震调整系数

材料	结构构件	受力状态	γ_{RE}
钢	柱，梁，支撑，节点板件，螺栓，焊缝柱，支撑	强度	0.75
		稳定	0.80
砌体	两端均有构造柱、芯柱的抗震墙	受剪	0.9
	其他抗震墙	受剪	1.0
混凝土	梁	受弯	0.75
	轴压比小于 0.15 的柱	偏压	0.75
	轴压比不小于 0.15 的柱	偏压	0.80
	抗震墙	偏压	0.85
	各类构件	受剪、偏拉	0.85

5.4.3 当仅计算竖向地震作用时，各类结构构件承载力抗震调整系数均应采用 1.0。

5.5 抗震变形验算

5.5.1 表 5.5.1 所列各类结构应进行多遇地震作用下的抗震变形验算，其楼层内最大的弹性层间位移应符合下式要求：

$$\Delta u_e \leqslant [\theta_e]h \qquad (5.5.1)$$

式中：Δu_e——多遇地震作用标准值产生的楼层内最大的弹性层间位移；计算时，除以弯曲变形为主的高层建筑外，可不扣除结构整体弯曲变形；应计入扭转变形，各作用分项系数均应采用 1.0；钢筋混凝土结构构件的截面刚度可采用弹性刚度；

$[\theta_e]$——弹性层间位移角限值，宜按表 5.5.1

采用；

h——计算楼层层高。

表 5.5.1 弹性层间位移角限值

结 构 类 型	$[\theta_e]$
钢筋混凝土框架	1/550
钢筋混凝土框架-抗震墙、板柱-抗震墙、框架-核心筒	1/800
钢筋混凝土抗震墙、筒中筒	1/1000
钢筋混凝土框支层	1/1000
多、高层钢结构	1/250

5.5.2 结构在罕遇地震作用下薄弱层的弹塑性变形验算，应符合下列要求：

1 下列结构应进行弹塑性变形验算：

1）8 度Ⅲ、Ⅳ类场地和 9 度时，高大的单层钢筋混凝土柱厂房的横向排架；

2）7～9 度时楼层屈服强度系数小于 0.5 的钢筋混凝土框架结构和框排架结构；

3）高度大于 150m 的结构；

4）甲类建筑和 9 度时乙类建筑中的钢筋混凝土结构和钢结构；

5）采用隔震和消能减震设计的结构。

2 下列结构宜进行弹塑性变形验算：

1）本规范表 5.1.2-1 所列高度范围且属于本规范 3.4.3-2 所列竖向不规则类型的高层建筑结构；

2）7 度Ⅲ、Ⅳ类场地和 8 度时乙类建筑中的钢筋混凝土结构和钢结构；

3）板柱-抗震墙结构和底部框架砌体房屋；

4）高度不大于 150m 的其他高层钢结构；

5）不规则的地下建筑结构及地下空间综合体。

注：楼层屈服强度系数为按钢筋混凝土构件实际配筋和材料强度标准值计算的楼层受剪承载力和按罕遇地震作用标准值计算的楼层弹性地震剪力的比值；对排架柱，指按实际配筋面积、材料强度标准值和轴向力计算的正截面受弯承载力与按罕遇地震作用标准值计算的弹性地震弯矩的比值。

5.5.3 结构在罕遇地震作用下薄弱层（部位）弹塑性变形计算，可采用下列方法：

1 不超过 12 层且层刚度无突变的钢筋混凝土框架和框排架结构、单层钢筋混凝土柱厂房可采用本规范第 5.5.4 条的简化计算法；

2 除 1 款以外的建筑结构，可采用静力弹塑性分析方法或弹塑性时程分析法等；

3 规则结构可采用弯剪层模型或平面杆系模型，属于本规范第 3.4 节规定的不规则结构应采用空间结构模型。

5.5.4 结构薄弱层（部位）弹塑性层间位移的简化

计算，宜符合下列要求：

1 结构薄弱层（部位）的位置可按下列情况确定：

    1） 楼层屈服强度系数沿高度分布均匀的结构，可取底层；

    2） 楼层屈服强度系数沿高度分布不均匀的结构，可取该系数最小的楼层（部位）和相对较小的楼层，一般不超过2～3处；

    3） 单层厂房，可取上柱。

2 弹塑性层间位移可按下列公式计算：

$$\Delta u_p = \eta_p \Delta u_e \qquad (5.5.4-1)$$

或

$$\Delta u_p = \mu \Delta u_y = \frac{\eta_p}{\xi_y} \Delta u_y \qquad (5.5.4-2)$$

式中：Δu_p——弹塑性层间位移；

    Δu_y——层间屈服位移；

    μ——楼层延性系数；

    Δu_e——罕遇地震作用下按弹性分析的层间位移；

    η_p——弹塑性层间位移增大系数，当薄弱层（部位）的屈服强度系数不小于相邻层（部位）该系数平均值的0.8时，可按表5.5.4采用。当不大于该平均值的0.5时，可按表内相应数值的1.5倍采用；其他情况可采用内插法取值；

    ξ_y——楼层屈服强度系数。

表5.5.4　弹塑性层间位移增大系数

结构类型	总层数 n 或部位	ξ_y		
		0.5	0.4	0.3
多层均匀框架结构	2～4	1.30	1.40	1.60
	5～7	1.50	1.65	1.80
	8～12	1.80	2.00	2.20
单层厂房	上柱	1.30	1.60	2.00

5.5.5 结构薄弱层（部位）弹塑性层间位移应符合下式要求：

$$\Delta u_p \leqslant [\theta_p] h \qquad (5.5.5)$$

式中：$[\theta_p]$——弹塑性层间位移角限值，可按表5.5.5采用；对钢筋混凝土框架结构，当轴压比小于0.40时，可提高10%；当柱子全高的箍筋构造比本规范第6.3.9条规定的体积配箍率大30%时，可提高20%，但累计不超过25%；

    h——薄弱层楼层高度或单层厂房上柱高度。

表5.5.5　弹塑性层间位移角限值

结构类型	$[\theta_p]$
单层钢筋混凝土柱排架	1/30
钢筋混凝土框架	1/50
底部框架砌体房屋中的框架-抗震墙	1/100
钢筋混凝土框架-抗震墙、板柱-抗震墙、框架-核心筒	1/100
钢筋混凝土抗震墙、筒中筒	1/120
多、高层钢结构	1/50

6　多层和高层钢筋混凝土房屋

6.1　一　般　规　定

6.1.1 本章适用的现浇钢筋混凝土房屋的结构类型和最大高度应符合表6.1.1的要求。平面和竖向均不规则的结构，适用的最大高度宜适当降低。

    注：本章"抗震墙"指结构抗侧力体系中的钢筋混凝土剪力墙，不包括只承担重力荷载的混凝土墙。

表6.1.1　现浇钢筋混凝土房屋适用的最大高度（m）

结构类型		烈度				
		6	7	8(0.2g)	8(0.3g)	9
框架		60	50	40	35	24
框架-抗震墙		130	120	100	80	50
抗震墙		140	120	100	80	60
部分框支抗震墙		120	100	80	50	不应采用
筒体	框架-核心筒	150	130	100	90	70
	筒中筒	180	150	120	100	80
板柱-抗震墙		80	70	55	40	不应采用

    注：1　房屋高度指室外地面到主要屋面板板顶的高度（不包括局部突出屋顶部分）；

        2　框架-核心筒结构指周边稀柱框架与核心筒组成的结构；

        3　部分框支抗震墙结构指首层或底部两层为框支层的结构，不包括仅个别框支墙的情况；

        4　表中框架，不包括异形柱框架；

        5　板柱-抗震墙结构指板柱、框架和抗震墙组成抗侧力体系的结构；

        6　乙类建筑可按本地区抗震设防烈度确定其适用的最大高度；

        7　超过表内高度的房屋，应进行专门研究和论证，采用有效的加强措施。

6.1.2 钢筋混凝土房屋应根据设防类别、烈度、结构类型和房屋高度采用不同的抗震等级，并应符合相应的计算和构造措施要求。丙类建筑的抗震等级应按表6.1.2确定。

表 6.1.2　现浇钢筋混凝土房屋的抗震等级

结构类型		设 防 烈 度							
		6		7		8			9
框架结构	高度（m）	≤24	>24	≤24	>24	≤24	>24		≤24
	框架	四	三	三	二	二	一		一
	大跨度框架	三		二		一			一
框架-抗震墙结构	高度（m）	≤60	>60	≤24	25~60	>60	≤24	25~60	>60	≤24	25~50
	框架	四	三	四	三	二	三	二	一	二	一
	抗震墙	三		三	二		二	一		一
抗震墙结构	高度（m）	≤80	>80	≤24	25~80	>80	≤24	25~80	>80	≤24	25~60
	抗震墙	四	三	四	三	二	三	二	一	二	一
部分框支抗震墙结构	高度（m）	≤80	>80	≤24	25~80	>80	≤24	25~80		
	抗震墙　一般部位	四	三	四	三	二	三	二		
	抗震墙　加强部位	三	二	三	二	一	二	一		
	框支层框架	二	一	二	一	一	一			
框架-核心筒结构	框架	三		二		一			—
	核心筒	二		二		一			—
筒中筒结构	外筒	三		二		一			—
	内筒	三		二		一			—
板柱-抗震墙结构	高度（m）	≤35	>35	≤35	>35	≤35	>35		
	框架、板柱的柱	三		二		一			
	抗震墙	二		二		一			

注：1　建筑场地为Ⅰ类时，除6度外应允许按表内降低一度所对应的抗震构造措施，但相应的计算要求不应降低；
　　2　接近或等于高度分界时，应允许结合房屋不规则程度及场地、地基条件确定抗震等级；
　　3　大跨度框架指跨度不小于18m的框架；
　　4　高度不超过60m的框架-核心筒结构按框架-抗震墙的要求设计时，应按表中框架-抗震墙结构的规定确定其抗震等级。

6.1.3　钢筋混凝土房屋抗震等级的确定，尚应符合下列要求：

　　1　设置少量抗震墙的框架结构，在规定的水平力作用下，底层框架部分所承担的地震倾覆力矩大于结构总地震倾覆力矩的50%时，其框架的抗震等级应按框架结构确定，抗震墙的抗震等级可与其框架的抗震等级相同。

　　注：底层指计算嵌固端所在的层。

　　2　裙房与主楼相连，除应按裙房本身确定抗震等级外，相关范围不应低于主楼的抗震等级；主楼结构在裙房顶板对应的相邻上下各一层应适当加强抗震构造措施。裙房与主楼分离时，应按裙房本身确定抗震等级。

　　3　当地下室顶板作为上部结构的嵌固部位时，地下一层的抗震等级应与上部结构相同，地下一层以下抗震构造措施的抗震等级可逐层降低一级，但不应低于四级。地下室中无上部结构的部分，抗震构造措施的抗震等级可根据具体情况采用三级或四级。

　　4　当甲乙类建筑按规定提高一度确定其抗震等级而房屋的高度超过本规范表6.1.2相应规定的上界时，应采取比一级更有效的抗震构造措施。

　　注：本章"一、二、三、四级"即"抗震等级为一、二、三、四级"的简称。

6.1.4　钢筋混凝土房屋需要设置防震缝时，应符合下列规定：

　　1　防震缝宽度应分别符合下列要求：

　　　　1）　框架结构（包括设置少量抗震墙的框架结构）房屋的防震缝宽度，当高度不超过15m时不应小于100mm；高度超过15m时，6度、7度、8度和9度分别每增加高度5m、4m、3m和2m，宜加宽20mm；

　　　　2）　框架-抗震墙结构房屋的防震缝宽度不应小于本款1）项规定数值的70%，抗震墙结构房屋的防震缝宽度不应小于本款1）项规定数值的50%；且均不宜小于100mm；

　　　　3）　防震缝两侧结构类型不同时，宜按需要较宽防震缝的结构类型和较低房屋高度确定缝宽。

　　2　8、9度框架结构房屋防震缝两侧结构层高相差较大时，防震缝两侧框架柱的箍筋应沿房屋全高加密，并可根据需要在缝两侧沿房屋全高各设置不少于两道垂直于防震缝的抗撞墙。抗撞墙的布置宜避免加大扭转效应，其长度可不大于1/2层高，抗震等级可同框架结构；框架构件的内力应按设置和不设置抗撞墙两种计算模型的不利情况取值。

6.1.5　框架结构和框架-抗震墙结构中，框架和抗震墙均应双向设置，柱中线与抗震墙中线、梁中线与柱中线之间偏心距大于柱宽的1/4时，应计入偏心的影响。

　　甲、乙类建筑以及高度大于24m的丙类建筑，不应采用单跨框架结构；高度不大于24m的丙类建筑不宜采用单跨框架结构。

6.1.6　框架-抗震墙、板柱-抗震墙结构以及框支层中，抗震墙之间无大洞口的楼、屋盖的长宽比，不宜超过表6.1.6的规定；超过时，应计入楼盖平面内变形的影响。

表 6.1.6　抗震墙之间楼屋盖的长宽比

楼、屋盖类型		设 防 烈 度			
		6	7	8	9
框架-抗震墙结构	现浇或叠合楼、屋盖	4	4	3	2
	装配整体式楼、屋盖	3	3	2	不宜采用

续表 6.1.6

楼、屋盖类型	设 防 烈 度			
	6	7	8	9
板柱-抗震墙 结构的现浇楼、屋盖	3	3	2	—
框支层的现浇楼、屋盖	2.5	2.5	2	—

6.1.7 采用装配整体式楼、屋盖时，应采取措施保证楼、屋盖的整体性及其与抗震墙的可靠连接。装配整体式楼、屋盖采用配筋现浇面层加强时，其厚度不应小于 50mm。

6.1.8 框架-抗震墙结构和板柱-抗震墙结构中的抗震墙设置，宜符合下列要求：

　　1 抗震墙宜贯通房屋全高。

　　2 楼梯间宜设置抗震墙，但不宜造成较大的扭转效应。

　　3 抗震墙的两端（不包括洞口两侧）宜设置端柱或与另一方向的抗震墙相连。

　　4 房屋较长时，刚度较大的纵向抗震墙不宜设置在房屋的端开间。

　　5 抗震墙洞口宜上下对齐；洞边距端柱不宜小于 300mm。

6.1.9 抗震墙结构和部分框支抗震墙结构中的抗震墙设置，应符合下列要求：

　　1 抗震墙的两端（不包括洞口两侧）宜设置端柱或与另一方向的抗震墙相连；框支部分落地墙的两端（不包括洞口两侧）应设置端柱或与另一方向的抗震墙相连。

　　2 较长的抗震墙宜设置跨高比大于 6 的连梁形成洞口，将一道抗震墙分成长度较均匀的若干墙段，各墙段的高宽比不宜小于 3。

　　3 墙肢的长度沿结构全高不宜有突变；抗震墙有较大洞口时，以及一、二级抗震墙的底部加强部位，洞口宜上下对齐。

　　4 矩形平面的部分框支抗震墙结构，其框支层的楼层侧向刚度不应小于相邻非框支层楼层侧向刚度的 50%；框支层落地抗震墙间距不宜大于 24m，框支层的平面布置宜对称，且宜设抗震筒体；底层框架部分承担的地震倾覆力矩，不应大于结构总地震倾覆力矩的 50%。

6.1.10 抗震墙底部加强部位的范围，应符合下列规定：

　　1 底部加强部位的高度，应从地下室顶板算起。

　　2 部分框支抗震墙结构的抗震墙，其底部加强部位的高度，可取框支层加框支层以上两层的高度及落地抗震墙总高度的 1/10 二者的较大值。其他结构的抗震墙，房屋高度大于 24m 时，底部加强部位的高度可取底部两层和墙体总高度的 1/10 二者的较大值；房屋高度不大于 24m 时，底部加强部位可取底部一层。

　　3 当结构计算嵌固端位于地下一层的底板或以下时，底部加强部位尚宜向下延伸到计算嵌固端。

6.1.11 框架单独柱基有下列情况之一时，宜沿两个主轴方向设置基础系梁：

　　1 一级框架和Ⅳ类场地的二级框架；

　　2 各柱基础底面在重力荷载代表值作用下的压应力差别较大；

　　3 基础埋置较深，或各基础埋置深度差别较大；

　　4 地基主要受力层范围内存在软弱黏性土层、液化土层或严重不均匀土层；

　　5 桩基承台之间。

6.1.12 框架-抗震墙结构、板柱-抗震墙结构中的抗震墙基础和部分框支抗震墙结构的落地抗震墙基础，应有良好的整体性和抗转动的能力。

6.1.13 主楼与裙房相连且采用天然地基，除应符合本规范第 4.2.4 条的规定外，在多遇地震作用下主楼基础底面不宜出现零应力区。

6.1.14 地下室顶板作为上部结构的嵌固部位时，应符合下列要求：

　　1 地下室顶板应避免开设大洞口；地下室在地上结构相关范围的顶板应采用现浇梁板结构，相关范围以外的地下室顶板宜采用现浇梁板结构；其楼板厚度不宜小于 180mm，混凝土强度等级不宜小于 C30，应采用双层双向配筋，且每层每个方向的配筋率不宜小于 0.25%。

　　2 结构地上一层的侧向刚度，不宜大于相关范围地下一层侧向刚度的 0.5 倍；地下室周边宜有与其顶板相连的抗震墙。

　　3 地下室顶板对应于地上框架柱的梁柱节点除应满足抗震计算要求外，尚应符合下列规定之一：

　　　1) 地下一层柱截面每侧纵向钢筋不应小于地上一层柱对应纵向钢筋的 1.1 倍，且地下一层柱上端和节点左右梁端实配的抗震受弯承载力之和应大于地上一层柱下端实配的抗震受弯承载力的 1.3 倍。

　　　2) 地下一层梁刚度较大时，柱截面每侧的纵向钢筋面积应大于地上一层对应柱每侧纵向钢筋面积的 1.1 倍；同时梁端顶面和底面的纵向钢筋面积均应比计算增大 10% 以上。

　　4 地下一层抗震墙墙肢端部边缘构件纵向钢筋的截面面积，不应少于地上一层对应墙肢端部边缘构件纵向钢筋的截面面积。

6.1.15 楼梯间应符合下列要求：

　　1 宜采用现浇钢筋混凝土楼梯。

　　2 对于框架结构，楼梯间的布置不应导致结构平面特别不规则；楼梯构件与主体结构整浇时，应计入楼梯构件对地震作用及其效应的影响，应进行楼梯构件的抗震承载力验算；宜采取构造措施，减少楼梯构件对主体结构刚度的影响。

  3 楼梯间两侧填充墙与柱之间应加强拉结。

6.1.16 框架的填充墙应符合本规范第13章的规定。

6.1.17 高强混凝土结构抗震设计应符合本规范附录B的规定。

6.1.18 预应力混凝土结构抗震设计应符合本规范附录C的规定。

6.2 计 算 要 点

6.2.1 钢筋混凝土结构应按本节规定调整构件的组合内力设计值，其层间变形应符合本规范第5.5节的有关规定。构件截面抗震验算时，非抗震的承载力设计值应除以本规范规定的承载力抗震调整系数；凡本章和本规范附录未作规定者，应符合现行有关结构设计规范的要求。

6.2.2 一、二、三、四级框架的梁柱节点处，除框架顶层和柱轴压比小于0.15者及框支梁与框支柱的节点外，柱端组合的弯矩设计值应符合下式要求：

$$\sum M_c = \eta_c \sum M_b \qquad (6.2.2\text{-}1)$$

  一级的框架结构和9度的一级框架可不符合上式要求，但应符合下式要求：

$$\sum M_c = 1.2 \sum M_{bua} \qquad (6.2.2\text{-}2)$$

式中：$\sum M_c$——节点上下柱端截面顺时针或反时针方向组合的弯矩设计值之和，上下柱端的弯矩设计值，可按弹性分析分配；

   $\sum M_b$——节点左右梁端截面反时针或顺时针方向组合的弯矩设计值之和，一级框架节点左右梁端均为负弯矩时，绝对值较小的弯矩应取零；

   $\sum M_{bua}$——节点左右梁端截面反时针或顺时针方向实配的正截面抗震受弯承载力所对应的弯矩值之和，根据实配钢筋面积（计入梁受压筋和相关楼板钢筋）和材料强度标准值确定；

   η_c——框架柱端弯矩增大系数；对框架结构，一、二、三、四级可分别取1.7、1.5、1.3、1.2；其他结构类型中的框架，一级可取1.4，二级可取1.2，三、四级可取1.1。

  当反弯点不在柱的层高范围内时，柱端截面组合的弯矩设计值可乘以上述柱端弯矩增大系数。

6.2.3 一、二、三、四级框架结构的底层，柱下端截面组合的弯矩设计值，应分别乘以增大系数1.7、1.5、1.3和1.2。底层柱纵向钢筋应按上下端的不利情况配置。

6.2.4 一、二、三级的框架梁和抗震墙的连梁，其梁端截面组合的剪力设计值应按下式调整：

$$V = \eta_{vb}(M_b^l + M_b^r)/l_n + V_{Gb} \qquad (6.2.4\text{-}1)$$

  一级的框架结构和9度的一级框架梁、连梁可不按上式调整，但应符合下式要求：

$$V = 1.1(M_{bua}^l + M_{bua}^r)/l_n + V_{Gb} \quad (6.2.4\text{-}2)$$

式中： V——梁端截面组合的剪力设计值；

   l_n——梁的净跨；

   V_{Gb}——梁在重力荷载代表值（9度时高层建筑还应包括竖向地震作用标准值）作用下，按简支梁分析的梁端截面剪力设计值；

  M_b^l、M_b^r——分别为梁左右端反时针或顺时针方向组合的弯矩设计值，一级框架两端弯矩均为负弯矩时，绝对值较小的弯矩应取零；

 M_{bua}^l、M_{bua}^r——分别为梁左右端反时针或顺时针方向实配的正截面抗震受弯承载力所对应的弯矩值，根据实配钢筋面积（计入受压筋和相关楼板钢筋）和材料强度标准值确定；

   η_{vb}——梁端剪力增大系数，一级可取1.3，二级可取1.2，三级可取1.1。

6.2.5 一、二、三、四级的框架柱和框支柱组合的剪力设计值应按下式调整：

$$V = \eta_{vc}(M_c^b + M_c^t)/H_n \qquad (6.2.5\text{-}1)$$

  一级的框架结构和9度的一级框架可不按上式调整，但应符合下式要求：

$$V = 1.2(M_{cua}^b + M_{cua}^t)/H_n \qquad (6.2.5\text{-}2)$$

式中：V——柱端截面组合的剪力设计值；框支柱的剪力设计值尚应符合本规范第6.2.10条的规定；

   H_n——柱的净高；

  M_c^t、M_c^b——分别为柱的上下端顺时针或反时针方向截面组合的弯矩设计值，应符合本规范第6.2.2、6.2.3条的规定；框支柱的弯矩设计值尚应符合本规范第6.2.10条的规定；

 M_{cua}^t、M_{cua}^b——分别为偏心受压柱的上下端顺时针或反时针方向实配的正截面抗震受弯承载力所对应的弯矩值，根据实配钢筋面积、材料强度标准值和轴压力等确定；

   η_{vc}——柱剪力增大系数；对框架结构，一、二、三、四级可分别取1.5、1.3、1.2、1.1；对其他结构类型中的框架，一级可取1.4，二级可取1.2，三、四级可取1.1。

6.2.6 一、二、三、四级框架的角柱，经本规范第6.2.2、6.2.3、6.2.5、6.2.10条调整后的组合弯矩设计值、剪力设计值尚应乘以不小于 1.10 的增大系数。

6.2.7 抗震墙各墙肢截面组合的内力设计值，应按下列规定采用：

1 一级抗震墙的底部加强部位以上部位，墙肢的组合弯矩设计值应乘以增大系数，其值可采用 1.2；剪力相应调整。

2 部分框支抗震墙结构的落地抗震墙墙肢不应出现小偏心受拉。

3 双肢抗震墙中，墙肢不宜出现小偏心受拉；当任一墙肢为偏心受拉时，另一墙肢的剪力设计值、弯矩设计值应乘以增大系数 1.25。

6.2.8 一、二、三级的抗震墙底部加强部位，其截面组合的剪力设计值应按下式调整：

$$V = \eta_{vw} V_w \qquad (6.2.8\text{-}1)$$

9 度的一级可不按上式调整，但应符合下式要求：

$$V = 1.1 \frac{M_{wua}}{M_w} V_w \qquad (6.2.8\text{-}2)$$

式中：V——抗震墙底部加强部位截面组合的剪力设计值；

V_w——抗震墙底部加强部位截面组合的剪力计算值；

M_{wua}——抗震墙底部截面按实配纵向钢筋面积、材料强度标准值和轴力等计算的抗震受弯承载力所对应的弯矩值；有翼墙时应计入墙两侧各一倍翼墙厚度范围内的纵向钢筋；

M_w——抗震墙底部截面组合的弯矩设计值；

η_{vw}——抗震墙剪力增大系数，一级可取 1.6，二级可取 1.4，三级可取 1.2。

6.2.9 钢筋混凝土结构的梁、柱、抗震墙和连梁，其截面组合的剪力设计值应符合下列要求：

跨高比大于 2.5 的梁和连梁及剪跨比大于 2 的柱和抗震墙：

$$V \leqslant \frac{1}{\gamma_{RE}} (0.20 f_c b h_0) \qquad (6.2.9\text{-}1)$$

跨高比不大于 2.5 的连梁、剪跨比不大于 2 的柱和抗震墙、部分框支抗震墙结构的框支柱和框支梁、以及落地抗震墙的底部加强部位：

$$V \leqslant \frac{1}{\gamma_{RE}} (0.15 f_c b h_0) \qquad (6.2.9\text{-}2)$$

剪跨比应按下式计算：

$$\lambda = M^c / (V^c h_0) \qquad (6.2.9\text{-}3)$$

式中：λ——剪跨比，应按柱端或墙端截面组合的弯矩计算值 M^c、对应的截面组合剪力计算值 V^c 及截面有效高度 h_0 确定，并取上下端计算结果的较大值；反弯点位于柱高中部的框架柱可按柱净高与 2 倍柱截面高度之比计算；

V——按本规范第 6.2.4、6.2.5、6.2.6、6.2.8、6.2.10 条等规定调整后的梁端、柱端或墙端截面组合的剪力设计值；

f_c——混凝土轴心抗压强度设计值；

b——梁、柱截面宽度或抗震墙墙肢截面宽度；圆形截面柱可按面积相等的方形截面柱计算；

h_0——截面有效高度，抗震墙可取墙肢长度。

6.2.10 部分框支抗震墙结构的框支柱尚应满足下列要求：

1 框支柱承受的最小地震剪力，当框支柱的数量不少于 10 根时，柱承受地震剪力之和不应小于结构底部总地震剪力的 20%；当框支柱的数量少于 10 根时，每根柱承受的地震剪力不应小于结构底部总地震剪力的 2%。框支柱的地震弯矩应相应调整。

2 一、二级框支柱由地震作用引起的附加轴力应分别乘以增大系数 1.5、1.2；计算轴压比时，该附加轴力可不乘以增大系数。

3 一、二级框支柱的顶层柱上端和底层柱下端，其组合的弯矩设计值应分别乘以增大系数 1.5 和 1.25，框支柱的中间节点应满足本规范第 6.2.2 条的要求。

4 框支梁中线宜与框支柱中线重合。

6.2.11 部分框支抗震墙结构的一级落地抗震墙底部加强部位尚应满足下列要求：

1 当墙肢在边缘构件以外的部位在两排钢筋间设置直径不小于 8mm、间距不大于 400mm 的拉结筋时，抗震墙受剪承载力验算可计入混凝土的受剪作用。

2 墙肢底部截面出现大偏心受拉时，宜在墙肢的底截面处另设交叉防滑斜筋，防滑斜筋承担的地震剪力可按墙肢底截面处剪力设计值的 30% 采用。

6.2.12 部分框支抗震墙结构的框支柱顶层楼盖应符合本规范附录 E 第 E.1 节的规定。

6.2.13 钢筋混凝土结构抗震计算时，尚应符合下列要求：

1 侧向刚度沿竖向分布基本均匀的框架-抗震墙结构和框架-核心筒结构，任一层框架部分承担的剪力值，不应小于结构底部总地震剪力的 20% 和按框架-抗震墙结构、框架-核心筒结构计算的框架部分各楼层地震剪力中最大值 1.5 倍二者的较小值。

2 抗震墙地震内力计算时，连梁的刚度可折减，折减系数不宜小于 0.50。

3 抗震墙结构、部分框支抗震墙结构、框架-抗震墙结构、框架-核心筒结构、筒中筒结构、板柱-抗震墙结构计算内力和变形时，其抗震墙应计入端部翼墙的共同工作。

4 设置少量抗震墙的框架结构，其框架部分的地震剪力值，宜采用框架结构模型和框架-抗震墙结构模型二者计算结果的较大值。

6.2.14 框架节点核芯区的抗震验算应符合下列要求：

  1 一、二、三级框架的节点核芯区应进行抗震验算；四级框架节点核芯区可不进行抗震验算，但应符合抗震构造措施的要求。

  2 核芯区截面抗震验算方法应符合本规范附录D的规定。

6.3　框架的基本抗震构造措施

6.3.1 梁的截面尺寸，宜符合下列各项要求：

  1 截面宽度不宜小于 200mm；

  2 截面高宽比不宜大于 4；

  3 净跨与截面高度之比不宜小于 4。

6.3.2 梁宽大于柱宽的扁梁应符合下列要求：

  1 采用扁梁的楼、屋盖应现浇，梁中线宜与柱中线重合，扁梁应双向布置。扁梁的截面尺寸应符合下列要求，并应满足现行有关规范对挠度和裂缝宽度的规定：

$$b_b \leqslant 2b_c \qquad (6.3.2-1)$$
$$b_b \leqslant b_c + h_b \qquad (6.3.2-2)$$
$$h_b \geqslant 16d \qquad (6.3.2-3)$$

式中：b_c——柱截面宽度，圆形截面取柱直径的
     0.8 倍；

  b_b、h_b——分别为梁截面宽度和高度；

   d——柱纵筋直径。

  2 扁梁不宜用于一级框架结构。

6.3.3 梁的钢筋配置，应符合下列各项要求：

  1 梁端计入受压钢筋的混凝土受压区高度和有效高度之比，一级不应大于 0.25，二、三级不应大于 0.35。

  2 梁端截面的底面和顶面纵向钢筋配筋量的比值，除按计算确定外，一级不应小于 0.5，二、三级不应小于 0.3。

  3 梁端箍筋加密区的长度、箍筋最大间距和最小直径应按表 6.3.3 采用，当梁端纵向受拉钢筋配筋率大于 2% 时，表中箍筋最小直径数值应增大 2mm。

表 6.3.3　梁端箍筋加密区的长度、箍筋的最大间距和最小直径

抗震等级	加密区长度 （采用较大值） （mm）	箍筋最大间距 （采用最小值） （mm）	箍筋最小直径 （mm）
一	$2h_b$，500	$h_b/4$，$6d$，100	10
二	$1.5h_b$，500	$h_b/4$，$8d$，100	8
三	$1.5h_b$，500	$h_b/4$，$8d$，150	8
四	$1.5h_b$，500	$h_b/4$，$8d$，150	6

  注：1　d 为纵向钢筋直径，h_b 为梁截面高度；
    2　箍筋直径大于 12mm、数量不少于 4 肢且肢距不大于 150mm 时，一、二级的最大间距应允许适当放宽，但不得大于 150mm。

6.3.4 梁的钢筋配置，尚应符合下列规定：

  1 梁端纵向受拉钢筋的配筋率不宜大于 2.5%。沿梁全长顶面、底面的配筋，一、二级不应少于 2φ14，且分别不应少于梁顶面、底面两端纵向配筋中较大截面面积的 1/4；三、四级不应少于 2φ12。

  2 一、二、三级框架梁内贯通中柱的每根纵向钢筋直径，对框架结构不应大于矩形截面柱在该方向截面尺寸的 1/20，或纵向钢筋所在位置圆形截面柱弦长的 1/20；对其他结构类型的框架不宜大于矩形截面柱在该方向截面尺寸的 1/20，或纵向钢筋所在位置圆形截面柱弦长的 1/20。

  3 梁端加密区的箍筋肢距，一级不宜大于 200mm 和 20 倍箍筋直径的较大值，二、三级不宜大于 250mm 和 20 倍箍筋直径的较大值，四级不宜大于 300mm。

6.3.5 柱的截面尺寸，宜符合下列各项要求：

  1 截面的宽度和高度，四级或不超过 2 层时不宜小于 300mm，一、二、三级且超过 2 层时不宜小于 400mm；圆柱的直径，四级或不超过 2 层时不宜小于 350mm，一、二、三级且超过 2 层时不宜小于 450mm。

  2 剪跨比宜大于 2。

  3 截面长边与短边的边长比不宜大于 3。

6.3.6 柱轴压比不宜超过表 6.3.6 的规定；建造于 IV 类场地且较高的高层建筑，柱轴压比限值应适当减小。

表 6.3.6　柱轴压比限值

结　构　类　型	抗　震　等　级			
	一	二	三	四
框架结构	0.65	0.75	0.85	0.90
框架-抗震墙，板柱-抗震墙、框架-核心筒及筒中筒	0.75	0.85	0.90	0.95
部分框支抗震墙	0.6	0.7	—	—

  注：1　轴压比指柱组合的轴压力设计值与柱的全截面面积和混凝土轴心抗压强度设计值乘积之比；对本规范规定不进行地震作用计算的结构，可取无地震作用组合的轴力设计值计算；
    2　表内限值适用于剪跨比大于 2、混凝土强度等级不高于 C60 的柱；剪跨比不大于 2 的柱，轴压比限值应降低 0.05；剪跨比小于 1.5 的柱，轴压比限值应专门研究并采取特殊构造措施；
    3　沿柱全高采用井字复合箍且箍筋肢距不大于 200mm、间距不大于 100mm、直径不小于 12mm，或沿柱全高采用复合螺旋箍、螺旋间距不大于 100mm、箍筋肢距不大于 200mm、直径不小于 12mm，或沿柱全高采用连续复合矩形螺旋箍、螺旋净距不大于 80mm、箍筋肢距不大于 200mm、直径不小于 10mm，轴压比限值均可增加 0.10；上述三种箍筋的最小配箍特征值均应按增大的轴压比由本规范表 6.3.9 确定；
    4　在柱的截面中部附加芯柱，其中另加的纵向钢筋的总面积不少于柱截面面积的 0.8%，轴压比限值可增加 0.05；此项措施与注 3 的措施共同采用时，轴压比限值可增加 0.15，但箍筋的体积配箍率仍可按轴压比增加 0.10 的要求确定；
    5　柱轴压比不应大于 1.05。

6.3.7 柱的钢筋配置，应符合下列各项要求：

1 柱纵向受力钢筋的最小总配筋率应按表 6.3.7-1 采用，同时每一侧配筋率不应小于 0.2%；对建造于Ⅳ类场地且较高的高层建筑，最小总配筋率应增加 0.1%。

表 6.3.7-1 柱截面纵向钢筋的
最小总配筋率（百分率）

类 别	抗 震 等 级			
	一	二	三	四
中柱和边柱	0.9(1.0)	0.7(0.8)	0.6(0.7)	0.5(0.6)
角柱、框支柱	1.1	0.9	0.8	0.7

注：1 表中括号内数值用于框架结构的柱；
    2 钢筋强度标准值小于 400MPa 时，表中数值应增加 0.1，钢筋强度标准值为 400MPa 时，表中数值应增加 0.05；
    3 混凝土强度等级高于 C60 时，上述数值应相应增加 0.1。

2 柱箍筋在规定的范围内应加密，加密区的箍筋间距和直径，应符合下列要求：

1）一般情况下，箍筋的最大间距和最小直径，应按表 6.3.7-2 采用。

表 6.3.7-2 柱箍筋加密区的箍筋
最大间距和最小直径

抗震等级	箍筋最大间距 （采用较小值，mm）	箍筋最小直径 （mm）
一	6d，100	10
二	8d，100	8
三	8d，150（柱根 100）	8
四	8d，150（柱根 100）	6（柱根 8）

注：1 d 为柱纵筋最小直径；
    2 柱根指底层柱下端箍筋加密区。

2）一级框架柱的箍筋直径大于 12mm 且箍筋肢距不大于 150mm 及二级框架柱的箍筋直径不小于 10mm 且箍筋肢距不大于 200mm 时，除底层柱下端外，最大间距应允许采用 150mm；三级框架柱的截面尺寸不大于 400mm 时，箍筋最小直径应允许采用 6mm；四级框架柱剪跨比不大于 2 时，箍筋直径不应小于 8mm。

3）框支柱和剪跨比不大于 2 的框架柱，箍筋间距不应大于 100mm。

6.3.8 柱的纵向钢筋配置，尚应符合下列规定：

1 柱的纵向钢筋宜对称配置。

2 截面边长大于 400mm 的柱，纵向钢筋间距不宜大于 200mm。

3 柱总配筋率不应大于 5%；剪跨比不大于 2 的一级框架的柱，每侧纵向钢筋配筋率不宜大于 1.2%。

4 边柱、角柱及抗震墙端柱在小偏心受拉时，柱内纵筋总截面面积应比计算值增加 25%。

5 柱纵向钢筋的绑扎接头应避开柱端的箍筋加密区。

6.3.9 柱的箍筋配置，尚应符合下列要求：

1 柱的箍筋加密范围，应按下列规定采用：

1）柱端，取截面高度（圆柱直径）、柱净高的 1/6 和 500mm 三者的最大值；
2）底层柱的下端不小于柱净高的 1/3；
3）刚性地面上下各 500mm；
4）剪跨比不大于 2 的柱、因设置填充墙等形成的柱净高与柱截面高度之比不大于 4 的柱、框支柱、一级和二级框架的角柱，取全高。

2 柱箍筋加密区的箍筋肢距，一级不宜大于 200mm，二、三级不宜大于 250mm，四级不宜大于 300mm。至少每隔一根纵向钢筋宜在两个方向有箍筋或拉筋约束；采用拉筋复合箍时，拉筋宜紧靠纵向钢筋并钩住箍筋。

3 柱箍筋加密区的体积配箍率，应按下列规定采用：

1）柱箍筋加密区的体积配箍率应符合下式要求：

$$\rho_v \geqslant \lambda_v f_c / f_{yv} \qquad (6.3.9)$$

式中：ρ_v——柱箍筋加密区的体积配箍率，一级不应小于 0.8%，二级不应小于 0.6%，三、四级不应小于 0.4%；计算复合螺旋箍的体积配箍率时，其非螺旋箍的箍筋体积应乘以折减系数 0.80；

f_c——混凝土轴心抗压强度设计值，强度等级低于 C35 时，应按 C35 计算；

f_{yv}——箍筋或拉筋抗拉强度设计值；

λ_v——最小配箍特征值，宜按表 6.3.9 采用。

表 6.3.9 柱箍筋加密区的箍筋最小配箍特征值

抗震等级	箍筋形式	柱轴压比								
		≤0.3	0.4	0.5	0.6	0.7	0.8	0.9	1.0	1.05
一	普通箍、复合箍	0.10	0.11	0.13	0.15	0.17	0.20	0.23	—	—
	螺旋箍、复合或连续复合矩形螺旋箍	0.08	0.09	0.11	0.13	0.15	0.18	0.21	—	—
二	普通箍、复合箍	0.08	0.09	0.11	0.13	0.15	0.17	0.19	0.22	0.24
	螺旋箍、复合或连续复合矩形螺旋箍	0.06	0.07	0.09	0.11	0.13	0.15	0.17	0.20	0.22
三、四	普通箍、复合箍	0.06	0.07	0.09	0.11	0.13	0.15	0.17	0.20	0.22
	螺旋箍、复合或连续复合矩形螺旋箍	0.05	0.06	0.07	0.09	0.11	0.13	0.15	0.18	0.20

注：普通箍指单个矩形箍和单个圆形箍，复合箍指由矩形、多边形、圆形箍或拉筋组成的箍筋；复合螺旋箍指由螺旋箍与矩形、多边形、圆形箍或拉筋组成的箍筋；连续复合矩形螺旋箍指用一根通长钢筋加工而成的箍筋。

2）框支柱宜采用复合螺旋箍或井字复合箍，其最小配箍特征值应比表 6.3.9 内数值增加 0.02，且体积配箍率不应小于 1.5%。

3）剪跨比不大于 2 的柱宜采用复合螺旋箍或井字复合箍，其体积配箍率不应小于 1.2%，9 度一级时不应小于 1.5%。

4 柱箍筋非加密区的箍筋配置，应符合下列要求：

1）柱箍筋非加密区的体积配箍率不宜小于加密区的 50%。

2）箍筋间距，一、二级框架柱不应大于 10 倍纵向钢筋直径，三、四级框架柱不应大于 15 倍纵向钢筋直径。

6.3.10 框架节点核芯区箍筋的最大间距和最小直径宜按本规范第 6.3.7 条采用；一、二、三级框架节点核芯区配箍特征值分别不宜小于 0.12、0.10 和 0.08，且体积配箍率分别不宜小于 0.6%、0.5% 和 0.4%。柱剪跨比不大于 2 的框架节点核芯区，体积配箍率不宜小于核芯区上、下柱端的较大体积配箍率。

6.4 抗震墙结构的基本抗震构造措施

6.4.1 抗震墙的厚度，一、二级不应小于 160mm 且不宜小于层高或无支长度的 1/20，三、四级不应小于 140mm 且不宜小于层高或无支长度的 1/25；无端柱或翼墙时，一、二级不宜小于层高或无支长度的 1/16，三、四级不宜小于层高或无支长度的 1/20。

底部加强部位的墙厚，一、二级不应小于 200mm 且不宜小于层高或无支长度的 1/16，三、四级不应小于 160mm 且不宜小于层高或无支长度的 1/20；无端柱或翼墙时，一、二级不宜小于层高或无支长度的 1/12，三、四级不宜小于层高或无支长度的 1/16。

6.4.2 一、二、三级抗震墙在重力荷载代表值作用下墙肢的轴压比，一级时，9 度不宜大于 0.4，7、8 度不宜大于 0.5；二、三级时不宜大于 0.6。

注：墙肢轴压比指墙的轴压力设计值与墙的全截面面积和混凝土轴心抗压强度设计值乘积之比值。

6.4.3 抗震墙竖向、横向分布钢筋的配筋，应符合下列要求：

1 一、二、三级抗震墙的竖向和横向分布钢筋最小配筋率均不应小于 0.25%，四级抗震墙分布钢筋最小配筋率不应小于 0.20%。

注：高度小于 24m 且剪压比很小的四级抗震墙，其竖向分布筋的最小配筋率应允许按 0.15% 采用。

2 部分框支抗震墙结构的落地抗震墙底部加强部位，竖向和横向分布钢筋配筋率均不应小于 0.3%。

6.4.4 抗震墙竖向和横向分布钢筋的配置，尚应符合下列规定：

1 抗震墙的竖向和横向分布钢筋的间距不宜大于 300mm，部分框支抗震墙结构的落地抗震墙底部加强部位，竖向和横向分布钢筋的间距不宜大于 200mm。

2 抗震墙厚度大于 140mm 时，其竖向和横向分布钢筋应双排布置，双排分布钢筋间拉筋的间距不宜大于 600mm，直径不应小于 6mm。

3 抗震墙竖向和横向分布钢筋的直径，均不宜大于墙厚的 1/10 且不应小于 8mm；竖向钢筋直径不宜小于 10mm。

6.4.5 抗震墙两端和洞口两侧应设置边缘构件，边缘构件包括暗柱、端柱和翼墙，并应符合下列要求：

1 对于抗震墙结构，底层墙肢底截面的轴压比不大于表 6.4.5-1 规定的一、二、三级抗震墙及四级抗震墙，墙肢两端可设置构造边缘构件，构造边缘构件的范围可按图 6.4.5-1 采用，构造边缘构件的配筋除应满足受弯承载力要求外，并宜符合表 6.4.5-2 的要求。

表 6.4.5-1 抗震墙设置构造边缘构件的最大轴压比

抗震等级或烈度	一级（9 度）	一级（7、8 度）	二、三级
轴压比	0.1	0.2	0.3

表 6.4.5-2 抗震墙构造边缘构件的配筋要求

抗震等级	底部加强部位			其他部位		
	纵向钢筋最小量（取较大值）	箍筋		纵向钢筋最小量（取较大值）	拉筋	
		最小直径（mm）	沿竖向最大间距（mm）		最小直径（mm）	沿竖向最大间距（mm）
一	$0.010A_c$，6ϕ16	8	100	$0.008A_c$，6ϕ14	8	150
二	$0.008A_c$，6ϕ14	8	150	$0.006A_c$，6ϕ12	8	200
三	$0.006A_c$，6ϕ12	6	150	$0.005A_c$，4ϕ12	6	200
四	$0.005A_c$，4ϕ12	6	200	$0.004A_c$，4ϕ12	6	250

注：1 A_c 为边缘构件的截面面积；

2 其他部位的拉筋，水平间距不应大于纵筋间距的 2 倍；转角处宜采用箍筋；

3 当端柱承受集中荷载时，其纵向钢筋、箍筋直径和间距应满足柱的相应要求。

2 底层墙肢底截面的轴压比大于表 6.4.5-1 规定的一、二、三级抗震墙，以及部分框支抗震墙结构的抗震墙，应在底部加强部位及相邻的上一层设置约束边缘构件，在以上的其他部位可设置构造边缘构件。约束边缘构件沿墙肢的长度、配箍特征值、箍筋和纵向钢筋宜符合表 6.4.5-3 的要求（图 6.4.5-2）。

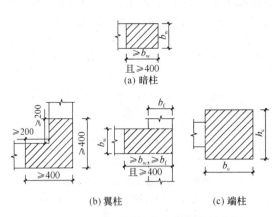

(a) 暗柱

(b) 翼柱　　(c) 端柱

图 6.4.5-1　抗震墙的构造边缘构件范围

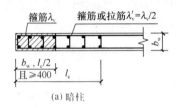

(a) 暗柱

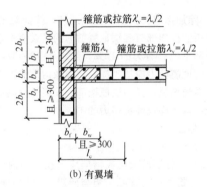

(b) 有翼墙

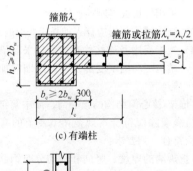

(c) 有端柱

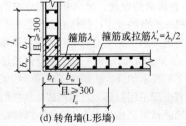

(d) 转角墙(L形墙)

图 6.4.5-2　抗震墙的约束边缘构件

表 6.4.5-3　抗震墙约束边缘构件的范围及配筋要求

项 目	一级（9度）		一级（7、8度）		二、三级	
	$\lambda \leqslant 0.2$	$\lambda > 0.2$	$\lambda \leqslant 0.3$	$\lambda > 0.3$	$\lambda \leqslant 0.4$	$\lambda > 0.4$
l_c（暗柱）	$0.20h_w$	$0.25h_w$	$0.15h_w$	$0.20h_w$	$0.15h_w$	$0.20h_w$
l_c（翼墙或端柱）	$0.15h_w$	$0.20h_w$	$0.10h_w$	$0.15h_w$	$0.10h_w$	$0.15h_w$
λ_v	0.12	0.20	0.12	0.20	0.12	0.20
纵向钢筋（取较大值）	$0.012A_c$，$8\phi16$		$0.012A_c$，$8\phi16$		$0.010A_c$，$6\phi16$（三级 $6\phi14$）	
箍筋或拉筋沿竖向间距	100mm		100mm		150mm	

注：1　抗震墙的翼墙长度小于其 3 倍厚度或端柱截面边长小于 2 倍墙厚时，按无翼墙、无端柱查表；端柱有集中荷载时，配筋构造尚应满足与墙相同抗震等级框架柱的要求；

　　2　l_c 为约束边缘构件沿墙肢长度，且不小于墙厚和400mm；有翼墙或端柱时不应小于翼墙厚度或端柱沿墙肢方向截面高度加300mm；

　　3　λ_v 为约束边缘构件的配箍特征值，体积配箍率可按本规范式（6.3.9）计算，并可适当计入满足构造要求且在墙端有可靠锚固的水平分布钢筋的截面面积；

　　4　h_w 为抗震墙墙肢长度；

　　5　λ 为墙肢轴压比；

　　6　A_c 为图 6.4.5-2 中约束边缘构件阴影部分的截面面积。

6.4.6　抗震墙的墙肢长度不大于墙厚的 3 倍时，应按柱的有关要求进行设计；矩形墙肢的厚度不大于 300mm 时，尚宜全高加密箍筋。

6.4.7　跨高比较小的高连梁，可设水平缝形成双连梁、多连梁或采取其他加强受剪承载力的构造。顶层连梁的纵向钢筋伸入墙体的锚固长度范围内，应设置箍筋。

6.5　框架-抗震墙结构的基本抗震构造措施

6.5.1　框架-抗震墙结构的抗震墙厚度和边框设置，应符合下列要求：

　　1　抗震墙的厚度不应小于 160mm 且不宜小于层高或无支长度的 1/20，底部加强部位的抗震墙厚度不应小于 200mm 且不宜小于层高或无支长度的 1/16。

　　2　有端柱时，墙体在楼盖处宜设置暗梁，暗梁的截面高度不宜小于墙厚和 400mm 的较大值；端柱截面宜与同层框架柱相同，并应满足本规范第 6.3 节对框架柱的要求；抗震墙底部加强部位的端柱和紧靠抗震墙洞口的端柱宜按柱箍筋加密区的要求沿全高加密箍筋。

6.5.2　抗震墙的竖向和横向分布钢筋，配筋率均不应小于 0.25%，钢筋直径不宜小于 10mm，间距不宜大于 300mm，并应双排布置，双排分布钢筋间应设置拉筋。

6.5.3 楼面梁与抗震墙平面外连接时，不宜支承在洞口连梁上；沿梁轴线方向宜设置与梁连接的抗震墙，梁的纵筋应锚固在墙内；也可在支承梁的位置设置扶壁柱或暗柱，并应按计算确定其截面尺寸和配筋。

6.5.4 框架-抗震墙结构的其他抗震构造措施，应符合本规范第 6.3 节、6.4 节的有关要求。

注：设置少量抗震墙的框架结构，其抗震墙的抗震构造措施，可仍按本规范第 6.4 节对抗震墙的规定执行。

6.6 板柱-抗震墙结构抗震设计要求

6.6.1 板柱-抗震墙结构的抗震墙，其抗震构造措施应符合本节规定，尚应符合本规范第 6.5 节的有关规定；柱（包括抗震墙端柱）和梁的抗震构造措施应符合本规范第 6.3 节的有关规定。

6.6.2 板柱-抗震墙的结构布置，尚应符合下列要求：

1 抗震墙厚度不应小于 180mm，且不宜小于层高或无支长度的 1/20；房屋高度大于 12m 时，墙厚不应小于 200mm。

2 房屋的周边应采用有梁框架，楼、电梯洞口周边宜设置边框梁。

3 8 度时宜采用有托板或柱帽的板柱节点，托板或柱帽根部的厚度（包括板厚）不宜小于柱纵筋直径的 16 倍，托板或柱帽的边长不宜小于 4 倍板厚和柱截面对应边长之和。

4 房屋的地下一层顶板，宜采用梁板结构。

6.6.3 板柱-抗震墙结构的抗震计算，应符合下列要求：

1 房屋高度大于 12m 时，抗震墙应承担结构的全部地震作用；房屋高度不大于 12m 时，抗震墙宜承担结构的全部地震作用。各层板柱和框架部分应能承担不少于本层地震剪力的 20%。

2 板柱结构在地震作用下按等代平面框架分析时，其等代梁的宽度宜采用垂直于等代平面框架方向两侧柱距各 1/4。

3 板柱节点应进行冲切承载力的抗震验算，应计入不平衡弯矩引起的冲切，节点处地震作用组合的不平衡弯矩引起的冲切反力设计值应乘以增大系数，一、二、三级板柱的增大系数可分别取 1.7、1.5、1.3。

6.6.4 板柱-抗震墙结构的板柱节点构造应符合下列要求：

1 无柱帽平板应在柱上板带中设构造暗梁，暗梁宽度可取柱宽及柱两侧各不大于 1.5 倍板厚。暗梁支座上部钢筋面积应不小于柱上板带钢筋面积的 50%，暗梁下部钢筋不宜少于上部钢筋的 1/2；箍筋

直径不应小于 8mm，间距不宜大于 3/4 倍板厚，肢距不宜大于 2 倍板厚，在暗梁两端应加密。

2 无柱帽柱上板带的板底钢筋，宜在距柱面为 2 倍板厚以外连接，采用搭接时钢筋端部宜有垂直于板面的弯钩。

3 沿两个主轴方向通过柱截面的板底连续钢筋的总截面面积，应符合下式要求：

$$A_s \geq N_G / f_y \qquad (6.6.4)$$

式中：A_s——板底连续钢筋总截面面积；

N_G——在本层楼板重力荷载代表值（8 度时尚宜计入竖向地震）作用下的柱轴压力设计值；

f_y——楼板钢筋的抗拉强度设计值。

4 板柱节点应根据抗冲切承载力要求，配置抗剪栓钉或抗冲切钢筋。

6.7 筒体结构抗震设计要求

6.7.1 框架-核心筒结构应符合下列要求：

1 核心筒与框架之间的楼盖宜采用梁板体系；部分楼层采用平板体系时应有加强措施。

2 除加强层及其相邻上下层外，按框架-核心筒计算分析的框架部分各层地震剪力的最大值不宜小于结构底部总地震剪力的 10%。当小于 10%时，核心筒墙体的地震剪力应适当提高，边缘构件的抗震构造措施应适当加强；任一层框架部分承担的地震剪力不应小于结构底部总地震剪力的 15%。

3 加强层设置应符合下列规定：

1）9 度时不应采用加强层；

2）加强层的大梁或桁架应与核心筒内的墙肢贯通；大梁或桁架与周边框架柱的连接宜采用铰接或半刚性连接；

3）结构整体分析应计入加强层变形的影响；

4）施工程序及连接构造上，应采取措施减小结构竖向温度变形及轴向压缩对加强层的影响。

6.7.2 框架-核心筒结构的核心筒、筒中筒结构的内筒，其抗震墙除应符合本规范第 6.4 节的有关规定外，尚应符合下列要求：

1 抗震墙的厚度、竖向和横向分布钢筋应符合本规范第 6.5 节的规定；筒体底部加强部位及相邻上一层，当侧向刚度无突变时不宜改变墙体厚度。

2 框架-核心筒结构一、二级筒体角部的边缘构件宜按下列要求加强：底部加强部位，约束边缘构件范围内宜全部采用箍筋，且约束边缘构件沿墙肢的长度宜取墙肢截面高度的 1/4，底部加强部位以上的全高范围内宜按转角墙的要求设置约束边缘构件。

3 内筒的门洞不宜靠近转角。

6.7.3 楼面大梁不宜支承在内筒连梁上。楼面大梁

与内筒或核心筒墙体平面外连接时，应符合本规范第6.5.3条的规定。

6.7.4 一、二级核心筒和内筒中跨高比不大于2的连梁，当梁截面宽度不小于400mm时，可采用交叉暗柱配筋，并应设置普通箍筋；截面宽度小于400mm但不小于200mm时，除配置普通箍筋外，可另增设斜向交叉构造钢筋。

6.7.5 筒体结构转换层的抗震设计应符合本规范附录E第E.2节的规定。

7 多层砌体房屋和底部框架砌体房屋

7.1 一般规定

7.1.1 本章适用于普通砖（包括烧结、蒸压、混凝土普通砖）、多孔砖（包括烧结、混凝土多孔砖）和混凝土小型空心砌块等砌体承重的多层房屋，底层或底部两层框架-抗震墙砌体房屋。

配筋混凝土小型空心砌块房屋的抗震设计，应符合本规范附录F的规定。

注：1 采用非黏土的烧结砖、蒸压砖、混凝土砖的砌体房屋，块体的材料性能应有可靠的试验数据；当本章未作具体规定时，可按本章普通砖、多孔砖房屋的相应规定执行；
2 本章中"小砌块"为"混凝土小型空心砌块"的简称；
3 非空旷的单层砌体房屋，可按本章规定的原则进行抗震设计。

7.1.2 多层房屋的层数和高度应符合下列要求：

1 一般情况下，房屋的层数和总高度不应超过表7.1.2的规定。

表7.1.2 房屋的层数和总高度限值（m）

房屋类别		最小抗震墙厚度(mm)	烈度和设计基本地震加速度											
			6		7		7		8		8		9	
			0.05g		0.10g		0.15g		0.20g		0.30g		0.40g	
			高度	层数	高度	层数	高度	层数	高度	层数	高度	层数	高度	层数
多层砌体房屋	普通砖	240	21	7	21	7	21	7	18	6	15	5	12	4
	多孔砖	240	21	7	21	7	18	6	18	6	15	5	9	3
	多孔砖	190	21	7	18	6	15	5	15	5	12	4	—	—
	小砌块	190	21	7	21	7	18	6	18	6	15	5	9	3

续表7.1.2

房屋类别		最小抗震墙厚度(mm)	烈度和设计基本地震加速度											
			6		7		7		8		8		9	
			0.05g		0.10g		0.15g		0.20g		0.30g		0.40g	
			高度	层数	高度	层数	高度	层数	高度	层数	高度	层数	高度	层数
底部框架-抗震墙砌体房屋	普通砖多孔砖	240	22	7	22	7	19	6	16	5	—	—	—	—
	多孔砖	190	22	7	19	6	16	5	13	4	—	—	—	—
	小砌块	190	22	7	22	7	19	6	16	5	—	—	—	—

注：1 房屋的总高度指室外地面到主要屋面板板顶或檐口的高度，半地下室从地下室室内地面算起，全地下室和嵌固条件好的半地下室应允许从室外地面算起；对带阁楼的坡屋面应算到山尖墙的1/2高度处；
2 室内外高差大于0.6m时，房屋总高度应允许比表中的数据适当增加，但增加量应少于1.0m；
3 乙类的多层砌体房屋仍按本地区设防烈度查表，其层数应减少一层且总高度应降低3m；不应采用底部框架-抗震墙砌体房屋；
4 本表小砌块砌体房屋不包括配筋混凝土小型空心砌块砌体房屋。

2 横墙较少的多层砌体房屋，总高度应比表7.1.2的规定降低3m，层数相应减少一层；各层横墙很少的多层砌体房屋，还应再减少一层。

注：横墙较少是指同一楼层内开间大于4.2m的房间占该层总面积的40%以上；其中，开间不大于4.2m的房间占该层总面积不到20%且开间大于4.8m的房间占该层总面积的50%以上为横墙很少。

3 6、7度时，横墙较少的丙类多层砌体房屋，当按规定采取加强措施并满足抗震承载力要求时，其高度和层数应允许仍按表7.1.2的规定采用。

4 采用蒸压灰砂砖和蒸压粉煤灰砖的砌体的房屋，当砌体的抗剪强度仅达到普通黏土砖砌体的70%时，房屋的层数应比普通砖房减少一层，总高度应减少3m；当砌体的抗剪强度达到普通黏土砖砌体的取值时，房屋层数和总高度的要求同普通砖房屋。

7.1.3 多层砌体承重房屋的层高，不应超过3.6m。

底部框架-抗震墙砌体房屋的底部，层高不应超过4.5m；当底层采用约束砌体抗震墙时，底层的层高不应超过4.2m。

注：当使用功能确有需要时，采用约束砌体等加强措施的普通砖房屋，层高不应超过3.9m。

7.1.4 多层砌体房屋总高度与总宽度的最大比值，宜符合表7.1.4的要求。

表 7.1.4　房屋最大高宽比

烈　度	6	7	8	9
最大高宽比	2.5	2.5	2.0	1.5

注：1　单面走廊房屋的总宽度不包括走廊宽度；
　　2　建筑平面接近正方形时，其高宽比宜适当减小。

7.1.5　房屋抗震横墙的间距，不应超过表 7.1.5 的要求：

表 7.1.5　房屋抗震横墙的间距（m）

房屋类别		烈　度			
		6	7	8	9
多层砌体房屋	现浇或装配整体式钢筋混凝土楼、屋盖	15	15	11	7
	装配式钢筋混凝土楼、屋盖	11	11	9	4
	木屋盖	9	9	4	—
底部框架-抗震墙砌体房屋	上部各层	同多层砌体房屋			—
	底层或底部两层	18	15	11	—

注：1　多层砌体房屋的顶层，除木屋盖外的最大横墙间距允许适当放宽，但应采取相应加强措施；
　　2　多孔砖抗震横墙厚度为190mm时，最大横墙间距应比表中数值减少3m。

7.1.6　多层砌体房屋中砌体墙段的局部尺寸限值，宜符合表 7.1.6 的要求：

表 7.1.6　房屋的局部尺寸限值（m）

部　位	6度	7度	8度	9度
承重窗间墙最小宽度	1.0	1.0	1.2	1.5
承重外墙尽端至门窗洞边的最小距离	1.0	1.0	1.2	1.5
非承重外墙尽端至门窗洞边的最小距离	1.0	1.0	1.0	1.0
内墙阳角至门窗洞边的最小距离	1.0	1.0	1.5	2.0
无锚固女儿墙（非出入口处）的最大高度	0.5	0.5	0.5	0.0

注：1　局部尺寸不足时，应采取局部加强措施弥补，且最小宽度不宜小于1/4层高和表列数据的80%；
　　2　出入口处的女儿墙应有锚固。

7.1.7　多层砌体房屋的建筑布置和结构体系，应符合下列要求：

　1　应优先采用横墙承重或纵横墙共同承重的结构体系。不应采用砌体墙和混凝土墙混合承重的结构体系。

　2　纵横向砌体抗震墙的布置应符合下列要求：

　　1）宜均匀对称，沿平面内宜对齐，沿竖向应上下连续；且纵横向墙体的数量不宜相差过大；

　　2）平面轮廓凹凸尺寸，不应超过典型尺寸的50%；当超过典型尺寸的25%时，房屋转角处应采取加强措施；

　　3）楼板局部大洞口的尺寸不宜超过楼板宽度

的30%，且不应在墙体两侧同时开洞；

　　4）房屋错层的楼板高差超过 500mm 时，应按两层计算；错层部位的墙体应采取加强措施；

　　5）同一轴线上的窗间墙宽度宜均匀；在满足本规范第 7.1.6 条要求的前提下，墙面洞口的立面面积，6、7 度时不宜大于墙面总面积的 55%，8、9 度时不宜大于 50%；

　　6）在房屋宽度方向的中部应设置内纵墙，其累计长度不宜小于房屋总长度的 60%（高宽比大于 4 的墙段不计入）。

　3　房屋有下列情况之一时宜设置防震缝，缝两侧均应设置墙体，缝宽应根据烈度和房屋高度确定，可采用 70mm～100mm：

　　1）房屋立面高差在 6m 以上；

　　2）房屋有错层，且楼板高差大于层高的 1/4；

　　3）各部分结构刚度、质量截然不同。

　4　楼梯间不宜设置在房屋的尽端或转角处。

　5　不应在房屋转角处设置转角窗。

　6　横墙较少、跨度较大的房屋，宜采用现浇钢筋混凝土楼、屋盖。

7.1.8　底部框架-抗震墙砌体房屋的结构布置，应符合下列要求：

　1　上部的砌体墙体与底部的框架梁或抗震墙，除楼梯间附近的个别墙段外均应对齐。

　2　房屋的底部，应沿纵横两个方向设置一定数量的抗震墙，并应均匀对称布置。6 度且总层数不超过四层的底层框架-抗震墙砌体房屋，应允许采用嵌砌于框架之间的约束普通砖砌体或小砌块砌体的砌体抗震墙，但应计入砌体墙对框架的附加轴力和附加剪力并进行底层的抗震验算，且同一方向不应同时采用钢筋混凝土抗震墙和约束砌体抗震墙；其余情况，8 度时应采用钢筋混凝土抗震墙，6、7 度时应采用钢筋混凝土抗震墙或配筋小砌块砌体抗震墙。

　3　底层框架-抗震墙砌体房屋的纵横两个方向，第二层计入构造柱影响的侧向刚度与底层侧向刚度的比值，6、7 度时不应大于 2.5，8 度时不应大于 2.0，且均不应小于 1.0。

　4　底部两层框架-抗震墙砌体房屋纵横两个方向，底层与底部第二层侧向刚度应接近，第三层计入构造柱影响的侧向刚度与底部第二层侧向刚度的比值，6、7 度时不应大于 2.0，8 度时不应大于 1.5，且均不应小于 1.0。

　5　底部框架-抗震墙砌体房屋的抗震墙应设置条形基础、筏形基础等整体性好的基础。

7.1.9　底部框架-抗震墙砌体房屋的钢筋混凝土结构部分，除应符合本章规定外，尚应符合本规范第 6 章的有关要求；此时，底部混凝土框架的抗震等级，6、7、8 度应分别按三、二、一级采用，混凝土墙体的抗震等级，6、7、8度应分别按三、三、二级采用。

7.2 计 算 要 点

7.2.1 多层砌体房屋、底部框架-抗震墙砌体房屋的抗震计算，可采用底部剪力法，并应按本节规定调整地震作用效应。

7.2.2 对砌体房屋，可只选从属面积较大或竖向应力较小的墙段进行截面抗震承载力验算。

7.2.3 进行地震剪力分配和截面验算时，砌体墙段的层间等效侧向刚度应按下列原则确定：

1 刚度的计算应计及高宽比的影响。高宽比小于1时，可只计算剪切变形；高宽比不大于4且不小于1时，应同时计算弯曲和剪切变形；高宽比大于4时，等效侧向刚度可取0.0。

注：墙段的高宽比指层高与墙长之比，对门窗洞边的小墙段指洞净高与洞侧墙宽之比。

2 墙段宜按门窗洞口划分；对设置构造柱的小开口墙段按毛墙面计算的刚度，可根据开洞率乘以表7.2.3的墙段洞口影响系数：

表7.2.3 墙段洞口影响系数

开洞率	0.10	0.20	0.30
影响系数	0.98	0.94	0.88

注：1 开洞率为洞口水平截面积与墙段水平毛截面积之比，相邻洞口之间净宽小于500mm的墙段视为洞口；

　　2 洞口中线偏离墙段中线大于墙段长度的1/4时，表中影响系数值折减0.9；门洞的洞顶高度大于层高80%时，表中数据不适用；窗洞高度大于50%层高时，按门洞对待。

7.2.4 底部框架-抗震墙砌体房屋的地震作用效应，应按下列规定调整：

1 对底层框架-抗震墙砌体房屋，底层的纵向和横向地震剪力设计值均应乘以增大系数；其值应允许在1.2~1.5范围内选用，第二层与底层侧向刚度比大者应取大值。

2 对底部两层框架-抗震墙砌体房屋，底层和第二层的纵向和横向地震剪力设计值亦均应乘以增大系数；其值应允许在1.2~1.5范围内选用，第三层与第二层侧向刚度比大者应取大值。

3 底层或底部两层的纵向和横向地震剪力设计值应全部由该方向的抗震墙承担，并按各墙体的侧向刚度比例分配。

7.2.5 底部框架-抗震墙砌体房屋中，底部框架的地震作用效应宜采用下列方法确定：

1 底部框架柱的地震剪力和轴向力，宜按下列规定调整：

　　1）框架柱承担的地震剪力设计值，可按各抗侧力构件有效侧向刚度比例分配确定；有

效侧向刚度的取值，框架不折减；混凝土墙或配筋混凝土小砌块砌体墙可乘以折减系数0.30；约束普通砖砌体或小砌块砌体抗震墙可乘以折减系数0.20；

　　2）框架柱的轴力应计入地震倾覆力矩引起的附加轴力，上部砖房可视为刚体，底部各轴线承受的地震倾覆力矩，可近似按底部抗震墙和框架的有效侧向刚度的比例分配确定；

　　3）当抗震墙之间楼盖长宽比大于2.5时，框架柱各轴线承担的地震剪力和轴向力，尚应计入楼盖平面内变形的影响。

2 底部框架-抗震墙砌体房屋的钢筋混凝土托墙梁计算地震组合内力时，应采用合适的计算简图。若考虑上部墙体与托墙梁的组合作用，应计入地震时墙体开裂对组合作用的不利影响，可调整有关的弯矩系数、轴力系数等计算参数。

7.2.6 各类砌体沿阶梯形截面破坏的抗震抗剪强度设计值，应按下式确定：

$$f_{vE} = \zeta_N f_v \qquad (7.2.6)$$

式中：f_{vE}——砌体沿阶梯形截面破坏的抗震抗剪强度设计值；

　　　f_v——非抗震设计的砌体抗剪强度设计值；

　　　ζ_N——砌体抗震抗剪强度的正应力影响系数，应按表7.2.6采用。

表7.2.6 砌体强度的正应力影响系数

砌体类别	σ_0/f_v							
	0.0	1.0	3.0	5.0	7.0	10.0	12.0	≥16.0
普通砖，多孔砖	0.80	0.99	1.25	1.47	1.65	1.90	2.05	—
小砌块	—	1.23	1.69	2.15	2.57	3.02	3.32	3.92

注：σ_0为对应于重力荷载代表值的砌体截面平均压应力。

7.2.7 普通砖、多孔砖墙体的截面抗震受剪承载力，应按下列规定验算：

1 一般情况下，应按下式验算：

$$V \leqslant f_{vE} A / \gamma_{RE} \qquad (7.2.7\text{-}1)$$

式中：V——墙体剪力设计值；

　　　f_{vE}——砖砌体沿阶梯形截面破坏的抗震抗剪强度设计值；

　　　A——墙体横截面面积，多孔砖取毛截面面积；

　　　γ_{RE}——承载力抗震调整系数，承重墙按本规范表5.4.2采用，自承重墙按0.75采用。

2 采用水平配筋的墙体，应按下式验算：

$$V \leqslant \frac{1}{\gamma_{RE}}(f_{vE} A + \zeta_s f_{yh} A_{sh}) \qquad (7.2.7\text{-}2)$$

式中：f_{yh}——水平钢筋抗拉强度设计值；

　　　A_{sh}——层间墙体竖向截面的总水平钢筋面积，

其配筋率应不小于 0.07% 且不大于 0.17%；

ζ_s——钢筋参与工作系数，可按表 7.2.7 采用。

表 7.2.7　钢筋参与工作系数

墙体高宽比	0.4	0.6	0.8	1.0	1.2
ζ_s	0.10	0.12	0.14	0.15	0.12

3　当按式 (7.2.7-1)、式 (7.2.7-2) 验算不满足要求时，可计入基本均匀设置于墙段中部、截面不小于 240mm×240mm（墙厚 190mm 时为 240mm×190mm）且间距不大于 4m 的构造柱对受剪承载力的提高作用，按下列简化方法验算：

$$V \leqslant \frac{1}{\gamma_{RE}}\left[\eta_c f_{vE}(A-A_c) + \zeta_c f_t A_c + 0.08 f_{yc} A_{sc} + \zeta_s f_{yh} A_{sh}\right]$$

(7.2.7-3)

式中：A_c——中部构造柱的横截面总面积（对横墙和内纵墙，$A_c > 0.15A$ 时，取 0.15A；对外纵墙，$A_c > 0.25A$ 时，取 0.25A）；

f_t——中部构造柱的混凝土轴心抗拉强度设计值；

A_{sc}——中部构造柱的纵向钢筋截面总面积（配筋率不小于 0.6%，大于 1.4% 时取 1.4%）；

f_{yh}、f_{yc}——分别为墙体水平钢筋、构造柱钢筋抗拉强度设计值；

ζ_c——中部构造柱参与工作系数；居中设一根时取 0.5，多于一根时取 0.4；

η_c——墙体约束修正系数；一般情况取 1.0，构造柱间距不大于 3.0m 时取 1.1；

A_{sh}——层间墙体竖向截面的总水平钢筋面积，无水平钢筋时取 0.0。

7.2.8　小砌块墙体的截面抗震受剪承载力，应按下式验算：

$$V \leqslant \frac{1}{\gamma_{RE}}\left[f_{vE}A + (0.3 f_t A_c + 0.05 f_y A_s)\zeta_c\right]$$

(7.2.8)

式中：f_t——芯柱混凝土轴心抗拉强度设计值；

A_c——芯柱截面总面积；

A_s——芯柱钢筋截面总面积；

f_y——芯柱钢筋抗拉强度设计值；

ζ_c——芯柱参与工作系数，可按表 7.2.8 采用。

注：当同时设置芯柱和构造柱时，构造柱截面可作为芯柱截面，构造柱钢筋可作为芯柱钢筋。

表 7.2.8　芯柱参与工作系数

填孔率 ρ	$\rho < 0.15$	$0.15 \leqslant \rho < 0.25$	$0.25 \leqslant \rho < 0.5$	$\rho \geqslant 0.5$
ζ_c	0.0	1.0	1.10	1.15

注：填孔率指芯柱根数（含构造柱和填实孔洞数量）与孔洞总数之比。

7.2.9　底层框架-抗震墙砌体房屋中嵌砌于框架之间的普通砖或小砌块的砌体墙，当符合本规范第 7.5.4 条、第 7.5.5 条的构造要求时，其抗震验算应符合下列规定：

1　底层框架柱的轴向力和剪力，应计入砖墙或小砌块墙引起的附加轴向力和附加剪力，其值可按下列公式确定：

$$N_f = V_w H_f / l$$

(7.2.9-1)

$$V_f = V_w$$

(7.2.9-2)

式中：V_w——墙体承担的剪力设计值，柱两侧有墙时可取二者的较大值；

N_f——框架柱的附加轴压力设计值；

V_f——框架柱的附加剪力设计值；

H_f、l——分别为框架的层高和跨度。

2　嵌砌于框架之间的普通砖墙或小砌块墙及两端框架柱，其抗震受剪承载力应按下式验算：

$$V \leqslant \frac{1}{\gamma_{REc}} \sum (M_{yc}^u + M_{yc}^l)/H_0 + \frac{1}{\gamma_{REw}} \sum f_{vE} A_{w0}$$

(7.2.9-3)

式中：V——嵌砌普通砖墙或小砌块墙及两端框架柱剪力设计值；

A_{w0}——砖墙或小砌块墙水平截面的计算面积，无洞口时取实际截面的 1.25 倍，有洞口时取截面净面积，但不计入宽度小于洞口高度 1/4 的墙肢截面面积；

M_{yc}^u、M_{yc}^l——分别为底层框架柱上下端的正截面受弯承载力设计值，可按现行国家标准《混凝土结构设计规范》GB 50010 非抗震设计的有关公式取等号计算；

H_0——底层框架柱的计算高度，两侧均有砌体墙时取柱净高的 2/3，其余情况取柱净高；

γ_{REc}——底层框架柱承载力抗震调整系数，可采用 0.8；

γ_{REw}——嵌砌普通砖墙或小砌块墙承载力抗震调整系数，可采用 0.9。

7.3　多层砖砌体房屋抗震构造措施

7.3.1　各类多层砖砌体房屋，应按下列要求设置现浇钢筋混凝土构造柱（以下简称构造柱）：

1　构造柱设置部位，一般情况下应符合表 7.3.1 的要求。

2　外廊式和单面走廊式的多层房屋，应根据房屋增加一层的层数，按表 7.3.1 的要求设置构造柱，且单面走廊两侧的纵墙均应按外墙处理。

3　横墙较少的房屋，应根据房屋增加一层的层数，按表 7.3.1 的要求设置构造柱。当横墙较少的房屋为外廊式或单面走廊式时，应按本条 2 款要求设置构造柱；但 6 度不超过四层、7 度不超过三层和 8 度不超过二层时，应按增加二层的层数对待。

　　4 各层横墙很少的房屋，应按增加二层的层数设置构造柱。

　　5 采用蒸压灰砂砖和蒸压粉煤灰砖的砌体房屋，当砌体的抗剪强度仅达到普通黏土砖砌体的 **70%** 时，应根据增加一层的层数按本条 1~4 款要求设置构造柱；但 **6** 度不超过四层、**7** 度不超过三层和 **8** 度不超过二层时，应按增加二层的层数对待。

表7.3.1　多层砖砌体房屋构造柱设置要求

房屋层数				设 置 部 位
6度	7度	8度	9度	
四、五	三、四	二、三		楼、电梯间四角，楼梯斜梯段上下端对应的墙体处；外墙四角和对应转角；错层部位横墙与外纵墙交接处；大房间内外墙交接处；较大洞口两侧	隔12m或单元横墙与外纵墙交接处；楼梯间对应的另一侧内横墙与外纵墙交接处
六	五	四	二		隔开间横墙（轴线）与外墙交接处；山墙与内纵墙交接处
七	≥六	≥五	≥三		内墙（轴线）与外墙交接处；内墙的局部较小墙垛处；内纵墙与横墙（轴线）交接处

注：较大洞口，内墙指不小于 2.1m 的洞口；外墙在内外墙交接处已设置构造柱时应允许适当放宽，但洞侧墙体应加强。

7.3.2 多层砖砌体房屋的构造柱应符合下列构造要求：

　　1 构造柱最小截面可采用 180mm×240mm（墙厚 190mm 时为 180mm×190mm），纵向钢筋宜采用 4φ12，箍筋间距不宜大于 250mm，且在柱上下端应适当加密；6、7 时超过六层、8 度时超过五层和 9 度时，构造柱纵向钢筋宜采用 4φ14，箍筋间距不应大于 200mm；房屋四角的构造柱应适当加大截面及配筋。

　　2 构造柱与墙连接处应砌成马牙槎，沿墙高每隔 500mm 设 2φ6 水平钢筋和 φ4 分布短筋平面内点焊组成的拉结网片或 φ4 点焊钢筋网片，每边伸入墙内不宜小于 1m。6、7 度时底部 1/3 楼层，8 度时底部 1/2 楼层，9 度时全部楼层，上述拉结钢筋网片应沿墙体水平通长设置。

　　3 构造柱与圈梁连接处，构造柱的纵筋应在圈梁纵筋内侧穿过，保证构造柱纵筋上下贯通。

　　4 构造柱可不单独设置基础，但应伸入室外地面下 500mm，或与埋深小于 500mm 的基础圈梁相连。

　　5 房屋高度和层数接近本规范表 7.1.2 的限值时，纵、横墙内构造柱间距尚应符合下列要求：

　　　1）横墙内的构造柱间距不宜大于层高的二倍；下部 1/3 楼层的构造柱间距适当减小；

　　　2）当外纵墙开间大于 3.9m 时，应另设加强措施。内纵墙的构造柱间距不宜大于 4.2m。

7.3.3 多层砖砌体房屋的现浇钢筋混凝土圈梁设置应符合下列要求：

　　1 装配式钢筋混凝土楼、屋盖或木屋盖的砖房，应按表 7.3.3 的要求设置圈梁；纵墙承重时，抗震横墙上的圈梁间距应比表内要求适当加密。

　　2 现浇或装配整体式钢筋混凝土楼、屋盖与墙体有可靠连接的房屋，应允许不另设圈梁，但楼板沿抗震墙体周边均应加强配筋并应与相应的构造柱钢筋可靠连接。

表7.3.3　多层砖砌体房屋现浇钢筋
混凝土圈梁设置要求

墙 类	烈 度		
	6、7	8	9
外墙和内纵墙	屋盖处及每层楼盖处	屋盖处及每层楼盖处	屋盖处及每层楼盖处
内横墙	同上；屋盖处间距不应大于 4.5m；楼盖处间距不应大于 7.2m；构造柱对应部位	同上；各层所有横墙，且间距不应大于 4.5m；构造柱对应部位	同上；各层所有横墙

7.3.4 多层砖砌体房屋现浇混凝土圈梁的构造应符合下列要求：

　　1 圈梁应闭合，遇有洞口圈梁应上下搭接。圈梁宜与预制板设在同一标高处或紧靠板底；

　　2 圈梁在本规范第 7.3.3 条要求的间距内无横墙时，应利用梁或板缝中配筋替代圈梁；

　　3 圈梁的截面高度不应小于 120mm，配筋应符合表 7.3.4 的要求；按本规范第 3.3.4 条 3 款要求增设的基础圈梁，截面高度不应小于 180mm，配筋不应少于 4φ12。

表7.3.4　多层砖砌体房屋圈梁配筋要求

配 筋	烈 度		
	6、7	8	9
最小纵筋	4φ10	4φ12	4φ14
箍筋最大间距（mm）	250	200	150

7.3.5 多层砖砌体房屋的楼、屋盖应符合下列要求：

　　1 现浇钢筋混凝土楼板或屋面板伸进纵、横墙内的长度，均应不小于 **120mm**。

2 装配式钢筋混凝土楼板或屋面板，当圈梁未设在板的同一标高时，板端伸进外墙的长度不应小于120mm，伸进内墙的长度不应小于100mm或采用硬架支模连接，在梁上不应小于80mm或采用硬架支模连接。

3 当板的跨度大于4.8m并与外墙平行时，靠外墙的预制板侧边应与墙或圈梁拉结。

4 房屋端部大房间的楼盖，6度时房屋的屋盖和7～9度时房屋的楼、屋盖，当圈梁设在板底时，钢筋混凝土预制板应相互拉结，并应与梁、墙或圈梁拉结。

7.3.6 楼、屋盖的钢筋混凝土梁或屋架应与墙、柱（包括构造柱）或圈梁可靠连接；不得采用独立砖柱。跨度不小于6m大梁的支承构件应采用组合砌体等加强措施，并满足承载力要求。

7.3.7 6、7度时长度大于7.2m的大房间，以及8、9度时外墙转角及内外墙交接处，应沿墙高每隔500mm配置2ϕ6的通长钢筋和ϕ4分布短筋平面内点焊组成的拉结片或ϕ4点焊网片。

7.3.8 楼梯间尚应符合下列要求：

1 顶层楼梯间墙体应沿墙高每隔500mm设2ϕ6通长钢筋和ϕ4分布短钢筋平面内点焊组成的拉结网片或ϕ4点焊网片；7～9度时其他各层楼梯间墙体应在休息平台或楼层半高处设置60mm厚、纵向钢筋不应少于2ϕ10的钢筋混凝土带或配筋砖带，配筋砖带不少于3皮，每皮的配筋不少于2ϕ6，砂浆强度等级不应低于M7.5且不低于同层墙体的砂浆强度等级。

2 楼梯间及门厅内墙阳角处的大梁支承长度不应小于500mm，并应与圈梁连接。

3 装配式楼梯段应与平台板的梁可靠连接，8、9度时不应采用装配式楼梯段；不应采用墙中悬挑式踏步或踏步竖肋插入墙体的楼梯，不应采用无筋砖砌栏板。

4 突出屋顶的楼、电梯间，构造柱应伸到顶部，并与顶部圈梁连接，所有墙体应沿墙高每隔500mm设2ϕ6通长钢筋和ϕ4分布短筋平面内点焊组成的拉结网片或ϕ4点焊网片。

7.3.9 坡屋顶房屋的屋架应与顶层圈梁可靠连接，檩条或屋面板应与墙、屋架可靠连接，房屋出入口处的檐口瓦应与屋面构件锚固。采用硬山搁檩时，顶层内纵墙顶宜增砌支承山墙的踏步式墙垛，并设构造柱。

7.3.10 门窗洞处不应采用砖过梁；过梁支承长度，6～8度时不应小于240mm，9度时不应小于360mm。

7.3.11 预制阳台，6、7度时应与圈梁和楼板的现浇板带可靠连接，8、9度时不应采用预制阳台。

7.3.12 后砌的非承重砌体隔墙、烟道、风道、垃圾道等应符合本规范第13.3节的有关规定。

7.3.13 同一结构单元的基础（或桩承台），宜采用同一类型的基础，底面宜埋置在同一标高上，否则应增设基础圈梁并应按1∶2的台阶逐步放坡。

7.3.14 丙类的多层砖砌体房屋，当横墙较少且总高度和层数接近或达到本规范表7.1.2规定限值时，应采取下列加强措施：

1 房屋的最大开间尺寸不宜大于6.6m。

2 同一结构单元内横墙错位数量不宜超过横墙总数的1/3，且连续错位不宜多于两道；错位的墙体交接处均应增设构造柱，且楼、屋面板应采用现浇钢筋混凝土板。

3 横墙和内纵墙上洞口的宽度不宜大于1.5m；外纵墙上洞口的宽度不宜大于2.1m或开间尺寸的一半；且内外墙上洞口位置不应影响内外纵墙与横墙的整体连接。

4 所有纵横墙均应在楼、屋盖标高处设置加强的现浇钢筋混凝土圈梁：圈梁的截面高度不宜小于150mm，上下纵筋各不应少于3ϕ10，箍筋不小于ϕ6，间距不大于300mm。

5 所有纵横墙交接处及横墙的中部，均应增设满足下列要求的构造柱：在纵、横墙内的柱距不宜大于3.0m，最小截面尺寸不宜小于240mm×240mm（墙厚190mm时为240mm×190mm），配筋宜符合表7.3.14的要求。

表7.3.14　增设构造柱的纵筋和箍筋设置要求

位置	纵向钢筋			箍筋		
	最大配筋率（%）	最小配筋率（%）	最小直径（mm）	加密区范围（mm）	加密区间距（mm）	最小直径（mm）
角柱	1.8	0.8	14	全高	100	6
边柱			14			
中柱	1.4		12	上端700 下端500		

6 同一结构单元的楼、屋面板应设置在同一标高处。

7 房屋底层和顶层的窗台标高处，宜设置沿纵横墙通长的水平现浇钢筋混凝土带；其截面高度不小于60mm，宽度不小于墙厚，纵向钢筋不少于2ϕ10，横向分布筋的直径不小于ϕ6且其间距不大于200mm。

7.4 多层砌块房屋抗震构造措施

7.4.1 多层小砌块房屋应按表7.4.1的要求设置钢筋混凝土芯柱。对外廊式和单面走廊式的多层房屋、横墙较少的房屋、各层横墙很少的房屋，尚应分别按本规范第7.3.1条第2、3、4款关于增加层数的对应要求，按表7.4.1的要求设置芯柱。

表 7.4.1 多层小砌块房屋芯柱设置要求

房屋层数				设置部位	设置数量
6度	7度	8度	9度		
四、五	三、四	二、三		外墙转角，楼、电梯间四角，楼梯斜梯段上下端对应的墙体处；大房间内外墙交接处；错层部位横墙与外纵墙交接处；隔12m或单元横墙与外纵墙交接处	外墙转角，灌实3个孔；内外墙交接处，灌实4个孔；楼梯斜段上下端对应的墙体处，灌实2个孔
六	五	四		同上；隔开间横墙（轴线）与外纵墙交接处	
七	六	五	二	同上；各内墙（轴线）与外纵墙交接处；内纵墙与横墙（轴线）交接处和洞口两侧	外墙转角，灌实5个孔；内外墙交接处，灌实4个孔；内墙交接处，灌实4～5个孔；洞口两侧各灌实1个孔
	七	≥六	≥三	同上；横墙内芯柱间距不大于2m	外墙转角，灌实7个孔；内外墙交接处，灌实5个孔；内墙交接处，灌实4～5个孔；洞口两侧各灌实1个孔

注：外墙转角、内外墙交接处、楼电梯间四角等部位，应允许采用钢筋混凝土构造柱替代部分芯柱。

7.4.2 多层小砌块房屋的芯柱，应符合下列构造要求：

1 小砌块房屋芯柱截面不宜小于120mm×120mm。

2 芯柱混凝土强度等级，不应低于Cb20。

3 芯柱的竖向插筋应贯通墙身且与圈梁连接；插筋不应小于1φ12，6、7度时超过五层、8度时超过四层和9度时，插筋不应小于1φ14。

4 芯柱应伸入室外地面下500mm或与埋深小于500mm的基础圈梁相连。

5 为提高墙体抗震受剪承载力而设置的芯柱，宜在墙体内均匀布置，最大净距不宜大于2.0m。

6 多层小砌块房屋墙体交接处或芯柱与墙体连接处应设置拉结钢筋网片，网片可采用直径4mm的钢筋点焊而成，沿墙高间距不大于600mm，并应沿墙体水平通长设置。6、7度时底部1/3楼层，8度时底部1/2楼层，9度时全部楼层，上述拉结钢筋网片沿墙高间距不大于400mm。

7.4.3 小砌块房屋中替代芯柱的钢筋混凝土构造柱，应符合下列构造要求：

1 构造柱截面不宜小于190mm×190mm，纵向钢筋宜采用4φ12，箍筋间距不宜大于250mm，且在柱上下端应适当加密；6、7度时超过五层、8度时超过四层和9度时，构造柱纵向钢筋宜采用4φ14，箍筋间距不应大于200mm；外墙转角的构造柱可适当加大截面及配筋。

2 构造柱与砌块墙连接处应砌成马牙槎，与构造柱相邻的砌块孔洞，6度时宜填实，7度时应填实，8、9度时应填实并插筋。构造柱与砌块墙之间沿墙高每隔600mm设置φ4点焊拉结钢筋网片，并应沿墙体水平通长设置。6、7度时底部1/3楼层，8度时底部1/2楼层，9度全部楼层，上述拉结钢筋网片沿墙高间距不大于400mm。

3 构造柱与圈梁连接处，构造柱的纵筋应在圈梁纵筋内穿过，保证构造柱纵筋上下贯通。

4 构造柱可不单独设置基础，但应伸入室外地面下500mm，或与埋深小于500mm的基础圈梁相连。

7.4.4 多层小砌块房屋的现浇钢筋混凝土圈梁的设置位置应按本规范第7.3.3条多层砖砌体房屋圈梁的要求执行，圈梁宽度不应小于190mm，配筋不应少于4φ12，箍筋间距不应大于200mm。

7.4.5 多层小砌块房屋的层数，6度时超过五层、7度时超过四层、8度时超过三层和9度时，在底层和顶层的窗台标高处，沿纵横墙应设置通长的水平现浇钢筋混凝土带；其截面高度不小于60mm，纵筋不少于2φ10，并应有分布拉结钢筋；其混凝土强度等级不应低于C20。

水平现浇混凝土带亦可采用槽形砌块替代模板，其纵筋和拉结钢筋不变。

7.4.6 丙类的多层小砌块房屋，当横墙较少且总高度和层数接近或达到本规范表7.1.2规定限值时，应符合本规范第7.3.14条的相关要求；其中，墙体中部的构造柱可采用芯柱替代，芯柱的灌孔数量不应少于2孔，每孔插筋的直径不应小于18mm。

7.4.7 小砌块房屋的其他抗震构造措施，尚应符合本规范第7.3.5条至第7.3.13条有关要求。其中，墙体的拉结钢筋网片间距应符合本节的相应规定，分别取600mm和400mm。

7.5 底部框架-抗震墙砌体房屋抗震构造措施

7.5.1 底部框架-抗震墙砌体房屋的上部墙体应设置钢筋混凝土构造柱或芯柱，并应符合下列要求：

1 钢筋混凝土构造柱、芯柱的设置部位，应根据房屋的总层数分别按本规范第7.3.1条、7.4.1条的规定设置。

2 构造柱、芯柱的构造，除应符合下列要求外，尚应符合本规范第7.3.2、7.4.2、7.4.3条的规定：

1） 砖砌体墙中构造柱截面不宜小于240mm×

240mm（墙厚190mm时为240mm×190mm）；

　　2）构造柱的纵向钢筋不宜少于4φ14，箍筋间距不宜大于200mm；芯柱每孔插筋不应小于1φ14，芯柱之间沿墙高应每隔400mm设φ4焊接钢筋网片。

　　3　构造柱、芯柱应与每层圈梁连接，或与现浇楼板可靠拉接。

7.5.2 过渡层墙体的构造，应符合下列要求：

　　1　上部砌体墙的中心线宜与底部的框架梁、抗震墙的中心线相重合；构造柱或芯柱宜与框架柱上下贯通。

　　2　过渡层应在底部框架柱、混凝土墙或约束砌体墙的构造柱所对应处设置构造柱或芯柱；墙体内的构造柱间距不宜大于层高；芯柱除按本规范表7.4.1设置外，最大间距不宜大于1m。

　　3　过渡层构造柱的纵向钢筋，6、7度时不宜少于4φ16，8度时不宜少于4φ18。过渡层芯柱的纵向钢筋，6、7度时不宜少于每孔1φ16，8度时不宜少于每孔1φ18。一般情况下，纵向钢筋应锚入下部的框架柱或混凝土墙内；当纵向钢筋锚固在托墙梁内时，托墙梁的相应位置应加强。

　　4　过渡层的砌体墙在窗台标高处，应设置沿纵横墙通长的水平现浇钢筋混凝土带；其截面高度不小于60mm，宽度不小于墙厚，纵向钢筋不少于2φ10，横向分布筋的直径不小于6mm且其间距不大于200mm。此外，砖砌体墙在相邻构造柱间的墙体，应沿墙高每隔360mm设置2φ6通长水平钢筋和φ4分布短筋平面内点焊组成的拉结网片或φ4点焊钢筋网片，并锚入构造柱内；小砌块砌体墙芯柱之间沿墙高应每隔400mm设置φ4通长水平点焊钢筋网片。

　　5　过渡层的砌体墙，凡宽度不小于1.2m的门洞和2.1m的窗洞，洞口两侧宜增设截面不小于120mm×240mm（墙厚190mm时为120mm×190mm）的构造柱或单孔芯柱。

　　6　当过渡层的砌体抗震墙与底部框架梁、墙体不对齐时，应在底部框架内设置托墙转换梁，并且过渡层砖墙或砌块墙应采取比本条4款更高的加强措施。

7.5.3 底部框架-抗震墙砌体房屋的底部采用钢筋混凝土墙时，其截面和构造应符合下列要求：

　　1　墙体周边应设置梁（或暗梁）和边框柱（或框架柱）组成的边框；边框梁的截面宽度不宜小于墙板厚度的1.5倍，截面高度不宜小于墙板厚度的2.5倍；边框柱的截面高度不宜小于墙板厚度的2倍。

　　2　墙板的厚度不宜小于160mm，且不应小于墙板净高的1/20；墙体宜开设洞口形成若干墙段，各墙段的高宽比不宜小于2。

　　3　墙体的竖向和横向分布钢筋配筋率均不应小于0.30%，并应采用双排布置；双排分布钢筋间拉结筋的间距不应大于600mm，直径不应小于6mm。

　　4　墙体的边缘构件可按本规范第6.4节关于一般部位的规定设置。

7.5.4 当6度设防的底层框架-抗震墙砖房的底层采用约束砖砌体墙时，其构造应符合下列要求：

　　1　砖墙厚不应小于240mm，砌筑砂浆强度等级不应低于M10，应先砌墙后浇框架。

　　2　沿框架柱每隔300mm配置2φ8水平钢筋和φ4分布短筋平面内点焊组成的拉结网片，并沿砖墙水平通长设置；在墙体半高处尚应设置与框架柱相连的钢筋混凝土水平系梁。

　　3　墙长大于4m时和洞口两侧，应在墙内增设钢筋混凝土构造柱。

7.5.5 当6度设防的底层框架-抗震墙砌块房屋的底层采用约束小砌块砌体墙时，其构造应符合下列要求：

　　1　墙厚不应小于190mm，砌筑砂浆强度等级不应低于Mb10，应先砌墙后浇框架。

　　2　沿框架柱每隔400mm配置2φ8水平钢筋和φ4分布短筋平面内点焊组成的拉结网片，并沿砌块墙水平通长设置；在墙体半高处尚应设置与框架柱相连的钢筋混凝土水平系梁，系梁截面不应小于190mm×190mm，纵筋不应小于4φ12，箍筋直径不应小于φ6，间距不应大于200mm。

　　3　墙体在门、窗洞口两侧应设置芯柱，墙长大于4m时，应在墙内增设芯柱，芯柱应符合本规范第7.4.2条的有关规定；其余位置，宜采用钢筋混凝土构造柱替代芯柱，钢筋混凝土构造柱应符合本规范第7.4.3条的有关规定。

7.5.6 底部框架-抗震墙砌体房屋的框架柱应符合下列要求：

　　1　柱的截面不应小于400mm×400mm，圆柱直径不应小于450mm。

　　2　柱的轴压比，6度时不宜大于0.85，7度时不宜大于0.75，8度时不宜大于0.65。

　　3　柱的纵向钢筋最小总配筋率，当钢筋的强度标准值低于400MPa时，中柱在6、7度时不应小于0.9%，8度时不应小于1.1%；边柱、角柱和混凝土抗震墙端柱在6、7度时不应小于1.0%，8度时不应小于1.2%。

　　4　柱的箍筋直径，6、7度时不应小于8mm，8度时不应小于10mm，并应全高加密箍筋，间距不大于100mm。

　　5　柱的最上端和最下端组合的弯矩设计值应乘以增大系数，一、二、三级的增大系数应分别按1.5、1.25和1.15采用。

7.5.7 底部框架-抗震墙砌体房屋的楼盖应符合下列要求：

　　1　过渡层的底板应采用现浇钢筋混凝土板，板厚不应小于120mm；并应少开洞、开小洞，当洞口尺寸大于800mm时，洞口周边应设置边梁。

　　2　其他楼层，采用装配式钢筋混凝土楼板时均应设现浇圈梁；采用现浇钢筋混凝土楼板时应允许不另设圈梁，但楼板沿抗震墙体周边均应加强配筋并应与相应的构造柱可靠连接。

7.5.8 底部框架-抗震墙砌体房屋的钢筋混凝土托墙梁，其截面和构造应符合下列要求：

1 梁的截面宽度不应小于 300mm，梁的截面高度不应小于跨度的 1/10。

2 箍筋的直径不应小于 8mm，间距不应大于 200mm；梁端在 1.5 倍梁高且不小于 1/5 梁净跨范围内，以及上部墙体的洞口处和洞口两侧各 500mm 且不小于梁高的范围内，箍筋间距不应大于 100mm。

3 沿梁高应设腰筋，数量不应少于 $2\phi14$，间距不应大于 200mm。

4 梁的纵向受力钢筋和腰筋应按受拉钢筋的要求锚固在柱内，且支座上部的纵向钢筋在柱内的锚固长度应符合钢筋混凝土框支梁的有关要求。

7.5.9 底部框架-抗震墙砌体房屋的材料强度等级，应符合下列要求：

1 框架柱、混凝土墙和托墙梁的混凝土强度等级，不应低于 C30。

2 过渡层砌体块材的强度等级不应低于 MU10，砖砌体砌筑砂浆强度的等级不应低于 M10，砌块砌体砌筑砂浆强度的等级不应低于 Mb10。

7.5.10 底部框架-抗震墙砌体房屋的其他抗震构造措施，应符合本规范第 7.3 节、第 7.4 节和第 6 章的有关要求。

8 多层和高层钢结构房屋

8.1 一般规定

8.1.1 本章适用的钢结构民用房屋的结构类型和最大高度应符合表 8.1.1 的规定。平面和竖向均不规则的钢结构，适用的最大高度宜适当降低。

注：1 钢支撑-混凝土框架和钢框架-混凝土筒体结构的抗震设计，应符合本规范附录 G 的规定；

2 多层钢结构厂房的抗震设计，应符合本规范附录 H 第 H.2 节的规定。

表 8.1.1 钢结构房屋适用的最大高度（m）

结构类型	6、7度 (0.10g)	7度 (0.15g)	8度 (0.20g)	8度 (0.30g)	9度 (0.40g)
框架	110	90	90	70	50
框架-中心支撑	220	200	180	150	120
框架-偏心支撑（延性墙板）	240	220	200	180	160
筒体（框筒，筒中筒，桁架筒，束筒）和巨型框架	300	280	260	240	180

注：1 房屋高度指室外地面到主要屋面板板顶的高度（不包括局部突出屋顶部分）；

2 超过表内高度的房屋，应进行专门研究和论证，采取有效的加强措施；

3 表内的筒体不包括混凝土筒。

8.1.2 本章适用的钢结构民用房屋的最大高宽比不宜超过表 8.1.2 的规定。

表 8.1.2 钢结构民用房屋适用的最大高宽比

烈 度	6、7	8	9
最大高宽比	6.5	6.0	5.5

注：塔形建筑的底部有大底盘时，高宽比可按大底盘以上计算。

8.1.3 钢结构房屋应根据设防分类、烈度和房屋高度采用不同的抗震等级，并应符合相应的计算和构造措施要求。丙类建筑的抗震等级应按表 8.1.3 确定。

表 8.1.3 钢结构房屋的抗震等级

房屋高度	烈 度			
	6	7	8	9
≤50m		四	三	二
>50m	四	三	二	

注：1 高度接近或等于高度分界时，应允许结合房屋不规则程度和场地、地基条件确定抗震等级；

2 一般情况，构件的抗震等级应与结构相同；当某个部位各构件的承载力均满足 2 倍地震作用组合下的内力要求时，7～9 度的构件抗震等级应允许按降低一度确定。

8.1.4 钢结构房屋需要设置防震缝时，缝宽应不小于相应钢筋混凝土结构房屋的 1.5 倍。

8.1.5 一、二级的钢结构房屋，宜设置偏心支撑、带竖缝钢筋混凝土抗震墙板、内藏钢支撑钢筋混凝土墙板、屈曲约束支撑等消能支撑或筒体。

采用框架结构时，甲、乙类建筑和高层的丙类建筑不应采用单跨框架，多层的丙类建筑不宜采用单跨框架。

注：本章"一、二、三、四级"即"抗震等级为一、二、三、四级"的简称。

8.1.6 采用框架-支撑结构的钢结构房屋应符合下列规定：

1 支撑框架在两个方向的布置均宜基本对称，支撑框架之间楼盖的长宽比不宜大于 3。

2 三、四级且高度不大于 50m 的钢结构宜采用中心支撑，也可采用偏心支撑、屈曲约束支撑等消能支撑。

3 中心支撑框架宜采用交叉支撑，也可采用人字支撑或单斜杆支撑，不宜采用 K 形支撑；支撑的轴线宜交汇于梁柱构件轴线的交点，偏离交点时的偏心距不应超过支撑杆件宽度，并应计入由此产生的附加弯矩。当中心支撑采用只能受拉的单斜杆体系时，应同时设置不同倾斜方向的两组斜杆，且每组中不同方向单斜杆的截面面积在水平方向的投影面积之差不应大于 10%。

4 偏心支撑框架的每根支撑应至少有一端与框

架梁连接，并在支撑与梁交点和柱之间或同一跨内另一支撑与梁交点之间形成消能梁段。

5 采用屈曲约束支撑时，宜采用人字支撑、成对布置的单斜杆支撑等形式，不应采用 K 形或 X 形，支撑与柱的夹角宜在 35°～55°之间。屈曲约束支撑受压时，其设计参数、性能检验和作为一种消能部件的计算方法可按相关要求设计。

8.1.7 钢框架-筒体结构，必要时可设置由筒体外伸臂或外伸臂和周边桁架组成的加强层。

8.1.8 钢结构房屋的楼盖应符合下列要求：

1 宜采用压型钢板现浇钢筋混凝土组合楼板或钢筋混凝土楼板，并应与钢梁有可靠连接。

2 对 6、7 度时不超过 50m 的钢结构，尚可采用装配整体式钢筋混凝土楼板，也可采用装配式楼板或其他轻型楼盖；但应将楼板预埋件与钢梁焊接，或采取其他保证楼盖整体性的措施。

3 对转换层楼盖或楼板有大洞口等情况，必要时可设置水平支撑。

8.1.9 钢结构房屋的地下室设置，应符合下列要求：

1 设置地下室时，框架-支撑（抗震墙板）结构中竖向连续布置的支撑（抗震墙板）应延伸至基础；钢框架柱应至少延伸至地下一层，其竖向荷载应直接传至基础。

2 超过 50m 的钢结构房屋应设置地下室。其基础埋置深度，当采用天然地基时不宜小于房屋总高度的 1/15；当采用桩基时，桩承台埋深不宜小于房屋总高度的 1/20。

8.2 计 算 要 点

8.2.1 钢结构应按本节规定调整地震作用效应，其层间变形应符合本规范第 5.5 节的有关规定。构件截面和连接抗震验算时，非抗震的承载力设计值应除以本规范规定的承载力抗震调整系数；凡本章未作规定者，应符合现行有关设计规范、规程的要求。

8.2.2 钢结构抗震计算的阻尼比宜符合下列规定：

1 多遇地震下的计算，高度不大于 50m 时可取 0.04；高度大于 50m 且小于 200m 时，可取 0.03；高度不小于 200m 时，宜取 0.02。

2 当偏心支撑框架部分承担的地震倾覆力矩大于结构总地震倾覆力矩的 50% 时，其阻尼比可比本条 1 款相应增加 0.005。

3 在罕遇地震下的弹塑性分析，阻尼比可取 0.05。

8.2.3 钢结构在地震作用下的内力和变形分析，应符合下列规定：

1 钢结构应按本规范第 3.6.3 条规定计入重力二阶效应。进行二阶效应的弹性分析时，应按现行国家标准《钢结构设计规范》GB 50017 的有关规定，在每层柱顶附加假想水平力。

2 框架梁可按梁端截面的内力设计。对工字形截面柱，宜计入梁柱节点域剪切变形对结构侧移的影响；对箱形柱框架、中心支撑框架和不超过 50m 的钢结构，其层间位移计算可不计入梁柱节点域剪切变形的影响，近似按框架轴线进行分析。

3 钢框架-支撑结构的斜杆可按端部铰接杆计算；其框架部分按刚度分配计算得到的地震层剪力应乘以调整系数，达到不小于结构底部总地震剪力的 25% 和框架部分计算最大层剪力 1.8 倍二者的较小值。

4 中心支撑框架的斜杆轴线偏离梁柱轴线交点不超过支撑杆件的宽度时，仍可按中心支撑框架分析，但应计及由此产生的附加弯矩。

5 偏心支撑框架中，与消能梁段相连构件的内力设计值，应按下列要求调整：

1）支撑斜杆的轴力设计值，应取与支撑斜杆相连接的消能梁段达到受剪承载力时支撑斜杆轴力与增大系数的乘积；其增大系数，一级不应小于 1.4，二级不应小于 1.3，三级不应小于 1.2；

2）位于消能梁段同一跨的框架梁内力设计值，应取消能梁段达到受剪承载力时框架梁内力与增大系数的乘积；其增大系数，一级不应小于 1.3，二级不应小于 1.2，三级不应小于 1.1；

3）框架柱的内力设计值，应取消能梁段达到受剪承载力时柱内力与增大系数的乘积；其增大系数，一级不应小于 1.3，二级不应小于 1.2，三级不应小于 1.1。

6 内藏钢支撑钢筋混凝土墙板和带竖缝钢筋混凝土墙板应按有关规定计算，带竖缝钢筋混凝土墙板可仅承受水平荷载产生的剪力，不承受竖向荷载产生的压力。

7 钢结构转换构件下的钢框架柱，地震内力应乘以增大系数，其值可采用 1.5。

8.2.4 钢框架梁的上翼缘采用抗剪连接件与组合楼板连接时，可不验算地震作用下的整体稳定。

8.2.5 钢框架节点处的抗震承载力验算，应符合下列规定：

1 节点左右梁端和上下柱端的全塑性承载力，除下列情况之一外，应符合下式要求：

1）柱所在楼层的受剪承载力比相邻上一层的受剪承载力高出 25%；

2）柱轴压比不超过 0.4，或 $N_2 \leqslant \varphi A_c f$（$N_2$ 为 2 倍地震作用下的组合轴力设计值）；

3）与支撑斜杆相连的节点。

等截面梁

$$\sum W_{pc}(f_{yc} - N/A_c) \geqslant \eta \sum W_{pb} f_{yb}$$

$$(8.2.5-1)$$

端部翼缘变截面的梁

$$\sum W_{pc}(f_{yc} - N/A_c) \geqslant \sum (\eta W_{pb1} f_{yb} + V_{pb}s) \tag{8.2.5-2}$$

式中：W_{pc}、W_{pb}——分别为交汇于节点的柱和梁的塑性截面模量；

W_{pb1}——梁塑性铰所在截面的梁塑性截面模量；

f_{yc}、f_{yb}——分别为柱和梁的钢材屈服强度；

N——地震组合的柱轴力；

A_c——框架柱的截面面积；

η——强柱系数，一级取 1.15，二级取 1.10，三级取 1.05；

V_{pb}——梁塑性铰剪力；

s——塑性铰至柱面的距离，塑性铰可取梁端部变截面翼缘的最小处。

2 节点域的屈服承载力应符合下列要求：

$$\psi(M_{pb1} + M_{pb2})/V_p \leqslant (4/3) f_{yv} \tag{8.2.5-3}$$

工字形截面柱

$$V_p = h_{b1} h_{c1} t_w \tag{8.2.5-4}$$

箱形截面柱

$$V_p = 1.8 h_{b1} h_{c1} t_w \tag{8.2.5-5}$$

圆管截面柱

$$V_p = (\pi/2) h_{b1} h_{c1} t_w \tag{8.2.5-6}$$

3 工字形截面柱和箱形截面柱的节点域应按下列公式验算：

$$t_w \geqslant (h_{b1} + h_{c1})/90 \tag{8.2.5-7}$$

$$(M_{b1} + M_{b2})/V_p \leqslant (4/3) f_v/\gamma_{RE} \tag{8.2.5-8}$$

式中：M_{pb1}、M_{pb2}——分别为节点域两侧梁的全塑性受弯承载力；

V_p——节点域的体积；

f_v——钢材的抗剪强度设计值；

f_{yv}——钢材的屈服抗剪强度，取钢材屈服强度的 0.58 倍；

ψ——折减系数；三、四级取 0.6，一、二级取 0.7；

h_{b1}、h_{c1}——分别为梁翼缘厚度中点间的距离和柱翼缘（或钢管直径线上管壁）厚度中点间的距离；

t_w——柱在节点域的腹板厚度；

M_{b1}、M_{b2}——分别为节点域两侧梁的弯矩设计值；

γ_{RE}——节点域承载力抗震调整系数，取 0.75。

8.2.6 中心支撑框架构件的抗震承载力验算，应符合下列规定：

1 支撑斜杆的受压承载力应按下式验算：

$$N/(\varphi A_{br}) \leqslant \psi f/\gamma_{RE} \tag{8.2.6-1}$$

$$\psi = 1/(1 + 0.35\lambda_n) \tag{8.2.6-2}$$

$$\lambda_n = (\lambda/\pi) \sqrt{f_{ay}/E} \tag{8.2.6-3}$$

式中：N——支撑斜杆的轴向力设计值；

A_{br}——支撑斜杆的截面面积；

φ——轴心受压构件的稳定系数；

ψ——受循环荷载时的强度降低系数；

λ、λ_n——支撑斜杆的长细比和正则化长细比；

E——支撑斜杆钢材的弹性模量；

f、f_{ay}——分别为钢材强度设计值和屈服强度；

γ_{RE}——支撑稳定破坏承载力抗震调整系数。

2 人字支撑和 V 形支撑的框架梁在支撑连接处应保持连续，并按不计入支撑支点作用的梁验算重力荷载和支撑屈曲时不平衡力作用下的承载力；不平衡力应按受拉支撑的最小屈服承载力和受压支撑最大屈曲承载力的 0.3 倍计算。必要时，人字支撑和 V 形支撑可沿竖向交替设置或采用拉链柱。

注：顶层和出屋面房间的梁可不执行本款。

8.2.7 偏心支撑框架构件的抗震承载力验算，应符合下列规定：

1 消能梁段的受剪承载力应符合下列要求：

当 $N \leqslant 0.15Af$ 时

$$V \leqslant \phi V_l/\gamma_{RE} \tag{8.2.7-1}$$

$$V_l = 0.58A_w f_{ay} \text{ 或 } V_l = 2M_{lp}/a，取较小值$$

$$A_w = (h - 2t_f)t_w$$

$$M_{lp} = fW_p$$

当 $N > 0.15Af$ 时

$$V \leqslant \phi V_{lc}/\gamma_{RE} \tag{8.2.7-2}$$

$$V_{lc} = 0.58A_w f_{ay} \sqrt{1 - [N/(Af)]^2}$$

或 $V_{lc} = 2.4M_{lp}[1 - N/(Af)]/a$，取较小值

式中：N、V——分别为消能梁段的轴力设计值和剪力设计值；

V_l、V_{lc}——分别为消能梁段受剪承载力和计入轴力影响的受剪承载力；

M_{lp}——消能梁段的全塑性受弯承载力；

A、A_w——分别为消能梁段的截面面积和腹板截面面积；

W_p——消能梁段的塑性截面模量；

a、h——分别为消能梁段的净长和截面高度；

t_w、t_f——分别为消能梁段的腹板厚度和翼缘厚度；

f、f_{ay}——消能梁段钢材的抗压强度设计值和屈服强度；

ϕ——系数，可取 0.9；

γ_{RE}——消能梁段承载力抗震调整系数，取 0.75。

2 支撑斜杆与消能梁段连接的承载力不得小于支撑的承载力。若支撑需抵抗弯矩，支撑与梁的连接应按压弯连接设计。

8.2.8 钢结构抗侧力构件的连接计算，应符合下列要求：

1 钢结构抗侧力构件连接的承载力设计值，不应小于相连构件的承载力设计值；高强度螺栓连接不得滑移。

2 钢结构抗侧力构件连接的极限承载力应大于相连构件的屈服承载力。

3 梁与柱刚性连接的极限承载力，应按下列公式验算：

$$M_u^j \geq \eta_j M_p \qquad (8.2.8\text{-}1)$$

$$V_u^j \geq 1.2(\sum M_p/l_n) + V_{Gb} \qquad (8.2.8\text{-}2)$$

4 支撑与框架连接和梁、柱、支撑的拼接极限承载力，应按下列公式验算：

支撑连接和拼接 $\quad N_{ubr}^j \geq \eta_j A_{br} f_y \quad (8.2.8\text{-}3)$

梁的拼接 $\quad M_{ub,sp}^j \geq \eta_j M_p \quad (8.2.8\text{-}4)$

柱的拼接 $\quad M_{uc,sp}^j \geq \eta_j M_{pc} \quad (8.2.8\text{-}5)$

5 柱脚与基础的连接极限承载力，应按下列公式验算：

$$M_{u,base}^j \geq \eta_j M_{pc} \qquad (8.2.8\text{-}6)$$

式中：M_p、M_{pc}——分别为梁的塑性受弯承载力和考虑轴力影响时柱的塑性受弯承载力；

V_{Gb}——梁在重力荷载代表值（9度时高层建筑尚应包括竖向地震作用标准值）作用下，按简支梁分析的梁端截面剪力设计值；

l_n——梁的净跨；

A_{br}——支撑杆件的截面面积；

M_u^j、V_u^j——分别为连接的极限受弯、受剪承载力；

N_{ubr}^j、$M_{ub,sp}^j$、$M_{uc,sp}^j$——分别为支撑连接和拼接、梁、柱拼接的极限受压（拉）、受弯承载力；

$M_{u,base}^j$——柱脚的极限受弯承载力。

η_j——连接系数，可按表 8.2.8 采用。

表 8.2.8　钢结构抗震设计的连接系数

母材牌号	梁柱连接		支撑连接，构件拼接		柱　脚	
	焊接	螺栓连接	焊接	螺栓连接		
Q235	1.40	1.45	1.25	1.30	埋入式	1.2
Q345	1.30	1.35	1.20	1.25	外包式	1.2
Q345GJ	1.25	1.30	1.15	1.20	外露式	1.1

注：1　屈服强度高于 Q345 的钢材，按 Q345 的规定采用；

2　屈服强度高于 Q345GJ 的 GJ 钢材，按 Q345GJ 的规定采用；

3　翼缘焊接腹板栓接时，连接系数分别按表中连接形式取用。

8.3　钢框架结构的抗震构造措施

8.3.1 框架柱的长细比，一级不应大于 $60\sqrt{235/f_{ay}}$，二级不应大于 $80\sqrt{235/f_{ay}}$，三级不应大于 $100\sqrt{235/f_{ay}}$，四级时不应大于 $120\sqrt{235/f_{ay}}$。

8.3.2 框架梁、柱板件宽厚比，应符合表 8.3.2 的规定：

表 8.3.2　框架梁、柱板件宽厚比限值

板件名称		一级	二级	三级	四级
柱	工字形截面翼缘外伸部分	10	11	12	13
	工字形截面腹板	43	45	48	52
	箱形截面壁板	33	36	38	40
梁	工字形截面和箱形截面翼缘外伸部分	9	9	10	11
	箱形截面翼缘在两腹板之间部分	30	30	32	36
	工字形截面和箱形截面腹板	$72-120N_b$ $/(Af)$ ≤ 60	$72-100N_b$ $/(Af)$ ≤ 65	$80-110N_b$ $/(Af)$ ≤ 70	$85-120N_b$ $/(Af)$ ≤ 75

注：1　表列数值适用于 Q235 钢，采用其他牌号钢材时，应乘以 $\sqrt{235/f_{ay}}$。

2　$N_b/(Af)$ 为梁轴压比。

8.3.3 梁柱构件的侧向支承应符合下列要求：

1 梁柱构件受压翼缘应根据需要设置侧向支承。

2 梁柱构件在出现塑性铰的截面，上下翼缘均应设置侧向支承。

3 相邻两侧向支承点间的构件长细比，应符合现行国家标准《钢结构设计规范》GB 50017 的有关规定。

8.3.4 梁与柱的连接构造应符合下列要求：

1 梁与柱的连接宜采用柱贯通型。

2 柱在两个互相垂直的方向都与梁刚接时宜采用箱形截面，并在梁翼缘连接处设置隔板；隔板采用电渣焊时，柱壁板厚度不宜小于 16mm，小于 16mm 时可改用工字形柱或采用贯通式隔板。当柱仅在一个方向与梁刚接时，宜采用工字形截面，并将柱腹板置于刚接框架平面内。

3 工字形柱（绕强轴）和箱形柱与梁刚接时（图8.3.4-1），应符合下列要求：

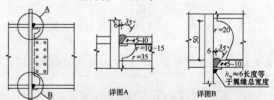

图 8.3.4-1　框架梁与柱的现场连接

1）梁翼缘与柱翼缘间应采用全熔透坡口焊缝；一、二级时，应检验焊缝的 V 形切口冲击韧性，其夏比冲击韧性在－20℃时不低于 27J；

2）柱在梁翼缘对应位置应设置横向加劲肋（隔板），加劲肋（隔板）厚度不应小于梁翼缘厚度，强度与梁翼缘相同；

3）梁腹板宜采用摩擦型高强度螺栓与柱连接板连接（经工艺试验合格能确保现场焊接质量时，可用气体保护焊进行焊接）；腹板角部应设置焊接孔，孔形应使其端部与梁翼缘和柱翼缘间的全熔透坡口焊缝完全隔开；

4）腹板连接板与柱的焊接，当板厚不大于 16mm 时应采用双面角焊缝，焊缝有效厚度应满足等强度要求，且不小于 5mm；板厚大于 16mm 时采用 K 形坡口对接焊缝。该焊缝宜采用气体保护焊，且板端应绕焊；

5）一级和二级时，宜采用能将塑性铰自梁端外移的端部扩大形连接、梁端加盖板或骨形连接。

4　框架梁采用悬臂梁段与柱刚性连接时（图 8.3.4-2），悬臂梁段与柱应采用全焊接连接，此时上下翼缘焊接孔的形式宜相同；梁的现场拼接可采用翼缘焊接腹板螺栓连接或全部螺栓连接。

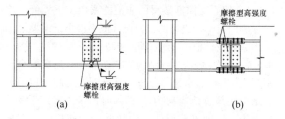

图 8.3.4-2　框架柱与梁悬臂段的连接

5　箱形柱在与梁翼缘对应位置设置的隔板，应采用全熔透对接焊缝与壁板相连。工字形柱的横向加劲肋与柱翼缘，应采用全熔透对接焊缝连接，与腹板可采用角焊缝连接。

8.3.5　当节点域的腹板厚度不满足本规范第 8.2.5 条第 2、3 款的规定时，应采取加厚柱腹板或采取贴焊补强板的措施。补强板的厚度及其焊缝应按传递补强板所分担剪力的要求设计。

8.3.6　梁与柱刚性连接时，柱在梁翼缘上下各 500mm 的范围内，柱翼缘与柱腹板间或箱形柱壁板间的连接焊缝应采用全熔透坡口焊缝。

8.3.7　框架柱的接头距框架梁上方的距离，可取 1.3m 和柱净高一半二者的较小值。

上下柱的对接接头应采用全熔透焊缝，柱拼接接头上下各 100mm 范围内，工字形柱翼缘与腹板间及箱形柱角部壁板间的焊缝，应采用全熔透焊缝。

8.3.8　钢结构的刚接柱脚宜采用埋入式，也可采用外包式；6、7 度且高度不超过 50m 时也可采用外露式。

8.4　钢框架-中心支撑结构的抗震构造措施

8.4.1　中心支撑的杆件长细比和板件宽厚比限值应符合下列规定：

1　支撑杆件的长细比，按压杆设计时，不应大于 $120\sqrt{235/f_{ay}}$；一、二、三级中心支撑不得采用拉杆设计，四级采用拉杆设计时，其长细比不应大于 180。

2　支撑杆件的板件宽厚比，不应大于表 8.4.1 规定的限值。采用节点板连接时，应注意节点板的强度和稳定。

表 8.4.1　钢结构中心支撑板件宽厚比限值

板件名称	一级	二级	三级	四级
翼缘外伸部分	8	9	10	13
工字形截面腹板	25	26	27	33
箱形截面壁板	18	20	25	30
圆管外径与壁厚比	38	40	40	42

注：表列数值适用于 Q235 钢，采用其他牌号钢材应乘以 $\sqrt{235/f_{ay}}$，圆管应乘以 $235/f_{ay}$。

8.4.2　中心支撑节点的构造应符合下列要求：

1　一、二、三级，支撑宜采用 H 形钢制作，两端与框架可采用刚接构造，梁柱与支撑连接处应设置加劲肋；一级和二级采用焊接工字形截面的支撑时，其翼缘与腹板的连接宜采用全熔透连续焊缝。

2　支撑与框架连接处，支撑杆端宜做成圆弧。

3　梁在其与 V 形支撑或人字支撑相交处，应设置侧向支承；该支承点与梁端支承点间的侧向长细比（λ_y）以及支承力，应符合现行国家标准《钢结构设计规范》GB 50017 关于塑性设计的规定。

4　若支撑和框架采用节点板连接，应符合现行国家标准《钢结构设计规范》GB 50017 在连接杆件每侧有不小于 30°夹角的规定；一、二级时，支撑端部至节点板最近嵌固点（节点板与框架构件连接焊缝的端部）在沿支撑杆件轴线方向的距离，不应小于节点板厚度的 2 倍。

8.4.3　框架-中心支撑结构的框架部分，当房屋高度不高于 100m 且框架部分按计算分配的地震剪力不大于结构底部总地震剪力的 25%时，一、二、三级的抗震构造措施可按框架结构降低一级的相应要求采用。其他抗震构造措施，应符合本规范第 8.3 节对框架结构抗震构造措施的规定。

8.5 钢框架-偏心支撑结构的抗震构造措施

8.5.1 偏心支撑框架消能梁段的钢材屈服强度不应大于345MPa。消能梁段及与消能梁段同一跨内的非消能梁段，其板件的宽厚比不应大于表8.5.1规定的限值。

表8.5.1 偏心支撑框架梁的板件宽厚比限值

板件名称		宽厚比限值
翼缘外伸部分		8
腹板	当 $N/(Af) \leqslant 0.14$ 时	$90[1-1.65N/(Af)]$
	当 $N/(Af) > 0.14$ 时	$33[2.3-N/(Af)]$

注：表列数值适用于Q235钢，当材料为其他钢号时应乘以 $\sqrt{235/f_{ay}}$，$N/(Af)$ 为梁轴压比。

8.5.2 偏心支撑框架的支撑杆件长细比不应大于120 $\sqrt{235/f_{ay}}$，支撑杆件的板件宽厚比不应超过现行国家标准《钢结构设计规范》GB 50017规定的轴心受压构件在弹性设计时的宽度比限值。

8.5.3 消能梁段的构造应符合下列要求：

1 当 $N > 0.16Af$ 时，消能梁段的长度应符合下列规定：

当 $\rho(A_w/A) < 0.3$ 时

$$a < 1.6M_{lp}/V_l \qquad (8.5.3\text{-}1)$$

当 $\rho(A_w/A) \geqslant 0.3$ 时

$$a \leqslant [1.15-0.5\rho(A_w/A)]1.6M_{lp}/V_l \qquad (8.5.3\text{-}2)$$

$$\rho = N/V \qquad (8.5.3\text{-}3)$$

式中：a——消能梁段的长度；

ρ——消能梁段轴向力设计值与剪力设计值之比。

2 消能梁段的腹板不得贴焊补强板，也不得开洞。

3 消能梁段与支撑连接处，应在其腹板两侧配置加劲肋，加劲肋的高度应为梁腹板高度，一侧的加劲肋宽度不应小于 $(b_f/2 - t_w)$，厚度不应小于 $0.75t_w$ 和10mm的较大值。

4 消能梁段应按下列要求在其腹板上设置中间加劲肋：

1）当 $a \leqslant 1.6M_{lp}/V_l$ 时，加劲肋间距不大于 $(30t_w - h/5)$；

2）当 $2.6M_{lp}/V_l < a \leqslant 5M_{lp}/V_l$ 时，应在距消能梁段端部 $1.5b_f$ 处配置中间加劲肋，且中间加劲肋间距不应大于 $(52t_w - h/5)$；

3）当 $1.6M_{lp}/V_l < a \leqslant 2.6M_{lp}/V_l$ 时，中间加

劲肋的间距宜在上述二者间线性插入；

4）当 $a > 5M_{lp}/V_l$ 时，可不配置中间加劲肋；

5）中间加劲肋应与消能梁段的腹板等高，当消能梁段截面高度不大于640mm时，可配置单侧加劲肋，消能梁段截面高度大于640mm时，应在两侧配置加劲肋，一侧加劲肋的宽度不应小于 $(b_f/2 - t_w)$，厚度不应小于 t_w 和10mm。

8.5.4 消能梁段与柱的连接应符合下列要求：

1 消能梁段与柱连接时，其长度不得大于 $1.6M_{lp}/V_l$，且应满足相关标准的规定。

2 消能梁段翼缘与柱翼缘之间应采用坡口全熔透对接焊缝连接，消能梁段腹板与柱之间应采用角焊缝（气体保护焊）连接；角焊缝的承载力不得小于消能梁段腹板的轴力、剪力和弯矩同时作用时的承载力。

3 消能梁段与柱腹板连接时，消能梁段翼缘与横向加劲肋间应采用坡口全熔透焊缝，其腹板与柱连接板间应采用角焊缝（气体保护焊）连接；角焊缝的承载力不得小于消能梁段腹板的轴力、剪力和弯矩同时作用时的承载力。

8.5.5 消能梁段两端上下翼缘应设置侧向支撑，支撑的轴力设计值不得小于消能梁段翼缘轴向承载力设计值的6%，即 $0.06b_f t_f f$。

8.5.6 偏心支撑框架梁的非消能梁段上下翼缘，应设置侧向支撑，支撑的轴力设计值不得小于梁翼缘轴向承载力设计值的2%，即 $0.02b_f t_f f$。

8.5.7 框架-偏心支撑结构的框架部分，当房屋高度不高于100m且框架部分按计算分配的地震作用不大于结构底部总地震剪力的25%时，一、二、三级的抗震构造措施可按框架结构降低一级的相应要求采用。其他抗震构造措施，应符合本规范第8.3节对框架结构抗震构造措施的规定。

9 单层工业厂房

9.1 单层钢筋混凝土柱厂房

（Ⅰ）一般规定

9.1.1 本节主要适用于装配式单层钢筋混凝土柱厂房，其结构布置应符合下列要求：

1 多跨厂房宜等高和等长，高低跨厂房不宜采用一端开口的结构布置。

2 厂房的贴建房屋和构筑物，不宜布置在厂房角部和紧邻防震缝处。

3 厂房体型复杂或有贴建的房屋和构筑物时，宜设防震缝；在厂房纵横跨交接处、大柱网厂房或不

设柱间支撑的厂房，防震缝宽度可采用 100mm～150mm，其他情况可采用 50mm～90mm。

4 两个主厂房之间的过渡跨至少应有一侧采用防震缝与主厂房脱开。

5 厂房内上起重机的铁梯不应靠近防震缝设置；多跨厂房各跨上起重机的铁梯不宜设置在同一横向轴线附近。

6 厂房内的工作平台、刚性工作间宜与厂房主体结构脱开。

7 厂房的同一结构单元内，不应采用不同的结构形式；厂房端部应设屋架，不应采用山墙承重；厂房单元内不应采用横墙和排架混合承重。

8 厂房柱距宜相等，各柱列的侧移刚度宜均匀，当有抽柱时，应采取抗震加强措施。

> 注：钢筋混凝土框排架厂房的抗震设计，应符合本规范附录 H 第 H.1 节的规定。

9.1.2 厂房天窗架的设置，应符合下列要求：

1 天窗宜采用突出屋面较小的避风型天窗，有条件或 9 度时宜采用下沉式天窗。

2 突出屋面的天窗宜采用钢天窗架；6～8 度时，可采用矩形截面杆件的钢筋混凝土天窗架。

3 天窗架不宜从厂房结构单元第一开间开始设置；8 度和 9 度时，天窗架宜从厂房单元端部第三柱间开始设置。

4 天窗屋盖、端壁板和侧板，宜采用轻型板材；不应采用端壁板代替端天窗架。

9.1.3 厂房屋架的设置，应符合下列要求：

1 厂房宜采用钢屋架或重心较低的预应力混凝土、钢筋混凝土屋架。

2 跨度不大于 15m 时，可采用钢筋混凝土屋面梁。

3 跨度大于 24m，或 8 度 Ⅲ、Ⅳ 类场地和 9 度时，应优先采用钢屋架。

4 柱距为 12m 时，可采用预应力混凝土托架（梁）；当采用钢屋架时，亦可采用钢托架（梁）。

5 有突出屋面天窗架的屋盖不宜采用预应力混凝土或钢筋混凝土空腹屋架。

6 8 度（0.30g）和 9 度时，跨度大于 24m 的厂房不宜采用大型屋面板。

9.1.4 厂房柱的设置，应符合下列要求：

1 8 度和 9 度时，宜采用矩形、工字形截面柱或斜腹杆双肢柱，不宜采用薄壁工字形柱、腹板开孔工字形柱、预制腹板的工字形柱和管柱。

2 柱底至室内地坪以上 500mm 范围内和阶形柱的上柱宜采用矩形截面。

9.1.5 厂房围护墙、砌体女儿墙的布置、材料选型和抗震构造措施，应符合本规范第 13.3 节的有关规定。

（Ⅱ）计 算 要 点

9.1.6 单层厂房按本规范的规定采取抗震构造措施并符合下列条件之一时，可不进行横向和纵向抗震验算：

1 7 度Ⅰ、Ⅱ类场地、柱高不超过 10m 且结构单元两端均有山墙的单跨和等高多跨厂房（锯齿形厂房除外）。

2 7 度时和 8 度（0.20g）Ⅰ、Ⅱ类场地的露天吊车栈桥。

9.1.7 厂房的横向抗震计算，应采用下列方法：

1 混凝土无檩和有檩屋盖厂房，一般情况下，宜计及屋盖的横向弹性变形，按多质点空间结构分析；当符合本规范附录 J 的条件时，可按平面排架计算，并按附录 J 的规定对排架柱的地震剪力和弯矩进行调整。

2 轻型屋盖厂房，柱距相等时，可按平面排架计算。

> 注：本节轻型屋盖指屋面为压型钢板、瓦楞铁等有檩屋盖。

9.1.8 厂房的纵向抗震计算，应采用下列方法：

1 混凝土无檩和有檩屋盖及有较完整支撑系统的轻型屋盖厂房，可采用下列方法：

  1）一般情况下，宜计及屋盖的纵向弹性变形，围护墙与隔墙的有效刚度，不对称时尚宜计及扭转的影响，按多质点进行空间结构分析；

  2）柱顶标高不大于 15m 且平均跨度不大于 30m 的单跨或等高多跨的钢筋混凝土柱厂房，宜采用本规范附录 K 第 K.1 节规定的修正刚度法计算。

2 纵墙对称布置的单跨厂房和轻型屋盖的多跨厂房，可按柱列分片独立计算。

9.1.9 突出屋面天窗架的横向抗震计算，可采用下列方法：

1 有斜撑杆的三铰拱式钢筋混凝土和钢天窗架的横向抗震计算可采用底部剪力法；跨度大于 9m 或 9 度时，混凝土天窗架的地震作用效应应乘以增大系数，其值可采用 1.5。

2 其他情况下天窗架的横向水平地震作用可采用振型分解反应谱法。

9.1.10 突出屋面天窗架的纵向抗震计算，可采用下列方法：

1 天窗架的纵向抗震计算，可采用空间结构分析法，并计及屋盖平面弹性变形和纵墙的有效刚度。

2 柱高不超过 15m 的单跨和等高多跨混凝土无檩屋盖厂房的天窗架纵向地震作用计算，可采用底部剪力法，但天窗架的地震作用效应应乘以效应增大系数，其值可按下列规定采用：

    1）单跨、边跨屋盖或有纵向内隔墙的中跨屋盖：

$$\eta = 1 + 0.5n \qquad (9.1.10\text{-}1)$$

    2）其他中跨屋盖：

$$\eta = 0.5n \qquad (9.1.10\text{-}2)$$

式中：η——效应增大系数；

    n——厂房跨数，超过四跨时取四跨。

9.1.11 两个主轴方向柱距均不小于12m、无桥式起重机且无柱间支撑的大柱网厂房，柱截面抗震验算应同时计算两个主轴方向的水平地震作用，并应计入位移引起的附加弯矩。

9.1.12 不等高厂房中，支承低跨屋盖的柱牛腿（柱肩）的纵向受拉钢筋截面面积，应按下式确定：

$$A_s \geqslant \left(\frac{N_G a}{0.85 h_0 f_y} + 1.2 \frac{N_E}{f_y} \right) \gamma_{RE} \qquad (9.1.12)$$

式中：A_s——纵向水平受拉钢筋的截面面积；

    N_G——柱牛腿面上重力荷载代表值产生的压力设计值；

    a——重力作用点至下柱近侧边缘的距离，当小于 $0.3 h_0$ 时采用 $0.3 h_0$；

    h_0——牛腿最大竖向截面的有效高度；

    N_E——柱牛腿面上地震组合的水平拉力设计值；

    f_y——钢筋抗拉强度设计值；

    γ_{RE}——承载力抗震调整系数，可采用1.0。

9.1.13 柱间交叉支撑斜杆的地震作用效应及其与柱连接节点的抗震验算，可按本规范附录K第K.2节的规定进行。下柱柱间支撑的下节点位置按本规范第9.1.23条规定设置于基础顶面以上时，宜进行纵向柱列柱根的斜截面受剪承载力验算。

9.1.14 厂房的抗风柱、屋架小立柱和计及工作平台影响的抗震计算，应符合下列规定：

    1 高大山墙的抗风柱，在8度和9度时应进行平面外的截面抗震承载力验算。

    2 当抗风柱与屋架下弦相连接时，连接点应设在下弦横向支撑节点处，下弦横向支撑杆件的截面和连接节点应进行抗震承载力验算。

    3 当工作平台和刚性内隔墙与厂房主体结构连接时，应采用与厂房实际受力相适应的计算简图，并计入工作平台和刚性内隔墙对厂房的附加地震作用影响。变位受约束且剪跨比不大于2的排架柱，其斜截面受剪承载力应按现行国家标准《混凝土结构设计规范》GB 50010的规定计算，并按本规范第9.1.25条采取相应的抗震构造措施。

    4 8度Ⅲ、Ⅳ类场地和9度时，带有小立柱的拱形和折线型屋架或上弦节间较长且矢高较大的屋架，其上弦宜进行抗扭验算。

（Ⅲ）抗震构造措施

9.1.15 有檩屋盖构件的连接及支撑布置，应符合下列要求：

    1 檩条应与混凝土屋架（屋面梁）焊牢，并应有足够的支承长度。

    2 双脊檩应在跨度1/3处相互拉结。

    3 压型钢板应与檩条可靠连接，瓦楞铁、石棉瓦等应与檩条拉结。

    4 支撑布置宜符合表9.1.15的要求。

表 9.1.15 有檩屋盖的支撑布置

支撑名称		烈 度		
		6、7	8	9
屋架支撑	上弦横向支撑	单元端开间各设一道	单元端开间及单元长度大于66m的柱间支撑开间各设一道；天窗开洞范围的两端各增设局部的支撑一道	单元端开间及单元长度大于42m的柱间支撑开间各设一道；天窗开洞范围的两端各增设局部的上弦横向支撑一道
	下弦横向支撑	同非抗震设计		
	跨中竖向支撑			
	端部竖向支撑	屋架端部高度大于900mm时，单元端开间及柱间支撑开间各设一道		
天窗架支撑	上弦横向支撑	单元天窗端开间各设一道	单元天窗端开间及每隔30m各设一道	单元天窗端开间及每隔18m各设一道
	两侧竖向支撑	单元天窗端开间及每隔36m各设一道	单元天窗端开间及每隔36m各设一道	

9.1.16 无檩屋盖构件的连接及支撑布置，应符合下列要求：

    1 大型屋面板应与屋架（屋面梁）焊牢，靠柱列的屋面板与屋架（屋面梁）的连接焊缝长度不宜小于80mm。

    2 6度和7度时有天窗厂房单元的端开间，或8度和9度时各开间，宜将垂直屋架方向两侧相邻的大型屋面板的顶面彼此焊牢。

    3 8度和9度时，大型屋面板端头底面的预埋件宜采用角钢并与主筋焊牢。

    4 非标准屋面板宜采用装配整体式接头，或将板四角切掉后与屋架（屋面梁）焊牢。

    5 屋架（屋面梁）端部顶面预埋件的锚筋，8度时不宜少于4φ10，9度时不宜少于4φ12。

    6 支撑的布置宜符合表9.1.16-1的要求，有中间井式天窗时宜符合表9.1.16-2的要求；8度和9度跨度不大于15m的厂房屋盖采用屋面梁时，可仅在厂房单元两端各设竖向支撑一道；单坡屋面梁的屋盖支撑布置，宜按屋架端部高度大于900mm的屋盖支撑布置执行。

表 9.1.16-1　无檩屋盖的支撑布置

<table>
<tr><th rowspan="2" colspan="2">支撑名称</th><th colspan="3">烈　度</th></tr>
<tr><th>6、7</th><th>8</th><th>9</th></tr>
<tr><td rowspan="6">屋架支撑</td><td>上弦横向支撑</td><td colspan="2">屋架跨度小于18m时同非抗震设计，跨度不小于18m时在厂房单元端开间各设一道</td><td>单元端开间及柱间支撑开间各设一道，天窗开洞范围的两端各增设局部的支撑一道</td></tr>
<tr><td>上弦通长水平系杆</td><td>同非抗震设计</td><td>沿屋架跨度不大于15m设一道，但装配整体式屋面可仅在天窗开洞范围内设置；围护墙在屋架上弦高度有现浇圈梁时，其端部处可不另设</td><td>沿屋架跨度不大于12m设一道，但装配整体式屋面可仅在天窗开洞范围内设置；围护墙在屋架上弦高度有现浇圈梁时，其端部处可不另设</td></tr>
<tr><td>下弦横向支撑</td><td rowspan="2">同非抗震设计</td><td rowspan="2">同非抗震设计</td><td rowspan="2">同上弦横向支撑</td></tr>
<tr><td>跨中竖向支撑</td></tr>
<tr><td>两端竖向支撑</td><td>屋架端部高度≤900mm</td><td>同非抗震设计</td><td>单元端开间各设一道</td><td>单元端开间及每隔48m各设一道</td></tr>
<tr><td></td><td>屋架端部高度＞900mm</td><td>单元端开间各设一道</td><td>单元端开间及柱间支撑开间各设一道</td><td>单元端开间、柱间支撑开间及每隔30m各设一道</td></tr>
<tr><td rowspan="2">天窗架支撑</td><td>天窗两侧竖向支撑</td><td>厂房单元天窗端开间及每隔30m各设一道</td><td>厂房单元天窗端开间及每隔24m各设一道</td><td>厂房单元天窗端开间及每隔18m各设一道</td></tr>
<tr><td>上弦横向支撑</td><td>同非抗震设计</td><td>天窗跨度≥9m时，单元天窗端开间及柱间支撑开间各设一道</td><td>单元天窗端开间及柱间支撑开间各设一道</td></tr>
</table>

表 9.1.16-2　中间井式天窗无檩屋盖支撑布置

<table>
<tr><th colspan="2">支撑名称</th><th>6、7 度</th><th>8 度</th><th>9 度</th></tr>
<tr><td colspan="2">上弦横向支撑
下弦横向支撑</td><td>厂房单元端开间各设一道</td><td colspan="2">厂房单元端开间及柱间支撑开间各设一道</td></tr>
<tr><td colspan="2">上弦通长水平系杆</td><td colspan="3">天窗范围内屋架跨中上弦节点处设置</td></tr>
<tr><td colspan="2">下弦通长水平系杆</td><td colspan="3">天窗两侧及天窗范围内屋架下弦节点处设置</td></tr>
<tr><td colspan="2">跨中竖向支撑</td><td colspan="3">有上弦横向支撑开间设置，位置与下弦通长系杆相对应</td></tr>
<tr><td rowspan="2">两端竖向支撑</td><td>屋架端部高度≤900mm</td><td>同非抗震设计</td><td colspan="2">有上弦横向支撑开间，且间距不大于48m</td></tr>
<tr><td>屋架端部高度＞900mm</td><td>厂房单元端开间各设一道</td><td>有上弦横向支撑开间，且间距不大于48m</td><td>有上弦横向支撑开间，且间距不大于30m</td></tr>
</table>

9.1.17　屋盖支撑尚应符合下列要求：

　　1　天窗开洞范围内，在屋架脊点处应设上弦通长水平压杆；8度Ⅲ、Ⅳ类场地和9度时，梯形屋架端部上节点应沿厂房纵向设置通长水平压杆。

　　2　屋架跨中竖向支撑在跨度方向的间距，6～8度时不大于15m，9度时不大于12m；当仅在跨中设一道时，应设在跨中屋架屋脊处；当设二道时，应在跨度方向均匀布置。

　　3　屋架上、下弦通长水平系杆与竖向支撑宜配合设置。

　　4　柱距不小于12m且屋架间距6m的厂房，托架（梁）区段及其相邻开间应设下弦纵向水平支撑。

　　5　屋盖支撑杆件宜用型钢。

9.1.18　突出屋面的混凝土天窗架，其两侧墙板与天窗立柱宜采用螺栓连接。

9.1.19　混凝土屋架的截面和配筋，应符合下列要求：

　　1　屋架上弦第一节间和梯形屋架端竖杆的配筋，6度和7度时不宜少于4φ12，8度和9度时不宜少于4φ14。

　　2　梯形屋架的端竖杆截面宽度宜与上弦宽度相同。

　　3　拱形和折线形屋架上弦端部支撑屋面板的小立柱，截面不宜小于200mm×200mm，高度不宜大于500mm，主筋宜采用Ⅱ形，6度和7度时不宜少于4φ12，8度和9度时不宜少于4φ14，箍筋可采用φ6，间距不宜大于100mm。

9.1.20　厂房柱子的箍筋，应符合下列要求：

　　1　下列范围内柱的箍筋应加密：

　　　　1）柱头，取柱顶以下500mm并不小于柱截面长边尺寸；

　　　　2）上柱，取阶形柱自牛腿面至起重机梁顶面以上300mm高度范围内；

　　　　3）牛腿（柱肩），取全高；

　　　　4）柱根，取下柱柱底至室内地坪以上500mm；

　　　　5）柱间支撑与柱连接节点和柱变位受平台等约束的部位，取节点上、下各300mm。

　　2　加密区箍筋间距不应大于100mm，箍筋肢距和最小直径应符合表9.1.20的规定。

表 9.1.20　柱加密区箍筋最大肢距和最小箍筋直径

<table>
<tr><th colspan="2">烈度和场地类别</th><th>6度和7度
Ⅰ、Ⅱ类场地</th><th>7度Ⅲ、Ⅳ类场地和8度Ⅰ、Ⅱ类场地</th><th>8度Ⅲ、Ⅳ类场地和9度</th></tr>
<tr><td colspan="2">箍筋最大肢距
（mm）</td><td>300</td><td>250</td><td>200</td></tr>
<tr><td rowspan="5">箍筋最小直径</td><td>一般柱头和柱根</td><td>φ6</td><td>φ8</td><td>φ8(φ10)</td></tr>
<tr><td>角柱柱头</td><td>φ8</td><td>φ10</td><td>φ10</td></tr>
<tr><td>上柱牛腿和有支撑的柱根</td><td>φ8</td><td>φ8</td><td>φ10</td></tr>
<tr><td>有支撑的柱头和柱变位受约束的部位</td><td>φ8</td><td>φ10</td><td>φ12</td></tr>
</table>

注：括号内数值用于柱根。

3 厂房柱侧向受约束且剪跨比不大于 2 的排架柱，柱顶预埋钢板和柱箍筋加密区的构造尚应符合下列要求：

1）柱顶预埋钢板沿排架平面方向的长度，宜取柱顶的截面高度，且不得小于截面高度的 1/2 及 300mm；

2）屋架的安装位置，宜减小在柱顶的偏心，其柱顶轴向力的偏心距不应大于截面高度的 1/4；

3）柱顶轴向力排架平面内的偏心距在截面高度的 1/6～1/4 范围内时，柱顶箍筋加密区的箍筋体积配筋率：9 度不宜小于 1.2%；8 度不宜小于 1.0%；6、7 度不宜小于 0.8%；

4）加密区箍筋宜配置四肢箍，肢距不大于 200mm。

9.1.21 大柱网厂房柱的截面和配筋构造，应符合下列要求：

1 柱截面宜采用正方形或接近正方形的矩形，边长不宜小于柱全高的 1/18～1/16。

2 重屋盖厂房地震组合的柱轴压比，6、7 度时不宜大于 0.8，8 度时不宜大于 0.7，9 度时不应大于 0.6。

3 纵向钢筋宜沿柱截面周边对称配置，间距不宜大于 200mm，角部宜配置直径较大的钢筋。

4 柱头和柱根的箍筋应加密，并应符合下列要求：

1）加密范围，柱根取基础顶面至室内地坪以上 1m，且不小于柱全高的 1/6；柱头取柱顶以下 500mm，且不小于柱截面长边尺寸；

2）箍筋直径、间距和肢距，应符合本规范第 9.1.20 条的规定。

9.1.22 山墙抗风柱的配筋，应符合下列要求：

1 抗风柱柱顶以下 300mm 和牛腿（柱肩）面以上 300mm 范围内的箍筋，直径不宜小于 6mm，间距不应大于 100mm，肢距不宜大于 250mm。

2 抗风柱的变截面牛腿（柱肩）处，宜设置纵向受拉钢筋。

9.1.23 厂房柱间支撑的设置和构造，应符合下列要求：

1 厂房柱间支撑的布置，应符合下列规定：

1）一般情况下，应在厂房单元中部设置上、下柱间支撑，且下柱支撑应与上柱支撑配套设置；

2）有起重机或 8 度和 9 度时，宜在厂房单元两端增设上柱支撑；

3）厂房单元较长或 8 度Ⅲ、Ⅳ类场地和 9 度时，可在厂房单元中部 1/3 区段内设置两道柱间支撑。

2 柱间支撑应采用型钢，支撑形式宜采用交叉式，其斜杆与水平面的交角不宜大于 55 度。

3 支撑杆件的长细比，不宜超过表 9.1.23 的规定。

表 9.1.23　交叉支撑斜杆的最大长细比

位置	烈度			
	6 度和 7 度Ⅰ、Ⅱ类场地	7 度Ⅲ、Ⅳ类场地和 8 度Ⅰ、Ⅱ类场地	8 度Ⅲ、Ⅳ类场地和 9 度Ⅰ、Ⅱ类场地	9 度Ⅲ、Ⅳ类场地
上柱支撑	250	250	200	150
下柱支撑	200	150	120	120

4 下柱支撑的下节点位置和构造措施，应保证将地震作用直接传给基础；当 6 度和 7 度（0.10g）不能直接传给基础时，应计及支撑对柱和基础的不利影响采取加强措施。

5 交叉支撑在交叉点应设置节点板，其厚度不应小于 10mm，斜杆与交叉节点板应焊接，与端节点板宜焊接。

9.1.24 8 度时跨度不小于 18m 的多跨厂房中柱和 9 度时多跨厂房各柱，柱顶宜设置通长水平压杆，此压杆可与梯形屋架支座处通长水平系杆合并设置，钢筋混凝土系杆端头与屋架间的空隙应采用混凝土填实。

9.1.25 厂房结构构件的连接节点，应符合下列要求：

1 屋架（屋面梁）与柱顶的连接，8 度时宜采用螺栓，9 度时宜采用钢板铰，亦可采用螺栓；屋架（屋面梁）端部支承垫板的厚度不宜小于 16mm。

2 柱顶预埋件的锚筋，8 度时不宜少于 4φ14，9 度时不宜少于 4φ16；有柱间支撑的柱子，柱顶预埋件尚应增设抗剪钢板。

3 山墙抗风柱的柱顶，应设置预埋板，使柱顶与端屋架的上弦（屋面梁上翼缘）可靠连接。连接部位应位于上弦横向支撑与屋架的连接点处，不符合时可在支撑中增设次腹杆或设置型钢横梁，将水平地震作用传至节点部位。

4 支承低跨屋盖的中柱牛腿（柱肩）的预埋件，应与牛腿（柱肩）中按计算承受水平拉力部分的纵向钢筋焊接，且焊接的钢筋，6 度和 7 度不应少于 2φ12，8 度时不应少于 2φ14，9 度时不应少于 2φ16。

5 柱间支撑与柱连接节点预埋件的锚件，8 度Ⅲ、Ⅳ类场地和 9 度时，宜采用角钢加端板，其他情况可采用不低于 HRB335 级的热轧钢筋，但锚固长度不应小于 30 倍锚筋直径或增设端板。

6 厂房中的起重机走道板、端屋架与山墙间的填充小屋面板、天沟板、天窗端壁板和天窗侧板下的填充砌体等构件应与支承结构有可靠的连接。

9.2 单层钢结构厂房

（Ⅰ）一 般 规 定

9.2.1 本节主要适用于钢柱、钢屋架或钢屋面梁承重的单层厂房。

单层的轻型钢结构厂房的抗震设计，应符合专门的规定。

9.2.2 厂房的结构体系应符合下列要求：

1 厂房的横向抗侧力体系，可采用刚接框架、铰接框架、门式刚架或其他结构体系。厂房的纵向抗侧力体系，8、9度应采用柱间支撑；6、7度宜采用柱间支撑，也可采用刚接框架。

2 厂房内设有桥式起重机时，起重机梁系统的构件与厂房框架柱的连接应能可靠地传递纵向水平地震作用。

3 屋盖应设置完整的屋盖支撑系统。屋盖横梁与柱顶铰接时，宜采用螺栓连接。

9.2.3 厂房的平面布置、钢筋混凝土屋面板和天窗架的设置要求等，可参照本规范第9.1节单层钢筋混凝土柱厂房的有关规定。当设置防震缝时，其缝宽不宜小于单层混凝土柱厂房防震缝宽度的1.5倍。

9.2.4 厂房的围护墙板应符合本规范第13.3节的有关规定。

（Ⅱ）抗 震 验 算

9.2.5 厂房抗震计算时，应根据屋盖高差、起重机设置情况，采用与厂房结构的实际工作状况相适应的计算模型计算地震作用。

单层厂房的阻尼比，可依据屋盖和围护墙的类型，取0.045～0.05。

9.2.6 厂房地震作用计算时，围护墙体的自重和刚度，应按下列规定取值：

1 轻型墙板或与柱柔性连接的预制混凝土墙板，应计入其全部自重，但不应计入其刚度；

2 柱边贴砌且与柱有拉结的砌体围护墙，应计入其全部自重；当沿墙体纵向进行地震作用计算时，尚可计入普通砖砌体墙的折算刚度，折算系数，7、8和9度可分别取0.6、0.4和0.2。

9.2.7 厂房的横向抗震计算，可采用下列方法：

1 一般情况下，宜采用考虑屋盖弹性变形的空间分析方法；

2 平面规则、抗侧刚度均匀的轻型屋盖厂房，可按平面框架进行计算。等高厂房可采用底部剪力法，高低跨厂房应采用振型分解反应谱法。

9.2.8 厂房的纵向抗震计算，可采用下列方法：

1 采用轻型板材围护墙或与柱柔性连接的大型墙板的厂房，可采用底部剪力法计算，各纵向柱列的地震作用可按下列原则分配：

  1）轻型屋盖可按纵向柱列承受的重力荷载代表值的比例分配；

  2）钢筋混凝土无檩屋盖可按纵向柱列刚度比例分配；

  3）钢筋混凝土有檩屋盖可取上述两种分配结果的平均值。

2 采用柱边贴砌且与柱拉结的普通砖砌体围护墙厂房，可参照本规范第9.1节的规定计算。

3 设置柱间支撑的柱列应计入支撑杆件屈曲后的地震作用效应。

9.2.9 厂房屋盖构件的抗震计算，应符合下列要求：

1 竖向支撑桁架的腹杆应能承受和传递屋盖的水平地震作用，其连接的承载力应大于腹杆的承载力，并满足构造要求。

2 屋盖横向水平支撑、纵向水平支撑的交叉斜杆均可按拉杆设计，并取相同的截面面积。

3 8、9度时，支承跨度大于24m的屋盖横梁的托架以及设备荷重较大的屋盖横梁，均应按本规范第5.3节计算其竖向地震作用。

9.2.10 柱间X形支撑、V形或Λ形支撑应考虑拉压杆共同作用，其地震作用及验算可按本规范附录K第K.2节的规定按拉杆计算，并计及相交受压杆的影响，但压杆卸载系数宜改取0.30。

交叉支撑端部的连接，对单角钢支撑应计入强度折减，8、9度时不得采用单面偏心连接；交叉支撑有一杆中断时，交叉节点板应予以加强，其承载力不小于1.1倍杆件承载力。

支撑杆件的截面应力比，不宜大于0.75。

9.2.11 厂房结构构件连接的承载力计算，应符合下列规定：

1 框架上柱的拼接位置应选择弯矩较小区域，其承载力不应小于按上柱两端呈全截面塑性屈服状态计算的拼接处的内力，且不得小于柱全截面受拉屈服承载力的0.5倍。

2 刚接框架屋盖横梁的拼接，当位于横梁最大应力区以外时，宜按与被拼接截面等强度设计。

3 实腹屋面梁与柱的刚性连接、梁端梁与梁的拼接，应采用地震组合内力进行弹性阶段设计。梁柱刚性连接、梁与梁拼接的极限受弯承载力应符合下列要求：

  1）一般情况，可按本规范第8.2.8条钢结构梁柱刚接、梁与梁拼接的规定考虑连接系数进行验算。其中，当最大应力区在上柱时，全塑性受弯承载力应取实腹梁、上柱二者的较小值；

  2）当屋面梁采用钢结构弹性设计阶段的板件宽厚比时，梁柱刚性连接和梁与梁拼接应能可靠传递设防烈度地震组合内力或按本款 1 项验算。

刚接框架的屋架上弦与柱相连的连接板，在设防地震下不宜出现塑性变形。

4 柱间支撑与构件的连接，不应小于支撑杆件塑性承载力的 1.2 倍。

（Ⅲ）抗震构造措施

9.2.12 厂房的屋盖支撑，应符合下列要求：

1 无檩屋盖的支撑布置，宜符合表 9.2.12-1 的要求。

2 有檩屋盖的支撑布置，宜符合表 9.2.12-2 的要求。

3 当轻型屋盖采用实腹屋面梁、柱刚性连接的刚架体系时，屋盖水平支撑可布置在屋面梁的上翼缘平面。屋面梁下翼缘应设置隅撑侧向支承，隅撑的另一端可与屋面檩条连接。屋盖横向支撑、纵向天窗架支撑的布置可参照表 9.2.12 的要求。

4 屋盖纵向水平支撑的布置，尚应符合下列规定：

　1）当采用托架支承屋盖横梁的屋盖结构时，应沿厂房单元全长设置纵向水平支撑；

　2）对于高低跨厂房，在低跨屋盖横梁端部支承处，应沿屋盖全长设置纵向水平支撑；

　3）纵向柱列局部柱间采用托架支承屋盖横梁时，应沿托架的柱间及向其两侧至少各延伸一个柱间设置屋盖纵向水平支撑；

　4）当设置沿结构单元全长的纵向水平支撑时，应与横向水平支撑形成封闭的水平支撑体系。多跨厂房屋盖纵向水平支撑的间距不宜超过两跨，不得超过三跨；高跨和低跨宜按各自的标高组成相对独立的封闭支撑体系。

5 支撑杆宜采用型钢；设置交叉支撑时，支撑杆的长细比限值可取 350。

表 9.2.12-1　无檩屋盖的支撑系统布置

支撑名称			烈　度	
		6、7	8	9
屋架支撑	上、下弦横向支撑	屋架跨度小于18m 时同非抗震设计；屋架跨度不小于 18m 时，在厂房单元端开间各设一道	厂房单元端开间及上柱支撑开间各设一道；天窗开洞范围的两端各增设局部上弦支撑一道；当屋架端部支承在屋架上弦时，其下弦横向支撑同非抗震设计	
	上弦通长水平系杆		在屋脊处、天窗架竖向支撑处、横向支撑节点处和屋架两端处设置	
	下弦通长水平系杆		屋架竖向支撑节点处设置；当屋架与柱刚接时，在屋架端节点处按控制下弦平面外长细比不大于150 设置	
	竖向支撑 屋架跨度小于 30m	同非抗震设计	厂房单元两端开间及上柱支撑各开间屋架端部各设一道	同 8 度，且每隔 42m 在屋架端部设置
	竖向支撑 屋架跨度大于等于 30m		厂房单元的端开间，屋架 1/3 跨度处和上柱支撑开间内的屋架端部设置，并与上、下弦横向支撑相对应	同 8 度，且每隔 36m 在屋架端部设置
纵向天窗架支撑	上弦横向支撑	天窗架单元两端开间各设一道	天窗架单元端开间及柱间支撑开间各设一道	
	竖向支撑 跨中	跨度不小于12m 时设置，其道数与两侧相同	跨度不小于 9m 时设置，其道数与两侧相同	
	竖向支撑 两侧	天窗架单元端开间及每隔 36m 设置	天窗架单元端开间及每隔 30m 设置	天窗架单元端开间及每隔 24m 设置

表 9.2.12-2　有檩屋盖的支撑系统布置

支撑名称			烈　度	
		6、7	8	9
屋架支撑	上弦横向支撑	厂房单元端开间及每隔 60m 各设一道	厂房单元端开间及上柱柱间支撑开间各设一道	同 8 度，且天窗开洞范围的两端各增设局部上弦横向支撑一道
	下弦横向支撑	同非抗震设计；当屋架端部支承在屋架下弦时，同上弦横向支撑		
	跨中竖向支撑	同非抗震设计		屋架跨度大于等于 30m 时，跨中增设一道
	两侧竖向支撑	屋架端部高度大于 900mm 时，厂房单元端开间及柱间支撑开间各设一道		
	下弦通长水平系杆	屋架两端和屋架竖向支撑处设置；与柱刚接时，屋架端开间按控制下弦平面外长细比不大于150 设置		
纵向天窗架支撑	上弦横向支撑	天窗架单元两端开间各设一道	天窗架单元两端开间及每隔 54m 各设一道	天窗架单元两端开间及每隔 48m 各设一道
	两侧竖向支撑	天窗架单元端开间及每隔 42m 各设一道	天窗架单元端开间及每隔 36m 各设一道	天窗架单元端开间及每隔 24m 各设一道

9.2.13 厂房框架柱的长细比，轴压比小于 0.2 时不宜大于 150；轴压比不小于 0.2 时，不宜大于 120 $\sqrt{235/f_{ay}}$。

9.2.14 厂房框架柱、梁的板件宽厚比，应符合下列要求：

1 重屋盖厂房，板件宽厚比限值可按本规范第 8.3.2 条的规定采用，7、8、9 度的抗震等级可分别按四、三、二级采用。

2 轻屋盖厂房，塑性耗能区板件宽厚比限值可根据其承载力的高低按性能目标确定。塑性耗能区外的板件宽厚比限值，可采用现行《钢结构设计规范》GB 50017 弹性设计阶段的板件宽厚比限值。

注：腹板的宽厚比，可通过设置纵向加劲肋减小。

9.2.15 柱间支撑应符合下列要求：

1 厂房单元的各纵向柱列，应在厂房单元中部布置一道下柱柱间支撑；当 7 度厂房单元长度大于 120m（采用轻型围护材料时为 150m）、8 度和 9 度厂房单元大于 90m（采用轻型围护材料时为 120m）时，应在厂房单元 1/3 区段内各布置一道下柱支撑；当柱距数不超过 5 个且厂房长度小于 60m 时，亦可在厂房单元的两端布置下柱支撑。上柱柱间支撑应布置在厂房单元两端和具有下柱支撑的柱间。

2 柱间支撑宜采用 X 形支撑，条件限制时也可采用 V 形、Λ 形及其他形式的支撑。X 形支撑斜杆与水平面的夹角、支撑斜杆交叉点的节点板厚度，应符合本规范第 9.1 节的规定。

3 柱间支撑杆件的长细比限值，应符合现行国家标准《钢结构设计规范》GB 50017 的规定。

4 柱间支撑宜采用整根型钢，当热轧型钢超过材料最大长度规格时，可采用拼接等强接长。

5 有条件时，可采用消能支撑。

9.2.16 柱脚应能可靠传递柱身承载力，宜采用埋入式、插入式或外包式柱脚，6、7 度时也可采用外露式柱脚。柱脚设计应符合下列要求：

1 实腹式钢柱采用埋入式、插入式柱脚的埋入深度，应由计算确定，且不得小于钢柱截面高度的 2.5 倍。

2 格构式柱采用插入式柱脚的埋入深度，应由计算确定，其最小插入深度不得小于单肢截面高度（或外径）的 2.5 倍，且不得小于柱总宽度的 0.5 倍。

3 采用外包式柱脚时，实腹 H 形截面柱的钢筋混凝土外包高度不宜小于 2.5 倍的钢结构截面高度，箱型截面柱或圆管截面柱的钢筋混凝土外包高度不宜小于 3.0 倍的钢结构截面高度或圆管截面直径。

4 当采用外露式柱脚时，柱脚极限承载力不宜小于柱截面塑性屈服承载力的 1.2 倍。柱脚锚栓不宜用以承受柱底水平剪力，柱底剪力应由钢底板与基础间的摩擦力或设置抗剪键及其他措施承担。柱脚锚栓应可靠锚固。

9.3 单层砖柱厂房

（Ⅰ）一 般 规 定

9.3.1 本节适用于 6～8 度（0.20g）的烧结普通砖（黏土砖、页岩砖）、混凝土普通砖砌筑的砖柱（墙垛）承重的下列中小型单层工业厂房：

1 单跨和等高多跨且无桥式起重机。

2 跨度不大于 15m 且柱顶标高不大于 6.6m。

9.3.2 厂房的结构布置应符合下列要求，并宜符合本规范第 9.1.1 条的有关规定：

1 厂房两端均应设置承重山墙。

2 与柱等高并相连的纵横内隔墙宜采用砖抗震墙。

3 防震缝设置应符合下列规定：

1）轻型屋盖厂房，可不设防震缝；

2）钢筋混凝土屋盖厂房与贴建的建（构）筑物间宜设防震缝，防震缝的宽度可采用 50mm～70mm，防震缝处应设置双柱或双墙。

4 天窗不应通至厂房单元的端开间，天窗不应采用端砖壁承重。

注：本章轻型屋盖指木屋盖和轻钢屋架、压型钢板、瓦楞铁等屋面的屋盖。

9.3.3 厂房的结构体系，尚应符合下列要求：

1 厂房屋盖宜采用轻型屋盖。

2 6 度和 7 度时，可采用十字形截面的无筋砖柱；8 度时不应采用无筋砖柱。

3 厂房纵向的独立砖柱柱列，可在柱间设置与柱等高的抗震墙承受纵向地震作用；不设抗震墙的独立砖柱柱顶，应设通长水平压杆。

4 纵、横向内隔墙宜采用抗震墙，非承重横隔墙和非整体砌筑且不到顶的纵向隔墙宜采用轻质墙；当采用非轻质墙时，应计及隔墙对柱及其与屋架（屋面梁）连接节点的附加地震剪力。独立的纵向和横向内隔墙应采取措施保证其平面外的稳定性，且顶部应设置现浇钢筋混凝土压顶梁。

（Ⅱ）计 算 要 点

9.3.4 按本节规定采取抗震构造措施的单层砖柱厂房，当符合下列条件之一时，可不进行横向或纵向截面抗震验算：

1 7 度（0.10g）Ⅰ、Ⅱ类场地，柱顶标高不超过 4.5m，且结构单元两端均有山墙的单跨及等高多跨砖柱厂房，可不进行横向和纵向抗震验算。

2 7 度（0.10g）Ⅰ、Ⅱ类场地，柱顶标高不超过 6.6m，两侧设有厚度不小于 240mm 且开洞截面面积不超过 50% 的外纵墙，结构单元两端均有山墙的单跨厂房，可不进行纵向抗震验算。

9.3.5 厂房的横向抗震计算，可采用下列方法：

1 轻型屋盖厂房可按平面排架进行计算。

2 钢筋混凝土屋盖厂房和密铺望板的瓦木屋盖厂房可按平面排架进行计算并计及空间工作，按本规范附录J调整地震作用效应。

9.3.6 厂房的纵向抗震计算，可采用下列方法：

1 钢筋混凝土屋盖厂房宜采用振型分解反应谱法进行计算。

2 钢筋混凝土屋盖的等高多跨砖柱厂房，可按本规范附录K规定的修正刚度法进行计算。

3 纵墙对称布置的单跨厂房和轻型屋盖的多跨厂房，可采用柱列分片独立进行计算。

9.3.7 突出屋面天窗架的横向和纵向抗震计算应符合本规范第9.1.9条和第9.1.10条的规定。

9.3.8 偏心受压砖柱的抗震验算，应符合下列要求：

1 无筋砖柱地震组合轴向力设计值的偏心距，不宜超过0.9倍截面形心到轴向力所在方向截面边缘的距离；承载力抗震调整系数可采用0.9。

2 组合砖柱的配筋应按计算确定，承载力抗震调整系数可采用0.85。

（Ⅲ）抗震构造措施

9.3.9 钢屋架、压型钢板、瓦楞铁等轻型屋盖的支撑，可按本规范表9.2.12-2的规定设置，上、下弦横向支撑应布置在两端第二开间；木屋盖的支撑布置，宜符合表9.3.9的要求，支撑与屋架或天窗架应采用螺栓连接；木天窗架的边柱，宜采用通长木夹板或铁板并通过螺栓加强边柱与屋架上弦的连接。

表9.3.9 木屋盖的支撑布置

支撑名称		烈　度		
		6、7	8	
		各类屋盖	满铺望板	稀铺望板或无望板
屋架支撑	上弦横向支撑	同非抗震设计		屋架跨度大于6m时，房屋单元两端第二开间及每隔20m设一道
屋架支撑	下弦横向支撑	同非抗震设计		
	跨中竖向支撑	同非抗震设计		
天窗架支撑	天窗两侧竖向支撑	同非抗震设计		不宜设置天窗
	上弦横向支撑			

9.3.10 檩条与山墙卧梁应可靠连接，搁置长度不应小于120mm，有条件时可采用檩条伸出山墙的屋面结构。

9.3.11 钢筋混凝土屋盖的构造措施，应符合本规范第9.1节的有关规定。

9.3.12 厂房柱顶标高处应沿房屋外墙及承重内墙设置现浇闭合圈梁，8度时还应沿墙高每隔3m～4m增设一道圈梁，圈梁的截面高度不应小于180mm，配筋不应少于4φ12；当地基为软弱黏性土、液化土、新近填土或严重不均匀土层时，尚应设置基础圈梁。当圈梁兼作门窗过梁或抵抗不均匀沉降影响时，其截面和配筋除满足抗震要求外，尚应根据实际受力计算确定。

9.3.13 山墙应沿屋面设置现浇钢筋混凝土卧梁，并应与屋盖构件锚拉；山墙壁柱的截面与配筋，不宜小于排架柱，壁柱应通到墙顶并与卧梁或屋盖构件连接。

9.3.14 屋架（屋面梁）与墙顶圈梁或柱顶垫块，应采用螺栓或焊接连接；柱顶垫块厚度不应小于240mm，并应配置两层直径不小于8mm间距不大于100mm的钢筋网；墙顶圈梁应与柱顶垫块整浇。

9.3.15 砖柱的构造应符合下列要求：

1 砖的强度等级不应低于MU10，砂浆的强度等级不应低于M5；组合砖柱中的混凝土强度等级不应低于C20。

2 砖柱的防潮层应采用防水砂浆。

9.3.16 钢筋混凝土屋盖的砖柱厂房，山墙开洞的水平截面面积不宜超过总截面面积的50%；8度时，应在山墙、横墙两端设置钢筋混凝土构造柱，构造柱的截面尺寸可采用240mm×240mm，竖向钢筋不应少于4φ12，箍筋可采用φ6，间距宜为250mm～300mm。

9.3.17 砖砌体墙的构造应符合下列要求：

1 8度时，钢筋混凝土无檩屋盖砖柱厂房，砖围护墙顶宜沿墙长每隔1m埋入1φ8竖向钢筋，并插入顶部圈梁内。

2 7度且墙顶高度大于4.8m或8度时，不设置构造柱的外墙转角及承重内横墙与外纵墙交接处，应沿墙高每500mm配置2φ6钢筋，每边伸入墙内不小于1m。

3 出屋面女儿墙的抗震构造措施，应符合本规范第13.3节的有关规定。

10 空旷房屋和大跨屋盖建筑

10.1 单层空旷房屋

（Ⅰ）一般规定

10.1.1 本节适用于较空旷的单层大厅和附属房屋组成的公共建筑。

10.1.2 大厅、前厅、舞台之间，不宜设防震缝分开；大厅与两侧附属房屋之间可不设防震缝。但不设缝时应加强连接。

10.1.3 单层空旷房屋大厅屋盖的承重结构，在下列情况下不应采用砖柱：

1 7度（0.15g）、8度、9度时的大厅。

2 大厅内设有挑台。

3 7度（0.10g）时，大厅跨度大于12m或柱顶高度大于6m。

4 6度时，大厅跨度大于15m或柱顶高度大于8m。

10.1.4 单层空旷房屋大厅屋盖的承重结构，除本规范第10.1.3条规定者外，可在大厅纵墙屋架支点下增设钢筋混凝土-砖组合壁柱，不得采用无筋砖壁柱。

10.1.5 前厅结构布置应加强横向的侧向刚度，大门处壁柱和前厅内独立柱应采用钢筋混凝土柱。

10.1.6 前厅与大厅、大厅与舞台连接处的横墙，应加强侧向刚度，设置一定数量的钢筋混凝土抗震墙。

10.1.7 大厅部分其他要求可参照本规范第9章，附属房屋应符合本规范的有关规定。

（Ⅱ）计 算 要 点

10.1.8 单层空旷房屋的抗震计算，可将房屋划分为前厅、舞台、大厅和附属房屋等若干独立结构，按本规范有关规定执行，但应计及相互影响。

10.1.9 单层空旷房屋的抗震计算，可采用底部剪力法，地震影响系数可取最大值。

10.1.10 大厅的纵向水平地震作用标准值，可按下式计算：

$$F_{Ek} = \alpha_{max} G_{eq} \qquad (10.1.10)$$

式中：F_{Ek}——大厅一侧纵墙或柱列的纵向水平地震作用标准值；

G_{eq}——等效重力荷载代表值。包括大厅屋盖和毗连附属房屋屋盖各一半的自重和50%雪荷载标准值，及一侧纵墙或柱列的折算自重。

10.1.11 大厅的横向抗震计算，宜符合下列原则：

1 两侧无附属房屋的大厅，有挑台部分和无挑台部分可各取一个典型开间计算；符合本规范第9章规定时，尚可计及空间工作。

2 两侧有附属房屋时，应根据附属房屋的结构类型，选择适当的计算方法。

10.1.12 8度和9度时，高大山墙的壁柱应进行平面外的截面抗震验算。

（Ⅲ）抗 震 构 造 措 施

10.1.13 大厅的屋盖构造，应符合本规范第9章的规定。

10.1.14 大厅的钢筋混凝土柱和组合砖柱应符合下列要求：

1 组合砖柱纵向钢筋的上端应锚入屋架底部的钢筋混凝土圈梁内。组合砖柱的纵向钢筋，除按计算确定外，6度Ⅲ、Ⅳ类场地和7度（0.10g）Ⅰ、Ⅱ类场地每侧不应少于4φ14；7度（0.10g）Ⅲ、Ⅳ类场地每侧不应少于4φ16。

2 钢筋混凝土柱应按抗震等级不低于二级的框架柱设计，其配筋量应按计算确定。

10.1.15 前厅与大厅，大厅与舞台间轴线上横墙，应符合下列要求：

1 应在横墙两端，纵向梁支点及大洞口两侧设置钢筋混凝土框架柱或构造柱。

2 嵌砌在框架柱间的横墙应有部分设计成抗震等级不低于二级的钢筋混凝土抗震墙。

3 舞台口的柱和梁应采用钢筋混凝土结构，舞台口大梁上承重砌体墙应设置间距不大于4m的立柱和间距不大于3m的圈梁，立柱、圈梁的截面尺寸、配筋及与周围砌体的拉结应符合多层砌体房屋的要求。

4 9度时，舞台口大梁上的墙体应采用轻质隔墙。

10.1.16 大厅柱（墙）顶标高处应设置现浇圈梁，并宜沿墙高每隔3m左右增设一道圈梁。梯形屋架端部高度大于900mm时还应在上弦标高处增设一道圈梁。圈梁的截面高度不宜小于180mm，宽度宜与墙厚相同，纵筋不应少于4φ12，箍筋间距不宜大于200mm。

10.1.17 大厅与两侧附属房屋间不设防震缝时，应在同一标高处设置封闭圈梁并在交接处拉通，墙体交接处应沿墙高每隔400mm在水平灰缝内设置拉结钢筋网片，且每边伸入墙内不宜小于1m。

10.1.18 悬挑式挑台应有可靠的锚固和防止倾覆的措施。

10.1.19 山墙应沿屋面设置钢筋混凝土卧梁，并应与屋盖构件锚拉；山墙应设置钢筋混凝土柱或组合柱，其截面和配筋分别不宜小于排架柱或纵墙组合柱，并应通到山墙的顶端与卧梁连接。

10.1.20 舞台后墙，大厅与前厅交接处的高大山墙，应利用工作平台或楼层作为水平支撑。

10.2 大跨屋盖建筑

（Ⅰ）一 般 规 定

10.2.1 本节适用于采用拱、平面桁架、立体桁架、网架、网壳、张弦梁、弦支穹顶等基本形式及其组合而成的大跨度钢屋盖建筑。

采用非常用形式以及跨度大于120m、结构单元长度大于300m或悬挑长度大于40m的大跨钢屋盖建筑的抗震设计，应进行专门研究和论证，采取有效的加强措施。

10.2.2 屋盖及其支承结构的选型和布置，应符合下列各项要求：

1 应能将屋盖的地震作用有效地传递到下部支承结构。

2 应具有合理的刚度和承载力分布，屋盖及其支承的布置宜均匀对称。

3 宜优先采用两个水平方向刚度均衡的空间传力体系。

4 结构布置宜避免因局部削弱或突变形成薄弱部位，产生过大的内力、变形集中。对于可能出现的薄弱部位，应采取措施提高其抗震能力。

5 宜采用轻型屋面系统。

6 下部支承结构应合理布置，避免使屋盖产生过大的地震扭转效应。

10.2.3 屋盖体系的结构布置，尚应分别符合下列要求：

1 单向传力体系的结构布置，应符合下列规定：

   1）主结构（桁架、拱、张弦梁）间应设置可靠的支撑，保证垂直于主结构方向的水平地震作用的有效传递；

   2）当桁架支座采用下弦节点支承时，应在支座间设置纵向桁架或采取其他可靠措施，防止桁架在支座处发生平面外扭转。

2 空间传力体系的结构布置，应符合下列规定：

   1）平面形状为矩形且三边支承一边开口的结构，其开口边应加强，保证足够的刚度；

   2）两向正交正放网架、双向张弦梁，应沿周边支座设置封闭的水平支撑；

   3）单层网壳应采用刚接节点。

注：单向传力体系指平面拱、单向平面桁架、单向立体桁架、单向张弦梁等结构形式；空间传力体系指网架、网壳、双向立体桁架、双向张弦梁和弦支穹顶等结构形式。

10.2.4 当屋盖分区采用不同的结构形式时，交界区域的杆件和节点应加强；也可设置防震缝，缝宽不宜小于 150mm。

10.2.5 屋面围护系统、吊顶及悬吊物等非结构构件应与结构可靠连接，其抗震措施应符合本规范第 13 章的有关规定。

（Ⅱ）计算要点

10.2.6 下列屋盖结构可不进行地震作用计算，但应符合本节有关的抗震措施要求：

1 7 度时，矢跨比小于 1/5 的单向平面桁架和单向立体桁架结构可不进行沿桁架的水平向以及竖向地震作用计算。

2 7 度时，网架结构可不进行地震作用计算。

10.2.7 屋盖结构抗震分析的计算模型，应符合下列要求：

1 应合理确定计算模型，屋盖与主要支承部位的连接假定应与构造相符。

2 计算模型应计入屋盖结构与下部结构的协同作用。

3 单向传力体系支撑构件的地震作用，宜按屋盖结构整体模型计算。

4 张弦梁和弦支穹顶的地震作用计算模型，宜计入几何刚度的影响。

10.2.8 屋盖钢结构和下部支承结构协同分析时，阻尼比应符合下列规定：

1 当下部支承结构为钢结构或屋盖直接支承在地面时，阻尼比可取 0.02。

2 当下部支承结构为混凝土结构时，阻尼比可取 0.025～0.035。

10.2.9 屋盖结构的水平地震作用计算，应符合下列要求：

1 对于单向传力体系，可取主结构方向和垂直主结构方向分别计算水平地震作用。

2 对于空间传力体系，应至少取两个主轴方向同时计算水平地震作用；对于有两个以上主轴或质量、刚度明显不对称的屋盖结构，应增加水平地震作用的计算方向。

10.2.10 一般情况，屋盖结构的多遇地震作用计算可采用振型分解反应谱法；体型复杂或跨度较大的结构，也可采用多向地震反应谱法或时程分析法进行补充计算。对于周边支承或周边支承和多点支承相结合、且规则的网架、平面桁架和立体桁架结构，其竖向地震作用可按本规范第 5.3.2 条规定进行简化计算。

10.2.11 屋盖结构构件的地震作用效应的组合应符合下列要求：

1 单向传力体系，主结构构件的验算可取主结构方向的水平地震效应和竖向地震效应的组合、主结构间支撑构件的验算可仅计入垂直于主结构方向的水平地震效应。

2 一般结构，应进行三向地震作用效应的组合。

10.2.12 大跨屋盖结构在重力荷载代表值和多遇竖向地震作用标准值下的组合挠度值不宜超过表 10.2.12 的限值。

表 10.2.12　大跨屋盖结构的挠度限值

结构体系	屋盖结构（短向跨度 l_1）	悬挑结构（悬挑跨度 l_2）
平面桁架、立体桁架、网架、张弦梁	$l_1/250$	$l_2/125$
拱、单层网壳	$l_1/400$	—
双层网壳、弦支穹顶	$l_1/300$	$l_2/150$

10.2.13 屋盖构件截面抗震验算除应符合本规范第 5.4 节的有关规定外，尚应符合下列要求：

1 关键杆件的地震组合内力设计值应乘以增大

系数；其取值，7、8、9 度宜分别按 1.1、1.15、1.2 采用。

2 关键节点的地震作用效应组合设计值应乘以增大系数；其取值，7、8、9 度宜分别按 1.15、1.2、1.25 采用。

3 预张拉结构中的拉索，在多遇地震作用下应不出现松弛。

注：对于空间传力体系，关键杆件指临支座杆件，即：临支座 2 个区（网）格内的弦、腹杆；临支座 1/10 跨度范围内的弦、腹杆，两者取较小的范围。对于单向传力体系，关键杆件指与支座直接相临间的弦杆和腹杆。关键节点为与关键杆件连接的节点。

（Ⅲ）抗震构造措施

10.2.14 屋盖钢杆件的长细比，宜符合表 10.2.14 的规定：

表 10.2.14 **钢杆件的长细比限值**

杆件类型	受 拉	受 压	压 弯	拉 弯
一般杆件	250	180	150	250
关键杆件	200	150(120)	150(120)	200

注：1 括号内数值用于 8、9 度；
　　2 表列数据不适用于拉索等柔性构件。

10.2.15 屋盖构件节点的抗震构造，应符合下列要求：

1 采用节点板连接各杆件时，节点板的厚度不宜小于连接杆件最大壁厚的 1.2 倍。

2 采用相贯节点时，应将内力较大方向的杆件直通。直通杆件的壁厚不应小于焊于其上各杆件的壁厚。

3 采用焊接球节点时，球体的壁厚不应小于相连杆件最大壁厚的 1.3 倍。

4 杆件宜相交于节点中心。

10.2.16 支座的抗震构造应符合下列要求：

1 应具有足够的强度和刚度，在荷载作用下不应先于杆件和其他节点破坏，也不得产生不可忽略的变形。支座节点构造形式应传力可靠、连接简单，并符合计算假定。

2 对于水平可滑动的支座，应保证屋盖在罕遇地震下的滑移不超出支承面，并应采取限位措施。

3 8、9 度时，多遇地震下只承受竖向压力的支座，宜采用拉压型构造。

10.2.17 屋盖结构采用隔震及减震支座时，其性能参数、耐久性及相关构造应符合本规范第 12 章的有关规定。

11 土、木、石结构房屋

11.1 一般规定

11.1.1 土、木、石结构房屋的建筑、结构布置应符合下列要求：

1 房屋的平面布置应避免拐角或突出。

2 纵横向承重墙的布置宜均匀对称，在平面内宜对齐，沿竖向应上下连续；在同一轴线上，窗间墙的宽度宜均匀。

3 多层房屋的楼层不应错层，不应采用板式单边悬挑楼梯。

4 不应在同一高度内采用不同材料的承重构件。

5 屋檐外挑梁上不得砌筑砌体。

11.1.2 木楼、屋盖房屋应在下列部位采取拉结措施：

1 两端开间屋架和中间隔开间屋架应设置竖向剪刀撑；

2 在屋檐高度处应设置纵向通长水平系杆，系杆应采用墙揽与各道横墙连接或与木梁、屋架下弦连接牢固；纵向水平系杆端部宜采用木夹板对接，墙揽可采用方木、角铁等材料；

3 山墙、山尖墙应采用墙揽与木屋架、木构架或檩条拉结；

4 内隔墙墙顶应与梁或屋架下弦拉结。

11.1.3 木楼、屋盖构件的支承长度应不小于表 11.1.3 的规定：

表 11.1.3 **木楼、屋盖构件的最小支承长度**（mm）

构件名称	木屋架、木梁	对接木龙骨、木檩条		搭接木龙骨、木檩条
位置	墙上	屋架上	墙上	屋架上、墙上
支承长度与连接方式	240（木垫板）	60（木夹板与螺栓）	120（木夹板与螺栓）	满搭

11.1.4 门窗洞口过梁的支承长度，6～8 度时不应小于 240mm，9 度时不应小于 360mm。

11.1.5 当采用冷摊瓦屋面时，底瓦的弧边两角宜设置钉孔，可采用铁钉与椽条钉牢；盖瓦与底瓦宜采用石灰或水泥砂浆压垄等做法与底瓦粘结牢固。

11.1.6 土木石房屋突出屋面的烟囱、女儿墙等易倒塌构件的出屋面高度，6、7 度时不应大于 600mm；8 度（0.20g）时不应大于 500mm；8 度（0.30g）和 9 度时不应大于 400mm。并应采取拉结措施。

注：坡屋面上的烟囱高度由烟囱的根部上沿算起。

11.1.7 土木石房屋的结构材料应符合下列要求：

1 木构件应选用干燥、纹理直、节疤少、无腐朽的木材。

2 生土墙体土料应选用杂质少的黏性土。

3 石材应质地坚实，无风化、剥落和裂纹。

11.1.8 土木石房屋的施工应符合下列要求：

1 HPB300 钢筋端头应设置 180°弯钩。

2 外露铁件应做防锈处理。

11.2 生 土 房 屋

11.2.1 本节适用于 6 度、7 度（0.10g）未经焙烧的土坯、灰土和夯土承重墙体的房屋及土窑洞、土拱房。

> 注：1 灰土墙指掺石灰（或其他粘结材料）的土筑墙和掺石灰土坯墙；
> 2 土窑洞指未经扰动的原土中开挖而成的崖窑。

11.2.2 生土房屋的高度和承重横墙墙间距应符合下列要求：

1 生土房屋宜建单层，灰土墙房屋可建二层，但总高度不应超过 6m。

2 单层生土房屋的檐口高度不宜大于 2.5m。

3 单层生土房屋的承重横墙间距不宜大于 3.2m。

4 窑洞净跨不宜大于 2.5m。

11.2.3 生土房屋的屋盖应符合下列要求：

1 应采用轻屋面材料。

2 硬山搁檩房屋宜采用双坡屋面或弧形屋面，檩条支承处应设垫木；端檩应出檐，内墙上檩条应满搭或采用夹板对接和燕尾榫加扒钉连接。

3 木屋盖各构件应采用圆钉、扒钉、钢丝等相互连接。

4 木屋架、木梁在外墙上宜满搭，支承处应设置木圈梁或木垫板；木垫板的长度、宽度和厚度分别不宜小于 500mm、370mm 和 60mm；木垫板下应铺设砂浆垫层或黏土灰浆垫层。

11.2.4 生土房屋的承重墙体应符合下列要求：

1 承重墙体门窗洞口的宽度，6、7 度时不应大于 1.5m。

2 门窗洞口宜采用木过梁；当过梁由多根木杆组成时，宜采用木板、扒钉、铅丝等将各根木杆连接成整体。

3 内外墙体应同时分层交错夯筑或咬砌。外墙四角和内外墙交接处，应沿墙高每隔 500mm 左右放置一层竹筋、木条、荆条等编织的拉结网片，每边伸入墙体应不小于 1000mm 或至门窗洞边，拉结网片在相交处应绑扎；或采取其他加强整体性的措施。

11.2.5 各类生土房屋的地基夯实，应采用毛石、片石、凿开的卵石或普通砖基础，基础墙应采用混合砂浆或水泥砂浆砌筑。外墙宜做墙裙防潮处理（墙脚宜设防潮层）。

11.2.6 土坯宜采用黏性土湿法成型并宜掺入草苇等拉结材料；土坯应卧砌并宜采用黏土浆或黏土石灰浆砌筑。

11.2.7 灰土墙房屋应每层设置圈梁，并在横墙上拉通；内纵墙顶面宜在山尖墙两侧增砌踏步式墙垛。

11.2.8 土拱房应多跨连接布置，各拱脚均应支承在稳固的崖体上或支承在人工土墙上；拱圈厚度宜为 300mm～400mm，应支模砌筑，不应后倾贴砌；外侧支承墙和拱圈上不应布置门窗。

11.2.9 土窑洞应避开易产生滑坡、山崩的地段；开挖窑洞的崖体应土质密实、土体稳定、坡度较平缓、无明显的竖向节理；崖前不宜接砌土坯或其他材料的前脸；不宜开挖层窑，否则应保持足够的间距，且上、下不宜对齐。

11.3 木结构房屋

11.3.1 本节适用于 6～9 度的穿斗木构架、木柱木屋架和木柱木梁等房屋。

11.3.2 木结构房屋不应采用木柱与砖柱或砖墙等混合承重；山墙应设置端屋架（木梁），不得采用硬山搁檩。

11.3.3 木结构房屋的高度应符合下列要求：

1 木柱木屋架和穿斗木构架房屋，6～8 度时不宜超过二层，总高度不宜超过 6m；9 度时宜建单层，高度不应超过 3.3m。

2 木柱木梁房屋宜建单层，高度不宜超过 3m。

11.3.4 礼堂、剧院、粮仓等较大跨度的空旷房屋，宜采用四柱落地的三跨木排架。

11.3.5 木屋架屋盖的支撑布置，应符合本规范第 9.3 节有关规定的要求，但房屋两端的屋架支撑，应设置在端开间。

11.3.6 木柱木屋架和木柱木梁房屋应在木柱与屋架（或梁）间设置斜撑；横隔墙较多的居住房屋应在非抗震隔墙内设斜撑；斜撑宜采用木夹板，并应通到屋架的上弦。

11.3.7 穿斗木构架房屋的横向和纵向均应在木柱的上、下柱端和楼层下部设置穿枋，并应在每一纵向柱列间设置 1～2 道剪刀撑或斜撑。

11.3.8 木结构房屋的构件连接，应符合下列要求：

1 柱顶应有暗榫插入屋架下弦，并用 U 形铁件连接；8、9 度时，柱脚应采用铁件或其他措施与基础锚固。柱础埋入地面以下的深度不应小于 200mm。

2 斜撑和屋盖支撑结构，均应采用螺栓与主体构件相连接；除穿斗木构件外，其他木构件宜采用螺栓连接。

3 椽与檩的搭接处应满钉，以增强屋盖的整体性。木构架中，宜在柱檐口以上沿房屋纵向设置竖向剪刀撑等措施，以增强纵向稳定性。

11.3.9 木构件应符合下列要求：

1 木柱的梢径不宜小于 150mm；应避免在柱的同一高度处纵横向同时开槽，且在柱的同一截面开槽面积不应超过截面总面积的 1/2。

2 柱子不能有接头。

3 穿枋应贯通木构架各柱。

11.3.10 围护墙应符合下列要求：

1 围护墙与木柱的拉结应符合下列要求：

1）沿墙高每隔 500mm 左右，应采用 8 号钢丝将墙体内的水平拉结筋或拉结网片与木柱拉结；

2）配筋砖圈梁、配筋砂浆带与木柱应采用 $\phi6$ 钢筋或 8 号钢丝拉结。

2 土坯砌筑的围护墙，洞口宽度应符合本规范第 11.2 节的要求。砖等砌筑的围护墙，横墙和内纵墙上的洞口宽度不宜大于 1.5m，外纵墙上的洞口宽度不宜大于 1.8m 或开间尺寸的一半。

3 土坯、砖等砌筑的围护墙不应将木柱完全包裹，应贴砌在木柱外侧。

11.4 石结构房屋

11.4.1 本节适用于 6～8 度，砂浆砌筑的料石砌体（包括有垫片或无垫片）承重的房屋。

11.4.2 多层石砌体房屋的总高度和层数不应超过表 11.4.2 的规定。

表 11.4.2 多层石砌体房屋总高度（m）和层数限值

墙体类别	烈度					
	6		7		8	
	高度	层数	高度	层数	高度	层数
细、半细料石砌体（无垫片）	16	五	13	四	10	三
粗料石及毛料石砌体（有垫片）	13	四	10	三	7	二

注：1 房屋总高度的计算同本规范表 7.1.2 注。

2 横墙较少的房屋，总高度应降低 3m，层数相应减少一层。

11.4.3 多层石砌体房屋的层高不宜超过 3m。

11.4.4 多层石砌体房屋的抗震横墙间距，不应超过表 11.4.4 的规定。

表 11.4.4 多层石砌体房屋的抗震横墙间距（m）

楼、屋盖类型	烈度		
	6	7	8
现浇及装配整体式钢筋混凝土	10	10	7
装配式钢筋混凝土	7	7	4

11.4.5 多层石砌体房屋，宜采用现浇或装配整体式钢筋混凝土楼、屋盖。

11.4.6 石墙的截面抗震验算，可参照本规范第 7.2 节；其抗剪强度应根据试验数据确定。

11.4.7 多层石砌体房屋应在外墙四角、楼梯间四角和每开间的内外墙交接处设置钢筋混凝土构造柱。

11.4.8 抗震横墙洞口的水平截面面积，不应大于全截面面积的 1/3。

11.4.9 每层的纵横墙均应设置圈梁，其截面高度不应小于 120mm，宽度宜与墙厚相同，纵向钢筋不应小于 $4\phi10$，箍筋间距不宜大于 200mm。

11.4.10 无构造柱的纵横墙交接处，应采用条石无垫片砌筑，且应沿墙高每隔 500mm 设置拉结钢筋网片，每边每侧伸入墙内不宜小于 1m。

11.4.11 不应采用石板作为承重构件。

11.4.12 其他有关抗震构造措施要求，参照本规范第 7 章的相关规定。

12 隔震和消能减震设计

12.1 一般规定

12.1.1 本章适用于设置隔震层以隔离水平地震动的房屋隔震设计，以及设置消能部件吸收与消耗地震能量的房屋消能减震设计。

采用隔震和消能减震设计的建筑结构，应符合本规范第 3.8.1 条的规定，其抗震设防目标应符合本规范第 3.8.2 条的规定。

注：1 本章隔震设计指在房屋基础、底部或下部结构与上部结构之间设置由橡胶隔震支座和阻尼装置等部件组成具有整体复位功能的隔震层，以延长整个结构体系的自振周期，减少输入上部结构的水平地震作用，达到预期防震要求。

2 消能减震设计指在房屋结构中设置消能器，通过消能器的相对变形和相对速度提供附加阻尼，以消耗输入结构的地震能量，达到预期防震减震要求。

12.1.2 建筑结构隔震设计和消能减震设计确定设计方案时，除应符合本规范第 3.5.1 条的规定外，尚应与采用抗震设计的方案进行对比分析。

12.1.3 建筑结构采用隔震设计时应符合下列各项要求：

1 结构高宽比宜小于 4，且不应大于相关规范规程对非隔震结构的具体规定，其变形特征接近剪切变形，最大高度应满足本规范非隔震结构的要求；高宽比大于 4 或非隔震结构相关规定的结构采用隔震设计时，应进行专门研究。

2 建筑场地宜为 I、II、III 类，并应选用稳定性较好的基础类型。

3 风荷载和其他非地震作用的水平荷载标准值产生的总水平力不宜超过结构总重力的 10%。

4 隔震层应提供必要的竖向承载力、侧向刚度和阻尼；穿过隔震层的设备配管、配线，应采用柔性连接或其他有效措施以适应隔震层的罕遇地震水平位移。

12.1.4 消能减震设计可用于钢、钢筋混凝土、钢-混凝土混合等结构类型的房屋。

消能部件应对结构提供足够的附加阻尼，尚应根据其结构类型分别符合本规范相应章节的设计要求。

12.1.5 隔震和消能减震设计时，隔震装置和消能部件应符合下列要求：

1 隔震装置和消能部件的性能参数应经试验确定。

2 隔震装置和消能部件的设置部位，应采取便于检查和替换的措施。

3 设计文件上应注明对隔震装置和消能部件的性能要求，安装前应按规定进行检测，确保性能符合要求。

12.1.6 建筑结构的隔震设计和消能减震设计，尚应符合相关专门标准的规定；也可按抗震性能目标的要求进行性能化设计。

12.2 房屋隔震设计要点

12.2.1 隔震设计应根据预期的竖向承载力、水平向减震系数和位移控制要求，选择适当的隔震装置及抗风装置组成结构的隔震层。

隔震支座应进行竖向承载力的验算和罕遇地震下水平位移的验算。

隔震层以上结构的水平地震作用应根据水平向减震系数确定；其竖向地震作用标准值，8度（0.20g）、8度（0.30g）和9度时分别不应小于隔震层以上结构总重力荷载代表值的20%、30%和40%。

12.2.2 建筑结构隔震设计的计算分析，应符合下列规定：

1 隔震体系的计算简图，应增加由隔震支座及其顶部梁板组成的质点；对变形特征为剪切型的结构可采用剪切模型（图12.2.2）；当隔震层以上结构的质心与隔震层刚度中心不重合时，应计入扭转效应的影响。隔震层顶部的梁板结构，应作为其上部结构的一部分进行计算和设计。

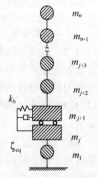

图 12.2.2 隔震结构计算简图

2 一般情况下，宜采用时程分析法进行计算；输入地震波的反应谱特性和数量，应符合本规范第5.1.2条的规定，计算结果宜取其包络值；当处于发震断层10km以内时，输入地震波应考虑近场影响系数，5km以内宜取1.5，5km以外可取不小于1.25。

3 砌体结构及基本周期与其相当的结构可按本规范附录L简化计算。

12.2.3 隔震层的橡胶隔震支座应符合下列要求：

1 隔震支座在表12.2.3所列的压应力下的极限

水平变位，应大于其有效直径的0.55倍和支座内部橡胶总厚度3倍二者的较大值。

2 在经历相应设计基准期的耐久试验后，隔震支座刚度、阻尼特性变化不超过初期值的±20%；徐变量不超过支座内部橡胶总厚度的5%。

3 橡胶隔震支座在重力荷载代表值的竖向压应力不应超过表12.2.3的规定。

表 12.2.3 橡胶隔震支座压应力限值

建筑类别	甲类建筑	乙类建筑	丙类建筑
压应力限值（MPa）	10	12	15

注：1 压应力设计值应按永久荷载和可变荷载的组合计算；其中，楼面活荷载应按现行国家标准《建筑结构荷载规范》GB 50009 的规定乘以折减系数；

2 结构倾覆验算时应包括水平地震作用效应组合；对需进行竖向地震作用计算的结构，尚应包括竖向地震作用效应组合；

3 当橡胶支座的第二形状系数（有效直径与橡胶层总厚度之比）小于5.0时应降低压应力限值：小于5不小于4时降低20%，小于4不小于3时降低40%；

4 外径小于300mm的橡胶支座，丙类建筑的压应力限值为10MPa。

12.2.4 隔震层的布置、竖向承载力、侧向刚度和阻尼应符合下列规定：

1 隔震层宜设置在结构的底部或下部，其橡胶隔震支座应设置在受力较大的位置，间距不宜过大，其规格、数量和分布应根据竖向承载力、侧向刚度和阻尼的要求通过计算确定。隔震层在罕遇地震下应保持稳定，不宜出现不可恢复的变形；其橡胶支座在罕遇地震的水平和竖向地震同时作用下，拉应力不应大于1MPa。

2 隔震层的水平等效刚度和等效黏滞阻尼比可按下列公式计算：

$$K_h = \sum K_j \qquad (12.2.4-1)$$

$$\zeta_{eq} = \sum K_j \zeta_j / K_h \qquad (12.2.4-2)$$

式中：ζ_{eq}——隔震层等效黏滞阻尼比；

K_h——隔震层水平等效刚度；

ζ_j——j 隔震支座由试验确定的等效黏滞阻尼比，设置阻尼装置时，应包括相应阻尼比；

K_j——j 隔震支座（含消能器）由试验确定的水平等效刚度。

3 隔震支座由试验确定设计参数时，竖向荷载应保持本规范表12.2.3的压应力限值；对水平向减震系数计算，应取剪切变形100%时的等效刚度和等效黏滞阻尼比；对罕遇地震验算，宜采用剪切变形250%时的等效刚度和等效黏滞阻尼比，当隔震支座直径较大时可采用剪切变形100%时的等效刚度和等效黏滞阻尼比。当采用时程分析时，应以试验所得滞回曲线作为计算依据。

12.2.5 隔震层以上结构的地震作用计算，应符合下列规定：

1 对多层结构，水平地震作用沿高度可按重力荷载代表值分布。

2 隔震后水平地震作用计算的水平地震影响系数可按本规范第5.1.4、第5.1.5条确定。其中，水平地震影响系数最大值可按下式计算：

$$\alpha_{max1} = \beta \alpha_{max} / \psi \qquad (12.2.5)$$

式中：α_{max1}——隔震后的水平地震影响系数最大值；

α_{max}——非隔震的水平地震影响系数最大值，按本规范第5.1.4条采用；

β——水平向减震系数；对于多层建筑，为按弹性计算所得的隔震与非隔震各层层间剪力的最大比值。对高层建筑结构，尚应计算隔震与非隔震各层倾覆力矩的最大比值，并与层间剪力的最大比值相比较，取二者的较大值；

ψ——调整系数；一般橡胶支座，取0.80；支座剪切性能偏差为 S-A 类，取0.85；隔震装置带有阻尼器时，相应减少0.05。

注：1 弹性计算时，简化计算和反应谱分析时宜按隔震支座水平剪切应变为100%时的性能参数进行计算；当采用时程分析法时按设计基本地震加速度输入进行计算；

2 支座剪切性能偏差按现行国家产品标准《橡胶支座 第3部分：建筑隔震橡胶支座》GB 20688.3确定。

3 隔震层以上结构的总水平地震作用不得低于非隔震结构在6度设防时的总水平地震作用，并应进行抗震验算；各楼层的水平地震剪力尚应符合本规范第5.2.5条对本地区设防烈度的最小地震剪力系数的规定。

4 9度时和8度且水平向减震系数不大于0.3时，隔震层以上的结构应进行竖向地震作用的计算。隔震层以上结构竖向地震作用标准值计算时，各楼层可视为质点，并按本规范式（5.3.1-2）计算竖向地震作用标准值沿高度的分布。

12.2.6 隔震支座的水平剪力应根据隔震层在罕遇地震下的水平剪力按各隔震支座的水平等效刚度分配；当按扭转耦联计算时，尚应计及隔震层的扭转刚度。

隔震支座对应于罕遇地震水平剪力的水平位移，应符合下列要求：

$$u_i \leqslant [u_i] \qquad (12.2.6-1)$$
$$u_i = \eta_i u_c \qquad (12.2.6-2)$$

式中：u_i——罕遇地震作用下，第i个隔震支座考虑扭转的水平位移；

$[u_i]$——第i个隔震支座的水平位移限值；对橡胶隔震支座，不应超过该支座有效直径的0.55倍和支座内部橡胶总厚度3.0倍二者的较小值；

u_c——罕遇地震下隔震层质心处或不考虑扭转的水平位移；

η_i——第i个隔震支座的扭转影响系数，应取考虑扭转和不考虑扭转时i支座计算位移的比值；当隔震层以上结构的质心与隔震层刚度中心在两个主轴方向均无偏心时，边支座的扭转影响系数不应小于1.15。

12.2.7 隔震结构的隔震措施，应符合下列规定：

1 隔震结构应采取不阻碍隔震层在罕遇地震下发生大变形的下列措施：

1）上部结构的周边应设置竖向隔离缝，缝宽不宜小于各隔震支座在罕遇地震下的最大水平位移值的1.2倍且不小于200mm。对两相邻隔震结构，其缝宽取最大水平位移值之和，且不小于400mm。

2）上部结构与下部结构之间，应设置完全贯通的水平隔离缝，缝高可取20mm，并用柔性材料填充；当设置水平隔离缝确有困难时，应设置可靠的水平滑移垫层。

3）穿越隔震层的门廊、楼梯、电梯、车道等部位，应防止可能的碰撞。

2 隔震层以上结构的抗震措施，当水平向减震系数大于0.40时（设置阻尼器时为0.38）不应降低非隔震时的有关要求；水平向减震系数不大于0.40时（设置阻尼器时为0.38），可适当降低本规范有关章节对非隔震建筑的要求，但烈度降低不得超过1度，与抵抗竖向地震作用有关的抗震构造措施不应降低。此时，对砌体结构，可按本规范附录L采取抗震构造措施。

注：与抵抗竖向地震作用有关的抗震措施，对钢筋混凝土结构，指墙、柱的轴压比规定；对砌体结构，指外墙尽端墙体的最小尺寸和圈梁的有关规定。

12.2.8 隔震层与上部结构的连接，应符合下列规定：

1 隔震层顶部应设置梁板式楼盖，且应符合下列要求：

1）隔震支座的相关部位应采用现浇混凝土梁板结构，现浇板厚度不应小于160mm；

2）隔震层顶部梁、板的刚度和承载力，宜大于一般楼盖梁板的刚度和承载力；

3）隔震支座附近的梁、柱应计算冲切和局部承压，加密箍筋并根据需要配置网状钢筋。

2 隔震支座和阻尼装置的连接构造，应符合下列要求：

1）隔震支座和阻尼装置应安装在便于维护人

员接近的部位；

  2）隔震支座与上部结构、下部结构之间的连接件，应能传递罕遇地震下支座的最大水平剪力和弯矩；

  3）外露的预埋件应有可靠的防锈措施。预埋件的锚固钢筋应与钢板牢固连接，锚固钢筋的锚固长度宜大于 20 倍锚固钢筋直径，且不应小于 250mm。

12.2.9 隔震层以下的结构和基础应符合下列要求：

  1 隔震层支墩、支柱及相连构件，应采用隔震结构罕遇地震下隔震支座底部的竖向力、水平力和力矩进行承载力验算。

  2 隔震层以下的结构（包括地下室和隔震塔楼下的底盘）中直接支承隔震层以上结构的相关构件，应满足嵌固的刚度比和隔震后设防地震的抗震承载力要求，并按罕遇地震进行抗剪承载力验算。隔震层以下地面以上的结构在罕遇地震下的层间位移角限值应满足表 **12.2.9** 要求。

  3 隔震建筑地基基础的抗震验算和地基处理仍应按本地区抗震设防烈度进行，甲、乙类建筑的抗液化措施应按提高一个液化等级确定，直至全部消除液化沉陷。

表 12.2.9 隔震层以下地面以上结构罕遇地震作用下层间弹塑性位移角限值

下部结构类型	$[\theta_p]$
钢筋混凝土框架结构和钢结构	1/100
钢筋混凝土框架-抗震墙	1/200
钢筋混凝土抗震墙	1/250

12.3 房屋消能减震设计要点

12.3.1 消能减震设计时，应根据多遇地震下的预期减震要求及罕遇地震下的预期结构位移控制要求，设置适当的消能部件。消能部件可由消能器及斜撑、墙体、梁等支承构件组成。消能器可采用速度相关型、位移相关型或其他类型。

  注：1 速度相关型消能器指黏滞消能器和黏弹性消能器等；

    2 位移相关型消能器指金属屈服消能器和摩擦消能器等。

12.3.2 消能部件可根据需要沿结构的两个主轴方向分别设置。消能部件宜设置在变形较大的位置，其数量和分布应通过综合分析合理确定，并有利于提高整个结构的消能减震能力，形成均匀合理的受力体系。

12.3.3 消能减震设计的计算分析，应符合下列规定：

  1 当主体结构基本处于弹性工作阶段时，可采用线性分析方法作简化估算，并根据结构的变形特征和高度等，按本规范第 5.1 节的规定分别采用底部剪力法、振型分解反应谱法和时程分析法。消能减震结构的地震影响系数可根据消能减震结构的总阻尼比按本规范第 5.1.5 条的规定采用。

  消能减震结构的自振周期应根据消能减震结构的总刚度确定，总刚度应为结构刚度和消能部件有效刚度的总和。

  消能减震结构的总阻尼比应为结构阻尼比和消能部件附加给结构的有效阻尼比的总和；多遇地震和罕遇地震下的总阻尼比应分别计算。

  2 对主体结构进入弹塑性阶段的情况，应根据主体结构体系特征，采用静力非线性分析方法或非线性时程分析方法。

  在非线性分析中，消能减震结构的恢复力模型应包括结构恢复力模型和消能部件的恢复力模型。

  3 消能减震结构的层间弹塑性位移角限值，应符合预期的变形控制要求，宜比非消能减震结构适当减小。

12.3.4 消能部件附加给结构的有效阻尼比和有效刚度，可按下列方法确定：

  1 位移相关型消能部件和非线性速度相关型消能部件附加给结构的有效刚度应采用等效线性化方法确定。

  2 消能部件附加给结构的有效阻尼比可按下式估算：

$$\xi_a = \sum_j W_{cj} / (4\pi W_s) \qquad (12.3.4\text{-}1)$$

式中：ξ_a——消能减震结构的附加有效阻尼比；

   W_{cj}——第 j 个消能部件在结构预期层间位移 Δu_j 下往复循环一周所消耗的能量；

   W_s——设置消能部件的结构在预期位移下的总应变能。

  注：当消能部件在结构上分布较均匀，且附加给结构的有效阻尼比小于 20% 时，消能部件附加给结构的有效阻尼比也可采用强行解耦方法确定。

  3 不计及扭转影响时，消能减震结构在水平地震作用下的总应变能，可按下式估算：

$$W_s = (1/2) \sum F_i u_i \qquad (12.3.4\text{-}2)$$

式中：F_i——质点 i 的水平地震作用标准值；

   u_i——质点 i 对应于水平地震作用标准值的位移。

  4 速度线性相关型消能器在水平地震作用下往复循环一周所消耗的能量，可按下式估算：

$$W_{cj} = (2\pi^2 / T_1) C_j \cos^2 \theta_j \Delta u_j^2 \qquad (12.3.4\text{-}3)$$

式中：T_1——消能减震结构的基本自振周期；

   C_j——第 j 个消能器的线性阻尼系数；

   θ_j——第 j 个消能器的消能方向与水平面的

夹角；

Δu_j ——第 j 个消能器两端的相对水平位移。

当消能器的阻尼系数和有效刚度与结构振动周期有关时，可取相应于消能减震结构基本自振周期的值。

5 位移相关型和速度非线性相关型消能器在水平地震作用下往复循环一周所消耗的能量，可按下式估算：

$$W_{cj} = A_j \qquad (12.3.4-4)$$

式中：A_j ——第 j 个消能器的恢复力滞回环在相对水平位移 Δu_j 时的面积。

消能器的有效刚度可取消能器的恢复力滞回环在相对水平位移 Δu_j 时的割线刚度。

6 消能部件附加给结构的有效阻尼比超过 25%时，宜按 25%计算。

12.3.5 消能部件的设计参数，应符合下列规定：

1 速度线性相关型消能器与斜撑、墙体或梁等支承构件组成消能部件时，支承构件沿消能器消能方向的刚度应满足下式：

$$K_b \geqslant (6\pi / T_1) C_D \qquad (12.3.5-1)$$

式中：K_b ——支承构件沿消能器方向的刚度；

C_D ——消能器的线性阻尼系数；

T_1 ——消能减震结构的基本自振周期。

2 黏弹性消能器的黏弹性材料总厚度应满足下式：

$$t \geqslant \Delta u / [\gamma] \qquad (12.3.5-2)$$

式中：t ——黏弹性消能器的黏弹性材料的总厚度；

Δu ——沿消能器方向的最大可能的位移；

$[\gamma]$ ——黏弹性材料允许的最大剪切应变。

3 位移相关型消能器与斜撑、墙体或梁等支承构件组成消能部件时，消能部件的恢复力模型参数宜符合下列要求：

$$\Delta u_{py} / \Delta u_{sy} \leqslant 2/3 \qquad (12.3.5-3)$$

式中：Δu_{py} ——消能部件在水平方向的屈服位移或起滑位移；

Δu_{sy} ——设置消能部件的结构层间屈服位移。

4 消能器的极限位移应不小于罕遇地震下消能器最大位移的 1.2 倍；对速度相关型消能器，消能器的极限速度应不小于地震作用下消能器最大速度的 1.2 倍，且消能器应满足在此极限速度下的承载力要求。

12.3.6 消能器的性能检验，应符合下列规定：

1 对黏滞流体消能器，由第三方进行抽样检验，其数量为同一工程同一类型同一规格数量的 20%，但不少于 2 个，检测合格率为 100%，检测后的消能器可用于主体结构；对其他类型消能器，抽检数量为同一类型同一规格数量的 3%，当同一类型同一规格的消能器数量较少时，可以在同一类型消能器中抽检总数量的 3%，但不应少于 2 个，检测合格率为

100%，检测后的消能器不能用于主体结构。

2 对速度相关型消能器，在消能器设计位移和设计速度幅值下，以结构基本频率往复循环 30 圈后，消能器的主要设计指标误差和衰减量不应超过 15%；对位移相关型消能器，在消能器设计位移幅值下往复循环 30 圈后，消能器的主要设计指标误差和衰减量不应超过 15%，且不应有明显的低周疲劳现象。

12.3.7 结构采用消能减震设计时，消能部件的相关部位应符合下列要求：

1 消能器与支承构件的连接，应符合本规范和有关规程对相关构件连接的构造要求。

2 在消能器施加给主结构最大阻尼力作用下，消能器与主结构之间的连接部件应在弹性范围内工作。

3 与消能部件相连的结构构件设计时，应计入消能部件传递的附加内力。

12.3.8 当消能减震结构的抗震性能明显提高时，主体结构的抗震构造要求可适当降低。降低程度可根据消能减震结构地震影响系数与不设置消能减震装置结构的地震影响系数之比确定，最大降低程度应控制在 1 度以内。

13 非结构构件

13.1 一 般 规 定

13.1.1 本章主要适用于非结构构件与建筑结构的连接。非结构构件包括持久性的建筑非结构构件和支承于建筑结构的附属机电设备。

注：1 建筑非结构构件指建筑中除承重骨架体系以外的固定构件和部件，主要包括非承重墙体，附着于楼面和屋面结构的构件、装饰构件和部件、固定于楼面的大型储物架等。

2 建筑附属机电设备指为现代建筑使用功能服务的附属机械、电气构件、部件和系统，主要包括电梯、照明和应急电源、通信设备、管道系统，采暖和空气调节系统，烟火监测和消防系统，公用天线等。

13.1.2 非结构构件应根据所属建筑的抗震设防类别和非结构地震破坏的后果及其对整个建筑结构影响的范围，采取不同的抗震措施，达到相应的性能化设计目标。

建筑非结构构件和建筑附属机电设备实现抗震性能化设计目标的某些方法可按本规范附录 M 第 M.2 节执行。

13.1.3 当抗震要求不同的两个非结构构件连接在一起时，应按较高的要求进行抗震设计。其中一个非结构构件连接损坏时，应不致引起与之相连的有较高要求的非结构构件失效。

13.2 基本计算要求

13.2.1 建筑结构抗震计算时，应按下列规定计入非结构构件的影响：

1 地震作用计算时，应计入支承于结构构件的建筑构件和建筑附属机电设备的重力。

2 对柔性连接的建筑构件，可不计入刚度；对嵌入抗侧力构件平面内的刚性建筑非结构构件，应计入其刚度影响，可采用周期调整等简化方法；一般情况下不应计入其抗震承载力，当有专门的构造措施时，尚可按有关规定计入其抗震承载力。

3 支承非结构构件的结构构件，应将非结构构件地震作用效应作为附加作用对待，并满足连接件的锚固要求。

13.2.2 非结构构件的地震作用计算方法，应符合下列要求：

1 各构件和部件的地震力应施加于其重心，水平地震力应沿任一水平方向。

2 一般情况下，非结构构件自身重力产生的地震作用可采用等效侧力法计算；对支承于不同楼层或防震缝两侧的非结构构件，除自身重力产生的地震作用外，尚应同时计及地震时支承点之间相对位移产生的作用效应。

3 建筑附属设备（含支架）的体系自振周期大于0.1s且其重力超过所在楼层重力的1%，或建筑附属设备的重力超过所在楼层重力的10%时，宜进入整体结构模型的抗震设计，也可采用本规范附录M第M.3节的楼面谱方法计算。其中，与楼盖非弹性连接的设备，可直接将设备与楼盖作为一个质点计入整个结构的分析中得到设备所受的地震作用。

13.2.3 采用等效侧力法时，水平地震作用标准值宜按下列公式计算：

$$F = \gamma \eta \zeta_1 \zeta_2 \alpha_{max} G \qquad (13.2.3)$$

式中：F——沿最不利方向施加于非结构构件重心处的水平地震作用标准值；

γ——非结构构件功能系数，由相关标准确定或按本规范附录M第M.2节执行；

η——非结构构件类别系数，由相关标准确定或按本规范附录M第M.2节执行；

ζ_1——状态系数；对预制建筑构件、悬臂类构件、支承点低于质心的任何设备和柔性体系宜取2.0，其余情况可取1.0；

ζ_2——位置系数，建筑的顶点宜取2.0，底部宜取1.0，沿高度线性分布；对本规范第5章要求采用时程分析法补充计算的结构，应按其计算结果调整；

α_{max}——水平地震影响系数最大值；可按本规范

第5.1.4条关于多遇地震的规定采用；

G——非结构构件的重力，应包括运行时有关的人员、容器和管道中的介质及储物柜中物品的重力。

13.2.4 非结构构件因支承点相对水平位移产生的内力，可按该构件在位移方向的刚度乘以规定的支承点相对水平位移计算。

非结构构件在位移方向的刚度，应根据其端部的实际连接状态，分别采用刚接、铰接、弹性连接或滑动连接等简化的力学模型。

相邻楼层的相对水平位移，可按本规范规定的限值采用。

13.2.5 非结构构件的地震作用效应（包括自身重力产生的效应和支座相对位移产生的效应）和其他荷载效应的基本组合，按本规范结构构件的有关规定计算；幕墙需计算地震作用效应与风荷载效应的组合；容器类尚应计及设备运转时的温度、工作压力等产生的作用效应。

非结构构件抗震验算时，摩擦力不得作为抵抗地震作用的抗力；承载力抗震调整系数可采用1.0。

13.3 建筑非结构构件的基本抗震措施

13.3.1 建筑结构中，设置连接幕墙、围护墙、隔墙、女儿墙、雨篷、商标、广告牌、顶篷支架、大型储物架等建筑非结构构件的预埋件、锚固件的部位，应采取加强措施，以承受建筑非结构构件传给主体结构的地震作用。

13.3.2 非承重墙体的材料、选型和布置，应根据烈度、房屋高度、建筑体型、结构层间变形、墙体自身抗侧力性能的利用等因素，经综合分析后确定，并应符合下列要求：

1 非承重墙体宜优先采用轻质墙体材料；采用砌体墙时，应采取措施减少对主体结构的不利影响，并应设置拉结筋、水平系梁、圈梁、构造柱等与主体结构可靠拉结。

2 刚性非承重墙体的布置，应避免使结构形成刚度和强度分布上的突变；当围护墙非对称均匀布置时，应考虑质量和刚度的差异对主体结构抗震不利的影响。

3 墙体与主体结构应有可靠的拉结，应能适应主体结构不同方向的层间位移；8、9度时应具有满足层间变位的变形能力，与悬挑构件相连接时，尚应具有满足节点转动引起的竖向变形的能力。

4 外墙板的连接件应具有足够的延性和适当的转动能力，宜满足在设防地震下主体结构层间变形的要求。

5 砌体女儿墙在人流出入口和通道处应与主体结构锚固；非出入口无锚固的女儿墙高度，6～8度时不宜超过0.5m，9度时应有锚固。防震缝处女儿墙应留有足够的宽度，缝两侧的自由端应予以加强。

13.3.3 多层砌体结构中，非承重墙体等建筑非结构构件应符合下列要求：

    1 后砌的非承重隔墙应沿墙高每隔500mm～600mm配置2ϕ6拉结钢筋与承重墙或柱拉结，每边伸入墙内不应少于500mm；8度和9度时，长度大于5m的后砌隔墙，墙顶尚应与楼板或梁拉结，独立墙肢端部及大门洞边宜设钢筋混凝土构造柱。

    2 烟道、风道、垃圾道等不应削弱墙体；当墙体被削弱时，应对墙体采取加强措施；不宜采用无竖向配筋的附墙烟囱或出屋面的烟囱。

    3 不应采用无锚固的钢筋混凝土预制挑檐。

13.3.4 钢筋混凝土结构中的砌体填充墙，尚应符合下列要求：

    1 填充墙在平面和竖向的布置，宜均匀对称，宜避免形成薄弱层或短柱。

    2 砌体的砂浆强度等级不应低于M5；实心块体的强度等级不宜低于MU2.5，空心块体的强度等级不宜低于MU3.5；墙顶应与框架梁密切结合。

    3 填充墙应沿框架柱全高每隔500mm～600mm设2ϕ6拉筋，拉筋伸入墙内的长度，6、7度时宜沿墙全长贯通，8、9度时应全长贯通。

    4 墙长大于5m时，墙顶与梁宜有拉结；墙长超过8m或层高2倍时，宜设置钢筋混凝土构造柱；墙高超过4m时，墙体半高宜设置与柱连接且沿墙全长贯通的钢筋混凝土水平系梁。

    5 楼梯间和人流通道的填充墙，尚应采用钢丝网砂浆面层加强。

13.3.5 单层钢筋混凝土柱厂房的围护墙和隔墙，尚应符合下列要求：

    1 厂房的围护墙宜采用轻质墙板或钢筋混凝土大型墙板，砌体围护墙采用外贴式并与柱可靠拉结；外墙柱距为12m时应采用轻质墙板或钢筋混凝土大型墙板。

    2 刚性围护墙沿纵向宜均匀对称布置，不宜一侧为外贴式，另一侧为嵌砌式或开敞式；不宜一侧采用砌体墙一侧采用轻质墙板。

    3 不等高厂房的高跨封墙和纵横向厂房交接处的悬墙宜采用轻质墙板，6、7度采用砌体时不应直接砌在低跨屋面上。

    4 砌体围护墙在下列部位应设置现浇钢筋混凝土圈梁：

      1）梯形屋架端部上弦和柱顶的标高处应各设一道，但屋架端部高度不大于900mm时可合并设置；

      2）应按上密下稀的原则每隔4m左右在窗顶增设一道圈梁，不等高厂房的高低跨封墙和纵墙跨交接处的悬墙，圈梁的竖向间距不应大于3m；

      3）山墙沿屋面应设钢筋混凝土卧梁，并应与屋架端部上弦标高处的圈梁连接。

    5 圈梁的构造应符合下列规定：

      1）圈梁宜闭合，圈梁截面宽度宜与墙厚相同，截面高度不应小于180mm；圈梁的纵筋，6～8度时不应少于4ϕ12，9度时不应少于4ϕ14；

      2）厂房转角处柱顶圈梁在端开间范围内的纵筋，6～8度时不宜少于4ϕ14，9度时不宜少于4ϕ16，转角两侧各1m范围内的箍筋直径不宜小于ϕ8，间距不宜大于100mm；圈梁转角处应增设不少于3根且直径与纵筋相同的水平斜筋；

      3）圈梁应与柱或屋架牢固连接，山墙卧梁应与屋面板拉结；顶部圈梁与柱或屋架连接的锚拉钢筋不宜少于4ϕ12，且锚固长度不宜少于35倍钢筋直径，防震缝处圈梁与柱或屋架的拉结宜加强。

    6 墙梁宜采用现浇，当采用预制墙梁时，梁底应与砖墙顶面牢固拉结并应与柱锚拉；厂房转角处相邻的墙梁，应相互可靠连接。

    7 砌体隔墙与柱宜脱开或柔性连接，并应采取措施使墙体稳定，隔墙顶部应设现浇钢筋混凝土压顶梁。

    8 砖墙的基础，8度Ⅲ、Ⅳ类场地和9度时，预制基础梁应采用现浇接头；当另设条形基础时，在柱基础顶面标高处应设置连续的现浇钢筋混凝土圈梁，其配筋不应少于4ϕ12。

    9 砌体女儿墙高度不宜大于1m，且应采取措施防止地震时倾倒。

13.3.6 钢结构厂房的围护墙，应符合下列要求：

    1 厂房的围护墙，应优先采用轻型板材，预制钢筋混凝土墙板宜与柱柔性连接；9度时宜采用轻型板材。

    2 单层厂房的砌体围护墙应贴砌并与柱拉结，尚应采取措施使墙体不妨碍厂房柱列沿纵向的水平位移；8、9度时不应采用嵌砌式。

13.3.7 各类顶棚的构件与楼板的连接件，应能承受顶棚、悬挂重物和有关机电设施的自重和地震附加作用；其锚固的承载力应大于连接件的承载力。

13.3.8 悬挑雨篷或一端由柱支承的雨篷，应与主体结构可靠连接。

13.3.9 玻璃幕墙、预制墙板、附属于楼屋面的悬臂构件和大型储物架的抗震构造，应符合相关专门标准的规定。

13.4 建筑附属机电设备支架的基本抗震措施

13.4.1 附属于建筑的电梯、照明和应急电源系统、烟火监测和消防系统、采暖和空气调节系统、通信系统、公用天线等与建筑结构的连接构件和部件的抗震措施，应根据设防烈度、建筑使用功能、房屋高度、结构类型和变形特征、附属设备所处的位置和运转要求等经综合分析后确定。

13.4.2 下列附属机电设备的支架可不考虑抗震设防要求：

1 重力不超过 1.8kN 的设备。

2 内径小于 25mm 的燃气管道和内径小于 60mm 的电气配管。

3 矩形截面面积小于 0.38 m² 和圆形直径小于 0.70m 的风管。

4 吊杆计算长度不超过 300mm 的吊杆悬挂管道。

13.4.3 建筑附属机电设备不应设置在可能导致其使用功能发生障碍等二次灾害的部位；对于有隔振装置的设备，应注意其强烈振动对连接件的影响，并防止设备和建筑结构发生谐振现象。

建筑附属机电设备的支架应具有足够的刚度和强度；其与建筑结构应有可靠的连接和锚固，应使设备在遭遇设防烈度地震影响后能迅速恢复运转。

13.4.4 管道、电缆、通风管和设备的洞口设置，应减少对主要承重结构构件的削弱；洞口边缘应有补强措施。

管道和设备与建筑结构的连接，应能允许二者间有一定的相对变位。

13.4.5 建筑附属机电设备的基座或连接件应能将设备承受的地震作用全部传递到建筑结构上。建筑结构中，用以固定建筑附属机电设备预埋件、锚固件的部位，应采取加强措施，以承受附属机电设备传给主体结构的地震作用。

13.4.6 建筑内的高位水箱应与所在的结构构件可靠连接；且应计及水箱及所含水重对建筑结构产生的地震作用效应。

13.4.7 在设防地震下需要连续工作的附属设备，宜设置在建筑结构地震反应较小的部位；相关部位的结构构件应采取相应的加强措施。

14 地 下 建 筑

14.1 一 般 规 定

14.1.1 本章主要适用于地下车库、过街通道、地下变电站和地下空间综合体等单建式地下建筑。不包括地下铁道、城市公路隧道等。

14.1.2 地下建筑宜建造在密实、均匀、稳定的地基上。当处于软弱土、液化土或断层破碎带等不利地段时，应分析其对结构抗震稳定性的影响，采取相应措施。

14.1.3 地下建筑的建筑布置应力求简单、对称、规则、平顺；横剖面的形状和构造不宜沿纵向突变。

14.1.4 地下建筑的结构体系应根据使用要求、场地工程地质条件和施工方法等确定，并应具有良好的整体性，避免抗侧力结构的侧向刚度和承载力突变。

丙类钢筋混凝土地下结构的抗震等级，6、7 度时不应低于四级，8、9 度时不宜低于三级。乙类钢筋混凝土地下结构的抗震等级，6、7 度时不宜低于三级，8、9 度时不宜低于二级。

14.1.5 位于岩石中的地下建筑，其出入口通道两侧的边坡和洞口仰坡，应依据地形、地质条件选用合理的口部结构类型，提高其抗震稳定性。

14.2 计 算 要 点

14.2.1 按本章要求采取抗震措施的下列地下建筑，可不进行地震作用计算：

1 7 度 Ⅰ、Ⅱ 类场地的丙类地下建筑。

2 8 度 (0.20g) Ⅰ、Ⅱ 类场地时，不超过二层、体型规则的中小跨度丙类地下建筑。

14.2.2 地下建筑的抗震计算模型，应根据结构实际情况确定并符合下列要求：

1 应能较准确地反映周围挡土结构和内部各构件的实际受力状况；与周围挡土结构分离的内部结构，可采用与地上建筑同样的计算模型。

2 周围地层分布均匀、规则且具有对称轴的纵向较长的地下建筑，结构分析可选择平面应变分析模型并采用反应位移法或等效水平地震加速度法、等效侧力法计算。

3 长宽比和高宽比均小于 3 及本条第 2 款以外的地下建筑，宜采用空间结构分析计算模型并采用土层-结构时程分析法计算。

14.2.3 地下建筑抗震计算的设计参数，应符合下列要求：

1 地震作用的方向应符合下列规定：

1) 按平面应变模型分析的地下结构，可仅计算横向的水平地震作用；

2) 不规则的地下结构，宜同时计算结构横向和纵向的水平地震作用；

3) 地下空间综合体等体型复杂的地下结构，8、9 度时尚宜计及竖向地震作用。

2 地震作用的取值，应随地下的深度比地面相应减少；基岩处的地震作用可取地面的一半，地面至基岩的不同深度处可按插入法确定；地表、土层界面和基岩面较平坦时，也可采用一维波动法确定；土层界面、基岩面或地表起伏较大时，宜采用二维或三维有限元法确定。

3 结构的重力荷载代表值应取结构、构件自重和水、土压力的标准值及各可变荷载的组合值之和。

4 采用土层-结构时程分析法或等效水平地震加

速度法时，土、岩石的动力特性参数可由试验确定。

14.2.4 地下建筑的抗震验算，除应符合本规范第 5 章的要求外，尚应符合下列规定：

1 应进行多遇地震作用下截面承载力和构件变形的抗震验算。

2 对于不规则的地下建筑以及地下变电站和地下空间综合体等，尚应进行罕遇地震作用下的抗震变形验算。计算可采用本规范第 5.5 节的简化方法，混凝土结构弹塑性层间位移角限值 $[\theta_p]$ 宜取 1/250。

3 液化地基中的地下建筑，应验算液化时的抗浮稳定性。液化土层对地下连续墙和抗拔桩等的摩阻力，宜根据实测的标准贯入锤击数与临界标准贯入锤击数的比值确定其液化折减系数。

14.3 抗震构造措施和抗液化措施

14.3.1 钢筋混凝土地下建筑的抗震构造，应符合下列要求：

1 宜采用现浇结构。需要设置部分装配式构件时，应使其与周围构件有可靠的连接。

2 地下钢筋混凝土框架结构构件的最小尺寸应不低于同类地面结构构件的规定。

3 中柱的纵向钢筋最小总配筋率，应比本规范表 6.3.7-1 的规定增加 0.2%。中柱与梁或顶板、中间楼板及底板连接处的箍筋应加密，其范围和构造与地面框架结构的柱相同。

14.3.2 地下建筑的顶板、底板和楼板，应符合下列要求：

1 宜采用梁板结构。当采用板柱-抗震墙结构时，无柱帽的平板应在柱上板带中设构造暗梁，其构造措施按本规范第 6.6.4 条第 1 款的规定采用。

2 对地下连续墙的复合墙体，顶板、底板及各层楼板的负弯矩钢筋至少应有 50% 锚入地下连续墙，锚入长度按受力计算确定；正弯矩钢筋需锚入内衬，并均不小于规定的锚固长度。

3 楼板开孔时，孔洞宽度应不大于该层楼板宽度的 30%；洞口的布置宜使结构质量和刚度的分布仍较均匀、对称，避免局部突变。孔洞周围应设置满足构造要求的边梁或暗梁。

14.3.3 地下建筑周围土体和地基存在液化土层时，应采取下列措施：

1 对液化土层采取注浆加固和换土等消除或减轻液化影响的措施。

2 进行地下结构液化上浮验算，必要时采取增设抗拔桩、配置压重等相应的抗浮措施。

3 存在液化土薄夹层，或施工中深度大于 20m 的地下连续墙围护结构遇到液化土层时，可不做地基抗液化处理，但其承载力及抗浮稳定性验算应计入土层液化引起的土压力增加及摩阻力降低等因素的影响。

14.3.4 地下建筑穿越地震时岸坡可能滑动的古河道或可能发生明显不均匀沉陷的软土地带时，应采取更换软弱土或设置桩基础等措施。

14.3.5 位于岩石中的地下建筑，应采取下列抗震措施：

1 口部通道和未经注浆加固处理的断层破碎带区段采用复合式支护结构时，内衬结构应采用钢筋混凝土衬砌，不得采用素混凝土衬砌。

2 采用离壁式衬砌时，内衬结构应在拱墙相交处设置水平撑抵紧围岩。

3 采用钻爆法施工时，初期支护和围岩地层间应密实回填。干砌块石回填时应注浆加强。

附录 A 我国主要城镇抗震设防烈度、设计基本地震加速度和设计地震分组

本附录仅提供我国各县级及县级以上城镇地区建筑工程抗震设计时所采用的抗震设防烈度（以下简称"烈度"）、设计基本地震加速度值（以下简称"加速度"）和所属的设计地震分组（以下简称"分组"）。

A.0.1 北京市

烈度	加速度	分组	县级及县级以上城镇
8 度	0.20g	第二组	东城区、西城区、朝阳区、丰台区、石景山区、海淀区、门头沟区、房山区、通州区、顺义区、昌平区、大兴区、怀柔区、平谷区、密云区、延庆区

A.0.2 天津市

烈度	加速度	分组	县级及县级以上城镇
8 度	0.20g	第二组	和平区、河东区、河西区、南开区、河北区、红桥区、东丽区、津南区、北辰区、武清区、宝坻区、滨海新区、宁河区
7 度	0.15g	第二组	西青区、静海区、蓟县

A.0.3 河北省

	烈度	加速度	分组	县级及县级以上城镇
石家庄市	7度	0.15g	第一组	辛集市
	7度	0.10g	第一组	赵县
	7度	0.10g	第二组	长安区、桥西区、新华区、井陉矿区、裕华区、栾城区、藁城区、鹿泉区、井陉县、正定县、高邑县、深泽县、无极县、平山县、元氏县、晋州市
	7度	0.10g	第三组	灵寿县
	6度	0.05g	第三组	行唐县、赞皇县、新乐市
唐山市	8度	0.30g	第二组	路南区、丰南区
	8度	0.20g	第二组	路北区、古冶区、开平区、丰润区、滦县
	7度	0.15g	第三组	曹妃甸区（唐海）、乐亭县、玉田县
	7度	0.15g	第二组	滦南县、迁安市
	7度	0.10g	第三组	迁西县、遵化市
秦皇岛市	7度	0.15g	第二组	卢龙县
	7度	0.10g	第三组	青龙满族自治县、海港区
	7度	0.10g	第二组	抚宁区、北戴河区、昌黎县
	6度	0.05g	第三组	山海关区
邯郸市	8度	0.20g	第二组	峰峰矿区、临漳县、磁县
	7度	0.15g	第二组	邯山区、丛台区、复兴区、邯郸县、成安县、大名县、魏县、武安市
	7度	0.15g	第一组	永年县
	7度	0.10g	第三组	邱县、馆陶县
	7度	0.10g	第二组	涉县、肥乡县、鸡泽县、广平县、曲周县
邢台市	7度	0.15g	第一组	桥东区、桥西区、邢台县[1]、内丘县、柏乡县、隆尧县、任县、南和县、宁晋县、巨鹿县、新河县、沙河市
	7度	0.10g	第二组	临城县、广宗县、平乡县、南宫市
	6度	0.05g	第三组	威县、清河县、临西县
保定市	7度	0.15g	第二组	涞水县、定兴县、涿州市、高碑店市
	7度	0.10g	第二组	竞秀区、莲池区、徐水区、高阳县、容城县、安新县、易县、蠡县、博野县、雄县
	7度	0.10g	第三组	清苑区、涞源县、安国市
	6度	0.05g	第三组	满城区、阜平县、唐县、望都县、曲阳县、顺平县、定州市
张家口市	8度	0.20g	第二组	下花园区、怀来县、涿鹿县
	7度	0.15g	第二组	桥东区、桥西区、宣化区、宣化县[2]、蔚县、阳原县、怀安县、万全县
	7度	0.10g	第三组	赤城县
	7度	0.10g	第二组	张北县、尚义县、崇礼县
	6度	0.05g	第三组	沽源县
	6度	0.05g	第二组	康保县
承德市	7度	0.10g	第三组	鹰手营子矿区、兴隆县
	6度	0.05g	第三组	双桥区、双滦区、承德县、平泉县、滦平县、隆化县、丰宁满族自治县、宽城满族自治县
	6度	0.05g	第一组	围场满族蒙古族自治县

续表

	烈度	加速度	分组	县级及县级以上城镇
沧州市	7度	0.15g	第二组	青县
	7度	0.15g	第一组	肃宁县、献县、任丘市、河间市
	7度	0.10g	第三组	黄骅市
	7度	0.10g	第二组	新华区、运河区、沧县³、东光县、南皮县、吴桥县、泊头市
	6度	0.05g	第三组	海兴县、盐山县、孟村回族自治县
廊坊市	8度	0.20g	第二组	安次区、广阳区、香河县、大厂回族自治县、三河市
	7度	0.15g	第二组	固安县、永清县、文安县
	7度	0.15g	第一组	大城县
	7度	0.10g	第二组	霸州市
衡水市	7度	0.15g	第一组	饶阳县、深州市
	7度	0.10g	第二组	桃城区、武强县、冀州市
	7度	0.10g	第一组	安平县
	6度	0.05g	第三组	枣强县、武邑县、故城县、阜城县
	6度	0.05g	第二组	景县

注：1 邢台县政府驻邢台市桥东区；

2 宣化县政府驻张家口市宣化区；

3 沧县政府驻沧州市新华区。

A.0.4 山西省

	烈度	加速度	分组	县级及县级以上城镇
太原市	8度	0.20g	第二组	小店区、迎泽区、杏花岭区、尖草坪区、万柏林区、晋源区、清徐县、阳曲县
	7度	0.15g	第二组	古交市
	7度	0.10g	第三组	娄烦县
大同市	8度	0.20g	第二组	城区、矿区、南郊区、大同县
	7度	0.15g	第三组	浑源县
	7度	0.15g	第二组	新荣区、阳高县、天镇县、广灵县、灵丘县、左云县
阳泉市	7度	0.10g	第三组	盂县
	7度	0.10g	第二组	城区、矿区、郊区、平定县
长治市	7度	0.10g	第三组	平顺县、武乡县、沁县、沁源县
	7度	0.10g	第二组	城区、郊区、长治县、黎城县、壶关县、潞城市
	6度	0.05g	第三组	襄垣县、屯留县、长子县
晋城市	7度	0.10g	第三组	沁水县、陵川县
	6度	0.05g	第三组	城区、阳城县、泽州县、高平市
朔州市	8度	0.20g	第二组	山阴县、应县、怀仁县
	7度	0.15g	第二组	朔城区、平鲁区、右玉县
晋中市	8度	0.20g	第二组	榆次区、太谷县、祁县、平遥县、灵石县、介休市
	7度	0.10g	第三组	榆社县、和顺县、寿阳县
	7度	0.10g	第二组	昔阳县
	6度	0.05g	第三组	左权县
运城市	8度	0.20g	第三组	永济市
	7度	0.15g	第三组	临猗县、万荣县、闻喜县、稷山县、绛县

	烈度	加速度	分组	县级及县级以上城镇
运城市	7度	0.15g	第二组	盐湖区、新绛县、夏县、平陆县、芮城县、河津市
	7度	0.10g	第二组	垣曲县
忻州市	8度	0.20g	第二组	忻府区、定襄县、五台县、代县、原平市
	7度	0.15g	第三组	宁武县
	7度	0.15g	第二组	繁峙县
	7度	0.10g	第三组	静乐县、神池县、五寨县
	6度	0.05g	第三组	岢岚县、河曲县、保德县、偏关县
临汾市	8度	0.30g	第二组	洪洞县
	8度	0.20g	第二组	尧都区、襄汾县、古县、浮山县、汾西县、霍州市
	7度	0.15g	第二组	曲沃县、翼城县、蒲县、侯马市
	7度	0.10g	第三组	安泽县、吉县、乡宁县、隰县
	6度	0.05g	第三组	大宁县、永和县
吕梁市	8度	0.20g	第二组	文水县、交城县、孝义市、汾阳市
	7度	0.10g	第三组	离石区、岚县、中阳县、交口县
	6度	0.05g	第三组	兴县、临县、柳林县、石楼县、方山县

A.0.5 内蒙古自治区

	烈度	加速度	分组	县级及县级以上城镇
呼和浩特市	8度	0.20g	第二组	新城区、回民区、玉泉区、赛罕区、土默特左旗
	7度	0.15g	第二组	托克托县、和林格尔县、武川县
	7度	0.10g	第二组	清水河县
包头市	8度	0.30g	第二组	土默特右旗
	8度	0.20g	第二组	东河区、石拐区、九原区、昆都仑区、青山区
	7度	0.15g	第二组	固阳县
	6度	0.05g	第三组	白云鄂博矿区、达尔罕茂明安联合旗
乌海市	8度	0.20g	第二组	海勃湾区、海南区、乌达区
赤峰市	8度	0.20g	第一组	元宝山区、宁城县
	7度	0.15g	第一组	红山区、喀喇沁旗
	7度	0.10g	第一组	松山区、阿鲁科尔沁旗、敖汉旗
	6度	0.05g	第一组	巴林左旗、巴林右旗、林西县、克什克腾旗、翁牛特旗
通辽市	7度	0.10g	第一组	科尔沁区、开鲁县
	6度	0.05g	第一组	科尔沁左翼中旗、科尔沁左翼后旗、库伦旗、奈曼旗、扎鲁特旗、霍林郭勒市
鄂尔多斯市	8度	0.20g	第二组	达拉特旗
	7度	0.10g	第三组	东胜区、准格尔旗
	6度	0.05g	第三组	鄂托克前旗、鄂托克旗、杭锦旗、伊金霍洛旗
	6度	0.05g	第一组	乌审旗
呼伦贝尔市	7度	0.10g	第一组	扎赉诺尔区、新巴尔虎右旗、扎兰屯市
	6度	0.05g	第一组	海拉尔区、阿荣旗、莫力达瓦达斡尔族自治旗、鄂伦春自治旗、鄂温克族自治旗、陈巴尔虎旗、新巴尔虎左旗、满洲里市、牙克石市、额尔古纳市、根河市

	烈度	加速度	分组	县级及县级以上城镇
巴彦淖尔市	8度	0.20g	第二组	杭锦后旗
	8度	0.20g	第一组	磴口县、乌拉特前旗、乌拉特后旗
	7度	0.15g	第二组	临河区、五原县
	7度	0.10g	第二组	乌拉特中旗
乌兰察布市	7度	0.15g	第二组	凉城县、察哈尔右翼前旗、丰镇市
	7度	0.10g	第三组	察哈尔右翼中旗
	7度	0.10g	第二组	集宁区、卓资县、兴和县
	6度	0.05g	第三组	四子王旗
	6度	0.05g	第二组	化德县、商都县、察哈尔右翼后旗
兴安盟	6度	0.05g	第一组	乌兰浩特市、阿尔山市、科尔沁右翼前旗、科尔沁右翼中旗、扎赉特旗、突泉县
锡林郭勒盟	6度	0.05g	第三组	太仆寺旗
	6度	0.05g	第二组	正蓝旗
	6度	0.05g	第一组	二连浩特市、锡林浩特市、阿巴嘎旗、苏尼特左旗、苏尼特右旗、东乌珠穆沁旗、西乌珠穆沁旗、镶黄旗、正镶白旗、多伦县
阿拉善盟	8度	0.20g	第二组	阿拉善左旗、阿拉善右旗
	6度	0.05g	第一组	额济纳旗

A.0.6 辽宁省

	烈度	加速度	分组	县级及县级以上城镇
沈阳市	7度	0.10g	第一组	和平区、沈河区、大东区、皇姑区、铁西区、苏家屯区、浑南区（原东陵区）、沈北新区、于洪区、辽中县
	6度	0.05g	第一组	康平县、法库县、新民市
大连市	8度	0.20g	第一组	瓦房店市、普兰店市
	7度	0.15g	第一组	金州区
	7度	0.10g	第二组	中山区、西岗区、沙河口区、甘井子区、旅顺口区
	6度	0.05g	第二组	长海县
	6度	0.05g	第一组	庄河市
鞍山市	8度	0.20g	第二组	海城市
	7度	0.10g	第二组	铁东区、铁西区、立山区、千山区、岫岩满族自治县
	7度	0.10g	第一组	台安县
抚顺市	7度	0.10g	第一组	新抚区、东洲区、望花区、顺城区、抚顺县[1]
	6度	0.05g	第一组	新宾满族自治县、清原满族自治县
本溪市	7度	0.10g	第二组	南芬区
	7度	0.10g	第一组	平山区、溪湖区、明山区
	6度	0.05g	第一组	本溪满族自治县、桓仁满族自治县
丹东市	8度	0.20g	第一组	东港市
	7度	0.15g	第一组	元宝区、振兴区、振安区
	6度	0.05g	第二组	凤城市
	6度	0.05g	第一组	宽甸满族自治县

续表

	烈度	加速度	分组	县级及县级以上城镇
锦州市	6度	0.05g	第二组	古塔区、凌河区、太和区、凌海市
	6度	0.05g	第一组	黑山县、义县、北镇市
营口市	8度	0.20g	第二组	老边区、盖州市、大石桥市
	7度	0.15g	第二组	站前区、西市区、鲅鱼圈区
阜新市	6度	0.05g	第一组	海州区、新邱区、太平区、清河门区、细河区、阜新蒙古族自治县、彰武县
辽阳市	7度	0.10g	第二组	弓长岭区、宏伟区、辽阳县
	7度	0.10g	第一组	白塔区、文圣区、太子河区、灯塔市
盘锦市	7度	0.10g	第二组	双台子区、兴隆台区、大洼县、盘山县
铁岭市	7度	0.10g	第一组	银州区、清河区、铁岭县[2]、昌图县、开原市
	6度	0.05g	第一组	西丰县、调兵山市
朝阳市	7度	0.10g	第二组	凌源市
	7度	0.10g	第一组	双塔区、龙城区、朝阳县[3]、建平县、北票市
	6度	0.05g	第二组	喀喇沁左翼蒙古族自治县
葫芦岛市	6度	0.05g	第二组	连山区、龙港区、南票区
	6度	0.05g	第三组	绥中县、建昌县、兴城市

注：1 抚顺县政府驻抚顺市顺城区新城路中段；
　　2 铁岭县政府驻铁岭市银州区工人街道；
　　3 朝阳县政府驻朝阳市双塔区前进街道。

A.0.7 吉林省

	烈度	加速度	分组	县级及县级以上城镇
长春市	7度	0.10g	第一组	南关区、宽城区、朝阳区、二道区、绿园区、双阳区、九台区
	6度	0.05g	第一组	农安县、榆树市、德惠市
吉林市	8度	0.20g	第一组	舒兰市
	7度	0.10g	第一组	昌邑区、龙潭区、船营区、丰满区、永吉县
	6度	0.05g	第一组	蛟河市、桦甸市、磐石市
四平市	7度	0.10g	第一组	伊通满族自治县
	6度	0.05g	第一组	铁西区、铁东区、梨树县、公主岭市、双辽市
辽源市	6度	0.05g	第一组	龙山区、西安区、东丰县、东辽县
通化市	6度	0.05g	第一组	东昌区、二道江区、通化县、辉南县、柳河县、梅河口市、集安市
白山市	6度	0.05g	第一组	浑江区、江源区、抚松县、靖宇县、长白朝鲜族自治县、临江市
松原市	8度	0.20g	第一组	宁江区、前郭尔罗斯蒙古族自治县
	7度	0.10g	第一组	乾安县
	6度	0.05g	第一组	长岭县、扶余市
白城市	7度	0.15g	第一组	大安市
	7度	0.10g	第一组	洮北区
	6度	0.05g	第一组	镇赉县、通榆县、洮南市
延边朝鲜族自治州	7度	0.15g	第一组	安图县
	6度	0.05g	第一组	延吉市、图们市、敦化市、珲春市、龙井市、和龙市、汪清县

A.0.8 黑龙江省

	烈度	加速度	分组	县级及县级以上城镇
哈尔滨市	8度	0.20g	第一组	方正县
	7度	0.15g	第一组	依兰县、通河县、延寿县
	7度	0.10g	第一组	道里区、南岗区、道外区、松北区、香坊区、呼兰区、尚志市、五常市
	6度	0.05g	第一组	平房区、阿城区、宾县、巴彦县、木兰县、双城区
齐齐哈尔市	7度	0.10g	第一组	昂昂溪区、富拉尔基区、泰来县
	6度	0.05g	第一组	龙沙区、建华区、铁锋区、碾子山区、梅里斯达斡尔族区、龙江、依安县、甘南县、富裕县、克山县、克东县、拜泉县、讷河市
鸡西市	6度	0.05g	第一组	鸡冠区、恒山区、滴道区、梨树区、城子河区、麻山区、鸡东县、虎林市、密山市
鹤岗市	7度	0.10g	第一组	向阳区、工农区、南山区、兴安区、东山区、兴山区、萝北县
	6度	0.05g	第一组	绥滨县
双鸭山市	6度	0.05g	第一组	尖山区、岭东区、四方台区、宝山区、集贤县、友谊县、宝清县、饶河县
大庆市	7度	0.10g	第一组	肇源县
	6度	0.05g	第一组	萨尔图区、龙凤区、让胡路区、红岗区、大同区、肇州县、林甸县、杜尔伯特蒙古族自治县
伊春市	6度	0.05g	第一组	伊春区、南岔区、友好区、西林区、翠峦区、新青区、美溪区、金山屯区、五营区、乌马河区、汤旺河区、带岭区、乌伊岭区、红星区、上甘岭区、嘉荫县、铁力市
佳木斯市	7度	0.10g	第一组	向阳区、前进区、东风区、郊区、汤原县
	6度	0.05g	第一组	桦南县、桦川县、抚远县、同江市、富锦市
七台河市	6度	0.05g	第一组	新兴区、桃山区、茄子河区、勃利县
牡丹江市	6度	0.05g	第一组	东安区、阳明区、爱民区、西安区、东宁县、林口县、绥芬河市、海林市、宁安市、穆棱市
黑河市	6度	0.05g	第一组	爱辉区、嫩江县、逊克县、孙吴县、北安市、五大连池市
绥化市	7度	0.10g	第一组	北林区、庆安县
	6度	0.05g	第一组	望奎县、兰西县、青冈县、明水县、绥棱县、安达市、肇东市、海伦市
大兴安岭地区	6度	0.05g	第一组	加格达奇区、呼玛县、塔河县、漠河县

A.0.9 上海市

烈度	加速度	分组	县级及县级以上城镇
7度	0.10g	第二组	黄浦区、徐汇区、长宁区、静安区、普陀区、闸北区、虹口区、杨浦区、闵行区、宝山区、嘉定区、浦东新区、金山区、松江区、青浦区、奉贤区、崇明县

A.0.10 江苏省

	烈度	加速度	分组	县级及县级以上城镇
南京市	7度	0.10g	第二组	六合区
	7度	0.10g	第一组	玄武区、秦淮区、建邺区、鼓楼区、浦口区、栖霞区、雨花台区、江宁区、溧水区
	6度	0.05g	第一组	高淳区

续表

	烈度	加速度	分组	县级及县级以上城镇
无锡市	7度	0.10g	第一组	崇安区、南长区、北塘区、锡山区、滨湖区、惠山区、宜兴市
	6度	0.05g	第二组	江阴市
徐州市	8度	0.20g	第二组	睢宁县、新沂市、邳州市
	7度	0.10g	第三组	鼓楼区、云龙区、贾汪区、泉山区、铜山区
	7度	0.10g	第二组	沛县
	6度	0.05g	第二组	丰县
常州市	7度	0.10g	第一组	天宁区、钟楼区、新北区、武进区、金坛区、溧阳市
苏州市	7度	0.10g	第一组	虎丘区、吴中区、相城区、姑苏区、吴江区、常熟市、昆山市、太仓市
	6度	0.05g	第二组	张家港市
南通市	7度	0.10g	第二组	崇川区、港闸区、海安县、如东县、如皋市
	6度	0.05g	第二组	通州区、启东市、海门市
连云港市	7度	0.15g	第三组	东海县
	7度	0.10g	第三组	连云区、海州区、赣榆区、灌云县
	6度	0.05g	第三组	灌南县
淮安市	7度	0.10g	第三组	清河区、淮阴区、清浦区
	7度	0.10g	第二组	盱眙县
	6度	0.05g	第三组	淮安区、涟水县、洪泽县、金湖县
盐城市	7度	0.15g	第三组	大丰区
	7度	0.10g	第三组	盐都区
	7度	0.10g	第二组	亭湖区、射阳县、东台市
	6度	0.05g	第三组	响水县、滨海县、阜宁县、建湖县
扬州市	7度	0.15g	第二组	广陵区、江都区
	7度	0.15g	第一组	邗江区、仪征市
	7度	0.10g	第二组	高邮市
	6度	0.05g	第三组	宝应县
镇江市	7度	0.15g	第一组	京口区、润州区
	7度	0.10g	第一组	丹徒区、丹阳市、扬中市、句容市
泰州市	7度	0.10g	第二组	海陵区、高港区、姜堰区、兴化市
	6度	0.05g	第二组	靖江市
	6度	0.05g	第一组	泰兴市
宿迁市	8度	0.30g	第二组	宿城区、宿豫区
	8度	0.20g	第二组	泗洪县
	7度	0.15g	第三组	沭阳县
	7度	0.10g	第三组	泗阳县

A.0.11 浙江省

	烈度	加速度	分组	县级及县级以上城镇
杭州市	7度	0.10g	第一组	上城区、下城区、江干区、拱墅区、西湖区、余杭区
	6度	0.05g	第一组	滨江区、萧山区、富阳区、桐庐县、淳安县、建德市、临安市

	烈度	加速度	分组	县级及县级以上城镇
宁波市	7度	0.10g	第一组	海曙区、江东区、江北区、北仑区、镇海区、鄞州区
	6度	0.05g	第一组	象山县、宁海县、余姚市、慈溪市、奉化市
温州市	6度	0.05g	第二组	洞头区、平阳县、苍南县、瑞安市
	6度	0.05g	第一组	鹿城区、龙湾区、瓯海区、永嘉县、文成县、泰顺县、乐清市
嘉兴市	7度	0.10g	第一组	南湖区、秀洲区、嘉善县、海宁市、平湖市、桐乡市
	6度	0.05g	第一组	海盐县
湖州市	6度	0.05g	第一组	吴兴区、南浔区、德清县、长兴县、安吉县
绍兴市	6度	0.05g	第一组	越城区、柯桥区、上虞区、新昌县、诸暨市、嵊州市
金华市	6度	0.05g	第一组	婺城区、金东区、武义县、浦江县、磐安县、兰溪市、义乌市、东阳市、永康市
衢州市	6度	0.05g	第一组	柯城区、衢江区、常山县、开化县、龙游县、江山市
舟山市	7度	0.10g	第一组	定海区、普陀区、岱山县、嵊泗县
台州市	6度	0.05g	第二组	玉环县
	6度	0.05g	第一组	椒江区、黄岩区、路桥区、三门县、天台县、仙居县、温岭市、临海市
丽水市	6度	0.05g	第二组	庆元县
	6度	0.05g	第一组	莲都区、青田县、缙云县、遂昌县、松阳县、云和县、景宁畲族自治县、龙泉市

A.0.12 安徽省

	烈度	加速度	分组	县级及县级以上城镇
合肥市	7度	0.10g	第一组	瑶海区、庐阳区、蜀山区、包河区、长丰县、肥东县、肥西县、庐江县、巢湖市
芜湖市	6度	0.05g	第一组	镜湖区、弋江区、鸠江区、三山区、芜湖县、繁昌县、南陵县、无为县
蚌埠市	7度	0.15g	第二组	五河县
	7度	0.10g	第二组	固镇县
	7度	0.10g	第一组	龙子湖区、蚌山区、禹会区、淮上区、怀远县
淮南市	7度	0.10g	第一组	大通区、田家庵区、谢家集区、八公山区、潘集区、凤台县
马鞍山市	6度	0.05g	第一组	花山区、雨山区、博望区、当涂县、含山县、和县
淮北市	6度	0.05g	第三组	杜集区、相山区、烈山区、濉溪县
铜陵市	7度	0.10g	第一组	铜官山区、狮子山区、郊区、铜陵县
安庆市	7度	0.10g	第一组	迎江区、大观区、宜秀区、枞阳县、桐城市
	6度	0.05g	第一组	怀宁县、潜山县、太湖县、宿松县、望江县、岳西县
黄山市	6度	0.05g	第一组	屯溪区、黄山区、徽州区、歙县、休宁县、黟县、祁门县
滁州市	7度	0.10g	第二组	天长市、明光市
	7度	0.10g	第一组	定远县、凤阳县
	6度	0.05g	第二组	琅琊区、南谯区、来安县、全椒县
阜阳市	7度	0.10g	第一组	颍州区、颍东区、颍泉区
	6度	0.05g	第一组	临泉县、太和县、阜南县、颍上县、界首市

续表

	烈度	加速度	分组	县级及县级以上城镇
	7度	0.15g	第二组	泗县
	7度	0.10g	第三组	萧县
宿州市	7度	0.10g	第二组	灵璧县
	6度	0.05g	第三组	埇桥区
	6度	0.05g	第二组	砀山县
	7度	0.15g	第一组	霍山县
六安市	7度	0.10g	第一组	金安区、裕安区、寿县、舒城县
	6度	0.05g	第一组	霍邱县、金寨县
	7度	0.10g	第二组	谯城区、涡阳县
亳州市	6度	0.05g	第二组	蒙城县
	6度	0.05g	第一组	利辛县
池州市	7度	0.10g	第一组	贵池区
	6度	0.05g	第一组	东至县、石台县、青阳县
宣城市	7度	0.10g	第一组	郎溪县
	6度	0.05g	第一组	宣州区、广德县、泾县、绩溪县、旌德县、宁国市

A.0.13 福建省

	烈度	加速度	分组	县级及县级以上城镇
	7度	0.10g	第三组	鼓楼区、台江区、仓山区、马尾区、晋安区、平潭县、福清市、长乐市
福州市	6度	0.05g	第三组	连江县、永泰县
	6度	0.05g	第二组	闽侯县、罗源县、闽清县
	7度	0.15g	第三组	思明区、湖里区、集美区、翔安区
厦门市	7度	0.15g	第二组	海沧区
	7度	0.10g	第三组	同安区
莆田市	7度	0.10g	第三组	城厢区、涵江区、荔城区、秀屿区、仙游县
三明市	6度	0.05g	第一组	梅列区、三元区、明溪县、清流县、宁化县、大田县、尤溪县、沙县、将乐县、泰宁县、建宁县、永安市
	7度	0.15g	第三组	鲤城区、丰泽区、洛江区、石狮市、晋江市
泉州市	7度	0.10g	第三组	泉港区、惠安县、安溪县、永春县、南安市
	6度	0.05g	第三组	德化县
	7度	0.15g	第三组	漳浦县
漳州市	7度	0.15g	第二组	芗城区、龙文区、诏安县、长泰县、东山县、南靖县、龙海市
	7度	0.10g	第三组	云霄县
	7度	0.10g	第二组	平和县、华安县
	6度	0.05g	第二组	政和县
南平市	6度	0.05g	第一组	延平区、建阳区、顺昌县、浦城县、光泽县、松溪县、邵武市、武夷山市、建瓯市
龙岩市	6度	0.05g	第二组	新罗区、永定区、漳平市
	6度	0.05g	第一组	长汀县、上杭县、武平县、连城县
宁德市	6度	0.05g	第二组	蕉城区、霞浦县、周宁县、柘荣县、福安市、福鼎市
	6度	0.05g	第一组	古田县、屏南县、寿宁县

A.0.14 江西省

	烈度	加速度	分组	县级及县级以上城镇
南昌市	6度	0.05g	第一组	东湖区、西湖区、青云谱区、湾里区、青山湖区、新建区、南昌县、安义县、进贤县
景德镇市	6度	0.05g	第一组	昌江区、珠山区、浮梁县、乐平市
萍乡市	6度	0.05g	第一组	安源区、湘东区、莲花县、上栗县、芦溪县
九江市	6度	0.05g	第一组	庐山区、浔阳区、九江县、武宁县、修水县、永修县、德安县、星子县、都昌县、湖口县、彭泽县、瑞昌市、共青城市
新余市	6度	0.05g	第一组	渝水区、分宜县
鹰潭市	6度	0.05g	第一组	月湖区、余江县、贵溪市
赣州市	7度	0.10g	第一组	安远县、会昌县、寻乌县、瑞金市
	6度	0.05g	第一组	章贡区、南康区、赣县、信丰县、大余县、上犹县、崇义县、龙南县、定南县、全南县、宁都县、于都县、兴国县、石城县
吉安市	6度	0.05g	第一组	吉州区、青原区、吉安县、吉水县、峡江县、新干县、永丰县、泰和县、遂川县、万安县、安福县、永新县、井冈山市
宜春市	6度	0.05g	第一组	袁州区、奉新县、万载县、上高县、宜丰县、靖安县、铜鼓县、丰城市、樟树市、高安市
抚州市	6度	0.05g	第一组	临川区、南城县、黎川县、南丰县、崇仁县、乐安县、宜黄县、金溪县、资溪县、东乡县、广昌县
上饶市	6度	0.05g	第一组	信州区、广丰区、上饶县、玉山县、铅山县、横峰县、弋阳县、余干县、鄱阳县、万年县、婺源县、德兴市

A.0.15 山东省

	烈度	加速度	分组	县级及县级以上城镇
济南市	7度	0.10g	第三组	长清区
	7度	0.10g	第二组	平阴县
	6度	0.05g	第三组	历下区、市中区、槐荫区、天桥区、历城区、济阳县、商河县、章丘市
青岛市	7度	0.10g	第三组	黄岛区、平度市、胶州市、即墨市
	7度	0.10g	第二组	市南区、市北区、崂山区、李沧区、城阳区
	6度	0.05g	第三组	莱西市
淄博市	7度	0.15g	第二组	临淄区
	7度	0.10g	第三组	张店区、周村区、桓台县、高青县、沂源县
	7度	0.10g	第二组	淄川区、博山区
枣庄市	7度	0.15g	第三组	山亭区
	7度	0.15g	第二组	台儿庄区
	7度	0.10g	第三组	市中区、薛城区、峄城区
	7度	0.10g	第二组	滕州市
东营市	7度	0.10g	第三组	东营区、河口区、垦利县、广饶县
	6度	0.05g	第三组	利津县
烟台市	7度	0.15g	第三组	龙口市
	7度	0.15g	第二组	长岛县、蓬莱市

	烈度	加速度	分组	县级及县级以上城镇
烟台市	7度	0.10g	第三组	莱州市、招远市、栖霞市
	7度	0.10g	第二组	芝罘区、福山区、莱山区
	7度	0.10g	第一组	牟平区
	6度	0.05g	第三组	莱阳市、海阳市
潍坊市	8度	0.20g	第二组	潍城区、坊子区、奎文区、安丘市
	7度	0.15g	第三组	诸城市
	7度	0.15g	第二组	寒亭区、临朐县、昌乐县、青州市、寿光市、昌邑市
	7度	0.10g	第三组	高密市
济宁市	7度	0.10g	第三组	微山县、梁山县
	7度	0.10g	第二组	兖州区、汶上县、泗水县、曲阜市、邹城市
	6度	0.05g	第三组	任城区、金乡县、嘉祥县
	6度	0.05g	第二组	鱼台县
泰安市	7度	0.10g	第三组	新泰市
	7度	0.10g	第二组	泰山区、岱岳区、宁阳县
	6度	0.05g	第三组	东平县、肥城市
威海市	7度	0.10g	第一组	环翠区、文登区、荣成市
	6度	0.05g	第二组	乳山市
日照市	8度	0.20g	第二组	莒县
	7度	0.15g	第三组	五莲县
	7度	0.10g	第三组	东港区、岚山区
莱芜市	7度	0.10g	第三组	钢城区
	7度	0.10g	第二组	莱城区
临沂市	8度	0.20g	第二组	兰山区、罗庄区、河东区、郯城县、沂水县、莒南县、临沭县
	7度	0.15g	第二组	沂南县、兰陵县、费县
	7度	0.10g	第三组	平邑县、蒙阴县
德州市	7度	0.15g	第二组	平原县、禹城市
	7度	0.10g	第三组	临邑县、齐河县
	7度	0.10g	第二组	德城区、陵城区、夏津县
	6度	0.05g	第三组	宁津县、庆云县、武城县、乐陵市
聊城市	8度	0.20g	第二组	阳谷县、莘县
	7度	0.15g	第二组	东昌府区、茌平县、高唐县
	7度	0.10g	第三组	冠县、临清市
	7度	0.10g	第二组	东阿县
滨州市	7度	0.10g	第三组	滨城区、博兴县、邹平县
	6度	0.05g	第三组	沾化区、惠民县、阳信县、无棣县
菏泽市	8度	0.20g	第二组	鄄城县、东明县
	7度	0.15g	第二组	牡丹区、郓城县、定陶县
	7度	0.10g	第三组	巨野县
	7度	0.10g	第二组	曹县、单县、成武县

A.0.16 河南省

	烈度	加速度	分组	县级及县级以上城镇
郑州市	7度	0.15g	第二组	中原区、二七区、管城回族区、金水区、惠济区
	7度	0.10g	第二组	上街区、中牟县、巩义市、荥阳市、新密市、新郑市、登封市
开封市	7度	0.15g	第二组	兰考县
	7度	0.10g	第二组	龙亭区、顺河回族区、鼓楼区、禹王台区、祥符区、通许县、尉氏县
	6度	0.05g	第二组	杞县
洛阳市	7度	0.10g	第二组	老城区、西工区、瀍河回族区、涧西区、吉利区、洛龙区、孟津县、新安县、宜阳县、偃师市
	6度	0.05g	第三组	洛宁县
	6度	0.05g	第二组	嵩县、伊川县
	6度	0.05g	第一组	栾川县、汝阳县
平顶山市	6度	0.05g	第一组	新华区、卫东区、石龙区、湛河区[1]、宝丰县、叶县、鲁山县、舞钢市
	6度	0.05g	第二组	郏县、汝州市
安阳市	8度	0.20g	第二组	文峰区、殷都区、龙安区、北关区、安阳县[2]、汤阴县
	7度	0.15g	第二组	滑县、内黄县
	7度	0.10g	第二组	林州市
鹤壁市	8度	0.20g	第二组	山城区、淇滨区、淇县
	7度	0.15g	第二组	鹤山区、浚县
新乡市	8度	0.20g	第二组	红旗区、卫滨区、凤泉区、牧野区、新乡县、获嘉县、原阳县、延津县、卫辉市、辉县市
	7度	0.15g	第二组	封丘县、长垣县
焦作市	7度	0.15g	第二组	修武县、武陟县
	7度	0.10g	第二组	解放区、中站区、马村区、山阳区、博爱县、温县、沁阳市、孟州市
濮阳市	8度	0.20g	第二组	范县
	7度	0.15g	第二组	华龙区、清丰县、南乐县、台前县、濮阳县
许昌市	7度	0.10g	第一组	魏都区、许昌县、鄢陵县、禹州市、长葛市
	6度	0.05g	第二组	襄城县
漯河市	7度	0.10g	第一组	舞阳县
	6度	0.05g	第一组	召陵区、源汇区、郾城区、临颍县
三门峡市	7度	0.15g	第二组	湖滨区、陕州区、灵宝市
	6度	0.05g	第三组	渑池县、卢氏县
	6度	0.05g	第二组	义马市
南阳市	7度	0.10g	第一组	宛城区、卧龙区、西峡县、镇平县、内乡县、唐河县
	6度	0.05g	第二组	南召县、方城县、淅川县、社旗县、新野县、桐柏县、邓州市
商丘市	7度	0.10g	第二组	梁园区、睢阳区、民权县、虞城县
	6度	0.05g	第三组	睢县、永城市
	6度	0.05g	第二组	宁陵县、柘城县、夏邑县
信阳市	7度	0.10g	第一组	罗山县、潢川县、息县
	6度	0.05g	第一组	浉河区、平桥区、光山县、新县、商城县、固始县、淮滨县

续表

	烈度	加速度	分组	县级及县级以上城镇
周口市	7度	0.10g	第一组	扶沟县、太康县
	6度	0.05g	第一组	川汇区、西华县、商水县、沈丘县、郸城县、淮阳县、鹿邑县、项城市
驻马店市	7度	0.10g	第一组	西平县
	6度	0.05g	第一组	驿城区、上蔡县、平舆县、正阳县、确山县、泌阳县、汝南县、遂平县、新蔡县
省直辖县级行政单位	7度	0.10g	第二组	济源市

注：1 湛河区政府驻平顶山市新华区曙光街街道；
    2 安阳县政府驻安阳市北关区灯塔路街道。

A.0.17 湖北省

	烈度	加速度	分组	县级及县级以上城镇
武汉市	7度	0.10g	第一组	新洲区
	6度	0.05g	第一组	江岸区、江汉区、硚口区、汉阳区、武昌区、青山区、洪山区、东西湖区、汉南区、蔡甸区、江夏区、黄陂区
黄石市	6度	0.05g	第一组	黄石港区、西塞山区、下陆区、铁山区、阳新县、大冶市
十堰市	7度	0.15g	第一组	竹山县、竹溪县
	7度	0.10g	第一组	郧阳区、房县
	6度	0.05g	第一组	茅箭区、张湾区、郧西县、丹江口市
宜昌市	6度	0.05g	第一组	西陵区、伍家岗区、点军区、猇亭区、夷陵区、远安县、兴山县、秭归县、长阳土家族自治县、五峰土家族自治县、宜都市、当阳市、枝江市
襄阳市		0.05g	第一组	襄城区、樊城区、襄州区、南漳县、谷城县、保康县、老河口市、枣阳市、宜城市
鄂州市	6度	0.05g	第一组	梁子湖区、华容区、鄂城区
荆门市	6度	0.05g	第一组	东宝区、掇刀区、京山县、沙洋县、钟祥市
孝感市	6度	0.05g	第一组	孝南区、孝昌县、大悟县、云梦县、应城市、安陆市、汉川市
荆州市	6度	0.05g	第一组	沙市区、荆州区、公安县、监利县、江陵县、石首市、洪湖市、松滋市
黄冈市	7度	0.10g	第一组	团风县、罗田县、英山县、麻城市
	6度	0.05g	第一组	黄州区、红安县、浠水县、蕲春县、黄梅县、武穴市
咸宁市	6度	0.05g	第一组	咸安区、嘉鱼县、通城县、崇阳县、通山县、赤壁市
随州市	6度	0.05g	第一组	曾都区、随县、广水市
恩施土家族苗族自治州	6度	0.05g	第一组	恩施市、利川市、建始县、巴东县、宣恩县、咸丰县、来凤县、鹤峰县
省直辖县级行政单位	6度	0.05g	第一组	仙桃市、潜江市、天门市、神农架林区

A.0.18 湖南省

	烈度	加速度	分组	县级及县级以上城镇
长沙市	6度	0.05g	第一组	芙蓉区、天心区、岳麓区、开福区、雨花区、望城区、长沙县、宁乡县、浏阳市

续表

	烈度	加速度	分组	县级及县级以上城镇
株洲市	6度	0.05g	第一组	荷塘区、芦淞区、石峰区、天元区、株洲县、攸县、茶陵县、炎陵县、醴陵市
湘潭市	6度	0.05g	第一组	雨湖区、岳塘区、湘潭县、湘乡市、韶山市
衡阳市	6度	0.05g	第一组	珠晖区、雁峰区、石鼓区、蒸湘区、南岳区、衡阳县、衡南县、衡山县、衡东县、祁东县、耒阳市、常宁市
邵阳市	6度	0.05g	第一组	双清区、大祥区、北塔区、邵东县、新邵县、邵阳县、隆回县、洞口县、绥宁县、新宁县、城步苗族自治县、武冈市
岳阳市	7度	0.10g	第二组	湘阴县、汨罗市
	7度	0.10g	第一组	岳阳楼区、岳阳县
	6度	0.05g	第一组	云溪区、君山区、华容县、平江县、临湘市
常德市	7度	0.15g	第一组	武陵区、鼎城区
	7度	0.10g	第一组	安乡县、汉寿县、澧县、临澧县、桃源县、津市市
	6度	0.05g	第一组	石门县
张家界市	6度	0.05g	第一组	永定区、武陵源区、慈利县、桑植县
益阳市	6度	0.05g	第一组	资阳区、赫山区、南县、桃江县、安化县、沅江市
郴州市	6度	0.05g	第一组	北湖区、苏仙区、桂阳县、宜章县、永兴县、嘉禾县、临武县、汝城县、桂东县、安仁县、资兴市
永州市	6度	0.05g	第一组	零陵区、冷水滩区、祁阳县、东安县、双牌县、道县、江永县、宁远县、蓝山县、新田县、江华瑶族自治县
怀化市	6度	0.05g	第一组	鹤城区、中方县、沅陵县、辰溪县、溆浦县、会同县、麻阳苗族自治县、新晃侗族自治县、芷江侗族自治县、靖州苗族侗族自治县、通道侗族自治县、洪江市
娄底市	6度	0.05g	第一组	娄星区、双峰县、新化县、冷水江市、涟源市
湘西土家族苗族自治州	6度	0.05g	第一组	吉首市、泸溪县、凤凰县、花垣县、保靖县、古丈县、永顺县、龙山县

A.0.19 广东省

	烈度	加速度	分组	县级及县级以上城镇
广州市	7度	0.10g	第一组	荔湾区、越秀区、海珠区、天河区、白云区、黄埔区、番禺区、南沙区
	6度	0.05g	第一组	花都、增城、从化区
韶关市	6度	0.05g	第一组	武江区、浈江区、曲江区、始兴县、仁化县、翁源县、乳源瑶族自治县、新丰县、乐昌市、南雄市
深圳市	7度	0.10g	第一组	罗湖区、福田区、南山区、宝安区、龙岗区、盐田区
珠海市	7度	0.10g	第二组	香洲区、金湾区
	7度	0.10g	第一组	斗门区
汕头市	8度	0.20g	第二组	龙湖区、金平区、濠江区、潮阳区、澄海区、南澳县
	7度	0.15g	第二组	潮南区
佛山市	7度	0.10g	第一组	禅城区、南海区、顺德区、三水区、高明区
江门市	7度	0.10g	第一组	蓬江区、江海区、新会区、鹤山市
	6度	0.05g	第一组	台山市、开平市、恩平市
湛江市	8度	0.20g	第二组	徐闻县
	7度	0.10g	第一组	赤坎区、霞山区、坡头区、麻章区、遂溪县、廉江市、雷州市、吴川市

	烈度	加速度	分组	县级及县级以上城镇
茂名市	7度	0.10g	第一组	茂南区、电白区、化州市
	6度	0.05g	第一组	高州市、信宜市
肇庆市	7度	0.10g	第一组	端州区、鼎湖区、高要区
	6度	0.05g	第一组	广宁县、怀集县、封开县、德庆县、四会市
惠州市	6度	0.05g	第一组	惠城区、惠阳区、博罗县、惠东县、龙门县
梅州市	7度	0.10g	第二组	大埔县
	7度	0.10g	第一组	梅江区、梅县区、丰顺县
	6度	0.05g	第一组	五华县、平远县、蕉岭县、兴宁市
汕尾市	7度	0.10g	第一组	城区、海丰县、陆丰市
	6度	0.05g	第一组	陆河县
河源市	7度	0.10g	第一组	源城区、东源县
	6度	0.05g	第一组	紫金县、龙川县、连平县、和平县
阳江市	7度	0.15g	第一组	江城区
	7度	0.10g	第一组	阳东区、阳西县
	6度	0.05g	第一组	阳春市
清远市	6度	0.05g	第一组	清城区、清新区、佛冈县、阳山县、连山壮族瑶族自治县、连南瑶族自治县、英德市、连州市
东莞市	6度	0.05g	第一组	东莞市
中山市	7度	0.10g	第一组	中山市
潮州市	8度	0.20g	第二组	湘桥区、潮安区
	7度	0.15g	第二组	饶平县
揭阳市	7度	0.15g	第二组	榕城区、揭东区
	7度	0.10g	第二组	惠来县、普宁市
	6度	0.05g	第一组	揭西县
云浮市	6度	0.05g	第一组	云城区、云安区、新兴县、郁南县、罗定市

A.0.20 广西壮族自治区

	烈度	加速度	分组	县级及县级以上城镇
南宁市	7度	0.15g	第一组	隆安县
	7度	0.10g	第一组	兴宁区、青秀区、江南区、西乡塘区、良庆区、邕宁区、横县
	6度	0.05g	第一组	武鸣区、马山县、上林县、宾阳县
柳州市	6度	0.05g	第一组	城中区、鱼峰区、柳南区、柳北区、柳江县、柳城县、鹿寨县、融安县、融水苗族自治县、三江侗族自治县
桂林市	6度	0.05g	第一组	秀峰区、叠彩区、象山区、七星区、雁山区、临桂区、阳朔县、灵川县、全州县、兴安县、永福县、灌阳县、龙胜各族自治县、资源县、平乐县、荔浦县、恭城瑶族自治县
梧州市	6度	0.05g	第一组	万秀区、长洲区、龙圩区、苍梧县、藤县、蒙山县、岑溪市
北海市	7度	0.10g	第一组	合浦县
	6度	0.05g	第一组	海城区、银海区、铁山港区

	烈度	加速度	分组	县级及县级以上城镇
防城港市	6度	0.05g	第一组	港口区、防城区、上思县、东兴市
钦州市	7度	0.15g	第一组	灵山县
	7度	0.10g	第一组	钦南区、钦北区、浦北县
贵港市	6度	0.05g	第一组	港北区、港南区、覃塘区、平南县、桂平市
玉林市	7度	0.10g	第一组	玉州区、福绵区、陆川县、博白县、兴业县、北流市
	6度	0.05g	第一组	容县
百色市	7度	0.15g	第一组	田东县、平果县、乐业县
	7度	0.10g	第一组	右江区、田阳县、田林县
	6度	0.05g	第二组	西林县、隆林各族自治县
	6度	0.05g	第一组	德保县、那坡县、凌云县
贺州市	6度	0.05g	第一组	八步区、昭平县、钟山县、富川瑶族自治县
河池市	6度	0.05g	第一组	金城江区、南丹县、天峨县、凤山县、东兰县、罗城仫佬族自治县、环江毛南族自治县、巴马瑶族自治县、都安瑶族自治县、大化瑶族自治县、宜州市
来宾市	6度	0.05g	第一组	兴宾区、忻城县、象州县、武宣县、金秀瑶族自治县、合山市
崇左市	7度	0.10g	第一组	扶绥县
	6度	0.05g	第一组	江州区、宁明县、龙州县、大新县、天等县、凭祥市
自治区直辖县级行政单位	6度	0.05g	第一组	靖西市

A.0.21 海南省

	烈度	加速度	分组	县级及县级以上城镇
海口市	8度	0.30g	第二组	秀英区、龙华区、琼山区、美兰区
三亚市	6度	0.05g	第一组	海棠区、吉阳区、天涯区、崖州区
三沙市	7度	0.10g	第一组	三沙市[1]
儋州市	7度	0.10g	第二组	儋州市
省直辖县级行政单位	8度	0.20g	第二组	文昌市、定安县
	7度	0.15g	第二组	澄迈县
	7度	0.15g	第一组	临高县
	7度	0.10g	第二组	琼海市、屯昌县
	6度	0.05g	第二组	白沙黎族自治县、琼中黎族苗族自治县
	6度	0.05g	第一组	五指山市、万宁市、东方市、昌江黎族自治县、乐东黎族自治县、陵水黎族自治县、保亭黎族苗族自治县

注：1　三沙市政府驻地西沙永兴岛。

A.0.22 重庆市

烈度	加速度	分组	县级及县级以上城镇
7度	0.10g	第一组	黔江区、荣昌区
6度	0.05g	第一组	万州区、涪陵区、渝中区、大渡口区、江北区、沙坪坝区、九龙坡区、南岸区、北碚区、綦江区、大足区、渝北区、巴南区、长寿区、江津区、合川区、永川区、南川区、铜梁区、璧山区、潼南区、梁平县、城口县、丰都县、垫江县、武隆县、忠县、开县、云阳县、奉节县、巫山县、巫溪县、石柱土家族自治县、秀山土家族苗族自治县、酉阳土家族苗族自治县、彭水苗族土家族自治县

A.0.23 四川省

	烈度	加速度	分组	县级及县级以上城镇
成都市	8度	0.20g	第二组	都江堰市
	7度	0.15g	第二组	彭州市
	7度	0.10g	第三组	锦江区、青羊区、金牛区、武侯区、成华区、龙泉驿区、青白江区、新都区、温江区、金堂县、双流县、郫县、大邑县、蒲江县、新津县、邛崃市、崇州市
自贡市	7度	0.10g	第二组	富顺县
	7度	0.10g	第一组	自流井区、贡井区、大安区、沿滩区
	6度	0.05g	第三组	荣县
攀枝花市	7度	0.15g	第三组	东区、西区、仁和区、米易县、盐边县
泸州市	6度	0.05g	第二组	泸县
	6度	0.05g	第一组	江阳区、纳溪区、龙马潭区、合江县、叙永县、古蔺县
德阳市	7度	0.15g	第二组	什邡市、绵竹市
	7度	0.10g	第三组	广汉市
	7度	0.10g	第二组	旌阳区、中江县、罗江县
绵阳市	8度	0.20g	第二组	平武县
	7度	0.15g	第二组	北川羌族自治县（新）、江油市
	7度	0.10g	第二组	涪城区、游仙区、安县
	6度	0.05g	第二组	三台县、盐亭县、梓潼县
广元市	7度	0.15g	第二组	朝天区、青川县
	7度	0.10g	第二组	利州区、昭化区、剑阁县
	6度	0.05g	第二组	旺苍县、苍溪县
遂宁市	6度	0.05g	第一组	船山区、安居区、蓬溪县、射洪县、大英县
内江市	7度	0.10g	第一组	隆昌县
	6度	0.05g	第二组	威远县
	6度	0.05g	第一组	市中区、东兴区、资中县
乐山市	7度	0.15g	第三组	金口河区
	7度	0.15g	第二组	沙湾区、沐川县、峨边彝族自治县、马边彝族自治县
	7度	0.10g	第三组	五通桥区、犍为县、夹江县
	7度	0.10g	第二组	市中区、峨眉山市
	6度	0.05g	第三组	井研县
南充市	6度	0.05g	第二组	阆中市
	6度	0.05g	第一组	顺庆区、高坪区、嘉陵区、南部县、营山县、蓬安县、仪陇县、西充县
眉山市	7度	0.10g	第三组	东坡区、彭山区、洪雅县、丹棱县、青神县
	6度	0.05g	第二组	仁寿县
宜宾市	7度	0.10g	第三组	高县
	7度	0.10g	第二组	翠屏区、宜宾县、屏山县
	6度	0.05g	第三组	珙县、筠连县
	6度	0.05g	第二组	南溪区、江安县、长宁县
	6度	0.05g	第一组	兴文县
广安市	6度	0.05g	第一组	广安区、前锋区、岳池县、武胜县、邻水县、华蓥市

	烈度	加速度	分组	县级及县级以上城镇
达州市	6度	0.05g	第一组	通川区、达川区、宣汉县、开江县、大竹县、渠县、万源市
雅安市	8度	0.20g	第三组	石棉县
	8度	0.20g	第一组	宝兴县
	7度	0.15g	第三组	荥经县、汉源县
	7度	0.15g	第二组	天全县、芦山县
	7度	0.10g	第三组	名山区
	7度	0.10g	第二组	雨城区
巴中市	6度	0.05g	第一组	巴州区、恩阳区、通江县、平昌县
	6度	0.05g	第二组	南江县
资阳市	6度	0.05g	第一组	雁江区、安岳县、乐至县
	6度	0.05g	第二组	简阳市
阿坝藏族羌族自治州	8度	0.20g	第三组	九寨沟县
	8度	0.20g	第二组	松潘县
	8度	0.20g	第一组	汶川县、茂县
	7度	0.15g	第二组	理县、阿坝县
	7度	0.10g	第三组	金川县、小金县、黑水县、壤塘县、若尔盖县、红原县
	7度	0.10g	第二组	马尔康县
甘孜藏族自治州	9度	0.40g	第二组	康定市
	8度	0.30g	第二组	道孚县、炉霍县
	8度	0.20g	第三组	理塘县、甘孜县
	8度	0.20g	第二组	泸定县、德格县、白玉县、巴塘县、得荣县
	7度	0.15g	第三组	九龙县、雅江县、新龙县
	7度	0.15g	第二组	丹巴县
	7度	0.10g	第三组	石渠县、色达县、稻城县
	7度	0.10g	第二组	乡城县
凉山彝族自治州	9度	0.40g	第三组	西昌市
	8度	0.30g	第三组	宁南县、普格县、冕宁县
	8度	0.20g	第三组	盐源县、德昌县、布拖县、昭觉县、喜德县、越西县、雷波县
	7度	0.15g	第三组	木里藏族自治县、会东县、金阳县、甘洛县、美姑县
	7度	0.10g	第三组	会理县

A.0.24 贵州省

	烈度	加速度	分组	县级及县级以上城镇
贵阳市	6度	0.05g	第一组	南明区、云岩区、花溪区、乌当区、白云区、观山湖区、开阳县、息烽县、修文县、清镇市
六盘水市	7度	0.10g	第二组	钟山区
	6度	0.05g	第三组	盘县
	6度	0.05g	第二组	水城县
	6度	0.05g	第一组	六枝特区

	烈度	加速度	分组	县级及县级以上城镇
遵义市	6度	0.05g	第一组	红花岗区、汇川区、遵义县、桐梓县、绥阳县、正安县、道真仡佬族苗族自治县、务川仡佬族苗族自治县凤、冈县、湄潭县、余庆县、习水县、赤水市、仁怀市
安顺市	6度	0.05g	第一组	西秀区、平坝区、普定县、镇宁布依族苗族自治县、关岭布依族苗族自治县、紫云苗族布依族自治县
铜仁市	6度	0.05g	第一组	碧江区、万山区、江口县、玉屏侗族自治县、石阡县、思南县、印江土家族苗族自治县、德江县、沿河土家族自治县、松桃苗族自治县
黔西南布依族苗族自治州	7度	0.15g	第一组	望谟县
	7度	0.10g	第二组	普安县、晴隆县
	6度	0.05g	第三组	兴义市
	6度	0.05g	第二组	兴仁县、贞丰县、册亨县、安龙县
毕节市	7度	0.10g	第三组	威宁彝族回族苗族自治县
	6度	0.05g	第三组	赫章县
	6度	0.05g	第二组	七星关区、大方县、纳雍县
	6度	0.05g	第一组	金沙县、黔西县、织金县
黔东南苗族侗族自治州	6度	0.05g	第一组	凯里市、黄平县、施秉县、三穗县、镇远县、岑巩县、天柱县、锦屏县、剑河县、台江县、黎平县、榕江县、从江县、雷山县、麻江县、丹寨县
黔南布依族苗族自治州	7度	0.10g	第一组	福泉市、贵定县、龙里县
	6度	0.05g	第一组	都匀市、荔波县、瓮安县、独山县、平塘县、罗甸县、长顺县、惠水县、三都水族自治县

A. 0. 25 云南省

	烈度	加速度	分组	县级及县级以上城镇
昆明市	9度	0.40g	第三组	东川区、寻甸回族彝族自治县
	8度	0.30g	第三组	宜良县、嵩明县
	8度	0.20g	第三组	五华区、盘龙区、官渡区、西山区、呈贡区、晋宁县、石林彝族自治县、安宁市
	7度	0.15g	第三组	富民县、禄劝彝族苗族自治县
曲靖市	8度	0.20g	第三组	马龙县、会泽县
	7度	0.15g	第三组	麒麟区、陆良县、沾益县
	7度	0.10g	第三组	师宗县、富源县、罗平县、宣威市
玉溪市	8度	0.30g	第三组	江川县、澄江县、通海县、华宁县、峨山彝族自治县
	8度	0.20g	第三组	红塔区、易门县
	7度	0.15g	第三组	新平彝族傣族自治县、元江哈尼族彝族傣族自治县
保山市	8度	0.30g	第三组	龙陵县
	8度	0.20g	第三组	隆阳区、施甸县
	7度	0.15g	第三组	昌宁县
昭通市	8度	0.20g	第三组	巧家县、永善县
	7度	0.15g	第三组	大关县、彝良县、鲁甸县
	7度	0.15g	第二组	绥江县

续表

	烈度	加速度	分组	县级及县级以上城镇
昭通市	7度	0.10g	第三组	昭阳区、盐津县
	7度	0.10g	第二组	水富县
	6度	0.05g	第二组	镇雄县、威信县
丽江市	8度	0.30g	第三组	古城区、玉龙纳西族自治县、永胜县
	8度	0.20g	第三组	宁蒗彝族自治县
	7度	0.15g	第三组	华坪县
普洱市	9度	0.40g	第三组	澜沧拉祜族自治县
	8度	0.30g	第三组	孟连傣族拉祜族佤族自治县、西盟佤族自治县
	8度	0.20g	第三组	思茅区、宁洱哈尼族彝族自县
	7度	0.15g	第三组	景东彝族自治县、景谷傣族彝族自治县
	7度	0.10g	第三组	墨江哈尼族自治县、镇沅彝族哈尼族拉祜族自治县、江城哈尼族彝族自治县
临沧市	8度	0.30g	第三组	双江拉祜族佤族布朗族傣族自治县、耿马傣族佤族自治县、沧源佤族自治县
	8度	0.20g	第三组	临翔区、凤庆县、云县、永德县、镇康县
楚雄彝族自治州	8度	0.20g	第三组	楚雄市、南华县
	7度	0.15g	第三组	双柏县、牟定县、姚安县、大姚县、元谋县、武定县、禄丰县
	7度	0.10g	第三组	永仁县
红河哈尼族彝族自治州	8度	0.30g	第三组	建水县、石屏县
	7度	0.15g	第三组	个旧市、开远市、弥勒市、元阳县、红河县
	7度	0.10g	第三组	蒙自市、泸西县、金平苗族瑶族傣族自治县、绿春县
	7度	0.10g	第一组	河口瑶族自治县
	6度	0.05g	第三组	屏边苗族自治县
文山壮族苗族自治州	7度	0.10g	第三组	文山市
	6度	0.05g	第三组	砚山县、丘北县
	6度	0.05g	第二组	广南县
	6度	0.05g	第一组	西畴县、麻栗坡县、马关县、富宁县
西双版纳傣族自治州	8度	0.30g	第三组	勐海县
	8度	0.20g	第三组	景洪市
	7度	0.15g	第三组	勐腊县
大理白族自治州	8度	0.30g	第三组	洱源县、剑川县、鹤庆县
	8度	0.20g	第三组	大理市、漾濞彝族自治县、祥云县、宾川县、弥渡县、南涧彝族自治县、巍山彝族回族自治县
	7度	0.15g	第三组	永平县、云龙县
德宏傣族景颇族自治州	8度	0.30g	第三组	瑞丽市、芒市
	8度	0.20g	第三组	梁河县、盈江县、陇川县
怒江傈僳族自治州	8度	0.20g	第三组	泸水县
	8度	0.20g	第二组	福贡县、贡山独龙族怒族自治县
	7度	0.15g	第三组	兰坪白族普米族自治县
迪庆藏族自治州	8度	0.20g	第二组	香格里拉市、德钦县、维西傈僳族自治县
省直辖县级行政单位	8度	0.20g	第三组	腾冲市

A. 0. 26　西藏自治区

	烈度	加速度	分组	县级及县级以上城镇
拉萨市	9度	0.40g	第三组	当雄县
	8度	0.20g	第三组	城关区、林周县、尼木县、堆龙德庆县
	7度	0.15g	第三组	曲水县、达孜县、墨竹工卡县
昌都市	8度	0.20g	第三组	卡若区、边坝县、洛隆县
	7度	0.15g	第三组	类乌齐县、丁青县、察雅县、八宿县、左贡县
	7度	0.15g	第二组	江达县、芒康县
	7度	0.10g	第三组	贡觉县
山南地区	8度	0.30g	第三组	错那县
	8度	0.20g	第三组	桑日县、曲松县、隆子县
	7度	0.15g	第三组	乃东县、扎囊县、贡嘎县、琼结县、措美县、洛扎县、加查县、浪卡子县
日喀则市	8度	0.20g	第三组	仁布县、康马县、聂拉木县
	8度	0.20g	第二组	拉孜县、定结县、亚东县
	7度	0.15g	第三组	桑珠孜区（原日喀则市）、南木林县、江孜县、定日县、萨迦县、白朗县、吉隆县、萨嘎县、岗巴县
	7度	0.15g	第二组	昂仁县、谢通门县、仲巴县
那曲地区	8度	0.30g	第三组	申扎县
	8度	0.20g	第三组	那曲县、安多县、尼玛县
	8度	0.20g	第二组	嘉黎县
	7度	0.15g	第三组	聂荣县、班戈县
	7度	0.15g	第二组	索县、巴青县、双湖县
	7度	0.10g	第三组	比如县
阿里地区	8度	0.20g	第三组	普兰县
	7度	0.15g	第三组	噶尔县、日土县
	7度	0.15g	第二组	札达县、改则县
	7度	0.10g	第三组	革吉县
	7度	0.10g	第二组	措勤县
林芝市	9度	0.40g	第三组	墨脱县
	8度	0.30g	第三组	米林县、波密县
	8度	0.20g	第三组	巴宜区（原林芝县）
	7度	0.15g	第三组	察隅县、朗县
	7度	0.10g	第三组	工布江达县

A. 0. 27　陕西省

	烈度	加速度	分组	县级及县级以上城镇
西安市	8度	0.20g	第二组	新城区、碑林区、莲湖区、灞桥区、未央区、雁塔区、阎良区、临潼区、长安区、高陵区、蓝田县、周至县、户县
铜川市	7度	0.10g	第三组	王益区、印台区、耀州区
	6度	0.05g	第三组	宜君县

	烈度	加速度	分组	县级及县级以上城镇
宝鸡市	8度	0.20g	第三组	凤翔县、岐山县、陇县、千阳县
	8度	0.20g	第二组	渭滨区、金台区、陈仓区、扶风县、眉县
	7度	0.15g	第三组	凤县
	7度	0.10g	第三组	麟游县、太白县
咸阳市	8度	0.20g	第二组	秦都区、杨陵区、渭城区、泾阳县、武功县、兴平市
	7度	0.15g	第三组	乾县
	7度	0.15g	第二组	三原县、礼泉县
	7度	0.10g	第三组	永寿县、淳化县
	6度	0.05g	第三组	彬县、长武县、旬邑县
渭南市	8度	0.30g	第二组	华县
	8度	0.20g	第二组	临渭区、潼关县、大荔县、华阴市
	7度	0.15g	第三组	澄城县、富平县
	7度	0.15g	第二组	合阳县、蒲城县、韩城市
	7度	0.10g	第三组	白水县
延安市	6度	0.05g	第三组	吴起县、富县、洛川县、宜川县、黄龙县、黄陵县
	6度	0.05g	第二组	延长县、延川县
	6度	0.05g	第一组	宝塔区、子长县、安塞县、志丹县、甘泉县
汉中市	7度	0.15g	第二组	略阳县
	7度	0.10g	第三组	留坝县
	7度	0.10g	第二组	汉台区、南郑县、勉县、宁强县
	6度	0.05g	第三组	城固县、洋县、西乡县、佛坪县
	6度	0.05g	第一组	镇巴县
榆林市	6度	0.05g	第三组	府谷县、定边县、吴堡县
	6度	0.05g	第一组	榆阳区、神木县、横山县、靖边县、绥德县、米脂县、佳县、清涧县、子洲县
安康市	7度	0.10g	第一组	汉滨区、平利县
	6度	0.05g	第三组	汉阴县、石泉县、宁陕县
	6度	0.05g	第二组	紫阳县、岚皋县、旬阳县、白河县
	6度	0.05g	第一组	镇坪县
商洛市	7度	0.15g	第二组	洛南县
	7度	0.10g	第三组	商州区、柞水县
	7度	0.10g	第一组	商南县
	6度	0.05g	第三组	丹凤县、山阳县、镇安县

A. 0. 28 甘肃省

	烈度	加速度	分组	县级及县级以上城镇
兰州市	8度	0.20g	第三组	城关区、七里河区、西固区、安宁区、永登县
	7度	0.15g	第三组	红古区、皋兰县、榆中县
嘉峪关市	8度	0.20g	第二组	嘉峪关市
金昌市	7度	0.15g	第三组	金川区、永昌县

	烈度	加速度	分组	县级及县级以上城镇
白银市	8度	0.30g	第三组	平川区
	8度	0.20g	第三组	靖远县、会宁县、景泰县
	7度	0.15g	第三组	白银区
天水市	8度	0.30g	第二组	秦州区、麦积区
	8度	0.20g	第三组	清水县、秦安县、武山县、张家川回族自治县
	8度	0.20g	第二组	甘谷县
武威市	8度	0.30g	第三组	古浪县
	8度	0.20g	第三组	凉州区、天祝藏族自治县
	7度	0.10g	第三组	民勤县
张掖市	8度	0.20g	第三组	临泽县
	8度	0.20g	第二组	肃南裕固族自治县、高台县
	7度	0.15g	第三组	甘州区
	7度	0.15g	第二组	民乐县、山丹县
平凉市	8度	0.20g	第三组	华亭县、庄浪县、静宁县
	7度	0.15g	第三组	崆峒区、崇信县
	7度	0.10g	第三组	泾川县、灵台县
酒泉市	8度	0.20g	第二组	肃北蒙古族自治县
	7度	0.15g	第三组	肃州区、玉门市
	7度	0.15g	第二组	金塔县、阿克塞哈萨克族自治县
	7度	0.10g	第三组	瓜州县、敦煌市
庆阳市	7度	0.10g	第三组	西峰区、环县、镇原县
	6度	0.05g	第三组	庆城县、华池县、合水县、正宁县、宁县
定西市	8度	0.20g	第三组	通渭县、陇西县、漳县
	7度	0.15g	第三组	安定区、渭源县、临洮县、岷县
陇南市	8度	0.30g	第二组	西和县、礼县
	8度	0.20g	第三组	两当县
	8度	0.20g	第二组	武都区、成县、文县、宕昌县、康县、徽县
临夏回族 自治州	8度	0.20g	第三组	永靖县
	7度	0.15g	第三组	临夏市、康乐县、广河县、和政县、东乡族自治县、
	7度	0.15g	第二组	临夏县
	7度	0.10g	第三组	积石山保安族东乡族撒拉族自治县
甘南藏族 自治州	8度	0.20g	第三组	舟曲县
	8度	0.20g	第二组	玛曲县
	7度	0.15g	第三组	临潭县、卓尼县、迭部县
	7度	0.15g	第二组	合作市、夏河县
	7度	0.10g	第三组	碌曲县

A.0.29 青海省

	烈度	加速度	分组	县级及县级以上城镇
西宁市	7度	0.10g	第三组	城中区、城东区、城西区、城北区、大通回族土族自治县、湟中县、湟源县
海东市	7度	0.10g	第三组	乐都区、平安区、民和回族土族自治县、互助土族自治县、化隆回族自治县、循化撒拉族自治县
海北藏族自治州	8度	0.20g	第二组	祁连县
	7度	0.15g	第三组	门源回族自治县
	7度	0.15g	第二组	海晏县
	7度	0.10g	第三组	刚察县
黄南藏族自治州	7度	0.15g	第二组	同仁县
	7度	0.10g	第三组	尖扎县、河南蒙古族自治县
	7度	0.10g	第二组	泽库县
海南藏族自治州	7度	0.15g	第二组	贵德县
	7度	0.10g	第三组	共和县、同德县、兴海县、贵南县
果洛藏族自治州	8度	0.30g	第三组	玛沁县
	8度	0.20g	第三组	甘德县、达日县
	7度	0.15g	第三组	玛多县
	7度	0.10g	第三组	班玛县、久治县
玉树藏族自治州	8度	0.20g	第三组	曲麻莱县
	7度	0.15g	第三组	玉树市、治多县
	7度	0.10g	第三组	称多县
	7度	0.10g	第二组	杂多县、囊谦县
海西蒙古族藏族自治州	7度	0.15g	第三组	德令哈市
	7度	0.15g	第二组	乌兰县
	7度	0.10g	第三组	格尔木市、都兰县、天峻县

A.0.30 宁夏回族自治区

	烈度	加速度	分组	县级及县级以上城镇
银川市	8度	0.20g	第三组	灵武市
	8度	0.20g	第二组	兴庆区、西夏区、金凤区、永宁县、贺兰县
石嘴山市	8度	0.20g	第二组	大武口区、惠农区、平罗县
吴忠市	8度	0.20g	第三组	利通区、红寺堡区、同心县、青铜峡市
	6度	0.05g	第三组	盐池县
固原市	8度	0.20g	第三组	原州区、西吉县、隆德县、泾源县
	7度	0.15g	第三组	彭阳县
中卫市	8度	0.30g	第三组	海原县
	8度	0.20g	第三组	沙坡头区、中宁县

A.0.31 新疆维吾尔自治区

	烈度	加速度	分组	县级及县级以上城镇
乌鲁木齐市	8度	0.20g	第二组	天山区、沙依巴克区、新市区、水磨沟区、头屯河区、达阪城区、米东区、乌鲁木齐县[1]

	烈度	加速度	分组	县级及县级以上城镇
克拉玛依市	8度	0.20g	第三组	独山子区
	7度	0.10g	第三组	克拉玛依区、白碱滩区
	7度	0.10g	第一组	乌尔禾区
吐鲁番市	7度	0.15g	第二组	高昌区（原吐鲁番市）
	7度	0.10g	第二组	鄯善县、托克逊县
哈密地区	8度	0.20g	第二组	巴里坤哈萨克自治县
	7度	0.15g	第二组	伊吾县
	7度	0.10g	第二组	哈密市
昌吉回族自治州	8度	0.20g	第三组	昌吉市、玛纳斯县
	8度	0.20g	第二组	木垒哈萨克自治县
	7度	0.15g	第三组	呼图壁县
	7度	0.15g	第二组	阜康市、吉木萨尔县
	7度	0.10g	第二组	奇台县
博尔塔拉蒙古自治州	8度	0.20g	第三组	精河县
	8度	0.20g	第二组	阿拉山口市
	7度	0.15g	第三组	博乐市、温泉县
巴音郭楞蒙古自治州	8度	0.20g	第二组	库尔勒市、焉耆回族自治县、和静镇、和硕县、博湖县
	7度	0.15g	第二组	轮台县
	7度	0.10g	第三组	且末县
	7度	0.10g	第二组	尉犁县、若羌县
阿克苏地区	8度	0.20g	第二组	阿克苏市、温宿县、库车县、拜城县、乌什县、柯坪县
	7度	0.15g	第二组	新和县
	7度	0.10g	第三组	沙雅县、阿瓦提县、阿瓦提镇
克孜勒苏柯尔克孜自治州	9度	0.40g	第三组	乌恰县
	8度	0.30g	第三组	阿图什市
	8度	0.20g	第三组	阿克陶县
	8度	0.20g	第二组	阿合奇县
喀什地区	9度	0.40g	第三组	塔什库尔干塔吉克自治县
	8度	0.30g	第三组	喀什市、疏附县、英吉沙县
	8度	0.20g	第三组	疏勒县、岳普湖县、伽师县、巴楚县
	7度	0.15g	第三组	泽普县、叶城县
	7度	0.10g	第三组	莎车县、麦盖提县
和田地区	7度	0.15g	第二组	和田市、和田县[2]、墨玉县、洛浦县、策勒县
	7度	0.10g	第三组	皮山县
	7度	0.10g	第二组	于田县、民丰县
伊犁哈萨克自治州	8度	0.30g	第三组	昭苏县、特克斯县、尼勒克县
	8度	0.20g	第三组	伊宁市、奎屯市、霍尔果斯市、伊宁县、霍城县、巩留县、新源县
	7度	0.15g	第三组	察布查尔锡伯自治县

续表

	烈度	加速度	分组	县级及县级以上城镇
塔城地区	8度	0.20g	第三组	乌苏市、沙湾县
	7度	0.15g	第二组	托里县
	7度	0.15g	第一组	和布克赛尔蒙古自治县
	7度	0.10g	第二组	裕民县
	7度	0.10g	第一组	塔城市、额敏县
阿勒泰地区	8度	0.20g	第三组	富蕴县、青河县
	7度	0.15g	第二组	阿勒泰市、哈巴河县
	7度	0.10g	第二组	布尔津县
	6度	0.05g	第三组	福海县、吉木乃县
自治区直辖县级行政单位	8度	0.20g	第三组	石河子市、可克达拉市
	8度	0.20g	第二组	铁门关市
	7度	0.15g	第三组	图木舒克市、五家渠市、双河市
	7度	0.10g	第二组	北屯市、阿拉尔市

注：1 乌鲁木齐县政府驻乌鲁木齐市水磨沟区南湖南路街道；
    2 和田县政府驻和田市古江巴格街道。

A. 0. 32 港澳特区和台湾省

	烈度	加速度	分组	县级及县级以上城镇
香港特别行政区	7度	0.15g	第二组	香港
澳门特别行政区	7度	0.10g	第二组	澳门
台湾省	9度	0.40g	第三组	嘉义县、嘉义市、云林县、南投县、彰化县、台中市、苗栗县、花莲县
	9度	0.40g	第二组	台南县、台中县
	8度	0.30g	第三组	台北市、台北县、基隆市、桃园县、新竹县、新竹市、宜兰县、台东县、屏东县
	8度	0.20g	第三组	高雄市、高雄县、金门县
	8度	0.20g	第二组	澎湖县
	6度	0.05g	第三组	妈祖县

附录 B 高强混凝土结构抗震设计要求

B. 0. 1 高强混凝土结构所采用的混凝土强度等级应符合本规范第 3.9.3 条的规定；其抗震设计，除应符合普通混凝土结构抗震设计要求外，尚应符合本附录的规定。

B. 0. 2 结构构件截面剪力设计值的限值中含有混凝土轴心抗压强度设计值（f_c）的项应乘以混凝土强度影响系数（β_c）。其值，混凝土强度等级为 C50 时取 1.0，C80 时取 0.8，介于 C50 和 C80 之间时取其内插值。

结构构件受压区高度计算和承载力验算时，公式中含有混凝土轴心抗压强度设计值（f_c）的项也应按国家标准《混凝土结构设计规范》GB 50010 的有关规定乘以相应的混凝土强度影响系数。

B. 0. 3 高强混凝土框架的抗震构造措施，应符合下列要求：

1 梁端纵向受拉钢筋的配筋率不宜大于 3% （HRB335 级钢筋）和 2.6% （HRB400 级钢筋）。梁端箍筋加密区的箍筋最小直径应比普通混凝土梁箍筋的最小直径增大 2mm。

2 柱的轴压比限值宜按下列规定采用：不超过 C60 混凝土的柱可与普通混凝土柱相同，C65~C70 混凝土的柱宜比普通混凝土柱减小 0.05，C75~C80

混凝土的柱宜比普通混凝土柱减小 0.1。

3 当混凝土强度等级大于 C60 时，柱纵向钢筋的最小总配筋率应比普通混凝土柱增大 0.1%。

4 柱加密区的最小配箍特征值宜按下列规定采用；混凝土强度等级高于 C60 时，箍筋宜采用复合箍、复合螺旋箍或连续复合矩形螺旋箍。

    1) 轴压比不大于 0.6 时，宜比普通混凝土柱大 0.02；

    2) 轴压比大于 0.6 时，宜比普通混凝土柱大 0.03。

B.0.4 当抗震墙的混凝土强度等级大于 C60 时，应经过专门研究，采取加强措施。

附录 C 预应力混凝土结构抗震设计要求

C.0.1 本附录适用于 6、7、8 度时先张法和后张有粘结预应力混凝土结构的抗震设计，9 度时应进行专门研究。

无粘结预应力混凝土结构的抗震设计，应采取措施防止罕遇地震下结构构件塑性铰区以外有效预加力松弛，并符合专门的规定。

C.0.2 抗震设计的预应力混凝土结构，应采取措施使其具有良好的变形和消耗地震能量的能力，达到延性结构的基本要求；应避免构件剪切破坏先于弯曲破坏、节点先于被连接构件破坏、预应力筋的锚固粘结先于构件破坏。

C.0.3 抗震设计时，后张预应力框架、门架、转换层的转换大梁，宜采用有粘结预应力筋。承重结构的受拉杆件和抗震等级为一级的框架，不得采用无粘结预应力筋。

C.0.4 抗震设计时，预应力混凝土结构的抗震等级及相应的地震组合内力调整，应按本规范第 6 章对钢筋混凝土结构的要求执行。

C.0.5 预应力混凝土结构的混凝土强度等级，框架和转换层的转换构件不宜低于 C40。其他抗侧力的预应力混凝土构件，不应低于 C30。

C.0.6 预应力混凝土结构的抗震计算，除应符合本规范第 5 章的规定外，尚应符合下列规定：

1 预应力混凝土结构自身的阻尼比可采用 0.03，并可按钢筋混凝土结构部分和预应力混凝土结构部分在整个结构总变形能所占的比例折算为等效阻尼比。

2 预应力混凝土结构构件截面抗震验算时，本规范第 5.4.1 条地震作用效应基本组合中，应增加预应力作用效应项，其分项系数，一般情况应采用 1.0，当预应力作用效应对构件承载力不利时，应用 1.2。

3 预应力筋穿过框架节点核芯区时，节点核芯

区的截面抗震验算，应计入总有效预加力以及预应力孔道削弱核芯区有效验算宽度的影响。

C.0.7 预应力混凝土结构的抗震构造，除下列规定外，应符合本规范第 6 章对钢筋混凝土结构的要求：

1 抗侧力的预应力混凝土构件，应采用预应力筋和非预应力筋混合配筋方式。二者的比例应依据抗震等级按有关规定控制，其预应力强度比不宜大于 0.75。

2 预应力混凝土框架梁端纵向受拉钢筋的最大配筋率、底面和顶面非预应力钢筋配筋量的比值，应按预应力强度比相应换算后符合钢筋混凝土框架梁的要求。

3 预应力混凝土框架柱可采用非对称配筋方式；其轴压比计算，应计入预应力筋的总有效预加力形成的轴向压力设计值，并符合钢筋混凝土结构中对应框架柱的要求；箍筋宜全高加密。

4 板柱-抗震墙结构中，在柱截面范围内通过板底连续钢筋的要求，应计入预应力钢筋截面面积。

C.0.8 后张预应力筋的锚具不宜设置在梁柱节点核芯区。预应力筋-锚具组装件的锚固性能，应符合专门的规定。

附录 D 框架梁柱节点核芯区截面抗震验算

D.1 一般框架梁柱节点

D.1.1 一、二、三级框架梁柱节点核芯区组合的剪力设计值，应按下列公式确定：

$$V_j = \frac{\eta_{jb} \sum M_b}{h_{b0} - a'_s} \left(1 - \frac{h_{b0} - a'_s}{H_c - h_b} \right) \quad (\text{D.1.1-1})$$

一级框架结构和 9 度的一级框架可不按上式确定，但应符合下式：

$$V_j = \frac{1.15 \sum M_{bua}}{h_{b0} - a'_s} \left(1 - \frac{h_{b0} - a'_s}{H_c - h_b} \right)$$

$$(\text{D.1.1-2})$$

式中：V_j ——梁柱节点核芯区组合的剪力设计值；

    h_{b0} ——梁截面的有效高度，节点两侧梁截面高度不等时可采用平均值；

    a'_s ——梁受压钢筋合力点至受压边缘的距离；

    H_c ——柱的计算高度，可采用节点上、下柱反弯点之间的距离；

    h_b ——梁的截面高度，节点两侧梁截面高度不等时可采用平均值；

    η_{jb} ——强节点系数，对于框架结构，一级宜取 1.5，二级宜取 1.35，三级宜取 1.2；对于其他结构中的框架，一级宜取 1.35，二级宜取 1.2，三级宜取 1.1；

$\sum M_b$ ——节点左右梁端反时针或顺时针方向组合弯矩设计值之和，一级框架节点左右梁端均为负弯矩时，绝对值较小的弯矩应取零；

$\sum M_{bua}$ ——节点左右梁端反时针或顺时针方向实配的正截面抗震受弯承载力所对应的弯矩值之和，可根据实配钢筋面积（计入受压筋）和材料强度标准值确定。

D.1.2 核芯区截面有效验算宽度，应按下列规定采用：

1 核芯区截面有效验算宽度，当验算方向的梁截面宽度不小于该侧柱截面宽度的 1/2 时，可采用该侧柱截面宽度，当小于柱截面宽度的 1/2 时可采用下列二者的较小值：

$$b_j = b_b + 0.5h_c \qquad (D.1.2-1)$$
$$b_j = b_c \qquad (D.1.2-2)$$

式中：b_j ——节点核芯区的截面有效验算宽度；

b_b ——梁截面宽度；

h_c ——验算方向的柱截面高度；

b_c ——验算方向的柱截面宽度。

2 当梁、柱的中线不重合且偏心距不大于柱宽的 1/4 时，核芯区的截面有效验算宽度可采用上款和下式计算结果的较小值。

$$b_j = 0.5(b_b + b_c) + 0.25h_c - e \qquad (D.1.2-3)$$

式中：e ——梁与柱中线偏心距。

D.1.3 节点核芯区组合的剪力设计值，应符合下列要求：

$$V_j \leqslant \frac{1}{\gamma_{RE}}(0.30\eta_j f_c b_j h_j) \qquad (D.1.3)$$

式中：η_j ——正交梁的约束影响系数；楼板为现浇、梁柱中线重合、四侧各梁截面宽度不小于该侧柱截面宽度的 1/2，且正交方向梁高度不小于框架梁高度的 3/4 时，可采用 1.5，9 度的一级宜采用 1.25；其他情况均采用 1.0；

h_j ——节点核芯区的截面高度，可采用验算方向的柱截面高度；

γ_{RE} ——承载力抗震调整系数，可采用 0.85。

D.1.4 节点核芯区截面抗震受剪承载力，应采用下列公式验算：

$$V_j \leqslant \frac{1}{\gamma_{RE}}\left(1.1\eta_j f_t b_j h_j + 0.05\eta_j N \frac{b_j}{b_c} + f_{yv}A_{svj}\frac{h_{b0} - a'_s}{s}\right)$$
$$(D.1.4-1)$$

9 度的一级

$$V_j \leqslant \frac{1}{\gamma_{RE}}\left(0.9\eta_j f_t b_j h_j + f_{yv}A_{svj}\frac{h_{b0} - a'_s}{s}\right)$$
$$(D.1.4-2)$$

式中：N ——对应于组合剪力设计值的上柱组合轴向压力较小值，其取值不应大于柱的截面

面积和混凝土轴心抗压强度设计值的乘积的 50%，当 N 为拉力时，取 $N=0$；

f_{yv} ——箍筋的抗拉强度设计值；

f_t ——混凝土轴心抗拉强度设计值；

A_{svj} ——核芯区有效验算宽度范围内同一截面验算方向箍筋的总截面面积；

s ——箍筋间距。

D.2 扁梁框架的梁柱节点

D.2.1 扁梁框架的梁宽大于柱宽时，梁柱节点应符合本段的规定。

D.2.2 扁梁框架的梁柱节点核芯区应根据梁纵筋在柱宽范围内、外的截面面积比例，对柱宽以内和柱宽以外的范围分别验算受剪承载力。

D.2.3 核芯区验算方法除应符合一般框架梁柱节点的要求外，尚应符合下列要求：

1 按本规范式（D.1.3）验算核芯区剪力限值时，核芯区有效宽度可取梁宽与柱宽之和的平均值；

2 四边有梁的约束影响系数，验算柱宽范围内核芯区的受剪承载力时可取 1.5；验算柱宽范围以外核芯区的受剪承载力时宜取 1.0；

3 验算核芯区受剪承载力时，在柱宽范围内的核芯区，轴向力的取值可与一般梁柱节点相同；柱宽以外的核芯区，可不考虑轴力对受剪承载力的有利作用；

4 锚入柱内的梁上部钢筋宜大于其全部截面面积的 60%。

D.3 圆柱框架的梁柱节点

D.3.1 梁中线与柱中线重合时，圆柱框架梁柱节点核芯区组合的剪力设计值应符合下列要求：

$$V_j \leqslant \frac{1}{\gamma_{RE}}(0.30\eta_j f_c A_j) \qquad (D.3.1)$$

式中：η_j ——正交梁的约束影响系数，按本规范第 D.1.3 条确定，其中柱截面宽度按柱直径采用；

A_j ——节点核芯区有效截面面积，梁宽（b_b）不小于柱直径（D）之半时，取 $A_j = 0.8D^2$；梁宽（b_b）小于柱直径（D）之半且不小于 $0.4D$ 时，取 $A_j = 0.8D(b_b + D/2)$。

D.3.2 梁中线与柱中线重合时，圆柱框架梁柱节点核芯区截面抗震受剪承载力应采用下列公式验算：

$$V_j \leqslant \frac{1}{\gamma_{RE}}\left(1.5\eta_j f_t A_j + 0.05\eta_j \frac{N}{D^2}A_j\right.$$
$$+ 1.57f_{yv}A_{sh}\frac{h_{b0} - a'_s}{s}$$
$$\left. + f_{yv}A_{svj}\frac{h_{b0} - a'_s}{s}\right) \qquad (D.3.2-1)$$

9度的一级

$$V_j \leqslant \frac{1}{\gamma_{RE}} \left(1.2\eta_j f_t A_j + 1.57 f_{yv} A_{sh} \frac{h_{b0}-a'_s}{s} \right.$$
$$\left. + f_{yv} A_{hvj} \frac{h_{b0}-a'_s}{s} \right) \qquad \text{(D.3.2-2)}$$

式中：A_{sh}——单根圆形箍筋的截面面积；

　　　A_{svj}——同一截面验算方向的拉筋和非圆形箍筋的总截面面积；

　　　D——圆柱截面直径；

　　　N——轴向力设计值，按一般梁柱节点的规定取值。

附录 E　转换层结构的抗震设计要求

E.1　矩形平面抗震墙结构框支层楼板设计要求

E.1.1　框支层应采用现浇楼板，厚度不宜小于180mm，混凝土强度等级不宜低于 C30，应采用双层双向配筋，且每层每个方向的配筋率不应小于 0.25%。

E.1.2　部分框支抗震墙结构的框支层楼板剪力设计值，应符合下列要求：

$$V_f \leqslant \frac{1}{\gamma_{RE}}(0.1 f_c b_f t_f) \qquad \text{(E.1.2)}$$

式中：V_f——由不落地抗震墙传到落地抗震墙处按刚性楼板计算的框支层楼板组合的剪力设计值，8 度时应乘以增大系数 2，7 度时应乘以增大系数 1.5；验算落地抗震墙时不考虑此项增大系数；

　　　b_f、t_f——分别为框支层楼板的宽度和厚度；

　　　γ_{RE}——承载力抗震调整系数，可采用 0.85。

E.1.3　部分框支抗震墙结构的框支层楼板与落地抗震墙交接截面的受剪承载力，应按下列公式验算：

$$V_f \leqslant \frac{1}{\gamma_{RE}}(f_y A_s) \qquad \text{(E.1.3)}$$

式中：A_s——穿过落地抗震墙的框支层楼盖（包括梁和板）的全部钢筋的截面面积。

E.1.4　框支层楼板的边缘和较大洞口周边应设置边梁，其宽度不宜小于板厚的 2 倍，纵向钢筋配筋率不应小于 1%，钢筋接头宜采用机械连接或焊接，楼板的钢筋应锚固在边梁内。

E.1.5　对建筑平面较长或不规则及各抗震墙内力相差较大的框支层，必要时可采用简化方法验算楼板平面内的受弯、受剪承载力。

E.2　筒体结构转换层抗震设计要求

E.2.1　转换层上下的结构质量中心宜接近重合（不包括裙房），转换层上下层的侧向刚度比不宜大于 2。

E.2.2　转换层上部的竖向抗侧力构件（墙、柱）宜直接落在转换层的主结构上。

E.2.3　厚板转换层结构不宜用于 7 度及 7 度以上的高层建筑。

E.2.4　转换层楼盖不应有大洞口，在平面内宜接近刚性。

E.2.5　转换层楼盖与筒体、抗震墙应有可靠的连接，转换层楼板的抗震验算和构造宜符合本附录第 E.1 节对框支层楼板的有关规定。

E.2.6　8 度时转换层结构应考虑竖向地震作用。

E.2.7　9 度时不应采用转换层结构。

附录 F　配筋混凝土小型空心砌块抗震墙房屋抗震设计要求

F.1　一般规定

F.1.1　本附录适用的配筋混凝土小型空心砌块抗震墙房屋的最大高度应符合表 F.1.1-1 的规定，且房屋总高度与总宽度的比值不宜超过表 F.1.1-2 的规定。

表 F.1.1-1　配筋混凝土小型空心砌块抗震墙房屋适用的最大高度（m）

最小墙厚（mm）	6 度	7 度		8 度		9 度
	0.05g	0.10g	0.15g	0.20g	0.30g	0.40g
190	60	55	45	40	30	24

注：1　房屋高度超过表内高度时，应进行专门研究和论证，采取有效的加强措施。

　　2　某层或几层开间大于 6.0m 以上的房间建筑面积占相应层建筑面积 40% 以上时，表中数据相应减少 6m。

　　3　房屋高度指室外地面到主要屋面板板顶的高度（不包括局部突出屋顶部分）。

表 F.1.1-2　配筋混凝土小型空心砌块抗震墙房屋的最大高宽比

烈　度	6 度	7 度	8 度	9 度
最大高宽比	4.5	4.0	3.0	2.0

注：房屋的平面布置和竖向布置不规则时应适当减小最大高宽比。

F.1.2　配筋混凝土小型空心砌块抗震墙房屋应根据抗震设防类别、烈度和房屋高度采用不同的抗震等级，并应符合相应的计算和构造措施要求。丙类建筑的抗震等级宜按表 F.1.2 确定。

表 F.1.2　配筋混凝土小型空心砌块抗震墙房屋的抗震等级

烈　度	6 度		7 度		8 度		9 度
高度（m）	≤24	>24	≤24	>24	≤24	>24	≤24
抗震等级	四	三	三	二	二	一	一

注：接近或等于高度分界时，可结合房屋不规则程度及场地、地基条件确定抗震等级。

F.1.3　配筋混凝土小型空心砌块抗震墙房屋应避免采用本规范第 3.4 节规定的不规则建筑结构方案，并应符合下列要求：

　　1　平面形状宜简单、规则，凹凸不宜过大；竖向布置宜规则、均匀，避免过大的外挑和内收。

　　2　纵横向抗震墙宜拉通对直；每个独立墙段长度不宜大于 8m，且不宜小于墙厚的 5 倍；墙段的总高度与墙段长度之比不宜小于 2；门洞口宜上下对齐，成列布置。

　　3　采用现浇钢筋混凝土楼、屋盖时，抗震横墙的最大间距，应符合表 F.1.3 的要求。

表 F.1.3　配筋混凝土小型空心砌块抗震横墙的最大间距

烈　　度	6 度	7 度	8 度	9 度
最大间距（m）	15	15	11	7

　　4　房屋需要设置防震缝时，其最小宽度应符合下列要求：

　　当房屋高度不超过 24m 时，可采用 100mm；当超过 24m 时，6 度、7 度、8 度和 9 度相应每增加 6m、5m、4m 和 3m，宜加宽 20mm。

F.1.4　配筋混凝土小型空心砌块抗震墙房屋的层高应符合下列要求：

　　1　底部加强部位的层高，一、二级不宜大于 3.2m，三、四级不应大于 3.9m。

　　2　其他部位的层高，一、二级不应大于 3.9m，三、四级不应大于 4.8m。

　　注：底部加强部位指不小于房屋高度的 1/6 且不小于底部二层的高度范围，房屋总高度小于 21m 时取一层。

F.1.5　配筋混凝土小型空心砌块抗震墙的短肢墙应符合下列要求：

　　1　不应采用全部为短肢墙的配筋小砌块抗震墙结构，应形成短肢抗震墙与一般抗震墙共同抵抗水平地震作用的抗震墙结构。9 度时不宜采用短肢墙。

　　2　在规定的水平力作用下，一般抗震墙承受的底部地震倾覆力矩不应小于结构总倾覆力矩的 50%，且短肢抗震墙截面面积与同层抗震墙总截面面积比例，两个主轴方向均不宜大于 20%。

　　3　短肢墙宜设置翼墙；不应在一字形短肢墙平面外布置与之单侧相交的楼、屋面梁。

　　4　短肢墙的抗震等级应比表 F.1.2 的规定提高一级采用；已为一级时，配筋应按 9 度的要求提高。

　　注：短肢抗震墙指墙肢截面高度与宽度之比为 5~8 的抗震墙，一般抗震墙指墙肢截面高度与宽度之比大于 8 的抗震墙。"L"形、"T"形、"+"形等多肢墙截面的长短肢性质应由较长一肢确定。

F.2　计　算　要　点

F.2.1　配筋混凝土小型空心砌块抗震墙房屋抗震计算时，应按本节规定调整地震作用效应；6 度时可不进行截面抗震验算，但应按本附录的有关要求采取抗震构造措施。配筋混凝土小砌块抗震墙房屋应进行多遇地震作用下的抗震变形验算，其楼层内最大的弹性层间位移角，底层不宜超过 1/1200，其他楼层不宜超过 1/800。

F.2.2　配筋混凝土小砌块抗震墙承载力计算时，底部加强部位截面的组合剪力设计值应按下列规定调整：

$$V = \eta_{vw} V_w \tag{F.2.2}$$

式中：V——抗震墙底部加强部位截面组合的剪力设计值；

　　　　V_w——抗震墙底部加强部位截面组合的剪力计算值；

　　　　η_{vw}——剪力增大系数，一级取 1.6，二级取 1.4，三级取 1.2，四级取 1.0。

F.2.3　配筋混凝土小型空心砌块抗震墙截面组合的剪力设计值，应符合下列要求：

　　剪跨比大于 2

$$V \leqslant \frac{1}{\gamma_{RE}}(0.2 f_g bh) \tag{F.2.3-1}$$

　　剪跨比不大于 2

$$V \leqslant \frac{1}{\gamma_{RE}}(0.15 f_g bh) \tag{F.2.3-2}$$

式中：f_g——灌孔小砌块砌体抗压强度设计值；

　　　　b——抗震墙截面宽度；

　　　　h——抗震墙截面高度；

　　　　γ_{RE}——承载力抗震调整系数，取 0.85。

　　注：剪跨比按本规范式（6.2.9-3）计算。

F.2.4　偏心受压配筋混凝土小型空心砌块抗震墙截面受剪承载力，应按下列公式验算：

$$V \leqslant \frac{1}{\gamma_{RE}}\left[\frac{1}{\lambda - 0.5}(0.48 f_{gv} bh_0 + 0.1N) + 0.72 f_{yh}\frac{A_{sh}}{s}h_0\right] \tag{F.2.4-1}$$

$$0.5V \leqslant \frac{1}{\gamma_{RE}}\left(0.72 f_{yh}\frac{A_{sh}}{s}h_0\right) \tag{F.2.4-2}$$

式中：N——抗震墙组合的轴向压力设计值；当 $N > 0.2 f_g bh$ 时，取 $N = 0.2 f_g bh$；

　　　　λ——计算截面处的剪跨比，取 $\lambda = M/Vh_0$；小于 1.5 时取 1.5，大于 2.2 时取 2.2；

　　　　f_{gv}——灌孔小砌块砌体抗剪强度设计值；$f_{gv} =$

$0.2f_{\mathrm{g}}^{0.55}$；

A_{sh}——同一截面的水平钢筋截面面积；

s——水平分布筋间距；

f_{yh}——水平分布筋抗拉强度设计值；

h_0——抗震墙截面有效高度。

F.2.5 在多遇地震作用组合下，配筋混凝土小型空心砌块抗震墙的墙肢不应出现小偏心受拉。大偏心受拉配筋混凝土小型空心砌块抗震墙，其斜截面受剪承载力应按下列公式计算：

$$V \leqslant \frac{1}{\gamma_{\mathrm{RE}}} \left[\frac{1}{\lambda - 0.5}(0.48f_{\mathrm{gv}}bh_0 - 0.17N) \right.$$
$$\left. + 0.72f_{\mathrm{yh}}\frac{A_{\mathrm{sh}}}{s}h_0 \right] \qquad \text{(F.2.5-1)}$$

$$0.5V \leqslant \frac{1}{\gamma_{\mathrm{RE}}}\left(0.72f_{\mathrm{yh}}\frac{A_{\mathrm{sh}}}{s}h_0\right) \qquad \text{(F.2.5-2)}$$

当 $0.48f_{\mathrm{gv}}bh_0 - 0.17N \leqslant 0$ 时，取 $0.48f_{\mathrm{gv}}bh_0 - 0.17N = 0$。

式中：N——抗震墙组合的轴向拉力设计值。

F.2.6 配筋小型空心砌块抗震墙跨高比大于 2.5 的连梁宜采用钢筋混凝土连梁，其截面组合的剪力设计值和斜截面受剪承载力，应符合现行国家标准《混凝土结构设计规范》GB 50010 对连梁的有关规定。

F.2.7 抗震墙采用配筋混凝土小型空心砌块砌体连梁时，应符合下列要求：

1 连梁的截面应满足下式的要求：

$$V \leqslant \frac{1}{\gamma_{\mathrm{RE}}}(0.15f_{\mathrm{g}}bh_0) \qquad \text{(F.2.7-1)}$$

2 连梁的斜截面受剪承载力应按下式计算：

$$V \leqslant \frac{1}{\gamma_{\mathrm{RE}}}\left(0.56f_{\mathrm{gv}}bh_0 + 0.7f_{\mathrm{yv}}\frac{A_{\mathrm{sv}}}{s}h_0\right)$$
$$\text{(F.2.7-2)}$$

式中：A_{sv}——配置在同一截面内的箍筋各肢的全部截面面积；

f_{yv}——箍筋的抗拉强度设计值。

F.3 抗震构造措施

F.3.1 配筋混凝土小型空心砌块抗震墙房屋的灌孔混凝土应采用坍落度大、流动性及和易性好，并与砌块结合良好的混凝土，灌孔混凝土的强度等级不应低于 Cb20。

F.3.2 配筋混凝土小型空心砌块抗震墙房屋的抗震墙，应全部用灌孔混凝土灌实。

F.3.3 配筋混凝土小型空心砌块抗震墙的横向和竖向分布钢筋应符合表 F.3.3-1 和表 F.3.3-2 的要求；横向分布钢筋宜双排布置，双排分布钢筋之间拉结筋的间距不应大于 400mm，直径不应小于 6mm；竖向分布钢筋宜采用单排布置，直径不应大于 25mm。

表 F.3.3-1　配筋混凝土小型空心砌块抗震墙横向分布钢筋构造要求

抗震等级	最小配筋率（%）		最大间距（mm）	最小直径（mm）
	一般部位	加强部位		
一级	0.13	0.15	400	$\phi 8$
二级	0.13	0.13	600	$\phi 8$
三级	0.11	0.13	600	$\phi 8$
四级	0.10	0.10	600	$\phi 6$

注：9 度时配筋率不应小于 0.2%；在顶层和底部加强部位，最大间距不应大于 400mm。

表 F.3.3-2　配筋混凝土小型空心砌块抗震墙竖向分布钢筋构造要求

抗震等级	最小配筋率（%）		最大间距（mm）	最小直径（mm）
	一般部位	加强部位		
一级	0.15	0.15	400	$\phi 12$
二级	0.13	0.13	600	$\phi 12$
三级	0.11	0.13	600	$\phi 12$
四级	0.10	0.10	600	$\phi 12$

注：9 度时配筋率不应小于 0.2%；在顶层和底部加强部位，最大间距应适当减小。

F.3.4 配筋混凝土小型空心砌块抗震墙在重力荷载代表值作用下的轴压比，应符合下列要求：

1 一般墙体的底部加强部位，一级（9 度）不宜大于 0.4，一级（8 度）不宜大于 0.5，二、三级不宜大于 0.6；一般部位，均不宜大于 0.6。

2 短肢墙体全高范围，一级不宜大于 0.50，二、三级不宜大于 0.60；对于无翼缘的一字形短肢墙，其轴压比限值应相应降低 0.1。

3 各向墙肢截面均为 $3b < h < 5b$ 的独立小墙肢，一级不宜大于 0.4，二、三级不宜大于 0.5；对于无翼缘的一字形独立小墙肢，其轴压比限值应相应降低 0.1。

F.3.5 配筋混凝土小型空心砌块抗震墙墙肢端部应设置边缘构件；底部加强部位的轴压比，一级大于 0.2 和二级大于 0.3 时，应设置约束边缘构件。构造边缘构件的配筋范围：无翼墙端部为 3 孔配筋；"L"形转角节点为 3 孔配筋；"T"形转角节点为 4 孔配筋；边缘构件范围内应设置水平箍筋，最小配筋应符合表 F.3.5 的要求。约束边缘构件的范围应沿受力方向比构造边缘构件增加 1 孔，水平箍筋应相应加强，也可采用混凝土边框柱加强。

表 F.3.5　抗震墙边缘构件的配筋要求

抗震等级	每孔竖向钢筋最小配筋量		水平箍筋最小直径	水平箍筋最大间距
	底部加强部位	一般部位		
一级	1φ20	1φ18	φ8	200mm
二级	1φ18	1φ16	φ6	200mm
三级	1φ16	1φ14	φ6	200mm
四级	1φ14	1φ12	φ6	200mm

注：1　边缘构件水平箍筋宜采用搭接点焊网片形式；

　　2　一、二、三级时，边缘构件箍筋应采用不低于HRB335级的热轧钢筋；

　　3　二级轴压比大于0.3时，底部加强部位水平箍筋的最小直径不应小于8mm。

F.3.6　配筋混凝土小型空心砌块抗震墙内竖向和横向分布钢筋的搭接长度不应小于48倍钢筋直径，锚固长度不应小于42倍钢筋直径。

F.3.7　配筋混凝土小型空心砌块抗震墙的横向分布钢筋，沿墙长应连续设置，两端的锚固应符合下列规定：

　　1　一、二级的抗震墙，横向分布钢筋可绕竖向主筋弯180度弯钩，弯钩端部直段长度不宜小于12倍钢筋直径；横向分布钢筋亦可弯入端部灌孔混凝土中，锚固长度不应小于30倍钢筋直径且不应小于250mm。

　　2　三、四级的抗震墙，横向分布钢筋可弯入端部灌孔混凝土中，锚固长度不应小于25倍钢筋直径且不应小于200mm。

F.3.8　配筋混凝土小型空心砌块抗震墙中，跨高比小于2.5的连梁可采用砌体连梁；其构造应符合下列要求：

　　1　连梁的上下纵向钢筋锚入墙内的长度，一、二级不应小于1.15倍锚固长度，三级不应小于1.05倍锚固长度，四级不应小于锚固长度；且均不应小于600mm。

　　2　连梁的箍筋应沿梁全长设置；箍筋直径，一级不小于10mm，二、三、四级不小于8mm；箍筋间距，一级不大于75mm，二级不大于100mm，三级不大于120mm。

　　3　顶层连梁在伸入墙体的纵向钢筋长度范围内应设置间距不大于200mm的构造箍筋，其直径应与该连梁的箍筋直径相同。

　　4　自梁顶面下200mm至梁底面上200mm范围内应增设腰筋，其间距不大于200mm；每层腰筋的数量，一级不少于2φ12，二～四级不少于2φ10；腰筋伸入墙内的长度不应小于30倍的钢筋直径且不应小于300mm。

　　5　连梁内不宜开洞，需要开洞时应符合下列要求：

　　　　1）在跨中梁高1/3处预埋外径不大于200mm

的钢套管；

　　　　2）洞口上下的有效高度不应小于1/3梁高，且不应小于200mm；

　　　　3）洞口处应配补强钢筋，被洞口削弱的截面应进行受剪承载力验算。

F.3.9　配筋混凝土小型空心砌块抗震墙的圈梁构造，应符合下列要求：

　　1　墙体在基础和各楼层标高处均应设置现浇钢筋混凝土圈梁，圈梁的宽度应同墙厚，其截面高度不宜小于200mm。

　　2　圈梁混凝土抗压强度不应小于相应灌孔小砌块砌体的强度，且不应小于C20。

　　3　圈梁纵向钢筋直径不应小于墙中横向分布钢筋的直径，且不应小于4φ12；基础圈梁纵筋不应小于4φ12；圈梁及基础圈梁箍筋直径不应小于8mm，间距不应大于200mm；当圈梁高度大于300mm时，应沿圈梁截面高度方向设置腰筋，其间距不应大于200mm，直径不应小于10mm。

　　4　圈梁底部嵌入墙顶小砌块孔洞内，深度不宜小于30mm；圈梁顶部应是毛面。

F.3.10　配筋混凝土小型空心砌块抗震墙房屋的楼、屋盖，高层建筑和9度时应采用现浇钢筋混凝土板，多层建筑宜采用现浇钢筋混凝土板；抗震等级为四级时，也可采用装配整体式钢筋混凝土楼盖。

附录G　钢支撑-混凝土框架和钢框架-钢筋混凝土核心筒结构房屋抗震设计要求

G.1　钢支撑-钢筋混凝土框架

G.1.1　抗震设防烈度为6～8度且房屋高度超过本规范第6.1.1条规定的钢筋混凝土框架结构最大适用高度时，可采用钢支撑-混凝土框架组成抗侧力体系的结构。

　　按本节要求进行抗震设计时，其适用的最大高度不宜超过本规范第6.1.1条钢筋混凝土框架结构和框架-抗震墙结构二者最大适用高度的平均值。超过最大适用高度的房屋，应进行专门研究和论证，采取有效的加强措施。

G.1.2　钢支撑-混凝土框架结构房屋应根据设防类别、烈度和房屋高度采用不同的抗震等级，并应符合相应的计算和构造措施要求。丙类建筑的抗震等级，钢支撑框架部分应比本规范第8.1.3条和第6.1.2条框架结构的规定提高一个等级，钢筋混凝土框架部分仍按本规范第6.1.2条框架结构确定。

G.1.3　钢支撑-混凝土框架结构的结构布置，应符合下列要求：

1 钢支撑框架应在结构的两个主轴方向同时设置。

2 钢支撑宜上下连续布置，当受建筑方案影响无法连续布置时，宜在邻跨延续布置。

3 钢支撑宜采用交叉支撑，也可采用人字支撑或 V 形支撑；采用单支撑时，两方向的斜杆应基本对称布置。

4 钢支撑在平面内的布置应避免导致扭转效应；钢支撑之间无大洞口的楼、屋盖的长宽比，宜符合本规范 6.1.6 条对抗震墙间距的要求；楼梯间宜布置钢支撑。

5 底层的钢支撑框架按刚度分配的地震倾覆力矩应大于结构总地震倾覆力矩的 50%。

G.1.4 钢支撑-混凝土框架结构的抗震计算，尚应符合下列要求：

1 结构的阻尼比不应大于 0.045，也可按混凝土框架部分和钢支撑部分在结构总变形能所占的比例折算为等效阻尼比。

2 钢支撑框架部分的斜杆，可按端部铰接杆计算。当支撑斜杆的轴线偏离混凝土柱轴线超过柱宽 1/4 时，应考虑附加弯矩。

3 混凝土框架部分承担的地震作用，应按框架结构和支撑框架结构两种模型计算，并宜取二者的较大值。

4 钢支撑-混凝土框架的层间位移限值，宜按框架和框架-抗震墙结构内插。

G.1.5 钢支撑与混凝土柱的连接构造，应符合本规范第 9.1 节关于单层钢筋混凝土柱厂房支撑与柱连接的相关要求。钢支撑与混凝土梁的连接构造，应符合连接不先于支撑破坏的要求。

G.1.6 钢支撑-混凝土框架结构中，钢支撑部分尚应按本规范第 8 章、现行国家标准《钢结构设计规范》GB 50017 的规定进行设计；钢筋混凝土框架部分尚应按本规范第 6 章的规定进行设计。

G.2 钢框架-钢筋混凝土核心筒结构

G.2.1 抗震设防烈度为 6~8 度且房屋高度超过本规范第 6.1.1 条规定的混凝土框架-核心筒结构最大适用高度时，可采用钢框架-钢筋混凝土核心筒组成抗侧力体系的结构。

按本节要求进行抗震设计时，其适用的最大高度不宜超过本规范第 6.1.1 条钢筋混凝土框架-核心筒结构最大适用高度和本规范第 8.1.1 条钢框架-中心支撑结构最大适用高度二者的平均值。超过最大适用高度的房屋，应进行专门研究和论证，采取有效的加强措施。

G.2.2 钢框架-混凝土核心筒结构房屋应根据设防类别、烈度和房屋高度采用不同的抗震等级，并应符合相应的计算和构造措施要求。丙类建筑的抗震等级，

钢框架部分仍按本规范第 8.1.3 条确定，混凝土部分应比本规范第 6.1.2 条的规定提高一个等级（8 度时应高于一级）。

G.2.3 钢框架-钢筋混凝土核心筒结构房屋的结构布置，尚应符合下列要求：

1 钢框架-核心筒结构的钢外框架梁、柱的连接应采用刚接；楼面梁宜采用钢梁。混凝土墙体与钢梁刚接的部位宜设置连接用的构造型钢。

2 钢框架部分按刚度计算分配的最大楼层地震剪力，不宜小于结构总地震剪力的 10%。当小于 10% 时，核心筒的墙体承担的地震作用应适当增大；墙体构造的抗震等级宜提高一级，一级时应适当提高。

3 钢框架-核心筒结构的楼盖应具有良好的刚度并确保罕遇地震作用下的整体性。楼盖应采用压型钢板组合楼盖或现浇钢筋混凝土楼板，并采取措施加强楼盖与钢梁的连接。当楼面有较大开口或属于转换层楼面时，应采用现浇实心楼盖等措施加强。

4 当钢框架柱下部采用型钢混凝土柱时，不同材料的框架柱连接处应设置过渡层，避免刚度和承载力突变。过渡层钢柱计入外包混凝土后，其截面刚度可按过渡层下部型钢混凝土柱和过渡层上部钢柱二者截面刚度的平均值设计。

G.2.4 钢框架-钢筋混凝土核心筒结构的抗震计算，尚应符合下列要求：

1 结构的阻尼比不应大于 0.045，也可按钢筋混凝土筒体部分和钢框架部分在结构总变形能所占的比例折算为等效阻尼比。

2 钢框架部分除伸臂加强层及相邻楼层外的任一楼层按计算分配的地震剪力应乘以增大系数，达到不小于结构底部总地震剪力的 20% 和框架部分计算最大楼层地震剪力 1.5 倍二者的较小值，且不少于结构底部地震剪力的 15%。由地震作用产生的该楼层框架各构件的剪力、弯矩、轴力计算值均应进行相应调整。

3 结构计算宜考虑钢框架柱和钢筋混凝土墙体轴向变形差异的影响。

4 结构层间位移限值，可采用钢筋混凝土结构的限值。

G.2.5 钢框架-钢筋混凝土核心筒结构房屋中的钢结构、混凝土结构部分尚应按本规范第 6 章、第 8 章和现行国家标准《钢结构设计规范》GB 50017 及现行有关行业标准的规定进行设计。

附录 H 多层工业厂房抗震设计要求

H.1 钢筋混凝土框排架结构厂房

H.1.1 本节适用于由钢筋混凝土框架与排架侧向连

接组成的侧向框排架结构厂房、下部为钢筋混凝土框架上部顶层为排架的竖向框排架结构厂房的抗震设计。当本节未作规定时，其抗震设计应按本规范第6章和第9.1节的有关规定执行。

H.1.2 框排架结构厂房的框架部分应根据烈度、结构类型和高度采用不同的抗震等级，并应符合相应的计算和构造措施要求。

不设置贮仓时，抗震等级可按本规范第6章确定；设置贮仓时，侧向框排架的抗震等级可按现行国家标准《构筑物抗震设计规范》GB 50191的规定采用，竖向框排架的抗震等级应按本规范第6章框架的高度分界降低4m确定。

注：框架设置贮仓，但竖壁的跨高比大于2.5，仍按不设置贮仓的框架确定抗震等级。

H.1.3 厂房的结构布置，应符合下列要求：

1 厂房的平面宜为矩形，立面宜简单、对称。

2 在结构单元平面内，框架、柱间支撑等抗侧力构件宜对称均匀布置，避免抗侧力结构的侧向刚度和承载力产生突变。

3 质量大的设备不宜布置在结构单元的边缘楼层上，宜设置在距刚度中心较近的部位；当不可避免时宜将设备平台与主体结构分开，或在满足工艺要求的条件下尽量低位布置。

H.1.4 竖向框排架厂房的结构布置，尚应符合下列要求：

1 屋盖宜采用无檩屋盖体系；当采用其他屋盖体系时，应加强屋盖支撑设置和构件之间的连接，保证屋盖具有足够的水平刚度。

2 纵向端部应设屋架、屋面梁或采用框架结构承重，不应采用山墙承重；排架跨内不应采用横墙和排架混合承重。

3 顶层的排架跨，尚应满足下列要求：

1）排架重心宜与下部结构刚度中心接近或重合，多跨排架宜等高等长；

2）楼盖应现浇，顶层排架嵌固楼层应避免开设大洞口，其楼板厚度不宜小于150mm；

3）排架柱应竖向连续延伸至底部；

4）顶层排架设置纵向柱间支撑处，楼盖不应设有楼梯间或开洞；柱间支撑斜杆中心线应与连接处的梁柱中心线汇交于一点。

H.1.5 竖向框排架厂房的地震作用计算，尚应符合下列要求：

1 地震作用的计算宜采用空间结构模型，质点宜设置在梁柱轴线交点、牛腿、柱顶、柱变截面处和柱上集中荷载处。

2 确定重力荷载代表值时，可变荷载应根据行业特点，对楼面活荷载取相应的组合值系数。贮料的荷载组合值系数可采用0.9。

3 楼层有贮仓和支承重心较高的设备时，支承构件和连接应计及料斗、贮仓和设备水平地震作用产生的附加弯矩。该水平地震作用可按下式计算：

$$F_s = \alpha_{max}(1.0 + H_x/H_n)G_{eq} \qquad (H.1.5)$$

式中：F_s——设备或料斗重心处的水平地震作用标准值；

α_{max}——水平地震影响系数最大值；

G_{eq}——设备或料斗的重力荷载代表值；

H_x——设备或料斗重心至室外地坪的距离；

H_n——厂房高度。

H.1.6 竖向框排架厂房的地震作用效应调整和抗震验算，应符合下列规定：

1 一、二、三、四级支承贮仓竖壁的框架柱，按本规范第6.2.2、6.2.3、6.2.5条调整后的组合弯矩设计值、剪力设计值尚应乘以增大系数，增大系数不应小于1.1。

2 竖向框排架结构与排架柱相连的顶层框架节点处，柱端组合的弯矩设计值应按第6.2.2条进行调整，其他顶层框架节点处的梁端、柱端弯矩设计值可不调整。

3 顶层排架设置纵向柱间支撑时，与柱间支撑相连排架柱的下部框架柱，一、二级框架柱由地震引起的附加轴力应分别乘以调整系数1.5、1.2；计算轴压比时，附加轴力可不乘以调整系数。

4 框排架厂房的抗震验算，尚应符合下列要求：

1）8度Ⅲ、Ⅳ类场地和9度时，框排架结构的排架柱及伸出框架跨屋顶支承排架跨屋盖的单柱，应进行弹塑性变形验算，弹塑性位移角限值可取1/30。

2）当一、二级框架梁柱节点两侧梁截面高度差大于较高梁截面高度的25%或500mm时，尚应按下式验算节点下柱抗震受剪承载力：

$$\frac{\eta_{jb}M_{b1}}{h_{01} - a'_s} - V_{col} \leqslant V_{RE} \qquad (H.1.6\text{-}1)$$

9度及一级时可不符合上式，但应符合：

$$\frac{1.15M_{b1ua}}{h_{01} - a'_s} - V_{col} \leqslant V_{RE} \qquad (H.1.6\text{-}2)$$

式中：η_{jb}——节点剪力增大系数，一级取1.35，二级取1.2；

M_{b1}——较高梁端梁底组合弯矩设计值；

M_{b1ua}——较高梁端实配梁底正截面抗震受弯承载力所对应的弯矩值，根据实配钢筋面积（计入受压钢筋）和材料强度标准值确定；

h_{01}——较高梁截面的有效高度；

a'_s——较高梁端梁底受拉时，受压钢筋合力点至受压边缘的距离；

V_{col}——节点下柱计算剪力设计值;

V_{RE}——节点下柱抗震受剪承载力设计值。

H.1.7 竖向框排架厂房的基本抗震构造措施尚应符合下列要求:

1 支承贮仓的框架柱轴压比不宜超过本规范表6.3.6中框架结构的规定数值减少0.05。

2 支承贮仓的框架柱纵向钢筋最小总配筋率应不小于本规范表6.3.7中对角柱的要求。

3 竖向框排架结构的顶层排架设置纵向柱间支撑时,与柱间支撑相连排架柱的下部框架柱,纵向钢筋配筋率、箍筋的配置应满足本规范第6.3.7条中对于框支柱的要求;箍筋加密区取柱全高。

4 框架柱的剪跨比不大于1.5时,应符合下列规定:

 1)箍筋应按提高一级抗震等级配置,一级时应适当提高箍筋的要求;

 2)框架柱每个方向应配置两根对角斜筋(图H.1.7),对角斜筋的直径,一、二级框架不应小于20mm和18mm,三、四级框架不应小于16mm;对角斜筋的锚固长度,不应小于40倍斜筋直径。

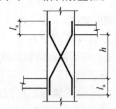

h—短柱净高;

l_a—斜筋锚固长度

图 H.1.7

5 框架柱段内设置牛腿时,牛腿及上下各500mm范围内的框架柱箍筋应加密;牛腿的上下柱段净高与柱截面高度之比不大于4时,柱箍筋应全高加密。

H.1.8 侧向框排架结构的结构布置、地震作用效应调整和抗震验算,以及无檩屋盖和有檩屋盖的支撑布置,应分别符合现行国家标准《构筑物抗震设计规范》GB 50191的有关规定。

H.2 多层钢结构厂房

H.2.1 本节适用于钢结构的框架、支撑框架、框排架等结构体系的多层厂房。本节未作规定时,多层部分可按本规范第8章的有关规定执行,其抗震等级的高度分界应比本规范第8.1节规定降低10m;单层部分可按本规范第9.2节的规定执行。

H.2.2 多层钢结构厂房的布置,除应符合本规范第8章的有关要求外,尚应符合下列规定:

1 平面形状复杂、各部分构架高度差异大或楼层荷载相差悬殊时,应设防震缝或采取其他措施。当设置防震缝时,缝宽不应小于相应混凝土结构房屋的1.5倍。

2 重型设备宜低位布置。

3 当设备重量直接由基础承受,且设备竖向需要穿过楼层时,厂房楼层应与设备分开。设备与楼层之间的缝宽,不得小于防震缝的宽度。

4 楼层上的设备不应跨越防震缝布置;当运输机、管线等长条设备必须穿越防震缝布置时,设备应具有适应地震时结构变形的能力或防止断裂的措施。

5 厂房内的工作平台结构与厂房框架结构宜采用防震缝脱开布置。当与厂房结构连接成整体时,平台结构的标高宜与厂房框架的相应楼层标高一致。

H.2.3 多层钢结构厂房的支撑布置,应符合下列要求:

1 柱间支撑宜布置在荷载较大的柱间,且在同一柱间上下贯通;当条件限制必须错开布置时,应在紧邻柱间连续布置,并宜适当增加相近楼层或屋面的水平支撑或柱间支撑搭接一层,确保支撑承担的水平地震作用可靠传递至基础。

2 有抽柱的结构,应适当增加相近楼层、屋面的水平支撑,并在相邻柱间设置竖向支撑。

3 当各榀框架侧向刚度相差较大、柱间支撑布置又不规则时,采用钢铺板的楼盖,应设置楼盖水平支撑。

4 各柱列的纵向刚度宜相等或接近。

H.2.4 厂房楼盖宜采用现浇混凝土的组合楼板,亦可采用装配整体式楼盖或钢铺板,尚应符合下列要求:

1 混凝土楼盖应与钢梁有可靠的连接。

2 当楼板开设孔洞时,应有可靠的措施保证楼板传递地震作用。

H.2.5 框排架结构应设置完整的屋盖支撑,尚应符合下列要求:

1 排架的屋盖横梁与多层框架的连接支座的标高,宜与多层框架相应楼层标高一致,并应沿单层与多层相连柱列全长设置屋盖纵向水平支撑。

2 高跨和低跨宜按各自的标高组成相对独立的封闭支撑体系。

H.2.6 多层钢结构厂房的地震作用计算,尚应符合下列规定:

1 一般情况下,宜采用空间结构模型分析;当结构布置规则,质量分布均匀时,亦可分别沿结构横向和纵向进行验算。现浇钢筋混凝土楼板,当板面开孔较小且用抗剪连接件与钢梁连接成为整体时,可视为刚性楼盖。

2 在多遇地震下,结构阻尼比可采用0.03~0.04;在罕遇地震下,阻尼比可采用0.05。

3 确定重力荷载代表值时,可变荷载应根据行业的特点,对楼面检修荷载、成品或原料堆积楼面荷载、设备和料斗及管道内的物料等，采用相应的组合值系数。

4 直接支承设备、料斗的构件及其连接，应计入设备等产生的地震作用。一般的设备对支承构件及其连接产生的水平地震作用，可按本附录第 H.1.5 条的规定计算；该水平地震作用对支承构件产生的弯矩、扭矩，取设备重心至支承构件形心距离计算。

H.2.7 多层钢结构厂房构件和节点的抗震承载力验算，尚应符合下列规定：

1 按本规范式（8.2.5）验算节点左右梁端和上下柱端的全塑性承载力时，框架柱的强柱系数，一级和地震作用控制时，取 1.25；二级和 1.5 倍地震作用控制时，取 1.20；三级和 2 倍地震作用控制时，取 1.10。

2 下列情况可不满足本规范式（8.2.5）的要求：

    1） 单层框架的柱顶或多层框架顶层的柱顶；

    2） 不满足本规范式（8.2.5）的框架柱沿计算方向的受剪承载力总和小于该楼层框架受剪承载力的 20%；且该楼层每一柱列不满足本规范式（8.2.5）的框架柱的受剪承载力总和小于本柱列全部框架柱受剪承载力总和的 33%。

3 柱间支撑杆件设计内力与其承载力设计值之比不宜大于 0.8；当柱间支撑承担不小于 70% 的楼层剪力时，不宜大于 0.65。

H.2.8 多层钢结构厂房的基本抗震构造措施，尚应符合下列规定：

1 框架柱的长细比不宜大于 150；当轴压比大于 0.2 时，不宜大于 $125(1-0.8N/Af)\sqrt{235/f_y}$。

2 厂房框架柱、梁的板件宽厚比，应符合下列要求：

    1） 单层部分和总高度不大于 40m 的多层部分，可按本规范第 9.2 节规定执行；

    2） 多层部分总高度大于 40m 时，可按本规范第 8.3 节规定执行。

3 框架梁、柱的最大应力区，不得突然改变翼缘截面，其上下翼缘均应设置侧向支承，此支承点与相邻支承点之间距应符合现行《钢结构设计规范》GB 50017 中塑性设计的有关要求。

4 柱间支撑构件宜符合下列要求：

    1） 多层框架部分的柱间支撑，宜与框架横梁组成 X 形或其他有利于抗震的形式，其长细比不宜大于 150；

    2） 支撑杆件的板件宽厚比应符合本规范第 9.2 节的要求。

5 框架梁采用高强度螺栓摩擦型拼接时，其位置宜避开最大应力区（1/10 梁净跨和 1.5 倍梁高的

较大值）。梁翼缘拼接时，在平行于内力方向的高强度螺栓不宜少于 3 排，拼接板的截面模量应大于被拼接截面模量的 1.1 倍。

6 厂房柱脚应能保证传递柱的承载力，宜采用埋入式、插入式或外包式柱脚，并按本规范第 9.2 节的规定执行。

附录 J 单层厂房横向平面排架地震作用效应调整

J.1 基本自振周期的调整

J.1.1 按平面排架计算厂房的横向地震作用时，排架的基本自振周期应考虑纵墙及屋架与柱连接的固结作用，可按下列规定进行调整：

1 由钢筋混凝土屋架或钢屋架与钢筋混凝土柱组成的排架，有纵墙时取周期计算值的 80%，无纵墙时取 90%；

2 由钢筋混凝土屋架或钢屋架与砖柱组成的排架，取周期计算值的 90%；

3 由木屋架、钢木屋架或轻钢屋架与砖柱组成排架，取周期计算值。

J.2 排架柱地震剪力和弯矩的调整系数

J.2.1 钢筋混凝土屋盖的单层钢筋混凝土柱厂房，按本规范第 J.1.1 条确定基本自振周期且按平面排架计算的排架柱地震剪力和弯矩，当符合下列要求时，可考虑空间工作和扭转影响，并按本规范第 J.2.3 条的规定调整：

1 7 度和 8 度；

2 厂房单元屋盖长度与总跨度之比小于 8 或厂房总跨度大于 12m；

3 山墙的厚度不小于 240mm，开洞所占的水平截面积不超过总面积 50%，并与屋盖系统有良好的连接；

4 柱顶高度不大于 15m。

    注：1　屋盖长度指山墙到山墙的间距，仅一端有山墙时，应取所考虑排架至山墙的距离。

        2　高低跨相差较大的不等高厂房，总跨度可不包括低跨。

J.2.2 钢筋混凝土屋盖和密铺望板瓦木屋盖的单层砖柱厂房，按本规范第 J.1.1 条确定基本自振周期且按平面排架计算的排架柱地震剪力和弯矩，当符合下列要求时，可考虑空间工作，并按本规范第 J.2.3 条的规定调整：

1 7 度和 8 度；

2 两端均有承重山墙；

3 山墙或承重（抗震）横墙的厚度不小于 240mm，开洞所占的水平截面积不超过总面积 50%，

并与屋盖系统有良好的连接；

4 山墙或承重（抗震）横墙的长度不宜小于其高度；

5 单元屋盖长度与总跨度之比小于 8 或厂房总跨度大于 12m。

注：屋盖长度指山墙到山墙或承重（抗震）横墙的间距。

J.2.3 排架柱的剪力和弯矩应分别乘以相应的调整系数，除高低跨度交接处上柱以外的钢筋混凝土柱，其值可按表 J.2.3-1 采用，两端均有山墙的砖柱，其值可按表 J.2.3-2 采用。

表 J.2.3-1 钢筋混凝土柱（除高低跨交接处上柱外）考虑空间工作和扭转影响的效应调整系数

屋盖	山墙		屋盖长度（m）											
			≤30	36	42	48	54	60	66	72	78	84	90	96
钢筋混凝土无檩屋盖	两端山墙	等高厂房	—	0.75	0.75	0.75	0.80	0.80	0.80	0.85	0.85	0.85	0.90
		不等高厂房	—	0.85	0.85	0.85	0.90	0.90	0.90	0.95	0.95	1.00	
	一端山墙		1.05	1.15	1.20	1.25	1.30	1.30	1.30	1.30	1.35	1.35	1.35
钢筋混凝土有檩屋盖	两端山墙	等高厂房	—	0.80	0.85	0.90	0.95	0.95	1.00	1.05	1.05	1.10	
		不等高厂房	—	0.85	0.90	0.95	1.00	1.00	1.05	1.10	1.10	1.15	
	一端山墙		1.00	1.05	1.10	1.10	1.15	1.15	1.20	1.20	1.20	1.25	

表 J.2.3-2 砖柱考虑空间作用的效应调整系数

屋盖类型	山墙或承重(抗震)横墙间距（m）										
	≤12	18	24	30	36	42	48	54	60	66	72
钢筋混凝土无檩屋盖	0.60	0.65	0.70	0.75	0.80	0.85	0.85	0.90	0.95	0.95	1.00
钢筋混凝土有檩屋盖或密铺望板瓦木屋盖	0.65	0.70	0.75	0.80	0.90	0.90	0.95	1.00	1.05	1.05	1.10

J.2.4 高低跨交接处的钢筋混凝土柱的支承低跨屋盖牛腿以上各截面，按底部剪力法求得的地震剪力和弯矩应乘以增大系数，其值可按下式采用：

$$\eta = \zeta \left(1 + 1.7 \frac{n_h}{n_0} \cdot \frac{G_{EL}}{G_{Eh}}\right) \quad (J.2.4)$$

式中：η ——地震剪力和弯矩的增大系数；

ζ ——不等高厂房低跨交接处的空间工作影响系数，可按表 J.2.4 采用；

n_h ——高跨的跨数；

n_0 ——计算跨数，仅一侧有低跨时应取总跨数，两侧均有低跨时应取总跨数与高跨跨数之和；

G_{EL} ——集中于交接处一侧各低跨屋盖标高处的

总重力荷载代表值；

G_{Eh} ——集中于高跨柱顶标高处的总重力荷载代表值。

表 J.2.4 高低跨交接处钢筋混凝土上柱空间工作影响系数

屋盖	山墙	屋盖长度（m）										
		≤36	42	48	54	60	66	72	78	84	90	96
钢筋混凝土无檩屋盖	两端山墙	—	0.70	0.76	0.82	0.88	0.94	1.00	1.06	1.06	1.06	1.06
	一端山墙	1.25										
钢筋混凝土有檩屋盖	两端山墙	—	0.90	1.00	1.05	1.10	1.10	1.15	1.15	1.15	1.20	1.20
	一端山墙	1.05										

J.2.5 钢筋混凝土柱单层厂房的吊车梁顶标高处的上柱截面，由起重机桥架引起的地震剪力和弯矩应乘以增大系数，当按底部剪力法等简化计算方法计算时，其值可按表 J.2.5 采用。

表 J.2.5 桥架引起的地震剪力和弯矩增大系数

屋盖类型	山墙	边柱	高低跨柱	其他中柱
钢筋混凝土无檩屋盖	两端山墙	2.0	2.5	3.0
	一端山墙	1.5	2.0	2.5
钢筋混凝土有檩屋盖	两端山墙	1.5	2.0	2.5
	一端山墙	1.5	2.0	2.0

附录 K 单层厂房纵向抗震验算

K.1 单层钢筋混凝土柱厂房纵向抗震计算的修正刚度法

K.1.1 纵向基本自振周期的计算。

按本附录计算单跨或等高多跨的钢筋混凝土柱厂房纵向地震作用时，在柱顶标高不大于 15m 且平均跨度不大于 30m 时，纵向基本周期可按下列公式确定：

1 砖围护墙厂房，可按下式计算：

$$T_1 = 0.23 + 0.00025 \psi_1 l \sqrt{H^3} \quad (K.1.1-1)$$

式中：ψ_1 ——屋盖类型系数，大型屋面板钢筋混凝土屋架可采用 1.0，钢屋架采用 0.85；

l ——厂房跨度（m），多跨厂房可取各跨的平均值；

H ——基础顶面至柱顶的高度（m）。

2 敞开、半敞开或墙板与柱子柔性连接的厂房，可按式（K.1.1-1）进行计算并乘以下列围护墙影响系数：

$$\psi_2 = 2.6 - 0.002l \sqrt{H^3} \qquad (K.1.1-2)$$

式中：ψ_2——围护墙影响系数，小于 1.0 时应采用 1.0。

K.1.2 柱列地震作用的计算。

1 等高多跨钢筋混凝土屋盖的厂房，各纵向柱列的柱顶标高处的地震作用标准值，可按下列公式确定：

$$F_i = \alpha_1 G_{eq} \frac{K_{ai}}{\sum K_{ai}} \qquad (K.1.2-1)$$

$$K_{si} = \psi_3 \psi_4 K_i \qquad (K.1.2-2)$$

式中：F_i——i 柱列柱顶标高处的纵向地震作用标准值；

　　α_1——相应于厂房纵向基本自振周期的水平地震影响系数，应按本规范第 5.1.5 条确定；

　　G_{eq}——厂房单元柱列总等效重力荷载代表值，应包括按本规范第 5.1.3 条确定的屋盖重力荷载代表值、70%纵墙自重、50%横墙与山墙自重及折算的柱自重（有吊车时采用 10%柱自重，无吊车时采用 50%柱自重）；

　　K_i——i 柱列柱顶的总侧移刚度，应包括 i 柱列内柱子和上、下柱间支撑的侧移刚度及纵墙的折减侧移刚度的总和，贴砌的砖围护墙侧移刚度的折减系数，可根据柱列侧移值的大小，采用 0.2~0.6；

　　K_{si}——i 柱列柱顶的调整侧移刚度；

　　ψ_3——柱列侧移刚度的围护墙影响系数，可按表 K.1.2-1 采用；有纵向砖围护墙的四跨或五跨厂房，由边柱列数起的第三柱列，可按表内相应数值的 1.15 倍采用；

　　ψ_4——柱列侧移刚度的柱间支撑影响系数，纵向为砖围护墙时，边柱列可采用 1.0，中柱列可按表 K.1.2-2 采用。

表 K.1.2-1　围护墙影响系数

围护墙类别和烈度		柱列和屋盖类别				
		边柱列	中 柱 列			
			无檩屋盖		有檩屋盖	
240 砖墙	370 砖墙		边跨无天窗	边跨有天窗	边跨无天窗	边跨有天窗
	7 度	0.85	1.7	1.8	1.8	1.9
7 度	8 度	0.85	1.5	1.6	1.6	1.7
8 度	9 度	0.85	1.3	1.4	1.4	1.5
9 度		0.85	1.2	1.3	1.3	1.4
无墙、石棉瓦或挂板		0.90	1.1	1.1	1.2	1.2

表 K.1.2-2　纵向采用砖围护墙的中柱列柱间支撑影响系数

厂房单元内设置下柱支撑的柱间数	中柱列下柱支撑斜杆的长细比					中柱列无支撑
	≤40	41~80	81~120	121~150	>150	
一柱间	0.9	0.95	1.0	1.1	1.25	1.4
二柱间	—	—	0.9	0.95	1.0	

2 等高多跨钢筋混凝土屋盖厂房，柱列各吊车梁顶标高处的纵向地震作用标准值，可按下式确定：

$$F_{ci} = \alpha_1 G_{ci} \frac{H_{ci}}{H_i} \qquad (K.1.2-3)$$

式中：F_{ci}——i 柱列在吊车梁顶标高处的纵向地震作用标准值；

　　G_{ci}——集中于 i 柱列吊车梁顶标高处的等效重力荷载代表值，应包括按本规范第 5.1.3 条确定的吊车梁与悬吊物的重力荷载代表值和 40%柱子自重；

　　H_{ci}——i 柱列吊车梁顶高度；

　　H_i——i 柱列柱顶高度。

K.2 单层钢筋混凝土柱厂房柱间支撑地震作用效应及验算

K.2.1 斜杆长细比不大于 200 的柱间支撑在单位侧力作用下的水平位移，可按下式确定：

$$u = \sum \frac{1}{1+\varphi_i} u_{ti} \qquad (K.2.1)$$

式中：u——单位侧力作用点的位移；

　　φ_i——i 节间斜杆轴心受压稳定系数，应按现行国家标准《钢结构设计规范》GB 50017 采用；

　　u_{ti}——单位侧力作用下 i 节间仅考虑拉杆受力的相对位移。

K.2.2 长细比不大于 200 的斜杆截面可仅按抗拉验算，但应考虑压杆的卸载影响，其拉力可按下式确定：

$$N_t = \frac{l_i}{(1+\psi_c \varphi_i)s_c} V_{bi} \qquad (K.2.2)$$

式中：N_t——i 节间支撑斜杆抗拉验算时的轴向拉力设计值；

　　l_i——i 节间斜杆的全长；

　　ψ_c——压杆卸载系数，压杆长细比为 60、100 和 200 时，可分别采用 0.7、0.6 和 0.5；

　　V_{bi}——i 节间支撑承受的地震剪力设计值；

　　s_c——支撑所在柱间的净距。

K.2.3 无贴砌墙的纵向柱列，上柱支撑与同列下柱支撑宜等强设计。

K.3 单层钢筋混凝土柱厂房柱间支撑端节点预埋件的截面抗震验算

K.3.1 柱间支撑与柱连接节点预埋件的锚件采用锚筋时,其截面抗震承载力宜按下列公式验算:

$$N \leqslant \frac{0.8f_y A_s}{\gamma_{RE} \left(\frac{\cos\theta}{0.8\zeta_m \psi} + \frac{\sin\theta}{\zeta_r \zeta_v} \right)} \qquad (K.3.1-1)$$

$$\psi = \frac{1}{1 + \frac{0.6e_0}{\zeta_r s}} \qquad (K.3.1-2)$$

$$\zeta_m = 0.6 + 0.25t/d \qquad (K.3.1-3)$$

$$\zeta_v = (4 - 0.08d) \sqrt{f_c/f_y} \qquad (K.3.1-4)$$

式中:A_s —— 锚筋总截面面积;

γ_{RE} —— 承载力抗震调整系数,可采用1.0;

N —— 预埋板的斜向拉力,可采用全截面屈服点强度计算的支撑斜杆轴向力的1.05倍;

e_0 —— 斜向拉力对锚筋合力作用线的偏心距,应小于外排锚筋之间距离的20%(mm);

θ —— 斜向拉力与其水平投影的夹角;

ψ —— 偏心影响系数;

s —— 外排锚筋之间的距离(mm);

ζ_m —— 预埋板弯曲变形影响系数;

t —— 预埋板厚度(mm);

d —— 锚筋直径(mm);

ζ_r —— 验算方向锚筋排数的影响系数,二、三和四排可分别采用1.0、0.9和0.85;

ζ_v —— 锚筋的受剪影响系数,大于0.7时应采用0.7。

K.3.2 柱间支撑与柱连接节点预埋件的锚件采用角钢加端板时,其截面抗震承载力宜按下列公式验算:

$$N \leqslant \frac{0.7}{\gamma_{RE} \left(\frac{\cos\theta}{\psi N_{u0}} + \frac{\sin\theta}{V_{u0}} \right)} \qquad (K.3.2-1)$$

$$V_{u0} = 3n\zeta_r \sqrt{W_{min} b f_a f_c} \qquad (K.3.2-2)$$

$$N_{u0} = 0.8nf_a A_s \qquad (K.3.2-3)$$

式中:n —— 角钢根数;

b —— 角钢肢宽;

W_{min} —— 与剪力方向垂直的角钢最小截面模量;

A_s —— 根角钢的截面面积;

f_a —— 角钢抗拉强度设计值。

K.4 单层砖柱厂房纵向抗震计算的修正刚度法

K.4.1 本节适用于钢筋混凝土无檩或有檩屋盖等高多跨单层砖柱厂房的纵向抗震验算。

K.4.2 单层砖柱厂房的纵向基本自振周期可按下式计算:

$$T_1 = 2\psi_T \sqrt{\frac{\sum G_s}{\sum K_s}} \qquad (K.4.2)$$

式中:ψ_T —— 周期修正系数,按表K.4.2采用;

G_s —— 第s柱列的集中重力荷载,包括柱列左右各半跨的屋盖和山墙重力荷载,及按动能等效原则换算集中到柱顶或墙顶处的墙、柱重力荷载;

K_s —— 第s柱列的侧移刚度。

表 K.4.2 厂房纵向基本自振周期修正系数

屋盖类型	钢筋混凝土无檩屋盖		钢筋混凝土有檩屋盖	
	边跨无天窗	边跨有天窗	边跨无天窗	边跨有天窗
周期修正系数	1.3	1.35	1.4	1.45

K.4.3 单层砖柱厂房纵向总水平地震作用标准值可按下式计算:

$$F_{Ek} = \alpha_1 \sum G_s \qquad (K.4.3)$$

式中:α_1 —— 相应于单层砖柱厂房纵向基本自振周期T_1的地震影响系数;

G_s —— 按照柱列底部剪力相等原则,第s柱列换算集中到墙顶处的重力荷载代表值。

K.4.4 沿厂房纵向第s柱列上端的水平地震作用可按下式计算:

$$F_s = \frac{\psi_s K_s}{\sum \psi_s K_s} F_{Ek} \qquad (K.4.4)$$

式中:ψ_s —— 反映屋盖水平变形影响的柱列刚度调整系数,根据屋盖类型和各柱列的纵墙设置情况,按表K.4.4采用。

表 K.4.4 柱列刚度调整系数

纵墙设置情况		屋盖类型			
		钢筋混凝土无檩屋盖		钢筋混凝土有檩屋盖	
		边柱列	中柱列	边柱列	中柱列
砖柱敞棚		0.95	1.1	0.9	1.6
各柱列均为带壁柱砖墙		0.95	1.1	0.9	1.2
边柱列为带壁柱砖墙	中柱列的纵墙不少于4开间	0.7	1.4	0.75	1.5
	中柱列的纵墙少于4开间	0.6	1.8	0.65	1.9

附录 L 隔震设计简化计算和砌体结构隔震措施

L.1 隔震设计的简化计算

L.1.1 多层砌体结构及与砌体结构周期相当的结构

采用隔震设计时，上部结构的总水平地震作用可按本规范式（5.2.1-1）简化计算，但应符合下列规定：

1 水平向减震系数，宜根据隔震后整个体系的基本周期，按下式确定：

$$\beta = 1.2\eta_2 (T_{gm}/T_1)^\gamma \qquad (L.1.1-1)$$

式中：β——水平向减震系数；

η_2——地震影响系数的阻尼调整系数，根据隔震层等效阻尼按本规范第5.1.5条确定；

γ——地震影响系数的曲线下降段衰减指数，根据隔震层等效阻尼按本规范第5.1.5条确定；

T_{gm}——砌体结构采用隔震方案时的特征周期，根据本地区所属的设计地震分组按本规范第5.1.4条确定，但小于0.4s时应按0.4s采用；

T_1——隔震后体系的基本周期，不应大于2.0s和5倍特征周期的较大值。

2 与砌体结构周期相当的结构，其水平向减震系数宜根据隔震后整个体系的基本周期，按下式确定：

$$\beta = 1.2\eta_2 (T_g/T_1)^\gamma (T_0/T_g)^{0.9} \quad (L.1.1-2)$$

式中：T_0——非隔震结构的计算周期，当小于特征周期时应采用特征周期的数值；

T_1——隔震后体系的基本周期，不应大于5倍特征周期值；

T_g——特征周期；其余符号同上。

3 砌体结构及与其基本周期相当的结构，隔震后体系的基本周期可按下式计算：

$$T_1 = 2\pi \sqrt{G/K_h g} \qquad (L.1.1-3)$$

式中：T_1——隔震体系的基本周期；

G——隔震层以上结构的重力荷载代表值；

K_h——隔震层的水平等效刚度，可按本规范第12.2.4条的规定计算；

g——重力加速度。

L.1.2 砌体结构及与其基本周期相当的结构，隔震层在罕遇地震下的水平剪力可按下式计算：

$$V_c = \lambda_s \alpha_1 (\zeta_{eq}) G \qquad (L.1.2)$$

式中：V_c——隔震层在罕遇地震下的水平剪力。

L.1.3 砌体结构及与其基本周期相当的结构，隔震层质心处在罕遇地震下的水平位移可按下式计算：

$$u_e = \lambda_s \alpha_1 (\zeta_{eq}) G/K_h \qquad (L.1.3)$$

式中：λ_s——近场系数；距发震断层5km以内取1.5；（5～10）km取不小于1.25；

$\alpha_1 (\zeta_{eq})$——罕遇地震下的地震影响系数值，可根据隔震层参数，按本规范第5.1.5条的规

定进行计算；

K_h——罕遇地震下隔震层的水平等效刚度，应按本规范第12.2.4条的有关规定采用。

L.1.4 当隔震支座的平面布置为矩形或接近于矩形，但上部结构的质心与隔震层刚度中心不重合时，隔震支座扭转影响系数可按下列方法确定：

1 仅考虑单向地震作用的扭转时（图L.1.4），扭转影响系数可按下列公式估计：

$$\eta = 1 + 12es_i/(a^2 + b^2) \qquad (L.1.4-1)$$

式中：e——上部结构质心与隔震层刚度中心在垂直于地震作用方向的偏心距；

s_i——第 i 个隔震支座与隔震层刚度中心在垂直于地震作用方向的距离；

a、b——隔震层平面的两个边长。

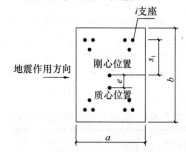

图 L.1.4 扭转计算示意图

对边支座，其扭转影响系数不宜小于1.15；当隔震层和上部结构采取有效的抗扭措施后或扭转周期小于平动周期的70%，扭转影响系数可取1.15。

2 同时考虑双向地震作用的扭转时，扭转影响系数可仍按式（L.1.4-1）计算，但其中的偏心距值（e）应采用下列公式中的较大值替代：

$$e = \sqrt{e_x^2 + (0.85e_y)^2} \qquad (L.1.4-2)$$

$$e = \sqrt{e_y^2 + (0.85e_x)^2} \qquad (L.1.4-3)$$

式中：e_x——y 方向地震作用时的偏心距；

e_y——x 方向地震作用时的偏心距。

对边支座，其扭转影响系数不宜小于1.2。

L.1.5 砌体结构按本规范第12.2.5条规定进行竖向地震作用下的抗震验算时，砌体抗震抗剪强度的正应力影响系数，宜按减去竖向地震作用效应后的平均压应力取值。

L.1.6 砌体结构的隔震层顶部各纵、横梁均可按承受均布荷载的单跨简支梁或多跨连续梁计算。均布荷载可按本规范第7.2.5条关于底部框架砖房的钢筋混凝土托墙梁的规定取值；当按连续梁算出的正弯矩小于单跨简支梁跨中弯矩的0.8倍时，应按0.8倍单跨简支梁跨中弯矩配筋。

L.2 砌体结构的隔震措施

L.2.1 当水平向减震系数不大于0.40时，设置阻

尼器时为 0.38），丙类建筑的多层砌体结构，房屋的层数、总高度和高宽比限值，可按本规范第 7.1 节中降低一度的有关规定采用。

L.2.2 砌体结构隔震层的构造应符合下列规定：

　　1 多层砌体房屋的隔震层位于地下室顶部时，隔震支座不宜直接放置在砌体墙上，并应验算砌体的局部承压。

　　2 隔震层顶部纵、横梁的构造均应符合本规范第 7.5.8 条关于底部框架砖房的钢筋混凝土托墙梁的要求。

L.2.3 丙类建筑隔震后上部砌体结构的抗震构造措施应符合下列要求：

　　1 承重外墙尽端至门窗洞边的最小距离及圈梁的截面和配筋构造，仍应符合本规范第 7.1 节和第 7.3、7.4 节的有关规定。

　　2 多层砖砌体房屋的钢筋混凝土构造柱设置，水平向减震系数大于 0.40 时（设置阻尼器时为 0.38），仍应符合本规范表 7.3.1 的规定；（7～9）度，水平向减震系数不大于 0.40 时（设置阻尼器时为 0.38），应符合表 L.2.3-1 的规定。

表 L.2.3-1　隔震后砖房构造柱设置要求

房屋层数			设　置　部　位	
7度	8度	9度		
三、四	二、三			每隔 12m 或单元横墙与外墙交接处
五	四	二	楼、电梯间四角，楼梯斜段上下端对应的墙体处；外墙四角和对应转角；错层部位横墙与外纵墙交接处，较大洞口两侧，大房间内外墙交接处	每隔三开间的横墙与外墙交接处
六	五	三、四		隔开间横墙（轴线）与外墙交接处，山墙与内纵墙交接处；9度四层，外纵墙与内墙（轴线）交接处
七	六、七	五		内墙（轴线）与外墙交接处，内墙局部较小墙垛处；内纵墙与横墙（轴线）交接处

　　3 混凝土小砌块房屋芯柱的设置，水平向减震系数大于 0.40 时（设置阻尼器时为 0.38），仍应符合本规范表 7.4.1 的规定；（7～9）度，当水平向减震系数不大于 0.40 时（设置阻尼器时为 0.38），应符合表 L.2.3-2 的规定。

表 L.2.3-2　隔震后混凝土小砌块房屋构造柱设置要求

房屋层数			设　置　部　位	设　置　数　量
7度	8度	9度		
三、四	二、三		外墙转角，楼梯间四角，楼梯斜段上下端对应的墙体处；大房间内外墙交接处；每隔 12m 或单元横墙与外墙交接处	外墙转角，灌实 3 个孔内外墙交接处，灌实 4 个孔
五	四	二	外墙转角，楼梯间四角，楼梯斜段上下端对应的墙体处；大房间内外墙交接处，山墙与内纵墙交接处，隔三开间横墙（轴线）与外纵墙交接处	外墙转角，灌实 5 个孔内外墙交接处，灌实 5 个孔洞口两侧各灌实 1 个孔
六	五	三	外墙转角，楼梯间四角，楼梯斜段上下端对应的墙体处；大房间内外墙交接处，隔开间横墙（轴线）与外纵墙交接处，山墙与内纵墙交接处；8、9 度时，外纵墙与横墙（轴线）交接处，大洞口两侧	
七	六	四	外墙转角，楼梯间四角，楼梯斜段上下端对应的墙体处；各内外墙（轴线）与外墙交接处；内纵墙与横墙（轴线）交接处；洞口两侧	外墙转角，灌实 7 个孔内外墙交接处，灌实 4 个孔内墙交接处，灌实 4～5 个孔洞口两侧各灌实 1 个孔

　　4 上部结构的其他抗震构造措施，水平向减系数大于 0.40 时（设置阻尼器时为 0.38）仍按本规范第 7 章的相应规定采用；（7～9）度，水平向减震系数不大于 0.40 时（设置阻尼器时为 0.38），可按本规范第 7 章降低一度的相应规定采用。

附录 M　实现抗震性能设计目标的参考方法

M.1　结构构件抗震性能设计方法

M.1.1 结构构件可按下列规定选择实现抗震性能要求的抗震承载力、变形能力和构造的抗震等级；整个结构不同部位的构件、竖向构件和水平构件，可选用相同或不同的抗震性能要求：

1 当以提高抗震安全性为主时，结构构件对应于不同性能要求的承载力参考指标，可按表 M. 1.1-1 的示例选用。

表 M. 1.1-1 结构构件实现抗震性能要求的承载力参考指标示例

性能要求	多遇地震	设防地震	罕遇地震
性能 1	完好，按常规设计	完好，承载力按抗震等级调整地震效应的设计值复核	基本完好，承载力按不计抗震等级调整地震效应的设计值复核
性能 2	完好，按常规设计	基本完好，承载力按不计抗震等级调整地震效应的设计值复核	轻～中等破坏，承载力按极限值复核
性能 3	完好，按常规设计	轻微损坏，承载力按标准值复核	中等破坏，承载力达到极限值后能维持稳定，降低少于 5%
性能 4	完好，按常规设计	轻～中等破坏，承载力按极限值复核	不严重破坏，承载力达到极限值后基本维持稳定，降低少于 10%

2 当需要按地震残余变形确定使用性能时，结构构件除满足提高抗震安全性的性能要求外，不同性能要求的层间位移参考指标，可按表 M. 1.1-2 的示例选用。

表 M. 1.1-2 结构构件实现抗震性能要求的层间位移参考指标示例

性能要求	多遇地震	设防地震	罕遇地震
性能 1	完好，变形远小于弹性位移限值	完好，变形小于弹性位移限值	基本完好，变形略大于弹性位移限值
性能 2	完好，变形远小于弹性位移限值	基本完好，变形略大于弹性位移限值	有轻微塑性变形，变形小于 2 倍弹性位移限值
性能 3	完好，变形明显小于弹性位移限值	轻微损坏，变形小于 2 倍弹性位移限值	有明显塑性变形，变形约 4 倍弹性位移限值
性能 4	完好，变形小于弹性位移限值	轻～中等破坏，变形小于 3 倍弹性位移限值	不严重破坏，变形不大于 0.9 倍塑性变形限值

注：设防烈度和罕遇地震下的变形计算，应考虑重力二阶效应，可扣除整体弯曲变形。

3 结构构件细部构造对应于不同性能要求的抗震等级，可按表 M. 1.1-3 的示例选用；结构中同一部位的不同构件，可区分竖向构件和水平构件，按各自最低的性能要求所对应的抗震构造等级选用。

表 M. 1.1-3 结构构件对应于不同性能要求的构造抗震等级示例

性能要求	构造的抗震等级
性能 1	基本抗震构造。可按常规设计的有关规定降低二度采用，但不得低于 6 度，且不发生脆性破坏
性能 2	低延性构造。可按常规设计的有关规定降低一度采用，当构件的承载力高于多遇地震提高二度的要求时，可按降低二度采用；均不得低于 6 度，且不发生脆性破坏
性能 3	中等延性构造。当构件的承载力高于多遇地震提高一度的要求时，可按常规设计的有关规定降低一度且不低于 6 度采用，否则仍按常规设计的规定采用
性能 4	高延性构造。仍按常规设计的有关规定采用

M. 1.2 结构构件承载力按不同要求进行复核时，地震内力计算和调整、地震作用效应组合、材料强度取值和验算方法，应符合下列要求：

1 设防烈度下结构构件承载力，包括混凝土构件压弯、拉弯、受剪、受弯承载力，钢构件受拉、受压、受弯、稳定承载力等，按考虑地震效应调整的设计值复核时，应采用对应于抗震等级而不计入风荷载效应的地震作用效应基本组合，并按下式验算：

$$\gamma_G S_{GE} + \gamma_E S_{Ek}(I_2, \lambda, \zeta) \leqslant R/\gamma_{RE}$$

$$(M. 1.2-1)$$

式中：I_2——表示设防地震动，隔震结构包含水平向减震影响；

　　　λ——按非抗震性能设计考虑抗震等级的地震效应调整系数；

　　　ζ——考虑部分次要构件进入塑性的刚度降低或消能减震结构附加的阻尼影响。

其他符号同非抗震性能设计。

2 结构构件承载力按不考虑地震作用效应调整的设计值复核时，应采用不计入风荷载效应的基本组合，并按下式验算：

$$\gamma_G S_{GE} + \gamma_E S_{Ek}(I, \zeta) \leqslant R/\gamma_{RE} \quad (M. 1.2-2)$$

式中：I——表示设防烈度地震动或罕遇地震动，隔震结构包含水平向减震影响；

　　　ζ——考虑部分次要构件进入塑性的刚度降低或消能减震结构附加的阻尼影响。

3 结构构件承载力按标准值复核时，应采用不计入风荷载效应的地震作用效应标准组合，并按下式验算：

$$S_{GE} + S_{Ek}(I, \zeta) \leqslant R_k \quad (M.1.2-3)$$

式中：I——表示设防地震动或罕遇地震动，隔震结构包含水平向减震影响；

ζ——考虑部分次要构件进入塑性的刚度降低或消能减震结构附加的阻尼影响；

R_k——按材料强度标准值计算的承载力。

4 结构构件按极限承载力复核时，应采用不计入风荷载效应的地震作用效应标准组合，并按下式验算：

$$S_{GE} + S_{Ek}(I, \zeta) < R_u \quad (M.1.2-4)$$

式中：I——表示设防地震动或罕遇地震动，隔震结构包含水平向减震影响；

ζ——考虑部分次要构件进入塑性的刚度降低或消能减震结构附加的阻尼影响；

R_u——按材料最小极限强度值计算的承载力；钢材强度可取最小极限值，钢筋强度可取屈服强度的 1.25 倍，混凝土强度可取立方强度的 0.88 倍。

M.1.3 结构竖向构件在设防地震、罕遇地震作用下的层间弹塑性变形按不同控制目标进行复核时，地震层间剪力计算、地震作用效应调整、构件层间位移计算和验算方法，应符合下列要求：

1 地震层间剪力和地震作用效应调整，应根据整个结构不同部位进入弹塑性阶段程度的不同，采用不同的方法。构件总体上处于开裂阶段或刚刚进入屈服阶段，可取等效刚度和等效阻尼，按等效线性方法估算；构件总体上处于承载力屈服至极限阶段，宜采用静力或动力弹塑性分析方法估算；构件总体上处于承载力下降阶段，应采用计入下降段参数的动力弹塑性分析方法估算。

2 在设防地震下，混凝土构件的初始刚度，宜采用长期刚度。

3 构件层间弹塑性变形计算时，应依据其实际的承载力，并应按本规范的规定计入重力二阶效应；风荷载和重力作用下的变形不参与地震组合。

4 构件层间弹塑性变形的验算，可采用下列公式：

$$\triangle u_p(I, \zeta, \xi_y, G_E) < [\triangle u] \quad (M.1.3)$$

式中：$\triangle u_p(\cdots)$——竖向构件在设防地震或罕遇地震下计入重力二阶效应和阻尼影响取决于其实际承载力的弹塑性层间位移角；对高宽比大于 3 的结构，可扣除整体转动的影响；

$[\triangle u]$——弹塑性位移角限值，应根据性能控制目标确定；整个结构中变形最大部位的竖向构件，轻

微损坏可取中等破坏的一半，中等破坏可取本规范表 5.5.1 和表 5.5.5 规定值的平均值，不严重破坏按小于本规范表 5.5.5 规定值的 0.9 倍控制。

M.2 建筑构件和建筑附属设备支座抗震性能设计方法

M.2.1 当非结构的建筑构件和附属机电设备按使用功能的专门要求进行性能设计时，在遭遇设防烈度地震影响下的性能要求可按表 M.2.1 选用。

表 M.2.1 建筑构件和附属机电设备的参考性能水准

性能水准	功能描述	变形指标
性能1	外观可能损坏，不影响使用和防火能力，安全玻璃开裂；使用、应急系统可照常运行	可经受相连结构构件出现 1.4 倍的建筑构件、设备支架设计挠度
性能2	可基本正常使用或很快恢复，耐火时间减少1/4，强化玻璃破碎；使用系统检修后运行，应急系统可照常运行	可经受相连结构构件出现 1.0 倍的建筑构件、设备支架设计挠度
性能3	耐火时间明显减少，玻璃掉落，出口受碎片阻碍；使用系统明显损坏，需修理才能恢复功能，应急系统受损仍可基本运行	只能经受相连结构构件出现 0.6 倍的建筑构件、设备支架设计挠度

M.2.2 建筑围护墙、附属构件及固定储物柜等进行抗震性能设计时，其地震作用的构件类别系数和功能系数可参考表 M.2.2 确定。

表 M.2.2 建筑非结构构件的类别系数和功能系数

构件、部件名称	构件类别系数	功能系数	
		乙类	丙类
非承重外墙：			
围护墙	0.9	1.4	1.0
玻璃幕墙等	0.9	1.4	1.4
连接：			
墙体连接件	1.0	1.4	1.0
饰面连接件	1.0	1.0	0.6
防火顶棚连接件	0.9	1.0	1.0
非防火顶棚连接件	0.6	1.0	0.6
附属构件：			
标志或广告牌等	1.2	1.0	1.0
高于 2.4m 储物柜支架：			
货架（柜）文件柜	0.6	1.0	0.6
文物柜	1.0	1.4	1.0

M.2.3 建筑附属设备的支座及连接件进行抗震性能设计时，其地震作用的构件类别系数和功能系数可参考表 M.2.3 确定。

表 M.2.3 建筑附属设备构件的类别系数和功能系数

构件、部件所属系统	构件类别系数	功能系数	
		乙类	丙类
应急电源的主控系统、发电机、冷冻机等	1.0	1.4	1.4
电梯的支承结构、导轨、支架、轿箱导向构件等	1.0	1.0	1.0
悬挂式或摇摆式灯具	0.9	1.0	0.6
其他灯具	0.6	1.0	0.6
柜式设备支座	0.6	1.0	0.6
水箱、冷却塔支座	1.2	1.0	1.0
锅炉、压力容器支座	1.0	1.0	1.0
公用天线支座	1.2	1.0	1.0

M.3 建筑构件和建筑附属设备抗震计算的楼面谱方法

M.3.1 非结构构件的楼面谱，应反映支承非结构构件的具体结构自身动力特性、非结构构件所在楼层位置，以及结构和非结构阻尼特性对结构所在地点的地面地震运动的放大作用。

计算楼面谱时，一般情况，非结构构件可采用单质点模型；对支座间有相对位移的非结构构件，宜采用多支点体系计算。

M.3.2 采用楼面反应谱法时，非结构构件的水平地震作用标准值可按下列公式计算：

$$F = \gamma \eta \beta_s G \qquad (\text{M.3.2})$$

式中：β_s——非结构构件的楼面反应谱值，取决于设防烈度、场地条件、非结构构件与结构体系之间的周期比、质量比和阻尼，以及非结构构件在结构的支承位置、数量和连接性质；

γ——非结构构件功能系数，取决于建筑抗震设防类别和使用要求，一般分为 1.4、1.0、0.6 三档；

η——非结构构件类别系数，取决于构件材料性能等因素，一般在 0.6～1.2 范围内取值。

本规范用词说明

1 为了便于在执行本规范条文时区别对待，对要求严格程度不同的用词说明如下：

1) 表示很严格，非这样做不可的：
正面词采用"必须"；反面词采用"严禁"；

2) 表示严格，在正常情况下均应这样做的：
正面词采用"应"；反面词采用"不应"或"不得"；

3) 表示允许稍有选择，在条件许可时首先这样做的：
正面词采用"宜"；反面词采用"不宜"；

4) 表示有选择，在一定条件下可以这样做的，采用"可"。

2 条文中指明应按其他有关标准、规范执行的写法为："应符合……的规定"或"应按……执行"。

引用标准名录

1 《建筑地基基础设计规范》GB 50007

2 《建筑结构荷载规范》GB 50009

3 《混凝土结构设计规范》GB 50010

4 《钢结构设计规范》GB 50017

5 《构筑物抗震设计规范》GB 50191

6 《混凝土结构工程施工质量验收规范》GB 50204

7 《建筑工程抗震设防分类标准》GB 50223

8 《建筑边坡工程技术规范》GB 50330

9 《橡胶支座　第3部分：建筑隔震橡胶支座》GB 20688.3

10 《厚度方向性能钢板》GB/T 5313

中华人民共和国国家标准

建筑抗震设计规范

GB 50011—2010

（2016 年版）

条 文 说 明

修 订 说 明

本次修订系根据原建设部《关于印发〈2006年工程建设标准规范制订、修订计划（第一批）的通知〉》（建标〔2006〕77号）的要求，由中国建筑科学研究院会同有关的设计、勘察、研究和教学单位，于2007年1月开始对《建筑抗震设计规范》GB 50011-2001（以下简称2001规范）进行全面修订。

本次修订过程中，发生了2008年"5·12"汶川大地震，其震害经验表明，严格按照2001规范进行设计、施工和使用的建筑，在遭遇比当地设防烈度高一度的地震作用下，可以达到在预估的罕遇地震下保障生命安全的抗震设防目标。汶川地震建筑震害经验对我国建筑抗震设计规范的修订具有重要启示，地震后，根据住房和城乡建设部落实国务院《汶川地震灾后恢复重建条例》的要求，对2001规范进行了应急局部修订，形成了《建筑抗震设计规范》GB 50011-2001（2008年版），此次修订共涉及31条规定，主要包括灾区设防烈度的调整，增加了有关山区场地、框架结构填充墙设置、砌体结构楼梯间、抗震结构施工要求的强制性条文，提高了装配式楼板构造和钢筋伸长率的要求。

在完成2008年版局部修订之后，《建筑抗震设计规范》的全面修订工作继续进行，于2009年5月形成了"征求意见稿"并发至全国勘察、设计、教学单位和抗震管理部门征求意见，其方式有三种：设计单位或抗震管理部门召开讨论会，形成书面意见；设计、勘察及研究人员直接用书面或电子邮件提出意见；以及有关刊物上发表论文。累计共收集到千余条次意见。同年8月，对所收集的意见进行分析、整理，修改了条文，开展了试设计工作。

与2001版规范相比，《建筑抗震设计规范》GB 50011-2010的条文数量有下列变动：

2001版规范共有13章54节11附录，共554条；其中，正文447条，附录107条。

《建筑抗震设计规范》GB 50011-2010共有14章59节12附录，共630条。其中，正文增加39条，占原条文的9%；附录增加37条，占36%。

原有各章修改的主要内容见前言。新增的内容是：大跨屋盖建筑、地下建筑、框排架厂房、钢支撑-混凝土框架和钢框架-混凝土筒体房屋，以及抗震性能化设计原则，并删去内框架房屋的有关内容。

2001规范2008年局部修订后共有58条强制性条文，本次修订减少了2条：设防标准直接引用《建筑工程抗震设防分类标准》GB 50223；对隔震设计的可行性论证，不再作为强制性要求。

2009年11月，由住房和城乡建设部标准定额司主持，召开了《建筑抗震设计规范》修订送审稿审查会。会议认为，修订送审稿继续保持2001版规范的基本规定是合适的，所增加的新内容总体上符合汶川地震后的要求和设计需要，反映了我国抗震科研的新成果和工程实践的经验，吸取了一些国外的先进经验，更加全面、更加细致、更加科学。新规范的颁布和实施将使我国的建筑抗震设计提高到新的水平。

本次修订，附录A依据《中国地震动参数区划图》GB 18306-2001及其第1、2号修改单进行了设计地震分组。目前，《中国地震动参数区划图》正在修订，今后，随着《中国地震动参数区划图》的修订和施行，该附录将及时与之协调，进行修改。

2001规范的主编单位：中国建筑科学研究院

2001规范的参编单位：中国地震局工程力学研究所、中国建筑技术研究院、冶金工业部建筑研究总院、建设部建筑设计院、机械工业部设计研究院、中国轻工国际工程设计院（中国轻工业北京设计院）、北京市建筑设计研究院、上海建筑设计研究院、中南建筑设计院、中国建筑西北设计研究院、新疆建筑设计研究院、广东省建筑设计研究院、云南省设计院、辽宁省建筑设计研究院、深圳市建筑设计研究总院、北京勘察设计研究院、深圳大学建筑设计研究院、清华大学、同济大学、哈尔滨建筑大学、华中理工大学、重庆建筑大学、云南工业大学、华南建设学院（西院）。

2001规范的主要起草人：徐正忠　王亚勇（以下按姓序笔画排列）

王迪民　王彦深　王骏孙　韦承基　叶燎原

刘惠珊　吕西林　孙平善　李国强　吴明舜

苏经宇　张前国　陈　健　陈富生　沙　安　欧进萍

周炳章　周锡元　周雍年　周福霖　胡庆昌

袁金西　秦　权　高小旺　容柏生　唐家祥

徐　建　徐永基　钱稼茹　龚思礼　董津城　赖　明

傅学怡　蔡益燕　樊小卿　潘凯云　戴国莹

本次修订过程中，2001规范的一些主要起草人如胡庆昌、徐正忠、龚思礼、张前国等作为此次修订的顾问专家，对规范修订的原则、指导思想及具体条文的技术规定等提出了中肯的意见和建议。

目　次

1 总 则

1.0.1 国家有关建筑的防震减灾法律法规，主要指《中华人民共和国建筑法》、《中华人民共和国防震减灾法》及相关的条例等。

本规范对于建筑抗震设防的基本思想和原则继续同《建筑抗震设计规范》GBJ 11-89（以下简称 89 规范）、《建筑抗震设计规范》GB 50011-2001（以下简称 2001 规范）保持一致，仍以"三个水准"为抗震设防目标。

抗震设防是以现有的科学水平和经济条件为前提。规范的科学依据只能是现有的经验和资料。目前对地震规律性的认识还很不足，随着科学水平的提高，规范的规定会有相应的突破；而且规范的编制要根据国家的经济条件的发展，适当地考虑抗震设防水平，制定相应的设防标准。

本次修订，继续保持 89 规范提出的并在 2001 规范延续的抗震设防三个水准目标，即"小震不坏、中震可修、大震不倒"的某种具体化。根据我国华北、西北和西南地区对建筑工程有影响的地震发生概率的统计分析，50 年内超越概率约为 63%的地震烈度为对应于统计"众值"的烈度，比基本烈度约低一度半，本规范取为第一水准烈度，称为"多遇地震"；50 年超越概率约 10%的地震烈度，即 1990 中国地震区划图规定的"地震基本烈度"或中国地震动参数区划规定的峰值加速度所对应的烈度，规范取为第二水准烈度，称为"设防地震"；50 年超越概率 2%～3%的地震烈度，规范取为第三水准烈度，称为"罕遇地震"，当基本烈度 6 度时为 7 度强，7 度时为 8 度强，8 度时为 9 度弱，9 度时为 9 度强。

与三个地震烈度水准相应的抗震设防目标是：一般情况下（不是所有情况下），遭遇第一水准烈度——众值烈度（多遇地震）影响时，建筑处于正常使用状态，从结构抗震分析角度，可以视为弹性体系，采用弹性反应谱进行弹性分析；遭遇第二水准烈度——基本烈度（设防地震）影响时，结构进入非弹性工作阶段，但非弹性变形或结构体系的损坏控制在可修复的范围［与 89 规范、2001 规范相同，其承载力的可靠性与《工业与民用建筑抗震设计规范》TJ 11-78（以下简称 78 规范）相当并略有提高］；遭遇第三水准烈度——最大预估烈度（罕遇地震）影响时，结构有较大的非弹性变形，但应控制在规定的范围内，以免倒塌。

还需说明的是：

1 抗震设防烈度为 6 度时，建筑按本规范采取相应的抗震措施之后，抗震能力比不设防时有实质性的提高，但其抗震能力仍是较低的。

2 不同抗震设防类别的建筑按本规范规定采取抗震措施之后，相应的抗震设防目标在程度上有所提高或降低。例如，丁类建筑在设防地震下的损坏程度可能会重些，且其倒塌不危及人们的生命安全，在罕遇地震下的表现会比一般的情况要差；甲类建筑在设防地震下的损坏是轻微甚至是基本完好的，在罕遇地震下的表现将会比一般的情况好些。

3 本次修订继续采用二阶段设计实现上述三个水准的设防目标：第一阶段设计是承载力验算，取第一水准的地震动参数计算结构的弹性地震作用标准值和相应的地震作用效应，继续采用《建筑结构可靠度设计统一标准》GB 50068 规定的分项系数设计表达式进行结构构件的截面承载力抗震验算，这样，其可靠度水平同 78 规范相当，并由于非抗震构件设计可靠性水准的提高而有所提高，既满足了在第一水准下具有必要的承载力可靠度，又满足第二水准的损坏可修的目标。对大多数的结构，可只进行第一阶段设计，而通过概念设计和抗震构造措施来满足第三水准的设计要求。

第二阶段设计是弹塑性变形验算，对地震时易倒塌的结构、有明显薄弱层的不规则结构以及有专门要求的建筑，除进行第一阶段设计外，还要进行结构薄弱部位的弹塑性层间变形验算并采取相应的抗震构造措施，实现第三水准的设防要求。

4 在 89 规范和 2001 规范所提出的以结构安全性为主的"小震不坏、中震可修、大震不倒"三水准目标，就是一种抗震性能目标——小震、中震、大震有明确的概率指标；房屋建筑不坏、可修、不倒的破坏程度，在《建筑地震破坏等级划分标准》（建设部 90 建抗字 377 号）中提出了定性的划分。本次修订，对某些有专门要求的建筑结构，在本规范第 3.10 节和附录 M 增加了关于中震、大震的进一步定量的抗震性能化设计原则和设计指标。

1.0.2 本条是强制性条文，要求处于抗震设防地区的所有新建建筑工程均必须进行抗震设计。以下，凡用粗体表示的条文，均为建筑工程房屋建筑部分的强制性条文。

1.0.3 本规范的适用范围，继续保持 89 规范、2001 规范的规定，适用于 6～9 度一般的建筑工程。多年来，很多位于区划图 6 度的地区发生了较大的地震，6 度地震区的建筑要适当考虑一些抗震要求，以减轻地震灾害。

工业建筑中，一些因生产工艺要求而造成的特殊问题的抗震设计，与一般的建筑工程不同，需由有关的专业标准予以规定。

因缺乏可靠的近场地震的资料和数据，抗震设防烈度大于 9 度地区的建筑抗震设计，仍没有条件列入规范。因此，在没有新的专门规定前，可仍按 1989 年建设部印发（89）建抗字第 426 号《地震基本烈度

X 度区建筑抗震设防暂行规定》的通知执行。

2001 规范比 89 规范增加了隔震、消能减震的设计规定，本次修订，还增加了抗震性能化设计的原则性规定。

1.0.4 为适应强制性条文的要求，采用最严的规范用语"必须"。

作为抗震设防依据的文件和图件，如地震烈度区划图和地震动参数区划图，其审批权限，由国家有关主管部门依法规定。

1.0.5 在 89 规范和 2001 规范中，均规定了抗震设防依据的"双轨制"，即一般情况采用抗震设防烈度（作为一个地区抗震设防依据的地震烈度），在一定条件下，可采用经国家有关主管部门规定的权限批准发布的供设计采用的抗震设防区划的地震动参数（如地面运动加速度峰值、反应谱值、地震影响系数曲线和地震加速度时程曲线）。

本次修订，按 2009 年发布的《中华人民共和国防震减灾法》对"地震小区划"的规定，删去 2001 规范对城市设防区划的相关规定，保留"一般情况"这几个字。

新一代的地震区划图正在编制中，本次修订的有关条文和附录将依据新的区划图进行相应的协调性修改。

2 术语和符号

抗震设防烈度是一个地区的设防依据，不能随意提高或降低。

抗震设防标准，是一种衡量对建筑抗震能力要求高低的综合尺度，既取决于建设地点预期地震影响强弱的不同，又取决于建筑抗震设防分类的不同。本规范规定的设防标准是最低的要求，具体工程的设防标准可按业主要求提高。

结构上地震作用的涵义，强调了其动态作用的性质，不仅包括多个方向地震加速度的作用，还包括地震动的速度和动位移的作用。

2001 规范明确了抗震措施和抗震构造措施的区别。抗震构造措施只是抗震措施的一个组成部分。在本规范的目录中，可以看到一般规定、计算要点、抗震构造措施、设计要求等。其中的一般规定及计算要点中的地震作用效应（内力和变形）调整的规定均属于抗震措施，而设计要求中的规定，可能包含有抗震措施和抗震构造措施，需按术语的定义加以区分。

本次修订，按《中华人民共和国防震减灾法》的规定，补充了"地震动参数区划图"这个术语。明确在国家法律中，"地震动参数"是"以加速度表示地震作用强弱程度"，"区划图"是将国土"划分为不同抗震设防要求区域的图件"。

3 基本规定

3.1 建筑抗震设防分类和设防标准

3.1.1 根据我国的实际情况——经济实力有了较大的提高，但仍属于发展中国家的水平，提出适当的抗震设防标准，既能合理使用建设投资，又能达到抗震安全的要求。

89 规范、2001 规范关于建筑抗震设防分类和设防标准的规定，已被国家标准《建筑工程抗震设防分类标准》GB 50223 所替代。按照国家标准编写的规定，本次修订的条文直接引用而不重复该国家标准的规定。

按照《建筑工程抗震设防分类标准》GB 50223 - 2008，各个设防分类建筑的名称有所变更，但明确甲类、乙类、丙类、丁类是分别作为特殊设防类、重点设防类、标准设防类、适度设防类的简称。因此，在本规范以及建筑结构设计文件中，继续采用简称。

《建筑工程抗震设防分类标准》GB 50223 - 2008 进一步突出了设防类别划分是侧重于使用功能和灾害后果的区分，并更强调体现对人员安全的保障。

自 1989 年《建筑抗震设计规范》GBJ 11 - 89 发布以来，按技术标准设计的所有房屋建筑，均应达到"多遇地震不坏、设防地震可修和罕遇地震不倒"的设防目标。这里，多遇地震、设防地震和罕遇地震，一般按地震基本烈度区划或地震动参数区划对当地的规定采用，分别为 50 年超越概率 63%、10% 和 2% ~ 3% 的地震，或重现期分别为 50 年、475 年和 1600 年 ~ 2400 年的地震。

针对我国地震区划图所规定的烈度有很大不确定性的事实，在建设行政主管部门领导下，89 规范明确规定了"小震不坏、中震可修、大震不倒"的抗震设防目标。这个目标可保障"房屋建筑在遭遇设防地震影响时不致有灾难性后果，在遭遇罕遇地震影响时不致倒塌"。2008 年汶川地震表明，严格按照现行抗震规范进行设计、施工和使用的房屋建筑，达到了规范规定的设防目标，在遭遇到高于地震区划图一度的地震作用下，没有出现倒塌破坏——实现了生命安全的目标。因此，《建筑工程抗震设防分类标准》GB 50223 - 2008 继续规定，绝大部分建筑均可划为标准设防类（简称丙类），将使用上需要提高防震减灾能力的房屋建筑控制在很小的范围。

在需要提高设防标准的建筑中，乙类需按提高一度的要求加强其抗震措施——增加关键部位的投资即可达到提高安全性的目标；甲类在提高一度的要求加强其抗震措施的基础上，"地震作用应按高于本地区设防烈度计算，其值应按批准的地震安全性评价结果确定"。地震安全性评价通常包括给定年限内不同超越概率的地震动参数，应由具备资质的单位按相关标准执行并对其评价报告的质量负责。这意味着，地震作用计算提高的幅度应经专门研究，并需要按规定的权限审批。条件许可时，专门研究还可包括基于建筑地震破坏损失和投资关系的优化原则确定的方法。

《建筑结构可靠度设计统一标准》GB 50068，提出了设计使用年限的原则规定。显然，抗震设防的甲、乙、丙、丁分类，也可体现设计使用年限的不同。

还需说明，《建筑工程抗震设防分类标准》GB 50223 规定乙类提高抗震措施而不要求提高地震作用，同一些国家的规范只提高地震作用（10%～30%）而不提高抗震措施，在设防概念上有所不同：提高抗震措施，着眼于把财力、物力用在增加结构薄弱部位的抗震能力上，是经济而有效的方法，适合于我国经济有较大发展而人均经济水平仍属于发展中国家的情况；只提高地震作用，则结构的各构件均全面增加材料，投资增加的效果不如前者。

3.1.2 鉴于 6 度设防的房屋建筑，其地震作用往往不属于结构设计的控制作用，为减少设计计算的工作量，本规范明确，6 度设防时，除有明确规定的情况，其抗震设计可仅进行抗震措施的设计而不进行地震作用计算。

3.2 地 震 影 响

多年来地震经验表明，在宏观烈度相似的情况下，处在大震级、远震中距下的柔性建筑，其震害要比中、小震级近震中距的情况重得多；理论分析也发现，震中距不同时反应谱频谱特性并不相同。抗震设计时，对同样场地条件、同样烈度的地震，按震源机制、震级大小和震中距远近区别对待是必要的，建筑所受到的地震影响，需要采用设计地震动的强度及设计反应谱的特征周期来表征。

作为一种简化，89 规范主要藉助于当时的地震烈度区划，引入了设计近震和设计远震，后者可能遭遇近、远两种地震影响，设防烈度为 9 度时只考虑近震的地震影响；在水平地震作用计算时，设计近、远震用两组地震影响系数 α 曲线表达，按远震的曲线设计就已包含两种地震用不利情况。

2001 规范明确引入了"设计基本地震加速度"和"设计特征周期"，与当时的中国地震动参数区划（中国地震动峰值加速度区划图 A1 和中国地震动反应谱特征周期区划图 B1）相匹配。

"设计基本地震加速度"是根据建设部 1992 年 7 月 3 日颁发的建标〔1992〕419 号《关于统一抗震设计规范地面运动加速度设计取值的通知》而作出的。通知中有如下规定：

术语名称：设计基本地震加速度值。

定义：50 年设计基准期超越概率 10% 的地震加

速度的设计取值。

取值：7 度 0.10g，8 度 0.20g，9 度 0.40g。

本规范表 3.2.2 所列的设计基本地震加速度与抗震设防烈度的对应关系即来源于上述文件。其取值与《中国地震动参数区划图》GB 18306 - 2015 附录 A 所规定的"地震动峰值加速度"相当：即在 0.10g 和 0.20g 之间有一个 0.15g 的区域，0.20g 和 0.40g 之间有一个 0.30g 的区域，在这二个区域内建筑的抗震设计要求，除另有具体规定外，分别同 7 度和 8 度，在本规范表 3.2.2 中用括号内数值表示。本规范表 3.2.2 中还引入了与 6 度相当的设计基本地震加速度值 0.05g。

"设计特征周期"即设计所用的地震影响系数的特征周期（T_g），简称特征周期。89 规范规定，其取值根据设计近、远震和场地类别来确定，我国绝大多数地区只考虑设计近震，需要考虑设计远震的地区很少（约占县级城镇的 5%）。2001 规范将 89 规范的设计近震、远震改称设计地震分组，可更好体现震级和震中距的影响，建筑工程的设计地震分为三组。根据规范编制保持其规定延续性的要求和房屋建筑抗震设防决策，2001 规范的设计地震的分组在《中国地震动参数区划图》GB 18306 - 2001 附录 B 的基础上略作调整。2010 年修订对各地的设计地震分组作了较大的调整，使之与《中国地震动参数区划图》GB 18306 - 2001 一致。此次局部修订继续保持这一原则，按照《中国地震动参数区划图》GB 18306 - 2015 附录 B 的规定确定设计地震分组。

为便于设计单位使用，本规范在附录 A 给出了县级及县级以上城镇（按民政部编 2015 行政区划简册，包括地级市的市辖区）的中心地区（如城关地区）的抗震设防烈度、设计基本地震加速度和所属的设计地震分组。

3.3 场地和地基

3.3.1 在抗震设计中，场地指具有相似的反应谱特征的房屋群体所在地，不仅仅是房屋基础下的地基土，其范围相当于厂区、居民点和自然村，在平坦地区面积一般不小于 1km×1km。

地震造成建筑的破坏，除地震动直接引起结构破坏外，还有场地条件的原因，诸如：地震引起的地表错动与地裂，地基土的不均匀沉陷、滑坡和粉、砂土液化等。因此，选择有利于抗震的建筑场地，是减轻场地引起的地震灾害的第一道工序，抗震设防区的建筑工程宜选择有利的地段，应避开不利的地段并不在危险的地段建设。针对汶川地震的教训，2008 年局部修订强调：严禁在危险地段建造甲、乙类建筑。还需要注意，按全文强制的《住宅设计规范》GB 50096，严禁在危险地段建造住宅，必须严格执行。

场地地段的划分，是在选择建筑场地的勘察阶段进行的，要根据地震活动情况和工程地质资料进行综合评价。本规范第 4.1.1 条给出划分建筑场地有利、一般、不利和危险地段的依据。

3.3.2、3.3.3 抗震构造措施不同于抗震措施，二者的区别见本规范第 2.1.10 条和第 2.1.11 条。历次大地震的经验表明，同样或相近的建筑，建造于Ⅰ类场地时震害较轻，建造于Ⅲ、Ⅳ类场地震害较重。

本规范对Ⅰ类场地，仅降低抗震构造措施，不降低抗震措施中的其他要求，如按概念设计要求的内力调整措施。对于丁类建筑，其抗震措施已降低，不再重复降低。

对Ⅲ、Ⅳ类场地，除各章有具体规定外，仅提高抗震构造措施，不提高抗震措施中的其他要求，如按概念设计要求的内力调整措施。

3.3.4 对同一结构单元不宜部分采用天然地基部分采用桩基的要求，一般情况执行没有困难。在高层建筑中，当主楼和裙房不分缝的情况下难以满足时，需仔细分析不同地基在地震下变形的差异及上部结构各部分地震反应差异的影响，采取相应措施。

本次修订，对不同地基基础类型的要求，提出了较为明确的对策。

3.3.5 本条系在 2008 年局部修订时增加的，针对山区房屋选址和地基基础设计，提出明确的抗震要求。需注意：

1 有关山区建筑距边坡边缘的距离，参照《建筑地基基础设计规范》GB 50007 - 2002 第 5.4.1、第 5.4.2 条计算时，其边坡坡度需按地震烈度的高低修正——减去地震角，滑动力矩需计入水平地震和竖向地震产生的效应。

2 挡土结构抗震设计稳定验算时有关摩擦角的修正，指地震主动土压力按库伦理论计算时：土的重度除以地震角的余弦，填土的内摩擦角减去地震角，土对墙背的摩擦角增加地震角。

地震角的范围取 1.5°～10°，取决于地下水位以上和以下，以及设防烈度的高低。可参见《建筑抗震鉴定标准》GB 50023 - 2009 第 4.2.9 条。

3.4 建筑形体及其构件布置的规则性

3.4.1 合理的建筑形体和布置（configuration）在抗震设计中是头等重要的。提倡平、立面简单对称。因为震害表明，简单、对称的建筑在地震时较不容易破坏。而且道理也很清楚，简单、对称的结构容易估计其地震时的反应，容易采取抗震构造措施和进行细部处理。"规则"包含了对建筑的平、立面外形尺寸，抗侧力构件布置、质量分布，直至承载力分布等诸多因素的综合要求。"规则"的具体界限，随着结构类型的不同而异，需要建筑师和结构工程师互相配合，才能设计出抗震性能良好的建筑。

本条主要对建筑师设计的建筑方案的规则性提出了强制性要求。在 2008 年局部修订时，为提高建筑

设计和结构设计的协调性，明确规定：首先，建筑形体和布置应依据抗震概念设计原则划分为规则与不规则两大类；对于具有不规则的建筑，针对其不规程的具体情况，明确提出不同的要求；强调应避免采用严重不规则的设计方案。

概念设计的定义见本规范第 2.1.9 条。规则性是其中的一个重要概念。

规则的建筑方案体现在体型（平面和立面的形状）简单，抗侧力体系的刚度和承载力上下变化连续、均匀，平面布置基本对称。即在平立面、竖向剖面或抗侧力体系上，没有明显的、实质的不连续（突变）。

规则与不规则的区分，本规范在第 3.4.3 条规定了一些定量的参考界限，但实际上引起建筑不规则的因素还有很多，特别是复杂的建筑体型，很难一一用若干简化的定量指标来划分不规则程度并规定限制范围，但是，有经验的、有抗震知识素养的建筑设计人员，应该对所设计的建筑的抗震性能有所估计，要区分不规则、特别不规则和严重不规则等不规则程度，避免采用抗震性能差的严重不规则的设计方案。

三种不规则程度的主要划分方法如下：

不规则，指的是超过表 3.4.3-1 和表 3.4.3-2 中一项及以上的不规则指标；

特别不规则，指具有较明显的抗震薄弱部位，可能引起不良后果者，其参考界限可见《超限高层建筑工程抗震设防专项审查技术要点》，通常有三类：其一，同时具有本规范表 3.4.3 所列六个主要不规则类型的三个或三个以上；其二，具有表 1 所列的一项不规则；其三，具有本规范表 3.4.3 所列两个方面的基本不规则且其中有一项接近表 1 的不规则指标。

表 1 特别不规则的项目举例

序	不规则类型	简要涵义
1	扭转偏大	裙房以上有较多楼层考虑偶然偏心的扭转位移比大于 1.4
2	抗扭刚度弱	扭转周期比大于 0.9，混合结构扭转周期比大于 0.85
3	层刚度偏小	本层侧向刚度小于相邻上层的 50%
4	高位转换	框支墙体的转换构件位置：7 度超过 5 层，8 度超过 3 层
5	厚板转换	7～9 度设防的厚板转换结构
6	塔楼偏置	单塔或多塔合质心与大底盘的质心偏心距大于底盘相应边长 20%
7	复杂连接	各部分层数、刚度、布置不同的错层或连体两端塔楼显著不规则的结构
8	多重复杂	同时具有转换层、加强层、错层、连体和多塔类型中的 2 种以上

对于特别不规则的建筑方案，只要不属于严重不规则，结构设计应采取比本规范第3.4.4条等的要求更加有效的措施。

严重不规则，指的是形体复杂，多项不规则指标超过本规范3.4.4条上限值或某一项大大超过规定值，具有现有技术和经济条件不能克服的严重的抗震薄弱环节，可能导致地震破坏的严重后果者。

3.4.2 本条要求建筑设计需特别重视其平、立、剖面及构件布置不规则对抗震性能的影响。

3.4.3、3.4.4 2001规范考虑了当时89规范和《钢筋混凝土高层建筑结构设计与施工规范》JGJ 3-91的相应规定，并参考了美国UBC（1997）日本BSL（1987年版）和欧洲规范8。上述五本规范对不规则结构的条文规定有以下三种方式：

1 规定了规则结构的准则，不规定不规则结构的相应设计规定，如89规范和《钢筋混凝土高层建筑结构设计与施工规范》JGJ 3-91。

2 对结构的不规则性作出限制，如日本BSL。

3 对规则与不规则结构作出了定量的划分，并规定了相应的设计计算要求，如美国UBC及欧洲规范8。

本规范基本上采用了第3种方式，但对容易避免或危害性较小的不规则问题未作规定。

对于结构扭转不规则，按刚性楼盖计算，当最大层间位移与其平均值的比值为1.2时，相当于一端为1.0，另一端为1.45；当比值1.5时，相当于一端为1.0，另一端为3。美国FEMA的NEHRP规定，限1.4。

对于较大错层，如超过梁高的错层，需按楼板开洞对待；当错层面积大于该层总面积30%时，则属于楼板局部不连续。楼板典型宽度按楼板外形的基本宽度计算。

上层缩进尺寸超过相邻下层对应尺寸的1/4，属于用尺寸衡量的刚度不规则的范畴。侧向刚度可取地震作用下的层剪力与层间位移之比值计算，刚度突变上限（如框支层）在有关章节规定。

除了表3.4.3所列的不规则，UBC的规定中，对平面不规则尚有抗侧力构件上下错位、与主轴斜交或不对称布置，对竖向不规则尚有相邻楼层质量比大于150%或竖向抗侧力构件在平面内收进的尺寸大于构件的长度（如棋盘式布置）等。

图1~图6为典型示例，以便理解本规范表3.4.3-1和表3.4.3-2中所列的不规则类型。

本规范3.4.3条1款的规定，主要针对钢筋混凝土和钢结构的多层和高层建筑所作的不规则性的限制，对砌体结构多层房屋和单层工业厂房的不规则性应符合本规范有关章节的专门规定。

2010年修订的变化如下：

1 明确规定表3.4.3所列的不规则类型是主要

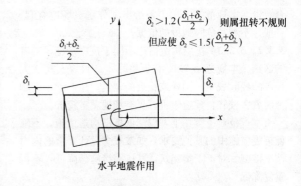

图1 建筑结构平面的扭转不规则示例

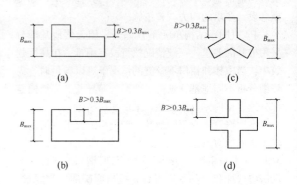

图2 建筑结构平面的凸角或凹角不规则示例

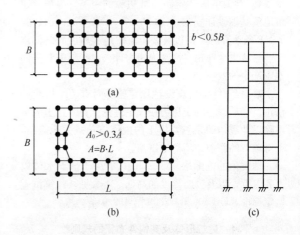

图3 建筑结构平面的局部不连续示例（大开洞及错层）

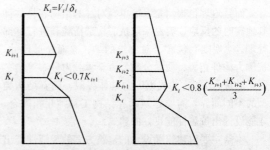

图4 沿竖向的侧向刚度不规则（有软弱层）

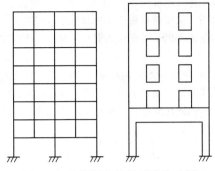

图 5　竖向抗侧力构件不连续示例

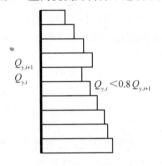

$Q_{y,i+1}$
$Q_{y,i}$
$Q_{y,i} < 0.8 Q_{y,i+1}$

图 6　竖向抗侧力结构屈服抗
剪强度非均匀化（有薄弱层）

的而不是全部不规则，所列的指标是概念设计的参考
性数值而不是严格的数值，使用时需要综合判断。明
确规定按不规则类型的数量和程度，采取不同的抗震
措施。不规则的程度和设计的上限控制，可根据设防
烈度的高低适当调整。对于特别不规则的建筑结构要
求专门研究和论证。

2　对于扭转不规则计算，需注意以下几点：

1）按国外的有关规定，楼层周边两端位移不
超过平均位移 2 倍的情况称为刚性楼盖，
超过 2 倍则属于柔性楼盖。因此，这种
"刚性楼盖"，并不是刚度无限大。计算扭
转位移比时，楼盖刚度可按实际情况确定
而不限于刚度无限大假定。

2）扭转位移比计算时，楼层的位移不采用各
振型位移的 CQC 组合计算，按国外的规
定明确改为取"给定水平力"计算，可避
免有时 CQC 计算的最大位移出现在楼盖
边缘的中部而不在角部，而且对无限刚楼
盖、分块无限刚楼盖和弹性楼盖均可采用
相同的计算方法处理；该水平力一般采用
振型组合后的楼层地震剪力换算的水平作
用力，并考虑偶然偏心；结构楼层位移和
层间位移控制值验算时，仍采用 CQC 的
效应组合。

3）偶然偏心大小的取值，除采用该方向最大
尺寸的 5% 外，也可考虑具体的平面形状
和抗侧力构件的布置调整。

4）扭转不规则的判断，还可依据楼层质量中
心和刚度中心的距离用偏心率的大小作为
参考方法。

3　对于侧向刚度的不规则，建议根据结构特点
采用合适的方法，包括楼层标高处产生单位位移所需
要的水平力、结构层间位移角的变化等进行综合
分析。

4　为避免水平转换构件在大震下失效，不连续
的竖向构件传递到转换构件的小震地震内力应加大，
借鉴美国 IBC 规定取 2.5 倍（分项系数为 1.0），对
增大系数作了调整。

本次局部修订，主要进行文字性修改，以进一步
明确扭转位移比的含义。

3.4.5　体型复杂的建筑并不一概提倡设置防震缝。
由于是否设置防震缝各有利弊，历来有不同的观点，
总体倾向是：

1　可设缝、可不设缝时，不设缝。设置防震缝可
使结构抗震分析模型较为简单，容易估计其地震作用和
采取抗震措施，但需考虑扭转地震效应，并按本规范各
章的规定确定缝宽，使防震缝两侧在预期的地震（如中
震）下不发生碰撞或减轻碰撞引起的局部损坏。

2　当不设置防震缝时，结构分析模型复杂，连
接处局部应力集中需要加强，而且需仔细估计地震扭
转效应等可能导致的不利影响。

3.5　结 构 体 系

3.5.1　抗震结构体系要通过综合分析，采用合理而
经济的结构类型。结构的地震反应同场地的频谱特性
有密切关系，场地的地面运动特性又同地震震源机
制、震级大小、震中的远近有关；建筑的重要性、装
修的水准对结构的侧向变形大小有所限制，从而对结
构选型提出要求；结构的选型又受结构材料和施工条
件的制约以及经济条件的许可等。这是一个综合的技
术经济问题，应周密加以考虑。

3.5.2、3.5.3　抗震结构体系要求受力明确、传力途
径合理且传力路线不间断，使结构的抗震分析更符合
结构在地震时的实际表现，对提高结构的抗震性能十
分有利，是结构选型与布置结构抗侧力体系时首先考
虑的因素之一。2001 规范将结构体系的要求分为强
制性和非强制性两类。第 3.5.2 条是属于强制性要求
的内容。

多道防线对于结构在强震下的安全是很重要的。
所谓多道防线的概念，通常指的是：

第一，整个抗震结构体系由若干个延性较好的分
体系组成，并由延性较好的结构构件连接起来协同工
作。如框架-抗震墙体系是由延性框架和抗震墙二个
系统组成；双肢或多肢抗震墙体系由若干个单肢墙分
系统组成；框架-支撑框架体系由延性框架和支撑框
架二个系统组成；框架-筒体体系由延性框架和筒体

二个系统组成。

第二，抗震结构体系具有最大可能数量的内部、外部赘余度，有意识地建立起一系列分布的塑性屈服区，以使结构能吸收和耗散大量的地震能量，一旦破坏也易于修复。设计计算时，需考虑部分构件出现塑性变形后的内力重分布，使各个分体系所承担的地震作用的总和大于不考虑塑性内力重分布时的数值。

本次修订，按征求意见的结果，多道防线仍作为非强制性要求保留在第3.5.3条，但能够设置多道防线的结构类型，在相关章节中予以明确规定。

抗震薄弱层（部位）的概念，也是抗震设计中的重要概念，包括：

1 结构在强烈地震下不存在强度安全储备，构件的实际承载力分析（而不是承载力设计值的分析）是判断薄弱层（部位）的基础；

2 要使楼层（部位）的实际承载力和设计计算的弹性受力之比在总体上保持一个相对均匀的变化，一旦楼层（或部位）的这个比例有突变时，会由于塑性内力重分布导致塑性变形的集中；

3 要防止在局部上加强而忽视整个结构各部位刚度、强度的协调；

4 在抗震设计中有意识、有目的地控制薄弱层（部位），使之有足够的变形能力又不使薄弱层发生转移，这是提高结构总体抗震性能的有效手段。

考虑到有些建筑结构，横向抗侧力构件（如墙体）很多而纵向很少，在强烈地震中往往由于纵向的破坏导致整体倒塌，2001规范增加了结构两个主轴方向的动力特性（周期和振型）相近的抗震概念。

3.5.4 本条对各种不同材料的结构构件提出了改善其变形能力的原则和途径：

1 无筋砌体本身是脆性材料，只能利用约束条件（圈梁、构造柱、组合柱等来分割、包围）使砌体发生裂缝后不致崩塌和散落，地震时不致丧失对重力荷载的承载能力。

2 钢筋混凝土构件抗震性能与砌体相比是比较好的，但若处理不当，也会造成不可修复的脆性破坏。这种破坏包括：混凝土压碎、构件剪切破坏、钢筋锚固部分拉脱（粘结破坏），应力求避免；混凝土结构构件的尺寸控制，包括轴压比、截面长宽比、墙体高厚比、宽厚比等，当墙厚偏薄时，也有自身稳定问题。

3 提出了对预应力混凝土结构构件的要求。

4 钢结构杆件的压屈破坏（杆件失去稳定）或局部失稳也是一种脆性破坏，应予以防止。

5 针对预制混凝土板在强烈地震中容易脱落导致人员伤亡的震害，2008年局部修订增加了推荐采用现浇楼、屋盖，特别强调装配式楼、屋盖需加强整体性的基本要求。

3.5.5 本条指出了主体结构构件之间的连接应遵守

的原则：通过连接的承载力来发挥各构件的承载力、变形能力，从而获得整个结构良好的抗震能力。

本条还提出了对预应力混凝土及钢结构构件的连接要求。

3.5.6 本条支撑系统指屋盖支撑。支撑系统的不完善，往往导致屋盖系统失稳倒塌，使厂房发生灾难性的震害，因此在支撑系统布置上应特别注意保证屋盖系统的整体稳定性。

3.6 结构分析

3.6.1 由于地震动的不确定性、地震的破坏作用、结构地震破坏机理的复杂性，以及结构计算模型的各种假定与实际情况的差异，迄今为止，依据所规定的地震作用进行结构抗震验算，不论计算理论和工具如何发展，计算怎样严格，计算的结果总还是一种比较粗略的估计，过分地追求数值上的精确是不必要的；然而，从工程的震害看，这样的抗震验算是有成效的，不可轻视。因此，本规范自1974年第一版以来，对抗震计算着重于把方法放在比较合理的基础上，不拘泥于细节，不追求过高的计算精度，力求简单易行，以线性的计算分析方法为基本方法，并反复强调按概念设计进行各种调整。本节列出一些原则性规定，继续保持和体现上述精神。

多遇地震作用下的内力和变形分析是本规范对结构地震反应、截面承载力验算和变形验算最基本的要求。按本规范第1.0.1条的规定，建筑物当遭受低于本地区抗震设防烈度的多遇地震影响时，主体结构不受损坏或不需修理可继续使用，与此相应，结构在多遇地震作用下的反应分析的方法，截面抗震验算（按照现行国家标准《建筑结构可靠度设计统一标准》GB 50068的基本要求），以及层间弹性位移的验算，都是以线弹性理论为基础，因此，本条规定，当建筑结构进行多遇地震作用下的内力和变形分析时，可假定结构与构件处于弹性工作状态。

3.6.2 按本规范第1.0.1条的规定：当建筑物遭受高于本地区抗震设防烈度的罕遇地震影响时，不致倒塌或发生危及生命的严重破坏，这也是本规范的基本要求。特别是建筑物的体型和抗侧力系统复杂时，将在结构的薄弱部位发生应力集中和弹塑性变形集中，严重时会导致重大的破坏甚至有倒塌的危险。因此本规范提出了检验结构抗震薄弱部位采用弹塑性（即非线性）分析方法的要求。

考虑到非线性分析的难度较大，规范只限于对不规则并具有明显薄弱部位可能导致重大地震破坏，特别是有严重的变形集中可能导致地震倒塌的结构，应按本规范第5章具体规定进行罕遇地震作用下的弹塑性变形分析。

本规范推荐了两种非线性分析方法：静力的非线性分析（推覆分析）和动力的非线性分析（弹塑性时

程分析)。

静力的非线性分析是：沿结构高度施加按一定形式分布的模拟地震作用的等效侧力，并从小到大逐步增加侧力的强度，使结构由弹性工作状态逐步进入弹塑性工作状态，最终达到并超过规定的弹塑性位移。这是目前较为实用的简化的弹塑性分析技术，比动力非线性分析节省计算工作量，但需要注意，静力非线性分析有一定的局限性和适用性，其计算结果需要工程经验判断。

动力非线性分析，即弹塑性时程分析，是较为严格的分析方法，需要较好的计算机软件和很好的工程经验判断才能得到有用的结果，是难度较大的一种方法。规范还允许采用简化的弹塑性分析技术，如本规范第5章规定的钢筋混凝土框架等的弹塑性分析简化方法。

3.6.3 本条规定，框架结构和框架-抗震墙（支撑）结构在重力附加弯矩 M_a 与初始弯矩 M_0 之比符合下式条件下，应考虑几何非线性，即重力二阶效应的影响。

$$\theta_i = \frac{M_a}{M_0} = \frac{\sum G_i \cdot \triangle u_i}{V_i \cdot h_i} > 0.1 \qquad (1)$$

式中：θ_i——稳定系数；

$\sum G_i$——i 层以上全部重力荷载计算值；

$\triangle u_i$——第 i 层楼层质心处的弹性或弹塑性层间位移；

V_i——第 i 层地震剪力计算值；

h_i——第 i 层层间高度。

上式规定是考虑重力二阶效应影响的下限，其上限则受弹性层间位移角限值控制。对混凝土结构，弹性位移角限值较小，上述稳定系数一般均在 0.1 以下，可不考虑弹性阶段重力二阶效应影响。

当在弹性分析时，作为简化方法，二阶效应的内力增大系数可取 $1/(1-\theta)$。

当在弹塑性分析时，宜采用考虑所有受轴向力的结构和构件的几何刚度的计算机程序进行重力二阶效应分析，亦可采用其他简化分析方法。

混凝土柱考虑多遇地震作用产生的重力二阶效应的内力时，不应与混凝土规范承载力计算时考虑的重力二阶效应重复。

砌体结构和混凝土墙结构，通常不需要考虑重力二阶效应。

3.6.4 刚性、半刚性、柔性横隔板分别指在平面内不考虑变形、考虑变形、不考虑刚度的楼、屋盖。

3.6.6 本条规定主要依据《建筑工程设计文件编制深度规定》，要求使用计算机进行结构抗震分析时，应对软件的功能有切实的了解，计算模型的选取必须符合结构的实际工作情况，计算软件的技术条件应符合本规范及有关标准的规定，设计时对所有计算结果

应进行判别，确认其合理有效后方可在设计中应用。

2008 年局部修订，注意到地震中楼梯的梯板具有斜撑的受力状态，增加了楼梯构件的计算要求：针对具体结构的不同，"考虑"的结果，楼梯构件的可能影响很大或不大，然后区别对待，楼梯构件自身应计算抗震，但并不要求一律参与整体结构的计算。

复杂结构指计算的力学模型十分复杂、难以找到完全符合实际工作状态的理想模型，只能依据各个软件自身的特点在力学模型上分别作某些程度不同的简化后才能运用该软件进行计算的结构。例如，多塔类结构，其计算模型可以是底部一个塔通过水平刚臂分成上部若干个不落地分塔的分叉结构，也可以用多个落地塔通过底部的低塔连成整个结构，还可以将底部按高塔分区分别归入相应的高塔中再按多个高塔进行联合计算，等等。因此本规范对这类复杂结构要求用多个相对恰当、合适的力学模型而不是截然不同不合理的模型进行比较计算。复杂结构应是计算模型复杂的结构，不同的力学模型还应属于不同的计算机程序。

3.7 非结构构件

非结构构件包括建筑非结构构件和建筑附属机电设备的支架等。建筑非结构构件在地震中的破坏允许大于结构构件，其抗震设防目标要低于本规范第1.0.1 条的规定。非结构构件的地震破坏会影响安全和使用功能，需引起重视，应进行抗震设计。

建筑非结构构件一般指下列三类：①附属结构构件，如：女儿墙、高低跨封墙、雨篷等；②装饰物，如：贴面、顶棚、悬吊重物等；③围护墙和隔墙。处理好非结构构件和主体结构的关系，可防止附加灾害，减少损失。在第 3.7.3 条所列的非结构构件主要指在人流出入口、通道及重要设备附近的附属结构构件，其破坏往往伤人或砸坏设备，因此要求加强与主体结构的可靠锚固，在其他位置可以放宽要求。2008年局部修订时，明确增加作为疏散通道的楼梯间墙体的抗震安全性要求，提高对生命的保护。

砌体填充墙与框架或单层厂房柱的连接，影响整个结构的动力性能和抗震能力。两者之间的连接处理不同时，影响也不同。建议两者之间采用柔性连接或彼此脱开，可只考虑填充墙的重量而不计其刚度和强度的影响。砌体填充墙的不合理设置，例如：框架或厂房，柱间的填充墙不到顶，或房屋外墙在混凝土柱间局部高度砌墙，使这些柱子处于短柱状态，许多震害表明，这些短柱破坏很多，应予注意。

2008 年局部修订时，第 3.7.4 条新增为强制性条文。强调围护墙、隔墙等非结构构件是否合理设置对主体结构的影响，以加强围护墙、隔墙等建筑非结构构件的抗震安全性，提高对生命的保护。

第 3.7.6 条提出了对幕墙、附属机械、电气设备

系统支座和连接等需符合地震时对使用功能的要求。这里的使用要求，一般指设防地震。

3.8 隔震与消能减震设计

3.8.1 建筑结构采用隔震与消能减震设计是一种有效地减轻地震灾害的技术。

本次修订，取消了2001规范"主要用于高烈度设防"的规定。强调了这种技术在提高结构抗震性能上具有优势，可适用于对使用功能有较高或专门要求的建筑，即用于投资方愿意通过适当增加投资来提高抗震安全要求的建筑。

3.8.2 本条对建筑结构隔震设计和消能减震设计的设防目标提出了原则要求。采用隔震和消能减震方案，具有可能满足提高抗震性能要求的优势，故推荐其按较高的设防目标进行设计。

按本规范12章规定进行隔震设计，还不能做到在设防烈度下上部结构不受损坏或主体结构处于弹性工作阶段的要求，但与非隔震或非消能减震建筑相比，设防目标会有所提高，大体上是：当遭受多遇地震影响时，将基本不受损坏和影响使用功能；当遭受设防地震影响时，不需修理仍可继续使用；当遭受罕遇地震影响时，将不发生危及生命安全和丧失使用价值的破坏。

3.9 结构材料与施工

3.9.1 抗震结构在材料选用、施工程序特别是材料代用上有其特殊的要求，主要是指减少材料的脆性和贯彻原设计意图。

3.9.2、3.9.3 本规范对结构材料的要求分为强制性和非强制性两种。

1 本次修订，将烧结黏土砖改为各种砖，适用范围更宽些。

2 对钢筋混凝土结构中的混凝土强度等级有所限制，这是因为高强度混凝土具有脆性性质，且随强度等级提高而增加，在抗震设计中应考虑此因素，根据现有的试验研究和工程经验，现阶段混凝土墙体的强度等级不宜超过C60；其他构件，9度时不宜超过C60，8度时不宜超过C70。当耐久性有要求时，混凝土的最低强度等级，应遵守有关的规定。

3 本次修订，对一、二、三级抗震等级的框架，规定其普通纵向受力钢筋的抗拉强度实测值与屈服强度实测值的比值不应小于1.25，这是为了保证当构件某个部位出现塑性铰以后，塑性铰处有足够的转动能力与耗能能力；同时还规定了屈服强度实测值与标准值的比值，否则本规范为实现强柱弱梁、强剪弱弯所规定的内力调整将难以奏效。在2008年局部修订的基础上，要求框架梁、框架柱、框支梁、框支柱、板柱-抗震墙的柱，以及伸臂桁架的斜撑、楼梯的梯段等，纵向钢筋均应有足够的延性及钢筋伸长率的要

求，是控制钢筋延性的重要性能指标。其取值依据产品标准《钢筋混凝土用钢　第2部分：热轧带肋钢筋》GB 1499.2－2007规定的钢筋抗震性能指标提出，凡钢筋产品标准中带E编号的钢筋，均属于符合抗震性能指标。本条的规定，是正规建筑用钢生产厂家的一般热轧钢筋均能达到的性能指标。从发展趋势考虑，不再推荐箍筋采用HPB235级钢筋；当然，现有生产的HPB235级钢筋仍可继续作为箍筋使用。

4 钢结构中所用的钢材，应保证抗拉强度、屈服强度、冲击韧性合格及硫、磷和碳含量的限制值。对高层钢结构，按黑色冶金工业标准《高层建筑结构用钢板》YB 4104－2000的规定选用。抗拉强度是实际上决定结构安全储备的关键，伸长率反映钢材能承受残余变形量的程度及塑性变形能力，钢材的屈服强度不宜过高，同时要求有明显的屈服台阶，伸长率应大于20%，以保证构件具有足够的塑性变形能力，冲击韧性是抗震结构的要求。当采用国外钢材时，亦应符合我国国家标准的要求。结构钢材的性能指标，按钢材产品标准《建筑结构用钢板》GB/T 19879－2005规定的性能指标，将分子、分母对换，改为屈服强度与抗拉强度的比值。

5 国家产品标准《碳素结构钢》GB/T 700中，Q235钢分为A、B、C、D四个等级，其中A级钢不要求任何冲击试验值，并只在用户要求时才进行冷弯试验，且不保证焊接要求的含碳量，故不建议采用。国家产品标准《低合金高强度结构钢》GB/T 1591中，Q345钢分为A、B、C、D、E五个等级，其中A级钢不保证冲击韧性要求和延性性能的基本要求，故亦不建议采用。

3.9.4 混凝土结构施工中，往往因缺乏设计规定的钢筋型号（规格）而采用另外型号（规格）的钢筋代替，此时应注意替代后的纵向钢筋的总承载力设计值不应高于原设计的纵向钢筋总承载力设计值，以免造成薄弱部位的转移，以及构件在有影响的部位发生混凝土的脆性破坏（混凝土压碎、剪切破坏等）。

除按照上述等承载力原则换算外，还应满足最小配筋率和钢筋间距等构造要求，并应注意由于钢筋的强度和直径改变会影响正常使用阶段的挠度和裂缝宽度。

本条在2008年局部修订时提升为强制性条文，以加强对施工质量的监督和控制，实现预期的抗震设防目标。

3.9.5 厚度较大的钢板在轧制过程中存在各向异性，由于在焊缝附近常形成约束，焊接时容易引起层状撕裂。国家产品标准《厚度方向性能钢板》GB/T 5313将厚度方向的断面收缩率分为Z15、Z25、Z35三个等级，并规定了试件取材方法和试件尺寸等要求。本条规定钢结构采用的钢材，当钢材板厚大于或等于40mm时，至少应符合Z15级规定的受拉试件截面收

缩率。

3.9.6 为确保砌体抗震墙与构造柱、底层框架柱的连接，以提高抗侧力砌体墙的变形能力，要求施工时先砌墙后浇筑。

本条在 2008 年局部修订提升为强制性条文，以加强对施工质量的监督和控制，实现预期的抗震设防目标。

3.9.7 本条是新增的，将 2001 规范第 6.2.14 条对施工的要求移此。抗震墙的水平施工缝处，由于混凝土结合不良，可能形成抗震薄弱部位。故规定一级抗震墙要进行水平施工缝处的受剪承载力验算。验算依据试验资料，考虑穿过施工缝处的钢筋处于复合受力状态，其强度采用 0.6 的折减系数，并考虑轴向压力的摩擦作用和轴向拉力的不利影响，计算公式如下：

$$V_{wj} \leqslant \frac{1}{\gamma_{RE}}(0.6 f_y A_s + 0.8N)$$

式中：V_{wj}——抗震墙施工缝处组合的剪力设计值；

f_y——竖向钢筋抗拉强度设计值；

A_s——施工缝处抗震墙的竖向分布钢筋、竖向插筋和边缘构件（不包括边缘构件以外的两侧翼墙）纵向钢筋的总截面面积；

N——施工缝处不利组合的轴向力设计值，压力取正值，拉力取负值。其中，重力荷载的分项系数，受压时为有利，取 1.0；受拉时取 1.2。

3.10 建筑抗震性能化设计

3.10.1 考虑当前技术和经济条件，慎重发展性能化目标设计方法，本条明确规定需要进行可行性论证。

性能化设计仍然是以现有的抗震科学水平和经济条件为前提的，一般需要综合考虑使用功能、设防烈度、结构的不规则程度和类型、结构发挥延性变形的能力、造价、震后的各种损失及修复难度等等因素。不同的抗震设防类别，其性能设计要求也有所不同。

鉴于目前强烈地震下结构非线性分析方法的计算模型及参数的选用尚存在不少经验因素，缺少从强震记录、设计施工资料到实际震害的验证，对结构性能的判断难以十分准确，因此在性能目标选用中宜偏于安全一些。

确有需要在处于发震断裂避让区域建造房屋，抗震性能化设计是可供选择的设计手段之一。

3.10.2 建筑的抗震性能化设计，立足于承载力和变形能力的综合考虑，具有很强的针对性和灵活性。针对具体工程的需要和可能，可以对整个结构，也可以对某些部位或关键构件，灵活运用各种措施达到预期的性能目标——着重提高抗震安全性或满足使用功能的专门要求。

例如，可以根据楼梯间作为"抗震安全岛"的要

求，提出确保大震下能具有安全避难通道的具体目标和性能要求；可以针对特别不规则、复杂建筑结构的具体情况，对抗侧力结构的水平构件和竖向构件提出相应的性能目标，提高其整体或关键部位的抗震安全性；也可针对水平转换构件，为确保大震下自身及相关构件的安全而提出大震下的性能目标；地震时需要连续工作的机电设施，其相关部位的层间位移需满足规定层间位移限值的专门要求；其他情况，可对震后的残余变形提出满足设施检修后运行的位移要求，也可提出大震后可修复运行的位移要求。建筑构件采用与结构构件柔性连接，只要可靠拉结并留有足够的间隙，如玻璃幕墙与钢框之间预留变形缝隙，震害经验表明，幕墙在结构总体安全时可以满足大震后继续使用的要求。

3.10.3 我国的 89 规范提出了"小震不坏、中震可修和大震不倒"，明确要求大震下不发生危及生命的严重破坏即达到"生命安全"，就是属于一般情况的性能设计目标。本次修订所提出的性能化设计，要比本规范的一般情况较为明确，尽可能达到可操作性。

1 鉴于地震具有很大的不确定性，性能化设计需要估计各种水准的地震影响，包括考虑近场地震的影响。规范的地震水准是按 50 年设计基准期确定的。结构设计使用年限是国务院《建设工程质量管理条例》规定的在设计时考虑施工完成后正常使用、正常维护情况下不需要大修仍可完成预定功能的保修年限，国内外的一般建筑结构取 50 年。结构抗震设计的基准期是抗震规范确定地震作用取值时选用的统计时间参数，也取为 50 年，即地震发生的超越概率是按 50 年统计的，多遇地震的理论重现期 50 年，设防地震是 475 年，罕遇地震随烈度高度而有所区别，7 度约 1600 年，9 度约 2400 年。其地震加速度值，设防地震取本规范表 3.2.2 的"设计基本地震加速度值"，多遇地震、罕遇地震取本规范表 5.1.2-2 的"加速度时程最大值"。其水平地震影响系数最大值，多遇地震、罕遇地震按本规范表 5.1.4-1 取值，设防地震按本条规定取值，7 度（0.15g）和 8 度（0.30g）分别在 7、8 度和 8、9 度之间内插取值。

对于设计使用年限不同于 50 年的结构，其地震作用需要作适当调整，取值经专门研究提出并按规定的权限批准后确定。当缺乏当地的相关资料时，可参考《建筑工程抗震性态设计通则（试用）》CECS 160：2004 的附录 A，其调整系数的范围大体是：设计使用年限 70 年，取 1.15～1.2；100 年取 1.3～1.4。

2 建筑结构遭遇各种水准的地震影响时，其可能的损坏状态和继续使用的可能，与 89 规范配套的《建筑地震破坏等级划分标准》（建设部 90 建抗字 377 号）已经明确划分了各类房屋（砖房、混凝土框架、底层框架砖房、单层工业厂房、单层空旷房屋等）的地震破坏分

级和地震直接经济损失估计方法，总体上可分为下列五级，与此后国外标准的相关描述不完全相同：

名称	破坏描述	继续使用的可能性	变形参考值
基本完好（含完好）	承重构件完好；个别非承重构件轻微损坏；附属构件有不同程度破坏	一般不需修理即可继续使用	$< [\triangle u_{\mathrm{e}}]$
轻微损坏	个别承重构件轻微裂缝（对钢结构构件指残余变形），个别非承重构件明显破坏；附属构件有不同程度破坏	不需修理或需稍加修理，仍可继续使用	$(1.5 \sim 2)$ $[\triangle u_{\mathrm{e}}]$
中等破坏	多数承重构件轻微裂缝（或残余变形），部分明显裂缝（或残余变形）；个别非承重构件严重破坏	需一般修理，采取安全措施后可适当使用	$(3 \sim 4)$ $[\triangle u_{\mathrm{e}}]$
严重破坏	多数承重构件严重破坏或部分倒塌	应排险大修，局部拆除	< 0.9 $[\triangle u_{\mathrm{p}}]$
倒塌	多数承重构件倒塌	需拆除	$> [\triangle u_{\mathrm{p}}]$

注：1 个别指 5% 以下，部分指 30% 以下，多数指 50% 以上。
　　2 中等破坏的变形参考值，大致取规范弹性和弹塑性位移角限值的平均值，轻微损坏取 1/2 平均值。

参照上述等级划分，地震下可供选定的高于一般情况的预期性能目标可大致归纳如下：

地震水准	性能 1	性能 2	性能 3	性能 4
多遇地震	完好	完好	完好	完好
设防地震	完好，正常使用	基本完好，检修后继续使用	轻微损坏，简单修理后继续使用	轻微至接近中等损坏，变形<3 $[\triangle u_{\mathrm{e}}]$
罕遇地震	基本完好，检修后继续使用	轻微至中等破坏，修复后继续使用	其破坏需加固后继续使用	接近严重破坏，大修后继续使用

3 实现上述性能目标，需要落实到具体设计指标，即各个地震水准下构件的承载力、变形和细部构造的指标。仅提高承载力时，安全性有相应提高，但使用上的变形要求不一定满足；仅提高变形能力，则结构在小震、中震下的损坏情况大致没有改变，但抗御大震倒塌的能力提高。因此，性能设计目标往往侧重于通过提高承载力推迟结构进入塑性工作阶段并减少塑性变形，必要时还需同时提高刚度以满足使用功能的变形要求，而变形能力的要求可根据结构及其构

件在中震、大震下进入弹塑性的程度加以调整。

完好，即所有构件保持弹性状态：各种承载力设计值（拉、压、弯、剪、压弯、拉弯、稳定等）满足规范对抗震承载力的要求 $S < R/\gamma_{\mathrm{RE}}$，层间变形（以弯曲变形为主的结构宜扣除整体弯曲变形）满足规范多遇地震下的位移角限值 $[\triangle u_{\mathrm{e}}]$。这是各种预期性能目标在多遇地震下的基本要求——多遇地震下必须满足规范规定的承载力和弹性变形的要求。

基本完好，即构件基本保持弹性状态：各种承载力设计值基本满足规范对抗震承载力的要求 $S \leqslant R/\gamma_{\mathrm{RE}}$（其中的效应 S 不含抗震等级的调整系数），层间变形可能略微超过弹性变形限值。

轻微损坏，即结构构件可能出现轻微的塑性变形，但不达到屈服状态，按材料标准值计算的承载力大于作用标准组合的效应。

中等破坏，结构构件出现明显的塑性变形，但控制在一般加固即可恢复使用的范围。

接近严重破坏，结构关键的竖向构件出现明显的塑性变形，部分水平构件可能失效需要更换，经过大修加固后可恢复使用。

对性能 1，结构构件在预期大震下仍基本处于弹性状态，则其细部构造仅需要满足最基本的构造要求，工程实例表明，采用隔震、减震技术或低烈度设防且风力很大时有可能实现；条件许可时，也可对某些关键构件提出这个性能目标。

对性能 2，结构构件在中震下完好，在预期大震下可能屈服，其细部构造需满足低延性的要求。例如，某 6 度设防的核心筒-外框结构，其风力是小震的 2.4 倍，风载层间位移是小震的 2.5 倍。结构所有构件的承载力和层间位移均可满足中震（不计入风载效应组合）的设计要求；考虑水平构件在大震下损坏使刚度降低和阻尼加大，按等效线性化方法估算，竖向构件的最小极限承载力仍可满足大震下的验算要求。于是，结构总体上可达到性能 2 的要求。

对性能 3，在中震下已有轻微塑性变形，大震下有明显的塑性变形，因而，其细部构造需要满足中等延性的构造要求。

对性能 4，在中震下的损坏已大于性能 3，结构总体的抗震承载力仅略高于一般情况，因而，其细部构造仍需满足高延性的要求。

3.10.4 本条规定了性能化设计时计算的注意事项。一般情况，应考虑构件在强烈地震下进入弹塑性工作阶段和重力二阶效应。鉴于目前的弹塑性参数、分析软件对构件裂缝的闭合状态和残余变形、结构自身阻尼系数、施工图中构件实际截面、配筋与计算书取值的差异等等的处理，还需要进一步研究和改进，当预期的弹塑性变形不大时，可用等效阻尼等模型简化估算。为了判断弹塑性计算结果的可靠程度，可借助于理想弹性假定的计算结果，从下列几方面进行综合

分析:

1 结构弹塑性模型一般要比多遇地震下反应谱计算时的分析模型有所简化,但在弹性阶段的主要计算结果应与多遇地震分析模型的计算结果基本相同,两种模型的嵌固端、主要振动周期、振型和总地震作用应一致。弹塑性阶段,结构构件和整个结构实际具有的抵抗地震作用的承载力是客观存在的,在计算模型合理时,不因计算方法、输入地震波形的不同而改变。若计算得到的承载力明显异常,则计算方法或参数存在问题,需仔细复核、排除。

2 整个结构客观存在的、实际具有的最大受剪承载力(底部总剪力)应控制在合理的、经济上可接受的范围,不需要接近更不可能超过按同样阻尼比的理想弹性假定计算的大震剪力,如果弹塑性计算的结果超过,则该计算的承载力数据需认真检查、复核,判断其合理性。

3 进入弹塑性变形阶段的薄弱部位会出现一定程度的塑性变形集中,该楼层的层间位移(以弯曲变形为主的结构宜扣除整体弯曲变形)应大于按同样阻尼比的理想弹性假定计算的该部位大震的层间位移;如果明显小于此值,则该位移数据需认真检查、复核,判断其合理性。

4 薄弱部位可借助于上下相邻楼层或主要竖向构件的屈服强度系数(其计算方法参见本规范第5.5.2条的说明)的比较予以复核,不同的方法、不同的波形,尽管彼此计算的承载力、位移、进入塑性变形的程度差别较大,但发现的薄弱部位一般相同。

5 影响弹塑性位移计算结果的因素很多,现阶段,其计算值的离散性,与承载力计算的离散性相比较大。注意到常规设计中,考虑到小震弹性时程分析的波形数量较少,而且计算的位移多数明显小于反应谱法的计算结果,需要以反应谱法为基础进行对比分析;大震弹塑性时程分析时,由于阻尼的处理方法不够完善,波形数量也较少(建议尽可能增加数量,如不少于7条;数量较少时宜取包络),不宜直接把计算的弹塑性位移值视为结构实际弹塑性位移,同样需要借助小震的反应谱法计算结果进行分析。建议按下列方法确定其层间位移参考数值:用同一软件、同一波形进行弹性和弹塑性计算,得到同一波形、同一部位弹塑性位移(层间位移)与小震弹性位移(层间位移)的比值,然后将此比值取平均或包络值,再乘以反应谱法计算的该部位小震位移(层间位移),从而得到大震下该部位的弹塑性位移(层间位移)的参考值。

3.10.5 本条属于原则规定,其具体化,如结构、构件在中震下的性能化设计要求等,列于附录M中第M.1节。

3.11 建筑物地震反应观测系统

3.11.1 2001规范提出了在建筑物内设置建筑物地震反应观测系统的要求。建筑物地震反应观测是发展地震工程和工程抗震科学的必要手段,我国过去限于基建资金,发展不快,这次在规范中予以规定,以促进其发展。

附录A 我国主要城镇抗震设防烈度、设计基本地震加速度和设计地震分组

本附录系根据《中国地震动参数区划图》GB 18306-2015和《中华人民共和国行政区划简册2015》以及中华人民共和国民政部发布的《2015年县级以上行政区划变更情况(截至2015年9月12日)》编制。

本附录仅给出了我国各县级及县级以上城镇的中心地区(如城关地区)的抗震设防烈度、设计基本地震加速度和所属的设计地震分组。当在各县级及县级以上城镇中心地区以外的行政区域从事建筑工程建设活动时,应根据工程场址的地理坐标查询《中国地震动参数区划图》GB 18306-2015的"附录A(规范性附录)中国地震动峰值加速度区划图"和"附录B(规范性附录)中国地震动加速度反应谱特征周期区划图",以确定工程场址的地震动峰值加速度和地震加速度反应谱特征周期,并根据下述原则确定工程场址所在地的抗震设防烈度、设计基本地震加速度和所属的设计地震分组:

抗震设防烈度、设计基本地震加速度和GB 18306地震动峰值加速度的对应关系

抗震设防烈度	6	7		8		9
设计基本地震加速度值	0.05g	0.10g	0.15g	0.20g	0.30g	0.40g
GB 18306:地震动峰值加速度	0.05g	0.10g	0.15g	0.20g	0.30g	0.40g

注:g为重力加速度。

设计地震分组与GB 18306地震动加速度反应谱特征周期的对应关系

设计地震分组	第一组	第二组	第三组
GB 18306:地震加速度反应谱特征周期	0.35s	0.40s	0.45s

4 场地、地基和基础

4.1 场　地

4.1.1 有利、不利和危险地段的划分,基本沿用历次规范的规定。本条中地形、地貌和岩土特性的影响

是综合在一起加以评价的，这是因为由不同岩土构成的同样地形条件的地震影响是不同的。2001 规范只列出了有利、不利和危险地段的划分，本次修订，明确其他地段划为可进行建设的一般场地。考虑到高含水量的可塑黄土在地震作用下会产生震陷，历次地震的震害也比较重，当地表存在结构性裂缝时对建筑物抗震也是不利的，因此将其列入不利地段。

关于局部地形条件的影响，从国内几次大地震的宏观调查资料来看，岩质地形与非岩质地形有所不同。1970 年云南通海地震和 2008 年汶川大地震的宏观调查表明，非岩质地形对烈度的影响比岩质地形的影响更为明显。如通海和东川的许多岩石地基上很陡的山坡，震害也未见有明显的加重。因此对于岩石地基的陡坡、陡坎等，本规范未列为不利的地段。但对于岩石地基的高度达数十米的条状突出的山脊和高耸孤立的山丘，由于鞭梢效应明显，振动有所加大，烈度仍有增高的趋势。因此本规范均将其列为不利的地形条件。

应该指出：有些资料中曾提出过有利和不利于抗震的地貌部位。本规范在编制过程中曾对抗震不利的地貌部位实例进行了分析，认为：地貌是研究不同地表形态形成的原因，其中包括组成不同地形的物质（即岩性）。也就是说地貌部位的影响意味着地表形态和岩性二者共同作用的结果，将场地土的影响包括进去了。但通过一些震害实例说明：当处于平坦的冲积平原和古河道不同地貌部位时，地表形态是基本相同的，造成古河道上房屋震害加重的原因主要因地基土质条件很差所致。因此本规范将地貌条件分别在地形条件与场地土中加以考虑，不再提出地貌部位这个概念。

4.1.2～4.1.6 89 规范中的场地分类，是在尽量保持抗震规范延续性的基础上，进一步考虑了覆盖层厚度的影响，从而形成了以平均剪切波速和覆盖层厚度作为评定指标的双参数分类方法。为了在保障安全的条件下尽可能减少设防投资，在保持技术上合理的前提下适当扩大了 II 类场地的范围。另外，由于我国规范中 I、II 类场地的 T_g 值与国外抗震规范相比是偏小的，因此有意识地将 I 类场地的范围划得比较小。

在场地划分时，需要注意以下几点：

1 关于场地覆盖层厚度的定义。要求其下部所有土层的波速均大于 500m/s，在 89 规范的说明中已有所阐述。执行中常出现一见到大于 500m/s 的土层就确定覆盖厚度而忽略对以下各土层的要求，这种错误应予以避免。2001 规范补充了当地面下某一下卧土层的剪切波速大于或等于 400m/s 且不小于相邻的上层土的剪切波速的 2.5 倍时，覆盖层厚度可按地面至该下卧层顶面的距离取值的规定。需要注意的是，只有当波速不小于 400m/s 且该土层以上的各土层的波速（不包括孤石和硬透镜体）都满足不大于该土层

波速的 40% 时才可按该土层确定覆盖层厚度；而且这一规定只适用于当下卧层硬土层顶面的埋深大于 5m 时的情况。

2 关于土层剪切波速的测试。2001 规范的波速平均采用更富有物理意义的等效剪切波速的公式计算，即：

$$v_{se} = d_0/t$$

式中，d_0 为场地评定用的计算深度，取覆盖层厚度和 20m 两者中的较小值，t 为剪切波在地表与计算深度之间传播的时间。

本次修订，初勘阶段的波速测试孔数量改为不宜小于 3 个。多层与高层建筑的分界，参照《民用建筑设计通则》改为 24m。

3 关于不同场地的分界。

为了保持与 89 规范的延续性并与其他有关规范的协调，2001 规范对 89 规范的规定作了调整，II 类、III 类场地的范围稍有扩大，并避免了 89 规范 II 类至 IV 类的跳跃。作为一种补充手段，当有充分依据时，允许使用插入方法确定边界线附近（指相差 ±15% 的范围）的 T_g 值。图 7 给出了一种连续化插入方案。该图在场地覆盖层厚度 d_{ov} 和等效剪切波速 v_{se} 平面上用等步长和按线性规则改变步长的方案进行连续化插入，相邻等值线的 T_g 值均相差 0.01s。

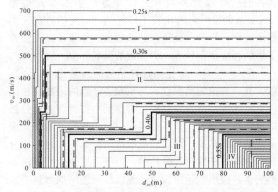

图 7 在 d_{ov}-v_{se} 平面上的 T_g 等值线图
（用于设计特征周期一组，图中相邻 T_g 等值线的差值均为 0.01s）

本次修订，考虑到 $f_{ak} < 200$ 的黏性土和粉土的实测波速可能大于 250m/s，将 2001 规范的中硬土与中软土地基承载力的分界改为 $f_{ak} > 150$。考虑到软弱土的指标 140m/s 与国际标准相比略偏低，将其改为 150m/s。场地类别的分界也改为 150m/s。

考虑到波速为（500～800）m/s 的场地还不是很坚硬，将原场地类别 I 类场地（坚硬土或岩石场地）中的硬质岩石场地明确为 I₀ 类场地。因此，土的类型划分也相应区分。硬质岩石的波速，我国核电站抗震设计为 700m，美国抗震设计规范为 760m，欧洲抗震规范为 800m，从偏于安全方面考虑，调整为 800m/s。

4 高层建筑的场地类别问题是工程界关心的问题。按理论及实测，一般土层中的地震加速度随距地面深度而渐减。我国亦有对高层建筑修正场地类别（由高层建筑基底起算）或折减地震力建议。因高层建筑埋深常达 10m 以上，与浅基础相比，有利之处是：基底地震输入小了；但深基础的地震动输入机制很复杂，涉及地基土和结构相互作用，目前尚无公认的理论分析模型更未能总结出实用规律，因此暂不列入规范。深基础的高层建筑的场地类别仍按浅基础考虑。

5 本条中规定的场地分类方法主要适用于剪切波速随深度呈递增趋势的一般场地，对于有较厚软夹层的场地，由于其对短周期地震动具有抑制作用，可以根据分析结果适当调整场地类别和设计地震动参数。

6 新黄土是指 Q_3 以来的黄土。

4.1.7 断裂对工程影响的评价问题，长期以来，不同学科之间存在着不同看法，经过近些年来的不断研究与交流，认为需要考虑断裂影响，这主要是指地震时老断裂重新错动直通地表，在地面产生位错，对建在位错带上的建筑，其破坏是不易用工程措施加以避免的。因此规范中划为危险地段应予避开。至于地震强度，一般在确定抗震设防烈度时已给予考虑。

在活动断裂时间下限方面已取得一致意见：即对一般的建筑工程只考虑 1.0 万年（全新世）以来活动过的断裂，在此地质时期以前的活动断裂可不予考虑。对于核电、水电等工程则应考虑 10 万年以来（晚更新世）活动过的断裂，晚更新世以前活动过的断裂亦可不予考虑。

另外一个较为一致的看法是，在地震烈度小于 8 度的地区，可不考虑断裂对工程的错动影响，因为多次国内外地震中的破坏现象均说明，在小于 8 度的地震区，地面一般不产生断裂错动。

目前尚有看法分歧的是关于隐伏断裂的评价问题，在基岩以上覆盖土层多厚，是什么土层，地面建筑就可以不考虑下部断裂的错动影响。根据我国近年来的地震宏观地表位错考察，学者们看法不够一致。有人认为 30m 厚土层就可以不考虑，有些学者认为是 50m，还有人提出用基岩位错量大小来衡量，如土层厚度是基岩位错量的（25～30）倍以上就可不考虑等等。唐山地震震中区的地裂缝，经有关单位详细工作证明，不是沿地下岩石错动直通地表的构造断裂形成的，而是由于地面振动，表面应力形成的表层地裂。这种裂缝仅分布在地面以下 3m 左右，下部土层并未断开（挖探井证实），在采煤巷道中也未发现错动，对有一定深度基础的建筑物影响不大。

为了对问题更深入的研究，由北京市勘察设计研究院在建设部抗震办公室申请立项，开展了发震断裂上覆土层厚度对工程影响的专项研究。此项研究主要

采用大型离心机模拟实验，可将缩小的模型通过提高加速度的办法达到与原型应力状况相同的状态；为了模拟断裂错动，专门加工了模拟断裂突然错动的装置，可实现垂直与水平二种错动，其位错量大小是根据国内外历次地震不同震级条件下位错量统计分析结果确定的；上覆土层则按不同岩性、不同厚度分为数种情况。实验时的位错量为 1.0m～4.0m，基本上包括了 8 度、9 度情况下的位错量；当离心机提高加速度达到与原型应力条件相同时，下部基岩突然错动，观察上部土层破裂高度，以便确定安全厚度。根据实验结果，考虑一定的安全储备和模拟实验与地震时震动特性的差异，安全系数取为 3，据此提出了 8 度、9 度地区上覆土层安全厚度的界限值。应当说这是初步的，可能有些因素尚未考虑。但毕竟是第一次以模拟实验为基础的定量提法，跟以往的分析和宏观经验是相近的，有一定的可信度。2001 规范根据搜集到的国内外地震断裂破裂宽度的资料提出了避让距离，这是宏观的分析结果，随着地震资料的不断积累将会得到补充与完善。

近年来，北京市地震局在上述离心机试验基础上进行了基底断裂错动在覆盖土层中向上传播过程的更精细的离心机模拟，认为以前试验的结论偏于保守，可放宽对破裂带的避让要求。本次修订，考虑到原条文中"前第四纪基岩隐伏断裂"的含义不够明确，容易引起误解；这里的"断裂"只能是"全新世活动断裂"或其活动性不明的其他断裂。因此删除了原条文中"前第四纪基岩"这几个字。还需要说明的是，这里所说的避让距离是断层面在地面上的投影或到断层破裂线的距离，不是指到断裂带的距离。

综合考虑历次大地震的断裂震害，离心机试验结果和我国地震区、特别是山区民居建造的实际情况，本次修订适度减少了避让距离，并规定当确实需要在避让范围内建造房屋时，仅限于建造分散的、不超过三层的丙、丁类建筑，同时应按提高一度采取抗震措施，并提高基础和上部结构的整体性，且不得跨越断层。严格禁止在避让范围内建造甲、乙类建筑。对于山区中可能发生滑坡的地带，属于特别危险的地段，严禁建造民居。

4.1.8 本条考虑局部突出地形对地震动参数的放大作用，主要依据宏观震害调查的结果和对不同地形条件和岩土构成的形体所进行的二维地震反应分析结果。所谓局部突出地形主要是指山包、山梁和悬崖、陡坎等，情况比较复杂，对各种可能出现的情况的地震动参数的放大作用都作出具体的规定是很困难的。从宏观震害经验和地震反应分析结果所反映的总趋势，大致可以归纳为以下几点：①高突地形距离基准面的高度愈大，高处的反应愈强烈；②离陡坎和边坡顶部边缘的距离愈大，反应相对减小；③从岩土构成方面看，在同样地形条件下，土质结构的反应比岩质结构大；④高突地形顶面愈

开阔，远离边缘的中心部位的反应是明显减小的；⑤边坡愈陡，其顶部的放大效应相应加大。

基于以上变化趋势，以突出地形的高差 H，坡降角度的正切 H/L 以及场址距突出地形边缘的相对距离 L_1/H 为参数，归纳出各种地形的地震力放大作用如下：

$$\lambda = 1 + \xi\alpha \qquad (2)$$

式中：λ——局部突出地形顶部的地震影响系数的放大系数；

α——局部突出地形地震动参数的增大幅度，按表 2 采用；

ξ——附加调整系数，与建筑场地离突出台地边缘的距离 L_1 与相对高差 H 的比值有关。当 $L_1/H < 2.5$ 时，ξ 可取为 1.0；当 $2.5 \leqslant L_1/H < 5$ 时，ξ 可取为 0.6；当 $L_1/H \geqslant 5$ 时，ξ 可取为 0.3。L、L_1 均应按距离场地的最近点考虑。

表 2　局部突出地形地震影响系数的增大幅度

突出地形的高度 H（m）	非岩质地层	$H<5$	$5\leqslant H<15$	$15\leqslant H<25$	$H\geqslant 25$
	岩质地层	$H<20$	$20\leqslant H<40$	$40\leqslant H<60$	$H\geqslant 60$
局部突出台地边缘的侧向平均坡降（H/L）	$H/L<0.3$	0	0.1	0.2	0.3
	$0.3\leqslant H/L<0.6$	0.1	0.2	0.3	0.4
	$0.6\leqslant H/L<1.0$	0.2	0.3	0.4	0.5
	$H/L\geqslant 1.0$	0.3	0.4	0.5	0.6

条文中规定的最大增大幅度 0.6 是根据分析结果和综合判断给出的。本条的规定对各种地形，包括山包、山梁、悬崖、陡坡都可以应用。

本条在 2008 年局部修订时提升为强制性条文。

4.1.9 本条属于强制性条文。

勘察内容应根据实际的土层情况确定：有些地段，既不属于有利地段也不属于不利地段，而属于一般地段；不存在饱和砂土和饱和粉土时，不判别液化，若判别结果为不考虑液化，也不属于不利地段；无法避开的不利地段，要在详细查明地质、地貌、地形条件的基础上，提供岩土稳定性评价报告和相应的抗震措施。

场地地段的划分，是在选择建筑场地的勘察阶段进行的，要根据地震活动情况和工程地质资料进行综合评价。对软弱土、液化土等不利地段，要按规范的相关规定提出相应的措施。

场地类别划分，不要误为"场地土类别"划分，要依据场地覆盖层厚度和场地土层软硬程度这两个因素。其中，土层软硬程度不再采用 89 规范的"场地土类型"这个提法，一律采用"土层的等效剪切波速"值予以反映。

4.2　天然地基和基础

4.2.1 我国多次强烈地震的震害经验表明，在遭受破坏的建筑中，因地基失效导致的破坏较上部结构惯性力的破坏为少，这些地基主要由饱和松砂、软弱黏性土和成因岩性状态严重不均匀的土层组成。大量的一般的天然地基都具有较好的抗震性能。因此 89 规范规定了天然地基可以不验算的范围。

本次修订的内容如下：

1 将可不进行天然地基和基础抗震验算的框架房屋的层数和高度作了更明确的规定。考虑到砌体结构也应该满足 2001 规范条文第二款中的前提条件，故也将其列入本条文的第二款中。

2 限制使用黏土砖以来，有些地区改为建造多层的混凝土抗震墙房屋，当其基础荷载与一般民用框架相当时，由于其地基基础情况与砌体结构类同，故也可不进行抗震承载力验算。

条文中主要受力层包括地基中的所有压缩层。

4.2.2、4.2.3 在天然地基抗震验算中，对地基土承载力特征值调整系数的规定，主要参考国内外资料和相关规范的规定，考虑了地基土在有限次循环动力作用下强度一般较静强度提高和在地震作用下结构可靠度容许有一定程度降低这两个因素。

在 2001 规范中，增加了对黄土地基的承载力调整系数的规定，此规定主要根据国内动、静强度对比试验结果。静强度是在预湿与固结不排水条件下进行的。破坏标准是：对软化型土取峰值强度，对硬化型土取应变为 15% 的对应强度，由此求得黄土静抗剪强度指标 C_s、φ_s 值。

动强度试验参数是：均压固结取双幅应变 5%，偏压固结取总应变为 10%；等效循环数按 7、7.5 及 8 级地震分别对应 12、20 及 30 次循环。取等效循环数所对应的动应力 σ_d，绘制强度包线，得到动抗剪强度指标 C_d 及 φ_d。

动静强度比为：

$$\frac{\tau_d}{\tau_s} = \frac{C_d + \sigma_d tg\varphi_d}{C_s + \sigma_s tg\varphi_s}$$

近似认为动静强度比等于动、静承载力之比，则可求得承载力调整系数：

$$\zeta_a = \frac{R_d}{R_s} \approx \left(\frac{\tau_d}{K_d}\right) \Big/ \left(\frac{\tau_s}{K_s}\right) = \frac{\tau_d}{\tau_s} \cdot \frac{K_s}{K_d} = \zeta$$

式中：K_d、K_s——分别为动、静承载力安全系数；

R_d、R_s——分别为动、静极限承载力。

试验结果见表 3，此试验大多考虑地基土处于偏压固结状态，实际的应力水平也不太大，故采用偏压固结、正应力 100kPa～300kPa、震级（7～8）级条件下的调整系数平均值为宜。本条据上述试验，对坚硬黄土取 $\zeta = 1.3$，对可塑黄土取 1.1，对流塑黄土取 1.0。

表 3　ζ_a 的平均值

名称	西安黄土				兰州黄土	洛川黄土		
含水量 W	饱和状态		20%		饱和	饱和状态		
固结比 K_c	1.0	2.0	1.0	1.5	1.0	1.0	1.5	2.0
$ζ_a$ 的平均值	0.608	1.271	0.607	1.415	0.378	0.721	1.14	1.438

注：固结比为轴压力 $σ_1$ 与压力 $σ_3$ 的比值。

4.2.4　地基基础的抗震验算，一般采用所谓"拟静力法"，此法假定地震作用如同静力，然后在这种条件下验算地基和基础的承载力和稳定性。所列的公式主要是参考相关规范的规定提出的，压力的计算应采用地震作用效应标准组合，即各作用分项系数均取 1.0 的组合。

4.3　液化土和软土地基

4.3.1　本条规定主要依据液化场地的震害调查结果。许多资料表明在 6 度区液化对房屋结构所造成的震害是比较轻的，因此本条规定除对液化沉陷敏感的乙类建筑外，6 度区的一般建筑可不考虑液化影响。当然，6 度的甲类建筑的液化问题也需要专门研究。

关于黄土的液化可能性及其危害在我国的历史地震中虽不乏报导，但缺乏较详细的评价资料，在 20 世纪 50 年代以来的多次地震中，黄土液化现象很少见到，对黄土的液化判别尚缺乏经验，但值得重视。近年来的国内外震害与研究还表明，砾石在一定条件下也会液化，但是由于黄土与砾石液化研究资料还不够充分，暂不列入规范，有待进一步研究。

4.3.2　本条是有关液化判别和处理的强制性条文。

本条较全面地规定了减少地基液化危害的对策：首先，液化判别的范围为，除 6 度设防外存在饱和砂土和饱和粉土的土层；其次，一旦属于液化土，应确定地基的液化等级；最后，根据液化等级和建筑抗震设防分类，选择合适的处理措施，包括地基处理和对上部结构采取加强整体性的相应措施等。

4.3.3　89 规范初判的提法是根据 20 世纪 50 年代以来历次地震对液化与非液化场地的实际考察、测试分析结果得出来的。从地貌单元来讲这些地震现场主要为河流冲洪积形成的地层，没有包括黄土分布区及其他沉积类型。如唐山地震震中区（路北区）为滦河二级阶地，地层年代为晚更新世（Q_3）地层，对地震烈度 10 度区考察，钻探测试表明，地下水位为 3m～4m，表层为 3m 左右的黏性土，其下即为饱和砂层，在 10 度情况下没有发生液化，而在一级阶地及高河漫滩等地分布的地质年代较新的地层，地震烈度虽然只有 7 度和 8 度却也发生了大面积液化，其他震区的河流冲积地层在地质年代较老的地层中也未发现液化实例。国外学者 T. L. Youd 和 Perkins 的研究结果表明：饱和松散的水力冲填土差不多总会液化，而且全

新世的无黏性土沉积层对液化也是很敏感的，更新世沉积层发生液化的情况很罕见，前更新世沉积层发生液化则更是罕见。这些结论是根据 1975 年以前世界范围内的地震液化资料给出的，并已被 1978 年日本的两次大地震以及 1977 年罗马尼亚地震液化现象所证实。

89 规范颁发后，在执行中不断有些单位和学者提出液化初步判别中第 1 款在有些地区不适合。从举出的实例来看，多为高烈度区（10 度以上）黄土高原的黄土状土，很多是古地震从描述等方面判定为液化的，没有现代地震液化与否的实际数据。有些例子是用现行公式判别的结果。

根据诸多现代地震液化资料分析认为，89 规范中有关地质年代的判断条文除高烈度区中的黄土液化外都能适用。为慎重起见，2001 规范将此款的适用范围改为局限于 7、8 度区。

4.3.4　89 规范关于地基液化判别方法，在地震区工程项目地基勘察中已广泛应用。2001 规范的砂土液化判别公式，在地面下 15m 范围内与 89 规范完全相同，是对 78 版液化判别公式加以改进得到的：保持了 15m 内随深度直线变化的简化，但减少了随深度变化的斜率（由 0.125 改为 0.10），增加了随水位变化的斜率（由 0.05 改为 0.10），使液化判别的成功率比 78 规范有所增加。

随着高层及超高层建筑的不断发展，基础埋深越来越大。高大的建筑采用桩基和深基础，要求判别液化的深度也相应加大，判别深度为 15m，已不能满足这些工程的需要。由于 15m 以下深层液化资料较少，从实际液化与非液化资料中进行统计分析尚不具备条件。在 20 世纪 50 年代以来的历次地震中，尤其是唐山地震，液化资料均在 15m 以内，图 8 中 15m 下的曲线是根据统计得到的经验公式外推得到的结果。国外虽有零星深层液化资料，但也不太确切。根据唐山地震资料及美国 H. B. Seed 教授资料进行分析的结果，其液化临界值沿深度变化均为非线性变化。为了解决 15m 以下液化判别，2001 规范对唐山地震砂土液化研究资料、美国 H. B. Seed 教授研究资料和我国铁路工程抗震设计规范中的远震液化判别方法与 89 建筑规范判别方法的液化临界值（N_{cr}）沿深度的变化情况，以 8 度区为例做了对比，见图 8。

从图 8 可以明显看出：在设计地震一组（或 89 规范的近震情况，$N_0 = 10$），深度为 12m 以上时，各种方法的临界锤击数较接近，相差不大；深度 15m～20m 范围内，铁路抗震规范方法比 H. B. Seed 资料要大 1.2 击～1.5 击，89 规范由于是线性延伸，比铁路抗震规范方法要大 1.8 击～8.4 击，是偏于保守的。经过比较分析，2001 规范考虑到判别方法的延续性及广大工程技术人员熟悉程度，仍采用线性判别方法。15m～20m 深度范围内取 15m 深度处的 N_{cr} 值进

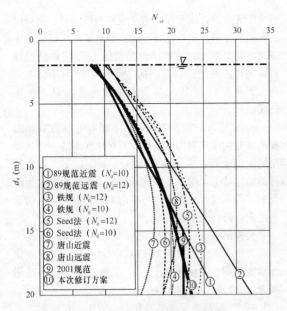

图 8　不同方法液化临界值随深度
变化比较（以 8 度区为例）

图中图例：
① 89规范近震（$N_0=10$）
② 89规范远震（$N_0=12$）
③ 铁规（$N_0=12$）
④ 铁规（$N_0=10$）
⑤ Seed法（$N_0=12$）
⑥ Seed法（$N_0=10$）
⑦ 唐山近震
⑧ 唐山远震
⑨ 2001规范
⑩ 本次修订方案

行判别，这样处理与非线性判别方法也较为接近。铁路抗震规范 N_0 值，如 8 度取 10，则 N_{cr} 值在 15m～20m 范围内比 2001 规范小 1.4 击～1.8 击。经过全面分析对比后，认为这样调整方案既简便又与其他方法接近。

本次修订的变化如下：

1 液化判别深度。一般要求将液化判别深度加深到 20m，对于本规范第 4.2.1 条规定可不进行天然地基及基础的抗震承载力验算的各类建筑，可只判别地面下 15m 范围内土的液化。

2 液化判别公式。自 1994 年美国 Northridge 地震和 1995 年日本 Kobe 地震以来，北美和日本都对其使用的地震液化简化判别方法进行了改进与完善，1996、1997 年美国举行了专题研讨会，2000 年左右，日本的几本规范皆对液化判别方法进行了修订。考虑到影响土壤液化的因素很多，而且它们具有显著的不确定性，采用概率方法进行液化判别是一种合理的选择。自 1988 年以来，特别是 20 世纪末和 21 世纪初，国内外在砂土液化判别概率方法的研究都有了长足的进展。我国学者在 H. B. Seed 的简化液化判别方法的框架下，根据人工神经网络模型与我国大量的液化和未液化现场观测数据，可得到极限状态时的液化强度比函数，建立安全裕量方程，利用结构系统的可靠度理论可得到液化概率与安全系数的映射函数，并可给出任一震级不同概率水平、不同地面加速度以及不同地下水位和埋深的液化临界锤击数。式（4.3.4）是基于以上研究结果并考虑规范延续性修改而成的。选用对数曲线的形式来表示液化临界锤击数随深度的变化，比 2001 规范折线形式更为合理。

考虑一般结构可接受的液化风险水平以及国际惯

例，选用震级 $M=7.5$，液化概率 $P_L=0.32$，水位为 2m，埋深为 3m 处的液化临界锤击数作为液化判别标准贯入锤击数基准值，见正文表 4.3.4。不同地震分组乘以调整系数。研究表明，理想的调整系数 β 与震级大小有关，可近似用式 $\beta=0.25M-0.89$ 表示。鉴于本规范规定按设计地震分组进行抗震设计，而各地震分组之间又没有明确的震级关系，因此本条依据 2001 规范两个地震组的液化判别标准以及 β 值所对应的震级大小的代表性，规定了三个地震组的 β 数值。

以 8 度第一组地下水位 2m 为例，本次修订后的液化临界值随深度变化也在图 8 中给出。可以看到，其临界锤击数与 2001 规范相差不大。

4.3.5　本条提供了一个简化的预估液化危害的方法，可对场地的喷水冒砂程度、一般浅基础建筑的可能损坏，作粗略的预估，以便为采取工程措施提供依据。

1　液化指数表达式的特点是：为使液化指数为无量纲参数，权函数 W 具有量纲 m^{-1}；权函数沿深度分布为梯形，其图形面积判别深度 20m 时为 125。

2　液化等级的名称为轻微、中等、严重三级；各级的液化指数、地面喷水冒砂情况以及对建筑危害程度的描述见表 4，系根据我国百余个液化震害资料得出的。

表 4　液化等级和对建筑物的相应危害程度

液化等级	液化指数（20m）	地面喷水冒砂情况	对建筑的危害情况
轻微	<6	地面无喷水冒砂，或仅在洼地、河边有零星的喷水冒砂点	危害性小，一般不至引起明显的震害
中等	6～18	喷水冒砂可能性大，从轻微到严重均有，多数属中等	危害性较大，可造成不均匀沉陷和开裂，有时不均匀沉陷可能达到 200mm
严重	>18	一般喷水冒砂都很严重，地面变形很明显	危害性大，不均匀沉陷可能大于 200mm，高重心结构可能产生不容许的倾斜

2001 规范中，层位影响权函数值 W_i 的确定考虑了判别深度为 15m 和 20m 两种情况。本次修订明确采用 20m 判别深度。因此，只保留原条文中的判别深度为 20m 情况的 W_i 确定方案和液化等级与液化指数的对应关系。对本规范第 4.2.1 条规定可不进行天然地基及基础的抗震承载力验算的各类建筑，计算液化指数时 15m 地面下的土层均视为不液化。

4.3.6　抗液化措施是对液化地基的综合治理，89 规范已说明要注意以下几点：

1 倾斜场地的土层液化往往带来大面积土体滑动，造成严重后果，而水平场地土层液化的后果一般只造成建筑的不均匀下沉和倾斜，本条的规定不适用于坡度大于 10°的倾斜场地和液化土层严重不均的情况；

2 液化等级属于轻微者，除甲、乙类建筑由于其重要性需确保安全外，一般不作特殊处理，因为这类场地可能不发生喷水冒砂，即使发生也不致造成建筑的严重震害；

3 对于液化等级属于中等的场地，尽量多考虑采用较易实施的基础与上部结构处理的构造措施，不一定要加固处理液化土层；

4 在液化层深厚的情况下，消除部分液化沉陷的措施，即处理深度不一定达到液化下界而残留部分未经处理的液化层。

本次修订继续保持 2001 规范针对 89 规范的修改内容：

1 89 规范中不允许液化地基作持力层的规定有些偏严，改为不宜将未加处理的液化土层作为天然地基的持力层。因为：理论分析与振动台试验均已证明液化的主要危害来自基础外侧，液化持力层范围内位于基础直下方的部位其实最难液化，由于最先液化区域对基础直下方未液化部分的影响，使之失去侧边压力支持。在外侧易液化区的影响得到控制的情况下，轻微液化的土层是可以作为基础的持力层的，例如：

例 1，1975 年海城地震中营口宾馆筏基以液化土层为持力层，震后无震害，基础下液化层厚度为4.2m，为筏基宽度的 1/3 左右，液化土层的标贯锤击数 $N=2\sim5$，烈度为 7 度。在此情况下基础外侧液化对地基中间部分的影响很小。

例 2，1995 年日本阪神地震中有数座建筑位于液化严重的六甲人工岛上，地基未加处理而未遭液化危害的工程实录（见松尾雅夫等人论文，载"基础工"96 年 11 期，P54）：

①仓库二栋，平面均为 36m×24m，设计中采用了补偿式基础，即使仓库满载时的基底压力也只是与移去的土自重相当。地基为欠固结的可液化砂砾，震后有震陷，但建筑物无损，据认为无震害的原因是：液化后的减震效果使输入基底的地震作用削弱，补偿式筏式基础防止了表层土喷砂冒水，良好的基础刚度可使不均匀沉降减小；采用了吊车轨道调平，地脚螺栓加长等构造措施以减少不均匀沉降的影响。

②平面为 116.8m×54.5m 的仓库建在六甲人工岛厚 15m 的可液化土上，设计时预期建成后欠固结的黏土下卧层尚可能产生 1.1m～1.4m 的沉降。为防止不均匀沉降及液化，设计中采用了三方面的措施：补偿式基础＋基础下 2m 深度内以水泥土加固液化层＋防止不均匀沉降的构造措施。地震使该房屋产生震陷，但情况良好。

例 3，震害调查与有限元分析显示，当基础宽度与液化层厚之比大于 3 时，则液化震陷不超过液化层厚的 1%，不致引起结构严重破坏。

因此，将轻微和中等液化的土层作为持力层不是绝对不允许，但应经过严密的论证。

2 液化的危害主要来自震陷，特别是不均匀震陷。震陷量主要决定于土层的液化程度和上部结构的荷载。由于液化指数不能反映上部结构的荷载影响，因此有趋势直接采用震陷量来评价液化的危害程度。例如，对 4 层以下的民用建筑，当精细计算的平均震陷值 $S_E<5cm$ 时，可不采取抗液化措施，当 $S_E=5cm\sim15cm$ 时，可优先考虑采取结构和基础的构造措施，当 $S_E>15cm$ 时需要进行地基处理，基本消除液化震陷；在同样震陷量下，乙类建筑应该采取较丙类建筑更高的抗液化措施。

依据实测震陷、振动台试验以及有限元法对一系列典型液化地基计算得出的震陷变化规律，发现震陷量取决于液化土的密度（或承载力）、基底压力、基底宽度、液化层底面和顶面的位置和地震震级等因素，曾提出估计砂土与粉土液化平均震陷量的经验方法如下：

砂土

$$S_E=\frac{0.44}{B}\xi S_0(d_1^2-d_2^2)(0.01p)^{0.6}\left(\frac{1-D_r}{0.5}\right)^{1.5}$$

$$(3)$$

粉土 $\quad S_E=\frac{0.44}{B}\xi kS_0(d_1^2-d_2^2)(0.01p)^{0.6}$ (4)

式中：S_E——液化震陷量平均值；液化层为多层时，先按各层次分别计算后再相加；

B——基础宽度（m）；对住房等密集型基础取建筑平面宽度；当 $B\leqslant0.44d_1$ 时，取 $B=0.44d_1$；

S_0——经验系数，对第一组，7、8、9 度分别取 0.05、0.15 及 0.3；

d_1——由地面算起的液化深度（m）；

d_2——由地面算起的上覆非液化土层深度（m）；液化层为持力层取 $d_2=0$；

p——宽度为 B 的基础底面地震作用效应标准组合的压力（kPa）；

D_r——砂土相对密实度（%），可依据标贯锤击数 N 取 $D_r=\left(\frac{N}{0.23\sigma'_v+16}\right)^{0.5}$；

k——与粉土承载力有关的经验系数，当承载力特征值不大于 80kPa 时，取 0.30，当不小于 300kPa 时取 0.08，其余可内插取值；

ξ——修正系数，直接位于基础下的非液化厚度满足本规范第 4.3.3 条第 3 款对上覆非液化土层厚度 d_u 的要求，$\xi=0$；无非液化层，$\xi=1$；中间情况内插确定。

采用以上经验方法计算得到的震陷值，与日本的实测震陷基本符合；但与国内资料的符合程度较差，主要的原因可能是：国内资料中实测震陷值常常是相对值，如相对于车间某个柱子或相对于室外地面的震陷；地质剖面则往往是附近的，而不是针对所考察的基础的；有的震陷值（如天津上古林的场地）含有震前沉降及软土震陷；不明确沉降值是最大沉降或平均沉降。

鉴于震陷量的评价方法目前还不够成熟，因此本条只是给出了必要时可以根据液化震陷量的评价结果适当调整抗液化措施的原则规定。

4.3.7～4.3.9 在这几条中规定了消除液化震陷和减轻液化影响的具体措施，这些措施都是在震害调查和分析判断的基础上提出来的。

采用振冲加固或挤密碎石桩加固后构成了复合地基。此时，如桩间土的实测标贯值仍低于本规范4.3.4条规定的临界值，不能简单判为液化。许多文献或工程实践均已指出振冲桩或挤密碎石桩有挤密、排水和增大桩身刚度等多重作用，而实测的桩间土标贯值不能反映排水的作用。因此，89规范要求加固后的桩间土的标贯值应大于临界标贯值是偏保守的。

新的研究成果与工程实践中，已提出了一些考虑桩身强度与排水效应的方法，以及根据桩的面积置换率和桩土应力比适当降低复合地基桩间土液化判别的临界标贯值的经验方法，2001规范将"桩间土的实测标贯值不应小于临界标贯锤击数"的要求，改为"不宜"。本次修订继续保持。

注意到历次地震的震害经验表明，筏基、箱基等整体性好的基础对抗液化十分有利。例如1975年海城地震中，营口市营口饭店直接坐落在4.2m厚的液化土层上，震后仅沉降缝（筏基与裙房间）有错位；1976年唐山地震中，天津医院12.8m宽的筏基下有2.3m的液化粉土，液化层距基底3.5m，未做抗液化处理，震后室外有喷水冒砂，但房屋基本不受影响。1995年日本神户地震中也有许多类似的实例。实验和理论分析结果也表明，液化往往最先发生在房屋基础下外侧的地方，基础中部以下是最不容易液化的。因此对大面积箱形基础中部区域的抗液化措施可以适当放宽要求。

4.3.10 本条规定了有可能发生侧扩或流动时滑动土体的最危险范围并要求采取土体抗滑和结构抗裂措施。

1 液化侧扩地段的宽度来自1975年海城地震、1976年唐山地震及1995年日本阪神地震对液化侧扩区的大量调查。根据对阪神地震的调查，在距水线50m范围内，水平位移及竖向位移均很大；在50m～150m范围内，水平地面位移较显著；大于150m以后水平位移趋于减小，基本不构成震害。上述调查结果与我国海城、唐山地震后的调查结果基本一致：

海河故道、滦运河、新滦河、陡河岸波滑坍范围约距水线100m～150m，辽河、黄河等则可达500m。

2 侧向流动土体对结构的侧向推力，根据阪神地震后对受害结构的反算结果得到的：1）非液化上覆土层施加于结构的侧压相当于被动土压力，破坏土楔的运动方向是土楔向上滑而楔后土体向下，与被动土压发生时的运动方向一致；2）液化层中的侧压相当于竖向总压的1/3；3）桩基承受侧压的面积相当于垂直于流动方向桩排的宽度。

3 减小地裂对结构影响的措施包括：1）将建筑的主轴沿平行河流放置；2）使建筑的长高比小于3；3）采用筏基或箱基，基础板内应根据需要加配抗拉裂钢筋，筏基内的抗弯钢筋可兼作抗拉裂钢筋，抗拉裂钢筋可由中部向基础边缘逐段减少。当土体产生引张裂缝并流向河心或海岸线时，基础底面的极限摩阻力形成对基础的撕拉力，理论上，其最大值等于建筑物重力荷载之半乘以土与基础间的摩擦系数，实际上常因基础底面与土有部分脱离接触而减少。

4.3.11、4.3.12 从1976年唐山地震、1999年我国台湾和土耳其地震中的破坏实例分析，软土震陷确是造成震害的重要原因，实有明确判别标准和抗御措施之必要。

我国《构筑物抗震设计规范》GB 50191的1993年版根据唐山地震经验，规定7度区不考虑软土震陷；8度区 f_{ak} 大于100kPa，9度区 f_{ak} 大于120kPa的土亦可不考虑。但上述规定有以下不足：

（1）缺少系统的震陷试验研究资料。

（2）震陷实录局限于津塘8、9度地区，7度区是未知的空白；不少7度区的软土比津塘地区（唐山地震时为8、9度区）要差，津塘地区的多层建筑在8、9度地震时产生了15cm～30cm的震陷，比它们差的土在7度时是否会产生大于5cm的震陷？初步认为对7度区 $f_k<70$kPa的软土还是应该考虑震陷的可能性并宜采用室内动三轴试验和H.B. Seed简化方法加以判定。

（3）对8、9度规定的 f_{ak} 值偏于保守。根据天津实际震陷资料并考虑地震的偶发性及所需的设防费用，暂时规定软土震陷量小于5cm者可不采取措施，则8度区 $f_{ak}>90$kPa及9度区 $f_{ak}>100$kPa的软土均可不考虑震陷的影响。

对少黏性土的液化判别，我国学者最早给出了判别方法。1980年汪闻韶院士提出根据液限、塑限判别少黏性土的地震液化，此方法在国内已获得普遍认可，在国际上也有一定影响。我国水利和电力部门的地质勘察规范已将此写入条文。虽然近几年国外学者[Bray et al.（2004）、Seed et al.（2003）、Martin et al.（2000）等]对此判别方法进行了改进，但基本思路和框架没变。本次修订，借鉴和考虑了国内外学者对该判别法的修改意见，及《水利水电工程地质勘察规范》GB 50478 和《水工建筑物抗震设计规范》DL 5073 的有关规定，增加了软弱粉质土震陷的判别法。

对自重湿陷性黄土或黄土状土，研究表明具有震陷性。若孔隙比大于 0.8，当含水量在缩限（指固体与半固体的界限）与 25% 之间时，应该根据需要评估其震陷量。对含水量在 25% 以上的黄土或黄土状土的震陷量可按一般软土评估。关于软土及黄土的可能震陷目前已有了一些研究成果可以参考。例如，当建筑基础底面以下非软土层厚度符合表 5 中的要求时，可不采取消除软土地基的震陷影响措施。

表 5　基础底面以下非软土层厚度

烈　度	基础底面以下非软土层厚度（m）
7	$\geqslant 0.5b$ 且 $\geqslant 3$
8	$\geqslant b$ 且 $\geqslant 5$
9	$\geqslant 1.5b$ 且 $\geqslant 8$

注：b 为基础底面宽度（m）。

4.4　桩　　基

4.4.1 根据桩基抗震性能一般比同类结构的天然地基要好的宏观经验，继续保留 89 规范关于桩基不验算范围的规定。

本次修订，进一步明确了本条的适用范围。限制使用黏土砖以来，有些地区改为多层的混凝土抗震墙房屋和框架-抗震墙房屋，当其基础荷载与一般民用框架相当时，也可不进行桩基的抗震承载力验算。

4.4.2 桩基抗震验算方法已与《构筑物抗震设计规范》GB 50191 和《建筑桩基技术规范》JGJ 94 等协调。

关于地下室外墙侧的被动土压与桩共同承担地震水平力问题，大致有以下做法：假定由桩承担全部地震水平力；假定由地下室外的土承担全部水平力；由桩、土分担水平力（或由经验公式求出分担比，或用 m 法求土抗力或由有限元法计算）。目前看来，桩完全不承担地震水平力的假定偏于不安全，因为从日本的资料来看，桩基的震害是相当多的，因此这种做法不宜采用；由桩承受全部地震力的假定又过于保守。日本 1984 年发布的"建筑基础抗震设计规程"提出下列估算桩所承担的地震剪力的公式：

$$V = 0.2V_0 \sqrt{H} / \sqrt[4]{d_f}$$

上述公式主要根据是对地上（3～10）层、地下（1～4）层、平面 14m×14m 的塔楼所作的一系列试算结果。在这些计算中假定抗地震水平的因素有桩、前方的被动土抗力，侧面土的摩擦力三部分。土性质为标贯值 $N = 10 \sim 20$，q（单轴压强）为 0.5kg/cm² ～1.0kg/cm²（黏土）。土的摩擦抗力与水平位移成以下弹塑性关系：位移≤1cm 时抗力呈线性变化，当位移>1cm 时抗力保持不变。被动土抗力最大值取朗肯被动土压，达到最大值之前土抗力与水平位移呈线

性关系。由于背景材料只包括高度 45m 以下的建筑，对 45m 以上的建筑没有相应的计算资料。但从计算结果的发展趋势推断，对更高的建筑其值估计不超过 0.9，因而桩负担的地震力宜在（0.3～0.9）V_0 之间取值。

关于不计桩基承台底面与土的摩阻力为抗地震水平力的组成部分问题：主要是因为这部分摩阻力不可靠：软弱黏性土有震陷问题，一般黏性土也可能因桩身摩擦力产生的桩间土在附加应力下的压缩使土与承台脱空；欠固结土有固结下沉问题；非液化的砂砾则有震密问题等。实践中不乏有静载下桩台与土脱空的报导，地震情况下震后桩台与土脱空的报导也屡见不鲜。此外，计算摩阻力亦很困难，因为解答此问题须明确桩基在竖向荷载作用下的桩、土荷载分担比。出于上述考虑，为安全计，本条规定不应考虑承台与土的摩擦阻抗。

对于疏桩基础，如果桩的设计承载力按桩极限荷载取用则可以考虑承台与土间的摩阻力。因为此时承台与土不会脱空，且桩、土的竖向荷载分担比也比较明确。

4.4.3 本条中规定的液化土中桩的抗震验算原则和方法主要考虑了以下情况：

1 不计承台旁的土抗力或地坪的分担作用是出于安全考虑，拟将此作为安全储备，主要是目前对液化土中桩的地震作用与土中液化进程的关系尚未弄清。

2 根据地震反应分析与振动台试验，地面加速度最大时刻出现在液化土的孔压比为小于 1（常为 0.5～0.6）时，此时土尚未充分液化，只是刚度比未液化时下降很多，因之对液化土的刚度作折减。折减系数的取值与构筑物抗震设计规范基本一致。

3 液化土中孔隙水压力的消散往往需要较长的时间。地震时土中孔压不会排泄消散，往往于震后才出现喷砂冒水，这一过程通常持续几小时甚至一二天，其间常有沿桩与基础四周排水现象，这说明此时桩身摩阻力已大减，从而出现竖向承载力不足和缓慢的沉降，因此应按静力荷载组合校核桩身的强度与承载力。

式（4.4.3）主要根据由工程实践中总结出来的打桩前后土性变化规律，并已在许多工程实例中得到验证。

4.4.5 本条在保证桩基安全方面是相当关键的。桩基理论分析已经证明，地震作用下的桩基在软、硬土层交界面处最易受到剪、弯损害。日本 1995 年阪神地震后对许多桩基的实际考查也证实了这一点，但在采用 m 法的桩身内力计算方法中却无法反映，目前除考虑桩土相互作用的地震反应分析可以较好地反映桩身受力情况外，还没有简便实用的计算方法保证桩在地震作用下的安全，因此必须采取有效的构造措

施。本条的要点在于保证软土或液化土层附近桩身的抗弯和抗剪能力。

5 地震作用和结构抗震验算

5.1 一般规定

5.1.1 抗震设计时，结构所承受的"地震力"实际上是由于地震地面运动引起的动态作用，包括地震加速度、速度和动位移的作用，按照国家标准《建筑结构设计术语和符号标准》GB/T 50083 的规定，属于间接作用，不可称为"荷载"，应称"地震作用"。

结构应考虑的地震作用方向有以下规定：

1 某一方向水平地震作用主要由该方向抗侧力构件承担，如该构件带有翼缘、翼墙等，尚应包括翼缘、翼墙的抗侧力作用。

2 考虑到地震可能来自任意方向，为此要求有斜交抗侧力构件的结构，应考虑对各构件的最不利方向的水平地震作用，一般即与该构件平行的方向。明确交角大于 15°时，应考虑斜向地震作用。

3 不对称不均匀的结构是"不规则结构"的一种，同一建筑单元同一平面内质量、刚度分布不对称，或虽在本层平面内对称，但沿高度分布不对称的结构。需考虑扭转影响的结构，具有明显的不规则性。扭转计算应同时"考虑双向水平地震作用下的扭转影响"。

4 研究表明，对于较高的高层建筑，其竖向地震作用产生的轴力在结构上部是不可忽略的，故要求 9 度区高层建筑需考虑竖向地震作用。

5 关于大跨度和长悬臂结构，根据我国大陆和台湾地震的经验，9 度和 9 度以上时，跨度大于 18m 的屋架、1.5m 以上的悬挑阳台和走廊等震害严重甚至倒塌；8 度时，跨度大于 24m 的屋架、2m 以上的悬挑阳台和走廊等震害严重。

5.1.2 不同的结构采用不同的分析方法在各国抗震规范中均有体现，底部剪力法和振型分解反应谱法仍是基本方法，时程分析法作为补充计算方法，对特别不规则（参照本规范表 3.4.3 的规定）、特别重要的和较高的高层建筑才要求采用。所谓"补充"，主要指对计算结果的底部剪力、楼层剪力和层间位移进行比较，当时程分析法大于振型分解反应谱法时，相关部位的构件内力和配筋相应的调整。

进行时程分析时，鉴于不同地震波输入进行时程分析的结果不同，本条规定一般可以根据小样本容量下的计算结果来估计地震作用效应值。通过大量地震加速度记录输入不同结构类型进行时程分析结果的统计分析，若选用不少于二组实际记录和一组人工模拟的加速度时程曲线作为输入，计算的平均地震效应值不小于大样本容量平均值的保证率在 85% 以上，而

且一般也不会偏大很多。当选用数量较多的地震波，如 5 组实际记录和 2 组人工模拟时程曲线，则保证率更高。所谓"在统计意义上相符"指的是，多组时程波的平均地震影响系数曲线与振型分解反应谱法所用的地震影响系数曲线相比，在对应于结构主要振型的周期点上相差不大于 20%。计算结果在结构主方向的平均底部剪力一般不会小于振型分解反应谱法计算结果的 80%，每条地震波输入的计算结果不会小于 65%。从工程角度考虑，这样可以保证时程分析结果满足最低安全要求。但计算结果也不能太大，每条地震波输入计算不大于 135%，平均不大于 120%。

正确选择输入的地震加速度时程曲线，要满足地震动三要素的要求，即频谱特性、有效峰值和持续时间均要符合规定。

频谱特性可用地震影响系数曲线表征，依据所处的场地类别和设计地震分组确定。

加速度的有效峰值按规范表 5.1.2-2 中所列地震加速度最大值采用，即以地震影响系数最大值除以放大系数（约 2.25）得到。计算输入的加速度曲线的峰值，必要时可比上述有效峰值适当加大。当结构采用三维空间模型等需要双向（二个水平向）或三向（二个水平和一个竖向）地震波输入时，其加速度最大值通常按 1（水平 1）：0.85（水平 2）：0.65（竖向）的比例调整。人工模拟的加速度时程曲线，也应按上述要求生成。

输入的地震加速度时程曲线的有效持续时间，一般从首次达到该时程曲线最大峰值的 10% 那一点算起，到最后一点达到最大峰值的 10% 为止；不论是实际的强震记录还是人工模拟波形，有效持续时间一般为结构基本周期的（5~10）倍，即结构顶点的位移可按基本周期往复（5~10）次。

抗震性能设计所需要对应于设防地震（中震）的加速度最大峰值，即本规范表 3.2.2 的设计基本地震加速度值，对应的地震影响系数最大值，见本规范 3.10 节。

本次修订，增加了平面投影尺度很大的大跨空间结构地震作用的下列计算要求：

1 平面投影尺度很大的空间结构，指跨度大于 120m，或长度大于 300m，或悬臂大于 40m 的结构。

2 关于结构形式和支承条件

对周边支承空间结构，如：网架，单、双层网壳，索穹顶，弦支穹顶屋盖和下部圈梁-框架结构，当下部支承结构为一个整体、且与上部空间结构侧向刚度比大于等于 2 时，可采用三向（水平两向加竖向）单点一致输入计算地震作用；当下部支承结构由结构缝分开、且每个独立的支承结构单元与上部空间结构侧向刚度比小于 2 时，应采用三向多点输入计算地震作用；

对两线边支承空间结构，如：拱，拱桁架；门式

刚架，门式桁架；圆柱面网壳等结构，当支承于独立基础时，应采用三向多点输入计算地震作用；

对长悬臂空间结构，应视其支承结构特点，采用多向单点一致输入、或多向多点输入计算地震作用。

3 关于单点一致输入、多向单点输入、多点输入和多向多点输入

单点一致输入，即仅对基础底部输入一致的加速度反应谱或加速度时程进行结构计算。

多向单点输入，即沿空间结构基础底部，三向同时输入，其地震动参数（加速度峰值或反应谱最大值）比例取：水平主向：水平次向：竖向＝1.00：0.85：0.65。

多点输入，即考虑地震行波效应和局部场地效应，对各独立基础或支承结构输入不同的设计反应谱或加速度时程进行计算，估计可能造成的地震效应。对于6度和7度Ⅰ、Ⅱ类场地上的大跨空间结构，多点输入下的地震效应不太明显，可以采用简化计算方法，乘以附加地震作用效应系数，跨度越大、场地条件越差，附加地震作用系数越大；对于7度Ⅲ、Ⅳ场地和8、9度区，多点输入下的地震效应比较明显，应考虑行波和局部场地效应对输入加速度时程进行修正，采用结构时程分析方法进行多点输入下的抗震验算。

多向多点输入，即同时考虑多向和多点输入进行计算。

4 关于行波效应

研究证明，地震传播过程的行波效应、相干效应和局部场地效应对于大跨空间结构的地震效应有不同程度的影响，其中，以行波效应和场地效应的影响较为显著，一般情况下，可不考虑相干效应。对于周边支承空间结构，行波效应影响表现在对大跨屋盖系统和下部支承结构；对于两线边支承空间结构，行波效应通过支座影响到上部结构。

行波效应将使不同点支承结构或支座处的加速度峰值不同，相位也不同，从而使不同点的设计反应谱或加速度时程不同，计算分析应考虑这些差异。由于地震动是一种随机过程，多点输入时，应考虑最不利的组合情况。行波效应与潜在震源、传播路径、场地的地震地质特性有关，当需要进行多点输入计算分析时，应对此作专门研究。

5 关于局部场地效应

当独立基础或支承结构下卧土层剖面地质条件相差较大时，可采用一维或二维模型计算求得基础底部的土层地震反应谱或加速度时程、或按土层等效剪切波速对基岩地震反应谱或加速度时程进行修正后，作为多点输入的地震反应谱或加速度时程。当下卧土层剖面地质条件比较均匀时，可不考虑局部场地效应，不需要对地震反应谱或加速度时程进行修正。

5.1.3 按现行国家标准《建筑结构可靠度设计统一标准》GB 50068 的原则规定，地震发生时恒荷载与其他重力荷载可能的遇合结果总称为"抗震设计的重力荷载代表值 G_E"，即永久荷载标准值与有关可变荷载组合值之和。组合值系数基本上沿用 78 规范的取值，考虑到藏书库等活荷载在地震时遇合的概率较大，故按等效楼面均布荷载计算活荷载时，其组合值系数为 0.8。

表中硬钩吊车的组合值系数，只适用于一般情况，吊重较大时需按实际情况取值。

5.1.4 本次修订，表 5.1.4-1 增加 6 度区罕遇地震的水平地震影响系数最大值。与第 4 章场地类别相对应，表 5.1.4-2 增加 I_0 类场地的特征周期。

5.1.5 弹性反应谱理论仍是现阶段抗震设计的最基本理论，规范所采用的设计反应谱以地震影响系数曲线的形式给出。

本规范的地震影响系数的特点是：

1 同样烈度、同样场地条件的反应谱形状，随着震源机制、震级大小、震中距远近等的变化，有较大的差别，影响因素很多。在继续保留烈度概念的基础上，用设计地震分组的特征周期 T_g 予以反映。其中，Ⅰ、Ⅱ、Ⅲ类场地的特征周期值，2001 规范较 89 规范的取值增大了 0.05s；本次修订，计算罕遇地震作用时，特征周期 T_g 值又增大 0.05s。这些改进，适当提高了结构的抗震安全性，也比较符合近年来得到的大量地震加速度资料的统计结果。

2 在 $T \le 0.1s$ 的范围内，各类场地的地震影响系数一律采用同样的斜线，使之符合 $T=0$ 时（刚体）动力不放大的规律；在 $T \ge T_g$ 时，设计反应谱在理论上存在二个下降段，即速度控制段和位移控制段，在加速度反应谱中，前者衰减指数为 1，后者衰减指数为 2。设计反应谱是用来预估建筑结构在其设计基准期内可能经受的地震作用，通常根据大量实际地震记录的反应谱进行统计并结合工程经验判断加以规定。为保持规范的延续性，地震影响系数在 $T \le 5T_g$ 范围内与 2001 规范维持一致，各曲线的衰减指数为非整数；在 $T > 5T_g$ 的范围为倾斜下降段，不同场地类别的最小值不同，较符合实际反应谱的统计规律。对于周期大于 6s 的结构，地震影响系数仍专门研究。

3 按二阶段设计要求，在截面承载力验算时的设计地震作用，取众值烈度下结构按完全弹性分析的数值，据此调整了本规范相应的地震影响系数最大值，其取值继续与按 78 规范各结构影响系数 C 折减的平均值大致相当。在罕遇地震的变形验算时，按超越概率 2%～3% 提供了对应的地震影响系数最大值。

4 考虑到不同结构类型建筑的抗震设计需要，提供了不同阻尼比（0.02～0.30）地震影响系数曲线相对于标准的地震影响系数（阻尼比为 0.05）的修正方法。根据实际强震记录的统计分析结果，这种修

正可分二段进行：在反应谱平台段（$\alpha = \alpha_{max}$），修正幅度最大；在反应谱上升段（$T < T_g$）和下降段（$T > T_g$），修正幅度变小；在曲线两端（0s和6s），不同阻尼比下的 α 系数趋向接近。

本次修订，保持2001规范地震影响系数曲线的计算表达式不变，只对其参数进行调整，达到以下效果：

1 阻尼比为5%的地震影响系数与2001规范相同，维持不变。

2 基本解决了2001规范在长周期段，不同阻尼比地震影响系数曲线交叉、大阻尼曲线值高于小阻尼曲线值的不合理现象。Ⅰ、Ⅱ、Ⅲ类场地的地震影响系数曲线在周期接近6s时，基本交汇在一点上，符合理论和统计规律。

3 降低了小阻尼（2%～3.5%）的地震影响系数值，最大降低幅度达18%。略微提高了阻尼比6%～10%的地震影响系数值，长周期部分最大增幅约5%。

4 适当降低了大阻尼（20%～30%）的地震影响系数值，在 $5T_g$ 周期以内，基本不变，长周期部分最大降幅约10%，有利于消能减震技术的推广应用。

对应于不同特征周期 T_g 的地震影响系数曲线如图9所示：

5.1.6 在强烈地震下，结构和构件并不存在最大承载力极限状态的可靠度。从根本上说，抗震验算应该是弹塑性变形能力极限状态的验算。研究表明，地震作用下结构和构件的变形和其最大承载能力有密切的联系，但因结构的不同而异。本条继续保持89规范和2001规范关于不同的结构应采取不同验算方法的规定。

1 当地震作用在结构设计中基本上不起控制作用时，例如6度区的大多数建筑，以及被地震经验所证明者，可不做抗震验算，只需满足有关抗震构造要求。但"较高的高层建筑（以后各章同）"，诸如高于40m的钢筋混凝土框架、高于60m的其他钢筋混凝土民用房屋和类似的工业厂房，以及高层钢结构房屋，其基本周期可能大于Ⅳ类场地的特征周期 T_g，则6度的地震作用值可能相当于同一建筑在7度Ⅱ类场地下的取值，此时仍须进行抗震验算。本次修订增加了6度设防的不规则建筑应进行抗震验算的要求。

2 对于大部分结构，包括6度设防的上述较高的高层建筑和不规则建筑，可以将设防地震下的变形验算，转换为以多遇地震下按弹性分析获得的地震作用效应（内力）作为额定统计指标，进行承载力极限状态的验算，即只需满足第一阶段的设计要求，就可具有比78规范适当提高的抗震承载力的可靠度，保持了规范的延续性。

3 我国历次大地震的经验表明，发生高于基本烈度的地震是可能的，设计时考虑"大震不倒"是必要的，规范要求对薄弱层进行罕遇地震下变形验算，

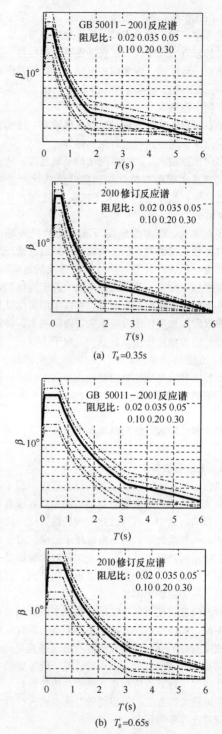

图9　调整后不同特征周期 T_g 的地震影响系数曲线

即满足第二阶段设计的要求。89规范仅对框架、填充墙框架、高大单层厂房等（这些结构，由于存在明显的薄弱层，在唐山地震中倒塌较多）及特殊要求的建筑做了要求，2001规范对其他结构，如各类钢筋混凝土结构、钢结构、采用隔震和消能减震技术的结构，也需要进行第二阶段设计。

5.2 水平地震作用计算

5.2.1 底部剪力法视多质点体系为等效单质点系。根据大量的计算分析，本条继续保持 89 规范的如下规定：

1 引入等效质量系数 0.85，它反映了多质点系底部剪力值与对应单质点系（质量等于多质点系总质量，周期等于多质点系基本周期）剪力值的差异。

2 地震作用沿高度倒三角形分布，在周期较长时顶部误差可达 25%，故引入依赖于结构周期和场地类别的顶点附加集中地震力予以调整。单层厂房沿高度分布在 9 章中已另有规定，故本条不重复调整（取 $\delta_n = 0$）。

5.2.2 对于振型分解法，由于时程分析法亦可利用振型分解法进行计算，故加上"反应谱"以示区别。为使高柔建筑的分析精度有所改进，其组合的振型个数适当增加。振型个数一般可以取振型参与质量达到总质量 90% 所需的振型数。

随机振动理论分析表明，当结构体系的振型密集、两个振型的周期接近时，振型之间的耦联明显。在阻尼比均为 5% 的情况下，由本规范式（5.2.3-6）可以得出（如图 10 所示）：当相邻振型的周期比为 0.85 时，耦联系数大约为 0.27，采用平方和开方 SRSS 方法进行振型组合的误差不大；而当周期比为 0.90 时，耦联系数增大一倍，约为 0.50，两个振型之间的互相影响不可忽略。这时，计算地震作用效应不能采用 SRSS 组合方法，而应采用完全方根组合 CQC 方法，如本规范式（5.2.3-5）和式（5.2.3-6）所示。

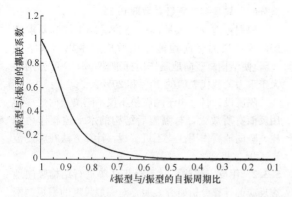

图 10 不同振型周期比对应的耦联系数

5.2.3 地震扭转效应是一个极其复杂的问题，一般情况，宜采用较规则的结构体型，以避免扭转效应。体型复杂的建筑结构，即使楼层"计算刚心"和质心重合，往往仍然存在明显的扭转效应。因此，89 规范规定，考虑结构扭转效应时，一般只能取各楼层质心为相对坐标原点，按多维振型分解法计算，其振型效应彼此耦联，用完全二次型方根法组合，可以由计算机运算。

89 规范修订过程中，提出了许多简化计算方法，例如，扭转效应系数法，表示扭转时某榀抗侧力构件按平动分析的层剪力效应的增大，物理概念明确，而数值依赖于各类结构大量算例的统计。对低于 40m 的框架结构，当各层的质心和"计算刚心"接近于两串轴线时，根据上千个算例的分析，若偏心参数 ε 满足 $0.1 < \varepsilon < 0.3$，则边榀框架的扭转效应增大系数 $\eta = 0.65 + 4.5\varepsilon$。偏心参数的计算公式是 $\varepsilon = e_y s_y / (K_\varphi / K_x)$，其中，$e_y$、$s_y$ 分别为 i 层刚心和 i 层边榀框架距 i 层以上总质心的距离（y 方向），K_x、K_φ 分别为 i 层平动刚度和绕质心的扭转刚度。其他类型结构，如单层厂房也有相应的扭转效应系数。对单层结构，多采用基于刚心和质心概念的动力偏心距法估算。这些简化方法各有一定的适用范围，故规范要求在确有依据时才可用来近似估计。

本次修订，保持了 2001 规范的如下改进：

1 即使对于平面规则的建筑结构，国外的多数抗震设计规范也考虑由于施工、使用等原因所产生的偶然偏心引起的地震扭转效应及地震地面运动扭转分量的影响。故要求规则结构不考虑扭转耦联计算时，应采用增大边榀构件地震内力的简化处理方法。

2 增加考虑双向水平地震作用下的地震效应组合。根据强震观测记录的统计分析，二个水平方向地震加速度的最大值不相等，二者之比约为 1:0.85；而且两个方向的最大值不一定发生在同一时刻，因此采用平方和开方计算二个方向地震作用效应的组合。条文中的地震作用效应，系指两个正交方向地震作用在每个构件的同一局部坐标方向的地震作用效应，如 x 方向地震作用下在局部坐标 x_i 向的弯矩 M_{xx} 和 y 方向地震作用下在局部坐标 x_i 方向的弯矩 M_{xy}；按不利情况考虑时，则取上述组合的最大弯矩与对应的剪力，或上述组合的最大剪力与对应的弯矩，或上述组合的最大轴力与对应的弯矩等等。

3 扭转刚度较小的结构，例如某些核心筒-外稀柱框架结构或类似的结构，第一振型周期为 T_θ，或满足 $T_\theta > 0.75 T_{x1}$，或 $T_\theta > 0.75 T_{y1}$，对较高的高层建筑，$0.75 T_\theta > T_{x2}$，或 $0.75 T_\theta > T_{y2}$，均需考虑地震扭转效应。但如果考虑扭转影响的地震作用效应小于考虑偶然偏心引起的地震效应时，应取后者以策安全。但现阶段，偶然偏心与扭转二者不需要同时参与计算。

4 增加了不同阻尼比时耦联系数的计算方法，以供高层钢结构等使用。

5.2.4 突出屋面的小建筑，一般按其重力荷载小于标准层 1/3 控制。

对于顶层带有空旷大房间或轻钢结构的房屋，不宜视为突出屋面的小屋并采用底部剪力法乘以增大系数的办法计算地震作用效应，而应视为结构体系一部分，用振型分解法等计算。

5.2.5 由于地震影响系数在长周期段下降较快，对于基本周期大于 3.5s 的结构，由此计算所得的水平地震作用下的结构效应可能太小。而对于长周期结构，地震动态作用中的地面运动速度和位移可能对结构的破坏具有更大影响，但是规范所采用的振型分解反应谱法尚无法对此作出估计。出于结构安全的考虑，提出了对结构总水平地震剪力及各楼层水平地震剪力最小值的要求，规定了不同烈度下的剪力系数，当不满足时，需改变结构布置或调整结构总剪力和各楼层的水平地震剪力使之满足要求。例如，当结构底部的总地震剪力略小于本条规定而中、上部楼层均满足最小值时，可采用下列方法调整：若结构基本周期位于设计反应谱的加速度控制段时，则各楼层均需乘以同样大小的增大系数；若结构基本周期位于反应谱的位移控制段时，则各楼层 i 均需按底部的剪力系数的差值 $\triangle\lambda_0$ 增加该层的地震剪力——$\triangle F_{Eki} = \triangle\lambda_0 G_{Ei}$；若结构基本周期位于反应谱的速度控制段时，则增加值应大于 $\triangle\lambda_0 G_{Ei}$，顶部增加值可取动位移作用和加速度作用二者的平均值，中间各层的增加值可近似按线性分布。

需要注意：①当底部总剪力相差较多时，结构的选型和总体布置需重新调整，不能仅采用乘以增大系数方法处理。②只要底部总剪力不满足要求，则结构各楼层的剪力均需要调整，不能仅调整不满足的楼层。③满足最小地震剪力是结构后续抗震计算的前提，只有调整到符合最小剪力要求才能进行相应的地震倾覆力矩、构件内力、位移等等的计算分析；即意味着，当各层的地震剪力需要调整时，原先计算的倾覆力矩、内力和位移均需要相应调整。④采用时程分析法时，其计算的总剪力也需符合最小地震剪力的要求。⑤本条规定不考虑阻尼比的不同，是最低要求，各类结构，包括钢结构、隔震和消能减震结构均需一律遵守。

扭转效应明显与否一般可由考虑耦联的振型分解反应谱法分析结果判断，例如前三个振型中，二个水平方向的振型参与系数为同一个量级，即存在明显的扭转效应。对于扭转效应明显或基本周期小于 3.5s 的结构，剪力系数取 $0.2\alpha_{max}$，保证足够的抗震安全度。对于存在竖向不规则的结构，突变部位的薄弱楼层，尚应按本规范 3.4.4 条的规定，再乘以不小于 1.15 的系数。

本次修订增加了 6 度区楼层最小地震剪力系数值。

5.2.7 由于地基和结构动力相互作用的影响，按刚性地基分析的水平地震作用在一定范围内有明显的折减。考虑到我国的地震作用取值与国外相比还较小，故仅在必要时才利用这一折减。研究表明，水平地震作用的折减系数主要与场地条件、结构自振周期、上部结构和地基的阻尼特性等因素有关，柔性地基上的

建筑结构的折减系数随结构周期的增大而减小，结构越刚，水平地震作用的折减量越大。89 规范在统计分析基础上建议，框架结构折减 10%，抗震墙结构折减 15%～20%。研究表明，折减量与上部结构的刚度有关，同样高度的框架结构，其刚度明显小于抗震墙结构，水平地震作用的折减量也减小，当地震作用很小时不宜再考虑水平地震作用的折减。据此规定了可考虑地基与结构动力相互作用的结构自振周期的范围和折减量。

研究表明，对于高宽比较大的高层建筑，考虑地基与结构动力相互作用后水平地震作用的折减系数并非各楼层均为同一常数，由于高振型的影响，结构上部几层的水平地震作用一般不宜折减。大量计算分析表明，折减系数沿楼层高度的变化较符合抛物线型分布，2001 规范提供了建筑顶部和底部的折减系数的计算公式。对于中间楼层，为了简化，采用按高度线性插值方法计算折减系数。本次修订保留了这一规定。

5.3 竖向地震作用计算

5.3.1 高层建筑的竖向地震作用计算，是 89 规范增加的规定。输入竖向地震加速度波的时程反应分析发现，高层建筑由竖向地震引起的轴向力在结构的上部明显大于底部，是不可忽视的。作为简化方法，原则上与水平地震作用的底部剪力法类似：结构竖向振动的基本周期较短，总竖向地震作用可表示为竖向地震影响系数最大值和等效总重力荷载代表值的乘积；沿高度分布按第一振型考虑，也采用倒三角形分布；在楼层平面内的分布，则按构件所承受的重力荷载代表值分配。只是等效质量系数取 0.75。

根据台湾 921 大地震的经验，2001 规范要求高层建筑楼层的竖向地震作用效应应乘以增大系数 1.5，使结构总竖向地震作用标准值，8、9 度分别略大于重力荷载代表值的 10% 和 20%。

隔震设计时，由于隔震垫不仅不隔离竖向地震作用反而有所放大，与隔震后结构的水平地震作用相比，竖向地震作用往往不可忽视，计算方法在本规范 12 章具体规定。

5.3.2 用反应谱法、时程分析法等进行结构竖向地震反应的计算分析研究表明，对一般尺度的平板型网架和大跨度屋架各主要杆件，竖向地震内力和重力荷载下的内力之比值，彼此相差一般不太大，此比值随烈度和场地条件而异，且当结构周期大于特征周期时，随跨度的增大，比值反而有所下降。由于在常用的跨度范围内，这个下降还不很大，为了简化，本规范略去跨度的影响。

5.3.3 对长悬臂等大跨度结构的竖向地震作用计算，本次修订未修改，仍采用 78 规范的静力法。

5.3.4 空间结构的竖向地震作用，除了第 5.3.2、

第 5.3.3 条的简化方法外，还可采用竖向振型的振型分解反应谱方法。对于竖向反应谱，各国学者有一些研究，但研究成果纳入规范的不多。现阶段，多数规范仍采用水平反应谱的 65%，包括最大值和形状参数。但认为竖向反应谱的特征周期与水平反应谱相比，尤其在远震中距时，明显小于水平反应谱。故本条规定，特征周期均按第一组采用。对处于发震断裂 10km 以内的场地，竖向反应谱的最大值可能接近于水平谱，但特征周期小于水平谱。

5.4 截面抗震验算

本节基本同 89 规范，仅按《建筑结构可靠度设计统一标准》GB 50068（以下简称《统一标准》）的修订，对符号表达做了修改，并修改了钢结构的 γ_{RE}。

5.4.1 在设防烈度的地震作用下，结构构件承载力按《统一标准》计算的可靠指标 β 是负值，难于按《统一标准》的要求进行设计表达式的分析。因此，89 规范以来，在第一阶段的抗震设计时取相当于众值烈度下的弹性地震作用作为额定设计指标，使此时的设计表达式可按《统一标准》的要求导出。

1 地震作用分项系数的确定

在众值烈度下的地震作用，应视为可变作用而不是偶然作用。这样，根据《统一标准》中确定直接作用（荷载）分项系数的方法，通过综合比较，本规范对水平地震作用，确定 $\gamma_{Eh}=1.3$，至于竖向地震作用分项系数，则参照水平地震作用，也取 $\gamma_{Ev}=1.3$。当竖向与水平地震作用同时考虑时，根据加速度峰值记录和反应谱的分析，二者的组合比为 $1:0.4$，故 $\gamma_{Eh}=1.3$，$\gamma_{Ev}=0.4\times1.3\approx0.5$。

此次修订，考虑大跨、大悬臂结构的竖向地震作用效应比较显著，表 5.4.1 增加了同时计算水平与竖向地震作用（竖向地震为主）的组合。

此外，按照《统一标准》的规定，当重力荷载对结构构件承载力有利时，取 $\gamma_G=1.0$。

2 抗震验算中作用组合值系数的确定

本规范在计算地震作用时，已经考虑了地震作用与各种重力荷载（恒荷载与活荷载、雪荷载等）的组合问题，在本规范 5.1.3 条中规定了一组组合值系数，形成了抗震设计的重力荷载代表值，本规范继续沿用 78 规范在验算和计算地震作用时（除吊车悬吊重力外）对重力荷载均采用相同的组合值系数的规定，可简化计算，并避免有两种不同的组合值系数。因此，本条中仅出现风荷载的组合值系数，并按《统一标准》的方法，将 78 规范的取值予以转换得到。这里，所谓风荷载起控制作用，指风荷载和地震作用产生的总剪力和倾覆力矩相当的情况。

3 地震作用标准值的效应

规范的作用效应组合是建立在弹性分析叠加原理基础上的，考虑到抗震计算模型的简化和塑性内力分布与弹性内力分布的差异等因素，本条中还规定，对地震作用效应，当本规范各章有规定时尚应乘以相应的效应调整系数 η，如突出屋面小建筑、天窗架、高低跨厂房交接处的柱子、框架柱、底层框架-抗震墙结构的柱子、梁端和抗震墙底部加强部位的剪力等的增大系数。

4 关于重要性系数

根据地震作用的特点、抗震设计的现状，以及抗震设防分类与《统一标准》中安全等级的差异，重要性系数对抗震设计的实际意义不大，本规范对建筑重要性的处理仍采用抗震措施的改变来实现，不考虑此项系数。

5.4.2 结构在设防烈度下的抗震验算根本上应该是弹塑性变形验算，但为减少验算工作量并符合设计习惯，对大部分结构，将变形验算转换为众值烈度地震作用下构件承载力验算的形式来表现。按照《统一标准》的原则，89 规范与 78 规范在众值烈度下有基本相同的可靠指标，研究发现，78 规范钢结构构件的可靠指标比混凝土结构构件明显偏低，故 89 规范予以适当提高，使之与砌体、混凝土构件有相近的可靠指标；而且随着非抗震设计材料指标的提高，2001 规范各类材料结构的抗震可靠性也略有提高。基于此前提，在确定地震作用分项系数取 1.3 的同时，则可得到与抗力标准值 R_k 相应的最优抗力分项系数，并进一步转换为抗震的抗力函数（即抗震承载力设计值 R_{dE}），使抗力分项系数取 1.0 或不出现。本规范砌体结构的截面抗震验算，就是这样处理的。

现阶段大部分结构构件截面抗震验算时，采用了各有关规范的承载力设计值 R_d，因此，抗震设计的抗力分项系数，就相应地变为非抗震设计的构件承载力设计值的抗震调整系数 γ_{RE}，即 $\gamma_{RE}=R_d/R_{dE}$ 或 $R_{dE}=R_d/\gamma_{RE}$。还应注意，地震作用下结构的弹塑性变形直接依赖于结构实际的屈服强度（承载力），本节的承载力是设计值，不可误作为标准值来进行本章 5.5 节要求的弹塑性变形验算。

本次修订，配合钢结构构件、连接的内力调整系数的变化，调整了其承载力抗震调整系数的取值。

5.4.3 本条在 2008 年局部修订时，提升为强制性条文。

5.5 抗震变形验算

5.5.1 根据本规范所提出的抗震设防三个水准的要求，采用二阶段设计方法来实现，即：在多遇地震作用下，建筑主体结构不受损坏，非结构构件（包括围护墙、隔墙、幕墙、内外装修等）没有过重破坏并导致人员伤亡，保证建筑的正常使用功能；在罕遇地震作用下，建筑主体结构遭受破坏或严重破坏但不倒塌。根据各国规范的规定、震害经验和实验研究结果及工程实例分析，采用层间位移角作为衡量结构变形能力从而判别是否满足建筑功能要求的指标是合理的。

对各类钢筋混凝土结构和钢结构要求进行多遇地震作用下的弹性变形验算，实现第一水准下的设防要求。弹性变形验算属于正常使用极限状态的验算，各作用分项系数均取1.0。钢筋混凝土结构构件的刚度，国外规范规定需考虑一定的非线性而取有效刚度，本规范规定与位移限值相配套，一般可取弹性刚度；当计算的变形较大时，宜适当考虑构件开裂时的刚度退化，如取$0.85E_cI_c$。

第一阶段设计，变形验算以弹性层间位移角表示。不同结构类型给出弹性层间位移角限值范围，主要依据国内外大量的试验研究和有限元分析的结果，以钢筋混凝土构件（框架柱、抗震墙等）开裂时的层间位移角作为多遇地震下结构弹性层间位移角限值。

计算时，一般不扣除由于结构重力$P-\Delta$效应所产生的水平相对位移；高度超过150m或$H/B>6$的高层建筑，可以扣除结构整体弯曲所产生的楼层水平绝对位移值，因为以弯曲变形为主的高层建筑结构，这部分位移在计算的层间位移中占有相当的比例，加以扣除比较合理。如未扣除，位移角限值可有所放宽。

框架结构试验结果表明，对于开裂层间位移角，不开洞填充墙框架为1/2500，开洞填充墙框架为1/926；有限元分析结果表明，不带填充墙时为1/800，不开洞填充墙时为1/2000。本规范不再区分有填充墙和无填充墙，均按89规范的1/550采用，并仍按构件截面弹性刚度计算。

对于框架-抗震墙结构的抗震墙，其开裂层间位移角：试验结果为1/3300～1/1100，有限元分析结果为1/4000～1/2500，取二者的平均值约为1/3000～1/1600。2001规范统计了我国当时建成的124幢钢筋混凝土框-墙、框-筒、抗震墙、筒结构高层建筑的结构抗震计算结果，在多遇地震作用下的最大弹性层间位移均小于1/800，其中85%小于1/1200。因此对框-墙、板柱-墙、框-筒结构的弹性位移限值范围为1/800；对抗震墙和筒中筒结构层间弹性位移角限值范围为1/1000，与现行的混凝土高层规程相当；对框支层要求较框-墙结构加严，取1/1000。

钢结构在弹性阶段的层间位移限值，日本建筑法施行令定为层高的1/200。参照美国加州规范（1988）对基本自振周期大于0.7s的结构的规定，本规范取1/250。

单层工业厂房的弹性层间位移角需根据吊车使用要求加以限制，严于抗震要求，因此不必再对地震作用下的弹性位移加以限制；弹塑性层间位移的计算和限值在本规范第5.5.4和第5.5.5条有规定，单层钢筋混凝土柱排架为1/30。因此本条不再单列对于单层工业厂房的弹性位移限值。

多层工业厂房应区分结构材料（钢和混凝土）和结构类型（框、排架），分别采用相应的弹性及弹塑性层间位移角限值，框排架结构中的排架柱的弹塑性层间位移角限值，在本规范附录H第H.1节中规定为1/30。

5.5.2 震害经验表明，如果建筑结构中存在薄弱层或薄弱部位，在强烈地震作用下，由于结构薄弱部位产生了弹塑性变形，结构构件严重破坏甚至引起结构倒塌；属于乙类建筑的生命线工程中的关键部位在强烈地震作用下一旦遭受破坏将带来严重后果，或产生次生灾害或对救灾、恢复重建及生产、生活造成很大影响。除了89规范所规定的高大的单层工业厂房的横向排架、楼层屈服强度系数小于0.5的框架结构、底部框架砖房等之外，板柱-抗震墙及结构体系不规则的某些高层建筑结构和乙类建筑也要求进行罕遇地震作用下的抗震变形验算。采用隔震和消能减震技术的建筑结构，对隔震和消能减震部件应有位移限制要求，在罕遇地震作用下隔震和消能减震部件应能起到降低地震效应和保护主体结构的作用，因此要求进行抗震变形验算。

考虑到弹塑性变形计算的复杂性，对不同的建筑结构提出不同的要求。随着弹塑性分析模型和软件的发展和改进，本次修订进一步增加了弹塑性变形验算的范围。

5.5.3 对建筑结构在罕遇地震作用下薄弱层（部位）弹塑性变形计算，12层以下且层刚度无突变的框架结构及单层钢筋混凝土柱厂房可采用规范的简化方法计算；较为精确的结构弹塑性分析方法，可以是三维的静力弹塑性（如push-over方法）或弹塑性时程分析方法；有时尚可采用塑性内力重分布的分析方法等。

5.5.4 钢筋混凝土框架结构及高大单层钢筋混凝土柱厂房等结构，在大地震中往往受到严重破坏甚至倒塌。实际震害分析及实验研究表明，除了这些结构刚度相对较小而变形较大外，更主要的是存在承载力验算所没有发现的薄弱部位——其承载力本身虽满足设计地震作用下抗震承载力的要求，却比相邻部位要弱得多。对于单层厂房，这种破坏多发生在8度Ⅲ、Ⅳ类场地和9度区，破坏部位是上柱，因为上柱的承载力一般相对较小且其下端的支承条件不如下柱。对于底部框架-抗震墙结构，则底部和过渡层是明显的薄弱部位。

迄今，各国规范的变形估计公式有三种：一是按假想的完全弹性体计算；二是将额定的地震作用下的弹性变形乘以放大系数，即$\triangle u_p = \eta_p \triangle u_e$；三是按时程分析法等专门程序计算。其中采用第二种的最多，本条继续保持89规范所采用的方法。

1 根据数千个（1～15）层剪切型结构采用理想弹塑性恢复力模型进行弹塑性时程分析的计算结果，

获得如下统计规律：

1) 多层结构存在"塑性变形集中"的薄弱层是一种普遍现象，其位置，对屈服强度系数 ξ_y 分布均匀的结构多在底层，分布不均匀结构则在 ξ_y 最小处和相对较小处，单层厂房往往在上柱。

2) 多层剪切型结构薄弱层的弹塑性变形与弹性变形之间有相对稳定的关系。

对于屈服强度系数 ξ_y 均匀的多层结构，其最大的层间弹塑性变形增大系数 η_p 可按层数和 ξ_y 的差异用表格形式给出；对于 ξ_y 不均匀的结构，其情况复杂，在弹性刚度沿高度变化较平缓时，可近似用均匀结构的 η_p 适当放大取值；对其他情况，一般需要用静力弹塑性分析、弹塑性时程分析法或内力重分布法等予以估计。

2 本规范的设计反应谱是在大量单质点系的弹性反应分析基础上统计得到的"平均值"，弹塑性变形增大系数也在统计平均意义下有一定的可靠性。当然，还应注意简化方法都有其适用范围。

此外，如采用延性系数来表示多层结构的层间变形，可用 $\mu = \eta_p / \xi_y$ 计算。

3 计算结构楼层或构件的屈服强度系数时，实际承载力应取截面的实际配筋和材料强度标准值计算，钢筋混凝土梁柱的正截面受弯实际承载力公式如下：

梁： $M_{byk}^a = f_{yk} A_{sb}^a (h_{b0} - a_s')$

柱：轴向力满足 $N_G / (f_{ck} b_c h_c) \leqslant 0.5$ 时，

$M_{cyk}^a = f_{yk} A_{sc}^a (h_0 - a_s') + 0.5 N_G h_c (1 - N_G / f_{ck} b_c h_c)$

式中，N_G 为对应于重力荷载代表值的柱轴压力（分项系数取 1.0）。

注：上角 a 表示"实际的"。

4 2001 规范修订过程中，对不超过 20 层的钢框架和框架-支撑结构的薄弱层层间弹塑性位移的简化计算公式开展了研究。利用 DRAIN-2D 程序对三跨的平面钢框架和中跨为交叉支撑的三跨钢结构进行了不同层数钢结构的弹塑性地震反应分析。主要计算参数如下：结构周期，框架取 $0.1n$（层数），支撑框架取 $0.09n$；恢复力模型，框架取屈服后刚度为弹性刚度 0.02 的不退化双线性模型，支撑框架的恢复力模型同时考虑了压屈后的强度退化和刚度退化；楼层屈服剪力，框架的一般层约为底层的 0.7，支撑框架的一般层约为底层的 0.9；底层的屈服强度系数为 0.7~0.3；在支撑框架中，支撑承担的地震剪力为总地震剪力的 75%，框架部分承担 25%；地震波取 80 条天然波。

根据计算结果的统计分析发现：①纯框架结构的弹塑性位移反应与弹性位移反应差不多，弹塑性位移增大系数接近 1；②随着屈服强度系数的减小，弹塑性位移增大系数增大；③楼层屈服强度系数较小时，

由于支撑的屈曲失效效应，支撑框架的弹塑性位移增大系数大于框架结构。

以下是 15 层和 20 层钢结构的弹塑性增大系数的统计数值（平均值加一倍方差）：

屈服强度系数	15 层框架	20 层框架	15 层支撑框架	20 层支撑框架
0.50	1.15	1.20	1.05	1.15
0.40	1.20	1.30	1.15	1.25
0.30	1.30	1.50	1.65	1.90

上述统计值与 89 规范对剪切型结构的统计值有一定的差异，可能与钢结构基本周期较长、弯曲变形所占比重较大，采用杆系模型时楼层屈服强度系数计算，以及钢结构恢复力模型的屈服后刚度取为初始刚度的 0.02 而不是理想弹塑性恢复力模型等有关。

5.5.5 在罕遇地震作用下，结构要进入弹塑性变形状态。根据震害经验、试验研究和计算分析结果，提出以构件（梁、柱、墙）和节点达到极限变形时的层间极限位移角作为罕遇地震作用下结构弹塑性层间位移角限值的依据。

国内外许多研究结果表明，不同结构类型的不同结构构件的弹塑性变形能力是不同的，钢筋混凝土结构的弹塑性变形主要由构件关键受力区的弯曲变形、剪切变形和节点区受拉钢筋的滑移变形等三部分非线性变形组成。影响结构层间极限位移角的因素很多，包括：梁柱的相对强弱关系、配箍率、轴压比、剪跨比、混凝土强度等级、配筋率等，其中轴压比和配箍率是最主要的因素。

钢筋混凝土框架结构的层间位移是楼层梁、柱、节点弹塑性变形的综合结果，美国对 36 个梁-柱组合试件试验结果表明，极限侧移角的分布为 1/27~1/8，我国学者对数十榀填充墙框架的试验结果表明，不开洞填充墙和开洞填充墙框架的极限侧移角平均值分别为 1/30 和 1/38。本条规定框架和板柱-框架的位移角限值为 1/50 是留有安全储备的。

由于底部框架砌体房屋沿竖向存在刚度突变，因此对其混凝土框架部分适当从严；同时，考虑到底部框架一般均带一定数量的抗震墙，故类比框架-抗震墙结构，取位移角限值为 1/100。

钢筋混凝土结构在罕遇地震作用下，抗震墙要比框架柱先进入弹塑性状态，而且最终破坏也相对集中在抗震墙单元。日本对 176 个带边框柱抗震墙的试验研究表明，抗震墙的极限位移角的分布为 1/333~1/125，国内对 11 个带边框低矮抗震墙试验所得到的极限位移角分布为 1/192~1/112。在上述试验研究结果的基础上，取 1/120 作为抗震墙和筒中筒结构的弹塑性层间位移角限值。考虑到框架-抗震墙结构、板柱-抗震墙和框架-核心筒结构中大部分水平地震作

用由抗震墙承担，弹塑性层间位移角限值可比框架结构的框架柱严，但比抗震墙和筒中筒结构要松，故取1/100。高层钢结构，美国 ATC3-06 规定，Ⅱ类危险性的建筑（容纳人数较多），层间最大位移角限值为1/67；美国 AISC《房屋钢结构抗震规定》（1997）中规定，与小震相比，大震时的位移放大系数，对双重抗侧力体系中的框架-中心支撑结构取 5，对框架-偏心支撑结构，取 4。如果弹性位移角限值为 1/300，则对应的弹塑性位移角限值分别大于 1/60 和 1/75。考虑到钢结构在构件稳定有保证时具有较好的延性，弹塑性层间位移角限值适当放宽至 1/50。

鉴于甲类建筑在抗震安全性上的特殊要求，其层间变位角限值应专门研究确定。

6 多层和高层钢筋混凝土房屋

6.1 一般规定

6.1.1 本章适用于现浇钢筋混凝土多层和高层房屋，包括采用符合本章第 6.1.7 条要求的装配整体式楼屋盖的房屋。

对采用钢筋混凝土材料的高层建筑，从安全和经济诸方面综合考虑，其适用最大高度应有限制。当钢筋混凝土结构的房屋高度超过最大适用高度时，应通过专门研究，采取有效加强措施，如采用型钢混凝土构件、钢管混凝土构件等，并按建设部部长令的有关规定进行专项审查。

与 2001 规范相比，本章对适用最大高度的修改如下：

1 补充了 8 度（0.3g）时的最大适用高度，按 8 度和 9 度之间内插且偏于 8 度。

2 框架结构的适用最大高度，除 6 度外有所降低。

3 板柱-抗震墙结构的适用最大高度，有所增加。

4 删除了在Ⅳ类场地适用的最大高度应适当降低的规定。

5 对于平面和竖向均不规则的结构，适用的最大高度适当降低的规范用词，由"应"改为"宜"，一般减少 10% 左右。对于部分框支结构，表 6.1.1 的适用高度已经考虑框支的不规则而比全落地抗震墙结构降低，故对于框支结构的"竖向和平面均不规则"，指框支层以上的结构同时存在竖向和平面不规则的情况。

还需说明：

仅有个别墙体不落地，例如不落地墙的截面面积不大于总截面面积的 10%，只要框支部分的设计合理且不致加大扭转不规则，仍可视为抗震墙结构，其适用最大高度仍可按全部落地的抗震墙结构确定。

框架-核心筒结构存在抗扭不利和加强层刚度突变问题，其适用最大高度略低于筒中筒结构。框架-核心筒结构中，带有部分仅承受竖向荷载的无梁楼盖时，不作为表 6.1.1 的板柱-抗震墙结构对待。

6.1.2 钢筋混凝土房屋的抗震等级是重要的设计参数，89 规范就明确规定应根据设防类别、结构类型、烈度和房屋高度四个因素确定。抗震等级的划分，体现了对不同抗震设防类别、不同结构类型、不同烈度、同一烈度但不同高度的钢筋混凝土房屋结构延性要求的不同，以及同一种构件在不同结构类型中的延性要求的不同。

钢筋混凝土房屋结构应根据抗震等级采取相应的抗震措施。这里，抗震措施包括抗震计算时的内力调整措施和各种抗震构造措施。因此，乙类建筑应提高一度查表 6.1.2 确定其抗震等级。

本章条文中，"×级框架"包括框架结构、框架-抗震墙结构、框支层和框架-核心筒结构、板柱-抗震墙结构中的框架，"×级框架结构"仅指框架结构的框架，"×级抗震墙"包括抗震墙结构、框架-抗震墙结构、筒体结构和板柱-抗震墙结构中的抗震墙。

本次修订的主要变化如下：

1 注意到《民用建筑设计通则》GB 50362 规定，住宅 10 层及以上为高层建筑，多层公共建筑高度 24m 以上为高层建筑。本次修订，将框架结构的 30m 高度分界改为 24m；对于 7、8、9 度时的框架-抗震墙结构，抗震墙结构以及部分框支抗震墙结构，增加 24m 作为一个高度分界，其抗震等级比 2001 规范降低一级，但四级不再降低，框支层框架不降低，总体上与 89 规范对"低层较规则结构"的要求相近。

2 明确了框架-核心筒结构的高度不超过 60m 时，当按框架-抗震墙结构的要求设计时，其抗震等级按框架-抗震墙结构的规定采用。

3 将"大跨度公共建筑"改为"大跨度框架"，并明确其跨度按 18m 划分。

6.1.3 本条是关于混凝土结构抗震等级的进一步补充规定。

1 关于框架和抗震墙组成的结构的抗震等级。设计中有三种情况：其一，个别或少量框架，此时结构属于抗震墙体系的范畴，其抗震墙的抗震等级，仍按抗震墙结构确定；框架的抗震等级可参照框架-抗震墙结构的框架确定。其二，当框架-抗震墙结构有足够的抗震墙时，其框架部分是次要抗侧力构件，按本规范表 6.1.2 框架-抗震墙结构确定抗震等级；89 规范要求其抗震墙底部承受的地震倾覆力矩不小于结构底部总地震倾覆力矩的 50%。其三，墙体很少，即 2001 规范规定"在基本振型地震作用下，框架部分承受的地震倾覆力矩大于结构总地震倾覆力矩的 50%"，其框架部分的抗震等级应按框架结构确定。对于这类结构，本次修订进一步明确以下几点：一是将"在基本振型地震作用下"改为"在规定的水平力作用下"，"规定的水平力"的含义见本规范第 3.4 节；二是明确底层框架部分所承担的地震倾覆力矩大于结构总地震倾覆力矩的 50% 时仍属于框架结构范畴；三是删除了"最大适用高度可比框架结构适当增加"的规定；四是补充规定了其抗震墙的抗震等级。

框架部分按刚度分配的地震倾覆力矩的计算公式，保持 2001 规范的规定不变：

$$M_c = \sum_{i=1}^{n} \sum_{j=1}^{m} V_{ij} h_i$$

式中：M_c——框架-抗震墙结构在规定的侧向力作用下框架部分分配的地震倾覆力矩；

n——结构层数；

m——框架 i 层的柱根数；

V_{ij}——第 i 层第 j 根框架柱的计算地震剪力；

h_i——第 i 层层高。

在框架结构中设置少量抗震墙，往往是为了增大框架结构的刚度、满足层间位移角限值的要求，仍然属于框架结构范畴，但层间位移角限值需按底层框架部分承担倾覆力矩的大小，在框架结构和框架-抗震墙结构两者的层间位移角限值之间偏于安全内插。

2 关于裙房的抗震等级。裙房与主楼相连，主楼结构在裙房顶板对应的上下各一层受刚度与承载力突变影响较大，抗震构造措施需要适当加强。裙房与主楼之间设防震缝，在大震作用下可能发生碰撞，该部位也需要采取加强措施。

裙房与主楼相连的相关范围，一般可从主楼周边外延 3 跨且不小于 20m，相关范围以外的区域可按裙房自身的结构类型确定其抗震等级。裙房偏置时，其端部有较大扭转效应，也需要加强。

3 关于地下室的抗震等级。带地下室的多层和高层建筑，当地下室结构的刚度和受剪承载力比上部楼层相对较大时（参见本规范第 6.1.14 条），地下室顶板可视作嵌固部位，在地震作用下的屈服部位将发生在地上楼层，同时将影响到地下一层。地面以下地震响应应逐渐减小，规定地下一层的抗震等级不能降低；而地下一层以下不要求计算地震作用，规定其抗震构造措施的抗震等级可逐层降低（图 11）。

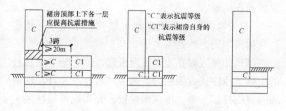

图 11 裙房和地下室的抗震等级

4 关于乙类建筑的抗震等级。根据《建筑工程抗震设防分类标准》GB 50223 的规定，乙类建筑应按提高一度查本规范表 6.1.2 确定抗震等级（内力调整和构造措施）。本规范第 6.1.1 条规定，乙类建筑的钢筋混凝土房屋可按本地区抗震设防烈度确定其适用的最大高度，于是可能出现 7 度乙类的框支结构房屋和 8 度乙类的框架结构、框架-抗震墙结构、部分框支抗震墙结构、板柱-抗震墙结构的房屋提高一度后，其高度超过本规范表 6.1.2 中抗震等级为一级的高度上界。此时，内力调整不提高，只要求抗震构造措施"高于一级"，大体与《高层建筑混凝土结构技术规程》JGJ 3 中特一级的构造要求相当。

6.1.4 震害表明，本条规定的防震缝宽度的最小值，在强烈地震下相邻结构仍可能局部碰撞而损坏，但宽度过大会给立面处理造成困难。因此，是否设置防震缝应按本规范第 3.4.5 条的要求判断。

防震缝可以结合沉降缝要求贯通到地基，当无沉降问题时也可以从基础或地下室以上贯通。当有多层地下室，上部结构为带裙房的单塔或多塔结构时，可将裙房用防震缝自地下室以上分隔，地下室顶板应有良好的整体性和刚度，能将地震剪力分布到整个地下室结构。

8、9 度框架结构房屋防震缝两侧层高相差较大时，可在防震缝两侧房屋的尽端沿全高设置垂直于防震缝的抗撞墙，通过抗撞墙的损坏减少防震缝两侧碰撞时框架的破坏。本次修订，抗撞墙的长度由 2001 规范的可不大于一个柱距，修改为"可不大于层高的 1/2"。结构单元较长时，抗撞墙可能引起较大温度内力，也可能有较大扭转效应，故设置时应综合分析（图 12）。

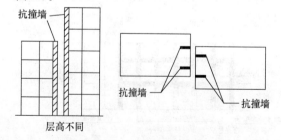

图 12 抗撞墙示意图

6.1.5 梁中线与柱中线之间、柱中线与抗震墙中线之间有较大偏心距时，在地震作用下可能导致核芯区受剪面积不足，对柱带来不利的扭转效应。当偏心距超过 1/4 柱宽时，需进行具体分析并采取有效措施，如采用水平加腋梁及加强柱的箍筋等。

2008 年局部修订，本条增加了控制单跨框架结构适用范围的要求。框架结构中某个主轴方向均为单跨，也属于单跨框架结构；某个主轴方向有局部的单跨框架，可不作为单跨框架结构对待。一、二层的连廊采用单跨框架时，需要注意加强。框-墙结构中的框架，可以是单跨。

6.1.6 楼、屋盖平面内的变形，将影响楼层水平地震剪力在各抗侧力构件之间的分配。为使楼、屋盖具有传递水平地震剪力的刚度，从 78 规范起，就提出了不同烈度下抗震墙之间不同类型楼、屋盖的长宽比限值。超过该限值时，需考虑楼、屋盖平面内变形对楼层水平地震剪力分配的影响。本次修订，8 度框架-抗震墙结构装配整体式楼、屋盖的长宽比由 2.5 调整为 2；适当放宽板柱-抗震墙结构现浇楼、屋盖的长宽比。

6.1.7 预制板的连接不足时，地震中将造成严重的震害。需要特别加强。在混凝土结构中，本规范仅适用于采用符合要求的装配整体式混凝土楼、屋盖。

6.1.8 在框架-抗震墙结构和板柱-抗震墙结构中，抗震墙是主要抗侧力构件，竖向布置应连续，防止刚度和承载力突变。本次修订，增加结合楼梯间布置抗震墙形成安全通道的要求；将 2001 规范"横向与纵向的抗震墙宜相连"改为"抗震墙的两端（不包括洞口两侧）宜设置端柱，或与另一方向的抗震墙相连"，明确要求两端设置端柱或翼墙；取消抗震墙设置在不需要开洞部位的规定，以及连梁最大跨高比和最小高度的规定。

6.1.9 本次修订，增加纵横向墙体互为翼墙或设置端柱的要求。

部分框支抗震墙属于抗震不利的结构体系，本规范的抗震措施只限于框支层不超过两层的情况。本次修订，明确部分框支抗震墙结构的底层框架应满足框架-抗震墙结构对框架部分承担地震倾覆力矩的限值——框支层不应设计为少墙框架体系（图 13）。

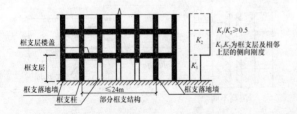

图 13 框支结构示意图

为提高较长抗震墙的延性，分段后各墙段的总高度与墙宽之比，由不应小于 2 改为不宜小于 3（图 14）。

6.1.10 延性抗震墙一般控制在其底部即计算嵌固端以上一定高度范围内屈服、出现塑性铰。设计时，将墙体底部可能出现塑性铰的高度范围作为底部加强部位，提高其受剪承载力，加强其抗震构造措施，使其具有大的弹塑性变形能力，从而提高整个结构的抗地震倒塌能力。

89 规范的底部加强部位与墙肢高度和长度有

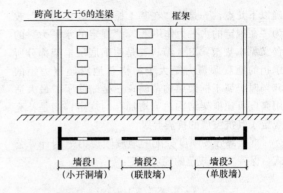

图 14 较长抗震墙的组成示意图

关，不同长度墙肢的加强部位高度不同。为了简化设计，2001 规范改为底部加强部位的高度仅与墙肢总高度相关。本次修订，将"墙体总高度的 1/8"改为"墙体总高度的 1/10"；明确加强部位的高度一律从地下室顶板算起；当计算嵌固端位于地面以下时，还需向下延伸，但加强部位的高度仍从地下室顶板算起。

此外，还补充了高度不超过 24m 的多层建筑的底部加强部位高度的规定。

有裙房时，按本规范第 6.1.3 条的要求，主楼与裙房顶对应的相邻上下层需要加强。此时，加强部位的高度也可以延伸至裙房以上一层。

6.1.12 当地基土较弱，基础刚度和整体性较差，在地震作用下抗震墙基础将产生较大的转动，从而降低了抗震墙的抗侧力刚度，对内力和位移都将产生不利影响。

6.1.13 配合本规范第 4.2.4 条的规定，针对主楼与裙房相连的情况，明确其天然地基底部不宜出现零应力区。

6.1.14 为了能使地下室顶板作为上部结构的嵌固部位，本条规定了地下室顶板和地下一层的设计要求：

地下室顶板必须具有足够的平面内刚度，以有效传递地震基底剪力。地下室顶板的厚度不宜小于 180mm，若柱网内设置多个次梁时，板厚可适当减小。这里所指地下室应为完整的地下室，在山（坡）地建筑中出现地下室各边填埋深度差异较大时，宜单独设置支档结构。

框架柱嵌固端屈服时，或抗震墙墙肢的嵌固端屈服时，地下一层对应的框架柱或抗震墙墙肢不应屈服。据此规定了地下一层框架柱纵筋面积和墙肢端部纵筋面积的要求。

"相关范围"一般可从地上结构（主楼、有裙房时含裙房）周边外延不大于 20m。

当框架柱嵌固在地下室顶板时，位于地下室顶板的梁柱节点应按首层柱的下端为"弱柱"设计，即地震时首层柱底屈服、出现塑性铰。为实现首层柱底先屈服的设计概念，本规范提供了两种方法：

其一，按下式复核：

$$\sum M_{bua} + M_{cua}^{t} \geqslant 1.3 M_{cua}^{b}$$

式中：$\sum M_{bua}$ ——节点左右梁端截面反时针或顺时针方向实配的正截面抗震受弯承载力所对应的弯矩值之和，根据实配钢筋面积（计入梁受压筋和相关楼板钢筋）和材料强度标准值确定；

$\sum M_{cua}^{t}$ ——地下室柱上端与梁端受弯承载力同一方向实配的正截面抗震受弯承载力所对应的弯矩值，应根据轴力设计值、实配钢筋面积和材料强度标准值等确定；

$\sum M_{cua}^{b}$ ——地上一层柱下端与梁端受弯承载力不同方向实配的正截面抗震受弯承载力所对应弯矩值，应根据轴力设计值、实配钢筋面积和材料强度标准值等确定。

设计时，梁柱纵向钢筋增加的比例也可不同，但柱的纵向钢筋至少比地上结构柱下端的钢筋增加 10%。

其二，作为简化，当梁按计算分配的弯矩接近柱的弯矩时，地下室顶板的柱上端、梁顶面和梁底面的纵向钢筋均增加 10%以上。可满足上式的要求。

6.1.15 本条是新增的。发生强烈地震时，楼梯间是重要的紧急逃生竖向通道，楼梯间（包括楼梯板）的破坏会延误人员撤离及救援工作，从而造成严重伤亡。本次修订增加了楼梯间的抗震设计要求。对于框架结构，楼梯构件与主体结构整浇时，梯板起到斜支撑的作用，对结构刚度、承载力、规则性的影响比较大，应参与抗震计算；当采取措施，如梯板滑动支承于平台板，楼梯构件对结构刚度等的影响较小，是否参与整体抗震计算差别不大。对于楼梯间设置刚度足够大的抗震墙的结构，楼梯构件对结构刚度的影响较小，也可不参与整体抗震计算。

6.2 计 算 要 点

6.2.2 框架结构的抗地震倒塌能力与其破坏机制密切相关。试验研究表明，梁端屈服型框架有较大的内力重分布和能量消耗能力，极限层间位移大，抗震性能较好；柱端屈服型框架容易形成倒塌机制。

在强震作用下结构构件不存在承载力储备，梁端受弯承载力即为实际可能达到的最大弯矩，柱端实际可能达到的最大弯矩也与其偏压下的受弯承载力相等。这是地震作用效应的一个特点。因此，所谓"强柱弱梁"指的是：节点处梁端实际受弯承载力 M_{by}^{a} 和柱端实际受弯承载力 M_{cy}^{a} 之间满足下列不等式：

$$\sum M_{cy}^{a} > \sum M_{by}^{a}$$

这种概念设计，由于地震的复杂性、楼板的影响和钢筋屈服强度的超强，难以通过精确的承载力计算真正实现。

本规范自 89 规范以来，在梁端实配钢筋不超过计算配筋 10%的前提下，将梁、柱之间的承载力不等式转为梁、柱的地震组合内力设计值的关系式，并使不同抗震等级的柱端弯矩设计值有不同程度的差异。采用增大柱端弯矩设计值的方法，只在一定程度上推迟柱端出现塑性铰；研究表明，当计入楼板和钢筋超强影响时，要实现承载力不等式，内力增大系数的取值往往需要大于 2。由于地震是往复作用，两个方向的柱弯矩设计值均要满足要求：当梁端截面为反时针方向弯矩之和时，柱端截面应为顺时针方向弯矩之和；反之亦然。

对于一级框架，89 规范除了用增大系数的方法外，还提出了采用梁端实配钢筋面积和材料强度标准值计算的抗震受弯承载力所对应的弯矩值的调整、验算方法。这里，抗震承载力即本规范 5 章的 $R_E = R/\gamma_{RE} = R/0.75$，此时必须将抗震承载力验算公式取等号转换为对应的内力，即 $S = R/\gamma_{RE}$。当计算梁端抗震受弯承载力时，若计入楼板的钢筋，且材料强度标准值考虑一定的超强系数，则可提高框架"强柱弱梁"的程度。89 规范规定，一级的增大系数可根据工程经验估计节点左右梁端顺时针或反时针方向受拉钢筋的实际截面面积与计算面积的比值 $\lambda_s = A_s^a/A_s^c$，取 $1.1\lambda_s$ 作为实配增大系数的近似估计，其中的 1.1 来自钢筋材料标准值与设计值的比值 f_{yk}/f_y。柱弯矩增大系数值可参考 λ_s 的可能变化范围确定：例如，当梁顶面为计算配筋而梁底面为构造配筋时，一级的 λ_s 不小于 1.5，于是，柱弯矩增大系数不小于 $1.1 \times 1.5 = 1.65$；二级 λ_s 不小于 1.3，柱弯矩增大系数不小于 1.43。

2001 规范比 89 规范提高了强柱弱梁的弯矩增大系数 η_c，弯矩增大系数 η_c 考虑了一定的超配钢筋（包括楼板的配筋）和钢筋超强。一级的框架结构及 9 度时，仍应采用框架梁的实际抗震受弯承载力确定柱端组合的弯矩设计值，取二者的较大值。

本次修订，提高了框架结构的柱端弯矩增大系数，而其他结构中框架的柱端弯矩增大系数仍与 2001 规范相同；并补充了四级框架的柱端弯矩增大系数。对于一级框架结构和 9 度时的一级框架，明确只需按梁端实配抗震受弯承载力确定柱端弯矩设计值；即使按增大系数的方法比实配方法保守，也可采用增大系数的方法。对于二、三级框架结构，也可按式（6.2.2-2）的梁端实配抗震受弯承载力确定柱端弯矩设计值，但式中的系数 1.2 可适当降低，如取 1.1 即可；这样，有可能比按内力增大系数，即按式（6.2.2-1）调整的方法更经济、合理。计算梁端实配抗震受弯承载力时，还应计入梁两侧有效翼缘范围的楼板。因此，在框架刚度和承载力计算时，所计入的梁两侧有效翼缘范围应相互协调。

即使按"强柱弱梁"设计的框架，在强震作用下，柱端仍有可能出现塑性铰，保证柱的抗地震倒塌能力是框架抗震设计的关键。本规范通过柱的抗震构造措施，使柱具有大的弹塑性变形能力和耗能能力，达到在大震作用下，即使柱端出铰，也不会引起框架倒塌的目标。

当框架底部若干层的柱反弯点不在楼层内时，说明这些层的框架梁相对较弱。为避免在竖向荷载和地震共同作用下变形集中，压屈失稳，柱端弯矩也应乘以增大系数。

对于轴压比小于 0.15 的柱，包括顶层柱在内，因其具有比较大的变形能力，可不满足上述要求；对框支柱，在本规范第 6.2.10 条另有规定。

6.2.3 框架结构计算嵌固端所在层即底层的柱下端过早出现塑性屈服，将影响整个结构的抗地震倒塌能力。嵌固端截面乘以弯矩增大系数是为了避免框架结构柱下端过早屈服。对其他结构中的框架，其主要抗侧力构件为抗震墙，对其框架部分的嵌固端截面，可不作要求。

当仅用插筋满足柱嵌固端截面弯矩增大的要求时，可能造成塑性铰向底层柱的上部转移，对抗震不利。规范提出按柱上下端不利情况配置纵向钢筋的要求。

6.2.4、6.2.5、6.2.8 防止梁、柱和抗震墙底部在弯曲屈服前出现剪切破坏是抗震概念设计的要求，它意味着构件的受剪承载力要大于构件弯曲时实际达到的剪力，即按实际配筋面积和材料强度标准值计算的承载力之间满足下列不等式：

$$V_{bu} > (M_{bu}^l + M_{bu}^r)/l_{bo} + V_{Gb}$$
$$V_{cu} > (M_{cu}^b + M_{cu}^t)/H_{cn}$$
$$V_{wu} > (M_{wu}^b - M_{wu}^t)/H_{wn}$$

规范在纵向受力钢筋不超过计算配筋 10% 的前提下，将承载力不等式转为内力设计值表达式，不同抗震等级采用不同的剪力增大系数，使"强剪弱弯"的程度有所差别。该系数同样考虑了材料实际强度和钢筋实际面积这两个因素的影响，对柱和墙还考虑了轴向力的影响，并简化计算。

一级的剪力增大系数，需从上述不等式中导出。直接取实配钢筋面积 A_s^a 与计算实配筋面积 A_s^c 之比 λ_s 的 1.1 倍，是 η_v 最简单的近似，对梁和节点的"强剪"能满足工程的要求，对柱和墙偏于保守。89 规范在条文说明中给出较为复杂的近似计算公式如下：

$$\eta_{vc} \approx \frac{1.1\lambda_s + 0.58\lambda_N(1 - 0.56\lambda_N)(f_c/f_y\rho_t)}{1.1 + 0.58\lambda_N(1 - 0.75\lambda_N)(f_c/f_y\rho_t)}$$

$$\eta_{vw} \approx \frac{1.1\lambda_{sw} + 0.58\lambda_N(1 - 0.56\lambda_N)\zeta(f_c/f_y\rho_{tw})}{1.1 + 0.58\lambda_N(1 - 0.75\lambda_N)\zeta(f_c/f_y\rho_{tw})}$$

式中，λ_N 为轴压比，λ_{sw} 为墙体实际受拉钢筋（分布

筋和集中筋）截面面积与计算面积之比，ζ 为考虑墙体边缘构件影响的系数，ρ_{tw} 为墙体受拉钢筋配筋率。

当柱 $\lambda_s \leqslant 1.8$、$\lambda_N \geqslant 0.2$ 且 $\rho_t = 0.5\% \sim 2.5\%$，墙 $\lambda_{sw} \leqslant 1.8$、$\lambda_N \leqslant 0.3$ 且 $\rho_{tw} = 0.4\% \sim 1.2\%$ 时，通过数百个算例的统计分析，能满足工程要求的剪力增大系数 η_v 的进一步简化计算公式如下：

$$\eta_{vc} \approx 0.15 + 0.7[\lambda_s + 1/(2.5 - \lambda_N)]$$
$$\eta_{vw} \approx 1.2 + (\lambda_{sw} - 1)(0.6 + 0.02/\lambda_N)$$

2001 规范的框架柱、抗震墙的剪力增大系数 η_{vc}、η_{vw}，即参考上述近似公式确定。此次修订，框架梁、框架结构以外框架的柱、连梁和抗震墙的剪力增大系数与 2001 规范相同，框架结构的柱的剪力增大系数随柱端弯矩增大系数的提高而提高；同时，明确一级的框架结构及 9 度的一级框架，只需满足实配要求，而即使增大系数为偏保守也可不满足。同样，二、三、四级框架结构的框架柱，也可采用实配方法而不采用增大系数的方法，使之较为经济又合理。

注意：柱和抗震墙的弯矩设计值系经本节有关规定调整后的取值；梁端、柱端弯矩设计值之和须取顺时针方向之和以及反时针方向之和两者的较大值；梁端纵向受拉钢筋也按顺时针及反时针方向考虑。

6.2.6 地震时角柱处于复杂的受力状态，其弯矩和剪力设计值的增大系数，比其他柱略有增加，以提高抗震能力。

6.2.7 对一级抗震墙规定调整截面的组合弯矩设计值，目的是通过配筋方式迫使塑性铰区位于墙肢的底部加强部位。89 规范要求底部加强部位的组合弯矩设计值均按墙肢底截面的设计值采用，以上一般部位的组合弯矩设计值按线性变化，对于较高的房屋，会导致与加强部位相邻一般部位的弯矩取值过大。2001 规范改为：底部加强部位的弯矩设计值均取墙底部截面的组合弯矩设计值，底部加强部位以上，均采用各墙肢截面的组合弯矩设计值乘以增大系数，但增大后与加强部位紧邻一般部位的弯矩有可能小于相邻加强部位的组合弯矩。本次修订，改为仅加强部位以上乘以增大系数。主要有两个目的：一是使墙肢的塑性铰在底部加强部位的范围内得到发展，不是将塑性铰集中在底层，甚至集中在底截面以上不大的范围内，从而减轻墙肢底截面附近的破坏程度，使墙肢有较大的塑性变形能力；二是避免底部加强部位紧邻的上层墙肢屈服而底部加强部位不屈服。

当抗震墙的墙肢在多遇地震下出现小偏心受拉时，在设防地震、罕遇地震下的抗震能力可能大大丧失；而且，即使多遇地震下为偏压的墙肢而设防地震下转为偏拉，则其抗震能力有实质性的改变，也需要采取相应的加强措施。

双肢抗震墙的某个墙肢为偏心受拉时，一旦出现全截面受拉开裂，则其刚度退化严重，大部分地震作用将转移到受压墙肢，因此，受压肢需适当增大弯矩

和剪力设计值以提高承载能力。注意到地震是往复的作用，实际上双肢墙的两个墙肢，都可能要按增大后的内力配筋。

6.2.9 框架柱和抗震墙的剪跨比可按图15及公式进行计算。

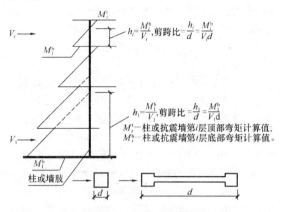

$$h_i = \frac{M_i^t}{V_i}, 剪跨比 = \frac{h_i}{d} = \frac{M_i^t}{V_i d}$$

$$h_i = \frac{M_i^b}{V_i}, 剪跨比 = \frac{h_i}{d} = \frac{M_i^b}{V_i d}$$

M_i^t—柱或抗震墙第 i 层顶部弯矩计算值；
M_i^b—柱或抗震墙第 i 层底部弯矩计算值。

图 15　剪跨比计算简图

6.2.10～6.2.12 这几条规定了部分框支结构设计计算的注意事项。

第 6.2.10 条 1 款的规定，适用于本章 6.1.1 条所指的框支层不超过 2 层的情况。本次修订，将本层地震剪力改为底层地震剪力即基底剪力，但主楼与裙房相连时，不含裙房部分的地震剪力，框支柱也不含裙房的框架柱。

框支结构的落地墙，在转换层以下的部位是保证框支结构抗震性能的关键部位，这部位的剪力传递还可能存在矮墙效应。为了保证抗震墙在大震时的受剪承载力，只考虑有拉筋约束部分的混凝土受剪承载力。

无地下室的部分框支抗震墙结构的落地墙，特别是联肢或双肢墙，当考虑不利荷载组合出现偏心受拉时，为了防止墙与基础交接处产生滑移，宜按总剪力的 30% 设置 45°交叉防滑斜筋，斜筋可按单排设在墙截面中部并应满足锚固要求。

6.2.13 本条规定了在结构整体分析中的内力调整：

1 按照框墙结构（不包括少墙框架体系和少框架的抗震墙体系）中框架和墙体协同工作的分析结果，在一定高度以上，框架按侧向刚度分配的剪力与墙体的剪力反号，二者相减等于楼层的地震剪力，此时，框架承担的剪力与底部总地震剪力的比值基本保持某个比例；按多道防线的概念设计要求，墙体是第一道防线，在设防地震、罕遇地震下先于框架破坏，由于塑性内力重分布，框架部分按侧向刚度分配的剪力会比多遇地震下加大。

我国 20 世纪 80 年代 1/3 比例的空间框墙结构模型反复荷载试验及该试验模型的弹塑性分析表明：保持楼层侧向位移协调的情况下，弹性阶段底部的框架仅承担不到 5% 的总剪力；随着墙体开裂，框架承担

的剪力逐步增大；当墙体端部的纵向钢筋开始受拉屈服时，框架承担大于 20% 总剪力；墙体压坏时框架承担大于 33% 的总剪力。本规范规定的取值，既体现了多道抗震设防的原则，又考虑了当前的经济条件。对于框架-核心筒结构，尚应符合本规范 6.7.1 条 1 款的规定。

此项规定适用于竖向结构布置基本均匀的情况；对塔类结构出现分段规则的情况，可分段调整；对有加强层的结构，不含加强层及相邻上下层的调整。此项规定不适用于部分框架柱不到顶，使上部框架柱数量较少的楼层。

2 计算地震内力时，抗震墙连梁刚度可折减；计算位移时，连梁刚度可不折减。抗震墙的连梁刚度折减后，如部分连梁尚不能满足剪压比限值，可采用双连梁、多连梁的布置，还可按剪压比要求降低连梁剪力设计值及弯矩，并相应调整抗震墙的墙肢内力。

3 抗震墙应计入腹板与翼墙共同工作。对于翼墙的有效长度，89 规范和 2001 规范有不同的具体规定，本次修订不再给出具体规定。2001 规范规定："每侧由墙面算起可取相邻抗震墙净间距的一半、至门窗洞口的墙长度及抗震墙总高度的 15% 三者的最小值"，可供参考。

4 对于少墙框架结构，框架部分的地震剪力取两种计算模型的较大值较为妥当。

6.2.14 节点核芯区是保证框架承载力和抗倒塌能力的关键部位。本次修订，增加了三级框架的节点核芯区进行抗震验算的规定。

2001 规范提供了梁宽大于柱宽的框架和圆柱框架的节点核芯区验算方法。梁宽大于柱宽时，按柱宽范围内和范围外分别计算。圆柱的计算公式依据国外资料和国内试验结果提出：

$$V_j \leqslant \frac{1}{\gamma_{RE}} \left(1.5 \eta_j f_t A_j + 0.05 \eta_j \frac{N}{D^2} A_j + 1.57 f_{yv} A_{sh} \frac{h_{b0} - a_s'}{s} \right)$$

上式中，A_j 为圆柱截面面积，A_{sh} 为核芯区环形箍筋的单根截面面积。去掉 γ_{RE} 及 η_j 附加系数，上式可写为：

$$V_j \leqslant 1.5 f_t A_j + 0.05 \frac{N}{D^2} A_j + 1.57 f_{yv} A_{sh} \frac{h_{b0} - a_s'}{s}$$

上式中系数 1.57 来自 ACI Structural Journal, Jan-Feb.1989，Priestley 和 Paulay 的文章：Seismic strength of circular reinforced concrete columns.

圆形截面柱受剪，环形箍筋所承受的剪力可用下式表达：

$$V_s = \frac{\pi A_{sh} f_{yv} D'}{2s} = 1.57 f_{yv} A_{sh} \frac{D'}{s} \approx 1.57 f_{yv} A_{sh} \frac{h_{b0} - a_s'}{s}$$

式中：A_{sh}——环形箍单肢截面面积；
　　　D'——纵向钢筋所在圆周的直径；
　　　h_{b0}——框架梁截面有效高度；
　　　s——环形箍筋间距。

根据重庆建筑大学 2000 年完成的 4 个圆柱梁柱节点试验,对比了计算和试验的节点核芯区受剪承载力,计算值与试验之比约为 85%,说明此计算公式的可靠性有一定保证。

6.3 框架的基本抗震构造措施

6.3.1、6.3.2 合理控制混凝土结构构件的尺寸,是本规范第 3.5.4 条的基本要求之一。梁的截面尺寸,应从整个框架结构中梁、柱的相互关系,如在强柱弱梁基础上提高梁变形能力的要求等来处理。

为了避免或减小扭转的不利影响,宽扁梁框架的梁柱中线宜重合,并应采用整体现浇楼盖。为了使宽扁梁端部在柱外的纵向钢筋有足够的锚固,应在两个主轴方向都设置宽扁梁。

6.3.3、6.3.4 梁的变形能力主要取决于梁端的塑性转动量,而梁的塑性转动量与截面混凝土相对受压区高度有关。当相对受压区高度为 0.25 至 0.35 范围时,梁的位移延性系数可到达 3~4。计算梁端截面纵向受拉钢筋时,应采用与柱交界面的组合弯矩设计值,并应计入受压钢筋。计算梁端相对受压区高度时,宜按梁端截面实际受拉和受压钢筋面积进行计算。

梁端底面和顶面纵向钢筋的比值,同样对梁的变形能力有较大影响。梁端底面的钢筋可增加负弯矩时的塑性转动能力,还能防止在地震中梁底出现正弯矩时过早屈服或破坏过重,从而影响承载力和变形能力的正常发挥。

根据试验和震害经验,梁端的破坏主要集中于 (1.5~2.0) 倍梁高的长度范围内;当箍筋间距小于 $6d$~$8d$(d 为纵向钢筋直径)时,混凝土压溃前受压钢筋一般不致压屈,延性较好。因此规定了箍筋加密区的最小长度,限制了箍筋最大肢距;当纵向受拉钢筋的配筋率超过 2% 时,箍筋的最小直径相应增大。

本次修订,将梁端纵向受拉钢筋的配筋率不大于 2.5% 的要求,由强制性改为非强制性,移到 6.3.4 条。还提高了框架结构梁的纵向受力钢筋伸入节点的握裹要求。

6.3.5 本次修订,根据汶川地震的经验,对一、二、三级且层数超过 2 层的房屋,增大了柱截面最小尺寸的要求,以有利于实现"强柱弱梁"。

6.3.6 限制框架柱的轴压比主要是为了保证柱的塑性变形能力和保证框架的抗倒塌能力。抗震设计时,除了预计不可能进入屈服的柱外,通常希望框架柱最终为大偏心受压破坏。由于轴压比直接影响柱的截面设计,2001 规范仍以 89 规范的限值为依据,根据不同情况进行适当调整,同时控制轴压比最大值。在框架-抗震墙、板柱-抗震墙及筒体结构中,框架属于第二道防线,其中框架的柱与框架结构的柱相比,其重要性相对较低,为此可以适当增大轴压比限值。本次修订,将框架结构的轴压比限值减小了 0.05,框架-抗震墙、板柱-抗震墙及筒体中三级框架的柱的轴压比限值也减小了 0.05,增加了四级框架的柱的轴压比限值。

利用箍筋对混凝土进行约束,可以提高混凝土的轴心抗压强度和混凝土的受压极限变形能力。但在计算柱的轴压比时,仍取无箍筋约束的混凝土的轴心抗压强度设计值,不考虑箍筋约束对混凝土轴心抗压强度的提高作用。

我国清华大学研究成果和日本 AIJ 钢筋混凝土房屋设计指南都提出,考虑箍筋对混凝土的约束作用时,复合箍筋肢距不宜大于 200mm,箍筋间距不宜大于 100mm,箍筋直径不宜小于 10mm 的构造要求。参考美国 ACI 资料,考虑螺旋箍筋对混凝土的约束作用时,箍筋直径不宜小于 10mm,净螺距不宜大于 75mm。为便于施工,采用螺旋间距不大于 100mm,箍筋直径不小于 12mm。矩形截面柱采用连续矩形复合螺旋箍是一种非常有效的提高延性的措施,这已被西安建筑科技大学的试验研究所证实。根据日本川铁株式会社 1998 年发表的试验报告,相同柱截面、相同配筋、配箍率、箍距及箍筋肢距,采用连续复合螺旋箍比一般复合箍筋可提高柱的极限变形角 25%。采用连续复合矩形螺旋箍可按圆形复合螺旋箍对待。用上述方法提高柱的轴压比后,应按增大的轴压比由本规范表 6.3.9 确定配箍量,且沿柱全高采用相同的配箍特征值。

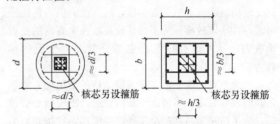

图 16 芯柱尺寸示意图

试验研究和工程经验都证明,在矩形或圆形截面柱内设置矩形核芯柱,不但可以提高柱的受压承载力,还可以提高柱的变形能力。在压、弯、剪作用下,当柱出现弯、剪裂缝,在大变形情况下芯柱可以有效地减小柱的压缩,保持柱的外形和截面承载力,特别对于承受高轴压的短柱,更有利于提高变形能力,延缓倒塌。为了便于梁筋通过,芯柱边长不宜小于柱边长或直径的 1/3,且不宜小于 250mm(图 16)。

6.3.7、6.3.8 柱纵向钢筋的最小总配筋率,89 规范的比 78 规范有所提高,但仍偏低,很多情况小于非抗震配筋率,2001 规范适当调整。本次修订,提高了框架结构中柱和边柱纵向钢筋的最小总配筋率的要求。随着高强钢筋和高强混凝土的使用,最小纵向钢筋的配筋率要求,将随混凝土强度和钢筋的强度而有所变化,但表中的数据是最低的要求,必须满足。

当框架柱在地震作用组合下处于小偏心受拉状态时，柱的纵筋总截面面积应比计算值增加25%，是为了避免柱的受拉纵筋屈服后再受压时，由于包兴格效应导致纵筋压屈。

6.3.9 框架柱的弹塑性变形能力，主要与柱的轴压比和箍筋对混凝土的约束程度有关。为了具有大体上相同的变形能力，轴压比大的柱，要求的箍筋约束程度高。箍筋对混凝土的约束程度，主要与箍筋形式、体积配箍率、箍筋抗拉强度以及混凝土轴心抗压强度等因素有关，而体积配箍率、箍筋强度及混凝土强度三者又可以用配箍特征值表示，配箍特征值相同时，螺旋箍、复合螺旋箍及连续复合螺旋箍的约束程度，比普通箍和复合箍对混凝土的约束更好。因此，规范规定，轴压比大的柱，其配箍特征值大于轴压比低的柱；轴压比相同的柱，采用普通箍或复合箍时的配箍特征值，大于采用螺旋箍、复合螺旋箍或连续复合螺旋箍时的配箍特征值。

89规范的体积配箍率，是在配箍特征值基础上，对箍筋抗拉强度和混凝土轴心抗压强度的关系做了一定简化得到的，仅适用于混凝土强度在C35以下和HPB235级钢箍筋。2001规范直接给出配箍特征值，能够经济合理地反映箍筋对混凝土的约束作用。为了避免配箍率过小，2001规范还规定了最小体积配箍率。普通箍筋的体积配箍率随轴压比增大而增加的对应关系举例如下：采用符合抗震性能要求的HRB335级钢筋且混凝土强度等级大于C35时，一、二、三级轴压比分别小于0.6、0.5和0.4时，体积配箍率取正文中的最小值——分别为0.8%、0.6%和0.4%，轴压比分别超过0.6、0.5和0.4但在最大轴压比范围内，轴压比每增加0.1，体积配箍率增加 $0.02(f_c/f_y) \approx 0.0011(f_c/16.7)$；超过最大轴压比范围，轴压比每增加0.1，体积配箍率增加 $0.03(f_c/f_y) = 0.0001f_c$。

本次修订，删除了89规范和2001规范关于复合箍应扣除重叠部分箍筋体积的规定，因重叠部分对混凝土的约束情况比较复杂，如何换算有待进一步研究；箍筋的强度也不限制在标准值400MPa以内。四级框架柱的箍筋加密区的最小体积配箍特征值，与三级框架柱相同。

对于封闭箍筋与两端为135°弯钩的拉筋组成的复合箍，约束效果最好的是拉筋同时钩住主筋和箍筋；其次是拉筋紧靠纵向钢筋并钩住箍筋；当拉筋间距符合箍筋肢距的要求，纵筋与箍筋有可靠拉结时，拉筋也可紧靠箍筋并钩住纵筋。

考虑到框架柱在层高范围内剪力不变及可能的扭转影响，为避免箍筋非加密区的受剪能力突然降低很多，导致柱的中段破坏，对非加密区的最小箍筋量也作了规定。

箍筋类别参见图17。

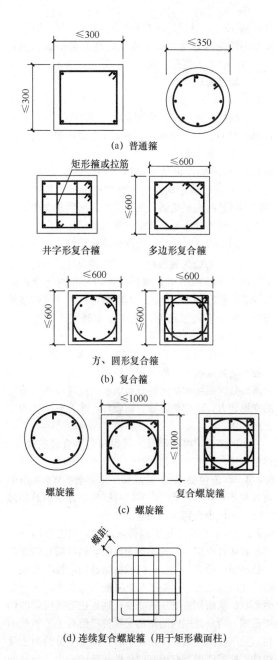

(a) 普通箍

(b) 复合箍

(c) 螺旋箍

(d) 连续复合螺旋箍（用于矩形截面柱）

图17 各类箍筋示意图

6.3.10 为使框架的梁柱纵向钢筋有可靠的锚固条件，框架梁柱节点核芯区的混凝土要具有良好的约束。考虑到核芯区内箍筋的作用与柱端有所不同，其构造要求与柱端有所区别。

6.4 抗震墙结构的基本抗震构造措施

6.4.1 本次修订，将墙厚与层高之比的要求，由"应"改为"宜"，并增加无支长度的相应规定。无端柱或翼墙是指墙的两端（不包括洞口两侧）为一字形的矩形截面。

试验表明，有边缘构件约束的矩形截面抗震墙与无边缘构件约束的矩形截面抗震墙相比，极限承载力约提高 40%，极限层间位移角约增加一倍，对地震能量的消耗能力增大 20%左右，且有利于墙板的稳定。对一、二级抗震墙底部加强部位，当无端柱或翼墙时，墙厚需适当增加。

6.4.2 本次修订，将抗震墙的轴压比控制范围，由一、二级扩大到三级，由底部加强部位扩大到全高。计算墙肢轴压力设计值时，不计入地震作用组合，但应取分项系数 1.2。

6.4.3 抗震墙，包括抗震墙结构、框架-抗震墙结构、板柱-抗震墙结构及筒体结构中的抗震墙，是这些结构体系的主要抗侧力构件。在强制性条文中，纳入了关于墙体分布钢筋数量控制的最低要求。

美国 ACI 318 规定，当抗震结构墙的设计剪力小于 $A_{cv}\sqrt{f'_c}$（A_{cv} 为腹板截面面积，该设计剪力对应的剪压比小于 0.02）时，腹板的竖向分布钢筋允许降到同非抗震的要求。因此，本次修订，四级抗震墙的剪压比低于上述数值时，竖向分布筋允许按不小于 0.15%控制。

对框支结构，抗震墙的底部加强部位受力很大，其分布钢筋应高于一般抗震墙的要求。通过在这些部位增加竖向钢筋和横向的分布钢筋，提高墙体开裂后的变形能力，以避免脆性剪切破坏，改善整个结构的抗震性能。

本次修订，将钢筋最大间距和最小直径的规定，移至本规范第 6.4.4 条。

6.4.4 本条包括 2001 规范第 6.4.2 条、6.4.4 条的内容和部分 6.4.3 条的内容，对抗震墙分布钢筋的最大间距和最小直径作了调整。

6.4.5 对于开洞的抗震墙即联肢墙，强震作用下合理的破坏过程应当是连梁首先屈服，然后墙肢的底部钢筋屈服、形成塑性铰。抗震墙墙肢的塑性变形能力和抗地震倒塌能力，除了与纵向配筋有关外，还与截面形状、截面相对受压区高度或轴压比、墙两端的约束范围、约束范围内的箍筋配箍特征值有关。当截面相对受压区高度或轴压比较小时，即使不设约束边缘构件，抗震墙也具有较好的延性和耗能能力。当截面相对受压区高度或轴压比大到一定值时，就需设置约束边缘构件，使墙肢端部成为箍筋约束混凝土，具有较大的受压变形能力。当轴压比更大时，即使设置约束边缘构件，在强烈地震作用下，抗震墙有可能压溃、丧失承担竖向荷载的能力。因此，2001 规范规定了一、二级抗震墙在重力荷载代表值作用下的轴压比限值；当墙底截面的轴压比超过一定值时，底部加强部位墙的两端及洞口两侧应设置约束边缘构件，使底部加强部位有良好的延性和耗能能力；考虑到底部加强部位以上相邻层的抗震墙，其轴压比可能仍较大，将约束边缘构件向上延伸一层；还规定了构造边缘构件和约束边缘构件的具体构造要求。

2010 年修订的主要内容是：

1 将设置约束边缘构件的要求扩大至三级抗震墙。

2 约束边缘构件的尺寸及其配箍特征值，根据轴压比的大小确定。当墙体的水平分布钢筋满足锚固要求且水平分布钢筋之间设置足够的拉筋形成复合箍时，约束边缘构件的体积配箍率可计入分布筋，考虑水平筋同时为抗剪受力钢筋，且竖向间距往往大于约束边缘构件的箍筋间距，需要另增一道封闭箍筋，故计入的水平分布钢筋的配箍特征值不宜大于 0.3 倍总配箍特征值。

3 对于底部加强区以上的一般部位，带翼墙时构造边缘构件的总长度改为与矩形端相同，即不小于墙厚和 400mm；转角墙在内侧改为不小于 200mm。在加强部位与一般部位的过渡区（可大体取加强部位以上与加强部位的高度相同的范围），边缘构件的长度需逐步过渡。

此次局部修订，补充约束边缘构件的端柱有集中荷载时的设计要求。

6.4.6 当抗震墙的墙肢长度不大于墙厚的 3 倍时，要求应按柱的有关要求进行设计。本次修订，降低了小墙肢的箍筋全高加密的要求。

6.4.7 高连梁设置水平缝，使一根连梁成为大跨高比的两根或多根连梁，其破坏形态从剪切破坏变为弯曲破坏。

6.5 框架-抗震墙结构的基本抗震构造措施

6.5.1 框架-抗震墙结构中的抗震墙，是作为该结构体系第一道防线的主要的抗侧力构件，需要比一般的抗震墙有所加强。

其抗震墙通常有两种布置方式：一种是抗震墙与框架分开，抗震墙围成筒，墙的两端没有柱；另一种是抗震墙嵌入框架内，有端柱、有边框梁，成为带边框抗震墙。第一种情况的抗震墙，与抗震墙结构中的抗震墙、筒体结构中的核心筒或内筒墙体区别不大。对于第二种情况的抗震墙，如果梁的宽度大于墙的厚度，则每一层的抗震墙有可能成为高宽比小的矮墙，强震作用下发生剪切破坏，同时，抗震墙给柱端施加很大的剪力，使柱端剪坏，这对抗地震倒塌是非常不利的。2005 年，日本完成了一个 1/3 比例的 6 层 2 跨、3 开间的框架-抗震墙结构模型的振动台试验，抗震墙嵌入框架内。最后，首层抗震墙剪切破坏，抗震墙的端柱剪坏，首层其他柱的两端出塑性铰，首层倒塌。2006 年，日本完成了一个足尺的 6 层 2 跨、3 开间的框架-抗震墙结构模型的振动台试验。与 1/3 比例的模型相比，除了模型比例不同外，嵌入框架内的抗震墙采用开缝墙。最后，首层开缝墙出现弯曲破坏和剪切斜裂缝，没有出现首层倒塌的破坏现象。

本次修订，对墙厚与层高之比的要求，由"应"

改为"宜";对于有端柱的情况，不要求一定设置边框梁。

6.5.2 本次修订，增加了抗震墙分布钢筋的最小直径和最大间距的规定，拉筋具体配置方式的规定可参照本规范第6.4.4条。

6.5.3 楼面梁与抗震墙平面外连接，主要出现在抗震墙与框架分开布置的情况。试验表明，在往复荷载作用下，锚固在墙内的梁的纵筋有可能产生滑移，与梁连接的墙面混凝土有可能拉脱。

6.5.4 少墙框架结构中抗震墙的地位不同于框架-抗震墙，不需要按本节的规定设计其抗震墙。

6.6 板柱-抗震墙结构抗震设计要求

6.6.2 规定了板柱-抗震墙结构中抗震墙的最小厚度；放松了楼、电梯洞口周边设置边框梁的要求。按柱纵筋直径16倍控制托板或柱帽根部的厚度是为了保证板柱节点的抗弯刚度。

6.6.3 本次修订，对高度不超过12m的板柱-抗震墙结构，放松抗震墙所承担的地震剪力的要求；新增板柱节点冲切承载力的抗震验算要求。

无柱帽平板在柱上板带中按本规范要求设置构造暗梁时，不可把平板作为有边梁的双向板进行设计。

6.6.4 为了防止强震作用下楼板脱落，穿过柱截面的板底两个方向钢筋的受拉承载力应满足该层楼板重力荷载代表值作用下的柱轴压力设计值。试验研究表明，抗剪栓钉的抗冲切效果优于抗冲切钢筋。

6.7 筒体结构抗震设计要求

6.7.1 本条新增框架-核心筒结构框架部分地震剪力的要求，以避免外框太弱。框架-核心筒结构框架部分的地震剪力应同时满足本条与第6.2.13条的规定。

框架-核心筒结构的核心筒与周边框架之间采用梁板结构时，各层梁对核心筒有一定的约束，可不设加强层，梁与核心筒连接应避开核心筒的连梁。当楼层采用平板结构且核心筒较柔，在地震作用下不能满足变形要求，或筒体由于受弯产生拉力时，宜设置加强层，其部位应结合建筑功能设置。为了避免加强层周边框架柱在地震作用下由于强梁带来的不利影响，加强层的大梁或桁架与周边框架不宜刚性连接。9度时不应采用加强层。核心筒的轴向压缩及外框架的竖向温度变形对加强层产生附加内力，在加强层与周边框架柱之间采取后浇连接及有效的外保温措施是必要的。

筒中筒结构的外筒可采取下列措施提高延性：

1 采用非结构幕墙。当采用钢筋混凝土裙墙时，可在裙墙与柱连接处设置受剪控制缝。

2 外筒为壁式筒体时，在裙墙与窗间墙连接处设置受剪控制缝，外筒按联肢抗震墙设计；三级的壁式筒体可按壁式框架设计，但壁式框架柱除满足计算

要求外，尚需满足本章第6.4.5条的构造要求；支承大梁的壁式筒体在大梁支座宜设置壁柱，一级时，由壁柱承担大梁传来的全部轴力，但验算轴压比时仍取全部截面。

3 受剪控制缝的构造如图18所示。

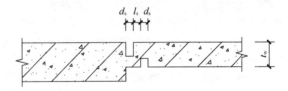

缝宽 d_s 大于5mm；两缝间距 l_s 大于50mm

图18 外筒裙墙受剪控制缝构造

6.7.2 框架-核心筒结构的核心筒、筒中筒结构的内筒，都是由抗震墙组成的，也都是结构的主要抗侧力竖向构件，其抗震构造措施应符合本章第6.4节和第6.5节的规定，包括墙的最小厚度、分布钢筋的配置、轴压比限值、边缘构件的要求等，以使筒体具有足够大的抗震能力。

框架-核心筒结构的框架较弱，宜加强核心筒的抗震能力；核心筒连梁的跨高比一般较小，墙的整体作用较强。因此，核心筒角部的抗震构造措施予以加强。

6.7.4 试验表明，跨高比小的连梁配置斜向交叉暗柱，可以改善其的抗剪性能，但施工比较困难，本次修订，将2001规范设置交叉暗柱、交叉构造钢筋的要求，由"宜"改为"可"。

7 多层砌体房屋和底部框架砌体房屋

7.1 一般规定

7.1.1 考虑到黏土砖被限用，本章的适用范围由黏土砖砌体改为各类砖砌体，包括非黏土烧结砖、蒸压砖砌体，并增加混凝土类砖，该类砖已有产品国标。对非黏土烧结砖和蒸压砖，仍按2001规范的规定依据其抗剪强度区别对待。

对于配筋混凝土小砌块承重房屋的抗震设计，仍然在本规范的附录F中予以规定。

本次修订，明确本章的规定，原则上也可用于单层非空旷砌体房屋的抗震设计。

砌体结构房屋抗震设计的适用范围，随国家经济的发展而不断改变。89规范删去了"底部内框架砖房"的结构形式；2001规范删去了混凝土中型砌块和粉煤灰中型砌块的规定，并将"内框架砖房"限制于多排柱内框架；本次修订，考虑到"内框架砖房"已很少使用且抗震性能较低，取消了相关内容。

7.1.2 砌体房屋的高度限制，是十分敏感且深受关注的规定。基于砌体材料的脆性性质和震害经验，限

制其层数和高度是主要的抗震措施。

多层砖房的抗震能力，除依赖于横墙间距、砖和砂浆强度等级、结构的整体性和施工质量等因素外，还与房屋的总高度有直接的联系。

历次地震的宏观调查资料说明：二、三层砖房在不同烈度区的震害，比四、五层的震害轻得多，六层及六层以上的砖房在地震时震害明显加重。海城和唐山地震中，相邻的砖房，四、五层的比二、三层的破坏严重，倒塌的百分比亦高得多。

国外在地震区对砖结构房屋的高度限制较严。不少国家在7度及以上地震区不允许采用无筋砖结构，前苏联等国对配筋和无筋砖结构的高度和层数作了相应的限制。结合我国具体情况，砌体房屋的高度限制是指设置了构造柱的房屋高度。

多层砌块房屋的总高度限制，主要是依据计算分析、部分震害调查和足尺模型试验，并参照多层砖房确定的。

2008局部修订时，补充了属于乙类的多层砌体结构房屋按当地设防烈度查表7.1.2的高度和层数控制要求。本条在2008年局部修订基础上作下列变动：

1 偏于安全，6度的普通砖砌体房屋的高度和层数适当降低。

2 明确补充规定了7度（0.15g）和8度（0.30g）的高度和层数限值。

3 底部框架-抗震墙砌体房屋，不允许用于乙类建筑和8度（0.3g）的丙类建筑。表7.1.2中底部框架-抗震墙砌体房屋的最小砌体墙厚系指上部砌体房屋部分。

4 横墙较少的房屋，按规定的措施加强后，总层数和总高度不变的适用范围，比2001规范有所调整：扩大到丙类建筑；根据横墙较少砖砌体房屋的试设计结果，当砖墙厚度为240mm时，7度（0.1g和0.15g）纵横墙计算承载力基本满足；8度（0.2g）六层时纵墙承载力大多不能满足，五层时部分纵墙承载力不满足；8度（0.3g）五层时纵横墙承载力均不能满足要求。故本次修订，规定仅6、7度时允许总层数和总高度不降低。

5 补充了横墙很少的多层砌体房屋的定义。对各层横墙很少的多层砌体房屋，其总层数应比横墙较少时再减少一层，由于层高的限值，总高度也有所降低。

需要注意：

表7.1.2的注2表明，房屋高度按有效数字控制。当室内外高差不大于0.6m时，房屋总高度限值按表中数据的有效数字控制，则意味着可比表中数据增加0.4m；当室内外高差大于0.6m时，虽然房屋总高度允许比表中的数据增加不多于1.0m，实际上其增加量只能少于0.4m。

坡屋面阁楼层一般仍需计入房屋总高度和层数；

但属于本规范第5.2.4条规定的出屋面小建筑范围时，不计入层数和高度的控制范围。斜屋面下的"小建筑"通常按实际有效使用面积或重力荷载代表值小于顶层30%控制。

对于半地下室和全地下室的嵌固条件，仍与2001规范相同。

7.1.3 本条在2008局部修订中作了修改，以适应教学楼等需要层高3.9m的使用要求。约束砌体，大体上指间距接近层高的构造柱与圈梁组成的砌体、同时拉结网片符合相应的构造要求，可参见本规范第7.3.14、7.5.4、7.5.5条等。

对于采用约束砌体抗震墙的底框房屋，根据试设计结果，底层的层高也比2001规范有所减少。

7.1.4 若砌体房屋考虑整体弯曲进行验算，目前的方法即使在7度时，超过三层就不满足要求，与大量的地震宏观调查结果不符。实际上，多层砌体房屋一般可以不做整体弯曲验算，但为了保证房屋的稳定性，限制了其高宽比。

7.1.5 多层砌体房屋的横向地震力主要由横墙承担，地震中横墙间距大小对房屋倒塌影响很大，不仅横墙需具有足够的承载力，而且楼盖须具有传递地震力给横墙的水平刚度，本条规定是为了满足楼盖对传递水平地震力所需的刚度要求。

对于多层砖房，历来均沿用78规范的规定；对砌块房屋则参照多层砖房给出，且不宜采用木楼、屋盖。

纵墙承重的房屋，横墙间距同样应满足本条规定。

地震中，横墙间距大小对房屋倒塌影响很大，本次修订，考虑到原规定的抗震横墙最大间距在实际工程中一般也不需要这么大，故减小(2~3)m。

鉴于基本不采用木楼盖，将"木楼、屋盖"改为"木屋盖"。

多层砌体房屋顶层的横墙最大间距，在采用钢筋混凝土屋盖时允许适当放宽，大致指大房间平面长宽比不大于2.5，最大抗震横墙间距不超过表7.1.5中数值的1.4倍及18m。此时，抗震横墙除应满足抗震承载力计算要求外，相应的构造柱需要加强并至少向下延伸一层。

7.1.6 砌体房屋局部尺寸的限制，在于防止因这些部位的失效，而造成整栋结构的破坏甚至倒塌，本条系根据地震区的宏观调查资料分析规定的，如采用另增设构造柱等措施，可适当放宽。本次修订进一步明确了尺寸不足的小墙段的最小值限制。

外墙尽端指，建筑物平面凸角处（不包括外墙总长的中部局部凸折处）的外墙端头，以及建筑物平面凹角处（不包括外墙总长的中部局部凹折处）未与内墙相连的外墙端头。

7.1.7 本条对多层砌体房屋的建筑布置和结构体系

作了较详细的规定，是对本规范第3章关于建筑结构规则布置的补充。

根据历次地震调查统计，纵墙承重的结构布置方案，因横向支承较少，纵墙较易受弯曲破坏而导致倒塌，为此，要优先采用横墙承重的结构布置方案。

纵横墙均匀对称布置，可使各墙垛受力基本相同，避免薄弱部位的破坏。

震害调查表明，不设防震缝造成的房屋破坏，一般多只是局部的，在7度和8度地区，一些平面较复杂的一、二层房屋，其震害与平面规则的同类房屋相比，并无明显的差别，同时，考虑到设置防震缝所耗的投资较多，所以89规范以来，对设置防震缝的要求比78规范有所放宽。

楼梯间墙体缺少各层楼板的侧向支承，有时还因为楼梯踏步削弱楼梯间的墙体，尤其是楼梯间顶层，墙体有一层半楼层的高度，震害加重。因此，在建筑布置时尽量不设在尽端，或对尽端开间采取专门的加强措施。

本次修订，除按2008年局部修订外，有关烟道、预制挑檐楼板移入第13章。对建筑结构体系的规则性增加了下列要求：

1 为保证房屋纵向的抗震能力，并根据本规范第3.5.3条两个主轴方向振动特性不宜相差过大的要求，规定多层砌体的纵横向墙体数量不宜相差过大，在房屋宽度的中部（约1/3宽度范围）应有内纵墙，且多道内纵墙开洞后累计长度不宜小于房屋纵向长度的60%。"宜"表示，当房屋层数很少时，还可比60%适当放宽。

2 避免采用混凝土墙与砌体墙混合承重的体系，防止不同材料性能的墙体被各个击破。

3 房屋转角处不应设窗，避免局部破坏严重。

4 根据汶川地震的经验，外纵墙体开洞率不应过大，宜按55%左右控制。

5 明确砌体结构的楼板外轮廓、开大洞、较大错层等不规则的划分，以及设计要求。考虑到砌体墙的抗震性能不及混凝土墙，相应的不规则界限比混凝土结构有所加严。

6 本条规定同一轴线（直线或弧线）上的窗间墙宽度宜均匀，包括与同一直线或弧线上墙段平行错位净距离不超过2倍墙厚的墙段上的窗间墙（此时错位处两墙段之间连接墙的厚度不应小于外墙厚度），<u>在满足本规范第7.1.6条的局部尺寸要求的情况下，墙体的立面开洞率亦应进行控制。</u>

7.1.8 本次修订，将2001规范"基本对齐"明确为"除楼梯间附近的个别墙段外"，并明确上部砌体侧向刚度应计入构造柱影响的要求。

底层采用砌体抗震墙的情况，仅允许用于6度设防时，且明确应采用约束砌体加强，但不应采用约束多孔砖砌体，有关的构造要求见本章第7.5节；6、7度时，也允许采用配筋小砌块墙体。还需注意，砌体抗震墙应对称布置，避免或减少扭转效应，不作为抗震墙的砌体墙，应按填充墙处理，施工时后砌。

底部抗震墙的基础，不限定具体的基础形式，明确为"整体性好的基础"。

7.1.9 底部框架-抗震墙房屋的钢筋混凝土结构部分，其抗震要求原则上均应符合本规范第6章的要求，抗震等级与钢筋混凝土结构的框支层相当。但考虑到底部框架-抗震墙房屋高度较低，底部的钢筋混凝土抗震墙应按低矮墙或开竖缝设计，构造上有所区别。

7.2 计 算 要 点

7.2.1 砌体房屋层数不多，刚度沿高度分布一般比较均匀，并以剪切变形为主，因此可采用底部剪力法计算。底部框架-抗震墙房屋属于竖向不规则结构，层数不多，仍可采用底部剪力法简化计算，但应考虑一系列的地震作用效应调整，使之较符合实际。

自承重墙体（如横墙承重方案中的纵墙等），如按常规方法进行抗震验算，往往比承重墙还要厚，但抗震安全性的要求可以考虑降低，为此，利用 γ_{RE} 适当调整。

7.2.2 根据一般的设计经验，抗震验算时，只需对纵、横向的不利墙段进行截面验算，不利墙段为：①承担地震作用较大的；②竖向压应力较小的；③局部截面较小的墙段。

7.2.3 在楼层各墙段间进行地震剪力的分配和截面验算时，根据层间墙段的不同高宽比（一般墙段和门窗洞边的小墙段，高宽比按本条"注"的方法分别计算），分别按剪切或弯剪变形同时考虑，较符合实际情况。

砌体的墙段按门窗洞口划分、小开口墙等效刚度的计算方法等内容同2001规范。

本次修订明确，关于开洞率的定义及适用范围，系参照原行业标准《设置钢筋混凝土构造柱多层砖房抗震技术规程》JGJ/T 13的相关内容得到的，该表仅适用于带构造柱的小开口墙段。当本层门窗过梁及以上墙体的合计高度小于层高的20%时，洞口两侧应分为不同的墙段。

7.2.4、7.2.5 底部框架-抗震墙砌体房屋是我国现阶段经济条件下特有的一种结构。强烈地震的震害表明，这类房屋设计不合理时，其底部可能发生变形集中，出现较大的侧移而破坏，甚至坍塌。近十多年来，各地进行了许多试验研究和分析计算，对这类结构有进一步的认识。但总体上仍需持谨慎的态度。其抗震计算上需注意：

1 继续保持2001规范对底层框架-抗震墙砌体房屋地震作用效应调整的要求。按第二层与底层侧移刚度的比例相应地增大底层的地震剪力，比例越大，增加越多，以减少底层的薄弱程度。通常，增大系数可依据刚度比用线性插值法近似确定。

底层框架-抗震墙砌体房屋，二层以上全部为砌体墙承重结构，仅底层为框架-抗震墙结构，水平地震剪力要根据对应的单层的框架-抗震墙结构中各构件的侧移刚度比例，并考虑塑性内力重分布来分配。

作用于房屋二层以上的各楼层水平地震力对底层引起的倾覆力矩，将使底层抗震墙产生附加弯矩，并使底层框架柱产生附加轴力。倾覆力矩引起构件变形的性质与水平剪力不同，本次修订，考虑实际运算的可操作性，近似地将倾覆力矩在底层框架和抗震墙之间按它们的有效侧移刚度比例分配。需注意，框架部分的倾覆力矩近似按有效侧向刚度分配计算，所承担的倾覆力矩略偏少。

2 底部两层框架-抗震墙砌体房屋的地震作用效应调整原则，同底层框架-抗震墙砌体房屋。

3 该类房屋底部托墙梁在抗震设计中的组合弯矩计算方法：

考虑到大震时墙体严重开裂，托墙梁与非抗震的墙梁受力状态有所差异，当按静力的方法考虑两端框架柱落地的托梁与上部墙体组合作用时，若计算系数不变会导致不安全，应调整计算参数。作为简化计算，偏于安全，在托墙梁上部各层墙体不开洞和跨中1/3范围内开一个洞口的情况，也可采用折减荷载的方法：托墙梁弯矩计算时，由重力荷载代表值产生的弯矩，四层以下全部计入组合，四层以上可有所折减，取不小于四层的数值计入组合；对托墙梁剪力计算时，由重力荷载产生的剪力不折减。

4 本次修订，增加考虑楼盖平面内变形影响的要求。

7.2.6 砌体材料抗震强度设计值的计算，继续保持89规范的规定：

地震作用下砌体材料的强度指标，因不同于静力，宜单独给出。其中砖砌体强度是按震害调查资料综合估算并参照部分试验给出的，砌块砌体强度则依据试验。为了方便，当前仍继续沿用静力指标。但是，强度设计值和标准值的关系则是针对抗震设计的特点按《统一标准》可靠度分析得到的，并采用调整静强度设计值的形式。

关于砌体结构抗剪承载力的计算，有两种半理论半经验的方法——主拉和剪摩。在砂浆等级＞M2.5且在 $1 < \sigma_0/f_v \leqslant 4$ 时，两种方法结果相近。本规范采用正应力影响系数的形式，将两种方法同样的表达方式给出。

对砖砌体，此系数与89规范相同，继续沿用78规范的方法，采用在震害统计基础上的主拉公式得到，以保持规范的延续性：

$$\zeta_N = \frac{1}{1.2}\sqrt{1 + 0.45\sigma_0/f_v} \qquad \cdot (5)$$

对于混凝土小砌块砌体，其 f_v 较低，σ_0/f_v 相对较大，两种方法差异也大，震害经验又较少，根据试验资料，正应力影响系数由剪摩公式得到：

$$\zeta_N = 1 + 0.23\sigma_0/f_v \qquad (\sigma_0/f_v \leqslant 6.5) \qquad (6)$$

$$\zeta_N = 1.52 + 0.15\sigma_0/f_v \qquad (6.5 < \sigma_0/f_v \leqslant 16) \,(7)$$

本次修订，根据砌体规范 f_v 取值的变化，对表内数据作了调整，使 f_{vE} 与 σ_0 的函数关系基本不变。根据有关试验资料，当 $\sigma_0/f_v \geqslant 16$ 时，小砌块砌体的正应力影响系数如仍按剪摩公式线性增加，则其值偏高，偏于不安全。因此当 σ_0/f_v 大于16时，小砌块砌体的正应力影响系数都按 $\sigma_0/f_v = 16$ 时取3.92。

7.2.7 继续沿用了2001规范关于设置构造柱墙段抗震承载力验算方法：

一般情况下，构造柱仍不以显式计入受剪承载力计算中，抗震承载力验算的公式与89规范完全相同。

当构造柱的截面和配筋满足一定要求后，必要时可采用显式计入墙段中部位置处构造柱对抗震承载力的提高作用。有关构造柱规程、地方规程和有关的资料，对计入构造柱承载力的计算方法有三种：其一，换算截面法，根据混凝土和砌体的弹性模量比折算，刚度和承载力均按同一比例换算，并忽略钢筋的作用；其二，并联叠加法，构造柱和砌体分别计算刚度和承载力，再将二者相加，构造柱的受剪承载力分别考虑了混凝土和钢筋的承载力，砌体的受剪承载力还考虑了小间距构造柱的约束提高作用；其三，混合法，构造柱混凝土的承载力以换算截面并入砌体截面计算受剪承载力，钢筋的作用单独计算后再叠加。在三种方法中，对承载力抗震调整系数 γ_{RE} 的取值各有不同。由于不同的方法均根据试验成果引入不同的经验修正系数，使计算结果彼此相差不大，但计算基本假定和概念在理论上不够理想。

收集了国内许多单位所进行的一系列两端设置、中间设置1~3根构造柱及开洞砖墙体，并有不同截面、不同配筋、不同材料强度的试验成果，通过累计百余个试验结果的统计分析，结合混凝土构件抗剪计算方法，提出了抗震承载力简化计算公式。此简化公式的主要特点是：

（1）墙段两端的构造柱对承载力的影响，仍按89规范仅采用承载力抗震调整系数 γ_{RE} 反映其约束作用，忽略构造柱对墙段刚度的影响，仍按门窗洞口划分墙段，使之与现行国家标准的方法有延续性。

（2）引入中部构造柱参与工作系数及构造柱对墙体的约束修正系数，本次修订时该系数取1.1时的构造柱间距由2001规范的不大于2.8m调整为3.0m，以和7.3.14条的构造措施相对应。

（3）构造柱的承载力分别考虑了混凝土和钢筋的抗剪作用，但不能随意加大混凝土的截面和钢筋的用量。

（4）该公式是简化方法，计算的结果与试验结果相比偏于保守，供必要时利用。

横墙较少房屋及外纵墙的墙段计入其中部构造柱参与工作，抗震承载力可有所提高。

砖砌体横向配筋的抗剪验算公式是根据试验资料得到的。钢筋的效应系数随墙段高宽比在 0.07～0.15 之间变化，水平配筋的适用范围是 0.07%～0.17%。

本次修订，增加了同时考虑水平钢筋和中部构造柱对墙体受剪承载力贡献的简化计算方法。

7.2.8 混凝土小砌块的验算公式，系根据混凝土小砌块技术规程的基础资料，无芯柱时取 $\gamma_{RE} = 1.0$ 和 $\zeta_c = 0.0$，有芯柱时取 $\gamma_{RE} = 0.9$，按《统一标准》的原则要求分析得到的。

2001 规范修订时进行了同时设置芯柱和构造柱的墙片试验。结果发现，只要把式（7.2.8）的芯柱截面（120mm×120mm）用构造柱截面（如180mm×240mm）替代，芯柱钢筋截面（如 1φ12）用构造柱钢筋（如 4φ12）替代，则计算结果与试验结果基本一致。于是，2001 规范对式（7.2.8）的适用范围作了调整，也适用于同时设置芯柱和构造柱的情况。

7.2.9 底层框架-抗震墙房屋中采用砖砌体作为抗震墙时，砖墙和框架成为组合的抗侧力构件，直接引用 89 规范在试验和震害调查基础上提出的抗侧力砖填充墙的承载力计算方法。由砖抗震墙-周边框架所承担的地震作用，将通过周边框架向下传递，故底层砖抗震墙周边的框架柱还需考虑砖墙的附加轴向力和附加剪力。

本次修订，比 2001 版增加了底框房屋采用混凝土小砌块的约束砌体抗震墙承载力验算的内容。这类由混凝土边框与约束砌体墙组成的抗震构件，在满足上下层刚度比 2.5 的前提下，数量较少而需承担全楼层 100% 的地震剪力（6 度时约为全楼总重力的 4%）。因此，虽然仅适用于 6 度设防，为判断其安全性，仍应进行抗震验算。

7.3 多层砖砌体房屋抗震构造措施

7.3.1、7.3.2 钢筋混凝土构造柱在多层砖砌体结构中的应用，根据历次大地震的经验和大量试验研究，得到了比较一致的结论，即：①构造柱能够提高砌体的受剪承载力 10%～30% 左右，提高幅度与墙体高宽比、竖向压力和开洞情况有关；②构造柱主要是对砌体起约束作用，使之有较高的变形能力；③构造柱应当设置在震害较重、连接构造比较薄弱和易于应力集中的部位。

本次修订继续保持 2001 规范的规定，根据房屋的用途、结构部位、烈度和承担地震作用的大小来设置构造柱。当房屋高度接近本规范表 7.1.2 的总高度

和层数限值时，纵、横墙中构造柱间距的要求不变。对较长的纵、横墙需有构造柱来加强墙体的约束和抗倒塌能力。

由于钢筋混凝土构造柱的作用主要在于对墙体的约束，构造上截面不必很大，但需与各层纵横墙的圈梁或现浇楼板连接，才能发挥约束作用。

为保证钢筋混凝土构造柱的施工质量，构造柱须有外露面。一般利用马牙槎外露即可。

当 6、7 度房屋的层数少于本规范表 7.2.1 规定时，如 6 度二、三层和 7 度二层且横墙较多的丙类房屋，只要合理设计、施工质量好，在地震时可到达预期的设防目标，本规范对其构造柱设置未作强制性要求。注意到构造柱有利于提高砌体房屋抗地震倒塌能力，这些低层、小规模且设防烈度低的房屋，可根据具体条件和可能适当设置构造柱。

2008 年局部修订时，增加了不规则平面的外墙对应转角（凸角）处设置构造柱的要求；楼梯斜段上下端对应墙体处增加四根构造柱，与在楼梯间四角设置的构造柱合计有八根构造柱，再与本规范 7.3.8 条规定的楼层半高的钢筋混凝土带等可组成应急疏散安全岛。

本次修订，在 2008 年局部修订的基础上作下列修改：

① 文字修改，明确适用于各类砖砌体，包括蒸压砖、烧结砖和混凝土砖。

② 对横墙很少的多层砌体房屋，明确按增加二层的层数设置构造柱。

③ 调整了 6 度设防时 7 层砖房的构造柱设置要求。

④ 提高了隔 15m 内横墙与外纵墙交接处设置构造柱的要求，调整至 12m；同时增加了楼梯间对应的另一侧内横墙与外纵墙交接处设置构造柱的要求。间隔 12m 和楼梯间相对的内外墙交接处的要求二者取一。

⑤ 增加了较大洞口的说明。对于内外墙交接处的外墙小墙段，其两端存在较大洞口时，在内外墙交接处按规定设置构造柱，考虑到施工时难以在一个不大的墙段内设置三根构造柱，墙段两端可不再设置构造柱，但小墙段的墙体需要加强，如拉结钢筋网片通长设置，间距加密。

⑥ 原规定拉结筋每边伸入墙内不小于 1m，构造柱间距 4m，中间只剩下 2m 无拉结筋。为加强下部楼层墙体的抗震性能，本次修订将下部楼层构造柱间的拉结筋贯通，拉结筋与 φ4 钢筋在平面内点焊组成拉结网片，提高抗倒塌能力。

7.3.3、7.3.4 圈梁能增强房屋的整体性，提高房屋的抗震能力，是抗震的有效措施，本次修订，提高了对楼层内横墙圈梁间距的要求，以增强房屋的整体性能。

74、78规范根据震害调查结果，明确现浇钢筋混凝土楼盖不需要设置圈梁。89规范和2001规范均规定，现浇或装配整体式钢筋混凝土楼、屋盖与墙体有可靠连接的房屋，允许不另设圈梁，但为加强砌体房屋的整体性，楼板沿抗震墙体周边均应加强配筋并应与相应的构造柱钢筋可靠连接。

圈梁的截面和配筋等构造要求，与2001规范保持一致。

7.3.5、7.3.6 砌体房屋楼、屋盖的抗震构造要求，包括楼板搁置长度，楼板与圈梁、墙体的拉结，屋架（梁）与墙、柱的锚固、拉结等等，是保证楼、屋盖与墙体整体性的重要措施。

本次修订，在2008年局部修订的基础上，提高了6～8度时预制板相互拉结的要求，同时取消了独立砖柱的做法。在装配式楼板伸入墙（梁）内长度的规定中，明确了硬架支模的做法（硬架支模的施工方法是：先架设梁或圈梁的模板，再将预制楼板支承在具有一定刚度的硬支架上，然后浇筑梁或圈梁、现浇叠合层等的混凝土）。

组合砌体的定义见砌体设计规范。

7.3.7 由于砌体材料的特性，较大的房间在地震中会加重破坏程度，需要局部加强墙体的连接构造要求。本次修订，将拉结筋的长度改为通长，并明确为拉结网片。

7.3.8 历次地震震害表明，楼梯间由于比较空旷常常破坏严重，必须采取一系列有效措施。本条在2008年局部修订时改为强制性条文。本次修订增加8、9度时不应采用装配式楼梯段的要求。

突出屋顶的楼、电梯间，地震中受到较大的地震作用，因此在构造措施上也需要特别加强。

7.3.9 坡屋顶与平屋顶相比，震害有明显差别。硬山搁檩的做法不利于抗震，2001规范修订提高了硬山搁檩的构造要求。屋架的支撑应保证屋架的纵向稳定。出入口处要加强屋盖构件的连接和锚固，以防脱落伤人。

7.3.10 砌体结构中的过梁应采用钢筋混凝土过梁，本次修订，明确不能采用砖过梁，不论是配筋还是无筋。

7.3.11 预制的悬挑构件，特别是较大跨度时，需要加强与现浇构件的连接，以增强稳定性。本次修订，对预制阳台的限制有所加严。

7.3.12 本次修订，将2001规范第7.1.7条有关风道等非结构构件的规定移入第13章。

7.3.13 房屋的同一独立单元中，基础底面最好处于同一标高，否则易因地面运动传递到基础不同标高处而造成震害。如有困难时，则应设基础圈梁并放坡逐步过渡，不宜有高差上的过大突变。

对于软弱地基上的房屋，按本规范第3章的原则，应在外墙及所有承重墙下设置基础圈梁，以增强抵抗不均匀沉陷和加强房屋基础部分的整体性。

7.3.14 本条对应于本规范第7.1.2条第3款，2001规范规定为住宅类房屋，本次修订扩大为所有丙类建筑中横墙较少的多层砌体房屋（6、7度时）。对于横墙间距大于4.2m的房间超过楼层总面积40％且房屋总高度和层数接近本章表7.1.2规定限值的砌体房屋，其抗震设计方法大致包括以下方面：

（1）墙体的布置和开洞大小不妨碍纵横墙的整体连接的要求；

（2）楼、屋盖结构采用现浇钢筋混凝土板等加强整体性的构造要求；

（3）增设满足截面和配筋要求的钢筋混凝土构造柱并控制其间距、在房屋底层和顶层沿楼层半高处设置现浇钢筋混凝土带，并增大配筋数量，以形成约束砌体墙段的要求；

（4）按本规范7.2.7条第3款计入墙段中部钢筋混凝土构造柱的承载力。

本次修订，根据试设计结果，要求横墙较少时构造柱的间距，纵横墙均不大于3m。

7.4 多层砌块房屋抗震构造措施

7.4.1、7.4.2 为了增加混凝土小型空心砌块砌体房屋的整体性和延性，提高其抗震能力，结合空心砌块的特点，规定了在墙体的适当部位设置钢筋混凝土芯柱的构造措施。这些芯柱设置要求均比砖房构造柱设置严格，且芯柱与墙体的连接要采用钢筋网片。

芯柱伸入室外地面下500mm，地下部分为砖砌体时，可采用类似于构造柱的方法。

本次修订，按多层砖房的本规范表7.3.1的要求，增加了楼、电梯间的芯柱或构造柱的布置要求；并补充9度的设置要求。

砌块房屋墙体交接处、墙体与构造柱、芯柱的连接，均要设钢筋网片，保证连接的有效性。本次修订，将原7.4.5条有关拉结钢筋网片设置要求调整至本规范第7.4.2、7.4.3条中。要求拉结钢筋网片沿墙体水平通长设置。为加强下部楼层墙体的抗震性能，将下部楼层墙体的拉结钢筋网片沿墙高的间距加密，提高抗倒塌能力。

7.4.3 本条规定了替代芯柱的构造柱的基本要求，与砖房的构造柱规定大致相同。小砌块墙体在马牙槎部位浇灌混凝土后，需形成无插筋的芯柱。

试验表明。在墙体交接处用构造柱代替芯柱，可较大程度地提高对砌块砌体的约束能力，也为施工带来方便。

7.4.4 本次修订，小砌块房屋的圈梁设置位置的要求同砖砌体房屋，直接引用而不重复。

7.4.5 根据振动台模拟试验的结果，作为砌块房屋的层数和高度达到与普通砖房屋相同的加强措施之一，在房屋的底层和顶层，沿楼层半高处增设一道通长的现浇钢筋混凝土带，以增强结构抗震的整体性。

本次修订，补充了可采用槽形砌块作为模板的做法，便于施工。

7.4.6 本条为新增条文。与多层砖砌体横墙较少的房屋一样，当房屋高度和层数接近或达到本规范表7.1.2的规定限值，丙类建筑中横墙较少的多层小砌块房屋应满足本章第7.3.14条的相关要求。本条对墙体中部替代增设构造柱的芯柱给出了具体规定。

7.4.7 砌块砌体房屋楼盖、屋盖、楼梯间、门窗过梁和基础等的抗震构造要求，则基本上与多层砖房相同。其中，墙体的拉结构造，沿墙体竖向间距按砌块模数修改。

7.5 底部框架-抗震墙砌体房屋抗震构造措施

7.5.1 总体上看，底部框架-抗震墙砌体房屋比多层砌体房屋抗震性能稍弱，因此构造柱的设置要求更严格。本次修订，增加了上部为混凝土小砌块砌体墙的相关要求。上部小砌块墙体内代替芯柱的构造柱，考虑到模数的原因，构造柱截面不再加大。

7.5.2 本条为新增条文。过渡层即与底部框架-抗震墙相邻的上一砌体楼层，其在地震时破坏较重，因此，本次修订将关于过渡层的要求集中在一条内叙述并予以特别加强。

1 增加了过渡层墙体为混凝土小砌块砌体墙时芯柱设置及插筋的要求。

2 加强了过渡层构造柱或芯柱的设置间距要求。

3 过渡层构造柱纵向钢筋配置的最小要求，增加了6度时的加强要求，8度时考虑到构造柱纵筋根数与其截面的匹配性，统一取为4根。

4 增加了过渡层墙体在窗台标高处设置通长水平现浇钢筋混凝土带的要求；加强了墙体与构造柱或芯柱拉结措施。

5 过渡层墙体开洞较大时，要求在洞口两侧增设构造柱或单孔芯柱。

6 对于底部次梁转换的情况，过渡层墙体应另外采取加强措施。

7.5.3 底框房屋中的钢筋混凝土抗震墙，是底部的主要抗侧力构件，而且往往为低矮抗震墙。对其构造上提出了更为严格的要求，以加强抗震能力。

由于底框中的混凝土抗震墙为带边框的抗震墙且总高度不超过二层，其边缘构件只需要满足构造边缘构件的要求。

7.5.4 对6度底层采用砖砌体抗震墙的底框房屋，补充了约束砖砌体抗震墙的构造要求，切实加强砖抗震墙的抗震能力，并在使用中不致随意拆除更换。

7.5.5 本条是新增的，主要适用于6度设防时上部为小砌块墙体的底层框架-抗震墙砌体房屋。

7.5.6 本条是新增的。规定底框房屋的框架柱不同于一般框架-抗震墙结构中的框架柱的要求，大体上

接近框支柱的有关要求。柱的轴压比、纵向钢筋和箍筋要求，参照本规范第6章对框架结构柱的要求，同时箍筋全高加密。

7.5.7 底部框架-抗震墙房屋的底部与上部各层的抗侧力结构体系不同，为使楼盖具有传递水平地震力的刚度，要求过渡层的底板为现浇钢筋混凝土板。

底部框架-抗震墙砌体房屋上部各层对楼盖的要求，同多层砖房。

7.5.8 底部框架的托墙梁是极其重要的受力构件，根据有关试验资料和工程经验，对其构造作了较多的规定。

7.5.9 针对底框房屋在结构上的特殊性，提出了有别于一般多层房屋的材料强度等级要求。本次修订，提高了过渡层砌筑砂浆强度等级的要求。

附录F 配筋混凝土小型空心砌块 抗震墙房屋抗震设计要求

F.1 一 般 规 定

F.1.1 国内外有关试验研究结果表明，配筋混凝土小砌块抗震墙的最小分布钢筋仅为混凝土抗震墙的一半，但承载力明显高于普通砌体，而竖向和水平灰缝使其具有较大的耗能能力，结构的设计计算方法与钢筋混凝土抗震墙结构基本相似。从安全、经济诸方面综合考虑，对于满灌的配筋混凝土小砌块抗震墙房屋，本附录所适用高度可比2001规范适当增加，同时补充了7度（0.15g）、8度（0.30g）和9度的有关规定。当横墙较少时，类似多层砌体房屋，也要求其适用高度有所降低。

当经过专门研究，有可靠技术依据，采取必要的加强措施，按住房和城乡建设部的有关规定进行专项审查，房屋高度可以适当增加。

配筋混凝土小砌块房屋高宽比限制在一定范围内时，有利于房屋的稳定性，减少房屋发生整体弯曲破坏的可能性。配筋砌块砌体抗震墙抗拉相对不利，限制房屋高宽比，可使墙肢在多遇地震下不致出现小偏心受拉状况，本次修订对6度时的高宽比限制适当加严。根据试验研究和计算分析，当房屋的平面布置和竖向布置不规则时，会增大房屋的地震反应，应适当减小房屋高宽比以保证在地震作用下结构不会发生整体弯曲破坏。

F.1.2 配筋小砌块砌体抗震墙房屋的抗震等级是确定其抗震措施的重要设计参数，依据抗震设防分类、烈度和房屋高度等划分抗震等级。本次修订，参照现浇钢筋混凝土房屋以24m为界划分抗震等级的规定，对2001规范的规定作了调整，并增加了9度的有关规定。

F.1.3 根据本规范第3.4节的规则性要求，提出配筋混凝土小砌块房屋平面和竖向布置简单、规则、抗

震墙拉通对直的要求，从结构体型的设计上保证房屋具有较好的抗震性能。

本次修订，对墙肢长度提出了具体的要求。考虑到抗震墙结构应具有延性，高宽比大于 2 的延性抗震墙，可避免脆性的剪切破坏，要求墙段的长度（即墙段截面高度）不宜大于 8m。当墙很长时，可通过开设洞口将长墙分成长度较小、较均匀的超静定次数较高的联肢墙，洞口连梁宜采用约束弯矩较小的弱连梁（其跨高比宜大于 6）。由于配筋小砌块砌体抗震墙的竖向钢筋设置在砌块孔洞内（距墙端约 100mm），墙肢长度很短时很难充分发挥作用，因此设计时墙肢长度也不宜过短。

楼、屋盖平面内的变形，将影响楼层水平地震作用在各抗侧力构件之间的分配，为了保证配筋小砌块砌体抗震墙结构房屋的整体性，楼、屋盖宜采用现浇钢筋混凝土楼、屋盖，横墙间距也不应过大，使楼盖具备传递地震力给横墙所需的水平刚度。

根据试验研究结果，由于配筋小砌块砌体抗震墙存在水平灰缝和垂直灰缝，其结构整体刚度小于钢筋混凝土抗震墙，因此防震缝的宽度要大于钢筋混凝土抗震墙房屋。

F.1.4 本条是新增条文。试验研究表明，抗震墙的高度对抗震墙出平面偏心受压强度和变形有直接关系，控制层高主要是为了保证抗震墙出平面的强度、刚度和稳定性。由于小砌块墙体的厚度是 190mm，当房屋的层高为 3.2m～4.8m 时，与现浇钢筋混凝土抗震墙的要求基本相当。

F.1.5 本条是新增条文，对配筋小砌块砌体抗震墙房屋中的短肢墙布置作了规定。虽然短肢抗震墙有利于建筑布置，能扩大使用空间，减轻结构自重，但是其抗震性能较差，因此在整个结构中应设置足够数量的一般抗震墙，形成以一般抗震墙为主、短肢抗震墙与一般抗震墙相结合共同抵抗水平力的结构体系，保证房屋的抗震能力。本条参照有关规定，对短肢抗震墙截面面积与同一层内所有抗震墙截面面积的比例作了规定。

一字形短肢抗震墙的延性及平面外稳定均相对较差，因此规定不宜布置单侧楼、屋面梁与之平面外垂直或斜交，同时要求短肢抗震墙应尽可能设置翼缘，保证短肢抗震墙具有适当的抗震能力。

F.2 计 算 要 点

F.2.1 本条是新增条文。配筋小砌块砌体抗震墙存在水平灰缝和垂直灰缝，在地震作用下具有较好的耗能能力，而且灌孔砌体的强度和弹性模量也要低于相对应的混凝土，其变形比普通钢筋混凝土抗震墙大。根据同济大学、哈尔滨工业大学、湖南大学等有关单位的试验研究结果，综合参考了钢筋混凝土抗震墙弹性层间位移角限值，规定了配筋小砌块砌体抗震墙结

构在多遇地震作用下的弹性层间位移角限值为 1/800，底层承受的剪力最大且主要是剪切变形，其弹性层间位移角限值要求相对较高，取 1/1200。

F.2.2～F.2.7 配筋小砌块砌体抗震墙房屋的抗震计算分析，包括内力调整和截面应力计算方法，大多参照钢筋混凝土结构的有关规定，并针对配筋小砌块砌体结构的特点做了修改。

在配筋小砌块砌体抗震墙房屋抗震设计计算中，抗震墙底部的荷载作用效应最大，因此应根据计算分析结果，对底部截面的组合剪力设计值采用按不同抗震等级确定剪力放大系数的形式进行调整，以使房屋的最不利截面得到加强。

条文中规定配筋小砌块砌体抗震墙的截面抗剪能力限制条件，是为了规定抗震墙截面尺寸的最小值，或者说是限制了抗震墙截面的最大名义剪应力值。试验研究结果表明，抗震墙的名义剪应力过高，灌孔砌体会在早期出现斜裂缝，水平抗剪钢筋不能充分发挥作用，即使配置很多水平抗剪钢筋，也不能有效地提高抗震墙的抗剪能力。

配筋小砌块砌体抗震墙截面应力控制值，类似于混凝土抗压强度设计值，采用“灌孔小砌块砌体”的抗压强度，它不同于砌体抗压强度，也不同于混凝土抗压强度。

配筋小砌块砌体抗震墙截面受剪承载力由砌体、竖向和水平分布筋三者共同承担，为使水平分布筋不致过小，要求水平分布筋应承担一半以上的水平剪力。

配筋小砌块砌体由于受其块型、砌筑方法和配筋方式的影响，不适宜做跨高比较大的梁构件。而在配筋小砌块砌体抗震墙结构中，连梁是保证房屋整体性的重要构件，为了保证连梁与抗震墙节点处在弯曲屈服前不会出现剪切破坏和具有适当的刚度和承载能力，对于跨高比大于 2.5 的连梁宜采用受力性能更好的钢筋混凝土连梁，以确保连梁构件的“强剪弱弯”。对于跨高比小于 2.5 的连梁（主要指窗下墙部分），新增了允许采用配筋小砌块砌体连梁的规定。

F.3 抗震构造措施

F.3.1 灌孔混凝土是指由水泥、砂、石等主要原材料配制的大流动性细石混凝土，石子粒径控制在（5～16）mm 之间，坍落度控制在（230～250）mm。过高的灌孔混凝土强度与混凝土小砌块块材的强度不匹配，由此组成的灌孔砌体的性能不能充分发挥，而且低强度的灌孔混凝土其和易性也较差，施工质量无法保证。

F.3.2 本条是新增条文。配筋小砌块砌体抗震墙是一个整体，必须全部灌孔。在配筋小砌块砌体抗震墙结构的房屋中，允许有部分墙体不灌孔，但不灌孔的墙体只能按填充墙对待并后砌。

F.3.3　本条根据有关的试验研究结果、配筋小砌块砌体的特点和试点工程的经验，并参照了国内外相应的规范等资料，规定了配筋小砌块砌体抗震墙中配筋的最低构造要求。本次修改把原条文规定改为表格形式，同时对抗震等级为一、二级的配筋要求略有提高，并新增加了 9 度的配筋率不应小于 0.2% 的规定。

F.3.4　配筋小砌块砌体抗震墙在重力荷载代表值作用下的轴压比控制是为了保证配筋小砌块砌体在水平荷载作用下的延性和强度的发挥，同时也是为了防止墙片截面过小、配筋率过高，保证抗震墙结构延性。本次修订对一般墙、短肢墙、一字形短肢墙的轴压比限值做了区别对待；由于短肢墙和无翼缘的一字形短肢墙的抗震性能较差，因此其轴压比限值更为严格。

F.3.5　在配筋小砌块砌体抗震墙结构中，边缘构件在提高墙体承载力方面和变形能力方面的作用都非常明显，因此参照混凝土抗震墙结构边缘构件设置的要求，结合配筋小砌块砌体抗震墙的特点，规定了边缘构件的配筋要求。

配筋小砌块砌体抗震墙的水平筋放置于砌块横肋的凹槽和灰缝中，直径不小于 6mm 且不大于 8mm 比较合适。因此一级的水平筋最小直径为 $\phi 8$，二～四级为 $\phi 6$，为了适当弥补钢筋直径小的影响，抗震等级为一、二、三级时，应采用不低于 HRB335 级的热轧钢筋。

本次修订，还增加了一、二级抗震墙的底部加强部位设置约束边缘构件的要求。当房屋高度接近本附录表 F.1.1-1 的限值时，也可以采用钢筋混凝土边框柱作为约束边缘构件来加强对墙体的约束，边框柱截面沿墙体方向的长度可取 400mm。在设计时还应注意，过于强大的边框柱可能会造成墙体与边框柱的受力和变形不协调，使边框柱和配筋小砌块墙体的连接处开裂，影响整片墙体的抗震性能。

F.3.6　根据配筋小砌块砌体抗震墙的施工特点，墙内的竖向钢筋布置无法绑扎搭接，钢筋的搭接长度应比普通混凝土构件的搭接长度长些。

F.3.7　本条是新增条文，规定了水平分布钢筋的锚固要求。根据国内外有关试验研究成果，砌块砌体抗震墙的水平钢筋，当采用围绕墙端竖向钢筋 180° 加 12d 延长段锚固时，施工难度较大，而一般做法可将该水平钢筋末端弯钩锚于灌孔混凝土中，弯入长度不小于 200mm，在试验中发现这样的弯折锚固长度已能保证该水平钢筋能达到屈服。因此，考虑不同的抗震等级和施工因素，分别规定相应的锚固长度。

F.3.8　本条是根据国内外试验研究成果和经验、以及配筋砌块砌体连梁的特点而制定的。

F.3.9　本次修订，进一步细化了对圈梁的构造要求。在配筋小砌块砌体抗震墙和楼、屋盖的结合处设置钢筋混凝土圈梁，可进一步增加结构的整体性，同时该

圈梁也可作为建筑竖向尺寸调整的手段。钢筋混凝土圈梁作为配筋小砌块砌体抗震墙的一部分，其强度应和灌孔小砌块砌体强度基本一致，相互匹配，其纵筋配筋量不应小于配筋小砌块砌体抗震墙水平筋的数量，其腰筋间距不应大于配筋小砌块砌体抗震墙水平筋间距，并宜适当加密。

F.3.10　对于预制板的楼盖，配筋混凝土小型空心砌块砌体抗震墙房屋与其他结构类型房屋一样，均要求楼、屋盖有足够的刚度和整体性。

8　多层和高层钢结构房屋

8.1　一般规定

8.1.1　本章主要适用于民用建筑，多层工业建筑不同于民用建筑的部分，由附录 H 予以规定。用冷弯薄壁型钢作为主要承重结构的房屋，构件截面较小，自重较轻，可不执行本章的规定。

本章不适用于上层为钢结构下层为钢筋混凝土结构的混合型结构。对于混凝土核心筒-钢框架混合结构，在美国主要用于非抗震设防区，且认为不宜大于 150m。在日本，1992 年建了两幢，其高度分别为 78m 和 107m，结合这两项工程开展了一些研究，但并未推广。据报道，日本规定采用这类体系要经建筑中心评定和建设大臣批准。

我国自 20 世纪 80 年代在当时不设防的上海希尔顿酒店采用混合结构以来，应用较多，除大量应用于 7 度和 6 度地区外，也用于 8 度地区。由于这种体系主要由混凝土核心筒承担地震作用，钢框架和混凝土筒的侧向刚度差异较大，国内对其抗震性能虽有一些研究，尚不够完善。本次修订，将混凝土核心筒-钢框架结构做了一些原则性的规定，列入附录 G 第 G.2 节中。

本次修订，将框架-偏心支撑（延性墙板）单列，有利于促进它的推广应用。筒体和巨型框架以及框架-偏心支撑的适用最大高度，与国内现有建筑已达到的高度相比是保守的，需结合超限审查要求确定。AISC 抗震规程对 B、C 等级（大致相当于我国 0.10g 及以下）的结构，不要求执行规定的抗震构造措施，明显放宽。据此，对 7 度按设计基本地震加速度划分。对 8 度也按设计基本地震加速度作了划分。

8.1.2　国外 20 世纪 70 年代及以前建造的高层钢结构，高宽比较大的，如纽约世界贸易中心双塔，为 6.6，其他建筑很少超过此值。注意到美国东部的地震烈度很小，《高层民用建筑钢结构技术规程》JGJ 99 据此对高宽比作了规定。本规范考虑到市场经济发展的现实，在合理的前提下比高层钢结构规程适当放宽高宽比要求。

本次修订，按《高层民用建筑钢结构技术规程》

JGJ 99 增加了表注，规定了底部有大底盘的房屋高度的取法。

8.1.3 将 2001 规范对不同烈度、不同层数所规定的"作用效应调整系数"和"抗震构造措施"共 7 种，调整、归纳、整理为四个不同的要求，称之为抗震等级。2001 规范以 12 层为界区分改为 50m 为界。对 6 度高度不超过 50m 的钢结构，与 2001 规范相同，其"作用效应调整系数"和"抗震构造措施"可按非抗震设计执行。

不同的抗震等级，体现不同的延性要求。可借鉴国外相应的抗震规范，如欧洲 Eurocode8、美国 AISC、日本 BCJ 的高、中、低等延性要求的规定。而且，按抗震设计等能量的概念，当构件的承载力明显提高，能满足烈度高一度的地震作用的要求时，延性要求可适当降低，故允许降低其抗震等级。

甲、乙类设防的建筑结构，其抗震设防标准的确定，按现行国家标准《建筑工程抗震设防分类标准》GB 50223 的规定处理，不再重复。

8.1.5 本次修订，将 2001 规范的 12 层和烈度的划分方法改为抗震等级划分。所以本章对钢结构房屋的抗震措施，一般以抗震等级区分。凡未注明的规定，则各种高度、各种烈度的钢结构房屋均应遵守。

本次修订，补充了控制单跨框架结构适用范围的要求。

8.1.6 三、四级且高度不大于 50m 的钢结构房屋宜优先采用交叉支撑，它可按拉杆设计，较经济。若采用受压支撑，其长细比及板件宽厚比应符合有关规定。

大量研究表明，偏心支撑具有弹性阶段刚度接近中心支撑框架，弹塑性阶段的延性和消能能力接近延性框架的特点，是一种良好的抗震结构。常用的偏心支撑形式如图 19 所示。

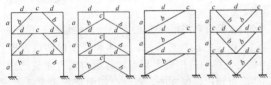

图 19 偏心支撑示意图

a—柱；b—支撑；c—消能梁段；d—其他梁段

偏心支撑框架的设计原则是强柱、强支撑和弱消能梁段，即在大震时消能梁段屈服形成塑性铰，且具有稳定的滞回性能，即使消能梁段进入应变硬化阶段，支撑斜杆、柱和其余梁段仍保持弹性。因此，每根斜杆只能在一端与消能梁段连接，若两端均与消能梁段相连，则可能一端的消能梁段屈服，另一端消能梁段不屈服，使偏心支撑的承载力和消能能力降低。

本次修订，考虑了设置屈曲约束支撑框架的情况。屈曲约束支撑是由芯材、约束芯材屈曲的套管和位于芯材和套管间的无粘结材料及填充材料组成的一种支撑构件。这是一种受拉时同普通支撑而受压时承载力与受拉时相当且具有某种消能机制的支撑，采用单斜杆布置时宜成对设置。屈曲约束支撑在多遇地震下不发生屈曲，可按中心支撑设计；与 V 形、∧ 形支撑相连的框架梁可不考虑支撑屈曲引起的竖向不平衡力。此时，需要控制屈曲约束支撑轴力设计值：

$$N \leqslant 0.9 N_{ysc} / \eta_y$$

$$N_{ysc} = \eta_y f_{ay} A_1$$

式中：N——屈曲约束支撑轴力设计值；

N_{ysc}——芯板的受拉或受压屈服承载力，根据芯材约束屈服段的截面面积来计算；

A_1——约束屈服段的钢材截面面积；

f_{ay}——芯板钢材的屈服强度标准值；

η_y——芯板钢材的超强系数，Q235 取 1.25，Q195 取 1.15，低屈服点钢材（$f_{ay} <$ 160）取 1.1，其实测值不应大于上述数值的 15%。

作为消能构件时，其设计参数、性能检验、计算方法的具体要求需按专门的规定执行，主要内容如下：

1 屈曲约束支撑的性能要求：

  1) 芯材钢材应有明显的屈服台阶，屈服强度不宜大于 235kN/mm²，伸长率不应小于 25%；

  2) 钢套管的弹性屈曲承载力不宜小于屈曲约束支撑极限承载力计算值的 1.2 倍；

  3) 屈曲约束支撑应能在 2 倍设计层间位移角的情况下，限制芯材的局部和整体屈曲。

2 屈曲约束支撑应按照同一工程中支撑的构造形式、约束屈服段材料和屈服承载力分类进行抽样试验检验，构造形式和约束屈服段材料相同且屈服承载力在 50% 至 150% 范围内的屈曲约束支撑划分为同一类别。每种类别抽样比例为 2%，且不少于一根。试验时，依次在 1/300，1/200，1/150，1/100 支撑长度的拉伸和压缩往复各 3 次变形。试验得到的滞回曲线应稳定、饱满，具有正的增量刚度，且最后一级变形第 3 次循环的承载力不低于历经最大承载力的 85%，历经最大承载力不高于屈曲约束支撑极限承载力计算值的 1.1 倍。

3 计算方法可按照位移型阻尼器的相关规定执行。

8.1.9 支撑桁架沿竖向连续布置，可使层间刚度变化较均匀。支撑桁架需延伸到地下室，不可因建筑方面的要求而在地下室移动位置。支撑在地下室是否改为混凝土抗震墙形式，与是否设置钢骨混凝土结构层有关，设置钢骨混凝土结构层时采用混凝土墙较协调。该抗震墙是否由钢支撑外包混凝土构成还是采用混凝土墙，由设计确定。

日本在高层钢结构的下部（地下室）设钢骨混凝土结构层，目的是使内力传递平稳，保证柱脚的嵌固性，增加建筑底部刚度、整体性和抗倾覆稳定性；而美国无此要求。本规范对此不作规定。

多层钢结构与高层钢结构不同，根据工程情况可设置或不设置地下室。当设置地下室时，房屋一般较高，钢框架柱宜伸至地下一层。

钢结构的基础埋置深度，参照高层混凝土结构的规定和上海的工程经验确定。

8.2 计 算 要 点

8.2.1 钢结构构件按地震组合内力设计值进行抗震验算时，钢材的各种强度设计值需除以本规范规定的承载力抗震调整系数 γ_{RE}，以体现钢材动静强度和抗震设计与非抗震设计可靠指标的不同。国外采用许用应力设计的规范中，考虑地震组合时钢材的强度通常规定提高 1/3 或 30%，与本规范 γ_{RE} 的作用类似。

8.2.2 2001 规范的钢结构阻尼比偏严，本次修订依据试验结果适当放宽。采用屈曲约束支撑的钢结构，阻尼比按本规范第 12 章消能减震结构的规定采用。

采用该阻尼比后，地震影响系数均按本规范第 5 章的规定采用。

8.2.3 本条规定了钢结构内力和变形分析的一些原则要求。

1 钢结构考虑二阶效应的计算，《钢结构设计规范》GB 50017-2003 第 3.2.8 条的规定，应计入构件初始缺陷（初倾斜、初弯曲、残余应力等）对内力的影响，其影响程度可通过在框架每层柱顶作用有附加的假想水平力来体现。

2 对工字形截面柱，美国 NEHRP 抗震设计手册（第二版）2000 年节点域考虑剪切变形的方法如下，可供参考：

考虑节点域剪切变形对层间位移角的影响，可近似将所得层间位移角与由节点域在相应楼层设计弯矩下的剪切变形角平均值相加求得。节点域剪切变形角的楼层平均值可按下式计算。

$$\Delta \gamma_i = \frac{1}{n} \sum \frac{M_{j,i}}{GV_{pe,ji}}, \quad (j = 1, 2, \cdots n)$$

式中：$\Delta \gamma_i$——第 i 层钢框架在所考虑的受弯平面内节点域剪切变形引起的变形角平均值；

$M_{j,i}$——第 i 层框架的第 j 个节点域在所考虑的受弯平面内的不平衡弯矩，由框架分析得出，即 $M_{ji} = M_{b1} + M_{b2}$；

$V_{pe,ji}$——第 i 层框架的第 j 个节点域的有效体积；

M_{b1}、M_{b2}——分别为受弯平面内第 i 层第 j 个节点左、右梁端同方向地震作用组合下的弯矩设计值。

对箱形截面柱节点域变形较小，其对框架位移的影响可略去不计。

3 本款修订依据多道防线的概念设计，框架-支撑体系中，支撑框架是第一道防线，在强烈地震中支撑先屈服，内力重分布使框架部分承担的地震剪力必需增大，二者之和应大于弹性计算的总剪力；如果调整的结果框架部分承担的地震剪力不适当增大，则不是"双重体系"而是按刚度分配的结构体系。美国 IBC 规范中，这两种体系的延性折减系数是不同的，适用高度也不同。日本在钢支撑-框架结构设计中，去掉支撑的纯框架按总剪力的 40% 设计，远大于 25% 总剪力。这一规定体现了多道设防的原则，抗震分析时可通过框架部分的楼层剪力调整系数来实现，也可采用删去支撑框架进行计算来实现。

4 为使偏心支撑框架仅在耗能梁段屈服，支撑斜杆、柱和非耗能梁段的内力设计值应根据耗能梁段屈服时的内力确定并考虑耗能梁段的实际有效超强系数，再根据各构件的承载力抗震调整系数，确定斜杆、柱和非耗能梁段保持弹性所需的承载力。2005 AISC 抗震规程规定，位于消能梁段同一跨的框架梁和框架柱的内力设计值增大系数不小于 1.1，支撑斜杆的内力增大系数不小于 1.25。据此，对 2001 规范的规定适当调整，梁和柱由原来的 8 度不小于 1.5 和 9 度不小于 1.6 调整为二级不小于 1.2 和一级不小于 1.3，支撑斜杆由原来的 8 度不小于 1.4 和 9 度不小于 1.5 调整为二级不小于 1.3 和一级不小于 1.4。

8.2.5 本条是实现"强柱弱梁"抗震概念设计的基本要求。

1 轴压比较小时可不验算强柱弱梁。条文所要求的是按 2 倍的小震地震作用的地震组合得出的内力设计值，而不是取小震地震组合轴向力的 2 倍。

参考美国规定增加了梁端塑性铰外移的强柱弱梁验算公式。骨形连接（RBS）连接的塑性铰至柱面距离，参考 FEMA350 的规定，取 $(0.5 \sim 0.75) b_f + (0.65 \sim 0.85) h_b / 2$（其中，$b_f$ 和 h_b 分别为梁翼缘宽度和梁截面高度）；梁端扩大型和加盖板的连接按日本规定，取净跨的 1/10 和梁高二者的较大值。强柱系数建议以 7 度（0.10g）作为低烈度区分界，大致相当于 AISC 的等级 C，按 AISC 抗震规程，等级 B、C 是低烈度区，可不执行该标准规定的抗震构造措施。强柱系数实际上已隐含系数 1.15。本次修订，只是将强柱系数，按抗震等级作了相应的划分，基本维持了 2001 规范的数值。

2 关于节点域。日本规定节点板域尺寸自梁柱翼缘中心线算起，AISC 的节点域稳定公式规定自翼缘内侧算起。本次修订，拟取自翼缘中心线算起。

美国节点板域稳定公式为高度和宽度之和除以90，历次修订此式未变；我国同济大学和哈尔滨工业大学做过试验，结果都是 1/70，考虑到试件板厚有一定限制，过去对高层用 1/90，对多层用1/70。板的初始缺陷对平面内稳定影响较大，特别是板厚有限时，一次试验也难以得出可靠结果。考虑到该式一般不控制，本次修订拟统一采用美国的参数 1/90。

研究表明，节点域既不能太厚，也不能太薄，太厚了使节点域不能发挥其耗能作用，太薄了将使框架侧向位移太大，规范使用折减系数来设计。取 0.7 是参考日本研究结果采用。《高层民用建筑钢结构技术规程》JGJ 99‑98 规定在 7 度时改用 0.6，是考虑到我国 7 度地区较大，可减少节点域加厚。日本第一阶段设计相当于我国 8 度；考虑 7 度可适当降低要求，所以按抗震等级划分拟就了系数。

当两侧梁不等高时，节点域剪应力计算公式可参阅《钢结构设计规范》管理组编著的《钢结构设计计算示例》p582 页，中国计划出版社，2007 年 3 月。

8.2.6 本条规定了支撑框架的验算。

1 考虑循环荷载时的强度降低系数，是高钢规编制时陈绍蕃教授提出的。考虑中心支撑长细比限值改动较大，拟保留此系数。

2 当人字支撑的腹杆在大震下受压屈曲后，其承载力将下降，导致横梁在支撑处出现向下的不平衡集中力，可能引起横梁破坏和楼板下陷，并在横梁两端出现塑性铰；此不平衡集中力取受拉支撑的竖向分量减去受压支撑屈曲压力竖向分量的 30%。V 形支撑情况类似，仅当斜杆失稳时楼板不是下陷而是向上隆起，不平衡力与前种情况相反。设计单位反映，考虑不平衡力后梁截面过大。条文中的建议是 AISC 抗震规程中针对此情况提出的，具有实用性，参见图 20。

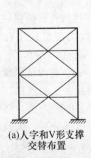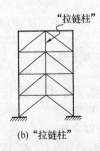

(a) 人字和 V 形支撑　(b) "拉链柱"
交替布置

图 20　人字支撑的布置

8.2.7 偏心支撑框架的设计计算，主要参考 AISC 于1997 年颁布的《钢结构房屋抗震规程》并根据我国情况作了适当调整。

当消能梁段的轴力设计值不超过 $0.15Af$ 时，按AISC 规定，忽略轴力影响，消能梁段的受剪承载力取腹板屈服时的剪力和梁段两端形成塑性铰时的剪力两者的较小值。本规范根据我国钢结构设计规范关于钢材拉、压、弯强度设计值与屈服强度的关系，取承载力抗震调整系数为 1.0，计算结果与 AISC 相当；当轴力设计值超过 $0.15Af$ 时，则降低梁段的受剪承载力，以保证该梁段具有稳定的滞回性能。

为使支撑斜杆能承受消能梁段的梁端弯矩，支撑与梁段的连接应设计成刚接（图 21）。

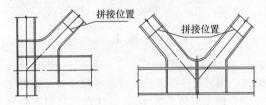

图 21　支撑端部刚接构造示意图

8.2.8 构件的连接，需符合强连接弱构件的原则。

1 需要对连接作二阶段设计。第一阶段，要求按构件承载力而不是设计内力进行连接计算，是考虑设计内力较小时将导致连接件型号和数量偏少，或焊缝的有效截面尺寸偏小，给第二阶段连接（极限承载力）设计带来困难。另外，高强度螺栓滑移对钢结构连接的弹性设计是不允许的。

2 框架梁一般为弯矩控制，剪力控制的情况很少，其设计剪力应采用与梁屈服弯矩相应的剪力，2001 规范规定采用腹板全截面屈服时的剪力，过于保守。另一方面，2001 规范用 1.3 代替 1.2考虑竖向荷载往往偏小，故作了相应修改。采用系数 1.2，是考虑梁腹板的塑性变形小于翼缘的变形要求较多，当梁截面受剪力控制时，该系数宜适当加大。

3 钢结构连接系数修订，系参考日本建筑学会《钢结构连接设计指南》（2001/2006）的下列规定拟定。

母材牌号	梁端连接时		支撑连接/构件拼接		柱脚	
	母材破断	螺栓破断	母材破断	螺栓破断		
SS400	1.40	1.45	1.25	1.30	埋入式	1.2
SM490	1.35	1.40	1.20	1.25	外包式	1.2
SN400	1.30	1.35	1.15	1.20	外露式	1.0
SN490	1.25	1.30	1.10	1.15	—	—

注：螺栓是指高强度螺栓，极限承载力计算时按承压型连接考虑。

表中的连接系数包括了超强系数和应变硬化系数；SS是碳素结构钢，SM是焊接结构钢，SN是抗震结构钢，其性能是逐步提高的。连接系数随钢种的性能提高而递减，也随钢材的强度等级递增而递减，是以钢材超强系数统计数据为依据的，而应变硬化系数各国普遍取1.1。该文献说明，梁端连接的塑性变形要求最高，连接系数也最高，而支撑连接和构件拼接的塑性变形相对较小，故连接系数可取较低值。螺栓连接受滑移的影响，且钉孔使截面减弱，影响了承载力。美国和欧盟规范中，连接系数都没有这样细致的划分和规定。我国目前对建筑钢材的超强系数还没有作过统计，本规范表8.2.8是按上述文献2006版列出的，它比2001规范对螺栓破断的规定降低了0.05。借鉴日本上述规定，将构件承载力抗震调整系数中的焊接连接和螺栓连接都取0.75，连接系数在连接承载力计算表达式中统一考虑，有利于按不同情况区别对待，也有利于提高连接系数的直观性。对于Q345钢材，连接系数$1.30 < f_u/f_y = 470/345 = 1.36$，解决了2001规范所规定综合连接系数偏高，材料强度不能充分利用的问题。另外，对于外露式柱脚，考虑到我国应用较多，适当提高抗震设计时的承载力是必要的，采用了1.1系数。本规范表8.2.8与日本规定相当接近。

8.3 钢框架结构的抗震构造措施

8.3.1 框架柱的长细比关系到钢结构的整体稳定。研究表明，钢结构高度加大时，轴力加大，竖向地震对框架柱的影响很大。本条规定与2001规范相比，高于50m时，7、8度有所放松；低于50m时，8、9度有所加严。

8.3.2 框架梁、柱板件宽厚比的规定，是以结构符合强柱弱梁为前提，考虑柱仅在后期出现少量塑性不需要很高的转动能力，综合美国和日本规定制定的。陈绍蕃教授指出，以轴压比0.37为界的12层以下梁腹板宽厚比限值的计算公式，适用于采用塑性内力重分布的连续组合梁负弯矩区，如果不考虑出现塑性铰后的内力重分布，宽厚比限值可以放宽。据此，将2001规范对梁宽厚比限值中的$(N_b/Af < 0.37)$和$(N_b/Af \geqslant 0.37)$两个限值条件取消。考虑到按刚性楼盖分析时，得不出梁的轴力，但在进入弹塑性阶段时，上翼缘的负弯矩区楼板将退出工作，迫使钢梁翼缘承受一定轴力，不考虑是不安全的。注意到日本对梁腹板宽厚比限值的规定为60（65），括号内为缓和值，不考虑轴力影响；AISC 341-05规定，当梁腹板轴压比为0.125时其宽厚比限值为75。据此，梁腹板宽厚比限值对一、二、三、四抗震等级分别取上限值（60、65、70、75）$\sqrt{235/f_{ay}}$。

本次修订按抗震等级划分后，12层以下柱的板

件宽厚比几乎不变，12层以上有所放松：8度由10、43、35放松为11、45、36；7度由11、43、37放松为12、48、38；6度由13、43、39放松为13、52、40。

注意，从抗震设计的角度，对于板件宽厚比的要求，主要是地震下构件端部可能的塑性铰范围，非塑性铰范围的构件宽厚比可有所放宽。

8.3.3 当梁上翼缘与楼板有可靠连接时，简支梁可不设置侧向支承，固端梁下翼缘在梁端0.15倍梁跨附近宜设置隔撑。梁端采用梁端扩大、加盖板或骨形连接时，应在塑性区外设置竖向加劲肋，隔撑与偏置的竖向加劲肋相连。梁端翼缘宽度较大，对梁下翼缘侧向约束较大时，也可不设隔撑。朱聘儒著《钢-混凝土组合梁设计原理》（第二版）一书，对负弯矩区段组合梁钢部件的稳定性作了计算分析，指出负弯矩区段内的梁部件名义上虽是压弯构件，由于其截面轴压比较小，稳定问题不突出。李国强著《多高层建筑钢结构设计》第203页介绍了提供侧向约束的几种方法，也可供参考。首先验算钢梁受压区长细比λ_y是否满足：

$$\lambda_y \leqslant 60 \sqrt{235/f_y}$$

若不满足可按图22所示方法设置侧向约束。

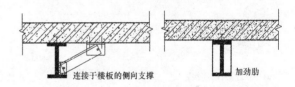

图22　钢梁受压翼缘侧向约束

8.3.4 本条规定了梁柱连接构造要求。

1 电渣焊时壁板最小厚度16mm，是征求日本焊接专家意见并得到国内钢结构制作专家的认同。贯通式隔板是和冷成形箱形柱配套使用的，柱边缘受拉时要求对其采用Z向钢制作，限于设备条件，目前我国应用不多，其构造要求可参见现行行业标准《高层民用建筑钢结构技术规程》JGJ 99。隔板厚度一般不宜小于翼缘厚度。

2 现场连接时焊接孔如规范条文图8.3.4-1所示，应严格按规定形状和尺寸用刀具加工。FEMA中推荐的孔形如下（图23），美国规定为必须采用之孔形。其最大应力不出现在腹板与翼缘连接处，香港学者做过有限元分析比较，认为是当前国际上最佳孔形，且与梁腹板连接方便。有条件时也采用该焊接孔形。

3 日本规定腹板连接板$t_w \leqslant 16m$时采用双面角焊缝，焊缝计算厚度取5mm；t_w大于16mm时用K形坡口对接焊缝，端部均要求绕焊。美国将梁腹板连接板连接焊缝列为重要焊缝，要求符合与翼缘焊缝同

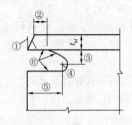 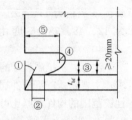

说明：
①坡口角度符合有关规定；②翼缘厚度或12mm,取小者；
③(1~0.75)倍翼缘厚度；④最小半径19mm；⑤3倍翼缘厚度(±12mm)；⑥表面平整。圆弧开口不大于25°。

图23　FEMA推荐的焊接孔形

等的低温冲击韧性指标。本条不要求符合较高冲击韧性指标，但要求用气保焊和板端绕焊。

4　日本普遍采用梁端扩大形，不采用 RBS 形；美国主要采用 RBS 形。RBS 形加工要求较高，且需在关键截面削减部分钢材，国内技术人员表示难以接受。现将二者都列出供选用。此外，还有梁端用矩形加强板、加腋等形式加强的方案，这里列入常用的四种形式（图24）。梁端扩大部分的直角边长比可取 1：2 至 1：3。AISC 将 7 度（0.15g）及以上列入强震区，宜按此要求对梁端采用塑性铰外移构造。

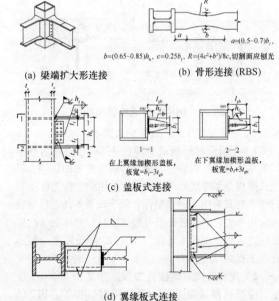

(a) 梁端扩大形连接　　　(b) 骨形连接 (RBS)

$b=(0.65\sim0.85)h_b$, $c=0.25b_f$, $R=(4c^2+b^2)/8c$, 切割面应刨光

(c) 盖板式连接

在上翼缘加楔形盖板，板宽=b_f+3t_{gb}

在下翼缘加楔形盖板，板宽=b_f+3t_{gb}

(d) 翼缘板式连接

图24　梁端扩大形连接、骨形连接、
盖板式连接和翼缘板式连接

5　日本在梁高小于 700mm 时，采用本规范图 8.3.4-2 的悬臂梁段式连接。

6　AISC 规定，隔板与柱壁板的连接，也可用角焊缝加强的双面部分熔透焊缝连接，但焊缝的承载力不应小于隔板与柱翼缘全截面连接时的承载力。

8.3.5　当节点域的体积不满足第 8.2.5 条有关规定

时，参考日本规定和美国 AISC 钢结构抗震规程 1997 年版的规定，提出了加厚节点域和贴焊补强板的加强措施：

（1）对焊接组合柱，宜加厚节点板，将柱腹板在节点域范围更换为较厚板件。加厚板件应伸出柱横向加劲肋之外各 150mm，并采用对接焊缝与柱腹板相连；

（2）对轧制 H 形柱，可贴焊补强板加强。补强板上下边缘可不伸过横向加劲肋或伸过柱横向加劲肋之外各 150mm。当补强板不伸过横向加劲肋时，加劲肋应与柱腹板焊接，补强板与加劲肋之间的角焊缝应能传递补强板所分担的剪力，且厚度不小于 5mm；当补强板伸过加劲肋时，加劲肋仅与补强板焊接，此焊缝应能将加劲肋传来的力传递给补强板，补强板的厚度及其焊缝应按传递该力的要求设计。补强板侧边可采用角焊缝与柱翼缘相连，其板面尚应采用塞焊与柱腹板连成整体。塞焊点之间的距离，不应大于相连板件中较薄板件厚度的 $21\sqrt{235/f_y}$ 倍。

8.3.6　罕遇地震作用下，框架节点将进入塑性区，保证结构在塑性区的整体性是很必要的。参考国外关于高层钢结构的设计要求，提出相应规定。

8.3.7　本条规定主要考虑柱连接接头放在柱受力小的位置。本次修订增加了对净高小于 2.6m 柱的接头位置要求。

8.3.8　本条要求，对 8、9 度有所放松。外露式只能用于 6、7 度高度不超过 50m 的情况。

8.4　钢框架-中心支撑结构的抗震构造措施

8.4.1　本节规定了中心支撑框架的构造要求，主要用于高度 50m 以上的钢结构房屋。

AISC 341-05 抗震规程，特殊中心支撑框架和普通中心支撑框架的支撑长细比限值均规定不大于 $120\sqrt{235/f_y}$。本次修订作了相应修改。

本次修订，按抗震等级划分后，支撑板件宽厚限值也作了适当修改和补充。对 50m 以上房屋的工字形截面构件有所放松：9 度由 7，21 放松为 8，25；8 度时由 8，23 放松为 9，26；7 度时由 8，23 放松为 10，27；6 度时由 9，25 放松为 13，33。

8.4.2　美国规定，加速度 0.15g 以上的地区，支撑框架结构的梁与柱连接不应采用铰接。考虑到双重抗侧力体系对高层建筑抗震很重要，且梁与柱铰接将使结构位移增大，故规定一、二、三级不应铰接。

支撑与节点板嵌固点保留一个小距离，可使节点板在大震时产生平面外屈曲，从而减轻对支撑的破坏，这是 AISC-97（补充）的规定，如图25所示。

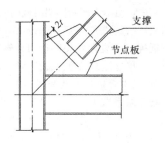

图 25 支撑端部节点板
的构造示意图

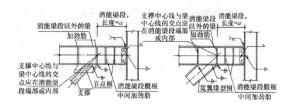

图 26 偏心支撑构造

8.5 钢框架-偏心支撑结构的抗震构造措施

8.5.1 本节规定了保证消能梁段发挥作用的一系列构造要求。

为使消能梁段有良好的延性和消能能力，其钢材应采用 Q235、Q345 或 Q345GJ。

板件宽厚比参照 AISC 的规定作了适当调整。当梁上翼缘与楼板固定但不能表明其下翼缘侧向固定时，仍需设置侧向支撑。

8.5.3 为使消能梁段在反复荷载作用下具有良好的滞回性能，需采取合适的构造并加强对腹板的约束：

1 支撑斜杆轴力的水平分量成为消能梁段的轴向力，当此轴向力较大时，除降低此梁段的受剪承载力外，还需减少该梁段的长度，以保证它具有良好的滞回性能。

2 由于腹板上贴焊的补强板不能进入弹塑性变形，因此不能采用补强板；腹板上开洞也会影响其弹塑性变形能力。

3 消能梁段与支撑斜杆的连接处，需设置与腹板等高的加劲肋，以传递梁段的剪力并防止梁腹板屈曲。

4 消能梁段腹板的中间加劲肋，需按梁段的长度区别对待，较短时为剪切屈服型，加劲肋间距小些；较长时为弯曲屈服型，需在距端部 1.5 倍的翼缘宽度处配置加劲肋；中等长度时需同时满足剪切屈服型和弯曲屈服型的要求。

偏心支撑的斜杆中心线与梁中心线的交点，一般在消能梁段的端部，也允许在消能梁段内，此时将产生与消能梁段端部弯矩方向相反的附加弯矩，从而减少消能梁段和支撑杆的弯矩，对抗震有利；但交点不应在消能梁段以外，因此时将增大支撑和消能梁段的弯矩，于抗震不利（图 26）。

8.5.5 消能梁段两端设置翼缘的侧向隔撑，是为了承受平面外扭转。

8.5.6 与消能梁段处于同一跨内的框架梁，同样承受轴力和弯矩，为保持其稳定，也需设置翼缘的侧向隔撑。

附录 G 钢支撑-混凝土框架和钢框架-钢筋混凝土核心筒结构房屋抗震设计要求

G.1 钢支撑-钢筋混凝土框架

G.1.1 我国的钢支撑-混凝土框架结构，钢支撑承担较大的水平力，但不及抗震墙，其适用高度不宜超过框架结构和框剪结构二者最大适用高度的平均值。

本节的规定，除抗震等级外也可适用于房屋高度在混凝土框架结构最大适用高度内的情况。

G.1.2 由于房屋高度超过本规范第 6.1.1 条混凝土框架结构的最大适用高度，故参照框剪结构提高抗震等级。

G.1.3 本条规定了钢支撑-混凝土框架结构不同于钢支撑结构、混凝土框架结构的设计要求，主要参照混凝土框架-抗震墙结构的要求，将钢支撑框架在整个结构中的地位类比于混凝土框架-抗震墙结构中的抗震墙。

G.1.4 混合结构的阻尼比，取决于混凝土结构和钢结构在总变形能中所占比例的大小。采用振型分解反应谱法时，不同振型的阻尼比可能不同。当简化估算时，可取 0.045。

按照多道防线的概念设计，支撑是第一道防线，混凝土框架需适当增大按刚度分配的地震作用，可取两种模型计算的较大值。

G.2 钢框架-钢筋混凝土核心筒结构

G.2.1 我国的钢框架-钢筋混凝土核心筒，由钢筋混凝土筒体承担主要水平力，其适用高度应低于高层钢结构而高于钢筋混凝土结构，参考《高层建筑混凝土结构技术规程》JGJ 3-2002 第 11 章的规定，其最大适用高度不大于二者的平均值。

G.2.2 本条抗震等级的划分，基本参照《高层建筑混凝土结构技术规程》JGJ 3-2002 的第 11 章和本规范第 6.1.2、8.1.3 条的规定。

G.2.3 本条规定了钢框架-钢筋混凝土核心筒结构体系设计中不同于混凝土结构、钢结构的一些基本要求：

1 近年来的试验和计算分析，对钢框架部分应承担的最小地震作用有些新的认识：框架部分承担一定比例的地震作用是非常重要的，如果钢框架部分按计算分配的地震剪力过少，则混凝土、筒体的受力状态和地震下的表现与普通钢筋混凝土结构几乎没有差别，甚至混凝土墙体更容易破坏。

清华大学土木系选择了一幢国内的钢框架-混凝土核心筒结构，变换其钢框架部分和混凝土核心筒的截面尺寸，并将它们进行不同组合，分析了共 20 个截面尺寸互不相同的结构方案，进行了在地震作用下的受力性能研究和比较，提出了钢框架部分剪力分担率的设计建议。

考虑钢框架-钢筋混凝土核心筒的总高度大于普通的钢筋混凝土框架-核心筒房屋，为给混凝土墙体留有一定的安全储备，规定钢框架按刚度分配的最小地震作用。当小于规定时，混凝土筒承担的地震作用和抗震构造均应适当提高。

2 钢框架柱的应力一般较高，而混凝土墙体大多由位移控制，墙的应力较低，而且两种材料弹性模量不等，此外，混凝土存在徐变和收缩，因此会使钢框架和混凝土筒体间存在较大变形。为了其差异变形不致使结构产生过大的附加内力，国外这类结构的楼盖梁大多两端都做成铰接。我国的习惯做法是，楼盖梁与周边框架刚接，但与钢筋混凝土墙体做成铰接，当墙体内设置连接用的构造型钢时，也可采用刚接。

3 试验表明，混凝土墙体与钢梁连接处存在局部弯矩及轴向力，但墙体平面外刚度较小，很容易出现裂缝；设置构造型钢有助于提高墙体的局部性能，也便于钢结构的安装。

4 底部或下部楼层用型钢混凝土柱，上部楼层用钢柱，可提高结构刚度和节约钢材，是常见的做法。阪神地震表明，此时应避免刚度突变引起的破坏，设置过渡层使结构刚度逐渐变化，可以减缓此种效应。

5 要使钢框架与混凝土核心筒能协同工作，其楼板的刚度和大震作用下的整体性是十分重要的，本条要求其楼板应采用现浇实心板。

G.2.4 本条规定了抗震计算中，不同于钢筋混凝土结构的要求：

1 混合结构的阻尼比，取决于混凝土结构和钢结构在总变形能中所占比例的大小。采用振型分解反应谱法时，不同振型的阻尼比可能不同。必要时，可参照本规范第 10 章关于大跨空间钢结构与混凝土支座综合阻尼比的换算方法确定，当简化估算时，可取 0.045。

2 根据多道抗震防线的要求，钢框架部分应按其刚度承担一定比例的楼层地震力。

按美国 IBC 2006 规定，凡在设计时考虑提供所需要的抵抗地震力的结构部件所组成的体系均为抗震

结构体系。其中，由剪力墙和框架组成的结构有以下三类：①双重体系是"抗弯框架（moment frame）具有至少提供抵抗 25% 设计力（design forces）的能力，而总地震抗力由抗弯框架和剪力墙按其相对刚度的比例共同提供"；由中等抗弯框架和普通剪力墙组成的双重体系，其折减系数 $R=5.5$，不许用于加速度大于 0.20g 的地区。②在剪力墙-框架协同体系中，"每个楼层的地震力均由墙体和框架按其相对刚度的比例并考虑协同工作共同承担"；其折减系数也是 $R=5.5$，但不许用于加速度大于 0.13g 的地区。③当设计中不考虑框架部分承受地震力时，称为房屋框架（building frame）体系；对于普通剪力墙和建筑框架的体系，其折减系数 $R=5$，不许用于加速度大于 0.20g 的地区。

关于双重体系中钢框架部分的剪力分担率要求，美国 UBC85 已经明确为"不少于所需侧向力的 25%"，在 UBC97 是"应能独立承受至少 25% 的设计基底剪力"。我国在 2001 抗震规范修订时，第 8 章多高层钢结构房屋的设计规定是"不小于钢框架部分最大楼层地震剪力的 1.8 倍和 25% 结构总地震剪力二者的较小值"。考虑到混凝土核心筒的刚度远大于支撑钢框架或钢筒体，参考混凝土核心筒结构的相关要求，本条规定调整后钢框架承担的剪力至少达到底部总剪力的 15%。

9 单层工业厂房

9.1 单层钢筋混凝土柱厂房

（Ⅰ）一 般 规 定

9.1.1 本规范关于单层钢筋混凝土柱厂房的规定，系根据 20 世纪 60 年代以来装配式单层工业厂房的震害和工程经验总结得到的。因此，对于现浇的单层钢筋混凝土柱厂房，需注意本节针对装配式结构的某些规定不适用。

根据震害经验，厂房结构布置应注意的问题是：

1 历次地震的震害表明，不等高多跨厂房有高振型反应，不等长多跨厂房有扭转效应，破坏较重；均对抗震不利，故多跨厂房宜采用等高和等长。

2 地震的震害表明，单层厂房的毗邻建筑任意布置是不利的，在厂房纵墙与山墙交汇的角部是不允许布置的。在地震作用下，防震缝处排架柱的侧移量大，当有毗邻建筑时，相互碰撞或变位受约束的情况严重；地震中有不少倒塌、严重破坏等加重震害的震例，因此，在防震缝附近不宜布置毗邻建筑。

3 大柱网厂房和其他不设柱间支撑的厂房，在地震作用下侧移量较设置柱间支撑的厂房大，防震缝

的宽度需适当加大。

4 地震作用下，相邻两个独立的主厂房的振动变形可能不同步协调，与之相接的过渡跨的屋盖常倒塌破坏；为此过渡跨至少应有一侧采用防震缝与主厂房脱开。

5 上吊车的铁梯，晚间停放吊车时，增大该处排架侧移刚度，加大地震反应，特别是多跨厂房各跨上吊车的铁梯集中在同一横向轴线时，会导致震害破坏，应避免。

6 工作平台或刚性内隔墙与厂房主体结构连接时，改变了主体结构的工作性状，加大地震反应；导致应力集中，可能造成短柱效应，不仅影响排架柱，还可能涉及柱顶的连接和相邻的屋盖结构，计算和加强措施均较困难，故以脱开为佳。

7 不同形式的结构，振动特性不同，材料强度不同，侧移刚度不同。在地震作用下，往往由于荷载、位移、强度的不均衡，而造成结构破坏。山墙承重和中间有横墙承重的单层钢筋混凝土柱厂房和端砖壁承重的天窗架，在地震中均有较重破坏，为此，厂房的一个结构单元内，不宜采用不同的结构形式。

8 两侧为嵌砌墙，中柱列设柱间支撑；一侧为外贴墙或嵌砌墙，另一侧为开敞；一侧为嵌砌墙，另一侧为外贴墙等各柱列纵向刚度严重不均匀的厂房，由于各柱列的地震作用分配不均匀，变形不协调，常导致柱列和屋盖的纵向破坏，在 7 度区就有这种震害反映，在 8 度和大于 8 度区，破坏就更普遍且严重，不少厂房柱倒屋塌，在设计中应予以避免。

9.1.2 根据震害经验，天窗架的设置应注意下列问题：

1 突出屋面的天窗架对厂房的抗震带来很不利的影响，因此，宜采用突出屋面较小的避风型天窗。采用下沉式天窗的屋盖有良好的抗震性能，唐山地震中甚至经受了 10 度地震的考验，不仅是 8 度区，有条件时均可采用。

2 第二开间起开设天窗，将使端开间每块屋面板与屋架无法焊接或焊连的可靠性大大降低而导致地震时掉落，同时也大大降低屋面纵向水平刚度。所以，如果山墙能够开窗，或者采光要求不太高时，天窗从第三开间起设置。

天窗架从厂房单元端第三柱间开始设置，虽增强屋面纵向水平刚度，但对建筑通风、采光不利，考虑到 6 度和 7 度区的地震作用效应较小，且很少有屋盖破坏的震例，本次修订改为对 6 度和 7 度区不做此要求。

3 历次地震经验表明，不仅是天窗屋盖和端壁板，就是天窗侧板也宜采用轻型板材。

9.1.3 根据震害经验，厂房屋盖结构的设置应注意下列问题：

1 轻型大型屋面板无檩屋盖和钢筋混凝土有檩屋盖的抗震性能好，经过 8～10 度强烈地震考验，有条件时可采用。

2 唐山地震震害统计分析表明，屋盖的震害破坏程度与屋盖承重结构的形式密切相关，根据 8～11 度地震的震害调查统计发现：梯形屋架屋盖共调查 91 跨，全部或大部倒塌 41 跨，部分或局部倒塌 11 跨，共计 52 跨，占 56.7%；拱形屋架屋盖共调查 151 跨，全部或大部倒塌 13 跨，部分或局部倒塌 16 跨，共计 29 跨，占 19.2%；屋面梁屋盖共调查 168 跨，全部或大部倒塌 11 跨，部分或局部倒塌 17 跨，共计 28 跨，占 16.7%。

另外，采用下沉式屋架的屋盖，经 8～10 度强烈地震的考验，没有破坏的震例。为此，提出厂房宜采用低重心的屋盖承重结构。

3 拼块式的预应力混凝土和钢筋混凝土屋架（屋面梁）的结构整体性差，在唐山地震中其破坏率和破坏程度均较整榀式重得多。因此，在地震区不宜采用。

4 预应力混凝土和钢筋混凝土空腹桁架的腹杆及其上弦节点均较薄弱，在天窗两侧竖向支撑的附加地震作用下，容易产生节点破坏、腹杆折断的严重破坏，因此，不宜采用有突出屋面天窗架的空腹桁架屋盖。

5 随着经济的发展，组合屋架已很少采用，本次修订继续保持 89 规范、2001 规范的规定，不列入这种屋架的规定。

本次修订，根据震害经验，建议在高烈度（8 度 0.30g 和 9 度）且跨度大于 24m 的厂房，不采用重量大的大型屋面板。

9.1.4 不开孔的薄壁工字形柱、腹板开孔的普通工字形柱以及管柱，均存在抗震薄弱环节，故规定不宜采用。

（Ⅱ）计 算 要 点

9.1.7、9.1.8 对厂房的纵横向抗震分析，本规范明确规定，一般情况下，采用多质点空间结构分析方法。

关于横向计算：

当符合本规范附录 J 的条件时可采用平面排架简化方法，但计算所得的排架地震内力应考虑各种效应调整。本规范附录 J 的调整系数有以下特点：

1 适用于 7～8 度柱顶标高不超过 15m 且砖墙刚度较大等情况的厂房，9 度时砖墙开裂严重，空间工作影响明显减弱，一般不考虑调整。

2 计算地震作用时，采用经过调整的排架计算周期。

3 调整系数采用了考虑屋盖平面内剪切刚度、扭转和砖墙开裂后刚度下降影响的空间模型，用振型分解法进行分析，取不同屋盖类型、各种山墙间距、各种厂房跨度、高度和单元长度，得出了统计规律，给出了较为合理的调整系数。因排架计算周期偏长，地震作用偏小，当山墙间距较大或仅一端有山墙时，按排架分析的地震内力需要增大而不是减小。对一端山墙的厂房，所考虑的排架一般指无山墙端的第二榀，而不是端榀。

4 研究发现，对不等高厂房高低跨交接处支承低跨屋盖牛腿以上的中柱截面，其地震作用效应的调整系数随高、低跨屋盖重力的比值是线性下降，要由公式计算。公式中的空间工作影响系数与其他各截面（包括上述中柱的下柱截面）的作用效应调整系数含义不同，分别列于不同的表格，要避免混淆。

5 地震中，吊车桥架造成了厂房局部的严重破坏。为此，把吊车桥架作为移动质点，进行了大量的多质点空间结构分析，并与平面排架简化分析比较，得出其放大系数。使用时，只乘以吊车桥架重力荷载在吊车梁顶标高处产生的地震作用，而不乘以截面的总地震作用。

关于纵向计算：

历次地震，特别是海城、唐山地震，厂房沿纵向发生破坏的例子很多，而且中柱列的破坏普遍比边柱列严重得多。在计算分析和震害总结的基础上，规范提出了厂房纵向抗震计算原则和简化方法。

钢筋混凝土屋盖厂房的纵向抗震计算，要考虑围护墙有效刚度、强度和屋盖的变形，采用空间分析模型。本规范附录 K 第 K.1 节的实用计算方法，仅适用于柱顶标高不超过 15m 且有纵向砖围护墙的等高厂房，是选取多种简化方法与空间分析计算结果比较而得到的。其中，要用经验公式计算基本周期。考虑到随着烈度的提高，厂房纵向侧移加大，围护墙开裂加重，刚度降低明显，故一般情况，围护墙的有效刚度折减系数，在 7、8、9 度时可近似取 0.6、0.4 和 0.2。不等高和纵向不对称厂房，还需考虑厂房扭转的影响，尚无合适的简化方法。

9.1.9、9.1.10 地震灾害表明，没有考虑抗震设防的一般钢筋混凝土天窗架，其横向受损并不明显，而纵向破坏却相当普遍。计算分析表明，常用的钢筋混凝土带斜腹杆的天窗架，横向刚度很大，基本上随屋盖平移，可以直接采用底部剪力法的计算结果，但纵向则要按跨数和位置调整。

有斜撑杆的三铰拱式钢天窗架的横向刚度也较厂房屋盖的横向刚度大很多，也是基本上随屋盖平移，故其横向抗震计算方法可与混凝土天窗架一样采用底部剪力法。由于钢天窗架的强度和延性优于混凝土天窗架，且可靠度高，故当跨度大于 9m 或 9 度时，钢天窗架的地震作用效应不必乘以增大系数 1.5。

本规范明确关于突出屋面天窗架简化计算的适用范围为有斜杆的三铰拱式天窗架，避免与其他桁架式天窗架混淆。

对于天窗架的纵向抗震分析，继续保持 89 规范的相关规定。

9.1.11 关于大柱网厂房的双向水平地震作用，89 规范规定取一个主轴方向 100% 加上相应垂直方向的 30% 的不利组合，相当于两个方向的地震作用效应完全相同时按本规范 5.2 节规定计算的结果，因此是一种略偏安全的简化方法。为避免与本规范 5.2 节的规定不协调，保持 2001 规范的规定，不再专门列出。

位移引起的附加弯矩，即"$P\text{-}\Delta$"效应，按本规范 3.6 节的规定计算。

9.1.12 不等高厂房支承低跨屋盖的柱牛腿在地震作用下开裂较多，甚至牛腿面预埋板向外位移破坏。在重力荷载和水平地震作用下的柱牛腿纵向水平受拉钢筋的计算公式，第一项为承受重力荷载纵向钢筋的计算，第二项为承受水平拉力纵向钢筋的计算。

9.1.13 震害和试验研究表明：交叉支撑杆件的最大长细比小于 200 时，斜拉杆和斜压杆在支撑桁架中是共同工作的。支撑中的最大作用相当于单压杆的临界状态值。据此，在本规范的附录 K 第 K.2 节中规定了柱间支撑的设计原则和简化方法：

1 支撑侧移的计算：按剪切构件考虑，支撑任一点的侧移等于该点以下各节间相对侧移值的叠加。它可用以确定厂房纵向柱列的侧移刚度及上、下支撑地震作用的分配。

2 支撑斜杆抗震验算：试验结果发现，支撑的水平承载力，相当于拉杆承载力与压杆承载力乘以折减系数之和的水平分量。此折减系数即本规范附录 K 中的"压杆卸载系数"，可以线性内插；亦可直接用下列公式确定斜拉杆的净截面 A_n：

$$A_n \geqslant \gamma_{RE} l_i V_{bi} / [(1 + \psi_c \phi_i) s_c f_{at}]$$

3 震害表明，单层钢筋混凝土柱厂房的柱间支撑虽有一定数量的破坏，但这些厂房大多数未考虑抗震设防。据计算分析，抗震验算的柱间支撑斜杆内力大于非抗震设计时的内力几倍。

4 柱间支撑与柱的连接节点在地震反复荷载作用下承受拉弯剪和压弯剪，试验表明其承载力比单调荷载作用下有所降低；在抗震安全性综合分析基础上，提出了确定预埋板钢筋截面面积的计算公式，适用于符合本规范第 9.1.25 条 5 款构造规定的情况。

5 提出了柱间支撑节点预埋件采用角钢时的验算方法。

本规范第 9.1.23 条对下柱柱间支撑的下节点位置有明确的规定，一般将节点位置置于基础顶标高处。6、7 度时地震力较小，采取加强措施后可设在基础顶面以上；本次修订明确，必要时也可沿纵向柱列进行柱根的斜截面受剪承载力验算来确定加强措施。

9.1.14 本条规定了与厂房次要构件有关的计算。

1 地震震害表明：8 度和 9 度区，不少抗风柱的上柱和下柱根部开裂、折断，导致山尖墙倒塌，严重的抗风柱连同山墙全部向外倾倒。抗风柱虽非单层厂房的主要承重构件，但它却是厂房纵向抗震中的重要构件，对保证厂房的纵向抗震安全，具有不可忽视的作用，补充规定 8、9 度时需进行平面外的截面抗震验算。

2 当抗风柱与屋架下弦相连接时，虽然此类厂房均在厂房两端第一开间设置下弦横向支撑，但当厂房遭到地震作用时，高大山墙引起的纵向水平地震作用具有较大的数值，由于阶形抗风柱的下柱刚度远大于上柱刚度，大部分水平地震作用将通过下柱的上端连接传至屋架下弦，但屋架下弦支撑的强度和刚度往往不能满足要求，从而导致屋架下弦支撑杆件压曲。1966 年邢台地震 6 度区、1975 年海城地震 8 度区均出现过这种震害。故要求进行相应的抗震验算。

3 当工作平台、刚性内隔墙与厂房主体结构相连时，将提高排架的侧移刚度，改变其动力特性，加大地震作用，还可能造成应力和变形集中，加重厂房的震害。地震中由此造成排架柱折断或屋盖倒塌，其严重程度因具体条件而异，很难作出统一规定。因此抗震计算时，需采用符合实际的结构计算简图，并采取相应的措施。

4 震害表明，上弦有小立柱的拱形和折线形屋架及上弦节间长和节间矢高较大的屋架，在地震作用下屋架上弦将产生附加扭矩，导致屋架上弦破坏。为此，8、9 度在这种情况下需进行截面抗扭验算。

（Ⅲ）抗震构造措施

9.1.15 本节所指有檩屋盖，主要是波形瓦（包括石棉瓦及槽瓦）屋盖。这类屋盖只要设置保证整体刚度的支撑体系，屋面瓦与檩条间以及檩条与屋架间有牢固的拉结，一般均具有一定的抗震能力，甚至在唐山10 度地震区也基本完好地保存下来。但是，如果屋面瓦与檩条或檩条与屋架拉结不牢，在 7 度地震区也会出现严重震害，海城地震和唐山地震中均有这种例子。

89 规范对有檩屋盖的规定，系针对钢筋混凝土体系而言。2001 规范增加了对钢结构有檩体系的要求。本次修订，未作修改。

9.1.16 无檩屋盖指的是各类不用檩条的钢筋混凝土屋面板与屋架（梁）组成的屋盖。屋盖的各构件相互间联成整体是厂房抗震的重要保证，这是根据唐山、海城震害经验提出的总要求。鉴于我国目前仍大量采用钢筋混凝土大型屋面板，故重点对大型屋面板与屋架（梁）焊连的屋盖体系作了具体规定。

这些规定中，屋面板和屋架（梁）可靠焊连是第一道防线，为保证焊连强度，要求屋面板端头底面预埋板和屋架端部顶面预埋件均应加强锚固；相邻屋面板吊钩或四角顶面预埋铁件间的焊连是第二道防线；当制作非标准屋面板时，也应采取相应的措施。

设置屋盖支撑是保证屋盖整体性的重要抗震措施，基本沿用了 89 规范的规定。

根据震害经验，8 度区天窗跨度等于或大于 9m 和 9 度区天窗架宜设置上弦横向支撑。

9.1.17 本规范在进一步总结地震经验的基础上，对有檩和无檩屋盖支撑布置的规定作适当的补充。

9.1.18 唐山地震震害表明，采用刚性焊连构造时，天窗立柱普遍在下挡和侧板连接处出现开裂和破坏，甚至倒塌，刚性连接仅在支撑很强的情况下才是可行的措施，故规定一般单层厂房宜用螺栓连接。

9.1.19 屋架端竖杆和第一节间上弦杆，静力分析中常作为非受力杆件而采用构造配筋，截面受弯、受剪承载力不足，需适当加强。对折线形屋架为调整屋面坡度而在端节间上弦顶面设置的小立柱，也要适当增大配筋和加密箍筋。以提高其拉弯剪能力。

9.1.20 根据震害经验，排架柱的抗震构造，增加了箍筋肢距的要求，并提高了角柱柱头的箍筋构造要求。

1 柱子在变位受约束的部位容易出现剪切破坏，要增加箍筋。变位受约束的部位包括：设有柱间支撑的部位、嵌砌内隔墙、侧边贴建披屋、靠山墙的角柱、平台连接处等。

2 唐山地震震害表明：当排架柱的变位受平台，刚性横隔墙等约束，其影响的严重程度和部位，因约束条件而异，有的仅在约束部位的柱身出现裂缝；有的造成屋架上弦折断、屋盖坍落（如天津拖拉机厂冲压车间）；有的导致柱头和连接破坏屋盖倒塌（如天津第一机床厂铸工车间配砂间）。必须区别情况从设计计算和构造上采取相应的有效措施，不能统一采用局部加强排架柱的箍筋，如高低跨柱的上柱的剪跨比较小时就应全高加密箍筋，并加强柱头与屋架的连接。

3 为了保证排架柱箍筋加密区的延性和抗剪强度，除箍施的最小直径和最大间距外，增加对箍筋最大肢距的要求。

4 在地震作用下，排架柱的柱头由于构造上的原因，不是完全的铰接；而是处于压弯剪的复杂受力状态，在高烈度地区，这种情况更为严重，排架柱头破坏较重，加密区的箍筋直径需适当加大。

5 厂房角柱的柱头处于双向地震作用，侧向变形受约束和压弯剪的复杂受力状态，其抗震强度和延性较中间排架柱头弱得多，地震中，6 度区就有角柱顶开裂的破坏；8 度和大于 8 度时，震害就更多，严重的柱头折断，端屋架塌落，为此，厂房角柱的柱头加密箍筋宜提高一度配置。

6 本次修订，增加了柱侧向受约束且剪跨比不大于2的排架柱柱顶的构造要求。

9.1.21 大柱网厂房的抗震性能是唐山地震中发现的新问题，其震害特征是：①柱根出现对角破坏，混凝土酥碎剥落，纵筋压曲，说明主要是纵、横两个方向或斜向地震作用的影响，柱根的强度和延性不足；②中柱的破坏率和破坏程度均大于边柱，说明与柱的轴压比有关。

本次修订，保持了2001规范对大柱网厂房的抗震验算规定，包括轴压比和相应的箍筋构造要求。其中的轴压比限值，考虑到柱子承受双向压弯剪和 P-Δ 效应的影响，受力复杂，参照了钢筋混凝土框支柱的要求，以保证延性；大柱网厂房柱仅承受屋盖（包括屋面、屋架、托架、悬挂吊车）和柱的自重，尚不致因控制轴压比而给设计带来困难。

9.1.22 对抗风柱，除了提出验算要求外，还提出纵筋和箍筋的构造规定。

地震中，抗风柱的柱头和上、下柱的根部都会产生裂缝、甚至折断的震害，另外，柱肩产生劈裂的情况也不少。为此，柱头和上、下柱根部需加强箍筋的配置，并在柱肩处设置纵向受拉钢筋，以提高其抗震能力。

9.1.23 柱间支撑的抗震构造，本次修订基本保持2001规范对89规范的改进：

①支撑杆件的长细比限值随烈度和场地类别而变化；本次修订，调整了8、9度下柱支撑的长细比要求；②进一步明确了支撑柱子连接节点的位置和相应的构造；③增加了关于交叉支撑节点板及其连接的构造要求。

柱间支撑是单层钢筋混凝土柱厂房的纵向主要抗侧力构件，当厂房单元较长或8度Ⅲ、Ⅳ类场地和9度时，纵向地震作用效应较大，设置一道下柱支撑不能满足要求时，可设置两道下柱支撑，但应注意：两道下柱支撑宜设置在厂房单元中间三分之一区段内，不宜设置在厂房单元的两端，以避免温度应力过大；在满足工艺条件的前提下，两者靠近设置时，温度应力小；在厂房单元中部三分之一区段内，适当拉开设置则有利于缩短地震作用的传递路线，设计中可根据具体情况确定。

交叉式柱间支撑的侧移刚度大，对保证单层钢筋混凝土柱厂房在纵向地震作用下的稳定性有良好的效果，但在与下柱连接的节点处理时，会遇到一些困难。

9.1.25 本条规定厂房各构件连接节点的要求，具体贯彻了本规范第3.5节的原则规定，包括屋架与柱的连接，柱顶锚件；抗风柱、牛腿（柱肩）、柱与柱间支撑连接处的预埋件：

1 柱顶与屋架采用钢板铰，在原苏联的地震中经受了考验，效果较好；建议在9度时采用。

2 为加强柱牛腿（柱肩）预埋板的锚固，要把相当于承受水平拉力的纵向钢筋（即本节第9.1.12公式中的第2项）与预埋板焊连。

3 在设置柱间支撑的截面处（包括柱顶、柱底等），为加强锚固，发挥支撑的作用，提出了节点预埋件采用角钢加端板锚固的要求，埋板与锚件的焊接，通常用埋弧焊或开锥形孔塞焊。

4 抗风柱的柱顶与屋架上弦的连接节点，要具有传递纵向水平地震力的承载力和延性。抗风柱顶与屋架（屋面梁）上弦可靠连接，不仅保证抗风柱的强度和稳定，同时也保证山墙产生的纵向地震作用的可靠传递，但连接点必须在上弦横向支撑与屋架的连接点，否则将使屋架上弦产生附加的节间平面外弯矩。由于现在的预应力混凝土和钢筋混凝土屋架，一般均不符合抗风柱布置间距的要求，故补充规定以引起注意，当遇到这种情况时，可以采用在屋架横向支撑中加设次腹杆或型钢横梁，使抗风柱顶的水平力传递至上弦横向支撑的节点。

9.2 单层钢结构厂房

（Ⅰ）一 般 规 定

9.2.1 国内外的多次地震经验表明，钢结构的抗震性能一般比其他结构的要好。总体上说，单层钢结构厂房在地震中破坏较轻，但也有损坏或坍塌的。因此，单层钢结构厂房进行抗震设防是必要的。

本次修订，仍不包括轻型钢结构厂房。

9.2.2 从单层钢结构厂房的震害实例分析，在7~9度的地震作用下，其主要震害是柱间支撑的失稳变形和连接节点的断裂或拉脱，柱脚锚栓剪断和拉断，以及锚栓锚固过短所致的拔出破坏。亦有少量厂房的屋盖支撑杆件失稳变形或连接节点板开裂破坏。

9.2.3 原则上，单层钢结构厂房的平面、竖向布置的抗震设计要求，是使结构的质量和刚度分布均匀，厂房受力合理、变形协调。

钢结构厂房的侧向刚度小于混凝土柱厂房，其防震缝缝宽要大于混凝土柱厂房。当设防烈度高或厂房较高时，或当厂房坐落在较软弱场地土或有明显扭转效应时，尚需适当增加。

（Ⅱ）抗 震 验 算

9.2.5 通常设计时，单层钢结构厂房的阻尼比与混凝土柱厂房相同。本次修订，考虑到轻型围护的单层钢结构厂房，在弹性状态工作的阻尼比较小，根据单层、多层到高层钢结构房屋的阻尼比由大到小变化的规律，建议阻尼比按屋盖和围护墙的类型区别对待。

9.2.6 本条保持2001规范的规定。单层钢结构厂房的围护墙类型较多。围护墙的自重和刚度主要由其类型、与厂房柱的连接所决定。因此，为使厂房的抗震计算更符合实际情况、更合理，其自重和刚度取值应结合所采用的围护墙类型、与厂房柱的连接方式来决定。对于与柱贴砌的普通砖墙围护厂房，除需考虑墙体的侧移刚度外，尚应考虑墙体开裂而对其侧移刚度退化的影响。当为外贴式砖砌纵墙，7、8、9度设防时，其等效系数分别可取0.6、0.4、0.2。

9.2.7、9.2.8 单层钢结构厂房的地震作用计算，应根据厂房的竖向布置（等高或不等高）、起重机设置、屋盖类别等情况，采用能反映出厂房地震反应特点的单质点、两质点和多质点的计算模型。总体上，单层钢结构厂房地震作用计算的单元划分、质量集中等，可参照钢筋混凝土柱厂房的执行。但对于不等高单层钢结构厂房，不能采用底部剪力法计算，而应采用多质点模型振型分解反应谱法计算。

轻型墙板通过墙架构件与厂房框架柱连接，预制混凝土大型墙板可与厂房框架柱柔性连接。这些围护墙类型和连接方式对框架柱纵向侧移的影响较小。亦即，当各柱列的刚度基本相同时，其纵向柱列的变位亦基本相同。因此，等高单跨或多跨厂房的纵向抗震计算时，对无檩屋盖可按柱列刚度分配；对有檩屋盖可按柱列所承受的重力荷载代表值比例分配和按单柱列计算，并取两者之较大值。而当采用与柱贴砌的砖围护墙时，其纵向抗震计算与混凝土柱厂房的基本相同。

按底部剪力法计算纵向柱列的水平地震作用时，所得的中间柱列纵向基本周期偏长，可利用周期折减系数予以修正。

单层钢结构厂房纵向主要由柱间支撑抵抗水平地震作用，是震害多发部位。在地震作用下，柱间支撑可能屈曲，也可能不屈曲。柱间支撑处于屈曲状态或者不屈曲状态，对与支撑相连的框架柱的受力差异较大，因此需针对支撑杆件是否屈曲的两种状态，分别验算设置支撑的纵向柱列的受力。当然，目前采用轻型围护结构的单层钢结构厂房，在风荷载较大时，7、8度的柱间支撑杆件在7、8度也可处于不屈曲状态。这种情况可不进行支撑屈曲后状态的验算。

9.2.9 屋盖的竖向支承桁架可包括支承天窗架的竖向桁架、竖向支撑桁架等。屋盖竖向支承桁架承受的作用力包括屋盖自重产生的地震力，尚需将其传递给主框架，故其杆件截面需由计算确定。

屋盖水平支撑交叉斜杆，在地震作用下，考虑受压斜杆失稳而需按拉杆设计，故其连接的承载力不应小于支撑杆的全塑性承载力。条文参考上海市的规定给出。

参照冶金部门的规定，支承跨度大于24m屋面横梁的托架系直接传递地震竖向作用的构件，应考虑屋架传来的竖向地震作用。

对于厂房屋面设置荷重较大的设备等情况，不论厂房跨度大小，都应对屋盖横梁进行竖向地震作用验算。

9.2.10 单层钢结构厂房的柱间支撑一般采用中心支撑。X形柱间支撑用料省，抗震性能好，应首先考虑采用。但单层钢结构厂房的柱距，往往比单层混凝土柱厂房的基本柱距（6m）要大几倍，V或Λ形也是常用的几种柱间支撑形式，下柱柱间支撑也有用单斜杆的。

支撑杆件屈曲后状态支撑框架按本规范第5章的规定进行抗震验算。本条卸载系数主要依据日本、美国的资料导出，与附录K第K.2节对我国混凝土柱厂房柱间支撑规定的卸载系数有所不同。但同样适用于支撑杆件长细比大于$60\sqrt{235/f_y}$的情况，长细比大于200时不考虑压杆卸载影响。

与V或Λ形支撑相连的横梁，除了轻型围护结构的厂房满足设防地震下不屈曲的支撑外，通常需要按本规范第8.2.6条计入支撑屈曲后的不平衡力的影响。即横梁截面A_{br}满足：

$$M_{bp,N} \geq \frac{1}{4}S_c\sin\theta(1-0.3\varphi_i)A_{br}f/\gamma_{RE}$$

式中：$M_{bp,N}$——考虑轴力作用的横梁全截面塑性抗弯承载力；

S_c——支撑所在柱间的净距。

9.2.11 设计经验表明，跨度不很大的轻型屋盖钢结构厂房，如仅从新建的一次投资比较，采用实腹屋面梁的造价略比采用屋架的高些。但实腹屋面梁制作简便，厂房施工期和使用期的涂装、维护量小而方便，且质量好、进度快。如按厂房全寿命的支出比较，这些跨度不很大的厂房采用实腹屋面梁比采用屋架要合理一些。实腹屋面梁一般与柱刚性连接。这种刚架结构应用日益广泛。

1 受运输条件限制，较高厂房柱有时需在上柱拼接接长。条文给出的拼接承载力要求是最小要求，有条件时可采用等强度拼接接长。

2 梁柱刚性连接、拼接的极限承载力验算及相应的构造措施（如潜在塑性铰位置的侧向支承），应针对单层刚架厂房的受力特征和遭遇强震时可能形成的极限机构进行。一般情况下，单跨横向刚架的最大应力区在梁底上柱截面，多跨横向刚架在中间柱列处也可出现在梁端截面。这是钢结构单层刚架厂房的特征。柱顶和柱底出现塑性铰是单层刚架厂房的极限承载力状态之一，故可放弃"强柱弱梁"的抗震概念。

条文中的刚架梁端的最大应力区，可按距梁端1/10梁净跨和1.5倍梁高中的较大值确定。实际工程中，受构件运输条件限制，梁的现场拼接往往在梁端附近，即最大应力区，此时，其极限承载力验算应与梁柱刚性连接的相同。

（Ⅲ）抗震构造措施

9.2.12 屋盖支撑系统（包括系杆）的布置和构造

应满足的主要功能是：保证屋盖的整体性（主要指屋盖各构件之间不错位）和屋盖横梁平面外的稳定性，保证屋盖和山墙水平地震作用传递路线的合理、简捷，且不中断。本次修订，针对钢结构厂房的特点规定了不同于钢筋混凝土柱厂房的屋盖支撑布置要求：

1 一般情况下，屋盖横向支撑应对应于上柱柱间支撑布置，故其间距取决于柱间支撑间距。表9.2.12屋盖横向支撑间距限值可按本节第9.2.15条的柱间支撑间距限值执行。

2 无檩屋盖（重型屋盖）是指通用的 1.5m×6.0m 预制大型屋面板。大型屋面板与屋架的连接需保证三个角点牢固焊接，才能起到上弦水平支撑的作用。

屋架的主要横向支撑应设置在传递厂房框架支座反力的平面内。即，当屋架为端斜杆上承式时，应以上弦横向支撑为主；当屋架为端斜杆下承式时，以下弦横向支撑为主。当主要横向支撑设置在屋架的下弦平面区间内时，宜对应地设置上弦横向支撑；当采用以上弦横向支撑为主的屋架区间内时，一般可不设置对应的下弦横向支撑。

3 有檩屋盖（轻型屋盖）主要是指彩色涂层压形钢板、硬质金属面夹芯板等轻型板材和高频焊接薄壁型钢檩条组成的屋盖。在轻型屋盖中，高频焊接薄壁型钢等型钢檩条一般都可兼作上弦系杆，故在表9.2.12中未列入。

对于有檩屋盖，宜将主要横向支撑设置在上弦平面，水平地震作用通过上弦平面传递，相应的，屋架亦应采用端斜杆上承式。在设置横向支撑开间的柱顶刚性系杆或竖向支撑、屋面檩条应加强，使屋盖横向支撑能通过屋面檩条、柱顶刚性系杆或竖向支撑等构件可靠地传递水平地震作用。但当采用下沉式横向天窗时，应在屋架下弦平面设置封闭的屋盖水平支撑系统。

4 8、9度时，屋盖支撑体系（上、下弦横向支撑）与柱间支撑应布置在同一开间，以便加强结构单元的整体性。

5 支撑设置还需注意：当厂房跨度不很大时，压型钢板轻型屋盖比较适合于采用与柱刚接的屋面梁。压型钢板屋面的坡度较平缓，跨变效应可略去不计。

对轻型有檩屋盖，亦可采用屋架端斜杆为上承式的铰接框架，柱顶水平力通过屋架上弦平面传递。屋盖支撑布置也可参照实腹屋面梁的，隔撑间距宜按屋架下弦的平面外长细比小于240确定，但横向支撑开间的屋架两端应设置竖向支撑。

檩条隔撑系统布置时，需考虑合理的传力路径，檩条及其两端连接应足以承受隔撑传至的作用力。

屋盖纵向水平支撑的布置比较灵活。设计时，应据具体情况综合分析，以达到合理布置的目的。

9.2.13 单层钢结构厂房的最大柱顶位移限值、吊车梁顶面标高处的位移限值，一般已可控制出现长细比过大的柔韧厂房。

本次修订，参考美国、欧洲、日本钢结构规范和抗震规范，结合我国现行钢结构设计规范的规定和设计习惯，按轴压比大小对厂房框架柱的长细比限值适当调整。

9.2.14 板件的宽厚比，是保证厂房框架延性的关键指标，也是影响单位面积耗钢量的关键指标。本次修订，对重屋盖和轻屋盖予以区别对待。重屋盖参照多层钢结构低于 50m 的抗震等级采用，柱的宽厚比要求比 2001 规范有所放松。

对于采用压型钢板轻型屋盖的单层钢结构厂房，对于设防烈度 8 度（0.20g）及以下的情况，即使按设防烈度的地震动参数进行弹性计算，也经常出现由非地震组合控制厂房框架受力的情况。因此，根据实际工程的计算分析，发现如果采用性能化设计的方法，可以分别按"高延性，低弹性承载力"或"低延性，高弹性承载力"的抗震设计思路来确定板件宽厚比。即通过厂房框架承受的地震内力与其具有的弹性抗力进行比较来选择板件宽厚比：

当构件的强度和稳定的承载力均满足高承载力——2 倍多遇地震作用下的要求（$\gamma_G S_{GE} + \gamma_{Eh} 2 S_E \leqslant R/\gamma_{RE}$）时，可采用现行《钢结构设计规范》GB 50017 弹性设计阶段的板件宽厚比限值，即 C 类；当强度和稳定的承载力均满足中等承载力——1.5 倍多遇地震作用下的要求（$\gamma_G S_{GE} + \gamma_{Eh} 1.5 S_E \leqslant R/\gamma_{RE}$）时，可按表 6 中 B 类采用；其他情况，则按表 6 中 A 类采用。

表 6 柱、梁构件的板件宽厚比限值

构件	板件名称		A 类	B 类
柱	I 形截面	翼缘 b/t	10	12
		腹板 h_0/t_w	44	50
	箱形截面	壁板、腹板间翼缘 b/t	33	37
		腹板 h_0/t_w	44	48
	圆形截面	外径壁厚比 D/t	50	70
梁	I 形截面	翼缘 b/t	9	11
		腹板 h_0/t_w	65	72
	箱形截面	腹板间翼缘 b/t	30	36
		腹板 h_0/t_w	65	72

注：表列数值适用于 Q235 钢。当材料为其他钢号时，除圆管的外径壁厚比应乘以 $235/f_y$ 外，其余应乘以 $\sqrt{235/f_y}$。

A、B、C 三类宽厚比的数值，系参照欧、日、美等国家的抗震规范选定。大体上，A类可达全截面塑性且塑性铰在转动过程中承载力不降低；B类可达全截面塑性，在应力强化开始前足以抵抗局部屈曲发生，但由于局部屈曲使塑性铰的转动能力有限。C类是指现行《钢结构设计规范》GB 50017 按弹性准则设计时腹板不发生局部屈曲的情况，如双轴对称 H 形截面翼缘需满足 $b/t \leqslant 15\sqrt{235/f_y}$，受弯构件腹板需满足 $72\sqrt{235/f_y} < h_0/t_w \leqslant 130\sqrt{235/f_y}$，压弯构件腹板应符合《钢结构设计规范》GB 50017-2003 式（5.4.2）的要求。

上述板件宽厚比与地震作用的对应关系，系根据底部剪力相当的条件，与欧洲 EC8 规范、日本 BCJ 规范给出的板件宽厚比限值与地震作用的对应关系大致持平。

鉴于单跨单层厂房横向刚架的耗能区（潜在塑性铰区），一般在上柱梁底截面附近，因此，即使遭遇强烈地震在上柱梁底区域形成塑性铰，并考虑塑性铰区钢材应变硬化，屋面梁仍可能处于弹性状态工作。所以框架塑性耗能区外的构件区段（即使遭遇强烈地震，截面应力始终在弹性范围内波动的构件区段），可采用 C 类截面。

设计经验表明，就目前广泛采用轻型围护材料的情况，采用上述方法确定宽厚比，虽然增加了一些计算工作量，但充分利用了构件自身所具有的承载力，在 6、7 度设防时可以较大地降低耗钢量。

9.2.15 柱间支撑对整个厂房的纵向刚度、自振特性、塑性铰产生部位都有影响。柱间支撑的布置应合理确定其间距，合理选择和配置其刚度以减小厂房整体扭转。

1 柱支撑长细比限值，大于细柔长细比限值 $130\sqrt{235/f_y}$（考虑 $0.5f_y$ 的残余应力）时，不需作钢号修正。

2 采用焊接型钢时，应采用整根型钢制作支撑杆件；但当采用热轧型钢时，采用拼接板加强才能达到等强接长。

3 对于大型屋面板无檩屋盖，柱顶的集中质量往往要大于各层吊车梁处的集中质量，其地震作用对各层柱间支撑大体相同，因此，上层柱间支撑的刚度、强度宜接近下层柱间支撑的。

4 压型钢板等轻型墙屋面围护，其波形垂直厂房纵向，对结构的约束较小，故可放宽厂房柱间支撑的间距。条文参考冶金部门的规定，对轻型围护厂房的柱间支撑间距作出规定。

9.2.16 震害表明，外露式柱脚破坏的特征是锚栓剪断、拉断或拔出。由于柱脚锚栓破坏，使钢结构倾斜，严重者导致厂房坍塌。外包式柱脚表现为顶部箍筋不足的破坏。

1 埋入式柱脚，在钢柱根部截面容易满足塑性铰的要求。当埋入深度达到钢柱截面高度 2 倍的深度，可认为其柱脚部位的恢复力特性基本呈纺锤形。插入式柱脚引用冶金部门的有关规定。埋入式、插入式柱脚应确保钢柱的埋入深度和钢柱埋入部分的周边混凝土厚度。

2 外包式柱脚的力学性能主要取决于外包钢筋混凝土的力学性能。所以，外包短柱的钢筋应加强，特别是顶部箍筋，并确保外包混凝土的厚度。

3 一般的外露式柱脚，从力学的角度看，作为半刚性考虑更加合适。与钢柱根部截面的全截面屈服承载力相比，柱脚在多数情况下由锚栓屈服所决定的塑性弯矩较小。这种柱脚受弯时的力学性能，主要由锚栓的性能决定。如锚栓受拉屈服后能充分发展塑性，则承受反复荷载作用时，外露式柱脚的恢复力特性呈典型的滑移型滞回特性。但实际的柱脚，往往在锚栓截面未削弱部分屈服前，螺纹部分就发生断裂，难以有充分的塑性发展。并且，当钢柱截面大到一定程度时，设计大于柱截面受弯承载力的外露式柱脚往往是困难的。因此，当柱脚承受的地震作用大时，采用外露式不经济，也不合适。采用外露式柱脚时，与柱间支撑连接的柱脚，不论计算是否需要，都必须设置剪力键，以可靠抵抗水平地震作用。

此次局部修订，进一步补充说明外露式柱脚的承载力验算要求，明确为"极限承载力不宜小于柱截面塑性屈服承载力的 1.2 倍"。

9.3 单层砖柱厂房

（Ⅰ） 一 般 规 定

9.3.1 本次修订明确本节适用范围为 6～8 度（0.20g）的烧结普通砖（黏土砖、页岩砖）、混凝土普通砖砌体。

在历次大地震中，变截面砖柱的上柱震害严重又不易修复，故规定砖柱厂房的适用范围为等高的中小型工业厂房。超出此范围的砖柱厂房，要采取比本节规定更有效的措施。

9.3.2 针对中小型工业厂房的特点，对钢筋混凝土无檩屋盖的砖柱厂房，要求设置防震缝。对钢、木等有檩屋盖的砖柱厂房，则明确可不设防震缝。

防震缝处需设置双柱或双墙，以保证结构的整体稳定性和刚性。

本次修订规定，屋盖设置天窗时，天窗不应通到端开间，以免过多削弱屋盖的整体性。天窗采用端砖壁时，地震中较多严重破坏，甚至倒塌，不应采用。

9.3.3 厂房的结构选型应注意：

1 历次大地震中，均有相当数量不配筋的无阶形柱的单层砖柱厂房，经受 8 度地震仍基本完好或轻微损坏。分析认为，当砖柱厂房山墙的间距、开洞率和高宽比均符合砌体结构静力计算的"刚性方案"条件且山墙的厚度不小于 240mm 时，即：

①厂房两端均设有承重山墙且山墙和横墙间距，对钢筋混凝土无檩屋盖不大于 32m，对钢筋混凝土有檩屋盖、轻型屋盖和有密铺望板的木屋盖不大于 20m；

②山墙或横墙上洞口的水平截面面积不应超过山墙或横墙截面面积的 50%；

③山墙和横墙的长度不小于其高度。

不配筋的砖排架柱仍可满足 8 度的抗震承载力要求。仅从承载力方面，8 度地震时可不配筋；但历次的震害表明，当遭遇 9 度地震时，不配筋的砖柱大多数倒塌，按照"大震不倒"的设计原则，本次修订强调，8 度（0.20g）时不应采用无筋砖柱。即仍保留 78 规范、89 规范关于 8 度设防时至少应设置"组合砖柱"的规定，且多跨厂房在 8 度Ⅲ、Ⅳ类场地时，中柱宜采用钢筋混凝土柱，仅边柱可略放宽为采用组合砖柱。

2 震害表明，单层砖柱厂房的纵向也要有足够的强度和刚度，单靠独立砖柱是不够的，像钢筋混凝土柱厂房那样设置交叉支撑也不妥，因为支撑吸引来的地震剪力很大，将会剪断砖柱。比较经济有效的办法是，在柱间砌筑与柱整体连接的纵向砖墙并设置砖墙基础，以代替柱间支撑加强厂房的纵向抗震能力。

采用钢筋混凝土屋盖时，由于纵向水平地震作用较大，不能单靠屋盖中的一般纵向构件传递，所以要求在无上述抗震墙的砖柱顶部处设压杆（或用满足压杆构造的圈梁、天沟或檩条等代替）。

3 强调隔墙与抗震墙合并设置，目的在于充分利用墙体的功能，并避免非承重墙对柱及屋架与柱连接点的不利影响。当不能合并设置时，隔墙要采用轻质材料。

单层砖柱厂房的纵向隔墙与横向内隔墙一样，也宜做成抗震墙，否则会导致主体结构的破坏，独立的纵向、横向内隔墙，受震后容易倒塌，需采取保证其平面外稳定性的措施。

（Ⅱ）计算要点

9.3.4 本次修订基本保持了 2001 规范可不进行纵向抗震验算的条件。明确为 7 度（0.10g）的情况，不适用于 7 度（0.15g）的情况。

9.3.5、9.3.6 在本节适用范围内的砖柱厂房，纵、横向抗震计算原则与钢筋混凝土柱厂房基本相同，故可参照本章第 9.1 节所提供的方法进行计算。其中，纵向简化计算的附录 K 不适用，而屋盖为钢筋混凝土或密铺望板的瓦木屋盖时，2001 规范规定，横向平面排架计算同样考虑厂房的空间作用影响。理由如下：

① 根据国家标准《砌体结构设计规范》GB 50003 的规定：密铺望板瓦木屋盖与钢筋混凝土有檩屋盖属于同一种屋盖类型，静力计算中，符合刚弹性方案的条件时（20～48）m 均可考虑空间工作，但 89 抗震规范规定：钢筋混凝土有檩屋盖可以考虑空间工作，而密铺望板的瓦木屋盖不可以考虑空间工作，二者不协调。

② 历次地震，特别是辽南地震和唐山地震中，不少密铺望板瓦木屋盖单层砖柱厂房反映了明显的空间工作特性。

③ 根据王光远教授《建筑结构的振动》的分析结论，不仅仅钢筋混凝土无檩屋盖和有檩屋盖（大波瓦、槽瓦）厂房；就是石棉瓦和黏土瓦屋盖厂房在地震作用下，也有明显的空间工作。

④ 从具有木望板的瓦木屋盖单层砖柱厂房的实测可以看出：实测厂房的基本周期均比按排架计算周期为短，同时其横向振型与钢筋混凝土屋盖的振型基本一致。

⑤ 山楼墙间距小于 24m 时，其空间工作更明显，且排架柱的剪力和弯矩的折减有更大的趋势，而单层砖柱厂房山、楼墙间距小于 24m 的情况，在工程建设中也是常见的。

根据以上分析，本次修订继续保持 2001 规范对单层砖柱厂房的空间工作的如下修订：

1）7 度和 8 度时，符合砌体结构刚弹性方案（20～48）m 的密铺望板瓦木屋盖单层砖柱厂房与钢筋混凝土有檩屋盖单层砖柱厂房一样，也可考虑地震作用下的空间工作。

2）附录 J"砖柱考虑空间工作的调整系数"中的"两端山墙间距"改为"山墙、承重（抗震）横墙的间距"；并将小于 24m 分为 24m、18m、12m。

3）单层砖柱厂房考虑空间工作的条件与单层钢筋混凝土柱厂房不同，在附录 K 中加以区别和修正。

9.3.8 砖柱的抗震验算，在现行国家标准《砌体结构设计规范》GB 50003 的基础上，按可靠度分析，同样引入承载力调整系数后进行验算。

（Ⅲ）抗震构造措施

9.3.9 砖柱厂房一般多采用瓦木屋盖，89 规范关于木屋盖的规定基本上是合理的，本次修订，保持 89 规范、2001 规范的规定；并依据木结构设计规范的规定，明确 8 度时的木屋盖不宜设置天窗。

木屋盖的支撑布置中，如端开间下弦水平系杆与山墙连接，地震后容易将山墙顶坏，故不宜采用。木天窗架需加强与屋架的连接，防止受震后倾倒。

当采用钢筋混凝土和钢屋盖时，可参照第 9.1、9.2 节的规定。

9.3.10 檩条与山墙连接不好，地震时将使支承处的砌体错动，甚至造成山尖墙倒塌，檩条伸出山墙的出山屋面有利于加强檩条与山墙的连接，对抗震有利，可以采用。

9.3.12 震害调查发现，预制圈梁的抗震性能较差，故规定在屋架底部标高处设置现浇钢筋混凝土圈梁。为加强圈梁的功能，规定圈梁的截面高度不应小于180mm；宽度习惯上与砖墙同宽。

9.3.13 震害还表明，山墙是砖柱厂房抗震的薄弱部位之一，外倾、局部倒塌较多；甚至有全部倒塌的。为此，要求采用卧梁并加强锚拉的措施。

9.3.14 屋架（屋面梁）与柱顶或墙顶的圈梁锚固的修订如下：

1 震害表明：屋架（屋面梁）和柱子可用螺栓连接，也可采用焊接连接。

2 对垫块的厚度和配筋作了具体规定。垫块厚度太薄或配筋太少时，本身可能局部承压破坏，且埋件锚固不足。

9.3.15 根据设计需要，本次修订规定了砖柱的抗震要求。

9.3.16 钢筋混凝土屋盖单层砖柱厂房，在横向水平地震作用下，由于空间工作的因素，山墙、横墙将负担较大的水平地震剪力，为了减轻山墙、横墙的剪切破坏，保证房屋的空间工作，对山墙、横墙的开洞面积加以限制，8度时宜在山墙、横墙的两端设置构造柱。

9.3.17 采用钢筋混凝土无檩屋盖等刚性屋盖的单层砖柱厂房，地震时砖墙往往在屋盖处圈梁底面下一至四皮砖范围内出现周围水平裂缝。为此，对于高烈度地区刚性屋盖的单层砖柱厂房，在砖墙顶部沿墙长每隔1m左右埋设一根 φ8 竖向钢筋，并插入顶部圈梁内，以防止柱周围水平裂缝，甚至墙体错动破坏的产生。

附录 H 多层工业厂房抗震设计要求

H.1 钢筋混凝土框排架结构厂房

H.1.1 多层钢筋混凝土厂房结构特点：柱网为（6～12）m，跨度大，层高高（4～8）m，楼层荷载大（10～20）kN/m²，可能会有错层，有设备振动扰力、吊车荷载，隔墙少，竖向质量、刚度不均匀，平面扭转。框排架结构是多、高层工业厂房的一种特殊结构，其特点是平面、竖向布置不规则、不对称，纵向、横向和竖向的质量分布很不均匀，结构的薄弱环节较多；地震反应特征和震害要比框架结构和排架结构复杂，表现出更显著的空间作用效应，抗震设计有特殊要求。

H.1.2 为减少与国家标准《构筑物抗震设计规范》GB 50191重复，本附录主要针对上下排列的框排架的特点予以规定。

针对框排架厂房的特点，其抗震措施要求更高。震害表明，同等高度设有贮仓的比不设贮仓的框架在地震中破坏的严重。钢筋混凝土贮仓竖壁与纵横向框架柱相连，以竖壁的跨高比来确定贮仓的影响，当竖壁的跨高比大于2.5时，竖壁为浅梁，可按不设贮仓的框架考虑。

H.1.3 对于框排架结构厂房，如在排架跨采用有檩或其他轻屋盖体系，与结构的整体刚度不协调，会产生过大的位移和扭转，为了提高抗扭刚度，保证变形尽量趋于协调，使排架柱列与框架柱列能较好地共同工作，本条规定目的是保证排架跨屋盖的水平刚度；山墙承重属结构单元内有不同的结构形式，造成刚度、荷载、材料强度不均衡，本条规定借鉴单层厂房的规定和震害调查制订。

H.1.5 在地震时，成品或原料堆积楼面荷载、设备和料斗及管道内的物料等可变荷载的遇合概率较大，应根据行业特点和使用条件，取用不同的组合值系数；厂房除外墙外，一般内隔墙较少，结构自振周期调整系数建议取 0.8～0.9；框排架结构的排架柱，是厂房的薄弱部位或薄弱层，应进行弹塑性变形验算；高大设备、料斗、贮仓的地震作用对结构构件和连接的影响不容忽视，其重力荷载除参与结构整体分析外，还应考虑水平地震作用下产生的附加弯矩。式（H.1.5）为设备水平地震作用的简化计算公式。

H.1.6 支承贮仓竖壁的框架柱的上端截面，在地震作用下如果过早屈服，将影响整体结构的变形能力。对于上述部位的组合弯矩设计值，在第6章规定基础上再增大1.1倍。

与排架柱相连的顶层框架节点处，框架梁端、柱端组合的弯矩设计值乘以增大系数，是为了提高节点承载力。排架纵向地震作用将通过纵向柱间支撑传至下部框架柱，本条参照框支柱要求调整构件内力。

竖向框排架结构的排架柱，是厂房的薄弱部位，需进行弹塑性变形验算。

针对框排架厂房节点两侧梁高通常不等的特点，为防止柱端和小核芯区剪切破坏，提出了高差大于大梁25％或500mm时的承载力验算公式。

H.1.7 框架柱的剪跨比不大于1.5时，为超短柱，破坏为剪切脆性型破坏。抗震设计应尽量避免采用超短柱，但由于工艺使用要求，有时不可避免（如有错层等情况），应采取特殊构造措施。在短柱内配置斜钢筋，可以改善其延性，控制斜裂缝发展。

H.2 多层钢结构厂房

H.2.1 考虑多层厂房受力复杂，其抗震等级的高度分界比民用建筑有所降低。

H.2.2 当设备、料斗等设备穿过楼层时，由于各楼层梁的竖向挠度难以同步，如采用分层支承，则各楼层结构的受力不明确。同时，在水平地震作用下，各层的层间位移对设备、料斗产生附加作用效应，严重时可损坏设备。

细而高的设备必须借助厂房楼层侧向支承才能稳定，楼层与设备之间应采用能适应层间位移差异的柔性连接。

装料后的设备、料斗总重心接近楼层的支承点处，是为了降低设备或料斗的地震作用对支承结构所产生的附加效应。

H.2.3 结构布置合理的支撑位置，往往与工艺布置冲突，支撑布置难以上下贯通，支撑平面布置错位。在保证支撑能把水平地震作用通过适当的途径，可靠地传递至基础前提下，支撑位置也可不设置在同一柱间。

H.2.6 本条与2001规范相比，主要增加关于阻尼比的规定：

在众值烈度的地震作用下，结构处于弹性阶段。根据33个冶金钢结构厂房用脉动法和吊车刹车进行大位移自由衰减阻尼比测试结果，钢结构厂房小位移阻尼比为0.012～0.029之间，平均阻尼比0.018；大位移阻尼比为0.0188～0.0363之间，平均阻尼比0.026。与本规范第8.2.2条协调，规定多遇地震作用计算的阻尼比取0.03～0.04。板件宽厚比限值的选择计算的阻尼比也取此值。当结构经受强烈地震作用（如中震、大震等）时，考虑到结构已可能进入非弹性阶段，结构以延性耗能为主。因此，罕遇地震分析的阻尼比可适当取大一些。

H.2.7 "强柱弱梁"抗震概念，考虑的不仅是单独的梁柱连接部位，在更大程度上是反映结构的整体性能。多层工业厂房中，由于工艺设备布置的要求，有时较难做到"强柱弱梁"要求，因此，应着眼于结构整体的角度全面考虑和计算分析。

对梁柱节点左右梁端和上下柱端的全塑性承载力的验算要求，比本规范第8.2.5条增加两种例外情况：

①单层或多层结构顶层的低轴力柱，弹塑性软弱层的影响不明显，不需要满足要求。

②柱列中允许占一定比例的柱，当轴力较小而足以限制其在地震下出现不利反应且仍有可接受的刚度时，可不必满足强柱弱梁要求（如在厂房钢结构的一些大跨梁处、民用建筑转换大梁处）。条文中的柱列，指一个柱线柱列或垂直于该柱列方向平面尺寸10%范围内的几列平行的柱列。

H.2.8 框架柱长细比限值大小对钢结构耗钢量有较大影响。构件长细比增加，往往误解为承载力退化严重。其实，这时的比较对象是构件的强度承载力，而不是稳定承载力。构件长细比属于稳定设计的范畴（实质上是位移问题）。构件长细比愈大，设计可使用

的稳定承载力则愈小。在此基础上的比较表明，长细比增加，并不表现出稳定承载力退化趋势加重的迹象。

显然，框架柱的长细比增大，结构层间刚度减小，整体稳定性降低。但这些概念上已由结构的最大位移限值、层间位移限值、二阶效应验算以及限制软弱层、薄弱层、平面和竖向布置的抗震概念措施等所控制。美国AISC钢结构规范在提示中述及受压构件的长细比不应超过200，钢结构抗震规范未作规定；日本BCJ抗震规范规定柱的长细比不得超过200。条文参考美国、欧洲、日本钢结构规范和抗震规范，结合我国钢结构设计习惯，对框架柱的长细比限值作出规定。

当构件长细比不大于$125\sqrt{235/f_{ay}}$（弹塑性屈曲范围）时，长细比的钢号修正项才起作用。

抗侧力结构构件的截面板件宽厚比，是抗震钢结构构件局部延性要求的关键指标。板件宽厚比对工程设计的耗钢量影响很大。考虑多层钢结构厂房的特点，其板件宽厚比的抗震等级分界，比民用建筑降低10m。

多层钢结构厂房的支撑布置往往受工艺要求制约，故增大其地震组合设计值。为避免出现过度刚强的支撑而吸引过多的地震作用，其长细比宜在弹性屈曲范围内选用。条文给出的柱间支撑长细比限值，下限值与欧洲规范的X形支撑、美国规范特殊中心支撑框架（SCBF）、日本规范的BB级支撑相当，上限值要稍严些。条文限定支撑长细比下限值的原因是，长细比在部分弹塑性屈曲范围（$60\sqrt{235/f_{ay}}\leqslant\lambda\leqslant125\sqrt{235/f_{ay}}$）中心受压构件，表现为承载力值不稳定，滞回环波动大。

10 空旷房屋和大跨屋盖建筑

10.1 单层空旷房屋

（Ⅰ）一般规定

单层空旷房屋是一组不同类型的结构组成的建筑，包含有单层的观众厅和多层的前后左右的附属用房。无侧厅的食堂，可参照本规范第9章设计。

观众厅与前后厅之间、观众厅与两侧厅之间一般不设缝，震害较轻；个别房屋在观众厅与侧厅处留缝，反而破坏较重。因此，在单层空旷房屋中的观众厅与侧厅、前后厅之间可不设防震缝，但根据本规范第3章的要求，布置要对称，避免扭转，并按本章采取措施，使整组建筑形成相互支持和有良好联系的空间结构体系。

本节主要规定了单层空旷房屋大厅抗震设计中有别于单层厂房的要求，对屋盖选型、构造、非承重隔

墙及各种结构类型的附属房屋的要求，见其他各有关章节。

大厅人员密集，抗震要求较高，故观众厅有挑台，或房屋高、跨度大，或烈度高，需要采用钢筋混凝土框架或门式刚架结构等。根据震害调查及分析，为进一步提高其抗震安全性，本次修订对第 10.1.3 条进行了修改，对砖柱承重的情况作了更为严格的限制：

① 增加了 7 度（0.15g）时不应采用砖柱的规定；

② 鉴于现阶段各地区经济发展不平衡，对于设防烈度 6 度、7 度（0.10g），经济条件不足的地区，还不宜全部取消砖柱承重，只是在跨度和柱顶高度方面较 2001 规范限制更加严格。

（Ⅱ）计算要点

本次修订对计算要点的规定未作修改，同 2001 规范。

单层空旷房屋的平面和体型均较复杂，尚难以采用符合实际工作状态的假定和合理的模型进行整体计算分析。为了简化，从工程设计的角度考虑，可将整个房屋划为若干个部分，分别进行计算，然后从构造上和荷载的局部影响上加以考虑，互相协调。例如，通过周期的经验修正，使各部分的计算周期趋于一致；横向抗震分析时，考虑附属房屋的结构类型及其与大厅的连接方式，选用排架、框排架或排架-抗震墙的计算简图，条件合适时亦可考虑空间工作的影响，交接处的柱子要考虑高振型的影响；纵向抗震分析时，考虑屋盖的类型和前后厅等影响，选用单柱列或空间协同分析模型。

根据宏观震害调查分析，单层空旷房屋中，舞台后山墙等高大山墙的壁柱，地震中容易破坏。为减少其破坏，特别强调，高烈度时高大山墙应进行出平面的抗震验算。验算要求可参考本规范第 9 章，即壁柱在水平地震力作用下的偏心距超过规定值时，应设置组合壁柱，并验算其偏心受压的承载力。

（Ⅲ）抗震构造措施

单层空旷房屋的主要抗震构造措施如下：

1 6、7 度时，中、小型单层空旷房屋的大厅，无筋的纵墙壁柱虽可满足承载力的设计要求，但考虑到大厅使用上的重要性，仍要求采用配筋砖柱或组合砖柱。

本次修订，在第 10.1.3 条不允许 8 度Ⅰ、Ⅱ类场地和 7 度（0.15g）采用砖柱承重，故在第 10.1.14 条删去了 2001 规范的有关规定。

当大厅采用钢筋混凝土柱时，其抗震等级不应低于二级。当附属房屋低于大厅柱顶标高时，大厅柱成为短柱，则其箍筋应全高加密。

2 前厅与大厅、大厅与舞台之间的墙体是单层空旷房屋的主要抗侧力构件，承担横向地震作用。因此，应根据抗震设防烈度及房屋的跨度、高度等因素，设置一定数量的抗震墙。采用钢筋混凝土抗震墙时，其抗震等级不应低于二级。与此同时，还应加强墙上的大梁及其连接的构造措施。

舞台口梁为悬梁，上部支承有舞台上的屋架，受力复杂，而且舞台口两侧墙体为一端自由的高大悬墙，在舞台口处不能形成一个门架式的抗震横墙，在地震作用下破坏较多。因此，舞台口墙要加强与大厅屋盖体系的拉结，用钢筋混凝土墙体、立柱和水平圈梁来加强自身的整体性和稳定性。9 度时不应采用舞台口砌体悬墙承重。本次修订，进一步明确 9 度时舞台口悬墙应采用轻质墙体。

3 大厅四周的墙体一般较高，需增设多道水平圈梁来加强整体性和稳定性。特别是墙顶标高处的圈梁更为重要。

4 大厅与两侧的附属房屋之间一般不设防震缝，其交接处受力较大，故要加强相互间的连接，以增强房屋的整体性。本次修订，与本规范第 7 章对砌体结构的规定相协调，进一步提高了拉结措施——间距不大于 400mm，且采用由拉结钢筋与分布短筋在平面内焊接而成的钢筋网片。

5 二层悬挑式挑台不但荷载大，而且悬挑跨度也较大，需要进行专门的抗震设计计算分析。

10.2 大跨屋盖建筑

（Ⅰ）一般规定

10.2.1 近年来，大跨屋盖的建筑工程越来越广泛。为适应该类结构抗震设计的要求，本次修订增加了大跨屋盖建筑结构抗震设计的相关规定，并形成单独一节。

本条规定了本规范适用的屋盖结构范围及主要结构形式。本规范的大跨屋盖建筑是指与传统板式、梁板式屋盖结构相区别，具有更大跨越能力的屋盖体系，不应单从跨度大小的角度来理解大跨屋盖建筑结构。

大跨屋盖的结构形式多样，新形式也不断出现，本规范适用于一些常用结构形式，包括：拱、平面桁架、立体桁架、网架、网壳、张弦梁和弦支穹顶等七类基本形式以及由这些基本形式组合而成的结构。相应的，针对于这些屋盖结构形式的抗震研究开展较多，也积累了一定的抗震设计经验。

对于悬索结构、膜结构、索杆张力结构等柔性屋盖体系，由于几何非线性效应，其地震作用计算方法和抗震设计理论目前尚不成熟，本次修订暂不纳入。此外，大跨屋盖结构基本以钢结构为主，故本节也未对混凝土薄壳、组合网架、组合网壳等屋盖结构形式作出具体规定。

还需指出的是，对于存在拉索的预张拉屋盖结构，总体可分为三类：预应力结构，如预应力桁架、网架或网壳等；悬挂（斜拉）结构，如悬挂（斜拉）桁架、网架或网壳等；张弦结构，主要指张弦梁结构和弦支穹顶结构。本节中，预应力结构、悬挂（斜拉）结构归类在其依托的基本形式中。考虑到张弦结构的受力性能与常规预应力结构、悬挂（斜拉）结构有较大的区别，且是近些年发展起来的一类大跨屋盖结构新体系，因此将其作为基本形式列入。

大跨屋盖的结构新形式不断出现、体型复杂化、跨度极限不断突破，为保证结构的安全性、避免抗震性能差、受力很不合理的结构形式被采用，有必要对超出适用范围的大型建筑屋盖结构进行专门的抗震性能研究和论证，这也是国际上通常采用的技术保障措施。根据当前工程实践经验，对于跨度大于 120m、结构单元长度大于 300m 或悬挑长度大于 40m 的屋盖结构，需要进行专门的抗震性能研究和论证。同时由于抗震设计经验的缺乏，新出现的屋盖结构形式也需要进行专门的研究和论证。

对于可开启屋盖，也属于非常用形式之一，其抗震设计除满足本节的规定外，与开闭功能有关的设计也需要另行研究和论证。

10.2.2 本条规定为抗震概念设计的主要原则，是本规范第 3.4 节和第 3.5 节规定的补充。

大跨屋盖结构的选型和布置首先应保证屋盖的地震效应能够有效地通过支座节点传递给下部结构或基础，且传递途径合理。

屋盖结构的地震作用不仅与屋盖自身结构相关，而且还与支承条件以及下部结构的动力性能密切相关，是整体结构的反应。根据抗震概念设计的基本原则，屋盖结构及其支承点的布置宜均匀对称，具有合理的刚度和承载力分布。同时下部结构设计也应充分考虑屋盖结构地震响应的特点，避免采用很不规则的结构布置而造成屋盖结构产生过大的地震扭转效应。

屋盖自身的结构形式宜优先采用两个水平方向刚度均衡、整体刚度良好的网架、网壳、双向立体桁架、双向张弦梁或弦支穹顶等空间传力体系。同时宜避免局部削弱或突变的薄弱部位。对于可能出现的薄弱部位，应采取措施提高抗震能力。

10.2.3 本条针对屋盖体系自身传递地震作用的主要特点，对两类结构的布置要求作了规定。

1 单向传力体系的抗震薄弱环节是垂直于主结构（桁架、拱、张弦梁）方向的水平地震力传递以及主结构的平面外稳定性，设置可靠的屋盖支撑是重要的抗震措施。在单榀立体桁架中，与屋面支撑同层的两（多）根主弦杆间也应设置斜杆。这一方面可提高桁架的平面外刚度，同时也使得纵向水平地震内力在同层主弦杆中分布均匀，避免薄弱区域的出现。

当桁架支座采用下弦节点支承时，必须采取有效措施确保支座处桁架不发生平面外扭转，设置纵向桁架是一种有效的做法，同时还可保证纵向水平地震力的有效传递。

2 空间传力结构体系具有良好的整体性和空间受力特点，抗震性能优于单向传力体系。对于平面形状为矩形且三边支承一边开口的屋盖结构，可以通过在开口边局部增加层数来形成边桁架，以提高开口边的刚度和加强结构整体性。对于两向正交正放网架和双向张弦梁，屋盖平面内的水平刚度较弱。为保证结构的整体性及水平地震作用的有效传递与分配，应沿上弦周边网格设置封闭的水平支撑。当结构跨度较大或下弦周边支承时，下弦周边网格也应设置封闭的水平支撑。

10.2.4 当屋盖分区域采用不同抗震性能的结构形式时，在结构交界区域通常会产生复杂的地震响应，一般避免采用此类结构。如确要采用，应对交界区域的杆件和节点采用加强措施。如果建筑设计和下部支承条件允许，设置防震缝也是可采用的有效措施。此时，由于实际工程情况复杂，为避免其两侧结构在强烈地震中碰撞，条文规定的防震缝宽度可能不足，最好按设防烈度下两侧独立结构在交界线上的相对位移最大值来复核。对于规则结构，缝宽也可将多遇地震下的最大相对变形值乘以不小于 3 的放大系数近似估计。

（Ⅱ）计 算 要 点

10.2.6 本条规定屋盖结构可不进行地震作用计算的范围。

1 研究表明，单向平面桁架和单向立体桁架是否受沿桁架方向的水平地震效应控制主要取决于矢跨比的大小。对于矢跨比小于 1/5 的该类结构，水平地震效应较小，7 度时可不进行沿桁架的水平向和竖向地震作用计算。但是由于垂直桁架方向的水平地震作用主要由屋盖支撑承担，本节并没有对支撑的布置进行详细规定，因此对于 7 度及 7 度以上的该类体系，均应进行垂直于桁架方向的水平地震作用计算并对支撑构件进行验算。

2 网架属于平板形屋盖结构。大量计算分析结果表明，当支承结构刚度较大时，网架结构以竖向振动为主。7 度时，网架结构的设计往往由非地震作用工况控制，因此可不进行地震作用计算，但应满足相应的抗震措施的要求。

10.2.7 本条规定抗震计算模型。

1 屋盖结构自身的地震效应是与下部结构协同工作的结果。由于下部结构的竖向刚度一般较大，以往在屋盖结构的竖向地震作用计算时通常习惯于仅单独以屋盖结构作为分析模型。但研究表明，不考虑屋盖结构与下部结构的协同工作，会对屋盖结构的地震作用，特别是水平地震作用计算产生显著影响，甚至得出错误结果。即便在竖向地震作用计算时，当下部结构给屋盖提供的竖向刚度较弱或分布不均匀时，仅按屋盖结构模型所计算的结果也会产生较大的误差。因此，考虑上下部结构的协同作用是屋盖结构地震作用计算的基本原则。

考虑上下部结构协同工作的最合理方法是按整体结构模型进行地震作用计算。因此对于不规则的结构，抗震计算应采用整体结构模型。当下部结构比较规则时，也可以采用一些简化方法（譬如等效为支座弹性约束）来计入下部结构的影响。但是，这种简化必须依据可靠且符合动力学原理。

2 研究表明，对于跨度较大的张弦梁和弦支穹顶结构，由预张力引起的非线性几何刚度对结构动力特性有一定的影响。此外，对于某些布索方案（譬如肋环型布索）的弦支穹顶结构，撑杆和下弦拉索系统实际上是需要依靠预张力来保证体系稳定性的几何可变体系，且不计入几何刚度也将导致结构总刚矩阵奇异。因此，这些形式的张弦结构计算模型就必须计入几何刚度。几何刚度一般可取重力荷载代表值作用下的结构平衡态的内力（包括预张力）贡献。

10.2.8 本条规定了整体、协同计算时的阻尼比取值。

屋盖钢结构和下部混凝土支承结构的阻尼比不同，协同分析时阻尼比取值方面的研究较少。工程设计中阻尼比取值大多在 0.025～0.035 间，具体数值一般认为与屋盖钢结构和下部混凝土支承结构的组成比例有关。下面根据位能等效原则提供两种计算整体结构阻尼比的方法，供设计中采用。

方法一：振型阻尼比法。振型阻尼比是指针对于各阶振型所定义的阻尼比。组合结构中，不同材料的能量耗散机理不同，因此相应构件的阻尼比也不相同，一般钢构件取 0.02，混凝土构件取 0.05。对于每一阶振型，不同构件单元对于振型阻尼比的贡献认为与单元变形能有关，变形能大的单元对该振型阻尼比的贡献较大，反之则较小。所以，可根据该阶振型下的单元变形，采用加权平均的方法计算出振型阻尼比 ζ_i：

$$\zeta_i = \sum_{s=1}^{n} \zeta_s W_{si} / \sum_{s=1}^{n} W_{si}$$

式中：ζ_i——结构第 i 阶振型的阻尼比；

ζ_s——第 s 个单元阻尼比，对钢构件取 0.02；对混凝土构件取 0.05；

n——结构的单元总数；

W_{si}——第 s 个单元对应于第 i 阶振型的单元变形能。

方法二：统一阻尼比法。依然采用方法一的公式，但并不针对各振型 i 分别计算单元变形能 W_{si}，而是取各单元在重力荷载代表值作用下的变形能

W_{si}，这样便求得对应于整体结构的一个阻尼比。

在罕遇地震作用下，一些实际工程的计算结果表明，屋盖钢结构也仅有少量构件能进入塑性屈服状态，所以阻尼比仍建议与多遇地震下的结构阻尼比取值相同。

10.2.9 本条规定水平地震作用的计算方向和宜考虑水平多向地震作用计算的范围。

不同于单向传力体系，空间传力体系的屋盖结构通常难以明确划分为沿某个方向的抗侧力构件，通常需要沿两个水平主轴方向同时计算水平地震作用。对于平面为圆形、正多边形的屋盖结构，可能存在两个以上的主轴方向，此时需要根据实际情况增加地震作用的计算方向。另外，当屋盖结构、支承条件或下部结构的布置明显不对称时，也应增加水平地震作用的计算方向。

10.2.10 本条规定了屋盖结构地震作用计算的方法。

本节适用的大跨屋盖结构形式属于线性结构范畴，因此振型分解反应谱法依然可作为是结构弹性地震效应计算的基本方法。随着近年来结构动力学理论和计算技术的发展，一些更为精确的动力学计算方法逐步被接受和应用，包括多向地震反应谱法、时程分析法，甚至多向随机振动分析方法。对于结构动力响应复杂和跨度较大的结构，应该鼓励采用这些方法进行地震作用计算，以作为振型分解反应谱法的补充。

自振周期分布密集是大跨屋盖结构区别于多高层结构的重要特点。在采用振型分解反应谱法时，一般应考虑更多阶振型的组合。研究表明，在不按上部结构整体模型进行计算时，网架结构的组合振型数宜至少取前（10～15）阶，网壳结构宜至少取前（25～30）阶。对于体型复杂的屋盖结构或按上下部结构整体模型计算时，应取更多阶组合振型。对于存在明显扭转效应的屋盖结构，组合应采用完全二次型方根（CQC）法。

10.2.11 对于单向传力体系，结构的抗侧力构件通常是明确的。桁架构件抵抗其面内的水平地震作用和竖向地震作用，垂直桁架方向的水平地震作用则由屋盖支撑承担。因此，可针对各向抗侧力构件分别进行地震作用计算。

除单向传力体系外，一般屋盖结构的构件难以明确划分为沿某个方向的抗侧力构件，即构件的地震效应往往包含三向地震作用的结果，因此其构件验算应考虑三向（两个水平向和竖向）地震作用效应的组合，其组合值系数可按本规范第 5 章的规定采用。这也是基本原则。

10.2.12 多遇地震作用下的屋盖结构变形限值部分参考了《空间网格结构技术规程》的相关规定。

10.2.13 本条规定屋盖构件及其连接的抗震验算。

大跨屋盖结构由于其自重轻、刚度好，所受震害

一般要小于其他类型的结构。但震害情况也表明，支座及其邻近构件发生破坏的情况较多，因此通过放大地震作用效应来提高该区域杆件和节点的承载力，是重要的抗震措施。由于通常该区域的节点和杆件数量不多，对于总工程造价的增加是有限的。

拉索是预张拉结构的重要构件。在多遇地震作用下，应保证拉索不发生松弛而退出工作。在设防烈度下，也宜保证拉索在各地震作用参与的工况组合下不出现松弛。

（Ⅲ）抗震构造措施

10.2.14 本条规定了杆件的长细比限值。

杆件长细比限值参考了国家现行标准《钢结构设计规范》GB 50017 和《空间网格结构技术规程》JGJ 7 的相关规定，并作了适当加强。

10.2.15 本条规定了节点的构造要求。

节点选型要与屋盖结构的类型及整体刚度等因素结合起来，采用的节点要便于加工、制作、焊接。设计中，结构杆件内力的正确计算，必须用有效的构造措施来保证，其中节点构造应符合计算假定。

在地震作用下，节点应不先于杆件破坏，也不产生不可恢复的变形，所以要求节点具有足够的强度和刚度。杆件相交于节点中心将不产生附加弯矩，也使模型计算假定更加符合实际情况。

10.2.16 本条规定了屋盖支座的抗震构造。

支座节点是屋盖地震作用传递给下部结构的关键部件，其构造应与结构分析所取的边界条件相符，否则将使结构实际内力与计算内力出现较大差异，并可能危及结构的整体安全。

支座节点往往是地震破坏的部位，属于前面定义的关键节点的范畴，应予加强。在节点验算方面，对地震作用效应进行了必要的提高（第 10.2.13 条）。此外根据延性设计的要求，支座节点在超过设防烈度的地震作用下，应有一定的抗变形能力。但对于水平可滑动的支座节点，较难得到保证。因此建议按设防烈度计算值作为可滑动支座的位移限值（确定支承面的大小），在罕遇地震作用下采用限位措施确保不致滑移出支承面。

对于 8、9 度时多遇地震下竖向仅受压的支座节点，考虑到在强烈地震作用（如中震、大震）下可能出现受拉，因此建议采用构造上也能承受拉力的拉压型支座形式，且预埋锚筋、锚栓也按受拉情况进行构造配置。

11 土、木、石结构房屋

11.1 一般规定

本节是在 2001 规范基础上增加的内容。主要依据云南丽江、普洱、大姚地震，新疆巴楚、伽师地震，河北张北地震，内蒙古西乌旗地震，江西九江-瑞昌地震，浙江文成地震，四川道孚、汶川等地震灾区房屋震害调查资料，对土木石房屋具有共性的震害问题进行了总结，在此基础上提出了本节的有关规定。本章其他条款依此做了部分改动与细化。

11.1.1 形状比较简单、规则的房屋，在地震作用下受力明确、简洁，同时便于进行结构分析，在设计上易于处理。震害经验也充分表明，简单、规整的房屋在遭遇地震时破坏也相对较轻。

墙体均匀、对称布置，在平面内对齐、竖向连续是传递地震作用的要求，这样沿主轴方向的地震作用能够均匀对称地分配到各个抗侧力墙段，避免出现应力集中或因扭转造成部分墙段受力过大而破坏、倒塌。我国不少地区的二、三层房屋，外纵墙在一、二层上下不连续，即二层外纵墙外挑，在 7 度地震影响下二层墙体开裂严重。

板式单边悬挑楼梯在墙体开裂后会因嵌固端破坏而失去承载能力，容易造成人员跌落伤亡。

震害调查发现，有的房屋纵横墙采用不同材料砌筑，如纵墙用砖砌筑、横墙和山墙用土坯砌筑，这类房屋由于两种材料砌块的规格不同，砖与土坯之间不能咬槎砌筑，不同材料墙体之间为通缝，导致房屋整体性差，在地震中破坏严重；又如有些地区采用的外砖里坯（亦称里生外熟）承重墙，地震中墙体倒塌现象较为普遍。这里所说的不同墙体混合承重，是指同一高度左右相邻不同材料的墙体，对于下部采用砖（石）墙，上部采用土坯墙，或下部采用石墙，上部采用砖或土坯墙的做法则不受此限制，但这类房屋的抗震承载力应按上部相对较弱的墙体考虑。

调查发现，一些村镇房屋设有较宽的外挑檐，在屋檐外挑梁的上面砌筑用于搁置檩条的小段墙体，甚至砌成花格状，没有任何拉结措施，地震时中容易破坏掉落伤人，因此明确规定不得采用。该位置可采用三角形小屋架或设瓜柱解决外挑部位檩条的支承问题。

11.1.2 木楼、屋盖房屋刚性较弱，加强木楼、屋盖的整体性可以有效地提高房屋的抗震性能，各构件之间的拉结是加强整体性的重要措施。试验研究表明，木屋盖加设竖向剪刀撑可增强木屋架纵向稳定性。

纵向通长水平系杆主要用于竖向剪刀撑、横墙、山墙的拉结。

采用墙揽将山墙与屋盖构件拉结牢固，可防止山墙外闪破坏；内隔墙稳定性差，墙顶与梁或屋架下弦拉结是防止其平面外失稳倒塌的有效措施。

11.1.3 本条规定了木楼、屋盖构件在屋架和墙上的最小支承长度和对应的连接方式。

11.1.4 本条规定了门窗洞口过梁的支承长度。

11.1.5 地震中坡屋面溜瓦是瓦屋面常见的破坏现

象，冷摊瓦屋面的底瓦浮搁在椽条上时更容易发生溜瓦、掉落伤人。因此，本条要求冷摊瓦屋面的底瓦与椽条应有锚固措施。根据地震现场调查情况，建议在底瓦的弧边两角设置钉孔，采用铁钉与椽条钉牢。盖瓦可用石灰或水泥砂浆压垄等做法与底瓦粘结牢固。该项措施还可以防止暴风对冷摊瓦屋面造成的破坏。四川汶川地震灾区恢复重建中已有平瓦预留了锚固钉孔。

11.1.6 本条对突出屋面的烟囱、女儿墙等易倒塌构件的出屋面高度提出了限值。

11.1.7 本条对土木石房屋的结构材料提出了基本要求。

11.1.8 本条对土木石房屋施工中钢筋端头弯钩和外露铁件防锈处理提出要求。

11.2 生 土 房 屋

11.2.1 本次修订，根据生土房屋在不同地震烈度下的震害情况，将本节生土房屋的适用范围较 2001 规范降低一度。

11.2.2 生土房屋的层数，因其抗震能力有限，一般仅限于单层；本次修订，生土房屋的高度和开间尺寸限制保持不变。

灰土墙指掺有石灰的土坯砌筑或灰土夯筑而成的墙体，其承载力明显高于土墙。1970 年云南通海地震，7、8 度区两层及两层以下的土墙房屋仅轻微损坏。1918 年广东南澳大地震，汕头为 8 度，一些由贝壳煅烧的白灰夯筑的 2、3 层灰土承重房屋，包括医院和办公楼，受到轻微损坏，修复后继续使用。因此，灰土墙承重房屋采取适当的措施后，7 度设防时可建二层房屋。

11.2.3 生土房屋的屋面采用轻质材料，可减轻地震作用；提倡用双坡和弧形屋面，可降低山墙高度，增加其稳定性；单坡屋面的后纵墙过高，稳定性差，平屋面防水有问题，不宜采用。

由于土墙抗压强度低，支承屋面构件部位均应有垫板或圈梁。檩条要满搭在墙上或椽子上，端檩要出檐，以使外墙受荷均匀，增加接触面积。

11.2.4 抗震墙上开洞过大会削弱墙体抗震能力，因此对门窗洞口宽度进行限制。

当一个洞口采用多根木杆组成过梁时，在木杆上表面采用木板、扒钉、钢丝将各根木杆连接成整体可避免地震时局部破坏塌落。

生土墙在纵横墙交接处沿高度每隔 500mm 左右设一层荆条、竹片、树条等拉结网片，可以加强转角处和内外墙交接处墙体的连接，约束该部位墙体，提高墙体的整体性，减轻地震时的破坏。震害表明，较细的多根荆条、竹片编制的网片，比较粗的几根竹竿或木杆的拉结效果好。原因是网片与墙体的接触面积

大，握裹好。

11.2.5 调查表明，村镇房屋墙体非地震作用开裂现象普遍，主要原因是不重视地基处理和基础的砌筑质量，导致地基不均匀沉降使墙体开裂。因此，本条要求对房屋的地基夯实，并对基础的材料和砌筑砂浆提出了相应要求。设置防潮层以防止生土墙体酥落。

11.2.6 土坯的土质和成型方法，决定了土坯质量的好坏并最终决定土墙的强度，应予以重视。

11.2.7 为加强灰土墙房屋的整体性，要求设置圈梁。圈梁可用配筋砖带或木圈梁。

11.2.8 提高土拱房的抗震性能，主要是拱脚的稳定、拱圈的牢固和整体性。若一侧为崖体一侧为人工土墙，会因软硬不同导致破坏。

11.2.9 土窑洞有一定的抗震能力，在宏观震害调查时看到，土体稳定、土质密实、坡度较平缓的土窑洞在 7 度区有较好的例子。因此，对土窑洞来说，首先要选择良好的建筑场地，应避开易产生滑坡、崩塌的地段。

崖窑前不要接砌土坯或其他材料的前脸，否则前脸部分将极易遭到破坏。

有些地区习惯开挖层窑，一般来说比较危险，如需要时应注意间隔足够的距离，避免一旦土体破坏时发生连锁反应，造成大面积坍塌。

11.3 木结构房屋

11.3.1 本节所规定的木结构房屋，不适用于木柱与屋架（梁）铰接的房屋。因其柱子上、下端均为铰接，是不稳定的结构体系。

11.3.2 木柱与砖柱或砖墙在力学性能上是完全不同的材料，木柱属于柔性材料，变形能力强，砖柱或砖墙属于脆性材料，变形能力差。若两者混用，在水平地震作用下变形不协调，将使房屋产生严重破坏。

震害表明，无端屋架山墙往往容易在地震中破坏，导致端开间塌落，故要求设置端屋架（木梁），不得采用硬山搁檩做法。

11.3.3 由于结构构造的不同，各种木结构房屋的抗震性能也有一定的差异。其中穿斗木构架和木柱木屋架房屋结构性能较好，通常采用重量较轻的瓦屋面，具有结构重量轻、延性与整体性较好的优点，其抗震性能比木柱木梁房屋要好，6~8 度可建造两层房屋。

木柱木梁房屋一般为重量较大的平屋盖泥被屋顶，通常为粗梁细柱，梁、柱之间连接简单，从震害调查结果看，其抗震性能低于穿斗木构架和木柱木屋架房屋，一般仅建单层房屋。

11.3.4 四柱三跨木排架指的是中间有一个较大的主跨，两侧各有一个较小边跨的结构，是大跨空旷木柱房屋较为经济合理的方案。

震害表明，15m~18m 宽的木柱房屋，若仅用单跨，破坏严重，甚至倒塌；而采用四柱三跨的结构形

式，甚至出现地裂缝，主跨也安然无恙。

11.3.5 木结构房屋无承重山墙，故本规范第9.3节规定的房屋两端第二开间设置屋盖支撑的要求需向外移到端开间。

11.3.6~11.3.8 木柱与屋架（梁）设置斜撑，目的是控制横向侧移和加强整体性，穿斗木构架房屋整体性较好，有相当的抗倒力和变形能力，故可不必采用斜撑来限制侧移，但平面外的稳定性还需采用纵向支撑来加强。

震害表明，木柱与木屋架的斜撑若用夹板形式，通过螺栓与屋架下弦节点和上弦处紧密连接，则基本完好，而斜撑连接于下弦任意部位时，往往倒塌或严重破坏。

为保证排架的稳定性，加强柱脚和基础的锚固是十分必要的，可采用拉结铁件和螺栓连接的方式，或有石销键的柱础，也可对柱脚采取防腐处理后埋入地面以下。

11.3.9 本条对木构件截面尺寸、开榫、接头等的构造提出了要求。

11.3.10 震害表明，木结构围护墙是非常容易破坏和倒塌的构件。木构架和砌体围护墙的质量、刚度有明显差异，自振特性不同，在地震作用下变形性能和产生的位移不一致，木构件的变形能力大于砌体围护墙，连接不牢时两者不能共同工作，甚至会相互碰撞，引起墙体开裂、错位，严重时倒塌。本条的目的是尽可能使围护墙在采取适当措施后不倒塌，以减轻人员伤亡和地震损失。

1 沿墙高每隔500mm采用8号钢丝将墙体内的水平拉结筋或拉结网片与木柱拉结，配筋砖圈梁、配筋砂浆带等与木柱采用$\phi 6$钢筋或8号钢丝拉结，可以使木构架与围护墙协同工作，避免两者相互碰撞破坏。振动台试验表明，在较强地震作用下即使墙体因抗剪承载力不足而开裂，在与木柱有可靠拉结的情况下也不致倒塌。

2 对土坯、砖等砌筑的围护墙洞口的宽度提出了限制。

3 完全包裹在土坯、砖等砌筑的围护墙中的木柱不通风，较易腐蚀，且难于检查木柱的变质情况。

11.4 石结构房屋

11.4.1、11.4.2 多层石房震害经验不多，唐山地区多数是二层，少数三、四层，而昭通地区大部分是二、三层，仅泉州石结构古塔高达48.24m，经过1604年8级地震（泉州烈度为8度）的考验至今犹存。

多层石房高度限值相对于砖房是较小的，这是考虑到石块加工不平整，性能差别很大，且目前石结构的地震经验还不足。2008年局部修订将总高度和层数限值由"不宜"，改为"不应"，要求更加严格了。

11.4.6 从宏观震害和试验情况来看，石墙体的破坏特征和砖结构相近，石墙体的抗剪承载力验算可与多层砌体结构采用同样的方法。但其承载力设计值应由试验确定。

11.4.7 石结构房屋的构造柱设置要求，系参照89规范混凝土中型砌块房屋对芯柱的设置要求规定的，而构造柱的配筋构造等要求，需参照多层黏土砖房的规定。

11.4.8 洞口是石墙体的薄弱环节，因此需对其洞口的面积加以限制。

11.4.9 多层石房每层设置钢筋混凝土圈梁，能够提高其抗震能力，减轻震害，例如，唐山地震中，10度区有5栋设置了圈梁的二层石房，震后基本完好，或仅轻微破坏。

与多层砖房相比，石墙体房屋圈梁的截面加大，配筋略有增加，因为石墙材料重量较大。在每开间及每道墙上，均设置现浇圈梁是为了加强墙体间的连接和整体性。

11.4.10 石墙在交接处用条石无垫片砌筑，并设置拉结钢筋网片，是根据石墙材料的特点，为加强房屋整体性而采取的措施。

11.4.11 本条为新增条文。石板多有节理缺陷，在建房过程中常因堆载断裂造成人员伤亡事故。因此，明确不得采用对抗震不利的料石作为承重构件。

12 隔震和消能减震设计

12.1 一般规定

12.1.1 隔震和消能减震是建筑结构减轻地震灾害的有效技术。

隔震体系通过延长结构的自振周期能够减少结构的水平地震作用，已被国外强震记录所证实。国内外的大量试验和工程经验表明：隔震一般可使结构的水平地震加速度反应降低60%左右，从而消除或有效地减轻结构和非结构的地震损坏，提高建筑物及其内部设施和人员的地震安全性，增加了震后建筑物继续使用的功能。

采用消能减震的方案，通过消能器增加结构阻尼来减少结构在风作用下的位移是公认的事实，对减少结构水平和竖向的地震反应也是有效的。

适应我国经济发展的需要，有条件地利用隔震和消能减震来减轻建筑结构的地震灾害，是完全可能的。本章主要吸收国内外研究成果中较成熟的内容，目前仅列入橡胶隔震支座的隔震技术和关于消能减震设计的基本要求。

2001规范隔震层位置仅限于基础与上部结构之间，本次修订，隔震设计的适用范围有所扩大，考虑国内外已有隔震建筑的隔震层不仅是设置在基础上，而且设置在一层柱顶等下部结构或多塔楼的底盘上。

12.1.2 隔震技术和消能减震技术的主要使用范围，是可增加投资来提高抗震安全的建筑。进行方案比较时，需对建筑的抗震设防分类、抗震设防烈度、场地条件、使用功能及建筑、结构的方案，从安全和经济两方面进行综合分析对比。

考虑到随着技术的发展，隔震和消能减震设计的方案分析不需要特别的论证，本次修订不作为强制性条文，只保留其与本规范第3.5.1条关于抗震设计的规定不同的特点——与抗震设计方案进行对比，这是确定隔震设计的水平向减震系数和减震设计的阻尼比所需要的，也能显示出隔震和减震设计比抗震设计在提高结构抗震能力上的优势。

12.1.3 本次修订，对隔震设计的结构类型不作限制，修改2001版规定的基本周期小于1s和采用底部剪力法进行非隔震设计的结构。在隔震设计的方案比较和选择时仍应注意：

1 隔震技术对低层和多层建筑比较合适，日本和美国的经验表明，不隔震时基本周期小于1.0s的建筑结构效果最佳；建筑结构基本周期的估计，普通的砌体房屋可取0.4s，钢筋混凝土框架取$T_1 = 0.075H^{3/4}$，钢筋混凝土抗震墙结构取$T_1 = 0.05H^{3/4}$。但是，不应仅限于基本自振周期在1s内的结构，因为超过1s的结构采用隔震技术有可能同样有效，国外大量隔震建筑也验证了此点，故取消了2001规范要求结构周期小于1s的限制。

2 根据橡胶隔震支座抗拉屈服强度低的特点，需限制非地震作用的水平荷载，结构的变形特点需符合剪切变形为主且房屋高宽比小于4或有关规范、规程对非隔震结构的高宽比限制要求。现行规范、规程有关非隔震结构高宽比的规定如下：

高宽比大于4的结构小震下基础不应出现拉应力；砌体结构，6、7度不大于2.5，8度不大于2.0，9度不大于1.5；混凝土框架结构，6、7度不大于4，8度不大于3，9度不大于2；混凝土抗震墙结构，6、7度不大于6，8度不大于5，9度不大于4。

对高宽比大的结构，需进行整体倾覆验算，防止支座压屈或出现拉应力超过1MPa。

3 国外对隔震工程的许多考察发现：硬土场地较适合于隔震房屋；软弱场地滤掉了地震波的中高频分量，延长结构的周期将增大而不是减小其地震反应，墨西哥地震就是一个典型的例子。2001规范的要求仍然保留，当在Ⅳ类场地建造隔震房屋时，应进行专门研究和专项审查。

4 隔震层防火措施和穿越隔震层的配管、配线，有与隔震要求相关的专门要求。2008年汶川地震中，位于7、8度区的隔震建筑，上部结构完好，但隔震层的管线受损，故需要特别注意改进。

12.1.4 消能减震房屋最基本的特点是：

1 消能装置可同时减少结构的水平和竖向的地震作用，适用范围较广，结构类型和高度均不受限制；

2 消能装置使结构具有足够的附加阻尼，可满足罕遇地震下预期的结构位移要求；

3 由于消能装置不改变结构的基本形式，除消能部件和相关部件外的结构设计仍可按本规范各章对相应结构类型的要求执行。这样，消能减震房屋的抗震构造，与普通房屋相比不降低，其抗震安全性可有明显的提高。

12.1.5 隔震支座、阻尼器和消能减震部件在长期使用过程中需要检查和维护。因此，其安装位置应便于维护人员接近和操作。

为了确保隔震和消能减震的效果，隔震支座、阻尼器和消能减震部件的性能参数应严格检验。

按照国家产品标准《橡胶支座 第3部分：建筑隔震橡胶支座》GB 20688.3-2006的规定，橡胶支座产品在安装前应对工程中所用的各种类型和规格的原型部件进行抽样检验，其要求是：

采用随机抽样方式确定检测试件。若有一件抽样的一项性能不合格，则该次抽样检验不合格。

对一般建筑，每种规格的产品抽样数量应不少于总数的20%；若有不合格，应重新抽取总数的50%，若仍有不合格，则应100%检测。

一般情况下，每项工程抽样总数不少于20件，每种规格的产品抽样数量不少于4件。

尚没有国家标准和行业标准的消能部件中的消能器，应采用本章第12.3节规定的方法进行检验。对黏滞流体消能器等可重复利用的消能器，抽检数量适当增多，抽检的消能器可用于主体结构；对金属屈服位移相关型消能器等不可重复利用的消能器，在同一类型中抽检数量不少于2个，抽检合格率为100%，抽检后不能用于主体结构。

型式检验和出厂检验应由第三方完成。

12.1.6 本条明确提出，可采用隔震、减震技术进行结构的抗震性能化设计。此时，本章的规定应依据性能化目标加以调整。

12.2 房屋隔震设计要点

12.2.1 本规范对隔震的基本要求是：通过隔震层的大变形来减少其上部结构的地震作用，从而减少地震破坏。隔震设计需解决的主要问题是：隔震层位置的确定，隔震垫的数量、规格和布置，隔震层在罕遇地震下的承载力和变形控制，隔震层不隔离竖向地震作用的影响，上部结构的水平向减震系数及其与隔震层的连接构造等。

隔震层的位置通常位于第一层以下。当位于第一层及以上时，隔震体系的特点与普通隔震结构可有较大差异，隔震层以下的结构设计计算也更复杂。

为便于我国设计人员掌握隔震设计方法，本规范提出了"水平向减震系数"的概念。按减震系数进行设计，隔震层以上结构的水平地震作用和抗震验算，构件承载力留有一定的安全储备。对于丙类建筑，相应的构造要求也可有所降低。但必须注意，结构所受的地震作用，既有水平向也有竖向，目前的橡胶隔震支座只具有隔离水平地震的功能，对竖向地震没有隔震效果，隔震后结构的竖向地震力可能大于水平地震力，应予以重视并做相应的验算，采取适当的措施。

12.2.2 本条规定了隔震体系的计算模型，且一般要求采用时程分析法进行设计计算。在附录 L 中提供了简化计算方法。

图 12.2.2 是对应于底部剪力法的等效剪切型结构的示意图；其他情况，质点 j 可有多个自由度，隔震装置也有相应的多个自由度。

本次修订，当隔震结构位于发震断裂主断裂带 10km 以内时，要求各个设防类别的房屋均应计及地震近场效应。

12.2.3、12.2.4 规定了隔震层设计的基本要求。

1 关于橡胶隔震支座的压应力和最大拉应力限值。

1) 根据 Haringx 弹性理论，按稳定要求，以压缩荷载下叠层橡胶水平刚度为零的压应力作为屈曲应力 σ_{cr}，该屈曲应力取决于橡胶的硬度、钢板厚度与橡胶厚度的比值、第一形状参数 s_1（有效直径与中央孔洞直径之差 $D-D_0$ 与橡胶层 4 倍厚度 $4t_r$ 之比）和第二形状参数 s_2（有效直径 D 与橡胶层总厚度 nt_r 之比）等。

通常，隔震支座中间钢板厚度是单层橡胶厚度的一半，取比值为 0.5。对硬度为 30～60 共七种橡胶，以及 $s_1=11$、13、15、17、19、20 和 $s_2=3$、4、5、6、7，累计 210 种组合进行了计算。结果表明：满足 $s_1 \geqslant 15$ 和 $s_2 \geqslant 5$ 且橡胶硬度不小于 40 时，最小的屈曲应力值为 34.0MPa。

将橡胶支座在地震下发生剪切变形后上下钢板投影的重叠部分作为有效受压面积，以该有效受压面积得到的平均应力达到最小屈曲应力作为控制橡胶支座稳定的条件，取容许剪切变形为 $0.55D$（D 为支座有效直径），则可得本条规定的丙类建筑的压应力限值

$$\sigma_{max} = 0.45\sigma_{cr} = 15.0\text{MPa}$$

对 $s_2 < 5$ 且橡胶硬度不小于 40 的支座，当 $s_2=4$，$\sigma_{max}=12.0$MPa；当 $s_2=3$，$\sigma_{max}=9.0$MPa。因此规定，当 $s_2<5$ 时，平均压应力限值需予以降低。

2) 规定隔震支座控制拉应力，主要考虑下列三个因素：

①橡胶受拉后内部有损伤，降低了支座的弹性性能；

②隔震支座出现拉应力，意味着上部结构存在倾覆危险；

③规定隔震支座拉应力 $\sigma_t < 1$MPa 理由是：1) 广州大学工程抗震研究中心所做的橡胶垫的抗拉试验中，其极限抗拉强度为（2.0～2.5）MPa；2) 美国 UBC 规范采用的容许抗拉强度为 1.5MPa。

2 关于隔震层水平刚度和等效黏滞阻尼比的计算方法，系根据振动方程的复阻尼理论得到的。其实部为水平刚度，虚部为等效黏滞阻尼比。

本次修订，考虑到随着橡胶隔震支座的制作工艺越来越成熟，隔震支座的直径越来越大，建议在隔震支座选型时尽量选用大直径的支座，对 300mm 直径的支座，由于其直径小，稳定性差，故将其设计承载力由 12MPa 降低到 10MPa。

橡胶支座随着水平剪切变形的增大，其容许竖向承载能力将逐渐减小，为防止隔震支座在大变形的情况下失去承载能力，故要求支座的剪切变形应满足 $\sigma \leqslant \sigma_{cr}(1-\gamma/s_2)$，式中，$\gamma$ 为水平剪切变形，s_2 为支座第二形状系数，σ 为支座竖向面压，σ_{cr} 为支座极限抗压强度。同时支座的竖向压应力不大于 30MPa，水平变形不大于 $0.55D$ 和 300% 的较小值。

隔震支座直径较大时，如直径不小于 600mm，考虑实际工程隔震后的位移和现有试验设备的条件，对于罕遇地震位移验算时的支座设计参数，可取水平剪切变形 100% 的刚度和阻尼。

还需注意，橡胶材料是非线性弹性体，橡胶隔震支座的有效刚度与振动周期有关，动静刚度的差别甚大。因此，为了保证隔震的有效性，最好取相应于隔震体系基本周期的刚度进行计算。本次修订，将 2001 规范隐含加载频率影响的"动刚度"改为"等效刚度"，用语更明确，方便同国家标准《橡胶支座》接轨；之所以去掉有关频率对刚度影响的语句，因相关的产品标准已有明确的规定。

12.2.5 隔震后，隔震层以上结构的水平地震作用可根据水平向减震系数确定。对于多层结构，层间地震剪力代表了水平地震作用取值及其分布，可用来识别结构的水平向减震系数。

考虑到隔震层不能隔离结构的竖向地震作用，隔震结构的竖向地震力可能大于其水平地震力，竖向地震的影响不可忽略，故至少要求 9 度时和 8 度水平向减震系数为 0.30 时应进行竖向地震作用验算。

本次修订，拟对水平向减震系数的概念作某些调整：直接将"隔震结构与非隔震结构最大水平剪力的比值"改称为"水平向减震系数"，采用该概念力图使其意义更明确，以方便设计人员理解和操作（美

国、日本等国也同样采用此方法）。

隔震后上部结构按本规范相关结构的规定进行设计时，地震作用可以降低，降低后的地震影响系数曲线形式参见本规范5.1.5条，仅地震影响系数最大值 α_{max1} 减小。

2001规范确定隔震后水平地震作用时所考虑的安全系数1.4，对于当时隔震支座的性能是合适的。当前，在国家产品标准《橡胶支座　第3部分：建筑隔震橡胶支座》GB 20688.3-2006中，橡胶支座按剪切性能允许偏差分为S-A和S-B两类，其中S-A类的允许偏差为±15%，S-B类的允许偏差为±25%。因此，随着隔震支座产品性能的提高，该系数可适当减少。本次修订，按照《建筑结构可靠度设计统一标准》GB 50068的要求，确定设计用的水平地震作用的降低程度，需根据概率可靠度分析提供一定的概率保证，一般考虑1.645倍变异系数。于是，依据支座剪变刚度与隔震后体系周期及对应地震总剪力的关系，由支座刚度的变异导出地震总剪力的变异，再乘以1.645，则大致得到不同支座的 ψ 值，S-A类为0.85，S-B类为0.80。当设置阻尼器时还需要附加与阻尼器有关的变异系数，ψ 值相应减少，对于S-A类，取0.80，对于S-B类，取0.75。

隔震后的上部结构用软件计算时，直接取 α_{max1} 进行结构计算分析。从宏观的角度，可以将隔震后结构的水平地震作用大致归纳为比非隔震时降低半度、一度和一度半三个档次，如表7所示（对于一般橡胶支座）；而上部结构的抗震构造，只能按降低一度分档，即以 $\beta=0.40$ 分档。

表7　水平向减震系数与隔震后结构水平地震作用所对应烈度的分档

本地区设防烈度（设计基本地震加速度）	水平向减震系数 β		
	$0.53{\geqslant}\beta{\geqslant}0.40$	$0.40{>}\beta{>}0.27$	$\beta{\leqslant}0.27$
9 (0.40g)	8 (0.30g)	8 (0.20g)	7 (0.15g)
8 (0.30g)	8 (0.20g)	7 (0.15g)	7 (0.10g)
8 (0.20g)	7 (0.15g)	7 (0.10g)	7 (0.10g)
7 (0.15g)	7 (0.10g)	7 (0.10g)	6 (0.05g)
7 (0.10g)	7 (0.10g)	6 (0.05g)	6 (0.05g)

本次修订对2001规范的规定，还有下列变化：

1 计算水平减震系数的隔震支座参数，橡胶支座的水平剪切应变由50%改为100%，大致接近设防地震的变形状态，支座的等效刚度比2001规范减少，计算的隔震的效果更明显。

2 多层隔震结构的水平地震作用沿高度矩形分布改为按重力荷载代表值分布。还补充了高层隔震建筑确定水平向减震系数的方法。

3 对8度设防考虑竖向地震的要求有所加严，由"宜"改为"应"。

12.2.7 隔震后上部结构的抗震措施可以适当降低，一般的橡胶支座以水平向减震系数0.40为界划分，并明确降低的要求不得超过一度，对于不同的设防烈度如表8所示：

表8　水平向减震系数与隔震后上部结构抗震措施所对应烈度的分档

本地区设防烈度（设计基本地震加速度）	水平向减震系数	
	$\beta{\geqslant}0.40$	$\beta{<}0.40$
9 (0.40g)	8 (0.30g)	8 (0.20g)
8 (0.30g)	8 (0.20g)	7 (0.15g)
8 (0.20g)	7 (0.15g)	7 (0.10g)
7 (0.15g)	7 (0.10g)	7 (0.10g)
7 (0.10g)	7 (0.10g)	6 (0.05g)

需注意，本规范的抗震措施，一般没有8度（0.30g）和7度（0.15g）的具体规定。因此，当 $\beta{\geqslant}0.40$ 时抗震措施不降低，对于7度（0.15g）设防时，即使 $\beta{<}0.40$，隔震后的抗震措施基本上不降低。

砌体结构隔震后的抗震措施，在附录L中有较为具体的规定。对混凝土结构的具体要求，可直接按降低后的烈度确定，本次修订不再给出具体要求。

考虑到隔震层对竖向地震作用没有隔振效果，隔震层以上结构的抗震构造措施应保留与竖向抗力有关的要求。本次修订，与抵抗竖向地震有关的措施用条注的方式予以明确。

12.2.8 本次修订，删去2001规范关于墙体下隔震支座的间距不宜大于2m的规定，使大直径的隔震支座布置更为合理。

为了保证隔震层能够整体协调工作，隔震层顶部应设置平面内刚度足够大的梁板体系。当采用装配整体式钢筋混凝土楼盖时，为使纵横梁体系能传递竖向荷载并协调横向剪力在每个隔震支座的分配，支座上方的纵横梁体系应为现浇。为增大隔震层顶部梁板的平面内刚度，需加大梁的截面尺寸和配筋。

隔震支座附近的梁、柱受力状态复杂，地震时还会受到冲切，应加密箍筋，必要时配置网状钢筋。

上部结构的底部剪力通过隔震支座传给基础结构。因此，上部结构与隔震支座的连接件、隔震支座与基础的连接件应具有传递上部结构最大底部剪力的能力。

12.2.9 对隔震层以下的结构部分，主要设计要求是：保证隔震设计能在罕遇地震下发挥隔震效果。因此，需进行与设防地震、罕遇地震有关的验算，并适当提高抗液化措施。

本次修订，增加了隔震层位于下部或大底盘顶部时对隔震层以下结构的规定，进一步明确了按隔震后而不是隔震前的受力和变形状态进行抗震承载力和变形验算的要求。

12.3 房屋消能减震设计要点

12.3.1 本规范对消能减震的基本要求是：通过消能器的设置来控制预期的结构变形，从而使主体结构构件在罕遇地震下不发生严重破坏。消能减震设计需解决的主要问题是：消能器和消能部件的选型，消能部件在结构中的分布和数量，消能器附加给结构的阻尼比估算，消能减震体系在罕遇地震下的位移计算，以及消能部件与主体结构的连接构造和其附加的作用等等。

罕遇地震下预期结构位移的控制值，取决于使用要求，本规范第 5.5 节的限值是针对非消能减震结构"大震不倒"的规定。采用消能减震技术后，结构位移的控制可明显小于第 5.5 节的规定。

消能器的类型甚多，按 ATC-33.03 的划分，主要分为位移相关型、速度相关型和其他类型。金属屈服型和摩擦型属于位移相关型，当位移达到预定的启动限才能发挥消能作用，有些摩擦型消能器的性能有时不够稳定。黏滞型和黏弹性型属于速度相关型。消能器的性能主要用恢复力模型表示，应通过试验确定，并需根据结构预期位移控制等因素合理选用。位移要求愈严，附加阻尼愈大，消能部件的要求愈高。

12.3.2 消能部件的布置需经分析确定。设置在结构的两个主轴方向，可使两方向均有附加阻尼和刚度；设置于结构变形较大的部位，可更好发挥消耗地震能量的作用。

本次修订，将 2001 规范规定框架结构的层间弹塑性位移角不应大于 1/80 改为符合预期的变形控制要求，宜比不设置消能器的结构适当减小，设计上较为合理，仍体现消能减震提高结构抗震能力的优势。

12.3.3 消能减震设计计算的基本内容是：预估结构的位移，并与未采用消能减震结构的位移相比，求出所需的附加阻尼，选择消能部件的数量、布置和所能提供的阻尼大小，设计相应的消能部件，然后对消能减震体系进行整体分析，确认其是否满足位移控制要求。

消能减震结构的计算方法，与消能部件的类型、数量、布置及所提供的阻尼大小有关。理论上，大阻尼比的阻尼矩阵不满足振型分解的正交性条件，需直接采用恢复力模型进行非线性静力分析或非线性时程分析计算。从实用的角度，ATC-33 建议适当简化；特别是主体结构基本控制在弹性工作范围内时，可采

用线性计算方法估计。

12.3.4 采用底部剪力法或振型分解反应谱法计算消能减震结构时，需要通过强行解耦，然后计算消能减震结构的自振周期、振型和阻尼比。此时，消能部件附加给结构的阻尼，参照 ATC-33，用消能部件本身在地震下变形所吸收的能量与设置消能器后结构总地震变形能的比值来表征。

消能减震结构的总刚度取为结构刚度和消能部件刚度之和，消能减震结构的阻尼比按下列公式近似估算：

$$\zeta_j = \zeta_{sj} + \zeta_{cj}$$

$$\zeta_{cj} = \frac{T_j}{4\pi M_j} \Phi_j^T C_c \Phi_j$$

式中：ζ_j、ζ_{sj}、ζ_{cj} ——分别为消能减震结构的 j 振型阻尼比、原结构的 j 振型阻尼比和消能器附加的 j 振型阻尼比；

T_j、Φ_j、M_j ——消能减震结构第 j 自振周期、振型和广义质量；

C_c ——消能器产生的结构附加阻尼矩阵。

国内外的一些研究表明，当消能部件较均匀分布且阻尼比不大于 0.20 时，强行解耦与精确解的误差，大多数可控制在 5% 以内。

12.3.5 本次修订，增加了对黏弹性材料总厚度以及极限位移、极限速度的规定。

12.3.6 本次修订，根据实际工程经验，细化了 2001 版的检测要求，试验的循环次数，由 60 圈改为 30 圈。性能的衰减程度，由 10% 降低为 15%。

12.3.7 本次修订，进一步明确消能器与主结构连接部件应在弹性范围内工作。

12.3.8 本条是新增的。当消能减震的地震影响系数不到非消能减震的 50% 时，可降低一度。

附录 L 隔震设计简化计算和砌体结构隔震措施

1 对于剪切型结构，可根据基本周期和规范的地震影响系数曲线估计其隔震和不隔震的水平地震作用。此时，分别考虑结构基本周期不大于特征周期和大于特征周期两种情况，在每一种情况中又以 5 倍特征周期为界加以区分。

1） 不隔震结构的基本周期不大于特征周期 T_g 的情况：

设隔震结构的地震影响系数为 α，不隔震结构的地震影响系数为 α'，则对隔震结构，整个体系的基本周期为 T_1，当不大于 $5T_g$ 时地震影响系数

$$\alpha = \eta_2 (T_g/T_1)^\gamma \alpha_{max} \qquad (8)$$

由于不隔震结构的基本周期小于或等于特征周期，其地震影响系数

$$\alpha' = \alpha_{max} \qquad (9)$$

式中：α_{max}——阻尼比 0.05 的不隔震结构的水平地震影响系数最大值；

η_2、γ——分别为与阻尼比有关的最大值调整系数和曲线下降段衰减指数，见本规范第 5.1 节条文说明。

按照减震系数的定义，若水平向减震系数为 β，则隔震后结构的总水平地震作用为不隔震结构总水平地震作用的 β 倍，即

$$\alpha \leqslant \beta \alpha'$$

于是

$$\beta \geqslant \eta_2 (T_g/T_1)^\gamma$$

根据 2001 规范试设计的结果，简化法的减震系数小于时程法，采用 1.2 的系数可接近时程法，故规定：

$$\beta = 1.2 \eta_2 (T_g/T_1)^\gamma \qquad (10)$$

当隔震后结构基本周期 $T_1 > 5T_g$ 时，地震影响系数为倾斜下降段且要求不小于 $0.2\alpha_{max}$，确定水平向减震系数需专门研究，往往不易实现。例如要使水平向减震系数为 0.25，需有：

$$T_1/T_g = 5 + (\eta_2 0.2^\gamma - 0.175)/(\eta_1 T_g)$$

对Ⅱ类场地 $T_g = 0.35s$，阻尼比 0.05，相应的 T_1 为 4.7s

但此时 $\alpha = 0.175\alpha_{max}$，不满足 $\alpha \geqslant 0.2\alpha_{max}$ 的要求。

　2）结构基本周期大于特征周期的情况：

不隔震结构的基本周期 T_0 大于特征周期 T_g 时，地震影响系数为

$$\alpha' = (T_g/T_0)^{0.9} \alpha_{max} \qquad (11)$$

为使隔震结构的水平向减震系数达到 β，同样考虑 1.2 的调整系数，需有

$$\beta = 1.2 \eta_2 (T_g/T_1)^\gamma (T_0/T_g)^{0.9} \qquad (12)$$

当隔震后结构基本周期 $T_1 > 5T_g$ 时，也需专门研究。

注意，若在 $T_0 \leqslant T_g$ 时，取 $T_0 = T_g$，则式（12）可转化为式（10），意味着也适用于结构基本周期不大于特征周期的情况。

多层砌体结构的自振周期较短，对多层砌体结构及与其基本周期相当的结构，本规范按不隔震时基本周期不大于 0.4s 考虑。于是，在上述公式中引入"不隔震结构的计算周期 T_0"表示不隔震的基本周期，并规定多层砌体取 0.4s 和特征周期二者的较大值，其他结构取计算基本周期和特征周期的较大值，即得到规范条文中的公式：砌体结构用式（L.1.1-1）表达；与砌体周期相当的结构用式（L.1.1-2）表达。

　2 本条提出的隔震层扭转影响系数是简化计算

（图 27）。在隔震层顶板为刚性的假定下，由几何关系，第 i 支座的水平位移可写为：

$$u_i = \sqrt{(u_c + u_{ti}\sin\alpha_i)^2 + (u_{ti}\cos\alpha_i)^2}$$
$$= \sqrt{u_c^2 + 2u_c u_{ti}\sin\alpha_i + u_{ti}^2}$$

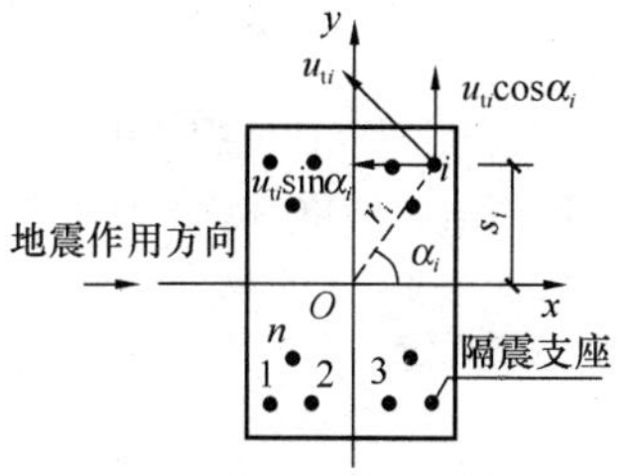

图 27　隔震层扭转计算简图

略去高阶量，可得：

$$u_i = \eta_i u_c$$
$$\eta_i = 1 + (u_{ti}/u_c)\sin\alpha_i$$

另一方面，在水平地震下 i 支座的附加位移可根据楼层的扭转角与支座至隔震层刚度中心的距离得到

$$\frac{u_{ti}}{u_c} = \frac{k_h}{\sum k_j r_j^2} r_i e$$

$$\eta_i = 1 + \frac{k_h}{\sum k_j r_j^2} r_i e \sin\alpha_i$$

如果将隔震层平移刚度和扭转刚度用隔震层平面的几何尺寸表述，并设隔震层平面为矩形且隔震支座均匀布置，可得

$$k_h \propto ab$$
$$\sum k_j r_j^2 \propto ab(a^2 + b^2)/12$$

于是

$$\eta_i = 1 + 12es_i/(a^2 + b^2)$$

对于同时考虑双向水平地震作用的扭转影响的情况，由于隔震层在两个水平方向的刚度和阻尼特性相同，若两方向隔震层顶部的水平力近似认为相等，均取为 F_{Ek}，可有地震扭矩

$$M_{tx} = F_{EK} e_y, \quad M_{ty} = F_{EK} e_x$$

同时作用的地震扭矩取下列二者的较大：

$$M_t = \sqrt{M_{tx}^2 + (0.85M_{ty})^2} \text{ 和 } M_t = \sqrt{M_{ty}^2 + (0.85M_{tx})^2}$$

记为

$$M_{tx} = F_{EK} e$$

其中，偏心距 e 为下列二式的较大值：

$$e = \sqrt{e_x^2 + (0.85e_y)^2} \text{ 和 } e = \sqrt{e_y^2 + (0.85e_x)^2}$$

考虑到施工的误差，地震剪力的偏心距 e 宜计入偶然偏心距的影响，与本规范第 5.2 节的规定相同，隔震层也采用限制扭转影响系数最小值的方法处理。由于

隔震结构设计有助于减轻结构扭转反应，建议偶然偏心距可根据隔震层的情况取值，不一定取垂直于地震作用方向边长的5%。

3 对于砌体结构，其竖向抗震验算可简化为墙体抗震承载力验算时在墙体的平均正应力 σ_0 计入竖向地震应力的不利影响。

4 考虑到隔震层对竖向地震作用没有隔震效果，上部砌体结构的构造应保留与竖向抗力有关的要求。对砌体结构的局部尺寸、圈梁配筋和构造柱、芯柱的最大间距作了原则规定。

13 非结构构件

13.1 一般规定

13.1.1 非结构的抗震设计所涉及的设计领域较多，本章主要涉及与主体结构设计有关的内容，即非结构构件与主体结构的连接件及其锚固的设计。

非结构构件（如墙板、幕墙、广告牌、机电设备等）自身的抗震，系以其不受损坏为前提的，本章不直接涉及这方面的内容。

本章所列的建筑附属设备，不包括工业建筑中的生产设备和相关设施。

13.1.2 非结构构件的抗震设防目标列于本规范第3.7节。与主体结构三水准设防目标相协调，容许建筑非结构构件的损坏程度略大于主体结构，但不得危及生命。

建筑非结构构件和建筑附属机电设备支架的抗震设防分类，各国的抗震规范、标准有不同的规定，本规范大致分为高、中、低三个层次：

高要求时，外观可能损坏而不影响使用功能和防火能力，安全玻璃可能裂缝，可经受相连结构构件出现1.4倍以上设计挠度的变形，即功能系数取≥1.4；

中等要求时，使用功能基本正常或可很快恢复，耐火时间减少1/4，强化玻璃破碎，其他玻璃无下落，可经受相连结构构件出现设计挠度的变形，功能系数取1.0；

一般要求时，多数构件基本处于原位，但系统可能损坏，需修理才能恢复功能，耐火时间明显降低，容许玻璃破碎下落，只能经受相连结构构件出现0.6倍设计挠度的变形，功能系数取0.6。

世界各国的抗震规范、规定中，要求对非结构的地震作用进行计算的有60%，而仅有28%对非结构的构造作出规定。考虑到我国设计人员的习惯，首先要求采取抗震措施，对于抗震计算的范围由相关标准规定，一般情况下，除了本规范第5章有明确规定的非结构构件，如出屋面女儿墙、长悬臂构件（雨篷等）外，尽量减少非结构构件地震作用计算和构件抗震验算的范围。例如，需要进行抗震验算的非结构构件大致如下：

1 7～9度时，基本上为脆性材料制作的幕墙及各类幕墙的连接；

2 8、9度时，悬挂重物的支座及其连接、出屋面广告牌和类似构件的锚固；

3 附着于高层建筑的重型商标、标志、信号等的支架；

4 8、9度时，乙类建筑的文物陈列柜的支座及其连接；

5 7～9度时，电梯提升设备的锚固件、高层建筑的电梯构件及其锚固；

6 7～9度时，建筑附属设备自重超过1.8kN或其体系自振周期大于0.1s的设备支架、基座及其锚固。

13.1.3 很多情况下，同一部位有多个非结构构件，如出入口通道可包括非承重墙体、悬吊顶棚、应急照明和出入信号四个非结构构件；电气转换开关可能安装在非承重隔墙上等。当抗震设防要求不同的非结构构件连接在一起时，要求低的构件也需按较高的要求设计，以确保较高设防要求的构件能满足规定。

13.2 基本计算要求

13.2.1 本条明确了结构专业所需考虑的非结构构件的影响，包括如何在结构设计中计入相关的重力、刚度、承载力和必要的相互作用。结构构件设计时仅计入支承非结构部位的集中作用并验算连接件的锚固。

13.2.2 非结构构件的地震作用，除了自身质量产生的惯性力外，还有支座间相对位移产生的附加作用；二者需同时组合计算。

非结构构件的地震作用，除了本规范第5章规定的长悬臂构件外，只考虑水平方向。其基本的计算方法是对应于"地面反应谱"的"楼面谱"，即反映支承非结构构件的主体结构体系自身动力特性、非结构构件所在楼层位置和支点数量、结构和非结构阻尼特性对地面地震运动的放大作用；当非结构构件的质量较大时或非结构体系的自振特性与主结构体系的某一振型的振动特性相近时，非结构体系还将与主结构系的地震反应产生相互影响。一般情况下，可采用简化方法，即等效侧力法计算；同时计入支座间相对位移产生的附加内力。对刚性连接于楼盖上的设备，当与楼层并为一个质点参与整个结构的计算分析时，也不必另外用楼面谱进行其地震作用计算。

要求进行楼面谱计算的非结构构件，主要是建筑附属设备，如巨大的高位水箱、出屋面的大型塔架等。采用第二代楼面谱计算可反映非结构构件对所在建筑结构的反作用，不仅导致结构本身地震反应的变化，固定在其上的非结构的地震反应也明显不同。

计算楼面谱的基本方法是随机振动法和时程分析法，当非结构构件的材料与结构体系相同时，可直接利用一般的时程分析软件得到；当非结构构件的质量较大，或材料阻尼特性明显不同，或在不同楼层上有支点，需采用第二代楼面谱的方法进行验算。此时，可考虑非结构与主体结构的相互作用，包括"吸振效应"，计算结果更加可靠。采用时程分析法和随机振动法计算楼面谱需有专门的计算软件。

13.2.3 非结构构件的抗震计算，最早见于 ACT-3，采用了静力法。

等效侧力法在第一代楼面谱（以建筑的楼面运动作为地震输入，将非结构构件作为单自由度系统，将其最大反应的均值作为楼面谱，不考虑非结构构件对楼层的反作用）基础上做了简化。各国抗震规范的非结构构件的等效侧力法，一般由设计加速度、功能（或重要）系数、构件类别系数、位置系数、动力放大系数和构件重力六个因素所决定。

设计加速度一般取相当于设防烈度的地面运动加速度；与本规范各章协调，这里仍取多遇地震对应的加速度。

部分非结构构件的功能系数和类别系数参见本规范附录 M 第 M.2 节。

位置系数，一般沿高度为线性分布，顶点的取值，UBC97 为 4.0，欧洲规范为 2.0，日本取 3.3。根据强震观测记录的分析，对多层和一般的高层建筑，顶部的加速度约为底层的二倍；当结构有明显的扭转效应或高宽比较大时，房屋顶部和底部的加速度比例大于 2.0。因此，凡采用时程分析法补充计算的建筑结构，此比值应依据时程分析法相应调整。

状态系数，取决于非结构体系的自振周期，UBC97 在不同场地条件下，以周期 1s 时的动力放大系数为基础再乘以 2.5 和 1.0 两档，欧洲规范要求计算非结构体系的自振周期 T_a，取值为 $3/[1 + (1 - T_a/T_1)^2]$，日本取 1.0、1.5 和 2.0 三档。本规范不要求计算体系的周期，简化为两种极端情况，1.0 适用于非结构的体系自振周期不大于 0.06s 等体系刚度较大的情况，其余按 T_a 接近于 T_1 的情况取值。当计算非结构体系的自振周期时，则可按 $2/[1 + (1 - T_a/T_1)^2]$ 采用。

由此得到的地震作用系数（取位置、状态和构件类别三个系数的乘积）的取值范围，与主体结构体系相比，UBC97 按场地不同为 (0.7～4.0) 倍[若以硬土条件下结构周期 1.0s 为 1.0，则为 (0.5～5.6) 倍]，欧洲规范为 0.75～6.0 倍[若以硬土条件下结构周期 1.0s 为 1.0，则为 (1.2～10) 倍]。我国一般为 (0.6～4.8) 倍[若以 $T_g = 0.4s$，结构周期 1.0s 为 1.0，则为 (1.3～11) 倍]。

13.2.4 非结构构件支座间相对位移的取值，凡需验算层间位移者，除有关标准的规定外，一般按本规范规定的位移限值采用。

对建筑非结构构件，其变形能力相差较大。砌体材料构成的非结构构件，由于变形能力较差而限制在要求高的场所使用，国外的规范也只有构造要求而不要求进行抗震计算；金属幕墙和高级装修材料具有较大的变形能力，国外通常由生产厂家按主体结构设计的变形要求提供相应的材料，而不是由材料决定结构的变形要求；对玻璃幕墙，《建筑幕墙》标准中已规定其平面内变形分为五个等级，最大 1/100，最小 1/400。

对设备支架，支座间相对位移的取值与使用要求有直接联系。例如，要求在设防烈度地震下保持使用功能（如管道不破碎等），取设防烈度下的变形，即功能系数可取 2～3，相应的变形限值取多遇地震的 (3～4) 倍；要求在罕遇地震下不造成次生灾害，则取罕遇地震下的变形限值。

13.2.5 本条规定非结构构件地震作用效应组合和承载力验算的原则。强调不得将摩擦力作为抗震设计的抗力。

13.3 建筑非结构构件的基本抗震措施

89 规范各章中有关建筑非结构构件的构造要求如下：

1 砌体房屋中，后砌隔墙、楼梯间砖砌栏板的规定；

2 多层钢筋混凝土房屋中，围护墙和隔墙材料、砖填充墙布置和连接的规定；

3 单层钢筋混凝土柱厂房中，天窗端壁板、围护墙、高低跨封墙和纵横跨悬墙的材料和布置的规定，砌体隔墙和围护墙、墙梁、大型墙板等与排架柱、抗风柱的连接构造要求；

4 单层砖柱厂房中，隔墙的选型和连接构造规定；

5 单层钢结构厂房中，围护墙选型和连接要求。

2001 规范将上述规定加以合并整理，形成建筑非结构构件材料、选型、布置和锚固的基本抗震要求。还补充了吊车走道板、天沟板、端屋架与山墙间的填充小屋面板，天窗端壁板和天窗侧板下的填充砌体等非结构构件与支承结构可靠连接的规定。

玻璃幕墙已有专门的规程，预制墙板、顶棚及女儿墙、雨篷等附属构件的规定，也由专门的非结构抗震设计规程加以规定。

本次修订的主要内容如下：

13.3.3 将砌体房屋中关于烟道、垃圾道的规定移入本节。

13.3.4 增加了框架楼梯间等处填充墙设置钢丝网面层加强的要求。

13.3.5 进一步明确厂房围护墙的设置应注意下列问题：

1 唐山地震震害经验表明：嵌砌墙的墙体破坏较外贴墙轻得多，但对厂房的整体抗震性能极为不利，在多跨厂房和外纵墙不对称布置的厂房中，由于各柱列的纵向侧移刚度差别悬殊，导致厂房纵向破坏、倒塌的震例不少，即使两侧均为嵌砌墙的单跨厂房，也会由于纵向侧移刚度的增加而加大厂房的纵向地震作用效应，特别是柱顶地震作用的集中对柱顶节点的抗震很不利，容易造成柱顶节点破坏，危及屋盖的安全，同时由于门窗洞口处刚度的削弱和突变，还会导致门窗洞口处柱子的破坏，因此，单跨厂房也不宜在两侧采用嵌砌墙。

2 砖砌体的高低跨封墙和纵横向厂房交接处的悬墙，由于质量大、位置高，在水平地震作用特别是高振型影响下，外甩力大，容易发生外倾、倒塌，造成高砸低的震害，不仅砸坏低屋盖，还可能破坏低跨设备或伤人，危害严重，唐山地震中，这种震害的发生率很高，因此，宜采用轻质墙板，当必须采用砖砌体时，应加强与主体结构的锚拉。

3 高低跨封墙直接砌在低跨屋面板上时，由于高振型和上、下变形不协调的影响，容易发生倒塌破坏，并砸坏低跨屋盖，邢台地震 7 度区就有这种震例。

4 砌体女儿墙的震害较普遍，故规定需设置时，应控制其高度，并采取防地震时倾倒的构造措施。

5 不同墙体材料的质量、刚度不同，对主体结构的地震影响不同，对抗震不利，故不宜采用。必要时，宜采用相应的措施。

13.3.6 本条文字表达略有修改。轻型板材是指彩色涂层压型钢板、硬质金属面夹芯板，以及铝合金板等轻型板材。

降低厂房屋盖和围护结构的重量，对抗震十分有利。震害调查表明，轻型墙板的抗震效果很好。大型墙板围护厂房的抗震性能明显优于砌体围护墙厂房。大型墙板与厂房柱刚性连接，对厂房的抗震不利，并对厂房的纵向温度变形、厂房柱不均匀沉降以及各种振动也都不利。因此，大型墙板与厂房柱间应优先采用柔性连接。

嵌砌砌体墙对厂房的纵向抗震不利，故一般不应采用。

13.4 建筑附属机电设备支架的基本抗震措施

本规范仅规定对附属机电设备支架的基本要求。并参照美国 UBC 规范的规定，给出了可不作抗震设防要求的一些小型设备和小直径的管道。

建筑附属机电设备的种类繁多，参照美国 UBC97 规范，要求自重超过 1.8kN（400 磅）或自振周期大于 0.1s 时，要进行抗震计算。计算自振周期时，一般采用单质点模型。对于支承条件复杂的机电设备，其计算模型应符合相关设备标准的要求。

附录 M 实现抗震性能设计目标的参考方法

M.1 结构构件抗震性能设计方法

M.1.1 本条依据震害，尽可能将结构构件在地震中的破坏程度，用构件的承载力和变形的状态做适当的定量描述，以作为性能设计的参考指标。

关于中等破坏时构件变形的参考值，大致取规范弹性限值和弹塑性限值的平均值；构件接近极限承载力时，其变形比中等破坏小些；轻微损坏，构件处于开裂状态，大致取中等破坏的一半。不严重破坏，大致取规范不倒塌的弹塑性变形限值的 90%。

不同性能要求的位移及其延性要求，参见图 28。从中可见，对于非隔震、减震结构，性能 1，在罕遇地震时层间位移可按线性弹性计算，约为 $[\Delta u_e]$，震后基本不存在残余变形；性能 2，震时位移小于 2 $[\Delta u_e]$，震后残余变形小于 0.5$[\Delta u_e]$；性能 3，考虑阻尼有所增加，震时位移约为 $(4\sim5)[\Delta u_e]$，按退化刚度估计震后残余变形约 $[\Delta u_e]$；性能 4，考虑等效阻尼加大和刚度退化，震时位约为 $(7\sim8)[\Delta u_e]$，震后残余变形约 $2[\Delta u_e]$。

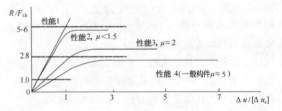

图 28 不同性能要求的位移和延性需求示意图

从抗震能力的等能量原理，当承载力提高一倍时，延性要求减少一半，故构造所对应的抗震等级大致可按降低一度的规定采用。延性的细部构造，对混凝土构件主要指箍筋、边缘构件和轴压比等构造，不包括影响正截面承载力的纵向受力钢筋的构造要求；对钢结构构件主要指长细比、板件宽厚比、加劲肋等构造。

M.1.2 本条列出了实现不同性能要求的构件承载力验算表达式，中震和大震均不考虑地震效应与风荷载效应的组合。

设计值复核，需计入作用分项系数、抗力的材料分项系数、承载力抗震调整系数，但计入和不计入不同抗震等级的内力调整系数时，其安全性的高低略有区别。

标准值和极限值复核，不计入作用分项系数、承载力抗震调整系数和内力调整系数，但材料强度分别取标准值和最小极限值。其中，钢材强度的最小极限值 f_u 按《高层民用建筑钢结构技术规程》JGJ 99 采用，约为钢材屈服强度的（1.35~1.5）倍；钢筋最小极限强度参照本规范第3.9.2条，取钢筋屈服强度 f_y 的1.25倍；混凝土最小极限强度参照《混凝土结构设计规范》GB 50011－2002第4.1.3条的说明，考虑实际结构混凝土强度与试件混凝土强度的差异，取立方强度的0.88倍。

M.1.3 本条给出竖向构件弹塑性变形验算的注意事项。

对于不同的破坏状态，弹塑性分析的地震作用和变形计算的方法也不同，需分别处理。

地震作用下构件弹塑性变形计算时，必须依据其实际的承载力——取材料强度标准值、实际截面尺寸（含钢筋截面）、轴向力等计算，考虑地震强度的不确定性、构件材料动静强度的差异等等因素的影响，从工程的角度，构件弹塑性参数可仍按杆件模型适当简化，参照 IBC 的规定，建议混凝土构件的初始刚度取短期或长期刚度，至少按 $0.85E_cI$ 简化计算。

结构的竖向构件在不同破坏状态下层间位移角的参考控制目标，若依据试验结果并扣除整体转动影响，墙体的控制值要远小于框架柱。从工程应用的角度，参照常规设计时各楼层最大层间位移角的限值，若干结构类型按本条正文规定得到的变形最大的楼层中竖向构件最大位移角限值，如表9所示。

表9 结构竖向构件对应于不同破坏状态的最大层间位移角参考控制目标

结构类型	完 好	轻微损坏	中等破坏	不严重破坏
钢筋混凝土框架	1/550	1/250	1/120	1/60
钢筋混凝土抗震墙、筒中筒	1/1000	1/500	1/250	1/135
钢筋混凝土框架-抗震墙、板柱-抗震墙、框架-核心筒	1/800	1/400	1/200	1/110
钢筋混凝土框架支层	1/1000	1/500	1/250	1/135
钢结构	1/300	1/200	1/100	1/55
钢框架-钢筋混凝土内筒、型钢混凝土框架-钢筋混凝土内筒	1/800	1/400	1/200	1/110

M.2 建筑构件和建筑附属设备支座抗震性能设计方法

各类建筑构件在强烈地震下的性能，一般允许其损坏大于结构构件，在大震下损坏不对生命造成危害。固定于结构的各类机电设备，则需考虑使用功能保持的程度，如检修后照常使用、一般性修理后恢复使用、更换部分构件的大修后恢复使用等。

本附录的表M.2.2和表M.2.3来自2001规范第13.2.3条的条文说明，主要参考国外的相关规定。

关于功能系数，UBC97分1.5和1.0两档，欧洲规范分1.5、1.4、1.2、1.0和0.8五档，日本取1.0、2/3、1/2三档。本附录按设防类别和使用要求确定，一般分为三档，取≥1.4、1.0和0.6。

关于构件类别系数，美国早期的ATC-3分0.6、0.9、1.5、2.0、3.0五档，UBC97称反应修正系数，无延性材料或采用胶粘剂的锚固为1.0，其余分为2/3、1/3、1/4三档，欧洲规范分1.0和1/2两档。本附录分0.6、0.9、1.0和1.2四档。

M.3 建筑构件和建筑附属设备抗震计算的楼面谱方法

非结构抗震设计的楼面谱，即从具体的结构及非结构所在的楼层在地震下的运动（如实际加速度记录或模拟加速度时程）得到具体的加速度谱，体现非结构动力特性对所处环境（场地条件、结构特性、非结构位置等）地震反应的再次放大效果。对不同的结构或同一结构的不同楼层，其楼面谱均不相同，在与结构体系主要振动周期相近的若干周期段，均有明显的放大效果。下面给出北京长富宫的楼面谱，可以看到上述特点。

北京长富宫为地上25层的钢结构，前六个自振周期为3.45s、1.15s、0.66s、0.48s、0.46s、0.35s。采用随机振动法计算的顶层楼面反应谱如图29所示，说明非结构的支承条件不同时，与主体结构的某个振型发生共振的机会是较多的。

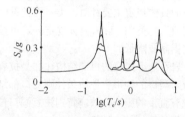

图29 长富宫顶层的楼面反应谱

14 地 下 建 筑

14.1 一 般 规 定

14.1.1 本章是新增加的，主要规定地下建筑不同于地面建筑的抗震设计要求。

地下建筑种类较多，有的抗震能力强，有的使用要求高，有的服务于人流、车流，有的服务于物资储藏，抗震设防应有不同的要求。本章的适用范围为单建式地下建筑，且不包括地下铁道和城市公路隧道，因为地下铁道和城市公路隧道等属于交通运输类工程。

高层建筑的地下室（包括设置防震缝与主楼对应范围分开的地下室）属于附建式地下建筑，其性能要求通常与地面建筑一致，可按本规范有关章节所提出的要求设计。

随着城市建设的快速发展，单建式地下建筑的规模正在增大，类型正在增多，其抗震能力和抗震设防要求也有差异，需要在工程设计中进一步研究，逐步解决。

14.1.2 建设场地的地形、地质条件对地下建筑结构的抗震性能均有直接或间接的影响。选择在密实、均匀、稳定的地基上建造，有利于结构在经受地震作用时保持稳定。

14.1.3、14.1.4 对称、规则并具有良好的整体性，及结构的侧向刚度宜自下而上逐渐减小等是抗震结构建筑布置的常见要求。地下建筑与地面建筑的区别是，地下建筑结构尤应力求体型简单，纵向、横向外形平顺，剖面形状、构件组成和尺寸不沿纵向经常变化，使其抗震能力提高。

关于钢筋混凝土结构的地下建筑的抗震等级，其要求略高于高层建筑的地下室，这是由于：

① 高层建筑地下室，在楼房倒塌后一般即弃之不用，单建式地下建筑则在附近房屋倒塌后仍常有继续服役的必要，其使用功能的重要性常高于高层建筑地下室；

② 地下结构一般不宜带缝工作，尤其是在地下水位较高的场合，其整体性要求高于地面建筑；

③ 地下空间通常是不可再生的资源，损坏后一般不能推倒重来，需原地修复，而难度较大。

本条的具体规定主要针对乙类、丙类设防的地下建筑，其他设防类别，除有具体规定外，可按本规范相关规定提高或降低。

14.1.5 岩石地下建筑的口部结构往往是抗震能力薄弱的部位，洞口的地形、地质条件则对口部结构的抗震稳定性有直接的影响，故应特别注意洞口位置和口部结构类型的选择的合理性。

14.2 计 算 要 点

14.2.1 本条根据当前的工程经验，确定抗震设计中可不进行计算分析的地下建筑的范围。

设防烈度为 7 度时 I、II 类场地中的丙类建筑可不计算，主要是参考唐山地震中天津市人防工程震害调查的资料。

设防烈度为 8 度（0.20g）I、II 类场地中层数不多于 2 层、体型简单、跨度不大、构件连结整体性好的丙类建筑，其结构刚度相对较大，抗震能力相对较强，具有设计经验时也可不进行地震作用计算。

14.2.2 本条规定地下建筑抗震计算的模型和相应的计算方法。

1 地下建筑结构抗震计算模型的最大特点是，除了结构自身受力、传力途径的模拟外，还需要正确模拟周围土层的影响。

长条形地下结构按横截面的平面应变问题进行抗震计算的方法，一般适用于离端部或接头的距离达1.5 倍结构跨度以上的地下建筑结构。端部和接头部位等的结构受力变形情况较复杂，进行抗震计算时原则上应按空间结构模型进行分析。

结构形式、土层和荷载分布的规则性对结构的地震反应都有影响，差异较大时地下结构的地震反应也将有明显的空间效应。此时，即使是外形相仿的长条形结构，也宜按空间结构模型进行抗震计算和分析。

2 对地下建筑结构，反应位移法、等效水平地震加速度法或等效侧力法，作为简便方法，仅适用于平面应变问题的地震反应分析；其余情况，需要采用具有普遍适用性的时程分析法。

3 反应位移法。采用反应位移法计算时，将土层动力反应位移的最大值作为强制位移施加于结构上，然后按静力原理计算内力。土层动力反应位移的最大值可通过输入地震波的动力有限元计算确定。

以长条形地下结构为例，其横截面的等效侧向荷载为由两侧土层变形形成的侧向力 $p(z)$、结构自重产生的惯性力及结构与周围土层间的剪切力 τ 三者的总和（图 30）。地下结构本身的惯性力，可取结构的质量乘以最大加速度，并施加在结构重心上。$p(z)$ 和 τ

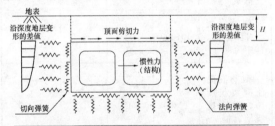

图 30 反应位移法的等效荷载

可按下列公式计算：

$$\tau = \frac{G}{\pi H} S_v T_s \tag{13}$$

$$p(z) = k_h [u(z) - u(z_b)] \tag{14}$$

式中，τ 为地下结构顶板上表面与土层接触处的剪切力；G 为土层的动剪变模量，可采用结构周围地层中应变水平为 10^{-4} 量级的地层的剪切刚度，其值约为初始值的 $70\% \sim 80\%$；H 为顶板以上土层的厚度，S_v 为基底上的速度反应谱，可由地面加速度反应谱得到；T_s 为顶板以上土层的固有周期；$p(z)$ 为土层变形形成的侧向力，$u(z)$ 为距地表深度 z 处的地震土层变形；z_b 为地下结构底面距地表面的深度；k_h 为地震时单位面积的水平向土层弹簧系数，可采用不包含地下结构的土层有限元网格，在地下结构处施加单位水平力然后求出对应的水平变形得到。

4 等效水平地震加速度法。此法将地下结构的地震反应简化为沿竖直向线性分布的等效水平地震加速度的作用效应，计算采用的数值方法常为有限元法；等效侧力法将地下结构的地震反应简化为作用在节点上的等效水平地震惯性力的作用效应，从而可采用结构力学方法计算结构的动内力。两种方法都较简单，尤其是等效侧力法。但二者需分别得出等效水平地震加速度荷载系数和等效侧力系数等的取值，普遍适用性较差。

5 时程分析法。根据软土地区的研究成果，平面应变问题时程分析法网格划分时，侧向边界宜取至离相邻结构边墙至少 3 倍结构宽度处，底部边界取至基岩表面，或经时程分析试算结果趋于稳定的深度处，上部边界取至地表。计算的边界条件，侧向边界可采用自由场边界，底部边界离结构底面较远时可取为可输入地震加速度时程的固定边界，地表为自由变形边界。

采用空间结构模型计算时，在横截面上的计算范围和边界条件可与平面应变问题的计算相同，纵向边界可取为离结构端部距离为 2 倍结构横断面面积当量宽度处的横剖面，边界条件均宜为自由场边界。

14.2.3 本条规定地下结构抗震计算的主要设计参数：

1 地下结构的地震作用方向与地面建筑的区别。首先是对于长条形地下结构，作用方向与其纵轴方向斜交的水平地震作用，可分解为横断面上和沿纵轴方向作用的水平地震作用，二者强度均将降低，一般不可能单独起控制作用。因而对其按平面应变问题分析时，一般可仅考虑沿结构横向的水平地震作用；对地下空间综合体等体型复杂的地下建筑结构，宜同时计算结构横向和纵向的水平地震作用。其次是对竖向地震作用的要求，体型复杂的地下空间结构或地基地质条件复杂的长条形地下结构，都易产生不均匀沉降并导致结构裂损，因而即使设防烈度为 7 度，必要时也需考虑竖向地震作用效应的综合作用。

2 地面以下地震作用的大小。地面下设计基本地震加速度值随深度逐渐减小是公认的，但取值各国有不同的规定；一般在基岩面取地表的 1/2，基岩至地表按深度线性内插。我国《水工建筑物抗震设计规范》DL 5073 第 9.1.2 条规定地表为基岩面时，基岩面下 50m 及其以下部位的设计地震加速度代表值可取为地表规定值的 1/2，不足 50m 处可按深度由线性插值确定。对于进行地震安全性评价的场地，则可根据具体情况按一维或多维的模型进行分析后确定其减小的规律。

3 地下结构的重力荷载代表值。地下建筑结构静力设计时，水、土压力是主要荷载，故在确定地下建筑结构的重力荷载的代表值时，应包含水、土压力的标准值。

4 土层的计算参数。软土的动力特性采用 Davidenkov 模型表述时，动剪变模量 G、阻尼比 λ 与动剪应变 γ_d 之间满足关系式：

$$\frac{G}{G_{max}} = 1 - \left[\frac{(\gamma_d/\gamma_0)^{2B}}{1+(\gamma_d/\gamma_0)^{2B}}\right]^A \tag{15}$$

$$\frac{\lambda}{\lambda_{max}} = \left[1 - \frac{G}{G_{max}}\right]^\beta \tag{16}$$

式中，G_{max} 为最大动剪变模量，γ_0 为参考应变，λ_{max} 为最大阻尼比，A、B、β 为拟合参数。

以上参数可由土的动力特性试验确定，缺乏资料时也可按下列经验公式估算。

$$G_{max} = \rho c_s^2 \tag{17}$$

$$\lambda_{max} = \alpha_2 - \alpha_3 (\sigma_v')^{\frac{1}{2}} \tag{18}$$

$$\sigma_v' = \sum_{i=1}^{n} \gamma_i' h_i \tag{19}$$

式中，ρ 为质量密度，c_s 为剪切波速，σ_v' 为有效上覆压力，γ_i' 为第 i 层土的有效重度，h_i 为第 i 层土的厚度，α_2、α_3 为经验常数，可由当地试验数据拟合分析确定。

14.2.4 地下建筑不同于地面建筑的抗震验算内容如下：

1 一般应进行多遇地震下承载力和变形的验算。

2 考虑地下建筑修复的难度较大，将罕遇地震作用下混凝土结构弹塑性层间位移角的限值取为 $[\theta_p] = 1/250$。由于多遇地震作用下按结构弹性状态计算得到的结果可能不满足罕遇地震作用下的弹塑性变形要求，建议进行设防地震下构件承载力和结构变形验算，使其在设防地震下可安全使用，在罕遇地震下能满足抗震变形验算的要求。

3 在有可能液化的地基中建造地下建筑结构时，应注意检验其抗浮稳定性，并在必要时采取措施加固地基，以防地震时结构周围的场地液化。鉴于经采取措施加固后地基的动力特性将有变化，本条要求根据实测标准贯入锤击数与临界锤击数的比值确定液化折减系数，并进而计算地下连续墙和抗拔桩等的摩阻力。

14.3 抗震构造措施和抗液化措施

14.3.1 地下钢筋混凝土框架结构构件的尺寸常大于同类地面结构的构件，但因使用功能不同的框架结构要求不一致，因而本条仅提构件最小尺寸应至少符合同类地面建筑结构构件的规定，而未对其规定具体尺寸。

地下钢筋混凝土结构按抗震等级提出的构造要求，第 3 款为根据"强柱弱梁"的设计概念适当加强框架柱的措施。

此次局部修订进行文字调整，以明确最小总配筋率取值规定。

14.3.2 本条规定比地上板柱结构有所加强，旨在便于协调安全受力和方便施工的需要。为加快施工进度，减少基坑暴露时间，地下建筑结构的底板、顶板和楼板常采用无梁肋结构，由此使底板、顶板和楼板等的受力体系不再是板梁体系，故在必要时宜通过在柱上板带中设置暗梁对其加强。

为加强楼盖结构的整体性，第2款提出加强周边墙体与楼板的连接构造的措施。

水平地震作用下，地下建筑侧墙、顶板和楼板开孔都将影响结构体系的抗震承载能力，故有必要适当限制开孔面积，并辅以必要的措施加强孔口周围的构件。

此次局部修订进行文字调整，明确暗梁的设置范围。

14.3.3 根据单建式地下建筑结构的特点，提出遇到液化地基时可采用的处理技术和要求。

对周围土体和地基中存在的液化土层，注浆加固和换土等技术措施可有效地消除或减轻液化危害。

对液化土层未采取措施时，应考虑其上浮的可能性，验算方法及要求见本章第14.2节，必要时应采取抗浮措施。

地基中包含薄的液化土夹层时，以加强地下结构而不是加固地基为好。当基坑开挖中采用深度大于20m的地下连续墙作为围护结构时，坑内土体将因受到地下连续墙的挟持包围而形成较好的场地条件，地震时一般不可能液化。这两种情况，周围土体都存在液化土，在承载力及抗浮稳定性验算中，仍应计入周围土层液化引起的土压力增加和摩阻力降低等因素的影响。

14.3.4 当地下建筑不可避免地必须通过滑坡和地质条件剧烈变化的地段时，本条给出了减轻地下建筑结构地震作用效应的构造措施。

14.3.5 汶川地震中公路隧道的震害调查表明，当断层破碎带的复合式支护采用素混凝土内衬时，地震下内衬结构严重裂损并大量坍塌，而采用钢筋混凝土内衬结构的隧道口部地段，复合式支护的内衬结构仅出现裂缝。因此，要求在断层破碎带中采用钢筋混凝土内衬结构。

中华人民共和国国家标准

建筑工程抗震设防分类标准

Standard for classification of seismic
protection of building constructions

GB 50223—2008

主编部门：中华人民共和国住房和城乡建设部
批准部门：中华人民共和国住房和城乡建设部
施行日期：２００８年７月３０日

中华人民共和国住房和城乡建设部
公　告

第 70 号

关于发布国家标准
《建筑工程抗震设防分类标准》的公告

现批准《建筑工程抗震设防分类标准》为国家标准，编号为 GB 50223－2008，自发布之日起实施。其中，第 1.0.3、3.0.2、3.0.3 条为强制性条文，必须严格执行。原《建筑工程抗震设防分类标准》GB 50223－2004同时废止。

本标准由我部标准定额研究所组织中国建筑工业出版社出版发行。

中华人民共和国住房和城乡建设部
2008 年 7 月 30 日

前　　言

本标准系根据住房和城乡建设部建标〔2008〕65号文的要求，由中国建筑科学研究院会同有关的设计、研究和教学单位对《建筑工程抗震设防分类标准》GB 50223－2004进行修订而成。

修订过程中，初步调查总结了汶川大地震的经验教训：我国在 1976 年唐山地震后，建设部做出建筑从 6 度开始抗震设防和按高于设防烈度一度的"大震"不倒塌的设防目标进行抗震设计的决策，是正确的。本次汶川地震表明，严格按照现行规范进行设计、施工和使用的建筑，在遭遇比当地设防烈度高一度的地震作用下，没有出现倒塌破坏，有效地保护了人民的生命安全。

本次修订，考虑到我国经济已有较大发展，按照"对学校、医院、体育场馆、博物馆、文化馆、图书馆、影剧院、商场、交通枢纽等人员密集的公共服务设施，应当按照高于当地房屋建筑的抗震设防要求进行设计，增强抗震设防能力"的要求，提高了某些建筑的抗震设防类别，并在全国范围内较广泛地征求了有关设计、科研、教学单位及抗震管理部门的意见，经反复讨论、修改、充实，最后经审查定稿。

本次修订继续保持 1995 年版和 2004 年版的分类原则：鉴于所有建筑均要求达到"大震不倒"的设防目标，对需要比普通建筑提高抗震设防要求的建筑控制在较小的范围内，并主要采取提高抗倒塌变形能力的措施。

修订后本标准共有 8 章。主要修订内容如下：

1. 调整了分类的定义和内涵。

2. 特别加强对未成年人在地震等突发事件中的保护。

3. 扩大了划入人员密集建筑的范围，提高了医院、体育场馆、博物馆、文化馆、图书馆、影剧院、商场、交通枢纽等人员密集的公共服务设施的抗震能力。

4. 增加了地震避难场所建筑、电子信息中心建筑的要求。

5. 进一步明确本标准所列的建筑名称是示例，未列入本标准的建筑可按使用功能和规模相近的示例确定其抗震设防类别。

本标准将来可能需要进行局部修订，有关局部修订的信息和条文内容将刊登在《工程建设标准化》杂志上。

本标准以黑体字标志的条文为强制性条文，必须严格执行。

本标准由住房和城乡建设部负责管理和对强制性条文的解释，由中国建筑科学研究院工程抗震研究所负责具体技术内容的解释。在执行过程中，请各单位结合工程实践，认真总结经验，并将意见和建议寄交北京市北三环东路 30 号中国建筑科学研究院国家标准《建筑工程抗震设防分类标准》管理组（邮编：100013，E-mail：ieecabr@cabr.com.cn）。

主编单位：中国建筑科学研究院
参加单位：北京市建筑设计研究院

中国中轻国际工程有限公司　　　　　中国石化工程建设公司
中国电子工程设计院　　　　　　　　同济大学
中国钢研科技集团公司　　　　　　**主要起草人**：王亚勇　戴国莹（以下按姓氏笔画
北京市市政工程设计研究总院　　　　　　　　　排列）
中国航空工业规划设计研究院　　　　许鸿业　李　杰　李　虹　沈世杰
中国电力工程顾问集团公司　　　　　沈顺高　吴德安　张相忱　苗启松
中广电广播电影电视设计研究院　　　罗开海　郑　捷　柯长华　娄　宇
北京华宇工程有限公司　　　　　　　黄左坚

目　次

1 总 则

1.0.1 为明确建筑工程抗震设计的设防类别和相应的抗震设防标准,以有效地减轻地震灾害,制定本标准。

1.0.2 本标准适用于抗震设防区建筑工程的抗震设防分类。

1.0.3 抗震设防区的所有建筑工程应确定其抗震设防类别。

新建、改建、扩建的建筑工程,其抗震设防类别不应低于本标准的规定。

1.0.4 制定建筑工程抗震设防分类的行业标准,应遵守本标准的划分原则。

本标准未列出的有特殊要求的建筑工程,其抗震设防分类应按专门规定执行。

2 术 语

2.0.1 抗震设防分类 seismic fortification category for structures

根据建筑遭遇地震破坏后,可能造成人员伤亡、直接和间接经济损失、社会影响的程度及其在抗震救灾中的作用等因素,对各类建筑所做的设防类别划分。

2.0.2 抗震设防烈度 seismic fortification intensity

按国家规定的权限批准作为一个地区抗震设防依据的地震烈度。一般情况下,取 50 年内超越概率 10% 的地震烈度。

2.0.3 抗震设防标准 seismic fortification criterion

衡量抗震设防要求高低的尺度,由抗震设防烈度或设计地震动参数及建筑抗震设防类别确定。

3 基 本 规 定

3.0.1 建筑抗震设防类别划分,应根据下列因素的综合分析确定:

1 建筑破坏造成的人员伤亡、直接和间接经济损失及社会影响的大小。

2 城镇的大小、行业的特点、工矿企业的规模。

3 建筑使用功能失效后,对全局的影响范围大小、抗震救灾影响及恢复的难易程度。

4 建筑各区段的重要性有显著不同时,可按区段划分抗震设防类别。下部区段的类别不应低于上部区段。

5 不同行业的相同建筑,当所处地位及地震破坏所产生的后果和影响不同时,其抗震设防类别可不相同。

注:区段指由防震缝分开的结构单元、平面内使用功能不同的部分、或上下使用功能不同的部分。

3.0.2 建筑工程应分为以下四个抗震设防类别:

1 **特殊设防类**:指使用上有特殊设施,涉及国家公共安全的重大建筑工程和地震时可能发生严重次生灾害等特别重大灾害后果,需要进行特殊设防的建筑。简称甲类。

2 **重点设防类**:指地震时使用功能不能中断或需尽快恢复的生命线相关建筑,以及地震时可能导致大量人员伤亡等重大灾害后果,需要提高设防标准的建筑。简称乙类。

3 **标准设防类**:指大量的除 1、2、4 款以外按标准要求进行设防的建筑。简称丙类。

4 **适度设防类**:指使用上人员稀少且震损不致产生次生灾害,允许在一定条件下适度降低要求的建筑。简称丁类。

3.0.3 各抗震设防类别建筑的抗震设防标准,应符合下列要求:

1 标准设防类,应按本地区抗震设防烈度确定其抗震措施和地震作用,达到在遭遇高于当地抗震设防烈度的预估罕遇地震影响时不致倒塌或发生危及生命安全的严重破坏的抗震设防目标。

2 重点设防类,应按高于本地区抗震设防烈度一度的要求加强其抗震措施;但抗震设防烈度为 9 度时应按比 9 度更高的要求采取抗震措施;地基基础的抗震措施,应符合有关规定。同时,应按本地区抗震设防烈度确定其地震作用。

3 特殊设防类,应按高于本地区抗震设防烈度提高一度的要求加强其抗震措施;但抗震设防烈度为 9 度时应按比 9 度更高的要求采取抗震措施。同时,应按批准的地震安全性评价的结果且高于本地区抗震设防烈度的要求确定其地震作用。

4 适度设防类,允许比本地区抗震设防烈度的要求适当降低其抗震措施,但抗震设防烈度为 6 度时不应降低。一般情况下,仍应按本地区抗震设防烈度确定其地震作用。

注:对于划为重点设防类而规模很小的工业建筑,当改用抗震性能较好的材料且符合抗震设计规范对结构体系的要求时,允许按标准设防类设防。

3.0.4 本标准仅列出主要行业的抗震设防类别的建筑示例;使用功能、规模与示例类似或相近的建筑,可按该示例划分其抗震设防类别。本标准未列出的建筑宜划为标准设防类。

4 防灾救灾建筑

4.0.1 本章适用于城市和工矿企业与防灾和救灾有关的建筑。

4.0.2 防灾救灾建筑应根据其社会影响及在抗震救灾中的作用划分抗震设防类别。

4.0.3 医疗建筑的抗震设防类别，应符合下列规定：

1 三级医院中承担特别重要医疗任务的门诊、医技、住院用房，抗震设防类别应划为特殊设防类。

2 二、三级医院的门诊、医技、住院用房，具有外科手术室或急诊科的乡镇卫生院的医疗用房，县级及以上急救中心的指挥、通信、运输系统的重要建筑，县级及以上的独立采供血机构的建筑，抗震设防类别应划为重点设防类。

3 工矿企业的医疗建筑，可比照城市的医疗建筑示例确定其抗震设防类别。

4.0.4 消防车库及其值班用房，抗震设防类别应划为重点设防类。

4.0.5 20万人口以上的城镇和县及县级市防灾应急指挥中心的主要建筑，抗震设防类别不应低于重点设防类。

工矿企业的防灾应急指挥系统建筑，可比照城市防灾应急指挥系统建筑示例确定其抗震设防类别。

4.0.6 疾病预防与控制中心建筑的抗震设防类别，应符合下列规定：

1 承担研究、中试和存放剧毒的高危险传染病病毒任务的疾病预防与控制中心的建筑或其区段，抗震设防类别应划为特殊设防类。

2 不属于1款的县、县级市及以上的疾病预防与控制中心的主要建筑，抗震设防类别应划为重点设防类。

4.0.7 作为应急避难场所的建筑，其抗震设防类别不应低于重点设防类。

5 基础设施建筑

5.1 城镇给水排水、燃气、热力建筑

5.1.1 本节适用于城镇的给水、排水、燃气、热力建筑工程。

工矿企业的给水、排水、燃气、热力建筑工程，可分别比照城市的给水、排水、燃气、热力建筑工程确定其抗震设防类别。

5.1.2 城镇和工矿企业的给水、排水、燃气、热力建筑，应根据其使用功能、规模、修复难易程度和社会影响等划分抗震设防类别。其配套的供电建筑，应与主要建筑的抗震设防类别相同。

5.1.3 给水建筑工程中，20万人口以上城镇、抗震设防烈度为7度及以上的县及县级市的主要取水设施和输水管线、水质净化处理厂的主要水处理建（构）筑物、配水井、送水泵房、中控室、化验室等，抗震设防类别应划为重点设防类。

5.1.4 排水建筑工程中，20万人口以上城镇、抗震设防烈度为7度及以上的县及县级市的污水干管（含合流）、主要污水处理厂的主要水处理建（构）筑物、

进水泵房、中控室、化验室，以及城市排涝泵站、城镇主干道立交处的雨水泵房，抗震设防类别应划为重点设防类。

5.1.5 燃气建筑中，20万人口以上城镇、县及县级市的主要燃气厂的主厂房、贮气罐、加压泵房和压缩间、调度楼及相应的超高压和高压调压间、高压和次高压输配气管道等主要设施，抗震设防类别应划为重点设防类。

5.1.6 热力建筑中，50万人口以上城镇的主要热力厂主厂房、调度楼、中继泵站及相应的主要设施用房，抗震设防类别应划为重点设防类。

5.2 电力建筑

5.2.1 本节适用于电力生产建筑和城镇供电设施。

5.2.2 电力建筑应根据其直接影响的城市和企业的范围及地震破坏造成的直接和间接经济损失划分抗震设防类别。

5.2.3 电力调度建筑的抗震设防类别，应符合下列规定：

1 国家和区域的电力调度中心，抗震设防类别应划为特殊设防类。

2 省、自治区、直辖市的电力调度中心，抗震设防类别宜划为重点设防类。

5.2.4 火力发电厂（含核电厂的常规岛）、变电所的生产建筑中，下列建筑的抗震设防类别应划为重点设防类：

1 单机容量为300MW及以上或规划容量为800MW及以上的火力发电厂和地震时必须维持正常供电的重要电力设施的主厂房、电气综合楼、网控楼、调度通信楼、配电装置楼、烟囱、烟道、碎煤机室、输煤转运站和输煤栈桥、燃油和燃气机组电厂的燃料供应设施。

2 330kV及以上的变电所和220kV及以下枢纽变电所的主控通信楼、配电装置楼、就地继电器室；330kV及以上的换流站工程中的主控通信楼、阀厅和就地继电器室。

3 供应20万人口以上规模的城镇集中供热的热电站的主要发配电控制室及其供电、供热设施。

4 不应中断通信设施的通信调度建筑。

5.3 交通运输建筑

5.3.1 本节适用于铁路、公路、水运和空运系统建筑和城镇交通设施。

5.3.2 交通运输系统生产建筑应根据其在交通运输线路中的地位、修复难易程度和对抢险救灾、恢复生产所起的作用划分抗震设防类别。

5.3.3 铁路建筑中，高速铁路、客运专线（含城际铁路）、客货共线Ⅰ、Ⅱ级干线和货运专线的铁路枢纽的行车调度、运转、通信、信号、供电、供水建

筑，以及特大型站和最高聚集人数很多的大型站的客运候车楼，抗震设防类别应划为重点设防类。

5.3.4 公路建筑中，高速公路、一级公路、一级汽车客运站和位于抗震设防烈度为 7 度及以上地区的公路监控室，一级长途汽车站客运候车楼，抗震设防类别应划为重点设防类。

5.3.5 水运建筑中，50 万人口以上城市、位于抗震设防烈度为 7 度及以上地区的水运通信和导航等重要设施的建筑，国家重要客运站，海难救助打捞等部门的重要建筑，抗震设防类别应划为重点设防类。

5.3.6 空运建筑中，国际或国内主要干线机场中的航空站楼、大型机库，以及通信、供电、供热、供水、供气、供油的建筑，抗震设防类别应划为重点设防类。

航管楼的设防标准应高于重点设防类。

5.3.7 城镇交通设施的抗震设防类别，应符合下列规定：

　　1 在交通网络中占关键地位、承担交通量大的大跨度桥应划为特殊设防类；处于交通枢纽的其余桥梁应划为重点设防类。

　　2 城市轨道交通的地下隧道、枢纽建筑及其供电、通风设施，抗震设防类别应划为重点设防类。

5.4 邮电通信、广播电视建筑

5.4.1 本节适用于邮电通信、广播电视建筑。

5.4.2 邮电通信、广播电视建筑，应根据其在整个信息网络中的地位和保证信息网络通畅的作用划分抗震设防类别。其配套的供电、供水建筑，应与主体建筑的抗震设防类别相同；当特殊设防类的供电、供水建筑为单独建筑时，可划为重点设防类。

5.4.3 邮电通信建筑的抗震设防类别，应符合下列规定：

　　1 国际出入口局，国际无线电台，国家卫星通信地球站，国际海缆登陆站，抗震设防类别应划为特殊设防类。

　　2 省中心及省中心以上通信枢纽楼、长途传输一级干线枢纽站、国内卫星通信地球站、本地网通枢纽楼及通信生产楼、应急通信用房，抗震设防类别应划为重点设防类。

　　3 大区中心和省中心的邮政枢纽，抗震设防类别应划为重点设防类。

5.4.4 广播电视建筑的抗震设防类别，应符合下列规定：

　　1 国家级、省级的电视调频广播发射塔建筑，当混凝土结构塔的高度大于 250m 或钢结构塔的高度大于 300m 时，抗震设防类别应划为特殊设防类；国家级、省级的其余发射塔建筑，抗震设防类别应划为重点设防类。国家级卫星地球站上行站抗震设防类别应划为特殊设防类。

　　2 国家级、省级广播中心、电视中心和电视调频广播发射台的主体建筑，发射总功率不小于 200kW 的中波和短波广播发射台、广播电视卫星地球站、国家级和省级广播电视监测台与节目传送台的机房建筑和天线支承物，抗震设防类别应划为重点设防类。

6 公共建筑和居住建筑

6.0.1 本章适用于体育建筑、影剧院、博物馆、档案馆、商场、展览馆、会展中心、教育建筑、旅馆、办公建筑、科学实验建筑等公共建筑和住宅、宿舍、公寓等居住建筑。

6.0.2 公共建筑，应根据其人员密集程度、使用功能、规模、地震破坏所造成的社会影响和直接经济损失的大小划分抗震设防类别。

6.0.3 体育建筑中，规模分级为特大型的体育场，大型、观众席容量很多的中型体育场和体育馆（含游泳馆），抗震设防类别应划为重点设防类。

6.0.4 文化娱乐建筑中，大型的电影院、剧场、礼堂、图书馆的视听室和报告厅、文化馆的观演厅和展览厅、娱乐中心建筑，抗震设防类别应划为重点设防类。

6.0.5 商业建筑中，人流密集的大型的多层商场抗震设防类别应划为重点设防类。当商业建筑与其他建筑合建时应分别判断，并按区段确定其抗震设防类别。

6.0.6 博物馆和档案馆中，大型博物馆，存放国家一级文物的博物馆，特级、甲级档案馆，抗震设防类别应划为重点设防类。

6.0.7 会展建筑中，大型展览馆、会展中心，抗震设防类别应划为重点设防类。

6.0.8 教育建筑中，幼儿园、小学、中学的教学用房以及学生宿舍和食堂，抗震设防类别应不低于重点设防类。

6.0.9 科学实验建筑中，研究、中试生产和存放具有高放射性物品以及剧毒的生物制品、化学制品、天然和人工细菌、病毒（如鼠疫、霍乱、伤寒和新发高危险传染病等）的建筑，抗震设防类别应划为特殊设防类。

6.0.10 电子信息中心的建筑中，省部级编制和贮存重要信息的建筑，抗震设防类别应划为重点设防类。

国家级信息中心建筑的抗震设防标准应高于重点设防类。

6.0.11 高层建筑中，当结构单元内经常使用人数超过 8000 人时，抗震设防类别宜划为重点设防类。

6.0.12 居住建筑的抗震设防类别不应低于标准设防类。

7 工业建筑

7.1 采煤、采油和矿山生产建筑

7.1.1 本节适用于采煤、采油和天然气以及采矿的生产建筑。

7.1.2 采煤、采油和天然气、采矿的生产建筑，应根据其直接影响的城市和企业的范围及地震破坏所造成的直接和间接经济损失划分抗震设防类别。

7.1.3 采煤生产建筑中，矿井的提升、通风、供电、供水、通信和瓦斯排放系统，抗震设防类别应划为重点设防类。

7.1.4 采油和天然气生产建筑中，下列建筑的抗震设防类别应划为重点设防类：

    1 大型油、气田的联合站、压缩机房、加压气站泵房、阀组间、加热炉建筑。

    2 大型计算机房和信息贮存库。

    3 油品储运系统液化气站、轻油泵房及氮气站、长输管道首末站、中间加压泵站。

    4 油、气田主要供电、供水建筑。

7.1.5 采矿生产建筑中，下列建筑的抗震设防类别应划为重点设防类：

    1 大型冶金矿山的风机室、排水泵房、变电室、配电室等。

    2 大型非金属矿山的提升、供水、排水、供电、通风等系统的建筑。

7.2 原材料生产建筑

7.2.1 本节适用于冶金、化工、石油化工、建材和轻工业原材料等工业原材料生产建筑。

7.2.2 冶金、化工、石油化工、建材、轻工业的原材料生产建筑，主要以其规模、修复难易程度和停产后相关企业的直接和间接经济损失划分抗震设防类别。

7.2.3 冶金工业、建材工业企业的生产建筑中，下列建筑的抗震设防类别应划为重点设防类：

    1 大中型冶金企业的动力系统建筑，油库及油泵房，全厂性生产管制中心、通信中心的主要建筑。

    2 大型和不容许中断生产的中型建材工业企业的动力系统建筑。

7.2.4 化工和石油化工生产建筑中，下列建筑的抗震设防类别应划为重点设防类：

    1 特大型、大型和中型企业的主要生产建筑以及对正常运行起关键作用的建筑。

    2 特大型、大型和中型企业的供热、供电、供气和供水建筑。

    3 特大型、大型和中型企业的通讯、生产指挥中心建筑。

7.2.5 轻工原材料生产建筑中，大型浆板厂和洗涤剂原料厂等大型原材料生产企业中的主要装置及其控制系统和动力系统建筑，抗震设防类别应划为重点设防类。

7.2.6 冶金、化工、石油化工、建材、轻工业原料生产建筑中，使用或生产过程中具有剧毒、易燃、易爆物质的厂房，当具有泄毒、爆炸或火灾危险性时，其抗震设防类别应划为重点设防类。

7.3 加工制造业生产建筑

7.3.1 本节适用于机械、船舶、航空、航天、电子（信息）、纺织、轻工、医药等工业生产建筑。

7.3.2 加工制造工业生产建筑，应根据建筑规模和地震破坏所造成的直接和间接经济损失的大小划分抗震设防类别。

7.3.3 航空工业生产建筑中，下列建筑的抗震设防类别应划为重点设防类：

    1 部级及部级以上的计量基准所在的建筑，记录和贮存航空主要产品（如飞机、发动机等）或关键产品的信息贮存所在的建筑。

    2 对航空工业发展有重要影响的整机或系统性能试验设施、关键设备所在建筑（如大型风洞及其测试间，发动机高空试车台及其动力装置及测试间，全机电磁兼容试验建筑）。

    3 存放国内少有或仅有的重要精密设备的建筑。

    4 大中型企业主要的动力系统建筑。

7.3.4 航天工业生产建筑中，下列建筑的抗震设防类别应划为重点设防类：

    1 重要的航天工业科研楼、生产厂房和试验设施、动力系统的建筑。

    2 重要的演示、通信、计量、培训中心的建筑。

7.3.5 电子信息工业生产建筑中，下列建筑的抗震设防类别应划为重点设防类：

    1 大型彩管、玻壳生产厂房及其动力系统。

    2 大型的集成电路、平板显示器和其他电子类生产厂房。

    3 重要的科研中心、测试中心、试验中心的主要建筑。

7.3.6 纺织工业的化纤生产建筑中，具有化工性质的生产建筑，其抗震设防类别宜按本标准 7.2.4 条划分。

7.3.7 大型医药生产建筑中，具有生物制品性质的厂房及其控制系统，其抗震设防类别宜按本标准 6.0.9 条划分。

7.3.8 加工制造工业建筑中，生产或使用具有剧毒、易燃、易爆物质且具有火灾危险性的厂房及其控制系统的建筑，抗震设防类别应划为重点设防类。

7.3.9 大型的机械、船舶、纺织、轻工、医药等工业企业的动力系统建筑应划为重点设防类。

7.3.10 机械、船舶工业的生产厂房，电子、纺织、轻工、医药等工业的其他生产厂房，宜划为标准设防类。

8 仓库类建筑

8.0.1 本章适用于工业与民用的仓库类建筑。

8.0.2 仓库类建筑，应根据其存放物品的经济价值和地震破坏所产生的次生灾害划分抗震设防类别。

8.0.3 仓库类建筑的抗震设防类别，应符合下列规定：

1 储存高、中放射性物质或剧毒物品的仓库不应低于重点设防类，储存易燃、易爆物质等具有火灾危险性的危险品仓库应划为重点设防类。

2 一般的储存物品的价值低、人员活动少、无次生灾害的单层仓库等可划为适度设防类。

本标准用词说明

1 为便于在执行本标准条文时区别对待，对要求严格程度不同的用词说明如下：

 1）表示很严格，非这样做不可的：

  正面词采用"必须"；反面词采用"严禁"；

 2）表示严格，在正常情况下均应这样做的：

  正面词采用"应"；反面词采用"不应"或"不得"；

 3）表示允许稍有选择，在条件许可时首先应这样做的：

  正面词采用"宜"；反面词采用"不宜"；

 表示有选择，在一定条件下可以这样做的，采用"可"。

2 条文中指明应按其他有关标准、规范执行时，写法为："应符合……的规定"或"应按……执行"。

中华人民共和国国家标准

建筑工程抗震设防分类标准

GB 50223—2008

条 文 说 明

目　　次

1 总　　则

1.0.1 按照遭受地震破坏后可能造成的人员伤亡、经济损失和社会影响的程度及建筑功能在抗震救灾中的作用，将建筑工程划分为不同的类别，区别对待，采取不同的设计要求，是根据我国现有技术和经济条件的实际情况，达到减轻地震灾害又合理控制建设投资的重要对策之一。

1.0.2 本次修订基本保持 1995 年版以来本标准的适用范围。

抗震设防烈度与设计基本地震加速度的对应关系，按《建筑抗震设计规范》GB 50011 的规定执行。

建筑工程，本标准指各类房屋建筑及其附属设施，包括基础设施建筑的相关内容。

1.0.3 本条是新增的，作为强制性条文，主要明确两点：其一，所有建筑工程进行抗震设计时均应确定其设防分类；其二，本标准的规定是最低的要求。

鉴于既有建筑工程的情况复杂，需要根据实际情况处理，故本标准的规定不包括既有建筑。

1.0.4 本标准属于基础标准，各类建筑的抗震设计规范、规程中对于建筑工程抗震设防类别的划分，需以本标准为依据。

由于行业很多，本标准不可能一一列举，只能对各类建筑作较原则的规定。因此，本标准未列举的行业，其具体建筑的抗震设防类别的划分标准，需按本标准的原则要求，比照本标准所列举的行业建筑示例确定。

核工业、军事工业等特殊行业，以及一般行业中有特殊要求的建筑，本标准难以作出普遍性的规定；有些行业，如与水工建筑有关的建筑，其抗震设防类别需依附于行业主要建筑，本标准不作规定。

2 术　　语

2.0.1 术语提到了确定抗震设防类别所涉及的几个影响因素。其中的经济损失分为直接和间接两类，是为了在抗震设防类别划分中区别对待。

直接经济损失指建筑物、设备及设施遭到破坏而产生的经济损失和因停产、停业所减少的净产值。间接经济损失指建筑物、设备及设施遭到破坏，导致停产所减少的社会产值、修复所需费用、伤员医疗费用以及保险补偿费用等。其中，建筑的地震灾害保险是各国保险业的一种业务，在《中华人民共和国防震减灾法》中已经明确鼓励单位和个人参加地震灾害保险。发生严重破坏性地震时，灾区将丧失或部分丧失自我恢复能力，需要采取相应的救灾行动，包括保险补偿等。

社会影响指建筑物、设备及设施破坏导致人员伤亡造成的影响、社会稳定、生活条件的降低、对生态环境的影响以及对国际的影响等。

2.0.2、2.0.3 这两个术语，引自《建筑抗震设计规范》GB 50011 的"抗震设防烈度"和"抗震设防标准"。

关于建筑的抗震设防烈度和对应的设计基本加速度，根据建设部 1992 年 7 月 3 日发布的建标〔1992〕419 号文《关于统一抗震设计规范地面运动加速度设计取值的通知》的规定，均指当地 50 年设计基准期内超越概率 10％的地震烈度和对应的地震地面运动加速度的设计取值。这里需注意，设计基准期和设计使用年限是不同的两个概念。

各本建筑设计规范、规程采用的设计基准期均为 50 年，建筑工程的设计使用年限可以根据具体情况采用。《建筑结构可靠度设计统一标准》GB 50068-2001 提出了设计使用年限的原则规定，要求纪念性的、特别重要的建筑的设计使用年限为 100 年，以提高其设计的安全性。然而，要使不同设计使用年限的建筑工程对完成预定的功能具有足够的可靠度，所对应的各种可变荷载（作用）的标准值和变异系数、材料强度设计值、设计表达式的各个分项系数、可靠指标的确定等需要相互配套，是一个系统工程，有待逐步研究解决。现阶段，重要性系数增加 0.1，可靠指标约增加 0.5，《建筑结构可靠度设计统一标准》GB 50068—2001 要求，设计使用年限 100 年的建筑和设计使用年限 50 年的重要建筑，均采用重要性系数不小于 1.1 来适当提高结构的安全性，二者并无区别。

对于抗震设计，鉴于本标准的建筑抗震设防分类和相应的设防标准已体现抗震安全性要求的不同，对不同的设计使用年限，可参考下列处理方法：

1) 若投资方提出的所谓设计使用年限 100 年的功能要求仅仅是耐久性 100 年的要求，则抗震设防类别和相应的设防标准仍按本标准的规定采用。

2) 不同设计使用年限的地震动参数与设计基准期（50 年）的地震动参数之间的基本关系，可参阅有关的研究成果。当获得设计使用年限 100 年内不同超越概率的地震动参数时，如按这些地震动参数确定地震作用，即意味着通过提高结构的地震作用来提高抗震能力。此时，如果按本标准划分规定不属于标准设防类，仍应按本标准的相关要求采取抗震措施。

需注意，只提高地震作用或只提高抗震措施，二者的效果有所不同，但均可认为满足提高抗震安全性的要求；当既提高地震作用又提高抗震措施时，则结构抗震安全性可有较大程度的提高。

3) 当设计使用年限少于设计基准期，抗震设防要求可相应降低。临时性建筑通常可不设防。

3 基 本 规 定

3.0.1 建筑工程抗震设防类别划分的基本原则,是从抗震设防的角度进行分类。这里,主要指建筑遭受地震损坏对各方面影响后果的严重性。本条规定了判断后果所需考虑的因素,即对各方面影响的综合分析来划分。这些影响因素主要包括:

①从性质看有人员伤亡、经济损失、社会影响等;

②从范围看有国际、国内、地区、行业、小区和单位;

③从程度看有对生产、生活和救灾影响的大小,导致次生灾害的可能,恢复重建的快慢等。

在对具体的对象作实际的分析研究时,建筑工程自身抗震能力、各部分功能的差异及相同建筑在不同行业所处的地位等因素,对建筑损坏的后果有不可忽视的影响,在进行设防分类时应对以上因素做综合分析。

本标准在各章中,对若干行业的建筑如何按上述原则进行划分,给出了较为具体的方法和示例。

城市的规模,本标准1995年版以市区人口划分:100万人口以上为特大城市,50万～100万人口为大城市,20万～50万人口以下为中等城市,不足20万人口为小城市。近年来,一些城市将郊区县划为市区,使市区范围不断扩大,相应的市区常住和流动人口增多。建议结合城市的国民经济产值衡量城市的大小,而且,经济实力强的城市,提高其建筑的抗震能力的要求也容易实现。

作为划分抗震设防类别所依据的规模、等级、范围,不同行业的定义不一样,例如,有的以投资规模区分,有的以产量大小区分,有的以等级区分,有的以座位多少区分。因此,特大型、大型和中小型的界限,与该行业的特点有关,还会随经济的发展而改变,需由有关标准和该行业的行政主管部门规定。由于不同行业之间对建筑规模和影响范围尚缺少定量的横向比较指标,不同行业的设防分类只能通过对上述多种因素的综合分析,在相对合理的情况下确定。例如,电力网络中的某些大电厂建筑,其损坏尚不致严重影响整个电网的供电;而大中型工矿企业中没有联网的自备发电设施,尽管规模不及大电厂,却是工矿企业的生命线工程设施,其重要性不可忽视。

在一个较大的建筑中,若不同区段使用功能的重要性有显著差异,应区别对待,可只提高某些重要区段的抗震设防类别,其中,位于下部的区段,其抗震设防类别不应低于上部的区段。

需要说明的是,本标准在条文说明的总则中明

确,划分不同的抗震设防类别并采取不同的设计要求,是在现有技术和经济条件下减轻地震灾害的重要对策之一。考虑到现行的抗震设计规范、规程中,已经对某些相对重要的房屋建筑的抗震设防有很具体的提高要求。例如,混凝土结构中,高度大于30m的框架结构、高度大于60m的框架-抗震墙结构和高度大于80m的抗震墙结构,其抗震措施比一般的多层混凝土房屋有明显的提高;钢结构中,层数超过12层的房屋,其抗震措施也高于一般的多层房屋。因此,本标准在划分建筑抗震设防类别时,注意与设计规范、规程的设计要求配套,力求避免出现重复性的提高抗震设计要求。

3.0.2 本条作为强制性条文,明确在抗震设计中,将所有的建筑按本标准3.0.1条要求综合考虑分析后归纳为四类:需要特殊设防的特殊设防类、需要提高设防要求的重点设防类、按标准要求设防的标准设防类和允许适度设防的适度设防类。

本次修订,进一步突出了设防类别划分是侧重于使用功能和灾害后果的区分,并更强调体现对人员安全的保障。

所谓严重次生灾害,指地震破坏引发放射性污染、洪灾、火灾、爆炸、剧毒或强腐蚀性物质大量泄露、高危险传染病病毒扩散等灾难性灾害。

自1989年《建筑抗震设计规范》GBJ 11-89发布以来,按技术标准设计的所有房屋建筑,均应达到"多遇地震不坏、设防烈度地震可修和罕遇地震不倒"的设防目标。这里,多遇地震、设防烈度地震和罕遇地震,一般按地震基本烈度区划或地震动参数区划对当地的规定采用,分别为50年超越概率63%、10%和2%～3%的地震,或重现期分别为50年、475年和1600～2400年的地震。考虑到上述抗震设防目标可保障:房屋建筑在遭遇设防烈度地震影响时不致有灾难性后果,在遭遇罕遇地震影响时不致倒塌。本次汶川地震表明,严格按照现行规范进行设计、施工和使用的建筑,在遭遇比当地设防烈度高一度的地震作用下,没有出现倒塌破坏,有效地保护了人民的生命安全。因此,绝大部分建筑均可划为标准设防类,一般简称丙类。

市政工程中,按《室外给水排水和燃气热力工程抗震设计规范》GB 50032-2003设计的给水排水和热力工程,应在遭遇设防烈度地震影响下不需修理或经一般修理即可继续使用,其管网不致引发次生灾害,因此,绝大部分给水排水、热力工程也可划为标准设防类。

3.0.3 本条为强制性条文。任何建筑的抗震设防标准均不得低于本条的要求。

针对我国地震区划图所规定的烈度有很大不确定性的事实,在建设部领导下,《建筑抗震设计规范》GBJ 11-89明确规定了"小震不坏、中震可修、大震

"不倒"的抗震性能设计目标。这样，所有的建筑，只要严格按规范设计和施工，可以在遇到高于区划图一度的地震下不倒塌——实现生命安全的目标。因此，将使用上需要提高防震减灾能力的建筑控制在很小的范围。其中，重点设防类需按提高一度的要求加强其抗震措施——增加关键部位的投资即可达到提高安全性的目标；特殊设防类在提高一度的要求加强其抗震措施的基础上，还需要进行"场地地震安全性评价"等专门研究。

本条的修订有两处：

其一，从抗震概念设计的角度，文字表达上更突出各个设防类别在抗震措施上的区别。

其二，作为重点设防类建筑的例外，考虑到小型的工业建筑，如变电站、空压站、水泵房等通常采用砌体结构，明确其设计改用抗震性能较好的材料且结构体系符合抗震设计规范的有关规定时（见《建筑抗震设计规范》GB 50011 - 2001 第 3.5.2 条），其抗震措施才允许按标准类的要求采用。

房屋建筑所处场地的地震安全性评价，通常包括给定年限内不同超越概率的地震动参数，应由具备资质的单位按相关规定执行。地震安全性评价的结果需要按规定的权限审批。

需要说明，本标准规定重点设防类提高抗震措施而不提高地震作用，同一些国家的规范只提高地震作用（10%～30%）而不提高抗震措施，在设防概念上有所不同：提高抗震措施，着眼于把财力、物力用在增加结构薄弱部位的抗震能力上，是经济而有效的方法；只提高地震作用，则结构的各构件均全面增加材料，投资增加的效果不如前者。

3.0.4 本标准列举了主要行业建筑示例的抗震设防类别。一些功能类似的建筑，可比照示例进行划分。如工矿企业的供电、供热、供水、供气等动力系统的建筑，包括没有联网的自备热电站、主要的变配电室、泵站、加压站、煤气站、乙炔站、氧气站、油库等，功能特征与基础设施建筑类似，分类原则相同。

4 防灾救灾建筑

4.0.1 本章的防灾救灾建筑主要指地震时应急的医疗、消防设施和防灾应急指挥中心。与防灾救灾相关的供电、供水、供气、供热、广播、通信和交通系统的建筑，在城镇基础设施中已经予以规定。

4.0.2 本条保持 2004 年版的规定。

4.0.3 本条修订有三处：

其一，将 2004 年版条文说明中提到的承担特别重要医疗任务的医院，在正文中对文字予以修改，以避免三级特等医院与三级甲等医院相混。

其二，我国的一、二、三级医院主要反映设置规划确定的医院规模和服务人数的多少。当前在 100 万

人口以上的大城市才建立三级医院，并且需联合二级医院才能完成所需的服务任务。因此，本次修订明确将二级、三级医院均提高为重点设防类。仍需考虑与急救处理无关的专科医院和综合医院的不同，区别对待。

其三，2004 年版根据新疆伽师、巴楚地震的经验，针对边远地区实际医疗机构分布的情况，增加了8 度、9 度区的乡镇主要医疗建筑提高抗震设防类别的要求。本次修订更突出医疗卫生系统防灾救灾的功能，考虑到二级医院的急救处理范围不能或难以覆盖的县和乡镇，需要建立具有外科手术室和急诊科的医院或卫生院，并提高其抗震设防类别，可以逐步形成覆盖城乡范围具有地震等突发灾害时医疗卫生急救处理和防疫设施的完整保障系统。

医院的级别，按国家卫生行政主管部门的规定，三级医院指该医院总床位不少于 500 个且每床建筑面积不少于 60m²，二级医院指床位不少于 100 个且每床建筑面积不少于 45m²。

工矿企业与城市比照的原则，指从企业的规模和在本行业中的地位来对比。

4.0.4 本条保持 2004 年版的规定，消防车库等不分城市和县、镇的大小，均划为重点设防类。

工矿企业的消防设施，比照城市划分。工业行业建筑中关于消防车库抗震设防类别的划分规定均予以取消，避免重复规定。

4.0.5 本次修订，将 8 度、9 度的县级防灾应急指挥中心，扩大到 6 度、7 度，即所有烈度。

考虑到防灾应急指挥中心具有必需的信息、控制、调度系统和相应的动力系统，当一个建筑只在某个区段具有防灾应急指挥中心的功能时，可仅加强该区段，提高其设防标准。

4.0.6 本条保持 2004 年版的规定。考虑到地震后容易发生疫情，对县级及以上的疾病预防与控制中心的主要建筑提高设防标准；其中属于研究、中试和存放具有剧毒性质的高危险传染病病毒的建筑，与本标准第 6.0.9 条的规定一致，划为特殊设防类。

4.0.7 本条是新增的。按照 2007 年发布的国家标准《城市抗震防灾规划标准》GB 50413 等相关规划标准的要求，作为地震等突发灾害的应急避难场所，需要有提高抗震设防类别的建筑。

5 基础设施建筑

5.1 城镇给水排水、燃气、热力建筑

5.1.1 本节主要为属于城镇的市政工程以及工矿企业中的类似工程。

5.1.2 配套的供电建筑，主要指变电站、变配电室等。

5.1.3 给水工程设施是城镇生命线工程的重要组成部分，涉及生产用水、居民生活饮用水和震后抗震救灾用水。地震时首先要保证主要水源不能中断（取水构筑物、输水管道安全可靠）；水质净化处理厂能基本正常运行。要达到这一目标，需要对水处理系统的建（构）筑物、配水井、送水泵房、加氯间或氯库和作为运行中枢机构的控制室和水质化验室加强设防。对一些大城市，尚需考虑供水加压泵房。

水质净化处理系统的主要建（构）筑物，包括反应沉淀池、滤站（滤池或有上部结构）、加药、贮存清水等设施。对贮存消毒用的氯库加强设防，是避免震后氯气泄漏，引发二次灾害。

条文强调"主要"，指在一个城镇内，当有多个水源引水、分区设置水厂，并设置环状配水管网可相互沟通供水时，仅规定主要的水源和相应的水质净化处理厂的建（构）筑物提高设防标准，而不是全部给水建筑。

现行的给排水工程的抗震设计规范，要求给排水工程在遭遇设防烈度地震影响下不需修理或经一般修理即可继续使用，因此，需要提高设防标准的，一般以城区人口 20 万划分；考虑供水的特点，增加 7～9 度设防的小城市和县城。

5.1.4 排水工程设施包括排水管网、提升泵房和污水处理厂，当系统遭受地震破坏后，将导致环境污染，成为震后引发传染病的根源。为此，需要保持污水处理厂能够基本正常运行、排水管网的损坏不致引发次生灾害，应予以重视。相应的主要设施指大容量的污水处理池，一旦破坏可能引发数以万吨计的污水泛滥，修复困难，后果严重。

污水厂（含污水回用处理厂）的水处理建（构）筑物，包括进水格栅间、沉砂池、沉淀池（含二次沉淀）、生物处理池（含曝气池）、消化池等。

对污水干线加强设防，主要考虑这些排水管的体量大，一般为重力流，埋深较大，遭受地震破坏后可能引发水土流失、建（构）筑物基础下陷、结构开裂等次生灾害。

道路立交处的雨水泵房承担降低地下水位和排除雨后积水的任务，城市排涝泵站承担排涝的任务，遭受地震破坏将导致积水过深，影响救灾车辆的通行，加剧震害，故予以加强。

条文强调"主要"，指一个城镇内，当有多个污水处理厂时，需区分水处理规模和建设场地的环境，确定需要加强抗震设防的污水处理工程，而不是全部提高。

大型池体对地基不均匀沉降敏感，尤其是矩形水池，长边可达 100m 以上，提高地基液化处理的要求是必要的。

5.1.5 燃气系统遭受地震破坏后，既影响居民生活又可能引发严重火灾或煤气、天然气泄漏等次生灾害，需予以提高。输配气管道按运行压力区别对待，可体现城镇的大小。超高压指压力大于 4.0MPa，高压指 1.6～4.0MPa，次高压指 0.4～1.6MPa。

5.1.6 热力建筑遭受地震破坏后，影响面不及供水和燃气系统大，且输送管道均采用钢管，需要提高设防标准的范围小些。相应的主要设施指主干线管道。

5.2 电力建筑

5.2.1 本节保持本标准 2004 年版的适用范围。

5.2.2 本条保持本标准 2004 年版的规定。供电系统建筑一旦遭受地震破坏，不仅影响本系统的生产，还影响其他工业生产和城乡人民的生活，因此，需要适当提高抗震设防类别。

5.2.3 考虑到电力调度的重要性，对国家和大区的调度中心予以提高。

5.2.4 本条保持 2004 年版的有关的规定，与《电力设施抗震设计规范》GB 50260-96 的有关规定协调。电力系统中需要提高设防标准的，是属于相当大规模、重要电力设施的生产关键部位的建筑。

地震时必须维持正常工作的重要电力设施，主要指没有联网的大中型工矿企业的自备发电设施，其停电会造成重要设备严重破坏或者危及人身安全，按各工业部门的具体情况确定。

作为城市生命线工程之一，将防灾救灾建筑对供电系统的相应要求一并规定。

本次修订还补充了燃油和燃气机组发电厂安全关键部位的建筑——卸、输、供油设施。此外，还增加了换流站工程的相关内容。

单机容量，在联合循环机组中通常即机组容量。

5.3 交通运输建筑

5.3.1 本节适用范围与 2004 年版相同。

5.3.2 本条保持本标准 2004 年版的规定。

5.3.3 本条基本保持 2004 年版的规定。

铁路系统的建筑中，需要提高设防标准的建筑主要是五所一室和人员密集的候车室。重要的铁路干线由铁道设计规范和铁道行政主管部门规定。特大型站，按《铁路旅客车站建筑设计规范》GB 50226-2007 的规定，指全年上车旅客最多月份中，一昼夜在候车室内瞬时（8～10min）出现的最大候车（含送客）人数的平均值，即最高聚集人数大于 10000 人的车站；大型站的最高聚集人数为 3000～10000 人。本次修订，将人员密集的人数很多的大型站界定为最高聚集人数 6000 人。

5.3.4 本条基本保持本标准 2004 年版的规定，将 8 度、9 度设防区扩大为 7～9 度设防区。

高速公路、一级公路的含义由公路设计规范和交通行政主管部门规定。一级汽车客运站的候车楼，按《汽车客运站建筑设计规范》JGJ 60-99 的规定，指日发送旅客折算量（指车站年度平均每日发送长途旅客和短途旅客折算量之和）大于7000人次的客运站的候车楼。

5.3.5 本条基本保持本标准2004年版的规定。将8度、9度设防区扩大为7～9度设防区。

国家重要客运站，指《港口客运站建筑设计规范》JGJ 86-92规定的一级客运站，其设计旅客聚集量（设计旅客年客运人数除以年客运天数再乘以聚集系数和客运不平衡系数）大于2500人。

5.3.6 本条基本保持本标准2004年版的规定。考虑航管楼的功能，将航管楼的设防标准略微提高。

国内主要干线的含义应遵守民用航空技术标准和民航行政主管部门的规定。

5.3.7 本条保持2004年版的规定。城镇桥梁中，属于特殊设防类的桥梁，如跨越江河湖海的大跨度桥梁，担负城市出入交通关口，往往结构复杂、形式多样，受损后修复困难；其余交通枢纽的桥梁按重点设防类对待。

城市轨道交通包括轻轨、地下铁道等，在我国特大和大城市已迅速发展，其枢纽建筑具有体量大、结构复杂、人员集中的特点，受损后影响面大且修复困难。

交通枢纽建筑主要包括控制、指挥、调度中心，以及大型客运换乘站等。

5.4 邮电通信、广播电视建筑

5.4.1 本条保持本标准2004年版的规定。

5.4.2 本条保持本标准2004年版的规定。

5.4.3 本条基本保持本标准2004年版的规定。鉴于邮政与电信分属不同部门，将邮政和电信建筑分别规定。本条第1、2款对电信建筑的设防分类进行规定，其中县一级市的长途电信枢纽楼已经不存在，故删去。第3款对邮政建筑的设防分类进行规定。

5.4.4 本条保持本标准2004年版的规定，与《广播电影电视工程建筑抗震设防分类标准》GY 5060-97作了协调。

鉴于国家级卫星地球站上行站的节目发送中心具有保证发送所需的关键设备，设防类别提高为特殊设防类。

6 公共建筑和居住建筑

6.0.2 本条保持本标准2004年版的规定。

6.0.3 本条扩大了对人民生命的保护范围，参照《体育建筑设计规范》JGJ 31-2003的规模分级，进一步明确体育建筑中人员密集的范围：观众座位很多的中型体育场指观众座位容量不少于30000人或每个结构区段的座位容量不少于5000人，观众座位很多的中型体育馆（含游泳馆）指观众座位容量不少于4500人。

6.0.4 本条参照《剧场建筑设计规范》JGJ 57-2000和《电影院建筑设计规范》JGJ 58-2008关于规模的分级，本标准的大型剧场、电影院、礼堂，指座位不少于1200座；本次修订新增的图书馆和文化馆，与大型娱乐中心同样对待，指一个区段内上下楼层合计的座位明显大于1200座同时其中至少有一个500座以上（相当于中型电影院的座位容量）的大厅。这类多层建筑中人员密集且疏散有一定难度，地震破坏造成的人员伤亡和社会影响很大，故提高设防标准。

6.0.5 本条基本保持2004年版的有关要求，扩大了对人民生命的保护范围。借鉴《商店建筑设计规范》JGJ 48关于规模的分级，考虑近年来商场发展情况，本次修订，大型商场指一个区段人流5000人，换算的建筑面积约17000m²或营业面积7000m²以上的商业建筑。这类商业建筑一般须同时满足人员密集、建筑面积或营业面积达到大型商场的标准、多层建筑等条件；所有仓储式、单层的大商场不包括在内。

当商业建筑与其他建筑合建时，包括商住楼或综合楼，其划分以区段按比照原则确定。例如，高层建筑中多层的商业裙房区段或者下部的商业区段为重点设防类，而上部的住宅可以不提高设防类别。还需注意，当按区段划分时，若上部区段为重点设防类，则其下部区段也应为重点设防类。

6.0.6 本条保持本标准2004年版的有关要求。参照《博物馆建筑设计规范》JGJ 66-91，本标准的大型博物馆指建筑规模大于10000m²，一般适用于中央各部委直属博物馆和各省、自治区、直辖市博物馆。按照《档案馆建筑设计规范》JGJ 25-2000，特级档案馆为国家级档案馆，甲级档案馆为省、自治区、直辖市档案馆，二者的耐久年限要求在100年以上。

6.0.7 本条保持2004年版的规定。这类展览馆、会展中心，在一个区段的设计容纳人数一般在5000人以上。

6.0.8 对于中、小学生和幼儿等未成年人在突发地震时的保护措施，国际上随着经济、技术发展的情况呈日益增加的趋势。

2004年版的分类标准中，明确规定了人数较多的幼儿园、小学教学用房提高抗震设防类别的要求。本次修订，为在发生地震灾害时特别加强对未成年人的保护，在我国经济有较大发展的条件下，对2004年版"人数较多"的规定予以修改，所有幼儿园、小学和中学（包括普通中小学和有未成年人的各类初级、中级学校）的教学用房（包括教室、实验室、图书室、微机室、语音室、体育馆、礼堂）的设防类别均予以提高。鉴于学生的宿舍和学生食堂的人员比较密集，也考虑提高其抗震设防类别。

本次修改后，扩大了教育建筑中提高设防标准的

范围。

6.0.9 本条基本保持本标准 2004 年版的规定。在生物制品、天然和人工细菌、病毒中，具有剧毒性质的，包括新近发现的具有高发危险性的病毒，列为特殊设防类，而一般的剧毒物品在本标准的其他章节中列为重点设防类，主要考虑该类剧毒性质的传染性，建筑一旦破坏的后果极其严重，波及面很广。

6.0.10 本条是新增的，将 2004 年版第 7.3.5 条 1 款的规定移此，以进一步明确各类信息建筑的设防类别和设防标准。

6.0.11 本条比 2004 年版 6.0.10 条的规定扩大了对人员生命的保护，将 10000 人改为 8000 人。经常使用人数 8000 人，按《办公建筑设计规范》JGJ 67－2006 的规定，大体人均面积为 10m² /人计算，则建筑面积大致超过 80000m²，结构单元内集中的人数特别多。考虑到这类房屋总建筑面积很大，多层时分缝处理，在一个结构单元内集中如此众多人数属于高层建筑，设计时需要进行可行性论证，其抗震措施一般须要专门研究，即提高的程度是按整个结构提高一度、提高一个抗震等级还是在关键部位采取比标准设防类建筑更有效的加强措施，包括采用抗震性能设计方法等，可以经专门研究和论证确定，并须按规定进行抗震设防专项审查予以确认。

6.0.12 本条将规范用词"可"改为"不应低于"，与全文强制的《住宅建筑规范》GB 50368－2005 一致。

7 工 业 建 筑

7.1 采煤、采油和矿山生产建筑

7.1.1 本节保持本标准 2004 年版的规定。

7.1.2 本条保持 2004 年版的规定。这类生产建筑一旦遭受地震破坏，不仅影响本系统的生产，还影响电力工业和其他相关工业的生产以及城乡的人民生活，因此，需要适当提高抗震设防标准。

7.1.3 本条保持 2004 年版的规定。鉴于小煤矿已经禁止，采煤矿井的规模均大于 2004 年版的规定值，本条文字修改，删去大型的界限。

采煤生产中需要提高设防标准的，是涉及煤矿矿井生产及人身安全的六大系统的建筑和矿区救灾系统建筑。

提升系统指井口房、井架、井塔和提升机房等；通风系统指通风机房和风道建筑；供电系统指为矿井服务的变电所、室外架空和线路等；供水系统指取水构筑物、水处理构筑物及加压泵房；通信系统指通信楼、调度中心的机房部分；瓦斯排放系统指瓦斯抽放泵房。

7.1.4 本条保持 2004 年版的规定。

采油和天然气生产建筑中，需要提高设防标准的，主要是涉及油气田、炼油厂、油品储存、输油管道的生产和安全方面的关键部位的建筑。

7.1.5 本条保持 2004 年版的规定，突出了采矿生产建筑的性质。矿山建筑中，需要提高设防标准的，主要是涉及生产及人身安全的关键建筑和救灾系统建筑。

7.2 原材料生产建筑

7.2.2 本条基本保持 2004 年版的规定。原材料工业生产建筑遭受地震破坏后，除影响本行业的生产外，还对其他相关行业有影响，需要适当提高抗震设防类别。

7.2.3 本条保持 2004 年版的规定，并与《冶金建筑抗震设计规范》YB 9081－97 的有关规定协调。

钢铁和有色冶金生产厂房，结构设计时自身有较大的抗震能力，不需要专门提高抗震设防类别。

大中型冶金企业的动力系统的建筑，主要指全厂性的能源中心、总降压变电所、各高压配电室、生产工艺流程上主要车间的变电所、自备电厂主厂房、生产和生活用水总泵站、氧气站、氢气站、乙炔站、供热建筑。

7.2.4 本条保持 2004 年版的规定，与《石油化工企业建筑抗震设防等级分类标准》SH3049 作了协调。

化工和石油化工的生产门类繁多，本标准按生产装置的性质和规模加以区分。需要提高设防标准的，属于主要的生产装置及其控制系统的建筑。

7.2.5 本条保持 2004 年版的规定。轻工原材料生产企业中的大型浆板厂及大型洗涤剂原料厂，前者规模大且影响大，涉及方方面面，后者属轻工系统的石油化工工业，故提高其主要装置及控制系统的设防标准。

7.2.6 本条将原材料生产活动中，使用、产生具有剧毒、易燃、易爆物质和放射性物品的有关建筑的抗震设防分类原则归纳在一起。

在矿山建筑中，指炸药雷管库、硝酸铵、硝酸钠库及其热处理加工车间、起爆材料加工车间及炸药生产车间等。

在化工、石油化工和具有化工性质的轻工原料生产建筑中，指各种剧毒物质、高压生产和具有火灾危险的厂房及其控制系统的建筑。

火灾危险性的判断，可参见《建筑设计防火规范》GB 50016－2006 的有关说明。若使用或产生的易燃、易爆物质的量较少，不足以构成爆炸或火灾等危险时，可根据实际情况确定其抗震设防类别。

7.3 加工制造业生产建筑

7.3.1 本节保持 2004 年版的规定。

7.3.2 本条保持 2004 年版的规定。

7.3.3 本条保持 2004 年版的规定。

7.3.4 本条保持 2004 年版的规定。

7.3.5 本条基本保持 2004 年版的规定。大型电子类生产厂房指同时满足投资额 10 亿元以上、单体建筑面积超过 50000m² 和职工人数超过 1000 人的条件。

7.3.6 本条保持 2004 年版的规定。

7.3.7 本条保持 2004 年版的规定，对医药生产中的危险厂房等予以加强。

7.3.8 本条将加工制造生产活动中，使用、产生和储存剧毒、易燃、易爆物质的有关建筑的抗震设防分类原则归纳在一起。

易燃、易爆物质可参照《建筑设计防火规范》GB 50016 确定。在生产过程中，若使用或产生的易燃、易爆物质的量较少，不足以构成爆炸或火灾等危险时，可根据实际情况确定其抗震设防类别。

根据《建筑设计防火规范》GB 50016 - 2006 的有关说明，爆炸和火灾危险的判断是比较复杂的。例如，有些原料和成品都不具备火灾危险性，但生产过程中，在某些条件下生成的中间产品却具有明显的火灾危险性；有些物品在生产过程中并不危险，而在贮存中危险性较大。

7.3.9 本条保持 2004 年版的规定。

7.3.10 本条保持 2004 年版的规定。加工制造工业包括机械、电子、船舶、航空、航天、纺织、轻工、医药、粮食、食品等等，其中，航空、航天、电子、医药有特殊性，纺织与轻工业中部分具有化工性质的生产装置按化工行业对待，动力系统和具有火灾危险的易燃、易爆、剧毒物质的厂房提高设防标准，一般的生产建筑可不提高。

8 仓库类建筑

8.0.2 本条保持 2004 年版的规定。

8.0.3 本条文字作了修改，进一步区分放射性物质、剧毒物品仓库与具有火灾危险性的危险品仓库的区别。

存放物品的火灾危险性，可根据《建筑设计防火规范》GB 50016 - 2006 确定。

仓库类建筑，各行各业都有多种多样的规模、各种不同的功能，破坏后的影响也十分不同，本标准只提高有较大社会和经济影响的仓库的设防标准。但仓库并不都属于适度设防类，需按其储存物品的性质和影响程度来确定，由各行业在行业标准中予以规定，例如，属于抗震防灾工程的大型粮食仓库一般划为标准设防类。又如，《冷库设计规范》GB 50072 - 2001 规定的公称容积大于 15000m³ 的冷库，《汽车库建筑设计规范》JGJ 100 - 98 规定的停车数大于 500 辆的特大型汽车库，也不属于"储存物品价值低"的仓库。

中华人民共和国国家标准

建筑地基基础设计规范

Code for design of building foundation

GB 50007—2011

主编部门：中华人民共和国住房和城乡建设部
批准部门：中华人民共和国住房和城乡建设部
施行日期：２０１２年８月１日

中华人民共和国住房和城乡建设部
公　告

第 1096 号

关于发布国家标准
《建筑地基基础设计规范》的公告

现批准《建筑地基基础设计规范》为国家标准，编号为 GB 50007-2011，自 2012 年 8 月 1 日起实施。其中，第 3.0.2、3.0.5、5.1.3、5.3.1、5.3.4、6.1.1、6.3.1、6.4.1、7.2.7、7.2.8、8.2.7、8.4.6、8.4.9、8.4.11、8.4.18、8.5.10、8.5.13、8.5.20、8.5.22、9.1.3、9.1.9、9.5.3、10.2.1、10.2.10、10.2.13、10.2.14、10.3.2、10.3.8 条为强制性条文，必须严格执行。原《建筑地基基础设计规范》GB 50007-2002 同时废止。

本规范由我部标准定额研究所组织中国建筑工业出版社出版发行。

中华人民共和国住房和城乡建设部

2011 年 7 月 26 日

前　　言

本规范是根据住房和城乡建设部《关于印发〈2008 年工程建设标准规范制订、修订计划（第一批）〉的通知》（建标 [2008] 102 号）的要求，由中国建筑科学研究院会同有关单位在原《建筑地基基础设计规范》GB 50007-2002 的基础上修订完成的。

本规范在编制过程中，编制组经广泛调查研究，认真总结实践经验，参考国外先进标准，与国内相关标准协调，并在广泛征求意见的基础上，最后经审查定稿。

本规范共分 10 章和 22 个附录，主要技术内容包括：总则、术语和符号、基本规定、地基岩土的分类及工程特性指标、地基计算、山区地基、软弱地基、基础、基坑工程、检验与监测。

本规范修订的主要技术内容是：

1. 增加地基基础设计等级中基坑工程的相关内容；

2. 地基基础设计使用年限不应小于建筑结构的设计使用年限；

3. 增加泥炭、泥炭质土的工程定义；

4. 增加回弹再压缩变形计算方法；

5. 增加建筑物抗浮稳定计算方法；

6. 增加当地基中下卧岩面为单向倾斜，岩面坡度大于 10%，基底下的土层厚度大于 1.5m 的土岩组合地基设计原则；

7. 增加岩石地基设计内容；

8. 增加岩溶地区场地根据岩溶发育程度进行地基基础设计的原则；

9. 增加复合地基变形计算方法；

10. 增加扩展基础最小配筋率不应小于 0.15% 的设计要求；

11. 增加当扩展基础底面短边尺寸小于或等于柱宽加 2 倍基础有效高度的斜截面受剪承载力计算要求；

12. 对桩基沉降计算方法，经统计分析，调整了沉降经验系数；

13. 增加对高地下水位地区，当场地水文地质条件复杂，基坑周边环境保护要求高，设计等级为甲级的基坑工程，应进行地下水控制专项设计的要求；

14. 增加对地基处理工程的工程检验要求；

15. 增加单桩水平载荷试验要点，单桩竖向抗拔载荷试验要点。

本规范中以黑体字标志的条文为强制性条文，必须严格执行。

本规范由住房和城乡建设部负责管理和对强制性条文的解释，由中国建筑科学研究院负责具体技术内容的解释。本规范在执行过程中如有意见或建议，请寄送中国建筑科学研究院国家标准《建筑地基基础设计规范》管理组（地址：北京市北三环东路 30 号，邮编：100013，Email：tyjcabr@sina.com.cn）。

本 规 范 主 编 单 位：中国建筑科学研究院
本 规 范 参 编 单 位：建设综合勘察设计研究院
　　　　　　　　　　　北京市勘察设计研究院

中国建筑西南勘察设计研
究院

贵阳建筑勘察设计有限
公司

北京市建筑设计研究院

中国建筑设计研究院

上海现代设计集团有限
公司

中国建筑东北设计研究院

辽宁省建筑设计研究院

云南怡成建筑设计公司

中南建筑设计院

湖北省建筑科学研究院

广州市建筑科学研究院

黑龙江省寒地建筑科学研
究院

黑龙江省建筑工程质量监
督总站

中冶北方工程技术有限
公司

中国建筑工程总公司

天津大学

同济大学

太原理工大学

广州大学

郑州大学

东南大学

重庆大学

本规范主要起草人员： 滕延京　黄熙龄　王曙光
　　　　　　　　　　 宫剑飞　王卫东　王小南
　　　　　　　　　　 王公山　白晓红　任庆英
　　　　　　　　　　 刘松玉　朱　磊　沈小克
　　　　　　　　　　 张丙吉　张成金　张季超
　　　　　　　　　　 陈祥福　杨　敏　林立岩
　　　　　　　　　　 郑　刚　周同和　武　威
　　　　　　　　　　 郝江南　侯光瑜　胡岱文
　　　　　　　　　　 袁内镇　顾宝和　唐孟雄
　　　　　　　　　　 顾晓鲁　梁志荣　康景文
　　　　　　　　　　 裴　捷　潘凯云　薛慧立

本规范主要审查人员： 徐正忠　黄绍铭　吴学敏
　　　　　　　　　　 顾国荣　化建新　王常青
　　　　　　　　　　 肖自强　宋昭煌　徐天平
　　　　　　　　　　 徐张建　梅全亭　黄质宏
　　　　　　　　　　 窦南华

目　次

Contents

1 总　则

1.0.1 为了在地基基础设计中贯彻执行国家的技术经济政策，做到安全适用、技术先进、经济合理、确保质量、保护环境，制定本规范。

1.0.2 本规范适用于工业与民用建筑（包括构筑物）的地基基础设计。对于湿陷性黄土、多年冻土、膨胀土以及在地震和机械振动荷载作用下的地基基础设计，尚应符合国家现行相应专业标准的规定。

1.0.3 地基基础设计，应坚持因地制宜、就地取材、保护环境和节约资源的原则；根据岩土工程勘察资料，综合考虑结构类型、材料情况与施工条件等因素，精心设计。

1.0.4 建筑地基基础的设计除应符合本规范的规定外，尚应符合国家现行有关标准的规定。

2 术语和符号

2.1 术　语

2.1.1 地基　ground, foundation soils

支承基础的土体或岩体。

2.1.2 基础　foundation

将结构所承受的各种作用传递到地基上的结构组成部分。

2.1.3 地基承载力特征值　characteristic value of subsoil bearing capacity

由载荷试验测定的地基土压力变形曲线线性变形段内规定的变形所对应的压力值，其最大值为比例界限值。

2.1.4 重力密度（重度）　gravity density, unit weight

单位体积岩土体所承受的重力，为岩土体的密度与重力加速度的乘积。

2.1.5 岩体结构面　rock discontinuity structural plane

岩体内开裂的和易开裂的面，如层面、节理、断层、片理等，又称不连续构造面。

2.1.6 标准冻结深度　standard frost penetration

在地面平坦、裸露、城市之外的空旷场地中不少于10年的实测最大冻结深度的平均值。

2.1.7 地基变形允许值　allowable subsoil deformation

为保证建筑物正常使用而确定的变形控制值。

2.1.8 土岩组合地基　soil-rock composite ground

在建筑地基的主要受力层范围内，有下卧基岩表面坡度较大的地基；或石芽密布并有出露的地基；或大块孤石或个别石芽出露的地基。

2.1.9 地基处理　ground treatment, ground improvement

为提高地基承载力，或改善其变形性质或渗透性质而采取的工程措施。

2.1.10 复合地基　composite ground, composite foundation

部分土体被增强或被置换，而形成的由地基土和增强体共同承担荷载的人工地基。

2.1.11 扩展基础　spread foundation

为扩散上部结构传来的荷载，使作用在基底的压应力满足地基承载力的设计要求，且基础内部的应力满足材料强度的设计要求，通过向侧边扩展一定底面积的基础。

2.1.12 无筋扩展基础　non-reinforced spread foundation

由砖、毛石、混凝土或毛石混凝土、灰土和三合土等材料组成的，且不需配置钢筋的墙下条形基础或柱下独立基础。

2.1.13 桩基础　pile foundation

由设置于岩土中的桩和连接于桩顶端的承台组成的基础。

2.1.14 支挡结构　retaining structure

使岩土边坡保持稳定、控制位移、主要承受侧向荷载而建造的结构物。

2.1.15 基坑工程　excavation engineering

为保证地面向下开挖形成的地下空间在地下结构施工期间的安全稳定所需的挡土结构及地下水控制、环境保护等措施的总称。

2.2 符　号

2.2.1 作用和作用效应

E_a——主动土压力；

F_k——相应于作用的标准组合时，上部结构传至基础顶面的竖向力值；

G_k——基础自重和基础上的土重；

M_k——相应于作用的标准组合时，作用于基础底面的力矩值；

p_k——相应于作用的标准组合时，基础底面处的平均压力值；

p_0——基础底面处平均附加压力；

Q_k——相应于作用的标准组合时，轴心竖向力作用下桩基中单桩所受竖向力。

2.2.2 抗力和材料性能

a——压缩系数；

c——黏聚力；

E_s——土的压缩模量；

e——孔隙比；

f_a——修正后的地基承载力特征值；

f_{ak}——地基承载力特征值；

f_{rk}——岩石饱和单轴抗压强度标准值；

q_{pa}——桩端土的承载力特征值；

q_{sa}——桩周土的摩擦力特征值；

R_a——单桩竖向承载力特征值；

w——土的含水量；

w_L——液限；

w_p——塑限；

γ——土的重力密度，简称土的重度；

δ——填土与挡土墙墙背的摩擦角；

δ_r——填土与稳定岩石坡面间的摩擦角；

θ——地基的压力扩散角；

μ——土与挡土墙基底间的摩擦系数；

ν——泊松比；

φ——内摩擦角。

2.2.3 几何参数

A——基础底面面积；

b——基础底面宽度（最小边长）；或力矩作用方向的基础底面边长；

d——基础埋置深度，桩身直径；

h_0——基础高度；

H_f——自基础底面算起的建筑物高度；

H_g——自室外地面算起的建筑物高度；

L——房屋长度或沉降缝分隔的单元长度；

l——基础底面长度；

s——沉降量；

u——周边长度；

z_0——标准冻结深度；

z_n——地基沉降计算深度；

β——边坡对水平面的坡角。

2.2.4 计算系数

$\bar{\alpha}$——平均附加应力系数；

η_b——基础宽度的承载力修正系数；

η_d——基础埋深的承载力修正系数；

ψ_s——沉降计算经验系数。

3 基 本 规 定

3.0.1 地基基础设计应根据地基复杂程度、建筑物规模和功能特征以及由于地基问题可能造成建筑物破坏或影响正常使用的程度分为三个设计等级，设计时应根据具体情况，按表 3.0.1 选用。

表 3.0.1 地基基础设计等级

设计等级	建筑和地基类型
甲级	重要的工业与民用建筑物 30 层以上的高层建筑 体型复杂，层数相差超过 10 层的高低层连成一体建筑物

续表 3.0.1

设计等级	建筑和地基类型
甲级	大面积的多层地下建筑物（如地下车库、商场、运动场等） 对地基变形有特殊要求的建筑物 复杂地质条件下的坡上建筑物（包括高边坡） 对原有工程影响较大的新建建筑物 场地和地基条件复杂的一般建筑物 位于复杂地质条件及软土地区的二层及二层以上地下室的基坑工程 开挖深度大于 15m 的基坑工程 周边环境条件复杂、环境保护要求高的基坑工程
乙级	除甲级、丙级以外的工业与民用建筑物 除甲级、丙级以外的基坑工程
丙级	场地和地基条件简单、荷载分布均匀的七层及七层以下民用建筑及一般工业建筑；次要的轻型建筑物 非软土地区且场地地质条件简单、基坑周边环境条件简单、环境保护要求不高且开挖深度小于 5.0m 的基坑工程

3.0.2 根据建筑物地基基础设计等级及长期荷载作用下地基变形对上部结构的影响程度，地基基础设计应符合下列规定：

1 所有建筑物的地基计算均应满足承载力计算的有关规定；

2 设计等级为甲级、乙级的建筑物，均应按地基变形设计；

3 设计等级为丙级的建筑物有下列情况之一时应作变形验算：

1）地基承载力特征值小于 130kPa，且体型复杂的建筑；

2）在基础上及其附近有地面堆载或相邻基础荷载差异较大，可能引起地基产生过大的不均匀沉降时；

3）软弱地基上的建筑物存在偏心荷载时；

4）相邻建筑距离近，可能发生倾斜时；

5）地基内有厚度较大或厚薄不均的填土，其自重固结未完成时。

4 对经常受水平荷载作用的高层建筑、高耸结构和挡土墙等，以及建造在斜坡上或边坡附近的建筑物和构筑物，尚应验算其稳定性；

5 基坑工程应进行稳定性验算；

6 建筑地下室或地下构筑物存在上浮问题时，尚应进行抗浮验算。

3.0.3 表 3.0.3 所列范围内设计等级为丙级的建筑物可不作变形验算。

**表 3.0.3 可不作地基变形验算的设计
等级为丙级的建筑物范围**

地基主要受力层情况	地基承载力特征值 f_{ak}(kPa)		$80\leqslant f_{ak}$ <100	$100\leqslant f_{ak}$ <130	$130\leqslant f_{ak}$ <160	$160\leqslant f_{ak}$ <200	$200\leqslant f_{ak}$ <300
	各土层坡度(%)		$\leqslant5$	$\leqslant10$	$\leqslant10$	$\leqslant10$	$\leqslant10$
建筑类型	砌体承重结构、框架结构(层数)		$\leqslant5$	$\leqslant5$	$\leqslant6$	$\leqslant6$	$\leqslant7$
	单层排架结构(6m柱距)	单跨 吊车额定起重量(t)	10～15	15～20	20～30	30～50	50～100
		单跨 厂房跨度(m)	$\leqslant18$	$\leqslant24$	$\leqslant30$	$\leqslant30$	$\leqslant30$
		多跨 吊车额定起重量(t)	5～10	10～15	15～20	20～30	30～75
		多跨 厂房跨度(m)	$\leqslant18$	$\leqslant24$	$\leqslant30$	$\leqslant30$	$\leqslant30$
	烟囱	高度(m)	$\leqslant40$	$\leqslant50$	$\leqslant75$	$\leqslant100$	
	水塔	高度(m)	$\leqslant20$	$\leqslant30$	$\leqslant30$	$\leqslant30$	
		容积(m³)	50～100	100～200	200～300	300～500	500～1000

注：1 地基主要受力层系指条形基础底面下深度为 $3b$(b 为基础底面宽度)，独立基础下为 $1.5b$，且厚度均不小于 5m 的范围(二层以下一般的民用建筑除外)；

2 地基主要受力层中如有承载力特征值小于 130kPa 的土层，表中砌体承重结构的设计，应符合本规范第 7 章的有关要求；

3 表中砌体承重结构和框架结构均指民用建筑，对于工业建筑可按厂房高度、荷载情况折合成与其相当的民用建筑层数；

4 表中吊车额定起重量、烟囱高度和水塔容积的数值系指最大值。

3.0.4 地基基础设计前应进行岩土工程勘察，并应符合下列规定：

1 岩土工程勘察报告应提供下列资料：

1) 有无影响建筑场地稳定性的不良地质作用，评价其危害程度；

2) 建筑物范围内的地层结构及其均匀性，各岩土层的物理力学性质指标，以及对建筑材料的腐蚀性；

3) 地下水埋藏情况、类型和水位变化幅度及规律，以及对建筑材料的腐蚀性；

4) 在抗震设防区应划分场地类别，并对饱和砂土及粉土进行液化判别；

5) 对可供采用的地基基础设计方案进行论证分析，提出经济合理、技术先进的设计方案建议；提供与设计要求相对应的地基承载力及变形计算参数，并对设计与施工应注意的问题提出建议；

6) 当工程需要时，尚应提供：深基坑开挖的边坡稳定计算和支护设计所需的岩土技术

参数，论证其对周边环境的影响；基坑施工降水的有关技术参数及地下水控制方法的建议；用于计算地下水浮力的设防水位。

2 地基评价宜采用钻探取样、室内土工试验、触探，并结合其他原位测试方法进行。设计等级为甲级的建筑物应提供载荷试验指标、抗剪强度指标、变形参数指标和触探资料；设计等级为乙级的建筑物应提供抗剪强度指标、变形参数指标和触探资料；设计等级为丙级的建筑物应提供触探及必要的钻探和土工试验资料。

3 建筑物地基均应进行施工验槽。当地基条件与原勘察报告不符时，应进行施工勘察。

3.0.5 地基基础设计时，所采用的作用效应与相应的抗力限值应符合下列规定：

1 按地基承载力确定基础底面积及埋深或按单桩承载力确定桩数时，传至基础或承台底面上的作用效应应按正常使用极限状态下作用的标准组合；相应的抗力应采用地基承载力特征值或单桩承载力特征值；

2 计算地基变形时，传至基础底面上的作用效应应按正常使用极限状态下作用的准永久组合，不应计入风荷载和地震作用；相应的限值应为地基变形允许值；

3 计算挡土墙、地基或滑坡稳定以及基础抗浮稳定时，作用效应应按承载能力极限状态下作用的基本组合，但其分项系数均为 1.0；

4 在确定基础或桩基承台高度、支挡结构截面、计算基础或支挡结构内力、确定配筋和验算材料强度时，上部结构传来的作用效应和相应的基底反力、挡土墙土压力以及滑坡推力，应按承载能力极限状态下作用的基本组合，采用相应的分项系数；当需要验算基础裂缝宽度时，应按正常使用极限状态下作用的标准组合；

5 基础设计安全等级、结构设计使用年限、结构重要性系数应按有关规范的规定采用，但结构重要性系数 γ_0 不应小于 1.0。

3.0.6 地基基础设计时，作用组合的效应设计值应符合下列规定：

1 正常使用极限状态下，标准组合的效应设计值 S_k 应按下式确定：

$$S_k = S_{Gk} + S_{Q1k} + \psi_{c2}S_{Q2k} + \cdots\cdots + \psi_{cn}S_{Qnk}$$

(3.0.6-1)

式中：S_{Gk}——永久作用标准值 G_k 的效应；

S_{Qik}——第 i 个可变作用标准值 Q_{ik} 的效应；

ψ_{ci}——第 i 个可变作用 Q_i 的组合值系数，按现行国家标准《建筑结构荷载规范》GB 50009 的规定取值。

2 准永久组合的效应设计值 S_k 应按下式确定：

$$S_k = S_{Gk} + \psi_{q1} S_{Q1k} + \psi_{q2} S_{Q2k} + \cdots\cdots + \psi_{qn} S_{Qnk}$$

$$(3.0.6-2)$$

式中：ψ_{qi}——第 i 个可变作用的准永久值系数，按现行国家标准《建筑结构荷载规范》GB 50009 的规定取值。

3 承载能力极限状态下，由可变作用控制的基本组合的效应设计值 S_d，应按下式确定：

$$S_d = \gamma_G S_{Gk} + \gamma_{Q1} S_{Q1k} + \gamma_{Q2} \psi_{c2} S_{Q2k} + \cdots\cdots + \gamma_{Qn} \psi_{cn} S_{Qnk}$$

$$(3.0.6-3)$$

式中：γ_G——永久作用的分项系数，按现行国家标准《建筑结构荷载规范》GB 50009 的规定取值；

γ_{Qi}——第 i 个可变作用的分项系数，按现行国家标准《建筑结构荷载规范》GB 50009 的规定取值。

4 对由永久作用控制的基本组合，也可采用简化规则，基本组合的效应设计值 S_d 可按下式确定：

$$S_d = 1.35 S_k \qquad (3.0.6-4)$$

式中：S_k——标准组合的作用效应设计值。

3.0.7 地基基础的设计使用年限不应小于建筑结构的设计使用年限。

4 地基岩土的分类及工程特性指标

4.1 岩土的分类

4.1.1 作为建筑地基的岩土，可分为岩石、碎石土、砂土、粉土、黏性土和人工填土。

4.1.2 作为建筑地基的岩石，除应确定岩石的地质名称外，尚应按本规范第 4.1.3 条划分岩石的坚硬程度，按本规范第 4.1.4 条划分岩体的完整程度。岩石的风化程度可分为未风化、微风化、中等风化、强风化和全风化。

4.1.3 岩石的坚硬程度应根据岩块的饱和单轴抗压强度 f_{rk} 按表 4.1.3 分为坚硬岩、较硬岩、较软岩、软岩和极软岩。当缺乏饱和单轴抗压强度资料或不能进行该项试验时，可在现场通过观察定性划分，划分标准可按本规范附录 A.0.1 条执行。

表 4.1.3　岩石坚硬程度的划分

坚硬程度类别	坚硬岩	较硬岩	较软岩	软岩	极软岩
饱和单轴抗压强度标准值 f_{rk}(MPa)	$f_{rk}>60$	$60 \geqslant f_{rk} >30$	$30 \geqslant f_{rk} >15$	$15 \geqslant f_{rk} >5$	$f_{rk} \leqslant 5$

4.1.4 岩体完整程度应按表 4.1.4 划分为完整、较完整、较破碎、破碎和极破碎。当缺乏试验数据时可

按本规范附录 A.0.2 条确定。

表 4.1.4　岩体完整程度划分

完整程度等级	完整	较完整	较破碎	破碎	极破碎
完整性指数	>0.75	0.75~0.55	0.55~0.35	0.35~0.15	<0.15

注：完整性指数为岩体纵波波速与岩块纵波波速之比的平方。选定岩体、岩块测定波速时应有代表性。

4.1.5 碎石土为粒径大于 2mm 的颗粒含量超过全重 50% 的土。碎石土可按表 4.1.5 分为漂石、块石、卵石、碎石、圆砾和角砾。

表 4.1.5　碎石土的分类

土的名称	颗粒形状	粒组含量
漂石 块石	圆形及亚圆形为主 棱角形为主	粒径大于 200mm 的颗粒含量超过全重 50%
卵石 碎石	圆形及亚圆形为主 棱角形为主	粒径大于 20mm 的颗粒含量超过全重 50%
圆砾 角砾	圆形及亚圆形为主 棱角形为主	粒径大于 2mm 的颗粒含量超过全重 50%

注：分类时应根据粒组含量栏从上到下以最先符合者确定。

4.1.6 碎石土的密实度，可按表 4.1.6 分为松散、稍密、中密、密实。

表 4.1.6　碎石土的密实度

重型圆锥动力触探锤击数 $N_{63.5}$	密实度
$N_{63.5} \leqslant 5$	松散
$5 < N_{63.5} \leqslant 10$	稍密
$10 < N_{63.5} \leqslant 20$	中密
$N_{63.5} > 20$	密实

注：1　本表适用于平均粒径小于或等于 50mm 且最大粒径不超过 100mm 的卵石、碎石、圆砾、角砾；对于平均粒径大于 50mm 或最大粒径大于 100mm 的碎石土，可按本规范附录 B 鉴别其密实度；

2　表内 $N_{63.5}$ 为经综合修正后的平均值。

4.1.7 砂土为粒径大于 2mm 的颗粒含量不超过全重 50%、粒径大于 0.075mm 的颗粒超过全重 50% 的土。砂土可按表 4.1.7 分为砾砂、粗砂、中砂、细砂和粉砂。

表 4.1.7　砂土的分类

土的名称	粒组含量
砾砂	粒径大于 2mm 的颗粒含量占全重 25%~50%

土的名称	粒组含量
粗砂	粒径大于 0.5mm 的颗粒含量超过全重 50%
中砂	粒径大于 0.25mm 的颗粒含量超过全重 50%
细砂	粒径大于 0.075mm 的颗粒含量超过全重 85%
粉砂	粒径大于 0.075mm 的颗粒含量超过全重 50%

注：分类时应根据粒组含量栏从上到下以最先符合者确定。

4.1.8 砂土的密实度，可按表 4.1.8 分为松散、稍密、中密、密实。

表 4.1.8 砂土的密实度

标准贯入试验锤击数 N	密 实 度
$N \leqslant 10$	松散
$10 < N \leqslant 15$	稍密
$15 < N \leqslant 30$	中密
$N > 30$	密实

注：当用静力触探探头阻力判定砂土的密实度时，可根据当地经验确定。

4.1.9 黏性土为塑性指数 I_p 大于 10 的土，可按表 4.1.9 分为黏土、粉质黏土。

表 4.1.9 黏性土的分类

塑性指数 I_p	土的名称
$I_p > 17$	黏土
$10 < I_p \leqslant 17$	粉质黏土

注：塑性指数由相应于 76g 圆锥体沉入土样中深度为 10mm 时测定的液限计算而得。

4.1.10 黏性土的状态，可按表 4.1.10 分为坚硬、硬塑、可塑、软塑、流塑。

表 4.1.10 黏性土的状态

液性指数 I_L	状 态
$I_L \leqslant 0$	坚 硬
$0 < I_L \leqslant 0.25$	硬 塑
$0.25 < I_L \leqslant 0.75$	可 塑
$0.75 < I_L \leqslant 1$	软 塑
$I_L > 1$	流 塑

注：当用静力触探探头阻力判定黏性土的状态时，可根据当地经验确定。

4.1.11 粉土为介于砂土与黏性土之间，塑性指数 I_p 小于或等于 10 且粒径大于 0.075mm 的颗粒含量不超过全重 50% 的土。

4.1.12 淤泥为在静水或缓慢的流水环境中沉积，并经生物化学作用形成，其天然含水量大于液限、天然孔隙比大于或等于 1.5 的黏性土。当天然含水量大于液限而天然孔隙比小于 1.5 但大于或等于 1.0 的黏性土或粉土为淤泥质土。含有大量未分解的腐殖质，有机质含量大于 60% 的土为泥炭，有机质含量大于或等于 10% 且小于或等于 60% 的土为泥炭质土。

4.1.13 红黏土为碳酸盐岩系的岩石经红土化作用形成的高塑性黏土。其液限一般大于 50%。红黏土经再搬运后仍保留其基本特征，其液限大于 45% 的土为次生红黏土。

4.1.14 人工填土根据其组成和成因，可分为素填土、压实填土、杂填土、冲填土。素填土为由碎石土、砂土、粉土、黏性土等组成的填土。经过压实或夯实的素填土为压实填土。杂填土为含有建筑垃圾、工业废料、生活垃圾等杂物的填土。冲填土为由水力冲填泥砂形成的填土。

4.1.15 膨胀土为土中黏粒成分主要由亲水性矿物组成，同时具有显著的吸水膨胀和失水收缩特性，其自由膨胀率大于或等于 40% 的黏性土。

4.1.16 湿陷性土为在一定压力下浸水后产生附加沉降，其湿陷系数大于或等于 0.015 的土。

4.2 工程特性指标

4.2.1 土的工程特性指标可采用强度指标、压缩性指标以及静力触探探头阻力、动力触探锤击数、标准贯入试验锤击数、载荷试验承载力等特性指标表示。

4.2.2 地基土工程特性指标的代表值应分别为标准值、平均值及特征值。抗剪强度指标应取标准值，压缩性指标应取平均值，载荷试验承载力应取特征值。

4.2.3 载荷试验应采用浅层平板载荷试验或深层平板载荷试验。浅层平板载荷试验适用于浅层地基，深层平板载荷试验适用于深层地基。两种载荷试验的试验要求应分别符合本规范附录 C、D 的规定。

4.2.4 土的抗剪强度指标，可采用原状土室内剪切试验、无侧限抗压强度试验、现场剪切试验、十字板剪切试验等方法测定。当采用室内剪切试验确定时，宜选择三轴压缩试验的自重压力下预固结的不固结不排水试验。经过预压固结的地基可采用固结不排水试验。每层土的试验数量不得少于六组。室内试验抗剪强度指标 c_k、φ_k，可按本规范附录 E 确定。在验算坡体的稳定性时，对于已有剪切破裂面或其他软弱结构面的抗剪强度，应进行野外大型剪切试验。

4.2.5 土的压缩性指标可采用原状土室内压缩试验、原位浅层或深层平板载荷试验、旁压试验确定，并应符合下列规定：

　1 当采用室内压缩试验确定压缩模量时，试验所施加的最大压力应超过土自重压力与预计的附加压力之和，试验成果用 e-p 曲线表示；

2 当考虑土的应力历史进行沉降计算时，应进行高压固结试验，确定先期固结压力、压缩指数，试验成果用 e-$\lg p$ 曲线表示；为确定回弹指数，应在估计的先期固结压力之后进行一次卸荷，再继续加荷至预定的最后一级压力；

3 当考虑深基坑开挖卸荷和再加荷时，应进行回弹再压缩试验，其压力的施加应与实际的加卸荷状况一致。

4.2.6 地基土的压缩性可按 p_1 为 100kPa，p_2 为 200kPa 时相对应的压缩系数值 a_{1-2} 划分为低、中、高压缩性，并符合以下规定：

1 当 $a_{1-2} < 0.1\text{MPa}^{-1}$ 时，为低压缩性土；

2 当 $0.1\text{MPa}^{-1} \leqslant a_{1-2} < 0.5\text{MPa}^{-1}$ 时，为中压缩性土；

3 当 $a_{1-2} \geqslant 0.5\text{MPa}^{-1}$ 时，为高压缩性土。

5 地 基 计 算

5.1 基础埋置深度

5.1.1 基础的埋置深度，应按下列条件确定：

1 建筑物的用途，有无地下室、设备基础和地下设施，基础的形式和构造；

2 作用在地基上的荷载大小和性质；

3 工程地质和水文地质条件；

4 相邻建筑物的基础埋深；

5 地基土冻胀和融陷的影响。

5.1.2 在满足地基稳定和变形要求的前提下，当上层地基的承载力大于下层土时，宜利用上层土作持力层。除岩石地基外，基础埋深不宜小于 0.5m。

5.1.3 高层建筑基础的埋置深度应满足地基承载力、变形和稳定性要求。位于岩石地基上的高层建筑，其基础埋深应满足抗滑稳定性要求。

5.1.4 在抗震设防区，除岩石地基外，天然地基上的箱形和筏形基础其埋置深度不宜小于建筑物高度的 1/15；桩箱或桩筏基础的埋置深度（不计桩长）不宜小于建筑物高度的 1/18。

5.1.5 基础宜埋置在地下水位以上，当必须埋在地下水位以下时，应采取地基土在施工时不受扰动的措施。当基础埋置在易风化的岩层上，施工时应在基坑开挖后立即铺筑垫层。

5.1.6 当存在相邻建筑物时，新建建筑物的基础埋深不宜大于原有建筑基础。当埋深大于原有建筑基础时，两基础间应保持一定净距，其数值应根据建筑荷载大小、基础形式和土质情况确定。

5.1.7 季节性冻土地基的场地冻结深度应按下式进行计算：

$$z_d = z_0 \cdot \psi_{zs} \cdot \psi_{zw} \cdot \psi_{ze} \qquad (5.1.7)$$

式中：z_d——场地冻结深度（m），当有实测资料时，

按 $z_d = h' - \Delta z$ 计算；

h'——最大冻深出现时场地最大冻土层厚度（m）；

Δz——最大冻深出现时场地地表冻胀量（m）；

z_0——标准冻结深度（m）；当无实测资料时，按本规范附录 F 采用；

ψ_{zs}——土的类别对冻结深度的影响系数，按表 5.1.7-1 采用；

ψ_{zw}——土的冻胀性对冻结深度的影响系数，按表 5.1.7-2 采用；

ψ_{ze}——环境对冻结深度的影响系数，按表 5.1.7-3 采用。

表 5.1.7-1 土的类别对冻结深度的影响系数

土的类别	影响系数 ψ_{zs}
黏性土	1.00
细砂、粉砂、粉土	1.20
中、粗、砾砂	1.30
大块碎石土	1.40

表 5.1.7-2 土的冻胀性对冻结深度的影响系数

冻 胀 性	影响系数 ψ_{zw}
不冻胀	1.00
弱冻胀	0.95
冻胀	0.90
强冻胀	0.85
特强冻胀	0.80

表 5.1.7-3 环境对冻结深度的影响系数

周围环境	影响系数 ψ_{ze}
村、镇、旷野	1.00
城市近郊	0.95
城市市区	0.90

注：环境影响系数一项，当城市市区人口为 20 万～50 万时，按城市近郊取值；当城市市区人口大于 50 万小于或等于 100 万时，只计入市区影响；当城市市区人口超过 100 万时，除计入市区影响外，尚应考虑 5km 以内的郊区近郊影响系数。

5.1.8 季节性冻土地区基础埋置深度宜大于场地冻结深度。对于深厚季节冻土地区，当建筑基础底面土层为不冻胀、弱冻胀、冻胀土时，基础埋置深度可以小于场地冻结深度，基础底面下允许冻土层最大厚度应根据当地经验确定。没有地区经验时可按本规范附录 G 查取。此时，基础最小埋置深度 d_{min} 可按下式计算：

$$d_{min} = z_d - h_{max} \qquad (5.1.8)$$

式中：h_{max}——基础底面下允许冻土层最大厚度（m）。

5.1.9 地基土的冻胀类别分为不冻胀、弱冻胀、冻胀、强冻胀和特强冻胀，可按本规范附录G查取。在冻胀、强冻胀和特强冻胀地基上采用防冻害措施时应符合下列规定：

1 对在地下水位以上的基础，基础侧表面应回填不冻胀的中、粗砂，其厚度不应小于200mm；对在地下水位以下的基础，可采用桩基础、保温性基础、自锚式基础（冻土层下有扩大板或扩底短桩），也可将独立基础或条形基础做成正梯形的斜面基础。

2 宜选择地势高、地下水位低、地表排水条件好的建筑场地。对低洼场地，建筑物的室外地坪标高应至少高出自然地面300mm～500mm，其范围不宜小于建筑四周向外各一倍冻结深度距离的范围。

3 应做好排水设施，施工和使用期间防止水浸入建筑地基。在山区应设置截水沟或在建筑物下设置暗沟，以排走地表水和潜水。

4 在强冻胀性和特强冻胀性地基上，其基础结构应设置钢筋混凝土圈梁和基础梁，并控制建筑的长高比。

5 当独立基础连系梁下或桩基础承台下有冻土时，应在梁或承台下留有相当于该土层冻胀量的空隙。

6 外门斗、室外台阶和散水坡等部位宜与主体结构断开，散水坡分段不宜超过1.5m，坡度不宜小于3%，其下宜填入非冻胀性材料。

7 对跨年度施工的建筑，入冬前应对地基采取相应的防护措施；按采暖设计的建筑物，当冬季不能正常采暖时，也应对地基采取保温措施。

5.2 承载力计算

5.2.1 基础底面的压力，应符合下列规定：

1 当轴心荷载作用时

$$p_k \leq f_a \qquad (5.2.1-1)$$

式中：p_k——相应于作用的标准组合时，基础底面处的平均压力值（kPa）；

f_a——修正后的地基承载力特征值（kPa）。

2 当偏心荷载作用时，除符合式（5.2.1-1）要求外，尚应符合下式规定：

$$p_{kmax} \leq 1.2 f_a \qquad (5.2.1-2)$$

式中：p_{kmax}——相应于作用的标准组合时，基础底面边缘的最大压力值（kPa）。

5.2.2 基础底面的压力，可按下列公式确定：

1 当轴心荷载作用时

$$p_k = \frac{F_k + G_k}{A} \qquad (5.2.2-1)$$

式中：F_k——相应于作用的标准组合时，上部结构传至基础顶面的竖向力值（kN）；

G_k——基础自重和基础上的土重（kN）；

A——基础底面面积（m²）。

2 当偏心荷载作用时

$$p_{kmax} = \frac{F_k + G_k}{A} + \frac{M_k}{W} \qquad (5.2.2-2)$$

$$p_{kmin} = \frac{F_k + G_k}{A} - \frac{M_k}{W} \qquad (5.2.2-3)$$

式中：M_k——相应于作用的标准组合时，作用于基础底面的力矩值（kN·m）；

W——基础底面的抵抗矩（m³）；

p_{kmin}——相应于作用的标准组合时，基础底面边缘的最小压力值（kPa）。

3 当基础底面形状为矩形且偏心距 $e > b/6$ 时（图5.2.2），p_{kmax} 应按下式计算：

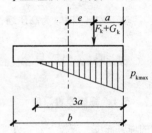

图 5.2.2　偏心荷载（$e > b/6$）
下基底压力计算示意
b—力矩作用方向基础底面边长

$$p_{kmax} = \frac{2(F_k + G_k)}{3la} \qquad (5.2.2-4)$$

式中：l——垂直于力矩作用方向的基础底面边长（m）；

a——合力作用点至基础底面最大压力边缘的距离（m）。

5.2.3 地基承载力特征值可由载荷试验或其他原位测试、公式计算，并结合工程实践经验等方法综合确定。

5.2.4 当基础宽度大于3m或埋置深度大于0.5m时，从载荷试验或其他原位测试、经验值等方法确定的地基承载力特征值，尚应按下式修正：

$$f_a = f_{ak} + \eta_b \gamma (b - 3) + \eta_d \gamma_m (d - 0.5) \qquad (5.2.4)$$

式中：f_a——修正后的地基承载力特征值（kPa）；

f_{ak}——地基承载力特征值（kPa），按本规范第5.2.3条的原则确定；

η_b、η_d——基础宽度和埋置深度的地基承载力修正系数，按基底下土的类别查表5.2.4取值；

γ——基础底面以下土的重度（kN/m³），地下水位以下取浮重度；

b——基础底面宽度（m），当基础底面宽度小于3m时按3m取值，大于6m时按6m取值；

γ_m——基础底面以上土的加权平均重度(kN/m^3),位于地下水位以下的土层取有效重度;

d——基础埋置深度(m),宜自室外地面标高算起。在填方整平地区,可自填土地面标高算起,但填土在上部结构施工后完成时,应从天然地面标高算起。对于地下室,当采用箱形基础或筏基时,基础埋置深度自室外地面标高算起;当采用独立基础或条形基础时,应从室内地面标高算起。

表5.2.4 承载力修正系数

土 的 类 别		η_b	η_d
淤泥和淤泥质土		0	1.0
人工填土 e 或 I_L 大于等于 0.85 的黏性土		0	1.0
红 黏 土	含水比 $\alpha_w>0.8$	0	1.2
	含水比 $\alpha_w\leqslant0.8$	0.15	1.4
大面积 压实填土	压实系数大于 0.95、黏粒含量 $\rho_c\geqslant10\%$ 的粉土	0	1.5
	最大干密度大于 $2100kg/m^3$ 的级配砂石	0	2.0
粉 土	黏粒含量 $\rho_c\geqslant10\%$ 的粉土	0.3	1.5
	黏粒含量 $\rho_c<10\%$ 的粉土	0.5	2.0
e 及 I_L 均小于 0.85 的黏性土		0.3	1.6
粉砂、细砂(不包括很湿与饱和时的稍密状态)		2.0	3.0
中砂、粗砂、砾砂和碎石土		3.0	4.4

注:1 强风化和全风化的岩石,可参照所风化成的相应土类取值,其他状态下的岩石不修正;

2 地基承载力特征值按本规范附录D深层平板载荷试验确定时 η_d 取0;

3 含水比是指土的天然含水量与液限的比值;

4 大面积压实填土是指填土范围大于两倍基础宽度的填土。

5.2.5 当偏心距 e 小于或等于 0.033 倍基础底面宽度时,根据土的抗剪强度指标确定地基承载力特征值可按下式计算,并应满足变形要求:

$$f_a = M_b\gamma b + M_d\gamma_m d + M_c c_k \qquad (5.2.5)$$

式中:f_a——由土的抗剪强度指标确定的地基承载力特征值(kPa);

M_b、M_d、M_c——承载力系数,按表5.2.5确定;

b——基础底面宽度(m),大于 6m 时按 6m 取值,对于砂土小于 3m 时按 3m 取值;

c_k——基底下一倍短边宽度的深度范围内土的黏聚力标准值(kPa)。

表5.2.5 承载力系数 M_b、M_d、M_c

土的内摩擦角标准值 φ_k(°)	M_b	M_d	M_c
0	0	1.00	3.14
2	0.03	1.12	3.32
4	0.06	1.25	3.51
6	0.10	1.39	3.71
8	0.14	1.55	3.93
10	0.18	1.73	4.17
12	0.23	1.94	4.42
14	0.29	2.17	4.69
16	0.36	2.43	5.00
18	0.43	2.72	5.31
20	0.51	3.06	5.66
22	0.61	3.44	6.04
24	0.80	3.87	6.45
26	1.10	4.37	6.90
28	1.40	4.93	7.40
30	1.90	5.59	7.95
32	2.60	6.35	8.55
34	3.40	7.21	9.22
36	4.20	8.25	9.97
38	5.00	9.44	10.80
40	5.80	10.84	11.73

注:φ_k—基底下一倍短边宽度的深度范围内土的内摩擦角标准值(°)。

5.2.6 对于完整、较完整、较破碎的岩石地基承载力特征值可按本规范附录H岩石地基载荷试验方法确定;对破碎、极破碎的岩石地基承载力特征值,可根据平板载荷试验确定。对完整、较完整和较破碎的岩石地基承载力特征值,也可根据室内饱和单轴抗压强度按下式进行计算:

$$f_a = \psi_r \cdot f_{rk} \qquad (5.2.6)$$

式中:f_a——岩石地基承载力特征值(kPa);

f_{rk}——岩石饱和单轴抗压强度标准值(kPa),可按本规范附录J确定;

ψ_r——折减系数。根据岩体完整程度以及结构面的间距、宽度、产状和组合,由地方经验确定。无经验时,对完整岩体可取0.5;对较完整岩体可取 0.2~0.5;对较破碎岩体可取 0.1~0.2。

注:1 上述折减系数值未考虑施工因素及建筑物使用后风化作用的继续;

2 对于黏土质岩,在确保施工期及使用期不致遭水浸泡时,也可采用天然湿度的试样,不进行饱和处理。

5.2.7 当地基受力层范围内有软弱下卧层时,应符合下列规定:

1 应按下式验算软弱下卧层的地基承载力:

$$p_z + p_{cz} \leqslant f_{az} \qquad (5.2.7-1)$$

式中:p_z——相应于作用的标准组合时,软弱下卧层顶面处的附加压力值(kPa);

p_{cz}——软弱下卧层顶面处土的自重压力值（kPa）；

f_{az}——软弱下卧层顶面处经深度修正后的地基承载力特征值（kPa）。

2 对条形基础和矩形基础，式（5.2.7-1）中的 p_z 值可按下列公式简化计算：

条形基础

$$p_z = \frac{b(p_k - p_c)}{b + 2z\tan\theta} \quad (5.2.7-2)$$

矩形基础

$$p_z = \frac{lb(p_k - p_c)}{(b + 2z\tan\theta)(l + 2z\tan\theta)} \quad (5.2.7-3)$$

式中：b——矩形基础或条形基础底边的宽度（m）；

l——矩形基础底边的长度（m）；

p_c——基础底面处土的自重压力值（kPa）；

z——基础底面至软弱下卧层顶面的距离（m）；

θ——地基压力扩散线与垂直线的夹角（°），可按表 5.2.7 采用。

表 5.2.7 地基压力扩散角 θ

E_{s1}/E_{s2}	z/b	
	0.25	0.50
3	6°	23°
5	10°	25°
10	20°	30°

注：1 E_{s1} 为上层土压缩模量；E_{s2} 为下层土压缩模量；

2 $z/b < 0.25$ 时取 $\theta = 0°$，必要时，宜由试验确定；$z/b > 0.50$ 时 θ 值不变；

3 z/b 在 0.25 与 0.50 之间可插值使用。

5.2.8 对于沉降已经稳定的建筑或经过预压的地基，可适当提高地基承载力。

5.3 变 形 计 算

5.3.1 建筑物的地基变形计算值，不应大于地基变形允许值。

5.3.2 地基变形特征可分为沉降量、沉降差、倾斜、局部倾斜。

5.3.3 在计算地基变形时，应符合下列规定：

1 由于建筑地基不均匀、荷载差异很大、体型复杂等因素引起的地基变形，对于砌体承重结构应由局部倾斜值控制；对于框架结构和单层排架结构应由相邻柱基的沉降差控制；对于多层或高层建筑和高耸结构应由倾斜值控制；必要时尚应控制平均沉降量。

2 在必要情况下，需要分别预估建筑物在施工期间和使用期间的地基变形值，以便预留建筑物有关部分之间的净空，选择连接方法和施工顺序。

5.3.4 建筑物的地基变形允许值应按表 5.3.4 规定采用。对表中未包括的建筑物，其地基变形允许值应根据上部结构对地基变形的适应能力和使用上的要求确定。

表 5.3.4 建筑物的地基变形允许值

变形特征		地基土类别	
		中、低压缩性土	高压缩性土
砌体承重结构基础的局部倾斜		0.002	0.003
工业与民用建筑相邻柱基的沉降差	框架结构	0.002l	0.003l
	砌体墙填充的边排柱	0.0007l	0.001l
	当基础不均匀沉降时不产生附加应力的结构	0.005l	0.005l
单层排架结构（柱距为 6m）柱基的沉降量（mm）		(120)	200
桥式吊车轨面的倾斜（按不调整轨道考虑）	纵 向	0.004	
	横 向	0.003	
多层和高层建筑的整体倾斜	$H_g \leqslant 24$	0.004	
	$24 < H_g \leqslant 60$	0.003	
	$60 < H_g \leqslant 100$	0.0025	
	$H_g > 100$	0.002	
体型简单的高层建筑基础的平均沉降量（mm）		200	
高耸结构基础的倾斜	$H_g \leqslant 20$	0.008	
	$20 < H_g \leqslant 50$	0.006	
	$50 < H_g \leqslant 100$	0.005	
	$100 < H_g \leqslant 150$	0.004	
	$150 < H_g \leqslant 200$	0.003	
	$200 < H_g \leqslant 250$	0.002	
高耸结构基础的沉降量（mm）	$H_g \leqslant 100$	400	
	$100 < H_g \leqslant 200$	300	
	$200 < H_g \leqslant 250$	200	

注：1 本表数值为建筑物地基实际最终变形允许值；

2 有括号者仅适用于中压缩性土；

3 l 为相邻柱基的中心距离（mm）；H_g 为自室外地面起算的建筑物高度（m）；

4 倾斜指基础倾斜方向两端点的沉降差与其距离的比值；

5 局部倾斜指砌体承重结构沿纵向 6m～10m 内基础两点的沉降差与其距离的比值。

5.3.5 计算地基变形时，地基内的应力分布，可采用各向同性均质线性变形体理论。其最终变形量可按下式进行计算：

$$s = \psi_s s' = \psi_s \sum_{i=1}^{n} \frac{p_0}{E_{si}} (z_i \bar{\alpha}_i - z_{i-1} \bar{\alpha}_{i-1}) \quad (5.3.5)$$

式中：s——地基最终变形量（mm）；

s'——按分层总和法计算出的地基变形量（mm）；

ψ_s——沉降计算经验系数，根据地区沉降观测资料及经验确定，无地区经验时可根据变形计算深度范围内压缩模量的当量值（$\overline{E}_s$）、基底附加压力按表5.3.5取值；

n——地基变形计算深度范围内所划分的土层数（图5.3.5）；

p_0——相应于作用的准永久组合时基础底面处的附加压力（kPa）；

E_{si}——基础底面下第i层土的压缩模量（MPa），应取土的自重压力至土的自重压力与附加压力之和的压力段计算；

z_i、z_{i-1}——基础底面至第i层土、第$i-1$层土底面的距离（m）；

$\overline{\alpha}_i$、$\overline{\alpha}_{i-1}$——基础底面计算点至第i层土、第$i-1$层土底面范围内平均附加应力系数，可按本规范附录K采用。

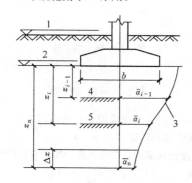

图5.3.5 基础沉降计算的分层示意

1—天然地面标高；2—基底标高；3—平均附加应力系数$\overline{\alpha}$曲线；4—$i-1$层；5—i层

表5.3.5 沉降计算经验系数ψ_s

$\overline{E}_s$（MPa） 基底附加压力	2.5	4.0	7.0	15.0	20.0
$p_0 \geq f_{ak}$	1.4	1.3	1.0	0.4	0.2
$p_0 \leq 0.75 f_{ak}$	1.1	1.0	0.7	0.4	0.2

5.3.6 变形计算深度范围内压缩模量的当量值（$\overline{E}_s$），应按下式计算：

$$\overline{E}_s = \frac{\sum A_i}{\sum \dfrac{A_i}{E_{si}}} \qquad (5.3.6)$$

式中：A_i——第i层土附加应力系数沿土层厚度的积分值。

5.3.7 地基变形计算深度z_n（图5.3.5），应符合式（5.3.7）的规定。当计算深度下部仍有较软土层时，应继续计算。

$$\Delta s'_n \leq 0.025 \sum_{i=1}^{n} \Delta s'_i \qquad (5.3.7)$$

式中：$\Delta s'_i$——在计算深度范围内，第i层土的计算变形值（mm）；

$\Delta s'_n$——在由计算深度向上取厚度为Δz的土层计算变形值（mm），Δz见图5.3.5并按表5.3.7确定。

表5.3.7 Δz

b（m）	≤ 2	$2 < b \leq 4$	$4 < b \leq 8$	$b > 8$
Δz（m）	0.3	0.6	0.8	1.0

5.3.8 当无相邻荷载影响，基础宽度在1m～30m范围内时，基础中点的地基变形计算深度也可按简化公式（5.3.8）进行计算。在计算深度范围内存在基岩时，z_n可取至基岩表面；当存在较厚的坚硬黏性土层，其孔隙比小于0.5、压缩模量大于50MPa，或存在较厚的密实砂卵石层，其压缩模量大于80MPa时，z_n可取至该层土表面。此时，地基土附加压力分布应考虑相对硬层存在的影响，按本规范公式（6.2.2）计算地基最终变形量。

$$z_n = b(2.5 - 0.4 \ln b) \qquad (5.3.8)$$

式中：b——基础宽度（m）。

5.3.9 当存在相邻荷载时，应计算相邻荷载引起的地基变形，其值可按应力叠加原理，采用角点法计算。

5.3.10 当建筑物地下室基础埋置较深时，地基土的回弹变形量可按下式进行计算：

$$s_c = \psi_c \sum_{i=1}^{n} \frac{p_c}{E_{ci}} (z_i \overline{\alpha}_i - z_{i-1} \overline{\alpha}_{i-1}) \qquad (5.3.10)$$

式中：s_c——地基的回弹变形量（mm）；

ψ_c——回弹量计算的经验系数，无地区经验时可取1.0；

p_c——基坑底面以上土的自重压力（kPa），地下水位以下应扣除浮力；

E_{ci}——土的回弹模量（kPa），按现行国家标准《土工试验方法标准》GB/T 50123中土的固结试验回弹曲线的不同应力段计算。

5.3.11 回弹再压缩变形量计算可采用再加荷的压力小于卸荷土的自重压力段内再压缩变形线性分布的假定按下式进行计算：

$$s'_c = \begin{cases} r'_0 s_c \dfrac{p}{p_c R'_0} & p < R'_0 p_c \\[2mm] s_c \left[r'_0 + \dfrac{r'_{R'=1.0} - r'_0}{1 - R'_0} \left(\dfrac{p}{p_c} - R'_0 \right) \right] & R'_0 p_c \leq p \leq p_c \end{cases}$$

$$(5.3.11)$$

式中：s'_c——地基土回弹再压缩变形量（mm）；

s_c——地基的回弹变形量（mm）；

r'_0——临界再压缩比率，相应于再压缩比率与再加荷比关系曲线上两段线性交点对应的再压缩比率，由土的固结回弹再压缩

R'_0——临界再加荷比，相应在再压缩比率与再加荷比关系曲线上两段线性交点对应的再加荷比，由土的固结回弹再压缩试验确定；

$r'_{R'=1.0}$——对应于再加荷比 $R' = 1.0$ 时的再压缩比率，由土的固结回弹再压缩试验确定，其值等于回弹再压缩变形增大系数；

p——再加荷的基底压力（kPa）。

5.3.12 在同一整体大面积基础上建有多栋高层和低层建筑，宜考虑上部结构、基础与地基的共同作用进行变形计算。

5.4 稳定性计算

5.4.1 地基稳定性可采用圆弧滑动面法进行验算。最危险的滑动面上诸力对滑动中心所产生的抗滑力矩与滑动力矩应符合下式要求：

$$M_R/M_S \geqslant 1.2 \qquad (5.4.1)$$

式中：M_S——滑动力矩（kN·m）；

M_R——抗滑力矩（kN·m）。

5.4.2 位于稳定土坡坡顶上的建筑，应符合下列规定：

1 对于条形基础或矩形基础，当垂直于坡顶边缘线的基础底面边长小于或等于3m时，其基础底面外边缘线至坡顶的水平距离（图5.4.2）应符合下式要求，且不得小于2.5m：

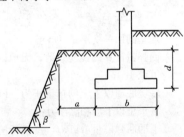

图 5.4.2 基础底面外边缘线至坡顶的水平距离示意

条形基础

$$a \geqslant 3.5b - \frac{d}{\tan\beta} \qquad (5.4.2-1)$$

矩形基础

$$a \geqslant 2.5b - \frac{d}{\tan\beta} \qquad (5.4.2-2)$$

式中：a——基础底面外边缘线至坡顶的水平距离（m）；

b——垂直于坡顶边缘线的基础底面边长（m）；

d——基础埋置深度（m）；

β——边坡坡角（°）。

2 当基础底面外边缘线至坡顶的水平距离不满

足式（5.4.2-1）、式（5.4.2-2）的要求时，可根据基底平均压力按式（5.4.1）确定基础距坡顶边缘的距离和基础埋深。

3 当边坡坡角大于45°、坡高大于8m时，尚应按式（5.4.1）验算坡体稳定性。

5.4.3 建筑物基础存在浮力作用时应进行抗浮稳定性验算，并应符合下列规定：

1 对于简单的浮力作用情况，基础抗浮稳定性应符合下式要求：

$$\frac{G_k}{N_{w,k}} \geqslant K_w \qquad (5.4.3)$$

式中：G_k——建筑物自重及压重之和（kN）；

$N_{w,k}$——浮力作用值（kN）；

K_w——抗浮稳定安全系数，一般情况下可取1.05。

2 抗浮稳定性不满足设计要求时，可采用增加压重或设置抗浮构件等措施。在整体满足抗浮稳定性要求而局部不满足时，也可采用增加结构刚度的措施。

6 山区地基

6.1 一般规定

6.1.1 山区（包括丘陵地带）地基的设计，应对下列设计条件分析认定：

1 建设场区内，在自然条件下，有无滑坡现象，有无影响场地稳定性的断层、破碎带；

2 在建设场地周围，有无不稳定的边坡；

3 施工过程中，因开挖方、填方、堆载和卸载等对山坡稳定性的影响；

4 地基内岩石厚度及空间分布情况、基岩面的起伏情况、有无影响地基稳定性的临空面；

5 建筑地基的不均匀性；

6 岩溶、土洞的发育程度，有无采空区；

7 出现危岩崩塌、泥石流等不良地质现象的可能性；

8 地面水、地下水对建筑地基和建设场区的影响。

6.1.2 在山区建设时应对场区作出必要的工程地质和水文地质评价。对建筑物有潜在威胁或直接危害的滑坡、泥石流、崩塌以及岩溶、土洞强烈发育地段，不应选作建设场地。

6.1.3 山区建设工程的总体规划，应根据使用要求、地形地质条件合理布置。主体建筑宜设置在较好的地基上，使地基条件与上部结构的要求相适应。

6.1.4 山区建设中，应充分利用和保护天然排水系统和山地植被。当必须改变排水系统时，应在易于导流或拦截的部位将水引出场外。在受山洪影响的地段，应采取相应的排洪措施。

6.2 土岩组合地基

6.2.1 建筑地基（或被沉降缝分隔区段的建筑地基）的主要受力层范围内，如遇下列情况之一者，属于土岩组合地基：

  1 下卧基岩表面坡度较大的地基；

  2 石芽密布并有出露的地基；

  3 大块孤石或个别石芽出露的地基。

6.2.2 当地基中下卧基岩面为单向倾斜、岩面坡度大于 10%、基底下的土层厚度大于 1.5m 时，应按下列规定进行设计：

  1 当结构类型和地质条件符合表 6.2.2-1 的要求时，可不作地基变形验算。

表 6.2.2-1 下卧基岩表面允许坡度值

地基土承载力特征值 f_{ak}(kPa)	四层及四层以下的砌体承重结构，三层及三层以下的框架结构	具有 150kN 和 150kN 以下吊车的一般单层排架结构	
		带墙的边柱和山墙	无墙的中柱
≥150	≤15%	≤15%	≤30%
≥200	≤25%	≤30%	≤50%
≥300	≤40%	≤50%	≤70%

  2 不满足上述条件时，应考虑刚性下卧层的影响，按下式计算地基的变形：

$$s_{gz} = \beta_{gz} s_z \qquad (6.2.2)$$

式中：s_{gz}——具刚性下卧层时，地基土的变形计算值（mm）；

    β_{gz}——刚性下卧层对上覆土层的变形增大系数，按表 6.2.2-2 采用；

    s_z——变形计算深度相当于实际土层厚度按本规范第 5.3.5 条计算确定的地基最终变形计算值（mm）。

表 6.2.2-2 具有刚性下卧层时地基变形增大系数 β_{gz}

h/b	0.5	1.0	1.5	2.0	2.5
β_{gz}	1.26	1.17	1.12	1.09	1.00

  注：h—基底下的土层厚度；b—基础底面宽度。

  3 在岩土界面上存在软弱层（如泥化带）时，应验算地基的整体稳定性。

  4 当土岩组合地基位于山间坡地、山麓洼地或冲沟地带，存在局部软弱土层时，应验算软弱下卧土层的强度及不均匀变形。

6.2.3 对于石芽密布并有出露的地基，当石芽间距

小于 2m，其间为硬塑或坚硬状态的红黏土时，对于房屋为六层和六层以下的砌体承重结构、三层和三层以下的框架结构或具有 150kN 和 150kN 以下吊车的单层排架结构，其基底压力小于 200kPa，可不作地基处理。如不能满足上述要求时，可利用经检验稳定性可靠的石芽作支墩式基础，也可在石芽出露部位作褥垫。当石芽间有较厚的软弱土层时，可用碎石、土夹石等进行置换。

6.2.4 对于大块孤石或个别石芽出露的地基，当土层的承载力特征值大于 150kPa、房屋为单层排架结构或一、二层砌体承重结构时，宜在基础与岩石接触的部位采用褥垫进行处理。对于多层砌体承重结构，应根据土质情况，结合本规范第 6.2.6、第 6.2.7 条的规定综合处理。

6.2.5 褥垫可采用炉渣、中砂、粗砂、土夹石等材料，其厚度宜取 300mm～500mm，夯填度应根据试验确定。当无资料时，夯填度可按下列数值进行设计：

    中砂、粗砂   0.87±0.05；

    土夹石（其中碎石含量为 20%～30%）

                         0.70±0.05。

  注：夯填度为褥垫夯实后的厚度与虚铺厚度的比值。

6.2.6 当建筑物对地基变形要求较高或地质条件比较复杂不宜按本规范第 6.2.3 条、第 6.2.4 条有关规定进行地基处理时，可调整建筑平面位置，或采用桩基或梁、拱跨越等处理措施。

6.2.7 在地基压缩性相差较大的部位，宜结合建筑平面形状、荷载条件设置沉降缝。沉降缝宽度宜取 30mm～50mm，在特殊情况下可适当加宽。

6.3 填 土 地 基

6.3.1 当利用压实填土作为建筑工程的地基持力层时，在平整场地前，应根据结构类型、填料性能和现场条件等，对拟压实的填土提出质量要求。未经检验查明以及不符合质量要求的压实填土，均不得作为建筑工程的地基持力层。

6.3.2 当利用未经填方设计处理形成的填土作为建筑物地基时，应查明填料成分与来源，填土的分布、厚度、均匀性、密实度与压缩性以及填土的堆积年限等情况，根据建筑物的重要性、上部结构类型、荷载性质与大小、现场条件等因素，选择合适的地基处理方法，并提出填土地基处理的质量要求与检验方法。

6.3.3 拟压实的填土地基应根据建筑物对地基的具体要求，进行填方设计。填方设计的内容包括填料的性质、压实机械的选择、密实度要求、质量监督和检验方法等。对重大的填方工程，必须在填方设计前选择典型的场区进行现场试验，取得填方设计参数后，才能进行填方工程的设计与施工。

6.3.4 填方工程设计前应具备详细的场地地形、地

貌及工程地质勘察资料。位于塘、沟、积水洼地等地区的填土地基，应查明地下水的补给与排泄条件、底层软弱土体的清除情况、自重固结程度等。

6.3.5 对含有生活垃圾或有机质废料的填土，未经处理不宜作为建筑物地基使用。

6.3.6 压实填土的填料，应符合下列规定：

　1 级配良好的砂土或碎石土；以卵石、砾石、块石或岩石碎屑作填料时，分层压实时其最大粒径不宜大于 200mm，分层夯实时其最大粒径不宜大于 400mm；

　2 性能稳定的矿渣、煤渣等工业废料；

　3 以粉质黏土、粉土作填料时，其含水量宜为最优含水量，可采用击实试验确定；

　4 挖高填低或开山填沟的土石料，应符合设计要求；

　5 不得使用淤泥、耕土、冻土、膨胀性土以及有机质含量大于 5% 的土。

6.3.7 压实填土的质量以压实系数 λ_c 控制，并应根据结构类型、压实填土所在部位按表 6.3.7 确定。

表 6.3.7　压实填土地基压实系数控制值

结构类型	填土部位	压实系数 (λ_c)	控制含水量 (%)
砌体承重及框架结构	在地基主要受力层范围内	≥0.97	$w_{op}\pm2$
	在地基主要受力层范围以下	≥0.95	
排架结构	在地基主要受力层范围内	≥0.96	
	在地基主要受力层范围以下	≥0.94	

　注：1　压实系数 (λ_c) 为填土的实际干密度 (ρ_d) 与最大干密度 (ρ_{dmax}) 之比；w_{op} 为最优含水量；

　　　2　地坪垫层以下及基础底面标高以上的压实填土，压实系数不应小于 0.94。

6.3.8 压实填土的最大干密度和最优含水量，应采用击实试验确定，击实试验的操作应符合现行国家标准《土工试验方法标准》GB/T 50123 的有关规定。对于碎石、卵石，或岩石碎屑等填料，其最大干密度可取 2100kg/m³～2200kg/m³。对于黏性土或粉土填料，当无试验资料时，可按下式计算最大干密度：

$$\rho_{dmax} = \eta\frac{\rho_w d_s}{1+0.01 w_{op} d_s} \tag{6.3.8}$$

式中：ρ_{dmax}——压实填土的最大干密度（kg/m³）；

　　　η——经验系数，粉质黏土取 0.96，粉土取 0.97；

　　　ρ_w——水的密度（kg/m³）；

　　　d_s——土粒相对密度（比重）；

　　　w_{op}——最优含水量（%）。

6.3.9 压实填土地基承载力特征值，应根据现场原位测试（静载荷试验、动力触探、静力触探等）结果确定。其下卧层顶面的承载力特征值应满足本规范第

5.2.7 条的要求。

6.3.10 填土地基在进行压实施工时，应注意采取地面排水措施，当其阻碍原地表水畅通排泄时，应根据地形修建截水沟，或设置其他排水设施。设置在填土区的上、下水管道，应采取防渗、防漏措施，避免因漏水使填土颗粒流失，必要时应在填土土坡的坡脚处设置反滤层。

6.3.11 位于斜坡上的填土，应验算其稳定性。对由填土而产生的新边坡，当填土边坡坡度符合表 6.3.11 的要求时，可不设置支挡结构。当天然地面坡度大于 20% 时，应采取防止填土可能沿坡面滑动的措施，并应避免雨水沿斜坡排泄。

表 6.3.11　压实填土的边坡坡度允许值

填土类型	边坡坡度允许值（高宽比）		压实系数 (λ_c)
	坡高在 8m 以内	坡高为 8m～15m	
碎石、卵石	1：1.50～1：1.25	1：1.75～1：1.50	0.94～0.97
砂夹石（碎石、卵石占全重 30%～50%）	1：1.50～1：1.25	1：1.75～1：1.50	
土夹石（碎石、卵石占全重 30%～50%）	1：1.50～1：1.25	1：2.00～1：1.50	
粉质黏土，黏粒含量 $\rho_c\geq10\%$ 的粉土	1：1.75～1：1.50	1：2.25～1：1.75	

6.4　滑 坡 防 治

6.4.1 在建设场区内，由于施工或其他因素的影响有可能形成滑坡的地段，必须采取可靠的预防措施。对具有发展趋势并威胁建筑物安全使用的滑坡，应及早采取综合整治措施，防止滑坡继续发展。

6.4.2 应根据工程地质、水文地质条件以及施工影响等因素，分析滑坡可能发生或发展的主要原因，采取下列防治滑坡的处理措施：

　1 排水：应设置排水沟以防止地面水浸入滑坡地段，必要时尚应采取防渗措施。在地下水影响较大的情况下，应根据地质条件，设置地下排水系统。

　2 支挡：根据滑坡推力的大小、方向及作用点，可选用重力式抗滑挡墙、阻滑桩及其他抗滑结构。抗滑挡墙的基底及阻滑桩的桩端应埋置于滑动面以下的稳定土（岩）层中。必要时，应验算墙顶以上的土（岩）体从墙顶滑出的可能性。

　3 卸载：在保证卸载区上方及两侧岩土稳定的情况下，可在滑体主动区卸载，但不得在滑体被动区卸载。

　4 反压：在滑体的阻滑区段增加竖向荷载以提高滑体的阻滑安全系数。

6.4.3 滑坡推力可按下列规定进行计算：

1 当滑体有多层滑动面（带）时，可取推力最大的滑动面（带）确定滑坡推力。

2 选择平行于滑动方向的几个具有代表性的断面进行计算。计算断面一般不得少于 2 个，其中应有一个是滑动主轴断面。根据不同断面的推力设计相应的抗滑结构。

3 当滑动面为折线形时，滑坡推力可按下列公式进行计算（图 6.4.3）。

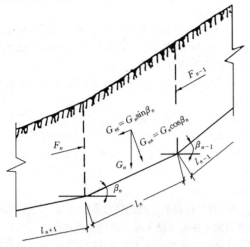

图 6.4.3 滑坡推力计算示意

$$F_n = F_{n-1}\psi + \gamma_t G_{nt} - G_{nn}\tan\varphi_n - c_n l_n$$
$$(6.4.3-1)$$

$$\psi = \cos(\beta_{n-1} - \beta_n) - \sin(\beta_{n-1} - \beta_n)\tan\varphi_n$$
$$(6.4.3-2)$$

式中：F_n、F_{n-1}——第 n 块、第 $n-1$ 块滑体的剩余下滑力（kN）；

ψ——传递系数；

γ_t——滑坡推力安全系数；

G_{nt}、G_{nn}——第 n 块滑体自重沿滑动面、垂直滑动面的分力（kN）；

φ_n——第 n 块滑体沿滑动面土的内摩擦角标准值（°）；

c_n——第 n 块滑体沿滑动面土的黏聚力标准值（kPa）；

l_n——第 n 块滑体沿滑动面的长度（m）。

4 滑坡推力作用点，可取在滑体厚度的 1/2 处。

5 滑坡推力安全系数，应根据滑坡现状及其对工程的影响等因素确定，对地基基础设计等级为甲级的建筑物宜取 1.30，设计等级为乙级的建筑物宜取 1.20，设计等级为丙级的建筑物宜取 1.10。

6 根据土（岩）的性质和当地经验，可采用试验和滑坡反算相结合的方法，合理地确定滑动面上的抗剪强度。

6.5 岩 石 地 基

6.5.1 岩石地基基础设计应符合下列规定：

1 置于完整、较完整、较破碎岩体上的建筑物可仅进行地基承载力计算。

2 地基基础设计等级为甲、乙级的建筑物，同一建筑物的地基存在坚硬程度不同，两种或多种岩体变形模量差异达 2 倍及 2 倍以上，应进行地基变形验算。

3 地基主要受力层深度内存在软弱下卧岩层时，应考虑软弱下卧岩层的影响进行地基稳定性验算。

4 桩孔、基底和基坑边坡开挖应采用控制爆破，到达持力层后，对软岩、极软岩表面应及时封闭保护。

5 当基岩面起伏较大，且都使用岩石地基时，同一建筑物可以使用多种基础形式。

6 当基础附近有临空面时，应验算向临空面倾覆和滑移稳定性。存在不稳定的临空面时，应将基础埋深加大至下伏稳定基岩；亦可在基础底部设置锚杆，锚杆应进入下伏稳定岩体，并满足抗倾覆和抗滑移要求。同一基础的地基可以放阶处理，但应满足抗倾覆和抗滑移要求。

7 对于节理、裂隙发育及破碎程度较高的不稳定岩体，可采用注浆加固和清爆填塞等措施。

6.5.2 对遇水易软化和膨胀、易崩解的岩石，应采取保护措施减少其对岩体承载力的影响。

6.6 岩溶与土洞

6.6.1 在碳酸盐岩为主的可溶性岩石地区，当存在岩溶（溶洞、溶蚀裂隙等）、土洞等现象时，应考虑其对地基稳定的影响。

6.6.2 岩溶场地可根据岩溶发育程度划分为三个等级，设计时应根据具体情况，按表 6.6.2 选用。

表 6.6.2 岩溶发育程度

等 级	岩溶场地条件
岩溶强发育	地表有较多岩溶塌陷、漏斗、洼地、泉眼 溶沟、溶槽、石芽密布，相邻钻孔间存在临空面且基岩面高差大于 5m 地下有暗河、伏流 钻孔见洞隙率大于 30% 或线岩溶率大于 20% 溶槽或串珠状竖向溶洞发育深度达 20m 以上
岩溶中等发育	介于强发育与微发育之间
岩溶微发育	地表无岩溶塌陷、漏斗 溶沟、溶槽较发育 相邻钻孔间存在临空面且基岩面相对高差小于 2m 钻孔见洞隙率小于 10% 或线岩溶率小于 5%

6.6.3 地基基础设计等级为甲级、乙级的建筑物主体宜避开岩溶强发育地段。

6.6.4 存在下列情况之一且未经处理的场地，不应作为建筑物地基：

1 浅层溶洞成群分布，洞径大，且不稳定的地段；

2 漏斗、溶槽等埋藏浅，其中充填物为软弱土体；

3 土洞或塌陷等岩溶强发育的地段；

4 岩溶水排泄不畅，有可能造成场地暂时淹没的地段。

6.6.5 对于完整、较完整的坚硬岩、较硬岩地基，当符合下列条件之一时，可不考虑岩溶对地基稳定性的影响：

1 洞体较小，基础底面尺寸大于洞的平面尺寸，并有足够的支承长度；

2 顶板岩石厚度大于或等于洞的跨度。

6.6.6 地基基础设计等级为丙级且荷载较小的建筑物，当符合下列条件之一时，可不考虑岩溶对地基稳定性的影响。

1 基础底面以下的土层厚度大于独立基础宽度的 3 倍或条形基础宽度的 6 倍，且不具备形成土洞的条件时；

2 基础底面与洞体顶板间土层厚度小于独立基础宽度的 3 倍或条形基础宽度的 6 倍，洞隙或岩溶漏斗被沉积物填满，其承载力特征值超过 150kPa，且无被水冲蚀的可能性时；

3 基础底面存在面积小于基础底面积 25% 的垂直洞隙，但基底岩石面积满足上部荷载要求时。

6.6.7 不符合本规范第 6.6.5 条、第 6.6.6 条的条件时，应进行洞体稳定性分析；基础附近有临空面时，应验算向临空面倾覆和沿岩体结构面滑移稳定性。

6.6.8 土洞对地基的影响，应按下列规定综合分析与处理：

1 在地下水强烈活动于岩土交界面的地区，应考虑由地下水作用所形成的土洞对地基的影响，预测地下水位在建筑物使用期间的变化趋势。总图布置前，应获得场地土洞发育程度分区资料。施工时，除已查明的土洞外，尚应沿基槽进一步查明土洞的特征和分布情况。

2 在地下水位高于基岩表面的岩溶地区，应注意人工降水引起土洞进一步发育或地表塌陷的可能性。塌陷区的范围及方向可根据水文地质条件和抽水试验的观测结果综合分析确定。在塌陷范围内不应采用天然地基。并应注意降水对周围环境和建（构）筑物的影响。

3 由地表水形成的土洞或塌陷，应采取地表截流、防渗或堵塞等措施进行处理。应根据土洞埋深，

分别选用挖填、灌砂等方法进行处理。由地下水形成的塌陷及浅埋土洞，应清除软土，抛填块石作反滤层，面层用黏土夯填；深埋土洞宜用砂、砾石或细石混凝土灌填。在上述处理的同时，尚应采用梁、板或拱跨越。对重要的建筑物，可采用桩基处理。

6.6.9 对地基稳定性有影响的岩溶洞隙，应根据其位置、大小、埋深、围岩稳定性和水文地质条件综合分析，因地制宜采取下列处理措施：

1 对较小的岩溶洞隙，可采用镶补、嵌塞与跨越等方法处理。

2 对较大的岩溶洞隙，可采用梁、板和拱等结构跨越，也可采用浆砌块石等堵塞措施以及洞底支撑或调整柱距等方法处理。跨越结构应有可靠的支承面。梁式结构在稳定岩石上的支承长度应大于梁高 1.5 倍。

3 基底有不超过 25% 基底面积的溶洞（隙）且充填物难以挖除时，宜在洞隙部位设置钢筋混凝土底板，底板宽度应大于洞隙，并采取措施保证底板不向洞隙方向滑移。也可在洞隙部位设置钻孔桩进行穿越处理。

4 对于荷载不大的低层和多层建筑，围岩稳定，如溶洞位于条形基础末端，跨越工程量大，可按悬臂梁设计基础，若溶洞位于单独基础重心一侧，可按偏心荷载设计基础。

6.7 土质边坡与重力式挡墙

6.7.1 边坡设计应符合下列规定：

1 边坡设计应保护和整治边坡环境，边坡水系应因势利导，设置地表排水系统，边坡工程应设内部排水系统。对于稳定的边坡，应采取保护及营造植被的防护措施。

2 建筑物的布局应依山就势，防止大挖大填。对于平整场地而出现的新边坡，应及时进行支挡或构造防护。

3 应根据边坡类型、边坡环境、边坡高度及可能的破坏模式，选择适当的边坡稳定计算方法和支挡结构形式。

4 支挡结构设计应进行整体稳定性验算、局部稳定性验算、地基承载力计算、抗倾覆稳定性验算、抗滑移稳定性验算及结构强度计算。

5 边坡工程设计前，应进行详细的工程地质勘察，并应对边坡的稳定性作出准确的评价；对周围环境的危害性作出预测；对岩石边坡的结构面调查清楚，指出主要结构面的所在位置；提供边坡设计所需要的各项参数。

6 边坡的支挡结构应进行排水设计。对于可以向坡外排水的支挡结构，应在支挡结构上设置排水孔。排水孔应沿着横竖两个方向设置，其间距宜取 2m～3m，排水孔外斜坡度宜为 5%，孔眼尺寸不宜

小于100mm。支挡结构后面应做好滤水层，必要时应做排水暗沟。支挡结构后面有山坡时，应在坡脚处设置截水沟。对于不能向坡外排水的边坡，应在支挡结构后面设置排水暗沟。

7 支挡结构后面的填土，应选择透水性强的填料。当采用黏性土作填料时，宜掺入适量的碎石。在季节性冻土地区，应选择不冻胀的炉渣、碎石、粗砂等填料。

6.7.2 在坡体整体稳定的条件下，土质边坡的开挖应符合下列规定：

1 边坡的坡度允许值，应根据当地经验，参照同类土层的稳定坡度确定。当土质良好且均匀、无不良地质现象、地下水不丰富时，可按表6.7.2确定。

表6.7.2 土质边坡坡度允许值

土的类别	密实度或状态	坡度允许值（高宽比）	
		坡高在5m以内	坡高为5m～10m
碎石土	密实	1:0.35～1:0.50	1:0.50～1:0.75
	中密	1:0.50～1:0.75	1:0.75～1:1.00
	稍密	1:0.75～1:1.00	1:1.00～1:1.25
黏性土	坚硬	1:0.75～1:1.00	1:1.00～1:1.25
	硬塑	1:1.00～1:1.25	1:1.25～1:1.50

注：1 表中碎石土的充填物为坚硬或硬塑状态的黏性土；
　　2 对于砂土或充填物为砂土的碎石土，其边坡坡度允许值均按自然休止角确定。

2 土质边坡开挖时，应采取排水措施，边坡的顶部应设置截水沟。在任何情况下不应在坡脚及坡面上积水。

3 边坡开挖时，应由上往下开挖，依次进行。弃土应分散处理，不得将弃土堆置在坡顶及坡面上。当必须在坡顶或坡面上设置弃土转运站时，应进行坡体稳定性验算，严格控制堆栈的土方量。

4 边坡开挖后，应立即对边坡进行防护处理。

6.7.3 重力式挡土墙土压力计算应符合下列规定：

1 对土质边坡，边坡主动土压力应按式(6.7.3-1)进行计算。当填土为无黏性土时，主动土压力系数可按库仑土压力理论确定。当支挡结构满足朗肯条件时，主动土压力系数可按朗肯土压力理论确定。黏性土或粉土的主动土压力也可采用楔体试算法图解求得。

$$E_a = \frac{1}{2}\psi_a \gamma h^2 k_a \qquad (6.7.3\text{-}1)$$

式中：E_a——主动土压力（kN）；

ψ_a——主动土压力增大系数，挡土墙高度小于5m时宜取1.0，高度5m～8m时宜取1.1，高度大于8m时宜取1.2；

γ——填土的重度（kN/m³）；

h——挡土结构的高度（m）；

k_a——主动土压力系数，按本规范附录L确定。

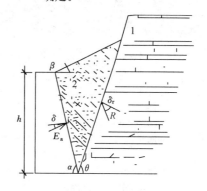

图6.7.3 有限填土挡土墙土压力计算示意
1—岩石边坡；2—填土

2 当支挡结构后缘有较陡峻的稳定岩石坡面，岩坡的坡角$\theta > (45° + \varphi/2)$时，应按有限范围填土计算土压力，取岩石坡面为破裂面。根据稳定岩石坡面与填土间的摩擦角按下式计算主动土压力系数：

$$k_a = \frac{\sin(\alpha+\theta)\sin(\alpha+\beta)\sin(\theta-\delta_r)}{\sin^2\alpha\sin(\theta-\beta)\sin(\alpha-\delta+\theta-\delta_r)}$$

$$(6.7.3\text{-}2)$$

式中：θ——稳定岩石坡面倾角（°）；

δ_r——稳定岩石坡面与填土间的摩擦角（°），根据试验确定。当无试验资料时，可取$\delta_r = 0.33\varphi_k$，φ_k为填土的内摩擦角标准值（°）。

6.7.4 重力式挡土墙的构造应符合下列规定：

1 重力式挡土墙适用于高度小于8m、地层稳定、开挖土石方时不会危及相邻建筑物的地段。

2 重力式挡土墙可在基底设置逆坡。对于土质地基，基底逆坡坡度不宜大于1:10；对于岩石地基，基底逆坡坡度不宜大于1:5。

3 毛石挡土墙的墙顶宽度不宜小于400mm；混凝土挡土墙的墙顶宽度不宜小于200mm。

4 重力式挡墙的基础埋置深度，应根据地基承载力、水流冲刷、岩石裂隙发育及风化程度等因素进行确定。在特强冻涨、强冻涨地区应考虑冻涨的影响。在土质地基中，基础埋置深度不宜小于0.5m；在软质岩地基中，基础埋置深度不宜小于0.3m。

5 重力式挡土墙应每间隔10m～20m设置一道伸缩缝。当地基有变化时宜加设沉降缝。在挡土结构的拐角处，应采取加强的构造措施。

6.7.5 挡土墙的稳定性验算应符合下列规定：

1 抗滑移稳定性应按下列公式进行验算（图6.7.5-1）：

$$\frac{(G_n + E_{an})\mu}{E_{at} - G_t} \geq 1.3 \qquad (6.7.5\text{-}1)$$

$$G_n = G\cos\alpha_0 \qquad (6.7.5\text{-}2)$$

$$G_t = G\sin\alpha_0 \qquad (6.7.5\text{-}3)$$

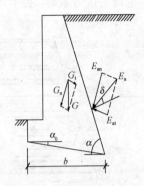

图 6.7.5-1 挡土墙抗滑
稳定验算示意

$$E_{at} = E_a \sin(\alpha - \alpha_0 - \delta) \quad (6.7.5-4)$$

$$E_{an} = E_a \cos(\alpha - \alpha_0 - \delta) \quad (6.7.5-5)$$

式中：G——挡土墙每延米自重（kN）；

α_0——挡土墙基底的倾角（°）；

α——挡土墙墙背的倾角（°）；

δ——土对挡土墙墙背的摩擦角（°），可按表
6.7.5-1 选用；

μ——土对挡土墙基底的摩擦系数，由试验确
定，也可按表 6.7.5-2 选用。

表 6.7.5-1 土对挡土墙墙背的摩擦角 δ

挡土墙情况	摩擦角 δ
墙背平滑、排水不良	$(0\sim0.33)\varphi_k$
墙背粗糙、排水良好	$(0.33\sim0.50)\varphi_k$
墙背很粗糙、排水良好	$(0.50\sim0.67)\varphi_k$
墙背与填土间不可能滑动	$(0.67\sim1.00)\varphi_k$

注：φ_k 为墙背填土的内摩擦角。

表 6.7.5-2 土对挡土墙基底的摩擦系数 μ

土的类别		摩擦系数 μ
黏性土	可塑	$0.25\sim0.30$
	硬塑	$0.30\sim0.35$
	坚硬	$0.35\sim0.45$
粉土		$0.30\sim0.40$
中砂、粗砂、砾砂		$0.40\sim0.50$
碎石土		$0.40\sim0.60$
软质岩		$0.40\sim0.60$
表面粗糙的硬质岩		$0.65\sim0.75$

注：1 对易风化的软质岩和塑性指数 I_p 大于 22 的黏性
土，基底摩擦系数应通过试验确定；

2 对碎石土，可根据其密实程度、填充物状况、风
化程度等确定。

2 抗倾覆稳定性应按下列公式进行验算（图
6.7.5-2）：

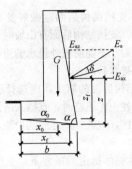

图 6.7.5-2 挡土墙抗
倾覆稳定验算示意

$$\frac{G x_0 + E_{az} x_f}{E_{ax} z_f} \geqslant 1.6 \quad (6.7.5-6)$$

$$E_{ax} = E_a \sin(\alpha - \delta) \quad (6.7.5-7)$$

$$E_{az} = E_a \cos(\alpha - \delta) \quad (6.7.5-8)$$

$$x_f = b - z \cot \alpha \quad (6.7.5-9)$$

$$z_f = z - b \tan \alpha_0 \quad (6.7.5-10)$$

式中：z——土压力作用点至墙踵的高度（m）；

x_0——挡土墙重心至墙趾的水平距离（m）；

b——基底的水平投影宽度（m）。

3 整体滑动稳定性可采用圆弧滑动面法进行
验算。

4 地基承载力计算，除应符合本规范第 5.2 节
的规定外，基底合力的偏心距不应大于 0.25 倍基础
的宽度。当基底下有软弱下卧层时，尚应进行软弱下
卧层的承载力验算。

6.8 岩石边坡与岩石锚杆挡墙

6.8.1 在岩石边坡整体稳定的条件下，岩石边坡的
开挖坡度允许值，应根据当地经验按工程类比的原
则，参照本地区已有稳定边坡的坡度值加以确定。

6.8.2 当整体稳定的软质岩边坡高度小于 12m，硬
质岩边坡高度小于 15m 时，边坡开挖时可进行构造
处理（图 6.8.2-1、图 6.8.2-2）。

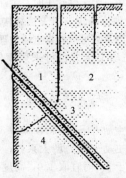

图 6.8.2-1 边坡顶部支护
1—崩塌体；2—岩石边坡顶部
裂隙；3—锚杆；4—破裂面

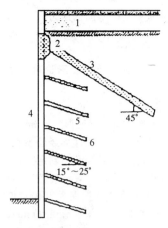

图 6.8.2-2 整体稳定边坡支护
1—土层；2—横向连系梁；3—支护锚杆；
4—面板；5—防护锚杆；6—岩石

6.8.3 对单结构面外倾边坡作用在支挡结构上的推力，可根据楔体平衡法进行计算，并应考虑结构面填充物的性质及其浸水后的变化。具有两组或多组结构面的交线倾向于临空面的边坡，可采用棱形体分割法计算棱体的下滑力。

6.8.4 岩石锚杆挡土结构设计，应符合下列规定（图 6.8.4）：

1 岩石锚杆挡土结构的荷载，宜采用主动土压力乘以 1.1～1.2 的增大系数；

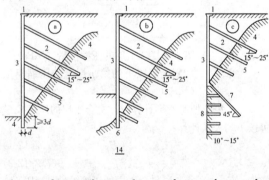

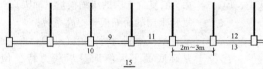

图 6.8.4 锚杆体系支挡结构
1—压顶梁；2—土层；3—立柱及面板；4—岩石；5—岩石锚杆；6—立柱嵌入岩体；7—顶撑锚杆；8—护面；9—面板；10—立柱（竖柱）；11—土体；12—土坡顶部；13—土坡坡脚；14—剖面图；15—平面图

2 挡板计算时，其荷载的取值可考虑支承挡板的两立柱间土体的卸荷拱作用；

3 立柱端部应嵌入稳定岩层内，并应根据端部的实际情况假定为固定支承或铰支承，当立柱插入岩层中的深度大于 3 倍立柱长边时，可按固定支承

计算；

4 岩石锚杆应与立柱牢固连接，并应验算连接处立柱的抗剪切强度。

6.8.5 岩石锚杆的构造应符合下列规定：

1 岩石锚杆由锚固段和非锚固段组成。锚固段应嵌入稳定的基岩中，嵌入基岩深度应大于 40 倍锚杆筋体直径，且不得小于 3 倍锚杆的孔径。非锚固段的主筋必须进行防护处理。

2 作支护用的岩石锚杆，锚杆孔径不宜小于 100mm；作防护用的锚杆，其孔径可小于 100mm，但不应小于 60mm。

3 岩石锚杆的间距，不应小于锚杆孔径的 6 倍。

4 岩石锚杆与水平面的夹角宜为 15°～25°。

5 锚杆筋体宜采用热轧带肋钢筋，水泥砂浆强度不宜低于 25MPa，细石混凝土强度不宜低于 C25。

6.8.6 岩石锚杆锚固段的抗拔承载力，应按照本规范附录 M 的试验方法经现场原位试验确定。对于永久性锚杆的初步设计或对于临时性锚杆的施工阶段设计，可按下式计算：

$$R_t = \xi f u_r h_r \qquad (6.8.6)$$

式中：R_t——锚杆抗拔承载力特征值（kN）；

ξ——经验系数，对于永久性锚杆取 0.8，对于临时性锚杆取 1.0；

f——砂浆与岩石间的粘结强度特征值（kPa），由试验确定，当缺乏试验资料时，可按表 6.8.6 取用；

u_r——锚杆的周长（m）；

h_r——锚杆锚固段嵌入岩层中的长度（m），当长度超过 13 倍锚杆直径时，按 13 倍直径计算。

表 6.8.6 砂浆与岩石间的粘结强度特征值（MPa）

岩石坚硬程度	软 岩	较软岩	硬质岩
粘结强度	<0.2	0.2～0.4	0.4～0.6

注：水泥砂浆强度为 30MPa 或细石混凝土强度等级为 C30。

7 软 弱 地 基

7.1 一 般 规 定

7.1.1 当地基压缩层主要由淤泥、淤泥质土、冲填土、杂填土或其他高压缩性土层构成时应按软弱地基进行设计。在建筑地基的局部范围内有高压缩性土层时，应按局部软弱土层处理。

7.1.2 勘察时，应查明软弱土层的均匀性、组成、分布范围和土质情况；冲填土尚应查明排水固结条件；杂填土应查明堆积历史，确定自重压力下的稳定性、湿陷性等。

7.1.3 设计时，应考虑上部结构和地基的共同作用。对建筑体型、荷载情况、结构类型和地质条件进行综合分析，确定合理的建筑措施、结构措施和地基处理方法。

7.1.4 施工时，应注意对淤泥和淤泥质土基槽底面的保护，减少扰动。荷载差异较大的建筑物，宜先建重、高部分，后建轻、低部分。

7.1.5 活荷载较大的构筑物或构筑物群（如料仓、油罐等），使用初期应根据沉降情况控制加载速率，掌握加载间隔时间，或调整活荷载分布，避免过大倾斜。

7.2 利用与处理

7.2.1 利用软弱土层作为持力层时，应符合下列规定：

　　1 淤泥和淤泥质土，宜利用其上覆较好土层作为持力层，当上覆土层较薄，应采取避免施工时对淤泥和淤泥质土扰动的措施；

　　2 冲填土、建筑垃圾和性能稳定的工业废料，当均匀性和密实度较好时，可利用作为轻型建筑物地基的持力层。

7.2.2 局部软弱土层以及暗塘、暗沟等，可采用基础梁、换土、桩基或其他方法处理。

7.2.3 当地基承载力或变形不能满足设计要求时，地基处理可选用机械压实、堆载预压、真空预压、换填垫层或复合地基等方法。处理后的地基承载力应通过试验确定。

7.2.4 机械压实包括重锤夯实、强夯、振动压实等方法，可用于处理由建筑垃圾或工业废料组成的杂填土地基，处理有效深度应通过试验确定。

7.2.5 堆载预压可用于处理较厚淤泥和淤泥质土地基。预压荷载宜大于设计荷载，预压时间应根据建筑物的要求以及地基固结情况决定，并应考虑堆载大小和速率对堆载效果和周围建筑物的影响。采用塑料排水带或砂井进行堆载预压和真空预压时，应在塑料排水带或砂井顶部做排水砂垫层。

7.2.6 换填垫层（包括加筋垫层）可用于软弱地基的浅层处理。垫层材料可采用中砂、粗砂、砾砂、角（圆）砾、碎（卵）石、矿渣、灰土、黏性土以及其他性能稳定、无腐蚀性的材料。加筋材料可采用高强度、低徐变、耐久性好的土工合成材料。

7.2.7 复合地基设计应满足建筑物承载力和变形要求。当地基土为欠固结土、膨胀土、湿陷性黄土、可液化土等特殊性土时，设计采用的增强体和施工工艺应满足处理后地基土和增强体共同承担荷载的技术要求。

7.2.8 复合地基承载力特征值应通过现场复合地基载荷试验确定，或采用增强体载荷试验结果和其周边土的承载力特征值结合经验确定。

7.2.9 复合地基基础底面的压力除应满足本规范公式（5.2.1-1）的要求外，还应满足本规范公式（5.2.1-2）的要求。

7.2.10 复合地基的最终变形量可按式（7.2.10）计算：

$$s = \psi_{sp} s'　　　　(7.2.10)$$

式中：s——复合地基最终变形量（mm）；

　　　ψ_{sp}——复合地基沉降计算经验系数，根据地区沉降观测资料经验确定，无地区经验时可根据变形计算深度范围内压缩模量的当量值（$\overline{E}_s$）按表 7.2.10 取值；

　　　s'——复合地基计算变形量（mm），可按本规范公式（5.3.5）计算；加固土层的压缩模量可取复合土层的压缩模量，按本规范第 7.2.12 条确定；地基变形计算深度应大于加固土层的厚度，并应符合本规范第 5.3.7 条的规定。

表 7.2.10　复合地基沉降计算经验系数 ψ_{sp}

$\overline{E}_s$（MPa）	4.0	7.0	15.0	20.0	35.0
ψ_{sp}	1.0	0.7	0.4	0.25	0.2

7.2.11 变形计算深度范围内压缩模量的当量值（$\overline{E}_s$），应按下式计算：

$$\overline{E}_s = \frac{\sum\limits_{i=1}^{n} A_i + \sum\limits_{j=1}^{m} A_j}{\sum\limits_{i=1}^{n} \dfrac{A_i}{E_{spi}} + \sum\limits_{j=1}^{m} \dfrac{A_j}{E_{sj}}}　　(7.2.11)$$

式中：E_{spi}——第 i 层复合土层的压缩模量（MPa）；

　　　E_{sj}——加固土层以下的第 j 层土的压缩模量（MPa）。

7.2.12 复合地基变形计算时，复合土层的压缩模量可按下列公式计算：

$$E_{spi} = \xi \cdot E_{si}　　　　(7.2.12-1)$$
$$\xi = f_{spk} / f_{ak}　　　　(7.2.12-2)$$

式中：E_{spi}——第 i 层复合土层的压缩模量（MPa）；

　　　ξ——复合土层的压缩模量提高系数；

　　　f_{spk}——复合地基承载力特征值（kPa）；

　　　f_{ak}——基础底面下天然地基承载力特征值（kPa）。

7.2.13 增强体顶部应设褥垫层。褥垫层可采用中砂、粗砂、砾砂、碎石、卵石等散体材料。碎石、卵石宜掺入 20%～30% 的砂。

7.3 建筑措施

7.3.1 在满足使用和其他要求的前提下，建筑体型应力求简单。当建筑体型比较复杂时，宜根据其平面形状和高度差异情况，在适当部位用沉降缝将其划分成若干个刚度较好的单元；当高度差异或荷载差异较大时，可将两者隔开一定距离，当拉开距离后的两单元必须连接时，应采用能自由沉降的连接构造。

7.3.2 当建筑物设置沉降缝时，应符合下列规定：

1 建筑物的下列部位，宜设置沉降缝：

1) 建筑平面的转折部位；

2) 高度差异或荷载差异处；

3) 长高比过大的砌体承重结构或钢筋混凝土框架结构的适当部位；

4) 地基土的压缩性有显著差异处；

5) 建筑结构或基础类型不同处；

6) 分期建造房屋的交界处。

2 沉降缝应有足够的宽度，沉降缝宽度可按表7.3.2选用。

表 7.3.2　房屋沉降缝的宽度

房屋层数	沉降缝宽度（mm）
二～三	50～80
四～五	80～120
五层以上	不小于 120

7.3.3 相邻建筑物基础间的净距，可按表7.3.3选用。

表 7.3.3　相邻建筑物基础间的净距（m）

影响建筑的预估平均沉降量 s（mm）＼被影响建筑的长高比	$2.0 \leqslant \dfrac{L}{H_f} < 3.0$	$3.0 \leqslant \dfrac{L}{H_f} < 5.0$
70～150	2～3	3～6
160～250	3～6	6～9
260～400	6～9	9～12
＞400	9～12	不小于 12

注：1 表中 L 为建筑物长度或沉降缝分隔的单元长度（m）；H_f 为自基础底面标高算起的建筑物高度（m）；

2 当被影响建筑的长高比为 $1.5 < L/H_f < 2.0$ 时，其间净距可适当缩小。

7.3.4 相邻高耸结构或对倾斜要求严格的构筑物的外墙间隔距离，应根据倾斜允许值计算确定。

7.3.5 建筑物各组成部分的标高，应根据可能产生的不均匀沉降采取下列相应措施：

1 室内地坪和地下设施的标高，应根据预估沉降量予以提高。建筑物各部分（或设备之间）有联系时，可将沉降较大者标高提高。

2 建筑物与设备之间，应留有净空。当建筑物有管道穿过时，应预留孔洞，或采用柔性的管道接头等。

7.4　结　构　措　施

7.4.1 为减少建筑物沉降和不均匀沉降，可采用下列措施：

1 选用轻型结构，减轻墙体自重，采用架空地板代替室内填土；

2 设置地下室或半地下室，采用覆土少、自重轻的基础形式；

3 调整各部分的荷载分布、基础宽度或埋置深度；

4 对不均匀沉降要求严格的建筑物，可选用较小的基底压力。

7.4.2 对于建筑体型复杂、荷载差异较大的框架结构，可采用箱基、桩基、筏基等加强基础整体刚度，减少不均匀沉降。

7.4.3 对于砌体承重结构的房屋，宜采用下列措施增强整体刚度和承载力：

1 对于三层和三层以上的房屋，其长高比 L/H_f 宜小于或等于 2.5；当房屋的长高比为 $2.5 < L/H_f \leqslant 3.0$ 时，宜做到纵墙不转折或少转折，并应控制其内横墙间距或增强基础刚度和承载力。当房屋的预估最大沉降量小于或等于 120mm 时，其长高比可不受限制。

2 墙体内宜设置钢筋混凝土圈梁或钢筋砖圈梁。

3 在墙体上开洞时，宜在开洞部位配筋或采用构造柱及圈梁加强。

7.4.4 圈梁应按下列要求设置：

1 在多层房屋的基础和顶层处应各设置一道，其他各层可隔层设置，必要时也可逐层设置。单层工业厂房、仓库，可结合基础梁、连系梁、过梁等酌情设置。

2 圈梁应设置在外墙、内纵墙和主要内横墙上，并宜在平面内连成封闭系统。

7.5　大面积地面荷载

7.5.1 在建筑范围内有地面荷载的单层工业厂房、露天车间和单层仓库的设计，应考虑由于地面荷载所产生的地基不均匀变形及其对上部结构的不利影响。当有条件时，宜利用堆载预压过的建筑场地。

注：地面荷载系指生产堆料、工业设备等地面堆载和天然地面上的大面积填土。

7.5.2 地面堆载应均衡，并应根据使用要求、堆载特点、结构类型和地质条件确定允许堆载量和范围。

堆载不宜压在基础上。大面积的填土，宜在基础施工前三个月完成。

7.5.3 地面堆载荷载应满足地基承载力、变形、稳定性要求，并应考虑对周边环境的影响。当堆载量超过地基承载力特征值时应进行专项设计。

7.5.4 厂房和仓库的结构设计，可适当提高柱、墙的抗弯能力，增强房屋的刚度。对于中、小型仓库，宜采用静定结构。

7.5.5 对于在使用过程中允许调整吊车轨道的单层钢筋混凝土工业厂房和露天车间的天然地基设计，除应遵守本规范第 5 章的有关规定外，尚应符合下式

要求:

$$s'_g \leqslant [s'_g] \qquad (7.5.5)$$

式中: s'_g——由地面荷载引起柱基内侧边缘中点的地基附加沉降量计算值,可按本规范附录N计算;

$[s'_g]$——由地面荷载引起柱基内侧边缘中点的地基附加沉降量允许值,可按表7.5.5采用。

表7.5.5 地基附加沉降量允许值 $[s'_g]$ (mm)

$\frac{a}{b}$	6	10	20	30	40	50	60	70
1	40	45	50	55	55			
2	45	50	55	60	60			
3	50	55	60	65	70	75		
4	55	60	65	70	75	80	85	90
5	65	70	75	80	85	90	95	100

注: 表中 a 为地面荷载的纵向长度 (m); b 为车间跨度方向基础底面边长 (m)。

7.5.6 按本规范第7.5.5条设计时,应考虑在使用过程中垫高或移动吊车轨道和吊车梁的可能性。应增大吊车顶面与屋架下弦间的净空和吊车边缘与上柱边缘间的净距,当地基土平均压缩模量 E_s 为3MPa左右,地面平均荷载大于25kPa时,净空宜大于300mm,净距宜大于200mm。并应按吊车轨道可能移动的幅度,加宽钢筋混凝土吊车梁腹部及配置抗扭钢筋。

7.5.7 具有地面荷载的建筑地基遇到下列情况之一时,宜采用桩基:

1 不符合本规范第7.5.5条要求;

2 车间内设有起重量300kN以上、工作级别大于A5的吊车;

3 基底下软土层较薄,采用桩基经济者。

8 基 础

8.1 无筋扩展基础

8.1.1 无筋扩展基础(图8.1.1)高度应满足下式的要求:

$$H_0 \geqslant \frac{b - b_0}{2\tan\alpha} \qquad (8.1.1)$$

式中: b——基础底面宽度 (m);

b_0——基础顶面的墙体宽度或柱脚宽度 (m);

H_0——基础高度 (m);

$\tan\alpha$——基础台阶宽高比 $b_2:H_0$,其允许值可按表8.1.1选用;

b_2——基础台阶宽度 (m)。

表8.1.1 无筋扩展基础台阶宽高比的允许值

基础材料	质量要求	台阶宽高比的允许值		
		$p_k \leqslant 100$	$100 < p_k \leqslant 200$	$200 < p_k \leqslant 300$
混凝土基础	C15混凝土	1:1.00	1:1.00	1:1.25
毛石混凝土基础	C15混凝土	1:1.00	1:1.25	1:1.50
砖基础	砖不低于MU10、砂浆不低于M5	1:1.50	1:1.50	1:1.50
毛石基础	砂浆不低于M5	1:1.25	1:1.50	—
灰土基础	体积比为3:7或2:8的灰土,其最小干密度: 粉土1550kg/m³ 粉质黏土1500kg/m³ 黏土1450kg/m³	1:1.25	1:1.50	—
三合土基础	体积比1:2:4~1:3:6(石灰:砂:骨料),每层约虚铺220mm,夯至150mm	1:1.50	1:2.00	—

注: 1 p_k 为作用的标准组合时基础底面处的平均压力值(kPa);

2 阶梯形毛石基础的每阶伸出宽度,不宜大于200mm;

3 当基础由不同材料叠合组成时,应对接触部分作抗压验算;

4 混凝土基础单侧扩展范围内基础底面处的平均压力值超过300kPa时,尚应进行抗剪验算;对基底反力集中于立柱附近的岩石地基,应进行局部受压承载力验算。

8.1.2 采用无筋扩展基础的钢筋混凝土柱,其柱脚高度 h_1 不得小于 b_1(图8.1.1),并不应小于300mm且不小于20d。当柱纵向钢筋在柱脚内的竖向锚固长度不满足锚固要求时,可沿水平方向弯折,弯折后的水平锚固长度不应小于10d 也不应大于20d。

注: d 为柱中的纵向受力钢筋的最大直径。

8.2 扩展基础

8.2.1 扩展基础的构造,应符合下列规定:

1 锥形基础的边缘高度不宜小于200mm,且两个方向的坡度不宜大于1:3;阶梯形基础的每阶高度,宜为300mm~500mm。

2 垫层的厚度不宜小于70mm,垫层混凝土强度等级不宜低于C10。

3 扩展基础受力钢筋最小配筋率不应小于0.15%,底板受力钢筋的最小直径不应小于10mm,间距不应大于200mm,也不应小于100mm。墙下钢

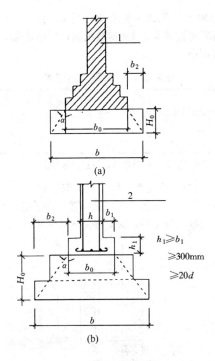

图 8.1.1　无筋扩展基础构造示意

d—柱中纵向钢筋直径；

1—承重墙；2—钢筋混凝土柱

筋混凝土条形基础纵向分布钢筋的直径不应小于8mm；间距不应大于300mm；每延米分布钢筋的面积不应小于受力钢筋面积的15%。当有垫层时钢筋保护层的厚度不应小于40mm；无垫层时不应小于70mm。

4 混凝土强度等级不应低于C20。

5 当柱下钢筋混凝土独立基础的边长和墙下钢筋混凝土条形基础的宽度大于或等于2.5m时，底板受力钢筋的长度可取边长或宽度的0.9倍，并宜交错布置（图8.2.1-1）。

6 钢筋混凝土条形基础底板在 T 形及十字形交接处，底板横向受力钢筋仅沿一个主要受力方向通长布置，另一方向的横向受力钢筋可布置到主要受力方向底板宽度1/4处（图8.2.1-2）。在拐角处底板横向受力钢筋应沿两个方向布置（图8.2.1-2）。

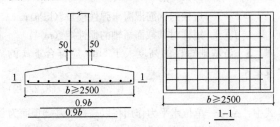

图 8.2.1-1　柱下独立基础底板受力钢筋布置

8.2.2 钢筋混凝土柱和剪力墙纵向受力钢筋在基础内的锚固长度应符合下列规定：

1 钢筋混凝土柱和剪力墙纵向受力钢筋在基础

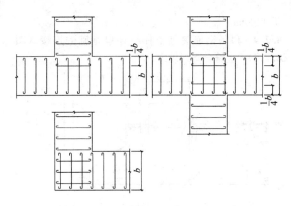

图 8.2.1-2　墙下条形基础纵横交叉处底板
受力钢筋布置

内的锚固长度（l_a）应根据现行国家标准《混凝土结构设计规范》GB 50010 有关规定确定；

2 抗震设防烈度为 6 度、7 度、8 度和 9 度地区的建筑工程，纵向受力钢筋的抗震锚固长度（l_{aE}）应按下式计算：

　　1）一、二级抗震等级纵向受力钢筋的抗震锚固长度（l_{aE}）应按下式计算：

$$l_{aE} = 1.15 l_a \qquad (8.2.2\text{-}1)$$

　　2）三级抗震等级纵向受力钢筋的抗震锚固长度（l_{aE}）应按下式计算：

$$l_{aE} = 1.05 l_a \qquad (8.2.2\text{-}2)$$

　　3）四级抗震等级纵向受力钢筋的抗震锚固长度（l_{aE}）应按下式计算：

$$l_{aE} = l_a \qquad (8.2.2\text{-}3)$$

式中：l_a——纵向受拉钢筋的锚固长度（m）。

3 当基础高度小于 l_a（l_{aE}）时，纵向受力钢筋的锚固总长度除符合上述要求外，其最小直锚段的长度不应小于20d，弯折段的长度不应小于150mm。

8.2.3 现浇柱的基础，其插筋的数量、直径以及钢筋种类应与柱内纵向受力钢筋相同。插筋的锚固长度应满足本规范第 8.2.2 条的规定，插筋与柱的纵向受力钢筋的连接方法，应符合现行国家标准《混凝土结构设计规范》GB 50010 的有关规定。插筋的下端宜做成直钩放在基础底板钢筋网上。当符合下列条件之一时，可仅将四角的插筋伸至底板钢筋网上，其余插筋锚固在基础顶面下 l_a 或 l_{aE} 处（图8.2.3）。

1 柱为轴心受压或小偏心受压，基础高度大于或等于1200mm；

2 柱为大偏心受压，基础高度大于或等

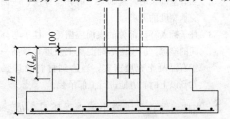

图 8.2.3　现浇柱的基础中插筋构造示意

于1400mm。

8.2.4 预制钢筋混凝土柱与杯口基础的连接（图8.2.4），应符合下列规定：

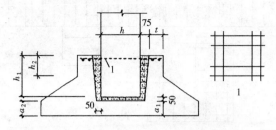

图 8.2.4 预制钢筋混凝土柱与杯口
基础的连接示意
注：$a_2 \geq a_1$；1—焊接网

1 柱的插入深度，可按表8.2.4-1选用，并应满足本规范第8.2.2条钢筋锚固长度的要求及吊装时柱的稳定性。

表 8.2.4-1 柱的插入深度 h_1（mm）

矩形或工字形柱				双肢柱
$h<500$	$500 \leq h$ <800	$800 \leq h$ ≤ 1000	$h>1000$	
$h \sim 1.2h$	h	$0.9h$ 且 ≥ 800	$0.8h$ ≥ 1000	$(1/3 \sim 2/3) h_a$ $(1.5 \sim 1.8) h_b$

注：1 h 为柱截面长边尺寸；h_a 为双肢柱全截面长边尺寸；h_b 为双肢柱全截面短边尺寸；
2 柱轴心受压或小偏心受压时，h_1 可适当减小，偏心距大于 $2h$ 时，h_1 应适当加大。

2 基础的杯底厚度和杯壁厚度，可按表8.2.4-2选用。

表 8.2.4-2 基础的杯底厚度和杯壁厚度

柱截面长边尺寸 h（mm）	杯底厚度 a_1（mm）	杯壁厚度 t（mm）
$h<500$	≥ 150	$150 \sim 200$
$500 \leq h<800$	≥ 200	≥ 200
$800 \leq h<1000$	≥ 200	≥ 300
$1000 \leq h<1500$	≥ 250	≥ 350
$1500 \leq h<2000$	≥ 300	≥ 400

注：1 双肢柱的杯底厚度值，可适当加大；
2 当有基础梁时，基础梁下的杯壁厚度，应满足其支承宽度的要求；
3 柱子插入杯口部分的表面应凿毛，柱子与杯口之间的空隙，应用比基础混凝土强度等级高一级的细石混凝土充填密实，当达到材料设计强度的70%以上时，方能进行上部吊装。

3 当柱为轴心受压或小偏心受压且 $t/h_2 \geq 0.65$ 时，或大偏心受压且 $t/h_2 \geq 0.75$ 时，杯壁可不配筋；

当柱为轴心受压或小偏心受压且 $0.5 \leq t/h_2 < 0.65$ 时，杯壁可按表8.2.4-3构造配筋；其他情况下，应按计算配筋。

表 8.2.4-3 杯壁构造配筋

柱截面长边尺寸（mm）	$h<1000$	$1000 \leq h$ <1500	$1500 \leq h$ ≤ 2000
钢筋直径（mm）	$8 \sim 10$	$10 \sim 12$	$12 \sim 16$

注：表中钢筋置于杯口顶部，每边两根（图8.2.4）。

8.2.5 预制钢筋混凝土柱（包括双肢柱）与高杯口基础的连接（图8.2.5-1），除应符合本规范第8.2.4条插入深度的规定外，尚应符合下列规定：

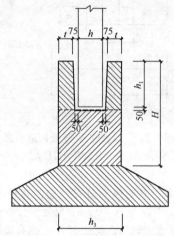

图 8.2.5-1 高杯口基础
H—短柱高度

1 起重机起重量小于或等于750kN，轨顶标高小于或等于14m，基本风压小于0.5kPa的工业厂房，且基础短柱的高度不大于5m。

2 起重机起重量大于750kN，基本风压大于0.5kPa，应符合下式的规定：

$$\frac{E_2 J_2}{E_1 J_1} \geq 10 \qquad (8.2.5-1)$$

式中：E_1——预制钢筋混凝土柱的弹性模量（kPa）；
J_1——预制钢筋混凝土柱对其截面短轴的惯性矩（m⁴）；
E_2——短柱的钢筋混凝土弹性模量（kPa）；
J_2——短柱对其截面短轴的惯性矩（m⁴）。

3 当基础短柱的高度大于5m，应符合下式的规定：

$$\Delta_2 / \Delta_1 \leq 1.1 \qquad (8.2.5-2)$$

式中：Δ_1——单位水平力作用在以高杯口基础顶面为固定端的柱顶时，柱顶的水平位移（m）；
Δ_2——单位水平力作用在以短柱底面为固定端的柱顶时，柱顶的水平位移（m）。

4 杯壁厚度应符合表8.2.5的规定。高杯口基础短柱的纵向钢筋，除满足计算要求外，在非地震区及抗震设防烈度低于 9 度地区，且满足本条第 1、2、3 款的要求时，短柱四角纵向钢筋的直径不宜小于 20mm，并延伸至基础底板的钢筋网上；短柱长边的纵向钢筋，当长边尺寸小于或等于 1000mm 时，其钢筋直径不应小于 12mm，间距不应大于 300mm；当长边尺寸大于 1000mm 时，其钢筋直径不应小于 16mm，间距不应大于 300mm，且每隔一米左右伸下一根并作 150mm 的直钩支承在基础底部的钢筋网上，其余钢筋锚固至基础底板顶面下 l_a 处（图 8.2.5-2）。短柱短边每隔 300mm 应配置直径不小于 12mm 的纵向钢筋且每边的配筋率不少于 0.05% 短柱的截面面积。短柱中杯口壁内横向箍筋不应小于 $\phi8@150$；短柱中其他部位的箍筋直径不应小于 8mm，间距不应大于 300mm；当抗震设防烈度为 8 度和 9 度时，箍筋直径不应小于 8mm，间距不应大于 150mm。

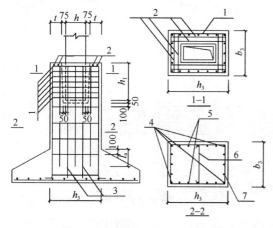

图 8.2.5-2　高杯口基础构造配筋

1—杯口壁内横向箍筋 $\phi8@150$；2—顶层焊接钢筋网；3—插入基础底部的纵向钢筋不应少于每米 1 根；4—短柱四角钢筋一般不小于 $\Phi20$；5—短柱长边纵向钢筋当 $h_3 \leqslant 1000$ 用 $\phi12@300$，当 $h_3 > 1000$ 用 $\Phi16@300$；6—按构造要求；7—短柱短边纵向钢筋每边不小于 0.05% b_3h_3
（不小于 $\phi12@300$）

表 8.2.5　高杯口基础的杯壁厚度 t

h （mm）	t （mm）
$600 < h \leqslant 800$	$\geqslant 250$
$800 < h \leqslant 1000$	$\geqslant 300$
$1000 < h \leqslant 1400$	$\geqslant 350$
$1400 < h \leqslant 1600$	$\geqslant 400$

8.2.6 扩展基础的基础底面积，应按本规范第 5 章有关规定确定。在条形基础相交处，不应重复计入基础面积。

8.2.7 扩展基础的计算应符合下列规定：

1 对柱下独立基础，当冲切破坏锥体落在基础底面以内时，应验算柱与基础交接处以及基础变阶处

的受冲切承载力；

2 对基础底面短边尺寸小于或等于柱宽加两倍基础有效高度的柱下独立基础，以及墙下条形基础，应验算柱（墙）与基础交接处的基础受剪切承载力；

3 基础底板的配筋，应按抗弯计算确定；

4 当基础的混凝土强度等级小于柱的混凝土强度等级时，尚应验算柱下基础顶面的局部受压承载力。

8.2.8 柱下独立基础的受冲切承载力应按下列公式验算：

$$F_l \leqslant 0.7\beta_{hp} f_t a_m h_0 \qquad (8.2.8\text{-}1)$$
$$a_m = (a_t + a_b)/2 \qquad (8.2.8\text{-}2)$$
$$F_l = p_j A_l \qquad (8.2.8\text{-}3)$$

式中：β_{hp}——受冲切承载力截面高度影响系数，当 h 不大于 800mm 时，β_{hp} 取 1.0；当 h 大于或等于 2000mm 时，β_{hp} 取 0.9，其间按线性内插法取用；

f_t——混凝土轴心抗拉强度设计值（kPa）；

h_0——基础冲切破坏锥体的有效高度（m）；

a_m——冲切破坏锥体最不利一侧计算长度（m）；

a_t——冲切破坏锥体最不利一侧斜截面的上边长（m），当计算柱与基础交接处的受冲切承载力时，取柱宽；当计算基础变阶处的受冲切承载力时，取上阶宽；

a_b——冲切破坏锥体最不利一侧斜截面在基础底面积范围内的下边长（m），当冲切破坏锥体的底面落在基础底面以内（图 8.2.8a、b），计算柱与基础交接处的受冲切承载力时，取柱宽加两倍基础有效高度；当计算基础变阶处的受冲切承载力时，取上阶宽加两倍该处的基础有效高度；

p_j——扣除基础自重及其上土重后相应于作用的基本组合时的地基土单位面积净反力（kPa），对偏心受压基础可取基础边缘处最大地基土单位面积净反力；

A_l——冲切验算时取用的部分基底面积（m²）（图 8.2.8a、b 中的阴影面积 ABC-DEF）；

F_l——相应于作用的基本组合时作用在 A_l 上的地基土净反力设计值（kPa）。

8.2.9 当基础底面短边尺寸小于或等于柱宽加两倍基础有效高度时，应按下列公式验算柱与基础交接处截面受剪承载力：

$$V_s \leqslant 0.7\beta_{hs} f_t A_0 \qquad (8.2.9\text{-}1)$$
$$\beta_{hs} = (800/h_0)^{1/4} \qquad (8.2.9\text{-}2)$$

式中：V_s——相应于作用的基本组合时，柱与基础交接处的剪力设计值（kN），图 8.2.9 中

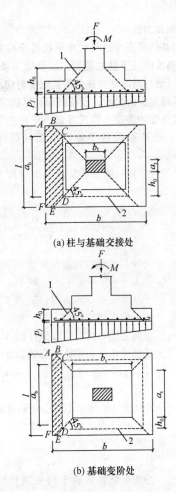

(a) 柱与基础交接处

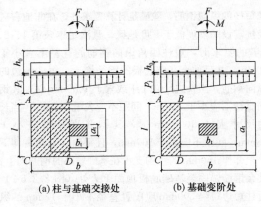

(a) 柱与基础交接处　　　(b) 基础变阶处

图 8.2.9　验算阶形基础受剪切承载力示意

(b) 基础变阶处

图 8.2.8　计算阶形基础的受冲切承载力截面位置
1—冲切破坏锥体最不利一侧的斜截面；
2—冲切破坏锥体的底面线

的阴影面积乘以基底平均净反力；

β_{hs}——受剪切承载力截面高度影响系数，当 h_0 <800mm 时，取 $h_0=800$mm；当 $h_0>$ 2000mm 时，取 $h_0=2000$mm；

A_0——验算截面处基础的有效截面面积（m^2）。当验算截面为阶形或锥形时，可将其截面折算成矩形截面，截面的折算宽度和截面的有效高度按本规范附录 U 计算。

8.2.10　墙下条形基础底板应按本规范公式（8.2.9-1）验算墙与基础底板交接处截面受剪承载力，其中 A_0 为验算截面处基础底板的单位长度垂直截面有效面积，V_s 为墙与基础交接处由基底平均净反力产生的单位长度剪力设计值。

8.2.11　在轴心荷载或单向偏心荷载作用下，当台阶的宽高比小于或等于 2.5 且偏心距小于或等于 1/6 基础宽度时，柱下矩形独立基础任意截面的底板弯矩可按下列简化方法进行计算（图 8.2.11）：

$$M_I = \frac{1}{12} a_1^2 \left[(2l + a') \left(p_{max} + p - \frac{2G}{A} \right) + (p_{max} - p) l \right]$$

$$(8.2.11-1)$$

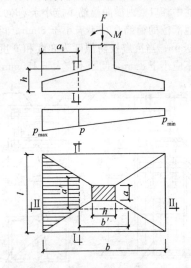

图 8.2.11　矩形基础底板的计算示意

$$M_{II} = \frac{1}{48} (l - a')^2 (2b + b') \left(p_{max} + p_{min} - \frac{2G}{A} \right)$$

$$(8.2.11-2)$$

式中：M_I、M_{II}——相应于作用的基本组合时，任意截面 I-I、II-II 处的弯矩设计值（kN·m）；

a_1——任意截面 I-I 至基底边缘最大反力处的距离（m）；

l、b——基础底面的边长（m）；

p_{max}、p_{min}——相应于作用的基本组合时的基础底面边缘最大和最小地基反力设计值（kPa）；

p——相应于作用的基本组合时在任意截面 I-I 处基础底面地基反力设计值（kPa）；

G——考虑作用分项系数的基础自重及其上的土自重（kN）；当组合值由永久作用控制时，作用分项系数可取 1.35。

8.2.12　基础底板配筋除满足计算和最小配筋率要求外，尚应符合本规范第 8.2.1 条第 3 款的构造要求。

计算最小配筋率时，对阶形或锥形基础截面，可将其截面折算成矩形截面，截面的折算宽度和截面的有效高度，按附录 U 计算。基础底板钢筋可按式（8.2.12）计算。

$$A_s = \frac{M}{0.9 f_y h_0} \quad (8.2.12)$$

8.2.13 当柱下独立柱基底面长短边之比 ω 在大于或等于 2、小于或等于 3 的范围时，基础底板短向钢筋应按下述方法布置：将短向全部钢筋面积乘以 λ 后求得的钢筋，均匀分布在与柱中心线重合的宽度等于基础短边的中间带宽范围内（图 8.2.13），其余的短向钢筋则均匀分布在中间带宽的两侧。长向配筋应均匀分布在基础全宽范围内。λ 按下式计算：

$$\lambda = 1 - \frac{\omega}{6} \quad (8.2.13)$$

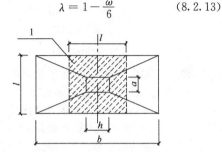

图 8.2.13 基础底板短向
钢筋布置示意
1—λ 倍短向全部钢筋面积
均匀配置在阴影范围内

8.2.14 墙下条形基础（图 8.2.14）的受弯计算和配筋应符合下列规定：

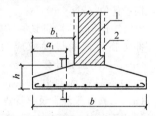

图 8.2.14 墙下条形
基础的计算示意
1—砖墙；2—混凝土墙

1 任意截面每延米宽度的弯矩，可按下式进行计算。

$$M_I = \frac{1}{6} a_1^2 \left(2p_{max} + p - \frac{3G}{A} \right) \quad (8.2.14)$$

2 其最大弯矩截面的位置，应符合下列规定：
1）当墙体材料为混凝土时，取 $a_1 = b_1$；
2）如为砖墙且放脚不大于 1/4 砖长时，取 $a_1 = b_1 + 1/4$ 砖长。

3 墙下条形基础底板每延米宽度的配筋除满足计算和最小配筋率要求外，尚应符合本规范第 8.2.1 条第 3 款的构造要求。

8.3 柱下条形基础

8.3.1 柱下条形基础的构造，除应符合本规范第 8.2.1 条的要求外，尚应符合下列规定：

1 柱下条形基础梁的高度宜为柱距的 1/4～1/8。翼板厚度不应小于 200mm。当翼板厚度大于 250mm 时，宜采用变厚度翼板，其顶面坡度宜小于或等于 1：3。

2 条形基础的端部宜向外伸出，其长度宜为第一跨距的 0.25 倍。

3 现浇柱与条形基础梁的交接处，基础梁的平面尺寸应大于柱的平面尺寸，且柱的边缘至基础梁边缘的距离不得小于 50mm（图 8.3.1）。

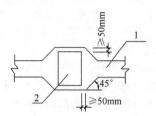

图 8.3.1 现浇柱与条形
基础梁交接处平面尺寸
1—基础梁；2—柱

4 条形基础梁顶部和底部的纵向受力钢筋除应满足计算要求外，顶部钢筋应按计算配筋全部贯通，底部通长钢筋不应少于底部受力钢筋截面总面积的 1/3。

5 柱下条形基础的混凝土强度等级，不应低于 C20。

8.3.2 柱下条形基础的计算，除应符合本规范第 8.2.6 条的要求外，尚应符合下列规定：

1 在比较均匀的地基上，上部结构刚度较好，荷载分布较均匀，且条形基础梁的高度不小于 1/6 柱距时，地基反力可按直线分布，条形基础梁的内力可按连续梁计算，此时边跨跨中弯矩及第一内支座的弯矩值宜乘以 1.2 的系数。

2 当不满足本条第 1 款的要求时，宜按弹性地基梁计算。

3 对交叉条形基础，交点上的柱荷载，可按静力平衡条件及变形协调条件，进行分配。其内力可按本条上述规定，分别进行计算。

4 应验算柱边缘处基础梁的受剪承载力。

5 当存在扭矩时，尚应作抗扭计算。

6 当条形基础的混凝土强度等级小于柱的混凝土强度等级时，应验算柱下条形基础梁顶面的局部受压承载力。

8.4 高层建筑筏形基础

8.4.1 筏形基础分为梁板式和平板式两种类型，其选型应根据地基土质、上部结构体系、柱距、荷载大小、使用要求以及施工条件等因素确定。框架-核心筒结构和筒中筒结构宜采用平板式筏形基础。

8.4.2 筏形基础的平面尺寸，应根据工程地质条件、上部结构的布置、地下结构底层平面以及荷载分布等因素按本规范第 5 章有关规定确定。对单幢建筑物，在地基土比较均匀的条件下，基底平面形心宜与结构竖向永久荷载重心重合。当不能重合时，在作用的准永久组合下，偏心距 e 宜符合下式规定：

$$e \leqslant 0.1 W/A \qquad (8.4.2)$$

式中：W——与偏心距方向一致的基础底面边缘抵抗矩（m³）；

　　　A——基础底面积（m²）。

8.4.3 对四周与土层紧密接触带地下室外墙的整体式筏基和箱基，当地基持力层为非密实的土和岩石，场地类别为Ⅲ类和Ⅳ类，抗震设防烈度为 8 度和 9 度，结构基本自振周期处于特征周期的 1.2 倍～5 倍范围时，按刚性地基假定计算的基底水平地震剪力、倾覆力矩可按设防烈度分别乘以 0.90 和 0.85 的折减系数。

8.4.4 筏形基础的混凝土强度等级不应低于 C30，当有地下室时应采用防水混凝土。防水混凝土的抗渗等级应按表 8.4.4 选用。对重要建筑，宜采用自防水并设置架空排水层。

表 8.4.4 防水混凝土抗渗等级

埋置深度 d（m）	设计抗渗等级	埋置深度 d（m）	设计抗渗等级
$d<10$	P6	$20 \leqslant d<30$	P10
$10 \leqslant d<20$	P8	$30 \leqslant d$	P12

8.4.5 采用筏形基础的地下室，钢筋混凝土外墙厚度不应小于 250mm，内墙厚度不宜小于 200mm。墙的截面设计除满足承载力要求外，尚应考虑变形、抗裂及外墙防渗等要求。墙体内应设置双面钢筋，钢筋不宜采用光面圆钢筋，水平钢筋的直径不应小于 12mm，竖向钢筋的直径不应小于 10mm，间距不应大于 200mm。

8.4.6 平板式筏基的板厚应满足受冲切承载力的要求。

8.4.7 平板式筏基柱下冲切验算应符合下列规定：

1 平板式筏基柱下冲切验算时应考虑作用在冲切临界截面重心上的不平衡弯矩产生的附加剪力。对基础边柱和角柱冲切验算时，其冲切力应分别乘以 1.1 和 1.2 的增大系数。距柱边 $h_0/2$ 处冲切临界截面的最大剪应力 τ_{max} 应按式（8.4.7-1）、式（8.4.7-2）进行计算（图 8.4.7）。板的最小厚度不应小于 500mm。

$$\tau_{max} = \frac{F_l}{u_m h_0} + \alpha_s \frac{M_{unb} c_{AB}}{I_s} \qquad (8.4.7-1)$$

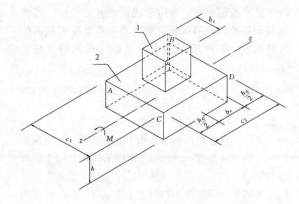

图 8.4.7　内柱冲切临界截面示意
1—筏板；2—柱

$$\tau_{max} \leqslant 0.7(0.4 + 1.2/\beta_s)\beta_{hp} f_t \qquad (8.4.7-2)$$

$$\alpha_s = 1 - \frac{1}{1 + \frac{2}{3}\sqrt{\left(\frac{c_1}{c_2}\right)}} \qquad (8.4.7-3)$$

式中：F_l——相应于作用的基本组合时的冲切力（kN），对内柱取轴力设计值减去筏板冲切破坏锥体内的基底净反力设计值；对边柱和角柱，取轴力设计值减去筏板冲切临界截面范围内的基底净反力设计值；

　　　u_m——距柱边缘不小于 $h_0/2$ 处冲切临界截面的最小周长（m），按本规范附录 P 计算；

　　　h_0——筏板的有效高度（m）；

　　　M_{unb}——作用在冲切临界截面重心上的不平衡弯矩设计值（kN·m）；

　　　c_{AB}——沿弯矩作用方向，冲切临界截面重心至冲切临界截面最大剪应力点的距离（m），按附录 P 计算；

　　　I_s——冲切临界截面对其重心的极惯性矩（m⁴），按本规范附录 P 计算；

　　　β_s——柱截面长边与短边的比值，当 $\beta_s < 2$ 时，β_s 取 2，当 $\beta_s > 4$ 时，β_s 取 4；

　　　β_{hp}——受冲切承载力截面高度影响系数，当 $h \leqslant 800$mm 时，取 $\beta_{hp} = 1.0$；当 $h \geqslant 2000$mm 时，取 $\beta_{hp} = 0.9$，其间按线性内插法取值；

　　　f_t——混凝土轴心抗拉强度设计值（kPa）；

　　　c_1——与弯矩作用方向一致的冲切临界截面的边长（m），按本规范附录 P 计算；

　　　c_2——垂直于 c_1 的冲切临界截面的边长（m），按本规范附录 P 计算；

　　　α_s——不平衡弯矩通过冲切临界截面上的偏心剪力来传递的分配系数。

2 当柱荷载较大，等厚度筏板的受冲切承载力不能满足要求时，可在筏板上面增设柱墩或在筏板下局部增加板厚或采用抗冲切钢筋等措施满足受冲切承载能力要求。

8.4.8 平板式筏基内筒下的板厚应满足受冲切承载力的要求，并应符合下列规定：

1 受冲切承载力应按下式进行计算：

$$F_l / u_m h_0 \leqslant 0.7 \beta_{hp} f_t / \eta \qquad (8.4.8)$$

式中：F_l——相应于作用的基本组合时，内筒所承受的轴力设计值减去内筒下筏板冲切破坏锥体内的基底净反力设计值（kN）；

u_m——距内筒外表面 $h_0/2$ 处冲切临界截面的周长（m）（图 8.4.8）；

h_0——距内筒外表面 $h_0/2$ 处筏板的截面有效高度（m）；

η——内筒冲切临界截面周长影响系数，取 1.25。

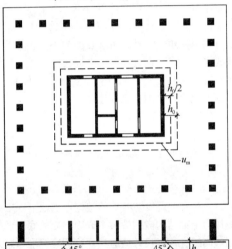

图 8.4.8 筏板受内筒冲切的临界截面位置

2 当需要考虑内筒根部弯矩的影响时，距内筒外表面 $h_0/2$ 处冲切临界截面的最大剪应力可按公式（8.4.7-1）计算，此时 $\tau_{max} \leqslant 0.7 \beta_{hp} f_t / \eta$。

8.4.9 平板式筏基应验算距内筒和柱边缘 h_0 处截面的受剪承载力。当筏板变厚度时，尚应验算变厚度处筏板的受剪承载力。

8.4.10 平板式筏基受剪承载力应按式（8.4.10）验算，当筏板的厚度大于 2000mm 时，宜在板厚中间部位设置直径不小于 12mm、间距不大于 300mm 的双向钢筋网。

$$V_s \leqslant 0.7 \beta_{hs} f_t b_w h_0 \qquad (8.4.10)$$

式中：V_s——相应于作用的基本组合时，基底净反力平均值产生的距内筒或柱边缘 h_0 处筏板单位宽度的剪力设计值（kN）；

b_w——筏板计算截面单位宽度（m）；

h_0——距内筒或柱边缘 h_0 处筏板的截面有效高度（m）。

8.4.11 梁板式筏基底板应计算正截面受弯承载力，其厚度尚应满足受冲切承载力、受剪切承载力的要求。

8.4.12 梁板式筏基底板受冲切、受剪切承载力计算应符合下列规定：

1 梁板式筏基底板受冲切承载力应按下式进行计算：

$$F_l \leqslant 0.7 \beta_{hp} f_t u_m h_0 \qquad (8.4.12-1)$$

式中：F_l——作用的基本组合时，图 8.4.12-1 中阴影部分面积上的基底平均净反力设计值（kN）；

u_m——距基础梁边 $h_0/2$ 处冲切临界截面的周长（m）（图 8.4.12-1）。

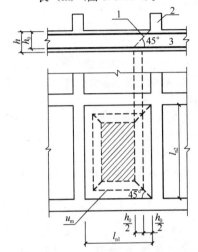

图 8.4.12-1 底板的冲切计算示意
1—冲切破坏锥体的斜截面；2—梁；3—底板

2 当底板区格为矩形双向板时，底板受冲切所需的厚度 h_0 应按式（8.4.12-2）进行计算，其底板厚度与最大双向板格的短边净跨之比不应小于 1/14，且板厚不应小于 400mm。

$$h_0 = \frac{(l_{n1} + l_{n2}) - \sqrt{(l_{n1} + l_{n2})^2 - \dfrac{4 p_n l_{n1} l_{n2}}{p_n + 0.7 \beta_{hp} f_t}}}{4}$$

$$(8.4.12-2)$$

式中：l_{n1}、l_{n2}——计算板格的短边和长边的净长度（m）；

p_n——扣除底板及其上填土自重后，相应于作用的基本组合时的基底平均净反力设计值（kPa）。

3 梁板式筏基双向底板斜截面受剪承载力应按下式进行计算：

$$V_s \leqslant 0.7 \beta_{hs} f_t (l_{n2} - 2 h_0) h_0 \qquad (8.4.12-3)$$

式中：V_s——距梁边缘 h_0 处，作用在图 8.4.12-2 中阴影部分面积上的基底平均净反力产生的剪力设计值（kN）。

4 当底板板格为单向板时，其斜截面受剪承载力应按本规范第 8.2.10 条验算，其底板厚度不应小于 400mm。

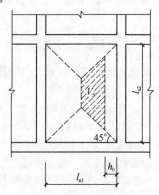

图 8.4.12-2　底板剪切
计算示意

8.4.13　地下室底层柱、剪力墙与梁板式筏基的基础梁连接的构造应符合下列规定：

　　1　柱、墙的边缘至基础梁边缘的距离不应小于50mm（图8.4.13）；

　　2　当交叉基础梁的宽度小于柱截面的边长时，交叉基础梁连接处应设置八字角，柱角与八字角之间的净距不宜小于50mm（图8.4.13a）；

　　3　单向基础梁与柱的连接，可按图8.4.13b、c采用；

　　4　基础梁与剪力墙的连接，可按图8.4.13d采用。

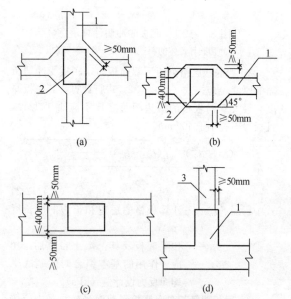

图 8.4.13　地下室底层柱或剪力墙与梁板式
筏基的基础梁连接的构造要求
1—基础梁；2—柱；3—墙

8.4.14　当地基土比较均匀、地基压缩层范围内无软弱土层或可液化土层、上部结构刚度较好，柱网和荷载较均匀、相邻柱荷载及柱间距的变化不超过20%，且梁板式筏基梁的高跨比或平板式筏基板的厚跨比不

小于1/6时，筏形基础可仅考虑局部弯曲作用。筏形基础的内力，可按基底反力直线分布进行计算，计算时基底反力应扣除底板自重及其上填土的自重。当不满足上述要求时，筏基内力可按弹性地基梁板方法进行分析计算。

8.4.15　按基底反力直线分布计算的梁板式筏基，其基础梁的内力可按连续梁分析，边跨跨中弯矩以及第一内支座的弯矩值宜乘以1.2的系数。梁板式筏基的底板和基础梁的配筋除满足计算要求外，纵横方向的底部钢筋尚应有不少于1/3贯通全跨，顶部钢筋按计算配筋全部连通，底板上下贯通钢筋的配筋率不应小于0.15%。

8.4.16　按基底反力直线分布计算的平板式筏基，可按柱下板带和跨中板带分别进行内力分析。柱下板带中，柱宽及其两侧各0.5倍板厚且不大于1/4板跨的有效宽度范围内，其钢筋配置量不应小于柱下板带钢筋数量的一半，且应能承受部分不平衡弯矩 $\alpha_m M_{unb}$。M_{unb} 为作用在冲切临界截面重心上的不平衡弯矩，α_m 应按式（8.4.16）进行计算。平板式筏基柱下板带和跨中板带的底部支座钢筋应有不少于1/3贯通全跨，顶部钢筋应按计算配筋全部连通，上下贯通钢筋的配筋率不应小于0.15%。

$$\alpha_m = 1 - \alpha_s \qquad (8.4.16)$$

式中：α_m——不平衡弯矩通过弯曲来传递的分配系数；

　　　　α_s——按公式（8.4.7-3）计算。

8.4.17　对有抗震设防要求的结构，当地下一层结构顶板作为上部结构嵌固端时，嵌固端处的底层框架柱下端截面组合弯矩设计值应按现行国家标准《建筑抗震设计规范》GB 50011 的规定乘以与其抗震等级相对应的增大系数。当平板式筏形基础板作为上部结构的嵌固端、计算柱下板带截面组合弯矩设计值时，底层框架柱下端内力应考虑地震作用组合及相应的增大系数。

8.4.18　**梁板式筏基基础梁和平板式筏基的顶面应满足底层柱下局部受压承载力的要求。对抗震设防烈度为9度的高层建筑，验算柱下基础梁、筏板局部受压承载力时，应计入竖向地震作用对柱轴力的影响。**

8.4.19　筏板与地下室外墙的接缝、地下室外墙沿高度处的水平接缝应严格按施工缝要求施工，必要时可设通长止水带。

8.4.20　带裙房的高层建筑筏形基础应符合下列规定：

　　1　当高层建筑与相连的裙房之间设置沉降缝时，高层建筑的基础埋深应大于裙房基础的埋深至少2m。地面以下沉降缝的缝隙应用粗砂填实（图8.4.20a）。

　　2　当高层建筑与相连的裙房之间不设置沉降缝时，宜在裙房一侧设置用于控制沉降差的后浇带，当沉降实测值和计算确定的后期沉降差满足设计要求

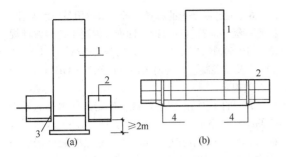

图 8.4.20　高层建筑与裙房间的沉降缝、
后浇带处理示意

1—高层建筑；2—裙房及地下室；3—室外地坪以下
用粗砂填实；4—后浇带

后，方可进行后浇带混凝土浇筑。当高层建筑基础面积满足地基承载力和变形要求时，后浇带宜设在与高层建筑相邻裙房的第一跨内。当需要满足高层建筑地基承载力、降低高层建筑沉降量、减小高层建筑与裙房间的沉降差而增大高层建筑基础面积时，后浇带可设在距主楼边柱的第二跨内，此时应满足以下条件：

　　1）地基土质较均匀；

　　2）裙房结构刚度较好且基础以上的地下室和裙房结构层数不少于两层；

　　3）后浇带一侧与主楼连接的裙房基础底板厚度与高层建筑的基础底板厚度相同（图 8.4.20b）。

　　3　当高层建筑与相连的裙房之间不设沉降缝和后浇带时，高层建筑及其紧邻一跨裙房的筏板应采用相同厚度，裙房筏板的厚度宜从第二跨裙房开始逐渐变化，应同时满足主、裙楼基础整体性和基础板的变形要求；应进行地基变形和基础内力的验算，验算时应分析地基与结构间变形的相互影响，并采取有效措施防止产生有不利影响的差异沉降。

8.4.21　在同一大面积整体筏形基础上建有多幢高层和低层建筑时，筏板厚度和配筋宜按上部结构、基础与地基土共同作用的基础变形和基底反力计算确定。

8.4.22　带裙房的高层建筑下的整体筏形基础，其主楼下筏板的整体挠度值不宜大于 0.05%，主楼与相邻的裙房柱的差异沉降不应大于其跨度的 0.1%。

8.4.23　采用大面积整体筏形基础时，与主楼连接的外扩地下室其角隅处的楼板板角，除配置两个垂直方向的上部钢筋外，尚应布置斜向上部构造钢筋，钢筋直径不应小于 10mm、间距不应大于 200mm，该钢筋伸入板内的长度不宜小于 1/4 的短边跨度；与基础整体弯曲方向一致的垂直于外墙的楼板上部钢筋以及主裙楼交界处的楼板上部钢筋，钢筋直径不应小于 10mm、间距不应大于 200mm，且钢筋的面积不应小于现行国家标准《混凝土结构设计规范》GB 50010 中受弯构件的最小配筋率，钢筋的锚固长度不应小于 30d。

8.4.24　筏形基础地下室施工完毕后，应及时进行基坑回填工作。填土应按设计要求选料，回填时应先清除基坑中的杂物，在相对的两侧或四周同时回填并分层夯实，回填土的压实系数不应小于 0.94。

8.4.25　采用筏形基础带地下室的高层和低层建筑、地下室四周外墙与土层紧密接触且土层为非松散填土、松散粉细砂土、软塑流塑黏性土，上部结构为框架、框剪或框架—核心筒结构，当地下一层结构顶板作为上部结构嵌固部位时，应符合下列规定：

　　1　地下一层的结构侧向刚度大于或等于与其相连的上部结构底层楼层侧向刚度的 1.5 倍。

　　2　地下一层结构顶板应采用梁板式楼盖，板厚不应小于 180mm，其混凝土强度等级不宜小于 C30；楼面应采用双层双向配筋，且每层每个方向的配筋率不宜小于 0.25%。

　　3　地下室外墙和内墙边缘的板面不应有大洞口，以保证将上部结构的地震作用或水平力传递到地下室抗侧力构件中。

　　4　当地下室内、外墙与主体结构墙体之间的距离符合表 8.4.25 的要求时，该范围内的地下室内、外墙可计入地下一层的结构侧向刚度，但此范围内的侧向刚度不能重叠使用于相邻建筑。当不符合上述要求时，建筑物的嵌固部位可设在筏形基础的顶面，此时宜考虑基侧土和基底土对地下室的抗力。

**表 8.4.25　地下室墙与主体结构墙之间
的最大间距 d**

抗震设防烈度 7 度、8 度	抗震设防烈度 9 度
$d \leqslant 30m$	$d \leqslant 20m$

8.4.26　地下室的抗震等级、构件的截面设计以及抗震构造措施应符合现行国家标准《建筑抗震设计规范》GB 50011 的有关规定。剪力墙底部加强部位的高度应从地下室顶板算起；当结构嵌固在基础顶面时，剪力墙底部加强部位的范围尚应延伸至基础顶面。

8.5　桩　基　础

8.5.1　本节包括混凝土预制桩和混凝土灌注桩低桩承台基础。竖向受压桩按桩身竖向受力情况可分为摩擦型桩和端承型桩。摩擦型桩的桩顶竖向荷载主要由桩侧阻力承受；端承型桩的桩顶竖向荷载主要由桩端阻力承受。

8.5.2　桩基设计应符合下列规定：

　　1　所有桩基均应进行承载力和桩身强度计算。对预制桩，尚应进行运输、吊装和锤击等过程中的强度和抗裂验算。

　　2　桩基础沉降验算应符合本规范第 8.5.15 条的规定。

　　3　桩基础的抗震承载力验算应符合现行国家标

准《建筑抗震设计规范》GB 50011 的有关规定。

4 桩基宜选用中、低压缩性土层作桩端持力层。

5 同一结构单元内的桩基，不宜选用压缩性差异较大的土层作桩端持力层，不宜采用部分摩擦桩和部分端承桩。

6 由于欠固结软土、湿陷性土和场地填土的固结，场地大面积堆载、降低地下水位等原因，引起桩周土的沉降大于桩的沉降时，应考虑桩侧负摩擦力对桩基承载力和沉降的影响。

7 对位于坡地、岸边的桩基，应进行桩基的整体稳定验算。桩基应与边坡工程统一规划，同步设计。

8 岩溶地区的桩基，当岩溶上覆土层的稳定性有保证，且桩端持力层承载力及厚度满足要求，可利用上覆土层作为桩端持力层。当必须采用嵌岩桩时，应对岩溶进行施工勘察。

9 应考虑桩基施工中挤土效应对桩基及周边环境的影响；在深厚饱和软土中不宜采用大片密集有挤土效应的桩基。

10 应考虑深基坑开挖中，坑底土回弹隆起对桩身受力及桩承载力的影响。

11 桩基设计时，应结合地区经验考虑桩、土、承台的共同工作。

12 在承台及地下室周围的回填中，应满足填土密实度要求。

8.5.3 桩和桩基的构造，应符合下列规定：

1 摩擦型桩的中心距不宜小于桩身直径的 3 倍；扩底灌注桩的中心距不宜小于扩底直径的 1.5 倍，当扩底直径大于 2m 时，桩端净距不宜小于 1m。在确定桩距时尚应考虑施工工艺中挤土等效应对邻近桩的影响。

2 扩底灌注桩的扩底直径，不应大于桩身直径的 3 倍。

3 桩底进入持力层的深度，宜为桩身直径的 1 倍～3 倍。在确定桩底进入持力层深度时，尚应考虑特殊土、岩溶以及震陷液化等影响。嵌岩灌注桩周边嵌入完整和较完整的未风化、微风化、中风化硬质岩体的最小深度，不宜小于 0.5m。

4 布置桩位时宜使桩基承载力合力点与竖向永久荷载合力作用点重合。

5 设计使用年限不少于 50 年时，非腐蚀环境中预制桩的混凝土强度等级不应低于 C30，预应力桩不应低于 C40，灌注桩的混凝土强度等级不应低于 C25；二 b 类环境及三类及四类、五类微腐蚀环境中不应低于 C30；在腐蚀环境中的桩，桩身混凝土的强度等级应符合现行国家标准《混凝土结构设计规范》GB 50010 的有关规定。设计使用年限不少于 100 年的桩，桩身混凝土的强度等级宜适当提高。水下灌注混凝土的桩身混凝土强度等级不宜高于 C40。

6 桩身混凝土的材料、最小水泥用量、水灰比、抗渗等级等应符合现行国家标准《混凝土结构设计规范》GB 50010、《工业建筑防腐蚀设计规范》GB 50046 及《混凝土结构耐久性设计规范》GB/T 50476 的有关规定。

7 桩的主筋配置应经计算确定。预制桩的最小配筋率不宜小于 0.8%（锤击沉桩）、0.6%（静压沉桩），预应力桩不宜小于 0.5%；灌注桩最小配筋率不宜小于 0.2%～0.65%（小直径桩取大值）。桩顶以下 3 倍～5 倍桩身直径范围内，箍筋宜适当加密。

8 桩身纵向钢筋配筋长度应符合下列规定：

1）受水平荷载和弯矩较大的桩，配筋长度应通过计算确定；

2）桩基承台下存在淤泥、淤泥质土或液化土层时，配筋长度应穿过淤泥、淤泥质土层或液化土层；

3）坡地岸边的桩、8 度及 8 度以上地震区的桩、抗拔桩、嵌岩端承桩应通长配筋；

4）钻孔灌注桩构造钢筋的长度不宜小于桩长的 2/3；桩施工在基坑开挖前完成时，其钢筋长度不宜小于基坑深度的 1.5 倍。

9 桩身配筋可根据计算结果及施工工艺要求，可沿桩身纵向不均匀配筋。腐蚀环境中的灌注桩主筋直径不宜小于 16mm，非腐蚀性环境中灌注桩主筋直径不应小于 12mm。

10 桩顶嵌入承台内的长度不应小于 50mm。主筋伸入承台内的锚固长度不应小于钢筋直径（HPB235）的 30 倍和钢筋直径（HRB335 和 HRB400）的 35 倍。对于大直径灌注桩，当采用一柱一桩时，可设置承台或将桩与柱直接连接。桩和柱的连接可按本规范第 8.2.5 条高杯口基础的要求选择截面尺寸和配筋，柱纵筋插入桩身的长度应满足锚固长度的要求。

11 灌注桩主筋混凝土保护层厚度不应小于 50mm；预制桩不应小于 45mm，预应力管桩不应小于 35mm；腐蚀环境中的灌注桩不应小于 55mm。

8.5.4 群桩中单桩桩顶竖向力应按下列公式进行计算：

1 轴心竖向力作用下：

$$Q_k = \frac{F_k + G_k}{n} \qquad (8.5.4-1)$$

式中：F_k——相应于作用的标准组合时，作用于桩基承台顶面的竖向力（kN）；

G_k——桩基承台自重及承台上土自重标准值（kN）；

Q_k——相应于作用的标准组合时，轴心竖向力作用下任一单桩的竖向力（kN）；

n——桩基中的桩数。

2 偏心竖向力作用下：

$$Q_{ik} = \frac{F_k + G_k}{n} \pm \frac{M_{xk} y_i}{\sum y_i^2} \pm \frac{M_{yk} x_i}{\sum x_i^2} \quad (8.5.4-2)$$

式中：Q_{ik}——相应于作用的标准组合时，偏心竖向力作用下第 i 根桩的竖向力（kN）；

M_{xk}、M_{yk}——相应于作用的标准组合时，作用于承台底面通过桩群形心的 x、y 轴的力矩（kN·m）；

x_i、y_i——第 i 根桩至桩群形心的 y、x 轴线的距离（m）。

3 水平力作用下：

$$H_{ik} = \frac{H_k}{n} \quad (8.5.4-3)$$

式中：H_k——相应于作用的标准组合时，作用于承台底面的水平力（kN）；

H_{ik}——相应于作用的标准组合时，作用于任一单桩的水平力（kN）。

8.5.5 单桩承载力计算应符合下列规定：

1 轴心竖向力作用下：

$$Q_k \leqslant R_a \quad (8.5.5-1)$$

式中：R_a——单桩竖向承载力特征值（kN）。

2 偏心竖向力作用下，除满足公式（8.5.5-1）外，尚应满足下列要求：

$$Q_{ikmax} \leqslant 1.2 R_a \quad (8.5.5-2)$$

3 水平荷载作用下：

$$H_{ik} \leqslant R_{Ha} \quad (8.5.5-3)$$

式中：R_{Ha}——单桩水平承载力特征值（kN）。

8.5.6 单桩竖向承载力特征值的确定应符合下列规定：

1 单桩竖向承载力特征值应通过单桩竖向静载荷试验确定。在同一条件下的试桩数量，不宜少于总桩数的 1% 且不应少于 3 根。单桩的静载荷试验，应按本规范附录 Q 进行。

2 当桩端持力层为密实砂卵石或其他承载力类似的土层时，对单桩竖向承载力很高的大直径端承型桩，可采用深层平板载荷试验确定桩端土的承载力特征值，试验方法应符合本规范附录 D 的规定。

3 地基基础设计等级为丙级的建筑物，可采用静力触探及标贯试验参数结合工程经验确定单桩竖向承载力特征值。

4 初步设计时单桩竖向承载力特征值可按下式进行估算：

$$R_a = q_{pa} A_p + u_p \sum q_{sia} l_i \quad (8.5.6-1)$$

式中：A_p——桩底端横截面面积（m²）；

q_{pa}，q_{sia}——桩端阻力特征值、桩侧阻力特征值（kPa），由当地静载荷试验结果统计分析算得；

u_p——桩身周边长度（m）；

l_i——第 i 层岩土的厚度（m）。

5 桩端嵌入完整及较完整的硬质岩中，当桩长较短且入岩较浅时，可按下式估算单桩竖向承载力特征值：

$$R_a = q_{pa} A_p \quad (8.5.6-2)$$

式中：q_{pa}——桩端岩石承载力特征值（kN）。

6 嵌岩灌注桩桩端以下 3 倍桩径且不小于 5m 范围内应无软弱夹层、断裂破碎带和洞穴分布，且在桩底应力扩散范围内应无岩体临空面。当桩端无沉渣时，桩端岩石承载力特征值应根据岩石饱和单轴抗压强度标准值按本规范第 5.2.6 条确定，或按本规范附录 H 用岩石地基载荷试验确定。

8.5.7 当作用于桩基上的外力主要为水平力或高层建筑承台下为软弱土层、液化土层时，应根据使用要求对桩顶变位的限制，对桩基的水平承载力进行验算。当外力作用面的桩距较大时，桩基的水平承载力可视为各单桩的水平承载力的总和。当承台侧面的土未经扰动或回填密实时，可计算土抗力的作用。当水平推力较大时，宜设置斜桩。

8.5.8 单桩水平承载力特征值应通过现场水平载荷试验确定。必要时可进行带承台桩的载荷试验。单桩水平载荷试验，应按本规范附录 S 进行。

8.5.9 当桩基承受拔力时，应对桩基进行抗拔验算。单桩抗拔承载力特征值应通过单桩竖向抗拔载荷试验确定，并应加载至破坏。单桩竖向抗拔载荷试验，应按本规范附录 T 进行。

8.5.10 桩身混凝土强度应满足桩的承载力设计要求。

8.5.11 按桩身混凝土强度计算桩的承载力时，应按桩的类型和成桩工艺的不同将混凝土的轴心抗压强度设计值乘以工作条件系数 φ_c，桩轴心受压时桩身强度应符合式（8.5.11）的规定。当桩顶以下 5 倍桩身直径范围内螺旋式箍筋间距不大于 100mm 且钢筋耐久性得到保证的灌注桩，可适当计入桩身纵向钢筋的抗压作用。

$$Q \leqslant A_p f_c \varphi_c \quad (8.5.11)$$

式中：f_c——混凝土轴心抗压强度设计值（kPa），按现行国家标准《混凝土结构设计规范》GB 50010 取值；

Q——相应于作用的基本组合时的单桩竖向设计值（kN）；

A_p——桩身横截面面积（m²）；

φ_c——工作条件系数，非预应力预制桩取 0.75，预应力桩取 0.55～0.65，灌注桩取 0.6～0.8（水下灌注桩、长桩或混凝土强度等级高于 C35 时用低值）。

8.5.12 非腐蚀环境中的抗拔桩应根据环境类别控制裂缝宽度满足设计要求，预应力混凝土管桩应按桩身裂缝控制等级为二级的要求进行桩身混凝土抗裂验算。腐蚀环境中的抗拔桩和受水平力或弯矩较大的桩应进行桩身混凝土抗裂验算，裂缝控制等级应为二级；预应力混凝土管桩裂缝控制等级应为一级。

8.5.13 桩基沉降计算应符合下列规定：

1 对以下建筑物的桩基应进行沉降验算；

1) 地基基础设计等级为甲级的建筑物桩基；

2) 体形复杂、荷载不均匀或桩端以下存在软弱土层的设计等级为乙级的建筑物桩基；

3) 摩擦型桩基。

2 桩基沉降不得超过建筑物的沉降允许值，并应符合本规范表 5.3.4 的规定。

8.5.14 嵌岩桩、设计等级为丙级的建筑物桩基、对沉降无特殊要求的条形基础下不超过两排桩的桩基、吊车工作级别 A5 及 A5 以下的单层工业厂房且桩端下为密实土层的桩基，可不进行沉降验算。当有可靠地区经验时，对地质条件不复杂、荷载均匀、对沉降无特殊要求的端承型桩基也可不进行沉降验算。

8.5.15 计算桩基沉降时，最终沉降量宜按单向压缩分层总和法计算。地基内的应力分布宜采用各向同性均质线性变形体理论，按实体深基础方法或明德林应力公式方法进行计算，计算按本规范附录 R 进行。

8.5.16 以控制沉降为目的设置桩基时，应结合地区经验，并满足下列要求：

1 桩身强度应按桩顶荷载设计值验算；

2 桩、土荷载分配应按上部结构与地基共同作用分析确定；

3 桩端进入较好的土层，桩端平面处土层应满足下卧层承载力设计要求；

4 桩距可采用 4 倍～6 倍桩身直径。

8.5.17 桩基承台的构造，除满足受冲切、受剪切、受弯承载力和上部结构的要求外，尚应符合下列要求：

1 承台的宽度不应小于 500mm。边桩中心至承台边缘的距离不宜小于桩的直径或边长，且桩的外边缘至承台边缘的距离不小于 150mm。对于条形承台梁，桩的外边缘至承台梁边缘的距离不小于 75mm。

2 承台的最小厚度不应小于 300mm。

3 承台的配筋，对于矩形承台，其钢筋应按双向均匀通长布置（图 8.5.17a），钢筋直径不宜小于 10mm，间距不宜大于 200mm；对于三桩承台，钢筋应按三向板带均匀布置，且最里面的三根钢筋围成的三角形应在柱截面范围内（图 8.5.17b）。承台梁的主筋除满足计算要求外，尚应符合现行国家标准《混凝土结构设计规范》GB 50010 关于最小配筋率的规定，主筋直径不宜小于 12mm，架立筋不宜小于 10mm，箍筋直径不宜小于 6mm（图 8.5.17c）；柱下独立桩基承台的最小配筋率不应小于 0.15%。钢筋锚固长度自边桩内侧（当为圆桩时，应将其直径乘以 0.886 等效为方桩）算起，锚固长度不应小于 35 倍钢筋直径，当不满足时应将钢筋向上弯折，此时钢筋

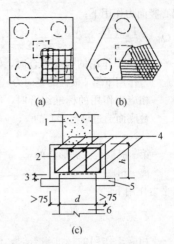

图 8.5.17 承台配筋

1—墙；2—箍筋直径≥6mm；3—桩顶入承台≥50mm；
4—承台梁内主筋除须按计算配筋外尚应满足最小配筋率；5—垫层 100mm 厚 C10 混凝土

水平段的长度不应小于 25 倍钢筋直径，弯折段的长度不应小于 10 倍钢筋直径。

4 承台混凝土强度等级不应低于 C20；纵向钢筋的混凝土保护层厚度不应小于 70mm，当有混凝土垫层时，不应小于 50mm；且不应小于桩头嵌入承台内的长度。

8.5.18 柱下桩基承台的弯矩可按以下简化计算方法确定：

1 多桩矩形承台计算截面取在柱边和承台高度变化处（杯口外侧或台阶边缘，图 8.5.18a）：

$$M_x = \sum N_i y_i \qquad (8.5.18-1)$$
$$M_y = \sum N_i x_i \qquad (8.5.18-2)$$

式中：M_x、M_y——分别为垂直 y 轴和 x 轴方向计算截面处的弯矩设计值（kN·m）；

x_i、y_i——垂直 y 轴和 x 轴方向自桩轴线到相应计算截面的距离（m）；

N_i——扣除承台和其上填土自重后相应于作用的基本组合时的第 i 桩竖向力设计值（kN）。

2 三桩承台

1) 等边三桩承台（图 8.5.18b）。

$$M = \frac{N_{max}}{3} \left(s - \frac{\sqrt{3}}{4} c \right) \qquad (8.5.18-3)$$

式中：M——由承台形心至承台边缘距离范围内板带的弯矩设计值（kN·m）；

N_{max}——扣除承台和其上填土自重后的三桩中相应于作用的基本组合时的最大单桩竖向力设计值（kN）；

s——桩距（m）；

c——方柱边长（m），圆柱时 $c = 0.886d$（d 为圆柱直径）。

2）等腰三桩承台（图 8.5.18c）。

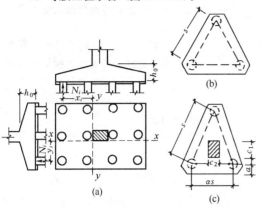

图 8.5.18　承台弯矩计算

$$M_1 = \frac{N_{\max}}{3}\left(s - \frac{0.75}{\sqrt{4-\alpha^2}}c_1\right) \quad (8.5.18\text{-}4)$$

$$M_2 = \frac{N_{\max}}{3}\left(\alpha s - \frac{0.75}{\sqrt{4-\alpha^2}}c_2\right) \quad (8.5.18\text{-}5)$$

式中：M_1、M_2——分别为由承台形心到承台两腰和底边的距离范围内板带的弯矩设计值（kN·m）；

s——长向桩距（m）；

α——短向桩距与长向桩距之比，当 α 小于 0.5 时，应按变截面的二桩承台设计；

c_1、c_2——分别为垂直于、平行于承台底边的柱截面边长（m）。

8.5.19 柱下桩基础独立承台受冲切承载力的计算，应符合下列规定：

1 柱对承台的冲切，可按下列公式计算（图 8.5.19-1）：

$$F_l \leqslant 2[\alpha_{ox}(b_c + a_{oy}) + \alpha_{oy}(h_c + a_{ox})]\beta_{hp}f_t h_0$$
$$(8.5.19\text{-}1)$$

$$F_l = F - \Sigma N_i \quad (8.5.19\text{-}2)$$

$$\alpha_{ox} = 0.84/(\lambda_{ox} + 0.2) \quad (8.5.19\text{-}3)$$

$$\alpha_{oy} = 0.84/(\lambda_{oy} + 0.2) \quad (8.5.19\text{-}4)$$

式中：F_l——扣除承台及其上填土自重，作用在冲切破坏锥体上相应于作用的基本组合时的冲切力设计值（kN），冲切破坏锥体应采用自柱边或承台变阶处至相应桩顶边缘连线构成的锥体，锥体与承台底面的夹角不小于 45°（图 8.5.19-1）；

h_0——冲切破坏锥体的有效高度（m）；

β_{hp}——受冲切承载力截面高度影响系数，其值按本规范第 8.2.8 条的规定取用；

α_{ox}、α_{oy}——冲切系数；

λ_{ox}、λ_{oy}——冲跨比，$\lambda_{ox} = a_{ox}/h_0$，$\lambda_{oy} = a_{oy}/h_0$，$a_{ox}$、$a_{oy}$ 为柱边或变阶处至桩边的水平

距离；当 $a_{ox}(a_{oy}) < 0.25h_0$ 时，$a_{ox}(a_{oy}) = 0.25h_0$；当 $a_{ox}(a_{oy}) > h_0$ 时，$a_{ox}(a_{oy}) = h_0$；

F——柱根部轴力设计值（kN）；

ΣN_i——冲切破坏锥体范围内各桩的净反力设计值之和（kN）。

对中低压缩性土上的承台，当承台与地基土之间没有脱空现象时，可根据地区经验适当减小柱下桩基础独立承台受冲切计算的承台厚度。

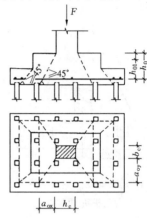

图 8.5.19-1　柱对承台冲切

2 角桩对承台的冲切，可按下列公式计算：

1）多桩矩形承台受角桩冲切的承载力应按下列公式计算（图 8.5.19-2）：

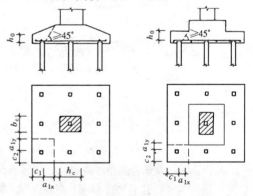

图 8.5.19-2　矩形承台角桩冲切验算

$$N_l \leqslant \left[\alpha_{1x}\left(c_2 + \frac{a_{1y}}{2}\right) + \alpha_{1y}\left(c_1 + \frac{a_{1x}}{2}\right)\right]\beta_{hp}f_t h_0$$
$$(8.5.19\text{-}5)$$

$$\alpha_{1x} = \frac{0.56}{\lambda_{1x} + 0.2} \quad (8.5.19\text{-}6)$$

$$\alpha_{1y} = \frac{0.56}{\lambda_{1y} + 0.2} \quad (8.5.19\text{-}7)$$

式中：N_l——扣除承台和其上填土自重后的角桩桩顶相应于作用的基本组合时的竖向力设计值（kN）；

α_{1x}、α_{1y}——角桩冲切系数；

λ_{1x}、λ_{1y}——角桩冲跨比，其值满足 0.25～1.0，λ_{1x}

$=a_{1x}/h_0$，$\lambda_{1y}=a_{1y}/h_0$；

c_1、c_2——从角桩内边缘至承台外边缘的距离（m）；

a_{1x}、a_{1y}——从承台底角桩内边缘引 45°冲切线与承台顶面或承台变阶处相交点至角桩内边缘的水平距离（m）；

h_0——承台外边缘的有效高度（m）。

2）三桩三角形承台受角桩冲切的承载力可按下列公式计算（图 8.5.19-3）。对圆柱及圆桩，计算时可将圆形截面换算成正方形截面。

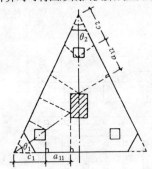

图 8.5.19-3 三角形承
台角桩冲切验算

底部角桩

$$N_l \leqslant \alpha_{11}(2c_1 + a_{11})\tan\frac{\theta_1}{2}\beta_{hp}f_t h_0$$

（8.5.19-8）

$$\alpha_{11} = \frac{0.56}{\lambda_{11} + 0.2}$$ 　　（8.5.19-9）

顶部角桩

$$N_l \leqslant \alpha_{12}(2c_2 + a_{12})\tan\frac{\theta_2}{2}\beta_{hp}f_t h_0$$

（8.5.19-10）

$$\alpha_{12} = \frac{0.56}{\lambda_{12} + 0.2}$$ 　　（8.5.19-11）

式中：λ_{11}、λ_{12}——角桩冲跨比，其值满足 0.25～1.0，$\lambda_{11}=\frac{a_{11}}{h_0}$，$\lambda_{12}=\frac{a_{12}}{h_0}$；

a_{11}、a_{12}——从承台底角桩内边缘向相邻承台边引 45°冲切线与承台顶面相交点至角桩内边缘的水平距离（m）；当柱位于该 45°线以内时则取柱边与桩内边缘连线为冲切锥体的锥线。

8.5.20 柱下桩基础独立承台应分别对柱边和桩边、变阶处和桩边连线形成的斜截面进行受剪计算。当柱边外有多排桩形成多个剪切斜截面时，尚应对每个斜截面进行验算。

8.5.21 柱下桩基独立承台斜截面受剪承载力可按下列公式进行计算（图 8.5.21）：

$$V \leqslant \beta_{hs}\beta f_t b_0 h_0$$ 　　（8.5.21-1）

$$\beta = \frac{1.75}{\lambda + 1.0}$$ 　　（8.5.21-2）

式中：V——扣除承台及其上填土自重后相应于作用的基本组合时的斜截面的最大剪力设计值（kN）；

b_0——承台计算截面处的计算宽度（m）；阶梯形承台变阶处的计算宽度、锥形承台的计算宽度应按本规范附录 U 确定；

h_0——计算宽度处的承台有效高度（m）；

β——剪切系数；

β_{hs}——受剪切承载力截面高度影响系数，按公式（8.2.9-2）计算；

λ——计算截面的剪跨比，$\lambda_x = \frac{a_x}{h_0}$，$\lambda_y = \frac{a_y}{h_0}$；

a_x、a_y 为柱边或承台变阶处至 x、y 方向计算一排桩的桩边的水平距离，当 $\lambda <$ 0.25 时，取 $\lambda = 0.25$；当 $\lambda > 3$ 时，取 $\lambda = 3$。

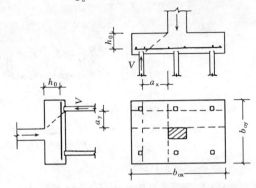

图 8.5.21 承台斜截面受剪计算

8.5.22 当承台的混凝土强度等级低于柱或桩的混凝土强度等级时，尚应验算柱下或桩上承台的局部受压承载力。

8.5.23 承台之间的连接应符合下列要求：

1 单桩承台，应在两个互相垂直的方向上设置连系梁。

2 两桩承台，应在其短向设置连系梁。

3 有抗震要求的柱下独立承台，宜在两个主轴方向设置连系梁。

4 连系梁顶面宜与承台位于同一标高。连系梁的宽度不应小于 250mm，梁的高度可取承台中心距的 1/10～1/15，且不小于 400mm。

5 连系梁的主筋应按计算要求确定。连系梁内上下纵向钢筋直径不应小于 12mm 且不应少于 2 根，并应按受拉要求锚入承台。

8.6 岩石锚杆基础

8.6.1 岩石锚杆基础适用于直接建在基岩上的柱基，以及承受拉力或水平力较大的建筑物基础。锚杆基础应与基岩连成整体，并应符合下列要求：

1 锚杆孔直径，宜取锚杆筋体直径的 3 倍，但不应小于一倍锚杆筋体直径加50mm。锚杆基础的构造要求，可按图8.6.1采用。

2 锚杆筋体插入上部结构的长度，应符合钢筋的锚固长度要求。

3 锚杆筋体宜采用热轧带肋钢筋，水泥砂浆强度不宜低于30MPa，细石混凝土强度不宜低于C30。灌浆前，应将锚杆孔清理干净。

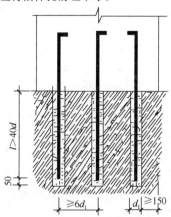

图8.6.1 锚杆基础

d_1—锚杆直径；l—锚杆的有效
锚固长度；d—锚杆筋体直径

8.6.2 锚杆基础中单根锚杆所承受的拔力，应按下列公式验算：

$$N_{ti} = \frac{F_k + G_k}{n} - \frac{M_{xk} y_i}{\sum y_i^2} - \frac{M_{yk} x_i}{\sum x_i^2} \quad (8.6.2-1)$$

$$N_{tmax} \leq R_t \quad (8.6.2-2)$$

式中：F_k——相应于作用的标准组合时，作用在基础顶面上的竖向力（kN）；

G_k——基础自重及其上的土自重（kN）；

M_{xk}、M_{yk}——按作用的标准组合计算作用在基础底面形心的力矩值（kN·m）；

x_i、y_i——第 i 根锚杆至基础底面形心的 y、x 轴线的距离（m）；

N_{ti}——相应于作用的标准组合时，第 i 根锚杆所承受的拔力值（kN）；

R_t——单根锚杆抗拔承载力特征值（kN）。

8.6.3 对设计等级为甲级的建筑物，单根锚杆抗拔承载力特征值 R_t 应通过现场试验确定；对于其他建筑物应符合下式规定：

$$R_t \leq 0.8\pi d_1 l f \quad (8.6.3)$$

式中：f——砂浆与岩石间的粘结强度特征值（kPa），可按本规范表6.8.6选用。

9 基 坑 工 程

9.1 一 般 规 定

9.1.1 岩、土质场地建（构）筑物的基坑开挖与支护，包括桩式和墙式支护、岩层或土层锚杆以及采用逆作法施工的基坑工程应符合本章的规定。

9.1.2 基坑支护设计应确保岩土开挖、地下结构施工的安全，并应确保周围环境不受损害。

9.1.3 基坑工程设计应包括下列内容：

1 支护结构体系的方案和技术经济比较；

2 基坑支护体系的稳定性验算；

3 支护结构的承载力、稳定和变形计算；

4 地下水控制设计；

5 对周边环境影响的控制设计；

6 基坑土方开挖方案；

7 基坑工程的监测要求。

9.1.4 基坑工程设计安全等级、结构设计使用年限、结构重要性系数，应根据基坑工程的设计、施工及使用条件按有关规范的规定采用。

9.1.5 基坑支护结构设计应符合下列规定：

1 所有支护结构设计均应满足强度和变形计算以及土体稳定性验算的要求；

2 设计等级为甲级、乙级的基坑工程，应进行因土方开挖、降水引起的基坑内外土体的变形计算；

3 高地下水位地区设计等级为甲级的基坑工程，应按本规范第9.9节的规定进行地下水控制的专项设计。

9.1.6 基坑工程设计采用的土的强度指标，应符合下列规定：

1 对淤泥及淤泥质土，应采用三轴不固结不排水抗剪强度指标；

2 对正常固结的饱和黏性土应采用在土的有效自重应力下预固结的三轴不固结不排水抗剪强度指标；当施工挖土速度较慢，排水条件好，土体有条件固结时，可采用三轴固结不排水抗剪强度指标；

3 对砂类土，采用有效应力强度指标；

4 验算软黏土隆起稳定性时，可采用十字板剪切强度或三轴不固结不排水抗剪强度指标；

5 灵敏度较高的土，基坑邻近有交通频繁的主干道或其他对土的扰动源时，计算采用土的强度指标宜适当进行折减；

6 应考虑打桩、地基处理的挤土效应等施工扰动原因造成对土强度指标降低的不利影响。

9.1.7 因支护结构变形、岩土开挖及地下水条件变化引起的基坑内外土体变形应符合下列规定：

1 不得影响地下结构尺寸、形状和正常施工；

2 不得影响既有桩基的正常使用；

3 对周围已有建、构筑物引起的地基变形不得超过地基变形允许值；

4 不得影响周边地下建（构）筑物、地下轨道交通设施及管线的正常使用。

9.1.8 基坑工程设计应具备以下资料：

1 岩土工程勘察报告；

2 建筑物总平面图、用地红线图；

3 建筑物地下结构设计资料，以及桩基础或地基处理设计资料；

4 基坑环境调查报告，包括基坑周边建（构）筑物、地下管线、地下设施及地下交通工程等的相关资料。

9.1.9 基坑土方开挖应严格按设计要求进行，不得超挖。基坑周边堆载不得超过设计规定。土方开挖完成后应立即施工垫层，对基坑进行封闭，防止水浸和暴露，并应及时进行地下结构施工。

9.2 基坑工程勘察与环境调查

9.2.1 基坑工程勘察宜在开挖边界外开挖深度的1倍～2倍范围内布置勘探点。勘察深度应满足基坑支护稳定性验算、降水或止水帷幕设计的要求。当基坑开挖边界外无法布置勘察点时，应通过调查取得相关资料。

9.2.2 应查明场区水文地质资料及与降水有关的参数，并应包括下列内容：

1 地下水的类型、地下水位高程及变化幅度；

2 各含水层的水力联系、补给、径流条件及土层的渗透系数；

3 分析流砂、管涌产生的可能性；

4 提出施工降水或隔水措施以及评估地下水位变化对场区环境造成的影响。

9.2.3 当场地水文地质条件复杂，应进行现场抽水试验，并进行水文地质勘察。

9.2.4 严寒地区的大型越冬基坑应评价各土层的冻胀性，并应对特殊土受开挖、振动影响以及失水、浸水影响引起的土的特性参数变化进行评估。

9.2.5 岩体基坑工程勘察除查明基坑周围的岩层分布、风化程度、岩石破碎情况和各岩层物理力学性质外，还应查明岩体主要结构面的类型、产状、延展情况、闭合程度、填充情况、力学性质等，特别是外倾结构面的抗剪强度以及地下水情况，并评估岩体滑动、岩块崩塌的可能性。

9.2.6 需对基坑工程周边进行环境调查时，调查的范围和内容应符合下列规定：

1 应调查基坑周边2倍开挖深度范围内建（构）筑物及设施的状况，当附近有轨道交通设施、隧道、防汛墙等重要建（构）筑物及设施时，或降水深度较大时应扩大调查范围。

2 环境调查应包括下列内容：

1）建（构）筑物的结构形式、材料强度、基础形式与埋深、沉降与倾斜及保护要求等；

2）地下交通工程、管线设施等的平面位置、埋深、结构形式、材料强度、断面尺寸、运营情况及保护要求等。

9.3 土压力与水压力

9.3.1 支护结构的作用效应包括下列各项：

1 土压力；

2 静水压力、渗流压力；

3 基坑开挖影响范围以内的建（构）筑物荷载、地面超载、施工荷载及邻近场地施工的影响；

4 温度变化及冻胀对支护结构产生的内力和变形；

5 临水支护结构尚应考虑波浪作用和水流退落时的渗流力；

6 作为永久结构使用时建筑物的相关荷载作用；

7 基坑周边主干道交通运输产生的荷载作用。

9.3.2 主动土压力、被动土压力可采用库仑或朗肯土压力理论计算。当对支护结构水平位移有严格限制时，应采用静止土压力计算。

9.3.3 作用于支护结构的土压力和水压力，对砂性土宜按水土分算计算；对黏性土宜按水土合算计算；也可按地区经验确定。

9.3.4 基坑工程采用止水帷幕并插入坑底下部相对不透水层时，基坑内外的水压力，可按静水压力计算。

9.3.5 当按变形控制原则设计支护结构时，作用在支护结构的计算土压力可按支护结构与土体的相互作用原理确定，也可按地区经验确定。

9.4 设 计 计 算

9.4.1 基坑支护结构设计时，作用的效应设计值应符合下列规定：

1 基本组合的效应设计值可采用简化规则，应按下式进行计算：

$$S_d = 1.25S_k \quad (9.4.1\text{-}1)$$

式中：S_d——基本组合的效应设计值；

S_k——标准组合的效应设计值。

2 对于轴向受力为主的构件，S_d 简化计算可按下式进行：

$$S_d = 1.35S_k \quad (9.4.1\text{-}2)$$

9.4.2 支护结构的入土深度应满足基坑支护结构稳定性及变形验算的要求，并结合地区工程经验综合确定。有地下水渗流作用时，应满足抗渗流稳定的验算，并宜插入坑底下部不透水层一定深度。

9.4.3 桩、墙式支护结构设计计算应符合下列规定：

1 桩、墙式支护可为柱列式排桩、板桩、地下连续墙、型钢水泥土墙等独立支护或与内支撑、锚杆组合形成的支护体系，适用于施工场地狭窄、地质条件差、基坑较深或需要严格控制支护结构或基坑周边环境地基变形时的基坑工程。

2 桩、墙式支护结构的设计应包括下列内容：

1）确定桩、墙的入土深度；

2）支护结构的内力和变形计算；

3）支护结构的构件和节点设计；

4）基坑变形计算，必要时提出对环境保护的工程技术措施；

5）支护桩、墙作为主体结构一部分时，尚应计算在建筑物荷载作用下的内力及变形；

6）基坑工程的监测要求。

9.4.4 根据基坑周边环境的复杂程度及环境保护要求，可按下列规定进行变形控制设计，并采取相应的保护措施：

1 根据基坑周边的环境保护要求，提出基坑的各项变形设计控制指标；

2 预估基坑开挖对周边环境的附加变形值，其总变形值应小于其允许变形值；

3 应从支护结构施工、地下水控制及开挖三个方面分别采取相关措施保护周围环境。

9.4.5 支护结构的内力和变形分析，宜采用侧向弹性地基反力法计算。土的侧向地基反力系数可通过单桩水平载荷试验确定。

9.4.6 支护结构应进行稳定验算。稳定验算应符合本规范附录 V 的规定。当有可靠工程经验时，稳定安全系数可按地区经验确定。

9.4.7 地下水渗流稳定性验算，应符合下列规定：

1 当坑内外存在水头差时，粉土和砂土应按本规范附录 W 进行抗渗流稳定性验算；

2 当基坑底上部土体为不透水层，下部具有承压水头时，坑内土体应按本规范附录 W 进行抗突涌稳定性验算。

9.5 支护结构内支撑

9.5.1 支护结构的内支撑必须采用稳定的结构体系和连接构造，优先采用超静定内支撑结构体系，其刚度应满足变形计算要求。

9.5.2 支撑结构计算分析应符合下列原则：

1 内支撑结构应按与支护桩、墙节点处变形协调的原则进行内力与变形分析；

2 在竖向荷载及水平荷载作用下支撑结构的承载力和位移计算应符合国家现行结构设计规范的有关规定，支撑体系可根据不同条件按平面框架、连续梁或简支梁分析；

3 当基坑内坑底标高差异大，或因基坑周边土层分布不均匀，土性指标差异大，导致作用在内支撑周边侧向土压力值变化较大时，应按桩、墙与内支撑系统节点的位移协调原则进行计算；

4 有可靠经验时，可采用空间结构分析方法，对支撑、围檩（压顶梁）和支护结构进行整体计算；

5 内支撑系统的各水平及竖向受力构件，应按结构构件的受力条件及施工中可能出现的不利影响因素，设置必要的连接构件，保证结构构件在平面内及

平面外的稳定性。

9.5.3 支撑结构的施工与拆除顺序，应与支护结构的设计工况相一致，必须遵循先撑后挖的原则。

9.6 土层锚杆

9.6.1 土层锚杆锚固段不应设置在未经处理的软弱土层、不稳定土层和不良地质地段及钻孔注浆引发较大土体沉降的土层。

9.6.2 锚杆杆体材料宜选用钢绞线、螺纹钢筋，当锚杆极限承载力小于 400kN 时，可采用 HRB 335 钢筋。

9.6.3 锚杆布置与锚固体强度应满足下列要求：

1 锚杆锚固体上下排间距不宜小于 2.5m，水平方向间距不宜小于 1.5m；锚杆锚固体上覆土层厚度不宜小于 4.0m。锚杆的倾角宜为 15°～35°。

2 锚杆定位支架沿锚杆轴线方向宜每隔 1.0m～2.0m 设置一个，锚杆杆体的保护层不得少于 20mm。

3 锚固体宜采用水泥砂浆或纯水泥浆，浆体设计强度不宜低于 20.0MPa。

4 土层锚杆钻孔直径不宜小于 120mm。

9.6.4 锚杆设计应包括下列内容：

1 确定锚杆类型、间距、排距和安设角度、断面形状及施工工艺；

2 确定锚杆自由段、锚固段长度、锚固体直径、锚杆抗拔承载力特征值；

3 锚杆筋体材料设计；

4 锚具、承压板、台座及腰梁设计；

5 预应力锚杆张拉荷载值、锁定荷载值；

6 锚杆试验和监测要求；

7 对支护结构变形控制需要进行的锚杆补张拉设计。

9.6.5 锚杆预应力筋的截面面积应按下式确定：

$$A \geqslant 1.35 \frac{N_t}{\gamma_P f_{Pt}} \qquad (9.6.5)$$

式中：N_t——相应于作用的标准组合时，锚杆所承受的拉力值（kN）；

γ_P——锚杆张拉施工工艺控制系数，当预应力筋为单束时可取 1.0，当预应力筋为多束时可取 0.9；

f_{Pt}——钢筋、钢绞线强度设计值（kPa）。

9.6.6 土层锚杆锚固段长度（L_a）应按基本试验确定，初步设计时也可按下式估算：

$$L_a \geqslant \frac{K \cdot N_t}{\pi \cdot D \cdot q_s} \qquad (9.6.6)$$

式中：D——锚固体直径（m）；

K——安全系数，可取 1.6；

q_s——土体与锚固体间粘结强度特征值（kPa），由当地锚杆抗拔试验结果统计

分析算得。

9.6.7 锚杆应在锚固体和外锚头强度达到设计强度的 80% 以上后逐根进行张拉锁定，张拉荷载宜为锚杆所受拉力值的 1.05 倍～1.1 倍，并在稳定 5min～10min 后退至锁定荷载锁定。锁定荷载宜取锚杆设计承载力的 0.7 倍～0.85 倍。

9.6.8 锚杆自由段超过潜在的破裂面不应小于 1m，自由段长度不宜小于 5m，锚固段在最危险滑动面以外的有效长度应满足稳定性计算要求。

9.6.9 对设计等级为甲级的基坑工程，锚杆轴向拉力特征值应按本规范附录 Y 土层锚杆试验确定。对设计等级为乙级、丙级的基坑工程可按物理参数或经验数据设计，现场试验验证。

9.7 基坑工程逆作法

9.7.1 逆作法适用于支护结构水平位移有严格限制的基坑工程。根据工程具体情况，可采用全逆作法、半逆作法、部分逆作法。

9.7.2 逆作法的设计应包含下列内容：

　　1 基坑支护的地下连续墙或排桩与地下结构侧墙、内支撑、地下结构楼盖体系一体的结构分析计算；

　　2 土方开挖及外运；

　　3 临时立柱做法；

　　4 侧墙与支护结构的连接；

　　5 立柱与底板和楼盖的连接；

　　6 坑底土卸载和回弹引起的相邻立柱之间，立柱与侧墙之间的差异沉降对已施工结构受力的影响分析计算；

　　7 施工作业程序、混凝土浇筑及施工缝处理；

　　8 结构节点构造措施。

9.7.3 基坑工程逆作法设计应保证地下结构的侧墙、楼板、底板、柱满足基坑开挖时作为基坑支护结构及作为地下室永久结构工况时的设计要求。

9.7.4 当采用逆作法施工时，可采用支护结构体系与地下结构结合的设计方案：

　　1 地下结构墙体作为基坑支护结构；

　　2 地下结构水平构件（梁、板体系）作为基坑支护的内支撑；

　　3 地下结构竖向构件作为支护结构支承柱。

9.7.5 当地下连续墙同时作为地下室永久结构使用时，地下连续墙的设计计算尚应符合下列规定：

　　1 地下连续墙应分别按照承载能力极限状态和正常使用极限状态进行承载力、变形计算和裂缝验算。

　　2 地下连续墙墙身的防水等级应满足永久结构使用防水设计要求。地下连续墙与主体结构连接的接缝位置（如地下结构顶板、底板位置）根据地下结构的防水等级要求，可设置刚性止水片、遇水膨胀橡胶止水条以及预埋注浆管等构造措施。

　　3 地下连续墙与主体结构的连接应根据其受力特性和连接刚度进行设计计算。

　　4 墙顶承受竖向偏心荷载时，应按偏心受压构件计算正截面受压承载力。墙顶圈梁与墙体及上部结构的连接处应验算截面抗剪承载力。

9.7.6 主体地下结构的水平构件用作支撑时，其设计应符合下列规定：

　　1 用作支撑的地下结构水平构件宜采用梁板结构体系进行分析计算；

　　2 宜考虑由立柱桩差异变形及立柱桩与围护墙之间差异变形引起的地下结构水平构件的结构次应力，并采取必要措施防止有害裂缝的产生；

　　3 对地下结构的同层楼板面存在高差的部位，应验算该部位构件的抗弯、抗剪、抗扭承载能力，必要时应设置可靠的水平转换结构或临时支撑等措施；

　　4 对结构楼板的洞口及车道开口部位，当洞口两侧的梁板不能满足支撑的水平传力要求时，应在缺少结构楼板处设置临时支撑等措施；

　　5 在各层结构留设结构分缝或基坑施工期间不能封闭的后浇带位置，应通过计算设置水平传力构件。

9.7.7 竖向支承结构的设计应符合下列规定：

　　1 竖向支承结构宜采用一根结构柱对应布置一根临时立柱和立柱桩的形式（一柱一桩）。

　　2 立柱应按偏心受压构件进行承载力计算和稳定性验算，立柱桩应进行单桩竖向承载力与沉降计算。

　　3 在主体结构底板施工之前，相邻立柱桩间以及立柱桩与邻近基坑围护墙之间的差异沉降不宜大于 1/400 柱距，且不宜大于 20mm。作为立柱桩的灌注桩宜采用桩端后注浆措施。

9.8 岩体基坑工程

9.8.1 岩体基坑包括岩石基坑和土岩组合基坑。基坑工程实施前应对基坑工程有潜在威胁或直接危害的滑坡、泥石流、崩塌以及岩溶、土洞强烈发育地段，采取可靠的整治措施。

9.8.2 岩体基坑工程设计时应分析岩体结构、软弱结构面对边坡稳定的影响。

9.8.3 在岩石边坡整体稳定的条件下，可采用放坡开挖方案。岩石边坡的开挖坡度允许值，应根据当地经验按工程类比的原则，可按本地区已有稳定边坡的坡度值确定。

9.8.4 对整体稳定的软质岩边坡，开挖时应按本规范第 6.8.2 条的规定对边坡进行构造处理。

9.8.5 对单结构面外倾边坡作用在支挡结构上的横推力，可根据楔形平衡法进行计算，并应考虑结构面填充物的性质及其浸水后的变化。具有两组或多组结构面的交线倾向于临空面的边坡，可采用棱形体分割法计算棱体的下滑力。

9.8.6 对土岩组合基坑，当采用岩石锚杆挡土结构进行支护时，应符合本规范第6.8.2条、第6.8.3条的规定。岩石锚杆的构造要求及设计计算应符合本规范第6.8.4条、第6.8.5条的规定。

9.9 地下水控制

9.9.1 基坑工程地下水控制应防止基坑开挖过程及使用期间的管涌、流砂、坑底突涌及与地下水有关的坑外地层过度沉降。

9.9.2 地下水控制设计应满足下列要求：

1 地下工程施工期间，地下水位控制在基坑面以下0.5m～1.5m；

2 满足坑底突涌验算要求；

3 满足坑底和侧壁抗渗流稳定的要求；

4 控制坑外地面沉降量及沉降差，保证邻近建（构）筑物及地下管线的正常使用。

9.9.3 基坑降水设计应包括下列内容：

1 基坑降水系统设计应包括下列内容：

1）确定降水井的布置、井数、井深、井距、井径、单井出水量；

2）疏干井和减压井过滤管的构造设计；

3）人工滤层的设置要求；

4）排水管路系统。

2 验算坑底土层的渗流稳定性及抗承压水突涌的稳定性。

3 计算基坑降水域内各典型部位的最终稳定水位及水位降深随时间的变化。

4 计算降水引起的对邻近建（构）筑物及地下设施产生的沉降。

5 回灌井的设置及回灌系统设计。

6 渗流作用对支护结构内力及变形的影响。

7 降水施工、运营、基坑安全监测要求，除对周边环境的监测外，还应包括对水位和水中微细颗粒含量的监测要求。

9.9.4 隔水帷幕设计应符合下列规定：

1 采用地下连续墙或隔水帷幕隔离地下水，隔离帷幕渗透系数宜小于 1.0×10^{-4} m/d，竖向截水帷幕深度应插入下卧不透水层，其插入深度应满足抗渗流稳定的要求。

2 对封闭式隔水帷幕，在基坑开挖前应进行坑内抽水试验，并通过坑内外的观测井观察水位变化、抽水量变化等确认帷幕的止水效果和质量。

3 当隔水帷幕不能有效切断基坑深部承压含水层时，可在承压含水层中设置减压井，通过设计计算，控制承压含水层的减压水头，按需减压，确保坑底土不发生突涌。对承压水进行减压控制时，因降水

减压引起的坑外地面沉降不得超过环境控制要求的地面变形允许值。

9.9.5 基坑地下水控制设计应与支护结构的设计统一考虑，由降水、排水和支护结构水平位移引起的地层变形和地表沉陷不应大于变形允许值。

9.9.6 高地下水位地区，当水文地质条件复杂，基坑周边环境保护要求高，设计等级为甲级的基坑工程，应进行地下水控制专项设计，并应包括下列内容：

1 应具备专门的水文地质勘察资料、基坑周边环境调查报告及现场抽水试验资料；

2 基坑降水风险分析及降水设计；

3 降水引起的地面沉降计算及环境保护措施；

4 基坑渗漏的风险预测及抢险措施；

5 降水运营、监测与管理措施。

10 检验与监测

10.1 一般规定

10.1.1 为设计提供依据的试验应在设计前进行，平板载荷试验、基桩静载试验、基桩抗拔试验及锚杆的抗拔试验等应加载到极限或破坏，必要时，应对基底反力、桩身内力和桩端阻力等进行测试。

10.1.2 验收检验静载荷试验最大加载量不应小于承载力特征值的2倍。

10.1.3 抗拔桩的验收检验应采取工程桩裂缝宽度控制的措施。

10.2 检 验

10.2.1 基槽（坑）开挖到底后，应进行基槽（坑）检验。当发现地质条件与勘察报告和设计文件不一致、或遇到异常情况时，应结合地质条件提出处理意见。

10.2.2 地基处理的效果检验应符合下列规定：

1 地基处理后载荷试验的数量，应根据场地复杂程度和建筑物重要性确定。对于简单场地上的一般建筑物，每个单体工程载荷试验点数不宜少于3处；对复杂场地或重要建筑物应增加试验点数。

2 处理地基的均匀性检验深度不应小于设计处理深度。

3 对回填风化岩、山坯土、建筑垃圾等特殊土，应采用波速、超重型动力触探、深层载荷试验等多种方法综合评价。

4 对遇水软化、崩解的风化岩、膨胀性土等特殊土层，除根据试验数据评价承载力外，尚应评价由试验条件与实际条件的差异对检测结果的影响。

5 复合地基除应进行静载荷试验外，尚应进行

竖向增强体及周边土的质量检验。

6 条形基础和独立基础复合地基载荷试验的压板宽度宜按基础宽度确定。

10.2.3 在压实填土的施工过程中，应分层取样检验土的干密度和含水量。检验点数量，对大基坑每 $50m^2 \sim 100m^2$ 面积内不应少于一个检验点；对基槽每 $10m \sim 20m$ 不应少于一个检验点；每个独立柱基不应少于一个检验点。采用贯入仪或动力触探检验垫层的施工质量时，分层检验点的间距应小于 4m。根据检验结果求得的压实系数，不得低于本规范表 6.3.7 的规定。

10.2.4 压实系数可采用环刀法、灌砂法、灌水法或其他方法检验。

10.2.5 预压处理的软弱地基，在预压前后应分别进行原位十字板剪切试验和室内土工试验。预压处理的地基承载力应进行现场载荷试验。

10.2.6 强夯地基的处理效果应采用载荷试验结合其他原位测试方法检验。强夯置换的地基承载力检验除应采用单墩载荷试验检验外，尚应采用动力触探等方法查明施工后土层密度随深度的变化。强夯地基或强夯置换地基载荷试验的压板面积应按处理深度确定。

10.2.7 砂石桩、振冲碎石桩的处理效果应采用复合地基载荷试验方法检验。大型工程及重要建筑应采用多桩复合地基载荷试验方法检验；桩间土应在处理后采用动力触探、标准贯入、静力触探等原位测试方法检验。砂石桩、振冲碎石桩的桩体密实度可采用动力触探方法检验。

10.2.8 水泥搅拌桩成桩后可进行轻便触探和标准贯入试验结合钻取芯样、分段取芯样作抗压强度试验评价桩身质量。

10.2.9 水泥土搅拌桩复合地基承载力检验应进行单桩载荷试验和复合地基载荷试验。

10.2.10 复合地基应进行桩身完整性和单桩竖向承载力检验以及单桩或多桩复合地基载荷试验，施工工艺对桩间土承载力有影响时还应进行桩间土承载力检验。

10.2.11 对打入式桩、静力压桩，应提供经确认的施工过程有关参数。施工完成后应进行桩顶标高、桩位偏差等检验。

10.2.12 对混凝土灌注桩，应提供施工过程有关参数，包括原材料的力学性能检验报告，试件留置数量及制作养护方法、混凝土抗压强度试验报告、钢筋笼制作质量检查报告。施工完成后尚应进行桩顶标高、桩位偏差等检验。

10.2.13 人工挖孔桩终孔时，应进行桩端持力层检验。单柱单桩的大直径嵌岩桩，应视岩性检验孔底下 3 倍桩身直径或 5m 深度范围内有无土洞、溶洞、破碎带或软弱夹层等不良地质条件。

10.2.14 施工完成后的工程桩应进行桩身完整性检验和竖向承载力检验。承受水平力较大的桩应进行水平承载力检验，抗拔桩应进行抗拔承载力检验。

10.2.15 桩身完整性检验宜采用两种或多种合适的检验方法进行。直径大于 800mm 的混凝土嵌岩桩应采用钻孔抽芯法或声波透射法检测，检测桩数不得少于总桩数的 10%，且不得少于 10 根，且每根柱下承台的抽检桩数不应少于 1 根。直径不大于 800mm 的桩以及直径大于 800mm 的非嵌岩桩，可根据桩径和桩长的大小，结合桩的类型和当地经验采用钻孔抽芯法、声波透射法或动测法进行检测。检测的桩数不应少于总桩数的 10%，且不得少于 10 根。

10.2.16 竖向承载力检验的方法和数量可根据地基基础设计等级和现场条件，结合当地可靠的经验和技术确定。复杂地质条件下的工程桩竖向承载力的检验应采用静载荷试验，检验桩数不得少于同条件下总桩数的 1%，且不得少于 3 根。大直径嵌岩桩的承载力可根据终孔时桩端持力层岩性报告结合桩身质量检验报告核验。

10.2.17 水平受荷桩和抗拔桩承载力的检验可分别按本规范附录 S 单桩水平载荷试验和附录 T 单桩竖向抗拔静载试验的规定进行，检验桩数不得少于同条件下总桩数的 1%，且不得少于 3 根。

10.2.18 地下连续墙应提交经确认的有关成墙记录和施工报告。地下连续墙完成后应进行墙体质量检验。检验方法可采用钻孔抽芯或声波透射法，非承重地下连续墙检验槽段数不得少于同条件下总槽段数的 10%；对承重地下连续墙检验槽段数不得少于同条件下总槽段数的 20%。

10.2.19 岩石锚杆完成后应按本规范附录 M 进行抗拔承载力检验，检验数量不得少于锚杆总数的 5%，且不得少于 6 根。

10.2.20 当检验发现地基处理的效果、桩身或地下连续墙质量、桩或岩石锚杆承载力不满足设计要求时，应结合工程场地地质和施工情况综合分析，必要时应扩大检验数量，提出处理意见。

10.3 监 测

10.3.1 大面积填方、填海等地基处理工程，应对地面沉降进行长期监测，直到沉降达到稳定标准；施工过程中还应对土体位移、孔隙水压力等进行监测。

10.3.2 基坑开挖应根据设计要求进行监测，实施动态设计和信息化施工。

10.3.3 施工过程中降低地下水对周边环境影响较大时，应对地下水位变化、周边建筑物的沉降和位移、土体变形、地下管线变形等进行监测。

10.3.4 预应力锚杆施工完成后应对锁定的预应力进行监测，监测锚杆数量不得少于锚杆总数的 5%，且不得少于 6 根。

10.3.5 基坑开挖监测包括支护结构的内力和变形，地下水位变化及周边建（构）筑物、地下管线等市政设施的沉降和位移等监测内容可按表10.3.5选择。

表 10.3.5 基坑监测项目选择表

地基基础设计等级	支护结构水平位移	邻近建（构）筑物沉降与地下管线变形	地下水位	锚杆拉力	支撑轴力或变形	立柱变形	桩墙内力	地面沉降	基坑底隆起	土侧向变形	孔隙水压力	土压力
甲级	√	√	√	√	√	√	√	√	√	△	△	
乙级	√	√	√	√	△	△	△	△	△	△		
丙级	√	△	△	○	○	○	○	○	○	○		

注：1 √为应测项目，△为宜测项目，○为可不测项目；
    2 对深度超过15m的基坑宜设坑底土回弹监测点；
    3 基坑周边环境进行保护要求严格时，地下水位监测应包括对基坑内、外地下水位进行监测。

10.3.6 边坡工程施工过程中，应严格记录气象条件、挖方、填方、堆载等情况。尚应对边坡的水平位移和竖向位移进行监测，直到变形稳定为止，且不得少于二年。爆破施工时，应监控爆破对周边环境的影响。

10.3.7 对挤土桩布桩较密或周边环境保护要求严格时，应对打桩过程中造成的土体隆起和位移、邻桩桩顶标高及桩位、孔隙水压力等进行监测。

10.3.8 下列建筑物应在施工期间及使用期间进行沉降变形观测：

    1 地基基础设计等级为甲级建筑物；

    2 软弱地基上的地基基础设计等级为乙级建筑物；

    3 处理地基上的建筑物；

    4 加层、扩建建筑物；

    5 受邻近深基坑开挖施工影响或受场地地下水等环境因素变化影响的建筑物；

    6 采用新型基础或新型结构的建筑物。

10.3.9 需要积累建筑物沉降经验或进行设计反分析的工程，应进行建筑物沉降观测和基础反力监测。沉降观测宜同时设分层沉降监测点。

附录 A 岩石坚硬程度及岩体完整程度的划分

A.0.1 岩石坚硬程度根据现场观察进行定性划分应符合表A.0.1的规定。

表 A.0.1 岩石坚硬程度的定性划分

名称		定性鉴定	代表性岩石
硬质岩	坚硬岩	锤击声清脆，有回弹，振手，难击碎，基本无吸水反应	未风化—微风化的花岗岩、闪长岩、辉绿岩、玄武岩、安山岩、片麻岩、石英岩、硅质砾岩、石英砂岩、硅质石灰岩等
	较硬岩	锤击声较清脆，有轻微回弹，稍振手，较难击碎，有轻微吸水反应	1. 微风化的坚硬岩； 2. 未风化—微风化的大理岩、板岩、石灰岩、白云岩、钙质砂岩等
软质岩	较软岩	锤击声不清脆，无回弹，较易击碎，浸水后指甲可刻出印痕	1. 中等风化—强风化的坚硬岩或较硬岩； 2. 未风化—微风化的凝灰岩、千枚岩、砂质泥岩、泥灰岩等
	软岩	锤击声哑，无回弹，有凹痕，易击碎，浸水后手可掰开	1. 强风化的坚硬岩和较硬岩； 2. 中等风化—强风化的较软岩； 3. 未风化—微风化的页岩、泥质砂岩、泥岩等
极软岩		锤击声哑，无回弹，有较深凹痕，手可捏碎，浸水后可捏成团	1. 全风化的各种岩石； 2. 各种半成岩

A.0.2 岩体完整程度的划分宜按表A.0.2的规定。

表 A.0.2 岩体完整程度的划分

名称	结构面组数	控制性结构面平均间距（m）	代表性结构类型
完整	1~2	>1.0	整状结构
较完整	2~3	0.4~1.0	块状结构
较破碎	>3	0.2~0.4	镶嵌状结构
破碎	>3	<0.2	碎裂状结构
极破碎	无序	—	散体状结构

附录 B 碎石土野外鉴别

表 B.0.1 碎石土密实度野外鉴别方法

密实度	骨架颗粒含量和排列	可挖性	可钻性
密实	骨架颗粒含量大于总重的70%，呈交错排列，连续接触	锹镐挖掘困难，用撬棍方能松动，井壁一般较稳定	钻进极困难，冲击钻探时，钻杆、吊锤跳动剧烈，孔壁较稳定

续表 B.0.1

密实度	骨架颗粒含量和排列	可挖性	可钻性
中密	骨架颗粒含量等于总重的 60%～70%，呈交错排列，大部分接触	锹镐可挖掘，井壁有掉块现象，从井壁取出大颗粒处，能保持颗粒凹面形状	钻进较困难，冲击钻探时，钻杆、吊锤跳动不剧烈，孔壁有坍塌现象
稍密	骨架颗粒含量等于总重的 55%～60%，排列混乱，大部分不接触	锹可以挖掘，井壁易坍塌，从井壁取出大颗粒后，砂土立即坍落	钻进较容易，冲击钻探时，钻杆稍有跳动，孔壁易坍塌
松散	骨架颗粒含量小于总重的 55%，排列十分混乱，绝大部分不接触	锹易挖掘，井壁极易坍塌	钻进很容易，冲击钻探时，钻杆无跳动，孔壁极易坍塌

注：1 骨架颗粒系指与本规范表 4.1.5 相对应粒径的颗粒；

2 碎石土的密实度应按表列各项要求综合确定。

附录 C 浅层平板载荷试验要点

C.0.1 地基土浅层平板载荷试验适用于确定浅部地基土层的承压板下应力主要影响范围内的承载力和变形参数，承压板面积不应小于 0.25m²，对于软土不应小于 0.5m²。

C.0.2 试验基坑宽度不应小于承压板宽度或直径的三倍。应保持试验土层的原状结构和天然湿度。宜在拟试压表面用粗砂或中砂层找平，其厚度不应超过 20mm。

C.0.3 加荷分级不应少于 8 级。最大加载量不应小于设计要求的两倍。

C.0.4 每级加载后，按间隔 10min、10min、10min、15min、15min，以后为每隔半小时读一次沉降量，当在连续两小时内，每小时的沉降量小于 0.1mm 时，则认为已趋稳定，可加下一级荷载。

C.0.5 当出现下列情况之一时，即可终止加载：

1 承压板周围的土明显地侧向挤出；

2 沉降 s 急骤增大，荷载-沉降（p-s）曲线出现陡降段；

3 在某一级荷载下，24h 内沉降速率不能达到稳定标准；

4 沉降量与承压板宽度或直径之比大于或等于 0.06。

C.0.6 当满足第 C.0.5 条前三款的情况之一时，其

对应的前一级荷载为极限荷载。

C.0.7 承载力特征值的确定应符合下列规定：

1 当 p-s 曲线上有比例界限时，取该比例界限所对应的荷载值；

2 当极限荷载小于对应比例界限的荷载值的 2 倍时，取极限荷载值的一半；

3 当不能按上述二款要求确定时，当压板面积为 0.25m²～0.50m²，可取 s/b＝0.01～0.015 所对应的荷载，但其值不应大于最大加载量的一半。

C.0.8 同一土层参加统计的试验点不应少于三点，各试验实测值的极差不得超过其平均值的 30%，取此平均值作为该土层的地基承载力特征值（f_{ak}）。

附录 D 深层平板载荷试验要点

D.0.1 深层平板载荷试验适用于确定深部地基土层及大直径桩桩端土层在承压板下应力主要影响范围内的承载力和变形参数。

D.0.2 深层平板载荷试验的承压板采用直径为 0.8m 的刚性板，紧靠承压板周围外侧的土层高度应不少于 80cm。

D.0.3 加荷等级可按预估极限承载力的 1/10～1/15 分级施加。

D.0.4 每级加荷后，第一个小时内按间隔 10min、10min、10min、15min、15min，以后为每隔半小时测读一次沉降。当在连续两小时内，每小时的沉降量小于 0.1mm 时，则认为已趋稳定，可加下一级荷载。

D.0.5 当出现下列情况之一时，可终止加载：

1 沉降 s 急剧增大，荷载-沉降（p-s）曲线上有可判定极限承载力的陡降段，且沉降量超过 0.04d（d 为承压板直径）；

2 在某级荷载下，24h 内沉降速率不能达到稳定；

3 本级沉降量大于前一级沉降量的 5 倍；

4 当持力层土层坚硬，沉降量很小时，最大加载量不小于设计要求的 2 倍。

D.0.6 承载力特征值的确定应符合下列规定：

1 当 p-s 曲线上有比例界限时，取该比例界限所对应的荷载值；

2 满足终止加载条件前三款的条件之一时，其对应的前一级荷载定为极限荷载，当该值小于对应比例界限的荷载值的 2 倍时，取极限荷载值的一半；

3 不能按上述二款要求确定时，可取 s/d＝0.01～0.015 所对应的荷载值，但其值不应大于最大加载量的一半。

D.0.7 同一土层参加统计的试验点不应少于三点，当试验实测值的极差不超过平均值的 30% 时，取此平均值作为该土层的地基承载力特征值（f_{ak}）。

附录 F 中国季节性冻土标准冻深线图

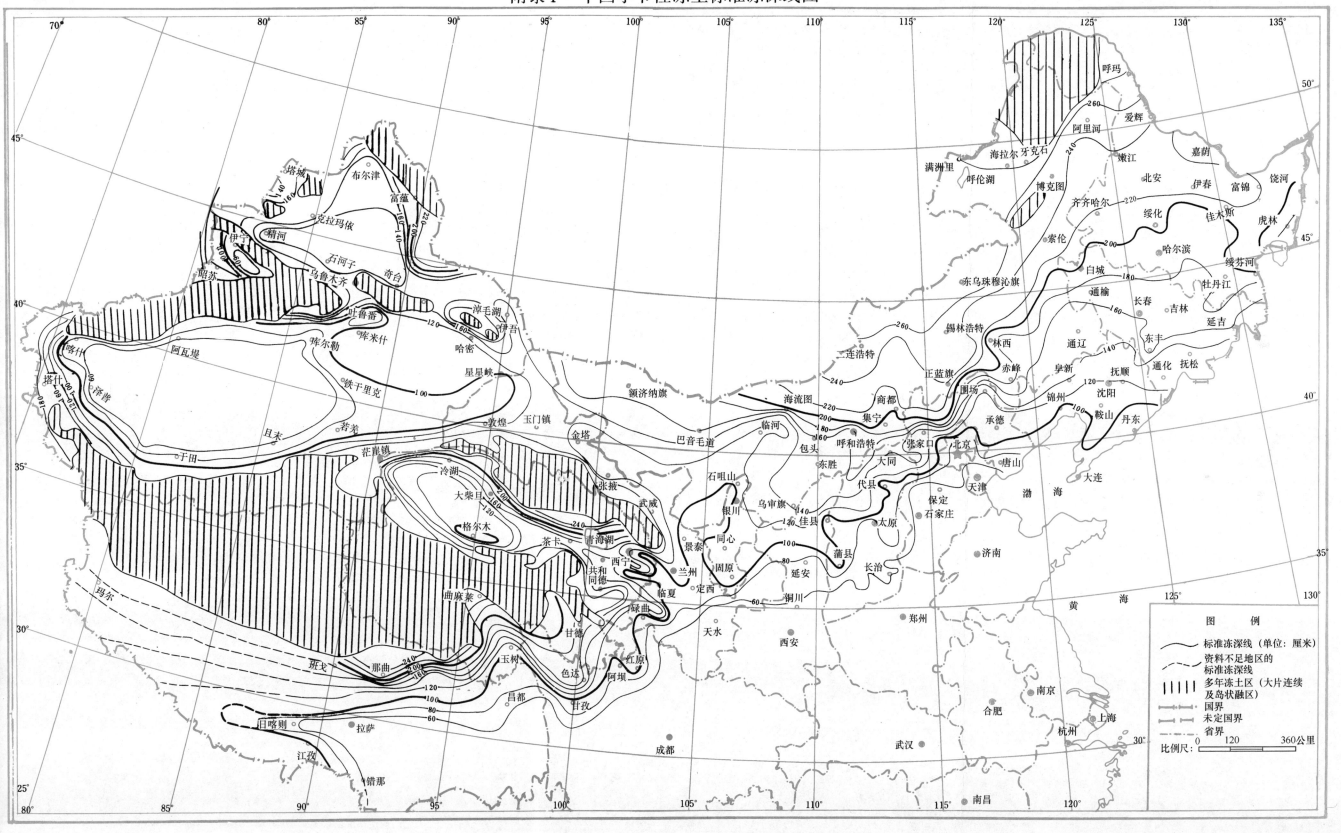

图 例

标准冻深线（单位：厘米）

资料不足地区的
标准冻深线

多年冻土区（大片连续
及岛状融区）

国界

未定国界

省界

比例尺 0 120 360公里

附录 E 抗剪强度指标 c、φ 标准值

E.0.1 内摩擦角标准值 φ_k，黏聚力标准值 c_k，可按下列规定计算：

1 根据室内 n 组三轴压缩试验的结果，按下列公式计算变异系数、某一土性指标的试验平均值和标准差：

$$\delta = \sigma/\mu \qquad (E.0.1\text{-}1)$$

$$\mu = \frac{\sum_{i=1}^{n}\mu_i}{n} \qquad (E.0.1\text{-}2)$$

$$\sigma = \sqrt{\frac{\sum_{i=1}^{n}\mu_i^2 - n\mu^2}{n-1}} \qquad (E.0.1\text{-}3)$$

式中 δ——变异系数；

μ——某一土性指标的试验平均值；

σ——标准差。

2 按下列公式计算内摩擦角和黏聚力的统计修正系数 ψ_φ、ψ_c：

$$\psi_\varphi = 1 - \left(\frac{1.704}{\sqrt{n}} + \frac{4.678}{n^2}\right)\delta_\varphi \qquad (E.0.1\text{-}4)$$

$$\psi_c = 1 - \left(\frac{1.704}{\sqrt{n}} + \frac{4.678}{n^2}\right)\delta_c \qquad (E.0.1\text{-}5)$$

式中 ψ_φ——内摩擦角的统计修正系数；

ψ_c——黏聚力的统计修正系数；

δ_φ——内摩擦角的变异系数；

δ_c——黏聚力的变异系数。

3 $$\varphi_k = \psi_\varphi \varphi_m \qquad (E.0.1\text{-}6)$$

$$c_k = \psi_c c_m \qquad (E.0.1\text{-}7)$$

式中 φ_m——内摩擦角的试验平均值；

c_m——黏聚力的试验平均值。

附录 G 地基土的冻胀性分类及建筑基础底面下允许冻土层最大厚度

G.0.1 地基土的冻胀性分类，可按表 G.0.1 分为不冻胀、弱冻胀、冻胀、强冻胀和特强冻胀。

G.0.2 建筑基础底面下允许冻土层最大厚度 h_{max}（m），可按表 G.0.2 查取。

表 G.0.1 地基土的冻胀性分类

土的名称	冻前天然含水量 w（%）	冻结期间地下水位距冻结面的最小距离 h_w（m）	平均冻胀率 η（%）	冻胀等级	冻胀类别
碎（卵）石，砾、粗、中砂（粒径小于0.075mm 颗粒含量大于 15%），细砂（粒径小于 0.075mm 颗粒含量大于 10%）	$w \leqslant 12$	>1.0	$\eta \leqslant 1$	I	不冻胀
		$\leqslant 1.0$	$1 < \eta \leqslant 3.5$	II	弱胀冻
	$12 < w \leqslant 18$	>1.0			
		$\leqslant 1.0$	$3.5 < \eta \leqslant 6$	III	胀冻
	$w > 18$	>0.5			
		$\leqslant 0.5$	$6 < \eta \leqslant 12$	IV	强胀冻
粉砂	$w \leqslant 14$	>1.0	$\eta \leqslant 1$	I	不冻胀
		$\leqslant 1.0$	$1 < \eta \leqslant 3.5$	II	弱胀冻
	$14 < w \leqslant 19$	>1.0			
		$\leqslant 1.0$	$3.5 < \eta \leqslant 6$	III	胀冻
	$19 < w \leqslant 23$	>1.0			
		$\leqslant 1.0$	$6 < \eta \leqslant 12$	IV	强胀冻
	$w > 23$	不考虑	$\eta > 12$	V	特强胀冻
粉土	$w \leqslant 19$	>1.5	$\eta \leqslant 1$	I	不冻胀
		$\leqslant 1.5$	$1 < \eta \leqslant 3.5$	II	弱胀冻
	$19 < w \leqslant 22$	>1.5	$1 < \eta \leqslant 3.5$	II	弱胀冻
		$\leqslant 1.5$	$3.5 < \eta \leqslant 6$	III	胀冻
	$22 < w \leqslant 26$	>1.5			
		$\leqslant 1.5$	$6 < \eta \leqslant 12$	IV	强胀冻
	$26 < w \leqslant 30$	>1.5			
		$\leqslant 1.5$			
	$w > 30$	不考虑	$\eta > 12$	V	特强胀冻

续表 G.0.1

土的名称	冻前天然含水量 w（%）	冻结期间地下水位距冻结面的最小距离 h_w（m）	平均冻胀率 η（%）	冻胀等级	冻胀类别
黏性土	$w \leqslant w_p + 2$	>2.0	$\eta \leqslant 1$	I	不冻胀
		≤2.0	$1 < \eta \leqslant 3.5$	II	弱胀冻
	$w_p + 2 < w \leqslant w_p + 5$	>2.0			
		≤2.0	$3.5 < \eta \leqslant 6$	III	胀冻
	$w_p + 5 < w \leqslant w_p + 9$	>2.0			
		≤2.0	$6 < \eta \leqslant 12$	IV	强胀冻
	$w_p + 9 < w \leqslant w_p + 15$	>2.0			
		≤2.0	$\eta \geqslant 12$	V	特强胀冻
	$w > w_p + 15$	不考虑			

注：1 w_p——塑限含水量（%）；

w——在冻土层内冻前天然含水量的平均值（%）；

2 盐渍化冻土不在表列；

3 塑性指数大于 22 时，冻胀性降低一级；

4 粒径小于 0.005mm 的颗粒含量大于 60% 时，为不冻胀土；

5 碎石类土当充填物大于全部质量的 40% 时，其冻胀性按充填物土的类别判断；

6 碎石土、砾砂、粗砂、中砂（粒径小于 0.075mm 颗粒含量不大于 15%）、细砂（粒径小于 0.075mm 颗粒含量不大于 10%）均按不冻胀考虑。

表 G.0.2　建筑基础底面下允许冻土层最大厚度 h_{max}（m）

冻胀性	基础形式	采暖情况	基底平均压力（kPa）					
			110	130	150	170	190	210
弱冻胀土	方形基础	采暖	0.90	0.95	1.00	1.10	1.15	1.20
		不采暖	0.70	0.80	0.95	1.00	1.05	1.10
	条形基础	采暖	>2.50	>2.50	>2.50	>2.50	>2.50	>2.50
		不采暖	2.20	2.50	>2.50	>2.50	>2.50	>2.50
冻胀土	方形基础	采暖	0.65	0.70	0.75	0.80	0.85	—
		不采暖	0.55	0.60	0.65	0.70	0.75	—
	条形基础	采暖	1.55	1.80	2.00	2.20	2.50	—
		不采暖	1.15	1.35	1.55	1.75	1.95	—

注：1 本表只计算法向冻胀力，如果基侧存在切向冻胀力，应采取防切向力措施；

2 基础宽度小于 0.6m 时不适用，矩形基础取短边尺寸按方形基础计算；

3 表中数据不适用于淤泥、淤泥质土和欠固结土；

4 计算基底平均压力时取永久作用的标准组合值乘以 0.9，可以内插。

附录 H　岩石地基载荷试验要点

H.0.1　本附录适用于确定完整、较完整、较破碎岩石地基作为天然地基或桩基础持力层时的承载力。

H.0.2　采用圆形刚性承压板，直径为 300mm。当岩石埋藏深度较大时，可采用钢筋混凝土桩，但桩周需采取措施以消除桩身与土之间的摩擦力。

H.0.3　测量系统的初始稳定读数观测应在加压前，每隔 10min 读数一次，连续三次读数不变可开始试验。

H.0.4　加载应采用单循环加载，荷载逐级递增直到破坏，然后分级卸载。

H.0.5 加载时，第一级加载值应为预估设计荷载的 1/5，以后每级应为预估设计荷载的 1/10。

H.0.6 沉降量测读应在加载后立即进行，以后每 10min 读数一次。

H.0.7 连续三次读数之差均不大于 0.01mm，可视为达到稳定标准，可施加下一级荷载。

H.0.8 加载过程中出现下述现象之一时，即可终止加载：

1 沉降量读数不断变化，在 24h 内，沉降速率有增大的趋势；

2 压力加不上或勉强加上而不能保持稳定。

注：若限于加载能力，荷载也应增加到不少于设计要求的两倍。

H.0.9 卸载及卸载观测应符合下列规定：

1 每级卸载为加载时的两倍，如为奇数，第一级可为 3 倍；

2 每级卸载后，隔 10min 测读一次，测读三次后可卸下一级荷载；

3 全部卸载后，当测读到半小时回弹量小于 0.01mm 时，即认为达到稳定。

H.0.10 岩石地基承载力的确定应符合下列规定：

1 对应于 $p\text{-}s$ 曲线上起始直线段的终点为比例界限。符合终止加载条件的前一级荷载为极限荷载。将极限荷载除以 3 的安全系数，所得值与对应于比例界限的荷载相比较，取小值。

2 每个场地载荷试验的数量不应少于 3 个，取最小值作为岩石地基承载力特征值。

3 岩石地基承载力不进行深宽修正。

附录 J 岩石饱和单轴抗压强度试验要点

J.0.1 试料可用钻孔的岩芯或坑、槽探中采取的岩块。

J.0.2 岩样尺寸一般为 $\phi50\text{mm}\times100\text{mm}$，数量不应少于 6 个，进行饱和处理。

J.0.3 在压力机上以每秒 500kPa～800kPa 的加载速度加荷，直到试样破坏为止，记下最大加载，做好试验前后的试样描述。

J.0.4 根据参加统计的一组试样的试验值计算其平均值、标准差、变异系数，取岩石饱和单轴抗压强度的标准值为：

$$f_{rk} = \psi \cdot f_{rm} \qquad (\text{J.0.4-1})$$

$$\psi = 1 - \left(\frac{1.704}{\sqrt{n}} + \frac{4.678}{n^2}\right)\delta \qquad (\text{J.0.4-2})$$

式中：f_{rm}——岩石饱和单轴抗压强度平均值（kPa）；

f_{rk}——岩石饱和单轴抗压强度标准值（kPa）；

ψ——统计修正系数；

n——试样个数；

δ——变异系数。

附录 K 附加应力系数 α、平均附加应力系数 $\bar{\alpha}$

K.0.1 矩形面积上均布荷载作用下角点的附加应力系数 α（表 K.0.1-1）、平均附加应力系数 $\bar{\alpha}$（表 K.0.1-2）。

表 K.0.1-1 矩形面积上均布荷载作用下角点附加应力系数 α

z/b	l/b											
	1.0	1.2	1.4	1.6	1.8	2.0	3.0	4.0	5.0	6.0	10.0	条形
0.0	0.250	0.250	0.250	0.250	0.250	0.250	0.250	0.250	0.250	0.250	0.250	0.250
0.2	0.249	0.249	0.249	0.249	0.249	0.249	0.249	0.249	0.249	0.249	0.249	0.249
0.4	0.240	0.242	0.243	0.243	0.244	0.244	0.244	0.244	0.244	0.244	0.244	0.244
0.6	0.223	0.228	0.230	0.232	0.232	0.233	0.234	0.234	0.234	0.234	0.234	0.234
0.8	0.200	0.207	0.212	0.215	0.216	0.218	0.220	0.220	0.220	0.220	0.220	0.220
1.0	0.175	0.185	0.191	0.195	0.198	0.200	0.203	0.204	0.204	0.204	0.205	0.205
1.2	0.152	0.163	0.171	0.176	0.179	0.182	0.187	0.188	0.189	0.189	0.189	0.189
1.4	0.131	0.142	0.151	0.157	0.161	0.164	0.171	0.173	0.174	0.174	0.174	0.174
1.6	0.112	0.124	0.133	0.140	0.145	0.148	0.157	0.159	0.160	0.160	0.160	0.160
1.8	0.097	0.108	0.117	0.124	0.129	0.133	0.143	0.146	0.147	0.148	0.148	0.148
2.0	0.084	0.095	0.103	0.110	0.116	0.120	0.131	0.135	0.136	0.137	0.137	0.137
2.2	0.073	0.083	0.092	0.098	0.104	0.108	0.121	0.125	0.126	0.127	0.128	0.128
2.4	0.064	0.073	0.081	0.088	0.093	0.098	0.111	0.116	0.118	0.118	0.119	0.119
2.6	0.057	0.065	0.072	0.079	0.084	0.089	0.102	0.107	0.110	0.111	0.112	0.112
2.8	0.050	0.058	0.065	0.071	0.076	0.080	0.094	0.100	0.102	0.104	0.105	0.105
3.0	0.045	0.052	0.058	0.064	0.069	0.073	0.087	0.093	0.096	0.097	0.099	0.099
3.2	0.040	0.047	0.053	0.058	0.063	0.067	0.081	0.087	0.090	0.092	0.093	0.094
3.4	0.036	0.042	0.048	0.053	0.057	0.061	0.075	0.081	0.085	0.086	0.088	0.089
3.6	0.033	0.038	0.043	0.048	0.052	0.056	0.069	0.076	0.080	0.081	0.084	0.084
3.8	0.030	0.035	0.040	0.044	0.048	0.052	0.065	0.072	0.075	0.077	0.080	0.080

| z/b | l/b | | | | | | | | | | | 条形 |
	1.0	1.2	1.4	1.6	1.8	2.0	3.0	4.0	5.0	6.0	10.0	
4.0	0.027	0.032	0.036	0.040	0.044	0.048	0.060	0.067	0.071	0.073	0.076	0.076
4.2	0.025	0.029	0.033	0.037	0.041	0.044	0.056	0.063	0.067	0.070	0.072	0.073
4.4	0.023	0.027	0.031	0.034	0.038	0.041	0.053	0.060	0.064	0.066	0.069	0.070
4.6	0.021	0.025	0.028	0.032	0.035	0.038	0.049	0.056	0.061	0.063	0.066	0.067
4.8	0.019	0.023	0.026	0.029	0.032	0.035	0.046	0.053	0.058	0.060	0.064	0.064
5.0	0.018	0.021	0.024	0.027	0.030	0.033	0.043	0.050	0.055	0.057	0.061	0.062
6.0	0.013	0.015	0.017	0.020	0.022	0.024	0.033	0.039	0.043	0.046	0.051	0.052
7.0	0.009	0.011	0.013	0.015	0.016	0.018	0.025	0.031	0.035	0.038	0.043	0.045
8.0	0.007	0.009	0.010	0.011	0.013	0.014	0.020	0.025	0.028	0.031	0.037	0.039
9.0	0.006	0.007	0.008	0.009	0.010	0.011	0.016	0.020	0.024	0.026	0.032	0.035
10.0	0.005	0.006	0.007	0.007	0.008	0.009	0.013	0.017	0.020	0.022	0.028	0.032
12.0	0.003	0.004	0.005	0.005	0.006	0.006	0.009	0.012	0.014	0.017	0.022	0.026
14.0	0.002	0.003	0.003	0.004	0.004	0.005	0.007	0.009	0.011	0.013	0.018	0.023
16.0	0.002	0.002	0.003	0.003	0.003	0.004	0.005	0.007	0.009	0.010	0.014	0.020
18.0	0.001	0.002	0.002	0.002	0.003	0.003	0.004	0.006	0.007	0.008	0.012	0.018
20.0	0.001	0.001	0.002	0.002	0.002	0.002	0.004	0.005	0.006	0.007	0.010	0.016
25.0	0.001	0.001	0.001	0.001	0.001	0.002	0.002	0.003	0.004	0.004	0.007	0.013
30.0	0.001	0.001	0.001	0.001	0.001	0.001	0.002	0.002	0.003	0.002	0.005	0.011
35.0	0.000	0.000	0.001	0.001	0.001	0.001	0.001	0.001	0.002	0.002	0.004	0.009
40.0	0.000	0.000	0.000	0.000	0.000	0.001	0.001	0.001	0.001	0.002	0.003	0.008

注：l—基础长度（m）；b—基础宽度（m）；z—计算点离基础底面垂直距离（m）。

K.0.2 矩形面积上三角形分布荷载作用下的附加应力系数 α、平均附加应力系数 $\bar{\alpha}$（表 K.0.2）。

K.0.3 圆形面积上均布荷载作用下中点的附加应力系数 α、平均附加应力系数 $\bar{\alpha}$（表 K.0.3）。

K.0.4 圆形面积上三角形分布荷载作用下边点的附加应力系数 α、平均附加应力系数 $\bar{\alpha}$（表 K.0.4）。

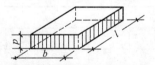

表 K.0.1-2　矩形面积上均布荷载作用下角点的平均附加应力系数 $\bar{\alpha}$

z/b ＼ l/b	1.0	1.2	1.4	1.6	1.8	2.0	2.4	2.8	3.2	3.6	4.0	5.0	10.0
0.0	0.2500	0.2500	0.2500	0.2500	0.2500	0.2500	0.2500	0.2500	0.2500	0.2500	0.2500	0.2500	0.2500
0.2	0.2496	0.2497	0.2497	0.2498	0.2498	0.2498	0.2498	0.2498	0.2498	0.2498	0.2498	0.2498	0.2498
0.4	0.2474	0.2479	0.2481	0.2483	0.2483	0.2484	0.2485	0.2485	0.2485	0.2485	0.2485	0.2485	0.2485
0.6	0.2423	0.2437	0.2444	0.2448	0.2451	0.2452	0.2454	0.2455	0.2455	0.2455	0.2455	0.2455	0.2456
0.8	0.2346	0.2372	0.2387	0.2395	0.2400	0.2403	0.2407	0.2408	0.2409	0.2409	0.2410	0.2410	0.2410
1.0	0.2252	0.2291	0.2313	0.2326	0.2335	0.2340	0.2346	0.2349	0.2351	0.2352	0.2352	0.2353	0.2353
1.2	0.2149	0.2199	0.2229	0.2248	0.2260	0.2268	0.2278	0.2282	0.2285	0.2286	0.2287	0.2288	0.2289
1.4	0.2043	0.2102	0.2140	0.2164	0.2180	0.2191	0.2204	0.2211	0.2215	0.2217	0.2218	0.2220	0.2221
1.6	0.1939	0.2006	0.2049	0.2079	0.2099	0.2113	0.2130	0.2138	0.2143	0.2146	0.2148	0.2150	0.2152
1.8	0.1840	0.1912	0.1960	0.1994	0.2018	0.2034	0.2055	0.2066	0.2073	0.2077	0.2079	0.2082	0.2084

z/b \\ l/b	1.0	1.2	1.4	1.6	1.8	2.0	2.4	2.8	3.2	3.6	4.0	5.0	10.0
2.0	0.1746	0.1822	0.1875	0.1912	0.1938	0.1958	0.1982	0.1996	0.2004	0.2009	0.2012	0.2015	0.2018
2.2	0.1659	0.1737	0.1793	0.1833	0.1862	0.1883	0.1911	0.1927	0.1937	0.1943	0.1947	0.1952	0.1955
2.4	0.1578	0.1657	0.1715	0.1757	0.1789	0.1812	0.1843	0.1862	0.1873	0.1880	0.1885	0.1890	0.1895
2.6	0.1503	0.1583	0.1642	0.1686	0.1719	0.1745	0.1779	0.1799	0.1812	0.1820	0.1825	0.1832	0.1838
2.8	0.1433	0.1514	0.1574	0.1619	0.1654	0.1680	0.1717	0.1739	0.1753	0.1763	0.1769	0.1777	0.1784
3.0	0.1369	0.1449	0.1510	0.1556	0.1592	0.1619	0.1658	0.1682	0.1698	0.1708	0.1715	0.1725	0.1733
3.2	0.1310	0.1390	0.1450	0.1497	0.1533	0.1562	0.1602	0.1628	0.1645	0.1657	0.1664	0.1675	0.1685
3.4	0.1256	0.1334	0.1394	0.1441	0.1478	0.1508	0.1550	0.1577	0.1595	0.1607	0.1616	0.1628	0.1639
3.6	0.1205	0.1282	0.1342	0.1389	0.1427	0.1456	0.1500	0.1528	0.1548	0.1561	0.1570	0.1583	0.1595
3.8	0.1158	0.1234	0.1293	0.1340	0.1378	0.1408	0.1452	0.1482	0.1502	0.1516	0.1526	0.1541	0.1554
4.0	0.1114	0.1189	0.1248	0.1294	0.1332	0.1362	0.1408	0.1438	0.1459	0.1474	0.1485	0.1500	0.1516
4.2	0.1073	0.1147	0.1205	0.1251	0.1289	0.1319	0.1365	0.1396	0.1418	0.1434	0.1445	0.1462	0.1479
4.4	0.1035	0.1107	0.1164	0.1210	0.1248	0.1279	0.1325	0.1357	0.1379	0.1396	0.1407	0.1425	0.1444
4.6	0.1000	0.1070	0.1127	0.1172	0.1209	0.1240	0.1287	0.1319	0.1342	0.1359	0.1371	0.1390	0.1410
4.8	0.0967	0.1036	0.1091	0.1136	0.1173	0.1204	0.1250	0.1283	0.1307	0.1324	0.1337	0.1357	0.1379
5.0	0.0935	0.1003	0.1057	0.1102	0.1139	0.1169	0.1216	0.1249	0.1273	0.1291	0.1304	0.1325	0.1348
5.2	0.0906	0.0972	0.1026	0.1070	0.1106	0.1136	0.1183	0.1217	0.1241	0.1259	0.1273	0.1295	0.1320
5.4	0.0878	0.0943	0.0996	0.1039	0.1075	0.1105	0.1152	0.1186	0.1211	0.1229	0.1243	0.1265	0.1292
5.6	0.0852	0.0916	0.0968	0.1010	0.1046	0.1076	0.1122	0.1156	0.1181	0.1200	0.1215	0.1238	0.1266
5.8	0.0828	0.0890	0.0941	0.0983	0.1018	0.1047	0.1094	0.1128	0.1153	0.1172	0.1187	0.1211	0.1240
6.0	0.0805	0.0866	0.0916	0.0957	0.0991	0.1021	0.1067	0.1101	0.1126	0.1146	0.1161	0.1185	0.1216
6.2	0.0783	0.0842	0.0891	0.0932	0.0966	0.0995	0.1041	0.1075	0.1101	0.1120	0.1136	0.1161	0.1193
6.4	0.0762	0.0820	0.0869	0.0909	0.0942	0.0971	0.1016	0.1050	0.1076	0.1096	0.1111	0.1137	0.1171
6.6	0.0742	0.0799	0.0847	0.0886	0.0919	0.0948	0.0993	0.1027	0.1053	0.1073	0.1088	0.1114	0.1149
6.8	0.0723	0.0779	0.0826	0.0865	0.0898	0.0926	0.0970	0.1004	0.1030	0.1050	0.1066	0.1092	0.1129
7.0	0.0705	0.0761	0.0806	0.0844	0.0877	0.0904	0.0949	0.0982	0.1008	0.1028	0.1044	0.1071	0.1109
7.2	0.0688	0.0742	0.0787	0.0825	0.0857	0.0884	0.0928	0.0962	0.0987	0.1008	0.1023	0.1051	0.1090
7.4	0.0672	0.0725	0.0769	0.0806	0.0838	0.0865	0.0908	0.0942	0.0967	0.0988	0.1004	0.1031	0.1071
7.6	0.0656	0.0709	0.0752	0.0789	0.0820	0.0846	0.0889	0.0922	0.0948	0.0968	0.0984	0.1012	0.1054
7.8	0.0642	0.0693	0.0736	0.0771	0.0802	0.0828	0.0871	0.0904	0.0929	0.0950	0.0966	0.0994	0.1036
8.0	0.0627	0.0678	0.0720	0.0755	0.0785	0.0811	0.0853	0.0886	0.0912	0.0932	0.0948	0.0976	0.1020
8.2	0.0614	0.0663	0.0705	0.0739	0.0769	0.0795	0.0837	0.0869	0.0894	0.0914	0.0931	0.0959	0.1004
8.4	0.0601	0.0649	0.0690	0.0724	0.0754	0.0779	0.0820	0.0852	0.0878	0.0893	0.0914	0.0943	0.0938
8.6	0.0588	0.0636	0.0676	0.0710	0.0739	0.0764	0.0805	0.0836	0.0862	0.0882	0.0898	0.0927	0.0973
8.8	0.0576	0.0623	0.0663	0.0696	0.0724	0.0749	0.0790	0.0821	0.0846	0.0866	0.0882	0.0912	0.0959
9.2	0.0554	0.0599	0.0637	0.0670	0.0697	0.0721	0.0761	0.0792	0.0817	0.0837	0.0853	0.0882	0.0931
9.6	0.0533	0.0577	0.0614	0.0645	0.0672	0.0696	0.0734	0.0765	0.0789	0.0809	0.0825	0.0855	0.0905
10.0	0.0514	0.0556	0.0592	0.0622	0.0649	0.0672	0.0710	0.0739	0.0763	0.0783	0.0799	0.0829	0.0880
10.4	0.0496	0.0537	0.0572	0.0601	0.0627	0.0649	0.0686	0.0716	0.0739	0.0759	0.0775	0.0804	0.0857
10.8	0.0479	0.0519	0.0553	0.0581	0.0606	0.0628	0.0664	0.0693	0.0717	0.0736	0.0751	0.0781	0.0834
11.2	0.0463	0.0502	0.0535	0.0563	0.0587	0.0609	0.0644	0.0672	0.0695	0.0714	0.0730	0.0759	0.0813
11.6	0.0448	0.0486	0.0518	0.0545	0.0569	0.0590	0.0625	0.0652	0.0675	0.0694	0.0709	0.0738	0.0793
12.0	0.0435	0.0471	0.0502	0.0529	0.0552	0.0573	0.0606	0.0634	0.0656	0.0674	0.0690	0.0719	0.0774
12.8	0.0409	0.0444	0.0474	0.0499	0.0521	0.0541	0.0573	0.0599	0.0621	0.0639	0.0654	0.0682	0.0739
13.6	0.0387	0.0420	0.0448	0.0472	0.0493	0.0512	0.0543	0.0568	0.0589	0.0607	0.0621	0.0649	0.0707
14.4	0.0367	0.0398	0.0425	0.0448	0.0468	0.0486	0.0516	0.0540	0.0561	0.0577	0.0592	0.0619	0.0677
15.2	0.0349	0.0379	0.0404	0.0426	0.0446	0.0463	0.0492	0.0515	0.0535	0.0551	0.0565	0.0592	0.0650
16.0	0.0332	0.0361	0.0385	0.0407	0.0425	0.0442	0.0469	0.0492	0.0511	0.0527	0.0540	0.0567	0.0625
18.0	0.0297	0.0323	0.0345	0.0364	0.0381	0.0396	0.0422	0.0442	0.0460	0.0475	0.0487	0.0512	0.0570
20.0	0.0269	0.0292	0.0312	0.0330	0.0345	0.0359	0.0383	0.0402	0.0418	0.0432	0.0444	0.0468	0.0524

矩形面积上三角形分布荷载作用下的附加应力系数 α 与平均附加应力系数 $\bar{\alpha}$

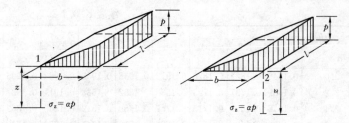

表 K.0.2

z/b	l/b=0.2 点1 α	$\bar{\alpha}$	点2 α	$\bar{\alpha}$	l/b=0.4 点1 α	$\bar{\alpha}$	点2 α	$\bar{\alpha}$	l/b=0.6 点1 α	$\bar{\alpha}$	点2 α	$\bar{\alpha}$	z/b
0.0	0.0000	0.0000	0.2500	0.2500	0.0000	0.0000	0.2500	0.2500	0.0000	0.0000	0.2500	0.2500	0.0
0.2	0.0223	0.0112	0.1821	0.2161	0.0280	0.0140	0.2115	0.2308	0.0296	0.0148	0.2165	0.2333	0.2
0.4	0.0269	0.0179	0.1094	0.1810	0.0420	0.0245	0.1604	0.2084	0.0487	0.0270	0.1781	0.2153	0.4
0.6	0.0259	0.0207	0.0700	0.1505	0.0448	0.0308	0.1165	0.1851	0.0560	0.0355	0.1405	0.1966	0.6
0.8	0.0232	0.0217	0.0480	0.1277	0.0421	0.0340	0.0853	0.1640	0.0553	0.0405	0.1093	0.1787	0.8
1.0	0.0201	0.0217	0.0346	0.1104	0.0375	0.0351	0.0638	0.1461	0.0508	0.0430	0.0852	0.1624	1.0
1.2	0.0171	0.0212	0.0260	0.0970	0.0324	0.0351	0.0491	0.1312	0.0450	0.0439	0.0673	0.1480	1.2
1.4	0.0145	0.0204	0.0202	0.0865	0.0278	0.0344	0.0386	0.1187	0.0392	0.0436	0.0540	0.1356	1.4
1.6	0.0123	0.0195	0.0160	0.0779	0.0238	0.0333	0.0310	0.1082	0.0339	0.0427	0.0440	0.1247	1.6
1.8	0.0105	0.0186	0.0130	0.0709	0.0204	0.0321	0.0254	0.0993	0.0294	0.0415	0.0363	0.1153	1.8
2.0	0.0090	0.0178	0.0108	0.0650	0.0176	0.0308	0.0211	0.0917	0.0255	0.0401	0.0304	0.1071	2.0
2.5	0.0063	0.0157	0.0072	0.0538	0.0125	0.0276	0.0140	0.0769	0.0183	0.0365	0.0205	0.0908	2.5
3.0	0.0046	0.0140	0.0051	0.0458	0.0092	0.0248	0.0100	0.0661	0.0135	0.0330	0.0148	0.0786	3.0
5.0	0.0018	0.0097	0.0019	0.0289	0.0036	0.0175	0.0038	0.0424	0.0054	0.0236	0.0056	0.0476	5.0
7.0	0.0009	0.0073	0.0010	0.0211	0.0019	0.0133	0.0019	0.0311	0.0028	0.0180	0.0029	0.0352	7.0
10.0	0.0005	0.0053	0.0004	0.0150	0.0009	0.0097	0.0010	0.0222	0.0014	0.0133	0.0014	0.0253	10.0

z/b	l/b=0.8 点1 α	$\bar{\alpha}$	点2 α	$\bar{\alpha}$	l/b=1.0 点1 α	$\bar{\alpha}$	点2 α	$\bar{\alpha}$	l/b=1.2 点1 α	$\bar{\alpha}$	点2 α	$\bar{\alpha}$	z/b
0.0	0.0000	0.0000	0.2500	0.2500	0.0000	0.0000	0.2500	0.2500	0.0000	0.0000	0.2500	0.2500	0.0
0.2	0.0301	0.0151	0.2178	0.2339	0.0304	0.0152	0.2182	0.2341	0.0305	0.0153	0.2184	0.2342	0.2
0.4	0.0517	0.0280	0.1844	0.2175	0.0531	0.0285	0.1870	0.2184	0.0539	0.0288	0.1881	0.2187	0.4
0.6	0.0621	0.0376	0.1520	0.2011	0.0654	0.0388	0.1575	0.2030	0.0673	0.0394	0.1602	0.2039	0.6
0.8	0.0637	0.0440	0.1232	0.1852	0.0688	0.0459	0.1311	0.1883	0.0720	0.0470	0.1355	0.1899	0.8
1.0	0.0602	0.0476	0.0996	0.1704	0.0666	0.0502	0.1086	0.1746	0.0708	0.0518	0.1143	0.1769	1.0
1.2	0.0546	0.0492	0.0807	0.1571	0.0615	0.0525	0.0901	0.1621	0.0664	0.0546	0.0962	0.1649	1.2
1.4	0.0483	0.0495	0.0661	0.1451	0.0554	0.0534	0.0751	0.1507	0.0606	0.0559	0.0817	0.1541	1.4
1.6	0.0424	0.0490	0.0547	0.1345	0.0492	0.0533	0.0628	0.1405	0.0545	0.0561	0.0696	0.1443	1.6
1.8	0.0371	0.0480	0.0457	0.1252	0.0435	0.0525	0.0534	0.1313	0.0487	0.0556	0.0596	0.1354	1.8
2.0	0.0324	0.0467	0.0387	0.1169	0.0384	0.0513	0.0456	0.1232	0.0434	0.0547	0.0513	0.1274	2.0
2.5	0.0236	0.0429	0.0265	0.1000	0.0284	0.0478	0.0318	0.1063	0.0326	0.0513	0.0365	0.1107	2.5
3.0	0.0176	0.0392	0.0192	0.0871	0.0214	0.0439	0.0233	0.0931	0.0249	0.0476	0.0270	0.0976	3.0
5.0	0.0071	0.0285	0.0074	0.0576	0.0088	0.0324	0.0091	0.0624	0.0104	0.0356	0.0108	0.0661	5.0
7.0	0.0038	0.0219	0.0038	0.0427	0.0047	0.0251	0.0047	0.0465	0.0056	0.0277	0.0056	0.0496	7.0
10.0	0.0019	0.0162	0.0019	0.0308	0.0023	0.0186	0.0024	0.0336	0.0028	0.0207	0.0028	0.0359	10.0

z/b	l/b 1.4 点1 α	ᾱ	点2 α	ᾱ	l/b 1.6 点1 α	ᾱ	点2 α	ᾱ	l/b 1.8 点1 α	ᾱ	点2 α	ᾱ	z/b
0.0	0.0000	0.0000	0.2500	0.2500	0.0000	0.0000	0.2500	0.2500	0.0000	0.0000	0.2500	0.2500	0.0
0.2	0.0305	0.0153	0.2185	0.2343	0.0306	0.0153	0.2185	0.2343	0.0306	0.0153	0.2185	0.2343	0.2
0.4	0.0543	0.0289	0.1886	0.2189	0.0545	0.0290	0.1889	0.2190	0.0546	0.0290	0.1891	0.2190	0.4
0.6	0.0684	0.0397	0.1616	0.2043	0.0690	0.0399	0.1625	0.2046	0.0694	0.0400	0.1630	0.2047	0.6
0.8	0.0739	0.0476	0.1381	0.1907	0.0751	0.0480	0.1396	0.1912	0.0759	0.0482	0.1405	0.1915	0.8
1.0	0.0735	0.0528	0.1176	0.1781	0.0753	0.0534	0.1202	0.1789	0.0766	0.0538	0.1215	0.1794	1.0
1.2	0.0698	0.0560	0.1007	0.1666	0.0721	0.0568	0.1037	0.1678	0.0738	0.0574	0.1055	0.1684	1.2
1.4	0.0644	0.0575	0.0864	0.1562	0.0672	0.0586	0.0897	0.1576	0.0692	0.0594	0.0921	0.1585	1.4
1.6	0.0586	0.0580	0.0743	0.1467	0.0616	0.0594	0.0780	0.1484	0.0639	0.0603	0.0806	0.1494	1.6
1.8	0.0528	0.0578	0.0644	0.1381	0.0560	0.0593	0.0681	0.1400	0.0585	0.0604	0.0709	0.1413	1.8
2.0	0.0474	0.0570	0.0560	0.1303	0.0507	0.0587	0.0596	0.1324	0.0533	0.0599	0.0625	0.1338	2.0
2.5	0.0362	0.0540	0.0405	0.1139	0.0393	0.0560	0.0440	0.1163	0.0419	0.0575	0.0469	0.1180	2.5
3.0	0.0280	0.0503	0.0303	0.1008	0.0307	0.0525	0.0333	0.1033	0.0331	0.0541	0.0359	0.1052	3.0
5.0	0.0120	0.0382	0.0123	0.0690	0.0135	0.0403	0.0139	0.0714	0.0148	0.0421	0.0154	0.0734	5.0
7.0	0.0064	0.0299	0.0066	0.0520	0.0073	0.0318	0.0074	0.0541	0.0081	0.0333	0.0083	0.0558	7.0
10.0	0.0033	0.0224	0.0032	0.0379	0.0037	0.0239	0.0037	0.0395	0.0041	0.0252	0.0042	0.0409	10.0

z/b	l/b 2.0 点1 α	ᾱ	点2 α	ᾱ	l/b 3.0 点1 α	ᾱ	点2 α	ᾱ	l/b 4.0 点1 α	ᾱ	点2 α	ᾱ	z/b
0.0	0.0000	0.0000	0.2500	0.2500	0.0000	0.0000	0.2500	0.2500	0.0000	0.0000	0.2500	0.2500	0.0
0.2	0.0306	0.0153	0.2185	0.2343	0.0306	0.0153	0.2186	0.2343	0.0306	0.0153	0.2186	0.2343	0.2
0.4	0.0547	0.0290	0.1892	0.2191	0.0548	0.0290	0.1894	0.2192	0.0549	0.0291	0.1894	0.2192	0.4
0.6	0.0696	0.0401	0.1633	0.2048	0.0701	0.0402	0.1638	0.2050	0.0702	0.0402	0.1639	0.2050	0.6
0.8	0.0764	0.0483	0.1412	0.1917	0.0773	0.0486	0.1423	0.1920	0.0776	0.0487	0.1424	0.1920	0.8
1.0	0.0774	0.0540	0.1225	0.1797	0.0790	0.0545	0.1244	0.1803	0.0794	0.0546	0.1248	0.1803	1.0
1.2	0.0749	0.0577	0.1069	0.1689	0.0774	0.0584	0.1096	0.1697	0.0779	0.0586	0.1103	0.1699	1.2
1.4	0.0707	0.0599	0.0937	0.1591	0.0739	0.0609	0.0973	0.1603	0.0748	0.0612	0.0982	0.1605	1.4
1.6	0.0656	0.0609	0.0826	0.1502	0.0697	0.0623	0.0870	0.1517	0.0708	0.0626	0.0882	0.1521	1.6
1.8	0.0604	0.0611	0.0730	0.1422	0.0652	0.0628	0.0782	0.1441	0.0666	0.0633	0.0797	0.1445	1.8
2.0	0.0553	0.0608	0.0649	0.1348	0.0607	0.0629	0.0707	0.1371	0.0624	0.0634	0.0726	0.1377	2.0
2.5	0.0440	0.0586	0.0491	0.1193	0.0504	0.0614	0.0559	0.1223	0.0529	0.0623	0.0585	0.1233	2.5
3.0	0.0352	0.0554	0.0380	0.1067	0.0419	0.0589	0.0451	0.1104	0.0449	0.0600	0.0482	0.1116	3.0
5.0	0.0161	0.0435	0.0167	0.0749	0.0214	0.0480	0.0221	0.0797	0.0248	0.0500	0.0256	0.0817	5.0
7.0	0.0089	0.0347	0.0091	0.0572	0.0124	0.0391	0.0126	0.0619	0.0152	0.0414	0.0154	0.0642	7.0
10.0	0.0046	0.0263	0.0046	0.0403	0.0066	0.0302	0.0066	0.0462	0.0084	0.0325	0.0083	0.0485	10.0

续表 K.0.2

z/b	l/b 6.0				8.0				10.0				z/b
点 系数	1		2		1		2		1		2		点 系数
	α	ᾱ	α	ᾱ	α	ᾱ	α	ᾱ	α	ᾱ	α	ᾱ	
0.0	0.0000	0.0000	0.2500	0.2500	0.0000	0.0000	0.2500	0.2500	0.0000	0.0000	0.2500	0.2500	0.0
0.2	0.0306	0.0153	0.2186	0.2343	0.0306	0.0153	0.2186	0.2343	0.0306	0.0153	0.2186	0.2343	0.2
0.4	0.0549	0.0291	0.1894	0.2192	0.0549	0.0291	0.1894	0.2192	0.0549	0.0291	0.1894	0.2192	0.4
0.6	0.0702	0.0402	0.1640	0.2050	0.0702	0.0402	0.1640	0.2050	0.0702	0.0402	0.1640	0.2050	0.6
0.8	0.0776	0.0487	0.1426	0.1921	0.0776	0.0487	0.1426	0.1921	0.0776	0.0487	0.1426	0.1921	0.8
1.0	0.0795	0.0546	0.1250	0.1804	0.0796	0.0546	0.1250	0.1804	0.0796	0.0546	0.1250	0.1804	1.0
1.2	0.0782	0.0587	0.1105	0.1700	0.0783	0.0587	0.1105	0.1700	0.0783	0.0587	0.1105	0.1700	1.2
1.4	0.0752	0.0613	0.0986	0.1606	0.0752	0.0613	0.0987	0.1606	0.0753	0.0613	0.0987	0.1606	1.4
1.6	0.0714	0.0628	0.0887	0.1523	0.0715	0.0628	0.0888	0.1523	0.0715	0.0628	0.0889	0.1523	1.6
1.8	0.0673	0.0635	0.0805	0.1447	0.0675	0.0635	0.0806	0.1448	0.0675	0.0635	0.0808	0.1448	1.8
2.0	0.0634	0.0637	0.0734	0.1380	0.0636	0.0638	0.0736	0.1380	0.0636	0.0638	0.0738	0.1380	2.0
2.5	0.0543	0.0627	0.0601	0.1237	0.0547	0.0628	0.0604	0.1238	0.0548	0.0628	0.0605	0.1239	2.5
3.0	0.0469	0.0607	0.0504	0.1123	0.0474	0.0609	0.0509	0.1124	0.0476	0.0609	0.0511	0.1125	3.0
5.0	0.0283	0.0515	0.0290	0.0833	0.0296	0.0519	0.0303	0.0837	0.0301	0.0521	0.0309	0.0839	5.0
7.0	0.0186	0.0435	0.0190	0.0663	0.0204	0.0442	0.0207	0.0671	0.0212	0.0445	0.0216	0.0674	7.0
10.0	0.0111	0.0349	0.0111	0.0509	0.0128	0.0359	0.0130	0.0520	0.0139	0.0364	0.0141	0.0526	10.0

表 K.0.3 圆形面积上均布荷载作用下中点的附加应力系数 α 与平均附加应力系数 ᾱ

z/r	圆形 α	圆形 ᾱ	z/r	圆形 α	圆形 ᾱ
0.0	1.000	1.000	2.6	0.187	0.560
0.1	0.999	1.000	2.7	0.175	0.546
0.2	0.992	0.998	2.8	0.165	0.532
0.3	0.976	0.993	2.9	0.155	0.519
0.4	0.949	0.986	3.0	0.146	0.507
0.5	0.911	0.974	3.1	0.138	0.495
0.6	0.864	0.960	3.2	0.130	0.484
0.7	0.811	0.942	3.3	0.124	0.473
0.8	0.756	0.923	3.4	0.117	0.463
0.9	0.701	0.901	3.5	0.111	0.453
1.0	0.647	0.878	3.6	0.106	0.443
1.1	0.595	0.855	3.7	0.101	0.434
1.2	0.547	0.831	3.8	0.096	0.425
1.3	0.502	0.808	3.9	0.091	0.417
1.4	0.461	0.784	4.0	0.087	0.409
1.5	0.424	0.762	4.1	0.083	0.401
1.6	0.390	0.739	4.2	0.079	0.393
1.7	0.360	0.718	4.3	0.076	0.386
1.8	0.332	0.697	4.4	0.073	0.379
1.9	0.307	0.677	4.5	0.070	0.372
2.0	0.285	0.658	4.6	0.067	0.365
2.1	0.264	0.640	4.7	0.064	0.359
2.2	0.245	0.623	4.8	0.062	0.353
2.3	0.229	0.606	4.9	0.059	0.347
2.4	0.210	0.590	5.0	0.057	0.341
2.5	0.200	0.574			

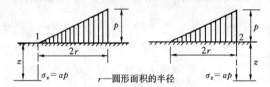

r——圆形面积的半径

表 K.0.4 圆形面积上三角形分布荷载作用下边点的附加应力系数 α 与平均附加应力系数 ᾱ

z/r	点 系数 1		2	
	α	ᾱ	α	ᾱ
0.0	0.000	0.000	0.500	0.500
0.1	0.016	0.008	0.465	0.483
0.2	0.031	0.016	0.433	0.466
0.3	0.044	0.023	0.403	0.450
0.4	0.054	0.030	0.376	0.435
0.5	0.063	0.035	0.349	0.420
0.6	0.071	0.041	0.324	0.406
0.7	0.078	0.045	0.300	0.393
0.8	0.083	0.050	0.279	0.380
0.9	0.088	0.054	0.258	0.368
1.0	0.091	0.057	0.238	0.356
1.1	0.092	0.061	0.221	0.344
1.2	0.093	0.063	0.205	0.333
1.3	0.092	0.065	0.190	0.323
1.4	0.091	0.067	0.177	0.313
1.5	0.089	0.069	0.165	0.303
1.6	0.087	0.070	0.154	0.294
1.7	0.085	0.071	0.144	0.286
1.8	0.083	0.072	0.134	0.278
1.9	0.080	0.072	0.126	0.270
2.0	0.078	0.073	0.117	0.263

点\系数\z/r	1		2	
	α	$\bar{\alpha}$	α	$\bar{\alpha}$
2.1	0.075	0.073	0.110	0.255
2.2	0.072	0.073	0.104	0.249
2.3	0.070	0.073	0.097	0.242
2.4	0.067	0.073	0.091	0.236
2.5	0.064	0.072	0.086	0.230
2.6	0.062	0.072	0.081	0.225
2.7	0.059	0.071	0.078	0.219
2.8	0.057	0.071	0.074	0.214
2.9	0.055	0.070	0.070	0.209
3.0	0.052	0.070	0.067	0.204
3.1	0.050	0.069	0.064	0.200
3.2	0.048	0.069	0.061	0.196
3.3	0.046	0.068	0.059	0.192
3.4	0.045	0.067	0.055	0.188
3.5	0.043	0.067	0.053	0.184
3.6	0.041	0.066	0.051	0.180
3.7	0.040	0.065	0.048	0.177
3.8	0.038	0.065	0.046	0.173
3.9	0.037	0.064	0.043	0.170
4.0	0.036	0.063	0.041	0.167
4.2	0.033	0.062	0.038	0.161
4.4	0.031	0.061	0.034	0.155
4.6	0.029	0.059	0.031	0.150
4.8	0.027	0.058	0.029	0.145
5.0	0.025	0.057	0.027	0.140

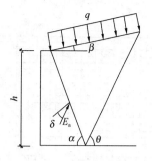

图 L.0.1 计算简图

1 Ⅰ类 碎石土，密实度应为中密及以上，干密度应大于或等于 2000kg/m³；

2 Ⅱ类 砂土，包括砾砂、粗砂、中砂，其密实度应为中密及以上，干密度应大于或等于 1650kg/m³；

3 Ⅲ类 黏土夹块石，干密度应大于或等于 1900kg/m³；

4 Ⅳ类 粉质黏土，干密度应大于或等于 1650kg/m³。

附录 L 挡土墙主动土压力系数 k_a

L.0.1 挡土墙在土压力作用下，其主动压力系数应按下列公式计算：

$$k_a = \frac{\sin(\alpha+\beta)}{\sin^2\alpha \sin^2(\alpha+\beta-\varphi-\delta)}\{k_q[\sin(\alpha+\beta)\sin(\alpha-\delta)$$
$$+\sin(\varphi+\delta)\sin(\varphi-\beta)]$$
$$+2\eta\sin\alpha\,\cos\varphi\,\cos(\alpha+\beta-\varphi-\delta)$$
$$-2[(k_q\,\sin(\alpha+\beta)\sin(\varphi-\beta)+\eta\sin\alpha\,\cos\varphi)$$
$$(k_q\sin(\alpha-\delta)\sin(\varphi+\delta)$$
$$+\eta\sin\alpha\cos\varphi)]^{1/2}\} \qquad (L.0.1\text{-}1)$$

$$k_q = 1+\frac{2q}{\gamma h}\frac{\sin\alpha\cos\beta}{\sin(\alpha+\beta)} \qquad (L.0.1\text{-}2)$$

$$\eta = \frac{2c}{\gamma h} \qquad (L.0.1\text{-}3)$$

式中：q——地表均布荷载（kPa），以单位水平投影面上的荷载强度计算。

L.0.2 对于高度小于或等于 5m 的挡土墙，当填土质量满足设计要求且排水条件符合本规范第 6.7.1 条的要求时，其主动土压力系数可按图 L.0.2 查得，当地下水丰富时，应考虑水压力的作用。

L.0.3 按图 L.0.2 查主动土压力系数时，图中土类的填土质量应满足下列规定：

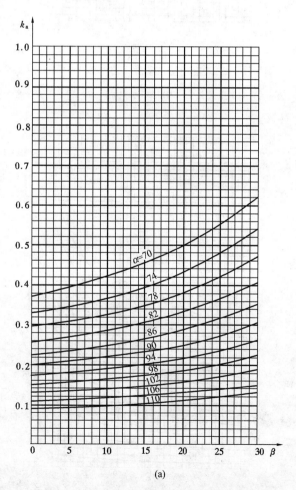

(a)

图 L.0.2-1 挡土墙主动土压力系数 k_a（一）

(a) Ⅰ类土土压力系数 $\left(\delta=\frac{1}{2}\varphi,\ q=0\right)$

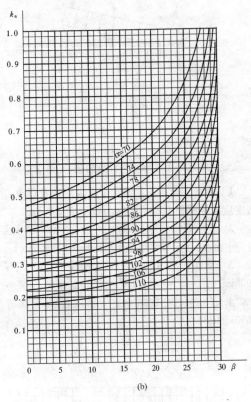

(b)

图 L.0.2-2　挡土墙主动土压力系数 k_a （二）

(b) Ⅱ类土土压力系数 $\left(\delta=\dfrac{1}{2}\varphi,\ q=0\right)$

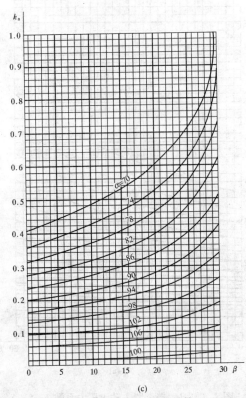

(c)

图 L.0.2-3　挡土墙主动土压力系数 k_a （三）

(c) Ⅲ类土土压力系数 $\left(\delta=\dfrac{1}{2}\varphi,\ q=0,\ H=5\text{m}\right)$

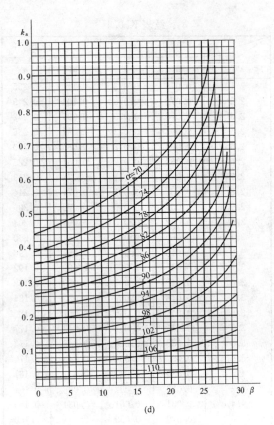

(d)

图 L.0.2-4　挡土墙主动土压力系数 k_a （四）

(d) Ⅳ类土土压力系数 $\left(\delta=\dfrac{1}{2}\varphi,\ q=0,\ H=5\text{m}\right)$

附录 M　岩石锚杆抗拔试验要点

M.0.1　在同一场地同一岩层中的锚杆，试验数不得少于总锚杆的 5%，且不应少于 6 根。

M.0.2　试验采用分级加载，荷载分级不得少于 8 级。试验的最大加载量不应少于锚杆设计荷载的 2 倍。

M.0.3　每级荷载施加完毕后，应立即测读位移量。以后每间隔 5min 测读一次。连续 4 次测读出的锚杆拔升值均小于 0.01mm 时，认为在该级荷载下的位移已达到稳定状态，可继续施加下一级上拔荷载。

M.0.4　当出现下列情况之一时，即可终止锚杆的上拔试验：

　　1　锚杆拔升值持续增长，且在 1h 内未出现稳定的迹象；

　　2　新增加的上拔力无法施加，或者施加后无法使上拔力保持稳定；

　　3　锚杆的钢筋已被拔断，或者锚杆锚筋被拔出。

M.0.5　符合上述终止条件的前一级上拔荷载，即为该锚杆的极限抗拔力。

M.0.6　参加统计的试验锚杆，当满足其极差不超过平均值的 30% 时，可取其平均值为锚杆极限承载力。极差超过平均值的 30% 时，宜增加试验量并分析极差过大的原因，结合工程情况确定极限承载力。

M.0.7 将锚杆极限承载力除以安全系数 2 为锚杆抗拔承载力特征值（R_t）。

M.0.8 锚杆钻孔时，应利用钻孔取出的岩芯加工成标准试件，在天然湿度条件下进行岩石单轴抗压试验，每根试验锚杆的试样数不得少于 3 个。

M.0.9 试验结束后，必须对锚杆试验现场的破坏情况进行详尽的描述和拍摄照片。

附录 N 大面积地面荷载作用下地基附加沉降量计算

N.0.1 由地面荷载引起柱基内侧边缘中点的地基附加沉降计算值可按分层总和法计算，其计算深度按本规范公式（5.3.7）确定。

N.0.2 参与计算的地面荷载包括地面堆载和基础完工后的新填土，地面荷载应按均布荷载考虑，其计算范围：横向取 5 倍基础宽度，纵向为实际堆载长度。其作用面在基底平面处。

N.0.3 当荷载范围横向宽度超过 5 倍基础宽度时，按 5 倍基础宽度计算。小于 5 倍基础宽度或荷载不均匀时，应换算成宽度为 5 倍基础宽度的等效均布地面荷载计算。

N.0.4 换算时，将柱基两侧地面荷载按每段为 0.5 倍基础宽度分成 10 个区段（图 N.0.4），然后按式（N.0.4）计算等效均布地面荷载。当等效均布地面荷载为正值时，说明柱基将发生内倾；为负值时，将发生外倾。

$$q_{eq} = 0.8 \left[\sum_{i=0}^{10} \beta_i q_i - \sum_{i=0}^{10} \beta_i p_i \right] \quad (N.0.4)$$

式中：q_{eq}——等效均布地面荷载（kPa）；

β_i——第 i 区段的地面荷载换算系数，按表 N.0.4 查取；

q_i——柱内侧第 i 区段内的平均地面荷载（kPa）；

p_i——柱外侧第 i 区段内的平均地面荷载（kPa）。

表 N.0.4 地面荷载换算系数 β_i

区段	0	1	2	3	4	5	6	7	8	9	10
$\dfrac{a}{5b} \geqslant 1$	0.30	0.29	0.22	0.15	0.10	0.08	0.06	0.04	0.03	0.02	0.01
$\dfrac{a}{5b} < 1$	0.52	0.40	0.30	0.13	0.08	0.05	0.01	0.01	—	—	—

注：a、b 见本规范表 7.5.5。

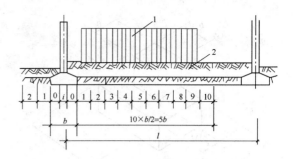

图 N.0.4 地面荷载区段划分
1—地面堆载；2—大面积填土

附录 P 冲切临界截面周长及极惯性矩计算公式

P.0.1 冲切临界截面的周长 u_m 以及冲切临界截面对其重心的极惯性矩 I_s，应根据柱所处的部位分别按下列公式进行计算：

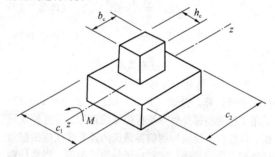

图 P.0.1-1

1 对于内柱，应按下列公式进行计算：

$$u_m = 2c_1 + 2c_2 \quad (P.0.1-1)$$

$$I_s = \frac{c_1 h_0^3}{6} + \frac{c_1^3 h_0}{6} + \frac{c_2 h_0 c_1^2}{2} \quad (P.0.1-2)$$

$$c_1 = h_c + h_0 \quad (P.0.1-3)$$

$$c_2 = b_c + h_0 \quad (P.0.1-4)$$

$$c_{AB} = \frac{c_1}{2} \quad (P.0.1-5)$$

式中：h_c——与弯矩作用方向一致的柱截面的边长（m）；

b_c——垂直于 h_c 的柱截面边长（m）。

2 对于边柱，应按式（P.0.1-6）～式（P.0.1-11）进行计算。公式（P.0.1-6）～式（P.0.1-11）适用于柱外侧齐筏板边缘的边柱。对外伸式筏板，边柱柱下筏板冲切临界截面的计算模式应根据边柱外侧筏板的悬挑长度和柱子的边长确定。当边柱外侧的悬挑长度小于或等于（$h_0 + 0.5 b_c$）时，冲切临界截面可计算至垂直于自由边的板端，计算 c_1 及 I_s 值时应计及边柱外侧的悬挑长度；当边柱外侧筏板的悬挑长度大于（$h_0 + 0.5 b_c$）时，边柱柱下筏板冲切临界截面的计算模式同内柱。

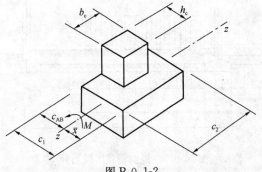

图 P.0.1-2

$$u_m = 2c_1 + c_2 \qquad (\text{P.0.1-6})$$

$$I_s = \frac{c_1 h_0^3}{6} + \frac{c_1^3 h_0}{6} + 2h_0 c_1 \left(\frac{c_1}{2} - \overline{X}\right)^2 + c_2 h_0 \overline{X}^2 \qquad (\text{P.0.1-7})$$

$$c_1 = h_c + \frac{h_0}{2} \qquad (\text{P.0.1-8})$$

$$c_2 = b_c + h_0 \qquad (\text{P.0.1-9})$$

$$c_{AB} = c_1 - \overline{X} \qquad (\text{P.0.1-10})$$

$$\overline{X} = \frac{c_1^2}{2c_1 + c_2} \qquad (\text{P.0.1-11})$$

式中：$\overline{X}$ ——冲切临界截面重心位置（m）。

3　对于角柱，应按式（P.0.1-12）～式（P.0.1-17）进行计算。公式（P.0.1-12）～式（P.0.1-17）适用于柱两相邻外侧齐筏板边缘的角柱。对外伸式筏板，角柱柱下筏板冲切临界截面的计算模式应根据角柱外侧筏板的悬挑长度和柱子的边长确定。当角柱两相邻外侧筏板的悬挑长度分别小于或等于（$h_0 + 0.5b_c$）和（$h_0 + 0.5h_c$）时，冲切临界截面可计算至垂直于自由边的板端，计算 c_1、c_2 及 I_s 值应计及角柱外侧筏板的悬挑长度；当角柱两相邻外侧筏板的悬挑长度大于（$h_0 + 0.5b_c$）和（$h_0 + 0.5h_c$）时，角柱柱下筏板冲切临界截面的计算模式同内柱。

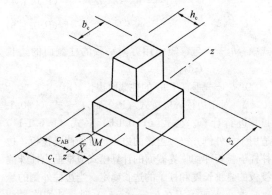

图 P.0.1-3

$$u_m = c_1 + c_2 \qquad (\text{P.0.1-12})$$

$$I_s = \frac{c_1 h_0^3}{12} + \frac{c_1^3 h_0}{12} + c_1 h_0 \left(\frac{c_1}{2} - \overline{X}\right)^2 + c_2 h_0 \overline{X}^2 \qquad (\text{P.0.1-13})$$

$$c_1 = h_c + \frac{h_0}{2} \qquad (\text{P.0.1-14})$$

$$c_2 = b_c + \frac{h_0}{2} \qquad (\text{P.0.1-15})$$

$$c_{AB} = c_1 - \overline{X} \qquad (\text{P.0.1-16})$$

$$\overline{X} = \frac{c_1^2}{2c_1 + 2c_2} \qquad (\text{P.0.1-17})$$

附录 Q　单桩竖向静载荷试验要点

Q.0.1　单桩竖向静载荷试验的加载方式，应按慢速维持荷载法。

Q.0.2　加载反力装置宜采用锚桩，当采用堆载时应符合下列规定：

　　1　堆载加于地基的压应力不宜超过地基承载力特征值。

　　2　堆载的限值可根据其对试桩和对基准桩的影响确定。

　　3　堆载量大时，宜利用桩（可利用工程桩）作为堆载的支点。

　　4　试验反力装置的最大抗拔或承重能力应满足试验加荷的要求。

Q.0.3　试桩、锚桩（压重平台支座）和基准桩之间的中心距离应符合表 Q.0.3 的规定。

表 Q.0.3　试桩、锚桩和基准桩之间的中心距离

反力系统	试桩与锚桩（或压重平台支座墩边）	试桩与基准桩	基准桩与锚桩（或压重平台支座墩边）
锚桩横梁反力装置压重平台反力装置	≥4d 且 >2.0m	≥4d 且 >2.0m	≥4d 且 >2.0m

注：d—试桩或锚桩的设计直径，取其较大者（如试桩或锚桩为扩底桩时，试桩与锚桩的中心距尚不应小于 2 倍扩大端直径）。

Q.0.4　开始试验的时间：预制桩在砂土中入土 7d 后。黏性土不得少于 15d。对于饱和软黏土不得少于 25d。灌注桩应在桩身混凝土达到设计强度后，才能进行。

Q.0.5　加荷分级不应小于 8 级，每级加载量宜为预估极限荷载的 1/8～1/10。

Q.0.6　测读桩沉降量的间隔时间：每级加载后，每第 5min、10min、15min 时各测读一次，以后每隔 15min 读一次，累计 1h 后每隔半小时读一次。

Q.0.7　在每级荷载作用下，桩的沉降量连续两次在每小时内小于 0.1mm 时可视为稳定。

Q.0.8　符合下列条件之一时可终止加载：

　　1　当荷载-沉降（$Q \cdot s$）曲线上有可判定极限承载力的陡降段，且桩顶总沉降量超过 40mm；

2 $\dfrac{\Delta s_{n+1}}{\Delta s_n} \geqslant 2$，且经 24h 尚未达到稳定；

3 25m 以上的非嵌岩桩，Q-s 曲线呈缓变型时，桩顶总沉降量大于 60mm～80mm；

4 在特殊条件下，可根据具体要求加载至桩顶总沉降量大于 100mm。

> 注：1 Δs_n——第 n 级荷载的沉降量；
> 　　　Δs_{n+1}——第 $n+1$ 级荷载的沉降量；
> 　　2 桩底支承在坚硬岩（土）层上，桩的沉降量很小时，最大加载量不应小于设计荷载的两倍。

Q.0.9 卸载及卸载观测应符合下列规定：

1 每级卸载值为加载值的两倍；

2 卸载后隔 15min 测读一次，读两次后，隔半小时再读一次，即可卸下一级荷载；

3 全部卸载后，隔 3h 再测读一次。

Q.0.10 单桩竖向极限承载力应按下列方法确定：

1 作荷载-沉降（Q-s）曲线和其他辅助分析所需的曲线。

2 当陡降段明显时，取相应于陡降段起点的荷载值。

3 当出现本附录 Q.0.8 第 2 款的情况时，取前一级荷载值。

4 Q-s 曲线呈缓变型时，取桩顶总沉降量 $s=40$mm 所对应的荷载值，当桩长大于 40m 时，宜考虑桩身的弹性压缩。

5 按上述方法判断有困难时，可结合其他辅助分析方法综合判定。对桩基沉降有特殊要求者，应根据具体情况选取。

6 参加统计的试桩，当满足其极差不超过平均值的 30% 时，可取其平均值为单桩竖向极限承载力；极差超过平均值的 30% 时，宜增加试桩数量并分析极差过大的原因，结合工程具体情况确定极限承载力。对桩数为 3 根及 3 根以下的柱下桩台，取最小值。

Q.0.11 将单桩竖向极限承载力除以安全系数 2，为单桩竖向承载力特征值（R_a）。

附录 R　桩基础最终沉降量计算

R.0.1 桩基础最终沉降量的计算采用单向压缩总和法：

$$s = \psi_p \sum_{j=1}^{m} \sum_{i=1}^{n_j} \frac{\sigma_{j,i} \Delta h_{j,i}}{E_{sj,i}} \quad (R.0.1)$$

式中：s——桩基最终计算沉降量（mm）；

　　　m——桩端平面以下压缩层范围内土层总数；

　　　$E_{sj,i}$——桩端平面下第 j 层土第 i 个分层在自重应力至自重应力加附加应力作用段的压缩模量（MPa）；

　　　n_j——桩端平面下第 j 层土的计算分层数；

　　　$\Delta h_{j,i}$——桩端平面下第 j 层土的第 i 个分层厚度，（m）；

　　　$\sigma_{j,i}$——桩端平面下第 j 层土第 i 个分层的竖向附加应力（kPa），可分别按本附录第 R.0.2 条或第 R.0.4 条的规定计算；

　　　ψ_p——桩基沉降计算经验系数，各地区应根据当地的工程实测资料统计对比确定。

R.0.2 采用实体深基础计算桩基础最终沉降量时，采用单向压缩分层总和法按本规范第 5.3.5 条～第 5.3.8 条的有关公式计算。

R.0.3 本规范公式（5.3.5）中附加压力计算，应为桩底平面处的附加压力。实体基础的支承面积可按图 R.0.3 采用。实体深基础桩基沉降计算经验系数 ψ_{ps} 应根据地区桩基础沉降观测资料及经验统计确定。在不具备条件时，ψ_{ps} 值可按表 R.0.3 选用。

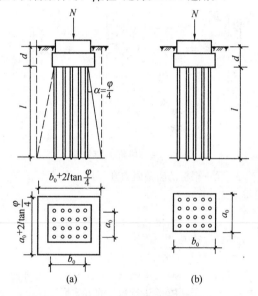

图 R.0.3　实体深基础的底面积

表 R.0.3　实体深基础计算桩基沉降经验系数 ψ_{ps}

$\overline{E}_s$（MPa）	≤15	25	35	≥45
ψ_{ps}	0.5	0.4	0.35	0.25

注：表内数值可以内插。

R.0.4 采用明德林应力公式方法进行桩基础沉降计算时，应符合下列规定：

1 采用明德林应力公式计算地基中的某点的竖向附加应力值时，可将各根桩在该点所产生的附加应力，逐根叠加按下式计算：

$$\sigma_{j,i} = \sum_{k=1}^{n} (\sigma_{zp,k} + \sigma_{zs,k}) \quad (R.0.4-1)$$

式中：$\sigma_{zp,k}$——第 k 根桩的端阻力在深度 z 处产生的应力（kPa）；

　　　$\sigma_{zs,k}$——第 k 根桩的侧摩阻力在深度 z 处产生的应力（kPa）。

2 第 k 根桩的端阻力在深度 z 处产生的应力可按下式计算：

$$\sigma_{zp,k} = \frac{\alpha Q}{l^2} I_{p,k} \qquad (R.0.4-2)$$

式中：Q——相应于作用的准永久组合时，轴心竖向力作用下单桩的附加荷载（kN）；由桩端阻力 Q_p 和桩侧摩阻力 Q_s 共同承担，且 $Q_p = \alpha Q$，α 是桩端阻力比；桩的端阻力假定为集中力，桩侧摩阻力可假定为沿桩身均匀分布和沿桩身线性增长分布两种形式组成，其值分别为 βQ 和 $(1-\alpha-\beta)Q$，如图 R.0.4 所示；

    l——桩长（m）；

    $I_{p,k}$——应力影响系数，可用对明德林应力公式进行积分的方式推导得出。

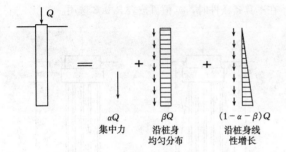

集中力   沿桩身   沿桩身线
αQ 均匀分布 βQ 性增长 $(1-\alpha-\beta)Q$

图 R.0.4 单桩荷载分担

3 第 k 根桩的侧摩阻力在深度 z 处产生的应力可按下式计算：

$$\sigma_{zs,k} = \frac{Q}{l^2}[\beta I_{s1,k} + (1-\alpha-\beta)I_{s2,k}]$$
$$(R.0.4-3)$$

式中：I_{s1}，I_{s2}——应力影响系数，可用对明德林应力公式进行积分的方式推导得出。

4 对于一般摩擦型桩可假定桩侧摩阻力全部是沿桩身线性增长的（即 $\beta=0$），则（R.0.4-3）式可简化为：

$$\sigma_{zs,k} = \frac{Q}{l^2}(1-\alpha)I_{s2,k} \qquad (R.0.4-4)$$

5 对于桩顶的集中力：

$$I_p = \frac{1}{8\pi(1-\nu)}\left\{ \frac{(1-2\nu)(m-1)}{A^3} - \frac{(1-2\nu)(m-1)}{B^3} \right.$$
$$+ \frac{3(m-1)^3}{A^5}$$
$$+ \frac{3(3-4\nu)m(m+1)^2 - 3(m+1)(5m-1)}{B^5}$$
$$\left. + \frac{30m(m+1)^3}{B^7} \right\} \qquad (R.0.4-5)$$

6 对于桩侧摩阻力沿桩身均匀分布的情况：

$$I_{s1} = \frac{1}{8\pi(1-\nu)}\left\{ \frac{2(2-\nu)}{A} \right.$$
$$- \frac{2(2-\nu)+2(1-2\nu)(m^2/n^2+m/n^2)}{B}$$
$$+ \frac{(1-2\nu)2(m/n)^2}{F} - \frac{n^2}{A^3}$$
$$- \frac{4m^2-4(1+\nu)(m/n)^2 m^2}{F^3}$$
$$- \frac{4m(1+\nu)(m+1)(m/n+1/n)^2 - (4m^2+n^2)}{B^3}$$
$$\left. + \frac{6m^2(m^4-n^4)/n^2}{F^5} - \frac{6m[mn^2-(m+1)^5/n^2]}{B^5} \right\}$$
$$(R.0.4-6)$$

7 对于桩侧摩阻力沿桩身线性增长的情况：

$$I_{s2} = \frac{1}{4\pi(1-\nu)}\left\{ \frac{2(2-\nu)}{A} \right.$$
$$- \frac{2(2-\nu)(4m+1)-2(1-2\nu)(1+m)m^2/n^2}{B}$$
$$- \frac{2(1-2\nu)m^3/n^2-8(2-\nu)m}{F} - \frac{mn^2+(m-1)^3}{A^3}$$
$$- \frac{4\nu n^2 m+4m^3-15n^2 m-2(5+2\nu)(m/n)^2(m+1)^3+(m+1)^3}{B^3}$$
$$- \frac{2(7-2\nu)mn^2-6m^3+2(5+2\nu)(m/n)^2 m^3}{F^3}$$
$$- \frac{6mn^2(n^2-m^2)+12(m/n)^2(m+1)^5}{B^5}$$
$$+ \frac{12(m/n)^2 m^5+6mn^2(n^2-m^2)}{F^5}$$
$$\left. + 2(2-\nu)\ln\left(\frac{A+m-1}{F+m} \times \frac{B+m+1}{F+m} \right) \right\}$$
$$(R.0.4-7)$$

式中：$A = [n^2+(m-1)^2]^{\frac{1}{2}}$、$B = [n^2+(m+1)^2]^{\frac{1}{2}}$，

    $F = \sqrt{n^2+m^2}$，$n = r/l$，$m = z/l$；

    ν——地基土的泊松比；

    r——计算点离桩身轴线的水平距离（m）；

    z——计算应力点离承台底面的竖向距离（m）。

8 将公式（R.0.4-1）～公式（R.0.4-4）代入公式（R.0.1），得到单向压缩分层总和法沉降计算公式：

$$s = \psi_{pm}\frac{Q}{l^2}\sum_{j=1}^{m}\sum_{i=1}^{n_j}\frac{\Delta h_{j,i}}{E_{sj,i}}\sum_{k=1}^{K}[\alpha I_{p,k}+(1-\alpha)I_{s2,k}]$$
$$(R.0.4-8)$$

R.0.5 采用明德林应力公式计算桩基础最终沉降量时，相应于作用的准永久组合时，轴心竖向力作用下

单桩附加荷载的桩端阻力比 α 和桩基沉降计算经验系数 ψ_{pm} 应根据当地工程的实测资料统计确定。无地区经验时，ψ_{pm} 值可按表 R.0.5 选用。

表 R.0.5　明德林应力公式方法计算桩基沉降经验系数 ψ_{pm}

$\overline{E}_s$ (MPa)	$\leqslant 15$	25	35	$\geqslant 40$
ψ_{pm}	1.00	0.8	0.6	0.3

注：表内数值可以内插。

附录 S　单桩水平载荷试验要点

S.0.1　单桩水平静载荷试验宜采用多循环加卸载试验法，当需要测量桩身应力或应变时宜采用慢速维持荷载法。

S.0.2　施加水平作用力的作用点宜与实际工程承台底面标高一致。试桩的竖向垂直度偏差不宜大于 1%。

S.0.3　采用千斤顶顶推或采用牵引法施加水平力。力作用点与试桩接触处宜安设球形铰，并保证水平作用力与试桩轴线位于同一平面。

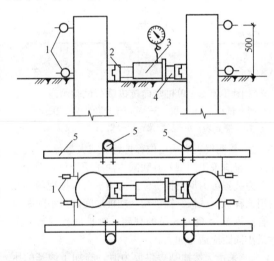

图 S.0.3　单桩水平静载荷试验示意

1—百分表；2—球铰；3—千斤顶；
4—垫块；5—基准梁

S.0.4　桩的水平位移宜采用位移传感器或大量程百分表测量，在力作用水平面试桩两侧应对称安装两个百分表或位移传感器。

S.0.5　固定百分表的基准桩应设置在试桩及反力结构影响范围以外。当基准桩设置在与加荷轴线垂直方向上或试桩位移相反方向上，净距可适当减小，但不宜小于 2m。

S.0.6　采用顶推法时，反力结构与试桩之间净距不宜小于 3 倍试桩直径，采用牵引法时不宜小于 10 倍试桩直径。

S.0.7　多循环加载时，荷载分级宜取设计或预估极限水平承载力的 $1/10 \sim 1/15$。每级荷载施加后，维持恒载 4min 测读水平位移，然后卸载至零，停 2min 测读水平残余位移，至此完成一个加卸载循环，如此循环 5 次即完成一级荷载的试验观测。试验不得中途停歇。

S.0.8　慢速维持荷载法的加卸载分级、试验方法及稳定标准应符合本规范第 Q.0.5 条、第 Q.0.6 条、第 Q.0.7 条的规定。

S.0.9　当出现下列情况之一时，可终止加载：

　1　在恒定荷载作用下，水平位移急剧增加；

　2　水平位移超过 30mm～40mm（软土或大直径桩时取高值）；

　3　桩身折断。

S.0.10　单桩水平极限荷载 H_u 可按下列方法综合确定：

　1　取水平力-时间-位移（$H_0 - t - X_0$）曲线明显陡变的前一级荷载为极限荷载（图 S.0.10-1）；慢速维持荷载法取 $H_0 - X_0$ 曲线产生明显陡变的起始点对应的荷载为极限荷载；

　2　取水平力-位移梯度（$H_0 - \Delta X_0/\Delta H_0$）曲线第二直线段终点对应的荷载为极限荷载（图 S.0.10-2）；

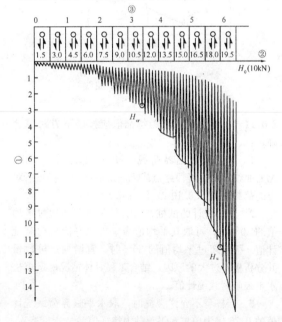

图 S.0.10-1　$H_0 - t - X_0$ 曲线

①—水平位移 X_0（mm）；②—水平力；
③—时间 t（h）

　3　取桩身折断的前一级荷载为极限荷载（图 S.0.10-3）；

　4　按上述方法判断有困难时，可结合其他辅助分析方法综合判定；

　5　极限承载力统计取值方法应符合本规范第 Q.0.10 条的有关规定。

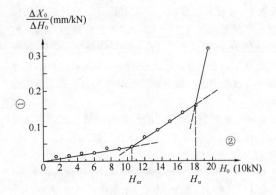

图 S.0.10-2　H_0-$\Delta X_0/\Delta H_0$曲线
①—位移梯度；②—水平力

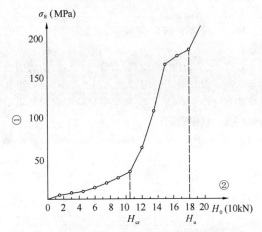

图 S.0.10-3　H_0-σ_g曲线
①—最大弯矩点钢筋应力；②—水平力

S.0.11 单桩水平承载力特征值应按以下方法综合确定：

1 单桩水平临界荷载（H_{cr}）可取 H_0-$\Delta X_0/\Delta H_0$曲线第一直线段终点或 H_0-σ_g曲线第一拐点所对应的荷载（图 S.0.10-2、图 S.0.10-3）。

2 参加统计的试桩，当满足其极差不超过平均值的30%时，可取其平均值为单桩水平极限荷载统计值。极差超过平均值的30%时，宜增加试桩数量并分析极差过大的原因，结合工程具体情况确定单桩水平极限荷载统计值。

3 当桩身不允许裂缝时，取水平临界荷载统计值的 0.75 倍为单桩水平承载力特征值。

4 当桩身允许裂缝时，将单桩水平极限荷载统计值的除以安全系数 2 为单桩水平承载力特征值，且桩身裂缝宽度应满足相关规范要求。

S.0.12 从成桩到开始试验的间隔时间应符合本规范第 Q.0.4 条的规定。

附录 T　单桩竖向抗拔载荷试验要点

T.0.1 单桩竖向抗拔载荷试验应采用慢速维持荷载

法进行。

T.0.2 试桩应符合实际工作条件并满足下列规定：

1 试桩桩身钢筋伸出桩顶长度不宜少于 $40d+500mm$（d 为钢筋直径）。为设计提供依据的试验，试桩钢筋按钢筋强度标准值计算的拉力应大于预估极限承载力的 1.25 倍。

2 试桩顶部露出地面高度不宜小于 300mm。

3 试桩的成桩工艺和质量控制应严格遵守有关规定。试验前应对试验桩进行低应变检测，有明显扩径的桩不应作为抗拔试验桩。

4 试桩的位移量测仪表的架设位置与桩顶的距离不应小于 1 倍桩径，当桩径大于 800mm 时，试桩的位移量测仪表的架设位置与桩顶的距离可适当减少，但不得少于 0.5 倍桩径。

5 当采用工程桩作试桩时，桩的配筋应满足在最大试验荷载作用下桩的裂缝宽度控制条件，可采用分段配筋。

T.0.3 试验设备装置主要由加载装置与量测装置组成，如图 T.0.3 所示。

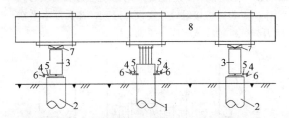

图 T.0.3　单桩竖向抗拔载荷试验示意
1—试桩；2—锚桩；3—液压千斤顶；4—表座；
5—测微表；6—基准梁；7—球铰；8—反力梁

1 量测仪表应采用位移传感器或大量程百分表。加载装置应采用同型号并联同步油压千斤顶，千斤顶的反力装置可为反力锚桩。反力锚桩可根据现场情况利用工程桩。试桩、锚桩和基准桩之间的最小间距应符合本规范第 Q.0.3 条的规定，对扩底抗拔桩，上述最小间距应适当加大。

2 采用天然地基提供反力时，施加于地基的压应力不应大于地基承载力特征值的 1.5 倍。

T.0.4 加载量不宜少于预估的或设计要求的单桩抗拔极限承载力。每级加载为设计或预估单桩极限抗拔承载力的 $1/8\sim1/10$，每级荷载达到稳定标准后加下一级荷载，直到满足加载终止条件，然后分级卸载到零。

T.0.5 抗拔静载试验除对试桩的上拔变形量进行观测外，还应对锚桩的变形量、桩周地面土的变形情况及桩身外露部分裂缝开展情况进行观测记录。

T.0.6 每级加载后，在第 5min、10min、15min 各测读一次上拔变形量，以后每隔 15min 测读一次，累计 1h 以后每隔 30min 测读一次。

T.0.7 在每级荷载作用下，桩的上拔变形量连续两次在每小时内小于 0.1mm 时可视为稳定。

T. 0. 8 每级卸载值为加载值的两倍。卸载后间隔 15min 测读一次，读两次后，隔 30min 再读一次，即可卸下一级荷载。全部卸载后，隔 3h 再测读一次。

T. 0. 9 在试验过程中，当出现下列情况之一时，可终止加载：

1 桩顶荷载达到桩受拉钢筋强度标准值的 0.9 倍，或某根钢筋拉断；

2 某级荷载作用下，上拔变形量陡增且总上拔变形量已超过 80mm；

3 累计上拔变形量超过 100mm；

4 工程桩验收检测时，施加的上拔力应达到设计要求，当桩有抗裂要求时，不应超过桩身抗裂要求所对应的荷载。

T. 0. 10 单桩竖向抗拔极限承载力的确定应符合下列规定：

1 对于陡变形曲线（图 T.0.10-1），取相应于陡升段起点的荷载值。

2 对于缓变形 U-Δ 曲线，可根据 Δ-$\lg t$ 曲线，取尾部显著弯曲的前一级荷载值（图 T.0.10-2）。

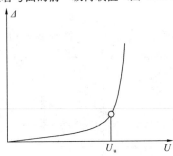

图 T.0.10-1 陡变形 U-Δ 曲线

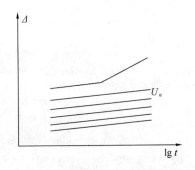

图 T.0.10-2 Δ-$\lg t$ 曲线

3 当出现第 T.0.9 条第 1 款情况时，取其前一级荷载。

4 参加统计的试桩，当满足其极差不超过平均值的 30% 时，可取其平均值为单桩竖向抗拔极限承载力；极差超过平均值的 30% 时，宜增加试桩数量并分析极差过大的原因，结合工程具体情况确定极限承载力。对桩数为 3 根及 3 根以下的柱下桩台，取最小值。

T. 0. 11 单桩竖向抗拔承载力特征值应按以下方法确定：

1 将单桩竖向抗拔极限承载力除以 2，此时桩身配筋应满足裂缝宽度设计要求；

2 当桩身不允许开裂时，应取桩身开裂的前一级荷载；

3 按设计允许的上拔变形量所对应的荷载取值。

T. 0. 12 从成桩到开始试验的时间间隔，应符合本规范第 Q.0.4 条的要求

附录 U 阶梯形承台及锥形承台斜截面受剪的截面宽度

U. 0. 1 对于阶梯形承台应分别在变阶处（A_1-A_1，B_1-B_1）及柱边处（A_2-A_2，B_2-B_2）进行斜截面受剪计算（图 U.0.1），并应符合下列规定：

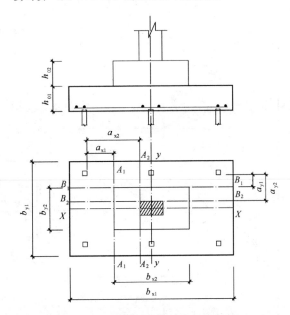

图 U.0.1 阶梯形承台斜截面受剪计算

1 计算变阶处截面 A_1-A_1、B_1-B_1 的斜截面受剪承载力时，其截面有效高度均为 h_{01}，截面计算宽度分别为 b_{y1} 和 b_{x1}。

2 计算柱边截面 A_2-A_2 和 B_2-B_2 处的斜截面受剪承载力时，其截面有效高度均为 $h_{01}+h_{02}$，截面计算宽度按下式进行计算：

对 A_2-A_2
$$b_{y0} = \frac{b_{y1} \cdot h_{01} + b_{y2} \cdot h_{02}}{h_{01} + h_{02}} \quad (U.0.1-1)$$

对 B_2-B_2

$$b_{x0} = \frac{b_{x1} \cdot h_{01} + b_{x2} \cdot h_{02}}{h_{01} + h_{02}} \quad (U.0.1-2)$$

U. 0. 2 对于锥形承台应对 A-A 及 B-B 两个截面进行受剪承载力计算（图 U.0.2），截面有效高度均为 h_0，截面的计算宽度按下式计算：

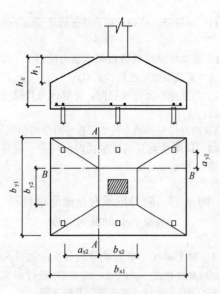

$$\text{对 } A\text{-}A \quad b_{y0} = \left[1 - 0.5\frac{h_1}{h_0}\left(1 - \frac{b_{y2}}{b_{y1}}\right)\right]b_{y1}$$

$$(U.0.2\text{-}1)$$

$$\text{对 } B\text{-}B \quad b_{x0} = \left[1 - 0.5\frac{h_1}{h_0}\left(1 - \frac{b_{x2}}{b_{x1}}\right)\right]b_{x1}$$

$$(U.0.2\text{-}2)$$

图 U.0.2　锥形承台受剪计算

附录 V　支护结构稳定性验算

V.0.1　桩、墙式支护结构应按表 V.0.1 的规定进行抗倾覆稳定、隆起稳定和整体稳定验算。土的抗剪强度指标的选用应符合本规范第 9.1.6 条的规定。

V.0.2　当坡体内有地下水渗流作用时，稳定分析时应进行坡体内的水力坡降与渗流压力计算，也可采用替代重度法作简化分析。

表 V.0.1　支护结构的稳定性验算

结构类型　稳定性验算　计算方法与稳定安全系数	桩、墙式支护	
	悬臂桩倾覆稳定	带支撑桩的倾覆稳定
计算简图		
计算方法与稳定安全系数	悬臂支护桩在坑内外水、土压力作用下，对 O 点取距的倾覆作用，应满足下式规定： $$K_t = \frac{\sum M_{E_p}}{\sum M_{E_a}}$$ 式中：$\sum M_{E_p}$——主动区倾覆作用力矩总和（kN·m）； $\sum M_{E_a}$——被动区抗倾覆作用力矩总和（kN·m）； K_t——桩、墙式悬臂支护抗倾覆稳定安全系数，取 $K_t \geqslant 1.30$	最下一道支撑点以下支护桩在坑内外水、土压力作用下，对 O 点取距的倾覆作用应满足下式规定： $$K_t = \frac{\sum M_{E_p}}{\sum M_{E_a}}$$ 式中：$\sum M_{E_p}$——主动区倾覆作用力矩总和（kN·m）； $\sum M_{E_a}$——被动区抗倾覆作用力矩总和（kN·m）； K_t——带支撑桩、墙式支护抗倾覆稳定安全系数，取 $K_t \geqslant 1.30$
备注		

续表 V.0.1

结构类型 稳定性验算 计算方法与稳定安全系数	桩、墙式支护		
	隆起稳定		整体稳定
计算简图	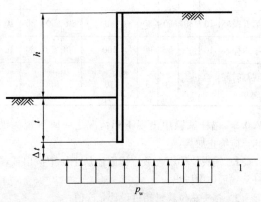		
计算方法与稳定安全系数	基坑底下部土体的强度稳定性应满足下式规定： $$K_D = \frac{N_c \tau_0 + \gamma t}{\gamma (h+t) + q}$$ 式中：N_c——承载力系数，N_c = 5.14； τ_0——由十字板试验确定的总强度（kPa）； γ——土的重度（kN/m³）； K_D——入土深度底部土抗隆起稳定安全系数，取 $K_D \geqslant 1.60$； t——支护结构入土深度（m）； h——基坑开挖深度（m）； q——地面荷载（kPa）	基坑底下部土体的强度稳定性应满足下式规定： $$K_D = \frac{M_P + \int_0^\pi \tau_0 t d\theta}{(q + \gamma h) t^2 / 2}$$ 式中：M_P——支护桩、墙横截面抗弯强度标准值（kN·m）； K_D——基坑底部处土抗隆起稳定安全系数，取 $K_D \geqslant 1.40$	按圆弧滑动面法，验算基坑整体稳定性，应满足下式规定： $$K_R = \frac{M_R}{M_S}$$ 式中：M_S、M_R——分别为对于危险滑弧面上滑动力矩和抗滑力矩（kN·m）； K_R——整体稳定安全系数，取 $K_R \geqslant 1.30$
备注	适用于支护桩底为软土（$\varphi = 0$）的基坑		

附录 W 基坑抗渗流稳定性计算

W.0.1 当上部为不透水层，坑底下某深度处有承压水层时，基坑底抗渗流稳定性可按下式验算（图 W.0.1）：

$$\frac{\gamma_m (t + \Delta t)}{p_w} \geqslant 1.1 \qquad (W.0.1)$$

式中：γ_m——透水层以上土的饱和重度（kN/m³）；

$t + \Delta t$——透水层顶面距基坑底面的深度（m）；

p_w——含水层水压力（kPa）。

W.0.2 当基坑内外存在水头差时，粉土和砂土应进行抗渗流稳定性验算，渗流的水力梯度不应超过临界水力梯度。

图 W.0.1 基坑底抗渗流稳定验算示意
1—透水层

附录 Y 土层锚杆试验要点

Y.0.1 土层锚杆试验的地质条件、锚杆材料和施工工艺等应与工程锚杆一致。为使确定锚固体与土层粘结强度特征值、验证杆体与砂浆间粘结强度特征值的试验达到极限状态，应使杆体承载力标准值大于预估破坏荷载的 1.2 倍。

Y.0.2 试验时最大的试验荷载不宜超过锚杆杆体承载力标准值的 0.9 倍。

Y.0.3 锚固体灌浆强度达到设计强度的 90% 后，方可进行锚杆试验。

Y.0.4 试验应采用循环加、卸载法，并应符合下列规定：

1 每级加荷观测时间内，测读锚头位移不应小于 3 次；

2 每级加荷观测时间内，当锚头位移增量不大于 0.1mm 时，可施加下一级荷载；不满足时应在锚头位移增量 2h 内小于 2mm 时再施加下一级荷载；

3 加、卸载等级、测读间隔时间宜按表 Y.0.4 确定；

4 如果第六次循环加荷观测时间内，锚头位移增量不大于 0.1mm 时，可视试验装置情况，按每级增加预估破坏荷载的 10% 进行 1 次或 2 次循环。

表 Y.0.4 锚杆基本试验循环加卸载等级与位移观测间隔时间

加荷标准 循环数	预估破坏荷载的百分数（%）								
	每级加载量			累计加载量	每级卸载量				
第一循环	10				30				10
第二循环	10	30			50			30	10
第三循环	10	30	50		70		50	30	10
第四循环	10	30	50	70	80	70	50	30	10
第五循环	10	30	50	80	90	80	50	30	10
第六循环	10	30	50	100		90	50	30	10
观测时间（min）	5	5	5	5	10	10	5	5	5

Y.0.5 锚杆试验中出现下列情况之一时可视为破坏，应终止加载：

1 锚头位移不收敛，锚固体从土层中拔出或锚杆从锚固体中拔出；

2 锚头总位移量超过设计允许值；

3 土层锚杆试验中后一级荷载产生的锚头位移增量，超过上一级荷载位移增量的 2 倍。

Y.0.6 试验完成后，应根据试验数据绘制荷载-位移

（Q-s）曲线、荷载-弹性位移（Q-s_e）曲线和荷载-塑性位移（Q-s_e）曲线。

Y.0.7 单根锚杆的极限承载力取破坏荷载前一级的荷载量；在最大试验荷载作用下未达到破坏标准时，单根锚杆的极限承载力取最大荷载值。

Y.0.8 锚杆试验数量不得少于 3 根。参与统计的试验锚杆，当满足其极差值不大于平均值的 30% 时，取平均值作为锚杆的极限承载力；若最大极差超过 30%，应增加试验数量，并分析极差过大的原因，结合工程情况确定极限承载力。

Y.0.9 将锚杆极限承载力除以安全系数 2，即为锚杆抗拔承载力特征值。

Y.0.10 锚杆验收试验应符合下列规定：

1 试验最大荷载值按 $0.85A_sf_y$ 确定；

2 试验采用单循环法，按试验最大荷载值的 10%、30%、50%、70%、80%、90%、100% 施加；

3 每级试验荷载达到后，观测 10min，测计锚头位移；

4 达到试验最大荷载值，测计锚头位移后卸荷到试验最大荷载值的 10% 观测 10min 并测计锚头位移；

5 锚杆试验完成后，绘制锚杆荷载-位移曲线（Q-s）曲线图；

6 符合下列条件时，试验的锚杆为合格：

1）加载到设计荷载后变形稳定；

2）锚杆弹性变形不小于自由段长度变形计算值的 80%，且不大于自由段长度与 1/2 锚固段长度之和的弹性变形计算值；

7 验收试验的锚杆数量取锚杆总数的 5%，且不应少于 5 根。

本规范用词说明

1 为便于在执行本规范条文时区别对待，对要求严格程度不同的用词说明如下：

1）表示很严格，非这样做不可的用词：

正面词采用"必须"；反面词采用"严禁"。

2）表示严格，在正常情况下均应这样做的用词：

正面词采用"应"；反面词采用"不应"或"不得"。

3）表示允许稍有选择，在条件许可时首先应这样做的用词：

正面词采用"宜"；反面词采用"不宜"。

4）表示有选择，在一定条件下可以这样做的，采用"可"。

2 规范中指明应按其他有关标准执行时的写法为"应符合……的规定"或"应按……执行"。

引用标准名录

1 《建筑结构荷载规范》GB 50009
2 《混凝土结构设计规范》GB 50010
3 《建筑抗震设计规范》GB 50011
4 《工业建筑防腐蚀设计规范》GB 50046
5 《土工试验方法标准》GB/T 50123
6 《混凝土结构耐久性设计规范》GB/T 50476

中华人民共和国国家标准

建筑地基基础设计规范

GB 50007—2011

条 文 说 明

修 订 说 明

《建筑地基基础设计规范》GB 50007 - 2011，经住房和城乡建设部 2011 年 7 月 26 日以第 1096 号公告批准、发布。

本规范是在《建筑地基基础设计规范》GB 50007 - 2002 的基础上修订而成的，上一版的主编单位是中国建筑科学研究院，参编单位是北京市勘察设计研究院、建设部综合勘察设计研究院、北京市建筑设计研究院、建设部建筑设计院、上海建筑设计研究院、广西建筑综合设计研究院、云南省设计院、辽宁省建筑设计研究院、中南建筑设计院、湖北省建筑科学研究院、福建省建筑科学研究院、陕西省建筑科学研究院、甘肃省建筑科学研究院、广州市建筑科学研究院、四川省建筑科学研究院、黑龙江省寒地建筑科学研究院、天津大学、同济大学、浙江大学、重庆建筑大学、太原理工大学、广东省基础工程公司，主要起草人员是黄熙龄、滕延京、王铁宏、王公山、王惠昌、白晓红、汪国烈、吴学敏、杨敏、周光孔、周经文、林立岩、罗宇生、陈如桂、钟亮、顾晓鲁、顾宝和、侯光瑜、袁炳麟、袁内镇、 唐杰康 、 黄求顺 、龚一鸣、裴捷、潘凯云、潘秋元。本次修订的主要技术内容是：

1 增加地基基础设计等级中基坑工程的相关内容；

2 地基基础设计使用年限不应小于建筑结构的设计使用年限；

3 增加泥炭、泥炭质土的工程定义；

4 增加回弹再压缩变形计算方法；

5 增加建筑物抗浮稳定计算方法；

6 增加当地基中下卧岩面为单向倾斜，岩面坡度大于 10%，基底下的土层厚度大于 1.5m 的土岩组合地基设计原则；

7 增加岩石地基设计内容；

8 增加岩溶地区场地根据岩溶发育程度进行地基基础设计的原则；

9 增加复合地基变形计算方法；

10 增加扩展基础最小配筋率不应小于 0.15% 的设计要求；

11 增加当扩展基础底面短边尺寸小于或等于柱宽加 2 倍基础有效高度的斜截面受剪承载力计算要求；

12 对桩基沉降计算方法，经统计分析，调整了沉降经验系数；

13 增加对高地下水位地区，当场地水文地质条件复杂，基坑周边环境保护要求高，设计等级为甲级的基坑工程，应进行地下水控制专项设计的要求；

14 增加对地基处理工程的工程检验要求；

15 增加单桩水平载荷试验要点，单桩竖向抗拔载荷试验要点。

本规范修订过程中，编制组共召开全体会议 4 次，专题研讨会 14 次，总结了我国建筑地基基础领域的实践经验，同时参考了国外先进技术法规、技术标准，通过调研、征求意见及工程试算，对增加和修订内容的反复讨论、分析、论证，取得了重要技术参数。

为便于广大设计、施工、科研、学校等单位有关人员在使用本规范时能正确理解和执行条文规定，《建筑地基基础设计规范》修订组按章、节、条顺序编制了本规范的条文说明，对条文规定的目的、依据以及执行中需注意的有关事项进行了说明，还着重对强制性条文的强制性理由作了解释。但是，本条文说明不具备与规范正文同等的法律效力，仅供使用者作为理解和把握规范规定的参考。

目　　次

1 总　则

1.0.1 现行国家标准《工程结构可靠性设计统一标准》GB 50153 对结构设计应满足的功能要求作了如下规定：一、能承受在正常施工和正常使用时可能出现的各种作用；二、保持良好的使用性能；三、具有足够的耐久性能；四、当发生火灾时，在规定的时间内可保持足够的承载力；五、当发生爆炸、撞击、人为错误等偶然事件时，结构能保持必需的整体稳固性，不出现与起因不相称的破坏后果，防止出现结构的连续倒塌。按此规定根据地基工作状态，地基设计时应当考虑：

1　在长期荷载作用下，地基变形不致造成承重结构的损坏；

2　在最不利荷载作用下，地基不出现失稳现象；

3　具有足够的耐久性能。

因此，地基基础设计应注意区分上述三种功能要求。在满足第一功能要求时，地基承载力的选取以不使地基中出现长期塑性变形为原则，同时还要考虑在此条件下各类建筑可能出现的变形特征及变形量。由于地基土的变形具有长期的时间效应，与钢、混凝土、砖石等材料相比，它属于大变形材料。从已有的大量地基事故分析，绝大多数事故皆由地基变形过大或不均匀造成。故在规范中明确规定了按变形设计的原则、方法；对于一部分地基基础设计等级为丙级的建筑物，当按地基承载力设计基础面积及埋深后，其变形亦同时满足要求时可不进行变形计算。

地基基础的设计使用年限应满足上部结构的设计使用年限要求。大量工程实践证明，地基在长期荷载作用下承载力有所提高，基础材料应根据其工作环境满足耐久性设计要求。

1.0.2　本规范主要针对工业与民用建筑（包括构筑物）的地基基础设计提出设计原则和计算方法。

对于湿陷性黄土地基、膨胀土地基、多年冻土地基等，由于这些土类的物理力学性质比较特殊，选用土的承载力、基础埋深、地基处理等应按国家现行标准《湿陷性黄土地区建筑规范》GB 50025、《膨胀土地区建筑技术规范》GBJ 112、《冻土地区建筑地基基础设计规范》JGJ 118 的规定进行设计。对于振动荷载作用下的地基设计，由于土的动力性能与静力性能差异较大，应按现行国家标准《动力机器基础设计规范》GB 50040 的规定进行设计。但基础设计，仍然可以采用本规范的规定进行设计。

1.0.3　由于地基土的性质复杂。在同一地基内土的力学指标离散性一般较大，加上暗塘、古河道、山前洪积、熔岩等许多不良地质条件，必须强调因地制宜原则。本规范对总的设计原则、计算均作出了通用规定，也给出了许多参数。各地区可根据土的特性、地质情况作具体补充。此外，设计人员必须根据具体工程的地质条件、结构类型以及地基在长期荷载作用下的工作形状，采用优化设计方法，以提高设计质量。

1.0.4　地基基础设计中，作用在基础上的各类荷载及其组合方法按现行国家标准《建筑结构荷载规范》GB 50009 执行。在地下水位以下时应扣去水的浮力。否则，将使计算结果偏差很大而造成重大失误。在计算土压力、滑坡推力、稳定性时尤应注意。

本规范只给出各类基础基底反力、力矩、挡墙所受的土压力等。至于基础断面大小及配筋量尚应满足抗弯、抗冲切、抗剪切、抗压等要求，设计时应根据所选基础材料按照有关规范规定执行。

2　术语和符号

2.1　术　语

2.1.3　由于土为大变形材料，当荷载增加时，随着地基变形的相应增长，地基承载力也在逐渐加大，很难界定出一个真正的"极限值"；另一方面，建筑物的使用有一个功能要求，常常是地基承载力还有潜力可挖，而变形已达到或超过按正常使用的限值。因此，地基设计是采用正常使用极限状态这一原则，所选定的地基承载力是在地基土的压力变形曲线线性变形段内相应于不超过比例界限点的地基压力值，即允许承载力。

根据国外有关文献，相应于我国规范中"标准值"的含义可以有特征值、公称值、名义值、标定值四种，在国际标准《结构可靠性总原则》ISO 2394 中相应的术语直译为"特征值"（Characteristic Value），该值的确定可以是统计得出，也可以是传统经验值或某一物理量限定的值。

本次修订采用"特征值"一词，用以表示正常使用极限状态计算时采用的地基承载力和单桩承载力的设计使用值，其涵义即为在发挥正常使用功能时所允许采用的抗力设计值，以避免过去一律提"标准值"时所带来的混淆。

3　基　本　规　定

3.0.1　建筑地基基础设计等级是按照地基基础设计的复杂性和技术难度确定的，划分时考虑了建筑物的性质、规模、高度和体型；对地基变形的要求；场地和地基条件的复杂程度；以及由于地基问题对建筑物的安全和正常使用可能造成影响的严重程度等因素。

地基基础设计等级采用三级划分，见表 3.0.1。现对该表作如下重点说明：

在地基基础设计等级为甲级的建筑物中，30 层以上的高层建筑，不论其体型复杂与否均列入甲级，这是考虑到其高度和重量对地基承载力和变形均有较高要求，采用天然地基往往不能满足设计需要，而须考虑桩基或进行地基处理；体型复杂、层数相差超过10层的高低层连成一体的建筑物是指在平面上和立面上高度变化较大、体型变化复杂，且建于同一整体基础上的高层宾馆、办公楼、商业建筑等建筑物。由于上部荷载大小相差悬殊、结构刚度和构造变化复杂，很易出现地基不均匀变形，为使地基变形不超过建筑物的允许值，地基基础设计的复杂程度和技术难度均较大，有时需要采用多种地基和基础类型或考虑采用地基与基础和上部结构共同作用的变形分析计算来解决不均匀沉降对基础和上部结构的影响问题；大面积的多层地下建筑物存在深基坑开挖的降水、支护和对邻近建筑物可能造成严重不良影响等问题，增加了地基基础设计的复杂性，有些地面以上没有荷载或荷载很小的大面积多层地下建筑物，如地下停车场、商场、运动场等还存在抗地下水浮力的设计问题；复杂地质条件下的坡上建筑物是指坡体岩土的种类、性质、产状和地下水条件变化复杂等对坡体稳定性不利的情况，此时应作坡体稳定性分析，必要时应采取整治措施；对原有工程有较大影响的新建建筑物是指在原有建筑物旁和在地铁、地下隧道、重要地下管道上或旁边新建的建筑物，当新建建筑物对原有工程影响较大时，为保证原有工程的安全和正常使用，增加了地基基础设计的复杂性和难度；场地和地基条件复杂的建筑物是指不良地质现象强烈发育的场地，如泥石流、崩塌、滑坡、岩溶土洞塌陷等，或地质环境恶劣的场地，如地下采空区、地面沉降区、地裂缝地区等，复杂地基是指地基岩土种类和性质变化很大、有古河道或暗浜分布、地基为特殊性岩土，如膨胀土、湿陷性土等，以及地下水对工程影响很大需特殊处理等情况，上述情况均增加了地基基础设计的复杂程度和技术难度。对在复杂地质条件和软土地区开挖较深的基坑工程，由于基坑支护、开挖和地下水控制等技术复杂、难度较大；挖深大于15m的基坑以及基坑周边环境条件复杂、环境保护要求高时对基坑支挡结构的位移控制严格，也列入甲级。

表 3.0.1 所列的设计等级为丙级的建筑物是指建筑场地稳定，地基岩土均匀良好、荷载分布均匀的七层及七层以下的民用建筑和一般工业建筑物以及次要的轻型建筑物。

由于情况复杂，设计时应根据建筑物和地基的具体情况参照上述说明确定地基基础的设计等级。

3.0.2 本条为强制性条文。本条规定了地基设计的基本原则，为确保地基设计的安全，在进行地基设计时必须严格执行。地基设计的原则如下：

1 各类建筑物的地基计算均应满足承载力计算的要求。

2 设计等级为甲级、乙级的建筑物均应按地基

变形设计，这是由于因地基变形造成上部结构的破坏和裂缝的事例很多，因此控制地基变形成为地基基础设计的主要原则，在满足承载力计算的前提下，应按控制地基变形的正常使用极限状态设计。

3 对经常受水平荷载作用、建造在边坡附近的建筑物和构筑物以及基坑工程应进行稳定性验算。本规范 2002 版增加了对地下水埋藏较浅，而地下室或地下建筑存在上浮问题时，应进行抗浮验算的规定。

3.0.4 本条规定了对地基勘察的要求：

1 在地基基础设计前必须进行岩土工程勘察。

2 对岩土工程勘察报告的内容作出规定。

3 对不同地基基础设计等级建筑物的地基勘察方法，测试内容提出了不同要求。

4 强调应进行施工验槽，如发现问题应进行补充勘察，以保证工程质量。

抗浮设防水位是很重要的设计参数，影响因素众多，不仅与气候、水文地质等自然因素有关，有时还涉及地下水开采、上下游水量调配、跨流域调水和大量地下工程建设等复杂因素。对情况复杂的重要工程，要在勘察期间预测建筑物使用期间水位可能发生的变化和最高水位有时相当困难。故现行国家标准《岩土工程勘察规范》GB 50021 规定，对情况复杂的重要工程，需论证使用期间水位变化，提出抗浮设防水位时，应进行专门研究。

3.0.5 本条为强制性条文。地基基础设计时，所采用的作用的最不利组合和相应的抗力限值应符合下列规定：

当按地基承载力计算和地基变形计算以确定基础底面积和埋深时应采用正常使用极限状态，相应的作用效应为标准组合和准永久组合的效应设计值。

在计算挡土墙、地基、斜坡的稳定和基础抗浮稳定时，采用承载能力极限状态作用的基本组合，但规定结构重要性系数 γ_0 不应小于 1.0，基本组合的效应设计值 S 中作用的分项系数均为 1.0。

在根据材料性质确定基础或桩台的高度、支挡结构截面，计算基础或支挡结构内力、确定配筋和验算材料强度时，应按承载能力极限状态采用作用的基本组合。此时，S 中包含相应作用的分项系数。

3.0.6 作用组合的效应设计值应按现行国家标准《建筑结构荷载规范》GB 50009 的规定执行。规范编制组对基础构件设计的分项系数进行了大量试算工作，对高层建筑筏板基础 5 人次 8 项工程、高耸构筑物 1 人次 2 项工程、烟囱 2 人次 8 项工程、支挡结构 5 人次 20 项工程的试算结果统计，对由永久作用控制的基本组合采用简化算法确定设计值时，作用的综合分项系数可取 1.35。

3.0.7 现行国家标准《工程结构可靠性设计统一标准》GB 50153 规定，工程设计时应规定结构的设计

使用年限，地基基础设计必须满足上部结构设计使用年限的要求。

4 地基岩土的分类及工程特性指标

4.1 岩土的分类

4.1.2～4.1.4 岩石的工程性质极为多样，差别很大，进行工程分类十分必要。

岩石的分类可以分为地质分类和工程分类。地质分类主要根据其地质成因、矿物成分、结构构造和风化程度，可以用地质名称加风化程度表达，如强风化花岗岩、微风化砂岩等。这对于工程的勘察设计确是十分必要的。工程分类主要根据岩体的工程性状，使工程师建立起明确的工程特性概念。地质分类是一种基本分类，工程分类应在地质分类的基础上进行，目的是为了较好地概括其工程性质，便于进行工程评价。

本规范2002版除了规定应确定地质名称和风化程度外，增加了"岩石的坚硬程度"和"岩体的完整程度"的划分，并分别提出了定性和定量的划分标准和方法，对于可以取样试验的岩石，应尽量采用定量的方法，对于难以取样的破碎和极破碎岩石，可用附录A的定性方法，可操作性较强。岩石的坚硬程度直接和地基的强度和变形性质有关，其重要性是无疑的。岩体的完整程度反映了它的裂隙性，而裂隙性是岩体十分重要的特性，破碎岩石的强度和稳定性较完整岩石大大削弱，尤其对边坡和基坑工程更为突出。将岩石的坚硬程度和岩体的完整程度各分五级。划分出极软岩十分重要，因为这类岩石常有特殊的工程性质，例如某些泥岩具有很高的膨胀性；泥质砂岩、全风化花岗岩等有很强的软化性（饱和单轴抗压强度可等于零）；有的第三纪砂岩遇水崩解，有流砂性质。划分出极破碎岩体也很重要，有时开挖时很硬，暴露后逐渐崩解。片岩各向异性特别显著，作为边坡极易失稳。

破碎岩石测岩块的纵波波速有时会有困难，不易准确测定，此时，岩块的纵波波速可用现场测定岩性相同但岩体完整的纵波波速代替。

这些内容本次修订保留原规范内容。

4.1.6 碎石土难以取样试验，规范采用以重型动力触探锤击数 $N_{63.5}$ 为主划分其密实度，同时可采用野外鉴别法，列入附录B。

重型圆锥动力触探在我国已有近50年的应用经验，各地积累了大量资料。铁道部第二设计院通过筛选，采用了59组对比数据，包括卵石、碎石、圆砾、角砾，分布在四川、广西、辽宁、甘肃等地，数据经修正（表1），统计分析了 $N_{63.5}$ 与地基承载力关系（表2）。

表1 修正系数

$N_{63.5}$ L (m)	5	10	15	20	25	30	35	40	≥50
≤2	1.0	1.0	1.0	1.0	1.0	1.0	1.0	1.0	
4	0.96	0.95	0.93	0.92	0.90	0.89	0.87	0.86	0.84
6	0.93	0.90	0.88	0.85	0.83	0.81	0.79	0.78	0.75
8	0.90	0.86	0.83	0.80	0.77	0.75	0.73	0.71	0.67
10	0.88	0.83	0.79	0.75	0.72	0.69	0.67	0.64	0.61
12	0.85	0.79	0.75	0.70	0.67	0.64	0.61	0.59	0.55
14	0.82	0.76	0.71	0.66	0.62	0.58	0.56	0.53	0.50
16	0.79	0.73	0.67	0.62	0.57	0.54	0.51	0.48	0.45
18	0.77	0.70	0.63	0.57	0.53	0.49	0.46	0.43	0.40
20	0.75	0.67	0.59	0.53	0.48	0.44	0.41	0.39	0.36

注：L 为杆长。

表2 $N_{63.5}$ 与承载力的关系

$N_{63.5}$	3	4	5	6	8	10	12	14	16
σ_0 (kPa)	140	170	200	240	320	400	480	540	600
$N_{63.5}$	18	20	22	24	26	28	30	35	40
σ_0 (kPa)	660	720	780	830	870	900	930	970	1000

注：1 适用的深度范围为1m～20m；
　　2 表内的 $N_{63.5}$ 为经修正后的平均击数。

表1的修正，实际上是对杆长、上覆土自重压力、侧摩阻力的综合修正。

过去积累的资料基本上是 $N_{63.5}$ 与地基承载力的关系，极少与密实度有关系。考虑到碎石土的承载力主要与密实度有关，故本次修订利用了表2的数据，参考其他资料，制定了本条按 $N_{63.5}$ 划分碎石土密实度的标准。

4.1.8 关于标准贯入试验锤击数 N 值的修正问题，虽然国内外已有不少研究成果，但意见很不一致。在我国，一直用经过修正后的 N 值确定地基承载力，用不修正的 N 值判别液化。国外和我国某些地方规范，则采用有效上覆自重压力修正。因此，勘察报告首先提供未经修正的实测值，这是基本数据。然后，在应用时根据当地积累资料统计分析时的具体情况，确定是否修正和如何修正。用 N 值确定砂土密实度，确定这个标准时并未经过修正，故表4.1.8中的 N 值为未经过修正的数值。

4.1.11 粉土的性质介于砂土和黏性土之间。砂粒含量较多的粉土，地震时可能产生液化，类似于砂土的性质。黏粒含量较多（>10%）的粉土不会液化，性质近似于黏性土。而西北一带的黄土，颗粒成分以粉粒为主，砂粒和黏粒含量都很低。因此，将粉土细分为亚类，是符合工程需要的。但目前，由于经验积累的不同和认识上的差别，尚难确定一个能被普遍接受的划分亚类标准，故本条未作划分亚类的明确规定。

4.1.12 淤泥和淤泥质土有机质含量为5%～10%时的工程性质变化较大，应予以重视。

随着城市建设的需要，有些工程遇到泥炭或泥炭质土。泥炭或泥炭质土是在湖相和沼泽静水、缓慢的流水环境中沉积，经生物化学作用形成，含有大量的有机质，具有含水量高、压缩性高、孔隙比高和天然密度低、抗剪强度低、承载力低的工程特性。泥炭、泥炭质土不应直接作为建筑物的天然地基持力层，工程中遇到时应根据地区经验处理。

4.1.13 红黏土是红土的一个亚类。红土化作用是在炎热湿润气候条件下的一种特定的化学风化成土作用。它较为确切地反映了红黏土形成的历程与环境背景。

区域地质资料表明：碳酸盐类岩石与非碳酸盐类岩石常呈互层产出，即使在碳酸盐类岩石成片分布的地区，也常见非碳酸盐类岩石夹杂其中。故将成土母岩扩大到"碳酸盐岩系出露区的岩石"。

在岩溶洼地、谷地、准平原及丘陵斜坡地带，当受片状及间歇性水流冲蚀，红黏土的土粒被带到低洼处堆积成新的土层，其颜色较未搬运者为浅，常含粗颗粒，但总体上仍保持红黏土的基本特征，而明显别于一般的黏性土。这类土在鄂西、湘西、广西、粤北等山地丘陵区分布，还远较红黏土广泛。为了利于对这类土的认识和研究，将它划定为次生红黏土。

4.2 工程特性指标

4.2.1 静力触探、动力触探、标准贯入试验等原位测试，用于确定地基承载力，在我国已有丰富经验，可以应用，故列入本条，并强调了必须有地区经验，即当地的对比资料。同时还应注意，当地基基础设计等级为甲级和乙级时，应结合室内试验成果综合分析，不宜单独应用。

本规范 1974 版建立了土的物理力学性指标与地基承载力关系，本规范 1989 版仍保留了地基承载力表，列入附录，并在使用上加以适当限制。承载力表使用方便是其主要优点，但也存在一些问题。承载力表是用大量的试验数据，通过统计分析得到的。我国各地土质条件各异，用几张表格很难概括全国的规律。用查表法确定承载力，在大多数地区可能基本适合或偏保守，但也不排除个别地区可能不安全。此外，随着设计水平的提高和对工程质量要求的趋于严格，变形控制已是地基设计的重要原则，本规范作为国标，如仍沿用承载力表，显然已不适应当前的要求，本规范 2002 版已决定取消有关承载力表的条文和附录，勘察单位应根据试验和地区经验确定地基承载力等设计参数。

4.2.2 工程特性指标的代表值，对于地基计算至关重要。本条明确规定了代表值的选取原则。标准值取其概率分布的 0.05 分位数；地基承载力特征值是指由载荷试验地基土压力变形曲线线性变形段内规定的变形对应的压力值，实际即为地基承载力的允许值。

4.2.3 载荷试验是确定岩土承载力和变形参数的主要方法，本规范 1989 版列入了浅层平板载荷试验。考虑到浅层平板载荷试验不能解决深层土的问题，本规范 2002 版修订增加了深层载荷试验的规定。这种方法已积累了一定经验，为了统一操作，将其试验要点列入了本规范的附录 D。

4.2.4 采用三轴剪切试验测定土的抗剪强度，是国际上常规的方法。优点是受力条件明确，可以控制排水条件，既可用于总应力法，也可用于有效应力法；缺点是对取样和试验操作要求较高，土质不均时试验成果不理想。相比之下，直剪试验虽然简便，但受力条件复杂，无法控制排水，故本规范 2002 版修订推荐三轴试验。鉴于多数工程施工速度快，较接近于不固结不排水试验条件，故本规范推荐 UU 试验。而且，用 UU 试验成果计算，一般比较安全。但预压固结的地基，应采用固结不排水剪。进行 UU 试验时，宜在土的有效自重压力下预固结，更符合实际。

鉴于现行国家标准《土工试验方法标准》GB/T 50123 中未提出土的有效自重压力下预固结 UU 试验操作方法，本规范对其试验要点说明如下：

1 试验方法适用于细粒土和粒径小于 20mm 的粗粒土。

2 试验必须制备 3 个以上性质相同的试样，在不同的周围压力下进行试验，周围压力宜根据工程实际荷重确定。对于填土，最大一级周围压力应与最大的实际荷重大致相等。

注：试验宜在恒温条件下进行。

3 试样的制备应满足相关规范的要求。对于非饱和土，试样应保持土的原始状态；对于饱和土，试样应预先进行饱和。

4 试样的安装、自重压力固结，应按下列步骤进行：

1）在压力室的底座上，依次放上不透水板、试样及不透水试样帽，将橡皮膜用承膜筒套在试样外，并用橡皮圈将橡皮膜两端与底座及试样帽分别扎紧。

2）将压力室罩顶部活塞提高，放下压力室罩，将活塞对准试样中心，并均匀地拧紧底座连接螺母。向压力室内注满纯水，待压力室顶部排气孔有水溢出时，拧紧排气孔，并将活塞对准测力计和试样顶部。

3）将离合器调至粗位，转动粗调手轮，当试样帽与活塞及测力计接近时，将离合器调至细位，改用细调手轮，使试样帽与活塞及测力计接触，装上变形指示计，将测力计和变形指示计调至零位。

4）开周围压力阀，施加相当于自重压力的周围压力。

5）施加周围压力 1h 后关排水阀。

6）施加试验需要的周围压力。

5 剪切试样应按下列步骤进行：

  1） 剪切应变速率宜为每分钟应变 0.5%～1.0%。

  2） 启动电动机，合上离合器，开始剪切。试样每产生 0.3%～0.4% 的轴向应变（或 0.2mm 变形值），测记一次测力计读数和轴向变形值。当轴向应变大于 3% 时，试样每产生 0.7%～0.8% 的轴向应变（或 0.5mm 变形值），测记一次。

  3） 当测力计读数出现峰值时，剪切应继续进行到轴向应变为 15%～20%。

  4） 试验结束，关电动机，关周围压力阀，脱开离合器，将离合器调至粗位，转动粗调手轮，将压力室降下，打开排气孔，排除压力室内的水，拆卸压力室罩，拆除试样，描述试样破坏形状，称试样质量，并测定含水率。

6 试验数据的计算和整理应满足相关规范要求。

  室内试验确定土的抗剪强度指标影响因素很多，包括土的分层合理性、土样均匀性、操作水平等，某些情况下使试验结果的变异系数较大，这时应分析原因，增加试验组数，合理取值。

4.2.5 土的压缩性指标是建筑物沉降计算的依据。为了与沉降计算的受力条件一致，强调施加的最大压力应超过土的有效自重压力与预计的附加压力之和，并取与实际工程相同的压力段计算变形参数。

  考虑土的应力历史进行沉降计算的方法，注意了欠压密土在土的自重压力下的继续压密和超压密土的卸荷再压缩，比较符合实际情况，是国际上常用的方法，应通过高压固结试验测定有关参数。

5 地基计算

5.1 基础埋置深度

5.1.3 本条为强制性条文。除岩石地基外，位于天然土质地基上的高层建筑筏形或箱形基础应有适当的埋置深度，以保证筏形和箱形基础的抗倾覆和抗滑移稳定性，否则可能导致严重后果，必须严格执行。

  随着我国城镇化进程，建设用地紧张，高层建筑设地下室，不仅满足埋置深度要求，还增加使用功能，对软土地基还能提高建筑物的整体稳定性，所以一般情况下高层建筑宜设地下室。

5.1.4 本条给出的抗震设防区内的高层建筑筏形和箱形基础埋深不宜小于建筑物高度的 1/15，是基于工程实践和科研成果。北京市勘察设计研究院张在明等在分析北京八度抗震设防区内高层建筑地基整体稳定性与基础埋深的关系时，以二幢分别为 15 层和 25 层的建筑，考虑了地震作用和地基的种

不利因素，用圆弧滑动面法进行分析，其结论是：从地基稳定的角度考虑，当 25 层建筑物的基础埋深为 1.8m 时，其稳定安全系数为 1.44，如埋深为 3.8m（1/17.8）时，则安全系数达到 1.64。对位于岩石地基上的高层建筑筏形和箱形基础，其埋置深度应根据抗滑移的要求来确定。

5.1.6 在城市居住密集的地方往往新旧建筑物距离较近，当新建建筑物与原有建筑物距离较近，尤其是新建建筑物基础埋深大于原有建筑物时，新建建筑物会对原有建筑物产生影响，甚至会危及原有建筑物的安全或正常使用。为了避免新建建筑物对原有建筑物的影响，设计时应考虑与原有建筑物保持一定的安全距离，该安全距离应通过分析新旧建筑物的地基承载力、地基变形和地基稳定性来确定。通常决定建筑物相邻影响距离大小的因素，主要有新建建筑物的沉降量和原有建筑物的刚度等。新建建筑物的沉降量与地基土的压缩性、建筑物的荷载大小有关，而原有建筑物的刚度则与其结构形式、长高比以及地基土的性质有关。本规范第 7.3.3 条为相邻建筑物基础间净距的相关规定，这是根据国内 55 个工程实例的调查和分析得到的，满足该条规定的净距要求一般可不考虑对相邻建筑的影响。

  当相邻建筑物较近时，应采取措施减小相互影响：1 尽量减小新建建筑物的沉降量；2 新建建筑物的基础埋深不宜大于原有建筑基础；3 选择对地基变形不敏感的结构形式；4 采取有效的施工措施，如分段施工、采取有效的支护措施以及对原有建筑物地基进行加固等措施。

5.1.7 "场地冻结深度"在本规范 2002 版中称为"设计冻深"，其值是根据当地标准冻深，考虑建设场地所处地基条件和环境条件，经修正后采取的更接近实际的冻深值。本次修订将"设计冻深"改为"场地冻结深度"，以使概念更加清晰准确。

  附录 F《中国季节性冻土标准冻深线图》是在标准条件下取得的，该标准条件即为标准冻结深度的定义：地下水位与冻结锋面之间的距离大于 2m，不冻胀黏性土，地表平坦、裸露，城市之外的空旷场地中，多年实测（不少于十年）最大冻深的平均值。由于建设场地通常不具备上述标准条件，所以以标准冻结深度一般不直接用于设计中，而是要考虑场地实际条件将标准冻结深度乘以冻深影响系数，使得到的场地冻深更接近实际情况。公式 5.1.7 中主要考虑了土质系数、湿度系数、环境系数。

  土质对冻深的影响是众所周知的，因岩性不同其热物理参数也不同，粗颗粒土的导热系数比细颗粒土的大。因此，当其他条件一致时，粗颗粒土比细颗粒土的冻深大，砂类土的冻深比黏性土的大。我国对这方面问题的实测数据不多，不系统，前苏联 1974 年和 1983 年《房屋及建筑物地基》设计规范中有明确

规定，本规范采纳了他们的数据。

土的含水量和地下水位对冻深也有明显的影响，因土中水在相变时要放出大量的潜热，所以含水量越多，地下水位越高（冻结时向上迁移水量越多），参与相变的水量就越多，放出的潜热也就越多，由于冻胀土冻结的过程也是放热的过程，放热在某种程度上减缓了冻深的发展速度，因此冻深相对变浅。

城市的气温高于郊外，这种现象在气象学中称为城市的"热岛效应"。城市里的辐射受热状况发生改变（深色的沥青屋顶及路面吸收大量阳光），高耸的建筑物吸收更多的阳光，各种建筑材料的热容量和传热量大于松土。据计算，城市接受的太阳辐射量比郊外高出10％～30％，城市建筑物和路面传送热量的速度比郊外湿润的砂质土壤快3倍，工业排放、交通车辆排放尾气，人为活动等都放出很多热量，加之建筑群集中，风小对流差等，使周围气温升高。这些都导致了市区冻结深度小于标准冻深，为使设计时采用的冻深数据更接近实际，原规范根据国家气象局气象科学研究院气候所、中国科学院、北京地理研究所气候室提供的数据，给出了环境对冻深的影响系数，经多年使用没有问题，因此本次修订对此不作修改，但使用时应注意，此处所说的城市（市区）是指城市集中区，不包括郊区和市属县、镇。

冻结深度与冻土层厚度两个概念容易混淆，对不冻胀土二者相同，但对冻胀性土，尤其强冻胀以上的土，二者相差颇大。对于冻胀性土，冬季自然地面是随冻胀量的加大而逐渐上抬的，此时钻探（挖探）量测的冻土层厚度包含了冻胀量，设计基础埋深时所需的冻深值是自冻前自然地面算起的，它等于实测冻土层厚度减去冻胀量，为避免混淆，在公式5.1.7中予以明确。

关于冻深的取值，尽量应用当地的实测资料，要注意个别年份挖探一个、两个数据不能算实测数据，多年实测资料（不少于十年）的平均值才为实测数据。

5.1.8 季节冻土地区基础合理浅埋在保证建筑安全方面是可以实现的，为此冻土界从20世纪70年代开始做了大量的研究实践工作，取得了一定的成效，并将浅埋方法编入规范中。本次规范修订保留了原规范基础浅埋方法，但缩小了应用范围，将基底允许出现冻土层应用范围控制在深厚季节冻土地区的不冻胀、弱冻胀和冻胀土场地，修订主要依据如下：

1 原规范基础浅埋方法目前实际设计中使用不普遍。从本规范1974版、1989版到2002版，根据当时国情和低层建筑较多的情况，为降低基础工程费用，规范都给出了基础浅埋方法，但目前在实际应用中实施基础浅埋的工程比例不大。经调查了解，我国浅季节冻土地区（冻深小于1m）除农村低层建筑外基本没有实施基础浅埋。中厚季节冻土地区（冻深在

1m～2m之间）多层建筑和冻胀性较强的地基也很少有浅埋基础，基础埋深多数控制在场地冻深以下。在深厚季节性冻土地区（冻深大于2m）冻胀性不强的地基上浅埋基础较多。浅埋基础应用不多的原因一是设计者对基础浅埋不放心；二是多数勘察资料对冻深范围内的土层不给地基基础设计参数；三是多数情况冻胀性土层不是适宜的持力层。

2 随着国家经济的发展，人们对基础浅埋带来的经济效益与房屋建筑的安全性、耐久性之间，更加重视房屋建筑的安全性、耐久性。

3 基础浅埋后如果使用过程中地基浸水，会造成地基土冻胀性的增强，导致房屋出现冻胀破坏。此现象在采用了浅埋基础的三层以下建筑时有发生。

4 冻胀性强的土融化时的冻融软化现象使基础出现短时的沉陷，多年累积可导致部分浅埋基础房屋使用20年～30年后室内地面低于室外地面，甚至出现进屋下台阶现象。

5 目前西欧、北美、日本和俄罗斯规范规定基础埋深均不小于冻深。

鉴于上述情况，本次规范修订提出在浅季节冻土地区、中厚季节冻土地区和深厚季节冻土地区中冻胀性较强的地基不宜实施基础浅埋，在深厚季节冻土地区的不冻胀、弱冻胀、冻胀土地基可以实施基础浅埋，并给出了基底最大允许冻土层厚度表。该表是原规范表保留了弱冻胀、冻胀土数据基础上进行了取整修改。

5.1.9 防切向冻胀力的措施如下：

切向冻胀力是指地基土冻结膨胀时产生的其作用方向平行基础侧面的冻胀力。基础防切向冻胀力方法很多，采用时应根据工程特点、地方材料和经验确定。以下介绍3种可靠的方法。

（一）基侧填砂

用基侧填砂来减小或消除切向冻胀力，是简单易行的方法。地基土在冻结膨胀时所产生的冻胀力通过土与基础牢固冻结在一起的剪切面传递，砂类土的持水能力很小，当砂土处在地下水位之上时，不但为非饱和土而且含水量很小，其力学性能接近松散冻土，所以砂土与基础侧表面冻结在一起的冻结强度很小，可传递的切向冻胀力亦很小。在基础施工完成后回填基坑时在基侧外表（采暖建筑）或四周（非采暖建筑）填入厚度不小于100mm的中、粗砂，可以起到良好的防切向冻胀力破坏的效果。本次修订将换填厚度由原来的100mm改为200mm，原因是100mm施工困难，且容易造成换填层不连续。

（二）斜面基础

截面为上小下大的斜面基础就是将独立基础或条形基础的台阶或放大脚做成连续的斜面，其防切向冻胀力作用明显，但它容易被理解为是用下部基础断面中的扩大部分来阻止切向冻胀力将基础抬起，这种理

解是错误的。现对其原理分析如下：

在冬初当第一层土冻结时，土产生冻胀，并同时出现两个方向膨胀：沿水平方向膨胀基础受一水平作用力 H_1；垂直方向上膨胀基础受一作用力 V_1。V_1 可分解成两个分力，即沿基础斜边的 τ_{12} 和沿基础斜边法线方向的 N_{12}，τ_{12} 即是由于土有向上膨胀趋势对基础施加的切向冻胀力，N_{12} 是由于土有向上膨胀的趋势对基础斜边法线方向作用的拉应力。水平冻胀力 H_1 也可分解成两个分力，其一是 τ_{11}，其二是 N_{11}，τ_{11} 是由于水平冻胀力的作用施加在基础斜边上的切向冻胀力，N_{11} 则是由于水平冻胀力作用施加在基础斜边上的正压力（见图 1 受力分布图）。此时，第一层土作用于基侧的切向冻胀力为 $\tau_1 = \tau_{11} + \tau_{12}$，正压力 $N_1 = N_{11} - N_{12}$。由于 N_{12} 为正拉力，它的存在将降低基侧受到的正压力数值。当冻结界面发展到第二层土时，除第一层的原受力不变之外又叠加了第二层土冻胀时对第一层的作用，由于第二层土冻胀时受到第一层的约束，使第一层土对基侧的切向冻胀力增加至 $\tau_1 = \tau_{11} + \tau_{12} + \tau_{22}$，而且当冻结第二层土时第一层土所处位置的土温又有所降低，土在产生水平冻胀后出现冷缩，令冻土层的冷缩拉力为 N_C，此时正压力为 $N_1 = N_{11} - N_{12} - N_C$。当冻层发展到第三层土时，第一、二层重又出现一次上述现象。

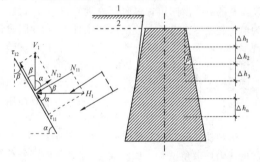

图 1　斜面基础基侧受力分布图
1—冻后地面；2—冻前地面

由以上分析可以看出，某层的切向冻胀力随冻深的发展而逐步增加，而该层位置基础斜面上受到的冻胀压应力随冻深的发展数值逐渐变小，当冻深发展到第 n 层，第一层的切向冻胀力超过基侧与土的冻结强度时，基础便与冻土产生相对位移，切向冻胀力不再增加而下滑，出现卸荷现象。N_1 由一开始冻结产生较大的压应力，随着冻深向下发展、土温的降低、下层土的冻胀等作用，拉应力分量在不断地增长，当达到一定程度，N_1 由压力变成拉力，所以当达到抗拉强度极限时，基侧与土将开裂，由于冻土的受拉呈脆性破坏，一旦开裂很快延基侧向下延伸扩展，这一开裂，使基础与基侧土之间产生空隙，切向冻胀力也就不复存在了。

应该说明的是，在冻胀土层范围之内的基础扩大部分根本起不到锚固作用，因在上层冻胀时基础下部

所出现的锚固力，等冻深发展到该层时，随着该层的冻胀而消失了，只有处在下部未冻土中基础的扩大部分才起锚固作用，但我们所说的浅埋基础根本不存在这一伸入未冻土层中的部分。

在闫家岗冻土站不同冻胀性土的场地上进行了多组方锥形（截头锥）桩基础的多年观测，观测结果表明，当 β 角大于等于 $9°$ 时，基础即是稳定的，见图 2。基础稳定的原因不是由于切向冻胀力被下部扩大部分给锚住，而是由于在倾斜表面上出现拉力分量与冷缩分量叠加之后的开裂，切向冻胀力退出工作所造成的，见图 3 的试验结果。

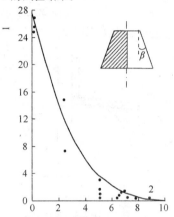

图 2　斜面基础的抗冻拔试验
1—基础冻拔量（cm）；2—β（°）

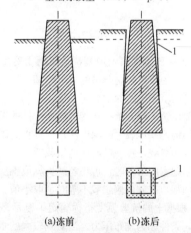

图 3　斜面基础的防冻胀试验
1—空隙

用斜面基础防切向冻胀力具有如下特点：

1　在冻胀作用下基础受力明确，技术可靠。当其倾斜角 β 大于等于 $9°$ 时，将不会出现因切向冻胀力作用而导致的冻害事故发生。

2　不但可以在地下水位之上，也可在地下水位之下应用。

3　耐久性好，在反复冻融作用下防冻胀效果不变。

4　不用任何防冻胀材料就可解决切向冻胀问题。

该种基础施工时比常规基础复杂，当基础侧面较粗糙时，可用水泥砂浆将基础侧面抹平。

（三）保温基础

在基础外侧采取保温措施是消除切向冻胀力的有效方法。日本称其为"裙式保温法"，20世纪90年代开始在北海道进行研究和实践，取得了良好的效果。该方法可在冻胀性较强、地下水位较高的地基中使用，不但可以消除切向冻胀力，还可以减少地面热损耗，同时实现基础浅埋。

基础保温方法见图4。保温层厚度应根据地区气候条件确定，水平保温板上面应有不小于300mm厚土层保护，并有不小于5%的向外排水坡度，保温宽度应不小于自保温层以下算起的场地冻结深度。

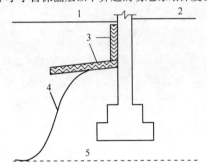

图4 保温基础示意
1—室外地面；2—采暖室内地面；3—苯板保温层；
4—实际冻深线；5—原场地冻深线

5.2 承载力计算

5.2.4 大面积压实填土地基，是指填土宽度大于基础宽度两倍的质量控制严格的填土地基，质量控制不满足要求的填土地基深度修正系数应取1.0。

目前建筑工程大量存在着主裙楼一体的结构，对于主体结构地基承载力的深度修正，宜将基础底面以上范围内的荷载，按基础两侧的超载考虑，当超载宽度大于基础宽度两倍时，可将超载折算成土层厚度作为基础埋深，基础两侧超载不等时，取小值。

5.2.5 根据土的抗剪强度指标确定地基承载力的计算公式，条件原为均布压力。当受到较大的水平荷载而使合力的偏心距过大时，地基反力分布将很不均匀，根据规范要求 $p_{kmax} \leqslant 1.2f_a$ 的条件，将计算公式增加一个限制条件为：当偏心距 $e \leqslant 0.033b$ 时，可用该式计算。相应式中的抗剪强度指标 c、φ，要求采用附录E求出的标准值。

5.2.6 岩石地基的承载力一般较土高得多。本条规定："用岩石地基载荷试验确定"。但对完整、较完整和较破碎的岩体可以取样试验时，可以根据饱和单轴抗压强度标准值，乘以折减系数确定地基承载力特征值。

关键问题是如何确定折减系数。岩石饱和单轴抗压强度与地基承载力之间的不同在于：第一，抗压强度试验时，岩石试件处于无侧限的单轴受力状态；而地基承载力则处于有围压的三轴应力状态。如果地基是完整的，则后者远远高于前者。第二，岩块强度与岩体强度是不同的，原因在于岩体中存在或多或少、或宽或窄、或显或隐的裂隙，这些裂隙不同程度地降低了地基的承载力。显然，越完整、折减越少；越破碎，折减越多。由于情况复杂，折减系数的取值原则上由地方经验确定，无经验时，按岩体的完整程度，给出了一个范围值。经试算和与已有的经验对比，条文给出的折减系数是安全的。

至于"破碎"和"极破碎"的岩石地基，因无法取样试验，故不能用该法确定地基承载力特征值。

岩样试验中，尺寸效应是一个不可忽视的因素。本规范规定试件尺寸为 $\phi 50mm \times 100mm$。

5.2.7 本规范1974版中规定了矩形基础和条形基础下的地基压力扩散角（压力扩散线与垂直线的夹角），一般取22°，当土层为密实的碎石土，密实的砾砂、粗砂、中砂以及坚硬和硬塑状态的黏土时，取30°。当基础底面至软弱下卧层顶面以上的土层厚度小于或等于1/4基础宽度时，可按0°计算。

双层土的压力扩散作用有理论解，但缺乏试验证明，在1972年开始编制地基规范时主要根据理论解及仅有的一个由四川省科研所提供的现场载荷试验。为慎重起见，提出了上述的应用条件。在89版修订规范时，由天津市建研所进行了大批室内模型试验及三组野外试验，得到一批数据。由于试验局限在基宽与硬层厚度相同的条件，对于大家希望解决的较薄硬土层的扩散作用只有借助理论公式探求其合理应用范围。以下就修改补充部分进行说明：

天津建研所完成了硬层土厚度 z 等于基宽 b 时硬层的压力扩散角试验，试验共16组，其中野外载荷试验2组，室内模型试验14组，试验中进行了软层顶面处的压力测量。

试验所选用的材料，室内为粉质黏土、淤泥质黏土，用人工制备。野外用煤球灰及石屑。双层土的刚度指标用 $\alpha = E_{s1}/E_{s2}$ 控制，分别取 $\alpha = 2$、4、5、6等。模型基宽为360mm及200mm两种，现场压板宽度为1410mm。

现场试验下卧层为煤球灰，变形模量为2.2MPa，极限荷载60kPa，按 $s = 0.015b \approx 21.1mm$ 时所对应的压力仅仅为40kPa。（图5，曲线1）。上层硬土为振密煤球灰及振密石屑，其变形模量为10.4MPa及12.7MPa，这两组试验 $\alpha = 5$、6，从图5曲线中可明显看到：当 $z = b$ 时，$\alpha = 5$、6的硬层有明显的压力扩散作用，曲线2所反映的承载力为曲线1的3.5倍，曲线3所反映的承载力为曲线1的4.25倍。

室内模型试验：硬层为标准砂，$e = 0.66$，$E_s = 11.6MPa \sim 14.8MPa$；下卧软层分别选用流塑状粉质黏土，变形模量在4MPa左右；淤泥质土变形模量为2.5MPa左右。从载荷试验曲线上很难找到这两类土的比例界线值，见图6，曲线1流塑状粉质黏土$s=50$mm时的强度仅20kPa。作为双层地基，当$\alpha=2$，$s=50$mm时的强度为56kPa（曲线2），$\alpha=4$时为70kPa（曲线3），$\alpha=6$时为96kPa（曲线4）。虽然按同一下沉量来确定强度是欠妥的，但可反映垫层的扩散作用，说明θ值愈大，压力扩散的效果愈显著。

关于硬层压力扩散角的确定一般有两种方法，一种是取承载力比值倒算θ角，另一种是采用实测压力比值，天津建研所采用后一种方法，取软层顶三个压力实测平均值作为扩散到软层上的压力值，然后按扩散角公式求θ值。

从图6中可以看出：p-θ曲线上按实测压力求出的θ角随荷载增加迅速降低，到硬土层出现开裂后降到最低值。

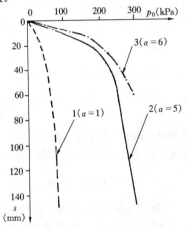

图5 现场载荷试验 p-s 曲线
1—原有煤球灰地基；2—振密煤球灰地基；3—振密土石屑地基

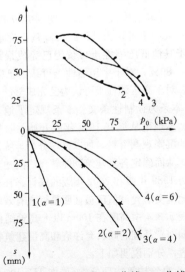

图6 室内模型试验 p-s 曲线 p-θ 曲线
注：$\alpha=2$、4时，下层土模量为4.0MPa；$\alpha=6$时，下层土模量为2.9MPa。

根据平面模型实测压力计算的θ值分别为：$\alpha=4$时，$\theta=24.67°$；$\alpha=5$时，$\theta=26.98°$；$\alpha=6$时，$\theta=27.31°$；均小于30°，而直观的破裂角却为30°（图7）。

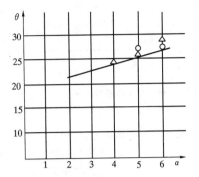

图7 双层地基试验 α-θ 曲线
△—室内试验；○—现场试验

现场载荷试验实测压力值见表3。

表3 现场实测压力

载荷板下压力 p_0 (kPa)		60	80	100	140	160	180	220	240	260	300
软弱下卧层面上平均压力 p_z (kPa)	2 ($\alpha=5$)	27.3		31.2			33.2	50.5		87.9	130.3
	3 ($\alpha=6$)		24		26.7				33.5		704

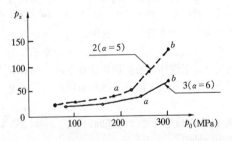

图8 载荷板压力 p_0 与界面压力 p_z 关系

按表3实测压力做图8，可以看出，当荷载增加到a点后，传到软土顶界面上的压力急骤增加，即压力扩散角迅速降低，到b点时，$\alpha=5$时为28.6°，$\alpha=6$时为28°，如果按a点所对应的压力分别为180kPa、240kPa，其对应的扩散角为30.34°及36.85°，换言之，在p-s曲线中比例界限范围内的θ角比破坏时略高。

为讨论这个问题，在缺乏试验论证的条件下，只能借助已有理论解进行分析。

根据叶戈罗夫的平面问题解答，条形均布荷载下双层地基中点应力p_z的应力系数k_z见表4。

表 4 条形基础中点地基应力系数

z/b	$\nu=1.0$	$\nu=5.0$	$\nu=10.0$	$\nu=15.0$
0.0	1.00	1.00	1.00	1.00
0.25	1.02	0.95	0.87	0.82
0.50	0.90	0.69	0.58	0.52
1.00	0.60	0.41	0.33	0.29

注：$\nu=\dfrac{E_{s1}}{E_{s2}}\cdot\dfrac{1-\mu_2^2}{\mu_1^2}$；

E_{s1}——硬土层土的变形模量；

E_{s2}——下卧软土层的变形模量。

换算为 α 时，$\nu=5.0$ 大约相当 $\alpha=4$；

$\nu=10.0$ 大约相当 $\alpha=7\sim8$；

$\nu=15.0$ 大约相当 $\alpha=12$。

将应力系数换算为压力扩散角可建表如下：

表 5 压力扩散角 θ

z/b	$\nu=1.0$, $\alpha=1$	$\nu=5.0$, $\alpha\approx4$	$\nu=10.0$, $\alpha\approx7\sim8$	$\nu=15.0$, $\alpha\approx12$
0.00	—	—	—	—
0.25	0	5.94°	16.63°	23.7°
0.50	3.18°	24.0°	35.0°	42.0°
1.00	18.43°	35.73°	45.43°	50.75°

从计算结果分析，该值与图 6 所示试验值不同，当压力小时，试验值大于理论值，随着压力增加，试验值逐渐减小。到接近破坏时，试验值趋近于 25°，比理论值小 50% 左右，出现上述现象的原因可能是理论值只考虑土直线变形段的应力扩散，当压板下出现塑性区即载荷试验出现拐点后，土的应力应变关系已呈非线性性质，当下卧层土较差时，硬层挠曲变形不断增加，直到出现开裂。这时压力扩散角取决于上层土的刚性角逐渐达到某一定值。从地基承载力的角度出发，采用破坏时的扩散角验算下卧层的承载力比较安全可靠，并与实测土的破裂角度相当。因此，在采用理论值计算时，θ 大于 30°的均以 30°为限，θ 小于 30°的则以理论计算值为基础；求出 $z=0.25b$ 时的扩散角，见图 9。

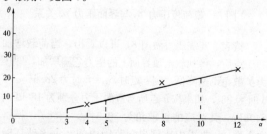

图 9 $z=0.25b$ 时 α-θ 曲线（计算值）

从表 5 可以看到 $z=0.5b$ 时，扩散角计算值均大于 $z=6$ 时图 7 所给出的试验值。同时，$z=0.5b$ 时的扩散角不宜大于 $z=b$ 时所得试验值。故 $z=0.5b$ 时的扩散角仍按 $z=b$ 时考虑，而大于 $0.5b$ 时扩散角

亦不再增加。从试验所示的破裂面的出现以及任一材料都有一个强度限值考虑，将扩散限制在一定范围内还是合理的。综上所述，建议条形基础下硬土层地基的扩散角如表 6 所示。

表 6 条形基础压力扩散角

E_{s1}/E_{s2}	$z=0.25b$	$z=0.5b$
3	6°	23°
5	10°	25°
10	20°	30°

关于方形基础的扩散角与条形基础扩散角，可按均质土中的压力扩散系数换算，见表 7。

表 7 扩散角对照

z/b	压力扩散系数		压力扩散角	
	方形	条形	方形	条形
0.2	0.960	0.977	2.95°	3.36°
0.4	0.800	0.881	8.39°	9.58°
0.6	0.606	0.755	13.33°	15.13°
1.0	0.334	0.550	20.00°	22.24°

从表 7 可以看出，在相等的均布压力作用下，压力扩散系数差别很大，但在 z/b 在 1.0 以内时，方形基础与条形基础的扩散角相差不到 2°，该值与建表误差相比已无实际意义，故建议采用相同值。

5.3 变 形 计 算

5.3.1 本条为强制性条文。地基变形计算是地基设计中的一个重要组成部分。当建筑物地基产生过大的变形时，对于工业与民用建筑来说，都可能影响正常的生产或生活，危及人们的安全，影响人们的心理状态。

5.3.3 一般多层建筑物在施工期间完成的沉降量，对于碎石或砂土可认为其最终沉降量已完成 80% 以上，对于其他低压缩性土可认为已完成最终沉降量的 50%～80%，对于中压缩性土可认为已完成 20%～50%，对于高压缩性土可认为已完成 5%～20%。

5.3.4 本条为强制性条文。本条规定了地基变形的允许值。本规范从编制 1974 年版开始，收集了大量建筑物的沉降观测资料，加以整理分析，统计其变形特征值，从而确定各类建筑物能够允许的地基变形限制。经历 1989 年版和 2002 年版的修订、补充，本条规定的地基变形允许值已被证明是行之有效的。

对表 5.3.4 中高度在 100m 以上高耸结构物（主要为高烟囱）基础的倾斜允许值和高层建筑物基础倾斜允许值，分别说明如下：

（一）高耸构筑物部分：（增加 $H>100m$ 时的允许变形值）

1 国内外规范、文献中烟囱高度 $H>100m$ 时

的允许变形值的有关规定:

1) 我国《烟囱设计规范》GBJ 51—83（表8）

表8　基础允许倾斜值

烟囱高度 H（m）	基础允许倾斜值	烟囱高度 H（m）	基础允许倾斜值
$100 < H \leqslant 150$	$\leqslant 0.004$	$200 < H$	$\leqslant 0.002$
$150 < H \leqslant 200$	$\leqslant 0.003$		

上述规定的基础允许倾斜值，主要根据烟囱筒身的附加弯矩不致过大。

2) 前苏联地基规范 СНИП 2.02.01—83（1985年）（表9）

表9　地基允许倾斜值和沉降值

烟囱高度 H（m）	地基允许倾斜值	地基平均沉降量（mm）
$100 < H < 200$	$1/(2H)$	300
$200 < H < 300$	$1/(2H)$	200
$300 < H$	$1/(2H)$	100

3) 基础分析与设计（美）J. E. BOWLES（1977年）烟囱、水塔的圆环基础的允许倾斜值为 0.004。

4) 结构的允许沉降（美）M. I. ESRIG（1973年）高大的刚性建筑物明显可见的倾斜为 0.004。

2　确定高烟囱基础允许倾斜值的依据:

1) 影响高烟囱基础倾斜的因素
①风力；
②日照；
③地基土不均匀及相邻建筑物的影响；
④由施工误差造成的烟囱筒身基础的偏心。

上述诸因素中风、日照的最大值仅为短时间作用，而地基不均匀与施工误差的偏心则为长期作用，相对的讲后者更为重要。根据 1977 年电力系统高烟囱设计问题讨论会议纪要，从已建成的高烟囱看，烟囱筒身中心垂直偏差，当采用激光对中找直后，顶端施工偏差值均小于 $H/1000$，说明施工偏差是很小的。因此，地基土不均匀及相邻建筑物的影响是高烟囱基础产生不均匀沉降（即倾斜）的重要因素。

确定高烟囱基础的允许倾斜值，必须考虑基础倾斜对烟囱筒身强度和地基土附加压力的影响。

2) 基础倾斜产生的筒身二阶弯矩在烟囱筒身总附加弯矩中的比率

我国烟囱设计规范中的烟囱筒身由风荷载、基础倾斜和日照所产生的自重附加弯矩公式为:

$$M_{\mathrm{f}} = \frac{Gh}{2}\left[\left(H - \frac{2}{3}h\right)\left(\frac{1}{\rho_{\mathrm{w}}} + \frac{\alpha_{\mathrm{hz}}\Delta_{\mathrm{t}}}{2\gamma_0}\right) + m_\theta\right]$$

式中: G——由筒身顶部算起 $h/3$ 处的烟囱每米高的折算自重（kN）；

h——计算截面至筒顶高度（m）；

H——筒身总高度（m）；

$\dfrac{1}{\rho_{\mathrm{w}}}$——筒身代表截面处由风荷载及附加弯矩产生的曲率；

α_{hz}——混凝土总变形系数；

Δ_{t}——筒身日照温差，可按 20℃ 采用；

m_θ——基础倾斜值；

γ_0——由筒身顶部算起 0.6H 处的筒壁平均半径（m）。

从上式可看出，当筒身曲率 $\dfrac{1}{\rho_{\mathrm{w}}}$ 较小时附加弯矩中基础倾斜部分才起较大作用，为了研究基础倾斜在筒身附加弯矩中的比率，有必要分析风、日照、地基倾斜对上式的影响。在 m_θ 为定值时，由基础倾斜引起的附加弯矩与总附加弯矩的比值为:

$$m_\theta \left/ \left[\left(H - \frac{2}{3}h\right)\left(\frac{1}{\rho_{\mathrm{w}}} + \frac{\alpha_{\mathrm{hz}}\Delta_{\mathrm{t}}}{2\gamma_0}\right) + m_\theta\right]\right.$$

显然，基倾附加弯矩所占比率在强度阶段与使用阶段是不同的，后者较前者大些。

现以高度为 180m、顶部内径为 6m、风荷载为 50kgf/m² 的烟囱为例:

在标高 25m 处求得的各项弯矩值为

总风弯矩　　　　$M_{\mathrm{w}} = 13908.5\mathrm{t}-\mathrm{m}$

总附加弯矩　　　$M_{\mathrm{f}} = 4394.3\mathrm{t}-\mathrm{m}$

其中: 风荷附加　$M_{\mathrm{fw}} = 3180.4$

日照附加　$M_{\mathrm{r}} = 395.5$

地倾附加　$M_{\mathrm{fi}} = 818.4$（$m_\theta = 0.003$）

可见当基础倾斜 0.003 时，由基础倾斜引起的附加弯矩仅占总弯矩（$M_{\mathrm{w}} + M_{\mathrm{f}}$）值的 4.6%，同样当基础倾斜 0.006 时，为 10%。综上所述，可以认为在一般情况下，筒身达到明显可见的倾斜（0.004）时，地基倾斜在高烟囱附加弯矩计算中是次要的。

但高烟囱在风、地震、温度、烟气侵蚀等诸因素作用下工作，筒身又为环形薄壁截面，有关刚度、应力计算的因素复杂，并考虑到对邻接部分免受损害，参考了国内外规范、文献后认为，随着烟囱高度的增加，适当地递减烟囱基础允许倾斜值是合适的，因此，在修订 TJ 7－74 地基基础设计规范表 21 时，对高度 h>100m 高耸构筑物基础的允许倾斜值可采用我国烟囱设计规范的有关数据。

（二）高层建筑部分

这部分主要参考《高层建筑箱形与筏形基础技术规范》JGJ 6 有关规定及编制说明中有关资料定出允许变形值。

1　我国箱基规定横向整体倾斜的计算值 α，在非地震区宜符合 $\alpha \leqslant \dfrac{b}{100H}$，式中，$b$ 为箱形基础宽度；

H 为建筑物高度。在箱基编制说明中提到在地震区 α 值宜用 $\dfrac{b}{150H} \sim \dfrac{b}{200H}$。

2 对刚性的高层房屋的允许倾斜值主要取决于人类感觉的敏感程度，倾斜值达到明显可见的程度大致为 1/250，结构损坏则大致在倾斜值达到 1/150 时开始。

5.3.5 该条指出：

1 压缩模量的取值，考虑到地基变形的非线性性质，一律采用固定压力段下的 E_s 值必然会引起沉降计算的误差，因此采用实际压力下的 E_s 值，即

$$E_s = \frac{1+e_0}{\alpha}$$

式中：e_0——土自重压力下的孔隙比；

　　　α——从土自重压力至土的自重压力与附加压力之和压力段的压缩系数。

2 地基压缩层范围内压缩模量 E_s 的加权平均值提出按分层变形进行 E_s 的加权平均方法

设：$$\frac{\sum A_i}{E_s} = \frac{A_1}{E_{s1}} + \frac{A_2}{E_{s2}} + \frac{A_3}{E_{s3}} + \cdots\cdots = \sum \frac{A_i}{E_{si}}$$

则：$$\bar{E}_s = \frac{\sum A_i}{\sum \dfrac{A_i}{E_{si}}}$$

式中：$\bar{E}_s$——压缩层内加权平均的 E_s 值（MPa）；

　　　E_{si}——压缩层内第 i 层土的 E_s 值（MPa）；

　　　A_i——压缩层内第 i 层土的附加应力面积（m^2）。

显然，应用上式进行计算能够充分体现各分层土的 E_s 值在整个沉降计算中的作用，使在沉降计算中 E_s 完全等效于分层的 E_s。

3 根据对 132 栋建筑物的资料进行沉降计算并与资料值进行对比得出沉降计算经验系教 ψ_s 与平均 E_s 之间的关系，在编制规范表 5.3.5 时，考虑了在实际工作中有时设计压力小于地基承载力的情况，将基底压力小于 $0.75f_{ak}$ 时另列一栏，在表 5.3.5 的数值方面采用了一个平均压缩模量值可对应给出一个 ψ_s 值，并允许采用内插方法，避免了采用压缩模量区间取一个 ψ_s 值，在区间分界处因 ψ_s 取值不同而引起的误差。

5.3.7 对于存在相邻影响情况下的地基变形计算深度，这次修订时仍以相对变形作为控制标准（以下简称为变形比法）。

在 TJ 7-74 规范之前，我国一直沿用前苏联 НИТУ127-55 规范，以地基附加应力对自重应力之比为 0.2 或 0.1 作为控制计算深度的标准（以下简称应力比法），该法沿用成习，并有相当经验。但它没有考虑到土层的构造与性质，过于强调荷载对压缩层深度的影响而对基础大小这一更为重要的因素重视不足。自 TJ 7-74 规范试行以来，采用变形比法的规定，

纠正了上述的毛病，取得了不少经验，但也存在一些问题。有的文献指出，变形比法规定向上取计算层厚为 1m 的计算变形值，对于不同的基础宽度，其计算精度不等。从与实测资料的对比分析中可以看出，用变形比法计算独立基础、条形基础时，其值偏大。但对于 $b=10m\sim50m$ 的大基础，其值却与实测值相近。为使变形比法在计算小基础时，其计算 z_n 值也不至过于偏大，经过多次统计，反复试算，提出采用 0.3 $(1+\ln b)$ m 代替向上取计算层厚为 1m 的规定，取得较为满意的结果（以下简称为修正变形比法）。第 5.3.7 条中的表 5.3.7 就是根据 0.3 $(1+\ln b)$ m 的关系，以更粗的分格给出的向上计算层厚 Δz 值。

5.3.8 本条列入了当无相邻荷载影响时确定基础中点的变形计算深度简化公式（5.3.8），该公式系根据具有分层深标的 19 个载荷试验（面积 $0.5m^2 \sim 13.5m^2$）和 31 个工程实测资料统计分析而得。分析结果表明。对于一定的基础宽度，地基压缩层的深度不一定随着荷载（p）的增加而增加。对于基础形状（如矩形基础、圆形基础）与地基土类别（如软土、非软土）对压缩层深度的影响亦无显著的规律，而基础大小和压缩层深度之间却有明显的有规律性的关系。

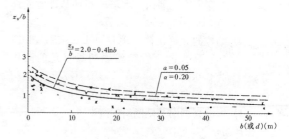

图 10　z_s/b-b 实测点和回归线

·—圆形基础；＋—方形基础；×—矩形基础

图 10 为以实测压缩层深度 z_s 与基础宽度 b 之比为纵坐标，而以 b 为横坐标的实测点和回归线图。实线方程 $z_s/b = 2.0 - 0.41\ln b$ 为根据实测点求得的结果。为使曲线具有更高的保证率，方程式右边引入随机项 $t_a\varphi_0 S$，取置信度 $1-\alpha=95\%$ 时，该随机项偏安全地取 0.5，故公式变为：

$$z_s = b(2.5 - 0.41\ln b)$$

图 10 的实线之上有两条虚线。上层虚线为 $\alpha = 0.05$，具有置信度为 95% 的方程，即式（5.3.8）。下层虚线为 $\alpha = 0.2$，具有置信度为 80% 的方程。为安全起见只推荐前者。

此外，从图 10 中可以看到绝大多数实测点分布在 $z_s/b = 2$ 的线以下。即使最高的个别点，也只位于 $z_s/b = 2.2$ 之处。国内外一些资料亦认为压缩层深度以取 $2b$ 或稍高一点为宜。

在计算深度范围内存在基岩或存在相对硬层时，

按第5.3.5条的原则计算地基变形时，由于下卧硬层存在，地基应力分布明显不同于Boussinesq应力分布。为了减少计算工作量，此次条文修订增加对于计算深度范围内存在基岩和相对硬层时的简化计算原则。

在计算深度范围内存在基岩或存在相对硬层时，地基土层中最大压应力的分布可采用K. E. 叶戈罗夫带式基础下的结果（表10）。对于矩形基础，长短边边长之比大于或等于2时，可参考该结果。

表10　带式基础下非压缩性地基上面土层中的最大压应力系数

z/h	非压缩性土层的埋深		
	$h=b$	$h=2b$	$h=5b$
1.0	1.000	1.00	1.00
0.8	1.009	0.99	0.82
0.6	1.020	0.92	0.57
0.4	1.024	0.84	0.44
0.2	1.023	0.78	0.37
0	1.022	0.76	0.36

注：表中 h 为非压缩性地基上面土层的厚度，b 为带式荷载的半宽，z 为纵坐标。

5.3.10　应该指出高层建筑由于基础埋置较深，地基回弹再压缩变形往往在总沉降中占重要地位，甚至某些高层建筑设置3层～4层（甚至更多层）地下室时，总荷载有可能等于或小于该深度土的自重压力，这时高层建筑地基沉降变形将由地基回弹变形决定。公式（5.3.10）中，E_{ci} 应按现行国家标准《土工试验方法标准》GB/T 50123进行试验确定，计算时应按回弹曲线上相应的压力段计算。沉降计算经验系数 ψ_c 应按地区经验采用。

地基回弹变形计算算例：

某工程采用箱形基础，基础平面尺寸64.8m×12.8m，基础埋深5.7m，基础底面以下各土层分别在自重压力下做回弹试验，测得回弹模量见表11。

表11　土的回弹模量

土层	层厚（m）	回弹模量（MPa）			
		$E_{0-0.025}$	$E_{0.025-0.05}$	$E_{0.05-0.1}$	$E_{0.1-0.2}$
③粉土	1.8	28.7	30.2	49.1	570
④粉质黏土	5.1	12.8	14.1	22.3	280
⑤卵石	6.7	100（无试验资料，估算值）			

基底附加应力108kN/m²，计算基础中点最大回弹量。回弹计算结果见表12。

表12　回弹量计算表

z_i	$\bar{a}_i$	$z_i \bar{a}_i - z_{i-1}\bar{a}_{i-1}$	$p_z + p_{cz}$ (kPa)	E_{ci} (MPa)	$p_c(z_i \bar{a}_i - z_{i-1}\bar{a}_{i-1})/E_{ci}$
0	1.000	0	0	—	—
1.8	0.996	1.7928	41	28.7	6.75mm
4.9	0.964	2.9308	115	22.3	14.17mm
5.9	0.950	0.8814	139	280	0.34mm
6.9	0.925	0.7775	161	280	0.3mm
合计					21.56mm

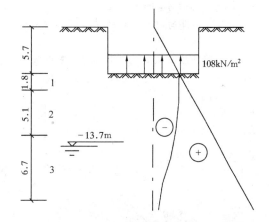

图11　回弹计算示意
1—③粉土；2—④粉质黏土；3—⑤卵石

从计算过程及土的回弹试验曲线特征可知，地基土回弹的初期，回弹模量很大，回弹量较小，所以地基土的回弹变形土层计算深度是有限的。

5.3.11　根据土的固结回弹再压缩试验或平板载荷试验卸荷再加荷试验结果，地基土回弹再压缩曲线在再压缩比率与再加荷比关系中可用两段线性关系模拟。这里再压缩比率定义为：

1）土的固结回弹再压缩试验

$$r' = \frac{e_{max} - e_i'}{e_{max} - e_{min}}$$

式中：e_i'——再加荷过程中 P_i 级荷载施加后再压缩变形稳定时的土样孔隙比；

e_{min}——回弹变形试验中最大预压荷载或初始上覆荷载下的孔隙比；

e_{max}——回弹变形试验中土样上覆荷载全部卸载后土样回弹稳定时的孔隙比。

2）平板载荷试验卸荷再加荷试验

$$r' = \frac{\Delta s_{rci}}{s_c}$$

式中：Δs_{rci}——载荷试验中再加荷过程中，经第 i 级加荷，土体再压缩变形稳定后产生的再压缩变形量；

s_c——载荷试验中卸荷阶段产生的回弹变

形量。

再加荷比定义为：

1）土的固结回弹再压缩试验

$$R' = \frac{P_i}{P_{max}}$$

式中：P_{max}——最大预压荷载，或初始上覆荷载；

P_i——卸荷回弹完成后，再加荷过程中经过第 i 级加荷后作用于土样上的竖向上覆荷载。

2）平板载荷试验卸荷再加荷试验

$$R' = \frac{P_i}{P_0}$$

式中：P_0——卸荷对应的最大压力；

P_i——再加荷过程中，经第 i 级加荷对应的压力。

典型试验曲线关系见图，工程设计中可按图 12 所示的试验结果按两段线性关系确定 r'_0 和 R'_0。

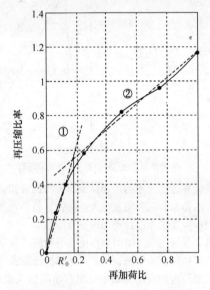

图 12　再压缩比率与再加荷比关系

中国建筑科学研究院滕延京、李建民等在室内压缩回弹试验、原位载荷试验、大比尺模型试验基础上，对回弹变形随卸荷发展规律以及再压缩变形随加荷发展规律进行了较为深入的研究。

图 13、图 14 的试验结果表明，土样卸荷回弹过程中，当卸荷比 $R < 0.4$ 时，已完成的回弹变形不到总回弹变形量的 10%；当卸荷比增大至 0.8 时，已完成的回弹变形仅约占总回弹变形量的 40%；而当卸荷比介于 0.8～1.0 之间时，发生的回弹量约占总回弹变形量的 60%。

图 13、图 15 的试验结果表明，土样再压缩过程中，当再加荷量为卸荷量的 20% 时，土样再压缩变形量已接近回弹变形量的 40%～60%；当再加荷量为卸荷量 40% 时，土样再压缩变形量为回弹变形量的 70% 左右；当再加荷量为卸荷量的 60% 时，土样

产生的再压缩变形量接近回弹变形量的 90%。

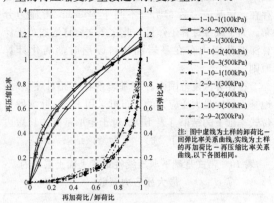

注：图中虚线为土样的卸荷比－回弹比率关系曲线，实线为土样的再加荷比－再压缩比率关系曲线，以下各图相同。

图 13　土样卸荷比-回弹比率、再加荷比-再压缩比率关系曲线（粉质黏土）

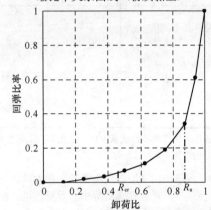

图 14　土样回弹变形发展规律曲线

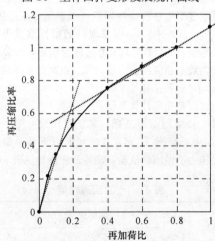

图 15　载荷试验再压缩曲线规律

回弹变形计算可按回弹变形的三个阶段分别计算：小于临界卸荷比时，其变形很小，可按线性模量关系计算；临界卸荷比至极限卸荷比段，可按 log 曲线分布的模量计算。

工程应用时，回弹变形计算的深度可取至土层的临界卸荷比深度；再压缩变形计算时初始荷载产生的变形不会产生结构内力，应在总压缩量中扣除。

工程计算的步骤和方法如下：

1 进行地基土的固结回弹再压缩试验，得到需要进行回弹再压缩计算土层的计算参数。每层土试验土样的数量不得少于 6 个，按《岩土工程勘察规范》GB 50021 的要求统计分析确定计算参数。

2 按本规范第 5.3.10 条的规定进行地基土回弹变形量计算。

3 绘制再压缩比率与再加荷比关系曲线，确定 r_0' 和 R_0'。

4 按本条计算方法计算回弹再压缩变形量。

5 如果工程在需计算回弹再压缩变形量的土层进行过平板载荷试验，并有卸荷再加荷试验数据，同样可按上述方法计算回弹再压缩变形量。

6 进行回弹再压缩变形量计算，地基内的应力分布，可采用各向同性均质线性变形体理论计算。若再压缩变形计算的最终压力小于卸载压力，$r_{R'=1.0}'$ 可取 $r_{R'=a}'$，a 为工程再压缩变形计算的最大压力对应的再加荷比，$a \leqslant 1.0$。

工程算例：

1 模型试验

模型试验在中国建筑科学研究院地基基础研究所试验室内进行，采用刚性变形深标对基坑开挖过程中基底及以下不同深度处土体回弹变形进行观测，最终取得良好结果。

变形深标点布置图 16，其中 A 轴上 5 个深标点所测深度为基底处，其余各点所测为基底下不同深度处土体回弹变形。

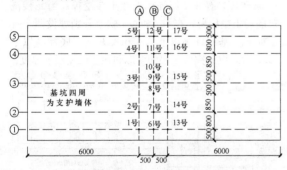

图 16 模型试验刚性变形深标点平面布置图

由图 17 可知 3 号深标点最终测得回弹变形量为 4.54mm，以 3 号深标点为例，对基地处土体再压缩变形量进行计算：

1）确定计算参数

根据土工试验，由再加荷比、再压缩比率进行分析，得到模型试验中基底处土体再压缩变形规律见图 18。

2）计算所得该深标点处回弹变形最终量为 5.14mm。

3）确定 r_0' 和 R_0'。

模型试验中，基底处最终卸荷压力为 72.45kPa，

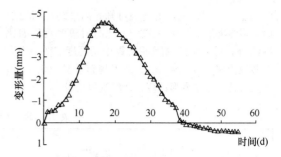

图 17 3 号刚性变形深标点变形时程曲线

土工试验结果得到再加荷比-再压缩比率关系曲线，根据土体再压缩变形两阶段线性关系，切线①与切线②的交点即为两者关系曲线的转折点，得到 $r_0' = 0.42$，$R_0' = 0.25$，见图 19。

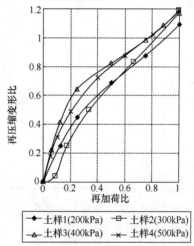

土样1(200kPa)　土样2(300kPa)　土样3(400kPa)　土样4(500kPa)

图 18 土工试验所得基底处土体再压缩变形规律

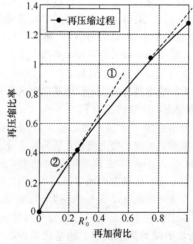

图 19 模型试验中基底处土体再压缩变形规律

4）再压缩变形量计算

根据模型试验过程，基坑开挖完成后，3 号深标点处卸荷量为 72.45kPa，根据其回填过程中各

时间点再加荷情况，由下表可知，因最终加荷完成时，最终再加荷比为 0.8293，此时对应的再压缩比率约为 1.1，故再压缩变形计算中其再压缩变形增大系数取为 $r'_{R'=0.8293} = 1.1$，采用规范公式（5.3.11）对其进行再压缩变形计算，计算过程见表 13。

回填完成时基底处土体最终再压缩变形为 4.86mm。

根据模型实测结果，试验结束后又经过一个月变形测试，得到 3 号刚性变形深标点最终再压缩变形量为 4.98mm。

表 13　再压缩变形沉降计算表

工况序号	再加荷量 p (kPa)	总卸荷量 p_c (kPa)	计算回弹变形量 s_c (mm)	再加荷比 R'	$p < R'_0 \cdot p_c$ $\dfrac{p}{p_c \cdot R'_0}$ $= \dfrac{p}{72.45 \times 0.25}$	再压缩变形量 (mm)	$R'_0 \cdot p_c \leq p \leq p_c$ $r'_0 + \dfrac{r'_{R'=0.8293} - r'_0}{1 - R'_0}$ $\left(\dfrac{p}{p_c} - R'_0\right)$ $= 0.42 + 0.9067$ $\left(\dfrac{p}{p_c} - 0.25\right)$	再压缩变形量 (mm)
1	2.97			0.0410	0.1640	0.354	—	—
2	8.94			0.1234	0.4936	1.066	—	—
3	11.80			0.1628	0.6515	1.406	—	—
4	15.62			0.2156	0.8624	1.862	—	—
5	—	72.45	5.14	0.25	—	—	0.42	2.16
6	39.41			0.5440	—	—	0.6866	3.53
7	45.95			0.6342	—	—	0.7684	3.95
8	54.41			0.7510	—	—	0.8743	4.49
9	60.08			0.8293	—	—	0.9453	4.86

需要说明的是，在上述计算过程中已同时进行了土体再压缩变形增大系数的修正，$r'_{R'=0.8293} = 1.1$ 系数的取值即根据工程最终再加荷情况而确定。

2　上海华盛路高层住宅

在 20 世纪 70 年代，针对高层建筑地基基础回弹问题，我国曾在北京、上海等地进行过系统的实测研究及计算方法分析，取得了较为可贵的实测资料。其中 1976 年建设的上海华盛路高层住宅楼工程就是其中之一，在此根据当年的研究资料，采用上述再压缩变形计算方法对其进行验证性计算。

根据《上海华盛路高层住宅箱形基础测试研究报告》，该工程概况与实测情况如下：

本工程系由南楼（13 层）和北楼（12 层）两单元组成的住宅建筑。南北楼上部女儿墙的标高分别为 +39.80m 和 +37.00m。本工程采用天然地基，两层地下室，箱形基础。底层室内地坪标高为 ±0.000m，室外地面标高为 −0.800m，基底标高为 −6.450m。

为了对本工程的地基基础进行比较全面的研究，采用一些测量手段对降水曲线、地基回弹、基础沉降、压缩层厚度、基底反力等进行了测量，测试布置见图 20。在 G_{14} 和 G_{15} 轴中间埋设一个分层标 F_2（基底标高以下 50cm），以观测井点降水对地基变形的影响和基坑开挖引起的地基回弹；在邻近建筑物埋设沉降标，以研究井点降水和南北楼对邻近建筑物的影

响。基坑开挖前，在北楼埋设 6 个回弹标，以研究基坑开挖引起的地基回弹。基坑开挖过程中，分层标 F_2 被碰坏，有 3 个回弹标被抓土斗挖掉。当北楼浇筑混凝土垫层后，在 G_{14} 和 G_{15} 轴上分别埋设两个分层标 F_1（基底标高以下 5.47m）、F_3（基底标高以下 11.2m），以研究各土层的变形和地基压缩层的厚度。

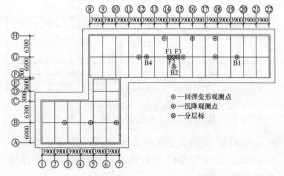

图 20　上海华盛路高层住宅工程基坑回弹点
平面位置与测点成果图

1976 年 5 月 8 日南北楼开始井点降水，5 月 19 日根据埋在北楼基底标高以下 50cm 的分层标 F_2，测得由于降水引起的地基下沉 1.2cm，翌日北楼进行挖土，分层标被抓土斗碰坏。5 月 27 日当挖土到基底时，根据埋在北楼基底标高下约 30cm 的回弹标 H_2 和 H_4 的实测结果，并考虑降水预压下沉的影响，基

坑中部的地基回弹为 4.5cm。

1）确定计算参数

根据工程勘察报告，土样 9953 为基底处土体取样，固结回弹试验中其所受固结压力为 110kPa，接近基底处土体自重应力，试验成果见图 21。

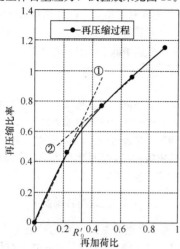

图 21 土样 9953 固结回弹试验
成果再压缩变形分析

在土样 9953 固结回弹再压缩试验所得再加荷比-再压缩比率、卸荷比-回弹比率关系曲线上，采用相同方法得到再加荷比-在压缩比率关系曲线上的切线①与切线②。

2）计算所得该深标点处回弹变形最终量为 49.76mm。

3）确定确定 r'_0 和 R'_0

根据图 22 土样 9953 再压缩变形分析曲线，切线①与切线②的交点即为再压缩变形过程中两阶段线性阶段的转折点，则由上图取 $r'_0 = 0.64$，$R'_0 = 0.32$，$r'_{R'=1.0} = 1.2$。

4）再压缩变形量计算

根据研究资料，结合施工进度，预估再加荷过程中几个工况条件下建筑物沉降量，见表 14。如表中 1976 年 10 月 13 日时，当前工况下基底所受压力为 113kPa，本工程中基坑开挖在基底处卸荷量为 106kPa，则可认为至此时为止对基底下土体来说是其再压缩变形过程。因沉降观测是从基础底板完成后开始的，故此表格中的实测沉降量偏小。

根据上述资料，计算各工况下基底处土体再压缩变形量见表 15。

由工程资料可知至工程实测结束时实际工程再加荷量为 113kPa，而由于基坑开挖基底处土体卸荷量为 106kPa，但鉴于土工试验数据原因，再加荷比取 1.0 进行计算。

则由上述建筑物沉降表，至 1976 年 10 月 13 日，观测到的建筑物累计沉降量为 54.9mm。

同样，根据本节所定义载荷试验再加荷比、再压缩比率概念，可依据载荷试验数据按上述步骤进行再压缩变形计算。

表 14　各施工进度下建筑物沉降表

序号	监测时间	当前工况下基底处所受压力 (kPa)	实测累计沉降量 (mm)
1	1976 年 6 月 14 日	12	0
2	1976 年 7 月 7 日	32	7.2
3	1976 年 7 月 21 日	59	18.9
4	1976 年 7 月 28 日	60	18.9
5	1976 年 8 月 2 日	61	22.3
6	1976 年 9 月 13 日	78	40.7
7	1976 年 10 月 13 日	113	54.9

表 15　再压缩变形沉降计算表

工况序号	再加荷量 p (kPa)	总卸荷量 p_c (kPa)	计算回弹变形量 s_c (mm)	再加荷比 R'	$p < R'_0 \cdot p_c$		$R'_0 \cdot p_c \leq p \leq p_c$	
					$\dfrac{p}{p_c \cdot R'_0} = \dfrac{p}{106 \times 0.32}$	再压缩变形量 (mm)	$r'_0 + \dfrac{r'_{R'=1.0}-r'_0}{1-R'_0}\left(\dfrac{p}{p_c}-R'_0\right) = 0.64+0.8235\left(\dfrac{p}{p_c}-0.32\right)$	再压缩变形量 (mm)
1	12			0.1132	0.3538	11.27	—	—
2	32			0.3018	0.9434	30.10	—	—
3	—			0.32			0.64	31.85
4	59	106	49.76	0.5566			0.8348	41.54
5	60			0.5660			0.8426	41.93
6	61			0.5754			0.8503	42.31
7	78			0.7358			0.9824	48.88
8	113			1.0			1.1999	59.71

5.3.12　中国建筑科学研究院通过十余组大比尺模型试验和三十余项工程测试，得到大底盘高层建筑地基反力、地基变形的规律，提出该类建筑地基基础设计方法。

大底盘高层建筑由于外挑裙楼和地下结构的存在，使高层建筑地基基础变形由刚性、半刚性向柔性转化，基础挠曲度增加（见图 22），设计时应加以控制。

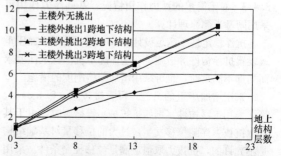

图 22　大底盘高层建筑与单体高层建筑的整体挠曲
（框架结构，2 层地下结构）

主楼外挑出的地下结构可以分担主楼的荷载，降低了整个基础范围内的平均基底压力，使主楼外有挑出时的平均沉降量减小。

裙房扩散主楼荷载的能力是有限的，主楼荷载的有效传递范围是主楼外1跨～2跨。超过3跨，主楼荷载将不能通过裙房有效扩散（见图23）。

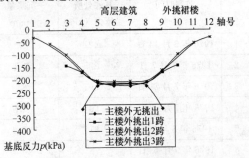

图23 大底盘高层建筑与单体高层建筑的基底反力
（内筒外框结构20层，2层地下结构）

大底盘结构基底中点反力与单体高层建筑基底中点反力大小接近，刚度较大的内筒使该部分基础沉降、反力趋于均匀分布。

单体高层建筑的地基承载力在基础刚度满足规范条件时可按平均基底压力验算，角柱、边柱构件设计可按内力计算值放大1.2或1.1倍设计；大底盘地下结构的地基反力在高层内筒部位与单体高层建筑内筒部位地基反力接近，是平均基底压力的0.7倍～0.8倍，且高层部位的边缘反力无单体高层建筑的放大现象，可按此地基反力进行地基承载力验算；角柱、边柱构件设计内力计算值无需放大，但外挑一跨的框架梁、柱内力较不整体连接的情况要大，设计时应予以加强。

增加基础底板刚度、楼板厚度或地基刚度可有效减少大底盘结构基础的差异沉降。试验证明大底盘结构基础底板出现弯曲裂缝的基础挠曲度在0.05%～0.1%之间。工程设计时，大面积整体筏形基础主楼的整体挠度不宜大于0.05%，主楼与相邻的裙楼的差异沉降不大于其跨度0.1%可保证基础结构安全。

5.4 稳定性计算

5.4.3 对于简单的浮力作用情况，基础浮力作用可采用阿基米德原理计算。

抗浮稳定性不满足设计要求时，可采用增加压重或设置抗浮构件等措施。在整体满足抗浮稳定性要求而局部不满足时，也可采用增加结构刚度的措施。

采用增加压重的措施，可直接按式（5.4.3）验算。采用抗浮构件（例如抗拔桩）等措施时，由于其产生抗拔力伴随位移发生，过大的位移量对基础结构是不允许的，抗拔力取值应满足位移控制条件。采用本规范附录T的方法确定的抗拔桩抗拔承载力特征值进行设计对大部分工程可满足要求，对变形要求严格的工程还应进行变形计算。

6 山区地基

6.1 一般规定

6.1.1 本条为强制性条文。山区地基设计应重视潜在的地质灾害对建筑安全的影响，国内已发生几起滑坡引起的房屋倒塌事故，必须引起重视。

6.1.2 工程地质条件复杂多变是山区地基的显著特征。在一个建筑场地内，经常存在地形高差较大，岩土工程特性明显不同，不良地质发育程度差异较大等情况。因此，根据场地工程地质条件和工程地质分区并结合场地整平情况进行平面布置和竖向设计，对避免诱发地质灾害和不必要的大挖大填，保证建筑物的安全和节约建设投资很有必要。

6.2 土岩组合地基

6.2.2 土岩组合地基是山区常见的地基形式之一，其主要特点是不均匀变形。当地基受力范围内存在刚性下卧层时，会使上覆土体中出现应力集中现象，从而引起土层变形增大。本次修订增加了考虑刚性下卧层计算地基变形的一种简便方法，即先按一般土质地基计算变形，然后按本条所列的变形增大系数进行修正。

6.3 填土地基

6.3.1 本条为强制性条文。近几年城市建设高速发展，在新城区的建设过程中，形成了大量的填土场地，但多数情况是未经填方设计，直接将开山的岩屑倾倒填筑到沟谷地带的填土。当利用其作为建筑物地基时，应进行详细的工程地质勘察工作，按照设计的具体要求，选择合适的地基方法进行处理。不允许将未经检验查明的以及不符合要求的填土作为建筑工程的地基持力层。

6.3.2 为节约用地，少占或不占良田，在平原、山区和丘陵地带的建设中，已广泛利用填土作为建筑或其他工程的地基持力层。填土工程设计是一项很重要的工作，只有在精心设计、精心施工的条件下，才能获得高质量的填土地基。

6.3.5 有机质的成分很不稳定且不易压实，其土料中含量大于5%时不能作为填土的填料。

6.3.6 利用当地的土、石或性能稳定的工业废料作为压实填土的填料，既经济，又省工、省时，符合因地制宜、就地取材和多快好省的建设原则。

利用碎石、块石及爆破开采的岩石碎屑作填料时，为保证夯压密实，应限制其最大粒径，当采用强夯方法进行处理时，其最大粒径可根据夯实能量和当地经验适当加大。

采用黏性土和黏粒含量≥10%的粉土作填料时，

填料的含水量至关重要。在一定的压实功下，填料在最优含水量时，干密度可达最大值，压实效果最好。填料的含水量太大时，应将其适当晾干处理，含水量过小时，则应将其适当增湿。压实填土施工前，应在现场选取有代表性的填料进行击实试验，测定其最优含水量，用以指导施工。

6.3.7、6.3.8 填土地基的压实系数，是填土地基的重要指标，应按建筑物的结构类型、填土部位及对变形的要求确定。压实填土的最大干密度的测定，对于以岩石碎屑为主的粗粒土填料目前存在一些不足，实验室击实试验值偏低而现场小坑灌砂法所得值偏高，导致压实系数偏高较多，应根据地区经验或现场试验确定。

6.3.9 填土地基的承载力，应根据现场静载荷试验确定。考虑到填土的不均匀性，试验数据量应较自然地层多，才能比较准确地反映出地基的性质，可配合采用其他原位测试法进行确定。

6.3.10 在填土施工过程中，应切实做好地面排水工作。对设置在填土场地的上、下水管道，为防止因管道渗漏影响邻近建筑或其他工程，应采取必要的防渗漏措施。

6.3.11 位于斜坡上的填土，其稳定性验算应包含两方面的内容：一是填土在自重及建筑物荷载作用下，沿天然坡面滑动；二是填土出现新边坡的稳定问题。填土新边坡的稳定性较差，应注意防护。

6.4 滑坡防治

6.4.1 本条为强制性条文。滑坡是山区建设中常见的不良地质现象，有的滑坡是在自然条件下产生的，有的是在工程活动影响下产生的。滑坡对工程建设危害极大，山区建设对滑坡问题必须重视。

6.5 岩石地基

6.5.1 在岩石地基，特别是在层状岩石中，平面和垂向持力层范围内软岩、硬岩相间出现很常见。在平面上软硬岩石相间分布或在垂向上硬岩有一定厚度、软岩有一定埋深的情况下，为安全合理地使用地基，就有必要通过验算地基的承载力和变形来确定如何对地基进行使用。岩石一般可视为不可压缩地基，上部荷载通过基础传递到岩石地基上时，基底应力以直接传递为主，应力呈柱形分布，当荷载不断增加使岩石裂缝被压密产生微弱沉降而卸荷时，部分荷载将转移到冲切锥范围以外扩散，基底压力呈钟形分布。验算岩石下卧层强度时，其基底压力扩散角可按 $30°\sim40°$ 考虑。

由于岩石地基刚度大，在岩性均匀的情况下可不考虑不均匀沉降的影响，故同一建筑物中允许使用多种基础形式，如桩基与独立基础并用，条形基础、独立基础与桩基础并用等。

基岩面起伏剧烈，高差较大并形成临空面是岩石地基的常见情况，为确保建筑物的安全，应重视临空面对地基稳定性的影响。

6.6 岩溶与土洞

6.6.2 由于岩溶发育具有严重的不均匀性，为区别对待不同岩溶发育程度场地上的地基基础设计，将岩溶场地划分为岩溶强发育、中等发育和微发育三个等级，用以指导勘察、设计、施工。

基岩面相对高差以相邻钻孔的高差确定。

钻孔见洞隙率＝（见洞隙钻孔数量/钻孔总数）×100%。线岩溶率＝（见洞隙的钻探进尺之和/钻探总进尺）×100%。

6.6.4～6.6.9 大量的工程实践证明，岩溶地基经过恰当的处理后，可以作建筑地基。现在建筑用地日趋紧张，在岩溶发育地区要避开岩溶强发育场非常困难。采取合理可靠的措施对岩溶地基进行处理并加以利用，更加切合当前建筑地基基础设计的实际情况。

土洞的顶板强度低，稳定性差，且土洞的发育速度一般都很快，因此其对地基稳定性的危害大。故在岩溶发育地区的地基基础设计应对土洞给予高度重视。

由于影响岩溶稳定性的因素很多，现行勘探手段一般难以查明岩溶特征，目前对岩溶稳定性的评价，仍然是以定性和经验为主。

对岩溶顶板稳定性的定量评价，仍处于探索阶段。某些技术文献中曾介绍采用结构力学中的梁、板、拱理论评价，但由于计算边界条件不易明确，计算结果难免具有不确定性。

岩溶地基的地基与基础方案的选择应针对具体条件区别对待。大多数岩溶场地的岩溶都需要加以适当处理方能进行地基基础设计。而地基基础方案经济合理与否，除考虑地基自然状况外，还应考虑地基处理方案的选择。

一般情况下，岩溶洞隙侧壁由于受溶蚀风化的影响，此部分岩体强度和完整程度较内部围岩要低，为保证建筑物的安全，要求跨越岩溶洞隙的梁式结构在稳定岩石上的支承长度应大于梁高 1.5 倍。

当采用洞底支撑（穿越）方法处理时，桩的设计应考虑下列因素，并根据不同条件选择：

1 桩底以下 3 倍～5 倍桩径或不小于 5m 深度范围内无影响地基稳定性的洞隙存在，岩体稳定性良好，桩端嵌入中等风化～微风化岩体不宜小于 0.5m，并低于应力扩散范围内的不稳定洞隙底板，或经验算桩端埋置深度已可保证桩不向临空面滑移。

2 基坑涌水易于抽排、成孔条件良好，宜设计人工挖孔桩。

3 基坑涌水量较大，抽排将对环境及相邻建筑物产生不良影响，或成孔条件不好，宜设计钻孔桩。

4 当采用小直径桩时，应设置承台。对地基基础设计等级为甲级、乙级的建筑物，桩的承载力特征值应由静载试验确定，对地基基础设计等级为丙级的建筑物，可借鉴类似工程确定。

当按悬臂梁设计基础时，应对悬臂梁不同受力工况进行验算。

桩身穿越溶洞顶板的岩体，由于岩溶发育的复杂性和不均匀性，顶板情况一般难以查明，通常情况下不计算顶板岩体的侧阻力。

6.7 土质边坡与重力式挡墙

6.7.1 边坡设计的一般原则：

1 边坡工程与环境之间有着密切的关系，边坡处理不当，将破坏环境，毁坏生态平衡，治理边坡必须强调环境保护。

2 在山区进行建设，切忌大挖大填，某些建设项目，不顾环境因素，大搞人造平原，最后出现大规模滑坡，大量投资毁于一旦，还酿成生态环境的破坏。应提倡依山就势。

3 工程地质勘察工作，是不可缺少的基本建设程序。边坡工程的影响面较广，处理不当就会酿成地质灾害，工程地质勘察尤为重要。勘察工作不能局限于红线范围，必须扩大勘察面，一般在坡顶的勘察范围，应达到坡高的1倍～2倍，才能获取较完整的地质资料。对于高大边坡，应进行专题研究，提出可行性方案经论证后方可实施。

4 边坡支挡结构的排水设计，是支挡结构设计很重要的一环，许多支挡结构的失效，都与排水不善有关。根据重庆市的统计，倒塌的支挡结构，由于排水不善造成的事故占80%以上。

6.7.3 重力式挡土墙上的土压力计算应注意的问题：

1 土压力的计算，目前国际上仍采用楔体试算法。根据大量的试算与实际观测结果的对比，对于高大挡土结构来说，采用古典土压力理论计算的结果偏小，土压力的分布也有较大的偏差。对于高大挡土墙，通常也不允许出现达到极限状态时的位移值，因此在土压力计算式中计入增大系数。

2 土压力计算公式是在土体达到极限平衡状态的条件下推导出来的，当边坡支挡结构不能达到极限状态时，土压力设计值应取主动土压力与静止土压力的某一中间值。

3 在山区建设中，经常遇到60°～80°陡峻的岩石自然边坡，其倾角远大于库仑破坏面的倾角，这时如果仍然采用古典土压力理论计算土压力，将会出现较大的偏差。当岩石自然边坡的倾角大于$45°+\varphi/2$时，应按楔体试算法计算土压力值。

6.7.4、6.7.5 重力式挡土结构，是过去用得较多的一种挡土结构形式。在山区地盘比较狭窄，重力式挡土结构的基础宽度较大，影响土地的开发利用，对于

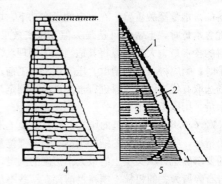

图24 墙体变形与土压力
1—测试曲线；2—静止土压力；3—主动土压力；
4—墙体变形；5—计算曲线

高大挡土墙，往往也是不经济的。石料是主要的地方材料，经多个工程测算，对于高度8m以上的挡土墙，采用桩锚体系挡土结构，其造价、稳定性、安全性、土地利用率等方面，都较重力式挡土结构为好。所以规范规定"重力式挡土墙宜用于高度小于8m、地层稳定、开挖土石方时不会危及相邻建筑物安全的地段"。

对于重力式挡土墙的稳定性验算，主要由抗滑稳定性控制，而现实工程中倾覆稳定破坏的可能性又大于滑动破坏。说明过去抗倾覆稳定性安全系数偏低，这次稍有调整，由原来的1.5调整成1.6。

6.8 岩石边坡与岩石锚杆挡墙

6.8.2 整体稳定边坡，原始地应力释放后回弹较快，在现场很难测量到横向推力。但在高切削的岩石边坡上，很容易发现边坡顶部的拉伸裂隙，其深度约为边坡高度的0.2倍～0.3倍，离开边坡顶部边缘一定距离后便很快消失，说明边坡顶部确实有拉应力存在。这一点从二维光弹试验中也得到了证明。从光弹试验中也证明了边坡的坡脚，存在着压应力与剪切应力，对岩石边坡来说，岩石本身具有较高的抗压与抗剪切强度，所以岩石边坡的破坏，都是从顶部垮塌开始的。因此对于整体结构边坡的支护，应注意加强顶部的支护结构。

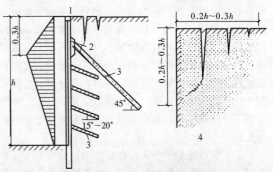

图25 整体稳定边坡顶部裂隙
1—压顶梁；2—连系梁及牛腿；3—构造锚杆；
4—坡顶裂隙分布

边坡的顶部裂隙比较发育，必须采用强有力的锚杆进行支护，在顶部 $0.2h\sim0.3h$ 高度处，至少布置一排结构锚杆，锚杆的横向间距不应大于 3m，长度不应小于 6m。结构锚杆直径不宜小于 130mm，钢筋不宜小于 $3\,\Phi\,22$。其余部分为防止风化剥落，可采用锚杆进行构造防护。防护锚杆的孔径宜采用 50mm ~100mm，锚杆长度宜采用 $2m\sim4m$，锚杆的间距宜采用 $1.5m\sim2.0m$。

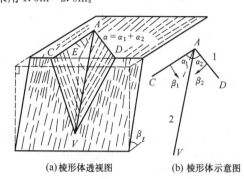

(a) 棱形体透视图　　(b) 棱形体示意图

图 26　具有两组结构面的下滑棱柱体示意

1—裂隙走向；2—棱线

6.8.3　单结构面外倾边坡的横推力较大，主要原因是结构面的抗剪强度一般较低。在工程实践中，单结构面外倾边坡的横推力，通常采用楔形体平面课题进行计算。

对于具有两组或多组结构面形成的下滑棱柱体，其下滑力通常采用棱形体分割法进行计算。现举例如下：

1　已知：新开挖的岩石边坡的坡角为 80°。边坡上存在着两组结构面（如图 26 所示）：结构面 1 走向 AC，与边坡顶部边缘线 CD 的夹角为 75°，其倾角 $\beta_1=70$°；其结构面 2 走向 AD，与边坡顶部边缘线 DC 的夹角为 40°，其倾角 $\beta_2=43$°。即两结构面走向线的夹角 α 为 65°。AE 点的距离为 3m。经试验两个结构面上的内摩擦角均为 $\varphi=15.6$°，其黏聚力近于 0。岩石的重度为 24kN/m³。

2　棱线 AV 与两结构面走向线间的平面夹角 α_1 及 α_2。可采用下列计算式进行计算：

$$\cot\alpha_1=\frac{\tan\beta_1}{\sin\alpha\tan\beta_2}+\cot\alpha$$

$$\cot\alpha_2=\frac{\tan\beta_2}{\sin\alpha\tan\beta_1}+\cot\alpha$$

从而通过计算得出 $\alpha_1=15$°，$\alpha_2=50$°。

3　进而计算出棱线 AV 的倾角，即沿着棱线方向上结构面的视倾角 β'。

$$\tan\beta'=\tan\beta_1\sin\alpha_1$$

计算得：$\beta'=35.5$°

4　用 AVE 平面将下滑棱柱体分割成两个块体。计算获得两个滑块的重力为：$w_1=31$kN，$w_2=139$kN；

棱柱体总重为 $w=w_1+w_2=170$kN。

5　对两个块体的重力分解成垂直与平行于结构面的分力：

$$N_1=w_1\cos\beta_1=10.6\text{kN}$$
$$T_1=w_1\sin\beta_1=29.1\text{kN}$$
$$N_2=w_2\cos\beta_2=101.7\text{kN}$$
$$T_2=w_2\sin\beta_2=94.8\text{kN}$$

6　再将平行于结构面的下滑力分解成垂直与平行于棱线的分力：

$$\tan\theta_1=\tan(90°-\alpha_1)\cos\beta_1=1.28\quad\theta_1=52°$$
$$\tan\theta_2=\tan(90-\alpha_2)\cos\beta_2=0.61\quad\theta_2=32°$$
$$T_{s1}=T_1\cos\theta_1=18\text{kN}$$
$$T_{s2}=T_2\cos\theta_2=80\text{kN}$$

7　棱柱体总的下滑力：$T_s=T_{s1}+T_{s2}=98$kN

两结构面上的摩阻力：

$$F_t=(N_1+N_2)\tan\varphi=(10.6+101.7)\tan15.6°=31\text{kN}$$

作用在支挡结构上推力：$T=T_s-F_t=67$kN。

6.8.4　岩石锚杆挡土结构，是一种新型挡土结构体系，对支挡高大土质边坡很有成效。岩石锚杆挡土结构的位移很小，支挡的土体不可能达到极限状态，当按主动土压力理论计算土压力时，必须乘以一个增大系数。

岩石锚杆挡土结构是通过立柱或竖桩将土压力传递给锚杆，再由锚杆将土压力传递给稳定的岩体，达到支挡的目的。立柱间的挡板是一种维护结构，其作用是挡住两立柱间的土体，使其不掉下来。因存在着卸荷拱作用，两立柱间的土体作用在挡土板的土压力是不大的，有些支挡结构没有设置挡板也能安全支挡边坡。

岩石锚杆挡土结构的立柱必须嵌入稳定的岩体中，一般的嵌入深度为立柱断面尺寸的 3 倍。当所支挡的主体位于高度较大的陡崖边坡的顶部时，可有两种处理办法：

1　将立柱延伸到坡脚，为了增强立柱的稳定性，可在陡崖的适当部位增设一定数量的锚杆。

2　将立柱在具有一定承载能力的陡崖顶部截断，在立柱底部增设锚杆，以承受立柱底部的横推力及部分竖向力。

6.8.5　本条为锚杆的构造要求，现说明如下：

1　锚杆宜优先采用热轧带肋的钢筋作主筋，是因为在建筑工程中所用的锚杆大多不使用机械锚头，在很多情况下主筋也不允许设置弯钩，为增加主筋与混凝土的握裹力作出的规定。

2　大量的试验研究表明，岩石锚杆在 15 倍～20 倍锚杆直径以深的部位已没有锚固力分布，只有锚杆顶部周围的岩体出现破坏后，锚固力才会向深部延伸。当岩石锚杆的嵌岩深度小于 3 倍锚杆的孔径时，其抗拔力较低，不能采用本规范式（6.8.6）进行抗拔承载力计算。

3 锚杆的施工质量对锚杆抗拔力的影响很大，在施工中必须将钻孔清洗干净，孔壁不允许有泥膜存在。锚杆的施工还应满足有关施工验收规范的规定。

7 软弱地基

7.2 利用与处理

7.2.7 本条为强制性条文。规定了复合地基设计的基本原则，为确保地基设计的安全，在进行地基设计时必须严格执行。

　　复合地基是指由地基土和竖向增强体（桩）组成、共同承担荷载的人工地基。复合地基按增强体材料可分为刚性桩复合地基、粘结材料桩复合地基和无粘结材料桩复合地基。

　　当地基土为欠固结土、膨胀土、湿陷性黄土、可液化土等特殊土时，设计时应综合考虑土体的特殊性质，选用适当的增强体和施工工艺，以保证处理后的地基土和增强体共同承担荷载。

7.2.8 本条为强制性条文。强调复合地基的承载力特征值应通过载荷试验确定。可直接通过复合地基载荷试验确定，或通过增强体载荷试验结合土的承载力特征值和地区经验确定。

　　桩体强度较高的增强体，可以将荷载传递到桩端土层。当桩长较长时，由于单桩复合地基载荷试验的荷载板宽度较小，不能全面反映复合地基的承载特性。因此单纯采用单桩复合地基载荷试验的结果确定复合地基承载力特征值，可能由于试验的载荷板面积或由于褥垫层厚度对复合地基载荷试验结果产生影响。因此对复合地基承载力特征值的试验方法，当采用设计褥垫厚度进行试验时，对于独立基础或条形基础宜采用与基础宽度相等的载荷板进行试验，当基础宽度较大、试验有困难而采用较小宽度载荷板进行试验时，应考虑褥垫层厚度对试验结果的影响。必要时应通过多桩复合地基载荷试验确定。有地区经验时也可采用单桩载荷试验结果和其周边土承载力特征值结合经验确定。

7.2.9 复合地基的承载力计算应同时满足轴心荷载和偏心荷载作用的要求。

7.2.10 复合地基的地基计算变形量可采用单向压缩分层总和法按本规范第 5.3.5 条～第 5.3.8 条有关的公式计算，加固区土层的模量取桩土复合模量。

　　由于采用复合地基的建筑物沉降观测资料较少，一直沿用天然地基的沉降计算经验系数。各地使用对复合土层模量较低时符合性较好，对于承载力提高幅度较大的刚性桩复合地基出现计算值小于实测值的现象。本次修订通过对收集到的全国 31 个 CFG 桩复合地基工程沉降观测资料分析，得出地基的沉降计算经验系数与沉降计算深度范围内压缩模量当量值的关

系，如图 27 所示，本次修订对于当量模量大于 15MPa 的沉降计算经验系数进行了调整。

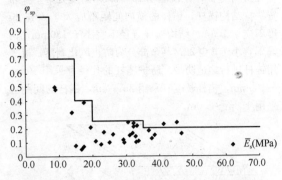

图 27　沉降计算经验系数与当量模量的关系

7.5 大面积地面荷载

7.5.5 在计算依据（基础由于地面荷载引起的倾斜值≤0.008）和计算方法与原规范相同的基础上，作了复算，结果见表 16。

表 16 中：$[q_{eq}]$——地面的均布荷载允许值（kPa）；

$[s'_g]$——中间柱基内侧边缘中点的地基附加沉降允许值（mm）；

β_0——压在基础上的地面堆载（不考虑基础外的地面堆载影响）对基础内倾值的影响系数；

β'_0——和压在基础上的地面堆载纵向方向一致的压在地基上的地面堆载对基础内倾值的影响系数；

l——车间跨度（m）；

b——车间跨度方向基础底面边长（m）；

d——基础埋深（m）；

a——地面堆载的纵向长度（m）；

z_n——从室内地坪面起算的地基变形计算深度（m）；

$\bar{E}_s$——地基变形计算深度内按应力面积法求得土的平均压缩模量（MPa）；

$\bar{\alpha}_{Az}$、$\bar{\alpha}_{Bz}$——柱基内、外侧边缘中点自室内地坪面起算至 z_n 处的平均附加应力系数；

$\bar{\alpha}_{Ad}$、$\bar{\alpha}_{Bd}$——柱基内、外侧边缘中点自室内地坪面起算至基底处的平均附加应力系数；

$\tan\theta^0$——纵向方向和压在基础上的地面堆载一致的压在地基上的地面堆载引起基础的内倾值；

$\tan\theta$——地面堆载范围与基础内侧边缘线重合时，均布地面堆载引起的基础内倾值；

$\beta_1 \cdots \beta_{10}$ ——分别表示地面堆载离柱基内侧边缘的不同位置和堆载的纵向长度对基础内倾值的影响系数。

表 16 中：

$$[q_{eq}] = \frac{0.008 b \overline{E}_s}{z_n(\overline{\alpha}_{Az} - \overline{\alpha}_{Bz}) - d(\overline{\alpha}_{Ad} - \overline{\alpha}_{Bd})}$$

$$[S'_s] = \frac{0.008 bz_n \overline{\alpha}_{Az}}{z_n(\overline{\alpha}_{Az} - \overline{\alpha}_{Bz}) - d(\overline{\alpha}_{Ad} - \overline{\alpha}_{Bd})}$$

$$\beta_0 = \frac{0.033 b}{z_n(\overline{\alpha}_{Az} - \overline{\alpha}_{Bz}) - d(\overline{\alpha}_{Ad} - \overline{\alpha}_{Bd})}$$

$$\beta'_0 = \frac{\tan\theta'}{\tan\theta}$$

大面积地面荷载作用下地基附加沉降的计算举例：

单层工业厂房，跨度 $l = 24\text{m}$，柱基底面边长 $b = 3.5\text{m}$，基础埋深 1.7m，地基土的压缩模量 $E_s = 4\text{MPa}$，堆载纵向长度 $a = 60\text{m}$，厂房填土在基础完工后填筑，地面荷载大小和范围如图 28 所示，求由于地面荷载作用下柱基内侧边缘中点（A）的地基附加沉

降值，并验算是否满足天然地基设计要求。

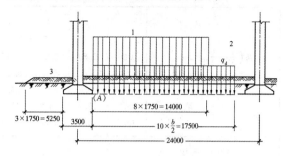

图 28　地面荷载计算示意

1—地面堆载 $q_1 = 20\text{kPa}$；2—填土 $q_2 = 15.2\text{kPa}$；3—填土 $p_i = 9.5\text{kPa}$

一、等效均布地面荷载 q_{eq}

计算步骤如表 17 所示。

二、柱基内侧边缘中点（A）的地基附加沉降值 s'_g

计算时取 $a' = 30\text{m}$，$b' = 17.5\text{m}$。计算步骤如表 18 所示。

表 16　均布荷载允许值 $[q_{eq}]$ 地基沉降允许值 $[s'_g]$ 和系数 β 的计算总表

l (m)	d (m)	b (m)	a (m)	z_n	$\overline{\alpha}_{Az}$	$\overline{\alpha}_{Bz}$	$\overline{\alpha}_{Ad}$	$\overline{\alpha}_{Bd}$	$[q_{eq}]$ (kPa)	$[s'_g]$ (m)	β_0	β										β'_0
												1	2	3	4	5	6	7	8	9	10	
12	2	1	6	13.0	0.282	0.163	0.488	0.088	$0.0107\overline{E}_s$	0.0393	0.44											
			11	16.5	0.324	0.216	0.485	0.082	$0.0082\overline{E}_s$	0.0438	0.34											
			22	21.0	0.358	0.264	0.498	0.095	$0.0068\overline{E}_s$	0.0513	0.28											
			33	23.0	0.366	0.276	0.499	0.096	$0.0063\overline{E}_s$	0.0528	0.26											
			44	24.0	0.378	0.284	0.499	0.096	$0.0055\overline{E}_s$	0.0476	0.23											
12	2	2	6	13.0	0.279	0.108	0.488	0.024	$0.0123\overline{E}_s$	0.0448	0.51	0.27	0.24	0.17	0.10	0.08	0.05	0.03	0.03	0.030	0.01	
			10	15.0	0.324	0.150	0.499	0.031	$0.0096\overline{E}_s$	0.0446	0.39											
			20	20.0	0.349	0.198	0.499	0.029	$0.0077\overline{E}_s$	0.0540	0.32	0.21	0.20	0.15	0.12	0.09	0.07	0.06	0.04	0.03	0.03	
			30	22.0	0.363	0.222	0.49	0.029	$0.0074\overline{E}_s$	0.0590	0.31		0.31	0.31	0.18	0.11	0.09					
			40	22.5	0.373	0.231	0.499	0.029	$0.0071\overline{E}_s$	0.0596	0.29											
18	2	3	6	13.5	0.282	0.082	0.488	0.010	$0.0138\overline{E}_s$	0.0526	0.57		0.64	0.24	0.08	0.04	—					
			12	18.0	0.333	0.134	0.498	0.010	$0.0092\overline{E}_s$	0.0551	0.38	0.38	0.23	0.15	0.10	0.06	0.05	0.03	0.02	0.02	0.01	
			15	19.5	0.349	0.153	0.498	0.011	$0.0084\overline{E}_s$	0.0574	0.35	0.31	0.22	0.15	0.10	0.08	0.05	0.03	0.03	0.01		0.06
			30	24.0	0.388	0.205	0.499	0.012	$0.0071\overline{E}_s$	0.0659	0.29	0.27	0.21	0.14	0.11	0.08	0.06	0.04	0.03	0.02		
			45	27.0	0.396	0.228	0.499	0.011	$0.0067\overline{E}_s$	0.0723	0.28		0.42	0.28	0.15	0.08	0.07					
			60	28.5	0.399	0.237	0.499	0.012	$0.0066\overline{E}_s$	0.0737	0.27											
24	2	4	6	14.0	0.277	0.059	0.488	0.002	$0.0154\overline{E}_s$	0.0596	0.63	0.40	0.34	0.12	0.06	0.04	0.02	0.01	0.01	—		
			12	19.0	0.332	0.110	0.497	0.005	$0.0099\overline{E}_s$	0.0625	0.41	0.40	0.25	0.13	0.08	0.05	0.02	0.01	0.01	0.01		
			20	23.0	0.370	0.154	0.499	0.006	$0.0080\overline{E}_s$	0.0683	0.33	0.35	0.23	0.14	0.09	0.07	0.04	0.03	0.02	0.01		
			40	28.0	0.408	0.206	0.499	0.006	$0.0068\overline{E}_s$	0.0780	0.28											
			60	32.0	0.413	0.229	0.499	0.006	$0.0066\overline{E}_s$	0.0866	0.27	0.27	0.21	0.14	0.09	0.50	0.02					
			80	34.0	0.415	0.236	0.499	0.006	$0.0063\overline{E}_s$	0.0884	0.26											
30	2	5	6	14.0	0.279	0.046	0.488	0.002	$0.0175\overline{E}_s$	0.0681	0.72	0.57	0.24	0.10	0.05	0.03	0.01	—	—	—		
			12	20.0	0.327	0.091	0.498	0.001	$0.0107\overline{E}_s$	0.0702	0.44	0.47	0.24	0.12	0.07	0.04	0.02	0.02	0.01	—		0.10
			25	26.0	0.384	0.151	0.499	0.003	$0.0079\overline{E}_s$	0.0785	0.32		0.61	0.23	0.29	0.05	0.01					
			50	32.5	0.419	0.204	0.499	0.003	$0.0067\overline{E}_s$	0.0910	0.28											
			75	35.0	0.430	0.226	0.499	0.003	$0.0065\overline{E}_s$	0.0978	0.27	0.60	0.21	0.15	0.09	0.06	0.04	0.03	0.02			
			100	37.5	0.430	0.234	0.499	0.003	$0.0063\overline{E}_s$	0.1012	0.26	0.31	0.21	0.13	0.10	0.07	0.06	0.04	0.03	0.02	0.03	

表 17

区　段	0	1	2	3	4	5	6	7	8	9	10
$\beta_i\left(\dfrac{a}{5b}=\dfrac{6000}{1750}>1\right)$	0.30	0.29	0.22	0.15	0.10	0.08	0.06	0.04	0.03	0.02	0.01
q_i (kPa)　堆　载	0	20.0	20.0	20.0	20.0	20.0	20.0	20.0	20.0	0	0
填　土	15.2	15.2	15.2	15.2	15.2	15.2	15.2	15.2	15.2	15.2	15.2
合　计	15.2	35.2	35.2	35.2	35.2	35.2	35.2	35.2	35.2	15.2	15.2
p_i (kPa) 填土	9.5	9.5	9.5	4.8							
$\beta_i q_i-\beta_i p_i$ (kPa)	1.7	7.5	5.7	4.6	3.5	2.8	2.1	1.4	1.1	0.3	0.2

$$q_{eq}=0.8\sum_{i=0}^{10}(\beta_i q_i-\beta_i p_i)=0.8\times30.9=24.7\text{kPa}$$

表 18

z_i (m)	$\dfrac{a'}{b'}$	$\dfrac{z_i}{b'}$	$\bar{\alpha}_i$	$z_i\bar{\alpha}_i$ (m)	$z_i\bar{\alpha}_i-z_{i-1}\bar{\alpha}_{i-1}$	E_{si} (MPa)	$\Delta s'_{gi}=\dfrac{q_{lg}}{E_{si}}\times(z_i\bar{\alpha}_i-z_{i-1}\bar{\alpha}_{i-1})$ (mm)	$s'_g=\sum\limits_{i=1}^{n}\Delta s'_{gi}$ (mm)	$\dfrac{\Delta s'_{gi}}{\sum\limits_{i=1}^{n}\Delta s'_{gi}}$
0	$\dfrac{30.00}{17.50}=1.71$	0							
28.80		$\dfrac{28.80}{17.50}=1.65$	$2\times0.2069=0.4138$	11.92		4.0	73.6	73.6	
30.00		$\dfrac{30.00}{17.50}=1.71$	$2\times0.2044=0.4088$	12.26	0.34	4.0	2.1	75.7	0.028>0.025
29.80		$\dfrac{29.80}{17.50}=1.70$	$2\times0.2049=0.4098$	12.21		4.0	75.4		
31.00		$\dfrac{31.00}{17.50}=1.77$	$2\times0.2020=0.4040$	12.52	0.34	4.0	1.9	77.3	0.0246<0.025

　　注：地面荷载宽度 $b'=17.5$m，由地基变形计算深度 z 处向上取计算层厚度为 1.2m。从上表中得知地基变形计算深度 z_n 为 31m，所以由地面荷载引起柱基内侧边缘中点（A）的地基附加沉降值 $s'_g=77.3$mm。按 $a=60$m，$b=3.5$m。查表 16 得地基附加沉降允许值 $[s'_g]=80$mm，故满足天然地基设计的要求。

8　基　础

8.1　无筋扩展基础

8.1.1　本规范提供的各种无筋扩展基础台阶宽高比的允许值沿用了本规范 1974 版规定的允许值，这些规定都是经过长期的工程实践检验，是行之有效的。在本规范 2002 版编制时，根据现行国家标准《混凝土结构设计规范》GB 50010 以及《砌体结构设计规范》GB 50003 对混凝土和砌体结构的材料强度等级要求作了调整。计算结果表明，当基础单侧扩展范围内基础底面处的平均压力值超过 300kPa 时，应按下

式验算墙（柱）边缘或变阶处的受剪承载力：

$$V_s\leqslant0.366f_tA$$

式中：V_s——相应于作用的基本组合时的地基土平均净反力产生的沿墙（柱）边缘或变阶处的剪力设计值（kN）；

　　　　A——沿墙（柱）边缘或变阶处基础的垂直截面面积（m²）。当验算截面为阶形时其截面折算宽度按附录 U 计算。

　　上式是根据材料力学、素混凝土抗拉强度设计值以及基底反力为直线分布的条件下确定的，适用于除岩石以外的地基。

　　对基底反力集中于立柱附近的岩石地基，基础的抗剪验算条件应根据各地区具体情况确定。重庆大学

曾对置于泥岩、泥质砂岩和砂岩等变形模量较大的岩石地基上的无筋扩展基础进行了试验，试验研究结果表明，岩石地基上无筋扩展基础的基底反力曲线是一倒置的马鞍形，呈现出中间大，两边小，到了边缘又略为增大的分布形式，反力的分布曲线主要与岩体的变形模量和基础的弹性模量比值、基础的高宽比有关。由于试验数据少，且因我国岩石类别较多，目前尚不能提供有关此类基础的受剪承载力验算公式，因此有关岩石地基上无筋扩展基础的台阶宽高比应结合各地区经验确定。根据已掌握的岩石地基上的无筋扩展基础试验中出现沿柱周边直剪和劈裂破坏现象，提出设计时应对柱下混凝土基础进行局部受压承载力验算，避免柱下素混凝土基础可能因横向拉应力达到混凝土的抗拉强度后引起基础周边混凝土发生竖向劈裂破坏和压陷。

8.2 扩展基础

8.2.1 扩展基础是指柱下钢筋混凝土独立基础和墙下钢筋混凝土条形基础。由于基础底板中垂直于受力钢筋的另一个方向的配筋具有分散部分荷载的作用，有利于底板内力重分布，因此各国规范中基础板的最小配筋率都小于梁的最小配筋率。美国 ACI318 规范中基础板的最小配筋率是按温度和混凝土收缩的要求规定为 0.2%（$f_{yk}=275MPa\sim345MPa$）和 0.18%（$f_{yk}=415MPa$）；英国标准 BS8110 规定板的两个方向的最小配筋率：低碳钢为 0.24%，合金钢为 0.13%；英国规范 CP110 规定板的受力钢筋和次要钢筋的最小配筋率：低碳钢为 0.25% 和 0.15%，合金钢为 0.15% 和 0.12%；我国《混凝土结构设计规范》GB 50010 规定对卧置于地基上的混凝土板受拉钢筋的最小配筋率不应小于 0.15%。本规范此次修订，明确了柱下独立基础的受力钢筋最小配筋率为 0.15%，此要求低于美国规范，与我国《混凝土结构设计规范》GB 50010 对卧置于地基上的混凝土板受拉钢筋的最小配筋率以及英国规范对合金钢的最小配筋率要求相一致。

为减小混凝土收缩产生的裂缝，提高条形基础对不均匀地基土适应能力，本次修订适当加大了分布钢筋的配筋量。

8.2.5 自本规范 GBJ 7-89 版颁布后，国内高杯口基础杯壁厚度以及杯壁和短柱部分的配筋要求基本上照此执行，情况良好。本次修订，保留了本规范 2002 版增加的抗震设防烈度为 8 度和 9 度时，短柱部分的横向箍筋的配置量不宜小于 $\phi8@150$ 的要求。

制定高杯口基础的构造依据是：

1　杯壁厚度 t

多数设计在计算有短柱基础的厂房排架时，一般都不考虑短柱的影响，将排架柱视作固定在基础杯口顶面的二阶柱（图 29b）。这种简化计算所得的弯矩 m 较考虑有短柱存在按三阶柱（图 29c）计算所得的弯矩小。

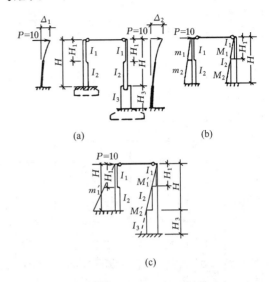

图 29　带短柱基础厂房的计算示意
(a) 厂房图形；(b) 简化计算；(c) 精确计算

原机械工业部设计院对起重机起重量小于或等于 750kN、轨顶标高在 14m 以下的一般工业厂房做了大量分析工作，分析结果表明：短柱刚度愈小即 $\frac{\Delta_2}{\Delta_1}$ 的比值愈大（图 29a），则弯矩误差 $\frac{\Delta m}{m}\%$，即 $\frac{m'-m}{m}\%$ 愈大。图 30 为二阶柱和三阶柱的弯矩误差关系，从图中可以看到，当 $\frac{\Delta_2}{\Delta_1}=1.11$ 时，$\frac{\Delta m}{m}=8\%$，构件尚属安全使用范围之内。在相同的短柱高度和相同的柱截面条件下，短柱的刚度与杯壁的厚度 t 有关，GBJ 7-89 规范就是据此规定杯壁的厚度。通过十多年实践，按构造配筋的限制条件可适当放宽，本规范 2002 版参照《机械工厂结构设计规范》GBJ 8-97 增加了第 8.2.5 条中第 2、3 款的限制条件。

对符合本规范条文要求，且满足表 8.2.5 杯壁厚度最小要求的设计可不考虑高杯口基础短柱部分对排架的影响，否则应按三阶柱进行分析。

2　杯壁配筋

杯壁配筋的构造要求是基于横向（顶层钢筋网和横向箍筋）和纵向钢筋共同工作的计算方法，并通过试验验证。大量试算工作表明，除较小柱截面的杯口外，均能保证必需的安全度。顶层钢筋网由于抗弯力臂大，设计时应充分利用其抗弯承载力以减少杯壁其他的钢筋用量。横向箍筋 $\phi8@150$ 的抗弯承载力随柱的插入杯口深度 h_1 而异，但当柱截面高度 h 大于 1000mm，$h_1=0.8h$ 时，抗弯能力有限，因此设计时横向箍筋不宜大于 $\phi8@150$。纵向钢筋直径可为 12mm～16mm，且其设置量又与 h 成正比，h 愈大则其抗弯承载力愈大，当 $h \geqslant 1000$mm 时，其抗弯承载力已达到甚至超过顶层钢筋网的抗弯承载力。

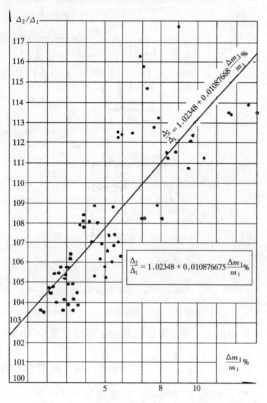

图 30　一般工业厂房 $\frac{\Delta_2}{\Delta_1}$ 与 $\frac{\Delta m}{m}$% （上柱）关系

注：Δ_1 和 Δ_2 的相关系数 $\gamma=0.817824352$

8.2.7 本条为强制性条文。规定了扩展基础的设计内容：受冲切承载力计算、受剪切承载力计算、抗弯计算、受压承载力计算。为确保扩展基础设计的安全，在进行扩展基础设计时必须严格执行。

8.2.8、8.2.9 为保证柱下独立基础双向受力状态，基础底面两个方向的边长一般都保持在相同或相近的范围内，试验结果和大量工程实践表明，当冲切破坏锥体落在基础底面以内时，此类基础的截面高度由受冲切承载力控制。本规范编制时所作的计算分析和比较也表明，符合本规范要求的双向受力独立基础，其剪切所需的截面有效面积一般都能满足要求，无需进行受剪承载力验算。考虑到实际工作中柱下独立基础底面两个方向的边长比值有可能大于 2，此时基础的受力状态接近于单向受力，柱与基础交接处不存在受冲切的问题，仅需对基础进行斜截面受剪承载力验算。因此，本次规范修订时，补充了基础底面短边尺寸小于柱宽加两倍基础有效高度时，验算柱与基础交接处基础受剪承载力的条款。验算截面取柱边缘，当受剪验算截面为阶梯形及锥形时，可将其截面折算成矩形，折算截面的宽度及截面有效高度，可按本规范附录 U 确定。需要说明的是：计算斜截面受剪承载力时，验算截面的位置，各国规范的规定不尽相

同。对于非预应力构件，美国规范 ACI318，根据构件端部斜截面脱离体的受力条件规定了：当满足（1）支座反力（沿剪力作用方向）在构件端部产生压力时；（2）距支座边缘 h_0 范围内无集中荷载时；取距支座边缘 h_0 处作为验算受剪承载力的截面，并取距支座边缘 h_0 处的剪力作为验算的剪力设计值。当不符合上述条件时，取支座边缘处作为验算受剪承载力的截面，剪力设计值取支座边缘处的剪力。我国混凝土结构设计规范对均布荷载作用下的板类受弯构件，其斜截面受剪承载力的验算位置一律取支座边缘处，剪力设计值一律取支座边缘处的剪力。在验算单向受剪承载力时，ACI-318 规范的混凝土抗剪强度取 $\phi \sqrt{f'_c}/6$，抗剪强度为冲切承载力（双向受剪）时混凝土抗剪强度 $\phi \sqrt{f'_c}/3$ 的一半，而我国的混凝土单向受剪强度与双向受剪强度相同，设计时只是在截面高度影响系数中略有差别。对于单向受力的基础底板，按照我国混凝土设计规范的受剪承载力公式验算，计算截面从板边退出 h_0 算得的板厚小于美国 ACI318 规范，而验算断面取梁或墙边时算得的板厚则大于美国 ACI318 规范。

本条文中所说的"短边尺寸"是指垂直于力矩作用方向的基础底边尺寸。

8.2.10 墙下条形基础底板为单向受力，应验算墙与基础交接处单位长度的基础受剪切承载力。

8.2.11 本条中的公式（8.2.11-1）和式（8.2.11-2）是以基础台阶宽高比小于或等于 2.5，以及基础底面与地基土之间不出现零应力区（$e \leqslant b/6$）为条件推导出来的弯矩简化计算公式，适用于除岩石以外的地基。其中，基础台阶宽高比小于或等于 2.5 是基于试验结果，旨在保证基底反力呈直线分布。中国建筑科学研究院地基所黄熙龄、郭天强对不同宽高比的板进行了试验，试验板的面积为 1.0m×1.0m。试验结果表明：在轴向荷载作用下，当 $h/l \leqslant 0.125$ 时，基底反力呈现中部大、端部小（图 31a、31b），地基承载力没有充分发挥基础板就出现井字形受弯破坏裂缝；当 $h/l = 0.16$ 时，地基反力呈直线分布，加载超过地基承载力特征值后，基础板发生冲切破坏（图 31c）；当 $h/l = 0.20$ 时，基础边缘反力逐渐增大，中部反力逐渐减小，在加荷接近冲切承载力时，底部反力向中部集中，最终基础板出现冲切破坏（图 31d）。基于试验结果，对基础台阶宽高比小于或等于 2.5 的独立柱基可采用基底反力直线分布进行内力分析。

此外，考虑到独立基础的高度一般是由冲切或剪切承载力控制，基础板相对较厚，如果用其计算最小配筋量可能导致底板用钢量不必要的增加，因此本规范提出对阶形以及锥形独立基础，可将其截面折算成矩形，其折算截面的宽度 b_0 及截面有效高度 h_0 按本规范附录 U 确定，并按最小配筋率 0.15% 计算基础底板的最小配筋量。

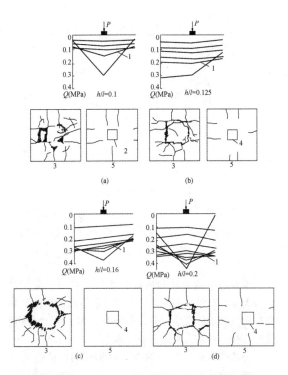

图 31 不同宽高比的基础板下反力分布

h—板厚；l—板宽

1—开裂；2—柱边整齐裂缝；3—板底面；4—裂缝；
5—板顶面

8.3 柱下条形基础

8.3.1、8.3.2 基础梁的截面高度应根据地基反力、柱荷载的大小等因素确定。大量工程实践表明，柱下条形基础梁的截面高度一般为柱距的 1/4～1/8。原上海工业建筑设计院对 50 项工程的统计，条形基础梁的高跨比在 1/4～1/6 之间的占工程数的 88%。在选择基础梁截面时，柱边缘处基础梁的受剪截面尚应满足现行《混凝土结构设计规范》GB 50010 的要求。

关于柱下条形基础梁的内力计算方法，本规范给出了按连续梁计算内力的适用条件。在比较均匀的地基上，上部结构刚度较好，荷载分布较均匀，且条形基础梁的截面高度大于或等于 1/6 柱距时，地基反力可按直线分布考虑。其中基础梁高大于或等于 1/6 柱距的条件是通过与柱距 l 和文克勒地基模型中的弹性特征系数 λ 的乘积 $\lambda l \leqslant 1.75$ 作了比较，结果表明，当高跨比大于或等于 1/6 时，对一般柱距及中等压缩性的地基都可考虑地基反力为直线分布。当不满足上述条件时，宜按弹性地基梁法计算内力，分析时采用的地基模型应结合地区经验进行选择。

8.4 高层建筑筏形基础

8.4.1 筏形基础分为平板式和梁板式两种类型，其选型应根据工程具体条件确定。与梁板式筏基相比，平板式筏基具有抗冲切及抗剪切能力强的特点，且构造简单，施工便捷，经大量工程实践和部分工程事故分析，平板式筏基具有更好的适应性。

8.4.2 对单幢建筑物，在均匀地基的条件下，基础底面的压力和基础的整体倾斜主要取决于作用的准永久组合下产生的偏心距大小。对基底平面为矩形的筏基，在偏心荷载作用下，基础抗倾覆稳定系数 K_F 可用下式表示：

$$K_F = \frac{y}{e} = \frac{\gamma B}{e} = \frac{\gamma}{\dfrac{e}{B}}$$

式中：B——与组合荷载竖向合力偏心方向平行的基础边长；

e——作用在基底平面的组合荷载全部竖向合力对基底面积形心的偏心距；

y——基底平面形心至最大受压边缘的距离，γ 为 y 与 B 的比值。

从式中可以看出 e/B 直接影响着抗倾覆稳定系数 K_F，K_F 随着 e/B 的增大而降低，因此容易引起较大的倾斜。表 19 三个典型工程的实测证实了在地基条件相同时，e/B 越大，则倾斜越大。

表 19 e/B 值与整体倾斜的关系

地基条件	工程名称	横向偏心距 e（m）	基底宽度 B（m）	e/B	实测倾斜（‰）
上海软土地基	胸科医院	0.164	17.9	1/109	2.1（有相邻建筑影响）
上海软土地基	某研究所	0.154	14.8	1/96	2.7
北京硬土地基	中医医院	0.297	12.6	1/42	1.716（唐山地震时北京烈度为 6 度，未发现明显变化）

高层建筑由于楼身质心高，荷载重，当筏形基础开始产生倾斜后，建筑物总重对基础底面形心将产生新的倾覆力矩增量，而倾覆力矩的增量又产生新的倾斜增量，倾斜可能随时间而增长，直至地基变形稳定为止。因此，为避免基础产生倾斜，应尽量使结构竖向荷载合力作用点与基础平面形心重合，当偏心难以避免时，则应规定竖向合力偏心距的限值。本规范根据实测资料并参考交通部（公路桥涵设计规范）对桥墩合力偏心距的限制，规定了在作用的准永久组合时，$e \leqslant 0.1W/A$。从实测结果来看，这个限制对硬土地区稍严格，当有可靠依据时可适当放松。

8.4.3 国内建筑物脉动实测试验结果表明，当地基为非密实土和岩石持力层时，由于地基的柔性改变了上部结构的动力特性，延长了上部结构的基本周期以及增大了结构体系的阻尼，同时土与结构的相互作用也改变了地基运动的特性。结构按刚性地基假定分析的水平地震作用比其实际承受的地震作用大，因此可以根据场地条件、基础埋深、基础和上部结构的刚度等因素确定是否对水平地震作用进行适当折减。

实测地震记录及理论分析表明，土中的水平地震加速度一般随深度而渐减，较大的基础埋深，可以减少来自基底的地震输入，例如日本取地表下 20m 深处的地震系数为地表的 0.5 倍；法国规定筏基或带地下室的建筑的地震荷载比一般的建筑少 20%。同时，较大的基础埋深，可以增加基础侧面的摩擦阻力和土的被动土压力，增强土对基础的嵌固作用。美国 FEMA386 及 IBC 规范采用加长结构物自振周期作为考虑地基土的柔性影响，同时采用增加结构有效阻尼来考虑地震过程中结构的能量耗散，并规定了结构的基底剪力最大可降低 30%。

本次修订，对不同土层剪切波速、不同场地类别以及不同基础埋深的钢筋混凝土剪力墙结构，框架剪力墙结构和框架核心筒结构进行分析，结合我国现阶段的地震作用条件并与美国 UBC1977 和 FEMA386、IBC 规范进行了比较，提出了对四周与土层紧密接触带地下室外墙的整体式筏基和箱基，场地类别为Ⅲ类和Ⅳ类，结构基本自振周期处于特征周期的 1.2 倍～5 倍范围时，按刚性地基假定分析的基底水平地震剪力和倾覆力矩可根据抗震设防烈度乘以折减系数，8 度时折减系数取 0.9，9 度时折减系数取 0.85，该折减系数是一个综合性的包络值，它不能与现行国家标准《建筑抗震设计规范》GB 50011 第 5.2 节中提出的折减系数同时使用。

8.4.6 本条为强制性条文。平板式筏基的板厚通常由冲切控制，包括柱下冲切和内筒冲切，因此其板厚应满足受冲切承载力的要求。

8.4.7 N. W. Hanson 和 J. M. Hanson 在他们的《混凝土板柱之间剪力和弯矩的传递》试验报告中指出：板与柱之间的不平衡弯矩传递，一部分不平衡弯矩是通过临界截面周边的弯曲应力 T 和 C 来传递，而一部分不平衡弯矩则通过临界截面上的偏心剪力对临界截面重心产生的弯矩来传递的，如图 32 所示。因此，在验算距柱边 $h_0/2$ 处的冲切临界截面剪应力时，除需考虑竖向荷载产生的剪应力外，尚应考虑作用在冲切临界截面重心上的不平衡弯矩所产生的附加剪应力。本规范公式（8.4.7-1）右侧第一项是根据现行国家标准《混凝土结构设计规范》GB 50010 在集中力作用下的冲切承载力计算公式换算而得，右侧第二项是引自美国 ACI 318 规范中有关的计算规定。

关于公式（8.4.7-1）中冲切力取值的问题，国内外大量试验结果表明，内柱的冲切破坏呈完整的锥体状，我国工程实践中一直沿用柱所承受的轴向力设计值减去冲切破坏锥体范围内相应的地基净反力作为冲切力；对边柱和角柱，中国建筑科学研究院地基所

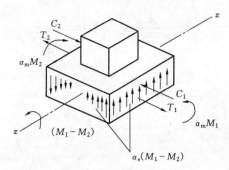

图 32 板与柱不平衡弯矩传递示意

试验结果表明，其冲切破坏锥体近似为 1/2 和 1/4 圆台体，本规范参考了国外经验，取柱轴力设计值减去冲切临界截面范围内相应的地基净反力作为冲切力设计值。

本规范中的角柱和边柱是相对于基础平面而言的。大量计算结果表明，受基础盆形挠曲的影响，基础的角柱和边柱产生了附加的压力。本次修订时将角柱和边柱的冲切力乘以了放大系数 1.2 和 1.1。

公式（8.4.7-1）中的 M_{unb} 是指作用在柱边 $h_0/2$ 处冲切临界截面重心上的弯矩，对边柱它包括由柱根处轴力 N 和该处筏板冲切临界截面范围内相应的地基反力 P 对临界截面重心产生的弯矩。由于本条中筏板和上部结构是分别计算的，因此计算 M 值时尚应包括柱子根部的弯矩设计值 M_c，如图 33 所示，M 的表达式为：

$$M_{unb} = Ne_N - Pe_p \pm M_c$$

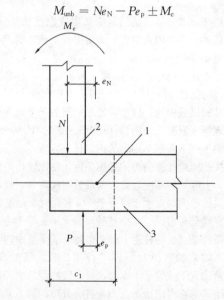

图 33 边柱 M_{unb} 计算示意
1—冲切临界截面重心；2—柱；3—筏板

对于内柱，由于对称关系，柱截面形心与冲切临界截面重心重合，$e_N = e_p = 0$，因此冲切临界截面重心上的弯矩，取柱根弯矩设计值。

国外试验结果表明，当柱截面的长边与短边的比值 β_s 大于 2 时，沿冲切临界截面的长边的受剪承载力

约为柱短边受剪承载力的一半或更低。本规范的公式（8.4.7-2）是在我国受冲切承载力公式的基础上，参考了美国 ACI 318 规范中受冲切承载力公式中有关规定，引进了柱截面长、短边比值的影响，适用于包括扁柱和单片剪力墙在内的平板式筏基。图 34 给出了本规范与美国 ACI 318 规范在不同 β_s 条件下筏板有效高度的比较，由于我国受冲切承载力取值偏低，按本规范算得的筏板有效高度稍大于美国 ACI 318 规范相关公式的结果。

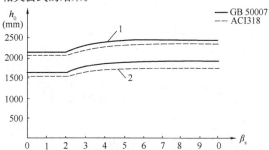

图 34　不同 β_s 条件下筏板有效高度的比较

1—实例一、筏板区格 9m×11m，作用的标准组合的地基土净反力 345.6kPa；2—实例二、筏板区格 7m×9.45m，作用的标准组合的地基土净反力 245.5kPa

对有抗震设防要求的平板式筏基，尚应验算地震作用组合的临界截面的最大剪应力 $\tau_{E,max}$，此时公式（8.4.7-1）和式（8.4.7-2）应改写为：

$$\tau_{E,max} = \frac{V_{sE}}{A_s} + \alpha_s \frac{M_E}{I_s} C_{AB}$$

$$\tau_{E,max} \leqslant \frac{0.7}{\gamma_{RE}} \left(0.4 + \frac{1.2}{\beta_s}\right) \beta_{hp} f_t$$

式中：V_{sE}——作用的地震组合的集中反力设计值（kN）；

M_E——作用的地震组合的冲切临界截面重心上的弯矩设计值（kN·m）；

A_s——距柱边 $h_0/2$ 处的冲切临界截面的筏板有效面积（m²）；

γ_{RE}——抗震调整系数，取 0.85。

8.4.8 Venderbilt 在他的《连续板的抗剪强度》试验报告中指出：混凝土抗冲切承载力随比值 u_m/h_0 的增加而降低。由于使用功能上的要求，核心筒占有相当大的面积，因而距核心筒外表面 $h_0/2$ 处的冲切临界截面周长是很大的，在 h_0 保持不变的条件下，核心筒下筏板的受冲切承载力实际上是降低了，因此设计时应验算核心筒下筏板的受冲切承载力，局部提高核心筒下筏板的厚度。此外，我国工程实践和美国休斯敦壳体大厦基础钢筋应力实测结果表明，框架-核心筒结构和框筒结构下筏板底部最大应力出现在核心筒边缘处，因此局部提高核心筒下筏板的厚度，也有利于核心筒边缘处筏板应力较大部位的配筋。本规范

给出的核心筒下筏板冲切截面周长影响系数 η，是通过实际工程中不同尺寸的核心筒，经分析并和美国 ACI 318 规范对比后确定的（详见表 20）。

表 20　内筒下筏板厚度比较

筒尺寸（m×m）	筏板混凝土强度等级	标准组合的内筒轴力（kN）	标准组合的基底净反力（kN/m²）	规范名称	筏板有效高度（m）	
					不考虑冲切临界截面周长影响	考虑冲切临界截面周长影响
11.3×13.0	C30	128051	383.4	GB 50007	1.22	1.39
				ACI 318	1.18	1.44
12.6×27.2	C40	424565	453.1	GB 50007	2.41	2.72
				ACI 318	2.36	2.71
24×24	C40	718848	480	GB 50007	3.2	3.58
				ACI 318	3.07	3.55
24×24	C40	442980	300	GB 50007	2.39	2.57
				ACI 318	2.12	2.67
24×24	C40	336960	225	GB 50007	1.95	2.28
				ACI 318	1.67	2.21

8.4.9 本条为强制性条文。平板式筏基内筒、柱边缘处以及筏板变厚度处剪力较大，应进行抗剪承载力验算。

8.4.10 通过对已建工程的分析，并鉴于梁板式筏基基础梁下实测土反力存在的集中效应、底板与土壤之间的摩擦力作用以及实际工程中底板的跨厚比一般都在 14～6 之间变动等有利因素，本规范明确了取距内柱和内筒边缘 h_0 处作为验算筏板受剪的部位，如图 35 所示；角柱下验算筏板受剪的部位取距柱角 h_0 处，如图 36 所示。式（8.4.10）中的 V_s 即作用在图 35 或图 36 中阴影面积上的地基平均净反力设计值除以验算截面处的板格中至中的长度（内柱）、或距角柱角点 h_0 处 45°斜线的长度（角柱）。国内筏板试验报告表明：筏板的裂缝首先出现在板的角部，设计中当采用简化计算方法时，需适当考虑角点附近土反力的集中效应，乘以 1.2 的增大系数。图 37 给出了筏

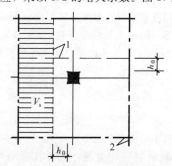

图 35　内柱（筒）下筏板验算剪切部位示意

1—验算剪切部位；2—板格中线

板模型试验中裂缝发展的过程。设计中当角柱下筏板受剪承载力不满足规范要求时，也可采用适当加大底层角柱横截面或局部增加筏板角隅板厚等有效措施，以期降低受剪截面处的剪力。

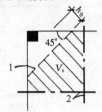

图 36　角柱（筒）下筏板验算
剪切部位示意
1—验算剪切部位；2—板格中线

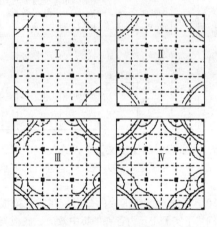

图 37　筏板模型试验裂缝发展过程

对于上部为框架-核心筒结构的平板式筏形基础，设计人应根据工程的具体情况采用符合实际的计算模型或根据实测确定的地基反力来验算距核心筒 h_0 处的筏板受剪承载力。当边柱与核心筒之间的距离较大时，式（8.4.10）中的 V_s 即作用在图 38 中阴影面积上的地基平均净反力设计值与边柱轴力设计值之差除以 b，b 取核心筒两侧紧邻跨的跨中分线之间的距离。当主楼核心筒外侧有两排以上框架柱或边柱与核心筒之间的距离较小时，设计人应根据工程具体情况慎重确定筏板受剪承载力验算单元的计算宽度。

关于厚筏基础板厚中部设置双向钢筋网的规定，同国家标准《混凝土结构设计规范》GB 50010 的要求。日本 Shioya 等通过对无腹筋构件的截面高度变化试验，结果表明，梁的有效高度从 200mm 变化到 3000mm 时，其名义抗剪强度 $\left(\dfrac{V}{bh_0}\right)$ 降低 64%。加拿大 M. P. Collins 等研究了配有中间纵向钢筋的无腹筋梁的抗剪承载力，试验研究表明，构件中部的纵向钢筋对限制斜裂缝的发展，改善其抗剪性能是有效的。

8.4.11　本条为强制性条文。本条规定了梁板式筏基底板的设计内容：抗弯计算、受冲切承载力计算、受

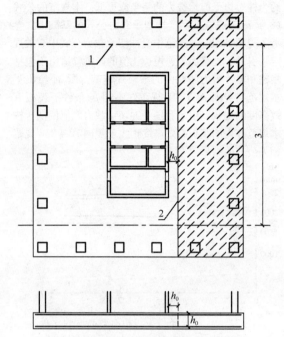

图 38　框架-核心筒下筏板受剪承载力
计算截面位置和计算
1—混凝土核心筒与柱之间的中分线；2—剪切计算截面；
3—验算单元的计算宽度 b

剪切承载力计算。为确保梁板式筏基底板设计的安全，在进行梁板式筏基底板设计时必须严格执行。

8.4.12　板的抗冲切机理要比梁的抗剪复杂，目前各国规范的受冲切承载力计算公式都是基于试验的经验公式。本规范梁板式筏基底板受冲切承载力和受剪承载力验算方法源于《高层建筑箱形基础设计与施工规程》JGJ 6 - 80。验算底板受剪承载力时，规程 JGJ 6 - 80 规定了以距墙边 h_0（底板的有效高度）处作为验算底板受剪承载力的部位。在本规范 2002 版编制时，对北京市十余幢已建的箱形基础进行调查及复算，调查结果表明按此规定计算的底板并没有发现异常现象，情况良好。表 21 和表 22 给出了部分已建工程有关箱形基础双向底板的信息，以及箱形基础双向底板按不同规范计算剪切所需的 h_0。分析比较结果表明，取距支座边缘 h_0 处作为验算双向底板受剪承载力的部位，并将梯形受荷面积上的平均净反力摊在（$l_{n2} - 2h_0$）上的计算结果与工程实际的板厚以及按 ACI 318 计算结果是十分接近的。

表 21　已建工程箱形基础双向底板信息表

序号	工程名称	板格尺寸（m×m）	地基净反力标准值（kPa）	支座宽度（m）	混凝土强度等级	底板实用厚度 h（mm）
①	海军医院门诊楼	7.2×7.5	231.2	0.60	C25	550
②	望京Ⅱ区 1 号楼	6.3×7.2	413.6	0.20	C25	850
③	望京Ⅱ区 2 号楼	6.3×7.2	290.4	0.20	C25	700

序号	工程名称	板格尺寸 (m×m)	地基净反力标准值 (kPa)	支座宽度 (m)	混凝土强度等级	底板实用厚度 h (mm)
④	望京Ⅱ区3号楼	6.3×7.2	384.0	0.20	C25	850
⑤	松榆花园1号楼	8.1×8.4	616.8	0.25	C35	1200
⑥	中鑫花园	6.15×9.0	414.4	0.30	C30	900
⑦	天创成	7.9×10.1	595.5	0.25	C30	1300
⑧	沙板庄小区	6.4×8.7	434.0	0.20	C30	1000

表22 已建工程箱形基础双向底板剪切计算分析

序号	双向底板剪切计算的 h_0 (mm)			按 GB 50007 双向底板冲切计算的 h_0 (mm)	工程实用厚度 h (mm)
	GB 50010	ACI-318	GB 50007		
	梯形土反力摊在 l_{n2} 上		梯形土反力摊在 $(l_{n2}-2h_0)$ 上		
	支座边缘	距支座边 h_0	距支座边 h_0		
①	600	584	514	470	550
②	1200	853	820	710	850
③	760	680	620	540	700
④	1090	815	770	670	850
⑤	1880	1160	1260	1000	1200
⑥	1210	915	824	700	900
⑦	2350	1355	1440	1120	1300
⑧	1300	950	890	740	1000

8.4.14 中国建筑科学研究院地基所黄熙龄和郭天强在他们的框架柱-筏基础模型试验报告中指出，在均匀地基上，上部结构刚度较好，柱网和荷载分布较均匀，且基础梁的截面高度大于或等于 1/6 的梁板式筏基基础，可不考虑筏板的整体弯曲，只按局部弯曲计算，地基反力可按直线分布。试验是在粉质黏土和碎石土两种不同类型的土层上进行的，筏基平面尺寸为 3220mm×2200mm，厚度为 150mm（图39），其上为三榀单层框架（图40）。试验结果表明，土质无论是粉质黏土还是碎石土，沉降都相当均匀（图41），筏

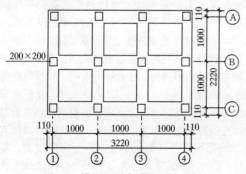

图39 模型试验加载梁平面图

板的整体挠曲度约为万分之三。基础内力的分布规律，按整体分析法（考虑上部结构作用）与倒梁法是一致的，且倒梁板法计算出来的弯矩值还略大于整体分析法（图42）。

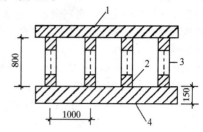

图40 模型试验(B)轴线剖面图
1—框架梁；2—柱；3—传感器；4—筏板

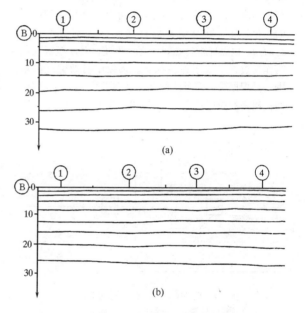

(a)

(b)

图41 (B)轴线沉降曲线
（a）粉质黏土；（b）碎石土

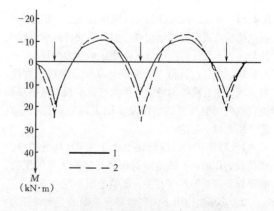

图42 整体分析法与倒梁板法弯矩计算结果比较
1—整体（考虑上部结构刚度）；2—倒梁板法

对单幢平板式筏基，当地基土比较均匀，地基压缩层范围内无软弱土层或可液化土层、上部结构刚度

较好、柱网和荷载较均匀、相邻柱荷载及柱间距的变化不超过 20%，上部结构刚度较好，筏板厚度满足受冲切承载力要求，且筏板的厚跨比不小于 1/6 时，平板式筏基可仅考虑局部弯曲作用。筏形基础的内力，可按直线分布进行计算。当不满足上述条件时，宜按弹性地基理论计算内力，分析时采用的地基模型应结合地区经验进行选择。

对于地基土、结构布置和荷载分布不符合本条要求的结构，如框架-核心筒结构等，核心筒和周边框架柱之间竖向荷载差异较大，一般情况下核心筒下的基底反力大于周边框架柱下基底反力，因此不适用于本条提出的简化计算方法，应采用能正确反映结构实际受力情况的计算方法。

8.4.16 工程实践表明，在柱宽及其两侧一定范围的有效宽度内，其钢筋配置量不应小于柱下板带配筋量的一半，且应能承受板与柱之间部分不平衡弯矩 $\alpha_m M_{unb}$，以保证板柱之间的弯矩传递，并使筏板在地震作用过程中处于弹性状态。条款中有效宽度的范围，是根据筏板较厚的特点，以小于 1/4 板跨为原则而提出来的。有效宽度范围如图 43 所示。

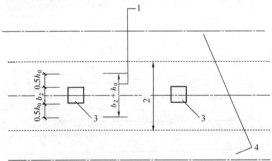

图 43 柱两侧有效宽度范围的示意
1—有效宽度范围内的钢筋应不小于柱下板带配筋量的一半，且能承担 $\alpha_m M_{unb}$；2—柱下板带；3—柱；4—跨中板带

8.4.18 本条为强制性条文。梁板式筏基基础梁和平板式筏基的顶面处与结构柱、剪力墙交界处承受较大的竖向力，设计时应进行局部受压承载力计算。

8.4.20 中国建筑科学研究院地基所黄熙龄、袁勋、宫剑飞、朱红波等对塔裙一体大底盘平板式筏形基础进行室内模型系列试验以及实际工程的原位沉降观测，得到以下结论：

1 厚筏基础（厚跨比不小于 1/6）具备扩散主楼荷载的作用，扩散范围与相邻裙房地下室的层数、间距以及筏板的厚度有关，影响范围不超过三跨。

2 多塔楼作用下大底盘厚筏基础的变形特征为：各塔楼独立作用下产生的变形效应通过以各个塔楼下面一定范围内的区域为沉降中心，各自沿径向向外围衰减。

3 多塔楼作用下大底盘厚筏基础的基底反力的

分布规律为：各塔楼荷载产出的基底反力以其塔楼下某一区域为中心，通过各自塔楼周围的裙房基础沿径向向外围扩散，并随着距离的增大而逐渐衰减。

4 大比例室内模型系列试验和工程实测结果表明，当高层建筑与相连的裙房之间不设沉降缝和后浇带时，高层建筑的荷载通过裙房基础向周围扩散并逐渐减小，因此与高层建筑紧邻的裙房基础下的地基反力相对较大，该范围内的裙房基础板厚度突然减小过多时，有可能出现基础板的截面承载力不够而发生破坏或其因变形过大出现裂缝。因此本条提出高层建筑及与其紧邻一跨的裙房筏板应采用相同厚度，裙房筏板的厚度宜从第二跨裙房开始逐渐变化。

5 室内模型试验结果表明，平面呈 L 形的高层建筑下的大面积整体筏形基础，筏板在满足厚跨比不小于 1/6 的条件下，裂缝发生在与高层建筑相邻的裙房第一跨和第二跨交接处的柱旁。试验结果还表明，高层建筑连同紧邻一跨的裙房其变形相当均匀，呈现出接近刚性板的变形特征。因此，当需要设置后浇带时，后浇带宜设在与高层建筑相邻裙房的第二跨内（见图 44）。

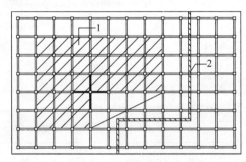

图 44 平面呈 L 形的高层建筑后浇带示意
1—L 形高层建筑；2—后浇带

8.4.21 室内模型试验和工程沉降观察以及反算结果表明，在同一大面积整体筏形基础上有多幢高层和低层建筑时，筏形基础的结构分析宜考虑上部结构、基础与地基土的共同作用，否则将得到与沉降测试结果不符的较小的基础边缘沉降值和较大的基础挠曲度。

8.4.22 高层建筑基础不但应满足强度要求，而且应有足够的刚度，方可保证上部结构的安全。本规范基础挠曲度 Δ/L 的定义为：基础两端沉降的平均值和基础中间最大沉降的差值与基础两端之间距离的比值。本条给出的基础挠曲 $\Delta/L = 0.5‰$ 限值，是基于中国建筑科学研究院地基所室内模型系列试验和大量工程实测分析得到的。试验结果表明，模型的整体挠曲变形曲线呈盆形，当 $\Delta/L > 0.7‰$ 时，筏板角部开始出现裂缝，随后底层边、角柱的根部内侧顺着基础整体挠曲方向出现裂缝。英国 Burland 曾对四幢直径为 20m 平板式筏基的地下仓库进行沉降观测，筏板厚度 1.2m，基础持力层为白垩层土。四幢地下仓库的整体挠曲变形曲线均呈反盆状（图 45），当基础挠

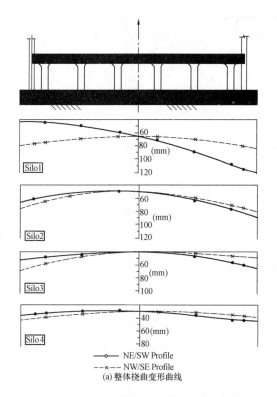
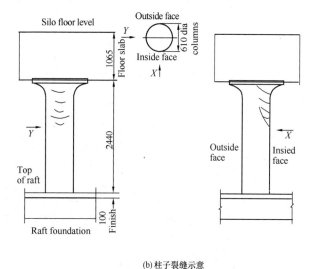

(a) 整体挠曲变形曲线 （b) 柱子裂缝示意

图 45　四幢地下仓库平板式筏基的整体挠曲变形曲线及柱子裂缝示意

曲度 $\Delta/L=0.45‰$ 时，混凝土柱子出现发丝裂缝，当 $\Delta/L=0.6‰$ 时，柱子开裂严重，不得不设置临时支撑。因此，控制基础挠曲度的是完全必要的。

8.4.23　中国建筑科学研究院地基所滕延京和石金龙对大底盘框架-核心筒结构筏板基础进行了室内模型试验，试验基坑内为人工换填的均匀粉土，深 2.5m，其下为天然地基老土。通过载荷板试验，地基土承载力特征值为 100kPa。试验模型比例 $i=6$，上部结构为 8 层框架-核心筒结构，其左右两侧各带 1 跨 2 层裙房，筏板厚度为 220mm，楼板厚度：1 层为 35mm，2 层为 50mm，框架柱尺寸为 150mm×150mm，大底盘结构模型平面及剖面见图46。

试验结果显示：

1　当筏板发生纵向挠曲时，在上部结构共同作用下，外扩裙房的角柱和边柱抑制了筏板纵向挠曲的发展，柱下筏板存在局部负弯矩，同时也使着基础整体挠曲方向的裙房底层边、角柱下端的内侧，以及底层边、角柱上端的外侧出现裂缝。

2　裙房的角柱内侧楼板出现弧形裂缝、顺着挠曲方向裙房的外柱内侧楼板以及主裙楼交界处的楼板均发生了裂缝，图47及图48为一层和二层楼板板面裂缝位置图。本条的目的旨在从构造上加强此类楼板的薄弱环节。

8.4.24　试验资料和理论分析都表明，回填土的质量影响着基础的埋置作用，如果不能保证填土和地下室外墙之间的有效接触，将减弱土对基础的约束作用，

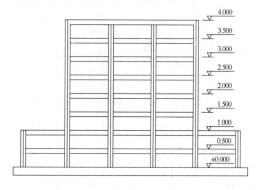
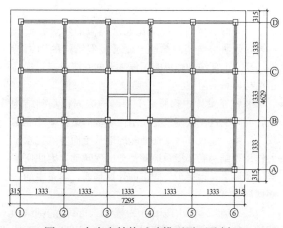

图 46　大底盘结构试验模型平面及剖面

降低基侧土对地下结构的阻抗。因此，应注意地下室四周回填土应均匀分层夯实。

8.4.25　20 世纪 80 年代，国内王前信、王有为曾对

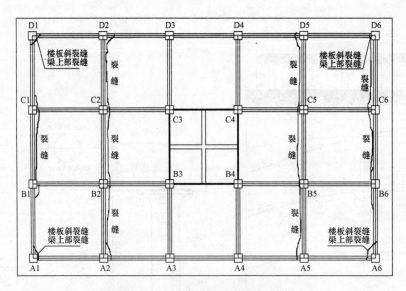

图47　一层楼板板面裂缝位置图

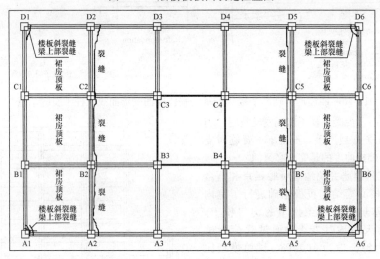

图48　二层楼板板面裂缝位置图

北京和上海 20 余栋 23m～58m 高的剪力墙结构进行脉动试验，结果表明由于上海的地基土质软于北京，建于上海的房屋自振周期比北京类似的建筑物要长 30%，说明了地基的柔性改变了上部结构的动力特性。反之上部结构也影响了地基土的黏滞效应，提高了结构体系的阻尼。

通常在设计中都假定上部结构嵌固在基础结构上，实际上这一假定只有在刚性地基的条件下才能实现。对绝大多数都属柔性地基的地基土而言，在水平力作用下结构底部以及地基都会出现转动，因此所谓嵌固实质上是指接近于固定的计算基面。本条中的嵌固即属此意。

1989 年，美国旧金山市一幢 257.9m 高的钢结构建筑，地下室采用钢筋混凝土剪力墙加强，其下为 2.7m 厚的筏板，基础持力层为黏性土和密实性砂土，基岩位于室外地面下 48m～60m 处。在强震作用下，地下室除了产生 52.4mm 的整体水平位移外，还产生了万分之三的整体转角。实测记录反映了两个基本事实：其一是厚筏基础四周外墙与土层紧密接触，且具有一定数量纵横内墙的地下室变形呈现出与刚体变形相似的特征；其二是地下结构的转角体现了柔性地基的影响。地震作用下，既然四周与土壤接触的具有外墙的地下室变形与刚体变形基本一致，那么在抗震设计中可假设地下结构为一刚体，上部结构嵌固在地下室的顶板上，而在嵌固部位处增加一个大小与柔性地基相同的转角。

对有抗震设防要求的高层建筑基础和地下结构设计中的一个重要原则是，要求基础和地下室结构应具有足够的刚度和承载力，保证上部结构进入非弹性阶段时，基础和地下室结构始终能承受上部结构传来的荷载并将荷载安全传递到地基上。因此，当地下一层结构顶板作为上部结构的嵌固部位时，为避免塑性铰转移到地下一层结构，保证上部结构在地震作用下能实现预期的耗能机制，本规范规定了地下一层的层间侧向刚度大于或等于与其相连的上部结构楼层刚度的1.5倍。地下室的内外墙与主楼剪力墙的间距符合条文中表8.4.25要求时，可将该范围内的地下室的内墙的刚度计入地下室层间侧向刚度内，但该范围内的侧向刚度不能重叠使用于相邻建筑，6度区和非抗震设计的建筑物可参照表8.4.25中的7度、8度区的要求适当放宽。

当上部结构嵌固地下一层结构顶板上时，为保证上部结构的地震等水平作用能有效通过楼板传递到地下室抗侧力构件中，地下一层结构顶板上开设洞口的面积不宜大于该层面积的30%；沿地下室外墙和内墙边缘的楼板不应有大洞口；地下一层结构顶板应采用梁板式楼盖；楼板的厚度、混凝土强度等级及配筋率不应过小。本规范提出地下一层结构顶板的厚度不应小于180mm的要求，不仅旨在保证楼板具有一定的传递水平作用的整体刚度，还旨在充分发挥其有效减小基础整体弯曲变形和基础内力的作用，使结构受力、变形更为合理、经济。试验和沉降观察结果的反演均显示了楼板参与工作后对降低基础整体挠曲度的贡献，基础整体挠曲度随着楼板厚度的增加而减小。

当不符合本条要求时，建筑物的嵌固部位可设在筏基的顶部，此时宜考虑基侧土对地下室外墙和基底土对地下室底板的抗力。

8.4.26 国内震害调查表明，唐山地震中绝大多数地面以上的工程均遭受严重破坏，而地下人防工程基本完好。如新华旅社上部结构为8层组合框架，8度设防，实际地震烈度为10度。该建筑物的梁、柱和墙体均遭到严重破坏（未倒塌），而地下室仍然完好。天津属软土区，唐山地震波及天津时，该地区的地震烈度为7度～8度，震后已有的人防地下室基本完好，仅人防通道出现裂缝。这不仅仅由于地下室刚度和整体性一般较大，还由于土层深处的水平地震加速度一般比地面小，因此当结构嵌固在基础顶面时，剪力墙底部加强部位的高度应从地下室顶板算起，但地下部分也应作为加强部位。国内震害还表明，个别与上部结构交接处的地下室柱头出现了局部压坏及剪坏现象。这表明在强震作用下，塑性铰的范围有向地下室发展的可能。因此，与上部结构底层相邻的那一层地下室是设计中需要加强的部位。有关地下室的抗震等级、构件的截面设计以及抗震构造措施参照现行国家标准《建筑抗震设计规范》GB 50011有关条款使用。

8.5 桩 基 础

8.5.1 摩擦型桩分为端承摩擦桩和摩擦桩，端承摩擦桩的桩顶竖向荷载主要由桩侧阻力承受；摩擦桩的桩端阻力可忽略不计，桩顶竖向荷载全部由桩侧阻力承受。端承型桩分为摩擦端承桩和端承桩，摩擦端承桩的桩顶竖向荷载主要由桩端阻力承受；端承桩的桩侧阻力可忽略不计，桩顶竖向荷载全部由桩端阻力承受。

8.5.2 同一结构单元的桩基，由于采用压缩性差异较大的持力层或部分采用摩擦桩，部分采用端承桩，常引起较大不均匀沉降，导致建筑物构件开裂或建筑物倾斜；在地震荷载作用下，摩擦桩和端承桩的沉降不同，如果同一结构单元的桩基同时采用部分摩擦桩和部分端承桩，将导致结构产生较大的不均匀沉降。

岩溶地区的嵌岩桩在成孔中常发生漏浆、塌孔和埋钻现象，给施工造成困难，因此应首先考虑利用上覆土层作为桩端持力层的可行性。利用上覆土层作为桩端持力层的条件是上覆土层必须是稳定的土层，其承载力及厚度应满足要求。上覆土层的稳定性的判定至关重要，在岩溶发育区，当基岩上覆土层为饱和砂类土时，应视为地面易塌陷区，不得作为建筑场地。必须用作建筑场地时，可采用嵌岩端承桩基础，同时采取勘探孔注浆等辅助措施。基岩面上为黏性土层，黏性土有一定厚度且无土洞存在或可溶性岩面上有砂岩、泥岩等非可溶岩层时，上覆土层可视为稳定土层。当上覆黏性土在岩溶水上下交替变化作用下可能形成土洞时，上覆土层也应视为不稳定土层。

在深厚软土中，当基坑开挖较深时，基底土的回弹可引起桩身上浮、桩身开裂，影响单桩承载力和桩身耐久性，应引起高度重视。设计时应考虑加强桩身配筋、支护结构设计时应采取防止基底隆起的措施，同时应加强坑底隆起的监测。

承台及地下室周围的回填土质量对高层建筑抗震性能的影响较大，规范均规定了填土压实系数不小于0.94。除要求施工中采取措施尽量保证填土质量外，可考虑改用灰土回填或增加一至两层混凝土水平加强条带，条带厚度不应小于0.5m。

关于桩、土、承台共同工作问题，各地区根据工程经验有不同的处理方法，如混凝土桩复合地基、复合桩基、减少沉降的桩基、桩基的变刚度调平设计等。实际操作中应根据建筑物的要求和岩土工程条件以及工程经验确定设计参数。无论采用哪种模式，承台下土层均应当是稳定土层。液化土、欠固结土、高灵敏度软土、新填土等皆属于不稳定土层，当沉桩引起承台土体明显隆起时也不宜考虑承台底土层的抗力作用。

8.5.3 本条规定了摩擦型桩的桩中心距限制条件，主要为了减少摩擦型桩侧阻力叠加效应及沉桩中对邻桩的影响，对于密集群桩以及挤土型桩，应加大桩距。非挤土桩当承台下桩数少于9根，且少于3排时，桩距可不小于2.5d。对于端承型桩，特别是非挤土端承桩和嵌岩桩桩距的限制可以放宽。

扩底灌注桩的扩底直径，不应大于桩身直径的3倍，是考虑到扩底施工的难易和安全，同时需要保持桩间土的稳定。

桩端进入持力层的最小深度，主要是考虑了在各类持力层中成桩的可能性和难易程度，并保证桩端阻力的发挥。

桩端进入破碎岩石或软质岩的桩，按一般桩来计算桩端进入持力层的深度。桩端进入完整和较完整的未风化、微风化、中等风化硬质岩石时，入岩施工困难，同时硬质岩已提供足够的端阻力。规范条文提出桩周边嵌岩最小深度为0.5m。

桩身混凝土最低强度等级与桩身所处环境条件有关。有关岩土及地下水的腐蚀性问题，牵涉腐蚀源、腐蚀类别、性质、程度、地下水位变化、桩身材料等诸多因素。现行国家标准《岩土工程勘察规范》GB 50021、《混凝土结构设计规范》GB 50010、《工业建筑防腐蚀设计规范》GB 50046、《混凝土结构耐久性设计规范》GB/T 50476 等不同角度作了相应的表述和规定。

为了便于操作，本条将桩身环境划分为非腐蚀环境（包括微腐蚀环境）和腐蚀环境两大类，对非腐蚀环境中桩身混凝土强度作了明确规定，腐蚀环境中的桩身混凝土强度、材料、最小水泥用量、水灰比、抗渗等级等还应符合相关规范的规定。

桩身埋于地下，不能进行正常维护和维修，必须采取措施保证其使用寿命，特别是许多情况下桩顶附近位于地下水位频繁变化区，对桩身混凝土及钢筋的耐久性应引起重视。

灌注桩水下浇筑混凝土目前大多采用商品混凝土，混凝土各项性能有保障的条件下，可将水下浇筑混凝土强度等级达到C45。

当场地位于坡地且桩端持力层和地面坡度超过10%时，除应进行场地稳定验算并考虑挤土桩对边坡稳定的不利影响外，桩身尚应通长配筋，用来增加桩身水平抗力。关于通长配筋的理解应该是钢筋长度达到设计要求的持力层需要的长度。

采用大直径长灌注桩时，宜将部分构造钢筋通长设置，用以验证孔径及孔深。

8.5.6 为保证桩基设计的可靠性，规定除设计等级为丙级的建筑物外，单桩竖向承载力特征值应采用竖向静载荷试验确定。

设计等级为丙级的建筑物可根据静力触探或标准贯入试验方法确定单桩竖向承载力特征值。用静力触探或标准贯入方法确定单桩承载力已有不少地区和单位进行过研究和总结，取得了许多宝贵经验。其他原位测试方法确定单桩竖向承载力的经验不足，规范未推荐。确定单桩竖向承载力时，应重视类似工程、邻近工程的经验。

试桩前的初步设计，规范推荐了通用的估算公式（8.5.6-1)，式中侧阻、端阻采用特征值，规范特别注明侧阻、端阻特征值应由当地载荷试验结果统计分析求得，减少全国采用同一表格所带来的误差。

嵌入完整和较完整的未风化、微风化、中等风化硬质岩石的嵌岩桩，规范给出了单桩竖向承载力特征值的估算式（8.5.6-2)，只计端阻。简化计算的意义在于硬质岩强度超过桩身混凝土强度，设计以桩身强度控制，桩长较小时再计入侧阻、嵌岩阻力等已无工程意义。当然，嵌岩桩并不是不存在侧阻力，有时侧阻和嵌岩阻力占有很大的比例。对于嵌入破碎岩和软质岩石中的桩，单桩承载力特征值则按公式（8.5.6-1）进行估算。

为确保大直径嵌岩桩的设计可靠性，必须确定桩底一定深度内岩体性状。此外，在桩底应力扩散范围内可能埋藏有相对软弱的夹层，甚至存在洞隙，应引起足够注意。岩层表面往往起伏不平，有隐伏沟槽存在，特别在碳酸盐类岩石地区，岩面石芽、溶槽密布，此时桩端可能落于岩面隆起或斜面处，有导致滑移的可能，因此，规范规定在桩底端应力扩散范围内应无岩体临空面存在，并确保基底岩体的稳定性。实践证明，作为基础施工图设计依据的详细勘察阶段的工作精度，满足不了这类桩设计施工的要求，因此，当基础方案选定之后，还应根据桩位及要求进行专门性的桩基勘察，以便针对各个桩的持力层选择入岩深度、确定承载力，并为施工处理等提供可靠依据。

8.5.7、8.5.8 单桩水平承载力与诸多因素相关，单桩水平承载力特征值应由单桩水平载荷试验确定。

规范特别写入了带承台桩的水平载荷试验。桩基抵抗水平力很大程度上依赖于承台侧面抗力，带承台桩基的水平载荷试验能反映桩基在水平力作用下的实际工作状况。

带承台桩基水平载荷试验采用慢速维持荷载法，用以确定长期荷载下的桩基水平承载力和地基土水平反力系数。加载分级及每级荷载稳定标准可按单桩竖向静载荷试验的办法。当加载至桩身破坏或位移超过30mm～40mm（软土取大值）时停止加载。卸载按2倍加载等级逐级卸载，每30min卸一级载，并于每次卸载前测读位移。

根据试验数据绘制荷载位移 H_0-X_0 曲线及荷载位移梯度 $H_0-(\Delta X_0/\Delta H_0)$ 曲线，取 $H_0-(\Delta X_0/\Delta H_0)$ 曲线的第一拐点为临界荷载，取第二拐点或 H_0-X_0 曲线的陡降起点为极限荷载。若桩身设有应力测读装置，还可根据最大弯矩点变化特征综合判定临界荷载和极限荷载。

对于重要工程，可模拟承台顶竖向荷载的实际状况进行试验。

水平荷载作用下桩基内各单桩的抗力分配与桩数、桩距、桩身刚度、土质性状、承台形式等诸多因素有关。

水平力作用下的群桩效应的研究工作不深入，条文规定了水平力作用面的桩距较大时，桩基的水平承载力可视为各单桩水平承载力的总和，实际上在低桩承台的前提下应注重采取措施充分发挥承台底面及侧面土的抗力作用，加强承台间的连系等。当承台周围填土质量有保证时，应考虑土的抗力作用按弹性抗力法进行计算。

用斜桩来抵抗水平力是一项有效的措施，在桥梁桩基中采用较多。但在一般工业与用民建筑中则很少采用，究其原因是依靠承台埋深大多可以解决水平力的问题。

8.5.9 单桩抗拔承载力特征值应通过单桩竖向抗拔载荷试验确定，并应加载至破坏，试验数量，同条件下的桩不应少于 3 根且不应少于总抗拔桩数的 1%。

8.5.10 本条为强制性条文。为避免基桩在受力过程中发生桩身强度破坏，桩基设计时应进行基桩的桩身强度验算，确保桩身混凝土强度满足桩的承载力要求。

8.5.11 鉴于桩身强度计算中并未考虑荷载偏心、弯矩作用、瞬时荷载的影响等因素，因此，桩身强度设计必须留有一定富裕。在确定工作条件系数时考虑了承台下的土质情况、抗震设防等级、桩长、混凝土浇筑方法、混凝土强度等级以及桩型等因素。本次修订中适当提高了灌注桩的工作条件系数，补充了预应力混凝土管桩工作条件系数。考虑到高强度离心混凝土的延性差、加之沉桩中对桩身混凝土的损坏、加工过程中已对桩身施加轴向预应力等因素，结合日本、广东省的经验，将工作条件系数规定为 0.55～0.65。

日本、美国及广东省等规定管桩允许承载力（相当于承载力特征值）应满足下式要求：

$$R_a \leqslant 0.25(f_{cu,k} - \sigma_{pc})A_G$$

式中：$f_{cu,k}$——桩身混凝土立方体抗压强度；

σ_{pc}——桩身混凝土有效预应力值（约为 4MPa～10MPa）；

A_G——桩身混凝土横截面积。

$$Q \leqslant 0.33(f_{cu,k} - \sigma_{pc})A_G$$

$$f_{cu,k} = [2.18(C60) \sim 2.23(C80)]f_c$$

PHC 桩：

$$Q \leqslant 0.33\,(2.23f_c - \sigma_{pc})\,A_G$$

当 $\sigma_{pc} = 4MPa$ 时

$$Q \leqslant 0.33\,(2.23f_c - 0.11f_c)\,A_G$$

$$Q \leqslant 0.699f_c A_G$$

当 $\sigma_{pc} = 10MPa$ 时

$$Q \leqslant 0.33\,(2.23f_c - 0.28f_c)\,A_G$$

$$Q \leqslant 0.644f_c A_G$$

PC 桩：

$$Q \leqslant 0.33\,(2.18f_c - \sigma_{pc})\,A_G$$

当 $\sigma_{pc} = 4MPa$ 时

$$Q \leqslant 0.33\,(2.18f_c - 0.145f_c)\,A_G$$

$$Q \leqslant 0.67f_c A_G$$

当 $\sigma_{pc} = 10MPa$ 时

$$Q \leqslant 0.33\,(2.18f_c - 0.36f_c)\,A_G$$

$$Q \leqslant 0.6f_c A_G$$

考虑到当前管桩生产质量、软土中的抗震要求、沉桩中桩身混凝土受损以及接头焊接时高温对桩身混凝土的损伤等因素，将工作条件系数定为 0.55～0.65 是合理的。

8.5.12 非腐蚀性环境中的抗拔桩，桩身裂缝宽度应满足设计要求。预应力混凝土管桩因增加钢筋直径有困难，考虑其钢筋直径较小，耐久性差，所以裂缝控制等级应为二级，即混凝土拉应力不应超过混凝土抗拉强度设计值。

腐蚀性环境中，考虑桩身钢筋耐久性，抗拔桩和受水平力或弯矩较大的桩不允许桩身混凝土出现裂缝。预应力混凝土管桩裂缝等级应为一级（即桩身混凝土不出现拉应力）。

预应力管桩作为抗拔桩使用时，近期出现了数起桩身抗拔破坏的事故，主要表现在主筋墩头与端板连接处拉脱，同时管桩的接头焊缝耐久性也有问题，因此，在抗拔构件中应慎用预应力混凝土管桩。必须使用时应考虑以下几点：

1 预应力筋必须锚入承台；

2 截桩后应考虑预应力损失，在预应力损失段的桩外围应包裹钢筋混凝土；

3 宜采用单节管桩；

4 多节管桩可考虑通长灌芯，另行设置通长的抗拔钢筋，或将抗拔承载力留有余地，防止墩头拔出。

5 端板与钢筋的连接强度应满足抗拔力要求。

8.5.13 本条为强制性条文。地基基础设计强调变形控制原则，桩基础也应按变形控制原则进行设计。本条规定了桩基沉降计算的适用范围以及控制原则。

8.5.15 软土中摩擦桩的桩基础沉降计算是一个非常复杂的问题。纵观许多描述桩基实际沉降和沉降发展过程的文献可知，土体中桩基沉降实质是由桩身压缩、桩端刺入变形和桩端平面以下土层受群桩荷载共同作用产生的整体压缩变形等多个主要分量组成。摩擦桩基础的沉降是历时数年、甚至更长时间才能完成的过程，加荷瞬间完成的沉降只占总沉降中的小部分。大部分沉降都是与时间发展有关的沉降，也就是由于固结或流变产生的沉降。因此，摩擦型桩基础的沉降不是用简单的弹性理论就能描述的问题，这就是为什么依据弹性理论公式的各种桩基沉降计算方法，在实际工程的应用中往往都与实测结果存在较大的出入，即使经过修正，两者也只能在某一范围内比较接近的原因。

近年来越来越多的研究人员和设计人员理解了，目前借用弹性理论的公式计算桩基沉降，实质是一种经验拟合方法。

从经验拟合这一观点出发，本规范推荐 Mindlin 方法和考虑应力扩散以及不考虑应力扩散的实体深基础方法。修订组收集了部分软土地区 62 栋房屋沉降实测资料和工程计算资料，将大量实际工程的长期沉降观测资料与各种计算方法的计算值对比，经过统计分析，最后推荐了桩基础最终沉降量计算的经验修正系数。考虑应力扩散以及不考虑应力扩散的实体深基础方法计算沉降量和沉降计算深度都有差异，从统计意义上沉降量计算的经验修正系数差异不大。

8.5.16 20 世纪 80 年代上海市开始采用为控制沉降而设置桩基的方法，取得显著的社会经济效益。目前天津、湖北、福建等省市也相继应用了上述方法。开发这种方法是考虑桩、土、承台共同工作时，基础的承载力可以满足要求，而下卧层变形过大，此时采用摩擦型桩旨在减少沉降，以满足建筑物的使用要求。以控制沉降为目的设置桩基是指直接用沉降量指标来确定用桩的数量。能否实行这种设计方法，必须要有当地的经验，特别是符合当地工程实践的桩基沉降计算方法。直接用沉降量确定用桩数量后，还必须满足本条所规定的使用条件和构造措施。上述方法的基本原则有三点：

一、设计用桩数量可以根据沉降控制条件，即允许沉降量计算确定。

二、基础总安全度不能降低，应按桩、土和承台共同作用的实际状态来验算。桩土共同工作是一个复杂的过程，随着沉降的发展，桩、土的荷载分担不断变化，作为一种最不利状态的控制，桩顶荷载可能接近或等于单桩极限承载力。为了保证桩基的安全度，规定按承载力特征值计算的桩群承载力与土承载力之和大于或等于作用的标准组合产生的作用在桩基承台顶面的竖向力与承台及其上土自重之和。

三、为保证桩、土和承台共同工作，应采用摩擦型桩，使桩基产生可以容许的沉降，承台底不致脱空，在桩基沉降过程中充分发挥桩端持力层的抗力。同时桩端还要置于相对较好的土层中，防止沉降过大，达不到预期控制沉降的目的。为保证承台底不脱空，当承台底土为欠固结土或承载力利用价值不大的软土时，尚应对其进行处理。

8.5.18 本条是桩基承台的弯矩计算。

1 承台试件破坏过程的描述

中国石化总公司洛阳设计院和郑州工学院曾就桩台受弯问题进行专题研究。试验中发现，凡属抗弯破坏的试件均呈梁式破坏的特点。四桩承台试件采用均布方式配筋，试验时初始裂缝首先在承台两个对应的一边或两边中部或中部附近产生，之后在两个方向交替发展，并逐渐演变成各种复杂的裂缝而向承台中部合拢，最后形成各种不同的破坏模式。三桩承台试件是采用梁式配筋，承台中部因无配筋而抗裂性能较差，初始裂缝多由承台中部开始向外发展，最后形成各种不同的破坏模式。可以得出，不论是三桩试件还是四桩试件，它们在开裂破坏的过程中，总是在两个

方向上互相交替承担上部主要荷载，而不是平均承担，也即是交替起着梁的作用。

2 推荐的抗弯计算公式

通过对众多破坏模式的理论分析，选取图 49 所示的四种典型模式作为公式推导的依据。

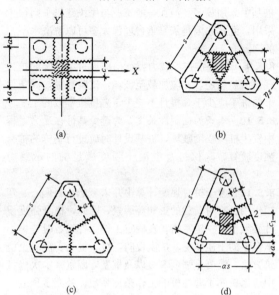

图 49 承台破坏模式

(a) 四桩承台；(b) 等边三桩承台（一）；(c) 等边三桩承台（二）；(d) 等腰三桩承台

1）图 49a 四桩承台破坏模式系屈服线将承台分成很规则的若干块几何块体。设块体为刚性的，变形略去不计，最大弯矩产生于屈服线处，该弯矩全部由钢筋来承担，不考虑混凝土的拉力作用，则利用极限平衡方法并按悬臂梁计算。

$$M_x = \sum (N_i y_i)$$
$$M_y = \sum (N_i x_i)$$

2）图 49b 是等边三桩承台具有代表性的破坏模式，可利用钢筋混凝土板的屈服线理论，按机动法的基本原理来推导公式得：

$$M = \frac{N_{max}}{3}\left(s - \frac{\sqrt{3}}{2}c\right) \qquad (1)$$

由图 49c 的等边三桩承台最不利破坏模式，可得另一个公式即：

$$M = \frac{N_{max}}{3}s \qquad (2)$$

式（1）考虑屈服线产生在柱边，过于理想化；式（2）未考虑柱子的约束作用，是偏于安全的。根据试件破坏的多数情况，采用（1）、（2）二式的平均值为规范的推荐公式（8.5.18-3）：

$$M = \frac{N_{max}}{3}\left(s - \frac{\sqrt{3}}{4}c\right)$$

3）由图 49d，等腰三桩承台典型的屈服线基本上都垂直于等腰三桩承台的两个腰，当试件在长跨产

生开裂破坏后，才在短跨内产生裂缝。因此根据试件的破坏形态并考虑梁的约束影响作用，按梁的理论给出计算公式。

在长跨，当屈服线通过柱中心时：

$$M_1 = \frac{N_{\max}}{3}s \tag{3}$$

当屈服线通过柱边缝时：

$$M_1 = \frac{N_{\max}}{3}\left(s - \frac{1.5}{\sqrt{4-a^2}}c_1\right) \tag{4}$$

式（3）未考虑柱子的约束影响，偏于安全；而式（4）考虑屈服线通过往边缘处，又不够安全，今采用两式的平均值作为推荐公式（8.5.18-4）：

$$M_1 = \frac{N_{\max}}{3}\left(s - \frac{0.75}{\sqrt{4-a^2}}c_1\right)$$

上述所有三桩承台计算的 M 值均指由柱截面形心到相应承台边的板带宽度范围内的弯矩，因而可按此相应宽度采用三向配筋。

8.5.19 柱对承台的冲切计算方法，本规范在编制时曾考虑了以下两种计算方法：方法一为冲切临界截面取柱边 $0.5h_0$ 处，当冲切临界截面与桩相交时，冲切力扣除相交那部分单桩承载力，采用这种计算方法的国家有美国、新西兰，我国 20 世纪 90 年代前一些设计单位亦多采用此法；方法二为冲切锥体取柱边或承台变阶处至相应桩顶内边缘连线所构成的锥体并考虑了冲跨比的影响，原苏联及我国《建筑桩基技术规范》JGJ 94 均采用这种方法。计算结果表明，这两种方法求得的柱对承台冲切所需的有效高度是十分接近的，相差约 5% 左右。考虑到方法一在计算过程中需要扣除冲切临界截面与柱相交那部分面积的单桩承载力，为避免计算上繁琐，本规范推荐采用方法二。

本规范公式（8.5.19-1）中的冲切系数是按 $\lambda=1$ 时与我国现行《混凝土结构设计规范》GB 50010 的受冲切承载力公式相衔接，即冲切破坏锥体与承台底面的夹角为 45° 时冲切系数 $\alpha=0.7$ 提出来的。

图 50 及图 51 分别给出了采用本规范和美国 ACI 318 计算的一典型九桩承台内柱对承台冲切、角桩对承台冲切所需的承台有效高度比较表，其中桩径为 800mm，柱距为 2400mm，方柱尺寸为 1550mm，承台宽度为 6400mm。按本规范算得的承台有效高度与美国 ACI 318 规范相比较略偏于安全。但是，美国钢筋混凝土学会 CRSI 手册认为由角桩荷载引起的承台角隅 45° 剪切破坏较之角桩冲切破坏更为不利，因此尚需验算距柱边 h_0 承台角隅 45° 处的抗剪强度。

8.5.20 本条为强制性条文。桩基承台的柱边、变阶处等部位剪力较大，应进行斜截面抗剪承载力验算。

8.5.21 桩基承台的抗剪计算，在小剪跨比的条件下具有深梁的特征。关于深梁的抗剪问题，近年来我国已发表了一系列有关的抗剪强度试验报告以及抗剪承载力计算文章，尽管文章中给出的抗剪承载力的表达

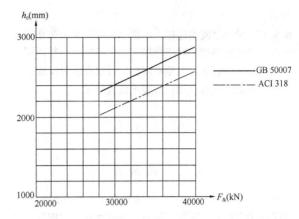

图 50　内柱对承台冲切承台有效高度比较

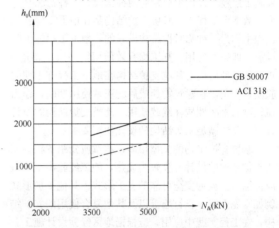

图 51　角桩对承台冲切承台有效高度比较

式不尽相同，但结果具有很好的一致性。本规范提出的剪切系数是通过分析和比较后确定的，它已能涵盖深梁、浅梁不同条件的受剪承载力。图 52 给出了一典型的九桩承台的柱边剪切所需的承台有效高度比较表，按本规范求得的柱边剪切所需的承台有效高度与美国 ACI 318 规范求得的结果是相当接近的。

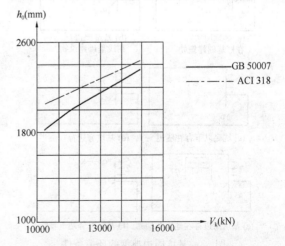

图 52　柱边剪切承台有效高度比较

8.5.22 本条为强制性条文。桩基承台与柱、桩交界处承受较大的竖向力，设计时应进行局部受压承载力

计算。

8.5.23 承台之间的连接，通常应在两个互相垂直的方向上设置连系梁。对于单层工业厂房排架柱基础横向跨度较大、设置连系梁有困难，可仅在纵向设置连系梁，在端部应按基础设计要求设置地梁。

9 基坑工程

9.1 一般规定

9.1.1 基坑支护结构是在建筑物地下工程建造时为确保土方开挖，控制周边环境影响在允许范围内的一种施工措施。设计中通常有两种情况，一种情况是在大多数基坑工程中，基坑支护结构是在地下工程施工过程中作为一种临时性结构设置的，地下工程施工完成后，即失去作用，其工程有效使用期一般不超过2年；另一种情况是基坑支护结构在地下工程施工期间起支护作用，在建筑物建成后的正常使用期间，作为建筑物的永久性构件继续使用，此类支护结构的设计计算，还应满足永久结构的设计使用要求。

基坑支护结构的类型很多，本章所介绍的桩、墙式支护结构的设计计算较为成熟，施工经验丰富，适应性强，是较为安全可靠的支护形式。其他支护形式例如水泥土墙，土钉墙等以及其他复合使用的支护结构，在工程实践中应用，应根据地区经验设计施工。

9.1.2 基坑支护结构的功能是为地下结构的施工创造条件、保证施工安全，并保证基坑周围环境得到应有的保护。图53列出了几种基坑周边典型的环境条件。基坑工程设计与施工时，应根据场地的地质条件

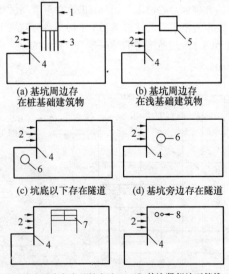

(a) 基坑周边存   (b) 基坑周边存
在桩基础建筑物   在浅基础建筑物

(c) 坑底以下存在隧道   (d) 基坑旁边存在隧道

(e) 基坑周边存在地铁车站   (f) 基坑紧邻地下管线

图 53　基坑周边典型的环境条件

1—建筑物；2—基坑；3—桩基；4—围护墙；
5—浅基础建筑物；6—隧道；7—地铁车站；
8—地下管线

及具体的环境条件，通过有效的工程措施，满足对周边环境的保护要求。

9.1.3 本条为强制性条文。本条规定了基坑支护结构设计的基本原则，为确保基坑支护结构设计的安全，在进行基坑支护结构设计时必须严格执行。

基坑支护结构设计应从稳定、强度和变形三个方面满足设计要求：

1 稳定：指基坑周围土体的稳定性，即不发生土体的滑动破坏，因渗流造成流砂、流土、管涌以及支护结构、支撑体系的失稳。

2 强度：支护结构，包括支撑体系或锚杆结构的强度应满足构件强度和稳定设计的要求。

3 变形：因基坑开挖造成的地层移动及地下水位变化引起的地面变形，不得超过基坑周围建筑物、地下设施的变形允许值，不得影响基坑工程基桩的安全或地下结构的施工。

基坑工程施工过程中的监测应包括对支护结构和对周边环境的监测，并提出各项监测要求的报警值。随基坑开挖，通过对支护结构桩、墙及其支撑系统的内力、变形的测试，掌握其工作性能和状态。通过对影响区域内的建筑物、地下管线的变形监测，了解基坑降水和开挖过程中对其影响的程度，作出在施工过程中基坑安全性的评价。

9.1.4 基坑支护结构设计时，应规定支护结构的设计使用年限。基坑工程的施工条件一般均比较复杂，且易受环境及气象因素影响，施工周期宜短不宜长。支护结构设计的有效期一般不宜超过2年。

基坑工程设计时，应根据支护结构破坏可能产生后果的严重性，确定支护结构的安全等级。基坑工程的事故和破坏，通常受设计、施工、现场管理及地下水控制条件等多种因素影响。其中对于不按设计要求施工及管理水平不高等因素，应有相应的有效措施加以控制，对支护结构设计的安全等级，可按表23的规定确定。

表 23　基坑支护结构的安全等级

安全等级	破坏后果	适用范围
一级	很严重	有特殊安全要求的支护结构
二级	严重	重要的支护结构
三级	不严重	一般的支护结构

基坑支护结构施工或使用期间可能遇到设计时无法预测的不利荷载条件，所以基坑支护结构设计采用的结构重要性系数的取值不宜小于1.0。

9.1.5 不同设计等级基坑工程设计原则的区别主要体现在变形控制及地下水控制设计要求。对设计等级为甲级的基坑变形计算除基坑支护结构的变形外，尚应进行基坑周边地面沉降以及周边被保护对象的变形计算。对场地水文地质条件复杂、设计等级为

甲级的基坑应作地下水控制的专项设计，主要目的是要在充分掌握场地地下水规律的基础上，减少因地下水处理不当对周边建（构）筑物以及地下管线的损坏。

9.1.6 基坑工程设计时，对土的强度指标的选用，主要应根据现场土体的排水条件及固结条件确定。

三轴试验受力明确，又可控制排水条件，因此，在基坑工程中确定土的强度指标时规定应采用三轴剪切试验方法。

软黏土灵敏度高，受扰动后强度下降明显。这种黏土矿物颗粒在一定条件下从凝聚状态迅速过渡到胶溶状态的现象，称为"触变现象"。深厚软黏土中的基坑，在扰动源作用下，随着基坑变形的发展，灵敏黏土强度降低的现象是不可忽视的。

9.1.7 基坑设计时对变形的控制主要考虑因土方开挖和降水引起的对基坑周边环境的影响。基坑施工不可避免地会对周边建（构）筑物等产生附加沉降和水平位移，设计时应控制建（构）筑物等地基的总变形值（原有变形加附加变形）不得超过地基的允许变形值。

土方开挖使坑内土体产生隆起变形和侧移，严重时将使坑内工程桩偏位、开裂甚至断裂。设计时应明确对土方开挖过程的要求，保证对工程桩的正常使用。

9.1.9 本条为强制性条文。基坑开挖是大面积的卸载过程，将引起基坑周边土体应力场变化及地面沉降。降雨或施工用水渗入土体会降低土体的强度和增加侧压力，饱和黏性土随着基坑暴露时间延长和经扰动，坑底土强度逐渐降低，从而降低支护体系的安全度。基底暴露后应及时铺筑混凝土垫层，这对保护坑底土不受施工扰动、延缓应力松弛具有重要的作用，特别是雨期施工中作用更为明显。

基坑周边荷载，会增加墙后土体的侧向压力，增大滑动力矩，降低支护体系的安全度。施工过程中，不得随意在基坑周围堆土，形成超过设计要求的地面超载。

9.2 基坑工程勘察与环境调查

9.2.1 拟建建筑物的详细勘察，大多数是沿建筑物外轮廓布置勘探工作，往往使基坑工程的设计和施工依据的地质资料不足。本条要求勘察及勘探范围应超出建筑物轮廓线，一般取基坑周围相当基坑深度的2倍，当有特殊情况时，尚需扩大范围。勘探点的深度一般不应小于基坑深度的2倍。

9.2.2 基坑工程设计时，对土的强度指标有较高要求，在勘察手段上，要求钻探取样与原位测试并重，综合确定提供设计计算用的强度指标。

9.2.3 基坑工程的水文地质勘察，应查明场地地下水类型、潜水、承压水的埋置分布特点，明确含水层

及相对隔水层的成因及动态变化特征。通过室内及现场水文地质实验，提供各土层的水平向与垂直向的渗透系数。对于需进行地下水控制专项设计的基坑工程，应对场地含水层及地下水分布情况进行现场抽水试验，计算含水层水文地质参数。

抽水试验的目的：

1 评价含水层的富水性，确定含水层组单井涌水量，了解含水层组水位状况，测定承压水头；

2 获取含水层组的水文地质参数；

3 确定抽水试验影响范围。

抽水试验的成果资料应包括：在成井过程中，井管长度、成井井管、滤水管排列情况、洗井情况等的详细记录；绘制各抽水井及观测井的 s-t 曲线、s-lgt 曲线，恢复水位 s-lgt 曲线以及各组抽水试验的 Q-s 关系曲线和 q-s 关系曲线。确定土层的渗透系数、影响半径、单位涌水量等参数。

9.2.4 越冬基坑受土的冻胀影响评价需要土的相关参数，特殊性土也需其相关设计参数。

9.2.6 国外关于基坑围护墙后地表的沉降形状（Peck，1969；Clough，1990；Hsieh 和 Ou，1998等）及上海地区的工程实测资料表明，墙后地表沉降的主要影响区域为2倍基坑开挖深度，而在2倍～4倍开挖深度范围内为次影响区域，即地表沉降由较小值衰减到可以忽略不计。因此本条规定，一般情况下环境调查的范围为2倍开挖深度。但当有重要的建（构）筑物如历代优秀建筑、有精密仪器与设备的厂房、其他采用天然地基或短桩基础的重要建筑物、轨道交通设施、隧道、防汛墙、共同沟、原水管、自来水总管、燃气总管等重要建（构）筑物或设施位于2倍～4倍开挖深度范围内时，为了能全面掌握基坑可能对周围环境产生的影响，也应对这些环境情况作调查。环境调查一般包括如下内容：

1 对于建筑物应查明其用途、平面位置、层数、结构形式、材料强度、基础形式与埋深、历史沿革及现状、荷载、沉降、倾斜、裂缝情况、有关竣工资料（如平面图、立面图和剖面图等）及保护要求等；对历代优秀建筑，一般建造年代较远，保护要求较高，原设计图纸等资料也可能不齐全，有时需要通过专门的房屋结构质量检测与鉴定，对结构的安全性作出综合评价，以进一步确定其抵抗变形的能力。

2 对于隧道、防汛墙、共同沟等构筑物应查明其平面位置、埋深、材料类型、断面尺寸、受力情况及保护要求等。

3 对于管线应查明其平面位置、直径、材料类型、埋深、接头形式、压力、输送的物质（油、气、水等）、建造年代及保护要求等，当无相关资料时可进行必要的地下管线探测工作。

4 环境调查的目的是明确环境的保护要求，从而得到其变形的控制标准，并为基坑工程的环境影响

分析提供依据。

9.3 土压力与水压力

9.3.2 自然状态下的土体内水平向有效应力，可认为与静止土压力相等。土体侧向变形会改变其水平应力状态。最终的水平应力，随着变形的大小和方向可呈现出两种极限状态（主动极限平衡状态和被动极限平衡状态），支护结构处于主动极限平衡状态时，受主动土压力作用，是侧向土压力的最小值。

按作用的标准组合计算土压力时，土的重度取平均值，土的强度指标取标准值。

库仑土压理论和朗肯土压理论是工程中常用的两种经典土压理论，无论用库仑或朗肯理论计算土压力，由于其理论的假设与实际工作情况有一定的出入，只能看作是近似的方法，与实测数据有一定差异。一些试验结果证明，库仑土压力理论在计算主动土压力时，与实际较为接近。在计算被动土压力时，其计算结果与实际相比，往往偏大。

静止土压力系数（k_0）宜通过试验测定。当无试验条件时，对正常固结土也可按表24估算。

表24 静止土压力系数 k_0

土类	坚硬土	硬—可塑 黏性土、粉质黏性、砂土	可—软塑 黏性土	软塑 黏性土	流塑 黏性土
k_0	0.2~0.4	0.4~0.5	0.5~0.6	0.6~0.75	0.75~0.8

对于位移要求严格的支护结构，在设计中宜按静止土压力作为侧向土压力。

9.3.3 高地下水位地区土压力计算时，常涉及水土分算与水土合算两种算法。水土分算采用浮重度计算土的竖向有效应力，如果采用有效应力强度理论，水土分算当然是合理的。但当支护结构内外土体中存在渗流现象和超静孔隙水压力时，特别是在黏性土层中，孔隙压力场的计算是比较复杂的。这时采用半经验的总应力强度理论可能更简便。本规范对饱和黏性土的土压力计算，推荐总应力强度理论水土合算法。

在基坑工程场地范围内，当会出现存在多个含水土层及相对隔水层的情况，各含水层的水头也常存在差异，从区域水文地质条件分析，也存在层间越流补给的条件。计算作用在支护结构上的侧向水压力时，可将含水层的水头近似按潜水位水头进行计算。

9.3.5 作用在支护结构上的土压力及其分布规律取决于支护体的刚度及侧向位移条件。

刚性支护结构的土压力分布可由经典的库仑和朗肯土压力理论计算得到，实测结果表明，只要支护结构的顶部的位移不小于其底部的位移，土压力沿垂直方向分布可按三角形计算。但是，如果支护结构底部

位移大于顶部位移，土压力将沿高度呈曲线分布，此时，土压力的合力较上述典型条件要大10%~15%，在设计中应予注意。

相对柔性的支护结构的位移及土压力分布情况比较复杂，设计时应根据具体情况分析，选择适当的土压力值，有条件时土压力值应采用现场实测、反演分析等方法总结地区经验，使设计更加符合实际情况。

9.4 设 计 计 算

9.4.1 结构按承载能力极限状态设计中，应考虑各种作用组合，由于基坑支护结构是房屋地下结构施工过程中的一种围护结构，结构使用期短。本条规定，基坑支护结构的基本组合的效应设计值可采用简化计算原则，按下式确定：

$$S_d = \gamma_F S \left(\sum_{i \geqslant 1} G_{ik} + \sum_{j \geqslant 1} Q_{jk} \right)$$

式中：γ_F ——作用的综合分项系数；

G_{ik} ——第 i 个永久作用的标准值；

Q_{jk} ——第 j 个可变作用的标准值。

作用的综合分项系数 γ_F 可取 1.25，但对于轴向受力为主的构件，γ_F 应取 1.35。

9.4.2 支护结构的入土深度应满足基坑支护结构稳定性及变形验算的要求，并结合地区工程经验综合确定。按上述要求确定了入土深度，但支护结构的底部位于软土或液化土层中时，支护结构的入土深度应适当加大，支护结构的底部应进入下卧较好的土层。

9.4.4 基坑工程在城市区域的环境保护问题日益突出。基坑设计的稳定性仅是必要条件，大多数情况下的主要控制条件是变形，从而使得基坑工程的设计从强度控制转向变形控制。

1 基坑工程设计时，应根据基坑周边环境的保护要求来确定基坑的变形控制指标。严格地讲，基坑工程的变形控制指标（如围护结构的侧移及地表沉降）应根据基坑周边环境对附加变形的承受能力及基坑开挖对周围环境的影响程度来确定。由于问题的复杂性，在很多情况下，确定基坑周围环境对附加变形的承受能力是一件非常困难的事情，而要较准确地预测基坑开挖对周边环境的影响程度也往往存在较大的难度，因此也就难以针对某个具体工程提出非常合理的变形控制指标。此时根据大量已成功实施的工程实践统计资料来确定基坑的变形控制指标不失为一种有效的方法。上海市《基坑工程技术规范》DG/TJ 08-61 就是采用这种方法并根据基坑周围环境的重要性程度及其与基坑的距离，提出了基坑变形设计控制指标（如表25所示），可作为变形控制设计时的参考。

表 25　基坑变形设计控制指标

环境保护对象	保护对象与基坑距离关系	支护结构最大侧移	坑外地表最大沉降
优秀历史建筑、有精密仪器与设备的厂房、其他采用天然地基或短桩基础的重要建筑物、轨道交通设施、隧道、防汛墙、原水管、自来水总管、煤气总管、共同沟等重要建（构）筑物或设施	$s \leqslant H$	0.18%H	0.15%H
	$H < s \leqslant 2H$	0.3%H	0.25%H
	$2H < s \leqslant 4H$	0.7%H	0.55%H
较重要的自来水管、燃气管、污水管等市政管线、采用天然地基或短桩基础的建筑物等	$s \leqslant H$	0.3%H	0.25%H
	$H < s \leqslant 2H$	0.7%H	0.55%H

注：1　H 为基坑开挖深度，s 为保护对象与基坑开挖边线的净距；

2　位于轨道交通设施、优秀历史建筑、重要管线等环境保护对象周边的基坑工程，应遵照政府有关文件和规定执行。

不同地区不同的土质条件，支护结构的位移对周围环境的影响程度不同，各地区应积累工程经验，确定变形控制指标。

2　目前预估基坑开挖对周边环境的附加变形主要有两种方法。一种是建立在大量基坑统计资料基础上的经验方法，该方法预测的是地表沉降，并不考虑周围建（构）筑物存在的影响，可以用来间接评估基坑开挖引起周围环境的附加变形。上海市《基坑工程技术规范》DG/TJ 08-61 提出了如图 54 所示的地表沉降曲线分布，其中最大地表沉降 δ_{vm} 可根据其与围护结构最大侧移 δ_{hm} 的经验关系来确定，一般可取 $\delta_{vm} = 0.8\delta_{hm}$。

另一种方法是有限元法，但在应用时应有可靠的

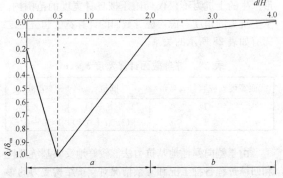

图 54　围护墙后地表沉降预估曲线

δ_v / δ_{vm}—坑外某点的沉降/最大沉降；d/H—坑外地表某点围护墙外侧的距离/基坑开挖深度；a—主影响区域；b—次影响区域

工程实测数据为依据，且该方法分析得到的结果宜与经验方法进行相互校核，以确认分析结果的合理性。采用有限元法分析时应合理地考虑分析方法、边界条件、土体本构模型的选择及计算参数、接触面的设置、初始地应力场的模拟、基坑施工的全过程模拟等因素。

关于建筑物的允许变形值，表 26 是根据国内外有关研究成果给出的建筑物在自重作用下的差异沉降与建筑物损坏程度的关系，可作为确定建筑物对基坑开挖引起的附加变形的承受能力的参考。

表 26　各类建筑物在自重作用下的差异沉降与建筑物损坏程度的关系

建筑结构类型	δ/L（L 为建筑物长度，δ 为差异沉降）	建筑物的损坏程度
1　一般砖墙承重结构，包括有内框架的结构，建筑物长高比小于 10；有圈梁；天然地基（条形基础）	达 1/150	分隔墙及承重砖墙发生相当多的裂缝，可能发生结构破坏
2　一般钢筋混凝土框架结构	达 1/150	发生严重变形
	达 1/300	分隔墙或外墙产生裂缝等非结构性破坏
	达 1/500	开始出现裂缝
3　高层刚性建筑（箱形基础、桩基）	达 1/250	可观察到建筑物倾斜
4　有桥式行车的单层排架结构的厂房；天然地基或桩基	达 1/300	桥式行车运转困难，不调整轨道难运行，分割墙有裂缝
5　有斜撑的框架结构	达 1/600	处于安全极限状态
6　一般对沉降差反应敏感的机器基础	达 1/850	机器使用可能会发生困难，处于可运行的极限状态

3　基坑工程是支护结构施工、降水以及基坑开挖的系统工程，其对环境的影响主要分如下三类：支护结构施工过程中产生的挤土效应或土体损失引起的相邻地面隆起或沉降；长时间、大幅度降低地下水可能引起地面沉降，从而引起邻近建（构）筑物及地下管线的变形及开裂；基坑开挖时产生的不平衡力、软黏土发生蠕变和坑外水土流失而导致周围土体及围护墙向开挖区发生侧向移动、地面沉降及坑底隆起，从而引起紧邻建（构）筑物及地下管线的侧移、沉降或倾斜。因此除从设计方面采取有关环境保护措施外，还应从支护结构施工、地下水控制及开挖三个方面分

别采取相关措施保护周围环境。必要时可对被保护的建（构）筑物及管线采取土体加固、结构托换、架空管线等防范措施。

9.4.5 支护结构计算的侧向弹性抗力法来源于单桩水平力计算的侧向弹性地基法。用理论方法计算桩的变位和内力时，通常采用文克尔假定的竖向弹性地基梁的计算方法。地基水平抗力系数的分布图式常用的有：常数法、"k"法、"m"法、"c"法等。不同分布图式的计算结果，往往相差很大。国内常采用"m"法，假定地基水平抗力系数（K_x）随深度正比例增加，即 $K_x = mz$，z 为计算点的深度，m 称为地基水平抗力系数的比例系数。按弹性地基梁法求解桩的弹性曲线微分方程式，即可求得桩身各点的内力及变位值。基坑支护桩计算的侧向弹性抗力法，即相当于桩受水平力作用计算的"m"法。

1 地基水平抗力系数的比例系数 m 值

m 值不是一个定值，与现场地质条件，桩身材料与刚度，荷载水平与作用方式以及桩顶水平位移取值大小等因素有关。通过理论分析可得，作用在桩顶的水平力与桩顶位移 X 的关系如下式所示：

$$X = \frac{H}{\alpha^3 EI} A \qquad (5)$$

式中：H——作用在桩顶的水平力（kN）；

$\quad\quad A$——弹性长桩按"m"法计算的无量纲系数；

$\quad\quad EI$——桩身的抗弯刚度；

$\quad\quad \alpha$——桩的水平变形系数，$\alpha = \sqrt[5]{\dfrac{mb_0}{EI}}$（1/m），

其中 b_0 为桩身计算宽度（m）。

无试验资料时，m 值可从表 27 中选用。

表 27　非岩石类土的比例系数 m 值表

地基土类别	预制桩、钢桩		灌注桩	
	m (MN/m⁴)	相应单桩地面处水平位移 (mm)	m (MN/m⁴)	相应单桩地面处水平位移 (mm)
淤泥、淤泥质土和湿陷性黄土	2~4.5	10	2.5~6.0	6~12
液塑（$I_L > 1$）、软塑（$0 < I_L \leqslant 1$）状黏性土、$e > 0.9$ 粉土、松散粉细砂、松散填土	4.5~6.0	10	6~14	4~8
可塑（$0.25 < I_L \leqslant 0.75$）状黏性土、$e = 0.9$ 粉土、湿陷性黄土、稍密和中密的填土、稍密细砂	6.0~10.0	10	14~35	3~6
硬塑（$0 < I_L \leqslant 0.25$）和坚硬（$I_L \leqslant 0$）的黏性土、湿陷性黄土、$e < 0.9$ 粉土、中密的中粗砂、密实老黄土	10.0~22.0	10	35~100	2~5
中密和密实的砾砂、碎石类土			100~300	1.5~3

2 基坑支护桩的侧向弹性地基抗力法，借助于单桩水平力计算的"m"法，基坑支护桩内力分析的计算简图如图 55 所示。

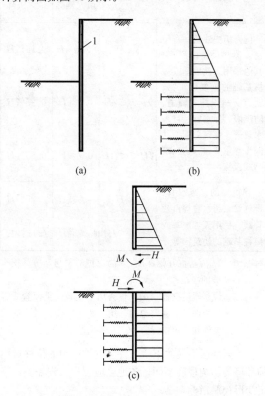

图 55　侧向弹性地基抗力法
1—支护桩

图 55 中，（a）为基坑支护桩，（b）为基坑支护桩上作用的土压力分布图，在开挖深度范围内通常取主动土压力分布图式，支护桩入土部分，为侧向受力的弹性地基梁（如 c 所示），地基反力系数取"m"法图形，内力分析时，常按杆系有限元——结构矩阵分析解法即可求得支护桩身的内力、变形解。

当采用密排桩支护时，土压力可作为平面问题计算。当桩间距比较大时，形成分离式排桩墙。桩身变形产生的土抗力不仅仅局限于桩自身宽度的范围内。从土抗力的角度考虑，桩身截面的计算宽度和桩径之间有如表 28 所示的关系。

表 28　桩身截面计算宽度 b_0（m）

截面宽度 b 或直径 d（m）	圆桩	方桩
> 1	$0.9(d + 1)$	$b + 1$
$\leqslant 1$	$0.9(1.5d + 0.5)$	$1.5b + 0.5$

由于侧向弹性地基抗力法能较好地反映基坑开挖和回填过程各种工况和复杂情况对支护结构受力的影响，是目前工程界最常用的基坑设计计算方法。

9.4.6 基坑因土体的强度不足，地下水渗流作用而造成基坑失稳，包括：支护结构倾覆失稳；基坑内外侧土体整体滑动失稳；基坑底土因承载力不足而隆

起；地层因地下水渗流作用引起流土、管涌以及承压水突涌等导致基坑工程破坏。本条将基坑稳定性归纳为：支护桩、墙的倾覆稳定；基坑底土隆起稳定；基坑边坡整体稳定；坑底土渗流、突涌稳定四个方面，基坑设计时必须满足上述四方面的验算要求。

1 基坑稳定性验算，采用单一安全系数法，应满足下式要求：

$$\frac{R}{S_d} \geqslant K \tag{6}$$

式中：K——各类稳定安全系数；

R——土体抗力极限值；

S_d——承载能力极限状态下基本组合的效应设计值，但其分项系数均为 1.0，当有地区可靠工程经验时，分项系数也可按地区经验确定。

2 基坑稳定性验算时，所选用的强度指标的类别，稳定验算方法与安全系数取值之间必须配套。当按附录 V 进行各项稳定验算时，土的抗剪强度指标的选用，应符合本规范第 9.1.6 条的规定。

3 土坡及基坑内外土体的整体稳定性计算，可按平面问题考虑，宜采用圆弧滑动面计算。有软土夹层和倾斜岩面等情况时，尚需采用非圆弧滑动面计算。

对不同情况的土坡及基坑整体稳定性验算，最危险滑动面上诸力对滑动中心所产生的滑动力矩与抗滑力矩应符合下式要求：

$$M_S \leqslant \frac{1}{K_R} M_R \tag{7}$$

式中：M_S、M_R——分别为对于危险滑弧面上滑动力矩和抗滑力矩（kN·m）；

K_R——整体稳定抗滑安全系数。

M_S 计算中，当有地下水存在时，坑外土条零压线（浸润线）以上的土条重度取天然重度，以下的土条取饱和重度。坑内土条取浮重度。

验算整体稳定时，对于开挖区，有条件时可采用卸荷条件下的抗剪强度指标进行验算。

4 基坑底隆起稳定性验算，实质上是软土地基承载力不足造成，故用 $\varphi = 0$ 的承载力公式进行验算。

当桩底土为一般黏性土时，上海市《基坑工程技术规范》DG/TJ 08-61 提出了适用于一般黏性土的抗隆起计算公式。

板式支护体系按承载能力极限状态验算绕最下道内支撑点的抗隆起稳定性时（图 56），应满足式（8）的要求：

$$M_{SLK} \leqslant \frac{M_{RLK}}{K_{RL}} \tag{8}$$

$$M_{RLK} = K_a \tan \varphi_k \left\{ \frac{D'}{2} \gamma h_0'^2 + q_k D' h_0' + \frac{\pi}{4} (q_k + \gamma h_0') D'^2 \right.$$

$$+ \gamma D'^3 \left[\frac{1}{3} + \frac{1}{3} \cos^3 \alpha - \frac{1}{2} \left(\frac{\pi}{2} - \alpha \right) \sin \alpha \right.$$

$$\left. + \frac{1}{2} \sin^2 \alpha \cos \alpha \right] \right\} + \tan \varphi_k \left\{ \frac{\pi}{4} (q_k + \gamma h_0') D'^2 + \gamma D'^3 \right.$$

$$\left[\frac{2}{3} + \frac{2}{3} \cos \alpha - \frac{\sin \alpha}{2} \left(\frac{\pi}{2} - \alpha \right) - \frac{1}{6} \sin^2 \alpha \cos \alpha \right] \right\}$$

$$+ c_k [D' h_0' + D'^2 (\pi - \alpha)]$$

$$M_{SLK} = \frac{1}{3} \gamma D'^3 \sin \alpha + \frac{1}{6} \gamma D'^2 (D' - D) \cos^2 \alpha$$

$$+ \frac{1}{2} (q_k + \gamma h_0') D'^2 \tag{9}$$

$$k_a = \tan^2 \left(\frac{\pi}{4} - \frac{\varphi_k}{2} \right) \tag{10}$$

式中：M_{RLK}——抗隆起力矩值（kN·m/m）；

M_{SLK}——隆起力矩值（kN·m/m）；

α——如图 56 所示（弧度）；

γ——围护墙底以上地基各土层天然重度的加权平均值（kN/m³）；

D——围护墙在基坑开挖面以下的入土深度（m）；

D'——最下一道支撑距墙底的深度（m）；

K_a——主动土压力系数；

c_k、φ_k——滑裂面上地基土的黏聚力标准值（kPa）和内摩擦角标准值（°）的加权平均值；

h_0'——最下一道支撑距地面的深度（m）；

q_k——坑外地面荷载标准值（kPa）；

K_{RL}——抗隆起安全系数。设计等级为甲级的基坑工程取 2.5；乙级的基坑工程取 2.0；丙级的基坑工程取 1.7。

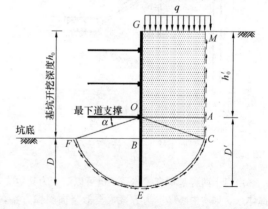

图 56 坑底抗隆起计算简图

5 桩、墙式支护结构的倾覆稳定性验算，对悬臂式支护结构，在附录 V 中采用作用在墙内外的土压力引起的力矩平衡的方法验算，抗倾覆稳定性安全系数应大于或等于 1.30。

对于带支撑的桩、墙式支护体系，支护结构的抗倾覆稳定性又称抗踢脚稳定性，踢脚破坏为作用与围护结构两侧的土压力均达到极限状态，因而使得围护结构（特别是围护结构插入坑底以下的部分）大量地向开挖区移动，导致基坑支护失效。本条取最下道支撑或锚拉点以下的围护结构作为脱离体，将作用于围护结构上的外力进行力矩平衡分析，从而求得抗倾覆分项系数。需指出的是，抗倾覆力矩项中本应包括支护结构的桩身抗力力矩，但由于其值相对而言要小得多，因此在本条的计算公式中不考虑。

9.5 支护结构内支撑

9.5.1 常用的内支撑体系有平面支撑体系和竖向斜撑体系两种。

平面支撑体系可以直接平衡支撑两端支护墙上所受到的侧压力，且构造简单，受力明确，适用范围较广。但当构件长度较大时，应考虑平面受弯及弹性压缩对基坑位移的影响。此外，当基坑两侧的水平作用力相差悬殊时，支护墙的位移会通过水平支撑而相互影响，此时应调整支护结构的计算模型。

竖向斜撑体系（图57）的作用是将支护墙上侧压力通过斜撑传到基坑开挖面以下的地基上。它的施工流程是：支护墙完成后，先对基坑中部的土层采取放坡开挖，然后安装斜撑，再挖除四周留下的土坡。对于平面尺寸较大，形状不很规则，但深度较浅的基坑采用竖向斜撑体系施工比较简单，也可节省支撑材料。

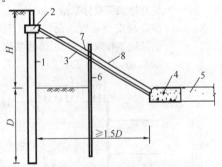

图57 竖向斜撑体系

1—围护墙；2—墙顶梁；3—斜撑；4—斜撑基础；
5—基础压杆；6—立柱；7—系杆；
8—土堤

由以上两种基本支撑体系，也可以演变为其他支撑体系。如"中心岛"为方案，类似竖向斜撑方案，先在基坑中部放坡挖土，施工中部主体结构，然后利用完成的主体结构安装水平支撑或斜撑，再挖除四周留下的土坡。

当必须利用支撑构件兼作施工平台或栈桥时，除应满足内支撑体系计算的有关规定外，尚应满足作业平台（或栈桥）结构的承载力和变形要求，因此需另行设计。

9.5.2 基坑支护结构的内力和变形分析大多采用平面杆系模型进行计算。通常把支撑系统结构视为平面框架，承受支护桩传来的侧向力。为避免计算模型产生"漂移"现象，应在适当部位加设水平约束或采用"弹簧"等予以约束。

当基坑周边的土层分布或土性差异大，或坑内挖深差异大，不同的支护桩其受力条件相差较大时，应考虑支撑系统节点与支撑桩支点之间的变形协调。这时应采用支撑桩与支撑系统结合在一起的空间结构计算简图进行内力分析。

支撑系统中的竖向支撑立柱，应按偏心受压构件计算。计算时除应考虑竖向荷载作用外，尚应考虑支撑横向水平力对立柱产生的弯矩，以及土方开挖时，作用在立柱上的侧向土压力引起的弯矩。

9.5.3 本条为强制性条文。当采用内支撑结构时，支撑结构的设置与拆除是支撑结构设计的重要内容之一，设计时应有针对性地对支撑结构的设置和拆除过程中的各种工况进行设计计算。如果支撑结构的施工与设计工况不一致，将可能导致基坑支护结构发生承载力、变形、稳定性破坏。因此支撑结构的施工，包括设置、拆除、土方开挖等，应严格按照设计工况进行。

9.6 土层锚杆

9.6.1 土层锚杆简称土锚，其一端与支护桩、墙连接，另一端锚固在稳定土层中，作用在支护结构上的水土压力，通过自由端传递至锚固段，对支护结构形成锚拉支承作用。因此，锚固段不宜设置在软弱或松散的土层中，锚拉式支承的基坑支护，基坑内部开敞，为挖土、结构施工创造了空间，有利于提高施工效率和工程质量。

9.6.3 锚杆有多种破坏形式，当依靠锚杆保持结构系统稳定的构件时，设计必须仔细校核各种可能的破坏形式。因此除了要求每根土锚必须能够有足够的承载力之外，还必须考虑包括土锚和地基在内的整体稳定性。通常认为锚固段所需的长度是由于承载力的需要，而土锚所需的总长度则取决于稳定的要求。

在土锚支护结构稳定分析中，往往设有许多假定，这些假定的合理程度，有一定的局限性，因此各种计算往往只能作为工程安全性判断的参考。不同的使用者根据不尽相同的计算方法，采用现场试验和现场监测来评价工程的安全度对重要工程来说是十分必要的。

稳定计算方法依建筑物形状而异。对围护系统这类承受土压力的构筑物，必须进行外部稳定和内部稳定两方面的验算。

1 外部稳定计算

所谓外部稳定是指锚杆、围护系统和土体全部合在一起的整体稳定，见图58a。整个土锚均在土体的深滑裂面范围之内，造成整体失稳。一般采用圆弧法具体试算边坡的整体稳定。土锚长度必须超过滑动面，要求稳定安全系数不小于1.30。

2 内部稳定计算

所谓内部稳定计算是指土锚与支护墙基础假想支点之间深滑动面的稳定验算，见图58b。内部稳定最常用的计算是采用 Kranz 稳定分析方法，德国 DIN4125、日本 JSFD1-77 等规范都采用此法，也有的国家如瑞典规范推荐用 Brows 对 Kranz 的修正方法。我国有些锚定式支挡工程设计中采用 Kranz 方法。

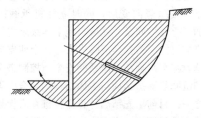

(a) 土体深层滑动(外部稳定)

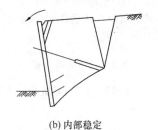

(b) 内部稳定

图58　锚杆的整体稳定

9.6.4　锚杆设计包括构件和锚固体截面、锚固段长度、自由段长度、锚固结构稳定性等计算或验算内容。

锚杆支护体系的构造如图59所示。

锚杆支护体系由挡土构筑物、腰梁及托架、锚杆三个部分所组成，以保证施工期间的基坑边坡稳定与安全，见图59。

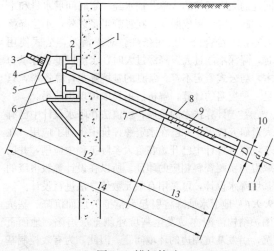

图59　锚杆构造

1—构筑物；2—腰梁；3—螺母；4—垫板；5—台座；6—托架；7—套管；8—锚固体；9—钢拉杆；10—锚固体直径；11—拉杆直径；12—非锚固段长 L_0；13—有效锚固段长 L_a；14—锚杆全长 L

9.6.5　锚杆预应力筋张拉施工工艺控制系数，应根据锚杆张拉工艺特点确定。当锚杆钢筋或钢绞线为单根时，张拉施工工艺控制系数可取 1.0。当锚杆钢筋或钢绞线为多根时，考虑到张拉施工时锚杆钢筋或钢绞线受力的不均匀性，张拉施工工艺控制系数可取 0.9。

9.6.6　土层锚杆的锚固段长度及锚杆轴向拉力特征值应根据土层锚杆锚杆试验（附录 Y）的规定确定。

9.7　基坑工程逆作法

9.7.4　支护结构与主体结构相结合，是指在施工期间利用地下结构外墙或地下结构的梁、板、柱兼作基坑支护体系，不设置或仅设置部分临时围护支护体系的支护方法。与常规的临时支护方法相比，基坑工程采用支护结构与主体结构相结合的设计施工方法具有诸多优点，如由于可同时向地上和地下施工因而可以缩短工程的施工工期；水平梁板支撑刚度大，挡土安全性高，围护结构和土体的变形小，对周围的环境影响小；采用封闭逆作施工，施工现场文明；已完成的地面层可充分利用，地面层先行完成，无需架设栈桥，可作为材料堆置场或施工作业场；避免了采用大量临时支撑的浪费现象，工程经济效益显著。

利用地下结构兼作基坑的支护结构，基坑开挖阶段与永久使用阶段的荷载状况和结构状况有较大的差别，因此应分别进行设计和验算，同时满足各种工况下的承载力极限状态和正常使用阶段极限状态的设计要求。

支护结构作为主体地下结构的一部分时，地下结构梁板与地下连续墙、竖向支承结构之间的节点连接是需要重点考虑的内容。所谓变形协调，主要指地下结构尚未完工之前，处于支护结构承载状态时，其变形与沉降量及差异沉降均应在限值规定内，保证在地下结构完工、转换成主体工程基础承载时，与主体结构设计对变形和沉降要求一致，同时要求承载转换前后，结构的节点连接和防水构造等均应稳定可靠，满足设计要求。

9.7.5　"两墙合一"的安全性和可靠性已经得到工程界的普遍认同，并在全国得到了大量应用，已经形成了一整套比较成熟的设计方法。"两墙合一"地下连续墙具有良好的技术经济效果：（1）刚度大、防水性能好；（2）将基坑临时围护墙与永久地下室外墙合二为一，节省了常规地下室外墙的工程量；（3）不需要施工操作空间，可减少直接土方开挖量，并且无需再施工换撑板带和进行回填土工作，经济效果明显，尤其对于红线退界紧张或地下室与邻近建（构）筑物距离极近的地下工程，"两墙合一"可大大减小围护体所占空间，具有其他围护形式无可替代的优势；（4）基坑开挖到坑底后，在基础内部结构由下而上施工过程中，"两墙合一"的设计无需再施工地下室外墙，因此比常规两墙分离的工程施工工期要节省，同时也避免了长期困扰地下室外墙浇筑施工过程中混凝土的收缩裂缝问题。

9.7.6 主体地下结构的水平构件用作支撑时，其设计应符合下列规定：

1 结构水平构件与支撑相结合的设计中可用梁板结构体系作为水平支撑，该结构体系受力明确，可根据施工需要在梁间开设孔洞，并在梁周边预留止水片，在逆作法结束后再浇筑封闭；也可采用结构楼板后作的梁格体系，在开挖阶段仅浇筑框架梁作为内支撑，梁格空间均可作为出土口，基础底板浇筑后再封闭楼板结构。另外，结构水平构件与支撑相结合设计中也可采用无梁楼盖作为水平支撑，其整体性好、支撑刚度大，且便于结构模板体系的施工。在无梁楼盖上设置施工孔洞时，一般需设置边梁并附加止水构造。无梁楼盖一般在梁柱节点位置设置一定长宽的柱帽，逆作阶段竖向支承钢立柱的尺寸一般占柱帽尺寸的比例较小，因此，无梁楼盖体系梁柱节点位置钢筋穿越矛盾相对梁板体系缓和、易于解决。

对用作支撑的结构水平构件，当采用梁板体系且结构开口较多时，可简化为仅考虑梁系的作用，进行在一定边界条件下及在周边水平荷载作用下的封闭框架的内力和变形计算，其计算结果是偏安全的。当梁板体系需考虑板的共同作用，或结构为无梁楼盖时，应采用有限元的方法进行整体计算分析，根据计算分析结果并结合工程概念和经验，合理确定用于结构构件设计的内力。

2 支护结构与主体结构相结合的设计方法中，作为竖向支承的立柱桩其竖向变形应严格控制。立柱桩的竖向变形主要包含两个方面：一方面为基坑开挖卸荷引起的立柱向上的回弹隆起；另一方面为已施工完成的水平结构和施工荷载等竖向荷重的加载作用下，立柱桩的沉降。立柱桩竖向变形量和立柱桩间的差异变形过大时，将引发对已施工完成结构的不利结构次应力，因此在主体地下水平结构构件设计时，应通过验算采取必要的措施以控制有害裂缝的产生。

3 主体地下水平结构作为基坑施工期的水平支撑，需承受坑外传来的水土侧向压力。因此水平结构应具有直接的、完整的传力体系。如同层楼板面标高出现较大的高差时，应通过计算采取有效的转换结构以利于水平力的传递。另外，应在结构楼板出现较大面积的缺失区域以及地下各层水平结构梁板的结构分缝以及施工后浇带等位置，通过计算设置必要的水平支撑传力体系。

9.7.7 竖向支承结构的设计应符合下列规定：

1 在支护结构与主体结构相结合的工程中，由于逆作阶段结构梁板的自重相当大，立柱较多采用承载力较高而断面小的角钢拼接格构柱或钢管混凝土柱。

2 立柱应根据其垂直度允许偏差计入竖向荷载偏心的影响，偏心距应按计算跨度乘以允许偏差，并按双向偏心考虑。支护结构与主体结构相结合的工程中，利用各层地下结构梁板作为支护结构的水平内支撑体系。水平支撑的刚度可假定为无穷大，因而钢立柱假定为无水平位移。

3 立柱桩在上部荷载及基坑开挖土体应力释放的作用下，发生竖向变形，同时立柱桩承载的不均匀，增加了立柱桩间及立柱桩与地下连续墙之间产生较大沉降的可能，若差异沉降过大，将会使支撑系统产生裂缝，甚至影响结构体系的安全。控制整个结构的不均匀沉降是支护结构与主体结构相结合施工的关键技术之一。目前事先精确计算立柱桩在底板封闭前的沉降或上抬量还有一定困难，完全消除沉降差也是不可能的，但可通过桩底后注浆等措施，增大立柱桩的承载力并减小沉降，从而达到控制立柱沉降差的目的。

9.8 岩体基坑工程

9.8.1～9.8.6 本节给出岩石基坑和岩土组合基坑的设计原则。

9.9 地下水控制

9.9.1 在高地下水位地区，深基坑工程设计施工中的关键问题之一是如何有效地实施对地下水的控制。地下水控制失效也是引发基坑工程事故的重要源头。

9.9.3 基坑降水设计时对单井降深的计算，通常采用解析法用裘布衣公式计算。使用时，应注意其适用条件，裘布衣公式假定：（1）进入井中的水流主要是径向水流和水平流；（2）在整个水流深度上流速是均匀一致的（稳定流状态）。要求含水层是均质、各向同性的无限延伸的。单井抽水经一定时间后水量和水位均趋稳定，形成漏斗，在影响半径以外，水位降落为零，才符合公式使用条件。对于潜水，公式使用时，降深不能过大。降深过大时，水流以垂直分量为主，与公式假定不符。常见的基坑降水计算资料，只是一种粗略的计算，解析法不易取得理想效果。

鉴于计算技术的发展，数值法在降水设计中已有大量研究成果，并已在水资源评价中得到了应用。在基坑降水设计中已开始在重大实际工程中应用，并已取得与实测资料相应的印证。所以在设计等级甲级的基坑降水设计，可采用有限元数值方法进行设计。

9.9.6 地下水抽降将引起大范围的地面沉降。基坑围护结构渗漏亦易发生基坑外侧土层坍陷、地面下沉，引发基坑周边的环境问题。因此，为有效控制基坑周边的地面变形，在高地下水位地区的甲级基坑或基坑周边环境保护要求严格时，应进行基坑降水和环境保护的地下水控制专项设计。

地下水控制专项设计应包括降水设计、运营管理以及风险预测及应对等内容：

    1 制定基坑降水设计方案：

      1）进行工程地下水风险分析，浅层潜水降水的影响，疏干降水效果的估计；

      2）承压水突涌风险分析。

    2 基坑抗突涌稳定性验算。

    3 疏干降水设计计算，疏干井数量，深度。

    4 减压设计，当对下部承压水采取减压降水时，确定减压井数量、深度以及减压运营的要求。

    5 减压降水的三维数值分析，渗流数值模型的建立，减压降水结果的预测。

    6 减压降水对环境影响的分析及应采取的工程措施。

    7 支护桩、墙渗漏风险的预测及应对措施。

    8 降水措施与管理措施：

      1）现场排水系统布置；

      2）深井构造、设计、降水井标准；

      3）成井施工工艺的确定；

      4）降水井运行管理。

深基坑降水和环境保护的专项设计，是一项比较复杂的设计工作。与基坑支护结构（或隔水帷幕）周围的地下水渗流特征及场地水文地质条件、支护结构及隔水帷幕的插入深度、降水井的位置等有关。

10　检验与监测

10.1　一般规定

10.1.1　为设计提供依据的试验为基本试验，应在设计前进行。基本试验应加载到极限或破坏，为设计人员提供足够的设计依据。

10.1.2　为验证设计结果或为工程验收提供依据的试验为验收检验。验收检验是利用工程桩、工程锚杆等进行试验，其最大加载量不应小于设计承载力特征值的2倍。

10.1.3　抗拔桩的验收检验应控制裂缝宽度，满足耐久性设计要求。

10.2　检　验

10.2.1　本条为强制性条文。基槽（坑）检验工作应包括下列内容：

    1 应做好验槽（坑）准备工作，熟悉勘察报告，了解拟建建筑物的类型和特点，研究基础设计图纸及环境监测资料。当遇有下列情况时，应列为验槽（坑）的重点：

      1）当持力土层的顶板标高有较大的起伏变化时；

      2）基础范围内存在两种以上不同成因类型的地层时；

      3）基础范围内存在局部异常土质或坑穴、古井、老地基或古迹遗址时；

      4）基础范围内遇有断层破碎带、软弱岩脉以及古河道、湖、沟、坑等不良地质条件时；

      5）在雨期或冬期等不良气候条件下施工，基底土质可能受到影响时。

    2 验槽（坑）应首先核对基槽（坑）的施工位置。平面尺寸和槽（坑）底标高的容许误差，可视具体的工程情况和基础类型确定。一般情况下，槽（坑）底标高的偏差应控制在0mm～50mm范围内；平面尺寸，由设计中心线向两边量测，长、宽尺寸不应小于设计要求。

验槽（坑）方法宜采用轻型动力触探或袖珍贯入仪等简便易行的方法，当持力层下埋藏有下卧砂层而承压水头高于基底时，则不宜进行钎探，以免造成涌砂。当施工揭露的岩土条件与勘察报告有较大差别或者验槽（坑）人员认为必要时，可有针对性地进行补充勘察测试工作。

    3 基槽（坑）检验报告是岩土工程的重要技术档案，应做到资料齐全，及时归档。

10.2.2　复合地基提高地基承载力、减少地基变形的能力主要是设置了增强体，与地基土共同作用的结果，所以复合地基应对增强体施工质量进行检验。复合地基载荷试验由于试验的压板面积有限，考虑到大面积荷载的长期作用结果与小面积短时荷载作用的试验结果有一定的差异，故需要对载荷板尺寸限制。条形基础和独立基础复合地基载荷试验的压板宽度的确定宜考虑面积置换率和褥垫层厚度，基础宽度不大时应取基础宽度，基础宽度较大，试验条件达不到时应取较薄厚度褥垫层。

对遇水软化、崩解的风化岩、膨胀性土等特殊土层，不可仅根据试验数据评价承载力等，尚应考虑由于试验条件与实际施工条件的差异带来的潜在风险，试验结果宜考虑一定的折减。

10.2.3　在压实填土的施工过程中，取样检验分层土的厚度视施工机械而定，一般情况下宜按200mm～500mm分层进行检验。

10.2.4　利用贯入仪检验垫层质量，通过现场对比试验确定其击数与干密度的对应关系。

垫层质量的检验可采用环刀法；在粗粒土垫层中，可采用灌水法、灌砂法进行检验。

10.2.5　预压处理的软弱地基，应在预压区内预留孔位，在预压前后堆载不同阶段进行原位十字板剪切试验和取土室内土工试验，检验地基处理效果。

10.2.6　强夯地基或强夯置换地基载荷试验的压板面积应考虑压板的尺寸效应，应采用大压板载荷试验，根据处理深度的大小，压板面积可采用$1m^2 \sim 4m^2$，压板最小直径不得小于1m。

10.2.7　砂石桩对桩体采用动力触探方法检验，对桩间土采用标准贯入、静力触探或其他原位测试方法进行检验可检测砂石桩及桩间土的挤密效果。如处理可液化地层时，可按标准贯入击数来检验砂性土的抗液化性。

10.2.8、10.2.9 水泥土搅拌桩进行标准贯入试验后对成桩质量有怀疑时可采用双管单动取样器对桩身钻芯取样，制成试块，测试桩身实际强度。钻孔直径不宜小于108mm。由于取芯和试样制作原因，桩身钻芯取样测试的桩身强度应该是较高值，评价时应给予注意。

单桩载荷试验和复合地基载荷试验是检验水泥土搅拌桩质量的最直接有效的方法，一般在龄期28d后进行。

10.2.10 本条为强制性条文。刚性桩复合地基单桩的桩身完整性检测可采用低应变法；单桩竖向承载力检测可采用静载荷试验；刚性桩复合地基承载力可采用单桩或多桩复合地基载荷试验。当施工工艺对地基土承载力影响较小、有地区经验时，可采用单桩静载荷试验和桩间土静载荷试验结果确定刚性桩复合地基承载力。

10.2.11 预制打入桩、静力压桩应提供经确认的桩顶标高、桩底标高、桩端进入持力层的深度等。其中预制桩还应提供打桩的最后三阵锤贯入度、总锤击数等，静力压桩还应提供最大压力值等。

当预制打入桩、静力压桩的入土深度与勘察资料不符或对桩端下卧层有怀疑时，可采用补勘方法，检查自桩端以上1m起至下卧层5d范围内的标准贯入击数和岩土特性。

10.2.12 混凝土灌注桩提供经确认的参数应包括桩端进入持力层的深度，对锤击沉管灌注桩，应提供最后三阵锤贯入度、总锤击数等。对钻（冲）孔桩，应提供孔底虚土或沉渣情况等。当锤击沉管灌注桩、冲（钻）孔灌注桩的入土（岩）深度与勘察资料不符或对桩端下卧层有怀疑时，可采用补勘方法，检查自桩端以上1m起至下卧层5d范围内的岩土特性。

10.2.13 本条为强制性条文。人工挖孔桩应逐孔进行终孔验收，终孔验收的重点是持力层的岩土特征。对单柱单桩的大直径嵌岩桩，承载能力主要取决嵌岩段岩性特征和下卧层的持力性状，终孔时，应用超前钻逐孔对孔底下3d或5m深度范围内持力层进行检验，查明是否存在溶洞、破碎带和软夹层等，并提供岩芯抗压强度试验报告。

终孔验收如发现与勘察报告及设计文件不一致，应由设计人提出处理意见。缺少经验时，应进行桩端持力层岩基原位荷载试验。

10.2.14 本条为强制性条文。单桩竖向静载试验应在工程桩的桩身质量检验后进行。

10.2.15 桩基工程事故，有相当部分是因桩身存在严重的质量问题而造成的。桩基施工完成后，合理地选取工程桩进行完整性检测，评定工程桩质量是十分重要的。抽检方式必须随机、有代表性。常用桩基完整性检测方法有钻孔抽芯法、声波透射法、高应变动力检测法、低应变动力检测法等。其中低应变方法方便灵活，检测速度快，适宜用于预制桩、小直径灌注桩的检测。一般情况下低应变方法能可靠地检测到桩顶下第一个浅部缺陷的界面，但由于激振能量小，当桩身存在多个缺陷或桩周土阻力很大或桩长较大时，难以检测到桩底反射波和深部缺陷的反射波信号，影响检测结果准确度。改进方法是加大激振能量，相对地采用高应变检测方法的效果要好，但对大直径桩，特别是嵌岩桩，高、低应变均难以取得较好的检测效果。钻孔抽芯法通过钻取混凝土芯样和桩底持力层岩芯，既可直观地判别桩身混凝土的连续性、持力层岩土特征及沉渣情况，又可通过芯样试压，了解相应混凝土和岩样的强度，是大直径桩的重要检测方法。不足之处是一孔之见，存在片面性，且检测费用大，效率低。声波透射法通过预埋管逐个剖面检测桩身质量，既能可靠地发现桩身缺陷，又能合理地评定缺陷的位置、大小和形态，不足之处是需要预埋管，检测时缺乏随机性，且只能有效检测桩身质量。实际工作中，将声波透射法与钻孔抽芯法有机地结合起来进行大直径桩质量检测是科学、合理，且是切实有效的检测手段。

直径大于800mm的嵌岩桩，其承载力一般设计得较高，桩身质量是控制承载力的主要因素之一，应采用可靠的钻孔抽芯或声波透射法（或两者组合）进行检测。每个柱下承台的桩抽检数不得少于一根的规定，涵盖了单柱单桩的嵌岩桩必须100%检测，但直径大于800mm非嵌岩桩检测数量不少于总桩数的10%。小直径桩其抽检数量宜为20%。

10.2.16 工程桩竖向承载力检验可根据建筑物的重要程度确定抽检数量及检验方法。对地基基础设计等级为甲级、乙级的工程，宜采用慢速静荷载加载法进行承载力检验。

对预制桩和满足高应变法适用检测范围的灌注桩，当有静载对比试验时，可采用高应变法检验单桩竖向承载力，抽检数量不得少于总桩数的5%，且不得少于5根。

超过试验能力的大直径嵌岩桩的承载力特征值检验，可根据超前钻及钻孔抽芯法检验报告提供的嵌岩深度、桩端持力层岩石的单轴抗压强度、桩底沉渣情况和桩身混凝土质量，必要时结合桩端岩基荷载试验和桩侧摩阻力试验进行核验。

10.2.18 对地下连续墙，应提交经确认的成墙记录，主要包括槽底岩性、入岩深度、槽底标高、槽宽、垂直度、清渣、钢筋笼制作和安装质量、混凝土灌注质量记录及预留试块强度检验报告等。由于高低应变检测数学模型与连续墙不符，对地下连续墙的检测，应采用钻孔抽芯或声波透射法。对承重连续墙，检验槽段不宜少于同条件下总槽段数的 20%。

10.2.19 岩石锚杆现在已普遍使用。本规范 2002 版规定检验数量不得少于锚杆总数的 3%，为了更好地控制岩石锚杆施工质量，提高检验数量，规定检验数量不得少于锚杆总数的 5%，但最少抽检数量不变。

10.3 监 测

10.3.1 监测剖面及监测点数量应满足监控到填土区的整体稳定性及边界区边坡的滑移稳定性的要求。

10.3.2 本条为强制性条文。由于设计、施工不当造成的基坑事故时有发生，人们认识到基坑工程的监测是实现信息化施工、避免事故发生的有效措施，又是完善、发展设计理论、设计方法和提高施工水平的重要手段。

根据基坑开挖深度及周边环境保护要求确定基坑的地基基础设计等级，依据地基基础设计等级对基坑的监测内容、数量、频次、报警标准及抢险措施提出明确要求，实施动态设计和信息化施工。本条列为强制性条文，使基坑开挖过程必须严格进行第三方监测，确保基坑及周边环境的安全。

10.3.3 人工挖孔桩降水、基坑开挖降水等对环境有一定的影响，为了确保周边环境的安全和正常使用，施工降水过程中应对地下水位变化、周边地形、建筑物的变形、沉降、倾斜、裂缝和水平位移等情况进行监测。

10.3.4 预应力锚杆施加的预应力实际值因锁定工艺不同和基坑及周边条件变化而发生改变，需要监测。

当监测的锚头预应力不足设计锁定值的 70%，且边坡位移超过设计警戒值时，应对预应力锚杆重新进行张拉锁定。

10.3.5 监测项目选择应根据基坑支护形式、地质条件、工程规模、施工工况与季节及环境保护的要求等因素综合而定。对设计等级为丙级的基坑也提出了监测要求，对每种等级的基坑均增加了地面沉降监测要求。

10.3.6 监测值的变化和周边建（构）筑物、管线允许的最大沉降变形是确定监控报警标准的主要因素，其中周边建（构）筑物原有的沉降与基坑开挖造成的附加沉降叠加后，不能超过允许的最大沉降变形值。

爆破对周边环境的影响程度与炸药量、引爆方式、地质条件、离爆破点距离等有关，实际影响程度需对测点的振动速度和频率进行监测确定。

10.3.7 挤土桩施工过程中造成的土体隆起等挤土效应，不但影响周边环境，也会造成邻桩的抬起，严重影响成桩质量和单桩承载力，应实施监控。监测结果反映土体隆起和位移、邻桩桩顶标高及桩位偏差超出设计要求时，应提出处理意见。

10.3.8 本条为强制性条文。本条所指的建筑物沉降观测包括从施工开始，整个施工期内和使用期间对建筑物进行的沉降观测。并以实测资料作为建筑物地基基础工程质量检查的依据之一，建筑物施工期的观测日期和次数，应根据施工进度确定，建筑物竣工后的第一年内，每隔 2 月~3 月观测一次，以后适当延长至 4 月~6 月，直至达到沉降变形稳定标准为止。

中华人民共和国国家标准

建筑边坡工程技术规范

Technical code for building slope engineering

GB 50330—2013

主编部门：重 庆 市 城 乡 建 设 委 员 会
批准部门：中华人民共和国住房和城乡建设部
施行日期：２ ０ １ ４ 年 ６ 月 １ 日

中华人民共和国住房和城乡建设部
公　告

第 195 号

住房城乡建设部关于发布国家标准
《建筑边坡工程技术规范》的公告

现批准《建筑边坡工程技术规范》为国家标准，编号为 GB 50330—2013，自 2014 年 6 月 1 日起实施。其中，第 3.1.3、3.3.6、18.4.1、19.1.1 条为强制性条文，必须严格执行。原《建筑边坡工程技术规范》GB 50330—2002 同时废止。

本规范由我部标准定额研究所组织中国建筑工业出版社出版发行。

中华人民共和国住房和城乡建设部

2013 年 11 月 1 日

前　　言

根据原建设部《关于印发〈2007 年工程建设标准规范制订、修订计划（第一批）〉的通知》（建标〔2007〕125 号）的要求，规范编制组经广泛调查研究，认真总结实践经验，参考有关国内标准和国际标准，并在广泛征求意见的基础上，修订了《建筑边坡工程技术规范》GB 50330‐2002。

本规范主要技术内容是：1. 总则；2. 术语和符号；3. 基本规定；4. 边坡工程勘察；5. 边坡稳定性评价；6. 边坡支护结构上的侧向岩土压力；7. 坡顶有重要建（构）筑物的边坡工程；8. 锚杆（索）；9. 锚杆（索）挡墙；10. 岩石锚喷支护；11. 重力式挡墙；12. 悬臂式挡墙和扶壁式挡墙；13. 桩板式挡墙；14. 坡率法；15. 坡面防护与绿化；16. 边坡工程排水；17. 工程滑坡防治；18. 边坡工程施工；19. 边坡工程监测、质量检验及验收。

本规范修订的主要技术内容是：

1. 明确临时性边坡（包括岩质基坑边坡）的有关参数（如破裂角、等效内摩擦角等）取值，给出临时性边坡的侧向压力计算；

2. 将锚杆有关计算（锚杆截面、锚固体与地层的锚固长度和杆体与锚固体的锚固长度计算）由原规范的概率极限状态计算方法转换成安全系数法；

3. 调整边坡稳定性分析评价方法：圆弧形滑动面稳定性计算时推荐采用毕肖普法，折线形滑动面稳定性计算时推荐采用传递系数隐式解法；

4. 增加分阶坡形的侧压力计算方法，给出了抗震时边坡支护结构侧压力的计算内容；

5. 对永久性边坡的岩石锚喷支护进行了局部修改完善，补充了临时性边坡及坡面防护的锚喷支护的有关内容；

6. 增加扶壁式挡墙形式，补充有关技术内容；

7. 新增"桩板式挡墙"一章，给出了桩板式挡墙的设计原则、计算、构造及施工等有关技术内容；

8. 新增"坡面防护与绿化"一章，规定了坡面防护与绿化的设计原则、计算、构造及施工等有关技术内容；

9. 将原规范第 3.5 节"排水措施"扩充成"边坡工程排水"一章，规定了边坡工程坡面防水、地下排水及防渗的设计和施工方法；

10. 将原规范第 3.6 节"坡顶有重要建（构）筑物的边坡工程设计"与第 14 章"边坡变形控制"合并，形成本规范的第 7 章"坡顶有重要建（构）筑物的边坡工程"，规定了坡顶有重要建（构）筑物边坡工程设计原则、方法、岩土侧压力的修订方法，抗震设计及安全施工的具体要求；

11. 修改工程滑坡的防治，删除危岩和崩塌防治内容；

12. 对边坡工程监测、质量检验及验收进行局部修改完善，并给出了边坡工程监测的预警值。

本规范中以黑体字标志的条文为强制性条文，必须严格执行。

本规范由住房和城乡建设部负责管理和对强制性条文的解释，由重庆市设计院负责具体技术内容的解释。执行过程中如有意见或建议，请寄送重庆市设计院（地址：重庆市渝中区人和街 31 号，邮政编码：400015）。

本 规 范 主 编 单 位：重庆市设计院
　　　　　　　　　　中国建筑技术集团有限公司
本 规 范 参 编 单 位：中国人民解放军后勤工程学院
　　　　　　　　　　中冶建筑研究总院有限公司
　　　　　　　　　　重庆市建筑科学研究院
　　　　　　　　　　重庆交通大学
　　　　　　　　　　中铁二院重庆勘察设计研究院有限责任公司
　　　　　　　　　　中国科学院地质与地球物理研究所
　　　　　　　　　　建设综合勘察研究设计院有限公司
　　　　　　　　　　大连理工大学
　　　　　　　　　　中国建筑西南勘察设计研究院有限公司
　　　　　　　　　　北京市勘察设计研究院有限公司
　　　　　　　　　　重庆市建设工程勘察质量监督站
　　　　　　　　　　重庆大学
　　　　　　　　　　重庆一建建设集团有限公司

本规范主要起草人员：郑生庆　郑颖人　黄　强
　　　　　　　　　　陈希昌　汤启明　刘兴远
　　　　　　　　　　陆　新　胡建林　凌天清
　　　　　　　　　　黄家愉　周显毅　何　平
　　　　　　　　　　康景文　贾金青　李正川
　　　　　　　　　　沈小克　伍法权　周载阳
　　　　　　　　　　杨素春　李耀刚　张季茂
　　　　　　　　　　王　华　姚　刚　周忠明
　　　　　　　　　　张智浩　张培文
本规范主要审查人员：滕延京　钱志雄　张旷成
　　　　　　　　　　杨　斌　罗济章　薛尚铃
　　　　　　　　　　王德华　钟　阳　戴一鸣
　　　　　　　　　　常大美

目　次

Contents

1 总 则

1.0.1 为在建筑边坡工程的勘察、设计、施工及质量控制中贯彻执行国家技术经济政策，做到技术先进、安全可靠、经济合理、确保质量和保护环境，制定本规范。

1.0.2 本规范适用于岩质边坡高度为 30m 以下（含 30m）、土质边坡高度为 15m 以下（含 15m）的建筑边坡工程以及岩石基坑边坡工程。

超过上述限定高度的边坡工程或地质和环境条件复杂的边坡工程除应符合本规范的规定外，尚应进行专项设计，采取有效、可靠的加强措施。

1.0.3 软土、湿陷性黄土、冻土、膨胀土和其他特殊性岩土以及侵蚀性环境的建筑边坡工程，尚应符合国家现行相应专业标准的规定。

1.0.4 建筑边坡工程应综合考虑工程地质、水文地质、边坡高度、环境条件、各种作用、邻近的建（构）筑物、地下市政设施、施工条件和工期等因素，因地制宜，精心设计，精心施工。

1.0.5 建筑边坡工程除应符合本规范外，尚应符合国家现行有关标准的规定。

2 术语和符号

2.1 术 语

2.1.1 建筑边坡 building slope
在建筑场地及其周边，由于建筑工程和市政工程开挖或填筑施工所形成的人工边坡和对建（构）筑物安全或稳定有不利影响的自然斜坡。本规范中简称边坡。

2.1.2 边坡支护 slope retaining
为保证边坡稳定及其环境的安全，对边坡采取的结构性支挡、加固与防护行为。

2.1.3 边坡环境 slope environment
边坡影响范围内或影响边坡安全的岩土体、水系、建（构）筑物、道路及管网等的统称。

2.1.4 永久性边坡 longterm slope
设计使用年限超过 2 年的边坡。

2.1.5 临时性边坡 temporary slope
设计使用年限不超过 2 年的边坡。

2.1.6 锚杆（索） anchor（anchorage）
将拉力传至稳定岩土层的构件（或系统）。当采用钢绞线或高强钢丝束并施加一定的预拉应力时，称为锚索。

2.1.7 锚杆挡墙 retaining wall with anchors
由锚杆（索）、立柱和面板组成的支护结构。

2.1.8 锚喷支护 anchor-shotcrete retaining
由锚杆和喷射混凝土面板组成的支护结构。

2.1.9 重力式挡墙 gravity retaining wall
依靠自身重力使边坡保持稳定的支护结构。

2.1.10 扶壁式挡墙 counterfort retaining wall
由立板、底板、扶壁和墙后填土组成的支护结构。

2.1.11 桩板式挡墙 pile-sheet retaining
由抗滑桩和桩间挡板等构件组成的支护结构。

2.1.12 坡率法 slope ratio method
通过调整、控制边坡坡率维持边坡整体稳定和采取构造措施保证边坡及坡面稳定的边坡治理方法。

2.1.13 工程滑坡 engineering-triggered landslide
因建筑和市政建设等工程行为而诱发的滑坡。

2.1.14 软弱结构面 weak structural plane
断层破碎带、软弱夹层、含泥或岩屑等结合程度很差、抗剪强度极低的结构面。

2.1.15 外倾结构面 out-dip structural plane
倾向坡外的结构面。

2.1.16 边坡塌滑区 landslip zone of slope
计算边坡最大侧压力时潜在滑动面和控制边坡稳定的外倾结构面以外的区域。

2.1.17 岩体等效内摩擦角 equivalent angle of internal friction
包括边坡岩体黏聚力、重度和边坡高度等因素影响的综合内摩擦角。

2.1.18 动态设计法 method of information design
根据信息法施工和施工勘察反馈的资料，对地质结论、设计参数及设计方案进行再验证，确认原设计条件有较大变化，及时补充、修改原设计的设计方法。

2.1.19 信息法施工 construction of information
根据施工现场的地质情况和监测数据，对地质结论、设计参数进行验证，对施工安全性进行判断并及时修正施工方案的施工方法。

2.1.20 逆作法 topdown construction method
在建筑边坡工程施工中自上而下分阶开挖及支护的施工方法。

2.1.21 土层锚杆 anchored bar in soil
锚固于稳定土层中的锚杆。

2.1.22 岩石锚杆 anchored bar in rock
锚固于稳定岩层内的锚杆。

2.1.23 系统锚杆 system of anchor bars
为保证边坡整体稳定，在坡体上按一定方式设置的锚杆群。

2.1.24 坡顶重要建（构）筑物 important construction on top of slope
位于边坡坡顶上的破坏后果很严重、严重的建（构）筑物。

2.1.25 荷载分散型锚杆 load-dispersive anchorage

在锚杆孔内，由多个独立的单元锚杆所组成的复合锚固体系。每个单元锚杆由独立的自由段和锚固段构成，能使锚杆所承担的荷载分散于各单元锚杆的锚固段上。一般可分为压力分散型锚杆和拉力分散型锚杆。

2.1.26 地基系数 coefficient of subgrade reaction

弹性半空间地基上某点所受的法向压力与相应位移的比值，又称温克尔系数。

2.2 符　号

2.2.1 作用和作用效应

e_a——修正前侧向土压力；

e'_a——修正后侧向土压力；

e_p——挡墙前侧向被动土压力；

E_a——相应于荷载标准组合的主动岩土压力合力；

E'_a——修正主动岩土压力合力；

E'_{ah}——侧向岩土压力合力水平分力修正值；

E_0——静止土压力；

E_p——挡墙前侧向被动土压力合力；

G——四边形滑裂体自重；挡墙每延米自重；滑体单位宽度自重；

H_{tk}——锚杆水平拉力标准值；

K_a——主动岩、土压力系数；

K_0——静止土压力系数；

K_p——被动岩、土压力系数；

q——地表均布荷载标准值；

q_L——局部均布荷载标准值；

α_w——边坡综合水平地震系数。

2.2.2 材料性能和抗力性能

c——岩土体的黏聚力；滑移面的黏聚力；

c'——有效应力的岩土体的黏聚力；

c_s——边坡外倾软弱结构面的黏聚力；

φ——岩土体的内摩擦角；

φ'——有效应力的岩土体的内摩擦角；

φ_s——边坡外倾软弱结构面内摩擦角；

γ——岩土体的重度；

γ'——岩土体的浮重度；

γ_{sat}——岩土体的饱和重度；

γ_w——水的重度；

D_r——土体的相对密实度；

w_L——土体的液限；

I_L——土的液性指数；

μ——挡墙底与地基岩土体的摩擦系数；

ρ——地震角。

2.2.3 几何参数

a——上阶边坡的宽度；坡脚到坡顶重要建筑物基础外边缘的水平距离；

A——锚杆杆体截面面积；滑动面面积；

A_c——锚固体截面面积；

A_s——锚杆钢筋或预应力钢绞线截面面积；

B——肋柱宽度；

B_p——桩身计算宽度；

H——边坡高度；挡墙高度；

L——边坡坡顶塌滑区外缘至坡底边缘的水平投影距离；

l_a——锚杆锚固体与地层间的锚固段长度或锚筋与砂浆间的锚固长度；

α——锚杆倾角；支挡结构墙背与水平面的夹角；

α'——边坡面与水平面的夹角；

α_0——挡墙底面倾角；

β——填土表面与水平面的夹角；地表斜坡面与水平面的夹角；

δ——墙背与岩土的摩擦角；

δ_r——稳定且无软弱层的岩石坡面与填土间的内摩擦角；

θ——边坡的破裂角；缓倾的外倾软弱结构面的倾角；假定岩土体滑动面与水平面的夹角；稳定岩石坡面或假定边坡岩土体滑动面与水平面的夹角；滑面倾角。

2.2.4 计算系数

F_s——边坡稳定性系数；挡墙抗滑移稳定系数；

F_t——挡墙抗倾覆稳定系数；

F_{st}——边坡稳定安全系数；

K——安全系数；

K_b——锚杆杆体抗拉安全系数，或锚杆钢筋抗拉安全系数；

β_1——岩质边坡主动岩石压力修正系数；

β_2——锚杆挡墙侧向岩土压力修正系数；

γ_0——支护结构重要性系数；

γ_k——滑坡稳定安全系数。

3 基 本 规 定

3.1 一 般 规 定

3.1.1 建筑边坡工程设计时应取得下列资料：

1 工程用地红线图、建筑平面布置总图、相邻建筑物的平、立、剖面和基础图等；

2 场地和边坡勘察资料；

3 边坡环境资料；

4 施工条件、施工技术、设备性能和施工经验等资料；

5 有条件时宜取得类似边坡工程的经验。

3.1.2 一级边坡工程应采用动态设计法。二级边坡工程宜采用动态设计法。

3.1.3 建筑边坡工程的设计使用年限不应低于被保

护的建（构）筑物设计使用年限。

3.1.4 建筑边坡支护结构形式应考虑场地地质和环境条件、边坡高度、边坡侧压力的大小和特点、对边坡变形控制的难易程度以及边坡工程安全等级等因素，可按表3.1.4选定。

表3.1.4 边坡支护结构常用形式

支护结构 / 条件	边坡环境条件	边坡高度 H (m)	边坡工程安全等级	备注
重力式挡墙	场地允许，坡顶无重要建（构）筑物	土质边坡，$H \leqslant 10$ 岩质边坡，$H \leqslant 12$	一、二、三级	不利于控制边坡变形。土方开挖后边坡稳定较差时不应采用
悬臂式挡墙、扶壁式挡墙	填方区	悬臂式挡墙，$H \leqslant 6$ 扶壁式挡墙，$H \leqslant 10$	一、二、三级	适用于土质边坡
桩板式挡墙		悬臂式，$H \leqslant 15$ 锚拉式，$H \leqslant 25$	一、二、三级	桩嵌固段土质较差时不宜采用，当对挡墙变形要求较高时宜采用锚拉式桩板挡墙
板肋式或格构式锚杆挡墙		土质边坡 $H \leqslant 15$ 岩质边坡 $H \leqslant 30$	一、二、三级	边坡高度较大或稳定性较差时宜采用逆作法施工。对挡墙变形有较高要求的边坡，宜采用预应力锚杆
排桩式锚杆挡墙	坡顶建（构）筑物需要保护，场地狭窄	土质边坡 $H \leqslant 15$ 岩质边坡 $H \leqslant 30$	一、二、三级	有利于对边坡变形控制。适用于稳定性较差的土质边坡、有外倾软弱结构面的岩质边坡、垂直开挖施工尚不能保证稳定的边坡
岩石锚喷支护		Ⅰ类岩质边坡，$H \leqslant 30$	一、二、三级	适用于岩质边坡
		Ⅱ类岩质边坡，$H \leqslant 30$	二、三级	
		Ⅲ类岩质边坡，$H \leqslant 15$	二、三级	
坡率法	坡顶无重要建（构）筑物，场地有放坡条件	土质边坡，$H \leqslant 10$ 岩质边坡，$H \leqslant 25$	一、二、三级	不良地质段，地下水发育区、软塑及流塑状土时不应采用

3.1.5 规模大、破坏后果很严重、难以处理的滑坡、

危岩、泥石流及断层破碎带地区，不应修筑建筑边坡。

3.1.6 山区工程建设时应根据地质、地形条件及工程要求，因地制宜设置边坡，避免形成深挖高填的边坡工程。对稳定性较差且边坡高度较大的边坡工程宜采用放坡或分阶放坡方式进行治理。

3.1.7 当边坡坡体内洞室密集而对边坡产生不利影响时，应根据洞室大小和深度等因素进行稳定性分析，采取相应的加强措施。

3.1.8 存在临空外倾结构面的岩土质边坡，支护结构基础必须置于外倾结构面以下稳定地层内。

3.1.9 边坡工程平面布置、竖向及立面设计应考虑对周边环境的影响，做到美化环境，体现生态保护要求。

3.1.10 当施工期边坡变形较大且大于规范、设计允许值时，应采取包括边坡施工期临时加固措施的支护方案。

3.1.11 对已出现明显变形、发生安全事故及使用条件发生改变的边坡工程，其鉴定和加固应按现行国家标准《建筑边坡工程鉴定与加固技术规范》GB 50843的有关规定执行。

3.1.12 下列边坡工程的设计及施工应进行专门论证：

  1 高度超过本规范适用范围的边坡工程；

  2 地质和环境条件复杂、稳定性极差的一级边坡工程；

  3 边坡塌滑区有重要建（构）筑物、稳定性较差的边坡工程；

  4 采用新结构、新技术的一、二级边坡工程。

3.1.13 建筑边坡工程的混凝土结构耐久性设计应符合现行国家标准《混凝土结构设计规范》GB 50010的规定。

3.2 边坡工程安全等级

3.2.1 边坡工程应根据其损坏后可能造成的破坏后果（危及人的生命、造成经济损失、产生不良社会影响）的严重性、边坡类型和边坡高度等因素，按表3.2.1确定边坡工程安全等级。

表3.2.1 边坡工程安全等级

边坡类型		边坡高度 H (m)	破坏后果	安全等级
岩质边坡	岩体类型为Ⅰ或Ⅱ类	$H \leqslant 30$	很严重	一级
			严重	二级
			不严重	三级
		$15 < H \leqslant 30$	很严重	一级
			严重	二级
	岩体类型为Ⅲ或Ⅳ类		很严重	一级
			严重	二级
		$H \leqslant 15$		
			不严重	三级

边坡类型	边坡高度 H (m)	破坏后果	安全等级
土质边坡	$10 < H \leqslant 15$	很严重	一级
		严重	二级
	$H \leqslant 10$	很严重	一级
		严重	二级
		不严重	三级

注：1 一个边坡工程的各段，可根据实际情况采用不同的安全等级；

2 对危害性极严重、环境和地质条件复杂的边坡工程，其安全等级应根据工程情况适当提高；

3 很严重：造成重大人员伤亡或财产损失；严重：可能造成人员伤亡或财产损失；不严重：可能造成财产损失。

3.2.2 破坏后果很严重、严重的下列边坡工程，其安全等级应定为一级：

1 由外倾软弱结构面控制的边坡工程；

2 工程滑坡地段的边坡工程；

3 边坡塌滑区有重要建（构）筑物的边坡工程。

3.2.3 边坡塌滑区范围可按下式估算：

$$L = \frac{H}{\tan\theta} \qquad (3.2.3)$$

式中：L——边坡坡顶塌滑区外缘至坡底边缘的水平投影距离(m)；

H——边坡高度(m)；

θ——坡顶无荷载时边坡的破裂角(°)；对直立土质边坡可取 $45°+\varphi/2$，φ 为土体的内摩擦角；对斜面土质边坡，可取 $(\beta+\varphi)/2$，β 为坡面与水平面的夹角，φ 为土体的内摩擦角；对直立岩质边坡可按本规范第 6.3.3 条确定；对倾斜坡面岩质边坡可按本规范第 6.3.4 条确定。

3.3 设计原则

3.3.1 边坡工程设计应符合下列规定：

1 支护结构达到最大承载能力、锚固系统失效、发生不适于继续承载的变形或坡体失稳应满足承载能力极限状态的设计要求；

2 支护结构和边坡达到支护结构或邻近建（构）筑物的正常使用所规定的变形限值或达到耐久性的某项规定限值应满足正常使用极限状态的设计要求。

3.3.2 边坡工程设计所采用作用效应组合与相应的抗力限值应符合下列规定：

1 按地基承载力确定支护结构或构件的基础底面积及埋深或按单桩承载力确定桩数时，传至基础或桩上的作用效应应采用荷载效应标准组合；相应的抗力应采用地基承载力特征值或单桩承载力特征值；

2 计算边坡与支护结构的稳定性时，应采用荷载效应基本组合，但其分项系数均为 1.0；

3 计算锚杆面积、锚杆杆体与砂浆的锚固长度、锚杆锚固体与岩土层的锚固长度时，传至锚杆的作用效应应采用荷载效应标准组合；

4 在确定支护结构截面、基础高度、计算基础或支护结构内力、确定配筋和验算材料强度时，应采用荷载效应基本组合，并应满足下式的要求：

$$\gamma_0 S \leqslant R \qquad (3.3.2)$$

式中：S——基本组合的效应设计值；

R——结构构件抗力的设计值；

γ_0——支护结构重要性系数，对安全等级为一级的边坡不应低于 1.1，二、三级边坡不应低于 1.0。

5 计算支护结构变形、锚杆变形及地基沉降时，应采用荷载效应的准永久组合，不计入风荷载和地震作用，相应的限值应为支护结构、锚杆或地基的变形允许值；

6 支护结构抗裂计算时，应采用荷载效应标准组合，并考虑长期作用影响；

7 抗震设计时地震作用效应和荷载效应的组合应按国家现行有关标准执行。

3.3.3 地震区边坡工程应按下列原则考虑地震作用的影响：

1 边坡工程抗震设防烈度应根据中国地震动参数区划图确定的本地区地震基本烈度，且不应低于边坡塌滑区内建筑物的设防烈度；

2 抗震设防的边坡工程，其地震作用计算应按国家现行有关标准执行；抗震设防烈度为 6 度的地区，边坡工程支护结构可不进行地震作用计算，但应采取抗震构造措施，抗震设防烈度 6 度以上的地区，边坡工程支护结构应进行地震作用计算，临时性边坡可不作抗震计算；

3 支护结构和锚杆外锚头等，应按抗震设防烈度要求采取相应的抗震构造措施。

3.3.4 抗震设防区，支护结构或构件承载能力应采用地震作用效应和荷载效应基本组合进行验算。

3.3.5 边坡工程设计应包括支护结构的选型、平面及立面布置、计算、构造和排水，并对施工、监测及质量验收等提出要求。

3.3.6 边坡支护结构设计时应进行下列计算和验算：

1 支护结构及其基础的抗压、抗弯、抗剪、局部抗压承载力的计算；支护结构基础的地基承载力计算；

2 锚杆锚固体的抗拔承载力及锚杆杆体抗拉承载力的计算；

3 支护结构稳定性验算。

3.3.7 边坡支护结构设计时尚应进行下列计算和验算：

1 地下水发育边坡的地下水控制计算；

2 对变形有较高要求的边坡工程还应结合当地经验进行变形验算。

4 边坡工程勘察

4.1 一般规定

4.1.1 下列建筑边坡工程应进行专门性边坡工程地质勘察：

1 超过本规范适用范围的边坡工程；

2 地质条件和环境条件复杂、有明显变形迹象的一级边坡工程；

3 边坡邻近有重要建（构）筑物的边坡工程。

4.1.2 除本规范第 4.1.1 条规定外的其他边坡工程可与建筑工程地质勘察一并进行，但应满足边坡勘察的工作深度和要求，勘察报告应有边坡稳定性评价的内容。大型和地质环境复杂的边坡工程宜分阶段勘察；当地质环境复杂、施工过程中发现地质环境与原勘察资料不符且可能影响边坡治理效果或因设计、施工原因变更边坡支护方案时尚应进行施工勘察。

4.1.3 岩质边坡的破坏形式应按表 4.1.3 划分。

表 4.1.3 岩质边坡的破坏形式分类

破坏形式	岩体特征		破坏特征
滑移型	由外倾结构面控制的岩体	硬性结构面的岩体	沿外倾结构面滑移，分单面滑移与多面滑移
		软弱结构面的岩体	
	不受外倾结构面控制和无外倾结构面的岩体	块状岩体、碎裂状、散体状岩体	沿极软岩、强风化岩、碎裂结构或散体状岩体中最不利滑动面滑移
崩塌型	受结构面切割控制的岩体	被结构面切割的岩体	沿陡倾、临空的结构面塌滑；由内、外倾结构不利组合面切割，块体失稳倾倒；岩腔上岩体沿结构面剪切或坠落破坏
	无外倾结构面的岩体	整体状岩体、巨块状岩体	陡立边坡，因卸荷作用产生拉张裂缝导致岩体倾倒

4.1.4 岩质边坡工程勘察应根据岩体主要结构面与坡向的关系、结构面的倾角大小、结合程度、岩体完整程度等因素对边坡岩体类型进行划分，并应符合表4.1.4的规定。

表 4.1.4 岩质边坡的岩体分类

边坡岩体类型	判定条件			
	岩体完整程度	结构面结合程度	结构面产状	直立边坡自稳能力
Ⅰ	完整	结构面结合良好或一般	外倾结构面或外倾不同结构面的组合线倾角 >75° 或 <27°	30m 高的边坡长期稳定，偶有掉块
Ⅱ	完整	结构面结合良好或一般	外倾结构面或外倾不同结构面的组合线倾角 27°~75°	15m 高的边坡稳定，15m～30m 高的边坡欠稳定
	完整	结构面结合差	外倾结构面或外倾不同结构面的组合线倾角 >75° 或 <27°	15m 高的边坡稳定，15m～30m 高的边坡欠稳定
	较完整	结构面结合良好或一般	外倾结构面或外倾不同结构面的组合线倾角 >75° 或 <27°	边坡出现局部落块
Ⅲ	完整	结构面结合差	外倾结构面或外倾不同结构面的组合线倾角 27°~75°	8m 高的边坡稳定，15m 高的边坡欠稳定
	较完整	结构面结合良好或一般	外倾结构面或外倾不同结构面的组合线倾角 27°~75°	8m 高的边坡稳定，15m 高的边坡欠稳定
	较完整	结构面结合差	外倾结构面或外倾不同结构面的组合线倾角 >75° 或 <27°	8m 高的边坡稳定，15m 高的边坡欠稳定
	较破碎	结构面结合良好或一般	外倾结构面或外倾不同结构面的组合线倾角 >75° 或 <27°	8m 高的边坡稳定，15m 高的边坡欠稳定
	较破碎（碎裂镶嵌）	结构面结合良好或一般	结构面无明显规律	8m 高的边坡稳定，15m 高的边坡欠稳定

续表 4.1.4

边坡岩体类型	判 定 条 件			
	岩体完整程度	结构面结合程度	结构面产状	直立边坡自稳能力
Ⅳ	较完整	结构面结合差或很差	外倾结构面以层面为主，倾角多为 27°～75°	8m 高的边坡不稳定
	较破碎	结构面结合一般或差	外倾结构面或外倾不同结构面的组合线倾角 27°～75°	8m 高的边坡不稳定
	破碎或极破碎	碎块间结合很差	结构面无明显规律	8m 高的边坡不稳定

注：1 结构面指原生结构面和构造结构面，不包括风化裂隙；

2 外倾结构面系指倾向与坡向的夹角小于 30°的结构面；

3 不包括全风化基岩，全风化基岩可视为土体；

4 Ⅰ类岩体为软岩，应降为Ⅱ类岩体；Ⅰ类岩体为较软岩且边坡高度大于 15m 时，可降为Ⅱ类；

5 当地下水发育时，Ⅱ、Ⅲ类岩体可根据具体情况降低一档；

6 强风化岩应划为Ⅳ类；完整的极软岩可划为Ⅲ类或Ⅳ类；

7 当边坡岩体较完整、结构面结合差或很差、外倾结构面或外倾不同结构面的组合线倾角 27°～75°、结构面贯通性差时，可划为Ⅲ类；

8 当有贯通性较好的外倾结构面时应验算沿该结构面破坏的稳定性。

4.1.5 当无外倾结构面及外倾不同结构面组合时，完整、较完整的坚硬岩、较硬岩宜划为Ⅰ类，较破碎的坚硬岩、较硬岩宜划为Ⅱ类；完整、较完整的较软岩、软岩宜划为Ⅱ类，较破碎的较软岩、软岩可划为Ⅲ类。

4.1.6 确定岩质边坡的岩体类型时，由坚硬程度不同的岩石互层组成且每层厚度小于或等于 5m 的岩质边坡宜视为由相对软弱岩石组成的边坡。当边坡岩体由两层以上单层厚度大于 5m 的岩体组成时，可分段确定边坡岩体类型。

4.1.7 已有变形迹象的边坡宜在勘察期间进行变形监测。

4.1.8 边坡工程勘察等级应根据边坡工程安全等级和地质环境复杂程度按表 4.1.8 划分。

表 4.1.8 边坡工程勘察等级

边坡工程安全等级	边坡地质环境复杂程度		
	复杂	中等复杂	简单
一级	一级	一级	二级
二级	一级	二级	三级
三级	二级	三级	三级

4.1.9 边坡地质环境复杂程度可按下列标准判别：

1 地质环境复杂：组成边坡的岩土体种类多，强度变化大，均匀性差，土质边坡潜在滑面多，岩质边坡受外倾结构面或外倾不同结构面组合控制，水文地质条件复杂；

2 地质环境中等复杂：介于地质环境复杂与地质环境简单之间；

3 地质环境简单：组成边坡的岩土体种类少，强度变化小，均匀性好，土质边坡潜在滑面少，岩质边坡受外倾结构面或外倾不同结构面组合控制，水文地质条件简单。

4.1.10 工程滑坡应根据工程特点按现行国家有关标准执行。

4.2 边坡工程勘察要求

4.2.1 边坡工程勘察前除应收集边坡及邻近边坡的工程地质资料外，尚应取得下列资料：

1 附有坐标和地形的拟建边坡支挡结构的总平面布置图；

2 边坡高度、坡底高程和边坡平面尺寸；

3 拟建场地的整平高程和挖方、填方情况；

4 拟建支挡结构的性质、结构特点及拟采取的基础形式、尺寸和埋置深度；

5 边坡滑塌区及影响范围内的建（构）筑物的相关资料；

6 边坡工程区域的相关气象资料；

7 场地区域最大降雨强度和二十年一遇及五十年一遇最大降水量；河、湖历史最高水位和二十年一遇及五十年一遇的水位资料；可能影响边坡水文地质条件的工业和市政管线、江河等水源因素，以及相关水库水位调度方案资料；

8 对边坡工程产生影响的汇水面积、排水坡度、长度和植被等情况；

9 边坡周围山洪、冲沟和河流冲淤等情况。

4.2.2 边坡工程勘察应包括下列内容：

1 场地地形和场地所在地貌单元；

2 岩土时代、成因、类型、性状、覆盖层厚度、基岩面的形态和坡度、岩石风化和完整程度；

3 岩、土体的物理力学性能；

4 主要结构面特别是软弱结构面的类型、产状、发育程度、延伸程度、结合程度、充填状况、充水状况、组合关系、力学属性和与临空面的关系；

5 地下水水位、水量、类型、主要含水层分布情况、补给及动态变化情况；

6 岩土的透水性和地下水的出露情况；

7 不良地质现象的范围和性质；

8 地下水、土对支挡结构材料的腐蚀性；

9 坡顶邻近（含基坑周边）建（构）筑物的荷载、结构、基础形式和埋深，地下设施的分布和埋深。

4.2.3 边坡工程勘察应先进行工程地质测绘和调查。工程地质测绘和调查工作应查明边坡的形态、坡角、结构面产状和性质等，工程地质测绘和调查范围应包括可能对边坡稳定有影响及受边坡影响的所有地段。

4.2.4 边坡工程勘探应采用钻探（直孔、斜孔）、坑（井）探、槽探和物探等方法。对于复杂、重要的边坡工程可辅以洞探。位于岩溶发育的边坡除采用上述方法外，尚应采用物探。

4.2.5 边坡工程勘探范围应包括坡面区域和坡面外围一定的区域。对无外倾结构面控制的岩质边坡的勘探范围：到坡顶的水平距离一般不应小于边坡高度；外倾结构面控制的岩质边坡的勘探范围应根据组成边坡的岩土性质及可能破坏模式确定。对于可能按土体内部圆弧形破坏的土质边坡不应小于 1.5 倍坡高。对可能沿岩土界面滑动的土质边坡，后部应大于可能的后缘边界，前缘应大于可能的剪出口位置。勘察范围尚应包括可能对建（构）筑物有潜在安全影响的区域。

4.2.6 勘探线应以垂直边坡走向或平行主滑方向布置为主，在拟设置支挡结构的位置应布置平行和垂直的勘探线。成图比例尺应大于或等于 1：500，剖面的纵横比例应相同。

4.2.7 勘探点分为一般性勘探点和控制性勘探点。控制性勘探点宜占勘探点总数的 1/5～1/3，地质环境条件简单、大型的边坡工程取 1/5，地质环境条件复杂、小型的边坡工程取 1/3，并应满足统计分析的要求。

4.2.8 详细勘察的勘探线、点间距可按表 4.2.8 或地区经验确定。每一单独边坡段勘探线不应少于 2 条，每条勘探线不应少于 2 个勘探点。

表 4.2.8 详细勘察的勘探线、点间距

边坡勘察等级	勘探线间距（m）	勘探点间距（m）
一级	≤20	≤15
二级	20～30	15～20
三级	30～40	20～25

注：初步勘察的勘探线、点间距可适当放宽。

4.2.9 边坡工程勘探点深度应进入最下层潜在滑面 2.0m～5.0m，控制性钻孔取大值，一般性钻孔取小值；支挡位置的控制性勘探孔深度应根据可能选择的支护结构形式确定。对于重力式挡墙、扶壁式挡墙和锚杆挡墙可进入持力层不小于 2.0m；对于悬臂桩进入嵌固段的深度土质时不宜小于悬臂长度的 1.0 倍，岩质时不小于 0.7 倍。

4.2.10 对主要岩土层和软弱层应采样进行室内物理力学性能试验，其试验项目应包括物性、强度及变形指标，试样的含水状态应包括天然状态和饱和状态。用于稳定性计算时土的抗剪强度指标宜采用直接剪切试验获取，用于确定地基承载力时土的峰值抗剪强度指标宜采用三轴试验获取。主要岩土层采集试样数量：土层不少于 6 组，对于现场大剪试验，每组不应少于 3 个试件；岩样抗压强度不应少于 9 个试件。岩石抗剪强度不少于 3 组。需要时应采集岩样进行变形指标试验，有条件时应进行结构面的抗剪强度试验。

4.2.11 建筑边坡工程勘察应提供水文地质参数。对于土质边坡及较破碎、破碎和极破碎的岩质边坡宜在不影响边坡安全条件下，通过抽水、压水或渗水试验确定水文地质参数。

4.2.12 建筑边坡工程勘察除应进行地下水力学作用和地下水物理、化学作用的评价以外，还应论证孔隙水压力变化规律和对边坡应力状态的影响，并应考虑雨季和暴雨过程的影响。

4.2.13 对于地质条件复杂的边坡工程，初步勘察时宜选择部分钻孔埋设地下水和变形监测设备进行监测。

4.2.14 除各类监测孔外，边坡工程勘察工作中的探井、探坑和探槽等在野外工作完成后应及时封填密实。

4.2.15 对大型待填的填土边坡宜进行料源勘察，针对可能的取料地点，查明用于边坡填筑的岩土工程性质，为边坡填筑的设计和施工提供依据。

4.3 边坡力学参数取值

4.3.1 岩体结构面抗剪强度指标的试验应符合现行国家标准《工程岩体试验方法标准》GB/T 50266 的有关规定。当无条件进行试验时，结构面的抗剪强度指标标准值在初步设计时可按表 4.3.1 并结合类似工程经验确定。

表 4.3.1 结构面抗剪强度指标标准值

结构面类型		结构面结合程度	内摩擦角 φ（°）	黏聚力 c（MPa）
硬性结构面	1	结合好	>35	>0.13
	2	结合一般	35～27	0.13～0.09
	3	结合差	27～18	0.09～0.05

结构面类型	结构面结合程度		内摩擦角 φ(°)	黏聚力 c(MPa)
软弱结构面	4	结合很差	18~12	0.05~0.02
	5	结合极差（泥化层）	<12	<0.02

注：1 除第 1 项和第 5 项外，结构面两壁岩性为极软岩、软岩时取较低值；

2 取值时应考虑结构面的贯通程度；

3 结构面浸水时取较低值；

4 临时性边坡可取高值；

5 已考虑结构面的时间效应；

6 未考虑结构面参数在施工期和运行期受其他因素影响发生的变化，当判定为不利因素时，可进行适当折减。

4.3.2 岩体结构面的结合程度可按表 4.3.2 确定。

表 4.3.2　结构面的结合程度

结合程度	结合状况	起伏粗糙程度	结构面张开度(mm)	充填状况	岩体状况
结合良好	铁硅钙质胶结	起伏粗糙	≤3	胶结	硬岩或较软岩
结合一般	铁硅钙质胶结	起伏粗糙	3~5	胶结	硬岩或较软岩
	铁硅钙质胶结	起伏粗糙	≤3	胶结	软岩
结合差	分离	起伏粗糙	≤3（无充填时）	无充填或岩块、岩屑充填	硬岩或较软岩
	分离	起伏粗糙	≤3	干净无充填	软岩
	分离	平直光滑	≤3（无充填时）	无充填或岩块、岩屑充填	各种岩层
	分离	平直光滑		岩块、岩屑夹泥或附泥膜	各种岩层
结合很差	分离	平直光滑、略有起伏		泥质或泥夹岩屑充填	各种岩层
	分离	平直很光滑	≤3	无充填	各种岩层

结合程度	结合状况	起伏粗糙程度	结构面张开度(mm)	充填状况	岩体状况
结合极差	结合极差	—	—	泥化夹层	各种岩层

注：1 起伏度：当 R_A≤1% 时，平直；当 1%<R_A≤2% 时，略有起伏；当 2%<R_A 时，起伏；其中 R_A=A/L，A 为连续结构面起伏幅度（cm），L 为连续结构面取样长度（cm），测量范围 L 一般为 1.0m~3.0m。

2 粗糙：很光滑，感觉非常细腻如镜面；光滑，感觉比较细腻，无颗粒感觉；较粗糙，可以感觉到一定的颗粒状；粗糙，明显感觉到颗粒状。

4.3.3 当无试验资料和缺少当地经验时，天然状态或饱和状态岩体内摩擦角标准值可根据天然状态或饱和状态岩块的内摩擦角标准值结合边坡岩体完整程度按表 4.3.3 中系数折减确定。

表 4.3.3　边坡岩体内摩擦角的折减系数

边坡岩体完整程度	内摩擦角的折减系数
完整	0.95~0.90
较完整	0.90~0.85
较破碎	0.85~0.80

注：1 全风化层可按成分相同的土层考虑；

2 强风化基岩可根据地方经验适当折减。

4.3.4 边坡岩体等效内摩擦角宜按当地经验确定。当缺乏当地经验时，可按表 4.3.4 取值。

表 4.3.4　边坡岩体等效内摩擦角标准值

边坡岩体类型	I	II	III	IV
等效内摩擦角 φ_e(°)	φ_e>72	72≥φ_e>62	62≥φ_e>52	52≥φ_e>42

注：1 适用于高度不大于 30m 的边坡；当高度大于 30m 时，应作专门研究；

2 边坡高度较大时宜取较小值，高度较小时宜取较大值；当边坡岩体变化较大时，应按同等高度段分别取值；

3 已考虑时间效应；对于 II、III、IV 类岩质临时边坡可取上限值，I 类岩质临时边坡可根据岩体强度及完整程度取大于 72°的数值；

4 适用于完整、较完整的岩体；破碎、较破碎的岩体可根据地方经验适当折减。

4.3.5 边坡稳定性计算应根据不同的工况选择相应

的抗剪强度指标。土质边坡按水土合算原则计算时，地下水位以下宜采用土的饱和自重固结不排水抗剪强度指标；按水土分算原则计算时，地下水位以下宜采用土的有效抗剪强度指标。

4.3.6 填土边坡的力学参数宜根据试验并结合当地经验确定。试验方法应根据工程要求、填料的性质和施工质量等确定，试验条件应尽可能接近实际状况。

4.3.7 土质边坡抗剪强度试验方法的选择应符合下列规定：

　　1 根据坡体内的含水状态选择天然或饱和状态的抗剪强度试验方法；

　　2 用于土质边坡，在计算土压力和抗倾覆计算时，对黏土、粉质黏土宜选择直剪固结快剪或三轴固结不排水剪，对粉土、砂土和碎石土宜选择有效应力强度指标；

　　3 用于土质边坡计算整体稳定、局部稳定和抗滑稳定性时，对一般的黏性土、砂土和碎石土，按第2款相同的试验方法，但对饱和软黏性土，宜选择直剪快剪、三轴不固结不排水试验或十字板剪切试验。

5　边坡稳定性评价

5.1　一般规定

5.1.1 下列建筑边坡应进行稳定性评价：

　　1 选作建筑场地的自然斜坡；

　　2 由于开挖或填筑形成、需要进行稳定性验算的边坡；

　　3 施工期出现新的不利因素的边坡；

　　4 运行期条件发生变化的边坡。

5.1.2 边坡稳定性评价应在查明工程地质、水文地质条件的基础上，根据边坡岩土工程条件，采用定性分析和定量分析相结合的方法进行。

5.1.3 对土质较软、地面荷载较大、高度较大的边坡，其坡脚地面抗隆起、抗管涌和抗渗流等稳定性评价应按国家现行有关标准执行。

5.2　边坡稳定性分析

5.2.1 边坡稳定性分析之前，应根据岩土工程地质条件对边坡的可能破坏方式及相应破坏方向、破坏范围、影响范围等作出判断。判断边坡的可能破坏方式时应同时考虑到受岩土体强度控制的破坏和受结构面控制的破坏。

5.2.2 边坡抗滑移稳定性计算可采用刚体极限平衡法。对结构复杂的岩质边坡，可结合采用赤平投影法和实体比例投影法；当边坡破坏机制复杂时，可采用数值极限分析法。

5.2.3 计算沿结构面滑动的稳定性时，应根据结构面形态采用平面或折线形滑面。计算土质边坡、极软

岩边坡、破碎或极破碎岩质边坡的稳定性时，可采用圆弧形滑面。

5.2.4 采用刚体极限平衡法计算边坡抗滑稳定性时，可根据滑面形态按本规范附录A选择具体计算方法。

5.2.5 边坡稳定性计算时，对基本烈度为7度及7度以上地区的永久性边坡应进行地震工况下边坡稳定性校核。

5.2.6 塌滑区内无重要建（构）筑物的边坡采用刚体极限平衡法和静力数值计算法计算稳定性时，滑体、条块或单元的地震作用可简化为一个作用于滑体、条块或单元重心处、指向坡外（滑动方向）的水平静力，其值应按下列公式计算：

$$Q_e = \alpha_w G \qquad (5.2.6\text{-}1)$$

$$Q_{ei} = \alpha_w G_i \qquad (5.2.6\text{-}2)$$

式中：Q_e、Q_{ei}——滑体、第 i 计算条块或单元单位宽度地震力（kN/m）；

　　　G、G_i——滑体、第 i 计算条块或单元单位宽度自重〔含坡顶建（构）筑物作用〕（kN/m）；

　　　α_w——边坡综合水平地震系数，由所在地区地震基本烈度按表5.2.6确定。

表5.2.6　水平地震系数

地震基本烈度	7度		8度		9度
地震峰值加速度	0.10g	0.15g	0.20g	0.30g	0.40g
综合水平地震系数 α_w	0.025	0.038	0.050	0.075	0.100

5.2.7 当边坡可能存在多个滑动面时，对各个可能的滑动面均应进行稳定性计算。

5.3　边坡稳定性评价标准

5.3.1 除校核工况外，边坡稳定性状态分为稳定、基本稳定、欠稳定和不稳定四种状态，可根据边坡稳定性系数按表5.3.1确定。

表5.3.1　边坡稳定性状态划分

边坡稳定性系数 F_s	$F_s <$ 1.00	$1.00 \leqslant F_s$ < 1.05	$1.05 \leqslant F_s$ $< F_{st}$	$F_s \geqslant$ F_{st}
边坡稳定性状态	不稳定	欠稳定	基本稳定	稳定

注：F_{st}——边坡稳定安全系数。

5.3.2 边坡稳定安全系数 F_{st} 应按表5.3.2确定，当边坡稳定性系数小于边坡稳定安全系数时应对边坡进

行处理。

表 5.3.2　边坡稳定安全系数 F_{st}

稳定安全系数　　边坡工程安全等级　　边坡类型		一级	二级	三级
永久边坡	一般工况	1.35	1.30	1.25
	地震工况	1.15	1.10	1.05
临时边坡		1.25	1.20	1.15

注：1　地震工况时，安全系数仅适用于塌滑区内无重要建（构）筑物的边坡；
　　2　对地质条件很复杂或破坏后果极严重的边坡工程，其稳定安全系数应适当提高。

6　边坡支护结构上的侧向岩土压力

6.1　一　般　规　定

6.1.1　侧向岩土压力分为静止岩土压力、主动岩土压力和被动岩土压力。当支护结构变形不满足主动岩土压力产生条件时，或当边坡上方有重要建筑物时，应对侧向岩土压力进行修正。

6.1.2　侧向岩土压力可采用库仑土压力或朗金土压力公式求解。侧向总岩土压力可采用总岩土压力公式直接计算或按岩土压力公式求和计算，侧向岩土压力和分布应根据支护类型确定。

6.1.3　在各种岩土侧压力计算时，可用解析公式求解。对于复杂情况也可采用数值极限分析法进行计算。

6.2　侧向土压力

6.2.1　静止土压力可按下式计算：

$$e_{0i} = \left(\sum_{j=1}^{i} \gamma_j h_j + q \right) K_{0i} \qquad (6.2.1)$$

式中：e_{0i}——计算点处的静止土压力（kN/m^2）；
　　γ_j——计算点以上第 j 层土的重度（kN/m^3）；
　　h_j——计算点以上第 j 层土的厚度（m）；
　　q——坡顶附加均布荷载（kN/m^2）；
　　K_{0i}——计算点处的静止土压力系数。

6.2.2　静止土压力系数宜由试验确定。当无试验条件时，对砂土可取 0.34～0.45，对黏性土可取 0.5～0.7。

6.2.3　根据平面滑裂面假定（图 6.2.3），主动土压力合力可按下列公式计算：

$$E_a = \frac{1}{2} \gamma H^2 K_a \qquad (6.2.3-1)$$

$$K_a = \frac{\sin(\alpha + \beta)}{\sin^2 \alpha \sin^2(\alpha + \beta - \varphi - \delta)}$$
$$\{ K_q [\sin(\alpha + \delta)\sin(\alpha - \delta)$$
$$+ \sin(\varphi + \delta)\sin(\varphi - \beta)]$$
$$+ 2\eta \sin\alpha \cos\varphi \cos(\alpha + \beta - \varphi - \delta)$$
$$- 2\sqrt{K_q \sin(\alpha + \beta)\sin(\varphi - \beta) + \eta \sin\alpha \cos\varphi}$$
$$\times \sqrt{K_q \sin(\alpha - \delta)\sin(\varphi + \delta) + \eta \sin\alpha \cos\varphi} \}$$

$$(6.2.3-2)$$

$$K_q = 1 + \frac{2q \sin\alpha \cos\beta}{\gamma H \sin(\alpha + \beta)} \qquad (6.2.3-3)$$

$$\eta = \frac{2c}{\gamma H} \qquad (6.2.3-4)$$

式中：E_a——相应于荷载标准组合的主动土压力合力（kN/m）；
　　K_a——主动土压力系数；
　　H——挡土墙高度（m）；
　　γ——土体重度（kN/m^3）；
　　c——土的黏聚力（kPa）；
　　φ——土的内摩擦角（°）；
　　q——地表均布荷载标准值（kN/m^2）；
　　δ——土对挡土墙墙背的摩擦角（°），可按表6.2.3取值；
　　β——填土表面与水平面的夹角（°）；
　　α——支挡结构墙背与水平面的夹角（°）。

表 6.2.3　土对挡土墙墙背的摩擦角 δ

挡土墙情况	摩擦角 δ
墙背平滑，排水不良	$(0.00 \sim 0.33)\ \varphi$
墙背粗糙，排水良好	$(0.33 \sim 0.50)\ \varphi$
墙背很粗糙，排水良好	$(0.50 \sim 0.67)\ \varphi$
墙背与填土间不可能滑动	$(0.67 \sim 1.00)\ \varphi$

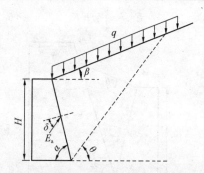

图 6.2.3　土压力计算

6.2.4　当墙背直立光滑、土体表面水平时，主动土压力可按下式计算：

$$e_{ai} = \left(\sum_{j=1}^{i} \gamma_j h_j + q \right) K_{ai} - 2c_i \sqrt{K_{ai}} \quad (6.2.4)$$

式中：e_{ai}——计算点处的主动土压力（kN/m^2）；当 $e_{ai} < 0$ 时取 $e_{ai} = 0$；

$\quad K_{ai}$——计算点处的主动土压力系数，取 $K_{ai} = \tan^2 (45° - \varphi_i/2)$；

$\quad c_i$——计算点处的黏聚力（kPa）；

$\quad \varphi_i$——计算点处的内摩擦角（°）。

6.2.5 当墙背直立光滑、土体表面水平时，被动土压力可按下式计算：

$$e_{pi} = \left(\sum_{j=1}^{i} \gamma_j h_j + q \right) K_{pi} + 2c_i \sqrt{K_{pi}} \quad (6.2.5)$$

式中：e_{pi}——计算点处的被动土压力（kN/m^2）；

$\quad K_{pi}$——计算点处的被动土压力系数，取 $K_{pi} = \tan^2 (45° + \varphi_i/2)$。

6.2.6 边坡坡体中有地下水但未形成渗流时，作用于支护结构上的侧压力可按下列规定计算：

1 对砂土和粉土应按水土分算原则计算；

2 对黏性土宜根据工程经验按水土分算或水土合算原则计算；

3 按水土分算原则计算时，作用在支护结构上的侧压力等于土压力和静止水压力之和，地下水位以下的土压力采用浮重度（γ'）和有效应力抗剪强度指标（c'、φ'）计算；

4 按水土合算原则计算时，地下水位以下的土压力采用饱和重度（γ_{sat}）和总应力抗剪强度指标（c、φ）计算。

6.2.7 边坡坡体中有地下水形成渗流时，作用于支护结构上的侧压力，除按本规范第 6.2.6 条计算外，尚应按国家现行有关标准的规定计算渗透力。

6.2.8 当挡墙后土体破裂面以内有较陡的稳定岩石坡面时，应视为有限范围填土情况计算主动土压力（图 6.2.8）。有限范围填土时，主动土压力合力可按下列公式计算：

$$E_a = \frac{1}{2} \gamma H^2 K_a \quad (6.2.8-1)$$

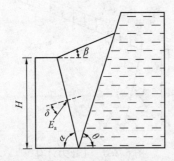

图 6.2.8 有限范围填土时
土压力计算

$$K_a = \frac{\sin (\alpha + \beta)}{\sin (\alpha - \delta + \theta - \delta_r) \sin (\theta - \beta)}$$

$$\left[\frac{\sin (\alpha + \theta) \sin (\theta - \delta_r)}{\sin^2 \alpha} - \eta \frac{\cos \delta_r}{\sin \alpha} \right] \quad (6.2.8-2)$$

式中：θ——稳定岩石坡面的倾角（°）；

$\quad \delta_r$——稳定且无软弱层的岩石坡面与填土间的内摩擦角（°），宜根据试验确定。当无试验资料时，可取 $\delta_r = (0.40 \sim 0.70) \varphi$。$\varphi$ 为填土的内摩擦角。

6.2.9 当坡顶作用有线性分布荷载、均布荷载和坡顶填土表面不规则时或岩石边坡为二阶竖直时，在支护结构上产生的侧压力可按本规范附录 B 简化计算。

6.2.10 当边坡的坡面为倾斜、坡顶水平、无超载时（图 6.2.10），土压力的合力可按下列公式计算，边坡破坏时的平面破裂角可按公式（6.2.10-3）计算：

$$E_a = \frac{1}{2} \gamma H^2 K_a \quad (6.2.10-1)$$

$$K_a = (\cot \theta - \cot \alpha') \tan (\theta - \varphi) - \frac{\eta \cos \varphi}{\sin \theta \cos (\theta - \varphi)}$$

$$\quad (6.2.10-2)$$

$$\theta = \arctan \left[\frac{\cos \varphi}{\sqrt{1 + \dfrac{\cot \alpha'}{\eta + \tan \varphi}} - \sin \varphi} \right]$$

$$\quad (6.2.10-3)$$

$$\eta = \frac{2c}{\gamma h} \quad (6.2.10-4)$$

式中：E_a——水平土压力合力（kN/m）；

$\quad K_a$——水平土压力系数；

$\quad h$——边坡的垂直高度（m）；

$\quad \gamma$——支护结构后的土体重度，地下水位以下用有效重度（kN/m^3）；

$\quad \alpha'$——边坡坡面与水平面的夹角（°）；

$\quad c$——土的黏聚力（kPa）；

$\quad \varphi$——土的内摩擦角（°）；

$\quad \theta$——土体的临界滑动面与水平面的夹角（°）。

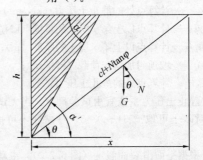

图 6.2.10 边坡的坡面为倾斜时计算简图

6.2.11 考虑地震作用时，作用于支护结构上的地震主动土压力可按本规范公式（6.2.3-1）计算，主动土压力系数应按下式计算：

$$K_a = \frac{\sin(\alpha+\beta)}{\cos\rho\sin^2\alpha\sin^2(\alpha+\beta-\varphi-\delta)}$$
$$\{K_q[\sin(\alpha+\beta)\sin(\alpha-\delta-\rho)$$
$$+\sin(\varphi+\delta)\sin(\varphi-\rho-\beta)]$$
$$+2\eta\sin\alpha\cos\varphi\cos\rho\cos(\alpha+\beta-\varphi-\delta)$$
$$-2[(K_q\sin(\alpha+\beta)\sin(\varphi-\rho-\beta)$$
$$+\eta\sin\alpha\cos\varphi\cos\rho)$$
$$(K_q\sin(\alpha-\delta-\rho)\sin(\varphi+\delta)$$
$$+\eta\sin\alpha\cos\varphi\cos\rho)]^{0.5}\} \quad (6.2.11)$$

式中：ρ——地震角，可按表 6.2.11 取值。

表 6.2.11 地震角 ρ

类别	7 度		8 度		9 度
	0.10g	0.15g	0.20g	0.30g	0.40g
水 上	1.5°	2.3°	3.0°	4.5°	6.0°
水 下	2.5°	3.8°	5.0°	7.5°	10.0°

6.3 侧向岩石压力

6.3.1 对沿外倾结构面滑动的边坡，主动岩石压力合力可按下列公式计算：

$$E_a = \frac{1}{2}\gamma H^2 K_a \quad (6.3.1-1)$$

$$K_a = \frac{\sin(\alpha+\beta)}{\sin^2\alpha\sin(\alpha-\delta+\theta-\varphi_s)\sin(\theta-\beta)}$$
$$[K_q\sin(\alpha+\theta)\sin(\theta-\varphi_s)-\eta\sin\alpha\cos\varphi_s] \quad (6.3.1-2)$$

$$\eta = \frac{2c_s}{\gamma H} \quad (6.3.1-3)$$

式中：θ——边坡外倾结构面倾角（°）；

c_s——边坡外倾结构面黏聚力（kPa）；

φ_s——边坡外倾结构面内摩擦角（°）；

K_q——系数，可按公式 6.2.3-3 计算；

δ——岩石与挡墙背的摩擦角（°），取（0.33～0.50）φ_s。

当有多组外倾结构面时，应计算每组结构面的主动岩石压力并取其大值。

6.3.2 对沿缓倾的外倾软弱结构面滑动的边坡（图 6.3.2），主动岩石压力合力可按下式计算：

$$E_a = G\tan(\theta-\varphi_s) - \frac{c_s L\cos\varphi_s}{\cos(\theta-\varphi_s)} \quad (6.3.2)$$

式中：G——四边形滑裂体自重（kN/m）；

L——滑裂面长度（m）；

θ——缓倾的外倾软弱结构面的倾角（°）；

c_s——外倾软弱结构面的黏聚力（kPa）；

φ_s——外倾软弱结构面内摩擦角（°）。

6.3.3 岩质边坡的侧向岩石压力计算和破裂角应符合下列规定：

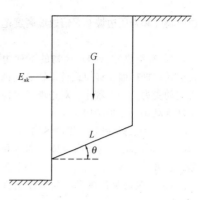

图 6.3.2 岩质边坡四边形滑裂时侧向压力计算

1 对无外倾结构面的岩质边坡，应以岩体等效内摩擦角按侧向土压力方法计算侧向岩石压力；对坡顶无建筑荷载的永久性边坡和坡顶有建筑荷载时的临时性边坡和基坑边坡，破裂角按 45°＋φ/2 确定，Ⅰ类岩体边坡可取 75°左右；坡顶无建筑荷载的临时性边坡和基坑边坡的破裂角，Ⅰ类岩体边坡取 82°；Ⅱ类岩体边坡取 72°；Ⅲ类岩体边坡取 62°；Ⅳ类岩体边坡取 45°＋φ/2；

2 当有外倾硬性结构面时，应分别以外倾硬性结构面的抗剪强度参数按本规范第 6.3.1 条的方法和以岩体等效内摩擦角按侧向土压力方法分别计算，取两种结果的较大值；破裂角取本条第 1 款和外倾结构面倾角两者中的较小值；

3 当边坡沿外倾软弱结构面破坏时，侧向岩石压力应按本规范第 6.3.1 条和第 6.3.2 条计算，破裂角取该外倾结构面的倾角，同时应按本条第 1 款进行验算。

6.3.4 当岩质边坡的坡面为倾斜、坡顶水平、无超载时，岩石压力的合力可按本规范公式（6.2.10-1）计算。当岩体存在外倾结构面时，θ 可取外倾结构面的倾角，抗剪强度指标取外倾结构面的抗剪强度指标；当存在多个外倾结构面时，应分别计算，取其中的最大值为设计值。

6.3.5 考虑地震作用时，作用于支护结构上的地震主动岩石压力应按本规范第 6.3.1 条公式（6.3.1-1）计算，其主动岩石压力系数应按下式计算：

$$K_a = \frac{\sin(\alpha+\beta)}{\cos\rho\sin^2\alpha\sin(\alpha-\delta+\theta-\varphi_s)\sin(\theta-\beta)}$$
$$[K_q\sin(\alpha+\theta)\sin(\theta-\varphi_s+\rho)$$
$$-\eta\sin\alpha\cos\varphi_s\cos\rho] \quad (6.3.5)$$

式中：ρ——地震角，可按本规范表 6.2.11 取值。

7 坡顶有重要建（构）筑物的边坡工程

7.1 一般规定

7.1.1 本章适用于抗震设防烈度为 7 度及 7 度以下地区、建（构）筑物位于岩土质边坡塌滑区、土质边坡1倍边坡高度和岩质边坡0.5倍边坡高度范围的边坡工程。

7.1.2 对坡顶有重要建（构）筑物的下列边坡应优先采用排桩式锚杆挡墙、锚拉式桩板挡墙或抗滑桩板式挡墙等主动受力、变形较小、对边坡稳定性和建筑物地基基础扰动小的支护结构：

　1 建（构）筑物基础置于塌滑区内的边坡；

　2 存在外倾软弱结构面或坡体软弱、开挖后稳定性较差的边坡；

　3 建（构）筑物及管线等对变形控制有较高要求的边坡；

　4 采用其他支护方案在施工期可能降低边坡稳定性的边坡。

7.1.3 对坡顶邻近建（构）筑物、道路及管线等可能引发较大变形或危害的边坡工程应加强监测并采取设计和施工措施。当出现可能产生较大危害的变形时，应按现行国家标准《建筑边坡工程鉴定与加固技术规范》GB 50843 的有关规定执行。

7.2 设　计　计　算

7.2.1 坡顶有重要建（构）筑物的边坡工程设计应符合下列规定：

　1 应调查建（构）筑物的结构形式、基础平面布置、基础荷载、基础类型、埋置深度、建（构）筑物的开裂及场地变形以及地下管线等现状情况；

　2 应根据基础方案、构造做法和基础到边坡的距离等因素，考虑建筑物基础与边坡支护结构的相互影响；

　3 应考虑建筑物基础传递的垂直荷载、水平荷载和弯矩等对边坡支护结构强度和变形的影响，并应对边坡稳定性进行验算；

　4 应考虑边坡变形对地基承载力和基础变形的不利影响，并应对建筑物基础和地基稳定性进行验算；

　5 边坡支护结构距建（构）筑物基础外边缘的最小安全距离应满足坡顶建筑（构）物抗倾覆、基础嵌固和传递水平荷载等要求，其值应根据设防烈度、边坡的稳定性、边坡岩土构成、边坡高度和建筑高度等因素并结合地区工程经验综合确定；不满足时应根据工程和现场条件采取有效加固措施；

　6 对于有外倾结构面的岩质边坡以及土质边坡，边坡开挖后不应使建（构）筑物的基础置于有临空且有外倾软弱结构面的岩体上和稳定性极差的土质边坡塌滑区。

7.2.2 边坡与坡顶建（构）筑物同步设计的边坡工程及坡顶新建建（构）筑物的既有边坡工程应符合下列规定：

　1 应避免坡顶重要建（构）筑物产生的垂直荷载直接作用在边坡潜在塌滑体上；应采取桩基础、加

深基础、增设地下室或降低边坡高度等措施，将建（构）筑物的荷载直接传至边坡潜在破裂面以下足够深度的稳定岩土层内；

　2 新建建（构）筑物的基础设计、边坡支护结构距建（构）筑物基础外边缘的距离应满足本规范第7.2.1条的相关规定；

　3 应考虑建（构）筑物基础施工过程引起地下水变化对边坡稳定性的影响；

　4 位于抗震设防区，边坡支护结构抗震设计应符合现行国家标准《建筑抗震设计规范》GB 50011 的有关规定；坡顶的建（构）筑物的抗震设计应按抗震不利地段考虑，地震效应放大系数应符合现行国家标准《建筑抗震设计规范》GB 50011 的有关规定；

　5 新建建（构）筑物的部分荷载作用于原有边坡支护结构而使其安全度和耐久性不满足要求时，应按现行国家标准《建筑边坡工程鉴定与加固技术规范》GB 50843 的要求进行加固处理。

7.2.3 无外倾结构面的岩土质边坡坡顶有重要建（构）筑物时，可按表7.2.3确定支护结构上的侧向岩土压力。

表 7.2.3　侧向岩土压力取值

坡顶重要建（构）筑物基础位置		侧向岩土压力取值
土质边坡	$a < 0.5H$	E_o
	$0.5H \leqslant a \leqslant 1.0H$	$E'_a = \dfrac{1}{2}(E_o + E_a)$
	$a > 1.0H$	E_a
岩质边坡	$a < 0.5H$	$E'_a = \beta_1 E_a$
	$a \geqslant 0.5H$	E_a

注：1　E_a——主动岩土压力合力，E'_a——修正主动岩土压力合力，E_o——静止土压力合力；

　2　β_1——主动岩石压力修正系数；

　3　a——坡脚线到坡顶重要建（构）筑物基础外边缘的水平距离；

　4　对多层建筑物，当基础浅埋时 H 取边坡高度；当基础埋深较大时，若基础周边与岩土间设置摩擦小的软性材料隔离层，能使基础垂直荷载传至边坡破裂面以下足够深度的稳定岩土层内且其水平荷载对边坡不造成较大影响，则 H 可从隔离层下端算至坡底；否则，H 仍取边坡高度；

　5　对高层建筑物应设置钢筋混凝土地下室，并在地下室侧墙临边坡一侧设置摩擦小的软性材料隔离层，使建筑物基础的水平荷载不传给支护结构，并应将建筑物垂直荷载传至边坡破裂面以下足够深度的稳定岩土层内时，H 可从地下室底标高算至坡底；否则，H 仍取边坡高度。

7.2.4 岩质边坡主动岩石压力修正系数 β_1，可根据边坡岩体类别按表7.2.4确定。

表 7.2.4 主动岩石压力修正系数 β_1

边坡岩体类型	Ⅰ	Ⅱ	Ⅲ	Ⅳ
主动岩石压力修正系数 β_1		1.30	1.30～1.45	1.45～1.55

注：1 当裂隙发育时取大值，裂隙不发育时取小值；
　　2 坡顶有重要既有建（构）筑物对边坡变形控制要求较高时取大值；
　　3 对临时性边坡及基坑边坡取小值。

7.2.5 坡顶有重要建（构）筑物的有外倾结构面的岩土质边坡侧压力修正应符合下列规定：

　　1 对有外倾结构面的土质边坡，其侧压力修正值应按本规范第 7.2.4 条计算后乘以 1.30 的增大系数，应按本规范第 7.2.3 条分别计算并取两个计算结果的最大值；

　　2 对有外倾结构面的岩质边坡，其侧压力修正值应按本规范第 6.3.1 条和本规范第 6.3.2 条计算并乘以 1.15 的增大系数，应按本规范第 7.2.3 条分别计算并取两个计算结果的最大值。

7.2.6 采用锚杆挡墙的岩土质边坡侧压力设计值应按本章规定计算的岩土侧压力修正值和本规范第 9.2.2 条计算的岩土侧压力修正值两者中的大值确定。

7.2.7 对支护结构变形控制有较高要求时，可按本规范第 7.2.3～7.2.5 条确定边坡侧压力修正值。

7.2.8 当岩质边坡塌滑区或土质边坡 1 倍坡高范围内有建（构）筑物基础传递较大荷载时，除应验算边坡工程的整体稳定性外，还应加长锚杆，使锚固段锚入岩质边坡塌滑区外，土质边坡的与地面线间成 45° 外不应少于 5m～8m，并应采用长短相间的设置方法。

7.2.9 在已建挡墙坡脚新建建（构）筑时，其基础及地下室等宜与边坡有一定的距离，避免对边坡稳定造成不利影响，否则应采取措施处理。

7.2.10 位于边坡坡顶的挡墙及建（构）筑物基础应按国家现行有关规范的规定进行局部稳定性验算。

7.3 构 造 设 计

7.3.1 支护结构的混凝土强度等级不应低于 C30。

7.3.2 在已有边坡坡顶新建重要建（构）筑物时，穿越边坡滑塌体及软弱结构面高度范围的新建重要建（构）筑物基础周边与岩土间应设有摩擦小的软性材料隔离层，使基础垂直荷载传递至边坡破裂面及软弱结构面以下足够深度的稳定岩土层内。

7.3.3 穿越边坡滑塌体及软弱结构面的桩基础经隔离处理后，应按国家现行相关标准的规定加强基础结构配筋及基础节点构造，桩身最小配筋率不宜小于 0.60%。

7.3.4 边坡支护结构及其锚杆的设置应注意避免与坡顶建筑结构及其基础相碰。

7.3.5 设计时应明确提出避免对周边环境和坡顶建（构）筑物、道路及管线等造成伤害的技术要求和措施。当边坡开挖需要降水时，应考虑降水、排水对坡顶建筑物、道路、管线及边坡可能产生的不利影响，并有避免造成结构性损坏的措施。

7.3.6 坡顶邻近有重要建（构）筑物时，应根据其重要性、对变形的适应能力和岩土性状等因素，按当地经验确定边坡支护结构的变形允许值，并应采取措施避免边坡支护结构过大变形和地下水的变化、施工因素的干扰等造成坡顶建（构）筑物结构开裂及其基础沉降超过允许值。

7.4 施 工

7.4.1 边坡工程施工应采用信息法，施工过程中应对边坡工程及坡顶建（构）筑物进行实时监测，及时了解和分析监测信息，对可能出现的险情应制定防范措施和应急预案。施工中发现与勘察、设计不符或者出现异常情况时，应停止施工作业，并及时向建设、勘察、施工、监理、监测等单位反馈，研究解决措施。

7.4.2 施工前应根据现场实际情况作好地表截排水措施。应采用逆作法施工的边坡，应在上层边坡支护完成后方可进行下一层的开挖。边坡开挖后应及时支挡，避免长时间暴露。

7.4.3 稳定性较差的边坡开挖方案应按不利工况进行边坡稳定和变形验算，当开挖的边坡稳定性不满足要求时，应采取措施增强施工期边坡稳定性。

7.4.4 当水钻成孔可能诱发边坡和周边环境变形过大等不良影响时，应采用无水成孔法。

8 锚 杆（索）

8.1 一 般 规 定

8.1.1 当边坡工程采用锚固方案或包含有锚固措施时，应充分考虑锚杆的特性、锚杆与被锚固结构体系的稳定性、经济性以及施工可行性。

8.1.2 锚杆（索）主要分为拉力型、压力型、荷载拉力分散型和荷载压力分散型，适用于边坡工程和岩质基坑工程。

8.1.3 锚杆设计使用年限应与所服务的边坡工程设计使用年限相同，其防腐等级应达到相应的要求。

8.1.4 锚杆的锚固段不应设置在未经处理的下列岩土层中：

　　1 有机质土，淤泥质土；

　　2 液限 w_L 大于 50% 的土层；

　　3 松散的砂土或碎石土。

8.1.5 下列情况宜采用预应力锚杆：

1 边坡变形控制要求严格时；

2 边坡在施工期稳定性很差时；

3 高度较大的土质边坡采用锚杆支护时；

4 高度较大且存在外倾软弱结构面的岩质边坡采用锚杆支护时；

5 滑坡整治采用锚杆支护时。

8.1.6 下列情况的锚杆（索）应进行基本试验，并应符合本规范附录C的规定：

1 采用新工艺、新材料或新技术的锚杆（索）；

2 无锚固工程经验的岩土层内的锚杆（索）；

3 一级边坡工程的锚杆（索）。

8.1.7 锚杆（索）的形式应根据锚固段岩土层的工程特性、锚杆（索）承载力大小、锚杆（索）材料和长度以及施工工艺等因素综合考虑，可按本规范附录D选择。

8.2 设 计 计 算

8.2.1 锚杆（索）轴向拉力标准值应按下式计算：

$$N_{ak} = \frac{H_{tk}}{\cos\alpha} \qquad (8.2.1)$$

式中：N_{ak}——相应于作用的标准组合时锚杆所受轴向拉力（kN）；

H_{tk}——锚杆水平拉力标准值（kN）；

α——锚杆倾角（°）。

8.2.2 锚杆（索）钢筋截面面积应满足下列公式的要求：

普通钢筋锚杆：

$$A_s \geqslant \frac{K_b N_{ak}}{f_y} \qquad (8.2.2-1)$$

预应力锚索锚杆：

$$A_s \geqslant \frac{K_b N_{ak}}{f_{py}} \qquad (8.2.2-2)$$

式中：A_s——锚杆钢筋或预应力锚索截面面积（m^2）；

f_y，f_{py}——普通钢筋或预应力钢绞线抗拉强度设计值（kPa）；

K_b——锚杆杆体抗拉安全系数，应按表8.2.2取值。

表 8.2.2　锚杆杆体抗拉安全系数

边坡工程安全等级	安全系数	
	临时性锚杆	永久性锚杆
一级	1.8	2.2
二级	1.6	2.0
三级	1.4	1.8

8.2.3 锚杆（索）锚固体与岩土层间的长度应满足下式的要求：

$$l_a \geqslant \frac{KN_{ak}}{\pi \cdot D \cdot f_{rbk}} \qquad (8.2.3)$$

式中：K——锚杆锚固体抗拔安全系数，按表8.2.3-1取值；

l_a——锚杆锚固段长度（m），尚应满足本规范第8.4.1条的规定；

f_{rbk}——岩土层与锚固体极限粘结强度标准值（kPa），应通过试验确定；当无试验资料时可按表8.2.3-2和表8.2.3-3取值；

D——锚杆锚固段钻孔直径（mm）。

表 8.2.3-1　岩土锚杆锚固体抗拔安全系数

边坡工程安全等级	安全系数	
	临时性锚杆	永久性锚杆
一级	2.0	2.6
二级	1.8	2.4
三级	1.6	2.2

表 8.2.3-2　岩石与锚固体极限粘结强度标准值

岩石类别	f_{rbk}值（kPa）
极软岩	270～360
软岩	360～760
较软岩	760～1200
较硬岩	1200～1800
坚硬岩	1800～2600

注：1　适用于注浆强度等级为M30；

2　仅适用于初步设计，施工时应通过试验检验；

3　岩体结构面发育时，取表中下限值；

4　岩石类别根据天然单轴抗压强度 f_r 划分：$f_r<5$MPa 为极软岩，5MPa$\leqslant f_r<15$MPa 为软岩，15MPa$\leqslant f_r<30$MPa 为较软岩，30MPa$\leqslant f_r<60$MPa 为较硬岩，$f_r\geqslant60$MPa 为坚硬岩。

表 8.2.3-3　土体与锚固体极限粘结强度标准值

土层种类	土的状态	f_{rbk}值（kPa）
黏性土	坚硬	65～100
	硬塑	50～65
	可塑	40～50
	软塑	20～40
砂土	稍密	100～140
	中密	140～200
	密实	200～280
碎石土	稍密	120～160
	中密	160～220
	密实	220～300

注：1　适用于注浆强度等级为M30；

2　仅适用于初步设计，施工时应通过试验检验。

8.2.4 锚杆（索）杆体与锚固砂浆间的锚固长度应

满足下式的要求：

$$l_a \geqslant \frac{KN_{ak}}{n\pi d f_b}$$ (8.2.4)

式中：l_a——锚筋与砂浆间的锚固长度（m）；

d——锚筋直径（m）；

n——杆体（钢筋、钢绞线）根数（根）；

f_b——钢筋与锚固砂浆间的粘结强度设计值（kPa），应由试验确定，当缺乏试验资料时可按表 8.2.4 取值。

表 8.2.4 钢筋、钢绞线与砂浆之间的粘结强度设计值 f_b

锚杆类型	水泥浆或水泥砂浆强度等级		
	M25	M30	M35
水泥砂浆与螺纹钢筋间的粘结强度设计值 f_b	2.10	2.40	2.70
水泥砂浆与钢绞线、高强钢丝间的粘结强度设计值 f_b	2.75	2.95	3.40

注：1 当采用二根钢筋点焊成束的做法时，粘结强度应乘 0.85 折减系数；

2 当采用三根钢筋点焊成束的做法时，粘结强度应乘 0.7 折减系数；

3 成束钢筋的根数不应超过三根，钢筋截面总面积不应超过锚孔面积的 20%。当锚固段钢筋与注浆材料采用特殊设计，并经试验验证锚固效果良好时，可适当增加锚筋用量。

8.2.5 永久性锚杆抗震验算时，其安全系数应按 0.8 折减。

8.2.6 锚杆（索）的弹性变形和水平刚度系数应由锚杆抗拔试验确定。当无试验资料时，自由段无粘结的岩石锚杆水平刚度系数 K_h 及自由段无粘结的土层锚杆水平刚度系数 K_t 可按下列公式进行估算：

$$K_h = \frac{AE_s}{l_f}\cos^2\alpha$$ (8.2.6-1)

$$K_t = \frac{3AE_sE_cA_c}{3l_fE_cA_c + E_sAl_a}\cos^2\alpha$$ (8.2.6-2)

式中：K_h——自由段无粘结的岩石锚杆水平刚度系数（kN/m）；

K_t——自由段无粘结的土层锚杆水平刚度系数（kN/m）；

l_f——锚杆无粘结自由段长度（m）；

l_a——锚杆锚固段长度，特指锚杆杆体与锚固体粘结的长度（m）；

E_s——杆体弹性模量（kN/m²）；

E_m——注浆体弹性模量（kN/m²）；

E_c——锚固体组合弹性模量，$E_c = \dfrac{AE_s + (A_c - A)E_m}{A_c}$；

A——杆体截面面积（m²）；

A_c——锚固体截面面积（m²）；

α——锚杆倾角（°）。

8.2.7 预应力岩石锚杆和全粘结岩石锚杆可按刚性拉杆考虑。

8.3 原 材 料

8.3.1 锚杆（索）原材料性能应符合国家现行标准的有关规定，并应满足设计要求，方便施工，且材料之间不应产生不良影响。

8.3.2 锚杆（索）杆体可使用普通钢材、精轧螺纹钢、钢绞线包括无粘结钢绞线和高强钢丝，其材料尺寸和力学性能应符合本规范附录 E 的规定；不宜采用镀锌钢材。

8.3.3 灌浆材料性能应符合下列规定：

1 水泥宜使用普通硅酸盐水泥，需要时可采用抗硫酸盐水泥；

2 砂的含泥量按重量计不得大于 3%，砂中云母、有机物、硫化物和硫酸盐等有害物质的含量按重量计不得大于 1%；

3 水中不应含有影响水泥正常凝结和硬化的有害物质，不得使用污水；

4 外加剂的品种和掺量应由试验确定；

5 浆体配制的灰砂比宜为 0.80～1.50，水灰比宜为 0.38～0.50；

6 浆体材料 28d 的无侧限抗压强度，不应低于 25MPa。

8.3.4 锚具应符合下列规定：

1 预应力筋用锚具、夹具和连接器的性能均应符合现行国家标准《预应力筋用锚具、夹具和连接器》GB/T 14370 的规定；

2 预应力锚具的锚固效率应至少发挥预应力杆体极限抗拉力的 95% 以上，达到实测极限拉力时的总应变应小于 2%；

3 锚具应具有补偿张拉和松弛的功能，需要时可采用可以调节拉力的锚头；

4 锚具罩应采用钢材或塑料材料制作加工，需完全罩住锚杆头和预应力筋的尾端，与支承面的接缝应为水密性接缝。

8.3.5 套管材料和波纹管应符合下列规定：

1 具有足够的强度，保证其在加工和安装过程中不损坏；

2 具有抗水性和化学稳定性；

3 与水泥浆、水泥砂浆或防腐油脂接触无不良反应。

8.3.6 防腐材料应符合下列规定：

1 在锚杆设计使用年限内，保持其防腐性能和耐久性；

2 在规定的工作温度内或张拉过程中不得开裂、

变脆或成为流体;

3 应具有化学稳定性和防水性,不得与相邻材料发生不良反应;不得对锚杆自由段的变形产生限制和不良影响。

8.3.7 导向帽、隔离架应由钢、塑料或其他对杆体无害的材料组成,不得使用木质隔离架。

8.4 构 造 设 计

8.4.1 锚杆总长度应为锚固段、自由段和外锚头的长度之和,并应符合下列规定:

1 锚杆自由段长度应为外锚头到潜在滑裂面的长度;预应力锚杆自由段长度应不小于5.0m,且应超过潜在滑裂面1.5m;

2 锚杆锚固段长度应按本规范公式(8.2.3)和公式(8.2.4)进行计算,并取其中大值。同时,土层锚杆的锚固段长度不应小于4.0m,并不宜大于10.0m;岩石锚杆的锚固段长度不应小于3.0m,且不宜大于45D和6.5m,预应力锚索不宜大于55D和8.0m;

3 位于软质岩中的预应力锚索,可根据地区经验确定最大锚固长度;

4 当计算锚固段长度超过构造要求长度时,应采取改善锚固段岩土体质量、压力灌浆、扩大锚固段直径、采用荷载分散型锚杆等,提高锚杆承载能力。

8.4.2 锚杆的钻孔直径应符合下列规定:

1 钻孔内的锚杆钢筋面积不超过钻孔面积的20%;

2 钻孔内的锚杆钢筋保护层厚度,对永久性锚杆不应小于25mm,对临时性锚杆不应小于15mm。

8.4.3 锚杆的倾角宜采用10°～35°,并应避免对相邻构筑物产生不利影响。

8.4.4 锚杆隔离架应沿锚杆轴线方向每隔1m～3m设置一个,对土层应取小值,对岩层可取大值。

8.4.5 预应力锚杆传力结构应符合下列规定:

1 预应力锚杆传力结构应有足够的强度、刚度、韧性和耐久性;

2 强风化或软弱破碎岩质边坡和土质边坡宜采用框架格构型钢筋混凝土传力结构;

3 对Ⅰ、Ⅱ类及完整性好的Ⅲ类岩质边坡,宜采用墩座或地梁型钢筋混凝土传力结构;

4 传力结构与坡面的结合部位应做好防排水设计及防腐措施;

5 承压板及过渡管宜由钢板和钢管制成,过渡管钢管壁厚不宜小于5mm。

8.4.6 当锚固段岩体破碎、渗(失)水量大时,应对岩体作灌浆加固处理。

8.4.7 永久性锚杆的防腐蚀处理应符合下列规定:

1 非预应力锚杆的自由段位于岩土层中时,可采用除锈、刷沥青船底漆和沥青玻纤布缠裹二层进行

防腐蚀处理;

2 对采用钢绞线、精轧螺纹钢制作的预应力锚杆(索),其自由段可按本条第1款进行防腐蚀处理后装入套管中;自由段套管两端100mm～200mm长度范围内用黄油充填,外绕扎工程胶布固定;

3 对位于无腐蚀性岩土层内的锚固段,水泥浆或水泥砂浆保护层厚度应不小于25mm;对位于腐蚀性岩土层内的锚固段,应采取特殊防腐蚀处理,且水泥浆或水泥砂浆保护层厚度不应小于50mm;

4 经过防腐蚀处理后,非预应力锚杆的自由段外端应埋入钢筋混凝土构件内50mm以上;对预应力锚杆,其锚头的锚具经除锈、涂防腐漆三度后应采用钢筋网罩、现浇混凝土封闭,且混凝土强度等级不应低于C30,厚度不应小于100mm,混凝土保护层厚度不应小于50mm。

8.4.8 临时性锚杆的防腐蚀可采取下列处理措施:

1 非预应力锚杆的自由段,可采用除锈后刷沥青防锈漆处理;

2 预应力锚杆的自由段,可采用除锈后刷沥青防锈漆或加套管处理;

3 外锚头可采用外涂防腐材料或外包混凝土处理。

8.5 施 工

8.5.1 锚杆施工前应做好下列准备工作:

1 应掌握锚杆施工区建(构)筑物基础、地下管线等情况;

2 应判断锚杆施工对邻近建筑物和地下管线的不良影响,并制定相应预防措施;

3 编制符合锚杆设计要求的施工组织设计;并应检验锚杆的制作工艺和张拉锁定方法与设备;确定锚杆注浆工艺并标定张拉设备;

4 应检查原材料的品种、质量和规格型号,以及相应的检验报告。

8.5.2 锚孔施工应符合下列规定:

1 锚孔定位偏差不宜大于20.0mm;

2 锚孔偏斜度不应大于2%;

3 钻孔深度超过锚杆设计长度不应小于0.5m。

8.5.3 钻孔机械应考虑钻孔通过的岩土类型、成孔条件、锚固类型、锚杆长度、施工现场环境、地形条件、经济性和施工速度等因素进行选择。在不稳定地层中地层受扰动导致水土流失会危及邻近建筑物或公用设施的稳定时,应采用套管护壁钻孔或干钻。

8.5.4 锚杆的灌浆应符合下列规定:

1 灌浆前应清孔,排放孔内积水;

2 注浆管宜与锚杆同时放入孔内;向水平孔或下倾孔内注浆时,注浆管出浆口应插入距孔底100mm～300mm处,浆液自下而上连续灌注;向上倾斜的钻孔内注浆时,应在孔口设置密封装置;

3 孔口溢出浆液或排气管停止排气并满足注浆要求时，可停止注浆；

4 根据工程条件和设计要求确定灌浆方法和压力，确保钻孔灌浆饱满和浆体密实；

5 浆体强度检验用试块的数量每 30 根锚杆不应少于一组，每组试块不应少于 6 个。

8.5.5 预应力锚杆锚头承压板及其安装应符合下列规定：

1 承压板应安装平整、牢固，承压面应与锚孔轴线垂直；

2 承压板底部的混凝土应填充密实，并满足局部抗压强度要求。

8.5.6 预应力锚杆的张拉与锁定应符合下列规定：

1 锚杆张拉宜在锚固体强度大于 20MPa 并达到设计强度的 80% 后进行；

2 锚杆张拉顺序应避免相近锚杆相互影响；

3 锚杆张拉控制应力不宜超过 0.65 倍钢筋或钢绞线的强度标准值；

4 锚杆进行正式张拉之前，应取 0.10 倍～0.20 倍锚杆轴向拉力值，对锚杆预张拉 1 次～2 次，使其各部位的接触紧密和杆体完全平直；

5 宜进行锚杆设计预应力值 1.05 倍～1.10 倍的超张拉，预应力保留值应满足设计要求；对地层及被锚固结构位移控制要求较高的工程，预应力锚杆的锁定值宜为锚杆轴向拉力特征值；对容许地层及被锚固结构产生一定变形的工程，预应力锚杆的锁定值宜为锚杆设计预应力值的 0.75 倍～0.90 倍。

9 锚杆（索）挡墙

9.1 一般规定

9.1.1 锚杆挡墙可分为下列形式：

1 根据挡墙的结构形式可分为板肋式锚杆挡墙、格构式锚杆挡墙和排桩式锚杆挡墙；

2 根据锚杆的类型可分为非预应力锚杆挡墙和预应力锚杆（索）挡墙。

9.1.2 下列边坡宜采用排桩式锚杆挡墙支护：

1 位于滑坡区或切坡后可能引发滑坡的边坡；

2 切坡后可能沿外倾软弱结构面滑动、破坏后果严重的边坡；

3 高度较大、稳定性较差的土质边坡；

4 边坡塌滑区内有重要建筑物基础的Ⅳ类岩质边坡和土质边坡。

9.1.3 在施工期稳定性较好的边坡，可采用板肋式或格构式锚杆挡墙。

9.1.4 填方锚杆挡墙在设计和施工时应采取有效措施防止新填方土体沉降造成的锚杆附加拉应力过大。高度较大的新填方边坡不宜采用锚杆挡墙方案。

9.2 设计计算

9.2.1 锚杆挡墙设计应包括下列内容：

1 侧向岩土压力计算；

2 挡墙结构内力计算；

3 立柱嵌入深度计算；

4 锚杆计算和混凝土结构局部承压强度以及抗裂性计算；

5 挡板、立柱（肋柱或排桩）及其基础设计；

6 边坡变形控制设计；

7 整体稳定性分析；

8 施工方案建议和监测要求。

9.2.2 坡顶无建（构）筑物且不需对边坡变形进行控制的锚杆挡墙，其侧向岩土压力合力可按下式计算：

$$E'_{ah} = E_{ah}\beta_2 \qquad (9.2.2)$$

式中：E'_{ah}——相应于作用的标准组合时，每延米侧向岩土压力合力水平分力修正值（kN）；

E_{ah}——相应于作用的标准组合时，每延米侧向主动岩土压力合力水平分力（kN）；

β_2——锚杆挡墙侧向岩土压力修正系数，应根据岩土类别和锚杆类型按表 9.2.2 确定。

表 9.2.2 锚杆挡墙侧向岩土压力修正系数 β_2

锚杆类型岩土类别	非预应力锚杆			预应力锚杆	
	土层锚杆	自由段为土层的岩石锚杆	自由段为岩层的岩石锚杆	自由段为土层时	自由段为岩层时
β_2	1.1～1.2	1.1～1.2	1.0	1.2～1.3	1.1

注：当锚杆变形计算值较小时取大值，较大时取小值。

9.2.3 确定岩土自重产生的锚杆挡墙侧压力分布，应考虑锚杆层数、挡墙位移大小、支护结构刚度和施工方法等因素，可简化为三角形、梯形或当地经验图形。

9.2.4 填方锚杆挡墙和单排锚杆的土层锚杆挡墙的侧压力，可近似按库仑理论取为三角形分布。

9.2.5 对岩质边坡以及坚硬、硬塑状黏性土和密实、中密砂土类边坡，当采用逆作法施工的、柔性结构的多层锚杆挡墙时，侧压力分布可近似按图 9.2.5 确定，图中 e'_{ah} 按下列公式计算：

对岩质边坡：

$$e'_{ah} = \frac{E'_{ah}}{0.9H} \qquad (9.2.5-1)$$

对土质边坡：

$$e'_{ah} = \frac{E'_{ah}}{0.875H} \qquad (9.2.5-2)$$

式中：e'_{ah}——相应于作用的标准组合时侧向岩土压力水平分力修正值（kN/m^2）；

H——挡墙高度（m）。

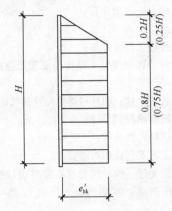

图 9.2.5 锚杆挡墙侧压力分布图
（括号内数值适用于土质边坡）

9.2.6 对板肋式和排桩式锚杆挡墙，立柱荷载取立柱受荷范围内的最不利荷载效应标准组合值。

9.2.7 岩质边坡以及坚硬、硬塑状黏性土和密实、中密砂土类边坡的锚杆挡墙，立柱可按下列规定计算：

    1 立柱可按支承于刚性锚杆上的连续梁计算内力；当锚杆变形较大时立柱宜按支承于弹性锚杆上的连续梁计算内力；

    2 根据立柱下端的嵌岩程度，可按铰接端或固定端考虑；当立柱位于强风化岩层以及坚硬、硬塑状黏性土和密实、中密砂土内时，其嵌入深度可按等值梁法计算。

9.2.8 除坚硬、硬塑状黏性土和密实、中密砂土类外的土质边坡锚杆挡墙，结构内力宜按弹性支点法计算。当锚固点水平变形较小时，结构内力可按静力平衡法或等值梁法计算，计算方法可按本规范附录 F 执行。

9.2.9 根据挡板与立柱连接构造的不同，挡板可简化为支撑在立柱上的水平连续板、简支板或双铰拱板；设计荷载可取板所处位置的岩土压力值。岩质边坡锚杆挡墙或坚硬、硬塑状黏性土和密实、中密砂土等且排水良好的挖方土质边坡锚杆挡墙，可根据当地的工程经验考虑两立柱间岩土形成的卸荷拱效应。

9.2.10 当锚固点变形较小时，钢筋混凝土格构式锚杆挡墙可简化为支撑在锚固点上的井字梁进行内力计算；当锚固点变形较大时，应考虑变形对格构式挡墙内力的影响。

9.2.11 由支护结构、锚杆和地层组成的锚杆挡墙体系的整体稳定性验算可采用圆弧滑动法或折线滑动法，并应符合本规范第 5 章的相关规定。

9.3 构造设计

9.3.1 锚杆挡墙支护结构立柱的间距宜采用 2.0m

～6.0m。

9.3.2 锚杆挡墙支护中锚杆的布置应符合下列规定：

    1 锚杆上下排垂直间距、水平间距均不宜小于 2.0m；

    2 当锚杆间距小于上述规定或锚固段岩土层稳定性较差时，锚杆宜采用长短相间的方式布置；

    3 第一排锚杆锚固体上覆土层的厚度不宜小于 4.0m，上覆岩层的厚度不宜小于 2.0m；

    4 第一锚点位置可设于坡顶下 1.5m～2.0m 处；

    5 锚杆的倾角宜采用 10°～35°；

    6 锚杆布置应尽量与边坡走向垂直，并应与结构面呈较大倾角相交；

    7 立柱位于土层时宜在立柱底部附近设置锚杆。

9.3.3 立柱、挡板和格构梁的混凝土强度等级不应小于 C25。

9.3.4 立柱的截面尺寸除应满足强度、刚度和抗裂要求外，还应满足挡板的支座宽度、锚杆钻孔和锚固等要求。肋柱截面宽度不宜小于 300mm，截面高度不宜小于 400mm；钻孔锚杆直径不宜小于 500mm，人工挖孔桩直径不宜小于 800mm。

9.3.5 立柱基础应置于稳定的地层内，可采用独立基础、条形基础或桩基础等形式。

9.3.6 对永久性边坡，现浇挡板和拱板厚度不宜小于 200mm。

9.3.7 锚杆挡墙立柱宜对称配筋；当第一锚点以上悬臂部分内力较大或柱顶设单锚时，可根据立柱的内力包络图采用不对称配筋做法。

9.3.8 格构梁截面尺寸应按强度、刚度和抗裂要求计算确定，且格构梁截面宽度和截面高度均不宜小于 300mm。

9.3.9 锚杆挡墙现浇混凝土构件的伸缩缝间距不宜大于 20m～25m。

9.3.10 锚杆挡墙立柱的顶部宜设置钢筋混凝土构造连梁。

9.3.11 当锚杆挡墙的锚固区内有建（构）筑物基础传递较大荷载时，除应验算挡墙的整体稳定性外，还应适当加长锚杆，并采用长短相间的设置方法。

9.4 施 工

9.4.1 排桩式锚杆挡墙和在施工期边坡可能失稳的板肋式锚杆挡墙，应采用逆作法进行施工。

9.4.2 对施工期处于不利工况的锚杆挡墙，应按临时性支护结构进行验算。

10 岩石锚喷支护

10.1 一般规定

10.1.1 岩石锚喷支护应符合下列规定：

1 对永久性岩质边坡（基坑边坡）进行整体稳定性支护时，Ⅰ类岩质边坡可采用混凝土锚喷支护；Ⅱ类岩质边坡宜采用钢筋混凝土锚喷支护；Ⅲ类岩质边坡应采用钢筋混凝土锚喷支护，且边坡高度不宜大于15m；

2 对临时性岩质边坡（基坑边坡）进行整体稳定性支护时，Ⅰ、Ⅱ类岩质边坡可采用混凝土锚喷支护；Ⅲ类岩质边坡宜采用钢筋混凝土锚喷支护，且边坡高度不应大于25m；

3 对边坡局部不稳定岩石块体，可采用锚喷支护进行局部加固；

4 符合本规范第14.2.2条的岩质边坡，可采用锚喷支护进行坡面防护，且构造要求应符合本规范第10.3.3条要求。

10.1.2 膨胀性岩质边坡和具有严重腐蚀性的边坡不应采用锚喷支护。有深层外倾滑动面或坡体渗水明显的岩质边坡不宜采用锚喷支护。

10.1.3 岩质边坡整体稳定用系统锚杆支护后，对局部不稳定块体尚应采用锚杆加强支护。

10.2 设计计算

10.2.1 采用锚喷支护的岩质边坡整体稳定性计算应符合下列规定：

1 岩石侧压力分布可按本规范第9.2.5条的规定确定；

2 锚杆轴向拉力可按下式计算：

$$N_{ak} = e'_{ah} s_{xj} s_{yj} / \cos\alpha \qquad (10.2.1)$$

式中：N_{ak}——锚杆所受轴向拉力（kN）；

s_{xj}、s_{yj}——锚杆的水平、垂直间距（m）；

e'_{ah}——相应于作用的标准组合时侧向岩石压力水平分力修正值（kN/m）；

α——锚杆倾角（°）。

10.2.2 锚喷支护边坡时，锚杆计算应符合本规范第8.2.2~8.2.4条的规定。

10.2.3 岩石锚杆总长度应符合本规范第8.4.1条的相关规定。

10.2.4 采用局部锚杆加固不稳定岩石块体时，锚杆承载力应符合下式的规定：

$$K_b(G_t - fG_n - cA) \leqslant \Sigma N_{akti} + f\Sigma N_{akni}$$

$$(10.2.4)$$

式中：A——滑动面面积（m²）；

c——滑移面的黏聚力（kPa）；

f——滑动面上的摩擦系数；

G_t、G_n——分别为不稳定块体自重在平行和垂直于滑面方向的分力（kN）；

N_{akti}、N_{akni}——单根锚杆轴向拉力在抗滑方向和垂直

于滑动面方向上的分力（kN）；

K_b——锚杆钢筋抗拉安全系数，按本规范第8.2.2条规定取值。

10.3 构造设计

10.3.1 系统锚杆的设置宜符合下列规定：

1 锚杆布置宜采用行列式排列或菱形排列；

2 锚杆间距宜为1.25m~3.00m，且不应大于锚杆长度的一半；对Ⅰ、Ⅱ类岩体边坡最大间距不应大于3.00m，对Ⅲ、Ⅳ类岩体边坡最大间距不应大于2.00m；

3 锚杆安设倾角宜为10°~20°；

4 应采用全粘结锚杆。

10.3.2 锚喷支护用于岩质边坡整体支护时，其面板应符合下列规定：

1 对永久性边坡，Ⅰ类岩质边坡喷射混凝土面板厚度不应小于50mm，Ⅱ类岩质边坡喷射混凝土面板厚度不应小于100mm，Ⅲ类岩体边坡钢筋网喷射混凝土面板厚度不应小于150mm；对临时性边坡，Ⅰ类岩质边坡喷射混凝土面板厚度不应小于50mm，Ⅱ类岩质边坡喷射混凝土面板厚度不应小于80mm，Ⅲ类岩体边坡钢筋网喷射混凝土面板厚度不应小于100mm；

2 钢筋直径宜为6mm~12mm，钢筋间距宜为100mm~250mm，单层钢筋网喷射混凝土面板厚度不应小于80mm，双层钢筋网喷射混凝土面板厚度不应小于150mm；钢筋保护层厚度不应小于25mm；

3 锚杆钢筋与面板的连接应有可靠的连接构造措施。

10.3.3 岩质边坡坡面防护宜符合下列规定：

1 锚杆布置宜采用行列式排列，也可采用菱形排列；

2 应采用全粘结锚杆，锚杆长度为3m~6m，锚杆倾角宜为15°~25°，钢筋直径可采用16mm~22mm；钻孔直径为40mm~70mm；

3 Ⅰ、Ⅱ类岩质边坡可采用混凝土锚喷防护，Ⅲ类岩质边坡宜采用钢筋混凝土锚喷防护，Ⅳ类岩质边坡应采用钢筋混凝土锚喷防护；

4 混凝土喷层厚度可采用50mm~80mm，Ⅰ、Ⅱ类岩质边坡可取小值，Ⅲ、Ⅳ类岩质边坡宜取大值；

5 可采用单层钢筋网，钢筋直径为6mm~10mm，间距150mm~200mm。

10.3.4 喷射混凝土强度等级，对永久性边坡不应低于C25，对防水要求较高的不应低于C30；对临时性边坡不应低于C20。喷射混凝土1d龄期的抗压强度设计值不应小于5MPa。

10.3.5 喷射混凝土的物理力学参数可按表10.3.5采用。

表 10.3.5　喷射混凝土物理力学参数

喷射混凝土强度等级 物理力学参数	C20	C25	C30
轴心抗压强度设计值（MPa）	9.60	11.90	14.30
抗拉强度设计值（MPa）	1.10	1.27	1.43
弹性模量（MPa）	2.10×10⁴	2.30×10⁴	2.50×10⁴
重度（kN/m³）	22.00		

10.3.6　喷射混凝土与岩面的粘结力，对整体状和块状岩体不应低于 0.80MPa，对碎裂状岩体不应低于 0.40MPa。喷射混凝土与岩面粘结力试验应符合现行国家标准《锚杆喷射混凝土支护技术规范》GB 50086 的规定。

10.3.7　面板宜沿边坡纵向每隔 20m～25m 的长度分段设置竖向伸缩缝。

10.3.8　坡体泄水孔及截水、排水沟等的设置应符合本规范的相关规定。

10.4　施　　工

10.4.1　边坡坡面处理宜尽量平缓、顺直，且应锤击密实，凹处填筑应稳定。

10.4.2　应清除坡面松散层及不稳定的块体。

10.4.3　Ⅲ类岩体边坡应采用逆作法施工，Ⅱ类岩体边坡可部分采用逆作法施工。

11　重力式挡墙

11.1　一　般　规　定

11.1.1　根据墙背倾斜情况，重力式挡墙可分为俯斜式挡墙、仰斜式挡墙、直立式挡墙和衡重式挡墙等类型。

11.1.2　采用重力式挡墙时，土质边坡高度不宜大于 10m，岩质边坡高度不宜大于 12m。

11.1.3　对变形有严格要求或开挖土石方可能危及边坡稳定的边坡不宜采用重力式挡墙，开挖土石方危及相邻建筑物安全的边坡不应采用重力式挡墙。

11.1.4　重力式挡墙类型应根据使用要求、地形、地质和施工条件等综合考虑确定，对岩质边坡和挖方形成的土质边坡宜优先采用仰斜式挡墙，高度较大的土质边坡宜采用衡重式或仰斜式挡墙。

11.2　设　计　计　算

11.2.1　土质边坡采用重力式挡墙高度不小于 5m 时，主动土压力宜按本规范第 6.2 节计算的主动土压力值乘以增大系数确定。挡墙高度 5m～8m 时增大系

数宜取 1.1，挡墙高度大于 8m 时增大系数宜取 1.2。

11.2.2　重力式挡墙设计应进行抗滑移和抗倾覆稳定性验算。当挡墙地基软弱、有软弱结构面或位于边坡坡顶时，还应按本规范第 5 章有关规定进行地基稳定性验算。

11.2.3　重力式挡墙的抗滑移稳定性应按下列公式验算（图 11.2.3）：

$$F_s = \frac{(G_n + E_{an})\mu}{E_{at} - G_t} \geqslant 1.3 \qquad (11.2.3\text{-}1)$$

$$G_n = G\cos\alpha_0 \qquad (11.2.3\text{-}2)$$

$$G_t = G\sin\alpha_0 \qquad (11.2.3\text{-}3)$$

$$E_{at} = E_a\sin(\alpha - \alpha_0 - \delta) \qquad (11.2.3\text{-}4)$$

$$E_{an} = E_a\cos(\alpha - \alpha_0 - \delta) \qquad (11.2.3\text{-}5)$$

式中：E_a——每延米主动岩土压力合力（kN/m）；

F_s——挡墙抗滑移稳定系数；

G——挡墙每延米自重（kN/m）；

α——墙背与墙底水平投影的夹角（°）；

α_0——挡墙底面倾角（°）；

δ——墙背与岩土的摩擦角（°），可按本规范的表 6.2.3 选用；

μ——挡墙底与地基岩土体的摩擦系数，宜由试验确定，也可按表 11.2.3 选用。

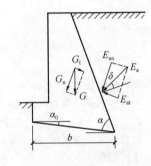

图 11.2.3　挡墙抗滑移
稳定性验算

表 11.2.3　岩土与挡墙底面摩擦系数 μ

岩土类别		摩擦系数 μ
黏性土	可塑	0.20～0.25
	硬塑	0.25～0.30
	坚硬	0.30～0.40
粉土		0.25～0.35
中砂、粗砂、砾砂		0.35～0.40
碎石土		0.40～0.50
极软岩、软岩、较软岩		0.40～0.60
表面粗糙的坚硬岩、较硬岩		0.65～0.75

11.2.4 重力式挡墙的抗倾覆稳定性应按下列公式进行验算（图 11.2.4）：

$$F_t = \frac{Gx_0 + E_{az}x_f}{E_{ax}z_f} \geqslant 1.6 \quad (11.2.4\text{-}1)$$

$$E_{ax} = E_a \sin(\alpha - \delta) \quad (11.2.4\text{-}2)$$

$$E_{az} = E_a \cos(\alpha - \delta) \quad (11.2.4\text{-}3)$$

$$x_f = b - z\cot\alpha \quad (11.2.4\text{-}4)$$

$$z_f = z - b\tan\alpha_0 \quad (11.2.4\text{-}5)$$

式中：F_t——挡墙抗倾覆稳定系数；

b——挡墙底面水平投影宽度（m）；

x_0——挡墙中心到墙趾的水平距离（m）；

z——岩土压力作用点到墙踵的竖直距离（m）。

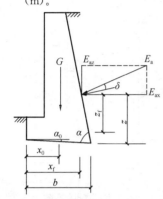

图 11.2.4　挡墙抗倾覆
稳定性验算

11.2.5 地震工况时，重力式挡墙的抗滑移稳定系数不应小于 1.10，抗倾覆稳定性不应小于 1.30。

11.2.6 重力式挡墙的地基承载力和结构强度计算，应符合国家现行有关标准的规定。

11.3　构 造 设 计

11.3.1 重力式挡墙材料可使用浆砌块石、条石、毛石混凝土或素混凝土。块石、条石的强度等级不应低于 MU30，砂浆强度等级不应低于 M5.0；混凝土强度等级不应低于 C15。

11.3.2 重力式挡墙基底可做成逆坡。对土质地基，基底逆坡坡度不宜大于 1:10；对岩质地基，基底逆坡坡度不宜大于 1:5。

11.3.3 挡墙地基表面纵坡大于 5% 时，应将基底设计为台阶式，其最下一级台阶底宽不宜小于 1.00m。

11.3.4 块石或条石挡墙的墙顶宽度不宜小于 400mm，毛石混凝土、素混凝土挡墙的墙顶宽度不宜小于 200mm。

11.3.5 重力式挡墙的基础埋置深度，应根据地基稳定性、地基承载力、冻结深度、水流冲刷情况以及岩石风化程度等因素确定。在土质地基中，基础最小埋置深度不宜小于 0.50m，在岩质地基中，基础最小埋置深度不宜小于 0.30m。基础埋置深度应从坡脚排水

沟底算起。受水流冲刷时，埋深应从预计冲刷底面算起。

11.3.6 位于稳定斜坡地面的重力式挡墙，其墙趾最小埋入深度和距斜坡面的最小水平距离应符合表 11.3.6 的规定。

表 11.3.6　斜坡地面墙趾最小埋入深度和距斜坡
地面的最小水平距离（m）

地基情况	最小埋入深度（m）	距斜坡地面的最小水平距离（m）
硬质岩石	0.60	0.60～1.50
软质岩石	1.00	1.50～3.00
土质	1.00	3.00

注：硬质岩指单轴抗压强度大于 30MPa 的岩石，软质岩指单轴抗压强度小于 15MPa 的岩石。

11.3.7 重力式挡墙的伸缩缝间距，对条石、块石挡墙宜为 20m～25m，对混凝土挡墙宜为 10m～15m。在挡墙高度突变处及与其他建（构）筑物连接处应设置伸缩缝，在地基岩土性状变化处应设置沉降缝。沉降缝、伸缩缝的缝宽宜为 20mm～30mm，缝中填塞沥青麻筋或其他有弹性的防水材料，填塞深度不应小于 150mm。

11.3.8 挡墙后面的填土，应优先选择抗剪强度高和透水性较强的填料。当采用黏性土作填料时，宜掺入适量的砂砾或碎石。不应采用淤泥质土、耕植土、膨胀性黏土等软弱有害的岩土体作为填料。

11.3.9 挡墙的防渗与泄水布置应根据地形、地质、环境、水体来源及填料等因素分析确定。

11.3.10 挡墙后填土地表应设置排水良好的地表排水系统。

11.4　施　工

11.4.1 浆砌块石、条石挡墙的施工所用砂浆宜采用机械拌合。块石、条石表面应清洗干净，砂浆填塞应饱满，严禁干砌。

11.4.2 块石、条石挡墙所用石材的上下面应尽可能平整，块石厚度不应小于 200mm。挡墙应分层错缝砌筑，墙体砌筑时不应有垂直通缝；且外露面应用 M7.5 砂浆勾缝。

11.4.3 墙后填土应分层夯实，选料及其密实度均应满足设计要求，填料回填应在砌体或混凝土强度达到设计强度的 75% 以上后进行。

11.4.4 当填方挡墙后地面的横坡度大于 1:6 时，应进行地面粗糙处理后再填土。

11.4.5 重力式挡墙在施工前应预先设置好排水系统，保持边坡和基坑坡面干燥。基坑开挖后，基坑内不应积水，并应及时进行基础施工。

11.4.6 重力式抗滑挡墙应分段、跳槽施工。

12 悬臂式挡墙和扶壁式挡墙

12.1 一般规定

12.1.1 悬臂式挡墙和扶壁式挡墙适用于地基承载力较低的填方边坡工程。

12.1.2 悬臂式挡墙和扶壁式挡墙适用高度对悬臂式挡墙不宜超过 6m，对扶壁式挡墙不宜超过 10m。

12.1.3 悬臂式挡墙和扶壁式挡墙结构应采用现浇钢筋混凝土结构。

12.1.4 悬臂式挡墙和扶壁式挡墙的基础应置于稳定的岩土层内，其埋置深度应符合本规范第 11.3.5 条和第 11.3.6 条的规定。

12.2 设计计算

12.2.1 计算挡墙整体稳定性和立板内力时，可不考虑挡墙前底板以上土的影响；在计算墙趾板内力时，应计算底板以上填土的自重。

12.2.2 计算挡墙实际墙背和墙踵板的土压力时，可不计填料与板间的摩擦力。

12.2.3 悬臂式挡墙和扶壁式挡墙的侧向主动土压力宜按第二破裂面法进行计算。当不能形成第二破裂面时，可用墙踵下缘与墙顶内缘的连线或通过墙踵的竖向面作为假想墙背计算，取其中不利状态的侧向压力作为设计控制值。

12.2.4 计算立板内力时，侧向压力分布可按图 12.2.4 或根据当地经验图形确定。

12.2.5 悬臂式挡墙的立板、墙趾板和墙踵板等结构构件可取单位宽度按悬挑构件进行计算。

12.2.6 对扶壁式挡墙，根据其受力特点可按下列简化模型进行内力计算：

　　1 立板和墙踵板可根据边界约束条件按三边固定、一边自由的板或以扶壁为支点的连续板进行计算；

　　2 墙趾底板可简化为固定在立板上的悬臂板进行计算；

　　3 扶壁可简化为 T 形悬臂梁进行计算，其中立板为梁的翼缘，扶壁为梁的腹板。

12.2.7 悬臂式挡墙和扶壁式挡墙的结构构件截面设计应按现行国家标准《混凝土结构设计规范》GB 50010 的有关规定执行。

12.2.8 挡墙结构应进行混凝土裂缝宽度的验算。迎土面的裂缝宽度不应大于 0.2mm，背土面的裂缝宽度不应大于 0.3mm，并应符合现行国家标准《混凝土结构设计规范》GB 50010 的有关规定。

12.2.9 悬臂式挡墙和扶壁式挡墙的抗滑、抗倾稳定性验算应按本规范的第 10.2 节的有关规定执行。当存在深部潜在滑面时，应按本规范的第 5 章的有关规

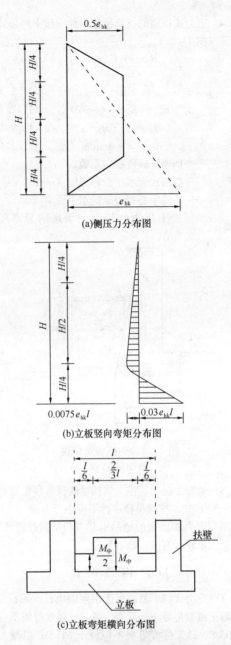

(a)侧压力分布图

(b)立板竖向弯矩分布图

(c)立板弯矩横向分布图

图 12.2.4　扶壁式挡墙侧向压力分布图

$M_{中}$—板跨中弯矩；H—墙面板的高度；
e_{hk}—墙面板底端内填料引起的法向土压力；
l—扶壁之间的净距

定进行有关潜在滑面整体稳定性验算。

12.2.10 悬臂式挡墙和扶壁式挡墙的地基承载力和变形验算按国家现行有关规范执行。

12.3 构造设计

12.3.1 悬臂式挡墙和扶壁式挡墙的混凝土强度等级应根据结构承载力和所处环境类别确定，且不应低于 C25。立板和扶壁的混凝土保护层厚度不应小于 35mm，底板的保护层厚度不应小于 40mm。受力钢筋直径不应小于 12mm，间距不宜大于 250mm。

12.3.2 悬臂式挡墙截面尺寸应根据强度和变形计算确定，立板顶宽和底板厚度不应小于200mm。当挡墙高度大于4m时，宜加根部翼。

12.3.3 扶壁式挡墙尺寸应根据强度和变形计算确定，并应符合下列规定：

1 两扶壁之间的距离宜取挡墙高度的1/3～1/2；

2 扶壁的厚度宜取扶壁间距的1/8～1/6，且不宜小于300mm；

3 立板顶端和底板的厚度不应小于200mm；

4 立板在扶壁处的外伸长度，宜根据外伸悬臂固端弯矩与中间跨固端弯矩相等的原则确定，可取两扶壁净距的0.35倍左右。

12.3.4 悬臂式挡墙和扶壁式挡墙结构构件应根据其受力特点进行配筋设计，其配筋率、钢筋的连接和锚固等应符合现行国家标准《混凝土结构设计规范》GB 50010的有关规定。

12.3.5 当挡墙受滑动稳定控制时，应采取提高抗滑能力的构造措施。宜在墙底下设防滑键，其高度应保证键前土体不被挤出。防滑键厚度应根据抗剪强度计算确定，且不应小于300mm。

12.3.6 悬臂式挡墙和扶壁式挡墙位于纵向坡度大于5%的斜坡时，基底宜做成台阶形。

12.3.7 对软弱地基或填方地基，当地基承载力不满足设计要求时，应进行地基处理或采用桩基础方案。

12.3.8 悬臂式挡墙和扶壁式挡墙的泄水孔设置及构造要求等应按本规范相关规定执行。

12.3.9 悬臂式挡墙和扶壁式挡墙纵向伸缩缝间距宜采用10m～15m。宜在不同结构单元处和地层性状变化处设置沉降缝；且沉降缝与伸缩缝宜合并设置。其他要求应符合本规范的第11.3.7条的规定。

12.3.10 悬臂式挡墙和扶壁式挡墙的墙后填料质量和回填质量应符合本规范第11.3.8条的要求。

12.4 施 工

12.4.1 施工时应做好排水系统，避免水软化地基的不利影响，基坑开挖后应及时封闭。

12.4.2 施工时应清除填土中的草和树皮、树根等杂物。在墙身混凝土强度达到设计强度的70%后方可填土，填土应分层夯实。

12.4.3 扶壁间回填宜对称实施，施工时应控制填土对扶壁式挡墙的不利影响。

12.4.4 当挡墙墙后表面的横坡坡度大于1:6时，应在进行表面粗糙处理后再填土。

13 桩板式挡墙

13.1 一般规定

13.1.1 桩板式挡墙适用于开挖土石方可能危及相邻建筑物或环境安全的边坡、填方边坡支挡以及工程滑坡治理。

13.1.2 桩板式挡墙按其结构形式分为悬臂式桩板挡墙、锚拉式桩板挡墙。挡板可以采用现浇板或预制板。桩板式挡墙形式的选择应根据工程特点、使用要求、地形、地质和施工条件等综合考虑确定。

13.1.3 悬臂式桩板挡墙高度不宜超过12m，锚拉式桩板挡墙高度不宜大于25m。桩间距不宜小于2倍桩径或桩截面短边尺寸。

13.1.4 桩间距、桩长和截面尺寸应根据岩土侧压力大小和锚固段地基承载力等因素确定，达到安全可靠、经济合理。

13.1.5 锚拉式桩板挡墙可采用单点锚固或多点锚固的结构形式，当其高度较大、边坡推力较大时宜采用预应力锚杆。

13.1.6 填方锚拉式桩板挡墙应符合本规范第9.1.4条的规定。

13.1.7 桩板式挡墙用于滑坡治理时应符合本规范第17章的相关规定。

13.1.8 锚拉式桩板挡墙的锚杆（索）的设计和施工应符合本规范第8章的相关规定。

13.2 设 计 计 算

13.2.1 桩板式挡墙的岩土侧向压力可按库仑主动土压力计算，并根据对支护结构变形的不同限制要求，按本规范第6章的相关规定确定岩土侧向压力。锚拉式桩板挡墙的岩土侧压力可按本规范第9.2.2条确定。

13.2.2 对有潜在滑动面的边坡及工程滑坡，应取滑动剩余下滑力与主动岩土压力两者中的较大值进行桩板式挡墙设计。

13.2.3 作用在桩上的荷载宽度可按左右两相邻桩桩中心之间距离的各一半之和计算。作用在挡板上的荷载宽度可取板的计算板跨度。

13.2.4 桩板式挡墙用于滑坡支挡时，滑动面以上桩前滑体抗力可由桩前剩余抗滑力或被动土压力确定，设计时选较小值。当桩前滑体可能滑动时，不应计其抗力。

13.2.5 桩板式挡墙桩身内力计算时，临空段或边坡滑动面以上部分桩身内力，应根据岩土侧压力或滑坡推力计算。嵌入段或滑动面以下部分桩身内力，宜根据埋入段地面或滑动面处弯矩和剪力，采用地基系数法计算。根据岩土条件可选用"k法"或"m法"。地基系数k和m值宜根据试验资料、地方经验和工程类比综合确定，初步设计阶段可按本规范附录G取值。

13.2.6 桩板式挡墙的桩嵌入岩土层部分的内力采用地基系数法计算时，桩的计算宽度可按下列规定取值：

圆形桩：$d \leqslant 1m$ 时，$B_p = 0.9(1.5d + 0.5)$；

$\qquad d > 1m$ 时，$B_p = 0.9(d + 1)$；

矩形桩：$b \leqslant 1m$ 时，$B_p = 1.5b + 0.5$；

$\qquad b > 1m$ 时，$B_p = b + 1$。

式中：B_p——桩身计算宽度（m）；

$\qquad b$——桩宽（m）；

$\qquad d$——桩径（m）。

13.2.7 桩底支承应结合岩土层情况和桩基埋入深度可按自由端或铰支端考虑。

13.2.8 桩嵌入岩土层的深度应根据地基的横向承载力特征值确定，并应符合下列规定：

1 嵌入岩层时，桩的最大横向压应力 σ_{max} 应小于或等于地基的横向承载力特征值 f_H。桩为矩形截面时，地基的横向承载力特征值可按下式计算：

$$f_H = K_H \eta f_{rk} \qquad (13.2.8-1)$$

式中：f_H——地基的横向承载力特征值（kPa）；

$\qquad K_H$——在水平方向的换算系数，根据岩层构造可取 $0.50 \sim 1.00$；

$\qquad \eta$——折减系数，根据岩层的裂缝、风化及软化程度可取 $0.30 \sim 0.45$；

$\qquad f_{rk}$——岩石天然单轴极限抗压强度标准值（kPa）。

2 嵌入土层或风化层土、砂砾状岩层时，滑动面以下或桩嵌入稳定岩土层内深度为 $h_2/3$ 和 h_2（滑动面以下或嵌入稳定岩土层内桩长）处的横向压应力不应大于地基横向承载力特征值。悬臂抗滑桩（图13.2.8）地基横向承载力特征值可按下列公式计算：

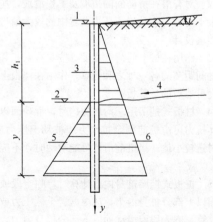

图 13.2.8 悬臂抗滑桩土质地基横向
承载力特征值计算简图

1—桩顶地面；2—滑面；3—抗滑桩；4—滑动方向；
5—被动土压力分布图；6—主动土压力分布图

1） 当设桩处沿滑动方向地面坡度小于 8° 时，地基 y 点的横向承载力特征值可按下式计算：

$$f_H = 4\gamma_2 y \frac{\tan\varphi_0}{\cos\varphi_0}$$

$$\qquad - \gamma_1 h_1 \frac{1 - \sin\varphi_0}{1 + \sin\varphi_0} \qquad (13.2.8-2)$$

式中：f_H——地基的横向承载力特征值（kPa）；

$\qquad \gamma_1$——滑动面以上土体的重度（kN/m³）；

$\qquad \gamma_2$——滑动面以下土体的重度（kN/m³）；

$\qquad \varphi_0$——滑动面以下土体的等效内摩擦角（°）；

$\qquad h_1$——设桩处滑动面至地面的距离（m）；

$\qquad y$——滑动面至计算点的距离（m）。

2） 当设桩处沿滑动方向地面坡度 $i \geqslant 8°$ 且 $i \leqslant \varphi_0$ 时，地基 y 点的横向承载力特征值可按下式计算：

$$f_H = 4\gamma_2 y \frac{\cos^2 i \sqrt{\cos^2 i - \cos^2 \varphi}}{\cos^2 \varphi}$$

$$\qquad - \gamma_1 h_1 \cos i \frac{\cos i - \sqrt{\cos^2 i - \cos^2 \varphi}}{\cos i + \sqrt{\cos^2 i - \cos^2 \varphi}}$$

$$\qquad (13.2.8-3)$$

式中：φ——滑动面以下土体的内摩擦角（°）。

13.2.9 桩基嵌固段顶端地面处的水平位移不宜大于 10mm。当地基强度或位移不能满足要求时，应通过调整桩的埋深、截面尺寸或间距等措施进行处理。

13.2.10 桩板式挡墙的桩身按受弯构件设计，当无特殊要求时，可不作裂缝宽度验算。

13.2.11 锚拉式桩板挡墙计算时可考虑将桩、锚固段岩土体及锚索（杆）视为一整体，锚索（杆）视为弹性支座，桩简化为受横向变形约束的弹性地基梁，根据位移变形协调原理，按"k法"或"m法"计算锚杆（索）拉力及桩各段内力和位移。

13.2.12 锚拉桩采用锚固段为岩石的预应力锚杆（索）或全粘结岩石锚杆时，锚杆（索）可按刚性杆考虑，将桩简化为单跨简支梁或多跨连续梁，计算桩各段内力和位移。

13.3 构 造 设 计

13.3.1 桩的混凝土强度等级不应低于 C25，用于滑坡支挡时桩身混凝土强度等级不应低于 C30。挡板的混凝土强度等级不应低于 C25，灌注锚杆（索）孔的水泥砂浆强度等级不应低于 M30。

13.3.2 桩受力主筋混凝土保护层不应小于 50mm，挡板受力主筋混凝土保护层挡土一侧不应小于 25mm，临空一侧不应小于 20mm。

13.3.3 桩内不宜采用斜筋抗剪。剪力较大时可采用调整混凝土强度等级、箍筋直径和间距和桩身截面尺寸等措施，以满足斜截面抗剪强度要求。

13.3.4 桩的箍筋宜采用封闭式，肢数不宜多于 4 肢，箍筋直径不应小于 8mm。

13.3.5 桩的两侧和受压边应配置纵向构造钢筋，两侧纵向钢筋直径不宜小于 12mm，间距不宜大于

400mm；受压边钢筋直径不宜小于14mm，间距不宜大于200mm。

13.3.6 锚拉式桩板挡墙锚孔距桩顶距离不宜小于1500mm，锚固点附近桩身箍筋应适当加密，锚杆（索）构造应按本规范第8.4节有关规定设计。

13.3.7 悬臂式桩板挡墙桩长在岩质地基中嵌固深度不宜小于桩总长的1/4，土质地基中不宜小于1/3。

13.3.8 桩板式挡墙应根据其受力特点进行配筋设计，其配筋率、钢筋搭接和锚固应符合现行国家标准《混凝土结构设计规范》GB 50010 的有关规定。

13.3.9 桩板式挡墙纵向伸缩缝间距不宜大于25m。伸缩缝构造应符合本规范第10.3.7条的规定。

13.3.10 桩板式挡墙墙后填料质量和回填质量应符合本规范第11.3.8条的规定。

13.4 施 工

13.4.1 挖方区悬臂式桩板挡墙应先施工桩，再施工挡板；挖方区锚拉式桩板挡墙应先施工桩，再采用逆作法施工锚杆（索）及挡板。

13.4.2 桩身混凝土应连续灌注，不得形成水平施工缝。当需加快施工进度时，宜采用速凝、早强混凝土。

13.4.3 桩纵筋的接头不得设在土石分界处和滑动面处。

13.4.4 墙后填土必须分层夯实，选料及其密实度均应满足设计要求。

13.4.5 桩和挡板设计未考虑大型碾压机的荷载时，桩板后至少2m内不得使用大型碾压机械填筑。

13.4.6 工程滑坡治理施工尚应符合本规范第17.3节的规定。

14 坡 率 法

14.1 一 般 规 定

14.1.1 当工程场地有放坡条件，且无不良地质作用时宜优先采用坡率法。

14.1.2 有下列情况之一的边坡不应单独采用坡率法，应与其他边坡支护方法联合使用：

　　1 放坡开挖对相邻建（构）筑物有不利影响的边坡；

　　2 地下水发育的边坡；

　　3 软弱土层等稳定性差的边坡；

　　4 坡体内有外倾软弱结构面或深层滑动面的边坡；

　　5 单独采用坡率法不能有效改善整体稳定性的边坡；

　　6 地质条件复杂的一级边坡。

14.1.3 填方边坡采用坡率法时可与加筋材料联合应用。

14.1.4 采用坡率法时应进行边坡环境整治、坡面绿化和排水处理。

14.1.5 高度较大的边坡应分级开挖放坡。分级放坡时应验算边坡整体的和各级的稳定性。

14.2 设 计 计 算

14.2.1 土质边坡的坡率允许值应根据工程经验，按工程类比的原则并结合已有稳定边坡的坡率值分析确定。当无经验且土质均匀良好、地下水贫乏、无不良地质作用和地质环境条件简单时，边坡坡率允许值可按表14.2.1确定。

表14.2.1　土质边坡坡率允许值

边坡土体类别	状态	坡率允许值（高宽比）	
		坡高小于5m	坡高5m～10m
碎石土	密实	1：0.35～1：0.50	1：0.50～1：0.75
	中密	1：0.50～1：0.75	1：0.75～1：1.00
	稍密	1：0.75～1：1.00	1：1.00～1：1.25
黏性土	坚硬	1：0.75～1：1.00	1：1.00～1：1.25
	硬塑	1：1.00～1：1.25	1：1.25～1：1.50

注：1 碎石土的充填物为坚硬或硬塑状态的黏性土；
　　2 对于砂土或充填物为砂土的碎石土，其边坡坡率允许值应按砂土或碎石土的自然休止角确定。

14.2.2 在边坡保持整体稳定的条件下，岩质边坡开挖的坡率允许值应根据工程经验，按工程类比的原则结合已有稳定边坡的坡率值分析确定。对无外倾软弱结构面的边坡，放坡坡率可按表14.2.2确定。

表14.2.2　岩质边坡坡率允许值

边坡岩体类型	风化程度	坡率允许值（高宽比）		
		$H<8m$	$8m \leqslant H < 15m$	$15m \leqslant H < 25m$
Ⅰ类	未（微）风化	1：0.00～1：0.10	1：0.10～1：0.15	1：0.15～1：0.25
	中等风化	1：0.10～1：0.15	1：0.15～1：0.25	1：0.25～1：0.35
Ⅱ类	未（微）风化	1：0.10～1：0.15	1：0.15～1：0.25	1：0.25～1：0.35
	中等风化	1：0.15～1：0.25	1：0.25～1：0.35	1：0.35～1：0.50
Ⅲ类	未（微）风化	1：0.25～1：0.35	1：0.35～1：0.50	—
	中等风化	1：0.35～1：0.50	1：0.50～1：0.75	—

续表 14.2.2

边坡岩体类型	风化程度	坡率允许值（高宽比）		
		$H<8m$	$8m\leqslant H<15m$	$15m\leqslant H<25m$
Ⅳ类	中等风化	1：0.50～1：0.75	1：0.75～1：1.00	—
	强风化	1：0.75～1：1.00		

注：1 H——边坡高度；
　　2 Ⅳ类强风化包括各类风化程度的极软岩；
　　3 全风化岩体可按土质边坡坡率取值。

14.2.3 下列边坡的坡率允许值应通过稳定性计算分析确定：

　　1 有外倾软弱结构面的岩质边坡；

　　2 土质较软的边坡；

　　3 坡顶边缘附近有较大荷载的边坡；

　　4 边坡高度超过本规范表 14.2.1 和表 14.2.2 范围的边坡。

14.2.4 填土边坡的坡率允许值应根据边坡稳定性计算结果并结合地区经验确定。

14.2.5 土质边坡稳定性计算应考虑边坡影响范围内的建（构）筑物和边坡支护处理对地下水运动等水文地质条件的影响，以及由此而引起的对边坡稳定性的影响。

14.2.6 边坡稳定性评价应符合本规范第 5 章的有关规定。

14.3 构 造 设 计

14.3.1 边坡整体高度可按同一坡率进行放坡，也可根据边坡岩土的变化情况按不同的坡率放坡。

14.3.2 位于斜坡上的人工压实填土边坡应验算填土沿斜坡滑动的稳定性。分层填筑前应将斜坡的坡面修成若干台阶，使压实填土与斜坡面紧密接触。

14.3.3 边坡排水系统的设置应符合下列规定：

　　1 边坡坡顶、坡面、坡脚和水平台阶应设排水沟，并做好坡脚防护；在坡顶外围应设截水沟；

　　2 当边坡表层有积水湿地、地下水渗出或地下水露头时，应根据实际情况设置外倾排水孔、排水盲沟和排水钻孔。

14.3.4 对局部不稳定块体应清除，或采用锚杆和其他有效加固措施。

14.3.5 永久性边坡宜采用锚喷、浆砌片石或格构等构造措施护面。在条件许可时，宜尽量采用格构或其他有利于生态环境保护和美化的护面措施。临时性边坡可采用水泥砂浆护面。

14.4 施 工

14.4.1 挖方边坡施工开挖应自上而下有序进行，并应保持两侧边坡的稳定，保证弃土、弃渣的堆填不应导致边坡附加变形或破坏现象发生。

14.4.2 填土边坡施工应自下而上分层进行，每一层填土施工完成后应进行相应技术指标的检测，质量检验合格后方可进行下一层填土施工。

14.4.3 边坡工程在雨期施工时应做好水的排导和防护工作。

15 坡面防护与绿化

15.1 一 般 规 定

15.1.1 边坡整体稳定但其坡面岩土体易风化、剥落或有浅层崩塌、滑落及掉块等时，应进行坡面防护。

15.1.2 边坡坡面防护工程应在稳定边坡上设置。对欠稳定的或存在不良地质因素的边坡，应先进行边坡治理后进行坡面防护与绿化。

15.1.3 边坡坡面防护应根据工程区域气候、水文、地形、地质条件、材料来源及使用条件采取工程防护和植物防护相结合的综合处理措施，并应考虑下列因素经技术经济比较确定：

　　1 坡面风化作用；

　　2 雨水冲刷；

　　3 植物生长效果、环境效应；

　　4 冻胀、干裂作用；

　　5 坡面防渗、防淘刷等需要；

　　6 其他需要考虑的因素。

15.1.4 临时防护措施应与永久防护措施相结合。

15.1.5 地下水和地表水较为丰富的边坡，应将边坡防护结合排水措施进行综合设计。

15.2 工 程 防 护

15.2.1 砌体护坡应符合下列规定：

　　1 砌体护坡可采用浆砌条石、块石、片石、卵石或混凝土预制块等作为砌筑材料，适用于坡度缓于 1：1 的易风化的岩石和土质挖方边坡；

　　2 石料强度等级不应低于 MU30，浆砌块石、片石、卵石护坡的厚度不宜小于 250mm；

　　3 预制块的混凝土强度等级不应低于 C20；厚度不小于 150mm；

　　4 铺砌层下应设置碎石或砂砾垫层，厚度不宜小于 100mm；

　　5 砌筑砂浆强度等级不应低于 M5.0，在严寒地区和地震地区或水下部分的砌筑砂浆强度等级不应低于 M7.5；

　　6 砌体护坡应设置伸缩缝和泄水孔；

　　7 砌体护坡伸缩缝间距宜为 20m～25m、缝宽 20mm～30mm；在地基性状和护坡高度变化处应设沉降缝，沉降缝与伸缩缝宜合并设置；缝中应填塞沥青麻筋或其他有弹性的防水材料，填塞深度不应小于150mm；在拐角处应采取适当的加强构造措施。

15.2.2 护面墙防护设计应符合下列规定：

1 护面墙可采用浆砌条石、块石或混凝土预制块等作为砌筑材料，也可现浇素混凝土；适用于防护易风化或风化严重的软质岩石或较破碎岩石挖方边坡，以及坡面易受侵蚀的土质边坡；

2 窗孔式护面墙防护的边坡坡率应缓于1：0.75；拱式护面墙适用于边坡下部岩层较完整而上部需防护的边坡，边坡坡率应缓于1：0.50；

3 单级护面墙的高度不宜超过10m；其墙背坡坡率与边坡坡率一致，顶宽不应小于500mm，底宽不应小于1000mm，并应设置伸缩缝和泄水孔；

4 伸缩缝的间距宜为20m～25m，但对素混凝土护面墙应为10m～15m；

5 护面墙基础应设置在稳定的地基上，基础埋置深度应根据地质条件确定；冰冻地区应埋置在冰冻深度以下不小于250mm；护面墙前趾应低于排水沟铺砌的底面。

15.2.3 对边坡坡度不大于60°、中风化的易风化岩质边坡可采用喷射砂浆进行坡面防护。喷射砂浆防护厚度不宜小于50mm，砂浆强度等级不应低于M20；喷护坡面应设置泄水孔和伸缩缝，泄水孔纵、横间距宜为2.5m，伸缩缝间距宜为10m～15m。

15.2.4 喷射混凝土防护工程应符合本规范第10章的规定。

15.3 植物防护与绿化

15.3.1 植物防护与绿化工程设计应符合下列规定：

1 植草宜选用易成活、生长快、根系发达、叶茎矮或有匍匐茎的多年生当地草种；草种的配合、播种量等应根据植物的生长特点、防护地点及施工方法确定；

2 铺草皮适用于需要快速绿化的边坡，且坡率缓于1：1.00的土质边坡和严重风化的软质岩石边坡；草皮应选择根系发达，茎矮叶茂耐旱草种，不宜采用喜水草种，严禁采用生长在泥沼地的草皮；

3 植树宜用于坡率缓于1：1.50的边坡；树种应选用能迅速生长且根深枝密的低矮灌木类；

4 湿法喷播绿化适用于土质边坡、土夹石边坡、严重风化岩石的坡率缓于1：0.50的挖方和填方边坡防护；

5 客土喷播与绿化适用于风化岩石、土壤较少的软质岩石、养分较少的土壤、硬质土壤，植物立地条件差的高大陡坡面和受侵蚀显著的坡面；当坡率陡于1：1.00时，宜设置挂网或混凝土格构。

15.3.2 骨架植物防护工程中的骨架可采用浆砌片石或混凝土作骨架，且应符合下列规定：

1 骨架植物防护适用于边坡坡率缓于1：0.75

土质和全风化的岩石边坡防护与绿化，当坡面受雨水冲刷严重或潮湿时，坡度应缓于1：1.00；

2 应根据边坡坡率、土质和当地情况确定骨架形式，并与周围景观相协调；骨架内应采用植物或其他辅助防护措施；

3 当降雨量较大且集中的地区，骨架宜做成截水槽型；截水槽断面尺寸由降雨强度计算确定。

15.3.3 混凝土空心块植物防护适用于坡度缓于1：0.75的土质边坡和全风化、强风化的岩石挖方边坡；并根据需要设置浆砌片石或混凝土骨架。空心预制块的混凝土强度等级不应低于C20，厚度不应小于150mm。空心预制块内应填充种植土，喷播植草。

15.3.4 锚杆钢筋混凝土格构植物防护与绿化适用于土质边坡和坡体中无不良结构面、风化破碎的岩石挖方边坡。钢筋混凝土格构的混凝土强度等级不应低于C25，格构几何尺寸应根据边坡高度和地层情况等确定，格构内宜植草。在多雨地区，格构上应设置截水槽，截水槽断面尺寸由降雨强度计算确定。

15.4 施　　工

15.4.1 坡面防护施工应符合下列规定：

1 根据开挖坡面地质水文情况逐段核实边坡防护措施有效性，且应符合信息法施工要求；

2 挖方边坡防护工程应采用逆作法施工，开挖一级防护一级，并应及时进行养护；

3 施工前应对边坡进行修整，清除边坡上的危石及不密实的松土；

4 坡面防护层应与坡面密贴结合，不得留有空隙；

5 在多雨地区或地下水发育地段，边坡防护工程施工应采取有效截、排水措施。

15.4.2 喷浆或喷射混凝土防护施工应符合下列规定：

1 喷护前应采取措施对泉水、渗水进行处治，并按设计要求设置泄水孔，排、防积水；

2 施工作业前应进行试喷，选择合适的水灰比和喷射压力；喷射顺序应自下而上进行；

3 砂浆或混凝土初凝后，应立即开始养护，喷浆养护期不应少于5d，喷射混凝土养护期不应少于7d；

4 应及时对喷浆或混凝土层顶部进行封闭处理。

15.4.3 砌体护坡工程施工应符合下列规定：

1 砌体护坡施工前应将坡面整平；在铺设混凝土预制块前，对局部坑洞处应预先采用混凝土或浆砌片石填补平整；

2 浆砌块石、片石、卵石护坡应采取坐浆法施工，预制块应错缝砌筑；护坡面应平顺，并与相邻坡面顺接；

3 砂浆初凝后，应立即进行养护；砂浆终凝前，砌块应覆盖。

15.4.4 护面墙施工应符合下列规定：

1 护面墙施工前，应清除边坡风化层至新鲜岩面；对风化迅速的岩层，清挖到新鲜岩面后应立即修筑护面墙；

2 护面墙背应与坡面密贴，边坡局部凹陷处，应挖成台阶后用混凝土填充或浆砌片石嵌补；

3 坡顶护面墙与坡面之间应按设计要求做好防渗处理。

15.4.5 植被防护施工应符合下列规定：

1 种草施工，草籽应撒布均匀，同时做好保护措施；

2 灌木、树木应在适宜季节栽植；

3 客土喷播施工所喷播植草混合料中植生土、土壤稳定剂、水泥、肥料、混合草籽和水等的配合比应根据边坡坡率、地质情况和当地气候条件确定，混合草籽用量每 $1000m^2$ 不宜少于 $25kg$；在气温低于12℃时不宜喷播作业；

4 铺、种植被后，应适时进行洒水、施肥等养护管理，植物成活率应达到 90% 以上；养护用水不应含油、酸、碱、盐等有碍草木生长的成分。

16 边坡工程排水

16.1 一般规定

16.1.1 边坡工程排水应包括排除坡面水、地下水和减少坡面水下渗等措施。坡面排水、地下排水与减少坡面雨水下渗措施宜统一考虑，并形成相辅相成的排水、防渗体系。

16.1.2 坡面排水应根据汇水面积、降雨强度、历时和径流方向等进行整体规划和布置。边坡影响区内、外的坡面和地表排水系统宜分开布置，自成体系。

16.1.3 地下排水措施宜根据边坡水文地质和工程地质条件选择，当其在地下水位以上时应采取措施防止渗漏。

16.1.4 边坡工程的临时性排水设施，应满足坡面水尤其是季节性暴雨、地下水和施工用水等的排放要求，有条件时应结合边坡工程的永久性排水措施进行。

16.1.5 边坡排水应满足使用功能要求、排水结构安全可靠、便于施工、检查和养护维修。

16.2 坡面排水

16.2.1 建筑边坡坡面排水设施应包括截水沟、排水沟、跌水与急流槽等，应结合地形和天然水系进行布设，并作好进出水口的位置选择。应采取措施防止截排水沟出现堵塞、溢流、渗漏、淤积、冲刷和冻结等

现象。

16.2.2 各类坡面排水设施设置的位置、数量和断面尺寸应根据地形条件、降雨强度、历时、分区汇水面积、坡面径流量和坡体内渗出的水量等因素计算分析确定。各类坡面排水沟顶应高出沟内设计水面 $200mm$ 以上。

16.2.3 截、排水沟设计应符合下列规定：

1 坡顶截水沟宜结合地形进行布设，且距挖方边坡坡口或潜在塌滑区后缘不应小于 5m；填方边坡上侧的截水沟距填方坡脚的距离不宜小于 2m；在多雨地区可设一道或多道截水沟；

2 需将截水沟、边坡附近低洼处汇集的水引向边坡范围以外时，应设置排水沟；

3 截、排水沟的底宽和顶宽不宜小于 $500mm$，可采用梯形断面或矩形断面，其沟底纵坡不宜小于 0.3%；

4 截、排水沟需进行防渗处理；砌筑砂浆强度等级不应低于 M7.5，块石、片石强度等级不应低于 MU30，现浇混凝土或预制混凝土强度等级不应低于 C20；

5 当截、排水沟出水口处的坡面坡度大于 10%、水头高差大于 1.0m 时，可设置跌水和急流槽将水流引出坡体或引入排水系统。

16.3 地下排水

16.3.1 在设计地下排水设施前应查明场地水文地质条件，获取设计、施工所需的水文地质参数。

16.3.2 边坡地下排水设施包括渗流沟、仰斜式排水孔等。地下排水设施的类型、位置及尺寸应根据工程地质和水文地质条件确定，并与坡面排水设施相协调。

16.3.3 渗流沟设计应符合下列规定：

1 对于地下水埋藏浅或无固定含水层的土质边坡宜采用渗流沟排除坡体内的地下水；

2 边坡渗流沟应垂直嵌入边坡坡体，其基底宜设置在含水层以下较坚实的土层上；寒冷地区的渗流沟出口，应采取防冻措施；其平面形状宜采用条带形布置；对范围较大的潮湿坡体，可采用增设支沟，按分岔形布置或拱形布置；

3 渗流沟侧壁及顶部应设置反滤层，底部应设置封闭层；渗流沟迎水侧可采用砂砾石、无砂混凝土、渗水土工织物作反滤层。

16.3.4 仰斜式排水孔和泄水孔设计应符合下列规定：

1 用于引排边坡内地下水的仰斜式排水孔的仰角不宜小于 6°，长度应伸至地下水富集部位或潜在滑动面，并宜根据边坡渗水情况成群分布；

2 仰斜式排水孔和泄水孔排出的水宜引入排水沟予以排除，其最下一排的出水口应高于地面或排水

沟设计水位顶面，且不应小于 200mm；

3 仰斜式泄水孔其边长或直径不宜小于 100mm、外倾坡度不宜小于 5%、间距宜为 2m～3m，并宜按梅花形布置；在地下水较多或有大股水流处，应加密设置；

4 在泄水孔进水侧应设置反滤层或反滤包；反滤层厚度不应小于 500mm，反滤包尺寸不应小于 500mm×500mm×500mm，反滤层和反滤包的顶部和底部应设厚度不小于 300mm 的黏土隔水层。

16.4 施 工

16.4.1 边坡排水设施施工前，宜先完成临时排水设施；施工期间，应对临时排水设施进行经常维护，保证排水畅通。

16.4.2 截水沟和排水沟施工应符合下列规定：

1 截水沟和排水沟采用浆砌块石、片石时，砂浆应饱满，沟底表面粗糙；

2 截水沟和排水沟的水沟线形要平顺，转弯处宜为弧线形。

16.4.3 渗流沟施工应符合下列规定：

1 边坡上的渗流沟宜从下向上分段间隔开挖，开挖作业面应根据土质选用合理的支撑形式，并应随挖随支撑、及时回填，不可暴露太久；

2 渗流沟渗水材料顶面不应低于坡面原地下水位；在冰冻地区，渗流沟埋置深度不应小于当地最小冻结深度；

3 在渗流沟的迎水面反滤层应采用颗粒大小均匀的碎、砾石分层填筑；土工布反滤层采用缝合法施工时，土工布的搭接宽度应大于 100mm；铺设时应紧贴保护层，不宜拉伸过紧；

4 渗流沟底部的封闭层宜采用浆砌片石或干砌片石水泥砂浆勾缝，寒冷地区应设保温层，并加大出水口附近纵坡；保温层可采用炉渣、砂砾、碎石或草皮等。

16.4.4 排水孔施工应符合下列规定：

1 仰斜式排水孔成孔直径宜为 75mm～150mm，仰角不应小于 6°；孔深应延伸至富水区；

2 仰斜式排水管直径宜为 50mm～100mm，渗水孔宜采用梅花形排列，渗水段裹 1 层～2 层无纺土工布，防止渗水孔堵塞；

3 边坡防护工程上的泄水孔可采取预埋 PVC 管等方式施工，管径不宜小于 50mm，外倾坡度不宜小于 0.5%。

17 工程滑坡防治

17.1 一 般 规 定

17.1.1 工程滑坡类型可按表 17.1.1 进行划分。

表 17.1.1 工程滑坡类型

滑坡类型		诱发因素	滑体特征	滑动特征
工程滑坡	人工弃土滑坡切坡顺层滑坡切坡岩层滑坡切坡土层滑坡	开挖坡脚、坡顶加载、施工用水等因素	由外倾且软弱的岩土层面上填土构成；由层面外倾且较软弱的岩土体构成；由外倾软弱结构面控制稳定的岩体构成	弃土沿下卧层岩土层面或弃土体内滑动；沿外倾的下卧潜在滑面或土体内滑动；沿岩体外倾、临空软弱结构面滑动
自然滑坡或工程滑坡	堆积体滑坡岩体顺层滑坡土体顺层滑坡	暴雨、洪水或地震等自然因素，或人为因素	由滑坡和崩塌碎、块石堆积体构成，已有老滑面；由顺层岩体构成，已有老滑面；由顺层土体构成，已有老滑面	沿外倾下卧岩土层老滑面或体内滑动；沿外倾软弱岩层、老滑面或体内滑动；沿外倾土层滑面或体内滑动

17.1.2 在滑坡区或潜在滑坡区进行工程建设和滑坡整治时应以防为主，防治结合，先治坡，后建房。应根据滑坡特性采取治坡与治水相结合的措施，合理有效地综合整治滑坡。

17.1.3 当滑坡体上有重要建（构）筑物时，滑坡防治在确保滑体整体稳定的同时，应选择有利于减小坡体变形的方案，避免危及建（构）筑物安全和保证其正常使用功能。

17.1.4 滑坡防治方案除应满足滑坡整治稳定性要求外，尚应考虑支护结构与相邻建（构）筑物基础关系，并满足建筑功能要求。在滑坡区尤其是在主滑段进行工程建设时，建筑物基础宜采用桩基础或桩锚基础等方案，将荷载直接传至稳定岩土层中，并应符合本规范第 7 章的有关规定。

17.1.5 工程滑坡的发育阶段可按表 17.1.5 划分。

表 17.1.5 滑坡发育阶段

演变阶段	弱变形阶段	强变形阶段	滑动阶段	停滑阶段
滑动带及滑动面	主滑段滑动带在蠕动变形，但滑体尚未沿滑动带位移	主滑段滑动带已大部分形成，部分探井及钻孔可发现滑动带有镜面、擦痕及搓揉现象。滑体局部沿滑动带位移	整个滑动带已全面形成，滑带土特征明显且新鲜，绝大多数探井及钻孔发现滑动带有镜面、擦痕及搓揉现象，滑带土含水量常较高	滑体不再沿滑动带位移，滑带土含水量降低，进入固结阶段

演变阶段	弱变形阶段	强变形阶段	滑动阶段	停滑阶段
滑坡前缘	前缘无明显变化，未发现新泉点	前缘有隆起，有放射状裂隙或大体垂直等高线的压致张拉裂缝，有时有局部坍塌现象或出现湿地或有泉水溢出	前缘出现明显的剪出口并经常剪出，剪出口附近湿地明显，有一个或多个泉点，有时形成了滑坡舌，滑坡舌常明显伸出，鼓胀及放射状裂隙加剧并常伴有坍塌	前缘滑坡舌伸出，覆盖于原地表上或到达前方阻挡体壅高，前缘湿地明显，鼓丘不再发展
滑坡后缘	后缘地表或建构筑物出现一条或数条与地形等高线大体平行的拉张裂缝，裂缝断续分布	后缘地表或建（构）筑物拉张裂缝多而宽且贯通，外侧下错	后缘张裂缝常出现多个阶坎或地堑式沉陷带，滑坡壁常较明显	后缘裂缝不再增多，不再扩大，滑坡壁明显
滑坡两侧	两侧无明显裂缝，边界不明显	两侧出现雁行羽状剪切裂缝	羽状裂缝与滑坡后缘张裂缝连通，滑坡周界明显	羽状裂缝不再扩大，不再增多甚至闭合
滑坡体	无明显异常，偶见滑坡体上树木倾斜	有裂缝及少量沉陷等异常现象，可见滑坡体上树木倾斜	有差异运动形成的纵向裂缝，中、后部水塘、水沟或水田渗漏，滑坡体上不少树木倾斜，滑坡整体位移	滑体变形不再发展，原始地形总体坡度变小，裂缝不再增多甚至闭合
稳定状态	基本稳定	欠稳定	不稳定	欠稳定～稳定
稳定系数	$1.05 < F_s < F_{st}$	$1.00 < F_s < 1.05$	$F_s < 1.00$	$1.00 < F_s \sim F_s > F_{st}$

注：F_{st}——滑坡稳定性安全系数。

17.1.6 滑坡治理尚应符合本规范第3章的有关规定。

17.2 工程滑坡防治

17.2.1 工程滑坡治理应考虑滑坡类型成因、滑坡形态、工程地质和水文地质条件、滑坡稳定性、工程重要性、坡上建（构）筑物和施工影响等因素，分析滑坡的有利和不利因素、发展趋势及危害性，并应采取

下列工程措施进行综合治理：

1 排水：根据工程地质、水文地质、暴雨、洪水和防治方案等条件，采取有效的地表排水和地下排水措施；可采用在滑坡后缘外设置环形截水沟、滑坡体上设分级排水沟、裂隙封填以及坡面封闭等措施，排放地表水，防止暴雨和洪水对滑体和滑面的浸蚀软化；需要时可采用设置地下横、纵向排水盲沟、廊道和仰斜式孔等措施，疏排滑体及滑带水；

2 支挡：滑坡整治时应根据滑坡稳定性、滑坡推力和岩土性状等因素，按本规范表3.1.4选用支挡结构类型；

3 减载：刷方减载应在滑坡的主滑段实施；

4 反压：反压填方应设置在滑坡前缘抗滑段区域，可采用土石回填或加筋土反压以提高滑坡的稳定性；同时应加强反压区地下水引排；

5 对滑带注浆条件和注浆效果较好的滑坡，可采用注浆法改善滑坡带的力学特性；注浆法宜与其他抗滑措施联合使用；严禁因注浆堵塞地下水排泄通道；

6 植被绿化，并应符合本规范第15章的相关规定。

17.2.2 滑坡治理设计及计算应符合下列规定：

1 滑坡计算应考虑滑坡自重、滑坡体上建（构）筑物等的附加荷载、地下水及洪水的静水压力和动水压力以及地震作用等的影响，取荷载效应的最不利组合值作为滑坡的设计控制值；

2 滑坡稳定系数应与滑坡所处的滑动特征、发育阶段相适应，并应符合本规范第17.1.5条的规定；

3 滑坡稳定性分析计算剖面不宜少于3条，其中应有一条是主轴（主滑方向）剖面，剖面间距不宜大于30m；

4 当滑体具有多层滑面时，应分别计算各滑动面的滑坡推力，取滑坡推力作用效应（对支护结构产生的弯矩或剪力）最大值作为设计值；

5 滑坡滑面（带）的强度指标应考虑岩土性质、滑坡的变形特征及含水条件等因素，根据试验值、反算值和地区经验值等综合分析确定；

6 作用在抗滑支挡结构上的滑坡推力分布，可根据滑体性质和高度等因素确定为三角形、矩形或梯形；

7 滑坡支挡设置应保证滑体不从支挡结构顶部越过、桩间挤出和产生新的深层滑动。

17.2.3 工程滑坡稳定性分析及剩余下滑力计算应按本规范第5章有关规定执行。工程滑坡稳定安全系数应按本规范表5.3.2确定。

17.3 施 工

17.3.1 工程滑坡治理应采用信息法施工。

17.3.2 工程滑坡治理各单项工程的施工程序应有利

于施工期滑坡的稳定和治理。

17.3.3 滑坡区地段的工程切坡应自上而下、分段跳槽方式施工，严禁通长大断面开挖。开挖弃渣不得随意堆放在滑坡的推力段，以免诱发坡体滑动或引起新的滑坡。

17.3.4 工程滑坡治理开挖不宜在雨期实施，应控制施工用水，做好施工排水措施。

17.3.5 工程滑坡治理不宜采用普通爆破法施工。

17.3.6 工程滑坡的抗滑桩应从滑坡两端向主轴方向分段间隔施工，开挖中应核实滑动面位置和性状，当与原勘察设计不符时应及时向相关部门反馈信息。

18 边坡工程施工

18.1 一般规定

18.1.1 边坡工程应根据安全等级、边坡环境、工程地质和水文地质、支护结构类型和变形控制要求等条件编制施工方案，采取合理、可行、有效的措施保证施工安全。

18.1.2 对土石方开挖后不稳定或欠稳定的边坡，应根据边坡的地质特征和可能发生的破坏方式等情况，采取自上而下、分段跳槽、及时支护的逆作法或部分逆作法施工。未经设计许可严禁大开挖、爆破作业。

18.1.3 不应在边坡潜在塌滑区超量堆载。

18.1.4 边坡工程的临时性排水措施应满足地下水、暴雨和施工用水等的排放要求，有条件时宜结合边坡工程的永久性排水措施进行。

18.1.5 边坡工程开挖后应及时按设计实施支护结构施工或采取封闭措施。

18.1.6 一级边坡工程施工应采用信息法施工。

18.1.7 边坡工程施工应进行水土流失、噪声及粉尘控制等的环境保护。

18.1.8 边坡工程施工除应符合本章规定外，尚应符合本规范其他有关章节及现行国家标准《土方与爆破工程施工及验收规范》GB 50201 的有关规定。

18.2 施工组织设计

18.2.1 边坡工程的施工组织设计应包括下列基本内容：

1 工程概况

边坡环境及邻近建（构）筑物基础概况、场区地形、工程地质与水文地质特点、施工条件、边坡支护结构特点、必要的图件及技术难点。

2 施工组织管理

组织机构图及职责分工、规章制度及落实合同工期。

3 施工准备

熟悉设计图、技术准备、施工所需的设备、材料进场、劳动力等计划。

4 施工部署

平面布置，边坡施工的分段分阶、施工程序。

5 施工方案

土石方及支护结构施工方案、附属构筑物施工方案、试验与监测。

6 施工进度计划

采用流水作业原理编制施工进度、网络计划及保证措施。

7 质量保证体系及措施

8 安全管理及文明施工

18.2.2 采用信息法施工的边坡工程组织设计应反映信息法施工的特殊要求。

18.3 信息法施工

18.3.1 信息法施工的准备工作应包括下列内容：

1 熟悉地质及环境资料，重点了解影响边坡稳定性的地质特征和边坡破坏模式；

2 了解边坡支护结构的特点和技术难点，掌握设计意图及对施工的特殊要求；

3 了解坡顶需保护的重要建（构）筑物基础、结构和管线情况及其要求，必要时采取预加固措施；

4 收集同类边坡工程的施工经验；

5 参与制定和实施边坡支护结构、邻近建（构）筑物和管线的监测方案；

6 制定应急预案。

18.3.2 信息法施工应符合下列规定：

1 按设计要求实施监测，掌握边坡工程监测情况；

2 编录施工现场揭示的地质状态与原地质资料对比变化图，为施工勘察提供资料；

3 根据施工方案，对可能出现的开挖不利工况进行边坡及支护结构强度、变形和稳定验算；

4 建立信息反馈制度，当开挖后的实际地质情况与原勘察资料变化较大，支护结构变形较大，监测值达到报警值等不利于边坡稳定的情况发生时，应及时向设计、监理、业主通报，并根据设计处理措施调整施工方案；

5 施工中出现险情时应按本规范第18.5节要求进行处理。

18.4 爆破施工

18.4.1 岩石边坡开挖爆破施工应采取避免边坡及邻近建（构）筑物震害的工程措施。

18.4.2 当地质条件复杂、边坡稳定性差、爆破对坡顶建（构）筑物震害较严重时，不应采用爆破开挖方案。

18.4.3 边坡爆破施工应符合下列规定：

1 在爆破危险区应采取安全保护措施；

2 爆破前应对爆破影响区建（构）筑物的原有状况进行查勘记录，并布设好监测点；

3 爆破施工应符合本规范第 18.2 节要求；当边坡开挖采用逆作法时，爆破应配合放阶施工；当爆破危害较大时，应采取控制爆破措施；

4 支护结构坡面爆破宜采用光面爆破法；爆破坡面宜预留部分岩层采用人工挖掘修整；

5 爆破施工技术尚应符合国家现行有关标准的规定。

18.4.4 爆破影响区有建筑物时，爆破产生的地面质点震动速度应按表18.4.4确定。

表 18.4.4　爆破安全允许震动速度

保护对象类别	安全允许震动速度（cm/s）		
	<10Hz	10Hz～50Hz	50Hz～100Hz
土坯房、毛石房屋	0.5～1.0	0.7～1.2	1.1～1.5
一般砖房、非抗震的大型砌块建筑	2.0～2.5	2.3～2.8	2.7～3.0
混凝土结构房屋	3.0～4.0	3.5～4.5	4.2～5.0

注：Hz——赫兹，频率符号。

18.4.5 对稳定性较差的边坡或爆破影响范围内坡顶有重要建筑物的边坡，爆破震动效应应通过爆破震动效应监测或试爆试验确定。

18.5　施工险情应急处理

18.5.1 当边坡变形过大，变形速率过快，周边环境出现沉降开裂等险情时，应暂停施工，并根据险情状况采用下列应急处理措施：

1 坡底被动区临时压重；

2 坡顶主动区卸土减载，并应严格控制卸载程序；

3 做好临时排水、封面处理；

4 临时加固支护结构；

5 加强险情区段监测；

6 立即向勘察、设计等单位反馈信息，及时按施工现状开展勘察及设计资料复审工作。

18.5.2 边坡施工出现险情时，施工单位应做好边坡支护结构及边坡环境异常情况收集、整理、汇编等工作。

18.5.3 边坡施工出现险情后，施工单位应会同相关单位查清险情原因，并应按边坡排危抢险方案的原则制定施工抢险方案。

18.5.4 施工单位应根据施工抢险方案及时开展边坡工程抢险工作。

19　边坡工程监测、质量检验及验收

19.1　监　　测

19.1.1 边坡塌滑区有重要建（构）筑物的一级边坡工程施工时必须对坡顶水平位移、垂直位移、地表裂缝和坡顶建（构）筑物变形进行监测。

19.1.2 边坡工程应由设计提出监测项目和要求，由业主委托有资质的监测单位编制监测方案，监测方案应包括监测项目、监测目的、监测方法、测点布置、监测项目报警值和信息反馈制度等内容，经设计、监理和业主共同认可后实施。

19.1.3 边坡工程可根据安全等级、地质环境、边坡类型、支护结构类型和变形控制要求，按表19.1.3选择监测项目。

表 19.1.3　边坡工程监测项目表

测试项目	测点布置位置	边坡工程安全等级		
		一级	二级	三级
坡顶水平位移和垂直位移	支护结构顶部或预估支护结构变形最大处	应测	应测	应测
地表裂缝	墙顶背后1.0H（岩质）～1.5H（土质）范围内	应测	应测	选测
坡顶建（构）筑物变形	边坡坡顶建筑物基础、墙面和整体倾斜	应测	应测	选测
降雨、洪水与时间关系	—	应测	应测	选测
锚杆（索）拉力	外锚头或锚杆主筋	应测	选测	可不测
支护结构变形	主要受力构件	应测	选测	可不测
支护结构应力	应力最大处	选测	选测	可不测
地下水、渗水与降雨关系	出水点	应测	选测	可不测

注：1　在边坡塌滑区内有重要建（构）筑物，破坏后果严重时，应加强对支护结构的应力监测；

2　H——边坡高度（m）。

19.1.4 边坡工程监测应符合下列规定：

1 坡顶位移观测，应在每一典型边坡段的支护结构顶部设置不少于3个监测点的观测网，观测位移量、移动速度和移动方向；

2 锚杆拉力和预应力损失监测，应选择有代表

性的锚杆（索），测定锚杆（索）应力和预应力损失；

3 非预应力锚杆的应力监测根数不宜少于锚杆总数3%，预应力锚索的应力监测根数不宜少于锚索总数的5%，且均不应少于3根；

4 监测工作可根据设计要求、边坡稳定性、周边环境和施工进程等因素进行动态调整；

5 边坡工程施工初期，监测宜每天一次，且应根据地质环境复杂程度、周边建（构）筑物、管线对边坡变形敏感程度、气候条件和监测数据调整监测时间及频率；当出现险情时应加强监测；

6 一级永久性边坡工程竣工后的监测时间不宜少于2年。

19.1.5 地表位移监测可采用GPS法和大地测量法，可辅以电子水准仪进行水准测量。在通视条件较差的环境下，采用GPS监测为主；在通视条件较好的情况下采用大地测量法。边坡变形监测与测量精度应符合现行国家标准《工程测量规范》GB 50026的有关规定。

19.1.6 应采取有效措施监测地表裂缝、位错等变化。监测精度对于岩质边坡分辨率不应低于0.50mm、对于土质边坡分辨率不应低于1.00mm。

19.1.7 边坡工程施工过程中及监测期间遇到下列情况时应及时报警，并采取相应的应急措施：

1 有软弱外倾结构面的岩土边坡支护结构坡顶有水平位移迹象或支护结构受力裂缝有发展；无外倾结构面的岩质边坡或支护结构构件的最大裂缝宽度达到国家现行相关标准的允许值；土质边坡支护结构坡顶的最大水平位移已大于边坡开挖深度的1/500或20mm，以及其水平位移速度已连续3d大于2mm/d；

2 土质边坡坡顶邻近建筑物的累计沉降、不均匀沉降或整体倾斜已大于现行国家标准《建筑地基基础设计规范》GB 50007规定允许值的80%，或建筑物的整体倾斜度变化速度已连续3d每天大于0.00008；

3 坡顶邻近建筑物出现新裂缝、原有裂缝有新发展；

4 支护结构中有重要构件出现应力骤增、压屈、断裂、松弛或破坏的迹象；

5 边坡底部或周围岩土体已出现可能导致边坡剪切破坏的迹象或其他可能影响安全的征兆；

6 根据当地工程经验判断已出现其他必须报警的情况。

19.1.8 对地质条件特别复杂的、采用新技术治理的一级边坡工程，应建立边坡工程长期监测系统。边坡工程监测系统包括监测基准网和监测点建设、监测设备仪器安装和保护、数据采集与传输、数据处理与分析、预测预报或总结等。

19.1.9 边坡工程监测报告应包括下列主要内容：

1 边坡工程概况；

2 监测依据；

3 监测项目和要求；

4 监测仪器的型号、规格和标定资料；

5 测点布置图、监测指标时程曲线图；

6 监测数据整理、分析和监测结果评述。

19.2 质量检验

19.2.1 边坡支护结构的原材料质量检验应包括下列内容：

1 材料出厂合格证检查；

2 材料现场抽检；

3 锚杆浆体和混凝土的配合比试验，强度等级检验。

19.2.2 锚杆的质量验收应按本规范附录C的规定执行。软土层锚杆质量验收应按国家现行有关标准执行。

19.2.3 灌注桩检验可采取低应变动测法、预埋管声波透射法或其他有效方法，并应符合下列规定：

1 对低应变检测结果有怀疑的灌注桩，应采用钻芯法进行补充检测；钻芯法应进行单孔或跨孔声波检测，混凝土质量与强度评定按国家现行有关标准执行；

2 对一级边坡桩，当长边尺寸不小于2.0m或桩长超过15.0m时，应采用声波透射法检验桩身完整性；当对桩身质量有怀疑时，可采用钻芯法进行复检。

19.2.4 钢筋位置、间距、数量和保护层厚度可采用钢筋探测仪复检，当对钢筋规格有怀疑时可直接凿开检查。

19.2.5 喷射混凝土护壁厚度和强度的检验应符合下列规定：

1 可用凿孔法或钻孔法检测面板护壁厚度，每100m²抽检一组；芯样直径为100mm时，每组不应少于3个点；

2 厚度平均值应大于设计厚度，最小值不应小于设计厚度的80%；

3 混凝土抗压强度的检测和评定应符合现行国家标准《建筑结构检测技术标准》GB/T 50344的有关规定。

19.2.6 边坡工程质量检测报告应包括下列内容：

1 工程概况；

2 检测主要依据；

3 检测方法与仪器设备型号；

4 检测点分布图；

5 检测数据分析；

6 检测结论。

19.3 验　　收

19.3.1 边坡工程验收应取得下列资料：

1 施工记录、隐蔽工程检查验收记录和竣工图；

2 边坡工程与周围建（构）筑物位置关系图；

3 原材料出厂合格证、场地材料复检报告或委托试验报告；

4 混凝土强度试验报告、砂浆试块抗压强度试验报告；

5 锚杆抗拔试验等现场实体检测报告；

6 边坡和周围建（构）筑物监测报告；

7 勘察报告、设计施工图和设计变更通知、重大问题处理文件及技术洽商记录；

8 各分项、分部工程验收记录。

19.3.2 边坡工程验收应按现行国家标准《建筑工程施工质量验收统一标准》GB 50300 的有关规定执行。

附录 A 不同滑面形态的边坡稳定性计算方法

A.0.1 圆弧形滑面的边坡稳定性系数可按下列公式计算（图 A.0.1）：

$$F_s = \frac{\sum\limits_{i=1}^{n} \frac{1}{m_{\theta i}}\left[c_i l_i \cos\theta_i + (G_i + G_{bi} - U_i \cos\theta_i)\tan\varphi_i\right]}{\sum\limits_{i=1}^{n}\left[(G_i + G_{bi})\sin\theta_i + Q_i \cos\theta_i\right]}$$

(A.0.1-1)

$$m_{\theta i} = \cos\theta_i + \frac{\tan\varphi_i \sin\theta_i}{F_s} \qquad (A.0.1-2)$$

$$U_i = \frac{1}{2}\gamma_w(h_{wi} + h_{w,i-1})l_i \qquad (A.0.1-3)$$

式中：F_s——边坡稳定性系数；

c_i——第 i 计算条块滑面黏聚力（kPa）；

φ_i——第 i 计算条块滑面内摩擦角（°）；

l_i——第 i 计算条块滑面长度（m）；

θ_i——第 i 计算条块滑面倾角（°），滑面倾向与滑动方向相同时取正值，滑面倾向与滑动方向相反时取负值；

U_i——第 i 计算条块滑面单位宽度总水压力（kN/m）；

G_i——第 i 计算条块单位宽度自重（kN/m）；

G_{bi}——第 i 计算条块单位宽度竖向附加荷载（kN/m）；方向指向下方时取正值，指向上方时取负值；

Q_i——第 i 计算条块单位宽度水平荷载（kN/m）；方向指向坡外时取正值，指向坡内时取负值；

h_{wi}，$h_{w,i-1}$——第 i 及第 $i-1$ 计算条块滑面前端水头高度（m）；

γ_w——水重度，取 $10\mathrm{kN/m^3}$；

i——计算条块号，从后方起编；

n——条块数量。

A.0.2 平面滑动面的边坡稳定性系数可按下列公式计算（图 A.0.2）：

$$F_s = \frac{R}{T} \qquad (A.0.2-1)$$

$$R = \left[(G + G_b)\cos\theta - Q\sin\theta - V\sin\theta - U\right]\tan\varphi + cL$$

(A.0.2-2)

$$T = (G + G_b)\sin\theta + Q\cos\theta + V\cos\theta$$

(A.0.2-3)

$$V = \frac{1}{2}\gamma_w h_w^2 \qquad (A.0.2-4)$$

$$U = \frac{1}{2}\gamma_w h_w L \qquad (A.0.2-5)$$

式中：T——滑体单位宽度重力及其他外力引起的下滑力（kN/m）；

R——滑体单位宽度重力及其他外力引起的抗滑力（kN/m）；

c——滑面的黏聚力（kPa）；

φ——滑面的内摩擦角（°）；

L——滑面长度（m）；

G——滑体单位宽度自重（kN/m）；

G_b——滑体单位宽度竖向附加荷载（kN/m）；方向指向下方时取正值，指向上方时取负值；

θ——滑面倾角（°）；

U——滑面单位宽度总水压力（kN/m）；

V——后缘陡倾裂隙面上的单位宽度总水压力（kN/m）；

Q——滑体单位宽度水平荷载（kN/m）；方向

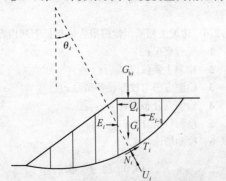

图 A.0.1 圆弧形滑面边坡计算示意

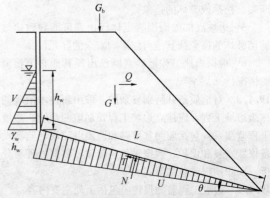

图 A.0.2 平面滑动面边坡计算简图

指向坡外时取正值，指向坡内时取负值；

h_w——后缘陡倾裂隙充水高度（m），根据裂隙情况及汇水条件确定。

A.0.3 折线形滑动面的边坡可采用传递系数法隐式解，边坡稳定性系数可按下列公式计算（图 A.0.3）：

$$P_n = 0 \qquad (A.0.3-1)$$

$$P_i = P_{i-1}\psi_{i-1} + T_i - R_i/F_s \qquad (A.0.3-2)$$

$$\psi_{i-1} = \cos(\theta_{i-1} - \theta_i) - \sin(\theta_{i-1} - \theta_i)\tan\varphi_i/F_s \qquad (A.0.3-3)$$

$$T_i = (G_i + G_{bi})\sin\theta_i + Q_i\cos\theta_i \qquad (A.0.3-4)$$

$$R_i = c_i l_i + [(G_i + G_{bi})\cos\theta_i - Q_i\sin\theta_i - U_i]\tan\varphi_i \qquad (A.0.3-5)$$

式中：P_n——第 n 条块单位宽度剩余下滑力（kN/m）；

P_i——第 i 计算条块与第 $i+1$ 计算条块单位宽度剩余下滑力（kN/m）；当 $P_i < 0$（$i < n$）时取 $P_i = 0$；

T_i——第 i 计算条块单位宽度重力及其他外力引起的下滑力（kN/m）；

R_i——第 i 计算条块单位宽度重力及其他外力引起的抗滑力（kN/m）。

ψ_{i-1}——第 $i-1$ 计算条块对第 i 计算条块的传递系数；其他符号同前。

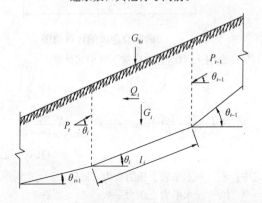

图 A.0.3 折线形滑面边坡传递系数法计算简图

注：在用折线形滑面计算滑坡推力时，应将公式（A.0.3-2）和公式（A.0.3-3）中的稳定系数 F_i 替换为安全系数 F_{st}，以此计算的 P_n，即为滑坡的推力。

附录 B 几种特殊情况下的侧向压力计算

B.0.1 距支护结构顶端作用有线分布荷载时（图 B.0.1），附加侧向压力分布可简化为等腰三角形，最大附加侧向土压力可按下式计算：

$$e_{h,max} = \left(\frac{2Q_L}{h}\right)\sqrt{K_a} \qquad (B.0.1)$$

式中：$e_{h,max}$——最大附加侧向压力（kN/m^2）；

h——附加侧向压力分布范围（m），$h =$

$a(\tan\beta - \tan\varphi)$，$\beta = 45° + \varphi/2$；

Q_L——线分布荷载标准值（kN/m）；

K_a——主动土压力系数，$K = \tan^2(45° - \varphi/2)$。

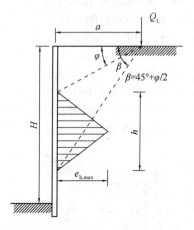

图 B.0.1 线荷载产生的附加侧向压力分布图

B.0.2 距支护结构顶端作用有宽度的均布荷载时，附加侧向压力分布可简化为有限范围内矩形（图 B.0.2），附加侧向土压力可按下式计算：

$$e_h = K_a \cdot q_L \qquad (B.0.2)$$

式中：e_h——附加侧向土压力（kN/m^2）；

K_a——主动土压力系数；

q_L——局部均布荷载标准值（kN/m^2）。

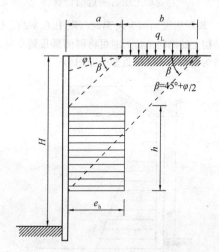

图 B.0.2 局部荷载产生的附加侧向压力分布图

B.0.3 当坡顶地面非水平时，支护结构上的主动土压力可按下列规定进行计算：

1 坡顶地表局部为水平时（图 B.0.3-1），支护结构上的主动土压力可按下列公式计算：

$$e_a = \gamma z \cos\beta \frac{\cos\beta - \sqrt{\cos^2\beta - \cos^2\varphi}}{\cos\beta + \sqrt{\cos^2\beta - \cos^2\varphi}}$$

$$(B.0.3-1)$$

$$e'_a = K_a \gamma (z + h) - 2c \sqrt{K_a} \quad \text{(B.0.3-2)}$$

式中：β——边坡坡顶地表斜坡面与水平面的夹
角（°）；

    c——土体的黏聚力（kPa）；

    φ——土体的内摩擦角（°）；

    γ——土体的重度（kN/m³）；

  K_a——主动土压力系数；

e_a、e'_a——侧向土压力（kN/m²）；

    z——计算点的深度（m）；

    h——地表水平面与地表斜坡和支护结构相交
点的距离（m）。

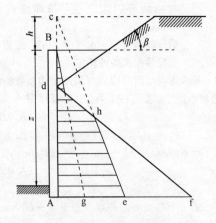

图 B.0.3-3　地面中部为斜面时支护结构
上主动土压力的近似计算

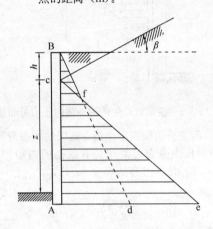

图 B.0.3-1　地面局部为水平时支护结构
上主动土压力的近似计算

2 坡顶地表局部为斜面时（图 B.0.3-2），计算
支护结构上的侧向土压力时可将斜面延长到 c 点，则
BAdfB 为主动土压力的近似分布图形；

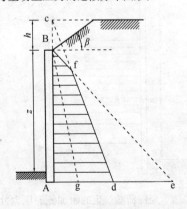

图 B.0.3-2　地面局部为斜面时支护结构
上主动土压力的近似计算

3 坡顶地表中部为斜面时（图 B.0.3-3），支护
结构上主动土压力可按本条第 1 款和第 2 款的方法叠
加计算。

B.0.4 当边坡为二阶且竖直、坡顶水平且无超载时
（图 B.0.4），岩土压力的合力和边坡破坏时的平面破
裂角应符合下列规定：

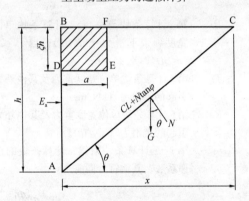

图 B.0.4　二阶竖直边坡的计算简图

1 岩土压力的合力应按下列公式计算：

$$E_a = \frac{1}{2} \gamma h^2 K_a \quad \text{(B.0.4-1)}$$

$$K_a = \left(\cot\theta - \frac{2a\xi}{h} \right) \tan(\theta - \varphi) - \frac{\eta\cos\varphi}{\sin\theta\cos(\theta - \varphi)}$$

$$\text{(B.0.4-2)}$$

式中：E_a——水平岩土压力合力（kN/m）；

  K_a——水平岩土压力系数；

    γ——支挡结构后的岩土体重度，地下水位以
下用有效重度（kN/m³）；

    h——边坡的垂直高度（m）；

    a——上阶边坡的宽度（m）；

    ξ——上阶边坡的高度与总的边坡高度的
比值；

    φ——岩土体或外倾结构面的内摩擦角（°）；

    θ——岩土体的临界滑动面与水平面的夹角
（°）。当岩体存在外倾结构面时，θ 可取
外倾结构面的倾角，取外倾结构面的
抗剪强度指标；当存在多个外倾结构
面时，应分别计算，取其中的最大值为
设计值；当岩体中不存在外倾结构
面时，θ 可按式（B.0.4-3）计算。

2 边坡破坏时的平面破裂角应按下列公式计算：

$$\theta = \arctan\left[\sqrt{1 + \frac{\cos\varphi}{\frac{2a\xi}{h(\eta + \tan\varphi)} - \sin\varphi}}\right]$$

(B. 0. 4-3)

$$\eta = \frac{2c}{\gamma h}$$

(B. 0. 4-4)

式中：γ——支挡结构后的岩土体重度，地下水位以
  下用有效重度（kN/m^3）；

h——边坡的垂直高度（m）；

a——上阶边坡的宽度（m）；

ξ——上阶边坡的高度与总的边坡高度的比值；

c——岩土体或外倾结构面的黏聚力（kPa）；

φ——岩土体或外倾结构面的内摩擦角（°）。

附录 C 锚 杆 试 验

C.1 一 般 规 定

C.1.1 锚杆试验包括锚杆的基本试验、验收试验。锚杆蠕变试验应符合国家现行有关标准的规定。

C.1.2 锚杆试验的千斤顶和油泵以及测力计、应变计和位移计等计量仪表应在试验前进行计量检定合格，且精度应经过确认，并在试验期间应保持不变。

C.1.3 锚杆试验的反力装置在计划的最大试验荷载下应具有足够的强度和刚度。

C.1.4 锚杆锚固体强度达到设计强度 90%后方可进行试验。

C.1.5 锚杆试验记录表可按表 C.1.5 制定。

表 C.1.5 锚杆试验记录表

工程名称：

施工单位：

试验类别		试验日期		砂浆强度等级		设计	
试验编号		灌浆日期				实际	
岩土性状		灌浆压力		杆体材料	规格		
锚固段长度		自由段长度			数量		
钻孔直径		钻孔倾角			长度		
序号	荷载（kN）	百分表位移（mm）			本级位移量（mm）	增量累计（mm）	备注
		1	2	3			

校核：   试验记录：

C.2 基 本 试 验

C.2.1 锚杆基本试验的地质条件、锚杆材料和施工工艺等应与工程锚杆一致。

C.2.2 基本试验时最大的试验荷载不应超过杆体标准值的 0.85 倍，普通钢筋不应超过其屈服值0.90 倍。

C.2.3 基本试验主要目的是确定锚固体与岩土层间粘结强度极限标准值、锚杆设计参数和施工工艺。试验锚杆的锚固长度和锚杆根数应符合下列规定：

1 当进行确定锚固体与岩土层间粘结强度极限标准值、验证杆体与砂浆间粘结强度极限标准值的试验时，为使锚固体与地层间首先破坏，当锚固段长度取设计锚固长度时应增加锚杆钢筋用量，或采用设计锚杆时应减短锚固长度，试验锚杆的锚固长度对硬质岩取设计锚固长度的 0.40 倍，对软质岩取设计锚固长度的 0.60 倍；

2 当进行确定锚固段变形参数和应力分布的试验时，锚固段长度应取设计锚固长度；

3 每种试验锚杆数量均不应少于 3 根。

C.2.4 锚杆基本试验应采用循环加、卸荷法，并应符合下列规定：

1 每级荷载施加或卸除完毕后，应立即测读变形量；

2 在每级加荷等级观测时间内，测读位移不应少于 3 次，每级荷载稳定标准为 3 次百分表读数的累计变位量不超过 0.10mm；稳定后即可加下一级荷载；

3 在每级卸荷时间内，应测读锚头位移 2 次，荷载全部卸除后，再测读 2 次～3 次；

4 加、卸荷等级、测读间隔时间宜按表 C.2.4确定。

表 C.2.4 锚杆基本试验循环加、卸荷
等级与位移观测间隔时间

加荷标准循环数	预估破坏荷载的百分数（%）													
	每级加载量					累计加载量	每级卸载量							
第一循环	10	20	20				50					20	20	10
第二循环	10	20	20	20			70				20	20	20	10
第三循环	10	20	20	20	20		90			20	20	20	20	10
第四循环	10	20	20	20	20	10	100	10	20	20	20	20	20	10
观测时间（min）	5	5	5	5	5	5		5	5	5	5	5	5	5

C.2.5 锚杆试验中出现下列情况之一时可视为破坏，应终止加载：

1 锚头位移不收敛，锚固体从岩土层中拔出或锚杆从锚固体中拔出；

2 锚头总位移量超过设计允许值；

3 土层锚杆试验中后一级荷载产生的锚头位移增量，超过上一级荷载位移增量的2倍。

C.2.6 试验完成后，应根据试验数据绘制：荷载-位移（Q-s）曲线、荷载-弹性位移（Q-s_e）曲线、荷载-塑性位移（Q-s_p）曲线。

C.2.7 拉力型锚杆弹性变形在最大试验荷载作用下，所测得的弹性位移量应超过该荷载下杆体自由段理论弹性伸长值的80%，且小于杆体自由段长度与1/2锚固段之和的理论弹性伸长值。

C.2.8 锚杆极限承载力标准值取破坏荷载前一级的荷载值；在最大试验荷载作用下未达到本规范附录C第C.2.5条规定的破坏标准时，锚杆极限承载力取最大荷载值为标准值。

C.2.9 当锚杆试验数量为3根，各根极限承载力值的最大差值小于30%时，取最小值作为锚杆的极限承载力标准值；若最大差值超过30%，应增加试验数量，按95%的保证概率计算锚杆极限承载力标准值。

C.2.10 基本试验的钻孔，应钻取芯样进行岩石力学性能试验。

C.3 验 收 试 验

C.3.1 锚杆验收试验的目的是检验施工质量是否达到设计要求。

C.3.2 验收试验锚杆的数量取每种类型锚杆总数的5%，自由段位于Ⅰ、Ⅱ、Ⅲ类岩石内时取总数的1.5%，且均不得少于5根。

C.3.3 验收试验的锚杆应随机抽样。质监、监理、业主或设计单位对质量有疑问的锚杆也应抽样作验收试验。

C.3.4 验收试验荷载对永久性锚杆为锚杆轴向拉力N_{ak}的1.50倍；对临时性锚杆为1.20倍。

C.3.5 前三级荷载可按试验荷载值的20%施加，以后每级按10%施加；达到检验荷载后观测10min，在10min持荷时间内锚杆的位移量应小于1.00mm。当不能满足时持荷至60min时，锚杆位移量应小于2.00mm。卸荷到试验荷载的0.10倍并测出锚头位移。加载时的测读时间可按本规范附录C表C.2.4确定。

C.3.6 锚杆试验完成后应绘制锚杆荷载-位移（Q-s）曲线图。

C.3.7 符合下列条件时，试验的锚杆应评定为合格：

1 加载到试验荷载计划最大值后变形稳定；

2 符合本规范附录C第C.2.8条规定。

C.3.8 当验收锚杆不合格时，应按锚杆总数的30%重新抽检；重新抽检有锚杆不合格时应全数进行检验。

C.3.9 锚杆总变形量应满足设计允许值，且应与地区经验基本一致。

附录 D 锚杆选型

表 D 锚杆选型

锚杆类别 锚固形式 锚杆特征	材料	锚杆轴向拉力 N_{ak}（kN）	锚杆长度（m）	应力状况	备 注
土层锚杆	普通螺纹钢筋	<300	<16	非预应力	锚杆超长时，施工安装难度较大
	钢绞线 高强钢丝	300～800	>10	预应力	锚杆超长时施工方便
	预应力螺纹钢筋（直径18mm～25mm）	300～800	>10	预应力	杆体防腐性好，施工安装方便
	无粘结钢绞线	300～800	>10	预应力	压力型、压力分散型锚杆
岩层锚杆	普通螺纹钢筋	<300	<16	非预应力	锚杆超长时，施工安装难度较大
	钢绞线 高强钢丝	300～3000	>10	预应力	锚杆超长时施工方便
	预应力螺纹钢筋（直径25mm～32mm）	300～1100	>10	预应力或非预应力	杆体防腐性好，施工安装方便
	无粘结钢绞线	300～3000	>10	预应力	压力型、压力分散型锚杆

附录 E 锚杆材料

E.0.1 锚杆材料可根据锚固工程性质、锚固部位和工程规模等因素，选择高强度、低松弛的普通钢筋、预应力螺纹钢筋、预应力钢丝或钢绞线。

E.0.2 锚杆材料的物理力学性能应符合下列规定：

1 采用高强预应力钢丝时，其力学性能必须符合现行国家标准《预应力混凝土用钢丝》GB/T 5223 的规定；

2 采用预应力钢绞线时，其力学性能必须符合现行国家标准《预应力混凝土用钢绞线》GB/T 5224 的规定，其抗拉强度应符合表 E.0.2-1 的规定；

3 采用预应力螺纹钢筋时，其抗拉强度应符合表 E.0.2-2 的规定；

4 采用无粘结绞线时，其主要技术参数应符合表 E.0.2-3 的规定；

5 采用普通螺纹钢筋时，其抗拉强度应符合表 E.0.2-4 的规定。

表 E.0.2-1 钢绞线抗拉强度
设计值、标准值（N/mm²）

种类	直径（mm）	抗拉强度设计值（f_{py}）	屈服强度标准值（f_{pyk}）	极限强度标准值（f_{ptk}）
1×3 三股	8.6，10.8，12.9	1220	1410	1720
		1320	1670	1860
		1390	1760	1960
1×7 七股	9.5，12.7，15.2，17.8	1220	1540	1720
		1320	1670	1860
		1390	1760	1960
	21.6	1220	1590	1720
		1320	1670	1860

表 E.0.2-2 预应力螺纹钢筋抗拉强度
设计值、标准值（N/mm²）

种类	直径（mm）	符号	抗拉强度设计值（f_y）	屈服强度标准值（f_{yk}）	极限强度标准值（f_{stk}）
预应力螺纹钢筋	18 25	PSB785	650	785	980
	32 40	PSB930	770	930	1030
	50	PSB1080	900	1080	1230

表 E.0.2-3 无粘结钢绞线主要技术参数

防腐油脂线重量（g/m）		>32		钢材与 PE 层间摩擦系数		0.04～0.10
PE 层厚度（mm）	双层	外层	0.80～1.00		单层	双层
		内层	0.80～1.00	成品重量（kg/m）	φ15.2 1.218	1.27
	单层		0.80～1.00		φ12.7 0.871	0.907

表 E.0.2-4 普通螺纹钢筋抗拉强度
设计值、标准值（N/mm²）

种类		直径（mm）	抗拉强度设计值（f_y）	屈服强度标准值（f_{yk}）	极限强度标准值（f_{stk}）
热轧钢筋	HRB335 HRBF335	6～50	300	335	455
	HRB400 HRBF400 RRB400	6～50	360	400	540
	HRB500 HRBF500	6～50	435	500	630

附录 F 土质边坡的静力平衡法和等值梁法

F.0.1 对板肋式及桩锚式挡墙，当立柱（肋柱和桩）嵌入深度较小或坡脚土体较软弱时，可视立柱下端为自由端，按静力平衡法计算。当立柱嵌入深度较大或为岩层或坡脚土体较坚硬时，可视立柱下端为固定端，按等值梁法计算。

F.0.2 采用静力平衡法或等值梁计算立柱内力和锚杆水平分力时，应符合下列假定：

1 采用从上到下的逆作法施工；

2 假定上部锚杆施工后开挖下部边坡时，上部分的锚杆内力保持不变；

3 立柱在锚杆处为不动点。

F.0.3 采用静力平衡法（图 F.0.3）计算时应符合下列规定：

1 锚杆水平分力可按下式计算：

$$H_{tkj} = E_{akj} - E_{pkj} - \sum_{i=1}^{j-1} H_{tki} \quad (F.0.3-1)$$
$$(j = 1, 2, \cdots, n)$$

式中：H_{tki}、H_{tkj}——相应于作用的标准组合时，第 i、j 层锚杆水平分力（kN）；

E_{akj}——相应于作用的标准组合时，挡

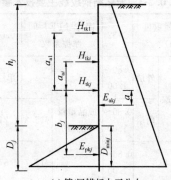

(a) 第j层锚杆水平分力

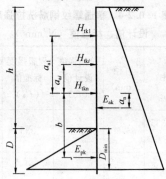

(b)立柱嵌入深度

图 F.0.3 静力平衡法计算简图

E_{pkj} ——相应于作用的标准组合时，坡脚面以下挡墙前侧向被动土压力合力（kN）；

n ——沿边坡高度范围内设置的锚杆总层数。

2 最小嵌入深度 D_{min} 可按下式计算确定：

$$E_{pk}b - E_{ak}a_n - \sum_{i=1}^{n} H_{tki}a_{ai} = 0 \quad \text{(F.0.3-2)}$$

式中：E_{ak} ——相应于作用的标准组合时，挡墙后侧向主动土压力合力（kN）；

E_{pk} ——相应于作用的标准组合时，挡墙前侧向被动土压力合力（kN）；

a_{a1} —— H_{tk1} 作用点到 H_{tkn} 的距离（m）；

a_{ai} —— H_{tki} 作用点到 H_{tkn} 的距离（m）；

a_n —— E_{ak} 作用点到 H_{tkn} 的距离（m）；

b —— E_{pk} 作用点到 H_{tkn} 的距离（m）。

3 立柱设计嵌入深度 h_r 可按下式计算：

$$h_r = \xi h_{r1} \quad \text{(F.0.3-3)}$$

式中：ξ ——立柱嵌入深度增大系数，对一、二、三级边坡分别为 1.50、1.40、1.30；

h_r ——立柱设计嵌入深度（m）；

h_{r1} ——挡墙最低一排锚杆设置后，开挖高度为边坡高度时立柱的最小嵌入深度（m）。

4 立柱的内力可根据锚固力和作用于支护结构上侧压力按常规方法计算。

F.0.4 采用等值梁法（图 F.0.4）计算时应符合下列规定：

1 坡脚地面以下立柱反弯点到坡脚地面的距离 Y_n 可按下式计算：

$$e_{ak} - e_{pk} = 0 \quad \text{(F.0.4-1)}$$

式中：e_{ak} ——相应于作用的标准组合时，挡墙后侧向主动土压力（kN/m²）；

e_{pk} ——相应于作用的标准组合时，挡墙前侧向被动土压力（kN/m²）。

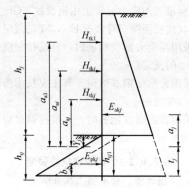

(a) 第j层锚杆水平分力

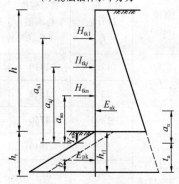

(b)立柱嵌入深度

图 F.0.4 等值梁法计算简图

2 第 j 层锚杆的水平分力可按下式计算：

$$H_{tkj} = \frac{E_{akj}a_j - \sum_{i=1}^{j-1} H_{tki}a_{ai}}{a_{aj}} \quad \text{(F.0.4-2)}$$

$$(j = 1, 2, \cdots, n)$$

式中：a_{ai} —— H_{tki} 作用点到反弯点的距离（m）；

a_{aj} —— H_{tkj} 作用点到反弯点的距离（m）；

a_j —— E_{akj} 作用点到反弯点的距离（m）。

3 立柱的最小嵌入深度 h_r 可按下列公式计算确定：

$$h_r = Y_n + t_n \quad \text{(F.0.4-3)}$$

$$t_n = \frac{E_{pk} \cdot b}{E_{ak} - \sum_{i=1}^{n} H_{tki}} \quad \text{(F.0.4-4)}$$

式中：b——桩前作用于立柱的被动土压力合力 E_{pk} 作用点到立柱底的距离（m）。

4 立柱设计嵌入深度可按本规范附录 F 的公式（F.0.3-3）计算。

5 立柱的内力可根据锚固力和作用于支护结构上的侧压力按常规方法计算。

F.0.5 计算挡墙后侧向压力时，在坡脚地面以上部分计算宽度应取立柱间的水平距离，在坡脚地面以下部分计算宽度对肋柱取 $1.5b+0.50$（其中 b 为肋柱宽度），对桩取 0.90（$1.5d+0.50$）（其中 d 为桩直径）。

F.0.6 挡墙前坡脚地面以下被动侧向压力，应考虑墙前岩土层稳定性、地面是否无限等情况，按当地工程经验折减使用。

附录 G 岩土层地基系数

G.0.1 较完整岩层和土层的地基系数可按表 G.0.1-1 和 G.0.1-2 取值。

表 G.0.1-1 较完整岩层的地基系数

序号	岩体单轴极限抗压强度（kPa）	地基系数（kN/m³）	
		水平方向 k	竖直方向 k_0
1	10000	60000～160000	100000～200000
2	15000	150000～200000	250000
3	20000	180000～240000	300000
4	30000	240000～320000	400000
5	40000	360000～480000	600000
6	50000	480000～640000	800000
7	60000	720000～960000	1200000
8	80000	900000～2000000	1500000～2500000

注：$k=(0.6～0.8)k_0$。

表 G.0.1-2 土质地基系数

序号	土的名称	水平方向 m（kN/m⁴）	竖向方向 m_0（kN/m⁴）
1	$0.75<I_L<1.0$ 的软塑黏土及粉黏土；淤泥	500～1400	1000～2000
2	$0.5<I_L<0.75$ 的软塑粉质黏土及黏土	1000～2800	2000～4000
3	硬塑粉质黏土及黏土；细砂和中砂	2000～4200	4000～6000
4	坚硬的粉质黏土及黏土；粗砂	3000～7000	6000～10000
5	砾砂；碎石土、卵石土	5000～14000	10000～20000

续表 G.0.1-2

序号	土的名称	水平方向 m（kN/m⁴）	竖向方向 m_0（kN/m⁴）
6	密实的大漂石	40000～84000	80000～120000

注：1 I_L——土的液性指数；

2 对于土质地基系数 m 和 m_0，相应于桩顶位移 6mm～10mm；

3 有可靠资料和经验时，可不受本表的限制。

本规范用词说明

1 为便于在执行本规范条文时区别对待，对要求严格程度不同的用词说明如下：

1）表示很严格，非这样做不可的用词：

正面词采用"必须"，反面词采用"严禁"；

2）表示严格，在正常情况下均应这样做的用词：

正面词采用"应"，反面词采用"不应"或"不得"；

3）表示允许稍有选择，在条件许可时首先应这样做的用词：

正面词采用"宜"，反面词采用"不宜"；

4）表示有选择，在一定条件下可以这样做的用词，采用"可"。

2 条文中指明应按其他有关标准执行的写法为："应符合……的规定"或"应按……执行"。

引用标准名录

1 《建筑地基基础设计规范》GB 50007

2 《混凝土结构设计规范》GB 50010

3 《建筑抗震设计规范》GB 50011

4 《工程测量规范》GB 50026

5 《锚杆喷射混凝土支护技术规范》GB 50086

6 《土方与爆破工程施工及验收规范》GB 50201

7 《工程岩体试验方法标准》GB/T 50266

8 《建筑工程施工质量验收统一标准》GB 50300

9 《建筑结构检测技术标准》GB/T 50344

10 《建筑边坡工程鉴定与加固技术规范》GB 50843

11 《预应力混凝土用钢丝》GB/T 5223

12 《预应力混凝土用钢绞线》GB/T 5224

13 《预应力筋用锚具、夹具和连接器》GB/T 14370

中华人民共和国国家标准

建筑边坡工程技术规范

GB 50330—2013

条 文 说 明

修 订 说 明

《建筑边坡工程技术规范》GB 50330－2013 经住房和城乡建设部 2013 年 11 月 1 日以第 195 号公告批准、发布。

本规范是在《建筑边坡工程技术规范》GB 50330－2002 的基础上修订而成的,上一版的主编单位是重庆市设计院,参编单位是解放军后勤工程学院、建设部综合勘察研究设计院、中国科学院地质与地球物理研究所、重庆市建筑科学研究院、重庆交通学院、重庆大学,主要起草人员是郑生庆、郑颖人、李耀刚、陈希昌、黄家愉、伍法权、周载阳、方玉树、徐锡权、欧阳仲春、庄斌耀、张四平、贾金青。

本规范修订过程中,修订组进行了广泛的调查研究,总结了我国工程建设的实践经验,同时参考了国外先进技术法规、技术标准,许多单位和学者的研究成果是本次修订中极有价值的参考资料。通过征求意见和试算,对增加和修订条文内容进行反复讨论、分析、论证,取得了重要技术参数。

为便于广大设计、施工、科研、学校等单位有关人员在使用本规范时能正确理解和执行条文规定,《建筑边坡工程技术规范》修订组按章、节、条顺序编制了本规范的条文说明,对条文规定的目的、依据以及执行中需注意的有关事项进行了说明,还着重对强制性条文的强制性理由作了解释。但是条文说明不具备与规范正文同等的法律效力,仅供使用者作为理解和把握规范规定的参考。

目 次

1 总　则

1.0.1 山区建筑边坡支护技术，涉及工程地质、水文地质、岩土力学、支护结构、锚固技术、施工及监测等多门学科，边坡支护理论及技术发展也较快。但因勘察、设计、施工不当，已建的边坡工程中时有垮塌事故和浪费现象，造成国家和人民生命财产严重损失，同时遗留了一些安全度、耐久性及抗震性能低的边坡支护结构物。制定本规范的主要目的是使建筑边坡工程技术标准化，符合技术先进、经济合理、安全适用、确保质量、保护环境的要求，以保障建筑边坡工程建设健康发展。

1.0.2 本规范适用于建（构）筑物或市政工程开挖和填方形成的人工边坡，工程滑坡，岩石基坑边坡，以及破坏后危及建（构）筑物安全的自然斜坡的支护设计。

软土边坡有关抗隆起、抗渗流、边坡稳定、锚固技术、地下水处理、结构选型等较特殊的问题以及其他特殊岩土的边坡，应按现行相关专业规范执行。对于开矿、采石等形成的边坡，不适用于本规范，应按相关专业规范执行。

1.0.3 本条中岩质建筑边坡应用高度限值确定为30m，土质建筑边坡确定为15m，主要考虑超过以上高度的超高边坡支护设计，应参考本规范的原则作专项设计，根据工程情况采取有效的加强措施。

1.0.4 边坡工程的设计和施工除考虑条文中所述工程地质、周边环境等因素外，强调借鉴地区经验因地制宜是非常必要的。结合本规范给出的边坡支护形式、施工工艺及岩土参数，各地区可根据岩土的特性、地质情况等作具体补充。

1.0.5 边坡支护是一门综合性和边缘性强的工程技术，本规范难以全面反映地质勘察、地基及基础、钢筋混凝土结构及抗震设计等技术。因此，本条规定除遵守本规范外，尚应符合国家现行有关标准的规定。

3 基 本 规 定

3.1 一 般 规 定

3.1.2 动态设计法是本规范边坡支护设计的基本原则。采用动态设计时，应提出对施工方案的特殊要求和监测要求，应掌握施工现场的地质状况、施工情况和变形、应力监测的反馈信息，并根据实际地质状况和监测信息对原设计作校核、修改和补充。当地质勘察参数难以准确确定、设计理论和方法带有经验性和类比性时，根据施工中反馈的信息和监控资料完善设计，是一种客观求实、准确安全的设计方法，可以达到以下效果：

1　避免勘察结论失误。山区地质情况复杂、多变，受多种因素制约，地质勘察资料准确性的保证率较低，勘察主要结论失误造成边坡工程失败的现象不乏其例。因此规定地质情况复杂的一级边坡在施工开挖中补充施工勘察工作，收集地质资料，查对核实原地质勘察结论。这样可有效避免勘察结论失误而造成工程事故。在有专门审查制度的地区，场地和边坡勘察报告应含有审查合格书。

2　设计者掌握施工开挖反映的真实地质特征、边坡变形量、应力测定值等，对原设计作校核和补充、完善设计，确保工程安全，设计合理。

3　边坡变形和应力监测资料是加快施工速度或排危应急抢险，确保工程安全施工的重要依据。

4　有利于积累工程经验，总结和发展边坡工程支护技术。

设计应提出对施工方案的特殊要求和监测要求，掌握施工现场的地质状况、施工情况和变形、应力监测的反馈信息，根据实际地质状况和监测信息对原设计作校核、修改和补充。

3.1.3 边坡的使用年限指边坡工程的支护结构能发挥正常支护功能的年限，边坡工程设计年限临时边坡为2年，永久边坡按50年设计，当受边坡支护结构保护的建筑物（坡顶塌滑区、坡下塌方区）为临时或永久性时，支护结构的设计使用年限应不低于上述值。因此，本条为强制性条文，应严格执行。

3.1.4 综合考虑场地地质条件、边坡变形控制的难易程度、边坡重要性及安全等级、施工可行性及经济性、选择合理的支护设计方案是设计成功的关键。为便于确定设计方案，本条介绍了工程中常用的边坡支护形式，其中，锚拉式桩板式挡墙、板肋式或格构式锚杆挡墙、排桩式锚杆挡墙属于有利于对边坡变形进行控制的支护形式，其余支护形式均不利于边坡变形控制。

3.1.5 建筑边坡场地有无不良地质现象是建筑物及建筑边坡选址首先必须考虑的重大问题。显然在滑坡、危岩及泥石流规模大、破坏后果严重、难以处理的地段规划建筑场地是难以满足安全可靠、经济合理的原则，何况自然灾害的发生也往往不以人们的意志为转移。因此在规模大、难以处理的、破坏后果很严重的滑坡、危岩、泥石流及断层破碎带地区不应修建建筑边坡。

3.1.6 稳定性较差的高大边坡，采用后仰放坡或分阶放坡方案，有利于减小侧压力，提高施工期的安全和降低施工难度。分阶放坡时水平台阶应有足够宽度，否则应考虑上阶边坡对下阶边坡的荷载影响。

3.1.7 当边坡坡体内及支护结构基础下洞室（人防洞室或天然溶洞）密集时，可能造成边坡工程施工期塌方或支护结构变形过大，已有不少工程教训，设计时应引起充分重视。

3.1.11 在边坡工程的使用期，当边坡出现明显变形，发生安全事故及使用条件改变时，例如开挖坡脚、坡顶超载、需加高坡体高度时，都必须进行鉴定和加固设计，并按现行国家标准《建筑边坡工程鉴定与加固技术规范》GB 50843 的规定执行。

3.1.12 本条所指"稳定性极差、较差"的边坡工程是指按本规范有关规定处理后安全度控制都非常困难、困难的边坡。本条所指的"新结构、新技术"是指尚未被规范和有关文件认可的新结构、新技术。对工程中出现超过规范应用范围的重大技术难题，新结构、新技术的合理推广应用以及严重事故的正确处理，采用专门技术论证的方式可达到技术先进、确保质量、安全经济的良好效果。重庆、广州和上海等地区在主管部门领导下，采用专家技术论证方式在解决重大边坡工程技术难题和减少工程事故方面已取得良好效果。因此本规范推荐专门论证做法。

3.2 边坡工程安全等级

3.2.1 边坡工程安全等级是支护工程设计、施工中根据不同的地质环境条件及工程具体情况加以区别对待的重要标准。本条提出边坡安全等级分类的原则，除根据现行国家标准《建筑结构可靠度设计统一标准》GB 50068 按破坏后果严重性分为很严重、严重、不严重外，尚考虑了边坡稳定性因素（岩土类别和坡高）。从边坡工程事故原因分析看，高度大、稳定性差的边坡（土质软弱、滑坡区、外倾软弱结构面发育的边坡等）发生事故的概率较高，破坏后果也较严重，因此本条将稳定性很差的、坡高较大的边坡均划入一级边坡。

表 3.2.1 中对高度 15m 以上的 Ⅲ、Ⅳ 类岩质边坡取消了破坏后果不严重分级，主要是这类边坡岩石整体性相对差，边坡较高时若因支护结构安全度不够可能会造成较大范围的边坡垮塌，对周边环境的破坏大，而相同高度的 Ⅰ、Ⅱ 类岩质边坡整体性好，即使支护结构安全度不够也不会出现大范围的边坡垮塌。对 10m 以上的土质边坡，取消破坏后果不严重，也是基于边坡较高，一旦破坏，影响的范围较大。

对危害性极严重、环境和地质条件复杂的边坡工程，当安全等级已为一级时，主要通过组织专家进行专项论证的方式来保证边坡支护方案的安全性和合理性。

3.2.2 由外倾软弱结构面控制边坡稳定的边坡工程和工程滑坡地段的边坡工程，其边坡稳定性很差，发生边坡塌滑事故的概率高，且破坏后果常很严重，边坡塌滑区内有重要建（构）筑物的边坡工程，破坏后直接危及到重要建（构）筑物安全，后果极其严重，因此对上述边坡工程安全等级定为一级。

3.2.3 无外倾结构面的岩土边坡，塌滑区及附近有荷载，特别是重大建筑物荷载作用时，将会因荷载作用加大边坡塌滑区的范围，设计时应作对应的考虑和处理。并按本规范第 7 章的相关规定执行，工程滑坡及有外倾软弱结构面的岩土质边坡塌滑区应按滑坡面及软弱结构面的范围确定。

3.3 设 计 原 则

3.3.1 本条说明边坡工程设计的两类极限状态的相关内容。

1 承载能力极限状态

锚杆设计时原规范采用承载力概率极限状态分项系数的设计方法。本次修订改为综合安全系数代替荷载分项系数及锚杆工作条件系数，以锚杆极限承载力为抗力的基本参数。这种调整一方面实现了与现行国家标准《建筑地基基础设计规范》GB 50007 和《锚杆喷射混凝土支护技术规范》GB 50086 的规定一致，便于使用；另一方面岩土性状的不确定性对锚杆承载力可靠性的影响，使锚杆承载力概率极限状态设计尚属不完全的可靠性分析设计，进行调整是合理的。

2 正常使用极限状态

为保证支护结构的耐久性和防腐性达到正常使用极限状态的要求，支护结构的钢筋混凝土构件的构造和抗裂应按现行国家标准《混凝土结构设计规范》GB 50010 有关规定执行。锚杆是承受高应力的受拉构件，其锚固砂浆的裂缝开展较大，计算一般难以满足规范要求，设计中应采取严格的防腐构造措施，保证锚杆的耐久性。

3.3.2 本次修订对边坡工程计算或验算的内容采用的不同荷载效应组合与相应的抗力进行了规定。

1 确定支护结构或构件的基础底面积及埋深或桩基数量时，应采用正常使用极限状态，相应的作用效应为标准组合；

2 确定锚杆面积、锚杆杆体与砂浆的锚固长度时，由于本次规范修订采用了安全系数法，均采用荷载效应标准组合；

3 计算支护结构或构件内力及配筋时，应采用混凝土结构相应的设计方法；荷载相应采用基本组合，抗力采用包含抗力分项系数的设计值；

4 边坡变形验算时，仅考虑荷载的长期组合，不考虑偶然荷载的作用；支护结构抗裂计算与钢筋混凝土结构裂缝计算一致，采用荷载相应标准组合和荷载准永久组合。

3.3.3 建筑边坡抗震设防的必要性成为工程界的统一认识。城市中建筑边坡一旦破坏将直接危及到相邻的建筑，后果极为严重，因此抗震设防的建筑边坡与建筑物的基础同样重要。本条提出在边坡设计中应考虑抗震构造要求，其构造应满足现行国家标准《建筑抗震设计规范》GB 50011 中对梁的相应要求，当立柱竖向附加荷载较大时，尚应满足对柱的相应要求。

对坡顶有重要建（构）筑物的边坡工程，边坡的抗震加强措施主要通过增大地震作用来进行加强处理，具体内容本规范第 7 章有专门介绍。

3.3.6 本条第 1～3 款所列内容是支护结构承载力计算和稳定性计算的基本要求，是边坡工程满足承载能力极限状态的具体内容，是支护结构安全的重要保证；因此，本条定为强制性条文，设计时上述内容应认真计算，满足规范要求以确保工程安全。

3.3.7 本条对存在地下水的不利作用以及变形验算作出规定。

    1 当坡顶荷载较大（如建筑荷载等）、土质较软、地下水发育时，边坡尚应进行地下水控制、坡底隆起、稳定性及渗流稳定性验算，方法可按国家现行有关规范执行。

    2 影响边坡及支护结构变形的因素复杂，工程条件繁多，目前尚无实用的理论计算方法可用于工程实践。本规范第 8.2.6 条关于锚杆的变形计算，也只是近似的简化计算。在工程设计中，为保证下列类型的一级边坡满足正常使用极限状态条件，主要依据地区经验、工程类比及信息法施工等控制性措施解决。对边坡变形有较高要求的边坡工程，主要有以下几类：

      1）边坡塌滑区附近有建（构）筑物的边坡工程；

      2）坡顶建（构）筑物主体结构对地基变形敏感，不允许地基有较大变形的边坡工程；

      3）预估变形值较大、设计需要控制变形的高大土质边坡工程。

4 边坡工程勘察

4.1 一般规定

4.1.1 本条为新增条文。专门性边坡工程岩土勘察报告应包括以下主要内容：

    1 勘察目的、任务要求和执行的主要技术标准；

    2 边坡安全等级和勘察等级；

    3 边坡概况（含边坡要素、边坡组成、边坡类型、边坡性质等）；

    4 勘察方法、工作量布置和质量评述；

    5 自然地理概况；

    6 地质环境；

    7 边坡岩体类别划分和可能的破坏模式；

    8 岩土体物理力学性质；

    9 地震效应和地下水腐蚀性评价；

    10 边坡稳定性评价（定性、定量评价—计算模式、计算工况、计算参数取值依据、稳定状态判定等）及支护建议；

    11 结论与建议。

4.1.2 本条在原规范第 4.1.1 条的基础上作了局部

修改，并将原强制性条文的部分改为一般性条文。

4.1.3 本条为原规范第 3.1.2 条。本次在崩塌破坏模式中增加了常见的坡顶破坏模式。

4.1.4 表 4.1.4 在原规范表 A-1 的基础上作了以下调整：

    1 表中结构面倾角由 35° 改为 27°；本次修改中既考虑了垂直边坡又考虑了倾斜边坡，缓倾结构面在斜边坡中容易发生破坏，因而将结构面倾角降低为 27°；

    2 不完整（散体、碎裂）改为破碎或极破碎；

    3 调整了表注：1）明确表中结构面系指构造结构面，不包括风化裂隙；2）不包括全风化基岩；3）完整的极软岩可划为Ⅲ类或Ⅳ类。

边坡岩体分类是非常重要的。本规范从岩体力学观点出发，强调结构面对边坡稳定的控制作用，按岩体边坡的稳定性进行分类。

本次修订补充了受外倾结构面控制的岩质边坡的岩体分类。

4.1.5 本条为新增条文，对原规范第 4.1.4 条中未能包含的岩体类型予以补充。

4.1.7 本条对原规范第 4.1.4 条的调整。强调对已有变形迹象的边坡应在勘察过程中进行变形监测。

4.1.8、4.1.9 划分工程勘察等级的目的是突出重点，区别对待，指导勘察工作的布置，以利管理。边坡工程勘察的工作量布置与勘察等级关系密切，而原规范无边坡工程勘察等级的内容。故本次新增此内容。

4.2 边坡工程勘察要求

4.2.1、4.2.2 本条是对边坡工程的具体要求，也是基本要求。

本次修订在原规范第 4.2.1 条中去掉原有的第 5、6 款（因已包含在第 4.2.2 条应查明的内容中），新增第 6、7、8 款有关气象、水文的内容（原规范第 4.3.1 条的部分内容）。

在原规范的第 4.2.2 条中新增"地下水、土对支护结构材料的腐蚀性"一款。

4.2.3 地质测绘和调查是工程勘察的重要基础工作之一。一般应在可行性研究或初勘阶段进行。本条对测绘内容和范围进行了规定。在边坡工程调查与勘察中应加强对沟底及山前堆积物的勘察。

4.2.4 本条是对边坡勘察中勘探工作的具体要求。本次修订增加了岩溶发育的边坡尚应采用物探方法的要求。

4.2.5 本条为原规范第 4.1.2 条的调整、补充。本次对岩质边坡区分了有、无外倾结构面控制的岩质边坡，增加了考虑潜在滑动面的勘探范围要求。

本次增加的涉水边坡的勘察范围主要指河、湖岸的边坡；对于海岸涉水边坡，应根据有关行业标准或地方经验确定。

4.2.6 边坡的破坏主要是重力作用下的一种地质现象，其破坏方式主要是沿垂直边坡方向的滑移失稳，故勘察线应沿垂直边坡布置。沿可能支挡位置布置剖面是设计的需要。本次增加了对成图比例尺的规定。规定纵、横剖面的比例尺应相同。

4.2.7 本条对控制性勘探点的数量进行了规定。

4.2.10 本次主要修订内容：1）明确规定岩石抗剪强度（试验）的试样数量不少于 3 组；并在 2）明确有条件时应进行结构面的抗剪强度试验。

本规范采用概率理论对测试数据进行处理，根据概率理论，最小数据量 n 由 $t_p/\sqrt{n}=\Delta r/\delta$ 确定。式中 t_p 为 t 分布的系数值，与置信水平 P_s 自由度 $(n-1)$ 有关。一般土体的性质指标变异多为变异性很低～低，要较之岩体（变异性多为低～中等）为低。故土体 6 个测试数据（测试单值）基本能满足置信概率 $P_s=0.95$ 时的精度要求，而岩体则需 9 个测试数据（测试单值）才能达到置信概率 $P_s=0.95$ 时的精度要求。由于岩石三轴剪试验费用较高等原因，所以工作中可以根据地区经验确定岩体的 c、φ 值并应用测试成果作校核。

抗剪强度指标 c、φ 是一对负相关的指标，不应直接用符合正态分布单指标统计方法进行数理统计。应用单指标 τ 进行数理统计后，再按作图法或用最小二乘法计算出 c、φ，但这样做较为麻烦。经将 146 组抗剪强度试验值用先统计 τ，再计算 c、φ 和直接统计 c、φ 进行比较后，发现 φ 相差甚微，c 相差 5% 以内。故当变异系数小于或等于 0.20 时，也可以直接统计 c、φ。

当试验数据量不足时，一般可采用平均值乘以 0.85～0.95 的折减系数作为标准值。1）当 $3<n\leqslant6$ 且极差小于平均值的 30% 时，宜取平均值乘以 0.85～0.95 的折减系数作为标准值（其数值不应小于最小值）；2）当 $n=3$ 或 $3<n\leqslant6$ 且极差大于平均值的 30%，可取平均值乘以 0.85～0.95 的折减系数作为标准值（其数值不应大于最小值）。折减系数根据岩土均匀性确定。均匀时取较大值，不均匀时取较小值。

在专门性边坡工程地质勘察时，对有特殊要求的岩体边坡宜作岩体蠕变试验。

岩石（体）作为一种材料，具有在静载作用下随时间推移出现强度降低的"蠕变效应"（或称"流变效应"）。岩石（体）流变试验在我国（特别是建筑边坡）进行得不是很多。根据研究资料表明，长期强度一般为平均标准强度的 80% 左右。对于一些有特殊要求的岩质边坡，从安全、经济的角度出发，进行"岩体流变"试验是必要的。

4.2.11 必要的水文地质参数是边坡稳定性评价、预测及排水系统设计所必需的，为获取水文地质参数而进行的现场试验必须在确保边坡稳定的前提下进行。

本次修订仅在"不影响边坡条件下"之前增加了附加条件；将"在不影响边坡安全条件下，可进行……"改为"宜在不影响边坡安全条件下，通过……"。

同时明确了影响边坡安全的岩土条件为土质边坡、较破碎、破碎和极破碎的岩质边坡。土质边坡、较破碎、破碎和极破碎的岩质边坡有可能在进行水文测试过程中导致边坡失稳，故应慎重。

4.2.12 本条要求在边坡工程勘察中，对边坡岩土体或可能的支护结构由于地下水产生的侵蚀、矿物成分改变等物理、化学影响及影响程度进行调查研究与评价。

4.2.13 地下水的长期观测和深部位移观测是十分重要的。地下水的长期观测可以为地下水的动态变化提供依据；深部位移观测则是滑坡预测的重要手段之一。

4.2.14 本条是对边坡岩土体和环境保护的基本要求。

4.3 边坡力学参数取值

4.3.1 条文中增加了"并结合类似工程经验"一句话。在表注中作了调整：1）取消"无经验时取表中的低值"；2）将"岩体结构面贯通性差取表中高值"改为"取值时应考虑结构面的贯通程度"；3）新增注6。

现场剪切试验是确定结构面抗剪强度的一种有效手段，但是，由于受现场试验条件限制、试验费用较高、试验时间较长等影响，在勘察时难以普遍采用。而且，试验点的抗剪强度与整个结构面的抗剪强度可能会存在较大的偏差，这种"以点代面"可能与实际不符。此外，结构面的抗剪强度还将受施工期和运行期各种因素的影响。故本次修订未对现场剪切试验作明确规定，但是当试验条件具备时，一级边坡宜进行现场剪切试验。

准确确定结构面的抗剪强度指标是十分困难的，需要综合试验成果、地区经验，并考虑施工期和运行期各种影响因素，才能合理取值。表 4.3.1 所提供的结构面的抗剪强度指标经验值，经多年使用，情况反映良好，本次修订除附注外未作修改。

本次修订时增加的表注 2"取值时应考虑结构面的贯通程度"是基于构造裂隙面一般延伸长度均有限，当边坡高度较大时，往往在边坡高度范围内裂隙并未完全贯通，有"岩桥"存在。此时边坡整体稳定性不仅受裂隙面的强度控制，更要受到岩体强度的控制。故判定裂隙的贯通程度是边坡勘察工作的重点之一。当采用斜孔、平洞等手段确能判定裂隙延长贯通深度小于边坡高度1/2时，裂隙面的抗剪强度的取值要提高（可在本档上限值的基础上适当提高）。

本次修订收集了结构面试验资料范围涉及铁路、水利、公路、城市建筑等领域岩体结构面试验成果共计30余组；并根据需要补充完成了结构面现场试验及室内中型试验共21组作为修订的依据。结构面性状包括层面和裂隙。主要考虑因素包括结构面的结合程度、裂隙宽度、充填物性状、起伏粗糙度、岩壁软硬及水的影响等。通过分析整理，对原《建筑边坡工程技术规范》GB 50330－2002进行完善和补充。需要说明的是，本次收集的结构面试验成果均为抗剪断峰值强度，经折减后成为设计值。具体说明如下：

    1）结构面仍然分为五类，对边坡工程实用而言，应该重点研究Ⅱ、Ⅲ、Ⅳ类岩石边坡结构面的性质。

    2）原有分类方法主要考虑了结构面张开度、充填性质、岩壁粗糙起伏程度，总体说来还比较笼统。本次提出的分类方法更为具体，分别考虑了结构面结合状况、起伏粗糙度、结构面张开度、充填状况、岩壁状况等5个因素。将结构面类型细分为更多的亚类，力求与实际结构面强度的确定相对应。

    3）根据使用意见和研究成果，对各类结构面的表述与指标也作了一些修改，使其更为完善准确，但并无原则性的变动。

4.3.2 补充修改了结构面结合程度判据，更便于操作。

4.3.3 岩体因受结构面的影响，其抗剪强度是低于岩块的。研究表明，较之岩块，岩体的内摩擦角降低不大，而黏聚力却削弱很多。本规范根据大量现场试验资料，给出了边坡岩体内摩擦角的折减系数。

4.3.4 本条的表4.3.4是根据大量边坡工程总结出的经验值。本次修订将各类岩体边坡类型的等效内摩擦角均提高了2°。

4.3.6 本条是对填土力学参数取值和试验方法的规定。

5 边坡稳定性评价

5.1 一般规定

5.1.1 施工期出现新的不利因素的边坡，指在建筑和边坡加固措施尚未完成的施工阶段可能出现显著变形、破坏及其他显著影响边坡稳定性因素的边坡。对于这些边坡，应对施工期出现新的不利因素作用下的边坡稳定性作出评价。

    运行期条件发生变化的边坡，指在边坡运行期由于新建工程等而改变坡形（如加高、开挖坡脚等）、水文地质条件、荷载及安全等级的边坡。

5.1.2 定性分析和定量分析相结合的方法，指在边坡稳定性评价中，应以边坡地质结构、变形破坏模式、变形破坏与稳定性状态的地质判断为基础，根据边坡地质结构和破坏类型选取恰当的方法进行定量计算分析，并综合考虑定性判断和定量分析结果作出边坡稳定性评价。

5.2 边坡稳定性分析

5.2.1 根据边坡工程地质条件、可能的破坏模式以及已经出现的变形破坏迹象对边坡的稳定性状态作出定性判断，并对其稳定性趋势作出估计，是边坡稳定性分析的基础。

    稳定性分析包括滑动失稳和倾倒失稳。滑动失稳可按本章方法进行；倾倒失稳尚不能用传统极限分析方法判定，可采用数值极限分析方法。

    受岩土体强度控制的破坏，指地质结构面不能构成破坏滑动面，边坡破坏主要受边坡应力场和岩土体强度相对关系控制。

5.2.2 对边坡规模较小、结构面组合关系较复杂的块体滑动破坏，采用赤平极射投影法及实体比例投影法较为方便。

    对于破坏机制复杂的边坡，难以采用传统的方法计算，目前国外和国内水利水电部门已广泛采用数值极限分析方法进行计算。数值极限分析方法与传统极限分析方法求解原理相同，只是求解方法不同，两种方法得到的计算结果是一致的，对复杂边坡传统极限分析方法无法求解，需要作许多人为假设，影响计算精度，而数值极限分析方法适用性广，不另作假设就可直接求得。

5.2.3 对于均质土体边坡，一般宜采用圆弧滑动面条分法进行边坡稳定性计算。岩质边坡在发育3组以上结构面，且不存在优势外倾结构面组的条件下，可以认为岩体为各向同性介质，在斜坡规模相对较大时，其破坏通常按近似圆弧滑面发生，宜采用圆弧滑动面条分法计算。

    通过边坡地质结构分析，存在平面滑动可能性的边坡，可采用平面滑动稳定性计算方法计算。对建筑边坡来说，坡体后缘存在竖向贯通裂缝的情况较少，是否考虑裂隙水压力应视具体情况确定。

    对于规模较大，地质结构较复杂，或者可能沿基岩与覆盖层界面滑动的情形，宜采用折线滑动面计算方法进行边坡稳定性计算。

5.2.4 对于圆弧形滑动面，本规范建议采用简化毕肖普法进行计算，通过多种方法的比较，证明该方法有很高的准确性，已得到国内外的公认。以往广泛应用的瑞典法，虽然求解简单，但计算误差较大，过于安全而造成浪费，所以瑞典法不再列入规范。

    对于折线形滑动面，本规范建议采用传递系数隐式解法。传递系数法有隐式解与显式解两种形式。显式解的出现是由于当时计算机不普及，对传递系数作了一个简化的假设，将传递系数中的安全系数值假设为1，从而使计算简化，但增加了计算误差。同时对安全系数作了新的定义，在这一定义中当荷载增大时只考虑下滑力的增大，不考虑抗滑力的提高，这也不符合力学规律。因而隐式解优于显式解，当前计算机已经很普及，应当回归到原来的传递系数法。

无论隐式解与显式解法，传递系数法都存在一个缺陷，即对折线形滑面有严格的要求，如果两滑面间的夹角（即转折点处的两倾角的差值）过大，就会出现不可忽视的误差。因而当转折点处的两倾角的差值超过10°时，需要对滑面进行处理，以消除尖角效应。一般可采用对突变的倾角作圆弧连接，然后在弧上插点，来减少倾角的变化值，使其小于10°，处理后，误差可以达到工程要求。

对于折线形滑动面，国际上通常采用摩根斯坦-普赖斯法进行计算。摩根斯坦-普赖斯法是一种严格的条分法，计算精度很高，也是国外和国内水利水电部门等推荐采用的方法。由于国内许多工程界习惯采用传递系数法，通过比较，尽管传递系数法是一种非严格的条分法，如果采用隐式解法且两滑面间的夹角不大，该法也有很高的精度，而且计算简单，国内广为应用，我国工程师比较熟悉，所以本规范建议采用传递系数隐式解法。在实际工程中，也可采用国际上通用的摩根斯坦-普赖斯法进行计算。

附录A主要是用来计算边坡的稳定性系数，对于折线形滑面的滑坡推力可采用附录A中的传递系数法，计算时，应将公式（A.0.3-2）和公式（A.0.3-3）中的稳定系数F_i替换为安全系数F_{st}，以此计算的P_n，即为滑坡的推力。

5.2.6 本条表5.2.6中的水平地震系数的取值是采用新的现行国家标准《建筑抗震鉴定标准》GB 50023中的值换算得到的。

5.3 边坡稳定性评价标准

5.3.1 为了边坡的维修工作的方便，提出了边坡稳定状态分类的评价标准。

5.3.2 由于建筑边坡规模较小，一般工况中采用的安全系数又较高，所以不再考虑土体的雨季饱和工况。对于受雨水或地下水影响大的边坡工程，可结合当地做法，按饱和工况计算，即按饱和重度与饱和状态时的抗剪强度参数。

规范中边坡安全系数是按通常情况确定的，特殊情况（如坡顶存在安全等级为一级的建构筑物，存在油库等破坏后有严重后果的建筑边坡）下安全系数可适当提高。

6 边坡支护结构上的侧向岩土压力

6.1 一般规定

6.1.1、6.1.2 当前，国内外对土压力的计算一般采用著名的库仑公式与朗金公式，但上述公式基于极限平衡理论，要求支护结构发生一定的侧向变形。若挡墙的侧向变形条件不符合主动极限平衡状态条件时则需对侧向岩土压力进行修正，其修正系数可依据经验确定。

土质边坡的土压力计算应考虑如下因素：

1 土的物理力学性质（重力密度、抗剪强度、墙与土之间的摩擦系数等）；

2 土的应力历史和应力路径；

3 支护结构相对土体位移的方向、大小；

4 地面坡度、地面超载和邻近基础荷载；

5 地震荷载；

6 地下水位及其变化；

7 温差、沉降、固结的影响；

8 支护结构类型及刚度；

9 边坡与基坑的施工方法和顺序。

岩质边坡的岩石压力计算应考虑如下因素：

1 岩体的物理力学性质（重力密度、岩石的抗剪强度和结构面的抗剪强度）；

2 边坡岩体类别（包括岩体结构类型、岩石强度、岩体完整性、地表水浸蚀和地下水状况、岩体结构面产状、倾向、结构面的结合程度等）；

3 岩体内单个软弱结构面的数量、产状、布置形式及抗剪强度；

4 支护结构相对岩体位移的方向与大小；

5 地面坡度、地面超载和邻近基础荷载；

6 地震荷载；

7 支护结构类型及刚度；

8 岩石边坡与基坑的施工方法与顺序。

6.1.3 侧向岩土压力的计算公式主要是采用著名的库仑公式与朗金公式，但对复杂情况的侧压力计算，近年来数值计算技术发展较快，计算机及相关的软件也较多。目前国际上和我国水利水电部门广泛采用数值极限分析方法，如有限元强度折减法和超载法，其计算结果与传统极限分析法相同，对于传统极限分析法无法求解的复杂问题十分适用，因此对于复杂情况下岩土侧压力计算可采用数值极限分析法。如岩土组合边坡的稳定性分析采用有限元强度折减法可以方便地求出稳定安全系数与滑动面。

6.2 侧向土压力

6.2.1～6.2.5 按经典土压力理论计算静止土压力、主动与被动土压力。本条规定主动土压力可用库仑公式与朗金公式，被动土压力采用朗金公式。一般认为，库仑公式计算主动土压力比较接近实际，但计算被动土压力误差较大；朗金公式计算主动土压力偏于保守，但算被动土压力反而偏小。建议实际应用中，用库仑公式计算主动土压力，用朗金公式计算被动土压力。

静止土压力系数可以用 K_0 试验测试，测定 K_0 的仪器有静止侧压力系数测定仪或三轴仪，在现行行业标准《土工试验规程》SL 237，静止侧压力系数试验（SL237-028-1999）中规定了具体试验的要求。但由于该项试验方法还未列入国家标准《土工试验方法标准》GB/T 50123 中，所以实际工程中，多数采用经验公式或经验参数，这二者得到的数值差不多，原规范推荐采用经验参数，本次修订时仍然采用经验参数。一般说来，在实际工程应用时，对正常固结的黏性土或砂土，颗粒越粗或土越密实，K_0 取本规范推荐的低值，反之取高值。但对超固结土，有时存在土的水平应力大于竖直应力，会出现 K_0 大于 1 的情况，使用时应注意超固结土的情况。

6.2.6、6.2.7 采用水土分算还是水土合算，是当前有争议的问题。一般认为，对砂土与粉土采用水土分算，黏性土采用水土合算。水土分算时采用有效应力抗剪强度；水土合算时采用总应力抗剪强度。对正常固结土，一般以室内自重固结下不排水指标求主动土压力；以不固结不排水指标求被动土压力。

6.2.8 本条主动土压力是按挡墙后有较陡的稳定岩石边坡情况下导出的。

本次规范修订时，对于稳定且无软弱层岩石坡面与填土间的摩擦角 δ_r 的取值及其影响，以及对于稳定岩石角度 θ 的影响，课题组进行了专门的研究，研究结论认为，稳定岩石与土之间的摩擦角 δ_r 对主动土压力计算值影响很大。随稳定岩石坡面与土之间的摩擦角 δ_r 的增加，主动土压力值会明显减小。当 $\delta_r = \varphi$ 时，应用公式（6.2.8）计算得到的值比公式（6.2.3）得到的值略小，它们间的结果相近；当 $\delta_r = 0.5\varphi$ 时，应用公式（6.2.8）计算得到的值比公式（6.2.3）得到的值大 1.541 倍～2.549 倍，同时随 c 值的增大而增加。另外随稳定岩石角度 θ 的增加，主动土压力的值会有所减小，但影响值明显比稳定岩石与土之间的摩擦角 δ_r 影响小。稳定岩石坡面与填土间的摩擦角取值宜根据试验确定。当无试验资料时，可按本条中提出的建议值 $\delta_r = (0.40 \sim 0.70)\varphi$。一般说来对黏性土与粉土取低值，对砂性土与碎石土取高值。

6.2.9 本条提出的一些特殊情况下的土压力计算公式，是依据土压力理论结合经验而确定的半经验公式。

本条在原规范的基础上，增加了边坡为二阶时，岩土边坡土压力的计算公式。二阶的直立岩土质边坡是常见的边坡，根据平面滑裂面导出了在二阶的边坡上总岩土压力计算式与滑裂面的倾角。二阶直立岩石边坡上总岩石压力计算式与滑裂面的倾角计算的计算公式与二阶直立土质边坡的计算基本相同，但如岩体中存在外倾结构面时，滑裂面的倾角取外倾结构面的倾角。对于单阶边坡，此式可退化到朗肯公式。

6.2.10 当土质边坡的坡面为倾斜时，根据平面滑裂面，得到了土压力计算公式与滑裂面的计算公式（6.2.10）。

本条规定的关于边坡坡面为倾斜时的土压力计算公式，可以确定边坡破坏时平面破裂角。用公式（6.2.10）计算主动土压力值与公式（6.2.3）的值一致，但对一般的斜边坡公式（6.2.10）比公式（6.2.3）更为简洁，当 $\alpha = 90°$ 或倾斜边坡高为临界高度时，$\theta = (\alpha + \varphi)/2$。

6.2.11 在地震作用下，考虑地震作用时的土压力计算，应考虑地震角的影响，地震角的大小与地震设计烈度有关，并采用库仑理论公式计算。本规范中的关于地震情况下的土压力计算公式，是参照国内建筑、铁路、公路、交通等行业的抗震规范提出的，计算时，土的重度除以地震角的余弦，墙背填土的内摩擦角和墙背摩擦角分别减去地震角和增加地震角。地震角的取值是采用现行国家标准《建筑抗震鉴定标准》GB 50023 中的值。

6.3 侧向岩石压力

6.3.1 岩体与土体不同，滑裂角为外倾结构面倾角，因而由此推出的岩石压力公式与库仑公式不同，当滑裂角 $\theta = 45° + \varphi/2$ 时公式（6.3.1）即为库仑公式。当岩体无明显结构面时或为破碎、散体岩体时 θ 角取 $45° + \varphi/2$。

6.3.2 有些岩体中存在外倾的软弱结构面，即使结构面倾角很小，仍可能产生四面楔体滑落，对滑落体的大小按当地实际情况确定。滑落体的稳定分析采用力多边形法验算。

6.3.3 本条给出滑移型永久性边坡且坡顶无建筑荷载时岩质边坡侧向岩石压力计算方法，以及破裂角设计取值原则。本条中的无建筑荷载主要是指无重要建筑物或荷载较大的建筑物。本条规定侧压力可按理论公式和按等效内摩擦角的经验公式计算，两者中取大值作为设计依据。一般情况下，由于规定的等效内摩擦角取得很大，经验公式算出的结果都会小于理论公式计算的结果（除Ⅵ类岩体边坡外）。当岩质和结构面结合程度高时，导致按理论计算公式计算得到的推力为零或极小，以致不需要支护或支护量极少。为保证工程安全，实际工程中这种情况下仍然需要一定的支护。经验公式不会算出推力为零或极小的情况，起到了保证最少支护量的作用。经验公式计算考虑以下因素：①建筑岩石边坡在使用期内，受不利因素与时间效应的影响，岩石及结构面强度可能软化降低；②考虑偶然地震荷载作用的不利影响；③考虑地质参数取值可能存在变异性的不利影响，本条的计算方法力图达到边坡支护的可靠度，满足现行标准的要求。

对临时岩质边坡侧向岩石压力计算和破裂角的取值作出一定的修正，其依据是临时边坡设计中可以不考虑时间效应和地震效应等不利因素的影响，因此岩压力的计算可以适当放松，按经验公式计算时等效内摩擦角可取规范中的高值；另外，对于破裂角的取值也可提高。但坡顶有建（构）筑物荷载的临时边坡应考虑坡顶建（构）筑物荷载对边坡塌滑区范围的扩大影响，同时应满足永久性边坡的相关规定。

6.3.4 当岩石边坡的坡面为倾斜时，根据平面滑裂面假定，得到了岩石压力计算公式与滑裂面的计算公式［同公式（6.2.10）］，如果岩体中存在外倾结构面时，滑裂面的倾角取外倾结构面的倾角。

6.3.5 在地震作用下，考虑地震作用时的岩石侧压力计算，应考虑地震角的影响，地震角的大小与地震设计烈度有关。根据现行国家标准《铁路工程抗震设计规范》GB 50111－2006（2009 年版）条文说明中第 6.1.6 条，工程震害调查表明，位于岩石地基上的挡土墙震害比在土基上的挡土墙稍轻微，因而岩石地基上的地震角取值与本规范第 6.2.11 条相同，并采用库仑理论公式计算。

7 坡顶有重要建（构）筑物的边坡工程

7.1 一般规定

7.1.1 本条确定了本章的适用范围及坡顶有建（构）筑物时边坡工程的分类。可分为坡顶有既有建（构）筑物的边坡工程、边坡与坡顶建（构）筑物同步施工的边坡工程及坡顶新建建（构）筑物的既有边坡工程。对 7 度以上地区，可参照本章相关规定并结合地区特点加强处理。

7.1.2 当坡邻近有重要建筑物时，支护结构方案选择时应优先选择排桩式锚杆挡墙、锚拉式桩板式挡墙或抗滑桩，其具有受力可靠、边坡变形小、施工期对边坡稳定性和建筑地基基础扰动小的优点，对土质边坡或有外倾结构面的岩质边坡宜采用预应力锚杆，更有利于控制边坡变形，确保坡顶建（构）筑物安全。除按本章优选支护方案外，还应充分考虑下列因素：

    1 边坡开挖对坡顶邻近建筑物的安全和正常使用的不利影响程度；

    2 坡顶邻近建筑物基础形式及距坡顶邻近建筑物的距离；

    3 坡顶邻近建（构）筑物及管线等对边坡变形的接受程度；

    4 施工开挖期边坡的稳定状况及施工安全和可行性。

7.2 设计计算

7.2.1、7.2.2 当坡顶建筑物基础位于边坡塌滑区，建筑物基础传来的垂直荷载、水平荷载及弯矩部分作用于支护结构时，边坡支护结构强度、整体稳定和变形验算均应根据工程具体情况，考虑建筑物传来的荷载对边坡支护结构的作用。其中建筑水平荷载对边坡支护结构作用的定性及定量近似估算，可根据基础方案、构造做法、荷载大小、基础到边坡的距离、边坡岩土体性状等因素确定。建筑物传来的水平荷载由基础抗侧力、地基摩擦力及基础与边坡间坡体岩土抗力承担，当水平作用力大于上述抗力之和时由支护结构承担不平衡的水平力。

坡顶建筑物基础与边坡支护结构的相互作用主要考虑建筑荷载传给支护结构，对边坡稳定影响，因边坡临空状使建筑物地基侧向约束减小后地基承载力相应降低及新施工的建筑基础和施工开挖期对边坡原有水系产生的不利影响。

在已有建筑物的相邻处开挖边坡，目前已有不少成功的工程实例，但危及建筑物安全的事故也时有发生。建筑物的基础与支护结构之间距离越近，事故发生的可能性越大，危害性越大。本条规定的目的是尽可能保证建筑物基础与支护结构间较合理的安全距离，减少边坡工程事故发生的可能性。确因工程需要时，应采取相应措施确保勘察、设计和施工的可靠性。不应出现因新开挖边坡使原稳定的建筑基础置于稳定性极差的临空状外倾软弱结构面的岩体和稳定性极差的土质边坡塌滑区外边缘，造成高风险的边坡工程。

7.2.3 当坡肩有建筑物、挡墙的变形量较大时，将危及建筑物的安全及正常使用。为使边坡的变形量控制在允许范围内，根据建筑物基础与边坡外边缘的关系和岩土外倾结构面条件采用第 7.2.3 条、第 7.2.4 条和第 7.2.5 条确定的岩土侧压力设计值。其目的是使边坡受力稳定的同时，确保边坡只发生较小变形，这样有利于保证坡顶建筑物的安全及正常使用。

对高层建筑，其传至边坡的水平荷载较大，按第 7.2.1 条的条文分析可知，支护结构可能承担高层建筑物基础传来的不平衡的水平力，设计时应充分重视，应设置钢筋混凝土地下室，并加大地下室埋深，借用钢筋混凝土地下室的刚体及其底板与地基间的摩阻力平衡高层建筑物传来的部分水平力，同时高层建筑钢筋混凝土地下室基础可采用桩基础（桩周边加设隔离层）将基础垂直荷载传至边坡破裂面以下足够深度的稳定岩土层内，此时，H 值可从地下室底标高算至坡底，否则，H 仍取边坡高度。除设置钢筋混凝土地下室外，还应加强支护结构的抗侧力以平衡高层建筑物可能传来的水平力。

7.2.4 本条主动岩石压力修正系数 β_1 的确定考虑以下因素：

    1 有利于控制坡顶有重要建（构）筑物的边坡变形，保证坡顶建（构）筑物的功能和安全；

    2 岩石边坡开挖后侧向变形受支护结构或预应

力锚杆约束，边坡侧压力相应增大，本规范按岩石主动土压力乘以修正系数 β_1 来反映土压力增大现象；

3 β_1 值的定量确定目前无工程实测资料和相关标准可以借鉴，从理论分析看，坚硬的块石类土静止土压力约为主动土压力1.80倍左右，以此类比，岩体结构面结合较差，岩体完整程度为较破碎的Ⅳ类岩体，本规范主动土压力系数 β_1 定为1.45～1.55，考虑Ⅰ～Ⅲ类岩石的结构完整性，则分别采用1.30～1.45。

7.3 构 造 设 计

7.3.6 当坡顶附近有重要建（构）筑物时除应保证边坡整体稳定性外，还应控制边坡工程变形对坡顶建（构）筑物的危害。边坡的变形值大小与边坡高度、坡顶建（构）筑物荷载的大小、地质条件、水文条件、支护结构类型、施工开挖方案等因素相关，变形计算复杂且不够成熟，有关规范均未提出较成熟的计算方法，工程实践中只能根据地区经验，采用工程类比的方法，从设计、施工、变形监测等方面采取措施控制边坡变形。

同样，支护结构变形允许值涉及因素较多，难以用理论分析和数值计算确定，工程设计中可根据边坡条件按地区经验确定。

7.4 施 工

7.4.1 施工时应加强监测和信息反馈，并作好有关工程应急预案。

7.4.3 稳定性较差的岩土边坡（较软弱的土边坡，有外倾软弱结构面的岩石边坡，潜在滑坡等）开挖

时，不利组合荷载下的不利工况时边坡的稳定和变形控制应满足有关规定要求，避免出现施工事故，必要时应采取施工措施增强施工期的稳定性。

8 锚杆（索）

8.1 一 般 规 定

8.1.2 锚杆是能将张拉力传递到稳定的或适宜的岩土体中的一种受拉杆件（体系），一般由锚头、杆体自由段和杆体锚固段组成。当采用钢绞线或钢丝束作杆体材料时，可称为锚索（图1）。根据锚固段灌浆体受力的不同，主要分为拉力型、压力型、荷载分散型（拉力分散型与压力分散型）等（图2）。拉力型锚杆锚固段灌浆体受拉，浆体易开裂，防腐性能差，但易于施工；压力型锚杆锚固段灌浆体受压，浆体不易开裂，防腐性能好，承载力高，可用于永久性工程。锚杆挡墙是由锚杆和钢筋混凝土肋柱及挡板组成的支挡结构物，它依靠锚固于稳定岩土层内锚杆的抗拔力平衡挡板处的土压力。近年来，锚杆技术发展迅速，在边坡支护、危岩锚定、滑坡整治、洞室加固及高层建筑基础锚固等工程中广泛应用，具有实用、安全、经济的特点。

8.1.5 当坡顶边缘附近有重要建（构）筑物时，一般不允许支护结构发生较大变形，此时采用预应力锚杆能有效控制支护结构及边坡的变形量，有利于建（构）筑物的安全。

对施工期稳定性较差的边坡，采用预应力锚杆减少变形同时增加边坡滑裂面上的正应力及阻滑力，有利于边坡的稳定。

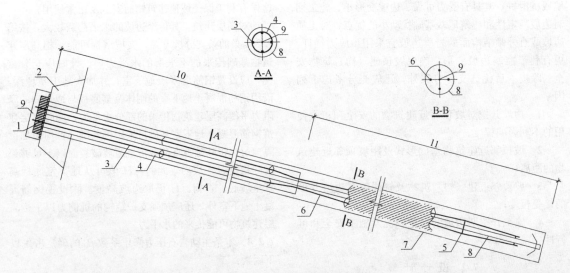

图 1 永久性拉力型锚索结构图

1—锚具；2—垫座；3—涂塑钢绞线；4—光滑套管；5—隔离架；6—无包裹钢绞线；
7—钻孔壁；8—注浆管；9—保护罩；10—自由段区；11—锚固段区

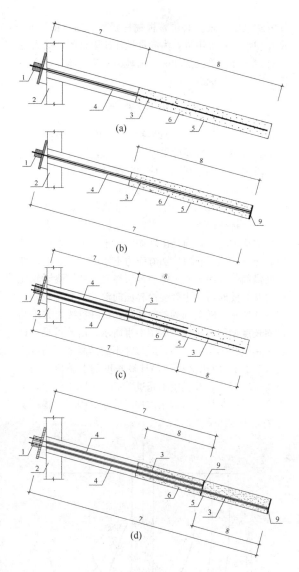

图 2　压力分散型锚杆简图

(a) 拉力型锚杆；(b) 压力型锚杆；

(c) 拉力分散型锚杆；(d) 压力分散型锚杆

1—锚头；2—支护结构；3—杆体；4—保护套管；

5—锚杆钻孔；6—锚固段灌浆体；7—自由段区；

8—锚固段区；9—承载板（体）

8.2　设 计 计 算

本节将锚杆（索）设计部分涉及的杆体（钢筋、钢绞线、预应力钢丝）截面积、锚固体与地层的锚固长度，杆体与锚固体（水泥浆、水泥砂浆等）的锚固长度计算由原规范中的概率极限状态设计方法转换成传统意义的安全系数法计算，以便与国家现行岩土工程类多数标准修改稿的思路保持一致。对应的地层（岩石与土体）与锚固体之间粘结强度特征值由地层与锚固体间粘结强度极限标准值替代。原规范中的临时性锚杆、永久性锚杆的荷载分项系数、杆体抗拉工作条件系数、锚固体与地层间粘结工作条件系数、杆

体与锚固体粘结强度工作条件系数在锚杆杆体抗拉安全系数和岩土锚杆锚固体抗拔安全系数中综合考虑。

此外，对不同边坡工程安全等级所对应的临时性锚杆、永久性锚杆的锚杆杆体抗拉安全系数和锚杆锚固体抗拔安全系数按不同的边坡工程安全等级逐一作出了规定。

8.2.1　用于边坡支护的锚杆轴向拉力 N_{ak} 是荷载分项系数 1.0 的荷载效应基本组合时，锚杆挡墙计算求得的锚杆拉力组合值，可按本规范第 6 章的静力平衡法或等值梁法（附录 F）计算的锚杆挡墙支点力求得。

用于滑坡和边坡抗滑稳定支护的锚杆轴向拉力为荷载分项系数 1.0 时，用满足滑坡和边坡安全稳定系数（表 5.3.2）时的滑坡推力和边坡推力对锚杆挡墙计算求得。

8.2.2～8.2.4　锚杆设计宜先按式（8.2.2）计算所用锚杆钢筋的截面积，选择每根锚杆实配的钢筋根数、直径和锚孔直径，再用选定的锚孔直径按式（8.2.3）确定锚固体长度 l_a〔此时，锚杆（索）承载力极限值 $N = A_s f_y (A_s f_{py})$ 或 $\pi D f_{rbki} l_a$ 的较小值〕。然后再用选定的锚杆钢筋面积按式（8.2.3）和式（8.2.4）确定锚杆杆体的锚固长度 l_a。

锚杆杆体与锚固体材料之间的锚固力一般高于锚固体与土层间的锚固力，因此土层锚杆锚固段长度计算结果一般均为式（8.2.3）控制。

极软岩和软质岩中的锚固破坏一般发生于锚固体与岩层间，硬质岩中的锚固端破坏可发生在锚杆杆体与锚固体材料之间，因此岩石锚杆锚固段长度应分别按式（8.2.3）和式（8.2.4）计算，取其中大值。

表 8.2.3-2 主要根据重庆及国内其他地方的工程经验，并结合国外有关标准而定的；表 8.2.3-3 数值主要参考现行国家标准《锚杆喷射混凝土支护技术规范》GB 50086 及国外有关标准确定。锚杆极限承载力标准值由基本试验确定，对于二、三级边坡工程中的锚杆，其极限承载力标准值也可由地层与锚固体粘结强度标准值与其两者的接触表面积的乘积来估算。

锚杆设计顺序和内容可按图 3 进行。

8.2.6　自由段作无粘结处理的非预应力岩石锚杆受拉变形主要是非锚固段钢筋的弹性变形，岩石锚固段理论计算变形值或实测变形值均很小。根据重庆地区大量现场锚杆锚固段变形实测结果统计，砂岩和泥岩锚固性能较好，3ϕ25 四级精轧螺纹钢，用 M30 级砂浆锚入整体结构的中风化泥岩中 2m 时，在 600kN 荷载作用下锚固段钢筋弹性变形仅为 1mm 左右。因此非预应力无粘结岩石锚杆的伸长变形主要是自由段钢筋的弹性变形，其水平刚度可近似按式（8.2.6-1）估算。

自由段无粘结的土层锚杆主要考虑锚杆自由段和锚固段的弹性变形，其水平刚度系数可近似按式

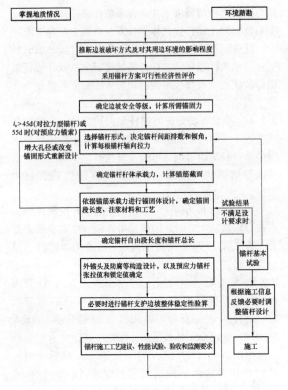

图 3　锚杆设计顺序及内容

（8.2.6-2）估算。

8.2.7　预应力岩石锚杆由于预应力的作用效应，锚固段变形极小。当锚杆承受的拉力小于预应力值时，整根预应力岩石锚杆受拉变形值都较小，可忽略不计。全粘结岩石锚杆的理论计算变形值和实测值也较小，可忽略不计，故可按刚性拉杆考虑。

8.3　原　材　料

8.3.2　对非预应力全粘结型锚杆，当锚杆承载力标准值低于 400kN 时，采用Ⅱ、Ⅲ级钢筋能满足设计要求，其构造简单，施工方便。承载力设计值较大的预应力锚杆，宜采用钢绞线或高强钢丝，首先是因为其抗拉强度远高于Ⅱ、Ⅲ级钢筋，能满足设计值要求，同时可大幅度地降低钢材用量；二是预应力锚索需要的锚具、张拉机具等配件有成熟的配套产品，供货方便；三是其产生的弹性伸长总量远高于Ⅱ、Ⅲ级钢筋，当锚头松动，钢筋松弛等原因引起的预应力损失值也要小得多；四是钢绞线、钢丝运输、安装较粗钢筋方便，在狭窄的场地也可施工。高强精轧螺纹钢则适用于中级承载能力的预应力锚杆，有钢绞线和普通粗钢筋的类同优点，其防腐的耐久性和可靠性较高，锚杆处于水下，腐蚀性较强的地层中，且需预应力时宜优先采用。

镀锌钢材在酸性土质中易产生化学腐蚀，发生"氢脆"现象，故作此条规定。

8.3.4　锚具的构造应使每束预应力钢绞线可采用夹片方式锁定，张拉时可整根锚杆操作。锚具由锚头、夹片和承压板等组成，为满足设计使用目的，锚头应具有多次补偿张拉的功能，锚具型号及性能参数详见国家现行有关标准。

8.4　构　造　设　计

8.4.1　本条规定锚固段设计长度取值的上限值和下限值，是为保证锚固效果安全、可靠，使计算结果与锚固段锚固体和地层间的应力状况基本一致。

日本有关锚固工法介绍的锚固段锚固体与地层间锚固应力分布如图 4 所示。由于灌浆体与岩土体和杆体的弹性特征值不一致，当杆体受拉后粘结应力并非沿纵向均匀分布，而是出现如图中Ⅰ所示应力集中现象。当锚固段过长时，随着应力不断增加从靠近边坡面处锚固端开始，灌浆体与地层界面的粘结逐渐软化或脱开，此时可发生裂缝沿界面向深部发展现象，如图中Ⅱ所示。随着锚固效应弱化，锚杆抗拔力并不与锚固长度增加成正比，如图中Ⅲ所示。由此可见，计算采用过长的增大锚固长度，并不能提高锚固力，公式（8.2.3）应用必须限制计算长度的上限值，国外有关标准规定计算长度不超过 10m。实际工程中，考虑到锚杆耐久性和对岩土体加固效应等因素，锚杆实际锚固长度可适当加长。

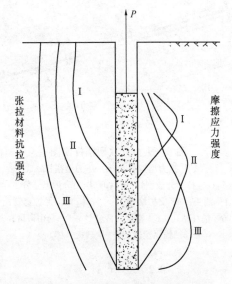

图 4　拉力型锚杆锚固应力分布图
Ⅰ—锚杆工作阶段应力分布图；
Ⅱ—锚杆应力超过工作阶段，变形增大时应力分布图；Ⅲ—锚固段处于破坏阶段时应力分布图

反之，锚固段长度设计过短时，由于实际施工期锚固区地层局部强度可能降低，或岩体中存在不利组合结构面时，锚固段被拔出的危险性增大，为确保锚固安全度的可靠性，国内外有关标准均规定锚固段构造长度不得小于 3.0m～4.0m。

大量的工程试验证实，在硬质岩和软质岩中，中、小级承载力锚杆在工作阶段锚固段应力传递深度约为1.5m～3.0m（12倍～20倍钻孔直径），三峡工程锚固于花岗岩中3000kN级锚索工作阶段应力传递深度实测值约为4.0m（约25倍孔径）。

综合以上原因，本规范根据大量锚杆试验结果及锚固段设计安全度及构造需要，提出锚固段的设计计算长度应满足本条要求。

当计算锚固段长度超过限值时，可采取锚固段压力灌浆（二次劈裂灌浆）方法加固锚固段周围土体、提高土体与锚固体粘结摩阻力，以获得更高单位长度锚固段抗拔承载力。一般情况下，采取压力灌浆方法可提高锚固力1.2倍～1.5倍。此外，还可采用改变锚固体形式的方法即荷载分散型锚杆。荷载分散型锚杆是在同一个锚杆孔内安装几个单元锚杆，每个单元锚杆均有各自的锚杆杆体、自由段和锚固段。承受集中拉力荷载时，各个不同的单元锚杆锚固段分别承担较小的拉力荷载，使锚杆锚固段上粘结应力大大减小且相应于整根锚杆分布均匀，能最大限度地调用整个加固范围内土层强度。可根据具体锚杆孔直径大小与承载力要求设置单元锚杆个数，使锚杆承载力可随锚固段长度的增加正比例提高，满足使用要求。此外，压力分散型锚杆还可增加防腐能力，减小预应力损失，特别适用于相对软弱又对变形及承载力要求较高的岩土体。锚固应力分布见图5。

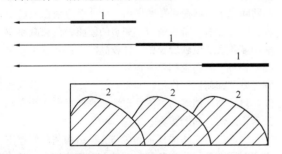

图5　荷载分散型锚杆锚固应力分布图
1—单元锚杆；2—粘摩阻力

8.4.3　锚杆轴线与水平面的夹角小于10°后，锚杆外端灌浆饱满度难以保证，因此建议夹角一般不小于10°。由于锚杆水平抗拉力等于拉杆强度与锚杆倾角余弦值的乘积，锚杆倾角过大时锚杆有效水平拉力下降过多，同时将对锚肋作用较大的垂直分力，该垂直分力在锚肋基础设计时不能忽略，同时对施工期锚杆挡墙的竖向稳定不利，因此锚杆倾角宜为10°～35°。

8.4.6　在锚固段岩体破碎，渗水严重时，水泥固结灌浆可达到密封裂隙，封阻渗水，保证和提高锚固能效果。

8.4.7、8.4.8　锚杆防腐处理的可靠性及耐久性是影响锚杆使用寿命的重要因素之一，"应力腐蚀"和"化学腐蚀"双重作用将使杆体锈蚀速度加快，锚杆使用寿命大大降低，防腐处理应保证锚杆各段均不出现杆体材料局部腐蚀现象。

锚杆的防腐保护等级与措施应根据锚杆的设计使用年限及所处地层有无腐蚀性确定。腐蚀环境中的永久性锚杆应采用Ⅰ级防腐保护构造；非腐蚀环境中的永久性锚杆及腐蚀环境中的临时性锚杆应采用Ⅱ级防护，非腐蚀环境中的临时性锚杆可采用Ⅲ级简单防腐保护构造。具体防腐做法及要求可参见现行国家标准《锚杆喷射混凝土支护技术规范》GB 50086相关要求。

9　锚杆（索）挡墙

9.1　一般规定

9.1.1　本条列举锚杆挡墙的常用形式，此外还有竖肋和板为预制构件的装配肋板式锚杆挡墙，下部为挖方、上部为填方的组合锚杆挡墙。

根据地形、地质特征和边坡荷载等情况，各类锚杆挡墙的方案特点和其适用性如下：

1　钢筋混凝土装配式锚杆挡土墙适用于填方地段。

2　现浇钢筋混凝土板肋式锚杆挡土墙适用于挖地地段，当土方开挖后边坡稳定性较差时应采用"逆作法"施工。

3　排桩式锚杆挡土墙：适用于边坡稳定性很差、坡肩有建（构）筑物等附加荷载地段的边坡。当采用现浇钢筋混凝土板肋式锚杆挡土墙，还不能确保施工期的坡体稳定时采用本方案。排桩可采用人工挖孔桩、钻孔桩或型钢。排桩施工完后用"逆作法"施工锚杆及钢筋混凝土挡板或拱板。

4　钢筋混凝土格架式锚杆挡土墙：墙面垂直型适用于稳定性、整体性较好的Ⅰ、Ⅱ类岩石边坡，在坡面上现浇网格状的钢筋混凝土格架梁，竖向肋和水平梁的结点上加设锚杆，岩面可加钢筋网并喷射混凝土作支挡或封面处理；墙面仰斜型可用于各类岩石边坡和稳定性较好的土质边坡，格架内墙面根据稳定性可作封面、支挡或绿化处理。

5　钢筋混凝土预应力锚杆挡土墙：当挡土墙的变形需要严格控制时，宜采用预应力锚杆。锚杆的预应力也可增大滑面或破裂面上的静摩擦力并产生抗力，更有利于坡体稳定。

9.1.2　工程经验证明，稳定性差的边坡支护，采用排桩式预应力锚杆挡墙且逆作施工是安全可靠的，设计方案有利于边坡的稳定及控制边坡水平及垂直变形。故本条提出了几种稳定性差、危害性大的边坡支护宜采用上述方案。此外，采用增设锚杆、对锚杆和边坡施加预应力或跳槽开挖等措施，也可增加边坡的稳定性。设计应结合工程地质环境、重要性及施工条件等因素综合确定支护方案。

9.1.4 填方锚杆挡土墙垮塌事故经验证实，控制好填方的质量及采取有效措施减小新填土沉降压缩、固结变形对锚杆拉力增加和对挡墙的附加推力增加是高填方锚杆挡墙成败关键。因此本条规定新填方锚杆挡墙应作特殊设计，采取有效措施控制填方对锚杆拉力增加过大的不利情况发生。当新填方边坡高度较大且无成熟的工程经验时，不宜采用锚杆挡墙方案。

9.2 设 计 计 算

9.2.2 挡墙侧向压力大小与岩土力学性质、墙高、支护结构形式及位移方向和大小等因素有关。根据挡墙位移方向及大小，其侧向压力可分为主动土压力、静止土压力和被动土压力。由于锚杆挡墙构造特殊，侧向压力的影响因素更为复杂，例如：锚杆变形量大小、锚杆是否加预应力、锚杆挡土墙的施工方案等都直接影响挡墙的变形，使土压力发生变化；同时，挡土板、锚杆和地基间存在复杂的相互作用关系，因此目前理论上还未有准确的计算方法如实反映各种因素对锚杆挡墙的侧向压力的影响。从理论分析和实测资料看，土质边坡锚杆挡墙的土压力大于主动土压力，采用预应力锚杆挡墙时土压力增加更大，本规范采用土压力增大系数 β 来反映锚杆挡墙侧向压力的增大。岩质边坡变形小，应力释放较快，锚杆对岩体约束后侧向压力增大不明显，故对非预应力锚杆挡墙不考虑侧压力增大，预应力锚杆考虑 1.1 的增大值。

9.2.3～9.2.5 从理论分析和实测结果看，影响锚杆挡墙侧向压力分布图形的因素复杂，主要为填方或挖方、挡墙位移大小与方向、锚杆层数及弹性大小、是否采用逆作施工方法、墙后岩土类别和硬软等情况。不同条件时分布图形可能是三角形、梯形或矩形，仅以侧向压力随深度成线性增加的三角形应力图已不能反映许多锚杆挡墙侧向压力的实际情况。本规范第9.2.5条对满足特定条件时的应力分布图形作了梯形分布规定，与国内外工程实测资料和相关标准一致。主要原因为逆作施工法的锚杆对边坡变形约束作用、支撑作用及岩石和硬土的竖向拱效应明显，使边坡侧向压力向锚固点传递，造成矩形应力分布图形与有支撑时基坑土压力呈矩形、梯形分布图形不同。反之，上述条件以外的非硬土边坡宜采用库仑三角形应力分布图形或地区经验图形。

9.2.7、9.2.8 锚杆挡墙与墙后岩土体是相互作用、相互影响的一个整体，其结构内力除与支护结构的刚度有关外，还与岩土体的变形有关，因此要准确计算是较为困难的。根据目前的研究成果，可按连续介质理论采用有限元、边界元及弹性支点法等方法进行较精确的计算。但在实际工程中，也有采用等值梁法或静力平衡法等进行近似计算。

在平面分析模型中弹性支点法根据连续梁理论，考虑支护结构与其后岩土体的变形协调，其计算结果较为合理，因此规范推荐此方法。等值梁法或静力平衡法假定上部锚杆施工后开挖下部边坡时上部分的锚杆内力保持不变，并且在锚杆处为不动点，不能反映挡墙实际受力特点。因锚杆受力后将产生变形，支护结构刚度也较小，属柔性结构。但在锚固点变形较小时其计算结果能满足工程需要，且其计算较为简单。因此对岩质边坡及较坚硬的土质边坡，也可作为近似方法。对较软弱土的边坡，宜采用弹性支点法或其他较精确的方法。

9.2.9 挡板为支承于竖肋上的连续板或简支板、拱构件，其设计荷载按板的位置及标高处的岩土压力值确定，这是常规的能保证安全的设计方法。大量工程实测值证实，挡土板的实际应力值存在小于设计值的情况，其主要原因是挡土板后的岩土存在拱效应，岩土压力部分荷载通过"拱作用"直接传至肋柱上，从而减少作用在挡土板上荷载。影响"拱效应"的因素复杂，主要与岩土密实性、排水情况、挡板的刚度、施工方法和力学参数等因素有关。目前理论研究还不能作出定量的计算，一些地区主要是采取工程类比的经验方法，相同的地质条件、相同的板跨，采用定量的设计用料。本条按以上原则对于存在"拱效应"较强的岩石和土质密实且排水可靠的挖方挡墙，可考虑两肋间岩土"卸荷拱"的作用。设计者应根据地区工程经验考虑荷载减小效应。完整的硬质岩荷载减小效应明显，反之极软岩及密实性较高的土荷载减小效果稍差；对于软弱土和填方边坡，无可靠地区经验时不宜考虑"卸荷拱"作用。

9.2.11 锚杆挡墙的整体稳定性验算包括内部稳定和外部稳定两方面的验算。

内部稳定是指锚杆锚固段与支护结构基础假想支点之间滑动面的稳定验算，可结合本规范第 5 章的有关规定，并参考国家现行相关规范关于土钉墙稳定计算方法进行验算。

外部稳定是指支护结构、锚杆和包括锚固段岩土体在内的岩土体的整体稳定，可结合本规范第 5 章的有关规定，采用圆弧法验算边坡的整体稳定。

9.3 构 造 设 计

9.3.2 锚杆轴线与水平面的夹角小于 10°后，锚杆外端灌浆饱满度难以保证，因此建议夹角一般不小于10°。由于锚杆水平抗拉力等于拉杆强度与锚杆倾角余弦值的乘积，锚杆倾角过大时锚杆有效水平拉力下降过多，同时将对锚肋作用较大的垂直分力，该垂直分力在锚肋基础设计时不能忽略，同时对施工期锚杆挡墙的竖向稳定不利，因此锚杆倾角宜为10°～35°。

提出锚杆间距控制主要考虑到当锚杆间距过密

时，由于"群锚效应"锚杆承载力将降低，锚固段应力影响区段土体被拉坏可能性增大。

由于锚杆每米直接费用中钻孔费约占一半左右，因此在设计中应适当减少钻孔量，采用承载力低而密的锚杆是不经济的，应选用承载力较高的锚杆，同时也可避免发生"群锚效应"不利影响。

9.3.6 本条提出现浇挡板的厚度不宜小于200mm的建议要求，主要考虑现场立模和浇混凝土的条件较差，为保证混凝土质量的施工要求。为确保挡土板混凝土浇筑密实度，一般情况下，不宜采用喷射混凝土施工。

9.3.9 在岩壁上一次浇筑混凝土板的长度不宜过大，以避免当混凝土收缩时岩石的"约束"作用产生拉应力，导致挡土板开裂，此时宜减短浇筑长度。

9.4 施 工

9.4.1 稳定性一般的高边坡，当采用大爆破、大开挖或开挖后不及时支护或存在外倾结构面时，均有可能发生边坡失稳和局部岩体塌方，此时应采用自上而下、分层开挖和锚固的逆作施工法。

10 岩石锚喷支护

10.1 一般规定

10.1.1 本次修订新增第2款、第3款和第4款，锚喷支护应用范围确定为Ⅰ、Ⅱ、Ⅲ类岩石永久边坡，Ⅰ、Ⅱ、Ⅲ类岩石临时边坡，以及Ⅰ～Ⅲ类岩石边坡整体稳定前提下的坡面防护，共三种类型，同时明确了永久性边坡、临时性边坡相应的适用高度。锚喷支护具有性能可靠、施工方便、工期短等优势，但喷层外表不佳且易污染；采用现浇钢筋混凝土板能改善美观，因而表面处理也采用喷射混凝土和现浇混凝土面板。

10.1.3 锚喷支护中锚杆有系统锚杆与局部锚杆两种类型。系统锚杆用以维持边坡整体稳定，采用本规范相关的直线滑裂面的极限平衡法计算。局部锚杆用以维持不稳定块体的稳定，采用赤平投影法或块体平衡法计算。

10.2 设计计算

10.2.1～10.2.3 锚喷支护边坡的整体稳定性计算，边坡侧压力及分布图形，锚杆总长度以及锚杆计算均按本规范第6章和第7章相关规定执行。本条说明锚喷支护的锚杆轴向拉力标准值的计算方法，但顶层锚杆应按本规范第9.2.5条应力分布图形中的顶部梯形分布图进行计算。

10.2.4 本条说明用局部锚杆加固不稳定块体的具体计算方法。

10.3 构造设计

10.3.1、10.3.2 岩石边坡在稳定性较好时，锚喷支护中的锚杆多采用全长粘结性锚杆，主要是由于全长粘结性锚杆具有性能可靠、使用年限长，便于岩石边坡施工的优点，一般长度不宜过长。对于提高岩石边坡整体稳定性的锚喷支护，一般在坡面上采用按一定规律布设的系统锚杆来提高整体稳定，系统锚杆在坡面上多采用已被工程实践证明了加固效果优于其他布设方式的行列式或菱形排列，且锚杆间的最大间距，以确保两根锚杆间的岩体稳定。锚杆最大间距显然与岩坡分类有关，岩坡分类等级越低，最大间距应当越小。对于系统锚杆未能加固的局部不稳定区或不稳定块体，可采用随机布设的、数量较少的随机锚杆进行加固，以确保岩石边坡局部区域及不稳定块体的稳定性。

10.3.3 本条为新增条文，采用坡面防护构造处理的岩质边坡应符合本规范第13.2.2条的规定，此时边坡的整体稳定已采用坡率法保证，本条的做法仅起到坡面防护和坡体浅层加固的作用。本条各款中具体参数的选择可按Ⅰ、Ⅱ类边坡或高度较低的边坡取小值，Ⅲ、Ⅳ类边坡或高度较高的边坡取大值的原则执行，对临时性边坡取较小值。

10.3.4 喷射混凝土应重视早期强度，通常规定1d龄期的抗压强度不应低于5.0MPa。

10.3.6 边坡的岩面条件通常要比地下工程中的岩面条件差，因而喷射混凝土与岩面的粘结力略低于地下工程中喷射混凝土与岩面的粘结力。现行国家标准《锚杆喷射混凝土支护技术规范》GB 50086规定，Ⅰ、Ⅱ类围岩喷射混凝土与岩面粘结力不低于0.8MPa；Ⅲ类围岩不低于0.5MPa。本条规定整体状与块体岩体不应低于0.8MPa；碎裂状岩体不应低于0.4MPa。

10.4 施 工

10.4.3 锚喷支护应尽量采用部分逆作法施工，这样既能确保工程开挖中的安全，又便于施工。但应注意，对未支护开挖段岩体的高度与宽度应依据岩体的破碎、风化程度作严格控制，以免施工中出现事故。

11 重力式挡墙

11.1 一般规定

11.1.2 重力式挡墙基础底面大、体积大。如高度过大，则既不利于土地的开发利用，也往往是不经济的。当土质边坡高度大于10m、岩质边坡高度大于12m时，上述状况已明显存在，故本条对挡墙高度作了限制。

本次修订结合实际工程经验,对挡墙适用高度进行了适当放松。

11.1.3 一般情况下,重力式挡墙位移较大,难以满足对变形的严格要求。

挖方挡墙施工难以采用逆作法,开挖面形成后边坡稳定性相对较低,有时可能危及边坡稳定及相邻建筑物安全。因此本条对重力式挡墙适用范围作了限制。

11.1.4 重力式挡墙形式的选择对挡墙的安全与经济影响较大。在同等条件下,挡墙中主动土压力以仰斜最小,直立居中,俯斜最大,因此仰斜式挡墙较为合理。但不同的墙型往往使挡墙条件(如挡墙高度、填土质量)不同。故重力式挡墙形式应综合考虑多种因素而确定。

挖方边坡采用仰斜式挡墙时,墙背可与边坡坡面紧贴,不存在填方施工不便、质量受影响的问题,仰斜墙是首选墙型。

挡墙高度较大时,土压力较大,降低土压力已成为突出问题,故宜采用衡重式或仰斜式。

11.2 设 计 计 算

11.2.1 对于高大挡土墙,通常不允许出现达到极限状态的位移值,因此土压力计算时考虑增大系数,同时也与现行国家标准《建筑地基基础设计规范》GB 50007一致。

11.2.3～11.2.5 抗滑移稳定性及抗倾覆稳定性验算是重力式挡墙设计中十分重要的一环,式(11.2.3-1)及式(11.2.4-1)应得到满足。当抗滑移稳定性不满足要求时,可采取增大挡墙断面尺寸、墙底做成逆坡、换土做砂石垫层等措施使抗滑移稳定性满足要求。当抗倾覆稳定性不满足要求时,可采取增大挡墙断面尺寸、增长墙趾或改变墙背做法(如在直立墙背上做卸荷台)等措施使抗倾覆稳定性满足要求。

地震工况时,土压力按本规范第6章有关规定进行计算。

11.2.6 土质地基有软弱层或岩质地基有软弱结构面时,存在着挡墙地基整体失稳破坏的可能性,故需进行地基稳定性验算。

11.3 构 造 设 计

11.3.1 条石、块石及素混凝土是重力式挡墙的常用材料,也有采用砖及其他材料的。

11.3.2 挡墙基底做成逆坡对增加挡墙的稳定性有利,但基底逆坡坡度过大,将导致墙踵陷入地基中,也会使保持挡墙墙身的整体性变得困难。为避免这一情况,本条对基底逆坡坡度作了限制。

11.3.6 本次补充了稳定斜坡地面基础埋置条件。其中距斜坡地面水平距离的上、下限值的采用,可根据地基的地质情况,斜坡坡度等综合确定。如较完整的硬质岩,节理不发育、微风化的、坡度较缓的可取上限值0.6m;节理发育的、坡度较陡时可取下限值1.5m;对岩石单轴抗压强度在15MPa～30MPa的岩石,可根据具体环境情况取中间值。

11.4 施 工

11.4.4 本条规定是为了避免填方沿原地面滑动。填方基底处理办法有铲除草皮和耕植土、开挖台阶等。

12 悬臂式挡墙和扶壁式挡墙

12.1 一 般 规 定

12.1.1、12.1.2 本条对适用范围作调整。根据现行相关规范及行业的要求,限制悬臂式挡墙和扶壁式挡墙在不良地质地段和地震时的应用。

扶壁式挡墙由立板、底板及扶壁(立板的肋)三部分组成,底板分为墙趾板和墙踵板。扶壁式挡墙适用于石料缺乏、地基承载力较低的填方边坡工程。一般采用现浇钢筋混凝土结构。扶壁式挡墙回填不应采用特殊类土(如淤泥、软土、黄土、膨胀土、盐渍土、有机质土等),主要考虑这些土物理力学性质不稳定、变异大,因此限制使用。扶壁式挡墙高度不宜超过10m的规定是考虑地基承载力、结构受力特点及经济等因素定的,一般高度为6m～10m的填方边坡采用扶壁式挡墙较为经济合理。

12.1.4 扶壁式挡墙基础置于稳定的地层内,这是挡墙稳定的前提。本条规定的挡墙基础埋置深度是参考国内外有关规范而定的,这是为满足地基承载力、稳定和变形条件的构造要求。在实际工程中应根据工程地质条件和挡墙结构受力情况,采用合适的埋置深度,但不应小于本条规定的最小值。在受冲刷或受冻胀影响的边坡工程,还应考虑这些因素的不利影响,挡墙基础应在其影响之下的一定深度。

12.2 设 计 计 算

扶壁式挡墙的设计内容主要包括边坡侧向土压力计算、地基承载力验算、结构内力及配筋、裂缝宽度验算及稳定性计算。在计算时应根据计算内容分别采用相应的荷载组合及分项系数。扶壁式挡墙外荷载一般包括墙后土体自重及坡顶地面活载。当受水或地震影响或坡顶附近有建筑物时,应考虑其产生的附加侧向土压力作用。

12.2.1 扶壁式挡墙基础埋深较小,墙趾处回填土往往难以保证夯填密实,因此在计算挡墙整体稳定及立板内力时,可忽略墙前底板以上土的有利影响,但在计算墙趾板内力时则应考虑墙趾板以上土体的重量。

12.2.2 计算挡墙实际墙背和墙踵板的土压力时,可不计填料与板间的摩擦力。

12.2.3 根据国内外模型试验及现场测试的资料,按库仑理论采用第二破裂面法计算侧向土压力较符合工程实际。但目前美国及日本等均采用通过墙踵的竖向面为假想墙背计算侧向压力。因此本条规定当不能形成第二破裂面时，可用墙踵下缘与墙顶内缘的连线作为假想墙及通过墙踵的竖向面为假想墙背计算侧向压力。同时侧向土压力计算应符合本规范第6章的有关规定。

12.2.4 影响扶壁式挡墙的侧向压力分布的因素很多，主要包括墙后填土、支护结构刚度、地下水、挡墙变形及施工方法等，可简化为三角形、梯形或矩形。应根据工程具体情况，并结合当地经验确定符合实际的分布图形，这样结构内力计算才合理。

12.2.5 增加悬臂式挡墙结构的计算模型的规定。

12.2.6 扶壁式挡墙是较复杂的空间受力结构体系，要精确计算是比较困难复杂的。根据扶壁式挡墙的受力特点，可将空间受力问题简化为平面问题近似计算。这种方法能反映构件的受力情况，同时也是偏于安全的。立板和墙踵板可简化为靠近底板部分为三边固定，一边自由的板及上部以扶壁为支承的连续板；墙趾底板可简化为固端在立板上的悬臂板进行计算；扶壁可简化为悬臂的 T 形梁，立板为梁的翼，扶壁为梁的腹板。

12.2.7 本条明确悬臂式挡墙和扶壁式挡墙结构构件截面设计要求。

12.2.8 扶壁式挡墙为钢筋混凝土结构，其受力较大时可能开裂，钢筋净保护层厚度减小，受水浸蚀影响较大。为保证扶壁式挡墙的耐久性，本条规定了扶壁式挡墙裂缝宽度计算的要求。

12.2.9 增加悬臂式挡墙和扶壁式挡墙的抗滑、抗倾稳定性验算的规定。

12.2.10 增加有关地基承载力及变形验算的规定。

12.3 构 造 设 计

12.3.1 根据现行国家标准《混凝土结构设计规范》GB 50010 规定了扶壁式挡墙的混凝土强度等级、钢筋直径和间距及混凝土保护层厚度的要求。

12.3.2 本条明确悬臂式挡墙的截面形式及构造要求。

12.3.3 扶壁式挡墙的尺寸应根据强度及刚度等要求计算确定，同时还应当满足锚固、连接等构造要求。本条根据工程实践经验总结得来。

12.3.4 扶壁式挡墙配筋应根据其受力特点进行设计。立板和墙踵板按板配筋，墙趾板按悬臂板配筋，扶壁按倒 T 形悬臂深梁进行配筋；立板与扶壁、底板与扶壁之间根据传力要求计算设计连接钢筋。宜根据立板、墙踵板及扶壁的内力大小分段分级配筋，同时立板、底板及扶壁的配筋率、钢筋的搭接和锚固等应符合现行国家标准《混凝土结构设计规范》GB 50010 的有关规定。

12.3.5 在挡墙底部增设防滑键是提高挡墙抗滑稳定的一种有效措施。当挡墙稳定受滑动控制时，宜在墙底下设防滑键。防滑键应具有足够的抗剪强度，并保证键前土体足够抗力不被挤出。

12.3.6、12.3.7 挡墙基础是保证挡墙安全正常工作的十分重要的部分。实际工程中许多挡墙破坏都是地基基础设计不当引起的。因此设计时必须充分掌握工程地质及水文地质条件，在安全、可靠、经济的前提下合理选择基础形式，采取恰当的地基处理措施。当挡墙纵向坡度较大时，为减少开挖及挡墙高度，节省造价，在保证地基承载力的前提下可设计成台阶形。当地基为软土层时，可采用换土层法或采用桩基础等地基处理措施。不应将基础置于未经处理的地层上。

12.3.8 本条补充悬臂式挡墙和扶壁式挡墙的泄水孔设置及构造要求。

12.3.9 本次修订将伸缩缝间距减小，并扩大到悬臂式挡墙。

钢筋混凝土结构扶壁式挡墙因温度变化引起材料变形，增加结构的附加内力，当长度过长时可能使结构开裂。本条参照现行有关标准规定了伸缩缝的构造要求。

扶壁式挡墙对地基不均匀变形敏感，在不同结构单元及地层岩土性状变化时，将产生不均匀变形。为适应这种变化，宜采用沉降缝分成独立的结构单元。有条件时伸缩缝与沉降缝宜合并设置。

12.3.10 墙后填土直接影响侧向土压力，因此宜选用重度小、内摩擦角大的填料，不得采用物理力学性质不稳定、变异大的填料（如黏性土、淤泥、耕土、膨胀土、盐渍土及有机质土等特殊土）。同时，要求填料透水性强，易排水，这样可显著减小墙后侧向土压力。

12.4 施 工

12.4.1 本条规定在施工时应做好地下水、地表水及施工用水的排放工作，避免水软化地基，降低地基承载力。基坑开挖后应及时进行封闭和基础施工。

12.4.2、12.4.3 挡墙后填料应严格按设计要求就地选取，并应清除填土中的草、树皮树根等杂物。在结构达到设计强度的 70% 后进行回填。填土应分层压实，其压实度应满足设计要求。扶壁间的填土应对称进行，减小因不对称回填对挡墙的不利影响。挡墙泄水孔的反滤层应当在填筑过程中及时施工。

13 桩板式挡墙

13.1 一 般 规 定

13.1.1 采用桩板式挡墙作为边坡支护结构时，可有效地控制边坡变形，因而是高大填方边坡、坡顶附近有建筑物挖方边坡的较好支挡形式。

桩板式挡墙的桩基施工工艺和桩间是否设置挡板

及挡板做法的选择应综合考虑场地条件和施工可行性等多种因素后确定。

13.1.3 悬臂式桩板挡墙高度过大，支挡结构承担的岩土压力及产生的桩顶位移均会出现较大幅度增长，不利于控制边坡安全，且悬臂桩断面过大。因此，从安全性和经济性的角度出发，控制桩板式挡墙的高度，一般不宜超过10m。

13.1.5 桩板式挡墙桩顶位移过大时，在桩上加设预应力锚杆（索）或非预应力锚杆可起到控制挡墙变形、降低桩身内力的作用。边坡现状稳定性较差时，采用预应力锚拉式桩板挡墙可起到边坡预加固作用，提高了边坡施工期的安全度。

13.2 设 计 计 算

13.2.5 在无试验值及地区经验值等数据依据时，可以通过现场踏勘调查，根据地层种类参考表1估算滑坡体和滑床的物理力学指标及地基系数，对于抢险项目和项目前期投资估算具有实用价值。

表1 岩质地层物理力学指标及地基系数

地层种类	内摩擦角	弹性模量 E_0（kPa）	泊松比 ν	地基系数 k（kN/m³）	剪切应力（kPa）
细粒花岗岩、正长岩	80°以上	5430～6900	0.25～0.30	2.0×10⁶～2.5×10⁶	1500以上
辉绿岩、玢岩		6700～7870	0.28	2.5×10⁶	
中粒花岗岩	80°以上	5430～6500	0.25	1.8×10⁶～2.0×10⁶	1500以上
粗粒正长岩、坚硬白云岩		6560～7000			
坚硬石灰岩	80°	4400～10000	0.25～0.30	1.2×10⁶～2.0×10⁶	1500
坚硬砂岩、大理岩		4660～5430			
粗粒花岗岩、花岗片麻岩		5430～6000			
较坚硬石灰岩	75°～80°	4400～9000	0.25～0.30	0.8×10⁶～1.2×10⁶	1200～1400
较坚硬砂岩		4460～5000			
不坚硬花岗岩		5430～6000			
坚硬页岩	70°～75°	2000～5500	0.15～0.30	0.4×10⁶～0.8×10⁶	700～1200
普通石灰岩		4400～8000	0.25～0.30		
普通砂岩		4600～5000	0.25～0.30		
坚硬泥灰岩	70°	800～1200	0.29～0.38	0.3×10⁶～0.4×10⁶	500～700
较坚硬页岩		1980～3600	0.25～0.30		
不坚硬石灰岩		4400～6000	0.25～0.30		
不坚硬砂岩		1000～2780	0.25～0.30		
较坚硬泥灰岩	65°	700～900	0.29～0.38	0.2×10⁶～0.3×10⁶	300～500
普通页岩		1900～3000	0.15～0.20		
软石灰岩		4400～5000	0.25		
不坚硬泥灰岩	45°	30～500	0.29～0.38	0.06×10⁶～0.12×10⁶	150～300
硬化黏土		10～300	0.30～0.37		
软片岩		500～700	0.15～0.18		
硬煤		50～300	0.30～0.40		
密实黏土		10～300	0.30～0.37		
普通煤		50～300	0.30～0.40		
胶结卵石		50～100			
掺石土		50～100			

13.2.7 当锚固段为松散介质、较完整同种岩层或虽然是不同的岩层但岩层刚度相差不大时，桩端支承可视为自由端。

当锚固段上部为土层，桩底嵌入一定深度的较完整基岩时，桩端可采用自由端或铰支端计算。当采用自由端时，各层的地基系数必须根据具体情况选用；当采用铰支端计算时，应把计算"铰支点"选在嵌入段基岩的顶面，并根据嵌入段的地层反力计算嵌入段的深度。

当桩嵌岩段桩底附近围岩的侧向 k 相比桩底基岩的 k_0 较大时，桩端支承可视为铰支端。

13.2.8 地基系数法通过假定埋入地面以下桩与岩土体的协调变形，确定桩埋入段截面、配筋及长度。本条给出了桩埋入段地基横向承载力的计算公式，便于桩基截面和埋深的设计调整。

13.2.9 地基系数 k 和 m 是根据地面处桩位移值为 6mm～10mm 时得出来的，试验资料证明，桩的变形和地基抗力不成线性关系，而是非线性的，变形愈大，地基系数愈小，所以当地面处桩的水平位移超过 10mm 时，常规地基系数便不能采用，必须进行折减，折减以后地基系数变小，得出桩的变形更大，形成恶性循环，故通常采用增加桩截面或加大埋深来防止地面处桩水平位移过大。

13.2.10 悬臂式桩板挡墙桩身内力最大部位一般位于锚固段，桩身裂缝对桩的承载力影响小，通常情况下不必进行桩身裂缝宽度验算。当支护结构所处环境为二b类环境及更差环境、坡顶边坡滑塌区有重要建筑时，应验算桩身裂缝宽度。

13.3 构 造 设 计

13.3.3、13.3.4 主要考虑到用于抗滑的桩桩身截面较大，多采用人工挖孔，为方便施工，不宜设置过多的箍筋肢数。

13.3.5 为使钢筋骨架有足够的刚度和便于人工作业，对纵向分布钢筋的最小直径作了一定限制，同时结合桩基受力特点，对纵向分布钢筋间距作了适当放松。

13.4 施 工

13.4.3 土石分界处及滑动面处往往属于受力最大部位，本条规定桩纵筋接头避开有利于保证桩身承载力的发挥。

14 坡 率 法

14.1 一 般 规 定

14.1.1 本规范的坡率法是指控制边坡高度和坡度、无需对边坡整体进行支护而自身稳定的一种人工放坡设计方法。坡率法是一种比较经济、施工方便的边坡治理方法，对有条件的且地质条件不复杂的场地宜优先用坡率法。

14.1.2 本条规定对地质条件复杂，破坏后果很严重的边坡工程治理不应单独使用坡率法，单独采用坡率法时可靠性低，因此应与其他边坡支护方法联合使用，可采用坡率法（或边坡上段采用坡率法）提高边坡稳定性，降低边坡下滑力后再采用锚杆挡墙等支护结构，控制边坡的稳定，确保达到安全可靠的效果。

14.1.3 对于填方边坡可在填料中增加加筋材料提高边坡的稳定性或加大放坡的坡度以保证边坡的稳定性。

14.2 设 计 计 算

14.2.1～14.2.6 采用坡率法的边坡，原则上都应进行稳定性计算和评价，但对于工程地质及水文地质条件简单的土质边坡和整体无外倾结构面的岩质边坡，在有成熟的地区经验时，可参照地区经验或表 14.2.1 或表 14.2.2 确定放坡坡率。对于填土边坡由于所用土料及密实度要求可能有很大差别，不能一概而论，应根据实际情况按本规范第 5 章的有关规定通过稳定性计算确定边坡坡率；无经验时可按现行国家标准《建筑地基基础设计规范》GB 50007 的有关规定确定填土边坡的坡率允许值。

14.3 构 造 设 计

14.3.1～14.3.5 在坡高范围内，不同的岩土层，可采用不同的坡率放坡。边坡坡率设计应注意边坡环境的防护整治，边坡水系应因势利导保持畅通。考虑到边坡的永久性，坡面应采取保护措施，防止土体流失、岩层风化及环境恶化造成边坡稳定性降低。

15 坡面防护与绿化

由于人类对环境保护与景观的要求越来越高，在保证建筑边坡稳定与安全的基础上，逐步注重边坡工程的景观与绿化的设计和使用要求，为便于指导边坡工程的植物绿化（美化）工程的设计、施工等要求，这次修订新增一章"坡面防护与绿化"，以加强岩土工程环境保护，在工程实践中应不断补充、完善相关技术措施。

15.1 一 般 规 定

15.1.1 边坡整体稳定但其岩土体易风化、剥落或有浅层崩塌、滑落及掉块等影响边坡坡面的耐久性或正常使用，或可能威胁到人身和财产安全及边坡环境保护要求时，应进行坡面防护。

15.1.2 边坡防护工程只能在稳定边坡上设置。对于边坡稳定性不足和存在不良地质因素的坡段，应先采用治理措施保证边坡整体安全性，再采取坡面防护措施，坡面防护措施应能保持自身稳定。

当边坡支护结构与坡面防护措施联合使用时，可统一进行计算。

15.1.3 坡面防护工程一般分为工程防护和植物防护两大类。工程防护存在的主要问题是与周围环境不协调、景观效果差，在城市建筑边坡坡面防护中应尽量使景观设计和环境保护相结合，注意与周围自然环境和当地人文环境的融合，并结合边坡碎落台、平台上种植攀藤植物，如爬墙虎，或者采用客土喷播等岩面植生（植物防护与绿化）措施，以减少对周围环境的不利影响。

15.1.5 对于位于地下水和地面水较为丰富地段的边坡，其坡面防护效果的好坏直接与水的处理密切相关，应进行边坡坡面防护与排水措施的综合设计。

15.2 工 程 防 护

15.2.1 工程防护包括喷护、锚杆挂网喷浆、浆砌片石护坡、格构梁和护面墙等不同结构形式的工程防护。砌体防护用于边坡坡面防护时，应注意与边坡渗沟或仰斜排（泄）水孔等配合使用，防止边坡产生变形破坏。浆砌片石护坡高度较大时，应设置防滑耳墙，保证坡面砌体稳定。

15.2.2 护面墙主要是一种浆砌片石覆盖层，适用于防止易风化或风化严重的软质岩石或较破碎岩石挖方边坡，以及坡面易受侵蚀的土质边坡。护面墙除自重外，不承受其他荷重，亦不承受墙背土压力。护面墙高度一般不超过10m，可以分级，中间设平台，墙背可设耳墙，纵向每隔10m宜设一条伸缩缝，墙身应预留泄水孔，基础要求稳固，顶部应封闭。墙基软弱地段，可用拱形结构跨过。坡面开挖后形成的凹陷，应以砌石填塞平整，称之为支补墙。

15.2.3、15.2.4 对坡面较陡或易风化的坡面，可以在喷浆或喷射混凝土前先铺设加筋材料，加筋材料可以用铁丝网或土工格栅，由短锚杆固定在边坡坡面上，此时常称为"挂网喷浆防护"或"挂网喷射混凝土防护"。

15.3 植物防护与绿化

15.3.1 植物防护形式较多，其中三维植被网以热塑树脂为原料，采用科学配方，经挤出、拉伸、焊接、收缩等工序而制成。其结构分为上下两层，下层为一个经双面拉伸的高模量基础层，强度足以防止植被网变形，上层由具有一定弹性的、规则的、凹凸不平的网包组成。由于网包的作用，能降低雨滴的冲蚀能量，并通过网包阻挡坡面雨水，同时网包能很好地固定充填物（土、营养土、草籽）不被雨水冲走，为植被生长创造良好条件。另外，三维网固定在坡面上，直接对坡面起固筋作用。当植物生长茂盛后，根系与

三维网盘错、连接、纠缠在一起，坡面和土相接，形成一个坚固的绿色复合保护整体，起到复合护坡的作用。

湿法喷播是一种以水为载体的机械化植被建植技术。它采用专门的设备（喷播机）施工。种子在较短时间内萌芽、生长成株、覆盖坡面，达到迅速绿化、稳固边坡之目的。

客土喷播是将客土（提供植物生育的基盘材料）、纤维（基盘辅助材料）、侵蚀防止剂、缓效肥料和种子按一定比例，加入专用设备中充分混合后，喷射到坡面，使植物获得必要的生长基础，达到快速绿化的目的。

15.3.2、15.3.3 浆砌片石（混凝土块）骨架植草防护适用于土质和强风化的岩石边坡，防止边坡受雨水侵蚀，避免土质坡面上产生沟槽。其形式多样，主要有拱形骨架、菱形（方格）骨架、人字形骨架、多边形混凝土空心块等。浆砌片石（混凝土块）骨架植草防护既稳定边坡，又能节省材料、造价较低、施工方便、造型美观，能与周围环境自然融合，值得广泛推广应用。

15.3.4 锚杆混凝土框架植草防护是近年来在总结了锚杆挂网喷浆（混凝土）防护的经验教训后发展起来的，它既保留了锚杆对风化破碎岩石边坡主动支护作用，防止岩石边坡经开挖卸荷和爆破松动而产生的局部楔形破坏，又吸收了浆砌片石（混凝土块）骨架植草防护的造型美观、便于绿化的优点。锚杆混凝土框架植草防护形式有多种组合：锚杆混凝土框架＋喷播植草、锚杆混凝土框架＋挂三维土工网＋喷播植草、锚杆混凝土框架＋土工格栅＋喷播植草、锚杆混凝土框架＋混凝土空心块＋喷播植草等。

坡面绿化与植物防护是一个统一体，是在两个不同视野上的不同体现。

坡面绿化与植物防护的唯一区别在于：前者注重美化边坡与景观作用，后者注重植物根系的固土作用，因而在植物种类的选择上有所区别。在建筑边坡中，经常是两者同时兼顾。因此，边坡绿化既可美化环境、涵养水源、防止水土流失和坡面滑动、净化空气，也可以对坡面起到防护作用。对于石质挖方边坡而言，边坡绿化的环保意义和对山地城市景观的改善尤其突出。

15.4 施 工

本部分内容主要参考了国家现行行业标准《公路路基施工技术规范》JTG F10、《铁路路基设计规范》TB 10001和《铁路混凝土与砌体工程施工规范》TB 10210等规范，并根据建筑边坡与公路和铁路边坡的不同之处进行了相应的调整。

16 边坡工程排水

由于边坡的稳定与安全和水的关系密切，为加强与指导边坡工程排水设计，本次修订在原规范的"3.5 排水措施"基础上，新增一章"边坡工程排水"以加强边坡工程排水措施，并应在工程实践中不断补充、完善相关技术措施。

16.1 一般规定

16.1.1～16.1.5 边坡坡面、地表的排水和地下排水与防渗措施宜统一考虑，使之形成相辅相成的排水、防渗体系。为了确保实践中排水措施的有效性，坡面排水设施需采取措施防止渗漏。

边坡排水中的部分内容（如渗沟、跌水、急流槽等），在建筑室内外排水专业设计中不会涉及，都是交由边坡工程师自己来设计，但在以往的边坡工程设计中没有得到足够重视，因此，在此次规范修订中予以补充。

16.2 坡面排水

16.2.1 坡面、地表的排水设施应结合地形和天然水系进行布设，并作好进出口的位置选择和处理，防止出现堵塞、溢流、渗漏、淤积、冲刷等现象。地表排水沟（管）排放的水流不得直接排入饮用水水源、养殖池等水源。

16.2.2 排水设施的几何尺寸应根据集水面积、降雨强度、历时、分区汇水面积、坡面径流量、坡体内渗出的水量等因素进行计算确定，并作好整体规划和布置。关于坡面排水设施几何尺寸确定，本规范未作详细规定，可参考现行国家标准《室外排水设计规范》GB 50014 等有关规定进行设计计算。

16.2.3 截水沟根据具体情况可设一道或数道。设置截水沟的作用是拦截来自边坡或山坡上方的地面水、保护边坡不受冲刷。截水沟的横断面尺寸需经流量计算确定（详见《公路排水设计规范》JTG/T D33）。为防止边坡的破坏，截水沟设置的位置和道数是十分重要的，应经过详细水文、地质、地形等调查后确定截水沟的位置。截水沟应采取有效的防渗措施，出水口应引伸到边坡范围以外，出口处设置消能设施，确保边坡的稳定性。

跌水和急流槽主要用于陡坡地段的坡面排水或者用在截、排水沟出水口处的坡面坡度大于 10%、水头高差大于 1m 的地段，达到水流的消能和减缓流速的目的。跌水和急流槽的设计可参考现行行业标准《公路排水设计规范》JTG/T D33 的有关规定执行。

16.3 地下排水

16.3.1 设计前应收集既有的工程地下排水设施、边坡地质和水文地质等有关资料，应查明水文地质参数，作出地下水对边坡影响的评价，为地下排水设计提供可靠的依据。

16.3.2 仰斜式排水孔是排泄挖方边坡上地下水的有效措施，当坡面上有集中地下水时，采用仰斜式排水孔排泄，且成群布置，能取得较好的效果。当坡面上无集中地下水，但土质潮湿、含水量高，如高液限土、红黏土、膨胀土边坡，设置渗沟能有效排泄坡体中地下水，提高土体强度，增强边坡稳定性。在滑坡治理工程中也经常采用支撑渗沟与抗滑支挡结构联合治理滑坡。

16.3.3 渗沟根据使用部位、结构形式，可将渗沟分为填石渗沟、管式渗沟、边坡渗沟、无砂混凝土渗沟。

填石渗沟也称为盲沟，一般适用于地下水流量不大、渗沟不长的地段。填石渗沟较易淤塞。管式渗沟一般适用于地下水流量较大、引水较长的地段。条件允许时，应优先采用管式渗沟。随着我国建筑材料工业的发展，渗沟透水管和反滤层材料也有多种新材料可供选择。

边坡渗沟则主要用于疏干潮湿的土质边坡坡体和引排边坡上局部出露的上层滞水或泉水，坡面采用干砌片石覆盖，以确保边坡干燥、稳定。

用于渗沟的反滤土工布及防渗土工布（又称复合土工膜），设计时应根据水文地质条件、使用部位等可按现行国家标准 GB/T 17638～GB/T 17642 选用。防渗土工布也可采用喷涂热沥青的土工布。

无砂混凝土既可作为反滤层，也可作为渗沟，是近几年在交通行业地下排水设施中应用的新型排水设施，用无砂混凝土作为透水的井壁和沟壁以替代施工较复杂的反滤层和渗水孔设备，并可承受适当的荷载，具有透水性和过滤性好、施工简便、省料等优点，值得推广应用。预制无砂混凝土板块作为反滤层，用在卵砾石、粗中砂含水层中效果良好；如用于细颗粒土地层，应在无砂混凝土板块外侧铺设土工织物作反滤层，用以防止细颗粒土堵塞无砂混凝土块的孔隙。

一般情况下，渗沟每隔 30m 或在平面转弯、纵坡变坡点等处，宜设置检查、疏通井。检查井直径不宜小于 1m，井内应设检查梯，井口应设井盖，当深度大于 20m 时，应增设护栏等安全设备。

填石渗沟最小纵坡不宜小于 1.00%；无砂混凝土渗沟、管式渗沟最小纵坡不宜小于 0.50%。渗沟出口段宜加大纵坡，出口处宜设置栅板或端墙，出水口应高出坡面排水沟槽常水位 200mm 以上。

16.3.4 仰斜式排水孔是采用小直径的排水管在边坡体内排除深层地下水的一种有效方法，它可以快速疏干地下水，提高岩土体抗剪强度，防止边坡失稳，并减少对岩（土）体的开挖，加快工程进度和降低造价，因而在国内外边坡工程中得到广泛的应用。近年来在广东、福建、四川等省取得了良好的应用效果，最长排水孔已达50m。

仰斜式排水孔钻孔直径一般为75mm～150mm，仰角不应小于6°，长度应伸至地下水富集或潜在滑动面。孔内透水管直径一般为50mm～100mm。透水管应外包1层～2层渗水土工布，防止泥土将渗水孔堵塞，管体四周宜用透水土工布作反滤层。

16.4 施 工

本节内容主要参考了现行行业标准《公路路基施工技术规范》JTG F10、《公路排水设计规范》JTG/T D33和《铁路混凝土与砌体工程施工规范》TB 10210等的有关规定，并根据建筑边坡与公路及铁路边坡的不同之处进行了相应的补充完善、修改和删减。

17 工程滑坡防治

17.1 一般规定

17.1.1 本规范根据滑坡的诱发因素、滑体及滑动特征将滑坡分为工程滑坡和自然滑坡（含工程古滑坡）两大类，以此作为滑坡设计及计算的分类依据。对工程滑坡，规范推荐采用与边坡工程类同的设计计算方法及有关参数和安全度；对自然滑坡，则采用本章规定的与传统方法基本一致的方法。

滑坡根据运动方式、成因、稳定程度及规模等因素，还可分为推力式滑坡、牵引式滑坡、活滑坡、死滑坡和大中小型等滑坡。

17.1.2 对于潜在滑坡，其滑动面尚未全面贯通，岩土力学性能要优于滑坡产生后滑动面贯通的情况，因此事先对滑坡采取较简易的预防措施所费人力、物力要比滑坡产生后再设法整治的费用少得多，且可避免滑坡危害，这就是"以防为主，防治结合"的原则。

从某种意义上讲，无水不滑坡。因此治水是改善滑体土的物理力学性质的重要途径，是滑坡治本思想的体现，滑坡的防治一定要采取"坡水两治"的办法才能从根本上解决问题。

17.1.3 当滑坡体上有建（构）筑物，滑坡治理除必需保证滑体的承载能力极限状态功能外，还应避免因支护结构的变形或滑坡体的再压缩变形等造成危及重要建（构）筑物正常使用功能状况发生，并应从设计方案上采取相应处理措施。

17.1.5 本节将滑坡从发生到消亡分成五个阶段，各阶段滑带土的剪应力逐渐变化，抗剪强度从峰值逐渐变化到残余值，滑坡变形特征逐渐加剧，其稳定系数发生变化。通过现场调查，分析滑坡变形特征，可以明确滑坡所处阶段，对于滑带土抗剪强度的取值、滑

坡治理安全系数的取值、滑坡治理措施的选取，都有重要的意义。对于无主滑段、牵引段和抗滑段之分的滑坡，比如滑面为直线型的滑坡，一般发育迅速，其各阶段转化快，难以划分发育阶段，应根据各类滑坡的特性和变形状况区别对待。

17.2 工程滑坡防治

17.2.1 产生滑坡涉及的因素很多，应针对性地选择一种或多种有效措施，制定合理的方案。本条提出的一些治理措施是经过工程检验、得到广大工程技术人员认可的成功经验的总结。

1 排水：滑坡有"无水不滑"的特点，根据滑坡的地形、工程地质、水文地质、暴雨、洪水和防治方案等条件，采取有效的地表排水和地下排水措施，是滑坡治理的首选有力措施之一；

2 支挡：支挡结构是治理滑坡的常用措施，设计时结合滑坡的特性，按表3.1.4优化选择；

3 减载：刷方减载应在滑坡的主滑段实施，并应采取措施防止地面水浸入坡体内。严禁在滑坡的抗滑段减载和减载诱发次生地质灾害；

4 反压：当反压土体抗剪强度低或反压土体厚度受控制时，可以采用加筋土反压提高反压效果；应加强反压区地下水引排，严禁因反压堵塞地下水排泄通道，严禁在工程地质条件不明确或稳定性差的区域回填反压，应确保反压区地基的稳定性；

5 改良滑带：对滑带注浆条件和注浆效果较好的滑坡，可采用注浆法改善滑坡带的力学特性，注浆法宜与其他抗滑措施联合使用，改良范围应以因改良滑带后可能出现的新的滑移面最小稳定系数满足安全要求为准。严禁因注浆堵塞地下水排泄通道。

17.2.2 滑坡支挡设计是一种结构设计，应遵循的规定很多，本条仅对作用于支挡结构上的外力计算作了一些规定。

滑坡推力分布图形受滑体岩土性状、滑坡类型、支护结构刚度等因素影响较大，规范难以给出各类滑坡的分布图形。从工程实测统计分析来看有以下特点，当滑体为较完整的块石、碎石类土时呈三角形分布，当滑体为黏土时呈矩形分布，当为介于两者间的滑体时呈梯形分布。设计者应根据工程情况和地区经验等因素，确定较合理的分布图形。

17.2.3 本条说明见第5章相关规定。

17.3 施 工

17.3.1 滑坡是一种复杂的地质现象，由于种种原因人们对它的认识有局限性、时效性。因此根据施工现场的反馈信息采用动态设计和信息法施工是非常必要的；条文中提出的几点要求，也是工程经验教训的总结。

18 边坡工程施工

18.1 一般规定

18.1.1 地质环境条件复杂、稳定性差的边坡工程，其安全施工是建筑边坡工程成功的重要环节，也是边坡工程事故的多发阶段。施工方案应结合边坡的具体工程条件及设计基本原则，采取合理可行、行之有效的综合措施，在确保工程施工安全、质量可靠的前提下加快施工进度。

18.1.2 对土石方开挖后不稳定的边坡无序大开挖、大爆破造成事故的工程实例太多。采用"自上而下、分阶施工、跳槽开挖、及时支护"的逆作法或半逆作法施工是边坡施工成功经验的总结，应根据边坡的稳定条件选择安全的开挖施工方案。

18.2 施工组织设计

18.2.1 边坡工程施工组织设计是贯彻实施设计意图、执行规范、规程，确保工程进度、工期、工程质量，指导施工活动的主要技术文件，施工单位应认真编制，严格审查，实行多方会审制度。

18.3 信息法施工

18.3.1、18.3.2 信息法施工是将动态设计、施工、监测及信息反馈融为一体的现代化施工法。信息法施工是动态设计法的延伸，也是动态设计法的需要，是一种客观、求实的施工工作方法。地质情况复杂、稳定性差的边坡工程，施工期的稳定安全控制更为重要和困难。建立监测网和信息反馈可达到控制施工安全、完善设计，是边坡工程经验总结和发展起来的先进施工方法，应当给予大力推广。

信息法施工的基本原则应贯穿于施工组织设计和现场施工的全过程，使监控网、信息反馈系统与动态设计和施工活动有机结合在一起，不断将现场水文地质变化情况反馈到设计和施工单位，以调整设计与施工参数，指导设计与施工。

信息法施工可根据其特殊情况或设计要求，将监控网的监测范围延伸至相邻建（构）筑物或周边环境，及时反馈信息，以便对边坡工程的整体或局部稳定作出准确判断，必要时采取应急措施，保障施工质量和顺利施工。

18.4 爆破施工

18.4.1 边坡工程施工中常因爆破施工控制不当对边坡及邻近建（构）筑物产生震害，因此本条作为强制性条文必须严格执行，规定爆破施工时应采取严密的爆破施工方案及控制爆破等有效措施，爆破方案应经设计、监理和相关单位审查后执行，并应采取避免产生震害的工程措施。

18.4.3 周边建筑物密集或建（构）筑物对爆破震动敏感时，爆破前应对周边建（构）筑物原有变形、损伤、裂缝及安全状况等情况采用拍照、录像等方法作好详细勘查记录，有条件时应请有鉴定资质的单位作好事前鉴定，避免不必要的工程或法律纠纷，并设置相应的震动监测点和变形观测点加强震动和建（构）筑物变形的监测。

19 边坡工程监测、质量检验及验收

19.1 监　测

19.1.1 坡顶有重要建（构）筑物的一级边坡工程风险较高，破坏后果严重，因此规定坡顶有重要建（构）筑物的一级边坡工程施工时应进行监测，并明确了必须监测的项目，其他监测项目应根据建筑边坡工程施工的技术特点、难点和边坡环境，由设计单位确定。监测工作可为评估边坡工程安全状态、预防灾害的发生、避免产生不良社会影响以及为动态设计和信息法施工提供实测数据，故本条作为强制性条文应严格执行。

19.1.2 该条给出了边坡工程监测工作的组织和实施方法。为确保边坡工程监测工作顺利、有效和可靠地进行，应编制边坡工程监测方案，本条给出了边坡工程监测方案编制的基本要求。

19.1.3 边坡工程监测项目的确定可根据其地质环境、安全等级、边坡类型、支护结构类型和变形控制等条件，经综合分析后确定，当无相关地区经验时可按表19.1.3确定监测项目。

19.1.4 为做好边坡工程监测工作，本条给出了边坡工程监测工作的最低要求。

19.1.5 本条给出了地表位移监测的方法和监测精度的基本要求；无论采用何种检测手段，确保监测数据的有效性和可靠性是选择监测方法的前提条件。

19.1.6 本条明确规定应采取有效措施监测地表裂缝、位错的出现和变化，同时监测设备应满足监测精度要求。

19.1.7 边坡工程及支护结构变形值的大小与边坡高度、地质条件、水文条件、支护类型、坡顶荷载等多种因素有关，变形计算复杂且不成熟，国家现行有关标准均未提出较成熟的计算理论。因此，目前较准确地提出边坡工程变形预警值也是困难的，特别是对岩体或岩土体边坡工程变形控制标准更难提出统一的判定标准，工程实践中只能根据地区经验，采取工程类比的方法确定。本条给出了边坡工程施工过程中及监测期间应报警和采取相应的应急措施的几种情况，报警值的确定考虑了边坡类型、安全等级及被保护对象对变形的敏感程度等因素，变形控制比单纯的地基不均匀沉降要严。

19.1.8 对地质条件特别复杂的、采用新技术治理的一级边坡工程，由于缺少相关的实践经验和试验验证，为确保边坡工程安全和发展边坡工程监测理论及技术应建立有效的、可靠的监测系统获取该类边坡工程长期监测数据。

19.1.9 本条给出了边坡工程监测报告应涵盖的基本内容。

19.2 质量检验

19.2.1 本条给出了边坡支护结构的原材料质量检验的基本内容。

19.2.2 本条给出了锚杆质量的检验方法。

19.2.3 为确保灌注桩桩身质量符合规定的质量要求，应进行相应的检测工作，应根据工程实际情况采取有效、可靠的检验方法，真实反映灌注桩桩身质量；特别强调在特定条件下应采用声波透射法检验桩身完整性，对灌注桩桩身质量存在疑问时，可采用钻芯法进行复检。

19.2.4～19.2.6 给出了混凝土支护结构现场复检、喷射混凝土护壁厚度和强度的检验方法；从对已有边坡工程检测报告的调查发现，检测报告形式繁多，表达内容、方式各不相同，报告水平参差不齐现象十分严重，为此统一规定了边坡工程检测报告的基本要求。

19.3 验 收

19.3.1 本条规定了边坡工程验收前应获取的基本资料。

19.3.2 边坡工程属构筑物，工程验收应符合现行国家标准《建筑工程施工质量验收统一标准》GB 50300的有关规定。

中华人民共和国行业标准

建筑地基处理技术规范

Technical code for ground treatment of buildings

JGJ 79—2012

批准部门：中华人民共和国住房和城乡建设部
施行日期：２０１３ 年 ６ 月 １ 日

中华人民共和国住房和城乡建设部

公　告

第 1448 号

住房城乡建设部关于发布行业标准
《建筑地基处理技术规范》的公告

现批准《建筑地基处理技术规范》为行业标准，编号为 JGJ 79 - 2012，自 2013 年 6 月 1 日起实施。其中，第 3.0.5、4.4.2、5.4.2、6.2.5、6.3.2、6.3.10、6.3.13、7.1.2、7.1.3、7.3.2、7.3.6、8.4.4、10.2.7 条为强制性条文，必须严格执行。原行业标准《建筑地基处理技术规范》JGJ 79 - 2002 同时废止。

本规范由我部标准定额研究所组织中国建筑工业出版社出版发行。

中华人民共和国住房和城乡建设部
2012 年 8 月 23 日

前　　言

根据住房和城乡建设部《关于印发〈2009 年工程建设标准规范制订、修订计划〉的通知》（建标〔2009〕88 号）的要求，规范编制组经广泛调查研究，认真总结实践经验，参考有关国际标准和国外先进标准，与国内相关规范协调，并在广泛征求意见的基础上，修订了《建筑地基处理技术规范》JGJ 79 - 2002。

本规范主要技术内容是：1. 总则；2. 术语和符号；3. 基本规定；4. 换填垫层；5. 预压地基；6. 压实地基和夯实地基；7. 复合地基；8. 注浆加固；9. 微型桩加固；10. 检验与监测。

本规范修订的主要技术内容是：1. 增加处理后的地基应满足建筑物承载力、变形和稳定性要求的规定；2. 增加采用多种地基处理方法综合使用的地基处理工程验收检验的综合安全系数的检验要求；3. 增加地基处理采用的材料，应根据场地环境类别符合耐久性设计的要求；4. 增加处理后的地基整体稳定分析方法；5. 增加加筋垫层设计验算方法；6. 增加真空和堆载联合预压处理的设计、施工要求；7. 增加高夯击能的设计参数；8. 增加复合地基承载力考虑基础深度修正的有粘结强度增强体桩身强度验算方法；9. 增加多桩型复合地基设计施工要求；10. 增加注浆加固；11. 增加微型桩加固；12. 增加检验与监测；13. 增加复合地基增强体单桩静载荷试验要点；14. 增加处理后地基静载荷试验要点。

本规范中以黑体字标志的条文为强制性条文，必须严格执行。

本规范由住房和城乡建设部负责管理和对强制性条文的解释，由中国建筑科学研究院负责具体技术内容的解释。执行过程中如有意见或建议，请寄送中国建筑科学研究院（地址：北京市北三环东路 30 号 邮政编码：100013）。

本 规 范 主 编 单 位：中国建筑科学研究院
本 规 范 参 编 单 位：机械工业勘察设计研究院
　　　　　　　　　　　湖北省建筑科学研究设计院
　　　　　　　　　　　福建省建筑科学研究院
　　　　　　　　　　　现代建筑设计集团上海申元岩土工程有限公司
　　　　　　　　　　　中化岩土工程股份有限公司
　　　　　　　　　　　中国航空规划建设发展有限公司
　　　　　　　　　　　天津大学
　　　　　　　　　　　同济大学
　　　　　　　　　　　太原理工大学
　　　　　　　　　　　郑州大学综合设计研究院
本规范主要起草人员：滕延京　张永钧　闫明礼
　　　　　　　　　　　张　峰　张东刚　袁内镇
　　　　　　　　　　　侯伟生　叶观宝　白晓红
　　　　　　　　　　　郑　刚　王亚凌　水伟厚
　　　　　　　　　　　郑建国　周同和　杨俊峰
本规范主要审查人员：顾国荣　周国钧　顾晓鲁
　　　　　　　　　　　徐张建　张丙吉　康景文
　　　　　　　　　　　梅全亭　滕文川　肖自强
　　　　　　　　　　　潘凯云　黄　新

目　　次

Contents

1 总　　则

1.0.1 为了在地基处理的设计和施工中贯彻执行国家的技术经济政策，做到安全适用、技术先进、经济合理、确保质量、保护环境，制定本规范。

1.0.2 本规范适用于建筑工程地基处理的设计、施工和质量检验。

1.0.3 地基处理除应满足工程设计要求外，尚应做到因地制宜、就地取材、保护环境和节约资源等。

1.0.4 建筑工程地基处理除应符合本规范外，尚应符合国家现行有关标准的规定。

2　术语和符号

2.1　术　　语

2.1.1 地基处理　ground treatment，ground improvement

提高地基承载力，改善其变形性能或渗透性能而采取的技术措施。

2.1.2 复合地基　composite ground，composite foundation

部分土体被增强或被置换，形成由地基土和竖向增强体共同承担荷载的人工地基。

2.1.3 地基承载力特征值　characteristic value of subsoil bearing capacity

由载荷试验测定的地基土压力变形曲线线性变形段内规定的变形所对应的压力值，其最大值为比例界限值。

2.1.4 换填垫层　replacement layer of compacted fill

挖除基础底面下一定范围内的软弱土层或不均匀土层，回填其他性能稳定、无侵蚀性、强度较高的材料，并夯压密实形成的垫层。

2.1.5 加筋垫层　replacement layer of tensile reinforcement

在垫层材料内铺设单层或多层水平向加筋材料形成的垫层。

2.1.6 预压地基　preloaded ground，preloaded foundation

在地基上进行堆载预压或真空预压，或联合使用堆载和真空预压，形成固结压密后的地基。

2.1.7 堆载预压　preloading with surcharge of fill

地基上堆加荷载使地基土固结压密的地基处理方法。

2.1.8 真空预压　vacuum preloading

通过对覆盖于竖井地基表面的封闭薄膜内抽真空排水使地基土固结压密的地基处理方法。

2.1.9 压实地基　compacted ground，compacted fill

利用平碾、振动碾、冲击碾或其他碾压设备将填土分层密实处理的地基。

2.1.10 夯实地基　rammed ground，rammed earth

反复将夯锤提到高处使其自由落下，给地基以冲击和振动能量，将地基土密实处理或置换形成密实墩体的地基。

2.1.11 砂石桩复合地基　composite foundation with sand-gravel columns

将碎石、砂或砂石混合料挤压入已成的孔中，形成密实砂石竖向增强体的复合地基。

2.1.12 水泥粉煤灰碎石桩复合地基　composite foundation with cement-fly ash-gravel piles

由水泥、粉煤灰、碎石等混合料加水拌合在土中灌注形成竖向增强体的复合地基。

2.1.13 夯实水泥土桩复合地基　composite foundation with rammed soil-cement columns

将水泥和土按设计比例拌合均匀，在孔内分层夯实形成竖向增强体的复合地基。

2.1.14 水泥土搅拌桩复合地基　composite foundation with cement deep mixed columns

以水泥作为固化剂的主要材料，通过深层搅拌机械，将固化剂和地基土强制搅拌形成竖向增强体的复合地基。

2.1.15 旋喷桩复合地基　composite foundation with jet grouting

通过钻杆的旋转、提升，高压水泥浆由水平方向的喷嘴喷出，形成喷射流，以此切割土体并与土拌合形成水泥土竖向增强体的复合地基。

2.1.16 灰土桩复合地基　composite foundation with compacted soil-lime columns

用灰土填入孔内分层夯实形成竖向增强体的复合地基。

2.1.17 柱锤冲扩桩复合地基　composite foundation with impact displacement columns

用柱锤冲击方法成孔并分层夯扩填料形成竖向增强体的复合地基。

2.1.18 多桩型复合地基　composite foundation with multiple reinforcement of different materials or lengths

采用两种及两种以上不同材料增强体，或采用同一材料、不同长度增强体加固形成的复合地基。

2.1.19 注浆加固　ground improvement by permeation and high hydrofracture grouting

将水泥浆或其他化学浆液注入地基土层中，增强土颗粒间的联结，使土体强度提高、变形减少、渗透性降低的地基处理方法。

2.1.20 微型桩　micropile

用桩工机械或其他小型设备在土中形成直径不大于300mm的树根桩、预制混凝土桩或钢管桩。

2.2 符　号

2.2.1 作用和作用效应

E——强夯或强夯置换夯击能；

p_c——基础底面处土的自重压力值；

p_{cz}——垫层底面处土的自重压力值；

p_k——相应于作用的标准组合时，基础底面处的平均压力值；

p_z——相应于作用的标准组合时，垫层底面处的附加压力值。

2.2.2 抗力和材料性能

D_r——砂土相对密实度；

D_{r1}——地基挤密后要求砂土达到的相对密实度；

d_s——土粒相对密度（比重）；

e——孔隙比；

e_0——地基处理前的孔隙比；

e_1——地基挤密后要求达到的孔隙比；

e_{max}、e_{min}——砂土的最大、最小孔隙比；

f_{ak}——天然地基承载力特征值；

f_{az}——垫层底面处经深度修正后的地基承载力特征值；

f_{cu}——桩体试块（边长 150mm 立方体）标准养护 28d 的立方体抗压强度平均值，对水泥土可取桩体试块（边长 70.7mm 立方体）标准养护 90d 的立方体抗压强度平均值；

f_{sk}——处理后桩间土的承载力特征值；

f_{spa}——深度修正后的复合地基承载力特征值；

f_{spk}——复合地基的承载力特征值；

k_h——天然土层水平向渗透系数；

k_s——涂抹区的水平向渗透系数；

q_p——桩端端阻力特征值；

q_s——桩周土的侧阻力特征值；

q_w——竖井纵向通水量，为单位水力梯度下单位时间的排水量；

R_a——单桩竖向承载力特征值；

T_a——土工合成材料在允许延伸率下的抗拉强度；

T_p——相应于作用的标准组合时单位宽度土工合成材料的最大拉力；

U——固结度；

$\overline{U}_t$——t 时间地基的平均固结度；

w_{op}——最优含水量；

α_p——桩端端阻力发挥系数；

β——桩间土承载力发挥系数；

θ——压力扩散角；

λ——单桩承载力发挥系数；

λ_c——压实系数；

ρ_d——干密度；

ρ_{dmax}——最大干密度；

ρ_c——黏粒含量；

ρ_w——水的密度；

τ_{ft}——t 时刻，该点土的抗剪强度；

τ_{f0}——地基土的天然抗剪强度；

$\Delta\sigma_z$——预压荷载引起的该点的附加竖向应力；

φ_{cu}——三轴固结不排水压缩试验求得的土的内摩擦角；

$\overline{\eta}_c$——桩间土经成孔挤密后的平均挤密系数。

2.2.3 几何参数

A——基础底面积；

A_e——一根桩承担的处理地基面积；

A_p——桩的截面积；

b——基础底面宽度、塑料排水带宽度；

d——桩的直径；

d_e——一根桩分担的处理地基面积的等效圆直径、竖井的有效排水直径；

d_p——塑料排水带当量换算直径；

l——基础底面长度；

l_p——桩长；

m——面积置换率；

s——桩间距；

z——基础底面下换填垫层的厚度；

δ——塑料排水带厚度。

3 基 本 规 定

3.0.1 在选择地基处理方案前，应完成下列工作：

1 搜集详细的岩土工程勘察资料、上部结构及基础设计资料等；

2 结合工程情况，了解当地地基处理经验和施工条件，对于有特殊要求的工程，尚应了解其他地区相似场地上同类工程的地基处理经验和使用情况等；

3 根据工程的要求和采用天然地基存在的主要问题，确定地基处理的目的和处理后要求达到的各项技术经济指标等；

4 调查邻近建筑、地下工程、周边道路及有关管线等情况；

5 了解施工场地的周边环境情况。

3.0.2 在选择地基处理方案时，应考虑上部结构、基础和地基的共同作用，进行多种方案的技术经济比较，选用地基处理或加强上部结构与地基处理相结合的方案。

3.0.3 地基处理方法的确定宜按下列步骤进行：

1 根据结构类型、荷载大小及使用要求，结合地形地貌、地层结构、土质条件、地下水特征、环境情况和对邻近建筑的影响等因素进行综合分析，初步选出几种可供考虑的地基处理方案，包括选择两种或多种地基处理措施组成的综合处理方案；

2 对初步选出的各种地基处理方案，分别从加固原理、适用范围、预期处理效果、耗用材料、施工机械、工期要求和对环境的影响等方面进行技术经济分析和对比，选择最佳的地基处理方法；

3 对已选定的地基处理方法，应按建筑物地基基础设计等级和场地复杂程度以及该种地基处理方法在本地区使用的成熟程度，在场地有代表性的区域进行相应的现场试验或试验性施工，并进行必要的测试，以检验设计参数和处理效果。如达不到设计要求时，应查明原因，修改设计参数或调整地基处理方案。

3.0.4 经处理后的地基，当按地基承载力确定基础底面积及埋深而需要对本规范确定的地基承载力特征值进行修正时，应符合下列规定：

1 大面积压实填土地基，基础宽度的地基承载力修正系数取零；基础埋深的地基承载力修正系数，对于压实系数大于 0.95、黏粒含量 $\rho_c \geqslant 10\%$ 的粉土，可取 1.5，对于干密度大于 2.1t/m³ 的级配砂石可取 2.0；

2 其他处理地基，基础宽度的地基承载力修正系数应取零，基础埋深的地基承载力修正系数应取 1.0。

3.0.5 处理后的地基应满足建筑物地基承载力、变形和稳定性要求，地基处理的设计尚应符合下列规定：

1 经处理后的地基，当在受力层范围内仍存在软弱下卧层时，应进行软弱下卧层地基承载力验算；

2 按地基变形设计或应作变形验算且需进行地基处理的建筑物或构筑物，应对处理后的地基进行变形验算；

3 对建造在处理后的地基上受较大水平荷载或位于斜坡上的建筑物及构筑物，应进行地基稳定性验算。

3.0.6 处理后地基的承载力验算，应同时满足轴心荷载作用和偏心荷载作用的要求。

3.0.7 处理后地基的整体稳定分析可采用圆弧滑动法，其稳定安全系数不应小于 1.30。散体加固材料的抗剪强度指标，可按加固体材料的密实度通过试验确定；胶结材料的抗剪强度指标，可按桩体断裂后滑动面材料的摩擦性能确定。

3.0.8 刚度差异较大的整体大面积基础的地基处理，宜考虑上部结构、基础和地基共同作用进行地基承载力和变形验算。

3.0.9 处理后的地基应进行地基承载力和变形评价、处理范围和有效加固深度内地基均匀性评价，以及复合地基增强体的成桩质量和承载力评价。

3.0.10 采用多种地基处理方法综合使用的地基处理工程验收检验时，应采用大尺寸承压板进行载荷试验，其安全系数不应小于 2.0。

3.0.11 地基处理所采用的材料，应根据场地类别符合有关标准对耐久性设计与使用的要求。

3.0.12 地基处理施工中应有专人负责质量控制和监测，并做好施工记录；当出现异常情况时，必须及时会同有关部门妥善解决。施工结束后应按国家有关规定进行工程质量检验和验收。

4 换填垫层

4.1 一般规定

4.1.1 换填垫层适用于浅层软弱土层或不均匀土层的地基处理。

4.1.2 应根据建筑体型、结构特点、荷载性质、场地土质条件、施工机械设备及填料性质和来源等综合分析后，进行换填垫层的设计，并选择施工方法。

4.1.3 对于工程量较大的换填垫层，应按所选用的施工机械、换填材料及场地的土质条件进行现场试验，确定换填垫层压实效果和施工质量控制标准。

4.1.4 换填垫层的厚度应根据置换软弱土的深度以及下卧土层的承载力确定，厚度宜为 0.5m～3.0m。

4.2 设　计

4.2.1 垫层材料的选用应符合下列要求：

1 砂石。宜选用碎石、卵石、角砾、圆砾、砾砂、粗砂、中砂或石屑，并应级配良好，不含植物残体、垃圾等杂质。当使用粉细砂或石粉时，应掺入不少于总重量 30% 的碎石或卵石。砂石的最大粒径不宜大于 50mm。对湿陷性黄土或膨胀土地基，不得选用砂石等透水性材料。

2 粉质黏土。土料中有机质含量不得超过 5%，且不得含有冻土或膨胀土。当含有碎石时，其最大粒径不宜大于 50mm。用于湿陷性黄土或膨胀土地基的粉质黏土垫层，土料中不得夹有砖、瓦或石块等。

3 灰土。体积配合比宜为 2∶8 或 3∶7。石灰宜选用新鲜的消石灰，其最大粒径不得大于 5mm。土料宜选用粉质黏土，不宜使用块状黏土，且不得含有松软杂质，土料应过筛且最大粒径不得大于 15mm。

4 粉煤灰。选用的粉煤灰应满足相关标准对腐蚀性和放射性的要求。粉煤灰垫层上宜覆土 0.3m～0.5m。粉煤灰垫层中采用掺加剂时，应通过试验确定其性能及适用条件。粉煤灰垫层中的金属构件、管网应采取防腐措施。大量填筑粉煤灰时，应经场地地下水和土壤环境的不良影响评价合格后，方可使用。

5 矿渣。宜选用分级矿渣、混合矿渣及原状矿渣等高炉重矿渣。矿渣的松散重度不应小于 11kN/m³，有机质及含泥总量不得超过 5%。垫层设计、施工前应对所选用的矿渣进行试验，确认性能稳定并满足腐蚀性和放射性安全的要求。对易受酸、碱影响的基础或地下管网不得采用矿渣垫层。大量填筑矿渣时，应经场地地下水和土壤环境的不良影响评价合格后，方可使用。

6 其他工业废渣。在有充分依据或成功经验时，可采用质地坚硬、性能稳定、透水性强、无腐蚀性和无放射性危害的其他工业废渣材料，但应经过现场试验证明其经济技术效果良好且施工措施完善后方可使用。

7 土工合成材料加筋垫层所选用土工合成材料的品种与性能及填料，应根据工程特性和地基土质条件，按照现行国家标准《土工合成材料应用技术规范》GB 50290 的要求，通过设计计算并进行现场试验后确定。土工合成材料应采用抗拉强度较高、耐久性好、抗腐蚀的土工带、土工格栅、土工格室、土工垫或土工织物等土工合成材料。垫层填料宜用碎石、角砾、砾砂、粗砂、中砂等材料，且不宜含氯化钙、碳酸钠、硫化物等化学物质。当工程要求垫层具有排水功能时，垫层材料应具有良好的透水性。在软土地基上使用加筋垫层时，应保证建筑物稳定并满足允许变形的要求。

4.2.2 垫层厚度的确定应符合下列规定：

1 应根据需置换软弱土（层）的深度或下卧土层的承载力确定，并应符合下式要求：

$$p_z + p_{cz} \leqslant f_{az} \qquad (4.2.2\text{-}1)$$

式中：p_z——相应于作用的标准组合时，垫层底面处的附加压力值（kPa）；
　　　p_{cz}——垫层底面处土的自重压力值（kPa）；
　　　f_{az}——垫层底面处经深度修正后的地基承载力特征值（kPa）。

2 垫层底面处的附加压力值 p_z 可分别按式 (4.2.2-2) 和式 (4.2.2-3) 计算：

1）条形基础

$$p_z = \frac{b(p_k - p_c)}{b + 2z\tan\theta} \qquad (4.2.2\text{-}2)$$

2）矩形基础

$$p_z = \frac{bl(p_k - p_c)}{(b + 2z\tan\theta)(l + 2z\tan\theta)} \qquad (4.2.2\text{-}3)$$

式中：b——矩形基础或条形基础底面的宽度（m）；
　　　l——矩形基础底面的长度（m）；
　　　p_k——相应于作用的标准组合时，基础底面处的平均压力值（kPa）；
　　　p_c——基础底面处土的自重压力值（kPa）；
　　　z——基础底面下垫层的厚度（m）；
　　　θ——垫层（材料）的压力扩散角（°），宜通过试验确定。无试验资料时，可按表4.2.2采用。

表 4.2.2　土和砂石材料压力扩散角 θ (°)

换填材料　　　　z/b	中砂、粗砂、砾砂、圆砾、角砾、石屑、卵石、碎石、矿渣	粉质黏土、粉煤灰	灰土
0.25	20	6	28
≥0.50	30	23	

注：1 当 $z/b < 0.25$ 时，除灰土取 $\theta = 28°$ 外，其他材料均取 $\theta = 0°$，必要时宜由试验确定；
　　2 当 $0.25 < z/b < 0.5$ 时，θ 值可以内插；
　　3 土工合成材料加筋垫层其压力扩散角宜由现场静载荷试验确定。

4.2.3 垫层底面的宽度应符合下列规定：

1 垫层底面宽度应满足基础底面应力扩散的要求，可按下式确定：

$$b' \geqslant b + 2z\tan\theta \qquad (4.2.3)$$

式中：b'——垫层底面宽度（m）；
　　　θ——压力扩散角，按本规范表 4.2.2 取值；当 $z/b < 0.25$ 时，按表 4.2.2 中 $z/b = 0.25$ 取值。

2 垫层顶面每边超出基础底边缘不应小于300mm，且从垫层底面两侧向上，按当地基坑开挖的经验及要求放坡。

3 整片垫层底面的宽度可根据施工的要求适当加宽。

4.2.4 垫层的压实标准可按表 4.2.4 选用。矿渣垫层的压实系数可根据满足承载力设计要求的试验结果，按最后两遍压实的压陷差确定。

表 4.2.4　各种垫层的压实标准

施工方法	换填材料类别	压实系数 λ_c
碾压振密或夯实	碎石、卵石	≥0.97
	砂夹石（其中碎石、卵石占全重的 30%～50%）	
	土夹石（其中碎石、卵石占全重的 30%～50%）	
	中砂、粗砂、砾砂、角砾、圆砾、石屑	
	粉质黏土	≥0.97
	灰土	≥0.95
	粉煤灰	≥0.95

注：1 压实系数 λ_c 为土的控制干密度 ρ_d 与最大干密度 ρ_{dmax} 的比值；土的最大干密度宜采用击实试验确定；碎石或卵石的最大干密度可取 $2.1t/m^3 \sim 2.2t/m^3$。
　　2 表中压实系数 λ_c 系使用轻型击实试验测定土的最大干密度 ρ_{dmax} 时给出的压实控制标准，采用重型击实试验时，对粉质黏土、灰土、粉煤灰及其他材料压实标准应为压实系数 $\lambda_c \geqslant 0.94$。

4.2.5 换填垫层的承载力宜通过现场静载荷试验确定。

4.2.6 对于垫层下存在软弱下卧层的建筑，在进行地基变形计算时应考虑邻近建筑物基础荷载对软弱下卧层顶面应力叠加的影响。当超出原地面标高的垫层或换填材料的重度高于天然土层重度时，宜及时换填，并应考虑其附加荷载的不利影响。

4.2.7 垫层地基的变形由垫层自身变形和下卧层变形组成。换填垫层在满足本规范第 4.2.2 条～4.2.4 条的条件下，垫层地基的变形可仅考虑其下卧层的变形。对地基沉降有严格限制的建筑，应计算垫层自身的变形。垫层下卧层的变形量可按现行国家标准《建筑地基基础设计规范》GB 50007 的规定进行计算。

4.2.8 加筋土垫层所选用的土工合成材料尚应进行材料强度验算：

$$T_p \leqslant T_a \qquad (4.2.8)$$

式中：T_a——土工合成材料在允许延伸率下的抗拉强度（kN/m）；

T_p——相应于作用的标准组合时，单位宽度的土工合成材料的最大拉力（kN/m）。

4.2.9 加筋土垫层的加筋体设置应符合下列规定：

1 一层加筋时，可设置在垫层的中部；

2 多层加筋时，首层筋材距垫层顶面的距离宜取 30%垫层厚度，筋材层间距宜取 30%～50%的垫层厚度，且不应小于 200mm；

3 加筋线密度宜为 0.15～0.35。无经验时，单层加筋宜取高值，多层加筋宜取低值。垫层的边缘应有足够的锚固长度。

4.3 施 工

4.3.1 垫层施工应根据不同的换填材料选择施工机械。粉质黏土、灰土垫层宜采用平碾、振动碾或羊足碾，以及蛙式夯、柴油夯。砂石垫层等宜用振动碾。粉煤灰垫层宜采用平碾、振动碾、平板振动器、蛙式夯。矿渣垫层宜采用平板振动器或平碾，也可采用振动碾。

4.3.2 垫层的施工方法、分层铺填厚度、每层压实遍数宜通过现场试验确定。除接触下卧软土层的垫层底部应根据施工机械设备及下卧层土质条件确定厚度外，其他垫层的分层铺填厚度宜为 200mm～300mm。为保证分层压实质量，应控制机械碾压速度。

4.3.3 粉质黏土和灰土垫层土料的施工含水量宜控制在 $w_{op}\pm2\%$ 的范围内，粉煤灰垫层的施工含水量宜控制在 $w_{op}\pm4\%$ 的范围内。最优含水量 w_{op} 可通过击实试验确定，也可按当地经验选取。

4.3.4 当垫层底部存在古井、古墓、洞穴、旧基础、暗塘时，应根据建筑物对不均匀沉降的控制要求予以处理，并经检验合格后，方可铺填垫层。

4.3.5 基坑开挖时应避免坑底土层受扰动，可保留

180mm～220mm 厚的土层暂不挖去，待铺填垫层前再由人工挖至设计标高。严禁扰动垫层下的软弱土层，应防止软弱垫层被践踏、受冻或受水浸泡。在碎石或卵石垫层底部宜设置厚度为 150mm～300mm 的砂垫层或铺一层土工织物，并应防止基坑边坡塌土混入垫层中。

4.3.6 换填垫层施工时，应采取基坑排水措施。除砂垫层宜采用水撼法施工外，其余垫层施工均不得在浸水条件下进行。工程需要时应采取降低地下水位的措施。

4.3.7 垫层底面宜设在同一标高上，如深度不同，坑底土层应挖成阶梯或斜坡搭接，并按先深后浅的顺序进行垫层施工，搭接处应夯压密实。

4.3.8 粉质黏土、灰土垫层及粉煤灰垫层施工，应符合下列规定：

1 粉质黏土及灰土垫层分段施工时，不得在柱基、墙角及承重窗间墙下接缝；

2 垫层上下两层的缝距不得小于 500mm，且接缝处应夯压密实；

3 灰土拌合均匀后，应当日铺填夯压；灰土夯压密实后，3d 内不得受水浸泡；

4 粉煤灰垫层铺填后，宜当日压实，每层验收后应及时铺填上层或封层，并应禁止车辆碾压通行；

5 垫层施工竣工验收合格后，应及时进行基础施工与基坑回填。

4.3.9 土工合成材料施工，应符合下列要求：

1 下铺地基土层顶面应平整；

2 土工合成材料铺设顺序应先纵向后横向，且应把土工合成材料张拉平整、绷紧，严禁有皱折；

3 土工合成材料的连接宜采用搭接法、缝接法或胶接法，接缝强度不应低于原材料抗拉强度，端部应采用有效方法固定，防止筋材拉出；

4 应避免土工合成材料暴晒或裸露，阳光暴晒时间不应大于 8h。

4.4 质量检验

4.4.1 对粉质黏土、灰土、砂石、粉煤灰垫层的施工质量可选用环刀取样、静力触探、轻型动力触探或标准贯入试验等方法进行检验；对碎石、矿渣垫层的施工质量可采用重型动力触探试验等进行检验。压实系数可采用灌砂法、灌水法或其他方法进行检验。

4.4.2 换填垫层的施工质量检验应分层进行，并应在每层的压实系数符合设计要求后铺填上层。

4.4.3 采用环刀法检验垫层的施工质量时，取样点应选择位于每层垫层厚度的 2/3 深度处。检验点数量，条形基础下垫层每 10m～20m 不应少于 1 个点，独立柱基、单个基础下垫层不应少于 1 个点，其他基础下垫层每 50m²～100m² 不应少于 1 个点。采用标准贯入试验或动力触探法检验垫层的施工质量时，每

分层平面上检验点的间距不应大于4m。

4.4.4 竣工验收应采用静载荷试验检验垫层承载力，且每个单体工程不宜少于3个点；对于大型工程应按单体工程的数量或工程划分的面积确定检验点数。

4.4.5 加筋垫层中土工合成材料的检验应符合下列要求：

1 土工合成材料质量应符合设计要求，外观无破损、无老化、无污染；

2 土工合成材料应可张拉、无皱折、紧贴下承层，锚固端应锚固牢靠；

3 上下层土工合成材料搭接缝应交替错开，搭接强度应满足设计要求。

5 预压地基

5.1 一般规定

5.1.1 预压地基适用于处理淤泥质土、淤泥、冲填土等饱和黏性土地基。预压地基按处理工艺可分为堆载预压、真空预压、真空和堆载联合预压。

5.1.2 真空预压适用于处理以黏性土为主的软弱地基。当存在粉土、砂土等透水、透气层时，加固区周边应采取确保膜下真空压力满足设计要求的密封措施。对塑性指数大于25且含水量大于85%的淤泥，应通过现场试验确定其适用性。加固土层上覆盖有厚度大于5m以上的回填土或承载力较高的黏性土层时，不宜采用真空预压处理。

5.1.3 预压地基应预先通过勘察查明土层在水平和竖直方向的分布、层理变化，查明透水层的位置、地下水类型及水源补给情况等。并应通过土工试验确定土层的先期固结压力、孔隙比与固结压力的关系、渗透系数、固结系数、三轴试验抗剪强度指标，通过原位十字板试验确定土的抗剪强度。

5.1.4 对重要工程，应在现场选择试验区进行预压试验，在预压过程中应进行地基竖向变形、侧向位移、孔隙水压力、地下水位等项目的监测并进行原位十字板剪切试验和室内土工试验。根据试验区获得的监测资料确定加载速率控制指标，推算土的固结系数、固结度及最终竖向变形等，分析地基处理效果，对原设计进行修正，指导整个场区的设计与施工。

5.1.5 对堆载预压工程，预压荷载应分级施加，并确保每级荷载下地基的稳定性；对真空预压工程，可采用一次连续抽真空至最大压力的加载方式。

5.1.6 对主要以变形控制设计的建筑物，当地基土经预压所完成的变形量和平均固结度满足设计要求时，方可卸载。对以地基承载力或抗滑稳定性控制设计的建筑物，当地基土经预压后其强度满足建筑物地基承载力或稳定性要求时，方可卸载。

5.1.7 当建筑物的荷载超过真空预压的压力，或建筑物对地基变形有严格要求时，可采用真空和堆载联合预压，其总压力宜超过建筑物的竖向荷载。

5.1.8 预压地基加固应考虑预压施工对相邻建筑物、地下管线等产生附加沉降的影响。真空预压地基加固区边线与相邻建筑物、地下管线等的距离不宜小于20m，当距离较近时，应对相邻建筑物、地下管线等采取保护措施。

5.1.9 当受预压时间限制，残余沉降或工程投入使用后的沉降不满足工程要求时，在保证整体稳定条件下可采用超载预压。

5.2 设 计

Ⅰ 堆载预压

5.2.1 对深厚软黏土地基，应设置塑料排水带或砂井等排水竖井。当软土层厚度较小或软土层中含较多薄粉砂夹层，且固结速率能满足工期要求时，可不设置排水竖井。

5.2.2 堆载预压地基处理的设计应包括下列内容：

1 选择塑料排水带或砂井，确定其断面尺寸、间距、排列方式和深度；

2 确定预压区范围、预压荷载大小、荷载分级、加载速率和预压时间；

3 计算堆载荷载作用下地基土的固结度、强度增长、稳定性和变形。

5.2.3 排水竖井分普通砂井、袋装砂井和塑料排水带。普通砂井直径宜为300mm～500mm，袋装砂井直径宜为70mm～120mm。塑料排水带的当量换算直径可按下式计算：

$$d_p = \frac{2(b+\delta)}{\pi} \tag{5.2.3}$$

式中：d_p——塑料排水带当量换算直径（mm）；

b——塑料排水带宽度（mm）；

δ——塑料排水带厚度（mm）。

5.2.4 排水竖井可采用等边三角形或正方形排列的平面布置，并应符合下列规定：

1 当等边三角形排列时，

$$d_e = 1.05l \tag{5.2.4-1}$$

2 当正方形排列时，

$$d_e = 1.13l \tag{5.2.4-2}$$

式中：d_e——竖井的有效排水直径；

l——竖井的间距。

5.2.5 排水竖井的间距可根据地基土的固结特性和预定时间内所要求达到的固结度确定。设计时，竖井的间距可按井径比 n 选用（$n=d_e/d_w$，d_w 为竖井直径，对塑料排水带可取 $d_w=d_p$）。塑料排水带或袋装砂井的间距可按 $n=15\sim22$ 选用，普通砂井的间距可按 $n=6\sim8$ 选用。

5.2.6 排水竖井的深度应符合下列规定：

1 根据建筑物对地基的稳定性、变形要求和工期确定；

2 对以地基抗滑稳定性控制的工程，竖井深度应大于最危险滑动面以下 2.0m；

3 对以变形控制的建筑工程，竖井深度应根据在限定的预压时间内需完成的变形量确定；竖井宜穿透受压土层。

5.2.7 一级或多级等速加载条件下，当固结时间为 t 时，对应总荷载的地基平均固结度可按下式计算：

$$\overline{U}_t = \sum_{i=1}^{n} \frac{\dot{q}_i}{\Sigma \Delta p} \left[(T_i - T_{i-1}) - \frac{\alpha}{\beta} e^{-\beta t} (e^{\beta T_i} - e^{\beta T_{i-1}}) \right]$$

(5.2.7)

式中：$\overline{U}_t$——t 时间地基的平均固结度；

$\dot{q}_i$——第 i 级荷载的加载速率（kPa/d）；

$\Sigma \Delta p$——各级荷载的累加值（kPa）；

T_{i-1}，T_i——分别为第 i 级荷载加载的起始和终止时间（从零点起算）（d），当计算第 i 级荷载加载过程中某时间 t 的固结度时，T_i 改为 t；

α、β——参数，根据地基土排水固结条件按表 5.2.7 采用。对竖井地基，表中所列 β 为不考虑涂抹和井阻影响的参数值。

表 5.2.7 α 和 β 值

排水固结条件 参数	竖向排水固结 $\overline{U}_z > 30\%$	向内径向排水固结	竖向和向内径向排水固结（竖井穿透受压土层）	说　明
α	$\frac{8}{\pi^2}$	1	$\frac{8}{\pi^2}$	$F_n = \frac{n^2}{n^2-1}\ln(n) - \frac{3n^2-1}{4n^2}$ c_h——土的径向排水固结系数（cm²/s）； c_v——土的竖向排水固结系数（cm²/s）； H——土层竖向排水距离（cm）； $\overline{U}_z$——双面排水土层或固结应力均匀分布的单面排水土层平均固结度
β	$\frac{\pi^2 c_v}{4H^2}$	$\frac{8c_h}{F_n d_e^2}$	$\frac{8c_h}{F_n d_e^2} + \frac{\pi^2 c_v}{4H^2}$	

5.2.8 当排水竖井采用挤土方式施工时，应考虑涂抹对土体固结的影响。当竖井的纵向通水量 q_w 与天然土层水平向渗透系数 k_h 的比值较小，且长度较长时，尚应考虑井阻影响。瞬时加载条件下，考虑涂抹和井阻影响时，竖井地基径向排水平均固结度可按下列公式计算：

$$\overline{U}_r = 1 - e^{\frac{8c_h}{Fd_e^2}t}$$

(5.2.8-1)

$$F = F_n + F_s + F_r$$

(5.2.8-2)

$$F_n = \ln(n) - \frac{3}{4} \quad n \geqslant 15$$

(5.2.8-3)

$$F_s = \left[\frac{k_h}{k_s} - 1 \right] \ln s$$

(5.2.8-4)

$$F_r = \frac{\pi^2 L^2}{4} \frac{k_h}{q_w}$$

(5.2.8-5)

式中：$\overline{U}_r$——固结时间 t 时竖井地基径向排水平均固结度；

k_h——天然土层水平向渗透系数（cm/s）；

k_s——涂抹区土的水平向渗透系数，可取 $k_s = (1/5 \sim 1/3)k_h$（cm/s）；

s——涂抹区直径 d_s 竖井直径 d_w 的比值，可取 $s = 2.0 \sim 3.0$，对中等灵敏黏性土取低值，对高灵敏黏性土取高值；

L——竖井深度（cm）；

q_w——竖井纵向通水量，为单位水力梯度下单位时间的排水量（cm³/s）。

一级或多级等速加荷条件下，考虑涂抹和井阻影响时竖井穿透受压土层地基的平均固结度可按式（5.2.7）计算，其中，$\alpha = \frac{8}{\pi^2}$，$\beta = \frac{8c_h}{Fd_e^2} + \frac{\pi^2 c_v}{4H^2}$。

5.2.9 对排水竖井未穿透受压土层的情况，竖井范围内土层的平均固结度和竖井底面以下受压土层的平均固结度，以及通过预压完成的变形量均应满足设计要求。

5.2.10 预压荷载大小、范围、加载速率应符合下列规定：

1 预压荷载大小应根据设计要求确定；对于沉降有严格限制的建筑，可采用超载预压法处理，超载量大小应根据预压时间内要求完成的变形量通过计算确定，并宜使预压荷载下受压土层各点的有效竖向应力大于建筑物荷载引起的相应点的附加应力；

2 预压荷载顶面的范围应不小于建筑物基础外缘的范围；

3 加载速率应根据地基土的强度确定；当天然地基土的强度满足预压荷载下地基的稳定性要求时，可一次性加载；如不满足应分级逐渐加载，待前期预压荷载下地基土的强度增长满足下一级荷载下地基的稳定性要求时，方可加载。

5.2.11 计算预压荷载下饱和黏性土地基中某点的抗剪强度时，应考虑土体原来的固结状态。对正常固结饱和黏性土地基，某点某一时间的抗剪强度可按下式计算：

$$\tau_{ft} = \tau_{f0} + \Delta \sigma_z \cdot U_t \tan \varphi_{cu}$$

(5.2.11)

式中：τ_{ft}——t 时刻，该点土的抗剪强度（kPa）；

τ_{f0}——地基土的天然抗剪强度（kPa）；

$\Delta \sigma_z$——预压荷载引起的该点的附加竖向应力

（kPa）；

U_t——该点土的固结度；

φ_{cu}——三轴固结不排水压缩试验求得的土的内摩擦角（°）。

5.2.12 预压荷载下地基最终竖向变形量的计算可取附加应力与土自重应力的比值为 0.1 的深度作为压缩层的计算深度，可按式（5.2.12）计算：

$$s_f = \xi \sum_{i=1}^{n} \frac{e_{0i} - e_{1i}}{1 + e_{0i}} h_i \qquad (5.2.12)$$

式中：s_f——最终竖向变形量（m）；

e_{0i}——第 i 层中点土自重应力所对应的孔隙比，由室内固结试验 $e\text{-}p$ 曲线查得；

e_{1i}——第 i 层中点土自重应力与附加应力之和所对应的孔隙比，由室内固结试验 $e\text{-}p$ 曲线查得；

h_i——第 i 层土层厚度（m）；

ξ——经验系数，可按地区经验确定。无经验时对正常固结饱和黏性土地基可取 $\xi=$ 1.1~1.4；荷载较大或地基软弱土层厚度大时应取较大值。

5.2.13 预压处理地基应在地表铺设与排水竖井相连的砂垫层，砂垫层应符合下列规定：

　　1 厚度不应小于 500mm；

　　2 砂垫层砂料宜用中粗砂，黏粒含量不应大于 3%，砂料中可含有少量粒径不大于 50mm 的砾石；砂垫层的干密度应大于 1.5t/m³，渗透系数应大于 1×10⁻² cm/s。

5.2.14 在预压区边缘应设置排水沟，在预压区内宜设置与砂垫层相连的排水盲沟，排水盲沟的间距不宜大于 20m。

5.2.15 砂井的砂料应选用中粗砂，其黏粒含量不应大于 3%。

5.2.16 堆载预压处理地基设计的平均固结度不宜低于 90%，且应在现场监测的变形速率明显变缓时方可卸载。

Ⅱ　真空预压

5.2.17 真空预压处理地基应设置排水竖井，其设计应包括下列内容：

　　1 竖井断面尺寸、间距、排列方式和深度；

　　2 预压区面积和分块大小；

　　3 真空预压施工工艺；

　　4 要求达到的真空度和土层的固结度；

　　5 真空预压和建筑物荷载下地基的变形计算；

　　6 真空预压后的地基承载力增长计算。

5.2.18 排水竖井的间距可按本规范第 5.2.5 条确定。

5.2.19 砂井的砂料应选用中粗砂，其渗透系数应大于 1×10⁻² cm/s。

5.2.20 真空预压竖向排水通道宜穿透软土层，但不应进入下卧透水层。当软土层较厚、且以地基抗滑稳定性控制的工程，竖向排水通道的深度不应小于最危险滑动面下 2.0m。对以变形控制的工程，竖井深度应根据在限定的预压时间内需完成的变形量确定，且宜穿透主要受压土层。

5.2.21 真空预压区边缘应大于建筑物基础轮廓线，每边增加量不得小于 3.0m。

5.2.22 真空预压的膜下真空度应稳定地保持在 86.7kPa（650mmHg）以上，且应均匀分布，排水竖井深度范围内土层的平均固结度应大于 90%。

5.2.23 对于表层存在良好的透气层或在处理范围内有充足水源补给的透水层，应采取有效措施隔断透气层或透水层。

5.2.24 真空预压固结度和地基强度增长的计算可按本规范第 5.2.7 条、第 5.2.8 条和第 5.2.11 条计算。

5.2.25 真空预压地基最终竖向变形可按本规范第 5.2.12 条计算。ξ 可按当地经验取值，无当地经验时，ξ 可取 1.0~1.3。

5.2.26 真空预压地基加固面积较大时，宜采取分区加固，每块预压面积应尽可能大且呈方形，分区面积宜为 20000m²~40000m²。

5.2.27 真空预压地基加固可根据加固面积的大小、形状和土层结构特点，按每套设备可加固地基 1000m²~1500m² 确定设备数量。

5.2.28 真空预压的膜下真空度应符合设计要求，且预压时间不宜低于 90d。

Ⅲ　真空和堆载联合预压

5.2.29 当设计地基预压荷载大于 80kPa，且进行真空预压处理地基不能满足设计要求时可采用真空和堆载联合预压地基处理。

5.2.30 堆载体的坡肩线宜与真空预压边线一致。

5.2.31 对于一般软黏土，上部堆载施工宜在真空预压膜下真空度稳定地达到 86.7kPa（650mmHg）且抽真空时间不少于 10d 后进行。对于高含水量的淤泥类土，上部堆载施工宜在真空预压膜下真空度稳定地达到 86.7kPa（650mmHg）且抽真空 20d~30d 后可进行。

5.2.32 当堆载较大时，真空和堆载联合预压应采用分级加载，分级数应根据地基土稳定计算确定。分级加载时，应待前期预压荷载下地基的承载力增长满足下一级荷载下地基的稳定性要求时，方可增加堆载。

5.2.33 真空和堆载联合预压时地基固结度和地基承载力增长可按本规范第 5.2.7 条、第 5.2.8 条和第 5.2.11 条计算。

5.2.34 真空和堆载联合预压最终竖向变形可按本规范第 5.2.12 条计算，ξ 可按当地经验取值，无当地经验时，ξ 可取 1.0~1.3。

5.3 施 工

Ⅰ 堆载预压

5.3.1 塑料排水带的性能指标应符合设计要求，并应在现场妥善保护，防止阳光照射、破损或污染。破损或污染的塑料排水带不得在工程中使用。

5.3.2 砂井的灌砂量，应按井孔的体积和砂在中密状态时的干密度计算，实际灌砂量不得小于计算值的95%。

5.3.3 灌入砂袋中的砂宜用干砂，并应灌制密实。

5.3.4 塑料排水带和袋装砂井施工时，宜配置深度检测设备。

5.3.5 塑料排水带需接长时，应采用滤膜内芯带平搭接的连接方法，搭接长度宜大于200mm。

5.3.6 塑料排水带施工所用套管应保证插入地基中的带子不扭曲。袋装砂井施工所用套管内径应大于砂井直径。

5.3.7 塑料排水带和袋装砂井施工时，平面井距偏差不应大于井径，垂直度允许偏差应为±1.5%，深度应满足设计要求。

5.3.8 塑料排水带和袋装砂井砂袋埋入砂垫层中的长度不应小于500mm。

5.3.9 堆载预压加载过程中，应满足地基承载力和稳定控制要求，并应进行竖向变形、水平位移及孔隙水压力的监测，堆载预压加载速率应满足下列要求：

　1　竖井地基最大竖向变形量不应超过15mm/d；

　2　天然地基最大竖向变形量不应超过10mm/d；

　3　堆载预压边缘处水平位移不应超过5mm/d；

　4　根据上述观测资料综合分析、判断地基的承载力和稳定性。

Ⅱ 真空预压

5.3.10 真空预压的抽气设备宜采用射流真空泵，真空泵空抽吸力不应低于95kPa。真空泵的设置应根据地基预压面积、形状、真空泵效率和工程经验确定，每块预压区设置的真空泵不应少于两台。

5.3.11 真空管路设置应符合下列规定：

　1　真空管路的连接应密封，真空管路中应设置止回阀和截门；

　2　水平向分布滤水管可采用条状、梳齿状及羽毛状等形式，滤水管布置宜形成回路；

　3　滤水管应设在砂垫层中，上覆砂层厚度宜为100mm～200mm；

　4　滤水管可采用钢管或塑料管，应外包尼龙纱或土工织物等滤水材料。

5.3.12 密封膜应符合下列规定：

　1　密封膜应采用抗老化性能好、韧性好、抗穿刺性能强的不透气材料；

　2　密封膜热合时，宜采用双热合缝的平搭接，搭接宽度应大于15mm；

　3　密封膜宜铺设三层，膜周边可采用挖沟埋膜、平铺并用黏土覆盖压边、围埝沟内及膜上覆水等方法进行密封。

5.3.13 地基土渗透性强时，应设置黏土密封墙。黏土密封墙宜采用双排搅拌桩，搅拌桩直径不宜小于700mm；当搅拌桩深度小于15m时，搭接宽度不宜小于200mm；当搅拌桩深度大于15m时，搭接宽度不宜小于300mm；搅拌桩成桩搅拌应均匀，黏土密封墙的渗透系数应满足设计要求。

Ⅲ 真空和堆载联合预压

5.3.14 采用真空和堆载联合预压时，应先抽真空，当真空压力达到设计要求并稳定后，再进行堆载，并继续抽真空。

5.3.15 堆载前，应在膜上铺设编织布或无纺布等土工编织布保护层。保护层上铺设100mm～300mm厚砂垫层。

5.3.16 堆载施工时可采用轻型运输工具，不得损坏密封膜。

5.3.17 上部堆载施工时，应监测膜下真空度的变化，发现漏气应及时处理。

5.3.18 堆载加载过程中，应满足地基稳定性设计要求，对竖向变形、边缘水平位移及孔隙水压力的监测应满足下列要求：

　1　地基向加固区外的侧移速率不应大于5mm/d；

　2　地基竖向变形速率不应大于10mm/d；

　3　根据上述观察资料综合分析、判断地基的稳定性。

5.3.19 真空和堆载联合预压除满足本规范第5.3.14条～第5.3.18条规定外，尚应符合本规范第5.3节"Ⅰ堆载预压"和"Ⅱ真空预压"的规定。

5.4 质量检验

5.4.1 施工过程中，质量检验和监测应包括下列内容：

　1　对塑料排水带应进行纵向通水量、复合体抗拉强度、滤膜抗拉强度、滤膜渗透系数和等效孔径等性能指标现场随机抽样测试；

　2　对不同来源的砂井和砂垫层砂料，应取样进行颗粒分析和渗透性试验；

　3　对以地基抗滑稳定性控制的工程，应在预压区内预留孔位，在加载不同阶段进行原位十字板剪切试验和取土进行室内土工试验；加固前的地基土检测，应在打设塑料排水带之前进行；

　4　对预压工程，应进行地基竖向变形、侧向位移和孔隙水压力等监测；

5 真空预压、真空和堆载联合预压工程，除应进行地基变形、孔隙水压力监测外，尚应进行膜下真空度和地下水位监测。

5.4.2 预压地基竣工验收检验应符合下列规定：

1 排水竖井处理深度范围内和竖井底面以下受压土层，经预压所完成的竖向变形和平均固结度应满足设计要求；

2 应对预压的地基土进行原位试验和室内土工试验。

5.4.3 原位试验可采用十字板剪切试验或静力触探，检验深度不应小于设计处理深度。原位试验和室内土工试验，应在卸载 3d～5d 后进行。检验数量按每个处理分区不少于 6 点进行检测，对于堆载斜坡处应增加检验数量。

5.4.4 预压处理后的地基承载力应按本规范附录 A 确定。检验数量按每个处理分区不应少于 3 点进行检测。

6 压实地基和夯实地基

6.1 一般规定

6.1.1 压实地基适用于处理大面积填土地基。浅层软弱地基以及局部不均匀地基的换填处理应符合本规范第 4 章的有关规定。

6.1.2 夯实地基可分为强夯和强夯置换处理地基。强夯处理地基适用于碎石土、砂土、低饱和度的粉土与黏性土、湿陷性黄土、素填土和杂填土等地基；强夯置换适用于高饱和度的粉土与软塑～流塑的黏性土地基上对变形要求不严格的工程。

6.1.3 压实和夯实处理后的地基承载力应按本规范附录 A 确定。

6.2 压实地基

6.2.1 压实地基处理应符合下列规定：

1 地下水位以上填土，可采用碾压法和振动压实法，非黏性土或黏粒含量少、透水性较好的松散填土地基宜采用振动压实法。

2 压实地基的设计和施工方法的选择，应根据建筑物体型、结构与荷载特点、场地土层条件、变形要求及填料等因素确定。对大型、重要或场地地层条件复杂的工程，在正式施工前，应通过现场试验确定地基处理效果。

3 以压实填土作为建筑地基持力层时，应根据建筑结构类型、填料性能和现场条件等，对拟压实的填土提出质量要求。未经检验，且不符合质量要求的压实填土，不得作为建筑地基持力层。

4 对大面积填土的设计和施工，应验算并采取有效措施确保大面积填土自身稳定性、填土下原地基

的稳定性、承载力和变形满足设计要求；应评估对邻近建筑物及重要市政设施、地下管线等的变形和稳定的影响；施工过程中，应对大面积填土和邻近建筑物、重要市政设施、地下管线等进行变形监测。

6.2.2 压实填土地基的设计应符合下列规定：

1 压实填土的填料可选用粉质黏土、灰土、粉煤灰、级配良好的砂土或碎石土，以及质地坚硬、性能稳定、无腐蚀性和无放射性危害的工业废料等，并应满足下列要求：

1）以碎石土作填料时，其最大粒径不宜大于 100mm；

2）以粉质黏土、粉土作填料时，其含水量宜为最优含水量，可采用击实试验确定；

3）不得使用淤泥、耕土、冻土、膨胀土以及有机质含量大于 5% 的土料；

4）采用振动压实法时，宜降低地下水位到振实面下 600mm。

2 碾压法和振动压实法施工时，应根据压实机械的压实性能，地基土性质、密实度、压实系数和施工含水量等，并结合现场试验确定碾压分层厚度、碾压遍数、碾压范围和有效加固深度等施工参数。初步设计可按表 6.2.2-1 选用。

表 6.2.2-1 填土每层铺填厚度及压实遍数

施工设备	每层铺填厚度（mm）	每层压实遍数
平碾（8t～12t）	200～300	6～8
羊足碾（5t～16t）	200～350	8～16
振动碾（8t～15t）	500～1200	6～8
冲击碾压（冲击势能 15 kJ～25kJ）	600～1500	20～40

3 对已经回填完成且回填厚度超过表 6.2.2-1 中的铺填厚度，或粒径超过 100mm 的填料含量超过 50% 的填土地基，应采用较高性能的压实设备或采用夯实法进行加固。

4 压实填土的质量以压实系数 λ_c 控制，并应根据结构类型和压实填土所在部位按表 6.2.2-2 的要求确定。

表 6.2.2-2 压实填土的质量控制

结构类型	填土部位	压实系数 λ_c	控制含水量（%）
砌体承重结构和框架结构	在地基主要受力层范围以内	≥0.97	$w_{op}±2$
	在地基主要受力层范围以下	≥0.95	
排架结构	在地基主要受力层范围以内	≥0.96	
	在地基主要受力层范围以下	≥0.94	

注：地坪垫层以下及基础底面标高以上的压实填土，压实系数不应小于 0.94。

5 压实填土的最大干密度和最优含水量，宜采用击实试验确定，当无试验资料时，最大干密度可按下式计算：

$$\rho_{dmax} = \eta \frac{\rho_w d_s}{1 + 0.01 w_{op} d_s} \quad (6.2.2)$$

式中：ρ_{dmax}——分层压实填土的最大干密度（t/m³）；

η——经验系数，粉质黏土取 0.96，粉土取 0.97；

ρ_w——水的密度（t/m³）；

d_s——土粒相对密度（比重）（t/m³）；

w_{op}——填料的最优含水量（%）。

当填料为碎石或卵石时，其最大干密度可取 2.1t/m³～2.2t/m³。

6 设置在斜坡上的压实填土，应验算其稳定性。当天然地面坡度大于 20% 时，应采取防止压实填土可能沿坡面滑动的措施，并应避免雨水沿斜坡排泄。当压实填土阻碍原地表水畅通排泄时，应根据地形修筑雨水截水沟，或设置其他排水设施。设置在压实填土区的上、下水管道，应采取严格防渗、防漏措施。

7 压实填土的边坡坡度允许值，应根据其厚度、填料性质等因素，按照填土自身稳定性、填土下原地基的稳定性的验算结果确定，初步设计时可按表 6.2.2-3 的数值确定。

8 冲击碾压法可用于地基冲击碾压、土石混填或填石路基分层碾压、路基冲击增强补压、旧砂石（沥青）路面冲压和旧水泥混凝土路面冲压等处理；其冲击设备、分层填料的虚铺厚度、分层压实的遍数等的设计应根据土质条件、工期要求等因素综合确定，其有效加固深度宜为 3.0m～4.0m，施工前应进行试验段施工，确定施工参数。

表 6.2.2-3　压实填土的边坡坡度允许值

填土类型	边坡坡度允许值（高宽比）		压实系数（λ_c）
	坡高在 8m 以内	坡高为 8m～15m	
碎石、卵石	1:1.50～ 1:1.25	1:1.75～ 1:1.50	0.94～0.97
砂夹石（碎石卵石占全重 30%～50%）	1:1.50～ 1:1.25	1:1.75～ 1:1.50	
土夹石（碎石卵石占全重 30%～50%）	1:1.50～ 1:1.25	1:2.00～ 1:1.50	
粉质黏土，黏粒含量 $\rho_c \geqslant 10\%$ 的粉土	1:1.75～ 1:1.50	1:2.25～ 1:1.75	

注：当压实填土厚度 H 大于 15m 时，可设计成台阶或者采用土工格栅加筋等措施，验算满足稳定性要求后进行压实填土的施工。

9 压实填土地基承载力特征值，应根据现场静载荷试验确定，或可通过动力触探、静力触探等试验，并结合静载荷试验结果确定；其下卧层顶面的承载力应满足本规范式（4.2.2-1）、式（4.2.2-2）和式（4.2.2-3）的要求。

10 压实填土地基的变形，可按现行国家标准《建筑地基基础设计规范》GB 50007 的有关规定计算，压缩模量应通过处理后地基的原位测试或土工试验确定。

6.2.3 压实填土地基的施工应符合下列规定：

1 应根据使用要求、邻近结构类型和地质条件确定允许加载量和范围，并按设计要求均衡分步施加，避免大量快速集中填土。

2 填料前，应清除填土层底面以下的耕土、植被或软弱土层等。

3 压实填土施工过程中，应采取防雨、防冻措施，防止填料（粉质黏土、粉土）受雨水淋湿或冻结。

4 基槽内压实时，应先压实基槽两边，再压实中间。

5 冲击碾压法施工的冲击碾压宽度不宜小于 6m，工作面较窄时，需设置转弯车道，冲压最短直线距离不宜少于 100m，冲压边角及转弯区域应采用其他措施压实；施工时，地下水位应降低到碾压面以下 1.5m。

6 性质不同的填料，应采取水平分层、分段填筑，并分层压实；同一水平层，应采用同一填料，不得混合填筑；填方分段施工时，接头部位如不能交替填筑，应按 1:1 坡度分层留台阶；如能交替填筑，则应分层相互交替搭接，搭接长度不小于 2m；压实填土的施工缝，各层应错开搭接，在施工缝的搭接处，应适当增加压实遍数；边角及转弯区域应采取其他措施压实，以达到设计标准。

7 压实地基施工场地附近有对振动和噪声环境控制要求时，应合理安排施工工序和时间，减少噪声与振动对环境的影响，或采取挖减振沟等减振和隔振措施，并进行振动和噪声监测。

8 施工过程中，应避免扰动填土下卧的淤泥或淤泥质土层。压实填土施工结束检验合格后，应及时进行基础施工。

6.2.4 压实填土地基的质量检验应符合下列规定：

1 在施工过程中，应分层取样检验土的干密度和含水量；每 50m²～100m² 面积内应设不少于 1 个检测点，每一个独立基础下，检测点不少于 1 个点，条形基础每 20 延米设检测点不少于 1 个点，压实系数不得低于本规范表 6.2.2-2 的规定；采用灌水法或灌砂法检测的碎石土干密度不得低于 2.0t/m³。

2 有地区经验时，可采用动力触探、静力触探、标准贯入等原位试验，并结合干密度试验的对比结果进行质量检验。

3 冲击碾压法施工宜分层进行变形量、压实系数等土的物理力学指标监测和检测。

4 地基承载力验收检验，可通过静载荷试验并结合动力触探、静力触探、标准贯入等试验结果综合判定。每个单体工程静载荷试验不应少于3点，大型工程可按单体工程的数量或面积确定检验点数。

6.2.5 压实地基的施工质量检验应分层进行。每完成一道工序，应按设计要求进行验收，未经验收或验收不合格时，不得进行下一道工序施工。

6.3 夯 实 地 基

6.3.1 夯实地基处理应符合下列规定：

1 强夯和强夯置换施工前，应在施工现场有代表性的场地选取一个或几个试验区，进行试夯或试验性施工。每个试验区面积不宜小于20m×20m，试验区数量应根据建筑场地复杂程度、建筑规模及建筑类型确定。

2 场地地下水位高，影响施工或夯实效果时，应采取降水或其他技术措施进行处理。

6.3.2 强夯置换处理地基，必须通过现场试验确定其适用性和处理效果。

6.3.3 强夯处理地基的设计应符合下列规定：

1 强夯的有效加固深度，应根据现场试夯或地区经验确定。在缺少试验资料或经验时，可按表6.3.3-1进行预估。

表 6.3.3-1　强夯的有效加固深度（m）

单击夯击能 E （kN·m）	碎石土、砂土等 粗颗粒土	粉土、粉质黏土、 湿陷性黄土等 细颗粒土
1000	4.0～5.0	3.0～4.0
2000	5.0～6.0	4.0～5.0
3000	6.0～7.0	5.0～6.0
4000	7.0～8.0	6.0～7.0
5000	8.0～8.5	7.0～7.5
6000	8.5～9.0	7.5～8.0
8000	9.0～9.5	8.0～8.5
10000	9.5～10.0	8.5～9.0
12000	10.0～11.0	9.0～10.0

注：强夯法的有效加固深度应从最初起夯面算起；单击夯击能 E 大于12000kN·m 时，强夯的有效加固深度应通过试验确定。

2 夯点的夯击次数，应根据现场试夯的夯击次数和夯沉量关系曲线确定，并应同时满足下列条件：

　1）最后两击的平均夯沉量，宜满足表6.3.3-2的要求，当单击夯击能 E 大于12000kN·m时，应通过试验确定；

表 6.3.3-2　强夯法最后两击平均夯沉量（mm）

单击夯击能 E （kN·m）	最后两击平均夯沉量不大于 （mm）
E＜4000	50
4000≤E＜6000	100
6000≤E＜8000	150
8000≤E＜12000	200

　2）夯坑周围地面不应发生过大的隆起；

　3）不因夯坑过深而发生提锤困难。

3 夯击遍数应根据地基土的性质确定，可采用点夯（2～4）遍，对于渗透性较差的细颗粒土，应适当增加夯击遍数；最后以低能量满夯2遍，满夯可采用轻锤或低落距锤多次夯击，锤印搭接。

4 两遍夯击之间，应有一定的时间间隔，间隔时间取决于土中超静孔隙水压力的消散时间。当缺少实测资料时，可根据地基土的渗透性确定，对于渗透性较差的黏性土地基，间隔时间不应少于（2～3）周；对于渗透性好的地基可连续夯击。

5 夯击点位置可根据基础底面形状，采用等边三角形、等腰三角形或正方形布置。第一遍夯击点间距可取夯锤直径的（2.5～3.5）倍，第二遍夯击点应位于第一遍夯击点之间。以后各遍夯击点间距可适当减小。对处理深度较深或单击夯击能较大的工程，第一遍夯击点间距宜适当增大。

6 强夯处理范围应大于建筑物基础范围，每边超出基础外缘的宽度宜为基底下设计处理深度的1/2～2/3，且不应小于3m；对可液化地基，基础边缘的处理宽度，不应小于5m；对湿陷性黄土地基，应符合现行国家标准《湿陷性黄土地区建筑规范》GB 50025 的有关规定。

7 根据初步确定的强夯参数，提出强夯试验方案，进行现场试夯。应根据不同土质条件，待试夯结束一周至数周后，对试夯场地进行检测，并与夯前测试数据进行对比，检验强夯效果，确定工程采用的各项强夯参数。

8 根据基础埋深和试夯时所测得的夯沉量，确定起夯面标高、夯坑回填方式和夯后标高。

9 强夯地基承载力特征值应通过现场静载荷试验确定。

10 强夯地基变形计算，应符合现行国家标准《建筑地基基础设计规范》GB 50007 有关规定。夯后有效加固深度内土的压缩模量，应通过原位测试或土工试验确定。

6.3.4 强夯处理地基的施工，应符合下列规定：

1 强夯夯锤质量宜为10t～60t，其底面形式宜采用圆形，锤底面积宜按土的性质确定，锤底静接地压力值宜为25kPa～80kPa，单击夯击能高时，取高值，单击夯击能低时，取低值，对于细颗粒土宜取低值。锤的底面宜对称设置若干个上下贯通的排气孔，孔径宜为300mm～400mm。

2 强夯法施工，应按下列步骤进行：

1）清理并平整施工场地；

2）标出第一遍夯点位置，并测量场地高程；

3）起重机就位，夯锤置于夯点位置；

4）测量夯前锤顶高程；

5）将夯锤起吊到预定高度，开启脱钩装置，夯锤脱钩自由下落，放下吊钩，测量锤顶高程；若发现因坑底倾斜而造成夯锤歪斜时，应及时将坑底整平；

6）重复步骤5），按设计规定的夯击次数及控制标准，完成一个夯点的夯击；当夯坑过深，出现提锤困难，但无明显隆起，而尚未达到控制标准时，宜将夯坑回填至与坑顶齐平后，继续夯击；

7）换夯点，重复步骤3）～6），完成第一遍全部夯点的夯击；

8）用推土机将夯坑填平，并测量场地高程；

9）在规定的间隔时间后，按上述步骤逐次完成全部夯击遍数；最后，采用低能量满夯，将场地表层松土夯实，并测量夯后场地高程。

6.3.5 强夯置换处理地基的设计，应符合下列规定：

1 强夯置换墩的深度由土质条件决定。除厚层饱和粉土外，应穿透软土层，到达较硬土层上，深度不宜超过10m。

2 强夯置换的单击夯击能应根据现场试验确定。

3 墩体材料可采用级配良好的块石、碎石、矿渣、工业废渣、建筑垃圾等坚硬粗颗粒材料，且粒径大于300mm的颗粒含量不宜超过30%。

4 夯点的夯击次数应通过现场试夯确定，并应满足下列条件：

1）墩底穿透软弱土层，且达到设计墩长；

2）累计夯沉量为设计墩长的（1.5～2.0）倍；

3）最后两击的平均夯沉量可按表6.3.3-2确定。

5 墩位布置宜采用等边三角形或正方形。对独立基础或条形基础可根据基础形状与宽度作相应布置。

6 墩间距应根据荷载大小和原状土的承载力选定，当满堂布置时，可取夯锤直径的（2～3）倍。对独立基础或条形基础可取夯锤直径的（1.5～2.0）倍。墩的计算直径可取夯锤直径的（1.1～1.2）倍。

7 强夯置换处理范围应符合本规范第6.3.3条第6款的规定。

8 墩顶应铺设一层厚度不小于500mm的压实垫层，垫层材料宜与墩体材料相同，粒径不宜大

于100mm。

9 强夯置换设计时，应预估地面抬高值，并在试夯时校正。

10 强夯置换地基处理试验方案的确定，应符合本规范第6.3.3条第7款的规定。除应进行现场静载荷试验和变形模量检测外，尚应采用超重型或重型动力触探等方法，检查置换墩着底情况，以及地基土的承载力与密度随深度的变化。

11 软黏性土中强夯置换地基承载力特征值应通过现场单墩静载荷试验确定；对于饱和粉土地基，当处理后形成2.0m以上厚度的硬层时，其承载力可通过现场单墩复合地基静载荷试验确定。

12 强夯置换地基的变形宜按单墩静载荷试验确定的变形模量计算加固区的地基变形，对墩下地基土的变形可按置换墩材料的压力扩散角计算传至墩下土层的附加应力，按现行国家标准《建筑地基基础设计规范》GB 50007的有关规定计算确定；对饱和粉土地基，当处理后形成2.0m以上厚度的硬层时，可按本规范第7.1.7条的规定确定。

6.3.6 强夯置换处理地基的施工应符合下列规定：

1 强夯置换夯锤底面宜采用圆形，夯锤底静接地压力值宜大于80kPa。

2 强夯置换施工应按下列步骤进行：

1）清理并平整施工场地，当表层土松软时，可铺设1.0m～2.0m厚的砂石垫层；

2）标出夯点位置，并测量场地高程；

3）起重机就位，夯锤置于夯点位置；

4）测量夯前锤顶高程；

5）夯击并逐击记录夯坑深度；当夯坑过深，起锤困难时，应停夯，向夯坑内填料直至与坑顶齐平，记录填料数量；工序重复，直至满足设计的夯击次数及质量控制标准，完成一个墩体的夯击；当夯点周围软土挤出，影响施工时，应随时清理，并宜在夯点周围铺垫碎石后，继续施工；

6）按照"由内而外、隔行跳打"的原则，完成全部夯点的施工；

7）推平场地，采用低能量满夯，将场地表层松土夯实，并测量夯后场地高程；

8）铺设垫层，分层碾压密实。

6.3.7 夯实地基宜采用带有自动脱钩装置的履带式起重机，夯锤的质量不应超过起重机械额定起重质量。履带式起重机应在臂杆端部设置辅助门架或采取其他安全措施，防止起落锤时，机架倾覆。

6.3.8 当场地表层土软弱或地下水位较高，宜采用人工降低地下水位或铺填一定厚度的砂石材料的施工措施。施工前，宜将地下水位降低至坑底面以下2m。施工时，坑内或场地积水应及时排除。对细颗粒土，尚应采取晾晒等措施降低含水量。当地基土的含水量

低，影响处理效果时，宜采取增湿措施。

6.3.9 施工前，应查明施工影响范围内地下构筑物和地下管线的位置，并采取必要的保护措施。

6.3.10 当强夯施工所引起的振动和侧向挤压对邻近建构筑物产生不利影响时，应设置监测点，并采取挖隔振沟等隔振或防振措施。

6.3.11 施工过程中的监测应符合下列规定：

1 开夯前，应检查夯锤质量和落距，以确保单击夯击能量符合设计要求。

2 在每一遍夯击前，应对夯点放线进行复核，夯完后检查夯坑位置，发现偏差或漏夯应及时纠正。

3 按设计要求，检查每个夯点的夯击次数、每击的夯沉量、最后两击的平均夯沉量和总夯沉量、夯点施工起止时间。对强夯置换施工，尚应检查置换深度。

4 施工过程中，应对各项施工参数及施工情况进行详细记录。

6.3.12 夯实地基施工结束后，应根据地基土的性质及所采用的施工工艺，待土层休止期结束后，方可进行基础施工。

6.3.13 强夯处理后的地基竣工验收，承载力检验应根据静载荷试验、其他原位测试和室内土工试验等方法综合确定。强夯置换后的地基竣工验收，除应采用单墩静载荷试验进行承载力检验外，尚应采用动力触探等查明置换墩着底情况及密度随深度的变化情况。

6.3.14 夯实地基的质量检验应符合下列规定：

1 检查施工过程中的各项测试数据和施工记录，不符合设计要求时应补夯或采取其他有效措施。

2 强夯处理后的地基承载力检验，应在施工结束后间隔一定时间进行，对于碎石土和砂土地基，间隔时间宜为（7~14）d；粉土和黏性土地基，间隔时间宜为（14~28）d；强夯置换地基，间隔时间宜为28d。

3 强夯地基均匀性检验，可采用动力触探试验或标准贯入试验、静力触探试验等原位测试，以及室内土工试验。检验点的数量，可根据场地复杂程度和建筑物的重要性确定，对于简单场地上的一般建筑物，按每400m² 不少于1个检测点，且不少于3点；对于复杂场地或重要建筑地基，每300m² 不少于1个检验点，且不少于3点。强夯置换地基，可采用超重型或重型动力触探试验等方法，检查置换墩着底情况及承载力与密度随深度的变化，检验数量不应少于墩点数的3%，且不少于3点。

4 强夯地基承载力检验的数量，应根据场地复杂程度和建筑物的重要性确定，对于简单场地上的一般建筑，每个建筑地基载荷试验检验点不应少于3点；对于复杂场地或重要建筑地基应增加检验点数。检测结果的评价，应考虑夯点和夯间位置的差异。强夯置换地基单墩载荷试验数量不应少于墩点数的1%，且不少于3点；对饱和粉土地基，当处理后墩间土能形成2.0m以上厚度的硬层时，其地基承载力可通过现场单墩复合地基静载荷试验确定，检验数量不应少于墩点数的1%，且每个建筑载荷试验检验点不应少于3点。

7 复 合 地 基

7.1 一 般 规 定

7.1.1 复合地基设计前，应在有代表性的场地上进行现场试验或试验性施工，以确定设计参数和处理效果。

7.1.2 对散体材料复合地基增强体应进行密实度检验；对有粘结强度复合地基增强体应进行强度及桩身完整性检验。

7.1.3 复合地基承载力的验收检验应采用复合地基静载荷试验，对有粘结强度的复合地基增强体尚应进行单桩静载荷试验。

7.1.4 复合地基增强体单桩的桩位施工允许偏差：对条形基础的边桩沿轴线方向应为桩径的±1/4，沿垂直轴线方向应为桩径的±1/6，其他情况桩位的施工允许偏差应为桩径的±40%；桩身的垂直度允许偏差应为±1%。

7.1.5 复合地基承载力特征值应通过复合地基静载荷试验或采用增强体静载荷试验结果和其周边土的承载力特征值结合经验确定，初步设计时，可按下列公式估算：

1 对散体材料增强体复合地基应按下式计算：

$$f_{spk} = [1 + m(n-1)]f_{sk} \quad (7.1.5-1)$$

式中：f_{spk}——复合地基承载力特征值（kPa）；

f_{sk}——处理后桩间土承载力特征值（kPa），可按地区经验确定；

n——复合地基桩土应力比，可按地区经验确定；

m——面积置换率，$m = d^2/d_e^2$；d 为桩身平均直径（m），d_e 为一根桩分担的处理地基面积的等效圆直径（m）；等边三角形布桩 $d_e = 1.05s$，正方形布桩 $d_e = 1.13s$，矩形布桩 $d_e = 1.13\sqrt{s_1 s_2}$，s、s_1、s_2 分别为桩间距、纵向桩间距和横向桩间距。

2 对有粘结强度增强体复合地基应按下式计算：

$$f_{spk} = \lambda m \frac{R_a}{A_p} + \beta(1-m)f_{sk} \quad (7.1.5-2)$$

式中：λ——单桩承载力发挥系数，可按地区经验取值；

R_a——单桩竖向承载力特征值（kN）；

A_p——桩的截面积（m²）；

β——桩间土承载力发挥系数，可按地区经验取值。

3 增强体单桩竖向承载力特征值可按下式估算：

$$R_a = u_p \sum_{i=1}^n q_{si} l_{pi} + \alpha_p q_p A_p \quad (7.1.5\text{-}3)$$

式中：u_p ——桩的周长（m）；

q_{si} ——桩周第 i 层土的侧阻力特征值（kPa），可按地区经验确定；

l_{pi} ——桩长范围内第 i 层土的厚度（m）；

α_p ——桩端端阻力发挥系数，应按地区经验确定；

q_p ——桩端端阻力特征值（kPa），可按地区经验确定；对于水泥搅拌桩、旋喷桩应取未经修正的桩端地基土承载力特征值。

7.1.6 有粘结强度复合地基增强体桩身强度应满足式（7.1.6-1）的要求。当复合地基承载力进行基础埋深的深度修正时，增强体桩身强度应满足式（7.1.6-2）的要求。

$$f_{cu} \geqslant 4\frac{\lambda R_a}{A_p} \quad (7.1.6\text{-}1)$$

$$f_{cu} \geqslant 4\frac{\lambda R_a}{A_p}\left[1 + \frac{\gamma_m(d-0.5)}{f_{spa}}\right] \quad (7.1.6\text{-}2)$$

式中：f_{cu} ——桩体试块（边长 150mm 立方体）标准养护 28d 的立方体抗压强度平均值（kPa），对水泥土搅拌桩应符合本规范第 7.3.3 条的规定；

γ_m ——基础底面以上土的加权平均重度（kN/m³），地下水位以下取有效重度；

d ——基础埋置深度（m）；

f_{spa} ——深度修正后的复合地基承载力特征值（kPa）。

7.1.7 复合地基变形计算应符合现行国家标准《建筑地基基础设计规范》GB 50007 的有关规定，地基变形计算深度应大于复合土层的深度。复合土层的分层与天然地基相同，各复合土层的压缩模量等于该层天然地基压缩模量的 ζ 倍，ζ 值可按下式确定：

$$\zeta = \frac{f_{spk}}{f_{ak}} \quad (7.1.7)$$

式中：f_{ak} ——基础底面下天然地基承载力特征值（kPa）。

7.1.8 复合地基的沉降计算经验系数 ψ_s 可根据地区沉降观测资料统计值确定，无经验取值时，可采用表 7.1.8 的数值。

表 7.1.8　沉降计算经验系数 ψ_s

$\overline{E}_s$（MPa）	4.0	7.0	15.0	20.0	35.0
ψ_s	1.0	0.7	0.4	0.25	0.2

注：$\overline{E}_s$ 为变形计算深度范围内压缩模量的当量值，应按下式计算：

$$\overline{E}_s = \frac{\sum_{i=1}^n A_i + \sum_{j=1}^m A_j}{\sum_{i=1}^n \dfrac{A_i}{E_{spi}} + \sum_{j=1}^m \dfrac{A_j}{E_{sj}}} \quad (7.1.8)$$

式中：A_i ——加固土层第 i 层土附加应力系数沿土层厚度的积分值；

A_j ——加固土层下第 j 层土附加应力系数沿土层厚度的积分值。

7.1.9 处理后的复合地基承载力，应按本规范附录 B 的方法确定；复合地基增强体的单桩承载力，应按本规范附录 C 的方法确定。

7.2　振冲碎石桩和沉管砂石桩复合地基

7.2.1 振冲碎石桩、沉管砂石桩复合地基处理应符合下列规定：

1 适用于挤密处理松散砂土、粉土、粉质黏土、素填土、杂填土等地基，以及用于处理可液化地基。饱和黏土地基，如对变形控制不严格，可采用砂石桩置换处理。

2 对大型的、重要的或场地地层复杂的工程，以及对于处理不排水抗剪强度不小于 20kPa 的饱和黏性土和饱和黄土地基，应在施工前通过现场试验确定其适用性。

3 不加填料振冲挤密法适用于处理黏粒含量不大于 10% 的中砂、粗砂地基，在初步设计阶段宜进行现场工艺试验，确定不加填料振密的可行性，确定孔距、振密电流值、振冲水压力、振后砂层的物理力学指标等施工参数；30kW 振冲器振密深度不宜超过 7m，75kW 振冲器振密深度不宜超过 15m。

7.2.2 振冲碎石桩、沉管砂石桩复合地基设计应符合下列规定：

1 地基处理范围应根据建筑物的重要性和场地条件确定，宜在基础外缘扩大（1～3）排桩。对可液化地基，在基础外缘扩大宽度不应小于基底下可液化土层厚度的 1/2，且不应小于 5m。

2 桩位布置，对大面积满堂基础和独立基础，可采用三角形、正方形、矩形布桩；对条形基础，可沿基础轴线采用单排布桩或对称轴线多排布桩。

3 桩径可根据地基土质情况、成桩方式和成桩设备等因素确定，桩的平均直径可按每根桩所用填料量计算。振冲碎石桩桩径宜为 800mm～1200mm；沉管砂石桩桩径宜为 300mm～800mm。

4 桩间距应通过现场试验确定，并应符合下列规定：

1） 振冲碎石桩的桩间距应根据上部结构荷载大小和场地土层情况，并结合所采用的振冲器功率大小综合考虑；30kW 振冲器布桩间距可采用 1.3m～2.0m；55kW 振冲器布桩间距可采用 1.4m～2.5m；75kW 振冲器布桩间距可采用 1.5m～3.0m；不加填料振冲挤密孔距可为 2m～3m；

2）沉管砂石桩的桩间距，不宜大于砂石桩直径的 4.5 倍；初步设计时，对松散粉土和砂土地基，应根据挤密后要求达到的孔隙比确定，可按下列公式估算：

等边三角形布置

$$s = 0.95\xi d\sqrt{\frac{1+e_0}{e_0-e_1}} \quad (7.2.2-1)$$

正方形布置

$$s = 0.89\xi d\sqrt{\frac{1+e_0}{e_0-e_1}} \quad (7.2.2-2)$$

$$e_1 = e_{max} - D_{r1}(e_{max}-e_{min}) \quad (7.2.2-3)$$

式中：s——砂石桩间距（m）；

d——砂石桩直径（m）；

ξ——修正系数，当考虑振动下沉密实作用时，可取 1.1～1.2；不考虑振动下沉密实作用时，可取 1.0；

e_0——地基处理前砂土的孔隙比，可按原状土样试验确定，也可根据动力或静力触探等对比试验确定；

e_1——地基挤密后要求达到的孔隙比；

e_{max}、e_{min}——砂土的最大、最小孔隙比，可按现行国家标准《土工试验方法标准》GB/T 50123 的有关规定确定；

D_{r1}——地基挤密后要求砂土达到的相对密实度，可取 0.70～0.85。

5 桩长可根据工程要求和工程地质条件，通过计算确定并应符合下列规定：

1）当相对硬土层埋深较浅时，可按相对硬层埋深确定；

2）当相对硬土层埋深较大时，应按建筑物地基变形允许值确定；

3）对按稳定性控制的工程，桩长应不小于最危险滑动面以下 2.0m 的深度；

4）对可液化的地基，桩长应按要求处理液化的深度确定；

5）桩长不宜小于 4m。

6 振冲桩桩体材料可采用含泥量不大于 5% 的碎石、卵石、矿渣或其他性能稳定的硬质材料，不宜使用风化易碎的石料。对 30kW 振冲器，填料粒径宜为 20mm～80mm；对 55kW 振冲器，填料粒径宜为 30mm～100mm；对 75kW 振冲器，填料粒径宜为 40mm～150mm。沉管桩桩体材料可用含泥量不大于 5% 的碎石、卵石、角砾、圆砾、砾砂、粗砂、中砂或石屑等硬质材料，最大粒径不宜大于 50mm。

7 桩顶和基础之间宜铺设厚度为 300mm～

500mm 的垫层，垫层材料宜用中砂、粗砂、级配砂石和碎石等，最大粒径不宜大于 30mm，其夯填度（夯实后的厚度与虚铺厚度的比值）不应大于 0.9。

8 复合地基的承载力初步设计可按本规范 (7.1.5-1) 式估算，处理后桩间土承载力特征值，可按地区经验确定，如无经验时，对于一般黏性土地基，可取天然地基承载力特征值，松散的砂土、粉土可取原天然地基承载力特征值的（1.2～1.5）倍；复合地基桩土应力比 n，宜采用实测值确定，如无实测资料时，对于黏性土可取 2.0～4.0，对于砂土、粉土可取 1.5～3.0。

9 复合地基变形计算应符合本规范第 7.1.7 条和第 7.1.8 条的规定。

10 对处理堆载场地地基，应进行稳定性验算。

7.2.3 振冲碎石桩施工应符合下列规定：

1 振冲施工可根据设计荷载的大小、原土强度的高低、设计桩长等条件选用不同功率的振冲器。施工前应在现场进行试验，以确定水压、振密电流和留振时间等各种施工参数。

2 升降振冲器的机械可用起重机、自行井架式施工平车或其他合适的设备。施工设备应配有电流、电压和留振时间自动信号仪表。

3 振冲施工可按下列步骤进行：

1）清理平整施工场地，布置桩位；

2）施工机具就位，使振冲器对准桩位；

3）启动供水泵和振冲器，水压宜为 200kPa～600kPa，水量宜为 200L/min～400L/min，将振冲器徐徐沉入土中，造孔速度宜为 0.5m/min～2.0m/min，直至达到设计深度；记录振冲器经各深度的水压、电流和留振时间；

4）造孔后边提升振冲器，边冲水直至孔口，再放至孔底，重复（2～3）次扩大孔径并使孔内泥浆变稀，开始填料制桩；

5）大功率振冲器投料可不提出孔口，小功率振冲器下料困难时，可将振冲器提出孔口填料，每次填料厚度不宜大于 500mm；将振冲器沉入填料中进行振密制桩，当电流达到规定的密实电流值和规定的留振时间后，将振冲器提升 300mm～500mm；

6）重复以上步骤，自下而上逐段制作桩体直至孔口，记录各段深度的填料量、最终电流值和留振时间；

7）关闭振冲器和水泵。

4 施工现场应事先开设泥水排放系统，或组织好运浆车辆将泥浆运至预先安排的存放地点，应设置沉淀池，重复使用上部清水。

5 桩体施工完毕后，应将顶部预留的松散桩体挖除，铺设垫层并压实。

6 不加填料振冲加密宜采用大功率振冲器，造孔速度宜为 8m/min～10m/min，到达设计深度后，宜将射水量减至最小，留振至密实电流达到规定时，上提 0.5m，逐段振密直至孔口，每米振密时间约 1min。在粗砂中施工，如遇下沉困难，可在振冲器两侧增焊辅助水管，加大造孔水量，降低造孔水压。

7 振密孔施工顺序，宜沿直线逐点逐行进行。

7.2.4 沉管砂石桩施工应符合下列规定：

1 砂石桩施工可采用振动沉管、锤击沉管或冲击成孔等成桩法。当用于消除粉细砂及粉土液化时，宜用振动沉管成桩法。

2 施工前应进行成桩工艺和成桩挤密试验。当成桩质量不能满足设计要求时，应调整施工参数后，重新进行试验或设计。

3 振动沉管成桩法施工，应根据沉管和挤密情况，控制填砂石量、提升高度和速度、挤压次数和时间、电机的工作电流等。

4 施工中应选用能顺利出料和有效挤压桩孔内砂石料的桩尖结构。当采用活瓣桩靴时，对砂土和粉土地基宜选用尖锥形；一次性桩尖可采用混凝土锥形桩尖。

5 锤击沉管成桩法施工可采用单管法或双管法。锤击法挤密应根据锤击能量，控制分段的填砂石量和成桩的长度。

6 砂石桩桩孔内材料填料量，应通过现场试验确定，估算时，可按设计桩孔体积乘以充盈系数确定，充盈系数可取1.2～1.4。

7 砂石桩的施工顺序：对砂土地基宜从外围或两侧向中间进行。

8 施工时桩位偏差不应大于套管外径的 30%，套管垂直度允许偏差应为 ±1%。

9 砂石桩施工后，应将表层的松散层挖除或夯压密实，随后铺设并压实砂石垫层。

7.2.5 振冲碎石桩、沉管砂石桩复合地基的质量检验应符合下列规定：

1 检查各项施工记录，如有遗漏或不符合要求的桩，应补桩或采取其他有效的补救措施。

2 施工后，应间隔一定时间方可进行质量检验。对粉质黏土地基不宜少于 21d，对粉土地基不宜少于 14d，对砂土和杂填土地基不宜少于 7d。

3 施工质量的检验，对桩体可采用重型动力触探试验；对桩间土可采用标准贯入、静力触探、动力触探或其他原位测试等方法；对消除液化的地基检验应采用标准贯入试验。桩间土质量的检测位置应在等边三角形或正方形的中心。检验深度不应小于处理地基深度，检测数量不应少于桩孔总数的 2%。

7.2.6 竣工验收时，地基承载力检验应采用复合地基静载荷试验，试验数量不应少于总桩数的 1%，且每个单体建筑不应少于 3 点。

7.3 水泥土搅拌桩复合地基

7.3.1 水泥土搅拌桩复合地基处理应符合下列规定：

1 适用于处理正常固结的淤泥、淤泥质土、素填土、黏性土（软塑、可塑）、粉土（稍密、中密）、粉细砂（松散、中密）、中粗砂（松散、稍密）、饱和黄土等土层。不适用于含大孤石或障碍物较多且不易清除的杂填土、欠固结的淤泥和淤泥质土、硬塑及坚硬的黏性土、密实的砂类土，以及地下水渗流影响成桩质量的土层。当地基土的天然含水量小于 30%（黄土含水量小于 25%）时不宜采用粉体搅拌法。冬期施工时，应考虑负温对处理地基效果的影响。

2 水泥土搅拌桩的施工工艺分为浆液搅拌法（以下简称湿法）和粉体搅拌法（以下简称干法）。可采用单轴、双轴、多轴搅拌或连续成槽搅拌形成柱状、壁状、格栅状或块状水泥土加固体。

3 对采用水泥土搅拌桩处理地基，除应按现行国家标准《岩土工程勘察规范》GB 50021 要求进行岩土工程详细勘察外，尚应查明拟处理地基土层的 pH 值、塑性指数、有机质含量、地下障碍物及软土分布情况、地下水位及其运动规律等。

4 设计前，应进行处理地基土的室内配比试验。针对现场拟处理地基土层的性质，选择合适的固化剂、外掺剂及其掺量，为设计提供不同龄期、不同配比的强度参数。对竖向承载的水泥土强度宜取 90d 龄期试块的立方体抗压强度平均值。

5 增强体的水泥掺量不应小于 12%，块状加固时水泥掺量不应小于加固天然土质量的 7%；湿法的水泥浆水灰比可取 0.5～0.6。

6 水泥土搅拌桩复合地基宜在基础和桩之间设置褥垫层，厚度可取 200mm～300mm。褥垫层材料可选用中砂、粗砂、级配砂石等，最大粒径不宜大于 20mm。褥垫层的夯填度不应大于 0.9。

7.3.2 **水泥土搅拌桩用于处理泥炭土、有机质土、pH 值小于 4 的酸性土、塑性指数大于 25 的黏土，或在腐蚀性环境中以及无工程经验的地区使用时，必须通过现场和室内试验确定其适用性。**

7.3.3 水泥土搅拌桩复合地基设计应符合下列规定：

1 搅拌桩的长度，应根据上部结构对地基承载力和变形的要求确定，并应穿透软弱土层到达地基承载力相对较高的土层；当设置的搅拌桩同时为提高地基稳定性时，其桩长应超过危险滑弧以下不少于 2.0m；干法的加固深度不宜大于 15m，湿法加固深度不宜大于 20m。

2 复合地基的承载力特征值，应通过现场单桩或多桩复合地基静载荷试验确定。初步设计时可按本规范式（7.1.5-2）估算，处理后桩间土承载力特征值 f_{sk}（kPa）可取天然地基承载力特征值；桩间土承载力发挥系数 β，对淤泥、淤泥质土和流塑状软土等处理土层，可取 0.1～0.4，对其他土层可取 0.4～0.8；单桩承载力发挥系数 λ 可取 1.0。

3 单桩承载力特征值，应通过现场静载荷试验确定。初步设计时可按本规范式（7.1.5-3）估算，桩端端阻力发挥系数可取 0.4～0.6；桩端端阻力特征值，可取桩端土未修正的地基承载力特征值，并应满足式（7.3.3）的要求，应使由桩身材料强度确定的单桩承载力不小于由桩周土和桩端土的抗力所提供的单桩承载力。

$$R_a = \eta f_{cu} A_p \qquad (7.3.3)$$

式中：f_{cu}——与搅拌桩桩身水泥土配比相同的室内加固土试块，边长为 70.7mm 的立方体在标准养护条件下 90d 龄期的立方体抗压强度平均值（kPa）；

η——桩身强度折减系数，干法可取 0.20～0.25；湿法可取 0.25。

4 桩长超过 10m 时，可采用固化剂变掺量设计。在全长桩身水泥总掺量不变的前提下，桩身上部 1/3 桩长范围内，可适当增加水泥掺量及搅拌次数。

5 桩的平面布置可根据上部结构特点及对地基承载力和变形的要求，采用柱状、壁状、格栅状或块状等加固形式。独立基础下的桩数不宜少于 4 根。

6 当搅拌桩处理范围以下存在软弱下卧层时，应按现行国家标准《建筑地基基础设计规范》GB 50007 的有关规定进行软弱下卧层地基承载力验算。

7 复合地基的变形计算应符合本规范第 7.1.7 条和第 7.1.8 条的规定。

7.3.4 用于建筑物地基处理的水泥土搅拌桩施工设备，其湿法施工配备注浆泵的额定压力不宜小于 5.0MPa；干法施工的最大送粉压力不应小于 0.5MPa。

7.3.5 水泥土搅拌桩施工应符合下列规定：

1 水泥土搅拌桩施工现场施工前应予以平整，清除地上和地下的障碍物。

2 水泥土搅拌桩施工前，应根据设计进行工艺性试桩，数量不得少于 3 根，多轴搅拌施工不得少于 3 组。应对工艺试桩的质量进行检验，确定施工参数。

3 搅拌头翼片的枚数、宽度、与搅拌轴的垂直夹角、搅拌头的回转数、提升速度应相互匹配，干法搅拌时钻头每转一圈的提升（或下沉）量宜为 10mm～15mm，确保加固深度范围内土体的任何一点均能经过 20 次以上的搅拌。

4 搅拌桩施工时，停浆（灰）面应高于桩顶设计标高 500mm。在开挖基坑时，应将桩顶以上土层及桩顶施工质量较差的桩段，采用人工挖除。

5 施工中，应保持搅拌桩机底盘的水平和导向架的竖直，搅拌桩的垂直度允许偏差和桩位偏差应满足本规范第 7.1.4 条的规定；成桩直径和桩长不得小于设计值。

6 水泥土搅拌桩施工应包括下列主要步骤：

1） 搅拌机械就位、调平；

2） 预搅下沉至设计加固深度；

3） 边喷浆（或粉），边搅拌提升直至预定的停浆（或灰）面；

4） 重复搅拌下沉至设计加固深度；

5） 根据设计要求，喷浆（或粉）或仅搅拌提升直至预定的停浆（或灰）面；

6） 关闭搅拌机械。

在预（复）搅下沉时，也可采用喷浆（粉）的施工工艺，确保全桩长上下至少再重复搅拌一次。

对地基土进行干法咬合加固时，如复搅困难，可采用慢速搅拌，保证搅拌的均匀性。

7 水泥土搅拌湿法施工应符合下列规定：

1） 施工前，应确定灰浆泵输浆量、灰浆经输浆管到达搅拌机喷浆口的时间和起吊设备提升速度等施工参数，并应根据设计要求，通过工艺性成桩试验确定施工工艺；

2） 施工中所使用的水泥应过筛，制备好的浆液不得离析，泵送浆应连续进行。拌制水泥浆液的罐数、水泥和外掺剂用量以及泵送浆液的时间应记录；喷浆量及搅拌深度应采用经国家计量部门认证的监测仪器进行自动记录；

3） 搅拌机喷浆提升的速度和次数应符合施工工艺要求，并设专人进行记录；

4） 当水泥浆液到达出浆口后，应喷浆搅拌 30s，在水泥浆与桩端土充分搅拌后，再开始提升搅拌头；

5） 搅拌机预搅下沉时，不宜冲水，当遇到硬土层下沉太慢时，可适量冲水；

6） 施工过程中，如因故停浆，应将搅拌头下沉至停浆点以下 0.5m 处，待恢复供浆时，再喷浆搅拌提升；若停机超过 3h，宜先拆卸输浆管路，并妥加清洗；

7） 壁状加固时，相邻桩的施工时间间隔不宜超过 12h。

8 水泥土搅拌干法施工应符合下列规定：

1） 喷粉施工前，应检查搅拌机械、供粉泵、送气（粉）管路、接头和阀门的密封性、可靠性，送气（粉）管路的长度不宜大于 60m；

2） 搅拌头每旋转一周，提升高度不得超过 15mm；

3） 搅拌头的直径应定期复核检查，其磨耗量不得大于 10mm；

4） 当搅拌头到达设计桩底以上 1.5m 时，应开启喷粉机提前进行喷粉作业；当搅拌头提

于设计值。

升至地面下 500mm 时，喷粉机应停止喷粉；

  5）成桩过程中，因故停止喷粉，应将搅拌头下沉至停灰面以下 1m 处，待恢复喷粉时，再喷粉搅拌提升。

7.3.6 水泥土搅拌桩干法施工机械必须配置经国家计量部门确认的具有能瞬时检测并记录出粉体计量装置及搅拌深度自动记录仪。

7.3.7 水泥土搅拌桩复合地基质量检验应符合下列规定：

  1 施工过程中应随时检查施工记录和计量记录。

  2 水泥土搅拌桩的施工质量检验可采用下列方法：

   1）成桩 3d 内，采用轻型动力触探（N_{10}）检查上部桩身的均匀性，检验数量为施工总桩数的 1%，且不少于 3 根；

   2）成桩 7d 后，采用浅部开挖桩头进行检查，开挖深度宜超过停浆（灰）面下 0.5m，检查搅拌的均匀性，量测成桩直径，检查数量不少于总桩数的 5%。

  3 静载荷试验宜在成桩 28d 后进行。水泥土搅拌桩复合地基承载力检验应采用复合地基静载荷试验和单桩静载荷试验，验收检验数量不少于总桩数的 1%，复合地基静载荷试验数量不少于 3 台（多轴搅拌为 3 组）。

  4 对变形有严格要求的工程，应在成桩 28d 后，采用双管单动取样器钻取芯样作水泥土抗压强度检验，检验数量为施工总桩数的 0.5%，且不少于 6 点。

7.3.8 基槽开挖后，应检验桩位、桩数与桩顶桩身质量，如不符合设计要求，应采取有效补强措施。

7.4 旋喷桩复合地基

7.4.1 旋喷桩复合地基处理应符合下列规定：

  1 适用于处理淤泥、淤泥质土、黏性土（流塑、软塑和可塑）、粉土、砂土、黄土、素填土和碎石土等地基。对土中含有较多的大直径块石、大量植物根茎和高含量的有机质，以及地下水流速较大的工程，应根据现场试验结果确定其适应性。

  2 旋喷桩施工，应根据工程需要和土质条件选用单管法、双管法和三管法；旋喷桩加固体形状可分为柱状、壁状、条状或块状。

  3 在制定旋喷桩方案时，应搜集邻近建筑物和周边地下埋设物等资料。

  4 旋喷桩方案确定后，应结合工程情况进行现场试验，确定施工参数及工艺。

7.4.2 旋喷桩加固体强度和直径，应通过现场试验确定。

7.4.3 旋喷桩复合地基承载力特征值和单桩竖向承载力特征值应通过现场静载荷试验确定。初步设计

时，可按本规范式（7.1.5-2）和式（7.1.5-3）估算，其桩身材料强度尚应满足式（7.1.6-1）和式（7.1.6-2）要求。

7.4.4 旋喷桩复合地基的地基变形计算应符合本规范第 7.1.7 条和第 7.1.8 条的规定。

7.4.5 当旋喷桩处理地基范围以下存在软弱下卧层时，应按现行国家标准《建筑地基基础设计规范》GB 50007 的有关规定进行软弱下卧层地基承载力验算。

7.4.6 旋喷桩复合地基宜在基础和桩顶之间设置褥垫层。褥垫层厚度宜为 150mm～300mm，褥垫层材料可选用中砂、粗砂和级配砂石等，褥垫层最大粒径不宜大于 20mm。褥垫层的夯填度不应大于 0.9。

7.4.7 旋喷桩的平面布置可根据上部结构和基础特点确定，独立基础下的桩数不应少于 4 根。

7.4.8 旋喷桩施工应符合下列规定：

  1 施工前，应根据现场环境和地下埋设物的位置等情况，复核旋喷桩的设计孔位。

  2 旋喷桩的施工工艺及参数应根据土质条件、加固要求，通过试验或根据工程经验确定。单管法、双管法高压水泥浆和三管法高压水的压力应大于20MPa，流量应大于 30L/min，气流压力宜大于0.7MPa，提升速度宜为 0.1 m/min～0.2m/min。

  3 旋喷注浆，宜采用强度等级为 42.5 级的普通硅酸盐水泥，可根据需要加入适量的外加剂及掺合料。外加剂和掺合料的用量，应通过试验确定。

  4 水泥浆液的水灰比宜为 0.8～1.2。

  5 旋喷桩的施工工序为：机具就位、贯入喷射管、喷射注浆、拔管和冲洗等。

  6 喷射孔与高压注浆泵的距离不宜大于 50m。钻孔位置的允许偏差为 ±50mm。垂直度允许偏差应为 ±1%。

  7 当喷射注浆管贯入土中，喷嘴达到设计标高时，即可喷射注浆。在喷射注浆参数达到规定值后，随即按旋喷的工艺要求，提升喷射管，由下而上旋转喷射注浆。喷射管分段提升的搭接长度不得小于 100mm。

  8 对需要局部扩大加固范围或提高强度的部位，可采用复喷措施。

  9 在旋喷注浆过程中出现压力骤然下降、上升或冒浆异常时，应查明原因并及时采取措施。

  10 旋喷注浆完毕，应迅速拔出喷射管。为防止浆液凝固收缩影响桩顶高程，可在原孔位采用冒浆回灌或第二次注浆等措施。

  11 施工中应做好废泥浆处理，及时将废泥浆运出或在现场短期堆放后作土方运出。

  12 施工中应严格按照施工参数和材料用量施工，用浆量和提升速度应采用自动记录装置，并做好各项施工记录。

7.4.9 旋喷桩质量检验应符合下列规定：

1 旋喷桩可根据工程要求和当地经验采用开挖检查、钻孔取芯、标准贯入试验、动力触探和静载荷试验等方法进行检验；

2 检验点布置应符合下列规定：

1）有代表性的桩位；

2）施工中出现异常情况的部位；

3）地基情况复杂，可能对旋喷桩质量产生影响的部位。

3 成桩质量检验点的数量不少于施工孔数的2%，并不应少于6点；

4 承载力检验宜在成桩28d后进行。

7.4.10 竣工验收时，旋喷桩复合地基承载力检验应采用复合地基静载荷试验和单桩静载荷试验。检验数量不得少于总桩数的1%，且每个单体工程复合地基静载荷试验的数量不得少于3台。

7.5 灰土挤密桩和土挤密桩复合地基

7.5.1 灰土挤密桩、土挤密桩复合地基处理应符合下列规定：

1 适用于处理地下水位以上的粉土、黏性土、素填土、杂填土和湿陷性黄土等地基，可处理地基的厚度宜为3m～15m；

2 当以消除地基土的湿陷性为主要目的时，可选用土挤密桩；当以提高地基土的承载力或增强其水稳性为主要目的时，宜选用灰土挤密桩；

3 当地基土的含水量大于24%、饱和度大于65%时，应通过试验确定其适用性；

4 对重要工程或在缺乏经验的地区，施工前应按设计要求，在有代表性的地段进行现场试验。

7.5.2 灰土挤密桩、土挤密桩复合地基设计应符合下列规定：

1 地基处理的面积：当采用整片处理时，应大于基础或建筑物底层平面的面积，超出建筑物外墙基础底面外缘的宽度，每边不宜小于处理土层厚度的1/2，且不应小于2m；当采用局部处理时，对非自重湿陷性黄土、素填土和杂填土等地基，每边不应小于基础底面宽度的25%，且不应小于0.5m；对自重湿陷性黄土地基，每边不应小于基础底面宽度的75%，且不应小于1.0m；

2 处理地基的深度，应根据建筑场地的土质情况、工程要求和成孔及夯实设备等综合因素确定。对湿陷性黄土地基，应符合现行国家标准《湿陷性黄土地区建筑规范》GB 50025 的有关规定；

3 桩孔直径宜为300mm～600mm。桩孔宜按等边三角形布置，桩孔之间的中心距离，可为桩孔直径的（2.0～3.0）倍，也可按下式估算：

$$s = 0.95d\sqrt{\frac{\bar{\eta}_c \rho_{dmax}}{\bar{\eta}_c \rho_{dmax} - \bar{\rho}_d}} \quad (7.5.2-1)$$

式中：s——桩孔之间的中心距离（m）；

d——桩孔直径（m）；

ρ_{dmax}——桩间土的最大干密度（t/m³）；

$\bar{\rho}_d$——地基处理前土的平均干密度（t/m³）；

$\bar{\eta}_c$——桩间土经成孔挤密后的平均挤密系数，不宜小于0.93。

4 桩间土的平均挤密系数 $\bar{\eta}_c$，应按下式计算：

$$\bar{\eta}_c = \frac{\bar{\rho}_{d1}}{\rho_{dmax}} \quad (7.5.2-2)$$

式中：$\bar{\rho}_{d1}$——在成孔挤密深度内，桩间土的平均干密度（t/m³），平均试样数不应少于6组。

5 桩孔的数量可按下式估算：

$$n = \frac{A}{A_e} \quad (7.5.2-3)$$

式中：n——桩孔的数量；

A——拟处理地基的面积（m²）；

A_e——单根土或灰土挤密桩所承担的处理地基面积（m²），即：

$$A_e = \frac{\pi d_e^2}{4} \quad (7.5.2-4)$$

式中：d_e——单根桩分担的处理地基面积的等效圆直径（m）。

6 桩孔内的灰土填料，其消石灰与土的体积配合比，宜为2：8或3：7。土料宜选用粉质黏土，土料中的有机质含量不应超过5%，且不得含有冻土、渣土垃圾粒径不应超过15mm。石灰可选用新鲜的消石灰或生石灰粉，粒径不应大于5mm。消石灰的质量应合格，有效 CaO＋MgO 含量不得低于60%。

7 孔内填料应分层回填夯实，填料的平均压实系数 $\bar{\lambda}_c$ 不应低于0.97，其中压实系数最小值不应低于0.93。

8 桩顶标高以上应设置300mm～600mm厚的褥垫层。垫层材料可根据工程要求采用2：8或3：7灰土、水泥土等。其压实系数均不应低于0.95。

9 复合地基承载力特征值，应按本规范第7.1.5条确定。初步设计时，可按本规范式（7.1.5-1）进行估算。桩土应力比应按试验或地区经验确定。灰土挤密桩复合地基承载力特征值，不宜大于处理前天然地基承载力特征值的 2.0 倍，且不宜大于250kPa；对土挤密桩复合地基承载力特征值，不宜大于处理前天然地基承载力特征值的 1.4 倍，且不宜大于180kPa。

10 复合地基的变形计算应符合本规范第7.1.7条和第7.1.8条的规定。

7.5.3 灰土挤密桩、土挤密桩施工应符合下列规定：

1 成孔应按设计要求、成孔设备、现场土质和周围环境等情况，选用振动沉管、锤击沉管、冲击或钻孔等方法；

2 桩顶设计标高以上的预留覆盖土层厚度，宜符合下列规定：

1）沉管成孔不宜小于 0.5m；

2）冲击成孔或钻孔夯扩法成孔不宜小于 1.2m。

3 成孔时，地基土宜接近最优（或塑限）含水量，当土的含水量低于 12% 时，宜对拟处理范围内的土层进行增湿，应在地基处理前（4~6）d，将需增湿的水通过一定数量和一定深度的渗水孔，均匀地浸入拟处理范围内的土层中，增湿土的加水量可按下式估算：

$$Q = v \bar{\rho}_d (w_{op} - \bar{w}) k \qquad (7.5.3)$$

式中：Q——计算加水量（t）；

v——拟加固土的总体积（m³）；

$\bar{\rho}_d$——地基处理前土的平均干密度（t/m³）；

w_{op}——土的最优含水量（%），通过室内击实试验求得；

$\bar{w}$——地基处理前土的平均含水量（%）；

k——损耗系数，可取 1.05~1.10。

4 土料有机质含量不应大于 5%，且不得含有冻土和膨胀土，使用时应过 10mm~20mm 的筛，混合料含水量应满足最优含水量要求，允许偏差应为 ±2%，土料和水泥应拌合均匀；

5 成孔和孔内回填夯实应符合下列规定：

1）成孔和孔内回填夯实的施工顺序，当整片处理地基时，宜从里（或中间）向外间隔（1~2）孔依次进行，对大型工程，可采取分段施工；当局部处理地基时，宜从外向里间隔（1~2）孔依次进行；

2）向孔内填料前，孔底应夯实，并应检查桩孔的直径、深度和垂直度；

3）桩孔的垂直度允许偏差应为 ±1%；

4）孔中心距允许偏差应为桩距的 ±5%；

5）经检验合格后，应按设计要求，向孔内分层填入筛好的素土、灰土或其他填料，并应分层夯实至设计标高。

6 铺设灰土垫层前，应按设计要求将桩顶标高以上的预留松动土层挖除或夯（压）密实；

7 施工过程中，应有专人监督成孔及回填夯实的质量，并应做好施工记录；如发现地基土质与勘察资料不符，应立即停止施工，待查明情况或采取有效措施处理后，方可继续施工；

8 雨期或冬期施工，应采取防雨或防冻措施，防止填料受雨水淋湿或冻结。

7.5.4 灰土挤密桩、土挤密桩复合地基质量检验应符合下列规定：

1 桩孔质量检验应在成孔后及时进行，所有桩孔均需检验并作出记录，检验合格或经处理后方可进行夯填施工。

2 应随机抽样检测夯后桩长范围内灰土或土填料的平均压实系数 $\bar{\lambda}_c$，抽检的数量不应少于桩总数

的 1%，且不得少于 9 根。对灰土桩桩身强度有怀疑时，尚应检验消石灰与土的体积配合比。

3 应抽样检验处理深度内桩间土的平均挤密系数 $\bar{\eta}_c$，检测探井数不应少于总桩数的 0.3%，且每项单体工程不得少于 3 个。

4 对消除湿陷性的工程，除应检测上述内容外，尚应进行现场浸水静载荷试验，试验方法应符合现行国家标准《湿陷性黄土地区建筑规范》GB 50025 的规定。

5 承载力检验应在成桩后 14d~28d 后进行，检测数量不应少于总桩数的 1%，且每项单体工程复合地基静载荷试验不应少于 3 点。

7.5.5 竣工验收时，灰土挤密桩、土挤密桩复合地基的承载力检验应采用复合地基静载荷试验。

7.6 夯实水泥土桩复合地基

7.6.1 夯实水泥土桩复合地基处理应符合下列规定：

1 适用于处理地下水位以上的粉土、黏性土、素填土和杂填土等地基，处理地基的深度不宜大于 15m；

2 岩土工程勘察应查明土层厚度、含水量、有机质含量等；

3 对重要工程或在缺乏经验的地区，施工前应按设计要求，选择地质条件有代表性的地段进行试验性施工。

7.6.2 夯实水泥土桩复合地基设计应符合下列规定：

1 夯实水泥土桩宜在建筑物基础范围内布置；基础边缘距离最外一排桩中心的距离不宜小于 1.0 倍桩径；

2 桩长的确定：当相对硬土层埋藏较浅时，应按相对硬土层的埋藏深度确定；当相对硬土层的埋藏较深时，可按建筑物地基的变形允许值确定；

3 桩孔直径宜为 300mm~600mm；桩孔宜按等边三角形或方形布置，桩间距可为桩孔直径的（2~4）倍；

4 桩孔内的填料，应根据工程要求进行配比试验，并应符合本规范第 7.1.6 条的规定；水泥与土的体积配合比宜为 1:5~1:8；

5 孔内填料应分层回填夯实，填料的平均压实系数 $\bar{\lambda}_c$ 不应低于 0.97，压实系数最小值不应低于 0.93；

6 桩顶标高以上应设置厚度为 100mm~300mm 的褥垫层；垫层材料可采用粗砂、中砂或碎石等，垫层材料最大粒径不宜大于 20mm；褥垫层的夯填度不应大于 0.9；

7 复合地基承载力特征值应按本规范第 7.1.5 条规定确定；初步设计时可按公式（7.1.5-2）进行估算；桩间土承载力发挥系数 β 可取 0.9~1.0；单桩承载力发挥系数 λ 可取 1.0；

8 复合地基的变形计算应符合本规范第 7.1.7 条和第 7.1.8 条的有关规定。

7.6.3 夯实水泥土桩施工应符合下列规定:

1 成孔应根据设计要求、成孔设备、现场土质和周围环境等,选用钻孔、洛阳铲成孔等方法。当采用人工洛阳铲成孔工艺时,处理深度不宜大于 6.0m。

2 桩顶设计标高以上的预留覆盖土层厚度不宜小于 0.3m。

3 成孔和孔内回填夯实应符合下列规定:

1) 宜选用机械成孔和夯实;
2) 向孔内填料前,孔底应夯实;分层夯填时,夯锤落距和填料厚度应满足夯填密实度的要求;
3) 土料有机质含量不应大于 5%,且不得含有冻土和膨胀土,混合料含水量应满足最优含水量要求,允许偏差应为±2%,土料和水泥应拌合均匀;
4) 成孔经检验合格后,按设计要求,向孔内分层填入拌合好的水泥土,并应分层夯实至设计标高。

4 铺设垫层前,应按设计要求将桩顶标高以上的预留土层挖除。垫层施工应避免扰动基底土层。

5 施工过程中,应有专人监理成孔及回填夯实的质量,并应做好施工记录。如发现地基土质与勘察资料不符,应立即停止施工,待查明情况或采取有效措施处理后,方可继续施工。

6 雨期或冬期施工,应采取防雨或防冻措施,防止填料受雨水淋湿或冻结。

7.6.4 夯实水泥土桩复合地基质量检验应符合下列规定:

1 成桩后,应及时抽样检验水泥土桩的质量;

2 夯填桩体的干密度质量检验宜随机抽样检测,抽检的数量不应少于总桩数的 2%;

3 复合地基静载荷试验和单桩静载荷试验检验数量不应少于桩总数的 1%,且每项单体工程复合地基静载荷试验检验数量不应少于 3 点。

7.6.5 竣工验收时,夯实水泥土桩复合地基承载力检验应采用单桩复合地基静载荷试验和单桩静载荷试验;对重要或大型工程,尚应进行多桩复合地基静载荷试验。

7.7 水泥粉煤灰碎石桩复合地基

7.7.1 水泥粉煤灰碎石桩复合地基适用于处理黏性土、粉土、砂土和自重固结已完成的素填土地基。对淤泥质土应按地区经验或通过现场试验确定其适用性。

7.7.2 水泥粉煤灰碎石桩复合地基设计应符合下列规定:

1 水泥粉煤灰碎石桩,应选择承载力和压缩模量相对较高的土层作为桩端持力层。

2 桩径:长螺旋钻中心压灌、干成孔和振动沉管成桩宜为 350mm～600mm;泥浆护壁钻孔成桩宜为 600mm～800mm;钢筋混凝土预制桩宜为 300mm ～600mm。

3 桩间距应根据基础形式、设计要求的复合地基承载力和变形、土性及施工工艺确定:

1) 采用非挤土成桩工艺和部分挤土成桩工艺,桩间距宜为(3～5)倍桩径;
2) 采用挤土成桩工艺和墙下条形基础单排布桩的桩间距宜为(3～6)倍桩径;
3) 桩长范围内有饱和粉土、粉细砂、淤泥、淤泥质土层,采用长螺旋钻中心压灌成桩施工中可能发生窜孔时宜采用较大桩距。

4 桩顶和基础之间应设置褥垫层,褥垫层厚度宜为桩径的 40%～60%。褥垫材料宜采用中砂、粗砂、级配砂石和碎石等,最大粒径不宜大于 30mm。

5 水泥粉煤灰碎石桩可只在基础范围内布桩,并可根据建筑物荷载分布、基础形式和地基土性状,合理确定布桩参数:

1) 内筒外框结构内筒部位可采用减小桩距、增大桩长或桩径布桩;
2) 对相邻柱荷载水平相差较大的独立基础,应按变形控制确定桩长和桩距;
3) 筏板厚度与桩距之比小于 1/6 的平板式筏基、梁的高跨比大于 1/6 且板的厚跨比(筏板厚度与梁的中心距之比)小于 1/6 的梁板式筏基,应在柱(平板式筏基)和梁(梁板式筏基)边缘每边外扩 2.5 倍板厚的面积范围内布桩;
4) 对荷载水平不高的墙下条形基础可采用墙下单排布桩。

6 复合地基承载力特征值应按本规范第 7.1.5 条规定确定。初步设计时,可按式(7.1.5-2)估算,其中单桩承载力发挥系数 λ 和桩间土承载力发挥系数 β 应按地区经验取值,无经验时 λ 可取 0.8～0.9;β 可取 0.9～1.0;处理后桩间土的承载力特征值 f_{sk},对非挤土成桩工艺,可取天然地基承载力特征值;对挤土成桩工艺,一般黏性土可取天然地基承载力特征值;松散砂土、粉土可取天然地基承载力特征值的(1.2～1.5)倍,原土强度低的取大值。按式(7.1.5-3)估算单桩承载力时,桩端端阻力发挥系数 $α_p$ 可取 1.0;桩身强度应满足本规范第 7.1.6 条的规定。

7 处理后的地基变形计算应符合本规范第 7.1.7 条和第 7.1.8 条的规定。

7.7.3 水泥粉煤灰碎石桩施工应符合下列规定:

1 可选用下列施工工艺:

1) 长螺旋钻孔灌注成桩:适用于地下水位以上的黏性土、粉土、素填土、中等密实以上的砂土地基；

2）长螺旋钻中心压灌成桩：适用于黏性土、粉土、砂土和素填土地基，对噪声或泥浆污染要求严格的场地可优先选用；穿越卵石夹层时应通过试验确定适用性；

3）振动沉管灌注成桩：适用于粉土、黏性土及素填土地基；挤土造成地面隆起量大时，应采用较大桩距施工；

4）泥浆护壁成孔灌注成桩，适用于地下水位以下的黏性土、粉土、砂土、填土、碎石土及风化岩层等地基；桩长范围和桩端有承压水的土层应通过试验确定其适应性。

2　长螺旋钻中心压灌成桩施工和振动沉管灌注成桩施工应符合下列规定：

1）施工前，应按设计要求在试验室进行配合比试验；施工时，按配合比制备混合料；长螺旋钻中心压灌成桩施工的坍落度宜为160mm～200mm，振动沉管灌注成桩施工的坍落度宜为30mm～50mm；振动沉管灌注成桩后桩顶浮浆厚度不宜超过200mm；

2）长螺旋钻中心压灌成桩施工钻至设计深度后，应控制提拔钻杆时间，混合料泵送量应与拔管速度相配合，不得在饱和砂土或饱和粉土层内停泵待料；沉管灌注成桩施工拔管速度宜为 1.2m/min～1.5m/min，如遇淤泥质土，拔管速度应适当减慢；当遇有松散饱和粉土、粉细砂或淤泥质土，当桩距较小时，宜采取隔桩跳打措施；

3）施工桩顶标高宜高出设计桩顶标高不少于0.5m；当施工作业面高出桩顶设计标高较大时，宜增加混凝土灌注量；

4）成桩过程中，应抽样做混合料试块，每台机械每台班不应少于一组。

3　冬期施工时，混合料入孔温度不得低于5℃，对桩头和桩间土应采取保温措施；

4　清土和截桩时，应采用小型机械或人工剔除等措施，不得造成桩顶标高以下桩身断裂或桩间土扰动；

5　褥垫层铺设宜采用静力压实法，当基础底面下桩间土的含水量较低时，也可采用动力夯实法，夯填度不应大于0.9；

6　泥浆护壁成孔灌注成桩和锤击、静压预制桩施工，应符合现行行业标准《建筑桩基技术规范》JGJ 94 的规定。

7.7.4　水泥粉煤灰碎石桩复合地基质量检验应符合下列规定：

1　施工质量检验应检查施工记录、混合料坍落度、桩数、桩位偏差、褥垫层厚度、夯填度和桩体试块抗压强度等；

2　竣工验收时，水泥粉煤灰碎石桩复合地基承载力检验应采用复合地基静载荷试验和单桩静载荷试验；

3　承载力检验宜在施工结束 28d 后进行，其桩身强度应满足试验荷载条件；复合地基静载荷试验和单桩静载荷试验的数量不应少于总桩数的 1%，且每个单体工程的复合地基静载荷试验的试验数量不应少于 3 点；

4　采用低应变动力试验检测桩身完整性，检查数量不低于总桩数的 10%。

7.8　柱锤冲扩桩复合地基

7.8.1　柱锤冲扩桩复合地基适用于处理地下水位以上的杂填土、粉土、黏性土、素填土和黄土等地基；对地下水位以下饱和土层处理，应通过现场试验确定其适用性。

7.8.2　柱锤冲扩桩处理地基的深度不宜超过 10m。

7.8.3　对大型的、重要的或场地复杂的工程，在正式施工前，应在有代表性的场地进行试验。

7.8.4　柱锤冲扩桩复合地基设计应符合下列规定：

1　处理范围应大于基底面积。对一般地基，在基础外缘应扩大（1～3）排桩，且不应小于基底下处理土层厚度的 1/2；对可液化地基，在基础外缘扩大的宽度，不应小于基底下可液化土层厚度的 1/2，且不应小于 5m；

2　桩位布置宜为正方形和等边三角形，桩距宜为 1.2m～2.5m 或取桩径的（2～3）倍；

3　桩径宜为 500mm～800mm，桩孔内填料量应通过现场试验确定；

4　地基处理深度：对相对硬土层埋藏较浅地基，应达到相对硬土层深度；对相对硬土层埋藏较深地基，应按下卧层地基承载力及建筑物地基的变形允许值确定；对可液化地基，应按现行国家标准《建筑抗震设计规范》GB 50011 的有关规定确定；

5　桩顶部应铺设 200mm～300mm 厚砂石垫层，垫层的夯填度不应大于 0.9；对湿陷性黄土，垫层材料应采用灰土，满足本规范第 7.5.2 条第 8 款的规定。

6　桩体材料可采用碎砖三合土、级配砂石、矿渣、灰土、水泥混合土等，当采用碎砖三合土时，其体积比可采用生石灰：碎砖：黏性土为 1：2：4，当采用其他材料时，应通过试验确定其适用性和配合比；

7　承载力特征值应通过现场复合地基静载荷试验确定；初步设计时，可按式（7.1.5-1）估算，置换率 m 宜取 0.2～0.5；桩土应力比 n 应通过试验确定或按地区经验确定；无经验值时，可取 2～4；

8　处理后地基变形计算应符合本规范第 7.1.7 条和第 7.1.8 条的规定；

9 当柱锤冲扩桩处理深度以下存在软弱下卧层时，应按现行国家标准《建筑地基基础设计规范》GB 50007的有关规定进行软弱下卧层地基承载力验算。

7.8.5 柱锤冲扩桩施工应符合下列规定：

1 宜采用直径300mm～500mm、长度2m～6m、质量2t～10t的柱状锤进行施工。

2 起重机具可用起重机、多功能冲扩桩机或其他专用机具设备。

3 柱锤冲扩桩复合地基施工可按下列步骤进行：

1）清理平整施工场地，布置桩位。

2）施工机具就位，使柱锤对准桩位。

3）柱锤冲孔：根据土质及地下水情况可分别采用下列三种成孔方式：

① 冲击成孔：将柱锤提升一定高度，自由下落冲击土层，如此反复冲击，接近设计成孔深度时，可在孔内填少量粗骨料继续冲击，直到孔底被夯密实；

② 填料冲击成孔：成孔时出现缩颈或塌孔时，可分次填入碎砖和生石灰块，边冲击边将填料挤入孔壁及孔底，当孔底接近设计成孔深度时，夯入部分碎砖挤密桩端土；

③ 复打成孔：当塌孔严重难以成孔时，可提锤反复冲击至设计孔深，然后分次填入碎砖和生石灰块，待孔内生石灰吸水膨胀、桩间土性质有所改善后，再进行二次冲击复打成孔。

当采用上述方法仍难以成孔时，也可以采用套管成孔，即用柱锤边冲孔边将套管压入土中，直至桩底设计标高。

4）成桩：用料斗或运料车将拌合好的填料分层填入桩孔夯实。当采用套管成孔时，边分层填料夯实，边将套管拔出。锤的质量、锤长、落距、分层填料量、分层夯填度、夯击次数和总填料量等，应根据试验或按当地经验确定。每个桩孔应夯填至桩顶设计标高以上至少0.5m，其上部桩孔宜用原地基土夯封。

5）施工机具移位，重复上述步骤进行下一根桩施工。

4 成孔和填料夯实的施工顺序，宜间隔跳打。

7.8.6 基槽开挖后，应晾槽拍底或振动压路机碾压后，再铺设垫层并压实。

7.8.7 柱锤冲扩桩复合地基的质量检验应符合下列规定：

1 施工过程中应随时检查施工记录及现场施工情况，并对照预定的施工工艺标准，对每根桩进行质量评定；

2 施工结束后7d～14d，可采用重型动力触探或标准贯入试验对桩身及桩间土进行抽样检验，检验数量不应少于冲扩桩总数的2%，每个单体工程桩身及桩间土总检验点数均不应少于6点；

3 竣工验收时，柱锤冲扩桩复合地基承载力检验应采用复合地基静载荷试验；

4 承载力检验数量不应少于总桩数的1%，且每个单体工程复合地基静载荷试验不应少于3点；

5 静载荷试验应在成桩14d后进行；

6 基槽开挖后，应检查桩位、桩径、桩数、桩顶密实度及槽底土质情况。如发现漏桩、桩位偏差大、桩头及槽底土质松软等质量问题，应采取补救措施。

7.9 多桩型复合地基

7.9.1 多桩型复合地基适用于处理不同深度存在相对硬层的正常固结土，或浅层存在欠固结土、湿陷性黄土、可液化土等特殊土，以及地基承载力和变形要求较高的地基。

7.9.2 多桩型复合地基的设计应符合下列原则：

1 桩型及施工工艺的确定，应考虑土层情况、承载力与变形控制要求、经济性和环境要求等综合因素；

2 对复合地基承载力贡献较大或用于控制复合土层变形的长桩，应选择相对较好的持力层；对处理欠固结土的增强体，其桩长应穿越欠固结土层；对消除湿陷性土的增强体，其桩长宜穿过湿陷性土层；对处理液化土的增强体，其桩长宜穿过可液化土层；

3 如浅部存在有较好持力层的正常固结土，可采用长桩与短桩的组合方案；

4 对浅部存在软土或欠固结土，宜先采用预压、压实、夯实、挤密方法或低强度桩复合地基等处理浅层地基，再采用桩身强度相对较高的长桩进行地基处理；

5 对湿陷性黄土应按现行国家标准《湿陷性黄土地区建筑规范》GB 50025的规定，采用压实、夯实或土桩、灰土桩等处理湿陷性，再采用桩身强度相对较高的长桩进行地基处理；

6 对可液化地基，可采用碎石桩等方法处理液化土层，再采用有粘结强度桩进行地基处理。

7.9.3 多桩型复合地基单桩承载力应由静载荷试验确定，初步设计可按本规范第7.1.6条规定估算；对施工扰动敏感的土层，应考虑后施工桩对已施工桩的影响，单桩承载力予以折减。

7.9.4 多桩型复合地基的布桩宜采用正方形或三角形间隔布置，刚性桩宜在基础范围内布桩，其他增强体布桩应满足液化土地基和湿陷性黄土地基对不同性质土质处理范围的要求。

7.9.5 多桩型复合地基垫层设置，对刚性长、短桩复合地基宜选择砂石垫层，垫层厚度宜取对复合地基承载力贡献大的增强体直径的1/2；对刚性桩与其他材料增强体桩组合的复合地基，垫层厚度宜取刚性桩直径的1/2；对湿陷性的黄土地基，垫层材料应采用灰土，垫层厚度宜为300mm。

7.9.6 多桩型复合地基承载力特征值，应采用多桩复合地基静载荷试验确定，初步设计时，可采用下列公式估算：

1 对具有粘结强度的两种桩组合形成的多桩型复合地基承载力特征值：

$$f_{spk} = m_1 \frac{\lambda_1 R_{a1}}{A_{p1}} + m_2 \frac{\lambda_2 R_{a2}}{A_{p2}} + \beta(1 - m_1 - m_2)f_{sk}$$

(7.9.6-1)

式中：m_1、m_2——分别为桩1、桩2的面积置换率；

λ_1、λ_2——分别为桩1、桩2的单桩承载力发挥系数；应由单桩复合地基试验按等变形准则或多桩复合地基静载荷试验确定，有地区经验时也可按地区经验确定；

R_{a1}、R_{a2}——分别为桩1、桩2的单桩承载力特征值（kN）；

A_{p1}、A_{p2}——分别为桩1、桩2的截面面积（m^2）；

β——桩间土承载力发挥系数；无经验时可取0.9～1.0；

f_{sk}——处理后复合地基桩间土承载力特征值（kPa）。

2 对具有粘结强度的桩与散体材料桩组合形成的复合地基承载力特征值：

$$f_{spk} = m_1 \frac{\lambda_1 R_{a1}}{A_{p1}} + \beta[1 - m_1 + m_2(n - 1)]f_{sk}$$

(7.9.6-2)

式中：β——仅由散体材料桩加固处理形成的复合地基承载力发挥系数；

n——仅由散体材料桩加固处理形成复合地基的桩土应力比；

f_{sk}——仅由散体材料桩加固处理后桩间土承载力特征值（kPa）。

7.9.7 多桩型复合地基面积置换率，应根据基础面积与该面积范围内实际的布桩数量进行计算，当基础面积较大或条形基础较长时，可用单元面积置换率替代。

1 当按图7.9.7（a）矩形布桩时，$m_1 = \frac{A_{p1}}{2s_1 s_2}$，$m_2 = \frac{A_{p2}}{2s_1 s_2}$；

2 当按图7.9.7（b）三角形布桩且 $s_1 = s_2$ 时，$m_1 = \frac{A_{p1}}{2s_1^2}$，$m_2 = \frac{A_{p2}}{2s_1^2}$。

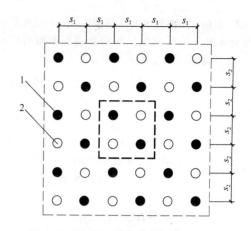

图7.9.7（a） 多桩型复合地基矩形布桩单元面积计算模型

1—桩1；2—桩2

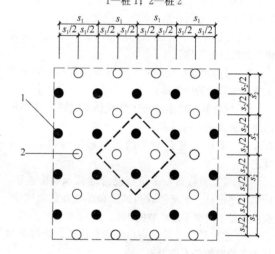

图7.9.7（b） 多桩型复合地基三角形布桩单元面积计算模型

1—桩1；2—桩2

7.9.8 多桩型复合地基变形计算可按本规范第7.1.7条和第7.1.8条的规定，复合土层的压缩模量可按下列公式计算：

1 有粘结强度增强体的长短桩复合加固区、仅长桩加固区土层压缩模量提高系数分别按下列公式计算：

$$\zeta_1 = \frac{f_{spk}}{f_{ak}}$$

(7.9.8-1)

$$\zeta_2 = \frac{f_{spk1}}{f_{ak}}$$

(7.9.8-2)

式中：f_{spk1}、f_{spk}——分别为仅由长桩处理形成复合地基承载力特征值和长短桩复合地基承载力特征值（kPa）；

ζ_1、ζ_2——分别为长短桩复合地基加固土层压缩模量提高系数和仅由长桩处理形成复合地基加固土层压缩模量提高系数。

2 对由有粘结强度的桩与散体材料桩组合形成的复合地基加固区土层压缩模量提高系数可按式（7.9.8-3）或式（7.9.8-4）计算：

$$\zeta_1 = \frac{f_{spk}}{f_{spk2}}[1+m(n-1)]\alpha \qquad (7.9.8-3)$$

$$\zeta_1 = \frac{f_{spk}}{f_{ak}} \qquad (7.9.8-4)$$

式中：f_{spk2}——仅由散体材料桩加固处理后复合地基承载力特征值（kPa）；

α——处理后桩间土地基承载力的调整系数，$\alpha = f_{sk}/f_{ak}$；

m——散体材料桩的面积置换率。

7.9.9 复合地基变形计算深度应大于复合地基土层的厚度，且应满足现行国家标准《建筑地基基础设计规范》GB 50007 的有关规定。

7.9.10 多桩型复合地基的施工应符合下列规定：

1 对处理可液化土层的多桩型复合地基，应先施工处理液化的增强体；

2 对消除或部分消除湿陷性黄土地基，应先施工处理湿陷性的增强体；

3 应降低或减小后施工增强体对已施工增强体的质量和承载力的影响。

7.9.11 多桩型复合地基的质量检验应符合下列规定：

1 竣工验收时，多桩型复合地基承载力检验，应采用多桩复合地基静载荷试验和单桩静载荷试验，检验数量不得少于总桩数的 1%；

2 多桩复合地基载荷板静载荷试验，对每个单体工程检验数量不得少于 3 点；

3 增强体施工质量检验，对散体材料增强体的检验数量不应少于其总桩数的 2%，对具有粘结强度的增强体，完整性检验数量不应少于其总桩数的 10%。

8 注 浆 加 固

8.1 一 般 规 定

8.1.1 注浆加固适用于建筑地基的局部加固处理，适用于砂土、粉土、黏性土和人工填土等地基加固。加固材料可选用水泥浆液、硅化浆液和碱液等固化剂。

8.1.2 注浆加固设计前，应进行室内浆液配比试验和现场注浆试验，确定设计参数，检验施工方法和设备。

8.1.3 注浆加固应保证加固地基在平面和深度连成一体，满足土体渗透性、地基土的强度和变形的设计要求。

8.1.4 注浆加固后的地基变形计算应按现行国家标准《建筑地基基础设计规范》GB 50007 的有关规定进行。

8.1.5 对地基承载力和变形有特殊要求的建筑地基，注浆加固宜与其他地基处理方法联合使用。

8.2 设 计

8.2.1 水泥为主剂的注浆加固设计应符合下列规定：

1 对软弱地基土处理，可选用以水泥为主剂的浆液及水泥和水玻璃的双液型混合浆液；对有地下水流动的软弱地基，不应采用单液水泥浆液。

2 注浆孔间距宜取 1.0m～2.0m。

3 在砂土地基中，浆液的初凝时间宜为 5min～20min；在黏性土地基中，浆液的初凝时间宜为（1～2）h。

4 注浆量和注浆有效范围，应通过现场注浆试验确定；在黏性土地基中，浆液注入率宜为 15%～20%；注浆点上覆土层厚度应大于 2m。

5 对劈裂注浆的注浆压力，在砂土中，宜为 0.2MPa～0.5MPa；在黏性土中，宜为 0.2MPa～0.3MPa。对压密注浆，当采用水泥砂浆浆液时，坍落度宜为 25mm～75mm，注浆压力宜为 1.0MPa～7.0MPa。当采用水泥水玻璃双液快凝浆液时，注浆压力不应大于 1.0MPa。

6 对人工填土地基，应采用多次注浆，间隔时间应按浆液的初凝试验结果确定，且不应大于 4h。

8.2.2 硅化浆液注浆加固设计应符合下列规定：

1 砂土、黏性土宜采用压力双液硅化注浆；渗透系数为（0.1～2.0）m/d 的地下水位以上的湿陷性黄土，可采用无压或压力单液硅化注浆；自重湿陷性黄土宜采用无压单液硅化注浆；

2 防渗注浆加固用的水玻璃模数不宜小于 2.2，用于地基加固的水玻璃模数宜为 2.5～3.3，且不溶于水的杂质含量不应超过 2%；

3 双液硅化注浆用的氧化钙溶液中的杂质含量不得超过 0.06%，悬浮颗粒含量不得超过 1%，溶液的 pH 值不得小于 5.5；

4 硅化注浆的加固半径应根据孔隙比、浆液黏度、凝固时间、灌浆速度、灌浆压力和灌浆量等试验确定；无试验资料时，对粗砂、中砂、细砂、粉砂和黄土可按表 8.2.2 确定；

表 8.2.2 硅化法注浆加固半径

土的类型及加固方法	渗透系数（m/d）	加固半径（m）
粗砂、中砂、细砂（双液硅化法）	2～10	0.3～0.4
	10～20	0.4～0.6
	20～50	0.6～0.8
	50～80	0.8～1.0

续表8.2.2

土的类型及加固方法	渗透系数 （m/d）	加固半径 （m）
粉砂（单液硅化法）	0.3～0.5	0.3～0.4
	0.5～1.0	0.4～0.6
	1.0～2.0	0.6～0.8
	2.0～5.0	0.8～1.0
黄土（单液硅化法）	0.1～0.3	0.3～0.4
	0.3～0.5	0.4～0.6
	0.5～1.0	0.6～0.8
	1.0～2.0	0.8～1.0

5 注浆孔的排间距可取加固半径的 1.5 倍；注浆孔的间距可取加固半径的（1.5～1.7）倍；最外侧注浆孔位超出基础底面宽度不得小于 0.5m；分层注浆时，加固层厚度可按注浆管带孔部分的长度上下各 25%加固半径计算；

6 单液硅化法应采用浓度为 10%～15%的硅酸钠，并掺入 2.5%氯化钠溶液；加固湿陷性黄土的溶液用量，可按下式估算：

$$Q = V\bar{n}d_{N1}\alpha \qquad (8.2.2-1)$$

式中：Q——硅酸钠溶液的用量（m³）；

V——拟加固湿陷性黄土的体积（m³）；

$\bar{n}$——地基加固前，土的平均孔隙率；

d_{N1}——灌注时，硅酸钠溶液的相对密度；

α——溶液填充孔隙的系数，可取 0.60～0.80。

7 当硅酸钠溶液浓度大于加固湿陷性黄土所要求的浓度时，应进行稀释，稀释加水量可按下式估算：

$$Q' = \frac{d_N - d_{N1}}{d_{N1} - 1} \times q \qquad (8.2.2-2)$$

式中：Q'——稀释硅酸钠溶液的加水量（t）；

d_N——稀释前，硅酸钠溶液的相对密度；

q——拟稀释硅酸钠溶液的质量（t）。

8 采用单液硅化法加固湿陷性黄土地基，灌注孔的布置应符合下列规定：

1）灌注孔间距：压力灌注宜为 0.8m～1.2m；溶液无压力自渗宜为 0.4m～0.6m；

2）对新建建（构）筑物和设备基础的地基，应在基础底面下按等边三角形满堂布孔，超出基础底面外缘的宽度，每边不得小于 1.0m；

3）对既有建（构）筑物和设备基础的地基，应沿基础侧向布孔，每侧不宜少于 2 排；

4）当基础底面宽度大于 3m 时，除应在基础下每侧布置 2 排灌注孔外，可在基础两侧布置斜向基础底面中心以下的灌注孔或在其台阶上布置穿透基础的灌注孔。

8.2.3 碱液注浆加固设计应符合下列规定：

1 碱液注浆加固适用于处理地下水位以上渗透系数为（0.1～2.0）m/d 的湿陷性黄土地基，对自重湿陷性黄土地基的适应性应通过试验确定；

2 当 100g 干土中可溶性和交换性钙镁离子含量大于 10mg·eq 时，可采用灌注氢氧化钠一种溶液的单液法；其他情况可采用灌注氢氧化钠和氯化钙双液灌注加固；

3 碱液加固地基的深度应根据地基的湿陷类型、地基湿陷等级和湿陷性黄土层厚度，并结合建筑物类别与湿陷事故的严重程度等综合因素确定；加固深度宜为 2m～5m；

1）对非自重湿陷性黄土地基，加固深度可为基础宽度的（1.5～2.0）倍；

2）对Ⅱ级自重湿陷性黄土地基，加固深度可为基础宽度的（2.0～3.0）倍。

4 碱液加固土层的厚度 h，可按下式估算：

$$h = l + r \qquad (8.2.3-1)$$

式中：l——灌注液长度，从注液管底部到灌注孔底部的距离（m）；

r——有效加固半径（m）。

5 碱液加固地基的半径 r，宜通过现场试验确定。当碱液浓度和温度符合本规范第 8.3.3 条规定时，有效加固半径与碱液灌注量之间，可按下式估算：

$$r = 0.6\sqrt{\frac{V}{nl \times 10^3}} \qquad (8.2.3-2)$$

式中：V——每孔碱液灌注量（L），试验前可根据加固要求达到的有效加固半径按式（8.2.3-3）进行估算；

n——拟加固土的天然孔隙率。

r——有效加固半径（m），当无试验条件或工程量较小时，可取 0.4m～0.5m。

6 当采用碱液加固既有建（构）筑物的地基时，灌注孔的平面布置，可沿条形基础两侧或单独基础周边各布置一排。当地基湿陷性较严重时，孔距宜为 0.7m～0.9m；当地基湿陷较轻时，孔距宜为 1.2m～2.5m；

7 每孔碱液灌注量可按下式估算：

$$V = \alpha\beta\pi r^2(l + r)n \qquad (8.2.3-3)$$

式中：α——碱液充填系数，可取 0.6～0.8；

β——工作条件系数，考虑碱液流失影响，可取 1.1。

8.3 施 工

8.3.1 水泥为主剂的注浆施工应符合下列规定：

1 施工场地应预先平整，并沿钻孔位置开挖沟槽和集水坑。

2 注浆施工时，宜采用自动流量和压力记录仪，并应及时进行数据整理分析。

3　注浆孔的孔径宜为 70mm～110mm，垂直度允许偏差应为±1%。

4　花管注浆法施工可按下列步骤进行：

1) 钻机与注浆设备就位；

2) 钻孔或采用振动法将花管置入土层；

3) 当采用钻孔法时，应从钻杆内注入封闭泥浆，然后插入孔径为 50mm 的金属花管；

4) 待封闭泥浆凝固后，移动花管自下而上或自上而下进行注浆。

5　压密注浆施工可按下列步骤进行：

1) 钻机与注浆设备就位；

2) 钻孔或采用振动法将金属注浆管压入土层；

3) 当采用钻孔法时，应从钻杆内注入封闭泥浆，然后插入孔径为 50mm 的金属注浆管；

4) 待封闭泥浆凝固后，捅去注浆管的活络堵头，提升注浆管自下而上或自上而下进行注浆。

6　浆液黏度应为 80s～90s，封闭泥浆 7d 后 70.7mm×70.7mm×70.7mm 立方体试块的抗压强度应为0.3MPa～0.5MPa。

7　浆液宜用普通硅酸盐水泥。注浆时可部分掺用粉煤灰，掺入量可为水泥重量的 20%～50%。根据工程需要，可在浆液拌制时加入速凝剂、减水剂和防析水剂。

8　注浆用水 pH 值不得小于 4。

9　水泥浆的水灰比可取 0.6～2.0，常用的水灰比为 1.0。

10　注浆的流量可取(7～10)L/min，对充填型注浆，流量不宜大于20L/min。

11　当用花管注浆和带有活堵头的金属管注浆时，每次上拔或下钻高度宜为 0.5m。

12　浆体应经过搅拌机充分搅拌均匀后，方可压注，注浆过程中应不停缓慢搅拌，搅拌时间应小于浆液初凝时间。浆液在泵送前应经过筛网过滤。

13　水温不得超过 30℃～35℃，盛浆桶和注浆管路在注浆体静止状态不得暴露于阳光下，防止浆液凝固；当日平均温度低于 5℃ 或最低温度低于−3℃ 的条件下注浆时，应采取措施防止浆液冻结。

14　应采用跳孔间隔注浆，且先外围后中间的注浆顺序。当地下水流速较大时，应从水头高的一端开始注浆。

15　对渗透系数相同的土层，应先注浆封顶，后由下而上进行注浆，防止浆液上冒。如土层的渗透系数随深度而增大，则应自下而上注浆。对互层地层，应先对渗透性或孔隙率大的地层进行注浆。

16　当既有建筑地基进行注浆加固时，应对既有建筑及其邻近建筑、地下管线和地面的沉降、倾斜、位移和裂缝进行监测。并应采用多孔间隔注浆和缩短浆液凝固时间等措施，减少既有建筑基础因注浆而产生的附加沉降。

8.3.2　硅化浆液注浆施工应符合下列规定：

1　压力灌浆溶液的施工步骤应符合下列规定：

1) 向土中打入灌注管和灌注溶液，应自基础底面标高起向下分层进行，达到设计深度后，应将管拔出，清洗干净方可继续使用；

2) 加固既有建筑物地基时，应采用沿基础侧向先外排，后内排的施工顺序；

3) 灌注溶液的压力值由小逐渐增大，最大压力不宜超过 200kPa。

2　溶液自渗的施工步骤，应符合下列规定：

1) 在基础侧向，将设计布置的灌注孔分批或全部打入或钻至设计深度；

2) 将配好的硅酸钠溶液满注灌注孔，溶液面宜高出基础底面标高 0.50m，使溶液自行渗入土中；

3) 在溶液自渗过程中，每隔 2h～3h，向孔内添加一次溶液，防止孔内溶液渗干。

3　待溶液量全部注入土中后，注浆孔宜用体积比为 2∶8 灰土分层回填夯实。

8.3.3　碱液注浆施工应符合下列规定：

1　灌注孔可用洛阳铲、螺旋钻成孔或用带有尖端的钢管打入土中成孔，孔径宜为 60mm～100mm，孔中应填入粒径为 20mm～40mm 的石子到注液管下端标高处，再将内径 20mm 的注液管插入孔中，管底以上 300mm 高度内填入粒径为 2mm～5mm 的石子，上部宜用体积比为 2∶8 灰土填入夯实。

2　碱液可用固体烧碱或液体烧碱配制，每加固 1m³ 黄土宜用氢氧化钠溶液 35kg～45kg。碱液浓度不应低于 90g/L；双液加固时，氯化钙溶液的浓度为 50 g/L～80g/L。

3　配溶液时，应先放水，而后徐徐放入碱块或浓碱液。溶液加碱量可按下列公式计算：

1) 采用固体烧碱配制每 1m³ 浓度为 M 的碱液时，每 1m³ 水中的加碱量应符合下式规定：

$$G_s = \frac{1000M}{P} \qquad (8.3.3\text{-}1)$$

式中：G_s ——每 1m³ 碱液中投入的固体烧碱量（g）；

M ——配制碱液的浓度（g/L）；

P —— 固体烧碱中，NaOH 含量的百分数（%）。

2) 采用液体烧碱配制每 1m³ 浓度为 M 的碱液时，投入的液体烧碱体积 V_1 和加水量 V_2 应符合下列公式规定：

$$V_1 = 1000\frac{M}{d_N N} \qquad (8.3.3\text{-}2)$$

$$V_2 = 1000\left(1 - \frac{M}{d_N N}\right) \qquad (8.3.3\text{-}3)$$

式中：V_1——液体烧碱体积（L）；

$\quad\quad V_2$——加水的体积（L）；

$\quad\quad d_N$——液体烧碱的相对密度；

$\quad\quad N$——液体烧碱的质量分数。

4 应将桶内碱液加热到 90℃ 以上方能进行灌注，灌注过程中，桶内溶液温度不应低于 80℃。

5 灌注碱液的速度，宜为 (2~5)L/min。

6 碱液加固施工，应合理安排灌注顺序和控制灌注速率。宜采用隔（1~2）孔灌注，分段施工，相邻两孔灌注的间隔时间不宜少于 3d。同时灌注的两孔间距不应小于 3m。

7 当采用双液加固时，应先灌注氢氧化钠溶液，待间隔 8h~12h 后，再灌注氯化钙溶液，氯化钙溶液用量宜为氢氧化钠溶液用量的 1/2~1/4。

8.4 质量检验

8.4.1 水泥为主剂的注浆加固质量检验应符合下列规定：

1 注浆检验应在注浆结束 28d 后进行。可选用标准贯入、轻型动力触探、静力触探或面波等方法进行加固地层均匀性检测。

2 按加固土体深度范围每间隔 1m 取样进行室内试验，测定土体压缩性、强度或渗透性。

3 注浆检验点不应少于注浆孔数的 2%~5%。检验点合格率小于 80% 时，应对不合格的注浆区实施重复注浆。

8.4.2 硅化注浆加固质量检验应符合下列规定：

1 硅酸钠溶液灌注完毕，应在 7d~10d 后，对加固的地基土进行检验；

2 应采用动力触探或其他原位测试检验加固地基的均匀性；

3 工程设计对土的压缩性和湿陷性有要求时，尚应在加固土的全部深度内，每隔 1m 取土样进行室内试验，测定其压缩性和湿陷性；

4 检验数量不应少于注浆孔数的 2%~5%。

8.4.3 碱液加固质量检验应符合下列规定：

1 碱液加固施工应做好施工记录，检查碱液浓度及每孔注入量是否符合设计要求。

2 开挖或钻孔取样，对加固土体进行无侧限抗压强度试验和水稳性试验。取样部位应在加固土体中部，试块数不少于 3 个，28d 龄期的无侧限抗压强度平均值不得低于设计值的 90%。将试块浸泡在自来水中，无崩解。当需要查明加固土体的外形和整体性时，可对有代表性加固土体进行开挖，量测其有效加固半径和加固深度。

3 检验数量不应少于注浆孔数的 2%~5%。

8.4.4 注浆加固处理后地基的承载力应进行静载荷试验检验。

8.4.5 静载荷试验应按附录 A 的规定进行，每个单体建筑的检验数量不应少于 3 点。

9 微型桩加固

9.1 一般规定

9.1.1 微型桩加固适用于既有建筑地基加固或新建建筑的地基处理。微型桩按桩型和施工工艺，可分为树根桩、预制桩和注浆钢管桩等。

9.1.2 微型桩加固后的地基，当桩与承台整体连接时，可按桩基础设计；桩与基础不整体连接时，可按复合地基设计。按桩基设计时，桩顶与基础的连接应符合现行行业标准《建筑桩基技术规范》JGJ 94 的有关规定；按复合地基设计时，应符合本规范第 7 章的有关规定，褥垫层厚度宜为 100mm~150mm。

9.1.3 既有建筑地基基础采用微型桩加固补强，应符合现行行业标准《既有建筑地基基础加固技术规范》JGJ 123 的有关规定。

9.1.4 根据环境的腐蚀性、微型桩的类型、荷载类型（受拉或受压）、钢材的品种及设计使用年限，微型桩中钢构件或钢筋的防腐构造应符合耐久性设计的要求。钢构件或预制桩钢筋保护层厚度不应小于 25mm，钢管砂浆保护层厚度不应小于 35mm，混凝土灌注桩钢筋保护层厚度不应小于 50mm；

9.1.5 软土地基微型桩的设计施工应符合下列规定：

1 应选择较好的土层作为桩端持力层，进入持力层深度不宜小于 5 倍的桩径或边长。

2 对不排水抗剪强度小于 10kPa 的土层，应进行试验性施工；并应采用护筒或永久套管包裹水泥浆、砂浆或混凝土；

3 应采取间隔施工、控制注浆压力和速度等措施，减小微型桩施工期间的地基附加变形，控制基础不均匀沉降及总沉降量；

4 在成孔、注浆或压桩施工过程中，应监测相邻建筑和边坡的变形。

9.2 树 根 桩

9.2.1 树根桩适用于淤泥、淤泥质土、黏性土、粉土、砂土、碎石土及人工填土等地基处理。

9.2.2 树根桩加固设计应符合下列规定：

1 树根桩的直径宜为 150mm~300mm，桩长不宜超过 30m，对新建建筑宜采用直桩型或斜桩网状布置。

2 树根桩的单桩竖向承载力应通过单桩静载荷试验确定。当无试验资料时，可按本规范式（7.1.5-3）估算。当采用水泥浆二次注浆工艺时，桩侧阻力可乘 1.2~1.4 的系数。

3 桩身材料混凝土强度不应小于 C25，灌注材料可用水泥浆、水泥砂浆、细石混凝土或其他灌浆料，也可用碎石或细石充填再灌注水泥浆或水泥砂浆。

4 树根桩主筋不应少于 3 根，钢筋直径不应小于 12mm，且宜通长配筋。

5 对高渗透性土体或存在地下洞室可能导致的胶凝材料流失，以及施工和使用过程中可能出现桩孔变形与移位，造成微型桩的失稳与扭曲时，应采取土层加固等技术措施。

9.2.3 树根桩施工应符合下列规定：

1 桩位允许偏差宜为 ±20mm；桩身垂直度允许偏差应为 ±1%。

2 钻机成孔可采用天然泥浆护壁，遇粉细砂层易塌孔时应加套管。

3 树根桩钢筋笼宜整根吊放。分节吊放时，钢筋搭接焊缝长度双面焊不得小于 5 倍钢筋直径，单面焊不得小于 10 倍钢筋直径，施工时，应缩短吊放和焊接时间；钢筋笼应采用悬挂或支撑的方法，确保灌浆或浇注混凝土时的位置和高度。在斜桩中组装钢筋笼时，应采用可靠的支撑和定位方法。

4 灌注施工时，应采用间隔施工、间歇施工或添加速凝剂等措施，以防止相邻桩孔移位和窜孔。

5 当地下水流速较大可能导致水泥浆、砂浆或混凝土流失影响灌注质量时，应采用永久套管、护筒或其他保护措施。

6 在风化或有裂隙发育的岩层中灌注水泥浆时，为避免水泥浆向周围岩体的流失，应进行桩孔测试和预灌浆。

7 当通过水下浇注管或带孔钻杆或管状承重构件进行浇注混凝土或水泥砂浆时，水下浇注管或带孔钻杆的末端应埋入泥浆中。浇注过程应连续进行，直到顶端溢出浆体的黏稠度与注入浆体一致时为止。

8 通过临时套管灌注水泥浆时，钢筋的放置应在临时套管拔出之前完成，套管拔出过程中应每隔 2m 施加灌浆压力。采用管材作为承重构件时，可通过其底部进行灌浆。

9 当采用碎石或细石充填再注浆工艺时，填料应经清洗，投入量不应小于计算桩孔体积的 0.9 倍，填灌时同时用注浆管注水清孔。一次注浆时，注浆压力宜为 0.3MPa～1.0MPa，由孔底使浆液逐渐上升，直至浆液溢出孔口再停止注浆。第一次注浆浆液初凝时，方可进行二次及多次注浆，二次注浆水泥浆压力宜为 2MPa～4MPa。灌浆过程结束后，灌浆管中应充满水泥浆并维持灌浆压力一定时间。拔除注浆管后应立即在桩顶填充碎石，并在 1m～2m 范围内补充注浆。

9.2.4 树根桩采用的灌注材料应符合下列规定：

1 具有较好的和易性、可塑性、黏聚性、流动性和自密实性；

2 当采用管送或泵送混凝土或砂浆时，应选用

圆形骨料；骨料的最大粒径不应大于纵向钢筋净距的 1/4，且不应大于 15mm；

3 对水下浇注混凝土配合比，水泥含量不应小于 375kg/m³，水灰比宜小于 0.6；

4 水泥浆的制配，应符合本规范第 9.4.4 条的规定，水泥宜采用普通硅酸盐水泥，水灰比不宜大于 0.55。

9.3 预 制 桩

9.3.1 预制桩适用于淤泥、淤泥质土、黏性土、粉土、砂土和人工填土等地基处理。

9.3.2 预制桩桩体可采用边长为 150mm～300mm 的预制混凝土方桩，直径 300mm 的预应力混凝土管桩，断面尺寸为 100mm～300mm 的钢管桩和型钢等，施工除应满足现行行业标准《建筑桩基技术规范》JGJ 94 的规定外，尚应符合下列规定：

1 对型钢微型桩应保证压桩过程中计算桩体材料最大应力不超过材料抗压强度标准值的 90%；

2 对预制混凝土方桩或预应力混凝土管桩，所用材料及预制过程（包括连接件）、压桩力、接桩和截桩等，应符合现行行业标准《建筑桩基技术规范》JGJ 94 的有关规定；

3 除用于减小桩身阻力的涂层外，桩身材料以及连接件的耐久性应符合现行国家标准《工业建筑防腐蚀设计规范》GB 50046 的有关规定。

9.3.3 预制桩的单桩竖向承载力应通过单桩静载荷试验确定；无试验资料时，初步设计可按本规范式 (7.1.5-3) 估算。

9.4 注浆钢管桩

9.4.1 注浆钢管桩适用于淤泥质土、黏性土、粉土、砂土和人工填土等地基处理。

9.4.2 注浆钢管桩单桩承载力的设计计算，应符合现行行业标准《建筑桩基技术规范》JGJ 94 的有关规定；当采用二次注浆工艺时，桩侧摩阻力特征值取值可乘以 1.3 的系数。

9.4.3 钢管桩可采用静压或植入等方法施工。

9.4.4 水泥浆的制备应符合下列规定：

1 水泥浆的配合比应采用经认证的计量装置计量，材料掺量符合设计要求；

2 选用的搅拌机应能够保证搅拌水泥浆的均匀性；在搅拌槽和注浆泵之间应设置存储池，注浆前应进行搅拌以防止浆液离析和凝固。

9.4.5 水泥浆灌注应符合下列规定：

1 应缩短桩孔成孔和灌注水泥浆之间的时间间隔；

2 注浆时，应采取措施保证桩长范围内完全灌满水泥浆；

3 灌注方法应根据注浆泵和注浆系统合理选用，

注浆泵与注浆孔口距离不宜大于 30m;

4 当采用桩身钢管进行注浆时,可通过底部一次或多次灌浆;也可将桩身钢管加工成花管进行多次灌浆;

5 采用花管灌浆时,可通过花管进行全长多次灌浆,也可通过花管及阀门进行分段灌浆,或通过互相交错的后注浆管进行分步灌浆。

9.4.6 注浆钢管桩钢管的连接应采用套管焊接,焊接强度与质量应满足现行国家标准《建筑地基基础工程施工质量验收规范》GB 50202 的要求。

9.5 质 量 检 验

9.5.1 微型桩的施工验收,应提供施工过程有关参数,原材料的力学性能检验报告,试件留置数量及制作养护方法、混凝土和砂浆等抗压强度试验报告,型钢、钢管和钢筋笼制作质量检查报告。施工完成后尚应进行桩顶标高和桩位偏差等检验。

9.5.2 微型桩的桩位施工允许偏差,对独立基础、条形基础的边桩沿垂直轴线方向应为 ±1/6 桩径,沿轴线方向应为 ±1/4 桩径,其他位置的桩应为 ±1/2 桩径;桩身的垂直度允许偏差应为 ±1%。

9.5.3 桩身完整性检验宜采用低应变动力试验进行检测。检测桩数不得少于总桩数的 10%,且不得少于 10 根。每个柱下承台的抽检桩数不应少于 1 根。

9.5.4 微型桩的竖向承载力检验应采用静载荷试验,检验桩数不得少于总桩数的 1%,且不得少于 3 根。

10 检验与监测

10.1 检 验

10.1.1 地基处理工程的验收检验应在分析工程的岩土工程勘察报告、地基基础设计及地基处理设计资料,了解施工工艺和施工中出现的异常情况等后,根据地基处理的目的,制定检验方案,选择检验方法。当采用一种检验方法的检测结果具有不确定性时,应采用其他检验方法进行验证。

10.1.2 检验数量应根据场地复杂程度、建筑物的重要性以及地基处理施工技术的可靠性确定,并满足处理地基的评价要求。在满足本规范各种处理地基的检验数量,检验结果不满足设计要求时,应分析原因,提出处理措施。对重要的部位,应增加检验数量。

10.1.3 验收检验的抽检位置应按下列要求综合确定:

1 抽检点宜随机、均匀和有代表性分布;

2 设计人员认为的重要部位;

3 局部岩土特性复杂可能影响施工质量的部位;

4 施工出现异常情况的部位。

10.1.4 工程验收承载力检验时,静载荷试验最大加载量不应小于设计要求的承载力特征值的 2 倍。

10.1.5 换填垫层和压实地基的静载荷试验的压板面积不应小于 $1.0m^2$;强夯地基或强夯置换地基静载荷试验的压板面积不宜小于 $2.0m^2$。

10.2 监 测

10.2.1 地基处理工程应进行施工全过程的监测。施工中,应有专人或专门机构负责监测工作,随时检查施工记录和计量记录,并按照规定的施工工艺对工序进行质量评定。

10.2.2 堆载预压工程,在加载过程中应进行竖向变形量、水平位移及孔隙水压力等项目的监测。真空预压应进行膜下真空度、地下水位、地面变形、深层竖向变形和孔隙水压力等监测。真空预压加固区周边有建筑物时,还应进行深层侧向位移和地表边桩位移监测。

10.2.3 强夯施工应进行夯击次数、夯沉量、隆起量、孔隙水压力等项目的监测;强夯置换施工尚应进行置换深度的监测。

10.2.4 当夯实、挤密、旋喷桩、水泥粉煤灰碎石桩、柱锤冲扩桩、注浆等方法施工可能对周边环境及建筑物产生不良影响时,应对施工过程的振动、噪声、孔隙水压力、地下管线和建筑物变形进行监测。

10.2.5 大面积填土、填海等地基处理工程,应对地面变形进行长期监测;施工过程中还应对土体位移和孔隙水压力等进行监测。

10.2.6 地基处理工程施工对周边环境有影响时,应进行邻近建(构)筑物竖向及水平位移监测、邻近地下管线监测以及周围地面变形监测。

10.2.7 处理地基上的建筑物应在施工期间及使用期间进行沉降观测,直至沉降达到稳定为止。

附录 A 处理后地基静载荷试验要点

A.0.1 本试验要点适用于确定换填垫层、预压地基、压实地基、夯实地基和注浆加固等处理后地基承压板应力主要影响范围内土层的承载力和变形参数。

A.0.2 平板静载荷试验采用的压板面积应按需检验土层的厚度确定,且不应小于 $1.0m^2$,对夯实地基不宜小于 $2.0m^2$。

A.0.3 试验基坑宽度不应小于承压板宽度或直径的 3 倍。应保持试验土层的原状结构和天然湿度。宜在拟试压表面用粗砂或中砂层找平,其厚度不超过 20mm。基准梁及加荷平台支点(或锚桩)宜设在试坑以外,且与承压板边的净距不应小于 2m。

A.0.4 加荷分级不应少于 8 级。最大加载量不应小于设计要求的 2 倍。

A.0.5 每级加载后,按间隔 10min、10min、10min、

15min、15min，以后为每隔 0.5h 测读一次沉降量，当在连续 2h 内，每小时的沉降量小于 0.1mm 时，则认为已趋稳定，可加下一级荷载。

A.0.6 当出现下列情况之一时，即可终止加载，当满足前三种情况之一时，其对应的前一级荷载定为极限荷载：

    1 承压板周围的土明显地侧向挤出；

    2 沉降 s 急骤增大，压力-沉降曲线出现陡降段；

    3 在某一级荷载下，24h 内沉降速率不能达到稳定标准；

    4 承压板的累计沉降量已大于其宽度或直径的 6%。

A.0.7 处理后的地基承载力特征值确定应符合下列规定：

    1 当压力-沉降曲线上有比例界限时，取该比例界限所对应的荷载值。

    2 当极限荷载小于对应比例界限的荷载值的 2 倍时，取极限荷载值的一半。

    3 当不能按上述两款要求确定时，可取 $s/b = 0.01$ 所对应的荷载，但其值不应大于最大加载量的一半。承压板的宽度或直径大于 2m 时，按 2m 计算。

    注：s 为静载荷试验承压板的沉降量；b 为承压板宽度。

A.0.8 同一土层参加统计的试验点不应少于 3 点，各试验实测值的极差不超过其平均值的 30% 时，取该平均值作为处理地基的承载力特征值。当极差超过平均值的 30% 时，应分析极差过大的原因，需要时应增加试验数量并结合工程具体情况确定处理后地基的承载力特征值。

附录 B 复合地基静载荷试验要点

B.0.1 本试验要点适用于单桩复合地基静载荷试验和多桩复合地基静载荷试验。

B.0.2 复合地基静载荷试验用于测定承压板下应力主要影响范围内复合土层的承载力。复合地基静载荷试验承压板应具有足够刚度。单桩复合地基静载荷试验的承压板可用圆形或方形，面积为一根桩承担的处理面积；多桩复合地基静载荷试验的承压板可用方形或矩形，其尺寸按实际桩数所承担的处理面积确定。单桩复合地基静载荷试验桩的中心（或形心）应与承压板中心保持一致，并与荷载作用点相重合。

B.0.3 试验应在桩顶设计标高进行。承压板底面以下宜铺设粗砂或中砂垫层，垫层厚度可取 100mm～150mm。如采用设计的垫层厚度进行试验，试验承压板的宽度对独立基础和条形基础应采用基础的设计宽度，对大型基础试验有困难时应考虑承压板尺寸和垫层厚度对试验结果的影响。垫层施工的夯填度应满足设计要求。

B.0.4 试验标高处的试坑宽度和长度不应小于承压板尺寸的 3 倍。基准梁及加荷平台支点（或锚桩）宜设在试坑以外，且与承压板边的净距不应小于 2m。

B.0.5 试验前应采取防水和排水措施，防止试验场地地基土含水量变化或地基土扰动，影响试验结果。

B.0.6 加载等级可分为（8～12）级。测试前为校核试验系统整体工作性能，预压荷载不得大于总加载量的 5%。最大加载压力不应小于设计要求承载力特征值的 2 倍。

B.0.7 每加一级荷载前后均应各读记承压板沉降量一次，以后每 0.5h 读记一次。当 1h 内沉降量小于 0.1mm 时，即可加下一级荷载。

B.0.8 当出现下列现象之一时可终止试验：

    1 沉降急剧增大，土被挤出或承压板周围出现明显的隆起；

    2 承压板的累计沉降量已大于其宽度或直径的 6%；

    3 当达不到极限荷载，而最大加载压力已大于设计要求压力值的 2 倍。

B.0.9 卸载级数可为加载级数的一半，等量进行，每卸一级，间隔 0.5h，读记回弹量，待卸完全部荷载后间隔 3h 读记总回弹量。

B.0.10 复合地基承载力特征值的确定应符合下列规定：

    1 当压力-沉降曲线上极限荷载能确定，而其值不小于对应比例界限的 2 倍时，可取比例界限；当其值小于对应比例界限的 2 倍时，可取极限荷载的一半；

    2 当压力-沉降曲线是平缓的光滑曲线时，可按相对变形值确定，并应符合下列规定：

      1） 对沉管砂石桩、振冲碎石桩和柱锤冲扩桩复合地基，可取 s/b 或 s/d 等于 0.01 所对应的压力；

      2） 对灰土挤密桩、土挤密桩复合地基，可取 s/b 或 s/d 等于 0.008 所对应的压力；

      3） 对水泥粉煤灰碎石桩或夯实水泥土桩复合地基，对以卵石、圆砾、密实粗中砂为主的地基，可取 s/b 或 s/d 等于 0.008 所对应的压力；对以黏性土、粉土为主的地基，可取 s/b 或 s/d 等于 0.01 所对应的压力；

      4） 对水泥土搅拌桩或旋喷桩复合地基，可取 s/b 或 s/d 等于 0.006～0.008 所对应的压力，桩身强度大于 1.0MPa 且桩身质量均匀时可取高值；

      5） 对有经验的地区，可按当地经验确定相对变形值，但原地基土为高压缩性土层时，相对变形值的最大值不应大于 0.015；

6）复合地基荷载试验，当采用边长或直径大于 2m 的承压板进行试验时，b 或 d 按 2m 计；

7）按相对变形值确定的承载力特征值不应大于最大加载压力的一半。

注：s 为静载荷试验承压板的沉降量；b 和 d 分别为承压板宽度和直径。

B.0.11 试验点的数量不应少于 3 点，当满足其极差不超过平均值的 30% 时，可取其平均值为复合地基承载力特征值。当极差超过平均值的 30% 时，应分析离差过大的原因，需要时应增加试验数量，并结合工程具体情况确定复合地基承载力特征值。工程验收时应视建筑物结构、基础形式综合评价，对于桩数少于 5 根的独立基础或桩数少于 3 排的条形基础，复合地基承载力特征值应取最低值。

附录 C　复合地基增强体单桩静载荷试验要点

C.0.1 本试验要点适用于复合地基增强体单桩竖向抗压静载荷试验。

C.0.2 试验应采用慢速维持荷载法。

C.0.3 试验提供的反力装置可采用锚桩法或堆载法。当采用堆载法加载时应符合下列规定：

1 堆载支点施加于地基的压应力不宜超过地基承载力特征值；

2 堆载的支墩位置以不对试桩和基准桩的测试产生较大影响确定，无法避开时应采取有效措施；

3 堆载量大时，可利用工程桩作为堆载支点；

4 试验反力装置的承重能力应满足试验加载要求。

C.0.4 堆载支点以及试桩、锚桩、基准桩之间的中心距离应符合现行国家标准《建筑地基基础设计规范》GB 50007 的规定。

C.0.5 试压前应对桩头进行加固处理，水泥粉煤灰碎石桩等强度高的桩，桩顶宜设置带水平钢筋网片的混凝土桩帽或采用钢护筒桩帽，其混凝土宜提高强度等级和采用早强剂。桩帽高度不宜小于 1 倍桩的直径。

C.0.6 桩帽下复合地基增强体单桩的桩顶标高及地基土标高应与设计标高一致，加固桩头前应凿成平面。

C.0.7 百分表架设位置宜在桩顶标高位置。

C.0.8 开始试验的时间、加载分级、测读沉降量的时间、稳定标准及卸载观测等应符合现行国家标准《建筑地基基础设计规范》GB 50007 的有关规定。

C.0.9 当出现下列条件之一时可终止加载：

1 当荷载-沉降（Q-s）曲线上有可判定极限承载力的陡降段，且桩顶总沉降量超过 40mm；

2 $\dfrac{\Delta s_{n+1}}{\Delta s_n} \geqslant 2$，且经 24h 沉降尚未稳定；

3 桩身破坏，桩顶变形急剧增大；

4 当桩长超过 25m，Q-s 曲线呈缓变形时，桩顶总沉降量大于 60mm～80mm；

5 验收检验时，最大加载量不应小于设计单桩承载力特征值的 2 倍。

注：Δs_n——第 n 级荷载的沉降增量；Δs_{n+1}——第 $n+1$ 级荷载的沉降增量。

C.0.10 单桩竖向抗压极限承载力的确定应符合下列规定：

1 作荷载-沉降（Q-s）曲线和其他辅助分析所需的曲线；

2 曲线陡降段明显时，取相应于陡降段起点的荷载值；

3 当出现本规范第 C.0.9 条第 2 款的情况时，取前一级荷载值；

4 Q-s 曲线呈缓变型时，取桩顶总沉降量 s 为 40mm 所对应的荷载值；

5 按上述方法判断有困难时，可结合其他辅助分析方法综合判定；

6 参加统计的试桩，当满足其极差不超过平均值的 30% 时，设计可取其平均值为单桩极限承载力；极差超过平均值的 30% 时，应分析离差过大的原因，结合工程具体情况确定单桩极限承载力；需要时应增加试桩数量。工程验收时应视建筑物结构、基础形式综合评价，对于桩数少于 5 根的独立基础或桩数少于 3 排的条形基础，应取最低值。

C.0.11 将单桩极限承载力除以安全系数 2，为单桩承载力特征值。

本规范用词说明

1 为便于在执行本规范条文时区别对待，对要求严格程度不同的用词如下：

1）表示很严格，非这样做不可的：
正面词采用“必须”；反面词采用“严禁”；

2）表示严格，在正常情况下均应这样做的：
正面词采用“应”；反面词采用“不应”或“不得”；

3）表示允许稍有选择，在条件许可时首先应这样做的：
正面词采用“宜”；反面词采用“不宜”；

4）表示有选择，在一定条件下可以这样做的，采用“可”。

2 条文中指明应按其他有关标准执行时的写法为：“应符合……的规定”或“应按……执行”。

引用标准名录

1 《建筑地基基础设计规范》GB 50007
2 《建筑抗震设计规范》GB 50011
3 《岩土工程勘察规范》GB 50021
4 《湿陷性黄土地区建筑规范》GB 50025
5 《工业建筑防腐蚀设计规范》GB 50046
6 《土工试验方法标准》GB/T 50123
7 《建筑地基基础工程施工质量验收规范》GB 50202
8 《土工合成材料应用技术规范》GB 50290
9 《建筑桩基技术规范》JGJ 94
10 《既有建筑地基基础加固技术规范》JGJ 123

中华人民共和国行业标准

建筑地基处理技术规范

JGJ 79—2012

条 文 说 明

修 订 说 明

《建筑地基处理技术规范》JGJ 79 - 2012，经住房和城乡建设部 2012 年 8 月 23 日以第 1448 号公告批准、发布。

本规范是在《建筑地基处理技术规范》JGJ 79 - 2002 的基础上修订而成，上一版的主编单位是中国建筑科学研究院，参编单位是冶金建筑研究总院、陕西省建筑科学研究设计院、浙江大学、同济大学、湖北省建筑科学研究设计院、福建省建筑科学研究院、铁道部第四勘测设计院（上海）、河北工业大学、西安建筑科技大学、铁道部科学研究院，主要起草人员是张永钧、（以下按姓氏笔画为序）王仁兴、王吉望、王恩远、平湧潮、叶观宝、刘毅、 刘惠珊 、张峰、 杨灿文 、罗宇生、周国钧、侯伟生、袁勋、袁内镇、涂光祉、闫明礼、康景俊、滕延京、潘秋元。本次修订的主要技术内容是：1. 处理后的地基承载力、变形和稳定性的计算原则；2. 多种地基处理方法综合处理的工程检验方法；3. 地基处理材料的耐久性设计；4. 处理后的地基整体稳定性分析方法；5. 加筋垫层下卧层承载力验算方法；6. 真空和堆载联合预压处理的设计和施工要求；7. 高能级强夯的设计参数；8. 有粘结强度复合地基增强体桩身强度验算；9. 多桩型复合地基设计施工要求；10. 注浆加固；11. 微型桩加固；12. 检验与监测；13. 复合地基增强体单桩静载荷试验要点；14. 处理后地基静载荷试验要点。

本规范修订过程中，编制组进行了广泛深入的调查研究，总结了我国工程建设建筑地基处理工程的实践经验，同时参考了国外先进标准，与国内相关标准协调，通过调研、征求意见及工程试算，对增加和修订内容的讨论、分析、论证，取得了重要技术参数。

为便于广大设计、施工、科研和学校等单位有关人员在使用本规范时能正确理解和执行条文规定，《建筑地基处理技术规范》编制组按章、节、条顺序编制了本规范的条文说明，对条文规定的目的、依据以及执行中需注意的有关事项进行了说明，还着重对强制性条文的强制性理由做了解释。但是，本条文说明不具备与规范正文同等的法律效力，仅供使用者作为理解和把握规范规定的参考。

目　次

1 总 则

1.0.1 我国大规模的基本建设以及可用于建设的土地减少，需要进行地基处理的工程大量增加。随着地基处理设计水平的提高、施工工艺的改进和施工设备的更新，我国地基处理技术有了很大发展。但由于工程建设的需要，建筑使用功能的要求不断提高，需要地基处理的场地范围进一步扩大，用于地基处理的费用在工程建设投资中所占比重不断增大。因此，地基处理的设计和施工必须认真贯彻执行国家的技术经济政策，做到安全适用、技术先进、经济合理、确保质量和保护环境。

1.0.2 本规范适用于建筑工程地基处理的设计、施工和质量检验，铁路、交通、水利、市政工程的建（构）筑物地基可根据工程的特点采用本规范的处理方法。

1.0.3 因地制宜、就地取材、保护环境和节约资源是地基处理工程应该遵循的原则，符合国家的技术经济政策。

2 术语和符号

2.1 术 语

2.1.2 本规范所指复合地基是指建筑工程中由地基土和竖向增强体形成的复合地基。

3 基 本 规 定

3.0.1 本条规定是在选择地基处理方案前应完成的工作，其中强调要进行现场调查研究，了解当地地基处理经验和施工条件，调查邻近建筑、地下工程、管线和环境情况等。

3.0.2 大量工程实例证明，采用加强建筑物上部结构刚度和承载能力的方法，能减少地基的不均匀变形，取得较好的技术经济效果。因此，本条规定对于需要进行地基处理的工程，在选择地基处理方案时，应同时考虑上部结构、基础和地基的共同作用，尽量选用加强上部结构和处理地基相结合的方案，这样既可降低地基处理费用，又可收到满意的效果。

3.0.3 本条规定了在确定地基处理方法时宜遵循的步骤。着重指出在选择地基处理方案时，宜根据各种因素进行综合分析，初步选出几种可供考虑的地基处理方案，其中强调包括选择两种或多种地基处理措施组成的综合处理方案。工程实践证明，当岩土工程条件较为复杂或建筑物对地基要求较高时，采用单一的地基处理方法，往往满足不了设计要求或造价较高，而由两种或多种地基处理措施组成的综合处理方法可

能是最佳选择。

地基处理是经验性很强的技术工作。相同的地基处理工艺，相同的设备，在不同成因的场地上处理效果不尽相同；在一个地区成功的地基处理方法，在另一个地区使用，也需根据场地的特点对施工工艺进行调整，才能取得满意的效果。因此，地基处理方法和施工参数确定时，应进行相应的现场试验或试验性施工，进行必要的测试，以检验设计参数和处理效果。

3.0.4 建筑地基承载力的基础宽度、基础埋深修正是建立在浅基础承载力理论上，对基础宽度和基础埋深所能提高的地基承载力设计取值的经验方法。经处理的地基由于其处理范围有限，处理后增强的地基性状与自然环境下形成的地基性状有所不同，处理后的地基，当按地基承载力确定基础底面积及埋深而需要对本规范确定的地基承载力特征值进行修正时，应分析工程具体情况，采用安全的设计方法。

1 压实填土地基，当其处理的面积较大（一般应视处理宽度大于基础宽度的 2 倍），可按现行国家标准《建筑地基基础设计规范》GB 50007 规定的土性要求进行修正。

这里有两个问题需要注意：首先，需修正的地基承载力应是基础底面经检验确定的承载力，许多工程进行修正的地基承载力与基础底面确定的承载力并不一致；其次，这些处理后的地基表层及以下土层的承载力并不一致，可能存在表层高以下土层低的情况。所以如果地基承载力验算考虑了深度修正，应在地基主要持力层满足要求条件下才能进行。

2 对于不满足大面积处理的压实地基、夯实地基以及其他处理地基，基础宽度的地基承载力修正系数取零，基础埋深的地基承载力修正系数取 1.0。

复合地基由于其处理范围有限，增强体的设置改变了基底压力的传递路径，其破坏模式与天然地基不同。复合地基承载力的修正的研究成果还很少，为安全起见，基础宽度的地基承载力修正系数取零，基础埋深的地基承载力修正系数取 1.0。

3.0.5 本条为强制性条文。对处理后的地基应进行的设计计算内容给出规定。

处理地基的软弱下卧层验算，对压实、夯实、注浆加固地基及散体材料增强体复合地基等应按压力扩散角，按现行国家标准《建筑地基基础设计规范》GB 50007 的方法验算，对有粘结强度的增强体复合地基，按其荷载传递特性，可按实体深基础法验算。

处理后的地基应满足建筑物承载力、变形和稳定性要求。稳定性计算可按本规范第 3.0.7 条的规定进行，变形计算应符合现行国家标准《建筑地基基础设计规范》GB 50007 的有关规定。

3.0.6 偏心荷载作用下，对于换填垫层、预压地基、压实地基、夯实地基、散体桩复合地基、注浆加固等处理后地基可按现行国家标准《建筑地基基础设计规

范》GB 50007 的要求进行验算，即满足：

当轴心荷载作用时

$$P_k \leqslant f_a' \tag{1}$$

当偏心荷载作用时

$$P_{kmax} \leqslant 1.2 f_a' \tag{2}$$

式中：f_a' 为处理后地基的承载力特征值。

对于有一定粘结强度增强体复合地基，由于增强体布置不同，分担偏心荷载时增强体上的荷载不同，应同时对桩、土作用的力加以控制，满足建筑物在长期荷载作用下的正常使用要求。

3.0.7 受较大水平荷载或位于斜坡上的建筑物及构筑物，当建造在处理后的地基上时，或由于建筑物及构筑物建造在处理后的地基上，而邻近地下工程施工改变了原建筑物地基的设计条件，建筑物地基存在稳定问题时，应进行建筑物整体稳定分析。

采用散体材料进行地基处理，其地基的稳定可采用圆弧滑动法分析，已得到工程界的共识；对于采用具有胶结强度的材料进行地基处理，其地基的稳定性分析方法还有不同的认识。同时，不同的稳定分析的方法其保证工程安全的最小稳定安全系数的取值不同。采用具有胶结强度的材料进行地基处理，其地基整体失稳是增强体断裂，并逐渐形成连续滑动面的破坏现象，已得到工程的验证。

本次修订规范组对处理地基的稳定分析方法进行了专题研究。在《软土地基上复合地基整体稳定计算方法》专题报告中，对同一工程算例采用传统的复合地基稳定计算方法、英国加筋土及加筋填土规范计算方法、考虑桩体弯曲破坏的可使用抗剪强度计算方法、桩在滑动面发挥摩擦力的计算方法、扣除桩分担荷载的等效荷载法等进行了对比分析，提出了可采用考虑桩体弯曲破坏的等效抗剪强度计算方法、扣除桩分担荷载的等效荷载法和英国 BS8006 方法综合评估软土地基上复合地基的整体稳定性的建议。并提出了不同计算方法对应不同最小安全系数取值的建议。

采用 geoslope 计算软件的有限元强度折减法对某一实际工程采用砂桩复合地基加固以及采用刚性桩加固进行了稳定性分析对比。砂桩的抗剪强度指标由砂桩的密实度确定，刚性桩的抗剪强度指标由桩折断后的材料摩擦系数确定。对比分析结果说明，采用刚性桩加固计算的稳定安全系数与采用考虑桩体弯曲破坏的等效抗剪强度计算方法的结果较接近；同时其结果说明，如果考虑刚性桩折断，采用材料摩擦性质确定抗剪强度指标，刚性桩加固后的稳定安全系数与砂桩复合地基加固接近（不考虑砂桩排水固结作用）。计算中刚性桩加固的桩土应力比在不同位置分别为堆载平台面处 7.3～8.4、坡面处 5.8～6.4。砂桩复合地基加固，当砂桩的内摩擦角取 30°，不考虑砂桩排水固结作用的稳定安全系数为 1.06；考虑砂桩排水固

结作用的稳定安全系数为 1.29。采用 CFG 桩复合地基加固，CFG 桩断裂后，材料间摩擦系数取 0.55，折算内摩擦角取 29°，计算的稳定安全系数为 1.05。

本次修订规定处理后的地基上建筑物稳定分析可采用圆弧滑动法，其稳定安全系数不应小于 1.30。散体加固材料的抗剪强度指标，可按加固体的密实度通过试验确定，这是常用的方法。胶结材料抵抗水平荷载和弯矩的能力较弱，其对整体稳定的作用（这里主要指具有胶结强度的竖向增强体），假定其桩体完全断裂，按滑动面材料的摩擦性能确定抗剪强度指标，对工程验算是安全的。

规范修订组的验算结果表明，采用无配筋的竖向增强体地基处理，其提高稳定安全性的能力是有限的。工程需要时应配置钢筋，增加增强体的抗剪强度；或采用设置抗滑构件的方法满足稳定安全性要求。

3.0.8 刚度差异较大的整体大面积基础其地基反力分布不均匀，且结构对地基变形有较高要求，所以其地基处理设计，宜根据结构、基础和地基共同作用结果进行地基承载力和变形验算。

3.0.9 本条是地基处理工程的验收检验的基本要求。

换填垫层、预压地基、压实地基、夯实地基和注浆加固地基的检测，主要通过静载荷试验、静力和动力触探、标准贯入或土工试验等检验处理地基的均匀性和承载力。对于复合地基，不仅要做上述检验，还应对增强体的质量进行检验，需要时可采用钻芯取样进行增强体强度复核。

3.0.10 本条是对采用多种地基处理方法综合使用的地基处理工程验收检验方法的要求。采用多种地基处理方法综合使用的地基处理工程，每一种方法处理后的检验由于其检验方法的局限性，不能代表整个处理效果的检验，地基处理工程完成后应进行整体处理效果的检验（例如进行大尺寸承压板载荷试验）。

3.0.11 地基处理采用的材料，一方面要考虑地下土、水环境对其处理效果的影响，另一方面应符合环境保护要求，不应对地基土和地下水造成污染。地基处理采用材料的耐久性要求，应符合有关规范的规定。现行国家标准《工业建筑防腐蚀设计规范》GB 50046 对工业建筑材料的防腐蚀问题进行了规定，现行国家标准《混凝土结构设计规范》GB 50010 对混凝土的防腐蚀和耐久性提出了要求，应遵照执行。对水泥粉煤灰碎石桩复合地基的增强体以及微型桩材料，应根据表 1 规定的混凝土结构暴露的环境类别，满足表 2 的要求。

表 1　混凝土结构的环境类别

环境类别	条　件
一	室内干燥环境； 无侵蚀性静水浸没环境

环境类别	条　件
二 a	室内潮湿环境； 非严寒和非寒冷地区的露天环境； 非严寒和非寒冷地区的与无侵蚀性的水或土壤直接接触的环境； 严寒和寒冷地区的冰冻线以下与无侵蚀性的水或土壤直接接触的环境
二 b	干湿交替环境； 水位频繁变动环境； 严寒和寒冷地区的露天环境； 严寒和寒冷地区冰冻线以上与无侵蚀性的水或土壤直接接触的环境
三 a	严寒和寒冷地区冬季水位变动区环境； 受除冰盐影响环境； 海风环境
三 b	盐渍土环境； 受除冰盐作用环境； 海岸环境
四	海水环境
五	受人为或自然的侵蚀性物质影响的环境

注：1 室内潮湿环境是指构件表面经常处于结露或湿润状态的环境；
　　2 严寒和寒冷地区的划分应符合现行国家标准《民用建筑热工设计规范》GB 50176 的有关规定；
　　3 海岸环境和海风环境宜根据当地情况，考虑主导风向及结构所处迎风、背风部位等因素的影响，由调查研究和工程经验确定；
　　4 受除冰盐影响环境是指受到除冰盐盐雾影响的环境；受除冰盐作用环境是指被除冰盐溶液溅射的环境以及使用除冰盐地区的洗车房、停车楼等建筑；
　　5 暴露的环境是指混凝土结构表面所处的环境。

表 2　结构混凝土材料的耐久性基本要求

环境等级	最大水胶比	最低强度等级	最大氯离子含量（％）	最大碱含量（kg/m³）
一	0.60	C20	0.30	不限制
二 a	0.55	C25	0.20	3.0
二 b	0.50 (0.55)	C30 (C25)	0.15	3.0
三 a	0.45 (0.50)	C35 (C30)	0.15	3.0
三 b	0.40	C40	0.10	

注：1 氯离子含量系指其占胶凝材料总量的百分比；
　　2 预应力构件混凝土中的最大氯离子含量为 0.06％；其最低混凝土强度等级宜按表中的规定提高两个等级；
　　3 素混凝土构件的水胶比及最低强度等级的要求可以适当放松；
　　4 有可靠工程经验时，二类环境中的最低强度等级可降低一个等级；
　　5 处于严寒和寒冷地区二 b、三 a 类环境中的混凝土应使用引气剂，并应采用括号中的有关参数；
　　6 当使用非碱活性骨料时，对混凝土中的碱含量可不作限制。

3.0.12 地基处理工程是隐蔽工程。施工技术人员应掌握所承担工程的地基处理目的、加固原理、技术要求和质量标准等，才能根据场地情况和施工情况及时调整施工工艺和施工参数，实现设计要求。地基处理工程同时又是经验性很强的技术工作，根据场地勘测资料以及建筑物的地基要求进行设计，在现场实施中仍有许多与场地条件和设计要求不符合的情况，要求及时解决。地基处理工程施工结束后，必须按国家有关规定进行质量检验和验收。

4　换填垫层

4.1　一般规定

4.1.1 软弱土层系指主要由淤泥、淤泥质土、冲填土、杂填土或其他高压缩性土层构成的地基。在建筑地基的局部范围内有高压缩性土层时，应按局部软弱土层处理。

　　换填垫层适用于处理各类浅层软弱地基。当在建筑范围内上层软弱土较薄时，则可采用全部置换处理。对于较深厚的软弱土层，当仅用垫层局部置换上层软弱土层时，下卧软弱土层在荷载作用下的长期变形可能依然很大。例如，对较深厚的淤泥或淤泥质土类软弱地基，采用垫层仅置换上层软土后，通常可提高持力层的承载力，但不能解决由于深层土质软弱而造成地基变形量大对上部建筑物产生的有害影响；或者对于体型复杂、整体刚度差、或对差异变形敏感的建筑，均不应采用浅层局部换填的处理方法。

　　对于建筑范围内局部存在松填土、暗沟、暗塘、古井、古墓或拆除旧基础后的坑穴，可采用换填垫层进行地基处理。在这种局部的换填处理中，保持建筑地基整体变形均匀是换填应遵循的最基本的原则。

4.1.3 大面积换填处理，一般采用大型机械设备，场地条件应满足大型机械对下卧土层的施工要求，地下水位高时应采取降水措施，对分层土的厚度、压实效果及施工质量控制标准等均应通过试验确定。

4.1.4 开挖基坑后，利用分层回填夯压，也可处理较深的软弱土层。但换填基坑开挖过深，常因地下水位高，需要采用降水措施；坑壁放坡占地面积大或边坡需要支护及因此易引起邻近地面、管网、道路与建筑的沉降变形破坏；再则施工土方量大、弃土多等因素，常使处理工程费用增高、工期拖长、对环境的影响增大等。因此，换填法的处理深度通常控制在 3m 以内较为经济合理。

　　大面积填土产生的大范围地面负荷影响深度较深，地基压缩变形量大，变形延续时间长，与换填垫层浅层处理地基的特点不同，因而大面积填土地基的设计施工按照本规范第 6 章有关规定执行。

4.2 设 计

4.2.1 砂石是良好的换填材料，但对具有排水要求的砂垫层宜控制含泥量不大于 3%；采用粉细砂作为换填材料时，应改善材料的级配状况，在掺加碎石或卵石使其颗粒不均匀系数不小于 5 并拌合均匀后，方可用于铺填垫层。

石屑是采石场筛选碎石后的细粒废弃物，其性质接近于砂，在各地使用作为换填材料时，均取得了很好的成效。但应控制好含泥量及含粉量，才能保证垫层的质量。

黏土难以夯压密实，故换填时应避免采用作为换填材料，在不得已选用上述土料回填时，也应掺入不少于 30% 的砂石并拌合均匀后，方可使用。当采用粉质黏土大面积换填并使用大型机械夯压时，土料中的碎石粒径可稍大于 50mm，但不宜大于 100mm，否则将影响垫层的夯压效果。

灰土强度随土料中黏粒含量增高而加大，塑性指数小于 4 的粉土中黏粒含量太少，不能达到提高灰土强度的目的，因而不能用于拌合灰土。灰土所用的消石灰应符合优等品标准，储存期不超过 3 个月，所含活性 CaO 和 MgO 越高则胶结力越强。通常灰土的最佳含灰率约为 CaO+MgO 总量的 8%。石灰应消解（3~4）d 并筛除生石灰块后使用。

粉煤灰可分为湿排灰和调湿灰。按其燃烧后形成玻璃体的粒径分析，应属粉土的范畴。但由于含有 CaO、SO_3 等成分，具有一定的活性，当与水作用时，因具有胶凝作用的火山灰反应，使粉煤灰垫层逐渐获得一定的强度与刚度，有效地改善了垫层地基的承载能力及减小变形的能力。不同于抗地震液化能力较低的粉土或粉砂，由于粉煤灰具有一定的胶凝作用，在压实系数大于 0.9 时，即可以抵抗 7 度地震液化。用于发电的燃煤常伴生有微量放射性同位素，因而粉煤灰亦有时有弱放射性。作为建筑物垫层的粉煤灰应按照现行国家标准《建筑材料放射性核素限量》GB 6566 的有关规定作为安全使用的标准，粉煤灰含碱性物质，回填后碱性成分在地下水中溶出，使地下水具弱碱性，因此应考虑其对地下水的影响并应对粉煤灰垫层中的金属构件、管网采取一定的防腐措施。粉煤灰垫层上宜覆盖 0.3m~0.5m 厚的黏性土，以防干灰飞扬，同时减少碱性对植物生长的不利影响，有利于环境绿化。

矿渣的稳定性是其是否适用于作换填垫层材料的最主要性能指标，原冶金部试验结果证明，当矿渣中 CaO 的含量小于 45% 及 FeS 与 MnS 的含量约为 1% 时，矿渣不会产生硅酸盐分解和铁锰分解，排渣时不浇石灰水，矿渣也就不会产生石灰分解，则该类矿渣性能稳定，可用于换填。对中、小型垫层可选用 8mm~40mm 与 40mm~60mm 的分级矿渣或 0mm~60mm 的混合矿渣；较大面积换填时，矿渣最大粒径不宜大于 200mm 或大于分层铺填厚度的 2/3。与粉煤灰相同，对用于换填垫层的矿渣，同样要考虑放射性、对地下水和环境的影响及对金属管网、构件的影响。

土工合成材料（Geosynthetics）是近年来随着化学合成工业的发展而迅速发展起来的一种新型土工材料，主要由涤纶、尼龙、腈纶、丙纶等高分子化合物，根据工程的需要，加工成具有弹性、柔性、高抗拉强度、低延伸率、透水、隔水、反滤性、抗腐蚀性、抗老化性和耐久性的各种类型的产品。如土工格栅、土工格室、土工垫、土工带、土工网、土工膜、土工织物、塑料排水带及其他土工合成材料等。由于这些材料的优异性能及广泛的适用性，受到工程界的重视，被迅速推广应用于河、海岸坡、堤坝、公路、铁路、港口、堆场、建筑、矿山、电力等领域的岩土工程中，取得了良好的工程效果和经济效益。

用于换填垫层的土工合成材料，在垫层中主要起加筋作用，以提高地基土的抗拉和抗剪强度、防止垫层被拉断裂和剪切破坏、保持垫层的完整性、提高垫层的抗弯刚度。因此利用土工合成材料加筋的垫层有效地改变了天然地基的性状，增大了压力扩散角，降低了下卧土层的压力，约束了地基侧向变形，调整了地基不均匀变形，增大地基的稳定性并提高地基的承载力。由于土工合成材料的上述特点，将其用于软弱黏性土、泥炭、沼泽地区修建道路、堆场等取得了较好的成效，同时在部分建筑、构筑物的加筋垫层中应用，也取得了一定的效果。根据理论分析、室内试验以及工程实测的结果证明采用土工合成材料加筋垫层的作用机理为：（1）扩散应力，加筋垫层刚度较大，增大了压力扩散角，有利于上部荷载扩散，降低垫层底面压力；（2）调整不均匀沉降，由于加筋垫层的作用，加大了压缩层范围内地基的整体刚度，有利于调整基础的不均匀沉降；（3）增大地基稳定性，由于加筋垫层的约束，整体上限制了地基土的剪切、侧向挤出及隆起。

采用土工合成材料加筋垫层时，应根据工程荷载的特点、对变形、稳定性的要求和地基土的工程性质、地下水性质及土工合成材料的工作环境等，选择土工合成材料的类型、布置形式及填料品种，主要包括：（1）确定所需土工合成材料的类型、物理性质和主要的力学性质如允许抗拉强度及相应的伸长率、耐久性与抗腐蚀性等；（2）确定土工合成材料在垫层中的布置形式、间距及端部的固定方式；（3）选择适用的填料与施工方法等。此外，要通过验证、保证土工合成材料在垫层中不被拉断和拔出失效。同时还要检验垫层地基的强度和变形以确保满足设计的要求。最后通过静载荷试验确定垫层地基的承载能力。

土工合成材料的耐久性与老化问题，在工程界均有较多的关注。由于土工合成材料引入我国为时不久，目前未见在工程中老化而影响耐久性。英国已有近一百年的使用历史，效果较好。合成材料老化的主要因素：紫外线照射、60℃～80℃的高温或氧化等。在岩土工程中，由于土工合成材料是埋在地下的土层中，上述三个影响因素皆极微弱，故土工合成材料能满足常规建筑工程中的耐久性需要。

在加筋土垫层中，主要由土工合成材料承受拉应力，所以要求选用高强度、低徐变性、延伸率适宜的材料，以保证垫层及下卧层土体的稳定性。在软弱土层采用土工合成材料加筋垫层，由合成材料承受上部荷载产生的应力远高于软弱土中的应力，因此一旦由于合成材料超过极限强度产生破坏，随之荷载转移而由软弱土承受全部外荷，势将大大超过软弱土的极限强度，而导致地基的整体破坏；进而地基的失稳将会引起上部建筑产生较大的沉降，并使建筑结构造成严重的破坏。因此用于加筋垫层中的土工合成材料必须留有足够的安全系数，而绝不能使其受力后的强度等参数处于临界状态，以免导致严重的后果。

4.2.2 垫层设计应满足建筑地基的承载力和变形要求。首先垫层能换除基础下直接承受建筑荷载的软弱土层，代之以能满足承载力要求的垫层；其次荷载通过垫层的应力扩散，使下卧层顶面受到的压力满足小于或等于下卧层承载能力的条件；再者基础持力层被低压缩性的垫层代换，能大大减少基础的沉降量。因此，合理确定垫层厚度是垫层设计的主要内容。通常根据土层的情况确定需要换填的深度，对于浅层软土厚度不大的工程，应置换掉全部软弱土。对需换填的软弱土层，首先应根据垫层的承载力确定基础的宽度和基底压力，再根据垫层下卧层的承载力，设置垫层的厚度，经本规范式（4.2.2-1）复核，最后确定垫层厚度。

下卧层顶面的附加压力值可以根据双层地基理论进行计算，但这种方法仅限于条形基础均布荷载的计算条件。也可以将双层地基视作均质地基，按均质连续各向同性半无限直线变形体的弹性理论计算。第一种方法计算比较复杂，第二种方法的假定又与实际双层地基的状态有一定误差。最常用的是扩散角法，按本规范式（4.2.2-2）或式（4.2.2-3）计算的垫层厚度虽比按弹性理论计算的结果略偏安全，但由于计算方法比较简便，易于理解又便于接受，故而在工程设计中得到了广泛的认可和使用。

压力扩散角随垫层材料及下卧土层的力学特性差异而定，可按双层地基的条件来考虑。四川及天津曾先后对上硬下软的双层地基进行了现场静载荷试验及大量模型试验，通过实测软弱下卧层顶面的压力反算上部垫层的压力扩散角，根据模型试验实测压力，在垫层厚度等于基础宽度时，计算的压力扩散角均小于30°，而直观破裂角为30°。同时，对照耶戈洛夫双

层地基应力理论计算值，在较安全的条件下，验算下卧层承载力的垫层破坏的扩散角与实测土的破裂角相当。因此，采用理论计算值时，扩散角最大取30°。对小于30°的情况，以理论计算值为基础，求出不同垫层厚度时的扩散角 θ。根据陕西、上海、北京、辽宁、广东、湖北等地的垫层试验，对于中砂、粗砂、砾砂、石屑的变形模量均在 30MPa～45MPa 的范围，卵石、碎石的变形模量可达 35MPa～80MPa，而矿渣则可达到 35MPa～70MPa。这类粗颗粒垫层材料与下卧的较软土层相比，其变形模量比值均接近或大于10，扩散角最大取30°；而对于其他常作换填材料的细粒土或粉煤灰垫层，碾压后变形模量可达到 13MPa～20MPa，与粉质黏土垫层类似，该类垫层材料的变形模量与下卧较软土层的变形模量比值显著小于粗粒土垫层的比值，则可比较安全地按 3 来考虑，同时按理论值计算出扩散角 θ。灰土垫层则根据北京的试验及北京、天津、西北等地经验，按一定压实要求的 3∶7 或 2∶8 灰土 28d 强度考虑，取 θ 为 28°。因此，参照现行国家标准《建筑地基基础设计规范》GB 50007 给出不同垫层材料的压力扩散角。

土夹石、砂夹石垫层的压力扩散角宜依据土与石、砂与石的配比，按静载荷试验结果确定，有经验时也可按地区经验选取。

土工合成材料加筋垫层一般用于 z/b 较小的薄垫层。对土工带加筋垫层，设置一层土工筋带时，θ 宜取 26°；设置两层及以上土工筋带时，θ 宜取 35°。

利用太原某现场工程加筋垫层原位静载荷试验，对土工带加筋垫层的压力扩散角进行验算。试验中加筋垫层土为碎石，粒径 10mm～30mm，垫层尺寸为 2.3m×2.3m×0.3m，基础底面尺寸为 1.5m×1.5m。土工带加筋采用两种土工筋带：TG 玻塑复合筋带（A 型，极限抗拉强度 σ_b =94.3MPa）和 CPE 钢塑复合筋带（B 型，极限抗拉强度 σ_b =139.4MPa）。根据不同的加筋参数和加筋材料，将此工程分为 10 种工况进行计算。具体工况参数如表 3 所示。以沉降为 1.5% 基础宽度处的荷载值作为基础底面处的平均压力值，垫层底面处的附加压力值为 58.3kPa。基础底面处垫层土的自重压力值忽略不计。由式（4.2.2-3）分别计算加筋碎石垫层的压力扩散角值，结果列于表 3。

表 3 工况参数及压力扩散角

试验编号	A1	A2	A3	A4	A5	A6	A7	B6	B7	B8
加筋层数	1	1	1	1	1	2	2	2	2	2
首层间距（cm）	5	10	10	10	20	5	5	5	5	5

续表3

试验编号	A1	A2	A3	A4	A5	A6	A7	B6	B7	B8
层间距(cm)	—	—	—	—	—	10	15	10	15	20
LDR(%)	33.3	50.0	33.3	25.0	33.3	33.3	33.3	33.3	33.3	33.3
$q_{0.015B}$(kPa)	87.5	86.3	84.7	83.2	84.0	100.9	97.6	90.6	88.3	85.6
θ(°)	29.3	28.4	27.1	25.9	26.5	36.3	36.3	31.6	29.9	27.8

注：LDR—加筋线密度；$q_{0.015B}$—沉降为1.5%基础宽度处的荷载值；θ—压力扩散角。

收集了太原地区7项土工带加筋垫层工程，按照表4.2.2给出的压力扩散角取值验算是否满足式（4.2.2-1）要求。7项工程概况描述如下，工程基本参

数和压力扩散角取值列于表4。验算时，太原地区从地面到基础底面土的重度加权平均值取 $\gamma_m=19kN/m^3$，加筋垫层重度碎石取 $21kN/m^3$，砂石取 $19.5kN/m^3$，灰土取 $16.5kN/m^3$，所用土工筋带均为 TG 玻塑复合筋带（A型），η_d 取1.5。验算结果列于表5。

表4　土工带加筋工程基本参数

工程编号	L×B (m)	d (m)	z (m)	N	B×h (mm)	U (m)	H (m)	LDR (%)	θ (°)
1	46.0×17.9	2.83	2.5	2	25×2.5	0.5	0.5	0.20	35
2	93.5×17.5	2.80	1.2	2	25×2.5	0.4	0.4	0.17	35
3	40.5×22.5	2.70	1.5	2	25×2.5	0.8	0.4	0.20	35
4	78.4×16.7	2.78	1.8	2	25×2.5	0.4	0.4	0.17	35
5	60.8×14.9	2.73	1.5	2	25×2.5	0.4	0.4	0.17	35
6	40.0×17.5	5.43	1.7	2	25×2.5	0.4	0.4	0.33	35
7	71.1×13.6	2.50	1.0	1	25×2.5	0.5	—	0.17	26

注：L—基础长度；B—基础宽度；d—基础埋深；z—垫层厚度；N—加筋层数；h—加筋带厚度；U—首层加筋间距；H—加筋间距；其他同表3。

表5　加筋垫层下卧层承载力计算

工程编号	p_k (kPa)	p_c (kPa)	p_z (kPa)	p_{cz} (kPa)	p_z+p_{cz} (kPa)	f_{azk} (kPa)	深度修正部分的承载力 (kPa)	f_{az} (kPa)	实测沉降		
									最大沉降 (mm)	最小沉降 (mm)	平均沉降 (mm)
1	140	53.8	67.0	102.5	169.5	70	137.6	207.6	10.0	7.0	8.3
2	140	53.2	77.8	73.0	150.8	80	99.75	179.75	—	—	—
3	220	51.3	146.7	82.8	229.5	150	105.5	255.5	72	63	67.5
4	150	52.8	81.8	87.9	169.7	80	116.25	196.25	8.7	7.0	7.9
5	130	51.9	66.2	81.1	147.3	80	106.25	186.25	4.2	3.5	3.9
6	260	103.2	120.2	151.9	272.1	120	211.75	331.75	—	—	—
7	140	47.5	85.1	67.0	152.1	90	85.5	175.5	—	—	—

1—山西省机电设计研究院13号住宅楼（6层砖混，砂石加筋）；

2—山西省体委职工住宅楼（6层砖混，灰土加筋）；

3—迎泽房管所住宅楼（9层底框，碎石加筋）；

4—文化苑 E-4 号住宅楼（7层砖混，砂石加筋）；

5—文化苑 E-5 号住宅楼（6层砖混，砂石加筋）；

6—山西省交通干部学校综合教学楼（13层框剪，砂石加筋）；

7—某机关职工住宅楼（6层砖混，砂石加筋）。

4.2.3 确定垫层宽度时，除应满足应力扩散的要求外，还应考虑侧面土的强度条件，保证垫层应有足够的宽度，防止垫层材料向侧边挤出而增大垫层的竖向

变形量。当基础荷载较大，或对沉降要求较高，或垫层侧边土的承载力较差时，垫层宽度应适当加大。

垫层顶面每边超出基础底边应大于 $z\tan\theta$，且不得小于300mm，如图1所示。

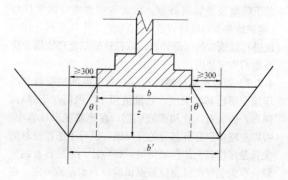

图1　垫层宽度取值示意

4.2.4 矿渣垫层的压实指标，由于干密度试验难于操作，误差较大。所以其施工的控制标准按目前的经验，在采用8t以上的平碾或振动碾施工时可按最后两遍压实的压陷差小于2mm控制。

4.2.5 经换填处理后的地基，由于理论计算方法尚不够完善，或由于较难选取有代表性的计算参数等原因，而难于通过计算准确确定地基承载力，所以，本条强调经换填垫层处理的地基其承载力宜通过试验、尤其是通过现场原位试验确定。对于按现行国家标准《建筑地基基础设计规范》GB 50007 设计等级为丙级的建筑物及一般的小型、轻型或对沉降要求不高的工程，在无试验资料或经验时，当施工达到本规范要求的压实标准后，初步设计时可以参考表6所列的承载力特征值取用。

表6　垫层的承载力

换填材料	承载力特征值 f_{ak} (kPa)
碎石、卵石	200～300
砂夹石（其中碎石、卵石占全重的30%～50%）	200～250
土夹石（其中碎石、卵石占全重的30%～50%）	150～200
中砂、粗砂、砾砂、圆砾、角砾	150～200
粉质黏土	130～180
石屑	120～150
灰土	200～250
粉煤灰	120～150
矿渣	200～300

注：压实系数小的垫层，承载力特征值取低值，反之取高值；原状矿渣垫层取低值，分级矿渣或混合矿渣垫层取高值。

4.2.6 我国软黏土分布地区的大量建筑物沉降观测及工程经验表明，采用换填垫层进行局部处理后，往往由于软弱下卧层的变形，建筑物地基仍将产生过大的沉降量及差异沉降量。因此，应按现行国家标准《建筑地基基础设计规范》GB 50007 中的变形计算方法进行建筑物的沉降计算，以保证地基处理效果及建筑物的安全使用。

4.2.7 粗粒换填材料的垫层在施工期间垫层自身的压缩变形已基本完成，且量值很小。因而对于碎石、卵石、砂夹石、砂和矿渣垫层，在地基变形计算中，可以忽略垫层自身部分的变形值；但对于细粒材料的尤其是厚度较大的换填垫层，则应计入垫层自身的变形，有关垫层的模量应根据试验或当地经验确定。在无试验资料或经验时，可参照表7选用。

表7　垫层模量（MPa）

模量 垫层材料	压缩模量 E_s	变形模量 E_0
粉煤灰	8～20	—
砂	20～30	—
碎石、卵石	30～50	—
矿渣	—	35～70

注：压实矿渣的 E_0/E_s 比值可按1.5～3.0取用。

下卧层顶面承受换填材料本身的压力超过原天然土层压力较多的工程，地基下卧层将产生较大的变形。如工程条件许可，宜尽早换填，以使由此引起的大部分地基变形在上部结构施工之前完成。

4.2.9 加筋线密度为加筋带宽度与加筋带水平间距的比值。

对于土工加筋带端部可采用图2说明的胞腔式固定方法。

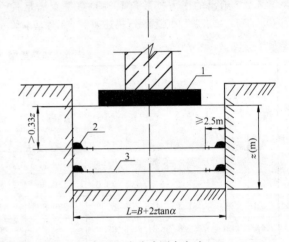

图2　胞腔式固定方法

1—基础；2—胞腔式砂石袋；3—筋带；z—加筋垫层厚度

工程案例分析：

场地条件：场地土层第一层为杂填土，厚度0.7m～0.8m，在试验时已挖去；第二层为饱和粉土，作为主要受力层，其天然重度为 18.9kN/m³，土粒相对密度2.69，含水量31.8%，干重度14.5kN/m³，孔隙比0.881，饱和度96%，液限32.9%，塑限23.7%，塑性指数9.2，液性指数0.88，压缩模量3.93MPa。根据现场原土的静力触探和静载荷试验，结合本地区经验综合确定饱和粉土层的承载力特征值为80kPa。

工程概况：矩形基础，建筑物基础平面尺寸为60.8m×14.9m，基础埋深2.73m。基础底面处的平均压力 p_k 取130kPa。基础底部为软弱土层，需进行处理。

处理方法一：采用砂石进行换填，从地面到基础底面土的重度加权平均值19kN/m³，砂石重度取19.5kN/m³。基础埋深的地基承载力修正系数取

1.0。假定 $z/B=0.25$，如垫层厚度 z 取 3.73m，按本规范 4.2.2 条取压力扩散角 20°。计算得基础底面处的自重应力 p_c 为 51.9kPa，垫层底面处的自重应力 p_{cz} 为 124.6kPa，则垫层底面处的附加压力值 p_z 为 63.3kPa，垫层底面处的自重应力与附加压力之和为 187.9kPa，承载力深度修正值为 115.0kPa，垫层底面处土经深度修正后的承载力特征值为 195.0kPa，满足式（4.2.2-1）要求。

处理方法二：采用加筋砂石垫层。加筋材料采用 TG 玻塑复合筋带（极限抗拉强度 $\sigma_b=94.3$MPa），筋带宽、厚分别为 25mm 和 2.5mm。两层加筋，首层加筋间距拟采用 0.6m，加筋带层间距拟采用 0.4m，加筋线密度拟采用 17%。压力扩散角取 35°。砂石垫层参数同上。基础底面处的自重应力 p_c 为 51.9kPa，假定垫层厚度为 1.5m，按式（4.2.2-3）计算加筋垫层底面处的附加压力值 p_z 为 66.6kPa，垫层底面处的自重应力 p_{cz} 为 81.2kPa，垫层底面处的自重应力与附加压力之和为 147.8kPa，计算得承载力深度修正值为 72.7kPa，垫层底面处土经深度修正后的承载力特征值为 152.7kPa＞147.8kPa，满足式（4.2.2-1）要求。由式（4.2.3）计算可得垫层底面最小宽度为 16.9m，取 17m。该工程竣工验收后，观测到的最终沉降量为 3.9mm，满足变形要求。

两种处理方法进行对比，可知，使用加筋垫层，可使垫层厚度比仅采用砂石换填时减少 60%。采用加筋垫层可以降低工程造价，施工更方便。

4.3 施 工

4.3.1 换填垫层的施工参数应根据垫层材料、施工机械设备及设计要求等通过现场试验确定，以求获得最佳密实效果。对于存在软弱下卧层的垫层，应针对不同施工机械设备的重量、碾压强度、振动力等因素，确定垫层底层的铺填厚度，使既能满足该层的压密条件，又能防止扰动下卧软弱土的结构。

4.3.3 为获得最佳密实效果，宜采用垫层材料的最优含水量 w_{op} 作为施工控制含水量。对于粉质黏土和灰土，现场可控制在最优含水量 w_{op} ±2% 的范围内，当使用振动碾压时，可适当放宽下限范围值，即控制在最优含水量 w_{op} 的 -6%～+2% 范围内。最优含水量可按现行国家标准《土工试验方法标准》GB/T 50123 中轻型击实试验的要求得到。在缺乏试验资料时，也可近似取液限值的 60%；或按照经验采用塑限 w_p ±2% 的范围值作为施工含水量的控制值，粉煤灰垫层不应采用浸水饱和施工法，其施工含水量应控制在最优含水量 w_{op} ±4% 的范围内。若土料湿度过大或过小，应分别予以晾晒、翻松、掺加吸水材料或洒水湿润以调整土料的含水量。对于砂石料则可根据施工方法不同按经验控制适宜的施工含水量，即当用平板式振动器时可取 15%～20%；当用平碾或蛙式

夯时可取 8%～12%；当用插入式振动器时宜为饱和。对于碎石及卵石应充分浇水湿透后夯压。

4.3.4 对垫层底部的下卧层中存在的软硬不均匀点，要根据其对垫层稳定及建筑物安全的影响确定处理方法。对不均匀沉降要求不高的一般性建筑，当下卧层中不均匀点范围小，埋藏很深，处于地基压缩层范围以外，且四周土层稳定时，对该不均匀点可不做处理。否则，应予挖除并根据与周围土质及密实度均匀一致的原则分层回填并夯压密实，以防止下卧层的不均匀变形对垫层及上部建筑产生危害。

4.3.5 垫层下卧层为软弱土层时，因其具有一定的结构强度，一旦被扰动则强度大大降低，变形大量增加，将影响到垫层及建筑的安全使用。通常的做法是，开挖基坑时应预留厚约 200mm 的保护层，待做好铺填垫层的准备后，对保护层挖一段随即换填材料铺填一段，直到完成全部垫层，以保护下卧土层的结构不被破坏。按浙江、江苏、天津等地的习惯做法，在软弱下卧层顶面设置厚 150mm～300mm 的砂垫层，防止粗粒换填材料挤入下卧层时破坏其结构。

4.3.7 在同一栋建筑下，应尽量保持垫层厚度相同；对于厚度不同的垫层，应防止垫层厚度突变；在垫层较深部位施工时，应注意控制该部位的压实系数，以防止或减少由于地基处理厚度不同所引起的差异变形。

为保证灰土施工控制的含水量不致变化，拌合均匀后的灰土应在当日使用，灰土夯实后，在短时间内水稳性及硬化均较差，易受水浸而膨胀疏松，影响灰土的夯压质量。

粉煤灰分层碾压验收后，应及时铺填上层或封层，防止干燥或扰动使碾压层松胀密实度下降及扬起粉尘污染。

4.3.9 在地基土层表面铺设土工合成材料时，保证地基土层顶面平整，防止土工合成材料被刺穿、顶破。

4.4 质 量 检 验

4.4.1 垫层的施工质量检验可利用轻型动力触探或标准贯入试验法检验。必须首先通过现场试验，在达到设计要求压实系数的垫层试验区内，测得标准的贯入深度或击数，然后再以此作为控制施工压实系数的标准，进行施工质量检验。利用传统的贯入试验进行施工质量检验必须在有经验的地区通过对比试验确定检验标准，再在工程中实施。检验砂垫层使用的环刀容积不应小于 200cm³，以减少其偶然误差。在粗粒土垫层中的施工质量检验，可设置纯砂检验点，按环刀取样法检验，或采用灌水法、灌砂法进行检验。

4.4.2 换填垫层的施工必须在每层密实度检验合格后再进行下一工序施工。

4.4.3 垫层施工质量检验点的数量因各地土质条件

和经验不同而不同。本条按天津、北京、河南、西北等大部分地区多数单位的做法规定了条基、独立基础和其他基础面积的检验点数量。

4.4.4 竣工验收应采用静载荷试验检验垫层质量，为保证静载荷试的有效影响深度不小于换填垫层处理的厚度，静载荷试验压板的面积不应小于1.0m²。

5 预压地基

5.1 一般规定

5.1.1 预压处理地基一般分为堆载预压、真空预压和真空～堆载联合预压三类。降水预压和电渗排水预压在工程上应用甚少，暂未列入。堆载预压分塑料排水带或砂井地基堆载预压和天然地基堆载预压。通常，当软土层厚度小于4.0m时，可采用天然地基堆载预压处理，当软土层厚度超过4.0m时，为加速预压过程，应采用塑料排水带、砂井等竖井排水预压处理地基。对真空预压工程，必须在地基内设置排水竖井。

本条提出适用于预压地基处理的土类。对于在持续荷载作用下体积会发生很大压缩、强度会明显增长的土，这种方法特别适用。对超固结土，只有当土层的有效上覆压力与预压荷载所产生的应力水平明显大于土的先期固结压力时，土层才会发生明显的压缩。竖井排水预压对处理泥炭土、有机质土和其他次固结变形占很大比例的土处理后仍有较大的次固结变形，应考虑对工程的影响。当主固结变形与次固结变形相比所占比例较大时效果明显。

5.1.2 当需加固的土层有粉土、粉细砂或中粗砂等透水、透气层时，对加固区采取的密封措施一般有打设黏性土密封墙、开挖换填和垂直铺设密封膜穿过透水透气层等方法。对塑性指数大于25且含水量大于85%的淤泥，采用真空预压处理后的地基土强度有时仍然较低，因此，对具体的场地，需通过现场试验确定真空预压加固的适用性。

5.1.3 通过勘察查明土层的分布、透水层的位置及水源补给等，这对预压工程很重要，如对于黏土夹粉砂薄层的"千层糕"状土层，它本身具有良好的透水性，不必设置排水竖井，仅进行堆载预压即可取得良好的效果。对真空预压工程，查明处理范围内有无透水层（或透气层）及水源补给情况，关系到真空预压的成败和处理费用。

5.1.4 对重要工程，应预先选择代表性地段进行预压试验，通过试验区获得的竖向变形与时间关系曲线，孔隙水压力与时间关系曲线等推算土的固结系数。固结系数是预压工程地基固结计算的主要参数，可根据前期荷载所推算的固结系数预计后期荷载下地基不同时间的变形并根据实测值进行修正，这样就可以得到更符合实际的固结系数。此外，由变形与时间曲线可推算出预压荷载下地基的最终变形、预压阶段不同时间的固结度等，为卸载时间的确定、预压效果的评价以及指导全场的设计与施工提供主要依据。

5.1.6 对预压工程，什么情况下可以卸载，这是工程上关心的问题，特别是对变形控制严格的工程，更加重要。设计时应根据所计算的建筑物最终沉降量并对照建筑物使用期间的允许变形值，确定预压期间应完成的变形量，然后按照工期要求，选择排水竖井直径、间距、深度和排列方式、确定预压荷载大小和加载历时，使在预定工期内通过预压完成设计所要求的变形量，使卸载后的残余变形满足建筑物允许变形要求。对排水井穿透压缩土层的情况，通过不太长时间的预压可满足设计要求，土层的平均固结度一般可达90%以上。对排水竖井未穿透受压土层的情况，应分别使竖井深度范围土层和竖井底面以下受压土层的平均固结度和所完成的变形量满足设计要求。这样要求的原因是，竖井底面以下受压土层属单向排水，如土层厚度较大，则固结较慢，预压期间所完成的变形较小，难以满足设计要求，为提高预压效果，应尽可能加深竖井深度，使竖井底面以下受压土层厚度减小。

5.1.7 当建筑物的荷载超过真空压力且建筑物对地基的承载力和变形有严格要求时，应采用真空-堆载联合预压法。工程实践证明，真空预压和堆载预压效果可以叠加，条件是两种预压必须同时进行，如某工程47m×54m面积真空和堆载联合预压试验，实测的平均沉降结果如表8所示。某工程预压前后十字板强度的变化如表9所示。

表8 实测沉降值

项 目	真空预压	加30kPa堆载	加50kPa堆载
沉降（mm）	480	680	840

表9 预压前后十字板强度（kPa）

深度（m）	土 质	预压前	真空预压	真空-堆载预压
2.0～5.8	淤泥夹淤泥质粉质黏土	12	28	40
5.8～10.0	淤泥质黏土夹粉质黏土	15	27	36
10.0～15.0	淤泥	23	28	33

5.1.8 由于预压加固地基的范围一般较大，其沉降对周边有一定影响，应有一定安全距离；距离较近时应采取保护措施。

5.1.9 超载预压可减少处理工期，减少工后沉降量。工程应用时应进行试验性施工，在保证整体稳定条件下实施。

5.2 设 计

I 堆载预压

5.2.1 本条中提出对含较多薄粉砂夹层的软土层，可不设置排水竖井。这种土层通常具有良好的透水性。表10为上海石化总厂天然地基上 $10000m^3$ 试验油罐经148d充水预压的实测和推算结果。

该罐区的土层分布为：地表约4m的粉质黏土（"硬壳层"）其下为含粉砂薄层的淤泥质黏土，呈"千层糕"状构造。预计固结较快，地基未作处理，经148d充水预压后，固结度达90%左右。

表10 从实测 s-t 曲线推算的 β、s_f 等值

测点	2号	5号	10号	13号	16个测点平均值	罐中心
实测沉降 s_t (cm)	87.0	87.5	79.5	79.4	84.2	131.9
β (1/d)	0.0166	0.0174	0.0174	0.0151	0.0159	0.0188
最终沉降 s_f (cm)	93.4	93.6	84.0	85.1	91.0	138.9
瞬时沉降 s_d (cm)	26.4	22.4	23.5	23.7	25.2	38.4
固结度 $\overline{U}$ (%)	90.4	91.4	91.5	88.6	89.7	93.0

土层的平均固结度普遍表达式 $\overline{U}$ 如下：

$$\overline{U} = 1 - \alpha e^{-\beta t} \qquad (3)$$

式中 α、β 为和排水条件有关的参数，β 值与土的固结系数、排水距离等有关，它综合反映了土层的固结速率。从表10可看出罐区土层的 β 值较大。对照砂井地基，如台州电厂煤场砂井地基 β 值为 0.0207 (1/d)，而上海炼油厂油罐天然地基为 0.0248 (1/d)。它们的值相近。

5.2.3 对于塑料排水带的当量换算直径 d_p，虽然许多文献都提供了不同的建议值，但至今还没有结论性的研究成果，式（5.2.3）是著名学者 Hansbo 提出的，国内工程上也普遍采用，故在规范中推荐使用。

5.2.5 竖井间距的选择，应根据地基土的固结特性、预定时间内所要求达到的固结度以及施工影响等通过计算、分析确定。根据我国的工程实践，普通砂井之井径比取 6～8，塑料排水带或袋装砂井之井径比取

15～22，均取得良好的处理效果。

5.2.6 排水竖井的深度，应根据建筑物对地基的稳定性、变形要求和工期确定。对以变形控制的建筑，竖井宜穿透受压土层。对受压土层深厚，竖井很长的情况，虽然考虑井阻影响后，土层径向排水平均固结度随深度而减小，但井阻影响程度取决于竖井的纵向通水量 q_w 与天然土层水平向渗透系数 k_h 的比值大小和竖井深度等。对于竖井深度 $L = 30m$，井径比 $n = 20$，径向排水固结时间因子 $T_h = 0.86$，不同比值 q_w/k_h 时，土层在深度 $z = 1m$ 和 30m 处根据 Hansbo（1981）公式计算之径向排水平均固结度 $\overline{U}_r$ 如表11所示。

表11 Hansbo（1981）公式计算之径向排水平均固结度 $\overline{U}_r$

z (m) \ q_w/k_h (m²)	300	600	1500
1	0.91	0.93	0.95
30	0.45	0.63	0.81

由表可见，在深度 30m 处，土层之径向排水平均固结度仍较大，特别是当 q_w/k_h 较大时。因此，对深厚受压土层，在施工能力可能时，应尽可能加深竖井深度，这对加速土层固结，缩短工期是很有利的。

5.2.7 对逐渐加载条件下竖井地基平均固结度的计算，本规范采用的是改进的高木俊介法，该公式理论上是精确解，而且无需先计算瞬时加载条件下的固结度，再根据逐渐加载条件进行修正，而是两者合并计算出修正后的平均固结度，而且公式适用于多种排水条件，可应用于考虑井阻及涂抹作用的径向平均固结度计算。

算例：

已知：地基为淤泥质黏土层，固结系数 $c_h = c_v = 1.8 \times 10^{-3} cm^2/s$，受压土层厚 20m，袋装砂井直径 $d_w = 70mm$，袋装砂井为等边三角形排列，间距 $l = 1.4m$，深度 $H = 20m$，砂井底部为不透水层，砂井打穿受压土层。预压荷载总压力 $p = 100kPa$，分两级等速加载，如图3所示。

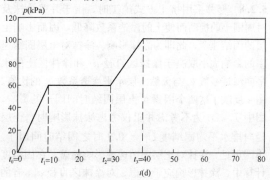

图3 加载过程

求：加荷开始后 120d 受压土层之平均固结度（不考虑竖井井阻和涂抹影响）。

计算：

受压土层平均固结度包括两部分：径向排水平均固结度和向上竖向排水平均固结度。按公式（5.2.7）计算，其中 α、β 由表 5.2.7 知：

$$\alpha = \frac{8}{\pi^2} = 0.81$$

$$\beta = \frac{8c_h}{F_n d_e^2} + \frac{\pi^2 c_v}{4H^2}$$

根据砂井的有效排水圆柱体直径 $d_e = 1.05l = 1.05 \times 1.4 = 1.47$m

径井比 $n = d_e/d_w = 1.47/0.07 = 21$，则

$$F_n = \frac{n^2}{n^2-1}\ln(n) - \frac{3n^2-1}{4n^2}$$

$$= \frac{21^2}{21^2-1}\ln(21) - \frac{3 \times 21^2 - 1}{4 \times 21^2}$$

$$= 2.3$$

$$\beta = \frac{8 \times 1.8 \times 10^{-3}}{2.3 \times 147^2} + \frac{3.14^2 \times 1.8 \times 10^{-3}}{4 \times 2000^2}$$

$$= 2.908 \times 10^{-7}\,(\text{l/s})$$

$$= 0.0251\,(\text{l/d})$$

第一级荷载的加荷速率　$\dot{q}_1 = 60/10 = 6$kPa/d

第二级荷载的加荷速率　$\dot{q}_2 = 40/10 = 4$kPa/d

固结度计算：

$$\overline{U}_t = \sum \frac{\dot{q}_i}{\sum \Delta p}\left[(T_i - T_{i-1}) - \frac{\alpha}{\beta}e^{-\beta t}(e^{\beta T_i} - e^{\beta T_{i-1}})\right]$$

$$= \frac{\dot{q}_1}{\sum \Delta p}\left[(t_1 - t_0) - \frac{\alpha}{\beta}e^{-\beta t}(e^{\beta t_1} - e^{\beta t_0})\right]$$

$$+ \frac{\dot{q}_2}{\sum \Delta p}\left[(t_3 - t_2) - \frac{\alpha}{\beta}e^{-\beta t}(e^{\beta t_3} - e^{\beta t_2})\right]$$

$$= \frac{6}{100}\left[(10-0) - \frac{0.81}{0.0251}\right.$$

$$e^{-0.0251 \times 120}(e^{0.0251 \times 10} - e^0)\Big]$$

$$+ \frac{4}{100}\left[(40-30) - \frac{0.81}{0.0251}\right.$$

$$e^{-0.0251 \times 120}(e^{0.0251 \times 40} - e^{0.0251 \times 30})\Big]$$

$$= 0.93$$

5.2.8 竖井采用挤土方式施工时，由于井壁涂抹及对周围土的扰动而使土的渗透系数降低，因而影响土层的固结速率，此即为涂抹影响。涂抹对土层固结速率的影响大小取决于涂抹区直径 d_s 和涂抹区土的水平向渗透系数 k_s 与天然土层水平渗透系数 k_h 的比值。图 4 反映了这两个因素对土层固结时间因子的影响，图中 $T_{h90}(s)$ 为不考虑井阻仅考虑涂抹影响时，土层径向排水平均固结度 $\overline{U}_r = 0.9$ 时之固结时间因子。由图可见，涂抹对土层固结速率影响显著，在固结度计算中，涂抹影响应予考虑。对涂抹区直径 d_s，有的文献取 $d_s = (2 \sim 3)d_m$，其中，d_m 为竖井施工套管横

截面积当量直径。对涂抹区土的渗透系数，由于土被扰动的程度不同，愈靠近竖井，k_s 愈小。关于 d_s 和 k_s 大小还有待进一步积累资料。

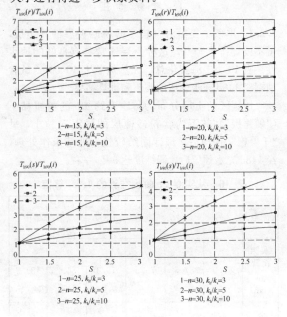

图 4　涂抹对土层固结速率的影响

如不考虑涂抹仅考虑井阻影响，即 $F = F_n + F_r$，由反映井阻影响的参数 F_r 的计算式可见，井阻大小取决于竖井深度和竖井纵向通水量 q_w 与天然土层水平向渗透系数 k_h 的比值。如以竖井地基径向平均固结度达到 $\overline{U}_r = 0.9$ 为标准，则可求得不同竖井深度，不同井径比和不同 q_w/k_h 比值时，考虑井阻影响（$F = F_n + F_r$）和理想井条件（$F = F_n$）之固结时间因子 $T_{h90}(r)$ 和 $T_{h90}(i)$。比值 $T_{h90}(r)/T_{h90}(i)$ 与 q_w/k_h 的关系曲线见图 5。

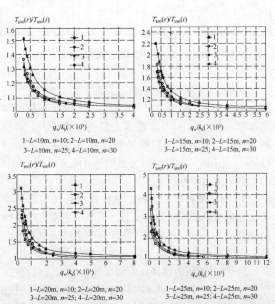

图 5　井阻对土层固结速率的影响

由图可知，对不同深度的竖井地基，如以 $T_{h90}(r)/T_{h90}(i) \le 1.1$ 作为可不考虑井阻影响的标准，则可得到相应的 q_w/k_h 值，因而可得到竖井所需要的通水量 q_w 理论值，即竖井在实际工作状态下应具有的纵向通水量值。对塑料排水带来说，它不同于实验室按一定实验标准测定的通水量值。工程上所选用的通过实验测定的产品通水量应比理论通水量高。设计中如何选用产品的纵向通水量是工程上所关心而又很复杂的问题，它与排水带深度、天然土层和涂抹后土渗透系数、排水带实际工作状态和工期要求等很多因素有关。同时，在预压过程中，土层的固结速率也是不同的，预压初期土层固结较快，需通过塑料排水带排出的水量较大，而塑料排水带的工作状态相对较好。关于塑料排水带的通水量问题还有待进一步研究和在实际工程中积累更多的经验。

对砂井，其纵向通水量可按下式计算：

$$q_w = k_w \cdot A_w = k_w \cdot \pi d_w^2/4 \qquad (4)$$

式中，k_w 为砂料渗透系数。作为具体算例，取井径比 $n = 20$；袋装砂井直径 $d_w = 70\text{mm}$ 和 100mm 两种；土层渗透系数 $k_h = 1 \times 10^{-6}\text{cm/s}$、$5 \times 10^{-7}\text{cm/s}$、$1 \times 10^{-7}\text{cm/s}$ 和 $1 \times 10^{-8}\text{cm/s}$，考虑井阻影响时的时间因子 $T_{h90}(r)$ 与理想井时间因子 $T_{h90}(i)$ 的比值列于表12，相应的 q_w/k_h 列于表13中。从表的计算结果看，对袋装砂井，宜选用较大的直径和较高的砂料渗透系数。

表12　井阻时间因子 T_{h90} (r) 与理想井时间因子 T_{h90} (i) 的比值

砂井砂料渗透系数 (cm/s)	土层渗透系数 (cm/s)	袋装砂井直径 (mm) 砂井深度 (m)			
		70		100	
		10	20	10	20
1×10^{-2}	1×10^{-6}	3.85	12.41	2.40	6.60
	5×10^{-7}	2.43	6.71	1.70	3.80
	1×10^{-7}	1.29	2.14	1.14	1.56
	1×10^{-8}	1.03	1.11	1.01	1.06
5×10^{-2}	1×10^{-6}	1.57	3.29	1.28	2.12
	5×10^{-7}	1.29	2.14	1.14	1.56
	1×10^{-7}	1.06	1.23	1.03	1.11
	1×10^{-8}	1.01	1.02	1.00	1.01

表13　q_w/k_h （m^2）

砂井砂料渗透系数 (cm/s)	土层渗透系数 (cm/s)	袋装砂井直径 (mm)	
		70	100
1×10^{-2}	1×10^{-6}	38.5	78.5
	5×10^{-7}	77.0	157.0
	1×10^{-7}	385.0	785.0
	1×10^{-8}	3850.0	7850.0
5×10^{-2}	1×10^{-6}	192.3	392.5
	5×10^{-7}	384.6	785.0
	1×10^{-7}	1923.0	3925.0
	1×10^{-8}	19230.0	39250.0

算例：

已知：地基为淤泥质黏土层，水平向渗透系数 $k_h = 1 \times 10^{-7}\text{cm/s}$，$c_v = c_h = 1.8 \times 10^{-3}\text{cm}^2/\text{s}$，袋装砂井直径 $d_w = 70\text{mm}$，砂料渗透系数 $k_w = 2 \times 10^{-2}\text{cm/s}$，涂抹区土的渗透系数 $k_s = 1/5 \times k_h = 0.2 \times 10^{-7}\text{cm/s}$。取 $s = 2$，袋装砂井为等边三角形排列，间距 $l = 1.4\text{m}$，深度 $H = 20\text{m}$，砂井底部为不透水层，砂井打穿受压土层。预压荷载总压力 $p = 100\text{kPa}$，分两级等速加载，如图3所示。

求：加载开始后120d受压土层之平均固结度。

计算：

袋装砂井纵向通水量

$$q_w = k_w \times \pi d_w^2/4$$
$$= 2 \times 10^{-2} \times 3.14 \times 7^2/4 = 0.769 \text{ cm}^3/\text{s}$$

$$F_n = \ln(n) - 3/4 = \ln(21) - 3/4 = 2.29$$

$$F_r = \frac{\pi^2 L^2}{4} \frac{k_h}{q_w} = \frac{3.14^2 \times 2000^2}{4} \times \frac{1 \times 10^{-7}}{0.769} = 1.28$$

$$F_s = \left(\frac{k_h}{k_s} - 1\right)\ln s = \left(\frac{1 \times 10^{-7}}{0.2 \times 10^{-7}} - 1\right)\ln 2 = 2.77$$

$$F = F_n + F_r + F_s = 2.29 + 1.28 + 2.77 = 6.34$$

$$\alpha = \frac{8}{\pi^2} = 0.81$$

$$\beta = \frac{8c_h}{Fd_e^2} + \frac{\pi^2 c_v}{4H^2}$$

$$= \frac{8 \times 1.8 \times 10^{-3}}{6.34 \times 147^2} + \frac{3.14^2 \times 1.8 \times 10^{-3}}{4 \times 2000^2}$$

$$= 1.06 \times 10^{-7} \text{ (l/s)} = 0.0092 \text{ (l/d)}$$

$$\overline{U}_t = \frac{\dot{q}_1}{\sum \Delta p}\left[(t_1 - t_0) - \frac{\alpha}{\beta}e^{-\beta t}(e^{\beta t_1} - e^{\beta t_0})\right]$$

$$+ \frac{\dot{q}_2}{\sum \Delta p}\left[(t_3 - t_2) - \frac{\alpha}{\beta}e^{-\beta t}(e^{\beta t_3} - e^{\beta t_2})\right]$$

$$= \frac{6}{100}\left[(10-0) - \frac{0.81}{0.0092}\right.$$

$$e^{-0.0092\times120}(e^{0.0092\times10} - e^{0})\Big]$$

$$+ \frac{4}{100}\left[(40-30) - \frac{0.81}{0.0092}\right.$$

$$e^{-0.0092\times120}(e^{0.0092\times40} - e^{0.0092\times30})\Big]$$

$$= 0.68$$

5.2.9 对竖井未穿透受压土层的地基，当竖井底面以下受压土层较厚时，竖井范围土层平均固结度与竖井底面以下土层的平均固结度相差较大，预压期间所完成的固结变形量也因之相差较大，如若将固结度按整个受压土层平均，则与实际固结度沿深度的分布不符，且掩盖了竖井底面以下土层固结缓慢，预压期间完成的固结变形量小，建筑物使用以后剩余沉降持续时间长等实际情况。同时，按整个受压土层平均，使竖井范围土层固结度比实际降低而影响稳定分析结果。因此，竖井范围与竖井底面以下土层的固结度和相应的固结变形应分别计算，不宜按整个受压土层平均计算。

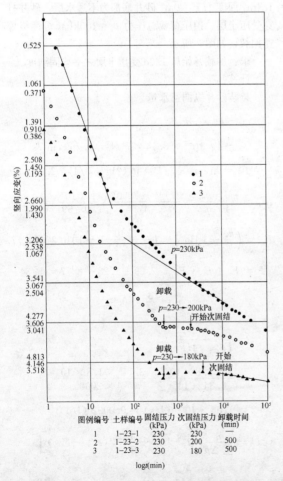

图 6 某工程淤泥质黏土的室内试验结果

5.2.11 饱和软黏土根据其天然固结状态可分成正常固结土、超固结土和欠固结土。显然，对不同固结状态的土，在预压荷载下其强度增长是不同的，由于超固结和欠固结土强度增长缺乏实测资料，本规范暂未能提出具体预计方法。

对正常固结饱和黏性土，本规范所采用的强度计算公式已在工程上得到广泛的应用。该法模拟了压应力作用下土体排水固结引起的强度增长，而不模拟剪缩作用引起的强度增长，它可直接用十字板剪切试验结果来检验计算值的准确性。该式可用于竖井地基有效固结压力法稳定分析。

$$\tau_{ft} = \tau_{f0} + \Delta\sigma_z \cdot U_t \tan\varphi_{cu} \qquad (5)$$

式中 τ_{f0} 为地基土的天然抗剪强度，由计算点土的自重应力和三轴固结不排水试验指标 φ_{cu} 计算或由原位十字板剪切试验测定。

5.2.12 预压荷载下地基的变形包括瞬时变形、主固结变形和次固结变形三部分。次固结变形大小和土的性质有关。泥炭土、有机质土或高塑性黏性土土层，次固结变形较显著，而其他土则所占比例不大，如忽略次固结变形，则受压土层的总变形由瞬时变形和主固结变形两部分组成。主固结变形工程上通常采用单向压缩分层总和法计算，这只有当荷载面积的宽度或直径大于受压土层的厚度时才较符合计算条件，否则应对变形计算值进行修正以考虑三向压缩的效应。但研究结果表明，对于正常固结或稍超固结土地基，三向修正是不重要的。因此，仍可按单向压缩计算。经验系数 ξ 考虑了瞬时变形和其他影响因素，根据多项工程实测资料推算，正常固结黏性土地基的 ξ 值列于表 14。

表 14　正常固结黏性土地基的 ξ 值

序号	工程名称	固结变形量 s_c (cm)	最终竖向变形量 s_f (cm)	经验系数 $\xi = s_f/s_c$	备　注
1	宁波试验路堤	150.2	209.2	1.38	砂井地基，s_f 由实测曲线推算
2	舟山冷库	104.8	132.0	1.32	砂井预压，压力 $p=110\text{kPa}$
3	广东某铁路路堤	97.5	113.0	1.16	—
4	宁波栎社机场	102.9	111.0	1.08	袋装砂井预压，此为场道中心点 ξ 值，道边点 $\xi=1.11$
5	温州机场	110.8	123.6	1.12	袋装砂井预压，此为场道中心点 ξ 值，道边点 $\xi=1.07$

序号	工程名称	固结变形量 s_c (cm)	最终竖向变形量 s_f (cm)	经验系数 $\xi = s_f/s_c$	备注
6	上海金山油罐	罐中心 100.5	138.9	1.38	10000m³ 油罐 p = 164.3kPa，天然地基充水预压，罐边缘沉降为 16 个测点平均值，s_f 由实测曲线推算
		罐边缘 65.8	91.0	1.38	
7	上海油罐	罐中心 76.2	111.1	1.46	20000m³ 油罐，p = 210kPa，罐边缘沉降为 12 个测点平均值，s_f 由实测曲线推算
		罐边缘 63.0	76.3	1.21	
8	帕斯科克拉炼油厂油罐	18.3	24.4	1.33	p = 210kPa，s_f 为实测值
9	格兰岛油罐	48.3	53.4	1.10	s_c、s_f 均为实测值
		47.0	53.4	1.13	

5.2.16 预压地基大部分为软土地基，地基变形计算仅考虑固结变形，没有考虑荷载施加后的次固结变形。对于堆载预压工程的卸载时间应从安全性考虑，其固结度不宜少于 90%，现场检测的变形速率应有明显变缓趋势才能卸载。

Ⅱ 真空预压

5.2.17 真空预压处理地基必须设置塑料排水带或砂井，否则难以奏效。交通部第一航务工程局曾在现场做过试验，不设置砂井，抽气两个月，变形仅几个毫米，达不到处理目的。

5.2.19 真空度在砂井内的传递与井料的颗粒组成和渗透性有关。根据天津的资料，当井料的渗透系数 k = 1×10^{-2} cm/s 时，10m 长的袋装砂井真空度降低约 10%，当砂井深度超过 10m 时，为了减小真空度沿深度的损失，对砂井砂料应有更高的要求。

5.2.21 真空预压效果与预压区面积大小及长宽比等有关。表15 为天津新港现场预压试验的实测结果。

表15 预压区面积大小影响

预压区面积（m²）	264	1250	3000
中心点沉降量（mm）	500	570	740～800

此外，在真空预压区边缘，由于真空度会向外部扩散，其加固效果不如中部，为了使预压区加固效果比较均匀，预压区应大于建筑物基础轮廓线，并不小

于 3.0m。

5.2.22 真空预压的效果和膜内真空度大小关系很大，真空度越大，预压效果越好。如真空度不高，加上砂井井阻影响，处理效果将受到较大影响。根据国内许多工程经验，膜内真空度一般都能达到 86.7kPa（650mmHg）以上。这也是真空预压应达到的基本真空度。

5.2.25 对堆载预压工程，由于地基将产生体积不变的向外的侧向变形而引起相应的竖向变形，所以，按单向压缩分层总和法计算固结变形后尚应乘 1.1～1.4 的经验系数 ξ 以反映地基向外侧向变形的影响。对真空预压工程，在抽真空过程中将产生向内的侧向变形，这是因为抽真空时，孔隙水压力降低，水平方向增加了一个向负压源的压力 $\Delta \sigma_3 = -\Delta u$，考虑到其对变形的减少作用，将堆载预压的经验系数适当减小。根据《真空预压加固软土地基技术规程》JTS 147-2-2009 推荐的 ξ 的经验值，取 1.0～1.3。

5.2.28 真空预压加固软土地基应进行施工监控和加固效果检测，满足卸载标准时方可卸载。真空预压加固卸载标准可按下列要求确定：

1 沉降-时间曲线达到收敛，实测地面沉降速率连续 5d～10d 平均沉降量小于或等于 2mm/d；

2 真空预压所需的固结度宜大于 85%～90%，沉降要求严格时取高值；

3 加固时间不少于 90d；

4 对工后沉降有特殊要求时，卸载时间除需满足以上标准外，还需通过计算剩余沉降量来确定卸载时间。

Ⅲ 真空和堆载联合预压

5.2.29 真空和堆载联合预压加固，二者的加固效果可以叠加，符合有效应力原理，并经工程试验验证。真空预压是逐渐降低土体的孔隙水压力，不增加总应力条件下增加土体有效应力；而堆载预压是增加土体总应力和孔隙水压力，并随着孔隙水压力的逐渐消散而使有效应力逐渐增加。当采用真空-堆载联合预压时，既抽真空降低孔隙水压力，又通过堆载增加总应力。开始时抽真空使土中孔隙水压力降低有效应力增大，经不长时间（7d～10d）在土体保持稳定的情况下堆载，使土体产生正孔隙水压力，并与抽真空产生的负孔隙水压力叠加。正负孔隙水压力的叠加，转化的有效应力为消散的正、负孔隙水压力绝对值之和。现以瞬间加荷为例，对土中任一点 m 的应力转化加以说明。m 点的深度为地面下 h_m，地下水位假定与地面齐平，堆载引起 m 点的总应力增量为 $\Delta \sigma_1$，土的有效重度 γ'，水重度 γ_w，大气压力 p_a，抽真空土中 m 点大气压力逐渐降低至 p_n，t 时间的固结度为 U_1，不同时间中 m 点总应力和有效应力如表16 所示。

表16 土中任意点（m）有效应力-孔隙
水压力随时间转换关系

情况	总应力 σ	有效应力 σ'	孔隙水压力 u
$t=0$ （未抽真空 未堆载）	σ_0	$\sigma'_0 = \gamma' h_m$	$u_0 = \gamma_w h_m + p_a$
$0 \leqslant t \leqslant \infty$ （既抽真空 又堆载）	$\sigma_t =$ $\sigma_0 + \Delta_1$	$\sigma'_t = \gamma' h_m +$ $[(p_a - p_n)$ $+ \Delta_1] U_1$	$u_t = \gamma' h_m + p_n +$ $[(p_a - p_n)$ $+ \Delta_1](1 - U_1)$
$t \to \infty$ （既抽真空 又堆载）	$\sigma_t =$ $\sigma_0 + \Delta_1$	$\sigma'_t = \gamma' h_m +$ $(p_a - p_n) + \Delta_1$	$u = \gamma'_w h_m + p_a$

5.2.34 目前真空-堆载联合预压的工程，经验系数 ξ 尚缺少资料，故仍按真空预压的参数推算。

5.3 施 工

Ⅰ 堆载预压

5.3.6 塑料排水带施工所用套管应保证插入地基中的带子平直、不扭曲。塑料排水带的纵向通水量除与侧压力大小有关外，还与排水带的平直、扭曲程度有关。扭曲的排水带将使纵向通水量减小。因此施工所用套管应采用菱形断面或出口段扁矩形断面，不应全长都采用圆形断面。

袋装砂井施工所用套管直径宜略大于砂井直径，主要是为了减小对周围土的扰动范围。

5.3.9 对堆载预压工程，当荷载较大时，应严格控制加载速率，防止地基发生剪切破坏或产生过大的塑性变形。工程上一般根据竖向变形、边桩水平位移和孔隙水压力等监测资料按一定标准控制。最大竖向变形控制每天不超过 10mm～15mm，对竖井地基取高值，天然地基取低值；边桩水平位移每天不超过5mm。孔隙水压力的控制，目前尚缺少经验。对分级加载的工程（如油罐充水预压），可将测点的观测资料整理成每级荷载下孔隙水压力增量累加值 $\Sigma \Delta u$ 与相应荷载增量累加值 $\Sigma \Delta p$ 关系曲线（$\Sigma \Delta u$-$\Sigma \Delta p$ 关系曲线）。对连续逐渐加载工程，可将测点孔压 u 与观测时间相应的荷载 p 整理成 u-p 曲线。当以上曲线斜率出现陡增时，认为该点已发生剪切破坏。

应当指出，按观测资料进行地基稳定性控制是一项复杂的工作，控制指标取决于多种因素，如地基土的性质、地基处理方法、荷载大小以及加载速率等。软土地基的失稳通常经历从局部剪切破坏到整体剪切破坏的过程，这个过程要有数天时间。因此，应对孔隙水压力、竖向变形、边桩水平位移等观测资料进行综合分析，密切注意它们的发展趋势，这是十分重要

的。对铺设有土工织物的堆载工程，要注意突发性的破坏。

Ⅱ 真 空 预 压

5.3.11 由于各种原因射流真空泵全部停止工作，膜内真空度随之全部卸除，这将直接影响地基预压效果，并延长预压时间，为避免膜内真空度在停泵后很快降低，在真空管路中应设置止回阀和截门。当预计停泵时间超过 24h 时，则应关闭截门。所用止回阀及截门都应符合密封要求。

5.3.12 密封膜铺三层的理由是，最下一层和砂垫层相接触，膜容易被刺破，最上一层膜易受环境影响，如老化、刺破等，而中间一层膜是最安全最起作用的一层膜。膜的密封有多种方法，就效果来说，以膜上全面覆水最好。

Ⅲ 真空和堆载联合预压

5.3.15～5.3.17 堆载施工应保护真空密封膜，采取必要的保护措施。

5.3.18 堆载施工应在整体稳定的基础上分级进行，控制标准暂按堆载预压的标准控制。

5.4 质 量 检 验

5.4.1 对于以抗滑稳定性控制的重要工程，应在预压区内预留孔位，在堆载不同阶段进行原位十字板剪切试验和取土进行室内土工试验，根据试验结果验算下一级荷载地基的抗滑稳定性，同时也检验地基处理效果。

在预压期间应及时整理竖向变形与时间、孔隙水压力与时间等关系曲线，并推算地基的最终竖向变形、不同时间的固结度以分析地基处理效果，并为确定卸载时间提供依据。工程上往往利用实测变形与时间关系曲线按以下公式推算最终竖向变形量 s_f 和参数 β 值：

$$s_f = \frac{s_3(s_2 - s_1) - s_2(s_3 - s_2)}{(s_2 - s_1) - (s_3 - s_2)} \tag{6}$$

$$\beta = \frac{1}{t_2 - t_1} \ln \frac{s_2 - s_1}{s_3 - s_2} \tag{7}$$

式中 s_1、s_2、s_3 为加荷停止后时间 t_1、t_2、t_3 相应的竖向变形量，并取 $t_2 - t_1 = t_3 - t_2$。停荷后预压时间延续越长，推算的结果越可靠。有了 β 值即可计算出受压土层的平均固结系数，也可计算出任意时间的固结度。

利用加载停歇时间的孔隙水压力 u 与时间 t 的关系曲线按下式可计算出参数 β：

$$\frac{u_1}{u_2} = e^{\beta(t_2 - t_1)} \tag{8}$$

式中 u_1、u_2 为相应时间 t_1、t_2 的实测孔隙水压力值。β 值反映了孔隙水压力测点附近土体的固结速率，而按式（7）计算的 β 值则反映了受压土层的平均固结

速率。

5.4.2 本条是预压地基的竣工验收要求。检验预压所完成的竖向变形和平均固结度是否满足设计要求；原位试验检验和室内土工试验预压后的地基强度是否满足设计要求。

6 压实地基和夯实地基

6.1 一般规定

6.1.1 本条对压实地基的适用范围作出规定，浅层软弱地基以及局部不均匀地基换填处理应按照本规范第4章的有关规定执行。

6.1.2 夯实地基包括强夯和强夯置换地基，本条对强夯和强夯置换法的适用范围作出规定。

6.1.3 压实、夯实地基的承载力确定应符合本规范附录A的要求。

6.2 压实地基

6.2.1 压实填土地基包括压实填土及其下部天然土层两部分，压实填土地基的变形也包括压实填土及其下部天然土层的变形。压实填土需通过设计，按设计要求进行分层压实，对其填料性质和施工质量有严格控制，其承载力和变形需满足地基设计要求。

压实机械包括静力碾压，冲击碾压，振动碾压等。静力碾压压实机械是利用碾轮的重力作用；振动式压路机是通过振动作用使被压土层产生永久变形而密实。碾压和冲击作用的冲击式压路机其碾轮分为：光碾、槽碾、羊足碾和轮胎碾等。光碾压路机压实的表面平整光滑，使用最广，适用于各种路面、垫层、飞机场道面和广场等工程的压实。槽碾、羊足碾单位压力较大，压实层厚，适用于路基、堤坝的压实。轮胎式压路机轮胎气压可调节，可增减压重，单位压力可变，压实过程有揉搓作用，使压实土层均匀密实，且不伤路面，适用于道路、广场等垫层的压实。

近年来，开山填谷、炸山填海、围海造田、人造景观等大面积填土工程越来越多，填土边坡最大高度已经达到100多米，大面积填方压实地基的工程案例很多，但工程事故也不少，应引起足够的重视。包括填方下的原天然地基的承载力、变形和稳定性要经过验算并满足设计要求后才可以进行填土的填筑和压实。一般情况下应进行基底处理。同时，应重视大面积填方工程的排水设计和半挖半填地基上建筑物的不均匀变形问题。

6.2.2 本条为压实填土地基的设计要求。

1 利用当地的土、石或性能稳定的工业废渣作为压实填土的填料，既经济，又省工省时，符合因地制宜、就地取材和保护环境、节约资源的建设原则。

工业废渣粘结力小，易于流失，露天填筑时宜采用黏性土包边护坡，填筑顶面宜用0.3m～0.5m厚的粗粒土封闭。以粉质黏土、粉土作填料时，其含水量宜为最优含水量，最优含水量的经验参数值为20%～22%，可通过击实试验确定。

2 对于一般的黏性土，可用8t～10t的平碾或12t的羊足碾，每层铺土厚度300mm左右，碾压8遍～12遍。对饱和黏土进行表面压实，可考虑适当的排水措施以加快土体固结。对于淤泥及淤泥质土，一般应予挖除或者结合碾压进行挤淤充填，先堆土、块石和片石等，然后用机械压入置换和挤出淤泥，堆积碾压分层进行，直到把淤泥挤出、置换完毕为止。

采用粉质黏土和黏粒含量 $\rho_c \geq 10\%$ 的粉土作填料时，填料的含水量至关重要。在一定的压实功下，填料在最优含水量时，干密度可达最大值，压实效果最好。填料的含水量太大，容易压成"橡皮土"，应将其适当晾干后再分层夯实；填料的含水量太小，土颗粒之间的阻力大，则不易压实。当填料含水量小于12%时，应将其适当增湿。压实填土施工前，应在现场选取有代表性的填料进行击实试验，测定其最优含水量，用以指导施工。

粗颗粒的砂、石等材料具透水性，而湿陷性黄土和膨胀土遇水反应敏感，前者引起湿陷，后者引起膨胀，二者对建筑物都会产生有害变形。为此，在湿陷性黄土场地和膨胀土场地进行压实填土的施工，不得使用粗颗粒的透水性材料作填料。对主要由炉渣、碎砖、瓦块组成的建筑垃圾，每层的压实遍数一般不少于8遍。对含炉灰等细颗粒的填土，每层的压实遍数一般不少于10遍。

3 填土粗骨料含量高时，如果其不均匀系数小（例如小于5）时，压实效果较差，应选用压实功大的压实设备。

4 有些中小型工程或偏远地区，由于缺乏击实试验设备，或由于工期和其他原因，确无条件进行击实试验，在这种情况下，允许按本条公式（6.2.2-1）计算压实填土的最大干密度，计算结果与击实试验数值不一定完全一致，但可按当地经验作比较。

土的最大干密度试验有室内试验和现场试验两种，室内试验应严格按照现行国家标准《土工试验方法标准》GB/T 50123的有关规定，轻型和重型击实设备应严格限定其使用范围。以细颗粒土作填料的压实填土，一般采用环刀取样检验其质量。而以粗颗粒砂石料作填料的压实填土，当室内试验结果不能正确评价现场土料的最大干密度时，不能按照检验细颗粒土的方法采用环刀取样，应在现场对土料作不同击实功下的击实试验（根据土料性质取不同含水量），采用灌水法和灌砂法测定其密度，并按其最大干密度作为控制干密度。

6 压实填土边坡设计应控制坡高和坡比，而边坡的坡比与其高度密切相关，如土性指标相同，边坡越高，坡角越大，坡体的滑动势就越大。为了提高其稳定性，通常将坡比放缓，但坡比太缓，压实的土方量则大，不一定经济合理。因此，坡比不宜太缓，也不宜太陡，坡高和坡比应有一合适的关系。本条表6.2.2-3的规定吸收了铁路、公路等部门的有关资料和经验，是比较成熟的。

7 压实填土由于其填料性质及其厚度不同，它们的边坡坡度允许值也有所不同。以碎石等为填料的压实填土，在抗剪强度和变形方面要好于以粉质黏土为填料的压实填土，前者，颗粒表面粗糙，阻力较大，变形稳定快，且不易产生滑移，边坡坡度允许值相对较大；后者，阻力较小，变形稳定慢，边坡坡度允许值相对较小。

8 冲击碾压技术源于20世纪中期，我国于1995年由南非引入。目前我国国产的冲击压路机数量已达数百台。由曲线为边而构成的正多边形冲击轮在位能落差与行驶动能相结合下对工作面进行静压、揉搓、冲击，其高振幅、低频率冲击碾压使工作面下深层土石的密实度不断增加，受冲压土体逐渐接近于弹性状态，是大面积土石方工程压实技术的新发展。与一般压路机相比，考虑上料、摊铺、平整的工序等因素其压实土石的效率提高（3～4）倍。

9 压实填土的承载力是设计的重要参数，也是检验压实填土质量的主要指标之一。在现场通常采用静载荷试验或其他原位测试进行评价。

10 压实填土的变形包括压实填土层变形和下卧土层变形。

6.2.3 本条为压实填土的施工要求。

1 大面积压实填土的施工，在有条件的场地或工程，应首先考虑采用一次施工，即将基础底面以下和以上的压实填土一次施工完毕后，再开挖土坑及基槽。对无条件一次施工的场地或工程，当基础超出±0.00标高后，也宜将基础底面以上的压实填土施工完毕，避免在主体工程完工后，再施工基础底面以上的压实填土。

2 压实填土层底面下卧层的土质，对压实填土地基的变形有直接影响，为消除隐患，铺填料前，首先应查明并清除场地内填土层底面以下耕土和软弱土层。压实设备选定后，应在现场通过试验确定分层填料的虚铺厚度和分层压实的遍数，取得必要的施工参数后，再进行压实填土的施工，以确保压实填土的施工质量。压实设备施工对下卧层的饱和土体易产生扰动时可在填土底部设置碎石盲沟。

冲击碾压施工应考虑对居民、建（构）筑物等周围环境可能带来的影响。可采取以下两种减振隔振措施：①开挖宽0.5m、深1.5m左右的隔振沟进行隔振；②降低冲击压路机的行驶速度，增加冲压遍数。

在斜坡上进行压实填土，应考虑压实填土沿斜坡滑动的可能，并应根据天然地面的实际坡度验算其稳定性。当天然地面坡度大于20%时，填料前，宜将斜坡的坡面挖出若干台阶，使压实填土与斜坡坡面紧密接触，形成整体，防止压实填土向下滑动。此外，还应将斜坡顶面以上的雨水有组织地引向远处，防止雨水流向压实的填土内。

3 在建设期间，压实填土场地阻碍原地表水的畅通排泄往往很难避免，但遇到此种情况时，应根据当地地形及时修筑雨水截水沟、排水盲沟等，疏通排水系统，使雨水或地下水顺利排走。对填土高度较大的边坡应重视排水对边坡稳定性的影响。

设置在压实填土场地的上、下水管道，由于材料及施工等原因，管道渗漏的可能性很大，应采取必要的防渗漏措施。

6 压实填土的施工缝各层应错开搭接，不宜在相同部位留施工缝。在施工缝处应适当增加压实遍数。此外，还应避免在工程的主要部位或主要承重部位留施工缝。

7 振动监测：当场地周围有对振动敏感的精密仪器、设备、建筑物等或有其他需要时宜进行振动监测。测点布置应根据监测目的和现场情况确定，一般可在振动强度较大区域内的建筑物基础或地面上布设观测点，并对其振动速度峰值和主振频率进行监测，具体控制标准及监测方法可参照现行国家标准《爆破安全规程》GB 6722执行。对于居民区、工业集中区等受振动可能影响人居环境时可参照现行国家标准《城市区域环境振动标准》GB 10070和《城市区域环境振动测量方法》GB/T 10071要求执行。

噪声监测：在噪声保护要求较高区域内可进行噪声监测。噪声的控制标准和监测方法可按现行国家标准《建筑施工场界环境噪声排放标准》GB 12523执行。

8 压实填土施工结束后，当不能及时施工基础和主体工程时，应采取必要的保护措施，防止压实填土表层直接日晒或受雨水浸泡。

6.2.4 压实填土地基竣工验收应采用静载荷试验检验填土地基承载力，静载荷试验点宜选择通过静力触探试验或轻便触探等原位试验确定的薄弱点。当采用静载荷试验检验压实填土的承载力时，应考虑压板尺寸与压实填土厚度的关系。压实填土厚度大，承压板尺寸也要相应增大，或采取分层检验。否则，检验结果只能反映上层或某一深度范围内压实填土的承载力。为保证静载荷试验的有效性，静载荷试验承压板的边长或直径不应小于压实地基检验厚度的1/3，且不应小于1.0m。当需要检验压实填土的湿陷性时，应采用现场浸水载荷试验。

6.2.5 压实填土的施工必须在上道工序满足设计要求后再进行下道工序施工。

6.3 夯 实 地 基

6.3.1 强夯法是反复将夯锤（质量一般为10t～60t）

提到一定高度使其自由落下（落距一般为 10m～40m），给地基以冲击和振动能量，从而提高地基的承载力并降低其压缩性，改善地基性能。强夯置换法是采用在夯坑内回填块石、碎石等粗颗粒材料，用夯锤连续夯击形成强夯置换墩。

由于强夯法具有加固效果显著、适用土类广、设备简单、施工方便、节省劳力、施工期短、节约材料、施工文明和施工费用低等优点，我国自 20 世纪 70 年代引进此法后迅速在全国推广应用。大量工程实例证明，强夯法用于处理碎石土、砂土、低饱和度的粉土与黏性土、湿陷性黄土、素填土和杂填土等地基，一般均能取得较好的效果。对于软土地基，如果未采取辅助措施，一般来说处理效果不好。强夯置换法是 20 世纪 80 年代后期开发的方法，适用于高饱和度的粉土与软塑～流塑的黏性土等地基上对变形控制要求不严的工程。

强夯法已在工程中得到广泛的应用，有关强夯机理的研究也在不断深入，并取得了一批研究成果。目前，国内强夯工程应用夯击能已经达到 18000kN·m，在软土地区开发的降水低能级强夯和在湿陷性黄土地区普遍采用的增湿强夯，解决了工程中地基处理问题，同时拓宽了强夯法应用范围，但还没有一套成熟的设计计算方法。因此，规定强夯施工前，应在施工现场有代表性的场地上进行试夯或试验性施工。

6.3.2 强夯置换法具有加固效果显著、施工期短、施工费用低等优点，目前已用于堆场、公路、机场、房屋建筑和油罐等工程，一般效果良好。但个别工程因设计、施工不当，加固后出现下沉较大或墩体与墩间土下沉不等的情况。因此，特别强调采用强夯置换法前，必须通过现场试验确定其适用性和处理效果，否则不得采用。

6.3.3 强夯地基处理设计应符合下列规定：

1 强夯法的有效加固深度既是反映处理效果的重要参数，又是选择地基处理方案的重要依据。强夯法创始人梅那（Menard）曾提出下式来估算影响深度 H(m)：

$$H \approx \sqrt{Mh} \qquad (9)$$

式中：M——夯锤质量（t）；

h——落距（m）。

国内外大量试验研究和工程实测资料表明，采用上述梅那公式估算有效加固深度将会得出偏大的结果。从梅那公式中可以看出，其影响深度仅与夯锤重和落距有关。而实际上影响有效加固深度的因素很多，除了夯锤重和落距以外，夯击次数、锤底单位压力、地基土性质、不同土层的厚度和埋藏顺序以及地下水位等都与加固深度有着密切的关系。鉴于有效加固深度问题的复杂性，以及目前尚无适用的计算式，所以本款规定有效加固深度应根据现场试夯或当地经验确定。

考虑到设计人员选择地基处理方法的需要，有必要提出有效加固深度的预估方法。由于梅那公式估算值较实测值大，国内外相继发表了一些文章，建议对梅那公式进行修正，修正系数范围值大致为 0.34～0.80，根据不同土类选用不同修正系数。虽然经过修正的梅那公式与未修正的梅那公式相比较有了改进，但是大量工程实践表明，对于同一类土，采用不同能量夯击时，其修正系数并不相同。单击夯击能越大时，修正系数越小。对于同一类土，采用一个修正系数，并不能得到满意的结果。因此，本规范不采用修正后的梅那公式，继续保持列表的形式。表 6.3.3-1 中将土类分成碎石土、砂土等粗颗粒土和粉土、黏性土、湿陷性黄土等细颗粒土两类，便于使用。上版规范单击夯击能范围为 1000kN·m～8000kN·m，近年来，沿海和内陆高填土场地地基采用 10000kN·m 以上能级强夯法的工程越来越多，积累了一定实测资料，本次修订，将单击夯击能范围扩展为 1000kN·m～12000kN·m，可满足当前绝大多数工程的需要。8000kN·m 以上各能级对应的有效加固深度，是在工程实测资料的基础上，结合工程经验制定。单击夯击能大于 12000kN·m 的有效加固深度，工程实测资料较少，待积累一定量数据后，再总结推荐。

2 夯击次数是强夯设计中的一个重要参数，对于不同地基土来说夯击次数也不同。夯击次数应通过现场试夯确定，常以夯坑的压缩量最大、夯坑周围隆起量最小为确定的原则。可从现场试夯得到的夯击次数和有效夯沉量关系曲线确定，有效夯沉量是指夯沉量与隆起量的差值，其与夯沉量的比值为有效夯实系数。通常有效夯实系数不宜小于 0.75。但要满足最后两击的平均夯沉量不大于本款的有关规定。同时夯坑周围地面不发生过大的隆起。因为隆起量太大，有效夯实系数变小，说明夯击效率降低，则夯击次数要适当减少，不能为了达到最后两击平均夯沉量控制值，而在夯坑周围 1/2 夯点间距内出现太大隆起量的情况下，继续夯击。此外，还要考虑施工方便，不能因夯坑过深而发生起锤困难的情况。

3 夯击遍数应根据地基土的性质确定。一般来说，由粗颗粒土组成的渗透性强的地基，夯击遍数可少些。反之，由细颗粒土组成的渗透性弱的地基，夯击遍数要求多些。根据我国工程实践，对于大多数工程采用夯击遍数 2 遍～4 遍，最后再以低能量满夯 2 遍，一般均能取得较好的夯击效果。对于渗透性弱的细颗粒土地基，可适当增加夯击遍数。

必须指出，由于表层土是基础的主要持力层，如处理不好，将会增加建筑物的沉降和不均匀沉降。因此，必须重视满夯的夯实效果，除了采用 2 遍满夯、每遍（2～3）击外，还可采用轻锤或低落距锤多次夯击，锤印搭接等措施。

4 两遍夯击之间应有一定的时间间隔，以利于土中超静孔隙水压力的消散。所以间隔时间取决于超静孔隙水压力的消散时间。但土中超静孔隙水压力的消散速率与土的类别、夯点间距等因素有关。有条件时在试夯前埋设孔隙水压力传感器，通过试夯确定超静孔隙水压力的消散时间，从而决定两遍夯击之间的间隔时间。当缺少实测资料时，间隔时间可根据地基土的渗透性按本条规定采用。

5 夯击点布置是否合理与夯实效果有直接的关系。夯击点位置可根据基底平面形状进行布置。对于某些基础面积较大的建筑物或构筑物，为便于施工，可按等边三角形或正方形布置夯点；对于办公楼、住宅建筑等，可根据承重墙位置布置夯点，一般可采用等腰三角形布点，这样保证了横向承重墙以及纵墙和横墙交接处墙基下均有夯击点；对于工业厂房来说也可按柱网来设置夯击点。

夯击点间距的确定，一般根据地基土的性质和要求处理的深度而定。对于细颗粒土，为便于超静孔隙水压力的消散，夯点间距不宜过小。当要求处理深度较大时，第一遍的夯点间距更不宜过小，以免夯击时在浅层形成密实层而影响夯击能往深层传递。此外，若各夯点之间的距离太小，在夯击时上部土体易向侧向已夯成的夯坑中挤出，从而造成坑壁坍塌，夯锤歪斜或倾倒，而影响夯实效果。

6 由于基础的应力扩散作用和抗震设防需要，强夯处理范围应大于建筑物基础范围，具体放大范围可根据建筑结构类型和重要性等因素考虑确定。对于一般建筑物，每边超出基础外缘的宽度宜为基底下设计处理深度的 $1/2\sim2/3$，并不宜小于 3m。对可液化地基，根据现行国家标准《建筑抗震设计规范》GB 50011 的规定，扩大范围应超出基础底面下处理深度的 $1/2$，并不应小于 5m；对湿陷性黄土地基，尚应符合现行国家标准《湿陷性黄土地区建筑规范》GB 50025 有关规定。

7 根据上述初步确定的强夯参数，提出强夯试验方案，进行现场试夯，并通过测试，与夯前测试数据进行对比，检验强夯效果，并确定工程采用的各项强夯参数，若不符合使用要求，则应改变设计参数。在进行试夯时也可采用不同设计参数的方案进行比较，择优选用。

8 在确定工程采用的各项强夯参数后，还应根据试夯所测得的夯沉量、夯坑回填方式、夯前夯后场地标高变化，结合基础埋深，确定起夯标高。夯前场地标高宜高出基础底标高 0.3m～1.0m。

9 强夯地基承载力特征值的检测除了现场静载试验外，也可根据地基土性质，选择静力触探、动力触探、标准贯入试验等原位测试方法和室内土工试验结果结合静载试验结果综合确定。

6.3.4 本条是强夯处理地基的施工要求：

1 根据要求处理的深度和起重机的起重能力选择强夯锤质量。我国至今采用的最大夯锤质量已超过 60t，常用的夯锤质量为 15t～40t。夯锤底面形式是否合理，在一定程度上也会影响夯击效果。正方形锤具有制作简单的优点，但在使用时也存在一些缺点，主要是起吊时由于夯锤旋转，不能保证前后几次夯击的夯坑重合，故常出现锤角与夯坑侧壁相接触的现象，因而使一部分夯击能消耗在坑壁上，影响了夯击效果。根据工程实践，圆形锤或多边形锤不存在此缺点，效果较好。锤底面积可按土的性质确定，锤底静接地压力值可取 25kPa～80kPa，锤底静接地压力值应与夯击能相匹配，单击夯击能高时取大值，单击夯击能低时取小值。对粗颗粒土和饱和度低的细颗粒土，锤底静接地压力取值大时，有利于提高有效加固深度；对于饱和细颗粒土宜取较小值。为了提高夯击效果，锤底应对称设置不少于 4 个与其顶面贯通的排气孔，以利于夯锤着地时坑底空气迅速排出和起锤时减小坑底的吸力。排气孔的孔径一般为 300mm～400mm。

2 当最后两击夯沉量尚未达到控制标准，地面无明显隆起，而因为夯坑过深出现起夯困难时，说明地基土的压缩性仍较高，还可以继续夯击。但由于夯锤与夯坑壁的摩擦阻力加大和锤底接触面出现负压的原因，继续夯击，需要频繁挖锤，施工效率降低，处理不当会引起安全事故。遇到此种情况时，应将夯坑回填后继续夯击，直至达到控制标准。

6.3.5 强夯置换处理地基设计应符合下列规定：

1 将上版规范规定的置换深度不宜超过 7m，修改为不宜超过 10m，是根据国内置换夯击能从 5000kN·m 以下，提高到 10000kN·m，甚至更高，在工程实测基础上确定的。国外置换深度有达到 12m，锤的质量超过 40t 的工程实例。

对淤泥、泥炭等黏性软弱土层，置换墩应穿透软土层，着底在较好土层上，因墩底竖向应力较墩间土高，如果墩底仍在软弱土中，墩底较高竖向应力而产生较多下沉。

对深厚饱和粉土、粉砂，墩身可不穿透该层，因墩下土在施工中密度变大，强度提高有保证，故可允许不穿透该层。

强夯置换的加固原理为下列三者之和：

强夯置换＝强夯（加密）＋碎石墩＋特大直径排水井

因此，墩间和墩下的粉土或黏性土通过排水与加密，其密度及状态可以改善。由此可知，强夯置换的加固深度由两部分组成，即置换墩长度和墩下加密范围。墩下加密范围，因资料有限目前尚难确定，应通过现场试验逐步积累资料。

2 单击夯击能应根据现场试验决定，但在可行性研究或初步设计时可按图 7 中的实线（平均值）与虚线（下限）所代表的公式估计。

较适宜的夯击能　$\bar{E} = 940(H_1 - 2.1)$　(10)

夯击能最低值　$E_w = 940(H_1 - 3.3)$　(11)

式中：H_1——置换墩深度（m）。

初选夯击能宜在 $\bar{E}$ 与 E_w 之间选取，高于 $\bar{E}$ 则可能浪费，低于 E_w 则可能达不到所需的置换深度。图7是国内外18个工程的实际置换墩深度汇总而来，由图中看不出土性的明显影响，估计是因强夯置换的土类多限于粉土与淤泥质土，而这类土在施工中因液化或触变，抗剪强度都很低之故。

强夯置换宜选取同一夯击能中锤底静压力较高的锤施工，图7中两根虚线间的水平距离反映出在同一夯击能下，置换深度却有不同，这一点可能多少反映了锤底静压力的影响。

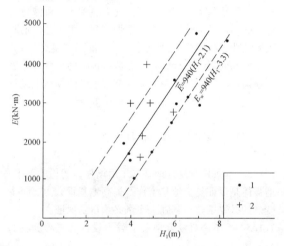

图7　夯击能与实测置换深度的关系
1—软土；2—黏土、砂

3　墩体材料级配不良或块石过多过大，均易在墩中留下大孔，在后续墩施工或建筑物使用过程中使墩间土挤入孔隙，下沉增加，因此本条强调了级配和大于300mm的块石总量不超出填料总重的30%。

4　累计夯沉量指单个夯点在每一击下夯沉量的总和，累计夯沉量为设计墩长的（1.5～2）倍以上，主要是保证置换墩的密实度与着底，实际是充盈系数的概念，此处以长度比代替体积比。

9　强夯置换时地面不可避免要抬高，特别在饱和黏性土中，根据现有资料，隆起的体积可达填入体积的大半，这主要是因为黏性土在强夯置换中密度改变较粉土少，虽有部分软土挤入置换墩孔隙中，或因填料吸水而降低一些含水量，但隆起的体积还是可观的，应在试夯时仔细记录，做出合理的估计。

11　规定强夯置换后的地基承载力对粉土中的置换地基按复合地基考虑，对淤泥或流塑的黏性土中的置换墩则不考虑墩间土的承载力，按单墩静载荷试验的承载力除以单墩加固面积取为加固后的地基承载力，主要是考虑：

1）淤泥或流塑软土中强夯置换国内有个别不

成功的先例，为安全起见，须等有足够工程经验后再行修正，以利于此法的推广应用。

2）某些国内工程因单墩承载力已够，而不再考虑墩间土的承载力。

3）强夯置换法在国外亦称为"动力置换与混合"法（Dynamic replacement and mixing method），因为墩体填料为碎石或砂砾时，置换墩形成过程中大量填料与墩间土混合，越浅处混合的越多，因而墩间土已非原来的土而是一种混合土，含水量与密实度改善很多，可与墩体共同组成复合地基，但目前由于对填料要求与施工操作尚未规范化，填料中块石过多，混合作用不强，墩间的淤泥等软土性质改善不够，因此不考虑墩间土的承载力较为稳妥。

12　强夯置换处理后的地基情况比较复杂。不考虑墩间土作用地基变形计算时，如果采用的单墩静载荷试验的载荷板尺寸与夯锤直径相同时，其地基的主要变形发生在加固区，下卧土层的变形较小，但墩的长度较小时应计算下卧土层的变形。强夯置换处理地基的建筑物沉降观测资料较少，各地应根据地区经验确定变形计算参数。

6.3.6　本条是强夯置换处理地基的施工要求：

1　强夯置换夯锤可选用圆柱形，锤底静接地压力值可取 80kPa～200kPa。

2　当表土松软时应铺设一层厚为 1.0m～2.0m 的砂石施工垫层以利施工机具运转。随着置换墩的加深，被挤出的软土渐多，夯点周围地面渐高，先铺的施工垫层在向夯坑中填料时往往被推入坑中成了填料，施工层越来越薄，因此，施工中须不断地在夯点周围加厚施工垫层，避免地面松软。

6.3.7　本条是对夯实法施工所用起重设备的要求。国内用于夯实法地基处理施工的起重机械以改装后的履带式起重机为主，施工时一般在臂杆端部设置门字形或三角形支架，提高起重能力和稳定性，降低起落夯锤时机架倾覆的安全事故发生的风险，实践证明，这是一种行之有效的办法。但同时也出现改装后的起重机实际起重量超过设备出厂额定最大起重量的情况，这种情况不利于施工安全，因此，应予以限制。

6.3.8　当场地表土软弱或地下水位高的情况，宜采用人工降低地下水位，或在表层铺填一定厚度的松散性材料。这样做的目的是在地表形成硬层，确保机械设备通行和施工，又可加大地下水和地表面的距离，防止夯击时夯坑积水。当砂土、湿陷性黄土的含水量低，夯击时，表层松散层较厚，形成的夯坑很浅，以致影响有效加固深度时，可采取表面洒水、钻孔注水等人工增湿措施。对回填地基，当可采用夯实法处理时，如果具备分层回填条件，应该选择采用分层回填方式进行回填，回填厚度尽可能控制在强夯法相应能级所对应的有效加固深度范围之内。

6.3.10 对振动有特殊要求的建筑物，或精密仪器设备等，当强夯产生的振动和挤压有可能对其产生有害影响时，应采取隔振或防振措施。施工时，在作业区一定范围设置安全警戒，防止非作业人员、车辆误入作业区而受到伤害。

6.3.11 施工过程中应有专人负责监测工作。首先，应检查夯锤质量和落距，因为若夯锤使用过久，往往因底面磨损而使质量减少，落距未达设计要求，也将影响单击夯击能；其次，夯点放线错误情况常有发生，因此，在每遍夯击前，均应对夯点放线进行认真复核；此外，在施工过程中还必须认真检查每个夯点的夯击次数，量测每击的夯沉量，检查每个夯点的夯击起止时间，防止出现少夯或漏夯，对强夯置换尚应检查置换墩长度。

由于强夯施工的特殊性，施工中所采用的各项参数和施工步骤是否符合设计要求，在施工结束后往往很难进行检查，所以要求在施工过程中对各项参数和施工情况进行详细记录。

6.3.12 基础施工必须在土层休止期满后才能进行，对黏性土地基和新近人工填土地基，休止期更显重要。

6.3.13 强夯处理后的地基竣工验收时，承载力的检验除了静载试验外，对细颗粒土尚应选择标准贯入试验、静力触探试验等原位检测方法和室内土工试验进行综合检测评价；对粗颗粒土尚应选择标准贯入试验、动力触探试验等原位检测方法进行综合检测评价。

强夯置换处理后的地基竣工验收时，承载力的检验除了单墩静载试验或单墩复合地基静载试验外，尚应采用重型或超重型动力触探、钻探检测置换墩的墩长、着底情况、密度随深度的变化情况，达到综合评价目的。对饱和粉土地基，尚应检测墩间土的物理力学指标。

6.3.14 本条是夯实地基竣工验收检验的要求。

1 夯实地基的质量检验，包括施工过程中的质量监测及夯后地基的质量检验，其中前者尤为重要。所以必须认真检查施工过程中的各项测试数据和施工记录，若不符合设计要求时，应补夯或采取其他有效措施。

2 经强夯和强夯置换处理的地基，其强度是随着时间增长而逐步恢复和提高的，因此，竣工验收质量检验应在施工结束间隔一定时间后方能进行。其间隔时间可根据土的性质而定。

3、4 夯实地基静载荷试验和其他原位测试、室内土工试验检验点的数量，主要根据场地复杂程度和建筑物的重要性确定。考虑到场地土的不均匀性和测试方法可能出现的误差，本条规定了最少检验点数。

对强夯地基，应考虑夯间土和夯击点土的差异。当需要检验夯实地基的湿陷性时，应采用现场浸水载荷试验。

国内夯实地基采用波速法检测，评价夯后地基土的均匀性，积累了许多工程资料。作为一种辅助检测评价手段，应进一步总结，与动力触探试验或标准贯入试验、静力触探试验等原位测试结果验证后使用。

7 复合地基

7.1 一般规定

7.1.1 复合地基强调由地基土和增强体共同承担荷载，对于地基土为欠固结土、湿陷性黄土、可液化土等特殊土，必须选用适当的增强体和施工工艺，消除欠固结性、湿陷性、液化性等，才能形成复合地基。复合地基处理的设计、施工参数有很强的地区性，因此强调在没有地区经验时应在有代表性的场地上进行现场试验或试验性施工，并进行必要的测试，以确定设计参数和处理效果。

混凝土灌注桩、预制桩复合地基可参照本节内容使用。

7.1.2 本条是对复合地基施工后增强体的检验要求。增强体是保证复合地基工作、提高地基承载力、减少变形的必要条件，其施工质量必须得到保证。

7.1.3 本条是对复合地基承载力设计和工程验收的检验要求。

复合地基承载力的确定方法，应采用复合地基静载荷试验的方法。桩体强度较高的增强体，可以将荷载传递到桩端土层。当桩长较长时，由于静载荷试验的载荷板宽度较小，不能全面反映复合地基的承载特性。因此单纯采用单桩复合地基静载荷试验的结果确定复合地基承载力特征值，可能会由于试验的载荷板面积或由于褥垫层厚度对复合地基静载荷试验结果产生影响。对有粘结强度增强体复合地基的增强体进行单桩静载荷试验，保证增强体桩身质量和承载力，是保证复合地基满足建筑物地基承载力要求的必要条件。

7.1.4 本条是复合地基增强体施工桩位允许偏差和垂直度的要求。

7.1.5 复合地基承载力的计算表达式对不同的增强体大致可分为两种：散体材料桩复合地基和有粘结强度增强体复合地基。本次修订分别给出其估算时的设计表达式。对散体材料桩复合地基计算时桩土应力比 n 应按试验取值或按地区经验取值。但应指出，由于地基土的固结条件不同，在长期荷载作用下的桩土应力比与试验条件时的结果有一定差异，设计时应充分考虑。处理后的桩间土承载力特征值与原土强度、类型、施工工艺密切相关，对于可挤密的松散砂土、粉土，处理后的桩间土承载力会比原土承载力有一定幅度的提高；而对于黏性土特别是饱和黏性土，施工后有一定时间的休止恢复期，过后桩间土承载力特征值可达到原土承载力；对于高灵敏性的土，由于休止期较长，设计时桩间土承载力特征值宜采用小于原土承载力特征值的设计参数。对有粘结强度增强体复合地基，本次修订根据试验结果增加了增强体单桩承载力发挥系数和桩间土承载力发挥系数，其基本依据是，在复合地基静载荷试验中取 s/b 或 s/d 等于 0.01 确定复合地基承载力时，地基土和单桩承载力发挥系数的试验结果。一般情况下，复合地基设计有褥垫层时，地基土承载力的发挥是比较充分的。

应该指出，复合地基承载力设计时取得的设计参数可靠性对设计的安全度有很大影响。当有充分试验资料作依据时，可直接按试验的综合分析结果进行设计。对刚度较大的增强体，在复合地基静载荷试验取 s/b 或 s/d 等于 0.01 确定复合地基承载力以及增强体单桩静载荷试验确定单桩承载力特征值的情况下，增强体单桩承载力发挥系数为 0.7～0.9，而地基土承载力发挥系数为 1.0～1.1。对于工程设计的大部分情况，采用初步设计的估算值进行施工，并要求施工结束后达到设计要求，设计人员的地区工程经验非常重要。首先，复合地基承载力设计中增强体单桩承载力发挥和桩间土承载力发挥与桩、土相对刚度有关，相同褥垫层厚度条件下，相对刚度差值越大，刚度大的增强体在加荷初始发挥较小，后期发挥较大；其次，由于采用勘察报告提供的参数，其对单桩承载力和天然地基承载力在相同变形条件下的富余程度不同，使得复合地基工作时增强体单桩承载力发挥和桩间土承载力发挥存在不同的情况，当提供的单桩承载力和天然地基承载力存在较大的富余值，增强体单桩承载力发挥系数和桩间土承载力发挥系数均可达到 1.0，复合地基承载力载荷试验检验结果也能满足设计要求。同时复合地基承载力载荷试验是短期荷载作用，应考虑长期荷载作用的影响。总之，复合地基设计要根据工程的具体情况，采用相对安全的设计。初步设计时，增强体单桩承载力发挥系数和桩间土承载力发挥系数的取值范围在 0.8～1.0 之间，增强体单桩承载力发挥系数取高值时桩间土承载力发挥系数应取低值，反之，增强体单桩承载力发挥系数取低值时桩间土承载力发挥系数应取高值。所以，没有充分的地区经验时应通过试验确定设计参数。

桩端端阻力发挥系数 α_p 与增强体的荷载传递性质、增强体长度以及桩土相对刚度密切相关。桩长过长影响桩端承载力发挥时应取较低值；水泥土搅拌桩其荷载传递受搅拌土的性质影响应取 0.4～0.6；其他情况可取 1.0。

7.1.6 复合地基增强体的强度是保证复合地基工作的必要条件，必须保证其安全度。在有关标准材料的

可靠度设计理论基础上，本次修订适当提高了增强体材料强度的设计要求。对具有粘结强度的复合地基增强体应按建筑物基础底面作用在增强体上的压力进行验算，当复合地基承载力验算需要进行基础埋深的深度修正时，增强体桩身强度验算应按基底压力验算。本次修订给出了验算方法。

7.1.7 复合地基沉降计算目前仍以经验方法为主。本次修订综合各种复合地基的工程经验，提出以分层总和法为基础的计算方法。各地可根据地区土的工程特性、工法试验结果以及工程经验，采用适宜的方法，以积累工程经验。

7.1.8 由于采用复合地基的建筑物沉降观测资料较少，一直沿用天然地基的沉降计算经验系数。各地使用对复合土层模量较低时符合性较好，对于承载力提高幅度较大的刚性桩复合地基出现计算值小于实测值的现象。现行国家标准《建筑地基基础设计规范》GB 50007 修订组通过对收集到的全国 31 个 CFG 桩复合地基工程沉降观测资料分析，得出地基的沉降计算经验系数与沉降计算深度范围内压缩模量当量值的关系。

7.2 振冲碎石桩和沉管砂石桩复合地基

7.2.1 振冲碎石桩对不同性质的土层分别具有置换、挤密和振动密实等作用。对粘性土主要起到置换作用，对砂土和粉土除置换作用外还有振实挤密作用。在以上各种土中都要在振冲孔内加填碎石回填料，制成密实的振冲桩，而桩间土则受到不同程度的挤密和振密。桩和桩间土构成复合地基，使地基承载力提高，变形减少，并可消除土层的液化。在中、粗砂层中振冲，由于周围砂料能自行塌入孔内，也可以用不加填料进行原地振冲加密的方法。这种方法适用于较纯净的中、粗砂层，施工简便，加密效果好。

沉管砂石桩是指采用振动或锤击沉管等方式在软弱地基中成孔后，再将砂、碎石或砂石混合料通过桩管挤压入已成的孔中，在成桩过程中逐层挤密、振密，形成大直径的砂石体所构成的密实桩体。沉管砂石桩用于处理松散砂土、粉土、可挤密的素填土及杂填土地基，主要靠桩的挤密和施工中的振动作用使桩周围土的密度增大，从而使地基的承载能力提高，压缩性降低。

国内外的实际工程经验证明，不管是采用振冲碎石桩、还是沉管砂石桩，其处理砂土及填土地基的挤密、振密效果都比较显著，均已得到广泛应用。

振冲碎石桩和沉管砂石桩用于处理软土地基，国内外也有较多的工程实例。但由于软黏土含水量高、透水性差，碎（砂）石桩很难发挥挤密效用，其主要作用是通过置换与黏性土形成复合地基，同时形成排水通道加速软土的排水固结。碎（砂）石桩单桩承载力主要取决于桩周土的侧限压力。由于软黏土抗剪强

度低，且在成桩过程土中桩周土体产生的超孔隙水压力不能迅速消散，天然结构受到扰动将导致其抗剪强度进一步降低，造成桩周土对碎（砂）石桩产生的侧限压力较小，碎（砂）石桩的单桩承载力较低，如置换率不高，其提高承载力的幅度较小，很难获得可靠的处理效果。此外，如不经过预压，处理后地基仍将发生较大的沉降，难以满足建（构）筑物的沉降允许值。工程中常用预压措施（如油罐充水）解决部分工后沉降。所以，用碎（砂）石桩处理饱和软黏土地基，应按建筑结构的具体条件区别对待，宜通过现场试验后再确定是否采用。据此本条指出，在饱和黏土地基上对变形控制要求不严的工程才可采用砂石桩置换处理。

对于塑性指数较高的硬黏性土、密实砂土不宜采用碎（砂）石桩复合地基。如北京某电厂工程，天然地基承载力 $f_{ak}=200\text{kPa}$，基底土层为粉质黏土，采用振冲碎石桩，加固后桩土应力比 $n=0.9$，承载力没有提高（见图8）。

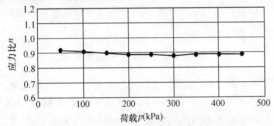

图8　北京某工程桩土应力比随荷载的变化

对大型的、重要的或场地地层复杂的工程以及采用振冲法处理不排水强度不小于20kPa的饱和黏性土和饱和黄土地基，在正式施工前应通过现场试验确定其适用性是必要的。不加填料振冲挤密处理砂土地基的方法应进行现场试验确定其适用性，可参照本节规定进行施工和检验。

振冲碎石桩、沉管砂石桩广泛应用于处理可液化地基，其承载力和变形计算采用复合地基计算方法，可按本节内容设计和施工。

7.2.2　本条是振冲碎石桩、沉管砂石桩复合地基设计的规定。

1　本款规定振冲碎石桩、沉管砂石桩处理地基要超出基础一定宽度，这是基于基础的压力向基础外扩散，需要侧向约束条件保证。另外，考虑到基础下靠外边的（2～3）排桩挤密效果较差，应加宽（1～3）排桩。重要的建筑以及要求荷载较大的情况应加宽更多。

振冲碎石桩、沉管砂石桩法用于处理液化地基，必须确保建筑物的安全使用。基础外的处理宽度目前尚无统一的标准。美国经验取等于处理的深度，但根据日本和我国有关单位的模型试验得到结果为应处理深度的2/3。另由于基础压力的影响，使地基土的有效压力增加，抗液化能力增大。根据日本用挤密桩处理的地基经过地震检验的结果，说明需处理的宽度也比处理深度的2/3小，据此定出每边放宽不宜小于处理深度的1/2。同时不应小于5m。

2　振冲碎石桩、沉管砂石桩的平面布置多采用等边三角形或正方形。对于砂土地基，因靠挤密桩周土提高密度，所以采用等边三角形更有利，它使地基挤密较为均匀。考虑基础形式和上部结构的荷载分布等因素，工程中还可根据建筑物承载力和变形要求采用矩形、等腰三角形等布桩形式。

3　采用振冲法施工的碎石桩直径通常为0.8m～1.2m，与振冲器的功率和地基土条件有关，一般振冲器功率大、地基土松散时，成桩直径大，砂石桩直径可按每根桩所用填料量计算。

振动沉管法成桩直径的大小取决于施工设备桩管的大小和地基土的条件。目前使用的桩管直径一般为300mm～800mm，但也有小于300mm或大于800mm的。小直径桩管挤密质量较均匀但施工效率低；大直径桩管需要较大的机械能力，工效高，采用过大的桩径，一根桩要承担的挤密面积大，通过一个孔要填入的砂石料多，不易使桩周土挤密均匀。沉管法施工时，设计成桩直径与套管直径比不宜大于1.5。另外，成桩时间长，效率低给施工也会带来困难。

4　振冲碎石桩、沉管砂石桩的间距应根据复合地基承载力和变形要求以及对原地基土要达到的挤密要求确定。

5　关于振冲碎石桩、沉管砂石桩的长度，通常根据地基的稳定和变形验算确定，为保证稳定，桩长应达到滑动弧面之下，当软土层厚度不大时，桩长宜超过整个松软土层。标准贯入和静力触探沿深度的变化特性也是提供确定桩长的重要资料。

对可液化的砂层，为保证处理效果，一般桩长应穿透液化层，如可液化层过深，则应按现行国家标准《建筑抗震设计规范》GB 50011有关规定确定。

由于振冲碎石桩、沉管砂石桩在地面下1m～2m深度的土层处理效果较差，碎（砂）石桩的设计长度应大于主要受荷深度且不宜小于4m。

当建筑物荷载不均匀或地基主要压缩层不均匀，建筑物的沉降存在一个沉降差，当差异沉降过大，则会使建筑物受到损坏。为了减少其差异沉降，可分区采用不同桩长进行加固，用以调整差异沉降。

7　振冲碎石桩、沉管砂石桩桩身材料是散体材料，由于施工的影响，施工后的表层土需挖除或密实处理，所以碎（砂）石桩复合地基设置垫层是有益的。同时垫层起水平排水的作用，有利于施工后加快土层固结；对独立基础等小基础碎石垫层还可以起到明显的应力扩散作用，降低碎（砂）石桩和桩周围土的附加应力，减少桩体的侧向变形，从而提高复合地基承载力，减少地基变形量。

垫层铺设后需压实，可分层进行，夯填度（夯实后的垫层厚度与虚铺厚度的比值）不得大于 0.9。

8 对砂土和粉土采用碎（砂）石桩复合地基，由于成桩过程对桩间土的振密或挤密，使桩间土承载力比天然地基承载力有较大幅度的提高，为此可用桩间土承载力调整系数来表达。对国内采用振冲碎石桩 44 个工程桩间土承载力调整系数进行统计见图 9。从图中可以看出，桩间土承载力调整系数在 1.07～3.60，有两个工程小于 1.2。桩间土承载力调整系数与原土天然地基承载力相关，天然地基承载力低时桩间土承载力调整系数大。在初步设计估算松散粉土、砂土复合地基承载力时，桩间土承载力调整系数可取 1.2～1.5，原土强度低取大值，原土强度高取小值。

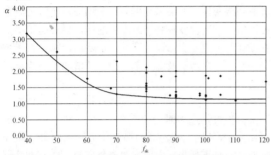

图 9　桩间土承载力调整系数 α 与原土承载力 f_{ak} 关系统计图

9 由于碎（砂）石桩向深层传递荷载的能力有限，当桩长较大时，复合地基的变形计算，不宜全桩长范围加固土层压缩模量采用统一的放大系数。桩长超过 12d 以上的加固土层压缩模量的提高，对于砂土粉土宜按挤密后桩间土的模量取值；对于黏性土不宜考虑挤密效果，但有经验时可按排水固结后经检验的桩间土的模量取值。

7.2.3 本条为振冲碎石桩施工的要求。

1 振冲施工选用振冲器要考虑设计荷载、工期、工地电源容量及地基土天然强度等因素。30kW 功率的振冲器每台机组需电源容量 75kW，其制成的碎石桩约 0.8m，桩长不宜超过 8m，因其振动力小，桩长超过 8m 加密效果明显降低；75kW 振冲器每台机组需要电源电量 100kW，桩径可达 0.9m～1.5m，振冲深度可达 20m。

在邻近有已建建筑物时，为减小振动对建筑物的影响，宜用功率较小的振冲器。

为保证施工质量，电压、加密电流、留振时间要符合要求。如电源电压低于 350V 则应停止施工。使用 30kW 振冲器密实电流一般为 45A～55A；55kW 振冲器密实电流一般为 75A～85A；75kW 振冲器密实电流为 80A～95A。

2 升降振冲器的机具一般常用 8t～25t 汽车吊，可振冲 5m～20m 桩长。

3 要保证振冲桩的质量，必须控制好密实电流、填料量和留振时间三方面的指标。

首先，要控制加料振密过程中的密实电流。在成桩时，不能把振冲器刚接触填料的一瞬间的电流值作为密实电流。瞬时电流值有时可高达 100A 以上，但只要把振冲器停住不下降，电流值立即变小。可见瞬时电流并不真正反映填料的密实程度。只有让振冲器在固定深度上振动一定时间（称为留振时间）而电流稳定在某一数值，这一稳定电流才能代表填料的密实程度。要求稳定电流值超过规定的密实电流值，该段桩体才算制作完毕。

其次，要控制好填料量。施工中加填料不宜过猛，原则上要"少吃多餐"，即要勤加料，但每批不宜加得太多。值得注意的是在制作最深处桩体时，为达到规定密实电流所需的填料远比制作其他部分桩体多。有时这段桩体的填料量可占整根桩总填料量的 1/4～1/3。这是因为开始阶段加的料有相当一部分从孔口向孔底下落过程中被黏留在某些深度的孔壁上，只有少量能落到孔底。另一个原因是如果控制不当，压力水有可能造成超深，从而使孔底填料量剧增。第三个原因是孔底遇到了事先不知的局部软弱土层，这也能使填料数量超过正常用量。

4 振冲施工有泥水从孔内返出。砂石类土返泥水较少，黏土层返泥水量大，这些泥水不能漫流在基坑内，也不能直接排入到地下排污管和河道中，以免引起对环境的有害影响，为此在场地上必须事先开设排泥水沟系统和做好沉淀池。施工时用泥浆泵将返出的泥水集中抽入池内，在城市施工，当泥水量不大时可外运。

5 为了保证桩顶部的密实，振冲前开挖基坑时应在桩顶高程以上预留一定厚度的土层。一般 30kW 振冲器应留 0.7m～1.0m，75kW 应留 1.0m～1.5m。当基槽不深时可振冲后开挖。

6 在有些砂层中施工，常要连续快速提升振冲器，电流始终可保持加密电流值。如广东新沙港水中吹填的中砂，振前标贯击数为（3～7）击，设计要求振冲后不小于 15 击，采用正三角形布孔，桩距 2.54m，加密电流 100A，经振冲后达到大于 20 击，14m 厚的砂层完成一孔约需 20min。又如拉各都坝基，水中回填中、粗砂，振前 N_{10} 为 10 击，相对密实度 D_r 为 0.11，振后 N_{10} 大于 80 击，$D_r = 0.9$，孔距 2.0m，孔深 7m，全孔振冲时间 4min～6min。

7.2.4 本条为沉管砂石桩施工的要求。

1 沉管法施工，应选用与处理深度相适应的机械。可用的施工机械类型很多，除专用机械外还可利用一般的打桩机改装。目前所用机械主要可分为两类，即振动沉管桩机和锤击沉管桩机。

用垂直上下振动的机械施工的称为振动沉管成桩

法，用锤击式机械施工成桩的称为锤击沉管成桩法，锤击沉管成桩法的处理深度可达 10m。桩机通常包括桩机架、桩管及桩尖、提升装置、挤密装置（振动锤或冲击锤）、上料设备及检测装置等部分。为了使桩管容易打入，高能量的振动沉管桩机配有高压空气或水的喷射装置，同时配有自动记录桩管贯入深度、提升量、压入量、管内砂石位置及变化（灌砂石及排砂石量），以及电机电流变化等检测装置。有的设备还装有计算机，根据地层阻力的变化自动控制灌砂石量并保证沿深度均匀挤密并达到设计标准。

2 不同的施工机具及施工工艺用于处理不同的地层会有不同的处理效果。常遇到设计与实际情况不符或者处理质量不能达到设计要求的情况，因此施工前在现场的成桩试验具有重要的意义。

通过现场成桩试验，检验设计要求和确定施工工艺及施工控制标准，包括填砂石量、提升高度、挤压时间等。为了满足试验及检测要求，试验桩的数量应不少于（7～9）个。正三角形布置至少要 7 个（即中间 1 个周围 6 个）；正方形布置至少要 9 个（3 排 3 列每排每列各 3 个）。如发现问题，则应及时会同设计人员调整设计或改进施工。

3 振动沉管法施工，成桩步骤如下：

1）移动桩机及导向架，把桩管及桩尖对准桩位；

2）启动振动锤，把桩管下到预定的深度；

3）向桩管内投入规定数量的砂石料（根据施工试验的经验，为了提高施工效率，装砂石也可在桩管下到便于装料的位置时进行）；

4）把桩管提升一定的高度（下砂石顺利时提升高度不超过 1m～2m），提升时桩尖自动打开，桩管内的砂石料流入孔内；

5）降落桩管，利用振动及桩尖的挤压作用使砂石密实；

6）重复 4）、5）两工序，桩管上下运动，砂石料不断补充，砂石桩不断增高；

7）桩管提至地面，砂石桩完成。

施工中，电机工作电流的变化反映挤密程度及效率。电流达到一定不变值，继续挤压将不会产生挤密效果。施工中不可能及时进行效果检测，因此按成桩过程的各项参数对施工进行控制是重要的环节，必须予以重视，有关记录是质量检验的重要资料。

4 对于黏性土地基，当采用活瓣桩靴时宜选用平底型，以便于施工时顺利出料。

5 锤击沉管法施工有单管法和双管法两种，但单管法难以发挥挤密作用，故一般宜用双管法。

双管法的施工根据具体条件选定施工设备，其施工成桩过程如下：

1）将内外管安放在预定的桩位上，将用作桩塞的砂石投入外管底部；

2）以内管做锤冲击砂石塞，靠摩擦力将外管打入预定深度；

3）固定外管将砂石塞压入土中；

4）提内管并向外管内投入砂石料；

5）边提外管边用内管将管内砂石冲出挤压土层；

6）重复 4）、5）步骤；

7）待外管拔出地面，砂石桩完成。

此法优点是砂石的压入量可随意调节，施工灵活。

其他施工控制和检测记录参照振动沉管法施工的有关规定。

6 砂石桩桩孔内的填料量应通过现场试验确定。考虑到挤密砂石桩沿深度不会完全均匀，实践证明砂石桩施工挤密程度较高时地面要隆起，另外施工中还有损耗等，因而实际设计灌砂石量要比计算砂石量增加一些。根据地层及施工条件的不同增加量约为计算量的 20%～40%。

当设计或施工的砂石桩投砂石量不足时，地面会下沉；当投料过多时，地面会隆起，同时表层 0.5m～1.0m 常呈松软状态。如遇到地面隆起过高，也说明填砂石量不适当。实际观测资料证明，砂石在达到密实状态后进一步承受挤压又会变松，从而降低处理效果。遇到这种情况应注意适当减少填砂石量。

施工场地土层可能不均匀，土质多变，处理效果不能直接看到，也不能立即测出。为了保证施工质量，使在土层变化的条件下施工质量也能达到标准，应在施工中进行详细的观测和记录。观测内容包括桩管下沉随时间的变化；灌砂石量预定数量与实际数量；桩管提升和挤压的全过程（提升、挤压、砂桩高度的形成随时间的变化）等。有自动检测记录仪器的砂石桩机施工中可以直接获得有关的资料，无此设备时须由专人测读记录。根据桩管下沉时间曲线可以估计土层的松软变化随时掌握投料数量。

7 以挤密为主的砂石桩施工时，应间隔（跳打）进行，并宜由外侧向中间推进；对黏性土地基，砂石桩主要起置换作用，为了保证设计的置换率，宜从中间向外围或隔排施工；在既有建（构）筑物邻近施工时，为了减少对邻近既有建（构）筑物的振动影响，应背离建（构）筑物方向进行。

9 砂石桩桩顶部施工时，由于上覆压力较小，因而对桩体的约束力较小，桩顶形成一个松散层，施工后应加以处理（挖除或碾压）。

7.2.5 本条为碎石桩、砂石桩复合地基的检验要求。

1 检查振冲施工各项施工记录，如有遗漏或不符合规定要求的桩或振冲点，应补做或采取有效的补救措施。

振动沉管砂石桩应在施工期间及施工结束后，检查砂石桩的施工记录，包括检查套管往复挤压振动次数与时间、套管升降幅度和速度、每次填砂石料量等项施工记录。砂石桩施工的沉管时间、各深度段的填砂石量、提升及挤压时间等是施工控制的重要手段，这些资料可以作为评估施工质量的重要依据，再结合抽检便可以较好地作出质量评价。

2 由于在制桩过程中原状土的结构受到不同程度的扰动，强度会有所降低，饱和土地基在桩周围一定范围内，土的孔隙水压力上升。待休置一段时间后，孔隙水压力会消散，强度会逐渐恢复，恢复期的长短是根据土的性质而定。原则上应待孔压消散后进行检验。黏性土孔隙水压力的消散需要的时间较长，砂土则很快。根据实际工程经验规定对饱和黏土不宜小于 28d，粉质黏土不宜小于 21d，粉土、砂土和杂填土可适当减少。

3 碎（砂）石桩处理地基最终是要满足承载力、变形或抗液化的要求，标准贯入、静力触探以及动力触探可直接反映施工质量并提供检测资料，所以本条规定可用这些测试方法检测碎（砂）石桩及其周围土的挤密效果。

应在桩位布置的等边三角形或正方形中心进行碎（砂）石桩处理效果检测，因为该处挤密效果较差。只要该处挤密达到要求，其他位置就一定会满足要求。此外，由该处检测的结果还可判明桩间距是否合理。

如处理可液化地层时，可按标准贯入击数来衡量砂性土的抗液化性，使碎（砂）石桩处理后的地基实测标准贯入击数大于临界贯入击数。这种液化判别方法只考虑了桩间土的抗液化能力，而未考虑碎（砂）石桩的作用，因而在设计上是偏于安全的。碎（砂）石桩处理后的地基液化评价方法应进一步研究。

7.3 水泥土搅拌桩复合地基

7.3.1 水泥土搅拌法是利用水泥等材料作为固化剂通过特制的搅拌机械，就地将软土和固化剂（浆液或粉体）强制搅拌，使软土硬结成具有整体性、水稳性和一定强度的水泥加固土，从而提高地基土强度和增大变形模量。根据固化剂掺入状态的不同，它可分为浆液搅拌和粉体喷射搅拌两种。前者是用浆液和地基土搅拌，后者是用粉体和地基土搅拌。

水泥土搅拌法加固软土技术具有其独特优点：1）最大限度地利用了原土；2）搅拌时无振动、无噪声和无污染，对周围原有建筑物及地下沟管影响很小；3）根据上部结构的需要，可灵活地采用柱状、壁状、格栅状和块状等加固形式。

水泥固化剂一般适用于正常固结的淤泥与淤泥质土、黏性土、粉土、素填土（包括冲填土）、饱和黄土、粉砂以及中粗砂、砂砾（当加固粗粒土时，应注意有无明显的流动地下水）等地基加固。

根据室内试验，一般认为用水泥作加固料，对含有高岭石、多水高岭石、蒙脱石等黏土矿物的软土加固效果较好；而对含有伊利石、氯化物和水铝石英等矿物的黏性土以及有机质含量高，pH 值较低的酸性土加固效果较差。

掺合料可以添加粉煤灰等。当黏土的塑性指数 I_p 大于 25 时，容易在搅拌头叶片上形成泥团，无法完成水泥土的拌和。当地基土的天然含水量小于 30% 时，由于不能保证水泥充分水化，故不宜采用干法。

在某些地区的地下水中含有大量硫酸盐（海水渗入地区），因硫酸盐与水泥发生反应时，对水泥土具有结晶性侵蚀，会出现开裂、崩解而丧失强度。为此应选用抗硫酸盐水泥，使水泥土中产生的结晶膨胀物质控制在一定的数量范围内，以提高水泥土的抗侵蚀性能。

在我国北纬 40° 以南的冬季负温条件下，冰冻对水泥土的结构损害甚微。在负温时，由于水泥与黏土矿物的各种反应减弱，水泥土的强度增长缓慢（甚至停止）；但正温后，随着水泥水化等反应的继续深入，水泥土的强度可接近标准养护强度。

随着水泥土搅拌机械的研发与进步，水泥土搅拌法的应用范围不断扩展。特别是 20 世纪 80 年代末期引进日本 SMW 法以来，多头搅拌工艺推广迅速，大功率的多头搅拌机可以穿透中密粉土及粉细砂、稍密中粗砂和砾砂，加固深度可达 35m。大量用于基坑截水帷幕、被动区加固、格栅状帷幕解决液化、插芯形成新的增强体等。对于硬塑、坚硬的黏性土，含孤石及大块建筑垃圾的土层，机械能力仍然受到限制，不能使用水泥土搅拌法。

当拟加固的软弱地基为成层土时，应选择最弱的一层土进行室内配比试验。

采用水泥作为固化剂材料，在其他条件相同时，在同一土层中水泥掺入比不同时，水泥土强度将不同。由于块状加固对于水泥土的强度要求不高，因此为了节约水泥，降低成本，根据工程需要可选用 32.5 级水泥，7%～12% 的水泥掺量。水泥掺入比大于 10% 时，水泥土强度可达 0.3MPa～2MPa 以上。一般水泥掺入比 α_w 采用 12%～20%，对于型钢水泥土搅拌桩（墙），由于其水灰比较大（1.5～2.0）为保证水泥土的强度，应选用不低于 42.5 级的水泥，且掺量不少于 20%。水泥土的抗压强度随其相应的水泥掺入比的增加而增大，但因场地土质与施工条件的差异，掺入比的提高与水泥土增加的百分比是不完全一致的。

水泥强度直接影响水泥土的强度，水泥强度等级提高 10MPa，水泥土强度 f_{cu} 约增大 20%～30%。

外掺剂对水泥土强度有着不同的影响。木质素磺酸钙对水泥土强度的增长影响不大，主要起减水作用；三乙醇胺、氯化钙、碳酸钠、水玻璃和石膏等材料对水泥土强度有增强作用，其效果对不同土质和不同水泥掺入比又有所不同。当掺入与水泥等量的粉煤灰后，水泥土强度可提高 10%左右。故在加固软土时掺入粉煤灰不仅可消耗工业废料，水泥土强度还可有所提高。

水泥土搅拌桩用于竖向承载时，很多工程未设置褥垫层，考虑到褥垫层有利于发挥桩间土的作用，在有条件时仍以设置褥垫层为好。

水泥土搅拌成水泥土加固体，用于基坑工程围护挡墙、被动区加固、防渗帷幕等的设计、施工和检测等可参照本节规定。

7.3.2 对于泥炭土、有机质含量大于 5%或 pH 值小于 4 的酸性土，如前述水泥在上述土层有可能不凝固或发生后期崩解。因此，必须进行现场和室内试验确定其适用性。

7.3.3 本条是对水泥土搅拌桩复合地基设计的规定。

1 对软土地区，地基处理的任务主要是解决地基的变形问题，即地基设计是在满足强度的基础上以变形控制的，因此，水泥土搅拌桩的桩长应通过变形计算来确定。实践证明，若水泥土搅拌桩能穿透软弱土层到达强度相对较高的持力层，则沉降量是很小的。

对某一场地的水泥土桩，其桩身强度是有一定限制的，也就是说，水泥土桩从承载力角度，存在有效桩长，单桩承载力在一定程度上并不随桩长的增加而增大。但当软弱土层较厚，从减少地基的变形量方面考虑，桩长应穿透软弱土层到达下卧强度较高之土层，在深厚淤泥及淤泥质土层中应避免采用"悬浮"桩型。

2 在采用式（7.1.5-2）估算水泥土搅拌桩复合地基承载力时，桩间土承载力折减系数 β 的取值，本次修订中作了一些改动，当基础下加固土层为淤泥、淤泥质土和流塑状软土时，考虑到上述土层固结程度差，桩间土难以发挥承载作用，所以 β 取 0.1～0.4，固结程度好或设置褥垫层时可取高值。其他土层可取 0.4～0.8，加固土层强度高或设置褥垫层时取高值，桩端持力层土层强度高时取低值。确定 β 值时还应考虑建筑物对沉降的要求以及桩端持力层土层性质，当桩端持力层强度高或建筑物对沉降要求严时，β 应取低值。

桩周第 i 层土的侧阻力特征值 q_{si}(kPa)，对淤泥可取 4kPa～7kPa；对淤泥质土可取 6kPa～12kPa；对软塑状态的黏性土可取 10kPa～15kPa；对可塑状态的黏性土可以取 12kPa～18kPa；对稍密砂类土可取 15kPa～20kPa；对中密砂类土可取 20kPa～25kPa。

桩端地基土未经修正的承载力特征值 q_p (kPa)，可按现行国家标准《建筑地基基础设计规范》GB 50007 的有关规定确定。

桩端天然地基土的承载力折减系数 α_p，可取 0.4

～0.6，天然地基承载力高时取低值。

3 式（7.3.3-1）中，桩身强度折减系数 η 是一个与工程经验以及拟建工程的性质密切相关的参数。工程经验包括对施工队伍素质、施工质量、室内强度试验与实际加固强度比值以及对实际工程加固效果等情况的掌握。拟建工程性质包括工程地质条件、上部结构对地基的要求以及工程的重要性等。参考日本的取值情况以及我国的经验，干法施工时 η 取 0.2～0.25，湿法施工时 η 取 0.25。

由于水泥土强度有限，当水泥土强度为 2MPa 时，一根直径 500mm 的搅拌桩，其单桩承载力特征值仅为 120kN 左右，因此复合地基承载力受水泥土强度的控制，当桩中心距为 1m 时，其特征值不宜超过 200kPa，否则需要加大置换率，不一定经济合理。

水泥土的强度随龄期的增长而增大，在龄期超过 28d 后，强度仍有明显增长，为了降低造价，对承重搅拌桩试块国内外都取 90d 龄期为标准龄期。对起支挡作用承受水平荷载的搅拌桩，考虑开挖工期影响，水泥土强度标准可取 28d 龄期为标准龄期。从抗压强度试验得知，在其他条件相同时，不同龄期的水泥土抗压强度间关系大致呈线性关系，其经验关系式如下：

$$f_{cu7} = (0.47 \sim 0.63)f_{cu28}$$
$$f_{cu14} = (0.62 \sim 0.80)f_{cu28}$$
$$f_{cu60} = (1.15 \sim 1.46)f_{cu28}$$
$$f_{cu90} = (1.43 \sim 1.80)f_{cu28}$$
$$f_{cu90} = (2.37 \sim 3.73)f_{cu7}$$
$$f_{cu90} = (1.73 \sim 2.82)f_{cu14}$$

上式中 f_{cu7}、f_{cu14}、f_{cu28}、f_{cu60}、f_{cu90} 分别为 7d、14d、28d、60d、90d 龄期的水泥土抗压强度。

当龄期超过三个月后，水泥土强度增长缓慢。180d 的水泥土强度为 90d 的 1.25 倍，而 180d 后水泥土强度增长仍未终止。

4 采用桩上部或全长复搅以及桩上部增加水泥用量的变掺量设计，有益于提高单桩承载力，也可节省造价。

5 路基、堆场下应通过验算在需要的范围内布桩。柱状加固可采用正方形、等边三角形等形式布桩。

7 水泥土搅拌桩复合地基的变形计算，本次修订作了较大修改，采用了第 7.1.7 条规定的计算方法，计算结果与实测值符合较好。

7.3.4 国产水泥土搅拌机配备的泥浆泵工作压力一般小于 2.0MPa，上海生产的三轴搅拌设备配备的泥浆泵的额定压力为 5.0MPa，其成桩质量较好。用于建筑物地基处理，在某些地层条件下，深层土的处理效果不好（例如深度大于 10.0m），处理后地基变形较大，限制了水泥土搅拌桩在建筑工程地基处理中的应用。从设备能力评价水泥土成桩质量，主要有三个因素决定：搅拌次数、喷浆压力、喷浆量。国产水泥土搅拌机的转速低，搅拌次数靠降低提升速度或复搅解决，而对于喷浆压力、喷浆量两个因素对成桩质量的影响有相关性，当喷浆压力一定时，喷浆量大的成桩质量好；当喷浆量一定时，喷浆压力大的成桩质量好。所以提高国产水泥土搅拌机配备能力，是保证水泥土搅拌桩成桩质量的重要条件。本次修订对建筑工程地基处理采用的水泥土搅拌机配备能力提出了最低要求。为了满足这个条件，水泥土搅拌机配备的泥浆泵工作压力不宜小于 5.0MPa。

干法施工，日本生产的 DJM 粉体喷射搅拌机械，空气压缩机容量为 10.5m³/min，喷粉空压机工作压力一般为 0.7MPa。我国自行生产的粉喷桩施工机械，空气压缩机容量较小，喷粉空压机工作压力均小于等于 0.5MPa。

所以，适当提高国产水泥土搅拌机械的设备能力，保证搅拌桩的施工质量，对于建筑地基处理非常重要。

7.3.5 国产水泥土搅拌机的搅拌头大都采用双层（多层）十字杆形或叶片螺旋形。这类搅拌头切削和搅拌加固软土十分合适，但对块径大于 100mm 的石块、树根和生活垃圾等大块物的切割能力较差，即使将搅拌头作了加强处理后已能穿过块石层，但施工效率较低，机械磨损严重。因此，施工时应予以挖除后再填素土为宜，增加的工程量不大，但施工效率却可大大提高。如遇有明浜、池塘及洼地时应抽水和清淤，回填土料并予以压实，不得回填生活垃圾。

搅拌桩施工时，搅拌次数越多，则拌和越为均匀，水泥土强度也越高，但施工效率就降低。试验证明，当加固范围内土体任一点的水泥土每遍经过 20 次的拌合，其强度即可达到较高值。每遍搅拌次数 N 由下式计算：

$$N = \frac{h\cos\beta\Sigma Z}{V}n \qquad (12)$$

式中：h——搅拌叶片的宽度（m）；

β——搅拌叶片与搅拌轴的垂直夹角（°）；

ΣZ——搅拌叶片的总枚数；

n——搅拌头的回转数（rev/min）；

V——搅拌头的提升速度（m/min）。

根据实际施工经验，搅拌法在施工到顶端 0.3m～0.5m 范围时，因上覆土压力较小，搅拌质量较差。因此，其场地整平标高应比设计确定的桩顶标高再高出 0.3m～0.5m，桩制作时仍施工到地面。待开挖基坑时，再将上部 0.3m～0.5m 的桩身质量较差的桩段挖去。根据现场实践表明，当搅拌桩作为承重桩进行基坑开挖时，桩身水泥土已有一定的强度，若用机械开挖基坑，往往容易碰撞损坏桩顶，因此基底标高以上 0.3m 宜采用人工开挖，以保护桩头质量。

水泥土搅拌桩施工前应进行工艺性试成桩，提供提钻速度、喷灰（浆）量等参数，验证搅拌均匀程度及成桩直径，同时了解下钻及提升的阻力情况、工作效率等。

湿法施工应注意以下事项：

1）每个水泥土搅拌桩的施工现场，由于土质有差异、水泥的品种和标号不同，因而搅拌加固质量有较大的差别。所以在正式搅拌桩施工前，均应按施工组织设计确定的搅拌施工工艺制作数根试桩，再最后确定水泥浆的水灰比、泵送时间、搅拌机提升速度和复搅深度等参数。

制桩质量的优劣直接关系到地基处理的效果。其中的关键是注浆量、水泥浆与软土搅拌的均匀程度。因此，施工中应严格控制喷浆提升速度 V，可按下式计算：

$$V = \frac{\gamma_d Q}{F\gamma\alpha_w(1+\alpha_c)} \qquad (13)$$

式中：V——搅拌头喷浆提升速度（m/min）；

γ_d，γ——分别为水泥浆和土的重度（kN/m³）；

Q——灰浆泵的排量（m³/min）；

α_w——水泥掺入比；

α_c——水泥浆水灰比；

F——搅拌桩截面积（m²）。

2）由于搅拌机械通常采用定量泵输送水泥浆，转速大多又是恒定的，因此灌入地基中的水泥量完全取决于搅拌机的提升速度和复搅次数，施工过程中不能随意变更，并应保证水泥浆能定量不间断供应。采用自动记录是为了降低人为干扰施工质量，目前市售的记录仪必须有国家计量部门的认证。严禁采用由施工单位自制的记录仪。

由于固化剂从灰浆泵到达搅拌机出浆口需通过较长的输浆管，必须考虑水泥浆到达桩端的泵送时间。一般可通过试打桩确定其输送时间。

3）凡成桩过程中，由于电压过低或其他原因造成停机使成桩工艺中断时，应将搅拌机下沉至停浆点以下 0.5m，等恢复供浆时再喷浆提升继续制桩；凡中途停止输浆 3h 以上者，将会使水泥浆在整个输浆管路中凝固，因此必须清除全部水泥浆，清洗管路。

4）壁状或块状加固宜采用湿法，水泥土的终凝时间约为 24h，所以需要相邻单桩搭接施工的时间间隔不宜超过 12h。

5）搅拌机预搅下沉时不宜冲水，当遇到硬土层下沉太慢时，方可适量冲水，但应考虑冲水对桩身强度的影响。

6）壁状加固时，相邻桩的施工时间间隔不宜超过 12h。如间隔时间太长，与相邻桩无法搭接时，应采取局部补桩或注浆等补强措施。

干法施工应注意以下事项：

1) 每个场地开工前的成桩工艺试验必不可少，由于制桩喷灰量与土性、孔深、气流量等多种因素有关，故应根据设计要求逐步调试，确定施工有关参数（如土层的可钻性、提升速度等），以便正式施工时能顺利进行。施工经验表明送粉管路长度超过 60m 后，送粉阻力明显增大，送粉量也不易稳定。

2) 由于干法喷粉搅拌不易严格控制，所以要认真操作粉体自动计量装置，严格控制固化剂的喷入量，满足设计要求。

3) 合格的粉喷桩机一般均已考虑提升速度与搅拌头转速的匹配，钻头均约每搅拌一圈提升 15mm，从而保证成桩搅拌的均匀性。但每次搅拌时，桩体将出现极薄软弱结构面，这对承受水平剪力是不利的。一般可通过复搅的方法来提高桩体的均匀性，消除软弱结构面，提高桩体抗剪强度。

4) 定时检查成桩直径及搅拌的均匀程度。粉喷桩桩长大于 10m 时，其底部喷粉阻力较大，应适当减慢钻机提升速度，以确保固化剂的设计喷入量。

5) 固化剂从料罐到喷灰口有一定的时间延迟，严禁在没有喷粉的情况进行钻机提升作业。

7.3.6 喷粉量是保证成桩质量的重要因素，必须进行有效测量。

7.3.7 本条是对水泥土搅拌桩施工质量检验的要求。

1 国内的水泥土搅拌桩大多采用国产的轻型机械施工，这些机械的质量控制装置较为简陋，施工质量的保证很大程度上取决于机组人员的素质和责任心。因此，加强全过程的施工监理，严格检查施工记录和计量记录是控制施工质量的重要手段，检查重点为水泥用量、桩长、搅拌头转数和提升速度、复搅次数和复搅深度、停浆处理方法等。

3 水泥土搅拌桩复合地基承载力的检验应进行单桩或多桩复合地基静载荷试验和单桩静载荷试验。检测分两个阶段，第一阶段为施工前为设计提供依据的承载力检测，试验数量每单项工程不少于 3 根，如单项工程中地质情况不均匀，应加大试验数量。第二阶段为施工完成后的验收检验，数量为总桩数的 1%，每单项工程不少于 3 根。上述两个阶段的检验均不可少，应严格执行。对重要的工程，对变形要求严格时宜进行多桩复合地基静载荷试验。

4 对重要的、变形要求严格的工程或经触探和静载荷试验检验后对桩身质量有怀疑时，应在成桩 28d 后，采用双管单动取样器钻取芯样作水泥土抗压强度检验。水泥搅拌桩的桩身质量检验目前尚无成熟

的方法，特别是对常用的直径 500mm 干法桩遇到的困难更大，采用钻芯法检测时应采用双管单动取样器，避免过大扰动芯样使检验失真。当钻芯困难时，可采用单桩竖向抗压静载荷试验的方法检测桩身质量，加载量宜为（2.5~3.0）倍单桩承载力特征值，卸载后挖开桩头，检查桩头是否破坏。

7.4　旋喷桩复合地基

7.4.1 由于旋喷注浆使用的压力大，因而喷射流的能量大、速度快。当它连续和集中地作用在土体上，压应力和冲蚀等多种因素便在很小的区域内产生效应，对从粒径很小的细粒土到含有颗粒直径较大的卵石、碎石土，均有很大的冲击和搅动作用，使注入的浆液和土拌合凝固为新的固结体。实践表明，该法对淤泥、淤泥质土、流塑或软塑黏性土、粉土、砂土、黄土、素填土和碎石土等地基都有良好的处理效果。但对于硬黏性土，含有较多的块石或大量植物根茎的地基，因喷射流可能受到阻挡或削弱，冲击破碎力急剧下降，切削范围小或影响处理效果。而对于含有过多有机质的土层，则其处理效果取决于固结体的化学稳定性。鉴于上述几种土的组成复杂、差异悬殊，旋喷桩处理的效果差别较大，不能一概而论，故应根据现场试验结果确定其适用程度。对于湿陷性黄土地基，因当前试验资料和施工实例较少，亦应预先进行现场试验。旋喷注浆处理深度较大，我国建筑地基旋喷注浆处理深度目前已达 30m 以上。

高压喷射有旋喷（固结体为圆柱状）、定喷（固结体为壁状）、和摆喷（固结体为扇状）等 3 种基本形状，它们均可用下列方法实现。

1) 单管法：喷射高压水泥浆液一种介质；

2) 双管法：喷射高压水泥浆液和压缩空气两种介质；

3) 三管法：喷射高压水流、压缩空气及水泥浆液等三种介质。

由于上述 3 种喷射流的结构和喷射的介质不同，有效处理范围也不同，以三管法最大，双管法次之，单管法最小。定喷和摆喷注浆常用双管法和三管法。

在制定旋喷注浆方案时，应搜集和掌握各种基本资料。主要是：岩土工程勘察（土层和基岩的性状，标准贯入击数，土的物理力学性质，地下水的埋藏条件、渗透性和水质成分等）资料；建筑物结构受力特性资料；施工现场和邻近建筑的四周环境资料；地下管道和其他埋设物资料及类似土层条件下使用的工程经验等。

旋喷注浆有强化地基和防漏的作用，可用于既有建筑和新建工程的地基处理、地下工程及堤坝的截水、基坑封底、被动区加固、基坑侧壁防止漏水或减小基坑位移等。对地下水流速过大或已涌水的防水工程，由于工艺、机具和瞬时速凝材料等方面的原因，

应慎重使用，并应通过现场试验确定其适用性。

7.4.2 旋喷桩直径的确定是一个复杂的问题，尤其是深部的直径，无法用准确的方法确定。因此，除了浅层可以用开挖的方法验证之外，只能用半经验的方法加以判断、确定。根据国内外的施工经验，初步设计时，其设计直径可参考表17选用。当无现场试验资料时，可参照相似土质条件的工程经验进行初步设计。

表17 旋喷桩的设计直径 （m）

土质	方法	单管法	双管法	三管法
黏性土	0<N<5	0.5~0.8	0.8~1.2	1.2~1.8
	6<N<10	0.4~0.7	0.7~1.1	1.0~1.6
砂土	0<N<10	0.6~1.0	1.0~1.4	1.5~2.0
	11<N<20	0.5~0.9	0.9~1.3	1.2~1.8
	21<N<30	0.4~0.8	0.8~1.2	0.9~1.5

注：表中 N 为标准贯入击数。

7.4.3 旋喷桩复合地基承载力应通过现场静载荷试验确定。通过公式计算时，在确定折减系数 β 和单桩承载力方面均可能有较大的变化幅度，因此只能用作估算。对于承载力较低时 β 取低值，是出于减小变形的考虑。

7.4.8 本条为旋喷桩的施工要求。

1 施工前，应对照设计图纸核实设计孔位处有无妨碍施工和影响安全的障碍物。如遇有上水管、下水管、电缆线、煤气管、人防工程、旧建筑基础和其他地下埋设物等障碍物影响施工时，则应与有关单位协商清除或搬移障碍物或更改设计孔位。

2 旋喷桩的施工参数应根据土质条件、加固要求通过试验或根据工程经验确定，加固土体每立方的水泥掺入量不宜少于 300kg。旋喷注浆的压力大，处理地基的效果好。根据国内实际工程中应用实例，单管法、双管法及三管法的高压水泥浆液流或高压水射流的压力应大于 20MPa，流量大于 30L/min，气流的压力以空气压缩机的最大压力为限，通常在 0.7MPa 左右，提升速度可取 0.1m/min~0.2m/min，旋转速度宜取 20r/min。表18列出建议的旋喷桩的施工参数，供参考。

表18 旋喷桩的施工参数一览表

旋喷施工方法	单管法	双管法	三管法
适用土质	砂土、黏性土、黄土、杂填土、小粒径砂砾		
浆液材料及配方	以水泥为主材，加入不同的外加剂后具有速凝、早强、抗腐蚀、防冻等特性，常用水灰比1：1，也可适用化学材料		

续表18

旋喷施工参数			单管法	双管法	三管法
水	压力(MPa)		—	—	25
	流量(L/min)		—	—	80~120
	喷嘴孔径(mm)及个数		—	—	2~3 (1~2)
空气	压力(MPa)			0.7	0.7
	流量(m³/min)			1~2	1~2
	喷嘴间隙(mm)及个数			1~2 (1~2)	1~2 (1~2)
浆液	压力(MPa)		25	25	25
	流量(L/min)		80~120	80~120	80~150
	喷嘴孔径(mm)及个数		2~3 (2)	2~3 (1~2)	10~2 (1~2)
灌浆管外径(mm)			φ42或φ45	φ42, φ50, φ75	φ75或φ90
提升速度(cm/min)			15~25	7~20	5~20
旋转速度(r/min)			16~20	5~16	5~16

近年来旋喷注浆技术得到了很大的发展，利用超高压水泵（泵压大于 50MPa）和超高压水泥浆泵（水泥浆压力大于 35MPa），辅以低压空气，大大提高了旋喷桩的处理能力。在软土中的切割直径可超过 2.0m，注浆体的强度可达 5.0MPa，有效加固深度可达 60m。所以对于重要的工程以及对变形要求严格的工程，应选择较强设备能力进行施工，以保证工程质量。

3 旋喷注浆的主要材料为水泥，对于无特殊要求的工程宜采用强度等级为 42.5 级及以上普通硅酸盐水泥。根据需要，可在水泥浆中分别加入适量的外加剂和掺合料，以改善水泥浆液的性能，如早强剂、悬浮剂等。所用外加剂或掺合剂的数量，应根据水泥土的特点通过室内配比试验或现场试验确定。当有足够实践经验时，亦可按经验确定。旋喷注浆的材料还可选用化学浆液。因费用昂贵，只有少数工程应用。

4 水泥浆液的水灰比越小，旋喷注浆处理地基的承载力越高。在施工中因注浆设备的原因，水灰比太小时，喷射有困难，故水灰比通常取 0.8~1.2，生产实践中常用 0.9。由于生产、运输和保存等原因，有些水泥厂的水泥成分不够稳定，质量波动较大，可导致水泥浆液凝固时间过长，固结强度降低。因此事先应对各批水泥进行检验，合格后才能使用。对拌制水泥浆的用水，只要符合混凝土拌合标准即可使用。

6 高压泵通过高压橡胶软管输送高压浆液至钻机上的注浆管,进行喷射注浆。若钻机和高压水泵的距离过远,势必要增加高压橡胶软管的长度,使高压喷射流的沿程损失增大,造成实际喷射压力降低的后果。因此钻机与高压泵的距离不宜过远,在大面积场地施工时,为了减少沿程损失,则应搬动高压泵保持与钻机的距离。

实际施工孔位与设计孔位偏差过大时,会影响加固效果。故规定孔位偏差值应小于50mm,并且必须保持钻孔的垂直度。实际孔位、孔深和每个钻孔内的地下障碍物、洞穴、涌水、漏水及与岩土工程勘察报告不符等情况均应详细记录。土层的结构和土质种类对加固质量关系更为密切,只有通过钻孔过程详细记录地质情况并了解地下情况后,施工时才能因地制宜及时调整工艺和变更喷射参数,达到良好的处理效果。

7 旋喷注浆均自下而上进行。当注浆管不能一次提升完成而需分数次卸管时,卸管后喷射的搭接长度不得小于100mm,以保证固结体的整体性。

8 在不改变喷射参数的条件下,对同一标高的土层作重复喷射时,能加大有效加固范围和提高固结体强度。复喷的方法根据工程要求决定。在实际工作中,旋喷桩通常在底部和顶部进行复喷,以增大承载力和确保处理质量。

9 当旋喷注浆过程中出现下列异常情况时,需查明原因并采取相应措施:

1)流量不变而压力突然下降时,应检查各部位的泄漏情况,并应拔出注浆管,检查密封性能。

2)出现不冒浆或断续冒浆时,若系土质松软则视为正常现象,可适当进行复喷;若系附近有空洞、通道,则应不提升注浆管继续注浆直至冒浆为止或拔出注浆管待浆液凝固后重新注浆。

3)压力稍有下降时,可能系注浆管被击穿或有孔洞,使喷射能力降低。此时应拔出注浆管进行检查。

4)压力陡增超过最高限值、流量为零、停机后压力仍不变动时,则可能系喷嘴堵塞。应拔管疏通喷嘴。

10 当旋喷注浆完毕后,或在喷射注浆过程中因故中断,短时间(小于或等于浆液初凝时间)内不能继续喷浆时,均应立即拔出注浆管清洗备用,以防浆液凝固后拔不出管来。为防止因浆液凝固收缩,产生加固地基与建筑基础不密贴或脱空现象,可采用超高喷射(旋喷处理地基的顶面超过建筑基础底面,其超高量大于收缩高度)、冒浆回灌或第二次注浆等措施。

11 在城市施工中泥浆管理直接影响文明施工,必须在开工前做好规划,做到有计划地堆放或废浆及时排出现场,保持场地文明。

12 应在专门的记录表格上做好自检,如实记录施工的各项参数和详细描述喷射注浆时的各种现象,以便判断加固效果并为质量检验提供资料。

7.4.9 应在严格控制施工参数的基础上,根据具体情况选定质量检验方法。开挖检查法简单易行,通常在浅层进行,但难以对整个固结体的质量作全面检查。钻孔取芯是检验单孔固结体质量的常用方法,选用时需以不破坏固结体和有代表性为前提,可以在28d后取芯。标准贯入和静力触探在有经验的情况下也可以应用。静载荷试验是建筑地基处理后检验地基承载力的方法。压水试验通常在工程有防渗漏要求时采用。

检验点的位置应重点布置在有代表性的加固区,对旋喷注浆时出现过异常现象和地质复杂的地段亦应进行检验。

每个建筑工程旋喷注浆处理后,不论其大小,均应进行检验。检验量为施工孔数的2%,并且不应少于6点。

旋喷注浆处理地基的强度离散性大,在软弱黏性土中,强度增长速度较慢。检验时间应在喷射注浆后28d进行,以防由于固结体强度不高时,因检验而受到破坏,影响检验的可靠性。

7.5 灰土挤密桩和土挤密桩复合地基

7.5.1 灰土挤密桩、土挤密桩复合地基在黄土地区广泛采用。用灰土或土分层夯实的桩体,形成增强体,与挤密的桩间土一起组成复合地基,共同承受基础的上部荷载。当以消除地基土的湿陷性为主要目的时,桩孔填料可选用素土;当以提高地基土的承载力为主要目的时,桩孔填料应采用灰土。

大量的试验研究资料和工程实践表明,灰土挤密桩、土挤密桩复合地基用于处理地下水位以上的粉土、黏性土、素填土、杂填土等地基,不论是消除土的湿陷性还是提高承载力都是有效的。

基底下3m内的素填土、杂填土,通常采用土(或灰土)垫层或强夯等方法处理;大于15m的土层,由于成孔设备限制,一般采用其他方法处理,本条规定可处理地基的厚度为3m~15m,基本上符合目前陕西、甘肃和山西等省的情况。

当地基土的含水量大于24%、饱和度大于65%时,在成孔和拔管过程中,桩孔及其周边土容易缩颈和隆起,挤密效果差,应通过试验确定其适用性。

7.5.2 本条是灰土挤密桩、土挤密桩复合地基的设计要求。

1 局部处理地基的宽度超出基础底面边缘一定范围,主要在于保证应力扩散,增强地基的稳定性,防止基底下被处理的土层在基础荷载作用下受水浸湿时产生侧向挤出，并使处理与未处理接触面的土体保持稳定。

整片处理的范围大，既可以保证应力扩散，又可防止水从侧向渗入未处理的下部土层引起湿陷，故整片处理兼有防渗隔水作用。

2 处理的厚度应根据现场土质情况、工程要求和成孔设备等因素综合确定。当以降低土的压缩性、提高地基承载力为主要目的时，宜对基底下压缩层范围内压缩系数 α_{1-2} 大于 $0.40MPa^{-1}$ 或压缩模量小于6MPa的土层进行处理。

3 根据我国湿陷性黄土地区的现有成孔设备和成孔方法，成孔的桩孔直径可为 300mm～600mm。桩孔之间的中心距离通常为桩孔直径的 2.0 倍～3.0 倍，保证对土体挤密和消除湿陷性的要求。

4 湿陷性黄土为天然结构，处理湿陷性黄土与处理填土有所不同，故检验桩间土的质量用平均挤密系数 $\bar{\eta}_c$ 控制，而不用压实系数控制。平均挤密系数是在成孔挤密深度内，通过取土样测定桩间土的平均干密度与其最大干密度的比值而获得，平均干密度的取样自桩顶向下 0.5m 起，每 1m 不应少于 2 点（1组），即：桩孔外 100mm 处 1 点，桩孔之间的中心距（1/2 处）1 点。当桩长大于 6m 时，全部深度内取样点不应少于 12 点（6组）；当桩长小于 6m 时，全部深度内的取样点不应少于 10 点（5组）。

6 为防止填入桩孔内的灰土吸水后产生膨胀，不得使用生石灰与土拌合，而应用消解后的石灰与黄土或其他黏性土拌合，石灰富含钙离子，与土混合后产生离子交换作用，在较短时间内便成为凝硬材料，因此拌合后的灰土放置时间不可太长，并宜当日使用完毕。

7 由于桩体是用松散状态的素土（黏性土或黏质粉土）、灰土经夯实而成，桩体的夯实质量可用土的干密度表示，土的干密度大，说明夯实质量好，反之，则差。桩体的夯实质量一般通过测定全部深度内土的干密度确定，然后将其换算为平均压实系数进行评定。桩体土的干密度取样：自桩顶向下 0.5m 起，每 1m 不应少于 2 点（1组），即桩孔内距桩孔边缘 50mm 处 1点，桩孔中心（即 1/2）处 1 点，当桩长大于 6m 时，全部深度内的取样点不应少于 12 点（6组），当桩长不足 6m 时，全部深度内的取样点不应少于 10 点（5组）。桩体土的平均压实系数 $\bar{\lambda}_c$，是根据桩孔全部深度内的平均干密度与室内击实试验求得填料（素土或灰土）在最优含水量状态下的最大干密度的比值，即 $\bar{\lambda}_c = \bar{\rho}_{d0} / \rho_{dmax}$，式中 $\bar{\rho}_{d0}$ 为桩孔全部深度内的填料（素土或灰土），经分层夯实的平均干密度（t/m³）；ρ_{dmax} 为桩孔内的填料（素土或灰土），通过击实试验求得最优含水量状态下的最大干密度（t/m³）。

原规范规定桩孔内填料的平均压实系数 $\bar{\lambda}_c$ 均不应小于 0.96，本次修订改为填料的平均压实系数 $\bar{\lambda}_c$ 均

不应小于 0.97，与现行国家标准《湿陷性黄土地区建筑规范》GB 50025 的要求一致。工程实践表明只要填料的含水量和夯锤锤重合适，是完全可以达到这个要求的。

8 桩孔回填夯实结束后，在桩顶标高以上应设置 300mm～600mm 厚的垫层，一方面可使桩顶和桩间土找平，另一方面保证应力扩散，调整桩土的应力比，并对减小桩身应力集中也有良好作用。

9 为确定灰土挤密桩、土挤密桩复合地基承载力特征值应通过现场复合地基静载荷试验确定，或通过灰土桩或土桩的静载荷试验结果和桩周土的承载力特征值根据经验确定。

7.5.3 本条是灰土挤密桩、土挤密桩复合地基的施工要求。

1 现有成孔方法包括沉管（锤击、振动）和冲击等方法，但都有一定的局限性，在城市或居民较集中的地区往往限制使用，如锤击沉管成孔，通常允许在新建场地使用，故选用上述方法时，应综合考虑设计要求、成孔设备或成孔方法、现场土质和对周围环境的影响等因素。

2 施工灰土挤密桩时，在成孔或拔管过程中，对桩孔（或桩顶）上部土层有一定的松动作用，因此施工前应根据选用的成孔设备和施工方法，在基底标高以上预留一定厚度的土层，待成孔和桩孔回填夯实结束后，将其挖除或按设计规定进行处理。

3 拟处理地基土的含水量对成孔施工与桩间土的挤密至关重要。工程实践表明，当天然土的含水量小于 12% 时，土呈坚硬状态、成孔挤密困难，且设备容易损坏；当天然土的含水量等于或大于 24%，饱和度大于 65% 时，桩孔可能缩颈，桩孔周围的土容易隆起，挤密效果差；当天然土的含水量接近最优（或塑限）含水量时，成孔施工速度快，桩间土的挤密效果好。因此，在成孔过程中，应掌握好拟处理地基土的含水量。最优含水量是成孔挤密施工的理想含水量，而现场土质往往并非恰好是最优含水量，如只允许在最优含水量状态下进行成孔施工，小于最优含水量的土便需要加水增湿，大于最优含水量的土则要采取晾干等措施，这样施工很麻烦，而且不易掌握准确和加水均匀。因此，当拟处理地基土的含水量低于 12% 时，宜按公式（7.5.3）计算的加水量进行增湿。对含水量介于 12%～24% 的土，只要成孔施工顺利、桩孔不出现缩颈，桩间土的挤密效果符合设计要求，不一定要采取增湿或晾干措施。

5 成孔和孔内回填夯实的施工顺序，习惯做法是从外向里间隔（1～2）孔进行，但施工到中间部位，桩孔往往打不下去或桩孔周围地面明显隆起。为此本条定为对整片处理，宜从里（或中间）向外间隔（1～2）孔进行。对大型工程可采取分段施工，对局部处理，宜从外向里间隔（1～2）孔进行。局部处理

的范围小，且多为独立基础及条形基础，从外向里对桩间土的挤密有好处，也不致出现类似整片处理桩孔打不下去的情况。

6 施工过程的振动会引起地表土层的松动，基础施工后应对松动土层进行处理。

7 施工记录是验收的原始依据。必须强调施工记录的真实性和准确性，且不得任意涂改。为此应选择有一定业务素质的相关人员担任施工记录，这样才能确保做好施工记录。桩孔的直径与成孔设备或成孔方法有关，成孔设备或成孔方法如已选定，桩孔直径基本上固定不变，桩孔深度按设计规定，为防止施工出现偏差，在施工过程中应加强监督，采取随机抽样的方法进行检查。

8 土料和灰土受雨水淋湿或冻结，容易出现"橡皮土"，且不易夯实。当雨期或冬期选择灰土挤密桩处理地基时，应采取防雨或防冻措施，保护灰土不受雨水淋湿或冻结，以确保施工质量。

7.5.4 本条为灰土挤密桩、土挤密桩复合地基的施工质量检验要求：

1 为保证灰土桩复合地基的质量，在施工过程中应抽样检验施工质量，对检验结果应进行综合分析或综合评价。

2、3 桩孔夯填质量检验，是灰土挤密桩、土挤密桩复合地基质量检验的主要项目。宜采用开挖探井取样法检测。规范对抽样检验的数量作了规定。由于挖探井取土样对桩体和桩间土均有一定程度的扰动及破坏，因此选点应具有代表性，并保证检验数据的可靠性。对灰土桩桩身强度有疑义时，可对灰土取样进行含灰比的检测。取样结束后，其探井应分层回填夯实，压实系数不应小于0.94。

4 对需消除湿陷性的重要工程，应按现行国家标准《湿陷性黄土地区建筑规范》GB 50025 的方法进行现场浸水静载荷试验。

5 关于检测灰土桩复合地基承载力静载荷试验的时间，本规范规定应在成桩后（14~28）d，主要考虑桩体强度的恢复与发展需要一定的时间。

7.6 夯实水泥土桩复合地基

7.6.1 由于场地条件的限制，需要一种施工周期短、造价低、施工文明、质量容易控制的地基处理方法。中国建筑科学研究院地基所在北京等地旧城区危改小区工程中开发的夯实水泥土桩地基处理技术，经过大量室内、原位试验和工程实践，已在北京、河北等地多层房屋地基处理工程中广泛应用，产生了巨大的社会经济效益，节省了大量建筑资金。

目前，由于施工机械的限制，夯实水泥土桩适用于地下水位以上的粉土、素填土、杂填土和黏性土等地基。采用人工洛阳铲成孔时，处理深度宜小于6m，主要是由于施工工艺决定。

7.6.2 本条是夯实水泥土桩复合地基设计的要求。

1 夯实水泥土桩复合地基主要用于多层房屋地基处理，一般情况可仅在基础内布桩，地质条件较差或工程有特殊要求时，可在基础外设置护桩。

2 对相对硬土层埋藏较深地基，桩的长度应按建筑物地基的变形允许值确定，主要是强调采用夯实水泥土桩法处理的地基，如存在软弱下卧层时，应验算其变形，按允许变形控制设计。

3 常用的桩径为300mm~600mm。可根据所选用的成孔设备或成孔方法确定。选用的夯锤应与桩径相适应。

4 夯实水泥土强度主要由土的性质，水泥品种、水泥强度等级、龄期、养护条件等控制。特别规定夯实水泥土设计强度应采用现场土料和施工采用的水泥品种、标号进行混合料配比设计使桩体强度满足本规范第7.1.6条的要求。

夯实水泥土配比强度试验应符合下列规定：

1）试验采用的击实试模和击锤如图10所示，尺寸应符合表19规定。

表19　击实试验主要部件规格

锤质量 （kg）	锤底直径 （mm）	落高 （mm）	击实试模 （mm）
4.5	51	457	150×150×150

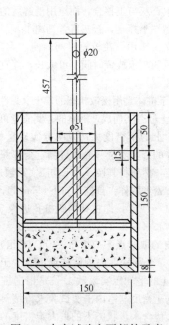

图10　击实试验主要部件示意

2）试样的制备应符合现行国家标准《土工试验方法标准》GB/T 50123 的有关规定。水泥和过筛土料应按土料最优含水量拌合均匀。

3）击实试验应按下列步骤进行：

在击实试模内壁均匀涂一薄层润滑油，

称量一定量的试样，倒入试模内，分四层击实，每层击数由击实密度控制。每层高度相等，两层交界处的土面应刨毛。击实完成时，超出击实试模顶的试样用刮刀削平。称重并计算试样成型后的干密度。

4）试块脱模时间为24h，脱模后必须在标准养护条件下养护28d，按标准试验方法作立方体强度试验。

6 夯实水泥土的变形模量远大于土的变形模量。设置褥垫层，主要是为了调整基底压力分布，使荷载通过垫层传到桩和桩间土上，保证桩间土承载力的发挥。

7 采用夯实水泥土桩法处理地基的复合地基承载力应按现场复合地基静载荷试验确定，强调现场试验对复合地基设计的重要性。

8 本条提出的计算方法已有数幢建筑的沉降观测资料验证是可靠的。

7.6.3 本条是夯实水泥土桩施工的要求：

1 在旧城危改工程中，由于场地环境条件的限制，多采用人工洛阳铲、螺旋钻机成孔方法，当土质较松软时采用沉管、冲击等方法挤土成孔，可收到良好的效果。

3 混合料含水量是决定桩体夯实密度的重要因素，在现场实施时应严格控制。用机械夯实时，因锤重，夯实功大，宜采用土料最佳含水量 $w_{op}-(1\%\sim2\%)$，人工夯实时宜采用土料最佳含水量 $w_{op}+(1\%\sim2\%)$，均应由现场试验确定。各种成孔工艺均可能使孔底存在部分扰动和虚土，因此夯填混合料前应将孔底夯实，有利于发挥桩端阻力，提高复合地基承载力。为保证桩顶的桩体强度，现场施工时均要求桩体夯填高度大于桩顶设计标高200mm～300mm。

4 褥垫层铺设要求夯填度小于0.90，主要是为了减少施工期地基的变形量。

5 夯实水泥土桩处理地基的优点之一是在成孔时可以逐孔检验土层情况是否与勘察资料相符合，不符合时可及时调整设计，保证地基处理的质量。

7.6.4 对一般工程，主要应检查施工记录、检测处理深度内桩体的干密度。目前检验干密度的手段一般采用取土和轻便触探等手段。如检验不合格，应视工程情况处理并采取有效的补救措施。

7.6.5 本条强调工程的竣工验收检验。

7.7 水泥粉煤灰碎石桩复合地基

7.7.1 水泥粉煤灰碎石桩是由水泥、粉煤灰、碎石、石屑或砂加水拌和形成的高粘结强度桩（简称CFG桩），桩、桩间土和褥垫层一起构成复合地基。

水泥粉煤灰碎石桩复合地基具有承载力提高幅度大，地基变形小等特点，适用范围较大。就基础形式而言，既可适用于条形基础、独立基础，也可适用于箱基、筏基；在工业厂房、民用建筑中均有大量应用。就土性而言，适用于处理黏性土、粉土、砂土和正常固结的素填土等地基。对淤泥质土应通过现场试验确定其适用性。

水泥粉煤灰碎石桩不仅用于承载力较低的地基，对承载力较高（如承载力 $f_{ak}=200$kPa）但变形不能满足要求的地基，也可采用水泥粉煤灰碎石桩处理，以减少地基变形。

目前已积累的工程实例，用水泥粉煤灰碎石桩处理承载力较低的地基多用于多层住宅和工业厂房。比如南京浦镇车辆厂厂南生活区24幢6层住宅楼，原地基土承载力特征值为60kPa的淤泥质土，经处理后复合地基承载力特征值达240kPa，基础形式为条基，建筑物最终沉降多在40mm左右。

对一般黏性土、粉土或砂土，桩端具有好的持力层，经水泥粉煤灰碎石桩处理后可作为高层建筑地基，如北京华亭嘉园35层住宅楼，天然地基承载力特征值 $f_{ak}=200$kPa，采用水泥粉煤灰碎石桩处理后建筑物沉降在50mm以内。成都某建筑40层、41层，高度为119.90m，强风化泥岩的承载力特征值 f_{ak} 为320kPa，采用水泥粉煤灰碎石桩处理后，承载力和变形均满足设计和规范要求，并且经受住了汶川"5·12"大地震的考验。

近些年来，随着其在高层建筑地基处理广泛应用，桩体材料组成和早期相比有所变化，主要由水泥、碎石、砂、粉煤灰和水组成，其中粉煤灰为Ⅱ～Ⅲ级细灰，在桩体混合料中主要提高混合料的可泵性。

混凝土灌注桩、预制桩作为复合地基增强体，其工作性状与水泥粉煤灰碎石桩复合地基接近，可参照本节规定进行设计、施工和检测。对预应力管桩桩顶可采取设置混凝土桩帽或采用高于增强体强度等级的混凝土灌芯的技术措施，减少桩顶的刺入变形。

7.7.2 水泥粉煤灰碎石桩复合地基设计应符合下列规定：

1 桩端持力层的选择

水泥粉煤灰碎石桩应选择承载力和压缩模量相对较高的土层作为桩端持力层。水泥粉煤灰碎石桩具有较强的置换作用，其他参数相同，桩越长、桩的荷载分担比（桩承担的荷载占总荷载的百分比）越高。设计时须将桩端落在承载力和压缩模量相对高的土层上，这样可以很好地发挥桩的端阻力，也可避免场地岩性变化大可能造成建筑物的不均匀沉降。桩端持力层承载力和压缩模量越高，建筑物沉降稳定也越快。

2 桩径

桩径与选用施工工艺有关，长螺旋钻中心压灌、干成孔和振动沉管成桩宜取350mm～600mm；泥浆护壁钻孔灌注素混凝土成桩宜取600mm～800mm；钢筋混凝土预制桩宜取300mm～600mm。

其他条件相同，桩径越小桩的比表面积越大，单方混合料提供的承载力高。

3 桩距

桩距应根据设计要求的复合地基承载力、建筑物控制沉降量、土性、施工工艺等综合考虑确定。

设计的桩距首先要满足承载力和变形量的要求。从施工角度考虑，尽量选用较大的桩距，以防止新打桩对已打桩的不良影响。

就土的挤（振）密性而言，可将土分为：

1）挤（振）密效果好的土，如松散粉细砂、粉土、人工填土等；

2）可挤（振）密土，如不太密实的粉质黏土；

3）不可挤（振）密土，如饱和软黏土或密实度很高的黏性土、砂土等。

施工工艺可分为两大类：一是对桩间土产生扰动或挤密的施工工艺，如振动沉管打桩机成孔制桩，属挤土成桩工艺。二是对桩间土不产生扰动或挤密的施工工艺，如长螺旋钻灌注成桩，属非挤土（或部分挤土）成桩工艺。

对不可挤密土和挤土成桩工艺宜采用较大的桩距。

在满足承载力和变形要求的前提下，可以通过改变桩长来调整桩距。采用非挤土、部分挤土成桩工艺施工（如泥浆护壁钻孔灌注桩、长螺旋钻灌注桩），桩距宜取（3～5）倍桩径；采用挤土成桩工艺施工（如预制桩和振动沉管打桩机施工）和墙下条基单排布桩桩距可适当加大，宜取（3～6）倍桩径。桩长范围内有饱和粉土、粉细砂、淤泥、淤泥质土层，为防止施工发生窜孔、缩颈、断桩，减少新打桩对已打桩的不良影响，宜采用较大桩距。

4 褥垫层

桩顶和基础之间应设置褥垫层，褥垫层在复合地基中具有如下的作用：

1）保证桩、土共同承担荷载，它是水泥粉煤灰碎石桩形成复合地基的重要条件。

2）通过改变褥垫厚度，调整桩垂直荷载的分担，通常褥垫越薄桩承担的荷载占总荷载的百分比越高。

3）减少基础底面的应力集中。

4）调整桩、土水平荷载的分担，褥垫层越厚，土分担的水平荷载占总荷载的百分比越大，桩分担的水平荷载占总荷载的百分比越小。对抗震设防区，不宜采用厚度过薄的褥垫层设计。

5）褥垫层的设置，可使桩间土承载力充分发挥，作用在桩间土表面的荷载在桩侧的土单元体产生竖向和水平向附加应力，水平向附加应力作用在桩表面具有增大侧阻的作用，在桩端产生的竖向附加应力对提高单桩承载力是有益的。

5 水泥粉煤灰碎石桩可只在基础内布桩，应根据建筑物荷载分布、基础形式、地基土性状，合理确定布桩参数：

1）对框架核心筒结构形式，核心筒和外框柱宜采用不同布桩参数，核心筒部位荷载水平高，宜强化核心筒荷载影响部位布桩，相对弱化外框柱荷载影响部位布桩；通常核心筒外扩一倍板厚范围，为防止筏板发生冲切破坏需足够的净反力，宜减小桩距或增大桩径，当桩端持力层较厚时最好加大桩长，提高复合地基承载力和复合土层模量；对设有沉降缝或防震缝的建筑物，宜在沉降缝或防震缝部位，采用减小桩距、增加桩长或加大桩径布桩，以防止建筑物发生较大相向变形。

2）对于独立基础地基处理，可按变形控制进行复合地基设计。比如，天然地基承载力100kPa，设计要求经处理后复合地基承载力特征值不小于300kPa。每个独立基础下的承载力相同，都是300kPa。当两个相邻柱荷载水平相差较大的独立基础，复合地基承载力相等时，荷载水平高的基础面积大，影响深度深，基础沉降大；荷载水平低的基础面积小，影响深度浅，基础沉降小；柱间沉降差有可能不满足设计要求。柱荷载水平差异较大时应按变形控制进行复合地基设计。由于水泥粉煤灰碎石桩复合地基承载力提高幅度大，柱荷载水平高的宜采用较高承载力要求确定布桩参数；可以有效地减少基础面积、降低造价，更重要的是基础间沉降差容易控制在规范限值之内。

3）国家标准《建筑地基基础设计规范》GB 50007中对于地基反力计算，当满足下列条件时可按线性分布：

① 当地基土比较均匀；

② 上部结构刚度比较好；

③ 梁板式筏基梁的高跨比或平板式筏基板的厚跨比不小于1/6；

④ 相邻柱荷载及柱间距的变化不超过20%。

地基反力满足线性分布假定时，可在整个基础范围均匀布桩。

若筏板厚度与跨距之比小于1/6，梁板式基础，梁的高跨比大于1/6且板的厚跨比（筏板厚度与梁的中心距之比）小于1/6时，基底压力不满足线性分布假定，不宜采用均匀布桩，应主要在柱边（平板式筏基）和梁边（梁板式筏基）外扩2.5倍板厚的面积范围布桩。

需要注意的是，此时的设计基底压力应按布桩区的面积重新计算。

4) 与散体桩和水泥土搅拌桩不同，水泥粉煤灰碎石桩复合地基承载力提高幅度大，条形基础下复合地基设计，当荷载水平不高时，可采用墙下单排布桩。此时，水泥粉煤灰碎石桩施工对桩位在垂直于轴线方向的偏差应严格控制，防止过大的基础偏心受力状态。

6 水泥粉煤灰碎石桩复合地基承载力特征值，应按第 7.1.5 条规定确定。初步设计时也可按本规范式（7.1.5-2）、式（7.1.5-3）估算。桩身强度应符合第 7.1.6 条的规定。

《建筑地基处理技术规范》JGJ 79-2002 规定，初步设计时复合地基承载力按下式估算：

$$f_{spk} = m\frac{R_a}{A_p} + \beta(1-m)f_{sk} \qquad (14)$$

即假定单桩承载力发挥系数为 1.0。根据中国建筑科学研究院地基所多年研究，采用本规范式（7.1.5-2）更为符合实际情况，式中 λ 按当地经验取值，无经验时可取 $0.8 \sim 0.9$，褥垫层的厚径比小时取大值；β 按当地经验取值，无经验时可取 $0.9 \sim 1.0$，厚径比大时取大值。

单桩竖向承载力特征值应通过现场静载荷试验确定。初步设计时也可按本规范式（7.1.5-3）估算，q_{si} 应按地区经验确定；q_p 可按现行国家标准《建筑地基基础设计规范》GB 50007 的有关规定确定；桩端阻力发挥系数 α_p 可取 1.0。

当承载力考虑基础埋深的深度修正时，增强体桩身强度还应满足本规范式（7.1.6-2）的规定。这次修订考虑了如下几个因素：

1) 与桩基不同，复合地基承载力可以作深度修正，基础两侧的超载越大（基础埋深越大），深度修正的数量也越大，桩承受的竖向荷载越大，设计的桩体强度应越高。

2) 刚性桩复合地基，由于设置了褥垫层，从加荷一开始，就存在一个负摩擦区，因此，桩的最大轴力作用点不在桩顶，而是在中性点处，即中性点处的轴力大于桩顶的受力。

综合以上因素，对《建筑地基处理技术规范》JGJ 79-2002 中桩体试块（边长 15cm 立方体）标准养护 28d 抗压强度平均值不小于 $3R_a/A_p$（R_a 为单桩承载力特征值，A_p 为桩的截面面积）的规定进行了调整，桩身强度适当提高，保证桩体不发生破坏。

7 水泥粉煤灰碎石桩复合地基的变形计算应按现行国家标准《建筑地基基础设计规范》GB 50007

的有关规定执行。但有两点需作说明：

1) 复合地基的分层与天然地基分层相同，当荷载接近或达到复合地基承载力时，各复合土层的压缩模量可按该层天然地基压缩模量的 ζ 倍计算。工程中应由现场试验测定的 f_{spk}，和基础底面下天然地基承载力 f_{ak} 确定。若无试验资料时，初步设计可由地质报告提供的地基承载力特征值 f_{ak}，以及计算得到的满足设计承载力和变形要求的复合地基承载力特征值 f_{spk}，按式（7.1.7-1）计算 ζ。

2) 变形计算经验系数 ψ_s，对不同地区可根据沉降观测资料统计确定，无地区经验时可按表 7.1.8 取值，表 7.1.8 根据工程实测沉降资料统计进行了调整，调整了当量模量大于 15.0MPa 的变形计算经验系数。

3) 复合地基变形计算过程中，在复合土层范围内，压缩模量很高时，满足下式要求后：

$$\Delta s'_n \leqslant 0.025 \sum_{i=1}^{n} \Delta s'_i \qquad (15)$$

若计算到此为止，桩端以下土层的变形量没有考虑，因此，计算深度必须大于复合土层厚度，才能满足现行国家标准《建筑地基基础设计规范》GB 50007 的有关规定。

7.7.3 本条是对施工的要求：

1 水泥粉煤灰碎石桩的施工，应根据设计要求和现场地基土的性质、地下水埋深、场地周边是否有居民、有无对振动反应敏感的设备等多种因素选择施工工艺。这里给出了四种常用的施工工艺：

1) 长螺旋钻干成孔灌注成桩，适用于地下水位以上的黏性土、粉土、素填土、中等密实以上的砂土以及对噪声或泥浆污染要求严格的场地。

2) 长螺旋钻中心压灌灌注成桩，适用于黏性土、粉土、砂土；对含有卵石夹层场地，宜通过现场试验确定其适用性。北京某工程卵石粒径不大于 60mm，卵石层厚度不大于 4m，卵石含量不大于 30%，采用长螺旋钻施工工艺取得了成功。目前城区施工对噪声或泥浆污染要求严格，可优先选用该工法。

3) 振动沉管灌注成桩，适用于粉土、黏性土及素填土地基及对振动和噪声污染要求不严格的场地。

4) 泥浆护壁成孔灌注成桩，适用于地下水位以下的黏性土、粉土、砂土、填土、碎石土和风化岩层。

若地基土是松散的饱和粉土、粉细砂，以消除液化和提高地基承载力为目的，此时应选择振动沉管桩机施工；振动沉管灌注成桩属挤土成桩工艺，对桩间土具有挤（振）密效应。但振动沉管灌注成桩工艺难以穿透厚的硬土层、砂层和卵石层等。在饱和黏性土中成桩，会造成地表隆起，已打桩被挤断，且振动和噪声污染严重，在城中居民区施工受到限制。在夹有硬的黏性土时，可采用长螺旋钻机引孔，再用振动沉管打桩机制桩。

长螺旋钻干成孔灌注成桩适用于地下水位以上的黏性土、粉土、素填土、中等密实以上的砂土，属非挤土（或部分挤土）成桩工艺，该工艺具有穿透能力强、无振动、低噪声、无泥浆污染等特点，但要求桩长范围内无地下水，以保证成孔时不塌孔。

长螺旋钻中心压灌成桩工艺，是国内近几年来使用比较广泛的一种工艺，属非挤土（或部分挤土）成桩工艺，具有穿透能力强、无泥皮、无沉渣、低噪声、无振动、无泥浆污染、施工效率高及质量容易控制等特点。

长螺旋钻孔灌注成桩和长螺旋钻中心压灌成桩工艺，在城市居民区施工，对周围居民和环境的影响较小。

对桩长范围和桩端有承压水的土层，应选用泥浆护壁成孔灌注成桩工艺。当桩端具有高水头承压水采用长螺旋钻中心压灌成桩或振动沉管灌注成桩，承压水沿着桩体渗流，把水泥和细骨料带走，桩体强度严重降低，导致发生施工质量事故。泥浆护壁成孔灌注成桩，成孔过程消除了发生渗流的水力条件，成桩质量容易保障。

2 振动沉管灌注成桩和长螺旋钻中心压灌成桩施工除应执行国家现行有关规定外，尚应符合下列要求：

1）振动沉管施工应控制拔管速度，拔管速度太快易造成桩径偏小或缩颈断桩。

为考察拔管速度对成桩桩径的影响，在南京浦镇车辆厂工地做了三种拔管速度的试验：拔管速度为1.2m/min 时，成桩后开挖测桩径为 380mm（沉管为 $\phi377$ 管）；拔管速度为 2.5m/min，沉管拔出地面后，约 $0.2m^3$ 的混合料被带到地表，开挖后测桩径为 360mm；拔管速度为 0.8m/min 时，成桩后发现桩顶浮浆较多。经大量工程实践认为，拔管速率控制在 1.2m/min～1.5m/min 是适宜的。

2）长螺旋钻中心压灌成桩施工

长螺旋钻中心压灌成桩施工，选用的钻机钻杆顶部必须有排气装置，当桩端土为饱和粉土、砂土、卵石且水头较高时宜选用下开式钻头。基础埋深较大时，宜在基坑开挖后的工作面上施工，工作面宜高出设计桩顶标高 300mm～500mm，工作面土较软时应采取相应施工措施（铺碎石、垫钢板等），保证桩机正常施工。基坑较浅在地表打桩或部分开挖空孔打桩

时，应加大保护桩长，并严格控制桩位偏差和垂直度；每方混合料中粉煤灰掺量宜为 70kg～90kg，坍落度应控制在 160mm～200mm，保证施工中混合料的顺利输送。如坍落度太大，易产生泌水、离析，泵压作用下，骨料与砂浆分离，导致堵管。坍落度太小，混合料流动性差，也容易造成堵管。

应杜绝在泵送混合料前提拔钻杆，以免造成桩端处存在虚土或桩端混合料离析、端阻力减小。提拔钻杆中应连续泵料，特别是在饱和砂土、饱和粉土层中不得停泵待料，避免造成混合料离析、桩身缩径和断桩。

桩长范围有饱和粉土、粉细砂和淤泥、淤泥质土，当桩距较小时，新打桩钻进时长螺旋叶片对已打桩周边土剪切扰动，使土结构强度破坏，桩周土侧向约束力降低，处于流动状态的桩体侧向溢出、桩顶下沉，亦即发生所谓窜孔现象。施工时须对已打桩桩顶标高进行监控，发现已打桩桩顶下沉时，正在施工的桩提钻至窜孔土部位停止提钻继续压料，待已打桩混合料上升至桩顶时，在施桩继续泵料提钻至设计标高。为防止窜孔发生，除设计采用大桩长大桩距外，可采用隔桩跳打措施。

3）施工中桩顶标高应高出设计桩顶标高，留有保护桩长。

4）成桩过程中，抽样做混合料试块，每台机械一天应做一组（3 块）试块（边长为 150mm 的立方体），标准养护，测定其 28d 立方体抗压强度。

3 冬期施工时，应采取措施避免混合料在初凝前受冻，保证混合料入孔温度大于 5℃，根据材料加热难易程度，一般优先加热拌合水，其次是加热砂和石混合料，但温度不宜过高，以免造成混合料假凝无法正常泵送，泵送管路也应采取保温措施。施工完清除保护土层和桩头后，应立即对桩间土和桩头采用草帘等保温材料进行覆盖，防止桩间土冻胀而造成桩体拉断。

4 长螺旋钻中心压灌成桩施工中存在钻孔弃土。对弃土和保护土层采用机械、人工联合清运时，应避免机械设备超挖，并应预留至少 200mm 用人工清除，防止造成桩头断裂和扰动桩间土层。对软土地区，为防止发生断桩，也可根据地区经验在桩顶一定范围配置适量钢筋。

5 褥垫层材料可为粗砂、中砂、级配砂石或碎石，碎石粒径宜为 5mm～16mm，不宜选用卵石。当基础底面桩间土含水量较大时，应避免采用动力夯实法，以防扰动桩间土。对基底土为较干燥的砂石时，虚铺后可适当洒水再行碾压或夯实。

电梯井和集水坑斜面部位的桩，桩顶须设置褥垫层，不得直接和基础的混凝土相连，防止桩顶承受较大水平荷载。工程中一般做法见图 11。

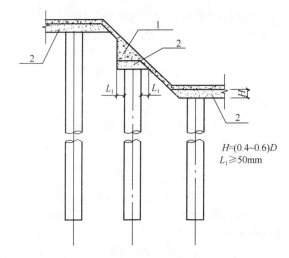

图 11 井坑斜面部位褥垫层做法示意图
1—素混凝土垫层；2—褥垫层

$H=(0.4\sim0.6)D$
$L_1\geqslant50mm$

7.7.4 本条是对水泥粉煤灰碎石桩复合地基质量检验的规定。

7.8 柱锤冲扩桩复合地基

7.8.1 柱锤冲扩桩复合地基的加固机理主要有以下四点：

1 成孔及成桩过程中对原土的动力挤密作用；

2 对原地基土的动力固结作用；

3 冲扩桩充填置换作用（包括桩身及挤入桩间土的骨料）；

4 碎砖三合土填料生石灰的水化和胶凝作用（化学置换）。

上述作用依不同土类而有明显区别。对地下水位以上杂填土、素填土、粉土及可塑状态黏性土、黄土等，在冲扩过程中成孔质量较好，无塌孔及缩颈现象，孔内无积水，成桩过程中地面不隆起甚至下沉，经检测孔底及桩间土在成孔及成桩过程中得到挤密，试验表明挤密土影响范围约为（2～3）倍桩径。而对地下水位以下饱和土层冲孔时塌孔严重，有时甚至无法成孔，在成桩过程中地面隆起严重，经检测桩底及桩间土挤密效果不明显，桩身质量也较难保证，因此对上述土层应慎用。

7.8.2 近年来，随着施工设备能力的提高，处理深度已超过 6m，但不宜大于 10m，否则处理效果不理想。对于湿陷性黄土地区，其地基处理深度及复合地基承载力特征值，可按当地经验确定。

7.8.3 柱锤冲扩桩复合地基，多用于中、低层房屋或工业厂房。因此对大型、重要的工程以及场地条件复杂的工程，在正式施工前应进行成桩试验及试验性施工。根据现场试验取得的资料进行设计，制定施工方案。

7.8.4 本条是柱锤冲扩桩复合地基的设计要求：

1 地基处理的宽度应超过基础边缘一定范围，主要作用在于增强地基的稳定性，防止基底下被处理土层在附加应力作用下产生侧向变形，因此原天然土层越软，加宽的范围应越大。通常按压力扩散角 $\theta=30°$ 来确定加固范围的宽度，并不少于（1～3）排桩。

用柱锤冲扩桩法处理可液化地基应适当加大处理宽度。对于上部荷载较小的室内非承重墙及单层砖房可仅在基础范围内布桩。

2 对于可塑状态黏性土、黄土等，因靠冲扩桩的挤密来提高桩间土的密实度，所以采用等边三角形布桩有利，可使地基挤密均匀。对于软黏土地基，主要靠置换。考虑到施工方便，以正方形或等边三角形的布桩形式最为常用。

桩间距与设计要求的复合地基承载力、原地基土的性质有关，根据经验，桩距一般可取 1.2m～2.5m 或取桩径的（2～3）倍。

3 柱锤冲扩桩桩径设计应考虑下列因素：

1）柱锤直径：现已经形成系列，常用直径为 300mm～500mm，如 $\phi377$ 公称锤，就是 377mm 直径的柱锤。

2）冲孔直径：它是冲孔达到设计深度时，地基被冲击成孔的直径，对于可塑状态黏性土其成孔直径往往比锤直径要大。

3）桩径：它是桩身填料夯实后的平均直径，比冲孔直径大，如 $\phi377$ 柱锤夯实后形成的桩径可达 600mm～800mm。因此，桩径不是一个常数，当土层松软时，桩径就大，当土层较密时，桩径就小。

设计时一般先根据经验假设桩径，假设时应考虑柱锤规格、土质情况及复合地基的设计要求，一般常用 $d=500mm\sim800mm$，经试成桩后再确定设计桩径。

4 地基处理深度的确定应考虑：1）软弱土层厚度；2）可液化土层厚度；3）地基变形等因素。限于设备条件，柱锤冲扩桩法适用于 10m 以内的地基处理，因此当软弱土层较厚时应进行地基变形和下卧层地基承载力验算。

5 柱锤冲扩桩法是从地下向地表进行加固，由于地表侧向约束小，加之成桩过程中桩间土隆起造成桩顶及槽底土质松动，因此为保证地基处理效果及扩散基底压力，对低于槽底的松散桩头及松软桩间土应予以清除，换填砂石垫层，采用振动压路机或其他设备压实。

6 桩体材料推荐采用以拆房为主组成的碎砖三合土，主要是为了降低工程造价，减少杂土丢弃对环境的污染。有条件时也可以采用级配砂石、矿渣、灰土、水泥混合土等。当采用其他材料缺少足够的工程经验时，应经试验确定其适用性和配合比等有关参数。

碎砖三合土的配合比（体积比）除设计有特殊要求外，一般可采用 1：2：4（生石灰：碎砖：黏性土）对地下水位以下流塑状态松软土层，宜适当加大碎砖及生石灰用量。碎砖三合土中的石灰宜采用块状生石灰，CaO含量应在80%以上。碎砖三合土中的土料，尽量选用就地基坑开挖出的黏性土料，不应含有机物料（如油毡、苇草、木片等），不应使用淤泥质土、盐渍土和冻土。土料含水量对桩身密实度影响较大，因此应采用最佳含水量进行施工，考虑实际施工时土料来源及成分复杂，根据大量工程实践经验，采用目力鉴别即手握成团、落地开花即可。

为了保证桩身均匀及触探试验的可靠性，碎砖粒径不宜大于120mm，如条件容许碎砖粒径控制在60mm左右最佳，成桩过程中严禁使用粒径大于240mm砖料及混凝土块。

7　柱锤冲扩三合土，桩身密实度及承载力因受桩间土影响而较离散，因此规范规定应按复合地基静载荷试验确定其承载力。初步设计时也可按本规范式（7.1.5-1）进行估算，该式是根据桩和桩间土通过刚性基础共同承担上部荷载而推导出来的。式中桩土应力比 n 是根据部分静载荷试验资料而实测出来的，在无实测资料时可取2～4，桩间土承载力低时取大值。加固后桩间土承力 f_{sk} 应根据土质条件及设计要求确定，当天然地基承载力特征值 $f_{ak} \geqslant 80$ kPa 时，可取加固前天然地基承载力进行估算；对于新填沟坑、杂填土等松软土层，可按当地经验或经现场试验根据重型动力触探平均击数 $\overline{N}_{63.5}$ 参考表20确定。

表20　桩间土 $\overline{N}_{63.5}$ 和 f_{sk} 关系表

$\overline{N}_{63.5}$	2	3	4	5	6	7
f_{sk}（kPa）	80	110	130	140	150	160

注：1　计算 $\overline{N}_{63.5}$ 时应去掉10%的极大值和极小值，当触探深度大于4m时，$N_{63.5}$ 应乘以0.9折减系数；
　　2　杂填土及饱和松软土层，表中 f_{sk} 应乘以0.9折减系数。

8　加固后桩间土压缩模量可按当地经验或根据加固后桩间土重型动力触探平均击数 $\overline{N}_{63.5}$ 参考表21选用。

表21　桩间土 E_s 和 $\overline{N}_{63.5}$ 关系表

$\overline{N}_{63.5}$	2	3	4	5	6
E_s（kPa）	4.0	6.0	7.0	7.5	8.0

7.8.5　本条是柱锤冲扩桩复合地基的施工要求：

1　目前采用的系列柱锤如表22所示：

表22　柱锤明细表

序号	规　格			锤底形状
	直径（mm）	长度（m）	质量（t）	
1	325	2～6	1.0～4.0	凹形底
2	377	2～6	1.5～5.0	凹形底
3	500	2～6	3.0～9.0	凹形底

注：封顶或拍底时，可采用质量2t～10t的扁平重锤进行。

柱锤可用钢材制作或用钢板为外壳内部浇筑混凝土制成，也可用钢管外壳内部浇铸铁制成。

为了适应不同工程的要求，钢制柱锤可制成装配式，由组合块和锤顶两部分组成，使用时用螺栓连成整体，调整组合块数（一般0.5t/块），即可按工程需要组合成不同质量和长度的柱锤。

锤型选择应按土质软硬、处理深度及成桩直径经试成桩后确定。

2　升降柱锤的设备可选用10t～30t自行杆式起重机和多功能冲扩桩机或其他专用设备，采用自动脱钩装置，起重能力应通过计算（按锤质量及成孔时土层对柱锤的吸附力）或现场试验确定，一般不应小于锤质量的（3～5）倍。

3　场地平整、清除障碍物是机械作业的基本条件。当加固深度较深，柱锤长度不够时，也可采取先挖出一部分土，然后再进行冲扩施工。

柱锤冲扩法成孔方式有如下三种：

1）冲击成孔：最基本的成孔工艺，条件是冲孔时孔内无明水、孔壁直立、不塌孔、不缩颈。

2）填料冲击成孔：当冲击成孔出现塌孔或缩颈时，采用本法。这时的填料与成桩填料不同，主要目的是吸收孔壁附近地基中的水分，密实孔壁，使孔壁直立、不塌孔、不缩颈。碎砖及生石灰能够显著降低土壤中的水分，提高桩间土承载力，因此填料冲击成孔时应采用碎砖及生石灰块。

3）二次复打成孔：当采用填料冲击成孔施工工艺也不能保证孔壁直立、不塌孔、不缩颈时，应采用本方案。在每一次冲扩时，填料以碎砖、生石灰为主，根据土质不同采用不同配比，其目的是吸收土壤中水分，改善原土性状，第二次复打成孔后要求孔壁直立、不塌孔，然后边填料边夯实形成桩体。

套管成孔可解决塌孔及缩颈问题，但其施工工艺较复杂，因此只在特殊情况下使用。

桩体施工的关键是分层填料量、分层夯实厚度及总填料量。

施工前应根据试成桩及设计要求的桩径和桩长进行确定。填料充盈系数不宜小于1.5。

每根桩的施工记录是工程质量管理的重要环节，所以必须设专门技术人员负责记录工作。

要求夯填至桩顶设计标高以上，主要是为了保证桩顶密实度。当不能满足上述要求时，应进行面层夯实或采用局部换填处理。

7.8.6　柱锤冲扩桩法夯击能量较大，易发生地面隆起，造成表层桩和桩间土出现松动，从而降低处理效果，因此成孔及填料夯实的施工顺序宜间隔进行。

7.8.7 本条是柱锤冲扩桩复合地基的质量检验要求：

1 柱锤冲扩桩质量检验程序：施工中自检、竣工后质检部门抽检、基槽开挖后验槽三个环节。对质量有怀疑的工程桩，应采用重型动力触探进行自检。实践证明这是行之有效的，其中施工单位自检尤为重要。

2 采用柱锤冲扩桩处理的地基，其承载力是随着时间增长而逐步提高的，因此要求在施工结束后休止14d再进行检验，实践证明这样方便施工也是偏于安全的，对非饱和土和粉土休止时间可适当缩短。

桩身及桩间土密实度检验宜采用重型动力触探进行。检验点应随机抽样并经设计或监理认定，检测点不少于总桩数的2%且不少于6组（即同一检测点桩身及桩间土分别进行检验）。当土质条件复杂时，应加大检验数量。

柱锤冲扩桩复合地基质量评定主要包括地基承载力及均匀程度。复合地基承载力与桩身及桩间土动力触探击数的相关关系应经对比试验按当地经验确定。

6 基槽开挖检验的重点是桩顶密实度及槽底土质情况。由于柱锤冲扩桩施工工艺的特点是冲孔后自下而上成桩，即由下往上对地基进行加固处理，由于顶部上覆压力小，容易造成桩顶及槽底土质松动，而这部分又是直接持力层，因此应加强对桩顶特别是槽底以下1m厚范围内土质的检验，检验方法根据土质情况可采用轻便触探或动力触探进行。桩位偏差不宜大于1/2桩径。

7.9 多桩型复合地基

7.9.1 本节涉及的多桩型复合地基内容仅对由两种桩型处理形成的复合地基进行了规定，两种以上桩型的复合地基设计、施工与检测应通过试验确定其适用性和设计、施工参数。

7.9.2 本条为多桩型复合地基的设计原则。采用多桩型复合地基处理，一般情况下场地土具有特殊性，采用一种增强体处理后达不到设计要求的承载力或变形要求，而采用一种增强体处理特殊性土，减少其特殊性的工程危害，再采用另一种增强体处理使之达到设计要求。

多桩型复合地基的工作特性，是在等变形条件下的增强体和地基土共同承担荷载，必须通过现场试验确定设计参数和施工工艺。

7.9.3 工程中曾出现采用水泥粉煤灰碎石桩和静压高强预应力管桩组合的多桩型复合地基，采用了先施工挤土的静压高强预应力管桩，后施工排土的水泥粉煤灰碎石桩的施工方案，但通过检测发现预制桩单桩承载力与理论计算值存在较大差异，分析原因，系桩端阻力与同场地高强预应力管桩相比有明显下降所

致，水泥粉煤灰碎石桩的施工对已施工的高强预应力管桩桩端上下一定范围灵敏度相对较高的粉土及桩端粉砂产生了扰动。因此，对类似情况，应充分考虑后施工桩对已施工增强体或桩体承载力的影响。无地区经验时，应通过试验确定方案的适用性。

7.9.4 本条为建筑工程采用多桩型复合地基处理的布桩原则。处理特殊土，原则上应扩大处理面积，保证处理地基的长期稳定性。

7.9.5 根据近年来复合地基理论研究的成果，复合地基的垫层厚度与增强体直径、间距、桩间土承载力发挥度和复合地基变形控制等有关，褥垫层过厚会形成较深的负摩阻区，影响复合地基增强体承载力的发挥；褥垫层过薄复合地基增强体水平受力过大，容易损坏，同时影响复合地基桩间土承载力的发挥。

7.9.6 多桩型复合地基承载力特征值应采用多桩复合地基承载力静载荷试验确定，初步设计时的设计参数应根据地区经验取用，无地区经验时，应通过试验确定。

7.9.7 面积置换率的计算，当基础面积较大时，实际的布置桩距对理论计算采用的置换率的影响很小，因此当基础面积较大或条形基础较长时，可以单元面积置换率替代。

7.9.8 多桩型复合地基变形计算在理论上可将复合地基的变形分为复合土层变形与下卧土层变形，分别计算后相加得到，其中复合土层的变形计算采用的方法有假想实体法、桩身压缩法、应力扩散法、有限元法等，下卧土层的变形计算一般采用分层总和法。理论研究与实测表明，大多数复合地基的变形计算的精度取决于下卧土层的变形计算精度，在沉降计算经验系数确定后，复合土层底面附加应力的计算取值是关键。该附加应力随上述复合地基沉降计算的方法不同而存在较大的差异，即使采用应力扩散一种方法，也因应力扩散角的取值不同计算结果不同。对多桩型复合地基，复合土层变形及下卧土层顶面附加应力的计算将更加复杂。

工程实践中，本条涉及的多桩复合地基承载力特征值 f_{spk} 可由多桩复合地基静载荷试验确定，但由其中的一种桩处理形成的复合地基承载力特征值 f_{spk1} 的试验，对已施工完成的多桩型复合地基而言，具有一定的难度，有经验时可采用单桩载荷试验结果结合桩间土的承载力特征值计算确定。

多桩型复合地基承载力、变形计算工程实例：

1 工程概况

某工程高层住宅22栋，地下车库与主楼地下室基本连通。2号住宅楼为地下2层地上33层的剪力墙结构，裙房采用框架结构，筏形基础，主楼地基采用多桩型复合地基。

2 地质情况

基底地基土层分层情况及设计参数如表23。

表 23 地基土层分布及其参数

层号	类别	层底深度 (m)	平均厚度 (m)	承载力特征值 (kPa)	压缩模量 (MPa)	压缩性评价
6	粉土	−9.3	2.1	180	13.3	中
7	粉质黏土	−10.9	1.5	120	4.6	高
7−1	粉土	−11.9	1.2	120	7.1	中
8	粉土	−13.8	2.5	230	16.0	低
9	粉砂	−16.1	3.2	280	24.0	低
10	粉砂	−19.4	3.3	300	26.0	低
11	粉土	−24.0	4.5	280	20.0	低
12	细砂	−29.6	5.6	310	28.0	低
13	粉质黏土	−39.5	9.9	310	12.4	中
14	粉质黏土	−48.4	9.0	320	12.7	中
15	粉质黏土	−53.5	5.1	340	13.5	中
16	粉质黏土	−60.5	6.9	330	13.1	中
17	粉质黏土	−67.7	7.0	350	13.9	中

考虑到工程经济性及水泥粉煤灰碎石桩施工可能造成对周边建筑物的影响，采用多桩型长短桩复合地基。长桩选择第 12 层细砂为持力层，采用直径 400mm 的水泥粉煤灰碎石桩，混合料强度等级 C25，桩长 16.5m，设计单桩竖向受压承载力特征值为 R_a =690kN；短桩选择第 10 层细砂为持力层，采用直径 500mm 泥浆护壁素混凝土钻孔灌注桩，桩身混凝土强度等级 C25，桩长 12m，设计单桩竖向承载力特征值为 R_a =600kN；采用正方形布桩，桩间距 1.25m。

要求处理后的复合地基承载力特征值 f_{ak} ≥ 480kPa，复合地基桩平面布置如图 12。

3 复合地基承载力计算

1）单桩承载力

水泥粉煤灰碎石桩、素混凝土灌注桩单桩承载力计算参数见表 24。

表 24 水泥粉煤灰碎石桩钻孔灌注桩侧阻力和端阻力特征值一览表

层号	3	4	5	6	7	7−1	8	9	10	11	12	13
q_{sia} (kPa)	30	18	28	23	18	28	27	32	36	32	38	33
q_{pa} (kPa)									450	450	500	480

水泥粉煤灰碎石桩单桩承载力特征值计算结果 R_1 =690kN，钻孔灌注桩单桩承载力计算结果 R_2 =600kN。

2）复合地基承载力

$$f_{spk} = m_1 \frac{\lambda_1 R_{a1}}{A_{p1}} + m_2 \frac{\lambda_2 R_{a2}}{A_{p2}} + \beta(1 - m_1 - m_2)f_{sk}$$

(16)

式中：m_1 = 0.04；m_2 = 0.064

$\lambda_1 = \lambda_2$ = 0.9；

R_{a1} =690kN、R_{a2} =600kN；

A_{P1} =0.1256、A_{P2} =0.20；

β =1.0；

f_{sk} = f_{ak} =180kPa（第 6 层粉土）。

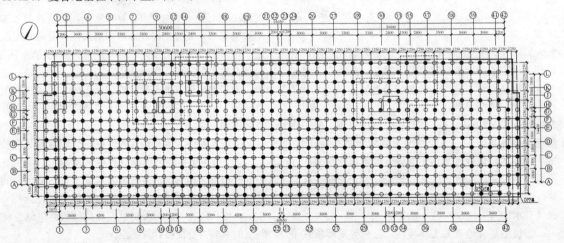

图 12 多桩型复合地基平面布置

复合地基承载力特征值计算结果为 f_{spk} = 536.17kPa，复合地基承载力满足设计要求。

4 复合地基变形计算

已知，复合地基承载力特征值 f_{spk} =536.17kPa，计算复合土层模量系数还需计算单独由水泥粉煤灰碎石桩（长桩）加固形成的复合地基承载力特征值。

$$f_{spk1} = 0.04 \times 0.9 \times 690/0.1256$$
$$+ 1.0 \times (1 - 0.04) \times 180$$
$$= 371kN$$

(17)

复合土层上部由长、短桩与桩间土层组成，土层模量提高系数为：

$$\zeta_1 = \frac{f_{spk}}{f_{ak}} = 536.17/180 = 2.98 \qquad (18)$$

复合土层下部由长桩（CFG桩）与桩间土层组成，土层模量提高系数为：

$$\zeta_2 = \frac{f_{spk1}}{f_{ak}} = 371/180 = 2.07 \qquad (19)$$

复合地基沉降计算深度，按建筑地基基础设计规范方法确定，本工程计算深度：自然地面以下67.0m，计算参数如表25。

表25　复合地基沉降计算参数

计算层号	土类名称	层底标高（m）	层厚（m）	压缩模量（MPa）	计算压缩模量值（MPa）	模量提高系数（ζ_i）
6	粉土	−9.3	2.1	13.3	35.9	2.98
7	粉质黏土	−10.9	1.5	4.6	12.4	2.98
7−1	粉土	−11.9	1.2	7.1	19.2	2.98
8	粉土	−13.8	2.5	16.0	43.2	2.98
9	粉砂	−16.1	3.2	24.0	64.8	2.98
10	粉砂	−19.4	3.3	26.0	70.2	2.98
11	粉土	−24.0	4.5	18.0	54.0	2.07
12	细砂	−29.6	5.6	28.0	58.8	2.07
13	粉质黏土	−39.5	9.9	12.4	12.4	1.0
14	粉质黏土	−48.40	9.0	12.7	12.7	1.0
15	粉质黏土	−53.5	5.1	13.5	13.5	1.0
16	粉质黏土	−60.5	6.9	13.1	13.1	1.0
17	粉质黏土	−67.7	7.0	13.9	13.9	1.0

按本规范复合地基沉降计算方法计算的总沉降量值：$s = 185.54mm$

取地区经验系数 $\psi_s = 0.2$

沉降量预测值：$s = 37.08mm$

5　复合地基承载力检验

1）四桩复合地基静载荷试验

采用2.5m×2.5m方形钢制承压板，压板下铺中砂找平层，试验结果见表26。

表26　四桩复合地基静载荷试验结果汇总表

编号	最大加载量（kPa）	对应沉降量（mm）	承载力特征值（kPa）	对应沉降量（mm）
第1组（f1）	960	28.12	480	8.15
第2组（f2）	960	18.54	480	6.35
第3组（f3）	960	27.75	480	9.46

2）单桩静载荷试验

采用堆载配重方法进行，结果见表27。

表27　单桩静载荷试验结果汇总表

桩型	编号	最大加载量（kN）	对应沉降量（mm）	极限承载力（kN）	特征值对应的沉降量（mm）
CFG桩	d1	1380	5.72	1380	5.05
	d2	1380	10.20	1380	2.45
	d3	1380	14.37	1380	3.70
素混凝土灌注桩	d4	1200	8.31	1200	3.05
	d5	1200	9.95	1200	2.41
	d6	1200	9.39	1200	3.28

三根水泥粉煤灰碎石桩的桩竖向极限承载力统计值为1380kN，单桩竖向承载力特征值为690kN。三根素混凝土灌注桩的单桩竖向承载力统计值为1200kN，单桩竖向承载力特征值为600kN。

表26中复合地基试验承载力特征值对应的沉降量均较小，平均仅为8mm，远小于本规范按相对变形法对应的沉降量0.008×2000＝16mm，表明复合地基承载力尚没有得到充分发挥。这一结果将导致沉降计算时，复合土层模量系数被低估，实测结果小于预测结果。

表27中可知，单桩承载力达到承载力特征值2倍时，沉降量一般小于10mm，说明桩承载力尚有较大的富裕，单桩承载力特征值并未得到准确体现，这与复合地基上述结果相对应。

6　地基沉降量监测结果

图13为采用分层沉降标监测方法测得的复合地

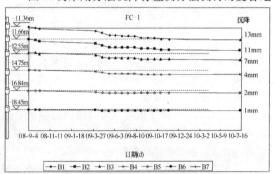

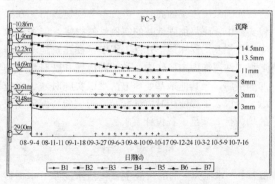

图13　分层沉降变形曲线

基沉降结果，基准沉降标位于自然地面以下40m。由于结构封顶后停止降水，水位回升导致沉降标失灵，未能继续进行分层沉降监测。

"沉降-时间曲线"显示沉降发展平稳，结构主体封顶时的复合土层沉降量约为12mm～15mm，假定此时已完成最终沉降量的50%～60%，按此结果推算最终沉降量应为20mm～30mm，小于沉降量预测值37.08mm。

7.9.11 多桩型复合地基的载荷板尺寸原则上应与计算单元的几何尺寸相等。

8 注 浆 加 固

8.1 一 般 规 定

8.1.1 注浆加固包括静压注浆加固、水泥搅拌注浆加固和高压旋喷注浆加固等。水泥搅拌注浆加固和高压旋喷注浆加固可参照本规范第7.3节、第7.4节。

对建筑地基，选用的浆液主要为水泥浆液、硅化浆液和碱液。注浆加固过程中，流动的浆液具有一定的压力，对地基土有一定的渗透力和劈裂作用，其适用的土层较广。

8.1.2 由于地质条件的复杂性，要针对注浆加固目的，在注浆加固设计前进行室内浆液配比试验和现场注浆试验是十分必要的。浆液配比的选择也应结合现场注浆试验，试验阶段可选择不同浆液配比。现场注浆试验包括注浆方案的可行性试验、注浆孔布置方式试验和注浆工艺试验三方面。可行性试验是当地基条件复杂，难以借助类似工程经验决定采用注浆方案的可行性时进行的试验。一般为保证注浆效果，尚需通过试验寻求以较少的注浆量，最佳注浆方法和最优注浆参数，即在可行性试验基础上进行、注浆孔布置方式试验和注浆工艺试验。只有在经验丰富的地区可参考类似工程确定设计参数。

8.1.3、8.1.4 对建筑地基，地基加固目的就是地基土满足强度和变形的要求，注浆加固也如此，满足渗透性要求应根据设计要求而定。

对于既有建筑地基基础加固以及地下工程施工超前预加固采用注浆加固时，可按本节规定进行。在工程实践中，注浆加固地基的实例虽然很多，但大多数应用在坝基工程和地下开挖工程中，在建筑地基处理工程中注浆加固主要作为一种辅助措施和既有建筑物加固措施，当其他地基处理方法难以实施时才予以考虑。所以，工程使用时应进行必要的试验，保证注浆的均匀性，满足工程设计要求。

8.2 设 计

8.2.1 水泥为主剂的浆液主要包括水泥浆、水泥砂浆和水泥水玻璃浆。

水泥浆液是地基治理、基础加固工程中常用的一种胶结性好、结石强度高的注浆材料，一般施工要求水泥浆的初凝时间既能满足浆液设计的扩散要求，又不至于被地下水冲走，对渗透系数大的地基还需尽可能缩短初、终凝时间。

地层中有较大裂隙、溶洞，耗浆量很大或有地下水活动时，宜采用水泥砂浆，水泥砂浆由水灰比不大于1.0的水泥浆掺砂配成，与水泥浆相比有稳定性好、抗渗能力强和析水率低的优点，但流动性小，对设备要求较高。

水泥水玻璃浆广泛用于地基、大坝、隧道、桥墩、矿井等建筑工程，其性能取决于水泥浆水灰比、水玻璃浓度和加入量、浆液养护条件。

对填土地基，由于其各向异性，对注浆量和方向不好控制，应采用多次注浆施工，才能保证工程质量。

8.2.2 硅化注浆加固的设计要求如下：

1 硅化加固法适用于各类砂土、黄土及一般黏性土。通常将水玻璃及氯化钙先后用下部具有细孔的钢管压入土中，两种溶液在土中相遇后起化学反应，形成硅酸胶填充在孔隙中，并胶结土粒。对渗透系数 $k=(0.10～2.00)m/d$ 的湿陷性黄土，因土中含有硫酸钙或碳酸钙，只需用单液硅化法，但通常加氯化钠溶液作为催化剂。

单液硅化法加固湿陷性黄土地基的灌注工艺有两种。一是压力灌注，二是溶液自渗（无压）。压力灌注溶液的速度快，扩散范围大，灌注溶液过程中，溶液与土接触初期，尚未产生化学反应，在自重湿陷性严重的场地，采用此法加固既有建筑物地基，附加沉降可达300mm以上，对既有建筑物显然是不允许的。故本条规定，压力灌注可用于加固自重湿陷性场地上拟建的设备基础和构筑物的地基，也可用于加固非自重湿陷性黄土场地上既有建筑物和设备基础的地基。因为非自重湿陷性黄土有一定的湿陷起始压力，基底附加应力不大于湿陷起始压力或虽大于湿陷起始压力但数值不大时，不致出现附加沉降，并已为大量工程实践和试验研究资料所证明。

压力灌注需要用加压设备（如空压机）和金属灌注管等，成本相对较高，其优点是加固范围较大，不只是可加固基础侧向，而且可加固既有建筑物基础底面以下的部分土层。

溶液自渗的速度慢，扩散范围小，溶液与土接触初期，对既有建筑物和设备基础的附加沉降很小（10mm～20mm），不超过建筑物地基的允许变形值。

此工艺是在20世纪80年代初发展起来的，在现场通过大量的试验研究，采用溶液自渗加固了大厚度自重湿陷性黄土场地上既有建筑物和设备基础的地基，控制了建筑物的不均匀沉降及裂缝继续发展，并恢复了建筑物的使用功能。

溶液自渗的灌注孔可用钻机或洛阳铲成孔，不需要用灌注管和加压等设备，成本相对较低，含水量不大于 20%、饱和度不大于 60% 的地基土，采用溶液自渗较合适。

2 水玻璃的模数值是二氧化硅与氧化钠（百分率）之比，水玻璃的模数值愈大，意味着水玻璃中含 SiO_2 的成分愈多。因为硅化加固主要是由 SiO_2 对土的胶结作用，所以水玻璃模数值的大小直接影响加固土的强度。试验研究表明，模数值 $\frac{SiO_2\%}{Na_2O\%}$ 小时，偏硅酸钠溶液加固土的强度很小，完全不适合加固土的要求，模数值在 2.5～3.0 范围内的水玻璃溶液，加固土的强度可达最大值，模数值超过 3.3 以上时，随着模数值的增大，加固土的强度反而降低，说明 SiO_2 过多对土的强度有不良影响，因此本条规定采用单液硅化加固湿陷性黄土地基，水玻璃的模数值宜为 2.5～3.3。湿陷性黄土的天然含水量较小，孔隙中一般无自由水，采用浓度（10%～15%）低的硅酸钠（俗称水玻璃）溶液注入土中，不致被孔隙中的水稀释，此外，溶液的浓度低，黏滞性小，可灌性好，渗透范围较大，加固土的无侧限抗压强度可达 300kPa 以上，并对降低加固土的成本有利。

3 单液硅化加固湿陷性黄土的主要材料为液体水玻璃（即硅酸钠溶液），其颜色多为透明或稍许混浊，不溶于水的杂质含量不得超过规定值。

6 加固湿陷性黄土的溶液用量，按公式（8.2.2-1）进行估算，并可控制工程总预算及硅酸钠溶液的总消耗量，溶液填充孔隙的系数是根据已加固的工程经验得出的。

7 从工厂购进的水玻璃溶液，其浓度通常大于加固湿陷性黄土所要求的浓度，相对密度多为 1.45或大于 1.45，注入土中时的浓度宜为 10%～15%，相对密度为 1.13～1.15，故需要按式（8.2.2-2）计算加水量，对浓度高的水玻璃溶液进行稀释。

8 加固既有建（构）筑物和设备基础的地基，不可能直接在基础底面下布置灌注孔，而只能在基础侧向（或周边）布置灌注孔，因此基础底面下的土层难以达到加固要求，对基础侧向地基土进行加固，可以防止侧向挤出，减小地基的竖向变形，每侧布置一排灌注孔加固土体很难连成整体，故本条规定每侧布置灌注孔不宜少于 2 排。

当基础底面宽度大于 3m 时，除在基础每侧布置 2 排灌注孔外，是否需要布置斜向基础底面的灌注孔，可根据工程具体情况确定。

8.2.3 碱液注浆加固的设计要求如下：

1 为提高地基承载力在自重湿陷性黄土地区单独采用注浆加固的较少，而且加固深度不足 5m。为防止采用碱液加固施工期间既有建筑物地基产生附加沉降，本条规定，在自重湿陷性黄土场地，当采用碱

液法加固时，应通过试验确定其可行性，待取得经验后再逐步扩大其应用范围。

2 室内外试验表明，当 100g 干土中可溶性和交换性钙镁离子含量不少于 10mg·eq 时，灌入氢氧化钠溶液都可得到较好的加固效果。

氢氧化钠溶液注入土中后，土粒表层会逐渐发生膨胀和软化，进而发生表面的相互溶合和胶结（钠铝硅酸盐类胶结），但这种溶合胶结是非水稳性的，只有在土粒周围存在有 $Ca(OH)_2$ 和 $Mg(OH)_2$ 的条件下，才能使这种胶结构成为强度高且具有水硬性的钙铝硅酸盐络合物。这些络合物的生成将使土粒牢固胶结，强度大大提高，并且具有充分的水稳性。

由于黄土中钙、镁离子含量一般都较高（属于钙、镁离子饱和土），故采用单液加固已足够。如钙、镁离子含量较低，则需考虑采用碱液与氯化钙溶液的双液法加固。为了提高碱液加固黄土的早期强度，也可适当注入一定量的氯化钙溶液。

3 碱液加固深度的确定，关系到加固效果和工程造价，要保证加固效果良好而造价又低，就需要确定一个合理的加固深度。碱液加固法适宜于浅层加固，加固深度不宜超过 4m～5m。过深除增加施工难度外，造价也较高。当加固深度超过 5m 时，应与其他加固方法进行技术经济比较后，再行决定。

位于湿陷性黄土地基上的基础，浸水后产生的湿陷量可分为由附加压力引起的湿陷以及由饱和自重压力引起的湿陷，前者一般称为外荷湿陷，后者称为自重湿陷。

有关浸水载荷试验资料表明，外荷湿陷与自重湿陷影响深度是不同的。对非自重湿陷性黄土地基只存在外荷湿陷。当其基底压力不超过 200kPa 时，外荷湿陷影响深度约为基础宽度的（1.0～2.4）倍，但 80%～90% 的外荷湿陷量集中在基底下 $1.0b$～$1.5b$ 的深度范围内，其下所占的比例很小。对自重湿陷性黄土地基，外荷湿陷影响深度则为 $2.0b$～$2.5b$，在湿陷影响深度下限处土的附加压力与饱和自重压力的比值为 0.25～0.36，其值较一般确定压缩层下限标准 0.2（对一般土）或 0.1（对软土）要大得多，故外荷湿陷影响深度小于压缩层深度。

位于黄土地基上的中小型工业与民用建筑物，其基础宽度多为 1m～2m。当基础宽度为 2m 或 2m 以上时，其外荷湿陷影响深度将超过 4m，为避免加固深度过大，当基础较宽，也即外荷湿陷影响深度较大时，加固深度可减少到 $1.5b$～$2.0b$，这时可消除 80%～90% 的外荷湿陷量，从而大大减轻湿陷的危害。

对自重湿陷性黄土地基，试验研究表明，当地基属于自重湿陷不敏感或不很敏感类型时，如浸水范围小，外荷湿陷将占到总湿陷的 87%～100%，自重湿陷将不产生或产生的不充分。当基底压力不超过

200kPa 时，其外荷湿陷影响深度为 $2.0b \sim 2.5b$，故本规范建议，对于这类地基，加固深度为 $2.0b \sim 3.0b$，这样可基本消除地基的全部外荷湿陷。

4 试验表明，碱液灌注过程中，溶液除向四周渗透外，还向灌注孔上下各外渗一部分，其范围约相当于有效加固半径 r。但灌注孔以上的渗出范围，由于溶液温度高，浓度也相对较大，故土体硬化快，强度高；而灌注孔以下部分，则因溶液温度和浓度部已降低，故强度较低。因此，在加固厚度计算时，可将孔下部渗出范围略去，而取 $h = l + r$，偏于安全。

5 每一灌注孔加固后形成的加固土体可近似看做一圆柱体，这圆柱体的平均半径即为有效加固半径。灌液过程中，水分渗透距离远较加固范围大。在灌注孔四周，溶液温度高，浓度也相对较大；溶液往四周渗透中，溶液的浓度和温度都逐渐降低，故加固体强度也相应由高到低。试验结果表明，无侧限抗压强度一距离关系曲线近似为一抛物线，在加固柱体外缘，由于土的含水量增高，其强度比未加固的天然土还低。灌液试验中一般可取加固后无侧限抗压强度高于天然土无侧限抗压强度平均值 50% 以上的土体为有效加固体，其值大约在 100kPa $\sim$ 150kPa 之间。有效加固体的平均半径即为有效加固半径。

从理论上讲，有效加固半径随溶液灌注量的增大而增大，但实际上，当溶液灌注超过某一定数量后，加固积并不与灌注量成正比，这是因为外渗范围过大时，外围碱液浓度大大降低，起不到加固作用。因此存在一个较经济合理的加固半径。试验表明，这一合理半径一般为 0.40m $\sim$ 0.50m。

6 碱液加固一般采用直孔，很少采用斜孔。如灌注孔紧贴基础边缘。则有一半加固体位于基底以下，已起到承托基础的作用，故一般只需沿条形基础两侧或单独基础周边各布置一排孔即可。如孔距为 $1.8r \sim 2.0r$，则加固体连成一体，相当于在原基础两侧或四周设置了桩与周围未加固土体组成复合地基。

7 湿陷性黄土的饱和度一般在 15% $\sim$ 77% 范围内变化，多数在 40% $\sim$ 50% 左右，故溶液充填土的孔隙时不可能全部取代原有水分，因此充填系数取 0.6~0.8。举例如下，如加固 1.0m³ 黄土，设其天然孔隙率为 50%，饱和度为 40%，则原有水分体积为 0.2m³。当碱液充填系数为 0.6 时，则 1.0m³ 土中注入碱液为 $(0.3 \times 0.6 \times 0.5)$ m³，孔隙将被溶液全部充满，饱和度达 100%。考虑到溶液注入过程中可能将取代原有土粒周围的部分弱结合水，这时可取充系数 0.8，则注入碱液量为 $(0.4 \times 0.8 \times 0.5)$ m³，将有 0.1m³ 原有水分被挤出。

考虑到黄土的大孔隙性质，将有少量碱液顺大孔隙流失，不一定能均匀地向四周渗透，故实际施工时，应使碱液灌注量适当加大，本条建议取工作条件系数为 1.1。

8.3 施 工

8.3.1 本条为水泥为主剂的注浆施工的基本要求。在实际施工过程中，常出现如下现象：

1 冒浆：其原因有多种，主要有注浆压力大、注浆段位置埋深浅、有孔隙通道等，首先应查明原因，再采用控制性措施：如降低注浆压力，或采用自流式加压；提高浆液浓度或掺砂，加入速凝剂；限制注浆量，控制单位吸浆量不超过 30L/min $\sim$ 40L/min；堵塞冒浆部位，对严重冒浆部位先灌混凝土盖板，后注浆。

2 窜浆：主要由于横向裂隙发育或孔距小；可采用跳孔间隔注浆方式；适当延长相邻两序孔施工时间间隔；如窜浆孔为待注孔，可同时并联注浆。

3 绕塞返浆：主要有注浆段孔壁不完整、橡胶塞压缩量不足、上段注浆时裂隙未封闭或注浆后待凝时间不够，水泥强度过低等原因。实际注浆过程中严格按要求尽量增加等待时间。另外还有漏浆、地面抬升、埋塞等现象。

8.3.2 本条为硅化注浆施工的基本要求。

1 压力灌注溶液的施工步骤除配溶液等准备工作外，主要分为打灌注管和灌注溶液。通常自基础底面标高起向下分层进行，先施工第一加固层，完成后再施工第二加固层，在灌注溶液过程中，应注意观察溶液有无上冒（即冒出地面）现象，发现溶液上冒应立即停止灌注，分析原因，采取措施，堵塞溶液不出现上冒后，再继续灌注。打灌注管及连接胶皮管时，应精心施工，不得摇动灌注管，以免灌注管壁与土接触不严，形成缝隙，此外，胶皮管与灌注管连接完毕后，还应将灌注管上部及其周围 0.5m 厚的土层进行夯实，其干密度不得小于 1.60g/cm³。

加固既有建筑物地基，在基础侧向应先施工外排，后施工内排，并间隔 1 孔 $\sim$ 3 孔进行打灌注管和灌注溶液。

2 溶液自渗的施工步骤除配溶液与压力灌注相同外，打灌注孔及灌注溶液与压力灌注有所不同，灌注孔直接钻（或打）至设计深度，不需分层施工，可用钻机或洛阳铲成孔，采用打管成孔时，孔成后应将管拔出，孔径一般为 60mm $\sim$ 80mm。

溶液自渗不需要灌注管及加压设备，而是通过灌注孔直接渗入欲加固的土层中，在自渗过程中，溶液无上冒现象，每隔一定时间向孔内添加一次溶液，防止溶液渗干。硅酸钠溶液配好后，如不立即使用或停放一定时间后，溶液会产生沉淀现象，灌注时，应再将其搅拌均匀。

3 不论是压力灌注还是溶液自渗，计算溶液量全部注入土中后，加固土体中的灌注孔均宜用 2∶8 灰土分层回填夯实。

硅化注浆施工时对既有建筑物或设备基础进行沉

降观测，可及时发现在灌注硅酸钠溶液过程中是否会引起附加沉降以及附加沉降的大小，便于查明原因，停止灌注或采取其他处理措施。

8.3.3 本条为碱液注浆施工的基本要求。

1 灌注孔直径的大小主要与溶液的渗透量有关。如土质疏松，由于溶液渗透快，则孔径宜小。如孔径过大，在加固过程中，大量溶液将渗入灌注孔下部，形成上小下大的蒜头形加固体。如土的渗透性弱，而孔径较小，就将使溶液渗入缓慢，灌注时间延长，溶液由于在输液管中停留时间长，热量散失，将使加固体早期强度偏低，影响加固效果。

2 固体烧碱质量一般均能满足加固要求，液体烧碱及氯化钙在使用前均应进行化学成分定量分析，以便确定稀释到设计浓度时所需的加水量。

室内试验结果表明，用风干黄土加入相当于干土质量 1.12% 的氢氧化钠并拌合均匀制取试块，在常温下养护 28d 或在 40℃～100℃ 高温下养护 2h，然后浸水 20h，测定其无侧限抗压强度可达 166kPa～446kPa。当拌合用的氢氧化钠含量低于干土质量 1.12% 时，试块浸水后即崩解。考虑到碱液在实际灌注过程中不可能分布均匀，因此一般按干土质量 3% 比例配料，湿陷性黄土干密度一般为 1200kg/m³～1500kg/m³，故加固每 1m³ 黄土约需 NaOH 量为 35kg～45kg。

碱液浓度对加固土强度有一定影响，试验表明，当碱液浓度较低时加固强度增长不明显，较合理的碱液浓度宜为 90g/L～100g/L。

3 由于固体烧碱中仍含有少量其他成分杂质，故配置碱液时应按纯 NaOH 含量来考虑。式（8.3.3-1）中忽略了由于固体烧碱投入后引起的溶液体积的少许变化。现将该式应用举例如下：

设固体烧碱中含纯 NaOH 为 85%，要求配置碱液浓度为 120g/L，则配置每立方米碱液所需固体烧碱量为：

$$G_s = 1000 \times \frac{M}{P} = 1000 \times \frac{0.12}{85\%} \quad (20)$$
$$= 141.2kg$$

采用液体烧碱配置每立方米浓度为 M 的碱液时，液体烧碱体积与所加的水的体积之和为 1000L，在 1000L 溶液中，NaOH 溶质的量为 1000M，一般化工厂生产的液体烧碱浓度以质量分数（即质量百分浓度）表示者居多，故施工中用比重计测出液体碱烧相对密度 d_N，并已知其质量分数为 N 后，则每升液体烧碱中 NaOH 溶质含量即为 $G_s = d_N V_1 N$，故 $V_1 = \frac{G_s}{d_N N} = \frac{1000M}{d_N N}$，相应水的体积为 $V_2 = 1000 - V_1 = 1000\left(1 - \frac{M}{d_N N}\right)$。

举例如下：设液体烧碱的质量分数为 30%，相对密度为 1.328，配制浓度为 100g/L 碱液时，每立方米溶液中所加的液体烧碱量为：

$$V_1 = 1000 \times \frac{M}{d_N N}$$
$$= 1000 \times \frac{0.1}{1.328 \times 30\%} = 251L \quad (21)$$

4 碱液灌注前加温主要是为了提高加固土体的早期强度。在常温下，加固强度增长很慢，加固 3d 后，强度才略有增长。温度超过 40℃ 以上时，反应过程可大大加快，连续加温 2h 即可获得较高强度。温度愈高，强度愈大。试验表明，在 40℃ 条件下养护 2h，比常温下养护 3d 的强度提高 2.87 倍，比 28d 常温养护提高 1.32 倍。因此，施工时应将溶液加热到沸腾。加热可用煤、炭、木柴、煤气或通入锅炉蒸气，因地制宜。

5 碱液加固与硅化加固的施工工艺不同之处在于后者是加压灌注（一般情况下），而前者是无压自流灌注，因此一般渗透速度比硅化法慢。其平均灌注速度在 1L/min～10L/min 之间，以 2L/min～5L/min 速度效果最好。灌注速度超过 10L/min，意味着土中存在有孔洞或裂隙，造成溶液流失；当灌注速度小于 1L/min 时，意味着溶液灌不进，如排除灌注管被杂质堵塞的因素，则表明土的可灌性差。当土中含水量超过 28% 或饱和度超过 75% 时，溶液就很难注入，一般应减少灌注量或另行采取其他加固措施以进行补救。

6 在灌液过程中，由于土体被溶液中携带的大量水分浸湿，立即变软，而加固强度的形成尚需一定时间。在加固土强度形成以前，土体在基础荷载作用下由于浸湿软化将使基础产生一定的附加下沉，为减少施工中产生过大的附加下沉，避免建筑物产生新的危害，应采取跳孔灌注并分段施工，以防止浸湿区连成一片。由于 3d 龄期强度可达到 28d 龄期强度的 50% 左右，故规定相邻两孔灌注时间间隔不少于 3d。

7 采用 $CaCl_2$ 与 NaOH 的双液法加固地基时，两种溶液在土中相遇即反应生成 $Ca(OH)_2$ 与 NaCl。前者将沉淀在土粒周围而起到胶结与填充的双重作用。由于黄土是钙、镁离子饱和土，故一般只采用单液法加固。但如要提高加固土强度，也可考虑用双液法。施工时如两种溶液先后采用同一容器，则在碱液灌注完成后应将容器中的残留碱液清洗干净，否则，后注入的 $CaCl_2$ 溶液将在容器中立即生成白色的 $Ca(OH)_2$ 沉淀物，从而使注液管堵塞，不利于溶液的渗入，为避免 $CaCl_2$ 溶液在土中置换过多的碱液中的钠离子，规定两种溶液间隔灌注时间不应少于 8h～12h，以便使先注入的碱液与被加固土体有较充分的反应时间。

施工中应注意安全操作，并备工作服、胶皮手套、风镜、围裙、鞋罩等。皮肤如沾上碱液，应立即用 5% 浓度的硼酸溶液冲洗。

8.4 质量检验

8.4.1 对注浆加固效果的检验要针对不同地层条件采用相适应的检测方法，并注重注浆前后对比。对水泥为主剂的注浆加固的检测时间有明确的规定，土体强度有一个增长的过程，故验收工作应在施工完毕28d以后进行。对注浆加固效果的检验，加固地层的均匀性检测十分重要。

8.4.2 硅化注浆加固应在施工结束7d后进行，重点检测均匀性。对压缩性和湿陷性有要求的工程应取土试验，判定是否满足设计要求。

8.4.3 碱液加固后，土体强度有一个增长的过程，故验收工作应在施工完毕28d以后进行。

碱液加固工程质量的判定除以沉降观测为主要依据外，还应对加固土体的强度、有效加固半径和加固深度进行测定。有效加固半径和加固深度目前只能实地开挖测定。强度则可通过钻孔或开挖取样测定。由于碱液加固土的早期强度是不均匀的，一般应在有代表性的加固土体中部取样，试样的直径和高度均为50mm，试块数应不少于3个，取其强度平均值。考虑到后期强度还将继续增长，故允许加固土28d龄期的无侧限抗压强度的平均值可不低于设计值的90%。

如采用触探法检验加固质量，宜采用标准贯入试验；如采用轻便触探易导致钻杆损坏。

8.4.4 本条为注浆加固地基承载力的检验要求。注浆加固处理后的地基进行静载荷试验检验承载力，是保证建筑物安全的承载力确定方法。

9 微型桩加固

9.1 一 般 规 定

9.1.1 微型桩（Micropiles）或迷你桩（Mini piles），是小直径的桩，桩体主要由压力灌注的水泥浆、水泥砂浆或细石混凝土与加筋材料组成，依据其受力要求加筋材可为钢筋、钢棒、钢管或型钢等。微型桩可以是竖直或倾斜，或排或交叉网状配置，交叉网状配置之微型桩由于其桩群形如树根状，故亦被称为树根桩（Root pile）或网状树根桩（Reticulated roots pile），日本简称为RRP工法。

行业标准《建筑桩基技术规范》JGJ 94把直径或边长小于250mm的灌注桩、预制混凝土桩、预应力混凝土桩，钢管桩、型钢桩等称为小直径桩，本规范将桩身截面尺寸小于300mm的压入（打入、植入）小直径桩纳入微型桩的范围。

本次修订纳入了目前我国工程界应用较多的树根桩、小直径预制混凝土方桩与预应力混凝土管桩、注浆钢管桩，用于狭窄场地的地基处理工程。

微型桩加固后的承载力和变形计算一般情况采用桩基础的设计原则；由于微型桩断面尺寸小，在共同变形条件下地基土参与工作，在有充分试验依据条件下可按刚性桩复合地基进行设计。微型桩的桩身配筋率较高，桩身承载力可考虑筋材的作用；对注浆钢管桩、型钢微型桩等计算桩身承载力时，可以仅考虑筋材的作用。

9.1.2 微型桩加固工程目前主要应用在场地狭小，大型设备不能施工的情况，对大量的改扩建工程具有其适用性。设计时应按桩与基础的连接方式分别按桩基础或复合地基设计，在工程中应按地基变形的控制条件采用。

9.1.4 水泥浆、水泥砂浆和混凝土保护层的厚度的规定，参照了国内外其他技术标准对水下钢材设置保护层的相关规定。增加一定腐蚀厚度的做法已成为与设置保护层方法并行选择的方法，可根据设计施工条件、经济性等综合确定。

欧洲标准（BS EN14199：2005）对微型桩用型钢（钢管）由于腐蚀造成的损失厚度，见表28。

表28 土中微型桩用钢材的损失厚度（mm）

设计使用年限	5年	25年	50年	75年	100年
原状土（砂土、淤泥、黏土、片岩）	0.00	0.30	0.60	0.90	1.20
受污染的土体和工业地基	0.15	0.75	1.50	2.25	3.00
有腐蚀性的土体（沼泽、湿地、泥炭）	0.20	1.00	1.75	2.50	3.25
非挤压无腐蚀性土体（黏土、片岩、砂土、淤泥）	0.18	0.70	1.20	1.70	2.20
非挤压有腐蚀性土体（灰、矿渣）	0.50	2.00	3.25	4.50	5.75

9.1.5 本条对软土地基条件下施工的规定，主要是为了保证成桩质量和在进行既有建筑地基加固工程的注浆过程中，对既有建筑的沉降控制及地基稳定性控制。

9.2 树 根 桩

9.2.1 树根桩作为微型桩的一种，一般指具有钢筋笼，采用压力灌注混凝土、水泥浆或水泥砂浆形成的直径小于300mm的灌注桩，也可采用投石压浆方法形成的直径小于300mm的钢管混凝土灌注桩。近年来，树根桩复合地基应用于特殊土地区建筑工程的地基处理已经获得了较好的处理效果。

9.2.2 工程实践表明，二次注浆对桩侧阻力的提高系数与桩直径、桩侧土质情况、注浆材料、注浆量和注浆压力、方式等密切相关，提高系数一般可达1.2～2.0，本规范建议取1.2～1.4。

9.2.4 本条对骨料粒径的规定主要考虑可灌性要求，对混凝土水泥用量及水灰比的要求，主要考虑水下灌注混凝土的强度、质量和可泵送性等。

9.3 预 制 桩

9.3.1～9.3.3 本节预制桩包括预制混凝土方桩、预应力混凝土管桩、钢管桩和型钢等，施工方法包括静压法、打入法和植入法等，也包含了传统的锚杆静压法和坑式静压法。近年来的工程实践中，有许多采用静压桩形成复合地基应用于高层建筑的成功实例。鉴于静压桩施工质量容易保证，且经济性较好，静压微型桩复合地基加固方法得到了较快的推广应用。微型预制桩的施工质量应重点注意保证打桩、开挖过程中桩身不产生开裂、破坏和倾斜。对型钢、钢管作为桩身材料的微型桩，还应考虑其耐久性。

9.4 注浆钢管桩

9.4.1 注浆钢管桩是在静压钢管桩技术基础上发展起来的一种新的加固方法，近年来注浆钢管桩常用于新建工程的桩基或复合地基施工质量事故的处理，具有施工灵活、质量可靠的特点。基坑工程中，注浆钢管桩大量应用于复合土钉的超前支护，本节条文可作为其设计施工的参考。

9.4.2 二次注浆对桩侧阻力的提高系数除与桩侧土体类型、注浆材料、注浆量和注浆压力、方式等密切相关外，桩直径为影响因素之一。一般来说，相同压力形成的桩周压密区厚度相等，小直径桩侧阻力增加幅度大于同材料相对直径较大的桩，因此，本条桩侧阻力增加系数与树根桩的规定有所不同，提高系数1.3为最小值，具体取值可根据试验结果或经验确定。

9.4.3 施工方法包含了传统的锚杆静压法和坑式静压法，对新建工程，注浆钢管桩一般采用钻机或洛阳铲成孔，然后植入钢管再封孔注浆的工艺，采用封孔注浆施工时，应具有足够的封孔长度，保证注浆压力的形成。

9.4.4 本条与第9.4.5条关于水泥浆的条款适用于其他的微型桩施工。

9.5 质 量 检 验

9.5.1～9.5.4 微型桩的质量检验应按桩基础的检验要求进行。

10 检验与监测

10.1 检 验

10.1.1 本条强调了地基处理工程的验收检验方法的确定，必须通过对岩土工程勘察报告、地基基础设计及地基处理设计资料的分析，了解施工工艺和施工中出现的异常情况等后确定。同时，对检验方法的适用性以及该方法对地基处理的处理效果评价的局限性应有足够认识，当采用一种检验方法的检验结果具有不确定性时，应采用另一种检验方法进行验证。

处理后地基的检验内容和检验方法选择可参见表29。

表29 处理后地基的检验内容和检验方法

处理地基类型	承载力			处理后地基的施工质量和均匀性							复合地基增强体或微型桩的成桩质量						
	复合地基静载荷试验	增强体单桩静载荷试验	处理后地基承载力静载荷试验	干密度	轻型动力触探	标准贯入	动力触探	静力触探	土工试验	十字板剪切试验	桩身强度或干密度	静力触探	标准贯入	动力触探	低应变试验	钻芯法	探井取样法
换填垫层			√	√	△	△	△	△									
预压地基			√					△	√	√							
压实地基			√	√		△	△	△									
强夯地基			√			△	√	△	△								
强夯置换地基			√			△	√	△	△								
复合地基 振冲碎石桩	√		○											√		○	
复合地基 沉管砂石桩	√		○											√		○	
复合地基 水泥搅拌桩	√	√	○					△					△	△		○	
复合地基 旋喷桩	√	√	○			△	△	△					△	△		○	
复合地基 灰土挤密桩	√		○		√	△	△	△					△	△		○	
复合地基 土挤密桩	√		○			△	△	△					△	△		○	
复合地基 夯实水泥土桩	√		○													○	

处理地基类型 / 检测方法 / 检测内容	承载力			处理后地基的施工质量和均匀性							复合地基增强体或微型桩的成桩质量						
	复合地基静载荷试验	增强体单桩静载荷试验	处理后地基承载力静载荷试验	干密度	轻型动力触探	标准贯入	动力触探	静力触探	土工试验	十字板剪切试验	桩身强度或干密度	静力触探	标准贯入	动力触探	低应变试验	钻芯法	探井取样法
复合地基　水泥粉煤灰碎石桩	√	√	○			○	○	○	○		√					√	○
复合地基　柱锤冲扩桩	√		○			○	○		△				√	√			
复合地基　多桩型	√	√	○		√	√	√	△	√		√	√	√			√	○
注浆加固			√		√	√	○	√	√								
微型桩加固		√	○				○							○		○	

注：1 处理后地基的施工质量包括预压地基的抗剪强度、夯实地基的夯间土质量、强夯置换地基墩体着底情况消除液化或消除湿陷性的处理效果、复合地基桩间土处理后的工程性质等。

　　2 处理后地基的施工质量和均匀性检验应涵盖整个地基处理面积和处理深度。

　　3 √ 为应测项目，是指该检验项目应该进行检验；

　　　　△ 为可选测项目，是指该检验项目为应测项目在大面积检验使用的补充，应在对比试验结果基础上使用；

　　　　○ 为该检验内容仅在其需要时进行的检验项目。

　　4 消除液化或消除湿陷性的处理效果、复合地基桩间土处理后的工程性质等检验仅在存在这种情况时进行。

　　5 应测项目、可选测项目以及需要时进行的检验项目中两种或多种检验方法检验内容相同时，可根据地区经验选择其中一种方法。

现场检验的操作和数据处理应按国家有关标准的要求进行。对钻芯取样检验和触探试验的补充说明如下：

1　钻芯取样检验：

1）应采用双管单动钻具，并配备相应的孔口管、扩孔器、卡簧、扶正器及可捞取松软渣样的钻具。混凝土桩应采用金刚石钻头，水泥土桩可采用硬质合金钻头。钻头外径不宜小于 101mm。混凝土芯样直径不宜小于 80mm。

2）钻芯孔垂直度允许偏差应为 ±0.5%，应使用扶正器等确保钻芯孔的垂直度。

3）水泥土桩钻芯孔宜位于桩半径中心附近，应采用低转速，采用较小的钻头压力。

4）对桩底持力层的钻探深度应满足设计要求，且不宜小于 3 倍桩径。

5）每回次进尺宜控制在 1.2m 内。

6）抗压芯样试件每孔不应少于 6 个，抗压芯样应采用保鲜袋等进行密封，避免晾晒。

2　触探试验检验：

1）圆锥动力触探和标准贯入试验，可用于散体材料桩、柔性桩、桩间土检验，重型动力触探、超重型动力触探可以评价强夯置换墩着底情况。

2）触探杆应顺直，每节触探杆相对弯曲宜小于 0.5%。

3）试验时，应采用自由落锤，避免锤击偏心和晃动，触探孔倾斜度允许偏差应为 ±2%，每贯入 1m，应将触探杆转动一圈半。

4）采用触探试验结果评价复合地基竖向增强体的施工质量时，宜对单个增强体的试验结果进行统计评价；评价竖向增强体间土体加固效果时，应对触探试验结果按照单位工程进行统计；需要进行深度修正时，修正后再统计；对单位工程，宜采用平均值作为单孔土层的代表值，再用单孔土层的代表值计算该土层的标准值。

10.1.2 本条规定地基处理工程的检验数量应满足本规范各种处理地基的检验数量的要求，检验结果不满足设计要求时，应分析原因，提出处理措施。对重要的部位，应增加检验数量。

不同基础形式，对检验数量和检验位置的要求应有不同。每个独立基础、条形基础应有检验点；满堂基础一般应均匀布置检验点。对检验结果的评价也应视不同基础部位，以及其不满足设计要求时的后果给予不同的评价。

10.1.3 验收检验的抽检点宜随机分布，是指对地基处理工程整体处理效果评价的要求。设计人员认为重要部位、局部岩土特性复杂可能影响施工质量的部位、施工出现异常情况的部位的检验，是对处理工程是否满足设计要求的补充检验。两者应结合，缺一不可。

10.1.4 工程验收承载力检验静载荷试验最大加载量不应小于设计承载力特征值的2倍，是处理工程承载力设计的最小安全度要求。

10.1.5 静载荷试验的压板面积对处理地基检验的深度有一定影响，本条提出对换填垫层和压实地基、强夯地基或强夯置换地基静载荷试验的压板面积的最低要求。工程应用时应根据具体情况确定。

10.2 监　测

10.2.1 地基处理是隐蔽工程，施工时必须重视施工质量监测和质量检验方法。只有通过施工全过程的监督管理才能保证质量，及时发现问题采取措施。

10.2.2 对堆载预压工程，当荷载较大时，应严格控制堆载速率，防止地基发生整体剪切破坏或产生过大塑性变形。工程上一般通过竖向变形、边桩位移及孔隙水压力等观测资料按一定标准进行控制。控制值的大小与地基土的性能、工程类型和加荷方式有关。

应当指出，按照控制指标进行现场观测来判定地基稳定性是综合性的工作，地基稳定性取决于多种因素，如地基土的性质、地基处理方法、荷载大小以及加荷速率等。软土地基的失稳通常由局部剪切破坏发展到整体剪切破坏，期间需要有数天时间。因此，应对竖向变形、边桩位移和孔隙水压力等观测资料进行综合分析，研究它们的发展趋势，这是十分重要的。

10.2.3 强夯施工时的振动对周围建筑物的影响程度与土质条件、夯击能量和建筑物的特性等因素有关。为此，在强夯时有时需要沿不同距离测试地表面的水平振动加速度，绘成加速度与距离的关系曲线。工程中应通过检测的建筑物反应加速度以及对建筑物的振动反应对人的适应能力综合确定安全距离。

根据国内目前的强夯采用的能量级，强夯振动引起建筑物损伤影响距离由速度、振动幅度和地面加速度确定，但对人的适应能力则不然，因人而异，与地质条件密切相关。影响范围内的建（构）筑物采取防振或隔振措施，通常在夯区周围设置隔振沟。

10.2.4 在软土地基中采用夯实、挤密桩、旋喷桩、水泥粉煤灰碎石桩、柱锤冲扩桩和注浆等方法进行施工时，会产生挤土效应，对周边建筑物或地下管线产生影响，应按要求进行监测。

在渗透性弱，强度低的饱和软黏土地基中，挤土效应会使周围地基土体受到明显的挤压并产生较高的超静孔隙水压力，使桩周土体的侧向挤出、向上隆起现象比较明显，对邻近的建（构）筑物、地下管线等将产生有害的影响。为了保护周围建筑物和地下管线，应在施工期间有针对性地采取监测措施，并有效地

合理地控制施工进度和施工顺序，使施工带来的种种不利影响减小到最低程度。

挤土效应中孔隙水压力增长是引起土体位移的主要原因。通过孔隙水压力监测可掌握场地地质条件下孔隙水压力增长及消散的规律，为调整施工速率、设置释放孔、设置隔离措施、开挖地面防震沟、设置袋装砂井和塑料排水板等提供施工参数。

施工时的振动对周围建筑物的影响程度与土质条件、需保护的建筑物、地下设施和管线等的特性有关。振动强度主要有三个参数：位移、速度和加速度，而在评价施工振动的危害性时，建议以速度为主，结合位移和加速度值参照现行国家标准《爆破安全规程》GB 6722的进行综合分析比较，然后作出判断。通过监测不同距离的振动速度和振动主频，根据建（构）物类型来判断施工振动对建（构）筑物是否安全。

10.2.5 为保证大面积填方、填海等地基处理工程地基的长期稳定性应对地面变形进行长期监测。

10.2.6 本条是对处理施工有影响的周边环境监测的要求。

1 邻近建（构）筑物竖向及水平位移监测点应布置在基础类型、埋深和荷载有明显不同处及沉降缝、伸缩缝、新老建（构）筑物连接处的两侧、建（构）筑物的角点、中点；圆形、多边形的建（构）筑物宜沿纵横轴线对称布置；工业厂房监测点宜布置在独立柱基上。倾斜监测点宜布置在建（构）筑物角点或伸缩缝两侧承重柱（墙）上。

2 邻近地下管线监测点宜布置在上水、煤气管处、窨井、阀门、抽气孔以及检查井等管线设备处、地下电缆接头处、管线端点、转弯处；影响范围内有多条管线时，宜根据管线年份、类型、材质、管径等情况，综合确定监测点，且宜在内侧和外侧的管线上布置监测点；地铁、雨污水管线等重要市政设施、管线监测点布置方案应征求等有关管理部门的意见；当无法在地下管线上布置直接监测点时，管线上地表监测点的布置间距宜为15m～25m。

3 周边地表监测点宜按剖面布置，剖面间距宜为30m～50m，宜设置在场地每侧边中部；每条剖面线上的监测点宜由内向外先密后疏布置，且不宜少于5个。

10.2.7 本条规定建筑物和构筑物地基进行地基处理，应对地基处理后的建筑物和构筑物在施工期间和使用期间进行沉降观测。沉降观测终止时间应符合设计要求，或按国家现行标准《工程测量规范》GB 50026和《建筑变形测量规范》JGJ 8的有关规定执行。

中华人民共和国国家标准

建筑地基基础工程施工质量验收规范

Code for acceptance of construction quality
of building foundation

GB 50202—2002

主编部门：上海市建设和管理委员会
批准部门：中华人民共和国建设部
施行日期：２００２年５月１日

关于发布国家标准《建筑地基基础工程施工质量验收规范》的通知

建标〔2002〕79号

根据建设部《关于印发〈一九九七年工程建设标准制订、修订计划〉的通知》（建标〔1997〕108号）的要求，上海市建设和管理委员会会同有关部门共同修订了《建筑地基基础工程施工质量验收规范》。我部组织有关部门对该规范进行了审查，现批准为国家标准，编号为 GB 50202—2002，自 2002 年 5 月 1 日起施行。其中，4.1.5、4.1.6、5.1.3、5.1.4、5.1.5、7.1.3、7.1.7 为强制性条文，必须严格执行。原《地基与基础工程施工及验收规范》GBJ 202—83 和《土方与爆破工程施工及验收规范》GBJ 201—83 中有关"土方工程"部分同时废止。

本规范由建设部负责管理和对强制性条文的解释，上海市基础工程公司负责具体技术内容的解释，建设部标准定额研究所组织中国计划出版社出版发行。

中华人民共和国建设部

二〇〇二年四月一日

前　言

本规范是根据建设部《关于印发〈一九九七年工程建设标准制订、修订计划〉的通知》〔建标（1997）108号〕的要求，由上海建工集团总公司所属上海市基础工程公司会同有关单位共同对原国家标准《地基与基础工程施工及验收规范》GBJ 202—83 修订而成的。

在修订过程中，规范编制组开展了专题研究，进行了比较广泛的调查研究，总结了多年的地基与基础工程设计、施工的经验，适当考虑了近几年已成熟应用的新技术，按照"验评分离、强化验收、完善手段、过程控制"的方针，进行全面修改，形成了初稿，又以多种方式广泛征求了全国有关单位的意见，对主要问题进行了反复修改，最后经审定定稿。

本规范主要内容分 8 章，包括总则、术语、基本规定、地基、桩基础、土方工程、基坑工程及工程验收等内容。其中土方工程是将原《土方与爆破工程施工及验收规范》GBJ 201—83 中的土方工程内容予以修改后放入了本规范，基坑工程是为适应新的形势而增添的内容。

本规范将来可能需要进行局部修订，有关局部修订的信息和条文内容将刊登在《工程建设标准化》杂志上。

本规范以黑体字标志的条文为强制性条文，必须严格执行。

为了提高规范质量，请各单位在执行本标准的过程中，注意总结经验，积累资料，随时将有关的意见和建议反馈给上海市基础工程公司（上海市江西中路406号、邮编：200002、E-mail：zgs@sfec.sh.cn），以供今后修订时参考。

本规范主编单位、参编单位和主要起草人：

主 编 单 位：上海市基础工程公司

参 编 单 位：中国建筑科学研究院地基所
中港三航设计研究院
建设部综合勘察研究设计院
同济大学

主要起草人：桂业琨　叶柏荣　吴春林　李耀刚
李耀良　陈希泉　高宏兴　郭书泰
缪俊发　李康俊　邱式中　钱建敏
刘德林

目 次

1 总　　则

1.0.1 为加强工程质量监督管理,统一地基基础工程施工质量的验收,保证工程质量,制定本规范。

1.0.2 本规范适用于建筑工程的地基基础工程施工质量验收。

1.0.3 地基基础工程施工中采用的工程技术文件、承包合同文件对施工质量验收的要求不得低于本规范的规定。

1.0.4 本规范应与现行国家标准《建筑工程施工质量验收统一标准》GB 50300 配套使用。

1.0.5 地基基础工程施工质量的验收除应执行本规范外,尚应符合国家现行有关标准规范的规定。

2 术　　语

2.0.1 土工合成材料地基　geosynthetics foundation

在土工合成材料上填以土(砂土料)构成建筑物的地基,土工合成材料可以是单层,也可以是多层。一般为浅层地基。

2.0.2 重锤夯实地基　heavy tamping foundation

利用重锤自由下落时的冲击能来夯实浅层填土地基,使表面形成一层较为均匀的硬层来承受上部载荷。强夯的锤击与落距要远大于重锤夯实地基。

2.0.3 强夯地基　dynamic consolidation foundation

工艺与重锤夯实地基类同,但锤重与落距要远大于重锤夯实地基。

2.0.4 注浆地基　grouting foundation

将配置好的化学浆液或水泥浆液,通过导管注入土体孔隙中,与土体结合,发生物化反应,从而提高土体强度,减小其压缩性和渗透性。

2.0.5 预压地基　preloading foundation

在原状土上加载,使土中水排出,以实现土的预先固结,减少建筑物地基后期沉降和提高地基承载力。按加载方法的不同,分为堆载预压、真空预压、降水预压三种不同方法的预压地基。

2.0.6 高压喷射注浆地基　jet grouting foundation

利用钻机把带有喷嘴的注浆管钻至土层的预定位置或先钻孔后将注浆管放至预定位置,以高压使浆液或水从喷嘴中射出,边旋转边喷射的浆液,使土体与浆液搅拌混合形成一固结体。施工采用单独喷出水泥浆的工艺,称为单管法;施工采用同时喷出高压空气与水泥浆的工艺,称为二管法;施工采用同时喷出高压水、高压空气及水泥浆的工艺,称为三管法。

2.0.7 水泥土搅拌桩地基　soil-cement mixed pile foundation

利用水泥作为固化剂,通过搅拌机械将其与地基土强制搅拌,硬化后构成的地基。

2.0.8 土与灰土挤密桩地基　soil-lime compacted column

在原土中成孔后分层填以素土或灰土,并夯实,使土压密,同时挤密周围土体,构成坚实的地基。

2.0.9 水泥粉煤灰、碎石桩　cement flyash gravel pile

用长螺旋钻机钻孔或沉管桩机成孔后,将水泥、粉煤灰及碎石混合搅拌后,泵压或经下料斗投入孔内,构成密实的桩体。

2.0.10 锚杆静压桩　pressed pile by anchor rod

利用锚杆将桩分节压入土层中的沉桩工艺。锚杆可用垂直土锚或临时锚在混凝土底板、承台中的地锚。

3 基本规定

3.0.1 地基基础工程施工前,必须具备完备的地质勘察资料及工程附近管线、建筑物、构筑物和其他公共设施的构造情况,必要时应作施工勘察和调查以确保工程质量及临近建筑的安全。施工勘察要点详见附录 A。

3.0.2 施工单位必须具备相应专业资质,并应建立完善的质量管理体系和质量检验制度。

3.0.3 从事地基基础工程检测及见证试验的单位,必须具备省级以上(含省、自治区、直辖市)建设行政主管部门颁发的资质证书和计量行政主管部门颁发的计量认证合格证书。

3.0.4 地基基础工程是分部工程,如有必要,根据现行国家标准《建筑工程施工质量验收统一标准》GB 50300 规定,可再划分若干个子分部工程。

3.0.5 施工过程中出现异常情况时,应停止施工,由监理或建设单位组织勘察、设计、施工等有关单位共同分析情况,解决问题,消除质量隐患,并应形成文件资料。

4 地　　基

4.1 一般规定

4.1.1 建筑物地基的施工应具备下述资料:

　1 岩土工程勘察资料。

　2 临近建筑物和地下设施类型、分布及结构质量情况。

　3 工程设计图纸、设计要求及需达到的标准,检验手段。

4.1.2 砂、石子、水泥、钢材、石灰、粉煤灰等原材料的质量、检验项目、批量和检验方法,应符合国家现行标准的规定。

4.1.3 地基施工结束,宜在一个间歇期后,进行质量验收,间歇期由设计确定。

4.1.4 地基加固工程,应在正式施工前进行试验段施工,论证设定的施工参数及加固效果。为验证加固效果所进行的载荷试验,其加载荷应不低于设计载荷的 2 倍。

4.1.5 对灰土地基、砂和砂石地基、土工合成材料地基、粉煤灰地基、强夯地基、注浆地基、预压地基,其竣工后的结果(地基强度或承载力)必须达到设计要求的标准。检验数量,每单位工程不应少于 3 点,1000m² 以上工程,每 100m² 至少应有 1 点,3000m² 以上工程,每 300m² 至少应有 1 点。每一独立基础下至少应有 1 点,基槽每 20 延米应有 1 点。

4.1.6 对水泥土搅拌桩复合地基、高压喷射注浆桩复合地基、砂桩地基、振冲复合地基、土和灰土挤密桩复合地基、水泥粉煤灰碎石桩复合地基及夯实水泥土桩复合地基,其承载力检验,数量为总数的 0.5%～1%,但不应少于 3 处。有单桩强度检验要求时,数量为总数的 0.5%～1%,但不应少于 3 根。

4.1.7 除本规范第 4.1.5、4.1.6 条指定的主控项目外,其他主控项目及一般项目可随意抽查,但复合地基中的水泥土搅拌桩、高压喷射注浆桩、振冲桩、土和灰土挤密桩、水泥粉煤灰碎石桩及夯实水泥土桩至少应抽查 20%。

4.2 灰土地基

4.2.1 灰土土料、石灰或水泥(当水泥替代灰土中的石灰时)等材料及配合比应符合设计要求,灰土应搅拌均匀。

4.2.2 施工过程中应检查分层铺设的厚度、分段施工时上下两层的搭接长度、夯实时加水量、夯压遍数、压实系数。

4.2.3 施工结束后,应检验灰土地基的承载力。

4.2.4 灰土地基的质量验收标准应符合表4.2.4的规定。

表4.2.4 灰土地基质量检验标准

项目	序	检查项目	允许偏差或允许值 单位	允许偏差或允许值 数值	检查方法
主控项目	1	地基承载力	设计要求		按规定方法
	2	配合比	设计要求		按拌和时的体积比
	3	压实系数	设计要求		现场实测
一般项目	1	石灰粒径	mm	≤5	筛分法
	2	土料有机质含量	%	≤5	试验室焙烧法
	3	土颗粒粒径	mm	≤15	筛分法
	4	含水量(与要求的最优含水量比较)	%	±2	烘干法
	5	分层厚度偏差(与设计要求比较)	mm	±50	水准仪

4.3 砂和砂石地基

4.3.1 砂、石等原材料质量、配合比应符合设计要求,砂、石应搅拌均匀。

4.3.2 施工过程中必须检查分层厚度、分段施工时搭接部分的压实情况、加水量、压实遍数、压实系数。

4.3.3 施工结束后,应检验砂石地基的承载力。

4.3.4 砂和砂石地基的质量验收标准符合表4.3.4的规定。

表4.3.4 砂及砂石地基质量检验标准

项目	序	检查项目	允许偏差或允许值 单位	允许偏差或允许值 数值	检查方法
主控项目	1	地基承载力	设计要求		按规定方法
	2	配合比	设计要求		检查拌和时的体积比或重量比
	3	压实系数	设计要求		现场实测
一般项目	1	砂石料有机质含量	%	≤5	焙烧法
	2	砂石料含泥量	%	≤5	水洗法
	3	石料粒径	mm	≤100	筛分法
	4	含水量(与最优含水量比较)	%	±2	烘干法
	5	分层厚度(与设计要求比较)	mm	±50	水准仪

4.4 土工合成材料地基

4.4.1 施工前应对土工合成材料的物理性能(单位面积的质量、厚度、比重)、强度、延伸率以及土、砂石料等做检验。土工合成材料以100m²为一批,每批应抽查5%。

4.4.2 施工过程中应检查清基、回填料铺设厚度及平整度、土工合成材料的铺设方向、接缝搭接长度或缝接状况、土工合成材料与结构的连接状况等。

4.4.3 施工结束后,应进行承载力检验。

4.4.4 土工合成材料地基质量检验标准应符合表4.4.4的规定。

表4.4.4 土工合成材料地基质量检验标准

项目	序	检查项目	允许偏差或允许值 单位	允许偏差或允许值 数值	检查方法
主控项目	1	土工合成材料强度	%	≤5	置于夹具上做拉伸试验(结果与设计标准相比)
	2	土工合成材料延伸率	%	≤3	置于夹具上做拉伸试验(结果与设计标准相比)
	3	地基承载力	设计要求		按规定方法
一般项目	1	土工合成材料搭接长度	mm	≥300	用钢尺量
	2	土石料有机质含量	%	≤5	焙烧法
	3	层面平整度	mm	≤20	用2m靠尺
	4	每层铺设厚度	mm	±25	水准仪

4.5 粉煤灰地基

4.5.1 施工前应检查粉煤灰材料,并对基槽清底状况、地质条件予以检验。

4.5.2 施工过程中应检查铺筑厚度、碾压遍数、施工含水量控制、搭接区碾压程度、压实系数等。

4.5.3 施工结束后,应检验地基的承载力。

4.5.4 粉煤灰地基质量检验标准应符合表4.5.4的规定。

表4.5.4 粉煤灰地基质量检验标准

项目	序	检查项目	允许偏差或允许值 单位	允许偏差或允许值 数值	检查方法
主控项目	1	压实系数	设计要求		现场实测
	2	地基承载力	设计要求		按规定方法
一般项目	1	粉煤灰粒径	mm	0.001~2.000	过筛
	2	氧化铝及二氧化硅含量	%	≥70	试验室化学分析
	3	烧失量	%	≤12	试验室烧结法
	4	每层铺筑厚度	mm	±50	水准仪
	5	含水量(与最优含水量比较)	%	±2	取样后试验室确定

4.6 强夯地基

4.6.1 施工前应检查夯锤重量、尺寸,落距控制手段,排水设施及被夯地基的土质。

4.6.2 施工中应检查落距、夯击遍数、夯点位置、夯击范围。

4.6.3 施工结束后,检查被夯地基的强度并进行承载力检验。

4.6.4 强夯地基质量检验标准应符合表4.6.4的规定。

表4.6.4 强夯地基质量检验标准

项目	序	检查项目	允许偏差或允许值 单位	允许偏差或允许值 数值	检查方法
主控项目	1	地基强度	设计要求		按规定方法
	2	地基承载力	设计要求		按规定方法
一般项目	1	夯锤落距	mm	±300	钢索设标志
	2	锤重	kg	±100	称重
	3	夯击遍数及顺序	设计要求		计数法
	4	夯点间距	mm	±500	用钢尺量
	5	夯击范围(超出基础范围距离)	设计要求		用钢尺量
	6	前后两遍间歇时间	设计要求		

4.7 注浆地基

4.7.1 施工前应掌握有关技术文件(注浆点位置、浆液配比、注浆施工技术参数、检测要求等)。浆液组成材料的性能应符合设计要求,注浆设备应确保正常运转。

4.7.2 施工中应经常抽查浆液的配比及主要性能指标,注浆的顺序、注浆过程中的压力控制等。

4.7.3 施工结束后,应检查注浆体强度、承载力等。检查孔数为总量的2%～5%,不合格率大于或等于20%时应进行二次注浆。检验应在注浆后15d(砂土、黄土)或60d(粘性土)进行。

4.7.4 注浆地基的质量检验标准应符合表4.7.4的规定。

表4.7.4 注浆地基质量检验标准

项	序	检查项目		允许偏差或允许值		检查方法
				单位	数值	
主控项目	1	原材料检验	水泥	设计要求		查产品合格证书或抽样送检
			注浆用砂:粒径 细度模数 含泥量及有机物含量	mm %	<2.5 <2.0 <3	试验室试验
			注浆用粘土:塑性指数 粘粒含量 含砂量 有机物含量	 % % %	≥14 >25 <5 <3	试验室试验
			粉煤灰:细度 烧失量	不粗于同时使用的水泥 %	 <3	试验室试验
			水玻璃:模数	2.5～3.3		抽样送检
			其他化学浆液	设计要求		查产品合格证书或抽样送检
	2	注浆体强度		设计要求		取样检验
	3	地基承载力		设计要求		按规定方法
一般项目	1	各种注浆材料称量误差		%	<3	抽查
	2	注浆孔位		mm	±20	用钢尺量
	3	注浆孔深		mm	±100	量测注浆管长度
	4	注浆压力(与设计参数比)		%	±10	检查压力表读数

4.8 预压地基

4.8.1 施工前应检查施工监测措施,沉降、孔隙水压力等原始数据,排水设施,砂井(包括袋装砂井)、塑料排水带等位置。塑料排水带的质量标准应符合本规范附录B的规定。

4.8.2 堆载施工应检查堆载高度、沉降速率。真空预压施工应检查密封膜的密封性能、真空表读数等。

4.8.3 施工结束后,应检查地基土的强度及要求达到的其他物理力学指标,重要建筑物地基做承载力检验。

4.8.4 预压地基和塑料排水带质量检验标准应符合表4.8.4的规定。

表4.8.4 预压地基和塑料排水带质量检验标准

项	序	检查项目	允许偏差或允许值		检查方法
			单位	数值	
主控项目	1	预压载荷	%	≤2	水准仪
	2	固结度(与设计要求比)	%	≤2	根据设计要求采用不同的方法
	3	承载力或其他性能指标	设计要求		按规定方法
一般项目	1	沉降速率(与控制值比)	%	±10	水准仪
	2	砂井或塑料排水带位置	mm	±100	用钢尺量
	3	砂井或塑料排水带插入深度	mm	±200	插入时用经纬仪检查
	4	插入塑料排水带时的回带长度	mm	≤500	用钢尺量
	5	塑料排水带或砂井高出砂垫层距离	mm	≥200	用钢尺量
	6	插入塑料排水带的回带根数	%	<5	目测
注:如真空预压,主控项目中预压载荷的检查为真空度降低值<2%。					

4.9 振冲地基

4.9.1 施工前应检查振冲器的性能,电流表、电压表的准确度及填料的性能。

4.9.2 施工中应检查密实电流、供水压力、供水量、填料量、孔底留振时间、振冲点位置、振冲器施工参数等(施工参数由振冲试验或设计确定)。

4.9.3 施工结束后,应在有代表性的地段做地基强度或地基承载力检验。

4.9.4 振冲地基质量检验标准应符合表4.9.4的规定。

表4.9.4 振冲地基质量检验标准

项	序	检查项目	允许偏差或允许值		检查方法
			单位	数值	
主控项目	1	填料粒径	设计要求		抽样检查
	2	密实电流(粘性土)	A	50～55	电流表读数
		密实电流(砂性土或粉土) (以上为功率30kW振冲器)	A	40～50	电流表读数
		密实电流(其他类型振冲器)	A	(1.5～2.0)A₀	电流表读数,A₀为空振电流
	3	地基承载力	设计要求		按规定方法
一般项目	1	填料含量	%	<5	抽样检查
	2	振冲器喷水中心与孔径中心偏差	mm	≤50	用钢尺量
	3	成孔中心与设计孔位中心偏差	mm	≤100	用钢尺量
	4	桩体直径	mm	<50	用钢尺量
	5	孔深	mm	±200	量钻杆或重锤测

4.10 高压喷射注浆地基

4.10.1 施工前应检查水泥、外掺剂等的质量,桩位,压力表、流量表的精度和灵敏度,高压喷射设备的性能等。

4.10.2 施工中应检查施工参数(压力、水泥浆量、提升速度、旋转速度等)及施工程序。

4.10.3 施工结束后,应检验桩体强度、平均直径、桩体中心位置、桩体质量及承载力等。桩体质量及承载力检验应在施工结束后28d进行。

4.10.4 高压喷射注浆地基质量检验标准应符合表4.10.4的规定。

表4.10.4 高压喷射注浆地基质量检验标准

项	序	检查项目	允许偏差或允许值		检查方法
			单位	数值	
主控项目	1	水泥及外掺剂质量	符合出厂要求		查产品合格证书或抽样送检
	2	水泥用量	设计要求		查看流量表及水泥浆水灰比
	3	桩体强度或完整性检验	设计要求		按规定方法
	4	地基承载力	设计要求		按规定方法
一般项目	1	钻孔位置	mm	≤50	用钢尺量
	2	钻孔垂直度	%	≤1.5	经纬仪测钻杆或实测
	3	孔深	mm	±200	用钢尺量
	4	注浆压力	按设定参数指标		查看压力表
	5	桩体搭接	mm	>200	用钢尺量
	6	桩体直径	mm	≤50	开挖后用钢尺量
	7	桩身中心允许偏差	≤0.2D		开挖后桩顶下500mm处用钢尺量,D为桩径

4.11 水泥土搅拌桩地基

4.11.1 施工前应检查水泥及外掺剂的质量、桩位、搅拌机工作性能及各种计量设备完好程度(主要是水泥浆流量计及其他计量装置)。

4.11.2 施工中应检查机头提升速度、水泥浆或水泥注入量、搅拌桩的长度及标高。

4.11.3 施工结束后，应检查桩体强度、桩体直径及地基承载力。

4.11.4 进行强度检验时，对承重水泥土搅拌桩应取90d后的试件；对支护水泥土搅拌桩应取28d后的试件。

4.11.5 水泥土搅拌桩地基质量检验标准应符合表4.11.5的规定。

表4.11.5 水泥土搅拌桩地基质量检验标准

项	序	检查项目	允许偏差或允许值		检查方法
			单位	数值	
主控项目	1	水泥及外掺剂质量	设计要求		查产品合格证书或抽样送检
	2	水泥用量	参数指标		查看流量计
	3	桩体强度	设计要求		按规定办法
	4	地基承载力	设计要求		按规定办法
一般项目	1	机头提升速度	m/min	≤0.5	量机头上升距离及时间
	2	桩底标高	mm	±200	测机头深度
	3	桩顶标高	mm	+100 −50	水准仪(最上部500mm不计入)
	4	桩位偏差	mm	<50	用钢尺量
	5	桩径		<0.04D	用钢尺量，D为桩径
	6	垂直度	%	≤1.5	经纬仪
	7	搭接		>200	用钢尺量

4.12 土和灰土挤密桩复合地基

4.12.1 施工前应对土及灰土的质量、桩孔放样位置等做检查。

4.12.2 施工中应对桩孔直径、桩孔深度、夯击次数、填料的含水量等做检查。

4.12.3 施工结束后，应检验成桩的质量及地基承载力。

4.12.4 土和灰土挤密桩地基质量检验标准应符合表4.12.4的规定。

表4.12.4 土和灰土挤密桩地基质量检验标准

项	序	检查项目	允许偏差或允许值		检查方法
			单位	数值	
主控项目	1	桩体及桩间土干密度	设计要求		现场取样检查
	2	桩长	mm	+500	测桩管长度或垂球测孔深
	3	地基承载力	设计要求		按规定的方法
	4	桩径	mm	−20	用钢尺量
一般项目	1	土料有机质含量	%	≤5	试验室焙烧法
	2	石灰粒度	mm	≤5	筛分法
	3	桩位偏差		满堂布桩≤0.40D 条基布桩≤0.25D	用钢尺量，D为桩径
	4	垂直度	%	≤1.5	用经纬仪测桩管
	5	桩径	mm	−20	用钢尺量

注：桩径允许偏差负值是指个别断面。

4.13 水泥粉煤灰碎石桩复合地基

4.13.1 水泥、粉煤灰、砂及碎石等原材料应符合设计要求。

4.13.2 施工中应检查桩身混合料的配合比、坍落度和提拔钻杆速度(或提拔套管速度)、成孔深度、混合料灌入量等。

4.13.3 施工结束后，应对桩顶标高、桩位、桩体质量、地基承载力以及褥垫层的质量做检查。

4.13.4 水泥粉煤灰碎石桩复合地基的质量检验标准应符合表4.13.4的规定。

表4.13.4 水泥粉煤灰碎石桩复合地基质量检验标准

项	序	检查项目	允许偏差或允许值		检查方法
			单位	数值	
主控项目	1	原材料	设计要求		查产品合格证或抽样送检
	2	桩径	mm	−20	用钢尺量或计算填料量
	3	桩身强度	设计要求		查28d试块强度
	4	地基承载力	设计要求		按规定的办法
一般项目	1	桩身完整性	按桩基检测技术规范		按桩基检测技术规范
	2	桩位偏差		满堂布桩≤0.40D 条基布桩≤0.25D	用钢尺量，D为桩径
	3	桩垂直度	%	≤1.5	用经纬仪测桩管
	4	桩长	mm	+100	测桩管长度或垂球测孔深
	5	褥垫层夯填度		≤0.9	用钢尺量

注：1 夯填度指夯实后的褥垫层厚度与虚体厚度的比值。
　　2 桩径允许偏差负值是指个别断面。

4.14 夯实水泥土桩复合地基

4.14.1 水泥及夯实用土料的质量应符合设计要求。

4.14.2 施工中应检查孔位、孔深、孔径、水泥和土的配比、混合料含水量等。

4.14.3 施工结束后，应对桩体质量及复合地基承载力做检验，褥垫层应检查其夯填度。

4.14.4 夯实水泥土桩的质量检验标准应符合表4.14.4的规定。

4.14.5 夯扩桩的质量检验标准可按本节执行。

表4.14.4 夯实水泥土桩复合地基质量检验标准

项	序	检查项目	允许偏差或允许值		检查方法
			单位	数值	
主控项目	1	桩径	mm	−20	用钢尺量
	2	桩长	mm	+500	测桩孔深度
	3	桩体干密度	设计要求		现场取样检查
	4	地基承载力	设计要求		按规定的方法
一般项目	1	土料有机质含量	%	≤5	焙烧法
	2	含水量(与最优含水比)	%	±2	烘干法
	3	土料粒径	mm	≤20	筛分法
	4	水泥质量	设计要求		查产品质量合格证书或抽样送检
	5	桩位偏差		满堂布桩≤0.40D 条基布桩≤0.25D	用钢尺量，D为桩径
	6	桩孔垂直度	%	≤1.5	用经纬仪测桩管
	7	褥垫层夯填度		≤0.9	用钢尺量

注：见表4.13.4。

4.15 砂桩地基

4.15.1 施工前应检查砂料的含泥量及有机质含量、样桩的位置等。

4.15.2 施工中检查每根砂桩的桩位、灌砂量、标高、垂直度等。

4.15.3 施工结束后,应检验被加固地基的强度或承载力。

4.15.4 砂桩地基的质量检验标准应符合表 4.15.4 的规定。

表 4.15.4　砂桩地基的质量检验标准

项目	序	检查项目	允许偏差或允许值		检查方法
			单位	数值	
主控项目	1	灌砂量	%	≥95	实际用砂量与计算体积比
	2	地基强度	设计要求		按规定方法
	3	地基承载力	设计要求		按规定方法
一般项目	1	砂料的含泥量	%	≤3	试验室测定
	2	砂料的有机质含量	%	≤5	焙烧法
	3	桩位	mm	≤50	用钢尺量
	4	砂桩标高	mm	±150	水准仪
	5	垂直度	%	≤1.5	经纬仪检查桩管垂直度

5 桩 基 础

5.1 一 般 规 定

5.1.1 桩位的放样允许偏差如下:

　　群桩　　　20mm;
　　单排桩　　10mm。

5.1.2 桩基工程的桩位验收,除设计有规定外,应按下述要求进行。

　　1 当桩顶设计标高与施工场地标高相同时,或桩基施工结束后,有可能对桩位进行检查时,桩基工程的验收应在施工结束后进行。

　　2 当桩顶设计标高低于施工场地标高,送桩后无法对桩位进行检查时,对打入桩可在每根桩桩顶至场地标高时,进行中间验收,待全部桩施工结束,承台或底板开挖到设计标高后,再做最终验收。对灌注桩可对护筒位置做中间验收。

5.1.3 打(压)入桩(预制混凝土方桩、先张法预应力管桩、钢桩)的桩位偏差,必须符合表 5.1.3 的规定。斜桩倾斜度的偏差不得大于倾斜角正切值的 15%(倾斜角系桩的纵向中心线与铅垂线间夹角)。

表 5.1.3　预制桩(钢桩)桩位的允许偏差(mm)

项	项　　目	允许偏差
1	盖有基础梁的桩:	
	(1)垂直基础梁的中心线	100+0.01H
	(2)沿基础梁的中心线	150+0.01H
2	桩为 1~3 根桩基中的桩	100
3	桩数为 4~16 根桩基中的桩	1/2 桩径或边长
4	桩数大于 16 根桩基中的桩	
	(1)最外边的桩	1/3 桩径或边长
	(2)中间桩	1/2 桩径或边长

注:H 为施工现场地面标高与桩顶设计标高的距离。

5.1.4 灌注桩的桩位偏差必须符合表 5.1.4 的规定,桩顶标高至少要比设计标高高出 0.5m,桩底清孔质量按不同的成桩工艺有不同的要求,应按本章的各节要求执行。每浇注 50m³ 必须有 1 组试件,小于 50m³ 的桩,每根桩必须有 1 组试件。

表 5.1.4　灌注桩的平面位置和垂直度的允许偏差

序号	成孔方法		桩径允许偏差(mm)	垂直度允许偏差(%)	桩位允许偏差(mm)	
					1~3 根、单排桩沿垂直于中心线方向和群桩基础的边桩	条形桩基沿中心线方向和群桩基础的中间桩
1	泥浆护壁钻孔桩	D≤1000mm	±50	<1	D/6,且不大于 100	D/4,且不大于 150
		D>1000mm	±50	<1	100+0.01H	150+0.01H

续表 5.1.4

序号	成孔方法		桩径允许偏差(mm)	垂直度允许偏差(%)	桩位允许偏差(mm)	
					1~3 根、单排桩垂直于中心线方向和群桩基础的边桩	条形桩基沿中心线方向和群桩基础的中间桩
2	套管成孔灌注桩	D≤500mm	−20	<1	70	150
		D>500mm	−20	<1	100	150
3	干成孔灌注桩		−20	<1	70	150
4	人工挖孔桩	混凝土护壁	+50	<0.5	50	150
		钢套管护壁	+50	<1	100	200

注:1　桩径允许偏差的负值是指个别断面。
　　2　采用复打、反插法施工的桩,其桩径允许偏差不受上表限制。
　　3　H 为施工现场地面标高与桩顶设计标高的距离,D 为设计桩径。

5.1.5 工程桩应进行承载力检验。对于地基基础设计等级为甲级或地质条件复杂,成桩质量可靠性低的灌注桩,应采用静载荷试验的方法进行检验,检验桩数不应少于总数的 1%,且不应少于 3 根,当总桩数少于 50 根时,不应少于 2 根。

5.1.6 桩身质量应进行检验。对设计等级为甲级或地质条件复杂,成桩质量可靠性低的灌注桩,抽检数量不应少于总数的 30%,且不应少于 20 根;其他桩基工程的抽检数量不应少于总数的 20%,且不应少于 10 根;对混凝土预制桩及地下水位以上且终孔后经过核验的灌注桩,检验数量不应少于总桩数的 10%,且不得少于 10 根。每个柱子承台下不得少于 1 根。

5.1.7 对砂、石子、钢材、水泥等原材料的质量、检验项目、批量和检验方法,应符合国家现行标准的规定。

5.1.8 除本规范第 5.1.5、5.1.6 条规定的主控项目外,其他主控项目应全部检查,对一般项目,除已明确规定外,其他可按 20% 抽查,但混凝土灌注桩应全部检查。

5.2 静 力 压 桩

5.2.1 静力压桩包括锚杆静压桩及其他各种非冲击力沉桩。

5.2.2 施工前应对成品桩(锚杆静压成品桩一般均由工厂制造,运至现场堆放)做外观及强度检验,接桩用焊条或半成品硫磺胶泥应有产品合格证书,或送有关部门检验,压桩用压力表、锚杆规格及质量也应进行检查。硫磺胶泥半成品每 100kg 做一组试件(3 件)。

5.2.3 压桩过程中应检查压力、桩垂直度、接桩间歇时间、桩的连接质量及压入深度。重要工程应对电焊接桩的接头做 10% 的探伤检查。对承受拔力的结构加强观测。

5.2.4 施工结束后,应做桩的承载力及桩体质量检验。

5.2.5 锚杆静压桩质量检验标准符合表 5.2.5 的规定。

表 5.2.5　静力压桩质量检验标准

项目	序	检查项目		允许偏差或允许值		检查方法
				单位	数值	
主控项目	1	桩体质量检验		按基桩检测技术规范		按基桩检测技术规范
	2	桩位偏差		见本规范 5.1.3		用钢尺量
	3	承载力		按基桩检测技术规范		按基桩检测技术规范
一般项目	1	成品桩质量:外观		表面平整,颜色均匀,掉角深度<10mm,蜂窝面积不大于 0.5%		直观
		外形尺寸强度		见本规范表 5.4.5 满足设计要求		见本规范表 5.4.5 查产品合格证书或钻芯试压
	2	硫磺胶泥质量(半成品)		设计要求		查产品合格证书或抽样送检
	3	接桩	电焊接桩:焊缝质量	见本规范表 5.5.4-2		见本规范表 5.5.4-2
			电焊结束后停歇时间	min	>1.0	秒表测定
			硫磺胶泥接桩:胶泥浇注时间	min	<2	秒表测定
			浇注后停歇时间	min	>7	秒表测定

续表 5.2.5

项	序	检查项目	允许偏差或允许值		检查方法
			单位	数值	
一般项目	4	电焊条质量	设计要求		查产品合格证书
	5	压桩压力(设计有要求时)	%	±5	查压力表读数
	6	接桩时上下节平面偏差 接桩时节点弯曲矢高	mm	<10 <1/1000l	用钢尺量 用钢尺量,l为两节桩长
	7	桩顶标高	mm	±50	水准仪

5.3 先张法预应力管桩

5.3.1 施工前应检查进入现场的成品桩,接桩用电焊条等产品质量。

5.3.2 施工过程中应检查桩的贯入情况、桩顶完整状况、电焊接桩质量、桩体垂直度、电焊后的停歇时间。重要工程应对电焊接头做10%的焊缝探伤检查。

5.3.3 施工结束后,应做承载力检验及桩体质量检验。

5.3.4 先张法预应力管桩的质量检验应符合表5.3.4的规定。

表 5.3.4 先张法预应力管桩质量检验标准

项	序	检查项目		允许偏差或允许值		检查方法
				单位	数值	
主控项目	1	桩体质量检验		按基桩检测技术规范		按基桩检测技术规范
	2	桩位偏差		见本规范表5.1.3		用钢尺量
	3	承载力		按基桩检测技术规范		按基桩检测技术规范
一般项目	1	成品桩质量	外观	无蜂窝、露筋、裂缝、色感均匀、桩顶处无孔隙		直观
			桩径	mm	±5	用钢尺量
			管壁厚度	mm	±5	用钢尺量
			桩尖中心线	mm	<2	用钢尺量
			顶面平整度	mm	10	用水平尺量
			桩体弯曲		<1/1000l	用钢尺量,l为桩长
	2	接桩:焊缝质量		见本规范表5.5.4-2		见本规范表5.5.4-2
		电焊结束后停歇时间		min	>1.0	秒表测定
		上下节平面偏差		mm	<10	用钢尺量
		节点弯曲矢高			<1/1000l	用钢尺量,l为两节桩长
	3	停锤标准		设计要求		现场实测或查沉桩记录
	4	桩顶标高		mm	±50	水准仪

5.4 混凝土预制桩

5.4.1 桩在现场预制时,应对原材料、钢筋骨架(见表5.4.1)、混凝土强度进行检查;采用工厂生产的成品桩时,桩进场后应进行外观及尺寸检查。

5.4.2 施工中应对桩体垂直度、沉桩情况、桩顶完整状况、接桩质量等进行检查,对电焊接桩,重要工程应做10%的焊缝探伤检查。

5.4.3 施工结束后,应对承载力及桩体质量做检验。

5.4.4 对长桩或总锤击数超过500击的锤击桩,应符合桩体强度及28d龄期的两项条件才能锤击。

5.4.5 钢筋混凝土预制桩的质量检验标准应符合表5.4.5的规定。

表 5.4.1 预制桩钢筋骨架质量检验标准(mm)

项	序	检查项目	允许偏差或允许值	检查方法
主控项目	1	主筋距桩顶距离	±5	用钢尺量
	2	多节桩锚固钢筋位置	5	用钢尺量
	3	多节桩预埋铁件	±3	用钢尺量
	4	主筋保护层厚度	±5	用钢尺量
一般项目	1	主筋间距	±5	用钢尺量
	2	桩尖中心线	10	用钢尺量
	3	箍筋间距	±20	用钢尺量
	4	桩顶钢筋网片	±10	用钢尺量
	5	多节桩锚固钢筋长度	±10	用钢尺量

表 5.4.5 钢筋混凝土预制桩的质量检验标准

项	序	检查项目	允许偏差或允许值		检查方法
			单位	数值	
主控项目	1	桩体质量检验	按基桩检测技术规范		按基桩检测技术规范
	2	桩位偏差	见本规范表5.1.3		用钢尺量
	3	承载力	按基桩检测技术规范		按基桩检测技术规范
一般项目	1	砂、石、水泥、钢材等原材料(现场预制时)	符合设计要求		查出厂质保文件或抽样送检
	2	混凝土配合比及强度(现场预制时)	符合设计要求		检查称量及查试块记录
	3	成品桩外形	表面平整,颜色均匀,掉角深度<10mm,蜂窝面积小于总面积0.5%		直观
	4	成品桩裂缝(收缩裂缝或起吊、装运、堆放引起的裂缝)	深度<20mm,宽度<0.25mm,横向裂缝不超过边长的一半		裂缝测定仪,该项在地下水有侵蚀地区及锤击数超过500击的长桩不适用
	5	成品桩尺寸:横截面边长 桩顶对角线差 桩尖中心线 桩身弯曲矢高 桩顶平整度	mm mm mm mm	±5 <10 <10 <1/1000l	用钢尺量 用钢尺量 用钢尺量 用钢尺量,l为桩长 用水平尺量
	6	电焊接桩:焊缝质量 电焊结束后停歇时间 上下节平面偏差 节点弯曲矢高	见本规范表5.5.4-2 min mm	>1.0 <10 <1/1000l	见本规范表5.5.4-2 秒表测定 用钢尺量 用钢尺量,l为两节桩长
	7	硫磺胶泥接桩:胶泥浇注时间 浇注后停歇时间	min min	<2 >7	秒表测定 秒表测定
	8	桩顶标高	mm	±50	水准仪
	9	停锤标准	设计要求		现场实测或查沉桩记录

5.5 钢 桩

5.5.1 施工前应检查进入现场的成品钢桩,成品桩的质量标准应符合本规范表5.5.4-1的规定。

5.5.2 施工中应检查钢桩的垂直度、沉入过程、电焊连接质量、电焊后的停歇时间、桩顶锤击后的完整状况。电焊质量除常规检查外,应做10%的焊缝探伤检查。

5.5.3 施工结束后应做承载力检验。

5.5.4 钢桩施工质量检验标准应符合表5.5.4-1及表5.5.4-2的规定。

表 5.5.4-1 成品钢桩质量检验标准

项	序	检查项目	允许偏差或允许值		检查方法
			单位	数值	
主控项目	1	钢桩外径或断面尺寸:桩端 桩身		±0.5%D ±1D	用钢尺量,D为外径或边长
	2	矢高		<1/1000l	用钢尺量,l为桩长
一般项目	1	长度	mm	+10	用钢尺量
	2	端部平整度	mm	≤2	用水平量
	3	H钢桩的方正度	mm mm	$T+T'$≤8 $T+T'$≤6	用钢尺量,h、T、T'见图示
		$h>300$ $h<300$			
	4	端部平面与桩中心线的倾斜值	mm	≤2	用水平尺量

表 5.5.4-2 钢桩施工质量检验标准

项	序	检查项目	允许偏差或允许值		检查方法
			单位	数值	
主控项目	1	桩位偏差	见本规范表5.1.3		用钢尺量
	2	承载力	按基桩检测技术规范		按基桩检测技术规范
一般项目	1	电焊接桩焊缝： (1)上下节端部错口 (外径≥700mm) (外径<700mm) (2)焊缝咬边深度 (3)焊缝加强层高度 (4)焊缝加强层宽度 (5)焊缝电焊质量外观 (6)焊缝探伤检查	 mm mm mm mm mm 无气孔，无焊瘤，无裂缝 满足设计要求	 ≤3 ≤2 ≤0.5 2 2 	 用钢尺量 用钢尺量 焊缝检查仪 焊缝检查仪 焊缝检查仪 直观 按设计要求
	2	电焊结束后停歇时间	min	>1.0	秒表测定
	3	节点弯曲矢高		<1/1000l	用钢尺量，l为两节桩长
	4	桩顶标高	mm	±50	水准仪
	5	停锤标准	设计要求		用钢尺量或沉桩记录

续表 5.6.4-2

项	序	检查项目	允许偏差或允许值		检查方法
			单位	数值	
一般项目	3	泥浆比重（粘土或砂性土中）	1.15~1.20		用比重计测，清孔后在距孔底50cm处取样
	4	泥浆面标高（高于地下水位）	m	0.5~1.0	目测
	5	沉渣厚度：端承桩 摩擦桩	mm mm	≤50 ≤150	用沉渣仪或重锤测量
	6	混凝土坍落度：水下灌注 干施工	mm mm	160~220 70~100	坍落度仪
	7	钢筋笼安装深度	mm	±100	用钢尺量
	8	混凝土充盈系数		>1	检查每根桩的实际灌注量
	9	桩顶标高	mm	+30 −50	水准仪，需扣除桩顶浮浆层及劣质桩体

5.6.5 人工挖孔桩、嵌岩桩的质量检验应按本节执行。

6 土 方 工 程

6.1 一般规定

6.1.1 土方工程施工前应进行挖、填方的平衡计算，综合考虑土方运距最短、运程合理及各个工程项目的合理施工程序等，做好土方平衡调配，减少重复挖运。

　　土方平衡调配应尽可能与城市规划和农田水利相结合将余土一次性运到指定弃土场，做到文明施工。

6.1.2 当土方工程挖方较深时，施工单位应采取措施，防止基坑底部土的隆起并避免危害周边环境。

6.1.3 在挖方前，应做好地面排水和降低地下水位工作。

6.1.4 平整场地的表面坡度应符合设计要求，如设计无要求时，排水沟方向的坡度不应小于2‰。平整后的场地表面应逐点检查。检查点为每100~400m² 取1点，但不应少于10点；长度、宽度和边坡均为每20m取1点，每边不应少于1点。

6.1.5 土方工程施工，应经常测量和校核其平面位置、水平标高和边坡坡度。平面控制桩和水准控制点应采取可靠的保护措施，定期复测和检查。土方不应堆在基坑边缘。

6.1.6 对雨季和冬季施工还应遵守国家现行有关标准。

6.2 土方开挖

6.2.1 土方开挖前应检查定位放线、排水和降低地下水位系统，合理安排土方运输车的行走路线及弃土场。

6.2.2 施工过程中应检查平面位置、水平标高、边坡坡度、压实度、排水、降低地下水位系统，并随时观测周围的环境变化。

6.2.3 临时性挖方的边坡值应符合表6.2.3的规定。

表 6.2.3 临时性挖方边坡值

土的类别		边坡值（高：宽）
砂土（不包括细砂、粉砂）		1:1.25~1:1.50
一般性粘土	硬	1:0.75~1:1.00
	硬、塑	1:1.00~1:1.25
	软	1:1.50 或更缓
碎石类土	充填坚硬、硬塑粘性土	1:0.50~1:1.00
	充填砂土	1:1.00~1:1.50

注：1 设计有要求时，应符合设计标准。
　　2 如采用降水或其他加固措施，可不受本表限制，但应计算复核。
　　3 开挖深度，对软土不应超过4m，对硬土不应超过8m。

5.6 混凝土灌注桩

5.6.1 施工前应对水泥、砂、石子（如现场搅拌）、钢材等原材料进行检查，对施工组织设计中制定的施工顺序、监测手段（包括仪器、方法）也应检查。

5.6.2 施工中应对成孔、清渣、放置钢筋笼、灌注混凝土等进行全过程检查，人工挖孔桩尚应复验孔底持力层土（岩）性。嵌岩桩必须有桩端持力层的岩性报告。

5.6.3 施工结束后，应检查混凝土强度，并应做桩体质量及承载力的检验。

5.6.4 混凝土灌注桩的质量检验标准应符合表5.6.4-1、表5.6.4-2的规定。

表 5.6.4-1 混凝土灌注桩钢筋笼质量检验标准（mm）

项	序	检查项目	允许偏差或允许值	检查方法
主控项目	1	主筋间距	±10	用钢尺量
	2	长度	±100	用钢尺量
一般项目	1	钢筋材质检验	设计要求	抽样送检
	2	箍筋间距	±20	用钢尺量
	3	直径	±10	用钢尺量

表 5.6.4-2 混凝土灌注桩质量检验标准

项	序	检查项目	允许偏差或允许值		检查方法
			单位	数值	
主控项目	1	桩位	见本规范表5.1.4		基坑开挖前量护筒，开挖后量桩中心
	2	孔深	mm	+300	只深不浅，用重锤测，或测钻杆、套管长度，嵌岩桩应确保进入设计要求的嵌岩深度
	3	桩体质量检验	按基桩检测技术规范。如钻芯取样，大直径嵌岩桩应钻至桩尖下50cm		按基桩检测技术规范
	4	混凝土强度	设计要求		试件报告或钻芯取样送检
	5	承载力	按基桩检测技术规范		按基桩检测技术规范
一般项目	1	垂直度	见本规范表5.1.4		测套管或钻杆，或用超声波探测，干施工时吊垂球
	2	桩径	见本规范表5.1.4		井径仪或超声波检测，干施工时用钢尺量，人工挖孔桩不包括内衬厚度

6.2.4 土方开挖工程的质量检验标准应符合表 6.2.4 的规定。

表 6.2.4 土方开挖工程质量检验标准（mm）

<table>
<tr><th rowspan="3">项目</th><th rowspan="3">序</th><th rowspan="3">项目</th><th colspan="5">允许偏差或允许值</th><th rowspan="3">检验方法</th></tr>
<tr><th rowspan="2">柱基
基坑
基槽</th><th colspan="2">挖方场地平整</th><th rowspan="2">管沟</th><th rowspan="2">地（路）
面基层</th></tr>
<tr><th>人工</th><th>机械</th></tr>
<tr><td rowspan="3">主控项目</td><td>1</td><td>标高</td><td>−50</td><td>±30</td><td>±50</td><td>−50</td><td>−50</td><td>水准仪</td></tr>
<tr><td>2</td><td>长度、宽度
（由设计中心
线向两边量）</td><td>+200
−50</td><td>+300
−100</td><td>+500
−150</td><td>+100</td><td>—</td><td>经纬仪，用
钢尺量</td></tr>
<tr><td>3</td><td>边坡</td><td colspan="5">设计要求</td><td>观察或用
坡度尺检查</td></tr>
<tr><td rowspan="2">一般项目</td><td>1</td><td>表面平整度</td><td>20</td><td>20</td><td>20</td><td>20</td><td>20</td><td>用2m靠尺和
楔形塞尺检查</td></tr>
<tr><td>2</td><td>基底土性</td><td colspan="5">设计要求</td><td>观察或土
样分析</td></tr>
</table>

注：地（路）面基层的偏差只适用于直接在挖、填方上做地（路）面的基层。

6.3 土方回填

6.3.1 土方回填前应清除基底的垃圾、树根等杂物，抽除坑穴积水、淤泥，验收基底标高。如在耕植土或松土上填方，应在基底压实后再进行。

6.3.2 对填方土料应按设计要求验收后方可填入。

6.3.3 填方施工过程中应检查排水措施，每层填筑厚度、含水量控制、压实程度。填筑厚度及压实遍数应根据土质，压实系数及所用机具确定。如无试验依据，应符合表 6.3.3 的规定。

表 6.3.3 填土施工时的分层厚度及压实遍数

压实机具	分层厚度（mm）	每层压实遍数
平碾	250～300	6～8
振动压实机	250～350	3～4
柴油打夯机	200～250	3～4
人工打夯	<200	3～4

6.3.4 填方施工结束后，应检查标高、边坡坡度、压实程度等，检验标准应符合表 6.3.4 的规定。

表 6.3.4 填土工程质量检验标准（mm）

<table>
<tr><th rowspan="3">项目</th><th rowspan="3">序</th><th rowspan="3">检查项目</th><th colspan="5">允许偏差或允许值</th><th rowspan="3">检查方法</th></tr>
<tr><th rowspan="2">桩基
基坑
基槽</th><th colspan="2">场地平整</th><th rowspan="2">管沟</th><th rowspan="2">地（路）
面基础层</th></tr>
<tr><th>人工</th><th>机械</th></tr>
<tr><td rowspan="2">主控项目</td><td>1</td><td>标高</td><td>−50</td><td>±30</td><td>±50</td><td>−50</td><td>−50</td><td>水准仪</td></tr>
<tr><td>2</td><td>分层压实系数</td><td colspan="5">设计要求</td><td>按规定方法</td></tr>
<tr><td rowspan="3">一般项目</td><td>1</td><td>回填土料</td><td colspan="5">设计要求</td><td>取样检查
或直观鉴别</td></tr>
<tr><td>2</td><td>分层厚度及
含水量</td><td colspan="5">设计要求</td><td>水准仪及
抽样检查</td></tr>
<tr><td>3</td><td>表面平整度</td><td>20</td><td>20</td><td>30</td><td>20</td><td>20</td><td>用靠尺或
水准仪</td></tr>
</table>

7 基坑工程

7.1 一般规定

7.1.1 在基坑（槽）或管沟工程等开挖施工中，现场不宜进行放坡开挖，当可能对邻近建（构）筑物、地下管线、永久性道路产生危害时，应对基坑（槽）、管沟进行支护后再开挖。

7.1.2 基坑（槽）、管沟开挖前应做好下述工作：

1 基坑（槽）、管沟开挖前，应根据支护结构形式、挖深、地质条件、施工方法、周围环境、工期、气候和地面载荷等资料制定施工方案、环境保护措施、监测方案，经审批后方可施工。

2 土方工程施工前，应对降水、排水措施进行设计，系统应经检查和试运转，一切正常时方可开始施工。

3 有关围护结构的施工质量验收可按本规范第 4 章、第 5 章及本章 7.2、7.3、7.4、7.6、7.7 的规定执行，验收合格后方可进行土方开挖。

7.1.3 土方开挖的顺序、方法必须与设计工况相一致，并遵循"开槽支撑，先撑后挖，分层开挖，严禁超挖"的原则。

7.1.4 基坑（槽）、管沟的挖土应分层进行。在施工过程中基坑（槽）、管沟边堆置土方不应超过设计荷载，挖方时不应碰撞或损伤支护结构、降水设施。

7.1.5 基坑（槽）、管沟土方施工中应对支护结构、周围环境进行观察和监测，如出现异常情况应及时处理，待恢复正常后方可继续施工。

7.1.6 基坑（槽）、管沟开挖至设计标高后，应对坑底进行保护，经验槽合格后，方可进行垫层施工。对特大型基坑，宜分区分块挖至设计标高，分区分块及时浇筑垫层。必要时，可加强垫层。

7.1.7 基坑（槽）、管沟土方工程验收必须确保支护结构安全和周围环境安全为前提。当设计有指标时，以设计要求为依据，如无设计指标时应按表 7.1.7 的规定执行。

表 7.1.7 基坑变形的监控值（cm）

基坑类别	围护结构墙顶位移 监控值	围护结构墙体最大位移 监控值	地面最大沉降 监控值
一级基坑	3	5	3
二级基坑	6	8	6
三级基坑	8	10	10

注：1 符合下列情况之一，为一级基坑：
　1) 重要工程或支护结构做主体结构的一部分；
　2) 开挖深度大于 10m；
　3) 与临近建筑物，重要设施的距离在开挖深度以内的基坑；
　4) 基坑范围内有历史文物、近代优秀建筑、重要管线等需严加保护的基坑。
　2 三级基坑为开挖深度小于 7m，且周围环境无特别要求时的基坑。
　3 除一级和三级外的基坑属二级基坑。
　4 当周围已有的设施有特殊要求时，尚应符合这些要求。

7.2 排桩墙支护工程

7.2.1 排桩墙支护结构包括灌注桩、预制桩、板桩等类型桩构成的支护结构。

7.2.2 灌注桩、预制桩的检验标准应符合本规范第 5 章的规定。钢板桩均为工厂成品，新桩可按出厂标准检验，重复使用的钢板桩应符合 7.2.2-1 的规定，混凝土板桩应符合表 7.2.2-2 的规定。

表 7.2.2-1 重复使用的钢板桩检验标准

序	检查项目	允许偏差或允许值		检查方法
		单位	数值	
1	桩垂直度	%	<1	用钢尺量
2	桩身弯曲度		<2%l	用钢尺量，l 为桩长
3	齿槽平直度及光滑度		无电焊渣或毛刺	用1m长的桩段做通过试验
4	桩长度		不小于设计长度	用钢尺量

表 7.2.2-2 混凝土板桩制作标准

<table>
<tr><th>项目</th><th>序</th><th>检查项目</th><th colspan="2">允许偏差或允许值</th><th>检查方法</th></tr>
<tr><td></td><td></td><td></td><td>单位</td><td>数值</td><td></td></tr>
<tr><td rowspan="2">主控项目</td><td>1</td><td>桩长度</td><td>mm</td><td>+10
0</td><td>用钢尺量</td></tr>
<tr><td>2</td><td>桩身弯曲度</td><td></td><td><0.1%l</td><td>用钢尺量，l 为桩长</td></tr>
<tr><td rowspan="5">一般项目</td><td>1</td><td>保护层厚度</td><td>mm</td><td>±5</td><td>用钢尺量</td></tr>
<tr><td>2</td><td>模截面相对两面之差</td><td>mm</td><td>5</td><td>用钢尺量</td></tr>
<tr><td>3</td><td>桩尖对桩轴线的位移</td><td>mm</td><td>10</td><td>用钢尺量</td></tr>
<tr><td>4</td><td>桩厚度</td><td>mm</td><td>+10
0</td><td>用钢尺量</td></tr>
<tr><td>5</td><td>凹凸槽尺寸</td><td>mm</td><td>±5</td><td>用钢尺量</td></tr>
</table>

7.2.3 排桩墙支护的基坑,开挖后应及时支护,每一道支撑施工应确保基坑变形在设计要求的控制范围内。

7.2.4 在含水地层范围内的排桩墙支护基坑,应有确实可靠的止水措施,确保基坑施工及邻近构筑物的安全。

7.3 水泥土桩墙支护工程

7.3.1 水泥土支护结构指水泥土搅拌桩(包括加筋水泥土搅拌桩)、高压喷射注浆桩所构成的围护结构。

7.3.2 水泥土搅拌桩及高压喷射注浆桩的质量检验应满足本规范第 4 章 4.10、4.11 的规定。

7.3.3 加筋水泥土桩应符合表 7.3.3 的规定。

表 7.3.3　加筋水泥土桩质量检验标准

序	检查项目	允许偏差或允许值		检查方法
		单位	数值	
1	型钢长度	mm	±10	用钢尺量
2	型钢垂直度	‰	<1	经纬仪
3	型钢插入标高	mm	±30	水准仪
4	型钢插入平面位置	mm	10	用钢尺量

7.4 锚杆及土钉墙支护工程

7.4.1 锚杆及土钉墙支护工程施工前应熟悉地质资料、设计图纸及周围环境,降水系统应确保正常工作,必须的施工设备如挖掘机、钻机、压浆泵、搅拌机等应能正常运转。

7.4.2 一般情况下,应遵循分段开挖、分段支护的原则,不宜按一次挖就再行支护的方式施工。

7.4.3 施工中应对锚杆或土钉位置,钻孔直径、深度及角度,锚杆或土钉插入长度,注浆配比、压力及注浆量,喷锚墙面厚度及强度、锚杆或土钉应力等进行检查。

7.4.4 每段支护体施工完后,应检查坡顶或坡面位移,坡顶沉降及周围环境变化,如有异常情况应采取措施,恢复正常后方可继续施工。

7.4.5 锚杆及土钉墙支护工程质量检验应符合表 7.4.5 的规定。

表 7.4.5　锚杆及土钉墙支护工程质量检验标准

项	序	检查项目	允许偏差或允许值		检查方法
			单位	数值	
主控项目	1	锚杆土钉长度	mm	±30	用钢尺量
	2	锚杆锁定力		设计要求	现场实测
一般项目	1	锚杆或土钉位置	mm	±100	用钢尺量
	2	钻孔倾斜度	°	±1	测钻机倾角
	3	浆体强度		设计要求	试样送检
	4	注浆量		大于理论计算浆量	检查计量数据
	5	土钉墙面厚度	mm	±10	用钢尺量
	6	墙体强度		设计要求	试样送检

7.5 钢或混凝土支撑系统

7.5.1 支撑系统包括围囹及支撑,当支撑较长时(一般超过15m),还包括支撑下的立柱及相应的立柱桩。

7.5.2 施工前应熟悉支撑系统的图纸及各种计算工况,掌握开挖及支撑设置的方式、预应力及周围环境保护的要求。

7.5.3 施工过程中应严格控制开挖和支撑的程序及时间,对支撑的位置(包括立柱及立柱桩的位置)、每层开挖深度、预加顶力(如需要时)、钢围囹与围护体或支撑与围囹的密贴应做周密检查。

7.5.4 全部支撑安装结束后,仍应维持整个系统的正常运转直至支撑全部拆除。

7.5.5 作为永久性结构的支撑系统尚应符合现行国家标准《混凝土结构工程施工质量验收规范》GB 50204 的要求。

7.5.6 钢或混凝土支撑系统工程质量检验标准应符合表 7.5.6

的规定。

表 7.5.6　钢及混凝土支撑系统工程质量检验标准

项	序	检查项目	允许偏差或允许值		检查方法
			单位	数量	
主控项目	1	支撑位置:标高	mm	30	水准仪
		平面	mm	100	用钢尺量
	2	预加顶力	kN	±50	油泵读数或传感器
一般项目	1	围囹标高	mm	30	水准仪
	2	立柱桩		参见本规范第 5 章	参见本规范第 5 章
	3	立柱位置:标高	mm	30	水准仪
		平面	mm	50	用钢尺量
	4	开挖超深(开排放支撑不在此范围)	mm	<200	水准仪
	5	支撑安装时间		设计要求	用钟表估测

7.6 地下连续墙

7.6.1 地下连续墙均应设置导墙,导墙形式有预制及现浇两种,现浇导墙形状有"L"型或倒"L"型,可根据不同土质选用。

7.6.2 地下墙施工前宜先试成槽,以检验泥浆的配比、成槽机的选型并可复核地质资料。

7.6.3 作为永久结构的地下连续墙,其抗渗质量标准可按现行国家标准《地下防水工程施工质量验收规范》GB 50208 执行。

7.6.4 地下墙槽段间的连接接头形式,应根据地下墙的使用要求选用,且应考虑施工单位的经验,无论选用何种接头,在浇注混凝土前,接头处必须刷洗干净,不留任何泥砂或污物。

7.6.5 地下墙与地下室结构顶板、楼板、底板及梁之间连接可预埋钢筋或接驳器(锥螺纹或直螺纹),对接驳器也应按原材料检验要求,抽样复核。数量每 500 套为一个检验批,每批应抽查 3 件,复验内容为外观、尺寸、抗拉试验等。

7.6.6 施工前应检验进场的钢材、电焊条。已完工的导墙应检查其净空尺寸,墙面平整度与垂直度。检查泥浆用的仪器、泥浆循环系统应完好。地下连续墙应用商品混凝土。

7.6.7 施工中应检查成槽的垂直度、槽底的淤积物厚度、泥浆比重、钢筋笼尺寸、浇注导管位置、混凝土上升速度、浇注面标高、地下墙连接面的清洗程度、商品混凝土的坍落度、锁口管或接头箱的拔出时间及速度等。

7.6.8 成槽结束后应对成槽的宽度、深度及倾斜度进行检验,重要结构每段槽都应检查,一般结构可抽查总槽段数的 20%,每槽段应抽查 1 个剖面。

7.6.9 永久性结构的地下墙,在钢筋笼沉放后,应做二次清孔,沉渣厚度应符合要求。

7.6.10 每 50m³ 地下墙应做 1 组试件,每幅槽段不得少于 1 组,在强度满足设计要求后方可开挖土方。

7.6.11 作为永久性结构的地下连续墙,土方开挖后应进行逐段检查,钢筋混凝土底板也应符合现行国家标准《混凝土结构工程施工质量验收规范》GB 50204 的规定。

7.6.12 地下墙的钢筋笼检验标准应符合本规范表 5.6.4-1 的规定。其他标准应符合表 7.6.12 的规定。

表 7.6.12　地下墙质量检验标准

项	序	检查项目	允许偏差或允许值		检查方法
			单位	数值	
主控项目	1	墙体强度		设计要求	查试件记录或取芯试压
	2	垂直度:永久结构		1/300	测声波测槽仪或成槽机上的监测系统
		临时结构		1/150	
	1	导墙尺寸	宽度	mm	W+40	用钢尺量,W 为地下墙设计总厚度
			墙面平整度	mm	<5	用钢尺量
			导墙平面位置	mm	±10	用钢尺量

续表 7.6.12

项	序	检查项目		允许偏差或允许值		检查方法
				单位	数值	
一般项目	2	沉渣厚度：永久结构 临时结构		mm mm	≤100 ≤200	重锤测或沉积物测定仪测
	3	槽深		mm	+100	重锤测
	4	混凝土坍落度		mm	180~220	坍落度测定器
	5	钢筋笼尺寸		见本规范表 5.6.4-1		见本规范表 5.6.4-1
	6	地下墙表面平整度	永久结构 临时结构 插入式结构	mm mm mm	<100 <150 <20	此为均匀粘土层；松散及易坍土层由原材料决定
	7	永久结构时的预埋件位置	水平向 垂直向	mm mm	≤10 ≤20	用钢量 水准仪

7.7 沉井与沉箱

7.7.1 沉井是下沉结构，必须掌握确凿的地质资料，钻孔可按下述要求进行：

1 面积在 200m² 以下（包括 200m²）的沉井（箱），应有一个钻孔（可布置在中心位置）。

2 面积在 200m² 以上的沉井（箱），在四角（圆形为相互垂直的两直径端点）应各布置一个钻孔。

3 特大沉井（箱）可根据具体情况增加钻孔。

4 钻孔底标高应深于沉井的终端标高。

5 每座沉井（箱）应有一个钻孔提供土的各项物理力学指标、地下水位和地下水含量资料。

7.7.2 沉井（箱）的施工应由具有专业施工经验的单位承担。

7.7.3 沉井制作时，承垫木或砂垫层的采用，与沉井的结构情况、地质条件、制作高度等有关。无论采用何种型式，均应有沉井制作时的稳定计算及措施。

7.7.4 多次制作和下沉的沉井（箱），在每次制作接高时，应对下卧层作稳定复核计算，并确定确保沉井接高的稳定措施。

7.7.5 沉井采用排水封底时，应保证终沉时，井内不发生管涌、涌土及沉井止沉稳定。如不能保证时，应采用水下封底。

7.7.6 沉井施工除应符合本规范规定外，尚应符合现行国家标准《混凝土结构工程施工质量验收规范》GB 50204 及《地下防水工程施工质量验收规范》GB 50208 的规定。

7.7.7 沉井（箱）在施工前应对钢筋、电焊条及焊接成形的钢筋半成品进行检验。如不用商品混凝土，则应对现场的水泥、骨料做检验。

7.7.8 混凝土浇注前，应对模板尺寸、预埋件位置、模板的密封性进行检验。拆模后应检查浇注质量（外观及强度），符合要求后方可下沉。浮运沉井尚需做起浮可能性检查。下沉过程中应对下沉偏差做过程控制检查。下沉后的接高应对地基强度、沉井的稳定做检查。封底结束后，应对底板的结构（有无裂缝）及渗漏做检查。有关渗漏验收标准应符合现行国家标准《地下防水工程施工质量验收规范》GB 50208 的规定。

7.7.9 沉井（箱）竣工后的验收应包括沉井（箱）的平面位置、终端标高、结构完整性、渗水等进行综合检查。

7.7.10 沉井（箱）的质量检验标准应符合表 7.7.10 的要求。

表 7.7.10 沉井（箱）的质量检验标准

项	序	检查项目	允许偏差或允许值		检查方法
			单位	数值	
主控项目	1	混凝土强度	满足设计要求（下沉前必须达到70%设计强度）		查试件记录或抽样送检
	2	封底前，沉井（箱）的下沉稳定	mm/8h	<10	水准仪

续表 7.7.10

项	序	检查项目	允许偏差或允许值		检查方法
			单位	数值	
主控项目	3	封底结束后的位置： 刃脚平均标高（与设计标高比） 刃脚平面中心线位移 四角中任何两角的底面高差	mm	<100 <1%H <1%l	水准仪 经纬仪，H 为下沉总深度，H<10m 时，控制在100mm 之内 水准仪，l 为两角的距离，但不超过 300mm，l<10m 时，控制在100mm 之内
一般项目	1	钢材、对接钢筋、水泥、骨料等原材料检查	符合设计要求		查出厂质保书或抽样送检
	2	结构体外观	无裂缝，无风窝、空洞，不露筋		直观
	3	平面尺寸：长与宽 曲线部分半径 两对角线差 预埋件	% % % mm	±0.5 ±0.5 1.0 20	用钢尺量，最大控制在100mm 之内 用钢尺量，最大控制在50mm 之内 用钢尺量 用钢尺量
	4	下沉过程中的偏差：高差 平面轴线	% 	1.5~2.0 <1.5%H	水准仪，但最大不超过1m 经纬仪，H 为下沉深度，最大应控制在300mm 之内，此数值不包括高差引起的中线位移
	5	封底混凝土坍落度	cm	18~22	坍落度测定器

注：主控项目 3 的三项偏差可同时存在，下沉总深度，系指下沉前后刃脚之高差。

7.8 降水与排水

7.8.1 降水与排水是配合基坑开挖的安全措施，施工前应有降水与排水设计。当在基坑外降水时，应有降水范围的估算，对重要建筑物或公共设施在降水过程中应监测。

7.8.2 对不同的土质应用不同的降水形式，表 7.8.2 为常用的降水形式。

表 7.8.2 降水类型及适用条件

降水类型	渗透系数（cm/s）	可能降低的水位深度（m）
轻型井点 多级轻型井点	10^{-2}~10^{-5}	3~6 6~12
喷射井点	10^{-3}~10^{-6}	8~20
电渗井点	<10^{-6}	宜配合其他形式降水使用
深井管	≥10^{-5}	>10

7.8.3 降水系统施工完后，应试运转，如发现井管失效，应采取措施使其恢复正常，如无可能恢复则应报废，另行设置新的井管。

7.8.4 降水系统运转过程中应随时检查观测孔内的水位。

7.8.5 基坑内明排水应设置排水沟及集水井，排水沟纵坡宜控制在 1‰~2‰。

7.8.6 降水与排水施工的质量检验标准应符合表 7.8.6 的规定。

表 7.8.6 降水与排水施工质量检验标准

序	检查项目	允许值或允许偏差		检查方法
		单位	数值	
1	排水沟坡度	‰	1~2	目测：坑内不积水，沟内排水畅通
2	井管（点）垂直度	%	1	插管时目测

序	检查项目	允许值或允许偏差		检查方法
		单位	数值	
3	井管(点)间距(与设计相比)	%	≤150	用钢尺量
4	井管(点)插入深度(与设计相比)	mm	≤200	水准仪
5	过滤砂砾料填灌(与计算值相比)	mm	≤5	检查回填料用量
6	井点真空度：轻型井点	kPa	>60	真空表
	喷射井点	kPa	>93	真空表
7	电渗井点阴阳极距离：轻型井点	mm	80～100	用钢尺量
	喷射井点	mm	120～150	用钢尺量

8 分部(子分部)工程质量验收

8.0.1 分项工程、分部(子分部)工程质量的验收，均应在施工单位自检合格的基础上进行。施工单位确认自检合格后提出工程验收申请，工程验收时应提供下列技术文件和记录：

1 原材料的质量合格证和质量鉴定文件；

2 半成品如预制桩、钢桩、钢筋笼等产品合格证书；

3 施工记录及隐蔽工程验收文件；

4 检测试验及见证取样文件；

5 其他必须提供的文件或记录。

8.0.2 对隐蔽工程应进行中间验收。

8.0.3 分部(子分部)工程验收应由总监理工程师或建设单位项目负责人组织勘察、设计单位及施工单位的项目负责人、技术质量负责人，共同按设计要求和本规范及其他有关规定进行。

8.0.4 验收工作应按下列规定进行：

1 分项工程的质量验收应分别按主控项目和一般项目验收；

2 隐蔽工程应在施工单位自检合格后，于隐蔽前通知有关人员检查验收，并形成中间验收文件；

3 分部(子分部)工程的验收，应在分项工程通过验收的基础上，对必要的部位进行见证检验。

8.0.5 主控项目必须符合验收标准规定，发现问题应立即处理直至符合要求，一般项目应有80%合格。混凝土试件强度评定不合格或对试件的代表性有怀疑时，应采用钻芯取样，检测结果符合设计要求可按合格验收。

附录A 地基与基础施工勘察要点

A.1 一般规定

A.1.1 所有建(构)筑物均应进行施工验槽。遇到下列情况之一时，应进行专门的施工勘察。

1 工程地质条件复杂，详勘阶段难以查清时；

2 开挖基槽发现土质、土层结构与勘察资料不符时；

3 施工中边坡失稳，需查明原因，进行观察处理时；

4 施工中，地基土受扰动，需查明其性状及工程性质时；

5 为地基处理，需进一步提供勘察资料时；

6 建(构)筑物有特殊要求，或在施工时出现新的岩土工程地质问题时。

A.1.2 施工勘察应针对需要解决的岩土工程问题布置工作量，

勘察方法可根据具体情况选用施工验槽、钻探取样和原位测试等。

A.2 天然地基基础基槽检验要点

A.2.1 基槽开挖后，应检验下列内容：

1 核对基坑的位置、平面尺寸、坑底标高；

2 核对基坑土质和地下水情况；

3 空穴、古墓、古井、防空掩体及地下埋设物的位置、深度、性状。

A.2.2 在进行直接观察时，可用袖珍式贯入仪作为辅助手段。

A.2.3 遇到下列情况之一时，应在基坑底普遍进行轻型动力触探：

1 持力层明显不均匀；

2 浅部有软弱下卧层；

3 有浅埋的坑穴、古墓、古井等，直接观察难以发现时；

4 勘察报告或设计文件规定应进行轻型动力触探时。

A.2.4 采用轻型动力触探进行基槽检验时，检验深度及间距按表A.2.4执行。

表A.2.4 轻型动力触探检验深度及间距表(m)

排列方式	基槽宽度	检验深度	检验间距
中心一排	<0.8	1.2	1.0～1.5m 视地层复杂情况定
两排错开	0.8～2.0	1.5	
梅花型	>2.0	2.1	

A.2.5 遇下列情况之一时，可不进行轻型动力触探：

1 基坑不深处有承压水层，触探可造成冒水涌砂时；

2 持力层为砾石层或卵石层，且其厚度符合设计要求时。

A.2.6 基槽检验应填写验槽记录或检验报告。

A.3 深基础施工勘察要点

A.3.1 当预制打入桩、静力压桩或锤击沉管灌注桩的入土深度与勘察资料不符或对桩端下卧层有怀疑时，应核查桩端下主要受力层范围内的标准贯入击数和岩土工程性质。

A.3.2 在单柱单桩的大直径桩施工中，如发现地层变化异常或怀疑持力层可能存在破碎带或溶洞等情况时，应对其分布、性质、程度进行核查，评价其对工程安全的影响程度。

A.3.3 人工挖孔混凝土灌注桩应逐孔进行持力层岩土性质的描述及鉴别，当发现与勘察资料不符时，应对异常之处进行施工勘察，重新评价，并提供处理的技术措施。

A.4 地基处理工程施工勘察要点

A.4.1 根据地基处理方案，对勘察资料中场地工程地质及水文地质条件进行核查和补充；对详勘阶段遗留问题或地基处理设计中的特殊要求进行有针对性的勘察，提供地基处理所需的岩土工程设计参数，评价现场施工条件及施工对环境的影响。

A.4.2 当地基处理施工中发生异常情况时，进行施工勘察，查明原因，为调整、变更设计方案提供岩土工程设计参数，并提供处理的技术措施。

A.5 施工勘察报告

A.5.1 施工勘察报告应包括下列主要内容：

1 工程概况；

2 目的和要求；

3 原因分析；

4 工程安全性评价；

5 处理措施及建议。

附录 B 塑料排水带的性能

B.0.1 不同型号塑料排水带的厚度应符合表 B.0.1。

表 B.0.1 不同型号塑料排水带的厚度(mm)

型 号	A	B	C	D
厚度	>3.5	>4.0	>4.5	>6

B.0.2 塑料排水带的性能应符合表 B.0.2。

表 B.0.2 塑料排水带的性能

项 目		单位	A型	B型	C型	条 件
纵向通水量		cm³/s	≥15	≥25	≥40	侧压力
滤膜渗透系数		cm/s		≥5×10⁻⁴		试件在水中浸泡24h
滤膜等效孔径		μm		<75		以 D_{98} 计, D 为孔径
复合体抗拉强度(干态)		kN/10cm	≥1.0	≥1.3	≥1.5	延伸率10%时
滤膜抗拉强度	干态	N/cm	≥15	≥25	≥30	延伸率10%时
	湿态		≥10	≥20	≥25	延伸率15%时,试件在水中浸泡24h

续表 B.0.2

项 目	单位	A型	B型	C型	条 件
滤膜重度	N/m²	—	0.8	—	

注:1 A型排水带适用于插入深度小于 15m。

2 B型排水带适用于插入深度小于 25m。

3 C型排水带适用于插入深度小于 35m。

本规范用词说明

1 为便于在执行本规范条文时区别对待,对要求严格程度不同的用词,说明如下:

1)表示很严格,非这样做不可的用词:

正面词采用"必须",反面词采用"严禁"。

2)表示严格,在正常情况下均应这样做的用词:

正面词采用"应",反面词采用"不应"或"不得"。

3)表示允许稍有选择,在条件许可时,首先应这样做的用词:

正面词采用"宜",反面词采用"不宜"。

表示有选择,在一定条件下可以这样做的用词,采用"可"。

2 本规范中指明应按其他有关标准、规范执行的写法为"应符合……要求或规定"或"应按……执行"。

中华人民共和国国家标准

建筑地基基础工程施工质量验收规范

GB 50202—2002

条 文 说 明

目　次

1 总 则

1.0.1 根据统一布置，现行国家标准《土方与爆破工程施工及验收规范》GBJ 201 中的"土方工程"列入本规范中。因此，本规范包括了"土方工程"的内容。

1.0.2 铁路、公路、航运、水利和矿井巷道工程，对地基基础工程均有特殊要求，本规范偏重于建筑工程，对这些有特殊要求的地基基础工程，验收应按专业规范执行。

1.0.3 本规范部分条文是强制性的，设计文件或合同条款可以有高于本规范规定的标准要求，但不得低于本规范规定的标准。

1.0.4 现行国家标准《建筑工程施工质量验收统一标准》GB 50300 对各个规范的编制起了指导性的作用，在具体执行本规范时，应同 GB 50300 标准结合起来使用。

1.0.5 地基基础工程内容涉及到砌体、混凝土、钢结构、地下防水工程以及桩基检测等有关内容，验收时除应符合本规范的规定外，尚应符合相关规范的规定。与本规范相关的国家现行规范有：

1 《砌体工程施工质量验收规范》GB 50203—2001

2 《混凝土结构工程施工质量验收规范》GB 50204—2001

3 《钢结构工程施工质量验收规范》GB 50205—2001

4 《地下防水工程施工质量验收规范》GB 50208—2001

5 《建筑基桩检测技术规范》JGJ 106—2002

6 《建筑地基处理技术规范》JGJ 79—2002

7 《建筑地基基础设计规范》GB 50007—2002

3 基 本 规 定

3.0.1 地基与基础工程的施工，均与地下土层接触，地质资料极为重要。基础工程的施工又影响临近房屋和其他公共设施，对这些设施的结构状况的掌握，有利于基础工程施工的安全与质量，同时又可使这些设施得到保护。近几年由于地质资料不详或对临近建筑物和设施没有充分重视而造成的基础工程质量事故或临近建筑物、公共设施的破坏事故，屡有发生。施工前掌握必要的资料，做到心中有数是有必要的。

3.0.2 国家基本建设的发展，促进了大批施工企业应运而生，但这些企业良莠不齐，施工质量得不到保证。尤其是地基基础工程，专业性较强，没有足够的施工经验，应付不了复杂的地质情况，多变的环境条件，较高的专业标准。为此，必须强调施工企业的资质。对重要的、复杂的地基基础工程应有相应资质的

施工单位。资质指企业的信誉，人员的素质，设备的性能及施工实绩。

3.0.3 基础工程为隐蔽工程，工程检测与质量见证试验的结果具有重要的影响，必须有权威性。只有具有一定资质水平的单位才能保证其结果的可靠与准确。

3.0.4 有些地基与基础工程规模较大，内容较多，既有桩基又有地基处理，甚至基坑开挖等，可按工程管理的需要，根据《建筑工程施工质量验收统一标准》所划分的范围，确定子分部工程。

3.0.5 地基基础工程大量都是地下工程，虽有勘探资料，但常与地质资料不符或没有掌握到的情况发生，致使工程不能顺利进行。为避免不必要的重大事故或损失，遇到施工异常情况出现应停止施工，待妥善解决后再恢复施工。

4 地 基

4.1 一 般 规 定

4.1.3 地基施工考虑间歇期是因为地基土的密实，孔隙水压力的消散，水泥或化学浆液的固结等均需有一个期限，施工结束即进行验收有不符实际的可能。至于间歇多长时间在各类地基规范中有所考虑，但仅是参照数字。具体可由设计人员根据要求确定。有些大工程施工周期较长，一部分已达到间歇要求，另一部分仍在施工，就不一定待全部工程施工结束后再进行取样检查，可先在已完工程部位进行，但是否有代表性就应由设计方确定。

4.1.4 试验工程目的在于取得数据，以指导施工。对无经验可查的工程更应强调，这样做的目的，能使施工质量更容易满足设计要求，即不造成浪费也不会造成大面积返工。对试验荷载考虑稍大一些，有利于分析比较，以取得可靠的施工参数。

4.1.5 本条所列的地基均不是复合地基，由于各地各设计单位的习惯、经验等，对地基处理后的质量检验指标均不一样，有的用标贯、静力触探，有的用十字板剪切强度等，有的就用承载力检验。对此，本条用何指标不予规定，按设计要求而定。地基处理的质量好坏，最终体现在这些指标中。为此，将本条列为强制性条文。各种指标的检验方法可按国家现行行业标准《建筑地基处理技术规范》JGJ 79 的规定执行。

4.1.6 水泥土搅拌桩地基，高压喷射注浆桩地基，砂桩地基，振冲桩地基、土和灰土挤密桩地基、水泥粉煤灰碎石桩地基及夯实水泥土桩地基为复合地基，桩是主要施工对象，首先应检验桩的质量，检查方法可按国家现行行业标准《建筑工程基桩检测技术规范》JGJ 106 的规定执行。

4.1.7 本规范第 4.1.5、4.1.6 条规定的各类地基的

主控项目及数量是至少应达到的，其他主控项目及检验数量由设计确定，一般项目可根据实际情况，随时抽查，做好记录。复合地基中的桩的施工是主要的，应保证20%的抽查量。

4.2 灰土地基

4.2.1 灰土的土料宜用粘土、粉质粘土。严禁采用冻土、膨胀土和盐渍土等活动性较强的土料。

4.2.2 验槽发现有软弱土层或孔穴时，应挖除并用素土或灰土分层填筑。最优含水量可通过击实试验确定。分层厚度可参考表1所示数值。

表1 灰土最大虚铺厚度

序	夯实机具	质量（t）	厚度（mm）	备 注
1	石夯、木夯	0.04～0.08	200～250	人力送夯，落距400～500mm，每夯搭接半夯
2	轻型夯实机械	—	200～250	蛙式或柴油打夯机
3	压路机	机重6～10	200～300	双轮

4.3 砂和砂石地基

4.3.1 原材料宜用中砂、粗砂、砾砂、碎石（卵石）、石屑。细砂应同时掺入25%～35%碎石或卵石。

4.3.2 砂和砂石地基每层铺筑厚度及最优含水量可参考表2所示数值。

表2 砂和砂石地基每层铺筑厚度及最优含水量

序	压实方法	每层铺筑厚度（mm）	施工时的最优含水量（%）	施工说明	备注
1	平振法	200～250	15～20	用平板式振捣器往复振捣	不宜使用于细砂或含泥量较大的砂所铺筑的砂地基
2	插振法	振捣器插入深度	饱和	（1）用插入式振捣器（2）插入点间距可根据机械振幅大小决定（3）不应插至下卧粘性土层（4）插入振捣完毕后，所留的孔洞，应用砂填实	不宜使用细砂或含泥量较大的砂所铺筑的砂地基

续表2

序	压实方法	每层铺筑厚度（mm）	施工时的最优含水量（%）	施工说明	备注
3	水撼法	250	饱和	（1）注水高度应超过每次铺筑面层（2）用钢叉摇撼捣实插入点间距为100mm（3）钢叉分四齿，齿的间距80mm，长300mm，木柄长90mm	
4	夯实法	150～200	8～12	（1）用木夯或机械夯（2）木夯重40kg，落距400～500mm（3）一夯压半夯全面夯实	
5	碾压法	250～350	8～12	6～12t压路机往复碾压	适用于大面积施工的砂和砂石地基

注：在地下水位以下的地基其最下层的铺筑厚度可比上表增加50mm。

4.4 土工合成材料地基

4.4.1 所用土工合成材料的品种与性能和填料土类，应根据工程特性和地基土条件，通过现场试验确定，垫层材料宜用粘性土、中砂、粗砂、砾砂、碎石等内摩阻力高的材料。如工程要求垫层排水，垫层材料应具有良好的透水性。

4.4.2 土工合成材料如用缝接法或胶接法连接，应保证主要受力方向的连接强度不低于所采用材料的抗拉强度。

4.5 粉煤灰地基

4.5.1 粉煤灰材料可用电厂排放的硅铝型低钙粉煤灰。$SiO_2 + Al_2O_3$ 总含量不低于70%（或 $SiO_2 + Al_2O_3 + Fe_2O_3$ 总含量），烧失量不大于12%。

4.5.2 粉煤灰填筑的施工参数宜试验后确定。每摊铺一层后，先用履带式机具或轻型压路机初压1～2遍，然后用中、重型振动压路机振碾3～4遍，速度为2.0～2.5km/h，再静碾1～2遍，碾压轮迹应相互搭接，后轮必须超过两施工段的接缝。

4.6 强夯地基

4.6.1 为避免强夯振动对周边设施的影响，施工前必须对附近建筑物进行调查，必要时采取相应的防振或隔振措施，影响范围约 10~15m。施工时应由邻近建筑物开始夯击逐渐向远处移动。

4.6.2 如无经验，宜先试夯取得各类施工参数后再正式施工。对透水性差、含水量高的土层，前后两遍夯击应有一定间歇期，一般 2~4 周。夯点超出需加固的范围为加固深度的 1/2~1/3，且不小于 3m。施工时要有排水措施。

4.6.4 质量检验应在夯后一定的间歇期之后进行，一般为两星期。

4.7 注 浆 地 基

4.7.1 为确保注浆加固地基的效果，施工前应进行室内浆液配比试验及现场注浆试验，以确定浆液配方及施工参数。常用浆液类型见表 3。

表 3 常用浆液类型

浆 液		浆 液 类 型
粒状浆液（悬液）	不稳定粒状浆液	水泥浆
		水泥砂浆
	稳定粒状浆液	粘土浆
		水泥粘土浆
化学浆液（溶液）	无机浆液	硅酸盐
	有机浆液	环氧树脂类
		甲基丙烯酸脂类
		丙烯酰胺类
		木质素类
		其他

4.7.2 对化学注浆加固的施工顺序宜按以下规定进行：

1 加固渗透系数相同的土层应自上而下进行。

2 如土的渗透系数随深度而增大，应自下而上进行。

3 如相邻土层的土质不同，应首先加固渗透系数大的土层。

检查时，如发现施工顺序与此有异，应及时制止，以确保工程质量。

4.8 预 压 地 基

4.8.1 软土的固结系数较小，当土层较厚时，达到工作要求的固结度需时较长，为此，对软土预压应设置排水通道，其长度及间距宜通过试压确定。

4.8.2 堆载预压，必须分级堆载，以确保预压效果并避免坍滑事故。一般每天沉降速率控制在 10~15mm，边桩位移速率控制在 4~7mm。孔隙水压力增量不超过预压荷载增量 60%，以这些参考指标控制堆载速率。

真空预压的真空度可一次抽气至最大，当连续 5d 实测沉降小于每天 2mm 或固结度 ≥80%，或符合设计要求时，可停止抽气。降水预压可参考本条。

4.8.3 一般工程在预压结束后，做十字板剪切强度或标贯、静力触探试验即可，但重要建筑物地基应做承载力检验。如设计有明确规定应按设计要求进行检验。

4.9 振 冲 地 基

4.9.1 为确切掌握好填料量、密实电流和留振时间，使各段桩体都符合规定的要求，应通过现场试成桩确定这些施工参数。填料应选择不溶于地下水，或不受侵蚀影响且本身无侵蚀性和性能稳定的硬粒料。对粒径控制的目的，确保振冲效果及效率。粒径过大，在边振边填过程中难以落入孔内；粒径过细小，在孔中沉入速度太慢，不易振密。

4.9.2 振冲置换造孔的方法有排孔法，即由一端开始到另一端结束；跳打法，即每排孔施工时隔一孔造一孔，反复进行；帷幕法，即先造外围 2~3 圈孔，再造内圈孔，此时可隔一圈造一圈或依次向中心区推进。振冲施工必须防止漏孔，因此要做好孔位编号并施工复查工作。

4.9.3 振冲施工对原土结构造成扰动，强度降低。因此，质量检验应在施工结束后间歇一定时间，对砂土地基间隔 1~2 周，粘性土地基间隔 3~4 周，对粉土、杂填土地基间隔 2~3 周。桩顶部位由于周围约束力小，密实度较难达到要求，检验取样应考虑此因素。对振冲密实法加固的砂土地基，如不加填料，质量检验主要是地基的密实度，可用标准贯入、动力触探等方面进行，但选点应有代表性。为此，本条提出了应在有代表性的地段做质量检验。在具体操作时，宜由设计、施工、监理（或业主方）共同确定位置后，再进行检验。

4.10 高压喷射注浆地基

4.10.1 高压喷射注浆工艺宜用普遍硅酸盐工艺，强度等级不得低于 32.5，水泥用量，压力宜通过试验确定，如无条件可参考表 4：

表 4 1m 桩长喷射桩水泥用量表

桩径（mm）	桩长（m）	强度为 32.5 普硅水泥单位用量	喷射施工方法		
			单管	二重管	三管
φ600	1	kg/m	200~250	200~250	—
φ800	1	kg/m	300~350	300~350	—
φ900	1	kg/m	350~400（新）	350~400	—
φ1000	1	kg/m	400~450（新）	400~450（新）	700~800
φ1200	1	kg/m	—	500~600（新）	800~900
φ1400	1	kg/m	—	700~800（新）	900~1000

注："新"系指采用高压水泥泵，压力为 36~40MPa，流量 80~110L/min 的新单管法和二重管法。

水压比为 0.7～1.0 较妥，为确保施工质量，施工机具必须配置准确的计量仪表。

4.10.2 由于喷射压力较大，容易发生窜浆，影响邻孔的质量，应采用间隔跳打法施工，一般二孔间距大于 1.5m。

4.10.3 如不做承载力或强度检验，则间歇期可适当缩短。

4.11 水泥土搅拌桩地基

4.11.1 水泥土搅拌桩对水泥压入量要求较高，必须在施工机械上配置流量控制仪表，以保证一定的水泥用量。

4.11.2 水泥土搅拌桩施工过程中，为确保搅拌充分，桩体质量均匀，搅拌机头提速不宜过快，否则会使搅拌桩体局部水泥量不足或水泥不能均匀地拌和在土中，导致桩体强度不一，因此规定了机头提升速度。

4.11.4 强度检验取 90d 的试样是根据水泥土的特性而定，如工程需要（如作为围护结构用的水泥土搅拌桩）可根据设计要求，以 28d 强度为准。由于水泥土搅拌桩施工的影响因素较多，故检查数量略多于一般桩基。

4.11.5 本规范表 4.11.5 中桩体强度的检查方法，各地有其他成熟的方法，只要可靠均行。如用轻便触探器检查均匀程度、用对比法判断桩身强度等，可参照国家现行行业标准《建筑地基处理技术规范》JGJ 79。

4.12 土和灰土挤密桩复合地基

4.12.1 施工前应在现场进行成孔、夯填工艺和挤密效果试验，以确定填料厚度、最优含水量、夯击次数及干密度等施工参数及质量标准。成孔顺序应先外后内，同排桩应间隔施工。填料含水量如过大，宜预干或预湿处理后再填入。

4.13 水泥粉煤灰碎石桩复合地基

4.13.2 提拔钻杆（或套管）的速度必须与泵入混合料的速度相配，否则容易产生缩颈或断桩，而且不同土层中提拔的速度不一样，砂性土、砂质粘土、粘土中提拔的速度为 1.2～1.5m/min，在淤泥质土中应适当放慢。桩顶标高应高出设计标高 0.5m。由沉管方法成孔时，应注意新施工桩对已成桩的影响，避免挤桩。

4.13.3 复合地基检验应在桩体强度符合试验荷载条件时进行，一般宜在施工结束后 2～4 周后进行。

4.14 夯实水泥土桩复合地基

4.14.3 承载力检验一般为单桩的载荷试验，对重要、大型工程应进行复合地基载荷试验。

4.14.5 夯扩桩的施工工艺与夯实水泥土桩相似，质量标准参照夯实水泥土桩是合适的。

4.15 砂 桩 地 基

4.15.2 砂桩施工应从外围或两则向中间进行，成孔宜用振动沉管工艺。

4.15.3 砂桩施工的间歇期为 7d，在间歇期后才能进行质量检验。

5 桩 基 础

5.1 一 般 规 定

5.1.2 桩顶标高低于施工场地标高时，如不做中间验收，在土方开挖后如有桩顶位移发生不易明确责任，究竟是土方开挖不妥，还是本身桩位不准（打入桩施工不慎，会造成挤土，导致桩体位移），加一次中间验收有利于责任区分，引起打桩及土方承包商的重视。

5.1.3 本规范表 5.1.3 中的数值未计及由于降水和基坑开挖等造成的位移，但由于打桩顺序不当，造成挤土而影响已入土桩的位移，是包括在表列数值中。为此，必须在施工中考虑合适的顺序及打桩速率。布桩密集的基础工程应有必要的措施来减少沉桩的挤土影响。

5.1.5 对重要工程（甲级）应采用静载荷试验本检验桩的垂直承载力。工程的分类按现行国家标准《建筑地基基础设计规范》GB 50007 第 3.0.1 条的规定。关于静载荷试验桩的数量，如果施工区域地质条件单一，当地又有足够的实践经验，数量可根据实际情况，由设计确定。承载力检验不仅是检验施工的质量而且也能检验设计是否达到工程的要求。因此，施工前的试桩如没有破坏又用于实际工程中应可作为验收的依据。非静载荷试验桩的数量，可按国家现行行业标准《建筑工程基桩检测技术规范》JGJ 106 的规定执行。

5.1.6 桩身质量的检验方法很多，可按国家现行行业标准《建筑基桩检测技术规范》JGJ 106 所规定的方法执行。打入桩制桩的质量容易控制，问题也较易发现，抽查数可较灌注桩少。

5.2 静 力 压 桩

5.2.1 静力压桩的方法较多，有锚杆静压、液压千斤顶加压、绳索系统加压等，凡非冲击力沉桩均按静力压桩考虑。

5.2.2 用硫磺胶泥接桩，在大城市因污染空气已较少使用，但考虑到有些地区仍在使用，因此本规范仍放入硫磺胶泥接桩内容。半成品硫磺胶泥必须在进场后做检验。压桩用压力表必须标定合格方能使用，压桩时的压力数值是判断承载力的依据，也是指导压桩施工的一项重要参数。

5.2.3 施工中检查压力目的在于检查压桩是否正常。接桩间歇时间对硫磺胶泥必须控制，间歇过短，硫磺胶泥强度未达到，容易被压坏，接头处存在薄弱环节，甚至断桩。浇注硫磺胶泥时间必须快，慢了硫磺胶泥在容器内结硬，浇注入连接孔内不易均匀流淌，质量也不易保证。

5.2.4 压桩的承载力试验，在有经验地区将最终压入力作为承载力估算的依据，如果有足够的经验是可行的，但最终应由设计确定。

5.3 先张法预应力管桩

5.3.1 先张法预应力管桩均为工厂生产后运到现场施打，工厂生产时的质量检验应由生产的单位负责，但运入工地后，打桩单位有必要对外观及尺寸进行检验并检查产品合格证书。

5.3.2 先张法预应力管桩，强度较高，锤击性能比一般混凝土预制桩好，抗裂性强。因此，总的锤击数较高，相应的电焊接桩质量要求也高，尤其是电焊后有一定间歇时间，不能焊完即锤击，这样容易使接头损伤。为此，对重要工程应对接头做 X 光拍片检查。

5.3.3 由于锤击次数多，对桩体质量进行检验是有必要的，可检查桩体，是否被打裂，电焊接头是否完整。

5.4 混凝土预制桩

5.4.1 混凝土预制桩可在工厂生产，也可在现场支模预制，为此，本规范列出了钢筋骨架的质量检验标准。对工厂的成品桩虽有产品合格证书，但在运输过程中容易碰坏，为此，进场后应再做检查。

5.4.2 经常发生接桩时电焊质量较差，从而接头在锤击过程中断开，尤其接头对接的两端面不平整，电焊更不容易保证质量，对重要工程做 X 光拍片检查是完全必要的。

5.4.4 混凝土桩的龄期，对抗裂性有影响，这是经过长期试验得出的结果，不到龄期的桩就像不足月出生的婴儿，有先天不足的弊端。经长时期锤击或锤击拉应力稍大一些便会产生裂缝。故有强度龄期双控的要求，但对短桩，锤击数又不多，满足强度要求一项应是可行的。有些工程进度较急，桩又不是长桩，可以采用蒸养以求短期内达到强度，即可开始沉桩。

5.5 钢　　桩

5.5.1 钢桩包括钢管桩、型钢桩等。成品桩也是在工厂生产，应有一套质检标准，但也会因运输堆放造成桩的变形，因此，进场后需再做检验。

5.5.2 钢桩的锤击性能较混凝土桩好，因而锤击次数要高得多，相应对电焊质量要求较高，故对电焊后

的停歇时间，桩顶有否局部损坏均应做检查。

5.6 混凝土灌注桩

5.6.1 混凝土灌注桩的质量检验应较其他桩种严格，这是工艺本身要求，再则工程事故也较多，因此，对监测手段应事先落实。

5.6.2 沉渣厚度应在钢筋笼放入后，混凝土浇注前测定，成孔结束后，放钢筋笼、混凝土导管都会造成土体跌落，增加沉渣厚度，因此，沉渣厚度应是二次清孔后的结果。沉渣厚度的检查目前均用重锤，但因人为因素影响很大，应专人负责，用专一的重锤，有些地方用较先进的沉渣仪，这种仪器应预先做标定。人工挖孔桩一般对持力层有要求，而且到孔底察看土性是有条件的。

5.6.4 灌注桩的钢筋笼有时在现场加工，不是在工厂加工完后运到现场，为此，列出了钢筋笼的质量检验标准。

6　土方工程

6.1　一般规定

6.1.1 土方的平衡与调配是土方工程施工的一项重要工作。一般先由设计单位提出基本平衡数据，然后由施工单位根据实际情况进行平衡计算。如工程量较大，在施工过程中还应进行多次平衡调整，在平衡计算中，应综合考虑土的松散率、压缩率、沉陷量等影响土方量变化的各种因素。

为了配合城乡建设的发展，土方平衡调配应尽可能与当地市、镇规划和农田水利等结合，将余土一次性运到指定弃土场，做到文明施工。

6.1.2 基底土隆起往往伴随着对周边环境的影响，尤其当周边有地下管线，建（构）筑物、永久性道路时应密切注意。

6.1.3 有不少施工现场由于缺乏排水和降低地下水位的措施，而对施工产生影响，土方施工应尽快完成，以避免造成集水、坑底隆起及对环境影响增大。

6.1.4 平整场地表面坡度本应由设计规定，但鉴于现行国家标准《建筑地基基础设计规范》GB 50007 中均无此项规定，故条文中规定，如设计无要求时，一般应向排水沟方面做成不小于 2‰ 的坡度。

6.1.5 在土方工程施工测量中，除开工前的复测放线外，还应配合施工对平面位置（包括控制边界线、分界线、边坡的上口线和底口线等），边坡坡度（包括放坡线、变坡等）和标高（包括各个地段的标高）等经常进行测量，校核是否符合设计要求。上述施工测量的基准——平面控制桩和水准控制点，也应定期进行复测和检查。

6.1.6 雨季和冬季施工可参照相应地方标准执行。

6.2 土方开挖

6.2.2 土方工程在施工中应检查平面位置、水平标高、边坡坡度、排水、降水系统及周围环境的影响，对回填土方还应检查回填土料、含水量、分层厚度、压实度，对分层挖方，也应检查开挖深度等。

6.2.4 本规范表6.2.4所列数值适用于附近无重要建筑物或重要公共设施，且基坑暴露时间不长的条件。

6.3 土方回填

6.3.3 填方工程的施工参数如每层填筑厚度、压实遍数及压实系数对重要工程均应做现场试验后确定，或由设计提供。

7 基坑工程

7.1 一般规定

7.1.1 在基础工程施工中，如挖方较深，土质较差或有地下水渗流等，可能对邻近建（构）筑物、地下管线、永久性道路等产生危害，或构成边坡不稳定。在这种情况下，不宜进行大开挖施工，应对基坑（槽）管沟壁进行支护。

7.1.2 基坑的支护与开挖方案，各地均有严格的规定，应按当地的要求，对方案进行申报，经批准后才能施工。降水、排水系统对维护基坑的安全极为重要，必须在基坑开挖施工期间安全运转，应时刻检查其工作状况。临近有建筑物或有公共设施，在降水过程中要予以观测，不得因降水而危及这些建筑物或设施的安全。许多围护结构由水泥土搅拌桩、钻孔灌注桩、高压水泥喷射桩等构成，因在本规范第4章、第5章中这类桩的验收已提及，可按相应的规定标准验收，其他结构在本章内均有标准可查。

7.1.3 重要的基坑工程，支撑安装的及时性极为重要，根据工程实践，基坑变形与施工时间有很大关系，因此，施工过程应尽量缩短工期，特别是在支撑体系未形成情况下的基坑暴露时间应予以减少，要重视基坑变形的时空效应。"十六字原则"对确保基坑开挖的安全是必须的。

7.1.4 基坑（槽）、管沟挖土要分层进行，分层厚度应根据工程具体情况（包括土质、环境等）决定，开挖本身是一种卸荷过程，防止局部区域挖土过深、卸载过速，引起土体失稳，降低土体抗剪性能，同时在施工中应不损伤支护结构，以保证基坑的安全。

7.1.7 本规范表7.1.7适用于软土地区的基坑工程，对硬土区应执行设计规定。

7.2 排桩墙支护工程

7.2.2 本规范表7.2.2-1中检查齿槽平直度不能用目

测，有时看来较直，但施工时仍会产生很大的阻力，甚至将桩带入土层中，如用一根短样桩，沿着板桩的齿口，全长拉一次，如能顺利通过，则将来施工时不会产生大的阻力。

7.2.4 含水地层内的支护结构常因止水措施不当而造成地下水从坑外向坑内渗漏，大量抽排造成土颗粒流失，致使坑外土体沉降，危及坑外的设施。因此，必须有可靠的止水措施。这些措施有深层搅拌桩帷幕、高压喷射注浆止水帷幕、注浆帷幕，或者降水井（点）等，根据不同的条件选用。

7.3 水泥土桩墙支护工程

7.3.1 加筋水泥土桩是在水泥土搅拌桩内插入筋性材料如型钢、钢板桩、混凝土板桩、混凝土工字梁等。这些筋性材可以拔出，也可不拔，视具体条件而定。如要拔出，应考虑相应的填充措施，而且应同拔出的时间同步，以减少周围的土体变形。

7.4 锚杆及土钉墙支护工程

7.4.1 土钉墙一般适用于开挖深度不超过5m的基坑，如措施得当也可再加深，但设计与施工均应有足够的经验。

7.4.2 尽管有了分段开挖、分段支护，仍要考虑土钉与锚杆均有一段养护时间，不能为抢进度而不顾及养护期。

7.5 钢或混凝土支撑系统

7.5.1 工程中常用的支撑系统有混凝土围图、钢围图、混凝土支撑、钢支撑、格构式立柱、钢管立柱、型钢立柱等，立柱往往埋入灌注桩内，也有直接打入一根钢管桩或型钢桩，使桩柱合为一体。甚至有钢支撑与混凝土支撑混合使用的实例。

7.5.2 预顶力应由设计规定，所用的支撑应能施加预顶力。

7.5.3 一般支撑系统不宜承受垂直荷载，因此不能在支撑上堆放钢材，甚至做脚手用。只有采取可靠的措施，并经复核后方可做他用。

7.5.4 支撑安装结束，即已投入使用，应对整个使用期做观测，尤其一些过大的变形应尽可能防止。

7.5.5 有些工程采用逆做法施工，地下室的楼板、梁结构做支撑系统用，此时应按现行国家标准《混凝土结构工程施工质量验收规范》GB 50204 的要求验收。

7.6 地下连续墙

7.6.1 导墙施工是确保地下墙的轴线位置及成槽质量的关键工序。土层性质较好时，可选用倒"L"型，甚至预制钢导墙，采用"L"型导墙，应加强导墙背后的回填夯实工作。

7.6.2 泥浆配方及成槽机选型与地质条件有关，常发生配方或成槽机选型不当而产生槽段坍方的事例，因此一般情况下应试成槽，以确保工程的顺利进行。仅对专业施工经验丰富，熟悉土层性质的施工单位可不进行试成槽。

7.6.4 目前地下墙的接头型式多种多样，从结构性能来分有刚性、柔性、刚柔结合型，从材质来分有钢接头、预制混凝土接头等，但无论选用何种型式，从抗渗要求着眼，接头部位常是薄弱环节，严格这部分的质量要求实有必要。

7.6.5 地下墙作为永久结构，必然与楼板、顶盖等构成整体，工程中采用接驳器（锥螺纹或直螺纹）已较普遍，但生产接驳器厂商较多，使用部位又是重要结点，必须对接驳器的外形及力学性能复验以符合设计要求。

7.6.6 泥浆护壁在地下墙施工时是确保槽壁不坍的重要措施，必须有完整的仪器，经常地检验泥浆指标，随着泥浆的循环使用，泥浆指标将会劣化，只有通过检验，方可把好此关。地下连续墙需连续浇注，以在初凝期内完成一个槽段为好，商品混凝土可保证短期内的浇灌量。

7.6.7 检查混凝土上升速度与浇注面标高均为确保槽段混凝土顺利浇注及浇注质量的监测措施。锁口管（或称槽段浇注混凝土时的临时封堵管）拔得过快，入槽的混凝土将流淌到相邻槽段中给该槽段成槽造成极大困难，影响质量，拔管过慢又会导致锁口管拔不出或拔断，使地下墙构成隐患。

7.6.8 检查槽段的宽度及倾斜度宜用超声测槽仪，机械式的不能保证精度。

7.6.9 沉渣过多，施工后的地下墙沉降加大，往往造成楼板、梁系开裂，这是不允许的。

7.7 沉井与沉箱

7.7.1 为保证沉井顺利下沉，对钻孔应有特殊的要求。

7.7.2 这也是确保沉井（箱）工程成功的必要条件，常发生由于施工单位无任何经验而使沉井（箱）沉偏或半路搁置的事例。

7.7.3 承垫木或砂垫层的采用，影响到沉井的结构，应征得设计的认同。

7.7.4 沉井（箱）在接高时，一次性加了一节混凝土重量，对沉井（箱）的刃脚踏面增加了载荷。如果踏面下土的承载力不足以承担该部分荷载，会造成沉井（箱）在浇注过程中，产生大的沉降，甚至突然下沉，荷载不均匀时还会产生大的倾斜。工程中往往在沉井（箱）接高之前，在井内回填部分黄砂，以增加接触面，减少沉井（箱）的沉降。

7.7.5 排水封底，操作人员可下井施工，质量容易控制。但当井外水位较高，井内抽水后，大量地下水涌入井内，或者井内土体的抗剪强度不足以抵挡井外较高的土体重量，产生剪切破坏而使大量土体涌入，沉井（箱）不能稳定，则必须井内灌水，进行不排水封底。

7.7.8 下沉过程中的偏差情况，虽然不作为验收依据，但是偏差太大影响到终沉标高，尤当刚开始下沉时，应严格控制偏差不要过大，否则终沉标高不易控制在要求范围内。下沉过程中的控制，一般可控制四个角，当发生过大的纠偏动作后，要注意检查中心线的偏移。封底结束后，常发生底板与井墙交接处的渗水，地下水丰富地区，混凝土底板未达到一定强度时，还会发生地下水穿孔，造成渗水，渗漏验收要求可参照现行国家标准《地下防水工程施工质量验收规范》GB 50208。

7.8 降水与排水

7.8.1 降水会影响周边环境，应有降水范围估算以估计对环境的影响，必要时需有回灌措施，尽可能减少对周边环境的影响。降水运转过程中要设水位观测井及沉降观测点，以估计降水的影响。

7.8.2 电渗作为单独的降水措施已不多，在渗透系数不大的地区，为改善降水效果，可用电渗作为辅助手段。

7.8.3 常在降水系统施工后，发现抽出的是混水或无抽水量的情况，这是降水系统的失效，应重新施工直至达到效果为止。

8 分部（子分部）工程质量验收

8.0.4 质量验收的程序与组织应按现行国家标准《建筑工程施工质量验收统一标准》GB 50300 的规定执行。作为合格标准主控项目应全部合格，一般项目合格数应不低于80%。

中华人民共和国国家标准

混凝土结构设计规范

Code for design of concrete structures

GB 50010—2010

（2015 年版）

主编部门：中华人民共和国住房和城乡建设部
批准部门：中华人民共和国住房和城乡建设部
施行日期：２０１１ 年 ７ 月 １ 日

中华人民共和国住房和城乡建设部
公　告

第 919 号

住房城乡建设部关于发布国家标准
《混凝土结构设计规范》局部修订的公告

现批准《混凝土结构设计规范》GB 50010-2010 局部修订的条文，自发布之日起实施。经此次修改的原条文同时废止。

局部修订的条文及具体内容，将刊登在我部有关网站和近期出版的《工程建设标准化》刊物上。

中华人民共和国住房和城乡建设部

2015 年 9 月 22 日

修 订 说 明

本次局部修订系根据住房和城乡建设部《关于同意国家标准〈混凝土结构设计规范〉GB 50010-2010 局部修订的函》（建标标函〔2013〕29 号）要求，由中国建筑科学研究院会同有关单位对《混凝土结构设计规范》GB 50010-2010 局部修订而成。

本次修订对混凝土结构用钢筋的品种和规格进行了调整。修订过程中广泛征求了各方面的意见，对具体修订内容进行了反复的讨论和修改，与相关标准进行协调，最后经审查定稿。

此次局部修订，共涉及 9 个条文的修改，分别为第 4.2.1 条、第 4.2.2 条、第 4.2.3 条、第 4.2.4 条、第 4.2.5 条、第 9.3.2 条、第 9.7.6 条、第 11.7.11 条和第 G.0.12 条。

本规范条文下划线部分为修改的内容；用黑体字表示的条文为强制性条文，必须严格执行。

本次局部修订的主编单位：中国建筑科学研究院
本次局部修订的参编单位：重庆大学
　　　　　　　　　　　　郑州大学
　　　　　　　　　　　　北京市建筑设计研究院
　　　　　　　　　　　　华东建筑设计研究院有限公司
　　　　　　　　　　　　南京市建筑设计研究院有限公司
　　　　　　　　　　　　中国建筑西南设计研究院

本规范主要起草人员：赵基达　徐有邻
　　　　　　　　　　黄小坤　朱爱萍
　　　　　　　　　　王晓锋　傅剑平
　　　　　　　　　　刘立新　柯长华
　　　　　　　　　　张凤新　左　江
　　　　　　　　　　吴小宾　刘　刚

本规范主要审查人员：徐　建　任庆英
　　　　　　　　　　娄　宇　白生翔
　　　　　　　　　　钱稼茹　李　霆
　　　　　　　　　　王丽敏　耿树江
　　　　　　　　　　张同亿

中华人民共和国住房和城乡建设部
公　告

第 743 号

关于发布国家标准
《混凝土结构设计规范》的公告

现批准《混凝土结构设计规范》为国家标准，编号为 GB 50010‑2010，自 2011 年 7 月 1 日起实施。其中，第 3.1.7、3.3.2、4.1.3、4.1.4、4.2.2、4.2.3、8.5.1、10.1.1、11.1.3、11.2.3、11.3.1、11.3.6、11.4.12、11.7.14 条为强制性条文，必须严格执行。原《混凝土结构设计规范》GB 50010‑2002 同时废止。

本规范由我部标准定额研究所组织中国建筑工业出版社出版发行。

中华人民共和国住房和城乡建设部

2010 年 8 月 18 日

前　　言

根据原建设部《关于印发〈2006 年工程建设标准规范制订、修订计划（第一批）〉的通知》（建标〔2006〕77 号文）要求，本规范由中国建筑科学研究院会同有关单位经调查研究，认真总结实践经验，参考有关国际标准和国外先进标准，并在广泛征求意见的基础上修订完成。

本规范的主要内容是：总则、术语和符号、基本设计规定、材料、结构分析、承载能力极限状态计算、正常使用极限状态验算、构造规定、结构构件的基本规定、预应力混凝土结构构件、混凝土结构构件抗震设计以及有关的附录。

本规范修订的主要技术内容是：1. 补充了结构方案、结构防连续倒塌、既有结构设计和无粘结预应力设计的原则规定；2. 修改了正常使用极限状态验算的有关规定；3. 增加了 500MPa 级带肋钢筋，以 300MPa 级光圆钢筋取代了 235MPa 级钢筋；4. 补充了复合受力构件设计的相关规定，修改了受剪、受冲切承载力计算公式；5. 调整了钢筋的保护层厚度、钢筋锚固长度和纵向受力钢筋最小配筋率的有关规定；6. 补充、修改了柱双向受剪、连梁和剪力墙边缘构件的抗震设计相关规定；7. 补充、修改了预应力混凝土构件及板柱节点抗震设计的相关要求。

本规范中以黑体字标志的条文为强制性条文，必须严格执行。

本规范由住房和城乡建设部负责管理和对强制性条文的解释，由中国建筑科学研究院负责具体技术内容的解释。执行本规范过程中如有意见或建议，请寄送中国建筑科学研究院国家标准《混凝土结构设计规范》管理组（地址：北京市北三环东路 30 号，邮编：100013）。

本 规 范 主 编 单 位：中国建筑科学研究院

本 规 范 参 编 单 位：清华大学
　　　　　　　　　　同济大学
　　　　　　　　　　重庆大学
　　　　　　　　　　天津大学
　　　　　　　　　　东南大学
　　　　　　　　　　郑州大学
　　　　　　　　　　大连理工大学
　　　　　　　　　　哈尔滨工业大学
　　　　　　　　　　浙江大学
　　　　　　　　　　湖南大学
　　　　　　　　　　西安建筑科技大学
　　　　　　　　　　河海大学
　　　　　　　　　　国家建筑工程质量监督检验中心
　　　　　　　　　　中国建筑设计研究院
　　　　　　　　　　北京市建筑设计研究院
　　　　　　　　　　华东建筑设计研究院有限公司
　　　　　　　　　　中国建筑西南设计研究院
　　　　　　　　　　南京市建筑设计研究院有限公司
　　　　　　　　　　中国航空工业规划设计研究院

国家建筑钢材质量监督检
验中心
中建国际建设公司
北京榆构有限公司

本规范主要起草人员：赵基达　徐有邻　黄小坤
　　　　　　　　　　陶学康　李云贵　李东彬
　　　　　　　　　　叶列平　李　杰　傅剑平
　　　　　　　　　　王铁成　刘立新　邱洪兴
　　　　　　　　　　邸小坛　王晓锋　朱爱萍
　　　　　　　　　　宋玉普　郑文忠　金伟良
　　　　　　　　　　梁兴文　易伟建　吴胜兴
　　　　　　　　　　范　重　柯长华　张凤新

　　　　　　　　　　左　江　贾　洁　吴小宾
　　　　　　　　　　朱建国　蒋勤俭　邓明胜
　　　　　　　　　　刘　刚

本规范主要审查人员：吴学敏　徐永基　白生翔
　　　　　　　　　　李明顺　汪大绥　程懋堃
　　　　　　　　　　康谷贻　莫　庸　王振华
　　　　　　　　　　胡家顺　孙慧中　陈国义
　　　　　　　　　　耿树江　赵君黎　刘琼祥
　　　　　　　　　　娄　宇　章一萍　李　霆
　　　　　　　　　　吴一红

目　　次

Contents

1 总　则

1.0.1　为了在混凝土结构设计中贯彻执行国家的技术经济政策，做到安全、适用、经济，保证质量，制定本规范。

1.0.2　本规范适用于房屋和一般构筑物的钢筋混凝土、预应力混凝土以及素混凝土结构的设计。本规范不适用于轻骨料混凝土及特种混凝土结构的设计。

1.0.3　本规范依据现行国家标准《工程结构可靠性设计统一标准》GB 50153及《建筑结构可靠度设计统一标准》GB 50068的原则制定。本规范是对混凝土结构设计的基本要求。

1.0.4　混凝土结构的设计除应符合本规范外，尚应符合国家现行有关标准的规定。

2　术语和符号

2.1　术　语

2.1.1　混凝土结构　concrete structure
以混凝土为主制成的结构，包括素混凝土结构、钢筋混凝土结构和预应力混凝土结构等。

2.1.2　素混凝土结构　plain concrete structure
无筋或不配置受力钢筋的混凝土结构。

2.1.3　普通钢筋　steel bar
用于混凝土结构构件中的各种非预应力筋的总称。

2.1.4　预应力筋　prestressing tendon and/or bar
用于混凝土结构构件中施加预应力的钢丝、钢绞线和预应力螺纹钢筋等的总称。

2.1.5　钢筋混凝土结构　reinforced concrete structure
配置受力普通钢筋的混凝土结构。

2.1.6　预应力混凝土结构　prestressed concrete structure
配置受力的预应力筋，通过张拉或其他方法建立预加应力的混凝土结构。

2.1.7　现浇混凝土结构　cast-in-situ concrete structure
在现场原位支模并整体浇筑而成的混凝土结构。

2.1.8　装配式混凝土结构　precast concrete structure
由预制混凝土构件或部件装配、连接而成的混凝土结构。

2.1.9　装配整体式混凝土结构 assembled monolithic concrete structure
由预制混凝土构件或部件通过钢筋、连接件或施加预应力加以连接，并在连接部位浇筑混凝土而形成整体受力的混凝土结构。

2.1.10　叠合构件　composite member
由预制混凝土构件（或既有混凝土结构构件）和后浇混凝土组成，以两阶段成型的整体受力结构构件。

2.1.11　深受弯构件　deep flexural member
跨高比小于5的受弯构件。

2.1.12　深梁　deep beam
跨高比小于2的简支单跨梁或跨高比小于2.5的多跨连续梁。

2.1.13　先张法预应力混凝土结构　pretensioned prestressed concrete structure
在台座上张拉预应力筋后浇筑混凝土，并通过放张预应力筋由粘结传递而建立预应力的混凝土结构。

2.1.14　后张法预应力混凝土结构　post-tensioned prestressed concrete structure
浇筑混凝土并达到规定强度后，通过张拉预应力筋并在结构上锚固而建立预应力的混凝土结构。

2.1.15　无粘结预应力混凝土结构　unbonded prestressed concrete structure
配置与混凝土之间可保持相对滑动的无粘结预应力筋的后张法预应力混凝土结构。

2.1.16　有粘结预应力混凝土结构　bonded prestressed concrete structure
通过灌浆或与混凝土直接接触使预应力筋与混凝土之间相互粘结而建立预应力的混凝土结构。

2.1.17　结构缝　structural joint
根据结构设计需求而采取的分割混凝土结构间隔的总称。

2.1.18　混凝土保护层　concrete cover
结构构件中钢筋外边缘至构件表面范围用于保护钢筋的混凝土，简称保护层。

2.1.19　锚固长度　anchorage length
受力钢筋依靠其表面与混凝土的粘结作用或端部构造的挤压作用而达到设计承受应力所需的长度。

2.1.20　钢筋连接　splice of reinforcement
通过绑扎搭接、机械连接、焊接等方法实现钢筋之间内力传递的构造形式。

2.1.21　配筋率　ratio of reinforcement
混凝土构件中配置的钢筋面积（或体积）与规定的混凝土截面面积（或体积）的比值。

2.1.22　剪跨比　ratio of shear span to effective depth
截面弯矩与剪力和有效高度乘积的比值。

2.1.23　横向钢筋　transverse reinforcement
垂直于纵向受力钢筋的箍筋或间接钢筋。

2.2　符　号

2.2.1　材料性能
E_c——混凝土的弹性模量；

E_s——钢筋的弹性模量；

C30——立方体抗压强度标准值为 30N/mm² 的混凝土强度等级；

HRB500——强度级别为 500MPa 的普通热轧带肋钢筋；

HRBF400——强度级别为 400MPa 的细晶粒热轧带肋钢筋；

RRB400——强度级别为 400MPa 的余热处理带肋钢筋；

HPB300——强度级别为 300MPa 的热轧光圆钢筋；

HRB400E——强度级别为 400MPa 且有较高抗震性能的普通热轧带肋钢筋；

f_{ck}、f_c——混凝土轴心抗压强度标准值、设计值；

f_{tk}、f_t——混凝土轴心抗拉强度标准值、设计值；

f_{yk}、f_{pyk}——普通钢筋、预应力筋屈服强度标准值；

f_{stk}、f_{ptk}——普通钢筋、预应力筋极限强度标准值；

f_y、f'_y——普通钢筋抗拉、抗压强度设计值；

f_{py}、f'_{py}——预应力筋抗拉、抗压强度设计值；

f_{yv}——横向钢筋的抗拉强度设计值；

δ_{gt}——钢筋最大力下的总伸长率，也称均匀伸长率。

2.2.2 作用和作用效应

N——轴向力设计值；

N_k、N_q——按荷载标准组合、准永久组合计算的轴向力值；

N_{u0}——构件的截面轴心受压或轴心受拉承载力设计值；

N_{p0}——预应力构件混凝土法向预应力等于零时的预加力；

M——弯矩设计值；

M_k、M_q——按荷载标准组合、准永久组合计算的弯矩值；

M_u——构件的正截面受弯承载力设计值；

M_{cr}——受弯构件的正截面开裂弯矩值；

T——扭矩设计值；

V——剪力设计值；

F_l——局部荷载设计值或集中反力设计值；

σ_s、σ_p——正截面承载力计算中纵向钢筋、预应力筋的应力；

σ_{pe}——预应力筋的有效预应力；

σ_l、σ'_l——受拉区、受压区预应力筋在相应阶段的预应力损失值；

τ——混凝土的剪应力；

w_{max}——按荷载准永久组合或标准组合，并考虑长期作用影响的计算最大裂缝宽度。

2.2.3 几何参数

b——矩形截面宽度，T形、I形截面的腹板宽度；

c——混凝土保护层厚度；

d——钢筋的公称直径（简称直径）或圆形截面的直径；

h——截面高度；

h_0——截面有效高度；

l_{ab}、l_a——纵向受拉钢筋的基本锚固长度、锚固长度；

l_0——计算跨度或计算长度；

s——沿构件轴线方向上横向钢筋的间距、螺旋筋的间距或箍筋的间距；

x——混凝土受压区高度；

A——构件截面面积；

A_s、A'_s——受拉区、受压区纵向普通钢筋的截面面积；

A_p、A'_p——受拉区、受压区纵向预应力筋的截面面积；

A_l——混凝土局部受压面积；

A_{cor}——箍筋、螺旋筋或钢筋网所围的混凝土核心截面面积；

B——受弯构件的截面刚度；

I——截面惯性矩；

W——截面受拉边缘的弹性抵抗矩；

W_t——截面受扭塑性抵抗矩。

2.2.4 计算系数及其他

α_E——钢筋弹性模量与混凝土弹性模量的比值；

γ——混凝土构件的截面抵抗矩塑性影响系数；

λ——计算截面的剪跨比，即 $M/(Vh_0)$；

ρ——纵向受力钢筋的配筋率；

ρ_v——间接钢筋或箍筋的体积配筋率；

ϕ——表示钢筋直径的符号，$\phi20$ 表示直径为 20mm 的钢筋。

3 基本设计规定

3.1 一般规定

3.1.1 混凝土结构设计应包括下列内容：

1 结构方案设计，包括结构选型、构件布置及传力途径；

2 作用及作用效应分析；

3 结构的极限状态设计；

4 结构及构件的构造、连接措施；

5 耐久性及施工的要求；

6 满足特殊要求结构的专门性能设计。

3.1.2 本规范采用以概率理论为基础的极限状态设计方法，以可靠指标度量结构构件的可靠度，采用分项系数的设计表达式进行设计。

3.1.3 混凝土结构的极限状态设计应包括：

1 承载能力极限状态：结构或结构构件达到最大承载力、出现疲劳破坏、发生不适于继续承载的变形或因结构局部破坏而引发的连续倒塌；

2 正常使用极限状态：结构或结构构件达到正常使用的某项规定限值或耐久性能的某种规定状态。

3.1.4 结构上的直接作用（荷载）应根据现行国家标准《建筑结构荷载规范》GB 50009 及相关标准确定；地震作用应根据现行国家标准《建筑抗震设计规范》GB 50011 确定。

间接作用和偶然作用应根据有关的标准或具体情况确定。

直接承受吊车荷载的结构构件应考虑吊车荷载的动力系数。预制构件制作、运输及安装时应考虑相应的动力系数。对现浇结构，必要时应考虑施工阶段的荷载。

3.1.5 混凝土结构的安全等级和设计使用年限应符合现行国家标准《工程结构可靠性设计统一标准》GB 50153 的规定。

混凝土结构中各类结构构件的安全等级，宜与整个结构的安全等级相同。对其中部分结构构件的安全等级，可根据其重要程度适当调整。对于结构中重要构件和关键传力部位，宜适当提高其安全等级。

3.1.6 混凝土结构设计应考虑施工技术水平以及实际工程条件的可行性。有特殊要求的混凝土结构，应提出相应的施工要求。

3.1.7 设计应明确结构的用途；在设计使用年限内未经技术鉴定或设计许可，不得改变结构的用途和使用环境。

3.2 结构方案

3.2.1 混凝土结构的设计方案应符合下列要求：

1 选用合理的结构体系、构件形式和布置；

2 结构的平、立面布置宜规则，各部分的质量和刚度宜均匀、连续；

3 结构传力途径应简捷、明确，竖向构件宜连续贯通、对齐；

4 宜采用超静定结构，重要构件和关键传力部位应增加冗余约束或有多条传力途径；

5 宜采取减小偶然作用影响的措施。

3.2.2 混凝土结构中结构缝的设计应符合下列要求：

1 应根据结构受力特点及建筑尺度、形状、使用功能要求，合理确定结构缝的位置和构造形式；

2 宜控制结构缝的数量，并应采取有效措施减

少设缝对使用功能的不利影响；

3 可根据需要设置施工阶段的临时性结构缝。

3.2.3 结构构件的连接应符合下列要求：

1 连接部位的承载力应保证被连接构件之间的传力性能；

2 当混凝土构件与其他材料构件连接时，应采取可靠的措施；

3 应考虑构件变形对连接节点及相邻结构或构件造成的影响。

3.2.4 混凝土结构设计应符合节省材料、方便施工、降低能耗与保护环境的要求。

3.3 承载能力极限状态计算

3.3.1 混凝土结构的承载能力极限状态计算应包括下列内容：

1 结构构件应进行承载力（包括失稳）计算；

2 直接承受重复荷载的构件应进行疲劳验算；

3 有抗震设防要求时，应进行抗震承载力计算；

4 必要时尚应进行结构的倾覆、滑移、漂浮验算；

5 对于可能遭受偶然作用，且倒塌可能引起严重后果的重要结构，宜进行防连续倒塌设计。

3.3.2 对持久设计状况、短暂设计状况和地震设计状况，当用内力的形式表达时，结构构件应采用下列承载能力极限状态设计表达式：

$$\gamma_0 S \leqslant R \qquad (3.3.2-1)$$

$$R = R(f_c, f_s, a_k, \cdots)/\gamma_{Rd} \qquad (3.3.2-2)$$

式中：γ_0——结构重要性系数：在持久设计状况和短暂设计状况下，对安全等级为一级的结构构件不应小于 1.1，对安全等级为二级的结构构件不应小于 1.0，对安全等级为三级的结构构件不应小于 0.9；对地震设计状况下应取 1.0；

S——承载能力极限状态下作用组合的效应设计值：对持久设计状况和短暂设计状况应按作用的基本组合计算；对地震设计状况应按作用的地震组合计算；

R——结构构件的抗力设计值；

$R(\cdot)$——结构构件的抗力函数；

γ_{Rd}——结构构件的抗力模型不定性系数：静力设计取 1.0，对不确定性较大的结构构件根据具体情况取大于 1.0 的数值；抗震设计应采用承载力抗震调整系数 γ_{RE} 代替 γ_{Rd}；

f_c、f_s——混凝土、钢筋的强度设计值，应根据本规范第 4.1.4 条及第 4.2.3 条的规定取值；

a_k——几何参数的标准值，当几何参数的变异性对结构性能有明显的不利影响时，应增减一个附加值。

注：公式（3.3.2-1）中的 $\gamma_0 S$ 为内力设计值，在本规范各章中用 N、M、V、T 等表达。

3.3.3 对二维、三维混凝土结构构件，当按弹性或弹塑性方法分析并以应力形式表达时，可将混凝土应力按区域等代成内力设计值，按本规范第 3.3.2 条进行计算；也可直接采用多轴强度准则进行设计验算。

3.3.4 对偶然作用下的结构进行承载能力极限状态设计时，公式（3.3.2-1）中的作用效应设计值 S 按偶然组合计算，结构重要性系数 γ_0 取不小于 1.0 的数值；公式（3.3.2-2）中混凝土、钢筋的强度设计值 f_c、f_s 改用强度标准值 f_{ck}、f_{yk}（或 f_{pyk}）。

当进行结构防连续倒塌验算时，结构构件的承载力函数应按本规范第 3.6 节的原则确定。

3.3.5 对既有结构的承载能力极限状态设计，应按下列规定进行：

1 对既有结构进行安全复核、改变用途或延长使用年限而需验算承载能力极限状态时，宜符合本规范第 3.3.2 条的规定；

2 对既有结构进行改建、扩建或加固改造而重新设计时，承载能力极限状态的计算应符合本规范第 3.7 节的规定。

3.4　正常使用极限状态验算

3.4.1 混凝土结构构件应根据其使用功能及外观要求，按下列规定进行正常使用极限状态验算：

1 对需要控制变形的构件，应进行变形验算；

2 对不允许出现裂缝的构件，应进行混凝土拉应力验算；

3 对允许出现裂缝的构件，应进行受力裂缝宽度验算；

4 对舒适度有要求的楼盖结构，应进行竖向自振频率验算。

3.4.2 对于正常使用极限状态，钢筋混凝土构件、预应力混凝土构件应分别按荷载的准永久组合并考虑长期作用的影响或标准组合并考虑长期作用的影响，采用下列极限状态设计表达式进行验算：

$$S \leqslant C \qquad (3.4.2)$$

式中：S——正常使用极限状态荷载组合的效应设计值；

C——结构构件达到正常使用要求所规定的变形、应力、裂缝宽度和自振频率等的限值。

3.4.3 钢筋混凝土受弯构件的最大挠度应按荷载的准永久组合，预应力混凝土受弯构件的最大挠度应按荷载的标准组合，并均应考虑荷载长期作用的影响进行计算，其计算值不应超过表 3.4.3 规定的挠度限值。

表 3.4.3　受弯构件的挠度限值

构件类型		挠度限值
吊车梁	手动吊车	$l_0/500$
	电动吊车	$l_0/600$
屋盖、楼盖及楼梯构件	当 $l_0<7$m 时	$l_0/200$（$l_0/250$）
	当 $7\leqslant l_0\leqslant 9$m 时	$l_0/250$（$l_0/300$）
	当 $l_0>9$m 时	$l_0/300$（$l_0/400$）

注：1　表中 l_0 为构件的计算跨度；计算悬臂构件的挠度限值时，其计算跨度 l_0 按实际悬臂长度的 2 倍取用；

2　表中括号内的数值适用于使用上对挠度有较高要求的构件；

3　如果构件制作时预先起拱，且使用上也允许，则在验算挠度时，可将计算所得的挠度值减去起拱值；对预应力混凝土构件，尚可减去预加力所产生的反拱值；

4　构件制作时的起拱值和预加力所产生的反拱值，不宜超过构件在相应荷载组合作用下的计算挠度值。

3.4.4 结构构件正截面的受力裂缝控制等级分为三级，等级划分及要求应符合下列规定：

一级——严格要求不出现裂缝的构件，按荷载标准组合计算时，构件受拉边缘混凝土不应产生拉应力。

二级——一般要求不出现裂缝的构件，按荷载标准组合计算时，构件受拉边缘混凝土拉应力不应大于混凝土抗拉强度的标准值。

三级——允许出现裂缝的构件：对钢筋混凝土构件，按荷载准永久组合并考虑长期作用影响计算时，构件的最大裂缝宽度不应超过本规范表 3.4.5 规定的最大裂缝宽度限值。对预应力混凝土构件，按荷载标准组合并考虑长期作用的影响计算时，构件的最大裂缝宽度不应超过本规范第 3.4.5 条规定的最大裂缝宽度限值；对二 a 类环境的预应力混凝土构件，尚应按荷载准永久组合计算，且构件受拉边缘混凝土的拉应力不应大于混凝土的抗拉强度标准值。

3.4.5 结构构件应根据结构类型和本规范第 3.5.2 条规定的环境类别，按表 3.4.5 的规定选用不同的裂缝控制等级及最大裂缝宽度限值 w_{lim}。

表 3.4.5 结构构件的裂缝控制等级及最大裂缝宽度的限值（mm）

环境类别	钢筋混凝土结构		预应力混凝土结构	
	裂缝控制等级	w_{lim}	裂缝控制等级	w_{lim}
一	三级	0.20	三级	0.30 (0.40)
二 a				0.20
二 b			二级	0.10
三 a、三 b			一级	—

注：1 对处于年平均相对湿度小于60%地区一类环境下的受弯构件，其最大裂缝宽度限值可采用括号内的数值；

2 在一类环境下，对钢筋混凝土屋架、托架及需作疲劳验算的吊车梁，其最大裂缝宽度限值应取为0.20mm；对钢筋混凝土屋面梁和托梁，其最大裂缝宽度限值应取为0.30mm；

3 在一类环境下，对预应力混凝土屋架、托架及双向板体系，应按二级裂缝控制等级进行验算；对一类环境下的预应力混凝土屋面梁、托梁、单向板，应按表中二 a 类环境的要求进行验算；在一类和二 a 类环境下需作疲劳验算的预应力混凝土吊车梁，应按裂缝控制等级不低于二级的构件进行验算；

4 表中规定的预应力混凝土构件的裂缝控制等级和最大裂缝宽度限值仅适用于正截面的验算；预应力混凝土构件的斜截面裂缝控制验算应符合本规范第7章的有关规定；

5 对于烟囱、筒仓和处于液体压力下的结构，其裂缝控制要求应符合专门标准的有关规定；

6 对于处于四、五类环境下的结构构件，其裂缝控制要求应符合专门标准的有关规定；

7 表中的最大裂缝宽度限值为用于验算荷载作用引起的最大裂缝宽度。

3.4.6 对混凝土楼盖结构应根据使用功能的要求进行竖向自振频率验算，并宜符合下列要求：

1 住宅和公寓不宜低于5Hz；

2 办公楼和旅馆不宜低于4Hz；

3 大跨度公共建筑不宜低于3Hz。

3.5 耐久性设计

3.5.1 混凝土结构应根据设计使用年限和环境类别进行耐久性设计，耐久性设计包括下列内容：

1 确定结构所处的环境类别；

2 提出对混凝土材料的耐久性基本要求；

3 确定构件中钢筋的混凝土保护层厚度；

4 不同环境条件下的耐久性技术措施；

5 提出结构使用阶段的检测与维护要求。

注：对临时性的混凝土结构，可不考虑混凝土的耐久性要求。

3.5.2 混凝土结构暴露的环境类别应按表 3.5.2 的要求划分。

表 3.5.2 混凝土结构的环境类别

环境类别	条件
一	室内干燥环境； 无侵蚀性静水浸没环境
二 a	室内潮湿环境； 非严寒和非寒冷地区的露天环境； 非严寒和非寒冷地区与无侵蚀性的水或土壤直接接触的环境； 严寒和寒冷地区的冰冻线以下与无侵蚀性的水或土壤直接接触的环境
二 b	干湿交替环境； 水位频繁变动环境； 严寒和寒冷地区的露天环境； 严寒和寒冷地区冰冻线以上与无侵蚀性的水或土壤直接接触的环境
三 a	严寒和寒冷地区冬季水位变动区环境； 受除冰盐影响环境； 海风环境
三 b	盐渍土环境； 受除冰盐作用环境； 海岸环境
四	海水环境
五	受人为或自然的侵蚀性物质影响的环境

注：1 室内潮湿环境是指构件表面经常处于结露或湿润状态的环境；

2 严寒和寒冷地区的划分应符合现行国家标准《民用建筑热工设计规范》GB 50176的有关规定；

3 海岸环境和海风环境宜根据当地情况，考虑主导风向及结构所处迎风、背风部位等因素的影响，由调查研究和工程经验确定；

4 受除冰盐影响环境是指受到除冰盐盐雾影响的环境；受除冰盐作用环境是指被除冰盐溶液溅射的环境以及使用除冰盐地区的洗车房、停车楼等建筑；

5 暴露的环境是指混凝土结构表面所处的环境。

3.5.3 设计使用年限为50年的混凝土结构，其混凝土材料宜符合表 3.5.3 的规定。

表 3.5.3 结构混凝土材料的耐久性基本要求

环境等级	最大水胶比	最低强度等级	最大氯离子含量（%）	最大碱含量（kg/m³）
一	0.60	C20	0.30	不限制
二 a	0.55	C25	0.20	3.0
二 b	0.50 (0.55)	C30 (C25)	0.15	
三 a	0.45 (0.50)	C35 (C30)	0.15	
三 b	0.40	C40	0.10	

注：1 氯离子含量系指其占胶凝材料总量的百分比；

2 预应力构件混凝土中的最大氯离子含量为0.06%；其最低混凝土强度等级宜按表中的规定提高两个等级；

3 素混凝土构件的水胶比及最低强度等级的要求可适当放松；

4 有可靠工程经验时，二类环境中的最低混凝土强度等级可降低一个等级；

5 处于严寒和寒冷地区二 b、三 a 类环境中的混凝土应使用引气剂，并可采用括号中的有关参数；

6 当使用非碱活性骨料时，对混凝土中的碱含量可不作限制。

3.5.4 混凝土结构及构件尚应采取下列耐久性技术措施：

1 预应力混凝土结构中的预应力筋应根据具体情况采取表面防护、孔道灌浆、加大混凝土保护层厚度等措施，外露的锚固端应采取封锚和混凝土表面处理等有效措施；

2 有抗渗要求的混凝土结构，混凝土的抗渗等级应符合有关标准的要求；

3 严寒及寒冷地区的潮湿环境中，结构混凝土应满足抗冻要求，混凝土抗冻等级应符合有关标准的要求；

4 处于二、三类环境中的悬臂构件宜采用悬臂梁-板的结构形式，或在其上表面增设防护层；

5 处于二、三类环境中的结构构件，其表面的预埋件、吊钩、连接件等金属部件应采取可靠的防锈措施，对于后张预应力混凝土外露金属锚具，其防护要求见本规范第 10.3.13 条；

6 处在三类环境中的混凝土结构构件，可采用阻锈剂、环氧树脂涂层钢筋或其他具有耐腐蚀性能的钢筋、采取阴极保护措施或采用可更换的构件等措施。

3.5.5 一类环境中，设计使用年限为 100 年的混凝土结构应符合下列规定：

1 钢筋混凝土结构的最低强度等级为 C30；预应力混凝土结构的最低强度等级为 C40；

2 混凝土中的最大氯离子含量为 0.06%；

3 宜使用非碱活性骨料，当使用碱活性骨料时，混凝土中的最大碱含量为 3.0kg/m³；

4 混凝土保护层厚度应符合本规范第 8.2.1 条的规定；当采取有效的表面防护措施时，混凝土保护层厚度可适当减小。

3.5.6 二、三类环境中，设计使用年限 100 年的混凝土结构应采取专门的有效措施。

3.5.7 耐久性环境类别为四类和五类的混凝土结构，其耐久性要求应符合有关标准的规定。

3.5.8 混凝土结构在设计使用年限内尚应遵守下列规定：

1 建立定期检测、维修制度；

2 设计中可更换的混凝土构件应按规定更换；

3 构件表面的防护层，应按规定维护或更换；

4 结构出现可见的耐久性缺陷时，应及时进行处理。

3.6 防连续倒塌设计原则

3.6.1 混凝土结构防连续倒塌设计宜符合下列要求：

1 采取减小偶然作用效应的措施；

2 采取使重要构件及关键传力部位避免直接遭受偶然作用的措施；

3 在结构容易遭受偶然作用影响的区域增加冗余约束，布置备用的传力途径；

4 增强疏散通道、避难空间等重要结构构件及关键传力部位的承载力和变形性能；

5 配置贯通水平、竖向构件的钢筋，并与周边构件可靠地锚固；

6 设置结构缝，控制可能发生连续倒塌的范围。

3.6.2 重要结构的防连续倒塌设计可采用下列方法：

1 局部加强法：提高可能遭受偶然作用而发生局部破坏的竖向重要构件和关键传力部位的安全储备，也可直接考虑偶然作用进行设计。

2 拉结构件法：在结构局部竖向构件失效的条件下，可根据具体情况分别按梁-拉结模型、悬索-拉结模型和悬臂-拉结模型进行承载力验算，维持结构的整体稳固性。

3 拆除构件法：按一定规则拆除结构的主要受力构件，验算剩余结构体系的极限承载力；也可采用倒塌全过程分析进行设计。

3.6.3 当进行偶然作用下结构防连续倒塌的验算时，作用宜考虑结构相应部位倒塌冲击引起的动力系数。在抗力函数的计算中，混凝土强度取强度标准值 f_{ck}；普通钢筋强度取极限强度标准值 f_{stk}，预应力筋强度取极限强度标准值 f_{ptk} 并考虑锚具的影响。宜考虑偶然作用下结构倒塌对结构几何参数的影响。必要时尚应考虑材料性能在动力作用下的强化和脆性，并取相应的强度特征值。

3.7 既有结构设计原则

3.7.1 既有结构延长使用年限、改变用途、改建、扩建或需要进行加固、修复等，均应对其进行评定、验算或重新设计。

3.7.2 对既有结构进行安全性、适用性、耐久性及抗灾害能力评定时，应符合现行国家标准《工程结构可靠性设计统一标准》GB 50153 的原则要求，并应符合下列规定：

1 应根据评定结果、使用要求和后续使用年限确定既有结构的设计方案；

2 既有结构改变用途或延长使用年限时，承载能力极限状态验算宜符合本规范的有关规定；

3 对既有结构进行改建、扩建或加固改造而重新设计时，承载能力极限状态的计算应符合本规范和相关标准的规定；

4 既有结构的正常使用极限状态验算及构造要求宜符合本规范的规定；

5 必要时可对使用功能作相应的调整，提出限制使用的要求。

3.7.3 既有结构的设计应符合下列规定：

1 应优化结构方案，保证结构的整体稳固性；

2 荷载可按现行规范的规定确定，也可根据使用功能作适当的调整；

3 结构既有部分混凝土、钢筋的强度设计值应根据强度的实测值确定；当材料的性能符合原设计的要求时，可按原设计的规定取值；

4 设计时应考虑既有结构构件实际的几何尺寸、截面配筋、连接构造和已有缺陷的影响；当符合原设计的要求时，可按原设计的规定取值；

5 应考虑既有结构的承载历史及施工状态的影响；对二阶段成形的叠合构件，可按本规范第9.5节的规定进行设计。

4 材 料

4.1 混 凝 土

4.1.1 混凝土强度等级应按立方体抗压强度标准值确定。立方体抗压强度标准值系指按标准方法制作、养护的边长为150mm的立方体试件，在28d或设计规定龄期以标准试验方法测得的具有95%保证率的抗压强度值。

4.1.2 素混凝土结构的混凝土强度等级不应低于C15；钢筋混凝土结构的混凝土强度等级不应低于C20；采用强度等级400MPa及以上的钢筋时，混凝土强度等级不应低于C25。

预应力混凝土结构的混凝土强度等级不宜低于C40，且不应低于C30。

承受重复荷载的钢筋混凝土构件，混凝土强度等级不应低于C30。

4.1.3 混凝土轴心抗压强度的标准值 f_{ck} 应按表4.1.3-1采用；轴心抗拉强度的标准值 f_{tk} 应按表4.1.3-2采用。

表 4.1.3-1 混凝土轴心抗压强度标准值（N/mm²）

强度	混凝土强度等级													
	C15	C20	C25	C30	C35	C40	C45	C50	C55	C60	C65	C70	C75	C80
f_{ck}	10.0	13.4	16.7	20.1	23.4	26.8	29.6	32.4	35.5	38.5	41.5	44.5	47.4	50.2

表 4.1.3-2 混凝土轴心抗拉强度标准值（N/mm²）

强度	混凝土强度等级													
	C15	C20	C25	C30	C35	C40	C45	C50	C55	C60	C65	C70	C75	C80
f_{tk}	1.27	1.54	1.78	2.01	2.20	2.39	2.51	2.64	2.74	2.85	2.93	2.99	3.05	3.11

4.1.4 混凝土轴心抗压强度的设计值 f_c 应按表4.1.4-1采用；轴心抗拉强度的设计值 f_t 应按表4.1.4-2采用。

表 4.1.4-1 混凝土轴心抗压强度设计值（N/mm²）

强度	混凝土强度等级													
	C15	C20	C25	C30	C35	C40	C45	C50	C55	C60	C65	C70	C75	C80
f_c	7.2	9.6	11.9	14.3	16.7	19.1	21.1	23.1	25.3	27.5	29.7	31.8	33.8	35.9

表 4.1.4-2 混凝土轴心抗拉强度设计值（N/mm²）

强度	混凝土强度等级													
	C15	C20	C25	C30	C35	C40	C45	C50	C55	C60	C65	C70	C75	C80
f_t	0.91	1.10	1.27	1.43	1.57	1.71	1.80	1.89	1.96	2.04	2.09	2.14	2.18	2.22

4.1.5 混凝土受压和受拉的弹性模量 E_c 宜按表4.1.5采用。

混凝土的剪切变形模量 G_c 可按相应弹性模量值的40%采用。

混凝土泊松比 ν_c 可按0.2采用。

表 4.1.5 混凝土的弹性模量（×10⁴ N/mm²）

混凝土强度等级	C15	C20	C25	C30	C35	C40	C45	C50	C55	C60	C65	C70	C75	C80
E_c	2.20	2.55	2.80	3.00	3.15	3.25	3.35	3.45	3.55	3.60	3.65	3.70	3.75	3.80

注：1 当有可靠试验依据时，弹性模量可根据实测数据确定；
  2 当混凝土中掺有大量矿物掺合料时，弹性模量可按规定龄期根据实测数据确定。

4.1.6 混凝土轴心抗压疲劳强度设计值 f_c^f、轴心抗拉疲劳强度设计值 f_t^f 应分别按表4.1.4-1、表4.1.4-2中的强度设计值乘疲劳强度修正系数 γ_ρ 确定。混凝土受压或受拉疲劳强度修正系数 γ_ρ 应根据疲劳应力比值 ρ_c^f 分别按表4.1.6-1、表4.1.6-2采用；当混凝土承受拉-压疲劳应力作用时，疲劳强度修正系数 γ_ρ 取0.60。

疲劳应力比值 ρ_c^f 应按下列公式计算：

$$\rho_c^f = \frac{\sigma_{c,min}^f}{\sigma_{c,max}^f} \qquad (4.1.6)$$

式中：$\sigma_{c,min}^f$、$\sigma_{c,max}^f$ ——构件疲劳验算时，截面同一纤维上混凝土的最小应力、最大应力。

表 4.1.6-1 混凝土受压疲劳强度修正系数 γ_ρ

ρ_c^f	$0 \leqslant \rho_c^f < 0.1$	$0.1 \leqslant \rho_c^f < 0.2$	$0.2 \leqslant \rho_c^f < 0.3$	$0.3 \leqslant \rho_c^f < 0.4$	$0.4 \leqslant \rho_c^f < 0.5$	$\rho_c^f \geqslant 0.5$
γ_ρ	0.68	0.74	0.80	0.86	0.93	1.00

表 4.1.6-2 混凝土受拉疲劳强度修正系数 γ_ρ

ρ_c^f	$0 < \rho_c^f < 0.1$	$0.1 \leqslant \rho_c^f < 0.2$	$0.2 \leqslant \rho_c^f < 0.3$	$0.3 \leqslant \rho_c^f < 0.4$	$0.4 \leqslant \rho_c^f < 0.5$
γ_ρ	0.63	0.66	0.69	0.72	0.74
ρ_c^f	$0.5 \leqslant \rho_c^f < 0.6$	$0.6 \leqslant \rho_c^f < 0.7$	$0.7 \leqslant \rho_c^f < 0.8$	$\rho_c^f \geqslant 0.8$	—
γ_ρ	0.76	0.80	0.90	1.00	—

注：直接承受疲劳荷载的混凝土构件，当采用蒸汽养护时，养护温度不宜高于60℃。

4.1.7 混凝土疲劳变形模量 E_c^f 应按表4.1.7采用。

表 4.1.7 混凝土的疲劳变形模量（×10⁴ N/mm²）

强度等级	C30	C35	C40	C45	C50	C55	C60	C65	C70	C75	C80
E_c^f	1.30	1.40	1.50	1.55	1.60	1.65	1.70	1.75	1.80	1.85	1.90

4.1.8 当温度在0℃～100℃范围内时，混凝土的热工参数可按下列规定取值：

线膨胀系数 α_c：$1\times10^{-5}/℃$；

导热系数 λ：$10.6\text{kJ}/(\text{m}\cdot\text{h}\cdot℃)$；

比热容 c：$0.96\text{kJ}/(\text{kg}\cdot℃)$。

4.2 钢　筋

4.2.1 混凝土结构的钢筋应按下列规定选用：

1　纵向受力普通钢筋可采用 HRB400、HRB500、HRBF400、HRBF500、HRB335、RRB400、HPB300 钢筋；梁、柱和斜撑构件的纵向受力普通钢筋宜采用 HRB400、HRB500、HRBF400、HRBF500 钢筋。

2　箍筋宜采用 HRB400、HRBF400、HRB335、HPB300、HRB500、HRBF500 钢筋。

3　预应力筋宜采用预应力钢丝、钢绞线和预应力螺纹钢筋。

4.2.2 钢筋的强度标准值应具有不小于95%的保证率。普通钢筋的屈服强度标准值 f_{yk}、极限强度标准值 f_{stk} 应按表4.2.2-1采用；预应力钢丝、钢绞线和预应力螺纹钢筋的极限强度标准值 f_{ptk} 及屈服强度标准值 f_{pyk} 应按表4.2.2-2采用。

表 4.2.2-1　普通钢筋强度标准值（N/mm²）

牌号	符号	公称直径 d（mm）	屈服强度标准值 f_{yk}	极限强度标准值 f_{stk}
HPB300	φ	6～14	300	420
HRB335	Φ	6～14	335	455
HRB400 HRBF400 RRB400	Φ ΦF ΦR	6～50	400	540
HRB500 HRBF500	Φ ΦF	6～50	500	630

表 4.2.2-2　预应力筋强度标准值（N/mm²）

种类	符号	公称直径 d（mm）	屈服强度标准值 f_{pyk}	极限强度标准值 f_{ptk}
中强度预应力钢丝	光面 φ^PM	5、7、9	620	800
			780	970
	螺旋肋 φ^HM		980	1270

续表 4.2.2-2

种类	符号	公称直径 d（mm）	屈服强度标准值 f_{pyk}	极限强度标准值 f_{ptk}
预应力螺纹钢筋	螺纹 φ^T	18、25、32、40、50	785	980
			930	1080
			1080	1230
消除应力钢丝	光面 φ^P	5	—	1570
			—	1860
		7	—	1570
	螺旋肋 φ^H	9	—	1470
			—	1570
钢绞线	1×3（三股）φ^S	8.6、10.8、12.9	—	1570
			—	1860
			—	1960
	1×7（七股）	9.5、12.7、15.2、17.8	—	1720
			—	1860
			—	1960
		21.6	—	1860

注：极限强度标准值为1960N/mm²的钢绞线作后张预应力配筋时，应有可靠的工程经验。

4.2.3 普通钢筋的抗拉强度设计值 f_y、抗压强度设计值 f'_y 应按表4.2.3-1采用；预应力筋的抗拉强度设计值 f_{py}、抗压强度设计值 f'_{py} 应按表4.2.3-2采用。

当构件中配有不同种类的钢筋时，每种钢筋应采用各自的强度设计值。

对轴心受压构件，当采用 HRB500、HRBF500 钢筋时，钢筋的抗压强度设计值 f'_y 应取 400 N/mm²。横向钢筋的抗压强度设计值 f_{yv} 应按表中 f_y 的数值采用；但用作受剪、受扭、受冲切承载力计算时，其数值大于360N/mm²时应取360N/mm²。

表 4.2.3-1　普通钢筋强度设计值（N/mm²）

牌号	抗拉强度设计值 f_y	抗压强度设计值 f'_y
HPB300	270	270
HRB335	300	300
HRB400、HRBF400、RRB400	360	360
HRB500、HRBF500	435	435

表 4.2.3-2　预应力筋强度设计值（N/mm²）

种　类	极限强度标准值 f_{ptk}	抗拉强度设计值 f_{py}	抗压强度设计值 f'_{py}
中强度预应力钢丝	800	510	
	970	650	410
	1270	810	
消除应力钢丝	1470	1040	
	1570	1110	410
	1860	1320	
钢绞线	1570	1110	
	1720	1220	
	1860	1320	390
	1960	1390	
预应力螺纹钢筋	980	650	
	1080	770	400
	1230	900	

注：当预应力筋的强度标准值不符合表 4.2.3-2 的规定时，其强度设计值应进行相应的比例换算。

4.2.4　普通钢筋及预应力筋在最大力下的总伸长率 δ_{gt} 不应小于表 4.2.4 规定的数值。

表 4.2.4　普通钢筋及预应力筋在最大力下的总伸长率限值

钢筋品种	普通钢筋			预应力筋
	HPB300	HRB335、HRB400、HRBF400、HRB500、HRBF500	RRB400	
δ_{gt}（%）	10.0	7.5	5.0	3.5

4.2.5　普通钢筋和预应力筋的弹性模量 E_s 可按表 4.2.5 采用。

表 4.2.5　钢筋的弹性模量（×10⁵ N/mm²）

牌号或种类	弹性模量 E_s
HPB300	2.10
HRB335、HRB400、HRB500 HRBF400、HRBF500、RRB400 预应力螺纹钢筋	2.00
消除应力钢丝、中强度预应力钢丝	2.05
钢绞线	1.95

4.2.6　普通钢筋和预应力筋的疲劳应力幅限值 Δf^f_y

和 Δf^f_{py} 应根据钢筋疲劳应力比值 ρ^f_s、ρ^f_p，分别按表 4.2.6-1、表 4.2.6-2 线性内插取值。

表 4.2.6-1　普通钢筋疲劳应力幅限值（N/mm²）

疲劳应力比值 ρ^f_s	疲劳应力幅限值 Δf^f_y	
	HRB335	HRB400
0	175	175
0.1	162	162
0.2	154	156
0.3	144	149
0.4	131	137
0.5	115	123
0.6	97	106
0.7	77	85
0.8	54	60
0.9	28	31

注：当纵向受拉钢筋采用闪光接触对焊连接时，其接头处的钢筋疲劳应力幅限值应按表中数值乘以 0.8 取用。

表 4.2.6-2　预应力筋疲劳应力幅限值（N/mm²）

疲劳应力比值 ρ^f_p	钢绞线 $f_{ptk}=1570$	消除应力钢丝 $f_{ptk}=1570$
0.7	144	240
0.8	118	168
0.9	70	88

注：1　当 ρ^f_p 不小于 0.9 时，可不作预应力筋疲劳验算；
　　2　当有充分依据时，可对表中规定的疲劳应力幅限值作适当调整。

普通钢筋疲劳应力比值 ρ^f_s 应按下列公式计算：

$$\rho^f_s = \frac{\sigma^f_{s,min}}{\sigma^f_{s,max}} \tag{4.2.6-1}$$

式中：$\sigma^f_{s,min}$、$\sigma^f_{s,max}$——构件疲劳验算时，同一层钢筋的最小应力、最大应力。

预应力筋疲劳应力比值 ρ^f_p 应按下列公式计算：

$$\rho^f_p = \frac{\sigma^f_{p,min}}{\sigma^f_{p,max}} \tag{4.2.6-2}$$

式中：$\sigma^f_{p,min}$、$\sigma^f_{p,max}$——构件疲劳验算时，同一层预应力筋的最小应力、最大应力。

4.2.7　构件中的钢筋可采用并筋的配置形式。直径 28mm 及以下的钢筋并筋数量不应超过 3 根；直径 32mm 的钢筋并筋数量宜为 2 根；直径 36mm 及以上的钢筋不应采用并筋。并筋应按单根等效钢筋进行计算，等效钢筋的等效直径应按截面面积相等的原则换算确定。

4.2.8　当进行钢筋代换时，除应符合设计要求的构件承载力、最大力下的总伸长率、裂缝宽度验算以及抗震规定以外，尚应满足最小配筋率、钢筋间距、保护层厚度、钢筋锚固长度、接头面积百分率及搭接长度等构造要求。

4.2.9 当构件中采用预制的钢筋焊接网片或钢筋骨架配筋时，应符合国家现行有关标准的规定。

4.2.10 各种公称直径的普通钢筋、预应力筋的公称截面面积及理论重量应按本规范附录 A 采用。

5 结构分析

5.1 基本原则

5.1.1 混凝土结构应进行整体作用效应分析，必要时尚应对结构中受力状况特殊部位进行更详细的分析。

5.1.2 当结构在施工和使用期的不同阶段有多种受力状况时，应分别进行结构分析，并确定其最不利的作用组合。

结构可能遭遇火灾、飓风、爆炸、撞击等偶然作用时，尚应按国家现行有关标准的要求进行相应的结构分析。

5.1.3 结构分析的模型应符合下列要求：

1 结构分析采用的计算简图、几何尺寸、计算参数、边界条件、结构材料性能指标以及构造措施等应符合实际工作状况；

2 结构上可能的作用及其组合、初始应力和变形状况等，应符合结构的实际状况；

3 结构分析中所采用的各种近似假定和简化，应有理论、试验依据或经工程实践验证；计算结果的精度应符合工程设计的要求。

5.1.4 结构分析应符合下列要求：

1 满足力学平衡条件；

2 在不同程度上符合变形协调条件，包括节点和边界的约束条件；

3 采用合理的材料本构关系或构件单元的受力-变形关系。

5.1.5 结构分析时，应根据结构类型、材料性能和受力特点等选择下列分析方法：

1 弹性分析方法；

2 塑性内力重分布分析方法；

3 弹塑性分析方法；

4 塑性极限分析方法；

5 试验分析方法。

5.1.6 结构分析所采用的计算软件应经考核和验证，其技术条件应符合本规范和国家现行有关标准的要求。

应对分析结果进行判断和校核，在确认其合理、有效后方可应用于工程设计。

5.2 分析模型

5.2.1 混凝土结构宜按空间体系进行结构整体分析，并宜考虑结构单元的弯曲、轴向、剪切和扭转等变形对结构内力的影响。

当进行简化分析时，应符合下列规定：

1 体形规则的空间结构，可沿柱列或墙轴线分解为不同方向的平面结构分别进行分析，但应考虑平面结构的空间协同工作；

2 构件的轴向、剪切和扭转变形对结构内力分析影响不大时，可不予考虑。

5.2.2 混凝土结构的计算简图宜按下列方法确定：

1 梁、柱、杆等一维构件的轴线宜取为截面几何中心的连线，墙、板等二维构件的中轴面宜取为截面中心线组成的平面或曲面；

2 现浇结构和装配整体式结构的梁柱节点、柱与基础连接处等可作为刚接；非整体浇筑的次梁两端及板跨两端可近似作为铰接；

3 梁、柱等杆件的计算跨度或计算高度可按其两端支承长度的中心距或净距确定，并应根据支承节点的连接刚度或支承反力的位置加以修正；

4 梁、柱等杆件间连接部分的刚度远大于杆件中间截面的刚度时，在计算模型中可作为刚域处理。

5.2.3 进行结构整体分析时，对于现浇结构或装配整体式结构，可假定楼盖在其自身平面内为无限刚性。当楼盖开有较大洞口或其局部会产生明显的平面内变形时，在结构分析中应考虑其影响。

5.2.4 对现浇楼盖和装配整体式楼盖，宜考虑楼板作为翼缘对梁刚度和承载力的影响。梁受压区有效翼缘计算宽度 b'_f 可按表 5.2.4 所列情况中的最小值取用；也可采用梁刚度增大系数法近似考虑，刚度增大系数应根据梁有效翼缘尺寸与梁截面尺寸的相对比例确定。

表 5.2.4 受弯构件受压区有效翼缘计算宽度 b'_f

	情　况		T 形、I 形截面		倒 L 形截面
			肋形梁（板）	独立梁	肋形梁（板）
1	按计算跨度 l_0 考虑		$l_0/3$	$l_0/3$	$l_0/6$
2	按梁（肋）净距 s_n 考虑		$b+s_n$	—	$b+s_n/2$
3	按翼缘高度 h'_f 考虑	$h'_f/h_0 \geqslant 0.1$	—	$b+12h'_f$	—
		$0.1 > h'_f/h_0 \geqslant 0.05$	$b+12h'_f$	$b+6h'_f$	$b+5h'_f$
		$h'_f/h_0 < 0.05$	$b+12h'_f$	b	$b+5h'_f$

注：1　表中 b 为梁的腹板厚度；

2　肋形梁在梁跨内设有间距小于纵肋间距的横肋时，可不考虑表中情况 3 的规定；

3　加腋的 T 形、I 形和倒 L 形截面，当受压区加腋的高度 h_h 不小于 h'_f 且加腋的长度 b_h 不大于 $3h_h$ 时，其翼缘计算宽度可按表中情况 3 的规定分别增加 $2b_h$（T 形、I 形截面）和 b_h（倒 L 形截面）；

4　独立梁受压区的翼缘板在荷载作用下经验算沿纵肋方向可能产生裂缝时，其计算宽度应取腹板宽度 b。

5.2.5 当地基与结构的相互作用对结构的内力和变形有显著影响时，结构分析中宜考虑地基与结构相互作用的影响。

5.3 弹 性 分 析

5.3.1 结构的弹性分析方法可用于正常使用极限状态和承载能力极限状态作用效应的分析。

5.3.2 结构构件的刚度可按下列原则确定：

1 混凝土的弹性模量可按本规范表 4.1.5 采用；

2 截面惯性矩可按匀质的混凝土全截面计算；

3 端部加腋的杆件，应考虑其截面变化对结构分析的影响；

4 不同受力状态下构件的截面刚度，宜考虑混凝土开裂、徐变等因素的影响予以折减。

5.3.3 混凝土结构弹性分析宜采用结构力学或弹性力学等分析方法。体形规则的结构，可根据作用的种类和特性，采用适当的简化分析方法。

5.3.4 当结构的二阶效应可能使作用效应显著增大时，在结构分析中应考虑二阶效应的不利影响。

混凝土结构的重力二阶效应可采用有限元分析方法计算，也可采用本规范附录 B 的简化方法。当采用有限元分析方法时，宜考虑混凝土构件开裂对构件刚度的影响。

5.3.5 当边界支承位移对双向板的内力及变形有较大影响时，在分析中宜考虑边界支承竖向变形及扭转等的影响。

5.4 塑性内力重分布分析

5.4.1 混凝土连续梁和连续单向板，可采用塑性内力重分布方法进行分析。

重力荷载作用下的框架、框架-剪力墙结构中的现浇梁以及双向板等，经弹性分析求得内力后，可对支座或节点弯矩进行适度调幅，并确定相应的跨中弯矩。

5.4.2 按考虑塑性内力重分布分析方法设计的结构和构件，应选用符合本规范第 4.2.4 条规定的钢筋，并应满足正常使用极限状态要求且采取有效的构造措施。

对于直接承受动力荷载的构件，以及要求不出现裂缝或处于三 a、三 b 类环境情况下的结构，不应采用考虑塑性内力重分布的分析方法。

5.4.3 钢筋混凝土梁支座或节点边缘截面的负弯矩调幅幅度不宜大于 25%；弯矩调整后的梁端截面相对受压区高度不应超过 0.35，且不宜小于 0.10。

钢筋混凝土板的负弯矩调幅幅度不宜大于 20%。

预应力混凝土梁的弯矩调幅幅度应符合本规范第 10.1.8 条的规定。

5.4.4 对属于协调扭转的混凝土结构构件，受相邻构件约束的支承梁的扭矩宜考虑内力重分布的影响。

考虑内力重分布后的支承梁，应按弯剪扭构件进行承载力计算。

注：当有充分依据时，也可采用其他设计方法。

5.5 弹塑性分析

5.5.1 重要或受力复杂的结构，宜采用弹塑性分析方法对结构整体或局部进行验算。结构的弹塑性分析宜遵循下列原则：

1 应预先设定结构的形状、尺寸、边界条件、材料性能和配筋等；

2 材料的性能指标宜取平均值，并宜通过试验分析确定，也可按本规范附录 C 的规定确定；

3 宜考虑结构几何非线性的不利影响；

4 分析结果用于承载力设计时，宜考虑抗力模型不定性系数对结构的抗力进行适当调整。

5.5.2 混凝土结构的弹塑性分析，可根据实际情况采用静力或动力分析方法。结构的基本构件计算模型宜按下列原则确定：

1 梁、柱、杆等杆系构件可简化为一维单元，宜采用纤维束模型或塑性铰模型；

2 墙、板等构件可简化为二维单元，宜采用膜单元、板单元或壳单元；

3 复杂的混凝土结构、大体积混凝土结构、结构的节点或局部区域需作精细分析时，宜采用三维块体单元。

5.5.3 构件、截面或各种计算单元的受力-变形本构关系宜符合实际受力情况。某些变形较大的构件或节点进行局部精细分析时，宜考虑钢筋与混凝土间的粘结-滑移本构关系。

钢筋、混凝土材料的本构关系宜通过试验分析确定，也可按本规范附录 C 采用。

5.6 塑性极限分析

5.6.1 对不承受多次重复荷载作用的混凝土结构，当有足够的塑性变形能力时，可采用塑性极限理论的分析方法进行结构的承载力计算，同时应满足正常使用的要求。

5.6.2 整体结构的塑性极限分析计算应符合下列规定：

1 对可预测结构破坏机制的情况，结构的极限承载力可根据设定的结构塑性屈服机制，采用塑性极限理论进行分析；

2 对难于预测结构破坏机制的情况，结构的极限承载力可采用静力或动力弹塑性分析方法确定；

3 对直接承受偶然作用的结构构件或部位，应根据偶然作用的动力特征考虑其动力效应的影响。

5.6.3 承受均布荷载的周边支承的双向矩形板，可采用塑性铰线法或条带法等塑性极限分析方法进行承载能力极限状态的分析与设计。

5.7 间接作用分析

5.7.1 当混凝土的收缩、徐变以及温度变化等间接作用在结构中产生的作用效应可能危及结构的安全或正常使用时，宜进行间接作用效应的分析，并应采取相应的构造措施和施工措施。

5.7.2 混凝土结构进行间接作用效应的分析，可采用本规范第5.5节的弹塑性分析方法；也可考虑裂缝和徐变对构件刚度的影响，按弹性方法进行近似分析。

6 承载能力极限状态计算

6.1 一般规定

6.1.1 本章适用于钢筋混凝土构件、预应力混凝土构件的承载能力极限状态计算；素混凝土结构构件设计应符合本规范附录 D 的规定。

深受弯构件、牛腿、叠合式构件的承载力计算应符合本规范第9章的有关规定。

6.1.2 对于二维或三维非杆系结构构件，当按弹性或弹塑性分析方法得到构件的应力设计值分布后，可根据主拉应力设计值的合力在配筋方向的投影确定配筋量，按主拉应力的分布区域确定钢筋布置，并应符合相应的构造要求；当混凝土处于受压状态时，可考虑受压钢筋和混凝土共同作用，受压钢筋配置应符合构造要求。

6.1.3 采用应力表达式进行混凝土结构构件的承载能力极限状态验算时，应符合下列规定：

1 应根据设计状况和构件性能设计目标确定混凝土和钢筋的强度取值。

2 钢筋应力不应大于钢筋的强度取值。

3 混凝土应力不应大于混凝土的强度取值；多轴应力状态混凝土强度取值和验算可按本规范附录 C.4 的有关规定进行。

6.2 正截面承载力计算

（Ⅰ）正截面承载力计算的一般规定

6.2.1 正截面承载力应按下列基本假定进行计算：

1 截面应变保持平面。

2 不考虑混凝土的抗拉强度。

3 混凝土受压的应力与应变关系按下列规定取用：

当 $\varepsilon_c \leqslant \varepsilon_0$ 时

$$\sigma_c = f_c \left[1 - \left(1 - \frac{\varepsilon_c}{\varepsilon_0} \right)^n \right] \quad (6.2.1\text{-}1)$$

当 $\varepsilon_0 < \varepsilon_c \leqslant \varepsilon_{cu}$ 时

$$\sigma_c = f_c \quad (6.2.1\text{-}2)$$

$$n = 2 - \frac{1}{60} (f_{cu,k} - 50) \quad (6.2.1\text{-}3)$$

$$\varepsilon_0 = 0.002 + 0.5 (f_{cu,k} - 50) \times 10^{-5} \quad (6.2.1\text{-}4)$$

$$\varepsilon_{cu} = 0.0033 - (f_{cu,k} - 50) \times 10^{-5} \quad (6.2.1\text{-}5)$$

式中：σ_c——混凝土压应变为 ε_c 时的混凝土压应力；

f_c——混凝土轴心抗压强度设计值，按本规范表4.1.4-1采用；

ε_0——混凝土压应力达到 f_c 时的混凝土压应变，当计算的 ε_0 值小于 0.002 时，取为 0.002；

ε_{cu}——正截面的混凝土极限压应变，当处于非均匀受压且按公式（6.2.1-5）计算的值大于 0.0033 时，取为 0.0033；当处于轴心受压时取为 ε_0；

$f_{cu,k}$——混凝土立方体抗压强度标准值，按本规范第4.1.1条确定；

n——系数，当计算的 n 值大于 2.0 时，取为 2.0。

4 纵向受拉钢筋的极限拉应变取为 0.01。

5 纵向钢筋的应力取钢筋应变与其弹性模量的乘积，但其值应符合下列要求：

$$-f_y' \leqslant \sigma_{si} \leqslant f_y \quad (6.2.1\text{-}6)$$

$$\sigma_{p0i} - f_{py}' \leqslant \sigma_{pi} \leqslant f_{py} \quad (6.2.1\text{-}7)$$

式中：σ_{si}、σ_{pi}——第 i 层纵向普通钢筋、预应力筋的应力，正值代表拉应力，负值代表压应力；

σ_{p0i}——第 i 层纵向预应力筋截面重心处混凝土法向应力等于零时的预应力筋应力，按本规范公式（10.1.6-3）或公式（10.1.6-6）计算；

f_y、f_{py}——普通钢筋、预应力筋抗拉强度设计值，按本规范表 4.2.3-1、表 4.2.3-2 采用；

f_y'、f_{py}'——普通钢筋、预应力筋抗压强度设计值，按本规范表 4.2.3-1、表 4.2.3-2 采用；

6.2.2 在确定中和轴位置时，对双向受弯构件，其内、外弯矩作用平面应相互重合；对双向偏心受力构件，其轴向力作用点、混凝土和受压钢筋的合力点以及受拉钢筋的合力点应在同一条直线上。当不符合上述条件时，尚应考虑扭转的影响。

6.2.3 弯矩作用平面内截面对称的偏心受压构件，当同一主轴方向的杆端弯矩比 $\frac{M_1}{M_2}$ 不大于 0.9 且轴压比不大于 0.9 时，若构件的长细比满足公式（6.2.3）的要求，可不考虑轴向压力在该方向挠曲杆件中产生的附加弯矩影响；否则应根据本规范第6.2.4条的规定，按截面的两个主轴方向分别考虑轴向压力在挠曲杆件中产生的附加弯矩影响。

$$l_c/i \leqslant 34 - 12(M_1/M_2) \qquad (6.2.3)$$

式中：M_1、M_2 —— 分别为已考虑侧移影响的偏心受压构件两端截面按结构弹性分析确定的对同一主轴的组合弯矩设计值，绝对值较大端为 M_2，绝对值较小端为 M_1，当构件按单曲率弯曲时，M_1/M_2 取正值，否则取负值；

l_c —— 构件的计算长度，可近似取偏心受压构件相应主轴方向上下支撑点之间的距离；

i —— 偏心方向的截面回转半径。

6.2.4 除排架结构柱外，其他偏心受压构件考虑轴向压力在挠曲杆件中产生的二阶效应后控制截面的弯矩设计值，应按下列公式计算：

$$M = C_m \eta_{ns} M_2 \qquad (6.2.4-1)$$

$$C_m = 0.7 + 0.3 \frac{M_1}{M_2} \qquad (6.2.4-2)$$

$$\eta_{ns} = 1 + \frac{1}{1300(M_2/N + e_a)/h_0}\left(\frac{l_c}{h}\right)^2 \zeta_c \qquad (6.2.4-3)$$

$$\zeta_c = \frac{0.5 f_c A}{N} \qquad (6.2.4-4)$$

当 $C_m \eta_{ns}$ 小于 1.0 时取 1.0；对剪力墙及核心筒墙，可取 $C_m \eta_{ns}$ 等于 1.0。

式中：C_m —— 构件端截面偏心距调节系数，当小于 0.7 时取 0.7；

η_{ns} —— 弯矩增大系数；

N —— 与弯矩设计值 M_2 相应的轴向压力设计值；

e_a —— 附加偏心距，按本规范第 6.2.5 条确定；

ζ_c —— 截面曲率修正系数，当计算值大于 1.0 时取 1.0；

h —— 截面高度；对环形截面，取外直径；对圆形截面，取直径；

h_0 —— 截面有效高度；对环形截面，取 $h_0 = r_2 + r_s$；对圆形截面，取 $h_0 = r + r_s$；此处，r、r_2 和 r_s 按本规范第 E.0.3 条和第 E.0.4 条确定；

A —— 构件截面面积。

6.2.5 偏心受压构件的正截面承载力计算时，应计入轴向压力在偏心方向存在的附加偏心距 e_a，其值应取 20mm 和偏心方向截面最大尺寸的 1/30 两者中的较大值。

6.2.6 受弯构件、偏心受力构件正截面承载力计算时，受压区混凝土的应力图形可简化为等效的矩形应力

力图。

矩形应力图的受压区高度 x 可取截面应变保持平面的假定所确定的中和轴高度乘以系数 β_1。当混凝土强度等级不超过 C50 时，β_1 取为 0.80，当混凝土强度等级为 C80 时，β_1 取为 0.74，其间按线性内插法确定。

矩形应力图的应力值可由混凝土轴心抗压强度设计值 f_c 乘以系数 α_1 确定。当混凝土强度等级不超过 C50 时，α_1 取为 1.0，当混凝土强度等级为 C80 时，α_1 取为 0.94，其间按线性内插法确定。

6.2.7 纵向受拉钢筋屈服与受压区混凝土破坏同时发生时的相对界限受压区高度 ξ_b 应按下列公式计算：

1 钢筋混凝土构件

有屈服点普通钢筋

$$\xi_b = \frac{\beta_1}{1 + \dfrac{f_y}{E_s \varepsilon_{cu}}} \qquad (6.2.7-1)$$

无屈服点普通钢筋

$$\xi_b = \frac{\beta_1}{1 + \dfrac{0.002}{\varepsilon_{cu}} + \dfrac{f_y}{E_s \varepsilon_{cu}}} \qquad (6.2.7-2)$$

2 预应力混凝土构件

$$\xi_b = \frac{\beta_1}{1 + \dfrac{0.002}{\varepsilon_{cu}} + \dfrac{f_{py} - \sigma_{p0}}{E_s \varepsilon_{cu}}} \qquad (6.2.7-3)$$

式中：ξ_b —— 相对界限受压区高度，取 x_b/h_0；

x_b —— 界限受压区高度；

h_0 —— 截面有效高度；纵向受拉钢筋合力点至截面受压边缘的距离；

E_s —— 钢筋弹性模量，按本规范表 4.2.5 采用；

σ_{p0} —— 受拉区纵向预应力筋合力点处混凝土法向应力等于零时的预应力筋应力，按本规范公式（10.1.6-3）或公式（10.1.6-6）计算；

ε_{cu} —— 非均匀受压时的混凝土极限压应变，按本规范公式（6.2.1-5）计算；

β_1 —— 系数，按本规范第 6.2.6 条的规定计算。

注：当截面受压区内配置有不同种类或不同预应力值的钢筋时，受弯构件的相对界限受压区高度应分别计算，并取其较小值。

6.2.8 纵向钢筋应力应按下列规定确定：

1 纵向钢筋应力宜按下列公式计算：

普通钢筋

$$\sigma_{si} = E_s \varepsilon_{cu}\left(\frac{\beta_1 h_{0i}}{x} - 1\right) \qquad (6.2.8-1)$$

预应力筋

$$\sigma_{pi} = E_s \varepsilon_{cu}\left(\frac{\beta_1 h_{0i}}{x} - 1\right) + \sigma_{p0i} \qquad (6.2.8-2)$$

2 纵向钢筋应力也可按下列近似公式计算：

普通钢筋

$$\sigma_{si} = \frac{f_y}{\xi_b - \beta_1}\left(\frac{x}{h_{0i}} - \beta_1\right) \quad (6.2.8\text{-}3)$$

预应力筋

$$\sigma_{pi} = \frac{f_{py} - \sigma_{p0i}}{\xi_b - \beta_1}\left(\frac{x}{h_{0i}} - \beta_1\right) + \sigma_{p0i} \quad (6.2.8\text{-}4)$$

3 按公式（6.2.8-1）～公式（6.2.8-4）计算的纵向钢筋应力应符合本规范第6.2.1条第5款的相关规定。

式中：h_{0i}——第 i 层纵向钢筋截面重心至截面受压边缘的距离；

x——等效矩形应力图形的混凝土受压区高度；

σ_{si}、σ_{pi}——第 i 层纵向普通钢筋、预应力筋的应力，正值代表拉应力，负值代表压应力；

σ_{p0i}——第 i 层纵向预应力筋截面重心处混凝土法向应力等于零时的预应力筋应力，按本规范公式（10.1.6-3）或公式（10.1.6-6）计算。

6.2.9 矩形、I形、T形截面构件的正截面承载力可按本节规定计算；任意截面、圆形及环形截面构件的正截面承载力可按本规范附录E的规定计算。

（Ⅱ） 正截面受弯承载力计算

6.2.10 矩形截面或翼缘位于受拉边的倒 T 形截面受弯构件，其正截面受弯承载力应符合下列规定（图6.2.10）：

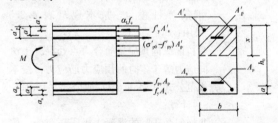

图 6.2.10 矩形截面受弯构件正截面
受弯承载力计算

$$M \leqslant \alpha_1 f_c bx\left(h_0 - \frac{x}{2}\right) + f'_y A'_s(h_0 - a'_s)$$
$$- (\sigma'_{p0} - f'_{py})A'_p(h_0 - a'_p) \quad (6.2.10\text{-}1)$$

混凝土受压区高度应按下列公式确定：

$$\alpha_1 f_c bx = f_y A_s - f'_y A'_s + f_{py} A_p + (\sigma'_{p0} - f'_{py})A'_p$$
$$(6.2.10\text{-}2)$$

混凝土受压区高度尚应符合下列条件：

$$x \leqslant \xi_b h_0 \quad (6.2.10\text{-}3)$$
$$x \geqslant 2a' \quad (6.2.10\text{-}4)$$

式中：M——弯矩设计值；

α_1——系数，按本规范第6.2.6条的规定计算；

f_c——混凝土轴心抗压强度设计值，按本规范

表4.1.4-1采用；

A_s、A'_s——受拉区、受压区纵向普通钢筋的截面面积；

A_p、A'_p——受拉区、受压区纵向预应力筋的截面面积；

σ'_{p0}——受压区纵向预应力筋合力点处混凝土法向应力等于零时的预应力筋应力；

b——矩形截面的宽度或倒 T 形截面的腹板宽度；

h_0——截面有效高度；

a'_s、a'_p——受压区纵向普通钢筋合力点、预应力筋合力点至截面受压边缘的距离；

a'——受压区全部纵向钢筋合力点至截面受压边缘的距离，当受压区未配置纵向预应力筋或受压区纵向预应力筋应力（$\sigma'_{p0} - f'_{py}$）为拉应力时，公式（6.2.10-4）中的 a' 用 a'_s 代替。

6.2.11 翼缘位于受压区的 T 形、I 形截面受弯构件（图6.2.11），其正截面受弯承载力计算应符合下列规定：

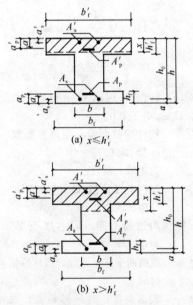

(a) $x \leqslant h'_f$

(b) $x > h'_f$

图 6.2.11 I 形截面受弯构件受压区高度位置

1 当满足下列条件时，应按宽度为 b'_f 的矩形截面计算：

$$f_y A_s + f_{py} A_p \leqslant \alpha_1 f_c b'_f h'_f + f'_y A'_s - (\sigma'_{p0} - f'_{py})A'_p$$
$$(6.2.11\text{-}1)$$

2 当不满足公式（6.2.11-1）的条件时，应按下列公式计算：

$$M \leqslant \alpha_1 f_c bx\left(h_0 - \frac{x}{2}\right) + \alpha_1 f_c(b'_f - b)h'_f\left(h_0 - \frac{h'_f}{2}\right)$$
$$+ f'_y A'_s(h_0 - a'_s) - (\sigma'_{p0} - f'_{py})A'_p(h_0 - a'_p)$$
$$(6.2.11\text{-}2)$$

混凝土受压区高度应按下列公式确定：

$$\alpha_1 f_c[bx + (b'_f - b)h'_f] = f_y A_s - f'_y A'_s + f_{py} A_p$$
$$+ (\sigma'_{p0} - f'_{py})A'_p$$

$$(6.2.11-3)$$

式中：h'_f——T形、I形截面受压区的翼缘高度；

b'_f——T形、I形截面受压区的翼缘计算宽度，按本规范第 6.2.12 条的规定确定。

按上述公式计算 T 形、I 形截面受弯构件时，混凝土受压区高度仍应符合本规范公式（6.2.10-3）和公式（6.2.10-4）的要求。

6.2.12 T形、I形及倒 L 形截面受弯构件位于受压区的翼缘计算宽度 b'_f 可按本规范表 5.2.4 所列情况中的最小值取用。

6.2.13 受弯构件正截面受弯承载力计算应符合本规范公式（6.2.10-3）的要求。当由构造要求或按正常使用极限状态验算要求配置的纵向受拉钢筋截面面积大于受弯承载力要求的配筋面积时，按本规范公式（6.2.10-2）或公式（6.2.11-3）计算的混凝土受压区高度 x，可仅计入受弯承载力条件所需的纵向受拉钢筋截面面积。

6.2.14 当计算中计入纵向普通受压钢筋时，应满足本规范公式（6.2.10-4）的条件；当不满足此条件时，正截面受弯承载力应符合下列规定：

$$M \leqslant f_{py} A_p(h - a_p - a'_s) + f_y A_s(h - a_s - a'_s)$$
$$+ (\sigma'_{p0} - f'_{py})A'_p(a'_p - a'_s)$$

$$(6.2.14)$$

式中：a_s、a_p——受拉区纵向普通钢筋、预应力筋至受拉边缘的距离。

（Ⅲ）正截面受压承载力计算

6.2.15 钢筋混凝土轴心受压构件，当配置的箍筋符合本规范第 9.3 节的规定时，其正截面受压承载力应符合下列规定（图 6.2.15）：

$$N \leqslant 0.9\varphi(f_c A + f'_y A'_s) \quad (6.2.15)$$

式中：N——轴向压力设计值；

φ——钢筋混凝土构件的稳定系数，按表 6.2.15 采用；

f_c——混凝土轴心抗压强度设计值，按本规范表 4.1.4-1 采用；

A——构件截面面积；

A'_s——全部纵向普通钢筋的截面面积。

当纵向普通钢筋的配筋率大于 3% 时，公式（6.2.15）中的 A 应改用（$A - A'_s$）代替。

表 6.2.15 钢筋混凝土轴心受压构件的稳定系数

l_0/b	$\leqslant 8$	10	12	14	16	18	20	22	24	26	28
l_0/d	$\leqslant 7$	8.5	10.5	12	14	15.5	17	19	21	22.5	24
l_0/i	$\leqslant 28$	35	42	48	55	62	69	76	83	90	97
φ	1.00	0.98	0.95	0.92	0.87	0.81	0.75	0.70	0.65	0.60	0.56

续表 6.2.15

l_0/b	30	32	34	36	38	40	42	44	46	48	50
l_0/d	26	28	29.5	31	33	34.5	36.5	38	40	41.5	43
l_0/i	104	111	118	125	132	139	146	153	160	167	174
φ	0.52	0.48	0.44	0.40	0.36	0.32	0.29	0.26	0.23	0.21	0.19

注：1 l_0 为构件的计算长度，对钢筋混凝土柱可按本规范第 6.2.20 条的规定取用；

2 b 为矩形截面的短边尺寸，d 为圆形截面的直径，i 为截面的最小回转半径。

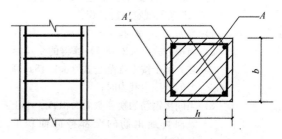

图 6.2.15 配置箍筋的钢筋混凝土轴心受压构件

6.2.16 钢筋混凝土轴心受压构件，当配置的螺旋式或焊接环式间接钢筋符合本规范第 9.3.2 条的规定时，其正截面受压承载力应符合下列规定（图 6.2.16）：

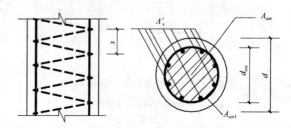

图 6.2.16 配置螺旋式间接钢筋的钢筋混凝土轴心受压构件

$$N \leqslant 0.9(f_c A_{cor} + f'_y A'_s + 2\alpha f_{yv} A_{ss0})$$

$$(6.2.16-1)$$

$$A_{ss0} = \frac{\pi d_{cor} A_{ss1}}{s} \quad (6.2.16-2)$$

式中：f_{yv}——间接钢筋的抗拉强度设计值，按本规范第 4.2.3 条的规定采用；

A_{cor}——构件的核心截面面积，取间接钢筋内表面范围内的混凝土截面面积；

A_{ss0}——螺旋式或焊接环式间接钢筋的换算截面面积；

d_{cor}——构件的核心截面直径，取间接钢筋内表面之间的距离；

A_{ss1}——螺旋式或焊接环式单根间接钢筋的截面面积；

s——间接钢筋沿构件轴线方向的间距；

α——间接钢筋对混凝土约束的折减系数：当混凝土强度等级不超过 C50 时，取 1.0，当混凝土强度等级为 C80 时，取 0.85，其间按线性内插法确定。

注：1　按公式（6.2.16-1）算得的构件受压承载力设计值不应大于按本规范公式（6.2.15）算得的构件受压承载力设计值的 1.5 倍；

　　2　当遇到下列任意一种情况时，不应计入间接钢筋的影响，而应按本规范第 6.2.15 条的规定进行计算：

　　　1）当 $l_0/d > 12$ 时；

　　　2）当按公式（6.2.16-1）算得的受压承载力小于按本规范公式（6.2.15）算得的受压承载力时；

　　　3）当间接钢筋的换算截面面积 A_{ss0} 小于纵向普通钢筋的全部截面面积的 25% 时。

6.2.17　矩形截面偏心受压构件正截面受压承载力应符合下列规定（图 6.2.17）：

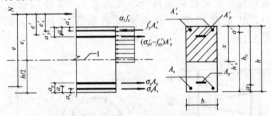

图 6.2.17　矩形截面偏心受压构件
正截面受压承载力计算
1—截面重心轴

$$N \leqslant \alpha_1 f_c bx + f'_y A'_s - \sigma_s A_s - (\sigma'_{p0} - f'_{py})A'_p - \sigma_p A_p$$

（6.2.17-1）

$$Ne \leqslant \alpha_1 f_c bx \left(h_0 - \frac{x}{2}\right) + f'_y A'_s (h_0 - a'_s)$$
$$- (\sigma'_{p0} - f'_{py})A'_p (h_0 - a'_p)$$

（6.2.17-2）

$$e = e_i + \frac{h}{2} - a \qquad (6.2.17\text{-}3)$$

$$e_i = e_0 + e_a \qquad (6.2.17\text{-}4)$$

式中：e——轴向压力作用点至纵向受拉普通钢筋和受拉预应力筋的合力点的距离；

σ_s、σ_p——受拉边或受压较小边的纵向普通钢筋、预应力筋的应力；

e_i——初始偏心距；

a——纵向受拉普通钢筋和受拉预应力筋的合力点至截面近边缘的距离；

e_0——轴向压力对截面重心的偏心距，取为 M/N，当需要考虑二阶效应时，M 为按本规范第 5.3.4 条、第 6.2.4 条规定确定的弯矩设计值；

e_a——附加偏心距，按本规范第 6.2.5 条确定。

按上述规定计算时，尚应符合下列要求：

1　钢筋的应力 σ_s、σ_p 可按下列情况确定：

　　1）当 ξ 不大于 ξ_b 时为大偏心受压构件，取 σ_s 为 f_y、σ_p 为 f_{py}，此处，ξ 为相对受压区高度，取为 x/h_0；

　　2）当 ξ 大于 ξ_b 时为小偏心受压构件，σ_s、σ_p 按本规范第 6.2.8 条的规定进行计算。

2　当计算中计入纵向受压普通钢筋时，受压区高度应满足本规范公式（6.2.10-4）的条件；当不满足此条件时，其正截面受压承载力可按本规范第 6.2.14 条的规定进行计算，此时，应将本规范公式（6.2.14）中的 M 以 Ne'_s 代替，此处，e'_s 为轴向压力作用点至受压区纵向普通钢筋合力点的距离；初始偏心距应按公式（6.2.17-4）确定。

3　矩形截面非对称配筋的小偏心受压构件，当 N 大于 $f_c bh$ 时，尚应按下列公式进行验算：

$$Ne' \leqslant f_c bh \left(h'_0 - \frac{h}{2}\right) + f'_y A_s (h'_0 - a_s)$$
$$- (\sigma_{p0} - f'_{py})A_p (h'_0 - a_p) \quad (6.2.17\text{-}5)$$

$$e' = \frac{h}{2} - a' - (e_0 - e_a) \quad (6.2.17\text{-}6)$$

式中：e'——轴向压力作用点至受压区纵向普通钢筋和预应力筋的合力点的距离；

h'_0——纵向受压钢筋合力点至截面远边的距离。

4　矩形截面对称配筋（$A'_s = A_s$）的钢筋混凝土小偏心受压构件，也可按下列近似公式计算纵向普通钢筋截面面积：

$$A'_s = \frac{Ne - \xi(1 - 0.5\xi)\alpha_1 f_c bh_0^2}{f'_y (h_0 - a'_s)}$$

（6.2.17-7）

此处，相对受压区高度 ξ 可按下列公式计算：

$$\xi = \frac{N - \xi_b \alpha_1 f_c bh_0}{\dfrac{Ne - 0.43\alpha_1 f_c bh_0^2}{(\beta_1 - \xi_b)(h_0 - a'_s)} + \alpha_1 f_c bh_0} + \xi_b$$

（6.2.17-8）

6.2.18　I 形截面偏心受压构件的受压翼缘计算宽度 b'_f 应按本规范第 6.2.12 条确定，其正截面受压承载力应符合下列规定：

1　当受压区高度 x 不大于 h'_f 时，应按宽度为受压翼缘计算宽度 b'_f 的矩形截面计算。

2　当受压区高度 x 大于 h'_f 时（图 6.2.18），应符合下列规定：

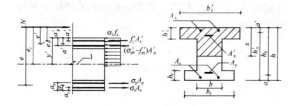

图 6.2.18 I形截面偏心受压构件

正截面受压承载力计算

1—截面重心轴

$$N \leqslant \alpha_1 f_c \left[bx + (b'_f - b)h'_f \right] + f'_y A'_s$$
$$- \sigma_s A_s - (\sigma'_{p0} - f'_{py})A'_p - \sigma_p A_p$$

(6.2.18-1)

$$Ne \leqslant \alpha_1 f_c \left[bx \left(h_0 - \frac{x}{2} \right) + (b'_f - b)h'_f \left(h_0 - \frac{h'_f}{2} \right) \right]$$
$$+ f'_y A'_s (h_0 - a'_s) - (\sigma'_{p0} - f'_{py})A'_p (h_0 - a'_p)$$

(6.2.18-2)

公式中的钢筋应力 σ_s、σ_p 以及是否考虑纵向受压普通钢筋的作用，均应按本规范第 6.2.17 条的有关规定确定。

3 当 x 大于（$h - h_f$）时，其正截面受压承载力计算应计入受压较小边翼缘受压部分的作用，此时，受压较小边翼缘计算宽度 b_f 应按本规范第 6.2.12 条确定。

4 对采用非对称配筋的小偏心受压构件，当 N 大于 $f_c A$ 时，尚应按下列公式进行验算：

$$Ne' \leqslant f_c \left[bh \left(h'_0 - \frac{h}{2} \right) + (b_f - b)h_f \left(h'_0 - \frac{h_f}{2} \right) \right.$$
$$\left. + (b'_f - b)h'_f \left(\frac{h'_f}{2} - a' \right) \right]$$
$$+ f'_y A_s (h'_0 - a_s)$$
$$- (\sigma_{p0} - f'_{py})A_p (h'_0 - a_p)$$ (6.2.18-3)
$$e' = y' - a' - (e_0 - e_a)$$ (6.2.18-4)

式中：y'——截面重心至离轴向压力较近一侧受压边的距离，当截面对称时，取 $h/2$。

注：对仅在离轴向压力较近一侧有翼缘的 T 形截面，可取 b_f 为 b；对仅在离轴向压力较远一侧有翼缘的倒 T 形截面，可取 b'_f 为 b。

6.2.19 沿截面腹部均匀配置纵向普通钢筋的矩形、T 形或 I 形截面钢筋混凝土偏心受压构件（图 6.2.19），其正截面受压承载力宜符合下列规定：

$$N \leqslant \alpha_1 f_c \left[\xi b h_0 + (b'_f - b)h'_f \right] + f'_y A'_s - \sigma_s A_s + N_{sw}$$

(6.2.19-1)

$$Ne \leqslant \alpha_1 f_c \left[\xi (1 - 0.5\xi)bh_0^2 + (b'_f - b)h'_f \left(h_0 - \frac{h'_f}{2} \right) \right]$$
$$+ f'_y A'_s (h_0 - a'_s) + M_{sw}$$ (6.2.19-2)

$$N_{sw} = \left(1 + \frac{\xi - \beta_1}{0.5\beta_1 \omega} \right) f_{yw} A_{sw}$$ (6.2.19-3)

$$M_{sw} = \left[0.5 - \left(\frac{\xi - \beta_1}{\beta_1 \omega} \right)^2 \right] f_{yw} A_{sw} h_{sw}$$

(6.2.19-4)

式中：A_{sw}——沿截面腹部均匀配置的全部纵向普通钢筋截面面积；

f_{yw}——沿截面腹部均匀配置的纵向普通钢筋强度设计值，按本规范表 4.2.3-1 采用；

N_{sw}——沿截面腹部均匀配置的纵向普通钢筋所承担的轴向压力，当 ξ 大于 β_1 时，取为 β_1 进行计算；

M_{sw}——沿截面腹部均匀配置的纵向普通钢筋的内力对 A_s 重心的力矩，当 ξ 大于 β_1 时，取 β_1 进行计算；

ω——均匀配置纵向普通钢筋区段的高度 h_{sw} 与截面有效高度 h_0 的比值（h_{sw}/h_0），宜取 h_{sw} 为（$h_0 - a'_s$）。

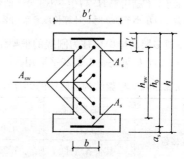

图 6.2.19 沿截面腹部均匀配筋

的 I 形截面

受拉边或受压较小边普通钢筋 A_s 中的应力 σ_s 以及在计算中是否考虑受压普通钢筋和受压较小边翼缘受压部分的作用，应按本规范第 6.2.17 条和第 6.2.18 条的有关规定确定。

注：本条适用于截面腹部均匀配置纵向普通钢筋的数量每侧不少于 4 根的情况。

6.2.20 轴心受压和偏心受压柱的计算长度 l_0 可按下列规定确定：

1 刚性屋盖单层房屋排架柱、露天吊车柱和栈桥柱，其计算长度 l_0 可按表 6.2.20-1 取用。

表 6.2.20-1 刚性屋盖单层房屋排架柱、露天吊车柱和栈桥柱的计算长度

柱的类别		l_0		
		排架方向	垂直排架方向	
			有柱间支撑	无柱间支撑
无吊车房屋柱	单 跨	1.5 H	1.0 H	1.2 H
	两跨及多跨	1.25 H	1.0 H	1.2 H

柱的类别		l_0		
		排架方向	垂直排架方向	
			有柱间支撑	无柱间支撑
有吊车房屋柱	上柱	$2.0\,H_u$	$1.25\,H_u$	$1.5\,H_u$
	下柱	$1.0\,H_l$	$0.8\,H_l$	$1.0\,H_l$
露天吊车柱和栈桥柱		$2.0\,H_l$	$1.0\,H_l$	—

注：1 表中 H 为从基础顶面算起的柱子全高；H_l 为从基础顶面至装配式吊车梁底面或现浇式吊车梁顶面的柱子下部高度；H_u 为从装配式吊车梁底面或从现浇式吊车梁顶面算起的柱子上部高度；

　　2 表中有吊车房屋排架柱的计算长度，当计算中不考虑吊车荷载时，可按无吊车房屋柱的计算长度采用，但上柱的计算长度仍可按有吊车房屋采用；

　　3 表中有吊车房屋排架柱的上柱在排架方向的计算长度，仅适用于 H_u/H_l 不小于 0.3 的情况；当 H_u/H_l 小于 0.3 时，计算长度宜采用 $2.5\,H_u$。

　　2　一般多层房屋中梁柱为刚接的框架结构，各层柱的计算长度 l_0 可按表 6.2.20-2 取用。

表 6.2.20-2　框架结构各层柱的计算长度

楼盖类型	柱的类别	l_0
现浇楼盖	底层柱	$1.0\,H$
	其余各层柱	$1.25\,H$
装配式楼盖	底层柱	$1.25\,H$
	其余各层柱	$1.5\,H$

注：表中 H 为底层柱从基础顶面到一层楼盖顶面的高度；对其余各层柱为上下两层楼盖顶面之间的高度。

6.2.21　对截面具有两个互相垂直的对称轴的钢筋混凝土双向偏心受压构件（图 6.2.21），其正截面受压承载力可选用下列两种方法之一进行计算：

　　1　按本规范附录 E 的方法计算，此时，附录 E 公式（E.0.1-7）和公式（E.0.1-8）中的 M_x、M_y 应分别用 Ne_{ix}、Ne_{iy} 代替，其中，初始偏心距应按下列公式计算：

$$e_{ix} = e_{0x} + e_{ax} \qquad (6.2.21\text{-}1)$$

$$e_{iy} = e_{0y} + e_{ay} \qquad (6.2.21\text{-}2)$$

式中：e_{0x}、e_{0y}——轴向压力对通过截面重心的 y 轴、x 轴的偏心距，即 M_{0x}/N、M_{0y}/N；

　　M_{0x}、M_{0y}——轴向压力在 x 轴、y 轴方向的弯矩设计值，为本规范第 5.3.4 条、6.2.4 条规定确定的弯矩设计值；

　　e_{ax}、e_{ay}——x 轴、y 轴方向上的附加偏心距，按本规范第 6.2.5 条的规定确定；

　　2　按下列近似公式计算：

$$N \leqslant \cfrac{1}{\cfrac{1}{N_{ux}} + \cfrac{1}{N_{uy}} - \cfrac{1}{N_{u0}}} \qquad (6.2.21\text{-}3)$$

式中：N_{u0}——构件的截面轴心受压承载力设计值；

　　N_{ux}——轴向压力作用于 x 轴并考虑相应的计算偏心距 e_{ix} 后，按全部纵向普通钢筋计算的构件偏心受压承载力设计值；

　　N_{uy}——轴向压力作用于 y 轴并考虑相应的计算偏心距 e_{iy} 后，按全部纵向普通钢筋计算的构件偏心受压承载力设计值。

　　构件的截面轴心受压承载力设计值 N_{u0}，可按本规范公式（6.2.15）计算，但应取等号，将 N 以 N_{u0} 代替，且不考虑稳定系数 φ 及系数 0.9。

　　构件的偏心受压承载力设计值 N_{ux}，可按下列情况计算：

　　1）当纵向普通钢筋沿截面两对边配置时，N_{ux} 可按本规范第 6.2.17 条或第 6.2.18 条的规定进行计算，但应取等号，将 N 以 N_{ux} 代替。

　　2）当纵向普通钢筋沿截面腹部均匀配置时，N_{ux} 可按本规范第 6.2.19 条的规定进行计算，但应取等号，将 N 以 N_{ux} 代替。

　　构件的偏心受压承载力设计值 N_{uy} 可采用与 N_{ux} 相同的方法计算。

（Ⅳ）正截面受拉承载力计算

6.2.22　轴心受拉构件的正截面受拉承载力应符合下列规定：

$$N \leqslant f_y A_s + f_{py} A_p \qquad (6.2.22)$$

式中：N——轴向拉力设计值；

　　A_s、A_p——纵向普通钢筋、预应力筋的全部截面面积。

6.2.23　矩形截面偏心受拉构件的正截面受拉承载力应符合下列规定：

　　1　小偏心受拉构件

　　当轴向拉力作用在钢筋 A_s 与 A_p 的合力点和 A'_s

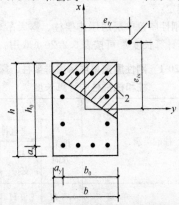

图 6.2.21　双向偏心受压构件截面
1—轴向压力作用点；2—受压区

与 A'_p 的合力点之间时（图 6.2.23a）：

$$Ne \leqslant f_y A_s (h_0 - a'_s) + f_{py} A'_p (h_0 - a'_p)$$
$$(6.2.23-1)$$

$$Ne' \leqslant f_y A_s (h'_0 - a_s) + f_{py} A_p (h'_0 - a_p)$$
$$(6.2.23-2)$$

2 大偏心受拉构件

当轴向拉力不作用在钢筋 A_s 与 A_p 的合力点和 A'_s 与 A'_p 的合力点之间时（图 6.2.23b）：

$$N \leqslant f_y A_s + f_{py} A_p - f'_y A'_s + (\sigma'_{p0} - f_{py}) A'_p - \alpha_1 f_c bx$$
$$(6.2.23-3)$$

$$Ne \leqslant \alpha_1 f_c bx \left(h_0 - \frac{x}{2}\right) + f'_y A'_s (h_0 - a'_s)$$
$$- (\sigma'_{p0} - f'_{py}) A'_p (h_0 - a'_p)$$
$$(6.2.23-4)$$

此时，混凝土受压区的高度应满足本规范公式（6.2.10-3）的要求。当计算中计入纵向受压普通钢筋时，尚应满足本规范公式（6.2.10-4）的条件；当不满足时，可按公式（6.2.23-2）计算。

3 对称配筋的矩形截面偏心受拉构件，不论大、小偏心受拉情况，均可按公式（6.2.23-2）计算。

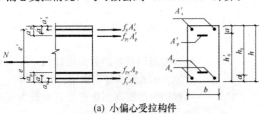

(a) 小偏心受拉构件

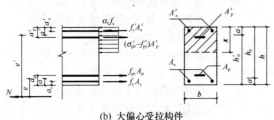

(b) 大偏心受拉构件

图 6.2.23 矩形截面偏心受拉构件
正截面受拉承载力计算

6.2.24 沿截面腹部均匀配置纵向普通钢筋的矩形、T 形或 I 形截面钢筋混凝土偏心受拉构件，其正截面受拉承载力应符合本规范公式（6.2.25-1）的规定，式中正截面受弯承载力设计值 M_u 可按本规范公式（6.2.19-1）和公式（6.2.19-2）进行计算，但应取等号，同时应分别取 N 为 0 和以 M_u 代替 Ne_i。

6.2.25 对称配筋的矩形截面钢筋混凝土双向偏心受拉构件，其正截面受拉承载力应符合下列规定：

$$N \leqslant \frac{1}{\dfrac{1}{N_{u0}} + \dfrac{e_0}{M_u}}$$
$$(6.2.25-1)$$

式中：N_{u0}——构件的轴心受拉承载力设计值；

e_0——轴向拉力作用点至截面重心的距离；

M_u——按通过轴向拉力作用点的弯矩平面计

算的正截面受弯承载力设计值。

构件的轴心受拉承载力设计值 N_{u0}，按本规范公式（6.2.22）计算，但应取等号，并以 N_{u0} 代替 N。按通过轴向拉力作用点的弯矩平面计算的正截面受弯承载力设计值 M_u，可按本规范第 6.2 节（I）的有关规定进行计算。

公式（6.2.25-1）中的 e_0/M_u 也可按下列公式计算：

$$\frac{e_0}{M_u} = \sqrt{\left(\frac{e_{0x}}{M_{ux}}\right)^2 + \left(\frac{e_{0y}}{M_{uy}}\right)^2} \quad (6.2.25-2)$$

式中：e_{0x}、e_{0y}——轴向拉力对截面重心 y 轴、x 轴的偏心距；

M_{ux}、M_{uy}——x 轴、y 轴方向的正截面受弯承载力设计值，按本规范第 6.2 节（II）的规定计算。

6.3 斜截面承载力计算

6.3.1 矩形、T 形和 I 形截面受弯构件的受剪截面应符合下列条件：

当 $h_w/b \leqslant 4$ 时

$$V \leqslant 0.25 \beta_c f_c bh_0 \quad (6.3.1-1)$$

当 $h_w/b \geqslant 6$ 时

$$V \leqslant 0.2 \beta_c f_c bh_0 \quad (6.3.1-2)$$

当 $4 < h_w/b < 6$ 时，按线性内插法确定。

式中：V——构件斜截面上的最大剪力设计值；

β_c——混凝土强度影响系数：当混凝土强度等级不超过 C50 时，β_c 取 1.0；当混凝土强度等级为 C80 时，β_c 取 0.8；其间按线性内插法确定；

b——矩形截面的宽度，T 形截面或 I 形截面的腹板宽度；

h_0——截面的有效高度；

h_w——截面的腹板高度：矩形截面，取有效高度；T 形截面，取有效高度减去翼缘高度；I 形截面，取腹板净高。

注：1 对 T 形或 I 形截面的简支受弯构件，当有实践经验时，公式（6.3.1-1）中的系数可改用 0.3；

2 对受拉边倾斜的构件，当有实践经验时，其受剪截面的控制条件可适当放宽。

6.3.2 计算斜截面受剪承载力时，剪力设计值的计算截面应按下列规定采用：

1 支座边缘处的截面（图 6.3.2a、b 截面 1-1）；

2 受拉区弯起钢筋弯起点处的截面（图 6.3.2a 截面 2-2、3-3）；

3 箍筋截面面积或间距改变处的截面（图 6.3.2b 截面 4-4）；

4 截面尺寸改变处的截面。

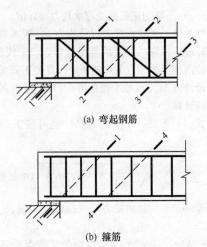

(a) 弯起钢筋

(b) 箍筋

图 6.3.2 斜截面受剪承载力剪力设计值的计算截面
1-1 支座边缘处的斜截面；2-2、3-3 受拉区弯起钢筋弯起点的斜截面；4-4 箍筋截面面积或间距改变处的斜截面

注：1 受拉边倾斜的受弯构件，尚应包括梁的高度开始变化处、集中荷载作用处和其他不利的截面；

2 箍筋的间距以及弯起钢筋前一排（对支座而言）的弯起点至后一排的弯终点的距离，应符合本规范第 9.2.8 条和第 9.2.9 条的构造要求。

6.3.3 不配置箍筋和弯起钢筋的一般板类受弯构件，其斜截面受剪承载力应符合下列规定：

$$V \leqslant 0.7\beta_h f_t b h_0 \quad (6.3.3-1)$$

$$\beta_h = \left(\frac{800}{h_0}\right)^{1/4} \quad (6.3.3-2)$$

式中：β_h——截面高度影响系数：当 h_0 小于 800mm 时，取 800mm；当 h_0 大于 2000mm 时，取 2000mm。

6.3.4 当仅配置箍筋时，矩形、T 形和 I 形截面受弯构件的斜截面受剪承载力应符合下列规定：

$$V \leqslant V_{cs} + V_p \quad (6.3.4-1)$$

$$V_{cs} = \alpha_{cv} f_t b h_0 + f_{yv}\frac{A_{sv}}{s}h_0 \quad (6.3.4-2)$$

$$V_p = 0.05 N_{p0} \quad (6.3.4-3)$$

式中：V_{cs}——构件斜截面上混凝土和箍筋的受剪承载力设计值；

V_p——由预加力所提高的构件受剪承载力设计值；

α_{cv}——斜截面混凝土受剪承载力系数，对于一般受弯构件取 0.7；对集中荷载作用下（包括作用有多种荷载，其中集中荷载对支座截面或节点边缘所产生的剪力值占总剪力的 75% 以上的情况）的独立梁，取 α_{cv} 为 $\frac{1.75}{\lambda+1}$，λ 为计算截面的剪跨比，可取 λ 等于 a/h_0，当 λ 小于 1.5 时，取 1.5，当 λ 大于 3 时，取 3，a 取集中荷载作用点至支座截面或节点边缘的距离。

A_{sv}——配置在同一截面内箍筋各肢的全部截面面积，即 nA_{sv1}，此处，n 为在同一个截面内箍筋的肢数，A_{sv1} 为单肢箍筋的截面面积；

s——沿构件长度方向的箍筋间距；

f_{yv}——箍筋的抗拉强度设计值，按本规范第 4.2.3 条的规定采用；

N_{p0}——计算截面上混凝土法向预应力等于零时的预加力，按本规范第 10.1.13 条计算；当 N_{p0} 大于 $0.3 f_c A_0$ 时，取 $0.3 f_c A_0$，此处，A_0 为构件的换算截面面积。

注：1 对预加力 N_{p0} 引起的截面弯矩与外弯矩方向相同的情况，以及预应力混凝土连续梁和允许出现裂缝的预应力混凝土简支梁，均应取 V_p 为 0；

2 先张法预应力混凝土构件，在计算预加力 N_{p0} 时，应按本规范第 7.1.9 条的规定考虑预应力筋传递长度的影响。

6.3.5 当配置箍筋和弯起钢筋时，矩形、T 形和 I 形截面受弯构件的斜截面受剪承载力应符合下列规定：

$$V \leqslant V_{cs} + V_p + 0.8 f_y A_{sb}\sin\alpha_s + 0.8 f_{py}A_{pb}\sin\alpha_p \quad (6.3.5)$$

式中：V——配置弯起钢筋处的剪力设计值，按本规范第 6.3.6 条的规定取用；

V_p——由预加力所提高的构件受剪承载力设计值，按本规范公式（6.3.4-3）计算，但计算预加力 N_{p0} 时不考虑弯起预应力筋的作用；

A_{sb}、A_{pb}——分别为同一平面内的弯起普通钢筋、弯起预应力筋的截面面积；

α_s、α_p——分别为斜截面上弯起普通钢筋、弯起预应力筋的切线与构件纵轴线的夹角。

6.3.6 计算弯起钢筋时，截面剪力设计值可按下列规定取用（图 6.3.2a）：

1 计算第一排（对支座而言）弯起钢筋时，取支座边缘处的剪力值；

2 计算以后的每一排弯起钢筋时，取前一排（对支座而言）弯起钢筋弯起点处的剪力值。

6.3.7 矩形、T 形和 I 形截面的一般受弯构件，当符合下式要求时，可不进行斜截面的受剪承载力计算，其箍筋的构造要求应符合本规范第 9.2.9 条的有关规定。

$$V \leqslant \alpha_{cv} f_t b h_0 + 0.05 N_{p0} \quad (6.3.7)$$

式中：α_{cv}——截面混凝土受剪承载力系数，按本规范第 6.3.4 条的规定采用。

6.3.8 受拉边倾斜的矩形、T 形和 I 形截面受弯构件，其斜截面受剪承载力应符合下列规定（图 6.3.8）：

$$V \leqslant V_{cs} + V_{sp} + 0.8 f_y A_{sb}\sin\alpha_s \quad (6.3.8-1)$$

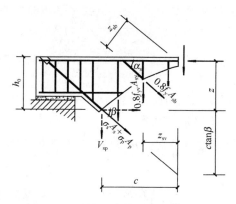

图 6.3.8 受拉边倾斜的受弯构件的
斜截面受剪承载力计算

$$V_{sp} = \frac{M - 0.8(\sum f_{yv}A_{sv}z_{sv} + \sum f_y A_{sb}z_{sb})}{z + c\tan\beta}\tan\beta$$

(6.3.8-2)

式中：M——构件斜截面受压区末端的弯矩设计值；

V_{cs}——构件斜截面上混凝土和箍筋的受剪承载力设计值，按本规范公式（6.3.4-2）计算，其中 h_0 取斜截面受拉区始端的垂直截面有效高度；

V_{sp}——构件截面上受拉边倾斜的纵向非预应力和预应力受拉钢筋的合力设计值在垂直方向的投影；对钢筋混凝土受弯构件，其值不应大于 $f_y A_s \sin\beta$；对预应力混凝土受弯构件，其值不应大于 $(f_{py}A_p + f_y A_s)\sin\beta$，且不应小于 $\sigma_{pe}A_p\sin\beta$；

z_{sv}——同一截面内箍筋的合力至斜截面受压区合力点的距离；

z_{sb}——同一弯起平面内的弯起普通钢筋的合力至斜截面受压区合力点的距离；

z——斜截面受拉区始端处纵向受拉钢筋合力的水平分力至斜截面受压区合力点的距离，可近似取为 $0.9h_0$；

β——斜截面受拉区始端处倾斜的纵向受拉钢筋的倾角；

c——斜截面的水平投影长度，可近似取为 h_0。

注：在梁截面高度开始变化处，斜截面的受剪承载力应按等截面高度梁和变截面高度梁的有关公式分别计算，并应按不利者配置箍筋和弯起钢筋。

6.3.9 受弯构件斜截面的受弯承载力应符合下列规定（图 6.3.9）：

$$M \leqslant (f_y A_s + f_{py}A_p)z + \sum f_y A_{sb}z_{sb} + \sum f_{py}A_{pb}z_{pb}$$
$$+ \sum f_{yv}A_{sv}z_{sv} \qquad (6.3.9\text{-}1)$$

此时，斜截面的水平投影长度 c 可按下列条件确定：

$$V = \sum f_y A_{sb}\sin\alpha_s + \sum f_{py}A_{pb}\sin\alpha_p + \sum f_{yv}A_{sv}$$

(6.3.9-2)

式中：V——斜截面受压区末端的剪力设计值；

z——纵向受拉普通钢筋和预应力筋的合力点至受压区合力点的距离，可近似取为 $0.9h_0$；

z_{sb}、z_{pb}——分别为同一弯起平面内的弯起普通钢筋、弯起预应力筋的合力点至斜截面受压区合力点的距离；

z_{sv}——同一斜截面上箍筋的合力点至斜截面受压区合力点的距离。

在计算先张法预应力混凝土构件端部锚固区的斜截面受弯承载力时，公式中的 f_{py} 应按下列规定确定：锚固区内的纵向预应力筋抗拉强度设计值在锚固起点处应取为零，在锚固终点处应取为 f_{py}，在两点之间可按线性内插法确定。此时，纵向预应力筋的锚固长度 l_a 应按本规范第 8.3.1 条确定。

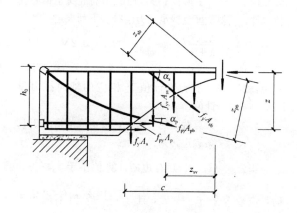

图 6.3.9 受弯构件斜截面受弯承载力计算

6.3.10 受弯构件中配置的纵向钢筋和箍筋，当符合本规范第 8.3.1 条～第 8.3.5 条、第 9.2.2 条～第 9.2.4 条、第 9.2.7 条～第 9.2.9 条规定的构造要求时，可不进行构件斜截面的受弯承载力计算。

6.3.11 矩形、T 形和 I 形截面的钢筋混凝土偏心受压构件和偏心受拉构件，其剪截面应符合本规范第 6.3.1 条的规定。

6.3.12 矩形、T 形和 I 形截面的钢筋混凝土偏心受压构件，其斜截面受剪承载力应符合下列规定：

$$V \leqslant \frac{1.75}{\lambda + 1}f_t b h_0 + f_{yv}\frac{A_{sv}}{s}h_0 + 0.07N$$

(6.3.12)

式中：λ——偏心受压构件计算截面的剪跨比，取为 $M/(Vh_0)$；

N——与剪力设计值 V 相应的轴向压力设计值，当大于 $0.3f_cA$ 时，取 $0.3f_cA$，此处，A 为构件的截面面积。

计算截面的剪跨比 λ 应按下列规定取用：

1 对框架结构中的框架柱，当其反弯点在层高范围内时，可取为 $H_n/(2h_0)$。当 λ 小于 1 时，取 1；当 λ 大于 3 时，取 3。此处，M 为计算截面上与剪力设计值 V 相应的弯矩设计值，H_n 为柱净高。

2 其他偏心受压构件，当承受均布荷载时，取 1.5；当承受符合本规范第 6.3.4 条所述的集中荷载时，取为 a/h_0，且当 λ 小于 1.5 时取 1.5，当 λ 大于 3 时取 3。

6.3.13 矩形、T 形和 I 形截面的钢筋混凝土偏心受压构件，当符合下列要求时，可不进行斜截面受剪承载力计算，其箍筋构造要求应符合本规范第 9.3.2 条的规定。

$$V \leqslant \frac{1.75}{\lambda+1} f_t b h_0 + 0.07N \quad (6.3.13)$$

式中：剪跨比 λ 和轴向压力设计值 N 应按本规范第 6.3.12 条确定。

6.3.14 矩形、T 形和 I 形截面的钢筋混凝土偏心受拉构件，其斜截面受剪承载力应符合下列规定：

$$V \leqslant \frac{1.75}{\lambda+1} f_t b h_0 + f_{yv} \frac{A_{sv}}{s} h_0 - 0.2N$$

$$(6.3.14)$$

式中：N——与剪力设计值 V 相应的轴向拉力设计值；

λ——计算截面的剪跨比，按本规范第 6.3.12 条确定。

当公式（6.3.14）右边的计算值小于 $f_{yv} \dfrac{A_{sv}}{s} h_0$ 时，应取等于 $f_{yv} \dfrac{A_{sv}}{s} h_0$，且 $f_{yv} \dfrac{A_{sv}}{s} h_0$ 值不应小于 $0.36 f_t b h_0$。

6.3.15 圆形截面钢筋混凝土受弯构件和偏心受压、受拉构件，其截面限制条件和斜截面受剪承载力可按本规范第 6.3.1 条～第 6.3.14 条计算，但上述条文公式中的截面宽度 b 和截面有效高度 h_0 应分别以 $1.76r$ 和 $1.6r$ 代替，此处，r 为圆形截面的半径。计算所得的箍筋截面面积应作为圆形箍筋的截面面积。

6.3.16 矩形截面双向受剪的钢筋混凝土框架柱，其受剪截面应符合下列要求：

$$V_x \leqslant 0.25\beta_c f_c b h_0 \cos\theta \quad (6.3.16\text{-}1)$$
$$V_y \leqslant 0.25\beta_c f_c h b_0 \sin\theta \quad (6.3.16\text{-}2)$$

式中：V_x——x 轴方向的剪力设计值，对应的截面有效高度为 h_0，截面宽度为 b；

V_y——y 轴方向的剪力设计值，对应的截面有效高度为 b_0，截面宽度为 h；

θ——斜向剪力设计值 V 的作用方向与 x 轴的夹角，$\theta = \arctan(V_y/V_x)$。

6.3.17 矩形截面双向受剪的钢筋混凝土框架柱，其斜截面受剪承载力应符合下列规定：

$$V_x \leqslant \frac{V_{ux}}{\sqrt{1 + \left(\dfrac{V_{ux}\tan\theta}{V_{uy}}\right)^2}} \quad (6.3.17\text{-}1)$$

$$V_y \leqslant \frac{V_{uy}}{\sqrt{1 + \left(\dfrac{V_{uy}}{V_{ux}\tan\theta}\right)^2}} \quad (6.3.17\text{-}2)$$

x 轴、y 轴方向的斜截面受剪承载力设计值 V_{ux}、V_{uy} 应按下列公式计算：

$$V_{ux} = \frac{1.75}{\lambda_x+1} f_t b h_0 + f_{yv} \frac{A_{svx}}{s} h_0 + 0.07N$$

$$(6.3.17\text{-}3)$$

$$V_{uy} = \frac{1.75}{\lambda_y+1} f_t h b_0 + f_{yv} \frac{A_{svy}}{s} b_0 + 0.07N$$

$$(6.3.17\text{-}4)$$

式中：λ_x、λ_y——分别为框架柱 x 轴、y 轴方向的计算剪跨比，按本规范第 6.3.12 条的规定确定；

A_{svx}、A_{svy}——分别为配置在同一截面内平行于 x 轴、y 轴的箍筋各肢截面面积的总和；

N——与斜向剪力设计值 V 相应的轴向压力设计值，当 N 大于 $0.3 f_c A$ 时，取 $0.3 f_c A$，此处，A 为构件的截面面积。

在计算截面箍筋时，可在公式（6.3.17-1）、公式（6.3.17-2）中近似取 V_{ux}/V_{uy} 等于 1 计算。

6.3.18 矩形截面双向受剪的钢筋混凝土框架柱，当符合下列要求时，可不进行斜截面受剪承载力计算，其构造箍筋要求应符合本规范第 9.3.2 条的规定。

$$V_x \leqslant \left(\frac{1.75}{\lambda_x+1} f_t b h_0 + 0.07N\right)\cos\theta$$

$$(6.3.18\text{-}1)$$

$$V_y \leqslant \left(\frac{1.75}{\lambda_y+1} f_t h b_0 + 0.07N\right)\sin\theta$$

$$(6.3.18\text{-}2)$$

6.3.19 矩形截面双向受剪的钢筋混凝土框架柱，当斜向剪力设计值 V 的作用方向与 x 轴的夹角 θ 在 $0°\sim 10°$ 或 $80°\sim 90°$ 时，可仅按单向受剪构件进行截面承载力计算。

6.3.20 钢筋混凝土剪力墙的受剪截面应符合下列条件：

$$V \leqslant 0.25\beta_c f_c b h_0 \quad (6.3.20)$$

6.3.21 钢筋混凝土剪力墙在偏心受压时的斜截面受剪承载力应符合下列规定：

$$V \leqslant \frac{1}{\lambda-0.5}\left(0.5 f_t b h_0 + 0.13N\frac{A_w}{A}\right) + f_{yv}\frac{A_{sh}}{s_v} h_0$$

$$(6.3.21)$$

式中：N——与剪力设计值 V 相应的轴向压力设计值，当 N 大于 $0.2 f_c b h$ 时，取 $0.2 f_c b h$；

A——剪力墙的截面面积；

A_w——T 形、I 形截面剪力墙腹板的截面面积，对矩形截面剪力墙，取为 A；

A_{sh}——配置在同一截面内的水平分布钢筋的全部截面面积；

s_v——水平分布钢筋的竖向间距；

λ——计算截面的剪跨比，取为 $M/(Vh_0)$；当 λ 小于 1.5 时，取 1.5，当 λ 大于 2.2 时，取 2.2；此处，M 为与剪力设计值 V 相应的弯矩设计值；当计算截面与墙底之间的距离小于 $h_0/2$ 时，λ 可按距墙底 $h_0/2$ 处的弯矩值与剪力值计算。

当剪力设计值 V 不大于公式（6.3.21）中右边第一项时，水平分布钢筋可按本规范第 9.4.2 条、9.4.4 条、9.4.6 条的构造要求配置。

6.3.22 钢筋混凝土剪力墙在偏心受拉时的斜截面受剪承载力应符合下列规定：

$$V \leqslant \frac{1}{\lambda - 0.5}\left(0.5 f_t b h_0 - 0.13 N \frac{A_w}{A}\right) + f_{yv}\frac{A_{sh}}{s_v}h_0$$

(6.3.22)

当上式右边的计算值小于 $f_{yv}\dfrac{A_{sh}}{s_v}h_0$ 时，取等于 $f_{yv}\dfrac{A_{sh}}{s_v}h_0$。

式中：N——与剪力设计值 V 相应的轴向拉力设计值；

λ——计算截面的剪跨比，按本规范第 6.3.21 条采用。

6.3.23 剪力墙洞口连梁的受剪截面应符合本规范第 6.3.1 条的规定，其斜截面受剪承载力应符合下列规定：

$$V \leqslant 0.7 f_t b h_0 + f_{yv}\frac{A_{sv}}{s}h_0 \quad (6.3.23)$$

6.4 扭曲截面承载力计算

6.4.1 在弯矩、剪力和扭矩共同作用下，h_w/b 不大于 6 的矩形、T 形、I 形截面和 h_w/t_w 不大于 6 的箱形截面构件（图 6.4.1），其截面应符合下列条件：

当 h_w/b（或 h_w/t_w）不大于 4 时

$$\frac{V}{bh_0} + \frac{T}{0.8W_t} \leqslant 0.25\beta_c f_c \quad (6.4.1\text{-}1)$$

当 h_w/b（或 h_w/t_w）等于 6 时

$$\frac{V}{bh_0} + \frac{T}{0.8W_t} \leqslant 0.2\beta_c f_c \quad (6.4.1\text{-}2)$$

当 h_w/b（或 h_w/t_w）大于 4 但小于 6 时，按线性内插法确定。

式中：T——扭矩设计值；

b——矩形截面的宽度，T 形或 I 形截面取腹板宽度，箱形截面取两侧壁总厚度 $2t_w$；

W_t——受扭构件的截面受扭塑性抵抗矩，按本规范第 6.4.3 条的规定计算；

h_w——截面的腹板高度；对矩形截面，取有效

高度 h_0；对 T 形截面，取有效高度减去翼缘高度；对 I 形和箱形截面，取腹板净高；

t_w——箱形截面壁厚，其值不应小于 $b_h/7$，此处，b_h 为箱形截面的宽度。

注：当 h_w/b 大于 6 或 h_w/t_w 大于 6 时，受扭构件的截面尺寸要求及扭曲截面承载力计算应符合专门规定。

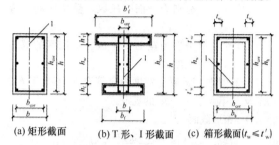

图 6.4.1 受扭构件截面
1—弯矩、剪力作用平面

(a) 矩形截面 　(b) T 形、I 形截面 　(c) 箱形截面（$t_w \leqslant t'_w$）

6.4.2 在弯矩、剪力和扭矩共同作用下的构件，当符合下列要求时，可不进行构件受剪扭承载力计算，但应按本规范第 9.2.5 条、第 9.2.9 条和第 9.2.10 条的规定配置构造纵向钢筋和箍筋。

$$\frac{V}{bh_0} + \frac{T}{W_t} \leqslant 0.7 f_t + 0.05\frac{N_{p0}}{bh_0} \quad (6.4.2\text{-}1)$$

或

$$\frac{V}{bh_0} + \frac{T}{W_t} \leqslant 0.7 f_t + 0.07\frac{N}{bh_0} \quad (6.4.2\text{-}2)$$

式中：N_{p0}——计算截面上混凝土法向预应力等于零时的预加力，按本规范第 10.1.13 条的规定计算，当 N_{p0} 大于 $0.3 f_c A_0$ 时，取 $0.3 f_c A_0$，此处，A_0 为构件的换算截面面积；

N——与剪力、扭矩设计值 V、T 相应的轴向压力设计值，当 N 大于 $0.3 f_c A$ 时，取 $0.3 f_c A$，此处，A 为构件的截面面积。

6.4.3 受扭构件的截面受扭塑性抵抗矩可按下列规定计算：

1 矩形截面

$$W_t = \frac{b^2}{6}(3h - b) \quad (6.4.3\text{-}1)$$

式中：b、h——分别为矩形截面的短边尺寸、长边尺寸。

2 T 形和 I 形截面

$$W_t = W_{tw} + W'_{tf} + W_{tf} \quad (6.4.3\text{-}2)$$

腹板、受压翼缘及受拉翼缘部分的矩形截面受扭塑性抵抗矩 W_{tw}、W'_{tf} 和 W_{tf}，可按下列规定计算：

1） 腹板

$$W_{tw} = \frac{b^2}{6}(3h - b) \quad (6.4.3\text{-}3)$$

2）受压翼缘

$$W'_{tf} = \frac{h'^2_f}{2}(b'_f - b) \qquad (6.4.3-4)$$

3）受拉翼缘

$$W_{tf} = \frac{h^2_f}{2}(b_f - b) \qquad (6.4.3-5)$$

式中：b、h——分别为截面的腹板宽度、截面高度；

b'_f、b_f——分别为截面受压区、受拉区的翼缘宽度；

h'_f、h_f——分别为截面受压区、受拉区的翼缘高度。

计算时取用的翼缘宽度尚应符合 b'_f 不大于 $b +$ $6h'_f$ 及 b_f 不大于 $b + 6h_f$ 的规定。

3　箱形截面

$$W_t = \frac{b^2_h}{6}(3h_h - b_h) - \frac{(b_h - 2t_w)^2}{6}\left[3h_w - (b_h - 2t_w)\right]$$

$$(6.4.3-6)$$

式中：b_h、h_h——分别为箱形截面的短边尺寸、长边尺寸。

6.4.4　矩形截面纯扭构件的受扭承载力应符合下列规定：

$$T \leqslant 0.35 f_t W_t + 1.2\sqrt{\zeta} f_{yv}\frac{A_{stl}A_{cor}}{s}$$

$$(6.4.4-1)$$

$$\zeta = \frac{f_y A_{stl} s}{f_{yv} A_{stl} u_{cor}} \qquad (6.4.4-2)$$

偏心距 e_{p0} 不大于 $h/6$ 的预应力混凝土纯扭构件，当计算的 ζ 值不小于 1.7 时，取 1.7，并可在公式 (6.4.4-1) 的右边增加预加力影响项 $0.05\frac{N_{p0}}{A_0}W_t$，此处，$N_{p0}$ 的取值应符合本规范第 6.4.2 条的规定。

式中：ζ——受扭的纵向普通钢筋与箍筋的配筋强度比值，ζ 值不应小于 0.6，当 ζ 大于 1.7 时，取 1.7；

A_{stl}——受扭计算中取对称布置的全部纵向普通钢筋截面面积；

A_{stl}——受扭计算中沿截面周边配置的箍筋单肢截面面积；

f_{yv}——受扭箍筋的抗拉强度设计值，按本规范第 4.2.3 条采用；

A_{cor}——截面核心部分的面积，取为 $b_{cor}h_{cor}$，此处，b_{cor}、h_{cor} 分别为箍筋内表面范围内截面核心部分的短边、长边尺寸；

u_{cor}——截面核心部分的周长，取 $2(b_{cor} + h_{cor})$。

注：当 ζ 小于 1.7 或 e_{p0} 大于 $h/6$ 时，不应考虑预加力影响项，而应按钢筋混凝土纯扭构件计算。

6.4.5　T 形和 I 形截面纯扭构件，可将其截面划分为几个矩形截面，分别按本规范第 6.4.4 条进行受扭承载力计算。每个矩形截面的扭矩设计值可按下列规定计算：

1　腹板

$$T_w = \frac{W_{tw}}{W_t}T \qquad (6.4.5-1)$$

2　受压翼缘

$$T'_f = \frac{W'_{tf}}{W_t}T \qquad (6.4.5-2)$$

3　受拉翼缘

$$T_f = \frac{W_{tf}}{W_t}T \qquad (6.4.5-3)$$

式中：T_w——腹板所承受的扭矩设计值；

T'_f、T_f——分别为受压翼缘、受拉翼缘所承受的扭矩设计值。

6.4.6　箱形截面钢筋混凝土纯扭构件的受扭承载力应符合下列规定：

$$T \leqslant 0.35\alpha_h f_t W_t + 1.2\sqrt{\zeta} f_{yv}\frac{A_{stl}A_{cor}}{s}$$

$$(6.4.6-1)$$

$$\alpha_h = 2.5 t_w / b_h \qquad (6.4.6-2)$$

式中：α_h——箱形截面壁厚影响系数，当 α_h 大于 1.0 时，取 1.0。

ζ——同本规范第 6.4.4 条。

6.4.7　在轴向压力和扭矩共同作用下的矩形截面钢筋混凝土构件，其受扭承载力应符合下列规定：

$$T \leqslant \left(0.35 f_t + 0.07\frac{N}{A}\right)W_t + 1.2\sqrt{\zeta} f_{yv}\frac{A_{stl}A_{cor}}{s}$$

$$(6.4.7)$$

式中：N——与扭矩设计值 T 相应的轴向压力设计值，当 N 大于 $0.3 f_c A$ 时，取 $0.3 f_c A$；

ζ——同本规范第 6.4.4 条。

6.4.8　在剪力和扭矩共同作用下的矩形截面剪扭构件，其受剪扭承载力应符合下列规定：

1　一般剪扭构件

1）受剪承载力

$$V \leqslant (1.5 - \beta_t)(0.7 f_t b h_0 + 0.05 N_{p0}) + f_{yv}\frac{A_{sv}}{s}h_0$$

$$(6.4.8-1)$$

$$\beta_t = \frac{1.5}{1 + 0.5\dfrac{VW_t}{Tbh_0}} \qquad (6.4.8-2)$$

式中：A_{sv}——受剪承载力所需的箍筋截面面积；

β_t——一般剪扭构件混凝土受扭承载力降低系数：当 β_t 小于 0.5 时，取 0.5；当 β_t 大于 1.0 时，取 1.0。

2）受扭承载力

$$T \leqslant \beta_t (0.35 f_t + 0.05\frac{N_{p0}}{A_0})W_t + 1.2\sqrt{\zeta} f_{yv}\frac{A_{stl}A_{cor}}{s}$$

$$(6.4.8-3)$$

式中：ζ——同本规范第 6.4.4 条。

2　集中荷载作用下的独立剪扭构件

1）受剪承载力

$$V \leqslant (1.5 - \beta_t)\left(\frac{1.75}{\lambda + 1} f_t b h_0 + 0.05 N_{p0}\right) + f_{yv}\frac{A_{sv}}{s}h_0$$

$$\text{(6.4.8-4)}$$

$$\beta_t = \frac{1.5}{1 + 0.2(\lambda + 1)\dfrac{V W_t}{T b h_0}} \qquad \text{(6.4.8-5)}$$

式中：λ —— 计算截面的剪跨比，按本规范第 6.3.4 条的规定取用；

β_t —— 集中荷载作用下剪扭构件混凝土受扭承载力降低系数；当 β_t 小于 0.5 时，取 0.5；当 β_t 大于 1.0 时，取 1.0。

2）受扭承载力

受扭承载力仍应按公式（6.4.8-3）计算，但式中的 β_t 应按公式（6.4.8-5）计算。

6.4.9 T 形和 I 形截面剪扭构件的受剪扭承载力应符合下列规定：

1 受剪承载力可按本规范公式（6.4.8-1）与公式（6.4.8-2）或公式（6.4.8-4）与公式（6.4.8-5）进行计算，但应将公式中的 T 及 W_t 分别代之以 T_w 及 W_{tw}。

2 受扭承载力可根据本规范第 6.4.5 条的规定划分为几个矩形截面分别进行计算。其中，腹板可按本规范公式（6.4.8-3）、公式（6.4.8-2）或公式（6.4.8-3）、公式（6.4.8-5）进行计算，但应将公式中的 T 及 W_t 分别代之以 T_w 及 W_{tw}；受压翼缘及受拉翼缘可按本规范第 6.4.4 条纯扭构件的规定进行计算，但应将 T 及 W_t 分别代之以 T'_f 及 W'_{tf} 或 T_f 及 W_{tf}。

6.4.10 箱形截面钢筋混凝土剪扭构件的受剪扭承载力可按下列规定计算：

1 一般剪扭构件

1）受剪承载力

$$V \leqslant 0.7(1.5 - \beta_t)f_t b h_0 + f_{yv}\frac{A_{sv}}{s}h_0$$

$$\text{(6.4.10-1)}$$

2）受扭承载力

$$T \leqslant 0.35\alpha_h \beta_t f_t W_t + 1.2\sqrt{\zeta}f_{yv}\frac{A_{st1}A_{cor}}{s}$$

$$\text{(6.4.10-2)}$$

式中：β_t —— 按本规范公式（6.4.8-2）计算，但式中的 W_t 应代之以 $\alpha_h W_t$；

α_h —— 按本规范第 6.4.6 条的规定确定；

ζ —— 按本规范第 6.4.4 条的规定确定。

2 集中荷载作用下的独立剪扭构件

1）受剪承载力

$$V \leqslant (1.5 - \beta_t)\frac{1.75}{\lambda + 1}f_t b h_0 + f_{yv}\frac{A_{sv}}{s}h_0$$

$$\text{(6.4.10-3)}$$

式中：β_t —— 按本规范公式（6.4.8-5）计算，但式中

的 W_t 应代之以 $\alpha_h W_t$。

2）受扭承载力

受扭承载力仍应按公式（6.4.10-2）计算，但式中的 β_t 值应按本规范公式（6.4.8-5）计算。

6.4.11 在轴向拉力和扭矩共同作用下的矩形截面钢筋混凝土构件，其受扭承载力可按下列规定计算：

$$T \leqslant \left(0.35 f_t - 0.2\frac{N}{A}\right)W_t + 1.2\sqrt{\zeta}f_{yv}\frac{A_{st1}A_{cor}}{s}$$

$$\text{(6.4.11)}$$

式中：ζ —— 按本规范第 6.4.4 条的规定确定；

A_{st1} —— 受扭计算中沿截面周边配置的箍筋单肢截面面积；

A_{stl} —— 对称布置受扭用的全部纵向普通钢筋的截面面积；

N —— 与扭矩设计值相应的轴向拉力设计值，当 N 大于 $1.75 f_t A$ 时，取 $1.75 f_t A$；

A_{cor} —— 截面核心部分的面积，取 $b_{cor}h_{cor}$，此处 b_{cor}、h_{cor} 为箍筋内表面范围内截面核心部分的短边、长边尺寸；

u_{cor} —— 截面核心部分的周长，取 $2(b_{cor} + h_{cor})$。

6.4.12 在弯矩、剪力和扭矩共同作用下的矩形、T 形、I 形和箱形截面的弯剪扭构件，可按下列规定进行承载力计算：

1 当 V 不大于 $0.35 f_t b h_0$ 或 V 不大于 $0.875 f_t b h_0 / (\lambda + 1)$ 时，可仅计算受弯构件的正截面受弯承载力和纯扭构件的受扭承载力；

2 当 T 不大于 $0.175 f_t W_t$ 或 T 不大于 $0.175\alpha_h f_t W_t$ 时，可仅验算受弯构件的正截面受弯承载力和斜截面受剪承载力。

6.4.13 矩形、T 形、I 形和箱形截面弯剪扭构件，其纵向钢筋截面面积应分别按受弯构件的正截面受弯承载力和剪扭构件的受扭承载力计算确定，并应配置在相应的位置；箍筋截面面积应分别按剪扭构件的受剪承载力和受扭承载力计算确定，并应配置在相应的位置。

6.4.14 在轴向压力、弯矩、剪力和扭矩共同作用下的钢筋混凝土矩形截面框架柱，其受剪扭承载力可按下列规定计算：

1 受剪承载力

$$V \leqslant (1.5 - \beta_t)\left(\frac{1.75}{\lambda + 1}f_t b h_0 + 0.07 N\right) + f_{yv}\frac{A_{sv}}{s}h_0$$

$$\text{(6.4.14-1)}$$

2 受扭承载力

$$T \leqslant \beta_t\left(0.35 f_t + 0.07\frac{N}{A}\right)W_t + 1.2\sqrt{\zeta}f_{yv}\frac{A_{st1}A_{cor}}{s}$$

$$\text{(6.4.14-2)}$$

式中：λ —— 计算截面的剪跨比，按本规范第 6.3.12 条确定；

β_t —— 按本规范第 6.4.8 条计算并符合相关

要求；

ζ——按本规范第6.4.4条的规定采用。

6.4.15 在轴向压力、弯矩、剪力和扭矩共同作用下的钢筋混凝土矩形截面框架柱，当 T 不大于 $(0.175f_t + 0.035N/A)W_t$ 时，可仅计算偏心受压构件的正截面承载力和斜截面受剪承载力。

6.4.16 在轴向压力、弯矩、剪力和扭矩共同作用下的钢筋混凝土矩形截面框架柱，其纵向普通钢筋截面面积应分别按偏心受压构件的正截面承载力和剪扭构件的受扭承载力计算确定，并应配置在相应的位置；箍筋截面面积应分别按剪扭构件的受剪承载力和受扭承载力计算确定，并应配置在相应的位置。

6.4.17 在轴向拉力、弯矩、剪力和扭矩共同作用下的钢筋混凝土矩形截面框架柱，其受剪扭承载力应符合下列规定：

1 受剪承载力

$$V \leqslant (1.5 - \beta_t)\left(\frac{1.75}{\lambda + 1}f_t bh_0 - 0.2N\right) + f_{yv}\frac{A_{sv}}{s}h_0$$

$$(6.4.17\text{-}1)$$

2 受扭承载力

$$T \leqslant \beta_t\left(0.35f_t - 0.2\frac{N}{A}\right)W_t + 1.2\sqrt{\zeta}f_{yv}\frac{A_{st1}A_{cor}}{s}$$

$$(6.4.17\text{-}2)$$

当公式（6.4.17-1）右边的计算值小于 $f_{yv}\frac{A_{sv}}{s}h_0$

时，取 $f_{yv}\frac{A_{sv}}{s}h_0$；当公式（6.4.17-2）右边的计算值

小于 $1.2\sqrt{\zeta}f_{yv}\frac{A_{st1}A_{cor}}{s}$ 时，取 $1.2\sqrt{\zeta}f_{yv}\frac{A_{st1}A_{cor}}{s}$。

式中：λ——计算截面的剪跨比，按本规范第6.3.12条确定；

A_{sv}——受剪承载力所需的箍筋截面面积；

N——与剪力、扭矩设计值 V、T 相应的轴向拉力设计值；

β_t——按本规范第6.4.8条计算并符合相关要求；

ζ——按本规范第6.4.4条的规定采用。

6.4.18 在轴向拉力、弯矩、剪力和扭矩共同作用下的钢筋混凝土矩形截面框架柱，当 $T \leqslant (0.175f_t - 0.1N/A)W_t$ 时，可仅计算偏心受拉构件的正截面承载力和斜截面受剪承载力。

6.4.19 在轴向拉力、弯矩、剪力和扭矩共同作用下的钢筋混凝土矩形截面框架柱，其纵向普通钢筋截面面积应分别按偏心受拉构件的正截面承载力和剪扭构件的受扭承载力计算确定，并应配置在相应的位置；箍筋截面面积应分别按剪扭构件的受剪承载力和受扭承载力计算确定，并应配置在相应的位置。

6.5 受冲切承载力计算

6.5.1 在局部荷载或集中反力作用下，不配置箍筋或弯起钢筋的板的受冲切承载力应符合下列规定（图6.5.1）：

$$F_l \leqslant (0.7\beta_h f_t + 0.25\sigma_{pc,m})\eta u_m h_0$$

$$(6.5.1\text{-}1)$$

公式（6.5.1-1）中的系数 η，应按下列两个公式计算，并取其中较小值：

$$\eta_1 = 0.4 + \frac{1.2}{\beta_s} \qquad (6.5.1\text{-}2)$$

$$\eta_2 = 0.5 + \frac{\alpha_s h_0}{4u_m} \qquad (6.5.1\text{-}3)$$

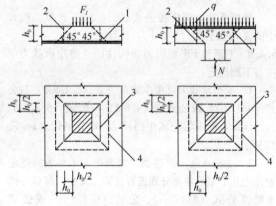

(a) 局部荷载作用下　　(b) 集中反力作用下

图 6.5.1　板受冲切承载力计算
1—冲切破坏锥体的斜截面；2—计算截面；
3—计算截面的周长；4—冲切破坏锥体的底面线

式中：F_l——局部荷载设计值或集中反力设计值；板柱节点，取柱所承受的轴向压力设计值的层间差值减去柱顶冲切破坏锥体范围内板所承受的荷载设计值；当有不平衡弯矩时，应按本规范第6.5.6条的规定确定；

β_h——截面高度影响系数：当 h 不大于800mm 时，取 β_h 为 1.0；当 h 不小于2000mm 时，取 β_h 为 0.9，其间按线性内插法取用；

$\sigma_{pc,m}$——计算截面周长上两个方向混凝土有效预压应力按长度的加权平均值，其值宜控制在 $1.0\text{N/mm}^2 \sim 3.5\text{N/mm}^2$ 范围内；

u_m——计算截面的周长，取距离局部荷载或集中反力作用面积边 $h_0/2$ 处板垂直截面的最不利周长；

h_0——截面有效高度，取两个方向配筋的截面有效高度平均值；

η_1——局部荷载或集中反力作用面积形状的影响系数；

η_2——计算截面周长与板截面有效高度之比的影响系数；

β_s ——局部荷载或集中反力作用面积为矩形时的长边与短边尺寸的比值，β_s 不宜大于4；当 β_s 小于 2 时取 2；对圆形冲切面，β_s 取 2；

α_s ——柱位置影响系数：中柱，α_s 取 40；边柱，α_s 取 30；角柱，α_s 取 20。

6.5.2 当板开有孔洞且孔洞至局部荷载或集中反力作用面积边缘的距离不大于 $6h_0$ 时，受冲切承载力计算中取用的计算截面周长 u_m，应扣除局部荷载或集中反力作用面积中心至开孔外边画出两条切线之间所包含的长度（图 6.5.2）。

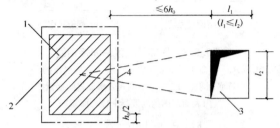

图 6.5.2 邻近孔洞时的计算截面周长

1—局部荷载或集中反力作用面；2—计算截面周长；
3—孔洞；4—应扣除的长度

注：当图中 l_1 大于 l_2 时，孔洞边长 l_2 用 $\sqrt{l_1 l_2}$ 代替。

6.5.3 在局部荷载或集中反力作用下，当受冲切承载力不满足本规范第 6.5.1 条的要求且板厚受到限制时，可配置箍筋或弯起钢筋，并应符合本规范第 9.1.11 条的构造规定。此时，受冲切截面及受冲切承载力应符合下列要求：

1 受冲切截面

$$F_l \leqslant 1.2 f_t \eta u_m h_0 \quad (6.5.3\text{-}1)$$

2 配置箍筋、弯起钢筋时的受冲切承载力

$$F_l \leqslant (0.5 f_t + 0.25 \sigma_{pc,m}) \eta u_m h_0 \\ + 0.8 f_{yv} A_{svu} + 0.8 f_y A_{sbu} \sin \alpha \quad (6.5.3\text{-}2)$$

式中：f_{yv} ——箍筋的抗拉强度设计值，按本规范第 4.2.3 条的规定采用；

A_{svu} ——与呈 45°冲切破坏锥体斜截面相交的全部箍筋截面面积；

A_{sbu} ——与呈 45°冲切破坏锥体斜截面相交的全部弯起钢筋截面面积；

α ——弯起钢筋与板底面的夹角。

注：当有条件时，可采取配置栓钉、型钢剪力架等形式的抗冲切措施。

6.5.4 配置抗冲切钢筋的冲切破坏锥体以外的截面，尚应按本规范第 6.5.1 条的规定进行受冲切承载力计算，此时，u_m 应取配置抗冲切钢筋的冲切破坏锥体以外 $0.5h_0$ 处的最不利周长。

6.5.5 矩形截面柱的阶形基础，在柱与基础交接处以及基础变阶处的受冲切承载力应符合下列规定（图 6.5.5）：

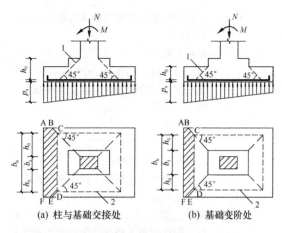

(a) 柱与基础交接处　　(b) 基础变阶处

图 6.5.5 计算阶形基础的受冲切承载力截面位置

1—冲切破坏锥体最不利一侧的斜截面；
2—冲切破坏锥体的底面线

$$F_l \leqslant 0.7 \beta_h f_t b_m h_0 \quad (6.5.5\text{-}1)$$

$$F_l = p_s A \quad (6.5.5\text{-}2)$$

$$b_m = \frac{b_t + b_b}{2} \quad (6.5.5\text{-}3)$$

式中：h_0 ——柱与基础交接处或基础变阶处的截面有效高度，取两个方向配筋的截面有效高度平均值；

p_s ——按荷载效应基本组合计算并考虑结构重要性系数的基础底面地基反力设计值（可扣除基础自重及其上的土重），当基础偏心受力时，可取用最大的地基反力设计值；

A ——考虑冲切荷载时取用的多边形面积（图 6.5.5 中的阴影面积 ABCDEF）；

b_t ——冲切破坏锥体最不利一侧斜截面的上边长；当计算柱与基础交接处的受冲切承载力时，取柱宽；当计算基础变阶处的受冲切承载力时，取上阶宽；

b_b ——柱与基础交接处或基础变阶处的冲切破坏锥体最不利一侧斜截面的下边长，取 $b_t + 2h_0$。

6.5.6 在竖向荷载、水平荷载作用下，当考虑板柱节点计算截面上的剪应力传递不平衡弯矩时，其集中反力设计值 F_l 应以等效集中反力设计值 $F_{l,eq}$ 代替，$F_{l,eq}$ 可按本规范附录 F 的规定计算。

6.6 局部受压承载力计算

6.6.1 配置间接钢筋的混凝土结构构件，其局部受压区的截面尺寸应符合下列要求：

$$F_l \leqslant 1.35 \beta_c \beta_l f_c A_{ln} \quad (6.6.1\text{-}1)$$

$$\beta_l = \sqrt{\frac{A_b}{A_l}} \quad (6.6.1\text{-}2)$$

式中：F_l——局部受压面上作用的局部荷载或局部压力设计值；

f_c——混凝土轴心抗压强度设计值；在后张法预应力混凝土构件的张拉阶段验算中，可根据相应阶段的混凝土立方体抗压强度 f'_{cu} 值按本规范表 4.1.4-1 的规定以线性内插法确定；

β_c——混凝土强度影响系数，按本规范第 6.3.1 条的规定取用；

β_l——混凝土局部受压时的强度提高系数；

A_l——混凝土局部受压面积；

A_{ln}——混凝土局部受压净面积；对后张法构件，应在混凝土局部受压面积中扣除孔道、凹槽部分的面积；

A_b——局部受压的计算底面积，按本规范第 6.6.2 条确定。

6.6.2 局部受压的计算底面积 A_b，可由局部受压面积与计算底面积按同心、对称的原则确定；常用情况，可按图 6.6.2 取用。

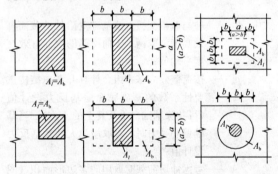

图 6.6.2 局部受压的计算底面积

A_l—混凝土局部受压面积；A_b—局部受压的计算底面积

6.6.3 配置方格网式或螺旋式间接钢筋（图 6.6.3）的局部受压承载力应符合下列规定：

$$F_l \leqslant 0.9(\beta_c\beta_l f_c + 2\alpha\rho_v\beta_{cor}f_{yv})A_{ln}$$
(6.6.3-1)

当为方格网式配筋时（图 6.6.3a），钢筋网两个方向上单位长度内钢筋截面面积的比值不宜大于 1.5，其体积配筋率 ρ_v 应按下列公式计算：

$$\rho_v = \frac{n_1 A_{s1} l_1 + n_2 A_{s2} l_2}{A_{cor}s}$$
(6.6.3-2)

当为螺旋式配筋时（图 6.6.3b），其体积配筋率 ρ_v 应按下列公式计算：

$$\rho_v = \frac{4A_{ss1}}{d_{cor}s}$$
(6.6.3-3)

式中：β_{cor}——配置间接钢筋的局部受压承载力提高系数，可按本规范公式（6.6.1-2）计算，但公式中 A_b 应代之以 A_{cor}，且当 A_{cor} 大于 A_b 时，A_{cor} 取 A_b；当 A_{cor} 不大于混凝土局部受压面积 A_l 的 1.25 倍

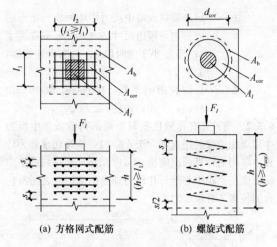

(a) 方格网式配筋　　　(b) 螺旋式配筋

图 6.6.3 局部受压区的间接钢筋

A_l—混凝土局部受压面积；A_b—局部受压的计算底面积；A_{cor}—方格网式或螺旋式间接钢筋内表面范围内的混凝土核心面积

时，β_{cor} 取 1.0；

α——间接钢筋对混凝土约束的折减系数，按本规范第 6.2.16 条的规定取用；

f_{yv}——间接钢筋的抗拉强度设计值，按本规范第 4.2.3 条的规定采用；

A_{cor}——方格网式或螺旋式间接钢筋内表面范围内的混凝土核心截面面积，应大于混凝土局部受压面积 A_l，其重心应与 A_l 的重心重合，计算中按同心、对称的原则取值；

ρ_v——间接钢筋的体积配筋率；

n_1、A_{s1}——分别为方格网沿 l_1 方向的钢筋根数、单根钢筋的截面面积；

n_2、A_{s2}——分别为方格网沿 l_2 方向的钢筋根数、单根钢筋的截面面积；

A_{ss1}——单根螺旋式间接钢筋的截面面积；

d_{cor}——螺旋式间接钢筋内表面范围内的混凝土截面直径；

s——方格网式或螺旋式间接钢筋的间距，宜取30mm～80mm。

间接钢筋应配置在图 6.6.3 所规定的高度 h 范围内，方格网式钢筋，不应少于 4 片；螺旋式钢筋，不应少于 4 圈。柱接头，h 尚不应小于 15d，d 为柱的纵向钢筋直径。

6.7 疲 劳 验 算

6.7.1 受弯构件的正截面疲劳应力验算时，可采用下列基本假定：

1 截面应变保持平面；

2 受压区混凝土的法向应力图形取为三角形；

3 钢筋混凝土构件，不考虑受拉区混凝土的抗

拉强度，拉力全部由纵向钢筋承受；要求不出现裂缝的预应力混凝土构件，受拉区混凝土的法向应力图形取为三角形；

4 采用换算截面计算。

6.7.2 在疲劳验算中，荷载应取用标准值；吊车荷载应乘以动力系数，并应符合现行国家标准《建筑结构荷载规范》GB 50009的规定。跨度不大于12m的吊车梁，可取用一台最大吊车的荷载。

6.7.3 钢筋混凝土受弯构件疲劳验算时，应计算下列部位的混凝土应力和钢筋应力幅：

1 正截面受压区边缘纤维的混凝土应力和纵向受拉钢筋的应力幅；

2 截面中和轴处混凝土的剪应力和箍筋的应力幅。

注：纵向受压普通钢筋可不进行疲劳验算。

6.7.4 钢筋混凝土和预应力混凝土受弯构件正截面疲劳应力应符合下列要求：

1 受压区边缘纤维的混凝土压应力

$$\sigma_{cc,max}^f \leqslant f_c^f \quad (6.7.4-1)$$

2 预应力混凝土构件受拉区边缘纤维的混凝土拉应力

$$\sigma_{ct,max}^f \leqslant f_t^f \quad (6.7.4-2)$$

3 受拉区纵向普通钢筋的应力幅

$$\Delta\sigma_{si}^f \leqslant \Delta f_y^f \quad (6.7.4-3)$$

4 受拉区纵向预应力筋的应力幅

$$\Delta\sigma_p^f \leqslant \Delta f_{py}^f \quad (6.7.4-4)$$

式中：$\sigma_{cc,max}^f$——疲劳验算时截面受压区边缘纤维的混凝土压应力，按本规范公式（6.7.5-1）计算；

$\sigma_{ct,max}^f$——疲劳验算时预应力混凝土截面受拉区边缘纤维的混凝土拉应力，按本规范第6.7.11条计算；

$\Delta\sigma_{si}^f$——疲劳验算时截面受拉区第i层纵向钢筋的应力幅，按本规范公式（6.7.5-2）计算；

$\Delta\sigma_p^f$——疲劳验算时截面受拉区最外层纵向预应力筋的应力幅，按本规范公式（6.7.11-3）计算；

f_c^f、f_t^f——分别为混凝土轴心抗压、抗拉疲劳强度设计值，按本规范第4.1.6条确定；

Δf_y^f——钢筋的疲劳应力幅限值，按本规范表4.2.6-1采用；

Δf_{py}^f——预应力筋的疲劳应力幅限值，按本规范表4.2.6-2采用。

注：当纵向受拉钢筋为同一钢种时，可仅验算最外层钢筋的应力幅。

6.7.5 钢筋混凝土受弯构件正截面的混凝土压应力以及钢筋的应力幅应按下列公式计算：

1 受压区边缘纤维的混凝土压应力

$$\sigma_{cc,max}^f = \frac{M_{max}^f x_0}{I_0^f} \quad (6.7.5-1)$$

2 纵向受拉钢筋的应力幅

$$\Delta\sigma_{si}^f = \sigma_{si,max}^f - \sigma_{si,min}^f \quad (6.7.5-2)$$

$$\sigma_{si,min}^f = \alpha_E^f \frac{M_{min}^f (h_{0i} - x_0)}{I_0^f} \quad (6.7.5-3)$$

$$\sigma_{si,max}^f = \alpha_E^f \frac{M_{max}^f (h_{0i} - x_0)}{I_0^f} \quad (6.7.5-4)$$

式中：M_{max}^f、M_{min}^f——疲劳验算时同一截面上在相应荷载组合下产生的最大、最小弯矩值；

$\sigma_{si,min}^f$、$\sigma_{si,max}^f$——由弯矩M_{min}^f、M_{max}^f引起相应截面受拉区第i层纵向钢筋的应力；

α_E^f——钢筋的弹性模量与混凝土疲劳变形模量的比值；

I_0^f——疲劳验算时相应于弯矩M_{max}^f与M_{min}^f为相同方向时的换算截面惯性矩；

x_0——疲劳验算时相应于弯矩M_{max}^f与M_{min}^f为相同方向时的换算截面受压区高度；

h_{0i}——相应于弯矩M_{max}^f与M_{min}^f为相同方向时的截面受压区边缘至受拉区第i层纵向钢筋截面重心的距离。

当弯矩M_{min}^f与弯矩M_{max}^f的方向相反时，公式（6.7.5-3）中h_{0i}、x_0和I_0^f应以截面相反位置的h_{0i}'、x_0'和$I_0^{f'}$代替。

6.7.6 钢筋混凝土受弯构件疲劳验算时，换算截面的受压区高度x_0、x_0'和惯性矩I_0^f、$I_0^{f'}$应按下列公式计算：

1 矩形及翼缘位于受拉区的T形截面

$$\frac{bx_0^2}{2} + \alpha_E^f A_s'(x_0 - a_s') - \alpha_E^f A_s(h_0 - x_0) = 0 \quad (6.7.6-1)$$

$$I_0^f = \frac{bx_0^3}{3} + \alpha_E^f A_s'(x_0 - a_s')^2 + \alpha_E^f A_s(h_0 - x_0)^2 \quad (6.7.6-2)$$

2 I形及翼缘位于受压区的T形截面

1）当x_0大于h_f'时（图6.7.6）

$$\frac{b_f' x_0^2}{2} - \frac{(b_f' - b)(x_0 - h_f')^2}{2} + \alpha_E^f A_s'(x_0 - a_s') - \alpha_E^f A_s(h_0 - x_0) = 0 \quad (6.7.6-3)$$

$$I_0^f = \frac{b_f' x_0^3}{3} - \frac{(b_f' - b)(x_0 - h_f')^3}{3} + \alpha_E^f A_s'(x_0 - a_s')^2 + \alpha_E^f A_s(h_0 - x_0)^2 \quad (6.7.6-4)$$

2）当x_0不大于h_f'时，按宽度为b_f'的矩形截面计算。

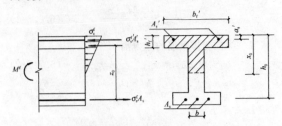

图 6.7.6　钢筋混凝土受弯构件正截面疲劳应力计算

3　x'_0、I'_0 的计算，仍可采用上述 x_0、I_0 的相应公式；当弯矩 M^f_{min} 与 M^f_{max} 的方向相反时，与 x'_0、x_0 相应的受压区位置分别在该截面的下侧和上侧；当弯矩 M^f_{min} 与 M^f_{max} 的方向相同时，可取 $x'_0 = x_0$、$I^{f'}_0 = I^f_0$。

注：1　当纵向受拉钢筋沿截面高度分多层布置时，公式（6.7.6-1）、公式（6.7.6-3）中 $a^f_E A_s$ $(h_0 - x_0)$ 项可用 $a^f_E \sum\limits_{i=1}^n A_{si}(h_{0i} - x_0)$ 代替，公式（6.7.6-2）、公式（6.7.6-4）中 $a^f_E A_s$ $(h_0 - x_0)^2$ 项可用 $a^f_E \sum\limits_{i=1}^n A_{si}(h_{0i} - x_0)^2$ 代替，此处，n 为纵向受拉钢筋的总层数，A_{si} 为第 i 层全部纵向钢筋的截面面积；

2　纵向受压钢筋的应力应符合 $\alpha^f_E \sigma^f_c \leqslant f'_y$ 的条件；当 $\alpha^f_E \sigma^f_c > f'_y$ 时，本条各公式中 $\alpha^f_E A'_s$ 应以 $f'_y A'_s / \sigma^f_c$ 代替，此处，f'_y 为纵向钢筋的抗压强度设计值，σ^f_c 为纵向受压钢筋合力点处的混凝土应力。

6.7.7　钢筋混凝土受弯构件斜截面的疲劳验算及剪力的分配应符合下列规定：

1　当截面中和轴处的剪应力符合下列条件时，该区段的剪力全部由混凝土承受，此时，箍筋可按构造要求配置；

$$\tau^f \leqslant 0.6 f^f_t \qquad (6.7.7\text{-}1)$$

式中：τ^f ——截面中和轴处的剪应力，按本规范第 6.7.8 条计算；

f^f_t ——混凝土轴心抗拉疲劳强度设计值，按本规范第 4.1.6 条确定。

2　截面中和轴处的剪应力不符合公式（6.7.7-1）的区段，其剪力应由箍筋和混凝土共同承受。此时，箍筋的应力幅 $\Delta\sigma^f_{sv}$ 应符合下列规定：

$$\Delta\sigma^f_{sv} \leqslant \Delta f^f_{yv} \qquad (6.7.7\text{-}2)$$

式中：$\Delta\sigma^f_{sv}$ ——箍筋的应力幅，按本规范公式（6.7.9-1）计算；

Δf^f_{yv} ——箍筋的疲劳应力幅限值，按本规范表 4.2.6-1 采用。

6.7.8　钢筋混凝土受弯构件中和轴处的剪应力应按下列公式计算：

$$\tau^f = \frac{V^f_{max}}{bz_0} \qquad (6.7.8)$$

式中：V^f_{max} ——疲劳验算时在相应荷载组合下构件验算截面的最大剪力值；

b ——矩形截面宽度，T 形、I 形截面的腹板宽度；

z_0 ——受压区合力点至受拉钢筋合力点的距离，此时，受压区高度 x_0 按本规范公式（6.7.6-1）或公式（6.7.6-3）计算。

6.7.9　钢筋混凝土受弯构件斜截面上箍筋的应力幅应按下列公式计算：

$$\Delta\sigma^f_{sv} = \frac{(\Delta V^f_{max} - 0.1\eta f^f_t bh_0)s}{A_{sv} z_0} \qquad (6.7.9\text{-}1)$$

$$\Delta V^f_{max} = V^f_{max} - V^f_{min} \qquad (6.7.9\text{-}2)$$

$$\eta = \Delta V^f_{max} / V^f_{max} \qquad (6.7.9\text{-}3)$$

式中：ΔV^f_{max} ——疲劳验算时构件验算截面的最大剪力幅值；

V^f_{min} ——疲劳验算时在相应荷载组合下构件验算截面的最小剪力值；

η ——最大剪力幅相对值；

s ——箍筋的间距；

A_{sv} ——配置在同一截面内箍筋各肢的全部截面面积。

6.7.10　预应力混凝土受弯构件疲劳验算时，应计算下列部位的应力、应力幅：

1　正截面受拉区和受压区边缘纤维的混凝土应力及受拉区纵向预应力筋、普通钢筋的应力幅；

2　截面重心及截面宽度剧烈改变处的混凝土主拉应力。

注：1　受压区纵向钢筋可不进行疲劳验算；

2　一级裂缝控制等级的预应力混凝土构件的钢筋可不进行疲劳验算。

6.7.11　要求不出现裂缝的预应力混凝土受弯构件，其正截面的混凝土、纵向预应力筋和普通钢筋的最小、最大应力和应力幅应按下列公式计算：

1　受拉区或受压区边缘纤维的混凝土应力

$$\sigma^f_{c,min} \text{ 或 } \sigma^f_{c,max} = \sigma_{pc} + \frac{M^f_{min}}{I_0} y_0 \qquad (6.7.11\text{-}1)$$

$$\sigma^f_{c,max} \text{ 或 } \sigma^f_{c,min} = \sigma_{pc} + \frac{M^f_{max}}{I_0} y_0 \qquad (6.7.11\text{-}2)$$

2　受拉区纵向预应力筋的应力及应力幅

$$\Delta\sigma^f_p = \sigma^f_{p,max} - \sigma^f_{p,min} \qquad (6.7.11\text{-}3)$$

$$\sigma^f_{p,min} = \sigma_{pe} + \alpha_{pE} \frac{M^f_{min}}{I_0} y_{0p} \qquad (6.7.11\text{-}4)$$

$$\sigma^f_{p,max} = \sigma_{pe} + \alpha_{pE} \frac{M^f_{max}}{I_0} y_{0p} \qquad (6.7.11\text{-}5)$$

3　受拉区纵向普通钢筋的应力及应力幅

$$\Delta\sigma^f_s = \sigma^f_{s,max} - \sigma^f_{s,min} \qquad (6.7.11\text{-}6)$$

$$\sigma_{s,\min}^f = \sigma_{s0} + \alpha_E \frac{M_{\min}^f}{I_0} y_{0s} \qquad (6.7.11-7)$$

$$\sigma_{s,\max}^f = \sigma_{s0} + \alpha_E \frac{M_{\max}^f}{I_0} y_{0s} \qquad (6.7.11-8)$$

式中：$\sigma_{c,\min}^f$、$\sigma_{c,\max}^f$ ——疲劳验算时受拉区或受压区边缘纤维混凝土的最小、最大应力，最小、最大应力以其绝对值进行判别；

σ_{pc} ——扣除全部预应力损失后，由预加力在受拉区或受压区边缘纤维处产生的混凝土法向应力，按本规范公式（10.1.6-1）或公式（10.1.6-4）计算；

$M_{\max}^f$、$M_{\min}^f$ ——疲劳验算时同一截面上在相应荷载组合下产生的最大、最小弯矩值；

α_{pE} ——预应力钢筋弹性模量与混凝土弹性模量的比值：$\alpha_{pE} = E_s/E_c$；

I_0 ——换算截面的惯性矩；

y_0 ——受拉区边缘或受压区边缘至换算截面重心的距离；

$\sigma_{p,\min}^f$、$\sigma_{p,\max}^f$ ——疲劳验算时受拉区最外层预应力筋的最小、最大应力；

$\Delta\sigma_p^f$ ——疲劳验算时受拉区最外层预应力筋的应力幅；

σ_{pe} ——扣除全部预应力损失后受拉区最外层预应力筋的有效预应力，按本规范公式（10.1.6-2）或公式（10.1.6-5）计算；

y_{0s}、y_{0p} ——受拉区最外层普通钢筋、预应力筋截面重心至换算截面重心的距离；

$\sigma_{s,\min}^f$、$\sigma_{s,\max}^f$ ——疲劳验算时受拉区最外层普通钢筋的最小、最大应力；

$\Delta\sigma_s^f$ ——疲劳验算时受拉区最外层普通钢筋的应力幅；

σ_{s0} ——消压弯矩 M_{p0} 作用下受拉区最外层普通钢筋中产生的应力；此处，M_{p0} 为受拉区最外层普通钢筋重心处的混凝土法向预加应力等于零时的相应弯矩值。

注：公式（6.7.11-1）、公式（6.7.11-2）中的 σ_{pc}、$(M_{\min}^f/I_0)y_0$、$(M_{\max}^f/I_0)y_0$，当为拉应力时以正值代入；当为压应力时以负值代入；公式（6.7.11-7）、公式（6.7.11-8）中的 σ_{s0} 以负值代入。

6.7.12 预应力混凝土受弯构件斜截面混凝土的主拉应力应符合下列规定：

$$\sigma_{tp}^f \leqslant f_t^f \qquad (6.7.12)$$

式中：σ_{tp}^f ——预应力混凝土受弯构件斜截面疲劳验算纤维处的混凝土主拉应力，按本规范第7.1.7条的公式计算；对吊车荷载，应计入动力系数。

7 正常使用极限状态验算

7.1 裂缝控制验算

7.1.1 钢筋混凝土和预应力混凝土构件，应按下列规定进行受拉边缘应力或正截面裂缝宽度验算：

1 一级裂缝控制等级构件，在荷载标准组合下，受拉边缘应力应符合下列规定：

$$\sigma_{ck} - \sigma_{pc} \leqslant 0 \qquad (7.1.1-1)$$

2 二级裂缝控制等级构件，在荷载标准组合下，受拉边缘应力应符合下列规定：

$$\sigma_{ck} - \sigma_{pc} \leqslant f_{tk} \qquad (7.1.1-2)$$

3 三级裂缝控制等级时，钢筋混凝土构件的最大裂缝宽度可按荷载准永久组合并考虑长期作用影响的效应计算，预应力混凝土构件的最大裂缝宽度可按荷载标准组合并考虑长期作用影响的效应计算。最大裂缝宽度应符合下列规定：

$$w_{\max} \leqslant w_{\lim} \qquad (7.1.1-3)$$

对环境类别为二 a 类的预应力混凝土构件，在荷载准永久组合下，受拉边缘应力尚应符合下列规定：

$$\sigma_{cq} - \sigma_{pc} \leqslant f_{tk} \qquad (7.1.1-4)$$

式中：σ_{ck}、σ_{cq} ——荷载标准组合、准永久组合下抗裂验算边缘的混凝土法向应力；

σ_{pc} ——扣除全部预应力损失后在抗裂验算边缘混凝土的预压应力，按本规范公式（10.1.6-1）和公式（10.1.6-4）计算；

f_{tk} ——混凝土轴心抗拉强度标准值，按本规范表4.1.3-2采用；

$w_{\max}$ ——按荷载的标准组合或准永久组合并考虑长期作用影响计算的最大裂缝宽度，按本规范第7.1.2条计算；

$w_{\lim}$ ——最大裂缝宽度限值，按本规范第3.4.5条采用。

7.1.2 在矩形、T形、倒T形和I形截面的钢筋混凝土受拉、受弯和偏心受压构件及预应力混凝土轴心受拉和受弯构件中，按荷载标准组合或准永久组合并考虑长期作用影响的最大裂缝宽度可按下列公式计算：

$$w_{\max} = \alpha_{cr}\psi\frac{\sigma_s}{E_s}\left(1.9c_s + 0.08\frac{d_{eq}}{\rho_{te}}\right)$$
$$(7.1.2-1)$$

$$\psi = 1.1 - 0.65\frac{f_{tk}}{\rho_{te}\sigma_s} \qquad (7.1.2-2)$$

$$d_{eq} = \frac{\sum n_i d_i^2}{\sum n_i \nu_i d_i} \qquad (7.1.2-3)$$

$$\rho_{te} = \frac{A_s + A_p}{A_{te}} \qquad (7.1.2-4)$$

式中：α_{cr}——构件受力特征系数，按表 7.1.2-1 采用；

ψ——裂缝间纵向受拉钢筋应变不均匀系数；当 $\psi < 0.2$ 时，取 $\psi = 0.2$；当 $\psi > 1.0$ 时，取 $\psi = 1.0$；对直接承受重复荷载的构件，取 $\psi = 1.0$；

σ_s——按荷载准永久组合计算的钢筋混凝土构件纵向受拉普通钢筋应力或按标准组合计算的预应力混凝土构件纵向受拉钢筋等效应力；

E_s——钢筋的弹性模量，按本规范表 4.2.5 采用；

c_s——最外层纵向受拉钢筋外边缘至受拉区底边的距离（mm）；当 $c_s < 20$ 时，取 $c_s = 20$；当 $c_s > 65$ 时，取 $c_s = 65$；

ρ_{te}——按有效受拉混凝土截面面积计算的纵向受拉钢筋配筋率；对无粘结后张构件，仅取纵向受拉普通钢筋计算配筋率；在最大裂缝宽度计算中，当 $\rho_{te} < 0.01$ 时，取 $\rho_{te} = 0.01$；

A_{te}——有效受拉混凝土截面面积：对轴心受拉构件，取构件截面面积；对受弯、偏心受压和偏心受拉构件，取 $A_{te} = 0.5bh + (b_f - b)h_f$，此处，$b_f$、$h_f$ 为受拉翼缘的宽度、高度；

A_s——受拉区纵向普通钢筋截面面积；

A_p——受拉区纵向预应力筋截面面积；

d_{eq}——受拉区纵向钢筋的等效直径（mm）；对无粘结后张构件，仅为受拉区纵向受拉普通钢筋的等效直径（mm）；

d_i——受拉区第 i 种纵向钢筋的公称直径；对于有粘结预应力钢绞线束的直径取为 $\sqrt{n_1} d_{p1}$，其中 d_{p1} 为单根钢绞线的公称直径，n_1 为单束钢绞线根数；

n_i——受拉区第 i 种纵向钢筋的根数；对于有粘结预应力钢绞线，取为钢绞线束数；

ν_i——受拉区第 i 种纵向钢筋的相对粘结特性系数，按表 7.1.2-2 采用。

注：1 对承受吊车荷载但不需作疲劳验算的受弯构件，可将计算求得的最大裂缝宽度乘以系数 0.85；

2 对按本规范第 9.2.15 条配置表层钢筋网片的梁，按公式（7.1.2-1）计算的最大裂缝宽度可适当折减，折减系数可取 0.7；

3 对 $e_0/h_0 \leqslant 0.55$ 的偏心受压构件，可不验算裂缝宽度。

表 7.1.2-1　构件受力特征系数

类　型	α_{cr}	
	钢筋混凝土构件	预应力混凝土构件
受弯、偏心受压	1.9	1.5
偏心受拉	2.4	—
轴心受拉	2.7	2.2

表 7.1.2-2　钢筋的相对粘结特性系数

钢筋类别	钢筋		先张法预应力筋			后张法预应力筋		
	光圆钢筋	带肋钢筋	带肋钢筋	螺旋肋钢丝	钢绞线	带肋钢筋	钢绞线	光面钢丝
ν_i	0.7	1.0	1.0	0.8	0.6	0.8	0.5	0.4

注：对环氧树脂涂层带肋钢筋，其相对粘结特性系数应按表中系数的 80% 取用。

7.1.3　在荷载准永久组合或标准组合下，钢筋混凝土构件、预应力混凝土构件开裂截面处受压边缘混凝土压应力、不同位置处钢筋的拉应力及预应力筋的等效应力宜按下列假定计算：

1　截面应变保持平面；

2　受压区混凝土的法向应力图取为三角形；

3　不考虑受拉区混凝土的抗拉强度；

4　采用换算截面。

7.1.4　在荷载准永久组合或标准组合下，钢筋混凝土构件受拉区纵向普通钢筋的应力或预应力混凝土构件受拉区纵向钢筋的等效应力也可按下列公式计算：

1　钢筋混凝土构件受拉区纵向普通钢筋的应力

　1）轴心受拉构件

$$\sigma_{sq} = \frac{N_q}{A_s} \qquad (7.1.4-1)$$

　2）偏心受拉构件

$$\sigma_{sq} = \frac{N_q e'}{A_s (h_0 - a'_s)} \qquad (7.1.4-2)$$

　3）受弯构件

$$\sigma_{sq} = \frac{M_q}{0.87 h_0 A_s} \qquad (7.1.4-3)$$

　4）偏心受压构件

$$\sigma_{sq} = \frac{N_q (e - z)}{A_s z} \qquad (7.1.4-4)$$

$$z = \left[0.87 - 0.12 (1 - \gamma'_f) \left(\frac{h_0}{e} \right)^2 \right] h_0 \qquad (7.1.4-5)$$

$$e = \eta_s e_0 + y_s \qquad (7.1.4-6)$$

$$\gamma'_f = \frac{(b'_f - b) h'_f}{b h_0} \qquad (7.1.4-7)$$

$$\eta_s = 1 + \frac{1}{4000 e_0/h_0} \left(\frac{l_0}{h} \right)^2 \qquad (7.1.4-8)$$

式中：A_s——受拉区纵向普通钢筋截面面积；对轴心受拉构件，取全部纵向普通钢筋截面面积；对偏心受拉构件，取受拉较大边的纵向普通钢筋截面面积；对受弯、偏心受压构件，取受拉区纵向普通钢筋截面面积；

N_q、M_q——按荷载准永久组合计算的轴向力值、弯矩值；

e'——轴向拉力作用点至受压区或受拉较小边纵向普通钢筋合力点的距离；

e——轴向压力作用点至纵向受拉普通钢筋合力点的距离；

e_0——荷载准永久组合下的初始偏心距，取为 M_q/N_q；

z——纵向受拉普通钢筋合力点至截面受压区合力点的距离，且不大于 $0.87h_0$；

η_s——使用阶段的轴向压力偏心距增大系数，当 l_0/h 不大于 14 时，取 1.0；

y_s——截面重心至纵向受拉普通钢筋合力点的距离；

γ'_f——受压翼缘截面面积与腹板有效截面面积的比值；

b'_f、h'_f——分别为受压区翼缘的宽度、高度；在公式（7.1.4-7）中，当 h'_f 大于 $0.2h_0$ 时，取 $0.2h_0$。

2 预应力混凝土构件受拉区纵向钢筋的等效应力

1）轴心受拉构件

$$\sigma_{sk} = \frac{N_k - N_{p0}}{A_p + A_s} \qquad (7.1.4-9)$$

2）受弯构件

$$\sigma_{sk} = \frac{M_k - N_{p0}(z - e_p)}{(\alpha_1 A_p + A_s)z} \qquad (7.1.4-10)$$

$$e = e_p + \frac{M_k}{N_{p0}} \qquad (7.1.4-11)$$

$$e_p = y_{ps} - e_{p0} \qquad (7.1.4-12)$$

式中：A_p——受拉区纵向预应力筋截面面积：对轴心受拉构件，取全部纵向预应力筋截面面积；对受弯构件，取受拉区纵向预应力筋截面面积；

N_{p0}——计算截面上混凝土法向预应力等于零时的预加力，应按本规范第 10.1.13 条的规定计算；

N_k、M_k——按荷载标准组合计算的轴向力值、弯矩值；

z——受拉区纵向普通钢筋和预应力筋合力点至截面受压区合力点的距离，按公式（7.1.4-5）计算，其中 e 按公式（7.1.4-11）计算；

α_1——无粘结预应力筋的等效折减系数，取

α_1 为 0.3；对灌浆的后张预应力筋，取 α_1 为 1.0；

e_p——计算截面上混凝土法向预应力等于零时的预加力 N_{p0} 的作用点至受拉区纵向预应力筋和普通钢筋合力点的距离；

y_{ps}——受拉区纵向预应力筋和普通钢筋合力点的偏心距；

e_{p0}——计算截面上混凝土法向预应力等于零时的预加力 N_{p0} 作用点的偏心距，应按本规范第 10.1.13 条的规定计算。

7.1.5 在荷载标准组合和准永久组合下，抗裂验算时截面边缘混凝土的法向应力应按下列公式计算：

1 轴心受拉构件

$$\sigma_{ck} = \frac{N_k}{A_0} \qquad (7.1.5-1)$$

$$\sigma_{cq} = \frac{N_q}{A_0} \qquad (7.1.5-2)$$

2 受弯构件

$$\sigma_{ck} = \frac{M_k}{W_0} \qquad (7.1.5-3)$$

$$\sigma_{cq} = \frac{M_q}{W_0} \qquad (7.1.5-4)$$

3 偏心受拉和偏心受压构件

$$\sigma_{ck} = \frac{M_k}{W_0} + \frac{N_k}{A_0} \qquad (7.1.5-5)$$

$$\sigma_{cq} = \frac{M_q}{W_0} + \frac{N_q}{A_0} \qquad (7.1.5-6)$$

式中：A_0——构件换算截面面积；

W_0——构件换算截面受拉边缘的弹性抵抗矩。

7.1.6 预应力混凝土受弯构件应分别对截面上的混凝土主拉应力和主压应力进行验算：

1 混凝土主拉应力

1）一级裂缝控制等级构件，应符合下列规定：

$$\sigma_{tp} \leqslant 0.85 f_{tk} \qquad (7.1.6-1)$$

2）二级裂缝控制等级构件，应符合下列规定：

$$\sigma_{tp} \leqslant 0.95 f_{tk} \qquad (7.1.6-2)$$

2 混凝土主压应力

对一、二级裂缝控制等级构件，均应符合下列规定：

$$\sigma_{cp} \leqslant 0.60 f_{ck} \qquad (7.1.6-3)$$

式中：σ_{tp}、σ_{cp}——分别为混凝土的主拉应力、主压应力，按本规范第 7.1.7 条确定。

此时，应选择跨度内不利位置的截面，对该截面的换算截面重心处和截面宽度突变处进行验算。

注：对允许出现裂缝的吊车梁，在静力计算中应符合公

式（7.1.6-2）和公式（7.1.6-3）的规定。

7.1.7 混凝土主拉应力和主压应力应按下列公式计算：

$$\left.\begin{array}{c}\sigma_{tp}\\\sigma_{cp}\end{array}\right\} = \frac{\sigma_x + \sigma_y}{2} \pm \sqrt{\left(\frac{\sigma_x - \sigma_y}{2}\right)^2 + \tau^2}$$

$$\hspace{6cm}(7.1.7\text{-}1)$$

$$\sigma_x = \sigma_{pc} + \frac{M_k y_0}{I_0} \hspace{1cm}(7.1.7\text{-}2)$$

$$\tau = \frac{(V_k - \sum \sigma_{pe} A_{pb} \sin\alpha_p) S_0}{I_0 b} \hspace{0.5cm}(7.1.7\text{-}3)$$

式中：σ_x——由预加力和弯矩值 M_k 在计算纤维处产生的混凝土法向应力；

σ_y——由集中荷载标准值 F_k 产生的混凝土竖向压应力；

τ——由剪力值 V_k 和弯起预应力筋的预加力在计算纤维处产生的混凝土剪应力；当计算截面上有扭矩作用时，尚应计入扭矩引起的剪应力；对超静定后张法预应力混凝土结构构件，在计算剪应力时，尚应计入预加力引起的次剪力；

σ_{pc}——扣除全部预应力损失后，在计算纤维处由预加力产生的混凝土法向应力，按本规范公式（10.1.6-1）或公式（10.1.6-4）计算；

y_0——换算截面重心至计算纤维处的距离；

I_0——换算截面惯性矩；

V_k——按荷载标准组合计算的剪力值；

S_0——计算纤维以上部分的换算截面面积对构件换算截面重心的面积矩；

σ_{pe}——弯起预应力筋的有效预应力；

A_{pb}——计算截面上同一弯起平面内的弯起预应力筋的截面面积；

α_p——计算截面上弯起预应力筋的切线与构件纵向轴线的夹角。

注：公式（7.1.7-1）、公式（7.1.7-2）中的 σ_x、σ_y、σ_{pc} 和 $M_k y_0 / I_0$，当为拉应力时，以正值代入；当为压应力时，以负值代入。

7.1.8 对预应力混凝土吊车梁，在集中力作用点两侧各 $0.6h$ 的长度范围内，由集中荷载标准值 F_k 产生的混凝土竖向压应力和剪应力的简化分布可按图 7.1.8 确定，其应力的最大值可按下列公式计算：

$$\sigma_{y,\max} = \frac{0.6 F_k}{bh} \hspace{1cm}(7.1.8\text{-}1)$$

$$\tau_F = \frac{\tau^l - \tau^r}{2} \hspace{1cm}(7.1.8\text{-}2)$$

$$\tau^l = \frac{V_k^l S_0}{I_0 b} \hspace{1cm}(7.1.8\text{-}3)$$

$$\tau^r = \frac{V_k^r S_0}{I_0 b} \hspace{1cm}(7.1.8\text{-}4)$$

式中：τ^l、τ^r——分别为位于集中荷载标准值 F_k 作用点左侧、右侧 $0.6h$ 处截面上的剪

应力；

τ_F——集中荷载标准值 F_k 作用截面上的剪应力；

V_k^l、V_k^r——分别为集中荷载标准值 F_k 作用点左侧、右侧截面上的剪力标准值。

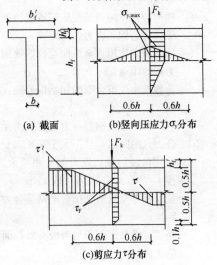

(a) 截面　(b) 竖向压应力 σ_y 分布

(c) 剪应力 τ 分布

图 7.1.8　预应力混凝土吊车梁集中力作用点附近的应力分布

7.1.9 对先张法预应力混凝土构件端部进行正截面、斜截面抗裂验算时，应考虑预应力筋在其预应力传递长度 l_{tr} 范围内实际应力值的变化。预应力筋的实际应力可考虑为线性分布，在构件端部取为零，在其预应力传递长度的末端取有效预应力值 σ_{pe}（图 7.1.9），预应力筋的预应力传递长度 l_{tr} 应按本规范第 10.1.9 条确定。

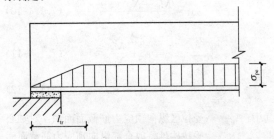

图 7.1.9　预应力传递长度范围内有效预应力值的变化

7.2　受弯构件挠度验算

7.2.1 钢筋混凝土和预应力混凝土受弯构件的挠度可按照结构力学方法计算，且不应超过本规范表 3.4.3 规定的限值。

在等截面构件中，可假定各同号弯矩区段内的刚度相等，并取用该区段内最大弯矩处的刚度。当计算跨度内的支座截面刚度不大于跨中截面刚度的 2 倍或不小于跨中截面刚度的 1/2 时，该跨也可按等刚度构件进行计算，其构件刚度可取跨中最大弯矩截面的

刚度。

7.2.2 矩形、T形、倒T形和I形截面受弯构件考虑荷载长期作用影响的刚度 B 可按下列规定计算：

1 采用荷载标准组合时

$$B = \frac{M_k}{M_q(\theta-1)+M_k}B_s \quad (7.2.2-1)$$

2 采用荷载准永久组合时

$$B = \frac{B_s}{\theta} \quad (7.2.2-2)$$

式中：M_k——按荷载的标准组合计算的弯矩，取计算区段内的最大弯矩值；

M_q——按荷载的准永久组合计算的弯矩，取计算区段内的最大弯矩值；

B_s——按荷载准永久组合计算的钢筋混凝土受弯构件或按标准组合计算的预应力混凝土受弯构件的短期刚度，按本规范第7.2.3条计算；

θ——考虑荷载长期作用对挠度增大的影响系数，按本规范第7.2.5条取用。

7.2.3 按裂缝控制等级要求的荷载组合作用下，钢筋混凝土受弯构件和预应力混凝土受弯构件的短期刚度 B_s，可按下列公式计算：

1 钢筋混凝土受弯构件

$$B_s = \frac{E_s A_s h_0^2}{1.15\psi + 0.2 + \dfrac{6\alpha_E\rho}{1+3.5\gamma_f}} \quad (7.2.3-1)$$

2 预应力混凝土受弯构件

1）要求不出现裂缝的构件

$$B_s = 0.85 E_c I_0 \quad (7.2.3-2)$$

2）允许出现裂缝的构件

$$B_s = \frac{0.85 E_c I_0}{\kappa_{cr}+(1-\kappa_{cr})\omega} \quad (7.2.3-3)$$

$$\kappa_{cr} = \frac{M_{cr}}{M_k} \quad (7.2.3-4)$$

$$\omega = \left(1.0+\frac{0.21}{\alpha_E\rho}\right)(1+0.45\gamma_f)-0.7 \quad (7.2.3-5)$$

$$M_{cr} = (\sigma_{pc}+\gamma f_{tk})W_0 \quad (7.2.3-6)$$

$$\gamma_f = \frac{(b_f-b)h_f}{bh_0} \quad (7.2.3-7)$$

式中：ψ——裂缝间纵向受拉普通钢筋应变不均匀系数，按本规范第7.1.2条确定；

α_E——钢筋弹性模量与混凝土弹性模量的比值，即 E_s/E_c；

ρ——纵向受拉钢筋配筋率：对钢筋混凝土受弯构件，取为 $A_s/(bh_0)$；对预应力混凝土受弯构件，取为 $(\alpha_1 A_p+A_s)/(bh_0)$，对灌浆的后张预应力筋，取 $\alpha_1=1.0$，对无粘结后张预应力筋，取 $\alpha_1=0.3$；

I_0——换算截面惯性矩；

γ_f——受拉翼缘截面面积与腹板有效截面面积

的比值；

$b_f、h_f$——分别为受拉区翼缘的宽度、高度；

κ_{cr}——预应力混凝土受弯构件正截面的开裂弯矩 M_{cr} 与弯矩 M_k 的比值，当 $\kappa_{cr}>1.0$ 时，取 $\kappa_{cr}=1.0$；

σ_{pc}——扣除全部预应力损失后，由预加力在抗裂验算边缘产生的混凝土预压应力；

γ——混凝土构件的截面抵抗矩塑性影响系数，按本规范第7.2.4条确定。

注：对预压时预拉区出现裂缝的构件，B_s 应降低10%。

7.2.4 混凝土构件的截面抵抗矩塑性影响系数 γ 可按下列公式计算：

$$\gamma = \left(0.7+\frac{120}{h}\right)\gamma_m \quad (7.2.4)$$

式中：γ_m——混凝土构件的截面抵抗矩塑性影响系数基本值，可按正截面应变保持平面的假定，并取受拉区混凝土应力图形为梯形、受拉边缘混凝土极限拉应变为 $2f_{tk}/E_c$ 确定；对常用的截面形状，γ_m 值可按表7.2.4取用；

h——截面高度（mm）：当 $h<400$ 时，取 $h=400$；当 $h>1600$ 时，取 $h=1600$；对圆形、环形截面，取 $h=2r$，此处，r 为圆形截面半径或环形截面的外环半径。

表7.2.4 截面抵抗矩塑性影响系数基本值 γ_m

项次	1	2	3		4		5
截面形状	矩形截面	翼缘位于受压区的T形截面	对称I形截面或箱形截面		翼缘位于受拉区的倒T形截面		圆形和环形截面
			$b_f/b\leqslant2$，h_f/h 为任意值	$b_f/b>2$，$h_f/h<0.2$	$b_f/b\leqslant2$，h_f/h 为任意值	$b_f/b>2$，$h_f/h<0.2$	
γ_m	1.55	1.50	1.45	1.35	1.50	1.40	$1.6-0.24r_1/r$

注：1 对 $b_f'>b_f$ 的I形截面，可按项次2与项次3之间的数值采用；对 $b_f'<b_f$ 的I形截面，可按项次3与项次4之间的数值采用；

2 对于箱形截面，b 系指各肋宽度的总和；

3 r_1 为环形截面的内环半径，对圆形截面取 r_1 为零。

7.2.5 考虑荷载长期作用对挠度增大的影响系数 θ 可按下列规定取用：

1 钢筋混凝土受弯构件

当 $\rho'=0$ 时，取 $\theta=2.0$；当 $\rho'=\rho$ 时，取 $\theta=1.6$；当 ρ' 为中间数值时，θ 按线性内插法取用。此处，$\rho'=A_s'/(bh_0)$，$\rho=A_s/(bh_0)$。

对翼缘位于受拉区的倒T形截面，θ 应增加20%。

2 预应力混凝土受弯构件，取 $\theta=2.0$。

7.2.6 预应力混凝土受弯构件在使用阶段的预加力反拱值，可用结构力学方法按刚度 $E_c I_0$ 进行计算，并应考虑预压应力长期作用的影响，计算中预应力筋的应力应扣除全部预应力损失。简化计算时，可将计算的反拱值乘以增大系数 2.0。

对重要的或特殊的预应力混凝土受弯构件的长期反拱值，可根据专门的试验分析确定或根据配筋情况采用考虑收缩、徐变影响的计算方法分析确定。

7.2.7 对预应力混凝土构件应采取措施控制反拱和挠度，并宜符合下列规定：

1 当考虑反拱后计算的构件长期挠度不符合本规范第 3.4.3 条的有关规定时，可采用施工预先起拱等方式控制挠度；

2 对永久荷载相对于可变荷载较小的预应力混凝土构件，应考虑反拱过大对正常使用的不利影响，并应采取相应的设计和施工措施。

8 构 造 规 定

8.1 伸 缩 缝

8.1.1 钢筋混凝土结构伸缩缝的最大间距可按表8.1.1确定。

表 8.1.1 钢筋混凝土结构伸缩缝最大间距（m）

结构类别		室内或土中	露天
排架结构	装配式	100	70
框架结构	装配式	75	50
	现浇式	55	35
剪力墙结构	装配式	65	40
	现浇式	45	30
挡土墙、地下室墙壁等类结构	装配式	40	30
	现浇式	30	20

注：1 装配整体式结构的伸缩缝间距，可根据结构的具体情况取表中装配式结构与现浇式结构之间的数值；

2 框架-剪力墙结构或框架-核心筒结构房屋的伸缩缝间距，可根据结构的具体情况取表中框架结构与剪力墙结构之间的数值；

3 当屋面无保温或隔热措施时，框架结构、剪力墙结构的伸缩缝间距宜按表中露天栏的数值取用；

4 现浇挑檐、雨罩等外露结构的局部伸缩缝间距不宜大于12m。

8.1.2 对下列情况，本规范表 8.1.1 中的伸缩缝最大间距宜适当减小：

1 柱高（从基础顶面算起）低于 8m 的排架结构；

2 屋面无保温、隔热措施的排架结构；

3 位于气候干燥地区、夏季炎热且暴雨频繁地区的结构或经常处于高温作用下的结构；

4 采用滑模类工艺施工的各类墙体结构；

5 混凝土材料收缩较大，施工期外露时间较长的结构。

8.1.3 如有充分依据，对下列情况本规范表 8.1.1 中的伸缩缝最大间距可适当增大：

1 采取减小混凝土收缩或温度变化的措施；

2 采用专门的预加应力或增配构造钢筋的措施；

3 采用低收缩混凝土材料，采取跳仓浇筑、后浇带、控制缝等施工方法，并加强施工养护。

当伸缩缝间距增大较多时，尚应考虑温度变化和混凝土收缩对结构的影响。

8.1.4 当设置伸缩缝时，框架、排架结构的双柱基础可不断开。

8.2 混凝土保护层

8.2.1 构件中普通钢筋及预应力筋的混凝土保护层厚度应满足下列要求。

1 构件中受力钢筋的保护层厚度不应小于钢筋的公称直径 d；

2 设计使用年限为 50 年的混凝土结构，最外层钢筋的保护层厚度应符合表 8.2.1 的规定；设计使用年限为 100 年的混凝土结构，最外层钢筋的保护层厚度不应小于表 8.2.1 中数值的 1.4 倍。

表 8.2.1 混凝土保护层的最小厚度 c（mm）

环境类别	板、墙、壳	梁、柱、杆
一	15	20
二 a	20	25
二 b	25	35
三 a	30	40
三 b	40	50

注：1 混凝土强度等级不大于 C25 时，表中保护层厚度数值应增加 5mm；

2 钢筋混凝土基础宜设置混凝土垫层，基础中钢筋的混凝土保护层厚度应从垫层顶面算起，且不应小于 40mm。

8.2.2 当有充分依据并采取下列措施时，可适当减小混凝土保护层的厚度。

1 构件表面有可靠的防护层；

2 采用工厂化生产的预制构件；

3 在混凝土中掺加阻锈剂或采用阴极保护处理等防锈措施；

4 当对地下室墙体采取可靠的建筑防水做法或防护措施时，与土层接触一侧钢筋的保护层厚度可适当减少，但不应小于 25mm。

8.2.3 当梁、柱、墙中纵向受力钢筋的保护层厚度大于 50mm 时，宜对保护层采取有效的构造措施。当在保护层内配置防裂、防剥落的钢筋网片时，网片钢筋的保护层厚度不应小于 25mm。

8.3 钢筋的锚固

8.3.1 当计算中充分利用钢筋的抗拉强度时，受拉钢筋的锚固应符合下列要求：

1 基本锚固长度应按下列公式计算：

普通钢筋

$$l_{ab} = \alpha \frac{f_y}{f_t} d \qquad (8.3.1\text{-}1)$$

预应力筋

$$l_{ab} = \alpha \frac{f_{py}}{f_t} d \qquad (8.3.1\text{-}2)$$

式中：l_{ab}——受拉钢筋的基本锚固长度；

f_y、f_{py}——普通钢筋、预应力筋的抗拉强度设计值；

f_t——混凝土轴心抗拉强度设计值，当混凝土强度等级高于 C60 时，按 C60 取值；

d——锚固钢筋的直径；

α——锚固钢筋的外形系数，按表 8.3.1 取用。

表 8.3.1 锚固钢筋的外形系数 α

钢筋类型	光圆钢筋	带肋钢筋	螺旋肋钢丝	三股钢绞线	七股钢绞线
α	0.16	0.14	0.13	0.16	0.17

注：光圆钢筋末端应做180°弯钩，弯后平直段长度不应小于 3d，但作受压钢筋时可不做弯钩。

2 受拉钢筋的锚固长度应根据锚固条件按下列公式计算，且不应小于 200mm：

$$l_a = \zeta_a l_{ab} \qquad (8.3.1\text{-}3)$$

式中：l_a——受拉钢筋的锚固长度；

ζ_a——锚固长度修正系数，对普通钢筋按本规范第 8.3.2 条的规定取用，当多于一项时，可按连乘计算，但不应小于 0.6；对预应力筋，可取 1.0。

梁柱节点中纵向受拉钢筋的锚固要求应按本规范第 9.3 节（Ⅱ）中的规定执行。

3 当锚固钢筋的保护层厚度不大于 5d 时，锚固长度范围内应配置横向构造钢筋，其直径不应小于 $d/4$；对梁、柱、斜撑等构件间距不应大于 5d，对板、墙等平面构件间距不应大于 10d，且均不应大于 100mm，此处 d 为锚固钢筋的直径。

8.3.2 纵向受拉普通钢筋的锚固长度修正系数 ζ_a 应按下列规定取用：

1 当带肋钢筋的公称直径大于 25mm 时取 1.10；

2 环氧树脂涂层带肋钢筋取 1.25；

3 施工过程中易受扰动的钢筋取 1.10；

4 当纵向受力钢筋的实际配筋面积大于其设计

计算面积时，修正系数取设计计算面积与实际配筋面积的比值，但对有抗震设防要求及直接承受动力荷载的结构构件，不应考虑此项修正；

5 锚固钢筋的保护层厚度为 3d 时修正系数可取 0.80，保护层厚度不小于 5d 时修正系数可取 0.70，中间按内插取值，此处 d 为锚固钢筋的直径。

8.3.3 当纵向受拉普通钢筋末端采用弯钩或机械锚固措施时，包括弯钩或锚固端头在内的锚固长度（投影长度）可取为基本锚固长度 l_{ab} 的 60%。弯钩和机械锚固的形式（图 8.3.3）和技术要求应符合表 8.3.3 的规定。

表 8.3.3 钢筋弯钩和机械锚固的形式和技术要求

锚固形式	技术要求
90°弯钩	末端 90°弯钩，弯钩内径 4d，弯后直段长度 12d
135°弯钩	末端 135°弯钩，弯钩内径 4d，弯后直段长度 5d
一侧贴焊锚筋	末端一侧贴焊长 5d 同直径钢筋
两侧贴焊锚筋	末端两侧贴焊长 3d 同直径钢筋
焊端锚板	末端与厚度 d 的锚板穿孔塞焊
螺栓锚头	末端旋入螺栓锚头

注：1 焊缝和螺纹长度应满足承载力要求；

2 螺栓锚头和焊接锚板的承压净面积不应小于锚固钢筋截面积的 4 倍；

3 螺栓锚头的规格应符合相关标准的要求；

4 螺栓锚头和焊接锚板的钢筋净间距不宜小于 4d，否则应考虑群锚效应的不利影响；

5 截面角部的弯钩和一侧贴焊锚筋的布筋方向宜向截面内侧偏置。

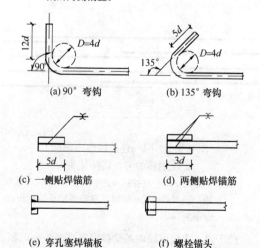

图8.3.3 弯钩和机械锚固的形式和技术要求

8.3.4 混凝土结构中的纵向受压钢筋，当计算中充分利用其抗压强度时，锚固长度不应小于相应受拉锚固长度的 70%。

受压钢筋不应采用末端弯钩和一侧贴焊锚筋的锚固措施。

受压钢筋锚固长度范围内的横向构造钢筋应符合本规范第8.3.1条的有关规定。

8.3.5 承受动力荷载的预制构件，应将纵向受力普通钢筋末端焊接在钢板或角钢上，钢板或角钢应可靠地锚固在混凝土中。钢板或角钢的尺寸应按计算确定，其厚度不宜小于10mm。

其他构件中受力普通钢筋的末端也可通过焊接钢板或型钢实现锚固。

8.4 钢筋的连接

8.4.1 钢筋连接可采用绑扎搭接、机械连接或焊接。机械连接接头及焊接接头的类型及质量应符合国家现行有关标准的规定。

混凝土结构中受力钢筋的连接接头宜设置在受力较小处。在同一根受力钢筋上宜少设接头。在结构的重要构件和关键传力部位，纵向受力钢筋不宜设置连接接头。

8.4.2 轴心受拉及小偏心受拉杆件的纵向受力钢筋不得采用绑扎搭接；其他构件中的钢筋采用绑扎搭接时，受拉钢筋直径不宜大于25mm，受压钢筋直径不宜大于28mm。

8.4.3 同一构件中相邻纵向受力钢筋的绑扎搭接头宜互相错开。钢筋绑扎搭接接头连接区段的长度为1.3倍搭接长度，凡搭接接头中点位于该连接区段长度内的搭接接头均属于同一连接区段（图8.4.3）。同一连接区段内纵向受力钢筋搭接接头面积百分率为该区段内有搭接接头的纵向受力钢筋与全部纵向受力钢筋截面面积的比值。当直径不同的钢筋搭接时，按直径较小的钢筋计算。

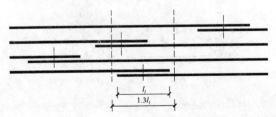

图 8.4.3 同一连接区段内纵向
受拉钢筋的绑扎搭接接头

注：图中所示同一连接区段内的搭接接头钢筋为两根，当钢筋直径相同时，钢筋搭接接头面积百分率为50%。

位于同一连接区段内的受拉钢筋搭接接头面积百分率：对梁类、板类及墙类构件，不宜大于25%；对柱类构件，不宜大于50%。当工程中确有必要增大受拉钢筋搭接接头面积百分率时，对梁类构件，不宜大于50%；对板、墙、柱及预制构件的拼接处，可根据实际情况放宽。

并筋采用绑扎搭接连接时，应按每根单筋错开搭接的方式连接。接头面积百分率应按同一连接区段内所有的单根钢筋计算。并筋中钢筋的搭接长度应按单筋分别计算。

8.4.4 纵向受拉钢筋绑扎搭接接头的搭接长度，应根据位于同一连接区段内的钢筋搭接接头面积百分率按下列公式计算，且不应小于300mm。

$$l_l = \zeta_l l_a \qquad (8.4.4)$$

式中：l_l ——纵向受拉钢筋的搭接长度；

ζ_l ——纵向受拉钢筋搭接长度修正系数，按表8.4.4取用。当纵向搭接钢筋接头面积百分率为表的中间值时，修正系数可按内插取值。

表 8.4.4　纵向受拉钢筋搭接长度修正系数

纵向搭接钢筋接头面积百分率（%）	≤25	50	100
ζ_l	1.2	1.4	1.6

8.4.5 构件中的纵向受压钢筋当采用搭接连接时，其受压搭接长度不应小于本规范第8.4.4条纵向受拉钢筋搭接长度的70%，且不应小于200mm。

8.4.6 在梁、柱类构件的纵向受力钢筋搭接长度范围内的横向构造钢筋应符合本规范第8.3.1条的要求；当受压钢筋直径大于25mm时，尚应在搭接接头两个端面外100mm的范围内各设置两道箍筋。

8.4.7 纵向受力钢筋的机械连接接头宜相互错开。钢筋机械连接区段的长度为35d，d为连接钢筋的较小直径。凡接头中点位于该连接区段长度内的机械连接接头均属于同一连接区段。

位于同一连接区段内的纵向受拉钢筋接头面积百分率不宜大于50%；但对板、墙、柱及预制构件的拼接处，可根据实际情况放宽。纵向受压钢筋的接头百分率可不受限制。

机械连接套筒的保护层厚度宜满足有关钢筋最小保护层厚度的规定。机械连接套筒的横向净间距不宜小于25mm；套筒处箍筋的间距仍应满足相应的构造要求。

直接承受动力荷载结构构件中的机械连接接头，除应满足设计要求的抗疲劳性能外，位于同一连接区段内的纵向受力钢筋接头面积百分率不应大于50%。

8.4.8 细晶粒热轧带肋钢筋以及直径大于28mm的带肋钢筋，其焊接应经试验确定；余热处理钢筋不宜焊接。

纵向受力钢筋的焊接接头应相互错开。钢筋焊接接头连接区段的长度为35d且不小于500mm，d为连接钢筋的较小直径，凡接头中点位于该连接区段长度内的焊接接头均属于同一连接区段。

纵向受拉钢筋的接头面积百分率不宜大于50%，但对预制构件的拼接处，可根据实际情况放宽。纵向受压钢筋的接头百分率可不受限制。

8.4.9 需进行疲劳验算的构件，其纵向受拉钢筋不得采用绑扎搭接接头，也不宜采用焊接接头，除端部锚固外不得在钢筋上焊有附件。

当直接承受吊车荷载的钢筋混凝土吊车梁、屋面梁及屋架下弦的纵向受拉钢筋采用焊接接头时，应符合下列规定：

1 应采用闪光接触对焊，并去掉接头的毛刺及卷边；

2 同一连接区段内纵向受拉钢筋焊接接头面积百分率不应大于 25%，焊接接头连接区段的长度应取为 45d，d 为纵向受力钢筋的较大直径；

3 疲劳验算时，焊接接头应符合本规范第 4.2.6 条疲劳应力幅限值的规定。

8.5 纵向受力钢筋的最小配筋率

8.5.1 钢筋混凝土结构构件中纵向受力钢筋的配筋百分率 ρ_{min} 不应小于表 8.5.1 规定的数值。

表 8.5.1 纵向受力钢筋的最小配筋百分率 ρ_{min}（%）

受 力 类 型		最小配筋百分率
受压构件	全部纵向钢筋 强度等级 500MPa	0.50
	全部纵向钢筋 强度等级 400MPa	0.55
	全部纵向钢筋 强度等级 300MPa、335MPa	0.60
	一侧纵向钢筋	0.20
受弯构件、偏心受拉、轴心受拉构件一侧的受拉钢筋		0.20 和 45f_t/f_y 中的较大值

注：1 受压构件全部纵向钢筋最小配筋百分率，当采用 C60 以上强度等级的混凝土时，应按表中规定增加 0.10；

2 板类受弯构件（不包括悬臂板）的受拉钢筋，当采用强度等级 400MPa、500MPa 的钢筋时，其最小配筋百分率应允许采用 0.15 和 45f_t/f_y 中的较大值；

3 偏心受拉构件中的受压钢筋，应按受压构件一侧纵向钢筋考虑；

4 受压构件的全部纵向钢筋和一侧纵向钢筋的配筋率以及轴心受拉构件和小偏心受拉构件一侧受拉钢筋的配筋率均按构件的全截面面积计算；

5 受弯构件、大偏心受拉构件一侧受拉钢筋的配筋率应按全截面面积扣除受压翼缘面积（$b_f' - b$）h_f' 后的截面面积计算；

6 当钢筋沿构件截面周边布置时，"一侧纵向钢筋"系指沿受力方向两个对边中一边布置的纵向钢筋。

8.5.2 卧置于地基上的混凝土板，板中受拉钢筋的最小配筋率可适当降低，但不应小于 0.15%。

8.5.3 对结构中次要的钢筋混凝土受弯构件，当构造所需截面高度远大于承载的需求时，其纵向受拉钢筋的配筋率可按下列公式计算：

$$\rho_s \geqslant \frac{h_{cr}}{h} \rho_{min} \qquad (8.5.3-1)$$

$$h_{cr} = 1.05 \sqrt{\frac{M}{\rho_{min} f_y b}} \qquad (8.5.3-2)$$

式中：ρ_s——构件按全截面计算的纵向受拉钢筋的配筋率；

ρ_{min}——纵向受力钢筋的最小配筋率，按本规范第 8.5.1 条取用；

h_{cr}——构件截面的临界高度，当小于 $h/2$ 时取 $h/2$；

h——构件截面的高度；

b——构件的截面宽度；

M——构件的正截面受弯承载力设计值。

9 结构构件的基本规定

9.1 板

（Ⅰ）基 本 规 定

9.1.1 混凝土板按下列原则进行计算：

1 两对边支承的板应按单向板计算；

2 四边支承的板应按下列规定计算：

1）当长边与短边长度之比不大于 2.0 时，应按双向板计算；

2）当长边与短边长度之比大于 2.0，但小于 3.0 时，宜按双向板计算；

3）当长边与短边长度之比不小于 3.0 时，宜按沿短边方向受力的单向板计算，并应沿长边方向布置构造钢筋。

9.1.2 现浇混凝土板的尺寸宜符合下列规定：

1 板的跨厚比：钢筋混凝土单向板不大于 30，双向板不大于 40；无梁支承的有柱帽板不大于 35，无梁支承的无柱帽板不大于 30。预应力板可适当增加；当板的荷载、跨度较大时宜适当减小。

2 现浇钢筋混凝土板的厚度不应小于表 9.1.2 规定的数值。

表 9.1.2 现浇钢筋混凝土板的最小厚度（mm）

板 的 类 别		最小厚度
单向板	屋面板	60
	民用建筑楼板	60
	工业建筑楼板	70
	行车道下的楼板	80
双向板		80
密肋楼盖	面板	50
	肋高	250
悬臂板（根部）	悬臂长度不大于 500mm	60
	悬臂长度 1200mm	100
无梁楼板		150
现浇空心楼盖		200

9.1.3 板中受力钢筋的间距，当板厚不大于 150mm 时不宜大于 200mm；当板厚大于 150mm 时不宜大于板厚的 1.5 倍，且不宜大于 250mm。

9.1.4 采用分离式配筋的多跨板，板底钢筋宜全部伸入支座；支座负弯矩钢筋向跨内延伸的长度应根据负弯矩图确定，并满足钢筋锚固的要求。

简支板或连续板下部纵向受力钢筋伸入支座的锚固长度不应小于钢筋直径的 5 倍，且宜伸入支座中心线。当连续板内温度、收缩应力较大时，伸入支座的长度宜适当增加。

9.1.5 现浇混凝土空心楼板的体积空心率不宜大于 50%。

采用箱形内孔时，顶板厚度不应小于肋间净距的 1/15 且不应小于 50mm。当底板配置受力钢筋时，其厚度不应小于 50mm。内孔间肋宽与内孔高度比不宜小于 1/4，且肋宽不应小于 60mm，对预应力板不应小于 80mm。

采用管形内孔时，孔顶、孔底板厚均不应小于 40mm，肋宽与内孔径之比不宜小于 1/5，且肋宽不应小于 50mm，对预应力板不应小于 60mm。

（Ⅱ）构 造 配 筋

9.1.6 按简支边或非受力边设计的现浇混凝土板，当与混凝土梁、墙整体浇筑或嵌固在砌体墙内时，应设置板面构造钢筋，并符合下列要求：

1 钢筋直径不宜小于 8mm，间距不宜大于 200mm，且单位宽度内的配筋面积不宜小于跨中相应方向板底钢筋截面面积的 1/3。与混凝土梁、混凝土墙整体浇筑单向板的非受力方向，钢筋截面面积尚不宜小于受力方向跨中板底钢筋截面面积的 1/3。

2 钢筋从混凝土梁边、柱边、墙边伸入板内的长度不宜小于 $l_0/4$，砌体墙支座处钢筋伸入板内的长度不宜小于 $l_0/7$，其中计算跨度 l_0 对单向板按受力方向考虑，对双向板按短边方向考虑。

3 在楼板角部，宜沿两个方向正交、斜向平行或放射状布置附加钢筋。

4 钢筋应在梁内、墙内或柱内可靠锚固。

9.1.7 当按单向板设计时，应在垂直于受力的方向布置分布钢筋，单位宽度上的配筋不宜小于单位宽度上的受力钢筋的 15%，且配筋率不宜小于 0.15%；分布钢筋直径不宜小于 6mm，间距不宜大于 250mm；当集中荷载较大时，分布钢筋的配筋面积尚应增加，且间距不宜大于 200mm。

当有实践经验或可靠措施时，预制单向板的分布钢筋可不受本条的限制。

9.1.8 在温度、收缩应力较大的现浇板区域，应在板的表面双向配置防裂构造钢筋。配筋率均不宜小于 0.10%，间距不宜大于 200mm。防裂构造钢筋可利用原有钢筋贯通布置，也可另行设置钢筋并与原有钢筋按受拉钢筋的要求搭接或在周边构件中锚固。

楼板平面的瓶颈部位宜适当增加板厚和配筋。沿板的洞边、凹角部位宜加配防裂构造钢筋，并采取可靠的锚固措施。

9.1.9 混凝土厚板及卧置于地基上的基础筏板，当板的厚度大于 2m 时，除应沿板的上、下表面布置的

纵、横方向钢筋外，尚宜在板厚度不超过 1m 范围内设置与板面平行的构造钢筋网片，网片钢筋直径不宜小于 12mm，纵横方向的间距不宜大于 300mm。

9.1.10 当混凝土板的厚度不小于 150mm 时，对板的无支承边的端部，宜设置 U 形构造钢筋并与板顶、板底的钢筋搭接，搭接长度不宜小于 U 形构造钢筋直径的 15 倍且不宜小于 200mm；也可采用板面、板底钢筋分别向下、上弯折搭接的形式。

（Ⅲ）板 柱 结 构

9.1.11 混凝土板中配置抗冲切箍筋或弯起钢筋时，应符合下列构造要求：

1 板的厚度不应小于 150mm；

2 按计算所需的箍筋及相应的架立钢筋应配置在与 45°冲切破坏锥面相交的范围内，且从集中荷载作用面或柱截面边缘向外的分布长度不应小于 $1.5h_0$（图 9.1.11a）；箍筋直径不应小于 6mm，且应做成封闭式，间距不应大于 $h_0/3$，且不应大于 100mm；

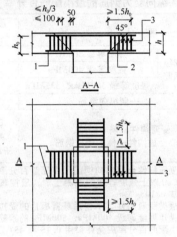

（a）用箍筋作抗冲切钢筋

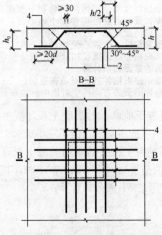

（b）用弯起钢筋作抗冲切钢筋

图 9.1.11 板中抗冲切钢筋布置

注：图中尺寸单位 mm。

1—架立钢筋；2—冲切破坏锥面；

3—箍筋；4—弯起钢筋

3 按计算所需弯起钢筋的弯起角度可根据板的厚度在30°～45°之间选取；弯起钢筋的倾斜段应与冲切破坏锥面相交（图9.1.11b），其交点应在集中荷载作用面或柱截面边缘以外(1/2～2/3) h 的范围内。弯起钢筋直径不宜小于12mm，且每一方向不宜少于3根。

9.1.12 板柱节点可采用带柱帽或托板的结构形式。板柱节点的形状、尺寸应包容45°的冲切破坏锥体，并应满足受冲切承载力的要求。

柱帽的高度不应小于板的厚度 h；托板的厚度不应小于 $h/4$。柱帽或托板在平面两个方向上的尺寸均不宜小于同方向上柱截面宽度 b 与 $4h$ 的和（图9.1.12）。

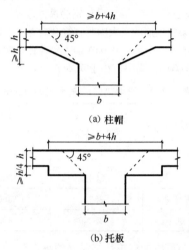

（a）柱帽

（b）托板

图9.1.12　带柱帽或托板的板柱结构

9.2　梁

（Ⅰ）纵向配筋

9.2.1 梁的纵向受力钢筋应符合下列规定：

1 伸入梁支座范围内的钢筋不应少于2根。

2 梁高不小于300mm时，钢筋直径不应小于10mm；梁高小于300mm时，钢筋直径不应小于8mm。

3 梁上部钢筋水平方向的净间距不应小于30mm和1.5d；梁下部钢筋水平方向的净间距不应小于25mm和d。当下部钢筋多于2层时，2层以上钢筋水平方向的中距应比下面2层的中距增大一倍；各层钢筋之间的净间距不应小于25mm和d，d为钢筋的最大直径。

4 在梁的配筋密集区域宜采用并筋的配筋形式。

9.2.2 钢筋混凝土简支梁和连续梁简支端的下部纵向受力钢筋，从支座边缘算起伸入支座内的锚固长度应符合下列规定：

1 当V不大于$0.7f_tbh_0$时，不小于5d；当V大于$0.7f_tbh_0$时，对带肋钢筋不小于12d，对光圆钢筋不小于15d，d为钢筋的最大直径；

2 如纵向受力钢筋伸入梁支座范围内的锚固长度不符合本条第1款要求时，可采取弯钩或机械锚固措施，并应满足本规范第8.3.3条的规定；

3 支承在砌体结构上的钢筋混凝土独立梁，在纵向受力钢筋的锚固长度范围内应配置不少于2个箍筋，其直径不宜小于$d/4$，d为纵向受力钢筋的最大直径；间距不宜大于10d，当采取机械锚固措施时箍筋间距尚不宜大于5d，d为纵向受力钢筋的最小直径。

注：混凝土强度等级为C25及以下的简支梁和连续梁的简支端，当距支座边1.5h范围内作用有集中荷载，且V大于$0.7f_tbh_0$时，对带肋钢筋宜采取有效的锚固措施，或取锚固长度不小于15d，d为锚固钢筋的直径。

9.2.3 钢筋混凝土梁支座截面负弯矩纵向受拉钢筋不宜在受拉区截断，当需要截断时，应符合以下规定：

1 当V不大于$0.7f_tbh_0$时，应延伸至按正截面受弯承载力计算不需要该钢筋的截面以外不小于20d处截断，且从该钢筋强度充分利用截面伸出的长度不应小于$1.2l_a$；

2 当V大于$0.7f_tbh_0$时，应延伸至按正截面受弯承载力计算不需要该钢筋的截面以外不小于h_0且不小于20d处截断，且从该钢筋强度充分利用截面伸出的长度不应小于$1.2l_a$与h_0之和；

3 若按本条第1、2款确定的截断点仍位于负弯矩对应的受拉区内，则应延伸至按正截面受弯承载力计算不需要该钢筋的截面以外不小于$1.3h_0$且不小于20d处截断，且从该钢筋强度充分利用截面伸出的长度不应小于$1.2l_a$与$1.7h_0$之和。

9.2.4 在钢筋混凝土悬臂梁中，应有不少于2根上部钢筋伸至悬臂梁外端，并向下弯折不小于12d；其余钢筋不应在梁的上部截断，而应按本规范第9.2.8条规定的弯起点位置向下弯折，并按本规范第9.2.7条的规定在梁的下边锚固。

9.2.5 梁内受扭纵向钢筋的最小配筋率 $\rho_{tl,min}$ 应符合下列规定：

$$\rho_{tl,min} = 0.6\sqrt{\frac{T}{Vb}}\frac{f_t}{f_y} \qquad (9.2.5)$$

当 $T/(Vb) > 2.0$ 时，取 $T/(Vb) = 2.0$。

式中：$\rho_{tl,min}$——受扭纵向钢筋的最小配筋率，取$A_{stl}/(bh)$；

b——受剪的截面宽度，按本规范第6.4.1条的规定取用，对箱形截面构件，b应以b_h代替；

A_{stl}——沿截面周边布置的受扭纵向钢筋总截面面积。

沿截面周边布置受扭纵向钢筋的间距不应大于

200mm 及梁截面短边长度；除应在梁截面四角设置受扭纵向钢筋外，其余受扭纵向钢筋宜沿截面周边均匀对称布置。受扭纵向钢筋应按受拉钢筋锚固在支座内。

在弯剪扭构件中，配置在截面弯曲受拉边的纵向受力钢筋，其截面面积不应小于按本规范第 8.5.1 条规定的受弯构件受拉钢筋最小配筋率计算的钢筋截面面积与按本条受扭纵向钢筋配筋率计算并分配到弯曲受拉边的钢筋截面面积之和。

9.2.6 梁的上部纵向构造钢筋应符合下列要求：

1 当梁端按简支计算但实际受到部分约束时，应在支座区上部设置纵向构造钢筋。其截面面积不应小于梁跨中下部纵向受力钢筋计算所需截面面积的 1/4，且不应少于 2 根。该纵向构造钢筋自支座边缘向跨内伸出的长度不应小于 $l_0/5$，l_0 为梁的计算跨度。

2 对架立钢筋，当梁的跨度小于 4m 时，直径不宜小于 8mm；当梁的跨度为 4m～6m 时，直径不应小于 10mm；当梁的跨度大于 6m 时，直径不宜小于 12mm。

（Ⅱ）横 向 配 筋

9.2.7 混凝土梁宜采用箍筋作为承受剪力的钢筋。

当采用弯起钢筋时，弯起角宜取 45°或 60°；在弯终点外应留有平行于梁轴线方向的锚固长度，且在受拉区不应小于 20d，在受压区不应小于 10d，d 为弯起钢筋的直径；梁底层钢筋中的角部钢筋不应弯起，顶层钢筋中的角部钢筋不应弯下。

9.2.8 在混凝土梁的受拉区中，弯起钢筋的弯起点可设在按正截面受弯承载力计算不需要该钢筋的截面之前，但弯起钢筋与梁中心线的交点应位于不需要该钢筋的截面之外（图 9.2.8）；同时弯起点与按计算充分利用该钢筋的截面之间的距离不应小于 $h_0/2$。

当按计算需要设置弯起钢筋时，从支座起前一排

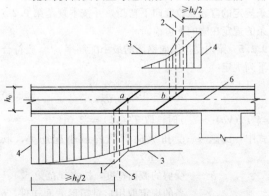

图 9.2.8 弯起钢筋弯起点与弯矩图的关系

1—受拉区的弯起点；2—按计算不需要钢筋"b"的截面；
3—正截面受弯承载力图；4—按计算充分利用钢筋"a"或
"b"强度的截面；5—按计算不需要钢筋"a"的截面；
6—梁中心线

的弯起点至后一排的弯终点的距离不应大于本规范表 9.2.9 中 "$V > 0.7 f_t bh_0 + 0.05 N_{p0}$" 时的箍筋最大间距。弯起钢筋不得采用浮筋。

9.2.9 梁中箍筋的配置应符合下列规定：

1 按承载力计算不需要箍筋的梁，当截面高度大于 300mm 时，应沿梁全长设置构造箍筋；当截面高度 $h = 150$mm～300mm 时，可仅在构件端部 $l_0/4$ 范围内设置构造箍筋，l_0 为跨度。但当在构件中部 $l_0/2$ 范围内有集中荷载作用时，则应沿梁全长设置箍筋。当截面高度小于 150mm 时，可以不设置箍筋。

2 截面高度大于 800mm 的梁，箍筋直径不宜小于 8mm；对截面高度不大于 800mm 的梁，不宜小于 6mm。梁中配有计算需要的纵向受压钢筋时，箍筋直径尚不应小于 $d/4$，d 为受压钢筋最大直径。

3 梁中箍筋的最大间距宜符合表 9.2.9 的规定；当 V 大于 $0.7 f_t bh_0 + 0.05 N_{p0}$ 时，箍筋的配筋率 ρ_{sv} [$\rho_{sv} = A_{sv}/(bs)$] 尚不应小于 $0.24 f_t / f_{yv}$。

表 9.2.9 梁中箍筋的最大间距（mm）

梁高 h	$V > 0.7 f_t bh_0$ $+ 0.05 N_{p0}$	$V \leqslant 0.7 f_t bh_0$ $+ 0.05 N_{p0}$
$150 < h \leqslant 300$	150	200
$300 < h \leqslant 500$	200	300
$500 < h \leqslant 800$	250	350
$h > 800$	300	400

4 当梁中配有按计算需要的纵向受压钢筋时，箍筋应符合以下规定：

1）箍筋应做成封闭式，且弯钩直线段长度不应小于 5d，d 为箍筋直径。

2）箍筋的间距不应大于 15d，并不应大于 400mm。当一层内的纵向受压钢筋多于 5 根且直径大于 18mm 时，箍筋间距不应大于 10d，d 为纵向受压钢筋的最小直径。

3）当梁的宽度大于 400mm 且一层内的纵向受压钢筋多于 3 根时，或当梁的宽度不大于 400mm 但一层内的纵向受压钢筋多于 4 根时，应设置复合箍筋。

9.2.10 在弯剪扭构件中，箍筋的配筋率 ρ_{sv} 不应小于 $0.28 f_t / f_{yv}$。

箍筋间距应符合本规范表 9.2.9 的规定，其中受扭所需的箍筋应做成封闭式，且应沿截面周边布置。当采用复合箍筋时，位于截面内部的箍筋不应计入受扭所需的箍筋面积。受扭所需箍筋的末端应做成 135°弯钩，弯钩端头平直段长度不应小于 10d，d 为箍筋直径。

在超静定结构中，考虑协调扭转而配置的箍筋，其间距不宜大于 0.75b，此处 b 按本规范第 6.4.1 条的规定取用，但对箱形截面构件，b 均应以 b_h 代替。

（Ⅲ）局 部 配 筋

9.2.11 位于梁下部或梁截面高度范围内的集中荷载，应全部由附加横向钢筋承担；附加横向钢筋宜采用箍筋。

箍筋应布置在长度为 $2h_1$ 与 $3b$ 之和的范围内（图9.2.11）。当采用吊筋时，弯起段应伸至梁的上边缘，且末端水平段长度不应小于本规范第 9.2.7 条的规定。

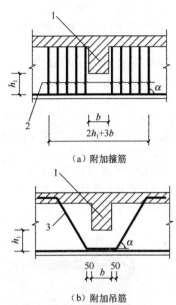

（a）附加箍筋

（b）附加吊筋

图 9.2.11 梁截面高度范围内有集中荷载
作用时附加横向钢筋的布置
注：图中尺寸单位 mm。
1—传递集中荷载的位置；2—附加箍筋；
3—附加吊筋

附加横向钢筋所需的总截面面积应符合下列规定：

$$A_{sv} \geqslant \frac{F}{f_{yv}\sin\alpha} \qquad (9.2.11)$$

式中：A_{sv} ——承受集中荷载所需的附加横向钢筋总截面面积；当采用附加吊筋时，A_{sv} 应为左、右弯起段截面面积之和；

F ——作用在梁的下部或梁截面高度范围内的集中荷载设计值；

α ——附加横向钢筋与梁轴线间的夹角。

9.2.12 折梁的内折角处应增设箍筋（图9.2.12）。箍筋应能承受未在受压区锚固纵向受拉钢筋的合力，且在任何情况下不应小于全部纵向钢筋合力的 35%。

由箍筋承受的纵向受拉钢筋的合力按下列公式计算：

未在受压区锚固的纵向受拉钢筋的合力为：

$$N_{s1} = 2f_y A_{s1}\cos\frac{\alpha}{2} \qquad (9.2.12\text{-}1)$$

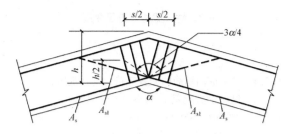

图 9.2.12 折梁内折角处的配筋

全部纵向受拉钢筋合力的 35% 为：

$$N_{s2} = 0.7f_y A_s\cos\frac{\alpha}{2} \qquad (9.2.12\text{-}2)$$

式中：A_s ——全部纵向受拉钢筋的截面面积；

A_{s1} ——未在受压区锚固的纵向受拉钢筋的截面面积；

α ——构件的内折角。

按上述条件求得的箍筋应设置在长度 s 等于 $h\tan(3\alpha/8)$ 的范围内。

9.2.13 梁的腹板高度 h_w 不小于 450mm 时，在梁的两个侧面应沿高度配置纵向构造钢筋。每侧纵向构造钢筋（不包括梁上、下部受力钢筋及架立钢筋）的间距不宜大于 200mm，截面面积不应小于腹板截面面积（bh_w）的 0.1%，但当梁宽较大时可以适当放松。此处，腹板高度 h_w 按本规范第 6.3.1 条的规定取用。

9.2.14 薄腹梁或需作疲劳验算的钢筋混凝土梁，应在下部 1/2 梁高的腹板内沿两侧配置直径 8mm～14mm 的纵向构造钢筋，其间距为 100mm～150mm 并按下密上疏的方式布置。在上部 1/2 梁高的腹板内，纵向构造钢筋可按本规范第 9.2.13 条的规定配置。

9.2.15 当梁的混凝土保护层厚度大于 50mm 且配置表层钢筋网片时，应符合下列规定：

1 表层钢筋宜采用焊接网片，其直径不宜大于 8mm，间距不应大于 150mm；网片应配置在梁底和梁侧，梁侧的网片钢筋应延伸至梁高的 2/3 处。

2 两个方向上表层网片钢筋的截面积均不应小于相应混凝土保护层（图 9.2.15 阴影部分）面积的 1%。

9.2.16 深受弯构件的设计应符合本规范附录 G 的规定。

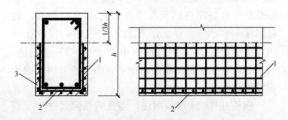

图 9.2.15 配置表层钢筋网片的构造要求
1—梁侧表层钢筋网片；2—梁底表层钢筋网片；
3—配置网片钢筋区域

9.3 柱、梁柱节点及牛腿

（Ⅰ）柱

9.3.1 柱中纵向钢筋的配置应符合下列规定：

1 纵向受力钢筋直径不宜小于 12mm；全部纵向钢筋的配筋率不宜大于 5%；

2 柱中纵向钢筋的净间距不应小于 50mm，且不宜大于 300mm；

3 偏心受压柱的截面高度不小于 600mm 时，在柱的侧面上应设置直径不小于 10mm 的纵向构造钢筋，并相应设置复合箍筋或拉筋；

4 圆柱中纵向钢筋不宜少于 8 根，不应少于 6 根，且宜沿周边均匀布置；

5 在偏心受压柱中，垂直于弯矩作用平面的侧面上的纵向受力钢筋以及轴心受压柱中各边的纵向受力钢筋，其中距不宜大于 300mm。

注：水平浇筑的预制柱，纵向钢筋的最小净间距可按本规范第 9.2.1 条关于梁的有关规定取用。

9.3.2 柱中的箍筋应符合下列规定：

1 箍筋直径不应小于 $d/4$，且不应小于 6mm，d 为纵向钢筋的最大直径；

2 箍筋间距不应大于 400mm 及构件截面的短边尺寸，且不应大于 $15d$，d 为纵向钢筋的最小直径；

3 柱及其他受压构件中的周边箍筋应做成封闭式；对圆柱中的箍筋，搭接长度不应小于本规范第 8.3.1 条规定的锚固长度，且末端应做成 135° 弯钩，弯钩末端平直段长度不应小于 $5d$，d 为箍筋直径；

4 当柱截面短边尺寸大于 400mm 且各边纵向钢筋多于 3 根时，或当柱截面短边尺寸不大于 400mm 但各边纵向钢筋多于 4 根时，应设置复合箍筋；

5 柱中全部纵向受力钢筋的配筋率大于 3% 时，箍筋直径不应小于 8mm，间距不应大于 $10d$，且不应大于 200mm，d 为纵向受力钢筋的最小直径。箍筋末端应做成 135° 弯钩，且弯钩末端平直段长度不应小于箍筋直径的 10 倍；

6 在配有螺旋式或焊接环式箍筋的柱中，如在正截面受压承载力计算中考虑间接钢筋的作用时，箍筋间距不应大于 80mm 及 $d_{cor}/5$，且不宜小于 40mm，d_{cor} 为按箍筋内表面确定的核心截面直径。

9.3.3 Ⅰ形截面柱的翼缘厚度不宜小于 120mm，腹板厚度不宜小于 100mm。当腹板开孔时，宜在孔洞周边每边设置 2～3 根直径不小于 8mm 的补强钢筋，每个方向补强钢筋的截面面积不宜小于该方向被截断钢筋的截面面积。

腹板开孔的Ⅰ形截面柱，当孔的横向尺寸小于柱截面高度的一半、孔的竖向尺寸小于相邻两孔之间的净间距时，柱的刚度可按实腹Ⅰ形截面柱计算，但在计算承载力时应扣除孔洞的削弱部分。当开孔尺寸超

过上述规定时，柱的刚度和承载力应按双肢柱计算。

（Ⅱ）梁柱节点

9.3.4 梁纵向钢筋在框架中间层端节点的锚固应符合下列要求：

1 梁上部纵向钢筋伸入节点的锚固：

1）当采用直线锚固形式时，锚固长度不应小于 l_a，且应伸过柱中心线，伸过的长度不宜小于 $5d$，d 为梁上部纵向钢筋的直径。

2）当柱截面尺寸不满足直线锚固要求时，梁上部纵向钢筋可采用本规范第 8.3.3 条钢筋端部加机械锚头的锚固方式。梁上部纵向钢筋宜伸至柱外侧纵向钢筋内边，包括机械锚头在内的水平投影锚固长度不应小于 $0.4l_{ab}$（图 9.3.4a）。

3）梁上部纵向钢筋也可采用 90° 弯折锚固的方式，此时梁上部纵向钢筋应伸至柱外侧纵向钢筋内边并向节点内弯折，其包含弯弧在内的水平投影长度不应小于 $0.4l_{ab}$，弯折钢筋在弯折平面内包含弯弧段的投影长度不应小于 $15d$（图 9.3.4b）。

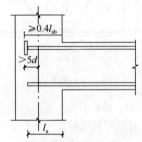

（a）钢筋端部加锚头锚固

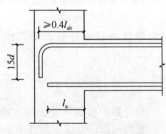

（b）钢筋末端 90° 弯折锚固

图 9.3.4 梁上部纵向钢筋在中间
层端节点内的锚固

2 框架梁下部纵向钢筋伸入端节点的锚固：

1）当计算中充分利用该钢筋的抗拉强度时，钢筋的锚固方式及长度应与上部钢筋的规定相同。

2）当计算中不利用该钢筋的强度或仅利用该钢筋的抗压强度时，伸入节点的锚固长度应分别符合本规范第 9.3.5 条中间节点梁下部纵向钢筋锚固的规定。

9.3.5 框架中间层中间节点或连续梁中间支座，梁的上部纵向钢筋应贯穿节点或支座。梁的下部纵向钢筋宜贯穿节点或支座。当必须锚固时，应符合下列锚固要求：

1 当计算中不利用该钢筋的强度时，其伸入节点或支座的锚固长度对带肋钢筋不小于 $12d$，对光面钢筋不小于 $15d$，d 为钢筋的最大直径；

2 当计算中充分利用钢筋的抗压强度时，钢筋应按受压钢筋锚固在中间节点或中间支座内，其直线锚固长度不应小于 $0.7l_a$；

3 当计算中充分利用钢筋的抗拉强度时，钢筋可采用直线方式锚固在节点或支座内，锚固长度不应小于钢筋的受拉锚固长度 l_a（图 9.3.5a）；

4 当柱截面尺寸不足时，宜按本规范第 9.3.4 条第 1 款的规定采用钢筋端部加锚头的机械锚固措施，也可采用 90°弯折锚固的方式；

5 钢筋可在节点或支座外梁中弯矩较小处设置搭接接头，搭接长度的起始点至节点或支座边缘的距离不应小于 $1.5h_0$（图 9.3.5b）。

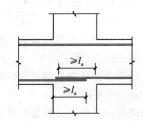

(a) 下部纵向钢筋在节点中直线锚固

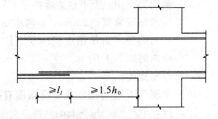

(b) 下部纵向钢筋在节点或支座范围外的搭接

图 9.3.5 梁下部纵向钢筋在中间节点或
中间支座范围的锚固与搭接

9.3.6 柱纵向钢筋应贯穿中间层的中间节点或端节点，接头应设在节点区以外。

柱纵向钢筋在顶层中节点的锚固应符合下列要求：

1 柱纵向钢筋应伸至柱顶，且自梁底算起的锚固长度不应小于 l_a。

2 当截面尺寸不满足直线锚固要求时，可采用 90°弯折锚固措施。此时，包括弯弧在内的钢筋垂直投影锚固长度不应小于 $0.5l_{ab}$，在弯折平面内包含弯弧段的水平投影长度不宜小于 $12d$（图 9.3.6a）。

3 当截面尺寸不足时，也可采用带锚头的机械锚固措施。此时，包含锚头在内的竖向锚固长度不应小于 $0.5l_{ab}$（图 9.3.6b）。

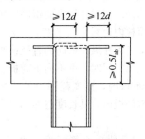

(a) 柱纵向钢筋90°弯折锚固

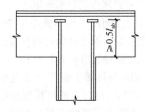

(b) 柱纵向钢筋端头加锚板锚固

图 9.3.6 顶层节点中柱纵向
钢筋在节点内的锚固

4 当柱顶有现浇楼板且板厚不小于 100mm 时，柱纵向钢筋也可向外弯折，弯折后的水平投影长度不宜小于 $12d$。

9.3.7 顶层端节点柱外侧纵向钢筋可弯入梁内作梁上部纵向钢筋；也可将梁上部纵向钢筋与柱外侧纵向钢筋在节点及附近部位搭接，搭接可采用下列方式：

1 搭接接头可沿顶层端节点外侧及梁端顶部布置，搭接长度不应小于 $1.5l_{ab}$（图 9.3.7a）。其中，伸入梁内的柱外侧钢筋截面面积不宜小于其全部面积

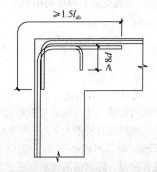

(a) 搭接接头沿顶层端节点外侧及梁端顶部布置

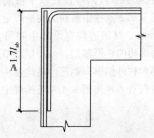

(b) 搭接接头沿节点外侧直线布置

图 9.3.7 顶层端节点梁、柱纵向钢筋
在节点内的锚固与搭接

的 65%；梁宽范围以外的柱外侧钢筋宜沿节点顶部伸至柱内边锚固。当柱外侧纵向钢筋位于柱顶第一层时，钢筋伸至柱内边后宜向下弯折不小于 $8d$ 后截断（图 9.3.7a），d 为柱纵向钢筋的直径；当柱外侧纵向钢筋位于柱顶第二层时，可不向下弯折。当现浇板厚度不小于 100mm 时，梁宽范围以外的柱外侧纵向钢筋也可伸入现浇板内，其长度与伸入梁内的柱纵向钢筋相同。

　　2　当柱外侧纵向钢筋配筋率大于 1.2% 时，伸入梁内的柱纵向钢筋应满足本条第 1 款规定且宜分两批截断，截断点之间的距离不宜小于 $20d$，d 为柱外侧纵向钢筋的直径。梁上部纵向钢筋应伸至节点外侧并向下弯至梁下边缘高度位置截断。

　　3　纵向钢筋搭接接头也可沿节点柱顶外侧直线布置（图 9.3.7b），此时，搭接长度自柱顶算起不应小于 $1.7l_{ab}$。当梁上部纵向钢筋的配筋率大于 1.2% 时，弯入柱外侧的梁上部纵向钢筋应满足本条第 1 款规定的搭接长度，且宜分两批截断，其截断点之间的距离不宜小于 $20d$，d 为梁上部纵向钢筋的直径。

　　4　当梁的截面高度较大，梁、柱纵向钢筋相对较小，从梁底算起的直线搭接长度未延伸至柱顶即已满足 $1.5l_{ab}$ 的要求时，应将搭接长度延伸至柱顶并满足搭接长度 $1.7l_{ab}$ 的要求；或者从梁底算起的弯折搭接长度未延伸至柱内侧边缘即已满足 $1.5l_{ab}$ 的要求时，其弯折后包括弯弧在内的水平段的长度不应小于 $15d$，d 为柱纵向钢筋的直径。

　　5　柱内侧纵向钢筋的锚固应符合本规范第 9.3.6 条关于顶层中节点的规定。

9.3.8　顶层端节点处梁上部纵向钢筋的截面面积 A_s 应符合下列规定：

$$A_s \leqslant \frac{0.35\beta_c f_c b_b h_0}{f_y} \qquad (9.3.8)$$

式中：b_b ——梁腹板宽度；

　　　　h_0 ——梁截面有效高度。

　　梁上部纵向钢筋与柱外侧纵向钢筋在节点角部的弯弧内半径，当钢筋直径不大于 25mm 时，不宜小于 $6d$；大于 25mm 时，不宜小于 $8d$。钢筋弯弧外的混凝土中应配置防裂、防剥落的构造钢筋。

9.3.9　在框架节点内应设置水平箍筋，箍筋应符合本规范第 9.3.2 条柱中箍筋的构造规定，但间距不宜大于 250mm。对四边均有梁的中间节点，节点内可只设置沿周边的矩形箍筋。当顶层端节点内有梁上部纵向钢筋和柱外侧纵向钢筋的搭接接头时，节点内水平箍筋应符合本规范第 8.4.6 条的规定。

（Ⅲ）牛　腿

9.3.10　对于 a 不大于 h_0 的柱牛腿（图 9.3.10），其截面尺寸应符合下列要求：

　　1　牛腿的裂缝控制要求

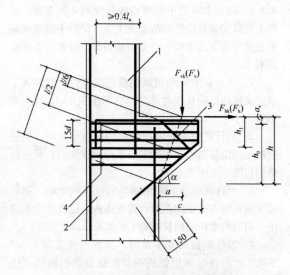

图 9.3.10　牛腿的外形及钢筋配置

注：图中尺寸单位 mm。

1—上柱；2—下柱；3—弯起钢筋；4—水平箍筋

$$F_{vk} \leqslant \beta\left(1 - 0.5\frac{F_{hk}}{F_{vk}}\right)\frac{f_{tk}bh_0}{0.5 + \dfrac{a}{h_0}} \qquad (9.3.10)$$

式中：F_{vk} ——作用于牛腿顶部按荷载效应标准组合计算的竖向力值；

　　　　F_{hk} ——作用于牛腿顶部按荷载效应标准组合计算的水平拉力值；

　　　　β ——裂缝控制系数：支承吊车梁的牛腿取 0.65；其他牛腿取 0.80；

　　　　a ——竖向力作用点至下柱边缘的水平距离，应考虑安装偏差 20mm；当考虑安装偏差后的竖向力作用点仍位于下柱截面以内时取等于 0；

　　　　b ——牛腿宽度；

　　　　h_0 ——牛腿与下柱交接处的垂直截面有效高度，取 $h_1 - a_s + c \cdot \tan\alpha$，当 α 大于 $45°$ 时，取 $45°$，c 为下柱边缘到牛腿外边缘的水平长度。

　　2　牛腿的外边缘高度 h_1 不应小于 $h/3$，且不应小于 200mm。

　　3　在牛腿顶受压面上，竖向力 F_{vk} 所引起的局部压应力不应超过 $0.75f_c$。

9.3.11　在牛腿中，由承受竖向力所需的受拉钢筋截面面积和承受水平拉力所需的锚筋截面面积所组成的纵向受力钢筋的总截面面积，应符合下列规定：

$$A_s \geqslant \frac{F_v a}{0.85f_y h_0} + 1.2\frac{F_h}{f_y} \qquad (9.3.11)$$

　　当 a 小于 $0.3h_0$ 时，取 a 等于 $0.3h_0$。

式中：F_v ——作用在牛腿顶部的竖向力设计值；

　　　　F_h ——作用在牛腿顶部的水平拉力设计值。

9.3.12　沿牛腿顶部配置的纵向受力钢筋，宜采用

HRB400 级或 HRB500 级热轧带肋钢筋。全部纵向受力钢筋及弯起钢筋宜沿牛腿外边缘向下伸入下柱内 150mm 后截断（图 9.3.10）。

纵向受力钢筋及弯起钢筋伸入上柱的锚固长度，当采用直线锚固时不应小于本规范第 8.3.1 条规定的受拉钢筋锚固长度 l_a；当上柱尺寸不足时，钢筋的锚固应符合本规范第 9.3.4 条梁上部钢筋在框架中间层端节点中带 90°弯折的锚固规定。此时，锚固长度应从上柱内边算起。

承受竖向力所需的纵向受力钢筋的配筋率不应小于 0.20% 及 $0.45 f_t/f_y$，也不宜大于 0.60%，钢筋数量不宜少于 4 根直径 12mm 的钢筋。

当牛腿设于上柱柱顶时，宜将牛腿对边的柱外侧纵向受力钢筋沿柱顶水平弯入牛腿，作为牛腿纵向受拉钢筋使用。当牛腿顶面纵向受拉钢筋与牛腿对边的柱外侧纵向钢筋分开配置时，牛腿顶面纵向受拉钢筋应弯入柱外侧，并应符合本规范第 8.4.4 条有关钢筋搭接的规定。

9.3.13 牛腿应设置水平箍筋，箍筋直径宜为 6mm～12mm，间距宜为 100mm～150mm；在上部 $2h_0/3$ 范围内的箍筋总截面面积不宜小于承受竖向力的受拉钢筋截面面积的 1/2。

当牛腿的剪跨比不小于 0.3 时，宜设置弯起钢筋。弯起钢筋宜采用 HRB400 级或 HRB500 级热轧带肋钢筋，并宜使其与集中荷载作用点到牛腿斜边下端点连线的交点位于牛腿上部 $l/6$～$l/2$ 之间的范围内，l 为该连线的长度（图 9.3.10）。弯起钢筋截面面积不宜小于承受竖向力的受拉钢筋截面面积的 1/2，且不宜少于 2 根直径 12mm 的钢筋。纵向受拉钢筋不得兼作弯起钢筋。

9.4 墙

9.4.1 竖向构件截面长边、短边（厚度）比值大于 4 时，宜按墙的要求进行设计。

支撑预制楼（屋面）板的墙，其厚度不宜小于 140mm；对剪力墙结构尚不宜小于层高的 1/25，对框架-剪力墙结构尚不宜小于层高的 1/20。

当采用预制板时，支承墙的厚度应满足墙内竖向钢筋贯通的要求。

9.4.2 厚度大于 160mm 的墙应配置双排分布钢筋网；结构中重要部位的剪力墙，当其厚度不大于 160mm 时，也宜配置双排分布钢筋网。

双排分布钢筋网应沿墙的两个侧面布置，且应采用拉筋连系；拉筋直径不宜小于 6mm，间距不宜大于 600mm。

9.4.3 在平行于墙面的水平荷载和竖向荷载作用下，墙体宜根据结构分析所得的内力和本规范第 6.2 节的有关规定，分别按偏心受压或偏心受拉进行正截面承载力计算，并按本规范第 6.3 节的有关规定进行斜截面受剪承载力计算。在集中荷载作用处，尚应按本规范第 6.6 节进行局部受压承载力计算。

在承载力计算中，剪力墙的翼缘计算宽度可取剪力墙的间距、门窗洞间翼墙的宽度、剪力墙厚度加两侧各 6 倍翼墙厚度、剪力墙墙肢总高度的 1/10 四者中的最小值。

9.4.4 墙水平及竖向分布钢筋直径不宜小于 8mm，间距不宜大于 300mm。可利用焊接钢筋网片进行墙内配筋。

墙水平分布钢筋的配筋率 $\rho_{sh}\left(\dfrac{A_{sh}}{bs_v}, s_v\right.$ 为水平分布钢筋的间距）和竖向分布钢筋的配筋率 $\rho_{sv}\left(\dfrac{A_{sv}}{bs_h}, s_h\right.$ 为竖向分布钢筋的间距）不宜小于 0.20%；重要部位的墙，水平和竖向分布钢筋的配筋率宜适当提高。

墙中温度、收缩应力较大的部位，水平分布钢筋的配筋率宜适当提高。

9.4.5 对于房屋高度不大于 10m 且不超过 3 层的墙，其截面厚度不应小于 120mm，其水平与竖向分布钢筋的配筋率均不宜小于 0.15%。

9.4.6 墙中配筋构造应符合下列要求：

1 墙竖向分布钢筋可在同一高度搭接，搭接长度不应小于 $1.2l_a$。

2 墙水平分布钢筋的搭接长度不应小于 $1.2l_a$。同排水平分布钢筋的搭接接头之间以及上、下相邻水平分布钢筋的搭接接头之间，沿水平方向的净间距不宜小于 500mm。

3 墙中水平分布钢筋应伸至墙端，并向内水平弯折 10d，d 为钢筋直径。

4 端部有翼墙或转角的墙，内墙两侧和外墙内侧的水平分布钢筋应伸至翼墙或转角外边，并分别向两侧水平弯折 15d。在转角墙处，外墙外侧的水平分布钢筋应在墙端外角处弯入翼墙，并与翼墙外侧的水平分布钢筋搭接。

5 带边框的墙，水平和竖向分布钢筋宜分别贯穿柱、梁或锚固在柱、梁内。

9.4.7 墙洞口连梁应沿全长配置箍筋，箍筋直径不应小于 6mm，间距不宜大于 150mm。在顶层洞口连梁纵向钢筋伸入墙内的锚固长度范围内，应设置间距不大于 150mm 的箍筋，箍筋直径宜与跨内箍筋直径相同。同时，门窗洞边的竖向钢筋应满足受拉钢筋锚固长度的要求。

墙洞口上、下两边的水平钢筋除应满足洞口连梁正截面受弯承载力的要求外，尚不应少于 2 根直径不小于 12mm 的钢筋。对于计算分析中可忽略的洞口，洞边钢筋截面面积分别不宜小于洞口截断的水平分布钢筋总截面面积的一半。纵向钢筋自洞口边伸入墙内的长度不应小于受拉钢筋的锚固长度。

9.4.8 剪力墙墙肢两端应配置竖向受力钢筋，并与墙内的竖向分布钢筋共同用于墙的正截面受弯承载力计算。每端的竖向受力钢筋不宜少于 4 根直径为 12mm 或 2 根直径为 16mm 的钢筋，并宜沿该竖向钢筋方向配置直径不小于 6mm、间距为 250mm 的箍筋或拉筋。

9.5 叠合构件

（Ⅰ）水平叠合构件

9.5.1 二阶段成形的水平叠合受弯构件，当预制构件高度不足全截面高度的 40％时，施工阶段应有可靠的支撑。

施工阶段有可靠支撑的叠合受弯构件，可按整体受弯构件设计计算，但其斜截面受剪承载力和叠合面受剪承载力应按本规范附录 H 计算。

施工阶段无支撑的叠合受弯构件，应对底部预制构件及浇筑混凝土后的叠合构件按本规范附录 H 的要求进行二阶段受力计算。

9.5.2 混凝土叠合梁、板应符合下列规定：

1 叠合梁的叠合层混凝土的厚度不宜小于 100mm，混凝土强度等级不宜低于 C30。预制梁的箍筋应全部伸入叠合层，且各肢伸入叠合层的直线段长度不宜小于 $10d$，d 为箍筋直径。预制梁的顶面应做成凹凸差不小于 6mm 的粗糙面。

2 叠合板的叠合层混凝土厚度不应小于 40mm，混凝土强度等级不宜低于 C25。预制板表面应做成凹凸差不小于 4mm 的粗糙面。承受较大荷载的叠合板以及预应力叠合板，宜在预制底板上设置伸入叠合层的构造钢筋。

9.5.3 在既有结构的楼板、屋盖上浇筑混凝土叠合层的受弯构件，应符合本规范第 9.5.2 条的规定，并按本规范第 3.3 节、第 3.7 节的有关规定进行施工阶段和使用阶段计算。

（Ⅱ）竖向叠合构件

9.5.4 由预制构件及后浇混凝土成形的叠合柱和墙，应按施工阶段及使用阶段的工况分别进行预制构件及整体结构的计算。

9.5.5 在既有结构柱的周边或墙的侧面浇筑混凝土而成形的竖向叠合构件，应考虑承载历史以及施工支顶的情况，并按本规范第 3.3 节、第 3.7 节规定的原则进行施工阶段和使用阶段的承载力计算。

9.5.6 依托既有结构的竖向叠合柱、墙在使用阶段的承载力计算中，应根据实测结果考虑既有构件部分几何参数变化的影响。

竖向叠合柱、墙既有构件部分混凝土、钢筋的强度设计值按本规范第 3.7.3 条确定；后浇混凝土部分混凝土、钢筋的强度应按本规范第 4 章的规定乘以强度利用的折减系数确定，且宜考虑施工时支顶的实际情况适当调整。

9.5.7 柱外二次浇筑混凝土层的厚度不应小于 60mm，混凝土强度等级不应低于既有柱的强度。粗糙结合面的凹凸差不应小于 6mm，并宜通过植筋、焊接等方法设置界面构造钢筋。后浇层中纵向受力钢筋直径不应小于 14mm；箍筋直径不应小于 8mm 且不应小于柱内相应箍筋的直径，箍筋间距应与柱内相同。

墙外二次浇筑混凝土层的厚度不应小于 50mm，混凝土强度等级不应低于既有墙的强度。粗糙结合面的凹凸差应不小于 4mm，并宜通过植筋、焊接等方法设置界面构造钢筋。后浇层中竖向、水平钢筋直径不宜小于 8mm 且不应小于墙中相应钢筋的直径。

9.6 装配式结构

9.6.1 装配式、装配整体式混凝土结构中各类预制构件及连接构造应按下列原则进行设计：

1 应在结构方案和传力途径中确定预制构件的布置及连接方式，并在此基础上进行整体结构分析和构件及连接设计；

2 预制构件的设计应满足建筑使用功能，并符合标准化要求；

3 预制构件的连接宜设置在结构受力较小处，且宜便于施工；结构构件之间的连接构造应满足结构传递内力的要求；

4 各类预制构件及其连接构造应按从生产、施工到使用过程中可能产生的不利工况进行验算，对预制非承重构件尚应符合本规范第 9.6.8 条的规定。

9.6.2 预制混凝土构件在生产、施工过程中应按实际工况的荷载、计算简图、混凝土实体强度进行施工阶段验算。验算时应将构件自重乘以相应的动力系数：对脱模、翻转、吊装、运输时可取 1.5，临时固定时可取 1.2。

注：动力系数尚可根据具体情况适当增减。

9.6.3 装配式、装配整体式混凝土结构中各类预制构件的连接构造，应便于构件安装、装配整体式。对计算时不考虑传递内力的连接，也应有可靠的固定措施。

9.6.4 装配整体式结构中框架梁的纵向受力钢筋和柱、墙中的竖向受力钢筋宜采用机械连接、焊接等形式；板、墙等构件中的受力钢筋可采用搭接连接形式；混凝土接合面应进行粗糙处理或做成齿槽；拼接处应采用强度等级不低于预制构件的混凝土灌缝。

装配整体式结构的梁柱节点处，柱的纵向钢筋应贯穿节点；梁的纵向钢筋应满足本规范第 9.3 节的锚固要求。

当柱采用装配式榫式接头时，接头附近区段内截面的轴心受压承载力宜为该截面计算所需承载力的

1.3～1.5 倍。此时，可采取在接头及其附近区段的混凝土内加设横向钢筋网、提高后浇混凝土强度等级和设置附加纵向钢筋等措施。

9.6.5 采用预制板的装配整体式楼盖、屋盖应采取下列构造措施：

　　1 预制板侧应为双齿边；拼缝上口宽度不应小于 30mm；空心板端孔中应有堵头，深度不宜少于 60mm；拼缝中应浇灌强度等级不低于 C30 的细石混凝土；

　　2 预制板端宜伸出锚固钢筋互相连接，并宜与板的支承结构（圈梁、梁顶或墙顶）伸出的钢筋及板端拼缝中设置的通长钢筋连接。

9.6.6 整体性要求较高的装配整体式楼盖、屋盖，应采用预制构件加现浇叠合层的形式；或在预制板侧设置配筋混凝土后浇带，并在板端设置负弯矩钢筋、板的周边沿拼缝设置拉结钢筋与支座连接。

9.6.7 装配整体式结构中预制承重墙板沿周边设置的连接钢筋应与支承结构及相邻墙板互相连接，并浇筑混凝土与周边楼盖、墙体连成整体。

9.6.8 非承重预制构件的设计应符合下列要求：

　　1 与支承结构之间宜采用柔性连接方式；

　　2 在框架内镶嵌或采用焊接连接时，应考虑其对框架抗侧移刚度的影响；

　　3 外挂板与主体结构的连接构造应具有一定的变形适应性。

9.7 预埋件及连接件

9.7.1 受力预埋件的锚板宜采用 Q235、Q345 级钢，锚板厚度应根据受力情况计算确定，且不宜小于锚筋直径的 60%；受拉和受弯预埋件的锚板厚度尚宜大于 $b/8$，b 为锚筋的间距。

　　受力预埋件的锚筋应采用 HRB400 或 HPB300 钢筋，不应采用冷加工钢筋。

　　直锚筋与锚板应采用 T 形焊接。当锚筋直径不大于 20mm 时宜采用压力埋弧焊；当锚筋直径大于 20mm 时宜采用穿孔塞焊。当采用手工焊时，焊缝高度不宜小于 6mm，且对 300MPa 级钢筋不宜小于 $0.5d$，对其他钢筋不宜小于 $0.6d$，d 为锚筋的直径。

9.7.2 由锚板和对称配置的直锚筋所组成的受力预埋件（图 9.7.2），其锚筋的总截面面积 A_s 应符合下列规定：

　　1 当有剪力、法向拉力和弯矩共同作用时，应按下列两个公式计算，并取其中的较大值：

$$A_s \geqslant \frac{V}{\alpha_r \alpha_v f_y} + \frac{N}{0.8 \alpha_b f_y} + \frac{M}{1.3 \alpha_r \alpha_b f_y z}$$
(9.7.2-1)

$$A_s \geqslant \frac{N}{0.8 \alpha_b f_y} + \frac{M}{0.4 \alpha_r \alpha_b f_y z}$$　(9.7.2-2)

　　2 当有剪力、法向压力和弯矩共同作用时，应按下列两个公式计算，并取其中的较大值：

$$A_s \geqslant \frac{V - 0.3N}{\alpha_r \alpha_v f_y} + \frac{M - 0.4Nz}{1.3 \alpha_r \alpha_b f_y z}$$　(9.7.2-3)

$$A_s \geqslant \frac{M - 0.4Nz}{0.4 \alpha_r \alpha_b f_y z}$$　(9.7.2-4)

当 M 小于 $0.4Nz$ 时，取 $0.4Nz$。

　　上述公式中的系数 α_v、α_b，应按下列公式计算：

$$\alpha_v = (4.0 - 0.08d) \sqrt{\frac{f_c}{f_y}}$$　(9.7.2-5)

$$\alpha_b = 0.6 + 0.25 \frac{t}{d}$$　(9.7.2-6)

当 α_v 大于 0.7 时，取 0.7；当采取防止锚板弯曲变形的措施时，可取 α_b 等于 1.0。

　　式中：f_y——锚筋的抗拉强度设计值，按本规范第 4.2 节采用，但不应大于 $300N/mm^2$；

　　　　　V——剪力设计值；

　　　　　N——法向拉力或法向压力设计值，法向压力设计值不应大于 $0.5f_cA$，此处，A 为锚板的面积；

　　　　　M——弯矩设计值；

　　　　　α_r——锚筋层数的影响系数；当锚筋按等间距布置时：两层取 1.0；三层取 0.9；四层取 0.85；

　　　　　α_v——锚筋的受剪承载力系数；

　　　　　d——锚筋直径；

　　　　　α_b——锚板的弯曲变形折减系数；

　　　　　t——锚板厚度；

　　　　　z——沿剪力作用方向最外层锚筋中心线之间的距离。

9.7.3 由锚板和对称配置的弯折锚筋及直锚筋共同承受剪力的预埋件（图 9.7.3），其弯折锚筋的截面面积 A_{sb} 应符合下列规定：

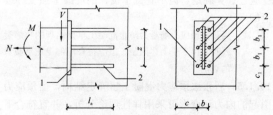

图 9.7.2　由锚板和直锚筋组成的预埋件
1—锚板；2—直锚筋

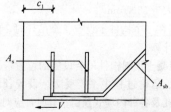

图 9.7.3　由锚板和弯折锚筋及
直锚筋组成的预埋件

$$A_{sb} \geqslant 1.4 \frac{V}{f_y} - 1.25\alpha_v A_s \qquad (9.7.3)$$

式中系数 α_v 按本规范第 9.7.2 条取用。当直锚筋按构造要求设置时，A_s 应取为 0。

注：弯折锚筋与钢板之间的夹角不宜小于 15°，也不宜大于 45°。

9.7.4 预埋件锚筋中心至锚板边缘的距离不应小于 $2d$ 和 20mm。预埋件的位置应使锚筋位于构件的外层主筋的内侧。

预埋件的受力直锚筋直径不宜小于 8mm，且不宜大于 25mm。直锚筋数量不宜少于 4 根，且不宜多于 4 排；受剪预埋件的直锚筋可采用 2 根。

对受拉和受弯预埋件（图 9.7.2），其锚筋的间距 b、b_1 和锚筋至构件边缘的距离 c、c_1，均不应小于 $3d$ 和 45mm。

对受剪预埋件（图 9.7.2），其锚筋的间距 b 及 b_1 不应大于 300mm，且 b_1 不小于 $6d$ 和 70mm；锚筋至构件边缘的距离 c_1 不应小于 $6d$ 和 70mm，b、c 均不应小于 $3d$ 和 45mm。

受拉直锚筋和弯折锚筋的锚固长度不应小于本规范第 8.3.1 条规定的受拉钢筋锚固长度；当锚筋采用 HPB300 级钢筋时末端还应有弯钩。当无法满足锚固长度的要求时，应采取其他有效的锚固措施。受剪和受压直锚筋的锚固长度不应小于 $15d$，d 为锚筋的直径。

9.7.5 预制构件宜采用内埋式螺母、内埋式吊杆或预留吊装孔，并采用配套的专用吊具实现吊装，也可采用吊环吊装。

内埋式螺母或内埋式吊杆的设计与构造，应满足起吊方便和吊装安全的要求。专用内埋式螺母或内埋式吊杆及配套的吊具，应根据相应的产品标准和应用技术规定选用。

9.7.6 吊环应采用 HPB300 钢筋或 Q235B 圆钢，并应符合下列规定：

1 吊环锚入混凝土中的深度不应小于 $30d$ 并应焊接或绑扎在钢筋骨架上，d 为吊环钢筋或圆钢的直径。

2 应验算在荷载标准值作用下的吊环应力，验算时每个吊环可按两个截面计算。对 HPB300 钢筋，吊环应力不应大于 65N/mm²；对 Q235B 圆钢，吊环应力不应大于 50N/mm²。

3 当在一个构件上设有 4 个吊环时，应按 3 个吊环进行计算。

9.7.7 混凝土预制构件吊装设施的位置应能保证构件在吊装、运输过程中平稳受力。设置预埋件、吊环、吊装孔及各种内埋式预留吊具时，应对构件在该处承受吊装荷载作用的效应进行承载力的验算，并应采取相应的构造措施，避免吊点处混凝土局部破坏。

10 预应力混凝土结构构件

10.1 一 般 规 定

10.1.1 预应力混凝土结构构件，除应根据设计状况进行承载力计算及正常使用极限状态验算外，尚应对施工阶段进行验算。

10.1.2 预应力混凝土结构设计应计入预应力作用效应；对超静定结构，相应的次弯矩、次剪力及次轴力等应参与组合计算。

对承载能力极限状态，当预应力作用效应对结构有利时，预应力作用分项系数 γ_p 应取 1.0，不利时 γ_p 应取 1.2；对正常使用极限状态，预应力作用分项系数 γ_p 应取 1.0。

对参与组合的预应力作用效应项，当预应力作用效应对承载力有利时，结构重要性系数 γ_0 应取 1.0；当预应力作用效应对承载力不利时，结构重要性系数 γ_0 应按本规范第 3.3.2 条确定。

10.1.3 预应力筋的张拉控制应力 σ_{con} 应符合下列规定：

1 消除应力钢丝、钢绞线

$$\sigma_{con} \leqslant 0.75 f_{ptk} \qquad (10.1.3-1)$$

2 中强度预应力钢丝

$$\sigma_{con} \leqslant 0.70 f_{ptk} \qquad (10.1.3-2)$$

3 预应力螺纹钢筋

$$\sigma_{con} \leqslant 0.85 f_{pyk} \qquad (10.1.3-3)$$

式中：f_{ptk}——预应力筋极限强度标准值；

f_{pyk}——预应力螺纹钢筋屈服强度标准值。

消除应力钢丝、钢绞线、中强度预应力钢丝的张拉控制应力值不应小于 $0.4 f_{ptk}$；预应力螺纹钢筋的张拉应力控制值不宜小于 $0.5 f_{pyk}$。

当符合下列情况之一时，上述张拉控制应力限值可相应提高 $0.05 f_{ptk}$ 或 $0.05 f_{pyk}$：

1）要求提高构件在施工阶段的抗裂性能而在使用阶段受压区内设置的预应力筋；

2）要求部分抵消由于应力松弛、摩擦、钢筋分批张拉以及预应力筋与张拉台座之间的温差等因素产生的预应力损失。

10.1.4 施加预应力时，所需的混凝土立方体抗压强度应经计算确定，但不宜低于设计的混凝土强度等级值的 75%。

注：当张拉预应力筋是为防止混凝土早期出现的收缩裂缝时，可不受上述限制，但应符合局部受压承载力的规定。

10.1.5 后张法预应力混凝土超静定结构，由预应力引起的内力和变形可采用弹性理论分析，并宜符合下列规定：

1 按弹性分析计算时，次弯矩 M_2 宜按下列公式计算：

$$M_2 = M_r - M_1 \qquad (10.1.5\text{-}1)$$

$$M_1 = N_p e_{pn} \qquad (10.1.5\text{-}2)$$

式中：N_p ——后张法预应力混凝土构件的预加力，按本规范公式（10.1.7-3）计算；

e_{pn} ——净截面重心至预加力作用点的距离，按本规范公式（10.1.7-4）计算；

M_1 ——预加力 N_p 对净截面重心偏心引起的弯矩值；

M_r ——由预加力 N_p 的等效荷载在结构构件截面上产生的弯矩值。

次剪力可根据构件次弯矩的分布分析计算，次轴力宜根据结构的约束条件进行计算。

2 在设计中宜采取措施，避免或减少支座、柱、墙等约束构件对梁、板预应力作用效应的不利影响。

10.1.6 由预加力产生的混凝土法向应力及相应阶段预应力筋的应力，可分别按下列公式计算：

1 先张法构件

由预加力产生的混凝土法向应力

$$\sigma_{pc} = \frac{N_{p0}}{A_0} \pm \frac{N_{p0} e_{p0}}{I_0} y_0 \qquad (10.1.6\text{-}1)$$

相应阶段预应力筋的有效预应力

$$\sigma_{pe} = \sigma_{con} - \sigma_l - \alpha_E \sigma_{pc} \qquad (10.1.6\text{-}2)$$

预应力筋合力点处混凝土法向应力等于零时的预应力筋应力

$$\sigma_{p0} = \sigma_{con} - \sigma_l \qquad (10.1.6\text{-}3)$$

2 后张法构件

由预加力产生的混凝土法向应力

$$\sigma_{pc} = \frac{N_p}{A_n} \pm \frac{N_p e_{pn}}{I_n} y_n + \sigma_{p2} \qquad (10.1.6\text{-}4)$$

相应阶段预应力筋的有效预应力

$$\sigma_{pe} = \sigma_{con} - \sigma_l \qquad (10.1.6\text{-}5)$$

预应力筋合力点处混凝土法向应力等于零时的预应力筋应力

$$\sigma_{p0} = \sigma_{con} - \sigma_l + \alpha_E \sigma_{pc} \qquad (10.1.6\text{-}6)$$

式中：A_n ——净截面面积，即扣除孔道、凹槽等削弱部分以外的混凝土全部截面面积及纵向非预应力筋截面面积换算成混凝土的截面面积之和；对由不同混凝土强度等级组成的截面，应根据混凝土弹性模量比值换算成同一混凝土强度等级的截面面积；

A_0 ——换算截面面积：包括净截面面积以及全部纵向预应力筋截面面积换算成混凝土的截面面积；

I_0、I_n ——换算截面惯性矩、净截面惯性矩；

e_{p0}、e_{pn} ——换算截面重心、净截面重心至预加力作用点的距离，按本规范第10.1.7条的规定计算；

y_0、y_n ——换算截面重心、净截面重心至所计算纤维处的距离；

σ_l ——相应阶段的预应力损失值，按本规范第10.2.1条～第10.2.7条的规定计算；

α_E ——钢筋弹性模量与混凝土弹性模量的比值：$\alpha_E = E_s / E_c$，此处，E_s 按本规范表4.2.5采用，E_c 按本规范表4.1.5采用；

N_{p0}、N_p ——先张法构件、后张法构件的预加力，按本规范第10.1.7条计算；

σ_{p2} ——由预应力次内力引起的混凝土截面法向应力。

注：在公式（10.1.6-1）、公式（10.1.6-4）中，右边第二项与第一项的应力方向相同时取加号，相反时取减号；公式（10.1.6-2）、公式（10.1.6-6）适用于 σ_{pc} 为压应力的情况，当 σ_{pc} 为拉应力时，应以负值代入。

10.1.7 预加力及其作用点的偏心距（图10.1.7）宜按下列公式计算：

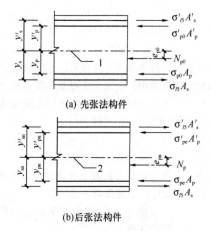

(a) 先张法构件

(b)后张法构件

图 10.1.7 预加力作用点位置

1—换算截面重心轴；2—净截面重心轴

1 先张法构件

$$N_{p0} = \sigma_{p0} A_p + \sigma'_{p0} A'_p - \sigma_{l5} A_s - \sigma'_{l5} A'_s \qquad (10.1.7\text{-}1)$$

$$e_{p0} = \frac{\sigma_{p0} A_p y_p - \sigma'_{p0} A'_p y'_p - \sigma_{l5} A_s y_s + \sigma'_{l5} A'_s y'_s}{\sigma_{p0} A_p + \sigma'_{p0} A'_p - \sigma_{l5} A_s - \sigma'_{l5} A'_s} \qquad (10.1.7\text{-}2)$$

2 后张法构件：

$$N_p = \sigma_{pe} A_p + \sigma'_{pe} A'_p - \sigma_{l5} A_s - \sigma'_{l5} A'_s \qquad (10.1.7\text{-}3)$$

$$e_{pn} = \frac{\sigma_{pe} A_p y_{pn} - \sigma'_{pe} A'_p y'_{pn} - \sigma_{l5} A_s y_{sn} + \sigma'_{l5} A'_s y'_{sn}}{\sigma_{pe} A_p + \sigma'_{pe} A'_p - \sigma_{l5} A_s - \sigma'_{l5} A'_s} \qquad (10.1.7\text{-}4)$$

式中：σ_{p0}、σ'_{p0} ——受拉区、受压区预应力筋合力点处混凝土法向应力等于零时的预应力筋应力；

σ_{pe}、σ'_{pe} ——受拉区、受压区预应力筋的有效

预应力；

A_p、A'_p ——受拉区、受压区纵向预应力筋的
截面面积；

A_s、A'_s ——受拉区、受压区纵向普通钢筋的
截面面积；

y_p、y'_p ——受拉区、受压区预应力合力点至
换算截面重心的距离；

y_s、y'_s ——受拉区、受压区普通钢筋重心至
换算截面重心的距离；

σ_{l5}、σ'_{l5} ——受拉区、受压区预应力筋在各自
合力点处混凝土收缩和徐变引起
的预应力损失值，按本规范第
10.2.5条的规定计算；

y_{pn}、y'_{pn} ——受拉区、受压区预应力合力点至
净截面重心的距离；

y_{sn}、y'_{sn} ——受拉区、受压区普通钢筋重心至
净截面重心的距离。

注：1 当公式（10.1.7-1）～公式（10.1.7-4）中的
$A'_p = 0$ 时，可取式中 $\sigma'_{l5} = 0$；

2 当计算次内力时，公式（10.1.7-3）、公式
（10.1.7-4）中的 σ_{l5} 和 σ'_{l5} 可近似取零。

10.1.8 对允许出现裂缝的后张法有粘结预应力混凝
土框架梁及连续梁，在重力荷载作用下按承载能力极
限状态计算时，可考虑内力重分布，并应满足正常使
用极限状态验算要求。当截面相对受压区高度 ξ 不小
于 0.1 且不大于 0.3 时，其任一跨内的支座截面最大
负弯矩设计值可按下列公式确定：

$$M = (1-\beta)(M_{GQ} + M_2) \quad (10.1.8-1)$$
$$\beta = 0.2(1-2.5\xi) \quad (10.1.8-2)$$

且调幅幅度不宜超过重力荷载下弯矩设计值的 20%。

式中：M ——支座控制截面弯矩设计值；

M_{GQ} ——控制截面按弹性分析计算的重力荷载弯
矩设计值；

ξ ——截面相对受压区高度，应按本规范第 6
章的规定计算；

β ——弯矩调幅系数。

10.1.9 先张法构件预应力筋的预应力传递长度 l_{tr} 应
按下列公式计算：

$$l_{tr} = \alpha \frac{\sigma_{pe}}{f'_{tk}} d \quad (10.1.9)$$

式中：σ_{pe} ——放张时预应力筋的有效预应力；

d ——预应力筋的公称直径，按本规范附录 A
采用；

α ——预应力筋的外形系数，按本规范表
8.3.1 采用；

f'_{tk} ——与放张时混凝土立方体抗压强度 f'_{cu} 相
应的轴心抗拉强度标准值，按本规范表
4.1.3-2 以线性内插法确定。

当采用骤然放张预应力的施工工艺时，对光面预

应力钢丝，l_{tr} 的起点应从距构件末端 $l_{tr}/4$ 处开始
计算。

10.1.10 计算先张法预应力混凝土构件端部锚固区
的正截面和斜截面受弯承载力时，锚固长度范围内的
预应力筋抗拉强度设计值在锚固起点处应取为零，在
锚固终点处应取为 f_{py}，两点之间可按线性内插法确
定。预应力筋的锚固长度 l_a 应按本规范第 8.3.1 条确
定。

当采用骤然放张预应力的施工工艺时，对光面预
应力钢丝的锚固长度应从距构件末端 $l_{tr}/4$ 处开始
计算。

10.1.11 对制作、运输及安装等施工阶段预拉区允
许出现拉应力的构件，或预压时全截面受压的构件，
在预加力、自重及施工荷载作用下（必要时应考虑动
力系数）截面边缘的混凝土法向应力宜符合下列规定
（图10.1.11）：

$$\sigma_{ct} \leqslant f'_{tk} \quad (10.1.11-1)$$
$$\sigma_{cc} \leqslant 0.8 f'_{ck} \quad (10.1.11-2)$$

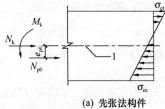

(a) 先张法构件

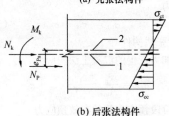

(b) 后张法构件

图 10.1.11 预应力混凝土构件施工阶段验算
1—换算截面重心轴；2—净截面重心轴

简支构件的端部区段截面预拉区边缘纤维的混凝
土拉应力允许大于 f'_{tk}，但不应大于 $1.2f'_{tk}$。

截面边缘的混凝土法向应力可按下列公式计算：

$$\sigma_{cc} \text{ 或 } \sigma_{ct} = \sigma_{pc} + \frac{N_k}{A_0} \pm \frac{M_k}{W_0} \quad (10.1.11-3)$$

式中：σ_{ct} ——相应施工阶段计算截面预拉区边缘纤维
的混凝土拉应力；

σ_{cc} ——相应施工阶段计算截面预压区边缘纤维
的混凝土压应力；

f'_{tk}、f'_{ck} ——与各施工阶段混凝土立方体抗压强度
f'_{cu} 相应的抗拉强度标准值、抗压强度
标准值，按本规范表 4.1.3-2、表
4.1.3-1 以线性内插法分别确定；

N_k、M_k ——构件自重及施工荷载的标准组合在计算
截面产生的轴向力值、弯矩值；

W_0 ——验算边缘的换算截面弹性抵抗矩。

注：1 预拉区、预压区分别系指施加预应力时形成的截面拉应力区、压应力区；

2 公式（10.1.11-3）中，当 σ_{pc} 为压应力时取正值，当 σ_{pc} 为拉应力时取负值；当 N_k 为轴向压力时取正值，当 N_k 为轴向拉力时取负值；当 M_k 产生的边缘纤维应力为压应力时式中符号取加号，拉应力时式中符号取减号；

3 当有可靠的工程经验时，叠合式受弯构件预拉区的混凝土法向拉应力可按 σ_{ct} 不大于 $2f_{tk}$ 控制。

10.1.12 施工阶段预拉区允许出现拉应力的构件，预拉区纵向钢筋的配筋率 $(A'_s+A'_p)/A$ 不宜小于 0.15%，对后张法构件不应计入 A'_p，其中，A 为构件截面面积。预拉区纵向普通钢筋的直径不宜大于 14mm，并应沿构件预拉区的外边缘均匀配置。

注：施工阶段预拉区不允许出现裂缝的板类构件，预拉区纵向钢筋的配筋可根据具体情况按实践经验确定。

10.1.13 先张法和后张法预应力混凝土结构构件，在承载力和裂缝宽度计算中，所用的混凝土法向预应力等于零时的预加力 N_{p0} 及其作用点的偏心距 e_{p0}，均应按本规范公式（10.1.7-1）及公式（10.1.7-2）计算，此时，先张法和后张法构件预应力筋的应力 σ_{p0}、σ'_{p0} 均应按本规范第 10.1.6 条的规定计算。

10.1.14 无粘结预应力矩形截面受弯构件，在进行正截面承载力计算时，无粘结预应力筋的应力设计值 σ_{pu} 宜按下列公式计算：

$$\sigma_{pu} = \sigma_{pe} + \Delta\sigma_p \qquad (10.1.14\text{-}1)$$

$$\Delta\sigma_p = (240 - 335\xi_p)\left(0.45 + 5.5\frac{h}{l_0}\right)\frac{l_2}{l_1} \qquad (10.1.14\text{-}2)$$

$$\xi_p = \frac{\sigma_{pe}A_p + f_y A_s}{f_c b h_p} \qquad (10.1.14\text{-}3)$$

对于跨数不少于 3 跨的连续梁、连续单向板及连续双向板，$\Delta\sigma_p$ 取值不应小于 50N/mm^2。

无粘结预应力筋的应力设计值 σ_{pu} 尚应符合下列条件：

$$\sigma_{pu} \leqslant f_{py} \qquad (10.1.14\text{-}4)$$

式中：σ_{pe} ——扣除全部预应力损失后，无粘结预应力筋中的有效预应力（N/mm^2）；

$\Delta\sigma_p$ ——无粘结预应力筋中的应力增量（N/mm^2）；

ξ_p ——综合配筋特征值，不宜大于 0.4；对于连续梁、板，取各跨内支座和跨中截面综合配筋特征值的平均值；

h ——受弯构件截面高度；

h_p ——无粘结预应力筋合力点至截面受压边缘的距离；

l_1 ——连续无粘结预应力筋两个锚固端间的总长度；

l_2 ——与 l_1 相关的由活荷载最不利布置图确定的荷载跨长度之和。

翼缘位于受压区的 T 形、I 形截面受弯构件，当

受压区高度大于翼缘高度时，综合配筋特征值 ξ_p 可按下式计算：

$$\xi_p = \frac{\sigma_{pe}A_p + f_y A_s - f_c(b'_f - b)h'_f}{f_c b h_p}$$

$$(10.1.14\text{-}5)$$

式中：h'_f ——T 形、I 形截面受压区的翼缘高度；

b'_f ——T 形、I 形截面受压区的翼缘计算宽度。

10.1.15 无粘结预应力混凝土受弯构件的受拉区，纵向普通钢筋截面面积 A_s 的配置应符合下列规定：

1 单向板

$$A_s \geqslant 0.002bh \qquad (10.1.15\text{-}1)$$

式中：b ——截面宽度；

h ——截面高度。

纵向普通钢筋直径不应小于 8mm，间距不应大于 200mm。

2 梁

A_s 应取下列两式计算结果的较大值：

$$A_s \geqslant \frac{1}{3}\left(\frac{\sigma_{pu}h_p}{f_y h_s}\right)A_p \qquad (10.1.15\text{-}2)$$

$$A_s \geqslant 0.003bh \qquad (10.1.15\text{-}3)$$

式中：h_s ——纵向受拉普通钢筋合力点至截面受压边缘的距离。

纵向受拉普通钢筋直径不宜小于 14mm，且宜均匀分布在梁的受拉边缘。

对按一级裂缝控制等级设计的梁，当无粘结预应力筋承担不小于 75% 的弯矩设计值时，纵向受拉普通钢筋面积应满足承载力计算和公式（10.1.15-3）的要求。

10.1.16 无粘结预应力混凝土板柱结构中的双向平板，其纵向普通钢筋截面面积 A_s 及其分布应符合下列规定：

1 在柱边的负弯矩区，每一方向上纵向普通钢筋的截面面积应符合下列规定：

$$A_s \geqslant 0.00075hl \qquad (10.1.16\text{-}1)$$

式中：l ——平行于计算纵向受力钢筋方向上板的跨度；

h ——板的厚度。

由上式确定的纵向普通钢筋，应分布在各离柱边 $1.5h$ 的板宽范围内。每一方向至少应设置 4 根直径不小于 16mm 的钢筋。纵向钢筋间距不应大于 300mm，外伸出柱边长度至少为支座每一边净跨的 1/6。在承载力计算中考虑纵向普通钢筋的作用时，其伸出柱边的长度应按计算确定，并应符合本规范第 8.3 节对锚固长度的规定。

2 在荷载标准组合下，当正弯矩区每一方向上抗裂验算边缘的混凝土法向拉应力满足下列规定时，正弯矩区可仅按构造配置纵向普通钢筋：

$$\sigma_{ck} - \sigma_{pc} \leqslant 0.4f_{tk} \qquad (10.1.16\text{-}2)$$

3 在荷载标准组合下，当正弯矩区每一个方向上抗裂验算边缘的混凝土法向拉应力超过 $0.4f_{tk}$ 且不大于

$1.0f_{tk}$ 时，纵向普通钢筋的截面面积应符合下列规定：

$$A_s \geqslant \frac{N_{tk}}{0.5f_y} \qquad (10.1.16\text{-}3)$$

式中：N_{tk}——在荷载标准组合下构件混凝土未开裂截面受拉区的合力；

f_y——钢筋的抗拉强度设计值，当 f_y 大于 360N/mm² 时，取 360N/mm²。

纵向普通钢筋应均匀分布在板的受拉区内，并应靠近受拉边缘通长布置。

4 在平板的边缘和拐角处，应设置暗圈梁或设置钢筋混凝土边梁。暗圈梁的纵向钢筋直径不应小于 12mm，且不应少于 4 根；箍筋直径不应小于 6mm，间距不应大于 150mm。

注：在温度、收缩应力较大的现浇双向平板区域内，应按本规范第 9.1.8 条配置普通构造钢筋网。

10.1.17 预应力混凝土受弯构件的正截面受弯承载力设计值应符合下列要求：

$$M_u \geqslant M_{cr} \qquad (10.1.17)$$

式中：M_u——构件的正截面受弯承载力设计值，按本规范公式（6.2.10-1）、公式（6.2.11-2）或公式（6.2.14）计算，但应取等号，并将 M 以 M_u 代替；

M_{cr}——构件的正截面开裂弯矩值，按本规范公式（7.2.3-6）计算。

10.2 预应力损失值计算

10.2.1 预应力筋中的预应力损失值可按表 10.2.1 的规定计算。

表 10.2.1 预应力损失值（N/mm²）

引起损失的因素		符号	先张法构件	后张法构件
张拉端锚具变形和预应力筋内缩		σ_{l1}	按本规范第 10.2.2 条的规定计算	按本规范第 10.2.2 条和第 10.2.3 条的规定计算
预应力筋的摩擦	与孔道壁之间的摩擦	σ_{l2}	—	按本规范第 10.2.4 条的规定计算
	张拉端锚口摩擦		按实测值或厂家提供的数据确定	
	在转向装置处的摩擦		按实际情况确定	
混凝土加热养护时，预应力筋与受拉力的设备之间的温差		σ_{l3}	$2\Delta t$	—
预应力筋的应力松弛		σ_{l4}	消除应力钢丝、钢绞线 普通松弛 $0.4\left(\dfrac{\sigma_{con}}{f_{ptk}}-0.5\right)\sigma_{con}$ 低松弛 当 $\sigma_{con} \leqslant 0.7f_{ptk}$ 时 $0.125\left(\dfrac{\sigma_{con}}{f_{ptk}}-0.5\right)\sigma_{con}$ 当 $0.7f_{ptk} < \sigma_{con} \leqslant 0.8f_{ptk}$ 时 $0.2\left(\dfrac{\sigma_{con}}{f_{ptk}}-0.575\right)\sigma_{con}$ 中强度预应力钢丝：$0.08\sigma_{con}$ 预应力螺纹钢筋：$0.03\sigma_{con}$

续表 10.2.1

引起损失的因素	符号	先张法构件	后张法构件
混凝土的收缩和徐变	σ_{l5}	按本规范第 10.2.5 条的规定计算	
用螺旋式预应力筋作配筋的环形构件，当其直径 d 不大于 3m 时，由于混凝土的局部挤压	σ_{l6}	—	30

注：1 表中 Δt 为混凝土加热养护时，预应力筋与承受拉力的设备之间的温差（℃）；

2 当 $\sigma_{con}/f_{ptk} \leqslant 0.5$ 时，预应力筋的应力松弛损失值可取为零。

当计算求得的预应力总损失值小于下列数值时，应按下列数值取用：

先张法构件　　　　100N/mm²；

后张法构件　　　　80N/mm²。

10.2.2 直线预应力筋由于锚具变形和预应力筋内缩引起的预应力损失值 σ_{l1} 应按下列公式计算：

$$\sigma_{l1} = \frac{a}{l}E_s \qquad (10.2.2)$$

式中：a——张拉端锚具变形和预应力筋内缩值（mm），可按表 10.2.2 采用；

l——张拉端至锚固端之间的距离（mm）。

表 10.2.2 锚具变形和预应力筋内缩值 a（mm）

锚具类别		a
支承式锚具（钢丝束镦头锚具等）	螺帽缝隙	1
	每块后加垫板的缝隙	1
夹片式锚具	有顶压时	5
	无顶压时	6～8

注：1 表中的锚具变形和预应力筋内缩值也可根据实测数据确定；

2 其他类型的锚具变形和预应力筋内缩值应根据实测数据确定。

块体拼成的结构，其预应力损失尚应计及块体间填缝的预压变形。当采用混凝土或砂浆为填缝材料时，每条填缝的预压变形值可取为 1mm。

10.2.3 后张法构件曲线预应力筋或折线预应力筋由于锚具变形和预应力筋内缩引起的预应力损失值 σ_{l1}，应根据曲线预应力筋或折线预应力筋与孔道壁之间反向摩擦影响长度 l_f 范围内的预应力筋变形值等于锚具变形和预应力筋内缩值的条件确定，反向摩擦系数可按表 10.2.4 中的数值采用。

反向摩擦影响长度 l_f 及常用束形的后张预应力筋在反向摩擦影响长度 l_f 范围内的预应力损失值 σ_{l1} 可按本规范附录 J 计算。

10.2.4 预应力筋与孔道壁之间的摩擦引起的预应力损失值 σ_{l2}，宜按下列公式计算：

$$\sigma_{l2} = \sigma_{con}\left(1 - \frac{1}{e^{\kappa x + \mu\theta}}\right) \qquad (10.2.4\text{-}1)$$

当（$\kappa x + \mu\theta$）不大于 0.3 时，σ_{l2} 可按下列近似

公式计算：

$$\sigma_{l2} = (\kappa x + \mu \theta)\sigma_{con} \qquad (10.2.4\text{-}2)$$

注：当采用夹片式群锚体系时，在 σ_{con} 中宜扣除锚口摩擦损失。

式中：x——从张拉端至计算截面的孔道长度，可近似取该段孔道在纵轴上的投影长度（m）；

θ——从张拉端至计算截面曲线孔道各部分切线的夹角之和（rad）；

κ——考虑孔道每米长度局部偏差的摩擦系数，按表 10.2.4 采用；

μ——预应力筋与孔道壁之间的摩擦系数，按表 10.2.4 采用。

表 10.2.4 摩擦系数

孔道成型方式	κ	μ	
		钢绞线、钢丝束	预应力螺纹钢筋
预埋金属波纹管	0.0015	0.25	0.50
预埋塑料波纹管	0.0015	0.15	—
预埋钢管	0.0010	0.30	—
抽芯成型	0.0014	0.55	0.60
无粘结预应力筋	0.0040	0.09	—

注：摩擦系数也可根据实测数据确定。

在公式（10.2.4-1）中，对按抛物线、圆弧曲线变化的空间曲线及可分段后叠加的广义空间曲线，夹角之和 θ 可按下列近似公式计算：

抛物线、圆弧曲线：$\theta = \sqrt{\alpha_v^2 + \alpha_h^2}$ $\qquad (10.2.4\text{-}3)$

广义空间曲线：$\theta = \sum \sqrt{\Delta\alpha_v^2 + \Delta\alpha_h^2}$ $\qquad (10.2.4\text{-}4)$

式中：α_v、α_h——按抛物线、圆弧曲线变化的空间曲线预应力筋在竖直向、水平向投影所形成抛物线、圆弧曲线的弯转角；

$\Delta\alpha_v$、$\Delta\alpha_h$——广义空间曲线预应力筋在竖直向、水平向投影所形成分段曲线的弯转角增量。

10.2.5 混凝土收缩、徐变引起受拉区和受压区纵向预应力筋的预应力损失值 σ_{l5}、σ'_{l5} 可按下列方法确定：

1 一般情况

先张法构件

$$\sigma_{l5} = \frac{60 + 340\dfrac{\sigma_{pc}}{f'_{cu}}}{1 + 15\rho} \qquad (10.2.5\text{-}1)$$

$$\sigma'_{l5} = \frac{60 + 340\dfrac{\sigma'_{pc}}{f'_{cu}}}{1 + 15\rho'} \qquad (10.2.5\text{-}2)$$

后张法构件

$$\sigma_{l5} = \frac{55 + 300\dfrac{\sigma_{pc}}{f'_{cu}}}{1 + 15\rho} \qquad (10.2.5\text{-}3)$$

$$\sigma'_{l5} = \frac{55 + 300\dfrac{\sigma'_{pc}}{f'_{cu}}}{1 + 15\rho'} \qquad (10.2.5\text{-}4)$$

式中：σ_{pc}、σ'_{pc}——受拉区、受压区预应力筋合力点处的混凝土法向压应力；

f'_{cu}——施加预应力时的混凝土立方体抗压强度；

ρ、ρ'——受拉区、受压区预应力筋和普通钢筋的配筋率：对先张法构件，$\rho = (A_p + A_s)/A_0$，$\rho' = (A'_p + A'_s)/A_0$；对后张法构件，$\rho = (A_p + A_s)/A_n$，$\rho' = (A'_p + A'_s)/A_n$；对于对称配置预应力筋和普通钢筋的构件，配筋率 ρ、ρ' 应按钢筋总截面面积的一半计算。

受拉区、受压区预应力筋合力点处的混凝土法向压应力 σ_{pc}、σ'_{pc} 应按本规范第 10.1.6 条及第 10.1.7 条的规定计算。此时，预应力损失值仅考虑混凝土预压前（第一批）的损失，其普通钢筋中的应力 σ_{l5}、σ'_{l5} 值应取为零；σ_{pc}、σ'_{pc} 值不得大于 $0.5f'_{cu}$；当 σ'_{pc} 为拉应力时，公式（10.2.5-2）、公式（10.2.5-4）中的 σ'_{pc} 应取为零。计算混凝土法向应力 σ_{pc}、σ'_{pc} 时，可根据构件制作情况考虑自重的影响。

当结构处于年平均相对湿度低于 40% 的环境下，σ_{l5} 和 σ'_{l5} 值应增加 30%。

2 对重要的结构构件，当需要考虑与时间相关的混凝土收缩、徐变及预应力筋应力松弛预应力损失值时，宜按本规范附录 K 进行计算。

10.2.6 后张法构件的预应力筋采用分批张拉时，应考虑后批张拉预应力筋所产生的混凝土弹性压缩或伸长对于先批张拉预应力筋的影响，可将先批张拉预应力筋的张拉控制应力值 σ_{con} 增加或减小 $\alpha_E \sigma_{pci}$。此处，σ_{pci} 为后批张拉预应力筋在先批张拉预应力筋重心处产生的混凝土法向应力。

10.2.7 预应力混凝土构件在各阶段的预应力损失值宜按表 10.2.7 的规定进行组合。

表 10.2.7 各阶段预应力损失值的组合

预应力损失值的组合	先张法构件	后张法构件
混凝土预压前（第一批）的损失	$\sigma_{l1} + \sigma_{l2} + \sigma_{l3} + \sigma_{l4}$	$\sigma_{l1} + \sigma_{l2}$
混凝土预压后（第二批）的损失	σ_{l5}	$\sigma_{l4} + \sigma_{l5} + \sigma_{l6}$

注：先张法构件由于预应力筋应力松弛引起的损失值 σ_{l4} 在第一批和第二批损失中所占的比例，如需区分，可根据实际情况确定。

10.3 预应力混凝土构造规定

10.3.1 先张法预应力筋之间的净间距不宜小于其公称直径的 2.5 倍和混凝土粗骨料最大粒径的 1.25 倍，

且应符合下列规定：预应力钢丝，不应小于15mm；三股钢绞线，不应小于20mm；七股钢绞线，不应小于25mm。当混凝土振捣密实性具有可靠保证时，净间距可放宽为最大粗骨料粒径的1.0倍。

10.3.2 先张法预应力混凝土构件端部宜采取下列构造措施：

1 单根配置的预应力筋，其端部宜设置螺旋筋；

2 分散布置的多根预应力筋，在构件端部10d且不小于100mm长度范围内，宜设置3~5片与预应力筋垂直的钢筋网片，此处d为预应力筋的公称直径；

3 采用预应力钢丝配筋的薄板，在板端100mm长度范围内宜适当加密横向钢筋；

4 槽形板类构件，应在构件端部100mm长度范围内沿构件板面设置附加横向钢筋，其数量不应少于2根。

10.3.3 预制肋形板，宜设置加强其整体性和横向刚度的横肋。端横肋的受力钢筋应弯入纵肋内。当采用先张长线法生产有端横肋的预应力混凝土肋形板时，应在设计和制作上采取防止放张预应力时端横肋产生裂缝的有效措施。

10.3.4 在预应力混凝土屋面梁、吊车梁等构件靠近支座的斜向主拉应力较大部位，宜将一部分预应力筋弯起配置。

10.3.5 预应力筋在构件端部全部弯起的受弯构件或直线配筋的先张法构件，当构件端部与下部支承结构焊接时，应考虑混凝土收缩、徐变及温度变化所产生的不利影响，宜在构件端部可能产生裂缝的部位设置纵向构造钢筋。

10.3.6 后张法预应力筋所用锚具、夹具和连接器等的形式和质量应符合国家现行有关标准的规定。

10.3.7 后张法预应力筋及预留孔道布置应符合下列构造规定：

1 预制构件中预留孔道之间的水平净间距不宜小于50mm，且不宜小于粗骨料粒径的1.25倍；孔道至构件边缘的净间距不宜小于30mm，且不宜小于孔道直径的50%。

2 现浇混凝土梁中预留孔道在竖直方向的净间距不应小于孔道外径，水平方向的净间距不应小于1.5倍孔道外径，且不应小于粗骨料粒径的1.25倍；从孔道外壁至构件边缘的净间距，梁底不宜小于50mm，梁侧不宜小于40mm，裂缝控制等级为三级的梁，梁底、梁侧分别不宜小于60mm和50mm。

3 预留孔道的内径宜比预应力束外径及需穿过孔道的连接器外径大6mm~15mm，且孔道的截面积宜为穿入预应力束截面积的3.0~4.0倍。

4 当有可靠经验并能保证混凝土浇筑质量时，预留孔道可水平并列贴紧布置，但并排的数量不应超过2束。

5 在现浇楼板中采用扁形锚固体系时，穿过每个预留孔道的预应力筋数量宜为3~5根；在常用荷载情况下，孔道在水平方向的净间距不应超过8倍板厚及1.5m中的较大值。

6 板中单根无粘结预应力筋的间距不宜大于板厚的6倍，且不宜大于1m；带状束的无粘结预应力筋根数不宜多于5根，带状束间距不宜大于板厚的12倍，且不宜大于2.4m。

7 梁中集束布置的无粘结预应力筋，集束的水平净间距不宜小于50mm，束至构件边缘的净距不宜小于40mm。

10.3.8 后张法预应力混凝土构件的端部锚固区，应按下列规定配置间接钢筋：

1 采用普通垫板时，应按本规范第6.6节的规定进行局部受压承载力计算，并配置间接钢筋，其体积配筋率不应小于0.5%，垫板的刚性扩散角应取45°；

2 局部受压承载力计算时，局部压力设计值对有粘结预应力混凝土构件取1.2倍张拉控制力，对无粘结预应力混凝土取1.2倍张拉控制力和（$f_{ptk}A_p$）中的较大值；

3 当采用整体铸造垫板时，其局部受压区的设计应符合相关标准的规定；

4 在局部受压间接钢筋配置区以外，在构件端部长度l不小于截面重心线上部或下部预应力筋的合力点至邻近边缘的距离e的3倍、但不大于构件端部截面高度h的1.2倍，高度为$2e$的附加配筋区范围内，应均匀配置附加防劈裂箍筋或网片（图10.3.8），配筋面积可按下列公式计算：

$$A_{sb} \geqslant 0.18\left(1-\frac{l_l}{l_b}\right)\frac{P}{f_{yv}} \qquad (10.3.8-1)$$

且体积配筋率不应小于0.5%。

式中：P——作用在构件端部截面重心线上部或下部预应力筋的合力设计值，可按本条第2款的规定确定；

l_l、l_b——分别为沿构件高度方向A_l、A_b的边长或直径，A_l、A_b按本规范第6.6.2条确定；

f_{yv}——附加防劈裂钢筋的抗拉强度设计值，按本规范第4.2.3条的规定采用。

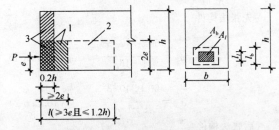

图10.3.8 防止端部裂缝的配筋范围
1—局部受压间接钢筋配置区；2—附加防劈裂配筋区；
3—附加防端面裂缝配筋区

5 当构件端部预应力筋需集中布置在截面下部或集中布置在上部和下部时，应在构件端部 0.2h 范围内设置附加竖向防端面裂缝构造钢筋（图 10.3.8），其截面面积应符合下列公式要求：

$$A_{sv} \geq \frac{T_s}{f_{yv}} \tag{10.3.8-2}$$

$$T_s = \left(0.25 - \frac{e}{h}\right)P \tag{10.3.8-3}$$

式中：T_s——锚固端端面拉力；

P——作用在构件端部截面重心线上部或下部预应力筋的合力设计值，可按本条第 2 款的规定确定；

e——截面重心线上部或下部预应力筋的合力点至截面近边缘的距离；

h——构件端部截面高度。

当 e 大于 $0.2h$ 时，可根据实际情况适当配置构造钢筋。竖向防端面裂缝钢筋宜靠近端面配置，可采用焊接钢筋网、封闭式箍筋或其他的形式，且宜采用带肋钢筋。

当端部截面上部和下部均有预应力筋时，附加竖向钢筋的总截面面积应按上部和下部的预应力合力分别计算的较大值采用。

在构件端面横向也应按上述方法计算抗端面裂缝钢筋，并与上述竖向钢筋形成网片筋配置。

10.3.9 当构件在端部有局部凹进时，应增设折线构造钢筋（图 10.3.9）或其他有效的构造钢筋。

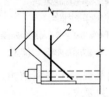

图 10.3.9 端部凹进处构造钢筋
1—折线构造钢筋；2—竖向构造钢筋

10.3.10 后张法预应力混凝土构件中，当采用曲线预应力束时，其曲率半径 r_p 宜按下列公式确定，但不宜小于 4m。

$$r_p \geq \frac{P}{0.35 f_c d_p} \tag{10.3.10}$$

式中：P——预应力束的合力设计值，可按本规范第 10.3.8 条第 2 款的规定确定；

r_p——预应力束的曲率半径（m）；

d_p——预应力束孔道的外径；

f_c——混凝土轴心抗压强度设计值；当验算张拉阶段曲率半径时，可取与施工阶段混凝土立方体抗压强度 f'_{cu} 对应的抗压强度设计值 f'_c，按本规范表 4.1.4-1 以线性内插法确定。

对于折线配筋的构件，在预应力束弯折处的曲率半径可适当减小。当曲率半径 r_p 不满足上述要求时，可在曲线预应力束弯折处内侧设置钢筋网片或螺旋筋。

10.3.11 在预应力混凝土结构中，当沿构件凹面布置曲线预应力束时（图 10.3.11），应进行防崩裂设计。当曲率半径 r_p 满足下列公式要求时，可仅配置构造 U 形插筋。

$$r_p \geq \frac{P}{f_t (0.5 d_p + c_p)} \tag{10.3.11-1}$$

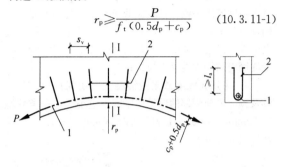

(a) 抗崩裂 U 形插筋布置　　(b) I—I 剖面

图 10.3.11 抗崩裂 U 形插筋构造示意
1—预应力束；2—沿曲线预应力束均匀布置的 U 形插筋

当不满足时，每单肢 U 形插筋的截面面积应按下列公式确定：

$$A_{sv1} \geq \frac{P s_v}{2 r_p f_{yv}} \tag{10.3.11-2}$$

式中：P——预应力束的合力设计值，可按本规范第 10.3.8 条第 2 款的规定确定；

f_t——混凝土轴心抗拉强度设计值；或与施工张拉阶段混凝土立方体抗压强度 f'_{cu} 相应的抗拉强度设计值 f'_t，按本规范表 4.1.4-2 以线性内插法确定；

c_p——预应力束孔道净混凝土保护层厚度；

A_{sv1}——每单肢插筋截面面积；

s_v——U 形插筋间距；

f_{yv}——U 形插筋抗拉强度设计值，按本规范表 4.2.3-1 采用，当大于 360N/mm² 时取 360N/mm²。

U 形插筋的锚固长度不应小于 l_a；当实际锚固长度 l_e 小于 l_a 时，每单肢 U 形插筋的截面面积可按 A_{sv1}/k 取值。其中，k 取 $l_e/15d$ 和 $l_e/200$ 中的较小值，且 k 不大于 1.0。

当有平行的几个孔道，且中心距不大于 $2d_p$ 时，预应力筋的合力设计值应按相邻全部孔道内的预应力筋确定。

10.3.12 构件端部尺寸应考虑锚具的布置、张拉设备的尺寸和局部受压的要求，必要时应适当加大。

10.3.13 后张预应力混凝土外露金属锚具，应采取可靠的防腐及防火措施，并应符合下列规定：

1 无粘结预应力筋外露锚具应采用注有足量防腐油脂的塑料帽封闭锚具端头，并应采用无收缩砂浆或细石混凝土封闭；

2 对处于二b、三a、三b类环境条件下的无粘结预应力锚固系统，应采用全封闭的防腐蚀体系，其封锚端及各连接部位应能承受 10kPa 的静水压力而不得透水；

3 采用混凝土封闭时，其强度等级宜与构件混凝土强度等级一致，且不应低于 C30。封锚混凝土与构件混凝土应可靠粘结，如锚具在封闭前应将周围混凝土界面凿毛并冲洗干净，且宜配置 1～2 片钢筋网，钢筋网应与构件混凝土拉结；

4 采用无收缩砂浆或混凝土封闭保护时，其锚具及预应力筋端部的保护层厚度不应小于：一类环境时 20mm，二a、二b类环境时 50mm，三a、三b类环境时 80mm。

11 混凝土结构构件抗震设计

11.1 一 般 规 定

11.1.1 抗震设防的混凝土结构，除应符合本规范第 1 章～第 10 章的要求外，尚应根据现行国家标准《建筑抗震设计规范》GB 50011 规定的抗震设计原则，按本章的规定进行结构构件的抗震设计。

11.1.2 抗震设防的混凝土建筑，应按现行国家标准《建筑工程抗震设防分类标准》GB 50223 确定其抗震设防类别和相应的抗震设防标准。

注：本章甲类、乙类、丙类建筑分别为现行国家标准《建筑工程抗震设防分类标准》GB 50223 中特殊设防类、重点设防类、标准设防类建筑的简称。

11.1.3 房屋建筑混凝土结构构件的抗震设计，应根据设防类别、烈度、结构类型和房屋高度采用不同的抗震等级，并应符合相应的计算和构造措施要求。丙类建筑的抗震等级应按表 11.1.3 确定。

表 11.1.3 丙类建筑混凝土结构的抗震等级

结构类型			设防烈度					
			6		7		8	9
			≤24	>24	≤24	>24	≤24	>24	≤24
框架结构	普通框架		四	三	三	二	二	一	一
	大跨度框架		三		二		一		一
框架-剪力墙结构	高度 (m)		≤60	>60	>24且≤60	>60	>24且≤60	>60	≤24且≤50
	框架		四	三	四	三	三	二	二
	剪力墙		三		三	二	二		一

续表 11.1.3

结构类型			设防烈度						
			6		7		8		9
剪力墙结构	高度 (m)		≤80	>80	≤24	>24且≤80	>80	≤24	24且≤80	>80	24～60
	剪力墙		四	三	四	三	三	二	二	一
部分框支剪力墙结构	高度 (m)		≤80	>80	≤24	>24且≤80	>80	≤24	24且≤80		
	剪力墙	一般部位	四	三	四	三	三	二	二	
		加强部位	三	二	三	二	二	一	一	
	框支层框架		二		二	一	一			
筒体结构	框架-核心筒	框架			三		二		一
		核心筒			二		二		一
	筒中筒	内筒			三		二		一
		外筒			三		二		一
板柱-剪力墙结构	高度 (m)		≤35	>35	≤35	>35	≤35	>35	
	板柱及周边框架		三	二	二	二	一		
	剪力墙		二	二	二	一	二	一	
单层厂房结构	铰接排架		四		三		二		一

注：1 建筑场地为Ⅰ类时，除 6 度设防烈度外应允许按表内降低一度所对应的抗震等级采取抗震构造措施，但相应的计算要求不应降低；

2 接近或等于高度分界时，应允许结合房屋不规则程度及场地、地基条件确定抗震等级；

3 大跨度框架指跨度不小于 18m 的框架；

4 表中框架结构不包括异形柱框架；

5 房屋高度不大于 60m 的框架-核心筒结构按框架-剪力墙结构的要求设计时，应按表中框架-剪力墙结构确定抗震等级。

11.1.4 确定钢筋混凝土房屋结构构件的抗震等级时，尚应符合下列要求：

1 对框架-剪力墙结构，在规定的水平地震力作用下，框架底部所承担的倾覆力矩大于结构底部总倾覆力矩的 50% 时，其框架的抗震等级应按框架结构确定。

2 与主楼相连的裙房，除应按裙房本身确定抗震等级外，相关范围不应低于主楼的抗震等级；主楼结构在裙房顶板对应的相邻上下各一层应适当加强抗震构造措施。裙房与主楼分离时，应按裙房本身确定抗震等级。

3 当地下室顶板作为上部结构的嵌固部位时，地下一层的抗震等级应与上部结构相同，地下一层以下确定抗震构造措施的抗震等级可逐层降低一级，但不应低于四级。地下室中无上部结构的部分，其抗震构造措施的抗震等级可根据具体情况采用三级或四级。

4 甲、乙类建筑按规定提高一度确定其抗震等级时，如其高度超过对应的房屋最大适用高度，则应采取比相应抗震等级更有效的抗震构造措施。

11.1.5 剪力墙底部加强部位的范围，应符合下列规定：

1 底部加强部位的高度应从地下室顶板算起。

2 部分框支剪力墙结构的剪力墙，底部加强部位的高度可取框支层加框支层以上两层的高度和落地剪力墙总高度的1/10二者的较大值。其他结构的剪力墙，房屋高度大于24m时，底部加强部位的高度可取底部两层和墙肢总高度的1/10二者的较大值；房屋高度不大于24m时，底部加强部位可取底部一层。

3 当结构计算嵌固端位于地下一层的底板或以下时，按本条第1、2款确定的底部加强部位的范围尚宜向下延伸到计算嵌固端。

11.1.6 考虑地震组合验算混凝土结构构件的承载力时，均应按承载力抗震调整系数 γ_{RE} 进行调整，承载力抗震调整系数 γ_{RE} 应按表 11.1.6 采用。

正截面抗震承载力应按本规范第 6.2 节的规定计算，但应在相关计算公式右端项除以相应的承载力抗震调整系数 γ_{RE}。

当仅计算竖向地震作用时，各类结构构件的承载力抗震调整系数 γ_{RE} 均应取为 1.0。

表 11.1.6 承载力抗震调整系数

结构构件类别	正截面承载力计算				斜截面承载力计算		受冲切承载力计算	局部受压承载力计算
	受弯构件	偏心受压柱		偏心受拉构件	各类构件及框架节点	剪力墙		
		轴压比小于 0.15	轴压比不小于 0.15					
γ_{RE}	0.75	0.75	0.8	0.85	0.85	0.85	0.85	1.0

注：预埋件锚筋截面计算的承载力抗震调整系数 γ_{RE} 应取为1.0。

11.1.7 混凝土结构构件的纵向受力钢筋的锚固和连接除应符合本规范第 8.3 节和第 8.4 节的有关规定外，尚应符合下列要求：

1 纵向受拉钢筋的抗震锚固长度 l_{aE} 应按下式计算：

$$l_{aE} = \zeta_{aE} l_a \qquad (11.1.7\text{-}1)$$

式中：ζ_{aE}——纵向受拉钢筋抗震锚固长度修正系数，对一、二级抗震等级取 1.15，对三级抗震等级取 1.05，对四级抗震等级取 1.00；

l_a——纵向受力钢筋的锚固长度，按本规范第 8.3.1 条确定。

2 当采用搭接连接时，纵向受拉钢筋的抗震搭接长度 l_{lE} 应按下列公式计算：

$$l_{lE} = \zeta_l l_{aE} \qquad (11.1.7\text{-}2)$$

式中：ζ_l——纵向受拉钢筋搭接长度修正系数，按本规范第 8.4.4 条确定。

3 纵向受力钢筋的连接可采用绑扎搭接、机械

连接或焊接。

4 纵向受力钢筋连接的位置宜避开梁端、柱端箍筋加密区；如必须在此连接时，应采用机械连接或焊接。

5 混凝土构件位于同一连接区段内的纵向受力钢筋接头面积百分率不宜超过 50%。

11.1.8 箍筋宜采用焊接封闭箍筋、连续螺旋箍筋或连续复合螺旋箍筋。当采用非焊接封闭箍筋时，其末端应做成 135° 弯钩，弯钩端头平直段长度不应小于箍筋直径的 10 倍；在纵向钢筋搭接长度范围内的箍筋间距不应大于搭接钢筋较小直径的 5 倍，且不宜大于 100mm。

11.1.9 考虑地震作用的预埋件，应满足下列规定：

1 直锚钢筋截面面积可按本规范第 9 章的有关规定计算并增大 25%，且应适当增大锚板厚度。

2 锚筋的锚固长度应符合本规范第 9.7 节的有关规定并增加 10%；当不能满足时，应采取有效措施。在靠近锚板处，宜设置一根直径不小于 10mm 的封闭箍筋。

3 预埋件不宜设置在塑性铰区；当不能避免时应采取有效措施。

11.2 材 料

11.2.1 混凝土结构的混凝土强度等级应符合下列规定：

1 剪力墙不宜超过 C60；其他构件，9 度时不宜超过 C60，8 度时不宜超过 C70。

2 框支梁、框支柱以及一级抗震等级的框架梁、柱及节点，不应低于 C30；其他各类结构构件，不应低于 C20。

11.2.2 梁、柱、支撑以及剪力墙边缘构件中，其受力钢筋宜采用热轧带肋钢筋；当采用现行国家标准《钢筋混凝土用钢 第 2 部分：热轧带肋钢筋》GB 1499.2 中牌号带"E"的热轧带肋钢筋时，其强度和弹性模量应按本规范第 4.2 节有关热轧带肋钢筋的规定采用。

11.2.3 按一、二、三级抗震等级设计的框架和斜撑构件，其纵向受力普通钢筋应符合下列要求：

1 钢筋的抗拉强度实测值与屈服强度实测值的比值不应小于 1.25；

2 钢筋的屈服强度实测值与屈服强度标准值的比值不应大于 1.30；

3 钢筋最大拉力下的总伸长率实测值不应小于 9%。

11.3 框 架 梁

11.3.1 梁正截面受弯承载力计算中，计入纵向受压钢筋的梁端混凝土受压区高度应符合下列要求：

一级抗震等级

$$x \leqslant 0.25h_0 \qquad (11.3.1-1)$$

二、三级抗震等级

$$x \leqslant 0.35h_0 \qquad (11.3.1-2)$$

式中：x——混凝土受压区高度；

　　　h_0——截面有效高度。

11.3.2 考虑地震组合的框架梁端剪力设计值 V_b 应按下列规定计算：

1 一级抗震等级的框架结构和 9 度设防烈度的一级抗震等级框架

$$V_b = 1.1 \frac{(M_{bua}^l + M_{bua}^r)}{l_n} + V_{Gb} \qquad (11.3.2-1)$$

2 其他情况

一级抗震等级

$$V_b = 1.3 \frac{(M_b^l + M_b^r)}{l_n} + V_{Gb} \qquad (11.3.2-2)$$

二级抗震等级

$$V_b = 1.2 \frac{(M_b^l + M_b^r)}{l_n} + V_{Gb} \qquad (11.3.2-3)$$

三级抗震等级

$$V_b = 1.1 \frac{(M_b^l + M_b^r)}{l_n} + V_{Gb} \qquad (11.3.2-4)$$

四级抗震等级，取地震组合下的剪力设计值。

式中：M_{bua}^l、M_{bua}^r——框架梁左、右端按实配钢筋截面面积（计入受压钢筋及梁有效翼缘宽度范围内的楼板钢筋）、材料强度标准值，且考虑承载力抗震调整系数的正截面抗震受弯承载力所对应的弯矩值；

　　　M_b^l、M_b^r——考虑地震组合的框架梁左、右端弯矩设计值；

　　　V_{Gb}——考虑地震组合时的重力荷载代表值产生的剪力设计值，可按简支梁计算确定；

　　　l_n——梁的净跨。

在公式（11.3.2-1）中，M_{bua}^l 与 M_{bua}^r 之和，应分别按顺时针和逆时针方向进行计算，并取其较大值。

公式（11.3.2-2）～公式（11.3.2-4）中，M_b^l 与 M_b^r 之和，应分别取顺时针和逆时针方向计算的两端考虑地震组合的弯矩设计值之和的较大值；一级抗震等级，当两端弯矩均为负弯矩时，绝对值较小的弯矩值应取零。

11.3.3 考虑地震组合的矩形、T 形和 I 形截面框架梁，当跨高比大于 2.5 时，其受剪截面应符合下列条件：

$$V_b \leqslant \frac{1}{\gamma_{RE}} (0.20 \beta_c f_c b h_0) \qquad (11.3.3-1)$$

当跨高比不大于 2.5 时，其受剪截面应符合下列条件：

$$V_b \leqslant \frac{1}{\gamma_{RE}} (0.15 \beta_c f_c b h_0) \qquad (11.3.3-2)$$

11.3.4 考虑地震组合的矩形、T 形和 I 形截面的框架梁，其斜截面受剪承载力应符合下列规定：

$$V_b \leqslant \frac{1}{\gamma_{RE}} \left[0.6 \alpha_{cv} f_t b h_0 + f_{yv} \frac{A_{sv}}{s} h_0 \right] \qquad (11.3.4)$$

式中：α_{cv}——截面混凝土受剪承载力系数，按本规范第 6.3.4 条取值。

11.3.5 框架梁截面尺寸应符合下列要求：

1 截面宽度不宜小于 200mm；

2 截面高度与宽度的比值不宜大于 4；

3 净跨与截面高度的比值不宜小于 4。

11.3.6 框架梁的钢筋配置应符合下列规定：

1 纵向受拉钢筋的配筋率不应小于表 11.3.6-1 规定的数值；

表 11.3.6-1 框架梁纵向受拉钢筋的
最小配筋百分率（%）

抗震等级	梁 中 位 置	
	支座	跨中
一级	0.40 和 80 f_t/f_y 中的较大值	0.30 和 65 f_t/f_y 中的较大值
二级	0.30 和 65 f_t/f_y 中的较大值	0.25 和 55 f_t/f_y 中的较大值
三、四级	0.25 和 55 f_t/f_y 中的较大值	0.20 和 45 f_t/f_y 中的较大值

2 框架梁梁端截面的底部和顶部纵向受力钢筋截面面积的比值，除按计算确定外，一级抗震等级不应小于 0.5；二、三级抗震等级不应小于 0.3；

3 梁端箍筋的加密区长度、箍筋最大间距和箍筋最小直径，应按表 11.3.6-2 采用；当梁端纵向受拉钢筋配筋率大于 2% 时，表中箍筋最小直径应增大 2mm。

表 11.3.6-2 框架梁梁端箍筋加密区的构造要求

抗震等级	加密区长度（mm）	箍筋最大间距（mm）	最小直径（mm）
一级	2 倍梁高和 500 中的较大值	纵向钢筋直径的 6 倍，梁高的 1/4 和 100 中的最小值	10
二级		纵向钢筋直径的 8 倍，梁高的 1/4 和 100 中的最小值	8
三级	1.5 倍梁高和 500 中的较大值	纵向钢筋直径的 8 倍，梁高的 1/4 和 150 中的最小值	8
四级		纵向钢筋直径的 8 倍，梁高的 1/4 和 150 中的最小值	6

注：箍筋直径大于 12mm、数量不少于 4 肢且肢距不大于 150mm 时，一、二级的最大间距应允许适当放宽，但不得大于 150mm。

11.3.7 梁端纵向受拉钢筋的配筋率不宜大于

2.5%。沿梁全长顶面和底面至少应各配置两根通长的纵向钢筋，对一、二级抗震等级，钢筋直径不应小于14mm，且分别不应少于梁两端顶面和底面纵向受力钢筋中较大截面面积的1/4；对三、四级抗震等级，钢筋直径不应小于12mm。

11.3.8 梁箍筋加密区长度内的箍筋肢距：一级抗震等级，不宜大于200mm和20倍箍筋直径的较大值；二、三级抗震等级，不宜大于250mm和20倍箍筋直径的较大值；各抗震等级下，均不宜大于300mm。

11.3.9 梁端设置的第一个箍筋距框架节点边缘不应大于50mm。非加密区的箍筋间距不宜大于加密区箍筋间距的2倍。沿梁全长箍筋的面积配筋率 ρ_{sv} 应符合下列规定：

一级抗震等级

$$\rho_{sv} \geqslant 0.30 \frac{f_t}{f_{yv}} \qquad (11.3.9\text{-}1)$$

二级抗震等级

$$\rho_{sv} \geqslant 0.28 \frac{f_t}{f_{yv}} \qquad (11.3.9\text{-}2)$$

三、四级抗震等级

$$\rho_{sv} \geqslant 0.26 \frac{f_t}{f_{yv}} \qquad (11.3.9\text{-}3)$$

11.4 框架柱及框支柱

11.4.1 除框架顶层柱、轴压比小于0.15的柱以及框支梁与框支柱的节点外，框架柱节点上、下端和框支柱的中间层节点上、下端的截面弯矩设计值应符合下列要求：

1 一级抗震等级的框架结构和9度设防烈度的一级抗震等级框架

$$\sum M_c = 1.2 \sum M_{bua} \qquad (11.4.1\text{-}1)$$

2 框架结构

二级抗震等级

$$\sum M_c = 1.5 \sum M_b \qquad (11.4.1\text{-}2)$$

三级抗震等级

$$\sum M_c = 1.3 \sum M_b \qquad (11.4.1\text{-}3)$$

四级抗震等级

$$\sum M_c = 1.2 \sum M_b \qquad (11.4.1\text{-}4)$$

3 其他情况

一级抗震等级

$$\sum M_c = 1.4 \sum M_b \qquad (11.4.1\text{-}5)$$

二级抗震等级

$$\sum M_c = 1.2 \sum M_b \qquad (11.4.1\text{-}6)$$

三、四级抗震等级

$$\sum M_c = 1.1 \sum M_b \qquad (11.4.1\text{-}7)$$

式中：$\sum M_c$——考虑地震组合的节点上、下柱端的弯矩设计值之和；柱端弯矩设计值的确定，在一般情况下，可将公式（11.4.1-1）～公式（11.4.1-5）计算的弯矩之和，按上、下柱端弹性分析所得的考虑地震组合的弯矩比进行分配；

$\sum M_{bua}$——同一节点左、右梁端按顺时针和逆

时针方向采用实配钢筋和材料强度标准值，且考虑承载力抗震调整系数计算的正截面受弯承载力所对应的弯矩值之和的较大值。当有现浇板时，梁端的实配钢筋应包含梁有效翼缘宽度范围内楼板的纵向钢筋；

$\sum M_b$——同一节点左、右梁端，按顺时针和逆时针方向计算的两端考虑地震组合的弯矩设计值之和的较大值；一级抗震等级，当两端弯矩均为负弯矩时，绝对值较小的弯矩值应取零。

11.4.2 一、二、三、四级抗震等级框架结构的底层，柱下端截面组合的弯矩设计值，应分别乘以增大系数1.7、1.5、1.3和1.2。底层柱纵向钢筋应按柱上、下端的不利情况配置。

注：底层指无地下室的基础以上或地下室以上的首层。

11.4.3 框架柱、框支柱的剪力设计值 V_c 应按下列公式计算：

1 一级抗震等级的框架结构和9度设防烈度的一级抗震等级框架

$$V_c = 1.2 \frac{(M_{cua}^t + M_{cua}^b)}{H_n} \qquad (11.4.3\text{-}1)$$

2 框架结构

二级抗震等级

$$V_c = 1.3 \frac{(M_c^t + M_c^b)}{H_n} \qquad (11.4.3\text{-}2)$$

三级抗震等级

$$V_c = 1.2 \frac{(M_c^t + M_c^b)}{H_n} \qquad (11.4.3\text{-}3)$$

四级抗震等级

$$V_c = 1.1 \frac{(M_c^t + M_c^b)}{H_n} \qquad (11.4.3\text{-}4)$$

3 其他情况

一级抗震等级

$$V_c = 1.4 \frac{(M_c^t + M_c^b)}{H_n} \qquad (11.4.3\text{-}5)$$

二级抗震等级

$$V_c = 1.2 \frac{(M_c^t + M_c^b)}{H_n} \qquad (11.4.3\text{-}6)$$

三、四级抗震等级

$$V_c = 1.1 \frac{(M_c^t + M_c^b)}{H_n} \qquad (11.4.3\text{-}7)$$

式中：M_{cua}^t、M_{cua}^b——框架柱上、下端按实配钢筋截面面积和材料强度标准值，且考虑承载力抗震调整系数计算的正截面抗震承载力所对应的弯矩值；

M_c^t、M_c^b——考虑地震组合，且经调整后的框架柱上、下端弯矩设计值；

H_n——柱的净高。

在公式（11.4.3-1）中，M_{cua}^t 与 M_{cua}^b 之和应分别按顺时针和逆时针方向进行计算，并取其较大值；N 可取重力荷载代表值产生的轴向压力设计值。

在公式（11.4.3-2）～公式（11.4.3-5）中，M_c^t 与 M_c^b 之和应分别按顺时针和逆时针方向进行计算，并取其较大值。M_c^t、M_c^b 的取值应符合本规范第 11.4.1 条和第 11.4.2 条的规定。

11.4.4 一、二级抗震等级的框支柱，由地震作用引起的附加轴向力应分别乘以增大系数 1.5、1.2；计算轴压比时，可不考虑增大系数。

11.4.5 各级抗震等级的框架角柱，其弯矩、剪力设计值应在按本规范第 11.4.1 条～第 11.4.3 条调整的基础上再乘以不小于 1.1 的增大系数。

11.4.6 考虑地震组合的矩形截面框架柱和框支柱，其受剪截面应符合下列条件：

剪跨比 λ 大于 2 的框架柱

$$V_c \leqslant \frac{1}{\gamma_{RE}} (0.2 \beta_c f_c b h_0) \quad (11.4.6\text{-}1)$$

框支柱和剪跨比 λ 不大于 2 的框架柱

$$V_c \leqslant \frac{1}{\gamma_{RE}} (0.15 \beta_c f_c b h_0) \quad (11.4.6\text{-}2)$$

式中：λ——框架柱、框支柱的计算剪跨比，取 $M/(Vh_0)$；此处，M 宜取柱上、下端考虑地震组合的弯矩设计值的较大值，V 取与 M 对应的剪力设计值，h_0 为柱截面有效高度；当框架结构中的框架柱的反弯点在柱层高范围内时，可取 λ 等于 $H_n/(2h_0)$，此处，H_n 为柱净高。

11.4.7 考虑地震组合的矩形截面框架柱和框支柱，其斜截面受剪承载力应符合下列规定：

$$V_c \leqslant \frac{1}{\gamma_{RE}} \left[\frac{1.05}{\lambda+1} f_t b h_0 + f_{yv} \frac{A_{sv}}{s} h_0 + 0.056N \right]$$

$$(11.4.7)$$

式中：λ——框架柱、框支柱的计算剪跨比，当 λ 小于 1.0 时，取 1.0；当 λ 大于 3.0 时，取 3.0；

N——考虑地震组合的框架柱、框支柱轴向压力设计值，当 N 大于 $0.3 f_c A$ 时，取 $0.3 f_c A$。

11.4.8 考虑地震组合的矩形截面框架柱和框支柱，当出现拉力时，其斜截面抗震受剪承载力应符合下列规定：

$$V_c \leqslant \frac{1}{\gamma_{RE}} \left[\frac{1.05}{\lambda+1} f_t b h_0 + f_{yv} \frac{A_{sv}}{s} h_0 - 0.2N \right]$$

$$(11.4.8)$$

式中：N——考虑地震组合的框架柱轴向拉力设计值。

当上式右边括号内的计算值小于 $f_{yv} \frac{A_{sv}}{s} h_0$ 时，取等于 $f_{yv} \frac{A_{sv}}{s} h_0$，且 $f_{yv} \frac{A_{sv}}{s} h_0$ 值不应小于 $0.36 f_t b h_0$。

11.4.9 考虑地震组合的矩形截面双向受剪的钢筋混凝土框架柱，其受剪截面应符合下列条件：

$$V_x \leqslant \frac{1}{\gamma_{RE}} 0.2 \beta_c f_c b h_0 \cos \theta \quad (11.4.9\text{-}1)$$

$$V_y \leqslant \frac{1}{\gamma_{RE}} 0.2 \beta_c f_c b h_0 \sin \theta \quad (11.4.9\text{-}2)$$

式中：V_x——x 轴方向的剪力设计值，对应的截面有效高度为 h_0，截面宽度为 b；

V_y——y 轴方向的剪力设计值，对应的截面有效高度为 b_0，截面宽度为 h；

θ——斜向剪力设计值 V 的作用方向与 x 轴的夹角，取为 $\arctan (V_y/V_x)$。

11.4.10 考虑地震组合时，矩形截面双向受剪的钢筋混凝土框架柱，其斜截面受剪承载力应符合下列条件：

$$V_x \leqslant \frac{V_{ux}}{\sqrt{1 + \left(\frac{V_{ux} \tan \theta}{V_{uy}} \right)^2}} \quad (11.4.10\text{-}1)$$

$$V_y \leqslant \frac{V_{uy}}{\sqrt{1 + \left(\frac{V_{uy}}{V_{ux} \tan \theta} \right)^2}} \quad (11.4.10\text{-}2)$$

$$V_{ux} = \frac{1}{\gamma_{RE}} \left[\frac{1.05}{\lambda_x+1} f_t b h_0 + f_{yv} \frac{A_{svx}}{s_x} h_0 + 0.056N \right]$$

$$(11.4.10\text{-}3)$$

$$V_{uy} = \frac{1}{\gamma_{RE}} \left[\frac{1.05}{\lambda_y+1} f_t h b_0 + f_{yv} \frac{A_{svy}}{s_y} b_0 + 0.056N \right]$$

$$(11.4.10\text{-}4)$$

式中：λ_x、λ_y——框架柱的计算剪跨比，按本规范 6.3.12 条的规定确定；

A_{svx}、A_{svy}——配置在同一截面内平行于 x 轴、y 轴的箍筋各肢截面面积的总和；

N——与斜向剪力设计值 V 相应的轴向压力设计值，当 N 大于 $0.3 f_c A$ 时，取 $0.3 f_c A$，此处，A 为构件的截面面积。

在计算截面箍筋时，在公式（11.4.10-1）、公式（11.4.10-2）中可近似取 V_{ux}/V_{uy} 等于 1 计算。

11.4.11 框架柱的截面尺寸应符合下列要求：

1 矩形截面柱，抗震等级为四级或层数不超过 2 层时，其最小截面尺寸不宜小于 300mm，一、二、三级抗震等级且层数超过 2 层时不宜小于 400mm；圆柱的截面直径，抗震等级为四级或层数不超过 2 层时不宜小于 350mm，一、二、三级抗震等级且层数超过 2 层时不宜小于 450mm；

2 柱的剪跨比宜大于 2；

3 柱截面长边与短边的边长比不宜大于 3。

11.4.12 框架柱和框支柱的钢筋配置，应符合下列要求：

1 框架柱和框支柱中全部纵向受力钢筋的配筋百分率不应小于表 11.4.12-1 规定的数值，同时，每一侧的配筋百分率不应小于 0.2；对 Ⅳ 类场地上较高的高层建筑，最小配筋百分率应增加 0.1；

表 11.4.12-1　柱全部纵向受力钢筋
最小配筋百分率（%）

柱 类 型	抗 震 等 级			
	一级	二级	三级	四级
中柱、边柱	0.9 (1.0)	0.7 (0.8)	0.6 (0.7)	0.5 (0.6)
角柱、框支柱	1.1	0.9	0.8	0.7

注：1　表中括号内数值用于框架结构的柱；
　　2　采用 335MPa 级、400MPa 级纵向受力钢筋时，应分别按表中数值增加 0.1 和 0.05 采用；
　　3　当混凝土强度等级为 C60 以上时，应按表中数值增加 0.1 采用。

　　2　框架柱和框支柱上、下两端箍筋应加密，加密区的箍筋最大间距和箍筋最小直径应符合表 11.4.12-2 的规定；

表 11.4.12-2　柱端箍筋加密区的构造要求

抗震等级	箍筋最大间距（mm）	箍筋最小直径（mm）
一级	纵向钢筋直径的 6 倍和 100 中的较小值	10
二级	纵向钢筋直径的 8 倍和 100 中的较小值	8
三级	纵向钢筋直径的 8 倍和 150（柱根 100）中的较小值	8
四级	纵向钢筋直径的 8 倍和 150（柱根 100）中的较小值	6（柱根 8）

注：柱根系指底层柱下端的箍筋加密区范围。

　　3　框支柱和剪跨比不大于 2 的框架柱应在柱全高范围内加密箍筋，且箍筋间距应符合本条第 2 款一级抗震等级的要求；

　　4　一级抗震等级框架柱的箍筋直径大于 12mm 且箍筋肢距不大于 150mm 及二级抗震等级框架柱的直径不小于 10mm 且箍筋肢距不大于 200mm 时，除底层柱下端外，箍筋间距应允许采用 150mm；四级抗震等级框架柱剪跨比不大于 2 时，箍筋直径不应小于 8mm。

11.4.13　框架边柱、角柱及剪力墙端柱在地震组合下处于小偏心受拉时，柱内纵向受力钢筋总截面面积应比计算值增加 25%。

　　框架柱、框支柱中全部纵向受力钢筋配筋率不应大于 5%。柱的纵向钢筋宜对称配置。截面尺寸大于 400mm 的柱，纵向钢筋的间距不宜大于 200mm。当按一级抗震等级设计，且柱的剪跨比不大于 2 时，柱每侧纵向钢筋的配筋率不宜大于 1.2%。

11.4.14　框架柱的箍筋加密区长度，应取柱截面长边尺寸（或圆形截面直径）、柱净高的 1/6 和 500mm 中的最大值；一、二级抗震等级的角柱应沿柱全高加密箍筋。底层柱根箍筋加密区长度应不小于该层柱净高的 1/3；当有刚性地面时，除柱端箍筋加密区外尚应在刚性地面上、下各 500mm 的高度范围内加密箍筋。

11.4.15　柱箍筋加密区内的箍筋肢距：一级抗震等级不宜大于 200mm；二、三级抗震等级不宜大于 250mm 和 20 倍箍筋直径中的较大值；四级抗震等级不宜大于 300mm。每隔一根纵向钢筋宜在两个方向有箍筋或拉筋约束；当采用拉筋且箍筋与纵向钢筋有绑扎时，拉筋宜紧靠纵向钢筋并勾住箍筋。

11.4.16　一、二、三、四级抗震等级的各类结构的框架柱、框支柱，其轴压比不宜大于表 11.4.16 规定的限值。对 IV 类场地上较高的高层建筑，柱轴压比限值应适当减小。

表 11.4.16　柱轴压比限值

结 构 体 系	抗 震 等 级			
	一级	二级	三级	四级
框架结构	0.65	0.75	0.85	0.90
框架-剪力墙结构、筒体结构	0.75	0.85	0.90	0.95
部分框支剪力墙结构	0.60	0.70	—	

注：1　轴压比指柱地震作用组合的轴向压力设计值与柱的全截面面积和混凝土轴心抗压强度设计值乘积之比值；
　　2　当混凝土强度等级为 C65、C70 时，轴压比限值宜按表中数值减小 0.05；混凝土强度等级为 C75、C80 时，轴压比限值宜按表中数值减小 0.10；
　　3　表内限值适用于剪跨比大于 2、混凝土强度等级不高于 C60 的柱；剪跨比不大于 2 的柱轴压比限值应降低 0.05；剪跨比小于 1.5 的柱，轴压比限值应专门研究并采取特殊构造措施；
　　4　沿柱全高采用井字复合箍，且箍筋间距不大于 100mm、肢距不大于 200mm、直径不小于 12mm，或沿柱全高采用复合螺旋箍，且螺距不大于 100mm、肢距不大于 200mm、直径不小于 12mm，或沿柱全高采用连续复合矩形螺旋箍，且螺旋净距不大于 80mm、肢距不大于 200mm、直径不小于 10mm 时，轴压比限值均可按表中数值增加 0.10；
　　5　当柱截面中部设置由附加纵向钢筋形成的芯柱，且附加纵向钢筋的总截面面积不少于柱截面面积的 0.8% 时，轴压比限值可按表中数值增加 0.05；此项措施与注 4 的措施同时采用时，轴压比限值可按表中数值增加 0.15，但箍筋的配箍特征值 λ_v 仍应按轴压比增加 0.10 的要求确定；
　　6　调整后的柱轴压比限值不应大于 1.05。

11.4.17　箍筋加密区箍筋的体积配筋率应符合下列规定：

　　1　柱箍筋加密区箍筋的体积配筋率，应符合下列规定：

$$\rho_v \geqslant \lambda_v \frac{f_c}{f_{yv}} \qquad (11.4.17)$$

式中：ρ_v——柱箍筋加密区的体积配筋率，按本规范第 6.6.3 条的规定计算，计算中应扣除重叠部分的箍筋体积；

f_{yv}——箍筋抗拉强度设计值；

f_c——混凝土轴心抗压强度设计值；当强度等级低于 C35 时，按 C35 取值；

λ_v——最小配箍特征值，按表 11.4.17 采用。

表 11.4.17 柱箍筋加密区的箍筋最小配箍特征值 λ_v

抗震等级	箍筋形式	轴压比								
		≤0.3	0.4	0.5	0.6	0.7	0.8	0.9	1.0	1.05
一级	普通箍、复合箍	0.10	0.11	0.13	0.15	0.17	0.20	0.23	—	—
	螺旋箍、复合或连续复合矩形螺旋箍	0.08	0.09	0.11	0.13	0.15	0.18	0.21	—	—
二级	普通箍、复合箍	0.08	0.09	0.11	0.13	0.15	0.17	0.19	0.22	0.24
	螺旋箍、复合或连续复合矩形螺旋箍	0.06	0.07	0.09	0.11	0.13	0.15	0.17	0.20	0.22
三、四级	普通箍、复合箍	0.06	0.07	0.09	0.11	0.13	0.15	0.17	0.20	0.22
	螺旋箍、复合或连续复合矩形螺旋箍	0.05	0.06	0.07	0.09	0.11	0.13	0.15	0.18	0.20

注：1 普通箍指单个矩形箍筋或单个圆形箍筋；螺旋箍指单个螺旋箍筋；复合箍指由矩形、多边形、圆形箍筋或拉筋组成的箍筋；复合螺旋箍指由螺旋箍与矩形、多边形、圆形箍筋或拉筋组成的箍筋，连续复合矩形螺旋箍指全部螺旋箍为同一根钢筋加工成的箍筋；

2 在计算复合螺旋箍的体积配筋率时，其中非螺旋箍的体积乘以系数 0.8；

3 混凝土强度等级高于 C60 时，箍筋宜采用复合箍、复合螺旋箍或连续复合矩形螺旋箍，当轴压比不大于 0.6 时，其加密区的最小配箍特征值宜按表中数值增加 0.02；当轴压比大于 0.6 时，宜按表中数值增加 0.03。

2 对一、二、三、四级抗震等级的柱，其箍筋加密区的箍筋体积配筋率分别不应小于 0.8%、0.6%、0.4% 和 0.4%；

3 框支柱宜采用复合螺旋箍或井字复合箍，其最小配箍特征值应按表 11.4.17 中的数值增加 0.02 采用，且体积配筋率不应小于 1.5%；

4 当剪跨比 λ 不大于 2 时，宜采用复合螺旋箍或井字复合箍，其箍筋体积配筋率不应小于 1.2%；9 度设防烈度一级抗震等级时，不应小于 1.5%。

11.4.18 在箍筋加密区外，箍筋的体积配筋率不宜小于加密区配筋率的一半；对一、二级抗震等级，箍筋间距不应大于 10d；对三、四级抗震等级，箍筋间距不应大于 15d，此处，d 为纵向钢筋直径。

11.5 铰接排架柱

11.5.1 铰接排架柱的纵向受力钢筋和箍筋，应按地震组合下的弯矩设计值及剪力设计值，并根据本规范第 11.4 节的有关规定计算确定；其构造除应符合本节的有关规定外，尚应符合本规范第 8 章、第 9 章、第 11.1 节以及第 11.2 节的有关规定。

11.5.2 铰接排架柱的箍筋加密区应符合下列规定：

1 箍筋加密区长度：

1）对柱顶区段，取柱顶以下 500mm，且不小于柱顶截面高度；

2）对吊车梁区段，取上柱根部至吊车梁顶面以上 300mm；

3）对柱根区段，取基础顶面至室内地坪以上 500mm；

4）对牛腿区段，取牛腿全高；

5）对柱间支撑与柱连接的节点和柱位移受约束的部位，取节点上、下各 300mm。

2 箍筋加密区内的箍筋最大间距为 100mm；箍筋的直径应符合表 11.5.2 的规定。

表 11.5.2 铰接排架柱箍筋加密区的箍筋最小直径（mm）

加密区区段	抗震等级和场地类别					
	一级	二级	二级	三级	三级	四级
	各类场地	Ⅲ、Ⅳ类场地	Ⅰ、Ⅱ类场地	Ⅲ、Ⅳ类场地	Ⅰ、Ⅱ类场地	各类场地
一般柱顶、柱根区段	8 (10)		8			6
角柱柱顶	10		10			8
吊车梁、牛腿区段有支撑的柱根区段	10		8			8
有支撑的柱顶区段柱变位受约束的部位	10		10			8

注：表中括号内数值用于柱根。

11.5.3 当铰接排架侧向受约束且约束点至柱顶的高度不大于柱截面在该方向边长的 2 倍时，柱顶预埋钢板和柱顶箍筋加密区的构造尚应符合下列要求：

1 柱顶预埋钢板沿排架平面方向的长度，宜取柱顶的截面高度 h，但在任何情况下不得小于 h/2 及 300mm；

2 当柱顶轴向力在排架平面内的偏心距 e_0 在 h/

$6\sim h/4$ 范围内时，柱顶箍筋加密区的箍筋体积配筋率：一级抗震等级不宜小于 1.2%；二级抗震等级不宜小于 1.0%；三、四级抗震等级不宜小于 0.8%。

11.5.4 在地震组合的竖向力和水平拉力作用下，支承不等高厂房低跨屋面梁、屋架等屋盖结构的柱牛腿，除应按本规范第 9.3 节的规定进行计算和配筋外，尚应符合下列要求：

1 承受水平拉力的锚筋：一级抗震等级不应少于 2 根直径为 16mm 的钢筋，二级抗震等级不应少于 2 根直径为 14mm 的钢筋，三、四级抗震等级不应少于 2 根直径为 12mm 的钢筋；

2 牛腿中的纵向受拉钢筋和锚筋的锚固措施及锚固长度应符合本规范第 9.3.12 条的有关规定，但其中的受拉钢筋锚固长度 l_a 应以 l_{aE} 代替；

3 牛腿水平箍筋最小直径为 8mm，最大间距为 100mm。

11.5.5 铰接排架柱柱顶预埋件直锚筋除应符合本规范第 11.1.9 条的要求外，尚应符合下列规定：

1 一级抗震等级时，不应小于 4 根直径 16mm 的直锚钢筋；

2 二级抗震等级时，不应小于 4 根直径 14mm 的直锚钢筋；

3 有柱间支撑的柱子，柱顶预埋件应增设抗剪钢板。

11.6 框架梁柱节点

11.6.1 一、二、三级抗震等级的框架应进行节点核心区抗震受剪承载力验算；四级抗震等级的框架节点可不进行计算，但应符合抗震构造措施的要求。框支柱中间层节点的抗震受剪承载力验算方法及抗震构造措施与框架中间层节点相同。

11.6.2 一、二、三级抗震等级的框架梁柱节点核心区的剪力设计值 V_j，应按下列规定计算：

1 顶层中间节点和端节点

1）一级抗震等级的框架结构和 9 度设防烈度的一级抗震等级框架：

$$V_j = \frac{1.15\sum M_{bua}}{h_{b0} - a'_s} \qquad (11.6.2-1)$$

2）其他情况：

$$V_j = \frac{\eta_{jb}\sum M_b}{h_{b0} - a'_s} \qquad (11.6.2-2)$$

2 其他层中间节点和端节点

1）一级抗震等级的框架结构和 9 度设防烈度的一级抗震等级框架：

$$V_j = \frac{1.15\sum M_{bua}}{h_{b0} - a'_s}\left(1 - \frac{h_{b0} - a'_s}{H_c - h_b}\right) \quad (11.6.2-3)$$

2）其他情况：

$$V_j = \frac{\eta_{jb}\sum M_b}{h_{b0} - a'_s}\left(1 - \frac{h_{b0} - a'_s}{H_c - h_b}\right) \quad (11.6.2-4)$$

式中：$\sum M_{bua}$——节点左、右两侧的梁端反时针或顺时针方向实配的正截面抗震受弯承载力所对应的弯矩值之和，可根据实配钢筋面积（计入纵向受压钢筋）和材料强度标准值确定；

$\sum M_b$——节点左、右两侧的梁端反时针或顺时针方向组合弯矩设计值之和，一级抗震等级框架节点左右梁端均为负弯矩时，绝对值较小的弯矩应取零；

η_{jb}——节点剪力增大系数，对于框架结构，一级取 1.50，二级取 1.35，三级取 1.20；对于其他结构中的框架，一级取 1.35，二级取 1.20，三级取 1.10；

h_{b0}、h_b——分别为梁的截面有效高度、截面高度，当节点两侧梁高不相同时，取其平均值；

H_c——节点上柱和下柱反弯点之间的距离；

a'_s——梁纵向受压钢筋合力点至截面近边的距离。

11.6.3 框架梁柱节点核心区的受剪水平截面应符合下列条件：

$$V_j \leqslant \frac{1}{\gamma_{RE}}(0.3\eta_j\beta_c f_c b_j h_j) \qquad (11.6.3)$$

式中：h_j——框架节点核心区的截面高度，可取验算方向的柱截面高度 h_c；

b_j——框架节点核心区的截面有效验算宽度，当 b_b 不小于 $b_c/2$ 时，可取 b_c；当 b_b 小于 $b_c/2$ 时，可取 $(b_b + 0.5h_c)$ 和 b_c 中的较小值；当梁与柱的中线不重合且偏心距 e_0 不大于 $b_c/4$ 时，可取 $(b_b + 0.5h_c)$、$(0.5b_b + 0.5b_c + 0.25h_c - e_0)$ 和 b_c 三者中的最小值。此处，b_b 为验算方向梁截面宽度，b_c 为该侧柱截面宽度；

η_j——正交梁对节点的约束影响系数：当楼板为现浇、梁柱中线重合、四侧各梁截面宽度不小于该侧柱截面宽度 1/2，且正交方向梁高度不小于较高框架梁高度的 3/4 时，可取 η_j 为 1.50，但对 9 度设防烈度宜取 η_j 为 1.25；当不满足上述条件时，应取 η_j 为 1.00。

11.6.4 框架梁柱节点的抗震受剪承载力应符合下列规定：

1 9 度设防烈度的一级抗震等级框架

$$V_j \leqslant \frac{1}{\gamma_{RE}}\left(0.9\eta_j f_t b_j h_j + f_{yv}A_{svj}\frac{h_{b0}-a'_s}{s}\right)$$

$$(11.6.4\text{-}1)$$

2 其他情况

$$V_j \leqslant \frac{1}{\gamma_{RE}}\left(1.1\eta_j f_t b_j h_j + 0.05\eta_j N \frac{b_j}{b_c} + f_{yv}A_{svj}\frac{h_{b0}-a'_s}{s}\right)$$

$$(11.6.4\text{-}2)$$

式中：N——对应于考虑地震组合剪力设计值的节点上柱底部的轴向力设计值；当 N 为压力时，取轴向压力设计值的较小值，且当 N 大于 $0.5f_c b_c h_c$ 时，取 $0.5f_c b_c h_c$；当 N 为拉力时，取为 0；

A_{svj}——核心区有效验算宽度范围内同一截面验算方向箍筋各肢的全部截面面积；

h_{b0}——框架梁截面有效高度，节点两侧梁截面高度不等时取平均值。

11.6.5 圆柱框架的梁柱节点，当梁中线与柱中线重合时，其受剪水平截面应符合下列条件：

$$V_j \leqslant \frac{1}{\gamma_{RE}}\left(0.3\eta_j\beta_c f_c A_j\right) \qquad (11.6.5)$$

式中：A_j——节点核心区有效截面面积；当梁宽 $b_b \geqslant 0.5D$ 时，取 $A_j = 0.8D^2$；当 $0.4D \leqslant b_b < 0.5D$ 时，取 $A_j = 0.8D(b_b + 0.5D)$；

D——圆柱截面直径；

b_b——梁的截面宽度；

η_j——正交梁对节点的约束影响系数，按本规范第 11.6.3 条取用。

11.6.6 圆柱框架的梁柱节点，当梁中线与柱中线重合时，其抗震受剪承载力应符合下列规定：

1 9度设防烈度的一级抗震等级框架

$$V_j \leqslant \frac{1}{\gamma_{RE}}\left(1.2\eta_j f_t A_j + 1.57 f_{yv}A_{sh}\frac{h_{b0}-a'_s}{s} + f_{yv}A_{svj}\frac{h_{b0}-a'_s}{s}\right)$$

$$(11.6.6\text{-}1)$$

2 其他情况

$$V_j \leqslant \frac{1}{\gamma_{RE}}\left(1.5\eta_j f_t A_j + 0.05\eta_j\frac{N}{D^2}A_j + 1.57 f_{yv}A_{sh}\frac{h_{b0}-a'_s}{s} + f_{yv}A_{svj}\frac{h_{b0}-a'_s}{s}\right)$$

$$(11.6.6\text{-}2)$$

式中：h_{b0}——梁截面有效高度；

A_{sh}——单根圆形箍筋的截面面积；

A_{svj}——同一截面验算方向的拉筋和非圆形箍筋各肢的全部截面面积。

11.6.7 框架梁和框架柱的纵向受力钢筋在框架节点区的锚固和搭接应符合下列要求：

1 框架中间层中间节点处，框架梁的上部纵向钢筋应贯穿中间节点。贯穿中柱的每根梁纵向钢筋直径，对于 9 度设防烈度的各类框架和一级抗震等级的框架结构，当柱为矩形截面时，不宜大于柱在该方向

截面尺寸的 1/25，当柱为圆形截面时，不宜大于纵向钢筋所在位置柱截面弦长的 1/25；对一、二、三级抗震等级，当柱为矩形截面时，不宜大于柱在该方向截面尺寸的 1/20，对圆柱截面，不宜大于纵向钢筋所在位置柱截面弦长的 1/20。

2 对于框架中间层中间节点、中间层端节点、顶层中间节点以及顶层端节点，梁、柱纵向钢筋在节点部位的锚固和搭接，应符合图 11.6.7 的相关构造规定。图中 l_{lE} 按本规范第 11.1.7 条规定取用，l_{abE} 按下式取用：

$$l_{abE} = \zeta_{aE} l_{ab} \qquad (11.6.7)$$

式中：ζ_{aE}——纵向受拉钢筋锚固长度修正系数，按第 11.1.7 条规定取用。

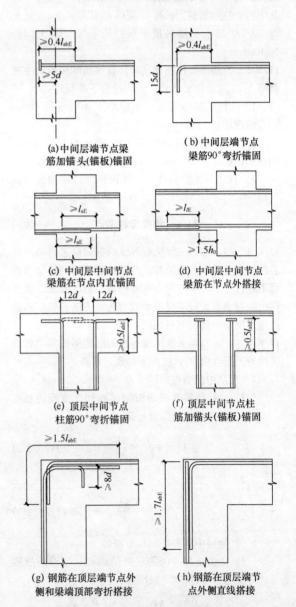

(a) 中间层端节点梁筋加锚头(锚板)锚固

(b) 中间层端节点梁筋90°弯折锚固

(c) 中间层中间节点梁筋在节点内直锚固

(d) 中间层中间节点梁筋在节点外搭接

(e) 顶层中间节点柱筋90°弯折锚固

(f) 顶层中间节点柱筋加锚头(锚板)锚固

(g) 钢筋在顶层端节点外侧和梁端顶部弯折搭接

(h) 钢筋在顶层端节点外侧直线搭接

图 11.6.7 梁和柱的纵向受力钢筋在节点区的锚固和搭接

11.6.8 框架节点区箍筋的最大间距、最小直径宜按本规范表 11.4.12-2 采用。对一、二、三级抗震等级的框架节点核心区，配箍特征值 λ_v 分别不宜小于 0.12、0.10 和 0.08，且其箍筋体积配筋率分别不宜小于 0.6%、0.5% 和 0.4%。当框架柱的剪跨比不大于 2 时，其节点核心区体积配箍率不宜小于核心区上、下柱端体积配箍率中的较大值。

11.7 剪力墙及连梁

11.7.1 一级抗震等级剪力墙各墙肢截面考虑地震组合的弯矩设计值，底部加强部位应按墙肢截面地震组合弯矩设计值采用，底部加强部位以上部位应按墙肢截面地震组合弯矩设计值乘增大系数，其值可取 1.2；剪力设计值应作相应调整。

11.7.2 考虑剪力墙的剪力设计值 V_w 应按下列规定计算：

1 底部加强部位

1）9 度设防烈度的一级抗震等级剪力墙

$$V_w = 1.1 \frac{M_{wua}}{M} V \qquad (11.7.2-1)$$

2）其他情况

一级抗震等级

$$V_w = 1.6V \qquad (11.7.2-2)$$

二级抗震等级

$$V_w = 1.4V \qquad (11.7.2-3)$$

三级抗震等级

$$V_w = 1.2V \qquad (11.7.2-4)$$

四级抗震等级取地震组合下的剪力设计值。

2 其他部位

$$V_w = V \qquad (11.7.2-5)$$

式中：M_{wua}——剪力墙底部截面按实配钢筋截面面积、材料强度标准值且考虑承载力抗震调整系数计算的正截面抗震承载力所对应的弯矩值；有翼墙时应计入墙两侧各一倍翼墙厚度范围内的纵向钢筋；

M——考虑地震组合的剪力墙底部截面的弯矩设计值；

V——考虑地震组合的剪力墙的剪力设计值。

公式（11.7.2-1）中，M_{wua} 值可按本规范第 6.2.19 条的规定，采用本规范第 11.4.3 条有关计算框架柱端 M_{cua} 值的相同方法确定，但其 γ_{RE} 值应取剪力墙的正截面承载力抗震调整系数。

11.7.3 剪力墙的受剪截面应符合下列要求：

当剪跨比大于 2.5 时

$$V_w \leqslant \frac{1}{\gamma_{RE}} (0.2\beta_c f_c b h_0) \qquad (11.7.3-1)$$

当剪跨比不大于 2.5 时

$$V_w \leqslant \frac{1}{\gamma_{RE}} (0.15\beta_c f_c b h_0) \qquad (11.7.3-2)$$

式中：V_w——考虑地震组合的剪力墙的剪力设计值。

11.7.4 剪力墙在偏心受压时的斜截面抗震受剪承载力应符合下列规定：

$$V_w \leqslant \frac{1}{\gamma_{RE}} \left[\frac{1}{\lambda - 0.5} \left(0.4 f_t b h_0 + 0.1 N \frac{A_w}{A} \right) + 0.8 f_{yv} \frac{A_{sh}}{s} h_0 \right]$$

$$(11.7.4)$$

式中：N——考虑地震组合的剪力墙轴向压力设计值中的较小者；当 N 大于 $0.2 f_c b h$ 时取 $0.2 f_c b h$；

λ——计算截面处的剪跨比，$\lambda = M/(V h_0)$；当 λ 小于 1.5 时取 1.5；当 λ 大于 2.2 时取 2.2；此处，M 为与设计剪力值 V 对应的弯矩设计值；当计算截面与墙底之间的距离小于 $h_0/2$ 时，应按距离墙底 $h_0/2$ 处的弯矩设计值与剪力设计值计算。

11.7.5 剪力墙在偏心受拉时的斜截面抗震受剪承载力应符合下列规定：

$$V_w \leqslant \frac{1}{\gamma_{RE}} \left[\frac{1}{\lambda - 0.5} \left(0.4 f_t b h_0 - 0.1 N \frac{A_w}{A} \right) + 0.8 f_{yv} \frac{A_{sh}}{s} h_0 \right]$$

$$(11.7.5)$$

式中：N——考虑地震组合的剪力墙轴向拉力设计值中的较大值。

当公式（11.7.5）右边方括号内的计算值小于 $0.8 f_{yv} \frac{A_{sh}}{s} h_0$ 时，取等于 $0.8 f_{yv} \frac{A_{sh}}{s} h_0$。

11.7.6 一级抗震等级的剪力墙，其水平施工缝处的受剪承载力应符合下列规定：

$$V_w \leqslant \frac{1}{\gamma_{RE}} (0.6 f_y A_s + 0.8N) \qquad (11.7.6)$$

式中：N——考虑地震组合的水平施工缝处的轴向力设计值，压力时取正值，拉力时取负值；

A_s——剪力墙水平施工缝处全部竖向钢筋截面面积，包括竖向分布钢筋、附加竖向插筋以及边缘构件（不包括两侧翼墙）纵向钢筋的总截面面积。

11.7.7 筒体及剪力墙洞口连梁，当采用对称配筋时，其正截面受弯承载力应符合下列规定：

$$M_b \leqslant \frac{1}{\gamma_{RE}} \left[f_y A_s (h_0 - a'_s) + f_{yd} A_{sd} z_{sd} \cos\alpha \right]$$

$$(11.7.7)$$

式中：M_b——考虑地震组合的剪力墙连梁梁端弯矩设计值；

f_y——纵向钢筋抗拉强度设计值;

f_{yd}——对角斜筋抗拉强度设计值;

A_s——单侧受拉纵向钢筋截面面积;

A_{sd}——单向对角斜筋截面面积,无斜筋时取0;

z_{sd}——计算截面对角斜筋至截面受压区合力点的距离;

α——对角斜筋与梁纵轴线夹角;

h_0——连梁截面有效高度。

11.7.8 筒体及剪力墙洞口连梁的剪力设计值 V_{wb} 应按下列规定计算:

1 9度设防烈度的一级抗震等级连梁

$$V_{wb} = 1.1 \frac{M_{bua}^l + M_{bua}^r}{l_n} + V_{Gb} \quad (11.7.8-1)$$

2 其他情况

$$V_{wb} = \eta_{vb} \frac{M_b^l + M_b^r}{l_n} + V_{Gb} \quad (11.7.8-2)$$

式中:M_{bua}^l、M_{bua}^r——分别为连梁左、右端顺时针或逆时针方向实配的受弯承载力所对应的弯矩值,应按实配钢筋面积(计入受压钢筋)和材料强度标准值并考虑承载力抗震调整系数计算;

M_b^l、M_b^r——分别为考虑地震组合的剪力墙及筒体连梁左、右梁端弯矩设计值。应分别按顺时针方向和逆时针方向计算 M_b^l 与 M_b^r 之和,并取其较大值。对一级抗震等级,当两端弯矩均为负弯矩时,绝对值较小的弯矩值应取零;

l_n——连梁净跨;

V_{Gb}——考虑地震组合时的重力荷载代表值产生的剪力设计值,可按简支梁计算确定;

η_{vb}——连梁剪力增大系数。对于普通箍筋连梁,一级抗震等级取1.3,二级取1.2,三级取1.1,四级取1.0;配置有对角斜筋的连梁 η_{vb} 取1.0。

11.7.9 各抗震等级的剪力墙及筒体洞口连梁,当配置普通箍筋时,其截面限制条件及斜截面受剪承载力应符合下列规定:

1 跨高比大于2.5时

1)受剪截面应符合下列要求:

$$V_{wb} \leqslant \frac{1}{\gamma_{RE}} (0.20\beta_c f_c bh_0) \quad (11.7.9-1)$$

2)连梁的斜截面受剪承载力应符合下列要求:

$$V_{wb} \leqslant \frac{1}{\gamma_{RE}} \left(0.42 f_t bh_0 + \frac{A_{sv}}{s} f_{yv} h_0 \right)$$

$$(11.7.9-2)$$

2 跨高比不大于2.5时

1)受剪截面应符合下列要求:

$$V_{wb} \leqslant \frac{1}{\gamma_{RE}} (0.15\beta_c f_c bh_0) \quad (11.7.9-3)$$

2)连梁的斜截面受剪承载力应符合下列要求:

$$V_{wb} \leqslant \frac{1}{\gamma_{RE}} \left(0.38 f_t bh_0 + 0.9 \frac{A_{sv}}{s} f_{yv} h_0 \right)$$

$$(11.7.9-4)$$

式中:f_t——混凝土抗拉强度设计值;

f_{yv}——箍筋抗拉强度设计值;

A_{sv}——配置在同一截面内的箍筋截面面积。

11.7.10 对于一、二级抗震等级的连梁,当跨高比不大于2.5时,除普通箍筋外宜另配置斜向交叉钢筋,其截面限制条件及斜截面受剪承载力可按下列规定计算:

1 当洞口连梁截面宽度不小于250mm时,可采用交叉斜筋配筋(图11.7.10-1),其截面限制条件及斜截面受剪承载力应符合下列规定:

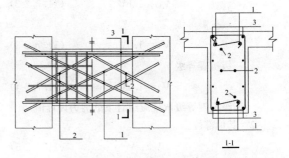

图 11.7.10-1 交叉斜筋配筋连梁
1—对角斜筋;2—折线筋;3—纵向钢筋

1)受剪截面应符合下列要求:

$$V_{wb} \leqslant \frac{1}{\gamma_{RE}} (0.25\beta_c f_c bh_0) \quad (11.7.10-1)$$

2)斜截面受剪承载力应符合下列要求:

$$V_{wb} \leqslant \frac{1}{\gamma_{RE}} [0.4 f_t bh_0 + (2.0\sin\alpha + 0.6\eta) f_{yd} A_{sd}]$$

$$(11.7.10-2)$$

$$\eta = (f_{sv} A_{sv} h_0) / (s f_{yd} A_{sd}) \quad (11.7.10-3)$$

式中:η——箍筋与对角斜筋的配筋强度比,当小于0.6时取0.6,当大于1.2时取1.2;

α——对角斜筋与梁纵轴的夹角;

f_{yd}——对角斜筋的抗拉强度设计值;

A_{sd}——单向对角斜筋的截面面积;

A_{sv}——同一截面内箍筋各肢的全部截面面积。

2 当连梁截面宽度不小于 400mm 时，可采用集中对角斜筋配筋（图 11.7.10-2）或对角暗撑配筋（图 11.7.10-3），其截面限制条件及斜截面受剪承载力应符合下列规定：

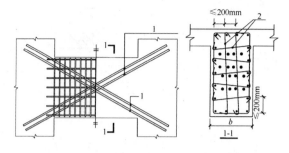

图 11.7.10-2　集中对角斜筋配筋连梁
1—对角斜筋；2—拉筋

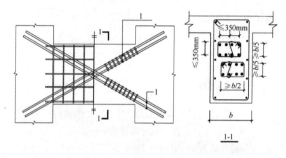

图 11.7.10-3　对角暗撑配筋连梁
1—对角暗撑

　1）受剪截面应符合式（11.7.10-1）的要求。
　2）斜截面受剪承载力应符合下列要求：

$$V_{wb} \leqslant \frac{2}{\gamma_{RE}} f_{yd} A_{sd} \sin\alpha \qquad (11.7.10-4)$$

11.7.11 剪力墙及筒体洞口连梁的纵向钢筋、斜筋及箍筋的构造应符合下列要求：

　1　连梁沿上、下边缘单侧纵向钢筋的最小配筋率不应小于 0.15%，且配筋不宜少于 2φ12；交叉斜筋配筋连梁单向对角斜筋不宜少于 2φ12，单组折线筋的截面面积可取为单向对角斜筋截面面积的一半，且直径不宜小于 12mm；集中对角斜筋配筋连梁和对角暗撑连梁中每组对角斜筋应至少由 4 根直径不小于 14mm 的钢筋组成。

　2　交叉斜筋配筋连梁的对角斜筋在梁端部位宜设置不少于 3 根拉筋，拉筋的间距不应大于连梁宽度和 200mm 的较小值，直径不应小于 6mm；集中对角斜筋配筋连梁应在梁截面内沿水平方向及竖直方向设置双向拉筋，拉筋应勾住外侧纵向钢筋，间距不应大于 200mm，直径不应小于 8mm；对角暗撑配筋连梁中暗撑箍筋的外缘沿梁截面宽度方向不宜小于梁宽的一半，另一方向不宜小于梁宽的 1/5；对角暗撑约束箍筋的间距不宜大于暗撑钢筋直径的 6 倍，当计算间距小于 100mm 时可取 100mm，箍筋肢距不应大

于 350mm。

　除集中对角斜筋配筋连梁以外，其余连梁的水平钢筋及箍筋形成的钢筋网之间应采用拉筋拉结，拉筋直径不宜小于 6mm，间距不宜大于 400mm。

　3　沿连梁全长箍筋的构造宜按本规范第 11.3.6 条和第 11.3.8 条框架梁梁端加密区箍筋的构造要求采用；对角暗撑配筋连梁沿连梁全长箍筋的间距可按本规范表 11.3.6-2 中规定值的两倍取用。

　4　连梁纵向受力钢筋、交叉斜筋伸入墙内的锚固长度不应小于 l_{aE}，且不应小于 600mm；顶层连梁纵向钢筋伸入墙体的长度范围内，应配置间距不大于 150mm 的构造箍筋，箍筋直径应与该连梁的箍筋直径相同。

　5　剪力墙的水平分布钢筋可作为连梁的纵向构造钢筋在连梁范围内贯通。当梁的腹板高度 h_w 不小于 450mm 时，其两侧面沿梁高范围设置的纵向构造钢筋的直径不应小于 8mm，间距不应大于 200mm；对跨高比不大于 2.5 的连梁，梁两侧的纵向构造钢筋的面积配筋率尚不应小于 0.3%。

11.7.12 剪力墙的墙肢截面厚度应符合下列规定：

　1　剪力墙结构：一、二级抗震等级时，一般部位不应小于 160mm，且不宜小于层高或无支长度的 1/20；三、四级抗震等级时，不应小于 140mm，且不宜小于层高或无支长度的 1/25。一、二级抗震等级的底部加强部位，不应小于 200mm，且不宜小于层高或无支长度的 1/16，当墙端无端柱或翼墙时，墙厚不宜小于层高或无支长度的 1/12。

　2　框架-剪力墙结构：一般部位不应小于 160mm，且不宜小于层高或无支长度的 1/20；底部加强部位不应小于 200mm，且不宜小于层高或无支长度的 1/16。

　3　框架-核心筒结构、筒中筒结构：一般部位不应小于 160mm，且不宜小于层高或无支长度的 1/20；底部加强部位不应小于 200mm，且不宜小于层高或无支长度的 1/16。筒体底部加强部位及其上一层不宜改变墙体厚度。

11.7.13 剪力墙厚度大于 140mm 时，其竖向和水平向分布钢筋不应少于双排布置。

11.7.14 剪力墙的水平和竖向分布钢筋的配筋应符合下列规定：

　1　一、二、三级抗震等级的剪力墙的水平和竖向分布钢筋配筋率均不应小于 0.25%；四级抗震等级剪力墙不应小于 0.2%；

　2　部分框支剪力墙结构的剪力墙底部加强部位，水平和竖向分布钢筋配筋率不应小于 0.3%。

　　注：对高度小于 24m 且剪压比很小的四级抗震等级剪力墙，其竖向分布筋最小配筋率应允许按 0.15% 采用。

11.7.15 剪力墙水平和竖向分布钢筋的间距不宜大

于 300mm，直径不宜大于墙厚的 1/10，且不应小于 8mm；竖向分布钢筋直径不宜小于 10mm。

部分框支剪力墙结构的底部加强部位，剪力墙水平和竖向分布钢筋的间距不宜大于 200mm。

11.7.16 一、二、三级抗震等级的剪力墙，其底部加强部位的墙肢轴压比不宜超过表 11.7.16 的限值。

表 11.7.16 剪力墙轴压比限值

抗震等级（设防烈度）	一级（9度）	一级（7、8度）	二级、三级
轴压比限值	0.4	0.5	0.6

注：剪力墙肢轴压比指在重力荷载代表值作用下墙的轴压力设计值与墙的全截面面积和混凝土轴心抗压强度设计值乘积的比值。

11.7.17 剪力墙两端及洞口两侧应设置边缘构件，并宜符合下列要求：

1 一、二、三级抗震等级剪力墙，在重力荷载代表值作用下，当墙肢底截面轴压比大于表 11.7.17 规定时，其底部加强部位及其以上一层墙肢应按本规范第 11.7.18 条的规定设置约束边缘构件；当墙肢轴压比不大于表 11.7.17 规定时，可按本规范第 11.7.19 条的规定设置构造边缘构件；

表 11.7.17 剪力墙设置构造边缘构件的最大轴压比

抗震等级（设防烈度）	一级（9度）	一级（7、8度）	二级、三级
轴压比	0.1	0.2	0.3

2 部分框支剪力墙结构中，一、二、三级抗震等级落地剪力墙的底部加强部位及以上一层的墙肢两端，宜设置翼墙或端柱，并应按本规范第 11.7.18 条的规定设置约束边缘构件；不落地的剪力墙，应在底部加强部位及以上一层剪力墙的墙肢两端设置约束边缘构件；

3 一、二、三级抗震等级的剪力墙的一般部位剪力墙以及四级抗震等级剪力墙，应按本规范第 11.7.19 条设置构造边缘构件；

4 对框架-核心筒结构，一、二、三级抗震等级的核心筒角部墙体的边缘构件尚应按下列要求加强：底部加强部位墙肢约束边缘构件的长度宜取墙肢截面高度的 1/4，且约束边缘构件范围内宜全部采用箍筋；底部加强部位以上宜按本规范图 11.7.18 的要求设置约束边缘构件。

11.7.18 剪力墙端部设置的约束边缘构件（暗柱、端柱、翼墙和转角墙）应符合下列要求（图 11.7.18）：

1 约束边缘构件沿墙肢的长度 l_c 及配箍特征值 λ_v 宜满足表 11.7.18 的要求，箍筋的配置范围及相应的配箍特征值 λ_v 和 $\lambda_v/2$ 的区域如图 11.7.18 所示，

其体积配筋率 ρ_v 应符合下列要求：

$$\rho_v \geqslant \lambda_v \frac{f_c}{f_{yv}} \qquad (11.7.18)$$

式中：λ_v——配箍特征值，计算时可计入拉筋。

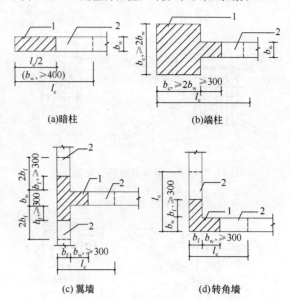

图 11.7.18 剪力墙的约束边缘构件
注：图中尺寸单位为 mm。
1—配箍特征值为 λ_v 的区域；2—配箍特征值为 $\lambda_v/2$ 的区域

计算体积配箍率时，可适当计入满足构造要求且在墙端有可靠锚固的水平分布钢筋的截面面积。

2 一、二、三级抗震等级剪力墙约束边缘构件的纵向钢筋的截面面积，对图 11.7.18 所示暗柱、端柱、翼墙与转角墙分别不应小于图中阴影部分面积的 1.2%、1.0% 和 1.0%。

3 约束边缘构件的箍筋或拉筋沿竖向的间距，对一级抗震等级不宜大于 100mm，对二、三级抗震等级不宜大于 150mm。

表 11.7.18 约束边缘构件沿墙肢的长度 l_c 及其配箍特征值 λ_v

抗震等级（设防烈度）		一级（9度）		一级（7、8度）		二级、三级	
轴压比		≤0.2	>0.2	≤0.3	>0.3	≤0.4	>0.4
λ_v		0.12	0.20	0.12	0.20	0.12	0.20
l_c (mm)	暗柱	$0.20h_w$	$0.25h_w$	$0.15h_w$	$0.20h_w$	$0.15h_w$	$0.20h_w$
	端柱、翼墙或转角墙	$0.15h_w$	$0.20h_w$	$0.10h_w$	$0.15h_w$	$0.10h_w$	$0.15h_w$

注：1 两侧翼墙长度小于其厚度 3 倍时，视为无翼墙剪力墙；端柱截面边长小于墙厚 2 倍时，视为无端柱剪力墙；

2 约束边缘构件沿墙肢长度 l_c 除满足表 11.7.18 的要求外，且不宜小于墙厚和 400mm；当有端柱、翼墙或转角墙时，尚不应小于翼墙厚度或端柱沿墙肢方向截面高度加 300mm；

3 h_w 为剪力墙的墙肢截面高度。

11.7.19 剪力墙端部设置的构造边缘构件（暗柱、端柱、翼墙和转角墙）的范围，应按图11.7.19确定，构造边缘构件的纵向钢筋除应满足计算要求外，尚应符合表11.7.19的要求。

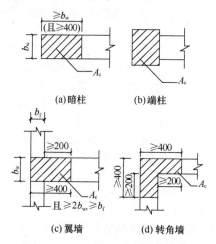

(a)暗柱　(b)端柱

(c)翼墙　(d)转角墙

图11.7.19　剪力墙的构造边缘构件
注：图中尺寸单位为mm。

表11.7.19　构造边缘构件的构造配筋要求

抗震等级	底部加强部位			其 他 部 位		
	纵向钢筋最小配筋量（取较大值）	箍筋、拉筋		纵向钢筋最小配筋量（取较大值）	箍筋、拉筋	
		最小直径(mm)	最大间距(mm)		最小直径(mm)	最大间距(mm)
一	$0.01A_c$,6ϕ16	8	100	$0.008A_c$,6ϕ14	8	150
二	$0.008A_c$,6ϕ14	8	150	$0.006A_c$,6ϕ12	8	200
三	$0.006A_c$,6ϕ12	6	150	$0.005A_c$,4ϕ12	6	200
四	$0.005A_c$,4ϕ12	6	200	$0.004A_c$,4ϕ12	6	250

注：1　A_c 为图11.7.19中所示的阴影面积；

2　对其他部位，拉筋的水平间距不应大于纵向钢筋间距的2倍，转角处宜设置箍筋；

3　当端柱承受集中荷载时，应满足框架柱的配筋要求。

11.8　预应力混凝土结构构件

11.8.1 预应力混凝土结构可用于抗震设防烈度6度、7度、8度区，当9度区需采用预应力混凝土结构时，应有充分依据，并采取可靠措施。

无粘结预应力混凝土结构的抗震设计，应符合专门规定。

11.8.2 抗震设计时，后张预应力框架、门架、转换层的转换大梁，宜采用有粘结预应力筋；承重结构的预应力受拉杆件和抗震等级为一级的预应力框架，应采用有粘结预应力筋。

11.8.3 预应力混凝土结构的抗震计算，应符合下列规定：

1　预应力混凝土框架结构的阻尼比宜取0.03；在框架-剪力墙结构、框架-核心筒结构及板柱-剪力墙结构中，当仅采用预应力混凝土梁或板时，阻尼比应取0.05；

2　预应力混凝土结构构件截面抗震验算时，在地震组合中，预应力作用分项系数，当预应力作用效应对构件承载力有利时应取用1.0，不利时应取用1.2；

3　预应力筋穿过框架节点核心区时，节点核心区的截面抗震受剪承载力应按本规范第11.6节的有关规定进行验算，并可考虑有效预加力的有利影响。

11.8.4 预应力混凝土框架的抗震构造，除应符合钢筋混凝土结构的要求外，尚应符合下列规定：

1　预应力混凝土框架梁端截面，计入纵向受压钢筋的混凝土受压区高度应符合本规范第11.3.1条的规定；按普通钢筋抗拉强度设计值换算的全部纵向受拉钢筋配筋率不宜大于2.5%。

2　在预应力混凝土框架梁中，应采用预应力筋和普通钢筋混合配筋的方式，梁端截面配筋宜符合下列要求。

$$A_s \geq \frac{1}{3}\left(\frac{f_{py}h_p}{f_y h_s}\right)A_p \qquad (11.8.4)$$

注：对二、三级抗震等级的框架-剪力墙、框架-核心筒结构中的后张有粘结预应力混凝土框架，式(11.8.4)右端项系数1/3可改为1/4。

3　预应力混凝土框架梁梁端截面的底部纵向普通钢筋和顶部纵向受力钢筋截面面积的比值，应符合本规范第11.3.6条第2款的规定。计算顶部纵向受力钢筋截面面积时，应将预应力筋按抗拉强度设计值换算为普通钢筋截面面积。

框架梁端底面纵向普通钢筋配筋率尚不应小于0.2%。

4　当计算预应力混凝土框架柱的轴压比时，轴向压力设计值应取柱组合的轴向压力设计值加上预应力筋有效预加力的设计值，其轴压比应符合本规范第11.4.16条的相应要求。

5　预应力混凝土框架柱的箍筋宜全高加密。大跨度框架边柱可采用在截面受拉较大的一侧配置预应力筋和普通钢筋的混合配筋，另一侧仅配置普通钢筋的非对称配筋方式。

11.8.5 后张预应力混凝土板柱-剪力墙结构，其板柱柱上板带的端截面应符合本规范第11.8.4条对受压区高度的规定和公式(11.8.4)对截面配筋的要求。

板柱节点应符合本规范第11.9节的规定。

11.8.6 后张预应力筋的锚具、连接器不宜设置在梁柱节点核心区内。

11.9 板柱节点

11.9.1 对一、二、三级抗震等级的板柱节点，应按本规范第 11.9.3 条及附录 F 进行抗震受冲切承载力验算。

11.9.2 8 度设防烈度时宜采用有托板或柱帽的板柱节点，柱帽及托板的外形尺寸应符合本规范第 9.1.10 条的规定。同时，托板或柱帽根部的厚度（包括板厚）不应小于柱纵向钢筋直径的 16 倍，且托板或柱帽的边长不应小于 4 倍板厚与柱截面相应边长之和。

11.9.3 在地震组合下，当考虑板柱节点临界截面上的剪应力传递不平衡弯矩时，其考虑抗震等级的等效集中反力设计值 $F_{l,eq}$ 可按本规范附录 F 的规定计算，此时，F_l 为板柱节点临界截面所承受的竖向力设计值。由地震组合的不平衡弯矩在板柱节点处引起的等效集中反力设计值应乘以增大系数，对一、二、三级抗震等级板柱结构的节点，该增大系数可分别取 1.7、1.5、1.3。

11.9.4 在地震组合下，配置箍筋或栓钉的板柱节点，受冲切截面及受冲切承载力应符合下列要求：

1 受冲切截面

$$F_{l,eq} \leqslant \frac{1}{\gamma_{RE}} \left(1.2 f_t \eta u_m h_0 \right) \quad (11.9.4\text{-}1)$$

2 受冲切承载力

$$F_{l,eq} \leqslant \frac{1}{\gamma_{RE}} \left[\left(0.3 f_t + 0.15 \sigma_{pc,m} \right) \eta u_m h_0 + 0.8 f_{yv} A_{svu} \right]$$

$$(11.9.4\text{-}2)$$

3 对配置抗冲切钢筋的冲切破坏锥体以外的截面，尚应按下式进行受冲切承载力验算：

$$F_{l,eq} \leqslant \frac{1}{\gamma_{RE}} \left(0.42 f_t + 0.15 \sigma_{pc,m} \right) \eta u_m h_0$$

$$(11.9.4\text{-}3)$$

式中：u_m——临界截面的周长，公式（11.9.4-1）、公式（11.9.4-2）中的 u_m，按本规范第 6.5.1 条的规定采用；公式（11.9.4-3）中的 u_m，应取最外排抗冲切钢筋周边以外 $0.5h_0$ 处的最不利周长。

11.9.5 无柱帽平板宜在柱上板带中设构造暗梁，暗梁宽度可取柱宽加柱两侧各不大于 1.5 倍板厚。暗梁支座上部纵向钢筋应不小于柱上板带纵向钢筋截面面积的 1/2，暗梁下部纵向钢筋不宜少于上部纵向钢筋截面面积的 1/2。

暗梁箍筋直径不应小于 8mm，间距不宜大于 3/4 倍板厚，肢距不宜大于 2 倍板厚；支座处暗梁箍筋加密区长度不应小于 3 倍板厚，其箍筋间距不宜大于 100mm，肢距不宜大于 250mm。

11.9.6 沿两个主轴方向贯通节点柱截面的连续预应力筋及板底纵向普通钢筋，应符合下列要求：

1 沿两个主轴方向贯通节点柱截面的连续钢筋的总截面面积，应符合下式要求：

$$f_{py} A_p + f_y A_s \geqslant N_G \quad (11.9.6)$$

式中：A_s——贯通柱截面的板底纵向普通钢筋截面积；对一端在柱截面对边按受拉弯折锚固的普通钢筋，截面面积按一半计算；

A_p——贯通柱截面连续预应力筋截面面积；对一端在柱截面对边锚固的预应力筋，截面面积按一半计算；

f_{py}——预应力筋抗拉强度设计值，对无粘结预应力筋，应按本规范第 10.1.14 条取用无粘结预应力筋的应力设计值 σ_{pu}；

N_G——在本层楼板重力荷载代表值作用下的柱轴向压力设计值。

2 连续预应力筋应布置在板柱节点上部，呈下凹进入板跨中。

3 板底纵向普通钢筋的连接位置，宜在距柱面 l_{aE} 与 2 倍板厚的较大值以外，且应避开板底受拉区范围。

附录 A 钢筋的公称直径、公称截面面积及理论重量

表 A.0.1 钢筋的公称直径、公称截面面积及理论重量

公称直径 (mm)	不同根数钢筋的公称截面面积（mm²）									单根钢筋理论重量 (kg/m)
	1	2	3	4	5	6	7	8	9	
6	28.3	57	85	113	142	170	198	226	255	0.222
8	50.3	101	151	201	252	302	352	402	453	0.395
10	78.5	157	236	314	393	471	550	628	707	0.617
12	113.1	226	339	452	565	678	791	904	1017	0.888
14	153.9	308	461	615	769	923	1077	1231	1385	1.21
16	201.1	402	603	804	1005	1206	1407	1608	1809	1.58
18	254.5	509	763	1017	1272	1527	1781	2036	2290	2.00(2.11)
20	314.2	628	942	1256	1570	1884	2199	2513	2827	2.47
22	380.1	760	1140	1520	1900	2281	2661	3041	3421	2.98
25	490.9	982	1473	1964	2454	2945	3436	3927	4418	3.85(4.10)
28	615.8	1232	1847	2463	3079	3695	4310	4926	5542	4.83
32	804.2	1609	2413	3217	4021	4826	5630	6434	7238	6.31(6.65)
36	1017.9	2036	3054	4072	5089	6107	7125	8143	9161	7.99
40	1256.6	2513	3770	5027	6283	7540	8796	10053	11310	9.87(10.34)
50	1963.5	3928	5892	7856	9820	11784	13748	15712	17676	15.42(16.28)

注：括号内为预应力螺纹钢筋的数值。

表 A.0.2 钢绞线的公称直径、
公称截面面积及理论重量

种类	公称直径 (mm)	公称截面面积 (mm²)	理论重量 (kg/m)
	8.6	37.7	0.296
1×3	10.8	58.9	0.462
	12.9	84.8	0.666
	9.5	54.8	0.430
	12.7	98.7	0.775
1×7 标准型	15.2	140	1.101
	17.8	191	1.500
	21.6	285	2.237

表 A.0.3 钢丝的公称直径、
公称截面面积及理论重量

公称直径 (mm)	公称截面面积 (mm²)	理论重量 (kg/m)
5.0	19.63	0.154
7.0	38.48	0.302
9.0	63.62	0.499

附录 B 近似计算偏压构件侧移 二阶效应的增大系数法

B.0.1 在框架结构、剪力墙结构、框架-剪力墙结构及筒体结构中，当采用增大系数法近似计算结构因侧移产生的二阶效应（P-Δ 效应）时，应对未考虑 P-Δ 效应的一阶弹性分析所得的柱、墙肢端弯矩和梁端弯矩以及层间位移分别按公式（B.0.1-1）和公式（B.0.1-2）乘以增大系数 η_s：

$$M = M_{ns} + \eta_s M_s \qquad (B.0.1-1)$$
$$\Delta = \eta_s \Delta_1 \qquad (B.0.1-2)$$

式中：M_s——引起结构侧移的荷载或作用所产生的一阶弹性分析构件端弯矩设计值；

M_{ns}——不引起结构侧移荷载产生的一阶弹性分析构件端弯矩设计值；

Δ_1——一阶弹性分析的层间位移；

η_s——P-Δ 效应增大系数，按第 B.0.2 条或第 B.0.3 条确定，其中，梁端 η_s 取为相应节点处上、下柱端或上、下墙肢端 η_s 的平均值。

B.0.2 在框架结构中，所计算楼层各柱的 η_s 可按下列公式计算：

$$\eta_s = \frac{1}{1 - \dfrac{\sum N_j}{DH_0}} \qquad (B.0.2)$$

式中：D——所计算楼层的侧向刚度。在计算结构构件弯矩增大系数与计算结构位移增大系数时，应分别按本规范第 B.0.5 条的规定取用结构构件刚度；

N_j——所计算楼层第 j 列柱轴力设计值；

H_0——所计算楼层的层高。

B.0.3 剪力墙结构、框架-剪力墙结构、筒体结构中的 η_s 可按下列公式计算：

$$\eta_s = \frac{1}{1 - 0.14 \dfrac{H^2 \sum G}{E_c J_d}} \qquad (B.0.3)$$

式中：$\sum G$——各楼层重力荷载设计值之和；

$E_c J_d$——与所设计结构等效的竖向等截面悬臂受弯构件的弯曲刚度，可按该悬臂受弯构件与所设计结构在倒三角形分布水平荷载下顶点位移相等的原则计算。在计算结构构件弯矩增大系数与计算结构位移增大系数时，应分别按本规范第 B.0.5 条规定取用结构构件刚度；

H——结构总高度。

B.0.4 排架结构柱考虑二阶效应的弯矩设计值可按下列公式计算：

$$M = \eta_s M_0 \qquad (B.0.4-1)$$
$$\eta_s = 1 + \frac{1}{1500 e_i / h_0} \left(\frac{l_0}{h} \right)^2 \zeta_c \qquad (B.0.4-2)$$
$$\zeta_c = \frac{0.5 f_c A}{N} \qquad (B.0.4-3)$$
$$e_i = e_0 + e_a \qquad (B.0.4-4)$$

式中：ζ_c——截面曲率修正系数；当 $\zeta_c > 1.0$ 时，取 $\zeta_c = 1.0$；

e_i——初始偏心距；

M_0——一阶弹性分析柱端弯矩设计值；

e_0——轴向压力对截面重心的偏心距，$e_0 = M_0/N$；

e_a——附加偏心距，按本规范第 6.2.5 条规定确定；

l_0——排架柱的计算长度，按本规范表 6.2.20-1 取用；

h, h_0——分别为所考虑弯曲方向柱的截面高度和截面有效高度；

A——柱的截面面积。对于 I 形截面取：$A = bh + 2(b_f - b)h'_f$。

B.0.5 当采用本规范第 B.0.2 条、第 B.0.3 条计算各类结构中的弯矩增大系数 η_s 时，宜对构件的弹性抗弯刚度 $E_c I$ 乘以折减系数：对梁，取 0.4；对柱，取 0.6；对剪力墙肢及核心筒壁墙肢，取 0.45；当计算各结构中位移的增大系数 η_s 时，不对刚度进行折减。

注：当验算表明剪力墙肢或核心筒壁墙肢各控制截面不开裂时，计算弯矩增大系数 η_s 时的刚度折减系数可取为 0.7。

附录 C　钢筋、混凝土本构关系与混凝土多轴强度准则

C.1　钢筋本构关系

C.1.1　普通钢筋的屈服强度及极限强度的平均值 f_{ym}、f_{stm} 可按下列公式计算：

$$f_{ym} = f_{yk}/(1-1.645\delta_s) \qquad \text{(C.1.1-1)}$$
$$f_{stm} = f_{stk}/(1-1.645\delta_s) \qquad \text{(C.1.1-2)}$$

式中：f_{yk}、f_{ym}——钢筋屈服强度的标准值、平均值；

　　　　f_{stk}、f_{stm}——钢筋极限强度的标准值、平均值；

　　　　δ_s——钢筋强度的变异系数，宜根据试验统计确定。

C.1.2　钢筋单调加载的应力-应变本构关系曲线（图 C.1.2）可按下列规定确定。

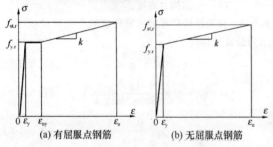

图 C.1.2　钢筋单调受拉应力-应变曲线

1　有屈服点钢筋

$$\sigma_s = \begin{cases} E_s\varepsilon_s & \varepsilon_s \leqslant \varepsilon_y \\ f_{y,r} & \varepsilon_y < \varepsilon_s \leqslant \varepsilon_{uy} \\ f_{y,r}+k(\varepsilon_s-\varepsilon_{uy}) & \varepsilon_{uy} < \varepsilon_s \leqslant \varepsilon_u \\ 0 & \varepsilon_s > \varepsilon_u \end{cases}$$

(C.1.2-1)

2　无屈服点钢筋

$$\sigma_p = \begin{cases} E_s\varepsilon_s & \varepsilon_s \leqslant \varepsilon_y \\ f_{y,r}+k(\varepsilon_s-\varepsilon_y) & \varepsilon_y < \varepsilon_s \leqslant \varepsilon_u \\ 0 & \varepsilon_s > \varepsilon_u \end{cases}$$

(C.1.2-2)

式中：E_s——钢筋的弹性模量；

　　　　σ_s——钢筋应力；

　　　　ε_s——钢筋应变；

　　　　$f_{y,r}$——钢筋的屈服强度代表值，其值可根据实际结构分析需要分别取 f_y、f_{yk} 或 f_{ym}；

　　　　$f_{st,r}$——钢筋极限强度代表值，其值可根据实际结构分析需要分别取 f_{st}、f_{stk} 或 f_{stm}；

　　　　ε_y——与 $f_{y,r}$ 相应的钢筋屈服应变，可取

$f_{y,r}/E_s$；

　　　　ε_{uy}——钢筋硬化起点应变；

　　　　ε_u——与 $f_{st,r}$ 相应的钢筋峰值应变；

　　　　k——钢筋硬化段斜率，$k = (f_{st,r}-f_{y,r})/(\varepsilon_u-\varepsilon_{uy})$。

C.1.3　钢筋反复加载的应力-应变本构关系曲线（图 C.1.3）宜按下列公式确定，也可采用简化的折线形式表达。

$$\sigma_s = E_s(\varepsilon_s-\varepsilon_a)-\left(\frac{\varepsilon_s-\varepsilon_a}{\varepsilon_b-\varepsilon_a}\right)^p\left[E_s(\varepsilon_b-\varepsilon_a)-\sigma_b\right]$$

(C.1.3-1)

$$p = \frac{(E_s-k)(\varepsilon_b-\varepsilon_a)}{E_s(\varepsilon_b-\varepsilon_a)-\sigma_b} \qquad \text{(C.1.3-2)}$$

式中：ε_a——再加载路径起点对应的应变；

　　　　σ_b、ε_b——再加载路径终点对应的应力和应变，如再加载方向钢筋未曾屈服过，则 σ_b、ε_b 取钢筋初始屈服点的应力和应变。如再加载方向钢筋已经屈服过，则取该方向钢筋历史最大应力和应变。

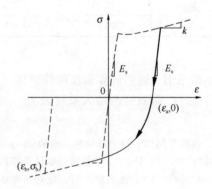

图 C.1.3　钢筋反复加载应力-应变曲线

C.2　混凝土本构关系

C.2.1　混凝土的抗压强度及抗拉强度的平均值 f_{cm}、f_{tm} 可按下列公式计算：

$$f_{cm} = f_{ck}/(1-1.645\delta_c) \qquad \text{(C.2.1-1)}$$
$$f_{tm} = f_{tk}/(1-1.645\delta_c) \qquad \text{(C.2.1-2)}$$

式中：f_{cm}、f_{ck}——混凝土抗压强度的平均值、标准值；

　　　　f_{tm}、f_{tk}——混凝土抗拉强度的平均值、标准值；

　　　　δ_c——混凝土强度变异系数，宜根据试验统计确定。

C.2.2　本节规定的混凝土本构模型应适用于下列条件：

1　混凝土强度等级 C20~C80；

2　混凝土质量密度 2200kg/m³~2400kg/m³；

3　正常温度、湿度环境；

4 正常加载速度。

C.2.3 混凝土单轴受拉的应力-应变曲线（图 C.2.3）可按下列公式确定：

$$\sigma = (1 - d_t)E_c\varepsilon \qquad (C.2.3\text{-}1)$$

$$d_t = \begin{cases} 1 - \rho_t \left[1.2 - 0.2x^5\right] & x \leqslant 1 \\ 1 - \dfrac{\rho_t}{\alpha_t (x-1)^{1.7} + x} & x > 1 \end{cases}$$

$$(C.2.3\text{-}2)$$

$$x = \frac{\varepsilon}{\varepsilon_{t,r}} \qquad (C.2.3\text{-}3)$$

$$\rho_t = \frac{f_{t,r}}{E_c \varepsilon_{t,r}} \qquad (C.2.3\text{-}4)$$

式中：α_t —— 混凝土单轴受拉应力-应变曲线下降段的参数值，按表 C.2.3 取用；

$f_{t,r}$ —— 混凝土的单轴抗拉强度代表值，其值可根据实际结构分析需要分别取 f_t、f_{tk} 或 f_{tm}；

$\varepsilon_{t,r}$ —— 与单轴抗拉强度代表值 $f_{t,r}$ 相应的混凝土峰值拉应变，按表 C.2.3 取用；

d_t —— 混凝土单轴受拉损伤演化参数。

表 C.2.3　混凝土单轴受拉应力-应变曲线的参数取值

$f_{t,r}$ (N/mm²)	1.0	1.5	2.0	2.5	3.0	3.5	4.0
$\varepsilon_{t,r}$ (10⁻⁶)	65	81	95	107	118	128	137
α_t	0.31	0.70	1.25	1.95	2.81	3.82	5.00

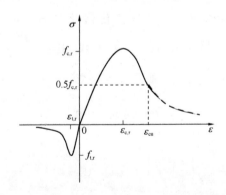

图 C.2.3　混凝土单轴应力-应变曲线

注：混凝土受拉、受压的应力-应变曲线示意图绘于同一坐标系中，但取不同的比例。符号取"受拉为负、受压为正"。

C.2.4 混凝土单轴受压的应力-应变曲线（图 C.2.3）可按下列公式确定：

$$\sigma = (1 - d_c)E_c\varepsilon \qquad (C.2.4\text{-}1)$$

$$d_c = \begin{cases} 1 - \dfrac{\rho_c n}{n - 1 + x^n} & x \leqslant 1 \\ 1 - \dfrac{\rho_c}{\alpha_c (x-1)^2 + x} & x > 1 \end{cases}$$

$$(C.2.4\text{-}2)$$

$$\rho_c = \frac{f_{c,r}}{E_c \varepsilon_{c,r}} \qquad (C.2.4\text{-}3)$$

$$n = \frac{E_c \varepsilon_{c,r}}{E_c \varepsilon_{c,r} - f_{c,r}} \qquad (C.2.4\text{-}4)$$

$$x = \frac{\varepsilon}{\varepsilon_{c,r}} \qquad (C.2.4\text{-}5)$$

式中：α_c —— 混凝土单轴受压应力-应变曲线下降段参数值，按表 C.2.4 取用；

$f_{c,r}$ —— 混凝土单轴抗压强度代表值，其值可根据实际结构分析的需要分别取 f_c、f_{ck} 或 f_{cm}；

$\varepsilon_{c,r}$ —— 与单轴抗压强度 $f_{c,r}$ 相应的混凝土峰值压应变，按表 C.2.4 取用；

d_c —— 混凝土单轴受压损伤演化参数。

表 C.2.4　混凝土单轴受压应力-应变曲线的参数取值

$f_{c,r}$ (N/mm²)	20	25	30	35	40	45	50	55	60	65	70	75	80
$\varepsilon_{c,r}$ (10⁻⁶)	1470	1560	1640	1720	1790	1850	1920	1980	2030	2080	2130	2190	2240
α_c	0.74	1.06	1.36	1.65	1.94	2.21	2.48	2.74	3.00	3.25	3.50	3.75	3.99
$\varepsilon_{cu}/\varepsilon_{c,r}$	3.0	2.6	2.3	2.1	2.0	1.9	1.9	1.8	1.8	1.7	1.7	1.7	1.6

注：ε_{cu} 为应力应变曲线下降段应力等于 0.5$f_{c,r}$ 时的混凝土压应变。

C.2.5 在重复荷载作用下，受压混凝土卸载及再加载应力路径（图 C.2.5）可按下列公式确定：

$$\sigma = E_r(\varepsilon - \varepsilon_z) \qquad (C.2.5\text{-}1)$$

$$E_r = \frac{\sigma_{un}}{\varepsilon_{un} - \varepsilon_z} \qquad (C.2.5\text{-}2)$$

$$\varepsilon_z = \varepsilon_{un} - \left[\frac{(\varepsilon_{un} + \varepsilon_{ca})\sigma_{un}}{\sigma_{un} + E_c \varepsilon_{ca}}\right] \quad (C.2.5\text{-}3)$$

$$\varepsilon_{ca} = \max\left(\frac{\varepsilon_c}{\varepsilon_c + \varepsilon_{un}}, \frac{0.09\varepsilon_{un}}{\varepsilon_c}\right)\sqrt{\varepsilon_c \varepsilon_{un}}$$

$$(C.2.5\text{-}4)$$

式中：σ —— 受压混凝土的压应力；

ε —— 受压混凝土的压应变；

ε_z —— 受压混凝土卸载至零应力点时的残余应变；

E_r —— 受压混凝土卸载/再加载的变形模量；

σ_{un}、ε_{un} —— 分别为受压混凝土从骨架线开始卸载时的应力和应变；

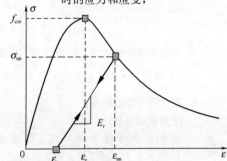

图 C.2.5　重复荷载作用下混凝土应力-应变曲线

ε_{ca} ——附加应变；

ε_c ——混凝土受压峰值应力对应的应变。

C.2.6 混凝土在双轴加载、卸载条件下的本构关系可采用损伤模型或弹塑性模型。弹塑性本构关系可采用弹塑性增量本构理论，损伤本构关系按下列公式确定：

1 双轴受拉区（$\sigma'_1 < 0, \sigma'_2 < 0$）

1）加载方程

$$\begin{Bmatrix} \sigma_1 \\ \sigma_2 \end{Bmatrix} = (1-d_t) \begin{Bmatrix} \sigma'_1 \\ \sigma'_2 \end{Bmatrix} \qquad \text{(C.2.6-1)}$$

$$\varepsilon_{t,e} = -\sqrt{\frac{1}{1-\nu^2}\left[(\varepsilon_1)^2 + (\varepsilon_2)^2 + 2\nu\varepsilon_1\varepsilon_2\right]}$$

$$\text{(C.2.6-2)}$$

$$\begin{Bmatrix} \sigma'_1 \\ \sigma'_2 \end{Bmatrix} = \frac{E_c}{1-\nu^2} \begin{bmatrix} 1 & \nu \\ \nu & 1 \end{bmatrix} \begin{Bmatrix} \varepsilon_1 \\ \varepsilon_2 \end{Bmatrix} \quad \text{(C.2.6-3)}$$

式中：d_t ——受拉损伤演化参数，可由式

（C.2.3-2）计算，其中 $x = \frac{\varepsilon_{t,e}}{\varepsilon_t}$；

$\varepsilon_{t,e}$ ——受拉能量等效应变；

σ'_1, σ'_2 ——有效应力；

ν ——混凝土泊松比，可取 $0.18 \sim 0.22$。

2）卸载方程

$$\begin{Bmatrix} \sigma_1 - \sigma_{un,1} \\ \sigma_2 - \sigma_{un,2} \end{Bmatrix} = (1-d_t)\frac{E_c}{1-\nu^2} \begin{bmatrix} 1 & \nu \\ \nu & 1 \end{bmatrix} \begin{Bmatrix} \varepsilon_1 - \varepsilon_{un,1} \\ \varepsilon_2 - \varepsilon_{un,2} \end{Bmatrix}$$

$$\text{(C.2.6-4)}$$

式中：$\sigma_{un,1}、\sigma_{un,2}、\varepsilon_{un,1}、\varepsilon_{un,2}$ ——二维卸载点处的应力、应变。

在加载方程中，损伤演化参数应采用即时应变换算得到的能量等效应变计算；卸载方程中的损伤演化参数应采用卸载点处的应变换算的能量等效应变计算，并且在整个卸载和再加载过程中保持不变。

2 双轴受压区（$\sigma'_1 \geqslant 0, \sigma'_2 \geqslant 0$）

1）加载方程

$$\begin{Bmatrix} \sigma_1 \\ \sigma_2 \end{Bmatrix} = (1-d_c) \begin{Bmatrix} \sigma'_1 \\ \sigma'_2 \end{Bmatrix} \qquad \text{(C.2.6-5)}$$

$$\varepsilon_{c,e} = \frac{1}{(1-\nu^2)(1-\alpha_s)}\left[\alpha_s(1+\nu)(\varepsilon_1+\varepsilon_2)\right.$$
$$\left. +\sqrt{(\varepsilon_1+\nu\varepsilon_2)^2+(\varepsilon_2+\nu\varepsilon_1)^2-(\varepsilon_1+\nu\varepsilon_2)(\varepsilon_2+\nu\varepsilon_1)}\right]$$

$$\text{(C.2.6-6)}$$

$$\alpha_s = \frac{r-1}{2r-1} \qquad \text{(C.2.6-7)}$$

式中：d_c ——受压损伤演化参数，可由公式（C.2.4-2）计算，其中 $x = \frac{\varepsilon_{c,e}}{\varepsilon_c}$；

$\varepsilon_{c,e}$ ——受压能量等效应变；

α_s ——受剪屈服参数；

r ——双轴受压强度提高系数，取值范围 $1.15 \sim 1.30$，可根据实验数据确定，在缺乏实验数据时可取 1.2。

2）卸载方程

$$\begin{Bmatrix} \sigma_1 - \sigma_{un,1} \\ \sigma_2 - \sigma_{un,2} \end{Bmatrix} = (1 - \eta_d d_c)\frac{E_c}{1-\nu^2} \begin{bmatrix} 1 & \nu \\ \nu & 1 \end{bmatrix}$$

$$\begin{Bmatrix} \varepsilon_1 - \varepsilon_{un,1} \\ \varepsilon_2 - \varepsilon_{un,2} \end{Bmatrix}$$

$$\text{(C.2.6-8)}$$

$$\eta_d = \frac{\varepsilon_{c,e}}{\varepsilon_{c,e} + \varepsilon_{ca}} \qquad \text{(C.2.6-9)}$$

式中：η_d ——塑性因子；

ε_{ca} ——附加应变，按公式（C.2.5-4）计算。

3 双轴拉压区（$\sigma'_1 < 0, \sigma'_2 \geqslant 0$）或（$\sigma'_1 \geqslant 0, \sigma'_2 < 0$）

1）加载方程

$$\begin{Bmatrix} \sigma_1 \\ \sigma_2 \end{Bmatrix} = \begin{bmatrix} (1-d_t) & 0 \\ 0 & (1-d_c) \end{bmatrix} \begin{Bmatrix} \sigma'_1 \\ \sigma'_2 \end{Bmatrix}$$

$$\text{(C.2.6-10)}$$

$$\varepsilon_{t,e} = -\sqrt{\frac{1}{(1-\nu^2)}\varepsilon_1(\varepsilon_1+\gamma\varepsilon_2)}$$

$$\text{(C.2.6-11)}$$

式中：d_t ——受拉损伤演化参数，可由式

（C.2.3-2）计算，其中 $x = \frac{\varepsilon_{t,e}}{\varepsilon_t}$；

d_c ——受压损伤演化参数，可由式

（C.2.4-2）计算，其中 $x = \frac{\varepsilon_{c,e}}{\varepsilon_c}$；

$\varepsilon_{t,e}、\varepsilon_{c,e}$ ——能量等效应变，其中，$\varepsilon_{c,e}$ 按式（C.2.6-6）计算，$\varepsilon_{t,e}$ 可按式（C.2.6-11）计算。

2）卸载方程

$$\begin{Bmatrix} \sigma_1 - \sigma_{un,1} \\ \sigma_2 - \sigma_{un,2} \end{Bmatrix} = \frac{E_c}{1-\nu^2} \begin{bmatrix} (1-d_t) & (1-d_t)\nu \\ (1-\eta_d d_c)\nu & (1-\eta_d d_c) \end{bmatrix} \begin{Bmatrix} \varepsilon_1 - \varepsilon_{un,1} \\ \varepsilon_2 - \varepsilon_{un,2} \end{Bmatrix}$$

$$\text{(C.2.6-12)}$$

式中：η_d ——塑性因子。

C.3 钢筋-混凝土粘结滑移本构关系

C.3.1 混凝土与热轧带肋钢筋之间的粘结应力-滑移（$\tau - s$）本构关系曲线（图 C.3.1）可按下列规定确定，曲线特征点的参数值可按表 C.3.1 取用。

线性段 $\quad \tau = k_1 s \quad 0 \leqslant s \leqslant s_{cr} \quad$ (C.3.1-1)

劈裂段$= \tau_{cr} + k_2(s - s_{cr}) \quad s_{cr} < s \leqslant s_u$

$$\text{(C.3.1-2)}$$

下降段$= \tau_u + k_3(s - s_u) \quad s_u < s \leqslant s_r$

$$\text{(C.3.1-3)}$$

残余段 $\quad \tau = \tau_r \quad s > s_r \quad$ (C.3.1-4)

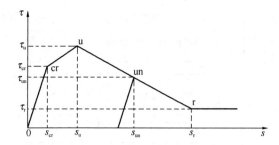

图 C.3.1 混凝土与钢筋间的粘结应力-滑移曲线

卸载段 $\tau = \tau_{un} + k_1(s - s_{un})$ (C.3.1-5)

式中：τ——混凝土与热轧带肋钢筋之间的粘结应力（N/mm²）；

s——混凝土与热轧带肋钢筋之间的相对滑移（mm）；

k_1——线性段斜率，τ_{cr}/s_{cr}；

k_2——劈裂段斜率，$(\tau_u - \tau_{cr})/(s_u - s_{cr})$；

k_3——下降段斜率，$(\tau_r - \tau_u)/(s_r - s_u)$；

τ_{un}——卸载点的粘结应力（N/mm²）；

s_{un}——卸载点的相对滑移（mm）。

表 C.3.1 混凝土与钢筋间粘结应力-滑移曲线的参数值

特征点	劈裂（cr）		峰值（u）		残余（r）	
粘结应力（N/mm²）	τ_{cr}	$2.5f_{t,r}$	τ_u	$3f_{t,r}$	τ_r	$f_{t,r}$
相对滑移（mm）	s_{cr}	$0.025d$	s_u	$0.04d$	s_r	$0.55d$

注：表中 d 为钢筋直径（mm）；$f_{t,r}$ 为混凝土的抗拉强度特征值（N/mm²）。

C.3.2 除热轧带肋钢筋外，其余种类钢筋的粘结应力-滑移本构关系曲线的参数值可根据试验确定。

C.4 混凝土强度准则

C.4.1 当采用混凝土多轴强度准则进行承载力计算时，材料强度参数取值及抗力计算应符合下列原则：

1 当采用弹塑性方法确定作用效应时，混凝土强度指标宜取平均值；

2 当采用弹性方法或弹塑性方法分析结果进行构件承载力计算时，混凝土强度指标可根据需要，取其强度设计值（f_c 或 f_t）或标准值（f_{ck} 或 f_{tk}）。

3 采用弹性分析或弹塑性分析求得混凝土的应力分布和主应力值后，混凝土多轴强度验算应符合下列要求：

$$|\sigma_i| \leqslant |f_i| \quad (i=1,2,3) \quad (C.4.1)$$

式中：σ_i——混凝土主应力值，受拉为负，受压为正，且 $\sigma_1 \geqslant \sigma_2 \geqslant \sigma_3$；

f_i——混凝土多轴强度代表值，受拉为负，受压为正，且 $f_1 \geqslant f_2 \geqslant f_3$。

C.4.2 在二轴应力状态下，混凝土的二轴强度由下列 4 条曲线连成的封闭曲线（图 C.4.2）确定；也可以根据表 C.4.2-1、表 C.4.2-2 和表 C.4.2-3 所列的数值内插取值。

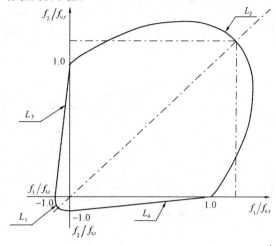

图 C.4.2 混凝土二轴应力的强度包络图

强度包络曲线方程应符合下列公式的规定：

$$\begin{cases} L_1: & f_1^2 + f_2^2 - 2\nu f_1 f_2 = (f_{t,r})^2 \\ L_2: & \sqrt{f_1^2 + f_2^2 - f_1 f_2} - \alpha_s(f_1 + f_2) = (1-\alpha_s)f_{c,r} \\ L_3: & \dfrac{f_2}{f_{c,r}} - \dfrac{f_1}{f_{t,r}} = 1 \\ L_4: & \dfrac{f_1}{f_{c,r}} - \dfrac{f_2}{f_{t,r}} = 1 \end{cases}$$

$$(C.4.2)$$

式中：α_s——受剪屈服参数，由公式（C.2.6-7）确定。

表 C.4.2-1 混凝土在二轴拉-压应力状态下的抗拉、抗压强度

$f_2/f_{t,r}$	0	-0.1	-0.2	-0.3	-0.4	-0.5	-0.6	-0.7	-0.8	-0.9	-1.0
$f_1/f_{c,r}$	1.00	0.90	0.80	0.70	0.60	0.50	0.40	0.30	0.20	0.10	0

表 C.4.2-2 混凝土在二轴受压状态下的抗压强度

$f_1/f_{c,r}$	1.0	1.05	1.10	1.15	1.20	1.25	1.29	1.25	1.20	1.16
$f_2/f_{c,r}$	0	0.074	0.16	0.26	0.36	0.50	0.88	1.03	1.11	1.16

表 C.4.2-3 混凝土在二轴受拉状态下的抗拉强度

$f_1/f_{t,r}$	-0.79	-0.7	-0.6	-0.5	-0.4	-0.3	-0.2	-0.1	0
$f_2/f_{t,r}$	-0.79	-0.86	-0.93	-0.97	-1.00	-1.02	-1.02	-1.02	-1.00

C.4.3 混凝土在三轴应力状态下的强度可按下列规定确定：

1 在三轴受拉（拉-拉-拉）应力状态下，混凝土的三轴抗拉强度 f_3 均可取单轴抗拉强度的 0.9 倍；

2 三轴拉压（拉-拉-压、拉-压-压）应力状态下混凝土的三轴抗压强度 f_1 可根据应力比 σ_3/σ_1 和 σ_2/σ_1 按图 C.4.3-1 确定，或按表 C.4.3-1 内插取值；

其最高强度不宜超过单轴抗压强度的1.2倍；

表C.4.3-1 混凝土在三轴拉-压状态下抗压强度的调整系数（$f_1/f_{c,r}$）

σ_3/σ_1 ＼ σ_2/σ_1	-0.75	-0.50	-0.25	-0.10	-0.05	0	0.25	0.35	0.36	0.50	0.70	0.75	1.00
-1.00	0	0	0	0	0	0	0	0	0	0	0	0	0
-0.75	0.10	0.10	0.10	0.10	0.10	0.05	0.05	0.05	0.05	0.05	0.05	0.05	0.05
-0.50	—	0.10	0.10	0.10	0.10	0.10	0.10	0.10	0.10	0.10	0.10	0.10	0.10
-0.25	—	—	0.20	0.20	0.20	0.20	0.20	0.20	0.20	0.20	0.20	0.20	0.20
-0.12	—	—	—	0.30	0.30	0.30	0.30	0.30	0.30	0.30	0.30	0.30	0.30
-0.10	—	—	—	0.40	0.40	0.40	0.40	0.40	0.40	0.40	0.40	0.40	0.40
-0.08	—	—	—	—	0.50	0.50	0.50	0.50	0.50	0.50	0.50	0.50	0.50
-0.05	—	—	—	—	—	0.60	0.60	0.60	0.60	0.60	0.60	0.60	0.60
-0.04	—	—	—	—	—	0.70	0.70	0.70	0.70	0.70	0.70	0.70	0.70
-0.02	—	—	—	—	—	0.80	0.80	0.80	0.80	0.80	0.80	0.80	0.80
-0.01	—	—	—	—	—	0.90	0.90	0.90	0.90	0.90	0.90	0.90	0.90
0	—	—	—	—	—	1.00	1.20	1.20	1.20	1.20	1.20	1.20	1.20

注：正值为压，负值为拉。

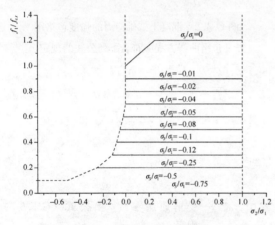

图C.4.3-1 三轴拉-压应力状态下混凝土的三轴抗压强度

3 三轴受压（压-压-压）应力状态下混凝土的三轴抗压强度 f_1 可根据应力比 σ_3/σ_1 和 σ_2/σ_1 按图C.4.3-2确定，或根据表C.4.3-2内插取值，其最高强度不宜超过单轴抗压强度的3倍。

表C.4.3-2 混凝土在三轴受压状态下抗压强度的提高系数（$f_1/f_{c,r}$）

σ_3/σ_1 ＼ σ_2/σ_1	0	0.05	0.10	0.15	0.20	0.25	0.30	0.40	0.60	0.80	1.00
0	1.00	1.05	1.10	1.15	1.20	1.20	1.20	1.20	1.20	1.20	1.20
0.05	—	1.40	1.40	1.40	1.40	1.40	1.40	1.40	1.40	1.40	1.40
0.08	—	—	1.64	1.64	1.64	1.64	1.64	1.64	1.64	1.64	1.64
0.10	—	—	1.80	1.80	1.80	1.80	1.80	1.80	1.80	1.80	1.80
0.12	—	—	—	2.00	2.00	2.00	2.00	2.00	2.00	2.00	2.00
0.15	—	—	—	2.30	2.30	2.30	2.30	2.30	2.30	2.30	2.30
0.18	—	—	—	—	2.72	2.72	2.72	2.72	2.72	2.72	2.72
0.20	—	—	—	—	3.00	3.00	3.00	3.00	3.00	3.00	3.00

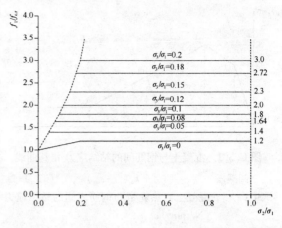

图C.4.3-2 三轴受压状态下混凝土的三轴抗压强度

附录D 素混凝土结构构件设计

D.1 一般规定

D.1.1 素混凝土构件主要用于受压构件。素混凝土受弯构件仅允许用于卧置在地基上以及不承受活荷载的情况。

D.1.2 素混凝土结构构件应进行正截面承载力计算；对承受局部荷载的部位尚应进行局部受压承载力计算。

D.1.3 素混凝土墙和柱的计算长度 l_0 可按下列规定采用：

　　1 两端支承在刚性的横向结构上时，取 $l_0=H$；

　　2 具有弹性移动支座时，取 $l_0=1.25H\sim1.50H$；

　　3 对自由独立的墙和柱，取 $l_0=2H$。

　　此处，H 为墙或柱的高度，以层高计。

D.1.4 素混凝土结构伸缩缝的最大间距，可按表D.1.4的规定采用。

　　整片的素混凝土墙壁式结构，其伸缩缝宜做成贯通式，将基础断开。

表D.1.4 素混凝土结构伸缩缝最大间距（m）

结构类别	室内或土中	露天
装配式结构	40	30
现浇结构（配有构造钢筋）	30	20
现浇结构（未配构造钢筋）	20	10

D.2 受压构件

D.2.1 素混凝土受压构件，当按受压承载力计算时，不考虑受拉区混凝土的工作，并假定受压区的法向应力图形为矩形，其应力值取素混凝土的轴心抗压强度设计值，此时，轴向力作用点与受压区混凝土合力点相重合。

素混凝土受压构件的受压承载力应符合下列规定：

1 对称于弯矩作用平面的截面

$$N \leqslant \varphi f_{cc} A'_c \qquad (D.2.1-1)$$

受压区高度 x 应按下列条件确定：

$$e_c = e_0 \qquad (D.2.1-2)$$

此时，轴向力作用点至截面重心的距离 e_0 尚应符合下列要求：

$$e_0 \leqslant 0.9 y'_0 \qquad (D.2.1-3)$$

2 矩形截面（图 D.2.1）

$$N \leqslant \varphi f_{cc} b (h - 2e_0) \qquad (D.2.1-4)$$

式中：N——轴向压力设计值；

φ——素混凝土构件的稳定系数，按表 D.2.1 采用；

f_{cc}——素混凝土的轴心抗压强度设计值，按本规范表 4.1.4-1 规定的混凝土轴心抗压强度设计值 f_c 值乘以系数 0.85 取用；

A'_c——混凝土受压区的面积；

e_c——受压区混凝土的合力点至截面重心的距离；

y'_0——截面重心至受压区边缘的距离；

b——截面宽度；

h——截面高度。

当按公式（D.2.1-1）或公式（D.2.1-4）计算时，对 e_0 不小于 $0.45y'_0$ 的受压构件，应在混凝土受拉区配置构造钢筋。其配筋率不应少于构件截面面积的 0.05%。但当符合本规范公式（D.2.2-1）或公式（D.2.2-2）的条件时，可不配置此项构造钢筋。

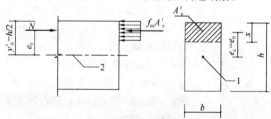

图 D.2.1 矩形截面的素混凝土
受压构件受压承载力计算
1—重心；2—重心线

表 D.2.1 素混凝土构件的稳定系数 φ

l_0/b	<4	4	6	8	10	12	14	16	18	20	22	24	26	28	30
l_0/i	<14	14	21	28	35	42	49	56	63	70	76	83	90	97	104
φ	1.00	0.98	0.96	0.91	0.86	0.82	0.77	0.72	0.68	0.63	0.59	0.55	0.51	0.47	0.44

注：在计算 l_0/b 时，b 的取值：对偏心受压构件，取弯矩作用平面的截面高度；对轴心受压构件，取截面短边尺寸。

D.2.2 对不允许开裂的素混凝土受压构件（如处于液体压力下的受压构件、女儿墙等），当 e_0 不小于 $0.45y'_0$ 时，其受压承载力应按下列公式计算：

1 对称于弯矩作用平面的截面

$$N \leqslant \varphi \frac{\gamma f_{ct} A}{\dfrac{e_0 A}{W} - 1} \qquad (D.2.2-1)$$

2 矩形截面

$$N \leqslant \varphi \frac{\gamma f_{ct} bh}{\dfrac{6e_0}{h} - 1} \qquad (D.2.2-2)$$

式中：f_{ct}——素混凝土轴心抗拉强度设计值，按本规范表 4.1.4-2 规定的混凝土轴心抗拉强度设计值 f_t 值乘以系数 0.55 取用；

γ——截面抵抗矩塑性影响系数，按本规范第 7.2.4 条取用；

W——截面受拉边缘的弹性抵抗矩；

A——截面面积。

D.2.3 素混凝土偏心受压构件，除应计算弯矩作用平面的受压承载力外，尚应按轴心受压构件验算垂直于弯矩作用平面的受压承载力。此时，不考虑弯矩作用，但应考虑稳定系数 φ 的影响。

D.3 受 弯 构 件

D.3.1 素混凝土受弯构件的受弯承载力应符合下列规定：

1 对称于弯矩作用平面的截面

$$M \leqslant \gamma f_{ct} W \qquad (D.3.1-1)$$

2 矩形截面

$$M \leqslant \frac{\gamma f_{ct} bh^2}{6} \qquad (D.3.1-2)$$

式中：M——弯矩设计值。

D.4 局部构造钢筋

D.4.1 素混凝土结构在下列部位应配置局部构造钢筋：

1 结构截面尺寸急剧变化处；

2 墙壁高度变化处（在不小于 1m 范围内配置）；

3 混凝土墙壁中洞口周围。

注：在配置局部构造钢筋后，伸缩缝的间距仍应按本规范表 D.1.4 中未配构造钢筋的现浇结构采用。

D.5 局 部 受 压

D.5.1 素混凝土构件的局部受压承载力应符合下列规定：

1 局部受压面上仅有局部荷载作用

$$F_l \leqslant \alpha \beta_l f_{cc} A_l \qquad (D.5.1-1)$$

2 局部受压面上尚有非局部荷载作用

$$F_l \leqslant \omega \beta_l (f_{cc} - \sigma) A_l \qquad \text{(D.5.1-2)}$$

式中：F_l——局部受压面上作用的局部荷载或局部压力设计值；

A_l——局部受压面积；

ω——荷载分布的影响系数；当局部受压面上的荷载为均匀分布时，取 $\omega = 1$；当局部荷载为非均匀分布时（如梁、过梁等的端部支承面），取 $\omega = 0.75$；

σ——非局部荷载设计值产生的混凝土压应力；

β_l——混凝土局部受压时的强度提高系数，按本规范公式（6.6.1-2）计算。

附录 E 任意截面、圆形及环形构件正截面承载力计算

E.0.1 任意截面钢筋混凝土和预应力混凝土构件，其正截面承载力可按下列方法计算：

1 将截面划分为有限多个混凝土单元、纵向钢筋单元和预应力筋单元（图 E.0.1a），并近似取单元内应变和应力为均匀分布，其合力点在单元重心处；

2 各单元的应变按本规范第 6.2.1 条的截面应变保持平面的假定由下列公式确定（图 E.0.1b）：

$$\varepsilon_{ci} = \phi_u [(x_{ci} \sin\theta + y_{ci} \cos\theta) - r] \quad \text{(E.0.1-1)}$$

$$\varepsilon_{sj} = -\phi_u [(x_{sj} \sin\theta + y_{sj} \cos\theta) - r]$$
$$\text{(E.0.1-2)}$$

$$\varepsilon_{pk} = -\phi_u [(x_{pk} \sin\theta + y_{pk} \cos\theta) - r] + \varepsilon_{p0k}$$
$$\text{(E.0.1-3)}$$

3 截面达到承载能力极限状态时的极限曲率 ϕ_u 应按下列两种情况确定：

1）当截面受压区外边缘的混凝土压应变 ε_c 达到混凝土极限压应变 ε_{cu} 且受拉区最外排钢筋的应变 ε_{s1} 小于 0.01 时，应按下列公式计算：

$$\phi_u = \frac{\varepsilon_{cu}}{x_n} \qquad \text{(E.0.1-4)}$$

2）当截面受拉区最外排钢筋的应变 ε_{s1} 达到 0.01 且受压区外边缘的混凝土压应变 ε_c 小于混凝土极限压应变 ε_{cu} 时，应按下列公式计算：

$$\phi_u = \frac{0.01}{h_{01} - x_n} \qquad \text{(E.0.1-5)}$$

4 混凝土单元的压应力和普通钢筋单元、预应力筋单元的应力应按本规范第 6.2.1 条的基本假定确定；

5 构件正截面承载力应按下列公式计算（图 E.0.1）：

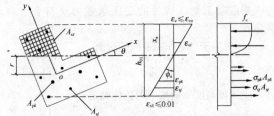

(a) 截面、配筋及其单元划分 (b) 应变分布 (c) 应力分布

图 E.0.1 任意截面构件正截面承载力计算

$$N \leqslant \sum_{i=1}^{l} \sigma_{ci} A_{ci} - \sum_{j=1}^{m} \sigma_{sj} A_{sj} - \sum_{k=1}^{n} \sigma_{pk} A_{pk}$$
$$\text{(E.0.1-6)}$$

$$M_x \leqslant \sum_{i=1}^{l} \sigma_{ci} A_{ci} x_{ci} - \sum_{j=1}^{m} \sigma_{sj} A_{sj} x_{sj} - \sum_{k=1}^{n} \sigma_{pk} A_{pk} x_{pk}$$
$$\text{(E.0.1-7)}$$

$$M_y \leqslant \sum_{i=1}^{l} \sigma_{ci} A_{ci} y_{ci} - \sum_{j=1}^{m} \sigma_{sj} A_{sj} y_{sj} - \sum_{k=1}^{n} \sigma_{pk} A_{pk} y_{pk}$$
$$\text{(E.0.1-8)}$$

式中：N——轴向力设计值，当为压力时取正值，当为拉力时取负值；

M_x、M_y——偏心受力构件截面 x 轴、y 轴方向的弯矩设计值；当为偏心受压时，应考虑附加偏心距引起的附加弯矩；轴向压力作用在 x 轴的上侧时 M_y 取正值，轴向压力作用在 y 轴的右侧时 M_x 取正值；当为偏心受拉时，不考虑附加偏心的影响；

ε_{ci}、σ_{ci}——分别为第 i 个混凝土单元的应变、应力，受压时取正值，受拉时取应力 $\sigma_{ci} = 0$；序号 i 为 1，2，…，l，此处，l 为混凝土单元数；

A_{ci}——第 i 个混凝土单元面积；

x_{ci}、y_{ci}——分别为第 i 个混凝土单元重心到 y 轴、x 轴的距离，x_{ci} 在 y 轴右侧及 y_{ci} 在 x 轴上侧时取正值；

ε_{sj}、σ_{sj}——分别为第 j 个普通钢筋单元的应变、应力，受拉时取正值，应力 σ_{si} 应满足本规范公式（6.2.1-6）的条件；序号 j 为 1，2，…，m，此处，m 为钢筋单元数；

A_{sj}——第 j 个普通钢筋单元面积；

x_{sj}、y_{sj}——分别为第 j 个普通钢筋单元重心到 y 轴、x 轴的距离，x_{sj} 在 y 轴右侧及 y_{sj} 在 x 轴上侧时取正值；

ε_{pk}、σ_{pk}——分别为第 k 个预应力筋单元的应变、应力，受拉时取正值，应力 σ_{pk} 应满足本规范公式（6.2.1-7）的条件，

序号 k 为 1, 2, $\cdots$, n, 此处，n 为预应力筋单元数；

ε_{p0k} ——第 k 个预应力筋单元在该单元重心处混凝土法向应力等于零时的应变，其值取 σ_{p0k} 除以预应力筋的弹性模量，当受拉时取正值；σ_{p0k} 按本规范公式（10.1.6-3）或公式（10.1.6-6）计算；

A_{pk} ——第 k 个预应力筋单元面积；

x_{pk}、y_{pk} ——分别为第 k 个预应力筋单元重心到 y 轴、x 轴的距离，x_{pk} 在 y 轴右侧及 y_{pk} 在 x 轴上侧时取正值；

x、y ——分别为以截面重心为原点的直角坐标系的两个坐标轴；

r ——截面重心至中和轴的距离；

h_{01} ——截面受压区外边缘至受拉区最外排普通钢筋之间垂直于中和轴的距离；

θ —— x 轴与中和轴的夹角，顺时针方向取正值；

x_n ——中和轴至受压区最外侧边缘的距离。

E.0.2 环形和圆形截面受弯构件的正截面受弯承载力，应按本规范第 E.0.3 条和第 E.0.4 条的规定计算。但在计算时，应在公式（E.0.3-1）、公式（E.0.3-3）和公式（E.0.4-1）中取等号，并取轴向力设计值 $N=0$；同时，应将公式（E.0.3-2）、公式（E.0.3-4）和公式（E.0.4-2）中 Ne_i 以弯矩设计值 M 代替。

E.0.3 沿周边均匀配置纵向钢筋的环形截面偏心受压构件（图 E.0.3），其正截面受压承载力宜符合下列规定：

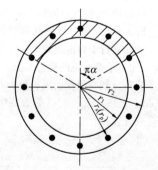

图 E.0.3 沿周边均匀配筋的环形截面

1 钢筋混凝土构件

$$N \leqslant \alpha\alpha_1 f_c A + (\alpha - \alpha_t) f_y A_s \quad (\text{E.0.3-1})$$

$$Ne_i \leqslant \alpha_1 f_c A (r_1 + r_2) \frac{\sin\pi\alpha}{2\pi} + f_y A_s r_s \frac{(\sin\pi\alpha + \sin\pi\alpha_t)}{\pi} \quad (\text{E.0.3-2})$$

2 预应力混凝土构件

$$N \leqslant \alpha\alpha_1 f_c A - \sigma_{p0} A_p + \alpha f'_{py} A_p - \alpha_t (f_{py} - \sigma_{p0}) A_p \quad (\text{E.0.3-3})$$

$$Ne_i \leqslant \alpha_1 f_c A (r_1 + r_2) \frac{\sin\pi\alpha}{2\pi} + f'_{py} A_p r_p \frac{\sin\pi\alpha}{\pi}$$
$$+ (f_{py} - \sigma_{p0}) A_p r_p \frac{\sin\pi\alpha_t}{\pi} \quad (\text{E.0.3-4})$$

在上述各公式中的系数和偏心距，应按下列公式计算：

$$\alpha_t = 1 - 1.5\alpha \quad (\text{E.0.3-5})$$

$$e_i = e_0 + e_a \quad (\text{E.0.3-6})$$

式中： A ——环形截面面积；

A_s ——全部纵向普通钢筋的截面面积；

A_p ——全部纵向预应力筋的截面面积；

r_1、r_2 ——环形截面的内、外半径；

r_s ——纵向普通钢筋重心所在圆周的半径；

r_p ——纵向预应力筋重心所在圆周的半径；

e_0 ——轴向压力对截面重心的偏心距；

e_a ——附加偏心距，按本规范第 6.2.5 条确定；

α ——受压区混凝土截面面积与全截面面积的比值；

α_t ——纵向受拉钢筋截面面积与全部纵向钢筋截面面积的比值，当 α 大于 $2/3$ 时，取 α_t 为 0。

3 当 α 小于 $\arccos\left(\dfrac{2r_1}{r_1 + r_2}\right)/\pi$ 时，环形截面偏心受压构件可按本规范第 E.0.4 条规定的圆形截面偏心受压构件正截面受压承载力公式计算。

注：本条适用于截面内纵向钢筋数量不少于 6 根且 r_1/r_2 不小于 0.5 的情况。

E.0.4 沿周边均匀配置纵向普通钢筋的圆形截面钢筋混凝土偏心受压构件（图 E.0.4），其正截面受压承载力宜符合下列规定：

$$N \leqslant \alpha\alpha_1 f_c A \left(1 - \frac{\sin 2\pi\alpha}{2\pi\alpha}\right) + (\alpha - \alpha_t) f_y A_s \quad (\text{E.0.4-1})$$

$$Ne_i \leqslant \frac{2}{3} \alpha_1 f_c A r \frac{\sin^3 \pi\alpha}{\pi} + f_y A_s r_s \frac{\sin\pi\alpha + \sin\pi\alpha_t}{\pi} \quad (\text{E.0.4-2})$$

$$\alpha_t = 1.25 - 2\alpha \quad (\text{E.0.4-3})$$

$$e_i = e_0 + e_a \quad (\text{E.0.4-4})$$

式中： A ——圆形截面面积；

A_s ——全部纵向普通钢筋的截面面积；

r ——圆形截面的半径；

r_s ——纵向普通钢筋重心所在圆周的半径；

e_0 ——轴向压力对截面重心的偏心距；

e_a ——附加偏心距，按本规范第 6.2.5 条确定；

α ——对应于受压区混凝土截面面积的圆心角（rad）与 2π 的比值；

α_t ——纵向受拉普通钢筋截面面积与全部纵向普通钢筋截面面积的比值，当 α 大于

0.625 时，取 α_t 为 0。

注：本条适用于截面内纵向普通钢筋数量不少于 6 根的情况。

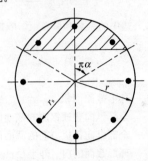

图 E.0.4　沿周边均匀配筋的圆形截面

E.0.5　沿周边均匀配置纵向钢筋的环形和圆形截面偏心受拉构件，其正截面受拉承载力应符合本规范公式（6.2.25-1）的规定，式中的正截面受弯承载力设计值 M_u 可按本规范第 E.0.2 条的规定进行计算，但应取等号，并以 M_u 代替 Ne_i。

附录 F　板柱节点计算用等
效集中反力设计值

F.0.1　在竖向荷载、水平荷载作用下的板柱节点，其受冲切承载力计算中所用的等效集中反力设计值 $F_{l,eq}$ 可按下列情况确定：

1　传递单向不平衡弯矩的板柱节点

当不平衡弯矩作用平面与柱矩形截面两个轴线之一相重合时，可按下列两种情况进行计算：

1）由节点受剪传递的单向不平衡弯矩 $\alpha_0 M_{unb}$，当其作用的方向指向图 F.0.1 的 AB 边时，等效集中反力设计值可按下列公式计算：

$$F_{l,eq} = F_l + \frac{\alpha_0 M_{unb} a_{AB}}{I_c} u_m h_0 \quad (F.0.1\text{-}1)$$

$$M_{unb} = M_{unb,c} - F_l e_g \quad (F.0.1\text{-}2)$$

2）由节点受剪传递的单向不平衡弯矩 $\alpha_0 M_{unb}$，当其作用的方向指向图 F.0.1 的 CD 边时，等效集中反力设计值可按下列公式计算：

$$F_{l,eq} = F_l + \frac{\alpha_0 M_{unb} a_{CD}}{I_c} u_m h_0 \quad (F.0.1\text{-}3)$$

$$M_{unb} = M_{unb,c} + F_l e_g \quad (F.0.1\text{-}4)$$

式中：F_l——在竖向荷载、水平荷载作用下，柱所承受的轴向压力设计值的层间差值减去柱顶冲切破坏锥体范围内板所承受的荷载设计值；

α_0——计算系数，按本规范第 F.0.2 条计算；

M_{unb}——竖向荷载、水平荷载引起对临界截面周长重心轴（图 F.0.1 中的轴线 2）处的不平衡弯矩设计值；

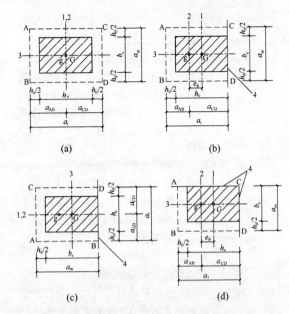

图 F.0.1　矩形柱及受冲切承载力计算的几何参数

(a) 中柱截面；(b) 边柱截面（弯矩作用平面垂直于自由边）
(c) 边柱截面（弯矩作用平面平行于自由边）；(d) 角柱截面
1—柱截面重心 G 的轴线；2—临界截面周长重心 g 的轴线；
3—不平衡弯矩作用平面；4—自由边

$M_{unb,c}$——竖向荷载、水平荷载引起对柱截面重心轴（图 F.0.1 中的轴线 1）处的不平衡弯矩设计值；

a_{AB}、a_{CD}——临界截面周长重心轴至 AB、CD 边缘的距离；

I_c——按临界截面计算的类似极惯性矩，按本规范第 F.0.2 条计算；

e_g——在弯矩作用平面内柱截面重心轴至临界截面周长重心轴的距离，按本规范第 F.0.2 条计算；对中柱截面和弯矩作用平面平行于自由边的边柱截面，$e_g = 0$。

2　传递双向不平衡弯矩的板柱节点

当节点受剪传递到临界截面周长两个方向的不平衡弯矩为 $\alpha_{0x} M_{unb,x}$、$\alpha_{0y} M_{unb,y}$ 时，等效集中反力设计值可按下列公式计算：

$$F_{l,eq} = F_l + \tau_{unb,max} u_m h_0 \quad (F.0.1\text{-}5)$$

$$\tau_{unb,max} = \frac{\alpha_{0x} M_{unb,x} a_x}{I_{cx}} + \frac{\alpha_{0y} M_{unb,y} a_y}{I_{cy}}$$

$$(F.0.1\text{-}6)$$

式中：$\tau_{unb,max}$——由受剪传递的双向不平衡弯矩在临界截面上产生的最大剪应力设计值；

$M_{unb,x}$、$M_{unb,y}$——竖向荷载、水平荷载引起对临界截面周长重心处 x 轴、y 轴方向的不平衡弯矩设计值，可按公式（F.0.1-2）或公式（F.0.1-4）同样的方法确定；

α_{0x}、α_{0y}——x 轴、y 轴的计算系数，按本规范第 F.0.2 条和第 F.0.3 条确定；

I_{cx}、I_{cy}——对 x 轴、y 轴按临界截面计算的类似极惯性矩，按本规范第 F.0.2 条和第 F.0.3 条确定；

a_x、a_y——最大剪应力 τ_{max} 的作用点至 x 轴、y 轴的距离。

3 当考虑不同的荷载组合时，应取其中的较大值作为板柱节点受冲切承载力计算用的等效集中反力设计值。

F.0.2 板柱节点考虑受剪传递单向不平衡弯矩的受冲切承载力计算中，与等效集中反力设计值 $F_{l,eq}$ 有关的参数和本附录图 F.0.1 中所示的几何尺寸，可按下列公式计算：

1 中柱处临界截面的类似极惯性矩、几何尺寸及计算系数可按下列公式计算（图 F.0.1a）：

$$I_c = \frac{h_0 a_t^3}{6} + 2h_0 a_m \left(\frac{a_t}{2}\right)^2 \quad \text{(F.0.2-1)}$$

$$a_{AB} = a_{CD} = \frac{a_t}{2} \quad \text{(F.0.2-2)}$$

$$e_g = 0 \quad \text{(F.0.2-3)}$$

$$\alpha_0 = 1 - \frac{1}{1 + \frac{2}{3}\sqrt{\frac{h_c + h_0}{b_c + h_0}}} \quad \text{(F.0.2-4)}$$

2 边柱处临界截面的类似极惯性矩、几何尺寸及计算系数可按下列公式计算：

1） 弯矩作用平面垂直于自由边（图 F.0.1b）

$$I_c = \frac{h_0 a_t^3}{6} + h_0 a_m a_{AB}^2 + 2h_0 a_t \left(\frac{a_t}{2} - a_{AB}\right)^2 \quad \text{(F.0.2-5)}$$

$$a_{AB} = \frac{a_t^2}{a_m + 2a_t} \quad \text{(F.0.2-6)}$$

$$a_{CD} = a_t - a_{AB} \quad \text{(F.0.2-7)}$$

$$e_g = a_{CD} - \frac{h_c}{2} \quad \text{(F.0.2-8)}$$

$$\alpha_0 = 1 - \frac{1}{1 + \frac{2}{3}\sqrt{\frac{h_c + h_0/2}{b_c + h_0}}} \quad \text{(F.0.2-9)}$$

2） 弯矩作用平面平行于自由边（图 F.0.1c）

$$I_c = \frac{h_0 a_t^3}{12} + 2h_0 a_m \left(\frac{a_t}{2}\right)^2 \quad \text{(F.0.2-10)}$$

$$a_{AB} = a_{CD} = \frac{a_t}{2} \quad \text{(F.0.2-11)}$$

$$e_g = 0 \quad \text{(F.0.2-12)}$$

$$\alpha_0 = 1 - \frac{1}{1 + \frac{2}{3}\sqrt{\frac{h_c + h_0}{b_c + h_0/2}}} \quad \text{(F.0.2-13)}$$

3 角柱处临界截面的类似极惯性矩、几何尺寸及计算系数可按下列公式计算（图 F.0.1d）：

$$I_c = \frac{h_0 a_t^3}{12} + h_0 a_m a_{AB}^2 + h_0 a_t \left(\frac{a_t}{2} - a_{AB}\right)^2 \quad \text{(F.0.2-14)}$$

$$a_{AB} = \frac{a_t^2}{2(a_m + a_t)} \quad \text{(F.0.2-15)}$$

$$a_{CD} = a_t - a_{AB} \quad \text{(F.0.2-16)}$$

$$e_g = a_{CD} - \frac{h_c}{2} \quad \text{(F.0.2-17)}$$

$$\alpha_0 = 1 - \frac{1}{1 + \frac{2}{3}\sqrt{\frac{h_c + h_0/2}{b_c + h_0/2}}} \quad \text{(F.0.2-18)}$$

F.0.3 在按本附录公式（F.0.1-5）、公式（F.0.1-6）进行板柱节点考虑传递双向不平衡弯矩的受冲切承载力计算中，如将本附录第 F.0.2 条的规定视作 x 轴（或 y 轴）的类似极惯性矩、几何尺寸及计算系数，则与其相应的 y 轴（或 x 轴）的类似极惯性矩、几何尺寸及计算系数，可将前述的 x 轴（或 y 轴）的相应参数进行置换确定。

F.0.4 当边柱、角柱部位有悬臂板时，临界截面周长可计算至垂直于自由边的板端处，按此计算的临界截面周长应与按中柱计算的临界截面周长相比较，并取两者中的较小值。在此基础上，应按本规范第 F.0.2 条和第 F.0.3 条的原则，确定板柱节点考虑受剪传递不平衡弯矩的受冲切承载力计算所用等效集中反力设计值 $F_{l,eq}$ 的有关参数。

附录 G 深受弯构件

G.0.1 简支钢筋混凝土单跨深梁可采用由一般方法计算的内力进行截面设计；钢筋混凝土多跨连续深梁应采用由二维弹性分析求得的内力进行截面设计。

G.0.2 钢筋混凝土深受弯构件的正截面受弯承载力应符合下列规定：

$$M \leqslant f_y A_s z \quad \text{(G.0.2-1)}$$

$$z = \alpha_d (h_0 - 0.5x) \quad \text{(G.0.2-2)}$$

$$\alpha_d = 0.80 + 0.04 \frac{l_0}{h} \quad \text{(G.0.2-3)}$$

当 $l_0 < h$ 时，取内力臂 $z = 0.6 l_0$。

式中：x——截面受压区高度，按本规范第 6.2 节计算；当 $x < 0.2h_0$ 时，取 $x = 0.2h_0$；

h_0——截面有效高度：$h_0 = h - a_s$，其中 h 为截面高度；当 $l_0/h \leqslant 2$ 时，跨中截面 a_s 取 $0.1h$，支座截面 a_s 取 $0.2h$；当 $l_0/h > 2$ 时，a_s 按受拉区纵向钢筋截面重心至受拉边缘的实际距离取用。

G.0.3 钢筋混凝土深受弯构件的受剪截面应符合下列条件：

当 h_w/b 不大于 4 时

$$V \leqslant \frac{1}{60}(10 + l_0/h)\beta_c f_c bh_0 \quad \text{(G.0.3-1)}$$

当 h_w/b 不小于6时

$$V \leqslant \frac{1}{60}(7 + l_0/h)\beta_c f_c bh_0 \quad \text{(G.0.3-2)}$$

当 h_w/b 大于4且小于6时，按线性内插法取用。

式中：V——剪力设计值；

l_0——计算跨度，当 l_0 小于 $2h$ 时，取 $2h$；

b——矩形截面的宽度以及T形、I形截面的腹板厚度；

h、h_0——截面高度、截面有效高度；

h_w——截面的腹板高度：矩形截面，取有效高度 h_0；T形截面，取有效高度减去翼缘高度；I形和箱形截面，取腹板净高；

β_c——混凝土强度影响系数，按本规范第6.3.1条的规定取用。

G.0.4 矩形、T形和I形截面的深受弯构件，在均布荷载作用下，当配有竖向分布钢筋和水平分布钢筋时，其斜截面的受剪承载力应符合下列规定：

$$V \leqslant 0.7\frac{(8-l_0/h)}{3}f_t bh_0 + \frac{(l_0/h-2)}{3}f_{yv}\frac{A_{sv}}{s_h}h_0$$
$$+ \frac{(5-l_0/h)}{6}f_{yh}\frac{A_{sh}}{s_v}h_0 \quad \text{(G.0.4-1)}$$

对集中荷载作用下的深受弯构件（包括作用有多种荷载，且其中集中荷载对支座截面所产生的剪力值占总剪力值的75%以上的情况），其斜截面的受剪承载力应符合下列规定：

$$V \leqslant \frac{1.75}{\lambda+1}f_t bh_0 + \frac{(l_0/h-2)}{3}f_{yv}\frac{A_{sv}}{s_h}h_0$$
$$+ \frac{(5-l_0/h)}{6}f_{yh}\frac{A_{sh}}{s_v}h_0 \quad \text{(G.0.4-2)}$$

式中：λ——计算剪跨比：当 l_0/h 不大于2.0时，取 $\lambda=0.25$；当 l_0/h 大于2且小于5时，取 $\lambda=a/h_0$，其中，a 为集中荷载到深受弯构件支座的水平距离；λ 的上限值为 $(0.92l_0/h-1.58)$，下限值为 $(0.42l_0/h-0.58)$；

l_0/h——跨高比，当 l_0/h 小于2时，取2.0。

G.0.5 一般要求不出现斜裂缝的钢筋混凝土深梁，应符合下列条件：

$$V_k \leqslant 0.5f_{tk}bh_0 \quad \text{(G.0.5)}$$

式中：V_k——按荷载效应的标准组合计算的剪力值。

此时可不进行斜截面受剪承载力计算，但应按本规范第G.0.10条、第G.0.12条的规定配置分布钢筋。

G.0.6 钢筋混凝土深梁在承受支座反力的作用部位以及集中荷载作用部位，应按本规范第6.6节的规定进行局部受压承载力计算。

G.0.7 深梁的截面宽度不应小于140mm。当 l_0/h 不

小于1时，h/b 不宜大于25；当 l_0/h 小于1时，l_0/b 不宜大于25。深梁的混凝土强度等级不应低于C20。当深梁支承在钢筋混凝土柱上时，宜将柱伸至深梁顶。深梁顶部应与楼板等水平构件可靠连接。

G.0.8 钢筋混凝土深梁的纵向受拉钢筋宜采用较小的直径，且宜按下列规定布置：

1 单跨深梁和连续深梁的下部纵向钢筋宜均匀布置在梁下边缘以上 $0.2h$ 的范围内（图 G.0.8-1 及图 G.0.8-2）。

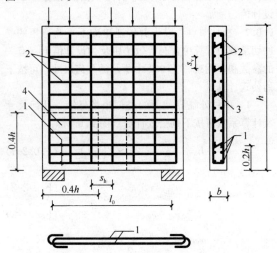

图 G.0.8-1 单跨深梁的钢筋配置

1—下部纵向受拉钢筋及弯折锚固；

2—水平及竖向分布钢筋；

3—拉筋；4—拉筋加密区

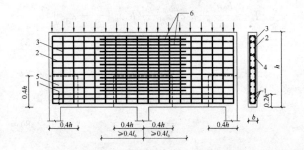

图 G.0.8-2 连续深梁的钢筋配置

1—下部纵向受拉钢筋；2—水平分布钢筋；

3—竖向分布钢筋；4—拉筋；5—拉筋加密区；

6—支座截面上部的附加水平钢筋

2 连续深梁中间支座截面的纵向受拉钢筋宜按图 G.0.8-3 规定的高度范围和配筋比例均匀布置在相应高度范围内。对于 l_0/h 小于1的连续深梁，在中间支座底面以上 $0.2l_0 \sim 0.6l_0$ 高度范围内的纵向受拉钢筋配筋率尚不宜小于0.5%。水平分布钢筋可用作支座部位的上部纵向受拉钢筋，不足部分可由附加水平钢筋补足，附加水平钢筋自支座向跨中延伸的长度不宜小于 $0.4l_0$（图 G.0.8-2）。

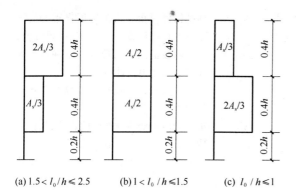

(a) $1.5 < l_0/h \leqslant 2.5$　　(b) $1 < l_0/h \leqslant 1.5$　　(c) $l_0/h \leqslant 1$

图 G.0.8-3　连续深梁中间支座截面纵向受拉钢筋在
不同高度范围内的分配比例

G.0.9　深梁的下部纵向受拉钢筋应全部伸入支座，不应在跨中弯起或截断。在简支单跨深梁支座及连续深梁梁端的简支支座处，纵向受拉钢筋应沿水平方向弯折锚固（图 G.0.8-1），其锚固长度应按本规范第 8.3.1 条规定的受拉钢筋锚固长度 l_a 乘以系数 1.1 采用；当不能满足上述锚固长度要求时，应采取在钢筋上加焊锚固钢板或将钢筋末端焊成封闭式等有效的锚固措施。连续深梁的下部纵向受拉钢筋应全部伸过中间支座的中心线，其自支座边缘算起的锚固长度不应小于 l_a。

G.0.10　深梁应配置双排钢筋网，水平和竖向分布钢筋直径均不应小于 8mm，间距不应大于 200mm。

　　当沿深梁端部竖向边缘设柱时，水平分布钢筋应锚入柱内。在深梁上、下边缘处，竖向分布钢筋宜做成封闭式。

　　在深梁双排钢筋之间应设置拉筋，拉筋沿纵横两个方向的间距均不宜大于 600mm，在支座区高度为 $0.4h$，宽度为从支座伸出 $0.4h$ 的范围内（图 G.0.8-1 和图 G.0.8-2 中的虚线部分），尚应适当增加拉筋的数量。

G.0.11　当深梁全跨沿下边缘作用有均布荷载时，应沿梁全跨均匀布置附加竖向吊筋，吊筋间距不宜大于 200mm。

　　当有集中荷载作用于深梁下部 3/4 高度范围内时，该集中荷载应全部由附加吊筋承受，吊筋应采用竖向吊筋或斜向吊筋。竖向吊筋的水平分布长度 s 应按下列公式确定（图 G.0.11a）：

　　当 h_1 不大于 $h_b/2$ 时

$$s = b_b + h_b \qquad (G.0.11-1)$$

　　当 h_1 大于 $h_b/2$ 时

$$s = b_b + 2h_1 \qquad (G.0.11-2)$$

式中：b_b——传递集中荷载构件的截面宽度；

　　　　h_b——传递集中荷载构件的截面高度；

　　　　h_1——从深梁下边缘到传递集中荷载构件底边的高度。

　　竖向吊筋应沿梁两侧布置，并从梁底伸到梁顶，

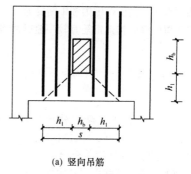

(a) 竖向吊筋

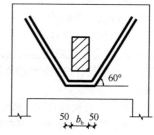

(b) 斜向吊筋

图 G.0.11　深梁承受集中荷载作用时的附加吊筋
注：图中尺寸单位 mm。

在梁顶和梁底应做成封闭式。

　　附加吊筋总截面面积 A_{sv} 应按本规范第 9.2 节进行计算，但吊筋的设计强度 f_{yv} 应乘以承载力计算附加系数 0.8。

G.0.12　深梁的纵向受拉钢筋配筋率 $\rho\left(\rho = \dfrac{A_s}{bh}\right)$、水平分布钢筋配筋率 $\rho_{sh}\left(\rho_{sh} = \dfrac{A_{sh}}{bs_v},\ s_v\ \text{为水平分布钢筋的间距}\right)$ 和竖向分布钢筋配筋率 $\rho_{sv}\left(\rho_{sv} = \dfrac{A_{sv}}{bs_h},\ s_h\ \text{为竖向分布钢筋的间距}\right)$ 不宜小于表 G.0.12 规定的数值。

表 G.0.12　深梁中钢筋的最小配筋百分率（%）

钢筋牌号	纵向受拉钢筋	水平分布钢筋	竖向分布钢筋
HPB300	0.25	0.25	0.20
HRB400、HRBF400、RRB400、HRB335	0.20	0.20	0.15
HRB500、HRBF500	0.15	0.15	0.10

注：当集中荷载作用于连续深梁上部 1/4 高度范围内且 l_0/h 大于 1.5 时，竖向分布钢筋最小配筋百分率应增加 0.05。

G.0.13　除深梁以外的深受弯构件，其纵向受力钢筋、箍筋及纵向构造钢筋的构造规定与一般梁相同，

但其截面下部 1/2 高度范围内和中间支座上部 1/2 高度范围内布置的纵向构造钢筋宜较一般梁适当加强。

附录 H 无支撑叠合梁板

H.0.1 施工阶段不加支撑的叠合受弯构件（梁、板），内力应分别按下列两个阶段计算。

1 第一阶段 后浇的叠合层混凝土未达到强度设计值之前的阶段。荷载由预制构件承担，预制构件按简支构件计算；荷载包括预制构件自重、预制楼板自重、叠合层自重以及本阶段的施工活荷载。

2 第二阶段 叠合层混凝土达到设计规定的强度值之后的阶段。叠合构件按整体结构计算；荷载考虑下列两种情况并取较大值：

施工阶段 考虑叠合构件自重、预制楼板自重、面层、吊顶等自重以及本阶段的施工活荷载；

使用阶段 考虑叠合构件自重、预制楼板自重、面层、吊顶等自重以及使用阶段的可变荷载。

H.0.2 预制构件和叠合构件的正截面受弯承载力应按本规范第 6.2 节计算，其中，弯矩设计值应按下列规定取用：

预制构件

$$M_1 = M_{1G} + M_{1Q} \qquad (\text{H.0.2-1})$$

叠合构件的正弯矩区段

$$M = M_{1G} + M_{2G} + M_{2Q} \qquad (\text{H.0.2-2})$$

叠合构件的负弯矩区段

$$M = M_{2G} + M_{2Q} \qquad (\text{H.0.2-3})$$

式中：M_{1G}——预制构件自重、预制楼板自重和叠合层自重在计算截面产生的弯矩设计值；

M_{2G}——第二阶段面层、吊顶等自重在计算截面产生的弯矩设计值；

M_{1Q}——第一阶段施工活荷载在计算截面产生的弯矩设计值；

M_{2Q}——第二阶段可变荷载在计算截面产生的弯矩设计值，取本阶段施工活荷载和使用阶段可变荷载在计算截面产生的弯矩设计值中的较大值。

在计算中，正弯矩区段的混凝土强度等级，按叠合层取用；负弯矩区段的混凝土强度等级，按计算截面受压区的实际情况取用。

H.0.3 预制构件和叠合构件的斜截面受剪承载力，应按本规范第 6.3 节的有关规定进行计算。其中，剪力设计值应按下列规定取用：

预制构件

$$V_1 = V_{1G} + V_{1Q} \qquad (\text{H.0.3-1})$$

叠合构件

$$V = V_{1G} + V_{2G} + V_{2Q} \qquad (\text{H.0.3-2})$$

式中：V_{1G}——预制构件自重、预制楼板自重和叠合层自重在计算截面产生的剪力设计值；

V_{2G}——第二阶段面层、吊顶等自重在计算截面产生的剪力设计值；

V_{1Q}——第一阶段施工活荷载在计算截面产生的剪力设计值；

V_{2Q}——第二阶段可变荷载产生的剪力设计值，取本阶段施工活荷载和使用阶段可变荷载在计算截面产生的剪力设计值中的较大值。

在计算中，叠合构件斜截面上混凝土和箍筋的受剪承载力设计值 V_{cs} 应取叠合层和预制构件中较低的混凝土强度等级进行计算，且不低于预制构件的受剪承载力设计值；对预应力混凝土叠合构件，不考虑预应力对受剪承载力的有利影响，取 $V_p = 0$。

H.0.4 当叠合梁符合本规范第 9.2 节梁的各项构造要求时，其叠合面的受剪承载力应符合下列规定：

$$V \leqslant 1.2 f_t b h_0 + 0.85 f_{yv} \frac{A_{sv}}{s} h_0 \quad (\text{H.0.4-1})$$

此处，混凝土的抗拉强度设计值 f_t 取叠合层和预制构件中的较低值。

对不配箍筋的叠合板，当符合本规范叠合界面粗糙度的构造规定时，其叠合面的受剪强度应符合下列公式的要求：

$$\frac{V}{bh_0} \leqslant 0.4(\text{N/mm}^2) \qquad (\text{H.0.4-2})$$

H.0.5 预应力混凝土叠合受弯构件，其预制构件和叠合构件应进行正截面抗裂验算。此时，在荷载的标准组合下，抗裂验算边缘混凝土的拉应力不应大于预制构件的混凝土抗拉强度标准值 f_{tk}。抗裂验算边缘混凝土的法向应力应按下列公式计算：

预制构件

$$\sigma_{ck} = \frac{M_{1k}}{W_{01}} \qquad (\text{H.0.5-1})$$

叠合构件

$$\sigma_{ck} = \frac{M_{1Gk}}{W_{01}} + \frac{M_{2k}}{W_0} \qquad (\text{H.0.5-2})$$

式中：M_{1Gk}——预制构件自重、预制楼板自重和叠合层自重标准值在计算截面产生的弯矩值；

M_{1k}——第一阶段荷载标准组合下在计算截面产生的弯矩值，取 $M_{1k} = M_{1Gk} + M_{1Qk}$，此处，$M_{1Qk}$ 为第一阶段施工活荷载标准值在计算截面产生的弯矩值；

M_{2k}——第二阶段荷载标准组合下在计算截面上产生的弯矩值，取 $M_{2k} = M_{2Gk} + M_{2Qk}$，此处 M_{2Gk} 为面层、吊顶等自重标准值在计算截面产生的弯矩值；M_{2Qk} 为使用阶段可变荷载标准值在计算截面产生的弯矩值；

W_{01}——预制构件换算截面受拉边缘的弹性抵抗矩；

W_0——叠合构件换算截面受拉边缘的弹性抵抗矩，此时，叠合层的混凝土截面面积应按弹性模量比换算成预制构件混凝土的截面面积。

H. 0. 6 预应力混凝土叠合构件，应按本规范第 7.1.5 条的规定进行斜截面抗裂验算；混凝土的主拉应力及主压应力应考虑叠合构件受力特点，并按本规范第 7.1.6 条的规定计算。

H. 0. 7 钢筋混凝土叠合受弯构件在荷载准永久组合下，其纵向受拉钢筋的应力 σ_{sq} 应符合下列规定：

$$\sigma_{sq} \leqslant 0.9 f_y \qquad (\text{H. 0. 7-1})$$

$$\sigma_{sq} = \sigma_{s1k} + \sigma_{s2q} \qquad (\text{H. 0. 7-2})$$

在弯矩 M_{1Gk} 作用下，预制构件纵向受拉钢筋的应力 σ_{s1k} 可按下列公式计算：

$$\sigma_{s1k} = \frac{M_{1Gk}}{0.87 A_s h_{01}} \qquad (\text{H. 0. 7-3})$$

式中：h_{01}——预制构件截面有效高度。

在荷载准永久组合相应的弯矩 M_{2q} 作用下，叠合构件纵向受拉钢筋中的应力增量 σ_{s2q} 可按下列公式计算：

$$\sigma_{s2q} = \frac{0.5\left(1 + \dfrac{h_1}{h}\right) M_{2q}}{0.87 A_s h_0} \qquad (\text{H. 0. 7-4})$$

当 $M_{1Gk} < 0.35 M_{1u}$ 时，公式（H. 0. 7-4）中的 $0.5\left(1 + \dfrac{h_1}{h}\right)$ 值应取等于 1.0；此处，M_{1u} 为预制构件正截面受弯承载力设计值，应按本规范第 6.2 节计算，但式中应取等号，并以 M_{1u} 代替 M。

H. 0. 8 混凝土叠合构件应验算裂缝宽度，按荷载准永久组合或标准组合并考虑长期作用影响所计算的最大裂缝宽度 w_{max}，不应超过本规范第 3.4 节规定的最大裂缝宽度限值。

按荷载准永久组合或标准组合并考虑长期作用影响的最大裂缝宽度 w_{max} 可按下列公式计算：

钢筋混凝土构件

$$w_{max} = 2 \frac{\psi(\sigma_{s1k} + \sigma_{s2q})}{E_s}\left(1.9c + 0.08\frac{d_{eq}}{\rho_{te1}}\right)$$

$$(\text{H. 0. 8-1})$$

$$\psi = 1.1 - \frac{0.65 f_{tk1}}{\rho_{te1}\sigma_{s1k} + \rho_{te}\sigma_{s2q}} \qquad (\text{H. 0. 8-2})$$

预应力混凝土构件

$$w_{max} = 1.6 \frac{\psi(\sigma_{s1k} + \sigma_{s2k})}{E_s}\left(1.9c + 0.08\frac{d_{eq}}{\rho_{te1}}\right)$$

$$(\text{H. 0. 8-3})$$

$$\psi = 1.1 - \frac{0.65 f_{tk1}}{\rho_{te1}\sigma_{s1k} + \rho_{te}\sigma_{s2k}} \qquad (\text{H. 0. 8-4})$$

式中：d_{eq}——受拉区纵向钢筋的等效直径，按本规范第 7.1.2 条的规定计算；

ρ_{te1}、ρ_{te}——按预制构件、叠合构件的有效受拉混凝土截面面积计算的纵向受拉钢筋配筋率，按本规范第 7.1.2 条计算；

f_{tk1}——预制构件的混凝土抗拉强度标准值。

H. 0. 9 叠合构件应按本规范第 7.2.1 条的规定进行正常使用极限状态下的挠度验算。其中，叠合受弯构件按荷载准永久组合或标准组合并考虑长期作用影响的刚度可按下列公式计算：

钢筋混凝土构件

$$B = \frac{M_q}{\left(\dfrac{B_{s2}}{B_{s1}} - 1\right) M_{1Gk} + \theta M_q} B_{s2} \quad (\text{H. 0. 9-1})$$

预应力混凝土构件

$$B = \frac{M_k}{\left(\dfrac{B_{s2}}{B_{s1}} - 1\right) M_{1Gk} + (\theta - 1)M_q + M_k} B_{s2}$$

$$(\text{H. 0. 9-2})$$

$$M_k = M_{1Gk} + M_{2k} \qquad (\text{H. 0. 9-3})$$

$$M_q = M_{1Gk} + M_{2Gk} + \psi_q M_{2Qk} \quad (\text{H. 0. 9-4})$$

式中：θ——考虑荷载长期作用对挠度增大的影响系数，按本规范第 7.2.5 条采用；

M_k——叠合构件按荷载标准组合计算的弯矩值；

M_q——叠合构件按荷载准永久组合计算的弯矩值；

B_{s1}——预制构件的短期刚度，按本规范第 H. 0. 10 条采用；

B_{s2}——叠合构件第二阶段的短期刚度，按本规范第 H. 0. 10 条取用；

ψ_q——第二阶段可变荷载的准永久值系数。

H. 0. 10 荷载准永久组合或标准组合下叠合式受弯构件正弯矩区段内的短期刚度，可按下列规定计算。

1 钢筋混凝土叠合构件

1) 预制构件的短期刚度 B_{s1} 可按本规范公式（7.2.3-1）计算。

2) 叠合构件第二阶段的短期刚度可按下列公式计算：

$$B_{s2} = \frac{E_s A_s h_0^2}{0.7 + 0.6\dfrac{h_1}{h} + \dfrac{45\alpha_E \rho}{1 + 3.5\gamma'_f}}$$

$$(\text{H. 0. 10-1})$$

式中：α_E——钢筋弹性模量与叠合层混凝土弹性模量的比值：$\alpha_E = E_s / E_{c2}$。

2 预应力混凝土叠合构件

1) 预制构件的短期刚度 B_{s1} 可按本规范公式 (7.2.3-2) 计算。

2) 叠合构件第二阶段的短期刚度可按下列公式计算:

$$B_{s2} = 0.7E_{c1}I_0 \qquad (\text{H.}0.10\text{-}2)$$

式中: E_{c1}——预制构件的混凝土弹性模量;

I_0——叠合构件换算截面的惯性矩,此时,叠合层的混凝土截面面积应按弹性模量比换算成预制构件混凝土的截面面积。

H.0.11 荷载准永久组合或标准组合下叠合式受弯构件负弯矩区段内第二阶段的短期刚度 B_{s2} 可按本规范公式 (7.2.3-1) 计算,其中,弹性模量的比值取 $\alpha_E = E_s/E_{c1}$。

H.0.12 预应力混凝土叠合构件在使用阶段的预应力反拱值可用结构力学方法按预制构件的刚度进行计算。在计算中,预应力钢筋的应力应扣除全部预应力损失;考虑预应力长期影响,可将计算所得的预应力反拱值乘以增大系数 1.75。

附录 J 后张曲线预应力筋由锚具变形和预应力筋内缩引起的预应力损失

J.0.1 在后张法构件中,应计算曲线预应力筋由锚具变形和预应力筋内缩引起的预应力损失。

1 反摩擦影响长度 l_f (mm)(图 J.0.1)可按下列公式计算:

$$l_f = \sqrt{\frac{a \cdot E_p}{\Delta\sigma_d}} \qquad (\text{J.}0.1\text{-}1)$$

$$\Delta\sigma_d = \frac{\sigma_0 - \sigma_l}{l} \qquad (\text{J.}0.1\text{-}2)$$

式中: a——张拉端锚具变形和预应力筋内缩值 (mm),按本规范表 10.2.2 采用;

$\Delta\sigma_d$——单位长度由管道摩擦引起的预应力损失 (MPa/mm);

σ_0——张拉端锚下控制应力,按本规范第 10.1.3 条的规定采用;

σ_l——预应力筋扣除沿途摩擦损失后锚固端应力;

l——张拉端至锚固端的距离 (mm)。

2 当 $l_f \leqslant l$ 时,预应力筋离张拉端 x 处考虑反摩擦后的预应力损失 σ_{l1},可按下列公式计算:

$$\sigma_{l1} = \Delta\sigma \frac{l_f - x}{l_f} \qquad (\text{J.}0.1\text{-}3)$$

$$\Delta\sigma = 2\Delta\sigma_d l_f \qquad (\text{J.}0.1\text{-}4)$$

式中: $\Delta\sigma$——预应力筋考虑反向摩擦后在张拉端锚下的预应力损失值。

3 当 $l_f > l$ 时,预应力筋离张拉端 x' 处考虑反向摩擦后的预应力损失 σ'_{l1},可按下列公式计算:

$$\sigma'_{l1} = \Delta\sigma' - 2x'\Delta\sigma_d \qquad (\text{J.}0.1\text{-}5)$$

式中: $\Delta\sigma'$——预应力筋考虑反向摩擦后在张拉端锚下的预应力损失值,可按以下方法求得:在图 J.0.1 中设 "$ca'bd$" 等腰梯形面积 $A = a \cdot E_p$,试算得到 cd,则 $\Delta\sigma' = cd$。

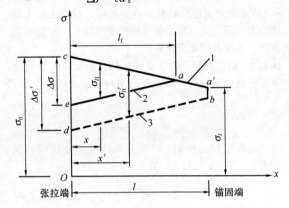

图 J.0.1 考虑反向摩擦后预应力损失计算

注:1 caa' 表示预应力筋扣除管道正摩擦损失后的应力分布线;

2 eaa' 表示 $l_f \leqslant l$ 时,预应力筋扣除管道正摩擦和内缩(考虑反摩擦)损失后的应力分布线;

3 db 表示 $l_f > l$ 时,预应力筋扣除管道正摩擦和内缩(考虑反摩擦)损失后的应力分布线。

J.0.2 两端张拉(分次张拉或同时张拉)且反摩擦损失影响长度有重叠时,在重叠范围内同一截面扣除正摩擦和回缩反摩擦损失后预应力筋的应力可取:两端分别张拉、锚固,分别计算正摩擦和回缩反摩擦损失,分别将张拉端锚下控制应力减去上述应力计算结果所得较大值。

J.0.3 常用束形的后张曲线预应力筋或折线预应力筋,由于锚具变形和预应力筋内缩在反向摩擦影响长度 l_f 范围内的预应力损失值 σ_{l1},可按下列公式计算:

1 抛物线形预应力筋可近似按圆弧形曲线预应力筋考虑(图 J.0.3-1)。当其对应的圆心角 $\theta \leqslant 45°$ 时(对无粘结预应力筋 $\theta \leqslant 90°$),预应力损失值 σ_{l1} 可按下列公式计算:

$$\sigma_{l1} = 2\sigma_{con}l_f\left(\frac{\mu}{r_c} + \kappa\right)\left(1 - \frac{x}{l_f}\right) \quad (\text{J.}0.3\text{-}1)$$

反向摩擦影响长度 l_f (m) 可按下列公式计算:

$$l_f = \sqrt{\frac{aE_s}{1000\sigma_{con}(\mu/r_c + \kappa)}} \qquad (\text{J.}0.3\text{-}2)$$

式中: r_c——圆弧形曲线预应力筋的曲率半径 (m);

μ——预应力筋与孔道壁之间的摩擦系数,按本规范表 10.2.4 采用;

κ——考虑孔道每米长度局部偏差的摩擦系数,按本规范表 10.2.4 采用;

x——张拉端至计算截面的距离（m）；

a——张拉端锚具变形和预应力筋内缩值（mm），按本规范表10.2.2采用；

E_s——预应力筋弹性模量。

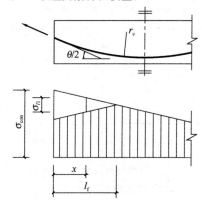

图 J.0.3-1　圆弧形曲线预应力筋的预应力损失 σ_{l1}

2　端部为直线（直线长度为 l_0），而后由两条圆弧形曲线（圆弧对应的圆心角 $\theta \leqslant 45°$，对无粘结预应力筋取 $\theta \leqslant 90°$）组成的预应力筋（图 J.0.3-2），预应力损失值 σ_{l1} 可按下列公式计算：

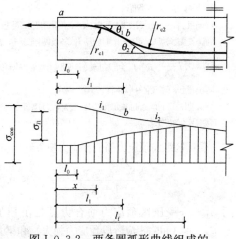

图 J.0.3-2　两条圆弧形曲线组成的
预应力筋的预应力损失 σ_{l1}

当 $x \leqslant l_0$ 时

$$\sigma_{l1} = 2i_1(l_1 - l_0) + 2i_2(l_f - l_1) \quad (\text{J.0.3-3})$$

当 $l_0 < x \leqslant l_1$ 时

$$\sigma_{l1} = 2i_1(l_1 - x) + 2i_2(l_f - l_1) \quad (\text{J.0.3-4})$$

当 $l_1 < x \leqslant l_f$ 时

$$\sigma_{l1} = 2i_2(l_f - x) \quad (\text{J.0.3-5})$$

反向摩擦影响长度 l_f（m）可按下列公式计算：

$$l_f = \sqrt{\frac{aE_s}{1000 i_2} - \frac{i_1(l_1^2 - l_0^2)}{i_2} + l_1^2} \quad (\text{J.0.3-6})$$

$$i_1 = \sigma_a(\kappa + \mu/r_{c1}) \quad (\text{J.0.3-7})$$

$$i_2 = \sigma_b(\kappa + \mu/r_{c2}) \quad (\text{J.0.3-8})$$

式中：l_1——预应力筋张拉端起点至反弯点的水平投影长度；

i_1、i_2——第一、二段圆弧形曲线预应力筋中应力近似直线变化的斜率；

r_{c1}、r_{c2}——第一、二段圆弧形曲线预应力筋的曲率半径；

σ_a、σ_b——预应力筋在 a、b 点的应力。

3　当折线形预应力筋的锚固损失消失于折点 c 之外时（图 J.0.3-3），预应力损失值 σ_{l1} 可按下列公式计算：

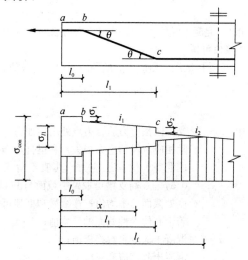

图 J.0.3-3　折线形预应力筋的预应力损失 σ_{l1}

当 $x \leqslant l_0$ 时

$$\sigma_{l1} = 2\sigma_1 + 2i_1(l_1 - l_0) + 2\sigma_2 + 2i_2(l_f - l_1) \quad (\text{J.0.3-9})$$

当 $l_0 < x \leqslant l_1$ 时

$$\sigma_{l1} = 2i_1(l_1 - x) + 2\sigma_2 + 2i_2(l_f - l_1) \quad (\text{J.0.3-10})$$

当 $l_1 < x \leqslant l_f$ 时

$$\sigma_{l1} = 2i_2(l_f - x) \quad (\text{J.0.3-11})$$

反向摩擦影响长度 l_f（m）可按下列公式计算：

$$l_f = \sqrt{\frac{aE_s}{1000 i_2} - \frac{i_1(l_1 - l_0)^2 + 2i_1 l_0(l_1 - l_0) + 2\sigma_1 l_0 + 2\sigma_2 l_1}{i_2} + l_1^2} \quad (\text{J.0.3-12})$$

$$i_1 = \sigma_{con}(1 - \mu\theta)\kappa \quad (\text{J.0.3-13})$$

$$i_2 = \sigma_{con}[1 - \kappa(l_1 - l_0)](1 - \mu\theta)^2\kappa \quad (\text{J.0.3-14})$$

$$\sigma_1 = \sigma_{con}\mu\theta \quad (\text{J.0.3-15})$$

$$\sigma_2 = \sigma_{con}[1 - \kappa(l_1 - l_0)](1 - \mu\theta)\mu\theta \quad (\text{J.0.3-16})$$

式中：i_1——预应力筋 bc 段中应力近似直线变化的

斜率；

i_2——预应力筋在折点 c 以外应力近似直线变化的斜率；

l_1——张拉端起点至预应力筋折点 c 的水平投影长度。

附录 K 与时间相关的预应力损失

K.0.1 混凝土收缩和徐变引起预应力筋的预应力损失终极值可按下列规定计算：

1 受拉区纵向预应力筋的预应力损失终极值 σ_{l5}

$$\sigma_{l5} = \frac{0.9\alpha_p\sigma_{pc}\varphi_\infty + E_s\varepsilon_\infty}{1+15\rho} \quad (K.0.1-1)$$

式中：σ_{pc}——受拉区预应力筋合力点处由预加力（扣除相应阶段预应力损失）和梁自重产生的混凝土法向压应力，其值不得大于 $0.5f'_{cu}$；简支梁可取跨中截面与 $1/4$ 跨度处截面的平均值；连续梁和框架可取若干有代表性截面的平均值；

φ_∞——混凝土徐变系数终极值；

ε_∞——混凝土收缩应变终极值；

E_s——预应力筋弹性模量；

α_p——预应力筋弹性模量与混凝土弹性模量的比值；

ρ——受拉区预应力筋和普通钢筋的配筋率：先张法构件，$\rho=(A_p+A_s)/A_0$；后张法构件，$\rho=(A_p+A_s)/A_n$；对于对称配置预应力筋和普通钢筋的构件，配筋率 ρ 取钢筋总截面面积的一半。

当无可靠资料时，φ_∞、ε_∞ 值可按表 K.0.1-1 及表 K.0.1-2 采用。如结构处于年平均相对湿度低于 40% 的环境下，表列数值应增加 30%。

表 K.0.1-1 混凝土收缩应变终极值 ε_∞（$\times10^{-4}$）

年平均相对湿度 RH		40%≤RH<70%				70%≤RH≤99%			
理论厚度 2A/u（mm）		100	200	300	≥600	100	200	300	≥600
预加应力时的混凝土龄期 t_0（d）	3	4.83	4.09	3.57	3.09	3.47	2.95	2.60	2.26
	7	4.35	3.89	3.44	3.01	3.12	2.80	2.49	2.18
	10	4.06	3.77	3.37	2.96	2.91	2.70	2.42	2.14
	14	3.73	3.62	3.27	2.91	2.67	2.59	2.35	2.10
	28	2.90	3.20	3.01	2.77	2.07	2.28	2.15	1.98
	60	1.92	2.54	2.58	2.54	1.37	1.80	1.82	1.80
	≥90	1.45	2.12	2.27	2.38	1.03	1.50	1.60	1.68

表 K.0.1-2 混凝土徐变系数终极值 φ_∞

年平均相对湿度 RH		40%≤RH<70%				70%≤RH≤99%			
理论厚度 2A/u（mm）		100	200	300	≥600	100	200	300	≥600
预加应力时的混凝土龄期 t_0（d）	3	3.51	3.14	2.94	2.63	2.78	2.55	2.43	2.23
	7	3.00	2.68	2.51	2.37	2.37	2.18	2.08	1.91
	10	2.80	2.51	2.35	2.10	2.22	2.04	1.94	1.78
	14	2.63	2.35	2.21	1.97	2.08	1.91	1.82	1.67
	28	2.31	2.06	1.93	1.73	1.82	1.68	1.60	1.47
	60	1.99	1.78	1.67	1.49	1.58	1.45	1.38	1.27
	≥90	1.85	1.65	1.55	1.38	1.46	1.34	1.28	1.17

注：1 预加力时的混凝土龄期，先张法构件可取 3d～7d，后张法构件可取 7d～28d；

2 A 为构件截面面积，u 为该截面与大气接触的周边长度；当构件为变截面时，A 和 u 均可取其平均值；

3 本表适用于由一般的硅酸盐类水泥或快硬水泥配置而成的混凝土；表中数值系按强度等级 C40 混凝土计算所得，对 C50 及以上混凝土，表列数值应乘以 $\sqrt{\dfrac{32.4}{f_{ck}}}$，式中 f_{ck} 为混凝土轴心抗压强度标准值（MPa）；

4 本表适用于季节性变化的平均温度 $-20℃\sim+40℃$；

5 当实际构件的理论厚度和预加力时的混凝土龄期为表列数值的中间值时，可按线性内插法确定。

2 受压区纵向预应力筋的预应力损失终极值 σ'_{l5}

$$\sigma'_{l5} = \frac{0.9\alpha_p\sigma'_{pc}\varphi_\infty + E_s\varepsilon_\infty}{1+15\rho'} \quad (K.0.1-2)$$

式中：σ'_{pc}——受压区预应力筋合力点处由预加力（扣除相应阶段预应力损失）和梁自重产生的混凝土法向压应力，其值不得大于 $0.5f'_{cu}$，当 σ'_{pc} 为拉应力时，取 $\sigma'_{pc}=0$；

ρ'——受压区预应力筋和普通钢筋的配筋率：先张法构件，$\rho'=(A'_p+A'_s)/A_0$；后张法构件，$\rho'=(A'_p+A'_s)/A_n$。

注：受压区配置预应力筋 A'_p 及普通钢筋 A'_s 的构件，在计算公式（K.0.1-1）、公式（K.0.1-2）中的 σ_{pc} 及 σ'_{pc} 时，应按截面全部预加力进行计算。

K.0.2 考虑时间影响的混凝土收缩和徐变引起的预应力损失值，可由第 K.0.1 条计算的预应力损失终极值 σ_{l5}、σ'_{l5} 乘以表 K.0.2 中相应的系数确定。

考虑时间影响的预应力筋应力松弛引起的预应力损失值，可由本规范第 10.2.1 条计算的预应力损失值 σ_{l4} 乘以表 K.0.2 中相应的系数确定。

表 K.0.2　随时间变化的预应力损失系数

时间（d）	松弛损失系数	收缩徐变损失系数
2	0.50	—
10	0.77	0.33
20	0.88	0.37
30	0.95	0.40
40	1.00	0.43
60		0.50
90		0.60
180		0.75
365		0.85
1095		1.00

注：1　先张法预应力混凝土构件的松弛损失时间从张拉完成开始计算，收缩徐变损失从放张完成开始计算；

　　2　后张法预应力混凝土构件的松弛损失、收缩徐变损失均从张拉完成开始计算。

本规范用词说明

1　为了便于在执行本规范条文时区别对待，对要求严格程度不同的用词说明如下：

　　1）表示很严格，非这样做不可的：

　　　　正面词采用"必须"，反面词采用"严禁"；

　　2）表示严格，在正常情况下均应这样做的：

　　　　正面词采用"应"，反面词采用"不应"或"不得"；

　　3）表示允许稍有选择，在条件允许时首先这样做的：

　　　　正面词采用"宜"，反面词采用"不宜"；

　　4）表示有选择，在一定条件下可以这样做的，采用"可"。

2　规范中指定应按其他有关标准、规范执行时，写法为："应符合……的规定"或"应按……执行"。

引用标准名录

1　《建筑结构荷载规范》GB 50009

2　《建筑抗震设计规范》GB 50011

3　《建筑结构可靠度设计统一标准》GB 50068

4　《工程结构可靠性设计统一标准》GB 50153

5　《民用建筑热工设计规范》GB 50176

6　《建筑工程抗震设防分类标准》GB 50223

7　《钢筋混凝土用钢　第 2 部分：热轧带肋钢筋》GB 1499.2

中华人民共和国国家标准

混凝土结构设计规范

GB 50010—2010

（2015 年版）

条 文 说 明

修 订 说 明

《混凝土结构设计规范》GB 50010－2010 经住房和城乡建设部 2010 年 8 月 18 日以第 743 号公告批准、发布。

本规范是在《混凝土结构设计规范》GB 50010－2002 的基础上修订而成的，上一版的主编单位是中国建筑科学研究院，参编单位是清华大学、天津大学、重庆建筑大学、湖南大学、东南大学、河海大学、大连理工大学、哈尔滨建筑大学、西安建筑科技大学、建设部建筑设计院、北京市建筑设计研究院、首都工程有限公司、中国轻工业北京设计院、铁道部专业设计院、交通部水运规划设计院、西北水电勘测设计院、冶金材料行业协会预应力委员会，主要起草人员是李明顺、徐有邻、白生翔、白绍良、孙慧中、沙志国、吴学敏、陈健、胡德炘、程懋堃、王振东、王振华、过镇海、庄崖屏、朱龙、邹银生、宋玉普、沈聚敏、邸小坛、吴佩刚、周氏、姜维山、陶学康、康谷贻、蓝宗建、干城、夏琪俐。

本规范修订过程中，修订组进行了广泛的调查研究，总结了我国工程建设的实践经验，同时参考了国外先进技术法规、技术标准，许多单位和学者进行了卓有成效的试验和研究，为本次修订提供了极有价值的参考资料。

为便于广大设计、施工、科研、学校等单位有关人员在使用本规范时能正确理解和执行条文规定，《混凝土结构设计规范》修订组按章、节、条顺序编制了本规范的条文说明，对条文规定的目的、依据以及执行中需注意的有关事项进行了说明，还着重对强制性条文的强制性理由作了解释。但是条文说明不具备与标准正文同等的效力，仅供使用者作为理解和把握规范规定的参考。

目　次

1 总 则

1.0.1 本次修订根据多年来的工程经验和研究成果，并总结了上一版规范的应用情况和存在问题，贯彻国家"四节一环保"的技术政策，对部分内容进行了补充和调整。适当扩充了混凝土结构耐久性的相关内容；引入了强度级别为 500MPa 级的热轧带肋钢筋；对承载力极限状态计算方法、正常使用极限状态验算方法进行了改进；完善了部分结构构件的构造措施；补充了结构防连续倒塌和既有结构设计的相关内容等。

本次修订继承上一版规范为实现房屋、铁路、公路、港口和水利水电工程混凝土结构共性技术问题设计方法统一的原则，修订力求使本规范的共性技术问题能进一步为各行业规范认可。

1.0.2 本次修订补充了对结构防连续倒塌设计和既有结构设计的基本原则，同时增加了无粘结预应力混凝土结构的相关内容。

对采用陶粒、浮石、煤矸石等为骨料的轻骨料混凝土结构，应按专门标准进行设计。

设计下列结构时，尚应符合专门标准的有关规定：

1 超重混凝土结构、防辐射混凝土结构、耐酸（碱）混凝土结构等；

2 修建在湿陷性黄土、膨胀土地区或地下采掘区等的结构；

3 结构表面温度高于 100℃ 或有生产热源且结构表面温度经常高于 60℃ 的结构；

4 需作振动计算的结构。

1.0.3 本规范依据工程结构以及建筑结构的可靠性统一标准修订。本规范的内容是基于现阶段混凝土结构设计的成熟做法和对混凝土结构承载力以及正常使用的最低要求。当结构受力情况、材料性能等基本条件与本规范的编制依据有出入时，则需根据具体情况通过专门试验或分析加以解决。

1.0.4 本规范与相关的标准、规范进行了合理的分工和衔接，执行时尚应符合相关标准、规范的规定。

2 术语和符号

2.1 术 语

术语是根据现行国家标准《工程结构设计基本术语标准》GB/T 50083 并结合本规范的具体情况给出的。

本次修订删节、简化了其他标准已经定义的常用术语，补充了各类钢筋及其性能、各类型混凝土构件、构造等混凝土结构特有的专用术语，如配筋率、混凝土保护层、锚固长度、结构缝等。原规范有关可

靠度及荷载等方面的术语，在相关标准中已有表述，故不再列出。

原规范中混凝土结构的结构形式如排架结构、框架结构、剪力墙结构、框架-剪力墙结构、筒体结构、板柱结构等，作为常识也不再作为术语列出。

2.2 符 号

本次修订基本沿用原《混凝土结构设计规范》GB 50010-2002 的符号。一些不常用的符号在条文相应处已有说明，在此不再列出。

2.2.1 用"C"后加数字表达混凝土的强度等级；用"HRB"、"HRBF"、"HPB"、"RRB"后加数字表达钢筋的牌号及强度等级。

增加了钢筋在最大拉力下的总伸长率（均匀伸长率）的符号"δ_{gt}"，等同于现行国家标准《钢筋混凝土用钢 第 2 部分：热轧带肋钢筋》GB 1499.2、《预应力混凝土用钢丝》GB/T 5223 和《预应力混凝土用钢绞线》GB/T 5224 中的"A_{gt}"。

2.2.4 偏心受压构件考虑二阶效应影响的增大系数有两个：在考虑结构侧移的二阶效应时用"η_s"表示；考虑构件自身挠曲的二阶效应时用"η_{ns}"表示。

增加斜体希腊字母符号"ϕ"，仅表示钢筋直径，不代表钢筋的牌号。

3 基本设计规定

3.1 一 般 规 定

3.1.1 为满足建筑方案并从根本上保证结构安全，设计的内容应在以构件设计为主的基础上扩展到考虑整个结构体系的设计。本次修订补充有关结构设计的基本要求，包括结构方案、内力分析、截面设计、连接构造、耐久性、施工可行性及特殊工程的性能设计等。

3.1.2 本规范根据现行国家标准《工程结构可靠性设计统一标准》GB 50153 及《建筑结构可靠度设计统一标准》GB 50068 的规定，采用概率极限状态设计方法，以分项系数的形式表达。包括结构重要性系数、荷载分项系数、材料性能分项系数（材料分项系数，有时直接以材料的强度设计值表达）、抗力模型不定性系数（构件承载力调整系数）等。对难于定量计算的间接作用和耐久性等，仍采用基于经验的定性方法进行设计。

本规范中的荷载分项系数应按现行国家标准《建筑结构荷载规范》GB 50009 的规定取用。

3.1.3 对混凝土结构极限状态的分类系根据《工程结构可靠性设计统一标准》GB 50153 确定的。极限状态仍分为两类，但内容比原规范有所扩大：在承载能力极限状态中增加了结构防连续倒塌的内容；在正常使

用极限状态中增加了楼盖舒适度的要求。

3.1.4 本条规定了确定结构上作用的原则，直接作用根据现行国家标准《建筑结构荷载规范》GB 50009确定；地震作用根据现行国家标准《建筑抗震设计规范》GB 50011确定；对于直接承受吊车荷载的构件以及预制构件、现浇结构等，应按不同工况确定相应的动力系数或施工荷载。

对于混凝土结构的疲劳问题，主要是吊车梁构件的疲劳验算。其设计方法与吊车的工作级别和材料的疲劳强度有关，近年均有较大变化。当设计直接承受重级工作制吊车的吊车梁时，建议根据工程经验采用钢结构的形式。

本次修订增加了对间接作用的规定。间接作用包括温度变化、混凝土收缩与徐变、强迫位移、环境引起材料性能劣化等造成的影响，设计时应根据有关标准、工程特点及具体情况确定，通常仍采用经验性的构造措施进行设计。

对于罕遇自然灾害以及爆炸、撞击、火灾等偶然作用以及非常规的特殊作用，应根据有关标准或由具体条件和设计要求确定。

3.1.5 混凝土结构的安全等级由现行国家标准《工程结构可靠性设计统一标准》GB 50153确定。本条仅补充规定：可以根据实际情况调整构件的安全等级。对破坏引起严重后果的重要构件和关键传力部位，宜适当提高安全等级、加大构件重要性系数；对一般结构中的次要构件及可更换构件，可根据具体情况适当降低其重要性系数。

3.1.6 设计应根据现有技术条件(材料、工艺、机具等)考虑施工的可行性。对特殊结构，应提出控制关键技术的要求，以达到设计目标。

3.1.7 各类建筑结构的设计使用年限并不一致，应按《建筑结构可靠度设计统一标准》GB 50068 的规定取用，相应的荷载设计值及耐久性措施均应依据设计使用年限确定。改变用途和使用环境(如超载使用、结构开洞、改变使用功能、使用环境恶化等)的情况均会影响其安全及使用年限。任何对结构的改变(无论是在建结构或既有结构)均须经设计许可或技术鉴定，以保证结构在设计使用年限内的安全和使用功能。

3.2 结构方案

3.2.1 灾害调查和事故分析表明：结构方案对建筑物的安全有着决定性的影响。在与建筑方案协调时应考虑结构体形(高宽比、长宽比)适当；传力途径和构件布置能够保证结构的整体稳固性；避免因局部破坏引发结构连续倒塌。本条提出了在方案阶段应考虑加强结构整体稳固性的设计原则。

3.2.2 结构设计时通过设置结构缝将结构分割为若干相对独立的单元。结构缝包括伸缩缝、缩缝、沉降缝、防震缝、构造缝、防连续倒塌的分割缝等。不同类型的结构缝是为消除下列不利因素的影响：混凝土收缩、温度变化引起的胀缩变形；基础不均匀沉降；刚度及质量突变；局部应力集中；结构防震；防止连续倒塌等。除永久性的结构缝以外，还应考虑设置施工接槎、后浇带、控制缝等临时性的缝以消除某些暂时性的不利影响。

结构缝的设置应考虑对建筑功能(如装修观感、止水防渗、保温隔声等)、结构传力(如结构布置、构件传力)、构造做法和施工可行性等造成的影响。应遵循"一缝多能"的设计原则，采取有效的构造措施。

3.2.3 构件之间连接构造设计的原则是：保证连接节点处被连接构件之间的传力性能符合设计要求；保证不同材料(混凝土、钢、砌体等)结构构件之间的良好结合；选择可靠的连接方式以保证可靠传力；连接节点尚应考虑被连接构件之间变形的影响以及相容条件，以避免、减少不利影响。

3.2.4 本条提出了结构方案设计阶段应综合考虑的"四节一环保"等问题。

3.3 承载能力极限状态计算

3.3.1 本条列出了各类设计状况下的结构构件承载能力极限状态计算应考虑的内容。

对只承受安装或检修用吊车的构件，根据使用情况和设计经验可不作疲劳验算。

在各种偶然作用(罕遇自然灾害、人为过失以及爆炸、撞击、火灾等人为灾害)下，混凝土结构应能保证必要的整体稳固性。因此本次修订对倒塌可能引起严重后果的特别重要结构，增加了防连续倒塌设计的要求。

3.3.2 本条为承载能力极限状态设计的基本表达式，适用于本规范结构构件的承载力计算。

符号 S 在现行国家标准《建筑结构荷载规范》GB 50009中为荷载组合的效应设计值；在现行国家标准《建筑抗震设计规范》GB 50011中为地震作用效应与其他荷载效应基本组合的设计值，在本条中均为以内力形式表达。

根据《工程结构可靠性设计统一标准》GB 50153的规定，本次修订提出了构件抗力模型不定性系数(构件抗力调整系数)γ_{Rd} 的概念，在抗震设计中为抗震承载力调整系数 γ_{RE}。

当几何参数的变异性对结构性能有明显影响时，需考虑其不利影响。例如，薄板的截面有效高度的变异性对薄板正截面承载力有明显影响，在计算截面有效高度时宜考虑施工允许偏差带来的不利影响。

3.3.3 对二维、三维的混凝土结构，当采用应力设计的形式进行承载能力极限状态设计时，可按等代内力的简化方法计算；当采用多轴强度准则进行设计验算时，应符合本规范附录C.4的有关规定。

3.3.4 对偶然作用下结构的承载能力极限状态设计，根据其受力特点对承载能力极限状态设计的表达形式进行了修正：作用效应设计值 S 按偶然组合计算；结构重要性系数 γ_0 取不小于 1.0 的数值；材料强度取标准值。当进行防连续倒塌验算时，按本规范第 3.6 节的原则计算。

3.3.5 对既有结构进行承载能力验算时，既有结构的承载力应符合复核验算的要求；而对既有结构重新设计时，则应按本规范第 3.7 节的原则计算。

3.4 正常使用极限状态验算

3.4.1 正常使用极限状态是通过对作用组合效应值的限值进行控制而实现的。本次修订根据对使用功能的进一步要求，新增加了对楼盖结构舒适度验算的要求。

3.4.2 对正常使用极限状态，89 版规范规定按荷载的持久性采用两种组合：短期效应组合和长期效应组合。02 版规范根据《建筑结构可靠度设计统一标准》GB 50068 的规定，将荷载的短期效应组合、长期效应组合改称为荷载效应的标准组合、准永久组合。在标准组合中，含有起控制作用的一个可变荷载标准值效应；在准永久组合中，含有可变荷载准永久值效应。这就使荷载效应组合的名称与荷载代表值的名称相对应。

本次修订对构件挠度、裂缝宽度计算采用的荷载组合进行了调整，对钢筋混凝土构件改为采用荷载准永久组合并考虑长期作用的影响；对预应力混凝土构件仍采用荷载标准组合并考虑长期作用的影响。

3.4.3 构件变形挠度的限值应以不影响结构使用功能、外观及与其他构件的连接等要求为目的。工程实践表明，原规范验算的挠度限值基本合适，本次修订未作改动。

悬臂构件是工程实践中容易发生事故的构件，表注 1 中规定设计时对其挠度的控制要求；表注 4 中参照欧洲标准 EN1992 的规定，提出了起拱、反拱的限制，目的是为防止起拱、反拱过大引起的不良影响。当构件的挠度满足表 3.4.3 的要求，但相对使用要求仍然过大时，设计时可根据实际情况提出比表括号中的限值更加严格的要求。

3.4.4 本规范将裂缝控制等级划分为三级，等级是对裂缝控制严格程度而言的，设计人员需根据具体情况选用不同的等级。关于构件裂缝控制等级的划分，国际上一般都根据结构的功能要求、环境条件对钢筋的腐蚀影响、钢筋种类对腐蚀的敏感性和荷载作用的时间等因素来考虑。本规范在裂缝控制等级的划分上也考虑了以上因素。

在具体划分裂缝控制等级和确定有关限值时，主要参考了下列资料：历次混凝土结构设计规范修订的有关规定及历史背景；工程实践经验及调查统计国内常用构件的设计状况及实际效果；耐久性专题研究对典型地区实际工程的调查以及长期暴露试验与快速试验的结果；国外规范的有关规定。

经调查研究及与国外规范对比，原规范对受力裂缝的控制相对偏严，可适当放松。对结构构件正截面受力裂缝的控制等级仍按原规范划分为三个等级。一级保持不变；二级适当放松，仅控制拉应力不超过混凝土的抗拉强度标准值，删除了原规范中按荷载准永久组合计算构件边缘混凝土不宜产生拉应力的要求。

对于裂缝控制三级的钢筋混凝土构件，根据现行国家标准《工程结构可靠性设计统一标准》GB 50153 以及作为主要依据的现行国际标准《结构可靠性总则》ISO 2394 和欧洲规范《结构设计基础》EN 1990 的规定，相应的荷载组合按正常使用极限状态的外观要求（限制过大的裂缝和挠度）的限值作了修改，选用荷载的准永久组合并考虑长期作用的影响进行裂缝宽度与挠度验算。

对裂缝控制三级的预应力混凝土构件，考虑到结构安全及耐久性，基本维持原规范的要求，裂缝宽度限值 0.20mm。仅在不利环境（二 a 类环境）时按荷载的标准组合验算裂缝宽度限值 0.10mm；并按荷载的准永久组合并考虑长期作用的影响验算拉应力不大于混凝土的抗拉强度标准值。

3.4.5 本条对于裂缝宽度限值的要求基本依据原规范，并按新增的环境类别进行了调整。

室内正常环境条件（一类环境）下钢筋混凝土构件最大裂缝剖形观察结果表明，不论裂缝宽度大小、使用时间长短、地区湿度高低，凡钢筋上不出现结露或水膜，则其裂缝处钢筋基本上未发现明显的锈蚀现象；国外的一些工程调查结果也表明了同样的观点。因此对于采用普通钢筋配筋的混凝土结构构件的裂缝宽度限值，考虑了现行国内外规范的有关规定，并参考了耐久性专题研究组对裂缝的调查结果，规定了裂缝宽度的限值。而对钢筋混凝土屋架、托架、主要屋面承重结构等构件，根据以往的工程经验，裂缝宽度限值宜从严控制；对吊车梁的裂缝宽度限值，也适当从严控制，分别在表注中作出了具体规定。

对处于露天或室内潮湿环境（二类环境）条件下的钢筋混凝土构件，剖形观察结果表明，裂缝处钢筋都有不同程度的表面锈蚀，而当裂缝宽度小于或等于 0.2mm 时，裂缝处钢筋上只有轻微的表面锈蚀。根据上述情况，并参考国内外有关资料，规定最大裂缝宽度限值采用 0.20mm。

对使用除冰盐等的三类环境，锈蚀试验及工程实践表明，钢筋混凝土结构构件的受力裂缝宽度对耐久性的影响不是太大，故仍允许存在受力裂缝。参考国内外有关规范，规定最大裂缝宽度限值为 0.2mm。

对采用预应力钢丝、钢绞线及预应力螺纹钢筋的预应力混凝土构件，考虑到钢丝直径较小等原因，一旦出现裂缝会影响结构耐久性，故适当加严。本条规定在室内正常环境下控制裂缝宽度采用0.20mm；在露天环境（二a类）下控制裂缝宽度0.10mm。

需指出，当混凝土保护层较大时，虽然受力裂缝宽度计算值也较大，但较大的混凝土保护层厚度对防止裂缝锈蚀是有利的。因此，对混凝土保护层厚度较大的构件，当在外观的要求上允许时，可根据实践经验，对表3.4.5中规范的裂缝宽度允许值作适当放大。

3.4.6 本条提出了控制楼盖竖向自振频率的限值。对跨度较大的楼盖及业主有要求时，可按本条执行。一般楼盖的竖向自振频率可采用简化方法计算。对有特殊要求工业建筑，可参照现行国家标准《多层厂房楼盖抗微振设计规范》GB 50190进行验算。

3.5 耐久性设计

3.5.1 混凝土结构的耐久性按正常使用极限状态控制，特点是随时间发展因材料劣化而引起性能衰减。耐久性极限状态表现为：钢筋混凝土构件表面出现锈胀裂缝；预应力筋开始锈蚀；结构表面混凝土出现可见的耐久性损伤（酥裂、粉化等）。材料劣化进一步发展还可能引起构件承载力问题，甚至发生破坏。

由于影响混凝土结构材料性能劣化的因素比较复杂，其规律不确定性很大，一般建筑结构的耐久性设计只能采用经验性的定性方法解决。参考现行国家标准《混凝土结构耐久性设计规范》GB/T 50476的规定，根据调查研究及我国国情，并考虑房屋建筑混凝土结构的特点加以简化和调整，本规范规定了混凝土结构耐久性定性设计的基本内容。

3.5.2 结构所处环境是影响其耐久性的外因。本次修订对影响混凝土结构耐久性的环境类别进行了较详细的分类。环境类别是指混凝土暴露表面所处的环境条件，设计可根据实际情况确定适当的环境类别。

干湿交替主要指室内潮湿、室外露天、地下水浸润、水位变动的环境。由于水和氧的反复作用，容易引起钢筋锈蚀和混凝土材料劣化。

非严寒和非寒冷地区与严寒和寒冷地区的区别主要在于有无冰冻及冻融循环现象。关于严寒和寒冷地区的定义，《民用建筑热工设计规范》GB 50176-93规定如下：严寒地区：最冷月平均温度低于或等于−10℃，日平均温度低于或等于5℃的天数不少于145d的地区；寒冷地区：最冷月平均温度高于−10℃，低于或等于0℃，日平均温度低于或等于5℃的天数不少于90d且少于145d的地区。也可参考该规范的附录采用。各地可根据当地气象台站的气象参数确定所属气候区域，也可根据《建筑气象参数标准》JGJ 35提供的参数确定所属气候区域。

三类环境主要是指近海海风、盐渍土及使用除冰盐的环境。滨海室外环境与盐渍土地区的地下结构、北方城市冬季依靠喷洒盐水消除冰雪而对立交桥、周边结构及停车楼，都可能造成钢筋腐蚀的影响。

四类和五类环境的详细划分和耐久性设计方法不再列入本规范，它们由有关的标准规范解决。

3.5.3 混凝土材料的质量是影响结构耐久性的内因。根据对既有混凝土结构耐久性状态的调查结果和混凝土材料性能的研究，从材料抵抗性能退化的角度，表3.5.3提出了设计使用年限为50年的结构混凝土材料耐久性的基本要求。

影响耐久性的主要因素是：混凝土的水胶比、强度等级、氯离子含量和碱含量。近年来水泥中多加入不同的掺合料，有效胶凝材料含量不确定性较大，故配合比设计的水灰比难以反映有效成分的影响。本次修订改用胶凝材料总量作水胶比及各种含量的控制，原规范中的"水灰比"改成"水胶比"，并删去了对于"最小水泥用量"的限制。混凝土的强度反映了其密实度而影响耐久性，故也提出了相应的要求。

试验研究及工程实践均表明，在冻融循环环境中采用引气剂的混凝土抗冻性能可显著改善。故对采用引气剂抗冻的混凝土，可以适当降低强度等级的要求，采用括号中的数值。

长期受到水作用的混凝土结构，可能引发碱骨料反应。对一类环境中的房屋建筑混凝土结构则可不作碱含量限制；对其他环境中混凝土结构应考虑碱含量的影响，计算方法可参考协会标准《混凝土碱含量限值标准》CECS 53：93。

试验研究及工程实践均表明：混凝土的碱性可使钢筋表面钝化，免遭锈蚀；而氯离子引起钢筋脱钝和电化学腐蚀，会严重影响混凝土结构的耐久性。本次修订加严了氯离子含量的限值。为控制氯离子含量，应严格限制使用含功能性氯化物的外加剂（例如含氯化钙的促凝剂等）。

3.5.4 本条对不良环境及耐久性有特殊要求的混凝土结构构件提出了针对性的耐久性保护措施。

对结构表面采用保护层及表面处理的防护措施，形成有利的混凝土表面小环境，是提高耐久性的有效措施。

预应力筋存在应力腐蚀、氢脆等不利于耐久性的弱点，且其直径一般较细，对腐蚀比较敏感，破坏后果严重。为此应对预应力筋、连接器、锚夹具、锚头等容易遭受腐蚀的部位采取有效的保护措施。

提高混凝土抗渗、抗冻性能有利于混凝土结构在恶劣环境下的耐久性。混凝土抗冻性能和抗渗性能的等级划分、配合比设计及试验方法等，应按有关标准的规定执行。混凝土抗渗和抗冻的设计可参考《水工混凝土结构设计规范》DL/T 5057的规定。

对露天环境中的悬臂构件，如不采取有效防护措施，不宜采用悬臂板的结构形式而宜采用梁-板结构。

室内正常环境以外的预埋件、吊钩等外露金属件容易引导锈蚀，宜采用内埋式或采取有效的防锈措施。

对于可能导致严重腐蚀的三类环境中的构件，提出了提高耐久性的附加措施：如采用阻锈剂、环氧树脂或其他材料的涂层钢筋、不锈钢筋、阴极保护等方法。环氧树脂涂层钢筋是采用静电喷涂环氧树脂粉末工艺，在钢筋表面形成一定厚度的环氧树脂防腐涂层。这种涂层可将钢筋与其周围混凝土隔开，使侵蚀性介质（如氯离子等）不直接接触钢筋表面，从而避免钢筋受到腐蚀。使用时应符合行业标准《环氧树脂涂层钢筋》JG 3042 的规定。

对某些恶劣环境中难以避免材料性能劣化的情况，还可以采取设计可更换构件的方法。

3.5.5、3.5.6 调查分析表明，国内实际使用超过100年的混凝土结构不多，但室内正常环境条件下实际使用 70～80 年的房屋建筑混凝土结构大多基本完好。因此在适当加严混凝土材料的控制、提高混凝土强度等级和保护层厚度并补充规定建立定期检查、维修制度的条件下，一类环境中混凝土结构的实际使用年限达到 100 年是可以得到保证的。而对于不利环境条件下的设计使用年限 100 年的结构，由于缺乏研究及工程经验，由专门设计解决。

3.5.7 更恶劣环境（海水环境、直接接触除冰盐的环境及其他侵蚀性环境）中混凝土结构耐久性的设计，可参考现行国家标准《混凝土结构耐久性设计规范》GB/T 50476。四类环境可参考现行国家行业标准《港口工程混凝土结构设计规范》JTJ 267；五类环境可参考现行国家标准《工业建筑防腐蚀设计规范》GB 50046。

3.5.8 设计应提出设计使用年限内房屋建筑使用维护的要求，使用者应按规定的功能正常使用并定期检查、维修或者更换。

3.6 防连续倒塌设计原则

房屋结构在遭受偶然作用时如发生连续倒塌，将造成人员伤亡和财产损失，是对安全的最大威胁。总结结构倒塌和未倒塌的规律，采取针对性的措施加强结构的整体稳固性，就可以提高结构的抗灾性能，减少结构连续倒塌的可能性。

混凝土结构防连续倒塌是提高结构综合抗灾能力的重要内容。在特定类型的偶然作用发生时或发生后，结构能够承受这种作用，或当结构体系发生局部垮塌时，依靠剩余结构体系仍能继续承载，避免发生与作用不相匹配的大范围破坏或连续倒塌。这就是结构防连续倒塌设计的目标。无法抗拒的地质灾害破坏作用，不包括在防连续倒塌设计的范围内。

结构防连续倒塌设计涉及作用回避、作用宣泄、障碍防护等问题，本规范仅提出混凝土结构防连续倒塌的设计基本原则和概念设计的要求。

3.6.1 结构防连续倒塌设计的难度和代价很大，一般结构只需进行防连续倒塌的概念设计。本条给出了结构防连续倒塌概念设计的基本原则，以定性设计的方法增强结构的整体稳固性，控制发生连续倒塌和大范围破坏。当结构发生局部破坏时，如不引发大范围倒塌，即认为结构具有整体稳定性。结构和材料的延性、传力途径的多重性以及超静定结构体系，均能加强结构的整体稳定性。

设置竖直方向和水平方向通长的纵向钢筋并应采取有效的连接、锚固措施，将整个结构连系成一个整体，是提供结构整体稳定性的有效方法之一。此外，加强楼梯、避难室、底层边墙、角柱等重要构件；在关键传力部位设置缓冲装置（防撞墙、裙房等）或泄能通道（开敞式布置或轻质墙体、屋盖等）；布置分割缝以控制房屋连续倒塌的范围；增加重要构件及关键传力部位的冗余约束及备用传力途径（斜撑、拉杆）等，都是结构防连续倒塌概念设计的有效措施。

3.6.2 倒塌可能引起严重后果的安全等级为一级的可能遭受偶然作用的重要结构，以及为抵御灾害作用而必须增强抗灾能力的重要结构，宜进行防连续倒塌的设计。由于灾害和偶然作用的发生概率极小，且真正实现"防连续倒塌"的代价太大，应由业主根据实际情况确定。

局部加强法是对多条传力途径交汇的关键传力部位和可能引发大面积倒塌的重要构件通过提高安全储备和变形能力，直接考虑偶然作用的影响进行设计。这种按特定的局部破坏状态的荷载组合进行构件设计，是保证结构整体稳定性的有效措施之一。

当偶然事件产生特大荷载时，按效应的偶然组合进行设计以保持结构体系完整无缺往往代价太高，有时甚至不现实。此时，拉结构件法设计允许爆炸或撞击造成结构局部破坏，在某个竖向构件失效后，使其影响范围仅限于局部。按新的结构简图采用梁、悬索、悬臂的拉结模型继续承载受力，按整个结构不发生连续倒塌的原则进行设计，从而避免结构的整体垮塌。

拆除构件法是按一定规则撤去结构体系中某部分构件，验算剩余结构的抗倒塌能力的计算方法。可采用弹性分析方法或非线性全过程动力分析方法。

实际工程的防连续倒塌设计，应根据具体条件进行适当的选择。

3.6.3 本条介绍了混凝土结构防连续倒塌设计中有关设计参数的取值原则。效应除按偶然作用计算外，还宜考虑倒塌冲击引起的动力系数。材料强度取用标准值，钢筋强度改用极限强度，对无粘结预应力构件则应注意锚具夹对预应力筋有效强度的影响，还宜考虑动力作用下材料强化和脆性的影响，取相应的强度特征值。此外还应考虑倒塌对结构几何参数变化的影响。

3.7 既有结构设计原则

既有结构为已建成、使用的结构。由于历史的原因，我国既有混凝土结构的设计将成为未来工程设计的重要内容。为保证既有结构的安全可靠并延长其使用年限，满足近年日益增多的既有结构加固改建的需要，本次修订新增一节，强调既有混凝土结构设计的原则。

3.7.1 既有结构设计适用于下列几种情况：达到设计年限后延长继续使用的年限；为消除安全隐患而进行的设计校核；结构改变用途和使用环境而进行的复核性设计；对既有结构进行改建、扩建；结构事故或灾后受损结构的修复、加固等。应根据不同的目的，选择不同的设计方案。

3.7.2 既有结构设计前，应根据现行国家标准《建筑结构检测技术标准》GB/T 50344 等进行检测，根据现行国家标准《工程结构可靠性设计统一标准》GB 50153、《工业建筑可靠性鉴定标准》GB 50144、《民用建筑可靠性鉴定标准》GB 50292 等的要求，对其安全性、适用性、耐久性及抗灾害能力进行评定，从而确定设计方案。设计方案有两类：复核性验算和重新进行设计。

鉴于我国传统结构设计安全度偏低以及结构耐久性不足的历史背景，有大量的既有结构面临评定、验算等问题。验算宜符合本规范的规定，强调"宜"是可以根据具体情况作适当调整，如控制使用荷载和功能，控制使用年限等。因为充分利用既有建筑符合可持续发展的基本国策。

当对既有结构进行改建、扩建或加固修复时，须重新进行设计。为保证安全，承载能力极限状态计算"应"按本规范要求进行，但对正常使用状态验算及构造措施仅作"宜"符合本规范的要求。同样可根据具体情况作适当调整，尽量减少重新设计在构造要求方面的经济代价。

无论是复核验算和重新设计，均应考虑检测、评定以实测的结果确定相应的设计参数。

3.7.3 本条规定了既有结构设计的原则。避免只考虑局部加固处理的片面做法。本规范强调既有结构加强整体稳固性的原则，适用的范围更为广泛和系统。应避免由于仅对局部进行加固引起结构承载力或刚度的突变。

设计应考虑既有结构的现状，通过检测分析确定既有部分的材料强度和几何参数，并尽量利用原设计的规定值。结构后加部分则完全按本规范的规定取值。应注意新旧材料结构间的可靠连接，并反映既有结构的承载历史以及施工支撑卸载状态对内力分配的影响。

4 材　料

4.1 混凝土

4.1.1 混凝土强度等级由立方体抗压强度标准值确定，立方体抗压强度标准值 $f_{cu,k}$ 是本规范混凝土各种力学指标的基本代表值。混凝土强度等级的保证率为95%：按混凝土强度总体分布的平均值减去 1.645 倍标准差的原则确定。

由于粉煤灰等矿物掺合料在水泥及混凝土中大量应用，以及近年混凝土工程发展的实际情况，确定混凝土立方体抗压强度标准值的试验龄期不仅限于28d，可由设计根据具体情况适当延长。

4.1.2 我国建筑工程实际应用的混凝土强度和钢筋强度均低于发达国家。我国结构安全度总体上比国际水平低，但材料用量并不少，其原因在于国际上较高的安全度是依靠较高强度的材料实现的。为提高材料的利用效率，工程中应用的混凝土强度等级宜适当提高。C15 级的低强度混凝土仅限用于素混凝土结构，各种配筋混凝土结构的混凝土强度等级也普遍稍有提高。

本规范不适用于山砂混凝土及高炉矿渣混凝土，本次修订删除原规范中相关的注，其应符合专门标准的规定。

4.1.3 混凝土的强度标准值由立方体抗压强度标准值 $f_{cu,k}$ 经计算确定。

1 轴心抗压强度标准值 f_{ck}

考虑到结构中混凝土的实体强度与立方体试件混凝土强度之间的差异，根据以往的经验，结合试验数据分析并参考其他国家的有关规定，对试件混凝土强度的修正系数取为 0.88。

棱柱强度与立方强度之比值 α_{c1}：对 C50 及以下普通混凝土取 0.76；对高强混凝土 C80 取 0.82，中间按线性插值；

C40 以上的混凝土考虑脆性折减系数 α_{c2}：对 C40 取 1.00，对高强混凝土 C80 取 0.87，中间按线性插值。

轴心抗压强度标准值 f_{ck} 按 $0.88\alpha_{c1}\alpha_{c2}f_{cu,k}$ 计算，结果见表 4.1.3-1。

2 轴心抗拉强度标准值 f_{tk}

轴心抗拉强度标准值 f_{tk} 按 $0.88\times0.395f_{cu,k}^{0.55}(1-1.645\delta)^{0.45}\times\alpha_{c2}$ 计算，结果见表 4.1.3-2。其中系数 0.395 和指数 0.55 为轴心抗拉强度与立方体抗压强度的折算关系，是根据试验数据进行统计分析以后确定的。

C80 以上的高强混凝土，目前虽偶有工程应用但数量很少，且对其性能的研究尚不够，故暂未列入。

4.1.4 混凝土的强度设计值由强度标准值除混凝土材料分项系数 γ_c 确定。混凝土的材料分项系数取为 1.40。

1 轴心抗压强度设计值 f_c

轴心抗压强度设计值等于 $f_{ck}/1.40$，结果见表 4.1.4-1。

2 轴心抗拉强度设计值 f_t

轴心抗拉强度设计值等于 $f_{tk}/1.40$，结果见表 4.1.4-2。

修订规范还删除了 02 版规范表注中受压构件尺寸效应的规定。该规定源于前苏联规范，最近俄罗斯规范已经取消。对离心混凝土的强度设计值，应按专门的标准取用，也不再列入。

4.1.5 混凝土的弹性模量、剪切变形模量及泊松比同原规范。混凝土的弹性模量 E_c 以其强度等级值（$f_{cu,k}$ 为代表）按下列公式计算：

$$E_c = \frac{10^5}{2.2 + \frac{34.7}{f_{cu,k}}} \quad (\text{N/mm}^2)$$

由于混凝土组成成分不同（掺入粉煤灰等）而导致变形性能的不确定性，增加了表注，强调在必要时可根据试验确定弹性模量。

4.1.6、4.1.7 根据等幅疲劳 2×10^6 次的试验研究结果，列出了混凝土的疲劳指标。疲劳指标包括混凝土疲劳强度设计值、混凝土疲劳变形模量。而疲劳强度设计值是混凝土强度设计值乘疲劳强度修正系数 γ_p 的数值。上述指标包括高强度混凝土的疲劳验算，但不包括变幅疲劳。

结构构件中的混凝土，可能遭遇受压疲劳、受拉疲劳或拉-压交变疲劳的作用。本次修订根据试验研究，将不同的疲劳受力状态分别表达，扩大了疲劳应力比值的覆盖范围，并将疲劳强度修正系数的数值作了相应调整与补充。

当蒸养温度超过 60℃时混凝土容易产生裂缝，并不能简单依靠提高设计强度解决。因此，本次修订删去了蒸养温度超过 60℃时，计算需要的混凝土强度设计值需提高 20%的规定。

4.1.8 本条提供了进行混凝土间接作用效应计算所需的基本热工参数。包括线膨胀系数、导热系数和比热容，数据引自《水工混凝土结构设计规范》DL/T 5057 的规定，并作了适当简化。

4.2 钢 筋

4.2.1 国家现行钢筋产品标准中，不再限制钢筋材料的化学成分和制作工艺，而按性能确定钢筋的牌号和强度级别，并以相应的符号表达。

本次修订根据"四节一环保"要求，提倡应用高强、高性能钢筋。根据混凝土构件对受力性能要求，规定了各种牌号钢筋的选用原则。

1 增加强度为 500MPa 级的高强热轧带肋钢筋；将 400MPa、500MPa 级高强热轧带肋钢筋作为纵向受力的主导钢筋推广应用，尤其是梁、柱和斜撑构件的纵向受力配筋应优先采用 400MPa、500MPa 级高强钢筋，500MPa 级高强钢筋用于高层建筑的柱、大跨度与重荷载梁的纵向受力配筋更为有利；淘汰直径 16mm 及以上的 HRB335 热轧带肋钢筋，保留小直径的 HRB335 钢筋，主要用于中、小跨度楼板配筋以及剪力墙的分布筋配筋，还可用于构件的箍筋与构造配筋；用 300MPa 级光圆钢筋取代 235MPa 级光圆钢筋，将其规格限于直径 6mm～14mm，主要用于小规格梁柱的箍筋与其他混凝土构件的构造配筋。对既有结构进行再设计时，235MPa 级光圆钢筋的设计值仍可按原规范取值。

2 推广应用具有较好延性、可焊性、机械连接性能及施工适应性的 HRB 系列普通热轧带肋钢筋。列入采用控温轧制工艺生产的 HRBF400、HRBF500 系列细晶粒带肋钢筋，取消牌号 HRBF335 钢筋。

3 RRB400 余热处理钢筋由轧制钢筋经高温淬水，余热处理后提高强度，资源能源消耗低、生产成本低。其延性、可焊性、机械连接性能及施工适应性也相应降低，一般可用于对变形性能及加工性能要求不高的构件中，如延性要求不高的基础、大体积混凝土、楼板以及次要的中小结构构件等。

4 增加预应力筋的品种。增补高强、大直径的钢绞线；列入大直径预应力螺纹钢筋（精轧螺纹钢筋）；列入中强度预应力钢丝以补充中等强度预应力筋的空缺，用于中、小跨度的预应力构件，但其在最大力下的总伸长率应满足本规范第 4.2.4 条的要求；淘汰锚固性能很差的刻痕钢丝。

5 箍筋用于抗剪、抗扭及抗冲切设计时，其抗拉强度设计值发挥受到限制，不宜采用强度高于 400MPa 级的钢筋。当用于约束混凝土的间接配筋（如连续螺旋配箍或封闭焊接箍等）时，钢筋的高强度可以得到充分发挥，采用 500MPa 级钢筋具有一定的经济效益。

6 近年来，我国强度高、性能好的预应力筋（钢丝、钢绞线）已可充分供应，故冷加工钢筋不再列入本规范。

4.2.2 钢筋及预应力筋的强度取值按现行国家标准《钢筋混凝土用钢》GB 1499、《钢筋混凝土用余热处理钢筋》GB 13014、《中强度预应力混凝土用钢丝》YB/T156、《预应力混凝土用螺纹钢筋》GB/T 20065、《预应力混凝土用钢丝》GB/T 5223、《预应力混凝土用钢绞线》GB/T 5224 等的规定给出，其应具有不小于 95%的保证率。

普通钢筋采用屈服强度标志。屈服强度标准值 f_{yk} 相当于钢筋标准中的屈服强度特征值 R_{eL}。由于结构抗倒塌设计的需要，本次修订增列了钢筋极限强度（即钢筋拉断前相应于最大拉力下的强度）标准值 f_{stk}，相当于钢筋标准中的抗拉强度特征值 R_m。

国家标准《钢筋混凝土用钢 第2部分：热轧带肋钢筋》GB 1499.2 修订报批稿中，已不再列入 HRBF335 钢筋和直径不小于 16mm 的 HRB335 钢筋；对 HPB300 光圆钢筋从产品供应与实际应用中已基本不采用直径不小于 16mm 的规格。故本次局部修订中删去了牌号为 HRBF335 钢筋，对 HPB300、HRB335 牌号的钢筋的最大公称直径限制为 14mm 以下。

预应力筋没有明显的屈服点，一般采用极限强度标志。极限强度标准值 f_{ptk} 相当于钢筋标准中的钢筋抗拉强度 σ_b。在钢筋标准中一般取 0.002 残余应变所对应的应力 $\sigma_{p0.2}$ 作为其条件屈服强度标准值 f_{pyk}。本条对新增的预应力螺纹钢筋及中强度预应力钢丝列出了有关的设计参数。

本次修订补充了强度级别为 1960MPa 和直径为 21.6mm 的钢绞线。当用作后张预应力配筋时，应注意其与锚夹具的匹配性。应经检验并确认锚夹具及工艺可靠后方可在工程中应用。原规范预应力筋强度分档太琐碎，故删除不常使用的预应力筋的强度等级和直径，以简化设计时的选择。

4.2.3 钢筋的强度设计值由强度标准值除以材料分项系数 γ_s 得到。延性较好的热轧钢筋，γ_s 取 1.10；对本次修订列入的 500MPa 级高强钢筋，为了适当提高安全储备，γ_s 取为 1.15。对预应力筋的强度设计值，取其条件屈服强度标准值除以材料分项系数 γ_s，由于延性稍差，预应力筋 γ_s 一般取不小于 1.20。对传统的预应力钢丝、钢绞线取 $0.85\sigma_b$ 作为条件屈服点，材料分项系数 1.2，保持原规范值；对新增的中强度预应力钢丝和螺纹钢筋，按上述原则计算并考虑工程经验适当调整，列于表 4.2.3-2 中。

普通钢筋抗压强度设计值 f'_y 取与抗拉强度相同。在偏心受压状态下，混凝土所能达到的压应变可以保证 500MPa 级钢筋的抗压强度达到与抗拉强度相同的值，因此本次局部修订中将 500MPa 级钢筋的抗压强度设计值从 410N/mm² 调整到 435N/mm²；对轴心受压构件，由于混凝土压应力达到 f_c 时混凝土压应变为 0.002，当采用 500MPa 级钢筋时，其钢筋的抗压强度设计值取为 400N/mm²。而预应力筋抗压强度设计值较小，这是由于构件中钢筋受到混凝土极限受压应变的控制，受压强度受到制约的缘故。

根据试验研究结果，限定受剪、受扭、受冲切箍筋的抗拉强度设计值 f_{yv} 不大于 360N/mm²；但用作围箍约束混凝土的间接配筋时，其强度设计值不受此限。

钢筋标准中预应力钢丝、钢绞线的强度等级繁多，对于表中未列出的强度等级可按比例换算，插值确定强度设计值。无粘结预应力筋不考虑抗压强度。预应力筋配筋位置偏离受力区较远时，应根据实际受力情况对强度设计值进行折减。

删去了原规范中有关轴心受拉和小偏心受拉构件

中的抗拉强度设计取值的注，这是由于采用裂缝宽度计算控制，无须再限制强度值了。

当构件中配有不同牌号和强度等级的钢筋时，可采用各自的强度设计值进行计算。因为尽管强度不同，但极限状态下各种钢筋先后均已达到屈服。

按预应力钢筋抗压强度设计值的取值原则，本次局部修订将预应力螺纹钢筋的抗压强度设计值由 2010 版规范中 410MPa 修改为 400MPa。

4.2.4 本条明确提出了对钢筋延性的要求。根据我国钢筋标准，将最大力下总伸长率 δ_{gt}（相当于钢筋标准中的 A_{gt}）作为控制钢筋延性的指标。最大力下总伸长率 δ_{gt} 不受断口-颈缩区域局部变形的影响，反映了钢筋拉断前达到最大力（极限强度）时的均匀应变，故又称均匀伸长率。

对中强度预应力钢丝，产品标准规定其最大力下总伸长率 δ_{gt} 为 2.5%。但本规范规定，中强度预应力钢丝用做预应力钢筋时，规定其最大力下总伸长率 δ_{gt} 应不小于 3.5%。

4.2.5 钢筋的弹性模量同原规范。由于制作偏差、基圆面积率不同以及钢绞线捻绞紧度差异等因素的影响，实际钢筋受力后的变形模量存在一定的不确定性，而且通常不同程度地偏小。因此，必要时可通过试验测定钢筋的实际弹性模量，用于设计计算。

本次局部修订中，删除了 HRBF335 钢筋牌号，取消了原表注，正文中的"应"改为"可"。

4.2.6 国内外的疲劳试验研究表明：影响钢筋疲劳强度的主要因素为钢筋的疲劳应力幅（$\sigma^f_{s,max} - \sigma^f_{s,min}$ 或 $\sigma^f_{p,max} - \sigma^f_{p,min}$）。本次修订根据钢筋疲劳强度设计值，给出了考虑疲劳应力比值的钢筋疲劳应力幅限值 Δf^f_y 或 Δf^f_{py}，并改变了表达形式：将原规范按应力比值区间取一个值，改为应力比值与应力幅限值对应而由内插取值，使计算更加准确。

出于对延性的考虑，表中未列入细晶粒 HRBF 钢筋，当其用于疲劳荷载作用的构件时，应经试验验证。HRB500 级带肋钢筋尚未进行充分的疲劳试验研究，因此承受疲劳作用的钢筋宜选用 HRB400 热轧带肋钢筋。RRB400 级钢筋不宜用于直接承受疲劳荷载的构件。

钢绞线的疲劳应力幅限值参考了我国现行规范《铁路桥涵钢筋混凝土和预应力混凝土结构设计规范》TB 10002.3。该规范根据 1860MPa 级高强钢绞线的试验，规定疲劳应力幅限值为 140N/mm²。考虑到本规范中钢绞线强度为 1570MPa 级以及预应力钢筋在曲线管道中等因素的影响，故表中采用偏安全的限值。

4.2.7 为解决粗钢筋及配筋密集引起设计、施工的困难，本次修订提出了受力钢筋可采用并筋（钢筋束）的布置方式。国外标准中允许采用绑扎并筋的配筋形式，我国某些行业规范中已有类似的规定。经试验研究并借鉴国内、外的成熟做法，给出了利用截面积相等原则计算并筋等效直径的简便方法。本条还给出了应用并筋时，钢筋最大直径及并筋数量的限制。

并筋等效直径的概念适用于本规范中钢筋间距、保护层厚度、裂缝宽度验算、钢筋锚固长度、搭接接头面积百分率及搭接长度等有关条文的计算及构造规定。

相同直径的二并筋等效直径可取为 1.41 倍单根钢筋直径；三并筋等效直径可取为 1.73 倍单根钢筋直径。二并筋可按纵向或横向的方式布置；三并筋宜按品字形布置，并均按并筋的重心作为等效钢筋的重心。

4.2.8 钢筋代换除应满足等强代换的原则外，尚应综合考虑不同钢筋牌号的性能差异对裂缝宽度验算、最小配筋率、抗震构造要求等的影响，并应满足钢筋间距、保护层厚度、锚固长度、搭接接头面积百分率及搭接长度等的要求。

4.2.9 钢筋的专业化加工配送有利于节省材料、方便施工、提高工程质量。采用钢筋焊接网片时应符合《钢筋焊接网混凝土结构技术规程》JGJ 114 的规定。宜进一步推广钢筋专业加工配送生产预制钢筋骨架的设计、施工方式。

4.2.10 混凝土结构设计中，要用到各类钢筋的公称直径、公称截面积及理论重量。根据有关钢筋标准的规定在附录 A 中列出了有关的参数。

5 结构分析

本次修订补充、完善了 02 版规范的内容：丰富了分析模型、弹性分析、弹塑性分析、塑性极限分析等内容；增加了间接作用分析一节，弥补了 02 版规范中结构分析内容的不足。所列条款基本反映了我国混凝土结构的设计现状、工程经验和试验研究等方面所取得的进展，同时也参考了国外标准规范的相关内容。

本规范只列入了结构分析的基本原则和各种分析方法的应用条件。各种结构分析方法的具体内容在有关标准中有更详尽的规定，可遵照执行。

5.1 基本原则

5.1.1 在所有的情况下均应对结构的整体进行分析。结构中的重要部位、形状突变部位以及内力和变形有异常变化的部位（例如较大孔洞周围、节点及其附近、支座和集中荷载附近等），必要时应另作更详细的局部分析。

对结构的两种极限状态进行结构分析时，应取用相应的作用组合。

5.1.2 结构在不同的工作阶段，例如结构的施工期、检修期和使用期，预制构件的制作、运输和安装阶段

等，以及遭遇偶然作用的情况下，都可能出现多种不利的受力状况，应分别进行结构分析，并确定其可能的不利作用组合。

5.1.3 结构分析应以结构的实际工作状况和受力条件为依据。结构分析的结果应有相应的构造措施加以保证。例如，固定端和刚节点的承受弯矩能力和对变形的限制；塑性铰充分转动的能力；适筋截面的配筋率或受压区相对高度的限制等。

5.1.4 结构分析方法均应符合三类基本方程，即力学平衡方程，变形协调（几何）条件和本构（物理）关系。其中力学平衡条件必须满足；变形协调条件应在不同程度上予以满足；本构关系则需合理地选用。

5.1.5 结构分析方法分类较多，各类方法的主要特点和应用范围如下：

1 弹性分析方法是最基本和最成熟的结构分析方法，也是其他分析方法的基础和特例。它适用于分析一般结构。大部分混凝土结构的设计均基于此法。

结构内力的弹性分析和截面承载力的极限状态设计相结合，实用上简易可行。按此设计的结构，其承载力一般偏于安全。少数结构因混凝土开裂部分的刚度减小而发生内力重分布，可能影响其他部分的开裂和变形状况。

考虑到混凝土结构开裂后刚度的减小，对梁、柱构件可分别取用不同的刚度折减值，且不再考虑刚度随作用效应而变化。在此基础上，结构的内力和变形仍可采用弹性方法进行分析。

2 考虑塑性内力重分布的分析方法可用于超静定混凝土结构设计。该方法具有充分发挥结构潜力、节约材料，简化设计和方便施工等优点。但应注意到，抗弯能力调低部位的变形和裂缝可能相应增大。

3 弹塑性分析方法以钢筋混凝土的实际力学性能为依据，引入相应的本构关系后，可进行结构受力全过程分析，而且可以较好地解决各种体形和受力复杂结构的分析问题。但这种分析方法比较复杂，计算工作量大，各种非线性本构关系尚不够完善和统一，且要有成熟、稳定的软件提供使用，至今应用范围仍然有限，主要用于重要、复杂结构工程的分析和罕遇地震作用下的结构分析。

4 塑性极限分析方法又称塑性分析法或极限平衡法。此法主要用于周边有梁或墙支承的双向板设计。工程设计和施工实践经验证明，在规定条件下按此法进行计算和构造设计简便易行，可以保证结构的安全。

5 结构或其部分的体形不规则和受力状态复杂，又无恰当的简化分析方法时，可采用试验分析的方法。例如剪力墙及其孔洞周围，框架和桁架的主要节点，构件的疲劳，受力状态复杂的水坝等。

5.1.6 结构设计中采用计算机分析日趋普遍，商业的和自编的电算软件都必须保证其运算的可靠性。而

且对每一项电算的结果都应作必要的判断和校核。

5.2 分析模型

5.2.1 结构分析时都应结合工程的实际情况和采用的力学模型，对承重结构进行适当简化，使其既能较正确反映结构的真实受力状态，又能够适应所选用分析软件的力学模型和运算能力，从根本上保证所分析结果的可靠性。

5.2.2 计算简图宜根据结构的实际形状、构件的受力和变形状况、构件间的连接和支承条件以及各种构造措施等，作合理的简化后确定。例如，支座或柱底的固定端应有相应的构造和配筋作保证；有地下室的建筑底层柱，其固定端的位置还取决于底板（梁）的刚度；节点连接构造的整体性决定连接处是按刚接还是按铰接考虑等。

当钢筋混凝土梁柱构件截面尺寸相对较大时，梁柱交汇点会形成相对的刚性节点区域。刚域尺寸的合理确定，会在一定程度上影响结构整体分析的精度。

5.2.3 一般的建筑结构的楼层大多数为现浇钢筋混凝土楼盖或有现浇面层的预制装配式楼盖，可近似假定楼盖在其自身平面内为无限刚性，以减少结构分析的自由度数，提高结构分析效率。实践证明，采用刚性楼盖假定对大多数建筑结构的分析精度都能够满足工程设计的需要。

若因结构布置的变化导致楼盖面内刚度削弱或不均匀时，结构分析应考虑楼盖面内变形的影响。根据楼面结构的具体情况，楼盖面内弹性变形可按全楼、部分楼层或部分区域考虑。

5.2.4 现浇楼盖和装配整体式楼盖的楼板作为梁的有效翼缘，与梁一起形成 T 形截面，提高了楼面梁的刚度，结构分析时应予以考虑。当采用梁刚度放大系数法时，应考虑各梁截面尺寸大小的差异，以及各楼层楼板厚度的差异。

5.2.5 本条规定了考虑地基对上部结构影响的原则。

5.3 弹 性 分 析

5.3.1 本条规定了弹性分析的应用范围。

5.3.2 按构件全截面计算截面惯性矩时，可进行简化，既不计钢筋的换算面积，也不扣除预应力筋孔道等的面积。

5.3.3 本条规定了弹性分析的计算方法。

5.3.4 结构中的二阶效应指作用在结构上的重力或构件中的轴压力在变形后的结构或构件中引起的附加内力和附加变形。建筑结构的二阶效应包括重力二阶效应（$P-\Delta$ 效应）和受压构件的挠曲效应（$P-\delta$ 效应）两部分。严格地讲，考虑 $P-\Delta$ 效应和 $P-\delta$ 效应进行结构分析，应考虑材料的非线性和裂缝、构件的曲率和层间侧移、荷载的持续作用、混凝土的收缩和徐变等因素。但要实现这样的分析，在目前条件下

还有困难，工程分析中一般都采用简化的分析方法。

重力二阶效应计算属于结构整体层面的问题，一般在结构整体分析中考虑，本规范给出了两种计算方法：有限元法和增大系数法。受压构件的挠曲效应计算属于构件层面的问题，一般在构件设计时考虑，详见本规范第 6.2 节。

需要提醒注意的是，附录 B.0.4 给出的排架结构二阶效应计算公式，其中也考虑了 $P-\delta$ 效应的影响。即排架结构的二阶效应计算仍维持 02 版规范的规定。

5.3.5 本条规定考虑支承位移对双向板的内力、变形影响的原则。

5.4 塑性内力重分布分析

5.4.1 超静定混凝土结构在出现塑性铰的情况下，会发生内力重分布。可利用这一特点进行构件截面之间的内力调幅，以达到简化构造、节约配筋的目的。本条给出了可以采用塑性调幅设计的构件或结构类型。

5.4.2 本条提出了考虑塑性内力重分布分析方法设计的条件。按考虑塑性内力重分布的计算方法进行构件或结构的设计时，由于塑性铰的出现，构件的变形和抗弯能力调小部位的裂缝宽度均较大。故本条进一步明确允许考虑塑性内力重分布构件的使用环境，并强调应进行构件变形和裂缝宽度验算，以满足正常使用极限状态的要求。

5.4.3 采用基于弹性分析的塑性内力重分布方法进行弯矩调幅时，弯矩调整的幅度及受压区的高度均应满足本条的规定，以保证构件出现塑性铰的位置有足够的转动能力并限制裂缝宽度。

5.4.4 钢筋混凝土结构的扭转，应区分两种不同的类型：

1 平衡扭转：由平衡条件引起的扭转，其扭矩在梁内不会产生内力重分布；

2 协调扭转：由于相邻构件的弯曲转动受到支承梁的约束，在支承梁内引起的扭转，其扭矩会由于支承梁的开裂产生内力重分布而减小，条文给出了宜考虑内力重分布影响的原则要求。

5.5 弹塑性分析

5.5.1 弹塑性分析可根据结构的类型和复杂性、要求的计算精度等选择相应的计算方法。进行弹塑性分析时，结构构件各部分的尺寸、截面配筋以及材料性能指标都必须预先设定。应根据实际情况采用不同的离散尺度，确定相应的本构关系，如应力-应变关系、弯矩-曲率关系、内力-变形关系等。

采用弹塑性分析方法确定结构的作用效应时，钢筋和混凝土的材料特征值及本构关系宜经试验分析确定，也可采用附录 C 提供的材料平均强度、本构模型或多轴强度准则。

需要提醒注意的是,在采用弹塑性分析方法确定结构的作用效应时,需先进行作用组合,并考虑结构重要性系数,然后方可进行分析。

5.5.2 结构构件的计算模型以及离散尺度应根据实际情况以及计算精度的要求确定。若一个方向的正应力明显大于其余两个正交方向的应力,则构件可简化为一维单元;若两个方向的正应力均显著大于另一个方向的应力,则应简化为二维单元;若构件三个方向的正应力无显著差异,则构件应按三维单元考虑。

5.5.3 本条给出了在结构弹塑性分析中选用钢筋和混凝土材料本构关系的原则规定。钢筋混凝土界面的粘结、滑移对其分析结果影响较显著的构件(如:框架结构梁柱的节点区域等),建议在进行分析时考虑钢筋与混凝土的粘结-滑移本构关系。

5.6 塑性极限分析

5.6.1 对于超静定结构,结构中的某一个截面(或某几个截面)达到屈服,整个结构可能并没有达到其最大承载能力,外荷载还可以继续增加。先达到屈服截面的塑性变形会随之不断增大,并且不断有其他截面陆续达到屈服。直至有足够数量的截面达到屈服,使结构体系即将形成几何可变机构,结构才达到最大承载能力。因此,利用超静定结构的这一受力特征,可采用塑性极限分析方法来计算超静定结构的最大承载力,并以达到最大承载力时的状态,作为整个超静定结构的承载能力极限状态。这样既可以使超静定结构的内力分析更接近实际内力状态,也可以充分发挥超静定结构的承载潜力,使设计更经济合理。但是,超静定结构达到承载力极限状态(最大承载力)时,结构中较早达到屈服的截面已处于塑性变形阶段,即已形成塑性铰,这些截面实际上已具有一定程度的损伤。如果塑性铰具有足够的变形能力,则这种损伤对于一次加载情况的最大承载力影响不大。

5.6.2 结构极限分析可采用精确解、上限解和下限解法。当采用上限解法时,应根据具体结构的试验结果或弹性理论的内力分布,预先建立可能的破坏机构,然后采用机动法或极限平衡法求解结构的极限荷载。当采用下限解法时,可参考弹性理论的内力分布,假定一个满足极限条件的内力场,然后用平衡条件求解结构的极限荷载。

5.6.3 本条介绍双向矩形板采用塑性铰线法或条带法的计算原则。

5.7 间接作用分析

5.7.1 大体积混凝土结构、超长混凝土结构等约束积累较大的超静定结构,在间接作用下的裂缝问题比较突出,宜对结构进行间接作用效应分析。对于允许出现裂缝的钢筋混凝土结构构件,应考虑裂缝的开展使构件刚度降低的影响,以减少作用效应计算的

失真。

5.7.2 间接作用效应分析可采用弹塑性分析方法,也可采用简化的弹性分析方法,但计算时应考虑混凝土的徐变及混凝土的开裂引起的应力松弛和重分布。

6 承载能力极限状态计算

6.1 一 般 规 定

6.1.1 钢筋混凝土构件、预应力混凝土构件一般均可按本章的规定进行正截面、斜截面及复合受力状态下的承载力计算(验算)。素混凝土结构构件在房屋建筑中应用不多,低配筋混凝土构件的研究和工程实践经验尚不充分。因此,本次修订对素混凝土构件的设计要求未作调整,其内容见本规范附录D。

02版规范已有的深受弯构件、牛腿、叠合构件等的承载力计算,仍然独立于本章之外给出,深受弯构件见附录G,牛腿见第9.3节,叠合构件见第9.5节及附录H。

有关构件的抗震承载力计算(验算),见本规范第11章的相关规定。

6.1.2 对混凝土结构中的二维、三维非杆系构件,可采用弹性或弹塑性方法求得其主应力分布,其承载力极限状态设计应符合本规范第3.3.2条、第3.3.3条的规定,宜通过计算配置受拉区的钢筋和验算受压区的混凝土强度。按应力进行截面设计的原则和方法与02版规范第5.2.8条的规定相同。

受拉钢筋的配筋量可根据主拉应力的合力进行计算,但一般不考虑混凝土的抗拉设计强度;受拉钢筋的配筋分布可按主拉应力分布图形及方向确定。具体可参考行业标准《水工混凝土结构设计规范》DL/T 5057的有关规定。受压钢筋可根据计算确定,此时可由混凝土和受压钢筋共同承担受压应力的合力。受拉钢筋或受压钢筋的配置均应符合相关构造要求。

6.1.3 复杂或有特殊要求的混凝土结构以及二维、三维非杆系混凝土结构构件,通常需要考虑弹塑性分析方法进行承载力校核、验算。根据不同的设计状况(如持久、短暂、地震、偶然等)和不同的性能设计目标,承载力极限状态往往会采用不同的组合,但通常会采用基本组合、地震组合或偶然组合,因此结构和构件的抗力计算也要相应采用不同的材料强度取值。例如,对于荷载偶然组合的效应,材料强度可取用标准值或极限值;对于地震作用组合的效应,材料强度可以根据抗震性能设计目标取用设计值或标准值等。承载力极限状态验算就是要考察构件的内力或应力是否超过材料的强度取值。

对于多轴应力状态,混凝土主应力验算可按本规范附录C.4的有关规定进行。对于二维尤其是三维受

压的混凝土结构构件，校核受压应力设计值可采用混凝土多轴强度准则，可以强度代表值的相对形式，利用多轴受压时的强度提高。

6.2 正截面承载力计算

6.2.1 本条对正截面承载力计算方法作了基本假定。

1 平截面假定

试验表明，在纵向受拉钢筋的应力达到屈服强度之前及达到屈服强度后的一定塑性转动范围内，截面的平均应变基本符合平截面假定。因此，按照平截面假定建立判别纵向受拉钢筋是否屈服的界限条件和确定屈服之前钢筋的应力 σ_s 是合理的。平截面假定作为计算手段，即使钢筋已达屈服，甚至进入强化段时，也还是可行的，计算值与试验值符合较好。

引用平截面假定可以将各种类型截面（包括周边配筋截面）在单向或双向受力情况下的正截面承载力计算贯穿起来，提高了计算方法的逻辑性和条理性，使计算公式具有明确的物理概念。引用平截面假定也为利用电算进行混凝土构件正截面全过程分析（包括非线性分析）提供了必不可少的截面变形条件。

国际上的主要规范，均采用了平截面假定。

2 混凝土的应力-应变曲线

随着混凝土强度的提高，混凝土受压时的应力-应变曲线将逐渐变化，其上升段将逐渐趋向线性变化，且对应于峰值应力的应变稍有提高；下降段趋于变陡，极限应变有所减少。为了综合反映低、中强度混凝土和高强混凝土的特性，与02版规范相同，本规范对正截面设计用的混凝土应力-应变关系采用如下简化表达形式：

上升段 $\quad\sigma_c = f_c\left[1 - \left(1 - \dfrac{\varepsilon_c}{\varepsilon_0}\right)^n\right]\quad(\varepsilon_c \leqslant \varepsilon_0)$

下降段 $\quad\sigma_c = f_c\quad\quad\quad\quad(\varepsilon_0 < \varepsilon_c \leqslant \varepsilon_{cu})$

根据国内中、低强度混凝土和高强度混凝土偏心受压短柱的试验结果，在条文中给出了有关参数：n、ε_0、ε_{cu} 的取值，与试验结果较为接近。

3 纵向受拉钢筋的极限拉应变

纵向受拉钢筋的极限拉应变本规范规定为 0.01，作为构件达到承载能力极限状态的标志之一。对有物理屈服点的钢筋，该值相当于钢筋应变进入了屈服台阶；对无屈服点的钢筋，设计所用的强度是以条件屈服点为依据的。极限拉应变的规定是限制钢筋的强化强度，同时，也表示设计采用的钢筋的极限拉应变不得小于 0.01，以保证结构构件具有必要的延性。对预应力混凝土结构构件，其极限拉应变应从混凝土消压时的预应力筋应力 σ_{p0} 处开始算起。

对非均匀受压构件，混凝土的极限压应变达到 ε_{cu} 或者受拉钢筋的极限拉应变达到 0.01，即这两个极限应变中只要具备其中一个，就标志着构件达到了承载能力极限状态。

6.2.2 本条的规定同 02 版规范。

6.2.3 轴向压力在挠曲杆件中产生的二阶效应（$P-\delta$ 效应）是偏压杆件中由轴向压力在产生了挠曲变形的杆件内引起的曲率和弯矩增量。例如在结构中常见的反弯点位于柱高中部的偏压构件中，这种二阶效应虽能增大构件除两端区域外各截面的曲率和弯矩，但增大后的弯矩通常不可能超过柱两端控制截面的弯矩。因此，在这种情况下，$P-\delta$ 效应不会对杆件截面的偏心受压承载能力产生不利影响。但是，在反弯点不在杆件高度范围内（即沿杆件长度均为同号弯矩）的较细长且轴压比偏大的偏压构件中，经 $P-\delta$ 效应增大后的杆件中部弯矩有可能超过柱端控制截面的弯矩。此时，就必须在截面设计中考虑 $P-\delta$ 效应的附加影响。因后一种情况在工程中较少出现，为了不对各个偏压构件逐一进行验算，本条给出了可以不考虑 $P-\delta$ 效应的条件。该条件是根据分析结果并参考国外规范给出的。

6.2.4 本条给出了在偏压构件中考虑 $P-\delta$ 效应的具体方法，即 $C_m-\eta_{ns}$ 法。该方法的基本思路与美国 ACI 318-08 规范所用方法相同。其中 η_{ns} 使用中国习惯的极限曲率表达式。该表达式是借用 02 版规范偏心距增大系数 η 的形式，并作了下列调整后给出的：

1 考虑本规范所用钢材强度总体有所提高，故将 02 版规范 η 公式中反映极限曲率的 "1/1400" 改为 "1/1300"。

2 根据对 $P-\delta$ 效应规律的分析，取消了 02 版规范 η 公式中在细长度偏大情况下减小构件挠曲变形的系数 ζ_2。

本条 C_m 系数的表达形式与美国 ACI 318-08 规范所用形式相似，但取值略偏高，这是根据我国所做的系列试验结果，考虑钢筋混凝土偏心压杆 $P-\delta$ 效应规律的较大离散性而给出的。

对剪力墙、核心筒墙肢类构件，由于 $P-\delta$ 效应不明显，计算时可以忽略。对排架结构柱，当采用本规范第 B.0.4 条的规定计算二阶效应后，不再按本条规定计算 $P-\delta$ 效应；当排架柱未按本规范第 B.0.4 条计算其侧移二阶效应时，仍应按本规范第 B.0.4 条考虑其 $P-\delta$ 效应。

6.2.5 由于工程中实际存在着荷载作用位置的不定性、混凝土质量的不均匀性及施工的偏差等因素，都可能产生附加偏心距。很多国家的规范中都有关于附加偏心距的具体规定，因此参照国外规范的经验，规定了附加偏心距 e_a 的绝对值与相对值的要求，并取其较大值用于计算。

6.2.6 在承载力计算中，可采用合适的压应力图形，只要在承载力计算上能与可靠的试验结果基本符合。为简化计算，本规范采用了等效矩形压应力图形，此时，矩形应力图的应力取 f_c 乘以系数 α_1，矩形应力图的高度可取等于按平截面假定所确定的中和轴高度

x_n 乘以系数 β_1。对中低强度混凝土，当 $n=2$，$\varepsilon_0=0.002$，$\varepsilon_{cu}=0.0033$ 时，$\alpha_1=0.969$，$\beta_1=0.824$；为简化计算，取 $\alpha_1=1.0$，$\beta_1=0.8$。对高强度混凝土，用随混凝土强度提高而逐渐降低的系数 α_1、β_1 值来反映高强度混凝土的特点，这种处理方法能适应混凝土强度进一步提高的要求，也是多数国家规范采用的处理方法。上述的简化计算与试验结果对比大体接近。应当指出，将上述简化计算的规定用于三角形截面、圆形截面的受压区，会带来一定的误差。

6.2.7 构件达到界限破坏是指正截面上受拉钢筋屈服与受压区混凝土破坏同时发生时的破坏状态。对应于这一破坏状态，受压边混凝土应变达到 ε_{cu}；对配置有屈服点钢筋的钢筋混凝土构件，纵向受拉钢筋的应变取 f_y/E_s。界限受压区高度 x_b 与界限中和轴高度 x_{nb} 的比值为 β_1，根据平截面假定，可得截面相对界限受压区高度 ξ_b 的公式（6.2.7-1）。

对配置无屈服点钢筋的钢筋混凝土构件或预应力混凝土构件，根据条件屈服点的定义，应考虑 0.2% 的残余应变，普通钢筋应变取（$f_y/E_s+0.002$）、预应力筋应变取 $[(f_{py}-\sigma_{p0})/E_s+0.002]$。根据平截面假定，可得公式（6.2.7-2）和公式（6.2.7-3）。

无屈服点的普通钢筋通常是指细规格的带肋钢筋，无屈服点的特性主要取决于钢筋的轧制和调直等工艺。在钢筋标准中，有屈服点钢筋的屈服强度以 σ_s 表示，无屈服点钢筋的屈服强度以 $\sigma_{p0.2}$ 表示。

6.2.8 钢筋应力 σ_s 的计算公式，是以混凝土达到极限压应变 ε_{cu} 作为构件达到承载能力极限状态标志而给出的。

按平截面假定可写出截面任意位置处的普通钢筋应力 σ_{si} 的计算公式（6.2.8-1）和预应力筋应力 σ_{pi} 的计算公式（6.2.8-2）。

为了简化计算，根据我国大量的试验资料及计算分析表明，小偏心受压情况下实测受拉边或受压较小边的钢筋应力 σ_s 与 ξ 接近直线关系。考虑到 $\xi=\xi_b$ 及 $\xi=\beta_1$ 作为界限条件，取 σ_s 与 ξ 之间为线性关系，就可得到公式（6.2.8-3）、公式（6.2.8-4）。

按上述线性关系式，在求解正截面承载力时，一般情况下为二次方程。

6.2.9 在 02 版规范中，将圆形、圆环形截面混凝土构件的正截面承载力列在正文，本次修订将圆形截面、圆环形截面与任意截面构件的正截面承载力计算一同列入附录。

6.2.10～6.2.14 保留 02 版规范的实用计算方法。

构件中如无纵向受压钢筋或不考虑纵向受压钢筋时，不需要符合公式（6.2.10-4）的要求。

6.2.15 保留了 02 版规范的规定。为保持与偏心受压构件正截面承载力计算具有相近的可靠度，在正文公式（6.2.15）右端乘以系数 0.9。

02 版规范第 7.3.11 条规定的受压构件计算长度

l_0 主要适用于有侧移受偏心压力作用的构件，不完全适用于上下端有支点的轴心受压构件。对于上下端有支点的轴心受压构件，其计算长度 l_0 可偏安全地取构件上下端支点之间距离的 1.1 倍。

当需用公式计算 φ 值时，对矩形截面也可近似用

$$\varphi=\left[1+0.002\left(\frac{l_0}{b}-8\right)^2\right]^{-1}$$

代替查表取值。当 l_0/b 不超过 40 时，公式计算值与表列数值误差不致超过 3.5%。在用上式计算 φ 时，对任意截面可取 $b=\sqrt{12i}$，对圆形截面可取 $b=\sqrt{3}d/2$。

6.2.16 保留了 02 版规范的规定。根据国内外的试验结果，当混凝土强度等级大于 C50 时，间接钢筋混凝土的约束作用将会降低，为此，在混凝土强度等级为 C50～C80 的范围内，给出折减系数 α 值。基于与第 6.2.15 条相同的理由，在公式（6.2.16-1）右端乘以系数 0.9。

6.2.17 矩形截面偏心受压构件：

1 对非对称配筋的小偏心受压构件，当偏心距很小时，为了防止 A_s 产生受压破坏，尚应按公式（6.2.17-5）进行验算，此处引入了初始偏心距 $e_i=e_0-e_a$，这是考虑了不利方向的附加偏心距。计算表明，只有当 $N>f_cbh$ 时，钢筋 A_s 的配筋率才有可能大于最小配筋率的规定。

2 对称配筋小偏心受压的钢筋混凝土构件近似计算方法：

当应用偏心受压构件的基本公式（6.2.17-1）、公式（6.2.17-2）及公式（6.2.8-1）求解对称配筋小偏心受压构件承载力时，将出现 ξ 的三次方程。第 6.2.17 条第 4 款的简化公式是取 $\xi\left(1-\frac{1}{2}\xi\right)\frac{\xi_b-\xi}{\xi_b-\beta_1}$ $\approx 0.43\frac{\xi_b-\xi}{\xi_b-\beta_1}$，使求解 ξ 的方程降为一次方程，便于直接求得小偏压构件所需的配筋面积。

同理，上述简化方法也可扩展用于 T 形和 I 形截面的构件。

3 本次对偏心受压构件二阶效应的计算方法进行了修订，即除排架结构柱以外，不再采用 $\eta-l_0$ 法。新修订的方法主要希望通过计算机进行结构分析时一并考虑由结构侧移引起的二阶效应。为了进行截面设计时内力取值的一致性，当需要利用简化计算方法计算由结构侧移引起的二阶效应和需要考虑杆件自身挠曲引起的二阶效应时，也应先按照附录 B 的简化计算方法和按照第 6.2.3 条和第 6.2.4 条的规定进行考虑二阶效应的内力计算。即在进行截面设计时，其内力已经考虑了二阶效应。

6.2.18 给出了 I 形截面偏心受压构件正截面受压承载力计算公式，对 T 形、倒 T 形截面则可按条文注的规定进行计算；同时，对非对称配筋的小偏心受压构件，给出了验算公式及其适用的近似条件。

6.2.19 沿截面腹部均匀配置纵向钢筋（沿截面腹部配置等直径、等间距的纵向受力钢筋）的矩形、T形或I形截面偏心受压构件，其正截面承载力可根据第6.2.1条中一般计算方法的基本假定列出平衡方程进行计算。但由于计算公式较繁，不便于设计应用，故作了必要简化，给出了公式（6.2.19-1）～公式（6.2.19-4）。

根据第6.2.1条的基本假定，均匀配筋的钢筋应变到达屈服的纤维距中和轴的距离为 $\beta\varepsilon\eta_b/\beta_1$，此处，$\beta = f_{yw}/(E_s\varepsilon_{cu})$。分析表明，常用的钢筋 β 值变化幅度不大，而且对均匀配筋的内力影响很小。因此，将按平截面假定写出的均匀配筋内力 N_{sw}、M_{sw} 的表达式分别用直线及二次曲线近似拟合，即给出公式（6.2.19-3）、公式（6.2.19-4）这两个简化公式。

计算分析表明，对两对边集中配筋与腹部均匀配筋呈一定比例的条件下，本条的简化计算与按一般方法精确计算的结果相比误差不大，并可使计算工作量得到很大简化。

6.2.20 规范对排架柱计算长度的规定引自1974年的规范《钢筋混凝土结构设计规范》TJ 10-74，其计算长度值是在当时的弹性分析和工程经验基础上确定的。在没有新的研究分析结果之前，本规范继续沿用原规范的规定。

本次规范修订，对有侧移框架结构的 $P-\Delta$ 效应简化计算，不再采用 $\eta-l_0$ 法，而采用层增大系数法。因此，进行框架结构 $P-\Delta$ 效应计算时不再需要计算框架柱的计算长度 l_0，因此取消了02版规范第7.3.11条第3款中框架柱计算长度公式（7.3.11-1）、公式（7.3.11-2）。本规范第6.2.20条第2款表6.2.20-2中框架柱的计算长度 l_0 主要用于计算轴心受压框架柱稳定系数 φ，以及计算偏心受压构件裂缝宽度的偏心距增大系数时采用。

6.2.21 本条对对称双向偏心受压构件正截面承载力的计算作了规定：

1 当按本规范附录E的一般方法计算时，本条规定了分别按 x、y 轴计算 e_i 的公式；有可靠试验依据时，也可采用更合理的其他公式计算。

2 给出了双向偏心受压的倪克勤（N. V. Nikitin）公式，并指明了两种配筋形式的计算原则。

3 当需要考虑二阶弯矩的影响时，给出的弯矩设计值 M_{0x}、M_{0y} 已经包含了二阶弯矩的影响，即取消了02版规范第7.3.14条中的弯矩增大系数 η_x、η_y，原因详见第6.2.17条文说明。

6.2.22～6.2.25 保留了02版规范的相应条文。

对沿截面高度或周边均匀配筋的矩形、T形或I形偏心受拉截面，其正截面承载力基本符合 $\dfrac{N}{N_{u0}} + \dfrac{M}{M_u} = 1$ 的变化规律，且略偏于安全；此公式改写后即为公式（6.2.25-1）。试验表明，它也适用于对称配筋矩形截面钢筋混凝土双向偏心受拉构件。公式（6.2.25-1）是89规范在条文说明中提出的公式。

6.3 斜截面承载力计算

6.3.1 混凝土构件的受剪截面限制条件仍采用02版规范的表达形式。

规定受弯构件的受剪截面限制条件，其目的首先是防止构件截面发生斜压破坏（或腹板压坏），其次是限制在使用阶段可能发生的斜裂缝宽度，同时也是构件斜截面受剪破坏的最大配箍率条件。

本条同时给出了划分普通构件与薄腹构件截面限制条件的界限，以及两个截面限制条件的过渡办法。

6.3.2 本条给出了需要进行斜截面受剪承载力计算的截面位置。在一般情况下是指最可能发生斜截面破坏的位置，包括可能受力最大的梁端截面、截面尺寸突然变化处、箍筋数量变化和弯起钢筋配置处等。

6.3.3 由于混凝土受弯构件受剪破坏的影响因素众多，破坏形态复杂，对混凝土构件受剪机理的认识尚不很充分，至今未能像正截面承载力计算一样建立一套较完整的理论体系。国外各主要规范及国内各行业标准中斜截面承载力计算方法各异，计算模式也不尽相同。

对无腹筋受弯构件的斜截面受剪承载力计算：

1 根据收集到大量的均布荷载作用下无腹筋简支浅梁、无腹筋简支短梁、无腹筋简支深梁以及无腹筋连续浅梁的试验数据以支座处的剪力值为依据进行分析，可得到承受均布荷载为主的无腹筋一般受弯构件受剪承载力 V_c 偏下值的计算公式如下：

$$V_c = 0.7\beta_h\beta_\rho f_t bh_0$$

2 综合国内外的试验结果和规范规定，对不配置箍筋和弯起钢筋的钢筋混凝土板的受剪承载力计算中，合理地反映了截面尺寸效应的影响。在第6.3.3条的公式中用系数 $\beta_h = (800/h_0)^{\frac{1}{4}}$ 来表示；同时给出了截面高度的适用范围，当截面有效高度超过2000mm后，其受剪承载力还将会有所降低，但对此试验研究尚不够，未能作出进一步规定。

对第6.3.3条中的一般板类受弯构件，主要指受均布荷载作用下的单向板和双向板需按单向板计算的构件。试验研究表明，对较厚的钢筋混凝土板，除沿板的上、下表面按计算或构造配置双向钢筋网之外，如按本规范第9.1.11条的规定，在板厚中间部位配置双向钢筋网，将会较好地改善其受剪承载性能。

3 根据试验分析，纵向受拉钢筋的配筋率 ρ 对无腹筋梁受剪承载力 V_c 的影响可用系数 $\beta_\rho = (0.7 + 20\rho)$ 来表示；通常在 ρ 大于1.5%时，纵向受拉钢筋的配筋率 ρ 对无腹筋梁受剪承载力的影响才较为明显，所以，在公式中未纳入系数 β_ρ。

4 这里应当说明，以上虽然分析了无腹筋梁受剪承载力的计算公式，但并不表示设计的梁不需配置箍筋。考虑到剪切破坏有明显的脆性，特别是斜拉破坏，斜裂缝一旦出现梁即告剪坏，单靠混凝土承受剪力是不安全的。除了截面高度不大于150mm的梁外，一般梁即使满足 $V \leqslant V_c$ 的要求，仍应按构造要求配置箍筋。

6.3.4 02版规范的受剪承载力设计公式分为集中荷载独立梁和一般受弯构件两种情况，较国外多数国家的规范繁琐，且两个公式在临近集中荷载为主的情况附近计算值不协调，且有较大差异。因此，建立一个统一的受剪承载力计算公式是规范修订和发展的趋势。

但考虑到我国的国情和规范的设计习惯，且过去规范的受剪承载力设计公式分两种情况用于设计也是可行的，此次修订实质上仍保留了受剪承载力计算的两种形式，只是在原有受弯构件两个斜截面承载力计算公式的基础上进行了整改，具体做法是混凝土项系数不变，仅对一般受弯构件公式的箍筋项系数进行了调整，由1.25改为1.0。通过对55个均布荷载作用下有腹筋简支梁构件试验的数据进行分析（试验数据来自原冶金建筑研究总院、同济大学、天津大学、重庆大学、原哈尔滨建筑大学、R. B. L. Smith等），结果表明，此次修订公式的可靠度有一定程度的提高。采用本次修订公式进行设计时，箍筋用钢量比02版规范计算值可能增加约25%。箍筋项系数由1.25改为1.0，也是为将来统一成一个受剪承载力计算公式建立基础。

试验研究表明，预应力对构件的受剪承载力起有利作用，主要因为预压应力能阻滞斜裂缝的出现和开展，增加了混凝土剪压区高度，从而提高了混凝土剪压区所承担的剪力。

根据试验分析，预应力混凝土梁受剪承载力的提高主要与预加力的大小及其作用点的位置有关。此外，试验还表明，预加力对梁受剪承载力的提高作用应给予限制。因此，预应力混凝土梁受剪承载力的计算，可在非预应力梁计算公式的基础上，加上一项施加预应力所提高的受剪承载力设计值 $0.05N_{p0}$，且当 N_{p0} 超过 $0.3f_cA_0$ 时，只取 $0.3f_cA_0$，以达到限制的目的。同时，它仅适用于预应力混凝土简支梁，且只有当 N_{p0} 对梁产生的弯矩与外弯矩相反时才能予以考虑。对于预应力混凝土连续梁，尚未作深入研究；此外，对允许出现裂缝的预应力混凝土简支梁，考虑到构件达到承载力时，预应力可能消失，在未有充分试验依据之前，暂不考虑预应力对截面抗剪的有利作用。

6.3.5、6.3.6 试验表明，与破坏斜截面相交的非预应力弯起钢筋和预应力弯起钢筋可以提高构件的斜截面受剪承载力，因此，除垂直于构件轴线的箍筋外，弯起钢筋也可以作为构件的抗剪钢筋。公式（6.3.5）给出了箍筋和弯起钢筋并用时，斜截面受剪承载力的计算公式。考虑到弯起钢筋与破坏斜截面相交位置的不定性，其应力可能达不到屈服强度，因此在公式中引入了弯起钢筋应力不均匀系数0.8。

由于每根弯起钢筋只能承受一定范围内的剪力，当按第6.3.6条的规定确定剪力设计值并按公式（6.3.5）计算弯起钢筋时，其配筋构造应符合本规范第9.2.8条的规定。

6.3.7 试验表明，箍筋能抑制斜裂缝的发展，在不配置箍筋的梁中，斜裂缝的突然形成可能导致脆性的斜拉破坏。因此，本规范规定当剪力设计值小于无腹筋梁的受剪承载力时，应按本规范第9.2.9条的规定配置最小用量的箍筋；这些箍筋还能提高构件抵抗超载和承受由于变形所引起应力的能力。

02版规范中，本条计算公式也分为一般受弯构件和集中荷载作用下的独立梁两种形式，此次修订与第6.3.4条相协调，统一为一个公式。

6.3.8 受拉边倾斜的受弯构件，其受剪破坏的形态与等高度的受弯构件相类似；但在受剪破坏时，其倾斜受拉钢筋的应力可能发挥得比较高，在受剪承载力中将占有相当的比例。根据对试验结果的分析，提出了公式（6.3.8-2），并与等高度的受弯构件的受剪承载力公式相匹配，给出了公式（6.3.8-1）。

6.3.9、6.3.10 受弯构件斜截面的受弯承载力计算是在受拉区纵向受力钢筋达到屈服强度的前提下给出的，此时，在公式（6.3.9-1）中所需的斜截面水平投影长度 c，可由公式（6.3.9-2）确定。

如果构件设计符合第6.3.10条列出的相关规定，构件的斜截面受弯承载力一般可满足第6.3.9条的要求，因此可不进行斜截面的受弯承载力计算。

6.3.11～6.3.14 试验研究表明，轴向压力对构件的受剪承载力起有利作用，主要是因为轴向压力能阻滞斜裂缝的出现和开展，增加了混凝土剪压区高度，从而提高混凝土所承担的剪力。轴压比限值范围内，斜截面水平投影长度与相同参数的无轴向压力梁相比基本不变，故对箍筋所承担的剪力没有明显的影响。

轴向压力对构件受剪承载力的有利作用是有限度的，当轴压比在0.3～0.5的范围时，受剪承载力达到最大值；若再增加轴向压力，将导致受剪承载力的降低，并转变为带有斜裂缝的正截面小偏心受压破坏，因此应对轴向压力的受剪承载力提高范围予以限制。

基于上述考虑，通过对偏压构件、框架柱试验资料的分析，对矩形截面的钢筋混凝土偏心构件的斜截面受剪承载力计算，可在集中荷载作用下的矩形截面独立梁计算公式的基础上，加一项轴向压力所提高的受剪承载力设计值，即 $0.07N$，且当 N 大于 $0.3f_cA$ 时，规定仅取为 $0.3f_cA$，相当于试验结果的偏低值。

对承受轴向压力的框架结构的框架柱，由于柱两端受到约束，当反弯点在层高范围内时，其计算截面的剪跨比可近似取 $H_n/(2h_0)$；而对其他各类结构的框架柱的剪跨比则取为 M/Vh_0，与截面承受的弯矩和剪力有关。同时，还规定了计算剪跨比取值的上、下限值。

偏心受拉构件的受力特点是：在轴向拉力作用下，构件上可能产生横贯全截面、垂直于杆轴的初始垂直裂缝；施加横向荷载后，构件顶部裂缝闭合而底部裂缝加宽，且斜裂缝可能直接穿过初始垂直裂缝向上发展，也可能沿初始垂直裂缝延伸再斜向发展。斜裂缝呈现宽度较大、倾角较大，斜裂缝末端剪压区高度减小，甚至没有剪压区，从而截面的受剪承载力要比受弯构件的受剪承载力有明显的降低。根据试验结果并偏稳妥地考虑，减去一项轴向拉力所降低的受剪承载力设计值，即 $0.2N$。此外，第 6.3.14 条还对受拉截面总受剪承载力设计值的下限值和箍筋的最小配筋特征值作了规定。

对矩形截面钢筋混凝土偏心受压和偏心受拉构件受剪要求的截面限制条件，与第 6.3.1 条的规定相同，与 02 版规范相同。

与 02 版规范公式比较，本次修订的偏心受力构件斜截面受剪承载力计算公式，只对 02 版规范公式中的混凝土项采用公式（6.3.4-2）中的混凝土项代替，并将适用范围由矩形截面扩大到 T 形和 I 形截面，且箍筋项的系数取为 1.0。偏心受压构件受剪承载力计算公式（6.3.12）及偏心受拉构件受剪承载力计算公式（6.3.14）与试验数据相比较，计算值也是相当于试验结果的偏低值。

6.3.15 在分析了国内外一定数量圆形截面受弯构件、偏心受压构件试验数据的基础上，借鉴国外有关规范的相关规定，提出了采用等效惯性矩原则确定等效截面宽度和等效截面高度的取值方法，从而对圆形截面受弯和偏心受压构件，可直接采用配置垂直箍筋的矩形截面受弯和偏心受压构件的受剪截面限制条件和受剪承载力计算公式进行计算。

6.3.16～6.3.19 试验表明，矩形截面钢筋混凝土柱在斜向水平荷载作用下的抗剪性能与在单向水平荷载作用下的受剪性能存在着明显的差别。根据国外的有关研究资料以及国内配置周边箍筋的斜向受剪试件的试验结果，经分析表明，构件的受剪承载力大致服从椭圆规律：

$$\left(\frac{V_x}{V_{ux}}\right)^2 + \left(\frac{V_y}{V_{uy}}\right)^2 = 1$$

本规范第 6.3.17 条的公式（6.3.17-1）和公式（6.3.17-2），实质上就是由上面的椭圆方程式转化成在形式上与单向偏心受压构件受剪承载力计算公式相当的设计表达式。在复核截面时，可直接按公式进行验算；在进行截面设计时，可近似选取公式

（6.3.17-1）和公式（6.3.17-2）中的 V_{ux}/V_{uy} 比值等于 1.0，而后再进行箍筋截面面积的计算。设计时宜采用封闭箍筋，必要时也可配置单肢箍筋。当复合封闭箍筋相重叠部分的箍筋长度小于截面周边箍筋长边或短边长度时，不应将该箍筋较短方向上的箍筋截面面积计入 A_{svx} 或 A_{svy} 中。

第 6.3.16 条和第 6.3.18 条同样采用了以椭圆规律的受剪承载力方程式为基础并与单向偏心受压构件受剪的截面要求相衔接的表达式。

同时提出，为了简化计算，对剪力设计值 V 的作用方向与 x 轴的夹角 θ 在 $0°\sim10°$ 和 $80°\sim90°$ 时，可按单向受剪计算。

6.3.20 本条规定与 02 版规范相同，目的是规定剪力墙截面尺寸的最小值，或者说限制了剪力墙截面的最大名义剪应力值。剪力墙的名义剪应力值过高，会在早期出现斜裂缝；因极限状态下的抗剪强度受混凝土抗斜压能力控制，抗剪钢筋不能充分发挥作用。

6.3.21、6.3.22 在剪力墙设计时，通过构造措施防止发生剪拉破坏和斜压破坏，通过计算确定墙中水平钢筋，防止发生剪切破坏。

在偏心受压墙肢中，轴向压力有利于抗剪承载力，但压力增大到一定程度后，对抗剪的有利作用减小，因此对轴力的取值需加以限制。

在偏心受拉墙肢中，考虑了轴向拉力的不利影响。

6.3.23 剪力墙连梁的斜截面受剪承载力计算，采用和普通框架梁一致的截面承载力计算方法。

6.4 扭曲截面承载力计算

6.4.1、6.4.2 混凝土扭曲截面承载力计算的截面限制条件是以 h_w/b 不大于 6 的试验为依据的。公式（6.4.1-1）、公式（6.4.1-2）的规定是为了保证构件在破坏时混凝土不首先被压碎。公式（6.4.1-1）、公式（6.4.1-2）中的纯扭构件截面限制条件相当于取用 $T=(0.16\sim0.2)f_cW_t$；当 T 等于 0 时，公式（6.4.1-1）、公式（6.4.1-2）可与本规范第 6.3.1 条的公式相协调。

6.4.3 本条对常用的 T 形、I 形和箱形截面受扭塑性抵抗矩的计算方法作了具体规定。

T 形、I 形截面可划分成矩形截面，划分的原则是：先按截面总高度确定腹板截面，然后再划分受压翼缘和受拉翼缘。

本条提供的截面受扭塑性抵抗矩公式是近似的，主要是为了方便受扭承载力的计算。

6.4.4 公式（6.4.4-1）是根据试验统计分析后，取用试验数据的偏低值给出的。经过对高强混凝土纯扭构件的试验验证，该公式仍然适用。

试验表明，当 ζ 值在 $0.5\sim2.0$ 范围内，钢筋混

凝土受扭构件破坏时，其纵筋和箍筋基本能达到屈服强度。为稳妥起见，取限制条件为 $0.6 \leqslant \zeta \leqslant 1.7$。当 $\zeta > 1.7$ 时取 1.7。当 ζ 接近 1.2 时为钢筋达到屈服的最佳值。因截面内力平衡的需要，对不对称配置纵向钢筋截面面积的情况，在计算中只取对称布置的纵向钢筋截面面积。

预应力混凝土纯扭构件的试验研究表明，预应力可提高构件受扭承载力的前提是纵向钢筋不能屈服，当预加力产生的混凝土法向压应力不超过规定的限值时，纯扭构件受扭承载力可提高 $0.08 \dfrac{N_{p0}}{A_0} W_t$。考虑到实际上应力分布不均匀性等不利影响，在条文中该提高值取为 $0.05 \dfrac{N_{p0}}{A_0} W_t$，且仅限于偏心距 $e_{p0} \leqslant h/6$ 且 ζ 不小于 1.7 的情况；在计算 ζ 时，不考虑预应力筋的作用。

试验研究还表明，对预应力的有利作用应有所限制：当 N_{p0} 大于 $0.3 f_c A_0$ 时，取 $0.3 f_c A_0$。

6.4.6 试验研究表明，对受纯扭作用的箱形截面构件，当壁厚符合一定要求时，其截面的受扭承载力与实心截面是类同的。在公式（6.4.6-1）中的混凝土项受扭承载力与实心截面的取法相同，即取箱形截面开裂扭矩的 50%，此外，尚应乘以箱形截面壁厚的影响系数 α_h；钢筋项受扭承载力取与实心矩形截面相同。通过国内外试验结果的分析比较，公式（6.4.6-1）的取值是稳妥的。

6.4.7 试验研究表明，轴向压力对纵筋应变的影响十分显著；由于轴向压力能使混凝土较好地参加工作，同时又能改善混凝土的咬合作用和纵向钢筋的销栓作用，因而提高了构件的受扭承载力。在本条公式中考虑了这一有利因素，它对受扭承载力的提高值偏安全地取为 $0.07 N W_t / A$。

试验表明，当轴向压力大于 $0.65 f_c A$ 时，构件受扭承载力将会逐步下降，因此，在条文中对轴向压力的上限值作了稳妥的规定，即取轴向压力 N 的上限值为 $0.3 f_c A$。

6.4.8 无腹筋剪扭构件的试验研究表明，无量纲剪扭承载力的相关关系符合四分之一圆的规律；对有腹筋剪扭构件，假设混凝土部分对剪扭承载力的贡献与无腹筋剪扭构件一样，也可认为符合四分之一圆的规律。

本条公式适用于钢筋混凝土和预应力混凝土剪扭构件，它是以有腹筋构件的剪扭承载力为四分之一圆的相关曲线作为校正线，采用混凝土部分相关、钢筋部分不相关的原则获得的近似拟合公式。此时，可找到剪扭构件混凝土受扭承载力降低系数 β_t，其值略大于无腹筋构件的试验结果，但采用此 β_t 值后与有腹筋构件的四分之一圆相关曲线较为接近。

经分析表明，在计算预应力混凝土构件的 β_t 时，

可近似取与非预应力构件相同的计算公式，而不考虑预应力合力 N_{p0} 的影响。

6.4.9 本条规定了 T 形和 I 形截面剪扭构件承载力计算方法。腹板部分要承受全部剪力和分配给腹板的扭矩。这种规定方法是与受弯构件受剪承载力计算相协调的；翼缘仅承受所分配的扭矩，但翼缘中配置的箍筋应贯穿整个翼缘。

6.4.10 根据钢筋混凝土箱形截面纯扭构件受扭承载力计算公式（6.4.6-1）并借助第 6.4.8 条剪扭构件的相同方法，可导出公式（6.4.10-1）～公式（6.4.10-3），经与箱形截面试件的试验结果比较，所提供的方法是稳妥的。

6.4.11 本条是此次修订新增的内容。

在轴向拉力 N 作用下构件的受扭承载力可表示为：

$$T_u = T_c^N + T_s^N$$

式中：T_c^N——混凝土承担的扭矩；

T_s^N——钢筋承担的扭矩。

1 混凝土承担的扭矩

考虑轴向拉力对构件抗裂性能的影响，拉扭构件的开裂扭矩可按下式计算：

$$T_{cr}^N = \gamma \omega f_t W_t$$

式中，T_{cr}^N 为拉扭构件的开裂扭矩；γ 为考虑截面不能完全进入塑性状态等的综合系数，取 $\gamma = 0.7$；ω 为轴向拉力影响系数，根据最大主应力理论，可按下列公式计算：

$$\omega = \sqrt{1 - \frac{\sigma_t}{f_t}}$$

$$\sigma_t = \frac{N}{A}$$

从而有：

$$T_{cr}^N = 0.7 f_t W_t \sqrt{1 - \frac{\sigma_t}{f_t}}$$

对于钢筋混凝土纯扭构件混凝土承担的扭矩，本规范取为：

$$T_c^0 = T_{cr}^0 = 0.35 f_t W_t$$

拉扭构件中混凝土承担的扭矩即可取为：

$$T_c^N = \frac{1}{2} T_{cr}^N = 0.35 f_t W_t \sqrt{1 - \frac{\sigma_t}{f_t}}$$

当 $\dfrac{\sigma_t}{f_t}$ 不大于 1 时 $\sqrt{1 - \dfrac{\sigma_t}{f_t}}$ 近似以 $1 - \dfrac{\sigma_t}{1.75 f_t}$ 表述，因此有：

$$T_c^N = \frac{1}{2} T_{cr}^N = 0.35 \left(1 - \frac{\sigma_t}{1.75 f_t} \right) f_t W_t$$

$$= 0.35 f_t W_t - 0.2 \frac{N}{A} W_t$$

2 钢筋部分承担的扭矩

对于拉扭构件，轴向拉力 N 使纵筋产生附加拉应力，因此纵筋的受扭作用受到削弱，从而降低了构

件的受扭承载力。根据变角度空间桁架模型和斜弯理论，其受扭承载力可按下式计算：

$$T_s^N = 2\sqrt{\frac{(f_y A_{st1} - N)s}{f_{yv} A_{st1} u_{cor}}} \frac{f_{yv} A_{st1} A_{cor}}{s}$$

但为了与无拉力情况下的抗扭公式保持一致，在与试验结果对比后仍取：

$$T_s^N = 1.2\sqrt{\zeta} f_{yv} \frac{A_{st1} A_{cor}}{s}$$

根据以上说明，即可得出本条文设计计算公式（6.4.11），式中 A_{stl} 为对称布置的受扭用的全部纵向钢筋的截面面积，承受拉力 N 作用的纵向钢筋截面面积不应计入。

与国内进行的 25 个拉扭试件的试验结果比较，本条公式的计算值与试验值之比的平均值为 0.947（0.755～1.189），是可以接受的。

6.4.12 对弯剪扭构件，当 $V \leq 0.35 f_t bh_0$ 或 $V \leq 0.875 f_t bh_0 / (\lambda + 1)$ 时，剪力对构件承载力的影响可不予考虑，此时，构件的配筋由正截面受弯承载力和受扭承载力的计算确定；同理，$T \leq 0.175 f_t W_t$ 或 $T \leq 0.175 \alpha_h f_t W_t$ 时，扭矩对构件承载力的影响可不予考虑，此时，构件的配筋由正截面受弯承载力和斜截面受剪承载力的计算确定。

6.4.13 分析表明，按照本条规定的配筋方法，构件的受弯承载力、受剪承载力与受扭承载力之间具有相关关系，且与试验结果大致相符。

6.4.14～6.4.16 在钢筋混凝土矩形截面框架柱受剪扭承载力计算中，考虑了轴向压力的有利作用。分析表明，在 β_t 计算公式中可不考虑轴向压力的影响，仍可按公式（6.4.8-5）进行计算。

当 $T \leq (0.175 f_t + 0.035 N/A) W_t$ 时，则可忽略扭矩对框架柱承载力的影响。

6.4.17 本条给出了在轴向拉力、弯矩、剪力和扭矩共同作用下的钢筋混凝土矩形截面框架柱的剪、扭承载力设计计算公式。与在轴向压力、弯矩、剪力和扭矩共同作用下钢筋混凝土矩形截面框架柱的剪、扭承载力 β_t 计算公式相同，为简化设计，不考虑轴向拉力的影响。与考虑轴向拉力影响的 β_t 计算公式比较，β_t 计算值略有降低，$(1.5 - \beta_t)$ 值略有提高；从而当轴向拉力 N 较小时，受扭钢筋用量略有增大，受剪箍筋用量略有减小，但箍筋总用量没有显著差别。当轴向拉力较大，当 N 不小于 $1.75 f_t A$ 时，公式（6.4.17-2）右方第 1 项为零。从而公式（6.4.17-1）和公式（6.4.17-2）蜕变为剪扭混凝土作用项几乎不相关的、偏安全的设计计算公式。

6.5 受冲切承载力计算

6.5.1 02 版规范的受冲切承载力计算公式，形式简单，计算方便，但与国外规范进行对比，在多数情况下略显保守，且考虑因素不够全面。根据不配置箍筋或弯起钢筋的钢筋混凝土板的试验资料的分析，参考国内外有关规范，本次修订保留了 02 版规范的公式形式，仅将公式中的系数 0.15 提高到 0.25。

本条具体规定的考虑因素如下：

1 截面高度的尺寸效应。截面高度的增大对受冲切承载力起削弱作用，为此，在公式（6.5.1-1）中引入了截面尺寸效应系数 β_h，以考虑这种不利影响。

2 预应力对受冲切承载力的影响。试验研究表明，双向预应力对板柱节点的冲切承载力起有利作用，主要是由于预应力的存在阻滞了斜裂缝的出现和开展，增加了混凝土剪压区的高度。公式（6.5.1-1）主要是参考我国的科研成果及美国 ACI 318 规范，将板中两个方向按长度加权平均有效预压应力的有利作用增大为 $0.25 \sigma_{pc,m}$，但仍偏安全地未计及在板柱节点处预应力竖向分量的有利作用。

对单向预应力板，由于缺少试验数据，暂不考虑预应力的有利作用。

3 参考美国 ACI 318 等有关规范的规定，给出了两个调整系数 η_1、η_2 的计算公式（6.5.1-2）、公式（6.5.1-3）。对矩形形状的加载面积边长之比作了限制，因为边长之比大于 2 后，剪力主要集中在角隅，将不能形成严格意义上的冲切极限状态的破坏，使受冲切承载力达不到预期的效果，为此，引入了调整系数 η_1，且基于稳妥的考虑，对加载面积边长之比作了不宜大于 4 的限制；此外，当临界截面相对周长 u_m/h_0 过大时，同样会引起受冲切承载力的降低。有必要指出，公式（6.5.1-2）是在美国 ACI 规范的取值基础上略作调整后给出的。公式（6.5.1-1）的系数 η 只能取 η_1、η_2 中的较小值，以确保安全。

本条中所指的临界截面是为了简明表述而设定的截面，它是冲切最不利的破坏锥体底面线与顶面线之间的平均周长 u_m 处的垂直截面。板的垂直截面，对等厚板为垂直于板中心平面的截面，对变高度板为垂直于板受拉面的截面。

对非矩形截面柱（异形截面柱）的临界截面周长，选取周长 u_m 的形状要呈凸形折线，其折角不能大于 180°，由此可得到最小的周长，此时在局部周长区段离柱边的距离允许大于 $h_0/2$。

6.5.2 为满足设备或管道布置要求，有时要在柱边附近板上开孔。板中开孔会减小冲切的最不利周长，从而降低板的受冲切承载力。在参考了国外规范的基础上给出了本条的规定。

6.5.3、6.5.4 当混凝土板的厚度不足以保证受冲切承载力时，可配置抗冲切钢筋。设计可同时配置箍筋和弯起钢筋，也可分别配置箍筋或弯起钢筋作为抗冲切钢筋。试验表明，配有冲切钢筋的钢筋混凝土板，其破坏形态和受力特性与有腹筋梁相类似，当抗冲切钢筋的数量达到一定程度时，板的受冲切承载力几乎不再增加。为了使抗冲切箍筋或弯起钢筋能够充分发挥作用，本条规定了板的受冲切截面限制条件，即公式（6.5.3-1），实际上是对抗冲切箍筋或弯起钢筋数量的限制，以避免其不能充分发挥作用和使用阶段在局部荷载附近的斜裂缝过大。本次修订参考美国ACI规范及我国的工程经验，对该限制条件作了适当放宽，将系数由02版规范规定的1.05放宽至1.2。

钢筋混凝土板配置抗冲切钢筋后，在混凝土与抗冲切钢筋共同作用下，混凝土项的抗冲切承载力 V'_c 与无抗冲切钢筋板的承载力 V_c 的关系，各国规范取法并不一致，如我国02版规范、美国及加拿大规范取 $V'_c = 0.5V_c$，CEB-FIP MC 90规范及欧洲规范 EN 1992-2 取 $V'_c = 0.75V_c$，英国规范 BS 8110 及俄罗斯规范取 $V'_c = V_c$。我国的试验及理论分析表明，在混凝土与抗冲切钢筋共同作用下，02版规范取混凝土所能提供的承载力是无抗冲切钢筋板承载力的50%，取值偏低。根据国内外的试验研究，并考虑混凝土开裂后骨料咬合、配筋剪切摩擦有利作用等，在抗冲切钢筋配置区，本次修订将混凝土所能承担的承载力 V'_c 适当提高，取无抗冲切钢筋板承载力 V_c 的约70%。与试验结果比较，本条给出的受冲切承载力计算公式是偏于安全的。

本条提及的其他形式的抗冲切钢筋，包括但不限于工字钢、槽钢、抗剪栓钉、扁钢U形箍等。

6.5.5 阶形基础的冲切破坏可能会在柱与基础交接处或基础变阶处发生，这与阶形基础的形状、尺寸有关。对阶形基础受冲切承载力计算公式，也引进了本规范第6.5.1条的截面高度影响系数 β_h。在确定基础的 F_l 时，取用最大的地基反力值，这样做偏于安全。

6.5.6 板柱节点传递不平衡弯矩时，其受力特性及破坏形态更为复杂。为安全起见，对板柱节点存在不平衡弯矩时的受冲切承载力计算，借鉴了美国ACI 318规范和我国的《无粘结预应力混凝土结构技术规程》JGJ 92-93的有关规定，在本条中提出了考虑问题的原则，具体可按本规范附录F计算。

6.6 局部受压承载力计算

6.6.1 本条对配置间接钢筋的混凝土结构构件局部受压区截面尺寸规定了限制条件，其理由如下：

1 试验表明，当局压区配筋过多时，局压板底面下的混凝土会产生过大的下沉变形；当符合公式（6.6.1-1）时，可限制下沉变形不致过大。为适当提高可靠度，将公式右边抗力项乘以系数0.9。式中系数1.35系由89版规范公式中的系数1.5乘以0.9而给出。

2 为了反映混凝土强度等级提高对局部受压的影响，引入了混凝土强度影响系数 β_c。

3 在计算混凝土局部受压时的强度提高系数 β_l（也包括本规范第6.6.3条的 β_{cor}）时，不应扣除孔道

面积，经试验校核，此种计算方法比较合适。

4 在预应力锚头下的局部受压承载力的计算中，按本规范第10.1.2条的规定，当预应力作为荷载效应且对结构不利时，其荷载效应的分项系数取为1.2。

6.6.2 计算底面积 A_b 的取值采用了"同心、对称"的原则。要求计算底面积 A_b 与局压面积 A_l 具有相同的重心位置，并呈对称；沿 A_l 各边向外扩大的有效距离不超过受压板短边尺寸 b（对圆形承压板，可沿周边扩大一倍直径），此法便于记忆和使用。

对各类型垫板试件的试验表明，试验值与计算值符合较好，且偏于安全。试验还表明，当构件处于边角局压时，β_l 值在1.0上下波动且离散性较大，考虑使用简便、形式统一和保证安全（温度、混凝土的收缩、水平力对边角局压承载力的影响较大），取边角局压时的 $\beta_l = 1.0$ 是恰当的。

6.6.3 试验结果表明，配置方格网式或螺旋式间接钢筋的局部受压承载力，可表达为混凝土项承载力和间接钢筋项承载力之和。间接钢筋项承载力与其体积配筋率有关；且随混凝土强度等级的提高，该项承载力有降低的趋势。为了反映这个特性，公式中引入了系数 α。为便于使用且保证安全，系数 α 与本规范第6.2.16条的取值相同。基于与本规范第6.6.1条同样的理由，在公式（6.6.3-1）也考虑了折减系数0.9。

本条还规定了 A_{cor} 大于 A_b 时，在计算中只能取为 A_b 的要求。此规定用以保证充分发挥间接钢筋的作用，且能确保安全。此外，当 A_{cor} 不大于混凝土局部受压面积 A_l 的1.25倍时，间接钢筋对局部受压承载力的提高不明显，故不予考虑。

为避免长、短两个方向配筋相差过大而导致钢筋不能充分发挥强度，对公式（6.6.3-2）规定了配筋量的限制条件。

间接钢筋的体积配筋率取为核心面积 A_{cor} 范围内单位混凝土体积所含间接钢筋的体积，是在满足方格网或螺旋式间接钢筋的核心面积 A_{cor} 大于混凝土局部受压面积 A_l 的条件下计算得出的。

6.7 疲劳验算

6.7.1 保留了89规范的基本假定，它为试验所证实，并作为第6.7.5条和第6.7.11条建立钢筋混凝土和预应力混凝土受弯构件截面疲劳应力计算公式的依据。

6.7.2 本条是根据规范第3.1.4条和吊车出现在跨度不大于12m的吊车梁上的可能情况而作出的规定。

6.7.3 本条明确规定，钢筋混凝土受弯构件正截面和斜截面疲劳验算中起控制作用的部位需作相应的应力或应力幅计算。

6.7.4 国内外试验研究表明，影响钢筋疲劳强度的

主要因素为应力幅，即（$\sigma_{max} - \sigma_{min}$），所以在本节中涉及钢筋的疲劳应力时均按应力幅计算。受拉钢筋的应力幅 $\Delta \sigma_s^f$ 要小于或等于钢筋的疲劳应力幅限值 Δf_y^f，其含义是在同一疲劳应力比下，应力幅（$\sigma_{max} - \sigma_{min}$）越小越好，即两者越接近越好。例如，当疲劳应力比保持 $\rho^f = 0.2$ 不变时，可能出现很多组循环应力，诸如 $\sigma_{min} = 2N/mm^2$，$\sigma_{max} = 10N/mm^2$；$\sigma_{min} = 20N/mm^2$，$\sigma_{max} = 100N/mm^2$；$\sigma_{min} = 200N/mm^2$，$\sigma_{max} = 1000N/mm^2$；它们的应力幅值分别为 $8N/mm^2$、$80N/mm^2$、$800N/mm^2$。若使用 HRB335 级钢筋，则从本规范表 4.2.6-1 可以查得，当应力比 $\rho_s^f = 0.2$ 时，疲劳应力幅限值为 $154N/mm^2$，所以上面所举各组应力幅值中，应力幅值为 $800N/mm^2$ 的情况不满足要求。

6.7.5、6.7.6 按照第 6.7.1 条的基本假定，具体给出了钢筋混凝土受弯构件正截面疲劳验算中所需的截面特征值及其相应的应力和应力幅计算公式。

6.7.7~6.7.9 原 89 版规范未给出斜截面疲劳验算公式，而采用计算配筋的方法满足疲劳要求。02 版规范根据我国大量的试验资料提出了斜截面疲劳验算公式。本规范继续沿用了 02 版规范的规定。

钢筋混凝土受弯构件斜截面的疲劳验算分为两种情况：第一种情况，当按公式（6.7.8）计算的剪应力 τ^f 符合公式（6.7.7-1）时，表示混凝土可全部承担截面剪力，仅需按构造配置箍筋；第二种情况，当剪应力 τ^f 不符合公式（6.7.7-1）时，该区段的剪应力应由混凝土和垂直箍筋共同承担。试验表明，受压区混凝土所承担的剪应力 τ_c^f 值，与荷载值大小、剪跨比、配筋率等因素有关，在公式（6.7.9-1）中取 $\tau_c^f = 0.1 f_t^f$ 是较稳妥的。

按照我国以往的经验，对（$\tau^f - \tau_c^f$）部分的剪应力应由垂直箍筋和弯起钢筋共同承担。但国内的试验表明，同时配有垂直箍筋和弯起钢筋的斜截面疲劳破坏，都是弯起钢筋首先疲劳断裂；按照 45° 桁架模型和开裂截面的应变协调关系，可得到密排弯起钢筋应力 σ_{sb} 与垂直箍筋应力 σ_{sv} 之间的关系式：

$$\sigma_{sb} = \sigma_{sv}(\sin\alpha + \cos\alpha)^2 = 2\sigma_{sv}$$

此处，α 为弯起钢筋的弯起角。显然，由上式可以得到 $\sigma_{sb} > \sigma_{sv}$ 的结论。

为了防止配置少量弯起钢筋而引起其疲劳破坏，由此导致垂直箍筋所能承担的剪力大幅度降低，本规范不提倡采用弯起钢筋作为抗疲劳的抗剪钢筋（密排斜向箍筋除外），所以在第 6.7.9 条中仅提供配有垂直箍筋的应力幅计算公式。

6.7.10~6.7.12 基本保留了原规范对要求不出现裂缝的预应力混凝土受弯构件的疲劳强度验算方法，对普通钢筋和预应力筋，则用应力幅的验算方法。

按条文公式计算的混凝土应力 $\sigma_{c,min}^f$ 和 $\sigma_{c,max}^f$，是指在截面同一纤维计算点处一次循环过程中的最小应力和最大应力，其最小、最大以其绝对值进行判别，且拉应力为正、压应力为负；在计算 $\rho_c^f = \sigma_{c,min}^f / \sigma_{c,max}^f$ 时，应注意应力的正负号及最大、最小应力的取值。

第 6.7.10 条注 2 增加了一级裂缝控制等级的预应力混凝土构件（即全预应力混凝土构件）中的钢筋的应力幅可不进行疲劳验算。这是由于大量的试验资料表明，只要混凝土不开裂，钢筋就不会疲劳破坏，即不裂不疲。而一级裂缝控制等级的预应力混凝土构件（即全预应力混凝土构件）不仅不开裂，而且混凝土截面不出现拉应力，所以更不会出现钢筋疲劳破坏。美国规范 如 AASHTO LRFD Bridge Design Specifications 也规定全预应力混凝土构件中的钢筋可不进行疲劳验算。

7 正常使用极限状态验算

7.1 裂缝控制验算

7.1.1 根据本规范第 3.4.5 条的规定，具体给出了对钢筋混凝土和预应力混凝土构件边缘应力、裂缝宽度的验算要求。

有必要指出，按概率统计的观点，符合公式（7.1.1-2）的情况下，并不意味着构件绝对不会出现裂缝；同样，符合公式（7.1.1-3）的情况下，构件由荷载作用而产生的最大裂缝宽度大于最大裂缝限值大致会有 5% 的可能性。

7.1.2 本次修订，构件最大裂缝宽度的基本计算公式仍采用 02 版规范的形式：

$$w_{max} = \tau_l \tau_s w_m \tag{1}$$

式中，w_m 为平均裂缝宽度，按下式计算：

$$w_m = \alpha_c \psi \frac{\sigma_{sk}}{E_s} l_{cr} \tag{2}$$

根据对各类受力构件的平均裂缝间距的试验数据进行统计分析，当最外层纵向受拉钢筋外边缘至受拉区底边的距离 c_s 不大于 65mm 时，对配置带肋钢筋混凝土构件的平均裂缝间距 l_{cr} 仍按 02 版规范的计算公式：

$$l_{cr} = \beta\left(1.9c + 0.08\frac{d}{\rho_{te}}\right) \tag{3}$$

此处，对轴心受拉构件，取 $\beta = 1.1$；对其他受力构件，均取 $\beta = 1.0$。

当配置不同钢种、不同直径的钢筋时，公式（3）中 d 应改为等效直径 d_{eq}，可按正文公式（7.1.2-3）进行计算确定，其中考虑了钢筋混凝土和预应力混凝土构件配置不同的钢种，钢筋表面形状以及预应力钢筋采用先张法或后张法（灌浆）等不同的施工工艺，它们与混凝土之间的粘结性能有所不同，这种差异将通过等效直径予以反映。为此，对钢筋混凝土用钢筋，根据国内有关试验资料；对预应力钢筋，参照欧洲混凝土桥梁规范 ENV 1992-2 (1996) 的规定，给出了正文表 7.1.2-2 的钢筋相对粘结特性系数。对有粘结的预应力筋 d_i 的取值，可按照 $d_i = 4A_p/u_p$ 求得，其中 u_p 本应取为预应力筋与混凝土的实际接触周长；分析表明，按照上述方法求得的 d_i 值与按预应力筋的公称直径进行计算，两者较为接近。为简化起见，对 d_i 统一取用公称直径。对环氧树脂涂层钢筋的相对粘结特性系数是根据试验确定的。

根据试验研究结果，受弯构件裂缝间纵向受拉钢筋应变不均匀系数的基本公式可表述为：

$$\psi = \omega_1 \left(1 - \frac{M_{cr}}{M_k}\right) \qquad (4)$$

公式 (4) 可作为规范简化公式的基础，并扩展应用到其他构件。式中系数 ω_1 与钢筋和混凝土的握裹力有一定关系，对光圆钢筋，ω_1 则较接近 1.1。根据偏拉、偏压构件的试验资料，以及为了与轴心受拉构件的计算公式相协调，将 ω_1 统一为 1.1。同时，为了简化计算，并便于与偏心受力构件的计算相协调，将上式展开并作一定的简化，就可得到以钢筋应力 σ_s 为主要参数的公式 (7.1.2-2)。

α_c 为反映裂缝间混凝土伸长对裂缝宽度影响的系数。根据近年来国内多家单位完成的配置 400MPa、500MPa 带肋钢筋的钢筋混凝土、预应力混凝土梁的裂缝宽度加载试验结果，经分析统计，试验平均裂缝宽度 w_m 均小于原规范公式计算值。根据试验资料综合分析，本次修订对受弯、偏心受压构件统一取 $\alpha_c = 0.77$，其他构件仍同 02 版规范，即 $\alpha_c = 0.85$。

短期裂缝宽度的扩大系数 τ_s，根据试验数据分析，对受弯构件和偏心受压构件，取 $\tau_s = 1.66$；对偏心受拉和轴心受拉构件，取 $\tau_s = 1.9$。扩大系数 τ_s 的取值的保证率约为 95%。

根据试验结果，给出了考虑长期作用影响的扩大系数 $\tau_l = 1.5$。

试验表明，对偏心受压构件，当 $e_0/h_0 \leqslant 0.55$ 时，裂缝宽度较小，均能符合要求，故规定不必验算。

在计算平均裂缝间距 l_{cr} 和 ψ 时引进了按有效受拉混凝土面积计算的纵向受拉配筋率 ρ_{te}，其有效受拉混凝土面积取 $A_{te} = 0.5bh + (b_f - b) h_f$，由此可达到 ψ 计算公式的简化，并能适用于受弯、偏心受拉和偏心受压构件。经试验结果校准，尚能符合各类受力情况。

鉴于对配筋率较小情况下的构件裂缝宽度等的试验资料较少，采取当 $\rho_{te} < 0.01$ 时，取 $\rho_{te} = 0.01$ 的办法，限制计算最大裂缝宽度的使用范围，以减少对最大裂缝宽度计算值偏小的情况。

当混凝土保护层厚度较大时，虽然裂缝宽度计算值也较大，但较大的混凝土保护层厚度对防止钢筋锈蚀是有利的。因此，对混凝土保护层厚度较大的构件，当在外观的要求上允许时，可根据实践经验，对本规范表 3.4.5 中所规定的裂缝宽度允许值作适当放大。

考虑到本条钢筋应力计算对钢筋混凝土构件和预应力混凝土构件分别采用荷载准永久组合和标准组合，故符号由 02 版规范的 σ_{sk} 改为 σ_s。对沿截面上下或周边均匀配置纵向钢筋的构件裂缝宽度计算，研究尚不充分，本规范未作明确规定。在荷载的标准组合或准永久组合下，这类构件的受拉钢筋应力可能很高，甚至可能超过钢筋抗拉强度设计值。为此，当按公式 (7.1.2-1) 计算时，关于钢筋应力 σ_s 及 A_{te} 的取用原则等应按更合理的方法计算。

对混凝土保护层厚度较大的梁，国内试验研究结果表明表层钢筋网片有利于减少裂缝宽度。本条建议可对配制表层钢筋网片梁的裂缝计算结果乘以折减系数，并根据试验研究结果提出折减系数可取 0.7。

本次修订根据国内多家单位科研成果，在本规范裂缝宽度计算公式的基础上，经过适当调整 ρ_{te}、d_{eq} 及 σ_s 值计算方法，即可将原规范公式用于计算无粘结部分预应力混凝土构件的裂缝宽度。

7.1.3 本条提出了正常使用极限状态验算时的平截面基本假定。在荷载准永久组合或标准组合下，对允许出现裂缝的受弯构件，其正截面混凝土压应力、预应力筋的应力增量及钢筋的拉应力，可按大偏心受压的钢筋混凝土开裂换算截面计算。对后张法预应力混凝土连续梁等超静定结构，在外弯矩 M_s 中尚应包括由预加力引起的次弯矩 M_2。在本条计算假定中，对预应力混凝土截面，可按本规范公式 (10.1.7-1) 及 (10.1.7-2) 计算 N_{p0} 和 e_{p0}，以考虑混凝土收缩、徐变在钢筋中所产生附加压力的影响。

按开裂换算截面进行应力分析，具有较高的精度和通用性，可用于重要钢筋混凝土及预应力混凝土构件的裂缝宽度及开裂截面刚度计算。计算换算截面时，必要时可考虑混凝土塑性变形对混凝土弹性模量的影响。

7.1.4 本条给出的钢筋混凝土构件的纵向受拉钢筋应力和预应力混凝土构件的纵向受拉钢筋等效应力，是指在荷载的准永久组合或标准组合下构件裂缝截面上产生的钢筋应力，下面按受力性质分别说明：

1 对钢筋混凝土轴心受拉和受弯构件，钢筋应力 σ_{sq} 仍按原规范的方法计算。受弯构件裂缝截面的内力臂系数，仍取 $\eta_b = 0.87$。

2 对钢筋混凝土偏心受拉构件，其钢筋应力计算公式 (7.1.4-2) 是由外力与截面内力对受压区钢筋合力点取矩确定，此即表示不管轴向力作用在 A_s 和 A_s' 之间或之外，均近似取内力臂 $z = h_0 - a_s'$。

3 对预应力混凝土构件的纵向受拉钢筋等效应力，是指在该钢筋合力点处混凝土预压应力抵消后钢筋中的应力增量，可视它为等效于钢筋混凝土构件中的钢筋应力 σ_{sk}。

预应力混凝土轴心受拉构件的纵向受拉钢筋等效应力的计算公式（7.1.4-9）就是基于上述的假定给出的。

4 对钢筋混凝土偏压构件和预应力混凝土受弯构件，其纵向受拉钢筋的应力和等效应力可根据相同的概念给出。此时，可把预应力及非预应力钢筋的合力 N_{p0} 作为压力与弯矩值 M_k 一起作用于截面，这样，预应力混凝土受弯构件就等效于钢筋混凝土偏心受压构件。

对裂缝截面的纵向受拉钢筋应力和等效应力，由建立内、外力对受压区合力取矩的平衡条件，可得公式（7.1.4-4）和公式（7.1.4-10）。

纵向受拉钢筋合力点至受压区合力点之间的距离 $z=\eta h_0$，可近似按本规范第 6.2 节的基本假定确定。考虑到计算的复杂性，通过计算分析，可采用下列内力臂系数的拟合公式：

$$\eta = \eta_p - (\eta_p - \eta_p')\left(\frac{M_0}{M_e}\right)^2 \tag{5}$$

式中：η_p——钢筋混凝土受弯构件在使用阶段的裂缝截面内力臂系数；

η_p'——纵向受拉钢筋截面重心处混凝土应力为零时的截面内力臂系数；

M_0——受拉钢筋截面重心处混凝土应力为零时的消压弯矩：对偏压构件，取 $M_0 = N_k\eta_p h_0$；对预应力混凝土受弯构件，取 $M_0 = N_{p0}(\eta_p h_0 - e_p)$；

M_e——外力对受拉钢筋合力点的力矩：对偏压构件，取 $M_e = N_k e$；对预应力混凝土受弯构件，取 $M_e = M_k + N_{p0}e_p$ 或 $M_e = N_{p0}e$。

公式（5）可进一步改写为：

$$\eta = \eta_p - \alpha\left(\frac{h_0}{e}\right)^2 \tag{6}$$

通过分析，适当考虑了混凝土的塑性影响，并经有关构件的试验结果校核后，本规范给出了以上述拟合公式为基础的简化公式（7.1.4-5）。当然，本规范不排斥采用更精确的方法计算预应力混凝土受弯构件的内力臂 z。

对钢筋混凝土偏心受压构件，当 $l_0/h > 14$ 时，试验表明应考虑构件挠曲对轴向力偏心距的影响，本规范仍按 02 版规范进行规定。

5 根据国内多家单位的科研成果，在本规范预应力混凝土受弯构件受拉区纵向钢筋等效应力计算公式的基础上，采用无粘结预应力筋等效面积折减系数 α_1，即可将原公式用于无粘结部分预应力混凝土受弯构件 σ_{sk} 的相关计算。

7.1.5 在抗裂验算中，边缘混凝土的法向应力计算

公式是按弹性应力给出的。

7.1.6 从裂缝控制要求对预应力混凝土受弯构件的斜截面混凝土主拉应力进行验算，是为了避免斜裂缝的出现，同时按裂缝等级不同予以区别对待；对混凝土主压应力的验算，是为了避免过大的压应力导致混凝土抗拉强度过大地降低和裂缝过早地出现。

7.1.7、7.1.8 第 7.1.7 条提供了混凝土主拉应力和主压应力的计算方法；第 7.1.8 条提供了考虑集中荷载产生的混凝土竖向压应力及剪应力分布影响的实用方法，是依据弹性理论分析和试验验证后给出的。

7.1.9 对先张法预应力混凝土构件端部预应力传递长度范围内进行正截面、斜截面抗裂验算时，采用本条对预应力传递长度范围内有效预应力 σ_{pe} 按近似的线性变化规律的假定后，利于简化计算。

7.2 受弯构件挠度验算

7.2.1 混凝土受弯构件的挠度主要取决于构件的刚度。本条假定在同号弯矩区段内的刚度相等，并取该区段内最大弯矩处所对应的刚度；对于允许出现裂缝的构件，它就是该区段内的最小刚度，这样做是偏于安全的。当支座截面刚度与跨中截面刚度之比在本条规定的范围内时，采用等刚度计算构件挠度，其误差一般不超过 5%。

7.2.2 在受弯构件短期刚度 B_s 基础上，分别提出了考虑荷载准永久组合和荷载标准组合的长期作用对挠度增大的影响，给出了刚度计算公式。

7.2.3 本条提供的钢筋混凝土和预应力混凝土受弯构件的短期刚度是在理论与试验研究的基础上提出的。

1 钢筋混凝土受弯构件的短期刚度
截面刚度与曲率的理论关系式为：

$$\frac{M_k}{B_s} = \frac{\varepsilon_{sm} + \varepsilon_{cm}}{h_0} \tag{7}$$

式中：ε_{sm}——纵向受拉钢筋的平均应变；

ε_{cm}——截面受压区边缘混凝土的平均应变。

根据裂缝截面受拉钢筋和受压区边缘混凝土各自的应变与相应的平均应变，可建立下列关系：

$$\varepsilon_{sm} = \psi\frac{M_k}{E_s A_s \eta h_0}$$

$$\varepsilon_{cm} = \frac{M_k}{\zeta E_c b h_0^2}$$

将上述平均应变代入前式，即可得短期刚度的基本公式：

$$B_s = \frac{E_s A_s h_0^2}{\dfrac{\psi}{\eta} + \dfrac{\alpha_E\rho}{\zeta}} \tag{8}$$

公式（8）中的系数由试验分析确定：

1）系数 ψ，采用与裂缝宽度计算相同的公式，当 $\psi < 0.2$ 时，取 $\psi = 0.2$，这将能更好地符

合试验结果。

2）根据试验资料回归，系数 $\alpha_E\rho/\zeta$ 可按下列公式计算：

$$\frac{\alpha_E\rho}{\zeta} = 0.2 + \frac{6\alpha_E\rho}{1+3.5\gamma_f} \qquad (9)$$

3）对力臂系数 η，近似取 $\eta=0.87$。

将上述系数与表达式代入公式（8），即可得到公式（7.2.3-1）。

2 预应力混凝土受弯构件的短期刚度

1）不出现裂缝构件的短期刚度，考虑混凝土材料特性统一取 $0.85E_cI_0$，是比较稳妥的。

2）允许出现裂缝构件的短期刚度。对使用阶段已出现裂缝的预应力混凝土受弯构件，假定弯矩与曲率（或弯矩与挠度）曲线是由双折直线组成，双折线的交点位于开裂弯矩 M_{cr} 处，则可求得短期刚度的基本公式为：

$$B_s = \frac{E_cI_0}{\dfrac{1}{\beta_{0.4}} + \dfrac{\dfrac{M_{cr}}{M_k}-0.4}{0.6}\left(\dfrac{1}{\beta_{cr}}-\dfrac{1}{\beta_{0.4}}\right)} \qquad (10)$$

式中：$\beta_{0.4}$ 和 β_{cr} 分别为 $\dfrac{M_{cr}}{M_k}=0.4$ 和 1.0 时的刚度降低系数。对 β_{cr}，可取为 0.85；对 $\dfrac{1}{\beta_{0.4}}$，根据试验资料分析，取拟合的近似值为：

$$\frac{1}{\beta_{0.4}} = \left(0.8+\frac{0.15}{\alpha_E\rho}\right)(1+0.45\gamma_f) \qquad (11)$$

将 β_{cr} 和 $\dfrac{1}{\beta_{0.4}}$ 代入上述公式（10），并经适当调整后即得本条公式（7.2.3-3）。

本次修订根据国内多家单位的科研成果，在预应力混凝土构件短期刚度计算公式的基础上，采用无粘结预应力筋等效面积折减系数 α_1，适当调整 ρ 值，即可将原公式用于无粘结部分预应力混凝土构件的短期刚度计算。

7.2.4 本条同 02 版规范。计算混凝土截面抵抗矩塑性影响系数 γ 的基本假定取受拉区混凝土应力图形为梯形。

7.2.5、7.2.6 钢筋混凝土受弯构件考虑荷载长期作用对挠度增大的影响系数 θ 是根据国内一些单位长期试验结果并参考国外规范的规定给出的。

预应力混凝土受弯构件在使用阶段的反拱值计算中，短期反拱值的计算以及考虑预加应力长期作用对反拱增大的影响系数仍保留原规范取为 2.0 的规定。由于它未能反映混凝土收缩、徐变损失以及配筋率等因素的影响，因此，对长期反拱值，如有专门的试验分析或根据收缩、徐变理论进行计算分析，则也可不遵守本条的有关规定。

反拱值的精确计算方法可采用美国 ACI、欧洲 CEB-FIP 等规范推荐的方法，这些方法可考虑与时间有关的预应力、材料性质、荷载等的变化，使计算达到要求的准确性。

7.2.7 全预应力混凝土受弯构件，因为消压弯矩始终大于荷载准永久组合作用下的弯矩，在一般情况下预应力混凝土梁总是向上拱曲的；但对部分预应力混凝土梁，常为允许开裂，其上拱值将减小，当梁的永久荷载与可变荷载的比值较大时，有可能随时间的增长出现梁逐渐下挠的现象。因此，对预应力混凝土梁规定应采取措施控制挠度。

当预应力长期反拱值小于按荷载标准组合计算的长期挠度时，则需要进行施工起拱，其值可取为荷载标准组合计算的长期挠度与预加力长期反拱值之差。对永久荷载较小的构件，当预应力产生的长期反拱值大于按荷载标准组合计算的长期挠度时，梁的上拱值将增大。因此，在设计阶段需要进行专项设计，并通过控制预应力度、选择预应力筋配筋数量、在施工上也可配合采取措施控制反拱。

对于长期上拱值的计算，可采用本规范提出的简单增大系数，也可采用其他精确计算方法。

8 构 造 规 定

8.1 伸 缩 缝

8.1.1 混凝土结构的伸（膨胀）缝、缩（收缩）缝合称伸缩缝。伸缩缝是结构缝的一种，目的是为减小由于温差（早期水化热或使用期季节温差）和体积变化（施工期或使用早期的混凝土收缩）等间接作用效应积累的影响，将混凝土结构分割为较小的单元，避免引起较大的约束应力和开裂。

由于现代水泥强度等级提高、水化热加大、凝固时间缩短；混凝土强度等级提高、拌合物流动性加大、结构的体量越来越大；为满足混凝土泵送、免振等工艺，混凝土的组分变化造成收缩增加，近年由此而引起的混凝土体积收缩呈增大趋势，现浇混凝土结构的裂缝问题比较普遍。

工程调查和试验研究表明，影响混凝土间接裂缝的因素很多，不确定性很大，而且近年间接作用的影响还有增大的趋势。

工程实践表明，超长结构采取有效措施后也可以避免发生裂缝。本次修订基本维持原规范的规定，将原规范中的"宜符合"改为"可采用"，进一步放宽对结构伸缩缝间距的限制，由设计者根据具体情况自行确定。

表注 1 中的装配整体式结构，也包括由叠合构件加后浇层形成的结构。由于预制混凝土构件已基本完成收缩，故伸缩缝的间距可适当加大。应根据具体情况，在装配与现浇之间取值。表注 2 的规定同理。表注 3、表注 4 则由于受到环境条件的影响较大，加严了伸缩缝间距的要求。

8.1.2 对于某些间接作用效应较大的不利情况，伸缩缝的间距宜适当减小。总结近年的工程实践，本次修订对温度变化和混凝土收缩较大的不利情况加严了要求，较原规范作了少量修改和补充。

"滑模施工"应用对象由"剪力墙"扩大为一般墙体结构。"混凝土材料收缩较大"是指泵送混凝土及免振混凝土施工的情况。"施工外露时间较长"是指跨季节施工，尤其是北方地区跨越冬期施工时，室内结构如果未加封闭和保暖，则低温、干燥、多风都可能引起收缩裂缝。

8.1.3 近年许多工程实践表明：采取有效的综合措施，伸缩缝间距可以适当增大。总结成功的工程经验，在本条中增加了有关的措施及应注意的问题。

施工阶段采取的措施对于早期防裂最为有效。本次修订增加了采用低收缩混凝土；加强浇筑后的养护；采用跳仓法、后浇带、控制缝等施工措施。后浇带是避免施工期收缩裂缝的有效措施，但间隔期及具体做法不确定性很大，难以统一规定时间，由施工、设计根据具体情况确定。应该注意的是：设置后浇带可适当增大伸缩缝间距，但不能代替伸缩缝。

控制缝也称引导缝，是采取弱化截面的构造措施，引导混凝土裂缝在规定的位置产生，并预先做好防渗、止水等措施，或采用建筑手法（线脚、饰条等）加以掩饰。

结构在形状曲折、刚度突变，孔洞凹角等部位容易在温差和收缩作用下开裂。在这些部位增加构造配筋可以控制裂缝。施加预应力也可以有效地控制温度变化和收缩的不利影响，减小混凝土开裂的可能性。本条中所指的"预加应力措施"是指专门用于抵消温度、收缩应力的预加应力措施。

容易受到温度变化和收缩影响的结构部位是指施工期的大体积混凝土（水化热）以及暴露的屋盖、山墙部位（季节温差）等。在这些部位应分别采取针对性的措施（如施工控温、设置保温层等）以减少温差和收缩的影响。

本条特别强调增大伸缩缝间距对结构的影响。设计者应通过有效的分析或计算慎重考虑各种不利因素对结构内力和裂缝的影响，确定合理的伸缩缝间距。

本条中的"有充分依据"，不应简单地理解为"已经有了未发现问题的工程实例"。由于环境条件不同，不能盲目照搬。应对具体工程中各种有利和不利因素的影响方式和程度，作出科学依据的分析和判断，并由此确定伸缩缝间距的增减。

8.1.4 由于在混凝土结构的地下部分，温度变化和混凝土收缩能够得到有效的控制，规范规定了有关结构在地下可以不设伸缩缝的规定。对不均匀沉降结构设置沉降缝的情况不包括在内，设计时可根据具体情况自行掌握。

8.2 混凝土保护层

8.2.1 根据我国对混凝土结构耐久性的调研及分析，并参考《混凝土结构耐久性设计规范》GB/T 50476以及国外相应规范、标准的有关规定，对混凝土保护层的厚度进行了以下调整：

1 混凝土保护层厚度不小于受力钢筋直径（单筋的公称直径或并筋的等效直径）的要求，是为了保证握裹层混凝土对受力钢筋的锚固。

2 从混凝土碳化、脱钝和钢筋锈蚀的耐久性角度考虑，不再以纵向受力钢筋的外缘，而以最外层钢筋（包括箍筋、构造筋、分布筋等）的外缘计算混凝土保护层厚度。因此本次修订后的保护层实际厚度比原规范实际厚度有所加大。

3 根据第 3.5 节对结构所处耐久性环境类别的划分，调整混凝土保护层厚度的数值。对一般情况下混凝土结构的保护层厚度稍有增加；而对恶劣环境下的保护层厚度则增幅较大。

4 简化表 8.2.1 的表达：根据混凝土碳化反应的差异和构件的重要性，按平面构件（板、墙、壳）及杆状构件（梁、柱、杆）分两类确定保护层厚度；表中不再列入强度等级的影响，C30 及以上统一取值，C25 及以下均增加 5mm。

5 考虑碳化速度的影响，使用年限 100 年的结构，保护层厚度取 1.4 倍。其余措施已在第 3.5 节中表达，不再列出。

6 为保证基础钢筋的耐久性，根据工程经验基础底面要求做垫层，基底保护层厚度仍取 40mm。

8.2.2 根据工程经验及具体情况采取有效的综合措施，可以提高构件的耐久性能，减小保护层的厚度。

构件的表面防护是指表面抹灰层以及其他各种有效的保护性涂料层。例如，地下室墙体采用防水、防腐做法时，与土壤接触面的保护层厚度可适当放松。

由工厂生产的预制混凝土构件，经过检验而有较好质量保证时，可根据相关标准或工程经验对保护层厚度要求适当放松。

使用阻锈剂应经试验检验效果良好，并应在确定有效的工艺参数后应用。

采用环氧树脂涂层钢筋、镀锌钢筋或采取阴极保护处理等防锈措施时，保护层厚度可适当放松。

8.2.3 当保护层很厚时（例如配置粗钢筋；框架顶层端节点弯弧钢筋以外的区域等），宜采取有效的措施对厚保护层混凝土进行拉结，防止混凝土开裂剥落、下坠。通常为保护层采用纤维混凝土或加配钢筋网片。为保证防裂钢筋网片不致成为引导锈蚀的通道，应对其采取有效的绝缘和定位措施，此时网片钢筋的保护层厚度可适当减小，但不应小于 25mm。

8.3 钢筋的锚固

8.3.1 我国钢筋强度不断提高，结构形式的多样性也使锚固条件有了很大的变化，根据近年来系统试验研究及可靠度分析的结果并参考国外标准，规范给出了以简单计算确定受拉钢筋锚固长度的方法。其中基本锚固长度 l_{ab} 取决于钢筋强度 f_y 及混凝土抗拉强度 f_t，并与锚固钢筋的直径及外形有关。

公式（8.3.1-1）为计算基本锚固长度 l_{ab} 的通式，其中分母项反映了混凝土对粘结锚固强度的影响，用混凝土的抗拉强度表达。表 8.3.1 中不同外形钢筋的锚固外形系数 α 是经对各类钢筋进行系统粘结锚固试验研究及可靠度分析得出的。本次修订删除了原规范中锚固性能很差的刻痕钢丝。预应力螺纹钢筋通常采用后张法端部专用螺母锚固，故未列入锚固长度的计算方法。

公式（8.3.1-3）规定，工程中实际的锚固长度 l_a 为钢筋基本锚固长度 l_{ab} 乘锚固长度修正系数 ζ_a 后的数值。修正系数 ζ_a 根据锚固条件按第 8.3.2 条取用，且可连乘。为保证可靠锚固，在任何情况下受拉钢筋的锚固长度不能小于最低限度（最小锚固长度），其数值不应小于 $0.6l_{ab}$ 及 200mm。

试验研究表明，高强混凝土的锚固性能有所增强，原规范混凝土强度最高等级取 C40 偏于保守，本次修订将混凝土强度等级提高到 C60，充分利用混凝土强度提高对锚固的有利影响。

本条还提出了当混凝土保护层厚度不大于 $5d$ 时，在钢筋锚固长度范围内配置构造钢筋（箍筋或横向钢筋）的要求，以防止保护层混凝土劈裂时钢筋突然失锚。其中对于构造钢筋的直径根据最大锚固钢筋的直径确定；对于构造钢筋的间距，按最小锚固钢筋的直径取值。

8.3.2 本条介绍了不同锚固条件下的锚固长度的修正系数。这是通过试验研究并参考了工程经验和国外标准而确定的。

为反映粗直径带肋钢筋相对肋高减小对锚固作用降低的影响，直径大于 25mm 的粗直径带肋钢筋的锚固长度应适当加大，乘以修正系数 1.10。

为反映环氧树脂涂层钢筋表面光滑状态对锚固的不利影响，其锚固长度应乘以修正系数 1.25。这是根据试验分析的结果并参考国外标准的有关规定确定的。

施工扰动（例如滑模施工或其他施工期依托钢筋承载的情况）对钢筋锚固作用的不利影响，反映为施工扰动的影响。修正系数与原规范数值相当，取 1.10。

配筋设计时实际配筋面积往往因构造原因大于计算值，故钢筋实际应力通常小于强度设计值。根据试验研究并参照国外规范，受力钢筋的锚固长度可以按比例缩短，修正系数取决于配筋余量的数值。但其适用范围有一定限制：不适用于抗震设计及直接承受动力荷载结构中的受力钢筋锚固。

锚固钢筋常因外围混凝土的纵向劈裂而削弱锚固作用，当混凝土保护层厚度较大时，握裹作用加强，锚固长度可以减短。经试验研究及可靠度分析，并根据工程实践经验，当保护层厚度大于锚固钢筋直径的 3 倍时，可乘修正系数 0.80；保护层厚度大于锚固钢筋直径的 5 倍时，可乘修正系数 0.70；中间情况插值。

8.3.3 在钢筋末端配置弯钩和机械锚固是减小锚固长度的有效方式，其原理是利用受力钢筋端部锚头（弯钩、贴焊锚筋、焊接锚板或螺栓锚头）对混凝土的局部挤压作用加大锚固承载力。锚头对混凝土的局部挤压保证了钢筋不会发生锚固拔出破坏，但锚头前必须有一定的直段锚固长度，以控制锚固钢筋的滑移，使构件不致发生较大的裂缝和变形。因此对钢筋末端弯钩和机械锚固可以乘修正系数 0.6，有效地减小锚固长度。应该注意的是上述修正的锚固长度已达到 $0.6l_{ab}$，不应再考虑第 8.3.2 条的修正。

根据近年的试验研究，参考国外规范并考虑方便施工，提出几种钢筋弯钩和机械锚固的形式：筋端弯钩及一侧贴焊锚筋的情况用于截面侧边、角部的偏置锚固时，锚头偏置方向还应向截面内侧偏斜。

根据试验研究并参考国外规范，局部受压与其承压面积有关，对锚头或锚板的净挤压面积，应不小于 4 倍锚筋截面积，即总投影面积的 5 倍。对方形锚板边长为 $1.98d$、圆形锚板直径为 $2.24d$，d 为锚筋的直径。锚筋端部的焊接锚板或贴焊锚筋，应满足《钢筋焊接及验收规程》JGJ 18 的要求。对弯钩，要求在弯折角度不同时弯后直线长度分别为 $12d$ 和 $5d$。

机械锚固局部受压承载力与锚固区混凝土的厚度及约束程度有关。考虑锚头集中布置后对局部受压承载力的影响，锚头宜在纵、横两个方向错开，净间距均为不宜小于 $4d$。

8.3.4 柱及桁架上弦等构件中的受压钢筋也存在着锚固问题。受压钢筋的锚固长度为相应受拉锚固长度的 70%。这是根据工程经验、试验研究及可靠度分析，并参考国外规范确定的。对受压钢筋锚固区域的横向配筋也提出了要求。

8.3.5 根据长期工程实践经验，规定了承受重复荷载预制构件中钢筋的锚固措施。本条规定采用受力钢筋末端焊接在钢板或角钢（型钢）上的锚固方式。这种形式同样适用于其他构件的钢筋锚固。

8.4 钢筋的连接

8.4.1 钢筋连接的形式（搭接、机械连接、焊接）各自适用于一定的工程条件。各种类型钢筋接头的传力性能（强度、变形、恢复力、破坏状态等）均不如直接传力的整根钢筋，任何形式的钢筋连接均会削弱其传力性能。因此钢筋连接的基本原则为：连接接头设置在受力较小处；限制钢筋在构件同一跨度或同一层高内的接头数量；避开结构的关键受力部位，如柱端、梁端的箍筋加密区，并限制接头面积百分率等。

8.4.2 由于近年钢筋强度提高以及各种机械连接技术的发展，对绑扎搭接连接钢筋的应用范围及直径限制都较原规范适当加严。

8.4.3 本条用图及文字表达了钢筋绑扎搭接连接区段的定义，并提出了控制在同一连接区段内接头面积百分率的要求。搭接钢筋应错开布置，且钢筋端面位置应保持一定间距。首尾相接形式的布置会在搭接端面引起应力集中和局部裂缝，应予以避免。搭接钢筋接头中心的纵向间距应不大于1.3倍搭接长度。当搭接钢筋端部距离不大于搭接长度的30%时，均属位于同一连接区段的搭接接头。

粗、细钢筋在同一区段搭接时，按较细钢筋的截面积计算接头面积百分率及搭接长度。这是因为钢筋通过接头传力时，均按受力较小的细直径钢筋考虑承载受力，而粗直径钢筋往往有较大的余量。此原则对于其他连接方式同样适用。

对梁、板、墙、柱类构件的受拉钢筋搭接接头面积百分率分别提出了控制条件。其中，对板类、墙类及柱类构件，尤其是预制装配整体式构件，在实现传力性能的条件下，可根据实际情况适当放宽搭接接头面积百分率的限制。

并筋分散、错开的搭接方式有利于各根钢筋内力传递的均匀过渡，改善了搭接钢筋的传力性能及裂缝状态。因此并筋应采用分散、错开搭接的方式实现连接，并按截面内各根单筋计算搭接长度及接头面积百分率。

8.4.4 本条规定了受拉钢筋绑扎搭接接头搭接长度的计算方法，其中反映了接头面积百分率的影响。这是根据有关的试验研究及可靠度分析，并参考国外有关规范的做法确定的。搭接长度随接头面积百分率的提高而增大，是因为搭接接头受力后，相互搭接的两根钢筋将产生相对滑移，且搭接长度越小，滑移越大。为了使接头充分受力的同时变形刚度不致过差，就需要相应增大搭接长度。

为保证受力钢筋的传力性能，按接头百分率修正搭接长度，并提出最小搭接长度的限制。当纵向搭接钢筋接头面积百分率为表8.4.4的中间值时，修正系数可按内插取值。

8.4.5 按原规范的做法，受压构件中（包括柱、撑杆、屋架上弦等）纵向受压钢筋的搭接长度规定为受拉钢筋的70%。为避免偏心受压引起的屈曲，受压纵向钢筋端头不应设置弯钩或单侧焊锚筋。

8.4.6 搭接接头区域的配箍构造措施对保证搭接钢筋传力至关重要。对于搭接长度范围内的构造钢筋（箍筋或横向钢筋）提出了与锚固长度范围同样的要求，其中构造钢筋的直径按最大搭接钢筋直径取值；间距按最小搭接钢筋的直径取值。

本次修订对受压钢筋搭接的配箍构造要求取与受拉钢筋搭接相同，比原规范要求加严。根据工程经验，为防止粗钢筋在搭接端头的局部挤压产生裂缝，提出了在受压搭接接头端部增加箍筋的要求。

8.4.7 为避免机械连接接头处相对滑移变形的影响，定义机械连接区段的长度为以套筒为中心长度35d的范围，并由此控制接头面积百分率。钢筋机械连接的质量应符合《钢筋机械连接技术规程》JGJ 107的有关规定。

本条还规定了机械连接的应用原则：接头宜互相错开，并避开受力较大部位。由于在受力最大处受拉钢筋传力的重要性，机械连接接头在该处的接头面积百分率不宜大于50%。但对于板、墙等钢筋间距很大的构件，以及装配式构件的拼接处，可根据情况适当放宽。

由于机械连接套筒直径较大，对保护层厚度的要求有所放松，由"应"改为"宜"。此外，提出了在机械连接套筒两侧减小箍筋间距布置，避开套筒的解决办法。

8.4.8 不同牌号钢筋可焊性及焊后力学性能影响有差别，对细晶粒钢筋（HRBF）、余热处理钢筋（RRB）焊接分别提出了不同的控制要求。此外粗直径钢筋的（大于28mm）焊接质量不易保证，工艺要求从严。对上述情况，均应符合《钢筋焊接及验收规程》JGJ 18的有关规定。

焊接连接区段长度的规定同原规范，工程实践证明这些规定是可行的。

8.4.9 承受疲劳荷载吊车梁等有关构件中受力钢筋焊接的要求，与原规范的有关内容相同。

8.5 纵向受力钢筋的最小配筋率

8.5.1 我国建筑结构混凝土构件的最小配筋率与其他国家相比明显偏低，历次规范修订最小配筋率设置水平不断提高。受拉钢筋最小配筋百分率仍维持原规范由配筋特征值（$45 f_t/f_y$）及配筋率常数限值0.20的双控方式。但由于主力钢筋已由335N/mm^{2}提高到400N/mm^2～500N/mm^2，实际上配筋水平已有明显提高。但受弯板类构件的混凝土强度一般不超过C30，配筋基本全都由配筋率常数限值控制，对高强度的400N/mm^{2}钢筋，其强度得不到发挥。故对此类情况的最小配筋率常数限值由原规范的0.20%改为0.15%，实际效果基本与原规范持平，仍可保证结构的安全。

受压构件是指柱、压杆等截面长宽比不大于4的构件。规定受压构件最小配筋率的目的是改善其性能，避免混凝土突然压溃，并使受压构件具有必要的刚度和抵抗偶然偏心作用的能力。本次修订规范对受压构件纵向钢筋的最小配筋率基本不变，即受压构件一侧纵筋最小配筋率仍保持 0.2% 不变，而对不同强度的钢筋分别给出了受压构件全部钢筋的最小配筋率：0.50、0.55 和 0.60 三档，比原规范稍有提高。考虑到强度等级偏高时混凝土脆性特征更为明显，故规定当混凝土强度等级为 C60 以上时，最小配筋率上调 0.1%。

8.5.2 卧置于地基上的钢筋混凝土厚板，其配筋量多由最小配筋率控制。根据实际受力情况，最小配筋率可适当降低，但规定了最低限值 0.15%。

8.5.3 本条为新增条文。参照国内外有关规范的规定，对于截面厚度很大而内力相对较小的非主要受弯构件，提出了少筋混凝土配筋的概念。

由构件截面的内力（弯矩 M）计算截面的临界厚度（h_{cr}）。按此临界厚度相应最小配筋率计算的配筋，仍可保证截面相应的受弯承载力。因此，在截面高度继续增大的条件下维持原有的实际配筋量，虽配筋率减少，但仍应能保证构件应有的承载力。但为保证一定的配筋量，应限制临界厚度不小于截面的一半。这样，在保证构件安全的条件下可以大大减少配筋量，具有明显的经济效益。

9 结构构件的基本规定

9.1 板

（Ⅰ）基 本 规 定

9.1.1 分析结果表明，四边支承板长短边长度的比值大于或等于 3.0 时，板可按沿短边方向受力的单向板计算；此时，沿长边方向配置本规范第 9.1.7 条规定的分布钢筋已经足够。当长短边长度比在 2～3 之间时，板虽仍可按沿短边方向受力的单向板计算，但沿长边方向按分布钢筋配筋尚不足以承担该方向弯矩，应适当增大配筋量。当长短边长度比小于 2 时，应按双向板计算和配筋。

9.1.2 本条考虑结构安全及舒适度（刚度）的要求，根据工程经验，提出了常用混凝土板的跨厚比，并从构造角度提出了现浇板最小厚度的要求。现浇板的合理厚度应在符合承载力极限状态和正常使用极限状态要求的前提下，按经济合理的原则选定，并考虑防火、防爆等要求，但不应小于表 9.1.2 的规定。

本次修订从安全和耐久性的角度适当增加了密肋楼盖、悬臂板的厚度要求。还对悬臂板的外挑长度作出了限制，外挑过长时宜采取悬臂梁-板的结构形式。此外，根据工程经验，还给出了现浇空心楼盖最小厚度的要求。

根据已有的工程经验，对制作条件较好的预制构件面板，在采取耐久性保护措施的情况下，其厚度可适当减薄。

9.1.3 受力钢筋的间距过大不利于板的受力，且不利于裂缝控制。根据工程经验，规定了常用混凝土板中受力钢筋的最大间距。

9.1.4 分离式配筋施工方便，已成为我国工程中混凝土板的主要配筋形式。本条规定了板中钢筋配置以及支座锚固的构造要求。对简支板或连续板的下部纵向受力钢筋伸入支座的锚固长度作出了规定。

9.1.5 为节约材料、减轻自重及减小地震作用，近年来现浇空心楼盖的应用逐渐增多。本条为新增条文，根据工程经验和国内有关标准，提出了空心楼板体积空心率限值的建议，并对箱形内孔及管形内孔楼板的基本构造尺寸作出了规定。当箱体内模兼作楼盖板底的饰面时，可按密肋楼盖计算。

（Ⅱ）构 造 配 筋

9.1.6 与支承梁或墙整体浇筑的混凝土板，以及嵌固在砌体墙内的现浇混凝土板，往往在其非主要受力方向的侧边上由于边界约束产生一定的负弯矩，从而导致板面裂缝。为此往往在板边和板角部位配置防裂的板面构造钢筋。本条提出了相应的构造要求：包括钢筋截面积、直径、间距、伸入板内的锚固长度以及板角配筋的形式、范围等。这些要求在原规范的基础上作了适当的合并和简化。

9.1.7 考虑到现浇板中存在温度-收缩应力，根据工程经验提出了板应在垂直于受力方向上配置横向分布钢筋的要求。本条规定了分布钢筋配筋率、直径、间距等配筋构造措施；同时对集中荷载较大的情况，提出了应适当增加分布钢筋用量的要求。

9.1.8 混凝土收缩和温度变化易在现浇楼板内引起约束拉应力而导致裂缝，近年来现浇板的裂缝问题比较严重。重要原因是混凝土收缩和温度变化在现浇楼板内引起的约束拉应力。设置温度收缩钢筋有助于减少这类裂缝。该钢筋宜在未配筋板面双向配置，特别是温度、收缩应力的主要作用方向。鉴于受力钢筋和分布钢筋也可以起到一定的抵抗温度、收缩应力的作用，故应主要在未配钢筋的部位或配筋数量不足的部位布置温度收缩钢筋。

板中温度、收缩应力目前尚不易准确计算，本条根据工程经验给出了配置温度收缩钢筋的原则和最低数量规定。如有计算温度、收缩应力的可靠经验，计算结果亦可作为确定附加钢筋用量的参考。此外，在产生应力集中的蜂腰、洞口、转角等易开裂部位，提出了配置防裂构造钢筋的规定。

9.1.9 在混凝土厚板中沿厚度方向以一定间隔配置钢筋网片，不仅可以减少大体积混凝土中温度-收缩的影响，而且有利于提高构件的受剪承载力。本条作出了相应的构造规定。

9.1.10 为保证柱支承板或悬臂楼板自由边端部的受力性能，参考国外标准的做法，应在板的端面加配 U 形构造钢筋，并与板面、板底钢筋搭接；或利用板面、板底钢筋向下、上弯折，对楼板的端面加以封闭。

(Ⅲ) 板 柱 结 构

9.1.11 板柱结构及基础筏板，在板与柱相交的部位都处于冲切受力状态。试验研究表明，在与冲切破坏面相交的部位配置箍筋或弯起钢筋，能够有效地提高板的抗冲切承载力。本条的构造措施是为了保证箍筋或弯起钢筋的抗冲切作用。

国内外工程实践表明，在与冲切破坏面相交的部位配置销钉或型钢剪力架，可以有效地提高板的受冲切承载力，具体计算及构造措施可见相关的技术文件。

9.1.12 为加强板柱结构节点处的受冲切承载力，可采取柱帽或托板的结构形式加强板的抗力。本条提出了相应的构造要求，包括平面尺寸、形状和厚度等。必要时可配置抗剪栓钉。

9.2 梁

(Ⅰ) 纵 向 配 筋

9.2.1 根据长期工程实践经验，为了保证混凝土浇筑质量，提出梁内纵向钢筋数量、直径及布置的构造要求，基本同原规范的规定。提出了当配筋过于密集时，可以采用并筋的配筋形式。

9.2.2 对于混合结构房屋中支承在砌体、垫块等简支支座上的钢筋混凝土梁，或预制钢筋混凝土梁的简支支座，给出了在支座处纵向钢筋锚固的要求以及在支座范围内配箍的规定。与原规范相同。工程实践证明，这些措施是有效的。

9.2.3 在连续梁和框架梁的跨内，支座负弯矩受拉钢筋在向跨内延伸时，可根据弯矩图在适当部位截断。当梁端作用剪力较大时，在支座负弯矩钢筋的延伸区段范围内将形成由负弯矩引起的垂直裂缝和斜裂缝，并可能在斜裂缝区前端沿该钢筋形成劈裂裂缝，使纵筋拉应力由于斜弯作用和粘结退化而增大，并使钢筋受拉范围相应向跨中扩展。因此钢筋混凝土梁的支座负弯矩纵向受力钢筋（梁上部钢筋）不宜在受拉区截断。

国内外试验研究结果表明，为了使负弯矩钢筋的截断不影响它在各截面中发挥所需的抗弯能力，应通过两个条件控制负弯矩钢筋的截断点。第一个控制条件（即从不需要该批钢筋的截面伸出的长度）是使该批钢筋截断后，继续前伸的钢筋能保证通过截断点的斜截面具有足够的受弯承载力；第二个控制条件（即

从充分利用截面向前伸出的长度）是使负弯矩钢筋在梁顶部的特定锚固条件下具有必要的锚固长度。根据对分批截断负弯矩纵向钢筋时钢筋延伸区段受力状态的实测结果，规范作出了上述规定。

当梁端作用剪力较小（$V \leqslant 0.7f_t b h_0$）时，控制钢筋截断点位置的两个条件仍按无斜向开裂的条件取用。

当梁端作用剪力较大（$V > 0.7f_t b h_0$），且负弯矩区相对长度不大时，规范给出的第二控制条件可继续使用；第一控制条件从不需要该钢筋截面伸出长度不小于 $20d$ 的基础上，增加了同时不小于 h_0 的要求。

若负弯矩区相对长度较大，按以上二条件确定的截断点仍位于与支座最大负弯矩对应的负弯矩受拉区内时，延伸长度应进一步增大。增大后的延伸长度分别为自充分利用截面伸出长度，以及自不需要该批钢筋的截面伸出长度，在两者中取较大值。

9.2.4 由于悬臂梁剪力较大且全长承受负弯矩，"斜弯作用"及"沿筋劈裂"引起的受力状态更为不利。试验表明，在作用剪力较大的悬臂梁内，因梁全长受负弯矩作用，临界斜裂缝的倾角明显较小，因此悬臂梁的负弯矩纵向受力钢筋不宜切断，而应按弯矩图分批下弯，且必须有不少于 2 根上部钢筋伸至梁端，并向下弯折锚固。

9.2.5 梁中受扭纵向钢筋最小配筋率的要求，是以纯扭构件受扭承载力和剪扭条件下不需进行承载力计算而仅按构造配筋的控制条件为基础拟合给出的。本条还给出了受扭纵向钢筋沿截面周边的布置原则和在支座处的锚固要求。对箱形截面构件，偏安全地采用了与实心截面构件相同的构造要求。

9.2.6 根据工程经验给出了在按简支计算但实际受有部分约束的梁端上部，为避免负弯矩裂缝而配置纵向钢筋的构造规定；还对梁架立筋的直径作出了规定。

(Ⅱ) 横 向 配 筋

9.2.7 梁的受剪承载力宜由箍筋承担。梁的角部钢筋应通长设置，不仅为方便配筋，而且加强了对芯部混凝土的围箍约束。当采用弯筋剪力时，对其应用条件和构造要求作出了规定，与原规范相同。

9.2.8 利用弯矩图确定弯起钢筋的布置（弯起点或弯终点位置、角度、锚固长度等）是我国传统设计的方法，工程实践表明有关弯起钢筋的构造要求是有效的，故维持不变。

9.2.9 对梁的箍筋配置构造要求作出了规定，包括在不同受力条件下配箍的直径、间距、范围、形式等。维持原版规范的规定不变，仅合并统一表达。开口箍不利于纵向钢筋的定位，且不能约束芯部混凝土。故除小过梁以外，一般构件不应采用开口箍。

9.2.10 梁内弯剪扭箍筋的构造要求与原规范相同，

工程实践证明是可行的。

（Ⅲ）局部配筋

9.2.11 本条为梁腰集中荷载作用处附加横向配筋的构造要求。

当集中荷载在梁高范围内或梁下部传入时，为防止集中荷载影响区下部混凝土的撕裂及裂缝，并弥补间接加载导致的梁斜截面受剪承载力降低，应在集中荷载影响区 s 范围内配置附加横向钢筋。试验研究表明，当梁受剪箍筋配筋率满足要求时，由本条公式计算确定的附加横向钢筋能较好发挥承剪作用，并限制斜裂缝及局部受拉裂缝的宽度。

在设计中，不允许用布置在集中荷载影响区内的受剪箍筋代替附加横向钢筋。此外，当传入集中力的次梁宽度 b 过大时，宜适当减小由 $3b+2h_1$ 所确定的附加横向钢筋的布置宽度。当梁下部作用有均布荷载时，可参照本规范计算深梁下部配置悬吊钢筋的方法确定附加悬吊钢筋的数量。

当有两个沿梁长度方向相互距离较小的集中荷载作用于梁高范围内时，可能形成一个总的撕裂效应和撕裂破坏面。偏安全的做法是，在不减少两个集中荷载之间应配附加钢筋数量的同时，分别适当增大两个集中荷载作用点以外附加横向钢筋的数量。

还应该说明的是：当采用弯起钢筋作附加钢筋时，明确规定公式中的 A_{sv} 应为左右弯起段截面面积之和；弯起式附加钢筋的弯起段应伸至梁上边缘，且其尾部应按规定设置水平锚固段。

9.2.12 本条为折梁的配筋构造要求。对受拉区有内折角的梁，梁底的纵向受拉钢筋应伸至对边并在受压区锚固。受压区范围可按计算的实际受压区高度确定。直线锚固应符合本规范第 8.3 节钢筋锚固的规定；弯折锚固则参考本规范第 9.3 节节点内弯折锚固的做法。

9.2.13 本条提出了大尺寸梁腹板内配置腰筋的构造要求。

现代混凝土构件的尺度越来越大，工程中大截面尺寸现浇混凝土梁日益增多。由于配筋较少，往往在梁腹板范围内的侧面产生垂直于梁轴线的收缩裂缝。为此，应在大尺寸梁的两侧沿梁长度方向布置纵向构造钢筋（腰筋），以控制裂缝。根据工程经验，对腰筋的最大间距和最小配筋率给出了相应的配筋构造要求。腰筋的最小配筋率按扣除了受压及受拉翼缘的梁腹板截面面积确定。

9.2.14 本条规定了薄腹梁及需作疲劳验算的梁，加强下部纵向钢筋的构造措施。与 02 版规范相同，工程实践证明是可行的。

9.2.15 本条参考欧洲规范 EN1992-1-1：2004 的有关规定，为防止表层混凝土碎裂、坠落和控制裂缝宽度，提出了在厚保护层混凝土梁下部配置表层分布钢筋（表层钢筋）的构造要求。表层分布钢筋宜采用焊接网片。其混凝土保护层厚度可按第 8.2.3 条减小为 25mm，但应采取有效的定位、绝缘措施。

9.2.16 深受弯构件（包括深梁）是梁的特殊类型，在承受重型荷载的现代混凝土结构中得到越来越广泛的应用，其内力及设计方法与一般梁有显著差别。本条为引导性条文，具体设计方法见本规范附录 G。

9.3　柱、梁柱节点及牛腿

（Ⅰ）柱

9.3.1 本条规定了柱中纵向钢筋（包括受力钢筋及构造钢筋）的基本构造要求。

柱宜采用大直径钢筋作纵向受力钢筋。配筋过多的柱在长期受压混凝土徐变后卸载，钢筋弹性回复会在柱中引起横裂，故应对柱最大配筋率作出限制。

对圆柱提出了最低钢筋数量以及均匀配筋的要求，但当圆柱作方向性配筋时不在此例。

此外还规定了柱中纵向钢筋的间距。间距过密影响混凝土浇筑密实；过疏则难以维持对芯部混凝土的围箍约束。同样，柱侧构造筋及相应的复合箍筋或拉筋也是为了维持对芯部混凝土的约束。

9.3.2 柱中配置箍筋的作用是为了架立纵向钢筋；承担剪力和扭矩；并与纵筋一起形成对芯部混凝土的围箍约束。为此对柱的配箍提出系统的构造措施，包括直径、间距、数量、形式等。

为保持对柱中混凝土的围箍约束作用，柱周边箍筋应做成封闭式。对圆柱及配筋率较大的柱，还对箍筋提出了更严格的要求：末端 135°弯钩，且弯后余长不小于 $5d$（或 $10d$），且应勾住纵筋。对纵筋较多的情况，为防止受压屈曲还提出设置复合箍筋的要求。

采用焊接封闭环式箍筋、连续螺旋箍筋或连续复合螺旋箍筋，都可以有效地增强对柱芯部混凝土的围箍约束而提高承载力。当考虑其间接配筋的作用时，对其配箍的最大间距作出限制。但间距也不能太密，以免影响混凝土的浇筑施工。

对连续螺旋箍筋、焊接封闭环式箍筋或连续复合螺旋箍筋，已有成熟的工艺和设备。施工中采用预制的专用产品，可以保证应有的质量。

9.3.3 对承载较大的 I 形截面柱的配筋构造提出要求，包括翼缘、腹板的厚度；以及腹板开孔时的配筋构造要求。基本同原规范的要求。

（Ⅱ）梁柱节点

9.3.4 本条为框架中间层端节点的配筋构造要求。

在框架中间层端节点处，根据柱截面高度和钢筋直径，梁上部纵向钢筋可以采用直线的锚固方式。

试验研究表明，当柱截面高度不足以容纳直线锚固段时，可采用带 90°弯折段的锚固方式。这种锚固端的锚固力由水平段的粘结锚固和弯弧-垂直段的挤压锚固作用组成。规范强调此时梁筋应伸到柱对边再向下弯折。在承受静力荷载为主的情况下，水平段的粘结能力起主导作用。当水平段投影长度不小于 $0.4l_{ab}$，弯弧-垂直段投影长度为 $15d$ 时，已能可靠保证梁筋的锚固强度和抗滑移刚度。

本次修订还增加了采用筋端加锚头的机械锚固方法，以提高锚固效果，减少锚固长度。但要求锚固钢筋在伸到柱对边柱纵向钢筋的内侧，以增大锚固力。有关的试验研究表明，这种做法有效，而且施工比较方便。

规范还规定了框架梁下部纵向钢筋在端节点处的锚固要求。

9.3.5 本条为框架中间层中间节点梁纵筋的配筋构造要求。

中间层中间节点的梁下部纵向钢筋，修订提出了宜贯穿节点与支座的要求，当需要锚固时其在节点中的锚固要求仍沿用原规范有关梁纵向钢筋在不同受力情况下锚固的规定。中间层端节点、顶层中间节点以及顶层端节点处的梁下部纵向钢筋，也可按同样的方法锚固。

由于设计、施工不便，不提倡原规范梁钢筋在节点中弯折锚固的做法。

当梁的下部钢筋根数较多，且分别从两侧锚入中间节点时，将造成节点下部钢筋过分拥挤。故也可将中间节点下部梁的纵向钢筋贯穿节点，并在节点以外搭接。搭接的位置宜在节点以外梁弯矩较小的 $1.5h_0$ 以外，这是为了避让梁端塑性铰区和箍筋加密区。

当中间层中间节点左、右跨梁的上表面不在同一标高时，左、右跨梁的上部钢筋可分别锚固在节点内。当中间层中间节点左、右梁上部钢筋用量相差较大时，除左、右数量相同的部分贯穿节点外，多余的梁亦可锚固在节点内。

9.3.6 本条为框架顶层中节点柱纵筋的配筋构造要求。

伸入顶层中间节点的全部柱筋及伸入顶层端节点的内侧柱筋应可靠锚固在节点内。规范强调柱筋应伸至柱顶。当顶层节点高度不足以容纳柱筋直线锚固长度时，柱筋可在柱顶向节点内弯折，或在有现浇板且板厚大于 100mm 时可向节点外弯折，锚固于板内。试验研究表明，当充分利用柱筋的受拉强度时，其锚固条件不如水平钢筋，因此在柱筋弯折前的竖向锚固长度不应小于 $0.5l_{ab}$，弯折后的水平投影长度不宜小于 $12d$，以保证可靠受力。

本次修订还增加了采用机械锚固锚头的方法，以提高锚固效果，减少锚固长度。但要求柱纵向钢筋应伸到柱顶以增大锚固力。有关的试验研究表明，这种做法有效，而且方便施工。

9.3.7 本条为框架顶层端节点钢筋搭接连接的构造要求。

在承受以静力荷载为主的框架中，顶层端节点处的梁、柱端均主要承受负弯矩作用，相当于 90°的折梁。当梁上部钢筋和柱外侧钢筋数量匹配时，可将柱外侧处于梁截面宽度内的纵向钢筋直接弯入梁上部，作梁负弯矩钢筋使用。也可使梁上部钢筋与柱外侧钢筋在顶层端节点区域搭接。

规范推荐了两种搭接方案。其中设在节点外侧和梁端顶面的带 90°弯折搭接做法适用于梁上部钢筋和柱外侧钢筋数量不致过多的民用或公共建筑框架。其优点是梁上部钢筋不伸入柱内，有利于在梁底标高处设置柱内混凝土的施工缝。

但当梁上部和柱外侧钢筋数量过多时，该方案将造成节点顶部钢筋拥挤，不利于自上而下浇筑混凝土。此时，宜改用梁、柱钢筋直线搭接，接头位于柱顶部外侧。

本次修订还增加了梁、柱截面较大而钢筋相对较细时，钢筋搭接连接的方法。

在顶层端节点处，节点外侧钢筋不是锚固受力，而属于搭接传力问题。故不允许采用将柱筋伸至柱顶，而将梁上部钢筋锚入节点的做法。因这种做法无法保证梁、柱钢筋在节点区的搭接传力，使梁、柱端钢筋无法发挥出所需的正截面受弯承载力。

9.3.8 本条为框架顶层端节点的配筋面积、纵筋弯弧及防裂钢筋等的构造要求。

试验研究表明，当梁上部和柱外侧钢筋配筋率过高时，将引起顶层端节点核心区混凝土的斜压破坏，故对相应的配筋率作出限制。

试验研究还表明，当梁上部钢筋和柱外侧纵向钢筋在顶层端节点角部的弯弧处半径过小时，弯弧内的混凝土可能发生局部受压破坏，故对钢筋的弯弧半径最小值作了相应规定。框架角节点钢筋弯弧以外，可能形成保护层很厚的素混凝土区域，应配构造钢筋加以约束，防止混凝土裂缝、坠落。

9.3.9 本条为框架节点中配箍的构造要求。根据我国工程经验并参考国外有关规范，在框架节点内应设置水平箍筋。当节点四边有梁时，由于除四角以外的节点周边柱纵向钢筋已经不存在过早压屈的危险，故可以不设复合箍筋。

（Ⅲ）牛　　腿

9.3.10 本条为对牛腿截面尺寸的控制。

牛腿（短悬臂）的受力特征可以用由顶部水平的纵向受力钢筋作为拉杆和牛腿内的混凝土斜压杆组成的简化三角桁架模型描述。竖向荷载将由水平拉杆的拉力和斜压杆的压力承担；作用在牛腿顶部向外的水平拉力则由水平拉杆承担。

牛腿要求不致因斜压杆压力较大而出现斜压裂

缝，故其截面尺寸通常以不出现斜裂缝为条件，即由本条的计算公式控制，并通过公式中的裂缝控制系数 β 考虑不同使用条件对牛腿的不同抗裂要求。公式中的 $(1-0.5F_{hk}/F_{vk})$ 项是按牛腿在竖向力和水平拉力共同作用下斜裂缝宽度不超过 0.1mm 为条件确定的。

符合本条计算公式要求的牛腿不需再作受剪承载力验算。这是因为通过在 $a/h_0<0.3$ 时取 $a/h_0=0.3$，以及控制牛腿上部水平钢筋的最大配筋率，已能保证牛腿具有足够的受剪承载力。

在计算公式中还对沿下柱边的牛腿截面有效高度 h_0 作出限制。这是考虑当斜角 α 大于 45°时，牛腿的实际有效高度不会随 α 的增大而进一步增大。

9.3.11 本条为牛腿纵向受力钢筋的计算。规定了承受竖向力的受拉钢筋及承受水平力的锚固钢筋的计算方法，同原规范的规定。

9.3.12 承受动力荷载牛腿的纵向受力钢筋宜采用延性较好的牌号为 HRB 的热轧带肋钢筋。本条明确规定了牛腿上部纵向受拉钢筋伸入柱内的锚固要求，以及当牛腿设在柱顶时，为了保证牛腿顶面受拉钢筋与柱外侧纵向钢筋的可靠传力而应采取的构造措施。

9.3.13 牛腿中应配置水平箍筋，特别是在牛腿上部配置一定数量的水平箍筋，能有效地减少在该部位过早出现斜裂缝的可能性。在牛腿内设置一定数量的弯起钢筋是我国工程界的传统做法。但试验表明，它对提高牛腿的受剪承载力和减少斜向开裂的可能性都不起明显作用，故适度减少了弯起钢筋的数量。

9.4 墙

9.4.1 根据工程经验并参考国外有关的规范，长短边比例大于 4 的竖向构件定义为墙，比例不大于 4 的则应按柱进行设计。

墙的混凝土强度要求比 02 版规范适当提高。出于承载受力的要求，提出了墙厚度限制的要求。对预制板的搁置长度，在满足墙中竖筋贯通的条件下（例如预制板采用硬架支模方式）不再作强制规定。

9.4.2 本条提出墙双排配筋及配置拉结筋的要求。这是为了保证板中的配筋能够充分发挥强度，满足承载力的要求。

9.4.3 本条规定了在墙面水平、竖向荷载作用下，钢筋混凝土剪力墙承载力计算的方法以及截面设计参数的确定方法。

9.4.4 为保证剪力墙的受力性能，提出了剪力墙内水平、竖向分布钢筋直径、间距及配筋率的构造要求。可以利用焊接网片作墙内配筋。

对重要部位的剪力墙：主要是指框架-剪力墙结构中的剪力墙和框架-核心筒结构中的核心筒墙体，宜根据工程经验提高墙体分布钢筋的配筋率。

温度、收缩应力的影响是造成墙体开裂的主要原因。对于温度、收缩应力较大的剪力墙或剪力墙的易开裂部位，应根据工程经验提高墙体水平分布钢筋的配筋率。

9.4.5 本条为有关低层混凝土房屋结构墙的新增内容，配合墙体改革的要求，钢筋混凝土结构墙应用于低层房屋（乡村、集镇的住宅及民用房屋）的情况有所增多。钢筋混凝土结构墙性能优于砖砌墙体，但按高层房屋剪力墙的构造规定设计过于保守，且最小配筋率难以控制。本条提出混凝土结构墙的基本构造要求。结构墙配筋适当减小，其余构造基本同剪力墙。多层混凝土房屋结构墙尚未进行系统研究，故暂缺，拟在今后通过试验研究及工程应用，在成熟时纳入。抗震构造要求在第 11 章中表达，以边缘构件的形式予以加强。

9.4.6 为保证剪力墙的承载受力，规定了墙内水平、竖向钢筋锚固、搭接的构造要求。其中水平钢筋搭接要求错开布置；竖向钢筋则允许在同一截面上搭接，即接头面积百分率 100%。此外，对翼墙、转角墙、带边框的墙等也提出了相应的配筋构造要求。

9.4.7 本条提出了剪力墙洞口连梁的配筋构造要求，包括洞边钢筋及洞口连梁的受力纵筋及锚固，洞口连梁配箍的直径及间距等。还对墙上开洞的配筋构造提出了要求。

9.4.8 本条规定了剪力墙墙肢两端竖向受力钢筋的构造要求，包括配筋的数量、直径及拉结筋的规定。

9.5 叠合构件

预制（既有）-现浇叠合式构件的特点是两阶段成形，两阶段受力。第一阶段可为预制构件，也可为既有结构；第二阶段则为后续配筋、浇筑而形成整体的叠合混凝土构件。叠合构件兼有预制装配和整体现浇的优点，也常用于既有结构的加固，对于水平的受弯构件（梁、板）及竖向的受压构件（柱、墙）均适用。

叠合构件主要用于装配整体式结构，其原则也适用于对既有结构进行重新设计。基于上述原因及建筑产业化趋势，近年国内外叠合结构的发展很快，是一种有前途的结构形式。

（Ⅰ）水平叠合构件

9.5.1 后浇混凝土高度不足全高的 40% 的叠合式受弯构件，由于底部较薄，施工时应有可靠的支撑，使预制构件在二次成形浇筑混凝土的重量及施工荷载下，不至于发生影响内力的变形。有支撑二次成形的叠合构件按整体受弯构件设计计算。

施工阶段无支撑的叠合式受弯构件，二次成形浇筑混凝土的重量及施工荷载的作用影响了构件的内力和变形。应根据附录 H 的有关规定按二阶段受力的叠合构件进行设计计算。

9.5.2 对一阶段采用预制梁、板的叠合受弯构件，提出了叠合受力的构造要求。主要是后浇叠合层混凝土的厚度；混凝土强度等级；叠合面粗糙度；界面构造钢筋等。这些要求是保证界面两侧混凝土共同承载、协调受力的必要条件。当预制板为预应力板时，由于预应力造成的反拱、徐变的影响，宜设置界面构造钢筋加强其整体性。

9.5.3 在既有结构上配筋、浇筑混凝土而成形的叠合受弯构件，将在结构加固、改建中得到越来越广泛的应用。其可根据二阶段受力叠合受弯构件的原理进行设计。设计时应考虑既有结构的承载历史、实测评估的材料性能、施工时支撑对既有结构卸载的具体情况，根据本规范第 3.3 节、第 3.7 节的规定确定设计参数及荷载组合进行设计。

对于叠合面可采取剔凿、植筋等方法加强叠合两侧混凝土的共同受力。

（Ⅱ）竖向叠合构件

9.5.4 二阶段成形的竖向叠合柱、墙，当第一阶段为预制构件时，应根据具体情况进行施工阶段验算；使用阶段则按整体构件进行设计。

9.5.6 本条是根据对既有结构再设计的工程实践及经验，对叠合受压构件中的既有构件及后浇部分构件，提出了根据具体工程情况确定承载力及材料协调受力相应折减系数的原则。

考虑既有构件的承载历史及施工卸载条件，确定承载力计算的原则：考虑实测结构既有构件的几何形状变化以及材料的实际状况，经统计、分析确定相应的设计参数。结构后加部分材料强度按本规范确定，但考虑协调受力对强度利用的影响，应乘小于 1 的修正系数并应根据施工支顶等卸载情况适当增减。

9.5.7 根据工程实践及经验，提出了满足两部分协调受力的构造措施。竖向叠合柱、墙的基本构造要求包括后浇层的厚度、混凝土强度等级、叠合面粗糙度、界面构造钢筋、后浇层中的配筋及锚固连接等，这是叠合界面两侧的共同受力的必要条件。

9.6 装配式结构

根据节能、减耗、环保的要求及建筑产业化的发展，更多的建筑工程量将转为以工厂构件化生产产品的形式制作，再运输到现场完成原位安装、连接的施工。混凝土预制构件及装配式结构将通过技术进步，产品升级而得到发展。

9.6.1 本条提出了装配式结构的设计原则：根据结构方案和传力途径进行内力分析及构件设计；保证连接处的传力性能；考虑不同阶段成形的影响；满足综合功能的需要。为满足预制构件工厂化批量生产和标准化的要求，标准设计时应考虑构件尺寸的模数化、使用荷载的系列化和构造措施的统一规定。

9.6.2 预制构件应按脱模起吊、运输码放、安装就

位等工况及相应的计算简图分别进行施工阶段验算。本条给出了不同工况下的设计条件及动力系数。

9.6.3 本条提出装配式结构连接构造的原则：装配整体式结构中的接头应能传递结构整体分析所确定的内力。对传递内力较大的装配整体式连接，宜采用机械连接的形式。当采用焊接连接的形式时，应考虑焊接应力对接头的不利影响。

不考虑传递内力的一般装配式结构接头，也应有可靠的固定连接措施，例如预制板、墙与支承构件的焊接或螺栓连接等。

9.6.4 为实现装配整体式结构的整体受力性能，提出了对不同预制构件纵向受力钢筋连接及混凝土拼缝灌筑的构造要求。其中整体装配的梁、柱，其受力钢筋的连接应采用机械连接、焊接的方式；墙、板可以搭接；混凝土拼缝应作粗糙处理以能传递剪力并协调变形。

各种装配连接的构造措施，在标准设计及构造手册中多有表达，可以参考。

9.6.5、9.6.6 根据我国长期的工程实践经验，提出了房屋结构中大量应用的装配式楼盖（包括屋盖）加强整体性的构造措施。包括齿槽形板侧、拼缝灌筑、板端互连、与支承结构的连接、板间后浇带、板端负弯矩钢筋等加强楼盖整体性的构造措施。工程实践表明，这些措施对于加强楼盖的整体性是有效的。《建筑物抗震构造详图》G 329 及有关标准图对此有详细的规定，可以参考。

高层建筑楼盖，当采用预制装配式时，应设置钢筋混凝土现浇层，具体要求应根据《高层建筑混凝土结构技术规程》JGJ 3 的规定进行设计。

9.6.7 为形成结构整体受力，对预制墙板及与周边构件的连接构造提出要求。包括与相邻墙体及楼板的钢筋连接、灌缝混凝土、边缘构件加强等措施。

9.6.8 本条为新增条文，阐述非承重预制构件的设计原则。灾害及事故表明，传力体系以外仅承受自重等荷载的非结构预制构件，也应进行构件及构件连接的设计，以避免影响结构受力，甚至坠落伤人。此类构件及连接的设计原则为：承载安全、适应变形、有冗余约束、满足建筑功能以及耐久性要求等。

9.7 预埋件及连接件

9.7.1 预埋件的材料选择、锚筋与锚板的连接构造基本未作修改，工程实践证明是有效的。再次强调了禁止采用延性较差的冷加工钢筋作锚筋，而用 HPB300 钢筋代换了已淘汰的 HPB235 钢筋。锚板厚度与实际受力情况有关，宜通过计算确定。

9.7.2 承受剪力的预埋件，其抗剪承载力与混凝土强度等级、锚筋抗拉强度、面积和直径等有关。在保证锚筋锚固长度和锚筋到构件边缘合理距离的前提下，根据试验研究结果提出了确定锚筋截面面积的半

理论半经验公式。其中通过系数 α_r 考虑了锚筋排数的影响；通过系数 α_v 考虑了锚筋直径以及混凝土抗压强度与锚筋抗拉强度比值 f_c/f_y 的影响。承受法向拉力的预埋件，其钢板一般都将产生弯曲变形。这时，锚筋不仅承受拉力，还承受钢板弯曲变形引起的剪力，使锚筋处于复合受力状态。通过折减系数 α_b 考虑了锚板弯曲变形的影响。

承受拉力和剪力以及拉力和弯矩的预埋件，根据试验研究结果，锚筋承载力均可按线性的相关关系处理。

只承受剪力和弯矩的预埋件，根据试验结果，当 $V/V_{u0} > 0.7$ 时，取剪弯承载力线性相关；当 $V/V_{u0} \leqslant 0.7$ 时，可按受剪承载力与受弯承载力不相关处理。其 V_{u0} 为预埋件单独受剪时的承载力。

承受剪力、压力和弯矩的预埋件，其锚筋截面面积计算公式偏于安全。由于当 $N < 0.5 f_c A$ 时，可近似取 $M - 0.4Nz = 0$ 作为压剪承载力和压弯剪承载力计算的界限条件，故本条相应的计算公式即以 $N \leqslant 0.5 f_c A$ 为前提条件。本条公式不等式右侧第一项中的系数 0.3 反映了压力对预埋件抗剪能力的影响程度。与试验结果相比，其取值偏安全。

在承受法向拉力和弯矩的锚筋截面面积计算公式中，对拉力项的抗力均乘了折减系数 0.8，这是考虑到预埋件的重要性和受力的复杂性，而对承受拉力这种更不利的受力状态，采取了提高安全储备的措施。

对有抗震要求的重要预埋件，不宜采用以锚固钢筋承力的形式，而宜采用锚筋穿透截面后，固定在背面锚板上的夹板式双面锚固形式。

9.7.3 受剪预埋件弯折锚筋面积计算同原规范。

当预埋件由对称于受力方向布置的直锚筋和弯折锚筋共同承受剪力时，所需弯折锚筋的截面面积可由下式计算：

$$A_{sh} \geqslant (1.1V - \alpha_v f_y A_s)/0.8 f_y$$

上式意味着从作用剪力中减去由直锚筋承担的剪力即为需要由弯折锚筋承担的剪力。上式经调整后即为本条公式。根据国外有关规范和国内对钢与混凝土组合结构中弯折锚筋的试验结果，弯折锚筋的角度对受剪承载力影响不大。考虑到工程中的一般做法，在本条注中给出弯折钢筋的角度宜取在 $15° \sim 45°$ 之间。在这一弯折角度范围内，可按上式计算锚筋截面面积，而不需对锚筋抗拉强度作进一步折减。上式中乘在作用剪力项上的系数 1.1 是考虑直锚筋与弯折锚筋共同工作时的不均匀系数 0.9 的倒数。预埋件可以只设弯折钢筋来承担剪力，此时可不设或只按构造设置直锚筋，并在计算公式中取 $A_s = 0$。

9.7.4 预埋件中锚筋的布置不能太密集，否则影响锚固受力的效果。同时为了预埋件的承载受力，还必须保证锚筋的锚固长度以及位置。本条对不同受力状态的预埋件锚筋的构造要求作出规定，同原规范。

9.7.5 为了达到节约材料、方便施工、避免外露金属件引起耐久性问题，预制构件的吊装方式宜优先选择内埋式螺母、内埋式吊杆或吊装孔。根据国内外的工程经验，采用这些吊装方式比传统的预埋吊环施工方便，吊装可靠，不造成耐久性问题。内埋式吊具已有专门技术和配套产品，根据情况选用。

9.7.6 确定吊环钢筋所需面积时，钢筋的抗拉强度设计值应乘以折减系数。在折减系数中考虑的因素有：构件自重荷载分项系数取为 1.2，吸附作用引起的超载系数取为 1.2，钢筋弯折后的应力集中对强度的折减系数取为 1.4，动力系数取为 1.5，钢丝绳角度对吊环承载力的影响系数取为 1.4，于是，当取 HPB300 级钢筋的抗拉强度设计值为 $f_y = 270 \text{N/mm}^2$ 时，吊环钢筋实际取用的允许拉应力值约为 65N/mm^2。

作用于吊环的荷载应根据实际情况确定，一般为构件自重、悬挂设备自重及活荷载。吊环截面应力验算时，荷载取标准值。

由于本次局部修订将 HPB300 钢筋的直径限于不大于 14mm，因此当吊环直径小于等于 14mm 时，可以采用 HPB300 钢筋；当吊环直径大于 14mm 时，可采用 Q235B 圆钢，其材料性能应符合现行国家标准《碳素结构钢》GB/T 700 的规定。

根据耐久性要求，恶劣环境下吊环钢筋或圆钢绑扎接触配筋骨架时应隔垫绝缘材料或采取可靠的防锈措施。

9.7.7 预制构件吊点位置的选择应考虑吊装可靠、平稳。吊装着力点的受力区域应作局部承载验算，以确保安全，同时避免产生引起构件裂缝或过大变形的内力。

10 预应力混凝土结构构件

10.1 一般规定

10.1.1 为确保预应力混凝土结构在施工阶段的安全，明确规定了在施工阶段应进行承载能力极限状态等验算，施工阶段包括制作、张拉、运输及安装等工序。

10.1.2 根据现行国家标准《工程结构可靠性设计统一标准》GB 50153 的有关规定，当进行预应力混凝土构件承载能力极限状态及正常使用极限状态的荷载组合时，应计算预应力作用效应并参与组合，对后张法预应力混凝土超静定结构，预应力效应为综合内力 M_r、V_r 及 N_r，包括预应力产生的次弯矩、次剪力和次轴力。在承载能力极限状态下，预应力作用分项系数 γ_p 应按预应力作用的有利或不利分别取 1.0 和 1.2。当不利时，如后张法预应力混凝土构件锚头局压区的张拉控制力，预应力作用分项系数 γ_p 应取

1.2。在正常使用极限状态下，预应力作用分项系数 γ_p 通常取 1.0。当按承载能力极限状态计算时，预应力筋超出有效预应力值达到强度设计值之间的应力增量仍为结构抗力部分；当按本规范第 6 章的实用方法进行承载力计算时，仅次内力应参与荷载效应组合和设计计算。

对承载能力极限状态，当预应力作用效应列为公式左端项参与作用效应组合时，由于预应力筋的数量和设计参数已由裂缝控制等级的要求确定，且总体上是有利的，根据工程经验，对参与组合的预应力作用效应项，应取结构重要性系数 $\gamma_0 = 1.0$；对局部受压承载力计算、框架梁端预应力筋偏心弯矩在柱中产生的次弯矩等，其预应力作用效应为不利时，γ_0 应按本规范公式（3.3.2-1）执行。

本规范为避免出现冗长的公式，在诸多计算公式中并没有具体列出相关次内力。因此，当应用本规范公式进行正截面受弯、受压及受拉承载力计算，斜截面受剪及受扭截面承载力计算，以及裂缝控制验算时，均应计入相关次内力。

本次修订增加了无粘结预应力混凝土结构承受静力荷载的设计规定，主要有裂缝控制，张拉控制应力限值，有关的预应力损失值计算，受弯构件正截面承载力计算时无粘结预应力筋的应力设计值、斜截面受剪承载力计算，受弯构件的裂缝控制验算及挠度验算，受弯构件和板柱结构中有粘结纵向钢筋的配置，以及施工张拉阶段截面边缘混凝土法向应力控制和预拉区构造配筋，防腐及防火措施。以上规定的条款列在本章及本规范相关章节的条款中。

10.1.3 本次修订增加了中强度预应力钢丝及预应力螺纹钢筋的张拉控制应力限值。

10.1.5 通常对预应力筋由于布置上的几何偏心引起的内弯矩 $N_p e_{pn}$ 以 M_1 表示。由该弯矩对连续梁引起的支座反力称为次反力，由次反力对梁引起的弯矩称为次弯矩 M_2。在预应力混凝土超静定梁中，由预加力对任一截面引起的总弯矩 M_r 为内弯矩 M_1 与次弯矩 M_2 之和，即 $M_r = M_1 + M_2$。次剪力可根据结构构件各截面次弯矩分布按力学分析方法计算。此外，在后张法梁、板构件中，当预加力引起的结构变形受到柱、墙等侧向构件约束时，在梁、板中将产生与预加力反向的次轴力。为求次轴力也需要应用力学分析方法。

为确保预应力能够有效地施加到预应力结构构件中，应采用合理的结构布置方案，合理布置竖向支承构件，如将抗侧力构件布置在结构位移中心不动点附近；采用相对细长的柔性柱以减少约束力，必要时应在柱中配置附加钢筋承担约束作用产生的附加弯矩。在预应力框架梁施加预应力阶段，可将梁与柱之间的节点设计成在张拉过程中可产生滑动的无约束支座，张拉后再将该节点做成刚接。对后张楼板为减少约束

力，可采用后浇带或施工缝将结构分段，使其与约束柱或墙暂时分开；对于不能分开且刚度较大的支承构件，可在板与墙、柱结合处开设结构洞以减少约束力，待张拉完毕后补强。对于平面形状不规则的板，宜划分为平面规则的单元，使各部分能独立变形，以减少约束；当大部分收缩变形完成后，如有需要仍可以连为整体。

10.1.7 当按裂缝控制要求配置的预应力筋不能满足承载力要求时，承载力不足部分可由普通钢筋承担，采用混合配筋的设计方法。这种部分预应力混凝土既具有全预应力混凝土与钢筋混凝土二者的主要优点，又基本上排除了两者的主要缺点，现已成为加筋混凝土系列中的主要发展趋势。当然也带来了一些新的课题。当预应力混凝土构件配置钢筋时，由于混凝土收缩和徐变的影响，会在这些钢筋中产生内力。这些内力减少了受拉区混凝土的法向预压应力，使构件的抗裂性能降低，因而计算时应考虑这种影响。为简化计算，假定钢筋的应力取等于混凝土收缩和徐变引起的预应力损失值。但严格地说，这种简化计算当预应力筋和钢筋重心位置不重合时是有一定误差的。

10.1.8 近年来，国内开展了后张法预应力混凝土连续梁内力重分布的试验研究，并探讨次弯矩存在对内力重分布的影响。这些试验研究及有关文献建议，对存在次弯矩的后张法预应力混凝土超静定结构，其弯矩重分布规律可描述为：$(1-\beta)M_d + \alpha M_2 \leqslant M_u$，其中，$\alpha$ 为次弯矩消失系数。直接弯矩的调幅系数定义为：$\beta = 1 - M_a / M_d$，此处，M_a 为调整后的弯矩值，M_d 为按弹性分析算得的荷载弯矩设计值；直接弯矩调幅系数 β 的变化幅度是：$0 \leqslant \beta \leqslant \beta_{max}$，此处，$\beta_{max}$ 为最大调幅系数。次弯矩随结构构件刚度改变和塑性铰转动而逐步消失，它的变化幅度是：$0 \leqslant \alpha \leqslant 1.0$；且当 $\beta = 0$ 时，取 $\alpha = 1.0$；当 $\beta = \beta_{max}$ 时，可取 α 接近于 0。且 β 可取其正值或负值，当取 β 为正值时，表示支座处的直接弯矩向跨中调幅；当取 β 为负值时，表示跨中的直接弯矩向支座处调幅。上述试验结果从概念设计的角度说明，在超静定预应力混凝土结构中存在的次弯矩，随着预应力构件开裂、裂缝发展以及刚度减小，在极限荷载阶段会相应减小。当截面配筋率高时，次弯矩的变化较小，反之可能大部分次弯矩都会消失。本次修订考虑到上述情况，采用次弯矩参与重分布的方案，即内力重分布所考虑的最大弯矩除了荷载弯矩设计值外，还包括预应力次弯矩在内。并参考美国 ACI 规范、欧洲规范 EN 1992-2 等，规定对预应力混凝土框架梁及连续梁在重力荷载作用下，当受压区高度 $x \leqslant 0.30 h_0$ 时，可允许有限量的弯矩重分配，同时可考虑次弯矩变化对截面内力的影响，但总调幅值不宜超过 20%。

10.1.9 对光面钢丝、螺旋肋钢丝、三股和七股钢绞线的预应力传递长度，均在原规范规定的预应力传递

长度的基础上，根据试验研究结果作了调整，并通过给出的公式由其有效预应力值计算预应力传递长度。预应力筋传递长度的外形系数取决于与锚固性能有关的钢筋的外形。

10.1.11、10.1.12 为确保预应力混凝土结构在施工阶段的安全，本规范第10.1.1条规定了在施工阶段应进行承载能力极限状态验算。在施工阶段对截面边缘混凝土法向应力的限值条件，是根据国内外相关规范校准并吸取国内的工程设计经验而得的。其中，对混凝土法向应力的限值，均用与各施工阶段混凝土抗压强度 f'_{cu} 相对应的抗拉强度及抗压强度标准值表示。

预拉区纵向钢筋的构造配筋率，取略低于本规范第8.5.1条的最小配筋率要求。

10.1.13 先张法及后张法预应力混凝土构件的受剪承载力、受扭承载力及裂缝宽度计算，均需用到混凝土法向预应力为零时的预应力筋合力 N_{p0}。本条对此作了规定。

10.1.14 影响无粘结预应力混凝土构件抗弯能力的因素较多，如无粘结预应力筋有效预应力的大小、无粘结预应力筋与普通钢筋的配筋率、受弯构件的跨高比、荷载种类、无粘结预应力筋与管壁之间的摩擦力、束的形状和材料性能等。因此，受弯破坏状态下无粘结预应力筋的极限应力必须通过试验来求得。国内所进行的无粘结预应力梁（板）试验，得出无粘结预应力筋于梁破坏瞬间的极限应力，主要与配筋率、有效预应力、钢筋设计强度、混凝土的立方体抗压强度、跨高比以及荷载形式有关，积累了宝贵的数据。

本次修订采用了现行行业标准《无粘结预应力混凝土结构技术规程》JGJ 92 的相关表达式。该表达式以综合配筋指标 ξ_0 为主要参数，考虑了跨高比变化影响。为反映在连续多跨梁板中应用的情况，增加了考虑连续跨影响的设计应力折减系数。在设计框架梁时，无粘结预应力筋外形布置宜与弯矩包络图相接近，以防在框架梁顶部反弯点附近出现裂缝。

10.1.15 在无粘结预应力受弯构件的预压受拉区，配置一定数量的普通钢筋，可以避免该类构件在极限状态下发生双折线形的脆性破坏现象，并改善开裂状态下构件的裂缝性能和延性性能。

1 单向板的普通钢筋最小面积

本规范对钢筋混凝土受弯构件，规定最小配筋率为 0.2% 和 $45f_t/f_y$ 中的较大值。美国通过试验认为，在无粘结预应力受弯构件的受拉区至少应配置从受拉边缘至毛截面重心之间面积 0.4% 的普通钢筋。综合上述两方面的规定和研究成果，并结合以往的设计经验，作出了本规范对无粘结预应力混凝土板受拉区普通钢筋最小配筋率的限制。

2 梁正弯矩区普通钢筋的最小面积

无粘结预应力梁的试验表明，为了改善构件在正常使用下的变形性能，应采用预应力筋及有粘结普通钢筋混合配筋方案。在全部配筋中，有粘结纵向普通钢筋的拉力占到承载力设计值 M_u 产生总拉力的 25% 或更多时，可更有效地改善无粘结预应力梁的性能，如裂缝分布、间距和宽度，以及变形性能，从而达到接近有粘结预应力梁的性能。本规范公式（10.1.15-2）是根据此比值要求，并考虑预应力筋及普通钢筋重心离截面受压区边缘纤维的距离 h_p、h_s 影响得出的。

对按一级裂缝控制等级设计的无粘结预应力混凝土构件，根据试验研究结果，可仅配置比最小配筋率略大的非预应力普通钢筋，取 ρ_{min} 等于 0.003。

10.1.16 对无粘结预应力混凝土板柱结构中的双向平板，所要求配置的普通钢筋分述如下：

负弯矩区普通钢筋的配置。美国进行过 1：3 的九区格后张无粘结预应力平板的模型试验。结果表明，只要在柱宽及两侧各离柱边 1.5～2 倍的板厚范围内，配置占柱上板带横截面面积 0.15％的普通钢筋，就能很好地控制和分散裂缝，并使柱带区域内的弯曲和剪切强度都能充分发挥出来。此外，这些钢筋应集中通过柱子和靠近柱子布置。钢筋的中到中间距应不超过 300mm，而且每一方向应不少于 4 根钢筋。对通常的跨度，这些钢筋的总长度应等于跨度的 1/3。我国进行的 1：2 无粘结部分预应力平板的试验也证实在上述柱面积范围内配置的钢筋是适当的。本规范根据公式(10.1.16-1)，矩形板在长跨方向将布置更多的钢筋。

正弯矩区普通钢筋的配置。在正弯矩区，双向板在使用荷载下按照抗裂验算边缘混凝土法向拉应力确定普通筋配置数量的规定，是参照美国 ACI 规范对双向板柱结构关于有粘结普通钢筋最小截面面积的规定，并结合国内多年来对该板按二级裂缝控制和配置有粘结普通钢筋的工程经验作出规定的。针对温度、收缩应力所需配置的普通钢筋应按本规范第9.1节的相关规定执行。

在楼盖的边缘和拐角处，通过设置钢筋混凝土边梁，并考虑柱头剪切作用，将该梁的箍筋加密配置，可提高边柱和角柱节点的受冲切承载力。

10.1.17 本条规定了预应力混凝土构件的弯矩设计值不小于开裂弯矩，其目的是控制受拉钢筋总配筋量不能过少，使构件具有应有的延性，以防止预应力受弯构件开裂后的突然脆断。

10.2 预应力损失值计算

10.2.1 预应力混凝土用钢丝、钢绞线的应力松弛试验表明，应力松弛损失值与钢丝的初始应力值和极限强度有关。表中给出的普通松弛和低松弛预应力钢丝、钢绞线的松弛损失值计算公式，是按国家标准《预应力混凝土用钢丝》GB/T 5223 - 2002 及《预应力混凝土用钢绞线》GB/T 5224-2003 中规定的数值综合成统一的公式，以便于应用。当 $\sigma_{con}/f_{ptk} \leqslant 0.5$ 时，实际的松弛损失值已很小，为简化计算取松弛损失值为零。预应力螺纹钢筋、中强度预应力钢丝的应力松弛损失值是分别根据国家标准《预应力混凝土用螺纹钢筋》GB/T 20065-2006、行业标准《中强度预应力混凝土用钢丝》YB/T 156-1999 的相关规定提出的。

10.2.2 根据锚固原理的不同，将锚具分为支承式和夹片式两类，对每类作出规定。对夹片式锚具的锚具变形和预应力筋内缩值按有顶压或无顶压分别作了规定。

10.2.4 预应力筋与孔道壁之间的摩擦引起的预应力损失，包括沿孔道长度上局部位置偏移和曲线弯道摩擦影响两部分。在计算公式中，x 值为从张拉端至计算截面的孔道长度；但在实际工程中，构件的高度和长度相比常很小，为简化计算，可近似取该段孔道在纵轴上的投影长度代替孔道长度；θ 值应取从张拉端至计算截面的长度上预应力孔道各部分切线的夹角（以弧度计）之和。本次修订根据国内工程经验，增加了按抛物线、圆弧曲线变化的空间曲线及可分段叠加的广义空间曲线 θ 弯转角的近似计算公式。

研究表明，孔道局部偏差的摩擦系数 κ 值与下列因素有关：预应力筋的表面形状；孔道成型的质量；预应力筋接头的外形；预应力筋与孔壁的接触程度（孔道的尺寸，预应力筋与孔壁之间的间隙大小以及预应力筋在孔道中的偏心距大小）等。在曲线预应力筋摩擦损失中，预应力筋与曲线弯道之间摩擦引起的损失是控制因素。

根据国内的试验研究资料及多项工程的实测数据，并参考国外规范的规定，补充了预埋塑料波纹管、无粘结预应力筋的摩擦影响系数。当有可靠的试验数据时，本规范表 10.2.4 所列系数值可根据实测数据确定。

10.2.5 根据国内对混凝土收缩、徐变的试验研究，应考虑预应力筋和普通钢筋的配筋率对 σ_{l5} 值的影响，其影响可通过构件的总配筋率 $\rho(\rho = \rho_p + \rho_s)$ 反映。在公式（10.2.5-1）～公式（10.2.5-4）中，分别给出先张法和后张法两类构件受拉及受压区预应力筋处的混凝土收缩和徐变引起的预应力损失。公式反映了上述各项因素的影响。此计算方法比仅按预应力筋合力点处的混凝土法向预应力计算预应力损失的方法更为合理。此外，考虑到现浇后张预应力混凝土施加预应力的时间比 28d 龄期有所提前等因素，对上述收缩和徐变计算公式中的有关项在数值上作了调整。调整的依据为：预加力时混凝土龄期，先张法取 7d，后张法取 14d；理论厚度均取 200mm；相对湿度为 40%～70%，预加力后至使用荷载作用前延续的时间取 1 年的收缩应变和徐变系数终极值，并与附录 K 计算结果进行校核得出。

在附录 K 中，本次修订的混凝土收缩应变和徐变系数终极值，是根据欧洲规范 EN 1992-2：《混凝土结构设计——第 1 部分：总原则和对建筑结构的规定》所提供的公式计算得出。混凝土收缩应变和徐变系数终极值是按周围空气相对湿度为 40%～70% 及 70%～99% 分别给出的。混凝土收缩和徐变引起的预应力损失简化公式是按周围空气相对湿度为 40%～70% 得出的，将其用于相对湿度大于 70% 的情况是偏于安全的。对泵送混凝土，其收缩和徐变引起的预应力损失值亦可根据实际情况采用其他可靠数据。

10.3 预应力混凝土构造规定

10.3.1 根据先张法预应力筋的锚固及预应力传递性能，提出了配筋净间距的要求，其数值是根据试验研究及工程经验确定的。根据多年来的工程经验，为确保预制构件的耐久性，适当增加了预应力筋净间距的限值。

10.3.2 先张法预应力传递长度范围内局部挤压造成的环向拉应力容易导致构件端部混凝土出现劈裂裂缝。因此端部应采取构造措施，以保证自锚端的局部承载力。所提出的措施为长期工程经验和试验研究结果的总结。近年来随着生产工艺技术的提高，也有一些预制构件不配置端部加强钢筋的情况，故在特定条件下可根据可靠的工程经验适当放宽。

10.3.3～10.3.5 为防止预应力构件端部及预拉区的裂缝，根据多年工程实践经验及原规范的执行情况，这几条对各种预制构件（肋形板、屋面梁、吊车梁等）提出了配置防裂钢筋的措施。

10.3.6 预应力锚具应根据现行国家标准《预应力筋用锚具、夹具和连接器》GB/T 14370、现行行业标准《预应力筋用锚具、夹具和连接器应用技术规程》JGJ 85 的有关规定选用，并满足相应的质量要求。

10.3.7 规定了后张预应力筋配置及孔道布置的要求。由于对预制构件预应力筋孔道间距的控制比现浇结构构件更容易，且混凝土浇筑质量更容易保证，故对预制构件预应力筋孔道间距的规定比现浇结构构件的小。要求孔道的竖向净间距不应小于孔道直径，主要考虑曲线孔道张拉预应力筋时出现的局部挤压应力不致造成孔道间混凝土的剪切破坏。而对三级裂缝控制等级的梁提出更厚的保护层厚度要求，主要是考虑其裂缝状态下的耐久性。预留孔道的截面积宜为穿入预应力筋截面积的 3.0～4.0 倍，是根据工程经验提出的。有关预应力孔道的并列贴紧布置，是为方便截面较小的梁类构件的预应力筋配置。

板中单根无粘结预应力筋、带状束及梁中集束无粘结预应力筋的布置要求，是根据国内推广应用无粘结预应力混凝土的工程经验作出规定的。

10.3.8 后张预应力混凝土构件端部锚固区和构件端

面在预应力筋张拉后常出现两类裂缝：其一是局部承压区承压垫板后面的纵向劈裂裂缝；其二是当预应力束在构件端部偏心布置，且偏心距较大时，在构件端面附近会产生较高的沿竖向的拉应力，故产生位于截面高度中部的纵向水平端面裂缝。为确保安全可靠地将张拉力通过锚具和垫板传递给混凝土构件，并控制这些裂缝的发生和开展，在试验研究的基础上，在条文中作出了加强配筋的具体规定。为防止第一类劈裂裂缝，规范给出了配置附加钢筋的位置和配筋面积计算公式；为防止第二类端面裂缝，要求合理布置预应力筋，尽量使锚具能沿构件端部均匀布置，以减少横向拉力。当难于做到均匀布置时，为防止端面出现宽度过大的裂缝，根据理论分析和试验结果，本条提出了限制这类裂缝的竖向附加钢筋截面面积的计算公式以及相应的构造措施。本次修订允许采用强度较高的热轧带肋钢筋。

对局部承压加强钢筋，提出当垫板采用普通钢板开穿筋孔的制作方式时，可按本规范第6.6节的规定执行，采用有关局部受压承载力计算公式确定应配置的间接钢筋；而当采用整体铸造的带有二次翼缘的垫板时，本规范局部受压公式不再适用，需通过专门的试验确认其传力性能，所以应选用经按有关规范标准验证的产品，并配置规定的加强钢筋，同时满足锚具布置对间距和边距要求。所述要求可按现行行业标准《预应力筋用锚具、夹具和连接器应用技术规程》JGJ 85的有关规定执行。

本条规定主要是针对后张法预制构件及现浇结构中的悬臂梁等构件的端部锚固区及梁中间开槽锚固的情况提出的。

10.3.9 为保证端面有局部凹进的后张预应力混凝土构件端部锚固区的强度和裂缝控制性能，根据试验和工程经验，规定了增设折线构造钢筋的防裂措施。

10.3.10、10.3.11 曲线预应力束最小曲率半径 r_p 的计算公式是按本规范附录D有关素混凝土构件局部受压承载力公式推导得出，并与国外规范公式对比后确定的。$10\phi15$ 以下常用曲线预应力钢丝束、钢绞线束的曲率半径不宜小于4m是根据工程经验给出的。当后张预应力束曲线段的曲率半径过小时，在局部挤压力作用下可能导致混凝土局部破坏，故应配置局部加强钢筋，加强钢筋可采用网片筋或螺旋筋，其数量可按本规范有关配置间接钢筋局部受压承载力的计算规定确定。

在预应力混凝土结构构件中，当预应力筋近凹侧混凝土保护层较薄，且曲率半径较小时，容易导致混凝土崩裂。相关计算公式按预应力筋所产生的径向崩裂力不超过混凝土保护层的受剪承载力推导得出。当混凝土保护层厚度不满足计算要求时，第10.3.11条提供了配置U形插筋用量的计算方法及构造措施，用以抵抗崩裂径向力。在计算应配置U形插筋截面

面积的公式中，未计入混凝土的抗力贡献。

这两条是在工程经验的基础上，参考日本预应力混凝土设计施工规范及美国AASHTO规范作出规定的。

10.3.13 为保证预应力混凝土结构的耐久性，提出了对构件端部锚具的封闭保护要求。

国内外应用经验表明，对处于二b、三a、三b类环境条件下的无粘结预应力锚固系统，应采用全封闭体系。参考美国ACI和PTI的有关规定，对全封闭体系应进行不透水试验，要求安装后的张拉端、固定端及中间连接部位在不小于10kPa静水压力下，保持24h不透水，具体漏水位置可用在水中加颜色等方法检查。当用于游泳池、水箱等结构时，可根据设计提出更高静水压力的要求。

11 混凝土结构构件抗震设计

11.1 一般规定

11.1.1、11.1.2 《建筑工程抗震设防分类标准》GB 50223根据对各类建筑抗震性能的不同要求，将建筑分为特殊设防类、重点设防类、标准设防类和适度设防类四类，简称甲、乙、丙、丁类，并规定了各类别建筑的抗震设防标准，包括抗震措施和地震作用的确定原则。《建筑抗震设计规范》GB 50011则规定，6度时的不规则建筑结构、Ⅳ类场地上较高的高层建筑和7度及以上时的各类建筑结构，均应进行多遇地震作用下的截面抗震验算，并符合有关抗震措施要求；6度时的其他建筑结构则只应符合有关抗震措施要求。

在对抗震钢筋混凝土结构进行设计时，除应符合《建筑工程抗震设防分类标准》GB 50223和《建筑抗震设计规范》GB 50011所规定的设计原则外，其构件设计应符合本章以及本规范第1章～第10章的有关规定。本章主要对应进行抗震设计的钢筋混凝土结构主要构件类别的抗震承载力计算和抗震措施作出规定。其中包括对材料抗震性能的要求，以及框架梁、框架柱、剪力墙及连梁、梁柱节点、板柱节点、单层工业厂房中的铰接排架柱以及预应力混凝土结构构件的抗震承载力验算和相应的抗震构造要求。有关混凝土结构房屋抗震体系、房屋适用的最大高度、地震作用计算、结构稳定验算、侧向变形验算等内容，应遵守《建筑抗震设计规范》GB 50011的有关规定。

本次修订不再列入钢筋混凝土房屋建筑适用最大高度的规定。该规定由《建筑抗震设计规范》GB 50011给出。

11.1.3 抗震措施是在按多遇地震作用进行构件截面承载力设计的基础上保证抗震结构在所在地可能出现的最强地震地面运动下具有足够的整体延性和塑性耗

能能力，保持对重力荷载的承载能力，维持结构不发生严重损毁或倒塌的基本措施。其中主要包括两类措施。一类是宏观限制或控制条件和对重要构件在考虑多遇地震作用的组合内力设计值时进行调整增大；另一类则是保证各类构件基本延性和塑性耗能能力的各类抗震构造措施（其中也包括对柱和墙肢的轴压比上限控制条件）。由于对不同抗震条件下各类结构构件的抗震措施要求不同，故用"抗震等级"对其进行分级。抗震等级按抗震措施从强到弱分为一、二、三、四级。本章有关条文中的抗震措施规定将全部按抗震等级给出。根据我国抗震设计经验，应按设防类别、建筑物所在地的设防烈度、结构类型、房屋高度以及场地类别的不同分别选取不同的抗震等级。在表11.1.3中给出了丙类建筑按设防烈度、结构类型和房屋高度制定的结构中不同部分应取用的抗震等级。甲、乙类和丁类建筑的抗震等级应按《建筑工程抗震设防分类标准》GB 50223的规定在表11.1.3的基础上进行调整。

与02规范相比，表11.1.3作了下列主要调整：

1 考虑到框架结构的侧向刚度及抗水平力能力与其他结构类型相比相对偏弱，根据2008年汶川地震震害经验以及优化设计方案的考虑，将框架结构在9度区的最大高度限值以及其他烈度区不同抗震等级的划分高度由30m降为24m。

2 考虑到近年来因禁用黏土砖而使层数不多的框架-剪力墙结构、剪力墙结构的建造数量增加，为了更合理地考虑房屋高度对抗震等级的影响，将框架-剪力墙结构、剪力墙结构和部分框支剪力墙结构的高度分档从两档增加为三档，对高度最低一档（小于24m）适度降低了抗震等级要求。

3 因异形柱框架的抗震性能与一般框架有明显差异，故在表注中明确指出框架的抗震等级规定不适用于异形柱框架；异形柱框架应按有关行业标准进行设计。

4 根据近年来的工程经验，调整了对板柱-剪力墙结构抗震等级的有关规定。

5 根据近年来的工程实践经验，明确了当框架-核心筒结构的高度低于60m并符合框架-剪力墙结构的有关要求时，其抗震等级允许按框架-剪力墙结构取用。

表11.1.3的另一重含义是，表中列出的结构类型也是根据我国抗震设计经验，在《建筑抗震设计规范》GB 50011规定的最大高度限制条件下，适用于抗震的钢筋混凝土结构类型。

11.1.4 本条给出了在选用抗震等级时，除表11.1.3外应满足的要求。其中第1款中的"结构底部的总倾覆力矩"一般是指在多遇地震作用下通过振型组合求得楼层地震剪力并换算出各楼层水平力后，用该水平力求得的底部总倾覆力矩。第2款中裙房与主楼相连时的"相关范围"，一般是指主楼周边外扩不少于三跨的裙房范围。该范围内结构的抗震等级不应低于按主楼结构确定的抗震等级，该范围以外裙房结构的抗震等级可按裙房自身结构确定。当主楼与裙房由防震缝分开时，主楼和裙房分别按自身结构确定其抗震等级。

11.1.5 按本规范设置了约束边缘构件，并采取了相应构造措施的剪力墙和核心筒壁的墙肢底部，通常已具有较大的偏心受压强度储备，在罕遇水准地震地面运动下，该部位边缘构件纵筋进入屈服后变形状态的几率通常不会很大。但因墙肢底部对整体结构在罕遇地震地面运动下的抗倒塌安全性起关键作用，故设计中仍应预计到墙肢底部形成塑性铰的可能性，并对预计的塑性铰区采取保持延性和塑性耗能能力的抗震构造措施。所规定的采取抗震构造措施的范围即为"底部加强部位"，它相当于塑性铰区的高度再加一定的安全余量。该底部加强部位高度是根据试验结果及工程经验确定的。其中，为了简化设计，只考虑了高度条件。本次修订根据经验将02版规范规定的确定底部加强部位高度的条件之一，即不小于总高度的1/8改为1/10；并明确，当墙肢嵌固端设置在地下室顶板以下时，底部加强部位的高度仍从地下室顶板算起，但相应抗震构造措施应向下延伸到设定的嵌固端处。

11.1.6 表11.1.6中各类构件的承载力抗震调整系数 γ_{RE} 是根据现行国家标准《建筑抗震设计规范》GB 50011的规定给出的。该系数是在该规范采用的多遇地震作用取值和地震作用分项系数取值的前提下，为了使多遇地震作用组合下的各类构件承载力具有适宜的安全性水准而采取的对抗力项的必要调整措施。此次修订，根据需要，补充了受冲切承载力计算的承载力抗震调整系数 γ_{RE}。

本次修订把02版规范分别写在框架梁、框架柱及框支柱以及剪力墙各节中的抗震正截面承载力计算规定统一汇集在本条内集中表示，即所有这些构件的正截面设计均可按非抗震情况下正截面设计的同样方法完成，只需在承载力计算公式右边除以相应的承载力抗震调整系数 γ_{RE}。这样做的理由是，大量各类构件的试验研究结果表明，构件多次反复受力条件下滞回曲线的骨架线与一次单调加载的受力曲线具有足够程度的一致性。故对这些构件的抗震正截面计算方法不需要像对抗震斜截面受剪承载力计算方法那样在静力设计方法的基础上进行调整。

11.1.7 在地震作用下，钢筋在混凝土中的锚固端可能处于拉、压反复受力状态或拉力大小交替变化状态。其粘结锚固性能较静力粘结锚固性能偏弱（锚固强度退化，锚固段的滑移量偏大）。为保证在反复荷载作用下钢筋与其周围混凝土之间具有必要的粘结锚固性能，根据试验结果并参考国外规范的规定，在静力要求的纵向受拉钢筋锚固长度 l_a 的基础上，对一、二、三级抗震等级的构件，规定应乘以不同的锚固长度增大系数。

对允许采用搭接接头的钢筋，其考虑抗震要求的搭接长度应根据搭接接头百分率取纵向受拉钢筋的抗震锚固长度 l_{aE} 乘以纵向受拉钢筋搭接长度修正系数 ζ。

梁端、柱端是潜在塑性铰容易出现的部位，必须预计到塑性铰区内的受拉和受压钢筋都将屈服，并可能进入强化阶段。为了避免该部位的各类钢筋接头干扰或削弱钢筋在该部位所应具有的较大的屈服后伸长率，规范要求钢筋连接接头宜尽量避开梁端、柱端箍筋加密区。当工程中无法避开时，应采用经试验确定的与母材等强度并具有足够伸长率的高质量机械连接接头或焊接接头，且接头面积百分率不宜超过50%。

11.1.8 箍筋对抗震设计的混凝土构件具有重要的约束作用，采用封闭箍筋、连续螺旋箍筋和连续复合矩形螺旋箍筋可以有效提高对构件混凝土和纵向钢筋的约束效果，改善构件的抗震延性。对于绑扎箍筋，试验研究和震害经验表明，对箍筋末端的构造要求是保证地震作用下箍筋对混凝土和纵向钢筋起到有效约束作用的必要条件。本次修订强调采用焊接封闭箍筋，主要是倡导和适应工厂化加工配送钢筋的需求。

11.1.9 预埋件反复荷载作用试验表明，弯剪、拉剪、压剪情况下锚筋的受剪承载力降低的平均值在20%左右。对预埋件，规定取 γ_{RE} 等于1.0，故将考虑地震作用组合的预埋件的锚筋截面积偏保守地取为静力计算值的1.25倍，锚筋的锚固长度偏保守地取为静力值的1.10倍。构造上要求在靠近锚板的锚筋根部设置一根直径不小于10mm的封闭箍筋，以起到约束端部混凝土、保证受剪承载力的作用。

11.2 材　料

11.2.1 本条根据抗震性能要求给出了混凝土最高和最低强度等级的限制。由于混凝土强度对保证构件塑性铰区发挥延性能力具有较重要作用，故对重要性较高的框支梁、框支柱、延性要求相对较高的一级抗震等级的框架梁和框架柱以及受力复杂的梁柱节点的混凝土最低强度等级提出了比非抗震情况更高的要求。

近年来国内高强度混凝土的试验研究和工程应用已有很大进展，但因高强度混凝土表现出的明显脆性，以及因侧向变形系数偏小而使箍筋对它的约束效果受到一定削弱，故对地震高烈度区高强度混凝土的应用作了必要的限制。

11.2.2 结构构件中纵向受力钢筋的变形性能直接影响结构构件在地震力作用下的延性。考虑地震作用的框架梁、框架柱、支撑、剪力墙边缘构件的纵向受力钢筋宜选用 HRB400、HRB500 牌号热轧带肋钢筋；箍筋宜选用 HRB400、HRB335、HPB300、HRB500

牌号热轧钢筋。对抗震延性有较高要求的混凝土结构构件（如框架梁、框架柱、斜撑等），其纵向受力钢筋应采用现行国家标准《钢筋混凝土用钢　第2部分：热轧带肋钢筋》GB 1499.2 中牌号为 HRB400E、HRB500E、HRB335E、HRBF400E、HRBF500E 的钢筋。这些带"E"的钢筋牌号钢筋的强屈比、屈强比和极限应变（延伸率）均符合本规范第11.2.3条的要求；这些钢筋的强度指标及弹性模量的取值与不带"E"的同牌号热轧带肋钢筋相同，应符合本规范第4.2节的有关规定。

11.2.3 对按一、二、三级抗震等级设计的各类框架构件（包括斜撑构件），要求纵向受力钢筋检验所得的抗拉强度实测值（即实测最大强度值）与受拉屈服强度的比值（强屈比）不小于1.25，目的是使结构某部位出现较大塑性变形或塑性铰后，钢筋在大变形条件下具有必要的强度潜力，保证构件的基本抗震承载力；要求钢筋受拉屈服强度实测值与钢筋的受拉强度标准值的比值（屈强比）不应大于1.3，主要是为了保证"强柱弱梁"、"强剪弱弯"设计要求的效果不致因钢筋屈服强度离散性过大而受到干扰；钢筋最大力下的总伸长率不应小于9%，主要为了保证在抗震大变形条件下，钢筋具有足够的塑性变形能力。

现行国家标准《钢筋混凝土用钢　第2部分：热轧带肋钢筋》GB 1499.2 中牌号带"E"的钢筋符合本条要求。其余钢筋牌号是否符合本条要求应经试验确定。

11.3 框　架　梁

11.3.1 由于梁端区域能通过采取相对简单的抗震构造措施而具有相对较高的延性，故常通过"强柱弱梁"措施引导框架中的塑性铰首先在梁端形成。设计框架梁时，控制梁端截面混凝土受压区高度（主要是控制负弯矩下截面下部的混凝土受压区高度）的目的是控制梁端塑性铰区具有较大的塑性转动能力，以保证框架梁端截面具有足够的曲率延性。根据国内的试验结果和参考国外经验，当相对受压区高度控制在 0.25~0.35 时，梁的位移延性可达到 4.0~3.0 左右。在确定混凝土受压区高度时，可把截面内的受压钢筋计算在内。

11.3.2 在框架结构抗震设计中，特别是一级抗震等级框架的设计中，应力求做到在罕遇地震作用下的框架中形成延性和塑性耗能能力良好的接近"梁铰型"的塑性耗能机构（即塑性铰主要在梁端形成，柱端塑性铰出现数量相对较少）。这就需要在设法保证形成接近梁铰型塑性机构的同时，防止梁端塑性铰区在梁端达到罕遇地震下预计的塑性变形状态之前发生脆性的剪切破坏。在本规范中，这一要求是从两个方面来保证的。一方面对梁端抗震受剪承载力提出合理的计算公式，另一方面在梁端进入屈服后状态的条件下适度提高梁端经结构弹性分析得出的截面组合剪力设计值（后一个方面即为通常所说的"强剪弱弯"措施或"组合剪力设计值增强措施"）。本条给出了各类抗震等级框架组合剪力设计值增强措施的具体规定。

对9度设防烈度的一级抗震等级框架和一级抗震等级的框架结构，规定应考虑左、右梁端纵向受拉钢筋可能超配等因素所形成的屈服抗弯能力偏大的不利情况，取用按实配钢筋、强度标准值，且考虑承载力抗震调整系数算得的受弯承载力值，即 M_{bua} 作为确定增大后的剪力设计值的依据。M_{bua} 可按下列公式计算：

$$M_{bua} = \frac{M_{buk}}{\gamma_{RE}} \approx \frac{1}{\gamma_{RE}} f_{yk} A_s^a (h_0 - a_s')$$

与02版规范相比，本次修订规定在计算 M_{bua} 的 A_s^a 中考虑受压钢筋及有效板宽范围内的板筋。这里的板筋指有效板宽范围内平行框架梁方向的板内实配钢筋。对于这里使用的有效板宽，美国 ACI 318-08 规范规定取为与非抗震设计时相同的等效翼缘宽度，这就相当于取用每侧6倍板厚作为有效板宽范围。这一规定是根据进入接近罕遇地震水准侧向变形状态的缩尺框架结构试验中对参与抵抗梁端负弯矩的板筋应力的实测结果确定的。欧洲规范 EN 1998 则建议取用较小的有效板宽，即每侧2倍板厚。这大致相当于梁端屈服后不久的受力状态。本规范建议，取用每侧6倍板厚的范围作为"有效板宽"，是偏于安全的。

对其他情况下框架梁剪力设计值的确定，则根据不同抗震等级，直接取用与梁端考虑地震作用组合的弯矩设计值相平衡的组合剪力设计值乘以不同的增大系数。

11.3.3 矩形、T形和I形截面框架梁，其受剪要求的截面控制条件是在静力受剪要求的基础上，考虑反复荷载作用的不利影响确定的。在截面控制条件中还对较高强度的混凝土考虑了混凝土强度影响系数 β_c。

11.3.4 国内外低周反复荷载作用下钢筋混凝土连续梁和悬臂梁受剪承载力试验表明，低周反复荷载作用使梁的斜截面受剪承载力降低，其主要原因是起控制作用的梁端下部混凝土剪压区因表层混凝土在上部纵向钢筋屈服后的大变形状态下剥落而导致的剪压区抗剪强度的降低，以及交叉斜裂缝的开展所导致的沿斜裂缝混凝土咬合力及纵向钢筋暗销力的降低。试验表明，在抗震受剪承载力中，箍筋项承载力降低不明显。为此，仍以截面总受剪承载力试验值的下包线作为计算公式的取值标准，将混凝土项取为非抗震情况下的60%，箍筋项则不予折减。同时，对各抗震等级均近似取用相同的抗震受剪承载力计算公式，这在抗震设防烈度偏低时略偏安全。

11.3.5 为了保证框架梁对框架节点的约束作用，以及减小框架梁塑性铰区段在反复受力下侧屈的风险，

框架梁的截面宽度和梁的宽高比不宜过小。

考虑到净跨与梁高的比值小于4的梁，作用剪力与作用弯矩的比值偏高，适应较大塑性变形的能力较差，因此，对框架梁的跨高比作了限制。

11.3.6 本规范在非抗震和抗震框架梁纵向受拉钢筋最小配筋率的取值上统一取用双控方案，即一方面规定具体数值，另一方面使用与混凝土抗拉强度设计值和钢筋抗拉强度设计值相关的特征值参数进行控制。本条规定的数值是在非抗震受弯构件规定数值的基础上，参考国外经验制定的，并按纵向受拉钢筋在梁中的不同位置和不同抗震等级分别给出了最小配筋率的相应控制值。这些取值高于非抗震受弯构件的取值。

本条还给出了梁端箍筋加密区内底部纵向钢筋和顶部纵向钢筋的面积比最小取值。通过这一规定对底部纵向钢筋的最低用量进行控制，一方面是考虑到地震作用的随机性，在按计算梁端不出现正弯矩或出现较小正弯矩的情况下，有可能在较强地震下出现偏大的正弯矩。故需在底部正弯矩受拉钢筋用量上给以一定储备，以免下部钢筋的过早屈服甚至拉断。另一方面，提高梁端底部纵向钢筋的数量，也有助于改善梁端塑性铰区在负弯矩作用下的延性性能。本条梁底部钢筋限值的规定是根据我国的试验结果及设计经验并参考国外规范确定的。

框架梁的抗震设计除应满足计算要求外，梁端塑性铰区箍筋的构造要求极其重要，它是保证该塑性铰区延性能力的基本构造措施。本规范对梁端箍筋加密区长度、箍筋最大间距和箍筋最小直径的要求作了规定，其目的是从构造上对框架梁塑性铰区的受压混凝土提供约束，并约束纵向受压钢筋，防止它在保护层混凝土剥落后过早压屈，及其后受压区混凝土的随即压溃。

本次修订将梁端纵筋最大配筋率限制不再作为强制性规定，相关规定移至本规范第11.3.7条。

11.3.7～11.3.9 沿梁全长配置一定数量的通长钢筋，是考虑到框架梁在地震作用过程中反弯点位置可能出现的移动。这里"通长"的含义是保证梁各个部位都配置有这部分钢筋，并不意味着不允许这部分钢筋在适当部位设置接头。

此次修订时考虑到梁端箍筋过密，难于施工，对梁箍筋加密区长度内的箍筋肢距规定作了适当放松，且考虑了箍筋直径与肢距的合理搭配，此次修订维持02版规范的规定不变。

沿梁全长箍筋的配筋率 ρ_{sv} 是在非抗震设计要求的基础上适当增大后给出的。

11.4 框架柱及框支柱

11.4.1 由于框架柱中存在轴压力，即使在采取必要的抗震构造措施后，其延性能力通常仍比框架梁偏小；加之框架柱是结构中的重要竖向承重构件，对防

止结构在罕遇地震下的整体或局部倒塌起关键作用，故在抗震设计中通常均需采取"强柱弱梁"措施，即人为增大柱截面的抗弯能力，以减小柱端形成塑性铰的可能性。

在总结 2008 年汶川地震震害经验的基础上，认为有必要对 02 版规范的柱抗弯能力增强措施作相应加强。具体做法是：对 9 度设防烈度的一级抗震等级框架和 9 度以外一级抗震等级的框架结构，要求仅按左、右梁端实际配筋（考虑梁截面受压钢筋及有效板宽范围内与梁平行的板内配筋）和材料强度标准求得的梁端抗弯能力及相应的增强系数增大柱端弯矩；对于二、三、四级抗震等级的框架结构以及一、二、三、四级抗震等级的其他框架均分别提高了从左、右梁端考虑地震作用的组合弯矩设计值计算柱端弯矩时的增强系数。其中有必要强调的是，在按实际配筋确定梁端抗弯能力时，有效板宽范围与本规范第 11.3.2 条处相同，建议取用每侧 6 倍板厚。

11.4.2 为了减小框架结构底层柱下端截面和框支柱顶层柱上端和底层柱下端截面出现塑性铰的可能性，对此部位柱的弯矩设计值采用直接乘以增强系数的方法，以增大其正截面受弯承载力。本次修订对这些部位使用的增强系数作了与第 11.4.1 条处相呼应的调整。

11.4.3 对于框架柱同样需要通过设计措施防止其在达到罕遇地震对应的变形状态之前过早出现非延性的剪切破坏。为此，一方面应使其抗震受剪承载能力计算公式具有保持抗剪能力达到该变形状态的能力；另一方面应通过对柱截面作用剪力的增强措施考虑柱端截面纵向钢筋数量偏多以及强度偏高有可能带来的作用剪力增大效应。这后一方面的因素也就是柱的"强剪弱弯"措施所要考虑的因素。

本次修订根据与"强柱弱梁"措施处相同的理由，相应适度增大了框架结构柱剪力的增大系数。

在按柱端实际配筋计算柱增强后的作用剪力时，对称配筋矩形截面大偏心受压柱按柱端实际配筋考虑承载力抗震调整系数的正截面受弯承载力 M_{cua}，可按下列公式计算：

由 $\sum x = 0$ 的条件，得出

$$N = \frac{1}{\gamma_{RE}} \alpha_1 f_c bx$$

由 $\sum M = 0$ 的条件，得出

$$Ne = N[\eta_i + 0.5(h_0 - a_s')]$$
$$= \frac{1}{\gamma_{RE}}[\alpha_1 f_{ck} bx(h_0 - 0.5x) + f_{yk} A_s'(h_0 - a_s')]$$

用以上二式消去 x，并取 $h = h_0 + a_s$，$a_s = a_s'$，可得

$$M_{cua} = \frac{1}{\gamma_{RE}}\left[0.5\gamma_{RE} Nh\left(1 - \frac{\gamma_{RE} N}{\alpha_1 f_{ck} bh}\right) + f_{yk}' A_s'(h_0 - a_s')\right]$$

式中：N——重力荷载代表值产生的柱轴向压力设计值；

f_{ck}——混凝土轴心受压强度标准值；

f_{yk}'——普通受压钢筋强度标准值；

A_s'——普通受压钢筋实配截面面积。

对其他配筋形式或截面形状的框架柱，其 M_{cua} 值可仿照上述方法确定。

11.4.4 对一、二级抗震等级的框支柱，规定由地震作用引起的附加轴力应乘以增大系数，以使框支柱的轴向承载能力适应因地震作用而可能出现的较大轴力作用情况。

11.4.5 对一、二、三、四级抗震等级的框架角柱，考虑到以往震害中角柱震害相对较重，且受扭转、双向剪切等不利作用，其受力复杂，当其内力计算按两个主轴方向分别考虑地震作用时，其弯矩、剪力设计值应取经调整后的弯矩、剪力设计值再乘以不小于 1.1 的增大系数。

11.4.6 本条规定了框架柱、框支柱的受剪承载力上限值，也就是按受剪要求提出的截面尺寸限制条件，它是在非抗震限制条件基础上考虑反复荷载影响后给出的。

11.4.7 抗震钢筋混凝土框架柱的受剪承载力计算公式需保证柱在框架达到其罕遇地震变形状态时仍不致发生剪切破坏，从而防止在以往多次地震中发现的柱剪切破坏。具体方法仍是将非抗震受剪承载力计算公式中的混凝土项乘以 0.6，箍筋项则保持不变。该公式经试验验证能够达到使柱在强震非弹性变形过程中不形成过早剪切破坏的控制目标。

11.4.8 本条给出了偏心受拉抗震框架柱和框支柱的受剪承载力计算公式。该公式是在非抗震偏心受拉构件受剪承载力计算公式的基础上，通过对混凝土项乘以 0.6 后得出的。由于轴向拉力对抗剪能力起不利作用，故对公式中的轴向拉力项不作折减。

11.4.9、11.4.10 这两条是本次修订新增条文，是在非抗震偏心受压构件双向受剪承载力限制条件和计算公式的基础上，考虑反复荷载影响后得出的。

根据国内在低周反复荷载作用下双向受剪钢筋混凝土柱的试验结果，对双向受剪承载力计算公式仍采用在非抗震公式的基础上只对混凝土项进行折减，箍筋项则不予折减的做法。这意味着与非抗震情况下的方法相同，考虑到计算方法的简洁，对于两向相关的影响，在双向受剪承载力计算公式中仍采用椭圆模式表达。

11.4.11 2008 年汶川地震震害经验表明，当柱截面选用过小但仍符合 02 版规范要求时，即使按要求完成了抗震设计，由于多种偶然因素影响，结构中的框架柱仍有可能震害偏重。为此，对 02 版规范中框架柱截面尺寸的限制条件从偏安全的角度作了适当调整。

11.4.12 框架柱纵向钢筋最小配筋率是抗震设计中的一项较重要的构造措施。其主要作用是：考虑到实际地震作用在大小及作用方式上的随机性，经计算确定的配筋数量仍可能在结构中造成某些估计不到的薄弱构件或薄弱截面；通过纵向钢筋最小配筋率规定可以对这些薄弱部位进行补救，以提高结构整体地震反应能力的可靠性；此外，与非抗震情况相同，纵向钢筋最小配筋率同样可以保证柱截面开裂后抗弯刚度不致削弱过多；另外，最小配筋率还可以使设防烈度不高地区一部分框架柱的抗弯能力在"强柱弱梁"措施基础上有进一步提高，这也相当于对"强柱弱梁"措施的某种补充。考虑到推广应用高强钢筋以及适当提高安全度的需要，表 11.4.12-1 中的纵向钢筋最小配筋率值与 02 版规范相比有所提高，但采用 335MPa 级钢筋仍保留了 02 版规范的控制水平未变。

本次修订根据工程经验对柱箍筋间距的规定作了局部调整，以利于保证混凝土的施工质量。

11.4.13 当框架柱在地震作用组合下处于小偏心受拉状态时，柱的纵筋总截面面积应比计算值增加 25%，是为了避免柱的受拉纵筋屈服后再受压时，由于包兴格效应导致纵筋压屈。

为了避免纵筋配置过多，施工不便，对框架柱的全部纵向受力钢筋配筋率作了限制。

柱净高与截面高度的比值为 3~4 的短柱试验表明，此类框架柱易发生粘结型剪切破坏和对角斜拉型剪切破坏。为减少这种破坏，这类柱纵向钢筋配筋率不宜过大。为此，对一级抗震等级且剪跨比不大于 2 的框架柱，规定每侧纵向受拉钢筋配筋率不宜大于 1.2%，并应沿柱全长采用复合箍筋。对其他抗震等级虽未作此规定，但也宜适当控制。

11.4.14、11.4.15 框架柱端箍筋加密区长度的规定是根据试验结果及震害经验作出的。该长度相当于柱端潜在塑性铰区的范围再加一定的安全余量。对箍筋肢距作出的限制是为了保证塑性铰区内箍筋对混凝土和受压纵筋的有效约束。

11.4.16 试验研究表明，受压构件的位移延性随轴压比增加而减小，因此对设计轴压比上限进行控制就成为保证框架柱和框支柱具有必要延性的重要措施之一。为满足不同结构类型框架柱、框支柱在地震作用组合下的位移延性要求，本条规定了不同结构体系中框架柱设计轴压比的上限值。此次修订对设计轴压比上限值的规定作了以下调整：

1 将设计轴压比上限值的规定扩展到四级抗震等级；

2 根据 2008 年汶川地震的震害经验，适度加严了框架结构的设计轴压比限值；

3 框架-剪力墙结构和筒体结构主要依靠剪力墙和内筒承受水平地震作用，其中框架部分，特别是中、下层框架，受水平地震作用的影响相对较轻。本

次修订在保持 02 版规范对其设计轴压比给出比框架结构柱偏松的控制条件的同时，对其中个别取值作了调整。

近年来，国内外试验研究结果表明，采用螺旋箍筋、连续复合矩形螺旋箍筋等配筋方式，能在一般复合箍筋的基础上进一步提高对核心混凝土的约束效应，改善柱的位移延性性能，故规定当配置复合箍筋、螺旋箍筋或连续复合矩形螺旋箍筋，且配箍量达到一定程度时，允许适当放宽柱设计轴压比的上限控制条件。同时，国内研究表明，在钢筋混凝土柱中设置矩形核芯柱不仅能提高柱的受压承载力，也可提高柱的位移延性，且有利于在大变形情况下防止倒塌，类似于型钢混凝土结构中型钢的作用。因此，在设置矩形核芯柱，且核芯柱的纵向钢筋配置数量达到一定要求的情况下，也适当放宽了设计轴压比的上限控制条件。在放宽轴压比上限控制条件后，箍筋加密区的最小体积配箍率应按放松后的设计轴压比确定。

11.4.17 在柱端箍筋加密区内配置一定数量的箍筋（用体积配箍率衡量）是使柱具有必要的延性和塑性耗能能力的另一项重要措施。因抗震等级越高，抗震性能要求相应提高；加之轴压比越高，混凝土强度越高，也需要更高的配箍率，方能达到相同的延性；而箍筋强度越高，配箍率则可相应降低。为此，先根据抗震等级及轴压比给出所需的柱端配箍特征值，再经配箍特征值及混凝土与钢筋的强度设计值算得所需的体积配箍率。02 版规范给出的配箍特征值是根据日本及我国完成的钢筋混凝土柱抗震延性性能系列试验按位移延性系数不低于 3.0 的标准给出的。

虽然 2008 年汶川地震中柱端破坏情况多有发现，但规范修订组经研究，拟主要通过适度的柱抗弯能力增强措施（"强柱弱梁"措施）和适度降低框架结构柱轴压比上限条件来进一步改善框架结构柱的抗震性能。对 02 版规范柱端体积配箍率的规定则不作变动。

需要说明的是，因《建筑抗震设计规范》GB 50011 规定，对 6 度设防烈度的一般建筑可不进行考虑地震作用的结构分析和截面抗震验算，在按第 11.4.16 条及本条确定其轴压比时，轴压力可取为无地震作用组合的轴力设计值，对于 6 度设防烈度，建于 IV 类场地上较高的高层建筑，因需进行考虑地震作用的结构分析，故应采用考虑地震作用组合的轴向力设计值。

另外，当计算箍筋的体积配箍率时，各强度等级箍筋应分别采用其强度设计值，根据本规范第 4.2.3 条的表述，其抗拉强度设计值不受 360MPa 的限制。

11.4.18 本条规定了考虑地震作用框架柱箍筋非加密区的箍筋配置要求。

11.5 铰接排架柱

11.5.1、11.5.2 国内地震震害调查表明，单层厂房

屋架或屋面梁与柱连接的柱顶和高低跨厂房交接处支承低跨屋盖的柱牛腿损坏较多，阶形柱上柱的震害往往发生在上下柱变截面处（上柱根部）和与吊车梁上翼缘连接的部位。为了避免排架柱在上述区段内产生剪切破坏并使排架柱在形成塑性铰后有足够的延性，这些区段内的箍筋应加密。按此构造配箍后，铰接排架柱在一般情况下可不进行受剪承载力计算。

根据排架结构的受力特点，对排架结构柱不需要考虑"强柱弱梁"措施和"强剪弱弯"措施。在设有工作平台等特殊情况下，斜截面受剪承载力可能对剪跨比较小的铰接排架柱起控制作用。此时，可按本规范公式（11.4.7）进行抗震受剪承载力计算。

11.5.3 震害调查表明，排架柱柱头损坏最多的是侧向变形受到限制的柱，如靠近生活间或披屋的柱，或有横隔墙的柱。这种情况改变了柱的侧移刚度，使柱头处于短柱的受力状态。由于该柱的侧移刚度大于相邻各柱，当受水平地震作用的屋盖发生整体侧移时，该柱实际上承受了比相邻各柱大得多的水平剪力，使柱顶产生剪切破坏。对屋架与柱顶连接节点进行的抗震性能的试验结果表明，不同的柱顶连接形式仅对节点的延性产生影响，不影响柱头本身的受剪承载力；柱顶预埋钢板的大小和其在柱顶的位置对柱头的水平承载力有一定影响。当预埋钢板长度与柱截面高度相等时，水平受剪承载力大约是柱顶预埋钢板长度为柱截面高度一半时的 1.65 倍。故在条文中规定了柱顶预埋钢板长度和直锚筋的要求。试验结果还表明，沿水平剪力方向的轴向力偏心距对受剪承载力亦有影响，要求不得大于 $h/4$。当 $h/6 \leqslant e_0 \leqslant h/4$ 时，一般要求柱头配置四肢箍，并按不同的抗震等级，规定不同的体积配箍率，以此来满足受剪承载力要求。

11.5.4 不等高厂房支承低跨屋盖的柱牛腿（柱肩梁）亦是震害较重的部位之一，最常见的是支承低跨的牛腿（肩梁）被拉裂。试验结果与工程实践均证明，为了改善牛腿和肩梁抵抗水平地震作用的能力，可在其顶面钢垫板下设水平锚筋，直接承受并传递水平力。承受竖向力所需的纵向受拉钢筋和承受水平拉力的水平锚筋的截面面积，仍按公式（9.3.11）计算。其锚固长度及锚固构造仍按本规范第 9.3 节的规定取用，但其中应以受拉钢筋的抗震锚固长度 l_{aE} 代替 l_a。

11.5.5 为加强柱牛腿预埋板的锚固，要把相当于承受水平拉力的纵向钢筋与预埋板焊连。

11.6 框架梁柱节点

11.6.1、11.6.2 02 版规范规定对三、四级抗震等级的框架节点可不进行受剪承载力验算，仅需满足抗震构造措施的要求。根据近几年进行的框架结构的非线性动力反应分析以及对框架结构的震害调查表明，对于三级抗震等级的框架节点，仅满足抗震构造

措施的要求略显不足。因此，本次修订增加了对三级抗震等级框架节点受剪承载力的验算要求，同时要求满足相应抗震构造措施。

对节点剪力增大系数作了部分调整，即将二级抗震等级的 1.2 调整为 1.25，三级抗震等级节点需要进行抗震受剪承载力计算后，增大系数取为 1.1。

11.6.3～11.6.6 节点截面的限制条件相当于其抗震受剪承载力的上限。这意味着当考虑了增大系数后的节点作用剪力超过其截面限制条件时，再增大箍筋已无法进一步有效提高节点的受剪承载力。

框架节点的受剪承载力由混凝土斜压杆和水平箍筋两部分受剪承载力组成，其中水平箍筋是通过其对节点区混凝土斜压杆的约束效应来增强节点受剪承载力的。

依据试验结果，节点核心区内混凝土斜压杆截面面积虽然可随柱端轴力的增加而稍有增加，使得在作用剪力较小时，柱轴压力的增大对防止节点的开裂和提高节点的抗震受剪承载力起一定的有利作用；但当节点作用剪力较大时，因核心区混凝土斜向压应力已经较高，轴压力的增大反而会使节点更早发生混凝土斜压型剪切破坏，从而削弱节点的抗震受剪承载力。02 版规范考虑这一因素后已在 9 度设防烈度节点受剪承载力计算公式中取消了轴压力的有利影响。但为了不致使节点中箍筋用量增加过多，在除 9 度设防烈度以外的其他节点受剪承载力计算公式中，保留了轴力项的有利影响。这一做法与试验结果不符，只是一种权宜性的做法。

试验证明，当节点在两个正交方向有梁且在周边有现浇板时，梁和现浇板增加了对节点区混凝土的约束，从而可以在一定程度上提高节点的受剪承载力。但若两个方向的梁截面较小，或不是沿四周均有现浇板，则其约束作用就不明显。因此，规定在两个正交方向有梁，梁的宽度、高度都能满足一定要求，且有现浇板时，才可考虑梁与现浇板对节点的约束系数。对于梁截面较小或只沿一个方向有梁的中节点，或周边未被现浇板充分围绕的中节点，以及边节点、角节点等情况均不考虑梁对节点约束的有利影响。

根据国内试验结果，参考圆柱斜截面受剪承载力计算公式的建立模型，对圆柱截面框架节点提出了受剪承载力计算方法。

11.6.7 在本条规定中，对各类有抗震要求节点的构造措施作了以下调整：

1 对贯穿中间层中间节点梁筋直径与长度比值（相对直径）的限制条件，02 规范主要是根据梁、柱配置 335MPa 级纵向钢筋的节点试验结果并参考国外规范的相关规定从不致给设计中选用梁筋直径造成过大限制的偏松角度制定的。为方便应用，原规定没有体现钢筋强度及混凝土强度对梁筋粘结性能的影响，仅限制了贯穿节点梁筋的相对直径。当梁柱纵筋采用

400MPa 级和 500MPa 级钢筋后，反复荷载作用下的节点试验表明，梁筋的粘结退化将明显提前、加重。为保证高烈度区罕遇地震作用下使用高强钢筋的节点中梁筋粘结性能不致过度退化，本次修订将 9 度设防烈度的各类框架和一级抗震等级框架结构中的梁柱节点中梁筋相对直径的限制条件作了略偏严格的调整。

2 近几年进行的框架结构非线性动力反应分析表明，顶层节点的延性需求通常比中间层节点偏小。框架震害结果也显示出顶层的震害一般比其他楼层的震害偏轻。为便于施工，在本次修订中，取消了原规范第 11.6.7 条第 2 款图 11.6.7e 中顶层端节点梁柱负弯矩钢筋在节点外侧搭接时柱筋在节点顶部向内水平弯折 $12d$ 的要求，改为梁柱负弯矩钢筋在节点外侧直线搭接。

11.6.8 本条对节点核心区的箍筋最大间距和最小直径作了规定。本次修订增加了对节点箍筋肢距的规定。同时，通过箍筋最小配箍特征值及最小体积配箍率以双控方式控制节点中的最低箍筋用量，以保证箍筋对核心区混凝土的最低约束作用和节点的基本抗震受剪承载力。

11.7 剪力墙及连梁

11.7.1 根据研究成果和地震震害经验，本条规定一级抗震等级剪力墙底部加强部位高度范围内各墙肢截面的弯矩设计值不再取用墙肢底部截面的组合弯矩设计值。由于从剪力墙底部截面向上的纵向受拉钢筋中高应力区向整个塑性铰区高度的扩展，也导致塑性铰区以上墙肢各截面的作用弯矩相应有所增大，故本条规定对底部加强部位以上墙肢各截面的组合弯矩设计值乘以 1.2 的增大系数。弯矩调整大后，剪力设计值应相应提高。

11.7.2 对于剪力墙肢底部截面同样需要考虑"强剪弱弯"的要求，即对其作用剪力设计值通过增强系数予以增大。对于 9 度设防烈度的剪力墙肢要求按底部截面纵向钢筋实际配置情况确定作用剪力的增大幅度，具体做法是用底部截面的"实配弯矩" M_{wua} 与该截面的组合弯矩设计值的比值与一个增强系数的乘积来增大作用剪力设计值。其中 M_{wua} 按材料强度的标准值及底部截面纵向钢筋实际布置的位置和数量计算。

11.7.3 国内外剪力墙的受剪承载力试验结果表明，剪跨比 λ 大于 2.5 时，大部分墙的受剪承载力上限接近于 $0.25f_cbh_0$；在反复荷载作用下，其受剪承载力上限下降约 20%。据此给出了抗震剪力墙肢的受剪承载力上限值。

11.7.4 剪力墙的反复和单调加载受剪承载力对比试验表明，反复加载时的受剪承载力比单调加载时降低约 15%～20%。因此，将非抗震受剪承载力计算公式中各个组成项均乘以降低系数 0.8，作为抗震偏

心受压剪力墙肢的斜截面受剪承载力计算公式。鉴于对高轴压力作用下的受剪承载力尚缺乏试验研究，公式中对轴压力的有利作用给予了必要的限制，即不超过 $0.2f_cbh$。

11.7.5 对偏心受拉剪力墙的受剪承载力未做过试验研究。本条根据其受力特征，参照一般偏心受拉构件的受剪性能规律及偏心受压剪力墙的受剪承载力计算公式，给出了偏心受拉剪力墙的受剪承载力计算公式。

11.7.6 水平施工缝处的竖向钢筋配置数量需满足受剪要求。根据剪力墙水平缝剪摩擦理论以及对剪力墙施工缝滑移问题的试验研究，并参照国外有关规范的规定提出本条的要求。

11.7.7 剪力墙及筒体的洞口连梁因跨度通常不大，竖向荷载相对偏小，主要承受水平地震作用产生的弯矩和剪力。其中，弯矩作用的反弯点位于跨中，各截面所受的剪力基本相等。在地震反复作用下，连梁通常采用上、下纵向钢筋用量基本相等的配筋方式，在受弯承载力极限状态下，梁截面的受压区高度很小，如忽略截面中纵向构造钢筋的作用，正截面受弯承载力计算时截面的内力臂可近似取为截面有效高度 h_0 与 a'_s 的差值。在设置有斜筋的连梁中，受弯承载力中应考虑穿过连梁端截面顶部和底部的斜向钢筋在梁端截面中的水平分量的抗弯作用。

11.7.8 为了实现强剪弱弯，使连梁具有一定的延性，对于普通配筋连梁给出了连梁剪力设计值的增大系数。对于配置斜筋的连梁，由于斜筋的水平分量会提高梁的抗弯能力，而竖向分量会提高梁的抗剪能力，因此对配置斜筋的连梁，不能通过增加斜筋数量单纯提高梁的抗剪能力，形成强剪弱弯。考虑到满足本规范第 11.7.10 条规定的连梁已具有必要的延性，故对这几种配置斜筋连梁的剪力增大系数，可取为 1.0。

11.7.9～11.7.11 02 版规范缺少对跨高比小于 2.5 的剪力墙连梁抗震受剪承载力设计的具体规定。目前在进行小跨高比剪力墙连梁的抗震设计中，为防止连梁过早发生剪切破坏，通常在进行结构内力分析时，采用较大幅度地折减连梁的刚度以降低连梁的作用剪力。近年来对混凝土剪力墙结构的非线性动力反应分析以及对小跨高比连梁的抗震受剪性能试验表明，较大幅度人为折减连梁刚度的做法将导致地震作用下连梁过早屈服，延性需求增大，并且仍不能避免发生延性不足的剪切破坏。国内外进行的连梁抗震受剪性能试验表明，通过改变小跨高比连梁的配筋方式，可在不降低或有限降低连梁相对作用剪力（即不折减或有限折减连梁刚度）的条件下提高连梁的延性，使该类连梁发生剪切破坏时，其延性能力能够达到地震作用时剪力墙对连梁的延性需求。在对试验结果及相关成果进行分析研究的基础上，本次规范修订补充了跨高

比小于 2.5 的连梁的抗震受剪设计规定。

跨高比小于 2.5 时的连梁抗震受剪试验结果表明，采取不同的配筋方式，连梁达到所需延性时所承受的最大剪压比是不同的。本次修订增加了跨高比小于 2.5 适用于两个剪压比水平的 3 种不同配筋形式连梁各自的配筋计算公式和构造措施。其中配置普通箍筋连梁的设计规定是参考我国现行行业标准《高层建筑混凝土结构技术规程》JGJ 3 的相关规定和国内外的试验结果得出的；交叉斜筋配筋连梁的设计规定是根据近年来国内外试验结果及分析得出的；集中对角斜筋配筋连梁和对角暗撑配筋连梁是参考美国 ACI 318-08 规范的相关规定和国内外进行的试验结果给出的。国内外各种配筋形式连梁的试验结果表明，发生破坏时连梁位移延性指标，能够达到非线性地震反应分析时结构对连梁的延性需求，设计时可根据连梁的适应条件以及连梁宽度等要求选择相应的配筋形式和设计方法。

11.7.12 为保证剪力墙的承载力和侧向（平面外）稳定要求，给出了各种结构体系剪力墙肢截面厚度的规定。与 02 版规范相比，本次修订根据近年来的工程经验对各类结构中剪力墙的最小厚度规定作了进一步的细化和局部调整。

因端部无端柱或翼墙的剪力墙与端部有端柱或翼墙的剪力墙相比，其正截面受力性能、变形能力以及端部侧向稳定性能均有一定降低。试验表明，极限位移将减小一半左右，耗能能力将降低 20% 左右。故适当加大了一、二级抗震等级端无端柱或翼墙的剪力墙的最小墙厚。

本次修订，对剪力墙最小厚度除具体尺寸要求外，还给出了用层高或无支长度的分数表示的厚度要求。其中，无支长度是指墙肢沿水平方向上无支撑约束的最大长度。

11.7.13 为了提高剪力墙侧向稳定和受弯承载力，规定了剪力墙厚度大于 140mm 时，应配置双排或多排钢筋。

11.7.14 根据试验研究和设计经验，并参考国外有关规范的规定，按不同的结构体系和不同的抗震等级规定了水平和竖向分布钢筋的最小配筋率的限值。

美国 ACI 318 规定，当抗震结构墙的设计剪力小于 $A_{cv}\sqrt{f_c'}$（A_{cv} 为腹板截面面积，f_c' 为混凝土的规定抗压强度，该设计剪力对应的剪压比小于 0.02）时，腹板的竖向分布钢筋允许降到同非抗震的要求。因此，本次修订，四级抗震墙的剪压比低于上述数值时，竖向分布筋允许按不小于 0.15% 控制。

11.7.15 给出了剪力墙分布钢筋最大间距、最大直径和最小直径的规定。

11.7.16 ～11.7.19 剪力墙肢和筒壁墙肢的底部在罕遇地震作用下有可能进入屈服后变形状态。该部位也是防止剪力墙结构、框架-剪力墙结构和筒体结构

在罕遇地震作用下发生倒塌的关键部位。为了保证该部位的抗震延性能力和塑性耗能能力，通常采用的抗震构造措施包括：（1）对一、二、三级抗震等级的剪力墙肢和筒壁墙肢的轴压比进行限制；（2）对一、二、三级抗震等级的剪力墙肢和筒壁墙肢，当底部轴压比超过一定限值后，在墙肢或筒壁墙肢两侧设置约束边缘构件，同时对约束边缘构件中纵向钢筋的最低配置数量以及约束边缘构件范围内箍筋的最低配置数量作出限制。

设计中应注意，表 11.7.16 中的轴压比限值是一、二、三级抗震等级的剪力墙肢和筒壁墙肢应满足的基本要求。而表 11.7.17 中的"最大轴压比"则是在剪力墙肢和筒壁墙肢底部设置约束边缘构件的必要条件。

对剪力墙肢和筒壁墙肢底部约束边缘构件中纵向钢筋最低数量作出规定，除了为了保证剪力墙肢和筒壁墙肢底部所需的延性和塑性耗能能力之外，也是为了对剪力墙肢和筒壁墙肢底部的抗弯能力作必要的加强，以便在联肢剪力墙和联肢筒壁墙肢中使塑性铰首先在各层洞口连梁中形成，而使剪力墙肢和筒壁墙肢底部的塑性铰推迟形成。

本次修订提高了三级抗震等级剪力墙的设计要求。

11.8 预应力混凝土结构构件

11.8.1 多年来的抗震性能研究以及震害调查证明，预应力混凝土结构只要设计得当，重视概念设计，采用预应力筋和普通钢筋混合配筋的方式、设计为在活荷载作用下允许出现裂缝的部分预应力混凝土，采取保证延性的措施，构造合理，仍可获得较好的抗震性能。考虑到 9 度设防烈度地区地震反应强烈，对预应力混凝土结构的使用应慎重对待。故当 9 度设防烈度地区需要采用预应力混凝土结构时，应专门进行试验或分析研究，采取保证结构具有必要延性的有效措施。

11.8.3 研究表明，预应力混凝土框架结构在弹性阶段阻尼比约为 0.03，当出现裂缝后，在弹塑性阶段可取与钢筋混凝土相同的阻尼比 0.05；在框架-剪力墙、框架-核心筒或板柱-剪力墙结构中，对仅采用预应力混凝土梁或平板的情况，其阻尼比仍应取 0.05 进行抗震设计。

预应力混凝土结构构件的地震作用效应及其他荷载效应的基本组合主要按照现行国家标准《建筑抗震设计规范》GB 50011 的有关规定确定，并加入了预应力作用效应项，预应力作用分项系数是参考国内外有关规范作出规定的。

由于预应力对节点的侧向约束作用，使节点混凝土处于双向受压状态，不仅可以提高节点的开裂荷载，也可提高节点的受剪承载力。国内试验资料表

明，在考虑反复荷载使有效预应力降低后，可取预应力作用的承剪力 $V_p = 0.4N_{pe}$，式中 N_{pe} 为作用在节点核心区预应力筋的总有效预加力。

11.8.4 框架梁是框架结构的主要承重构件之一，应保证其必要的承载力和延性。

试验研究表明，为保证预应力混凝土框架梁的延性要求，应对梁的混凝土截面相对受压区高度作一定的限制。当允许配置受压钢筋平衡部分纵向受拉钢筋以减小混凝土受压区高度时，考虑到截面受拉区配筋过多会引起梁端截面中较大的剪力，以及钢筋拥挤不方便施工的原因，故对纵向受拉钢筋的配筋率作出不宜大于 2.5% 的限制。

采用有粘结预应力筋和普通钢筋混合配筋的部分预应力混凝土是提高结构抗震耗能能力的有效途径之一。但预应力筋的拉力与预应力筋及普通钢筋拉力之和的比值要结合工程具体条件，全面考虑使用阶段和抗震性能两方面要求。从使用阶段看，该比值大一些好；从抗震角度，其值不宜过大。为使梁的抗震性能与使用性能较为协调，按工程经验和试验研究该比值不宜大于 0.75。本规范公式（11.8.4）对普通钢筋数量的要求，是按该限值并考虑预应力筋及普通钢筋重心离截面受压区边缘纤维距离 h_p、h_s 的影响得出的。本条要求是在相对受压区高度、配箍率、钢筋面积 A_s、A'_s 等得到满足的情况下得出的。

梁端箍筋加密区内，底部纵向普通钢筋和顶部纵向受力钢筋的截面面积应符合一定的比例，其理由及规定同钢筋混凝土框架。

考虑地震作用组合的预应力混凝土框架柱，可等效为承受预应力作用的非预应力偏心受压构件，在计算中将预应力作用按总有效预加力表示，并乘以预应力分项系数 1.2，故预应力作用引起的轴压力设计值为 $1.2N_{pe}$。

对于承受较大弯矩而轴向压力较小的框架顶层边柱，可以按预应力混凝土梁设计，采用非对称配筋的预应力混凝土柱，弯矩较大截面的受拉一侧采用预应力筋和普通钢筋混合配筋，另一侧仅配普通钢筋，并应符合一定的配筋构造要求。

11.9 板 柱 节 点

11.9.2 关于柱帽可否在地震区应用，国外有试验及分析研究认为，若抵抗竖向冲切荷载设计的柱帽较小，在地震荷载作用下，较大的不平衡弯矩将在柱帽附近产生反向的冲切裂缝。因此，按竖向冲切荷载设计的小柱帽或平托板不宜在地震区采用。按柱纵向钢筋直径 16 倍控制板厚是为了保证板柱节点的抗弯刚度。本规范给出了平托板或柱帽按抗震设计的边长及板厚要求。

11.9.3、11.9.4 根据分析研究及工程实践经验，对一级、二级和三级抗震等级板柱节点，分别给出由

地震作用组合所产生不平衡弯矩的增大系数，以及板柱节点配置抗冲切钢筋，如箍筋、抗剪栓钉等受冲切承载力计算方法。对板柱-剪力墙结构，除在板柱节点处的板中配置抗冲切钢筋外，也可采用增加板厚、增加结构侧向刚度来减小层间位移角等措施，以避免板柱节点发生冲切破坏。

11.9.5、11.9.6 强调在板柱的柱上板带中宜设置暗梁，并给出暗梁的配筋构造要求。为了有效地传递不平衡弯矩，板柱节点除满足受冲切承载力要求外，其连接构造亦十分重要，设计中应给予充分重视。

公式（11.9.6）是为了防止在极限状态下楼板塑性变形充分发育时从柱上脱落，要求两个方向贯通柱截面的后张预应力筋及板底普通钢筋受拉承载力之和不小于该层柱承担的楼板重力荷载代表值作用下的柱轴压力设计值。对于边柱和角柱，贯通钢筋在柱截面对边弯折锚固时，在计算中应只取其截面面积的一半。

附录 A 钢筋的公称直径、公称截面面积及理论重量

表 A.0.1 普通钢筋和预应力螺纹钢筋的公称直径是指与其公称截面面积相等的圆的直径。光面钢筋的公称截面面积与承载受力面积相同；而带肋钢筋承载受力的截面面积小于按理论重量计算的截面面积，基圆面积率约为 0.94。而预应力螺纹钢筋的有关数值也不完全对应，故在表中以括号及注另行表达。必要时，尚应考虑基圆面积率的影响。

表 A.0.2 本规范将钢绞线外接圆直径称作公称直径；而公称截面面积即现行国家标准《预应力混凝土用钢绞线》GB/T 5224 中的"参考截面面积"。由于捻绞松紧程度的不同，其值可能有波动，工程应用时如果有必要，可以根据实测确定。

表 A.0.3 钢丝的公称直径、公称截面面积及理论重量之间的关系与普通钢筋相似，但基圆面积率较大，约为 0.97。

附录 B 近似计算偏压构件侧移二阶效应的增大系数法

B.0.1 根据本规范第 5.3.4 条的规定，必要时，也可以采用本附录给出的增大系数法来考虑各类结构中的 P-Δ 效应。根据结构中二阶效应的基本规律，P-Δ 效应只会增大由引起结构侧移的荷载或作用所产生的构件内力，而不增大由不引起结构侧移的荷载（例如较为对称结构上作用的对称竖向荷载）所产生的构件内力。因此，在计算 P-Δ 效应增大后的杆件弯矩时，

公式（B.0.1-1）中的 η_s 应只乘 M_s。

因 P-Δ 效应既增大竖向构件中引起结构侧移的弯矩，同时也增大水平构件中引起结构侧移的弯矩，因此公式（B.0.1-1）同样适用于梁端控制截面的弯矩计算。另外，根据本规范第 11.4.1 条的规定，抗震框架各节点处柱端弯矩之和 ΣM_c 应根据同一节点处的梁端弯矩之和 ΣM_b 进行增大，因此，按公式（B.0.1-1）用 η_s 增大梁端引起结构侧移的弯矩，也能使 P-Δ 效应的影响在 ΣM_b 和增大后的 ΣM_c 中保留下来。

B.0.2 本条对框架结构的 η_s 采用层增大系数法计算，各楼层计算出的 η_s 分别适用于该楼层的所有柱段。该方法直接引自《高层建筑混凝土结构技术规程》JGJ 3-2002。当用 η_s 按公式（B.0.1-1）增大柱端及梁端弯矩时，公式（B.0.2）中的楼层侧向刚度 D 应按第 B.0.5 条给出的构件折减刚度计算。

B.0.3 剪力墙结构、框架-剪力墙结构和筒体结构中的 η_s 用整体增大系数法计算。用该方法算得的 η_s 适用于该结构全部的竖向构件。该方法直接引自《高层建筑混凝土结构技术规程》JGJ 3-2002。当用 η_s 按公式（B.0.1-1）增大柱端、墙肢端部和梁端弯矩时，应采用按第 B.0.5 条给出的构件折减刚度计算公式（B.0.3）中的等效竖向悬臂受弯构件的弯曲刚度 $E_c J_d$。

B.0.4 排架结构，特别是工业厂房排架结构的荷载作用复杂，其二阶效应规律有待详细探讨。到目前为止国内已完成的分析研究工作尚不足以提出更为合理的考虑二阶效应的设计方法，故继续沿用 02 版规范中的 η-l_0 法考虑排架结构的 P-Δ 效应。其中，就工业厂房排架结构而言，除屋盖重力荷载外的其他各项荷载都将使排架产生侧移，同时也为了计算方便，故在该方法中采用将增大系数 η_s 统乘排架柱各截面组合弯矩的近似做法，即取 $M = \eta_s(M_{ns}+M_s) = \eta_s M_0$。另外，在排架结构所用的 η_s 计算公式中考虑到：(1) 目前所用钢材的强度水平普遍有所提高；(2) 引起排架柱各截面弯矩的各项荷载中，大部分均属短期作用，故不再考虑引起极限曲率增长的长期作用影响系数；故将 02 版规范 η 公式中的 1/1400 改为 1/1500。基于与第 6.2.4 条相同的理由，取消 02 版规范 η 公式中的系数 ζ_2。

B.0.5 细长钢筋混凝土偏心压杆考虑二阶效应影响的受力状态大致对应于受拉钢筋屈服后不久的非弹性受力状态。因此，在考虑二阶效应的结构分析中，结构内各类构件的受力状态也应与此相呼应。钢筋混凝土结构在这类受力状态下由于受拉区开裂以及其他非弹性性能的发展，从而导致构件截面弯曲刚度降低。由于各类构件沿长度方向各截面所受弯矩的大小不同，非弹性性能的发展特征也各有不同，这导致了构件弯曲刚度的降低规律较为复杂。为了便于工程应

用，通常是通过考虑非弹性性能的结构分析，并参考试验结果，按结构非弹性侧向位移相等的原则，给出按构件类型的统一当量刚度折减系数（弹性刚度中的截面惯性矩仍按不考虑钢筋的混凝土毛截面计算）。本条给出的刚度折减系数是以我国完成的结构及构件非弹性性能模拟分析结果和试验结果为依据的，与国外规范给出的相应数值相近。

附录 C 钢筋、混凝土本构关系与混凝土多轴强度准则

本附录的内容与原规范基本相同，仅在混凝土一维本构关系中引入了损伤概念，并新增了混凝土的二维本构关系以及钢筋-混凝土之间的粘结-滑移本构关系。

本附录用于混凝土结构的弹塑性分析和结构的承载力验算。

C.1 钢筋本构关系

C.1.1 钢筋强度的平均值主要用于弹塑性分析时的本构关系，宜实测确定。本条文给出了基于统计的建议值。在 89 规范和 02 规范，钢筋强度参数采用的都是 20 世纪 80 年代的统计数据，当时统计的主要对象是 HPB235、HRB335 钢筋，表 1 中为上述钢筋强度的变异系数。2008～2010 年对全国 HRB335、HRB400 和 HRB500 钢筋强度参数进行了统计分析，与 20 世纪 80 年代的统计结果相比，钢筋强度的变异系数略有减小，但考虑新统计数据有限，且缺少 HRBF、RRB 和 HRB-E、HRBF-E 系列钢筋的统计数据，本规范可参考表 1 的数值确定。

表 1 热轧带肋钢筋强度的变异系数 δ_s（%）

强度等级	HPB235	HRB335
δ_s	8.95	7.43

C.1.2 钢筋单调加载的应力-应变本构关系曲线采用由双折线段或三折线段组成，在没有实验数据时，可根据本规范第 4.2.4 条取 $\varepsilon_u = \delta_{gt}$。

C.1.3 新增了钢筋在反复荷载作用下的本构关系曲线，建议钢筋卸载曲线为直线，并给出了钢筋反向再加载曲线的表达式。

C.2 混凝土本构关系

C.2.1 混凝土强度的平均值主要用于弹塑性分析时的本构关系，宜实测确定。本条给出了基于统计的建议值。在 89 规范和 02 规范中，混凝土强度参数采用的都是 20 世纪 80 年代的统计数据，表 2 中数值为 20 世纪 80 年代以现场搅拌为主的混凝土的变异系数。目前全国普遍采用的都是商品混凝土。2008～2010

年对全国商品混凝土参数进行了统计，结果表明，与20世纪80年代统计的现场搅拌混凝土相比，目前普遍采用的商品混凝土的变异系数略有减小，但因统计数据有限，本规范可参考表2中的数值采用。

表2 混凝土强度的变异系数 δ_c（%）

强度等级	C15	C20	C25	C30	C35	C40	C45	C50	C60
δ_c	23.3	20.6	18.9	17.2	16.4	15.6	15.6	14.9	14.1

C.2.2 现有混凝土的强度和应力-应变本构关系大都是基于正常环境下的短期试验结果。若结构混凝土的材料种类、环境和受力条件等与标准试验条件相差悬殊，则其强度和本构关系将发生不同程度的变化。例如，采用轻混凝土或重混凝土、全级配或大骨料的大体积混凝土、龄期变化、高温、截面非均匀受力、荷载长期持续作用、快速加载或冲击荷载作用等情况，均应自行试验测定，或参考有关文献作相应的修正。

C.2.3 混凝土单轴受拉的本构关系，原则上采用02版规范附录C的基本表达式与建议参数。根据近期相关的研究工作，给出了与之等效的损伤本构关系表述，以便与二维本构关系相协调。

修订后的混凝土单轴受拉应力-应变曲线分作上升段和下降段，二者在峰值点处连续。在原规范基础上引入了混凝土单轴受拉损伤参数。与原规范附录相似，曲线方程中引入形状参数，可适合不同强度等级混凝土的曲线形状变化。

表C.2.3中的参数按以下公式计算取值：

$$\varepsilon_{t,r} = f_{t,r}^{0.54} \times 65 \times 10^{-6}$$

$$\alpha_t = 0.312 f_{t,r}^2$$

C.2.4 混凝土单轴受压本构关系，对原规范的上升段进行了修订，下降段在本质上与原规范表达式等价。为与二维本构关系相一致，根据近期相关的研究工作在表述形式上作了调整。

修订后的混凝土单轴受压应力-应变曲线也分为上升段和下降段，二者在峰值点处连续。表C.2.4相应的参数计算式如下：

$$\varepsilon_{c,r} = (700 + 172\sqrt{f_c}) \times 10^{-6}$$

$$\alpha_c = 0.157 f_c^{0.785} - 0.905$$

$$\frac{\varepsilon_{cu}}{\varepsilon_{c,r}} = \frac{1}{2\alpha_c}(1 + 2\alpha_c + \sqrt{1 + 4\alpha_c})$$

钢筋混凝土结构中混凝土常受到横向和纵向应变梯度、箍筋约束作用、纵筋变形等因素的影响，其应力-应变关系与混凝土棱柱体轴心受压试验结果有差别。可根据构件或结构的力学性能试验结果对混凝土的抗压强度代表值（$f_{c,r}$）、峰值压应变（$\varepsilon_{c,r}$）以及曲线形状参数（α_c）作适当修正。

C.2.5 新增了受压混凝土在重复荷载作用下的应力-应变本构曲线，以反映混凝土滞回、刚度退化及强度退化的特性。为简化表述，卸载段应力路径采用直线

表达方式。

C.2.6 根据近期相关的研究工作，给出了混凝土二维本构关系的表达式，以为混凝土非线性有限元分析提供依据。该本构关系包括了卸载本构方程，实现了一维卸载的残余应变与二维卸载残余应变计算的统一。

C.3 钢筋-混凝土粘结滑移本构关系

修订规范新增了钢筋与混凝土的粘结应力-滑移本构关系，为结构大变形时进行更精确的分析提供界面的粘结-滑移参数。钢筋与混凝土之间的粘结应力-滑移本构关系适用范围与第C.1节、第C.2节相同。

建议的带肋钢筋与混凝土之间的粘结滑移本构关系是通过大量试验量测，经统计分析后提出的一般形式。影响粘结-滑移本构关系的因素很多，如混凝土的强度、级配，锚固钢筋的直径、强度、变形指标、外形参数，箍筋配置，侧向压力等都会影响粘结-滑移本构关系。因此，在条件许可的情况下，建议通过试验测定表达式中的参数。

C.4 混凝土强度准则

C.4.1 当以应力设计方式采用多轴强度准则进行承载能力极限状态计算时，混凝土强度指标应以相对值形式表达，且可根据需要，对承载力计算取相对的设计值；对防连续倒塌计算取相对的标准值。

C.4.2 混凝土的二轴强度包络图为由4条曲线连成的封闭曲线（图C.4.2），图中每条曲线中应力符号均遵循"受拉为负、受压为正"的原则，根据其对应象限确定。根据相关的研究，给出了混凝土二维强度准则的分区表达式，这些表达式原则上也可以由前述混凝土本构关系给出。

为方便应用，二轴强度还可以根据表C.4.2-1～表C.4.2-3所列的数值内插取值。

C.4.3 混凝土的三轴受拉应力状态在实际结构中极其罕见，试验数据也极少。取 $f_3 = 0.9 f_{c,r}$，约为试验平均值。

混凝土三轴抗压强度（f_1，图C.4.3-2）的取值显著低于试验值，也略低于一些国外设计规范规定的值。本规范给出了最高强度（$5f_c$）的限制，用于承载力验算可确保结构安全。混凝土的三轴抗压强度可按照表C.4.3-2取值，也可以按照下列公式计算：

$$\frac{\overline{f_1}}{f_{c,r}} = 1.2 + 33\left(\frac{\sigma_1}{\sigma_3}\right)^{1.8}$$

附录D 素混凝土结构构件设计

本附录的内容与02版规范附录A相同，对素混

凝土结构构件的计算和构造作出了规定。

附录 E　任意截面、圆形及环形构件正截面承载力计算

E.0.1　本条给出了任意截面任意配筋的构件正截面承载力计算的一般公式。

随着计算机的普遍使用，对任意截面、外力和配筋的构件，正截面承载力的一般计算方法，可按本规范第6.2.1条的基本假定，通过数值积分方法进行迭代计算。在计算各单元的应变时，通常应通过混凝土极限压应变为 ε_{cu} 的受压区顶点作一条与中和轴平行的直线；在某些情况下，尚应通过最外排纵向受拉钢筋极限拉应变0.01为顶点作一条与中和轴平行的直线，然后再作一条与中和轴垂直的直线，以此直线作为基准线按平截面假定确定各单元的应变及相应的应力。

在建立本条公式时，为使公式的形式简单，坐标原点取在截面重心处；在具体进行计算或编制计算程序时，可根据计算的需要，选择合适的坐标系。

E.0.3、E.0.4　环形及圆形截面偏心受压构件正截面承载力计算。

均匀配筋的环形、圆形截面的偏心受压构件，其正截面承载力计算可采用第6.2.1条的基本假定列出平衡方程进行计算，但计算过于繁琐，不便于设计应用。公式（E.0.3-1）～公式（E.0.3-6）及公式（E.0.4-1）～公式（E.0.4-4）是将沿截面梯形应力分布的受压及受拉钢筋应力简化为等效矩形应力图，其相对钢筋面积分别为 α 及 α_t，在计算时，不需判断大小偏心情况，简化公式与精确解误差不大。对环形截面，当 α 较小时实际受压区为环内弓形面积，简化公式可能会低估了截面承载力，此时可按圆形截面公式计算。

附录 F　板柱节点计算用等效集中反力设计值

F.0.1　在垂直荷载、水平荷载作用下，板柱结构节点传递不平衡弯矩时，其等效集中反力设计值由两部分组成：

　1　由柱所承受的轴向压力设计值减去柱顶冲切破坏锥体范围内板所承受的荷载设计值，即 F_l；

　2　由节点受剪传递不平衡弯矩而在临界截面上产生的最大剪应力经折算而得的附加集中反力设计值，即 $\tau_{max} u_m h_0$。

本条的公式（F.0.1-1）、公式（F.0.1-3）、公式

（F.0.1-5）就是根据上述方法给出的。

竖向荷载、水平荷载引起临界截面周长重心处的不平衡弯矩，可由柱截面重心处的不平衡弯矩与 F_l 对临界截面周长重心轴取矩之和确定。本条的公式（F.0.1-2）、公式（F.0.1-4）就是按此原则给出的；在应用上述公式中应注意两个弯矩的作用方向，当两者相同时，应取加号，当两者相反时，应取减号。

F.0.2、F.0.3　条文中提供了图 F.0.1 所示的中柱、边柱和角柱处临界截面的几何参数计算公式。这些参数是按行业标准《无粘结预应力混凝土结构技术规程》JGJ 92—93 的规定给出的，其中对类似惯性矩的计算公式中，忽略了 h_0^3 项的影响，即在公式（F.0.2-1）、公式（F.0.2-5）中略去了 $a_t h_0^3/6$ 项；在公式（F.0.2-10）、公式（F.0.2-14）中略去了 $a_t h_0^3/12$ 项，这表示忽略了临界截面上水平剪应力的作用，对通常的板柱结构的板厚而言，这样近似处理是可以的。

F.0.4　当边柱、角柱部位有悬臂板时，在受冲切承载力计算中，可能是按图 F.0.1 所示的临界截面周长，也可能是如中柱的冲切破坏而形成的临界截面周长，应通过计算比较，以取其不利者作为设计计算的依据。

附录 G　深受弯构件

根据分析及试验结果，国内外均将跨高比小于2的简支梁及跨高比小于2.5的连续梁视为深梁；而跨高比小于5的梁统称为深受弯构件（短梁）。其受力性能与一般梁有一定区别，故单列附录加以区别，作出专门的规定。

G.0.1　对于深梁的内力分析，简支深梁与一般梁相同，但连续深梁的内力值及其沿跨度的分布规律与一般连续梁不同。其跨中正弯矩比一般连续梁偏大，支座负弯矩偏小，且随跨高比和跨数而变化。在工程设计中，连续深梁的内力应由二维弹性分析确定，且不宜考虑内力重分布。具体内力值可采用弹性有限元方法或查阅根据二维弹性分析结果制作的连续深梁的内力表格确定。

G.0.2　深受弯构件的正截面受弯承载力计算采用内力臂表达式，该式在 $l_0/h=5.0$ 时能与一般梁计算公式衔接。试验表明，水平分布筋对受弯承载力的作用约占 10%～30%。故在正截面计算公式中忽略了这部分钢筋的作用。这样处理偏安全。

G.0.3　本条给出了适用于 $l_0/h<5.0$ 的全部深受弯构件的受剪截面控制条件。该条件在 $l_0/h=5$ 时与一般受弯构件受剪截面控制条件相衔接。

G.0.4　在深受弯构件受剪承载力计算公式中，竖向钢筋受剪承载力计算项的系数，根据第6.3.4条的修

改由 1.25 调整为 1.0。

此外，公式中混凝土项反映了随 l_0/h 的减小，剪切破坏模式由剪压型向斜压型过渡，混凝土项在受剪承载力中所占的比例增大。而竖向分布筋和水平分布筋项则分别反映了从 $l_0/h=5.0$ 时只有竖向分布筋（箍筋）参与受剪，过渡到 l_0/h 较小时只有水平分布筋能发挥有限受剪作用的变化规律。在 $l_0/h=5.0$ 时，该式与一般梁受剪承载力计算公式相衔接。

在主要承受集中荷载的深受弯构件的受剪承载力计算公式中，含有跨高比 l_0/h 和计算剪跨比 λ 两个参数。对于 $l_0/h \leqslant 2.0$ 的深梁，统一取 $\lambda=0.25$；而 $l_0/h \geqslant 5.0$ 的一般受弯构件的剪跨比上、下限值则分别为 3.0、1.5。为了使深梁、短梁、一般梁的受剪承载力计算公式连续过渡，本条给出了深受弯构在 $2.0 < l_0/h < 5.0$ 时 λ 上、下限值的线性过渡规律。

应注意的是，由于深梁中水平及竖向分布钢筋对受剪承载力的作用有限，当深梁受剪承载力不足时，应主要通过调整截面尺寸或提高混凝土强度等级来满足受剪承载力要求。

G.0.5 试验表明，随着跨高比的减小，深梁斜截面抗裂能力有一定提高。为了简化计算，本条给出了防止深梁出现斜裂缝的验算条件，这是按试验结果偏下限给出的，并作了合理的放宽。当满足本条公式的要求时，可不再进行受剪承载力计算。

G.0.6 深梁支座的支承面和深梁顶集中荷载作用面的混凝土都有发生局部受压破坏的可能性，应进行局部受压承载力验算，在必要时还应配置间接钢筋。按本规范第 G.0.7 条的规定，将支承深梁的柱伸到深梁顶部能够有效地降低支座传力面发生局部受压破坏的可能性。

G.0.7 为了保证深梁平面外的稳定性，本条对深梁的高厚比（h/b）或跨厚比（l_0/b）作了限制。此外，简支深梁在顶部、连续深梁在顶部和底部应尽可能与其他水平刚度较大的构件（如楼盖）相连接，以进一步加强其平面外稳定性。

G.0.8 在弹性受力阶段，连续深梁支座截面中的正应力分布规律随深梁的跨高比变化，由此确定深梁的配筋分布。

当 $l_0/h > 1.5$ 时，支座截面受压区约在梁底以上 $0.2h$ 的高度范围内，再向上为拉应力区，最大拉应力位于梁顶；随着 l_0/h 的减小，最大拉应力下移；到 $l_0/h=1.0$ 时，较大拉应力位于从梁底算起 $0.2h \sim 0.6h$ 的范围内，梁顶拉应力相对偏小。达到承载力极限状态时，支座截面因开裂导致的应力重分布使深梁支座截面上部钢筋拉力增大。

本条以图示给出了支座截面负弯矩受拉钢筋沿截面高度的分区布置规定，比较符合正常使用极限状态支座截面的受力特点。水平钢筋数量的这种分区布置规定，虽未充分反映承载力极限状态下的受力特点，但更有利于正常使用极限状态下支座截面的裂缝控制，同时也不影响深梁在承载力极限状态下的安全性。

本条保留了从梁底算起 $0.2h \sim 0.6h$ 范围内水平钢筋最低用量的控制条件，以减少支座截面在这一高度范围内过早开裂的可能性。

G.0.9 深梁在垂直裂缝以及斜裂缝出现后将形成拉杆拱的传力机制，此时下部受拉钢筋直到支座附近仍拉力较大，应在支座中妥善锚固。鉴于在"拱肋"压力的协同作用下，钢筋锚固端的竖向弯钩很可能引起深梁支座区沿深梁中面的劈裂，故钢筋锚固端的弯折建议改为平放，并按弯折 180°的方式锚固。

G.0.10 试验表明，当仅配有两层钢筋网时，如果网与网之间未设拉筋，由于钢筋网在深梁平面外的变形未受到专门约束，当拉杆拱拱肋内斜向压力较大时，有可能发生沿深梁中面劈开的侧向劈裂型斜压破坏。故应在双排钢筋网之间配置拉筋。而且，在本规范图 G.0.8-1 和图 G.0.8-2 深梁支座附近由虚线标示的范围内应适当增配拉筋。

G.0.11 深梁下部作用有集中荷载或均布荷载时，吊筋的受拉能力不宜充分利用，其目的是为了控制悬吊作用引起的裂缝宽度。当作用在深梁下部的集中荷载的计算剪跨比 $\lambda > 0.7$ 时，按第 9.2.11 条规定设置的吊筋和按第 G.0.12 条规定设置的竖向分布钢筋仍不能完全防止斜拉型剪切破坏的发生，故应在剪跨内适度增大竖向分布钢筋的数量。

G.0.12 深梁的水平和竖向分布钢筋对受剪承载力所起的作用虽然有限，但能限制斜裂缝的开展。当分布钢筋采用较小直径和较小间距时，这种作用就越发明显。此外，分布钢筋对控制深梁中温度、收缩裂缝的出现也起作用。本条给出的分布钢筋最小配筋率是构造要求的最低数量，设计者应根据具体情况合理选择分布筋的配置数量。

G.0.13 本条给出了对介于深梁和浅梁之间的"短梁"的一般性构造规定。

附录 H 无支撑叠合梁板

H.0.1 本条给出"二阶段受力叠合受弯构件"在叠合层混凝土达到设计强度前的第一阶段和达到设计强度后的第二阶段所应考虑的荷载。在第二阶段，因为当叠合层混凝土达到设计强度后仍可能存在施工活荷载，且其产生的荷载效应可能超过使用阶段可变荷载产生的荷载效应，故应按这两种荷载效应中的较大值进行设计。

H.0.2 本条给出了预制构件和叠合构件的正截面受弯承载力的计算方法。当预制构件高度与叠合构件高度之比 h_1/h 较小（较薄）时，预制构件正截面受弯承载力计算中可能出现 $\zeta > \zeta_b$ 的情况，此时纵向受拉钢筋的强度 f_y、f_{py} 应该用应力值 σ_s、σ_p 代替，σ_s、σ_p 应按本规范第 6.2.8 条计算，也可取 $\zeta = \zeta_b$ 进行计算。

H. 0. 3 由于二阶段受力叠合梁斜截面受剪承载力试验研究尚不充分，本规范规定叠合梁斜截面受剪承载力仍按普通钢筋混凝土梁受剪承载力公式计算。在预应力混凝土叠合梁中，由于预应力效应只影响预制构件，故在斜截面受剪承载力计算中暂不考虑预应力的有利影响。在受剪承载力计算中混凝土强度偏安全地取预制梁与叠合层中的较低者；同时受剪承载力应不低于预制梁的受剪承载力。

H. 0. 4 叠合构件叠合面有可能先于斜截面达到其受剪承载能力极限状态。叠合面受剪承载力计算公式是以剪摩擦传力模型为基础，根据叠合构件试验结果和剪摩擦试件试验结果给出的。叠合式受弯构件的箍筋应按斜截面受剪承载力计算和叠合面受剪承载力计算得出的较大值配置。

不配筋叠合面的受剪承载力离散性较大，故本规范用于这类叠合面的受剪承载力计算公式暂不与混凝土强度等级挂钩，这与国外规范的处理手法类似。

H. 0. 5、H. 0. 6 叠合式受弯构件经受施工阶段和使用阶段的不同受力状态，故预应力混凝土叠合受弯构件的抗裂要求应分别对预制构件和叠合构件进行抗裂验算。验算要求其受拉边缘的混凝土应力不大于预制构件的混凝土抗拉强度标准值。由于预制构件和叠合层可能选用强度等级不同的混凝土，故在正截面抗裂验算和斜截面抗裂验算中应按折算截面确定叠合后构件的弹性抵抗矩、惯性矩和面积矩。

H. 0. 7 由于叠合构件在施工阶段先以截面高度小的预制构件承担该阶段全部荷载，使得受拉钢筋中的应力比假定由叠合构件全截面承担同样荷载时大。这一现象通常称为"受拉钢筋应力超前"。

当叠合层混凝土达到强度从而形成叠合构件后，整个截面在使用阶段荷载作用下除去在受拉钢筋中产生应力增量和在受压区混凝土中首次产生压应力外，还会由于抵消预制构件受压区原有的压应力而在该部位形成附加拉力。该附加拉力虽然会在一定程度上减小受力钢筋中的应力超前现象，但仍使叠合构件与同样截面普通受弯构件相比钢筋拉应力及曲率偏大，并有可能使受拉钢筋在弯矩准永久值作用下过早达到屈服。这种情况在设计中应予防止。

为此，根据试验结果给出了公式计算的受拉钢筋应力控制条件。该条件属叠合受弯构件正常使用极限状态的附加验算条件。该验算条件与裂缝宽度控制条件和变形控制条件不能相互取代。

由于钢筋混凝土构件采用荷载效应的准永久组合，计算公式作了局部调整。

H. 0. 8 以普通钢筋混凝土受弯构件裂缝宽度计算公式为基础，结合二阶段受力叠合受弯构件的特点，经局部调整，提出了用于钢筋混凝土叠合受弯构件的裂缝宽度计算公式。其中考虑到若第一阶段预制构件所受荷载相对较小，受拉区弯曲裂缝在第一阶段不一定出齐；在随后由叠合截面承受 M_{2k} 时，由于叠合截面的 ρ_{te} 相对偏小，有可能使最终的裂缝间距偏大。因此当计算叠合式受弯构件的裂缝间距时，应对裂缝间距乘以扩大系数 1.05。这相当于将本规范公式 (7.1.2-1) 中的 α_{cr} 由普通钢筋混凝土构件的 1.9 增大到 2.0，由预应力混凝土构件的 1.5 增大到 1.6。此外，还要用 $\rho_{te1}\sigma_{s1k} + \rho_{te}\sigma_{s2k}$ 取代普通钢筋混凝土梁 ψ 计算公式中的 $\rho_{te}\sigma_{sk}$，以近似考虑叠合构件二阶段受力特点。

由于钢筋混凝土构件与预应力混凝土构件在计算正常使用极限状态后的裂缝宽度与挠度时，采用了不同的荷载效应组合，故分列公式表达裂缝宽度的计算。

H. 0. 9 叠合受弯构件的挠度计算方法同前，本条给出了刚度 B 的计算方法。其考虑了二阶段受力的特征且按荷载效应准永久组合或标准组合并考虑荷载长期作用影响。该公式是在假定荷载对挠度的长期影响均发生在受力第二阶段的前提下，根据第一阶段和第二阶段的弯矩曲率关系导出的。

同样，由于钢筋混凝土构件与预应力混凝土构件在计算正常使用极限状态后的裂缝宽度与挠度时，采用了不同的荷载效应组合，故分列公式表达刚度的计算。

H. 0. 10～H. 0. 12 钢筋混凝土二阶段受力叠合受弯构件第二阶段短期刚度是在一般钢筋混凝土受弯构件短期刚度计算公式的基础上考虑了二阶段受力对叠合截面的受压区混凝土应力形成的滞后效应后经简化得出的。对要求不出现裂缝的预应力混凝土二阶段受力叠合受弯构件，第二阶段短期刚度公式中的系数 0.7 是根据试验结果确定的。

对负弯矩区段内第二阶段的短期刚度和使用阶段的预应力反拱值，给出了计算原则。

附录 J　后张曲线预应力筋由锚具变形和预应力筋内缩引起的预应力损失

后张法构件的曲线预应力筋放张时，由于锚具变形和预应力筋内缩引起的预应力损失值，应考虑曲线预应力筋受到曲线孔道上反摩擦力的阻止，按变形协调原理，取张拉端锚具的变形和预应力筋内缩值等于反摩擦力引起的预应力筋变形值，可求出预应力损失值 σ_{l1} 的范围和数值。由图 1 推导过程说明如下，假定：(1) 孔道摩擦损失按近似直线公式计算；(2) 回缩发生的反向摩擦力和张拉摩擦力的摩擦系数相等。

因此，代表锚固前和锚固后瞬间预应力筋应力变化的两根直线 ab 和 $a'b$ 的斜率是相等的，但方向则相反。这样，锚固后整根预应力筋的应力变化线可用折线 $a'bc$ 来代表。为确定该折线，需要求出两个未知量，一个张拉端的摩擦损失应力 $\Delta\sigma$，另一个是预应力反向摩擦影响长度 l_f。

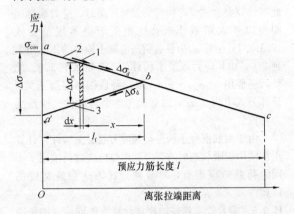

图 1 锚固前后张拉端预应力筋应力变化示意

1—摩擦力；2—锚固前应力分布线；3—锚固后应力分布线

由于 ab 和 $a'b$ 两条线是对称的，张拉端的预应力损失将为

$$\Delta\sigma = 2\Delta\sigma_d l_f$$

式中：$\Delta\sigma_d$——单位长度的摩擦损失值（MPa/mm）；

l_f——预应力筋反向摩擦影响长度（mm）。

反向摩擦影响长度 l_f 可根据锚具变形和预应力筋内缩值 a 用积分法求得：

$$a = \int_0^{l_f} \Delta\varepsilon \mathrm{d}x = \int_0^{l_f} \frac{\Delta\sigma_x}{E_p} \mathrm{d}x = \int_0^{l_f} \frac{2\Delta\sigma_d x}{E_p} \mathrm{d}x = \frac{\Delta\sigma_d}{E_p} l_f^2$$

化简得

$$l_f = \sqrt{\frac{aE_p}{\Delta\sigma_d}}$$

该公式仅适用于一端张拉时 l_f 不超过构件全长 l 的情况，如果正向摩擦损失较小，应力降低曲线比较平坦，或者回缩值较大，则 l_f 有可能超过构件全长 l，此时，只能在 l 范围内按预应力筋变形和锚具内缩变形相协调，并通过试算方法以求张拉端锚下预应力锚固损失值。

本附录给出了常用束形的预应力筋在反向摩擦影响长度 l_f 范围内的预应力损失值 σ_{l1} 的计算公式，这是假设 $\kappa x + \mu\theta$ 不大于 0.3，摩擦损失按直线近似公式计算得出的。由于无粘结预应力筋的摩擦系数小，经过核算，故将允许的圆心角放大为 90°。此外，该计算公式适用于忽略初始直线段 l_0 中摩擦损失影响的情况。

附录 K 与时间相关的预应力损失

K. 0. 1、K. 0. 2 考虑预加力时的龄期、理论厚度等

多种因素影响的混凝土收缩、徐变引起的预应力损失计算方法，是参考"部分预应力混凝土结构设计建议"的计算方法，并经过与本规范公式（10.2.5-1）～公式（10.2.5-4）计算结果分析比较后给出的。所采用的方法考虑了普通钢筋对混凝土收缩、徐变所引起预应力损失的影响，考虑预应力筋松弛对徐变损失计算值的影响，将徐变损失项按 0.9 折减。考虑预加力时的龄期、理论厚度影响的混凝土收缩应变和徐变系数终极值，系根据欧洲规范 EN 1992-2：《混凝土结构设计 第 1 部分：总原则和对建筑结构的规定》提供的公式计算得出的。所列计算结果一般适用于周围空气相对湿度 RH 为 40%～70% 和 70%～99%，温度为 −20℃～+40℃，由一般的硅酸盐类水泥或快硬水泥配制而成的强度等级为 C30～C50 混凝土。在年平均相对湿度低于 40% 的条件下使用的结构，收缩应变和徐变系数终极值应增加 30%。当无可靠资料时，混凝土收缩应变和徐变系数终极值可按表 K.0.1-1 及表 K.0.1-2 采用。对泵送混凝土，其收缩和徐变引起的预应力损失值亦可根据实际情况采用其他可靠数据。松弛损失和收缩、徐变中间值系数取自现行行业标准《铁路桥涵钢筋混凝土和预应力混凝土结构设计规范》TB 10002.3。

对受压区配置预应力筋 A'_p 及普通钢筋 A'_s 的构件，可近似地按公式（K.0.1-1）计算，此时，取 $A'_p = A'_s = 0$；σ'_{l5} 则按公式（K.0.1-2）求出。在计算公式（K.0.1-1）、公式（K.0.1-2）中的 σ_{pc} 及 σ'_{pc} 时，应采用全部预加力值。

本附录 K 所列混凝土收缩和徐变引起的预应力损失计算方法，供需要考虑施加预应力时混凝土龄期、理论厚度影响，以及需要计算松弛及收缩、徐变损失随时间变化中间值的重要工程设计使用。

欧洲规范 EN 1992-2 中有关混凝土收缩应变和徐变系数计算公式及计算结果如下：

1 收缩应变

1） 混凝土总收缩应变由干缩应变和自收缩应变组成。其总收缩应变 ε_{cs} 的值按下式得到：

$$\varepsilon_{cs} = \varepsilon_{cd} + \varepsilon_{ca} \tag{12}$$

式中：ε_{cs}——总收缩应变；

ε_{cd}——干缩应变；

ε_{ca}——自收缩应变。

2） 干缩应变随时间的发展可按下式得到：

$$\varepsilon_{cd}(t) = \beta_{ds}(t, t_s) \cdot k_h \cdot \varepsilon_{cd,0} \tag{13}$$

$$\beta_{ds}(t, t_s) = \frac{(t - t_s)}{(t - t_s) + 0.04\sqrt{\left(\frac{2A}{u}\right)^3}} \tag{14}$$

$$\varepsilon_{cd,0} = 0.85\left[(220 + 110 \cdot \alpha_{ds1}) \cdot \exp\left(-\alpha_{ds2} \cdot \frac{f_{cm}}{f_{cmo}}\right)\right] \cdot 10^{-6} \cdot \beta_{RH} \tag{15}$$

$$\beta_{RH} = -1.55 \left[1 - \left(\frac{RH}{RH_0} \right)^3 \right] \quad (16)$$

式中：$\varepsilon_{cd,0}$——混凝土的名义无约束干缩值；

$\beta_{ds}(t, t_s)$——描述干缩应变与时间和理论厚度 $2A/u$（mm）相关的系数；

k_h——与理论厚度 $2A/u$（mm）相关的系数，可按表 3 采用；

f_{cm}——混凝土圆柱体 28d 龄期平均抗压强度（MPa）；

f_{cmo}——10MPa；

α_{ds1}——与水泥品种有关的系数，计算按一般硅酸盐水泥或快硬水泥，取为 4；

α_{ds2}——与水泥品种有关的系数，计算按一般硅酸盐水泥或快硬水泥，取为 0.12；

RH——周围环境相对湿度（%）；

RH_0——100%；

t——混凝土龄期（d）；

t_s——干缩开始时的混凝土龄期（d），通常为养护结束的时间，本规范计算中取 $t_s = 3d$；

$(t - t_s)$——混凝土养护结束后的干缩持续期（d）。

表 3 与理论厚度 $2A/u$ 相关的系数 k_h

$2A/u$(mm)	k_h
100	1.0
200	0.85
300	0.75
≥500	0.70

注：A 为构件截面面积，u 为该截面与大气接触的周边长度。

3）混凝土自收缩应变可按下式计算：

$$\varepsilon_{ca}(t) = \beta_{as}(t) \cdot \varepsilon_{ca}(\infty) \quad (17)$$

$$\beta_{as}(t) = 1 - \exp(-0.2t^{0.5}) \quad (18)$$

$$\varepsilon_{ca}(\infty) = 2.5(f_{ck} - 10) \times 10^{-6} \quad (19)$$

式中：f_{ck}——混凝土圆柱体 28d 龄期抗压强度特征值（MPa）。

4）根据公式（12）～公式（19），预应力混凝土构件从预加应力时混凝土龄期 t_0 起，至混凝土龄期 t 的收缩应变值，可按下式计算：

$$\varepsilon_{cs}(t, t_0) = \varepsilon_{cd,0} \cdot k_h \cdot [\beta_{ds}(t, t_s) - \beta_{ds}(t_0, t_s)] + \varepsilon_{ca}(\infty) \cdot [\beta_{as}(t) - \beta_{as}(t_0)] \quad (20)$$

2 徐变系数

混凝土的徐变系数可按下列公式计算：

$$\varphi(t, t_0) = \varphi_0 \cdot \beta_c(t, t_0) \quad (21)$$

$$\varphi_0 = \varphi_{RH} \cdot \beta(f_{cm}) \cdot \beta(t_0) \quad (22)$$

$$\beta_c(t, t_0) = \left[\frac{(t - t_0)}{\beta_H + (t - t_0)} \right]^{0.3} \quad (23)$$

公式（22）中的系数 φ_{RH}、$\beta(f_{cm})$ 及 $\beta(t_0)$ 可按下列公式计算：

当 $f_{cm} \leqslant 35$MPa 时，

$$\varphi_{RH} = 1 + \frac{1 - RH/100}{0.1 \cdot \sqrt[3]{\frac{2A}{u}}} \quad (24)$$

当 $f_{cm} > 35$MPa 时，

$$\varphi_{RH} = \left[1 + \frac{1 - RH/100}{0.1 \cdot \sqrt[3]{\frac{2A}{u}}} \cdot \alpha_1 \right] \cdot \alpha_2 \quad (25)$$

$$\beta(f_{cm}) = \frac{16.8}{\sqrt{f_{cm}}} \quad (26)$$

$$\beta(t_0) = \frac{1}{0.1 + t_0^{0.20}} \quad (27)$$

公式（23）中的系数 β_H 可按下列两个公式计算：

当 $f_{cm} \leqslant 35$MPa 时，

$$\beta_H = 1.5 [1 + (0.012RH)^{18}] \frac{2A}{u} + 250 \leqslant 1500 \quad (28)$$

当 $f_{cm} > 35$MPa 时，

$$\beta_H = 1.5 [1 + (0.012RH)^{18}] \frac{2A}{u} + 250\alpha_3 \leqslant 1500\alpha_3 \quad (29)$$

式中：φ_0——名义徐变系数；

$\beta_c(t, t_0)$——预应力混凝土构件预加应力后徐变随时间发展的系数；

t——混凝土龄期（d）；

t_0——预加应力时的混凝土龄期（d）；

φ_{RH}——考虑环境相对湿度和理论厚度 $2A/u$ 对徐变系数影响的系数；

$\beta(f_{cm})$——考虑混凝土强度对徐变系数影响的系数；

$\beta(t_0)$——考虑加载时混凝土龄期对徐变系数影响的系数；

f_{cm}——混凝土圆柱体 28d 龄期平均抗压强度（MPa）；

RH——周围环境相对湿度（%）；

β_H——取决于环境相对湿度 RH（%）和理论厚度 $2A/u$（mm）的系数；

$t - t_0$——预加应力后的加载持续期（d）；

α_1、α_2、α_3——考虑混凝土强度影响的系数：

$$\alpha_1 = \left[\frac{35}{f_{cm}} \right]^{0.7} \qquad \alpha_2 = \left[\frac{35}{f_{cm}} \right]^{0.2} \qquad \alpha_3 = \left[\frac{35}{f_{cm}} \right]^{0.5}$$

3 与计算相关的技术条件

1）根据国家统计局发布的 1996 年～2005 年（缺 2002 年）我国主要城市气候情况的数据，年平均温度在 5℃～25℃之间，年平均相对湿度 RH 除海口为 81.2% 外，其余均在 40%～80% 之间，若按 40% ≤ RH <

60%、60%≤RH<70%、70%≤RH<80%分组，分别有 11、8、14 个城市。现将相对湿度分为 40%≤RH<70%、70%≤RH<80% 两档，年平均相对湿度分别取其中间值 55%、75% 进行计算。对于环境相对湿度在 80%～100% 的情况，采用 75% 作为其代表值的计算结果，在工程应用中是偏于安全的。本附录表列数据，可近似地适用于温度在 -20℃～+40℃ 之间季节性变化的混凝土。

2）本计算适用于由一般硅酸盐类水泥或快硬水泥配置而成的混凝土。考虑到我国预应力混凝土结构工程常用的混凝土强度等级为 C30～C50，因此选取 C40 作为代表值进行计算。在计算中，需要对我国规范的混凝土强度等级向欧洲规范中的强度进行转换：根据欧洲规范 EN 1992-2，我国强度等级 C40 的混凝土对应欧洲规范混凝土立方体抗压强度 $f_{ck,cube}=40MPa$，通过查表插值计算得到对应的混凝土圆柱体抗压强度特征值 $f_{ck}=32MPa$，圆柱体 28d 平均抗压强度 $f_{cm}=f_{ck}+8=40MPa$。

3）混凝土开始收缩的龄期 t_s 取混凝土工程通常采用的养护时间 3d，混凝土收缩或徐变

持续时间 t 取 1 年、10 年分别进行计算。对于普通混凝土结构，10 年后其收缩应变值与徐变系数值的增长很小，可以忽略不计，因此可认为 t 取 10 年所计算出来的值是混凝土收缩应变或徐变系数终极值。

4）当混凝土加载龄期 $t_0 \geq 90d$，混凝土构件理论厚度 $\frac{2A}{u} \geq 600mm$ 时，按 $t_0=90d$、$2A/u=600mm$ 计算。计算结果比实际结果偏大，在工程应用中是偏安全的。

5）有关混凝土收缩应变或徐变系数终极值的计算结果，大体适用于强度等级 C30～C50 混凝土。试验表明，高强混凝土的收缩量，尤其是徐变量要比普通强度的混凝土有所减少，且与 $\sqrt{f_{ck}}$ 成反比。因此，本规范对 C50 及以上强度等级混凝土的收缩应变和徐变系数，需按计算所得的表列值乘以 $\sqrt{\frac{32.4}{f_{ck}}}$ 进行折减。式中 32.4 为 C50 混凝土轴心抗压强度标准值，f_{ck} 为混凝土轴心抗压强度标准值。

计算所得混凝土 1 年、10 年收缩应变终值及终极值和徐变系数终值及终极值分别见表 4、表 5、表 6、表 7。

表 4　混凝土 1 年收缩应变终值 ε_{1y}（$\times 10^{-4}$）

年平均相对湿度 RH		40%≤RH<70%				70%≤RH≤99%			
理论厚度 2A/u (mm)		100	200	300	≥600	100	200	300	≥600
预加应力时的混凝土龄期 t_0（d）	3	4.42	3.28	2.51	1.57	3.18	2.39	1.86	1.21
	7	3.94	3.09	2.39	1.49	2.83	2.24	1.75	1.13
	10	3.65	2.96	2.31	1.44	2.62	2.14	1.69	1.08
	14	3.32	2.82	2.22	1.39	2.38	2.03	1.61	1.04
	28	2.49	2.39	1.95	1.25	1.78	1.71	1.41	0.92
	60	1.51	1.73	1.52	1.02	1.08	1.23	1.08	0.74
	≥90	1.04	1.32	1.21	0.86	0.74	0.94	0.86	0.62

表 5　混凝土 10 年收缩应变终极值 ε_∞（$\times 10^{-4}$）

年平均相对湿度 RH		40%≤RH<70%				70%≤RH≤99%			
理论厚度 2A/u (mm)		100	200	300	≥600	100	200	300	≥600
预加应力时的混凝土龄期 t_0（d）	3	4.83	4.09	3.57	3.09	3.47	2.95	2.60	2.26
	7	4.35	3.89	3.44	3.01	3.12	2.80	2.49	2.18
	10	4.06	3.77	3.37	2.96	2.91	2.70	2.42	2.14
	14	3.73	3.62	3.27	2.91	2.67	2.59	2.35	2.10
	28	2.90	3.20	3.01	2.77	2.07	2.28	2.15	1.98
	60	1.92	2.54	2.58	2.54	1.37	1.80	1.82	1.80
	≥90	1.45	2.12	2.27	2.38	1.03	1.50	1.60	1.68

表6 混凝土1年徐变系数终值 φ_{1y}

年平均相对湿度 RH		$40\% \leqslant RH < 70\%$				$70\% \leqslant RH \leqslant 99\%$			
理论厚度 $2A/u$ (mm)		100	200	300	$\geqslant 600$	100	200	300	$\geqslant 600$
预加应力时的混凝土龄期 t_0 (d)	3	2.91	2.49	2.25	1.87	2.29	2.00	1.84	1.55
	7	2.48	2.12	1.92	1.59	1.95	1.71	1.57	1.32
	10	2.32	1.98	1.79	1.48	1.82	1.60	1.46	1.24
	14	2.17	1.86	1.68	1.39	1.70	1.49	1.37	1.16
	28	1.89	1.62	1.46	1.21	1.49	1.30	1.19	1.00
	60	1.61	1.37	1.24	1.02	1.26	1.10	1.01	0.85
	$\geqslant 90$	1.46	1.24	1.12	0.92	1.15	1.00	0.91	0.76

表7 混凝土10年徐变系数终极值 φ_{∞}

年平均相对湿度 RH		$40\% \leqslant RH < 70\%$				$70\% \leqslant RH \leqslant 99\%$			
理论厚度 $2A/u$ (mm)		100	200	300	$\geqslant 600$	100	200	300	$\geqslant 600$
预加应力时的混凝土龄期 t_0 (d)	3	3.51	3.14	2.94	2.63	2.78	2.55	2.43	2.23
	7	3.00	2.68	2.51	2.25	2.37	2.18	2.08	1.91
	10	2.80	2.51	2.35	2.10	2.22	2.04	1.94	1.78
	14	2.63	2.35	2.21	1.97	2.08	1.91	1.82	1.67
	28	2.31	2.06	1.93	1.73	1.82	1.68	1.60	1.47
	60	1.99	1.78	1.67	1.49	1.58	1.45	1.38	1.27
	$\geqslant 90$	1.85	1.65	1.55	1.38	1.46	1.34	1.28	1.17

中华人民共和国国家标准

混凝土结构工程施工质量验收规范

Code for acceptance of constructional quality
of concrete structures

GB 50204—2002

（2010年版）

主编部门：中华人民共和国建设部
批准部门：中华人民共和国建设部
实施日期：２００２年４月１日

中华人民共和国住房和城乡建设部
公 告

第 849 号

关于发布国家标准《混凝土结构
工程施工质量验收规范》局部修订的公告

现批准《混凝土结构工程施工质量验收规范》GB 50204 - 2002 局部修订的条文，自 2011 年 8 月 1 日起实施。其中，第 5.2.1、5.2.2 条为强制性条文，必须严格执行。经此次修改的原条文同时废止。

局部修订的条文及具体内容，将刊登在我部有关

网站和近期出版的《工程建设标准化》刊物上。

中华人民共和国住房和城乡建设部

2010 年 12 月 20 日

修 订 说 明

本次局部修订系根据住房和城乡建设部《关于请组织开展〈混凝土结构工程施工质量验收规范〉局部修订的函》（建标标函 [2010] 68 号）的要求，由中国建筑科学研究院会同有关单位对《混凝土结构工程施工质量验收规范》GB 50204 - 2002 进行修订而成。

在修订过程中，调查了目前市场上出现的钢筋超限值冷拉制造冷拉钢筋的情况，并针对钢筋冷拉、机械调直等工艺对钢筋性能的影响进行了专项试验研究，广泛地征求了有关方面的意见，对具体修订内容进行了反复讨论、协调和修改，并与新颁布的相关国家标准进行了协调，最后经审查定稿。

本次局部修订共修订了 3 个条文，增加了 1 个条文，均与钢筋相关，其内容统计如下：

1. 钢筋原材料的强制性规定修改 2 条。

2. 钢筋调直加工的一般性规定修改 1 条。

3. 对调直钢筋的性能质量规定增加 1 条。

本规范条文下划线部分为修改的内容；用黑体字表示的条文为强制性条文，必须严格执行。

本次局部修订的主编单位：中国建筑科学研究院

本次局部修订的参编单位：北京市建设监理协会
北京市工程建设质量管理协会

本次局部修订主要起草人员：李东彬　徐有邻
王晓锋　张元勃
艾永祥

本次局部修订主要审查人员：杨嗣信　白生翔
李宏伟　汪道金
朱建国　张学军
刘曹威　张光伟

关于发布国家标准《混凝土结构
工程施工质量验收规范》的通知

建标 [2002] 63 号

根据建设部《关于印发一九九八年工程建设国家标准制定、修订计划（第二批）的通知》（建标 [1998] 244 号）的要求，中国建筑科学研究院会同

有关单位共同修订了《混凝土结构工程施工质量验收规范》。我部组织有关部门对该规范进行了审查，现批准为国家标准，编号为 GB 50204 - 2002，自 2002

年 4 月 1 日起施行。其中，4.1.1、4.1.3、5.1.1、5.2.1、5.2.2、5.5.1、6.2.1、6.3.1、6.4.4、7.2.1、7.2.2、7.4.1、8.2.1、8.3.1、9.1.1 为强制性条文，必须严格执行。原《混凝土结构工程施工及验收规范》GB 50204-92 和《预制混凝土构件质量检验评定标准》GBJ 321-90 同时废止。

本规范由建设部负责管理和对强制性条文的解释，中国建筑科学研究院负责具体技术内容的解释，建设部标准定额研究所组织中国建筑工业出版社出版发行。

中华人民共和国建设部

2002 年 3 月 15 日

前　　言

本规范是根据建设部《关于印发一九九八年工程建设国家标准制订、修订计划（第二批）的通知》（建标［1998］244 号）的要求，由中国建筑科学研究院会同有关单位对《建筑工程质量检验评定标准》GBJ 301-88 中第五章、《预制混凝土构件质量检验评定标准》GBJ 321-90 和《混凝土结构工程施工及验收规范》GB 50204-92 修订而成的。

在修订过程中，编制组开展了专题研究和工程试点应用，进行了比较广泛的调查研究，总结了我国混凝土结构工程施工质量验收的实践经验，坚持了"验评分离、强化验收、完善手段、过程控制"的指导原则，并以多种方式广泛征求了有关单位的意见，最后经审查定稿。

本规范规定的主要内容有：混凝土结构工程及其分项工程施工质量验收标准、内容和程序；施工现场质量管理和质量控制要求；涉及结构安全的见证及抽样检测。

本规范将来可能需要进行局部修订，有关局部修订的信息和条文内容将刊登在《工程建设标准化》杂志上。

本规范以黑体字标志的条文为强制性条文，必须严格执行。

为了提高规范质量，请各单位在执行本规范过程中，注意总结经验，积累资料，随时将有关的意见和建议反馈给中国建筑科学研究院（通讯地址：北京市北三环东路 30 号；邮政编码：100013；E-mail：code_ibs_cabr@263.net.cn），以供今后修订时参考。

本规范主编单位、参编单位和主要起草人：

主编单位：中国建筑科学研究院

参编单位：北京建工集团有限责任公司

北京城建集团有限责任公司混凝土分公司

北京市建设工程质量监督总站

上海市第一建筑有限公司

中国建筑第一工程局第五建筑公司

国家建筑工程质量监督检验中心

中国人民解放军工程质量监督总站

北京市建委开发办公室

主要起草人：徐有邻　程志军　白生翔

　　　　　　韩素芳　艾永祥　李东彬

　　　　　　张元勃　路来军　马兴宝

　　　　　　高小旺　马洪晔　蒋　寅

　　　　　　彭尚银　周磊坚　翟传明

目　次

1 总　则

1.0.1 为了加强建筑工程质量管理，统一混凝土结构工程施工质量的验收，保证工程质量，制定本规范。

1.0.2 本规范适用于建筑工程混凝土结构施工质量的验收，不适用于特种混凝土结构施工质量的验收。

1.0.3 混凝土结构工程的承包合同和工程技术文件对施工质量的要求不得低于本规范的规定。

1.0.4 本规范应与国家标准《建筑工程施工质量验收统一标准》GB 50300－2001 配套使用。

1.0.5 混凝土结构工程施工质量的验收除应执行本规范外，尚应符合国家现行有关标准的规定。

2 术　语

2.0.1 混凝土结构　concrete structure

以混凝土为主制成的结构，包括素混凝土结构、钢筋混凝土结构和预应力混凝土结构等。

2.0.2 现浇结构　cast-in-situ concrete structure

系现浇混凝土结构的简称，是在现场支模并整体浇筑而成的混凝土结构。

2.0.3 装配式结构　prefabricated concrete structure

系装配式混凝土结构的简称，是以预制构件为主要受力构件经装配、连接而成的混凝土结构。

2.0.4 缺陷　defect

建筑工程施工质量中不符合规定要求的检验项或检验点，按其程度可分为严重缺陷和一般缺陷。

2.0.5 严重缺陷　serious defect

对结构构件的受力性能或安装使用性能有决定性影响的缺陷。

2.0.6 一般缺陷　common defect

对结构构件的受力性能或安装使用性能无决定性影响的缺陷。

2.0.7 施工缝　construction joint

在混凝土浇筑过程中，因设计要求或施工需要分段浇筑而在先、后浇筑的混凝土之间所形成的接缝。

2.0.8 结构性能检验　inspection of structural performance

针对结构构件的承载力、挠度、裂缝控制性能等各项指标所进行的检验。

3 基 本 规 定

3.0.1 混凝土结构施工现场质量管理应有相应的施工技术标准、健全的质量管理体系、施工质量控制和质量检验制度。

混凝土结构施工项目应有施工组织设计和施工技术方案，并经审查批准。

3.0.2 混凝土结构子分部工程可根据结构的施工方法分为两类：现浇混凝土结构子分部工程和装配式混凝土结构子分部工程；根据结构的分类，还可分为钢筋混凝土结构子分部工程和预应力混凝土结构子分部工程等。

混凝土结构子分部工程可划分为模板、钢筋、预应力、混凝土、现浇结构和装配式结构等分项工程。

各分项工程可根据与施工方式相一致且便于控制施工质量的原则，按工作班、楼层、结构缝或施工段划分为若干检验批。

3.0.3 对混凝土结构子分部工程的质量验收，应在钢筋、预应力、混凝土、现浇结构或装配式结构等相关分项工程验收合格的基础上，进行质量控制资料检查及观感质量验收，并应对涉及结构安全的材料、试件、施工工艺和结构的重要部位进行见证检测或结构实体检验。

3.0.4 分项工程的质量验收应在所含检验批验收合格的基础上，进行质量验收记录检查。

3.0.5 检验批的质量验收应包括如下内容：

1　实物检查，按下列方式进行：

　　1）对原材料、构配件和器具等产品的进场复验，应按进场的批次和产品的抽样检验方案执行；

　　2）对混凝土强度、预制构件结构性能等，应按国家现行有关标准和本规范规定的抽样检验方案执行；

　　3）对本规范中采用计数检验的项目，应按抽查总点数的合格点率进行检查。

2　资料检查，包括原材料、构配件和器具等的产品合格证（中文质量合格证明文件、规格、型号及性能检测报告等）及进场复验报告、施工过程中重要工序的自检和交接检记录、抽样检验报告、见证检测报告、隐蔽工程验收记录等。

3.0.6 检验批合格质量应符合下列规定：

1　主控项目的质量经抽样检验合格；

2　一般项目的质量经抽样检验合格；当采用计数检验时，除有专门要求外，一般项目的合格点率应达到80％及以上，且不得有严重缺陷；

3　具有完整的施工操作依据和质量验收记录。

对验收合格的检验批，宜作出合格标志。

3.0.7 检验批、分项工程、混凝土结构子分部工程的质量验收可按本规范附录 A 记录，质量验收程序和组织应符合国家标准《建筑工程施工质量验收统一标准》GB 50300－2001 的规定。

4 模板分项工程

4.1 一 般 规 定

4.1.1 模板及其支架应根据工程结构形式、荷载大小、地基土类别、施工设备和材料供应等条件进行设计。模板及其支架应具有足够的承载能力、刚度和稳定性，能可靠地承受浇筑混凝土的重量、侧压力以及施工荷载。

4.1.2 在浇筑混凝土之前，应对模板工程进行验收。

模板安装和浇筑混凝土时，应对模板及其支架进行观察和维护。发生异常情况时，应按施工技术方案及时进行处理。

4.1.3 模板及其支架拆除的顺序及安全措施应按施工技术方案执行。

4.2 模 板 安 装

主控项目

4.2.1 安装现浇结构的上层模板及其支架时，下层楼板应具有承受上层荷载的承载能力，或加设支架；上、下层支架的立柱应对准，并铺设垫板。

检查数量：全数检查。

检验方法：对照模板设计文件和施工技术方案观察。

4.2.2 在涂刷模板隔离剂时，不得沾污钢筋和混凝土接槎处。

检查数量：全数检查。

检验方法：观察。

一般项目

4.2.3 模板安装应满足下列要求：

1 模板的接缝不应漏浆；在浇筑混凝土前，木模板应浇水湿润，但模板内不应有积水；

2 模板与混凝土的接触面应清理干净并涂刷隔离剂，但不得采用影响结构性能或妨碍装饰工程施工的隔离剂；

3 浇筑混凝土前，模板内的杂物应清理干净；

4 对清水混凝土工程及装饰混凝土工程，应使用能达到设计效果的模板。

检查数量：全数检查。

检验方法：观察。

4.2.4 用作模板的地坪、胎模等应平整光洁，不得产生影响构件质量的下沉、裂缝、起砂或起鼓。

检查数量：全数检查。

检验方法：观察。

4.2.5 对跨度不小于4m的现浇钢筋混凝土梁、板，其模板应按设计要求起拱；当设计无具体要求时，起拱高度宜为跨度的1/1000~3/1000。

检查数量：在同一检验批内，对梁，应抽查构件数量的10%，且不少于3件；对板，应按有代表性的自然间抽查10%，且不少于3间；对大空间结构，板可按纵、横轴线划分检查面，抽查10%，且不少于3面。

检验方法：水准仪或拉线、钢尺检查。

4.2.6 固定在模板上的预埋件、预留孔和预留洞均不得遗漏，且应安装牢固，其偏差应符合表4.2.6的规定。

检查数量：在同一检验批内，对梁、柱和独立基础，应抽查构件数量的10%，且不少于3件；对墙和板，应按有代表性的自然间抽查10%，且不少于3间；对大空间结构，墙可按相邻轴线间高度5m左右划分检查面，板可按纵横轴线划分检查面，抽查10%，且均不少于3面。

检验方法：钢尺检查。

4.2.7 现浇结构模板安装的偏差应符合表4.2.7的规定。

检查数量：在同一检验批内，对梁、柱和独立基础，应抽查构件数量的10%，且不少于3件；对墙和板，应按有代表性的自然间抽查10%，且不少于3间；对大空间结构，墙可按相邻轴线间高度5m左右划分检查面，板可按纵、横轴线划分检查面，抽查10%，且均不少于3面。

表4.2.6 预埋件和预留孔洞的允许偏差

项 目		允许偏差（mm）
预埋钢板中心线位置		3
预埋管、预留孔中心线位置		3
插 筋	中心线位置	5
	外露长度	+10，0
预埋螺栓	中心线位置	2
	外露长度	+10，0
预留洞	中心线位置	10
	尺 寸	+10，0

注：检查中心线位置时，应沿纵、横两个方向量测，并取其中的较大值。

表4.2.7 现浇结构模板安装的允许偏差及检验方法

项 目		允许偏差（mm）	检验方法
轴线位置		5	钢尺检查
底模上表面标高		±5	水准仪或拉线、钢尺检查
截面内部尺寸	基 础	±10	钢尺检查
	柱、墙、梁	+4，-5	钢尺检查
层高垂直度	不大于5m	6	经纬仪或吊线、钢尺检查
	大于5m	8	经纬仪或吊线、钢尺检查
相邻两板表面高低差		2	钢尺检查
表面平整度		5	2m靠尺和塞尺检查

注：检查轴线位置时，应沿纵、横两个方向量测，并取其中的较大值。

4.2.8 预制构件模板安装的偏差应符合表 4.2.8 的规定。

检查数量：首次使用及大修后的模板应全数检查；使用中的模板应定期检查，并根据使用情况不定期抽查。

表 4.2.8 预制构件模板安装的允许偏差及检验方法

项 目		允许偏差(mm)	检验方法
长 度	板、梁	±5	钢尺量两角边，取其中较大值
	薄腹梁、桁架	±10	
	柱	0，−10	
	墙板	0，−5	
宽 度	板、墙板	0，−5	钢尺量一端及中部，取其中较大值
	梁、薄腹梁、桁架、柱	+2，−5	
高(厚)度	板	+2，−3	钢尺量一端及中部，取其中较大值
	墙板	0，−5	
	梁、薄腹梁、桁架、柱	+2，−5	
侧向弯曲	梁、板、柱	$l/1000$ 且 $\leqslant 15$	拉线、钢尺量最大弯曲处
	墙板、薄腹梁、桁架	$l/1500$ 且 $\leqslant 15$	
板的表面平整度		3	2m靠尺和塞尺检查
相邻两板表面高低差		1	钢尺检查
对角线差	板	7	钢尺量两个对角线
	墙板	5	
翘 曲	板、墙板	$l/1500$	调平尺在两端量测
设计起拱	薄腹梁、桁架、梁	±3	拉线、钢尺量跨中

注：l 为构件长度(mm)。

4.3 模板拆除

一一一 主控项目 一一一

4.3.1 底模及其支架拆除时的混凝土强度应符合设计要求；当设计无具体要求时，混凝土强度应符合表 4.3.1 的规定。

检查数量：全数检查。

检验方法：检查同条件养护试件强度试验报告。

表 4.3.1 底模拆除时的混凝土强度要求

构件类型	构件跨度(m)	达到设计的混凝土立方体抗压强度标准值的百分率（%）
板	≤2	≥50
	>2，≤8	≥75
	>8	≥100
梁、拱、壳	≤8	≥75
	>8	≥100
悬臂构件	—	≥100

4.3.2 对后张法预应力混凝土结构构件，侧模宜在预应力张拉前拆除；底模支架的拆除应按施工技术方案执行，当无具体要求时，不应在结构构件建立预应力前拆除。

检查数量：全数检查。

检验方法：观察。

4.3.3 后浇带模板的拆除和支顶应按施工技术方案执行。

检查数量：全数检查。

检验方法：观察。

一一一 一般项目 一一一

4.3.4 侧模拆除时的混凝土强度应能保证其表面及棱角不受损伤。

检查数量：全数检查。

检验方法：观察。

4.3.5 模板拆除时，不应对楼层形成冲击荷载。拆除的模板和支架宜分散堆放并及时清运。

检查数量：全数检查。

检验方法：观察。

5 钢筋分项工程

5.1 一般规定

5.1.1 当钢筋的品种、级别或规格需作变更时，应办理设计变更文件。

5.1.2 在浇筑混凝土之前，应进行钢筋隐蔽工程验收，其内容包括：

　　1 纵向受力钢筋的品种、规格、数量、位置等；

　　2 钢筋的连接方式、接头位置、接头数量、接头面积百分率等；

　　3 箍筋、横向钢筋的品种、规格、数量、间距等；

　　4 预埋件的规格、数量、位置等。

5.2 原 材 料

一一一 主控项目 一一一

5.2.1 钢筋进场时，应按国家现行相关标准的规定抽取试件作力学性能和重量偏差检验，检验结果必须符合有关标准的规定。

检查数量：按进场的批次和产品的抽样检验方案确定。

检验方法：检查产品合格证、出厂检验报告和进场复验报告。

5.2.2 对有抗震设防要求的结构，其纵向受力钢筋的性能应满足设计要求；当设计无具体要求时，对按一、二、三级抗震等级设计的框架和斜撑构件（含梯段）中的纵向受力钢筋应采用 HRB335E、HRB400E、HRB500E、HRBF335E、HRBF400E 或 HRBF500E 钢筋，其强度和最大力下总伸长率的实测值应符合下列规定：

1 钢筋的抗拉强度实测值与屈服强度实测值的比值不应小于 1.25；

2 钢筋的屈服强度实测值与屈服强度标准值的比值不应大于 1.30；

3 钢筋的最大力下总伸长率不应小于 9%。

检查数量：按进场的批次和产品的抽样检验方案确定。

检验方法：检查进场复验报告。

5.2.3 当发现钢筋脆断、焊接性能不良或力学性能显著不正常等现象时，应对该批钢筋进行化学成分检验或其他专项检验。

检验方法：检查化学成分等专项检验报告。

一 般 项 目

5.2.4 钢筋应平直、无损伤，表面不得有裂纹、油污、颗粒状或片状老锈。

检查数量：进场时和使用前全数检查。

检验方法：观察。

5.3 钢 筋 加 工

主 控 项 目

5.3.1 受力钢筋的弯钩和弯折应符合下列规定：

1 HPB235 级钢筋末端应作 180° 弯钩，其弯弧内直径不应小于钢筋直径的 2.5 倍，弯钩的弯后平直部分长度不应小于钢筋直径的 3 倍；

2 当设计要求钢筋末端需作 135° 弯钩时，HRB335 级、HRB400 级钢筋的弯弧内直径不应小于钢筋直径的 4 倍，弯钩的弯后平直部分长度应符合设计要求；

3 钢筋作不大于 90° 的弯折时，弯折处的弯弧内直径不应小于钢筋直径的 5 倍。

检查数量：按每工作班同一类型钢筋、同一加工设备抽查不应少于 3 件。

检验方法：钢尺检查。

5.3.2 除焊接封闭环式箍筋外，箍筋的末端应作弯钩，弯钩形式应符合设计要求；当设计无具体要求时，应符合下列规定：

1 箍筋弯钩的弯弧内直径除应满足本规范第 5.3.1 条的规定外，尚应不小于受力钢筋直径；

2 箍筋弯钩的弯折角度：对一般结构，不应小于 90°；对有抗震等要求的结构，应为 135°；

3 箍筋弯后平直部分长度：对一般结构，不宜小于箍筋直径的 5 倍；对有抗震等要求的结构，不应小于箍筋直径的 10 倍。

检查数量：按每工作班同一类型钢筋、同一加工设备抽查不应少于 3 件。

检验方法：钢尺检查。

5.3.2A 钢筋调直后应进行力学性能和重量偏差的检验，其强度应符合有关标准的规定。

盘卷钢筋和直条钢筋调直后的断后伸长率、重量负偏差应符合表 5.3.2A 的规定。

表 5.3.2A 盘卷钢筋和直条钢筋调直后的断后伸长率、重量负偏差要求

钢筋牌号	断后伸长率 A (%)	重量负偏差 (%)		
		直径 6mm ～12mm	直径 14mm ～20mm	直径 22mm ～50mm
HPB235、HPB300	≥21	≤10	—	—
HRB335、HRBF335	≥16	≤8	≤6	≤5
HRB400、HRBF400	≥15			
RRB400	≥13			
HRB500、HRBF500	≥14			

注：1 断后伸长率 A 的量测标距为 5 倍钢筋公称直径；

2 重量负偏差（%）按公式 $(W_0 - W_d)/W_0 \times 100$ 计算，其中 W_0 为钢筋理论重量（kg/m），W_d 为调直后钢筋的实际重量（kg/m）；

3 对直径为 28mm～40mm 的带肋钢筋，表中断后伸长率可降低 1%；对直径大于 40mm 的带肋钢筋，表中断后伸长率可降低 2%。

采用无延伸功能的机械设备调直的钢筋，可不进行本条规定的检验。

检查数量：同一厂家、同一牌号、同一规格调直钢筋，重量不大于 30t 为一批；每批见证取 3 件试件。

检验方法：3 个试件先进行重量偏差检验，再取其中 2 个试件经时效处理后进行力学性能检验。检验重量偏差时，试件切口应平滑且与长度方向垂直，且长度不应小于 500mm；长度和重量的量测精度分别不应低于 1mm 和 1g。

一 般 项 目

5.3.3 钢筋宜采用无延伸功能的机械设备进行调直，也可采用冷拉方法调直。当采用冷拉方法调直时，HPB235、HPB300 光圆钢筋的冷拉率不宜大于 4%；HRB335、HRB400、HRB500、HRBF335、HRBF400、HRBF500 及 RRB400 带肋钢筋的冷拉率不宜大于 1%。

检查数量：每工作班按同一类型钢筋、同一加工设备抽查不应少于 3 件。

检验方法：观察，钢尺检查。

5.3.4 钢筋加工的形状、尺寸应符合设计要求，其偏差应符合表 5.3.4 的规定。

检查数量：按每工作班同一类型钢筋、同一加工设备抽查不应少于 3 件。

检验方法：钢尺检查。

表 5.3.4　钢筋加工的允许偏差

项　　目	允许偏差（mm）
受力钢筋顺长度方向全长的净尺寸	±10
弯起钢筋的弯折位置	±20
箍筋内净尺寸	±5

5.4　钢　筋　连　接

主　控　项　目

5.4.1　纵向受力钢筋的连接方式应符合设计要求。

检查数量：全数检查。

检验方法：观察。

5.4.2　在施工现场，应按国家现行标准《钢筋机械连接通用技术规程》JGJ 107、《钢筋焊接及验收规程》JGJ 18 的规定抽取钢筋机械连接接头、焊接接头试件作力学性能检验，其质量应符合有关规程的规定。

检查数量：按有关规程确定。

检验方法：检查产品合格证、接头力学性能试验报告。

一　般　项　目

5.4.3　钢筋的接头宜设置在受力较小处。同一纵向受力钢筋不宜设置两个或两个以上接头。接头末端至钢筋弯起点的距离不应小于钢筋直径的 10 倍。

检查数量：全数检查。

检验方法：观察，钢尺检查。

5.4.4　在施工现场，应按国家现行标准《钢筋机械连接通用技术规程》JGJ 107、《钢筋焊接及验收规程》JGJ 18 的规定对钢筋机械连接接头、焊接接头的外观进行检查，其质量应符合有关规程的规定。

检查数量：全数检查。

检验方法：观察。

5.4.5　当受力钢筋采用机械连接接头或焊接接头时，设置在同一构件内的接头宜相互错开。

纵向受力钢筋机械连接接头及焊接接头连接区段的长度为 35 倍 d（d 为纵向受力钢筋的较大直径）且不小于 500mm，凡接头中点位于该连接区段长度内的接头均属于同一连接区段。同一连接区段内，纵向受力钢筋机械连接及焊接的接头面积百分率为该区段内有接头的纵向受力钢筋截面面积与全部纵向受力钢筋截面面积的比值。

同一连接区段内，纵向受力钢筋的接头面积百分率应符合设计要求；当设计无具体要求时，应符合下列规定：

1　在受拉区不宜大于 50%；

2　接头不宜设置在有抗震设防要求的框架梁端、柱端的箍筋加密区；当无法避开时，对等强度高质量

机械连接接头，不应大于 50%；

3　直接承受动力荷载的结构构件中，不宜采用焊接接头；当采用机械连接接头时，不应大于 50%。

检查数量：在同一检验批内，对梁、柱和独立基础，应抽查构件数量的 10%，且不少于 3 件；对墙和板，应按有代表性的自然间抽查 10%，且不少于 3 间；对大空间结构，墙可按相邻轴线间高度 5m 左右划分检查面，板可按纵横轴线划分检查面，抽查 10%，且均不少于 3 面。

检验方法：观察，钢尺检查。

5.4.6　同一构件中相邻纵向受力钢筋的绑扎搭接接头宜相互错开。绑扎搭接接头中钢筋的横向净距不应小于钢筋直径，且不应小于 25mm。

钢筋绑扎搭接接头连接区段的长度为 $1.3l_l$（l_l 为搭接长度），凡搭接接头中点位于该连接区段长度内的搭接接头均属于同一连接区段。同一连接区段内，纵向钢筋搭接接头面积百分率为该区段内有搭接接头的纵向受力钢筋截面面积与全部纵向受力钢筋截面面积的比值（图 5.4.6）。

同一连接区段内，纵向受拉钢筋搭接接头面积百分率应符合设计要求；当设计无具体要求时，应符合下列规定：

1　对梁类、板类及墙类构件，不宜大于 25%；

2　对柱类构件，不宜大于 50%；

3　当工程中确有必要增大接头面积百分率时，对梁类构件，不应大于 50%；对其他构件，可根据实际情况放宽。

纵向受力钢筋绑扎搭接接头的最小搭接长度应符合本规范附录 B 的规定。

检查数量：在同一检验批内，对梁、柱和独立基础，应抽查构件数量的 10%，且不少于 3 件；对墙和板，应按有代表性的自然间抽查 10%，且不少于 3 间；对大空间结构，墙可按相邻轴线间高度 5m 左右划分检查面，板可按纵、横轴线划分检查面，抽查 10%，且均不少于 3 面。

检验方法：观察，钢尺检查。

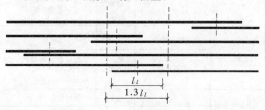

图 5.4.6　钢筋绑扎搭接接头连接
区段及接头面积百分率

注：图中所示搭接接头同一连接区段内的搭接钢筋
为两根，当各钢筋直径相同时，接头面积百分
率为 50%。

5.4.7　在梁、柱类构件的纵向受力钢筋搭接长度范围内，应按设计要求配置箍筋。当设计无具体要求

时，应符合下列规定：

1 箍筋直径不应小于搭接钢筋较大直径的 0.25 倍；

2 受拉搭接区段的箍筋间距不应大于搭接钢筋较小直径的 5 倍，且不应大于 100mm；

3 受压搭接区段的箍筋间距不应大于搭接钢筋较小直径的 10 倍，且不应大于 200mm；

4 当柱中纵向受力钢筋直径大于 25mm 时，应在搭接接头两个端面外 100mm 范围内各设置两个箍筋，其间距宜为 50mm。

检查数量：在同一检验批内，对梁、柱和独立基础，应抽查构件数量的 10%，且不少于 3 件；对墙和板，应按有代表性的自然间抽查 10%，且不少于 3 间；对大空间结构，墙可按相邻轴线间高度 5m 左右划分检查面，板可按纵、横轴线划分检查面，抽查 10%，且均不少于 3 面。

检验方法：钢尺检查。

5.5 钢筋安装

主控项目

5.5.1 钢筋安装时，受力钢筋的品种、级别、规格和数量必须符合设计要求。

检查数量：全数检查。

检验方法：观察，钢尺检查。

一般项目

5.5.2 钢筋安装位置的偏差应符合表 5.5.2 的规定。

检查数量：在同一检验批内，对梁、柱和独立基础，应抽查构件数量的 10%，且不少于 3 件；对墙和板，应按有代表性的自然间抽查 10%，且不少于 3 间；对大空间结构，墙可按相邻轴线间高度 5m 左右划分检查面，板可按纵、横轴线划分检查面，抽查 10%，且均不少于 3 面。

表 5.5.2　钢筋安装位置的允许偏差和检验方法

项　　目		允许偏差 (mm)	检验方法
绑扎钢筋网	长、宽	±10	钢尺检查
	网眼尺寸	±20	钢尺量连续三档，取最大值
绑扎钢筋骨架	长	±10	钢尺检查
	宽、高	±5	钢尺检查
受力钢筋	间距	±10	钢尺量两端、中间各一点，取最大值
	排距	±5	
	保护层厚度	基础	±10	钢尺检查
		柱、梁	±5	钢尺检查
		板、墙、壳	±3	钢尺检查

续表 5.5.2

项　　目		允许偏差 (mm)	检验方法
绑扎箍筋、横向钢筋间距		±20	钢尺量连续三档，取最大值
钢筋弯起点位置		20	钢尺检查
预埋件	中心线位置	5	钢尺检查
	水平高差	+3,0	钢尺和塞尺检查

注：1　检查预埋件中心线位置时，应沿纵、横两个方向量测，并取其中的较大值；

2　表中梁类、板类构件上部纵向受力钢筋保护层厚度的合格点率应达到 90% 及以上，且不得有超过表中数值 1.5 倍的尺寸偏差。

6　预应力分项工程

6.1　一般规定

6.1.1 后张法预应力工程的施工应由具有相应资质等级的预应力专业施工单位承担。

6.1.2 预应力筋张拉机具设备及仪表，应定期维护和校验。张拉设备应配套标定，并配套使用。张拉设备的标定期限不应超过半年。当在使用过程中出现反常现象时或在千斤顶检修后，应重新标定。

注：1　张拉设备标定时，千斤顶活塞的运行方向应与实际张拉工作状态一致；

2　压力表的精度不应低于 1.5 级，标定张拉设备用的试验机或测力计精度不应低于 ±2%。

6.1.3 在浇筑混凝土之前，应进行预应力隐蔽工程验收，其内容包括：

1 预应力筋的品种、规格、数量、位置等；

2 预应力筋锚具和连接器的品种、规格、数量、位置等；

3 预留孔道的规格、数量、位置、形状及灌浆孔、排气兼泌水管等；

4 锚固区局部加强构造等。

6.2　原材料

主控项目

6.2.1 预应力筋进场时，应按现行国家标准《预应力混凝土用钢绞线》GB/T 5224 等的规定抽取试件作力学性能检验，其质量必须符合有关标准的规定。

检查数量：按进场的批次和产品的抽样检验方案确定。

检验方法：检查产品合格证、出厂检验报告和进场复验报告。

6.2.2 无粘结预应力筋的涂包质量应符合无粘结预应力钢绞线标准的规定。

检查数量：每60t为一批，每批抽取一组试件。

检验方法：观察，检查产品合格证、出厂检验报告和进场复验报告。

注：当有工程经验，并经观察认为质量有保证时，可不作油脂用量和护套厚度的进场复验。

6.2.3 预应力筋用锚具、夹具和连接器应按设计要求采用，其性能应符合现行国家标准《预应力筋用锚具、夹具和连接器》GB/T 14370等的规定。

检查数量：按进场批次和产品的抽样检验方案确定。

检验方法：检查产品合格证、出厂检验报告和进场复验报告。

注：对锚具用量较少的一般工程，如供货方提供有效的试验报告，可不作静载锚固性能试验。

6.2.4 孔道灌浆用水泥应采用普通硅酸盐水泥，其质量应符合本规范第7.2.1条的规定。孔道灌浆用外加剂的质量应符合本规范第7.2.2条的规定。

检查数量：按进场批次和产品的抽样检验方案确定。

检验方法：检查产品合格证、出厂检验报告和进场复验报告。

注：对孔道灌浆用水泥和外加剂用量较少的一般工程，当有可靠依据时，可不作材料性能的进场复验。

一 般 项 目

6.2.5 预应力筋使用前应进行外观检查，其质量应符合下列要求：

1 有粘结预应力筋展开后应平顺，不得有弯折，表面不应有裂纹、小刺、机械损伤、氧化铁皮和油污等；

2 无粘结预应力筋护套应光滑、无裂缝，无明显褶皱。

检查数量：全数检查。

检验方法：观察。

注：无粘结预应力筋护套轻微破损者应外包防水塑料胶带修补，严重破损者不得使用。

6.2.6 预应力筋用锚具、夹具和连接器使用前应进行外观检查，其表面应无污物、锈蚀、机械损伤和裂纹。

检查数量：全数检查。

检验方法：观察。

6.2.7 预应力混凝土用金属螺旋管的尺寸和性能应符合国家现行标准《预应力混凝土用金属螺旋管》JG/T 3013的规定。

检查数量：按进场批次和产品的抽样检验方案确定。

检验方法：检查产品合格证、出厂检验报告和进场复验报告。

注：对金属螺旋管用量较少的一般工程，当有可靠依据时，可不作径向刚度、抗渗漏性能的进场复验。

6.2.8 预应力混凝土用金属螺旋管在使用前应进行外观检查，其内外表面应清洁，无锈蚀，不应有油污、孔洞和不规则的褶皱，咬口不应有开裂或脱扣。

检查数量：全数检查。

检验方法：观察。

6.3 制作与安装

主 控 项 目

6.3.1 预应力筋安装时，其品种、级别、规格、数量必须符合设计要求。

检查数量：全数检查。

检验方法：观察，钢尺检查。

6.3.2 先张法预应力施工时应选用非油质类模板隔离剂，并应避免沾污预应力筋。

检查数量：全数检查。

检验方法：观察。

6.3.3 施工过程中应避免电火花损伤预应力筋；受损伤的预应力筋应予以更换。

检查数量：全数检查。

检验方法：观察。

一 般 项 目

6.3.4 预应力筋下料应符合下列要求：

1 预应力筋应采用砂轮锯或切断机切断，不得采用电弧切割；

2 当钢丝束两端采用镦头锚具时，同一束中各根钢丝长度的极差不应大于钢丝长度的1/5000，且不应大于5mm。当成组张拉长度不大于10m的钢丝时，同组钢丝长度的极差不得大于2mm。

检查数量：每工作班抽查预应力筋总数的3%，且不少于3束。

检验方法：观察，钢尺检查。

6.3.5 预应力筋端部锚具的制作质量应符合下列要求：

1 挤压锚具制作时压力表油压应符合操作说明书的规定，挤压后预应力筋外端应露出挤压套筒1~5mm；

2 钢绞线压花锚成形时，表面应清洁、无油污，梨形头尺寸和直线段长度应符合设计要求；

3 钢丝镦头的强度不得低于钢丝强度标准值的98%。

检查数量：对挤压锚，每工作班抽查5%，且不应少于5件；对压花锚，每工作班抽查3件；对钢丝镦头强度，每批钢丝检查6个镦头试件。

检验方法：观察，钢尺检查，检查镦头强度试验报告。

6.3.6 后张法有粘结预应力筋预留孔道的规格、数量、位置和形状除应符合设计要求外，尚应符合下列规定：

1 预留孔道的定位应牢固，浇筑混凝土时不应出现移位和变形；

2 孔道应平顺，端部的预埋锚垫板应垂直于孔道中心线；

3 成孔用管道应密封良好，接头应严密且不得漏浆；

4 灌浆孔的间距：对预埋金属螺旋管不宜大于30m；对抽芯成形孔道不宜大于12m；

5 在曲线孔道的曲线波峰部位应设置排气兼泌水管，必要时可在最低点设置排水孔；

6 灌浆孔及泌水管的孔径应能保证浆液畅通。

检查数量：全数检查。

检验方法：观察，钢尺检查。

6.3.7 预应力筋束形控制点的竖向位置偏差应符合表6.3.7的规定。

表6.3.7 束形控制点的竖向位置允许偏差

截面高（厚）度（mm）	$h \leqslant 300$	$300 < h \leqslant 1500$	$h > 1500$
允许偏差（mm）	±5	±10	±15

检查数量：在同一检验批内，抽查各类型构件中预应力筋总数的5%，且对各类型构件均不少于5束，每束不应少于5处。

检验方法：钢尺检查。

注：束形控制点的竖向位置偏差合格点率应达到90%及以上，且不得有超过表中数值1.5倍的尺寸偏差。

6.3.8 无粘结预应力筋的铺设除应符合本规范第6.3.7条的规定外，尚应符合下列要求：

1 无粘结预应力筋的定位应牢固，浇筑混凝土时不应出现移位和变形；

2 端部的预埋锚垫板应垂直于预应力筋；

3 内埋式固定端垫板不应重叠，锚具与垫板应贴紧；

4 无粘结预应力筋成束布置时应能保证混凝土密实并能裹住预应力筋；

5 无粘结预应力筋的护套应完整，局部破损处应采用防水胶带缠绕紧密。

检查数量：全数检查。

检验方法：观察。

6.3.9 浇筑混凝土前穿入孔道的后张法有粘结预应力筋，宜采取防止锈蚀的措施。

检查数量：全数检查。

检验方法：观察。

6.4 张拉和放张

主控项目

6.4.1 预应力筋张拉或放张时，混凝土强度应符合设计要求；当设计无具体要求时，不应低于设计的混凝土立方体抗压强度标准值的75%。

检查数量：全数检查。

检验方法：检查同条件养护试件试验报告。

6.4.2 预应力筋的张拉力、张拉或放张顺序及张拉工艺应符合设计及施工技术方案的要求，并应符合下列规定：

1 当施工需要超张拉时，最大张拉应力不应大于国家现行标准《混凝土结构设计规范》GB 50010的规定；

2 张拉工艺应能保证同一束中各根预应力筋的应力均匀一致；

3 后张法施工中，当预应力筋是逐根或逐束张拉时，应保证各阶段不出现对结构不利的应力状态；同时宜考虑后批张拉预应力筋所产生的结构构件的弹性压缩对先批张拉预应力筋的影响，确定张拉力；

4 先张法预应力筋放张时，宜缓慢放松锚固装置，使各根预应力筋同时缓慢放松；

5 当采用应力控制方法张拉时，应校核预应力筋的伸长值。实际伸长值与设计计算理论伸长值的相对允许偏差为±6%。

检查数量：全数检查。

检验方法：检查张拉记录。

6.4.3 预应力筋张拉锚固后实际建立的预应力值与工程设计规定检验值的相对允许偏差为±5%。

检查数量：对先张法施工，每工作班抽查预应力筋总数的1%，且不少于3根；对后张法施工，在同一检验批内，抽查预应力筋总数的3%，且不少于5束。

检验方法：对先张法施工，检查预应力筋应力检测记录；对后张法施工，检查见证张拉记录。

6.4.4 张拉过程中应避免预应力筋断裂或滑脱；当发生断裂或滑脱时，必须符合下列规定：

1 对后张法预应力结构构件，断裂或滑脱的数量严禁超过同一截面预应力筋总根数的3%，且每束钢丝不得超过一根；对多跨双向连续板，其同一截面应按每跨计算；

2 对先张法预应力构件，在浇筑混凝土前发生断裂或滑脱的预应力筋必须予以更换。

检查数量：全数检查。

检验方法：观察，检查张拉记录。

一般项目

6.4.5 锚固阶段张拉端预应力筋的内缩量应符合设

计要求；当设计无具体要求时，应符合表 6.4.5 的规定。

检查数量：每工作班抽查预应力筋总数的 3%，且不少于 3 束。

检验方法：钢尺检查。

表 6.4.5 张拉端预应力筋的内缩量限值

锚具类别		内缩量限值（mm）
支承式锚具（镦头锚具等）	螺帽缝隙	1
	每块后加垫板的缝隙	1
锥塞式锚具		5
夹片式锚具	有顶压	5
	无顶压	6～8

6.4.6 先张法预应力筋张拉后与设计位置的偏差不得大于 5mm，且不得大于构件截面短边边长的 4%。

检查数量：每工作班抽查预应力筋总数的 3%，且不少于 3 束。

检验方法：钢尺检查。

6.5 灌浆及封锚

主 控 项 目

6.5.1 后张法有粘结预应力筋张拉后应尽早进行孔道灌浆，孔道内水泥浆应饱满、密实。

检查数量：全数检查。

检验方法：观察，检查灌浆记录。

6.5.2 锚具的封闭保护应符合设计要求；当设计无具体要求时，应符合下列规定：

1 应采取防止锚具腐蚀和遭受机械损伤的有效措施；

2 凸出式锚固端锚具的保护层厚度不应小于 50mm；

3 外露预应力筋的保护层厚度：处于正常环境时，不应小于 20mm；处于易受腐蚀的环境时，不应小于 50mm。

检查数量：在同一检验批内，抽查预应力筋总数的 5%，且不少于 5 处。

检验方法：观察，钢尺检查。

一 般 项 目

6.5.3 后张法预应力筋锚固后的外露部分宜采用机械方法切割，其外露长度不宜小于预应力筋直径的 1.5 倍，且不宜小于 30mm。

检查数量：在同一检验批内，抽查预应力筋总数的 3%，且不少于 5 束。

检验方法：观察，钢尺检查。

6.5.4 灌浆用水泥浆的水灰比不应大于 0.45，搅拌后 3h 泌水率宜不大于 2%，且不应大于 3%。泌水应能在 24h 内全部重新被水泥浆吸收。

检查数量：同一配合比检查一次。

检验方法：检查水泥浆性能试验报告。

6.5.5 灌浆用水泥浆的抗压强度不应小于 30N/mm²。

检查数量：每工作班留置一组边长为 70.7mm 的立方体试件。

检验方法：检查水泥浆试件强度试验报告。

注：1 一组试件由 6 个试件组成，试件应标准养护 28d；

2 抗压强度为一组试件的平均值，当一组试件中抗压强度最大值或最小值与平均值相差超过 20% 时，应取中间 4 个试件强度的平均值。

7 混凝土分项工程

7.1 一般规定

7.1.1 结构构件的混凝土强度应按现行国家标准《混凝土强度检验评定标准》GBJ 107 的规定分批检验评定。

对采用蒸汽法养护的混凝土结构构件，其混凝土试件应先随同结构构件同条件蒸汽养护，再转入标准条件养护共 28d。

当混凝土中掺入矿物掺合料时，确定混凝土强度时的龄期可按现行国家标准《粉煤灰混凝土应用技术规范》GBJ 146 等的规定取值。

7.1.2 检验评定混凝土强度用的混凝土试件的尺寸及强度的尺寸换算系数应按表 7.1.2 取用；其标准成型方法、标准养护条件及强度试验方法应符合普通混凝土力学性能试验方法标准的规定。

表 7.1.2 混凝土试件尺寸及强度的尺寸换算系数

骨料最大粒径（mm）	试件尺寸（mm）	强度的尺寸换算系数
≤31.5	100×100×100	0.95
≤40	150×150×150	1.00
≤63	200×200×200	1.05

注：对强度等级为 C60 及以上的混凝土试件，其强度的尺寸换算系数可通过试验确定。

7.1.3 结构构件拆模、出池、出厂、吊装、张拉、放张及施工期间临时负荷时的混凝土强度，应根据同条件养护的标准尺寸试件的混凝土强度确定。

7.1.4 当混凝土试件强度评定不合格时，可采用非破损或局部破损的检测方法，按国家现行有关标准的规定对结构构件中的混凝土强度进行推定，并作为处理的依据。

7.1.5 混凝土的冬期施工应符合国家现行标准《建筑工程冬期施工规程》JGJ 104 和施工技术方案的规定。

7.2 原 材 料

主 控 项 目

7.2.1 水泥进场时应对其品种、级别、包装或散装仓号、出厂日期等进行检查，并应对其强度、安定性及其他必要的性能指标进行复验，其质量必须符合现行国家标准《硅酸盐水泥、普通硅酸盐水泥》GB 175 等的规定。

当在使用中对水泥质量有怀疑或水泥出厂超过三个月（快硬硅酸盐水泥超过一个月）时，应进行复验，并按复验结果使用。

钢筋混凝土结构、预应力混凝土结构中，严禁使用含氯化物的水泥。

检查数量：按同一生产厂家、同一等级、同一品种、同一批号且连续进场的水泥，袋装不超过 200t 为一批，散装不超过 500t 为一批，每批抽样不少于一次。

检验方法：检查产品合格证、出厂检验报告和进场复验报告。

7.2.2 混凝土中掺用外加剂的质量及应用技术应符合现行国家标准《混凝土外加剂》GB 8076、《混凝土外加剂应用技术规范》GB 50119 等和有关环境保护的规定。

预应力混凝土结构中，严禁使用含氯化物的外加剂。钢筋混凝土结构中，当使用含氯化物的外加剂时，混凝土中氯化物的总含量应符合现行国家标准《混凝土质量控制标准》GB 50164 的规定。

检查数量：按进场的批次和产品的抽样检验方案确定。

检验方法：检查产品合格证、出厂检验报告和进场复验报告。

7.2.3 混凝土中氯化物和碱的总含量应符合现行国家标准《混凝土结构设计规范》GB 50010 和设计的要求。

检验方法：检查原材料试验报告和氯化物、碱的总含量计算书。

一 般 项 目

7.2.4 混凝土中掺用矿物掺合料的质量应符合现行国家标准《用于水泥和混凝土中的粉煤灰》GB 1596 等的规定。矿物掺合料的掺量应通过试验确定。

检查数量：按进场的批次和产品的抽样检验方案确定。

检验方法：检查出厂合格证和进场复验报告。

7.2.5 普通混凝土所用的粗、细骨料的质量应符合国家现行标准《普通混凝土用碎石或卵石质量标准及检验方法》JGJ 53、《普通混凝土用砂质量标准及检验方法》JGJ 52 的规定。

检查数量：按进场的批次和产品的抽样检验方案确定。

检验方法：检查进场复验报告。

注：1 混凝土用的粗骨料，其最大颗粒粒径不得超过构件截面最小尺寸的1/4，且不得超过钢筋最小净间距的3/4。

2 对混凝土实心板，骨料的最大粒径不宜超过板厚的1/3，且不得超过40mm。

7.2.6 拌制混凝土宜采用饮用水；当采用其他水源时，水质应符合国家现行标准《混凝土拌合用水标准》JGJ 63 的规定。

检查数量：同一水源检查不应少于一次。

检验方法：检查水质试验报告。

7.3 配合比设计

主 控 项 目

7.3.1 混凝土应按国家现行标准《普通混凝土配合比设计规程》JGJ 55 的有关规定，根据混凝土强度等级、耐久性和工作性等要求进行配合比设计。

对有特殊要求的混凝土，其配合比设计尚应符合国家现行有关标准的专门规定。

检验方法：检查配合比设计资料。

一 般 项 目

7.3.2 首次使用的混凝土配合比应进行开盘鉴定，其工作性应满足设计配合比的要求。开始生产时应至少留置一组标准养护试件，作为验证配合比的依据。

检验方法：检查开盘鉴定资料和试件强度试验报告。

7.3.3 混凝土拌制前，应测定砂、石含水率并根据测试结果调整材料用量，提出施工配合比。

检查数量：每工作班检查一次。

检验方法：检查含水率测试结果和施工配合比通知单。

7.4 混凝土施工

主 控 项 目

7.4.1 结构混凝土的强度等级必须符合设计要求。用于检查结构构件混凝土强度的试件，应在混凝土的浇筑地点随机抽取。取样与试件留置应符合下列规定：

1 每拌制 100 盘且不超过 100m³ 的同配合比的

混凝土，取样不得少于一次；

    2 每工作班拌制的同一配合比的混凝土不足100盘时，取样不得少于一次；

    3 当一次连续浇筑超过1000m³时，同一配合比的混凝土每200m³取样不得少于一次；

    4 每一楼层、同一配合比的混凝土，取样不得少于一次；

    5 每次取样应至少留置一组标准养护试件，同条件养护试件的留置组数应根据实际需要确定。

    检验方法：检查施工记录及试件强度试验报告。

7.4.2 对有抗渗要求的混凝土结构，其混凝土试件应在浇筑地点随机取样。同一工程、同一配合比的混凝土，取样不应少于一次，留置组数可根据实际需要确定。

    检验方法：检查试件抗渗试验报告。

7.4.3 混凝土原材料每盘称量的偏差应符合表7.4.3的规定。

表 7.4.3 原材料每盘称量的允许偏差

材料名称	允许偏差
水泥、掺合料	±2%
粗、细骨料	±3%
水、外加剂	±2%

注：1 各种衡器应定期校验，每次使用前应进行零点校核，保持计量准确；
   2 当遇雨天或含水率有显著变化时，应增加含水率检测次数，并及时调整水和骨料的用量。

    检查数量：每工作班抽查不应少于一次。

    检验方法：复称。

7.4.4 混凝土运输、浇筑及间歇的全部时间不应超过混凝土的初凝时间。同一施工段的混凝土应连续浇筑，并应在底层混凝土初凝之前将上一层混凝土浇筑完毕。

    当底层混凝土初凝后浇筑上一层混凝土时，应按施工技术方案中对施工缝的要求进行处理。

    检查数量：全数检查。

    检验方法：观察，检查施工记录。

一 般 项 目

7.4.5 施工缝的位置应在混凝土浇筑前按设计要求和施工技术方案确定。施工缝的处理应按施工技术方案执行。

    检查数量：全数检查。

    检验方法：观察，检查施工记录。

7.4.6 后浇带的留置位置应按设计要求和施工技术方案确定。后浇带混凝土浇筑应按施工技术方案进行。

    检查数量：全数检查。

    检验方法：观察，检查施工记录。

7.4.7 混凝土浇筑完毕后，应按施工技术方案及时

采取有效的养护措施，并应符合下列规定：

    1 应在浇筑完毕后的12h以内对混凝土加以覆盖并保湿养护；

    2 混凝土浇水养护的时间：对采用硅酸盐水泥、普通硅酸盐水泥或矿渣硅酸盐水泥拌制的混凝土，不得少于7d；对掺用缓凝型外加剂或有抗渗要求的混凝土，不得少于14d；

    3 浇水次数应能保持混凝土处于湿润状态；混凝土养护用水应与拌制用水相同；

    4 采用塑料布覆盖养护的混凝土，其敞露的全部表面应覆盖严密，并应保持塑料布内有凝结水；

    5 混凝土强度达到1.2N/mm²前，不得在其上踩踏或安装模板及支架。

注：1 当日平均气温低于5℃时，不得浇水；
   2 当采用其他品种水泥时，混凝土的养护时间应根据所采用水泥的技术性能确定；
   3 混凝土表面不便浇水或使用塑料布时，宜涂刷养护剂；
   4 对大体积混凝土的养护，应根据气候条件按施工技术方案采取控温措施。

    检查数量：全数检查。

    检验方法：观察，检查施工记录。

8 现浇结构分项工程

8.1 一 般 规 定

8.1.1 现浇结构的外观质量缺陷，应由监理（建设）单位、施工单位等各方根据其对结构性能和使用功能影响的严重程度，按表8.1.1确定。

表 8.1.1 现浇结构外观质量缺陷

名 称	现 象	严重缺陷	一般缺陷
露筋	构件内钢筋未被混凝土包裹而外露	纵向受力钢筋有露筋	其他钢筋有少量露筋
蜂窝	混凝土表面缺少水泥砂浆而形成石子外露	构件主要受力部位有蜂窝	其他部位有少量蜂窝
孔洞	混凝土中孔穴深度和长度均超过保护层厚度	构件主要受力部位有孔洞	其他部位有少量孔洞
夹渣	混凝土中夹有杂物且深度超过保护层厚度	构件主要受力部位有夹渣	其他部位有少量夹渣

续表 8.1.1

名　称	现　　象	严重缺陷	一般缺陷
疏松	混凝土中局部不密实	构件主要受力部位有疏松	其他部位有少量疏松
裂缝	缝隙从混凝土表面延伸至混凝土内部	构件主要受力部位有影响结构性能或使用功能的裂缝	其他部位有少量不影响结构性能或使用功能的裂缝
连接部位缺陷	构件连接处混凝土缺陷及连接钢筋、连接件松动	连接部位有影响结构传力性能的缺陷	连接部位有基本不影响结构传力性能的缺陷
外形缺陷	缺棱掉角、棱角不直、翘曲不平、飞边凸肋等	清水混凝土构件有影响使用功能或装饰效果的外形缺陷	其他混凝土构件有不影响使用功能的外形缺陷
外表缺陷	构件表面麻面、掉皮、起砂、沾污等	具有重要装饰效果的清水混凝土构件有外表缺陷	其他混凝土构件有不影响使用功能的外表缺陷

8.1.2 现浇结构拆模后，应由监理（建设）单位、施工单位对外观质量和尺寸偏差进行检查，作出记录，并应及时按施工技术方案对缺陷进行处理。

8.2 外 观 质 量

主 控 项 目

8.2.1 现浇结构的外观质量不应有严重缺陷。

对已经出现的严重缺陷，应由施工单位提出技术处理方案，并经监理（建设）单位认可后进行处理。对经处理的部位，应重新检查验收。

检查数量：全数检查。

检验方法：观察，检查技术处理方案。

一 般 项 目

8.2.2 现浇结构的外观质量不宜有一般缺陷。

对已经出现的一般缺陷，应由施工单位按技术处理方案进行处理，并重新检查验收。

检查数量：全数检查。

检验方法：观察，检查技术处理方案。

8.3 尺 寸 偏 差

主 控 项 目

8.3.1 现浇结构不应有影响结构性能和使用功能的

尺寸偏差。混凝土设备基础不应有影响结构性能和设备安装的尺寸偏差。

对超过尺寸允许偏差且影响结构性能和安装、使用功能的部位，应由施工单位提出技术处理方案，并经监理（建设）单位认可后进行处理。对经处理的部位，应重新检查验收。

检查数量：全数检查。

检验方法：量测，检查技术处理方案。

一 般 项 目

8.3.2 现浇结构和混凝土设备基础拆模后的尺寸偏差应符合表 8.3.2-1、表 8.3.2-2 的规定。

检查数量：按楼层、结构缝或施工段划分检验批。在同一检验批内，对梁、柱和独立基础，应抽查构件数量的 10%，且不少于 3 件；对墙和板，应按有代表性的自然间抽查 10%，且不少于 3 间；对大空间结构，墙可按相邻轴线间高度 5m 左右划分检查面，板可按纵、横轴线划分检查面，抽查 10%，且均不少于 3 面；对电梯井，应全数检查。对设备基础，应全数检查。

表 8.3.2-1　现浇结构尺寸允许偏差和检验方法

项　目		允许偏差（mm）	检验方法
轴线位置	基础	15	钢尺检查
	独立基础	10	
	墙、柱、梁	8	
	剪力墙	5	
垂直度	层高 ≤5m	8	经纬仪或吊线、钢尺检查
	层高 >5m	10	经纬仪或吊线、钢尺检查
	全高（H）	H/1000 且≤30	经纬仪、钢尺检查
标高	层　高	±10	水准仪或拉线、钢尺检查
	全　高	±30	
截面尺寸		+8，−5	钢尺检查
电梯井	井筒长、宽对定位中心线	+25，0	钢尺检查
	井筒全高（H）垂直度	H/1000 且≤30	经纬仪、钢尺检查
表面平整度		8	2m 靠尺和塞尺检查
预埋设施中心线位置	预埋件	10	钢尺检查
	预埋螺栓	5	
	预埋管	5	
预留洞中心线位置		15	钢尺检查

注：检查轴线、中心线位置时，应沿纵、横两个方向量测，并取其中的较大值。

表 8.3.2-2　混凝土设备基础尺寸允许偏差和检验方法

项　目		允许偏差 (mm)	检验方法
坐标位置		20	钢尺检查
不同平面的标高		0, −20	水准仪或拉线、钢尺检查
平面外形尺寸		±20	钢尺检查
凸台上平面外形尺寸		0, −20	钢尺检查
凹穴尺寸		+20, 0	钢尺检查
平面水平度	每　米	5	水平尺、塞尺检查
	全　长	10	水准仪或拉线、钢尺检查
垂直度	每　米	5	经纬仪或吊线、钢尺检查
	全　高	10	
预埋地脚螺栓	标高（顶部）	+20, 0	水准仪或拉线、钢尺检查
	中心距	±2	钢尺检查
预埋地脚螺栓孔	中心线位置	10	钢尺检查
	深　度	+20, 0	钢尺检查
	孔垂直度	10	吊线、钢尺检查
预埋活动地脚螺栓锚板	标　高	+20, 0	水准仪或拉线、钢尺检查
	中心线位置	5	钢尺检查
	带槽锚板平整度	5	钢尺、塞尺检查
	带螺纹孔锚板平整度	2	钢尺、塞尺检查

注：检查坐标、中心线位置时，应沿纵、横两个方向量测，并取其中的较大值。

9　装配式结构分项工程

9.1　一般规定

9.1.1　预制构件应进行结构性能检验。结构性能检验不合格的预制构件不得用于混凝土结构。

9.1.2　叠合结构中预制构件的叠合面应符合设计要求。

9.1.3　装配式结构外观质量、尺寸偏差的验收及对缺陷的处理应按本规范第 8 章的相应规定执行。

9.2　预制构件

主控项目

9.2.1　预制构件应在明显部位标明生产单位、构件型号、生产日期和质量验收标志。构件上的预埋件、插筋和预留孔洞的规格、位置和数量应符合标准图或设计的要求。

　　检查数量：全数检查。

　　检验方法：观察。

9.2.2　预制构件的外观质量不应有严重缺陷。对已经出现的严重缺陷，应按技术处理方案进行处理，并重新检查验收。

　　检查数量：全数检查。

　　检验方法：观察，检查技术处理方案。

9.2.3　预制构件不应有影响结构性能和安装、使用功能的尺寸偏差。对超过尺寸允许偏差且影响结构性能和安装、使用功能的部位，应按技术处理方案进行处理，并重新检查验收。

　　检查数量：全数检查。

　　检验方法：量测，检查技术处理方案。

一般项目

9.2.4　预制构件的外观质量不宜有一般缺陷。对已经出现的一般缺陷，应按技术处理方案进行处理，并重新检查验收。

　　检查数量：全数检查。

　　检验方法：观察，检查技术处理方案。

9.2.5　预制构件的尺寸偏差应符合表 9.2.5 的规定。

　　检查数量：同一工作班生产的同类型构件，抽查 5% 且不少于 3 件。

表 9.2.5　预制构件尺寸的允许偏差及检验方法

项　目		允许偏差（mm）	检验方法
长　度	板、梁	+10, −5	钢尺检查
	柱	+5, −10	
	墙板	±5	
	薄腹梁、桁架	+15, −10	
宽度、高（厚）度	板、梁、柱、墙板、薄腹梁、桁架	±5	钢尺量一端及中部，取其中较大值
侧向弯曲	梁、柱、板	$l/750$ 且 ≤20	拉线、钢尺量最大侧向弯曲处
	墙板、薄腹梁、桁架	$l/1000$ 且 ≤20	
预埋件	中心线位置	10	钢尺检查
	螺栓位置	5	
	螺栓外露长度	+10, −5	
预留孔	中心线位置	5	钢尺检查
预留洞	中心线位置	15	钢尺检查
主筋保护层厚度	板	+5, −3	钢尺或保护层厚度测定仪量测
	梁、柱、墙板、薄腹梁、桁架	+10, −5	
对角线差	板、墙板	10	钢尺量两个对角线
表面平整度	板、墙板、柱、梁	5	2m 靠尺和塞尺检查

续表 9.2.5

项 目		允许偏差 (mm)	检验方法
预应力构件预留孔道位置	梁、墙板、薄腹梁、桁架	3	钢尺检查
翘 曲	板	$l/750$	调平尺在两端量测
	墙板	$l/1000$	

注：1 l 为构件长度 (mm)；
    2 检查中心线、螺栓和孔道位置时，应沿纵、横两个方向量测，并取其中的较大值；
    3 对形状复杂或有特殊要求的构件，其尺寸偏差应符合标准图或设计的要求。

9.3 结构性能检验

9.3.1 预制构件应按标准图或设计要求的试验参数及检验指标进行结构性能检验。

检验内容：钢筋混凝土构件和允许出现裂缝的预应力混凝土构件进行承载力、挠度和裂缝宽度检验；不允许出现裂缝的预应力混凝土构件进行承载力、挠度和抗裂检验；预应力混凝土构件中的非预应力杆件按钢筋混凝土构件的要求进行检验。对设计成熟、生产数量较少的大型构件，当采取加强材料和制作质量检验的措施时，可仅作挠度、抗裂或裂缝宽度检验；当采取上述措施并有可靠的实践经验时，可不作结构性能检验。

检验数量：对成批生产的构件，应按同一工艺正常生产的不超过 1000 件且不超过 3 个月的同类型产品为一批。当连续检验 10 批且每批的结构性能检验结果均符合本规范规定的要求时，对同一工艺正常生产的构件，可改为不超过 2000 件且不超过 3 个月的同类型产品为一批。在每批中应随机抽取一个构件作为试件进行检验。

检验方法：按本标准附录 C 规定的方法采用短期静力加载检验。

注：1 "加强材料和制作质量检验的措施"包括下列内容：
    1) 钢筋进场检验合格后，在使用前再对用作构件受力主筋的同批钢筋按不超过 5t 抽取一组试件，并经检验合格；对经逐盘检验的预应力钢丝，可不再抽样检查；
    2) 受力主筋焊接接头的力学性能，应按国家现行标准《钢筋焊接及验收规程》JGJ 18 检验合格后，再抽取一组试件，并经检验合格；
    3) 混凝土按 5m³ 且不超过半个工作班生产的相同配合比的混凝土，留置一组试件，并经检验合格；
    4) 受力主筋焊接接头的外观质量、入模后的主筋保护层厚度、张拉预应力总值和构件的截面尺寸等，应逐件检验合格。

    2 "同类型产品"是指同一钢种、同一混凝土强度等级、同一生产工艺和同一结构形式的构件。对同类型产品进行抽样检验时，试件宜从设计荷载最大、受力最不利或生产数量最多的构件中抽取。对同类型的其他产品，也应定期进行抽样检验。

9.3.2 预制构件承载力应按下列规定进行检验：

1 当按现行国家标准《混凝土结构设计规范》GB 50010 的规定进行检验时，应符合下列公式的要求：

$$\gamma_u^0 \geqslant \gamma_0 [\gamma_u] \qquad (9.3.2-1)$$

式中 γ_u^0——构件的承载力检验系数实测值，即试件的荷载实测值与荷载设计值（均包括自重）的比值；

    γ_0——结构重要性系数，按设计要求确定，当无专门要求时取 1.0；

    $[\gamma_u]$——构件的承载力检验系数允许值，按表 9.3.2 取用。

2 当按构件实配钢筋进行承载力检验时，应符合下列公式的要求：

$$\gamma_u^0 \geqslant \gamma_0 \eta [\gamma_u] \qquad (9.3.2-2)$$

式中 η——构件承载力检验修正系数，根据现行国家标准《混凝土结构设计规范》GB 50010 按实配钢筋的承载力计算确定。

承载力检验的荷载设计值是指承载能力极限状态下，根据构件设计控制截面上的内力设计值与构件检验的加载方式，经换算后确定的荷载值（包括自重）。

表 9.3.2 构件的承载力检验系数允许值

受力情况	达到承载能力极限状态的检验标志		$[\gamma_u]$
轴心受拉、偏心受拉、受弯、大偏心受压	受拉主筋处的最大裂缝宽度达到 1.5mm，或挠度达到跨度的 1/50	热轧钢筋	1.20
		钢丝、钢绞线、热处理钢筋	1.35
	受压区混凝土破坏	热轧钢筋	1.30
		钢丝、钢绞线、热处理钢筋	1.45
	受拉主筋拉断		1.50
受弯构件的受剪	腹部斜裂缝达到 1.5mm，或斜裂缝末端受压混凝土剪压破坏		1.40
	沿斜截面混凝土斜压破坏，受拉主筋在端部滑脱或其他锚固破坏		1.55
轴心受压、小偏心受压	混凝土受压破坏		1.50

注：热轧钢筋系指 HPB235 级、HRB335 级、HRB400 级和 RRB400 级钢筋。

9.3.3 预制构件的挠度应按下列规定进行检验：

1 当按现行国家标准《混凝土结构设计规范》GB 50010 规定的挠度允许值进行检验时，应符合下列公式的要求：

$$a_s^0 \leqslant [a_s] \qquad (9.3.3\text{-}1)$$

$$[a_s] = \frac{M_k}{M_q(\theta-1)+M_k}[a_f] \qquad (9.3.3\text{-}2)$$

式中　a_s^0——在荷载标准值下的构件挠度实测值；

　　　$[a_s]$——挠度检验允许值；

　　　$[a_f]$——受弯构件的挠度限值，按现行国家标准《混凝土结构设计规范》GB 50010 确定；

　　　M_k——按荷载标准组合计算的弯矩值；

　　　M_q——按荷载准永久组合计算的弯矩值；

　　　θ——考虑荷载长期作用对挠度增大的影响系数，按现行国家标准《混凝土结构设计规范》GB 50010 确定。

2 当按构件实配钢筋进行挠度检验或仅检验构件的挠度、抗裂或裂缝宽度时，应符合下列公式的要求：

$$a_s^0 \leqslant 1.2 a_s^c \qquad (9.3.3\text{-}3)$$

同时，还应符合公式（9.3.3-1）的要求。

式中　a_s^c——在荷载标准值下按实配钢筋确定的构件挠度计算值，按现行国家标准《混凝土结构设计规范》GB 50010确定。

正常使用极限状态检验的荷载标准值是指正常使用极限状态下，根据构件设计控制截面上的荷载标准组合效应与构件检验的加载方式，经换算后确定的荷载值。

注：直接承受重复荷载的混凝土受弯构件，当进行短期静力加荷试验时，a_s^c 值应按正常使用极限状态下静力荷载标准组合相应的刚度值确定。

9.3.4 预制构件的抗裂检验应符合下列公式的要求：

$$\gamma_{cr}^0 \geqslant [\gamma_{cr}] \qquad (9.3.4\text{-}1)$$

$$[\gamma_{cr}] = 0.95 \frac{\sigma_{pc}+\gamma f_{tk}}{\sigma_{ck}} \qquad (9.3.4\text{-}2)$$

式中　γ_{cr}^0——构件的抗裂检验系数实测值，即试件的开裂荷载实测值与荷载标准值（均包括自重）的比值；

　　　$[\gamma_{cr}]$——构件的抗裂检验系数允许值；

　　　σ_{pc}——由预加力产生的构件抗拉边缘混凝土法向应力值，按现行国家标准《混凝土结构设计规范》GB 50010确定；

　　　γ——混凝土构件截面抵抗矩塑性影响系数，按现行国家标准《混凝土结构设计规范》GB 50010 计算确定；

　　　f_{tk}——混凝土抗拉强度标准值；

　　　σ_{ck}——由荷载标准值产生的构件抗拉边缘混凝土法向应力值，按现行国家标准《混凝土结构设计规范》GB 50010 确定。

9.3.5 预制构件的裂缝宽度检验应符合下列公式的要求：

$$w_{s,max}^0 \leqslant [w_{max}] \qquad (9.3.5)$$

式中　$w_{s,max}^0$——在荷载标准值下，受拉主筋处的最大裂缝宽度实测值（mm）；

　　　$[w_{max}]$——构件检验的最大裂缝宽度允许值，按表 9.3.5 取用。

表 9.3.5　构件检验的最大裂缝宽度允许值（mm）

设计要求的最大裂缝宽度限值	0.2	0.3	0.4
$[w_{max}]$	0.15	0.20	0.25

9.3.6 预制构件结构性能的检验结果应按下列规定验收：

1 当试件结构性能的全部检验结果均符合本标准第 9.3.2～9.3.5 条的检验要求时，该批构件的结构性能应通过验收。

2 当第一个试件的检验结果不能全部符合上述要求，但又能符合第二次检验的要求时，可再抽两个试件进行检验。第二次检验的指标，对承载力及抗裂检验系数的允许值应取本规范第 9.3.2 条和第 9.3.4 条规定的允许值减 0.05；对挠度的允许值应取本规范第 9.3.3 条规定允许值的 1.10 倍。当第二次抽取的两个试件的全部检验结果均符合第二次检验的要求时，该批构件的结构性能可通过验收。

3 当第二次抽取的第一个试件的全部检验结果均已符合本规范第 9.3.2～9.3.5 条的要求时，该批构件的结构性能可通过验收。

9.4 装配式结构施工

主控项目

9.4.1 进入现场的预制构件，其外观质量、尺寸偏差及结构性能应符合标准图或设计的要求。

检查数量：按批检查。

检验方法：检查构件合格证。

9.4.2 预制构件与结构之间的连接应符合设计要求。

连接处钢筋或埋件采用焊接或机械连接时，接头质量应符合国家现行标准《钢筋焊接及验收规程》JGJ 18、《钢筋机械连接通用技术规程》JGJ 107 的要求。

检查数量：全数检查。

检验方法：观察，检查施工记录。

9.4.3 承受内力的接头和拼缝，当其混凝土强度未达到设计要求时，不得吊装上一层结构构件；当设计无具体要求时，应在混凝土强度不小于 10N/mm² 或具有足够的支承时方可吊装上一层结构构件。

已安装完毕的装配式结构，应在混凝土强度到达设计要求后，方可承受全部设计荷载。

检查数量：全数检查。

检验方法：检查施工记录及试件强度试验报告。

一 般 项 目

9.4.4 预制构件码放和运输时的支承位置和方法应符合标准图或设计的要求。

检查数量：全数检查。

检验方法：观察检查。

9.4.5 预制构件吊装前，应按设计要求在构件和相应的支承结构上标志中心线、标高等控制尺寸，按标准图或设计文件校核预埋件及连接钢筋等，并作出标志。

检查数量：全数检查。

检验方法：观察，钢尺检查。

9.4.6 预制构件应按标准图或设计的要求吊装。起吊时绳索与构件水平面的夹角不宜小于45°，否则应采用吊架或经验算确定。

检查数量：全数检查。

检验方法：观察检查。

9.4.7 预制构件安装就位后，应采取保证构件稳定的临时固定措施，并应根据水准点和轴线校正位置。

检查数量：全数检查。

检验方法：观察，钢尺检查。

9.4.8 装配式结构中的接头和拼缝应符合设计要求；当设计无具体要求时，应符合下列规定：

1 对承受内力的接头和拼缝应采用混凝土浇筑，其强度等级应比构件混凝土强度等级提高一级；

2 对不承受内力的接头和拼缝应采用混凝土或砂浆浇筑，其强度等级不应低于C15或M15；

3 用于接头和拼缝的混凝土或砂浆，宜采取微膨胀措施和快硬措施，在浇筑过程中应振捣密实，并应采取必要的养护措施。

检查数量：全数检查。

检验方法：检查施工记录及试件强度试验报告。

10 混凝土结构子分部工程

10.1 结构实体检验

10.1.1 对涉及混凝土结构安全的重要部位应进行结构实体检验。结构实体检验应在监理工程师（建设单位项目专业技术负责人）见证下，由施工项目技术负责人组织实施。承担结构实体检验的试验室应具有相应的资质。

10.1.2 结构实体检验的内容应包括混凝土强度、钢筋保护层厚度以及工程合同约定的项目；必要时可检验其他项目。

10.1.3 对混凝土强度的检验，应以在混凝土浇筑地点制备并与结构实体同条件养护的试件强度为依据。混凝土强度检验用同条件养护试件的留置、养护和强度代表值应符合本规范附录D的规定。

对混凝土强度的检验，也可根据合同的约定，采用非破损或局部破损的检测方法，按国家现行有关标准的规定进行。

10.1.4 当同条件养护试件强度的检验结果符合现行国家标准《混凝土强度检验评定标准》GBJ 107的有关规定时，混凝土强度应判为合格。

10.1.5 对钢筋保护层厚度的检验，抽样数量、检验方法、允许偏差和合格条件应符合本规范附录E的规定。

10.1.6 当未能取得同条件养护试件强度、同条件养护试件强度被判为不合格或钢筋保护层厚度不满足要求时，应委托具有相应资质等级的检测机构按国家有关标准的规定进行检测。

10.2 混凝土结构子分部工程验收

10.2.1 混凝土结构子分部工程施工质量验收时，应提供下列文件和记录：

1 设计变更文件；

2 原材料出厂合格证和进场复验报告；

3 钢筋接头的试验报告；

4 混凝土工程施工记录；

5 混凝土试件的性能试验报告；

6 装配式结构预制构件的合格证和安装验收记录；

7 预应力筋用锚具、连接器的合格证和进场复验报告；

8 预应力筋安装、张拉及灌浆记录；

9 隐蔽工程验收记录；

10 分项工程验收记录；

11 混凝土结构实体检验记录；

12 工程的重大质量问题的处理方案和验收记录；

13 其他必要的文件和记录。

10.2.2 混凝土结构子分部工程施工质量验收合格应符合下列规定：

1 有关分项工程施工质量验收合格；

2 应有完整的质量控制资料；

3 观感质量验收合格；

4 结构实体检验结果满足本规范的要求。

10.2.3 当混凝土结构施工质量不符合要求时，应按下列规定进行处理：

1 经返工、返修或更换构件、部件的检验批，应重新进行验收；

2 经有资质的检测单位检测鉴定达到设计要求

的检验批，应予以验收；

3 经有资质的检测单位检测鉴定达不到设计要求，但经原设计单位核算并确认仍可满足结构安全和使用功能的检验批，可予以验收；

4 经返修或加固处理能够满足结构安全使用要求的分项工程，可根据技术处理方案和协商文件进行验收。

10.2.4 混凝土结构工程子分部工程施工质量验收合格后，应将所有的验收文件存档备案。

附录 A　质量验收记录

A.0.1 检验批质量验收可按表 A.0.1 记录。

表 A.0.1　检验批质量验收记录

工程名称		分项工程名称		验收部位	
施工单位		专业工长		项目经理	
分包单位		分包项目经理		施工班组长	
施工执行标准名称及编号					
检查项目		质量验收规范的规定	施工单位检查评定记录		监理（建设）单位验收记录
主控项目	1				
	2				
	3				
	4				
	5				
一般项目	1				
	2				
	3				
	4				
	5				
施工单位检查评定结果			项目专业质量检查员　　　年　月　日		
监理（建设）单位验收结论			监理工程师（建设单位项目专业技术负责人）　年　月　日		

A.0.2 分项工程质量验收可按表 A.0.2 记录。

表 A.0.2　分项工程质量验收记录

工程名称		结构类型		检验批数	
施工单位		项目经理		项目技术负责人	
分包单位		分包单位负责人		分包项目经理	
序号	检验批部位、区段		施工单位检查评定结果	监理（建设）单位验收结论	
1					
2					
3					
4					
5					
6					
7					
8					
检查结论			项目专业技术负责人　　　　年　月　日	验收结论	监理工程师（建设单位项目专业技术负责人）　　年　月　日

A.0.3 混凝土结构子分部工程质量验收可按表 A.0.3 记录。

表 A.0.3　混凝土结构子分部工程质量验收记录

工程名称		结构类型		层数	
施工单位		技术部门负责人		质量部门负责人	
分包单位		分包单位负责人		分包技术负责人	
序号	分项工程名称	检验批数	施工单位检查评定	验收意见	
1	钢筋分项工程				
2	预应力分项工程				
3	混凝土分项工程				
4	现浇结构分项工程				
5	装配式结构分项工程				
质量控制资料					
结构实体检验报告					
观感质量验收					
验收单位	分包单位		项目经理		年　月　日
	施工单位		项目经理		年　月　日
	勘察单位		项目负责人		年　月　日
	设计单位		项目负责人		年　月　日
	监理（建设）单位		总监理工程师（建设单位项目专业负责人）		年　月　日

附录 B 纵向受力钢筋的最小搭接长度

B.0.1 当纵向受拉钢筋的绑扎搭接接头面积百分率不大于 25% 时，其最小搭接长度应符合表 B.0.1 的规定。

表 B.0.1 纵向受拉钢筋的最小搭接长度

钢筋类型		混凝土强度等级			
		C15	C20~C25	C30~C35	≥C40
光圆钢筋	HPB235 级	45d	35d	30d	25d
带肋钢筋	HRB335 级	55d	45d	35d	30d
	HRB400 级、RRB400 级	—	55d	40d	35d

注：两根直径不同钢筋的搭接长度，以较细钢筋的直径计算。

B.0.2 当纵向受拉钢筋搭接接头面积百分率大于 25%，但不大于 50% 时，其最小搭接长度应按本附录表 B.0.1 中的数值乘以系数 1.2 取用；当接头面积百分率大于 50% 时，应按本附录表 B.0.1 中的数值乘以系数 1.35 取用。

B.0.3 当符合下列条件时，纵向受拉钢筋的最小搭接长度应根据本附录 B.0.1 条至 B.0.2 条确定后，按下列规定进行修正：

1 当带肋钢筋的直径大于 25mm 时，其最小搭接长度应按相应数值乘以系数 1.1 取用；

2 对环氧树脂涂层的带肋钢筋，其最小搭接长度应按相应数值乘以系数 1.25 取用；

3 当在混凝土凝固过程中受力钢筋易受扰动时（如滑模施工），其最小搭接长度应按相应数值乘以系数 1.1 取用；

4 对末端采用机械锚固措施的带肋钢筋，其最小搭接长度可按相应数值乘以系数 0.7 取用；

5 当带肋钢筋的混凝土保护层厚度大于搭接钢筋直径的 3 倍且配有箍筋时，其最小搭接长度可按相应数值乘以系数 0.8 取用；

6 对有抗震设防要求的结构构件，其受力钢筋的最小搭接长度对一、二级抗震等级应按相应数值乘以系数 1.15 采用；对三级抗震等级应按相应数值乘以系数 1.05 采用。

在任何情况下，受拉钢筋的搭接长度不应小于 300mm。

B.0.4 纵向受压钢筋搭接时，其最小搭接长度应根据本附录 B.0.1 条至 B.0.3 条的规定确定相应数值后，乘以系数 0.7 取用。在任何情况下，受压钢筋的搭接长度不应小于 200mm。

附录 C 预制构件结构性能检验方法

C.0.1 预制构件结构性能试验条件应满足下列要求：

1 构件应在 0℃ 以上的温度中进行试验；

2 蒸汽养护后的构件应在冷却至常温后进行试验；

3 构件在试验前应量测其实际尺寸，并检查构件表面，所有的缺陷和裂缝应在构件上标出；

4 试验用的加荷设备及量测仪表应预先进行标定或校准。

C.0.2 试验构件的支承方式应符合下列规定：

1 板、梁和桁架等简支构件，试验时应一端采用铰支承，另一端采用滚动支承。铰支承可采用角钢、半圆型钢或焊于钢板上的圆钢，滚动支承可采用圆钢；

2 四边简支或四角简支的双向板，其支承方式应保证支承处构件能自由转动，支承面可以相对水平移动；

3 当试验的构件承受较大集中力或支座反力时，应对支承部分进行局部受压承载力验算；

4 构件与支承面应紧密接触；钢垫板与构件、钢垫板与支墩间，宜铺砂浆垫平；

5 构件支承的中心线位置应符合标准图或设计的要求。

C.0.3 试验构件的荷载布置应符合下列规定：

1 构件的试验荷载布置应符合标准图或设计的要求；

2 当试验荷载布置不能完全与标准图或设计的要求相符时，应按荷载效应等效的原则换算，即使构件试验的内力图形与设计的内力图形相似，并使控制截面上的内力值相等，但应考虑荷载布置改变后对构件其他部位的不利影响。

C.0.4 加载方法应根据标准图或设计的加载要求、构件类型及设备条件等进行选择。当按不同形式荷载组合进行加载试验（包括均布荷载、集中荷载、水平荷载和竖向荷载等）时，各种荷载应按比例增加。

1 荷重块加载

荷重块加载适用于均布加载试验。荷重块应按区格成垛堆放，垛与垛之间间隙不宜小于 50mm。

2 千斤顶加载

千斤顶加载适用于集中加载试验。千斤顶加载时，可采用分配梁系统实现多点集中加载。千斤顶的加载值宜采用荷载传感器量测，也可采用油压表量测。

3 梁或桁架可采用水平对顶加载方法，此时构件应垫平且不应妨碍构件在水平方向的位移。梁也可采用竖直对顶的加载方法。

4 当屋架仅作挠度、抗裂或裂缝宽度检验时，可将两榀屋架并列，安放屋面板后进行加载试验。

C.0.5 构件应分级加载。当荷载小于荷载标准值时，每级荷载不应大于荷载标准值的 20%；当荷载大于荷载标准值时，每级荷载不应大于荷载标准值的

10%；当荷载接近抗裂检验荷载值时，每级荷载不应大于荷载标准值的 5%；当荷载接近承载力检验荷载值时，每级荷载不应大于承载力检验荷载设计值的 5%。

对仅作挠度、抗裂或裂缝宽度检验的构件应分级卸载。

作用在构件上的试验设备重量及构件自重应作为第一次加载的一部分。

注：构件在试验前，宜进行预压，以检查试验装置的工作是否正常，同时应防止构件因预压而产生裂缝。

C.0.6 每级加载完成后，应持续 10～15min；在荷载标准值作用下，应持续 30min。在持续时间内，应观察裂缝的出现和开展，以及钢筋有无滑移等；在持续时间结束时，应观察并记录各项读数。

C.0.7 对构件进行承载力检验时，应加载至构件出现本规范表 9.3.2 所列承载能力极限状态的检验标志。当在规定的荷载持续时间内出现上述检验标志之一时，应取本级荷载值与前一级荷载值的平均值作为其承载力检验荷载实测值；当在规定的荷载持续时间结束后出现上述检验标志之一时，应取本级荷载值作为其承载力检验荷载实测值。

注：当受压构件采用试验机或千斤顶加载时，承载力检验荷载实测值应取构件直至破坏的整个试验过程中所达到的最大荷载值。

C.0.8 构件挠度可用百分表、位移传感器、水平仪等进行观测。接近破坏阶段的挠度，可用水平仪或拉线、钢尺等测量。

试验时，应量测构件跨中位移和支座沉陷。对宽度较大的构件，应在每一量测截面的两边或两肋布置测点，并取其量测结果的平均值作为该处的位移。

当试验荷载竖直向下作用时，对水平放置的试件，在各级荷载下的跨中挠度实测值应按下列公式计算：

$$a_t^o = a_q^o + a_g^o \tag{C.0.8-1}$$

$$a_q^o = \nu_m^o - \frac{1}{2}(\nu_l^o + \nu_r^o) \tag{C.0.8-2}$$

$$a_g^o = \frac{M_g}{M_b}a_b^o \tag{C.0.8-3}$$

式中 a_t^o——全部荷载作用下构件跨中的挠度实测值（mm）；

a_q^o——外加试验荷载作用下构件跨中的挠度实测值（mm）；

a_g^o——构件自重及加荷设备重产生的跨中挠度值（mm）；

ν_m^o——外加试验荷载作用下构件跨中的位移实测值（mm）；

ν_l^o、ν_r^o——外加试验荷载作用下构件左、右端支座沉陷位移的实测值（mm）；

M_g——构件自重和加荷设备重产生的跨中弯矩

值（kN·m）；

M_b——从外加试验荷载开始至构件出现裂缝的前一级荷载为止的外加荷载产生的跨中弯矩值（kN·m）；

a_b^o——从外加试验荷载开始至构件出现裂缝的前一级荷载为止的外加荷载产生的跨中挠度实测值（mm）。

C.0.9 当采用等效集中力加载模拟均布荷载进行试验时，挠度实测值应乘以修正系数 ψ。当采用三分点加载时 ψ 可取为 0.98；当采用其他形式集中力加载时，ψ 应经计算确定。

C.0.10 试验中裂缝的观测应符合下列规定：

1 观察裂缝出现可采用放大镜。若试验中未能及时观察到正截面裂缝的出现，可取荷载—挠度曲线上的转折点（曲线第一弯转段两端点切线的交点）的荷载值作为构件的开裂荷载实测值；

2 构件抗裂检验中，当在规定的荷载持续时间内出现裂缝时，应取本级荷载值与前一级荷载值的平均值作为其开裂荷载实测值；当在规定的荷载持续时间结束后出现裂缝时，应取本级荷载值作为其开裂荷载实测值；

3 裂缝宽度可采用精度为 0.05mm 的刻度放大镜等仪器进行观测；

4 对正截面裂缝，应量测受拉主筋处的最大裂缝宽度；对斜截面裂缝，应量测腹部斜裂缝的最大裂缝宽度。确定受弯构件受拉主筋处的裂缝宽度时，应在构件侧面量测。

C.0.11 试验时必须注意下列安全事项：

1 试验的加荷设备、支架、支墩等，应有足够的承载力安全储备；

2 对屋架等大型构件进行加载试验时，必须根据设计要求设置侧向支承，以防止构件受力后产生侧向弯曲和倾倒；侧向支承应不妨碍构件在其平面内的位移；

3 试验过程中应注意人身和仪表安全；为了防止构件破坏时试验设备及构件坍落，应采取安全措施（如在试验构件下面设置防护支承等）。

C.0.12 构件试验报告应符合下列要求：

1 试验报告应包括试验背景、试验方案、试验记录、检验结论等内容，不得漏项缺检；

2 试验报告中的原始数据和观察记录必须真实、准确，不得任意涂抹篡改；

3 试验报告宜在试验现场完成，及时审核、签字、盖章，并登记归档。

附录 D　结构实体检验用同条件
养护试件强度检验

D.0.1 同条件养护试件的留置方式和取样数量，应符合下列要求：

1 同条件养护试件所对应的结构构件或结构部位，应由监理（建设）、施工等各方共同选定；

2 对混凝土结构工程中的各混凝土强度等级，均应留置同条件养护试件；

3 同一强度等级的同条件养护试件，其留置的数量应根据混凝土工程量和重要性确定，不宜少于10组，且不应少于3组；

4 同条件养护试件拆模后，应放置在靠近相应结构构件或结构部位的适当位置，并应采取相同的养护方法。

D.0.2 同条件养护试件应在达到等效养护龄期时进行强度试验。

等效养护龄期应根据同条件养护试件强度与在标准养护条件下28d龄期试件强度相等的原则确定。

D.0.3 同条件自然养护试件的等效养护龄期及相应的试件强度代表值，宜根据当地的气温和养护条件，按下列规定确定：

1 等效养护龄期可取按日平均温度逐日累计达到600℃·d时所对应的龄期，0℃及以下的龄期不计入；等效养护龄期不应小于14d，也不宜大于60d；

2 同条件养护试件的强度代表值应根据强度试验结果按现行国家标准《混凝土强度检验评定标准》GBJ 107的规定确定后，乘折算系数取用；折算系数宜取为1.10，也可根据当地的试验统计结果作适当调整。

D.0.4 冬期施工、人工加热养护的结构构件，其同条件养护试件的等效养护龄期可按结构构件的实际养护条件，由监理（建设）、施工等各方根据本附录第D.0.2条的规定共同确定。

附录 E 结构实体钢筋保护层厚度检验

E.0.1 钢筋保护层厚度检验的结构部位和构件数量，应符合下列要求：

1 钢筋保护层厚度检验的结构部位，应由监理（建设）、施工等各方根据结构构件的重要性共同选定；

2 对梁类、板类构件，应各抽取构件数量的2%且不少于5个构件进行检验；当有悬挑构件时，抽取的构件中悬挑梁类、板类构件所占比例均不宜小于50%。

E.0.2 对选定的梁类构件，应对全部纵向受力钢筋的保护层厚度进行检验；对选定的板类构件，应抽取不少于6根纵向受力钢筋的保护层厚度进行检验。对每根钢筋，应在有代表性的部位测量1点。

E.0.3 钢筋保护层厚度的检验，可采用非破损或局部破损的方法，也可采用非破损方法并用局部破损方法进行校准。当采用非破损方法检验时，所使用的检测仪器应经过计量检验，检测操作应符合相应规程的规定。

钢筋保护层厚度检验的检测误差不应大于1mm。

E.0.4 钢筋保护层厚度检验时，纵向受力钢筋保护层厚度的允许偏差，对梁类构件为+10mm，−7mm；对板类构件为+8mm，−5mm。

E.0.5 对梁类、板类构件纵向受力钢筋的保护层厚度应分别进行验收。

结构实体钢筋保护层厚度验收合格应符合下列规定：

1 当全部钢筋保护层厚度检验的合格点率为90%及以上时，钢筋保护层厚度的检验结果应判为合格；

2 当全部钢筋保护层厚度检验的合格点率小于90%但不小于80%，可再抽取相同数量的构件进行检验；当按两次抽样总和计算的合格点率为90%及以上时，钢筋保护层厚度的检验结果仍应判为合格；

3 每次抽样检验结果中不合格点的最大偏差均不应大于本附录E.0.4条规定允许偏差的1.5倍。

本规范用词用语说明

1 为了便于在执行本规范条文时区别对待，对要求严格程度不同的用词说明如下：

（1）表示很严格，非这样做不可的用词：

正面词采用“必须”；反面词采用“严禁”。

（2）表示严格，在正常情况下均应这样做的用词：

正面词采用“应”；反面词采用“不应”或“不得”。

（3）表示允许稍有选择，在条件许可时首先这样做的用词：

正面词采用“宜”；反面词采用“不宜”。

表示有选择，在一定条件下可以这样做的，采用“可”。

2 规范中指定应按其他有关标准、规范执行时，写法为：“应符合……的规定”或“应按……执行”。

中华人民共和国国家标准

混凝土结构工程施工质量验收规范

GB 50204—2002

条 文 说 明

目　次

1 总　　则

1.0.1　编制本规范的目的是为了统一和加强混凝土结构工程施工质量的验收，保证工程质量。本规范不包括混凝土结构设计、使用和维护等方面的内容。

1.0.2　本规范的适用范围为工业与民用房屋和一般构筑物的混凝土结构工程，包括现浇结构和装配式结构。本规范所指混凝土结构包括素混凝土结构、钢筋混凝土结构和预应力混凝土结构，与现行国家标准《混凝土结构设计规范》GB 50010 的范围一致。

本规范的主要内容是在《建筑工程质量检验评定标准》GBJ 301－88 中第五章、《预制混凝土构件质量检验评定标准》GBJ 321－90 和《混凝土结构工程施工及验收规范》GB 50204－92 的基础上修订而成的。

1.0.3　本规范是对混凝土结构工程施工质量的最低要求，应严格遵守。因此，承包合同（如质量要求等）和工程技术文件（如设计文件、企业标准、施工技术方案等）对工程质量的要求不得低于本规范的规定。

当承包合同和设计文件对施工质量的要求高于本规范的规定时，验收时应以承包合同和设计文件为准。

1.0.4　国家标准《建筑工程施工质量验收统一标准》GB 50300－2001 规定了房屋建筑各专业工程施工质量验收规范编制的统一准则。本规范是根据该标准规定的原则编写的，适用于该标准"主体结构"分部工程中"混凝土结构"子分部工程的验收。执行本规范时，尚应遵守该标准的相关规定。

1.0.5　混凝土结构工程的施工质量应满足现行国家标准《混凝土结构设计规范》GB 50010 和施工项目设计文件提出的各项要求。

混凝土结构施工质量的验收综合性强、牵涉面广，不仅有原材料方面的内容（如水泥、钢筋等），尚有半成品、成品方面的内容（如构配件、预应力锚具等），也与其他施工技术和质量评定方面的标准密切相关。因此，凡本规范有规定者，应遵照执行；凡本规范无规定者，尚应按照有关现行标准的规定执行。

2 术　　语

本章给出了本规范有关章节中引用的 8 个术语。由于本规范应与《建筑工程施工质量验收统一标准》GB 50300－2001 配套使用，在该标准中出现的与本规范相关的术语不再列出。

在编写本章术语时，主要参考了《建筑结构设计术语和符号标准》GB/T 50083－97、《工程结构设计基本术语和通用符号》GBJ 132－90 等国家标准中的相关术语。

本规范的术语是从混凝土结构工程施工质量验收的角度赋予其涵义的，但涵义不一定是术语的定义。同时，还给出了相应的推荐性英文术语，该英文术语不一定是国际上通用的标准术语，仅供参考。

3 基 本 规 定

3.0.1　根据国家标准《建筑工程施工质量验收统一标准》GB 50300－2001 的有关规定，本条对混凝土结构施工现场和施工项目的质量管理体系和质量保证体系提出了要求。施工单位应推行生产控制和合格控制的全过程质量控制。对施工现场质量管理，要求有相应的施工技术标准、健全的质量管理体系、施工质量控制和质量检验制度；对具体的施工项目，要求有经审查批准的施工组织设计和施工技术方案。上述要求应能在施工过程中有效运行。

施工组织设计和施工技术方案应按程序审批，对涉及结构安全和人身安全的内容，应有明确的规定和相应的措施。

3.0.2　根据不同的施工方法和结构分类，列举了混凝土结构子分部工程的具体名称。子分部工程验收前，应根据具体的施工方法和结构分类确定应验收的分项工程。

在建筑工程施工质量验收体系中，混凝土结构子分部工程划分为六个分项工程：模板、钢筋、预应力、混凝土、现浇结构和装配式结构。

本规范中"结构缝"系指为避免温度胀缩、地基沉降和地震碰撞等而在相邻两建筑物或建筑物的两部分之间设置的伸缩缝、沉降缝和防震缝等的总称。

检验批是工程质量验收的基本单元。检验批通常按下列原则划分：

　　1　检验批内质量均匀一致，抽样应符合随机性和真实性的原则；

　　2　贯彻过程控制的原则，按施工次序、便于质量验收和控制关键工序质量的需要划分检验批。

3.0.3　子分部工程验收时，除所含分项均应验收合格外，尚应对涉及结构安全的材料、试件、施工工艺和结构的重要部位进行见证检测或结构实体检验，以确保混凝土结构的安全。对施工工艺的见证检测，系指根据工程质量控制的需要，在施工期间由参与验收的各方在现场对施工工艺进行的检测。有关施工工艺的见证检测内容在本规范中有明确规定，如预应力筋张拉时实际预应力值的检测。本条规定的子分部工程验收内容中，见证检测和结构实体检验可以在检验批或分项工程验收的相应阶段内进行。

3.0.4　分项工程验收时，除所含检验批均应验收合格外，尚应有完整的质量验收记录。

3.0.5 检验批验收的内容包括按规定的抽样方案进行的实物检查和资料检查。本条列出了实物检查的方式和资料检查的内容。

3.0.6 本条给出了检验批质量验收合格的条件：主控项目和一般项目检验均应合格，且资料完整。检验批验收合格后，在形成验收文件的同时宜作出合格标志，以利于施工现场管理和作为后续工序施工的条件。检验批的合格质量主要取决于主控项目和一般项目的检验结果。主控项目是对检验批的基本质量起决定性影响的检验项目，这种项目的检验结果具有否决权。由于主控项目对工程质量起重要作用，从严要求是必需的。

对采用计数检验的一般项目，以前要求的合格点率为 70% 及以上，本规范提高了相应要求，通常为 80% 及以上，且在允许存在的 20% 以下的不合格点中不得有严重缺陷。本规范中少量采用计数检验的一般项目，合格点率要求为 90% 及以上，同时也不得有严重缺陷，这在本规范有关章节中有具体规定。根据《建筑工程施工质量验收统一标准》GB 50300－2001 的规定，检验批质量验收时可选择经实践检验有效的抽样方案。本规范的一般项目所采用的计数检验，基本上采用了原规范的方案。对于这种计数抽样方案，尚可根据质量验收的需要和抽样检验理论作进一步完善。

3.0.7 本条规定了检验批、分项工程、混凝土结构子分部工程的质量验收记录和施工质量验收程序、组织。其中，检验批的检查层次为：生产班组的自检、交接检；施工单位质量检验部门的专业检查和评定；监理单位（建设单位）组织的检验批验收。

在施工过程中，前一工序的质量未得到监理单位（建设单位）的检查认可，不应进行后续工序的施工，以免质量缺陷累积，造成更大损失。

根据有关规定和工程合同的约定，对工程质量起重要作用或有争议的检验项目，应由各方参与进行见证检测，以确保施工过程中的关键质量得到控制。

4 模板分项工程

模板分项工程是为混凝土浇筑成型用的模板及其支架的设计、安装、拆除等一系列技术工作和完成实体的总称。由于模板可以连续周转使用，模板分项工程所含检验批通常根据模板安装和拆除的数量确定。

4.1 一般规定

4.1.1 本条提出了对模板及其支架的基本要求，这是保证模板及其支架的安全并对混凝土成型质量起重要作用的项目。多年的工程实践证明，这些要求对保证混凝土结构的施工质量是必需的。本条为强制性条文，应严格执行。

4.1.2 浇筑混凝土时，模板及支架在混凝土重力、侧压力及施工荷载等作用下胀模（变形）、跑模（位移）甚至坍塌的情况时有发生。为避免事故，保证工程质量和施工安全，提出了对模板及其支架进行观察、维护和发生异常情况时及时进行处理的要求。

4.1.3 模板及其支架拆除的顺序及相应的施工安全措施对避免重大工程事故非常重要，在制订施工技术方案时应考虑周全。模板及其支架拆除时，混凝土结构可能尚未形成设计要求的受力体系，必要时应加设临时支撑。后浇带模板的拆除及支顶易被忽视而造成结构缺陷，应特别注意。本条为强制性条文，应严格执行。

4.2 模板安装

4.2.1 现浇多层房屋和构筑物的模板及其支架安装时，上、下层支架的立柱应对准，以利于混凝土重力及施工荷载的传递，这是保证施工安全和质量的有效措施。

本规范中，凡规定全数检查的项目，通常均采用观察检查的方法，但对观察难以判定的部位，应辅以量测检查。

4.2.2 隔离剂沾污钢筋和混凝土接槎处可能对混凝土结构受力性能造成明显的不利影响，故应避免。

4.2.3 无论是采用何种材料制作的模板，其接缝都应保证不漏浆。木模板浇水湿润有利于接缝闭合而不致漏浆，但因浇水湿润后膨胀，木模板安装时的接缝不宜过于严密。模板内部和与混凝土的接触面应清理干净，以避免夹渣等缺陷。本条还对清水混凝土工程及装饰混凝土工程所使用的模板提出了要求，以适应混凝土结构施工技术发展的要求。

4.2.4 本条对用作模板的地坪、胎模等提出了应平整光洁的要求，这是为了保证预制构件的成型质量。

4.2.5 对跨度较大的现浇混凝土梁、板，考虑到自重的影响，适度起拱有利于保证构件的形状和尺寸。执行时应注意本条的起拱高度未包括设计起拱值，而只考虑模板本身在荷载下的下垂，因此对钢模板可取偏小值，对木模板可取偏大值。

本规范中，凡规定抽样检查的项目，应在全数观察的基础上，对重要部位和观察难以判定的部位进行抽样检查。抽样检查的数量通常采用"双控"的方法，即在按比例抽样的同时，还限定了检查的最小数量。

4.2.6 对预埋件的外露长度，只允许有正偏差，不允许有负偏差；对预留洞内部尺寸，只允许大，不允许小。在允许偏差表中，不允许的偏差都以"0"来表示。

本规范中，尺寸偏差的检验除可采用条文中给出的方法外，也可采用其他方法和相应的检测工具。

4.2.7~4.2.8 规定了现浇混凝土结构模板及预制混凝土构件模板安装尺寸的检查数量、允许偏差及检验方法。还应指出，按本规范第3.0.7条的规定，对一般项目，在不超过20%的不合格检查点中不得有影响结构安全和使用功能的过大尺寸偏差。对有特殊要求的结构中的某些项目，当有专门标准规定或设计要求时，尚应符合相应的要求。

由于模板对保证构件质量非常重要，且不合格模板容易返修成合格品，故允许模板进行修理，合格后方可投入使用。施工单位应根据构件质量检验得到的模板质量反馈信息，对连续周转使用的模板定期检查并不定期抽查。

4.3 模板拆除

4.3.1 由于过早拆模、混凝土强度不足而造成混凝土结构构件沉降变形、缺棱掉角、开裂、甚至塌陷的情况时有发生。为保证结构的安全和使用功能，提出了拆模时混凝土强度的要求。该强度通常反映为同条件养护混凝土试件的强度。考虑到悬臂构件更容易因混凝土强度不足而引发事故，对其拆模时的混凝土强度应从严要求。

4.3.2 对后张法预应力施工，模板及其支架的拆除时间和顺序应根据施工方式的特点和需要事先在施工技术方案中确定。当施工技术方案中无明确规定时，应遵照本条的规定执行。

4.3.3 由于施工方式的不同，后浇带模板的拆除及支顶方法也各有不同，但都应能保证结构的安全和质量。由于后浇带较易出现安全和质量问题，故施工技术方案应对此作出明确的规定。

4.3.4 由于侧模拆除时混凝土强度不足可能造成结构构件缺棱掉角和表面损伤，故应避免。

4.3.5 拆模时重量较大的模板倾砸楼面或模板及支架集中堆放可能造成楼板或其他构件的裂缝等损伤，故应避免。

5 钢筋分项工程

钢筋分项工程是普通钢筋进场检验、钢筋加工、钢筋连接、钢筋安装等一系列技术工作和完成实体的总称。钢筋分项工程所含的检验批可根据施工工序和验收的需要确定。

5.1 一般规定

5.1.1 在施工过程中，当施工单位缺乏设计所要求的钢筋品种、级别或规格时，可进行钢筋代换。为了保证对设计意图的理解不产生偏差，规定当需要作钢筋代换时应办理设计变更文件，以确保满足原结构设计的要求，并明确钢筋代换由设计单位负责。本条为强制性条文，应严格执行。

5.1.2 钢筋隐蔽工程反映钢筋分项工程施工的综合质量，在浇筑混凝土之前验收是为了确保受力钢筋等的加工、连接和安装满足设计要求，并在结构中发挥其应有的作用。

5.2 原 材 料

5.2.1 钢筋对混凝土结构的承载能力至关重要，对其质量应从严要求。本次局部修订根据建筑钢筋市场的实际情况，增加了重量偏差作为钢筋进场验收的要求。

与热轧光圆钢筋、热轧带肋钢筋、余热处理钢筋、钢筋焊接网性能及检验相关的国家现行标准有：《钢筋混凝土用钢　第1部分：热轧光圆钢筋》GB 1499.1、《钢筋混凝土用钢　第2部分：热轧带肋钢筋》GB 1499.2、《钢筋混凝土用余热处理钢筋》GB 13014、《钢筋混凝土用钢　第3部分：钢筋焊接网》GB 1499.3。与冷加工钢筋性能及检验相关的国家现行标准有：《冷轧带肋钢筋》GB 13788、《冷轧扭钢筋》JG 190及《冷轧带肋钢筋混凝土结构技术规程》JGJ 95、《冷轧扭钢筋混凝土构件技术规程》JGJ 115、《冷拔低碳钢丝应用技术规程》JGJ 19等。

钢筋进场时，应检查产品合格证和出厂检验报告，并按相关标准的规定进行抽样检验。由于工程量、运输条件和各种钢筋的用量等的差异，很难对钢筋进场的批量大小作出统一规定。实际检查时，若有关标准中对进场检验作了具体规定，应遵照执行；若有关标准中只有对产品出厂检验的规定，则在进场检验时，批量应按下列情况确定：

1 对同一厂家、同一牌号、同一规格的钢筋，当一次进场的数量大于该产品的出厂检验批量时，应划分为若干个出厂检验批量，按出厂检验的抽样方案执行；

2 对同一厂家、同一牌号、同一规格的钢筋，当一次进场的数量小于或等于该产品的出厂检验批量时，应作为一个检验批量，然后按出厂检验的抽样方案执行；

3 对不同时间进场的同批钢筋，当确有可靠依据时，可按一次进场的钢筋处理。

本条的检验方法中，产品合格证、出厂检验报告是对产品质量的证明资料，应列出产品的主要性能指标；当用户有特别要求时，还应列出某些专门检验数据。有时，产品合格证、出厂检验报告可以合并。进场复验报告是进场抽样检验的结果，并作为材料能否在工程中应用的判断依据。

对于每批钢筋的检验数量，应按相关产品标准执行。国家标准《钢筋混凝土用钢　第1部分：热轧光圆钢筋》GB 1499.1－2008和《钢筋混凝土用钢　第2部分：热轧带肋钢筋》GB 1499.2－2007中规定每批抽取5个试件，先进行重量偏差检验，再取其中2

个试件进行力学性能检验。

本规范中，涉及原材料进场检查数量和检验方法时，除有明确规定外，均应按以上叙述理解、执行。

本条为强制性条文，应严格执行。

5.2.2 根据新颁布的国家标准《混凝土结构设计规范》GB 50010、《建筑抗震设计规范》GB 50011 的规定，本条提出了针对部分框架、斜撑构件（含梯段）中纵向受力钢筋强度、伸长率的规定，其目的是保证重要结构构件的抗震性能。本条第 1 款中抗拉强度实测值与屈服强度实测值的比值工程中习惯称为"强屈比"，第 2 款中屈服强度实测值与屈服强度标准值的比值工程中习惯称为"超强比"或"超屈比"，第 3 款中最大力下总伸长率习惯称为"均匀伸长率"。

本条中的框架包括各类混凝土结构中的框架梁、框架柱、框支梁、框支柱及板柱—抗震墙的柱等，其抗震等级应根据国家现行相关标准由设计确定；斜撑构件包括伸臂桁架的斜撑、楼梯的梯段，相关标准中未对斜撑构件规定抗震等级，所有斜撑构件均应满足本条规定。

牌号带"E"的钢筋是专门为满足本条性能要求生产的钢筋，其表面轧有专用标志。

本条为强制性条文，应严格执行。

5.2.3 在钢筋分项工程施工过程中，若发现钢筋性能异常，应立即停止使用，并对同批钢筋进行专项检验。

5.2.4 为了加强对钢筋外观质量的控制，钢筋进场时和使用前均应对外观质量进行检查。弯折钢筋不得敲直后作为受力钢筋使用。钢筋表面不应有颗粒状或片状老锈，以免影响钢筋强度和锚固性能。本条也适用于加工以后较长时期未使用而可能造成外观质量达不到要求的钢筋半成品的检查。

5.3 钢 筋 加 工

5.3.1～5.3.2 对各种级别普通钢筋弯钩、弯折和箍筋的弯弧内直径、弯折角度、弯后平直部分长度分别提出了要求。受力钢筋弯钩、弯折的形状和尺寸，对于保证钢筋与混凝土协同受力非常重要。根据构件受力性能的不同要求，合理配置箍筋有利于保证混凝土构件的承载力，特别是对配筋率较高的柱、受扭的梁和有抗震设防要求的结构构件更为重要。

对规定抽样检查的项目，应在全数观察的基础上，对重要部位和观察难以判定的部位进行抽样检查。抽样检查的数量通常采用"双控"的方法。这与本规范第 4.2.5 条的说明是一致的。

5.3.2A 本条规定了钢筋调直后力学性能和重量偏差的检验要求，为本次局部修订新增条文，所有用于工程的调直钢筋均应按本条规定执行。钢筋调直包括盘卷钢筋的调直和直条钢筋的调直两种情况。直条钢筋调直指直条供货钢筋对焊后进行冷拉，调直连接点

处弯折并检验焊接接头质量。增加本条检验规定是为加强对调直后钢筋性能质量的控制，防止冷拉加工过度改变钢筋的力学性能。

钢筋的相关国家现行标准有：《钢筋混凝土用钢 第 1 部分：热轧光圆钢筋》GB 1499.1、《钢筋混凝土用钢 第 2 部分：热轧带肋钢筋》GB 1499.2、《钢筋混凝土用余热处理钢筋》GB 13014 等。表 5.3.2A 规定的断后伸长率、重量负偏差要求是在上述标准规定的指标基础上考虑了正常冷拉调直对指标的影响给出的，并按新颁布的国家标准《混凝土结构设计规范》GB 50010 的规定增加了部分钢筋新品种。

对钢筋调直机械设备是否有延伸功能的判定，可由施工单位检查并经监理（建设）单位确认；当不能判定或对判定结果有争议时，应按本条规定进行检验。对于场外委托加工或专业化加工厂生产的成型钢筋，相关人员应到加工设备所在地进行检查。

钢筋冷拉调直后的时效处理可采用人工时效方法，即将试件在 100℃沸水中煮 60min，然后在空气中冷却至室温。

5.3.3 本条规定了钢筋调直加工过程控制要求。钢筋调直宜采用机械调直方法，其设备不应有延伸功能。当采用冷拉方法调直时，应按规定控制冷拉率，以免过度影响钢筋的力学性能。本条规定的冷拉率指冷拉过程中的钢筋伸长率。

5.3.4 本条提出了钢筋加工形状、尺寸偏差的要求。其中，箍筋内净尺寸是新增项目，对保证受力钢筋和箍筋本身的受力性能都较为重要。

5.4 钢 筋 连 接

5.4.1 本条提出了纵向受力钢筋连接方式的基本要求，这是保证受力钢筋应力传递及结构构件的受力性能所必需的。目前，钢筋的连接方式已有多种，应按设计要求采用。

5.4.2 近年来，钢筋机械连接和焊接的技术发展较快，国家现行标准《钢筋机械连接通用技术规程》JGJ 107、《钢筋焊接及验收规程》JGJ 18 对其应用、质量验收等都有明确的规定，验收时应遵照执行。对钢筋机械连接和焊接，除应按相应规定进行型式、工艺检验外，还应从结构中抽取试件进行力学性能检验。

5.4.3 受力钢筋的连接接头宜设置在受力较小处，同一钢筋在同一受力区段内不宜多次连接，以保证钢筋的承载、传力性能。本条还对接头距钢筋弯起点的距离作出了规定。

5.4.4 本条对施工现场的机械连接接头和焊接接头提出了外观质量要求。对全数检查的项目，通常均采用观察检查的方法，但对观察难以判定的部位，可辅以量测检查。

5.4.5 本条给出了受力钢筋机械连接和焊接的应用

范围、连接区段的定义以及接头面积百分率的限制。

5.4.6 为了保证受力钢筋绑扎搭接接头的传力性能，本条给出了受力钢筋搭接接头连接区段的定义、接头面积百分率的限制以及最小搭接长度的要求。在本规范附录 B 中给出了各种条件下确定受力钢筋最小搭接长度的方法。

5.4.7 搭接区域的箍筋对于约束搭接传力区域的混凝土、保证搭接钢筋传力至关重要。根据现行国家标准《混凝土结构设计规范》GB 50010 的规定，给出了搭接长度范围内的箍筋直径、间距等构造要求。

5.5 钢筋安装

5.5.1 受力钢筋的品种、级别、规格和数量对结构构件的受力性能有重要影响，必须符合设计要求。本条为强制性条文，应严格执行。

5.5.2 本条规定了钢筋安装位置的允许偏差。梁、板类构件上部纵向受力钢筋的位置对结构构件的承载能力和抗裂性能等有重要影响。由于上部纵向受力钢筋移位而引发的事故通常较为严重，应加以避免。本条通过对保护层厚度偏差的要求，对上部纵向受力钢筋的位置加以控制，并单独将梁、板类构件上部纵向受力钢筋保护层厚度偏差的合格点率要求规定为 90% 及以上。对其他部位，表中所列保护层厚度的允许偏差的合格点率要求仍为 80% 及以上。

6 预应力分项工程

预应力分项工程是预应力筋、锚具、夹具、连接器等材料的进场检验、后张法预留管道设置或预应力筋布置、预应力筋张拉、放张、灌浆直至封锚保护等一系列技术工作和完成实体的总称。由于预应力施工工艺复杂，专业性较强，质量要求较高，故预应力分项工程所含检验项目较多，且规定较为具体。根据具体情况，预应力分项工程可与混凝土结构一同验收，也可单独验收。

6.1 一般规定

6.1.1 后张法预应力施工是一项专业性强、技术含量高、操作要求严的作业，故应由获得有关部门批准的预应力专项施工资质的施工单位承担。预应力混凝土结构施工前，专业施工单位应根据设计图纸，编制预应力施工方案。当设计图纸深度不具备施工条件时，预应力施工单位应予以完善，并经设计单位审核后实施。

6.1.2 本条规定了预应力张拉设备的校验和标定要求。张拉设备（千斤顶、油泵及压力表等）应配套标定，以确定压力表读数与千斤顶输出力之间的关系曲线。这种关系曲线对应于特定的一套张拉设备，故配套标定后应配套使用。由于千斤顶主动工作和被动工作时，压力表读数与千斤顶输出力之间的关系是不一致的，故要求标定时千斤顶活塞的运行方向应与实际张拉工作状态一致。

6.1.3 预应力隐蔽工程反映预应力分项工程施工的综合质量，在浇筑混凝土之前验收是为了确保预应力筋等的安装符合设计要求并在混凝土结构中发挥其应有的作用。本条对预应力隐蔽工程验收的内容作出了具体规定。

6.2 原材料

6.2.1 常用的预应力筋有钢丝、钢绞线、热处理钢筋等，其质量应符合相应的现行国家标准《预应力混凝土用钢丝》GB/T 5223、《预应力混凝土用钢绞线》GB/T 5224、《预应力混凝土用热处理钢筋》GB 4463 等的要求。预应力筋是预应力分项工程中最重要的原材料，进场时应根据进场批次和产品的抽样检验方案确定检验批，进行进场复验。由于各厂家提供的预应力筋产品合格证内容与格式不尽相同，为统一及明确有关内容，要求厂家除了提供产品合格证外，还应提供反映预应力筋主要性能的出厂检验报告，两者也可合并提供。进场复验可仅作主要的力学性能试验。本章中，涉及原材料进场检查数量和检验方法时，除有明确规定外，都应按本规范第 5.2.1 条的说明理解、执行。本条为强制性条文，应严格执行。

6.2.2 无粘结预应力筋的涂包质量对保证预应力筋防腐及准确地建立预应力非常重要。涂包质量的检验内容主要有涂包层油脂用量、护套厚度及外观。当有工程经验，并经观察确认质量有保证时，可仅作外观检查。

6.2.3 目前国内锚具生产厂家较多，各自形成配套产品，产品结构尺寸及构造也不尽相同。为确保实现设计意图，要求锚具、夹具和连接器按设计规定采用，其性能和应用应分别符合国家现行标准《预应力筋用锚具、夹具和连接器》GB/T 14370 和《预应力筋用锚具、夹具和连接器应用技术规程》JGJ 85 的规定。锚具、夹具和连接器的进场检验主要作锚具（夹具、连接器）的静载试验，材质、机加工尺寸等只需按出厂检验报告中所列指标进行核对。

6.2.4 孔道灌浆一般采用素水泥浆。由于普通硅酸盐水泥浆的泌水率较小，故规定应采用普通硅酸盐水泥配制水泥浆。水泥浆中掺入外加剂可改善其稠度、泌水率、膨胀率、初凝时间、强度等特性，但预应力筋对应力腐蚀较为敏感，故水泥和外加剂中均不能含有对预应力筋有害的化学成分。

孔道灌浆所采用水泥和外加剂数量较少的一般工程，如果由使用单位提供近期采用的相同品牌和型号的水泥及外加剂的检验报告，也可不作水泥和外加剂性能的进场复验。

6.2.5 预应力筋进场后可能由于保管不当引起锈蚀、

污染等，故使用前应进行外观质量检查。对有粘结预应力筋，可按各相关标准进行检查。对无粘结预应力筋，若出现护套破损，不仅影响密封性，而且增加预应力摩擦损失，故应根据不同情况进行处理。

6.2.6 当锚具、夹具及连接器进场入库时间较长时，可能造成锈蚀、污染等，影响其使用性能，故使用前应重新对其外观进行检查。

6.2.7~6.2.8 目前，后张预应力工程中多采用金属螺旋管预留孔道。金属螺旋管的刚度和抗渗性能是很重要的质量指标，但试验较为复杂。当使用单位能提供近期采用的相同品牌和型号金属螺旋管的检验报告或有可靠工程经验时，也可不作这两项检验。由于金属螺旋管经运输、存放可能出现伤痕、变形、锈蚀、污染等，故使用前应进行外观质量检查。

6.3 制作与安装

6.3.1 预应力筋的品种、级别、规格和数量对保证预应力结构构件的抗裂性能及承载力至关重要，故必须符合设计要求。本条为强制性条文，应严格执行。

6.3.2 先张法预应力施工时，油质类隔离剂可能沾污预应力筋，严重影响粘结力，并且会污染混凝土表面，影响装修工程质量，故应避免。

6.3.3 预应力筋若遇电火花损伤，容易在张拉阶段脆断，故应避免。施工时应避免将预应力筋作为电焊的一极。受电火花损伤的预应力筋应予以更换。

6.3.4 预应力筋常采用无齿锯或机械切断机切割。当采用电弧切割时，电弧可能损伤高强度钢丝、钢绞线，引起预应力筋拉断，故应禁止采用。对同一束中各根钢丝下料长度的极差（最大值与最小值之差）的规定，仅适用于钢丝束两端均采用镦头锚具的情况，目的是为了保证同一束中各根钢丝的预加力均匀一致。本章中，对规定抽样检查的项目，应在全数观察的基础上，对重要部位和观察难以判定的部位进行抽样检查。

6.3.5 预应力筋的端部锚具制作质量对可靠地建立预应力非常重要。本条规定了挤压锚、压花锚、镦头锚的制作质量要求。本条对镦头锚制作质量的要求，主要是为了检测钢丝的可镦性，故规定按钢丝的进场批量检查。

6.3.6 浇筑混凝土时，预留孔道定位不牢固会发生移位，影响建立预应力的效果。为确保孔道成型质量，除应符合设计要求外，还应符合本条对预留孔道安装质量作出的相应规定。对后张法预应力混凝土结构中预留孔道的灌浆孔及泌水管等的间距和位置要求，是为了保证灌浆质量。

6.3.7 预应力筋束形直接影响建立预应力的效果，并影响结构构件的承载力和抗裂性能，故对束形控制点的竖向位置允许偏差提出了较高要求。本条按截面高度设定束形控制点的竖向位置允许偏差，以便于实际控制。

6.3.8 实际工程中常将无粘结预应力筋成束布置，以便于施工控制，但其数量及排列形状应保证混凝土能够握裹预应力筋。此外，内埋式挤压锚具在使用中常出现垫板重叠、垫板与锚具脱离等现象，故本条作出了相应规定。

6.3.9 后张法施工中，当浇筑混凝土前将预应力筋穿入孔道时，预应力筋需经合模、混凝土浇筑、养护并达到设计要求的强度后才能张拉。在此期间，孔道内可能会有浇筑混凝土时渗进的水或从喇叭管口流入的养护水、雨水等，若时间过长，可能引起预应力筋锈蚀，故应根据工程具体情况采取必要的防锈措施。

6.4 张拉和放张

6.4.1 过早地对混凝土施加预应力，会引起较大的收缩和徐变预应力损失，同时可能因局部承压过大而引起混凝土损伤。本条规定的预应力筋张拉及放张时混凝土强度，是根据现行国家标准《混凝土结构设计规范》GB 50010 的规定确定的。若设计对此有明确要求，则应按设计要求执行。

6.4.2 预应力筋张拉应使各根预应力筋的预加力均匀一致，主要是指有粘结预应力筋张拉时应整束张拉，以使各根预应力筋同步受力，应力均匀；而无粘结预应力筋和扁锚预应力筋通常是单根张拉的。预应力筋的张拉顺序、张拉力及设计计算伸长值均应由设计确定，施工时应遵照执行。实际施工时，为了部分抵消预应力损失等，可采取超张拉方法，但最大张拉应力不应大于现行国家标准《混凝土结构设计规范》GB 50010 的规定。后张法施工中，梁或板中的预应力筋一般是逐根或逐束张拉的，后批张拉的预应力筋所产生的混凝土结构构件的弹性压缩对先批张拉预应力筋的预应力损失的影响与梁、板的截面、预应力筋配筋量及束长等因数有关，一般影响较小时可不计。如果影响较大，可将张拉力统一增加一定值。实际张拉时通常采用张拉力控制方法，但为了确保张拉质量，还应对实际伸长值进行校核，相对允许偏差±6% 是基于工程实践提出的，有利于保证张拉质量。

6.4.3 预应力筋张拉锚固后，实际建立的预应力值与量测时间有关。相隔时间越长，预应力损失值越大，故检验值应由设计通过计算确定。

预应力筋张拉后实际建立的预应力值对结构受力性能影响很大，必须予以保证。先张法施工中可以用应力测定仪器直接测定张拉锚固后预应力筋的应力值；后张法施工中预应力筋的实际应力值较难测定，故可用见证张拉代替预加力值测定。见证张拉系指监理工程师或建设单位代表现场见证下的张拉。

6.4.4 由于预应力筋断裂或滑脱对结构构件的受力性能影响极大，故施加预应力过程中，应采取措施加以避免。先张法预应力构件中的预应力筋不允许出现断裂或滑脱，若在浇筑混凝土前出现断裂或滑脱，相应的预应力筋应予以更换。后张法预应力结构构件中预应力筋断裂或滑脱的数量，不应超过本条的规定。本条为强制性条文，应严格执行。

6.4.5 实际工程中，由于锚具种类、张拉锚固工艺及放张速度等各种因素的影响，内缩量可能有较大波动，导致实际建立的预应力值出现较大偏差。因此，应控制锚固阶段张拉端预应力筋的内缩量。当设计对张拉端预应力筋的内缩量有具体要求时，应按设计要求执行。

6.4.6 对先张法构件，施工时应采取措施减小张拉后预应力筋位置与设计位置的偏差。本条对最大偏移值作出了规定。

6.5 灌浆及封锚

6.5.1 预应力筋张拉后处于高应力状态，对腐蚀非常敏感，所以应尽早进行孔道灌浆。灌浆是对预应力筋的永久性保护措施，故要求水泥浆饱满、密实，完全裹住预应力筋。灌浆质量的检验应着重于现场观察检查，必要时采用无损检查或凿孔检查。

6.5.2 封闭保护应遵照设计要求执行，并在施工技术方案中作出具体规定。后张预应力筋的锚具多配置在结构的端面，所以常处于易受外力冲击和雨水浸入的状态；此外，预应力筋张拉锚固后，锚具及预应力筋处于高应力状态，为确保暴露于结构外的锚具能够永久性地正常工作，不致受外力冲击和雨水浸入而造成破损或腐蚀，应采取防止锚具锈蚀和遭受机械损伤的有效措施。

6.5.3 锚具外多余预应力筋常采用无齿锯或机械切断机切断。实际工程中，也可采用氧-乙炔焰切割方法切断多余预应力筋，但为了确保锚具正常工作及考虑切断时热影响可能波及锚具部位，应采取锚具降温等措施。考虑到锚具正常工作及可能的热影响，本条对预应力筋外露部分长度作出了规定。切割位置不宜距离锚具太近，同时也不应影响构件安装。

6.5.4 本条规定灌浆用水泥浆水灰比的限值，其目的是为了在满足必要的水泥浆稠度的同时，尽量减小泌水率，以获得饱满、密实的灌浆效果。水泥浆中水的泌出往往造成孔道内的空腔，并引起预应力筋腐蚀。2%左右的泌水一般可被水泥浆吸收，因此应按本条的规定控制泌水率。如果有可靠的工程经验，也可以提供以往工程中相同配合比的水泥浆性能试验报告。

6.5.5 对灌浆质量，首先应强调其密实性，因为密实的水泥浆能为预应力筋提供可靠的防腐保护。同时，水泥浆与预应力筋之间的粘结力也是预应力筋与混凝土共同工作的前提。本条参考国外的有关规定并考虑目前预应力筋的实际应用强度，规定了标准尺寸水泥浆试件的抗压强度不应小于 30MPa。

7 混凝土分项工程

混凝土分项工程是从水泥、砂、石、水、外加剂、矿物掺合料等原材料进场检验、混凝土配合比设计及称量、拌制、运输、浇筑、养护、试件制作直至混凝土达到预定强度等一系列技术工作和完成实体的总称。混凝土分项工程所含的检验批可根据施工工序和验收的需要确定。

7.1 一般规定

7.1.1 混凝土强度的评定应符合现行国家标准《混凝土强度检验评定标准》GBJ 107 的规定。但应指出，对掺用矿物掺合料的混凝土，由于其强度增长较慢，以 28d 为验收龄期可能不合适，此时可按国家现行标准《粉煤灰混凝土应用技术规范》GBJ 146、《粉煤灰在混凝土和砂浆中应用技术规程》JGJ 28 等的规定确定验收龄期。

7.1.2 混凝土试件强度的试验方法应符合普通混凝土力学性能试验方法标准的规定。混凝土试件的尺寸应根据骨料的最大粒径确定。当采用非标准尺寸的试件时，其抗压强度应乘以相应的尺寸换算系数。

7.1.3 由于同条件养护试件具有与结构混凝土相同的原材料、配合比和养护条件，能有效代表结构混凝土的实际质量。在施工过程中，根据同条件养护试件的强度来确定结构构件拆模、出池、出厂、吊装、张拉、放张及施工期间临时负荷时的混凝土强度，是行之有效的方法。

7.1.4 当混凝土试件强度评定不合格时，可根据国家现行有关标准采用回弹法超声回弹综合法、钻芯法、后装拔出法等推定结构的混凝土强度。应指出，通过检测得到的推定强度可作为判断结构是否需要处理的依据。

7.1.5 室外日平均气温连续 5d 稳定低于 5℃时，混凝土分项工程应采取冬期施工措施，具体要求应符合国家现行标准《建筑工程冬期施工规程》JGJ 104 的有关规定。

7.2 原 材 料

7.2.1 水泥进场时，应根据产品合格证检查其品种、级别等，并有序存放，以免造成混料错批。强度、安定性等是水泥的重要性能指标，进场时应作复验，其质量应符合现行国家标准《硅酸盐水泥、普通硅酸盐水泥》GB 175、《矿渣硅酸盐水泥、火山灰质硅酸盐水泥及粉煤灰硅酸盐水泥》GB 1344、《复合硅酸盐水泥》GB 12958 等的要求。水泥是混凝土的重要组成成分，若其含有氯化物，可能引起混凝土结构中钢筋的锈蚀，故应严格控制。本条为强制性条文，应严格执行。

7.2.2 混凝土外加剂种类较多，且均有相应的质量标准，使用时其质量及应用技术应符合国家现行标准《混凝土外加剂》GB 8076、《混凝土外加剂应用技术规范》GBJ 50119、《混凝土速凝剂》JC 472、《混凝土泵送剂》JC 473、《混凝土防水剂》JC 474、《混凝土防冻剂》JC 475、《混凝土膨胀剂》JC 476 等的规定。外加剂的检验项目、方法和批量应符合相应标准的规定。若外加剂中含有氯化物，同样可能引起混凝土结构中钢筋的锈蚀，故应严格控制。本章中，涉及原材料进场检查数量和检验方法时，除有明确规定外，都应按本规范第5.2.1条的说明理解、执行。本条为强制性条文，应严格执行。

7.2.3 混凝土中氯化物、碱的总含量过高，可能引起钢筋锈蚀和碱骨料反应，严重影响结构构件受力性能和耐久性。现行国家标准《混凝土结构设计规范》GB 50010 中对此有明确规定，应遵照执行。

7.2.4 混凝土掺合料的种类主要有粉煤灰、粒化高炉矿渣粉、沸石粉、硅灰和复合掺合料等，有些目前尚没有产品质量标准。对各种掺合料，均应提出相应的质量要求，并通过试验确定其掺量。工程应用时，尚应符合国家现行标准《粉煤灰混凝土应用技术规范》GBJ 146、《粉煤灰在混凝土和砂浆中应用技术规程》JGJ 28、《用于水泥与混凝土中粒化高炉矿渣粉》GB/T 18046 等的规定。

7.2.5 普通混凝土所用的砂子、石子应分别符合《普通混凝土用砂质量标准及检验方法》JGJ 52、《普通混凝土用碎石或卵石质量标准及检验方法》JGJ 53 的质量要求，其检验项目、检验批量和检验方法应遵照标准的规定执行。

7.2.6 考虑到今后生产中利用工业处理水的发展趋势，除采用饮用水外，也可采用其他水源，但其质量应符合国家现行标准《混凝土拌合用水标准》JGJ 63 的要求。

7.3 配合比设计

7.3.1 混凝土应根据实际采用的原材料进行配合比设计并按普通混凝土拌合物性能试验方法等标准进行试验、试配，以满足混凝土强度、耐久性和工作性（坍落度等）的要求，不得采用经验配合比。同时，应符合经济、合理的原则。

7.3.2 实际生产时，对首次使用的混凝土配合比应进行开盘鉴定，并至少留置一组 28d 标准养护试件，以验证混凝土的实际质量与设计要求的一致性。施工单位应注意积累相关资料，以利于提高配合比设计水平。

7.3.3 混凝土生产时，砂、石的实际含水率可能与配合比设计时存在差异，故规定应测定实际含水率并相应地调整材料用量。

7.4 混凝土施工

7.4.1 本条针对不同的混凝土生产量，规定了用于检查结构构件混凝土强度试件的取样与留置要求。本条为强制性条文，应严格执行。

应指出的是，同条件养护试件的留置组数除应考虑用于确定施工期间结构构件的混凝土强度外，还应根据本规范第 10 章及附录 D 的规定，考虑用于结构实体混凝土强度的检验。

7.4.2 由于相同配合比的抗渗混凝土因施工造成的差异不大，故规定了对有抗渗要求的混凝土结构应按同一工程、同一配合比取样不少于一次。由于影响试验结果的因素较多，需要时可多留置几组试件。抗渗试验应符合现行国家标准《普通混凝土长期性能和耐久性能试验方法》GBJ 82 的规定。

7.4.3 本条提出了对混凝土原材料计量偏差的要求。各种衡器应定期校验，以保持计量准确。生产过程中应定期测定骨料的含水率，当遇雨天施工或其他原因致使含水率发生显著变化时，应增加测定次数，以便及时调整用水量和骨料用量，使其符合设计配合比的要求。

7.4.4 混凝土的初凝时间与水泥品种、凝结条件、掺用外加剂的品种和数量等因素有关，应由试验确定。当施工环境气温较高时，还应考虑气温对混凝土初凝时间的影响。规定混凝土应连续浇筑并在底层初凝之前将上一层浇筑完毕，主要是为了防止扰动已初凝的混凝土而出现质量缺陷。当因停电等意外原因造成底层混凝土已初凝时，则应在继续浇筑混凝土之前，按照施工技术方案对混凝土接槎的要求进行处理，使新旧混凝土结合紧密，保证混凝土结构的整体性。

7.4.5 混凝土施工缝不应随意留置，其位置应事先在施工技术方案中确定。确定施工缝位置的原则为：尽可能留置在受剪力较小的部位；留置部位应便于施工。承受动力作用的设备基础，原则上不应留置施工缝；当必须留置时，应符合设计要求并按施工技术方案执行。

7.4.6 混凝土后浇带对避免混凝土结构的温度收缩裂缝等有较大作用。混凝土后浇带位置应按设计要求留置，后浇带混凝土的浇筑时间、处理方法等也应事先在施工技术方案中确定。

7.4.7 养护条件对于混凝土强度的增长有重要影响。在施工过程中，应根据原材料、配合比、浇筑部位和季节等具体情况，制订合理的施工技术方案，采取有效的养护措施，保证混凝土强度正常增长。

8 现浇结构分项工程

现浇结构分项工程以模板、钢筋、预应力、混凝土四个分项工程为依托，是拆除模板后的混凝土结构实物外观质量、几何尺寸检验等一系列技术工作的总称。现浇结构分项工程可按楼层、结构缝或施工段划分检验批。

8.1 一般规定

8.1.1 对现浇结构外观质量的验收，采用检查缺陷，并对缺陷的性质和数量加以限制的方法进行。本条给出了确定现浇结构外观质量严重缺陷、一般缺陷的一般原则。各种缺陷的数量限制可由各地根据实际情况作出具体规定。当外观质量缺陷的严重程度超过本条规定的一般缺陷时，可按严重缺陷处理。在具体实施中，外观质量缺陷对结构性能和使用功能等的影响程度，应由监理（建设）单位、施工单位等各方共同确定。对于具有重要装饰效果的清水混凝土，考虑到其装饰效果属于主要使用功能，故将其表面外形缺陷、外表缺陷确定为严重缺陷。

8.1.2 现浇结构拆模后，施工单位应及时会同监理（建设）单位对混凝土外观质量和尺寸偏差进行检查，并作出记录。不论何种缺陷都应及时进行处理，并重新检查验收。

8.2 外观质量

8.2.1 外观质量的严重缺陷通常会影响到结构性能、使用功能或耐久性。对已经出现的严重缺陷，应由施工单位根据缺陷的具体情况提出技术处理方案，经监理（建设）单位认可后进行处理，并重新检查验收。本条为强制性条文，应严格执行。

8.2.2 外观质量的一般缺陷通常不会影响到结构性能、使用功能，但有碍观瞻。故对已经出现的一般缺陷，也应及时处理，并重新检查验收。

8.3 尺寸偏差

8.3.1 过大的尺寸偏差可能影响结构构件的受力性能、使用功能，也可能影响设备在基础上的安装、使用。验收时，应根据现浇结构、混凝土设备基础尺寸偏差的具体情况，由监理（建设）单位、施工单位等各方共同确定尺寸偏差对结构性能和安装使用功能的影响程度。对超过尺寸允许偏差且影响结构性能和安装、使用功能的部位，应由施工单位根据尺寸偏差的具体情况提出技术处理方案，经监理（建设）单位认可后进行处理，并重新检查验收。本条为强制性条文，应严格执行。

8.3.2 本条给出了现浇结构和设备基础尺寸的允许偏差及检验方法。在实际应用时，尺寸偏差除应符合本条规定外，还应满足设计或设备安装提出的要求。尺寸偏差的检验方法可采用表 8.3.2-1 和表 8.3.2-2 中的方法，也可采用其他方法和相应的检测工具。

9 装配式结构分项工程

装配式结构分项工程以模板、钢筋、预应力、混凝土四个分项工程为依托，是预制构件产品质量检验、结构性能检验、预制构件的安装等一系列技术工作和完成结构实体的总称。本章所指预制构件包括在预制构件厂和施工现场制作的构件。装配式结构分项工程可按楼层、结构缝或施工段划分检验批。

9.1 一般规定

9.1.1 装配式结构的结构性能主要取决于预制构件的结构性能和连接质量。因此，应按本规范第 9.2 节及附录 C 的规定对预制构件进行结构性能检验，合格后方能用于工程。本条为强制性条文，应严格执行。

9.1.2 预制底部构件与后浇混凝土层的连接质量对叠合结构的受力性能有重要影响，叠合面应按设计要求进行处理。

9.1.3 预制构件经装配施工后，形成的装配式结构与现浇结构在外观质量、尺寸偏差等方面的质量要求一致，故可按本规范第 8 章的相应规定进行检查验收。

9.2 预制构件

9.2.1 本条提出了对构件标志和构件上的预埋件、插筋和预留孔洞的规格、位置和数量的要求，这些要求是构件出厂、事故处理以及对构件质量进行验收所必需的。

9.2.2~9.2.4 预制构件制作完成后，施工单位应对构件外观质量和尺寸偏差进行检查，并作出记录。不论何种缺陷都应及时按技术处理方案进行处理，并重新检查验收。

9.2.5 本条给出了预制构件尺寸的允许偏差及检验方法。对形状复杂的预制构件，其细部尺寸的允许偏差可参考表 9.2.5 中的数值确定。尺寸偏差的检验方法可采用表 9.2.5 中的方法，也可采用其他方法和相应的检测工具。

9.3 结构性能检验

9.3.1 本条对预制构件结构性能检验的检验批、检验数量、检验内容和检验方法作出了规定，明确指出了试验参数及检验指标应符合标准图或设计的要求。本条还给出了简化或免作结构性能检验的条件。

9.3.2 本条为预制构件承载力检验的要求。根据混凝土结构设计规范对混凝土结构用钢筋的选择，考虑到配置钢丝、钢绞线及热处理钢筋的预应力构件具有较好的延性，故对此类构件受力主筋处的最大裂缝宽度达到 1.5mm 或挠度达到跨度的 1/50 时的承载力检验系数允许值调整为 1.35。根据混凝土结构设计规范对混凝土材料分项系数的调整，混凝土强度设计值降低，因此与混凝土破坏相关的承载力检验系数允许值均增加了 0.05。

在加载试验过程中，应取首先达到的标志所对应的检验系数允许值进行检验。

9.3.3 本条为预制构件挠度检验的要求。挠度检验公式(9.3.3-1)和（9.3.3-3）分别为根据混凝土结构设计规范规定的使用要求和按实际构件配筋情况确定的挠度检验要求。

9.3.4 本条为预应力预制构件抗裂检验的要求。检验指标的计算公式是根据预应力混凝土构件的受力原理，并按留有一定检验余量的原则而确定的。

9.3.5 本条为预制构件裂缝宽度检验的要求。混凝土结构设计规范中将允许出现裂缝的构件最大裂缝宽度限值规定为：0.2、0.3 和 0.4mm。在构件检验时，考虑标准荷载与准永久荷载的关系，换算为最大裂缝宽度的检验允许值。

9.3.6 本条给出了预制构件结构性能检验结果的验收合格条件。根据我国的实际情况，结构性能检验尚难于增加抽检数量。为了提高检验效率，结构性能检验的三项指标均采用了复式抽样检验方案。由于量测精度所限，故不再对裂缝宽度检验作二次抽检的要求。

当第一次检验的构件有某些项检验实测值不满足相应的检验指标要求，但能满足第二次检验指标要求时，可进行第二次抽样检验。

本次修订调整了承载力及抗裂检验二次抽检的条件，原为检验系数的 0.95 倍，现改为检验系数的允许值减 0.05。这样可与附录 C 中的加载程序实现同步，明确并简化了加载检验。

应该指出的是，抽检的每一个试件，必须完整地取得三项检验结果，不得因某一项检验项目达到二次抽样检验指标要求就中途停止试验而不再对其余项目进行检验，以免漏判。

9.4 装配式结构施工

9.4.1 预制构件作为产品，进入装配式结构的施工现场时，应按批检查合格证件，以保证其外观质量、尺寸偏差和结构性能符合要求。

9.4.2 预制构件与结构之间的钢筋连接对装配式结构的受力性能有重要影响。本条提出了对接头质量的要求。

9.4.3 装配式结构施工时，尚未形成完整的结构受力体系。本条提出了对接头混凝土尚未达到设计强度时，施工中应该注意的事项。

9.4.4 预制构件往往因码放或运输时支垫不当而引起非设计状态下的裂缝或其他缺陷，实际操作时应根据标准图或设计的要求进行支垫。

9.4.5 为了保证预制构件安装就位准确，吊装前应

在预制构件和相应的安装位置上作出必要的控制标志。

9.4.6 预制构件吊装时，绳索夹角过小容易引起非设计状态下的裂缝或其他缺陷。本条规定了预制构件吊装时应该注意的事项。

9.4.7 预制构件安装就位后，应有一定的临时固定措施，否则容易发生倾倒、移位等事故。

9.4.8 本条对装配式结构接头、拼缝的填充材料及其浇筑、养护提出了要求。

10 混凝土结构子分部工程

10.1 结构实体检验

10.1.1 根据国家标准《建筑工程施工质量验收统一标准》GB 50300－2001规定的原则，在混凝土结构子分部工程验收前应进行结构实体检验。结构实体检验的范围仅限于涉及安全的柱、墙、梁等结构构件的重要部位。结构实体检验采用由各方参与的见证抽样形式，以保证检验结果的公正性。

对结构实体进行检验，并不是在子分部工程验收前的重新检验，而是在相应分项工程验收合格、过程控制使质量得到保证的基础上，对重要项目进行的验证性检查，其目的是为了加强混凝土结构的施工质量验收，真实地反映混凝土强度及受力钢筋位置等质量指标，确保结构安全。

10.1.2 考虑到目前的检测手段，并为了控制检验工作量，结构实体检验主要对混凝土强度、重要结构构件的钢筋保护层厚度两个项目进行。当工程合同有约定时，可根据合同确定其他检验项目和相应的检验方法、检验数量、合格条件，但其要求不得低于本规范的规定。当有专门要求时，也可以进行其他项目的检验，但应由合同作出相应的规定。

10.1.3～10.1.4 试验研究和工程调查表明，与结构实体混凝土组成成分、养护条件相同的同条件养护试件，其强度可作为检验结构实体混凝土强度的依据。本规范给出了利用同条件养护试件强度判定结构实体混凝土强度合格与否的一般方法。同条件养护试件强度的判定，仍按现行国家标准《混凝土强度检验评定标准》GBJ 107 的有关规定执行。这里所指的混凝土强度检验，除对现浇结构进行之外，还应包括装配式结构中的现浇部分。

10.1.5 钢筋的混凝土保护层厚度关系到结构的承载力、耐久性、防火等性能，故除在施工过程中应进行尺寸偏差检查外，还应对结构实体中钢筋的保护层厚度进行检验。钢筋保护层厚度的检验，应按本规范附录 E 的规定执行。这种检验既针对现浇结构，也针对装配式结构。

10.1.6 随着检测技术的发展，已有相当多的方法可

以检测混凝土强度和钢筋保护层厚度。实际应用时，可根据国家现行有关标准采用回弹法、超声回弹综合法、钻芯法、后装拔出法等检测混凝土强度，可优先选择非破损检测方法，以减少检测工作量，必要时可辅以局部破损检测方法。当采用局部破损检测方法时，检测完成后应及时修补，以免影响结构性能及使用功能。

必要时，可根据实际情况和合同的规定，进行实体的结构性能检验。

10.2 混凝土结构子分部工程验收

10.2.1 本条列出了混凝土结构子分部工程施工质量验收时应提供的主要文件和记录，反映了从基本的检验批开始，贯彻于整个施工过程的质量控制结果，落实了过程控制的基本原则，是确保工程质量的重要证据。

10.2.2 根据国家标准《建筑工程施工质量验收统一标准》GB 50300－2001的规定，给出了混凝土结构子分部工程质量的合格条件。其中，观感质量验收应按本规范第8章、第9章的有关混凝土结构外观质量的规定检查。

10.2.3 根据国家标准《建筑工程施工质量验收统一标准》GB 50300－2001的规定，给出了当施工质量不符合要求时的处理方法。这些不同的验收处理方式是为了适应我国目前的经济技术发展水平，在保证结构安全和基本使用功能的条件下，避免造成不必要的经济损失和资源浪费。

10.2.4 本条提出了对验收文件存档的要求。这不仅是为了落实在设计使用年限内的责任，而且在有必要进行维护、修理、检测、加固或改变使用功能时，可以提供有效的依据。

附录 A 质量验收记录

A.0.1 检验批的质量验收记录应由施工项目专业质量检查员填写，监理工程师（建设单位项目专业技术负责人）组织项目专业质量检查员等进行验收。

本条给出的检验批质量验收记录表也可作为施工单位自行检查评定的记录表格。

A.0.2 各分项工程质量应由监理工程师（建设单位项目专业技术负责人）组织项目专业技术负责人等进行验收。

分项工程的质量验收在检验批验收合格的基础上进行。一般情况下，两者具有相同或相近的性质，只是批量大小可能存在差异，因此，分项工程质量验收记录是各检验批质量验收记录的汇总。

A.0.3 混凝土结构子分部工程质量应由总监理工程师（建设单位项目专业负责人）组织施工项目经理和有关勘察、设计单位项目负责人进行验收。

由于模板在子分部工程验收时已不在结构中，且结构实体外观质量、尺寸偏差等项目的检验反映了模板工程的质量，因此，模板分项工程可不参与混凝土结构子分部工程质量的验收。

附录 B 纵向受力钢筋的最小搭接长度

B.0.1～B.0.3 根据现行国家标准《混凝土结构设计规范》GB 50010 的规定，绑扎搭接受力钢筋的最小搭接长度应根据钢筋强度、外形、直径及混凝土强度等指标经计算确定，并根据钢筋搭接接头面积百分率等进行修正。为了方便施工及验收，给出了确定纵向受拉钢筋最小搭接长度的方法以及受拉钢筋搭接长度的最低限值。

B.0.4 本条给出了确定纵向受压钢筋最小搭接长度的方法以及受压钢筋搭接长度的最低限值。

附录 C 预制构件结构性能检验方法

C.0.1 考虑到低温对混凝土性能的影响，明确规定构件应在 0℃以上的温度中进行试验。蒸汽养护后出池的构件，因混凝土性能尚未处于稳定状态，故不能立即进行试验，而应冷却至常温后方可进行。

C.0.2 承受较大集中力或支座反力的构件，为避免可能引起的局部受压破坏，应对试验可能达到的最大荷载值作充分的估计，并按混凝土结构设计规范进行局部受压承载力验算。预制构件局部受压处配筋构造应予加强，以保证安全。

C.0.3 本条给出了荷载布置的一般要求和荷载等效布置的原则。

C.0.4 当进行不同形式荷载的组合加载（包括均布荷载、集中荷载、水平荷载、竖向荷载等）试验时，各种荷载应按比例增加，以符合设计要求。

C.0.5 在正常使用极限状态检验时，每级加载值不应大于荷载标准值的 20% 或 10%；当接近抗裂荷载检验值时，每级加载值不宜大于荷载标准值的 5%。当进入承载力极限状态检验时，每级加载值不宜大于荷载设计值的 5%。这给加载等级设计以更大的灵活性，可适应检验指标调整带来的影响，并可与复式抽样检验实现同步加载检验。

C.0.6 为了反映混凝土材料的塑性特征，规定了加载后的持荷时间。

C.0.7 本条明确规定了承载力检验荷载实测值的取值方法。此处"规定的荷载持续时间结束后"，系指本级荷载持续时间结束后至下一级荷载加荷完成前的一段时间。

C.0.8 公式（C.0.8-1）中，a_s^0 为外加试验荷载作用下构件跨中的挠度实测值，其取值应避免混入构件自重和加荷设备自重产生的挠度。公式（C.0.8-3）中，

M_b 和 a_s^0 均为开裂前一级的外加试验荷载产生的相应值，计算时应避免任意取值。此时，近似认为挠度随荷载增加仍呈线性变化。

C.0.9 本条对挠度实测值的修正作出了规定。等效集中力加载时，虽控制截面上的主要内力值相等，但变形及其他内力值仍有差异，因此应考虑加载形式不同引起的变化。

C.0.10 本条给出了预制构件裂缝观测的要求和开裂荷载实测值的确定方法。

C.0.11 构件加载试验时，应采取可靠措施保证试验人员和仪表设备的安全。本条给出了试验时的安全注意事项。

C.0.12 结构性能检验试验报告的原则要求是真实、准确、完整。本条给出了对试验报告的具体要求，应遵照执行。

附录 D 结构实体检验用同条件养护试件强度检验

D.0.1 本附录规定的结构实体检验，可采用对同条件养护试件强度进行检验的方法进行。这是根据试验研究和工程调查确定的。

　　本条根据对结构性能的影响及检验结果的代表性，规定了结构实体检验用同条件养护试件的留置方式和取样数量。同条件养护试件应由各方在混凝土浇筑入模处见证取样。同一强度等级的同条件养护试件的留置数量不宜少于 10 组，以构成按统计方法评定混凝土强度的基本条件；留置数量不应少于 3 组，是为了按非统计方法评定混凝土强度时，有足够的代表性。

D.0.2 本条规定在达到等效养护龄期时，方可对同条件养护试件进行强度试验，并给出了结构实体检验用同条件养护试件龄期的确定原则：同条件养护试件达到等效养护龄期时，其强度与标准养护条件下 28d 龄期的试件强度相等。

　　同条件养护混凝土试件与结构混凝土的组成成分、养护条件等相同，可较好地反映结构混凝土的强度。由于同条件养护的温度、湿度与标准养护条件存在差异，故等效养护龄期并不等于 28d，具体龄期可由试验研究确定。

D.0.3 试验研究表明，通常条件下，当逐日累计养护温度达到 600℃·d 时，由于基本反映了养护温度对混凝土强度增长的影响，同条件养护试件强度与标准养护条件下 28d 龄期的试件强度之间有较好的对应关系。当气温为 0℃ 及以下时，不考虑混凝土强度的增长，与此对应的养护时间不计入等效养护龄期。当养护龄期小于 14d 时，混凝土强度尚处于增长期；当养护龄期超过 60d 时，混凝土强度增长缓慢，故等效养护龄期的范围宜取为 14d～60d。

　　结构实体混凝土强度通常低于标准养护条件下的混凝土强度，这主要是由于同条件养护试件养护条件与标准养护条件的差异，包括温度、湿度等条件的差异。同条件养护试件检验时，可将同组试件的强度代表值乘以折算系数 1.10 后，按现行国家标准《混凝土强度检验评定标准》GBJ 107 评定。折算系数 1.10 主要是考虑到实际混凝土结构及同条件养护试件可能失水等不利于强度增长的因素，经试验研究及工程调查而确定的。各地区也可根据当地的试验统计结果对折算系数作适当的调整，但需增大折算系数时应持谨慎态度。

D.0.4 在冬期施工条件下，或出于缩短养护期的需要，可对结构构件采取人工加热养护。此时，同条件养护试件的留置方式和取样数量仍应按本附录第 D.0.1 条的规定确定，其等效养护龄期可根据结构构件的实际养护条件和当地实践经验（包括试验研究结果），由监理（建设）、施工等各方根据第 D.0.2 条的规定共同确定。

附录 E 结构实体钢筋保护层厚度检验

E.0.1～E.0.2 对结构实体钢筋保护层厚度的检验，其检验范围主要是钢筋位置可能显著影响结构构件承载力和耐久性的构件和部位，如梁、板类构件的纵向受力钢筋。由于悬臂构件上部受力钢筋移位可能严重削弱结构构件的承载力，故更应重视对悬臂构件受力钢筋保护层厚度的检验。

　　"有代表性的部位"是指该处钢筋保护层厚度可能对构件承载力或耐久性有显著影响的部位。对梁柱节点等钢筋密集的部位，检验存在困难，在抽取钢筋进行检测时可避开这种部位。

　　对板类构件，应按有代表性的自然间抽查。对大空间结构的板，可先按纵、横轴线划分检查面，然后抽查。

E.0.3 保护层厚度的检测，可根据具体情况，采用保护层厚度测定仪器量测，或局部开槽钻孔测定，但应及时修补。

E.0.4 考虑施工扰动等不利因素的影响，结构实体钢筋保护层厚度检验时，其允许偏差在钢筋安装允许偏差的基础上作了适当调整。

E.0.5 本条明确规定了结构实体检验中钢筋保护层厚度的合格点率应达到 90% 及以上。考虑到实际工程中钢筋保护层厚度可能在某些部位出现较大偏差，以及抽样检验的偶然性，当一次检测结果的合格点率小于 90% 但不小于 80% 时，可再次抽样，并按两次抽样总和的检验结果进行判定。本条还对抽样检验不合格点最大偏差值作出了限制。

中华人民共和国行业标准

组合结构设计规范

Code for design of composite structures

JGJ 138—2016

批准部门：中华人民共和国住房和城乡建设部
施行日期：２０１６年１２月１日

中华人民共和国住房和城乡建设部
公 告

第 1145 号

住房城乡建设部关于发布行业标准
《组合结构设计规范》的公告

现批准《组合结构设计规范》为行业标准，编号为 JGJ 138-2016，自 2016 年 12 月 1 日起实施。其中，第 3.1.5、3.2.3、4.3.8 条为强制性条文，必须严格执行。原《型钢混凝土组合结构技术规程》JGJ 138-2001 同时废止。

本规范由我部标准定额研究所组织中国建筑工业出版社出版发行。

中华人民共和国住房和城乡建设部

2016 年 6 月 14 日

前 言

根据原建设部《关于印发〈二〇〇四年度工程建设城建、建工行业标准制订、修订计划〉的通知》（建标〔2004〕66 号）的要求，规范编制组经广泛调查研究，认真总结工程实践经验，参考国际标准和国外先进标准，并在广泛征求意见的基础上，修订了《型钢混凝土组合结构技术规程》JGJ 138-2001。

本规范的主要技术内容是：1. 总则；2. 术语和符号；3. 材料；4. 结构设计基本规定；5. 型钢混凝土框架梁和转换梁；6. 型钢混凝土框架柱和转换柱；7. 矩形钢管混凝土框架柱和转换柱；8. 圆形钢管混凝土框架柱和转换柱；9. 型钢混凝土剪力墙；10. 钢板混凝土剪力墙；11. 带钢斜撑混凝土剪力墙；12. 钢与混凝土组合梁；13. 组合楼板；14. 连接构造。

本规范修订的主要技术内容是：1. 增加了组合结构房屋最大适用高度的规定；2. 补充了型钢混凝土框架柱的设计和构造规定；3. 补充了型钢混凝土转换梁和转换柱的设计和构造规定；4. 增加了矩形钢管混凝土柱、圆形钢管混凝土柱的设计和构造规定；5. 增加了型钢混凝土剪力墙、钢板混凝土剪力墙、带钢斜撑混凝土剪力墙的设计和构造规定；6. 增加了各类组合柱柱脚的设计和构造规定；7. 增加了钢与混凝土组合梁的设计和构造规定；8. 增加了钢与混凝土组合楼板的设计和构造规定。

本规范中以黑体字标志的条文为强制性条文，必须严格执行。

本规范由住房和城乡建设部负责管理和对强制性条文的解释，由中国建筑科学研究院负责具体技术内容的解释，执行过程中如有意见和建议，请寄送中国建筑科学研究院（地址：北京市北三环东路 30 号，邮编：100013）。

本规范主编单位：中国建筑科学研究院

本规范参编单位：西安建筑科技大学
西南交通大学建筑勘察设计研究院
华南理工大学建筑学院
华东建筑设计研究院有限公司
大连市建筑设计研究院有限公司
同济大学
清华大学
中冶集团建筑研究总院
中建一局发展公司

本规范主要起草人员：孙慧中　王翠坤　姜维山
王祖华　赵世春　汪大绥
王立长　吕西林　肖从真
聂建国　白力更　包联进
陈才华　高华杰

本规范主要审查人员：柯长华　钱稼茹　傅学怡
窦南华　任庆英　周建龙
娄　宇　左　江　丁洁民
陈　星

目　　次

Contents

1 总　则

1.0.1　为在建筑工程中合理应用钢与混凝土组合结构，做到安全适用、技术先进、经济合理、方便施工，制定本规范。

1.0.2　本规范适用于非地震区和抗震设防烈度为6度至9度地震区的高层建筑、多层建筑和一般构筑物的钢与混凝土组合结构的设计。

1.0.3　组合结构的设计，除应符合本规范的规定外，尚应符合国家现行有关标准的规定。

2　术语和符号

2.1　术　语

2.1.1　组合结构构件　composite structure members

由型钢、钢管或钢板与钢筋混凝土组合能整体受力的结构构件。

2.1.2　组合结构　composite structures

由组合结构构件组成的结构，以及由组合结构构件与钢构件、钢筋混凝土构件组成的结构。

2.1.3　型钢混凝土框架梁　steel reinforced concrete frame beams

钢筋混凝土截面内配置型钢的框架梁。

2.1.4　型钢混凝土转换梁　steel reinforced concrete transfer beams

承托上部楼层墙或柱，实现上部楼层到下部楼层结构形式转变或结构布置改变的型钢混凝土梁；部分框支剪力墙结构的转换梁亦称框支梁。

2.1.5　型钢混凝土框架柱　steel reinforced concrete frame columns

钢筋混凝土截面内配置型钢的框架柱。

2.1.6　矩形钢管混凝土框架柱　concrete-filled rectangular steel tube frame columns

矩形钢管内填混凝土形成钢管与混凝土共同受力的框架柱。

2.1.7　圆形钢管混凝土框架柱　concrete-filled circular steel tube frame columns

圆形钢管内填混凝土形成钢管与混凝土共同受力的框架柱。

2.1.8　转换柱　transfer columns

承托上部楼层墙或柱，实现上部楼层到下部楼层结构形式转变或结构布置改变的柱。

2.1.9　型钢混凝土剪力墙　steel concrete composite shear walls

钢筋混凝土剪力墙的边缘构件中配置实腹型钢的剪力墙。

2.1.10　钢板混凝土剪力墙　steel plate concrete composite shear walls

钢筋混凝土截面内配置钢板和端部型钢的剪力墙。

2.1.11　带钢斜撑混凝土剪力墙　steel concealed bracing concrete composite shear walls

钢筋混凝土截面内配置型钢斜撑和端部型钢的剪力墙。

2.1.12　钢与混凝土组合梁　steel and concrete composite beams

混凝土翼板与钢梁通过抗剪连接件组合而成能整体受力的梁。

2.1.13　组合楼板　composite slabs

压型钢板上现浇混凝土组成压型钢板与混凝土共同承受载荷的楼板。

2.2　符　号

2.2.1　材料性能

E_a——型钢（钢管、钢板）弹性模量；

E_c——混凝土弹性模量；

E_s——钢筋弹性模量；

f_a、f'_a——型钢（钢管、钢板）抗拉、抗压强度设计值；

f_{ak}、f'_{ak}——型钢（钢管、钢板）抗拉、抗压强度标准值；

f_{ck}、f_c——混凝土轴心抗压强度标准值、设计值；

f_t——混凝土轴心抗拉强度设计值；

f_y、f'_y——钢筋抗拉、抗压强度设计值；

f_{yh}——剪力墙水平分布钢筋抗拉强度设计值；

f_{yk}、f'_{yk}——钢筋抗拉、抗压强度标准值；

f_{yv}——横向钢筋抗拉强度设计值；

f_{yw}——剪力墙竖向分布钢筋抗拉强度设计值。

2.2.2　作用和作用效应

M——弯矩设计值；

N——轴向力设计值；

V——剪力设计值；

σ_s、σ'_s——正截面承载力计算中纵向钢筋的受拉、受压应力；

σ_a、σ'_a——正截面承载力计算中型钢翼缘的受拉、受压应力；

ω_{max}——最大裂缝宽度。

2.2.3　几何参数

A_c、A_a、A_s、A'_s——混凝土全截面、型钢全截

面、受拉钢筋总截面、受压钢筋总截面的面积，剪力墙竖向分布钢筋的全部截面面积；

A_{af}、A'_{af}、A_{aw}、A_{sw}——型钢受拉翼缘截面、型钢受压翼缘截面、型钢腹板截面的面积，剪力墙竖向分布钢筋的全部截面面积；

a_s、a'_s——纵向受拉钢筋合力点、纵向受压钢筋合力点至混凝土截面近边的距离；

a_a、a'_a——型钢受拉翼缘截面重心、型钢受压翼缘截面重心至混凝土截面近边的距离；

B——型钢混凝土框架梁截面考虑长期作用影响的刚度；

B_s——型钢混凝土框架梁截面短期刚度；

b——混凝土矩形截面宽度；

b_f——型钢翼缘宽度；

c——混凝土保护层厚度；

e——轴向力作用点至纵向受拉钢筋和型钢受拉翼缘合力点之间的距离；对矩形钢管混凝土柱为轴向力作用点至矩形钢管远端钢板厚度中心的距离；

e_a——附加偏心距；

e_i——初始偏心距；

e_0——轴向力对截面重心的偏心距；

h——混凝土截面高度；

h_a——型钢截面高度；

h_0——型钢受拉翼缘和纵向受拉钢筋合力点至混凝土截面受压边缘的距离；

h_{0s}、h_{0f}——纵向受拉钢筋、型钢受拉翼缘截面重心到混凝土截面受压边缘的距离；

h_w——型钢腹板高度；

I_a——型钢截面惯性矩；

I_c——混凝土截面惯性矩；

s——箍筋间距；

t_f——型钢翼缘厚度；

t_w——型钢腹板厚度；

x——混凝土受压区高度。

2.2.4 计算系数及其他

k——考虑柱身弯矩分布梯度影响的等效长度系数；

α_1——受压区混凝土压应力影响系数；

α_E——钢与混凝土弹性模量之比；

β_1——受压区混凝土应力图形影响系数；

β_c——混凝土强度影响系数；

β_h——柱脚计算中有关冲切截面高度的影响系数；

β_r——带边框型钢混凝土剪力墙，周边柱对混凝土墙体的约束系数；

θ——圆钢管混凝土的套箍指标；

ξ——混凝土相对受压区高度；

ρ_s、ρ'_s——纵向受拉钢筋、受压钢筋配筋率；

ρ_{sv}——箍筋面积配筋率；

ρ_v——箍筋体积配筋率；

φ_e——考虑偏心率影响的承载力折减系数；

φ_l——考虑长细比影响的承载力折减系数；

ω——剪力墙竖向分布钢筋配置范围 h_{sw} 与截面有效高度 h_{w0} 的比值。

3 材　料

3.1 钢　材

3.1.1 组合结构构件中钢材宜采用 Q345、Q390、Q420 低合金高强度结构钢及 Q235 碳素结构钢，质量等级不宜低于 B 级，且应分别符合现行国家标准《低合金高强度结构钢》GB/T 1591 和《碳素结构钢》GB/T 700 的规定。当采用较厚的钢板时，可选用材质、材性符合现行国家标准《建筑结构用钢板》GB/T 19879 的各牌号钢板，其质量等级不宜低于 B 级。当采用其他牌号的钢材时，尚应符合国家现行有关标准的规定。

3.1.2 钢材应具有屈服强度、抗拉强度、伸长率、冲击韧性和硫、磷含量的合格保证，对焊接结构尚应具有碳含量的合格保证及冷弯试验的合格保证。

3.1.3 钢材宜采用镇静钢。

3.1.4 钢板厚度大于或等于 40mm，且承受沿板厚方向拉力的焊接连接板件，钢板厚度方向截面收缩率，不应小于现行国家标准《厚度方向性能钢板》GB/T 5313 中 Z15 级规定的容许值。

3.1.5 考虑地震作用的组合结构构件的钢材应符合国家标准《建筑抗震设计规范》GB 50011 - 2010 第 3.9.2 条的有关规定。

3.1.6 钢材强度指标应按表 3.1.6-1、表 3.1.6-2 采用。

表 3.1.6-1　钢材强度指标（N/mm²）

钢材牌号	钢板厚度（mm）	极限抗拉强度最小值 f_{au}	屈服强度 f_{ay}	强度标准值 抗拉、抗压、抗弯 f_{ak}	强度设计值 抗拉、抗压、抗弯 f_a	强度设计值 抗剪 f_{av}	端面承压（刨平顶紧）设计值 f_{ce}
Q235	≤16	370	235	235	215	125	325
Q235	>16~40	370	225	225	205	120	325
Q235	>40~60	370	215	215	200	115	325
Q235	>60~100	370	215	215	190	110	325
Q345	≤16	470	345	345	310	180	400
Q345	>16~35	470	335	335	295	170	400
Q345	>35~50	470	325	325	265	155	400
Q345	>50~100	470	315	315	250	145	400
Q345GJ	6~16	490	345	345	310	180	400
Q345GJ	>16~35	490	345	345	310	180	400
Q345GJ	>35~50	490	335	335	300	175	400
Q345GJ	>50~100	490	325	325	290	170	400
Q390	≤16	490	390	390	350	205	415
Q390	>16~35	490	370	370	335	190	415
Q390	>35~50	490	350	350	315	180	415
Q390	>50~100	490	330	330	295	170	415
Q420	≤16	520	420	420	380	220	440
Q420	>16~35	520	400	400	360	210	440
Q420	>35~50	520	380	380	340	195	440
Q420	>50~100	520	360	360	325	185	440

表 3.1.6-2　冷弯成型矩形钢管强度设计值（N/mm²）

钢材牌号	抗拉、抗压、抗弯 f_a	抗剪 f_{av}	端面承压（刨平顶紧） f_{ce}
Q235	205	120	310
Q345	300	175	400

3.1.7　钢材物理性能指标应按表 3.1.7 采用。

表 3.1.7　钢材物理性能指标

弹性模量 E_a (N/mm²)	剪切模量 G_a (N/mm²)	线膨胀系数 α（以每℃计）	质量密度 (kg/m³)
2.06×10^5	79×10^3	12×10^{-6}	7850

注：压型钢板采用冷轧钢板时，弹性模量取 1.90×10^5。

3.1.8　压型钢板质量应符合现行国家标准《建筑用压型钢板》GB/T 12755 的规定，压型钢板的基板应选用热浸镀锌钢板，不宜选用镀铝锌板。镀锌层应符合现行国家标准《连续热镀锌薄钢板及钢带》GB/T 2518 的规定。

3.1.9　压型钢板宜采用符合现行国家标准《连续热镀锌薄钢板及钢带》GB/T 2518 规定的 S250（S250GD＋Z、S250GD＋ZF）、S350（S350GD＋Z、S350GD＋ZF）、S550（S550GD＋Z、S550GD＋ZF）牌号的结构用钢，其强度标准值、设计值应按表 3.1.9 的规定采用。

表 3.1.9　压型钢板强度标准值、设计值（N/mm²）

牌号	强度标准值 抗拉、抗压、抗弯 f_{ak}	强度设计值 抗拉、抗压、抗弯 f_a	强度设计值 抗剪 f_{av}
S250	250	205	120
S350	350	290	170
S550	470	395	230

3.1.10 钢材的焊接材料应符合下列规定：

1 手工焊接用焊条应与主体金属力学性能相适应，且应符合现行国家标准《非合金钢及细晶粒钢焊条》GB/T 5117、《热强钢焊条》GB/T 5118的规定。

2 自动焊接或半自动焊接采用的焊丝和焊剂，应与主体金属力学性能相适应，且应符合现行国家标准《埋弧焊用碳钢焊丝和焊剂》GB/T 5293、《埋弧焊用低合金钢焊丝和焊剂》GB/T 12470、《气体保护电弧焊用碳钢、低合金钢焊丝》GB/T 8110的规定。

3.1.11 焊缝质量等级应符合现行国家标准《钢结构工程施工质量验收规范》GB 50205的规定，焊缝强度设计值应按表3.1.11的规定采用。

表 3.1.11 焊缝强度设计值（N/mm²）

焊接方法焊条型号	钢材牌号	钢板厚度（mm）	对接焊缝强度设计值				角焊缝强度设计值
			抗压 f_c^w	抗拉 f_t^w		抗剪 f_v^w	抗拉、抗压、抗剪 f_f^w
				一级、二级	三级		
自动焊、半自动焊和E43××型焊条的手工焊	Q235	≤16	215(205)	215(205)	185(175)	125(120)	160(140)
		>16～40	205	205	175	120	
		>40～60	200	200	170	115	
		>60～100	190	190	160	110	
自动焊、半自动焊和E50××型焊条的手工焊	Q345	≤16	310(300)	310(300)	265(255)	180(170)	200(195)
		>16～35	295	295	250	170	
		>35～50	265	265	225	155	
		>50～100	250	250	210	145	
自动焊、半自动焊和E55型焊条的手工焊	Q390	≤16	350	350	300	205	220
		>16～35	335	335	285	190	
		>35～50	315	315	270	180	
		>50～100	295	295	250	170	
	Q420	≤16	380	380	320	220	220
		>16～35	360	360	305	210	
		>35～50	340	340	290	195	
		>50～100	325	325	275	185	

注：1 表中所列一级、二级、三级指焊缝质量等级；
　　2 括号中的数值用于冷成型薄壁型钢。

3.1.12 钢构件连接使用的螺栓、锚栓材料应符合下列规定：

1 普通螺栓应符合现行国家标准《六角头螺栓》GB/T 5782和《六角头螺栓-C级》GB/T 5780的规定；A、B级螺栓孔的精度和孔壁表面粗糙度，C级螺栓孔的允许偏差和孔壁表面粗糙度，均应符合现行国家标准《钢结构工程施工质量验收规范》GB 50205的规定。

2 高强度螺栓应符合现行国家标准《钢结构用高强度大六角头螺栓》GB/T 1228、《钢结构用高强度大六角螺母》GB/T 1229、《钢结构用高强度垫圈》GB/T 1230、《钢结构用高强度大六角头螺栓、大六角螺母、垫圈技术条件》GB/T 1231或《钢结构用扭剪型高强度螺栓连接副》GB/T 3632的规定。

3 普通螺栓连接的强度设计值应按表3.1.12-1采用；高强度螺栓连接的钢材摩擦面抗滑移系数值应按表3.1.12-2采用；高强度螺栓连接的设计预拉力应按表3.1.12-3采用。

4 锚栓可采用符合现行国家标准《碳素结构钢》GB/T 700、《低合金高强度结构钢》GB/T 1591规定的Q235钢、Q345钢。

表 3.1.12-1　螺栓连接的强度设计值（N/mm²）

螺栓的性能等级、锚栓和构件钢材的牌号		普通螺栓						锚栓	承压型连接高强度螺栓		
		C级螺栓			A级、B级螺栓						
		抗拉 f_t^b	抗剪 f_v^b	承压 f_c^b	抗拉 f_t^b	抗剪 f_v^b	承压 f_c^b	抗拉 f_t^a	抗拉 f_t^b	抗剪 f_v^b	承压 f_c^b
普通螺栓	4.6级、4.8级	170	140	—	—	—	—	—	—	—	—
	5.6级	—	—	—	210	190	—	—	—	—	—
	8.8级	—	—	—	400	320	—	—	—	—	—
锚栓（C级普通螺栓）	Q235	(165)	(125)	—	—	—	—	140	—	—	—
	Q345	—	—	—	—	—	—	180	—	—	—
承压型连接高强度螺栓	8.8级	—	—	—	—	—	—	—	400	250	—
	10.9级	—	—	—	—	—	—	—	500	310	—
承压构件	Q235	—	—	305 (295)	—	—	405	—	—	—	470
	Q345	—	—	385 (370)	—	—	510	—	—	—	590
	Q390	—	—	400	—	—	530	—	—	—	615
	Q420	—	—	425	—	—	560	—	—	—	655

注：1　A级螺栓用于 $d \leqslant 24mm$ 和 $l \leqslant 10d$ 或 $l \leqslant 150mm$（按较小值）的螺栓；B级螺栓用于 $d > 24mm$ 或 $l > 10d$ 或 $l > 150mm$（按较小值）的螺栓。d 为公称直径，l 为螺杆公称长度。

　　2　表中带括号的数值用于冷成型薄壁型钢。

表 3.1.12-2　摩擦面的抗滑移系数

连接处构件接触面的处理方法	构件的钢号		
	Q235	Q345、Q390	Q420
喷砂（丸）	0.45	0.50	0.50
喷砂（丸）后涂无机富锌漆	0.35	0.40	0.40
喷砂（丸）后生赤锈	0.45	0.50	0.50
钢丝刷清除浮锈或未经处理的干净轧制表面	0.30	0.35	0.40

表 3.1.12-3　一个高强度螺栓的预拉力（kN）

螺栓的性能等级	螺栓公称直径（mm）					
	M16	M20	M22	M24	M27	M30
8.8级	80	125	150	175	230	280
10.9级	100	155	190	225	290	355

3.1.13　栓钉应符合现行国家标准《电弧螺柱焊用圆柱头焊钉》GB/T 10433 的规定，其材料及力学性能应符合表 3.1.13 规定。

表 3.1.13　栓钉材料及力学性能

材料	极限抗拉强度（N/mm²）	屈服强度（N/mm²）	伸长率（%）
ML15、ML15Al	≥400	≥320	≥14

3.1.14　一个圆柱头栓钉的抗剪承载力设计值应符合下式规定：

$$N_v^c = 0.43 A_s \sqrt{E_c f_c} \leqslant 0.7 A_s f_{at} \quad (3.1.14)$$

式中：N_v^c——栓钉的抗剪承载力设计值；

　　　　E_c——混凝土弹性模量；

　　　　f_c——混凝土受压强度设计值；

　　　　A_s——圆柱头栓钉钉杆截面面积；

　　　　f_{at}——圆柱头栓钉极限抗拉强度设计值，其值取为 360N/mm²。

3.2　钢　　筋

3.2.1　纵向受力钢筋宜采用 HRB400、HRB500、HRB335 热轧钢筋；箍筋宜采用 HRB400、HRB335、HPB300、HRB500，其强度标准值、设计值应按表 3.2.1 的规定采用。

表 3.2.1　钢筋强度标准值、设计值（N/mm²）

牌号	符号	公称直径 d（mm）	屈服强度标准值 f_{yk}	极限强度标准值 f_{stk}	最大拉力下总伸长率 δ_{gt}（%）	抗拉强度设计值 f_y	抗压强度设计值 f_y'
HPB300	Φ	6～22	300	420	不小于10	270	270
HRB335	Φ	6～50	335	455	不小于7.5	300	300
HRB400	Φ	6～50	400	540		360	360
HRB500	Φ	6～50	500	630		435	410

注：1　当采用直径大于 40mm 的钢筋时，应有可靠的工程经验；

　　2　用作受剪、受扭、受冲切承载力计算的箍筋，其强度设计值 f_{yv} 应按表中 f_y 数值取用，且其数值不应大于 360N/mm²。

3.2.2 钢筋弹性模量 E_s 应按表3.2.2采用。

表 3.2.2 钢筋弹性模量（$\times 10^5 \text{N/mm}^2$）

种类	E_s
HPB300	2.1
HRB400、HRB500、HRB335	2.0

3.2.3 抗震等级为一、二、三级的框架和斜撑构件，其纵向受力钢筋应符合国家标准《混凝土结构设计规范》GB 50010–2010 第11.2.3条的有关规定。

3.3 混 凝 土

3.3.1 型钢混凝土结构构件采用的混凝土强度等级不宜低于C30；有抗震设防要求时，剪力墙不宜超过

C60；其他构件，设防烈度9度时不宜超过C60；8度时不宜超过C70。钢管中的混凝土强度等级，对Q235钢管，不宜低于C40；对Q345钢管，不宜低于C50；对Q390、Q420钢管，不应低于C50。组合楼板用的混凝土强度等级不应低于C20。

3.3.2 混凝土轴心抗压强度标准值 f_{ck}、轴心抗拉强度标准值 f_{tk} 应按表3.3.2-1的规定采用；轴心抗压强度设计值 f_c、轴心抗拉强度设计值 f_t 应按表3.3.2-2的规定采用。

3.3.3 混凝土受压和受拉弹性模量 E_c 应按表3.3.3的规定采用，混凝土的剪切变形模量可按相应弹性模量值的0.4倍采用，混凝土泊松比可按0.2采用。

表 3.3.2-1 混凝土强度标准值（N/mm^2）

强度	混凝土强度等级												
	C20	C25	C30	C35	C40	C45	C50	C55	C60	C65	C70	C75	C80
f_{ck}	13.4	16.7	20.1	23.4	26.8	29.6	32.4	35.5	38.5	41.5	44.5	47.4	50.2
f_{tk}	1.54	1.78	2.01	2.20	2.39	2.51	2.64	2.74	2.85	2.93	2.99	3.05	3.11

表 3.3.2-2 混凝土强度设计值（N/mm^2）

强度	混凝土强度等级												
	C20	C25	C30	C35	C40	C45	C50	C55	C60	C65	C70	C75	C80
f_c	9.6	11.9	14.3	16.7	19.1	21.1	23.1	25.3	27.5	29.7	31.8	33.8	35.9
f_t	1.10	1.27	1.43	1.57	1.71	1.80	1.89	1.96	2.04	2.09	2.14	2.18	2.22

表 3.3.3 混凝土弹性模量（$\times 10^4 \text{N/mm}^2$）

混凝土强度等级	C20	C25	C30	C35	C40	C45	C50	C55	C60	C65	C70	C75	C80
E_c	2.55	2.80	3.00	3.15	3.25	3.35	3.45	3.55	3.60	3.65	3.70	3.75	3.80

3.3.4 型钢混凝土组合结构构件的混凝土最大骨料直径宜小于型钢外侧混凝土保护层厚度的1/3，且不宜大于25mm。对浇筑难度较大或复杂节点部位，宜采用骨料更小，流动性更强的高性能混凝土。钢管混凝土构件中混凝土最大骨料直径不宜大于25mm。

4 结构设计基本规定

4.1 一 般 规 定

4.1.1 组合结构构件可用于框架结构、框架-剪力墙结构、部分框支剪力墙结构、框架-核心筒结构、筒中筒结构等结构体系。

4.1.2 各类结构体系中，可整个结构体系采用组合结构构件，也可采用组合结构构件与钢结构、钢筋混凝土结构构件同时使用。

4.1.3 考虑地震作用组合的各类结构体系中的框架柱，沿房屋高度宜采用同类结构构件。当采用不同类型结构构件时，应设置过渡层，并应符合本规范有关柱与柱连接构造的规定。

4.1.4 各类结构体系中的楼盖结构应具有良好的水平刚度和整体性，其楼面宜采用组合楼板或现浇钢筋混凝土楼板；采用组合楼板时，对转换层、加强层以及有大开洞楼层，宜增加组合楼板的有效厚度或采用现浇钢筋混凝土楼板。

4.2 结构体系及结构构件类型

4.2.1 型钢混凝土柱内埋置的型钢，宜采用实腹式焊接型钢（图4.2.1a、b、c）；对于型钢混凝土巨型柱，其型钢宜采用多个焊接型钢通过钢板连接成整体的实腹式焊接型钢（图4.2.1d）。

4.2.2 型钢混凝土梁的型钢，宜采用充满型实腹型钢，其型钢的一侧翼缘宜位于受压区，另一侧翼缘应位于受拉区（图4.2.2）。

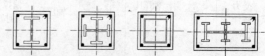

(a)工字形实腹 (b)十字形实腹 (c)箱形实腹 (d)钢板连接成整
式焊接型钢　式焊接型钢　式焊接型钢　体实腹式焊接型钢

图 4.2.1 型钢混凝土柱的型钢截面配筋形式

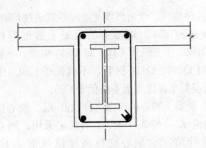

图 4.2.2 型钢混凝土梁的型钢截面配筋形式

4.2.3 矩形钢管混凝土柱的矩形钢管，可采用热轧钢板焊接成型的钢管，也可采用热轧成型钢管或冷成型的直缝焊接钢管。

4.2.4 圆形钢管混凝土柱的圆形钢管，宜采用直焊缝钢管或无缝钢管，也可采用螺旋焊缝钢管，不宜选用输送流体用的螺旋焊管。

4.2.5 钢与混凝土组合剪力墙可采用型钢混凝土剪力墙（图 4.2.5a）、钢板混凝土剪力墙（图 4.2.5b）、带钢斜撑混凝土剪力墙（图 4.2.5c）以及有端柱或带边框型钢混凝土剪力墙（图 4.2.5d）。

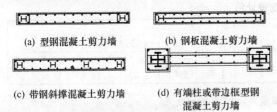

(a) 型钢混凝土剪力墙　　(b) 钢板混凝土剪力墙

(c) 带钢斜撑混凝土剪力墙　(d) 有端柱或带边框型钢
混凝土剪力墙

图 4.2.5 钢与混凝土组合剪力墙截面形式

4.2.6 钢与混凝土组合梁的翼板可采用现浇混凝土板、混凝土叠合板或压型钢板混凝土组合板（图4.2.6）。

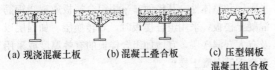

(a) 现浇混凝土板　(b) 混凝土叠合板　(c) 压型钢板
混凝土组合板

图 4.2.6 钢与混凝土组合梁
1—预制板

4.2.7 钢与混凝土组合楼板中的压型钢板可采用开口型压型钢板、缩口型压型钢板和闭口型压型钢板（图 4.2.7）。

(a)开口型压型钢板　(b)缩口型压型钢板　(c)闭口型压型钢板

图 4.2.7 钢与混凝土组合楼板中压型钢板的形式

4.3 设计计算原则

4.3.1 钢与混凝土组合结构多、高层建筑，其结构地震作用或风荷载作用组合下的内力和位移计算、水平位移限值、舒适度要求、结构整体稳定验算，以及结构抗震性能化设计、抗连续倒塌设计等，应符合国家现行标准《建筑结构荷载规范》GB 50009、《建筑抗震设计规范》GB 50011、《混凝土结构设计规范》GB 50010、《高层建筑混凝土结构技术规程》JGJ 3 等的相关规定。

4.3.2 组合结构构件应按承载能力极限状态和正常使用极限状态进行设计。

4.3.3 组合结构构件的承载力设计应符合下列公式的规定：

1 持久、短暂设计状况

$$\gamma_0 S \leqslant R \tag{4.3.3-1}$$

2 地震设计状况

$$S \leqslant R / \gamma_{RE} \tag{4.3.3-2}$$

式中：S——构件内力组合设计值，应按现行国家标准《建筑结构荷载规范》GB 50009、《建筑抗震设计规范》GB 50011 的规定进行计算；

γ_0——构件的重要性系数，对安全等级为一级的结构构件不应小于 1.1，对安全等级为二级的结构构件不应小于 1.0；

R——构件承载力设计值；

γ_{RE}——承载力抗震调整系数，其值应按表 4.3.3 的规定采用。

表 4.3.3 承载力抗震调整系数

构件类型	组合结构构件								钢构件	
	梁	柱、支撑		剪力墙		各类构件	节点		梁、柱、支撑	柱、支撑
受力特性	受弯	偏压轴压比小于0.15	偏压轴压比不小于0.15	轴压	偏拉、轴拉	偏压、偏拉	局压	受剪	受剪	强度	稳定
γ_{RE}	0.75	0.75	0.80	0.80	0.85	0.85	1.0	0.85	0.85	0.75	0.80

注：圆形钢管混凝土偏心受压柱 γ_{RE} 取 0.8。

4.3.4 在进行结构内力和变形计算时，型钢混凝土和钢管混凝土组合结构构件的刚度，可按下列规定计算：

1 型钢混凝土结构构件、钢管混凝土结构构件的截面抗弯刚度、轴向刚度和抗剪刚度可按下列公式计算：

$$EI = E_cI_c + E_aI_a \qquad (4.3.4\text{-}1)$$

$$EA = E_cA_c + E_aA_a \qquad (4.3.4\text{-}2)$$

$$GA = G_cA_c + G_aA_a \qquad (4.3.4\text{-}3)$$

式中：EI、EA、GA——构件截面抗弯刚度、轴向刚度、抗剪刚度；

E_cI_c、E_cA_c、G_cA_c——钢筋混凝土部分的截面抗弯刚度、轴向刚度、抗剪刚度；

E_aI_a、E_aA_a、G_aA_a——型钢或钢板部分的截面抗弯刚度、轴向刚度、抗剪刚度。

2 型钢混凝土剪力墙、钢板混凝土剪力墙、带钢斜撑混凝土剪力墙的截面刚度可按下列原则计算：

　　1）型钢混凝土剪力墙，其截面刚度可近似按相同截面的钢筋混凝土剪力墙计算截面刚度，可不计入端部型钢对截面刚度的提高作用；

　　2）有端柱型钢混凝土剪力墙，其截面刚度可按端柱中混凝土截面面积加上型钢按弹性模量比折算的等效混凝土面积计算其抗弯刚度和轴向刚度；墙的抗剪刚度可不计入型钢作用；

　　3）钢板混凝土剪力墙，可把钢板按弹性模量比折算为等效混凝土面积计算其截面刚度；

　　4）带钢斜撑混凝土剪力墙，可不考虑钢斜撑对其截面刚度的影响。

4.3.5 采用组合结构构件作为主要抗侧力结构的各种组合结构体系，其房屋最大适用高度应符合表4.3.5的规定。表中框架结构、框架-剪力墙结构中的型钢（钢管）混凝土框架，系指型钢（钢管）混凝土柱与钢梁、型钢混凝土梁或钢筋混凝土梁组成的框架；表中框架-核心筒结构中的型钢（钢管）混凝土框架和筒中筒结构中的型钢（钢管）混凝土外筒，系指结构全高由型钢（钢管）混凝土柱与钢梁或型钢混凝土梁组成的框架、外筒。

表4.3.5 组合结构房屋的最大适用高度（m）

结构体系		非抗震设计	抗震设防烈度				
			6度	7度	8度		9度
					0.20g	0.30g	
框架结构	型钢（钢管）混凝土框架	70	60	50	40	35	24
框架-剪力墙结构	型钢（钢管）混凝土框架-钢筋混凝土剪力墙	150	130	120	100	80	50
剪力墙结构	钢筋混凝土剪力墙	150	140	120	100	80	60
部分框支剪力墙结构	型钢（钢管）混凝土转换柱-钢筋混凝土剪力墙	130	120	100	80	50	不应采用
框架-核心筒结构	钢框架-钢筋混凝土核心筒	210	200	160	120	100	70
	型钢（钢管）混凝土框架-钢筋混凝土核心筒	240	220	190	150	130	70
筒中筒结构	钢外筒-钢筋混凝土核心筒	280	260	210	160	140	80
	型钢（钢管）混凝土外筒-钢筋混凝土核心筒	300	280	230	170	150	90

注：1 平面和竖向均不规则的结构，最大适用高度宜适当降低；

　　2 表中"钢筋混凝土剪力墙"、"钢筋混凝土核心筒"，系指其剪力墙全部是钢筋混凝土剪力墙以及结构局部部位是型钢混凝土剪力墙或钢板混凝土剪力墙。

4.3.6 组合结构在多遇地震作用下的结构阻尼比可取为0.04，房屋高度超过200m时，阻尼比可取为0.03；当楼盖梁采用钢筋混凝土梁时，相应结构阻尼比可增加0.01；风荷载作用下楼层位移验算和构件设计时，阻尼比可取为0.02～0.04；结构舒适度验算时的阻尼比可取为0.01～0.02。

4.3.7 采用型钢（钢管）混凝土转换柱的部分框支剪力墙结构，在地面以上的框支层层数，设防烈度8度时不宜超过4层，7度时不宜超过6层。

4.3.8 组合结构构件的抗震设计，应根据设防烈度、结构类型、房屋高度采用不同的抗震等级，并应符合相应的计算和构造措施规定。丙类建筑组合结构构件的抗震等级应按表4.3.8确定。

表4.3.8 组合结构房屋的抗震等级

设防烈度：6度 / 7度 / 8度 / 9度

结构类型	构件 / 房屋高度	6度	6度	7度	7度	7度	8度	8度	8度	9度	9度
框架结构	房屋高度(m)	≤24	>24	≤24	>24		≤24	>24		≤24	
	型钢(钢管)混凝土普通框架	四	三	三	二		二	一		一	
	型钢(钢管)混凝土大跨度框架	三	三	二	二		一	一		一	
框架-剪力墙结构	房屋高度(m)	≤60	>60	≤24	25～60	>60	≤24	25～60	>60	≤24	25～50
	型钢(钢管)混凝土框架	四	三	四	三	二	三	二	二	二	一
	钢筋混凝土剪力墙	三	三	三	二	二	二	一	一	一	一
剪力墙结构	房屋高度(m)	≤80	>80	≤24	25～80	>80	≤24	25～80	>80	≤24	25～60
	钢筋混凝土剪力墙	四	三	四	三	二	三	二	二	二	一
部分框支剪力墙结构	房屋高度(m)	≤80	>80	≤24	25～80	>80	≤24	25～80			
	非底部加强部位剪力墙	四	三	四	三	二	三	二			
	底部加强部位剪力墙	三	三	三	二	二	二	二			
	型钢(钢管)混凝土框支框架	三	三	三	二	二	二	二			
框架-核心筒结构	房屋高度(m)	≤150	>150	≤130	>130		≤100	>100		≤70	
	型钢(钢管)混凝土框架-钢筋混凝土核心筒　框架	三	二	二	二		一	一		一	
	型钢(钢管)混凝土框架-钢筋混凝土核心筒　核心筒	二	二	二	一		二	特一		特一	
	钢框架-钢筋混凝土核心筒　框架	四	—	三	—		二	—		一	
	钢框架-钢筋混凝土核心筒　核心筒	二	—	特一	—		特一	—		特一	
筒中筒结构	房屋高度(m)	≤180	>180	≤150	>150		≤120	>120		≤90	
	型钢(钢管)混凝土外筒-钢筋混凝土核心筒　外筒	三	二	二	二		一	一		一	
	型钢(钢管)混凝土外筒-钢筋混凝土核心筒　核心筒	二	二	二	一		二	特一		特一	
	钢外筒-钢筋混凝土核心筒　外筒	四	—	三	—		二	—		一	
	钢外筒-钢筋混凝土核心筒　核心筒	二	—	特一	—		特一	—		特一	

注：1 建筑场地为Ⅰ类时，除6度外应允许按表内降低一度所对应的抗震等级采取抗震构造措施，但相应的计算要求不应降低；

2 底部带转换层的筒体结构，其转换框架的抗震等级应按表中框支剪力墙结构的规定采用；

3 高度不超过60m的框架-核心筒结构，其抗震等级应允许按框架-剪力墙结构采用；

4 大跨度框架指跨度不小于18m的框架。

4.3.9 多高层组合结构在正常使用条件下，按风荷载或多遇地震标准值作用下，以弹性方法计算的楼层层间最大水平位移与层高的比值，以及结构的薄弱层层间弹塑性位移，应符合国家现行标准《建筑抗震设计规范》GB 50011、《高层建筑混凝土结构技术规程》JGJ 3 的规定。

4.3.10 型钢混凝土梁、钢与混凝土组合梁及组合楼板的最大挠度，应按荷载效应的准永久组合，并考虑荷载长期作用的影响进行计算，其计算值不应超过表4.3.10-1和表4.3.10-2规定的挠度限值。

表4.3.10-1 型钢混凝土梁及组合楼板挠度限值（mm）

跨度	挠度限值（以计算跨度 l_0 计算）
$l_0 < 7m$	$l_0/200$ （$l_0/250$）
$7m \leqslant l_0 \leqslant 9m$	$l_0/250$ （$l_0/300$）
$l_0 > 9m$	$l_0/300$ （$l_0/400$）

注：1 表中 l_0 为构件的计算跨度；悬臂构件的 l_0 按实际悬臂长度的2倍取用；

2 构件有起拱时，可将计算所得挠度值减去起拱值；

3 表中括号中的数值适用于使用上对挠度有较高要求的构件。

表 4.3.10-2　钢与混凝土组合梁挠度限值（mm）

类型	挠度限值（以计算跨度 l_0 计算）
主梁	$l_0/300$（$l_0/400$）
其他梁	$l_0/250$（$l_0/300$）

注：1　表中 l_0 为构件的计算跨度；悬臂构件的 l_0 按实际悬臂长度的 2 倍取用；
　　2　表中数值为永久荷载和可变荷载组合产生的挠度允许值，有起拱时可减去起拱值；
　　3　表中括号内数值为可变荷载标准值产生的挠度允许值。

4.3.11　型钢混凝土梁按荷载效应的准永久值，并考虑荷载长期作用影响的最大裂缝宽度，不应大于表 4.3.11 规定的最大裂缝宽度限值。

表 4.3.11　型钢混凝土梁最大裂缝宽度限值（mm）

耐久性环境等级	裂缝控制等级	最大裂缝宽度限值 ω_{max}
一	三级	0.3（0.4）
二 a		0.2
二 b		
三 a　三 b		

注：对于年平均相对湿度小于 60% 地区一级环境下的型钢混凝土梁，其裂缝最大宽度限值可采用括号内的数值。

4.3.12　钢管混凝土柱的钢管在施工阶段的轴向应力不应大于其抗压强度设计值的 60%，并应符合稳定性验算的规定。

4.3.13　框架-核心筒、筒中筒组合结构，在施工阶段应计算竖向构件压缩变形的差异，根据分析结果预调构件的加工长度和安装标高，并应采取必要的措施控制由差异变形产生的结构附加内力。

4.4　一般构造

4.4.1　型钢混凝土和钢管混凝土组合结构构件，其梁、柱、支撑的节点构造、钢筋机械连接套筒、连接板设置位置、型钢上预留钢筋孔和混凝土浇筑孔、排气孔位置等应进行专业深化设计。

4.4.2　组合结构中的钢结构制作、安装应符合现行国家标准《钢结构工程施工质量验收规范》GB 50205、《钢结构焊接规范》GB 50661 的规定。

4.4.3　焊缝的坡口形式和尺寸，应符合现行国家标准《气焊、焊条电弧焊、气体保护焊和高能束焊的推荐坡口》GB/T 985.1 和《埋弧焊的推荐坡口》GB/T 985.2 的规定。

4.4.4　型钢混凝土柱和钢管混凝土柱采用埋入式柱脚时，型钢、钢管与底板的连接焊缝宜采用坡口全熔透焊缝，焊缝等级为二级；当采用非埋入式柱脚时，型钢、钢管与柱脚底板的连接应采用坡口全熔透焊

缝，焊缝等级为一级。

4.4.5　抗剪栓钉的直径规格宜选用 19mm 和 22mm，其长度不宜小于 4 倍栓钉直径，水平和竖向间距不宜小于 6 倍栓钉直径且不宜大于 200mm。栓钉中心至型钢翼缘边缘距离不应小于 50mm，栓钉顶面的混凝土保护层厚度不宜小于 15mm。

4.4.6　钢筋连接可采用绑扎搭接、机械连接或焊接，纵向受拉钢筋的接头面积百分率不宜大于 50%。机械连接宜用于直径不小于 16mm 受力钢筋的连接，其接头质量应符合现行行业标准《钢筋机械连接技术规程》JGJ 107、《钢筋机械连接用套筒》JG/T 163 的规定。当纵向受力钢筋与钢构件连接时，可采用可焊接机械连接套筒或连接板。可焊接机械连接套筒的抗拉强度不应小于连接钢筋抗拉强度标准值的 1.1 倍。可焊接机械连接套筒与钢构件应采用等强焊接并在工厂完成。连接板与钢构件、钢筋连接时应保证焊接质量。

5　型钢混凝土框架梁和转换梁

5.1　一般规定

5.1.1　型钢混凝土框架梁和转换梁正截面承载力应按下列基本假定进行计算：

1　截面应变保持平面；

2　不考虑混凝土的抗拉强度；

3　受压边缘混凝土极限压应变 ε_{cu} 取 0.003，相应的最大压应力取混凝土轴心抗压强度设计值 f_c 乘以受压区混凝土压应力影响系数 α_1，当混凝土强度等级不超过 C50 时，α_1 取为 1.0；当混凝土强度等级为 C80 时，α_1 取为 0.94，其间按线性内插法确定；受压区应力图简化为等效的矩形应力图，其高度取按平截面假定所确定的中和轴高度乘以受压区混凝土应力图形影响系数 β_1，当混凝土强度等级不超过 C50 时，β_1 取为 0.8，当混凝土强度等级为 C80 时，β_1 取为 0.74，其间按线性内插法确定；

4　型钢腹板的应力图形为拉压梯形应力图形，计算时简化为等效矩形应力图形；

5　钢筋、型钢的应力等于钢筋、型钢应变与其弹性模量的乘积，其绝对值不应大于其相应的强度设计值；纵向受拉钢筋和型钢受拉翼缘的极限拉应变取 0.01。

5.1.2　型钢混凝土框架梁和转换梁中的型钢钢板厚度不宜小于 6mm，其钢板宽厚比（图 5.1.2）应符合表 5.1.2 的规定。

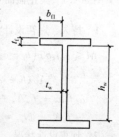

图 5.1.2　型钢混凝土梁的型钢钢板宽厚比

表 5.1.2 型钢混凝土梁的型钢钢板宽厚比限值

钢号	b_{f1}/t_f	h_w/t_w
Q235	$\leqslant 23$	$\leqslant 107$
Q345、Q345GJ	$\leqslant 19$	$\leqslant 91$
Q390	$\leqslant 18$	$\leqslant 83$
Q420	$\leqslant 17$	$\leqslant 80$

5.1.3 型钢混凝土框架梁和转换梁最外层钢筋的混凝土保护层最小厚度应符合现行国家标准《混凝土结构设计规范》GB 50010 的规定。型钢的混凝土保护层最小厚度（图 5.1.3）不宜小于 100mm，且梁内型钢翼缘离两侧边距离 b_1、b_2 之和不宜小于截面宽度的 1/3。

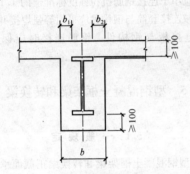

图 5.1.3 型钢混凝土梁中型钢的混凝土
保护层最小厚度

5.2 承载力计算

5.2.1 型钢截面为充满型实腹型钢的型钢混凝土框架梁和转换梁，其正截面受弯承载力应符合下列规定（图 5.2.1）：

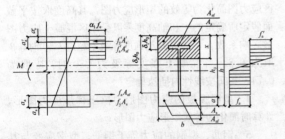

图 5.2.1 梁正截面受弯承载力计算参数示意

1 持久、短暂设计状况

$$M \leqslant \alpha_1 f_c b x \left(h_0 - \frac{x}{2}\right) + f'_y A'_s (h_0 - a'_s)$$
$$+ f'_a A'_{af} (h_0 - a'_a) + M_{aw} \qquad (5.2.1\text{-}1)$$

$$\alpha_1 f_c b x + f'_y A'_s + f'_a A'_{af} - f_y A_s$$
$$- f_a A_{af} + N_{aw} = 0 \qquad (5.2.1\text{-}2)$$

2 地震设计状况

$$M \leqslant \frac{1}{\gamma_{RE}} \left[\alpha_1 f_c b x \left(h_0 - \frac{x}{2}\right) + f'_y A'_s (h_0 - a'_s) \right.$$

$$\left. + f'_a A'_{af} (h_0 - a'_a) + M_{aw} \right] \qquad (5.2.1\text{-}3)$$

$$\alpha_1 f_c b x + f'_y A'_s + f'_a A'_{af} - f_y A_s$$
$$- f_a A_{af} + N_{aw} = 0 \qquad (5.2.1\text{-}4)$$

$$h_0 = h - a \qquad (5.2.1\text{-}5)$$

3 当 $\delta_1 h_0 < 1.25x$，$\delta_2 h_0 > 1.25x$ 时，M_{aw}、N_{aw} 应按下列公式计算：

$$M_{aw} = \left[0.5(\delta_1^2 + \delta_2^2) - (\delta_1 + \delta_2) + 2.5 \frac{x}{h_0} \right.$$

$$\left. - \left(1.25 \frac{x}{h_0}\right)^2 \right] t_w h_0^2 f_a \qquad (5.2.1\text{-}6)$$

$$N_{aw} = \left[2.5 \frac{x}{h_0} - (\delta_1 + \delta_2) \right] t_w h_0 f_a$$

$$(5.2.1\text{-}7)$$

4 混凝土等效受压区高度应符合下列公式的规定：

$$x \leqslant \xi_b h_0 \qquad (5.2.1\text{-}8)$$

$$x \geqslant a'_a + t'_f \qquad (5.2.1\text{-}9)$$

$$\xi_b = \frac{\beta_1}{1 + \dfrac{f_y + f_a}{2 \times 0.003 E_s}} \qquad (5.2.1\text{-}10)$$

式中：M——弯矩设计值；

M_{aw}——型钢腹板承受的轴向合力对型钢受拉翼缘和纵向受拉钢筋合力点的力矩；

N_{aw}——型钢腹板承受的轴向合力；

α_1——受压区混凝土压应力影响系数；

β_1——受压区混凝土应力图形影响系数；

f_c——混凝土轴心抗压强度设计值；

f_a、f'_a——型钢抗拉、抗压强度设计值；

f_y、f'_y——钢筋抗拉、抗压强度设计值；

A_s、A'_s——受拉、受压钢筋的截面面积；

A_{af}、A'_{af}——型钢受拉、受压翼缘的截面面积；

b——截面宽度；

h——截面高度；

h_0——截面有效高度；

t_w——型钢腹板厚度；

t_f、t'_f——型钢受拉、受压翼缘厚度；

ξ_b——相对界限受压区高度；

E_s——钢筋弹性模量；

x——混凝土等效受压区高度；

a_s、a_a——受拉区钢筋、型钢翼缘合力点至截面受拉边缘的距离；

a'_s、a'_a——受压区钢筋、型钢翼缘合力点至截面受压边缘的距离；

a——型钢受拉翼缘与受拉钢筋合力点至截面受拉边缘的距离；

δ_1——型钢腹板上端至截面上边的距离与 h_0 的比值，$\delta_1 h_0$ 为型钢腹板上端至截面上边的距离；

δ_2——型钢腹板下端至截面上边的距离与 h_0 的比值，$\delta_2 h_0$ 为型钢腹板下端至截面上边的距离。

5.2.2 型钢混凝土框架梁和转换梁的剪力设计值应按下列规定计算：

1 一级抗震等级的框架结构和 9 度设防烈度的一级抗震等级框架

$$V_b = 1.1 \frac{(M_{bua}^l + M_{bua}^r)}{l_n} + V_{Gb} \quad (5.2.2-1)$$

2 其他情况

一级抗震等级

$$V_b = 1.3 \frac{(M_b^l + M_b^r)}{l_n} + V_{Gb} \quad (5.2.2-2)$$

二级抗震等级

$$V_b = 1.2 \frac{(M_b^l + M_b^r)}{l_n} + V_{Gb} \quad (5.2.2-3)$$

三级抗震等级

$$V_b = 1.1 \frac{(M_b^l + M_b^r)}{l_n} + V_{Gb} \quad (5.2.2-4)$$

四级抗震等级，取地震作用组合下的剪力设计值。

3 公式（5.2.2-1）中的 M_{bua}^l 与 M_{bua}^r 之和，应分别按顺时针和逆时针方向进行计算，并取其较大值。公式（5.2.2-2）~（5.2.2-4）中的 M_b^l 与 M_b^r 之和，应分别按顺时针和逆时针方向进行计算的两端考虑地震组合的弯矩设计值之和的较大值，对一级抗震等级框架，两端弯矩均为负弯矩时，绝对值较小的弯矩应取零。

式中：M_{bua}^l、M_{bua}^r——梁左、右端顺时针或逆时针方向按实配钢筋和型钢截面积（计入受压钢筋及梁有效翼缘宽度范围内的楼板钢筋）、材料强度标准值，且考虑承载力抗震调整系数的正截面受弯承载力所对应的弯矩值；梁有效翼缘宽度取梁两侧跨度的 1/6 和翼板厚度 6 倍中的较小者；

M_b^l、M_b^r——考虑地震作用组合的梁左、右端顺时针或逆时针方向弯矩设计值；

V_b——梁剪力设计值；

V_{Gb}——考虑地震作用组合时的重力荷载代表值产生的剪力设计值，可按简支梁计算确定；

l_n——梁的净跨。

5.2.3 型钢混凝土框架梁的受剪截面应符合下列公式的规定：

1 持久、短暂设计状况

$$V_b \leqslant 0.45 \beta_c f_c b h_0 \quad (5.2.3-1)$$

$$\frac{f_a t_w h_w}{\beta_c f_c b h_0} \geqslant 0.10 \quad (5.2.3-2)$$

2 地震设计状况

$$V_b \leqslant \frac{1}{\gamma_{RE}} (0.36 \beta_c f_c b h_0) \quad (5.2.3-3)$$

$$\frac{f_a t_w h_w}{\beta_c f_c b h_0} \geqslant 0.10 \quad (5.2.3-4)$$

式中：h_w——型钢腹板高度；

β_c——混凝土强度影响系数，当混凝土强度等级不超过 C50 时，取 $\beta_c = 1.0$；当混凝土强度等级为 C80 时，取为 $\beta_c = 0.8$；其间按线性内插法确定。

5.2.4 型钢混凝土转换梁的受剪截面应符合下列公式的规定：

1 持久、短暂设计状况

$$V_b \leqslant 0.4 \beta_c f_c b h_0 \quad (5.2.4-1)$$

$$\frac{f_a t_w h_w}{\beta_c f_c b h_0} \geqslant 0.10 \quad (5.2.4-2)$$

2 地震设计状况

$$V_b \leqslant \frac{1}{\gamma_{RE}} (0.3 \beta_c f_c b h_0) \quad (5.2.4-3)$$

$$\frac{f_a t_w h_w}{\beta_c f_c b h_0} \geqslant 0.10 \quad (5.2.4-4)$$

5.2.5 型钢截面为充满型实腹型钢的型钢混凝土框架梁和转换梁，其斜截面受剪承载力应符合下列公式的规定：

1 一般框架梁和转换梁

1） 持久、短暂设计状况

$$V_b \leqslant 0.8 f_t b h_0 + f_{yv} \frac{A_{sv}}{s} h_0 + 0.58 f_a t_w h_w \quad (5.2.5-1)$$

2） 地震设计状况

$$V_b \leqslant \frac{1}{\gamma_{RE}} \left(0.5 f_t b h_0 + f_{yv} \frac{A_{sv}}{s} h_0 + 0.58 f_a t_w h_w \right) \quad (5.2.5-2)$$

2 集中荷载作用下框架梁和转换梁

1） 持久、短暂设计状况

$$V_b \leqslant \frac{1.75}{\lambda + 1} f_t b h_0 + f_{yv} \frac{A_{sv}}{s} h_0 + \frac{0.58}{\lambda} f_a t_w h_w \quad (5.2.5-3)$$

2） 地震设计状况

$$V_b \leqslant \frac{1}{\gamma_{RE}} \left(\frac{1.05}{\lambda + 1} f_t b h_0 + f_{yv} \frac{A_{sv}}{s} h_0 + \frac{0.58}{\lambda} f_a t_w h_w \right) \quad (5.2.5-4)$$

式中：f_{yv}——箍筋的抗拉强度设计值；

A_{sv}——配置在同一截面内箍筋各肢的全部截面面积；

s——沿构件长度方向上箍筋的间距；

λ——计算截面剪跨比，λ 可取 $\lambda = a/h$，a 为计算截面至支座截面或节点边缘的距离，计算截面取集中荷载作用点处的截面；当 $\lambda < 1.5$ 时，取 $\lambda = 1.5$；当 $\lambda > 3$ 时，取 $\lambda = 3$；

f_t——混凝土抗拉强度设计值。

5.2.6 配置桁架式型钢的型钢混凝土梁，其受弯承载力计算可将桁架的上、下弦型钢等效为纵向钢筋，受剪承载力计算可将桁架的斜腹杆按其承载力的竖向分力等效为抗剪箍筋，按现行国家标准《混凝土结构设计规范》GB 50010 中钢筋混凝土梁的相关规定计算。

5.3 裂缝宽度验算

5.3.1 型钢混凝土框架梁和转换梁应验算裂缝宽度，最大裂缝宽度应按荷载的准永久值并考虑长期作用的影响进行计算。

5.3.2 型钢混凝土梁的最大裂缝宽度可按下列公式计算（图 5.3.2）。

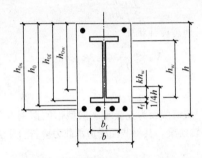

图 5.3.2 型钢混凝土梁最大裂缝宽度计算参数示意

$$\omega_{max} = 1.9\psi \frac{\sigma_{sa}}{E_s}\left(1.9c_s + 0.08\frac{d_e}{\rho_{te}}\right)$$

$$(5.3.2-1)$$

$$\psi = 1.1(1 - M_{cr}/M_q) \qquad (5.3.2-2)$$

$$M_{cr} = 0.235bh^2 f_{tk} \qquad (5.3.2-3)$$

$$\sigma_{sa} = \frac{M_q}{0.87(A_s h_{0s} + A_{af} h_{0f} + kA_{aw} h_{0w})}$$

$$(5.3.2-4)$$

$$k = \frac{0.25h - 0.5t_f - a_a}{h_w} \qquad (5.3.2-5)$$

$$d_e = \frac{4(A_s + A_{af} + kA_{aw})}{u} \qquad (5.3.2-6)$$

$$u = n\pi d_s + (2b_f + 2t_f + 2kh_{aw}) \times 0.7$$

$$(5.3.2-7)$$

$$\rho_{te} = \frac{A_s + A_{af} + kA_{aw}}{0.5bh} \qquad (5.3.2-8)$$

式中：ω_{max}——最大裂缝宽度；

M_q——按荷载效应的准永久值计算的弯矩值；

M_{cr}——梁截面抗裂弯矩；

c_s——最外层纵向受拉钢筋的混凝土保护层厚度（mm）；当 $c_s > 65$ 时，取 $c_s = 65$；

ψ——考虑型钢翼缘作用的钢筋应变不均匀系数；当 $\psi < 0.2$ 时，取 $\psi = 0.2$；当 $\psi > 1.0$ 时，取 $\psi = 1.0$；

k——型钢腹板影响系数，其值取梁受拉侧 1/4 梁高范围中腹板高度与整个腹板高度的比值；

n——纵向受拉钢筋数量；

b_f、t_f——受拉翼缘宽度、厚度；

d_e、ρ_{te}——考虑型钢受拉翼缘与部分腹板及受拉钢筋的有效直径、有效配筋率；

σ_{sa}——考虑型钢受拉翼缘与部分腹板及受拉钢筋的钢筋应力值；

A_s、A_{af}——纵向受拉钢筋、型钢受拉翼缘面积；

A_{aw}、h_{aw}——型钢腹板面积、高度；

h_{0s}、h_{0f}、h_{0w}——纵向受拉钢筋、型钢受拉翼缘、kA_{aw} 截面重心至混凝土截面受压边缘的距离；

u——纵向受拉钢筋和型钢受拉翼缘与部分腹板周长之和。

5.4 挠 度 验 算

5.4.1 型钢混凝土框架梁和转换梁在正常使用极限状态下的挠度不应超过本规范表 4.3.10-1 规定的限值。对于等截面构件，计算中可假定各同号弯矩区段内的刚度相等，并取用该区段内最大弯矩处的刚度。

5.4.2 型钢混凝土框架梁和转换梁的纵向受拉钢筋配筋率为 0.3%～1.5% 时，按荷载的准永久值计算的短期刚度和考虑长期作用影响的长期刚度，可按下列公式计算：

$$B_s = \left(0.22 + 3.75\frac{E_s}{E_c}\rho_s\right)E_c I_c + E_a I_a$$

$$(5.4.2-1)$$

$$B = \frac{B_s - E_a I_a}{\theta} + E_a I_a \qquad (5.4.2-2)$$

$$\theta = 2.0 - 0.4\frac{\rho'_{sa}}{\rho_{sa}} \qquad (5.4.2-3)$$

式中：B_s——梁的短期刚度；

B——梁的长期刚度；

ρ_{sa}——梁截面受拉区配置的纵向受拉钢筋和型钢受拉翼缘面积之和的截面配筋率；

ρ'_{sa}——梁截面受压区配置的纵向受压钢筋和型钢受压翼缘面积之和的截面配筋率；

ρ_s——纵向受拉钢筋配筋率；

E_c——混凝土弹性模量；

E_a——型钢弹性模量；

E_s——钢筋弹性模量；

I_c——按截面尺寸计算的混凝土截面惯性矩；

I_a——型钢的截面惯性矩;

θ——考虑荷载长期作用对挠度增大的影响系数。

5.5 构 造 措 施

5.5.1 型钢混凝土框架梁截面宽度不宜小于300mm;型钢混凝土托柱转换梁截面宽度,不应小于其所托柱在梁宽度方向截面宽度。托墙转换梁截面宽度不宜大于转换柱相应方向的截面宽度,且不宜小于其上墙体截面厚度的2倍和400mm的较大值。

5.5.2 型钢混凝土框架梁和转换梁中纵向受拉钢筋不宜超过二排,其配筋率不宜小于0.3%,直径宜取16mm~25mm,净距不宜小于30mm和1.5d,d为纵筋最大直径;梁的上部和下部纵向钢筋伸入节点的锚固构造要求应符合现行国家标准《混凝土结构设计规范》GB 50010的规定。

5.5.3 型钢混凝土框架梁和转换梁的腹板高度大于或等于450mm时,在梁的两侧沿高度方向每隔200mm应设置一根纵向腰筋,且每侧腰筋截面面积不宜小于梁腹板截面面积的0.1%。

5.5.4 考虑地震作用组合的型钢混凝土框架梁和转换梁应采用封闭箍筋,其末端应有135°弯钩,弯钩端头平直段长度不应小于10倍箍筋直径。

5.5.5 考虑地震作用组合的型钢混凝土框架梁,梁端应设置箍筋加密区,其加密区长度、加密区箍筋最大间距和箍筋最小直径应符合表5.5.5的要求。非加密区的箍筋间距不宜大于加密区箍筋间距的2倍。

表5.5.5 抗震设计型钢混凝土梁箍筋加密区的构造要求

抗震等级	箍筋加密区长度	加密区箍筋最大间距（mm）	箍筋最小直径（mm）
一级	2h	100	12
二级	1.5h	100	10
三级	1.5h	150	10
四级	1.5h	150	8

注:1 h为梁高;

2 当梁跨度小于梁截面高度4倍时,梁全跨应按箍筋加密区配置;

3 一级抗震等级框架梁箍筋直径大于12mm、二级抗震等级框架梁箍筋直径大于10mm,箍筋数量不少于4肢且肢距不大于150mm时,箍筋加密区最大间距应允许适当放宽,但不得大于150mm。

5.5.6 非抗震设计时,型钢混凝土框架梁应采用封闭箍筋,其箍筋直径不应小于8mm,箍筋间距不应大于250mm。

5.5.7 梁端设置的第一个箍筋距节点边缘不应大于50mm。沿梁全长箍筋的面积配筋率应符合下列规定:

1 持久、短暂设计状况

$$\rho_{sv} \geqslant 0.24 f_t / f_{yv} \quad (5.5.7-1)$$

2 地震设计状况

一级抗震等级

$$\rho_{sv} \geqslant 0.30 f_t / f_{yv} \quad (5.5.7-2)$$

二级抗震等级

$$\rho_{sv} \geqslant 0.28 f_t / f_{yv} \quad (5.5.7-3)$$

三、四级抗震等级

$$\rho_{sv} \geqslant 0.26 f_t / f_{yv} \quad (5.5.7-4)$$

3 箍筋的面积配筋率应按下式计算:

$$\rho_{sv} = \frac{A_{sv}}{bs} \quad (5.5.7-5)$$

5.5.8 型钢混凝土框架梁和转换梁的箍筋肢距,可按现行国家标准《混凝土结构设计规范》GB 50010的规定适当放松。

5.5.9 型钢混凝土托柱转换梁,在离柱边1.5倍梁截面高度范围内应设置箍筋加密区,其箍筋直径不应小于12mm,间距不应大于100mm,加密区箍筋的面积配筋率应符合下列公式的规定:

1 持久、短暂设计状况

$$\rho_{sv} \geqslant 0.9 f_t / f_{yv} \quad (5.5.9-1)$$

2 地震设计状况

一级抗震等级

$$\rho_{sv} \geqslant 1.2 f_t / f_{yv} \quad (5.5.9-2)$$

二级抗震等级

$$\rho_{sv} \geqslant 1.1 f_t / f_{yv} \quad (5.5.9-3)$$

三、四级抗震等级

$$\rho_{sv} \geqslant 1.0 f_t / f_{yv} \quad (5.5.9-4)$$

5.5.10 型钢混凝土托柱转换梁与托柱截面中线宜重合,在托柱位置宜设置正交方向楼面梁或框架梁,且在托柱位置的型钢腹板两侧应对称设置支承加劲肋。

5.5.11 型钢混凝土托墙转换梁与转换柱截面中线宜重合;托墙转换梁的梁端以及托墙设有门洞的门洞边,在离柱边和门洞边1.5倍梁截面高度范围内应设置箍筋加密区,其箍筋直径、箍筋面积配筋率宜符合本规范第5.5.5条、第5.5.7条、第5.5.9条的规定。在托墙门洞边位置,型钢腹板两侧应对称设置支承加劲肋。

5.5.12 当转换梁处于偏心受拉时,其支座上部纵向钢筋应至少有50%沿梁全长贯通,下部纵向钢筋应全部直通到柱内;沿梁高应配置间距不大于200mm、直径不小于16mm的腰筋。

5.5.13 配置桁架式型钢的型钢混凝土框架梁,其压杆的长细比不宜大于120。

5.5.14 对于配置实腹式型钢的托墙转换梁、托柱转换梁、悬臂梁和大跨度框架梁等主要承受竖向重力荷载的梁,型钢上翼缘应设置栓钉,栓钉的设置宜符合本规范第4.4.5条的规定。

5.5.15 在型钢混凝土梁上开孔时，其孔位宜设置在剪力较小截面附近，且宜采用圆形孔。当孔洞位于离支座 1/4 跨度以外时，圆形孔的直径不宜大于 0.4 倍梁高，且不宜大于型钢截面高度的 0.7 倍；当孔洞位于离支座 1/4 跨度以内时，圆孔的直径不宜大于 0.3 倍梁高，且不宜大于型钢截面高度的 0.5 倍。孔洞周边宜设置钢套管，管壁厚度不宜小于梁型钢腹板厚度，套管与梁型钢腹板连接的角焊缝高度宜取 0.7 倍腹板厚度；腹板孔周围两侧宜各焊上厚度稍小于腹板厚度的环形补强板，其环板宽度可取 75mm～125mm；且孔边应加设构造箍筋和水平筋（图 5.5.15）。

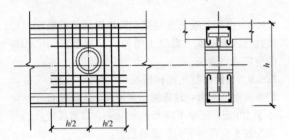

图 5.5.15 圆形孔孔口加强措施

5.5.16 型钢混凝土框架梁的圆孔孔洞截面处，应进行受弯承载力和受剪承载力计算。受弯承载力应按本规范第 5.2.1 条计算，计算中应扣除孔洞面积；受剪承载力应符合下列公式的规定：

1 持久、短暂设计状况

$$V_b \leqslant 0.8 f_t b h_0 \left(1 - 1.6 \frac{D_h}{h}\right)$$
$$+ 0.58 f_a t_w (h_w - D_h) \gamma$$
$$+ \sum f_{yv} A_{sv} \qquad (5.5.16\text{-}1)$$

2 地震设计状况

$$V_b \leqslant \frac{1}{\gamma_{RE}} \left[0.6 f_t b h_0 \left(1 - 1.6 \frac{D_h}{h}\right) \right.$$
$$+ 0.58 f_a t_w (h_w - D_h) \gamma$$
$$\left. + 0.8 \sum f_{yv} A_{sv} \right] \qquad (5.5.16\text{-}2)$$

式中：γ——孔边条件系数，孔边设置钢套管时取 1.0，孔边不设钢套管时取 0.85；

D_h——圆孔洞直径；

$\sum f_{yv} A_{sv}$——加强箍筋的受剪承载力。

6 型钢混凝土框架柱和转换柱

6.1 一 般 规 定

6.1.1 型钢混凝土框架柱和转换柱正截面承载力计算的基本假定应按本规范第 5.1.1 条的规定采用。

6.1.2 型钢混凝土框架柱和转换柱受力型钢的含钢率不宜小于 4%，且不宜大于 15%。当含钢率大于 15% 时，应增加箍筋、纵向钢筋的配筋量，并宜通过试验进行专门研究。

6.1.3 型钢混凝土框架柱和转换柱纵向受力钢筋的直径不宜小于 16mm，其全部纵向受力钢筋的总配筋率不宜小于 0.8%，每一侧的配筋百分率不宜小于 0.2%；纵向受力钢筋与型钢的最小净距不宜小于 30mm；柱内纵向钢筋的净距不宜小于 50mm 且不宜大于 250mm。纵向受力钢筋的最小锚固长度、搭接长度应符合现行国家标准《混凝土结构设计规范》GB 50010 的规定。

6.1.4 型钢混凝土框架柱和转换柱最外层纵向受力钢筋的混凝土保护层最小厚度应符合现行国家标准《混凝土结构设计规范》GB 50010 的规定。型钢的混凝土保护层最小厚度（图 6.1.4）不宜小于 200mm。

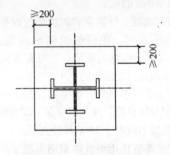

图 6.1.4 型钢混凝土柱中型钢保护层最小厚度

6.1.5 型钢混凝土柱中型钢钢板厚度不宜小于 8mm，其钢板宽厚比（图 6.1.5）应符合表 6.1.5 的规定。

表 6.1.5 型钢混凝土柱中型钢钢板宽厚比限值

钢号	柱		
	b_{fl}/t_f	h_w/t_w	B/t
Q235	$\leqslant 23$	$\leqslant 96$	$\leqslant 72$
Q345、Q345GJ	$\leqslant 19$	$\leqslant 81$	$\leqslant 61$
Q390	$\leqslant 18$	$\leqslant 75$	$\leqslant 56$
Q420	$\leqslant 17$	$\leqslant 71$	$\leqslant 54$

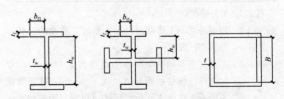

图 6.1.5 型钢混凝土柱中型钢钢板宽厚比

6.2 承载力计算

6.2.1 型钢混凝土轴心受压柱的正截面受压承载力应符合下列公式的规定：

1 持久、短暂设计状况

$$N \leqslant 0.9\varphi(f_c A_c + f'_y A'_s + f'_a A'_a)$$

$$(6.2.1-1)$$

2 地震设计状况

$$N \leqslant \frac{1}{\gamma_{RE}}[0.9\varphi(f_c A_c + f'_y A'_s + f'_a A'_a)]$$

$$(6.2.1-2)$$

式中： N ——轴向压力设计值；

A_c、A'_s、A'_a ——混凝土、钢筋、型钢的截面面积；

f_c、f'_y、f'_a ——混凝土、钢筋、型钢的抗压强度设计值；

φ ——轴心受压柱稳定系数，应按表 6.2.1 采用。

表 6.2.1 型钢混凝土柱轴心受压稳定系数 φ

l_0/i	≤28	35	42	48	55	62	69	76	83	90	97	104
φ	1.00	0.98	0.95	0.92	0.87	0.81	0.75	0.70	0.65	0.60	0.56	0.52

注：1 l_0 为构件的计算长度；

2 i 为截面的最小回转半径，$i = \sqrt{\dfrac{E_c I_c + E_a I_a}{E_c A_c + E_a A_a}}$。

6.2.2 型钢截面为充满型实腹型钢的型钢混凝土偏心受压框架柱和转换柱，其正截面受压承载力应符合下列规定（图 6.2.2）：

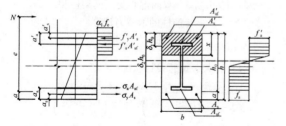

图 6.2.2 偏心受压框架柱和转换柱的
承载力计算参数示意

1 持久、短暂设计状况

$$N \leqslant \alpha_1 f_c bx + f'_y A'_s + f'_a A'_{af} - \sigma_s A_s - \sigma_a A_{af} + N_{aw} \quad (6.2.2-1)$$

$$Ne \leqslant \alpha_1 f_c bx\left(h_0 - \frac{x}{2}\right) + f'_y A'_s(h_0 - a'_s) + f'_a A'_{af}(h_0 - a'_a) + M_{aw} \quad (6.2.2-2)$$

2 地震设计状况

$$N \leqslant \frac{1}{\gamma_{RE}}(\alpha_1 f_c bx + f'_y A'_s + f'_a A'_{af} - \sigma_s A_s - \sigma_a A_{af} + N_{aw}) \quad (6.2.2-3)$$

$$Ne \leqslant \frac{1}{\gamma_{RE}}\left[\alpha_1 f_c bx\left(h_0 - \frac{x}{2}\right) + f'_y A'_s(h_0 - a'_s) + f'_a A'_{af}(h_0 - a'_a) + M_{aw}\right] \quad (6.2.2-4)$$

$$h_0 = h - a \quad (6.2.2-5)$$

$$e = e_i + \frac{h}{2} - a \quad (6.2.2-6)$$

$$e_i = e_0 + e_a \quad (6.2.2-7)$$

$$e_0 = \frac{M}{N} \quad (6.2.2-8)$$

3 N_{aw}、M_{aw} 应按下列公式计算：

1）当 $\delta_1 h_0 < \dfrac{x}{\beta_1}$，$\delta_2 h_0 > \dfrac{x}{\beta_1}$ 时，

$$N_{aw} = \left[\frac{2x}{\beta_1 h_0} - (\delta_1 + \delta_2)\right] t_w h_0 f_a$$

$$(6.2.2-9)$$

$$M_{aw} = \left[0.5(\delta_1^2 + \delta_2^2) - (\delta_1 + \delta_2) + \frac{2x}{\beta_1 h_0} - \left(\frac{x}{\beta_1 h_0}\right)^2\right] t_w h_0^2 f_a$$

$$(6.2.2-10)$$

2）当 $\delta_1 h_0 < \dfrac{x}{\beta_1}$，$\delta_2 h_0 < \dfrac{x}{\beta_1}$ 时，

$$N_{aw} = (\delta_2 - \delta_1) t_w h_0 f_a \quad (6.2.2-11)$$

$$M_{aw} = \left[0.5(\delta_1^2 - \delta_2^2) + (\delta_2 - \delta_1)\right] t_w h_0^2 f_a \quad (6.2.2-12)$$

4 受拉或受压较小边的钢筋应力 σ_s 和型钢翼缘应力 σ_a 可按下列规定计算：

1）当 $x \leqslant \xi_b h_0$ 时，$\sigma_s = f_y$，$\sigma_a = f_a$；

2）当 $x > \xi_b h_0$ 时，

$$\sigma_s = \frac{f_y}{\xi_b - \beta_1}\left(\frac{x}{h_0} - \beta_1\right) \quad (6.2.2-13)$$

$$\sigma_a = \frac{f_a}{\xi_b - \beta_1}\left(\frac{x}{h_0} - \beta_1\right) \quad (6.2.2-14)$$

3）ξ_b 可按下式计算：

$$\xi_b = \frac{\beta_1}{1 + \dfrac{f_y + f_a}{2 \times 0.003 E_s}} \quad (6.2.2-15)$$

式中： e ——轴向力作用点至纵向受拉钢筋和型钢受拉翼缘的合力点之间的距离；

e_0 ——轴向力对截面重心的偏心矩；

e_i ——初始偏心矩；

e_a ——附加偏心距，按本规范第 6.2.4 条规定计算；

α_1 ——受压区混凝土压应力影响系数；

β_1 ——受压区混凝土应力图形影响系数；

M ——柱端较大弯矩设计值；当需要考虑挠曲产生的二阶效应时，柱端弯矩 M 应按现行国家标准《混凝土结构设计规范》GB 50010 的规定确定；

N ——与弯矩设计值 M 相对应的轴向压力设计值；

M_{aw} ——型钢腹板承受的轴向合力对受拉或受压较小边型钢翼缘和纵向钢筋合力点的力矩；

N_{aw} ——型钢腹板承受的轴向合力；

f_c ——混凝土轴心抗压强度设计值；

f_a、f'_a ——型钢抗拉、抗压强度设计值；

f_y、f'_y ——钢筋抗拉、抗压强度设计值；

A_s、A'_s——受拉、受压钢筋的截面面积;

A_{af}、A'_{af}——型钢受拉、受压翼缘的截面面积;

b——截面宽度;

h——截面高度;

h_0——截面有效高度;

t_w——型钢腹板厚度;

t_f、t'_f——型钢受拉、受压翼缘厚度;

ξ_b——相对界限受压区高度;

E_s——钢筋弹性模量;

x——混凝土等效受压区高度;

a_s、a_a——受拉区钢筋、型钢翼缘合力点至截面受拉边缘的距离;

a'_s、a'_a——受压区钢筋、型钢翼缘合力点至截面受压边缘的距离;

a——型钢受拉翼缘与受拉钢筋合力点至截面受拉边缘的距离;

δ_1——型钢腹板上端至截面上边的距离与 h_0 的比值,$\delta_1 h_0$ 为型钢腹板上端至截面上边的距离;

δ_2——型钢腹板下端至截面上边的距离与 h_0 的比值,$\delta_2 h_0$ 为型钢腹板下端至截面上边的距离。

6.2.3 配置十字形型钢的型钢混凝土偏心受压框架柱和转换柱(图6.2.3),其正截面受压承载力计算中可折算计入腹板两侧的侧腹板面积,其等效腹板厚度 t'_w 可按下式计算。

$$t'_w = t_w + \frac{0.5 \Sigma A_{aw}}{h_w} \qquad (6.2.3)$$

式中:ΣA_{aw}——两侧的侧腹板总面积;

t_w——腹板厚度。

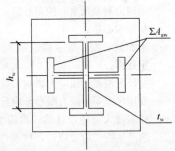

图6.2.3 配置十字形型钢的型钢混凝土柱

6.2.4 型钢混凝土偏心受压框架柱和转换柱的正截面受压承载力计算,应考虑轴向压力在偏心方向存在的附加偏心距 e_a,其值宜取 20mm 和偏心方向截面尺寸的 1/30 两者中的较大值。

6.2.5 对截面具有两个互相垂直的对称轴的型钢混凝土双向偏心受压框架柱和转换柱,应符合 X 向和 Y 向单向偏心受压承载力计算要求;其双向偏心受压承载力计算可按下列规定计算,也可按基于平截面假定、通过划分为材料单元的截面极限平衡方程,用数值积分的方法进行迭代计算。

1 型钢混凝土双向偏心受压框架柱和转换柱,其正截面受压承载力可按下列公式计算:

1)持久、短暂设计状况

$$N \leqslant \frac{1}{\dfrac{1}{N_{ux}} + \dfrac{1}{N_{uy}} - \dfrac{1}{N_{u0}}} \qquad (6.2.5\text{-}1)$$

2)地震设计状况

$$N \leqslant \frac{1}{\gamma_{RE}} \left(\frac{1}{\dfrac{1}{N_{ux}} + \dfrac{1}{N_{uy}} - \dfrac{1}{N_{u0}}} \right) \qquad (6.2.5\text{-}2)$$

2 型钢混凝土双向偏心受压框架柱和转换柱,当 e_{iy}/h、e_{ix}/b 不大于 0.6 时,其正截面受压承载力可按下列公式计算(图6.2.5):

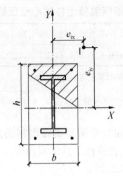

图6.2.5 双向偏心受压框架柱和转换柱的承载力计算
1—轴向力作用点

1)持久、短暂设计状况

$$N \leqslant \frac{A_c f_c + A_s f_y + A_a f_a/(1.7 - \sin\alpha)}{1 + 1.3\left(\dfrac{e_{ix}}{b} + \dfrac{e_{iy}}{h}\right) + 2.8\left(\dfrac{e_{ix}}{b} + \dfrac{e_{iy}}{h}\right)^2} k_1 k_2$$

$$(6.2.5\text{-}3)$$

2)地震设计状况

$$N \leqslant \frac{1}{\gamma_{RE}} \left[\frac{A_c f_c + A_s f_y + A_a f_a/(1.7 - \sin\alpha)}{1 + 1.3\left(\dfrac{e_{ix}}{b} + \dfrac{e_{iy}}{h}\right) + 2.8\left(\dfrac{e_{ix}}{b} + \dfrac{e_{iy}}{h}\right)^2} k_1 k_2 \right]$$

$$(6.2.5\text{-}4)$$

$$k_1 = 1.09 - 0.015 \frac{l_0}{b} \qquad (6.2.5\text{-}5)$$

$$k_2 = 1.09 - 0.015 \frac{l_0}{h} \qquad (6.2.5\text{-}6)$$

式中: N——双偏心轴向压力设计值;

N_{u0}——柱截面的轴心受压承载力设计值,应按本规范第 6.2.1 条计算,并将此式改为等号;

N_{ux}、N_{uy}——柱截面的 X 轴方向和 Y 轴方向的单向偏心受压承载力设计值;应按本规范第 6.2.2 条规定计算,公式中的 N 应分别用 N_{ux}、N_{uy} 替换;

l_0——柱计算长度;

f_c、f_y、f_a——混凝土、纵向钢筋、型钢的抗压强度设计值；

A_c、A_s、A_a ——混凝土、纵向钢筋、型钢的截面面积；

e_{ix}、e_{iy} ——轴向力 N 对 X 轴及 Y 轴的计算偏心距，按本规范第 6.2.2 条中公式 (6.2.2-6)～(6.2.2-8) 计算；

b、h ——柱的截面宽度、高度；

k_1、k_2 —— X 轴和 Y 轴构件长细比影响系数；

α ——荷载作用点与截面中心点连线相对于 X 或 Y 轴的较小偏心角，取 $\alpha \leqslant 45°$。

6.2.6 型钢混凝土轴心受拉柱的正截面受拉承载力应符合下列公式的规定：

1 持久、短暂设计状况

$$N \leqslant f_y A_s + f_a A_a \qquad (6.2.6\text{-}1)$$

2 地震设计状况

$$N \leqslant \frac{1}{\gamma_{RE}}(f_y A_s + f_a A_a) \qquad (6.2.6\text{-}2)$$

式中：N ——构件的轴向拉力设计值；

A_s、A_a ——纵向受力钢筋和型钢的截面面积；

f_y、f_a ——纵向受力钢筋和型钢的材料抗拉强度设计值。

6.2.7 型钢截面为充满型实腹型钢的型钢混凝土偏心受拉框架柱和转换柱，其正截面受拉承载力应符合下列规定（图 6.2.7）：

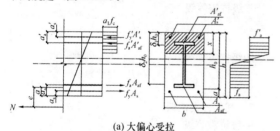

(a) 大偏心受拉

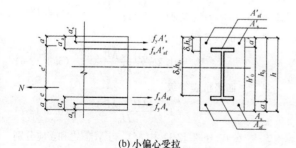

(b) 小偏心受拉

图 6.2.7 偏心受拉框架柱和转换柱的承载力计算参数示意

1 大偏心受拉

1） 持久、短暂设计状况

$$N \leqslant f_y A_s + f_a A_{af} - f_y' A_s' - f_a' A_{af}'$$
$$- \alpha_1 f_c bx + N_{aw} \qquad (6.2.7\text{-}1)$$

$$Ne \leqslant \alpha_1 f_c bx\left(h_0 - \frac{x}{2}\right) + f_y' A_s'(h_0 - a_s')$$

$$+ f_a' A_{af}'(h_0 - a_a') + M_{aw} \qquad (6.2.7\text{-}2)$$

2） 地震设计状况

$$N \leqslant \frac{1}{\gamma_{RE}}\big[f_y A_s + f_a A_{af} - f_y' A_s'$$
$$- f_a' A_{af}' - \alpha_1 f_c bx + N_{aw}\big] \qquad (6.2.7\text{-}3)$$

$$Ne \leqslant \frac{1}{\gamma_{RE}}\Big[\alpha_1 f_c bx\left(h_0 - \frac{x}{2}\right) + f_y' A_s'(h_0 - a_s')$$

$$+ f_a' A_{af}'(h_0 - a_a') + M_{aw}\Big] \qquad (6.2.7\text{-}4)$$

$$h_0 = h - a \qquad (6.2.7\text{-}5)$$

$$e = e_0 - \frac{h}{2} + a \qquad (6.2.7\text{-}6)$$

$$e_0 = \frac{M}{N} \qquad (6.2.7\text{-}7)$$

3） N_{aw}、M_{aw} 应按下列公式计算：

当 $\delta_1 h_0 < \dfrac{x}{\beta_1}$，$\delta_2 h_0 > \dfrac{x}{\beta_1}$ 时，

$$N_{aw} = \left[(\delta_1 + \delta_2) - \frac{2x}{\beta_1 h_0}\right]t_w h_0 f_a$$
$$\qquad (6.2.7\text{-}8)$$

$$M_{aw} = \Big[(\delta_1 + \delta_2) + \left(\frac{x}{\beta_1 h_0}\right)^2 - \frac{2x}{\beta_1 h_0}$$
$$- 0.5(\delta_1^2 + \delta_2^2)\Big]t_w h_0^2 f_a \qquad (6.2.7\text{-}9)$$

当 $\delta_1 h_0 > \dfrac{x}{\beta_1}$，$\delta_2 h_0 > \dfrac{x}{\beta_1}$ 时，

$$N_{aw} = (\delta_2 - \delta_1)t_w h_0 f_a \qquad (6.2.7\text{-}10)$$

$$M_{aw} = \big[(\delta_2 - \delta_1) - 0.5(\delta_2^2$$
$$- \delta_1^2)\big]t_w h_0^2 f_a \qquad (6.2.7\text{-}11)$$

4） 当 $x < 2a_a'$ 时，可按本条 6.2.7-1～6.2.7-4 计算，式中 f_a' 应改为 σ_a'，σ_a' 可按下式计算：

$$\sigma_a' = \left(1 - \frac{\beta_1 a_a'}{x}\right)\varepsilon_{cu} E_a \qquad (6.2.7\text{-}12)$$

2 小偏心受拉

1） 持久、短暂设计状况

$$Ne \leqslant f_y' A_s'(h_0 - a_s') + f_a' A_{af}'$$
$$(h_0 - a_a') + M_{aw} \qquad (6.2.7\text{-}13)$$

$$Ne' \leqslant f_y A_s(h_0' - a_s) + f_a A_{af}$$
$$(h_0 - a_a) + M_{aw}' \qquad (6.2.7\text{-}14)$$

2） 地震设计状况

$$Ne \leqslant \frac{1}{\gamma_{RE}}\big[f_y' A_s'(h_0 - a_s') + f_a' A_{af}'$$
$$(h_0 - a_a') + M_{aw}\big] \qquad (6.2.7\text{-}15)$$

$$Ne' \leqslant \frac{1}{\gamma_{RE}}\big[f_y A_s(h_0' - a_s) + f_a A_{af}$$
$$(h_0' - a_a) + M_{aw}'\big] \qquad (6.2.7\text{-}16)$$

$$M_{aw} = \big[(\delta_2 - \delta_1) - 0.5(\delta_2^2 - \delta_1^2)\big]$$
$$t_w h_0^2 f_a \qquad (6.2.7\text{-}17)$$

$$M_{aw}' = \Big[0.5(\delta_2^2 - \delta_1^2) - (\delta_2 - \delta_1)\frac{a'}{h_0}\Big]$$
$$t_w h_0^2 f_a \qquad (6.2.7\text{-}18)$$

$$e' = e_0 + \frac{h}{2} - a \qquad (6.2.7\text{-}19)$$

式中：e——轴向拉力作用点至纵向受拉钢筋和型钢受拉翼缘的合力点之间的距离；

e'——轴向拉力作用点至纵向受压钢筋和型钢受压翼缘的合力点之间的距离。

6.2.8 考虑地震作用组合一、二、三、四级抗震等级的框架柱的节点上、下端的内力设计值应按下列公式计算：

1 节点上、下柱端的弯矩设计值

1）一级抗震等级的框架结构和9度设防烈度一级抗震等级的各类框架

$$\Sigma M_c = 1.2 \Sigma M_{bua} \quad (6.2.8\text{-}1)$$

2）框架结构

二级抗震等级

$$\Sigma M_c = 1.5 \Sigma M_b \quad (6.2.8\text{-}2)$$

三级抗震等级

$$\Sigma M_c = 1.3 \Sigma M_b \quad (6.2.8\text{-}3)$$

四级抗震等级

$$\Sigma M_c = 1.2 \Sigma M_b \quad (6.2.8\text{-}4)$$

3）其他各类框架

一级抗震等级

$$\Sigma M_c = 1.4 \Sigma M_b \quad (6.2.8\text{-}5)$$

二级抗震等级

$$\Sigma M_c = 1.2 \Sigma M_b \quad (6.2.8\text{-}6)$$

三、四级抗震等级

$$\Sigma M_c = 1.1 \Sigma M_b \quad (6.2.8\text{-}7)$$

式中：ΣM_c——考虑地震作用组合的节点上、下柱端的弯矩设计值之和；柱端弯矩设计值可取调整后的弯矩设计值之和按弹性分析的弯矩比例进行分配；

ΣM_{bua}——同一节点左、右梁端按顺时针和逆时针方向采用实配钢筋和实配型钢材料强度标准值，且考虑承载力抗震调整系数的正截面受弯承载力之和的较大值；应按本规范第5.2.2条的有关规定计算；

ΣM_b——同一节点左、右梁端，按顺时针和逆时针方向计算的两端考虑地震作用组合的弯矩设计值之和的较大值；一级抗震等级，当两端弯矩均为负弯矩时，绝对值较小的弯矩值应取零。

2 考虑地震作用组合的框架结构底层柱下端截面的弯矩设计值，对一、二、三、四级抗震等级应分别乘以弯矩增大系数1.7、1.5、1.3和1.2。底层柱纵向钢筋宜按柱上、下端的不利情况配置。

3 与转换构件相连的一、二级抗震等级的转换柱上端和底层柱下端截面的弯矩设计值应分别乘以弯矩增大系数1.5和1.3。

4 顶层柱、轴压比小于0.15柱，其柱端弯矩设计值可取地震作用组合下的弯矩设计值。

5 节点上、下柱端的轴向力设计值，应取地震作用组合下各自的轴向力设计值。

6.2.9 一、二级抗震等级的转换柱由地震作用产生的柱轴力应分别乘以增大系数1.5和1.2，但计算柱轴压比时可不计该项增大。

6.2.10 框架角柱和转换柱宜按双向偏心受力构件进行正截面承载力计算。一、二、三、四级抗震等级的框架角柱和转换角柱的弯矩设计值和剪力设计值应取调整后的设计值乘以不小于1.1的增大系数。

6.2.11 地下室顶板作为上部结构的嵌固部位时，地下一层柱截面每侧的纵向钢筋面积除应符合计算要求外，不应小于地上一层对应柱每侧纵向钢筋面积的1.1倍，地下一层梁端顶面及底面的纵向钢筋应比计算值增大10%。

6.2.12 考虑地震作用组合一、二、三、四级抗震等级的框架柱、转换柱的剪力设计值应按下列规定计算：

1 一级抗震等级的框架结构和9度设防烈度一级抗震等级的各类框架

$$V_c = 1.2 \frac{(M_{cua}^t + M_{cua}^b)}{H_n} \quad (6.2.12\text{-}1)$$

2 框架结构

二级抗震等级

$$V_c = 1.3 \frac{(M_c^t + M_c^b)}{H_n} \quad (6.2.12\text{-}2)$$

三级抗震等级

$$V_c = 1.2 \frac{(M_c^t + M_c^b)}{H_n} \quad (6.2.12\text{-}3)$$

四级抗震等级

$$V_c = 1.1 \frac{(M_c^t + M_c^b)}{H_n} \quad (6.2.12\text{-}4)$$

3 其他各类框架

一级抗震等级

$$V_c = 1.4 \frac{(M_c^t + M_c^b)}{H_n} \quad (6.2.12\text{-}5)$$

二级抗震等级

$$V_c = 1.2 \frac{(M_c^t + M_c^b)}{H_n} \quad (6.2.12\text{-}6)$$

三、四级抗震等级

$$V_c = 1.1 \frac{(M_c^t + M_c^b)}{H_n} \quad (6.2.12\text{-}7)$$

4 公式（6.2.12-1）中M_{cua}^t与M_{cua}^b之和，应分别按顺时针和逆时针方向进行计算，并取其较大值。M_{cua}^t与M_{cua}^b的值可按本规范第6.2.2条的规定计算，但在计算中应将材料的强度设计值以强度标准值代替，并取实配的纵向钢筋截面面积，不等式改为等式，对于对称配筋截面柱，将Ne以$\left[M_{cua} + N\left(\dfrac{h}{2} - a\right)\right]$代替。公式（6.2.12-2～6.2.12-7）中M_c^t与M_c^b之和应分别按顺时针和逆时针方向进行计算，并取其较大值。

式中：V_c——柱剪力设计值；

M_{cua}^t、M_{cua}^b——柱上、下端顺时针或逆时针方向按实配钢筋和型钢截面积、材料强度标准值，且考虑承载力抗震调整系数的正截面受弯承载力所对应的弯矩值；

M_c^t、M_c^b——考虑地震作用组合，且经调整后的柱上、下端弯矩设计值；

H_n——柱的净高。

6.2.13 型钢混凝土框架柱的受剪截面应符合下列公式的规定：

1 持久、短暂设计状况

$$V_c \leqslant 0.45\beta_c f_c bh_0 \qquad (6.2.13-1)$$

$$\frac{f_a t_w h_w}{\beta_c f_c bh_0} \geqslant 0.10 \qquad (6.2.13-2)$$

2 地震设计状况

$$V_c \leqslant \frac{1}{\gamma_{RE}}(0.36\beta_c f_c bh_0) \qquad (6.2.13-3)$$

$$\frac{f_a t_w h_w}{\beta_c f_c bh_0} \geqslant 0.10 \qquad (6.2.13-4)$$

式中：h_w——型钢腹板高度；

β_c——混凝土强度影响系数，当混凝土强度等级不超过 C50 时，取 $\beta_c=1.0$；当混凝土强度等级为 C80 时，取为 $\beta_c=0.8$；其间按线性内插法确定。

6.2.14 型钢混凝土转换柱的受剪截面应符合下列公式的规定：

1 持久、短暂设计状况

$$V_c \leqslant 0.40\beta_c f_c bh_0 \qquad (6.2.14-1)$$

$$\frac{f_a t_w h_w}{\beta_c f_c bh_0} \geqslant 0.10 \qquad (6.2.14-2)$$

2 地震设计状况

$$V_c \leqslant \frac{1}{\gamma_{RE}}(0.30\beta_c f_c bh_0) \qquad (6.2.14-3)$$

$$\frac{f_a t_w h_w}{\beta_c f_c bh_0} \geqslant 0.10 \qquad (6.2.14-4)$$

6.2.15 配置十字形型钢的型钢混凝土框架柱和转换柱，其斜截面受剪承载力计算中可折算计入腹板两侧的侧腹板面积，等效腹板厚度可按本规范第 6.2.3 条规定计算。

6.2.16 型钢混凝土偏心受压框架柱和转换柱，其斜截面受剪承载力应符合下列公式的规定：

1 持久、短暂设计状况

$$V_c \leqslant \frac{1.75}{\lambda+1} f_t bh_0 + f_{yv}\frac{A_{sv}}{s}h_0 + \frac{0.58}{\lambda}$$

$$f_a t_w h_w + 0.07N \qquad (6.2.16-1)$$

2 地震设计状况

$$V_c \leqslant \frac{1}{\gamma_{RE}}\left[\frac{1.05}{\lambda+1} f_t bh_0 + f_{yv}\frac{A_{sv}}{s}h_0 + \frac{0.58}{\lambda}\right.$$

$$f_a t_w h_w + 0.056N \right] \qquad (6.2.16-2)$$

式中：f_{yv}——箍筋的抗拉强度设计值；

A_{sv}——配置在同一截面内箍筋各肢的全部截

面面积；

s——沿构件长度方向上箍筋的间距；

λ——柱的计算剪跨比，其值取上、下端较大弯矩设计值 M 与对应的剪力设计值 V 和柱截面有效高度 h_0 的比值，即 $M/(Vh_0)$；当框架结构中框架柱的反弯点在柱层高范围内时，柱剪跨比也可采用 $1/2$ 柱净高与柱截面有效高度 h_0 的比值；当 $\lambda<1$ 时，取 $\lambda=1$；当 $\lambda>3$ 时，取 $\lambda=3$；

N——柱的轴向压力设计值；当 $N>0.3 f_c A_c$ 时，取 $N=0.3 f_c A_c$。

6.2.17 型钢混凝土偏心受拉框架柱和转换柱，其斜截面受剪承载力应符合下列公式的规定：

1 持久、短暂设计状况

$$V_c \leqslant \frac{1.75}{\lambda+1} f_t bh_0 + f_{yv}\frac{A_{sv}}{s}h_0$$

$$+ \frac{0.58}{\lambda} f_a t_w h_w - 0.2N \qquad (6.2.17-1)$$

当 $V_c \leqslant f_{yv}\frac{A_{sv}}{s}h_0 + \frac{0.58}{\lambda} f_a t_w h_w$ 时，应取 $V_c = f_{yv}\frac{A_{sv}}{s}h_0 + \frac{0.58}{\lambda} f_a t_w h_w$；

2 地震设计状况

$$V_c \leqslant \frac{1}{\gamma_{RE}}\left[\frac{1.05}{\lambda+1} f_t bh_0 + f_{yv}\frac{A_{sv}}{s}h_0\right.$$

$$\left. + \frac{0.58}{\lambda} f_a t_w h_w - 0.2N \right] \qquad (6.2.17-2)$$

当 $V_c \leqslant \frac{1}{\gamma_{RE}}\left(f_{yv}\frac{A_{sv}}{s}h_0 + \frac{0.58}{\lambda} f_a t_w h_w\right)$ 时，应取 $V_c = \frac{1}{\gamma_{RE}}\left(f_{yv}\frac{A_{sv}}{s}h_0 + \frac{0.58}{\lambda} f_a t_w h_w\right)$。

式中：λ——柱的计算剪跨比，按本规范第 6.2.16 条确定；

N——柱的轴向拉力设计值。

6.2.18 考虑地震作用组合的剪跨比不大于 2.0 的偏心受压柱，其斜截面受剪承载力宜取下列公式计算的较小值。

$$V_c \leqslant \frac{1}{\gamma_{RE}}\left[\frac{1.05}{\lambda+1} f_t bh_0 + f_{yv}\frac{A_{sv}}{s}h_0\right.$$

$$\left. + \frac{0.58}{\lambda} f_a t_w h_w + 0.056N \right] \qquad (6.2.18-1)$$

$$V_c \leqslant \frac{1}{\gamma_{RE}}\left[\frac{4.2}{\lambda+1.4} f_t b_0 h_0 + f_{yv}\frac{A_{sv}}{s}h_0\right.$$

$$\left. + \frac{0.58}{\lambda-0.2} f_a t_w h_w \right] \qquad (6.2.18-2)$$

式中：b_0——型钢截面外侧混凝土的宽度，取柱截面宽度与型钢翼缘宽度之差。

6.2.19 考虑地震作用组合的框架柱和转换柱，其轴压比应按下式计算，且不宜大于表 6.2.19 规定的限值。

$$n = \frac{N}{f_c A_c + f_a A_a} \quad (6.2.19)$$

式中：n ——柱轴压比；

N ——考虑地震作用组合的柱轴向压力设计值。

表 6.2.19 型钢混凝土框架柱和转换柱的轴压比限值

结构类型	柱类型	抗震等级			
		一级	二级	三级	四级
框架结构	框架柱	0.65	0.75	0.85	0.90
框架-剪力墙结构	框架柱	0.70	0.80	0.90	0.95
框架-筒体结构	框架柱	0.70	0.80	0.90	—
	转换柱	0.60	0.70	0.80	—
筒中筒结构	框架柱	0.70	0.80	0.90	—
	转换柱	0.60	0.70	0.80	—
部分框支剪力墙结构	转换柱	0.60	0.70	—	—

注：1 剪跨比不大于 2 的柱，其轴压比限值应比表中数值减小 0.05；

2 当混凝土强度等级采用 C65～C70 时，轴压比限值应比表中数值减小 0.05；当混凝土强度等级采用 C75～C80 时，轴压比限值应比表中数值减小 0.10。

6.3 裂缝宽度验算

6.3.1 在正常使用极限状态下，当型钢混凝土轴心受拉构件允许出现裂缝时，应验算裂缝宽度，最大裂缝宽度应按荷载的准永久组合并考虑长期效应组合的影响进行计算。

6.3.2 配置工字形型钢的型钢混凝土轴心受拉构件，按荷载的准永久组合并考虑长期效应组合的影响的最大裂缝宽度可按下列公式计算，并不应大于本规范第 4.3.11 条规定的限值。

$$\omega_{max} = 2.7\psi \frac{\sigma_{sq}}{E_s} \left(1.9c + 0.07 \frac{d_e}{\rho_{te}}\right) \quad (6.3.2-1)$$

$$\psi = 1.1 - 0.65 \frac{f_{tk}}{\rho_{te}\sigma_{sq}} \quad (6.3.2-2)$$

$$\sigma_{sq} = \frac{N_q}{A_s + A_a} \quad (6.3.2-3)$$

$$\rho_{te} = \frac{A_s + A_a}{A_{te}} \quad (6.3.2-4)$$

$$d_e = \frac{4(A_s + A_a)}{u} \quad (6.3.2-5)$$

$$u = n\pi d_s + 4(b_f + t_f) + 2h_w \quad (6.3.2-6)$$

式中：ω_{max} ——最大裂缝宽度；

c_s ——纵向受拉钢筋的混凝土保护层厚度；

ψ ——裂缝间受拉钢筋和型钢应变不均匀系数：当 $\psi < 0.2$ 时，取 0.2；当 $\psi > 1$ 时，取 $\psi = 1$；

N_q ——按荷载效应的准永久组合计算的轴向拉力值；

σ_{sq} ——按荷载效应的准永久组合计算的型钢混凝土构件纵向受拉钢筋和受拉型钢的应力的平均应力值；

d_e、ρ_{te} ——综合考虑受拉钢筋和受拉型钢的有效直径和有效配筋率；

A_{te} ——轴心受拉构件的横截面面积；

u ——纵向受拉钢筋和型钢截面的总周长；

n、d_s ——纵向受拉变形钢筋的数量和直径；

b_f、t_f、h_w ——型钢截面的翼缘宽度、厚度和腹板高度。

6.4 构 造 措 施

6.4.1 考虑地震作用组合的型钢混凝土框架柱应设置箍筋加密区。加密区的箍筋最大间距和箍筋最小直径应符合表 6.4.1 的规定。

表 6.4.1 柱端箍筋加密区的构造要求

抗震等级	加密区箍筋间距（mm）	箍筋最小直径（mm）
一级	100	12
二级	100	10
三、四级	150（柱根 100）	8

注：1 底层柱的柱根指地下室的顶面或无地下室情况的基础顶面；

2 二级抗震等级框架柱的箍筋直径大于 10mm，且箍筋采用封闭复合箍、螺旋箍时，除柱根外加密区箍筋最大间距应允许采用 150mm。

6.4.2 考虑地震作用组合的型钢混凝土框架柱，其箍筋加密区应为下列范围：

1 柱上、下两端，取截面长边尺寸、柱净高的 1/6 和 500mm 中的最大值；

2 底层柱下端不小于 1/3 柱净高的范围；

3 刚性地面上、下各 500mm 的范围；

4 一、二级框架角柱的全高范围。

6.4.3 考虑地震作用组合的型钢混凝土框架柱箍筋加密区箍筋的体积配筋率应符合下式规定：

$$\rho_v \geqslant 0.85\lambda_v \frac{f_c}{f_{yv}} \quad (6.4.3)$$

式中：ρ_v ——柱箍筋加密区箍筋的体积配筋率；

f_c ——混凝土轴心抗压强度设计值；当强度等级低于 C35 时，按 C35 取值；

f_{yv} ——箍筋及拉筋抗拉强度设计值；

λ_v——最小配箍特征值，按表6.4.3采用。

表 6.4.3　柱箍筋最小配箍特征值 λ_v

抗震等级	箍筋形式	轴压比						
		≤0.3	0.4	0.5	0.6	0.7	0.8	0.9
一级	普通箍、复合箍	0.10	0.11	0.13	0.15	0.17	0.20	0.23
	螺旋箍、复合或连续复合矩形螺旋箍	0.08	0.09	0.11	0.13	0.15	0.18	0.21
二级	普通箍、复合箍	0.08	0.09	0.11	0.13	0.15	0.17	0.19
	螺旋箍、复合或连续复合矩形螺旋箍	0.06	0.07	0.09	0.11	0.13	0.15	0.17
三、四级	普通箍、复合箍	0.06	0.07	0.09	0.11	0.13	0.15	0.17
	螺旋箍、复合或连续复合矩形螺旋箍	0.05	0.06	0.07	0.09	0.11	0.13	0.15

注：1　普通箍指单个矩形箍筋或单个圆形箍筋；螺旋箍指单个螺旋箍筋；复合箍指由多个矩形或多边形、圆形箍筋与拉筋组成的箍筋；复合螺旋箍指矩形、多边形、圆形螺旋箍筋与拉筋组成的箍筋；连续复合螺旋箍筋指全部螺旋箍筋为同一根钢筋加工而成的箍筋；

　　　2　在计算复合螺旋箍筋的体积配筋率时，其中非螺旋箍筋的体积应乘以换算系数0.8；

　　　3　对一、二、三、四级抗震等级的柱，其箍筋加密区的箍筋体积配筋率分别不应小于0.8%、0.6%、0.4%和0.4%；

　　　4　混凝土强度等级高于C60时，箍筋宜采用复合箍、复合螺旋箍或连续复合矩形螺旋箍；当轴压比不大于0.6时，其加密区的最小配箍特征值宜按表中数值增加0.02；当轴压比大于0.6时，宜按表中数值增加0.03。

6.4.4　考虑地震作用组合的型钢混凝土框架柱非加密区箍筋的体积配筋率不宜小于加密区的一半；箍筋间距不应大于加密区箍筋间距的2倍。一、二级抗震等级，箍筋间距尚不应大于10倍纵向钢筋直径；三、四级抗震等级，箍筋间距尚不应大于15倍纵向钢筋直径。

6.4.5　考虑地震作用组合的型钢混凝土框架柱，应采用封闭复合箍筋，其末端应有135°弯钩，弯钩端头平直段长度不应小于10倍箍筋直径。截面中纵向钢筋在两个方向宜有箍筋或拉筋约束。当部分箍筋采用拉筋时，拉筋宜紧靠纵向钢筋并勾住封闭箍筋。在符合箍筋配筋率计算和构造要求的情况下，对箍筋加密区内的箍筋肢距可按现行国家标准《混凝土结构设计规范》GB 50010 的规定作适当放松，但应配置不少于两道封闭复合箍筋或螺旋箍筋（图6.4.5）。

6.4.6　型钢混凝土转换柱箍筋应采用封闭复合箍或螺旋箍，箍筋直径不应小于12mm，箍筋间距不应大

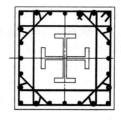

图 6.4.5　箍筋配置

于100mm和6倍纵筋直径的较小值并沿全高加密，箍筋末端应有135°弯钩，弯钩端头平直段长度不应小于10倍箍筋直径。

6.4.7　考虑地震作用组合的型钢混凝土转换柱，其箍筋最小配箍特征值 λ_v 应按本规范表6.4.3的数值增大0.02，且箍筋体积配筋率不应小于1.5%。

6.4.8　考虑地震作用组合的剪跨比不大于2的型钢混凝土框架柱，箍筋宜采用封闭复合箍或螺旋箍，箍筋间距不应大于100mm并沿全高加密；其箍筋体积配筋率不应小于1.2%；9度设防烈度时，不应小于1.5%。

6.4.9　非抗震设计时，型钢混凝土框架柱和转换柱应采用封闭箍筋，其箍筋直径不应小于8mm，箍筋间距不应大于250mm。

6.5　柱脚设计及构造

Ⅰ　一般规定

6.5.1　型钢混凝土柱可根据不同的受力特点采用型钢埋入基础底板（承台）的埋入式柱脚或非埋入式柱脚。考虑地震作用组合的偏心受压柱宜采用埋入式柱脚；不考虑地震作用组合的偏心受压柱可采用埋入式柱脚，也可采用非埋入式柱脚；偏心受拉柱应采用埋入式柱脚（图6.5.1）。

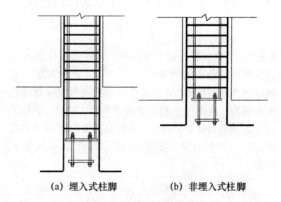

(a) 埋入式柱脚　　　　　(b) 非埋入式柱脚

图 6.5.1　型钢混凝土柱脚

6.5.2　无地下室或仅有一层地下室的型钢混凝土柱的埋入式柱脚，其型钢在基础底板（承台）中的埋置深度除应符合本规范第6.5.4条规定外，尚不应小于

柱型钢截面高度的 2.0 倍。

6.5.3 型钢混凝土偏心受压柱嵌固端以下有两层及两层以上地下室时，可将型钢混凝土柱伸入基础底板，也可伸至基础底板顶面。当伸至基础底板顶面时，纵向钢筋和锚栓应锚入基础底板并符合锚固要求；柱脚应按非埋入式柱脚计算其受压、受弯和受剪承载力，计算中不考虑型钢作用，轴力、弯矩和剪力设计值应取柱底部的相应设计值。

Ⅱ　埋入式柱脚

6.5.4 型钢混凝土偏心受压柱，其埋入式柱脚的埋置深度应符合下式规定（图 6.5.4）：

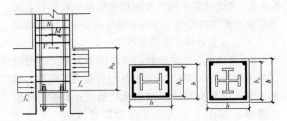

图 6.5.4　埋入式柱脚的埋置深度

$$h_B \geqslant 2.5\sqrt{\frac{M}{b_v f_c}} \qquad (6.5.4)$$

式中：h_B ——型钢混凝土柱脚埋置深度；

M ——埋入式柱脚最大组合弯矩设计值；

f_c ——基础底板混凝土抗压强度设计值；

b_v ——型钢混凝土柱垂直于计算弯曲平面方向的箍筋边长。

6.5.5 型钢混凝土偏心受压柱，其埋入式柱脚在柱轴向压力作用下，基础底板的局部受压承载力应符合现行国家标准《混凝土结构设计规范》GB 50010 中有关局部受压承载力计算的规定。

6.5.6 型钢混凝土偏心受压柱，其埋入式柱脚在柱轴向压力作用下，基础底板受冲切承载力应符合现行国家标准《混凝土结构设计规范》GB 50010 中有关受冲切承载力计算的规定。

6.5.7 型钢混凝土偏心受拉柱，其埋入式柱脚的埋置深度应符合本规范第 6.5.2、6.5.4 条的规定。基础底板在轴向拉力作用下的受冲切承载力应符合现行国家标准《混凝土结构设计规范》GB 50010 中有关受冲切承载力计算的规定，冲切面高度应取型钢的埋置深度，冲切计算中的轴向拉力设计值应按下式计算：

$$N_t = N_{tmax}\frac{f_a A_a}{f_y A_s + f_a A_a} \qquad (6.5.7)$$

式中：N_t ——冲切计算中的轴向拉力设计值；

N_{tmax} ——埋入式柱脚最大组合轴向拉力设计值；

A_a ——型钢截面面积；

A_c ——全部纵向钢筋截面面积；

f_a ——型钢抗拉强度设计值；

f_y ——纵向钢筋抗拉强度设计值。

6.5.8 型钢混凝土柱的埋入式柱脚，其型钢底板厚度不应小于柱脚型钢翼缘厚度，且不宜小于 25mm。

6.5.9 型钢混凝土柱的埋入式柱脚，其埋入范围及其上一层的型钢翼缘和腹板部位应设置栓钉，栓钉直径不宜小于 19mm，水平和竖向间距不宜大于 200mm，栓钉离型钢翼缘板边缘不宜小于 50mm，且不宜大于 100mm。

6.5.10 型钢混凝土柱的埋入式柱脚，伸入基础内型钢外侧的混凝土保护层的最小厚度，中柱不应小于 180mm，边柱和角柱不应小于 250mm（图 6.5.10）。

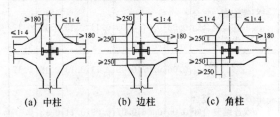

(a) 中柱　　　　(b) 边柱　　　　(c) 角柱

图 6.5.10　埋入式柱脚混凝土保护层厚度

6.5.11 型钢混凝土柱的埋入式柱脚，在其埋入部分顶面位置处，应设置水平加劲肋，加劲肋的厚度宜与型钢翼缘等厚，其形状应便于混凝土浇筑。

6.5.12 埋入式柱脚型钢底板处设置的锚栓埋置深度，以及柱内纵向钢筋在基础底板中的锚固长度，应符合现行国家标准《混凝土结构设计规范》GB 50010 的规定，柱内纵向钢筋锚入基础底板部分应设置箍筋。

Ⅲ　非埋入式柱脚

6.5.13 型钢混凝土偏心受压柱，其非埋入式柱脚型钢底板截面处的锚栓配置，应符合下列偏心受压正截面承载力计算规定（图 6.5.13）：

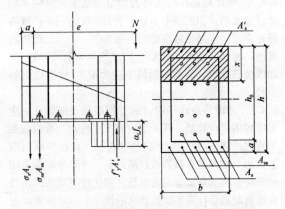

图 6.5.13　柱脚底板锚栓配置计算参数示意

1　持久、短暂设计状况

$$N \leqslant \alpha_1 f_c bx + f'_y A'_s - \sigma_s A_s - 0.75\sigma_{sa} A_{sa}$$

(6.5.13-1)

$$Ne \leqslant \alpha_1 f_c bx\left(h_0 - \frac{x}{2}\right) + f'_y A'_s (h_0 - a'_s)$$
$$(6.5.13-2)$$

2 地震设计状况

$$N \leqslant \frac{1}{\gamma_{RE}}\left(\alpha_1 f_c bx + f'_y A'_s - \sigma_s A_s - 0.75\sigma_{sa} A_{sa}\right)$$
$$(6.5.13-3)$$

$$Ne \leqslant \frac{1}{\gamma_{RE}}\left[\alpha_1 f_c bx\left(h_0 - \frac{x}{2}\right) + f'_y A'_s(h_0 - a'_s)\right]$$
$$(6.5.13-4)$$

$$e = e_i + \frac{h}{2} - a \qquad (6.5.13-5)$$

$$e_i = e_0 + e_a \qquad (6.5.13-6)$$

$$e_0 = \frac{M}{N} \qquad (6.5.13-7)$$

$$h_0 = h - a \qquad (6.5.13-8)$$

3 纵向受拉钢筋应力 σ_s 和受拉一侧最外排锚栓应力 σ_{sa} 可按下列规定计算：

1) 当 $x \leqslant \xi_b h_0$ 时，$\sigma_s = f_y$，$\sigma_{sa} = f_{sa}$；

2) 当 $x \geqslant \xi_b h_0$ 时，

$$\sigma_s = \frac{f_y}{\xi_b - \beta_1}\left(\frac{x}{h_0} - \beta_1\right) \qquad (6.5.13-9)$$

$$\sigma_{sa} = \frac{f_{sa}}{\xi_b - \beta_1}\left(\frac{x}{h_0} - \beta_1\right) \qquad (6.5.13-10)$$

3) ξ_b 可按下式计算：

$$\xi_b = \frac{\beta_1}{1 + \dfrac{f_y + f_{sa}}{2 \times 0.003 E_s}} \qquad (6.5.13-11)$$

式中：N——非埋入式柱脚底板截面处轴向压力设计值；

M——非埋入式柱脚底板截面处弯矩设计值；

e——轴向力作用点至纵向受拉钢筋与受拉一侧最外排锚栓合力点之间的距离；

e_0——轴向力对截面重心的偏心矩；

e_a——附加偏心距；按本规范第 6.2.4 条规定计算；

A_s、A'_s、A_{sa}——纵向受拉钢筋、纵向受压钢筋、受拉一侧最外排锚栓的截面面积；

σ_s、σ_{sa}——纵向受拉钢筋、受拉一侧最外排锚栓应力；

a——纵向受拉钢筋与受拉一侧最外排锚栓合力点至受拉边缘的距离；

E_s——钢筋弹性模量；

x——混凝土受压区高度；

b、h——型钢混凝土柱截面宽度、高度；

h_0——截面有效高度；

ξ_b——相对界限受压区高度；

f_y、f_{sa}——钢筋抗拉强度设计值、锚栓抗拉强度设计值；

α_1——受压区混凝土压应力影响系数，按本规范第 5.1.1 条取值；

β_1——受压区混凝土应力图形影响系数，按本规范第 5.1.1 条取值。

6.5.14 型钢混凝土偏心受压柱，其非埋入式柱脚在柱轴向压力作用下，基础底板的局部受压承载力应符合现行国家标准《混凝土结构设计规范》GB 50010 中有关局部受压承载力计算的规定。

6.5.15 型钢混凝土偏心受压柱，其非埋入式柱脚在柱轴向压力作用下，基础底板的受冲切承载力应符合现行国家标准《混凝土结构设计规范》GB 50010 中有关受冲切承载力计算的规定。

6.5.16 型钢混凝土偏心受压柱非埋入式柱脚底板截面处的偏心受压正截面承载力不符合本规范第 6.5.13 条计算规定时，可在柱周边外包钢筋混凝土增大柱截面，并配置计算所需的纵向钢筋及构造规定的箍筋。外包钢筋混凝土应延伸至基础底板以上一层的层高范围，其纵筋锚入基础底板的锚固长度应符合现行国家标准《混凝土结构设计规范》GB 50010 的规定，钢筋端部应设置弯钩。

6.5.17 型钢混凝土偏心受压柱，其非埋入式柱脚型钢底板截面处的受剪承载力应符合下列规定（图 6.5.17）：

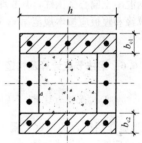

图 6.5.17 型钢混凝土柱非埋入式柱脚受剪承载力的计算参数示意

1 柱脚型钢底板下不设置抗剪连接件时
$$V \leqslant 0.4N_B + V_{rc} \qquad (6.5.17-1)$$

2 柱脚型钢底板下设置抗剪连接件时
$$V \leqslant 0.4N_B + V_{rc} + 0.58f_a A_{wa}$$
$$(6.5.17-2)$$

$$N_B = N\frac{E_a A_a}{E_c A_c + E_a A_a} \qquad (6.5.17-3)$$

$$V_{rc} = 1.5f_t(b_{c1} + b_{c2})h + 0.5f_y A_{s1}$$
$$(6.5.17-4)$$

式中：V——柱脚型钢底板处剪力设计值；

N_B——柱脚型钢底板下按弹性刚度分配的轴向压力设计值；

N——柱脚型钢底板处与剪力设计值 V 相应的轴向压力设计值；

A_c——型钢混凝土柱混凝土截面面积；

A_a ——型钢混凝土柱型钢截面面积；

b_{c1}、b_{c2} ——柱脚型钢底板周边箱形混凝土截面左、右侧沿受剪方向的有效受剪宽度；

h ——柱脚底板周边箱形混凝土截面沿受剪方向的高度；

A_c、A_s、A_a ——型钢混凝土柱的混凝土截面面积、全部纵向钢筋截面面积、型钢截面面积；

A_{s1} ——柱脚底板周边箱形混凝土截面沿受剪方向的有效受剪宽度和高度范围内的纵向钢筋截面面积；

A_{wa} ——抗剪连接件型钢腹板的受剪截面面积。

6.5.18 型钢混凝土偏心受压柱，其非埋入式柱脚型钢底板厚度不应小于柱脚型钢翼缘厚度，且不宜小于 30mm。

6.5.19 型钢混凝土偏心受压柱，其非埋入式柱脚型钢底板的锚栓直径不宜小于 25mm，锚栓锚入基础底板的长度不宜小于 40 倍锚栓直径。纵向钢筋锚入基础的长度应符合受拉钢筋锚固规定，外围纵向钢筋锚入基础部分应设置箍筋。柱与基础在一定范围内混凝土宜连续浇筑。

6.5.20 型钢混凝土偏心受压柱，其非埋入式柱脚上一层的型钢翼缘和腹板应按本规范第 6.5.9 条的规定设置栓钉。

6.6 梁柱节点计算及构造

Ⅰ 承载力计算

6.6.1 考虑地震作用组合的型钢混凝土框架梁柱节点的剪力设计值应按下列公式计算：

1 型钢混凝土柱与钢梁连接的梁柱节点

1）一级抗震等级的框架结构和 9 度设防烈度一级抗震等级的各类框架顶层中间节点和端节点

$$V_j = 1.15 \frac{M_{au}^l + M_{au}^r}{h_a} \quad (6.6.1-1)$$

其他层的中间节点和端节点

$$V_j = 1.15 \frac{(M_{au}^l + M_{au}^r)}{h_a} \left(1 - \frac{h_a}{H_c - h_a}\right)$$
$$(6.6.1-2)$$

2）框架结构

二级抗震等级

顶层中间节点和端节点

$$V_j = 1.20 \frac{M_a^l + M_a^r}{h_a} \quad (6.6.1-3)$$

其他层的中间节点和端节点

$$V_j = 1.20 \frac{(M_a^l + M_a^r)}{h_a} \left(1 - \frac{h_a}{H_c - h_a}\right)$$
$$(6.6.1-4)$$

3）其他各类框架

一级抗震等级

顶层中间节点和端节点

$$V_j = 1.35 \frac{M_a^l + M_a^r}{h_a} \quad (6.6.1-5)$$

其他层的中间节点和端节点

$$V_j = 1.35 \frac{(M_a^l + M_a^r)}{h_a} \left(1 - \frac{h_a}{H_c - h_a}\right)$$
$$(6.6.1-6)$$

二级抗震等级

顶层中间节点和端节点

$$V_j = 1.20 \frac{M_a^l + M_a^r}{h_a} \quad (6.6.1-7)$$

其他层的中间节点和端节点

$$V_j = 1.20 \frac{(M_a^l + M_a^r)}{h_a} \left(1 - \frac{h_a}{H_c - h_a}\right)$$
$$(6.6.1-8)$$

2 型钢混凝土柱与型钢混凝土梁或钢筋混凝土梁连接的梁柱节点

1）一级抗震等级框架结构和 9 度设防烈度一级抗震等级的各类框架

顶层中间节点和端节点

$$V_j = 1.15 \frac{M_{bua}^l + M_{bua}^r}{Z} \quad (6.6.1-9)$$

其他层中间节点和端节点

$$V_j = 1.15 \frac{M_{bua}^l + M_{bua}^r}{Z} \left(1 - \frac{Z}{H_c - h_b}\right)$$
$$(6.6.1-10)$$

2）框架结构

二级抗震等级

顶层中间节点和端节点

$$V_j = 1.35 \frac{M_b^l + M_b^r}{Z} \quad (6.6.1-11)$$

其他层的中间节点和端节点

$$V_j = 1.35 \frac{(M_b^l + M_b^r)}{Z} \left(1 - \frac{Z}{H_c - h_b}\right)$$
$$(6.6.1-12)$$

3）其他各类框架

一级抗震等级

顶层中间节点和端节点

$$V_j = 1.35 \frac{(M_b^l + M_b^r)}{Z} \quad (6.6.1-13)$$

其他层的中间节点和端节点

$$V_j = 1.35 \frac{(M_b^l + M_b^r)}{Z} \left(1 - \frac{Z}{H_c - h_b}\right)$$
$$(6.6.1-14)$$

二级抗震等级

顶层中间节点和端节点

$$V_j = 1.20 \frac{(M_b^l + M_b^r)}{Z} \quad (6.6.1-15)$$

其他层的中间节点和端节点

$$V_j = 1.20 \frac{(M_b^l + M_b^r)}{Z}\left(1 - \frac{Z}{H_c - h_b}\right)$$

$$(6.6.1-16)$$

式中： V_j ——框架梁柱节点的剪力设计值；

M_{au}^l、M_{au}^r ——节点左、右两侧钢梁的正截面受弯承载力对应的弯矩值，其值应按实际型钢面积和钢材强度标准值计算；

M_a^l、M_a^r ——节点左、右两侧钢梁的梁端弯矩设计值；

M_{bua}^l、M_{bua}^r ——节点左、右两侧型钢混凝土梁或钢筋混凝土梁的梁端考虑承载力抗震调整系数的正截面受弯承载力对应的弯矩值，其值应按本规范第 5.2.1 条或现行国家标准《混凝土结构设计规范》GB 50010 的规定计算；

M_b^l、M_b^r ——节点左、右两侧型钢混凝土梁或钢筋混凝土梁的梁端弯矩设计值；

H_c ——节点上柱和下柱反弯点之间的距离；

Z ——对型钢混凝土梁，取型钢上翼缘和梁上部钢筋合力点与型钢下翼缘和梁下部钢筋合力点间的距离；对钢筋混凝土梁，取梁上部钢筋合力点与梁下部钢筋合力点间的距离；

h_a ——型钢截面高度，当节点两侧梁高不相同时，梁截面高度 h_a 应取其平均值；

h_b ——梁截面高度，当节点两侧梁高不相同时，梁截面高度 h_b 应取其平均值。

6.6.2 考虑地震作用组合的框架梁柱节点，其核心区的受剪水平截面应符合下式规定：

$$V_j \leqslant \frac{1}{\gamma_{RE}}(0.36\eta_j f_c b_j h_j) \qquad (6.6.2)$$

式中： h_j ——节点截面高度，可取受剪方向的柱截面高度；

b_j ——节点有效截面宽度，可按本规范第 6.6.3 条取值；

η_j ——梁对节点的约束影响系数，对两个正交方向有梁约束，且节点核心区内配有十字形型钢的中间节点，当梁的截面宽度均大于柱截面宽度的 1/2，且正交方向梁截面高度不小于较高框架梁截面高度的 3/4 时，可取 $\eta_j = 1.3$，但 9 度设防烈度宜取 1.25；其他情况的节点，可取 $\eta_j = 1$。

6.6.3 框架梁柱节点有效截面宽度应按下列公式计算：

1 型钢混凝土柱与钢梁节点

$$b_j = b_c/2$$

2 型钢混凝土柱与型钢混凝土梁节点

$$b_j = (b_b + b_c)/2$$

3 型钢混凝土柱与钢筋混凝土梁节点

1） 梁柱轴线重合

当 $b_b > b_c/2$ 时，

$$b_j = b_c$$

当 $b_b \leqslant b_c/2$ 时，

$$b_j = \min(b_b + 0.5h_c, b_c)$$

2） 梁柱轴线不重合，且偏心距不大于柱截面宽度的 1/4

$$b_j = \min(0.5b_c + 0.5b_b + 0.25h_c - e_0,$$
$$b_b + 0.5h_c, b_c)$$

式中： b_c ——柱截面宽度；

h_c ——柱截面高度；

b_b ——梁截面宽度。

6.6.4 型钢混凝土框架梁柱节点的受剪承载力应符合下列公式的规定：

1 一级抗震等级的框架结构和 9 度设防烈度一级抗震等级的各类框架

1） 型钢混凝土柱与钢梁连接的梁柱节点

$$V_j \leqslant \frac{1}{\gamma_{RE}}\Big[1.7\phi_j \eta_j f_t b_j h_j + f_{yv}\frac{A_{sv}}{s}$$
$$(h_0 - a_s') + 0.58 f_a t_w h_w\Big] \quad (6.6.4\text{-}1)$$

2） 型钢混凝土柱与型钢混凝土梁连接的梁柱节点

$$V_j \leqslant \frac{1}{\gamma_{RE}}\Big[2.0\phi_j \eta_j f_t b_j h_j + f_{yv}\frac{A_{sv}}{s}$$
$$(h_0 - a_s') + 0.58 f_a t_w h_w\Big] \quad (6.6.4\text{-}2)$$

3） 型钢混凝土柱与钢筋混凝土梁连接的梁柱节点

$$V_j \leqslant \frac{1}{\gamma_{RE}}\Big[1.0\phi_j \eta_j f_t b_j h_j + f_{yv}\frac{A_{sv}}{s}$$
$$(h_0 - a_s') + 0.3 f_a t_w h_w\Big] \quad (6.6.4\text{-}3)$$

2 其他各类框架

1） 型钢混凝土柱与钢梁连接的梁柱节点

$$V_j \leqslant \frac{1}{\gamma_{RE}}\Big[1.8\phi_j f_t b_j h_j + f_{yv}\frac{A_{sv}}{s}$$
$$(h_0 - a_s') + 0.58 f_a t_w h_w\Big] \quad (6.6.4\text{-}4)$$

2） 型钢混凝土柱与型钢混凝土梁连接的梁柱节点

$$V_j \leqslant \frac{1}{\gamma_{RE}}\Big[2.3\phi_j \eta_j f_t b_j h_j + f_{yv}\frac{A_{sv}}{s}$$
$$(h_0 - a_s') + 0.58 f_a t_w h_w\Big] \quad (6.6.4\text{-}5)$$

3） 型钢混凝土柱与钢筋混凝土梁连接的梁柱节点

$$V_j \leqslant \frac{1}{\gamma_{RE}}\Big[1.2\phi_j \eta_j f_t b_j h_j + f_{yv}\frac{A_{sv}}{s}$$
$$(h_0 - a_s') + 0.3 f_a t_w h_w\Big] \quad (6.6.4\text{-}6)$$

式中： ϕ_j ——节点位置影响系数，对中柱中间节点取 1，边柱节点及顶层中间节点取 0.6，顶层边节点取 0.3。

6.6.5 型钢混凝土柱与型钢混凝土梁节点双向受剪承载力宜按下式计算：

$$\left(\frac{V_{jx}}{1.1V_{jux}}\right)^2+\left(\frac{V_{jy}}{1.1V_{juy}}\right)^2=1 \quad (6.6.5)$$

式中： V_{jx}、V_{jy} ——X 方向、Y 方向剪力设计值；

V_{jux}、V_{juy} ——X 方向、Y 方向单向极限受剪承载力。

6.6.6 型钢混凝土柱与型钢混凝土梁节点抗裂计算宜符合下列公式的规定：

$$\frac{\sum M_{bk}}{Z}\left(1-\frac{Z}{H_c-h_b}\right)\leqslant A_c f_t\left(1+\beta\right)+0.05N$$
$$(6.6.6-1)$$

$$\beta=\frac{E_a}{E_c}\frac{t_w h_w}{b_c\left(h_b-2c\right)} \quad (6.6.6-2)$$

式中： β ——型钢抗裂系数；

t_w ——柱型钢腹板厚度；

h_w ——柱型钢腹板高度；

c ——柱钢筋保护层厚度；

$\sum M_{bk}$ ——节点左右梁端逆时针或顺时针方向组合弯矩准永久值之和；

Z ——型钢混凝土梁中型钢上翼缘和梁上部钢筋合力点与型钢下翼缘和梁下部钢筋合力点间的距离；

A_c ——柱截面面积。

6.6.7 型钢混凝土框架梁柱节点的梁端、柱端的型钢和钢筋混凝土各自承担的受弯承载力之和，宜分别符合下列公式的规定：

$$0.4\leqslant\frac{\sum M_c^a}{\sum M_b^a}\leqslant 2.0 \quad (6.6.7-1)$$

$$\frac{\sum M_c^{rc}}{\sum M_b^{rc}}\geqslant 0.4 \quad (6.6.7-2)$$

式中： $\sum M_c^a$ ——节点上、下柱端型钢受弯承载力之和；

$\sum M_b^a$ ——节点左、右梁端型钢受弯承载力之和；

$\sum M_c^{rc}$ ——节点上、下柱端钢筋混凝土截面受弯承载力之和；

$\sum M_b^{rc}$ ——节点左、右梁端钢筋混凝土截面受弯承载力之和。

Ⅱ 梁柱节点形式

6.6.8 型钢混凝土框架梁柱节点的连接构造应做到构造简单，传力明确，便于混凝土浇捣和配筋。梁柱连接可采用下列几种形式：

1 型钢混凝土柱与钢梁的连接；

2 型钢混凝土柱与型钢混凝土梁的连接；

3 型钢混凝土柱与钢筋混凝土梁的连接。

6.6.9 在各种结构体系中，型钢混凝土柱与钢梁、型钢混凝土梁或钢筋混凝土梁的连接，其柱内型钢宜

采用贯通型，柱内型钢的拼接构造应符合钢结构的连接规定。当钢梁采用箱形等空腔截面时，钢梁与柱型钢连接所形成的节点区混凝土不连续部位，宜采用同等强度等级的自密实低收缩混凝土填充（图 6.6.9）。

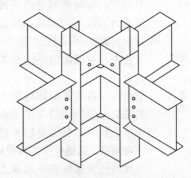

图 6.6.9 型钢混凝土梁柱节点及水平加劲肋

6.6.10 型钢混凝土柱与钢梁或型钢混凝土梁采用刚性连接时，其柱内型钢与钢梁或型钢混凝土梁内型钢的连接应采用刚性连接。当钢梁直接与钢柱连接时，钢梁翼缘与柱内型钢翼缘应采用全熔透焊缝连接；梁腹板与柱宜采用摩擦型高强度螺栓连接；当采用柱边伸出钢悬臂梁段时，悬臂梁段与柱应采用全熔透焊缝连接。具体连接构造应符合国家现行标准《钢结构设计规范》GB 50017、《高层民用建筑钢结构技术规程》JGJ 99 的规定（图 6.6.10）。

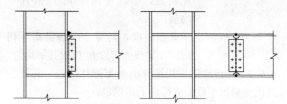

图 6.6.10 型钢混凝土柱与钢梁或型钢混凝土梁内型钢的连接构造

6.6.11 型钢混凝土柱与钢梁采用铰接时，可在型钢柱上焊接短牛腿，牛腿端部宜焊接与柱边平齐的封口板，钢梁腹板与封口板宜采用高强螺栓连接；钢梁翼缘与牛腿翼缘不应焊接（图 6.6.11）。

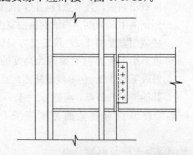

图 6.6.11 型钢混凝土柱与钢梁铰接连接

6.6.12 型钢混凝土柱与钢筋混凝土梁的梁柱节点宜采用刚性连接，梁的纵向钢筋应伸入柱节点，且应符

合现行国家标准《混凝土结构设计规范》GB 50010对钢筋的锚固规定。柱内型钢的截面形式和纵向钢筋的配置，宜减少梁纵向钢筋穿过柱内型钢柱的数量，且不宜穿过型钢翼缘，也不应与柱内型钢直接焊接连接。梁柱连接节点可采用下列连接方式：

1 梁的纵向钢筋可采取双排钢筋等措施尽可能多的贯通节点，其余纵向钢筋可在柱内型钢腹板上预留贯穿孔，型钢腹板截面损失率宜小于腹板面积的20%（图6.6.12a）。

2 当梁纵向钢筋伸入柱节点与柱内型钢翼缘相碰时，可在柱型钢翼缘上设置可焊接机械连接套筒与梁纵筋连接，并应在连接套筒位置的柱型钢内设置水平加劲肋，加劲肋形式应便于混凝土浇灌（图6.6.12b）。

3 梁纵筋可与型钢柱上设置的钢牛腿可靠焊接，且宜有不少于1/2梁纵筋面积穿过型钢混凝土柱连续配置。钢牛腿的高度不宜小于0.7倍混凝土梁高，长度不宜小于混凝土梁截面高度的1.5倍。钢牛腿的上、下翼缘应设置栓钉，直径不宜小于19mm，间距不宜大于200mm，且栓钉至钢牛腿翼缘边缘距离不应小于50mm。梁端至牛腿端部以外1.5倍梁高范围内，箍筋设置应符合现行国家标准《混凝土结构设计规范》GB 50010梁端箍筋加密区的规定（图6.6.12c）。

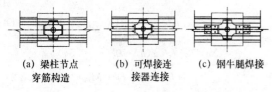

(a) 梁柱节点　　(b) 可焊接连　　(c) 钢牛腿焊接
　穿筋构造　　　接器连接

图6.6.12　型钢混凝土柱与钢筋混凝土梁的连接

6.6.13 型钢混凝土柱与钢梁、钢斜撑连接的复杂梁柱节点，其节点核心区除在纵筋外围设置间距为200mm的构造箍筋外，可设置外包钢板。外包钢板宜与柱表面平齐，其高度宜与梁型钢高度相同，厚度可取柱截面宽度的1/100，钢板与钢梁的翼缘和腹板可靠焊接。梁型钢上、下部可设置条形小钢板箍，条形小钢板箍尺寸应符合下列公式的规定（图6.6.13）。

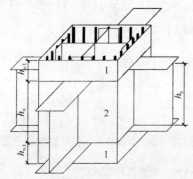

图6.6.13　型钢混凝土柱与钢梁连接节点
1—小钢板箍；2—大钢板箍

$$t_{w1}/h_b \geq 1/30 \qquad (6.6.13-1)$$
$$t_{w1}/b_c \geq 1/30 \qquad (6.6.13-2)$$
$$h_{w1}/h_b \geq 1/5 \qquad (6.6.13-3)$$

式中：t_{w1}——小钢板箍厚度；
　　　h_{w1}——小钢板箍高度；
　　　h_b——钢梁高度；
　　　b_c——柱截面宽度。

Ⅲ　构　造　措　施

6.6.14 型钢混凝土节点核心区的箍筋最小直径宜符合本规范第6.4.1条的规定。对一、二、三级抗震等级的框架节点核心区，其箍筋最小体积配筋率分别不宜小于0.6%、0.5%、0.4%；且箍筋间距不宜大于柱端加密区间距的1.5倍，箍筋直径不宜小于柱端箍筋加密区的箍筋直径；柱纵向受力钢筋不应在各层节点中断裂。

6.6.15 型钢柱的翼缘与竖向腹板间连接焊缝宜采用坡口全熔透焊缝或部分熔透焊缝。在节点区及梁翼缘上下各500mm范围内，应采用坡口全熔透焊缝；在高层建筑底部加强区，应采用坡口全熔透焊缝；焊缝质量等级应为一级。

6.6.16 型钢柱沿高度方向，对应于钢梁或型钢混凝土梁内型钢的上、下翼缘处或钢筋混凝土梁的上下边缘处，应设置水平加劲肋，加劲肋形式宜便于混凝土浇筑；对钢梁或型钢混凝土梁，水平加劲肋厚度不宜小于梁端型钢翼缘厚度，且不宜小于12mm；对于钢筋混凝土梁，水平加劲肋厚度不宜小于型钢柱腹板厚度。加劲肋与型钢翼缘的连接宜采用坡口全熔透焊缝，与型钢腹板可采用角焊缝，焊缝高度不宜小于加劲肋厚度。

7　矩形钢管混凝土框架柱和转换柱

7.1　一　般　规　定

7.1.1 矩形钢管混凝土框架柱和转换柱的截面最小边尺寸不宜小于400mm，钢管壁壁厚不宜小于8mm，截面高宽比不宜大于2。当矩形钢管混凝土柱截面边长大于等于1000mm时，应在钢管内壁设置竖向加劲肋。

7.1.2 矩形钢管混凝土框架柱和转换柱管壁宽厚比b/t、h/t应符合下列公式的规定（图7.1.2）：

$$b/t \leq 60 \sqrt{235/f_{ak}} \qquad (7.1.2-1)$$
$$h/t \leq 60 \sqrt{235/f_{ak}} \qquad (7.1.2-2)$$

式中：b、h——矩形钢管管壁宽度、高度；
　　　t——矩形钢管管壁厚度；
　　　f_{ak}——矩形钢管抗拉强度标准值。

7.1.3 矩形钢管混凝土框架柱和转换柱，其内设的

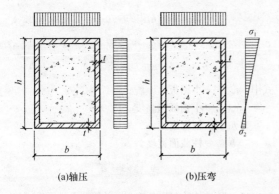

(a)轴压　　　　(b)压弯

图 7.1.2　矩形钢管截面板件应力分布示意

钢隔板宽厚比 h_{w1}/t_{w1}、h_{w2}/t_{w2} 宜符合本规范第 6.1.5 条 h_w/t_w 的限值规定（图 7.1.3）。

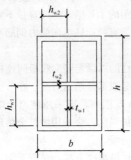

图 7.1.3　钢隔板位置及尺寸示意

7.2　承载力计算

7.2.1　矩形钢管混凝土框架柱和转换柱，其正截面承载力计算的基本假定应按本规范第 5.1.1 条的规定采用。

7.2.2　矩形钢管混凝土轴心受压柱的受压承载力应符合下列公式的规定（图 7.2.2）：

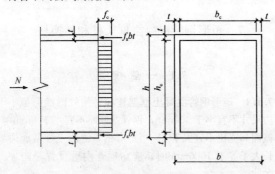

图 7.2.2　轴心受压柱受压承载力计算参数示意

1　持久、短暂设计状况
$$N \leqslant 0.9\varphi(\alpha_1 f_c b_c h_c + 2 f_a b t + 2 f_a h_c t) \tag{7.2.2-1}$$

2　地震设计状况
$$N \leqslant \frac{1}{\gamma_{RE}}[0.9\varphi(\alpha_1 f_c b_c h_c + 2 f_a b t + 2 f_a h_c t)] \tag{7.2.2-2}$$

式中：N——矩形钢管柱轴向压力设计值；

γ_{RE}——承载力抗震调整系数；

f_a、f_c——矩形钢管抗压和抗拉强度设计值、内填混凝土抗压强度设计值；

b、h——矩形钢管截面宽度、高度；

b_c——矩形钢管内填混凝土的截面宽度；

h_c——矩形钢管内填混凝土的截面高度；

t——矩形钢管的管壁厚度；

α_1——受压区混凝土压应力影响系数，按本规范第 5.1.1 条取值；

φ——轴心受压柱稳定系数，按本规范第 6.2.1 条的规定取值。

7.2.3　矩形钢管混凝土偏心受压框架柱和转换柱正截面受压承载力应符合下列规定：

1　当 $x \leqslant \xi_b h_c$ 时（图 7.2.3-1）：

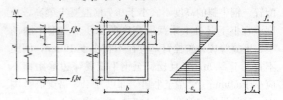

图 7.2.3-1　大偏心受压柱计算参数示意

1）持久、短暂设计状况

$$N \leqslant \alpha_1 f_c b_c x + 2 f_a t \left(2\frac{x}{\beta_1} - h_c\right) \tag{7.2.3-1}$$

$$Ne \leqslant \alpha_1 f_c b_c x (h_c + 0.5t - 0.5x)$$
$$+ f_a b t (h_c + t) + M_{aw} \tag{7.2.3-2}$$

2）地震设计状况

$$N \leqslant \frac{1}{\gamma_{RE}}\left[\alpha_1 f_c b_c x + 2 f_a t \left(2\frac{x}{\beta_1} - h_c\right)\right] \tag{7.2.3-3}$$

$$Ne \leqslant \frac{1}{\gamma_{RE}}[\alpha_1 f_c b_c x (h_c + 0.5t - 0.5x)$$
$$+ f_a b t (h_c + t) + M_{aw}] \tag{7.2.3-4}$$

$$M_{aw} = f_a t \frac{x}{\beta_1}\left(2h_c + t - \frac{x}{\beta_1}\right) - f_a t$$
$$\left(h_c - \frac{x}{\beta_1}\right)\left(h_c + t - \frac{x}{\beta_1}\right) \tag{7.2.3-5}$$

2　当 $x > \xi_b h_c$ 时（图 7.2.3-2）：

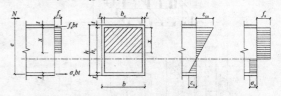

图 7.2.3-2　小偏心受压柱计算参数示意

1）持久、短暂设计状况

$$N \leqslant \alpha_1 f_c b_c x + f_a b t + 2 f_a t \frac{x}{\beta_1}$$

$$-2\sigma_a t\left(h_c-\frac{x}{\beta_1}\right)-\sigma_a bt \qquad (7.2.3\text{-}6)$$

$$Ne\leqslant\alpha_1 f_c b_c x(h_c+0.5t-0.5x)$$
$$+f_a bt(h_c+t)+M_{aw} \qquad (7.2.3\text{-}7)$$

2）地震设计状况

$$N\leqslant\frac{1}{\gamma_{RE}}\Big[\alpha_1 f_c b_c x+f_a bt+2f_a t\frac{x}{\beta_1}$$
$$-2\sigma_a t\left(h_c-\frac{x}{\beta_1}\right)-\sigma_a bt\Big] \qquad (7.2.3\text{-}8)$$

$$Ne\leqslant\frac{1}{\gamma_{RE}}\big[\alpha_1 f_c b_c x(h_c+0.5t-0.5x)$$
$$+f_a bt(h_c+t)+M_{aw}\big] \qquad (7.2.3\text{-}9)$$

$$M_{aw}=f_a t\frac{x}{\beta_1}\left(2h_c+t-\frac{x}{\beta_1}\right)-\sigma_a t$$
$$\left(h_c-\frac{x}{\beta_1}\right)\left(h_c+t-\frac{x}{\beta_1}\right)$$
$$(7.2.3\text{-}10)$$

$$\sigma_a=\frac{f_a}{\xi_b-\beta_1}\left(\frac{x}{h_c}-\beta_1\right) \qquad (7.2.3\text{-}11)$$

3 ξ_b、e 应按下列公式计算：

$$\xi_b=\frac{\beta_1}{1+\dfrac{f_a}{E_a\varepsilon_{cu}}} \qquad (7.2.3\text{-}12)$$

$$e=e_i+\frac{h}{2}-\frac{t}{2} \qquad (7.2.3\text{-}13)$$

$$e_i=e_0+e_a \qquad (7.2.3\text{-}14)$$

$$e_0=M/N \qquad (7.2.3\text{-}15)$$

式中：e——轴力作用点至矩形钢管远端翼缘钢板厚度中心的距离；

e_0——轴力对截面重心的偏心距；

e_a——附加偏心距，按本规范第 7.2.4 条规定计算；

M——柱端较大弯矩设计值，当考虑挠曲产生的二阶效应时，柱端弯矩 M 应按现行国家标准《混凝土结构设计规范》GB 50010 的规定确定；

N——与弯矩设计值 M 相对应的轴向压力设计值；

M_{aw}——钢管腹板轴向合力对受拉或受压较小端钢管翼缘钢板厚度中心的力矩；

σ_a——受拉或受压较小端钢管翼缘应力；

x——混凝土等效受压区高度；

ε_{cu}——混凝土极限压应变，按本规范第 5.1.1 条规定确定；

ξ_b——相对界限受压区高度；

h_c——矩形钢管内填混凝土的截面高度；

E_a——钢管弹性模量；

β_1——受压区混凝土应力图形影响系数，应按本规范第 5.1.1 条规定。

7.2.4 矩形钢管混凝土偏心受压框架柱和转换柱的正截面受压承载力计算，应考虑轴向压力在偏心方向

存在的附加偏心距，其值宜取 20mm 和偏心方向截面尺寸的 1/30 两者中的较大者。

7.2.5 矩形钢管混凝土轴心受拉柱的受拉承载力应符合下列公式的规定：

1 持久、短暂设计状况

$$N\leqslant 2f_a bt+2f_a h_c t \qquad (7.2.5\text{-}1)$$

2 地震设计状况

$$N\leqslant\frac{1}{\gamma_{RE}}(2f_a bt+2f_a h_c t) \qquad (7.2.5\text{-}2)$$

7.2.6 矩形钢管混凝土偏心受拉框架柱和转换柱正截面受拉承载力应符合下列公式的规定：

1 大偏心受拉（图 7.2.6-1）

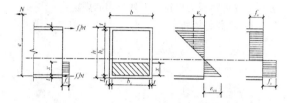

图 7.2.6-1 大偏心受拉柱计算参数示意

1）持久、短暂设计状况

$$N\leqslant 2f_a t\left(h_c-2\frac{x}{\beta_1}\right)-\alpha_1 f_c b_c x \quad (7.2.6\text{-}1)$$

$$Ne\leqslant\alpha_1 f_c b_c x(h_c+0.5t-0.5x)$$
$$+f_a bt(h_c+t)+M_{aw} \qquad (7.2.6\text{-}2)$$

2）地震设计状况

$$N\leqslant\frac{1}{\gamma_{RE}}\Big[2f_a t\left(h_c-2\frac{x}{\beta_1}\right)-\alpha_1 f_c b_c x\Big]$$
$$(7.2.6\text{-}3)$$

$$Ne\leqslant\frac{1}{\gamma_{RE}}\big[\alpha_1 f_c b_c x(h_c+0.5t-0.5x)$$
$$+f_a bt(h_c+t)+M_{aw}\big] \qquad (7.2.6\text{-}4)$$

$$M_{aw}=f_a t\frac{x}{\beta_1}\left(2h_c+t-\frac{x}{\beta_1}\right)-f_a t$$
$$\left(h_c-\frac{x}{\beta_1}\right)\left(h_c+t-\frac{x}{\beta_1}\right) \quad (7.2.6\text{-}5)$$

$$e=e_0-\frac{h}{2}+\frac{t}{2} \qquad (7.2.6\text{-}6)$$

2 小偏心受拉（图 7.2.6-2）

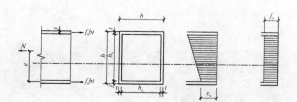

图 7.2.6-2 小偏心受拉柱计算参数示意

1）持久、短暂设计状况

$$N \leqslant 2f_a b t + 2f_a h_c t \qquad (7.2.6-7)$$

$$Ne \leqslant f_a b t (h_c + t) + M_{aw} \qquad (7.2.6-8)$$

2）地震设计状况

$$N \leqslant \frac{1}{\gamma_{RE}} [2f_a b t + 2f_a h_c t] \qquad (7.2.6-9)$$

$$Ne \leqslant \frac{1}{\gamma_{RE}} [f_a b t (h_c + t) + M_{aw}] \qquad (7.2.6-10)$$

$$M_{aw} = f_a h_c t (h_c + t) \qquad (7.2.6-11)$$

$$e = \frac{h}{2} - \frac{t}{2} - e_0 \qquad (7.2.6-12)$$

7.2.7 矩形钢管混凝土偏心受压框架柱和转换柱的斜截面受剪承载力应符合下列公式的规定：

1 持久、短暂设计状况

$$V_c \leqslant \frac{1.75}{\lambda + 1} f_t b_c h_c + \frac{1.16}{\lambda} f_a t h + 0.07N \qquad (7.2.7-1)$$

2 地震设计状况

$$V_c \leqslant \frac{1}{\gamma_{RE}} \left(\frac{1.05}{\lambda + 1} f_t b_c h_c + \frac{1.16}{\lambda} f_a t h + 0.056N \right) \qquad (7.2.7-2)$$

式中：λ——框架柱计算剪跨比，取上下端较大弯矩设计值 M 与对应剪力设计值 V 和柱截面高度 h 的比值，即 $M/(Vh)$；当框架结构中的框架柱反弯点在柱层高范围内时，也可采用 $1/2$ 柱净高与柱截面高度 h 的比值；当 λ 小于 1 时，取 $\lambda = 1$；当 λ 大于 3 时，取 $\lambda = 3$；

N——框架柱和转换柱的轴向压力设计值；当 $N > 0.3f_c b_c h_c$ 时，取 $N = 0.3f_c b_c h_c$。

7.2.8 矩形钢管混凝土偏心受拉框架柱和转换柱的斜截面受剪承载力应符合下列公式的规定：

1 持久、短暂设计状况

$$V_c \leqslant \frac{1.75}{\lambda + 1} f_t b_c h_c + \frac{1.16}{\lambda} f_a t h - 0.2N \qquad (7.2.8-1)$$

当 $V_c \leqslant \frac{1.16}{\lambda} f_a t h$ 时，应取 $V_c = \frac{1.16}{\lambda} f_a t h$；

2 地震设计状况

$$V_c \leqslant \frac{1}{\gamma_{RE}} \left(\frac{1.05}{\lambda + 1} f_t b_c h_c + \frac{1.16}{\lambda} f_a t h - 0.2N \right) \qquad (7.2.8-2)$$

当 $V_c \leqslant \frac{1}{\gamma_{RE}} \left(\frac{1.16}{\lambda} f_a t h \right)$ 时，应取 $V_c = \frac{1}{\gamma_{RE}} \left(\frac{1.16}{\lambda} f_a t h \right)$。

式中：N——柱轴向拉力设计值。

7.2.9 考虑地震作用组合的框架柱和转换柱的内力

设计值应按本规范第 6.2.8～6.2.12 条规定计算。

7.2.10 考虑地震作用组合的矩形钢管混凝土框架柱和转换柱，其轴压比应按下式计算，且不宜大于表 7.2.10 中规定的限值。

$$n = \frac{N}{f_c A_c + f_a A_a} \qquad (7.2.10)$$

式中：n——柱轴压比；

N——考虑地震作用组合的柱轴向压力设计值；

A_c——矩形钢管内填混凝土面积；

A_a——矩形钢管壁截面面积。

表 7.2.10 矩形钢管混凝土框架柱和转换柱的轴压比限值

结构类型	柱类型	抗震等级			
		一级	二级	三级	四级
框架结构	框架柱	0.65	0.75	0.85	0.90
框架-剪力墙结构	框架柱	0.70	0.80	0.90	0.95
框架-筒体结构	框架柱	0.70	0.80	0.90	—
	转换柱	0.60	0.70	0.80	—
筒中筒结构	框架柱	0.70	0.80	0.90	—
	转换柱	0.60	0.70	0.80	—
部分框支剪力墙结构	转换柱	0.60	0.70	—	—

注：1 剪跨比不大于 2 的柱，其轴压比限值应比表中数值减小 0.05；

2 当混凝土强度等级采用 C65～C70 时，轴压比限值应比表中数值减小 0.05；当混凝土强度等级采用 C75～C80 时，轴压比限值应比表中数值减小 0.10。

7.3 构造措施

7.3.1 矩形钢管混凝土柱与钢梁、型钢混凝土梁或钢筋混凝土梁的连接宜采用刚性连接，矩形钢管混凝土柱与钢梁也可采用铰接连接。当采用刚性连接时，对应钢梁上、下翼缘或钢筋混凝土梁上、下边缘处应设置水平加劲肋，水平加劲肋与钢梁翼缘等厚，且不宜小于 12mm；水平加劲肋的中心部位宜设置混凝土浇筑孔，孔径不宜小于 200mm；加劲肋周边宜设置排气孔，孔径宜为 50mm。

7.3.2 矩形钢管混凝土柱边长大于等于 2000mm 时，应设置内隔板形成多个封闭截面；矩形钢管混凝土柱边长或由内隔板分隔的封闭截面边长大于或等于 1500mm 时，应在柱内或封闭截面中设置竖向加劲肋和构造钢筋笼。内隔板的厚度宜符合本规范第 7.1.3 条宽厚比的规定，构造钢筋笼纵筋的最小配筋率不宜小于柱截面或分隔后封闭截面面积的 0.3%。

7.3.3 每层矩形钢管混凝土柱下部的钢管壁上应对称设置两个排气孔，孔径宜为 20mm。

7.3.4 焊接矩形钢管上、下柱的对接焊缝应采用坡口全熔透焊缝。

7.4 柱脚设计及构造

Ⅰ 一般规定

7.4.1 矩形钢管混凝土柱可根据不同的受力特点采用埋入式柱脚或非埋入式柱脚，且应符合本规范第6.5.1条的规定。

7.4.2 无地下室或仅有一层地下室的矩形钢管混凝土柱的埋入式柱脚，其在基础底板（承台）中的埋置深度除应符合本规范第7.4.4条规定外，尚不应小于矩形钢管柱长边尺寸的2.0倍。

7.4.3 矩形钢管混凝土偏心受压柱嵌固端以下有两层及两层以上地下室时，可将矩形钢管混凝土伸入基础底板，也可伸至基础底板顶面。当伸至基础底板顶面时，柱脚锚栓应锚入基础，且应符合锚固规定，柱脚应按非埋入式柱脚计算其受压、受弯和受剪承载力。

Ⅱ 埋入式柱脚

7.4.4 矩形钢管混凝土偏心受压柱，其埋入式柱脚的埋置深度应符合下式规定：

$$h_B \geqslant 2.5\sqrt{\frac{M}{bf_c}} \tag{7.4.4}$$

式中：h_B——矩形钢管混凝土柱埋置深度；

M——埋入式柱脚弯矩设计值；

f_c——基础底板混凝土抗压强度设计值；

b——矩形钢管混凝土柱垂直于计算弯曲平面方向的柱边长。

7.4.5 矩形钢管混凝土偏心受压柱，其埋入式柱脚在柱轴向压力作用下，基础底板的局部受压承载力应符合现行国家标准《混凝土结构设计规范》GB 50010中有关局部受压承载力计算的规定。

7.4.6 矩形钢管混凝土偏心受压柱，其埋入式柱脚在柱轴向压力作用下，基础底板受冲切承载力应符合现行国家标准《混凝土结构设计规范》GB 50010中有关受冲切承载力计算的规定。

7.4.7 矩形钢管混凝土偏心受拉柱，其埋入式柱脚的埋置深度应符合本规范第7.4.2条、第7.4.4条的规定。基础底板在轴向拉力作用下的受冲切计算应符合现行国家标准《混凝土结构设计规范》GB 50010中有关受冲切承载力计算的规定，计算时冲切面高度应取钢管的埋置深度。

7.4.8 矩形钢管混凝土柱埋入式柱脚的钢管底板厚度，不应小于柱脚钢管壁的厚度，且不宜小于25mm。

7.4.9 矩形钢管混凝土柱埋入式柱脚的埋置深度范围内的钢管壁外侧应设置栓钉，栓钉的直径不宜小于19mm，水平和竖向间距不宜大于200mm，栓钉离侧边不宜小于50mm且不宜大于100mm。

7.4.10 矩形钢管混凝土埋入式柱脚，在其埋入部分的顶面位置，应设置水平加劲肋，加劲肋的厚度不宜小于25mm，且加劲肋应留有混凝土浇筑孔。

7.4.11 矩形钢管混凝土柱埋入式柱脚钢管底板处的锚栓埋置深度，应符合现行国家标准《混凝土结构设计规范》GB 50010的规定。

Ⅲ 非埋入式柱脚

7.4.12 矩形钢管混凝土偏心受压柱，其非埋入式柱脚宜采用由矩形环底板、加劲肋和刚性锚栓组成的柱脚（图7.4.12）。

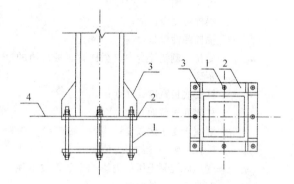

图7.4.12 矩形钢管混凝土柱非埋入式柱脚
1—锚栓；2—矩形环底板；3—加劲肋；4—基础顶面

7.4.13 矩形钢管混凝土偏心受压柱，其非埋入式柱脚在柱脚底板截面处的锚栓配置，应符合下列偏心受压正截面承载力计算规定：

1 持久、短暂设计状况

$$N \leqslant \alpha_1 f_c b_a x - 0.75\sigma_{sa} A_{sa} \tag{7.4.13-1}$$

$$Ne \leqslant \alpha_1 f_c b_a x \left(h_0 - \frac{x}{2}\right) \tag{7.4.13-2}$$

2 地震设计状况

$$N \leqslant \frac{1}{\gamma_{RE}}(\alpha_1 f_c b_a x - 0.75\sigma_{sa} A_{sa}) \tag{7.4.13-3}$$

$$Ne \leqslant \frac{1}{\gamma_{RE}}\left[\alpha_1 f_c b_a x \left(h_0 - \frac{x}{2}\right)\right] \tag{7.4.13-4}$$

$$e = e_i + \frac{h_a}{2} - a \tag{7.4.13-5}$$

$$e_i = e_0 + e_a \tag{7.4.13-6}$$

$$e_0 = \frac{M}{N} \tag{7.4.13-7}$$

$$h_0 = h_a - a_{sa} \tag{7.4.13-8}$$

3 受拉一侧锚栓应力 σ_{sa} 可按下列规定计算：

1）当 $x \leqslant \xi_b h_0$ 时，$\sigma_{sa} = f_{sa}$；

2）当 $x > \xi_b h_0$ 时，

$$\sigma_{sa} = \frac{f_{sa}}{\xi_b - \beta_1}\left(\frac{x}{h_0} - \beta_1\right) \tag{7.4.13-9}$$

3) ξ_b 可按下式计算：

$$\xi_b = \frac{\beta_1}{1+\frac{f_{sa}}{0.003E_{sa}}} \quad (7.4.13\text{-}10)$$

式中：N——非埋入式柱脚底板截面处轴向压力设计值；

M——非埋入式柱脚底板截面处弯矩设计值；

e——轴向力作用点至受拉一侧锚栓合力点之间的距离；

e_0——轴向力对截面重心的偏心矩；

e_a——附加偏心距，应按本规范第 7.2.4 条规定计算；

A_{sa}——受拉一侧锚栓截面面积；

f_{sa}——锚栓强度设计值；

E_{sa}——锚栓弹性模量；

a_{sa}——受拉一侧锚栓合力点至柱脚底板近边的距离；

b_a、h_a——柱脚底板宽度、高度；

h_0——柱脚底板截面有效高度；

x——混凝土受压区高度；

σ_{sa}——受拉一侧锚栓的应力值；

α_1——受压区混凝土压应力影响系数，按本规范第 5.1.1 条取值；

β_1——受压区混凝土应力图形影响系数，按本规范第 5.1.1 条取值。

7.4.14 矩形钢管混凝土偏心受压柱，其非埋入式柱脚在柱轴向压力作用下，基础底板局部受压承载力应符合现行国家标准《混凝土结构设计规范》GB 50010 中有关局部受压承载力计算的规定。

7.4.15 矩形钢管混凝土偏心受压柱，其非埋入式柱脚在柱轴向压力作用下，基础底板受冲切承载力应符合现行国家标准《混凝土结构设计规范》GB 50010 中有关受冲切承载力计算的规定。

7.4.16 矩形钢管混凝土偏心受压柱，其非埋入式柱脚底板截面处的偏心受压正截面承载力不符合本规范第 7.4.13 条规定时，可在钢管周围外包钢筋混凝土增大柱截面，并配置计算所需的纵向钢筋及构造规定的箍筋。外包钢筋混凝土应延伸至基础底板以上一层的层高范围，其纵筋锚入基础底板的锚固长度应符合现行国家标准《混凝土结构设计规范》GB 50010 的规定，钢筋端部应设置弯钩。钢管壁外侧应按本规范第 7.4.9 条设置栓钉。

7.4.17 矩形钢管混凝土偏心受压柱，其非埋入式柱脚底板截面处的受剪承载力应符合下列公式的规定：

1 柱脚矩形环底板下不设置抗剪连接件时

$$V \leqslant 0.4N_B + 1.5f_tA_{cl} \quad (7.4.17\text{-}1)$$

2 柱脚矩形环底板下设置抗剪连接件时

$$V \leqslant 0.4N_B + 1.5f_tA_{cl} + 0.58f_aA_{wa}$$
$$(7.4.17\text{-}2)$$

3 柱脚矩形环底板内的核心混凝土中设置钢筋笼时

$$V \leqslant 0.4N_B + 1.5f_tA_{cl} + 0.5f_yA_{sl}$$
$$(7.4.17\text{-}3)$$

$$N_B = N\frac{E_aA_a}{E_cA_c + E_aA_a} \quad (7.4.17\text{-}4)$$

式中：V——非埋入式柱脚底板截面处的剪力设计值；

N_B——矩形环底板按弹性刚度分配的轴向压力设计值；

N——柱脚底板截面处与剪力设计值 V 相应的轴向压力设计值；

A_{cl}——矩形钢管混凝土柱环形底板内上下贯通的核心混凝土截面面积；

A_c——矩形钢管混凝土柱内填混凝土截面面积；

A_a——矩形钢管混凝土柱钢管壁截面面积；

A_{wa}——矩形环底板下抗剪连接件型钢腹板的受剪截面面积；

A_{sl}——矩形环底板内核心混凝土中配置的纵向钢筋截面面积；

f_a——抗剪连接件的抗拉强度设计值；

f_y——纵向钢筋抗拉强度设计值；

f_t——矩形钢管混凝土柱环形底板内核心混凝土抗拉强度设计值。

7.4.18 矩形钢管混凝土偏心受压柱，采用矩形环板的非埋入式柱脚构造应符合下列规定：

1 矩形环板的厚度不宜小于钢管壁厚的 1.5 倍，宽度不宜小于钢管壁厚的 6 倍；

2 锚栓直径不宜小于 25mm，间距不宜大于 200mm，锚栓锚入基础的长度不宜小于 40 倍锚栓直径和 1000mm 的较大值；

3 钢管壁外加劲肋厚度不宜小于钢管壁厚，加劲肋高度不宜小于柱脚板外伸宽度的 2 倍，加劲肋间距不应大于柱脚底板厚度的 10 倍。

7.5 梁柱节点计算及构造

Ⅰ 承载力计算

7.5.1 考虑地震作用的矩形钢管混凝土框架梁柱节点，其内力设计值应按本规范第 6.6.1 条的规定计算。

7.5.2 在各种结构体系中，矩形钢管混凝土柱与框架梁或转换梁形成的框架梁柱节点，其框架梁或转换梁宜采用钢梁、型钢混凝土梁，也可采用钢筋混凝土梁。

7.5.3 带内隔板的矩形钢管混凝土柱与钢梁的刚性焊接节点，其框架节点受剪承载力应按下列公式计算（图 7.5.3）：

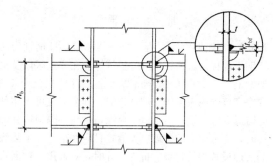

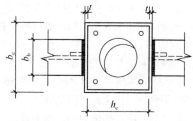

图 7.5.3 带内隔板的刚性节点示意

$$V_j = \frac{2N_y h_c + 4M_{uw} + 4M_{uj} + 0.5N_{cv} h_c}{h_b}$$

(7.5.3-1)

$$N_y = \min\left(\frac{a_c h_b f_w}{\sqrt{3}}, \frac{t h_b f_a}{\sqrt{3}}\right)$$ (7.5.3-2)

$$M_{uw} = \frac{h_b^2 t [1 - \cos(\sqrt{3} h_c / h_b)] f_w}{6}$$

(7.5.3-3)

$$M_{uj} = \frac{1}{4} b_c t_j^2 f_j$$ (7.5.3-4)

$$N_{cv} = \frac{2 b_c h_c f_c}{4 + \left(\dfrac{h_c}{h_b}\right)^2}$$ (7.5.3-5)

式中：V_j——梁柱节点剪力设计值；

M_{uw}——焊缝受弯承载力；

M_{uj}——内隔板受弯承载力；

N_{cv}——核心混凝土受剪承载力；

t, t_j——钢管壁、钢管内隔板厚度；

f_w, f_a, f_j——焊缝、柱钢管壁、内隔板抗拉强度设计值；

b_c, h_c——矩形钢管内填混凝土截面宽度、高度；

h_b——钢梁高度；

a_c——钢梁翼缘与钢管柱壁的有效焊缝厚度。

Ⅱ 梁柱节点形式

7.5.4 矩形钢管混凝土柱与钢梁的连接可采用下列形式：

1 带牛腿内隔板式刚性连接：矩形钢管内设横隔板，钢管外焊接钢牛腿，钢梁翼缘应与牛腿翼缘焊接，钢梁腹板与牛腿腹板宜采用摩擦型高强螺栓连接（图 7.5.4-1）。

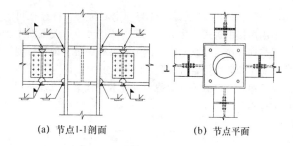

(a) 节点1-1剖面　　　　(b) 节点平面

图 7.5.4-1　带牛腿内隔板式梁柱连接示意

2 内隔板式刚性连接：矩形钢管内设横隔板，钢梁翼缘应与钢管壁焊接，钢梁腹板与钢管壁宜采用摩擦型高强螺栓连接（图 7.5.4-2）。

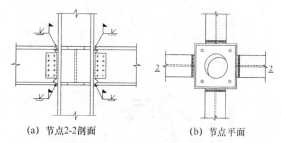

(a) 节点2-2剖面　　　　(b) 节点平面

图 7.5.4-2　内隔板式梁柱连接示意

3 外环板式刚性连接：钢管外焊接环形牛腿，钢梁翼缘应与环板焊接，钢梁腹板与牛腿腹板宜采用摩擦型高强螺栓连接；环板挑出宽度 c 应符合下列规定（图 7.5.4-3）：

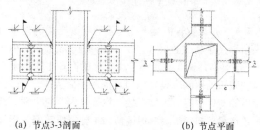

(a) 节点3-3剖面　　　　(b) 节点平面

图 7.5.4-3　外隔板式梁柱连接示意

$$100\text{mm} \leqslant c \leqslant 15 t_j \sqrt{235 / f_{ak}}$$ (7.5.4)

式中：t_j——外环板厚度；

f_{ak}——外环板钢材的屈服强度标准值。

4 外伸内隔板式刚性连接：矩形钢管内设贯通钢管壁的横隔板，钢管与隔板焊接，钢梁翼缘应与外伸内隔板焊接，钢梁腹板与钢管壁宜采用摩擦型高强度螺栓连接（图 7.5.4-4）。

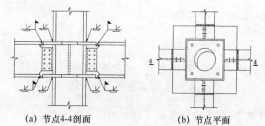

(a) 节点4-4剖面　　　　(b) 节点平面

图 7.5.4-4　外伸内隔板式梁柱连接示意

7.5.5 矩形钢管混凝土柱与型钢混凝土梁的连接可采用焊接牛腿式连接节点，梁内型钢可通过变截面牛腿与柱焊接，梁纵筋应与钢牛腿可靠焊接，钢管柱内对应牛腿翼缘位置应设置横隔板，其厚度应与牛腿翼缘等厚。节点的受剪承载力可按本规范第 7.5.3 条规定计算（图 7.5.5）。

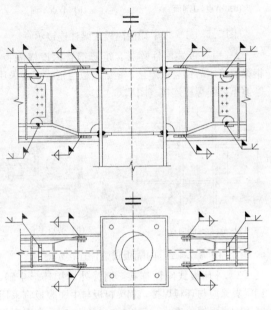

图 7.5.5　型钢混凝土梁与矩形钢管
混凝土柱连接节点示意

7.5.6 矩形钢管混凝土柱与钢筋混凝土梁的连接可采用焊接牛腿式连接节点，其钢牛腿高度不宜小于 0.7 倍梁高，长度不宜小于 1.5 倍梁高；牛腿上下翼缘和腹板的两侧应设置栓钉，间距不宜大于 200mm；梁纵筋与钢牛腿应可靠焊接。钢管柱内对应牛腿翼缘位置应设置横隔板，其厚度应与牛腿翼缘等厚。梁端应设置箍筋加密区，箍筋加密区范围除钢牛腿长度以外，尚应从钢牛腿外端点处为起点并符合箍筋加密区长度的规定；加密区箍筋构造应符合现行国家标准《建筑抗震设计规范》GB 50011 和《混凝土结构设计规范》GB 50010 的规定（图 7.5.6）。

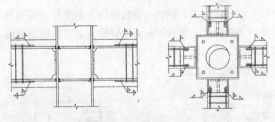

图 7.5.6　钢筋混凝土梁与矩形钢管混凝土柱
焊接牛腿式连接节点示意

7.5.7 矩形钢管混凝土柱与钢筋混凝土梁采用钢牛腿连接时，其梁端抗剪及抗弯均应由牛腿承担。

7.5.8 当矩形钢管混凝土柱与梁刚接，且钢管为四块钢板焊接时，钢管角部的拼接焊缝在节点区以及框架梁上、下不小于 600mm 以及底层柱柱根以上 1/3 柱净高范围内应采用全熔透焊缝，其余部位可采用部分熔透焊缝。钢梁的上、下翼缘与牛腿、隔板或柱焊接时，应采用全熔透坡口焊缝，且应在梁上、下翼缘的底面设置焊接衬板。抗震设计时，对采用与柱面直接连接的刚接节点，梁下翼缘焊接用的衬板在翼缘施焊完毕后，应在底面与柱相连处用角焊缝沿衬板全长焊接，或将衬板割除再补焊焊根。当柱钢管壁较薄时，在节点处应加强以利于与钢梁焊接。

7.5.9 矩形钢管混凝土柱短边尺寸不小于 1500mm 时，钢管角部拼接焊缝应沿柱全高采用全熔透焊缝。

7.5.10 当设防烈度为 8 度、场地为 Ⅲ、Ⅳ 类或设防烈度为 9 度时，柱与钢梁的刚性连接宜采用能将梁塑性铰外移的连接方式。

7.5.11 当钢梁与柱为铰接连接时，钢梁翼缘与钢管可不焊接。腹板连接宜采用内隔板式连接形式。

7.5.12 矩形钢管混凝土柱内隔板厚度应符合板件的宽厚比限值，且不应小于钢梁翼缘厚度。钢管外隔板厚度不应小于钢梁翼缘厚度。

7.5.13 矩形钢管混凝土柱内竖向隔板与柱的焊接在节点区和框架梁上、下 600mm 范围应采用坡口全熔透焊。

8　圆形钢管混凝土框架柱和转换柱

8.1　一般规定

8.1.1 圆形钢管混凝土框架柱和转换柱的钢管外直径不宜小于 400mm，壁厚不宜小于 8mm。

8.1.2 圆形钢管混凝土框架柱和转换柱的套箍指标 θ 宜取 0.5～2.5；套箍指标应按下式计算：

$$\theta = \frac{f_a A_a}{f_c A_c} \tag{8.1.2}$$

式中：A_c、f_c——钢管内的核心混凝土横截面面积、抗压强度设计值；

A_a、f_a——钢管的横截面面积、抗拉和抗压强度设计值。

8.1.3 圆形钢管混凝土框架柱和转换柱的钢管外直径与钢管壁厚之比 D/t 应符合下式规定（图 8.1.3）：

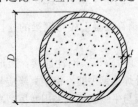

图 8.1.3　圆形钢管混凝土柱截面

$$D/t \leqslant 135(235/f_{ak}) \qquad (8.1.3)$$

式中：D——钢管外直径；

t——钢管壁厚；

f_{ak}——钢管的抗拉强度标准值。

8.1.4 圆形钢管混凝土框架柱和转换柱的等效计算长度与钢管外直径之比 L_e/D 不宜大于 20。

8.2 承载力计算

8.2.1 圆形钢管混凝土轴心受压柱的正截面受压承载力应符合下列规定：

1 持久、短暂设计状况

当 $\theta \leqslant [\theta]$ 时：

$$N \leqslant 0.9\varphi_l f_c A_c (1 + \alpha\theta) \qquad (8.2.1-1)$$

当 $\theta > [\theta]$ 时：

$$N \leqslant 0.9\varphi_l f_c A_c (1 + \sqrt{\theta} + \theta) \qquad (8.2.1-2)$$

2 地震设计状况

当 $\theta \leqslant [\theta]$ 时：

$$N \leqslant \frac{1}{\gamma_{RE}} [0.9\varphi_l f_c A_c (1 + \alpha\theta)] \qquad (8.2.1-3)$$

当 $\theta > [\theta]$ 时：

$$N \leqslant \frac{1}{\gamma_{RE}} [0.9\varphi_l f_c A_c (1 + \sqrt{\theta} + \theta)]$$

$$(8.2.1-4)$$

式中：N——圆形钢管混凝土柱的轴向压力设计值；

α——与混凝土强度等级有关的系数，按表 8.2.1 取值；

$[\theta]$——与混凝土强度等级有关的套箍指标界限值，按表 8.2.1 取值；

φ_l——考虑长细比影响的承载力折减系数，按本规范第 8.2.2 条计算。

8.2.2 圆形钢管混凝土轴心受压柱考虑长细比影响的承载力折减系数 φ_l 应按下列公式计算：

当 $L_e/D > 4$ 时：

$$\varphi_l = 1 - 0.115\sqrt{L_e/D - 4} \qquad (8.2.2-1)$$

当 $L_e/D \leqslant 4$ 时：

$$\varphi_l = 1 \qquad (8.2.2-2)$$

$$L_e = \mu L \qquad (8.2.2-3)$$

式中：L——柱的实际长度；

D——钢管的外直径；

L_e——柱的等效计算长度；

μ——考虑柱端约束条件的计算长度系数，根据梁柱刚度的比值，按现行国家标准《钢结构设计规范》GB 50017 确定。

表 8.2.1 系数 α、套箍指标界限值 $[\theta]$

混凝土等级	≤C50	C55～C80
α	2.00	1.8
$[\theta] = \dfrac{1}{(\alpha-1)^2}$	1.00	1.56

8.2.3 圆形钢管混凝土偏心受压框架柱和转换柱的正截面受压承载力应符合下列规定：

1 持久、短暂设计状况

当 $\theta \leqslant [\theta]$ 时：

$$N \leqslant 0.9\varphi_l\varphi_e f_c A_c (1 + \alpha\theta) \qquad (8.2.3-1)$$

当 $\theta > [\theta]$ 时：

$$N \leqslant 0.9\varphi_l\varphi_e f_c A_c (1 + \sqrt{\theta} + \theta) \qquad (8.2.3-2)$$

2 地震设计状况

当 $\theta \leqslant [\theta]$ 时：

$$N \leqslant \frac{1}{\gamma_{RE}} [0.9\varphi_l\varphi_e f_c A_c (1 + \alpha\theta)] \qquad (8.2.3-3)$$

当 $\theta > [\theta]$ 时：

$$N \leqslant \frac{1}{\gamma_{RE}} [0.9\varphi_l\varphi_e f_c A_c (1 + \sqrt{\theta} + \theta)]$$

$$(8.2.3-4)$$

3 $\varphi_l\varphi_e$ 应符合下式规定：

$$\varphi_l\varphi_e \leqslant \varphi_0 \qquad (8.2.3-5)$$

式中：φ_e——考虑偏心率影响的承载力折减系数，按本规范第 8.2.4 条计算；

φ_l——考虑长细比影响的承载力折减系数，按本规范第 8.2.5 条计算；

φ_0——按轴心受压柱考虑的长细比影响的承载力折减系数 φ_l 值，按本规范第 8.2.2 条计算。

8.2.4 圆形钢管混凝土框架柱和转换柱考虑偏心率影响的承载力折减系数 φ_e，应按下列公式计算：

当 $e_0/r_c \leqslant 1.55$ 时：

$$\varphi_e = \frac{1}{1 + 1.85\dfrac{e_0}{r_c}} \qquad (8.2.4-1)$$

当 $e_0/r_c > 1.55$ 时：

$$\varphi_e = \frac{1}{3.92 - 5.16\varphi_l + \varphi_l\dfrac{e_0}{0.3r_c}} \qquad (8.2.4-2)$$

$$e_0 = \frac{M}{N} \qquad (8.2.4-3)$$

式中：e_0——柱端轴向压力偏心距之较大值；

r_c——核心混凝土横截面的半径；

M——柱端较大弯矩设计值；

N——轴向压力设计值。

8.2.5 圆形钢管混凝土偏心受压框架柱和转换柱考虑长细比影响的承载力折减系数 φ_l 应按下列公式计算：

当 $L_e/D > 4$ 时：

$$\varphi_l = 1 - 0.115\sqrt{L_e/D - 4} \qquad (8.2.5-1)$$

当 $L_e/D \leqslant 4$ 时：

$$\varphi_l = 1 \qquad (8.2.5-2)$$

$$L_e = \mu k L \qquad (8.2.5-3)$$

式中：k——考虑柱身弯矩分布梯度影响的等效长度系数，按本规范第 8.2.6 条计算。

8.2.6 圆形钢管混凝土框架柱和转换柱考虑柱身弯矩分布梯度影响的等效长度系数 k，应按下列公式计算（图8.2.6）：

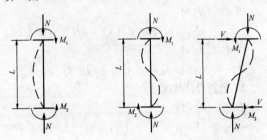

(a)无侧移单向压弯   (b)无侧移双向压弯   (c)有侧移双向压弯
$\beta \geqslant 0$ $\beta < 0$ $\beta < 0$

图 8.2.6 框架有无侧移示意图

1 无侧移

$$k = 0.5 + 0.3\beta + 0.2\beta^2 \qquad (8.2.6\text{-}1)$$

$$\beta = M_1/M_2 \qquad (8.2.6\text{-}2)$$

2 有侧移

当 $e_0/r_c \leqslant 0.8$ 时：

$$k = 1 - 0.625 e_0/r_c \qquad (8.2.6\text{-}3)$$

当 $e_0/r_c > 0.8$ 时：

$$k = 0.5 \qquad (8.2.6\text{-}4)$$

式中：β——柱两端弯矩设计值之绝对值较小者 M_1 与较大者 M_2 的比值；单向压弯时，β 为正值；双曲压弯时，β 为负值。

8.2.7 圆形钢管混凝土轴心受拉柱的正截面受拉承载力应符合下列公式的规定：

1 持久、短暂设计状况

$$N \leqslant f_a A_a \qquad (8.2.7\text{-}1)$$

2 地震设计状况

$$N \leqslant \frac{1}{\gamma_{RE}} f_a A_a \qquad (8.2.7\text{-}2)$$

8.2.8 圆形钢管混凝土偏心受拉框架柱和转换柱的正截面受拉承载力应符合下列公式的规定：

1 持久、短暂设计状况

$$N \leqslant \frac{1}{\dfrac{1}{N_{ut}} + \dfrac{e_0}{M_u}} \qquad (8.2.8\text{-}1)$$

2 地震设计状况

$$N \leqslant \frac{1}{\gamma_{RE}} \left[\frac{1}{\dfrac{1}{N_{ut}} + \dfrac{e_0}{M_u}} \right] \qquad (8.2.8\text{-}2)$$

3 N_{ut}、M_u 按下列公式计算

$$N_{ut} = f_a A_a \qquad (8.2.8\text{-}3)$$

$$M_u = 0.3 r_c N_0 \qquad (8.2.8\text{-}4)$$

当 $\theta \leqslant [\theta]$ 时：

$$N_0 = 0.9 f_c A_c (1 + \alpha\theta) \qquad (8.2.8\text{-}5)$$

当 $\theta > [\theta]$ 时：

$$N_0 = 0.9 f_c A_c (1 + \sqrt{\theta} + \theta) \qquad (8.2.8\text{-}6)$$

式中：N——圆形钢管混凝土柱轴向拉力设计值；

M——圆形钢管混凝土柱柱端较大弯矩设计值；

N_{ut}——圆形钢管混凝土柱轴心受拉承载力计算值；

M_u——圆形钢管混凝土柱正截面受弯承载力计算值；

N_0——圆形钢管混凝土轴心受压短柱的承载力计算值。

8.2.9 圆形钢管混凝土框架柱和转换柱轴力为0的正截面受弯承载力应符合下列公式的规定：

1 持久、短暂设计状况

$$M \leqslant M_u \qquad (8.2.9\text{-}1)$$

2 地震设计状况

$$M \leqslant \frac{1}{\gamma_{RE}} M_u \qquad (8.2.9\text{-}2)$$

式中：M_u——圆形钢管混凝土柱正截面受弯承载力计算值，按本规范第8.2.8条计算。

8.2.10 圆形钢管混凝土偏心受压框架柱和转换柱，当剪跨小于柱直径 D 的2倍时，应验算其斜截面受剪承载力。斜截面受剪承载力应符合下列公式的规定：

1 持久、短暂设计状况

$$V \leqslant [0.2 f_c A_c (1 + 3\theta) + 0.1N]$$
$$\left(1 - 0.45\sqrt{\frac{a}{D}} \right) \qquad (8.2.10\text{-}1)$$

2 地震设计状况

$$V \leqslant \frac{1}{\gamma_{RE}} [0.2 f_c A_c (0.8 + 3\theta) + 0.1N]$$
$$\left(1 - 0.45\sqrt{\frac{a}{D}} \right) \qquad (8.2.10\text{-}2)$$

$$a = \frac{M}{V} \qquad (8.2.10\text{-}3)$$

式中：V——柱剪力设计值；

N——与剪力设计值对应的轴向力设计值；

M——与剪力设计值对应的弯矩设计值；

D——钢管混凝土柱的外径；

a——剪跨。

8.2.11 考虑地震作用组合的圆形钢管混凝土框架柱和转换柱的内力设计值应按本规范第6.2.8～6.2.12条的规定计算。

8.3 构 造 措 施

8.3.1 圆形钢管混凝土柱与钢梁、型钢混凝土梁或钢筋混凝土梁的连接宜采用刚性连接，圆形钢管混凝土柱与钢梁也可采用铰接连接。对于刚性连接，柱内或柱外应设置与梁上、下翼缘位置对应的水平加劲肋，设置在柱内的水平加劲肋应留有混凝土浇筑孔；设置在柱外的水平加劲肋应形成加劲环肋。加劲肋的厚度与钢梁翼缘等厚，且不宜小于12mm。

8.3.2 圆形钢管混凝土柱的直径大于或等于2000mm时，宜采取在钢管内设置纵向钢筋和构造箍筋形成芯柱等有效构造措施，减少钢管内混凝土收缩对其受力性能的影响。

8.3.3 焊接圆形钢管的焊缝应采用坡口全熔透焊缝。

8.4 柱脚设计及构造

Ⅰ 一般规定

8.4.1 圆形钢管混凝土柱可根据不同的受力特点采用埋入式柱脚或非埋入式柱脚，且应符合本规范第6.5.1条的规定。

8.4.2 无地下室或仅有一层地下室的圆形钢管混凝土柱的埋入式柱脚，其在基础中的埋置深度除应符合本规范第8.4.4条计算规定外，尚不应小于圆形钢管直径的2.5倍。

8.4.3 圆形钢管混凝土偏心受压柱嵌固端以下有两层及两层以上地下室时，可将圆形钢管混凝土柱伸入基础底板，也可伸至基础底板顶面。当伸至基础底板顶面时，柱脚锚栓应锚入基础，且应符合锚固规定，柱脚应按非埋入式柱脚计算其受压、受弯和受剪承载力。

Ⅱ 埋入式柱脚

8.4.4 圆形钢管混凝土偏心受压柱，其埋入式柱脚的埋置深度应符合下式规定：

$$h_B \geqslant 2.5\sqrt{\frac{M}{0.4Df_c}} \qquad (8.4.4)$$

式中：h_B——圆形钢管混凝土柱埋置深度；

M——埋入式柱脚弯矩设计值；

D——钢管柱外直径。

8.4.5 圆形钢管混凝土偏心受压柱，其埋入式柱脚在柱轴向压力作用下，基础底板的局部受压承载力应符合现行国家标准《混凝土结构设计规范》GB 50010中有关局部受压承载力计算的规定。

8.4.6 圆形钢管混凝土偏心受压柱，其埋入式柱脚在柱轴向压力作用下，基础底板受冲切承载力应符合现行国家标准《混凝土结构设计规范》GB 50010中的有关受冲切承载力计算的规定。

8.4.7 圆形钢管混凝土偏心受拉柱，其埋入式柱脚的埋置深度应符合本规范第8.4.2条、第8.4.4条的规定。基础底板在柱轴向拉力作用下的受冲切计算应符合现行国家标准《混凝土结构设计规范》GB 50010中有关受冲切承载力计算的规定，计算中冲切面高度可取钢管的埋置深度。

8.4.8 圆形钢管混凝土柱埋入式柱脚的柱脚底板厚度不应小于圆形钢管壁厚，且不应小于25mm。

8.4.9 圆形钢管混凝土柱埋入式柱脚的埋置深度范围内的钢管壁外侧应设置栓钉，栓钉的直径不宜小于19mm，水平和竖向间距不宜大于200mm。

8.4.10 圆形钢管混凝土埋入式柱脚，在其埋入部分的顶面位置，应设置水平加劲肋，加劲肋的厚度不宜小于25mm，且加劲肋应留有混凝土浇筑孔。

8.4.11 圆形钢管混凝土柱埋入式柱脚钢管底板处的锚栓埋置深度，应符合现行国家标准《混凝土结构设计规范》GB 50010的规定。

Ⅲ 非埋入式柱脚

8.4.12 圆形钢管混凝土偏心受压柱，其非埋入式柱脚底板宜采用由环形底板、加劲肋和刚性锚栓组成的端承式柱脚（图8.4.12）。

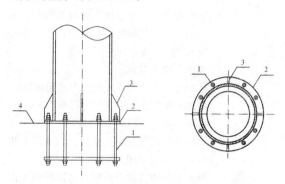

图 8.4.12 圆形钢管混凝土柱非埋入式柱脚
1—锚栓；2—环形底板；3—加劲肋；4—基础顶面

8.4.13 圆形钢管混凝土偏心受压柱，其非埋入式柱脚在柱脚底板截面处的锚栓配置，应符合下列偏心受压正截面承载力计算公式的规定（图8.4.13）：

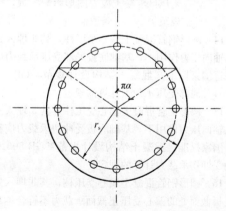

图 8.4.13 柱脚环形底板锚栓配置计算

1 持久、短暂设计状况

$$N \leqslant \alpha\alpha_1 f_c A\left(1 - \frac{\sin 2\pi\alpha}{2\pi\alpha}\right) - 0.75\alpha_t f_{sa} A_{sa}$$

$$(8.4.13-1)$$

$$Ne_i \leqslant \frac{2}{3}\alpha_1 f_c Ar \frac{\sin^3\pi\alpha}{\pi} + 0.75 f_{sa} A_{sa} r_s \frac{\sin\pi\alpha_t}{\pi}$$

$$(8.4.13-2)$$

2 地震设计状况

$$N \leqslant \frac{1}{\gamma_{RE}} \left[\alpha_1 f_c A \left(1 - \frac{\sin 2\pi\alpha}{2\pi\alpha} \right) - 0.75 \alpha_t f_{sa} A_{sa} \right] \quad (8.4.13-3)$$

$$Ne_i \leqslant \frac{1}{\gamma_{RE}} \left[\frac{2}{3} \alpha_1 f_c Ar \frac{\sin^3 \pi\alpha}{\pi} + 0.75 f_{sa} A_{sa} r_s \frac{\sin \pi\alpha}{\pi} \right]$$

$$(8.4.13-4)$$

$$\alpha_t = 1.25 - 2\alpha \quad (8.4.13-5)$$

$$e_i = e_0 + e_a \quad (8.4.13-6)$$

$$e_0 = \frac{M}{N} \quad (8.4.13-7)$$

式中：N ——柱脚底板截面处轴向压力设计值；

M ——柱脚底板截面处弯矩设计值；

e_0 ——轴向力对截面重心的偏心矩；

e_a ——考虑荷载位置不定性、材料不均匀、施工偏差等引起的附加偏心距；按本规范第 6.2.4 条规定计算；

A_{sa} ——锚栓总截面面积；

A ——柱脚底板外边缘围成的圆形截面面积；

r ——柱脚底板外边缘围成的圆形截面半径；

r_s ——锚栓中心所在圆周半径；

α ——对应于受压区混凝土截面面积的圆心角（rad）与 2π 的比值；

α_t ——纵向受拉锚栓截面面积与总锚栓截面面积的比值，当 α_t 大于 0.625 时，取 α_t 为 0；

f_{sa} ——锚栓强度设计值；

α_1 ——受压区混凝土压应力影响系数，按本规范第 5.1.1 条取值；

β_1 ——受压区混凝土应力图形影响系数，按本规范第 5.1.1 条取值。

8.4.14 圆形钢管混凝土偏心受压柱，其非埋入式柱脚在轴向压力作用下，基础底板局部受压承载力应符合现行国家标准《混凝土结构设计规范》GB 50010 中的有关局部受压承载力计算的规定。

8.4.15 圆形钢管混凝土偏心受压柱，其非埋入式柱脚在轴向压力作用下，基础底板受冲切承载力应符合现行国家标准《混凝土结构设计规范》GB 50010 中有关受冲切承载力计算的规定。

8.4.16 圆形钢管混凝土偏心受压柱，其非埋入式柱脚底板截面处的偏心受压正截面承载力不符合本规范第 8.4.13 条计算规定时，可在钢管周围外包钢筋混凝土增大柱截面，并配置计算所需的纵向钢筋及构造规定的箍筋。外包钢筋混凝土应延伸至基础底板以上一层的层高范围，其纵筋锚入基础底板的锚固长度应符合现行国家标准《混凝土结构设计规范》GB 50010 的规定，钢筋端部应设置弯钩。钢管壁外侧应按本规范第 8.4.9 条规定设置栓钉。

8.4.17 圆形钢管混凝土偏心受压柱，其非埋入式柱脚底板截面处的受剪承载力应符合下列公式的规定：

1 柱脚环形底板下不设置抗剪连接件时

$$V \leqslant 0.4 N_B + 1.5 f_t A_{cl} \quad (8.4.17-1)$$

2 柱脚环形底板下设置抗剪连接件时

$$V \leqslant 0.4 N_B + 1.5 f_t A_{cl} + 0.58 f_a A_{wa}$$

$$(8.4.17-2)$$

3 柱脚环形底板内的核心混凝土中设置芯柱时

$$V \leqslant 0.4 N_B + 1.5 f_t A_{cl} + 0.5 f_y A_{sl}$$

$$(8.4.17-3)$$

$$N_B = N \frac{E_a A_n}{E_c A_c + E_a A_a} \quad (8.4.17-4)$$

式中：V ——非埋入式柱脚底板截面处的剪力设计值；

N_B ——环形底板按弹性刚度分配的轴向压力设计值；

N ——柱脚底板截面处与剪力设计值 V 相应的轴向压力设计值；

A_{cl} ——环形底板内上下贯通的核心混凝土截面面积；

A_c ——圆形钢管混凝土柱内填混凝土截面面积；

A_a ——圆形钢管截面面积；

A_{wa} ——环形底板下抗剪连接件型钢腹板的受剪截面面积；

A_{sl} ——环形底板内核心混凝土中配置的纵向钢筋截面面积；

f_a ——抗剪连接件的抗压强度设计值；

f_y ——环形底板内核心混凝土中配置的纵向钢筋抗压强度设计值；

f_t ——环形底板内核心混凝土抗拉强度设计值。

8.4.18 圆形钢管混凝土偏心受压柱，采用环形底板的非埋入式柱脚构造宜符合下列规定：

1 环形底板的厚度不宜小于钢管壁厚的 1.5 倍，且不应小于 20mm；

2 环形底板的宽度不宜小于钢管壁厚的 6 倍，且不应小于 100mm；

3 钢管壁外加劲肋厚度不宜小于钢管壁厚，加劲肋高度不宜小于柱脚板外伸宽度的 2 倍，加劲肋间距不应大于柱脚底板厚度的 10 倍；

4 锚栓直径不宜小于 25mm，间距不宜大于 200mm，锚栓锚入基础的长度不宜小于 40 倍锚栓直径和 1000mm 的较大值。

8.5 梁柱节点形式及构造

8.5.1 在各种结构体系中，圆形钢管混凝土柱与框架梁或转换梁连接的梁柱节点，其框架梁或转换梁宜采用钢梁、型钢混凝土梁，也可采用钢筋混凝土梁。

8.5.2 圆形钢管混凝土柱与钢梁的连接可采用外加强环或内加强环形式，并应符合下列规定：

1 外加强环应是环绕柱的封闭钢环，外加强环与钢管外壁应采用全熔透焊缝连接，外加强环与钢梁应采用栓焊连接，环板厚度不宜小于钢梁翼缘厚度，宽度（c）不宜小于钢梁翼缘宽度的 0.7 倍（图 8.5.2-1）。

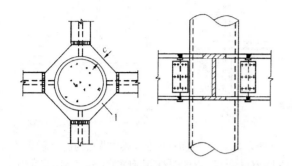

图 8.5.2-1　钢梁与圆形钢管混凝土柱外设置
加强环连接构造
1—外加强环

2 内加强环与钢管外壁应采用全熔透焊缝连接；梁与柱可采用现场焊缝连接，也可以在柱上设置悬臂梁段现场拼接，型钢翼缘应采用全熔透焊缝，腹板宜采用摩擦型高强螺栓连接（图 8.5.2-2）。

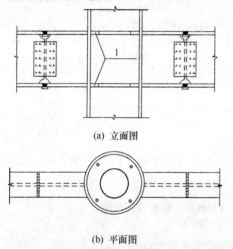

(a) 立面图

(b) 平面图

图 8.5.2-2　钢梁与圆形钢管混凝土柱设置内
加强环连接构造
1—内加强环

8.5.3 圆形钢管混凝土柱与钢筋混凝土梁连接时，钢管外剪力传递可采用环形牛腿或承重销；钢管混凝土柱与钢筋混凝土无梁楼板或井式密肋楼板连接时，钢管外剪力传递可采用台锥式环形深牛腿；其构造应符合下列规定：

1 环形牛腿或台锥式环形深牛腿由均匀分布的肋板和上、下加强环组成，肋板与钢管壁、加强环与

钢管壁及肋板与加强环均可采用角焊缝连接；牛腿下加强环应预留直径不小于 50mm 的排气孔（图 8.5.3-1）。其受剪承载力宜按下列公式计算：

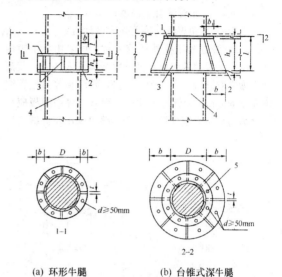

1—1　　　　　2—2

(a) 环形牛腿　　　　(b) 台锥式深牛腿

图 8.5.3-1　环形牛腿、台锥式深牛腿构造
1—上加强环；2—下加强环；3—腹板（肋板）；
4—钢管混凝土柱；5—根据上加强环宽度确定是否开孔

$$V_u = \min\{V_{u1}, V_{u2}, V_{u3}, V_{u4}, V_{u5}\} \quad (8.5.3\text{-}1)$$

$$V_{u1} = \pi(D+b)b\beta_2 f_c \quad (8.5.3\text{-}2)$$

$$V_{u2} = nh_w t_w f_v \quad (8.5.3\text{-}3)$$

$$V_{u3} = \sum l_w h_e f_f^w \quad (8.5.3\text{-}4)$$

$$V_{u4} = \pi(D+2b)l \cdot 2f_t \quad (8.5.3\text{-}5)$$

$$V_{u5} = 4\pi t(h_w+t)f_a \quad (8.5.3\text{-}6)$$

式中：V_{u1}——由环形牛腿支承面上的混凝土局部承压强度决定的受剪承载力；

V_{u2}——由肋板抗剪强度决定的受剪承载力；

V_{u3}——由肋板与管壁的焊接强度决定的受剪承载力；

V_{u4}——由环形牛腿上部混凝土的直剪（或冲切）强度决定的受剪承载力；

V_{u5}——由环形牛腿上、下环板决定的受剪承载力；

β_2——混凝土局部承压强度提高系数，β_2 可取为 1；

D——钢管的外径；

b——环板的宽度；

l——直剪面的高度；

t——环板的厚度；

n——肋板的数量；

h_w——肋板的高度；

t_w——肋板的厚度；

f_v——钢材的抗剪强度设计值；

f_a——钢材的抗拉（压）强度设计值；

Σl_w——肋板与钢管壁连接角焊缝的计算总长度；

h_e——角焊缝有效高度；

f_f^w——角焊缝的抗剪强度设计值。

2 钢管混凝土柱外径较大时，可采用承重销传递剪力。承重销的腹板和部分翼缘应深入柱内，其截面高度宜取梁截面高度的 0.5 倍，翼缘板穿过钢管壁不少于 50mm，钢管与翼缘板、钢管与穿心腹板应采用全熔透坡口焊缝连接，其余焊缝可采用角焊缝连接（图 8.5.3-2）。

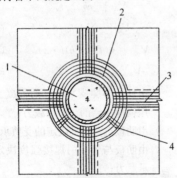

图 8.5.3-2　承重销构造

8.5.4 钢筋混凝土梁与圆形钢管混凝土柱的弯矩传递可采用设置钢筋混凝土环梁或纵向钢筋直接穿入梁柱节点，其构造应符合下列规定：

1 钢筋混凝土环梁的配筋应由计算确定，环梁的构造应符合下列规定（图 8.5.4-1）：

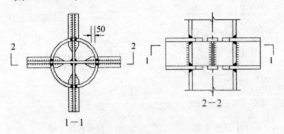

图 8.5.4-1　钢筋混凝土环梁构造示意图
1—钢管混凝土柱；2—主梁环筋；
3—框架梁纵筋；4—环梁箍筋

1）环梁截面高度宜比框架梁高 50mm；

2）环梁的截面宽度不宜小于框架梁宽度；

3）钢筋混凝土梁的纵向钢筋应伸入环梁，在环梁内的锚固长度应符合现行国家标准《混凝土结构设计规范》GB 50010 的规定；

4）环梁上、下环筋的截面积，分别不应小于梁上、下纵筋截面积的 0.7 倍；

5）环梁内、外侧应设置环向腰筋，其直径不宜小于 16mm，间距不宜大于 150mm；

6）环梁按构造设置的箍筋直径不宜小于

10mm，外侧间距不宜大于 150 mm。

2 钢筋直接穿入梁柱节点时，宜采用双筋并股穿孔，钢管开孔的区段应采用内衬管段或外套管段与钢管壁紧贴焊接，衬（套）管的壁厚不应小于钢管的壁厚，穿筋孔的环向净距 s 不应小于孔的长径 b，衬（套）管端面至孔边的净距 w 不应小于孔长径 b 的 2.5 倍（图 8.5.4-2）。

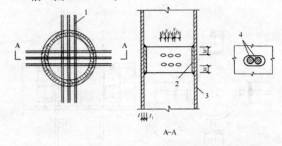

A—A

图 8.5.4-2　钢筋直接穿入梁柱节点构造示意图
1—双钢筋；2—内衬管段；3—柱钢管；4—双筋并股穿孔

9　型钢混凝土剪力墙

9.1　承载力计算

9.1.1 型钢混凝土偏心受压剪力墙，其正截面受压承载力应符合下列规定（图 9.1.1）：

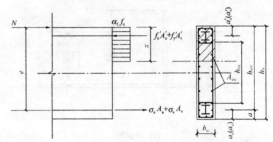

图 9.1.1　型钢混凝土偏心受压剪力墙正截面受压承载力计算参数示意

1 持久、短暂设计状况

$$N \leqslant \alpha_1 f_c b_w x + f_a' A_a' + f_y' A_s' - \sigma_a A_a - \sigma_s A_s + N_{sw} \quad (9.1.1-1)$$

$$Ne \leqslant \alpha_1 f_c b_w x \left(h_{w0} - \frac{x}{2}\right) + f_y' A_s' (h_{w0} - a_s') + f_a' A_a' (h_{w0} - a_a') + M_{sw} \quad (9.1.1-2)$$

2 地震设计状况

$$N \leqslant \frac{1}{\gamma_{RE}} (\alpha_1 f_c b_w x + f_a' A_a' + f_y' A_s' - \sigma_a A_a - \sigma_s A_s + N_{sw}) \quad (9.1.1-3)$$

$$Ne \leqslant \frac{1}{\gamma_{RE}} \left[\alpha_1 f_c b_w x \left(h_{w0} - \frac{x}{2}\right) + f_y' A_s' (h_{w0} - a_s') + f_a' A_a' (h_{w0} - a_a') + M_{sw}\right]$$

$$(9.1.1-4)$$

$$e = e_0 + \frac{h_w}{2} - a \qquad (9.1.1-5)$$

$$e_0 = \frac{M}{N} \qquad (9.1.1-6)$$

$$h_{w0} = h_w - a \qquad (9.1.1-7)$$

3 N_{sw}、M_{sw} 应按下列公式计算：

1）当 $x \leqslant \beta_1 h_{w0}$ 时，

$$N_{sw} = \left(1 + \frac{x - \beta_1 h_{w0}}{0.5 \beta_1 h_{sw}}\right) f_{yw} A_{sw} \qquad (9.1.1-8)$$

$$M_{sw} = \left[0.5 - \left(\frac{x - \beta_1 h_{w0}}{\beta_1 h_{sw}}\right)^2\right] f_{yw} A_{sw} h_{sw}$$
$$(9.1.1-9)$$

2）当 $x > \beta_1 h_{w0}$ 时，

$$N_{sw} = f_{yw} A_{sw} \qquad (9.1.1-10)$$

$$M_{sw} = 0.5 f_{yw} A_{sw} h_{sw} \qquad (9.1.1-11)$$

4 受拉或受压较小边的钢筋应力 σ_s 和型钢翼缘应力 σ_a 可按下列规定计算：

1）当 $x \leqslant \xi_b h_{w0}$ 时，取 $\sigma_s = f_y$，$\sigma_a = f_a$；

2）当 $x > \xi_b h_{w0}$ 时，

$$\sigma_s = \frac{f_y}{\xi_b - \beta_1}\left(\frac{x}{h_{w0}} - \beta_1\right) \qquad (9.1.1-12)$$

$$\sigma_a = \frac{f_a}{\xi_b - \beta_1}\left(\frac{x}{h_{w0}} - \beta_1\right) \qquad (9.1.1-13)$$

3）ξ_b 可按下式计算：

$$\xi_b = \frac{\beta_1}{1 + \frac{f_y + f_a}{2 \times 0.003 E_s}} \qquad (9.1.1-14)$$

式中：e_0 ——轴向压力对截面重心的偏心矩；

e ——轴向力作用点到受拉型钢和纵向受拉钢筋合力点的距离；

M ——剪力墙弯矩设计值；

N ——剪力墙弯矩设计值 M 相对应的轴向压力设计值；

a_s、a_a ——受拉端钢筋、型钢合力点至截面受拉边缘的距离；

a'_s、a'_a ——受压端钢筋、型钢合力点至截面受压边缘的距离；

a ——受拉端型钢和纵向受拉钢筋合力点至受拉边缘的距离；

α_1 ——受压区混凝土压应力影响系数，按本规范第 5.1.1 条取值；

h_w ——剪力墙截面高度；

h_{w0} ——剪力墙截面有效高度；

x ——受压区高度；

A_a、A'_a ——剪力墙受拉、受压边缘构件阴影部分内配置的型钢截面面积；

A_s、A'_s ——剪力墙受拉、受压边缘构件阴影部分内配置的纵向钢筋截面面积；

A_{sw} ——剪力墙边缘构件阴影部分外的竖向分布钢筋总面积；

f_{yw} ——剪力墙竖向分布钢筋抗拉强度设计值；

β_1 ——受压区混凝土应力图形影响系数，按本规范第 5.1.1 条取值；

N_{sw} ——剪力墙竖向分布钢筋所承担的轴向力；

M_{sw} ——剪力墙竖向分布钢筋的合力对受拉端型钢截面重心的力矩；

h_{sw} ——剪力墙边缘构件阴影部分外的竖向分布钢筋配置高度；

b_w ——剪力墙厚度。

9.1.2 型钢混凝土偏心受拉剪力墙，其正截面受拉承载力应符合下列公式的规定：

1 持久、短暂设计状况

$$N \leqslant \frac{1}{\dfrac{1}{N_{0u}} + \dfrac{e_0}{M_{wu}}} \qquad (9.1.2-1)$$

2 地震设计状况

$$N \leqslant \frac{1}{\gamma_{RE}}\left[\frac{1}{\dfrac{1}{N_{0u}} + \dfrac{e_0}{M_{wu}}}\right] \qquad (9.1.2-2)$$

3 N_{0u}、M_{wu} 应按下列公式计算：

$$N_{0u} = f_y(A_s + A'_s) + f_a(A_a + A'_a) + f_{yw} A_{sw}$$
$$(9.1.2-3)$$

$$M_{wu} = f_y A_s (h_{w0} - a'_s) + f_a A_a (h_{w0} - a'_a)$$
$$+ f_{yw} A_{sw}\left(\frac{h_{w0} - a'_s}{2}\right) \qquad (9.1.2-4)$$

式中：N ——型钢混凝土剪力墙轴向拉力设计值；

e_0 ——轴向拉力对截面重心的偏心矩；

N_{0u} ——型钢混凝土剪力墙轴向受拉承载力；

M_{wu} ——型钢混凝土剪力墙受弯承载力。

9.1.3 特一级抗震等级的型钢混凝土剪力墙，底部加强部位的弯矩设计值应乘以 1.1 的增大系数，其他部位的弯矩设计值应乘以 1.3 的增大系数；一级抗震等级的型钢混凝土剪力墙，底部加强部位以上墙肢的组合弯矩设计值应乘以 1.2 的增大系数。

9.1.4 考虑地震作用组合的型钢混凝土剪力墙，其剪力设计值应按下列公式计算：

1 底部加强部位

1）9 度设防烈度的一级抗震等级

$$V = 1.1 \frac{M_{wua}}{M_w} V_w \qquad (9.1.4-1)$$

2）其他情况

特一级抗震等级

$$V = 1.9 V_w \qquad (9.1.4-2)$$

一级抗震等级

$$V = 1.6 V_w \qquad (9.1.4-3)$$

二级抗震等级

$$V = 1.4 V_w \qquad (9.1.4-4)$$

三级抗震等级

$$V = 1.2 V_w \qquad (9.1.4-5)$$

四级抗震等级

$$V = V_w \tag{9.1.4-6}$$

2 其他部位

特一级抗震等级

$$V = 1.4V_w \tag{9.1.4-7}$$

一级抗震等级

$$V = 1.3V_w \tag{9.1.4-8}$$

二、三、四级抗震等级

$$V = V_w \tag{9.1.4-9}$$

式中：V——考虑地震作用组合的剪力墙墙肢截面的剪力设计值；

V_w——考虑地震作用组合的剪力墙墙肢截面的剪力计算值；

M_{wua}——考虑承载力抗震调整系数 γ_{RE} 后的剪力墙墙肢正截面受弯承载力，计算中应按实际配筋面积、材料强度标准值和轴向力设计值确定，有翼墙时应计入墙两侧各一倍翼墙厚度范围内的纵向钢筋；

M_w——考虑地震作用组合的剪力墙墙肢截面的弯矩计算值。

9.1.5 型钢混凝土剪力墙的受剪截面应符合下列公式的规定：

1 持久、短暂设计状况

$$V_{cw} \leqslant 0.25\beta_c f_c b_w h_{w0} \tag{9.1.5-1}$$

$$V_{cw} = V - \frac{0.4}{\lambda} f_a A_{a1} \tag{9.1.5-2}$$

2 地震设计状况

1）当剪跨比大于 2.5 时：

$$V_{cw} \leqslant \frac{1}{\gamma_{RE}}(0.20\beta_c f_c b_w h_{w0}) \tag{9.1.5-3}$$

2）当剪跨比不大于 2.5 时：

$$V_{cw} \leqslant \frac{1}{\gamma_{RE}}(0.15\beta_c f_c b_w h_{w0}) \tag{9.1.5-4}$$

3）V_{cw} 应按下式计算：

$$V_{cw} = V - \frac{0.32}{\lambda} f_a A_{a1} \tag{9.1.5-5}$$

式中：V_{cw}——仅考虑墙肢截面钢筋混凝土部分承受的剪力设计值；

λ——计算截面处的剪跨比，$\lambda = \dfrac{M}{Vh_{w0}}$；当 λ < 1.5 时，取 1.5；当 λ > 2.2 时，取 λ = 2.2；此处，M 为与剪力设计值 V 对应的弯矩设计值，当计算截面与墙底之间距离小于 $0.5h_{w0}$ 时，应按距离墙底 $0.5h_{w0}$ 处的弯矩设计值与剪力设计值计算。

A_{a1}——剪力墙一端所配型钢的截面面积，当两端所配型钢截面面积不同时，取较小一端的面积；

β_c——混凝土强度影响系数，按本规范第 5.2.3 条取值。

9.1.6 型钢混凝土偏心受压剪力墙，其斜截面受剪承载力应符合下列公式的规定（图 9.1.6）：

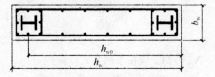

图 9.1.6 型钢混凝土剪力墙斜截面
受剪承载力计算参数示意

1 持久、短暂设计状况

$$V \leqslant \frac{1}{\lambda - 0.5}\left(0.5 f_t b_w h_{w0} + 0.13 N \frac{A_w}{A}\right)$$
$$+ f_{yh} \frac{A_{sh}}{s} h_{w0} + \frac{0.4}{\lambda} f_a A_{a1} \tag{9.1.6-1}$$

2 地震设计状况

$$V \leqslant \frac{1}{\gamma_{RE}}\left[\frac{1}{\lambda - 0.5}\left(0.4 f_t b_w h_{w0} + 0.1 N \frac{A_w}{A}\right)\right.$$
$$\left. + 0.8 f_{yh} \frac{A_{sh}}{s} h_{w0} + \frac{0.32}{\lambda} f_a A_{a1}\right] \tag{9.1.6-2}$$

式中：N——剪力墙的轴向压力设计值，当 N > $0.2 f_c b_w h_w$ 时，取 $N = 0.2 f_c b_w h_w$；

A——剪力墙的截面面积，当有翼缘时，翼缘有效面积可按本规范第 9.1.7 条规定计算；

A_w——剪力墙腹板的截面面积，对矩形截面剪力墙应取 $A_w = A$；

A_{sh}——配置在同一水平截面内的水平分布钢筋的全部截面面积；

f_{yh}——剪力墙水平分布钢筋抗拉强度设计值；

s——水平分布钢筋的竖向间距。

9.1.7 在承载力计算中，剪力墙的翼缘计算宽度可取剪力墙的间距、门窗洞口间翼墙的宽度、剪力墙厚度加两侧各 6 倍翼墙厚度、剪力墙墙肢总高度的 1/10 四者中的最小值。

9.1.8 型钢混凝土偏心受拉剪力墙，其斜截面受剪承载力应符合下列公式的规定：

1 持久、短暂设计状况

$$V \leqslant \frac{1}{\lambda - 0.5}\left(0.5 f_t b_w h_{w0} - 0.13 N \frac{A_w}{A}\right)$$
$$+ f_{yh} \frac{A_{sh}}{s} h_{w0} + \frac{0.4}{\lambda} f_a A_{a1} \tag{9.1.8-1}$$

当上式右端的计算值小于 $f_{yh} \dfrac{A_{sh}}{s} h_{w0} + \dfrac{0.4}{\lambda} f_a A_{a1}$

时，应取等于 $f_{yh} \dfrac{A_{sh}}{s} h_{w0} + \dfrac{0.4}{\lambda} f_a A_{a1}$。

2 地震设计状况

$$V \leqslant \frac{1}{\gamma_{RE}}\left[\frac{1}{\lambda - 0.5}\left(0.4 f_t b h_0 - 0.1 N \frac{A_w}{A}\right)\right.$$
$$\left. + 0.8 f_{yh} \frac{A_{sh}}{s} h_{w0} + \frac{0.32}{\lambda} f_a A_{a1}\right] \tag{9.1.8-2}$$

当上式右端的计算值小于 $\dfrac{1}{\gamma_{RE}}\Big[0.8f_{yh}\dfrac{A_{sh}}{s}h_{w0}+$

$\dfrac{0.32}{\lambda}f_aA_{al}\Big]$ 时，应取等于 $\dfrac{1}{\gamma_{RE}}\Big[0.8f_{yh}\dfrac{A_{sh}}{s}h_{w0}+$

$\dfrac{0.32}{\lambda}f_aA_{al}\Big]$。

式中：N——剪力墙的轴向拉力设计值。

9.1.9 带边框型钢混凝土偏心受压剪力墙，其正截面受压承载力可按本规范第9.1.1条计算，计算截面应按工字形截面计算，有关受压区混凝土部分的承载力可按现行国家标准《混凝土结构设计规范》GB 50010中工字形截面偏心受压构件的计算方法计算。

9.1.10 带边框型钢混凝土偏心受压剪力墙，其斜截面受剪承载力应符合下列公式的规定（图9.1.10）：

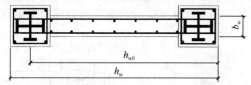

图9.1.10 带边框型钢混凝土剪力墙斜截面受剪承载力计算参数示意

1 持久、短暂设计状况

$$V\leqslant\frac{1}{\lambda-0.5}\Big(0.5\beta_r f_t b_w h_{w0}+0.13N\frac{A_w}{A}\Big)$$

$$+f_{yh}\frac{A_{sh}}{s}h_{w0}+\frac{0.4}{\lambda}f_aA_{al} \qquad (9.1.10-1)$$

2 地震设计状况

$$V\leqslant\frac{1}{\gamma_{RE}}\Big[\frac{1}{\lambda-0.5}\Big(0.4\beta_r f_t b_w h_{w0}+0.1N\frac{A_w}{A}\Big)$$

$$+0.8f_{yh}\frac{A_{sh}}{s}h_{w0}+\frac{0.32}{\lambda}f_aA_{al}\Big] \quad (9.1.10-2)$$

式中：V——带边框型钢混凝土剪力墙整个墙肢截面的剪力设计值；

N——剪力墙整个墙肢截面的轴向压力设计值；

A_{al}——带边框型钢混凝土剪力墙一端边框柱中宽度等于墙肢厚度范围内的型钢截面面积；

β_r——周边柱对混凝土墙体的约束系数，取1.2。

9.1.11 带边框型钢混凝土偏心受拉剪力墙，其斜截面受剪承载力应符合下列公式的规定：

1 持久、短暂设计状况

$$V\leqslant\frac{1}{\lambda-0.5}\Big(0.5\beta_r f_t b_w h_{w0}-0.13N\frac{A_w}{A}\Big)$$

$$+f_{yh}\frac{A_{sh}}{s}h_{w0}+\frac{0.4}{\lambda}f_aA_{al} \qquad (9.1.11-1)$$

当上式右端的计算值小于 $f_{yh}\dfrac{A_{sh}}{s}h_{w0}+\dfrac{0.4}{\lambda}f_aA_{al}$

时，取等于 $f_{yh}\dfrac{A_{sh}}{s}h_{w0}+\dfrac{0.4}{\lambda}f_aA_{al}$。

2 地震设计状况

$$V\leqslant\frac{1}{\gamma_{RE}}\Big[\frac{1}{\lambda-0.4}\Big(0.4\beta_r f_t b_w h_{w0}-0.1N\frac{A_w}{A}\Big)$$

$$+0.8f_{yh}\frac{A_{sh}}{s}h_{w0}+\frac{0.32}{\lambda}f_aA_{al}\Big] \quad (9.1.11-2)$$

当上式右端的计算值小于 $\dfrac{1}{\gamma_{RE}}\Big[0.8f_{yh}\dfrac{A_{sh}}{s}h_{w0}+$

$\dfrac{0.32}{\lambda}f_aA_{al}\Big]$ 时，取等于 $\dfrac{1}{\gamma_{RE}}\Big[0.8f_{yh}\dfrac{A_{sh}}{s}h_{w0}+$

$\dfrac{0.32}{\lambda}f_aA_{al}\Big]$。

式中：N——剪力墙整个墙肢截面的轴向拉力设计值。

9.1.12 型钢混凝土剪力墙连梁的剪力设计值应按下列公式计算：

1 特一级、一级抗震等级

$$V=1.3\frac{(M^l_b+M^r_b)}{l_n}+V_{Gb} \qquad (9.1.12-1)$$

2 二级抗震等级

$$V=1.2\frac{(M^l_b+M^r_b)}{l_n}+V_{Gb} \qquad (9.1.12-2)$$

3 三级抗震等级

$$V=1.1\frac{(M^l_b+M^r_b)}{l_n}+V_{Gb} \qquad (9.1.12-3)$$

4 四级抗震等级，取地震作用组合下的剪力设计值。

式中：M^l_{bua}、M^r_{bua}——连梁左、右端顺时针或逆时针方向，按实配钢筋面积、型钢截面面积、材料强度标准值，且考虑承载力抗震调整系数的正截面受弯承载力所对应的弯矩值；

M^l_b、M^r_b——连梁左、右端考虑地震作用组合的弯矩设计值；

V_{Gb}——重力荷载代表值作用下按简支梁计算的梁端截面剪力设计值；

l_n——梁的净跨。

9.1.13 型钢混凝土剪力墙中的钢筋混凝土连梁的受剪截面应符合下列公式的规定：

1 持久、短暂设计状况

$$V\leqslant0.25\beta_c f_c b_b h_{b0} \qquad (9.1.13-1)$$

2 地震设计状况

1）跨高比大于2.5

$$V\leqslant\frac{1}{\gamma_{RE}}(0.20\beta_c f_c b_b h_{b0}) \qquad (9.1.13-2)$$

2）跨高比不大于2.5

$$V \leqslant \frac{1}{\gamma_{RE}}(0.15\beta_c f_c b_b h_{b0}) \quad (9.1.13\text{-}3)$$

式中：V——连梁截面剪力设计值；

b_b——连梁截面宽度；

h_{b0}——连梁截面高度。

9.1.14 型钢混凝土剪力墙中的钢筋混凝土连梁，其斜截面受剪承载力应符合下列公式的规定：

1 持久、短暂设计状况

$$V \leqslant 0.7 f_t b_b h_{b0} + f_{yv}\frac{A_{sv}}{s}h_{b0} \quad (9.1.14\text{-}1)$$

2 地震设计状况

1）跨高比大于2.5

$$V \leqslant \frac{1}{\gamma_{RE}}\left(0.42 f_t b_b h_{b0} + f_{yv}\frac{A_{sv}}{s}h_{b0}\right)$$
$$(9.1.14\text{-}2)$$

2）跨高比不大于2.5

$$V \leqslant \frac{1}{\gamma_{RE}}\left(0.38 f_t b_b h_{b0} + 0.9 f_{yv}\frac{A_{sv}}{s}h_{b0}\right)$$
$$(9.1.14\text{-}3)$$

式中：V——调整后的连梁截面剪力设计值。

9.1.15 当钢筋混凝土连梁的受剪截面不符合本规范第9.1.13条的规定时，可采取在连梁中设置型钢或钢板等措施。

9.1.16 考虑地震作用的型钢混凝土剪力墙，其重力荷载代表值作用下墙肢的轴压比应按下式计算，且不宜超过表9.1.16的限值。

$$n = \frac{N}{f_c A_c + f_a A_a} \quad (9.1.16)$$

式中：n——型钢混凝土剪力墙轴压比；

N——墙肢重力荷载代表值作用下轴向压力设计值；

A_a——剪力墙两端暗柱中全部型钢截面面积。

表9.1.16 型钢混凝土剪力墙轴压比限值

抗震等级	特一级、一级（9度）	一级（6、7、8度）	二、三级
轴压比限值	0.4	0.5	0.6

注：当剪力墙中部设置型钢且与墙内型钢暗梁相连时，计算剪力墙轴压比可考虑中部型钢的截面面积。

9.2 构 造 措 施

9.2.1 考虑地震作用组合的型钢混凝土剪力墙，其端部型钢周围应设置纵向钢筋和箍筋组成内配型钢的约束边缘构件或构造边缘构件。端部型钢宜设置在本规范第9.2.3条、第9.2.6条规定的阴影部分内。

9.2.2 特一、一、二、三级抗震等级的型钢混凝土剪力墙墙肢底截面在重力荷载代表值作用下轴压大于表9.2.2的规定值时，以及部分框支剪力墙结构的剪力墙，其底部加强部位及其上一层墙肢端部应设置约束边缘构件。墙肢截面轴压比不大于表9.2.2的规定时，可设置构造边缘构件。

表9.2.2 型钢混凝土剪力墙可不设约束边缘构件的最大轴压比

抗震等级	特一级、一级（9度）	一级（6、7、8度）	二、三级
轴压比限值	0.1	0.2	0.3

9.2.3 型钢混凝土剪力墙端部约束边缘构件沿墙肢的长度 l_c、配箍特征值 λ_v 宜符合表9.2.3的规定。在约束边缘构件长度 l_c 范围内，阴影部分和非阴影部分的箍筋体积配筋率 ρ_v 应符合下列公式的规定（图9.2.3）：

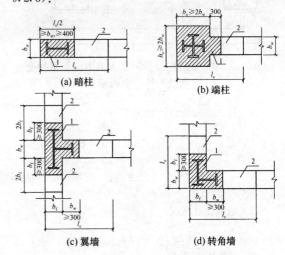

(a) 暗柱   (b) 端柱

(c) 翼墙   (d) 转角墙

图9.2.3 型钢混凝土剪力墙约束边缘构件

1—阴影部分；2—非阴影部分

1 阴影部分

$$\rho_v \geqslant \lambda_v \frac{f_c}{f_{yv}} \quad (9.2.4\text{-}1)$$

2 非阴影部分

$$\rho_v \geqslant 0.5\lambda_v \frac{f_c}{f_{yv}} \quad (9.2.4\text{-}2)$$

式中：ρ_v——箍筋体积配筋率，计入箍筋、拉筋截面积；当水平分布钢筋伸入约束边缘构件，绕过端部型钢后90°弯折延伸至另一排分布筋并勾住其竖向钢筋时，可计入水平分布钢筋截面积，但计入的体积配箍率不应大于总体积配箍率的30%；

λ_v——约束边缘构件的配箍特征值；

f_c——混凝土轴心抗压强度设计值；当强度等级低于C35时，按C35取值；

f_{yv}——箍筋及拉筋的抗拉强度设计值。

表 9.2.3　型钢混凝土剪力墙约束边缘构件沿墙肢长度 l_c 及配箍特征值 λ_v

抗震等级	特一级		一级（9度）		一级（6、7、8度）		二、三级	
轴压比	$n\leqslant0.2$	$n>0.2$	$n\leqslant0.2$	$n>0.2$	$n\leqslant0.3$	$n>0.3$	$n\leqslant0.4$	$n>0.4$
l_c（暗柱）	$0.20h_w$	$0.25h_w$	$0.20h_w$	$0.25h_w$	$0.15h_w$	$0.20h_w$	$0.15h_w$	$0.20h_w$
l_c（翼墙或端柱）	$0.15h_w$	$0.20h_w$	$0.15h_w$	$0.20h_w$	$0.10h_w$	$0.15h_w$	$0.10h_w$	$0.15h_w$
λ_v	0.14	0.24	0.12	0.20	0.12	0.20	0.12	0.20

注：1　两侧翼墙长度小于其厚度 3 倍时，视为无翼墙剪力墙；端柱截面边长小于墙厚 2 倍时，视为无端柱剪力墙；

　　2　约束边缘构件沿墙肢长度 l_c 除符合表 9.2.3 的规定外，且不宜小于墙厚和 400mm；当有端柱、翼墙或转角墙时，尚不应小于翼墙厚度或端柱沿墙肢方向截面高度加 300mm；

　　3　h_w 为墙肢长度。

9.2.4　特一、一、二、三级抗震等级的型钢混凝土剪力墙端部约束边缘构件的纵向钢筋截面面积分别不应小于本规范图 9.2.3 中阴影部分面积的 1.4%、1.2%、1.0%、1.0%。

9.2.5　型钢混凝土剪力墙约束边缘构件内纵向钢筋应有箍筋约束，当部分箍筋采用拉筋时，应配置不少于一道封闭箍筋。箍筋或拉筋沿竖向的间距，特一级、一级不宜大于 100mm，二、三级不宜大于 150mm。

9.2.6　型钢混凝土剪力墙构造边缘构件的范围宜按图 9.2.6 阴影部分采用，其纵向钢筋、箍筋的设置应符合表 9.2.6 的规定。

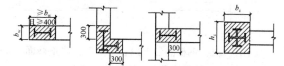

图 9.2.6　型钢混凝土剪力墙构造边缘构件

表 9.2.6　型钢混凝土剪力墙构造边缘构件的最小配筋

抗震等级	底部加强部位			其他部位		
	竖向钢筋最小量（取较大值）	箍筋		竖向钢筋最小量（取较大值）	拉筋	
		最小直径（mm）	沿竖向最大间距（mm）		最小直径（mm）	沿竖向最大间距（mm）
一	$0.010A_c$，$6\phi16$	8	100	$0.008A_c$，$6\phi14$	8	150
二	$0.008A_c$，$6\phi14$	8	150	$0.006A_c$，$6\phi12$	8	200
三	$0.006A_c$，$6\phi12$	6	150	$0.005A_c$，$4\phi12$	6	200
四	$0.005A_c$，$4\phi12$	6	200	$0.004A_c$，$4\phi12$	6	200

注：1　A_c 为构造边缘构件的截面面积，即图 9.2.6 剪力墙截面的阴影部分；

　　2　符号 ϕ 表示钢筋直径；

　　3　其他部位的转角处宜采用箍筋。

9.2.7　在各种结构体系中的剪力墙，当下部采用型钢混凝土约束边缘构件，上部采用型钢混凝土构造边缘构件或钢筋混凝土构造边缘构件时，宜在两类边缘构件间设置 1～2 层过渡层，其型钢、纵向钢筋和箍筋配置可低于下部约束边缘构件的规定，但应高于上部构造边缘构件的规定。

9.2.8　型钢混凝土剪力墙的水平和竖向分布钢筋的最小配筋率应符合表 9.2.8 规定，分布钢筋间距不宜大于 300mm，直径不应小于 8mm，拉结间距不宜大于 600mm。部分框支剪力墙结构的底部加强部位，水平和竖向分布钢筋间距不宜大于 200mm。

表 9.2.8　型钢混凝土剪力墙分布钢筋最小配筋率

抗震等级	特一级	一级、二级、三级	四级
水平和竖向分布钢筋	0.35%	0.25%	0.2%

注：1　特一级底部加强部位取 0.4%；

　　2　部分框支剪力墙结构的剪力墙底部加强部位不应小于 0.3%。

9.2.9　型钢混凝土剪力墙端部型钢的混凝土保护层厚度不宜小于 150mm；水平分布钢筋应绕过墙端型钢，且应符合钢筋锚固长度规定。

9.2.10　周边有型钢混凝土柱和梁的带边框型钢混凝土剪力墙，剪力墙的水平分布钢筋宜全部绕过或穿过周边柱型钢，且应符合钢筋锚固长度规定；当采用间隔穿过时，宜另加补强钢筋。周边柱的型钢、纵向钢筋、箍筋配置应符合型钢混凝土柱的设计规定，周边梁可采用型钢混凝土梁或钢筋混凝土梁；当不设周边梁时，应设置钢筋混凝土暗梁，暗梁的高度可取 2 倍墙厚。

9.2.11　剪力墙洞口连梁中配置的型钢或钢板，其高度不宜小于 0.7 倍连梁高度，型钢或钢板应伸入洞口边，其伸入墙体长度不应小于 2 倍型钢或钢板高度；型钢腹板及钢板两侧应设置栓钉，栓钉应按本规范第 4.4.5 条的规定配置。

10 钢板混凝土剪力墙

10.1 承载力计算

10.1.1 钢板混凝土偏心受压剪力墙，其正截面受压承载力应符合下列规定：

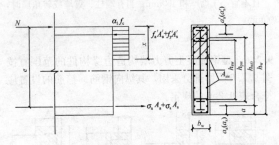

图 10.1.1 钢板混凝土偏心受压剪力墙正截面
受压承载力计算参数示意

1 持久、短暂设计状况

$$N \leqslant \alpha_1 f_c b_w x + f'_a A'_a + f'_y A'_s - \sigma_a A_a$$
$$- \sigma_s A_s + N_{sw} + N_{pw} \quad (10.1.1-1)$$

$$Ne \leqslant \alpha_1 f_c b_w x \left(h_{w0} - \frac{x}{2}\right) + f'_y A'_s (h_{w0} - a'_s)$$
$$+ f'_a A'_a (h_{w0} - a'_a) + M_{sw} + M_{pw}$$
$$(10.1.1-2)$$

2 地震设计状况

$$N \leqslant \frac{1}{\gamma_{RE}} \left[\alpha_1 f_c b_w x + f'_a A'_a + f'_y A'_s \right.$$
$$\left. - \sigma_a A_a - \sigma_s A_s + N_{sw} + N_{pw} \right]$$
$$(10.1.1-3)$$

$$Ne \leqslant \frac{1}{\gamma_{RE}} \left[\alpha_1 f_c b_w x \left(h_{w0} - \frac{x}{2}\right) \right.$$
$$+ f'_y A'_s (h_{w0} - a'_s) + f'_a A'_a$$
$$\left. (h_{w0} - a'_a) + M_{sw} + M_{pw} \right]$$
$$(10.1.1-4)$$

$$e = e_0 + \frac{h_w}{2} - a \quad (10.1.1-5)$$

$$e_0 = \frac{M}{N} \quad (10.1.1-6)$$

$$h_{w0} = h_w - a \quad (10.1.1-7)$$

3 N_{sw}、N_{pw}、M_{sw}、M_{pw} 应按下列公式计算：

1) 当 $x \leqslant \beta_1 h_{w0}$ 时，

$$N_{sw} = \left(1 + \frac{x - \beta_1 h_{w0}}{0.5 \beta_1 h_{sw}}\right) f_{yw} A_{sw} \quad (10.1.1-8)$$

$$N_{pw} = \left(1 + \frac{x - \beta_1 h_{w0}}{0.5 \beta_1 h_{pw}}\right) f_p A_p \quad (10.1.1-9)$$

$$M_{sw} = \left[0.5 - \left(\frac{x - \beta_1 h_{w0}}{\beta_1 h_{sw}}\right)^2 \right]$$
$$f_{yw} A_{sw} h_{sw} \quad (10.1.1-10)$$

$$M_{pw} = \left[0.5 - \left(\frac{x - \beta_1 h_{w0}}{\beta_1 h_{pw}}\right)^2 \right] f_p A_p h_{pw}$$
$$(10.1.1-11)$$

2) 当 $x > \beta_1 h_{w0}$ 时，

$$N_{sw} = f_{yw} A_{sw} \quad (10.1.1-12)$$

$$N_{pw} = f_p A_p \quad (10.1.1-13)$$

$$M_{sw} = 0.5 f_{yw} A_{sw} h_{sw} \quad (10.1.1-14)$$

$$M_{pw} = 0.5 f_p A_p h_{pw} \quad (10.1.1-15)$$

4 受拉或受压较小边的钢筋应力 σ_s 和型钢翼缘应力 σ_a 可按下列规定计算：

1) 当 $x \leqslant \xi_b h_{w0}$ 时，取 $\sigma_s = f_y$，$\sigma_a = f_a$；

2) 当 $x > \xi_b h_{w0}$ 时，

$$\sigma_s = \frac{f_y}{\xi_b - \beta_1} \left(\frac{x}{h_{w0}} - \beta_1\right) \quad (10.1.1-16)$$

$$\sigma_a = \frac{f_a}{\xi_b - \beta_1} \left(\frac{x}{h_{w0}} - \beta_1\right) \quad (10.1.1-17)$$

3) ξ_b 可按下式计算：

$$\xi_b = \frac{\beta_1}{1 + \frac{f_y + f_a}{2 \times 0.003 E_s}} \quad (10.1.1-18)$$

式中：e_0——轴向压力对截面重心的偏心矩；

e——轴向力作用点到受拉型钢和纵向受拉钢筋合力点的距离；

M——剪力墙弯矩设计值；

N——剪力墙弯矩设计值 M 相对应的轴向压力设计值；

a_s、a_a——受拉端钢筋、型钢合力点至截面受拉边缘的距离；

a'_s、a'_a——受压端钢筋、型钢合力点至截面受压边缘的距离；

a——受拉端型钢和纵向受拉钢筋合力点到受拉边缘的距离；

x——受压区高度；

α_1——受压区混凝土压应力影响系数，按本规范第 5.1.1 条规定取值；

A_a、A'_a——剪力墙受拉、受压边缘构件阴影部分内配置的型钢截面面积；

A_{sw}——剪力墙边缘构件阴影部分外的竖向分布钢筋总面积；

f_{yw}——剪力墙竖向分布钢筋强度设计值；

A_p——剪力墙截面内配置的钢板截面面积；

f_p——剪力墙截面内配置钢板的抗拉和抗压强

度设计值;

β_1 ——受压区混凝土应力图形影响系数,按本规范第 5.1.1 条规定取值;

N_{sw} ——剪力墙竖向分布钢筋所承担的轴向力;

M_{sw} ——剪力墙竖向分布钢筋合力对受拉型钢截面重心的力矩;

N_{pw} ——剪力墙截面内配置钢板所承担轴向力;

M_{pw} ——剪力墙截面配置钢板合力对受拉型钢截面重心的力矩;

h_{sw} ——剪力墙边缘构件阴影部分外的竖向分布钢筋配置高度;

h_{pw} ——剪力墙截面钢板配置高度;

h_{w0} ——剪力墙截面有效高度;

b_w ——剪力墙厚度;

h_w ——剪力墙截面高度。

10.1.2 钢板混凝土偏心受拉剪力墙,其正截面受拉承载力应符合下列公式的规定:

1 持久、短暂设计状况

$$N \leqslant \frac{1}{\dfrac{1}{N_{0u}} + \dfrac{e_0}{M_{wu}}} \quad (10.1.2-1)$$

2 地震设计状况

$$N \leqslant \frac{1}{\gamma_{RE}} \left[\frac{1}{\dfrac{1}{N_{0u}} + \dfrac{e_0}{M_{wu}}} \right] \quad (10.1.2-2)$$

3 N_{0u}、M_{wu} 应按下列公式计算:

$$N_{0u} = f_y(A_s + A'_s) + f_a(A_a + A'_a) + f_{yw}A_{sw} + f_pA_p \quad (10.1.2-3)$$

$$M_{wu} = f_yA_s(h_{w0} - a'_s) + f_aA_a(h_{w0} - a'_a) + f_{yw}A_{sw}\left(\frac{h_{w0} - a'_s}{2}\right) + f_pA_p\left(\frac{h_{w0} - a'_a}{2}\right) \quad (10.1.2-4)$$

式中:N ——钢板混凝土剪力墙轴向拉力设计值;

e_0 ——钢板混凝土剪力墙轴向拉力对截面重心的偏心矩;

N_{0u} ——钢板混凝土剪力墙轴向受拉承载力;

M_{wu} ——钢板混凝土剪力墙受弯承载力。

10.1.3 考虑地震作用的钢板混凝土剪力墙,其弯矩设计值、剪力设计值应按本规范第 9.1.3 条、第 9.1.4 条的规定计算。

10.1.4 钢板混凝土剪力墙的受剪截面应符合下列公式的规定:

1 持久、短暂设计状况

$$V_{cw} \leqslant 0.25\beta_c f_c b_w h_{w0} \quad (10.1.4-1)$$

$$V_{cw} = V - \left(\frac{0.3}{\lambda}f_a A_{a1} + \frac{0.6}{\lambda - 0.5}f_p A_p\right) \quad (10.1.4-2)$$

2 地震设计状况

1) 当剪跨比大于 2.5 时:

$$V_{cw} \leqslant \frac{1}{\gamma_{RE}}0.20\beta_c f_c b_w h_{w0} \quad (10.1.4-3)$$

2) 当剪跨比不大于 2.5 时:

$$V_{cw} \leqslant \frac{1}{\gamma_{RE}}0.15\beta_c f_c b_w h_{w0} \quad (10.1.4-4)$$

3) V_{cw} 应按下式计算:

$$V_{cw} = V - \frac{1}{\gamma_{RE}}\left(\frac{0.25}{\lambda}f_a A_{a1} + \frac{0.5}{\lambda - 0.5}f_p A_p\right) \quad (10.1.4-5)$$

式中:V ——钢板混凝土剪力墙的墙肢截面剪力设计值;

V_{cw} ——仅考虑墙肢截面钢筋混凝土部分承受的剪力值,即墙肢剪力设计值减去端部型钢和钢板承受的剪力值;

λ ——计算截面处的剪跨比,$\lambda = \dfrac{M}{Vh_{w0}}$。当 $\lambda < 1.5$ 时,取 $\lambda = 1.5$,当 $\lambda > 2.2$ 时,取 $\lambda = 2.2$;当计算截面与墙底之间的距离小于 $0.5h_{w0}$ 时,λ 应按距离墙底 $0.5h_{w0}$ 处的弯矩值与剪力值计算;

A_{a1} ——钢板混凝土剪力墙一端所配型钢的截面面积,当两端所配型钢截面面积不同时,取较小一端的面积;

β_c ——混凝土强度影响系数,按本规范第 5.2.3 条取值。

10.1.5 钢板混凝土偏心受压剪力墙,其斜截面受剪承载力应符合下列公式的规定:

1 持久、短暂设计状况

$$V \leqslant \frac{1}{\lambda - 0.5}\left(0.5f_t b_w h_{w0} + 0.13N\frac{A_w}{A}\right) + f_{yh}\frac{A_{sh}}{s}h_{w0} + \frac{0.3}{\lambda}f_a A_{a1} + \frac{0.6}{\lambda - 0.5}f_p A_p \quad (10.1.5-1)$$

2 地震设计状况

$$V \leqslant \frac{1}{\gamma_{RE}}\left[\frac{1}{\lambda - 0.5}\left(0.4f_t b_w h_{w0} + 0.1N\frac{A_w}{A}\right) + 0.8f_{yh}\frac{A_{sh}}{s}h_{w0} + \frac{0.25}{\lambda}f_a A_{a1} + \frac{0.5}{\lambda - 0.5}f_p A_p\right] \quad (10.1.5-2)$$

式中:N ——钢板混凝土剪力墙的轴向压力设计值,当 $N > 0.2f_c b_w h_w$ 时,取 $N = 0.2f_c b_w h_w$;

A ——钢板混凝土剪力墙截面面积;

A_w ——剪力墙腹板的截面面积,对矩形截面剪力墙应取 $A_w = A$;

f_{yh} ——剪力墙水平分布钢筋抗拉强度设计值;

s ——剪力墙水平分布钢筋间距;

A_{sh} ——配置在同一水平截面内的水平分布钢筋的全部截面面积。

10.1.6 钢板混凝土偏心受拉剪力墙，其斜截面受剪承载力应符合下列公式的规定：

1 持久、短暂设计状况

$$V \leqslant \frac{1}{\lambda - 0.5} \left(0.5 f_t b_w h_{w0} - 0.13 N \frac{A_w}{A} \right)$$
$$+ f_{yh} \frac{A_{sh}}{s} h_{w0} + \frac{0.3}{\lambda} f_a A_{a1}$$
$$+ \frac{0.6}{\lambda - 0.5} f_p A_p \qquad (10.1.6-1)$$

当上式右端的计算值小于 $f_{yh} \frac{A_{sh}}{s} h_{w0} + \frac{0.3}{\lambda} f_a A_{a1}$

$+ \frac{0.6}{\lambda - 0.5} f_p A_p$ 时，应取等于 $f_{yh} \frac{A_{sh}}{s} h_{w0} + \frac{0.3}{\lambda} f_a A_{a1} +$

$\frac{0.6}{\lambda - 0.5} f_p A_p$。

2 地震设计状况

$$V \leqslant \frac{1}{\gamma_{RE}} \left[\frac{1}{\lambda - 0.5} \left(0.4 f_t b_w h_{w0} - 0.1 N \frac{A_w}{A} \right) \right.$$
$$+ 0.8 f_{yh} \frac{A_{sh}}{s} h_{w0} + \frac{0.25}{\lambda} f_a A_{a1}$$
$$\left. + \frac{0.5}{\lambda - 0.5} f_p A_p \right] \qquad (10.1.6-2)$$

当上式右端的计算值小于 $\frac{1}{\gamma_{RE}} \left[0.8 f_{yh} \frac{A_{sh}}{s} h_{w0} \right.$

$+ \frac{0.25}{\lambda} f_a A_{a1} + \frac{0.5}{\lambda - 0.5} f_p A_p \right]$ 时，应取等于 $\frac{1}{\gamma_{RE}} \left[0.8 f_{yh} \right.$

$\frac{A_{sh}}{s} h_{w0} + \frac{0.25}{\lambda} f_a A_{a1} + \frac{0.5}{\lambda - 0.5} f_p A_p \right]$。

式中：N ——钢板混凝土剪力墙的轴向拉力设计值。

10.1.7 考虑地震作用的钢板混凝土剪力墙，其重力荷载代表值作用下墙肢的轴压比应按下式计算，且不宜超过表10.1.7的限值。

$$n = \frac{N}{f_c A_c + f_a A_a + f_p A_P} \qquad (10.1.7)$$

式中：n ——钢板混凝土剪力墙轴压比；

　　　N ——墙肢重力荷载代表值作用下轴向压力设计值；

　　　A_a ——剪力墙两端暗柱中全部型钢截面面积；

　　　A_P ——剪力墙截面内配置的钢板截面面积。

表 10.1.7　钢板混凝土剪力墙轴压比限值

抗震等级	特一级、一级（9度）	一级（6、7、8度）	二、三级
轴压比限值	0.4	0.5	0.6

10.1.8 钢板混凝土剪力墙中的钢板两侧面应设置栓钉，每片钢板的栓钉数量应按下列公式计算：

$$n_f = \frac{V_{min}}{N_v^c} \qquad (10.1.8-1)$$

$$V_{min} = \min(V_{cw}, V_p) \qquad (10.1.8-2)$$

$$V_{cw} = 0.5 f_t b_w h_{w0} + 0.13N$$
$$+ f_{yh} \frac{A_{sh}}{s} h_{w0} \qquad (10.1.8-3)$$

$$V_p = 0.6 A_p f_p \qquad (10.1.8-4)$$

式中：n_f ——每片钢板两侧应设置的栓钉总数量；

　　　V_{cw} ——钢板混凝土剪力墙中钢筋混凝土部分承受的剪力值；

　　　V_p ——钢板混凝土剪力墙中钢板部分承受的总剪力值；

　　　f_t ——混凝土轴心抗拉强度设计值；

　　　f_p ——钢板抗拉和抗压强度设计值；

　　　A_p ——剪力墙内配置的钢板的截面面积；

　　　E_c ——混凝土的弹性模量；

　　　f_c ——混凝土轴心抗压强度；

　　　N_v^c ——一个圆柱头栓钉连接件的抗剪承载力，按本规范第3.1.14条规定计算。

10.2　构　造　措　施

10.2.1 钢板混凝土剪力墙，其钢板厚度不宜小于10mm，且钢板厚度与墙体厚度之比不宜大于1/15。

10.2.2 钢板混凝土剪力墙的水平和竖向分布钢筋的最小配筋率应符合表10.2.2的规定，分布钢筋间距不宜大于200mm，拉结钢筋间距不宜大于400mm，分布钢筋及拉结钢筋与钢板间应有可靠连接。

表 10.2.2　钢板混凝土剪力墙分布钢筋最小配筋率

抗震等级	特一级	一级、二级、三级	四级
水平和竖向分布钢筋	0.45%	0.4%	0.3%

10.2.3 钢板混凝土剪力墙的端部型钢周围应配置纵向钢筋和箍筋，组成内配型钢的约束边缘构件或构造边缘构件。边缘构件沿墙肢的长度、纵向钢筋和箍筋的配置应符合本规范第9章有关型钢混凝土剪力墙边缘构件的规定。

10.2.4 钢板混凝土剪力墙在楼层标高处应设置型钢暗梁。钢板混凝土剪力墙内钢板与四周型钢宜采用焊接连接。

10.2.5 钢板混凝土剪力墙端部型钢的混凝土保护层厚度不宜小于150mm，水平分布钢筋应绕过墙端型钢，且应符合钢筋锚固长度规定。

10.2.6 钢板混凝土剪力墙的钢板两侧和端部型钢翼缘应设置栓钉，栓钉直径不宜小于16mm，间距不宜大于300mm。

10.2.7 钢板混凝土剪力墙角部1/5板跨且不小于1000mm范围内墙体分布钢筋和抗剪栓钉宜适当加密。

10.2.8 钢板混凝土剪力墙约束边缘构件阴影部分的箍筋应穿过钢板或与钢板焊接形成封闭箍筋；阴影部分外的箍筋可采用封闭箍筋或与钢板有连接的拉筋。

11 带钢斜撑混凝土剪力墙

11.1 承载力计算

11.1.1 带钢斜撑混凝土偏心受压和偏心受拉剪力墙（图11.1.1），其正截面受压承载力和受拉承载力可按本规范第9.1.1条、第9.1.2条计算，计算中不考虑钢斜撑的压弯和拉弯作用。

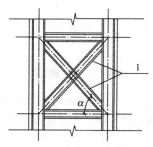

图 11.1.1 带钢斜撑混凝土剪力墙
1—钢斜撑

11.1.2 带钢斜撑混凝土剪力墙，其弯矩设计值、剪力设计值应按本规范第9.1.3条、第9.1.4条的规定计算。

11.1.3 带钢斜撑混凝土剪力墙的受剪截面应符合下列公式的规定：

1 持久、短暂设计状况

$$V_{cw} \leqslant 0.25\beta_c f_c b_w h_{w0} \qquad (11.1.3\text{-}1)$$

$$V_{cw} = V - \left[\frac{0.3}{\lambda}f_a A_{a1} + (f_g A_g + \varphi f'_g A'_g)\cos\alpha\right] \qquad (11.1.3\text{-}2)$$

2 地震设计状况

1）当剪跨比大于2时：

$$V_{cw} \leqslant \frac{1}{\gamma_{RE}}(0.20\beta_c f_c b_w h_{w0}) \qquad (11.1.3\text{-}3)$$

2）当剪跨比不大于2时：

$$V_{cw} \leqslant \frac{1}{\gamma_{RE}}(0.15\beta_c f_c b_w h_{w0}) \qquad (11.1.3\text{-}4)$$

3）V_{cw} 应按下式计算：

$$V_{cw} = V - \frac{1}{\gamma_{RE}}\left(\frac{0.25}{\lambda}f_a A_{a1} + 0.8(f_g A_g + \varphi f'_g A'_g)\cos\alpha\right) \qquad (11.1.3\text{-}5)$$

式中：V——剪力墙的剪力设计值；

V_{cw}——仅考虑墙肢截面钢筋混凝土部分承受的剪力值，即墙肢剪力设计值减去端部型钢和钢斜撑承受的剪力值；

λ——计算截面处的剪跨比，当 $\lambda < 1.5$ 时，取 $\lambda = 1.5$，当 $\lambda > 2.2$ 时，取 $\lambda = 2.2$；当计算截面与墙底之间的距离小于 $0.5h_{w0}$ 时，λ 应按距离墙底 $0.5h_{w0}$ 处的

弯矩值与剪力值计算；

A_{a1}——剪力墙一端所配型钢的截面面积，当两端所配型钢截面面积不同时，取较小一端的面积；

f_c——混凝土轴心抗压强度设计值；

f_a——剪力墙端部型钢抗拉、抗压强度设计值；

f_g、f'_g——剪力墙受拉、受压钢斜撑的强度设计值；

A_g、A'_g——剪力墙受拉、受压钢斜撑截面面积；

φ——受压斜撑面外稳定系数，按现行国家标准《钢结构设计规范》GB 50017 的规定计算；

α——斜撑与水平方向的倾斜角度；

h_{w0}——剪力墙截面有效高度；

b_w——剪力墙厚度；

h_w——剪力墙截面高度；

β_c——混凝土强度影响系数，按本规范第5.2.3条取值。

11.1.4 带钢斜撑混凝土偏心受压剪力墙，其斜截面受剪承载力应符合下列公式的规定：

1 持久、短暂设计状况

$$V \leqslant \frac{1}{\lambda - 0.5}\left(0.5f_t b_w h_{w0} + 0.13N\frac{A_w}{A}\right) + f_{yh}\frac{A_{sh}}{s}h_{w0} + \frac{0.3}{\lambda}f_a A_{a1} + (f_g A_g + \varphi f'_g A'_g)\cos\alpha \qquad (11.1.4\text{-}1)$$

2 地震设计状况

$$V \leqslant \frac{1}{\gamma_{RE}}\left[\frac{1}{\lambda - 0.5}\left(0.4f_t b_w h_{w0} + 0.1N\frac{A_w}{A}\right) + 0.8f_{yh}\frac{A_{sh}}{s}h_{w0} + \frac{0.25}{\lambda}f_a A_{a1} + 0.8(f_g A_g + \varphi f'_g A'_g)\cos\alpha\right] \qquad (11.1.4\text{-}2)$$

式中：N——剪力墙的轴向压力设计值，当 $N > 0.2f_c b_w h_w$ 时，取 $N = 0.2f_c b_w h_w$；

A——剪力墙截面面积；

A_w——剪力墙腹板的截面面积，对矩形截面剪力墙，取 $A_w = A$；

A_{sh}——配置在同一水平截面内的水平分布钢筋的全部截面面积；

f_t——混凝土轴心抗拉强度设计值；

f_{yh}——剪力墙水平分布钢筋抗拉强度设计值；

s——剪力墙水平分布钢筋间距。

11.1.5 带钢斜撑混凝土偏心受拉剪力墙，其斜截面受剪承载力应符合下列公式的规定：

1 持久、短暂设计状况

$$V \leq \frac{1}{\lambda - 0.5}\left(0.5 f_t b_w h_{w0} - 0.13 N \frac{A_w}{A}\right)$$
$$+ f_{yh}\frac{A_{sh}}{s}h_{w0} + \frac{0.3}{\lambda}f_a A_{al}$$
$$+ (f_g A_g + \varphi f'_g A'_g)\cos\alpha \qquad (11.1.5\text{-}1)$$

当上式右端的计算值小于 $f_{yh}\dfrac{A_{sh}}{s}h_{w0} + \dfrac{0.3}{\lambda}f_a A_{al}$

$+ (f_g A_g + \varphi f'_g A'_g)\cos\alpha$ 时，取等于 $f_{yh}\dfrac{A_{sh}}{s}h_{w0} +$

$\dfrac{0.3}{\lambda}f_a A_{al} + (f_g A_g + \varphi f'_g A'_g)\cos\alpha$。

2 地震设计状况

$$V \leq \frac{1}{\gamma_{RE}}\left[\frac{1}{\lambda - 0.5}\left(0.4 f_t b_w h_{w0} - 0.1 N \frac{A_w}{A}\right)\right.$$
$$+ 0.8 f_{yh}\frac{A_{sh}}{s}h_{w0} + \frac{0.25}{\lambda}f_a A_{al}$$
$$\left. + 0.8(f_g A_g + \varphi f'_g A'_g)\cos\alpha\right] \qquad (11.1.5\text{-}2)$$

当上式右端的计算值小于 $\dfrac{1}{\gamma_{RE}}\big[0.8 f_{yh}$

$\dfrac{A_{sh}}{s}h_{w0} + \dfrac{0.25}{\lambda}f_a A_{al} + 0.8(f_g A_g + \varphi f'_g A'_g)\cos\alpha\big]$ 时，

取等于 $\dfrac{1}{\gamma_{RE}}\Big[0.8 f_{yh}\dfrac{A_{sh}}{s}h_{w0} + \dfrac{0.25}{\lambda}f_a A_{al} + 0.8(f_g A_g$

$+ \varphi f'_g A'_g)\cos\alpha\Big]$。

式中：N——剪力墙轴向拉力设计值。

11.1.6 考虑地震作用的带钢斜撑混凝土剪力墙，其重力荷载代表值作用下墙肢的轴压比应按下式计算，且不宜超过表 11.1.6 的限值。

$$n = \frac{N}{f_c A_c + f_a A_a} \qquad (11.1.6)$$

式中：n——带钢斜撑混凝土剪力墙轴压比；

　　　N——墙肢重力荷载代表值作用下轴向压力设计值；

　　　A_a——带钢斜撑混凝土剪力墙两端暗柱中全部型钢截面面积。

表 11.1.6　带钢斜撑混凝土剪力墙轴压比限值

抗震等级	特一级、一级（9度）	一级（6、7、8度）	二、三级
轴压比限值	0.4	0.5	0.6

11.2　构　造　措　施

11.2.1 带钢斜撑混凝土剪力墙，其端部型钢周围应配置纵向钢筋和箍筋，组成内配型钢的约束边缘构件或构造边缘构件。边缘构件沿墙肢的长度、纵向钢筋和箍筋的配置应符合本规范第 9 章有关型钢混凝土剪力墙边缘构件的规定。

11.2.2 带钢斜撑混凝土剪力墙在楼层标高处应设置型钢，其钢斜撑与周边型钢应采用刚性连接。

11.2.3 带钢斜撑混凝土剪力墙，其端部型钢的混凝土保护层厚度不宜小于 150mm；钢斜撑每侧混凝土厚度不宜小于墙厚的1/4，且不宜小于 100mm；水平及竖向分布钢筋设置应符合本规范第 10.2.2 条的规定。

11.2.4 钢斜撑全长范围和横梁端 1/5 跨度范围的型钢翼缘部位应设置栓钉，其直径不宜小于 16mm，间距不宜大于 200mm。

11.2.5 钢斜撑倾角宜取 40°～60°。

12　钢与混凝土组合梁

12.1　一　般　规　定

12.1.1 钢与混凝土组合梁截面承载力计算时，跨中及支座处混凝土翼板的有效宽度应按下式计算（图12.1.1）：

$$b_e = b_0 + b_1 + b_2 \qquad (12.1.1)$$

式中：b_e——混凝土翼板的有效宽度；

　　　b_0——板托顶部的宽度，当板托倾角 $\alpha < 45°$ 时，应按 $\alpha = 45°$ 计算板托顶部的宽度；当无板托时，则取钢梁上翼缘的宽度；

　　　b_1，b_2——梁外侧和内侧的翼板计算宽度，各取梁等效跨度 l_e 的 1/6；b_1 尚不应超过翼板实际外伸宽度 S_1；b_2 尚不应超过相邻钢梁上翼缘或板托间净距 S_0 的 1/2；

　　　l_e——等效跨度，对于简支组合梁，取为简支组合梁的跨度 l；对于连续组合梁，中间跨正弯矩区取为 $0.6l$，边跨正弯矩区取为 $0.8l$，支座负弯矩区取为相邻两跨跨度之和的 0.2 倍。

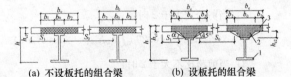

(a) 不设板托的组合梁　　　(b) 设板托的组合梁

图 12.1.1　混凝土翼板的计算宽度
1—钢梁；2—板托；3—混凝土翼板

12.1.2 进行结构整体内力和变形计算时，对于仅承受竖向荷载的梁柱铰接简支或连续组合梁，每跨混凝土翼板有效宽度可取为定值，按本规范第 12.1.1 条规定的跨中有效翼缘宽度取值计算；对于承受竖向荷载并参与结构整体抗侧力作用的梁柱刚接框架组合梁，宜考虑楼板与钢梁之间的组合作用，其抗弯惯性矩 I_e 可按下列公式计算：

$$I_e = \alpha I_s \qquad (12.1.2\text{-}1)$$
$$\alpha = \frac{2.2}{(I_s/I_c)^{0.3} - 0.5} + 1 \qquad (12.1.2\text{-}2)$$

$$I_c = \frac{[\min(0.1L, B_1) + \min(0.1L, B_2)]h_{c1}^3}{12\alpha_E}$$

$$(12.1.2-3)$$

式中：I_s——钢梁抗弯惯性矩；

  α——刚度放大系数，当 $\alpha > 2$ 时，宜取 $\alpha = 2$；

  I_c——混凝土翼板等效抗弯惯性矩；

  L——梁跨度；

  B_1，B_2——分别为组合梁两侧实际混凝土翼板宽度，取为梁中心线到混凝土翼板边缘的距离，或梁中心线到相邻梁中心线之间距离的一半；

  h_{c1}——混凝土翼板厚度，不考虑托板、压型钢板肋的高度；

  α_E——钢材和混凝土弹性模量比。

12.1.3 组合梁承载力按本规范第 12.2 节塑性分析方法进行计算时，连续组合梁和框架组合梁在竖向荷载作用下的梁端负弯矩可进行调幅，其调幅系数不宜超过 30%。

12.2 承载力计算

12.2.1 完全抗剪连接组合梁的正截面受弯承载力应符合下列公式的规定：

 1 正弯矩作用区段

  1) 当 $A_a f_a \leqslant f_c b_e h_{c1}$ 时，中和轴在混凝土翼板内（图 12.2.1-1）：

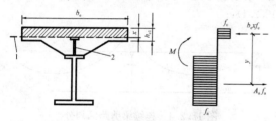

图 12.2.1-1 中和轴在混凝土翼板内时的组合梁截面及应力图形

1-组合梁塑性中和轴；2-栓钉

持久、短暂设计状况：

$$M \leqslant f_c b_e xy \qquad (12.2.1-1)$$
$$f_c b_e x = A_a f_a \qquad (12.2.1-2)$$

地震设计状况：

$$M \leqslant \frac{1}{\gamma_{RE}} f_c b_e xy \qquad (12.2.1-3)$$
$$f_c b_e x = A_a f_a \qquad (12.2.1-4)$$

  2) 当 $A_a f_a > f_c b_e h_{c1}$ 时，中和轴在钢梁截面内（图 12.2.1-2）：

持久、短暂设计状况：

$$M \leqslant f_c b_e h_{c1} y_1 + A_{ac} f_a y_2 \qquad (12.2.1-5)$$
$$f_c b_e h_{c1} + f_a A_{ac} = f_a(A_a - A_{ac}) \qquad (12.2.1-6)$$

地震设计状况：

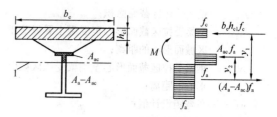

图 12.2.1-2 中和轴在钢梁内时的组合梁截面及应力图形

1-组合梁塑性中和轴

$$M \leqslant \frac{1}{\gamma_{RE}}(f_c b_e h_{c1} y_1 + A_{ac} f_a y_2)$$

$$(12.2.1-7)$$

$$f_c b_e h_{c1} + f_a A_{ac} = f_a(A_a - A_{ac})$$

$$(12.2.1-8)$$

 2 负弯矩作用区段（图 12.2.1-3）

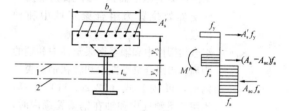

图 12.2.1-3 负弯矩作用时组合梁截面和计算简图

1-组合梁塑性中和轴；2-钢梁塑性中和轴

  1) 持久、短暂设计状况

$$M' \leqslant M_s + A_s' f_y(y_3 + y_4/2) \qquad (12.2.1-9)$$
$$f_y A_s' + f_a(A_a - A_{ac}) = f_a A_{ac} \qquad (12.2.1-10)$$

  2) 地震设计状况

$$M' \leqslant \frac{1}{\gamma_{RE}}[M_s + A_s' f_y(y_3 + y_4/2)]$$

$$(12.2.1-11)$$

$$f_y A_s' + f_a(A_a - A_{ac}) = f_a A_{ac}$$

$$(12.2.1-12)$$

$$M_s = (S_t + S_b)f_a \qquad (12.2.1-13)$$
$$y_4 = 0.5 A_s' f_y/(f_a t_w) \qquad (12.2.1-14)$$

式中：M——正弯矩设计值；

  A_a——钢梁的截面面积；

  h_{c1}——混凝土翼板厚度，不考虑托板、压型钢板肋的高度；

  x——混凝土翼板受压区高度；

  y——钢梁截面应力的合力至混凝土受压区截面应力的合力间的距离；

  f_c——混凝土抗压强度设计值；

  f_a——钢梁的抗压和抗拉强度设计值；

  b_e——组合梁混凝土翼板有效宽度，按本规范第 12.1.1 条规定计算；

  γ_{RE}——承载力抗震调整系数，取 0.75；

A_{ac}——钢梁受压区截面面积；

y_1——钢梁受拉区截面形心至混凝土翼板受压区截面形心的距离；

y_2——钢梁受拉区截面形心至钢梁受压区截面形心的距离；

M'——负弯矩设计值；

M_s——钢梁塑性弯矩；

S_t，S_b——钢梁塑性中和轴以上和以下截面对该轴的面积矩；

A'_s——负弯矩区混凝土翼板有效宽度范围内的纵向钢筋截面面积；

f_y——钢筋抗拉强度设计值；

y_3——钢筋截面形心到钢筋和钢梁形成的组合截面塑性中和轴的距离。根据截面轴力平衡式（12.2.1-10）或（12.2.1-12）求出钢梁受压区面积 A_{ac}，取钢梁拉压区交界处位置为组合梁塑性中和轴位置；

y_4——组合梁塑性中和轴至钢梁塑性中和轴的距离。当组合梁塑性中和轴在钢梁腹板内时，可按公式（12.2.1-14）计算，当组合梁塑性中和轴在钢梁翼缘内时，可取 y_4 等于钢梁塑性中和轴至腹板上边缘的距离。

12.2.2 部分抗剪连接组合梁正截面受弯承载力应符合下列规定：

1 正弯矩作用区段（图 12.2.2）

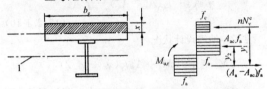

图 12.2.2 部分抗剪连接组合梁计算简图

1—组合梁塑性中和轴

1) 持久、短暂设计状况

$$M_{u,r} \leqslant f_c b_e x y_1 + 0.5(A_a f_a - f_c b_e x) y_2$$

$$(12.2.2-1)$$

$$f_c b_e x = A_a f_a - 2 f_a A_{ac} \quad (12.2.2-2)$$

2) 地震设计状况

$$M_{u,r} \leqslant \frac{1}{\gamma_{RE}} [f_c b_e x y_1 + 0.5(A_a f_a - f_c b_e x) y_2]$$

$$(12.2.2-3)$$

$$f_c b_e x = A_a f_a - 2 f_a A_{ac} \quad (12.2.2-4)$$

$$f_c b_e x = n N_v^c \quad (12.2.2-5)$$

式中：$M_{u,r}$——部分抗剪连接时组合梁截面抗弯承载力；

n——部分抗剪连接时最大正弯矩验算截面到最近零弯矩点之间的抗剪连接件

数目；

N_v^c——一个抗剪连接件的纵向抗剪承载力，按本规范第 12.2.7 条的规定计算。

2 负弯矩作用区段

应按本规范式（12.2.1-9）或（12.2.1-11）计算，计算中将 $A'_s f_y$ 改为 $n N_v^c$ 和 $A'_s f_y$ 两者的较小值，n 为最大负弯矩验算截面到最近零矩点之间的抗剪连接件数目。

12.2.3 组合梁根据抗剪连接栓钉的数量可分为完全抗剪连接和部分抗剪连接，其混凝土翼板与钢梁间设置的抗剪连接件应符合下列公式的规定：

1 完全抗剪连接

$$n \geqslant V_s / N_v^c \quad (12.2.3-1)$$

2 部分抗剪连接

$$n \geqslant 0.5 V_s / N_v^c \quad (12.2.3-2)$$

式中：V_s——每个剪跨区段内钢梁与混凝土翼板交界面的纵向剪力，按本规范第 12.2.4 条规定计算；

N_v^c——一个抗剪连接件的纵向抗剪承载力，按本规范第 12.2.7 条的规定计算；

n——完全抗剪连接的组合梁在一个剪跨区的抗剪连接件数量。

12.2.4 钢梁与混凝土翼板交界面的纵向剪力应以弯矩绝对值最大点及支座为界限，划分若干剪跨区计算，各剪跨区纵向剪力应按下列公式计算（图 12.2.4）：

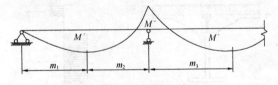

图 12.2.4 连续梁剪跨区划分

1 正弯矩最大点到边支座区段，即 m_1 区段：

$$V_s = \min\{A_a f_a, f_c b_e h_{c1}\} \quad (12.2.4-1)$$

2 正弯矩最大点到中支座（负弯矩最大点）区段，即 m_2 和 m_3 区段：

$$V_s = \min\{A_a f_a, f_c b_e h_{c1}\} + A'_s f_y$$

$$(12.2.4-2)$$

12.2.5 组合梁的受剪承载力应符合下列公式的规定：

1 持久、短暂设计状况

$$V_b \leqslant h_w t_w f_{av} \quad (12.2.5-1)$$

2 地震设计状况

$$V_b \leqslant \frac{1}{\gamma_{RE}} h_w t_w f_{av} \quad (12.2.5-2)$$

式中：V_b——剪力设计值，抗震设计时应按本规范第 5.2.2 条的规定计算；

h_w，t_w——钢梁的腹板高度和厚度；

f_{av}——钢梁腹板的抗剪强度设计值；

γ_{RE}——承载力抗震调整系数，取 0.75。

12.2.6 用塑性设计法计算组合梁正截面受弯承载力时，受正弯矩的组合梁可不考虑弯矩和剪力的相互影响，受负弯矩的组合梁应考虑弯矩与剪力间的相互影响，按下列规定对腹板抗压、抗拉强度设计值进行折减：

1 当剪力设计值 $V_b > 0.5h_w t_w f_{av}$ 时，

$$f_{ae} = (1-\rho)f_a \qquad (12.2.6-1)$$

$$\rho = [2V_b/(h_w t_w f_{av})-1]^2 \qquad (12.2.6-2)$$

2 当 $V_b \leqslant 0.5h_w t_w f_{av}$ 时，可不对腹板强度设计值进行折减。

式中：f_{ae}——折减后的钢梁腹板抗压、抗拉强度设计值；

f_a——钢梁腹板抗压和抗拉强度设计值；

ρ——折减系数。

12.2.7 组合梁的抗剪连接件宜采用圆柱头焊钉，也可采用槽钢。一个抗剪连接件的承载力设计值应符合下列规定（图 12.2.7）：

(a) 圆柱头焊钉连接件　　(b) 槽钢连接件

图 12.2.7　组合梁抗剪连接件

1 圆柱头焊钉连接件

$$N_v^c = 0.43A_s\sqrt{E_c f_c} \leqslant 0.7A_s f_{at}$$

$$(12.2.7-1)$$

2 槽钢连接件

$$N_v^c = 0.26(t+0.5t_w)l_c\sqrt{E_c f_c}$$

$$(12.2.7-2)$$

3 槽钢连接件通过肢尖肢背两条通长角焊缝与钢梁连接，角焊缝应按承受该连接件的抗剪承载力设计值 N_v^c 进行计算。

4 位于负弯矩区段的抗剪连接件，其一个抗剪连接件的承载力设计值 N_v^c 应乘以折减系数，中间支座两侧的折减系数为 0.9，悬臂部分的折减系数为 0.8。

式中：N_v^c——一个抗剪连接件的纵向抗剪承载力；

A_s——圆柱头焊钉钉杆截面面积；

f_{at}——圆柱头焊钉极限强度设计值；

E_c——混凝土的弹性模量；

t——槽钢翼缘的平均厚度；

t_w——槽钢腹板的厚度；

l_c——槽钢的长度。

12.2.8 对于用压型钢板混凝土组合板做翼板的组合

梁，一个圆柱头焊钉连接件的抗剪承载力设计值应分别按下列规定予以折减：

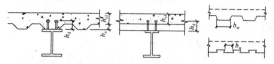

(a) 肋与钢梁平行的　　(b) 肋与钢梁垂直的　　(c) 压型钢板作底模
　组合梁截面　　　　　组合梁截面　　　　　的楼板剖面

图 12.2.8　用压型钢板作混凝土翼板底模的组合梁

1 当压型钢板肋平行于钢梁布置（图 12.2.8a），$b_w/h_e < 1.5$ 时，焊钉抗剪连接件承载力设计值的折减系数应按下式计算：

$$\beta_v = 0.6\frac{b_w}{h_e}(\frac{h_d-h_e}{h_e}) \qquad (12.2.8-1)$$

2 当压型钢板肋垂直于钢梁布置时（图 12.2.8b），焊钉抗剪连接件承载力设计值的折减系数应按下式计算：

$$\beta_v = \frac{0.85}{\sqrt{n_0}}\frac{b_w}{h_e}(\frac{h_d-h_e}{h_e}) \qquad (12.2.8-2)$$

式中：β_v——抗剪连接件承载力折减系数，当 $\beta_v \geqslant 1$ 时取 $\beta_v = 1$；

b_w——混凝土凸肋的平均宽度，当肋的上部宽度小于下部宽度时（图 12.2.8c），取其上部宽度；

h_e——混凝土凸肋高度；

h_d——焊钉高度；

n_0——梁截面处一个肋中布置的栓钉数，当多于 3 个时，按 3 个计算。

12.2.9 连接件数量可在对应的剪跨区段内均匀布置。当在此剪跨区段内有较大集中荷载作用时，应将连接件个数按剪力图面积比例分配后再各自均匀布置。

12.2.10 组合梁由荷载作用引起的单位纵向抗剪界面长度上的剪力设计值应按下列规定计算（图 12.2.10）：

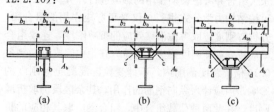

(a)　　　　　　(b)　　　　　　(c)

图 12.2.10　托板及翼板的纵向受剪界面及纵向剪力简化计算图

1 a-a 界面，应按下列公式计算并取其较大值：

$$V_{bl} = \frac{V_s}{m_i} \times \frac{b_1}{b_e} \qquad (12.2.10-1)$$

$$V_{bl} = \frac{V_s}{m_i} \times \frac{b_2}{b_e} \qquad (12.2.10-2)$$

2 b-b、c-c、d-d界面：

$$V_{bl} = \frac{V_s}{m_i} \qquad (12.2.10-3)$$

式中：V_{bl} ——荷载作用引起的单位纵向抗剪界面长度上的剪力；

V_s ——每个剪跨区段内钢梁与混凝土翼板交界面的纵向剪力，按本规范第12.2.4条的规定计算；

m_i ——剪跨区段长度，按本规范第12.2.4条规定计算；

b_e ——混凝土翼板的有效宽度，按本规范第12.1.1条的规定取跨中有效宽度；

b_1、b_2 ——混凝土翼板左、右两侧挑出的宽度。

12.2.11 组合梁由荷载作用引起的单位纵向抗剪界面长度上的斜截面受剪承载力应符合下列公式的规定：

$$V_{bl} \leqslant 0.7 f_t b_f + 0.8 A_e f_{yv} \qquad (12.2.11-1)$$

$$V_{bl} \leqslant 0.25 f_c b_f \qquad (12.2.11-2)$$

式中：f_t ——混凝土抗拉强度设计值；

b_f ——垂直于纵向抗剪界面的长度，按图12.2.10所示的a-a、b-b、c-c及d-d连线在抗剪连接件以外的最短长度取值；

A_e ——单位纵向抗剪界面长度上的横向钢筋截面面积。对于界面a-a，$A_e = A_b + A_t$；对于界面b-b，$A_e = 2A_b$；对于有板托的界面c-c，$A_e = 2(A_b + A_{bh})$；对于有板托的界面d-d，$A_e = 2A_{bh}$；

f_{yv} ——横向钢筋抗拉强度设计值。

12.2.12 混凝土板横向钢筋最小配筋宜符合下式规定：

$$A_e f_{yv}/b_f > 0.75 (N/mm^2) \qquad (12.2.12)$$

12.3 挠度计算及负弯矩区裂缝宽度计算

12.3.1 组合梁的挠度应分别按荷载的标准组合和准永久组合并考虑长期作用的影响进行计算。挠度计算可按结构力学公式进行，仅受正弯矩作用的组合梁，其抗弯刚度应取考虑滑移效应的折减刚度，连续组合梁应按变截面刚度梁进行计算，在距中间支座两侧各0.15倍梁跨度范围内，不计受拉区混凝土对刚度的影响，但应计入纵向钢筋的作用，其余区段仍取折减刚度。在此两种荷载组合中，组合梁应取其相应的折减刚度。

12.3.2 组合梁考虑滑移效应的折减刚度B可按下式确定：

$$B = \frac{EI_{eq}}{1+\xi} \qquad (12.3.2)$$

式中：E ——钢的弹性模量；

I_{eq} ——组合梁的换算截面惯性矩；对荷载的标准组合，可将截面中的混凝土翼板有效宽度除以钢与混凝土弹性模量的比值α_E换算为钢截面宽度后，计算整个截面的惯性矩；对荷载的准永久组合，则除以$2\alpha_E$进行换算；对于钢梁与压型钢板混凝土组合板构成的组合梁，取其较弱截面的换算截面进行计算，且不计压型钢板的作用；

ξ ——刚度折减系数，按本规范第12.3.3条规定计算；

α_E ——钢与混凝土弹性模量的比值。

12.3.3 刚度折减系数ξ可按下列公式计算：

$$\xi = \eta\left[0.4 - \frac{3}{(jl)^2}\right] \qquad (12.3.3-1)$$

$$\eta = \frac{36Ed_c pA_0}{n_s khl^2} \qquad (12.3.3-2)$$

$$j = 0.81\sqrt{\frac{n_s N_v^c A_1}{EI_0 p}} \qquad (12.3.3-3)$$

$$A_0 = \frac{A_{cf}A}{\alpha_E A + A_{cf}} \qquad (12.3.3-4)$$

$$A_1 = \frac{I_0 + A_0 d_c^2}{A_0} \qquad (12.3.3-5)$$

$$I_0 = I + \frac{I_{cf}}{\alpha_E} \qquad (12.3.3-6)$$

式中：ξ ——刚度折减系数，当$\xi \leqslant 0$时，取$\xi = 0$；

A_{cf} ——混凝土翼板截面面积；对压型钢板混凝土组合板的翼板，取其较弱截面的面积，且不考虑压型钢板的面积（mm^2）；

A ——钢梁截面面积（mm^2）；

I ——钢梁截面惯性矩（mm^4）；

I_{cf} ——混凝土翼板的截面惯性矩；对压型钢板混凝土组合板的翼板，取其较弱截面的惯性矩，且不考虑压型钢板（mm^4）；

d_c ——钢梁截面形心到混凝土翼板截面（对压型钢板混凝土组合板为其较弱截面）形心的距离（mm）；

h ——组合梁截面高度（mm）；

l ——组合梁的跨度（mm）；

N_v^c ——抗剪连接件的承载力设计值，按本规范第12.2.7条的规定计算（N）；

k ——抗剪连接件的刚度系数，取$k = N_v^c$（N/mm）；

p ——抗剪连接件的纵向平均间距（mm）；

n_s ——抗剪连接件在一根梁上的列数；

α_E ——钢与混凝土弹性模量的比值，当按荷载效应的准永久组合进行计算时，α_E应乘以2。

12.3.4 组合梁负弯矩区段混凝土在正常使用极限状态下考虑长期作用影响的最大裂缝宽度应按现行国家标准《混凝土结构设计规范》GB 50010 轴心受拉构件的规定计算,其值不得大于现行国家标准《混凝土结构设计规范》GB 50010 规定的限值。

12.3.5 按荷载效应的标准组合计算的开裂截面纵向受拉钢筋的应力可按下列公式计算:

$$\sigma_{sk} = \frac{M_k y_s}{I_{cr}} \qquad (12.3.5\text{-}1)$$

$$M_k = M_e(1 - \alpha_r) \qquad (12.3.5\text{-}2)$$

式中:I_{cr}——由纵向普通钢筋与钢梁形成的组合截面的惯性矩;

σ_{sk}——纵向受拉钢筋应力;

y_s——钢筋截面重心至钢筋和钢梁形成的组合截面中和轴的距离;

M_k——钢与混凝土形成组合截面之后,考虑了弯矩调幅的标准荷载作用下支座截面负弯矩组合值;对于悬臂组合梁,M_k 应根据平衡条件计算得到;

M_e——钢与混凝土形成组合截面之后,标准荷载作用下按照未开裂模型进行弹性计算得到的连续组合梁中支座负弯矩值;

α_r——正常使用极限状态连续组合梁中支座负弯矩调幅系数,其取值不宜超过 15%。

12.4 构 造 措 施

12.4.1 组合梁截面高度不宜超过钢梁截面高度的 2 倍;混凝土板托高度不宜超过翼板厚度的 1.5 倍。

12.4.2 有板托的组合梁边梁混凝土翼板伸出长度不宜小于板托高度;无板托时,伸出钢梁中心线不应小于 150mm、伸出钢梁翼缘边不应小于 50mm(图12.4.2)。

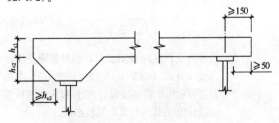

图 12.4.2 边梁构造

12.4.3 连续组合梁在中间支座负弯矩区的上部纵向钢筋及分布钢筋,应按现行国家标准《混凝土结构设计规范》GB 50010 的规定设置。负弯矩区的钢梁下翼缘在没有采取防止局部失稳的特殊措施时,其宽厚比应符合塑性设计规定。

12.4.4 抗剪连接件的设置应符合下列规定:

1 圆柱头焊钉连接件钉头下表面或槽钢连接件上翼缘下表面高出翼板底部钢筋顶面的距离不宜小于 30mm;

2 连接件沿梁跨度方向的最大间距不应大于混凝土翼板及板托厚度的 3 倍,且不应大于 300mm;当组合梁受压上翼缘不符合塑性设计规定的宽厚比限值,但连接件设置符合下列规定时,仍可采用塑性方法进行设计:

1)当混凝土板沿全长和组合梁接触时,连接件最大间距不大于 $22t_f\sqrt{235/f_y}$;当混凝土板和组合梁部分接触时,连接件最大间距不大于 $15t_f\sqrt{235/f_y}$;t_f 为钢梁受压上翼缘厚度;

2)连接件的外侧边缘与钢梁翼缘边缘之间的距离不大于 $9t_f\sqrt{235/f_y}$,t_f 为钢梁受压上翼缘厚度;

3 连接件的外侧边缘与钢梁翼缘边缘之间的距离不应小于 20mm;

4 连接件的外侧边缘至混凝土翼板边缘间的距离不应小于 100mm;

5 连接件顶面的混凝土保护层厚度不应小于 15mm。

12.4.5 圆柱头焊钉连接件除应符合 12.4.4 条规定外,尚应符合下列规定:

1 钢梁上翼缘承受拉力时,焊钉杆直径不应大于钢梁上翼缘厚度的 1.5 倍;当钢梁上翼缘不承受拉力时,焊钉杆直径不应大于钢梁上翼缘厚度的 2.5 倍;

2 焊钉长度不应小于其杆径的 4 倍;

3 焊钉沿梁轴线方向的间距不应小于杆径的 6 倍;垂直于梁轴线方向的间距不应小于杆径的 4 倍;

4 用压型钢板作底模的组合梁,焊钉杆直径不宜大于 19mm,混凝土凸肋宽度不应小于焊钉杆直径的 2.5 倍;焊钉高度不应小于 (h_e+30) mm,且不应大于 (h_e+75) mm,h_e 为混凝土凸肋高度。

12.4.6 槽钢连接件宜采用 Q235 钢,截面不宜大于 [12.6。

12.4.7 板托的外形尺寸及构造应符合下列规定(图12.4.7):

1 板托边缘距抗剪连接件外侧的距离不得小于 40mm,同时板托外形轮廓应在抗剪连接件根部算起的 45°仰角线之外;

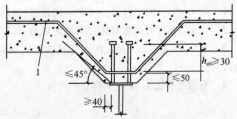

图 12.4.7 板托的构造规定
1— 弯筋

2 板托中邻近钢梁上翼缘的部分混凝土应配加强筋，板托中横向钢筋的下部水平段应该设置在距钢梁上翼缘 50mm 的范围之内；

3 横向钢筋的间距不应大于 $4 h_{e0}$ 且不应大于 200mm，h_{e0} 为圆柱头焊钉连接件钉头下表面或槽钢连接件上翼缘下表面高出翼板底部钢筋顶面的距离。

12.4.8 无板托的组合梁，混凝土翼板中的横向钢筋应符合本规范第 12.4.7 条中第 2 款、第 3 款的规定。

12.4.9 对于承受负弯矩的箱形截面组合梁，可在钢箱梁底板上方或腹板内侧设置抗剪连接件并浇筑混凝土。

13 组 合 楼 板

13.1 一 般 规 定

13.1.1 组合楼板用压型钢板应根据腐蚀环境选择镀锌量，可选择两面镀锌量为 275g/m² 的基板。组合楼板不宜采用钢板表面无压痕的光面开口型压型钢板，且基板净厚度不应小于 0.75mm。作为永久模板使用的压型钢板基板的净厚度不宜小于 0.5mm。

13.1.2 压型钢板浇筑混凝土面的槽口宽度，开口型压型钢板凹槽重心轴处宽度（b_r）、缩口型压型钢板和闭口型压型钢板槽口最小浇筑宽度（b_r）不应小于 50mm。当槽内放置栓钉时，压型钢板总高（h_s，包括压痕）不宜大于 80mm（图 13.1.2）。

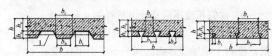

(a) 开口型压型钢板　(b) 缩口型压型钢板　(c) 闭口型压型钢板

图 13.1.2　组合楼板截面凹槽宽度示意图
1—压型钢板重心轴

13.1.3 组合楼板总厚度 h 不应小于 90mm，压型钢板肋顶部以上混凝土厚度 h_c 不应小于 50mm。

13.1.4 组合楼板中的压型钢板肋顶以上混凝土厚度 h_c 为 50mm～100mm 时，组合楼板可沿强边（顺肋）方向按单向板计算。

13.1.5 组合楼板中的压型钢板肋顶以上混凝土厚度 h_c 大于 100mm 时，组合楼板的计算应符合下列规定：

1 当 $\lambda_e < 0.5$ 时，按强边方向单向板进行计算；

2 当 $\lambda_e > 2.0$ 时，按弱边方向单向板进行计算；

3 当 $0.5 \leqslant \lambda_e \leqslant 2.0$ 时，按正交异性双向板进行计算；

4 有效边长比 λ_e 应按下列公式计算：

$$\lambda_e = \frac{l_x}{\mu l_y} \qquad (13.1.5-1)$$

$$\mu = \left(\frac{I_x}{I_y}\right)^{1/4} \qquad (13.1.5-2)$$

式中：λ_e——有效边长比；

I_x——组合楼板强边计算宽度的截面惯性矩；

I_y——组合楼板弱边方向计算宽度的截面惯性矩，只考虑压型钢板肋顶以上混凝土的厚度；

l_x、l_y——组合楼板强边、弱边方向的跨度。

13.2 承载力计算

13.2.1 组合楼板截面在正弯矩作用下，其正截面受弯承载力应符合下列规定（图 13.2.1）：

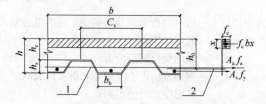

图 13.2.1　组合楼板的受弯计算简图
1—压型钢板重心轴；2—钢材合力点

1 正截面受弯承载力计算：

$$M \leqslant f_c b x \left(h_0 - \frac{x}{2}\right) \qquad (13.2.1-1)$$

$$f_c b x = A_a f_a + A_s f_y \qquad (13.2.1-2)$$

2 混凝土受压区高度应符合下列条件：

$$x \leqslant h_c \qquad (13.2.1-3)$$

$$x \leqslant \xi_b h_0 \qquad (13.2.1-4)$$

3 相对界限受压区高度应按下列公式计算：
1） 有屈服点钢材

$$\xi_b = \frac{\beta_1}{1 + \dfrac{f_a}{E_a \varepsilon_{cu}}} \qquad (13.2.1-5)$$

2） 无屈服点钢材

$$\xi_b = \frac{\beta_1}{1 + \dfrac{0.002}{\varepsilon_{cu}} + \dfrac{f_a}{E_a \varepsilon_{cu}}} \qquad (13.2.1-6)$$

3） 当截面受拉区配置钢筋时，相对界限受压区高度计算式（13.2.1-5）或（13.2.1-6）中的 f_a 应分别用钢筋强度设计值 f_y 和压型钢板强度设计值 f_a 代入计算取其较小值。

式中：M——计算宽度内组合楼板的弯矩设计值；

h_c——压型钢板肋以上混凝土厚度；

b——组合楼板计算宽度，一般情况计算宽度可为 1m；

x——混凝土受压区高度；

h_0——组合楼板截面有效高度，取压型钢板及钢筋拉力合力点至混凝土受压边的距离；

A_a——计算宽度内压型钢板截面面积；

A_s——计算宽度内板受拉钢筋截面面积；

f_a——压型钢板抗拉强度设计值；

f_y——钢筋抗拉强度设计值；

f_c——混凝土抗压强度设计值；

ε_{cu}——受压区混凝土极限压应变，其值取 0.0033；

ξ_b——相对界限受压区高度；

β_1——受压区混凝土应力图形影响系数，按本规范第 5.1.1 条取值。

13.2.2 组合楼板截面在负弯矩作用下，可不考虑压型钢板受压，将组合楼板截面简化成等效 T 形截面，其正截面承载力应符合下列公式的规定（图 13.2.2）：

$$M \leqslant f_c b_{\min} \left(h'_0 - \frac{x}{2} \right) \quad (13.2.2-1)$$

$$f_c b x = A_s f_y \quad (13.2.2-2)$$

$$b_{\min} = \frac{b}{c_s} b_b \quad (13.2.2-3)$$

式中：M——计算宽度内组合楼板的负弯矩设计值；

h'_0——负弯矩区截面有效高度；

$b_{\min}$——计算宽度内组合楼板换算腹板宽度；

b——组合楼板计算宽度；

c_s——压型钢板板肋中心线间距；

b_b——压型钢板单个波槽的最小宽度。

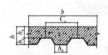

(a) 简化前组合楼板截面   (b) 简化后组合楼板截面

图 13.2.2 简化的 T 形截面

13.2.3 组合楼板斜截面受剪承载力应符合下式规定：

$$V \leqslant 0.7 f_t b_{\min} h_0 \quad (13.2.3)$$

式中：V——组合楼板最大剪力设计值；

f_t——混凝土抗拉强度设计值。

13.2.4 组合楼板中压型钢板与混凝土间的纵向剪切粘结承载力应符合下式规定：

$$V \leqslant m \frac{A_a h_0}{1.25 a} + k f_t b h_0 \quad (13.2.4)$$

式中：V——组合楼板最大剪力设计值；

f_t——混凝土抗压强度设计值；

a——剪跨，均布荷载作用时取 $a = l_n/4$；

l_n——板净跨度，连续板可取反弯点之间的距离；

A_a——计算宽度内组合楼板截面压型钢板面积；

m、k——剪切粘结系数，按本规范附录 A 取值。

13.2.5 在局部集中荷载作用下，组合楼板应对作用力较大处进行单独验算，其有效工作宽度应按下列公式计算（图 13.2.5）：

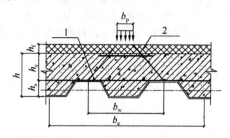

图 13.2.5 局部荷载分布有效宽度

1—承受局部集中荷载钢筋；2—局部承压附加钢筋

1 受弯计算

简支板：$b_e = b_w + 2 l_p (1 - l_p/l) \quad (13.2.5-1)$

连续板：$b_e = b_w + 4 l_p (1 - l_p/l)/3 \quad (13.2.5-2)$

2 受剪计算

$$b_e = b_w + l_p (1 - l_p/l) \quad (13.2.5-3)$$

3 b_w 应按下式计算：

$$b_w = b_p + 2(h_c + h_f) \quad (13.2.5-4)$$

式中：l——组合楼板跨度；

l_p——荷载作用中点至楼板支座的较近距离；

b_e——局部荷载在组合楼板中的有效工作宽度；

b_w——局部荷载在压型钢板中的工作宽度；

b_p——局部荷载宽度；

h_c——压型钢板肋以上混凝土厚度；

h_f——地面饰面层厚度。

13.2.6 在局部集中荷载作用下的受冲切承载力应符合现行国家标准《混凝土结构设计规范》GB 50010 的有关规定，混凝土板的有效高度可取组合楼板肋以上混凝土厚度。

13.3 正常使用极限状态验算

13.3.1 组合楼板负弯矩区最大裂缝宽度应按下列公式计算：

$$\omega_{\max} = 1.9 \psi \frac{\sigma_{sq}}{E_s} \left(1.9 c_s + 0.08 \frac{d_{eq}}{\rho_{te}} \right)$$

$$(13.3.1-1)$$

$$\sigma_{sq} = \frac{M_q}{0.87 h'_0 A_s} \quad (13.3.1-2)$$

$$\psi = 1.1 - 0.65 \frac{f_{tk}}{\rho_{te} \sigma_{sq}} \quad (13.3.1-3)$$

$$d_{eq} = \frac{\sum n_i d_i^2}{\sum n_i v_i d_i} \quad (13.3.1-4)$$

$$\rho_{te} = \frac{A_s}{A_{te}} \quad (13.3.1-5)$$

$$A_{te} = 0.5b_{min}h + (b - b_{min})h_c \quad (13.3.1\text{-}6)$$

式中：ω_{max}——最大裂缝宽度；

ψ——裂缝间纵向受拉钢筋应变不均匀系数：当 $\psi < 0.2$ 时，取 $\psi = 0.2$；当 $\psi > 1$ 时，取 $\psi = 1$；对直接承受重复荷载的构件，取 $\psi = 1$；

σ_{sq}——按荷载效应的准永久组合计算的组合楼板负弯矩区纵向受拉钢筋的等效应力；

E_s——钢筋弹性模量；

c_s——最外层纵向受拉钢筋外边缘至受拉区底边的距离，当 $c_s < 20\text{mm}$ 时，取 $c_s = 20\text{mm}$；

ρ_{te}——按有效受拉混凝土截面面积计算的纵向受拉钢筋配筋率；在最大裂缝宽度计算中，当 $\rho_{te} < 0.01$ 时，取 $\rho_{te} = 0.01$；

A_{te}——有效受拉混凝土截面面积；

A_s——受拉区纵向钢筋截面面积；

d_{eq}——受拉区纵向钢筋的等效直径；

d_i——受拉区第 i 种纵向钢筋的公称直径；

n_i——受拉区第 i 种纵向钢筋的根数；

ν_i——受拉区第 i 种纵向钢筋的相对粘结特性系数，光面钢筋 $\nu_i = 0.7$，带肋钢筋 $\nu_i = 1.0$；

A_s——受拉区纵向钢筋截面面积；

h_0'——组合楼板负弯矩区板的有效高度；

M_q——按荷载效应的准永久组合计算的弯矩值。

13.3.2 使用阶段组合楼板挠度应按结构力学的方法计算，组合楼板在准永久荷载作用下的截面抗弯刚度可按下列公式计算（图 13.3.2）：

$$B_s = E_c I_{eq}^s \quad (13.3.2\text{-}1)$$

$$I_{eq}^s = \frac{I_u^s + I_c^s}{2} \quad (13.3.2\text{-}2)$$

$$I_u^s = \frac{bh_c^3}{12} + bh_c(y_{cc} - 0.5h_c)^2 + \alpha_E I_a + \alpha_E A_a y_{cs}^2$$
$$+ \frac{b_r bh_s}{c_s}\left[\frac{h_s^2}{12} + (h - y_{cc} - 0.5h_s)^2\right]$$

$$(13.3.2\text{-}3)$$

$$y_{cc} = \frac{0.5bh_c^2 + \alpha_E A_a h_0 + b_r h_s(h_0 - 0.5h_s)b/c_s}{bh_c + \alpha_E A_a + b_r h_s b/c_s}$$

$$(13.3.2\text{-}4)$$

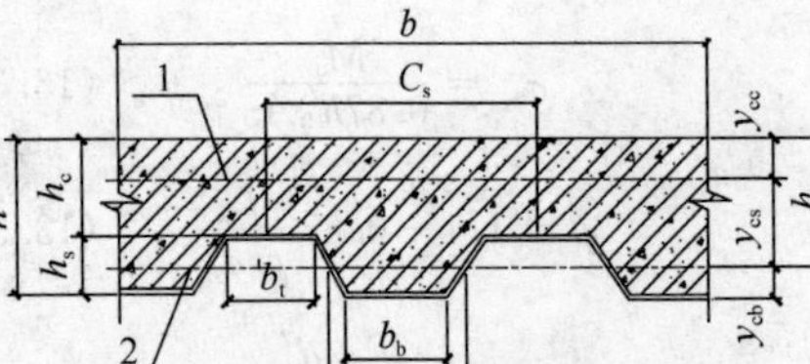

图 13.3.2 组合楼板截面刚度计算简图
1—中和轴；2—压型钢板重心轴

$$I_c^s = \frac{by_{cc}^3}{3} + \alpha_E A_a y_{cs}^2 + \alpha_E I_a \quad (13.3.2\text{-}5)$$

$$y_{cc} = \left(\sqrt{2\rho_a \alpha_E + (\rho_a \alpha_E)^2} - \rho_a \alpha_E\right)h_0$$

$$(13.3.2\text{-}6)$$

$$y_{cs} = h_0 - y_{cc} \quad (13.3.2\text{-}7)$$

$$\alpha_E = E_a/E_c \quad (13.3.2\text{-}8)$$

式中：B_s——短期荷载作用下的截面抗弯刚度；

I_{eq}^s——准永久荷载作用下的平均换算截面惯性矩；

I_u^s——准永久荷载作用下未开裂换算截面惯性矩；

I_c^s——准永久荷载作用下开裂换算截面惯性矩；

b——组合楼板计算宽度；

c_s——压型钢板肋中心线间距；

b_r——开口板为槽口的平均宽度，锁口板、闭口板为槽口的最小宽度；

h_c——压型钢板肋顶上混凝土厚度；

h_s——压型钢板的高度；

h_0——组合板截面有效高度；

y_{cc}——截面中和轴距混凝土顶边距离，当 $y_{cc} > h_c$ 时，取 $y_{cc} = h_c$；

y_{cs}——截面中和轴距压型钢板截面重心轴距离；

α_E——钢对混凝土的弹性模量比；

E_a——钢的弹性模量；

E_c——混凝土的弹性模量；

A_a——计算宽度内组合楼板中压型钢板的截面面积；

I_a——计算宽度内组合楼板中压型钢板的截面惯性矩；

ρ_a——计算宽度内组合楼板截面压型钢板含钢率。

13.3.3 组合楼板长期荷载作用下截面抗弯刚度可按下列公式计算：

$$B = 0.5E_c I_{eq}^l \quad (13.3.3\text{-}1)$$

$$I_{eq}^l = \frac{I_u^l + I_c^l}{2} \quad (13.3.3\text{-}2)$$

式中：B——长期荷载作用下的截面抗弯刚度；

I_{eq}^l——长期荷载作用下的平均换算截面惯性矩；

I_u^l、I_c^l——长期荷载作用下未开裂换算截面惯性矩及开裂换算截面惯性矩，按本规范公式（13.3.2-3）、（13.3.2-6）计算，计算中 α_E 改用 $2\alpha_E$。

13.3.4 组合楼盖应进行舒适度验算，舒适度验算可采用动力时程分析方法，也可采用本规范附录 B 的方法；对高层建筑也可按现行行业标准《高层建筑混凝土结构技术规程》JGJ 3 的方法验算。

13.4 构 造 措 施

13.4.1 组合楼板正截面承载力不足时，可在板底沿顺肋方向配置纵向抗拉钢筋，钢筋保护层净厚度不应小于 15mm，板底纵向钢筋与上部纵向钢筋间应设置拉筋。

13.4.2 组合楼板在有较大集中（线）荷载作用部位应设置横向钢筋，其截面面积不应小于压型钢板肋以上混凝土截面面积的 0.2%，延伸宽度不应小于集中（线）荷载分布的有效宽度。钢筋间距不宜大于 150mm，直径不宜小于 6mm。

13.4.3 组合楼板支座处构造钢筋及板面温度钢筋配置应符合现行国家标准《混凝土结构设计规范》GB 50010 的有关规定。

13.4.4 组合楼板支承于钢梁上时，其支承长度对边梁不应小于 75mm（图 13.4.4a）；对中间梁，当压型钢板不连续时不应小于 50mm（图 13.4.4b）；当压型钢板连续时不应小于 75mm（图 13.4.4c）。

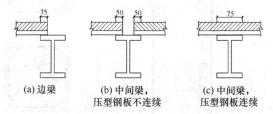

图 13.4.4　组合楼板支承于钢梁上

13.4.5 组合楼板支承于混凝土梁上时，应在混凝土梁上设置预埋件，预埋件设计应符合现行国家标准《混凝土结构设计规范》GB 50010 的规定，不得采用膨胀螺栓固定预埋件。组合楼板在混凝土梁上的支承长度，对边梁不应小于 100mm（图 13.4.5a）；对中间梁，当压型钢板不连续时不应小于 75mm（图 13.4.5b）；当压型钢板连续时不应小于 100mm（图 13.4.5c）。

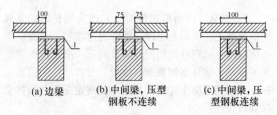

图 13.4.5　组合楼板支承于混凝土梁上
1—预埋件

13.4.6 组合楼板支承于砌体墙上时，应在砌体墙上设混凝土圈梁，并在圈梁上设置预埋件，组合楼板应支承于预埋件上，并应符合本规范第 13.4.5 条的规定。

13.4.7 组合楼板支承于剪力墙侧面时，宜支承在剪力墙侧面设置的预埋件上，剪力墙内宜预留钢筋并与组合楼板负弯矩钢筋连接，埋件设置以及预留钢筋的锚固长度应符合现行国家标准《混凝土结构设计规范》GB 50010 的规定（图 13.4.7）。

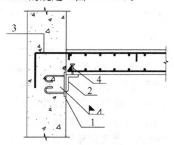

图 13.4.7　组合楼板与剪力墙连接构造
1—预埋件；2—角钢或槽钢；
3—剪力墙内预留钢筋；4—栓钉

13.4.8 组合楼板栓钉的设置应符合本规范第 12.4.4 条和第 12.4.5 条的规定。

13.5 施工阶段验算及规定

13.5.1 在施工阶段，压型钢板作为模板计算时，应考虑下列荷载：

　　1 永久荷载：压型钢板、钢筋和混凝土自重。

　　2 可变荷载：施工荷载与附加荷载。施工荷载应包括施工人员和施工机具等，并应考虑施工过程中可能产生的冲击和振动。当有过量的冲击、混凝土堆放以及管线等应考虑附加荷载。可变荷载应以工地实际荷载为依据。

　　3 当没有可变荷载实测数据或施工荷载实测值小于 1.0kN/m² 时，施工荷载取值不应小于 1.0kN/m²。

13.5.2 计算压型钢板施工阶段承载力时，湿混凝土荷载分项系数应取 1.4。

13.5.3 压型钢板在施工阶段承载力应符合现行国家标准《冷弯薄壁型钢结构技术规范》GB 50018 的规定，结构重要性系数 γ_0 可取 0.9。

13.5.4 压型钢板施工阶段应按荷载的标准组合计算挠度，并应按现行国家标准《冷弯薄壁型钢结构技术规范》GB 50018 计算得到的有效截面惯性矩 I_{ae} 计算，挠度不应大于板支撑跨度 l 的 1/180，且不应大于 20mm。

13.5.5 压型钢板端部支座处宜采用栓钉与钢梁或预埋件固定，栓钉应设置在支座的压型钢板凹槽处，每槽不应少于 1 个，并应穿透压型钢板与钢梁焊牢，栓钉中心到压型钢板自由边距离不应小于 2 倍栓钉直径。栓钉直径可根据楼板跨度按表 13.5.5 采用。当固定栓钉作为组合楼板与钢梁之间的抗剪栓钉使用时，尚应符合本规范第 12 章的相关规定。

表 13.5.5 固定压型钢板的栓钉直径

楼板跨度 l（m）	栓钉直径（mm）
$l < 3$	13
$3 \leqslant l \leqslant 6$	16，19
$l > 6$	19

13.5.6 压型钢板侧向在钢梁上的搭接长度不应小于 25mm，在预埋件上的搭接长度不应小于 50mm。组合楼板压型钢板侧向与钢梁或预埋件之间应采取有效固定措施。当采用点焊焊接固定时，点焊间距不宜大于 400mm。当采用栓钉固定时，栓钉间距不宜大于 400mm；栓钉直径应符合本规范第 13.5.5 条的规定。

14 连接构造

14.1 型钢混凝土柱的连接构造

14.1.1 在各种结构体系中，当结构下部楼层采用型钢混凝土柱，上部楼层采用钢筋混凝土柱时，在此两种结构类型间应设置结构过渡层，过渡层应符合下列规定（图 14.1.1）：

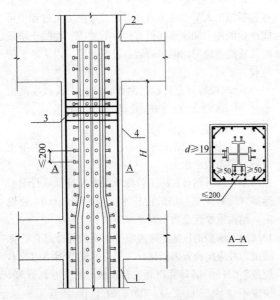

图 14.1.1 型钢混凝土柱与钢筋混凝土柱的过渡层连接构造

1—型钢混凝土柱；2—钢筋混凝土柱；
3—柱箍筋全高加密；4—过渡层

1 设计中确定某层柱由型钢混凝土柱改为钢筋混凝土柱时，下部型钢混凝土柱中的型钢应向上延伸一层或二层作为过渡层，过渡层柱的型钢截面可适当减小，纵向钢筋和箍筋配置应按钢筋混凝土柱计算，不考虑型钢作用；箍筋应沿柱全高加密；

2 结构过渡层内的型钢翼缘应设置栓钉，栓钉的直径不应小于 19mm，栓钉的水平及竖向间距不宜大于 200mm，栓钉至型钢钢板边缘距离不宜小于 50mm。

14.1.2 在各种结构体系中，当结构下部楼层采用型钢混凝土柱，上部楼层采用钢柱时，在此两种结构类型间应设置结构过渡层，过渡层应符合下列规定（图 14.1.2）：

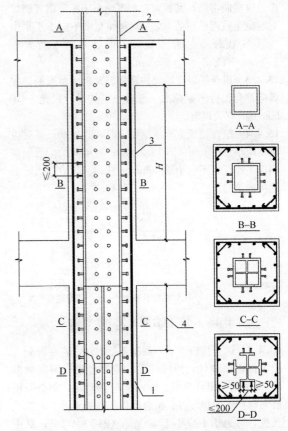

图 14.1.2 型钢混凝土柱与钢柱的过渡层连接构造

1—型钢混凝土柱；2—钢柱；3—过渡层；
4—过渡层型钢向下延伸高度

1 当某层柱由型钢混凝土柱改为钢柱时，下部型钢混凝土柱应向上延伸一层作为过渡层。过渡层中型钢应按上部钢柱截面配置，且向下一层延伸至梁下部不小于 2 倍柱型钢截面高度处；过渡层的箍筋应按下部型钢混凝土柱箍筋加密区的规定配置并沿柱全高加密。

2 过渡层柱的截面刚度应为下部型钢混凝土柱截面刚度 $(EI)_{SRC}$ 与上部钢柱截面刚度 $(EI)_S$ 的过渡值，宜取 $0.6[(EI)_{SRC} + (EI)_S]$；其截面配筋应符合型钢混凝土柱承载力计算和构造规定；过渡层柱中型钢应按本规范第 14.1.1 条规定设置栓钉。

3 当下部型钢混凝土柱中的型钢为十字形型钢，上部钢柱为箱形截面时，十字形型钢腹板宜深入箱形钢柱内，其伸入长度不宜小于十字形型钢截面高度的

1.5 倍。

14.1.3 型钢混凝土柱中的型钢柱需改变截面时，宜保持型钢截面高度不变，仅改变翼缘的宽度、厚度或腹板厚度。当改变柱截面高度时，截面高度宜逐步过渡，且在变截面的上、下端应设置加劲肋；当变截面段位于梁柱连接节点处时，变截面位置宜设置在两端距梁翼缘不小于 150mm 位置处（图 14.1.3）。

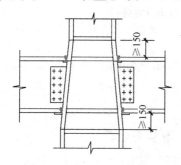

图 14.1.3　型钢柱变截面构造

14.1.4 型钢混凝土柱中的型钢柱拼接连接节点，翼缘宜采用全熔透的坡口对接焊缝；腹板可采用高强螺栓连接或全熔透坡口对接焊缝，腹板较厚时宜采用焊缝连接。柱拼接位置宜设置安装耳板，应根据柱安装单元的自重确定耳板的厚度、长度、固定螺栓数目及焊缝高度。耳板厚度不宜小于 10mm，安装螺栓不宜少于 6 个 M20，耳板与翼缘间宜采用双面角焊缝，焊脚高度不宜小于 8mm（图 14.1.4）。

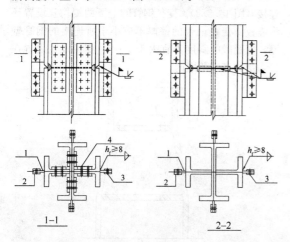

图 14.1.4　十字形截面型钢柱拼接节点的构造
1—耳板；2—连接板；3—安装螺栓；4—高强螺栓

14.2　矩形钢管混凝土柱的连接构造

14.2.1 矩形钢管混凝土柱的钢管对接应考虑构造和运输要求，可按多个楼层下料分段制作，分段接头宜设在楼面上 1.0m～1.3m 处。

14.2.2 不同壁厚的矩形钢管柱段的对接拼接宜采用下列方式：

1　矩形钢管的工厂拼接

1）对内壁平齐的对接拼接，当钢管壁厚相差不大于 4mm 时，可直接拼接（图 14.2.2-1a）；当钢管壁厚相差大于 4mm 时，较厚钢管的管壁应加工成斜坡后连接，斜坡坡度不应大于 1：2.5（图 14.2.2-1b）。

2）对外壁平齐的对接拼接，当较薄钢管的公称壁厚不大于 5mm 时，钢管壁厚相差应小于 1.5mm；当较薄钢管的公称壁厚大于 5mm 时，壁厚相差不应大于 1mm 加公称壁厚的 0.1 倍，且不大于 8mm；当两钢管的壁厚相差较大而不符合以上规定时，应采用有厚度差的内衬板（图 14.2.2-1c）或将较厚钢管内壁加工成斜坡（图 14.2.2-1d），斜坡坡度不应大于 1：2.5。

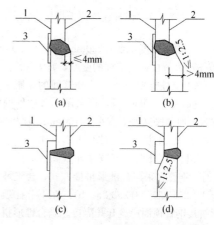

图 14.2.2-1　不同壁厚钢管的工厂拼接
1—内壁；2—外壁；3—内衬板

3）采用较厚钢管的管壁加工成斜坡连接时，下柱顶端管壁厚度宜与上柱底端管壁厚度相等或相差不大于 4mm，内衬板的厚度不宜小于 6mm。

2　矩形钢管的现场拼接

钢管在现场拼接时，下节柱的上端应设置开孔隔板或环形隔板，顶面与柱口平齐或略低。接口应采用坡口全熔透焊接，管内应设衬管或衬板（图 14.2.2-2）。

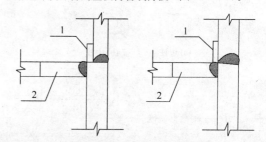

图 14.2.2-2　钢管的现场拼接
1—衬管或衬板；2—开孔隔板或环形隔板

14.2.3 矩形钢管混凝土柱的柱段截面宽度或高度明显不同时，宜采用下列方式拼接：

1 当上节柱外壁与下节柱外壁之间的差距 s 不大于 25mm 时，可采用顶板拼接方式（图 14.2.3-1a），顶板厚度应符合下式规定：

$$t \geqslant s - t_1 + t_2 \qquad (14.2.3)$$

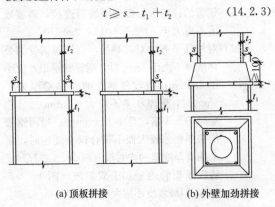

(a) 顶板拼接　　　　(b) 外壁加劲拼接

图 14.2.3-1　钢管柱的顶板拼接方式

式中：t——顶板厚度，当 $t<20mm$ 时取 $t=20mm$；

t_1、t_2——下节柱、上节柱的壁厚，且 $t_1 \geqslant t_2$。

2 当上节柱外壁与下节柱外壁间的差距 s 大于 25mm，但不大于 50mm 时，可采用上节柱外壁加劲拼接方式。加劲段高度不宜小于 100mm，顶板厚度 t 宜比下柱壁厚 t_1 增加 2mm（图 14.2.3-1b）。

3 当上节柱外壁与下节柱外壁间的差距 s 大于 50mm 时，钢管宜采用台锥形拼接方式，台锥坡度不应大于 1：2.5（图 14.2.3-2a、b）。在下节柱顶面和台锥形拼接钢管顶面应设开孔隔板。当台锥形拼接钢管位于梁柱接头部位时，梁翼缘与台锥应采用坡口全熔透焊接，并在梁翼缘高度处设置开孔隔板，梁腹板与台锥可采用高强螺栓连接，拼接钢管两端宜突出梁翼缘外侧不小于 150mm（图 14.2.3-2c）；也可在拼接钢管两端设置开孔外伸隔板，梁翼缘与隔板应采用坡口全熔透焊接，梁腹板与台锥可采用双面角焊缝连接（图 14.2.3-2d）。

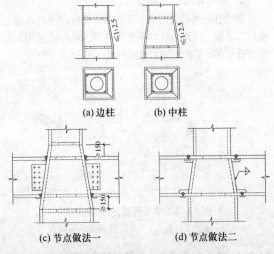

(a) 边柱　　　　(b) 中柱

(c) 节点做法一　　　　(d) 节点做法二

图 14.2.3-2　钢管柱的台锥形拼接方式

14.3　圆形钢管混凝土柱的连接构造

14.3.1 等直径钢管对接时宜设置环形隔板和内衬钢管段，内衬钢管段也可兼作为抗剪连接件，并应符合下列规定：

1 上下钢管之间应采用全熔透坡口焊缝，焊缝位置宜高出楼面 1000mm～1300mm，直焊缝钢管对接处应错开钢管焊缝；

2 内衬钢管仅作为衬管使用时（图 14.3.1a），衬管管壁厚度宜为 4mm～6mm，衬管高度不宜小于 50mm，其外径宜比钢管内径小 2mm；环形隔板宽度不宜小于 80mm；

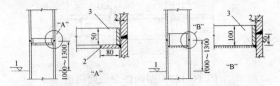

(a) 仅作为衬管用时　　　　(b) 同时作为抗剪连接件时

图 14.3.1　等直径钢管对接构造
1—楼面；2—环形隔板；3—内衬钢管

3 内衬钢管兼作为抗剪连接件时（图 14.3.1b），衬管管壁厚度不宜小于 16mm，衬管高度不宜小于 100mm，其外径宜比钢管内径小 2mm。内衬钢管焊缝与对接焊缝间距不宜小于 50mm。

14.3.2 不同直径钢管对接时，宜采用一段变径钢管连接（图 14.3.2）。变径钢管的上下两端均宜设置环形隔板，变径钢管的壁厚不应小于所连接的钢管壁厚，变径段的斜度不宜大于 1：6，变径段宜设置在楼盖结构高度范围内。

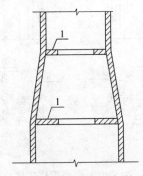

图 14.3.2　不同直径钢管接长构造示意图
1—环形隔板

14.4　梁与梁连接构造

14.4.1 当框架柱一侧为型钢混凝土梁，另一侧为钢筋混凝土梁时，型钢混凝土梁中的型钢，宜延伸至钢筋混凝土梁 1/4 跨度处，且在伸长段型钢上、下翼缘设置栓钉。栓钉直径不宜小于 19mm，间距不宜大于 200mm，且在梁端至伸长段外 2 倍梁高范围内，箍筋应加密（图 14.4.1）。

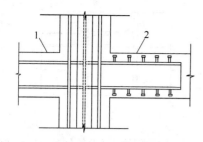

图 14.4.1 框架柱一侧为型钢混凝土梁，
另一侧为钢筋混凝土梁的连接
1—型钢混凝土梁；2—钢筋混凝土梁

14.4.2 钢筋混凝土次梁与型钢混凝土主梁连接，次梁纵向钢筋应穿过或绕过型钢混凝土梁的型钢。

14.4.3 钢次梁与型钢混凝土主梁连接，其主梁和次梁的型钢可采用刚接或铰接，主梁的腰筋应穿过钢次梁。

14.5 梁与墙连接构造

14.5.1 型钢混凝土梁或钢梁与钢筋混凝土墙的连接，可采用铰接或刚接，并应符合下列规定：

　　1 铰接连接可在钢筋混凝土墙中设置预埋件，型钢梁腹板与预埋件之间通过连接板采用高强螺栓连接（图 14.5.1a、b）；预埋件应能传递剪力及弯矩作用，其计算和构造应符合现行国家标准《混凝土结构设计规范》GB 50010 的规定。

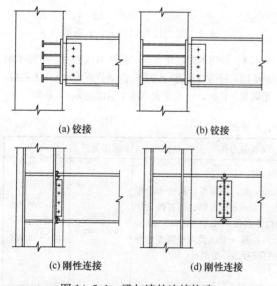

(a) 铰接　　　　　(b) 铰接

(c) 刚性连接　　　　(d) 刚性连接

图 14.5.1　梁与墙的连接构造

　　2 刚性连接可采用在钢筋混凝土墙中设置型钢柱，型钢梁与墙中型钢柱或外伸钢梁刚性连接（图 14.5.1c、d）。对于型钢混凝土梁，其纵向钢筋应伸入墙中，且锚固长度应符合现行国家标准《混凝土结构设计规范》GB 50010 的规定。

14.6 斜撑与梁、柱连接构造

14.6.1 斜撑宜采用 H 型钢、钢管等钢斜撑，也可采用型钢混凝土斜撑或钢管混凝土斜撑，其截面形式宜与梁柱节点以及框架梁截面形式相适应。

14.6.2 斜撑与钢梁或型钢混凝土梁内型钢以及型钢混凝土柱内型钢的连接应采用刚性连接，并应符合下列规定（图 14.6.2）：

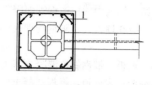

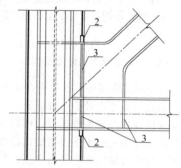

图 14.6.2　斜撑与梁、柱连接构造
1—水平加劲肋；2—纵筋机械连接器；3—竖向加劲肋

　　1 斜撑与梁、柱间应采用全熔透焊缝连接，在对应于斜撑翼缘处应分别在梁内型钢和柱内型钢设置加劲肋，加劲肋应与斜撑翼缘等厚，且厚度不宜小于 12mm。

　　2 型钢混凝土柱内纵筋应贯通，纵筋布置宜减少与型钢相碰，相碰的纵筋可采用机械连接套筒连接或与连接板焊接；型钢混凝土柱箍筋可通过腹板穿孔通过或采用带状连接板焊接。连接板以及焊缝的计算、构造应符合国家现行标准《钢结构设计规范》GB 50017 和《高层民用建筑钢结构技术规程》JGJ 99 的规定。

14.7 抗剪连接件构造

14.7.1 各种结构体系中的型钢混凝土柱，宜在下列部位设置抗剪栓钉：

　　1 埋入式柱脚型钢翼缘埋入部分及其上一层柱全高；

　　2 非埋入式柱脚上部第一层的型钢翼缘和腹板部位；

　　3 结构类型转换所设置的过渡层及其相邻层全高范围的翼缘部位；

　　4 结构体系中设置的腰桁架层和伸臂桁架加强层及其相邻楼层柱全高范围的翼缘部位；

　　5 梁柱节点区上、下各 2 倍型钢截面高度范围的型钢柱翼缘部位；

6 受力复杂的节点、承受较大外加竖向荷载或附加弯矩的节点区，在节点上、下各1/3柱高范围的型钢柱翼缘部位；

7 框支层及其上、下层的型钢柱全高范围的翼缘部位；

8 各类体系中底层和顶层型钢柱全高范围的翼缘部位。

14.7.2 各种结构体系中的矩形钢管混凝土柱和圆形钢管混凝土柱，应在埋入式柱脚钢管埋入部分的外壁设置抗剪栓钉。

14.7.3 型钢、钢板、带钢斜撑混凝土剪力墙边缘构件中的型钢翼缘应设置栓钉，钢板混凝土剪力墙的钢板两侧应设置栓钉，带钢斜撑混凝土剪力墙的钢斜撑翼缘应设置栓钉。

14.8 钢筋与钢构件连接构造

14.8.1 钢筋与钢构件相碰，宜采用在钢构件上开洞穿孔、并筋绕开等方法处理，也可采用可焊接机械连接套筒或连接板与钢构件连接，可焊接机械连接套筒的抗拉强度不应小于连接钢筋抗拉强度标准值的1.1倍，套筒与钢构件应采用等强焊接并在工厂完成。可焊接机械连接套筒接头应采用现行行业标准《钢筋机械连接技术规程》JGJ 107中规定的一级接头，同一区段内焊接于钢构件上的钢筋面积率不应超过30%。其连接部位应验算钢构件的局部承载力，钢筋的拉力或压力应取钢筋实际拉断力或标准强度的1.1倍。

14.8.2 焊接于钢构件翼缘的可焊接机械连接套筒，应在钢构件内对应套筒位置设置加劲肋，加劲肋宜正对可焊接机械连接套筒，并应按现行国家标准《钢结构设计规范》GB 50017的规定验算加劲肋、腹板及焊缝的承载力（图14.8.2）。

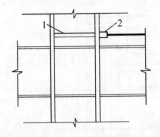

图 14.8.2 对应钢筋连接套筒位置的加劲肋设置
1—加劲肋；2—可焊接机械连接套筒

14.8.3 可焊接机械连接套筒与钢构件的焊接应采用熔透焊缝与角焊缝的组合焊缝（图14.8.3），组合焊缝的焊缝高度应按计算确定，角焊缝高度不小于坡口深度加1mm。当在钢构件上焊接多个可焊接机械连接套筒时，其净距不应小于30mm，且不应小于连接器外直径。

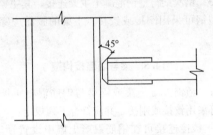

图 14.8.3 可焊接机械连接套筒焊接示意

附录 A 常用压型钢板组合楼板的剪切粘结系数及标准试验方法

A.1 常用压型钢板 m、k 系数

A.1.1 采用本规范计算剪切粘结承载力时，应按本附录给出的标准方法进行试验和数据分析确定 m、k 系数，无试验条件时，可采用表 A.1.1 给出的 m、k 系数。

表 A.1.1　m、k 系数

压型钢板截面及型号	端部剪力件	适用板跨	m、k
YL75-600（截面图，200 200 200，600，75）	当板跨小于2700mm时，采用焊后高度不小于135mm、直径不小于13mm的栓钉；当板跨大于2700mm时，采用焊后高度不小于135mm、直径不小于16mm的栓钉，且一个压型钢板宽度内每边不少于4个，栓钉应穿透压型钢板	1800mm～3600mm	$m=203.92$ N/mm²；$k=-0.022$
YL76-688（截面图，344 344，688，76）	当板跨小于2700mm时，采用焊后高度不小于135mm、直径不小于13mm的栓钉；当板跨大于2700mm时，采用焊后高度不小于135mm、直径不小于16mm的栓钉，且一个压型钢板宽度内每边不少于4个，栓钉应穿透压型钢板	1800mm～3600mm	$m=213.25$ N/mm²；$k=-0.0016$

续表 A.1.1

压型钢板截面及型号	端部剪力件	适用板跨	m、k
YL65-510 (510=170+170+170, 65)	无剪力件	1800mm~3600mm	$m=182.25$ N/mm²; $k=0.1061$
YL51-915 (915=305+305+305, 51)	无剪力件	1800mm~3600mm	$m=101.58$ N/mm²; $k=-0.0001$
YL76-915 (915=305+305+305, 76)	无剪力件	1800mm~3600mm	$m=137.08$ N/mm²; $k=-0.0153$
YL51-595 (595=200+200+200, 51)	无剪力件	1800mm~3600mm	$m=245.54$ N/mm²; $k=0.0527$
YL66-720 (720=240+240+240, 66)	无剪力件	1800mm~3600mm	$m=183.40$ N/mm²; $k=0.0332$
YL46-600 (600=200+200+200, 46)	无剪力件	1800mm~3600mm	$m=238.94$ N/mm²; $k=0.0178$
YL65-555 (555=185+185+185, 65)	无剪力件	2000mm~3400mm	$m=137.16$ N/mm²; $k=0.2468$
YL40-740 (740=185+185+185+185, 40)	无剪力件	2000mm~3000mm	$m=172.90$ N/mm²; $k=0.1780$
YL50-620 (620=155+155+155+155, 50)	无剪力件	1800mm~4150mm	$m=234.60$ N/mm²; $k=0.0513$

注：表中组合楼板端部剪力件为最小设置规定；端部未设剪力件的相关数据可用于设置剪力件的实际工程。

A.2 标准试验方法

A.2.1 试件所用压型钢板应符合本规范规定，钢筋、混凝土应符合现行国家标准《混凝土结构设计规范》GB 50010 的规定。

A.2.2 试件尺寸应符合下列规定：

1 长度：试件的长度应取实际工程，且应符合本规范第 A.2.3 条中有关剪跨的规定；

2 宽度：所有构件的宽度应至少等于一块压型钢板的宽度，且不应小于 600mm；

3 板厚：板厚应按实际工程选择，且应符合本规范的构造规定。

A.2.3 试件数量应符合下列规定：

1 组合楼板试件总量不应少于 6 个，其中必须保证有两组试验数据分别落在 A 和 B 两个区域（表 A.2.3），每组不应少于 2 个试件。

2 应在 A、B 两个区域之间增加一组不少于 2 个试件或分别在 A、B 两个区域内各增加一个校验数据。

3 A 区组合楼板试件的厚度应大于 90mm，剪跨 a 应大于 900mm；B 区组合楼板试件可取最大板厚，剪跨 a 应不小于 450mm，且应小于试件截面宽度。试件设计应保证试件破坏形式为剪切粘结破坏。

表 A.2.3 厚度及剪跨限值

区域	板厚 h	剪跨 a
A	$h_{min} \geqslant 90mm$	$a > 900mm$，但 $P \times a/2 < 0.9M_u$
B	h_{max}	$450mm \leqslant a \leqslant$ 试件截面宽度

注：M_u 为试件以材料实测强度代入本规范式 (5.3.1-1) 计算所得的受弯极限承载力，计算公式改为等号。

A.2.4 试件剪力件的设计应与实际工程一致。

A.3 试验步骤

A.3.1 试验加载应符合下列规定：

1 试验可采用集中加载方案，剪跨 a 取板跨 l_n 的 1/4（图 A.3.1）；也可采用均布荷载加载，此时剪跨 a 应取支座到主要破坏裂缝的距离。

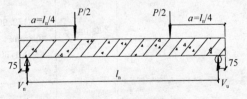

$a=l_n/4$ $P/2$ $P/2$ $a=l_n/4$

75 75

V_n l_n V_u

图 A.3.1 集中加载试验

2 施加荷载应按所估计破坏荷载的 1/10 逐级加载，除在每级荷载读仪表记录有暂停外，应对构件连续加载，并无冲击作用。加载速率不应超过混凝土受压纤维极限的应变率（约为 1MPa/min）。

A.3.2 荷载测试仪器精度不应低于 $\pm 1\%$。跨中变形及钢板与混凝土间的端部滑移在每级荷载作用下测量精度应为 0.01mm。

A.3.3 试验应对试验材料、试验过程进行详细记录。

A.4 试验结果分析

A.4.1 剪切极限承载力应按下式计算：

$$V_u = \frac{P}{2} + \frac{\gamma g_k l_n}{2} \qquad (A.4.1)$$

式中：P——试验加载值；

g_k——试件单位长度自重；

l_n——试验时试件支座之间的净距离；

γ——试件制作时与支撑条件有关的支撑系数，应按本规范表 A.4.1 取用。

表 A.4.1 支撑系数 γ

支撑条件	满支撑	三分点支撑	中点支撑	无支撑
支撑系数 γ	1.0	0.733	0.625	0.0

A.4.2 剪切粘结 m、k 系数应按下列规定得出：

1 建立坐标系，竖向坐标为 $\dfrac{V_u}{bh_0 f_{t,m}}$，横向坐标为 $\dfrac{\rho_a h_0}{a \cdot f_{t,m}}$（图 A.4.2）。其中，$V_u$ 为剪切极限承载力；b、h_0 为组合楼板试件的截面宽度和有效高度；ρ_a 为试件中压型钢板含钢率；$f_{t,m}$ 为混凝土轴心抗拉强度平均值，可由混凝土立方体抗压强度计算，$f_{t,m} = 0.395 f_{cu,m}^{0.55}$，$f_{cu,m}$ 为混凝土立方体抗压强度平均值。由试验数据得出的坐标点确定剪切粘结曲线，应采用线性回归分析的方法得到该线的截距 k_1 和斜率 m_1。

2 回归分析得到的 m_1、k_1 值应分别降低 15%

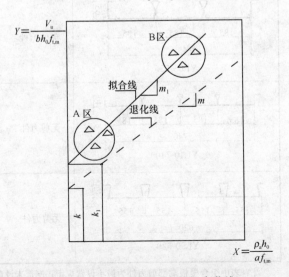

图 A.4.2 剪切粘结实验拟合曲线

得到剪切粘结系数 m、k 值，该值可用于本规范第5.4.1条的剪切粘结承载力计算。如果数据分析中有多于8个试验数据，则可分别降低10%。

A.4.3 当某个试验数据的坐标值 $\dfrac{V_u}{bh_0 f_{t,m}}$ 偏离该组平均值大于 ±15% 时，至少应再进行同类型的两个附加试验并应采用两个最低值确定剪切粘结系数。

A.5 试验结果应用

A.5.1 试验分析得到的剪切粘结 m、k 系数，应用前应得到设计人员的确认。

A.5.2 已有试验结果的应用应符合下列规定：

1 对以往的试验数据，若是按本试验方法得到的数据，且符合本规范第 A.2.3 条关于试验数据的规定，其 m、k 系数可用于该工程。

2 已有的试验数据未按本规范表 A.2.3 的规定落入 A 区和 B 区，可做补充试验，试验数据至少应有一个落入 A 区和一个落入 B 区，同以往数据一起分析 m、k 系数。

A.5.3 试验中无剪力件试件的试验结果所得到的 m、k 系数可用于有剪力件的组合楼板设计；当设计中采用有剪力件试件的试验结果所得到的 m、k 系数时，剪力件的形式应与试验试件相同且数量不得少于试件所采用的剪力件数量。

附录 B 组合楼盖舒适度验算

B.0.1 组合楼盖舒适度应验算振动板格的峰值加速度，板格划分可取由柱或剪力墙在平面内围成的区域（图 B.0.1），峰值加速度不应超过表 B.0.1-1 的规定。

$$\frac{a_p}{g} = \frac{P_0 \exp(-0.35 f_n)}{\xi G_E} \qquad (B.0.1)$$

式中：a_p——组合楼盖加速度峰值；

f_n——组合楼盖自振频率，可按本规范第 B.0.2 条计算或采用动力有限元计算；

G_E——计算板格的有效荷载，按本规范第 B.0.3 条计算；

P_0——人行走产生的激振作用力，一般可取 0.3kN；

g——重力加速度；

ξ——楼盖阻尼比，可按表 B.0.1-2 取值。

表 B.0.1-1　振动峰值加速度限值

房屋功能	住宅、办公	餐饮、商场
a_p/g	0.005	0.015

注：当 $f_n<3$Hz 或 $f_n>9$Hz 时或其他房间应做专门研究。

表 B.0.1-2　楼盖阻尼比 ξ

房间功能	住宅、办公	商业、餐饮
计算板格内无家具或家具很少、没有非结构构件或非结构构件很少	0.02	0.02
计算板格内有少量家具、有少量可拆式隔墙	0.03	
计算板格内有较重家具、有少量可拆式隔墙	0.04	
计算板格内每层都有非结构分隔墙	0.05	

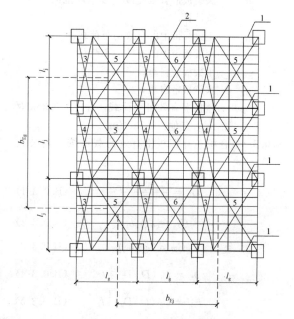

图 B.0.1　组合楼盖板格

1—主梁；2—次梁；3—计算主梁挠度边区格；
4—计算主梁挠度内区格；5—计算次梁挠度边区格；
6—计算次梁挠度内区格

B.0.2 对于简支梁或等跨连续梁形成的组合楼盖，其自振频率可按下列规定计算，计算值不宜小于 3Hz 且不宜大于 9Hz：

1 频率计算公式

$$f_n = \frac{18}{\sqrt{\Delta_j + \Delta_g}} \qquad (B.0.2-1)$$

2 板带挠度应按有效均布荷载计算，有效均布荷载可按下列公式计算：

$$g_{Eg} = g_{gk} + q_e \qquad (B.0.2-2)$$

$$g_{Ej} = g_{jk} + q_e \qquad (B.0.2-3)$$

3 当主梁跨度 l_g 小于有效宽度 b_{Ej} 时，式（B.0.2-1）中的主梁挠度 Δ_g 应替换为 Δ_g'，Δ_g' 可按下式计算：

$$\Delta'_g = \frac{l_g}{b_{Ej}}\Delta_g \qquad (\text{B.0.2-4})$$

式中：Δ_j——组合楼盖板格中次梁板带的挠度，限于
简支次梁或等跨连续次梁，此时均按有
效均布荷载作用下的简支梁计算，在板
格内各梁板带挠度不同时取挠度较大值
（mm）；

Δ_g——组合楼盖板格中主梁板带的挠度，限于
简支主梁或等跨连续主梁，此时均按有
效均布荷载作用下的简支梁计算，在板
格内各梁板带挠度不同时取挠度较大值
（mm）；

l_g——主梁跨度；

b_{Ej}——次梁板带有效宽度，按本规范第 B.0.3
条计算；

g_{Eg}——主梁板带上的有效均布荷载；

g_{Ej}——次梁板带上的有效均布荷载；

g_{gk}——主梁板带自重；

g_{jk}——次梁板带自重；

q_e——楼板上有效可变荷载，住宅：0.25kN/
m^2，其他：0.5kN/m^2。

B.0.3 组合楼盖计算板格有效荷载可按下列公式
计算：

$$G_E = \frac{G_{Ej}\Delta_j + G_{Eg}\Delta_g}{\Delta_j + \Delta_g} \qquad (\text{B.0.3-1})$$

$$G_{Eg} = \alpha g_{Eg} b_{Eg} l_g \qquad (\text{B.0.3-2})$$

$$G_{Ej} = \alpha g_{Ej} b_{Ej} l_j \qquad (\text{B.0.3-3})$$

$$b_{Ej} = C_j (D_s/D_j)^{\frac{1}{4}} l_j \qquad (\text{B.0.3-4})$$

$$b_{Eg} = C_g (D_j/D_g)^{\frac{1}{4}} l_g \qquad (\text{B.0.3-5})$$

$$D_s = \frac{h_0^3}{12(\alpha_E/1.35)} \qquad (\text{B.0.3-6})$$

式中：G_{Eg}——主梁上的有效荷载；

G_{Ej}——次梁上的有效荷载；

α——系数，当为连续梁时，取 1.5，简支梁
取 1.0；

l_j——次梁跨度；

l_g——主梁跨度；

b_{Ej}——次梁板带有效宽度，当所计算的板格
有相邻板格时，b_{Ej} 不超过计算板格与
相邻板格宽度一半之和（图 B.0.1）；

b_{Eg}——主梁板带有效宽度，当所计算的板格
有相邻板格时，b_{Eg} 不超过计算板格与
相邻板格宽度一半之和（图 B.0.1）；

C_j——楼板受弯连续性影响系数，计算板格
为内板格取 2.0，边板格取 1.0；

D_s——垂直于次梁方向组合楼板单位惯性矩；

h_0——组合楼板有效高度；

α_E——钢与混凝土弹性模量比值；

D_j——梁板带单位宽度截面惯性矩，等于次
梁板带上的次梁按组合梁计算的惯性
矩平均到次梁板带上；

C_g——主梁支撑影响系数，支撑次梁时，取
1.8；支撑框架梁时，取 1.6；

D_g——主梁板带单位宽度截面惯性矩，等于
计算板格内主梁惯性矩（按组合梁考
虑）平均到计算板格内。

本规范用词说明

1 为便于在执行本规范条文时区别对待，对要
求严格程度不同的用词说明如下：

1) 表示很严格，非这样做不可的：
正面词采用"必须"，反面词采用"严禁"；

2) 表示严格，在正常情况均应这样做的：
正面词采用"应"，反面词采用"不应"或
"不得"；

3) 表示允许稍有选择，在条件许可时首先应
这样做的：
正面词采用"宜"，反面词采用"不宜"；

4) 表示有选择，在一定条件下可这样做的，
采用"可"。

2 条文中指明应按其他有关标准执行的写法为：
"应符合……规定"或"应按……执行"。

引用标准名录

1 《建筑结构荷载规范》GB 50009

2 《混凝土结构设计规范》GB 50010

3 《建筑抗震设计规范》GB 50011

4 《钢结构设计规范》GB 50017

5 《冷弯薄壁型钢结构技术规范》GB 50018

6 《钢结构工程施工质量验收规范》GB 50205

7 《钢结构焊接规范》GB 50661

8 《碳素结构钢》GB/T 700

9 《气焊、焊条电弧焊、气体保护焊和高能束焊
的推荐坡口》GB/T 985.1

10 《埋弧焊的推荐坡口》GB/T 985.2

11 《钢结构用高强度大六角头螺栓》GB/T 1228

12 《钢结构用高强度大六角头螺母》GB/T 1229

13 《钢结构用高强度垫圈》GB/T 1230

14 《钢结构用高强度大六角头螺栓、大六角螺
母、垫圈技术条件》GB/T 1231

15 《低合金高强度结构钢》GB/T 1591

16 《连续热镀锌薄钢板及钢带》GB/T 2518

17 《钢结构用扭剪型高强度螺栓连接副》GB/
T 3632

18 《非合金钢及细晶粒钢焊条》GB/T 5117

19 《热强钢焊条》GB/T 5118

20 《埋弧焊用碳钢焊丝和焊剂》GB/T 5293

21 《厚度方向性能钢板》GB/T 5313

22 《六角头螺栓－C级》GB/T 5780

23 《六角头螺栓》GB/T 5782

24 《气体保护电弧焊用碳钢、低合金钢焊丝》GB/T 8110

25 《电弧螺柱焊用圆柱头焊钉》GB/T 10433

26 《埋弧焊用低合金钢焊丝和焊剂》GB/T 12470

27 《建筑用压型钢板》GB/T 12755

28 《建筑结构用钢板》GB/T 19879

29 《高层建筑混凝土结构技术规程》JGJ 3

30 《高层民用建筑钢结构技术规程》JGJ 99

31 《钢筋机械连接技术规程》JGJ 107

32 《钢筋机械连接用套筒》JG/T 163

中华人民共和国行业标准

组合结构设计规范

JGJ 138—2016

条 文 说 明

修 订 说 明

《组合结构设计规范》JGJ 138‑2016 经住房和城乡建设部 2016 年 6 月 14 日以第 1145 号公告批准、发布。

本规范是在《型钢混凝土组合结构技术规程》JGJ 138‑2001 的基础上修订而成的。上一版的主编单位是中国建筑科学研究院，参编单位是西安建筑科技大学、西南交通大学建筑勘察设计研究院、华南理工大学、东南大学。主要起草人是孙慧中、姜维山、赵世春、王祖华、袁必果。

本次修订增加了组合结构房屋的最大适用高度，补充了型钢混凝土组合构件的设计和构造规定，增加了矩形钢管混凝土柱、圆形钢管混凝土柱、钢板混凝土剪力墙、带钢斜撑混凝土剪力墙、钢与混凝土组合梁以及钢与混凝土组合楼板的设计和构造规定。修订后的规范包含了各种类型的组合结构构件，扩大了适用范围。

在本规范修订过程中，规范编制组进行了广泛的调查研究，查阅了大量国外相关文献，认真总结了组合结构在我国工程实践中的经验，开展了多项相关的试验研究和专题研究工作，参考国外先进标准，与我国相关标准进行了协调，完成本规范修订编制。

为便于广大设计、施工、科研、学校等单位的有关人员在使用本规范时能正确理解和执行条文规定，《组合结构设计规范》编制组按章、节、条顺序编制了本规范的条文说明，对条文规定的目的、依据以及执行中需注意的有关事项进行了说明，还着重对强制性条文的强制性理由作了解释。但条文说明不具备与规范正文同等的法律效力，仅供使用者作为理解和把握规范规定的参考。

目 次

1 总　则

1.0.1 随着我国高层建筑的迅速发展，钢与混凝土组合结构得到了广泛应用，也积累了很多工程经验和研究成果。

本规范在《型钢混凝土组合结构技术规程》JGJ 138-2001 的基础上，对原条款进行了补充修订，并增加了有关组合结构构件的设计内容，包括矩形钢管混凝土柱、圆形钢管混凝土柱、钢板混凝土剪力墙、带钢斜撑混凝土剪力墙、钢与混凝土组合梁、组合楼板的设计规定。

1.0.2、1.0.3 组合结构是钢与混凝土组合成的一种独立的结构形式。由于受力截面除了钢筋混凝土外，型钢（钢管、钢板）以其固有的强度和延性与钢筋、混凝土三位一体地工作，使组合结构具备了比传统的钢筋混凝土结构承载力大、刚度大、抗震性能好的优点；而与钢结构相比，具有防火性能好，结构局部和整体稳定性好，节省钢材的优点。有针对性地推广应用此类结构，对促进我国高层建筑以及多层建筑的发展、提高结构整体抗震性能、增加结构使用空间都具有极其重要的意义。

本规范针对组合结构构件的适用范围、设计方法、构造措施作出规定，规范适用于非地震区和设防烈度为 6 度至 9 度地震区的高层建筑以及多层建筑的钢与混凝土组合结构的设计。

2 术语和符号

2.1 术　语

2.1.1～2.1.13 本节给出了组合结构、组合结构构件、型钢混凝土组合结构构件、矩形钢管混凝土结构构件、圆形钢管混凝土结构构件、钢与混凝土组合梁、组合楼板等术语的含义。

2.2 符　号

2.2.1～2.2.4 符号是根据现行国家标准《工程结构设计基本术语标准》GB/T 50083 的规定制定的。

3 材　料

3.1 钢　材

3.1.1 组合结构构件中钢材的选用标准，是依据现行国家标准《钢结构设计规范》GB 50017、《碳素结构钢》GB/T 700 和《低合金高强度结构钢》GB/T 1591 规定的。组合结构构件中的钢材性能应与钢结构对钢材性能的规定相同。

3.1.2 组合结构构件中的钢材是截面的主要承重部分，钢材性能应符合屈服强度、抗拉强度、伸长率、冲击韧性和硫、磷含量的合格保证。为了保证钢材的可焊性，焊接结构的碳含量和冷弯性能应具有合格保证。

3.1.3 沸腾钢含氧量较高，内部组织不够致密，硫、磷偏析大，冲击韧性较低，冷脆和时效倾向大，为此规范规定钢材宜采用镇静钢。

3.1.4 厚钢板存在各向异性，Z 轴向性能指标较差，对采用厚度大于或等于 40mm 的钢板，应符合现行国家标准《厚度方向性能钢板》GB/T 5313 中有关 Z15 级的断面收缩率指标的规定，它相当于硫含量不超过 0.01%。

3.1.5 地震区钢材应具有较好的延性，其性能应符合现行国家标准《建筑抗震设计规范》GB 50011 的相关规定。钢材的极限抗拉强度是决定结构安全储备的关键，因此与屈服强度不能太接近，屈强比不应大于 0.85；同时钢材应有明显的屈服台阶、伸长率应大于 20%，以保证构件具有足够的塑性变形能力。

3.1.6、3.1.7 钢材强度指标和物理性能指标应按现行国家标准《钢结构设计规范》GB 50017 的规定取用。

3.1.8、3.1.9 现行国家标准《连续热镀锌薄钢板及钢带》GB/T 2518 不仅给出了钢板热镀锌技术条件，还给出了镀锌钢板牌号，本规范推荐目前工程中常用的 S250（S250GD＋Z，S250GD＋ZF），S350（S350GD＋Z，S350GD＋ZF），S550（S550GD＋Z，S550GD＋ZF）牌号钢作为压型钢板的基板。表 3.1.9 中给出的压型钢板强度标准值和设计值，是以公称屈服强度为抗拉强度标准值，材料分项系数取 1.2，得到抗拉强度设计值。对强屈比小于 1.15 的 S550 级的钢材，抗拉强度标准值取抗拉极限强度的 85%。

3.1.10、3.1.11 对钢材的焊接用焊条、焊丝和焊剂的质量要求作出规定，焊缝强度设计值按现行国家标准《钢结构设计规范》GB 50017 的规定取用。

3.1.12 对钢构件使用的普通螺栓、高强螺栓、锚栓的材料及强度设计值作出规定。

3.1.13 在型钢混凝土组合结构构件中，采用作为抗剪连接件的栓钉，应该是符合现行国家标准《电弧螺柱焊用圆柱头焊钉》GB/T 10433 规定的合格产品，不得用短钢筋代替栓钉。栓钉的力学性能指标不应低于表 3.1.13 规定。

3.1.14 一个栓钉的抗剪承载力设计值计算公式取自现行国家标准《钢结构设计规范》GB 50017，圆柱头栓钉极限抗拉强度设计值取为 360kN/mm²。

3.2 钢　筋

3.2.1、3.2.2 组合结构构件中配置的纵向钢筋宜采用具有较好延性和可焊性的 HRB400、HRB500、

HRB335 热轧带肋钢筋；箍筋宜采用 HRB400、HRB335、HRB500 热轧带肋钢筋或 HPB300 光圆热轧钢筋。

3.2.3 抗震等级一、二、三级的框架和斜撑构件，其纵向受力钢筋应满足现行国家标准《混凝土结构设计规范》GB 50010 对抗震设计时材料的相关规定。纵向受力钢筋的抗拉强度实测值与屈服强度实测值的比值不应小于 1.25，是为了保证构件某部位出现塑性铰以后，塑性铰处的钢筋能提供足够的转动能力和耗能能力。基于设计中"强柱弱梁""强剪弱弯"的设计概念都以钢筋的强度设计值为基础进行内力调整，所以还规定钢筋屈服强度实测值与屈服强度标准值的比值不应大于 1.30。钢筋最大拉力下的总伸长率实测值不应小于 9% 的规定是为了保证结构构件具有足够的延性性能。

3.3 混 凝 土

3.3.1～3.3.3 为了充分发挥组合结构构件中钢材的作用和保证构件在地震作用下，有必要的承载力和延性，混凝土强度等级不宜过低，本规范规定了型钢混凝土结构构件的混凝土强度等级不宜低于 C30。基于高强混凝土的脆性以及目前对强度在 C70 以上的混凝土的组合结构构件性能研究不够，因此设防烈度 8 度时不宜超过 C70，设防烈度 9 度时不宜超过 C60；对剪力墙，考虑到大面积墙体，高强度混凝土的收缩、脆性易带来墙体裂缝，规范规定不宜超过 C60。钢管混凝土结构构件给出了不同钢号的钢管对应的混凝土强度规定。组合楼板中混凝土强度等级不应低于 C20。

3.3.4 为便于混凝土的浇筑，需对混凝土最大骨料直径加以限制。

4 结构设计基本规定

4.1 一 般 规 定

4.1.1 钢与混凝土组合结构构件的结构基本性能试验研究表明，组合结构构件相比于钢筋混凝土结构构件具有承载力大、延性性能好、刚度大的特点。目前，国内高层建筑中大量采用组合结构构件，尤其是由型钢（钢管）混凝土柱和钢梁形成的外框架（外筒）与钢筋混凝土核心筒组成的框架-核心筒、筒中筒结构体系，更显示了其固有的优良结构特性，提高了结构抗震性能，增加了使用面积，满足了工程的需要。

4.1.2 在多、高层建筑的各种体系中，型钢混凝土结构构件可以与钢筋混凝土结构构件组合，也可与钢结构构件组合，不同结构发挥其自身特点。在组合结构设计中主要应处理好不同结构形式的连接节点，以

及沿高度改变结构类型带来的承载力和刚度的突变。

4.1.3 对房屋的下部分采用型钢混凝土，上部分采用钢筋混凝土的框架柱，日本的阪神地震震害表明，凡是刚度和强度突变处容易发生破坏，因此，本规范规定考虑地震作用组合的各类结构体系中的框架柱沿房屋高度宜采用同类结构构件。当采用不同类型结构构件时，应设置过渡层。

4.1.4 各类结构体系中楼盖结构的水平刚度和整体性对结构形成整体抗侧能力十分重要。当楼面采用压型钢板组合楼板时，对受力特殊的楼层，如转换层、加强层以及开大洞楼层等，设计中宜采取加强措施。

4.2 结构体系及结构构件类型

4.2.1 试验表明，配置实腹式型钢的型钢混凝土柱具有良好的变形性能和耗能能力；而配置空腹式型钢的型钢混凝土柱的试验研究及震害调查都表明其变形性能和抗剪性能相对较差，为此规范规定宜采用实腹式焊接型钢。对于型钢混凝土巨柱，根据结合工程进行的型钢分散配置、相互间不设连接板和设置连接板的型钢混凝土巨型柱对比试验结果，为保证其整体承载力和延性性能，防止由于薄弱面引起竖向裂缝产生，规范强调型钢混凝土巨型柱宜采用由多个焊接型钢通过钢板连接成整体的实腹式焊接型钢。

4.2.2 为提高型钢混凝土梁的承载力和刚度，型钢混凝土框架梁内的型钢配置，宜采用充满型实腹型钢。充满型实腹型钢，是指型钢上翼缘处于截面受压区，下翼缘处于截面受拉区，即设计中应考虑在符合型钢混凝土保护层规定和便于施工的前提下，型钢的上翼缘和下翼缘尽量靠近混凝土截面的近边。当梁截面高度较高时，可采用内配桁架式型钢的型钢混凝土梁。

4.2.3、4.2.4 根据钢管成型方式不同分为不同类型的钢管，在工程中常用的是热轧钢板焊接成型的矩形钢管和直缝焊接圆形钢管，对于螺旋焊接圆形钢管应由专业生产厂加工制造。

4.2.5 为提高剪力墙的承载力和延性，在剪力墙两端的边缘构件中配置型钢组成型钢混凝土剪力墙以及有端柱或带边框型钢混凝土剪力墙。近年来，为满足高层建筑设计要求，经试验研究提出了在剪力墙中除边缘构件设置型钢外，墙体中增设了钢板或型钢斜撑。试验表明，此类剪力墙可有效地提高剪力墙的抗侧力能力和延性，减小墙体厚度，增加使用空间。

4.2.6 由混凝土翼板与钢梁组合成的组合梁可有效提高梁的承载力和刚度。

4.2.7 规范给出了组合楼板中常用的压型钢板形式。

4.3 设计计算原则

4.3.1 钢与混凝土组合结构多、高层建筑的设计计算，除了基本的内力、位移计算外，尚应进行稳定性

验算和风荷载作用组合下的舒适度验算，必要时进行风洞试验；对于超高和复杂建筑，还应进行结构抗震性能设计、抗连续倒塌设计；以上设计验算均应符合国家现行标准的相关规定。

4.3.2 组合结构构件的两个极限状态的设计规定，与现行国家标准《混凝土结构设计规范》GB 50010、《建筑抗震设计规范》GB 50011 一致。

4.3.3 组合结构构件的承载力设计，应符合现行国家标准《建筑结构荷载规范》GB 50009、《建筑抗震设计规范》GB 50011、《混凝土结构设计规范》GB 50010 有关极限状态设计表达式的规定，规范对非抗震设计规定的结构构件重要性系数和抗震设计的承载力抗震调整系数作出规定；组合结构构件系数的取值与钢筋混凝土结构构件一致。

4.3.4 在进行弹性阶段的内力和位移计算中，除了需要钢与混凝土组合结构构件的截面换算弹性抗弯刚度外，在考虑构件的剪切变形、轴向变形时，还需要换算截面剪切刚度和轴向刚度。计算中采用了钢筋混凝土的截面刚度和型钢截面刚度叠加的方法。

4.3.5 采用组合结构构件作为主要抗侧力结构的框架结构、框架－剪力墙结构、剪力墙结构、部分框支剪力墙结构的最大适用高度与现行行业标准《高层建筑混凝土结构技术规程》JGJ 3 中 A 级高度钢筋混凝土高层建筑的最大适用高度一致。对于型钢（钢管）混凝土框架（框筒）与钢筋混凝土核心筒组成的框架-核心筒结构、筒中筒结构的最大适用高度与现行行业标准《高层建筑混凝土结构技术规程》JGJ 3 中的混合结构最大适用高度一致。此体系除了钢筋混凝土核心筒具有较强的抗侧能力外，组合结构的框架自身也具有良好延性，故采用该体系的房屋最大适用高度可比同样体系的 A 级高度钢筋混凝土高层建筑提高40%～50%，但必须指出此体系中的框架梁应采用钢梁或型钢混凝土梁，框架柱、框筒柱应全高采用型钢（钢管）混凝土柱。

4.3.6 影响结构阻尼比的因素很多，准确确定结构的阻尼比是一件非常困难的事情。根据工程实测和试验研究结果，抗震设计时，钢结构的阻尼比可取为0.02，钢筋混凝土结构的阻尼比可取为0.05，组合结构的阻尼比介于两者之间，一般取为0.04；房屋高度超过200m的超高层建筑的阻尼比宜适当降低。风荷载作用下楼层位移验算和构件设计时，结构阻尼比取值一般比抗震设计时小，可取为0.02～0.04，舒适度验算时阻尼比可取0.01～0.02。

4.3.7 根据现行行业标准《高层建筑混凝土结构技术规程》JGJ 3 的有关部分框支剪力墙结构不同设防烈度，在地面以上的框支层层数的规定，提出了相应的设计规定。

4.3.8 对于采用组合结构构件的框架结构、框剪结

构、剪力墙结构、部分框支剪力墙结构，其抗震等级的规定与国家标准《建筑抗震设计规范》GB 50011 - 2010 第 6.1.2 条强制性条文、国家标准《混凝土结构设计规范》GB 50010 - 2010 第 11.1.3 条强制性条文一致。组合结构钢构件组成的框架-核心筒结构、筒中筒结构的抗震等级的规定与行业标准《高层建筑混凝土结构技术规程》JGJ 3 - 2010 第 11.1.4 条强制性条文相一致。

4.3.9 考虑到钢与混凝土组合结构的延性和耗能能力的特点已在框架柱的轴压比限值中体现了，因此，对于在正常使用极限状态下，按风荷载或地震作用组合的楼层层间位移、顶点位移的限值不作放松，应符合国家现行标准《建筑抗震设计规范》GB 50011、《高层建筑混凝土结构技术规程》JGJ 3 的限值规定。

4.3.10、4.3.11 规范对型钢混凝土梁、钢与混凝土组合梁及组合楼板的最大挠度限值作出规定，且对型钢混凝土梁按荷载效应的准永久组合，并考虑长期作用影响计算的最大裂缝宽度限值作出规定。

4.3.12 规范对钢管混凝土柱施工阶段钢管轴向应力给出了限制条件，并规定保证钢管施工阶段的稳定性。

4.3.13 框架-核心筒、筒中筒组合结构，在施工阶段，考虑到钢筋混凝土核心筒与外框架的压缩应变的差异，规定调整构件加工长度和安装标高，以符合设计规定。

4.4 一般构造

4.4.1 基于组合结构构件是由钢、混凝土和钢筋多种材料组成，在施工前进行专业深化设计是必要的。

4.4.2、4.4.3 组合结构中钢结构制作、安装、焊接、坡口形式和规定应符合现行国家标准的规定，以保证施工质量。

4.4.4 对采用不同柱脚形式的型钢混凝土柱、钢管混凝土柱中型钢、钢管与底板的焊接质量提出规定，以保证柱内力的传递。

4.4.5 为发挥栓钉传递剪力作用，栓钉的直径、长度、间距宜正确的选定。

4.4.6 受力钢筋的连接，规范规定了接头百分率；对于机械连接接头质量应符合有关标准的规定。对纵向受力钢筋与钢构件连接，规范也作出了可焊接机械连接套筒的抗拉强度和焊接质量规定。

5 型钢混凝土框架梁和转换梁

5.1 一般规定

5.1.1 型钢混凝土结构构件由型钢、钢筋和混凝土三种材料组成，其受力性能的研究是此类结构构件应用于工程的关键。型钢混凝土压弯构件试验表明，压

弯构件在外荷载作用下，截面的混凝土、钢筋、型钢的应变保持平面，受压极限变形接近于 0.003，破坏形态以型钢受压翼缘以上混凝土突然压碎、型钢翼缘达到屈服为标志，基本性能与钢筋混凝土压弯构件相似，由此，建立了型钢混凝土框架梁和转换梁正截面承载力计算的基本假定。

5.1.2 型钢混凝土框架梁和转换梁中型钢钢板不宜过薄，以利于焊接和保持局部稳定。考虑到型钢受混凝土和箍筋的约束，不易发生局部压屈，因此，型钢钢板的宽厚比可比现行国家标准《钢结构设计规范》GB 50017 的规定适当放松，参考日本有关资料，规定钢板宽厚比大致比纯钢结构放松 1.5～1.7 倍。

5.1.3 在确定型钢的截面尺寸和位置时，型钢应有一定的混凝土保护层厚度，以防止型钢发生局部压屈变形，保证型钢、钢筋混凝土相互粘结而整体工作，同时也是提高耐火性、耐久性的必要条件。

5.2 承载力计算

5.2.1 配置充满型实腹型钢的型钢混凝土框架梁和转换梁，包括托墙转换梁和托柱转换梁，其正截面受弯承载力计算方法是通过试验研究和理论分析提出的，将型钢翼缘也作为纵向受力钢筋的一部分，在平衡式中增加了型钢腹板受弯承载力项 M_{aw} 和型钢腹板轴向承载力项 N_{aw}。M_{aw}、N_{aw} 的确定是通过对型钢腹板应力分布积分，再做一定的简化得出的。根据平截面假定提出了判断适筋梁的相对界限受压区高度 ξ_b 的计算公式。

5.2.2 为使框架梁符合"强剪弱弯"规定，对不同抗震等级的框架梁和转换梁剪力设计值 V_b 进行调整。调整原则与现行国家标准《混凝土结构设计规范》GB 50010 一致。

5.2.3、5.2.4 型钢混凝土梁的剪切破坏形式与剪跨比相关，存在剪压破坏和斜压破坏两种形式。防止剪压破坏由受剪承载力计算来保证，斜压破坏由截面控制条件来保证。通过集中荷载作用下斜截面受剪承载力试验，建立了控制斜压破坏的截面控制条件，即给出了型钢混凝土梁受剪承载力的上限，此条件对均布荷载是偏于安全的。考虑到转换梁的重要性，对型钢混凝土转换梁的受剪截面控制条件做适当加严。

5.2.5 在试验研究的基础上，提出了型钢混凝土梁斜截面受剪承载力计算公式，分别考虑型钢和钢筋混凝土两部分的承载力。通过 52 根试验梁数据回归分析和可靠度分析，得出了型钢部分对受剪承载力的贡献为型钢腹板部分的受剪承载力，其值与腹板强度、腹板面积有关，对集中荷载作用下的梁，还与剪跨比有关，而且近似假定型钢腹板全截面处于纯剪状态，即 $\tau_{xy} = \dfrac{f_a}{\sqrt{3}} = 0.58 f_a$。集中荷载作用下的梁一般指

楼盖中有次梁搁置的主框架梁和转换梁，或集中荷载对支座截面或节点边缘所产生的剪力值占总剪力的 75% 以上的梁。

5.2.6 当梁的荷载较大，截面高度较高时，为增加刚度、节省钢材、减少自重，可采用桁架式空腹型钢的型钢混凝土梁。由于对型钢混凝土宽扁梁尚未进行试验研究，规范规定的框架梁受剪承载力计算公式对宽扁梁不能直接采用，有待进一步研究。

5.3 裂缝宽度验算

5.3.1、5.3.2 基于把型钢翼缘作为纵向受力钢筋，且考虑部分型钢腹板的影响，按现行国家标准《混凝土结构设计规范》GB 50010 有关裂缝宽度计算公式的形式，建立了型钢混凝土梁在短期效应组合作用下并考虑长期效应组合影响的最大裂缝宽度计算公式。

型钢混凝土梁裂缝宽度计算公式通过试验研究验证，根据 8 根梁的试验结果，在（0.4～0.8）倍极限弯矩范围内，短期荷载作用下的裂缝宽度的计算值与试验值之比的平均值为 1.001，均方差为 0.24。

5.4 挠度验算

5.4.1、5.4.2 型钢混凝土框架梁和转换梁在正常使用极限状态下的挠度，可根据构件的刚度采用结构力学的计算方法计算。试验表明，型钢混凝土梁在加载过程中截面平均应变符合平截面假定，且型钢与混凝土截面变形的平均曲率相同，因此，截面抗弯刚度可以采用钢筋混凝土截面抗弯刚度和型钢截面抗弯刚度叠加的原则来处理。

通过不同配筋率，混凝土强度等级，截面尺寸的型钢混凝土梁的刚度试验，认为钢筋混凝土截面抗弯刚度主要与受拉钢筋配筋率有关，经研究分析，确定了钢筋混凝土截面部分抗弯刚度的简化计算公式。

长期荷载作用下，由于压区混凝土的徐变、钢筋与混凝土之间的粘结滑移徐变，混凝土收缩等使梁截面刚度下降，根据现行国家标准《混凝土结构设计规范》GB 50010 的有关规定，引进了荷载长期效应组合对挠度的增大系数 θ，确定了长期刚度的计算公式。

5.5 构造措施

5.5.1 为保证框架梁对框架节点的约束作用，以及便于型钢混凝土梁的混凝土浇筑，框架梁的截面宽度不宜过小；截面高度与宽度比值过大对梁抗扭和侧向稳定不利；因此对框架梁的最小宽度作了规定。对托柱转换梁和托墙转换梁最小宽度的规定是保证转换部位的内力传递。

5.5.2 为保证梁底部混凝土浇筑密实，梁中纵向受力钢筋不宜超过二排，如超过二排，施工上应采取措

施，如分层浇筑等，以保证梁底混凝土密实；纵向受拉钢筋配筋率、直径、净距的规定，是保证混凝土与钢筋与型钢有良好的粘结力，同时，也有利于梁在正常使用极限状态下的裂缝分布均匀和减小裂缝宽度。

5.5.3 梁两侧沿高度配置一定量的腰筋，其目的是增加箍筋、纵筋、腰筋所形成的整体骨架对混凝土的约束作用；同时也有助于防止由于混凝土收缩引起的收缩裂缝的出现。

5.5.4 钢与混凝土组合结构构件是钢和混凝土两种材料的组合体。在此组合体中，箍筋的作用尤为突出，它除了增强截面抗剪承载力、避免结构发生剪切脆性破坏外，还起到约束核心混凝土，增强塑性铰区变形能力和耗能能力的作用；对钢与混凝土组合结构构件而言，更起到保证混凝土、型钢、纵筋三者整体工作的重要作用。因此，为保证在大变形情况下能维持箍筋对混凝土的约束，箍筋应做成封闭箍筋，其末端应有135°弯钩，弯钩平直段也应有一定长度。

5.5.5～5.5.8 考虑地震作用的框架梁端应设置箍筋加密区，是从构造上增强对梁端混凝土的约束，且保证梁端塑性铰区"强剪弱弯"的规定。关于型钢混凝土框架梁和转换梁的箍筋肢距，为便于施工，在符合本规范规定的箍筋面积配筋率和构造要求的情况下，可比钢筋混凝土梁适当放松。

5.5.9、5.5.10 针对托柱转换梁受力复杂的特点，根据现行行业标准《高层建筑混凝土结构技术规程》JGJ 3 的规定，对型钢混凝土托柱转换梁，提出了抗震设计、非抗震设计梁端箍筋加密区高于一般框架梁的最小面积配筋率的规定。

5.5.11 托墙转换梁的梁端以及托墙设有门洞的门洞边，应按本规范第5.5.5条、5.5.7条、5.5.9条的规定配置箍筋，且托墙门洞边位置，在型钢腹板两侧应设置加劲肋。

5.5.12 当转换梁承受弯矩、剪力、拉力时，设计时应有一定量的纵向钢筋承受拉力作用。

5.5.13 为保证桁架式的型钢混凝土框架梁的压杆稳定，给出了压杆长细比的限制条件。

5.5.14 转换梁、悬臂梁和大跨度梁，其荷载大、受力复杂，为增加负弯矩区混凝土和型钢上翼缘的粘结剪应力，宜在梁端型钢上翼缘设置栓钉。

5.5.15 为保证开孔型钢混凝土梁开孔截面的受剪承载力，应控制圆形孔的直径相对于梁高和型钢截面高度的比例不能过大；且由于孔洞周边存在应力集中情况，应采取一定的构造措施。

5.5.16 圆形孔洞截面处的受剪承载力计算是参考了日本的计算方法并结合国内试验研究确定的。计算方法中考虑了扣除开孔影响后混凝土受剪承载力，以及孔洞周围补强钢筋和型钢腹板扣除孔洞后的受剪承载力。

6 型钢混凝土框架柱和转换柱

6.1 一 般 规 定

6.1.1 型钢混凝土框架柱和转换柱的正截面承载力计算假定与型钢混凝土梁相同。

6.1.2 型钢混凝土框架柱和转换柱型钢的含钢率不宜过低，配置一定量的型钢，才能发挥型钢提高承载力、增加延性的作用；对工程中作为构造措施规定配置的型钢数量，可不受此限制。含钢率也不宜过高，高含钢率柱如果没有足够的纵向钢筋和箍筋的约束，不能保证型钢、混凝土和纵向钢筋三位一体的工作；为此规范规定含钢率大于15%时，应通过试验研究，增加箍筋的配筋量。

6.1.3 型钢混凝土框架柱和转换柱应配置一定数量的纵向钢筋，以便在混凝土、纵筋、箍筋的约束下的型钢能充分发挥其强度和延性性能。考虑到型钢混凝土柱承受的弯矩和轴力较大，纵向钢筋直径不宜过小；为便于浇筑混凝土，对纵向钢筋与型钢的最小净距、钢筋间最小净距作出规定；对于箍筋，规定必须与纵筋牢固连接，以便起到约束混凝土的作用。

6.1.4 在确定型钢的截面尺寸和位置时，型钢应有一定的保护层厚度，以防止型钢发生局部压屈变形，且有利于提高结构耐火性、耐久性，便于箍筋配置。

6.1.5 型钢混凝土柱中型钢钢板厚度不宜过薄，以利于焊接和保证局部稳定。基于型钢处于混凝土、箍筋的约束状态，钢板宽厚比限值可比现行行业标准《高层民用建筑钢结构技术规程》JGJ 99 的规定放松，参考日本有关资料，规范规定的宽厚比大致比纯钢结构放松1.5倍～1.7倍。

6.2 承载力计算

6.2.1 型钢混凝土轴心受压柱由截面内的混凝土、纵向钢筋、型钢共同承受轴向压力，并在承载力计算式中考虑了柱的稳定系数。

6.2.2 配置充满型实腹型钢的型钢混凝土框架柱和转换柱的正截面偏心受压承载力计算公式，是在基本假定基础上，采用极限平衡方法，以及型钢腹板应力图形简化为拉压矩形应力图情况下，作出的简化计算方法。

6.2.3 配置十字形型钢的型钢混凝土框架柱和转换柱，其偏心受压承载力计算中，可考虑腹板两侧的侧腹板的承载力。

6.2.4 工程中实际存在着荷载作用位置的不确定性、混凝土质量的不均匀性及施工偏差等因素，都可能产生附加偏心距。型钢混凝土柱的附加偏心距取值与现行国家标准《混凝土结构设计规范》GB 50010 中的规定相同。

6.2.5 截面具有两个互相垂直对称轴的框架柱和转换柱的双向偏心受压正截面承载力计算，首先应符合单向偏心受压承载力的规定，在此基础上再进行双向偏心受压承载力的计算。

关于双向受压承载力计算，可按基于平截面假定，通过划分为材料单元的截面极限平衡方程，采用数值积分的方法进行迭代计算。同时给出了两个近似计算方法，一个是以现行国家标准《混凝土结构设计规范》GB 50010 为依据，在型钢混凝土柱单偏压承载力计算的基础上建立的尼克勤（N. V. Nikitin）公式；另一个是以试验为基础考虑柱的长细比、裂缝发展等因素建立的，有一定的适用条件的双偏压承载力计算公式。

6.2.6 型钢混凝土轴心受拉承载力计算公式是考虑了型钢和纵向受力钢筋共同承受轴向拉力作用的。

6.2.7 型钢混凝土偏心受拉柱正截面承载力计算方法的建立是采用与型钢混凝土偏心受压柱正截面承载力计算相同的极限平衡法原理，有些计算公式也采用了与本规范第 6.2.2 条相同条件的积分法推导得出。对于配置十字形型钢的型钢混凝土框架柱及转换柱其腹板两侧的侧腹板的承载力同样可按本规范第 6.2.3 条计算。条文中的大偏心受拉是指轴向拉力作用在受拉钢筋和受拉型钢翼缘的合力点与受压钢筋和受压型钢翼缘的合力点之外，小偏心受拉是指轴向拉力作用在受拉钢筋和受拉型钢翼缘的合力点与受压钢筋和受压型钢翼缘的合力点之间。

6.2.8～6.2.12 考虑地震组合的框架柱内力调整，包括柱端弯矩设计值、柱剪力设计值的确定，都符合国家现行标准《建筑抗震设计规范》GB 50011、《混凝土结构设计规范》GB 50010、《高层建筑混凝土结构技术规程》JGJ 3 的规定。

6.2.13～6.2.15 型钢混凝土框架柱的受剪截面限制条件与本规范第 5.2.3 条型钢混凝土梁的规定一致，对转换柱给予适当加严。配置十字形型钢的型钢混凝土框架柱和转换柱，受剪截面计算时可按本规范第 6.2.3 条的规定考虑腹板两侧的侧腹板作用。

6.2.16、6.2.17 试验研究表明，型钢混凝土柱的斜截面受剪承载力可由钢筋混凝土和型钢两部分的斜截面受剪承载力组成，压力对受剪承载力具有有利影响，拉力对受剪承载力具有不利影响。计算公式中型钢部分对受剪承载力的贡献只考虑型钢腹板部分的受剪承载力。由此建立了型钢混凝土框架柱和转换柱在偏心受压、偏心受拉时的斜截面承载力计算公式。

6.2.18 试验表明框架柱的破坏形态与剪跨比有关，当剪跨比为 1.5～2.0 时，将出现粘结破坏，粘结破坏时的承载力值与型钢翼缘宽度有关，为此规范规定剪跨比不大于 2.0 的框架柱，其偏心受压构件斜截面受剪承载力宜取两种剪切破坏状态下受剪承载力的较小值。

6.2.19 型钢混凝土框架柱轴压比限值的规定，是保证框架柱具有较好的延性和耗能性能的必要条件，通过不同轴压比情况下，承受低周反复荷载作用的型钢混凝土压弯构件试验表明，框架柱的设计轴压比

$$\frac{N}{f_c A_c + f_a A_a}$$ 为 0.62 时，其延性系数能达到 3.58；

规范以此作为框架结构一级抗震等级的轴压比限值，对不同结构类型、不同抗震等级以及转换柱作相应的放松或加严。

6.3 裂缝宽度验算

6.3.1、6.3.2 通过研究分析，规范规定了正常使用极限状态下与现行国家标准《混凝土结构设计规范》GB 50010 相应的型钢混凝土轴心受拉构件的裂缝宽度计算公式。

6.4 构造措施

6.4.1、6.4.2 对于型钢混凝土框架柱，为保证柱端塑性铰区有足够的箍筋约束混凝土，使框架柱有一定的变形能力，为此，柱上下端以及受力较大部位，必须从构造上设置箍筋加密区。柱箍筋加密区除符合箍筋间距和直径规定外，还应符合箍筋体积配筋率的规定。

6.4.3 箍筋符合间距构造规定而配箍率不同的型钢混凝土柱反复荷载作用下的试验表明，基于截面内型钢对混凝土有一定的约束作用，适当减小加密区箍筋的体积配筋率的规定，仍能符合柱端塑性铰转动的延性规定；为此，规范规定不同抗震等级框架柱箍筋加密区的体积配箍率相对于钢筋混凝土框架柱可减少 15%。

6.4.4 本条对框架柱非加密区箍筋配置作了规定。

6.4.5 对考虑地震作用组合的型钢混凝土框架柱箍筋配置规定了构造规定。对部分箍筋采用拉结筋时，规范强调了拉结宜紧靠纵筋并勾住封闭箍筋。考虑到截面中配置了型钢，在符合箍筋配箍率和构造规定情况下，箍筋肢距可作适当放松。

6.4.6、6.4.7 型钢混凝土转换柱受力大，且较为复杂，其箍筋的配置给予加严。

6.4.8 剪跨比不大于 2 的框架柱，规范除规定箍筋间距规定全高加密外，还对箍筋体积配筋率作了加严规定；对 9 度设防烈度的框架柱也作了加严规定。

6.4.9 对型钢混凝土框架柱和转换柱非抗震设计时的箍筋构造作了规定。

6.5 柱脚设计及构造

Ⅰ 一般规定

6.5.1 目前工程设计中的型钢混凝土柱的柱脚，根据工程情况，除了采用埋入式柱脚外，也有采用非埋

入式柱脚。日本阪神地震震害表明，对无地下室的建筑，其非埋入式柱脚直接设置在±0.00标高，在大地震作用下，柱脚往往因抵御不了巨大的反复倾覆弯矩和水平剪力的作用而破坏。为此，规范规定：偏心受拉柱应采用埋入式柱脚；不考虑地震作用组合的偏心受压柱可采用埋入式柱脚，也可采用非埋入式柱脚。

6.5.2、6.5.3 对不同埋置深度的型钢混凝土柱埋入式柱脚进行的试验表明，承受轴向压力、弯矩、剪力作用的埋入式柱脚的埋置深度可由原行业标准《型钢混凝土结构技术规程》JGJ 138－2001 规定的"埋置深度不小于柱型钢截面高度的3倍"改为2.0倍，此埋置深度能符合柱端嵌固规定。对于型钢混凝土偏心受压柱嵌固端以下有两层及两层以上地下室时，柱脚除采用埋入式柱脚外，考虑到型钢在嵌固端以下已有一定的埋置深度，而且当柱伸至基础底板顶面时，柱的轴向压力增大，弯矩、剪力一般较小，为便于施工，柱型钢可伸至基础顶面，其柱脚应符合非埋入式柱脚的计算规定。

Ⅱ 埋入式柱脚

6.5.4 偏心受压柱埋入柱脚的埋置深度计算公式是假设埋入式柱脚由型钢混凝土柱与基础混凝土之间的侧压力来平衡型钢混凝土柱受到的弯矩和剪力，并对由此建立的计算公式进行简化，通过试验验证，该公式适用于压弯与拉弯两种情况。

6.5.5、6.5.6 型钢混凝土偏心受压柱埋入式柱脚，在轴向压力作用下，基础底板应符合局部受压承载力和受冲切承载力的规定。

6.5.7 型钢混凝土偏心受拉柱的埋入式柱脚冲切计算中，规范规定了冲切面高度和用于冲切验算的轴向拉力设计值。当冲切承载力不符合规定时，可配置抗冲切钢筋，也可在柱脚设置符合锚固构造规定的受拉锚栓。

6.5.8 型钢混凝土偏心受压柱埋入式柱脚，型钢底板应有一定厚度，以满足轴向压力作用要求。

6.5.9 型钢混凝土柱的埋入式柱脚的埋入范围及上一层型钢应按构造规定设置栓钉，以保证型钢与混凝土共同工作。

6.5.10～6.5.12 对型钢混凝土埋入式柱脚，伸入基础内型钢外侧混凝土应具有一定厚度，才能保证对型钢提供侧向压力作用，为此，规范对型钢外侧混凝土保护层厚度提出了规定。对埋入式柱脚，顶面位置应设置水平加劲肋以助于传递弯矩和剪力，柱脚底板应设置锚栓。为保证埋入式柱脚底板有效固定，柱脚底板处设置的锚栓和柱内纵筋在底板下锚固深度应符合相关规范规定，锚入基础底板的纵向钢筋周围应设置构造箍筋，以有效地约束混凝土。

Ⅲ 非埋入式柱脚

6.5.13 型钢混凝土偏心受压柱，当采用非埋入式柱脚时，基于型钢不埋入基础，柱脚底板截面处的轴力、弯矩、剪力由锚入基础底板的锚栓、纵向钢筋和混凝土承受，为此规范规定其偏心受压的正截面受压承载力宜按现行国家标准《混凝土结构设计规范》GB 50010 有关钢筋混凝土偏心受压柱正截面受压承载力计算，不考虑型钢作用。

6.5.14、6.5.15 型钢混凝土偏心受压柱非埋入式柱脚，其基础底板在轴向压力作用下应进行局部受压承载力和受冲切承载力计算。

6.5.16 型钢混凝土偏心受压柱非埋入式柱脚，当柱脚底板截面处正截面受压承载力不满足要求时，设计中可增大柱截面尺寸，并配置纵向钢筋和箍筋以符合承载力规定。其外包钢筋混凝土应向上延伸一层。

6.5.17 型钢混凝土偏心受压柱非埋入式柱脚底板截面处应进行受剪承载力计算，受剪承载力由柱脚型钢底板下轴向压力对底板产生的摩擦力和柱脚型钢底板周边箱形混凝土沿剪力方向两侧边的有效截面及其范围内配置的纵向钢筋抗剪承载力组成。混凝土部分承担的剪力是参考日本有关标准确定直剪状态下混凝土和纵向钢筋的受剪承载力。

6.5.18、6.5.19 对非埋入式柱脚底板厚度、锚栓和纵向钢筋锚入基础构造、箍筋配置提出规定。基于日本阪神地震的震害经验，对非埋入式柱脚，锚栓直径和埋置深度应具有更高的安全度，为此规范规定锚栓除应满足计算要求外，还应符合相应的构造规定。

6.5.20 非埋入式柱脚上一层的型钢翼缘和腹板应设置栓钉，保证型钢与混凝土共同工作。

6.6 梁柱节点计算及构造

Ⅰ 承载力计算

6.6.1 型钢混凝土框架节点包括型钢混凝土柱与钢梁、型钢混凝土梁或钢筋混凝土梁组成的节点，各类节点都需保证在梁端出现塑性铰后，节点不发生剪切脆性破坏，因此梁柱节点的剪力设计值需要调整。

6.6.2 规定节点截面限制条件，是为了防止混凝土截面过小，造成节点核心区混凝土承受过大的斜压应力，以致使节点发生斜压破坏，混凝土被压碎。规范规定的节点截面限制条件是根据静力剪切试验确定。

6.6.3 不同类型梁对型钢混凝土柱的约束作用不同，故其组成节点的有效截面宽度计算公式存在差异。

6.6.4 型钢混凝土梁柱节点试验表明，其受剪承载力由混凝土、箍筋和型钢组成；混凝土的受剪承载力，由于型钢约束作用，混凝土所承担的受剪承载力增大；为安全起见，不考虑轴压力对混凝土受剪承载力的有利影响。基于型钢混凝土柱与各种不同类型的梁形成的节点，其梁端内力传递到柱的途径有差异，给出了不同的梁柱节点受剪承载力计算公式。

6.6.5、6.6.6 在试验研究和分析基础上，给出了型钢混凝土梁柱节点双向受剪承载力计算公式和节点抗裂计算公式。

6.6.7 钢梁或型钢混凝土梁与型钢混凝土柱的连接节点的内力传递机理较复杂，根据日本的试验结果，当梁为型钢混凝土梁或钢梁时，如果型钢混凝土柱中的型钢过小，使型钢混凝土柱中的型钢部分与梁型钢的弯矩分配比在 40% 以下时，不能充分发挥柱中型钢的抗弯承载力，且在反复荷载作用下，其荷载—位移滞回曲线将出现捏拢现象，由此设计中规定型钢混凝土柱中的型钢部分与梁型钢的弯矩分配比不小于40%。同时，当梁为型钢混凝土梁时，设计规定柱中的混凝土部分与梁中的混凝土部分的弯矩分配比也不小于 40%。

当梁为钢筋混凝土梁、柱为型钢混凝土柱时，如果型钢混凝土柱的混凝土截面过小，同样使型钢混凝土柱中的钢筋混凝土的抗弯承载力不能充分发挥，在反复荷载作用下，其荷载—位移滞回曲线也将出现捏拢现象。因此设计中宜符合本规范（6.6.7-2）式的规定。

Ⅱ　梁柱节点形式

6.6.8～6.6.10 型钢混凝土梁柱节点包括柱与钢梁、型钢混凝土梁、钢筋混凝土梁连接，节点设计应符合传力明确、可靠、施工方便的规定。在各种结构体系中，梁柱连接最好采用钢梁或型钢混凝土梁与型钢混凝土柱连接的梁柱连接方式，其传力直接，施工简单。型钢混凝土柱中型钢的加劲肋布置，除了按钢结构构造配置以外，为保证梁端内力更好地传递，型钢混凝土柱应在梁上、下边缘位置处设置水平加劲肋。型钢混凝土柱与各类梁包括钢筋混凝土梁或型钢混凝土梁的连接，宜采用刚性连接，设计中应从柱型钢截面形式和纵向钢筋的配置上，考虑到便于梁内纵向钢筋贯穿节点，以尽可能减少纵向钢筋穿过柱型钢的数量。

6.6.11 型钢混凝土柱与钢梁连接采用铰接连接时，必须保证高强螺栓的施工质量。

6.6.12 型钢混凝土柱与钢筋混凝土梁连接节点的刚性连接，规范列出了 3 种连接方式。当采用梁纵向钢筋伸入节点的连接方式，梁筋应尽量绕过柱内型钢，直接贯通节点，不能贯通的纵向钢筋宜尽量穿过型钢腹板，而不穿过型钢翼缘。在有梁约束情况下的节点区，其抗剪承载力的储备较大，但仍需要规定型钢腹板损失率的限值。关于采取在型钢柱上设置钢牛腿的方法，从试验中发现，在钢牛腿末端位置处，由于截面承载力和刚度突变，很容易发生混凝土挤压破坏，因此，需加强此种连接方式的构造。

6.6.13 型钢混凝土柱与钢梁连接，并带有斜向钢支撑的复杂梁柱节点，可采用钢板箍代替箍筋箍，以避免箍筋穿筋困难，以及柱节点区上、下边缘混凝土局

部压坏。设置钢板箍的节点的受剪承载力可按下式计算：

$$V_j = \frac{1}{\gamma_{RE}}\left[1.7\phi_j f_t b_j h_j + 0.4\sum t_{w2} h_{w2} f_a + 0.58 f_a t_w h_w\right]$$

（1）

式中：t_{w2}——大钢板箍厚度；

h_{w2}——大钢板箍高度。

Ⅲ　构造措施

6.6.14 四边有梁约束的型钢混凝土框架节点，其受剪承载力和变形能力较大，因此框架节点的箍筋体积配筋率可适当放松，但箍筋直径不宜小于柱端箍筋加密区的箍筋直径。

6.6.15 为保证梁柱节点区以及梁上、下翼缘500mm 范围型钢的整体受力性能，规定了型钢混凝土柱中型钢的焊接做法及焊缝质量等级。

6.6.16 设置水平加劲肋的目的是确保节点内力可靠传递，但加劲肋会影响混凝土的浇筑，因此应采用合理的加劲肋形式减小对混凝土浇筑质量的影响。本条对水平加劲肋的构造作了具体规定。

7　矩形钢管混凝土框架柱和转换柱

7.1　一 般 规 定

7.1.1、7.1.2 对矩形钢管混凝土构件的截面尺寸、钢管壁厚和截面高宽比作出了规定，为避免矩形钢管混凝土柱管壁受压屈曲，除了构造上规定截面边长大于等于 1000mm 时应在钢管内壁设置竖向加劲肋外，还提出了管壁宽厚比的规定，根据日本资料，矩形钢管混凝土柱的钢管壁的宽厚比限制条件比箱形钢管放宽 1.5 倍。竖向加劲肋的设计，可按现行国家标准《钢结构设计规范》GB 50017 的规定。

7.1.3 考虑到矩形钢管混凝土构件内设隔板处于混凝土约束状态，其隔板的宽厚比可按型钢混凝土柱的型钢宽厚比规定确定。

7.2　承载力计算

7.2.1 计算基本假定与型钢混凝土柱计算基本假定一致。在设计计算中，假定矩形钢管壁板的强度能充分发挥，将其应力分布简化为等效矩形应力图形。

7.2.2 根据钢管和混凝土共同工作的机制，建立轴心受压构件承载力计算公式。事实上，钢管对混凝土的约束效应和混凝土的徐变都会影响对构件的承载力产生影响，但考虑到此影响因素较为复杂，且对矩形钢管混凝土轴心受压构件承载力的提高并不显著，对于管壁较薄的构件更是如此，因此本规范规定的轴心受压承载力计算公式未考虑此影响。

7.2.3 偏心受压矩形钢管混凝土构件，在本规范第5.1.1条基本假定基础上，按照钢管和混凝土协同工作理论建立计算公式。

7.2.4 由于工程中存在着荷载作用位置的不确定性、混凝土质量的不均匀性及施工偏差等因素，都可能产生附加偏心距。钢管混凝土柱的附加偏心距取值与现行国家标准《混凝土结构设计规范》GB 50010 中的规定相同。

7.2.5 矩形钢管混凝土轴心受拉承载力计算，仅考虑钢管管壁承受其轴向拉力。

7.2.6 偏心受拉采用与偏心受压相同的截面计算基本假定，同时假定矩形钢管上、下管壁分别为上、下翼缘，侧管壁为腹板，以此建立矩形钢管混凝土柱偏心受拉承载力计算公式。

7.2.7 矩形钢管混凝土柱的受剪性能与型钢混凝土柱相似，偏心受压矩形钢管混凝土柱的斜截面受剪承载力由混凝土和两侧管壁承受，计算中考虑了轴向压力的有利作用。通常情况下，由于矩形钢管抗剪承载力较大，出现构件剪切破坏的情况较少。

7.2.8 矩形钢管混凝土框架柱和转换柱偏心受拉时斜截面受剪承载力计算中考虑了轴向拉力对受剪承载力的不利作用。

7.2.9 考虑地震作用组合的矩形钢管混凝土框架柱和转换柱弯矩和剪力设计值的调整与型钢混凝土柱的规定一致。

7.2.10 矩形钢管混凝土柱在不同轴压比低周反复水平力作用下的试验表明，轴压比大小对构件破坏形态和滞回特性影响较大。但根据工程实践经验，在矩形钢管混凝土结构中，当层间位移角限值符合规定后，柱的轴压比一般较小，因此对轴压比没有必要提出更高的规定。规范规定考虑地震作用组合的矩形钢管混凝土框架柱和转换柱的轴压比限值的规定与型钢混凝土柱的规定一致。

7.3 构 造 措 施

7.3.1 梁柱连接宜采用刚接，柱与钢梁也可采用铰接。对刚性连接时矩形钢管混凝土柱节点处水平加劲肋、混凝土浇筑孔和排气孔作出了规定。

7.3.2 为了防止矩形钢管混凝土柱管壁受压屈曲，同时考虑内填混凝土收缩对钢管和混凝土的共同工作性能会产生不利影响，根据构件试验结果，规范规定柱最小边长尺寸大于等于 2000mm 时应设置内隔板；当矩形钢管混凝土柱边长或分隔的封闭截面最小边长大于或等于 1500mm 时，在封闭截面中宜设置竖向加劲肋、钢筋笼等构造措施。

7.4 柱脚设计及构造

Ⅰ 一 般 规 定

7.4.1 为更有效地保证矩形钢管混凝土柱脚安全可靠的承受各种外力作用，对矩形钢管混凝土柱的柱脚规定了和型钢混凝土柱脚相同的适用条件。震害表明非埋入式柱脚抗震性能较差，因此规定仅可用于非地震作用的偏心受压柱。

7.4.2、7.4.3 为确保柱端的嵌固作用，对于无地下室或仅有一层地下室的矩形钢管混凝土埋入式柱脚规定了最小埋深的限制条件。另外，考虑到工程设计中在嵌固端以下有两层及两层以上的地下室时，除采用埋入式柱脚外，还可将柱伸至基础底板顶面，考虑到其柱脚已有相当深的埋深，柱轴力增加，弯矩减小，为方便施工，可采用非埋入式柱脚，但应符合非埋入式柱脚的计算及构造规定。

Ⅱ 埋 入 式 柱 脚

7.4.4 矩形钢管混凝土柱的埋入式柱脚在埋置深度范围内，基础混凝土对柱的侧压力可以平衡柱承受的弯矩和剪力，为此采用与型钢混凝土柱相同的埋置深度的计算公式，式中 b 为柱计算弯曲平面方向的柱边长。

7.4.5、7.4.6 矩形钢管混凝土偏心受压埋入式柱脚，在轴向压力作用下，基础底板应符合局部受压承载力和受冲切承载力的规定。

7.4.7、7.4.8 偏心受拉柱的埋入式柱脚，在符合规范规定的埋置深度基础上，基础底板在轴向拉力作用下的受冲切承载力应符合规范规定，计算中冲切面高度取钢管的埋置深度。当冲切承载力不符合规定时，可配置抗冲切钢筋，也可在柱脚处设置符合构造规定的受拉锚栓。柱脚底板从构造上应符合一定厚度的规定。

7.4.9 矩形钢管混凝土的埋入式柱脚，包括偏心受压柱、偏心受拉柱，其埋置深度范围内应设置栓钉，以增加钢管壁与混凝土之间的粘结力以及竖向抗剪能力。

7.4.10 矩形钢管混凝土埋入式柱脚顶面应设置水平加劲肋以增加截面刚度。

7.4.11 为保证柱脚受力的可靠性，对矩形钢管混凝土柱埋入式柱脚底板处的锚栓埋置深度作出规定。

Ⅲ 非 埋 入 式 柱 脚

7.4.12 矩形钢管混凝土偏心受压柱，非埋入式柱脚由矩形环底板、加劲肋和刚性锚栓组成。

7.4.13 矩形钢管混凝土偏心受压柱，当采用非埋入式柱脚时，柱脚底板截面处的轴力、弯矩和剪力由锚入基础底板的锚栓和混凝土承受，所需的锚栓面积应符合正截面受压承载力计算的规定。

7.4.14、7.4.15 矩形钢管混凝土偏心受压柱非埋入式柱脚，在轴向压力作用下，基础底板应符合局部受压承载力和受冲切承载力的规定。

7.4.16 矩形钢管混凝土偏心受压柱采用非埋入式柱

脚，其柱脚底板截面处的正截面承载力不能符合计算规定时，可采用外包钢筋混凝土增大柱脚截面并配置计算所需的纵向钢筋和符合构造规定的箍筋，外包范围应延伸至基础底板以上一层的层高范围。

7.4.17 矩形钢管混凝土偏心受压柱非埋入式柱脚底板截面处，应进行受剪承载力计算。其受剪承载力由环形底板下轴向压力产生的摩擦力和环内核心混凝土的直剪承载力组成。在环形底板下设置抗剪件或核心混凝土内配置钢筋笼时，可考虑其抗剪承载力。

7.4.18 矩形钢管混凝土偏心受压柱非埋入式柱脚宜采用矩形环板柱脚，本条规定了其构造措施，以保证非埋入式柱脚的可靠性。

7.5 梁柱节点计算及构造

Ⅰ 承载力计算

7.5.1、7.5.2 矩形钢管混凝土梁柱节点，其框架梁宜采用钢梁或型钢混凝土梁，以保证其节点具有可靠的承载力和延性性能。节点的内力设计值调整与型钢混凝土柱的梁柱节点相同。

7.5.3 带内隔板的矩形钢管混凝土柱与钢梁的刚性焊接节点的抗剪承载力计算公式中分别考虑了柱焊缝、柱腹板、内隔板和混凝土斜压受力对节点的抗剪贡献。

矩形钢管混凝土柱与型钢混凝土梁的连接节点，基于仅考虑梁中型钢的抗剪承载力，可采用与钢梁相同的节点受剪承载力公式。

Ⅱ 梁柱节点形式

7.5.4 矩形钢管混凝土柱与钢梁的连接，从承载力和施工构造等方面提出了较为成熟的连接方式。

7.5.5 矩形钢管混凝土柱与型钢混凝土梁的刚性连接，规范规定可采用焊接牛腿式连接节点，梁纵筋与牛腿焊接。

7.5.6、7.5.7 矩形钢管混凝土柱与现浇钢筋混凝土梁连接的情况，可采用焊接牛腿式连接节点，其梁端抗剪及抗弯均由牛腿承担。

矩形钢管混凝土柱与现浇钢筋混凝土梁的焊接牛腿式连接节点，钢牛腿高度不宜小于 0.7 倍梁高，主要是考虑到梁中混凝土剪力传递给牛腿时，大部分是通过翼缘板的承压来传递，这需要翼缘有一定的承压面积。抗震设计时，钢牛腿强于钢筋混凝土梁段，因此钢筋混凝土梁的塑性铰区外移了。矩形钢管混凝土柱与钢筋混凝土梁连接节点的受剪承载力的计算是考虑梁端剪力和弯矩由钢牛腿承受。

Ⅲ 构造措施

7.5.8 矩形钢管柱与梁刚接，为保证节点刚性及传力可靠，规定了节点连接的焊接构造做法。在节点区

及底层柱等受力复杂部位应采用坡口全熔透焊缝，其余部位可采用部分熔透焊缝，但在施工浇筑混凝土时，应采取有效措施防止钢管爆裂。

7.5.9 考虑到高层建筑底部的柱截面较大，其弯矩作用的反弯点不一定在柱中部，因此规范规定当柱最小边长尺寸不小于 1500mm 时，钢管角部的拼接焊缝应沿柱高采用全熔透焊缝。

7.5.10 当水平构件为钢梁时，纯钢结构中的做法可以用于矩形钢管混凝土结构中。

常用的钢梁和柱刚性的连接形式有：全部焊接、栓焊混合连接和全部用高强度螺栓连接。全部焊接适合于工厂连接，不适用于工地连接，而全部用高强度螺栓连接费用太高，我国目前大多数采用栓焊混合的现场连接形式。

对 8 度设防Ⅲ、Ⅳ类场地或 9 度设防时柱与钢梁的刚性连接，宜采用能将塑性铰外移的连接。具体措施可按现行国家标准《建筑抗震设计规范》GB 50011 的规定。

7.5.11 高层钢结构中柱与梁的典型刚性连接，是梁腹板用高强度螺栓连接，梁翼缘用焊接。这种接头的施工顺序为，先拧紧腹板上的螺栓，再焊接梁翼缘板的焊缝（"先栓后焊"）。当钢梁与柱铰连接时，钢梁翼缘与柱翼缘或外隔板无须焊接。

7.5.12 此规定是为了防止内隔板在管内未填充混凝土时出现失稳破坏。

7.5.13 本条对矩形钢管混凝土柱内设置的竖向隔板与钢管的焊接作了规定。

8 圆形钢管混凝土框架柱和转换柱

8.1 一般规定

8.1.1 圆形钢管的直径不宜过小，以保证混凝土浇筑质量。圆形钢管混凝土柱一般采用薄壁钢管，但钢管壁不宜太薄，以避免钢管壁屈曲。

8.1.2 套箍指标 θ 反映了钢管对混凝土的约束程度。θ 过小，钢管对混凝土的约束作用不够，影响构件延性；若过大，则钢管壁可能较厚，不经济。

8.1.3 D/t 的规定是保证管壁局部稳定的规定，是基于空钢管轴心受压时分析的结果；对于管内存在混凝土的情况是偏于安全的。

8.1.4 对圆形钢管混凝土柱的等效计算长度与钢管外直径之比的限制相当于限制其长细比不宜大于 80。

8.2 承载力计算

8.2.1 钢管混凝土柱承载力的计算采用基于实验的极限平衡理论。计算公式是在总结国内外约 480 个试验资料的基础上，用极限平衡法推导得出的。公式中的 α 系数的取值，主要与混凝土强度等级有关。经大

量试验资料归纳分析，并考虑到计算的简便，α 系数的取值对普通混凝土（$\leqslant$C50）取 $\alpha = 2.0$；对高强混凝土（C50～C80）取 $\alpha = 1.8$。试验结果和理论分析表明，该公式对于钢管与核心混凝土同时受载、仅核心混凝土直接受载以及钢管在弹性极限内预先受载，然后再与核心混凝土共同受载等加载方式均适用。公式中考虑了长细比影响对承载力的折减系数 φ_l。公式右端的系数 0.9，是按现行国家标准《混凝土结构设计规范》GB 50010 规定，为提高安全度而引入的附加系数。

8.2.2 考虑长细比影响的承载力折减系数公式是总结国内外大量试验结果（约 340 个）得出的经验公式。对于普通混凝土，在 $L_e/D \leqslant 50$ 的范围内，对于高强混凝土，在 $L_e/D \leqslant 20$ 的范围内，该公式的计算值与试验实测值均符合良好。从现有的试验数据看，钢管径厚比 D/t，钢材品种以及混凝土强度等级或套箍指标等的变化，对 φ_l 值的影响无明显规律，其变化幅度都在试验结果的离散程度以内，故公式中对这些因素都不予考虑。

8.2.3 圆形钢管混凝土偏心受压构件正截面承载力计算原理与轴心受压构件相同，其承载力计算公式采用双系数乘积对轴心受压构件承载力公式进行修正得到。其中双系数乘积规律是根据试验结果确定的，经用国内外大量试验结果（约 360 个）复核，证明该公式与试验结果符合良好。

8.2.4 由极限平衡理论建立的钢管混凝土柱在轴力 N 和端弯矩 M 共同作用下的广义屈服条件，在 M-N 直角坐标系中是一条外凸曲线，并可足够精确地简化为两条直线 AB 和 BC（图8.2.4-1）。其中 A 为轴心受压；C 为纯弯受力状态，由试验数据得纯弯时的抗弯强度取 $M_0 = 0.3 N_0 r_c$；B 为大小偏心受压的分界点，$\dfrac{e_0}{r_c} = 1.55$，$M_u = M_1 = 0.4 N_0 r_c$。

计算中定义考虑偏心率影响的承载力折减系数 $\varphi_e = \dfrac{N_u}{\varphi_l N_0}$，经简单变换后，可得公式（8.2.4-1）和

（8.2.4-3）。令二式的 φ_e 相等，即得界限偏心率 $\dfrac{e_0}{r_c} = 1.55$。

考虑偏心率影响的承载力折减系数 φ_e 的计算公式是通过试验所得的相关曲线建立的，对高强混凝土的钢管混凝土柱，其折减系数 φ_e 实测值与计算值吻合较好。

8.2.5、8.2.6 规范规定的等效计算长度考虑了柱端约束条件（转动和侧移）和沿柱身弯矩分布梯度等因素对柱承载力的影响。

柱端约束条件的影响，借引入"计算长度"的办法予以考虑，与现行国家标准《钢结构设计规范》GB 50017 所采用的办法完全相同。其中有侧移框架和无侧移框架的判定标准按现行国家标准《钢结构设计规范》GB 50017 采用。

为考虑沿柱身弯矩分布梯度的影响，在实用上可采用等效标准单元柱的办法予以考虑。即将各种一次弯矩分布图不为矩形的两端铰支柱以及悬臂柱等非标准柱转换为具有相同承载力的一次弯矩分布图呈矩形的等效标准柱。我国《钢结构设计规范》GB 50017 和国外的一些结构设计规范，例如美国 ACI 混凝土结构规范，采用的是等效弯矩法，即将非标准柱的较大端弯矩予以缩减，取等效弯矩系数 $c \leqslant 1$，相应的柱长保持不变（图 2a）；本规范采用的则是等效长度法，即将非标准柱的长度予以缩减，取等效长度系数 $k \leqslant 1$，相应的柱端较大弯矩 M_2 保持不变（图 2b）。两种处理办法的效果是相同的。本规范采用等效长度法，在概念上更为直观，对于在实验中观察到的双曲压弯下的零挠度点漂移现象，更易于解释。根据试验研究结果建立了等效长度系数的经验公式。

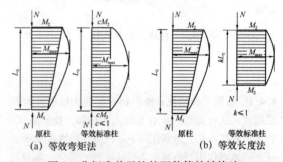

图 2 非标准单元柱的两种等效转换法

8.2.7～8.2.9 虽然钢管混凝土柱的优势在抗压，只宜作受压构件，但在个别特殊工况下，钢管混凝土柱也可能有处于受拉状态的情况。为验算这种工况下的安全性，本规范增加了钢管混凝土柱轴向受拉承载能力的计算方法。计算中假定钢管承担全部拉力，不考虑核心混凝土的作用。这对于小偏心受拉，即偏心距不超过截面核心点（$e_0 \leqslant 0.25 r_c$）是合适的，对于大偏心受拉，因忽略核心混凝土的抗压作用，则偏于保守。

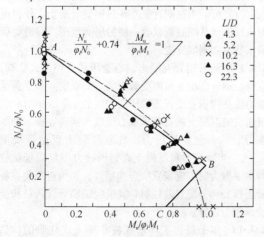

图 1 M-N 相关曲线

8.2.10 钢管混凝土柱的钢管，是一种特殊形式的配筋，系三维连续的配筋场，既是纵筋，又是横向箍筋，无论构件受到压、拉、弯、剪、扭等何种作用，钢管均可随着应变场的变化而自行调节变换其配筋功能。一般情况下，钢管混凝土柱主要受压弯作用，在按压弯构件确定了柱的钢管截面尺寸和套箍指标后，其抗剪配筋场亦相应确定，不需做抗剪配筋设计。以往的试验观察表明，钢管混凝土柱在剪跨柱径比$a/D > 2$时，都是弯曲型破坏。在一般建筑工程中的钢管混凝土框架柱，其高度与柱径之比（即剪跨柱径比）大都在 3 以上，横向抗剪问题不突出。工程实践表明，在某些情况下，例如钢管混凝土柱之间设有斜撑的节点处，大跨重载梁的梁柱节点区等，仍可能出现钢管混凝土小剪跨抗剪问题。为解决这一问题，进行了专门的抗剪试验研究，并根据试验结果提出了本条的计算公式。

8.2.11 考虑地震作用组合的圆形钢管混凝土框架柱和转换柱的内力调整与型钢混凝土柱相同。

8.3 构 造 措 施

8.3.1 圆钢管柱与钢梁、型钢混凝土梁或钢筋混凝土梁的连接宜采用刚性连接，本条规定了刚性连接时圆钢管柱加劲肋设置的构造措施。

8.3.2 当钢管直径过大时，管内混凝土收缩会造成钢管与混凝土脱开，影响钢管与混凝土的共同受力，因此需要采取有效措施减少混凝土收缩的影响，如在钢管内配置芯柱等构造措施。

8.3.3 钢管混凝土柱的钢管除纵向受压外，同时承受环向拉力作用。因此，规定采用熔透的等强对接焊缝。

8.4 柱脚设计及构造

Ⅰ 一 般 规 定

8.4.1 根据工程情况，圆形钢管混凝土柱的柱脚除采用埋入式柱脚外，也有非埋入式柱脚。震害表明，非埋入式柱脚在大地震作用下，柱脚往往因抵御不了巨大的地震作用而破坏。为保证柱脚的安全，规范规定了柱脚的适用条件，非埋入式柱脚仅可用于非地震作用的偏心受压柱。

8.4.2、8.4.3 通过对圆形钢管混凝土柱，采用不同埋置深度的埋入式柱脚试验表明，承受轴向压力、弯矩、剪力作用的埋入式柱脚的埋置深度可取为 2.5 倍钢管直径，此埋置深度能符合柱端嵌固规定。对于有两层及两层以上地下室的柱脚，除采用埋入式柱脚外，考虑到此时作用于柱脚的弯矩一般较小，为便于施工，可采用非埋入式柱脚，但应符合非埋入式柱脚的计算及构造规定。

Ⅱ 埋 入 式 柱 脚

8.4.4 圆形钢管混凝土偏心受压柱埋入柱脚的埋置深度计算公式是假设埋入式柱脚由钢管混凝土柱与基础混凝土之间的侧压力来平衡钢管混凝土柱受到的弯矩和剪力，并对由此建立的计算公式进行简化，并与试验结果进行比较，该公式适用于压弯与拉弯两种情况。

8.4.5、8.4.6 圆形钢管混凝土偏心受压柱的埋入式柱脚，在柱轴向压力作用下，基础底板应符合局部受压承载力和受冲切承载力规定。

8.4.7 圆形钢管混凝土偏心受拉柱的埋入式柱脚，在符合规范规定的埋置深度基础上，基础底板在轴向拉力作用下的受冲切承载力应符合规范规定，计算中冲切面高度取钢管的埋置深度。当冲切承载力不符合规定时，可配置抗冲切钢筋，也可在柱脚处设置符合构造规定的受拉锚栓。

8.4.8、8.4.9 规范对圆形钢管混凝土柱埋入式柱脚底板厚度以及埋置深度范围内栓钉设置作出了规定。

8.4.10 埋入式柱脚的埋入部分顶面位置，应设置水平加劲肋，以利于圆钢管整体工作，增加截面刚度。

8.4.11 为保证柱脚受力的可靠性，对圆形钢管混凝土柱埋入式柱脚底板处的锚栓埋置深度作出规定。

Ⅲ 非 埋 入 式 柱 脚

8.4.12 圆形钢管混凝土偏心受压柱非埋入式柱脚，由环形底板、加劲肋和刚性锚栓组成。

8.4.13 圆形钢管混凝土偏心受压柱采用非埋入式柱脚，设计中应重视柱脚底板截面处锚栓的配置，在轴压力、弯矩作用下，锚栓配置应符合正截面受压承载力的规定。计算中不考虑受压锚栓的作用。

8.4.14、8.4.15 圆形钢管混凝土偏心受压柱非埋入式柱脚，在轴向压力作用下，基础底板应符合局部受压承载力和受冲切承载力的规定。

8.4.16 圆形钢管混凝土偏心受压柱采用非埋入式柱脚，其柱脚底板截面处的正截面承载力不能符合计算规定时，可采用在钢管壁外外包钢筋混凝土，外包范围应延伸至基础底板以上一层的层高范围，以避免层间承载力和刚度突变。

8.4.17 圆形钢管混凝土偏心受压柱非埋入式柱脚，应符合钢管底板下截面受剪承载力的规定，其受剪承载力由柱脚钢管底板下轴压力产生的水平摩擦力和底板内贯通混凝土的直剪承载力组成。钢管底板下的摩擦力取 0.4 倍的轴压力，贯通混凝土直剪强度取$1.5f_t$。当摩擦力和混凝土直剪承载力不足以抵抗柱脚水平剪力时，应设置抗剪连接件。如构造需要在混凝土核心部分配置芯柱时，其纵向钢筋可计入柱脚受剪承载力计算。

8.4.18 本条规定了环形底板非埋入式柱脚的构造措施。

8.5 梁柱节点形式及构造

8.5.1 考虑到节点抗震性能及构造的难易性，钢管混凝土柱宜优先采用钢梁或型钢混凝土梁。

8.5.2 钢管混凝土柱与钢梁用外加强环的连接是常用的刚接节点。在正对钢梁的上下翼缘，在管柱上用坡口对接熔透焊缝焊接带短梁（牛腿）的加强环。牛腿的尺寸和所连接的钢梁相同。其翼缘的连接可用高强度螺栓，也可用对接焊缝，对接焊缝必须与母材等强；腹板的连接常采用高强度螺栓。采用内加强环连接时，梁与柱之间最好通过悬臂梁段连接。悬臂梁段在工厂与钢管采用全焊连接，即梁翼缘与钢管壁全熔透坡口焊缝连接、梁腹板与为钢管壁角焊缝连接；悬臂梁段在现场与梁拼接，可以采用栓焊连接，也可以采用全螺栓连接。采用不等截面悬臂梁段，即翼缘端部加宽或腹板加腋或同时翼缘端部加宽和腹板加腋，或采用梁端加盖板或骨形连接，均可有效转移塑性铰，避免悬臂梁段与钢管的连接破坏。

8.5.3 环形牛腿（台锥式环形深牛腿）的受剪承载力由5个环节中的最薄弱环节决定。公式（8.5.3-2）～（8.5.3-6）分别用来计算这5个环节。为了简化，公式未考虑管外剪力的不均匀分布（不利因素），因此，计算时应取与环形牛腿相连接的各梁中最大的梁端剪力乘以梁端的数量，作为该牛腿的管外剪力 V 的设计值。此外，公式未考虑某些有利因素，以留作安全储备，如：取混凝土局部承压强度提高系数 $\beta=1.0$；不计混凝土与钢管壁接触面的粘结强度；不计上下加强环板对肋板受剪承载力的贡献；不计上下加强环板与钢管壁之间的焊缝沿钢管轴向的抗剪强度。

公式（8.5.3-6）用于计算由上下加强环决定的受剪承载力。推导如下：由钢管外剪力 V 在钢管柱单位周长上产生的扭矩为：

$$m = \frac{Vb/2}{\pi D} \tag{2}$$

由此得作用于环形牛腿的环向弯矩为：

$$M = m \cdot \frac{D}{2} = \frac{Vb}{4\pi} \tag{3}$$

由上下环板提供的环向抵抗矩为：

$$\overline{M} = bt f_a(h_w + t) \tag{4}$$

令 $M = \overline{M}$ 和 $V = V_{u5}$，即得：

$$V_{u5} = 4\pi t(h_w + t) f_a \tag{5}$$

式中：f_a——钢材的抗拉（压）强度设计值；

b——环板的宽度；

t——环板的厚度；

h_w——肋板的高度。

当上下环板的宽度不等时，须校核并符合：

$$b_1 t_1 \geqslant bt \tag{6}$$

式中：b_1，t_1——分别为较窄环板的宽度和厚度。

本条还规定了传递剪力的承重销的构造措施。

8.5.4 规定了钢筋混凝土环梁的构造措施，目的是使框架梁端弯矩能平稳地传递给钢管混凝土柱，并使环梁不先于框架梁端出现塑性铰。环梁的配筋计算，可参考有关文献。"穿筋"节点增设内衬管或外套管，是为了弥补钢管开孔所造成的管壁削弱。穿筋后，孔与筋的间隙可以补焊。框架梁端可水平加腋，梁的部分纵筋宜从柱侧绕过，以减少穿筋的数量。

钢筋混凝土梁与钢管混凝土柱的连接方式，上一条及本条分别针对管外剪力传递和管外弯矩传递两个方面做了具体规定，在相应条文的图示中只针对剪力传递或弯矩传递的一个方面做了表示，工程中的连接节点可以根据工程特点采用不同的剪力和弯矩传递方式进行组合。

9 型钢混凝土剪力墙

9.1 承载力计算

9.1.1 在钢筋混凝土剪力墙的边缘构件中配置型钢所形成的型钢混凝土剪力墙，试验研究表明，在轴压力和弯矩作用下的压弯承载力提高，延性改善，其压弯承载力计算可采用现行国家标准《混凝土结构设计规范》GB 50010 中截面腹部均匀配置纵向钢筋的偏心受压构件的正截面受压承载力计算公式，计算中把端部配置的型钢作为纵向受力钢筋的一部分考虑。

9.1.2 偏心受拉型钢混凝土剪力墙正截面受弯承载力计算采用现行行业标准《高层建筑混凝土结构设计规程》JGJ 3 中有关偏心受拉剪力墙正截面受弯承载力的计算公式，公式中有关剪力墙轴向受拉承载力和受弯承载力计算考虑了端部型钢的作用。

9.1.3、9.1.4 考虑地震作用的型钢混凝土剪力墙的弯矩、剪力设计值的确定与国家现行标准《混凝土结构设计规范》GB 50010 以及《高层建筑混凝土结构设计规程》JGJ 3 一致。

9.1.5 型钢混凝土剪力墙受剪截面控制条件中剪力设计值可扣除剪力墙一端所配型钢的抗剪承载力。

9.1.6 两端配有型钢的型钢混凝土剪力墙的受剪性能试验表明，端部设置了型钢，由于型钢的暗销抗剪作用和对墙体的约束作用，受剪承载力大于钢筋混凝土剪力墙，本条所提出的剪力墙在偏心受压时的斜截面受剪承载力计算公式中，加入了端部型钢的暗销抗剪和约束作用这一项。

9.1.7 剪力墙翼缘计算宽度按现行国家标准《混凝土结构设计规范》GB 50010 相关规定。

9.1.8 两端配有型钢的型钢混凝土剪力墙，偏心受拉时的斜截面受剪承载力，基于轴向拉力存在，降低了剪力墙的抗剪承载力，为此在计算公式中应考虑轴向拉力的不利影响。

9.1.9 带边框剪力墙的正截面偏心受压承载力计算

应按两端配有型钢的型钢混凝土剪力墙正截面偏心受压承载力的计算公式计算，不同的是由于边框柱的存在，计算截面应按工字形截面计算，计算中有关受压区混凝土轴向承载力和抗弯承载力计算方法可根据现行国家标准《混凝土结构设计规范》GB 50010 中有关工字形截面偏心受压构件计算中的有关公式。

9.1.10、9.1.11 带边框剪力墙偏心受压和偏心受拉时的斜截面受剪承载力同样由混凝土部分、水平分布钢筋、周边柱内型钢三部分的受剪承载力之和组成。公式中考虑了轴向压力的有利作用和轴向拉力的不利作用以及边框柱对墙体的约束作用。考虑到工程中带边框剪力墙的边框柱柱边长相对于墙宽相差过大，为偏于安全，在计算公式中抗剪型钢面积只考虑一端边框柱中宽度等于墙肢厚度范围内的型钢面积。

9.1.12、9.1.13 型钢混凝土剪力墙连梁的剪力调整、截面限制条件与现行行业标准《高层建筑混凝土结构设计规程》JGJ 3 中钢筋混凝土剪力墙连梁相关规定一致。

9.1.14、9.1.15 型钢混凝土剪力墙中的钢筋混凝土连梁斜截面抗剪计算与现行行业标准《高层建筑混凝土结构设计规程》JGJ 3 中钢筋混凝土剪力墙连梁相关规定一致；当钢筋混凝土连梁斜截面受剪承载力不符合计算规定时，可采取在连梁中设置型钢或钢板，其斜截面抗剪承载力计算可考虑型钢或钢板的作用。

9.1.16 型钢混凝土剪力墙中，由于型钢的存在，改善和提高了剪力墙的延性性能，在计算轴压比时应考虑两端型钢的作用，本条给出了特一、一、二、三级抗震等级型钢混凝土剪力墙轴压比限值的规定。

9.2 构造措施

9.2.1 钢筋混凝土剪力墙端部应设置边缘构件，以提高剪力墙正截面受压承载力和改善延性性能。对型钢混凝土剪力墙，也应在端部型钢周围设置纵向钢筋和箍筋，形成剪力墙端部阴影部分配置型钢的约束边缘构件和构造边缘构件。

9.2.2 试验表明，轴压比是影响剪力墙在地震作用下延性性能的重要因素，剪力墙端部设置边缘构件，即在端部一定范围内配置纵向钢筋和封闭箍筋，可提高剪力墙在高轴压比情况下的塑性变形能力。为此规范规定剪力墙轴压比超过一定限值时以及部分框支剪力墙结构，应在底部加强部位和相邻上一层设置约束边缘构件；其他部位应设置构造边缘构件。轴压比小于限值时，可设置构造边缘构件。

9.2.3~9.2.5 对型钢混凝土剪力墙端部约束边缘构件阴影部分和非阴影部分箍筋体积配箍率、纵向钢筋配筋率等构造作出了规定。型钢混凝土剪力墙约束边缘构件的箍筋配置应符合最小体积配箍率的规定，箍筋体积配箍率的计算可计入箍筋、拉筋、水平分布钢筋，但水平分布钢筋的配置应满足相应的构造要求，且计入的数量不应大于总体积配筋率的30%。

9.2.6 本条规定了型钢混凝土剪力墙构造边缘构件的范围以及底部加强部位和其他部位的纵向钢筋、箍筋的构造措施。

9.2.7 为避免剪力墙承载力突变，当下部型钢混凝土剪力墙端部设置了约束边缘构件而上部为型钢混凝土或钢筋混凝土构造边缘构件时，应在两种边缘构件之间设置过渡层。

9.2.8、9.2.9 对型钢混凝土剪力墙分布钢筋的最小配筋率、间距、最小直径、拉结筋间距、端部型钢保护层等构造措施作出规定，其目的是保证分布钢筋对墙体混凝土的约束作用和型钢混凝土剪力墙的整体工作性能。

9.2.10 带边框柱的型钢混凝土的剪力墙，周边梁可采用型钢混凝土梁或钢筋混凝土梁，当不设周边梁时，也应在相应位置设置钢筋混凝土暗梁。另外，为保证现浇混凝土剪力墙与周边柱的整体作用，规定剪力墙中的水平分布钢筋绕过或穿过周边柱的型钢，且要符合钢筋锚固规定。

9.2.11 型钢混凝土剪力墙当采用型钢混凝土连梁或钢板混凝土连梁时，为了保证其与混凝土墙体可靠连接，规定了型钢和钢板伸入墙体的长度和栓钉设置等构造措施。

10 钢板混凝土剪力墙

10.1 承载力计算

10.1.1 随着高层建筑的发展，针对核心筒剪力墙的研究成为工程界极为关注的问题，截面中配置钢板、两端配置型钢且两者焊接为整体的钢板混凝土剪力墙，是一种既能提高抗弯、抗剪承载力，又能改善剪力墙延性、提高抗震性能，减小墙体厚度的结构形式。钢板混凝土剪力墙受弯性能、受剪性能试验研究表明，由于加入了钢板，正截面受弯承载力明显提高。其正截面偏心受压承载力计算沿用型钢混凝土剪力墙的计算公式，但公式中增加了截面配置的钢板所承担的轴力值和弯矩值，计算结果与实验结果吻合较好。

10.1.2 钢板混凝土剪力墙正截面偏心受拉承载力计算，沿用型钢混凝土剪力墙正截面偏心受拉承载力计算公式，计算公式中增加了截面配置的钢板所承担的轴力值和弯矩值。

10.1.4 钢板混凝土剪力墙剪力由钢筋混凝土墙体、端部型钢以及截面中所配钢板三部分承担，本条提出的截面限制条件即控制剪压比的目的是为了防止当剪力墙截面尺寸过小而横向配筋过多时，在横向钢筋充分发挥作用之前，墙腹部混凝土会产生斜压破坏。钢板混凝土剪力墙受剪性能试验表明，由钢板混凝土剪力墙试件的破坏过程和破坏形态看，即使剪力超过了钢筋混凝土的截面抗剪限制条件，但由于钢板的存在，并未出现以上斜压破坏的情况，还是表现为剪压破坏的特征。因此本条规定钢板混凝土剪力墙的受剪截面限制条件中的剪力设计值仅考虑墙肢截面钢筋混凝土部分承受的剪力值。

10.1.5、10.1.6 根据钢板混凝土剪力墙抗剪试验结果，提出了考虑钢板抗剪承载力的斜截面受剪承载力计算公式。

10.1.7 试验表明，钢板混凝土剪力墙在轴力和弯矩作用下，延性和耗能能力比剪力墙有明显提高，轴压比计算可考虑钢板的承压能力，轴压比限值的规定与现行行业标准《高层建筑混凝土结构技术规程》JGJ 3一致。

10.1.8 对钢板混凝土剪力墙，只有当钢板与混凝土共同工作时，钢板才能发挥作用，因此钢板与混凝土之间应设置栓钉，以保证其共同工作。根据试验结果并参照其他相关规范，提出了栓钉数量的计算方法。

10.2 构 造 措 施

10.2.1 钢板混凝土剪力墙，其钢板外侧混凝土墙体对保证钢板的侧向稳定有重要作用，因此钢板厚度与墙体厚度宜有一个合理的比值。钢板混凝土剪力墙在平面内承受压、弯、剪，在平面外可认为仅受压。根据钢结构中对压杆的支撑刚度规定，推算出钢筋混凝土墙体厚度与钢板厚度的关系。据此计算，规定混凝土墙的厚度与钢板的厚度之比不宜小于14，规范作了适当调整，规定混凝土墙的厚度与钢板的厚度之比不宜小于15。

10.2.2 对钢板混凝土剪力墙的水平和竖向分布钢筋的最小配筋率、间距，拉结钢筋的间距作出了比型钢混凝土剪力墙更严的规定，其目的是增加钢板两侧钢筋混凝土对钢板的约束作用，防止钢板屈曲失稳；同时促使钢筋混凝土部分与钢板部分承载力相协调，从而提高整个墙体的承载力。

10.2.3 钢板混凝土剪力墙端部型钢周围应配置纵向钢筋和箍筋，以形成暗柱、翼墙等边缘构件，由此保证端部在纵向钢筋、箍筋、型钢以及钢板共同组合作用下增强剪力墙的受弯、受剪承载力和塑性变形能力。边缘构件的设置应符合型钢混凝土剪力墙端部边缘构件的规定。

10.2.4 钢板混凝土剪力墙除了钢板两侧边设置型钢外，在楼层标高处也应设置型钢暗梁，使墙内钢板处于四周约束状态，保证钢板发挥抗剪、抗弯作用。

10.2.5 钢板混凝土剪力墙端部型钢的混凝土保护层宜有一定的厚度，由此保证钢筋混凝土对型钢的约束，也便于箍筋、纵筋和分布钢筋的施工。

10.2.6、10.2.7 为保证钢筋混凝土与钢板共同工作，钢板与钢筋混凝土之间应有可靠的连接，因此规定了钢板上栓钉的构造措施。

10.2.8 钢板混凝土剪力墙端部约束边缘构件阴影部分的箍筋应穿过钢板或与钢板焊接形成封闭箍筋，其目的是保证端部边缘构件箍筋对型钢和混凝土的约束作用，形成型钢、钢筋、混凝土三位一体共同工作的有效边缘构件。

11 带钢斜撑混凝土剪力墙

11.1 承 载 力 计 算

11.1.1、11.1.2 试验表明，带钢斜撑混凝土剪力墙，其斜撑对剪力墙的正截面受弯承载力的提高作用不明显，为此，其正截面受弯承载力按型钢混凝土剪力墙计算。

11.1.3 试验研究表明，带钢斜撑混凝土剪力墙可有效提高剪力墙受剪承载力。其剪力主要由钢筋混凝土墙体、端部型钢以及型钢斜撑承担。本条提出截面限制条件即控制剪压比，其目的是为了防止当剪力墙截面尺寸过小，在横向钢筋充分发挥作用之前，墙腹部混凝土产生斜压破坏。因此受剪截面限制条件中的剪力设计值规定为仅考虑截面钢筋混凝土部分承受的剪力值。

11.1.4、11.1.5 试验研究表明，带钢斜撑混凝土剪力墙可有效提高剪力墙受剪承载力。根据试验研究结果并与相关规范的协调，确定了带钢斜撑混凝土偏心受压和偏心受拉剪力墙受剪承载力的计算公式。

11.1.6 试验研究表明，带钢斜撑混凝土剪力墙对延性有改善，基于试验研究数量有限，暂不考虑配置型钢斜撑对轴压比的贡献。

11.2 构 造 措 施

11.2.1、11.2.2 带钢斜撑混凝土剪力墙是在型钢混凝土剪力墙的腹部设置钢斜撑，目的是提高其受剪承载力，改善其延性。因此，规定带钢斜撑混凝土剪力墙端部型钢周围应配置纵向钢筋和箍筋以形成暗柱、翼墙等边缘构件。同时，为保证墙内钢筋混凝土墙、型钢斜撑与端部型钢共同工作，规定型钢斜撑与周边型钢应采用刚性连接。

11.2.3 带型钢剪力墙的端部型钢及斜撑应具有一定的保护层厚度，且配置与钢板混凝土剪力墙相同规定的分布钢筋，以防止钢斜撑局部压屈变形，保证钢斜撑、型钢与钢筋混凝土三位一体的整体工作。

11.2.4 为保证钢斜撑与钢筋混凝土之间有可靠的连接，规定了钢板上栓钉的设置构造措施。

11.2.5 本条规定了钢斜撑受力较为合适的倾角范围。

12 钢与混凝土组合梁

12.1 一 般 规 定

12.1.1 钢-混凝土组合梁的混凝土翼缘板可以带板托，也可以不带板托，是否带板托应该由组合梁的承载力、刚度和材料用量及施工便利性等条件确定。相对而言，不带板托的组合梁施工较为方便，带板托的组合梁材料较省，但板托构造复杂，施工不便。

与混凝土结构类似，组合梁混凝土板同样存在剪力滞后效应，目前各国规范均采用有效宽度的方法考虑混凝土板剪力滞后效应的影响，但有效宽度计算方法不尽相同：

1 美国钢结构协会的《钢结构建筑荷载及抗力系数设计规范》（AISC-LRFD，1999）规定，混凝土翼缘板的有效宽度 b_e 取为钢梁轴线两侧有效宽度之和，其中一侧的混凝土有效宽度为以下三者中的较小值：a) 组合梁跨度的 1/8，其中梁跨度取为支座中线之间的距离；b) 相邻组合梁间距的 1/2；c) 钢梁至混凝土翼板边缘的距离。

2 欧洲规范 4 规定，对于连续组合梁中间跨和中间支座以及边支座的有效宽度分别按下列规定计算（图 3）。

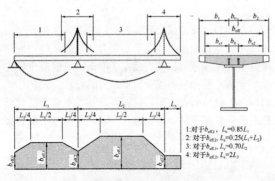

1：对于 $b_{\text{eff,1}}$，$L_e = 0.85L_1$
2：对于 $b_{\text{eff,2}}$，$L_e = 0.25(L_1 + L_2)$
3：对于 $b_{\text{eff,1}}$，$L_e = 0.70L_2$
4：对于 $b_{\text{eff,2}}$，$L_e = 2L_1$

图 3 混凝土翼板的等效跨径及
有效宽度（欧洲规范 4）

1） 中间跨和中间支座的有效宽度按下式计算：

$$b_{\text{eff}} = b_0 + \sum b_{\text{ei}} \tag{7}$$

2） 边支座的有效宽度按下列公式计算：

$$b_{\text{eff}} = b_0 + \sum \beta_i b_{\text{ei}} \tag{8}$$
$$\beta_i = (0.55 + 0.025 L_e/b_{\text{ei}}) \leqslant 1.0 \tag{9}$$

式中：b_0——同一截面最外侧抗剪连接件间的横向间距；

b_{ei}——钢梁腹板一侧的混凝土桥面板有效宽度，取为 $L_e/8$，但不超过板的实际宽度 b_i。b_i 应取为最外侧的抗剪连接件至两根钢梁间中线的距离，对于自由端则取为混凝土悬臂板的长度。

L_e——组合梁的有效跨径，为反弯点间的近似长度；对简支梁取为梁的实际跨径；对于连续组合梁，其正弯矩区有效宽度与正弯矩区的长度有关，负弯矩区有效宽度则与负弯矩区（中支座区）的长度有关，应根据控制设计的弯矩包络图来确定。

以上有效宽度规定用于截面极限承载力验算，当采用弹性方法对组合梁进行整体分析时，每一跨的有效宽度可以采用定值：对于中间跨和简支边跨可采用上述规定的中间跨有效宽度 $b_{\text{eff,1}}$，对于悬臂跨则采用上述规定的支座有效宽度 $b_{\text{eff,2}}$。

3 美国各州公路及运输工作者协会（AASHTO）制定的公路桥梁设计规范规定，混凝土翼板有效宽度 b_e 应等于或小于 1/4 的跨度以及 12 倍的最小板厚。对于边梁，外侧部分的有效宽度应不超过其实际悬挑长度。如果边梁仅一侧有混凝土板时，则有效宽度应等于或小于跨度的 1/12 以及 6 倍的最小板厚。

4 英国规范（BS5400）第 5 部分根据有限元分析及试验研究的成果，以表格的形式给出了对应于不同宽跨比的组合梁混凝土桥面板有效宽度。

相比较而言，欧洲规范 4 对组合梁混凝土板有效宽度的计算方法概念明确，并将简支组合梁和连续组合梁的计算方法统一起来，摒弃了混凝土板有效宽度与厚度相关的规定，适用性更强。

本条给出的组合梁混凝土翼板的有效宽度，系参考现行国家标准《混凝土结构设计规范》GB 50010 和《钢结构设计规范》GB 50017 的相关规定，同时根据已有的研究成果并借鉴欧洲规范 4 的相关条文。

严格说来，楼盖边部无翼板时，其内侧的 b_2 值应小于中部两侧有翼板的 b_2，集中荷载作用时的 b_2 值应小于均布荷载作用时的 b_2 值。

以上计算组合梁混凝土翼板有效宽度的方法基本都是依据组合梁在弹性阶段的受力性能所建立起来的。而当组合梁达到极限承载力时，混凝土翼板已进入塑性状态，此时翼板中的应力分布趋向均匀，塑性阶段混凝土翼板的有效宽度大于弹性阶段。因此，将根据弹性分析得到的翼板有效宽度应用于塑性计算，计算结果偏于安全。

12.1.2 当组合梁和柱子铰接或组合梁作为次梁时，仅承受竖向荷载，不参与结构整体抗侧，参考欧洲规范 4 的相关建议，混凝土翼板的有效宽度可统一取为跨中截面的有效宽度取值。

近年来，组合框架在多层及高层建筑中的应用十分广泛，试验研究表明，楼板的空间组合作用对组合框架结构体系的整体抗侧刚度有显著的提高作用。近年来清华大学分析国内外大量组合框架结构的试验结果，表明采用固定刚度放大系数在某些情况下会低估楼板对组合框架梁刚度的提高作用，从而可能低估结构整体抗侧刚度，低估结构承受的地震剪力。另外楼板对组合框架梁的刚度放大作用还会改变框架结构的整体变形特性，使结构剪切型变形的特征更为明显，对组合框架梁刚度的低估会导致为符合框架—核心筒结构体系外框剪力承担率的规定，使外框钢梁截面高度偏大而影响组合梁经济性优势的发挥。大量的数值算例和试验结果表明，组合框架梁的刚度放大系数和钢梁对于混凝土板的相对刚度密切相关，本条采用的刚度放大系数公式正是基于这一结论通过大量参数分析归纳得到，其精度经过了国内外组合框架结构体系试验和大量数值算例结果的验证。考虑到实际工程的复杂性，规定刚度放大系数 α 的计算值大于 2 时取为 2。

12.1.3 尽管连续组合梁和框架组合梁在竖向荷载作用下负弯矩区混凝土受拉、钢梁受压，但组合梁具有较好的内力重分布性能，故仍然具有较好的经济效益。负弯矩区可以利用混凝土板钢筋和钢梁共同抵抗弯矩，通过弯矩调幅后可使连续组合梁的结构高度进一步减小。欧洲规范 4 建议，当采用非开裂分析时，对于第一类截面，调幅系数可取 40%，第二类截面30%，第三类截面 20%，第四类截面 10%，而符合塑性设计规定的截面基本符合第一类截面规定。根据国内大量连续组合梁的试验结果，并参考欧洲规范 4 的相关建议，考虑负弯矩区混凝土板开裂以及截面塑性发展的影响，将连续组合梁和框架组合梁竖向荷载作用下承载能力验算时的弯矩调幅系数上限定为30% 是合理安全的。

12.2 承载力计算

12.2.1 完全抗剪连接组合梁是指抗剪连接件的抗剪承载力足够符合充分发挥组合梁抗弯承载力的需求。组合梁设计可按简单塑性理论形成塑性铰的假定来计算组合梁的抗弯承载能力。即：

    1) 位于塑性中和轴一侧的受拉混凝土因为开裂而不参加工作，板托部分亦不予考虑，混凝土受压区假定为均匀受压，并达到轴心抗压强度设计值；

    2) 根据塑性中和轴的位置，钢梁可能全部受拉或部分受压部分受拉，但都假定为均匀受力，并达到钢材的抗拉或抗压强度设计值。当塑性中和轴在钢梁腹板内时，钢梁受压区板件宽厚比应符合现行国家标准《钢结构设计规范》GB 50017 中关于"塑性设计"的规定。此外，忽略钢筋混凝土翼板受压区中钢筋的作用。用塑性设计法计算组合梁最终承载力时，可不考虑施工过程中有无支承及混凝土的徐变、收缩与温度作用的影响。

试验研究表明，组合梁具有良好的抗震性能，具有和钢结构类似的延性和耗能能力，故抗震设计时组合梁抗弯承载力抗震调整系数按现行国家标准《建筑抗震设计规范》GB 50011 关于钢梁构件在强度验算时的规定取值。

12.2.2 当抗剪连接件的设置受构造等原因影响不能全部配置，因而不足以承受组合梁上最大弯矩点和邻近支座之间剪跨区段内所需的纵向水平剪力时，可采用部分抗剪连接设计法。对于单跨简支梁，是采用简化塑性理论按下列假定确定的：

    1) 在所计算截面左右两个剪跨内，取连接件抗剪承载力设计值之和 nN_v^c 中的较小值，作为混凝土翼板中等效矩形应力块合力的大小；

    2) 抗剪连接件必须具有一定的柔性，且全部进入理想的塑性状态；

    3) 钢梁与混凝土翼板间产生相对滑移，以致在截面的应变图中混凝土翼板与钢梁有各自的中和轴。

部分抗剪连接组合梁的抗弯承载力计算公式，实际上是考虑最大弯矩截面到零弯矩截面之间混凝土翼板的平衡条件。混凝土翼板等效矩形应力块合力的大小，取决于最大弯矩截面到零弯矩截面之间抗剪连接件能够提供的总剪力。

12.2.3 为了保证部分抗剪连接的组合梁能有较好的工作性能，在任一剪跨区内，部分抗剪连接时连接件的数量不得少于按完全抗剪连接设计时该剪跨区内所需抗剪连接件总数 n_f 的 50%，否则，将按单根钢梁计算，不考虑组合作用。国内外研究成果表明，在承载力和变形都能符合规定时，采用部分抗剪连接组合梁是可行的。

12.2.4 试验研究表明，采用栓钉等柔性抗剪连接件的组合梁具有很好的剪力重分布能力，因此没有必要按照剪力图布置连接件，可在每个剪跨区内按极限平衡的方法均匀布置，这样可给设计和施工带来很大方便。

对于采用柔性抗剪连接件的组合梁，每个剪跨区段内的界面纵向剪力 V_s 可按简化塑性方法确定。为了便于设计，应以最大弯矩点和支座为界限划分区段，并在每个区段内均匀布置连接件，计算时应注意在各区段内混凝土翼板隔离体的平衡。

12.2.5 试验研究表明，假定全部剪力仅由钢梁腹板承担是偏于安全的，因为混凝土翼板的抗剪作用亦较大。由于组合梁抗剪承载力仅考虑钢梁腹板的贡献，故其抗震调整系数按现行国家标准《建筑抗震设计规范》GB 50011 关于钢梁构件在强度验算时的规定取值。

12.2.6 连续组合梁的中间支座截面的弯矩和剪力都较大。钢梁由于同时受弯、剪作用，截面的极限抗弯承载能力会有所降低。采用欧洲规范 4 建议的相关设计方法，对于正弯矩区组合梁截面不用考虑弯矩和剪力的相互影响，对于负弯矩区组合梁截面，通过对钢梁腹板强度的折减来考虑剪力和弯矩的相互作用，其代表的组合梁负弯矩弯剪承载力相关关系为：

1) 如果竖向剪力设计值 V_b 不超过竖向塑性抗剪承载力 V_p 的一半，即 $V_b \leqslant 0.5V_p$ 时，竖向剪力对抗弯承载力的不利影响可以忽略，抗弯计算时可以利用整个组合截面。

2) 如果竖向剪力设计值 V_b 等于竖向塑性抗剪承载力 V_p，即 $V_b = V_p$，则钢梁腹板只用于抗剪，不能再承担外荷载引起的弯矩，此时的设计弯矩由混凝土翼板有效宽度内的纵向钢筋和钢梁上下翼缘共同承担。

3) 如果 $0.5V_p < V_b < V_p$，弯剪作用的相关曲线则用一段抛物线表示。

12.2.7 目前应用最广泛的抗剪连接件为圆柱头焊钉连接件，在没有条件使用焊钉连接件的地区，可以采用槽钢连接件代替。

本条给出的连接件抗剪承载力计算公式是通过推导与试验确定的。

1) 圆柱头焊钉连接件：试验表明，焊钉在混凝土中的抗剪工作类似于弹性地基梁，在焊钉根部混凝土受局部承压作用，因而影响抗剪承载力的主要因素有：焊钉的直径（或焊钉的截面积 $A_s = \pi d^2/4$）、混凝土的弹性模量 E_c 以及混凝土的强度等级。当焊钉长度为直径的 4 倍以上时，焊钉抗剪承载力为：

$$N_v^c = 0.5A_s \sqrt{E_c f_c^{Actual}} \tag{10}$$

该公式既可用于普通混凝土，也可用于轻骨料混凝土。

考虑可靠度的因素后，公式（10）中的 f_c^{Actual} 除应以混凝土的轴心抗压强度设计值 f_c 代替外，尚应乘以折减系数 0.85，这样就得到条文中的焊钉抗剪承载力设计公式（12.2.7-1）。

试验研究表明，焊钉的抗剪承载力并非随着混凝土强度的提高而无限地提高，存在一个与焊钉抗拉强度有关的上限值，该上限值为 $0.7A_s f_{at}$，约相当于焊钉的极限抗剪强度。根据现行国家标准《电弧螺柱焊用圆柱头焊钉》GB/T 10433 的相关规定，圆柱头焊钉的极限强度设计值 f_{at} 不得小于 400MPa。

2) 槽钢连接件：其工作性能与焊钉相似，混凝土对其影响的因素亦相同，只是槽钢连接件根部的混凝土局部承压区局限于槽钢上翼缘下表面范围内。各国规范中采用的公式基本上是一致的，我国在这方面的试验也极为接近，即：

$$N_v^c = 0.3(t + 0.5t_w)l_c \sqrt{E_c f_c^{Actual}} \tag{11}$$

考虑可靠度的因素后，公式（11）中的 f_c^{Actual} 除

应以混凝土的轴心抗压强度设计值 f_c 代替外，尚应再乘以折减系数 0.85，这样就得到条文中的抗剪承载力设计值公式（12.2.7-2）。

抗剪连接件起抗剪和抗拔作用，一般情况下，连接件的抗拔规定自然符合，不需要专门验算。有时在负弯矩区，为了释放混凝土板的拉应力，也可以采用只有抗拔作用而无抗剪作用的特殊连接件。

当焊钉位于负弯矩区时，混凝土翼缘处于受拉状态，焊钉周围的混凝土对其约束程度不如位于正弯矩区的焊钉受其周围混凝土的约束程度高，故位于负弯矩区的焊钉抗剪承载力也应予以折减。

12.2.8 采用压型钢板混凝土组合板时，其抗剪连接件一般用圆柱头焊钉。由于焊钉需穿过压型钢板而焊接至钢梁上，且焊钉根部周围没有混凝土的约束，当压型钢板肋垂直于钢梁时，由压型钢板的波纹形成的混凝土肋是不连续的，故对焊钉的抗剪承载力应予以折减。本条规定的折减系数是根据试验分析而得到的。

12.2.9 对于简支组合梁，可以将抗剪连接件均匀布置在最大正弯矩截面至支座截面之间。对于连续组合梁，可以把抗剪连接件分别在图 12.2.4 中 m_1、m_2、m_3 区段内均匀布置，但应注意各区段内混凝土翼板隔离体的平衡。当剪力有较大突变时，考虑到抗剪连接件变形能力的限制，应在大剪力分布区段集中布置连接件。

12.2.10 国内外试验表明，在剪力连接件集中剪力作用下，组合梁混凝土板可能发生纵向开裂现象，组合梁纵向抗剪能力与混凝土板尺寸及板内横向钢筋的配筋率等因素密切相关，作为组合梁设计最为特殊的一部分，组合梁纵向抗剪验算应引起足够的重视。

沿着一个既定的平面抗剪称为界面抗剪，组合梁的混凝土板（承托、翼板）在纵向水平剪力作用时属于界面抗剪。图 12.2.10 给出对应不同翼板形式的组合梁纵向抗剪最不利界面，a-a 抗剪界面长度为混凝土板厚度；b-b 抗剪截面长度取刚好包络焊钉外缘时对应的长度；c-c、d-d 抗剪界面长度取最外侧的焊钉外边缘连线长度加上距承托两侧斜边轮廓线的垂线长度。

组合梁单位纵向抗剪界面长度上的纵向剪力设计值 V_{b1} 可以按实际受力状态计算，也可以按极限状态下的平衡关系计算。按实际受力状态计算时，采用弹性分析方法，计算较为繁琐；而按极限状态下的平衡关系计算时，采用塑性简化分析方法，计算方便，且和承载能力塑性设计方法相统一，同时公式偏于安全，故建议采用塑性简化分析方法计算组合梁单位纵向抗剪界面长度上的纵向剪力值。

12.2.11 国内外研究成果表明，组合梁混凝土板纵向抗剪能力主要由混凝土和横向钢筋两部分提供，横向钢筋配筋率对组合梁纵向抗剪承载力影响最为显

著。普通钢筋混凝土板的抗剪承载力可按下式计算：

$$V_{lu,1} = 1.38b_f + 0.8A_e f_r \leqslant 0.3f_c b_f \quad (12)$$

结合国内外已有的试验研究成果，对混凝土抗剪贡献一项作适当调整，得到了公式（12.2.11-1）和（12.2.11-2），该公式考虑了混凝土强度等级对混凝土板抗剪贡献的影响。

12.2.12 组合梁横向钢筋最小配筋率规定是为了保证组合梁在达到承载力极限状态之前不发生纵向剪切破坏，并考虑到荷载长期效应和混凝土收缩等不利因素的影响。

12.3 挠度计算及负弯矩区裂缝宽度计算

12.3.1 组合梁的挠度计算与钢筋混凝土梁类似，需要分别计算在荷载标准组合及荷载准永久组合下的截面折减刚度并以此来计算组合梁的挠度。

12.3.2、12.3.3 国内外试验研究表明，采用焊钉、槽钢等柔性抗剪连接件的钢-混凝土组合梁，连接件在传递钢梁与混凝土翼缘交界面的剪力时，本身会发生变形，其周围的混凝土也会发生压缩变形，导致钢梁与混凝土翼缘的交界面产生滑移应变，引起附加曲率，从而引起附加挠度。可以通过对组合梁的换算截面抗弯刚度 EI_{eq} 进行折减的方法来考虑滑移效应。本规范公式（12.3.2）是考虑滑移效应的组合梁折减刚度计算方法，它既适用于完全抗剪连接组合梁，也适用于部分抗剪连接组合梁和钢梁与压型钢板混凝土组合板构成的组合梁。对于后者，公式（12.3.3-3）中抗剪连接件承载力 N_v^c 应按本规范12.2.8条予以折减。

12.3.4 混凝土的抗拉强度很低，因此对于没有施加预应力的连续组合梁，负弯矩区的混凝土翼板很容易开裂，且往往贯通普通混凝土板的上下表面，但下表面裂缝宽度一般均小于上表面，计算时可不予验算。引起组合梁翼板开裂的因素很多，如材料质量、施工工艺、环境条件以及荷载作用等。混凝土翼板开裂后会降低结构的刚度，并影响其外观及耐久性，如板顶面的裂缝容易渗入水分或其他腐蚀性物质，加速钢筋的锈蚀和混凝土的碳化等。因此，应对正常使用条件下的连续组合梁的裂缝宽度进行验算，其最大裂缝宽度不得超过现行国家标准《混凝土结构设计规范》GB 50010的限值。

相关试验研究结果表明，组合梁负弯矩区混凝土翼板的受力状况与钢筋混凝土轴心受拉构件相似，因此可采用现行国家标准《混凝土结构设计规范》GB 50010的有关公式计算组合梁负弯矩区的最大裂缝宽度。在验算混凝土裂缝时，可仅按荷载的标准组合进行计算，因为在荷载标准组合下计算裂缝的公式中考虑了荷载长期作用的影响。

12.3.5 连续组合梁负弯矩开裂截面纵向受拉钢筋的应力水平 σ_{sk} 是决定裂缝宽度的重要因素之一，要计算该应力值，需要得到标准荷载作用下截面负弯矩组合值 M_k，由于支座混凝土的开裂导致截面刚度下降，正常使用极限状态连续组合梁会出现内力重分布现象，可以采用调幅系数法考虑内力重分布对支座负弯矩的降低，试验证明，正常使用极限状态弯矩调幅系数上限取为15%是可行的。

需要指出的是，M_k 的计算需要考虑施工步骤的影响，仅考虑形成组合截面之后施工阶段荷载及使用阶段续加荷载产生的弯矩值。对于悬臂组合梁，M_k 应根据平衡条件计算。

在连续组合梁中，栓钉用于组合梁正弯矩区时，能充分保证钢梁与混凝土板的组合作用，提高结构刚度和承载力，但用于负弯矩区时，组合作用会使混凝土板受拉而易于开裂，可能会影响结构的使用性能和耐久性。针对该问题，可以采用优化混凝土板浇筑顺序、合理确定支撑拆除时机等施工措施，降低负弯矩区混凝土板的拉应力，达到理想的抗裂效果。通常，负弯矩区段的混凝土板可以在正弯矩区形成组合作用并拆除临时支撑后再进行浇筑。

12.4 构 造 措 施

12.4.1 组合梁的高跨比一般为 $h/l \geqslant 1/15 \sim 1/20$，为使钢梁的抗剪强度与组合梁的抗弯强度相协调，钢梁截面高度 h_s 宜大于组合梁截面高度 h 的 $1/2$，即 $h \leqslant 2h_s$。

12.4.3 用于符合本规范12.2.11条纵向抗剪规定的组合梁混凝土翼板中的横向钢筋，除了板托中的横向钢筋 A_{bh} 外，其余的横向钢筋 A_t 和 A_b 可同时作为混凝土板的受力钢筋和构造钢筋使用（图12.2.10），并应符合现行国家标准《混凝土结构设计规范》GB 50010的有关构造规定。

12.4.4 本条规定了抗剪连接件的构造。

1 圆柱头焊钉钉头下表面或槽钢连接件上翼缘下表面高出混凝土底部钢筋30mm的规定，主要是为了保证连接件在混凝土翼板与钢梁之间发挥抗掀起作用，且底部钢筋能作为连接件根部附近混凝土的横向钢筋，防止混凝土由于连接件的局部受压而开裂。

2 连接件沿梁跨度方向的最大间距规定，主要是为了防止在混凝土翼板与钢梁接触面间产生过大的裂缝，影响组合梁的整体工作性能和耐久性。此外，焊钉能为钢板提供有效的面外约束，因此具有提高板件受压局部稳定性的作用，若焊钉的间距足够小，那么即使板件不符合塑性设计规定的宽厚比限值，同样能够在达到塑性极限承载力之前不发生局部屈曲，此时也可采用塑性方法进行设计而不受板件宽厚比限制，本条参考了欧洲规范4的相关条文，给出了不符合板件宽厚比限值仍可采用塑性设计方法的焊钉最大间距规定。

12.4.5 为保证栓钉的抗剪承载力能充分发挥，规定了栓钉的构造措施。

12.4.7 关于板托中横向加强钢筋的规定，主要是因为板托中邻近钢梁上翼缘的部分混凝土受到抗剪连接件的局部压力作用，容易产生劈裂，需要配筋加强。

12.4.9 组合梁承受负弯矩时，钢箱梁底板受压，在其上方浇筑的混凝土与钢箱梁底板形成组合作用，可共同承受压力，并有效提高受压钢板的稳定性。此外，在梁端负弯矩区剪力较大的区域，为提高其抗剪承载力和刚度，可在钢箱梁腹板内侧设置抗剪连接件并浇筑混凝土以充分发挥钢梁腹板和内填混凝土的组合抗剪作用。

13 组 合 楼 板

13.1 一 般 规 定

13.1.1 从构造上规定了组合楼板用压型钢板基板的最小厚度。

13.1.2 保证一定的凹槽宽度，使混凝土骨料容易浇入压型钢板槽口内，从而保证混凝土密实。由于目前还未见到总高度 h_s 大于 80mm 的压型钢板用于组合楼板，对其性能没有试验数据。如开发出 $h_s > 80$mm 的压型钢板时，应有足够的试验数据证明其形成组合楼板后的性能符合本规范各项规定。

13.1.3 从构造上规定了组合楼板的最小厚度以及肋顶以上混凝土最小厚度限值，限值的规定是保证混凝土与压型钢板共同工作，数值与国际上相关标准一致。组合楼板刚度计算的有效截面，包括压型钢板肋以上的混凝土、压型钢板槽内的混凝土以及压型钢板组成的有效截面。其厚度应在考虑承载力极限状态和正常使用极限状态以及耐火性能等前提下，按经济合理的原则确定。

13.1.4、13.1.5 规定了组合楼板按单向或双向板计算的判断原则。

13.2 承 载 力 计 算

13.2.1 组合楼板受弯计算时认为压型钢板全部屈服，并以压型钢板截面重心为合力点。当配有受拉钢筋时，则受拉合力点为钢筋和压型钢板截面的重心。图 13.2.1 是以开口型压型钢板组合楼板给出的，缩口型、闭口型压型钢板组合楼板亦同样。

当 $x > h_c$ 时，表明压型钢板肋以上混凝土受压面积不够，还需部分压型钢板内的混凝土连同该部分压型钢板受压，这种情况出现在压型钢板截面面积很大时，这时精确计算受弯承载力非常繁琐，当遇到这种情况时，由于目前压型钢板种类、型号很多，可采用重新选择压型钢板解决。

13.2.2 将单位宽度的组合楼板简化为倒 T 形截面计算。压型钢板肋槽多为梯形截面，简化公式

(13.2.2-3) 偏于安全地取了梯形截面小边尺寸。

13.2.3 将组合楼板简化为 T 形截面，组合楼板斜截面承载能力主要由腹板承担，实际上这是组合楼板最小截面的规定。

13.2.4 将以往我国称之为纵向抗剪一词改为国际上通用的剪切粘结承载力，同时采用了国际上通用的剪切粘结计算公式，并将国际通用公式中的 $\sqrt{f_c}$ 换成了我国混凝土抗拉强度特征值表示方法 f_t。

13.2.5 当压型钢板组合楼板上有较大的集中荷载或沿顺肋方向有较大的集中线荷载时，局部范围内组合楼板受力较大，因此应对该部分承载力进行单独验算。

13.2.6 组合楼板受冲切验算，按板厚为 h_c 的普通钢筋混凝土板计算，不考虑压型钢板槽内混凝土和压型钢板的作用，计算简单且偏于安全。

13.3 正常使用极限状态验算

13.3.1 组合楼板负弯矩区最大裂缝宽度验算应按现行国家标准《混凝土结构设计规范》GB 50010 进行，并应符合其相关规定。本条规定的裂缝宽度计算公式是由现行国家标准《混凝土结构设计规范》GB 50010 中受弯构件裂缝宽度计算公式演变而来。

13.3.2、13.3.3 目前我国组合楼板刚度计算，在不同的计算手册中给出了不同的计算方法，本规范给出的计算方法是 ASCE-3 标准中给出的方法，即将压型钢板换算成混凝土的单质未开裂换算截面及开裂换算截面。经对建筑物中在用组合楼板的测试表明，本方法与实测值符合较好。

13.3.4 对组合楼盖峰值加速度和自振频率的验算，是保证组合楼盖使用阶段的舒适度的验算。试验和理论分析表明楼盖舒适度不仅仅取决于楼板的自振频率，还与组合楼盖的峰值加速度有关。

13.4 构 造 措 施

13.4.1 考虑到压型钢板具有防腐性能，保护层厚度可以适当减少，但其净厚度不应小于 15mm，以保证钢筋与混凝土的粘结。

13.4.2 配置横向钢筋可起到分散板面荷载，扩大集中荷载或线荷载的分布范围，改善组合楼板的工作性能。

13.4.4～13.4.6 规范对组合楼板在梁上的支承长度提出了最低规定。当组合楼板支承在混凝土构件上时，可在混凝土构件上设置预埋件，固定方式则同钢梁；组合楼板支承于砌体墙上时，可采用在砌体墙上设混凝土圈梁，将组合楼板支承在砌体墙上转换为支承在混凝土圈梁上。由于膨胀螺栓不能承受振动荷载，因此本规范特别强调预埋件不得用膨胀螺栓固定。

13.4.7 组合楼板支承于剪力墙侧面时，宜利用预埋

件传递剪力，本条规定了节点构造做法。

13.5 施工阶段验算及规定

13.5.1 施工荷载系指施工人员和施工机具等，并考虑施工过程中可能产生的冲击和振动。若有过量的冲击、混凝土堆放以及管线等，应考虑附加荷载。由于施工习惯和方法的不同，施工阶段的可变荷载也不完全相同，因此测量施工时的施工荷载是十分重要的。楼承板施工阶段的承载力和挠度，应按实际施工荷载计算。

13.5.2 混凝土在浇筑过程中，处于非均匀的流动状态，可能造成单块楼承板受力较大，为保证安全，提高了混凝土在湿状态下的荷载分项系数。

13.5.3、13.5.4 施工阶段验算应包括承载力验算和变形验算。承载力验算时重要性系数可取 0.9，挠度验算时应按荷载标准组合计算，且挠度应满足施工阶段的限值要求。

13.5.5 压型钢板与其下部支承结构之间的固定工程中有很多方法，如焊接固定、射钉法、钢筋插入法、拧"麻花"法等，这些方法目前大部分都已淘汰，因此本条推荐采用栓钉固定这一常用的方法，并对栓钉构造作了规定。若按组合梁设计，尚应符合本规范第 12 章的规定。当采用其他方法固定压型钢板时，应参考相应的规范，确保固定可靠。

13.5.6 对压型钢板侧向与梁或预埋件之间的搭接长度提出了最低规定，并对具体固定措施的构造作了规定。

14 连接构造

14.1 型钢混凝土柱的连接构造

14.1.1 结构竖向布置中，如下部楼层采用型钢混凝土结构，而上部楼层采用钢筋混凝土结构，则应考虑避免这两种结构的刚度和承载力的突变，以避免形成薄弱层。日本 1995 年阪神地震中曾发生过此类震害。因此，设计中应设置过渡层，且提出了计算及构造规定。

14.1.2 在国内的高层钢结构工程中，结构上部采用钢结构柱，下部采用型钢混凝土柱，此两种结构类型的突变，必须设置过渡层，并提出了计算及构造规定。

14.1.3 型钢混凝土柱中，当型钢某层改变截面时，宜考虑型钢截面承载力和刚度的逐步过渡，且需考虑便于施工操作。

14.2 矩形钢管混凝土柱的连接构造

14.2.1 矩形钢管混凝土柱钢管的分段应综合考虑构件加工、运输、吊装以及施工等要求，并选择合理的接头位置。

14.2.2 为了确保不同壁厚的矩形钢管柱段的拼接质量，在工厂拼接时可根据壁厚差采用不同的构造措施，现场拼接时应设置内衬管或衬板，并确保焊接质量。

14.2.3 为了确保不同截面宽度或高度的矩形钢管柱段的拼接质量，在拼接时应根据截面尺寸差采取不同的处理措施。

14.3 圆形钢管混凝土柱的连接构造

14.3.1 受加工能力、吊装能力、运输能力等的影响，圆形钢管的长度都是有限制的，需要在施工现场对接。等直径钢管对接时，为了确保连接质量，可采用本条规定的连接方法和构造。

14.3.2 对不等直径钢管的拼接方式作出了规定。不同直径的钢管对接时，不能直接对接，宜设置变直径钢管过渡。因过渡段钢管转折处存在较大的横向作用，因此过渡段的坡度不宜过大，且在转折处宜设置环形隔板抵抗横向作用。

14.4 梁与梁连接构造

14.4.1 梁与梁的连接，当两侧均是型钢混凝土梁时，则梁内型钢的连接，应符合钢结构规定；当一侧为型钢混凝土梁，另一侧为钢筋混凝土梁时，为保证型钢的锚固和传递，应有相应的措施。

14.4.2、14.4.3 为保证钢筋混凝土次梁和型钢混凝土主梁连接整体，规定次梁中的钢筋的锚固和传递，应符合相应的构造措施。当钢次梁与型钢混凝土主梁连接，主梁的腰筋应穿过次梁。

14.5 梁与墙连接构造

14.5.1 型钢混凝土梁垂直于现浇钢筋混凝土剪力墙的连接，应保证其内力传递。梁深入墙内的节点可以形成铰接和刚接，都应符合相应的构造规定。

14.6 斜撑与梁、柱连接构造

14.6.1、14.6.2 为减少节点区施工复杂性，斜撑宜采用钢斜撑，规范对支撑与梁及柱型钢的焊接及加劲肋提出了焊接和板厚规定。

14.7 抗剪连接件构造

14.7.1～14.7.3 为保证型钢和混凝土之间剪力传递，以形成钢与混凝土共同工作的整体性能，在各种结构体系中对型钢混凝土框架柱所处的主要部位应设置抗剪栓钉，对于复杂结构中主要受力部位还应作加强处理。

14.8 钢筋与钢构件连接构造

14.8.1 在截面配筋设计时，应尽量减少钢筋与钢构件相碰，当无法避免时，可采用开洞穿孔、可焊接机械连接套筒连接或焊连接板的方法。采用套筒连接时，应确保其连接强度大于钢筋强度标准值。

14.8.2 为确保钢筋内力的可靠传递，在可焊接机械连接套筒对应位置应设置加劲肋，并验算其承载力。

14.8.3 为确保套筒与钢构件的焊接质量，对其焊缝形式和构造作了规定。为方便焊接施工同时便于混凝土浇筑，规定了可焊接机械连接套筒之间的最小净距。

附录 A 常用压型钢板组合楼板的剪切粘结系数及标准试验方法

A.1 常用压型钢板 m、k 系数

A.1.1 表 A.1.1 给出的 m、k 系数是规范组试验结果，基本涵盖了目前我国组合楼板常用的压型钢板，压型钢板的产品型号未采用市场上流行的型号代号，市场流行的型号代号各企业并不完全相同，按现行国家标准《建筑用压型钢板》GB/T 12755 的规定重新命名了型号代号，例如 YL75-600，以往多称为 YX75-200-600。表 A.1.1 中给出了截面尺寸，方便设计人员将流行型号代号转换为国家标准的型号代号。表 A.1.1 中除 YL75-600 和 YL76-688 之外，表中给出的剪切粘结系数均不包含栓钉的贡献，而本规范 13.4.6 条规定设有一定数量的构造栓钉，栓钉可较大的提高组合楼板剪切粘结承载力，因此按表 A.1.1 取 m、k 值计算剪切粘结承载力是偏于安全的。

A.2 标准试验方法

A.2.1 试件材料应符合现行国家标准的相关规定。

A.2.2 试件尺寸对剪切粘结承载力都有一定的影响，将试件尺寸限定在一个范围内，使构件制作标准化。

A.2.3 试验数据应具有一定的代表性，本规范规定试件总量不应少于 6 个，其中最大、最小剪跨区内的数据对剪切粘结承载力影响较大，因此须保证有两组试验数据分别落在 A 和 B 两个区域。为了对试验数据进行校核，保证数据可靠性，本规范规定需增加两个试验数据，这组数据可以在 A、B 两个区域各增加一个，也可在 A、B 两个区域之间增加一组。

当 $P \times a/2 > 0.9M_{\mathrm{u}}$ 时，理论上可能会出现弯曲破坏，试验应保证是剪切粘结破坏。

A.2.4 规范没有采用 $V \leqslant \left(m \dfrac{\rho_{\mathrm{s}} h_0}{1.25a} + k f_{\mathrm{t}} \right) b h_0 +$ （栓钉贡献）形式的公式，采用了美国 ASCE-3 规范的形式，将剪力件对剪切粘结承载能力的贡献隐含在 m、k 系数中，因此规定试件剪力件的设计应与实际工程一致。

A.3 试验步骤

A.3.1 一般楼板多承受均布荷载作用，但试验采用均布荷载是比较困难的。剪跨 a 取板跨 l_{n} 的 1/4 是近似模拟均布荷载的情况。施加荷载的规定是将加载对试验结果的影响降到可以接受的程度。

A.3.2 对测量仪器精度的规定，将仪器对试验结果的影响降到可以接受的程度。

A.3.3 保存试验必要的数据记录，可以对试验结果进行追溯。

A.4 试验结果分析

A.4.1 极限荷载应考虑试件制作过程对承载能力的影响。

A.4.2 剪切粘结 m_1、k_1 系数由回归分析得到，由于这种试验试件数量偏少，因此规范规定试验回归得到的剪切粘结系数用于本规范设计时，应降低 15%，当试件数量多于 8 个时，可降低 10%。

m、k 系数从物理意义上讲，m 大致可以理解为机械咬合效应的度量，k 可以理解为摩擦效应的度量。当压型钢板板型对跨度敏感时，k 可能会出现负值，这是正常的。

A.4.3 当试验数据值偏离该组平均值超出 $\pm 15\%$ 时，说明数据离散性较大，为了保证数据的准确性，本规范规定至少应再进行同类型的 2 个附加试验，为保证安全应用两个最低值确定剪切粘结系数。

A.5 试验结果应用

A.5.1 设计人员确认试验符合所设计的工程，设计人员有权判定试验数据是否符合所设计的工程的需要。

A.5.3 无剪力件的试验结果所得到的 m、k 系数，如果用于有剪力件的工程是偏于保守的，因此可用在有剪力件的组合楼板设计；有剪力件的试验结果所得到的 m、k 系数，由于剪力件的影响包含在 m、k 系数中，因此规定组合楼板设计中采用的剪力件应与试验采用的剪力件完全相同。

附录 B 组合楼盖舒适度验算

B.0.1～B.0.3 楼盖的舒适度即楼盖振动控制目前国际上均采用了 ISO263 的相关控制规定，验算峰值加速度（亦即正常使用状态下允许加速度极限值）即式 (B.0.1)。规范所采用的方法主要参考了美国 AISC Steel Design Guide Series 11：《Floor Vibrations Due to Human Activity》。

楼盖振动是主次梁双方向振动，计算板格内两个方向参与振动的有效荷载并不一定相同，有效荷载按主梁、次梁的挠度取加权平均值。

板带是参与到一个板格内楼盖振动的由梁板构成的一个区域，但板带并不仅是在计算板格内，在计算板格外也有部分参与到该板格的振动，参与振动的板带宽度称之为板带有效宽度 b_{Ej}、b_{Eg}。板带有效宽度取决于楼盖两个方向的单位截面惯性矩。次梁板带有效宽度 b_{Ej}，取决于组合楼板单位截面惯性矩（一般情况下是顺肋方向单位惯性矩）D_s 和次梁板带单位截面惯性矩 D_j，即式（B.0.3-4），次梁板带单位截面惯性矩 D_j 是将次梁板带上的次梁按组合梁计算的惯性矩平均到次梁板带上，当次梁截面和间距相等时，则等于次梁惯性矩（可按组合梁考虑）除以次梁间距；主梁板带有效宽度 b_{Eg}，取决于次梁板带单位截面 D_j 和主梁板带单位截面惯性矩 D_g，即式（B.0.3-5），主梁板带单位截面惯性矩 D_g 是将计算板格内的主梁惯性矩（按组合梁考虑）平均到板格内，当主梁为中间梁时等于 I_g/l_j，当主梁为边梁时等于 $2I_g/l_j$。

中华人民共和国国家标准

钢 结 构 设 计 规 范

Code for design of steel structures

GB 50017—2003

主编部门：中华人民共和国建设部
批准部门：中华人民共和国建设部
施行日期：２００３年１２月１日

中华人民共和国建设部
公　告

第 147 号

建设部关于发布国家标准
《钢结构设计规范》的公告

现批准《钢结构设计规范》为国家标准，编号为 GB 50017—2003，自 2003 年 12 月 1 日起实施。其中，第 1.0.5、3.1.2、3.1.3、3.1.4、3.1.5、3.2.1、3.3.3、3.4.1、3.4.2、8.1.4、8.3.6、8.9.3、8.9.5、9.1.3 条为强制性条文，必须严格执行。原《钢结构设计规范》GBJ 17—88 同时废止。

本规范由建设部标准定额研究所组织中国计划出版社出版发行。

中华人民共和国建设部
二〇〇三年四月二十五日

前　言

根据建设部建标〔1997〕第 108 号文的通知要求，由北京钢铁设计研究总院会同有关设计、教学和科研单位组成修订编制小组，对《钢结构设计规范》GBJ 17—88 进行全面修订。在修订过程中，制订了全面修订大纲，参考了大量的国外钢结构规范。规范初稿完成后，在全国范围广泛征求意见，通过初稿、征求意见稿、送审稿，多次修改并组织了十余个参编单位完成了新、老规范对比的试设计，最后于 2001 年 12 月完成《钢结构设计规范》GB 50017—2003 报批稿。本次修订的主要内容有：

1. 原规范第一章 1.0.5 条中有关"焊缝质量级别"的规定，由说明改为正文，列为第 7 章 7.1.1 条，并增加了确定焊缝质量级别的原则和具体规定。

2. 按建标〔1996〕626 号文《工程建设标准编写规定》的要求，增加"术语"内容条文，并与"符号"一同编入第 2 章；原规范第二章"材料"的内容列入第 3 章 3.3 节"材料选用"。

3. 按照钢材新的国家标准，推荐了 Q235 钢、Q345 钢、Q390 钢和增补了 Q420 钢等。对各类钢结构应具有的材质保证提出了更完整的要求，增加了 Q235 钢保证 0℃ 冲击韧性的适用条件，增加了采用 Z 向钢及耐候钢的原则规定等，同时对各钢种设计指标作了少量调整。

4. 在第 3 章中增加了"荷载和荷载效应计算"一节，着重提出了无支撑纯框架宜采用考虑变形对内力影响的二阶弹性分析方法。取消了原规范中吊车横向水平荷载的增大系数，给出了考虑吊车摆动产生横向水平力的计算公式。

5. "结构和构件变形的规定"的修改内容为：

1) 在规范正文中只提设计原则，将变形限值的表格列入附录；

2) 根据要求和经验可对变形限值适当调整。规定吊车梁的挠度用一台吊车轮压标准值计算。

6. 原规范梁腹板局部稳定的计算公式有较大改动，不再把腹板看成是完全弹性的完善板，而是考虑非弹性变形和几何缺陷的影响，同时给出利用屈曲后强度的计算方法，腹板的约束系数也有所调整。将原规范正文中根据弹性板确定加劲肋间距的计算公式取消。

7. 增补了组成板件厚度 $t \geqslant 40\text{mm}$ 的工字形截面和箱形截面在计算轴心受压构件时的截面类别规定，并增加了 d 类截面的 φ 值。

8. 增补了单轴对称截面轴压构件考虑绕对称轴弯扭屈曲的计算方法。

9. 修改了减小受压构件或受压翼缘自由长度的侧向支承的支撑力计算方法，修改了交叉腹杆在平面外计算长度的确定方法。

10. 将框架明确界定为无支撑纯框架、强支撑框架和弱支撑框架三类，并给出了各类框架计算长度的计算方法。

11. 新增了带有摇摆柱的无支撑纯框架柱和弱支撑框架柱的计算长度确定方法。

12. 对应力变化的循环次数 n 修改为：n 等于或大于 5×10^4 次时，应进行疲劳计算（原规范为 n 等于或大于 10^5 次时才需进行疲劳计算）。同时对进行疲劳计算的构件和连接分类作了少量修改。

13. 修改了在 T 形截面受压构件中，轴心受压构件和弯矩使腹板自由边受拉的压弯构件，腹板高度与其厚度之比的规定。

14. 增加了"梁与柱的刚性连接"和在国内外规范中首次提出的"连接节点处板件的计算"等两节，其主要内容为：

1）梁与柱刚性连接时如不设置柱的横向加劲肋，对柱腹板厚度或翼缘厚度要求的条文。

2）板件在拉剪作用下的强度计算以及桁架节点板的强度计算和有关稳定计算方法及规定。

15. 补充了平板支座、球形支座及橡胶支座等内容的条文。

16. 增加了插入式柱脚、埋入式柱脚及外包式柱脚的设计和构造规定。

17. 增加了大跨度屋盖结构的设计和构造要求的规定。

18. 增加了提高寒冷地区结构抗脆断能力的要求的规定。

19. 在塑性设计和钢与混凝土组合梁中取消了原规范对钢材和连接的强度设计值要乘折减系数0.9的规定。

20. 增加了空间圆管节点强度计算公式。增补了矩形管或方形管结构平面管节点强度的计算方法及有关构造规定。

21. 取消了原规范第十一章"圆钢、小角钢的轻型钢结构"。

22. 增补了钢与混凝土连续组合梁负弯矩部位的计算方法，混凝土翼板用压型钢板做底模的组合梁计算和构造特点，部分抗剪连接的组合梁的设计规定以及组合梁挠度计算。

本规范中，黑体字标识的条文为强制性条文，必须严格执行。

本规范由建设部负责管理和对强制性条文的解释，北京钢铁设计研究总院负责具体内容的解释。在执行规范过程中，请各单位结合工程实际总结经验。对本规范的意见或建议，请寄至北京钢铁设计研究总院《钢结构设计规范》国家标准管理组（地址：北京白广路四号；邮编：100053；传真：010—63521024）。

本规范主编单位和主要起草人：

主 编 单 位： 北京钢铁设计研究总院

参 编 单 位： 重庆大学
西安建筑科技大学
重庆钢铁设计研究院
清华大学
浙江大学
哈尔滨工业大学
同济大学
天津大学
华南理工大学
水电部东北勘测设计院
中国航空规划设计院
中元国际工程设计研究院
冶金建筑研究院
西北电力设计院
马鞍山钢铁设计研究院
中国石化工程建设公司
武汉钢铁设计研究院
上海冶金设计院
马鞍山钢铁股份有限公司
杭萧钢结构公司
莱芜钢铁集团
喜利得（中国）有限公司
浙江精工钢结构公司
鞍山东方轧钢公司
宝力公司
上海彭浦总厂

主要起草人： 张启文　夏志斌　黄友明　陈绍蕃
王国周　魏明钟　赵熙元　崔　佳
张耀春　沈祖炎　刘锡良　梁启智
俞国音　刘树屯　崔元山　冯　廉
夏正中　戴国欣　童根树　顾　强
舒兴平　邹　浩　石永久　但泽义
聂建国　陈以一　丁　阳　徐国彬
魏潮文　陈传铮　陈国栋　穆海生
张平远　陶红斌　王　稚　田思方
李茂新　陈瑞金　曹品然　武振宇
邹亦农　侯　成　郭耀杰　芦小松
朱　丹　刘　刚　张小平　黄明鑫
胡　勇　张继宏　严正庭

目　次

1 总　则

1.0.1 为在钢结构设计中贯彻执行国家的技术经济政策,做到技术先进、经济合理、安全适用、确保质量,特制定本规范。

1.0.2 本规范适用于工业与民用房屋和一般构筑物的钢结构设计,其中,由冷弯成型钢材制作的构件及其连接应符合现行国家标准《冷弯薄壁型钢结构技术规范》GB 50018 的规定。

1.0.3 本规范的设计原则是根据现行国家标准《建筑结构可靠度设计统一标准》GB 50068 制订的。按本规范设计时,取用的荷载及其组合值应符合现行国家标准《建筑结构荷载规范》GB 50009 的规定;在地震区的建筑物和构筑物,尚应符合现行国家标准《建筑抗震设计规范》GB 50011、《中国地震动参数区划图》GB 18306 和《构筑物抗震设计规范》GB 50191 的规定。

1.0.4 设计钢结构时,应从工程实际情况出发,合理选用材料、结构方案和构造措施,满足结构构件在运输、安装和使用过程中的强度、稳定性和刚度要求,并符合防火、防腐蚀要求。宜优先采用通用的和标准化的结构和构件,减少制作、安装工作量。

1.0.5 在钢结构设计文件中,应注明建筑结构的设计使用年限、钢材牌号、连接材料的型号(或钢号)和对钢材所要求的力学性能、化学成分及其他的附加保证项目。此外,还应注明所要求的焊缝形式、焊缝质量等级、端面刨平顶紧部位及对施工的要求。

1.0.6 对有特殊设计要求和在特殊情况下的钢结构设计,尚应符合现行有关国家标准的要求。

2　术语和符号

2.1　术　语

2.1.1 强度　strength

构件截面材料或连接抵抗破坏的能力。强度计算是防止结构构件或连接因材料强度被超过而破坏的计算。

2.1.2 承载能力　load-carrying capacity

结构或构件不会因强度、稳定或疲劳等因素破坏所能承受的最大内力;或塑性分析形成破坏机构时的最大内力;或达到不适于继续承载的变形时的内力。

2.1.3 脆断　brittle fracture

一般指钢结构在拉应力状态下没有出现警示性的塑性变形而突然发生的脆性断裂。

2.1.4 强度标准值　characteristic value of strength

国家标准规定的钢材屈服点(屈服强度)或抗拉强度。

2.1.5 强度设计值　design value of strength

钢材或连接的强度标准值除以相应抗力分项系数后的数值。

2.1.6 一阶弹性分析　first order elastic analysis

不考虑结构二阶变形对内力产生的影响,根据未变形的结构建立平衡条件,按弹性阶段分析结构内力及位移。

2.1.7 二阶弹性分析　second order elastic analysis

考虑结构二阶变形对内力产生的影响,根据位移后的结构建立平衡条件,按弹性阶段分析结构内力及位移。

2.1.8 屈曲　buckling

杆件或板件在轴心压力、弯矩、剪力单独或共同作用下突然发生与原受力状态不符的较大变形而失去稳定。

2.1.9 腹板屈曲后强度　post-buckling strength of web plate

腹板屈曲后尚能继续保持承受荷载的能力。

2.1.10 通用高厚比　normalized web slenderness

参数,其值等于钢材受弯、受剪或受压屈服强度除以相应的腹板抗弯、抗剪或局部承压弹性屈曲应力之商的平方根。

2.1.11 整体稳定　overall stability

在外荷载作用下,对整个结构或构件能否发生屈曲或失稳的评估。

2.1.12 有效宽度　effective width

在进行截面强度和稳定性计算时,假定板件有效的那一部分宽度。

2.1.13 有效宽度系数　effective width factor

板件有效宽度与板件实际宽度的比值。

2.1.14 计算长度　effective length

构件在其有效约束点间的几何长度乘以考虑杆端变形情况和所受荷载情况的系数而得的等效长度,用以计算构件的长细比。计算焊缝连接强度时采用的焊缝长度。

2.1.15 长细比　slenderness ratio

构件计算长度与构件截面回转半径的比值。

2.1.16 换算长细比　equivalent slenderness ratio

在轴心受压构件的整体稳定计算中,按临界力相等的原则,将格构式构件换算为实腹式构件进行计算时所对应的长细比或将弯扭与扭转失稳换算为弯曲失稳时采用的长细比。

2.1.17 支撑力　nodal bracing force

为减小受压构件(或构件的受压翼缘)的自由长度所设置的侧向支承处,在被支撑构件(或构件受压翼缘)的屈曲方向,所需施加于该构件(或构件受压翼缘)截面剪心的侧向力。

2.1.18 无支撑纯框架　unbraced frame

依靠构件及节点连接的抗弯能力,抵抗侧向荷载的框架。

2.1.19 强支撑框架　frame braced with strong bracing system

在支撑框架中,支撑结构(支撑桁架、剪力墙、电梯井等)抗侧移刚度较大,可将该框架视为无侧移的框架。

2.1.20 弱支撑框架　frame braced with weak bracing system

在支撑框架中,支撑结构抗侧移刚度较弱,不能将该框架视为无侧移的框架。

2.1.21 摇摆柱　leaning column

框架内两端为铰接不能抵抗侧向荷载的柱。

2.1.22 柱腹板节点域　panel zone of column web

框架梁柱的刚接节点处,柱腹板在梁高度范围内的区域。

2.1.23 球形钢支座　spherical steel bearing

使结构在支座处可以沿任意方向转动的钢球面作为传力的铰接支座或可移动支座。

2.1.24 橡胶支座　couposite rubber and steel support

满足支座位移要求的橡胶和薄钢板等复合材料制品作为传递支座反力的支座。

2.1.25 主管　chord member

钢管结构构件中,在节点处连续贯通的管件,如桁架中的弦杆。

2.1.26 支管　bracing member

钢管结构中,在节点处断开并与主管相连的管件,如桁架中与主管相连的腹杆。

2.1.27 间隙节点　gap joint

两支管的趾部离开一定距离的管节点。

2.1.28 搭接节点　overlap joint

在钢管节点处,两支管相互搭接的节点。

2.1.29 平面管节点　uniplanar joint

支管与主管在同一平面内相互连接的节点。

2.1.30 空间管节点　multiplanar joint

在不同平面内的支管与主管相接而形成的管节点。

2.1.31 组合构件　built-up member

由一块以上的钢板(或型钢)相互连接组成的构件,如工字形截面或箱形截面组合梁或柱。

2.1.32 钢与混凝土组合梁 composite steel and concrete beam
由混凝土翼板与钢梁通过抗剪连接件组合而成能整体受力的梁。

2.2 符　号

2.2.1 作用和作用效应设计值

F——集中荷载；

H——水平力；

M——弯矩；

N——轴心力；

P——高强度螺栓的预拉力；

Q——重力荷载；

R——支座反力；

V——剪力。

2.2.2 计算指标

E——钢材的弹性模量；

E_c——混凝土的弹性模量；

G——钢材的剪变模量；

N_t^a——一个锚栓的抗拉承载力设计值；

N_t^b、N_v^b、N_c^b——一个螺栓的抗拉、抗剪和承压承载力设计值；

N_t^r、N_v^r、N_c^r——一个铆钉的抗拉、抗剪和承压承载力设计值；

N_v^c——组合结构中一个抗剪连接件的抗剪承载力设计值；

N_t^{pj}、N_c^{pj}——受拉和受压支管在管节点处的承载力设计值；

S_b——支撑结构的侧移刚度(产生单位侧倾角的水平力)；

f——钢材的抗拉、抗压和抗弯强度设计值；

f_v——钢材的抗剪强度设计值；

f_{ce}——钢材的端面承压强度设计值；

f_{st}——钢筋的抗拉强度设计值；

f_y——钢材的屈服强度(或屈服点)；

f_t^a——锚栓的抗拉强度设计值；

f_t^b、f_v^b、f_c^b——螺栓的抗拉、抗剪和承压强度设计值；

f_t^r、f_v^r、f_c^r——铆钉的抗拉、抗剪和承压强度设计值；

f_t^w、f_v^w、f_c^w——对接焊缝的抗拉、抗剪和抗压强度设计值；

f_f^w——角焊缝的抗拉、抗剪和抗压强度设计值；

f_c——混凝土抗压强度设计值；

Δu——楼层的层间位移；

$[v_Q]$——仅考虑可变荷载标准值产生的挠度的容许值；

$[v_T]$——同时考虑永久和可变荷载标准值产生的挠度的容许值；

σ——正应力；

σ_c——局部压应力；

σ_f——垂直于角焊缝长度方向，按焊缝有效截面计算的应力；

$\Delta\sigma$——疲劳计算的应力幅或折算应力幅；

$\Delta\sigma_e$——变幅疲劳的等效应力幅；

$[\Delta\sigma]$——疲劳容许应力幅；

σ_{cr}、$\sigma_{c,cr}$、τ_{cr}——板件在弯曲应力、局部压应力和剪应力单独作用时的临界应力；

τ——剪应力；

τ_f——沿角焊缝长度方向，按焊缝有效截面计算的剪应力；

ρ——质量密度。

2.2.3 几何参数

A——毛截面面积；

A_n——净截面面积；

H——柱的高度；

H_1、H_2、H_3——阶形柱上段、中段(或单阶柱下段)、下段的高度；

I——毛截面惯性矩；

I_t——毛截面抗扭惯性矩；

I_w——毛截面扇性惯性矩；

I_n——净截面惯性矩；

S——毛截面面积矩；

W——毛截面模量；

W_n——净截面模量；

W_P——塑性毛截面模量；

W_{Pn}——塑性净截面模量；

a、g——间距；间隙；

b——板的宽度或板的自由外伸宽度；

b_0——箱形截面翼缘板在腹板之间的无支承宽度；混凝土板托顶部的宽度；

b_s——加劲肋的外伸宽度；

b_e——板件的有效宽度；

d——直径；

d_e——有效直径；

d_0——孔径；

e——偏心距；

h——截面全高；楼层高度；

h_{c1}——混凝土板的厚度；

h_{c2}——混凝土板托的厚度；

h_e——角焊缝的计算厚度；

h_f——角焊缝的焊脚尺寸；

h_w——腹板的高度。

h_0——腹板的计算高度；

i——截面回转半径；

l——长度或跨度；

l_1——梁受压翼缘侧向支承间距离；螺栓(或铆钉)受力方向的连接长度；

l_0——弯曲屈曲的计算长度；

l_w——扭转屈曲的计算长度；

l_w——焊缝的计算长度；

l_z——集中荷载在腹板计算高度边缘上的假定分布长度；

s——部分焊透对接焊缝坡口根部至焊缝表面的最短距离；

t——板的厚度；主管壁厚；

t_s——加劲肋厚度；

t_w——腹板的厚度；

α——夹角；

θ——夹角；应力扩散角；

λ_b——梁腹板受弯计算时的通用高厚比；

λ_s——梁腹板受剪计算时的通用高厚比；

λ_c——梁腹板受局部压力计算时的通用高厚比；

λ——长细比；

λ_0、λ_{yz}、λ_z、λ_{uz}——换算长细比。

2.2.4 计算系数及其他

C——用于疲劳计算的有量纲参数；

K_1、K_2——构件线刚度之比；

k_s——构件受剪屈曲系数；

O_v——管节点的支管搭接率；

n——螺栓、铆钉或连接件数目；应力循环次数；

n_1——所计算截面上的螺栓(或铆钉)数目；

n_f——高强度螺栓的传力摩擦面数目；

n_v —— 螺栓或铆钉的剪切面数目；

α —— 线膨胀系数；计算吊车摆动引起的横向力的系数；

α_E —— 钢材与混凝土弹性模量之比；

α_e —— 梁截面模量考虑腹板有效宽度的折减系数；

α_f —— 疲劳计算的欠载效应等效系数；

α_0 —— 柱腹板的应力分布不均匀系数；

α_y —— 钢材强度影响系数；

α_1 —— 梁腹板刨平顶紧时采用的系数；

α_{2i} —— 考虑二阶效应框架第 i 层杆件的侧移弯矩增大系数；

β —— 支管与主管外径之比；用于计算疲劳强度的参数；

β_b —— 梁整体稳定的等效临界弯矩系数；

β_f —— 正面角焊缝的强度设计值增大系数；

β_m、β_t —— 压弯构件稳定的等效弯矩系数；

β_1 —— 折算应力的强度设计值增大系数；

γ —— 栓钉钢材强屈比；

γ_0 —— 结构的重要性系数；

γ_x、γ_y —— 对主轴 x、y 的截面塑性发展系数；

η —— 调整系数；

η_b —— 梁截面不对称影响系数；

η_1、η_2 —— 用于计算阶形柱计算长度的参数；

μ —— 高强度螺栓摩擦面的抗滑移系数；柱的计算长度系数；

μ_1、μ_2、μ_3 —— 阶形柱上段、中段（或单阶柱下段）、下段的计算长度系数；

ξ —— 用于计算梁整体稳定的参数；

ρ —— 腹板受压区有效宽度系数；

φ —— 轴心受压构件的稳定系数；

φ_b、φ'_b —— 梁的整体稳定系数；

ψ —— 集中荷载的增大系数；

ψ_n、ψ_a、ψ_d —— 用于计算直接焊接钢管节点承载力的参数。

3 基本设计规定

3.1 设计原则

3.1.1 本规范除疲劳计算外，采用以概率理论为基础的极限状态设计方法，用分项系数设计表达式进行计算。

3.1.2 承重结构应按下列承载能力极限状态和正常使用极限状态进行设计：

    1 承载能力极限状态包括：构件和连接的强度破坏、疲劳破坏和因过度变形而不适于继续承载，结构和构件丧失稳定，结构转变为机动体系和结构倾覆。

    2 正常使用极限状态包括：影响结构、构件和非结构构件正常使用或外观的变形，影响正常使用的振动，影响正常使用或耐久性能的局部损坏（包括混凝土裂缝）。

3.1.3 设计钢结构时，应根据结构破坏可能产生的后果，采用不同的安全等级。

    一般工业与民用建筑钢结构的安全等级应取为二级，其他特殊建筑钢结构的安全等级应根据具体情况另行确定。

3.1.4 按承载能力极限状态设计钢结构时，应考虑荷载效应的基本组合，必要时尚应考虑荷载效应的偶然组合。

    按正常使用极限状态设计钢结构时，应考虑荷载效应的标准组合，对钢与混凝土组合梁，尚应考虑准永久组合。

3.1.5 计算结构或构件的强度、稳定性以及连接的强度时，应采用荷载设计值（荷载标准值乘以荷载分项系数）；计算疲劳时，应采用荷载标准值。

3.1.6 对于直接承受动力荷载的结构：在计算强度和稳定性时，动力荷载设计值应乘动力系数；在计算疲劳和变形时，动力荷载标准值不乘动力系数。

    计算吊车梁或吊车桁架及其制动结构的疲劳和挠度时，吊车荷载应按作用在跨间内荷载效应最大的一台吊车确定。

3.2 荷载和荷载效应计算

3.2.1 设计钢结构时，荷载的标准值、荷载分项系数、荷载组合值系数、动力荷载的动力系数等，应按现行国家标准《建筑结构荷载规范》GB 50009 的规定采用。

    结构的重要性系数 γ_0 应按现行国家标准《建筑结构可靠度设计统一标准》GB 50068 的规定采用，其中对设计使用年限为 25 年的结构构件，γ_0 不应小于 0.95。

    注：对支承轻屋面的构件或结构（檩条、屋架、框架等），当仅有一个可变荷载且受荷载水平投影面积超过 60m² 时，屋面均布活荷载标准值应取为 0.3kN/m²。

3.2.2 计算重级工作制吊车梁（或吊车桁架）及其制动结构的强度、稳定性以及连接（吊车梁或吊车桁架、制动结构、柱相互间的连接）的强度时，应考虑由吊车摆动引起的横向水平力（此水平力不与荷载规范规定的横向水平荷载同时考虑），作用于每个轮压处的此水平力标准值可由下式进行计算：

$$H_k = \alpha P_{k.max} \tag{3.2.2}$$

式中 $P_{k.max}$ —— 吊车最大轮压标准值；

    α —— 系数，对一般软钩吊车 $\alpha=0.1$，抓斗或磁盘吊车宜采用 $\alpha=0.15$，硬钩吊车宜采用 $\alpha=0.2$。

    注：现行国家标准《起重机设计规范》GB/T 3811 将吊车工作级别划分为 A1～A8 级。在一般情况下，本规范中的轻级工作制相当于 A1～A3 级；中级工作制相当于 A4、A5 级；重级工作制相当于 A6～A8 级，其中 A8 属于特重级。

3.2.3 计算屋盖桁架考虑悬挂吊车和电动葫芦的荷载时，在同一跨间每条运行线路上的台数：对梁式吊车不宜多于 2 台；对电动葫芦不宜多于 1 台。

3.2.4 计算冶炼车间或其他类似车间的工作平台结构时，由检修材料所产生的荷载，可乘以下列折减系数：

    主梁：   0.85。

    柱（包括基础）： 0.75。

3.2.5 结构的计算模型和基本假定应尽量与构件连接的实际性能相符合。

3.2.6 建筑结构的内力一般按结构静力学方法进行弹性分析，符合本规范第 9 章的超静定结构，可采用塑性分析。采用弹性分析的结构中，构件截面允许有塑性变形发展。

3.2.7 框架结构中，梁与柱的刚性连接应符合受力过程中梁柱间交角不变的假定，同时连接应具有充分的强度承受交汇构件端部传递的所有最不利内力。梁与柱铰接时，应使连接具有充分的转动能力，且能有效地传递横向剪力与轴心力。梁与柱的半刚性连接只具有有限的转动刚度，在承受弯矩的同时会产生相应的交角变化，在内力分析时，必须预先确定连接的弯矩-转角特性曲线，以便考虑连接变形的影响。

3.2.8 框架结构内力分析宜符合下列规定：

    1 框架结构可采用一阶弹性分析。

    2 对 $\dfrac{\sum N \cdot \Delta u}{\sum H \cdot h} > 0.1$ 的框架结构宜采用二阶弹性分析，此时应在每层柱顶附加考虑由公式（3.2.8-1）计算的假想水平力 H_{ni}。

$$H_{ni} = \frac{\alpha_y Q_i}{250} \sqrt{0.2 + \frac{1}{n_s}} \tag{3.2.8-1}$$

式中 Q_i —— 第 i 楼层的总重力荷载设计值；

    n_s —— 框架总层数；当 $\sqrt{0.2+1/n_s}>1$ 时，取此根号值为 1.0；

    α_y —— 钢材强度影响系数，其值：Q235 钢为 1.0；Q345 钢

为 1.1；Q390 钢为 1.2；Q420 钢为 1.25。

对无支撑的纯框架结构，当采用二阶弹性分析时，各杆件杆端的弯矩 $M_{\rm II}$ 可用下列近似公式进行计算：

$$M_{\rm II} = M_{\rm Ib} + \alpha_{2i}M_{\rm Is} \qquad (3.2.8-2)$$

$$\alpha_{2i} = \frac{1}{1 - \dfrac{\sum N \cdot \Delta u}{\sum H \cdot h}} \qquad (3.2.8-3)$$

式中 $M_{\rm Ib}$——假定框架无侧移时按一阶弹性分析求得的各杆件端弯矩；

$\quad M_{\rm Is}$——框架各节点侧移时按一阶弹性分析求得的杆件端弯矩；

$\quad \alpha_{2i}$——考虑二阶效应第 i 层杆件的侧移弯矩增大系数；

$\quad \sum N$——所计算楼层各柱轴心压力设计值之和；

$\quad \sum H$——产生层间侧移 Δu 的所计算楼层及以上各层的水平力之和；

$\quad \Delta u$——按一阶弹性分析求得的所计算楼层的层间侧移，当确定是否采用二阶弹性分析时，Δu 可近似采用层间相对位移的容许值 $[\Delta u]$，$[\Delta u]$ 见本规范附录 A 第 A.2 节；

$\quad h$——所计算楼层的高度。

注：1 当按公式（3.2.8-3）计算的 $\alpha_{2i} > 1.33$ 时，宜增大框架结构的刚度。
 2 本条规定不适用于山形门式刚架或其他类似的结构以及按本规范第 9 章进行塑性设计的框架结构。

3.3 材料选用

3.3.1 为保证承重结构的承载能力和防止在一定条件下出现脆性破坏，应根据结构的重要性、荷载特征、结构形式、应力状态、连接方法、钢材厚度和工作环境等因素综合考虑，选用合适的钢材牌号和材性。

承重结构的钢材宜采用 Q235 钢、Q345 钢、Q390 钢和 Q420 钢，其质量应分别符合现行国家标准《碳素结构钢》GB/T 700 和《低合金高强度结构钢》GB/T 1591 的规定。当采用其他牌号的钢材时，尚应符合相应有关标准的规定和要求。

3.3.2 下列情况的承重结构和构件不应采用 Q235 沸腾钢：

1 焊接结构。

1）直接承受动力荷载或振动荷载且需要验算疲劳的结构。

2）工作温度低于 $-20℃$ 时的直接承受动力荷载或振动荷载但可不验算疲劳的结构以及承受静力荷载的受弯及受拉的重要承重结构。

3）工作温度等于或低于 $-30℃$ 的所有承重结构。

2 非焊接结构。工作温度等于或低于 $-20℃$ 的直接承受动力荷载且需要验算疲劳的结构。

3.3.3 承重结构采用的钢材应具有抗拉强度、伸长率、屈服强度和硫、磷含量的合格保证，对焊接结构尚应具有碳含量的合格保证。

焊接承重结构以及重要的非焊接承重结构采用的钢材还应具有冷弯试验的合格保证。

3.3.4 对于需要验算疲劳的焊接结构的钢材，应具有常温冲击韧性的合格保证。当结构工作温度不高于 0℃ 但高于 $-20℃$ 时，Q235 和 Q345 钢应具有 0℃ 冲击韧性的合格保证；对 Q390 钢和 Q420 钢应具有 $-20℃$ 冲击韧性的合格保证。当结构工作温度不高于 $-20℃$ 时，对 Q235 钢和 Q345 钢应具有 $-20℃$ 冲击韧性的合格保证；对 Q390 钢和 Q420 钢应具有 $-40℃$ 冲击韧性的合格保证。

对于需要验算疲劳的非焊接结构的钢材亦应具有常温冲击韧性的合格保证。当结构工作温度不高于 $-20℃$ 时，对 Q235 钢和 Q345 钢应具有 0℃ 冲击韧性的合格保证；对 Q390 钢和 Q420 钢应具有 $-20℃$ 冲击韧性的合格保证。

注：吊车起重量不小于 50t 的中级工作制吊车梁，对钢材冲击韧性的要求应与需要验算疲劳的构件相同。

3.3.5 钢铸件采用的铸钢材质应符合现行国家标准《一般工程用铸造碳钢件》GB/T 11352 的规定。

3.3.6 当焊接承重结构为防止钢材的层状撕裂而采用 Z 向钢时，其材质应符合现行国家标准《厚度方向性能钢板》GB/T 5313 的规定。

3.3.7 对处于外露环境，且对耐腐蚀有特殊要求的或在腐蚀性气态和固态介质作用下的承重结构，宜采用耐候钢，其质量要求应符合现行国家标准《焊接结构用耐候钢》GB/T 4172 的规定。

3.3.8 钢结构的连接材料应符合下列要求：

1 手工焊接采用的焊条，应符合现行国家标准《碳钢焊条》GB/T 5117 或《低合金钢焊条》GB/T 5118 的规定。选择的焊条型号应与主体金属力学性能相适应。对直接承受动力荷载或振动荷载且需要验算疲劳的结构，宜采用低氢型焊条。

2 自动焊接或半自动焊接采用的焊丝和相应的焊剂应与主体金属力学性能相适应，并应符合现行国家标准的规定。

3 普通螺栓应符合现行国家标准《六角头螺栓 C 级》GB/T 5780 和《六角头螺栓》GB/T 5782 的规定。

4 高强度螺栓应符合现行国家标准《钢结构用高强度大六角头螺栓》GB/T 1228、《钢结构用高强度大六角螺母》GB/T 1229、《钢结构用高强度垫圈》GB/T 1230、《钢结构用高强度大六角头螺栓、大六角螺母、垫圈技术条件》GB/T 1231 或《钢结构用扭剪型高强度螺栓连接副》GB/T 3632、《钢结构用扭剪型高强度螺栓连接副 技术条件》GB/T 3633 的规定。

5 圆柱头焊钉（栓钉）连接件的材料应符合现行国家标准电弧螺栓焊用《圆柱头焊钉》GB/T 10433 的规定。

6 铆钉应采用现行国家标准《标准件用碳素钢热轧圆钢》GB/T 715 中规定的 BL2 或 BL3 号钢制成。

7 锚栓可采用现行国家标准《碳素结构钢》GB/T 700 中规定的 Q235 钢或《低合金高强度结构钢》GB/T 1591 中规定的 Q345 钢制成。

3.4 设计指标

3.4.1 钢材的强度设计值，应根据钢材厚度或直径按表 3.4.1-1 采用。钢铸件的强度设计值应按表 3.4.1-2 采用。连接的强度设计值应按表 3.4.1-3 至表 3.4.1-5 采用。

表 3.4.1-1 钢材的强度设计值（N/mm²）

钢 材		抗拉、抗压和抗弯 f	抗 剪 $f_{\rm v}$	端面承压（刨平顶紧）$f_{\rm ce}$
牌 号	厚度或直径（mm）			
Q235 钢	≤16	215	125	325
	>16～40	205	120	
	>40～60	200	115	
	>60～100	190	110	
Q345 钢	≤16	310	180	400
	>16～35	295	170	
	>35～50	265	155	
	>50～100	250	145	
Q390 钢	≤16	350	205	415
	>16～35	335	190	
	>35～50	315	180	
	>50～100	295	170	

钢材		抗拉、抗压和抗弯 f	抗剪 f_v	端面承压(刨平顶紧) f_{ce}
牌号	厚度或直径(mm)			
Q420钢	≤16	380	220	440
	>16~35	360	210	
	>35~50	340	195	
	>50~100	325	185	

注：表中厚度系指计算点的钢材厚度，对轴心受拉和轴心受压构件系指截面中较厚板件的厚度。

表 3.4.1-2 钢铸件的强度设计值(N/mm²)

钢 号	抗拉、抗压和抗弯 f	抗剪 f_v	端面承压(刨平顶紧) f_{ce}
ZG200-400	155	90	260
ZG230-450	180	105	290
ZG270-500	210	120	325
ZG310-570	240	140	370

表 3.4.1-3 焊缝的强度设计值(N/mm²)

焊接方法和焊条型号	构件钢材		对接焊缝				角焊缝
	牌号	厚度或直径(mm)	抗压 f_c^w	焊缝质量为下列等级时，抗拉 f_t^w		抗剪 f_v^w	抗拉、抗压和抗剪 f_f^w
				一级、二级	三级		
自动焊、半自动焊和E43型焊条的手工焊	Q235钢	≤16	215	215	185	125	160
		>16~40	205	205	175	120	
		>40~60	200	200	160	115	
		>60~100	190	190	160	110	
自动焊、半自动焊和E50型焊条的手工焊	Q345钢	≤16	310	310	265	180	200
		>16~35	295	295	250	170	
		>35~50	265	265	225	155	
		>50~100	250	250	210	145	
自动焊、半自动焊和E55型焊条的手工焊	Q390钢	≤16	350	350	300	205	220
		>16~35	335	335	285	190	
		>35~50	315	315	270	180	
		>50~100	295	295	250	170	
	Q420钢	≤16	380	380	320	220	220
		>16~35	360	360	305	210	
		>35~50	340	340	290	195	
		>50~100	325	325	250	185	

注：1 自动焊和半自动焊所用的焊丝和焊剂，应保证其熔敷金属的力学性能不低于现行国家标准《埋弧焊用碳钢焊丝和焊剂》GB/T 5293和《低合金钢埋弧焊用焊剂》GB/T 12470中相关的规定。

2 焊缝质量等级应符合现行国家标准《钢结构工程施工质量验收规范》GB 50205的规定。其中厚度小于8mm钢材的对接焊缝，不应采用超声波探伤确定焊缝质量等级。

3 对接焊缝在受压区的抗弯强度设计值取 f_c^w，在受拉区的抗弯强度设计值取 f_t^w。

4 表中厚度系指计算点的钢材厚度，对轴心受拉和轴心受压构件系指截面中较厚板件的厚度。

表 3.4.1-4 螺栓连接的强度设计值(N/mm²)

螺栓的性能等级、锚栓和构件钢材的牌号	普通螺栓						锚栓	承压型连接高强度螺栓		
	C级螺栓			A级、B级螺栓						
	抗拉 f_t^b	抗剪 f_v^b	承压 f_c^b	抗拉 f_t^b	抗剪 f_v^b	承压 f_c^b	抗拉 f_t^b	抗拉 f_t^b	抗剪 f_v^b	承压 f_c^b
普通螺栓 4.6级、4.8级	170	140	—							
普通螺栓 5.6级				210	190					
普通螺栓 8.8级				400	320					
锚栓 Q235钢							140			
锚栓 Q345钢							180			

螺栓的性能等级、锚栓和构件钢材的牌号	普通螺栓						锚栓	承压型连接高强度螺栓		
	C级螺栓			A级、B级螺栓						
	抗拉 f_t^b	抗剪 f_v^b	承压 f_c^b	抗拉 f_t^b	抗剪 f_v^b	承压 f_c^b	抗拉 f_t^b	抗拉 f_t^b	抗剪 f_v^b	承压 f_c^b
承压型连接高强度螺栓 8.8级	—	—	—	—	—	—	—	400	250	—
承压型连接高强度螺栓 10.9级	—	—	—	—	—	—	—	500	310	—
构件 Q235钢	—	—	305	—	—	405	—	—	—	470
构件 Q345钢	—	—	385	—	—	510	—	—	—	590
构件 Q390钢	—	—	400	—	—	530	—	—	—	615
构件 Q420钢	—	—	425	—	—	560	—	—	—	655

注：1 A级螺栓用于 d≤24mm 和 l≤10d 或 l≤150mm(按较小值)的螺栓；B级螺栓用于 d>24mm 或 l>10d 或 l>150mm(按较小值)的螺栓。d 为公称直径，l 为螺杆公称长度。

2 A、B级螺栓孔的精度和孔壁表面粗糙度，C级螺栓孔的允许偏差和孔壁表面粗糙度，均应符合现行国家标准《钢结构工程施工质量验收规范》GB 50205的要求。

表 3.4.1-5 铆钉连接的强度设计值(N/mm²)

铆钉钢号和构件钢材牌号	抗拉(钉头拉脱) f_t^r	抗剪 f_v^r		承压 f_c^r	
		Ⅰ类孔	Ⅱ类孔	Ⅰ类孔	Ⅱ类孔
铆钉 BL2或BL3	120	185	155	—	—
构件 Q235钢				450	365
构件 Q345钢				565	460
构件 Q390钢				590	480

注：1 属于下列情况的为Ⅰ类孔：
1)在装配好的构件上按设计孔径成的孔；
2)在单个零件和构件上按设计孔径分别用钻模钻成的孔；
3)在单个零件上先钻成或冲成较小的孔径，然后在装配好的构件上再扩钻至设计孔径的孔。

2 在单个零件上一次冲成或不用钻模钻成设计孔径的孔属于Ⅱ类孔。

3.4.2 计算下列情况的结构构件或连接时，第3.4.1条规定的强度设计值应乘以相应的折减系数。

1 单面连接的单角钢：
1)按轴心受力计算强度和连接乘以系数 0.85；
2)按轴心受压计算稳定性：
等边角钢乘以系数 $0.6+0.0015\lambda$，但不大于1.0；
短边相连的不等边角钢乘以系数
$0.5+0.0025\lambda$，但不大于1.0；
长边相连的不等边角钢乘以系数 0.70；
λ 为长细比，对中间无联系的单角钢压杆，应按最小回转半径计算，当 λ<20时，取 λ=20；

2 无垫板的单面施焊对接焊缝乘以系数 0.85；

3 施工条件较差的高空安装焊缝和铆钉连接乘以系数0.90；

4 沉头和半沉头铆钉连接乘以系数 0.80。

注：当几种情况同时存在时，其折减系数应连乘。

3.4.3 钢材和钢铸件的物理性能指标应按表3.4.3采用。

表 3.4.3 钢材和钢铸件的物理性能指标

弹性模量 E (N/mm²)	剪变模量 G (N/mm²)	线膨胀系数 α (以每℃计)	质量密度 ρ (kg/m³)
$206×10^3$	$79×10^3$	$12×10^{-6}$	7850

3.5 结构或构件变形的规定

3.5.1 为了不影响结构或构件的正常使用和观感，设计时应对结构或构件的变形(挠度或侧移)规定相应的限值。一般情况下，结构或构件变形的容许值见本规范附录A的规定。当有实践经验或有特殊要求时，可根据不影响正常使用和观感的原则对附录A的规定进行适当地调整。

3.5.2 计算结构或构件的变形时，可不考虑螺栓(或铆钉)孔引起的截面削弱。

3.5.3 为改善外观和使用条件，可将横向受力构件预先起拱，起拱大小应视实际需要而定,一般为恒载标准值加 1/2 活载标准值所产生的挠度值。当仅为改善外观条件时,构件挠度应取在恒载和活荷载标准值作用下的挠度计算值减去起拱度。

4 受弯构件的计算

4.1 强 度

4.1.1 在主平面内受弯的实腹构件(考虑腹板屈曲后强度者参见本规范第 4.4.1 条),其抗弯强度应按下列规定计算:

$$\frac{M_x}{\gamma_x W_{nx}} + \frac{M_y}{\gamma_y W_{ny}} \leqslant f \qquad (4.1.1)$$

式中 M_x、M_y——同一截面处绕 x 轴和 y 轴的弯矩(对工字形截面:x 轴为强轴,y 轴为弱轴);

W_{nx}、W_{ny}——对 x 轴和 y 轴的净截面模量;

γ_x、γ_y——截面塑性发展系数;对工字形截面,$\gamma_x = 1.05$,$\gamma_y = 1.20$;对箱形截面,$\gamma_x = \gamma_y = 1.05$;对其他截面,可按表 5.2.1 采用;

f——钢材的抗弯强度设计值。

当梁受压翼缘的自由外伸宽度与其厚度之比大于 $13\sqrt{235/f_y}$,而不超过 $15\sqrt{235/f_y}$ 时,应取 $\gamma_x = 1.0$。f_y 为钢材牌号所指屈服点。

对需要计算疲劳的梁,宜取 $\gamma_x = \gamma_y = 1.0$。

4.1.2 在主平面内受弯的实腹构件(考虑腹板屈曲后强度者参见本规范第 4.4.1 条),其抗剪强度应按下式计算:

$$\tau = \frac{VS}{It_w} \leqslant f_v \qquad (4.1.2)$$

式中 V——计算截面沿腹板平面作用的剪力;

S——计算剪应力处以上毛截面对中和轴的面积矩;

I——毛截面惯性矩;

t_w——腹板厚度;

f_v——钢材的抗剪强度设计值。

4.1.3 当梁上翼缘受有沿腹板平面作用的集中荷载、且该荷载处又未设置支承加劲肋时,腹板计算高度上边缘的局部承压强度应按下式计算:

$$\sigma_c = \frac{\psi F}{t_w l_z} \leqslant f \qquad (4.1.3-1)$$

式中 F——集中荷载,对动力荷载应考虑动力系数;

ψ——集中荷载增大系数;对重级工作制吊车梁,$\psi = 1.35$;对其他梁,$\psi = 1.0$;

l_z——集中荷载在腹板计算高度上边缘的假定分布长度,按下式计算:

$$l_z = a + 5h_y + 2h_R \qquad (4.1.3-2)$$

a——集中荷载沿跨度方向的支承长度,对钢轨上的轮压可取 50mm;

h_y——自梁顶面至腹板计算高度上边缘的距离;

h_R——轨道的高度,对梁顶无轨道的梁 $h_R = 0$;

f——钢材的抗压强度设计值。

在梁的支座处,当不设置支承加劲肋时,也应按公式(4.1.3-1)计算腹板计算高度下边缘的局部压应力,但 ψ 取 1.0。支座集中反力的假定分布长度,应根据支座具体尺寸参照公式(4.1.3-2)计算。

注:腹板的计算高度 h_0:对轧制型钢梁,为腹板与上、下翼缘相接处两内弧起点间的距离;对焊接组合梁,为腹板高度;对铆接(或高强度螺栓连接)组合梁,为上、下翼缘与腹板连接的铆钉(或高强度螺栓)线间最近距离(见图 4.3.2)。

4.1.4 在梁的腹板计算高度边缘处,若同时受有较大的正应力、剪应力和局部压应力,或同时受有较大的正应力和剪应力(如连续梁中部支座处或梁的翼缘截面改变处等)时,其折算应力应按下式计算:

$$\sqrt{\sigma^2 + \sigma_c^2 - \sigma\sigma_c + 3\tau^2} \leqslant \beta_1 f \qquad (4.1.4-1)$$

式中 σ、τ、σ_c——腹板计算高度边缘同一点上同时产生的正应力、剪应力和局部压应力,τ 和 σ_c 应按公式(4.1.2)和公式(4.1.3-1)计算,σ 应按下式计算:

$$\sigma = \frac{M}{I_n} y_1 \qquad (4.1.4-2)$$

σ 和 σ_c 以拉应力为正值,压应力为负值;

I_n——梁净截面惯性矩;

y_1——所计算点至梁中和轴的距离;

β_1——计算折算应力的强度设计值增大系数;当 σ 与 σ_c 异号时,取 $\beta_1 = 1.2$;当 σ 与 σ_c 同号或 $\sigma_c = 0$ 时,取 $\beta_1 = 1.1$。

4.2 整 体 稳 定

4.2.1 符合下列情况之一时,可不计算梁的整体稳定性:

1 有铺板(各种钢筋混凝土板和钢板)密铺在梁的受压翼缘上并与其牢固相连、能阻止梁受压翼缘的侧向位移时。

2 H 型钢或等截面工字形简支受压翼缘的自由长度 l_1 与其宽度 b_1 之比不超过表 4.2.1 所规定的数值时。

表 4.2.1 H 型钢或等截面工字形简支梁不需计算整体稳定性的最大 l_1/b_1 值

钢号	跨中无侧向支承点的梁		跨中受压翼缘有侧向支承点的梁,不论荷载作用于何处
	荷载作用在上翼缘	荷载作用在下翼缘	
Q235	13.0	20.0	16.0
Q345	10.5	16.5	13.0
Q390	10.0	15.5	12.5
Q420	9.5	15.0	12.0

注:其他钢号的梁不需计算整体稳定性的最大 l_1/b_1 值,应取 Q235 的数值乘以 $\sqrt{235/f_y}$。

对跨中无侧向支承点的梁,l_1 为其跨度;对跨中有侧向支承点的梁,l_1 为受压翼缘侧向支承点间的距离(梁的支座处视为有侧向支承)。

4.2.2 除 4.2.1 条所指情况外,在最大刚度主平面内受弯的构件,其整体稳定性应按下式计算:

$$\frac{M_x}{\varphi_b W_x} \leqslant f \qquad (4.2.2)$$

式中 M_x——绕强轴作用的最大弯矩;

W_x——按受压纤维确定的梁毛截面模量;

φ_b——梁的整体稳定性系数,应按附录 B 确定。

4.2.3 除 4.2.1 条所指情况外,在两个主平面受弯的 H 型钢截面或工字形截面构件,其整体稳定性应按下式计算:

$$\frac{M_x}{\varphi_b W_x} + \frac{M_y}{\gamma_y W_y} \leqslant f \qquad (4.2.3)$$

式中 W_x、W_y——按受压纤维确定的对 x 轴和对 y 轴毛截面模量;

φ_b——绕强轴弯曲所确定的梁整体稳定系数,见 4.2.2 条。

4.2.4 不符合 4.2.1 条 1 款情况的箱形截面简支梁,其截面尺寸(图 4.2.4)应满足 $h/b_0 \leqslant 6$,$l_1/b_0 \leqslant 95(235/f_y)$。

符合上述规定的箱形截面简支梁,可不计算整体稳定性。

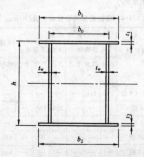

图 4.2.4 箱形截面

4.2.5 梁的支座处,应采取构造措施,以防止梁端截面的扭转。

4.2.6 用作减小梁受压翼缘自由长度的侧向支撑,其支撑力应将梁的受压翼缘视为轴心压杆按5.1.7条计算。

4.3 局部稳定

4.3.1 承受静力荷载和间接承受动力荷载的组合梁宜考虑腹板屈曲后强度,按本规范第4.4节的规定计算其抗弯和抗剪承力力;而直接承受动力荷载的吊车梁及类似构件或其他不考虑屈曲后强度的组合梁,则应按本规范第4.3.2条的规定配置加劲肋。当$h_0/t_w > 80\sqrt{235/f_y}$时,尚应按本规范第4.3.3条至第4.3.5条的规定计算腹板的稳定性。

轻、中级工作制吊车梁计算腹板的稳定性时,吊车轮压设计值可乘以折减系数0.9。

4.3.2 组合梁腹板配置加劲肋应符合下列规定(图4.3.2):

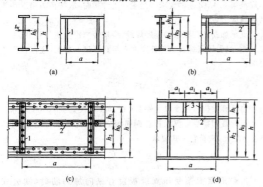

图 4.3.2 加劲肋布置

1—横向加劲肋;2—纵向加劲肋;3—短加劲肋

1 当$h_0/t_w \leqslant 80\sqrt{235/f_y}$时,对有局部压应力($\sigma_c \neq 0$)的梁,应按构造配置横向加劲肋;但对无局部压应力($\sigma_c = 0$)的梁,可不配置加劲肋。

2 当$h_0/t_w > 80\sqrt{235/f_y}$时,应配置横向加劲肋。其中,当$h_0/t_w > 170\sqrt{235/f_y}$(受压翼缘扭转受到约束,如连有刚性铺板、制动板或焊有钢轨时)或$h_0/t_w > 150\sqrt{235/f_y}$(受压翼缘扭转未受到约束时),或按计算需要时,应在弯曲应力较大区格的受压区增加配置纵向加劲肋。局部压应力很大的梁,必要时尚宜在受压区配置短加劲肋。

任何情况下,h_0/t_w均不应超过250。

此处h_0为腹板的计算高度(对单轴对称梁,当确定是否要配置纵向加劲肋时,h_0应取腹板受压区高度h_c的2倍),t_w为腹板的厚度。

3 梁的支座处和上翼缘受有较大固定集中荷载处,宜设置支承加劲肋。

4.3.3 仅配置横向加劲肋的腹板(图4.3.2a),其各区格的局部稳定应按下式计算:

$$\left(\frac{\sigma}{\sigma_{cr}}\right)^2 + \left(\frac{\tau}{\tau_{cr}}\right)^2 + \frac{\sigma_c}{\sigma_{c,cr}} \leqslant 1 \quad (4.3.3-1)$$

式中 σ ——所计算腹板区格内,由平均弯矩产生的腹板计算高度边缘的弯曲压应力;

τ ——所计算腹板区格内,由平均剪力产生的腹板平均剪应力,应按$\tau = V/(h_w t_w)$计算,h_w为腹板高度;

σ_c ——腹板计算高度边缘的局部压应力,应按公式(4.1.3-1)计算,但取式中的$\psi = 1.0$;

σ_{cr}、τ_{cr}、$\sigma_{c,cr}$——各种应力单独作用下的临界应力,按下列方法计算:

1)σ_{cr}按下列公式计算:

当$\lambda_b \leqslant 0.85$时:

$$\sigma_{cr} = f \quad (4.3.3-2a)$$

当$0.85 < \lambda_b \leqslant 1.25$时:

$$\sigma_{cr} = [1 - 0.75(\lambda_b - 0.85)]f \quad (4.3.3-2b)$$

当$\lambda_b > 1.25$时:

$$\sigma_{cr} = 1.1f/\lambda_b^2 \quad (4.3.3-2c)$$

式中 λ_b——用于腹板受弯计算时的通用高厚比;

当梁受压翼缘扭转受到约束时:

$$\lambda_b = \frac{2h_c/t_w}{177}\sqrt{\frac{f_y}{235}} \quad (4.3.3-2d)$$

当梁受压翼缘扭转未受到约束时:

$$\lambda_b = \frac{2h_c/t_w}{153}\sqrt{\frac{f_y}{235}} \quad (4.3.3-2e)$$

h_c——梁腹板弯曲受压区高度,对双轴对称截面$2h_c = h_0$。

2)τ_{cr}按下列公式计算:

当$\lambda_s \leqslant 0.8$时:

$$\tau_{cr} = f_v \quad (4.3.3-3a)$$

当$0.8 < \lambda_s \leqslant 1.2$时:

$$\tau_{cr} = [1 - 0.59(\lambda_s - 0.8)]f_v \quad (4.3.3-3b)$$

当$\lambda_s > 1.2$时:

$$\tau_{cr} = 1.1f_v/\lambda_s^2 \quad (4.3.3-3c)$$

式中 λ_s——用于腹板受剪计算时的通用高厚比。

当$a/h_0 \leqslant 1.0$时:

$$\lambda_s = \frac{h_0/t_w}{41\sqrt{4 + 5.34(h_0/a)^2}}\sqrt{\frac{f_y}{235}} \quad (4.3.3-3d)$$

当$a/h_0 > 1.0$时:

$$\lambda_s = \frac{h_0/t_w}{41\sqrt{5.34 + 4(h_0/a)^2}}\sqrt{\frac{f_y}{235}} \quad (4.3.3-3e)$$

3)$\sigma_{c,cr}$按下列公式计算:

当$\lambda_c \leqslant 0.9$时:

$$\sigma_{c,cr} = f \quad (4.3.3-4a)$$

当$0.9 < \lambda_c \leqslant 1.2$时:

$$\sigma_{c,cr} = [1 - 0.79(\lambda_c - 0.9)]f \quad (4.3.3-4b)$$

当$\lambda_c > 1.2$时:

$$\sigma_{c,cr} = 1.1f/\lambda_c^2 \quad (4.3.3-4c)$$

式中 λ_c——用于腹板受局部压力计算时的通用高厚比。

当$0.5 \leqslant a/h_0 \leqslant 1.5$时:

$$\lambda_c = \frac{h_0/t_w}{28\sqrt{10.9 + 13.4(1.83 - a/h_0)^3}}\sqrt{\frac{f_y}{235}} \quad (4.3.3-4d)$$

当$1.5 < a/h_0 \leqslant 2.0$时:

$$\lambda_c = \frac{h_0/t_w}{28\sqrt{18.9 - 5a/h_0}}\sqrt{\frac{f_y}{235}} \quad (4.3.3-4e)$$

4.3.4 同时用横向加劲肋和纵向加劲肋加强的腹板(图4.3.2b、c),其局部稳定性应按下列公式计算:

1 受压翼缘与纵向加劲肋之间的区格:

$$\frac{\sigma}{\sigma_{cr1}} + \left(\frac{\tau}{\tau_{cr1}}\right)^2 + \left(\frac{\sigma_c}{\sigma_{c,cr1}}\right)^2 \leqslant 1.0 \quad (4.3.4-1)$$

式中 σ_{cr1}、τ_{cr1}、$\sigma_{c,cr1}$分别按下列方法计算:

1)σ_{cr1}按公式(4.3.3-2)计算,但式中的λ_b改用下列λ_{b1}代替。

当梁受压翼缘扭转受到约束时:

$$\lambda_{b1} = \frac{h_1/t_w}{75}\sqrt{\frac{f_y}{235}} \quad (4.3.4-2a)$$

当梁受压翼缘扭转未受到约束时:

$$\lambda_{b1} = \frac{h_1/t_w}{64}\sqrt{\frac{f_y}{235}} \quad (4.3.4-2b)$$

式中 h_1——纵向加劲肋至腹板计算高度受压边缘的距离。

2)τ_{cr1}按公式(4.3.3-3)计算,将式中的h_0改为h_1。

3)$\sigma_{c,cr1}$按公式(4.3.3-2)计算,但式中的λ_b改用下列λ_{c1}代替。

当梁受压翼缘扭转受到约束时:

$$\lambda_{c1}=\frac{h_1/t_w}{56}\sqrt{\frac{f_y}{235}} \qquad (4.3.4\text{-}3a)$$

当梁受压翼缘扭转未受到约束时:

$$\lambda_{c1}=\frac{h_1/t_w}{40}\sqrt{\frac{f_y}{235}} \qquad (4.3.4\text{-}3b)$$

2 受拉翼缘与纵向加劲肋之间的区格:

$$\left(\frac{\sigma_2}{\sigma_{cr2}}\right)^2+\left(\frac{\tau}{\tau_{cr2}}\right)^2+\frac{\sigma_{c2}}{\sigma_{c,cr2}}\leqslant 1.0 \qquad (4.3.4\text{-}4)$$

式中 σ_2——所计算区格内由平均弯矩产生的腹板在纵向加劲肋处的弯曲压应力;

σ_{c2}——腹板在纵向加劲肋处的横向压应力,取$0.3\sigma_c$。

1)σ_{cr2}按公式(4.3.3-2)计算,但式中的λ_b改用下列λ_{b2}代替。

$$\lambda_{b2}=\frac{h_2/t_w}{194}\sqrt{\frac{f_y}{235}} \qquad (4.3.4\text{-}5)$$

2)τ_{cr2}按公式(4.3.3-3)计算,将式中的h_0改为h_2($h_2=h_0-h_1$)。

3)$\sigma_{c,cr2}$按公式(4.3.3-4)计算,但式中的h_0改为h_2,当$a/h_2>2$时,取$a/h_2=2$。

4.3.5 在受压翼缘与纵向加劲肋之间设有短加劲肋的区格(图4.3.2d),其局部稳定性按式(4.3.4-1)计算。该式中的σ_{cr1}仍按4.3.4条1款之1)计算;τ_{cr1}按式(4.3.3-3)计算,但将h_0和a改为h_1和a_1(a_1为短加劲肋间距);$\sigma_{c,cr1}$按式(4.3.3-2)计算,但式中λ_b改用下列λ_{c1}代替。

当梁受压翼缘扭转受到约束时:

$$\lambda_{c1}=\frac{a_1/t_w}{87}\sqrt{\frac{f_y}{235}} \qquad (4.3.5a)$$

当梁受压翼缘扭转未受到约束时:

$$\lambda_{c1}=\frac{a_1/t_w}{73}\sqrt{\frac{f_y}{235}} \qquad (4.3.5b)$$

对$a_1/h_1>1.2$的区格,公式(4.3.5)右侧应乘以$1/\left(0.4+0.5\frac{a_1}{h_1}\right)^{\frac{1}{2}}$。

4.3.6 加劲肋宜在腹板两侧成对配置,也可单侧配置,但支承加劲肋、重级工作制吊车梁的加劲肋不应单侧配置。

横向加劲肋的最小间距应为$0.5h_0$,最大间距应为$2h_0$(对无局部压应力的梁,当$h_0/t_w\leqslant100$时,可采用$2.5h_0$)。纵向加劲肋至腹板计算高度受压边缘的距离应在$h_c/2.5\sim h_c/2$范围内。

在腹板两侧成对配置的钢板横向加劲肋,其截面尺寸应符合下列公式要求:

外伸宽度:

$$b_s\geqslant\frac{h_0}{30}+40 \quad (mm) \qquad (4.3.6\text{-}1)$$

厚度:

$$t_s\geqslant\frac{b_s}{15} \qquad (4.3.6\text{-}2)$$

在腹板一侧配置的钢板横向加劲肋,其外伸宽度应大于按公式(4.3.6-1)算得的1.2倍,厚度不应小于其外伸宽度的1/15。

在同时用横向加劲肋和纵向加劲肋加强的腹板中,横向加劲肋的截面尺寸除应符合上述规定外,其截面惯性矩I_z尚应符合下式要求:

$$I_z\geqslant3h_0t_w^3 \qquad (4.3.6\text{-}3)$$

纵向加劲肋的截面惯性矩I_y,应符合下列公式要求:

当$a/h_0\leqslant0.85$时:

$$I_y\geqslant1.5h_0t_w^3 \qquad (4.3.6\text{-}4a)$$

当$a/h_0>0.85$时:

$$I_y\geqslant\left(2.5-0.45\frac{a}{h_0}\right)\left(\frac{a}{h_0}\right)^2h_0t_w^3 \qquad (4.3.6\text{-}4b)$$

短加劲肋的最小间距为$0.75h_1$。短加劲肋外伸宽度应取横向加劲肋外伸宽度的$0.7\sim1.0$倍,厚度不应小于短加劲肋外伸宽度的1/15。

注:1 用型钢(H型钢、工字钢、槽钢、肢尖焊于腹板的角钢)做成的加劲肋,其截面惯性矩不得小于相应钢板加劲肋的惯性矩。

2 在腹板两侧成对配置的加劲肋,其截面惯性矩应按梁腹板中心线为轴线进行计算。

3 在腹板一侧配置的加劲肋,其截面惯性矩应按与加劲肋相连的腹板边缘为轴线进行计算。

4.3.7 梁的支承加劲肋,应按承受梁支座反力或固定集中荷载的轴心受压构件计算其在腹板平面外的稳定性。此受压构件的截面应包括加劲肋和加劲肋每侧$15t_w\sqrt{235/f_y}$范围内的腹板面积,计算长度取h_0。

当梁支承加劲肋的端部为刨平顶紧时,应按其所承受的支座反力或固定集中荷载计算其端面承压应力(对突缘支座尚应符合本规范第8.4.12条的要求);当端部为焊接时,应按传力情况计算其焊缝应力。

支承加劲肋与腹板的连接焊缝,应按传力需要进行计算。

4.3.8 梁受压翼缘自由外伸宽度b与其厚度t之比,应符合下式要求:

$$\frac{b}{t}\leqslant13\sqrt{\frac{235}{f_y}} \qquad (4.3.8\text{-}1)$$

当计算梁抗弯强度取$\gamma_x=1.0$时,b/t可放宽至$15\sqrt{235/f_y}$。

箱形截面梁受压翼缘板在两腹板之间的无支承宽度b_0与其厚度t之比,应符合下式要求:

$$\frac{b_0}{t}\leqslant40\sqrt{\frac{235}{f_y}} \qquad (4.3.8\text{-}2)$$

当箱形截面梁受压翼缘板设有纵向加劲肋时,则公式(4.3.8-2)中的b_0取为腹板与纵向加劲肋之间的翼缘板无支承宽度。

注:翼缘板自由外伸宽度b的取值:对焊接构件,取腹板边至翼缘板(肢)边缘的距离;对轧制构件,取内圆弧起点至翼缘板(肢)边缘的距离。

4.4 组合梁腹板考虑屈曲后强度的计算

4.4.1 腹板仅配置支承加劲肋(或尚有中间横向加劲肋)而考虑屈曲后强度的工字形截面焊接组合梁(图4.3.2a),应按下式验算抗弯和抗剪承载能力:

$$\left(\frac{V}{0.5V_u}-1\right)^2+\frac{M-M_f}{M_{eu}-M_f}\leqslant1 \qquad (4.4.1\text{-}1)$$

$$M_f=\left(A_{f1}\frac{h_1^2}{h_2}+A_{f2}h_2\right)f \qquad (4.4.1\text{-}2)$$

式中 M、V——梁的同一截面上同时产生的弯矩和剪力设计值;计算时,当$V<0.5V_u$,取$V=0.5V_u$;当$M<M_f$,取$M=M_f$;

M_f——梁两翼缘所承担的弯矩设计值;

A_{f1}、h_1——较大翼缘的截面积及其形心至梁中和轴的距离;

A_{f2}、h_2——较小翼缘的截面积及其形心至梁中和轴的距离;

M_{eu}、V_u——梁抗弯和抗剪承载力设计值。

1 M_{eu}应按下列公式计算:

$$M_{eu}=\gamma_x\alpha_e W_x f \qquad (4.4.1\text{-}3)$$

$$\alpha_e=1-\frac{(1-\rho)h_c^3 t_w}{2I_x} \qquad (4.4.1\text{-}4)$$

式中 α_e——梁截面模量考虑腹板有效高度的折减系数;

I_x——按梁截面全部有效算得的绕x轴的惯性矩;

h_c——按梁截面全部有效算得的腹板受压区高度;

γ_x——梁截面塑性发展系数;

ρ——腹板受压区有效高度系数。

当$\lambda_b\leqslant0.85$时:

$$\rho=1.0 \qquad (4.4.1\text{-}5a)$$

当$0.85<\lambda_b\leqslant1.25$时:

$$\rho=1-0.82(\lambda_b-0.85) \qquad (4.4.1\text{-}5b)$$

当 $\lambda_b>1.25$ 时：

$$\rho=\frac{1}{\lambda_b}\left(1-\frac{0.2}{\lambda_b}\right) \qquad (4.4.1\text{-}5c)$$

式中　λ_b——用于腹板受弯计算时的通用高厚比，按公式(4.3.3-2d)、(4.3.3-2e)计算。

2　V_u 应按下列公式计算：

当 $\lambda_s\leqslant0.8$ 时：

$$V_u=h_w t_w f_v \qquad (4.4.1\text{-}6a)$$

当 $0.8<\lambda_s\leqslant1.2$ 时：

$$V_u=h_w t_w f_v[1-0.5(\lambda_s-0.8)] \qquad (4.4.1\text{-}6b)$$

当 $\lambda_s>1.2$ 时：

$$V_u=h_w t_w f_v/\lambda_s^{1.2} \qquad (4.4.1\text{-}6c)$$

式中　λ_s——用于腹板受剪计算时的通用高厚比，按公式(4.3.3-3d)、(4.3.3-3e)计算。

当组合梁仅配置支座加劲肋时，取公式(4.3.3-3e)中的 $h_0/a=0$。

4.4.2　当仅配置支承加劲肋不能满足公式(4.4.1-1)的要求时，应在两侧成对配置中间横向加劲肋。中间横向加劲肋和上端受有集中压力的中间支承加劲肋，其截面尺寸除应满足公式(4.3.6-1)和公式(4.3.6-2)的要求外，尚应按轴心受压构件参照第4.3.7条计算其在腹板平面外的稳定性，轴心压力应按下式计算：

$$N_s=V_u-\tau_{cr}h_w t_w+F \qquad (4.4.2\text{-}1)$$

式中　V_u——按公式(4.4.1-6)计算；

　　　h_w——腹板高度；

　　　τ_{cr}——按公式(4.3.3-3)计算；

　　　F——作用于中间支承加劲肋上端的集中压力。

当腹板在支座旁的区格利用屈曲后强度亦即 $\lambda_s>0.8$ 时，支座加劲肋除承受梁的支座反力外尚应承受拉力场的水平分力 H，按压弯构件计算强度和在腹板平面外的稳定。

$$H=(V_u-\tau_{cr}h_w t_w)\sqrt{1+(a/h_0)^2} \qquad (4.4.2\text{-}2)$$

对设中间横向加劲肋的梁，a 取支座端区格的加劲肋间距。对不设中间加劲肋的腹板，a 取梁支座至跨内剪力为零点的距离。

H 的作用点在距腹板计算高度上边缘 $h_0/4$ 处。此压弯构件的截面和计算长度同一般支座加劲肋。当支座加劲肋采用图4.4.2的构造形式时，可按下述简化方法进行计算：加劲肋1作为承受支座反力 R 的轴心压杆计算，封头肋板2的截面积不应小于按下式计算的数值：

$$A_c=\frac{3h_0 H}{16ef} \qquad (4.4.2\text{-}3)$$

注：1　腹板高厚比不应大于250。

　　2　考虑腹板屈曲后强度的梁，可按构造需要设置中间横向加劲肋。

　　3　中间横向加劲肋间距较大($a>2.5h_0$)和不设中间加劲肋的腹板，当满足公式(4.3.3-1)时，可取 $H=0$。

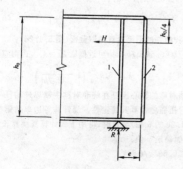

图 4.4.2　设置封头肋板的梁端构造

5　轴心受力构件和拉弯、压弯构件的计算

5.1　轴心受力构件

5.1.1　轴心受拉构件和轴心受压构件的强度，除高强度螺栓摩擦型连接处外，应按下式计算：

$$\sigma=\frac{N}{A_n}\leqslant f \qquad (5.1.1\text{-}1)$$

式中　N——轴心拉力或轴心压力；

　　　A_n——净截面面积。

高强度螺栓摩擦型连接处的强度应按下列公式计算：

$$\sigma=\left(1-0.5\frac{n_1}{n}\right)\frac{N}{A_n}\leqslant f \qquad (5.1.1\text{-}2)$$

$$\sigma=\frac{N}{A}\leqslant f \qquad (5.1.1\text{-}3)$$

式中　n——在节点或拼接处，构件一端连接的高强度螺栓数目；

　　　n_1——所计算截面(最外列螺栓处)上高强度螺栓数目；

　　　A——构件的毛截面面积。

5.1.2　实腹式轴心受压构件的稳定性应按下式计算：

$$\frac{N}{\varphi A}\leqslant f \qquad (5.1.2\text{-}1)$$

式中　φ——轴心受压构件的稳定系数(取截面两主轴稳定系数中的较小者)，应根据构件的长细比、钢材屈服强度和表5.1.2-1、表5.1.2-2的截面分类按附录C采用。

表 5.1.2-1　轴心受压构件的截面分类(板厚 $t<40mm$)

截面形式			对 x 轴	对 y 轴
轧制			a 类	a 类
轧制，$b/h\leqslant0.8$			a 类	b 类
轧制，$b/h>0.8$	焊接，翼缘为焰切边	焊接	b 类	b 类
轧制	轧制等边角钢			
轧制，焊接(板件宽厚比>20)	轧制或焊接			
焊接		轧制截面和翼缘为焰切边的焊接截面		

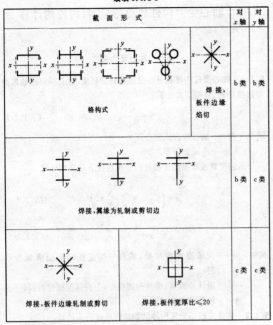

截面形式	对 x 轴	对 y 轴
格构式	b类	b类
焊接，板件边缘焰切		
焊接，翼缘为轧制或剪切边	b类	c类
焊接，板件边缘轧制或剪切	c类	c类
焊接，板件宽厚比≤20	c类	c类

表 5.1.2-2　轴心受压构件的截面分类（板厚 $t\geqslant40$mm）

截面形式		对 x 轴	对 y 轴
轧制工字形或 H 形截面	$t<80$mm	b类	c类
	$t\geqslant80$mm	c类	d类
焊接工字形截面	翼缘为焰切边	b类	b类
	翼缘为轧制或剪切边	c类	d类
焊接箱形截面	板件宽厚比>20	b类	b类
	板件宽厚比≤20	c类	c类

构件长细比 λ 应按照下列规定确定：

1 截面为双轴对称或极对称的构件：

$$\lambda_x=l_{0x}/i_x \qquad \lambda_y=l_{0y}/i_y \qquad (5.1.2-2)$$

式中 l_{0x}、l_{0y}——构件对主轴 x 和 y 的计算长度；

i_x、i_y——构件截面对主轴 x 和 y 的回转半径。

对双轴对称十字形截面构件，λ_x 或 λ_y 取值不得小于 5.07b/t（其中 b/t 为悬伸板件宽厚比）。

2 截面为单轴对称的构件，绕非对称轴的长细比 λ_x 仍按式（5.1.2-2）计算，但绕对称轴应取计及扭转效应的下列换算长细比代替 λ_y：

$$\lambda_{yz}=\frac{1}{\sqrt{2}}\Big[(\lambda_y^2+\lambda_z^2)+\sqrt{(\lambda_y^2+\lambda_z^2)^2-4(1-e_0^2/i_0^2)\lambda_y^2\lambda_z^2}\Big]^{\frac{1}{2}}$$
$$(5.1.2-3)$$

$$\lambda_z^2=i_0^2A/(I_t/25.7+I_w/l_w^2) \qquad (5.1.2-4)$$

$$i_0^2=e_0^2+i_x^2+i_y^2$$

式中 e_0——截面形心至剪心的距离；

i_0——截面对剪心的极回转半径；

λ_y——构件对对称轴的长细比；

λ_z——扭转屈曲的换算长细比；

I_t——毛截面抗扭惯性矩；

I_w——毛截面扇性惯性矩；对 T 形截面（轧制、双板焊接、双角钢组合）、十字形截面和角形截面可近似取 $I_w=0$；

A——毛截面面积；

l_w——扭转屈曲的计算长度，对两端铰接端部截面可自由翘曲或两端嵌固端部截面的翘曲完全受到约束的构件，取 $l_w=l_{0y}$。

3 单角钢截面和双角钢组合 T 形截面绕对称轴的 λ_{yz} 可采用下列简化方法确定：

1）等边单角钢截面（图 5.1.2a）：

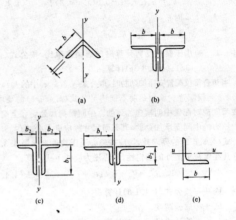

图 5.1.2　单角钢截面和双角钢组合 T 形截面
b—等边角钢肢宽度；b_1—不等边角钢长肢宽度；b_2—不等边角钢短肢宽度

当 $b/t\leqslant0.54l_{0y}/b$ 时：

$$\lambda_{yz}=\lambda_y\Big(1+\frac{0.85b^4}{l_{0y}^2t^2}\Big) \qquad (5.1.2-5a)$$

当 $b/t>0.54l_{0y}/b$ 时：

$$\lambda_{yz}=4.78\frac{b}{t}\Big(1+\frac{l_{0y}^2t^2}{13.5b^4}\Big) \qquad (5.1.2-5b)$$

式中 b、t——分别为角钢肢的宽度和厚度。

2）等边双角钢截面（图 5.1.2b）：

当 $b/t\leqslant0.58l_{0y}/b$ 时：

$$\lambda_{yz}=\lambda_y\Big(1+\frac{0.475b^4}{l_{0y}^2t^2}\Big) \qquad (5.1.2-6a)$$

当 $b/t>0.58l_{0y}/b$ 时：

$$\lambda_{yz}=3.9\frac{b}{t}\Big(1+\frac{l_{0y}^2t^2}{18.6b^4}\Big) \qquad (5.1.2-6b)$$

3）长肢相并的不等边双角钢截面（图 5.1.2c）：

当 $b_2/t\leqslant0.48l_{0y}/b_2$ 时：

$$\lambda_{yz}=\lambda_y\Big(1+\frac{1.09b_2^4}{l_{0y}^2t^2}\Big) \qquad (5.1.2-7a)$$

当 $b_2/t>0.48l_{0y}/b_2$ 时：

$$\lambda_{yz}=5.1\frac{b_2}{t}\Big(1+\frac{l_{0y}^2t^2}{17.4b_2^4}\Big) \qquad (5.1.2-7b)$$

4）短肢相并的不等边双角钢截面（图 5.1.2d）：

当 $b_1/t\leqslant0.56l_{0y}/b_1$ 时，可近似取 $\lambda_{yz}=\lambda_y$。否则应取

$$\lambda_{yz}=3.7\frac{b_1}{t}\Big(1+\frac{l_{0y}^2t^2}{52.7b_1^4}\Big)$$

4 单轴对称的轴心压杆在绕非对称主轴以外的任一轴失稳时，应按照弯扭屈曲计算其稳定性。当计算等边单角钢构件绕平行轴（图 5.1.2e 的 u 轴）稳定时，可用下式计算其换算长细比 λ_{uz}，并按 b 类截面确定 φ 值：

当 $b/t\leqslant0.69l_{0u}/b$ 时：

$$\lambda_{uz}=\lambda_u\Big(1+\frac{0.25b^4}{l_{0u}^2t^2}\Big) \qquad (5.1.2-8a)$$

当 $b/t>0.69l_{0u}/b$ 时：

$$\lambda_{uz}=5.4b/t \qquad (5.1.2\text{-}8b)$$

式中 $\lambda_u=l_{0u}/i_u$；l_{0u} 为构件对 u 轴的计算长度，i_u 为构件截面对 u 轴的回转半径。

> 注：1 无任何对称轴且又非极对称的截面（单面连接的不等边角钢除外）不宜用作轴心受压构件。
> 2 对单角钢连接的单角钢轴心受压构件，按 3.4.2 条考虑折减系数后，可不考虑弯扭效应。
> 3 当槽形截面用于格构式构件的分肢，计算分肢绕对称轴（y 轴）的稳定性时，不必考虑扭转效应，直接用 λ_y 查出 φ_y 值。

5.1.3 格构式轴心受压构件的稳定性仍应按公式（5.1.2-1）计算，但对虚轴（图 5.1.3a 的 x 轴和图 5.1.3b、c 的 x 轴和 y 轴）的长细比应取换算长细比。换算长细比应按下列公式计算：

1 双肢组合构件（图 5.1.3a）：

当缀件为缀板时：

$$\lambda_{0x}=\sqrt{\lambda_x^2+\lambda_1^2} \qquad (5.1.3\text{-}1)$$

当缀件为缀条时：

$$\lambda_{0x}=\sqrt{\lambda_x^2+27\frac{A}{A_{1x}}} \qquad (5.1.3\text{-}2)$$

式中 λ_x——整个构件对 x 轴的长细比；

λ_1——分肢对最小刚度轴 1—1 的长细比，其计算长度取为：焊接时，为相邻两缀板的净距离；螺栓连接时，为相邻两缀板边缘螺栓的距离；

A_{1x}——构件截面中垂直于 x 轴的各斜缀条毛截面面积之和。

2 四肢组合构件（图 5.1.3b）：

当缀件为缀板时：

$$\lambda_{0x}=\sqrt{\lambda_x^2+\lambda_1^2} \qquad (5.1.3\text{-}3)$$

$$\lambda_{0y}=\sqrt{\lambda_y^2+\lambda_1^2} \qquad (5.1.3\text{-}4)$$

当缀件为缀条时：

$$\lambda_{0x}=\sqrt{\lambda_x^2+40\frac{A}{A_{1x}}} \qquad (5.1.3\text{-}5)$$

$$\lambda_{0y}=\sqrt{\lambda_y^2+40\frac{A}{A_{1y}}} \qquad (5.1.3\text{-}6)$$

式中 λ_y——整个构件对 y 轴的长细比；

A_{1y}——构件截面中垂直于 y 轴的各斜缀条毛截面面积之和。

3 缀件为缀条的三肢组合构件（图 5.1.3c）：

$$\lambda_{0x}=\sqrt{\lambda_x^2+\frac{42A}{A_1(1.5-\cos^2\theta)}} \qquad (5.1.3\text{-}7)$$

$$\lambda_{0y}=\sqrt{\lambda_y^2+\frac{42A}{A_1\cos^2\theta}} \qquad (5.1.3\text{-}8)$$

式中 A_1——构件截面中各斜缀条毛截面面积之和；

θ——构件截面内缀条所在平面与 x 轴的夹角。

> 注：1 缀板的线刚度应符合 8.4.1 条的规定。
> 2 斜缀条与构件轴线间的夹角应在 40°～70° 范围内。

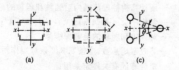

图 5.1.3 格构式组合构件截面

5.1.4 对格构式轴心受压构件：当缀件为缀条时，其分肢的长细比 λ_1 不应大于构件两方向长细比（对虚轴取换算长细比）的较大值 λ_{max} 的 0.7 倍；当缀件为缀板时，λ_1 不应大于 40，并不应大于 λ_{max} 的 0.5 倍（当 $\lambda_{max}<50$ 时，取 $\lambda_{max}=50$）。

5.1.5 用填板连接而成的双角钢或双槽钢构件，可按实腹式构件进行计算，但填板间的距离不应超过下列数值：

受压构件： $\qquad 40i$；

受拉构件： $\qquad 80i$；

i 为截面回转半径，应按下列规定采用：

1 当为图 5.1.5a、b 所示的双角钢或双槽钢截面时，取一个角钢或一个槽钢对与填板平行的形心轴的回转半径；

2 当为图 5.1.5c 所示的十字形截面时，取一个角钢的最小回转半径。

受压构件的两个侧向支承点之间的填板数不得少于 2 个。

图 5.1.5 计算截面回转半径时的轴线示意图

5.1.6 轴心受压构件应按下式计算剪力：

$$V=\frac{Af}{85}\sqrt{\frac{f_y}{235}} \qquad (5.1.6)$$

剪力 V 值可认为沿构件全长不变。

对格构式轴心受压构件，剪力 V 应由承受该剪力的缀材面（包括用整体板连接的面）分担。

5.1.7 用于减小轴心受压构件（柱）自由长度的支撑，当其轴线通过被撑构件截面形心时，沿被撑构件屈曲方向的支撑力应按下列方法计算：

1 长度为 l 的单根柱设置一道支撑时，支撑力 F_{b1} 为：

当支撑杆位于柱高度中央时：

$$F_{b1}=N/60 \qquad (5.1.7\text{-}1a)$$

当支撑杆位于距柱端 αl 处时（$0<\alpha<1$）：

$$F_{b1}=\frac{N}{240\alpha(1-\alpha)} \qquad (5.1.7\text{-}1b)$$

式中 N——被撑构件的最大轴心压力。

2 长度为 l 的单根柱设置 m 道等间距（或间距不等但与平均间距相比相差不超过 20%）支撑时，各支承点的支撑力 F_{bm} 为：

$$F_{bm}=N/[30(m+1)] \qquad (5.1.7\text{-}2)$$

3 被撑构件为多根柱组成的柱列，在柱高度中央附近设置一道支撑时，支撑力应按下式计算：

$$F_{bn}=\frac{\sum N_i}{60}\left(0.6+\frac{0.4}{n}\right) \qquad (5.1.7\text{-}3)$$

式中 n——柱列中被撑柱的根数；

$\sum N_i$——被撑柱同时存在的轴心压力设计值之和。

4 当支撑同时承担结构上其他作用的效应时，其相应的轴力可不与支撑力相叠加。

5.2 拉弯构件和压弯构件

5.2.1 弯矩作用在主平面内的拉弯构件和压弯构件，其强度应按下列规定计算：

$$\frac{N}{A_n}\pm\frac{M_x}{\gamma_x W_{nx}}\pm\frac{M_y}{\gamma_y W_{ny}}\leqslant f \qquad (5.2.1)$$

式中 γ_x、γ_y——与截面模量相应的截面塑性发展系数，应按表 5.2.1 采用。

表 5.2.1 截面塑性发展系数 γ_x、γ_y

项次	截面形式	γ_x	γ_y
1			1.2
2		1.05	
			1.05

项次	截面形式		γ_x	γ_y
3			$\gamma_{x1}=1.05$ $\gamma_{x2}=1.2$	1.2
4				1.05
5			1.2	1.2
6			1.15	1.15
7				1.05
			1.0	
8				1.0

当压弯构件受压翼缘的自由外伸宽度与其厚度之比大于 $13\sqrt{235/f_y}$ 而不超过 $15\sqrt{235/f_y}$ 时,应取 $\gamma_x=1.0$。

需要计算疲劳的拉弯、压弯构件,宜取 $\gamma_x=\gamma_y=1.0$。

5.2.2 弯矩作用在对称轴平面内(绕 x 轴)的实腹式压弯构件,其稳定性应按下列规定计算:

1 弯矩作用平面内的稳定性:

$$\frac{N}{\varphi_x A}+\frac{\beta_{mx}M_x}{\gamma_x W_{1x}\left(1-0.8\dfrac{N}{N'_{Ex}}\right)}\leqslant f \qquad (5.2.2-1)$$

式中 N ——所计算构件段范围内的轴心压力;

N'_{Ex} ——参数,$N'_{Ex}=\pi^2 EA/(1.1\lambda_x^2)$;

φ_x ——弯矩作用平面内的轴心受压构件稳定系数;

M_x ——所计算构件段范围内的最大弯矩;

W_{1x} ——在弯矩作用平面内对较大受压纤维的毛截面模量;

β_{mx} ——等效弯矩系数,应按下列规定采用:

1)框架柱和两端支承的构件:

① 无横向荷载作用时:$\beta_{mx}=0.65+0.35\dfrac{M_2}{M_1}$,$M_1$ 和 M_2 为端弯矩,使构件产生同向曲率(无反弯点)时取同号;使构件产生反向曲率(有反弯点)时取异号,$|M_1|\geqslant|M_2|$;

② 有端弯矩和横向荷载同时作用时:使构件产生同向曲率时,$\beta_{mx}=1.0$;使构件产生反向曲率时,$\beta_{mx}=0.85$;

③ 无端弯矩但有横向荷载作用时:$\beta_{mx}=1.0$。

2)悬臂构件和分析内力未考虑二阶效应的无支撑纯框架和弱支撑框架柱,$\beta_{mx}=1.0$。

对于表 5.2.1 的 3、4 项中的单轴对称截面压弯构件,当弯矩作用在对称轴平面内且使翼缘受压时,除应按公式(5.2.2-1)计算外,尚应按下式计算:

$$\left|\frac{N}{A}-\frac{\beta_{mx}M_x}{\gamma_x W_{2x}\left(1-1.25\dfrac{N}{N'_{Ex}}\right)}\right|\leqslant f \qquad (5.2.2-2)$$

式中 W_{2x} ——对无翼缘端的毛截面模量。

2 弯矩作用平面外的稳定性:

$$\frac{N}{\varphi_y A}+\eta\frac{\beta_{tx}M_x}{\varphi_b W_{1x}}\leqslant f \qquad (5.2.2-3)$$

式中 φ_y ——弯矩作用平面外的轴心受压构件稳定系数,按 5.1.2 条确定;

φ_b ——均匀弯曲的受弯构件整体稳定系数,按附录 B 计算,其

中工字形(含 H 型钢)和 T 形截面的非悬臂(悬伸)构件可按附录 B 第 B.5 节确定;对闭口截面 $\varphi_b=1.0$;

M_x ——所计算构件段范围内的最大弯矩;

η ——截面影响系数,闭口截面 $\eta=0.7$,其他截面 $\eta=1.0$;

β_{tx} ——等效弯矩系数,应按下列规定采用:

1)在弯矩作用平面外有支承的构件,应根据两相邻支承点间构件段内的荷载和内力情况确定:

①所考虑构件段无横向荷载作用时:$\beta_{tx}=0.65+0.35\dfrac{M_2}{M_1}$,$M_1$ 和 M_2 是在弯矩作用平面内的端弯矩,使构件段产生同向曲率时取同号;产生反向曲率时取异号,$|M_1|\geqslant|M_2|$;

②所考虑构件段内有端弯矩和横向荷载同时作用时:使构件段产生同向曲率时,$\beta_{tx}=1.0$;使构件段产生反向曲率时,$\beta_{tx}=0.85$;

③所考虑构件段内无端弯矩但有横向荷载作用时:$\beta_{tx}=1.0$。

2)弯矩作用平面外为悬臂的构件,$\beta_{tx}=1.0$。

5.2.3 弯矩绕虚轴(x 轴)作用的格构式压弯构件,其弯矩作用平面内的整体稳定性应按下式计算:

$$\frac{N}{\varphi_x A}+\frac{\beta_{mx}M_x}{W_{1x}\left(1-\varphi_x\dfrac{N}{N'_{Ex}}\right)}\leqslant f \qquad (5.2.3)$$

式中 $W_{1x}=I_x/y_0$,I_x 为对 x 轴的毛截面惯性矩,y_0 为由 x 轴到压力较大分肢的轴线距离或者到压力较大分肢腹板外边缘的距离,二者取较大者;φ_x、N'_{Ex} 由换算长细比确定。

弯矩作用平面外的整体稳定性可不计算,但应计算分肢的稳定性,分肢的轴心力应按桁架的弦杆计算。对缀板柱的分肢尚应考虑由剪力引起的局部弯矩。

5.2.4 弯矩绕实轴作用的格构式压弯构件,其弯矩作用平面内和平面外的稳定性计算均与实腹式构件相同。但在计算弯矩作用平面外的整体稳定性时,长细比应换算长细比,φ_b 应取 1.0。

5.2.5 弯矩作用在两个主平面内的双轴对称实腹式工字形(含 H 形)和箱形(闭口)截面的压弯构件,其稳定性应按下列公式计算:

$$\frac{N}{\varphi_x A}+\frac{\beta_{mx}M_x}{\gamma_x W_x\left(1-0.8\dfrac{N}{N'_{Ex}}\right)}+\eta\frac{\beta_{ty}M_y}{\varphi_{by}W_y}\leqslant f \qquad (5.2.5-1)$$

$$\frac{N}{\varphi_y A}+\eta\frac{\beta_{tx}M_x}{\varphi_{bx}W_x}+\frac{\beta_{my}M_y}{\gamma_y W_y\left(1-0.8\dfrac{N}{N'_{Ey}}\right)}\leqslant f \qquad (5.2.5-2)$$

式中 φ_x、φ_y ——对强轴 $x-x$ 和弱轴 $y-y$ 的轴心受压构件稳定系数;

φ_{bx}、φ_{by} ——均匀弯曲的受弯构件整体稳定性系数,按附录 B 计算,其中工字形(含 H 型钢)截面的非悬臂(悬伸)构件 φ_{bx} 可按附录 B 第 B.5 节确定,φ_{by} 可取 1.0;对闭口截面,取 $\varphi_{bx}=\varphi_{by}=1.0$;

M_x、M_y ——所计算构件段范围内对强轴和弱轴的最大弯矩;

N'_{Ex}、N'_{Ey} ——参数,$N'_{Ex}=\pi^2 EA/(1.1\lambda_x^2)$,$N'_{Ey}=\pi^2 EA/(1.1\lambda_y^2)$;

W_x、W_y ——对强轴和弱轴的毛截面模量;

β_{mx}、β_{my} ——等效弯矩系数,应按 5.2.2 条弯矩作用平面内稳定计算的有关规定采用;

β_{tx}、β_{ty} ——等效弯矩系数,应按 5.2.2 条弯矩作用平面外稳定计算的有关规定采用。

5.2.6 弯矩作用在两个主平面内的双肢格构式压弯构件,其稳定性应按下列规定计算:

1 按整体计算:

$$\frac{N}{\varphi_x A}+\frac{\beta_{mx}M_x}{W_{1x}\left(1-\varphi_x\dfrac{N}{N'_{Ex}}\right)}+\frac{\beta_{ty}M_y}{W_{1y}}\leqslant f \qquad (5.2.6-1)$$

式中 W_{1y} ——在 M_y 作用下,对较大受压纤维的毛截面模量。

2 按分肢计算：

在 N 和 M_x 作用下，将分肢作为桁架弦杆计算其轴心力，M_y 按公式(5.2.6-2)和公式(5.2.6-3)分配给两分肢(图 5.2.6)，然后按 5.2.2 条的规定计算分肢稳定性。

分肢 1：
$$M_{y1} = \frac{I_1/y_1}{I_1/y_1 + I_2/y_2} \cdot M_y \qquad (5.2.6-2)$$

分肢 2：
$$M_{y2} = \frac{I_2/y_2}{I_1/y_1 + I_2/y_2} \cdot M_y \qquad (5.2.6-3)$$

式中　I_1、I_2——分肢 1、分肢 2 对 y 轴的惯性矩；
y_1、y_2——M_y 作用的主轴平面至分肢 1、分肢 2 轴线的距离。

图 5.2.6　格构式构件截面

5.2.7 计算格构式压弯构件的缀件时，应取构件的实际剪力和按本规范公式(5.1.6)计算的剪力两者中的较大值进行计算。

5.2.8 用减小压弯构件弯矩作用平面外计算长度的支撑，应将压弯构件的受压翼缘(对实腹式构件)或受压分肢(对格构式构件)视为轴心压杆按本规范第 5.1.7 条的规定计算各自的支撑力。

5.3　构件的计算长度和容许长细比

5.3.1 确定桁架弦杆和单系腹杆(用节点板与弦杆连接)的长细比时，其计算长度 l_0 应按表 5.3.1 采用。

表 5.3.1　桁架弦杆和单系腹杆的计算长度 l_0

项次	弯曲方向	弦杆	腹杆	
			支座斜杆和支座竖杆	其他腹杆
1	在桁架平面内	l	l	$0.8l$
2	在桁架平面外	l_1	l	l
3	斜平面	—	l	$0.9l$

注：1　l 为构件的几何长度(节点中心间距离)；l_1 为桁架弦杆侧向支承点之间的距离。
　　2　斜平面系指与桁架平面斜交的平面，适用于构件截面两主轴均不在桁架平面内的单角钢腹杆和双角钢十字形截面腹杆。
　　3　无节点板的腹杆计算长度在任意平面内均取其等于几何长度(钢管结构除外)。

当桁架弦杆侧向支承点之间的距离为节间长度的 2 倍(图 5.3.1)且两节间的弦杆轴心压力不相同时，则该弦杆在桁架平面外的计算长度，应按下式确定(但不应小于 $0.5l_1$)：

$$l_0 = l_1 \left(0.75 + 0.25 \frac{N_2}{N_1}\right) \qquad (5.3.1)$$

式中　N_1——较大的压力，计算时取正值；
N_2——较小的压力或拉力，计算时压力取正值，拉力取负值。

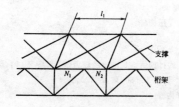

图 5.3.1　弦杆轴心压力在侧向支承点间有变化的桁架简图

桁架再分式腹杆体系的受压主斜杆及 K 形腹杆体系的竖杆等，在桁架平面外的计算长度也应按公式(5.3.1)确定(受拉主斜杆仍取 l_1)；在桁架平面内的计算长度则取节点中心间距离。

5.3.2 确定在交叉点相互连接的桁架交叉腹杆的长细比时，在桁架平面内的计算长度应取节点中心到交叉点间的距离；在桁架平面外的计算长度，当两交叉杆长度相等时，应按下列规定采用：

1　压杆。

1)相交另一杆受压，两杆截面相同并在交叉点均不中断，则：
$$l_0 = l\sqrt{\frac{1}{2}\left(1 + \frac{N_0}{N}\right)}$$

2)相交另一杆受压，此另一杆在交叉点中断但以节点板搭接，则：
$$l_0 = l\sqrt{1 + \frac{\pi^2}{12} \cdot \frac{N_0}{N}}$$

3)相交另一杆受拉，两杆截面相同并在交叉点均不中断，则：
$$l_0 = l\sqrt{\frac{1}{2}\left(1 - \frac{3}{4} \cdot \frac{N_0}{N}\right)} \geqslant 0.5l$$

4)相交另一杆受拉，此拉杆在交叉点中断但以节点板搭接，则：
$$l_0 = l\sqrt{1 - \frac{3}{4} \cdot \frac{N_0}{N}} \geqslant 0.5l$$

当此拉杆连续而压杆在交叉点中断但以节点板搭接，若 $N_0 \geqslant N$ 或拉杆在桁架平面外的抗弯刚度 $EI_y \geqslant \frac{3N_0 l^2}{4\pi^2}\left(\frac{N}{N_0} - 1\right)$ 时，取 $l_0 = 0.5l$。

式中　l 为桁架节点中心间距离(交叉点不作为节点考虑)；N 为所计算杆的内力；N_0 为相交另一杆的内力，均为绝对值。两杆均受压时，取 $N_0 \leqslant N$，两杆截面应相同。

2　拉杆，应取 $l_0 = l$。

当确定交叉腹杆中单个钢杆件平面内的长细比时，计算长度应取节点中心至交叉点的距离。

5.3.3 单层或多层框架等截面柱，在框架平面内的计算长度应等于该柱的高度乘以计算长度系数 μ。框架分为无支撑的纯框架和有支撑框架，其中有支撑框架根据抗侧移刚度的大小，分为强支撑框架和弱支撑框架。

1　无支撑纯框架。

1)当采用一阶弹性分析方法计算内力时，框架柱的计算长度系数 μ 按本规范附录 D 表 D-2 有侧移框架柱的计算长度系数确定。

2)当采用二阶弹性分析方法计算内力且在每层柱顶附加考虑公式(3.2.8-1)的假想水平力 H_{ni} 时，框架柱的计算长度系数 $\mu = 1.0$。

2　有支撑框架。

1)当支撑结构(支撑桁架、剪力墙、电梯井等)的侧移刚度(产生单位侧倾角的水平力)S_b 满足公式(5.3.3-1)的要求时，为强支撑框架，框架柱的计算长度系数 μ 按本规范附录 D 表 D-1 无侧移框架柱的计算长度系数确定。
$$S_b \geqslant 3(1.2\sum N_{bi} - \sum N_{0i}) \qquad (5.3.3-1)$$

式中　$\sum N_{bi}$、$\sum N_{0i}$——第 i 层层间所有框架柱用无侧移框架和有侧移框架计算长度系数算得的轴压杆稳定承载力之和。

2)当支撑结构的侧移刚度 S_b 不满足公式(5.3.3-1)的要求时，为弱支撑框架，框架柱的轴压杆稳定系数 φ 按公式(5.3.3-2)计算。
$$\varphi = \varphi_0 + (\varphi_1 - \varphi_0)\frac{S_b}{3(1.2\sum N_{bi} - \sum N_{0i})} \qquad (5.3.3-2)$$

式中 φ_1、φ_0 ——分别是框架柱用附录 D 中无侧移框架柱和有侧移框架柱计算长度系数算得的轴心压杆稳定系数。

5.3.4 单层厂房框架下端刚性固定的阶形柱，在框架平面内的计算长度应按下列规定确定：

1 单阶柱：

1）下段柱的计算长度系数 μ_2：当柱上端与横梁铰接时，等于按本规范附录 D 表 D-3（柱上端为自由的单阶柱）的数值乘以表 5.3.4 的折减系数；当柱上端与横梁刚接时，等于按本规范附录 D 表 D-4（柱上端可移动但不转动的单阶柱）的数值乘以表 5.3.4 的折减系数。

表 5.3.4 单层厂房阶形柱计算长度的折减系数

厂 房 类 型				折减系数
单跨或多跨	纵向温度区段内一个柱列的柱子数	屋面情况	厂房两侧是否有通长的屋盖纵向水平支撑	
	等于或少于 6 个	—		0.9
单跨	多于 6 个	非大型混凝土屋面板的屋面	无纵向水平支撑	
			有纵向水平支撑	0.8
		大型混凝土屋面板的屋面	—	
多跨	—	非大型混凝土屋面板的屋面	无纵向水平支撑	
			有纵向水平支撑	0.7
		大型混凝土屋面板的屋面	—	

注：有横梁的露天结构（如落锤车间等），其折减系数可采用 0.9。

2）上段柱的计算长度系数 μ_1，应按下式计算：

$$\mu_1 = \frac{\mu_2}{\eta_1} \quad (5.3.4\text{-}1)$$

式中 η_1 ——参数，按附录 D 表 D-3 或表 D-4 中公式计算。

2 双阶柱：

1）下段柱的计算长度系数 μ_3：当柱上端与横梁铰接时，等于按附录 D 表 D-5（柱上端为自由的双阶柱）的数值乘以表 5.3.4 的折减系数；当柱上端与横梁刚接时，等于按附录 D 表 D-6（柱上端可移动但不转动的双阶柱）的数值乘以表 5.3.4 的折减系数。

2）上段柱和中段柱的计算长度系数 μ_1 和 μ_2，应按下列公式计算：

$$\mu_1 = \frac{\mu_3}{\eta_1} \quad (5.3.4\text{-}2)$$

$$\mu_2 = \frac{\mu_3}{\eta_2} \quad (5.3.4\text{-}3)$$

式中 η_1、η_2 ——参数，按附录 D 表 D-5 或表 D-6 中的公式计算。

注：对截面均匀变化的楔形柱，其计算长度的取值参见现行国家标准《冷弯薄壁型钢结构技术规范》GB 50018。

5.3.5 当计算框架的格构式柱和桁架式横梁的惯性矩时，应考虑柱或横梁截面高度变化和缀件（或腹杆）变形的影响。

5.3.6 在确定下列情况的框架柱计算长度系数时应考虑：

1 附有摇摆柱（两端铰接柱）的无支撑纯框架柱和弱支撑框架柱的计算长度系数应乘以增大系数 η：

$$\eta = \sqrt{1 + \frac{\sum (N_1/H_1)}{\sum (N_f/H_f)}} \quad (5.3.6)$$

式中 $\sum (N_f/H_f)$ ——各框架柱轴心压力设计值与柱子高度比值之和；

$\sum (N_1/H_1)$ ——各摇摆柱轴心压力设计值与柱子高度比值

之和。

摇摆柱的计算长度取其几何长度。

2 当与计算柱同层的其他柱或与计算柱连续的上下层柱的稳定承载力有潜力时，可利用这些柱的支持作用，对计算柱的计算长度系数进行折减，提供支持作用的柱的计算长度系数则应相应增大。

3 当梁与柱的连接为半刚性构造时，确定柱计算长度应考虑节点连接的特性。

5.3.7 框架柱沿房屋长度方向（在框架平面外）的计算长度应取阻止框架柱平面外位移的支承点之间的距离。

5.3.8 受压构件的长细比不宜超过表 5.3.8 的容许值。

表 5.3.8 受压构件的容许长细比

项次	构 件 名 称	容许长细比
1	柱、桁架和天窗架中的杆件	150
	柱的缀条、吊车梁或吊车桁架以下的柱间支撑	
2	支撑（吊车梁或吊车桁架以下的柱间支撑除外）	200
	用以减小受压构件长细比的杆件	

注：1 桁架（包括空间桁架）的受压腹杆，当其内力等于或小于承载能力的 50% 时，容许长细比值可取 200。

2 计算单角钢受压构件的长细比时，应采用角钢的最小回转半径，但计算在交叉点相互连接的交叉杆件平面外的长细比时，可采用与角钢肢边平行轴的回转半径。

3 跨度等于或大于 60m 的桁架，其受压弦杆和端压杆的容许长细比值宜取 100，其他受压腹杆可取 150（承受静力荷载或间接承受动力荷载）或 120（直接承受动力荷载）。

4 由容许长细比控制截面的杆件，在计算其长细比时，可不考虑扭转效应。

5.3.9 受拉构件的长细比不宜超过表 5.3.9 的容许值。

表 5.3.9 受拉构件的容许长细比

项次	构件名称	承受静力荷载或间接承受动力荷载的结构		直接承受动力荷载的结构
		一般建筑结构	有重级工作制吊车的厂房	
1	桁架的杆件	350	250	250
2	吊车梁或吊车桁架以下的柱间支撑	300	200	—
3	其他拉杆、支撑、系杆等（张紧的圆钢除外）	400	350	—

注：1 承受静力荷载的结构中，可仅计算受拉构件在竖向平面内的长细比。

2 在直接或间接承受动力荷载的结构中，单角钢受拉构件长细比的计算方法与表 5.3.8 注 2 相同。

3 中、重级工作制吊车桁架下弦杆的长细比不宜超过 200。

4 在设有夹钳或刚性料耙等硬钩吊车的厂房中，支撑（表中第 2 项除外）的长细比不宜超过 300。

5 受拉构件在永久荷载与风荷载组合作用下受压时，其长细比不宜超过 250。

6 跨度等于或大于 60m 的桁架，其受拉弦杆和腹杆的长细比不宜超过 300（承受静力荷载或间接承受动力荷载）或 250（直接承受动力荷载）。

5.4 受压构件的局部稳定

5.4.1 在受压构件中，翼缘板自由外伸宽度 b 与其厚度 t 之比，应符合下列要求：

1 轴心受压构件：

$$\frac{b}{t} \leqslant (10 + 0.1\lambda)\sqrt{\frac{235}{f_y}} \quad (5.4.1\text{-}1)$$

式中 λ ——构件两方向长细比的较大值；当 $\lambda < 30$ 时，取 $\lambda = 30$；当 $\lambda > 100$ 时，取 $\lambda = 100$。

2 压弯构件：

$$\frac{b}{t} \leqslant 13\sqrt{\frac{235}{f_y}} \quad (5.4.1\text{-}2)$$

当强度和稳定计算中取 $\gamma_x=1.0$ 时，b/t 可放宽至 $15\sqrt{235/f_y}$。

注：翼缘板自由外伸宽度 b 的取值为：对焊接构件，取腹板边至翼缘板（肢）边缘的距离；对轧制构件，取内圆弧起点至翼缘板（肢）边缘的距离。

5.4.2 在工字形及 H 形截面的受压构件中，腹板计算高度 h_0 与其厚度 t_w 之比，应符合下列要求：

1 轴心受压构件：

$$\frac{h_0}{t_w}\leqslant(25+0.5\lambda)\sqrt{\frac{235}{f_y}}\qquad(5.4.2\text{-}1)$$

式中 λ ——构件两方向长细比的较大值；当 $\lambda<30$ 时，取 $\lambda=30$；当 $\lambda>100$ 时，取 $\lambda=100$。

2 压弯构件：

当 $0\leqslant\alpha_0\leqslant1.6$ 时：

$$\frac{h_0}{t_w}\leqslant(16\alpha_0+0.5\lambda+25)\sqrt{\frac{235}{f_y}}\qquad(5.4.2\text{-}2)$$

当 $1.6<\alpha_0\leqslant2.0$ 时：

$$\frac{h_0}{t_w}\leqslant(48\alpha_0+0.5\lambda-26.2)\sqrt{\frac{235}{f_y}}\qquad(5.4.2\text{-}3)$$

$$\alpha_0=\frac{\sigma_{max}-\sigma_{min}}{\sigma_{max}}$$

式中 σ_{max} ——腹板计算高度边缘的最大压应力，计算时不考虑构件的稳定系数和截面塑性发展系数；

σ_{min} ——腹板计算高度另一边缘相应的应力，压应力取正值，拉应力取负值；

λ ——构件在弯矩作用平面内的长细比；当 $\lambda<30$ 时，取 $\lambda=30$；当 $\lambda>100$ 时，取 $\lambda=100$。

5.4.3 在箱形截面的受压构件中，受压翼缘的宽厚比应符合 4.3.8 条的要求。

箱形截面受压构件的腹板计算高度 h_0 与其厚度 t_w 之比，应符合下列要求：

1 轴心受压构件：

$$\frac{h_0}{t_w}\leqslant40\sqrt{\frac{235}{f_y}}\qquad(5.4.3)$$

2 压弯构件的 h_0/t_w 不应超过公式（5.4.2-2）或公式（5.4.2-3）右侧乘以 0.8 后的值（当此值小于 $40\sqrt{235/f_y}$ 时，应采用 $40\sqrt{235/f_y}$）。

5.4.4 在 T 形截面的受压构件中，腹板高度与其厚度之比，不应超过下列数值：

1 轴心受压构件和弯矩使腹板自由边受拉的压弯构件：

热轧剖分 T 形钢：$(15+0.2\lambda)\sqrt{235/f_y}$

焊接 T 形钢：$(13+0.17\lambda)\sqrt{235/f_y}$

2 弯矩使腹板自由边受压的压弯构件：

当 $\alpha_0\leqslant1.0$ 时：$15\sqrt{235/f_y}$

当 $\alpha_0>1.0$ 时：$18\sqrt{235/f_y}$

λ 和 α_0 分别按 5.4.1 条和 5.4.2 条的规定采用。

5.4.5 圆管截面的受压构件，其外径与壁厚之比不应超过 $100(235/f_y)$。

5.4.6 H 形、工字形和箱形截面受压构件的腹板，其高厚比不符合本规范第 5.4.2 条或第 5.4.3 条的要求时，可用纵向加劲肋加强，或在计算构件的强度和稳定性时将腹板的截面仅考虑计算高度边缘范围内两侧宽度各为 $20t_w\sqrt{235/f_y}$ 的部分（计算构件的稳定系数时，仍用全部截面）。

用纵向加劲肋加强的腹板，其在受压较大翼缘与纵向加劲肋之间的高厚比，应符合本规范第 5.4.2 条或第 5.4.3 条的要求。

纵向加劲肋宜在腹板两侧成对配置，其一侧外伸宽度不应小于 $10t_w$，厚度不应小于 $0.75t_w$。

6 疲 劳 计 算

6.1 一 般 规 定

6.1.1 直接承受动力荷载重复作用的钢结构构件及其连接，当应力变化的循环次数 n 等于或大于 5×10^4 次时，应进行疲劳计算。

6.1.2 本章规定不适用于特殊条件（如构件表面温度大于 150℃，处于海水腐蚀环境，焊后经热处理消除残余应力以及低周-高应变疲劳条件等）下的结构构件及其连接的疲劳计算。

6.1.3 疲劳计算采用容许应力幅法，应力按弹性状态计算，容许应力幅按构件和连接类别以及应力循环次数确定。在应力循环中不出现拉应力的部位可不计算疲劳。

6.2 疲 劳 计 算

6.2.1 对常幅（所有应力循环内的应力幅保持常量）疲劳，应按下式进行计算：

$$\Delta\sigma\leqslant[\Delta\sigma]\qquad(6.2.1\text{-}1)$$

式中 $\Delta\sigma$ ——对焊接部位为应力幅，$\Delta\sigma=\sigma_{max}-\sigma_{min}$；对非焊接部位为折算应力幅，$\Delta\sigma=\sigma_{max}-0.7\sigma_{min}$；

σ_{max} ——计算部位每次应力循环中的最大拉应力（取正值）；

σ_{min} ——计算部位每次应力循环中的最小拉应力或压应力（拉应力取正值，压应力取负值）；

$[\Delta\sigma]$ ——常幅疲劳的容许应力幅（N/mm²），应按下式计算：

$$[\Delta\sigma]=\left(\frac{C}{n}\right)^{1/\beta}\qquad(6.2.1\text{-}2)$$

n ——应力循环次数；

C、β ——参数，根据本规范附录 E 中的构件和连接类别按表 6.2.1 采用。

表 6.2.1 参数 C、β

构件和连接类别	1	2	3	4	5	6	7	8
C	1940×10¹²	861×10¹²	3.26×10¹²	2.18×10¹²	1.47×10¹²	0.96×10¹²	0.65×10¹²	0.41×10¹²
β	4	4	3	3	3	3	3	3

注：公式（6.2.1-1）也适用于剪应力情况。

6.2.2 对变幅（应力循环内的应力幅随机变化）疲劳，若能预测结构在使用寿命期间各种荷载的频率分布、应力幅水平以及频次分布总和所构成的设计应力谱，则可将其折算为等效常幅疲劳，按下式进行计算：

$$\Delta\sigma_e\leqslant[\Delta\sigma]\qquad(6.2.2\text{-}1)$$

式中 $\Delta\sigma_e$ ——变幅疲劳的等效应力幅，按下式确定：

$$\Delta\sigma_e=\left[\frac{\sum n_i(\Delta\sigma_i)^\beta}{\sum n_i}\right]^{1/\beta}\qquad(6.2.2\text{-}2)$$

$\sum n_i$ ——以应力循环次数表示的结构预期使用寿命；

n_i ——预期寿命内应力幅水平达到 $\Delta\sigma_i$ 的应力循环次数。

6.2.3 重级工作制吊车梁和重级、中级工作制吊车桁架的疲劳可作为常幅疲劳，按下式计算：

$$\alpha_f\cdot\Delta\sigma\leqslant[\Delta\sigma]_{2\times10^6}\qquad(6.2.3)$$

式中 α_f ——欠载效应的等效系数，按表 6.2.3-1 采用；

$[\Delta\sigma]_{2\times10^6}$ ——循环次数 n 为 2×10^6 次的容许应力幅，按表 6.2.3-2 采用。

表 6.2.3-1 吊车梁和吊车桁架欠载效应的等效系数 α_f

吊 车 类 别	α_f
重级工作制硬钩吊车（如均热炉车间夹钳吊车）	1.0
重级工作制软钩吊车	0.8
中级工作制吊车	0.5

表 6.2.3-2 循环次数 n 为 2×10^6 次的容许应力幅（N/mm²）

构件和连接类别	1	2	3	4	5	6	7	8
$[\Delta\sigma]_{2\times10^6}$	176	144	118	103	90	78	69	59

注：表中的容许应力幅是按公式（6.2.1-2）计算的。

7 连 接 计 算

7.1 焊 缝 连 接

7.1.1 焊缝应根据结构的重要性、荷载特性、焊缝形式、工作环境以及应力状态等情况,按下述原则分别选用不同的质量等级:

1 在需要进行疲劳计算的构件中,凡对接焊缝均应焊透,其质量等级为:

1)作用力垂直于焊缝长度方向的横向对接焊缝或T形对接与角接组合焊缝,受拉时应为一级,受压时应为二级;

2)作用力平行于焊缝长度方向的纵向对接焊缝应为二级。

2 不需要计算疲劳的构件中,凡要求与母材等强的对接焊缝应予焊透,其质量等级当受拉时应不低于二级,受压时宜为二级。

3 重级工作制和起重量 $Q \geqslant 50t$ 的中级工作制吊车梁的腹板与上翼缘之间以及吊车桁架上弦杆与节点板之间的T形接头焊缝均要求焊透,焊缝形式一般为对接与角接的组合焊缝,其质量等级不应低于二级。

4 不要求焊透的T形接头采用的角焊缝或部分焊透的对接与角接组合焊缝,以及搭接连接采用的角焊缝,其质量等级为:

1)对直接承受动力荷载且需要验算疲劳的结构和吊车起重量等于或大于50t的中级工作制吊车梁,焊缝的外观质量标准应符合二级;

2)对其他结构,焊缝的外观质量标准可为三级。

7.1.2 对接焊缝或对接与角接组合焊缝的强度计算。

1 在对接接头和T形接头中,垂直于轴心拉力或轴心压力的对接焊缝或对接与角接组合焊缝,其强度应按下式计算:

$$\sigma = \frac{N}{l_w t} \leqslant f_t^w \text{ 或 } f_c^w \tag{7.1.2-1}$$

式中 N——轴心拉力或轴心压力;

l_w——焊缝长度;

t——在对接接头中为连接件的较小厚度;在T形接头中为腹板的厚度;

f_t^w、f_c^w——对接焊缝的抗拉、抗压强度设计值。

2 在对接接头和T形接头中,承受弯矩和剪力共同作用的对接焊缝或对接与角接组合焊缝,其正应力和剪应力应分别进行计算。但在同时受有较大正应力和剪应力处(例如梁腹板横向对接焊缝的端部),应按下式计算折算应力:

$$\sqrt{\sigma^2 + 3\tau^2} \leqslant 1.1 f_t^w \tag{7.1.2-2}$$

注:1 当承受轴心力的板件用斜焊缝对接,焊缝与作用力间的夹角 θ 符合 $\tan\theta \leqslant 1.5$ 时,其强度可不计算。

2 当对接焊缝和T形对接与角接组合焊缝无法采用引弧板和引出板施焊时,每条焊缝的长度计算时应各减去 $2t$。

7.1.3 直角角焊缝的强度计算。

1 在通过焊缝形心的拉力、压力或剪力作用下:

正面角焊缝(作用力垂直于焊缝长度方向):

$$\sigma_f = \frac{N}{h_e l_w} \leqslant \beta_f f_f^w \tag{7.1.3-1}$$

侧面角焊缝(作用力平行于焊缝长度方向):

$$\tau_f = \frac{N}{h_e l_w} \leqslant f_f^w \tag{7.1.3-2}$$

2 在各种力综合作用下,σ_f 和 τ_f 共同作用处:

$$\sqrt{\left(\frac{\sigma_f}{\beta_f}\right)^2 + \tau_f^2} \leqslant f_f^w \tag{7.1.3-3}$$

式中 σ_f——按焊缝有效截面($h_e l_w$)计算,垂直于焊缝长度方向的应力;

τ_f——按焊缝有效截面计算,沿焊缝长度方向的剪应力;

h_e——角焊缝的计算厚度,对直角角焊缝等于 $0.7 h_f$,h_f 为焊脚尺寸(图7.1.3);

l_w——角焊缝的计算长度,对每条焊缝取其实际长度减去 $2h_f$;

f_f^w——角焊缝的强度设计值;

β_f——正面角焊缝的强度设计值增大系数:对承受静力荷载和间接承受动力荷载的结构,$\beta_f = 1.22$;对直接承受动力荷载的结构,$\beta_f = 1.0$。

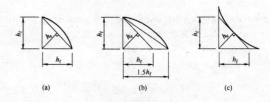

(a)　　　　(b)　　　　(c)

图 7.1.3　直角角焊缝截面

7.1.4 两焊脚边夹角 α 为 $60° \leqslant \alpha \leqslant 135°$ 的T形接头,其斜角角焊缝(图7.1.4)的强度应按公式(7.1.3-1)至公式(7.1.3-3)计算,但取 $\beta_f = 1.0$,其计算厚度为:$h_e = h_f \cos\frac{\alpha}{2}$(根部间隙 b、b_1 或 $b_2 \leqslant 1.5mm$)或

$$h_e = \left[h_f - \frac{b(\text{或 } b_1, b_2)}{\sin\alpha}\right]\cos\frac{\alpha}{2}(b, b_1, b_2 > 1.5mm \text{ 但} \leqslant 5mm)_0$$

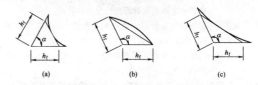

(a)　　　　(b)　　　　(c)

图 7.1.4-1　T形接头的斜角角焊缝截面

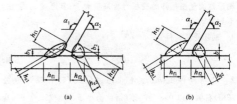

(a)　　　　　　(b)

图 7.1.4-2　T形接头的根部间隙和焊缝截面

7.1.5 部分焊透的对接焊缝(图7.1.5a、b、d、e)和T形对接组合焊缝(图7.1.5c)的强度,应按角焊缝的计算公式(7.1.3-1)至公式(7.1.3-3)计算,在垂直于焊缝长度方向的压力作用下,取 $\beta_f = 1.22$,其他受力情况取 $\beta_f = 1.0$,其计算厚度应采用:

V形坡口(图7.1.5a):当 $\alpha \geqslant 60°$ 时,$h_e = s$;当 $\alpha < 60°$ 时,$h_e = 0.75s$。

单边V形和K形坡口(图7.1.5b、c):当 $\alpha = 45° \pm 5°$ 时,$h_e = s - 3$。

U形、J形坡口(图7.1.5d、e):$h_e = s$。

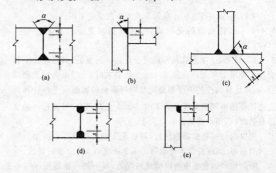

(a)　　　(b)　　　(c)

(d)　　　(e)

图 7.1.5　部分焊透的对接焊缝和其与角焊缝的组合焊缝截面

s 为坡口深度，即根部至焊缝表面(不考虑余高)的最短距离(mm)；α 为 V 形、单边 V 形或 K 形坡口角度。

当熔合线处焊缝截面边长等于或接近于最短距离 s 时(图7.1.5b、c、e)，抗剪强度设计值应按角焊缝的强度设计值乘以0.9。

7.2 紧固件(螺栓、铆钉等)连接

7.2.1 普通螺栓、锚栓和铆钉连接应按下列规定计算：

1 在普通螺栓或铆钉受剪的连接中，每个普通螺栓或铆钉的承载力设计值应取受剪和承压承载力设计值中的较小者。

受剪承载力设计值：

普通螺栓 $\qquad N_v^b = n_v \dfrac{\pi d^2}{4} f_v^b$ $\qquad$ (7.2.1-1)

铆钉 $\qquad N_v^r = n_v \dfrac{\pi d_0^2}{4} f_v^r$ $\qquad$ (7.2.1-2)

承压承载力设计值：

普通螺栓 $\qquad N_c^b = d \sum t \cdot f_c^b$ $\qquad$ (7.2.1-3)

铆钉 $\qquad N_c^r = d_0 \sum t \cdot f_c^r$ $\qquad$ (7.2.1-4)

式中 n_v——受剪面数目；

d——螺栓杆直径；

d_0——铆钉孔直径；

$\sum t$——在不同受力方向中一个受力方向承压构件总厚度的较小值；

f_v^b、f_c^b——螺栓的抗剪和承压强度设计值；

f_v^r、f_c^r——铆钉的抗剪和承压强度设计值。

2 在普通螺栓、锚栓或铆钉杆轴方向受拉的连接中，每个普通螺栓、锚栓或铆钉的承载力设计值应按下列公式计算：

普通螺栓 $\qquad N_t^b = \dfrac{\pi d_e^2}{4} f_t^b$ $\qquad$ (7.2.1-5)

锚栓 $\qquad N_t^a = \dfrac{\pi d_e^2}{4} f_t^a$ $\qquad$ (7.2.1-6)

铆钉 $\qquad N_t^r = \dfrac{\pi d_0^2}{4} f_t^r$ $\qquad$ (7.2.1-7)

式中 d_e——螺栓或锚栓在螺纹处的有效直径；

f_t^b、f_t^a、f_t^r——普通螺栓、锚栓和铆钉的抗拉强度设计值。

3 同时承受剪力和杆轴方向拉力的普通螺栓和铆钉，应分别符合下列公式的要求：

普通螺栓 $\qquad \sqrt{\left(\dfrac{N_v}{N_v^b}\right)^2 + \left(\dfrac{N_t}{N_t^b}\right)^2} \leqslant 1$ $\qquad$ (7.2.1-8)

$$N_v \leqslant N_c^b \qquad (7.2.1-9)$$

铆钉 $\qquad \sqrt{\left(\dfrac{N_v}{N_v^r}\right)^2 + \left(\dfrac{N_t}{N_t^r}\right)^2} \leqslant 1$ $\qquad$ (7.2.1-10)

$$N_v \leqslant N_c^r \qquad (7.2.1-11)$$

式中 N_v、N_t——某个普通螺栓或铆钉所承受的剪力和拉力；

N_v^b、N_t^b、N_c^b——一个普通螺栓的受剪、受拉和承压承载力设计值；

N_v^r、N_t^r、N_c^r——一个铆钉的受剪、受拉和承压承载力设计值。

7.2.2 高强度螺栓摩擦型连接应按下列规定计算：

1 在抗剪连接中，每个高强度螺栓的承载力设计值应按下式计算：

$$N_v^b = 0.9 n_f \mu P \qquad (7.2.2-1)$$

式中 n_f——传力摩擦面数目；

μ——摩擦面的抗滑移系数，应按表7.2.2-1采用；

P——一个高强度螺栓的预拉力，应按表7.2.2-2采用。

表 7.2.2-1 摩擦面的抗滑移系数 μ

在连接处构件接触面的处理方法	构件的钢号		
	Q235 钢	Q345 钢，Q390 钢	Q420 钢
喷砂(丸)	0.45	0.50	0.50
喷砂(丸)后涂无机富锌漆	0.35	0.40	0.40
喷砂(丸)后生赤锈	0.45	0.50	0.50
钢丝刷清除浮锈或未经处理的干净轧制表面	0.30	0.35	0.40

表 7.2.2-2 一个高强度螺栓的预拉力 P(kN)

螺栓的性能等级	螺栓公称直径(mm)					
	M16	M20	M22	M24	M27	M30
8.8 级	80	125	150	175	230	280
10.9 级	100	155	190	225	290	355

2 在螺栓杆轴方向受拉的连接中，每个高强度螺栓的承载力设计值取 $N_t^b = 0.8P$。

3 当高强度螺栓摩擦型连接同时承受摩擦面间的剪力和螺栓杆轴方向的外拉力时，其承载力应按下式计算：

$$\frac{N_v}{N_v^b} + \frac{N_t}{N_t^b} \leqslant 1 \qquad (7.2.2-2)$$

式中 N_v、N_t——某个高强度螺栓所承受的剪力和拉力；

N_v^b、N_t^b——一个高强度螺栓的受剪、受拉承载力设计值。

7.2.3 高强度螺栓承压型连接应按下列规定计算：

1 承压型连接的高强度螺栓的预拉力 P 应与摩擦型连接高强度螺栓相同。连接处构件接触面应清除油污及浮锈。

高强度螺栓承压型连接不应用于直接承受动力荷载的结构。

2 在抗剪连接中，每个承压型连接高强度螺栓的承载力设计值的计算方法与普通螺栓相同，但当剪切面在螺纹处时，其受剪承载力设计值应按螺纹处的有效面积进行计算。

3 在杆轴方向受拉的连接中，每个承压型连接高强度螺栓的承载力设计值的计算方法与普通螺栓相同。

4 同时承受剪力和杆轴方向拉力的承压型连接的高强度螺栓，应符合下列公式的要求：

$$\sqrt{\left(\frac{N_v}{N_v^b}\right)^2 + \left(\frac{N_t}{N_t^b}\right)^2} \leqslant 1 \qquad (7.2.3-1)$$

$$N_v \leqslant N_c^b / 1.2 \qquad (7.2.3-2)$$

式中 N_v、N_t——某个高强度螺栓所承受的剪力和拉力；

N_v^b、N_t^b、N_c^b——一个高强度螺栓的受剪、受拉和承压承载力设计值。

7.2.4 在构件的节点处或拼接接头的一端，当螺栓或铆钉沿轴向受力方向的连接长度 l_1 大于 $15d_0$ 时，应将螺栓或铆钉的承载力设计值乘以折减系数 $\left(1.1 - \dfrac{l_1}{150d_0}\right)$。当 l_1 大于 $60d_0$ 时，折减系数为 0.7，d_0 为孔径。

7.2.5 在下列情况的连接中，螺栓或铆钉的数目应予增加：

1 一个构件借助填板或其他中间板件与另一构件连接的螺栓(摩擦型连接的高强度螺栓除外)或铆钉数目，应按计算增加10%。

2 当采用搭接或拼接板的单面连接传递轴心力，因偏心引起连接部位发生弯曲时，螺栓(摩擦型连接的高强度螺栓除外)或铆钉数目，应按计算增加 10%。

3 在构件的端部连接中，当利用短角钢连接型钢(角钢或槽钢)的外伸肢以缩短连接长度时，在短角钢两肢上，所用的螺栓或铆钉数目应按计算增加50%。

4 当铆钉连接的铆合总厚度超过铆钉孔径的 5 倍时，总厚度每超过 2mm，铆钉数目应按计算增加 1%(至少应增加一个铆钉)，但铆合总厚度不得超过铆钉孔径的 7 倍。

7.2.6 连接薄钢板采用的自攻螺钉、钢拉铆钉(环槽铆钉)、射钉等应符合有关标准的规定。

7.3 组合工字梁翼缘连接

7.3.1 组合工字梁翼缘与腹板的双面角焊缝连接,其强度应按下式计算:

$$\frac{1}{2h_e}\sqrt{\left(\frac{VS_t}{I}\right)^2+\left(\frac{\psi F}{\beta_f l_z}\right)^2}\leqslant f_f^w \qquad (7.3.1)$$

式中 S_t——所计算翼缘毛截面对梁中和轴的面积矩;

I——梁的毛截面惯性矩。

公式(7.3.1)中,F、ψ 和 l_z 应按 4.1.3 条采用;β_f 应按 7.1.3 条采用。

注:1 当梁上翼缘受有固定集中荷载时,宜在该处设置顶紧上翼缘的支承加劲肋,此时取 $F=0$。

2 当腹板与翼缘的连接焊缝采用焊透的 T 形对接与角接组合焊缝时,其强度可不计算。

7.3.2 组合工字梁翼缘与腹板的铆钉(或摩擦型连接高强度螺栓)的承载力,应按下式计算:

$$a\sqrt{\left(\frac{VS_t}{I}\right)^2+\left(\frac{\alpha_1\psi F}{l_z}\right)^2}\leqslant n_1 N_{min}^r \text{ 或 } n_1 N_v^b \qquad (7.3.2)$$

式中 a——翼缘铆钉(或螺栓)间距;

α_1——系数;当荷载 F 作用于梁上翼缘而腹板刨平顶紧上翼缘板时,$\alpha_1=0.4$;其他情况,$\alpha_1=1.0$;

n_1——在计算截面处铆钉(或螺栓)的数量;

N_{min}^r——一个铆钉的受剪和承压承载力设计值的较小值;

N_v^b——一个摩擦型连接的高强度螺栓的受剪承载力设计值。

注:当梁上翼缘受有固定集中荷载时,宜在该处设置顶紧上翼缘的支承加劲肋。此时取 $F=0$。

7.4 梁与柱的刚性连接

7.4.1 当工字形梁翼缘采用焊透的 T 形对接焊缝而腹板采用摩擦型连接高强度螺栓或焊缝与 H 形柱的翼缘相连,满足下列条件时,柱的腹板可不设置横向加劲肋:

1 在梁的受压翼缘处,柱腹板厚度 t_w 应同时满足:

$$t_w\geqslant\frac{A_{fc}f_b}{b_e f_c} \qquad (7.4.1-1)$$

$$t_w\geqslant\frac{h_c}{30}\sqrt{\frac{f_{yc}}{235}} \qquad (7.4.1-2)$$

式中 A_{fc}——梁受压翼缘的截面积;

f_c——柱钢材抗拉、抗压强度设计值;

f_b——梁钢材抗拉、抗压强度设计值;

b_e——在垂直于柱翼缘的集中压力作用下,柱腹板计算高度边缘处压应力的假定分布长度,参照公式(4.1.3-2)计算;

h_c——柱腹板的宽度;

f_{yc}——柱钢材屈服点。

2 在梁的受拉翼缘处,柱翼缘板的厚度 t_c 应满足:

$$t_c\geqslant 0.4\sqrt{A_{ft}f_b/f_c} \qquad (7.4.1-3)$$

式中 A_{ft}——梁受拉翼缘的截面积。

7.4.2 由柱翼缘与横向加劲肋包围的柱腹板节点域应按下列规定计算:

1 抗剪强度应按下式计算:

$$\frac{M_{b1}+M_{b2}}{V_p}\leqslant\frac{4}{3}f_v \qquad (7.4.2-1)$$

式中 M_{b1}、M_{b2}——分别为节点两侧梁端弯矩设计值;

V_p——节点域腹板的体积。柱为 H 形或工字形截面时,$V_p=h_b h_c t_w$,柱为箱形截面时,$V_p=1.8h_b h_c t_w$;

t_w——柱腹板厚度;

h_b——梁腹板高度。

当柱腹板节点域不满足公式(7.4.2-1)的要求时,对 H 形或工字形组合柱宜将腹板在节点域加厚。腹板加厚的范围应伸出梁

上、下翼缘外不小于 150mm 处。对轧制 H 型钢或工字钢柱,亦可贴焊补强板加强。补强板上下边可不伸过梁腹板的横向加劲肋或伸过加劲肋之外各 150mm。补强板与加劲肋连接的角焊缝应能传递补强板所分担的剪力,焊缝的计算厚度不宜小于 5mm。当补强板伸过加劲肋时,加劲肋仅与补强板焊接,此焊缝应能将加劲肋传来的剪力全部传给补强板,补强板的厚度及其连接强度,应按所承受的力进行设计。补强板侧边应用角焊缝与柱翼缘相连,其板面尚应采用塞焊与柱腹板连成整体,塞焊点之间的距离不应大于较薄焊件厚度的 21$\sqrt{235/f_y}$ 倍。对轻型结构亦可采用斜向加劲肋加强。

2 腹板的厚度 t_w 应满足下式要求:

$$t_w\geqslant\frac{h_c+h_b}{90} \qquad (7.4.2-2)$$

7.4.3 梁柱连接节点处柱腹板横向加劲肋应满足下列要求:

1 横向加劲肋应能传递梁翼缘传来的集中力,其厚度应为梁翼缘厚度的 0.5~1.0 倍;其宽度应符合传力、构造和板件宽厚比限值的要求。

2 横向加劲肋的中心线应与梁翼缘的中心线对准,并用焊透的 T 形对接焊缝与柱翼缘连接。当梁与 H 形或工字形截面柱的腹板垂直相连形成刚接时,横向加劲肋与柱腹板的连接也宜采用焊透对接焊缝。

3 箱形柱中的横向加劲隔板与柱翼缘的连接,宜采用焊透的 T 形对接焊缝,对无法进行电弧焊的焊缝,可采用熔化嘴电渣焊。

4 当采用斜向加劲肋来提高节点域的抗剪承载力时,斜向加劲肋及其连接应能传递柱腹板所能承担剪力之外的剪力。

7.5 连接节点处板件的计算

7.5.1 连接节点处板件在拉、剪作用下的强度应按下列公式计算:

$$\frac{N}{\sum(\eta_i A_i)}\leqslant f \qquad (7.5.1-1)$$

$$\eta_i=\frac{1}{\sqrt{1+2\cos^2\alpha_i}} \qquad (7.5.1-2)$$

式中 N——作用于板件的拉力;

A_i——第 i 段破坏面的截面积,$A_i=tl_i$;当为螺栓(或铆钉)连接时,应取净截面面积;

t——板件厚度;

l_i——第 i 破坏段的长度,应取板件中最危险的破坏线的长度(图 7.5.1);

η_i——第 i 段的拉剪折算系数;

α_i——第 i 段破坏线与拉力轴线的夹角。

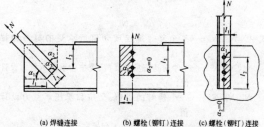

(a) 焊缝连接　　(b) 螺栓(铆钉)连接　　(c) 螺栓(铆钉)连接

图 7.5.1 板件的拉、剪撕裂

7.5.2 桁架节点板(杆件为轧制 T 形和双板焊接 T 形截面者除外)的强度除可按公式(7.5.1-1)计算外,也可用有效宽度法按下式计算:

$$\sigma=\frac{N}{b_e t}\leqslant f \qquad (7.5.2)$$

式中 b_e——板件的有效宽度(图 7.5.2);当用螺栓(或铆钉)连接时(图 7.5.2b),应减去孔径。

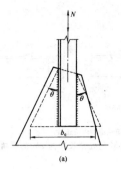
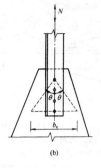

图 7.5.2 板件的有效宽度

注：θ为应力扩散角，可取 30°。

7.5.3 桁架节点板在斜腹杆压力作用下的稳定性可用下列方法进行计算：

1 对有竖腹杆相连的节点板，当 $c/t \leqslant 15\sqrt{235/f_y}$ 时（c 为受压腹杆连接肢端面中点沿腹杆轴线方向至弦杆的净距离），可不计算稳定。否则，应按附录 F 进行稳定计算。在任何情况下，c/t 不得大于 $22\sqrt{235/f_y}$。

2 对无竖腹杆相连的节点板，当 $c/t \leqslant 10\sqrt{235/f_y}$ 时，节点板的稳定承载力可取为 $0.8b_e tf$。当 $c/t > 10\sqrt{235/f_y}$ 时，应按本规范附录 F 进行稳定计算，但在任何情况下，c/t 不得大于 $17.5\sqrt{235/f_y}$。

7.5.4 当用 7.5.1～7.5.3 条方法计算桁架节点板时，尚应满足下列要求：

1 节点板边缘与腹杆轴线之间的夹角不应小于 15°；

2 斜腹杆与弦杆的夹角应在 30°～60°之间；

3 节点板的自由边长度 l_f 与厚度 t 之比不得大于 $60\sqrt{235/f_y}$，否则应沿自由边设劲肋予以加强。

7.6 支 座

7.6.1 梁或桁架支于砌体或混凝土上的平板支座（参见图 8.4.12a），其底板应有足够面积将支座压力传给砌体或混凝土，厚度应根据支座反力对底板产生的弯矩进行计算。

7.6.2 弧形支座（图 7.6.2a）和辊轴支座（图 7.6.2b）中圆柱形弧面与平板为线接触，其支座反力 R 应满足下式要求：

$$R \leqslant 40ndlf^2/E \qquad (7.6.2)$$

式中 d——对辊轴支座为辊轴直径，对弧形支座为弧形表面接触曲率半径 r 的 2 倍；

n——辊轴数目，对弧形支座 $n=1$；

l——弧形表面或辊轴与平板的接触长度。

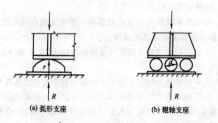

图 7.6.2 弧形支座与辊轴支座示意图
(a) 弧形支座　(b) 辊轴支座

7.6.3 铰轴式支座的圆柱形枢轴（图 7.6.3），当两相同半径的圆柱形弧面自由接触的中心角 θ≥90°时，其承压应力应按下式计算：

$$\sigma = \frac{2R}{dl} \leqslant f \qquad (7.6.3)$$

式中 d——枢轴直径；

l——枢轴纵向接触面长度。

图 7.6.3 铰轴式支座示意图

7.6.4 对受力复杂或大跨度结构，为适应支座处不同转角和位移的需要，宜采用球形支座或双曲形支座。

7.6.5 为满足支座位移的要求采用橡胶支座时，应根据工程的具体情况和橡胶支座系列产品酌情选用。设计时还应考虑橡胶老化后能更换的可能性。

7.6.6 轴心受压柱或压弯柱的端部为铣平端时，柱身的最大压力直接由铣平端传递，其连接焊缝或螺栓应按最大压力的 15% 或最大剪力中的较大值进行抗剪计算；当压弯柱出现受拉区时，该区的连接尚应按最大拉力计算。

8 构造要求

8.1 一般规定

8.1.1 钢结构的构造应便于制作、运输、安装、维护并使结构受力简单明确，减小应力集中，避免材料三向受拉。以受风载为主的空腹结构，应尽量减小受风面积。

8.1.2 在钢结构的受力构件及其连接中，不宜采用：厚度小于 4mm 的钢板，壁厚小于 3mm 的钢管，截面小于 $L45×4$ 或 $L56×36×4$ 的角钢（对焊接结构），或截面小于 $L50×5$ 的角钢（对螺栓连接或铆钉连接结构）。

8.1.3 焊接结构是否需要采用焊前预热或焊后热处理等特殊措施，应根据材质、焊件厚度、焊接工艺、施焊时气温以及结构的性能要求等综合因素来确定，并在设计文件中加以说明。

8.1.4 结构应根据其形式、组成和荷载的不同情况，设置可靠的支撑系统。在建筑物每一个温度区段或分期建设的区段中，应分别设置独立的空间稳定的支撑系统。

8.1.5 单层房屋和露天结构的温度区段长度（伸缩缝的间距），当不超过表 8.1.5 的数值时，一般情况可不考虑温度应力和温度变形的影响。

表 8.1.5 温度区段长度值(m)

结构情况	纵向温度区段（垂直屋架或构架跨度方向）	横向温度区段（沿屋架或构架跨度方向）	
		柱顶为刚接	柱顶为铰接
采暖房屋和非采暖地区的房屋	220	120	150
热车间和采暖地区的非采暖房屋	180	100	125
露天结构	120	—	—

注：1 厂房柱为其他材料时，应按相应规范的规定设置伸缩缝。围护结构可根据具体情况参照有关规范单独设置伸缩缝。

2 无桥式吊车房屋的柱间支撑和有桥式吊车房屋吊车梁或吊车桁架以下的柱间支撑，宜对称布置于温度区段中部。当不对称布置时，上述柱间支撑的中点（两道柱间支撑时为两支撑距离的中点）至温度区段端部的距离不超过表 8.1.5 纵向温度区段长度的 60%。

3 当有充分依据或可靠措施时，表中数字可予以增减。

8.2 焊缝连接

8.2.1 焊缝金属应与主体金属相适应。当不同强度的钢材连接时，可采用与低强度钢材相适应的焊接材料。

8.2.2 在设计中不得任意加大焊缝，避免焊缝立体交叉和在一处集中大量焊缝，同时焊缝的布置应尽可能对称于构件形心轴。

焊件厚度大于 20mm 的角接接头焊缝，应采用收缩时不易引起层状撕裂的构造。

注：钢板的拼接当采用对接焊缝时，纵横两方向的对接焊缝，可采用十字形交叉或T形交叉；当为T形交叉时，交叉点的间距不得小于200mm。

8.2.3 对接焊缝的坡口形式，宜根据板厚和施工条件按有关现行国家标准的要求选用。

8.2.4 在对接焊缝的拼接处：当焊件的宽度不同或厚度在一侧相差4mm以上时，应分别在宽度方向或厚度方向从一侧或两侧做成坡度不大于1:2.5的斜角（图8.2.4）；当厚度不同时，焊缝坡口形式应根据较薄焊件厚度按第8.2.3条的要求取用。

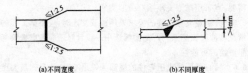

(a)不同宽度　　　　　(b)不同厚度

图8.2.4　不同宽度或厚度钢板的拼接

注：直接承受动力荷载且需要进行疲劳计算的结构，本条所指斜角坡度不应大于1:4。

8.2.5 当采用部分焊透的对接焊缝时，应在设计图中注明坡口的形式和尺寸，其计算厚度 h_e（mm）不得小于 $1.5\sqrt{t}$，t（mm）为焊件的较大厚度。

在直接承受动力荷载的结构中，垂直于受力方向的焊缝不宜采用部分焊透的对接焊缝。

8.2.6 角焊缝两焊脚边的夹角 α 一般为90°（直角角焊缝）。夹角 $\alpha > 135°$ 或 $\alpha < 60°$ 的斜角角焊缝，不宜用作受力焊缝（钢管结构除外）。

8.2.7 角焊缝的尺寸应符合下列要求：

1 角焊缝的焊脚尺寸 h_f（mm）不得小于 $1.5\sqrt{t}$，t（mm）为较厚焊件厚度（当采用低氢型碱性焊条施焊时，t 可采用较薄焊件的厚度）。但对埋弧自动焊，最小焊脚尺寸可减小1mm；对T形连接的单面角焊缝，应增加1mm。当焊件厚度等于或小于4mm时，则最小焊脚尺寸应与焊件厚度相同。

2 角焊缝的焊脚尺寸不宜大于较薄焊件厚度的1.2倍（钢管结构除外），但板件（厚度为 t）边缘的角焊缝最大焊脚尺寸，尚应符合下列要求：

1）当 $t \leqslant 6$mm 时，$h_f \leqslant t$；

2）当 $t > 6$mm 时，$h_f \leqslant t-(1\sim 2)$mm。

圆孔或槽孔内的角焊缝焊脚尺寸尚不宜大于圆孔直径或槽孔短径的1/3。

3 角焊缝的两焊脚尺寸一般为相等。当焊件的厚度相差较大且等焊脚尺寸不能符合本条第1、2款要求时，可采用不等焊脚尺寸，与较薄焊件接触的焊脚边应符合本条第2款的要求；与较厚焊件接触的焊脚边应符合本条第1款的要求。

4 侧面角焊缝或正面角焊缝的计算长度不得小于 $8h_f$ 和40mm。

5 侧面角焊缝的计算长度不宜大于 $60h_f$，当大于上述数值时，其超过部分在计算中不予考虑。若内力沿侧面角焊缝全长分布时，其计算长度不受此限。

8.2.8 在直接承受动力荷载的结构中，角焊缝表面应做成直线形或凹形。焊脚尺寸的比例：对正面角焊缝宜为1:1.5（长边顺内力方向）；对侧面角焊缝可为1:1。

8.2.9 在次要构件或次要焊缝连接中，可采用断续角焊缝。断续角焊缝焊段的长度不得小于 $10h_f$ 或50mm，其净距不应大于 $15t$（对受压构件）或 $30t$（对受拉构件），t 为较薄焊件的厚度。

8.2.10 当板件的端部仅有两侧面角焊缝连接时，每条侧面角焊缝长度不宜小于两侧面角焊缝之间的距离；同时两侧面角焊缝之间的距离不宜大于 $16t$（当 $t > 12$mm）或190mm（当 $t \leqslant 12$mm），t 为较薄焊件的厚度。

8.2.11 杆件与节点板的连接焊缝（图8.2.11）宜采用两面侧焊，也可用三面围焊，对角钢杆件可用L形围焊，所有围焊的转角

处必须连续施焊。

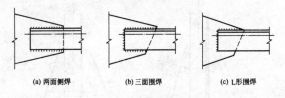

(a) 两面侧焊　　　(b) 三面围焊　　　(c) L形围焊

图8.2.11　杆件与节点板的焊缝连接

8.2.12 当角焊缝的端部在构件转角处做长度为 $2h_f$ 的绕角焊时，转角处必须连续施焊。

8.2.13 在搭接连接中，搭接长度不得小于焊件较小厚度的5倍，并不得小于25mm。

8.3　螺栓连接和铆钉连接

8.3.1 每一杆件在节点上以及拼接接头的一端，永久性的螺栓（或铆钉）数不宜少于2个。对组合构件的缀条，其端部连接可采用1个螺栓（或铆钉）。

8.3.2 高强度螺栓孔应采用钻成孔。摩擦型连接的高强度螺栓的孔径比螺栓公称直径 d 大 $1.5\sim 2.0$mm；承压型连接的高强度螺栓的孔径比螺栓公称直径 d 大 $1.0\sim 1.5$mm。

8.3.3 在高强度螺栓连接范围内，构件接触面的处理方法应在施工图中说明。

8.3.4 螺栓或铆钉的距离应符合表8.3.4的要求。

表8.3.4　螺栓或铆钉的最大、最小容许距离

名称		位置和方向		最大容许距离（取两者的较小值）	最小容许距离
中心间距		外排（垂直内力方向或顺内力方向）		$8d_0$ 或 $12t$	$3d_0$
	中间排	垂直内力方向		$16d_0$ 或 $24t$	
		顺内力方向	构件受压力	$12d_0$ 或 $18t$	
			构件受拉力	$16d_0$ 或 $24t$	
		沿对角线方向		—	
中心至构件边缘距离	垂直内力方向	顺内力方向			$2d_0$
		剪切边或手工气割边		$4d_0$ 或 $8t$	$1.5d_0$
		轧制边、自动气割或锯割边	高强度螺栓		
			其他螺栓或铆钉		$1.2d_0$

注：1 d_0 为螺栓或铆钉的孔径，t 为外层较薄板件的厚度。

2 钢板边缘与刚性构件（如角钢、槽钢等）相连的螺栓或铆钉的最大间距，可按中间排的数值采用。

8.3.5 C级螺栓宜用于沿其杆轴方向受拉的连接，在下列情况下可用于受剪连接：

1 承受静力荷载或间接承受动力荷载结构中的次要连接；

2 承受静力荷载的可拆卸结构的连接；

3 临时固定构件用的安装连接。

8.3.6 对直接承受动力荷载的普通螺栓受拉连接应采用双螺帽或其他能防止螺帽松动的有效措施。

8.3.7 当型钢构件拼接采用高强度螺栓连接时，其拼接件宜采用钢板。

8.3.8 沉头和半沉头铆钉不得用于沿其杆轴方向受拉的连接。

8.3.9 沿杆轴方向受拉的螺栓（或铆钉）连接中的端板（法兰板），应适当增强其刚度（如加设加劲肋），以减少撬力对螺栓（或铆钉）抗拉承载力的不利影响。

8.4　结　构　构　件

（Ⅰ）柱

8.4.1 在缀件面剪力较大或宽度较大的格构式柱，宜采用缀条柱。

缀板柱中，同一截面处缀板（或型钢横杆）的线刚度之和不得

小于柱较大分肢线刚度的6倍。

8.4.2 当实腹式柱的腹板计算高度 h_0 与厚度 t_w 之比 $h_0/t_w > 80\sqrt{235/f_y}$ 时，应采用横向加劲肋加强，其间距不得大于 $3h_0$。

横向加劲肋的尺寸和构造应按第4.3.6条的有关规定采用。

8.4.3 格构式柱或大型实腹式柱，在受有较大水平力处和运送单元的端部应设置横隔，横隔的间距不得大于柱截面长边尺寸的9倍和8m。

（Ⅱ）桁　架

8.4.4 焊接桁架应以杆件形心线为轴线，螺栓（或铆钉）连接的桁架可采用靠近杆件形心线的螺栓（或铆钉）准线为轴线，在节点处各轴线应交于一点（钢管结构除外）。

当桁架弦杆的截面变化时，如轴线变动不超过较大弦杆截面高度的5%，可不考虑其影响。

8.4.5 分析桁架杆件内力时，可将节点视为铰接。对于节点板连接的桁架，当杆件为H形、箱形等刚度较大的截面，且在桁架平面内的杆件截面高度与其几何长度（节点中心间的距离）之比大于1/10（对弦杆）或大于1/15（对腹杆）时，应考虑节点刚性所引起的次弯矩。

8.4.6 当焊接桁架的杆件用节点板连接时，弦杆与腹杆、腹杆与腹杆之间的间隙不应小于20mm，相邻角焊缝焊趾间净距不应小于5mm。

当桁架杆件不用节点板连接时，相邻腹杆连接角焊缝焊趾间净距不应小于5mm（钢管结构除外）。

8.4.7 节点板厚度一般根据所连接杆件内力的大小确定，但不得小于6mm。节点板的平面尺寸应适当考虑制作和装配的误差。

8.4.8 跨度大于36m的两端铰支承的桁架，在竖向荷载作用下，下弦弹性伸长对支承构件产生水平推力时，应考虑其影响。

（Ⅲ）梁

8.4.9 焊接梁的翼缘一般用一层钢板做成，当采用两层钢板时，外层钢板与内层钢板厚度之比宜为0.5～1.0。不沿梁通长设置的外层钢板，其理论截断点处的外伸长度 l_1 应符合下列要求：

端部有正面角焊缝：

当 $h_f \geqslant 0.75t$ 时：$\qquad l_1 \geqslant b$

当 $h_f < 0.75t$ 时：$\qquad l_1 \geqslant 1.5b$

端部无正面角焊缝：$\qquad l_1 \geqslant 2b$

b 和 t 分别为外层翼缘板的宽度和厚度；h_f 为侧面角焊缝和正面角焊缝的焊脚尺寸。

8.4.10 铆接（或高强度螺栓摩擦型连接）梁的翼缘板不宜超过三层，翼缘角钢面积不宜少于整个翼缘面积的30%，当采用最大型号的角钢仍不能符合此要求时，可加设腋板（图8.4.10）。此时角钢与腋板面积之和不应少于翼缘总面积的30%。

当翼缘板不沿梁通长设置时，理论截断点处外伸长度内的铆钉（或摩擦型连接的高强度螺栓）数目，应按该板1/2净截面面积的抗拉、抗压承载力进行计算。

8.4.11 焊接梁的横向加劲肋与翼缘板相接处应切角，当切成斜角时，其宽约 $b_s/3$（但不大于40mm），高约 $b_s/2$（但不大于60mm），见图8.4.11，b_s 为加劲肋的宽度。

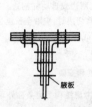

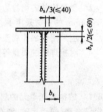

图8.4.10　铆接（或高强度螺栓摩擦型连　图8.4.11　加劲肋的切角
接）梁的翼缘截面

8.4.12 梁的端部支承加劲肋的下端，按端面承压强度设计值进行计算时，应刨平顶紧，其中突缘加劲板（图8.4.12b）的伸出长度不得大于其厚度的2倍。

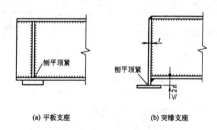

(a) 平板支座　　　　(b) 突缘支座

图8.4.12　梁的支座

（Ⅳ）柱　脚

8.4.13 柱脚锚栓不宜用以承受柱脚底部的水平反力，此水平反力由底板与混凝土基础间的摩擦力（摩擦系数可取0.4）或设置抗剪键承受。

8.4.14 柱脚锚栓埋置在基础中的深度，应使锚栓的拉力通过其和混凝土之间的粘结力传递。当埋置深度受到限制时，则锚栓应牢固地固定在锚板或锚梁上，以传递锚栓的全部拉力，此时锚栓与混凝土之间的粘结力可不予考虑。

8.4.15 插入式柱脚中，钢柱插入混凝土基础杯口的最小深度 d_{in} 可按表8.4.15取用，但不宜小于500mm，亦不宜小于吊装时钢柱长度的1/20。

表8.4.15　钢柱插入杯口的最小深度

柱截面形式	实腹柱	双肢格构柱（单杯口或双杯口）
最小插入深度 d_{in}	$1.5h_c$ 或 $1.5d_c$	$0.5h_c$ 和 $1.5b_c$（或 d_c）的较大值

注：1　h_c 为柱截面高度（长边尺寸）；b_c 为柱截面宽度；d_c 为圆管柱的外径。

　　2　钢柱底端至基础杯口底部的距离一般采用50mm，当有柱底板时，可采用200mm。

8.4.16 预埋入混凝土构件的埋入式柱脚，其混凝土保护层厚度以及外包式柱脚外包混凝土的厚度均不应小于180mm。

钢柱的埋入部分和外包部分均宜在柱的翼缘上设置圆柱头焊钉（栓钉），其直径不得小于16mm，水平及竖向中心距不得大于200mm。

埋入式柱脚在埋入部分的顶部应设置水平加劲肋或隔板。

8.5　对吊车梁和吊车桁架（或类似结构）的要求

8.5.1 焊接吊车梁的翼缘板宜一层钢板，当采用两层钢板时，外层钢板宜沿梁通长设置，并应在设计和施工中采取措施使上翼缘两层钢板紧密接触。

8.5.2 支承夹钳或刚性料耙硬钩吊车以及类似吊车的结构，不宜采用吊车桁架和制动桁架。

8.5.3 焊接吊车桁架应符合下列要求：

1 在桁架节点处，腹杆与弦杆之间的间隙 a 不宜小于50mm，节点板的两侧边宜做成半径 r 不小于60mm的圆弧；节点板边缘与腹杆轴线的夹角 θ 不应小于30°（图8.5.3-1）；节点板与角钢弦杆的连接焊缝，起落弧点至少缩进5mm（图8.5.3-1a）；节点板与H形截面弦杆的T形对接与角接组合焊缝应焊透，圆弧处不得有起落弧缺陷，其中重级工作制吊车桁架的圆弧处应予打磨，使之与弦杆平缓过渡（图8.5.3-1b）。

2 杆件的填板当用焊缝连接时，焊缝起落弧点应缩进至少5mm（图8.5.3-1c），重级工作制吊车桁架杆件的填板应采用高强度螺栓连接。

3 当桁架杆件为H形截面时，节点构造可采用图8.5.3-2的形式。

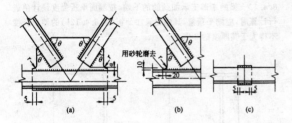

图 8.5.3-1 吊车桁架节点（一）

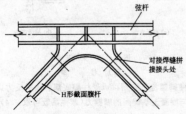

图 8.5.3-2 吊车桁架节点（二）

8.5.4 吊车梁翼缘板或腹板的焊接拼接应采用加引弧板和引出板的焊接对接焊缝，引弧板和引出板割去处应予打磨平整。焊接吊车梁和焊接吊车桁架的工地整段拼接应采用焊接或高强度螺栓的摩擦型连接。

8.5.5 在焊接吊车梁或吊车桁架中，对 7.1.1 条中要求焊透的 T 形接头对接与角接组合焊缝形式宜如图 8.5.5 所示。

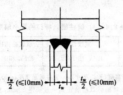

图 8.5.5 焊透的 T 形接头对接与角接组合焊缝

8.5.6 吊车梁横向加劲肋的宽度不应小于 90mm。在支座处的横向加劲肋应在腹板两侧成对设置，并与梁上下翼缘刨平顶紧。中间横向加劲肋的上端宜与梁上翼缘刨平顶紧，在重级工作制吊车梁中，中间横向加劲肋亦应在腹板两侧成对布置，而中、轻级工作制吊车梁则可单侧设置或两侧错开设置。

在焊接吊车梁中，横向加劲肋（含短加劲肋）不得与受拉翼缘相焊，但可与受压翼缘焊接。端加劲肋可与梁上下翼缘相焊，中间横向加劲肋的下端宜在距受拉下翼缘 50～100mm 处断开，其与腹板的连接焊缝不宜在肋下端起落弧。

当吊车梁受拉翼缘（或吊车桁架下弦）与支撑相连时，不宜采用焊接。

8.5.7 直接铺设轨道的吊车桁架上弦，其构造要求应与连续吊车梁相同。

8.5.8 重级工作制吊车梁中，上翼缘与柱或制动桁架传递水平力的连接宜采用高强度螺栓的摩擦型连接，而上翼缘与制动梁的连接，可采用高强度螺栓摩擦型连接或焊缝连接。

吊车梁端部与柱的连接构造应设法减少由于吊车梁弯曲变形而在连接处产生的附加应力。

8.5.9 当吊车桁架和重级工作制吊车梁跨度等于或大于 12m，或轻、中级工作制吊车梁跨度等于或大于 18m 时，宜设置辅助桁架和下翼缘（下弦）水平支撑系统。当设置垂直支撑时，其位置不宜在吊车梁或吊车桁架竖向挠度较大处。

对吊车桁架，应采取构造措施，以防止其上弦因轨道偏心而扭转。

8.5.10 重级工作制吊车梁的受拉翼缘板（或吊车桁架的受拉弦杆）边缘，宜为轧制边或自动气割边，当用手工气割或剪切机切割

时，应沿全长刨边。

8.5.11 吊车梁的受拉翼缘（或吊车桁架的受拉弦杆）上不得焊接悬挂设备的零件，并不宜在该处打火或焊接夹具。

8.5.12 吊车钢轨的接头构造应保证车轮平稳通过。当采用焊接长轨且用压板与吊车梁连接时，压板与钢轨间应留有一定空隙（约 1mm），以使钢轨受温度作用后有纵向伸缩的可能。

8.6 大跨度屋盖结构

8.6.1 大跨度屋盖结构系指跨度等于或大于 60m 的屋盖结构，可采用桁架、刚架或拱等平面结构以及网架、网壳、悬索结构和索膜结构等空间结构。

8.6.2 大跨度屋盖结构应考虑构件变形、支承结构位移、边界约束条件和温度变化等对其内力产生的影响；同时可根据结构的具体情况采用能适应变形的支座以释放附加内力。

8.6.3 对有悬挂吊车的屋盖，按永久和可变荷载标准值计算的挠度容许值可取跨度的 1/500，按可变荷载标准值计算时可取 1/600。对无悬挂吊车的屋盖，按永久和可变荷载标准值计算的挠度容许值可取跨度的 1/250；当有吊天棚时，按可变荷载标准值计算的挠度容许值可取跨度的 1/500。

8.6.4 大跨度屋盖结构当杆件内力较大或动力荷载较大时，其节点宜采用高强度螺栓的摩擦型连接（管结构除外）。

8.6.5 对大跨度屋盖结构应进行吊装阶段的验算，吊装方案的选定和吊点位置等都应通过计算确定，以保证每个安装阶段屋盖结构的强度和整体稳定。

8.7 提高寒冷地区结构抗脆断能力的要求

8.7.1 结构形式和加工工艺的选择应尽量减少结构的应力集中。在工作温度等于或低于 $-30℃$ 的地区，焊接构件宜采用较薄的组成板件。

8.7.2 在工作温度等于或低于 $-20℃$ 的地区，焊接结构的构造宜符合下列要求：

1 在桁架节点板上，腹杆与弦杆相邻焊缝焊趾间净距不宜小于 $2.5t$（t 为节点板厚度）。

2 凡平接或 T 形对接的节点板，在对接焊缝处，节点板两侧宜做成半径 r 不小于 60mm 的圆弧并予打磨，使之平滑过渡（参见图 8.5.3-1b）。

3 在构件拼接部位，应使拼接件自由段的长度不小于 $5t$，t 为拼接件厚度（图 8.7.2）。

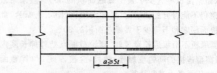

图 8.7.2 盖板拼接处的构造

8.7.3 在工作温度等于或低于 $-20℃$ 的地区，结构施工宜满足下列要求：

1 安装连接宜采用螺栓连接；

2 受拉构件的钢材边缘宜采用轧制边或自动气割边。对厚度大于 10mm 的钢材采用手工气割或剪切边时，应沿全长刨边；

3 应采用钻成孔或先冲后扩钻孔；

4 对接焊缝的质量等级不得低于二级。

8.8 制作、运输和安装

8.8.1 结构运送单元的划分，除应考虑结构受力条件外，尚应注意经济合理，便于运输、堆放和易于拼装。

8.8.2 结构的安装连接应采用传力可靠、制作方便、连接简单、便于调整的构造形式。

8.8.3 安装连接采用焊接时,应考虑定位措施,将构件临时固定。

8.9 防护和隔热

8.9.1 钢结构除必须采取防锈措施(除锈后涂以油漆或金属镀层等)外,尚应在构造上尽量避免出现难于检查、清刷和油漆之处以及能积留湿气和大量灰尘的死角或凹槽。闭口截面构件应沿全长和端部焊接封闭。

钢结构防锈和防腐蚀采用的涂料、钢材表面的除锈等级以及防腐蚀对钢结构的构造要求等,应符合现行国家标准《工业建筑防腐蚀设计规范》GB 50046 和《涂装前钢材表面锈蚀等级和除锈等级》GB/T 8923 的规定。在设计文件中应注明所要求的钢材除锈等级和所要用的涂料(或镀层)及涂(镀)层厚度。

除有特殊需要外,设计中一般不应因考虑锈蚀而再加大钢材截面的厚度。

8.9.2 设计使用年限大于或等于 25 年的建筑物,对使用期间不能重新油漆的结构部位应采取特殊的防锈措施。

8.9.3 柱脚在地面以下的部分应采用强度等级较低的混凝土包裹(保护层厚度不应小于 50mm),并应使包裹的混凝土高出地面不小于 150mm。当柱脚底面在地面以上时,柱脚底面应高出地面不小于 100mm。

8.9.4 钢结构的防火应符合现行国家标准《建筑设计防火规范》GBJ 16 和《高层民用建筑设计防火规范》GB 50045 的要求,结构构件的防火保护层应根据建筑物的防火等级对各不同的构件所要求的耐火极限进行设计。防火涂料的性能、涂层厚度及质量要求应符合现行国家标准《钢结构防火涂料》GB 14907 和国家现行标准《钢结构防火涂料应用技术规范》CECS 24 的规定。

8.9.5 受高温作用的结构,应根据不同情况采取下列防护措施:

1 当结构可能受到炽热熔化金属的侵害时,应采用砖或耐热材料做成的隔热层加以保护;

2 当结构的表面长期受辐射热达 150℃ 以上或在短时间内可能受到火焰作用时,应采取有效的防护措施(如加隔热层或水套等)。

9 塑性设计

9.1 一般规定

9.1.1 本章规定适用于不直接承受动力荷载的固端梁、连续梁以及由实腹构件组成的单层和两层框架结构。

9.1.2 采用塑性设计的结构或构件,按承载能力极限状态设计时,应采用荷载的设计值,考虑构件截面内塑性的发展及由此引起的内力重分配,用简单塑性理论进行内力分析。

按正常使用极限状态设计时,采用荷载的标准值,并按弹性理论进行计算。

9.1.3 按塑性设计时,钢材的力学性能应满足强屈比 $f_u/f_y \geqslant 1.2$,伸长率 $\delta_5 \geqslant 15\%$,相应于抗拉强度 f_u 的应变 ε_u 不小于 20 倍屈服点应变 ε_y。

9.1.4 塑性设计截面板件的宽厚比应符合表 9.1.4 的规定。

表 9.1.4 板件宽厚比

续表 9.1.4

9.2 构件的计算

9.2.1 弯矩 M_x(对 H 形和工字形截面 x 轴为强轴)作用在一个主平面内的受弯构件,其弯曲强度应符合下式要求:

$$M_x \leqslant W_{pnx} f \quad (9.2.1)$$

式中 W_{pnx}——对 x 轴的塑性净截面模量。

9.2.2 受弯构件的剪力 V 假定由腹板承受,其剪切强度应符合下式要求:

$$V \leqslant h_w t_w f_v \quad (9.2.2)$$

式中 h_w、t_w——腹板高度和厚度;

f_v——钢材抗剪强度设计值。

9.2.3 弯矩作用在一个主平面内的压弯构件,其强度应符合下列公式的要求:

当 $\dfrac{N}{A_n f} \leqslant 0.13$ 时:

$$M_x \leqslant W_{pnx} f \quad (9.2.3-1)$$

当 $\dfrac{N}{A_n f} > 0.13$ 时:

$$M_x \leqslant 1.15 \left(1 - \dfrac{N}{A_n f}\right) W_{pnx} f \quad (9.2.3-2)$$

式中 A_n——净截面面积。

压弯构件的压力 N 不应大于 $0.6 A_n f$,其剪切强度应符合公式(9.2.2)的要求。

9.2.4 弯矩作用在一个主平面内的压弯构件,其稳定性应符合下列公式的要求:

1 弯矩作用平面内:

$$\dfrac{N}{\varphi_x A f} + \dfrac{\beta_{mx} M_x}{W_{px} f \left(1 - 0.8 \dfrac{N}{N'_{Ex}}\right)} \leqslant 1 \quad (9.2.4-1)$$

式中 W_{px}——对 x 轴的塑性毛截面模量。

φ_x、N'_{Ex} 和 β_{mx} 应按第 5.2.2 条计算弯矩作用平面内稳定的有关规定采用。

2 弯矩作用平面外:

$$\dfrac{N}{\varphi_y A f} + \eta \dfrac{\beta_{tx} M_x}{\varphi_b W_{px} f} \leqslant 1 \quad (9.2.4-2)$$

φ_y、φ_b、η 和 β_{tx} 应按 5.2.2 条计算弯矩作用平面外稳定的有关规定采用。

9.3 容许长细比和构造要求

9.3.1 受压构件的长细比不宜大于 $130\sqrt{235/f_y}$。

9.3.2 在构件出现塑性铰的截面处,必须设置侧向支承。该支承点与其相邻支承点间构件的长细比 λ_y 应符合下列要求:

当 $-1 \leqslant \dfrac{M_1}{W_{px} f} \leqslant 0.5$ 时:

$$\lambda_y \leqslant \left(60 - 40 \dfrac{M_1}{W_{px} f}\right) \sqrt{\dfrac{235}{f_y}} \quad (9.3.2-1)$$

当 $0.5 < \dfrac{M_1}{W_{px} f} \leqslant 1.0$ 时:

$$\lambda_y \leqslant \left(45 - 10 \dfrac{M_1}{W_{px} f}\right) \sqrt{\dfrac{235}{f_y}} \quad (9.3.2-2)$$

式中 λ_y——弯矩作用平面外的长细比,$\lambda_y = l_1/i_y$,l_1 为侧向支承点间距离,i_y 为截面回转半径;

M_1——与塑性铰相距为 l_1 的侧向支承点处的弯矩;当长度 l_1 内为同向曲率时,$M_1/(W_{px}f)$ 为正;当为反向曲率时,$M_1/(W_{px}f)$ 为负。

对不出现塑性铰的构件区段,其侧向支承点间距应由本规范第 4 章和第 5 章内有关弯矩作用平面外的整体稳定计算确定。

9.3.3 用作减少构件弯矩作用平面外计算长度的侧向支撑,其轴心力应分别按本规范第 4.2.6 条或第 5.2.8 条确定。

9.3.4 所有节点及其连接应有足够的刚度,以保证在出现塑性铰前节点处各构件间的夹角保持不变。

构件拼接和构件间的连接应能传递该处最大弯矩设计值的 1.1 倍,且不得低于 $0.25W_{px}f$。

9.3.5 当板件采用手工气割或剪切机切割时,应将出现塑性铰部位的边缘刨平。

当螺栓孔位于构件塑性铰部位的受拉板件上时,应采用钻成孔或先冲后扩钻孔。

10 钢管结构

10.1 一般规定

10.1.1 本章规定适用于不直接承受动力荷载,在节点处直接焊接的钢管(圆管、方管或矩形管)桁架结构。

10.1.2 圆钢管的外径与壁厚之比不应超过 $100(235/f_y)$;方管或矩形管的最大外缘尺寸与壁厚之比不应超过 $40\sqrt{235/f_y}$。

10.1.3 热加工管材和冷成型管材不应采用屈服强度 f_y 超过 345 N/mm² 以及屈强比 $f_y/f_u>0.8$ 的钢材,且钢管壁厚不宜大于 25mm。

10.1.4 在满足下列情况下,分析桁架杆件内力时可将节点视为铰接:

1 符合各类节点相应的几何参数的适用范围;

2 在桁架平面内杆件的节间长度或杆件长度与截面高度(或直径)之比不小于 12(主管)和 24(支管)时。

10.1.5 若支管与主管连接节点偏心不超过式(10.1.5)限制时,在计算节点和受拉主管承载力时,可忽略因偏心引起的弯矩的影响,但受压主管必须考虑此偏心弯矩 $M=\Delta N \times e$(ΔN 为节点两侧主管轴力之差值)的影响。

$$-0.55 \leqslant e/h(\text{或 } e/d) \leqslant 0.25 \qquad (10.1.5)$$

式中 e——偏心距,符号如图 10.1.5 所示;

d——圆主管外径;

h——连接平面内的矩形主管截面高度。

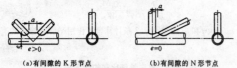

(a)有间隙的 K 形节点   (b)有间隙的 N 形节点

(c)搭接的 K 形节点   (d)搭接的 N 形节点

图 10.1.5 K 形和 N 形管节点的偏心和间隙

10.2 构造要求

10.2.1 钢管节点的构造应符合下列要求:

1 主管的外部尺寸不应小于支管的外部尺寸,主管的壁厚不应小于支管壁厚,在支管与主管连接处不得将支管插入主管内;

2 主管与支管或两支管轴线之间的夹角不宜小于 30°;

3 支管与主管的连接节点处,除搭接型节点外,应尽可能避免偏心;

4 支管与主管的连接焊缝,应沿全周连续焊接并平滑过渡;

5 支管端部宜使用自动切管机切割,支管壁厚小于 6mm 时可不切坡口。

10.2.2 在有间隙的 K 形或 N 形节点中(图 10.1.5a、b),支管间隙 a 应不小于两支管壁厚之和。

10.2.3 在搭接的 K 形或 N 形节点中(图 10.1.5c、d),其搭接率 $O_v=q/p \times 100\%$ 应满足 $25\% \leqslant O_v \leqslant 100\%$,且应确保在搭接部分的支管之间的连接焊缝能可靠地传递内力。

10.2.4 在搭接节点中,当支管厚度不同时,薄壁管应搭在厚壁管上;当支管钢材强度等级不同时,低强度管应搭在高强度管上。

10.2.5 支管与主管之间的连接可沿全周用角焊缝或部分采用对接焊缝、部分采用角焊缝。支管管壁与主管管壁之间的夹角大于或等于 120° 的区域宜用对接焊缝或带坡口的角焊缝。角焊缝的焊脚尺寸 h_f 不宜大于支管壁厚的 2 倍。

10.2.6 钢管构件在承受较大横向荷载的部位应采取适当的加强措施,防止产生过大的局部变形。构件的主要受力部位应避免开孔,如必须开孔时,应采取适当的补强措施。

10.3 杆件和节点承载力

10.3.1 直接焊接钢管结构中支管和主管的轴心内力设计值不应超过由本规范第 5 章确定的杆件承载力设计值。支管的轴心内力设计值亦不应超过节点承载力设计值。

10.3.2 在节点处,支管沿周边与主管相焊,焊缝承载力应等于或大于节点承载力。

在管结构中,支管与主管的连接焊缝可视为全周角焊缝按本规范公式(7.1.3-1)进行计算,但取 $\beta_f=1$。角焊缝的计算厚度沿支管周长是变化的,当支管轴心受力时,平均计算厚度可取 $0.7h_f$。焊缝的计算长度可按下列公式计算:

1 在圆管结构中,取支管与主管相交线长度:

当 $d_i/d \leqslant 0.65$ 时:

$$l_w=(3.25d_i-0.025d)\left(\frac{0.534}{\sin\theta_i}+0.466\right) \qquad (10.3.2-1)$$

当 $d_i/d > 0.65$ 时:

$$l_w=(3.81d_i-0.389d)\left(\frac{0.534}{\sin\theta_i}+0.466\right) \qquad (10.3.2-2)$$

式中 d、d_i——分别为主管和支管外径;

θ_i——支管轴线与主管轴线的夹角。

2 在矩形管结构中,支管与主管交线的计算长度应按下列规定计算:

对于有间隙的 K 形和 N 形节点:

当 $\theta_i \geqslant 60°$ 时:

$$l_w=\frac{2h_i}{\sin\theta_i}+b_i \qquad (10.3.2-3)$$

当 $\theta_i \leqslant 50°$ 时:

$$l_w=\frac{2h_i}{\sin\theta_i}+2b_i \qquad (10.3.2-4)$$

当 $50° < \theta_i < 60°$ 时,l_w 按插值法确定。

对于 T、Y 和 X 形节点(见图 10.3.4):

$$l_w=\frac{2h_i}{\sin\theta_i} \qquad (10.3.2-5)$$

式中 h_i、b_i——分别为支管的截面高度和宽度。

当支管为圆管、主管为矩形管时,焊缝计算长度取为支管与主管的相交线长度减去 d_i。

10.3.3 主管和支管均为圆管的直接焊接节点承载力应按下列规定计算,其适用范围为:$0.2 \leqslant \beta \leqslant 1.0$;$d_i/t_i \leqslant 60$;$d/t \leqslant 100$,$\theta > 30°$,$60° \leqslant \phi \leqslant 120°$($\beta$ 为支管外径与主管外径之比;d_i、t_i 为支管的外径和壁厚;d、t 为主管的外径和壁厚;θ 为支管轴线与主管轴线之夹

角 ;ϕ 为空间管节点支管的横向夹角,即支管轴线在主管横截面所在平面投影的夹角)。

为保证节点处主管的强度,支管的轴心力不得大于下列规定中的承载力设计值:

1 X 形节点(图 10.3.3a):

1)受压支管在管节点处的承载力设计值 N_{cX}^{pj} 应按下式计算:

$$N_{cX}^{pj}=\frac{5.45}{(1-0.81\beta)\sin\theta}\psi_n t^2 f \qquad (10.3.3\text{-}1)$$

式中 ψ_n——参数,$\psi_n=1-0.3\dfrac{\sigma}{f_y}-0.3\left(\dfrac{\sigma}{f_y}\right)^2$,当节点两侧或一侧主管受拉时,则取 $\psi_n=1$。

f——主管钢材的抗拉、抗压和抗弯强度设计值;

f_y——主管钢材的屈服强度;

σ——节点两侧主管轴心压应力的较小绝对值。

2)受拉支管在管节点处的承载力设计值 N_{tX}^{pj} 应按下式计算:

$$N_{tX}^{pj}=0.78\left(\frac{d}{t}\right)^{0.2}N_{cX}^{pj} \qquad (10.3.3\text{-}2)$$

2 T 形(或 Y 形)节点(图 10.3.3b 和 c):

1)受压支管在管节点处的承载力设计值 N_{cT}^{pj} 应按下式计算:

$$N_{cT}^{pj}=\frac{11.51}{\sin\theta}\left(\frac{d}{t}\right)^{0.2}\psi_n\psi_d t^2 f \qquad (10.3.3\text{-}3)$$

式中 ψ_d——参数;当 $\beta\leqslant 0.7$ 时,$\psi_d=0.069+0.93\beta$;当 $\beta>0.7$ 时,$\psi_d=2\beta-0.68$。

2)受拉支管在管节点处的承载力设计值 N_{tT}^{pj} 应按下式计算:

当 $\beta\leqslant 0.6$ 时:

$$N_{tT}^{pj}=1.4 N_{cT}^{pj} \qquad (10.3.3\text{-}4)$$

当 $\beta>0.6$ 时:

$$N_{tT}^{pj}=(2-\beta)N_{cT}^{pj} \qquad (10.3.3\text{-}5)$$

3 K 形节点(图 10.3.3d):

1)受压支管在管节点处的承载力设计值 N_{cK}^{pj} 应按下式计算:

$$N_{cK}^{pj}=\frac{11.51}{\sin\theta_c}\left(\frac{d}{t}\right)^{0.2}\psi_n\psi_d\psi_a t^2 f \qquad (10.3.3\text{-}6)$$

式中 θ_c——受压支管轴线与主管轴线之夹角;

ψ_a——参数,按下式计算:

$$\psi_a=1+\frac{2.19}{1+\dfrac{7.5a}{d}}\left(1-\frac{20.1}{6.6+\dfrac{d}{t}}\right)(1-0.77\beta) \qquad (10.3.3\text{-}7)$$

a——两支管间的间隙;当 $a<0$ 时,取 $a=0$。

2)受拉支管在管节点处的承载力设计值 N_{tK}^{pj} 应按下式计算:

$$N_{tK}^{pj}=\frac{\sin\theta_c}{\sin\theta_t}N_{cK}^{pj} \qquad (10.3.3\text{-}8)$$

式中 θ_t——受拉支管轴线与主管轴线之夹角。

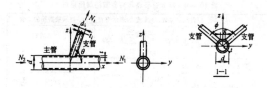

(b) T 形和 Y 形受拉节点   (e) TT 形节点

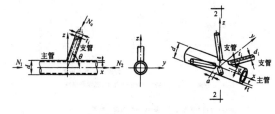

(c) T 形和 Y 形受压节点

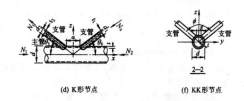

(d) K 形节点   (f) KK 形节点

图 10.3.3 圆管结构的节点形式

4 TT 形节点(图 10.3.3e):

1)受压支管在管节点处的承载力设计值 N_{cTT}^{pj} 应按下式计算:

$$N_{cTT}^{pj}=\psi_g N_{cT}^{pj} \qquad (10.3.3\text{-}9)$$

式中 $\psi_g=1.28-0.64\dfrac{g}{d}\leqslant 1.1$,$g$ 为两支管的横向间距。

2)受拉支管在管节点处的承载力设计值 N_{tTT}^{pj} 应按下式计算:

$$N_{tTT}^{pj}=N_{tT}^{pj} \qquad (10.3.3\text{-}10)$$

5 KK 形节点(图 10.3.3f):

受压或受拉支管在管节点处的承载力设计值 N_{cKK}^{pj} 或 N_{tKK}^{pj} 应等于 K 形节点相应支管承载力设计值 N_{cK}^{pj} 或 N_{tK}^{pj} 的 0.9 倍。

10.3.4 矩形管直接焊接节点(图 10.3.4)的承载力应按下列规定计算,其适用范围如表 10.3.4 所示。

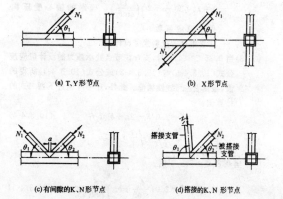

(a) T、Y 形节点   (b) X 形节点

(c)有间隙的 K、N 形节点   (d)搭接的 K、N 形节点

图 10.3.4 矩形管直接焊接平面管节点

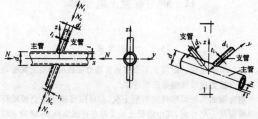

(a) X 形节点

表 10.3.4　矩形管节点几何参数的适用范围

管截面形式	节点形式	节点几何参数，$i=1$ 或 2，表示支管；j 表示被搭接的支管					
		$\dfrac{b_i}{b}$ 或 $\dfrac{d_i}{b}$	$\dfrac{b_i}{t_i}、\dfrac{h_i}{t_i}$（或 $\dfrac{d_i}{t_i}$）		$\dfrac{h_i}{b_i}$	$\dfrac{b}{t}、\dfrac{h}{t}$	a 或 O_v $b_i/b_j、t_i/t_j$
			受压	受拉			
主管为矩形管	支管为矩形管	T、Y、X 形	$\geqslant 0.25$				$\leqslant 35$	
		有间隙的 K 形和 N 形	$\geqslant 0.1+\dfrac{0.01b}{t}$ $\beta\geqslant 0.35$	$\leqslant 37\sqrt{\dfrac{235}{f_{yi}}}$ $\leqslant 35$	$\leqslant 35$	$0.5\leqslant\dfrac{h_i}{b_i}$ $\leqslant 2$	$\leqslant 35$	$0.5(1-\beta)\leqslant\dfrac{a}{b}\leqslant$ $1.5(1-\beta)\cdot$ $a\geqslant t_1+t_2$
		搭接 K 形和 N 形	$\geqslant 0.25$	$\leqslant 33\sqrt{\dfrac{235}{f_{yi}}}$			$\leqslant 40$	$25\%\leqslant O_v\leqslant100\%$ $\dfrac{t_i}{t_j}\leqslant 1.0$ $1.0\geqslant\dfrac{b_i}{b_j}\geqslant 0.75$
	支管为圆管		$0.4\leqslant\dfrac{d_i}{b}\leqslant 0.8$	$\leqslant 44\sqrt{\dfrac{235}{f_{yi}}}\leqslant 50$			用 d_i 取代 b_i 之后，仍应满足上述相应条件	

注：1　标注 * 处当 $a/b>1.5(1-\beta)$，则按 T 形或 Y 形节点计算。

2　$d_i、t_i$ 分别为第 i 个圆支管的外径和壁厚；

$b_i、h_i、t_i$ 分别为第 i 个矩形支管的截面宽度、高度和壁厚；

$b、h、t$ 分别为矩形主管的截面宽度、高度和壁厚；

a 为支管间的间隙，见图 10.3.4；

O_v 为搭接率，见第 10.2.3 条；

β 为参数，对 T、Y、X 形节点，$\beta=\dfrac{b_1}{b}$ 或 $\dfrac{d_1}{b}$；对 K、N 形节点，$\beta=\dfrac{b_1+b_2+h_1+h_2}{4b}$ 或 $\dfrac{d_1+d_2}{2b}$；

f_{yi} 为第 i 个支管钢材的屈服强度。

为保证节点处矩形主管的强度，支管的轴心力 N_i 和主管的轴心力 N 不得大于下列规定的节点承载力设计值：

1　支管为矩形管的 T、Y 和 X 形节点（图 10.3.4a、b）：

1）当 $\beta\leqslant0.85$ 时，支管在节点处的承载力设计值 N_i^{pj} 应按下式计算：

$$N_i^{pj}=1.8\left(\dfrac{h_i}{bc\sin\theta_i}+2\right)\dfrac{t^2 f}{c\sin\theta_i}\psi_n \quad (10.3.4\text{-}1)$$

$$c=(1-\beta)^{0.5}$$

式中　ψ_n——参数；当主管受压时，$\psi_n=1.0-\dfrac{0.25}{\beta}\cdot\dfrac{\sigma}{f}$；当主管受拉时，$\psi_n=1.0$；

σ——节点两侧主管轴心压应力的较大绝对值。

2）当 $\beta=1.0$ 时，支管在节点处的承载力设计值 N_i^{pj} 应按下式计算：

$$N_i^{pj}=2.0\left(\dfrac{h_i}{\sin\theta_i}+5t\right)\dfrac{tf_k}{\sin\theta_i}\psi_n \quad (10.3.4\text{-}2)$$

当为 X 形节点，$\theta_i<90°$ 且 $h\geqslant h_i/\cos\theta_i$ 时，尚应按下式验算：

$$N_i^{pj}=\dfrac{2htf_v}{\sin\theta_i} \quad (10.3.4\text{-}3)$$

式中　f_k——主管强度设计值；当支管受拉时，$f_k=f$；当支管受压时，对 T、Y 形节点，$f_k=0.8\varphi f$；对 X 形节点，$f_k=(0.65\sin\theta_i)\varphi f$；$\varphi$ 为按长细比 $\lambda=1.73\left(\dfrac{h}{t}-2\right)\left(\dfrac{1}{\sin\theta_i}\right)^{0.5}$ 确定的轴心受压构件的稳定系数；

f_v——主管钢材的抗剪强度设计值。

3）当 $0.85<\beta<1.0$ 时，支管在节点处承载力的设计值应按公式（10.3.4-1）与（10.3.4-2）或公式（10.3.4-3）所得的值，根据 β 进行线性插值。此外，还不应超过下列二式的计算值：

$$N_i^{pj}=2.0(h_i-2t_i+b_e)t_i f_i \quad (10.3.4\text{-}4)$$

$$b_e=\dfrac{10}{b/t}\cdot\dfrac{f_y t}{f_{yi} t_i}\cdot b_i\leqslant b_i$$

当 $0.85\leqslant\beta\leqslant 1-\dfrac{2t}{b}$ 时：

$$N_i^{pj}=2.0\left(\dfrac{h_i}{\sin\theta_i}+b_{ep}\right)\dfrac{tf_v}{\sin\theta_i} \quad (10.3.4\text{-}5)$$

$$b_{ep}=\dfrac{10}{b/t}\cdot b_i\leqslant b_i$$

式中　$h_i、t_i、f_i$——分别为支管的截面高度、壁厚以及抗拉（抗压和抗弯）强度设计值。

2　支管为矩形管的有间隙的 K 形和 N 形节点（图 10.3.4c）：

1）节点处任一支管的承载力设计值应取下列各式的较小值：

$$N_i^{pj}=1.42\dfrac{b_1+b_2+h_1+h_2}{b\sin\theta_i}\left(\dfrac{b}{t}\right)^{0.5}t^2 f\psi_n \quad (10.3.4\text{-}6)$$

$$N_i^{pj}=\dfrac{A_v f_v}{\sin\theta_i} \quad (10.3.4\text{-}7)$$

$$N_i^{pj}=2.0\left(h_i-2t_i+\dfrac{b_i+b_e}{2}\right)t_i f_i \quad (10.3.4\text{-}8)$$

当 $\beta\leqslant 1-\dfrac{2t}{b}$ 时，尚应小于：

$$N_i^{pj}=2.0\left(\dfrac{h_i}{\sin\theta_i}+\dfrac{b_i+b_{ep}}{2}\right)\dfrac{tf_v}{\sin\theta_i} \quad (10.3.4\text{-}9)$$

式中　A_v——弦杆的受剪面积，按下列公式计算：

$$A_v=(2h+ab)t \quad (10.3.4\text{-}10)$$

$$a=\sqrt{\dfrac{3t^2}{3t^2+4a^2}} \quad (10.3.4\text{-}11)$$

2）节点间隙处的弦杆轴心受力承载力设计值为：

$$N^{pj}=(A-\alpha_v A_v)f \quad (10.3.4\text{-}12)$$

式中　α_v——考虑剪力对弦杆轴心承载力的影响系数，按下式计算：

$$\alpha_v=1-\sqrt{1-\left(\dfrac{V}{V_p}\right)^2} \quad (10.3.4\text{-}13)$$

$$V_p=A_v f_v$$

V——节点间隙处弦杆所受的剪力，可按任一支管的竖向分力计算。

3　支管为矩形管的搭接 K 形和 N 形节点（图 10.3.4d）：

搭接支管的承载力设计值应根据不同的搭接率 O_v 按下列公式计算（下标 j 表示被搭接的支管）：

1）当 $25\%\leqslant O_v<50\%$ 时：

$$N_i^{pj}=2.0\left[(h_i-2t_i)\dfrac{O_v}{0.5}+\dfrac{b_e+b_{ej}}{2}\right]t_i f_i \quad (10.3.4\text{-}14)$$

$$b_{ej}=\dfrac{10}{b_j/t_j}\cdot\dfrac{t_j f_{yj}}{t_i f_{yi}}b_i\leqslant b_i$$

2）当 $50\%\leqslant O_v<80\%$ 时：

$$N_i^{pj}=2.0\left(h_i-2t_i+\dfrac{b_e+b_{ej}}{2}\right)t_i f_i \quad (10.3.4\text{-}15)$$

3）当 $80\%\leqslant O_v\leqslant 100\%$ 时：

$$N_i^{pj}=2.0\left(h_i-2t_i+\dfrac{b_i+b_{ej}}{2}\right)t_i f_i \quad (10.3.4\text{-}16)$$

被搭接支管的承载力应满足下式要求：

$$\dfrac{N_j^{pj}}{A_j f_{yj}}\leqslant\dfrac{N_i^{pj}}{A_i f_{yi}} \quad (10.3.4\text{-}17)$$

4　支管为圆管的各种形式的节点：

当支管为圆管时，上述各节点承载力的计算公式仍可使用，但需用 d_i 取代 b_i 和 h_i，并将各式右侧乘以系数 $\pi/4$，同时应将式（10.3.4-10）中的 a 值取为零。

11　钢与混凝土组合梁

11.1　一般规定

11.1.1　本章规定一般用于不直接承受动力荷载由混凝土翼板与钢梁通过抗剪连接件组成的组合梁。

组合梁的翼板可用现浇混凝土板，亦可用混凝土叠合板或压型钢板混凝土组合板，其中混凝土板应按现行国家标准《混凝土结构设计规范》GB 50010 的规定进行设计。

11.1.2 混凝土翼板的有效宽度 b_e（图 11.1.2）应按下式计算：

$$b_e = b_0 + b_1 + b_2 \qquad (11.1.2)$$

式中 b_0——板托顶部的宽度；当板托倾角 $\alpha < 45°$ 时，应按 $\alpha = 45°$ 计算板托顶部的宽度；当无板托时，则取钢梁上翼缘的宽度；

b_1、b_2——梁外侧和内侧的翼板计算宽度，各取梁跨度 l 的 $1/6$ 和翼板厚度 h_{c1} 的 6 倍中的较小值。此外，b_1 尚不应超过翼板实际外伸宽度 s_1；b_2 不应超过相邻钢梁上翼缘或板托间净距 s_0 的 $1/2$。当为中间梁时，公式（11.1.2）中的 b_1 等于 b_2。

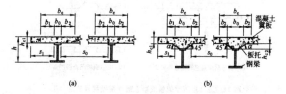

(a)   (b)

图 11.1.2 混凝土翼板的计算宽度

图 11.1.2 中，h_{c1} 为混凝土翼板的厚度，当采用压型钢板混凝土组合板时，翼板厚度 h_{c1} 等于组合板的总厚度减去压型钢板的肋高，但在计算混凝土翼板的有效宽度时，压型钢板混凝土组合板的翼板厚度 h_{c1} 可取有肋处板的总厚度；h_{c2} 为板托高度，当无板托时，$h_{c2} = 0$。

11.1.3 组合梁（含部分抗剪连接组合梁和钢梁与组合板构成的组合梁）的挠度应按弹性方法进行计算，并应按本规范第 11.4.2 条的规定考虑混凝土翼板和钢梁之间的滑移效应对组合梁的抗弯刚度进行折减。

对于连续组合梁，在距中间支座两侧各 $0.15l$（l 为梁的跨度）范围内，不计受拉区混凝土对刚度的影响，但应计入翼板有效宽度 b_e 范围内配置的纵向钢筋的作用，其余区段仍取折减刚度，除按此验算其挠度外，尚应按现行国家标准《混凝土结构设计规范》GB 50010 的规定验算负弯矩区段混凝土最大裂缝宽度 w_{max}。

在组合梁的强度、挠度和裂缝计算中，可不考虑板托截面。

组合梁尚应按有关规定进行混凝土翼板的纵向抗剪验算。

11.1.4 组合梁施工时，若钢梁下无临时支承，则混凝土硬结前的材料重量和施工荷载应由钢梁承受，钢梁应按本规范第 3 章和第 4 章规定计算其强度、稳定性和变形。施工完成后的使用阶段，组合梁承受的续加荷载产生的变形应与施工阶段钢梁的变形相叠加。

11.1.5 在强度和变形满足的条件下，组合梁交界面上抗剪连接件的纵向水平抗剪能力不能保证最大正弯矩截面上抗弯承载力充分发挥时，可以按照部分抗剪连接进行设计。用压型钢板做混凝土底模的组合梁，亦宜按照部分抗剪连接组合梁设计。部分抗剪连接限用于跨度不超过 20m 的等截面组合梁。

11.1.6 按本章规定考虑全截面塑性发展进行组合梁的强度计算时，钢梁钢材的强度设计值 f 应按本规范第 3.4.1 及 3.4.2 条的规定采用，当组成构件的厚度不同时，可统一取用较厚板件的强度设计值。组合梁负弯矩区段所配负弯矩钢筋的强度设计值按现行国家标准《混凝土结构设计规范》GB 50010 的有关规定采用。连续组合梁采用弹性分析计算内力时，考虑塑性发展的内力调幅系数不宜超过 15%。

组合梁中钢梁的受压区，其板件的宽厚比应满足本规范第 9 章第 9.1.4 条的要求。

11.2 组合梁设计

11.2.1 完全抗剪连接组合梁的抗弯强度应按下列规定计算：

1 正弯矩作用区段

1）塑性中和轴在混凝土翼板内（图 11.2.1-1），即 $Af \leqslant$

$b_e h_{c1} f_c$ 时：

$$M \leqslant b_e x f_c y \qquad (11.2.1-1)$$
$$x = Af / (b_e f_c) \qquad (11.2.1-2)$$

式中 M——正弯矩设计值；

A——钢梁的截面面积；

x——混凝土翼板受压区高度；

y——钢梁截面应力的合力至混凝土受压区截面应力的合力间的距离；

f_c——混凝土抗压强度设计值。

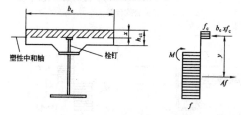

图 11.2.1-1 塑性中和轴在混凝土翼板内时的组合梁截面及应力图形

2）塑性中和轴在钢梁截面内（图 11.2.1-2），即 $Af > b_e h_{c1} f_c$ 时：

$$M \leqslant b_e h_{c1} f_c y_1 + A_c f y_2 \qquad (11.2.1-3)$$
$$A_c = 0.5(A - b_e h_{c1} f_c / f) \qquad (11.2.1-4)$$

式中 A_c——钢梁受压区截面面积；

y_1——钢梁受拉区截面形心至混凝土翼板受压区截面形心的距离；

y_2——钢梁受拉区截面形心至钢梁受压区截面形心的距离。

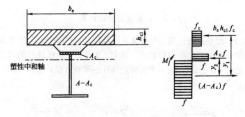

图 11.2.1-2 塑性中和轴在钢梁内时的组合梁截面及应力图形

2 负弯矩作用区段（图 11.2.1-3）：

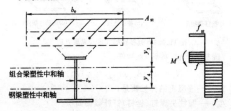

图 11.2.1-3 负弯矩作用时组合梁截面及应力图形

$$M' \leqslant M_s + A_{st} f_{st} (y_3 + y_4/2) \qquad (11.2.1-5)$$
$$M_s = (S_1 + S_2) f \qquad (11.2.1-6)$$

式中 M'——负弯矩设计值；

S_1、S_2——钢梁塑性中和轴（平分钢梁截面积的轴线）以上和以下截面对该轴的面积矩；

A_{st}——负弯矩区混凝土翼板有效宽度范围内的纵向钢筋截面面积；

f_{st}——钢筋抗拉强度设计值；

y_3——纵向钢筋截面形心至组合梁塑性中和轴的距离；

y_4——组合梁塑性中和轴至钢梁塑性中和轴的距离。当组合梁塑性中和轴在钢梁腹板内时，取 $y_4 = A_{st} f_{st} / (2t_w f)$；当该中和轴在钢梁翼缘内时，可取 y_4 等于钢梁塑性中和轴至腹板上边缘的距离。

11.2.2 部分抗剪连接组合梁在正弯矩区段的抗弯强度按下列公式计算(图11.2.2):

$$x = n_r N_v^c / (b_e f_c) \tag{11.2.2-1}$$
$$A_c = (Af - n_r N_v^c) / (2f) \tag{11.2.2-2}$$
$$M_{u,r} = n_r N_v^c y_1 + 0.5(Af - n_r N_v^c) y_2 \tag{11.2.2-3}$$

式中　$M_{u,r}$——部分抗剪连接时组合梁截面抗弯承载力;

　　　n_r——部分抗剪连接时一个剪跨区的抗剪连接件数目;

　　　N_v^c——每个抗剪连接件的纵向抗剪承载力,按本规范第11.3节的有关公式计算。

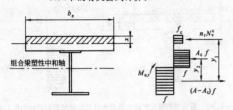

图11.2.2　部分抗剪连接组合梁计算简图

部分抗剪连接组合梁在负弯矩作用区段的抗弯强度则按$n_r N_v^c$ 和$A_{st} f_{st}$两者中的较小值计算。

11.2.3 组合梁截面上的全部剪力,假定仅由钢梁腹板承受,应按本规范公式(9.2.2)进行计算。

11.2.4 用塑性设计法计算组合梁强度时,在下列部位可不考虑弯矩与剪力的相互影响:

　1　受正弯矩的组合梁截面;

　2　$A_{st} f_{st} \geqslant 0.15Af$的受负弯矩的组合梁截面。

11.3　抗剪连接件的计算

11.3.1 组合梁的抗剪连接件宜采用栓钉,也可采用槽钢、弯筋或有可靠依据的其他类型连接件。栓钉、槽钢及弯筋连接件的设置方式如图11.3.1所示;一个抗剪连接件的承载力设计值由下列公式确定:

图11.3.1　连接件的外形及设置方向

　1　圆柱头焊钉(栓钉)连接件:

$$N_v^c = 0.43 A_s \sqrt{E_c f_c} \leqslant 0.7 A_s \gamma f \tag{11.3.1-1}$$

式中　E_c——混凝土的弹性模量;

　　　A_s——圆柱头焊钉(栓钉)钉杆截面面积;

　　　f——圆柱头焊钉(栓钉)抗拉强度设计值;

　　　γ——栓钉材料抗拉强度最小值与屈服强度之比。

当栓钉材料性能等级为4.6级时,取$f = 215 (\text{N/mm}^2)$,$\gamma = 1.67$。

　2　槽钢连接件:

$$N_v^c = 0.26(t + 0.5t_w) l_c \sqrt{E_c f_c} \tag{11.3.1-2}$$

式中　t——槽钢翼缘的平均厚度;

　　　t_w——槽钢腹板的厚度;

　　　l_c——槽钢的长度。

槽钢连接件通过肢尖肢背两条通长角焊缝与钢梁连接,角焊缝按承受该连接件的抗剪承载力设计值N_v^c进行计算。

　3　弯筋连接件:

$$N_v^c = A_{st} f_{st} \tag{11.3.1-3}$$

式中　A_{st}——弯筋的截面面积;

　　　f_{st}——弯筋的抗拉强度设计值。

11.3.2 对于用压型钢板混凝土组合板做翼板的组合梁(图11.3.2),其栓钉连接件的抗剪承载力设计值应分别按以下两种情况予以降低:

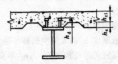

（a）肋与钢梁平行的组合梁截面

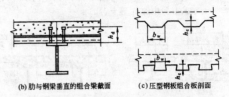

（b）肋与钢梁垂直的组合梁截面　（c）压型钢板组合板剖面

图11.3.2　用压型钢板混凝土组合板做翼板的组合梁

　1　当压型钢板肋平行于钢梁布置(图11.3.2a),$b_w / h_e < 1.5$时,按公式(11.3.1-1)算得的N_v^c应乘以折减系数β_v后取用。β_v值按下式计算:

$$\beta_v = 0.6 \frac{b_w}{h_e} \left(\frac{h_d - h_e}{h_e} \right) \leqslant 1 \tag{11.3.2-1}$$

式中　b_w——混凝土凸肋的平均宽度,当肋的上部宽度小于下部宽度时(图11.3.2c),改取上部宽度;

　　　h_e——混凝土凸肋高度;

　　　h_d——栓钉高度。

　2　当压型钢板肋垂直于钢梁布置时(图11.3.2b),栓钉抗剪连接件承力设计值的折减系数按下式计算:

$$\beta_v = \frac{0.85}{\sqrt{n_0}} \cdot \frac{b_w}{h_e} \left(\frac{h_d - h_e}{h_e} \right) \leqslant 1 \tag{11.3.2-2}$$

式中　n_0——在梁某截面处一个肋中布置的栓钉数,当多于3个时,按3个计算。

11.3.3 位于负弯矩区段的抗剪连接件,其抗剪承载力设计值N_v^c应乘以折减系数0.9(中间支座两侧)和0.8(悬臂部分)。

11.3.4 抗剪连接件的计算,应以弯矩绝对值最大点及零弯矩点为界限,划分为若干个剪跨区(图11.3.4),逐段进行。每个剪跨区段内钢梁与混凝土翼板交界面的纵向剪力V_s按下列方法确定:

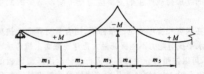

图11.3.4　连续梁剪跨区划分图

　1　位于正弯矩区段的剪跨,V_s取Af和$b_e h_{c1} f_c$中的较小者。

　2　位于负弯矩区段的剪跨:

$$V_s = A_{st} f_{st} \tag{11.3.4-1}$$

按照完全抗剪连接设计时,每个剪跨区段内需要的连接件总数n_f,按下式计算:

$$n_f = V_s / N_v^c \tag{11.3.4-2}$$

部分抗剪连接组合梁,其连接件的实配个数不得少于n_f的50%。

按公式(11.3.4-2)算得的连接件数量,可在对应的剪跨区段内均匀布置。当在此剪跨区段内有较大集中荷载作用时,应将连接件个数n_f按剪力图面积比例分配后各自均匀布置。

注:当采用栓钉和槽钢抗剪时,在图11.3.4中可将剪跨区m_2和m_3、m_4和m_5分别合并为一个区配置抗剪连接件,合并为一个区后的$V_s = b_e h_{c1} f_c + A_{st} f_{st}$。建议在合并区内采用完全抗剪连接。

11.4 挠度计算

11.4.1 组合梁的挠度应分别按荷载的标准组合和准永久组合进行计算，以其中的较大值作为依据。挠度计算可按结构力学公式进行，仅受正弯矩作用的组合梁，其抗弯刚度应取考虑滑移效应的折减刚度，连续组合梁应按变截面刚度梁（见第11.1.3条）进行计算。在上述两种荷载组合中，组合梁应各取其相应的折减刚度。

11.4.2 组合梁考虑滑移效应的折减刚度 B 可按下式确定：

$$B = \frac{EI_{eq}}{1+\zeta} \quad (11.4.2)$$

式中 E——钢梁的弹性模量；

I_{eq}——组合梁的换算截面惯性矩；对荷载的标准组合，可将截面中的混凝土翼板有效宽度除以钢材与混凝土弹性模量的比值 α_E 换为钢截面宽度后，计算整个截面的惯性矩；对荷载的准永久组合，则除以 $2\alpha_E$ 进行换算；对于钢梁与压型钢板混凝土组合板构成的组合梁，取其较弱截面的换算截面进行计算，且不计压型钢板的作用；

ζ——刚度折减系数，按11.4.3条进行计算。

11.4.3 刚度折减系数 ζ 按下式计算（当 $\zeta \leqslant 0$ 时，取 $\zeta = 0$）：

$$\zeta = \eta\left[0.4 - \frac{3}{(jl)^2}\right] \quad (11.4.3-1)$$

$$\eta = \frac{36 E d_c p A_0}{n_s k h l^2} \quad (11.4.3-2)$$

$$j = 0.81\sqrt{\frac{n_s k A_1}{EI_0 p}} \quad (\text{mm}^{-1}) \quad (11.4.3-3)$$

$$A_0 = \frac{A_{cf} A}{\alpha_E A + A_{cf}} \quad (11.4.3-4)$$

$$A_1 = \frac{I_0 + A_0 d_c^2}{A_0} \quad (11.4.3-5)$$

$$I_0 = I + \frac{I_{cf}}{\alpha_E} \quad (11.4.3-6)$$

式中 A_{cf}——混凝土翼板截面面积；对压型钢板混凝土组合板的翼板，取其较弱截面的面积，且不考虑压型钢板；

A——钢梁截面面积；

I——钢梁截面惯性矩；

I_{cf}——混凝土翼板的截面惯性矩；对压型钢板混凝土组合板的翼板，取其较弱截面的惯性矩，且不考虑压型钢板；

d_c——钢梁截面形心到混凝土翼板截面（对压型钢板混凝土组合板为其较弱截面）形心的距离；

h——组合梁截面高度；

l——组合梁的跨度（mm）；

k——抗剪连接件刚度系数，$k = N_v^c$ (N/mm)；

p——抗剪连接件的纵向平均间距（mm）；

n_s——抗剪连接件在一根梁上的列数；

α_E——钢材与混凝土弹性模量的比值。

注：当按荷载效应的准永久组合进行计算时，公式（11.4.3-4）和（11.4.3-6）中的 α_E 应乘以2。

11.5 构造要求

11.5.1 组合梁截面高度不宜超过钢梁截面高度的2.5倍；混凝土板托高度 h_{c2} 不宜超过翼板厚度 h_{c1} 的1.5倍；板托的顶面宽度不宜小于钢梁上翼缘宽度与 $1.5h_{c2}$ 之和。

11.5.2 组合梁边梁混凝土翼板的构造应满足图11.5.2的要求。有板托时，伸出长度不宜小于 h_{c2}；无托板时，应同时满足伸出钢梁中心线不小于150mm、伸出钢梁翼缘边不小于50mm的要求。

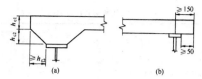

图 11.5.2 边梁构造图

11.5.3 连续组合梁在中间支座负弯矩区的上部纵向钢筋及分布钢筋，应按现行国家标准《混凝土结构设计规范》GB 50010 的规定设置。

11.5.4 抗剪连接件的设置应符合以下规定：

1 栓钉连接件钉头下表面或槽钢连接件上翼缘下表面高出翼板底部钢筋顶面不宜小于30mm；

2 连接件沿梁跨度方向的最大间距不应大于混凝土翼板（包括板托）厚度的4倍，且不大于400mm；

3 连接件的外侧边缘与钢梁翼缘边缘之间的距离不应小于20mm；

4 连接件的外侧边缘至混凝土翼板边缘间的距离不应小于100mm；

5 连接件顶面的混凝土保护层厚度不应小于15mm。

11.5.5 栓钉连接件除应满足本规范第11.5.4条要求外，尚应符合下列规定：

1 当栓钉位置不正对钢梁腹板时，如钢梁上翼缘承受拉力，则栓钉杆直径不应大于钢梁上翼缘厚度的1.5倍；如钢梁上翼缘不承受拉力，则栓钉杆直径不应大于钢梁上翼缘厚度的2.5倍。

2 栓钉长度不应小于其杆径的4倍。

3 栓钉沿梁轴线方向的间距不应小于杆径的6倍；垂直于梁轴线方向的间距不应小于杆径的4倍。

4 用压型钢板做底模的组合梁，栓钉杆直径不宜大于19mm，混凝土凸肋宽度不应小于栓钉杆直径的2.5倍；栓钉高度 h_d 应符合 $(h_e + 30) \leqslant h_d \leqslant (h_e + 75)$ 的要求（图11.3.2）。

11.5.6 弯筋连接件除应符合本章第11.5.4条要求外，尚应满足以下规定：弯筋连接件宜采用直径不小于12mm的钢筋成对布置，用两条长度不小于4倍（Ⅰ级钢筋）或5倍（Ⅱ级钢筋）钢筋直径的侧焊缝焊接于钢梁翼缘上，其弯起角度一般为45°，弯折方向应与混凝土翼板对钢梁的水平剪力方向相同。在梁跨中纵向水平剪力方向变化的区段，必须在两个方向均设置弯起钢筋。从弯起点算起的钢筋长度不宜小于其直径的25倍（Ⅰ级钢筋另加弯钩），其中水平段长度不宜小于其直径的10倍。弯筋连接件沿梁长度方向的间距不宜小于混凝土翼板（包括板托）厚度的0.7倍。

11.5.7 槽钢连接件一般采用Q235钢，截面不宜大于[12.6。

11.5.8 钢梁顶面不得涂刷油漆，在浇灌（或安装）混凝土翼板以前应清除铁锈、焊渣、冰层、积雪、泥土和其他杂物。

附录 A 结构或构件的变形容许值

A.1 受弯构件的挠度容许值

A.1.1 吊车梁、楼盖梁、屋盖梁、工作平台梁以及墙架构件的挠度不宜超过表 A.1.1 所列的容许值。

表 A.1.1 受弯构件挠度容许值

项次	构 件 类 别	挠度容许值	
		$[v_T]$	$[v_Q]$
1	吊车梁和吊车桁架（按自重和起重量最大的一台吊车计算挠度） （1）手动吊车和单梁吊车（含悬挂吊车） （2）轻级工作制桥式吊车 （3）中级工作制桥式吊车 （4）重级工作制桥式吊车	$l/500$ $l/800$ $l/1000$ $l/1200$	—

续表 A.1.1

项次	构件类别	挠度容许值	
		$[v_T]$	$[v_Q]$
2	手动或电动葫芦的轨道梁	$l/400$	—
3	有重轨(重量等于或大于 38kg/m)轨道的工作平台梁	$l/600$	—
	有轻轨(重量等于或小于 24kg/m)轨道的工作平台梁	$l/400$	—
4	楼(屋)盖梁或桁架、工作平台梁(第 3 项除外)和平台板		
	(1)主梁或桁架(包括设有悬挂起重设备的梁和桁架)	$l/400$	$l/500$
	(2)抹灰顶棚的次梁	$l/250$	$l/350$
	(3)除(1)、(2)款外的其他梁(包括楼梯梁)	$l/250$	$l/300$
	(4)屋盖檩条		
	支承无积灰的瓦楞铁和石棉瓦屋面者	$l/150$	—
	支承压型金属板、有积灰的瓦楞铁和石棉瓦等屋面者	$l/200$	—
	支承其他屋面材料者	$l/200$	—
	(5)平台板	$l/150$	—
5	墙架构件(风荷载不考虑阵风系数)		
	(1)支柱	—	$l/400$
	(2)抗风桁架(作为连续支柱的支承时)	—	$l/1000$
	(3)砌体墙的横梁(水平方向)	—	$l/300$
	(4)支承压型金属板、瓦楞铁和石棉瓦墙面的横梁(水平方向)	—	$l/200$
	(5)带有玻璃窗的横梁(竖直和水平方向)	$l/200$	$l/200$

注：1 l 为受弯构件的跨度(对悬臂梁和伸臂梁为悬伸长度的 2 倍)。

2 $[v_T]$ 为永久和可变荷载标准值产生的挠度(如有起拱应减去拱度)的容许值；$[v_Q]$ 为可变荷载标准值产生的挠度的容许值。

A.1.2 冶金工厂或类似车间中设有工作级别为 A7、A8 级吊车的车间，其跨间每侧吊车梁或吊车桁架的制动结构，由一台最大吊车横向水平荷载(按荷载规范取值)所产生的挠度不宜超过制动结构跨度的 1/2200。

A.2 框架结构的水平位移容许值

A.2.1 在风荷载标准值作用下，框架柱顶水平位移和层间相对位移不宜超过下列数值：

1 无桥式吊车的单层框架的柱顶位移　　　$H/150$

2 有桥式吊车的单层框架的柱顶位移　　　$H/400$

3 多层框架的柱顶位移　　　　　　　　　$H/500$

4 多层框架的层间相对位移　　　　　　　$h/400$

H 为自基础顶面至柱顶的总高度；h 为层高。

注：1 对室内装修要求较高的民用建筑多层框架结构，层间相对位移宜适当减小。无墙壁的多层框架结构，层间相对位移可适当放宽。

2 对轻型框架结构的柱顶水平位移和层间位移均可适当放宽。

A.2.2 在冶金工厂或类似车间中设有 A7、A8 级吊车的厂房柱和设有中级和重级工作制吊车的露天栈桥柱，在吊车梁或吊车桁架的顶面标高处，由一台最大吊车水平荷载(按荷载规范取值)所产生的计算变形值，不宜超过表 A.2.2 所列的容许值。

表 A.2.2　柱水平位移(计算值)的容许值

项次	位移的种类	按平面结构图形计算	按空间结构图形计算
1	厂房柱的横向位移	$H_c/1250$	$H_c/2000$
2	露天栈桥柱的横向位移	$H_c/2500$	—
3	厂房和露天栈桥柱的纵向位移	$H_c/4000$	—

注：1 H_c 为基础顶面至吊车梁或吊车桁架顶面的高度。

2 计算厂房或露天栈桥柱的纵向位移时，可假定吊车的纵向水平制动力分配在温度区段内所有柱间支撑或纵向框架上。

3 在设有 A8 级吊车的厂房中，厂房柱的水平位移容许值宜减小 10%。

4 在设有 A6 级吊车的厂房柱的纵向位移宜符合本表中的要求。

附录 B　梁的整体稳定系数

B.1 等截面焊接工字形和轧制 H 型钢简支梁

等截面焊接工字形和轧制 H 型钢(图 B.1)简支梁的整体稳定系数 φ_b 应按下式计算：

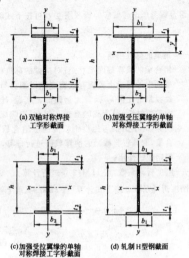

(a)双轴对称焊接　　　(b)加强受压翼缘的单轴
工字形截面　　　　　　对称焊接工字形截面

(c)加强受拉翼缘的单轴　　(d)轧制 H 型钢截面
对称焊接工字形截面

图 B.1　焊接工字形和轧制 H 型钢截面

$$\varphi_b = \beta_b \frac{4320}{\lambda_y^2} \cdot \frac{Ah}{W_x} \left[\sqrt{1 + \left(\frac{\lambda_y t_1}{4.4h} \right)^2} + \eta_b \right] \frac{235}{f_y} \quad (B.1\text{-}1)$$

式中　β_b——梁整体稳定的等效临界弯矩系数，按表 B.1 采用；

λ_y——梁在侧向支承点间对截面弱轴 y-y 的长细比，$\lambda_y = l_1/i_y$，l_1 见本规范第 4.2.1 条，i_y 为梁毛截面对 y 轴的截面回转半径；

A——梁的毛截面面积；

h、t_1——梁截面的全高和受压翼缘厚度；

η_b——截面不对称影响系数：对双轴对称截面(图 B.1a、d)：$\eta_b = 0$；对单轴对称工字形截面(图 B.1b、c)：加强受压翼缘：$\eta_b = 0.8(2\alpha_b - 1)$；加强受拉翼缘：$\eta_b = 2\alpha_b - 1$；

$\alpha_b = \dfrac{I_1}{I_1 + I_2}$，式中 I_1 和 I_2 分别为受压翼缘和受拉翼缘对 y 轴的惯性矩。

当按公式(B.1-1)算得的 φ_b 值大于 0.6 时，应用下式计算的 φ_b' 代替 φ_b 值：

$$\varphi_b' = 1.07 - \frac{0.282}{\varphi_b} \leqslant 1.0 \quad (B.1\text{-}2)$$

注：公式(B.1-1)亦适用于等截面铆接(或高强度螺栓连接)简支梁，其受压翼缘厚度 t_1 包括翼缘角钢厚度在内。

表 B.1　H 型钢和等截面工字形简支梁的系数 β_b

项次	侧向支承	荷载		$\xi \leqslant 2.0$	$\xi > 2.0$	适用范围
1	跨间无侧向支承	均布荷载作用在	上翼缘	$0.69 + 0.13\xi$	0.95	图 B.1 a、b 和 d 的截面
2			下翼缘	$1.73 - 0.20\xi$	1.33	
3		集中荷载作用在	上翼缘	$0.73 + 0.18\xi$	1.09	
4			下翼缘	$2.23 - 0.28\xi$	1.67	

项次	侧向支承	荷 载		$\xi \leq 2.0$	$\xi > 2.0$	适用范围
5	跨度中点有一个侧向支承点	均布荷载作用在	上翼缘	1.15		图 B.1 中的所有截面
6			下翼缘	1.40		
7		集中荷载作用在截面高度上任意位置		1.75		
8	跨中有不少于两个等距离侧向支承点	任意荷载作用在	上翼缘	1.20		
9			下翼缘	1.40		
10	梁端有弯矩，但跨中无荷载作用			$1.75 - 1.05\left(\dfrac{M_2}{M_1}\right) + 0.3\left(\dfrac{M_2}{M_1}\right)^2$，但 ≤ 2.3		

注：1 ξ 为参数，$\xi = \dfrac{l_1 t_1}{b_1 h}$，其中 b_1 和 l_1 见本规范第 4.2.1 条。

2 M_1、M_2 为梁的端弯矩，使梁产生同向曲率时 M_1 和 M_2 取同号，产生反向曲率时取异号，$|M_1| \geq |M_2|$。

3 表中项次 3、4 和 7 的集中荷载是指一个或少数几个集中荷载位于跨中央附近的情况，对其他情况的集中荷载，应按表中项次 1、2、5、6 内的数值采用。

4 表中项次 8、9 的 β_b，当集中荷载作用在侧向支承点处时，取 $\beta_b = 1.20$。

5 荷载作用在上翼缘系指荷载作用点在翼缘表面，方向指向截面形心；荷载作用在下翼缘系指荷载作用点在翼缘表面，方向背向截面形心。

6 对 $\alpha_b > 0.8$ 的加强受压翼缘工字形截面，下列情况的 β_b 值应乘以相应的系数：

项次 1：当 $\xi \leq 1.0$ 时，乘以 0.95。

项次 3：当 $\xi \leq 0.5$ 时，乘以 0.90；$0.5 < \xi \leq 1.0$ 时，乘以 0.95。

B.2 轧制普通工字钢简支梁

轧制普通工字钢简支梁的整体稳定系数 φ_b 应按表 B.2 采用，当所得的 φ_b 值大于 0.6 时，应按公式 (B.1-2) 算得相应的 φ'_b 代替 φ_b 值。

表 B.2 轧制普通工字钢简支梁的 φ_b

项次	荷载情况		工字钢型 号	自由长度 l_1 (m)								
				2	3	4	5	6	7	8	9	10
1	跨中无侧向支承点的梁	集中荷载作用于	上翼缘	10~20	2.00	1.30	0.99	0.80	0.68	0.58	0.53	0.48	0.43
				22~32	2.40	1.48	1.09	0.86	0.72	0.62	0.54	0.49	0.45
				36~63	2.80	1.60	1.07	0.83	0.68	0.56	0.50	0.45	0.40
2			下翼缘	10~20	3.10	1.95	1.34	1.01	0.82	0.69	0.63	0.57	0.52
				22~40	5.50	2.80	1.84	1.37	1.07	0.86	0.73	0.64	0.56
				45~63	7.30	3.60	2.30	1.62	1.20	0.96	0.80	0.69	0.60
3		均布荷载作用于	上翼缘	10~20	1.70	1.12	0.84	0.68	0.57	0.50	0.45	0.41	0.37
				22~40	2.10	1.30	0.93	0.73	0.60	0.51	0.45	0.40	0.36
				45~63	2.60	1.45	0.97	0.73	0.59	0.50	0.44	0.38	0.35
4			上翼缘	10~20	2.50	1.55	1.08	0.83	0.68	0.56	0.52	0.47	0.42
				22~40	4.00	2.20	1.45	1.10	0.85	0.70	0.60	0.52	0.46
				45~63	5.60	2.80	1.80	1.25	0.95	0.78	0.65	0.55	0.49

项次	荷载情况	工字钢型 号	自由长度 l_1 (m)								
			2	3	4	5	6	7	8	9	10
5	跨中有侧向支承点的梁（不论荷载作用点在截面高度上的位置）	10~20	2.20	1.39	1.01	0.79	0.66	0.57	0.52	0.47	0.42
		22~40	3.00	1.80	1.24	0.96	0.76	0.65	0.56	0.49	0.43
		45~63	4.00	2.20	1.38	1.01	0.80	0.66	0.56	0.49	0.43

注：1 同表 B.1 的注 3、5。

2 表中的 φ_b 适用于 Q235 钢。对其他钢号，表中数值应乘以 $235/f_y$。

B.3 轧制槽钢简支梁

轧制槽钢简支梁的整体稳定系数，不论荷载的形式和荷载作用点在截面高度上的位置，均可按下式计算：

$$\varphi_b = \frac{570bt}{l_1 h} \cdot \frac{235}{f_y} \tag{B.3}$$

式中 h、b、t——分别为槽钢截面的高度、翼缘宽度和平均厚度。

按公式 (B.3) 算得的 φ_b 大于 0.6 时，应按公式 (B.1-2) 算得相应的 φ'_b 代替 φ_b 值。

B.4 双轴对称工字形等截面（含 H 型钢）悬臂梁

双轴对称工字形等截面（含 H 型钢）悬臂梁的整体稳定系数，可按公式 (B.1-1) 计算，但式中系数 β_b 应按表 B.4 查得，$\lambda_y = l_1 / i_y$（l_1 为悬臂梁的悬伸长度）。当求得的 φ_b 大于 0.6 时，应按公式 (B.1-2) 算得相应的 φ'_b 值代替 φ_b 值。

表 B.4 双轴对称工字形等截面（含 H 型钢）悬臂梁的系数 β_b

项次	荷载形式		$0.60 \leq \xi \leq 1.24$	$1.24 < \xi \leq 1.96$	$1.96 < \xi \leq 3.10$
1	自由端一个集中荷载作用在	上翼缘	$0.21 + 0.67\xi$	$0.72 + 0.26\xi$	$1.17 + 0.03\xi$
2		下翼缘	$2.94 - 0.65\xi$	$2.64 - 0.40\xi$	$2.15 - 0.15\xi$
3	均布荷载作用在上翼缘		$0.62 + 0.82\xi$	$1.25 + 0.31\xi$	$1.66 + 0.10\xi$

注：1 本表是按支承端为固定的情况确定的，当用于由邻跨延伸出来的伸臂梁时，应在构造上采取措施加强支承处的抗扭能力。

2 表中 ξ 见表 B.1 注 1。

B.5 受弯构件整体稳定系数的近似计算

均匀弯曲的受弯构件，当 $\lambda_y \leq 120 \sqrt{235/f_y}$ 时，其整体稳定系数 φ_b 可按下列近似公式计算：

1 工字形截面（含 H 型钢）：

双轴对称时：

$$\varphi_b = 1.07 - \frac{\lambda_y^2}{44000} \cdot \frac{f_y}{235} \tag{B.5-1}$$

单轴对称时：

$$\varphi_b = 1.07 - \frac{W_x}{(2\alpha_b + 0.1)Ah} \cdot \frac{\lambda_y^2}{14000} \cdot \frac{f_y}{235} \tag{B.5-2}$$

2 T 形截面（弯矩作用在对称轴平面，绕 x 轴）：

1）弯矩使翼缘受压时：

双角钢 T 形截面：

$$\varphi_b = 1 - 0.0017\lambda_y \sqrt{f_y/235} \tag{B.5-3}$$

剖分 T 型钢和两板组合 T 形截面：

$$\varphi_b = 1 - 0.0022\lambda_y \sqrt{f_y/235} \tag{B.5-4}$$

2）弯矩使翼缘受拉且腹板宽厚比不大于 $18\sqrt{235/f_y}$ 时：

$$\varphi_b = 1 - 0.0005\lambda_y \sqrt{f_y/235} \tag{B.5-5}$$

按公式 (B.5-1) 至公式 (B.5-5) 算得的 φ_b 值大于 0.6 时，不需按公式 (B.1-2) 换算成 φ'_b 值；当按公式 (B.5-1) 和公式 (B.5-2) 算得的 φ_b 值大于 1.0 时，取 $\varphi_b = 1.0$。

附录 C 轴心受压构件的稳定系数

表 C-1 a类截面轴心受压构件的稳定系数 φ

$\lambda\sqrt{\frac{f_y}{235}}$	0	1	2	3	4	5	6	7	8	9
0	1.000	1.000	1.000	1.000	0.999	0.999	0.998	0.998	0.997	0.996
10	0.995	0.994	0.993	0.992	0.991	0.989	0.988	0.986	0.985	0.983
20	0.981	0.979	0.977	0.976	0.974	0.972	0.970	0.968	0.966	0.964
30	0.963	0.961	0.959	0.957	0.955	0.952	0.950	0.948	0.946	0.944
40	0.941	0.939	0.937	0.934	0.932	0.929	0.927	0.924	0.921	0.919
50	0.916	0.913	0.910	0.907	0.904	0.900	0.897	0.894	0.890	0.886
60	0.883	0.879	0.875	0.871	0.867	0.863	0.858	0.854	0.849	0.844
70	0.839	0.834	0.829	0.824	0.818	0.813	0.807	0.801	0.795	0.789
80	0.783	0.776	0.770	0.763	0.757	0.750	0.743	0.736	0.728	0.721
90	0.714	0.706	0.699	0.691	0.684	0.676	0.668	0.661	0.653	0.645
100	0.638	0.630	0.622	0.615	0.607	0.600	0.592	0.585	0.577	0.570
110	0.563	0.555	0.548	0.541	0.534	0.527	0.520	0.514	0.507	0.500
120	0.494	0.488	0.481	0.475	0.469	0.463	0.457	0.451	0.445	0.440
130	0.434	0.429	0.423	0.418	0.412	0.407	0.402	0.397	0.392	0.387
140	0.383	0.378	0.373	0.369	0.364	0.360	0.356	0.351	0.347	0.343
150	0.339	0.335	0.331	0.327	0.323	0.320	0.316	0.312	0.309	0.305
160	0.302	0.298	0.295	0.292	0.289	0.285	0.282	0.279	0.276	0.273
170	0.270	0.267	0.264	0.262	0.259	0.256	0.253	0.251	0.248	0.246
180	0.243	0.241	0.238	0.236	0.233	0.231	0.229	0.226	0.224	0.222
190	0.220	0.218	0.215	0.213	0.211	0.209	0.207	0.205	0.203	0.201
200	0.199	0.198	0.196	0.194	0.192	0.190	0.189	0.187	0.185	0.183
210	0.182	0.180	0.179	0.177	0.175	0.174	0.172	0.171	0.169	0.168
220	0.166	0.165	0.164	0.162	0.161	0.159	0.158	0.157	0.155	0.154
230	0.153	0.152	0.150	0.149	0.148	0.147	0.145	0.144	0.143	0.142
240	0.141	0.140	0.139	0.138	0.136	0.135	0.134	0.133	0.132	0.131
250	0.130	—	—	—	—	—	—	—	—	—

注：见表 C-4 注。

表 C-2 b类截面轴心受压构件的稳定系数 φ

$\lambda\sqrt{\frac{f_y}{235}}$	0	1	2	3	4	5	6	7	8	9
0	1.000	1.000	1.000	0.999	0.999	0.998	0.997	0.996	0.995	0.994
10	0.992	0.991	0.989	0.987	0.985	0.983	0.981	0.978	0.976	0.973
20	0.970	0.967	0.963	0.960	0.957	0.953	0.950	0.946	0.943	0.939
30	0.936	0.932	0.929	0.925	0.922	0.918	0.914	0.910	0.906	0.903
40	0.899	0.895	0.891	0.887	0.882	0.878	0.874	0.870	0.865	0.861
50	0.856	0.852	0.847	0.842	0.838	0.833	0.828	0.823	0.818	0.813
60	0.807	0.802	0.797	0.791	0.786	0.780	0.774	0.769	0.763	0.757
70	0.751	0.745	0.739	0.732	0.726	0.720	0.714	0.707	0.701	0.694
80	0.688	0.681	0.675	0.668	0.661	0.655	0.648	0.641	0.635	0.628
90	0.621	0.614	0.608	0.601	0.594	0.588	0.581	0.575	0.568	0.561
100	0.555	0.549	0.542	0.536	0.529	0.523	0.517	0.511	0.505	0.499
110	0.493	0.487	0.481	0.475	0.470	0.464	0.458	0.453	0.447	0.442
120	0.437	0.432	0.426	0.421	0.416	0.411	0.406	0.402	0.397	0.392
130	0.387	0.383	0.378	0.374	0.370	0.365	0.361	0.357	0.353	0.349
140	0.345	0.341	0.337	0.333	0.329	0.326	0.322	0.318	0.315	0.311
150	0.308	0.304	0.301	0.298	0.295	0.291	0.288	0.285	0.282	0.279
160	0.276	0.273	0.270	0.267	0.265	0.262	0.259	0.256	0.254	0.251
170	0.249	0.246	0.244	0.241	0.239	0.236	0.234	0.232	0.229	0.227
180	0.225	0.223	0.220	0.218	0.216	0.214	0.212	0.210	0.208	0.206
190	0.204	0.202	0.200	0.198	0.197	0.195	0.193	0.191	0.190	0.188
200	0.186	0.184	0.183	0.181	0.180	0.178	0.176	0.175	0.173	0.172
210	0.170	0.169	0.167	0.166	0.165	0.163	0.162	0.160	0.159	0.158
220	0.156	0.155	0.154	0.153	0.151	0.150	0.149	0.148	0.146	0.145
230	0.144	0.143	0.142	0.141	0.140	0.138	0.137	0.136	0.135	0.134
240	0.133	0.132	0.131	0.130	0.129	0.128	0.127	0.126	0.125	0.124
250	0.123	—	—	—	—	—	—	—	—	—

注：见表 C-4 注。

表 C-3 c类截面轴心受压构件的稳定系数 φ

$\lambda\sqrt{\frac{f_y}{235}}$	0	1	2	3	4	5	6	7	8	9
0	1.000	1.000	1.000	0.999	0.999	0.998	0.997	0.996	0.995	0.993
10	0.992	0.990	0.988	0.986	0.983	0.981	0.978	0.976	0.973	0.970
20	0.966	0.959	0.953	0.947	0.940	0.934	0.928	0.921	0.915	0.909
30	0.902	0.896	0.890	0.884	0.877	0.871	0.865	0.858	0.852	0.846
40	0.839	0.833	0.826	0.820	0.814	0.807	0.801	0.794	0.788	0.781
50	0.775	0.768	0.762	0.755	0.748	0.742	0.735	0.729	0.722	0.715
60	0.709	0.702	0.695	0.689	0.682	0.676	0.669	0.662	0.656	0.649
70	0.643	0.636	0.629	0.623	0.616	0.610	0.604	0.597	0.591	0.584
80	0.578	0.572	0.566	0.559	0.553	0.547	0.541	0.535	0.529	0.523
90	0.517	0.511	0.505	0.500	0.494	0.488	0.483	0.477	0.472	0.467
100	0.463	0.458	0.454	0.449	0.445	0.441	0.436	0.432	0.428	0.423
110	0.419	0.415	0.411	0.407	0.403	0.399	0.395	0.391	0.387	0.383
120	0.379	0.375	0.371	0.367	0.364	0.360	0.356	0.353	0.349	0.346
130	0.342	0.339	0.335	0.332	0.328	0.325	0.322	0.319	0.315	0.312
140	0.309	0.306	0.303	0.300	0.297	0.294	0.291	0.288	0.285	0.282
150	0.280	0.277	0.274	0.271	0.269	0.266	0.264	0.261	0.258	0.256
160	0.254	0.251	0.249	0.246	0.244	0.242	0.239	0.237	0.235	0.233
170	0.230	0.228	0.226	0.224	0.222	0.220	0.218	0.216	0.214	0.212
180	0.210	0.208	0.206	0.205	0.203	0.201	0.199	0.197	0.196	0.194
190	0.192	0.190	0.189	0.187	0.186	0.184	0.182	0.181	0.179	0.178
200	0.176	0.175	0.173	0.172	0.170	0.169	0.168	0.166	0.165	0.163
210	0.162	0.160	0.159	0.158	0.157	0.156	0.154	0.153	0.152	0.151
220	0.150	0.148	0.147	0.146	0.145	0.144	0.143	0.142	0.140	0.139
230	0.138	0.137	0.136	0.135	0.134	0.133	0.132	0.131	0.130	0.129
240	0.128	0.127	0.126	0.125	0.124	0.124	0.123	0.122	0.121	0.120
250	0.119	—	—	—	—	—	—	—	—	—

注：见表 C-4 注。

表 C-4 d类截面轴心受压构件的稳定系数 φ

$\lambda\sqrt{\frac{f_y}{235}}$	0	1	2	3	4	5	6	7	8	9
0	1.000	1.000	0.999	0.999	0.998	0.996	0.994	0.992	0.990	0.987
10	0.984	0.981	0.978	0.974	0.969	0.965	0.960	0.955	0.949	0.944
20	0.937	0.927	0.918	0.909	0.900	0.891	0.883	0.874	0.865	0.857
30	0.848	0.840	0.831	0.823	0.815	0.807	0.799	0.790	0.782	0.774
40	0.766	0.759	0.751	0.743	0.735	0.728	0.720	0.712	0.705	0.697
50	0.690	0.683	0.675	0.668	0.661	0.654	0.646	0.639	0.632	0.625
60	0.618	0.612	0.605	0.598	0.591	0.585	0.578	0.572	0.565	0.559
70	0.552	0.546	0.540	0.534	0.528	0.522	0.516	0.510	0.504	0.498
80	0.493	0.487	0.481	0.476	0.470	0.465	0.460	0.454	0.449	0.444
90	0.439	0.434	0.429	0.424	0.419	0.414	0.410	0.405	0.401	0.397
100	0.394	0.390	0.387	0.383	0.380	0.376	0.373	0.370	0.366	0.363
110	0.359	0.356	0.353	0.350	0.346	0.343	0.340	0.337	0.334	0.331
120	0.328	0.325	0.322	0.319	0.316	0.313	0.310	0.307	0.304	0.301
130	0.299	0.296	0.293	0.290	0.288	0.285	0.282	0.280	0.277	0.275
140	0.272	0.270	0.267	0.265	0.262	0.260	0.258	0.255	0.253	0.251
150	0.248	0.246	0.244	0.242	0.240	0.237	0.235	0.233	0.231	0.229
160	0.227	0.225	0.223	0.221	0.219	0.217	0.215	0.213	0.212	0.210
170	0.208	0.206	0.204	0.203	0.201	0.199	0.197	0.196	0.194	0.192
180	0.191	0.189	0.188	0.186	0.184	0.183	0.181	0.180	0.178	0.177
190	0.176	0.174	0.173	0.171	0.170	0.168	0.167	0.166	0.164	0.163
200	0.162	—	—	—	—	—	—	—	—	—

注：1 表 C-1 至表 C-4 中的 φ 值按下列公式算得：

当 $\lambda_n = \dfrac{\lambda}{\pi}\sqrt{f_y/E} \leqslant 0.215$ 时：

$$\varphi = 1 - \alpha_1 \lambda_n^2$$

当 $\lambda_n > 0.215$ 时：

$$\varphi = \frac{1}{2\lambda_n^2}\left[(\alpha_2 + \alpha_3\lambda_n + \lambda_n^2) - \sqrt{(\alpha_2 + \alpha_3\lambda_n + \lambda_n^2)^2 - 4\lambda_n^2}\right]$$

式中，α_1、α_2、α_3 为系数，根据本规范表 5.1.2 的截面分类，按表 C-5 采用。

2 当构件的 $\lambda\sqrt{f_y/235}$ 值超出表 C-1 至表 C-4 的范围时，则 φ 值按注 1 所列的公式计算。

表 C-5　系数 α_1、α_2、α_3

截面类别		α_1	α_2	α_3
a 类		0.41	0.986	0.152
b 类		0.65	0.965	0.300
c 类	$\lambda_n \leqslant 1.05$	0.73	0.906	0.595
	$\lambda_n > 1.05$		1.216	0.302
d 类	$\lambda_n \leqslant 1.05$	1.35	0.868	0.915
	$\lambda_n > 1.05$		1.375	0.432

附录 D　柱的计算长度系数

表 D-1　无侧移框架柱的计算长度系数 μ

K_2＼K_1	0	0.05	0.1	0.2	0.3	0.4	0.5	1	2	3	4	5	≥10
0	1.000	0.990	0.981	0.964	0.949	0.935	0.922	0.875	0.820	0.791	0.773	0.760	0.732
0.05	0.990	0.981	0.971	0.955	0.940	0.926	0.914	0.867	0.814	0.784	0.766	0.754	0.726
0.1	0.981	0.971	0.962	0.946	0.931	0.918	0.906	0.860	0.807	0.778	0.760	0.748	0.721
0.2	0.964	0.955	0.946	0.930	0.916	0.903	0.891	0.846	0.795	0.767	0.749	0.737	0.711
0.3	0.949	0.940	0.931	0.916	0.902	0.889	0.878	0.834	0.784	0.756	0.739	0.728	0.701
0.4	0.935	0.926	0.918	0.903	0.889	0.877	0.866	0.823	0.774	0.747	0.730	0.719	0.693
0.5	0.922	0.914	0.906	0.891	0.878	0.866	0.855	0.813	0.765	0.738	0.721	0.710	0.685
1	0.875	0.867	0.860	0.846	0.834	0.823	0.813	0.774	0.729	0.704	0.688	0.677	0.654
2	0.820	0.814	0.807	0.795	0.784	0.774	0.765	0.729	0.686	0.663	0.648	0.638	0.615
3	0.791	0.784	0.778	0.767	0.756	0.747	0.738	0.704	0.663	0.640	0.625	0.616	0.593
4	0.773	0.766	0.760	0.749	0.739	0.730	0.721	0.688	0.648	0.625	0.611	0.601	0.580
5	0.760	0.754	0.748	0.737	0.728	0.719	0.710	0.677	0.638	0.616	0.601	0.592	0.570
≥10	0.732	0.726	0.721	0.711	0.701	0.693	0.685	0.654	0.615	0.593	0.580	0.570	0.549

注:1　表中的计算长度系数 μ 值系按下式算得:

$$\left[\left(\frac{\pi}{\mu}\right)^2+2(K_1+K_2)-4K_1K_2\right]\frac{\pi}{\mu}\cdot\sin\frac{\pi}{\mu}-2\left[(K_1+K_2)\left(\frac{\pi}{\mu}\right)^2\right]+4K_1K_2\right]\cos\frac{\pi}{\mu}+8K_1K_2=0$$

式中,K_1、K_2 分别为相交于柱上端、柱下端的横梁线刚度之和与柱线刚度之和的比值;当横梁远端为铰接时,应将横梁线刚度乘以 1.5;当横梁远端为嵌固时,则将横梁线刚度乘以 2。

2　当横梁与柱铰接时,取横梁线刚度为零。

3　对底层框架柱,对柱与基础铰接时,取 $K_2=0$(对平板支座可取 $K_2=0.1$);对柱与基础刚接时,取 $K_2=10$。

4　当与柱刚性连接的横梁所受轴心压力 N_b 较大时,横梁线刚度应乘以折减系数 α_N:

横梁远端与柱刚接和横梁远端铰支时:$\alpha_N=1-N_b/N_{Eb}$

横梁远端嵌固时:$\alpha_N=1-N_b/(2N_{Eb})$

式中,$N_{Eb}=\pi^2EI_b/l^2$,I_b 为横梁截面惯性矩,l 为横梁长度。

表 D-2　有侧移框架柱的计算长度系数 μ

K_2＼K_1	0	0.05	0.1	0.2	0.3	0.4	0.5	1	2	3	4	5	≥10
0	∞	6.02	4.46	3.42	3.01	2.78	2.64	2.33	2.17	2.11	2.08	2.07	2.03
0.05	6.02	4.16	3.47	2.86	2.58	2.42	2.31	2.07	1.94	1.90	1.87	1.86	1.83
0.1	4.46	3.47	3.01	2.56	2.33	2.20	2.11	1.90	1.79	1.75	1.73	1.72	1.70
0.2	3.42	2.86	2.56	2.23	2.05	1.94	1.87	1.70	1.60	1.57	1.55	1.54	1.52
0.3	3.01	2.58	2.33	2.05	1.90	1.80	1.74	1.58	1.49	1.46	1.45	1.44	1.42
0.4	2.78	2.42	2.20	1.94	1.80	1.71	1.65	1.50	1.42	1.39	1.37	1.37	1.35
0.5	2.64	2.31	2.11	1.87	1.74	1.65	1.59	1.45	1.37	1.34	1.32	1.32	1.30
1	2.33	2.07	1.90	1.70	1.58	1.50	1.45	1.32	1.24	1.21	1.20	1.19	1.17
2	2.17	1.94	1.79	1.60	1.49	1.42	1.37	1.24	1.16	1.14	1.12	1.12	1.10
3	2.11	1.90	1.75	1.57	1.46	1.39	1.34	1.21	1.14	1.11	1.10	1.09	1.07
4	2.08	1.87	1.73	1.55	1.45	1.37	1.32	1.20	1.12	1.10	1.08	1.08	1.06
5	2.07	1.86	1.72	1.54	1.44	1.37	1.32	1.19	1.12	1.09	1.08	1.07	1.05
≥10	2.03	1.83	1.70	1.52	1.42	1.35	1.30	1.17	1.10	1.07	1.06	1.05	1.03

注:1　表中的计算长度系数 μ 值系按下式算得:

$$\left[36K_1K_2-\left(\frac{\pi}{\mu}\right)^2\right]\sin\frac{\pi}{\mu}+6(K_1+K_2)\frac{\pi}{\mu}\cdot\cos\frac{\pi}{\mu}=0$$

式中,K_1、K_2 分别为相交于柱上端、柱下端的横梁线刚度之和与柱线刚度之和的比值。当横梁远端为铰接时,应将横梁线刚度乘以 0.5;当横梁远端为嵌固时,则应乘以 2/3。

2　当横梁与柱铰接时,取横梁线刚度为零。

3　对底层框架柱,取 $K_2=0$(对平板支座可取 $K_2=0.1$);对柱与基础刚接时,取 $K_2=10$。

4　当与柱刚性连接的横梁所受轴心压力 N_b 较大时,横梁线刚度应乘以折减系数 α_N:

横梁远端与柱刚接时:　　$\alpha_N=1-N_b/(4N_{Eb})$

横梁远端铰支时:　　　　$\alpha_N=1-N_b/N_{Eb}$

横梁远端嵌固时:　　　　$\alpha_N=1-N_b/(2N_{Eb})$

N_{Eb} 的计算式见表 D-1 注 4。

表 D-3　柱上端为自由的单阶柱下段的计算长度系数 μ_2

简图	η_1＼K_1	0.06	0.08	0.10	0.12	0.14	0.16	0.18	0.20	0.22	0.24	0.26	0.28	0.3	0.4	0.5	0.6	0.7	0.8
	0.2	2.00	2.01	2.01	2.01	2.01	2.01	2.01	2.02	2.02	2.02	2.02	2.02	2.03	2.04	2.05	2.06	2.07	
	0.3	2.01	2.02	2.02	2.02	2.03	2.03	2.03	2.04	2.04	2.05	2.05	2.06	2.08	2.10	2.12	2.13	2.15	
I_1,H_1	0.4	2.02	2.03	2.04	2.04	2.05	2.06	2.07	2.07	2.08	2.09	2.10	2.11	2.14	2.18	2.21	2.25	2.28	
	0.5	2.04	2.05	2.06	2.07	2.09	2.10	2.11	2.12	2.13	2.15	2.16	2.17	2.24	2.29	2.35	2.40	2.45	
I_2,H_2	0.6	2.06	2.08	2.10	2.12	2.14	2.16	2.18	2.19	2.21	2.23	2.25	2.28	2.36	2.44	2.52	2.59	2.66	
	0.7	2.10	2.12	2.16	2.18	2.22	2.24	2.26	2.30	2.32	2.34	2.36	2.41	2.52	2.62	2.72	2.81	2.90	
	0.8	2.15	2.18	2.24	2.27	2.31	2.34	2.38	2.42	2.44	2.47	2.50	2.56	2.70	2.82	2.94	3.06	3.16	
	0.9	2.24	2.29	2.35	2.39	2.44	2.48	2.52	2.56	2.60	2.63	2.67	2.74	2.90	3.05	3.19	3.32	3.44	
$K_1=\dfrac{I_1}{I_2}\cdot\dfrac{H_2}{H_1}$	1.0	2.36	2.42	2.48	2.54	2.59	2.64	2.69	2.73	2.77	2.82	2.86	2.90	2.94	3.12	3.29	3.45	3.59	3.74
	1.2	2.69	2.76	2.83	2.89	2.95	3.01	3.07	3.12	3.17	3.22	3.27	3.32	3.37	3.80	3.99	4.17	4.34	
$\eta_1=\dfrac{H_1}{H_2}\sqrt{\dfrac{N_1}{N_2}\cdot\dfrac{I_2}{I_1}}$	1.4	3.07	3.14	3.22	3.29	3.36	3.42	3.48	3.55	3.61	3.66	3.72	3.78	3.83	4.09	4.33	4.56	4.77	4.97
	1.6	3.47	3.55	3.63	3.71	3.78	3.85	3.92	3.99	4.07	4.12	4.18	4.25	4.31	4.61	4.88	5.15	5.38	5.62
N_1——上段柱的轴心力;	1.8	3.88	3.97	4.05	4.13	4.21	4.29	4.37	4.44	4.52	4.59	4.66	4.73	4.80	5.13	5.44	5.73	6.00	6.26
N_2——下段柱的轴心力;	2.0	4.29	4.39	4.48	4.57	4.65	4.74	4.82	4.90	4.99	5.07	5.14	5.22	5.30	5.66	6.00	6.32	6.63	6.92
	2.2	4.71	4.81	4.91	5.00	5.10	5.19	5.28	5.37	5.46	5.54	5.63	5.71	5.80	6.19	6.57	6.92	7.26	7.58
	2.4	5.13	5.24	5.34	5.44	5.54	5.64	5.74	5.84	5.93	6.02	6.12	6.21	6.30	6.73	7.14	7.52	7.89	8.24
	2.6	5.55	5.66	5.77	5.88	5.99	6.10	6.20	6.31	6.41	6.51	6.61	6.71	6.80	7.27	7.71	8.13	8.52	8.90
	2.8	5.97	6.09	6.21	6.33	6.44	6.55	6.67	6.78	6.89	6.99	7.10	7.21	7.31	7.81	8.28	8.73	9.16	9.57
	3.0	6.39	6.52	6.64	6.77	6.89	7.01	7.13	7.24	7.37	7.48	7.59	7.71	7.82	8.35	8.86	9.34	9.80	10.24

注:表中的计算长度系数 μ_2 值系按下式计算得出:

$$\eta_1 K_1 \cdot \text{tg}\frac{\pi}{\mu_2}\cdot\text{tg}\frac{\pi\eta_1}{\mu_2}-1=0$$

简图	η_1 \ K_1	0.06	0.08	0.10	0.12	0.14	0.16	0.18	0.20	0.22	0.24	0.26	0.28	0.3	0.4	0.5	0.6	0.7	0.8
	0.2	1.96	1.94	1.93	1.91	1.90	1.89	1.88	1.86	1.85	1.84	1.83	1.82	1.81	1.76	1.72	1.68	1.65	1.62
	0.3	1.96	1.94	1.93	1.92	1.91	1.89	1.88	1.87	1.86	1.85	1.84	1.83	1.82	1.77	1.73	1.70	1.66	1.63
	0.4	1.96	1.95	1.94	1.92	1.91	1.90	1.89	1.88	1.87	1.86	1.85	1.84	1.83	1.79	1.75	1.72	1.68	1.66
	0.5	1.96	1.95	1.94	1.93	1.92	1.91	1.90	1.89	1.88	1.87	1.86	1.85	1.85	1.81	1.77	1.74	1.71	1.69
	0.6	1.97	1.96	1.95	1.94	1.93	1.92	1.91	1.90	1.90	1.89	1.88	1.87	1.87	1.83	1.80	1.78	1.75	1.73
	0.7	1.97	1.97	1.96	1.95	1.94	1.94	1.93	1.92	1.92	1.91	1.90	1.90	1.89	1.86	1.84	1.82	1.80	1.78
	0.8	1.98	1.98	1.97	1.96	1.96	1.95	1.95	1.94	1.94	1.93	1.93	1.93	1.92	1.90	1.88	1.87	1.86	1.84
	0.9	1.99	1.99	1.98	1.98	1.98	1.97	1.97	1.97	1.97	1.96	1.96	1.96	1.95	1.94	1.93	1.92	1.92	1.92
	1.0	2.00	2.00	2.00	2.00	2.00	2.00	2.00	2.00	2.00	2.00	2.00	2.00	2.00	2.00	2.00	2.00	2.00	2.00
	1.2	2.03	2.04	2.04	2.05	2.06	2.07	2.07	2.08	2.08	2.09	2.10	2.10	2.11	2.13	2.15	2.17	2.18	2.20
	1.4	2.07	2.09	2.11	2.12	2.14	2.16	2.17	2.18	2.20	2.21	2.22	2.23	2.24	2.29	2.33	2.37	2.40	2.42
	1.6	2.13	2.16	2.19	2.22	2.25	2.27	2.30	2.32	2.34	2.36	2.37	2.39	2.41	2.48	2.54	2.59	2.63	2.67
	1.8	2.22	2.27	2.31	2.35	2.39	2.42	2.45	2.48	2.50	2.53	2.55	2.57	2.59	2.69	2.76	2.83	2.88	2.93
	2.0	2.35	2.41	2.46	2.50	2.55	2.59	2.62	2.66	2.69	2.72	2.75	2.77	2.80	2.91	3.00	3.08	3.14	3.20
	2.2	2.51	2.57	2.63	2.68	2.73	2.77	2.81	2.85	2.89	2.92	2.95	2.98	3.01	3.14	3.25	3.33	3.41	3.47
	2.4	2.68	2.75	2.81	2.87	2.92	2.97	3.01	3.05	3.09	3.13	3.17	3.20	3.24	3.38	3.50	3.59	3.68	3.75
	2.6	2.87	2.94	3.00	3.06	3.12	3.17	3.22	3.27	3.31	3.35	3.39	3.43	3.46	3.62	3.75	3.86	3.95	4.03
	2.8	3.06	3.14	3.20	3.27	3.33	3.38	3.43	3.48	3.53	3.58	3.62	3.66	3.70	3.87	4.01	4.13	4.23	4.32
	3.0	3.26	3.34	3.41	3.47	3.54	3.60	3.65	3.70	3.75	3.80	3.85	3.89	3.93	4.12	4.27	4.40	4.51	4.61

简图栏内公式：

$$K_1 = \frac{I_1}{I_2}\cdot\frac{H_2}{H_1}$$

$$\eta_1 = \frac{H_1}{H_2}\sqrt{\frac{N_1}{N_2}\cdot\frac{I_2}{I_1}}$$

N_1——上段柱的轴心力;
N_2——下段柱的轴心力

注：表中的计算长度系数 μ_2 值系按下式计算得出：

$$\operatorname{tg}\frac{\pi\eta_1}{\mu_2} + \eta_1 K_1\cdot\operatorname{tg}\frac{\pi}{\mu_2}=0$$

简图	η_1	η_2 \ K_2	$K_1=0.05$											$K_1=0.10$										
			0.2	0.3	0.4	0.5	0.6	0.7	0.8	0.9	1.0	1.1	1.2	0.2	0.3	0.4	0.5	0.6	0.7	0.8	0.9	1.0	1.1	1.2
	0.2	0.2	2.02	2.03	2.04	2.05	2.05	2.06	2.07	2.08	2.09	2.10	2.10	2.03	2.03	2.04	2.05	2.06	2.07	2.08	2.08	2.09	2.10	2.11
		0.4	2.08	2.11	2.15	2.19	2.22	2.25	2.29	2.32	2.35	2.39	2.42	2.09	2.12	2.16	2.19	2.23	2.26	2.29	2.33	2.36	2.39	2.42
		0.6	2.20	2.29	2.37	2.45	2.52	2.60	2.67	2.73	2.80	2.87	2.93	2.21	2.30	2.38	2.46	2.53	2.60	2.67	2.74	2.81	2.87	2.93
		0.8	2.42	2.57	2.71	2.83	2.95	3.06	3.17	3.27	3.37	3.47	3.56	2.44	2.58	2.71	2.84	2.96	3.07	3.17	3.28	3.37	3.47	3.56
		1.0	2.75	2.95	3.13	3.30	3.45	3.60	3.74	3.87	4.00	4.13	4.25	2.76	2.96	3.14	3.30	3.46	3.60	3.74	3.88	4.01	4.13	4.25
		1.2	3.13	3.38	3.60	3.80	4.00	4.18	4.35	4.51	4.67	4.82	4.97	3.15	3.39	3.61	3.81	4.00	4.18	4.35	4.52	4.68	4.83	4.98
	0.4	0.2	2.04	2.05	2.05	2.06	2.07	2.08	2.09	2.09	2.10	2.11	2.12	2.07	2.07	2.08	2.08	2.09	2.10	2.11	2.12	2.12	2.13	2.14
		0.4	2.10	2.14	2.17	2.20	2.24	2.27	2.31	2.34	2.37	2.40	2.43	2.14	2.17	2.20	2.23	2.26	2.29	2.33	2.36	2.39	2.42	2.46
		0.6	2.24	2.32	2.40	2.47	2.54	2.62	2.68	2.75	2.82	2.88	2.94	2.28	2.36	2.43	2.50	2.57	2.64	2.71	2.77	2.84	2.90	2.96
		0.8	2.47	2.60	2.73	2.85	2.97	3.08	3.19	3.29	3.38	3.48	3.57	2.53	2.65	2.77	2.89	3.00	3.10	3.21	3.31	3.41	3.50	3.59
		1.0	2.79	2.98	3.15	3.32	3.47	3.62	3.75	3.89	4.02	4.14	4.26	2.85	3.02	3.19	3.34	3.49	3.64	3.77	3.91	4.03	4.16	4.28
		1.2	3.18	3.41	3.62	3.82	4.01	4.19	4.36	4.52	4.68	4.83	4.98	3.24	3.45	3.65	3.85	4.03	4.21	4.38	4.54	4.70	4.85	4.99
	0.6	0.2	2.09	2.09	2.10	2.10	2.11	2.12	2.12	2.13	2.14	2.15	2.15	2.22	2.17	2.18	2.17	2.18	2.19	2.19	2.20	2.20	2.21	2.21
		0.4	2.17	2.20	2.22	2.25	2.28	2.31	2.34	2.38	2.41	2.44	2.47	2.31	2.30	2.31	2.33	2.35	2.38	2.41	2.44	2.47	2.49	2.49
		0.6	2.32	2.38	2.45	2.52	2.59	2.66	2.72	2.79	2.85	2.91	2.97	2.48	2.49	2.54	2.60	2.66	2.72	2.78	2.84	2.90	2.96	3.02
		0.8	2.56	2.67	2.79	2.90	3.01	3.11	3.22	3.32	3.41	3.50	3.60	2.72	2.78	2.87	2.97	3.07	3.17	3.27	3.36	3.46	3.55	3.64
		1.0	2.88	3.04	3.20	3.36	3.50	3.65	3.78	3.91	4.04	4.16	4.28	3.05	3.15	3.28	3.42	3.56	3.70	3.83	3.95	4.08	4.20	4.31
		1.2	3.26	3.46	3.66	3.86	4.04	4.22	4.38	4.55	4.70	4.85	5.00	3.40	3.56	3.74	3.91	4.09	4.26	4.42	4.58	4.73	4.88	5.03
	0.8	0.2	2.29	2.24	2.22	2.21	2.21	2.22	2.22	2.22	2.23	2.23	2.24	2.63	2.49	2.43	2.40	2.38	2.37	2.37	2.36	2.36	2.37	2.37
		0.4	2.37	2.34	2.34	2.36	2.38	2.40	2.43	2.45	2.48	2.51	2.54	2.71	2.59	2.55	2.54	2.54	2.55	2.57	2.59	2.61	2.63	2.65
		0.6	2.52	2.52	2.56	2.61	2.67	2.73	2.79	2.85	2.91	2.96	3.01	2.86	2.76	2.76	2.78	2.82	2.86	2.91	2.96	3.01	3.07	3.12
		0.8	2.74	2.79	2.88	2.98	3.08	3.17	3.27	3.36	3.46	3.55	3.63	3.06	3.02	3.06	3.13	3.20	3.29	3.37	3.46	3.54	3.63	3.71
		1.0	3.04	3.15	3.28	3.42	3.56	3.69	3.82	3.95	4.07	4.19	4.31	3.33	3.35	3.44	3.55	3.67	3.79	3.90	4.03	4.15	4.26	4.37
		1.2	3.39	3.55	3.73	3.91	4.08	4.25	4.42	4.58	4.73	4.88	5.02	3.65	3.73	3.86	4.02	4.18	4.34	4.49	4.64	4.79	4.94	5.08
	1.0	0.2	2.69	2.57	2.51	2.48	2.46	2.45	2.45	2.44	2.44	2.44	2.44	3.18	2.95	2.84	2.77	2.73	2.70	2.68	2.67	2.66	2.65	2.65
		0.4	2.75	2.64	2.60	2.59	2.59	2.59	2.60	2.62	2.63	2.65	2.67	3.24	3.03	2.93	2.88	2.85	2.84	2.84	2.85	2.86	2.86	2.87
		0.6	2.86	2.78	2.77	2.79	2.83	2.87	2.91	2.96	3.01	3.06	3.10	3.36	3.16	3.09	3.07	3.08	3.09	3.12	3.15	3.19	3.23	3.27
		0.8	3.04	3.01	3.05	3.11	3.19	3.27	3.35	3.44	3.52	3.61	3.69	3.52	3.37	3.34	3.36	3.41	3.46	3.53	3.60	3.67	3.75	3.82
		1.0	3.29	3.32	3.41	3.52	3.64	3.76	3.89	4.01	4.13	4.24	4.35	3.74	3.67	3.74	3.83	3.93	4.03	4.14	4.25	4.35	4.46	4.57
		1.2	3.60	3.69	3.83	3.99	4.15	4.31	4.47	4.62	4.77	4.91	5.04	4.00	3.97	4.05	4.17	4.31	4.45	4.59	4.73	4.85	4.98	5.14
	1.2	0.2	3.16	3.00	2.92	2.87	2.84	2.81	2.80	2.79	2.78	2.77	2.77	3.77	3.47	3.32	3.23	3.17	3.12	3.09	3.07	3.05	3.04	3.03
		0.4	3.21	3.05	2.98	2.94	2.92	2.90	2.90	2.90	2.90	2.91	2.92	3.82	3.53	3.39	3.31	3.26	3.22	3.20	3.19	3.19	3.19	3.19
		0.6	3.30	3.15	3.10	3.08	3.08	3.10	3.12	3.15	3.18	3.22	3.26	3.91	3.64	3.51	3.45	3.42	3.42	3.43	3.45	3.48	3.50	3.50
		0.8	3.43	3.32	3.30	3.33	3.37	3.43	3.49	3.56	3.63	3.71	3.78	4.04	3.80	3.71	3.68	3.69	3.73	3.76	3.81	3.86	3.92	3.98
		1.0	3.62	3.57	3.60	3.68	3.77	3.87	3.98	4.09	4.20	4.31	4.42	4.21	4.02	3.97	3.99	4.05	4.12	4.20	4.29	4.39	4.48	4.58
		1.2	3.88	3.88	3.98	4.11	4.25	4.39	4.54	4.68	4.83	4.97	5.10	4.43	4.30	4.31	4.38	4.48	4.60	4.72	4.85	4.98	5.11	5.24
	1.4	0.2	3.66	3.46	3.36	3.29	3.25	3.23	3.20	3.19	3.18	3.17	3.16	4.37	4.01	3.82	3.71	3.63	3.58	3.54	3.51	3.49	3.47	3.47
		0.4	3.70	3.50	3.40	3.35	3.31	3.29	3.27	3.26	3.26	3.26	3.27	4.41	4.06	3.88	3.77	3.70	3.66	3.63	3.60	3.59	3.58	3.57
		0.6	3.77	3.58	3.49	3.45	3.43	3.42	3.42	3.43	3.45	3.47	3.49	4.48	4.15	3.98	3.89	3.83	3.80	3.79	3.78	3.79	3.80	3.81
		0.8	3.87	3.70	3.64	3.63	3.64	3.67	3.70	3.75	3.81	3.86	3.92	4.59	4.28	4.13	4.07	4.04	4.04	4.06	4.08	4.12	4.16	4.21
		1.0	4.02	3.89	3.87	3.90	3.96	4.04	4.12	4.22	4.31	4.41	4.51	4.45	4.35	4.32	4.34	4.38	4.43	4.50	4.58	4.66	4.74	4.74
		1.2	4.23	4.11	4.19	4.27	4.39	4.51	4.64	4.77	4.91	5.04	5.17	4.69	4.61	4.63	4.65	4.72	4.80	4.90	5.10	5.13	5.24	5.36

简图栏内公式：

$$K_1 = \frac{I_1}{I_3}\cdot\frac{H_3}{H_1}$$

$$K_2 = \frac{I_2}{I_3}\cdot\frac{H_3}{H_2}$$

$$\eta_1 = \frac{H_1}{H_3}\sqrt{\frac{N_1}{N_3}\cdot\frac{I_3}{I_1}}$$

$$\eta_2 = \frac{H_2}{H_3}\sqrt{\frac{N_2}{N_3}\cdot\frac{I_3}{I_2}}$$

N_1——上段柱的轴心力;
N_2——中段柱的轴心力;
N_3——下段柱的轴心力

续表D-5

简图	η_1	η_2 \ K_1	0.20											0.30										
		K_2	0.2	0.3	0.4	0.5	0.6	0.7	0.8	0.9	1.0	1.1	1.2	0.2	0.3	0.4	0.5	0.6	0.7	0.8	0.9	1.0	1.1	1.2
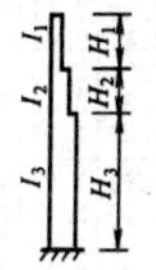 $K_1=\frac{I_1}{I_3}\cdot\frac{H_3}{H_1}$ $K_2=\frac{I_2}{I_3}\cdot\frac{H_3}{H_2}$ $\eta_1=\frac{H_1}{H_3}\sqrt{\frac{N_1}{N_3}\cdot\frac{I_3}{I_1}}$ $\eta_2=\frac{H_2}{H_3}\sqrt{\frac{N_2}{N_3}\cdot\frac{I_3}{I_2}}$ N_1——上段柱的轴心力； N_2——中段柱的轴心力； N_3——下段柱的轴心力	0.2	0.2	2.04	2.04	2.05	2.06	2.07	2.08	2.08	2.09	2.10	2.11	2.12	2.05	2.05	2.06	2.07	2.08	2.09	2.09	2.10	2.11	2.12	2.13
		0.4	2.10	2.13	2.17	2.20	2.24	2.27	2.30	2.34	2.37	2.40	2.43	2.12	2.15	2.18	2.21	2.25	2.28	2.31	2.35	2.38	2.41	2.44
		0.6	2.23	2.31	2.39	2.47	2.54	2.61	2.68	2.75	2.82	2.88	2.94	2.25	2.33	2.41	2.48	2.56	2.63	2.69	2.76	2.83	2.89	2.95
		0.8	2.46	2.60	2.73	2.85	2.97	3.08	3.18	3.29	3.38	3.48	3.57	2.49	2.62	2.75	2.87	2.98	3.09	3.20	3.30	3.39	3.49	3.58
		1.0	2.79	2.98	3.15	3.32	3.47	3.61	3.75	3.89	4.02	4.14	4.26	3.82	3.00	3.17	3.33	3.48	3.63	3.76	3.90	4.02	4.15	4.27
		1.2	3.18	3.41	3.62	3.82	4.01	4.19	4.36	4.52	4.68	4.83	4.98	3.20	3.43	3.64	3.83	4.02	4.20	4.37	4.53	4.69	4.84	4.99
	0.4	0.2	2.15	2.13	2.13	2.14	2.14	2.15	2.15	2.16	2.17	2.17	2.18	2.26	2.21	2.20	2.19	2.19	2.20	2.20	2.21	2.21	2.22	2.23
		0.4	2.24	2.24	2.26	2.29	2.32	2.35	2.38	2.41	2.44	2.47	2.50	2.36	2.33	2.33	2.35	2.38	2.40	2.43	2.46	2.49	2.51	2.54
		0.6	2.40	2.44	2.50	2.56	2.63	2.69	2.76	2.82	2.88	2.94	3.00	2.54	2.54	2.58	2.63	2.69	2.75	2.81	2.87	2.93	2.99	3.04
		0.8	2.66	2.74	2.84	2.95	3.05	3.15	3.25	3.35	3.44	3.53	3.62	2.79	2.83	2.91	3.01	3.10	3.20	3.30	3.39	3.48	3.57	3.66
		1.0	2.98	3.12	3.25	3.40	3.54	3.68	3.81	3.94	4.07	4.19	4.30	3.11	3.20	3.32	3.46	3.59	3.72	3.85	3.98	4.10	4.22	4.33
		1.2	3.35	3.53	3.71	3.90	4.08	4.25	4.41	4.57	4.73	4.87	5.02	3.47	3.60	3.77	3.95	4.12	4.28	4.45	4.60	4.75	4.90	5.04
	0.6	0.2	2.57	2.42	2.37	2.34	2.33	2.32	2.32	2.32	2.32	2.32	2.33	2.93	2.68	2.57	2.52	2.49	2.47	2.46	2.45	2.45	2.45	2.45
		0.4	2.67	2.54	2.50	2.50	2.51	2.52	2.54	2.56	2.58	2.61	2.63	3.02	2.79	2.71	2.67	2.66	2.66	2.67	2.69	2.70	2.72	2.74
		0.6	2.83	2.74	2.73	2.76	2.80	2.85	2.90	2.96	3.01	3.06	3.12	3.17	2.98	2.93	2.93	2.95	2.98	3.02	3.07	3.11	3.16	3.21
		0.8	3.06	3.01	3.05	3.12	3.20	3.29	3.38	3.46	3.55	3.63	3.72	4.37	3.24	3.23	3.27	3.33	3.41	3.48	3.56	3.64	3.72	3.80
		1.0	3.34	3.35	3.44	3.56	3.68	3.80	3.92	4.04	4.15	4.27	4.38	3.63	3.56	3.60	3.69	3.79	3.90	4.01	4.12	4.23	4.34	4.45
		1.2	3.67	3.74	3.88	4.03	4.19	4.35	4.50	4.65	4.80	4.94	5.08	3.94	3.92	4.02	4.15	4.29	4.43	4.58	4.72	4.87	5.01	5.14
	0.8	0.2	3.25	2.96	2.82	2.74	2.69	2.66	2.64	2.62	2.61	2.61	2.60	3.78	3.38	3.18	3.06	2.98	2.93	2.89	2.86	2.84	2.83	2.82
		0.4	3.33	3.05	2.93	2.87	2.84	2.83	2.83	2.83	2.84	2.85	2.87	3.85	3.47	3.28	3.18	3.12	3.09	3.07	3.06	3.06	3.06	3.06
		0.6	3.45	3.21	3.12	3.10	3.10	3.12	3.14	3.18	3.22	3.26	3.30	3.96	3.61	3.46	3.39	3.36	3.35	3.36	3.38	3.41	3.44	3.47
		0.8	3.63	3.44	3.39	3.41	3.45	3.51	3.57	3.64	3.71	3.79	3.86	4.12	3.82	3.70	3.67	3.68	3.72	3.76	3.82	3.88	3.94	4.01
		1.0	3.86	3.73	3.73	3.80	3.88	3.98	4.08	4.18	4.29	4.39	4.50	4.32	4.07	4.01	4.03	4.08	4.16	4.24	4.33	4.43	4.52	4.62
		1.2	4.13	4.07	4.13	4.24	4.36	4.50	4.64	4.78	4.91	5.05	5.18	4.57	4.38	4.38	4.44	4.54	4.66	4.78	4.90	5.03	5.16	5.29
	1.0	0.2	4.00	3.60	3.39	3.26	3.18	3.13	3.08	3.05	3.03	3.01	3.00	4.68	4.15	3.86	3.69	3.57	3.49	3.43	3.38	3.35	3.32	3.30
		0.4	4.06	3.67	3.48	3.37	3.30	3.26	3.23	3.21	3.21	3.20	3.20	4.73	4.21	3.94	3.78	3.68	3.61	3.57	3.54	3.51	3.50	3.49
		0.6	4.15	3.79	3.63	3.54	3.50	3.48	3.49	3.50	3.51	3.54	3.57	4.82	4.33	4.08	3.95	3.87	3.83	3.80	3.80	3.80	3.81	3.83
		0.8	4.29	3.97	3.84	3.80	3.79	3.81	3.85	3.90	3.95	4.01	4.07	4.94	4.49	4.28	4.18	4.14	4.13	4.14	4.17	4.20	4.25	4.29
		1.0	4.48	4.21	4.13	4.13	4.17	4.23	4.31	4.39	4.48	4.57	4.66	5.10	4.70	4.53	4.48	4.48	4.51	4.56	4.62	4.70	4.77	4.85
		1.2	4.70	4.49	4.47	4.52	4.60	4.71	4.82	4.94	5.07	5.19	5.31	5.30	4.95	4.84	4.83	4.88	4.96	5.05	5.15	5.26	5.37	5.48
	1.2	0.2	4.76	4.26	4.00	3.83	3.72	3.65	3.59	3.54	3.51	3.48	3.46	5.58	4.93	4.57	4.35	4.20	4.10	4.01	3.95	3.90	3.86	3.83
		0.4	4.81	4.32	4.07	3.91	3.82	3.75	3.70	3.67	3.65	3.63	3.62	5.62	4.98	4.64	4.43	4.29	4.19	4.12	4.07	4.03	4.01	3.98
		0.6	4.89	4.43	4.19	4.05	3.98	3.93	3.91	3.89	3.89	3.90	3.91	5.70	5.08	4.75	4.56	4.44	4.37	4.32	4.29	4.27	4.26	4.26
		0.8	5.00	4.57	4.36	4.26	4.21	4.20	4.21	4.23	4.26	4.30	4.34	5.80	5.21	4.91	4.75	4.66	4.61	4.59	4.59	4.60	4.62	4.65
		1.0	5.15	4.76	4.59	4.53	4.53	4.55	4.60	4.66	4.73	4.80	4.88	5.93	5.38	5.12	5.00	4.95	4.94	4.95	4.99	5.03	5.09	5.15
		1.2	5.34	5.00	4.88	4.87	4.91	4.98	5.07	5.17	5.27	5.38	5.49	6.10	5.59	5.38	5.31	5.30	5.33	5.39	5.46	5.54	5.63	5.73
	1.4	0.2	5.53	4.94	4.62	4.42	4.29	4.19	4.12	4.06	4.02	3.98	3.95	6.49	5.72	5.30	5.03	4.85	4.72	4.62	4.54	4.48	4.43	4.38
		0.4	5.57	4.99	4.68	4.49	4.36	4.27	4.21	4.16	4.13	4.10	4.08	6.53	5.77	5.35	5.10	4.93	4.80	4.71	4.64	4.59	4.55	4.51
		0.6	5.64	5.07	4.78	4.60	4.49	4.42	4.38	4.35	4.33	4.32	4.32	6.59	5.85	5.45	5.21	5.05	4.95	4.87	4.82	4.78	4.76	4.74
		0.8	5.74	5.19	4.92	4.77	4.69	4.64	4.62	4.62	4.63	4.65	4.67	6.68	5.96	5.59	5.37	5.24	5.15	5.10	5.08	5.06	5.06	5.07
		1.0	5.86	5.35	5.12	5.00	4.95	4.94	4.96	4.99	5.03	5.09	5.15	6.79	6.10	5.76	5.58	5.48	5.43	5.41	5.41	5.44	5.47	5.51
		1.2	6.02	5.55	5.36	5.29	5.28	5.31	5.37	5.44	5.52	5.61	5.71	6.93	6.28	5.98	5.84	5.78	5.76	5.79	5.83	5.89	5.95	6.03

注：表中的计算长度系数 μ_3 值系按下式算得：

$$\frac{\eta_1 K_1}{\eta_2 K_2}\cdot \mathrm{tg}\frac{\pi\eta_1}{\mu_3}\cdot \mathrm{tg}\frac{\pi\eta_2}{\mu_3}+\eta_1 K_1\cdot \mathrm{tg}\frac{\pi\eta_1}{\mu_3}\cdot \mathrm{tg}\frac{\pi}{\mu_3}+\eta_2 K_2\cdot \mathrm{tg}\frac{\pi\eta_2}{\mu_3}\cdot \mathrm{tg}\frac{\pi}{\mu_3}-1=0$$

表 D-6 柱顶可移动但不转动的双阶柱下段的计算长度系数 μ_3

简图	η_1	η_2 \ K_1	0.05											0.10										
		K_2	0.2	0.3	0.4	0.5	0.6	0.7	0.8	0.9	1.0	1.1	1.2	0.2	0.3	0.4	0.5	0.6	0.7	0.8	0.9	1.0	1.1	1.2
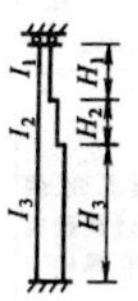 $K_1=\frac{I_1}{I_3}\cdot\frac{H_3}{H_1}$ $K_2=\frac{I_2}{I_3}\cdot\frac{H_3}{H_2}$ $\eta_1=\frac{H_1}{H_3}\sqrt{\frac{N_1}{N_3}\cdot\frac{I_3}{I_1}}$ $\eta_2=\frac{H_2}{H_3}\sqrt{\frac{N_2}{N_3}\cdot\frac{I_3}{I_2}}$ N_1——上段柱的轴心力； N_2——中段柱的轴心力； N_3——下段柱的轴心力	0.2	0.2	1.99	1.99	2.00	2.00	2.01	2.02	2.02	2.03	2.04	2.05	2.06	1.96	1.96	1.97	1.97	1.98	1.98	1.99	2.00	2.00	2.01	2.02
		0.4	2.03	2.06	2.09	2.12	2.16	2.19	2.22	2.25	2.29	2.32	2.35	2.00	2.02	2.05	2.08	2.11	2.14	2.17	2.20	2.23	2.26	2.29
		0.6	2.12	2.20	2.28	2.36	2.43	2.50	2.57	2.64	2.71	2.77	2.83	2.07	2.14	2.22	2.29	2.36	2.43	2.50	2.56	2.63	2.69	2.75
		0.8	2.28	2.43	2.57	2.70	2.82	2.94	3.04	3.15	3.25	3.34	3.43	2.20	2.35	2.48	2.61	2.73	2.84	2.94	3.05	3.14	3.24	3.33
		1.0	2.53	2.76	2.96	3.13	3.29	3.44	3.59	3.72	3.85	3.98	4.10	2.41	2.64	2.83	3.01	3.17	3.32	3.46	3.59	3.72	3.85	3.97
		1.2	2.86	3.15	3.39	3.61	3.80	3.99	4.16	4.33	4.49	4.64	4.79	2.70	2.99	3.23	3.45	3.65	3.84	4.01	4.18	4.34	4.49	4.64
	0.4	0.2	1.99	1.99	2.00	2.01	2.01	2.02	2.03	2.04	2.04	2.05	2.06	1.96	1.97	1.97	1.98	1.98	1.99	2.00	2.00	2.01	2.02	2.03
		0.4	2.03	2.06	2.09	2.13	2.16	2.19	2.23	2.26	2.29	2.32	2.35	2.00	2.03	2.06	2.09	2.12	2.15	2.18	2.21	2.24	2.27	2.30
		0.6	2.12	2.20	2.28	2.36	2.44	2.51	2.58	2.64	2.71	2.77	2.84	2.08	2.15	2.23	2.30	2.37	2.44	2.51	2.57	2.64	2.70	2.76
		0.8	2.29	2.44	2.58	2.71	2.83	2.94	3.05	3.15	3.25	3.35	3.44	2.21	2.36	2.49	2.62	2.73	2.85	2.95	3.05	3.15	3.24	3.34
		1.0	2.54	2.77	2.96	3.14	3.30	3.45	3.59	3.73	3.85	3.98	4.10	2.43	2.65	2.84	3.02	3.18	3.33	3.47	3.60	3.73	3.85	3.97
		1.2	2.87	3.15	3.40	2.61	3.81	3.99	4.17	4.33	4.49	4.65	4.79	2.71	3.00	3.24	3.46	3.66	3.85	4.02	4.19	4.34	4.49	4.64
	0.6	0.2	1.99	1.98	2.00	2.01	2.02	2.03	2.04	2.04	2.05	2.06	2.07	1.97	1.98	1.98	1.99	2.00	2.00	2.01	2.02	2.02	2.03	2.04
		0.4	2.04	2.07	2.10	2.14	2.17	2.20	2.23	2.27	2.30	2.33	2.36	2.01	2.04	2.07	2.10	2.13	2.16	2.19	2.22	2.26	2.29	2.32
		0.6	2.13	2.21	2.29	2.37	2.45	2.52	2.59	2.65	2.72	2.78	2.84	2.09	2.17	2.24	2.32	2.39	2.46	2.52	2.59	2.65	2.71	2.77
		0.8	2.30	2.45	2.59	2.72	2.84	2.95	3.06	3.16	3.26	3.35	3.44	2.23	2.38	2.51	2.64	2.75	2.86	2.97	3.07	3.16	3.26	3.35
		1.0	2.56	2.78	2.97	3.15	3.31	3.46	3.60	3.73	3.86	3.99	4.11	2.45	2.68	2.86	3.03	3.19	3.34	3.48	3.61	3.74	3.86	3.98
		1.2	2.89	3.17	3.41	3.62	3.82	4.00	4.17	4.34	4.50	4.65	4.80	2.74	3.02	3.26	3.48	3.67	3.86	4.03	4.20	4.35	4.50	4.65
	0.8	0.2	2.00	2.01	2.02	2.02	2.03	2.04	2.05	2.05	2.06	2.07	2.08	1.99	1.99	2.00	2.01	2.01	2.02	2.03	2.04	2.04	2.05	2.06
		0.4	2.05	2.08	2.12	2.15	2.18	2.21	2.25	2.28	2.31	2.34	2.37	2.03	2.06	2.09	2.12	2.15	2.19	2.22	2.25	2.28	2.31	2.34
		0.6	2.15	2.23	2.31	2.39	2.46	2.53	2.60	2.67	2.73	2.79	2.85	2.12	2.19	2.27	2.34	2.41	2.48	2.55	2.61	2.67	2.73	2.79
		0.8	2.32	2.47	2.61	2.73	2.85	2.96	3.07	3.17	3.27	3.36	3.45	2.27	2.41	2.54	2.66	2.78	2.89	2.99	3.09	3.18	3.28	3.37
		1.0	2.59	2.80	2.99	3.16	3.32	3.47	3.61	3.74	3.87	3.99	4.11	2.49	2.70	2.89	3.06	3.21	3.36	3.50	3.63	3.76	3.88	4.00
		1.2	2.92	3.19	3.42	3.63	3.83	4.01	4.18	4.35	4.51	4.66	4.81	2.78	3.05	3.29	3.50	3.69	3.88	4.05	4.21	4.37	4.52	4.66
	1.0	0.2	2.02	2.02	2.03	2.04	2.05	2.05	2.06	2.07	2.08	2.09	2.09	2.01	2.02	2.03	2.04	2.04	2.05	2.06	2.07	2.07	2.08	2.09
		0.4	2.07	2.10	2.14	2.17	2.20	2.23	2.26	2.30	2.33	2.36	2.39	2.06	2.10	2.13	2.16	2.19	2.22	2.25	2.28	2.31	2.34	2.37
		0.6	2.17	2.26	2.33	2.41	2.48	2.55	2.62	2.68	2.75	2.81	2.87	2.16	2.24	2.31	2.38	2.45	2.51	2.58	2.64	2.70	2.76	2.82
		0.8	2.36	2.50	2.63	2.76	2.87	2.98	3.08	3.19	3.28	3.38	3.47	2.32	2.46	2.58	2.70	2.81	2.92	3.02	3.12	3.21	3.30	3.39
		1.0	2.62	2.83	3.01	3.18	3.34	3.48	3.62	3.75	3.88	4.01	4.12	2.55	2.75	2.93	3.09	3.25	3.39	3.53	3.66	3.78	3.90	4.02
		1.2	2.95	3.21	3.44	3.65	3.82	4.02	4.20	4.36	4.52	4.67	4.81	2.84	3.10	3.32	3.53	3.72	3.90	4.07	4.23	4.39	4.54	4.68
	1.2	0.2	2.04	2.05	2.06	2.06	2.07	2.08	2.09	2.09	2.10	2.11	2.12	2.07	2.08	2.08	2.09	2.09	2.10	2.11	2.11	2.12	2.13	2.13
		0.4	2.10	2.13	2.17	2.20	2.23	2.26	2.29	2.32	2.35	2.38	2.41	2.13	2.16	2.18	2.21	2.24	2.27	2.30	2.33	2.35	2.38	2.41
		0.6	2.22	2.29	2.37	2.44	2.51	2.58	2.64	2.71	2.77	2.83	2.89	2.24	2.30	2.37	2.43	2.50	2.56	2.63	2.68	2.74	2.80	2.86
		0.8	2.41	2.54	2.67	2.78	2.90	3.00	3.11	3.20	3.30	3.39	3.48	2.41	2.53	2.64	2.75	2.86	2.96	3.06	3.15	3.24	3.33	3.42
		1.0	2.68	2.87	3.04	3.21	3.36	3.50	3.64	3.77	3.90	4.02	4.14	2.64	2.82	2.98	3.14	3.29	3.43	3.56	3.69	3.81	3.93	4.04
		1.2	3.00	3.25	3.47	3.67	3.86	4.04	4.21	4.37	4.53	4.68	4.83	2.92	3.16	3.37	3.57	3.76	3.93	4.10	4.26	4.41	4.56	4.70
	1.4	0.2	2.10	2.10	2.10	2.11	2.11	2.12	2.13	2.13	2.14	2.15	2.15	2.20	2.18	2.17	2.17	2.17	2.18	2.18	2.19	2.19	2.20	2.20
		0.4	2.17	2.19	2.21	2.24	2.27	2.30	2.33	2.36	2.39	2.41	2.44	2.26	2.26	2.27	2.29	2.32	2.34	2.37	2.39	2.42	2.44	2.47
		0.6	2.29	2.35	2.41	2.48	2.55	2.61	2.67	2.74	2.80	2.86	2.91	2.37	2.41	2.46	2.51	2.57	2.63	2.68	2.74	2.80	2.85	2.91
		0.8	2.48	2.60	2.71	2.82	2.93	3.03	3.13	3.23	3.32	3.41	3.50	2.53	2.62	2.72	2.82	2.92	3.01	3.11	3.20	3.29	3.37	3.46
		1.0	2.74	2.92	3.08	3.24	3.39	3.53	3.66	3.79	3.92	4.04	4.15	2.75	2.90	3.05	3.20	3.34	3.47	3.60	3.72	3.84	3.96	4.07
		1.2	3.06	3.29	3.50	3.70	3.89	4.06	4.23	4.39	4.55	4.70	4.84	3.02	3.23	3.43	3.62	3.80	3.97	4.13	4.29	4.44	4.59	4.73

简图		K1	0.20											0.30										
		K2	0.2	0.3	0.4	0.5	0.6	0.7	0.8	0.9	1.0	1.1	1.2	0.2	0.3	0.4	0.5	0.6	0.7	0.8	0.9	1.0	1.1	1.2
	η_1	η_2																						
	0.2	0.2	1.94	1.93	1.93	1.93	1.93	1.93	1.94	1.94	1.95	1.95	1.96	1.92	1.91	1.90	1.89	1.89	1.89	1.90	1.90	1.90	1.90	1.91
		0.4	1.96	1.98	1.99	2.02	2.04	2.07	2.09	2.12	2.15	2.17	2.20	1.95	1.95	1.96	1.97	1.99	2.01	2.04	2.06	2.08	2.11	2.13
		0.6	2.02	2.07	2.13	2.19	2.26	2.32	2.38	2.44	2.50	2.56	2.62	1.99	2.03	2.08	2.13	2.19	2.24	2.29	2.35	2.41	2.46	2.52
		0.8	2.12	2.23	2.35	2.47	2.58	2.68	2.78	2.88	2.98	3.07	3.15	2.07	2.16	2.27	2.37	2.47	2.57	2.66	2.75	2.84	2.93	3.01
		1.0	2.28	2.47	2.65	2.82	2.97	3.12	3.26	3.39	3.51	3.63	3.75	2.20	2.37	2.53	2.69	2.83	2.97	3.10	3.23	3.35	3.46	3.57
		1.2	2.50	2.77	3.01	3.23	3.42	3.60	3.77	3.93	4.09	4.23	4.38	2.39	2.63	2.85	3.05	3.24	3.42	3.58	3.74	3.89	4.03	4.17
	0.4	0.2	1.93	1.93	1.93	1.93	1.94	1.94	1.95	1.95	1.96	1.96	1.96	1.92	1.91	1.91	1.90	1.90	1.91	1.91	1.91	1.92	1.92	1.92
		0.4	1.97	1.98	2.00	2.03	2.05	2.08	2.11	2.13	2.16	2.19	2.22	1.95	1.96	1.97	1.99	2.01	2.03	2.05	2.08	2.10	2.12	2.15
		0.6	2.03	2.08	2.14	2.21	2.27	2.34	2.40	2.46	2.52	2.58	2.63	2.00	2.04	2.09	2.14	2.20	2.25	2.31	2.37	2.42	2.48	2.53
		0.8	2.13	2.25	2.37	2.48	2.59	2.70	2.80	2.90	2.99	3.08	3.17	2.08	2.18	2.28	2.38	2.49	2.59	2.68	2.77	2.86	2.95	3.03
		1.0	2.29	2.49	2.67	2.83	2.99	3.13	3.27	3.40	3.53	3.64	3.76	2.22	2.39	2.55	2.71	2.85	2.99	3.12	3.24	3.36	3.48	3.59
		1.2	2.52	2.79	3.02	3.23	3.43	3.61	3.78	3.94	4.10	4.24	4.39	2.41	2.65	2.87	3.07	3.26	3.43	3.60	3.75	3.90	4.04	4.18
	0.6	0.2	1.95	1.95	1.95	1.95	1.96	1.96	1.97	1.97	1.98	1.98	1.99	1.93	1.93	1.92	1.92	1.93	1.93	1.93	1.94	1.94	1.95	1.95
		0.4	1.98	2.00	2.02	2.05	2.08	2.10	2.13	2.16	2.19	2.21	2.24	1.96	1.97	1.99	2.01	2.03	2.05	2.08	2.11	2.13	2.15	2.18
		0.6	2.04	2.10	2.17	2.23	2.30	2.36	2.42	2.48	2.54	2.60	2.66	2.02	2.06	2.12	2.17	2.23	2.29	2.35	2.40	2.46	2.51	2.57
		0.8	2.15	2.27	2.39	2.51	2.62	2.72	2.82	2.92	3.01	3.10	3.18	2.11	2.21	2.32	2.42	2.52	2.62	2.71	2.80	2.89	2.98	3.06
		1.0	2.32	2.52	2.70	2.86	3.01	3.16	3.29	3.42	3.55	3.66	3.78	2.25	2.42	2.59	2.74	2.88	3.02	3.15	3.27	3.39	3.50	3.61
		1.2	2.55	2.82	3.05	3.26	3.45	3.63	3.80	3.96	4.11	4.26	4.40	2.44	2.69	2.91	3.11	3.29	3.46	3.62	3.78	3.93	4.07	4.20
	0.8	0.2	1.97	1.97	1.97	1.98	1.98	1.99	1.99	2.00	2.01	2.01	2.02	1.96	1.95	1.96	1.96	1.97	1.97	1.98	1.98	1.99	1.99	2.00
		0.4	2.00	2.03	2.06	2.08	2.11	2.14	2.17	2.20	2.22	2.25	2.28	1.99	2.01	2.03	2.05	2.08	2.10	2.13	2.15	2.18	2.21	2.23
		0.6	2.08	2.14	2.21	2.27	2.34	2.40	2.46	2.52	2.58	2.64	2.70	2.05	2.10	2.16	2.22	2.28	2.34	2.40	2.45	2.51	2.56	2.62
		0.8	2.19	2.32	2.44	2.55	2.66	2.76	2.86	2.96	3.05	3.13	3.22	2.15	2.26	2.37	2.47	2.57	2.67	2.76	2.85	2.94	3.02	3.10
		1.0	2.37	2.57	2.74	2.90	3.05	3.19	3.33	3.45	3.58	3.69	3.81	2.30	2.48	2.64	2.79	2.93	3.07	3.19	3.31	3.43	3.54	3.65
		1.2	2.61	2.87	3.09	3.30	3.48	3.66	3.83	3.99	4.14	4.29	4.42	2.50	2.74	2.96	3.15	3.33	3.50	3.66	3.81	3.96	4.10	4.23
	1.0	0.2	2.01	2.01	2.02	2.03	2.03	2.04	2.05	2.05	2.06	2.07	2.08	2.01	2.02	2.02	2.03	2.04	2.04	2.05	2.06	2.06	2.07	2.07
		0.4	2.06	2.09	2.11	2.14	2.17	2.20	2.23	2.25	2.28	2.31	2.33	2.05	2.08	2.10	2.13	2.15	2.18	2.21	2.23	2.26	2.28	2.31
		0.6	2.14	2.21	2.27	2.34	2.40	2.46	2.52	2.58	2.63	2.69	2.74	2.13	2.19	2.25	2.30	2.36	2.42	2.47	2.53	2.58	2.63	2.68
		0.8	2.27	2.39	2.51	2.62	2.72	2.82	2.91	3.00	3.09	3.17	3.25	2.24	2.35	2.45	2.55	2.65	2.75	2.84	2.92	3.01	3.08	3.16
		1.0	2.46	2.64	2.81	2.96	3.10	3.24	3.37	3.50	3.61	3.73	3.84	2.40	2.57	2.72	2.86	3.00	3.13	3.25	3.37	3.48	3.59	3.70
		1.2	2.69	2.94	3.15	3.35	3.53	3.71	3.87	4.02	4.17	4.32	4.46	2.60	2.83	3.03	3.22	3.39	3.56	3.71	3.86	4.01	4.14	4.28
	1.2	0.2	2.13	2.12	2.12	2.13	2.13	2.14	2.14	2.15	2.15	2.16	2.16	2.17	2.16	2.16	2.16	2.16	2.17	2.17	2.17	2.18	2.18	2.19
		0.4	2.18	2.19	2.21	2.21	2.24	2.26	2.29	2.31	2.34	2.36	2.38	2.21	2.22	2.24	2.26	2.28	2.30	2.32	2.34	2.36	2.39	2.41
		0.6	2.27	2.32	2.37	2.43	2.49	2.54	2.60	2.65	2.70	2.76	2.81	2.29	2.33	2.38	2.43	2.48	2.53	2.58	2.62	2.67	2.72	2.77
		0.8	2.41	2.52	2.62	2.70	2.80	2.89	2.98	3.07	3.15	3.23	3.32	2.37	2.47	2.58	2.67	2.75	2.84	3.00	3.08	3.15	3.23	3.23
		1.0	2.59	2.74	2.89	3.04	3.17	3.30	3.43	3.55	3.66	3.78	3.89	2.56	2.69	2.82	2.96	3.09	3.22	3.33	3.44	3.55	3.66	3.76
		1.2	2.81	3.03	3.23	3.42	3.59	3.76	3.92	4.07	4.22	4.35	4.49	2.74	2.94	3.13	3.31	3.47	3.63	3.79	3.92	4.07	4.20	4.33
	1.4	0.2	2.35	2.31	2.29	2.28	2.27	2.27	2.27	2.27	2.27	2.28	2.28	2.45	2.40	2.37	2.35	2.35	2.34	2.34	2.34	2.34	2.34	2.34
		0.4	2.40	2.37	2.37	2.38	2.39	2.41	2.43	2.45	2.47	2.49	2.51	2.45	2.44	2.44	2.45	2.46	2.48	2.49	2.51	2.53	2.53	2.55
		0.6	2.48	2.49	2.52	2.56	2.61	2.65	2.70	2.75	2.80	2.85	2.91	2.55	2.54	2.56	2.60	2.64	2.68	2.73	2.77	2.82	2.88	2.88
		0.8	2.60	2.66	2.73	2.82	2.90	2.98	3.07	3.15	3.23	3.31	3.38	2.64	2.68	2.74	2.81	2.89	2.98	3.04	3.11	3.18	3.25	3.33
		1.0	2.77	2.88	3.01	3.13	3.26	3.38	3.50	3.62	3.73	3.84	3.94	2.77	2.87	2.98	3.09	3.20	3.30	3.43	3.53	3.64	3.74	3.84
		1.2	2.97	3.15	3.33	3.50	3.67	3.83	3.98	4.13	4.27	4.41	4.54	2.97	3.09	3.26	3.43	3.58	3.74	3.89	4.00	4.13	4.26	4.39

注：表中的计算长度系数 μ_3 值按下式算得：

$$\frac{\eta_1 K_1}{\eta_2 K_2}\cdot ctg\frac{\pi\eta_1}{\mu_3}\cdot ctg\frac{\pi\eta_2}{\mu_3}+\frac{\eta_1 K_1}{(\eta_2 K_2)^2}\cdot ctg\frac{\pi\eta_1}{\mu_3}\cdot ctg\frac{\pi}{\mu_3}+\frac{1}{\eta_2 K_2}\cdot ctg\frac{\pi\eta_2}{\mu_3}\cdot ctg\frac{\pi}{\mu_3}-1=0$$

简图栏说明：

$$K_1 = \frac{I_1}{I_3}\cdot\frac{H_3}{H_1}$$

$$K_2 = \frac{I_2}{I_3}\cdot\frac{H_3}{H_2}$$

$$\eta_1 = \frac{H_1}{H_3}\sqrt{\frac{N_1}{N_3}\cdot\frac{I_3}{I_1}}$$

$$\eta_2 = \frac{H_2}{H_3}\sqrt{\frac{N_2}{N_3}\cdot\frac{I_3}{I_2}}$$

N_1——上段柱的轴心力；
N_2——中段柱的轴心力；
N_3——下段柱的轴心力

附录E 疲劳计算的构件和连接分类

表E 构件和连接分类

项次	简图	说明	类别

1		无连接处的主体金属
		(1)轧制型钢
		(2)钢板
		  a.两边为轧制边或刨边
		  b.两侧为自动、半自动切割边(切割质量标准应符合现行国家标准《钢结构工程施工质量验收规范》GB 50205)
			1
			
			1
			2

2		横向对接焊缝附近的主体金属 (1)符合现行国家标准《钢结构工程施工质量验收规范》GB 50205的一级焊缝 (2)经加工、磨平的一级焊缝	3 2
3		不同厚度(或宽度)横向对接焊缝附近的主体金属,焊缝加工成平滑过渡并符合一级焊缝标准	2
4		纵向对接焊缝附近的主体金属,焊缝符合二级焊缝标准	2

5		翼缘连接焊缝附近的主体金属
		(1)翼缘板与腹板的连接焊缝
		  a.自动焊,二级T形对接和角组合焊缝
		  b.自动焊,角焊缝,外观质量标准符合二级
		  c.手工焊,角焊缝,外观质量标准符合二级
		(2)双层翼缘板之间的连接焊缝
		  a.自动焊,角焊缝,外观质量标准符合二级
		  b.手工焊,角焊缝,外观质量标准符合二级
			2
			3
			4
			
			3
			4

项次	简图	说明	类别
6		横向加劲肋端部附近的主体金属 (1)肋端不断弧(采用回焊) (2)肋端断弧	4 5
7		梯形节点板用对接焊缝焊于梁翼缘、腹板以及桁架构件处的主体金属,过渡处在焊后铲平、磨光、圆滑过渡,不得有焊接起弧、灭弧缺陷	5
8		矩形节点板焊接于构件翼缘或腹板处的主体金属,$l>150mm$	7
9		翼缘板中断处的主体金属(板端有正面焊缝)	7
10		向正面角焊缝过渡处的主体金属	6
11		两侧面角焊缝连接端部的主体金属	8
12		三面围焊的角焊缝端部主体金属	7

续表 E

项次	简图	说明	类别
13		三面围焊或两侧面角焊缝连接的节点板主体金属（节点板计算宽度按应力扩散角 θ 等于 30°考虑）	7
14		K 形坡口 T 形对接与角接组合焊缝处的主体金属，两板轴线偏离小于 0.15t，焊缝为二级，焊趾角 a≤45°	5
15		十字接头角焊缝处的主体金属，两板轴线偏离小于 0.15t	7
16	角焊缝	按有效截面确定的剪应力幅计算	8
17		铆钉连接处的主体金属	3
18		连系螺栓和虚孔处的主体金属	3
19		高强度螺栓摩擦型连接处的主体金属	2

注：1 所有对接焊缝及 T 形对接和角接组合焊缝均需焊透。所有焊缝的外形尺寸均应符合现行标准《钢结构焊缝外形尺寸》JB 7949 的规定。

2 角焊缝应符合本规范第 8.2.7 条和 8.2.8 条的要求。

3 项次 16 中的剪应力幅 $\Delta\tau = \tau_{max} - \tau_{min}$，其中 τ_{min} 的正负值为：与 τ_{max} 同方向时，取正值；与 τ_{max} 反方向时，取负值。

4 第 17、18 项中的应力应以净截面面积计算，第 19 项应以毛截面面积计算。

附录 F 桁架节点板在斜腹杆压力作用下的稳定计算

F.0.1 基本假定。

1 图 F.0.1 中 B-A-C-D 为节点板失稳时的屈折线，其中 $\overline{BA}$ 平行于弦杆，$\overline{CD} \perp \overline{BA}$。

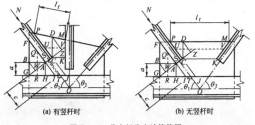

(a) 有竖杆时   (b) 无竖杆时

图 F.0.1 节点板稳定计算简图

2 在斜腹杆轴向压力 N 的作用下，$\overline{BA}$区（FBGHA 板件）、$\overline{AC}$区（AIJC 板件）和 $\overline{CD}$区（CKMP 板件）同时受压，当其中某一区先失稳后，其他区即相继失稳，为此要分别计算各区的稳定。

F.0.2 计算方法：

$\overline{BA}$区：

$$\frac{b_1}{(b_1+b_2+b_3)}N\sin\theta_1 \leqslant l_1 t \varphi_1 f \qquad (F.0.2-1)$$

$\overline{AC}$区：

$$\frac{b_2}{(b_1+b_2+b_3)}N \leqslant l_2 t \varphi_2 f \qquad (F.0.2-2)$$

$\overline{CD}$区：

$$\frac{b_3}{(b_1+b_2+b_3)}N\cos\theta_1 \leqslant l_3 t \varphi_3 f \qquad (F.0.2-3)$$

式中 t ——节点板厚度；

N——受压斜腹杆的轴向力；

l_1、l_2、l_3——分别为屈折线 $\overline{BA}$、$\overline{AC}$、$\overline{CD}$ 的长度；

φ_1、φ_2、φ_3——各受压区板件的轴心受压稳定系数，可按 b 类截面查取；其相应的长细比分别为：$\lambda_1 = 2.77\dfrac{\overline{QR}}{t}$，$\lambda_2 = 2.77\dfrac{\overline{ST}}{t}$，$\lambda_3 = 2.77\dfrac{\overline{UV}}{t}$；式中 $\overline{QR}$、$\overline{ST}$、$\overline{UV}$ 为 $\overline{BA}$、$\overline{AC}$、$\overline{CD}$ 三区受压板件的中线长度；其中 $\overline{ST} = c$；$b_1(\overline{WA})$、$b_2(\overline{AC})$、$b_3(\overline{CZ})$ 为各屈折线段在有效宽度线上的投影长度。

对 $l_f/t > 60\sqrt{235/f_y}$ 且沿自由边加劲的无竖腹杆节点板（l_f 为节点板自由边的长度），亦可用上述方法进行计算，只是仅需验算 $\overline{BA}$区和 $\overline{AC}$区，而不必验算 $\overline{CD}$区。

本规范用词说明

1 为了便于在执行本规范条文时区别对待，对要求严格程度不同的用词说明如下：

1）表示很严格，非这样做不可的用词：

正面词采用"必须"；反面词采用"严禁"。

2）表示严格，在正常情况下均应这样做的用词：

正面词采用"应"；反面词采用"不应"或"不得"。

3）表示允许稍有选择，在条件许可时首先应这样做的用词：

正面词采用"宜"或"可"；反面词采用"不宜"。

2 条文中指定应按其他有关标准、规范执行时，写法为"应按……执行"或"应符合……要求（或规定）"。

中华人民共和国国家标准

钢结构设计规范

GB 50017—2003

条 文 说 明

目　　次

1 总 则

1.0.1 本条是钢结构设计时应遵循的原则。

1.0.2 本条明确指出本规范仅适用于工业与民用房屋和一般构筑物的普通钢结构设计，不包括冷弯薄壁型钢结构。

1.0.3 本规范的设计原则是根据现行国家标准《建筑结构可靠度设计统一标准》GB 50068 的规定修订的。

1.0.4 本条提出设计中应具体考虑的一些注意事项。

1.0.5 本条提出在设计文件（如图纸和材料订货单等）中应注明的一些事项，这些事项都是与保证工程质量密切相关的。其中钢材的牌号应与有关钢材的现行国家标准或其他技术标准相符；对钢材性能的要求，凡我国钢材标准中各牌号能基本保证的项目可不再列出，只提附加保证和协议要求的项目，而当采用其他尚未形成技术标准的钢材或国外钢材时，必须详细列出有关钢材性能的各项要求，以便按此进行检验。而检验这些钢材时，试件的数量不应小于 30 个。试验结果中屈服点的平均值 μ_{f_y} 乘以试验影响系数 μ_{k0}（对 Q235 类钢可取 0.9，对 Q345 类钢可取 0.93）与钢材标准中屈服点 f_y 规定值的比值 $\mu_{f_y}\mu_{k0}/f_y$ 不宜小于1.09（对 Q235 类钢）和 1.11（Q345 类钢），变异系数 $\delta_{KM} = \sqrt{(\delta_{k0})^2 + (\sigma_{f_y}/\mu_{f_y})^2}$ 不宜大于 0.066，式中 δ_{k0} 可取 0.011，σ_{f_y} 为屈服点试验值的标准差。对符合上述统计参数的钢材，且其尺寸的误差标准不低于我国相应钢材的标准时，即可采用本规范规定的钢材抗力分项系数 γ_R。焊缝的质量等级应根据构件的重要性和受力情况按本规范第7.1.1条的规定选用。对结构的防护和隔热措施等其他要求亦应在设计文件中加以说明。

1.0.6 对有特殊设计要求（如抗震设防要求，防火设计要求等）和在特殊情况下的钢结构（如高耸结构、板壳结构、特殊构筑物以及受有高温、高压或强烈侵蚀作用的结构等）尚应符合国家现行有关专门规范的规定。

2 术语和符号

本章所用的术语和符号是参照我国现行国家标准《工程结构设计基本术语和通用符号》GBJ 132 和《建筑结构设计术语和符号标准》GB/T 50083 的规定编写的，并根据需要增加了一些内容。

2.1 - 术 语

本规范给出了 32 个有关钢结构设计方面的专用术语，并从钢结构设计的角度赋予其特定的涵义，但不一定是其严密的定义。所给出的英文译名是参考国外某些标准拟定的，亦不一定是国际上的标准术语。

2.2 符 号

本规范给出了 151 个常用符号并分别作出了定义，这些符号都是本规范各章节中所引用的。

2.2.1 本条所用符号均为作用和作用效应的设计值，当用于标准值时，应加下标 k，如 Q_k 表示重力荷载的标准值。

3 基本设计规定

3.1 设 计 原 则

3.1.1 GBJ 17—88 规范采用以概率理论为基础的极限状态设计法，其中设计的目标安全度是按可靠指标校准值的平均值上下浮动 0.25 进行总体控制的（有关设计理论参见全国钢委编《钢结构研究论文报告选集》第二册，李继华、夏正中：钢结构可靠度和概率极限状态设计）。

遵照《建筑结构可靠度设计统一标准》GB 50068，本规范继续沿用以概率理论为基础的极限状态设计方法并以应力形式表达的分项系数设计表达式进行设计计算，但设计目标安全度指标不再允许下浮 0.25，即设计各种基本构件的目标安全度指标不得低于校准值的平均值。根据《建筑结构荷载规范》GB 50009 的修订内容以及现有的可统计资料所做的分析，本规范所涉及的钢结构基本构件的设计目标安全度总体上符合 GB 50068 要求（详见《土木工程学报》2003 第 4 期，戴国欣等：结构设计荷载组合取值变化及其影响分析）。

关于钢结构连接，试验和理论分析表明，GBJ 17—88 采用的转化换算处理方式是合理可行的（参见《建筑结构学报》1993 年第 6 期，戴国欣等：钢结构角焊缝的极限强度及抗力分项系数；《工业建筑》1997 年第 6 期，曾波等：高强度螺栓连接的可靠性评估）。本规范钢结构连接的计算规定满足概率极限状态设计法的要求。

关于钢结构的疲劳计算，由于疲劳极限状态的概念还不够确切，对各种有关因素研究不够，只能沿用过去传统的容许应力设计法，即将过去以应力比概念为基础的疲劳设计改为以应力幅为准的疲劳强度设计。

3.1.2 承载能力极限状态可理解为结构或构件发挥允许的最大承载功能的状态。结构或构件由于塑性变形而使其几何形状发生显著改变，虽未到达最大承载能力，但已彻底不能使用，也属于达到这种极限状态。

正常使用极限状态可理解为结构或构件达到使用功能上允许的某个限值的状态。例如，某些结构必须控制变形、裂缝才能满足使用要求，因为过大的变形会造成房屋内部粉刷层剥落，填充墙和隔断墙开裂，以及屋面积水等后果，过大的裂缝会影响结构的耐久性，同时过大的变形或裂缝也会使人们在心理上产生不安全感觉。

3.1.3 建筑结构安全等级的划分，按《建筑结构可靠度设计统一标准》GB 50068 的规定应符合表 1 的要求。

表 1　建筑结构的安全等级

安全等级	破坏后果	建筑物类型
一级	很严重	重要的房屋
二级	严重	一般的房屋
三级	不严重	次要的房屋

注：1　对特殊的建筑物，其安全等级应根据具体情况另行确定。

　　2　对抗震建筑结构，其安全等级应符合国家现行有关规范的规定。

对一般工业与民用建筑钢结构，按我国已建成的房屋，用概率设计方法分析的结果，安全等级多为二级，但对跨度等于或大于 60m 的大跨度结构（如大会堂、体育馆和飞机库等的屋盖主要承重结构）的安全等级宜取为一级。

3.1.4 荷载效应的组合原则是根据《建筑结构可靠度设计统一标准》GB 50068 的规定，结合钢结构的特点提出来的。对荷载效应的偶然组合，统一标准只作出原则性的规定，具体的设计表达式及各种系数应符合专门规范的有关规定。对于正常使用极限状态，钢结构一般只考虑荷载效应的标准组合，当有可靠依据和实践经验时，亦可考虑荷载效应的频遇组合。对钢与混凝土组合梁，因需考虑混凝土在长期荷载作用下的蠕变影响，故除应考虑荷载效应的标准组合外，尚应考虑准永久组合（相当于原标准 GBJ 68—84 的长期效应组合）。

3.1.5 根据《建筑结构可靠度设计统一标准》GB 50068，结构或构件的变形属于正常使用极限状态，应采用荷载标准值进行计算；而强度、疲劳和稳定属于承载能力极限状态，在设计表达式中均考虑了荷载分项系数，采用荷载设计值（荷载标准值乘以荷载分项系数）进行计算，但其中疲劳的极限状态设计目前还处在研究阶段，所以仍沿用原规范 GBJ 17—88 按弹性状态计算的容许应力幅的设计方法，采用荷载标准值进行计算。钢结构的连接强度虽然统计数据有限，尚无法按可靠度进行分析，但已将其容许应力用校准的方法转化为以概率理论为基础的极限状态设计表达式（包括各种抗力分项系数），故采用荷载设计值进行计算。

3.1.6 结构或构件的位移（变形）属于静力计算的

范畴，故不应乘动力系数；而疲劳计算中采用的计算数据多半是根据实测应力或通过疲劳试验所得，已包含了荷载的动力影响，故亦不再乘动力系数。因为动力影响和动力系数是两个不同的概念。

在吊车梁的疲劳计算中只考虑跨间内起重量最大的一台吊车的作用，是因为根据大量的实测资料统计，实际运行中吊车梁的最大有效应力幅常低于设计中按起重量最大的一台吊车满载和处于最不利位置时算得的最大计算应力幅。

将吊车梁及吊车桁架的挠度计算由过去习惯上考虑两台吊车改为明确规定按起重量最大的一台吊车进行计算的原则符合正常使用的概念，并和国外大多数国家相同，亦满足了跨间内只有一台吊车的情况。

3.2　荷载和荷载效应计算

3.2.1 结构重要性系数 γ_0 应按结构构件的安全等级、设计工作寿命并考虑工程经验确定。对设计工作寿命为 25 年的结构构件，大体上属于替换性构件，其可靠度可适当降低，重要性系数可按经验取为 0.95。

在现行国家标准《建筑结构荷载规范》GB 50009 中，将屋面均布活荷载标准值规定为 $0.5kN/m^2$，并注明"对不同结构可按有关设计规范将标准值作 $0.2kN/m^2$ 的增减"。本规范参考美国荷载规范 ASCE 7-95 的规定，对支承轻屋面的构件或结构，当受荷的水平投影面积超过 $60m^2$ 时，屋面均布活荷载标准值取为 $0.3kN/m^2$。这个取值仅适用于只有一个可变荷载的情况，当有两个及以上可变荷载考虑荷载组合值系数参与组合时（如尚有灰荷载），屋面活荷载仍应取 $0.5kN/m^2$，否则，将比原规范降低安全度（因为原荷载规范规定无风组合时不考虑荷载组合值系数）。

3.2.2 本条对原规范中关于吊车横向水平荷载的增大系数 α 进行了修改（详见"重级工作制吊车横向水平力计算的建议"赵熙元，《钢结构》1992 年第 2 期）。该系数源出于前苏联《冶金工厂重级工作制厂房钢结构设计技术条件》TY-104-53。但在 1972 年及以后的前苏联钢结构设计规范中已不再使用 α 系数，而在建筑法规《荷载及其作用》СНИП Ⅱ-6-74 中，对重级工作制吊车的侧向力，不论计算吊车梁或连接均统一规定为 $T_H \approx 0.1P_H$（P_H 为吊车最大轮压的标准值），并认为 T_H 的作用方向是可逆的，且不与小车的制动力同时考虑。这种将吊车的横向水平力（俗称卡轨力，下同）与吊车轮压成正比的表达方式和德国的研究成果是一致的，理论上亦比较合理，日本 1998 年规范也是这样考虑的。因为卡轨力与吊车主动轮的牵引力成正比，而牵引力又与轮压成正比。原规范的表达方式似乎卡轨力仅与小车制动力有关，这在概念上是有问题的，因为制动力是由小车制动而产生，卡轨力则在大车运行时发生，两者的起因截然不同。另外，对没有小车的特殊吊车（如桥式螺旋式卸车机），按原规范就算不出卡轨力，显然很不合理。

要精确计算卡轨力是十分困难的，世界各国所采用的计算方法都是半经验半理论性的。目前，欧、美及日本各国在计算卡轨力时都不区分构件和连接。这次修订时，亦采用统一的卡轨力值。

本条在计算卡轨力时采用了 $H_k = \alpha P_{k,max}$ 的表达式，其中 α 系数的取值是针对我国有代表性的9种重级工作制吊车，采用不同的计算方法（包括我国原规范、前苏联和美国的方法）算出的卡轨力，经过对比分析而得出来的。用本规范的公式（3.2.2）算出的卡轨力除 A8 级吊车是接近于按原规范计算构件的力以外，其余吊车均接近于按原规范计算连接时的力，而与美国的计算结果相近。亦即 A6 和 A7 级吊车按本规范算得的卡轨力约为原规范计算构件时卡轨力的2倍。从调查研究可知，过去设计的吊车梁在上翼缘附近的损伤仍然较多，因此加大卡轨力看来是合适的。根据试设计的结果，由此而带来的吊车梁钢材消耗量的增值一般约为5%。

本条的"注"中，提出了在一般情况下本规范所指的重级、中级及轻级工作制吊车的含义。《起重机设计规范》GB/T 3811 规定吊车工作级别为 A1～A8 级，它是按利用等级（设计寿命期内总的工作循环次数）和载荷谱系数综合划分的。为便于计算，本规范所指的工作制与现行国家标准《建筑结构荷载规范》GB 50009 中的载荷状态相同，即轻级工作制（轻级载荷状态）吊车相当于 A1～A3 级，中级工作制相当于 A4、A5 级，重级工作制相当于 A6～A8 级，其中 A8 为特重级。这样区分在一般情况下是可以的，但并没有全面反映工作制的含义，因为吊车工作制与其利用等级关系很大。故设计人员在按工艺专业提供的吊车级别来确定吊车的工作制时尚应根据吊车的具体操作情况及实践经验来考虑，不要死套本条"注"的说明，必要时可作适当调整。例如，轧钢车间主电室的吊车是检修吊车，过去一直按轻级工作制设计，按载荷状态很可能用 A4 级吊车，便属于中级工作制。若按中级工作制吊车来设计厂房结构，显然不合理，此时可仍将其定义为轻级工作制。

3.2.3 本条规定的屋盖结构悬挂吊车和电动葫芦在每一跨间每条运行线路上考虑的台数，是按设计单位的使用经验确定的。

3.2.7 梁柱连接一般采用刚性连接和铰接连接。半刚性连接的弯矩-转角关系较为复杂，它随连接形式、构造细节的不同而异。进行结构设计时，这种连接形式的实验数据或设计资料必须足以提供较为准确的弯矩-转角关系。

3.2.8 本条对框架结构的内力分析方法作出了具体规定，即所有框架结构（不论有无支撑结构）均可采用一阶弹性分析法计算框架杆件的内力，但对于

$$\frac{\sum N \cdot \Delta u}{\sum H \cdot h} > 0.1$$ 的框架结构则推荐采用二阶弹性分析法确定杆件内力，以提高计算的精确度。当采用二阶弹性分析时，为配合计算的精度，不论是精确计算或近似计算，亦不论有无支撑结构，均应考虑结构和构件的各种缺陷（如柱子的初倾斜、初偏心和残余应力等）对内力的影响。其影响程度可通过在框架每层柱的柱顶作用有附加的假想水平力（概念荷载）H_{ni} 来综合体现，见图1。

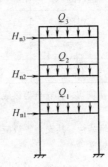

图 1　假想水平力 H_{ni}

研究表明，框架层数越多，构件缺陷的影响越小，且每层柱数的影响亦不大。通过与国外规范的比较分析，并考虑钢材强度的影响，本规范提出了 H_{ni} 值的计算公式（3.2.8-1）。

至于柱子的计算长度则应根据不同类型的框架和内力分析方法，以及支撑结构的抗侧移刚度按本规范第 5.3.3 条的规定计算确定。

本条对无支撑纯框架在考虑侧移对内力的影响采用二阶弹性分析时，提出了框架杆件端弯矩 M_{II} 的近似计算方法。

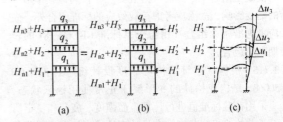

图 2　无支撑纯框架的一阶弹性分析

当采用一阶分析时（图2），框架杆件端弯矩 M_I 为：

$$M_I = M_{Ib} + M_{Is}$$

当采用二阶近似分析时，杆端弯矩 M_{II} 为：

$$M_{II} = M_{Ib} + \alpha_{2i} M_{Is}$$

式中　M_{Ib}——假定框架无侧移时（图2b）按一阶弹性分析求得的各杆件端弯矩；

　　　M_{Is}——框架各节点侧移时（图2c）按一阶弹性分析求得的杆件端弯矩；

α_{2i}——考虑二阶效应第 i 层杆件的侧移弯矩

增大系数，$\alpha_{2i} = \dfrac{1}{1 - \dfrac{\sum N \cdot \Delta u}{\sum H \cdot h}}$

其中 $\sum H$ 系指产生层间侧移 Δu 的所计算楼层及以上各层的水平荷载之和，不包括支座位移和温度的作用。

上述二阶弹性分析的近似计算法与国外的规定基本相同。经西安建筑科技大学陈绍蕃教授提出，湖南大学舒兴平教授以单跨 1~3 层无支撑纯框架为例，用二阶弹性分析精确法进行验证，结果表明：

1 此近似法不仅可用于二阶弯矩的计算，还可用于二阶轴力及剪力的计算。

2 在式（3.2.8-3）中，当 $\dfrac{\sum N \cdot \Delta u}{\sum H \cdot h} \leqslant 0.25$ 时，该近似法精确度较高，弯矩的误差不大于 7%；而当 $\dfrac{\sum N \cdot \Delta u}{\sum H \cdot h} > 0.25$（即 $\alpha_{2i} > 1.33$）时，误差较大，应增加框架结构的侧向刚度，使 $\alpha_{2i} \leqslant 1.33$。

另外，当 $\dfrac{\sum N \cdot \Delta u}{\sum H \cdot h} \leqslant 0.1$ 时，说明框架结构的抗侧移刚度较大，可忽略侧移对内力分析的影响，故可采用一阶分析法来计算框架内力，当然也就不再考虑假想水平力 H_{ni}，为判别时计算方便，式中 Δu 可用层间侧移容许值 $[\Delta u]$ 来代替。

3.3 材料选用

3.3.1 本条着重提出了防止脆性破坏的问题，这对钢结构来说是十分重要的，过去在这方面不够明确。脆性破坏与结构形式、环境温度、应力特征、钢材厚度以及钢材性能等因素有密切关系。

为扩大高强度结构钢在建筑工程中的应用，本条增列了在九江长江大桥中已成功使用的 Q420 钢（15MnVN）。《高层建筑结构用钢板》YB 4104 是最近为高层建筑或其他重要建（构）筑物用钢板制定的行业标准，其性能与日本《建筑结构用钢材》JIS G3136-1994 相近，而且质量上还有所改进。

3.3.2 本条关于钢材选用中的温度界限与原规范相同，考虑了钢材的抗脆断性能，是我国实践经验的总结。虽然连铸钢材没有沸腾钢，考虑到目前还有少量模铸，且现行国家标准《碳素结构钢》GB/T 700 中仍有沸腾钢，故本规范仍保留 Q235·F 的应用范围。因沸腾钢脱氧不充分，含氧量较高，内部组织不够致密，硫、磷的偏析大，氮是以固溶氮的形式存在，故冲击韧性较低，冷脆性和时效倾向亦较大。因此，需对其使用范围加以限制。由于沸腾钢在低温时和动力荷载作用下容易发生脆断，故本条根据我国多年的实践经验，规定了不能采用沸腾钢的具体界限。

本条用"需要验算疲劳"的结构以及"直接承受动力荷载或振动荷载"的结构来代替原规范中的"吊车梁及类似结构"显得更合理，涵盖面更广，不单指工业厂房。何况，在材料选用方面以是否"需要验算疲劳"来界定结构的工作状态，更符合实际情况。

在 1 款 2）项中增加了"承受静力荷载的受弯和受拉的重要承重结构"，理由如下：

1 脆断主要发生在受拉区，且危险性较大；

2 与国外规范比较协调，如前苏联 1981 年的钢结构设计规范的钢材选用表中，将受静力荷载的受拉和受弯焊接结构列入第 2 组，在环境温度 $T \geqslant -40℃$ 的条件下，均采用镇静钢或半镇静钢，而不用沸腾钢。

为考虑经济条件，这次修订时仅限于对重要的受拉或受弯的焊接结构要求提高钢材质量。所谓"重要结构"系指损坏后果严重的重要性较大的结构构件，如桁架结构、框架横梁、楼屋盖主梁以及其他受力较大、拉应力较高的类似结构。

关于工作温度即室外工作温度的定义，原规范定义为"冬季计算温度"（即冬季空气调节室外计算温度），从理论上说这是欠妥的，因为空气调节计算温度是为空调采暖用的计算温度，是受经济政策决定的，也就是人为的；而结构的工作温度应该是客观存在的，由自然条件决定的，两者不能混淆。国外规范对结构的工作温度亦未看到用空调计算温度，如前苏联是"最冷 5 天的平均温度"，Eurocode 3 和美国有关资料上都使用"最低工作温度"（但定义不详）。为与"空调计算温度"在数值上差别不太大，建议采用《采暖通风与空气调节设计规范》GBJ 19—87（2001 年版）中所列的"最低日平均温度"。

3.3.3 本条规定了承重结构的钢材应具有力学性能和化学成分等合格保证的项目，分述如下：

1 抗拉强度。钢材的抗拉强度是衡量钢材抵抗拉断的性能指标，它不仅是一般强度的指标，而且直接反映钢材内部组织的优劣，并与疲劳强度有着密切的关系。

2 伸长率。钢材的伸长率是衡量钢材塑性性能的指标。钢材的塑性是在外力作用下产生永久变形时抵抗断裂的能力。因此，承重结构用的钢材，不论静力荷载或动力荷载作用下，以及在加工制作过程中，除了应具有较高的强度外，尚应要求具有足够的伸长率。

3 屈服强度（或屈服点）。钢材的屈服强度（或屈服点）是衡量结构的承载能力和确定强度设计值的重要指标。碳素结构钢和低合金结构钢在受力到达屈服强度（或屈服点）以后，应变急剧增长，从而使结构的变形迅速增加以致不能继续使用。所以钢结构的强度设计值一般都是以钢材屈服强度（或屈服点）为依据而确定的。对于一般非承重或由构造决定的构件，只要保证钢材的抗拉强度和伸长率即能满足要求；对于承重的结构则必须具有钢材的抗拉强度、伸长率、屈服强度（或屈服点）三项合格的保证。

4 冷弯试验。 钢材的冷弯试验是塑性指标之一，同时也是衡量钢材质量的一个综合性指标。通过冷弯试验，可以检验钢材颗粒组织、结晶情况和非金属夹杂物分布等缺陷，在一定程度上也是鉴定焊接性能的一个指标。结构在制作、安装过程中要进行冷加工，尤其是焊接结构焊后变形的调直等工序，都需要钢材有较好的冷弯性能。而非焊接的重要结构（如吊车梁、吊车桁架、有振动设备或有大吨位吊车厂房的屋架、托架，大跨度重型桁架等）以及需要弯曲成型的构件等，亦都要求具有冷弯试验合格的保证。

5 硫、磷含量。 硫、磷都是建筑钢材中的主要杂质，对钢材的力学性能和焊接接头的裂纹敏感性都有较大影响。硫能生成易于熔化的硫化铁，当热加工或焊接的温度达到 800～1200℃时，可能出现裂纹，称为热脆；硫化铁又能形成夹杂物，不仅促使钢材起层，还会引起应力集中，降低钢材的塑性和冲击韧性。硫又是钢中偏析最严重的杂质之一，偏析程度越大越不利。磷是以固溶体的形式溶解于铁素体中，这种固溶体很脆，加以磷的偏析比硫更严重，形成的富磷区促使钢变脆（冷脆），降低钢的塑性、韧性及可焊性。因此，所有承重结构对硫、磷的含量均应有合格保证。

6 碳含量。 在焊接结构中，建筑钢的焊接性能主要取决于碳含量，碳的合适含量宜控制在 0.12%～0.2% 之间，超出该范围的幅度愈多，焊接性能变差的程度愈大。因此，对焊接承重结构尚应具有碳含量的合格保证。

近来，一些建设单位希望在焊接结构中用 Q235-A 代替 Q235-B，这显然是不合适的。国家标准《碳素结构钢》GB/T 700 及其第 1 号修改通知单（自 1992年 10 月 1 日起实行）都明确规定 A 级钢的碳含量不作为交货条件，但应在熔炼分析中注明。从法规意义上讲，不作为交货条件就是不保证，即使在熔炼分析中的碳含量符合规定要求，亦只能被认为仅供参考，可能离散性较大焊接质量就不稳定。也就是说若将 Q235-A·F 钢用于重要的焊接结构上发生事故后，钢材生产厂在法律上是不负任何责任的，因为在交货单上明确规定碳含量是不作为交货条件的。现在世界各国钢材质量普遍提高，日本最近专门制定了建筑钢材的系列（SN 钢）。为了确保工程质量，促使提高钢材质量，防止建筑市场上以次充好的不正常现象，故建议对焊接结构一定要保证碳含量，即在主要焊接结构中不能使用 Q235-A 级钢。

3.3.4 本条规定了需要验算疲劳的结构的钢材应具有的冲击韧性的合格保证。冲击韧性是衡量钢材断裂时所做功的指标，其值随金属组织和结晶状态的改变而急剧变化。钢中的非金属夹杂物、带状组织、脱氧不良等都将给钢材的冲击韧性带来不良影响。冲击韧性是钢材在冲击荷载或多向拉应力下具有可靠性能的保证，可间接反映钢材抵抗低温、应力集中、多向拉应力、加荷速率（冲击）和重复荷载等因素导致脆断的能力。钢结构的脆断破坏问题已普遍引起注意，按断裂力学的观点应用断裂韧性 K_{IC} 来表示材料抵抗裂纹失稳扩展的能力。但是，对建筑钢结构来说，要完全用断裂力学的方法来分析判断脆断问题，目前在具体操作上尚有一定困难，故国际上仍以冲击韧性作为抗脆断能力的主要指标。因此，对需要验算疲劳的结构的钢材，本条规定了应具有在不同试验温度下冲击韧性的合格保证。关于试验温度的划分是在总结我国多年实践经验的基础上，根据结构的不同连接方式（焊接或非焊接），结合我国现行的钢材标准并参考有关的国外规范确定的。

根据上述原则，本条对原规范中钢材冲击韧性的试验温度作了调整，增加了 0℃ 冲击韧性的要求，并将 Q345 钢和 Q235 钢取用相同的试验温度，理由如下：

1 关于冲击韧性试验温度的间隔，国外一般为 10～20℃，并均有 0℃ 左右的冲击性能要求（前苏联除外）。原规范温度间隔偏大，达 40～60℃。现根据新的钢材标准进行调整，统一取 20℃。为使钢结构在不同工作温度下具有相应的抗脆断性能，增加了在 0℃ ≥ T > -20℃ 时对钢材冲击韧性的要求。

2 原规范依据的钢材标准与本规范不同。不同钢材标准对钢材冲击韧性的要求见表 2。

表 2 不同钢材标准对冲击韧性的要求

钢号 试验温度 钢材标准		原规范 GB 700—79 GB 1591—79	本规范 GB/T 700—88 GB/T 1591—94
3 号钢（Q235 钢）	+20℃	$\alpha_{ku} \geq 7 \sim 10 kg \cdot m/cm^2$，相当于 $A_{kv} = 31 \sim 44J$	$A_{kv} \geq 27J$
	0℃		$A_{kv} \geq 27J$
	-20℃	$\alpha_{ku} \geq 3 kg \cdot m/cm^2$，相当于 $A_{kv} = 13J$	$A_{kv} \geq 27J$
16Mn 钢（Q345 钢） 15MnV 钢（Q390 钢）	+20℃	$\alpha_{ku} \geq 6 kg \cdot m/cm^2$，相当于 $A_{kv} = 26J$	$A_{kv} \geq 34J$
	0℃	—	$A_{kv} \geq 34J$
	-20℃		$A_{kv} \geq 34J$
	-40℃	$\alpha_{ku} \geq 3 kg \cdot m/cm^2$，相当于 $A_{kv} = 13J$	$A_{kv} \geq 27J$

由表2可见，对 Q235 钢常温冲击功的要求，旧标准高于新标准 15% ~ 63%，因此，在 $T > -20℃$ 时若仍按原规范只要求常温冲击，显然降低了对 A_{kv} 的要求，偏于不安全。看来，对 Q235 钢增加 0℃ 时对冲击功的要求是合适的。在 $T = -20℃$ 时新标准的 A_{kv} 值约为旧标准的 1 倍，故当 $T < -20℃$ 时比原规范更安全。而对 Q345 钢冲击功的要求，新标准普遍高于旧标准，常温时高出约 31%，$T = -40℃$ 时高出约 100%。对基本上属同一质量等级的钢材来说，试验温度与 A_{kv} 规定值是有一定关系的，A_{kv} 的增大相当于试验温度的降低。根据 GB 1591—79，16Mn 钢的试验温度相差 60℃ 时，A_{kv} 的规定值相差约 100%，如 Q345-D 在 -20℃ 时的 A_{kv} 规定值为 34J，则在 -40℃ 试验时，其 A_{kv} 值估计为 34J/1.33 = 25.6J，仍大于旧标准的 13J。故一般可不再要求 Q345 钢在 -40℃ 的冲击韧性。由此，本规范规定对 Q345 钢的试验温度与 Q235 钢相同。至于 Q390 钢，虽然其冲击功的规定值和 Q345 钢一样普遍提高，但考虑其强度高，接近于前苏联的 C52/40 号钢，塑性稍差，使用经验又少，故仍按原规范不变。对 Q420 钢，是新钢种，应从严考虑，故与 Q390 钢的试验温度相同。

对其他重要的受拉和受弯焊接构件，由于有焊接残余拉应力存在，往往出现多向拉应力场，尤其是构件的板厚较大时，轧制次数少，钢材中的气孔和夹渣比薄板多，存在较多缺陷，因而有发生脆性破坏的危险。国外对此种构件的钢材，一般均有冲击韧性合格的要求。根据我国钢材标准，焊接构件应至少采用 Q235 的 B 级钢材（因 Q235-A 的含碳量不作为交货条件，这是焊接结构所不容许的）常温冲击韧性自然满足，不必专门提出。所以，我们建议当采用厚度较大的 Q345 钢材制作此种构件时，宜提出具有冲击韧性的合格保证（具体厚度尺寸可参见有关国内外资料，如《美国钢结构设计规范》AISC 1999 和《欧洲钢结构设计规范》EC 3 等）。

至于吊车起重量 $Q \geqslant 50t$ 的中级工作制吊车梁，则根据以往的经验，仍按原规范的原则，对钢材冲击韧性的要求与需要验算疲劳的焊接构件相同。

关于需要验算疲劳的非焊接结构亦要保证冲击韧性的要求，这是考虑到既受动力荷载，钢材就应该具有相应的冲击韧性，不管是焊接或非焊接结构都是一样的。前苏联 1972 年和 1981 年规范中对这类结构都是要求保证冲击韧性的，美国关于公路桥梁的资料中对焊接或非焊接桥梁结构亦都要求保证冲击韧性的，仅是对冲击值的指标略有差别而已。这类结构对冲击韧性要求的标准略低于焊接结构，这和上述国外规范亦是协调的，只是降低的方式和量级有所不同而已。如美国公路钢桥的资料中对焊接结构的冲击值有所提高，而前苏联的规范则基本上是调整冲击试验时的温度，如前苏联 1981 年规范规定对非焊接结构按提高一个组别（即降低一个等次）的原则来选用钢材。因为我国钢材标准中的冲击值是定值，故建议对需验算疲劳的非焊接结构所用钢材的冲击韧性可提高其试验温度。

3.3.6 在钢结构制造中，由于钢材质量和焊接构造等原因，厚板容易出现层状撕裂，这对沿厚度方向受拉的接头来说是很不利的。为此，需要采用厚度方向性能钢板。关于如何防止层状撕裂以及确定厚度方向所需的断面收缩率 ψ_z 等问题，可参照原国家机械工业委员会重型机械局企业标准《焊接设计规范》JB/ZZ 5—86 或其他有关标准进行处理。

我国建筑抗震设计规范和建筑钢结构焊接技术规程中均规定厚度大于 40mm 时应采用厚度方向性能钢板。

3.3.7 上海宝钢集团亦已开发出一种"耐腐蚀的结构用热轧钢板及钢带"，其企业标准号为 Q/BQB 340—94，其耐候性为普通钢的 2 ~ 8 倍。

3.3.8 本条为钢结构的连接材料要求。

1 手工焊接时焊条型号中关于药皮类型的确定，应按结构的受力情况和重要性区别对待，对受动力荷载需要验算疲劳的结构，为减少焊缝金属中的含氢量防止冷裂纹，并使焊缝金属脱硫减小形成热裂纹的倾向，以综合提高焊缝的质量，应采用低氢型碱性焊条；对其他结构可采用普通焊条。

2 自动焊或半自动焊所采用的焊丝和焊剂应符合设计对焊缝金属力学性能的要求。在焊接材料的选用中，过去习惯使用焊剂的牌号（如 HJ 431），现在我国已陆续颁布了焊丝和焊剂的国家标准《熔化焊用钢丝》GB/T 14957、《气体保护电弧焊用碳钢、低合金钢焊丝》GB/T 8110、《碳钢药芯焊丝》GB/T 10045、《低合金钢药芯焊丝》GB/T 17493、《埋弧焊用碳钢焊丝和焊剂》GB/T 5293、《低合金钢埋弧焊用焊剂》GB/T 12470 等。因此，应按上述国家标准来选用焊丝和焊剂的型号，国标中焊剂的型号是将所选用的焊剂和焊丝写在一起的组合表示法（国外亦有这种表示方法）。但应注意，在设计文件中书写低合金钢埋弧焊用焊剂的型号时，可省略其中的焊剂渣系代号 X_4，写成 "$FX_1X_2X_3（×）-H_{×××}$"，而焊剂的渣系则由施工单位根据 $FX_1X_2X_3$ 组合并通过焊接工艺评定试验来确定。

3 高强度螺栓。按现行国家标准，大六角头高强度螺栓的规格为 M12 ~ M30，其性能等级分为 8.8 级和 10.9 级，8.8 级高强度螺栓推荐采用的钢号为 40B 钢、45 号钢和 35 号钢，10.9 级高强度螺栓推荐采用的钢号为 20MnTiB 钢和 35VB 钢；扭剪型高强度螺栓的规格为 M16 ~ M24，其性能等级只有 10.9 级，推荐采用的钢号为 20MnTiB 钢。

4 圆柱头焊钉的性能等级相当于碳素钢的 Q235 钢，屈服强度 $f_y = 240N/mm^2$。

材料和连接种类	应 力 种 类		换算关系
铆钉连接	抗剪	Ⅰ类孔	$f_v^r = 0.55f_u^r$
		Ⅱ类孔	$f_v^r = 0.46f_u^r$
	承压	Ⅰ类孔	$f_c^r = 1.20f_u^r$
		Ⅱ类孔	$f_c^r = 0.98f_u^r$
	拉 脱		$f_t^r = 0.36f_u^r$
螺栓连接	普通螺栓	C级螺栓 抗拉	$f_t^b = 0.42f_u^b$
		C级螺栓 抗剪	$f_v^b = 0.35f_u^b$
		C级螺栓 承压	$f_c^b = 0.82f_u$
		A级B级螺栓 抗拉	$f_t^b = 0.42f_u^b$ (5.6级) $f_t^b = 0.50f_u^b$ (8.8级)
		A级B级螺栓 抗剪	$f_v^b = 0.38f_u^b$ (5.6级) $f_v^b = 0.40f_u^b$ (8.8级)
		A级B级螺栓 承压	$f_c^b = 1.08f_u$
	承压型高强度螺栓	抗拉	$f_t^b = 0.48f_u$
		抗剪	$f_v^b = 0.30f_u$
		承压	$f_c^b = 1.26f_u$
	锚栓	抗拉	$f_t^a = 0.38f_u^b$
钢铸件	抗拉、抗压和抗弯		$f = 0.78f_y$
	抗剪		$f_v = f/\sqrt{3}$
	端面承压 (刨平顶紧)		$f_{ce} = 0.65f_u$

注：1 f_y 为钢材或钢铸件的屈服点；f_u 为钢材或钢铸件的最小抗拉强度；f_u^r 为铆钉钢的抗拉强度；f_u^b 为螺栓的抗拉强度（对普通螺栓为公称抗拉强度，对高强度螺栓为最小抗拉强度）；f_u^w 为熔敷金属的抗拉强度。

2 见条文说明7.2.3条第3款。

1) 将钢材厚度扩大到100mm，这是由于厚板使用日益广泛，同时亦与轴压稳定的 d 曲线相呼应，因 d 曲线用于 $t \geqslant 40mm$ 的构件。但是厚板力学性能的统计资料尚不充分，在工程中使用时应注意厚板力学性能的复验。

2) 焊缝强度设计值中，取消对接焊缝的"抗弯"强度设计值，这是因为抗弯中的受压部分属"抗压"，受拉部分按"抗拉"强度设计值取用。另外，E50 型

3.4 设 计 指 标

3.4.1 本条对原规范规定的设计指标作了局部补充和修正，其原因是：

1 钢材的抗力分项系数 γ_R 有所调整。制定 GBJ 17—88 规范时，曾根据对 TJ 17—74 规范的校准 β 值和荷载分项系数用优化方法求得钢构件的抗力分项系数。此次对各牌号钢材的抗力分项系数 γ_R 值作出如下调整：对 Q235 钢，取 $\gamma_R = 1.087$，与 GBJ 17—88 规范相同；对 Q345 钢、Q390 钢、Q420 钢，统一取 $\gamma_R = 1.111$。这是由于当前的 Q345 钢（包括原标准中厚度较大的 16Mn 钢）、Q390 钢和 Q420 钢的力学性能指标仍然处于统计资料不够充分的状况，此次修订时将原 GBJ 17—88 规范中 16Mn 钢的 γ_R 值由 1.087 改为1.111。

2 钢材和连接材料的国家标准已经更新。其中影响较大的变动是：现行钢材标准中按屈服强度不同的厚度分组已经改变，镇静钢的屈服强度已不再高于沸腾钢，其取值相同而各钢号的抗拉强度最小值 f_u 与厚度无关（旧标准的 f_u 按不同厚度取值），普通螺栓已有国家标准，其常用钢号为 4.6 级和 4.8 级（C级）和 5.6 级与 8.8 级（A、B 级），不再用 3 号钢制作普通螺栓等等。

本规范中表 3.4.1-1~表 3.4.1-5 的各项强度设计值是根据表 3 的换算关系并取 5 的整倍数而得。现将改变的主要内容介绍如下：

表3　强度设计值的换算关系

材料和连接种类	应 力 种 类		换算关系
钢材	抗拉、抗压和抗弯	Q235 钢	$f = f_y / \gamma_R = \dfrac{f_y}{1.087}$
		Q345 钢、Q390 钢、Q420 钢	$f = f_y / \gamma_R = \dfrac{f_y}{1.111}$
	抗 剪		$f_v = f/\sqrt{3}$
	端面承压 (刨平顶紧)	Q235 钢	$f_{ce} = f_u/1.15$
		Q345 钢、Q390 钢、Q420 钢	$f_{ce} = f_u/1.175$
焊缝	对接焊缝	抗 压	$f_c^w = f$
		抗拉 焊缝质量为一级、二级	$f_t^w = f$
		焊缝质量为三级	$f_c^w = 0.85f$
		抗 剪	$f_v^w = f_v$
	角焊缝	抗拉、抗压和抗剪 Q235 钢	$f_f^w = 0.38f_u^w$
		Q345 钢、Q390 钢、Q420 钢	$f_f^w = 0.41f_u^w$

焊条熔敷金属的 f_u= 490N/mm² 已正好等于 Q390 钢的最小 f_u 值。按 Q390 钢可用 E50 型焊条，但基于熔敷金属强度要略高于基本金属的原则，故规定 Q390 钢仍采用 E55 型焊条。Q420 钢的 f_u=520N/mm²，用 E55 型焊条正合适。

表 3.4.1-3 注 2 是因为现行国家标准《钢焊缝手工超声波探伤方法和探伤结果分级》GB 11345—89 仅适用于厚度不小于 8mm 的钢材，施工单位亦认为厚度小于 8mm 的钢材，其对接焊缝超声波检验的结果不大可靠。此时应采用 X 射线探伤，否则，$t <$ 8mm 钢材的对接焊缝其强度设计值只能按三级焊缝采用。

3）普通螺栓由于钢号改变，C 级螺栓的 f_u 由 370N/mm² 改为 400N/mm²，其抗剪和抗拉强度设计值是参照前苏联 1981 年规范确定的。C 级螺栓的抗剪和承压强度设计值系指两个及以上螺栓的平均强度而言；当仅有一个螺栓时，其强度设计值可提高 10%。A 级与 B 级螺栓的等级（5.6 级与 8.8 级）及其抗剪和抗拉强度设计值（一个或多个螺栓）亦是参照前苏联 1981 年规范取用的。

表 3.4.1-4 注 1 是为了提醒使用人员注意，根据现行国家标准 GB/T 5782—2000 将 A 级和 B 级螺栓的适用范围补上的。

4）增加了承压型连接高强度螺栓的抗拉强度设计值，其取值方法与普通螺栓相同。

5）铆钉连接在现行国家标准《钢结构工程施工质量验收规范》GB 50205 中已无有关条文。鉴于在旧结构的修复工程中或有特殊需要处仍有可能遇到铆钉连接，故本规范予以保留。原规范（GBJ 17—88）在确定铆钉连接的承压强度 f 时，认为只与构件钢材强度有关，取 f_c^r=1.20f_u（Ⅰ类孔）或 0.98f_u（Ⅱ类孔）为了避免钉身先于孔壁破坏，故承压强度只列出构件为 3 号钢和 16Mn 钢的值。考虑到现行钢材标准中 Q345 钢的 f_u=470N/mm²，Q390 钢的 f_u=490N/mm²，按此计算 Q390 钢Ⅰ类孔的 f_c^r=590N/mm²，还小于原规范中 16Mn 钢（$t \leq$ 16mm）的 f_c^r=610N/mm²，故这次将 Q390 钢增加列入。

另外，表 3.4.1-5 中的数值是根据 BL2 铆钉（f_v^r= 335N/mm²）算得的，BL3 铆钉（f_v^r=370N/mm²）虽然强度较高，但塑性较差，在工程中亦不常用，为安全计，将其强度设计值取与 BL2 铆钉相同。

有关铆钉孔的分类，因无新的规定，仍按原规范不变。

其中碳钢铸件的强度设计值，由于资料不足，近来亦未见新的科研成果，故仍按原规范不变。所引国家标准 GB/T 11352—89 中虽还有 ZG 340—640 的牌号，但因其塑性太差（$\delta_5 =$ 10%），冲击功亦低（A_{kv} = 10J），故未列入。

3.4.2 第 3.4.1 条所规定的强度设计值是结构处于正常工作情况下求得的，对一些工作情况处于不利的结构构件或连接，其强度设计值应乘以相应的折减系数，兹说明如下：

1 单面连接的受压单角钢稳定性。实际上，单面连接的受压单角钢是双向压弯的构件。为计算简便起见，习惯上将其作为轴心受压构件来计算，并用折减系数以考虑双向压弯的影响。

近年来，根据开口薄壁杆件几何非线性理论，应用有限单元法，并考虑残余应力、初弯曲等初始缺陷的影响，对单面连接的单角钢进行弹塑性阶段的稳定分析。这一理论分析方法得到了一系列实验结果的验证，证明具有足够的精确性。根据这一方法，可以得到本规范条文中规定的折减系数，即：

等边单角钢：$0.6 + 0.0015\lambda$，但不大于 1.0；

短边相连的不等边角钢：$0.5 + 0.0025\lambda$，但不大于 1.0；

长边相连的不等边角钢：0.70。

按上述规定的计算结果与理论值相比较见表 4。

表 4 单面连接单角钢压杆强度设计值折减系数与理论值的比较

	$\lambda = \left(\dfrac{0.9l}{i_{min}}\right)$	22	62	96	119	145	176	222
等边角钢	按双向压弯理论，$\dfrac{N_{理论}}{Af_y}$	0.584	0.520	0.408	0.334	0.260	0.200	0.140
	按本规范公式，$\dfrac{N_{本规范}}{Af_y}$	0.610	0.552	0.432	0.344	0.267	0.202	0.144
	$\dfrac{N_{本规范}}{N_{理论}}$	1.045	1.062	1.059	1.030	1.027	1.010	1.029
	$\lambda = \left(\dfrac{0.9l}{i_{min}}\right)$	23.4	66	103	126	153	187	237
短边相连的不等边角钢	按双向压弯理论，$\dfrac{N_{理论}}{Af_y}$	0.437	0.432	0.408	0.396	0.372	0.260	0.173
	按本规范公式，$\dfrac{N_{本规范}}{Af_y}$	0.527	0.445	0.340	0.290	0.239	0.191	0.131
	$\dfrac{N_{本规范}}{N_{理论}}$	1.206	1.030	0.833	0.732	0.643	0.735	0.757
	$\lambda = \left(\dfrac{0.9l}{i_{min}}\right)$	12	47	66	103	126	153	237
长边相连的不等边角钢	按双向压弯理论，$\dfrac{N_{理论}}{Af_y}$	0.752	0.580	0.460	0.312	0.252	0.198	0.090
	按本规范公式，$\dfrac{N_{本规范}}{Af_y}$	0.691	0.556	0.468	0.314	0.249	0.190	0.092
	$\dfrac{N_{本规范}}{N_{理论}}$	0.92	0.96	1.02	1.01	0.99	0.96	1.02

（有关单面连接的受压单角钢研究参见沈祖炎写的"单角钢压杆的稳定计算"，载于《同济大学学报》，1982年3月）。

2 无垫板的单面施焊对接焊缝。一般对接焊缝都要求两面施焊或单面施焊后再补焊根。若受条件限制只能单面施焊，则应将坡口处留足间隙并加垫板（对钢管的环形对接焊缝则加垫环）才容易保证焊满焊件的全厚度。当单面施焊不加垫板时，焊缝将不能保证焊满，其强度设计值应乘以折减系数0.85。

3 施工条件较差的高空安装焊缝和铆钉连接。当安装的连接部位离开地面或楼面较高，而施工时又没有临时的平台或吊框设施等，施工条件较差，焊缝和铆钉连接的质量难以保证，故其强度设计值需乘以折减系数0.90。

4 沉头和半沉头铆钉连接。沉头和半沉头铆钉与半圆头铆钉相比，其承载力较低，特别是其抵抗拉脱时的承载力较低，因而其强度设计值要乘以折减系数0.80。

3.5 结构或构件变形的规定

3.5.1 钢结构的正常使用极限状态主要指影响正常使用或外观的变形和影响正常使用的振动。所谓正常使用系指设备的正常运行、装饰物与非结构构件不受损坏以及人的舒适感等。本条主要针对结构和构件变形的限值作出了相应的规定。一般结构在动力影响下发生的振动可以通过限制变形或杆件的长细比来控制；对有特殊要求者（如高层建筑或支承振动设备的结构等）应按专门规程进行设计。

附录A中所列的变形容许值是在原规范GBJ 17—88规定的基础上，根据国内的研究成果和国外规范的有关规定加以局部修改和补充而成。所规定的变形限值都是多年来实践经验的总结，是行之有效的。在一般情况下宜遵照执行，但众所周知，影响变形容许值的因素很多，有些很难定量，不像承载力计算那样有较明确的界限。国内外各规范、规程对同类构件变形容许值的规定亦不尽相同。国内亦有少数车间柱子水平侧移的计算值超出原规范的规定值而未影响正常使用者。因此，本条着重提出，当有实践经验或用户有特殊要求（如新的使用情况）时，可根据不影响正常使用和外观的原则进行适当地调整，欧洲钢规对此亦有类似的规定。

对原规范所列变形容许值的主要修改内容：

1 将吊车梁及吊车桁架的挠度容许值由过去习惯上考虑两台吊车改为按结构自重和起重量最大的一台吊车进行计算（详见"工业建筑"1991年第8期"关于钢吊车梁设计中几个问题的探讨"，赵熙元、吴志超）。

通过调查研究和实践证明，若按两台吊车考虑，原规范的规定值大体上是合适的。表A.1.1中提出的

吊车梁挠度限值是根据不同吊车和不同跨度的吊车梁按一台吊车考虑并与按两台吊车计算时进行对比分析后换算而得的相应值。其中手动吊车时，因原规范的数值与日本及前苏联的规定（均按一台吊车考虑）相同，故未作改变。

2 在表A.1.1中分别列出了由全部荷载标准值产生的挠度（如有起拱应减去拱度）容许值 $[v_T]$ 和由可变荷载标准值产生的挠度容许值 $[v_Q]$，这是因为 $[v_T]$ 主要反映观感而 $[v_Q]$ 则主要反映使用条件。在一般情况下，当 $[v_T]$ 大于 $l/250$ 后将影响观瞻，故在项次4的楼（屋）盖梁或桁架和平台梁中分别规定了两种挠度容许值，具体数值是参照Eurocode 3 1993确定的。

表A.1.1中项次5的墙架构件是指围护结构（建筑物各面的围挡物，包括墙板及门窗）的支承构件，不属于围护结构。为避免误解，故特别注明计算时可不考虑《建筑结构荷载规范》GB 50009中规定的阵风系数，而可按习惯取该处的风载体型系数为1.0。

3 在框架结构的水平位移容许值中，参考Eurocode 3 1993和北美的经验，增加了在风荷载作用下无桥式吊车和有桥式吊车的单层框架（或排架）的柱顶水平位移限值。其中Eurocode没有说明荷载情况，为略偏于安全，仍按原规范的精神，统一规定为在风荷载作用下的水平位移限值。

4 控制重级工作制厂房柱在吊车梁顶面处的横向变位（即保证厂房的刚度）是为了保证桥式吊车的正常运行，提高吊车及厂房结构的耐久性，避免外围结构的损坏，使操作人员在吊车运行中不致产生不适应的感觉等因素而确定的。

对原规范规定的重级工作制吊车的吊车梁或吊车桁架制动结构的水平挠度，以及设有重级工作制吊车的厂房柱，在吊车梁或吊车桁架的顶面标高处的计算变形值，国内有些单位认为规定偏严，希望能适当放宽。由于上述内容牵涉面广，试验研究的工作量很大，目前很难准确定量，只能参照前苏联1981年钢结构设计规范的修改通知，缩小上述变形的验算范围，即仅限于冶金工厂及类似车间中设有A7、A8级吊车的跨间，才需进行上述横向变形的验算。但对于厂房柱的纵向位移，则凡设有重级工作制吊车（A6～A8级）的厂房均需进行验算。

3.5.2 由于孔洞对整个构件抗弯刚度的影响一般很小，故习惯上均按毛截面计算。

3.5.3 起拱的目的是为了改善外观和符合使用条件，因此起拱的大小应视实际需要而定，不能硬性规定单一的起拱值。例如，大跨度吊车梁的起拱度应与安装吊车轨道时的平直度要求相协调，位于飞机库大门上面的大跨度桁架的起拱度，应与大门顶部的吊挂条件相适应等等。但在一般情况下，起拱度可以用恒载标准值加1/2活载标准值所产生的挠度来表示。这是国

内外习惯用的，亦是合理的。按照这个数值起拱，在全部荷载作用下构件的挠度将等于 $\frac{1}{2}V_Q$，由可变荷载产生的挠度将围绕水平线在 $\pm\frac{1}{2}V_Q$ 范围内变动。当然，用这个方法计算起拱度往往比较麻烦，有经验的设计人员可以参考某些技术资料用简化方法处理，例如对跨度 $L \geqslant 15\mathrm{m}$ 的三角形屋架和 $L \geqslant 24\mathrm{m}$ 的梯形或平行弦桁架，其起拱度可取为 $L/500$。

4 受弯构件的计算

4.1 强　度

4.1.1　计算梁的抗弯强度时，考虑截面部分发展塑性变形，因此在计算公式（4.1.1）中引进了截面部分塑性发展系数 γ_x 和 γ_y。γ_x 和 γ_y 的取值原则是：①使截面的塑性发展深度不致过大；②与第 5 章压弯构件的计算规定表 5.2.1 相衔接。双轴对称工字形组合截面梁对强轴弯曲时，全截面发展塑性时的截面塑性发展系数 γ_u 与截面的翼缘和腹板面积比 b_1t_1/h_0t_w 及梁高和翼缘厚度比 h/t_1 有关。当面积比为 0.5 和高厚比为 100 时，$\gamma_u = 1.136$，当高厚比为 50 时，$\gamma_u = 1.148$；当面积比为 1、高厚比为 100 时，$\gamma_u = 1.082$，当高厚比为 50 时，$\gamma_u = 1.093$。现考虑部分发展塑性，取用 $\gamma_x = 1.05$，在面积比为 0.5 时，截面每侧的塑性发展深度约各为截面高度的 11.3%；当面积比为 1 时，此深度约各为截面高度的 22.6%。因此，当考虑截面部分发展塑性时，宜限制面积比 $b_1t_1/h_0t_w < 1$，使截面的塑性发展深度不致过大；同时为了保证翼缘不丧失局部稳定，受压翼缘自由外伸宽度与其厚度之比应不大于 $13\sqrt{235/f_y}$。

原规范对梁抗弯强度的计算是否考虑截面塑性发展有两项附加规定：一是控制受压翼缘板的宽厚比，以免翼缘板沿纵向屈服后宽厚比太大可能在失去强度之前失去局部稳定，这项是必要的；二是规定直接承受动力荷载只能按弹性设计，这项似乎不够合理。世界上大多数国家的规范，并没有明确区分是否直接受动力荷载。国际标准化组织（ISO）的钢结构设计标准 1985 年版本对于采用塑性设计作了两条规定：一是塑性设计不能用于出现交变塑性，即相继出现受拉屈服和受压屈服的情况；二是对承受行动荷载的结构，设计荷载不能超过安定荷载。所谓安定，是指结构不会由于塑性变形的逐渐积累而破坏，也不会因为交替发生受拉屈服和受压屈服使材料产生低周疲劳破坏。对通常承受动力荷载的梁来说，不会出现交变应力。而且荷载达到最大值后卸载，只要以后的荷载不超过最大荷载，梁就会弹性地工作，无塑性变形积累问题，因而总是安定的。直接承受动力荷载的梁也可以考虑塑性发展，但为了可靠对需要计算疲劳的梁还是以不考虑截面塑性发展为宜。因此现将梁抗弯强度计算不考虑塑性发展的范围由"直接承受动力荷载"缩小为"需要计算疲劳"的梁。

考虑腹板屈曲后强度时，腹板屈曲受压区已部分退出工作，其抗弯强度另有计算方法，故本条注明"考虑腹板屈曲后强度者参见本规范第 4.4.1 条"。

4.1.2　考虑腹板屈曲后强度的梁，其抗剪承载力有较大的提高，不必受公式（4.1.2）的抗剪强度计算控制，故本条也提出"考虑腹板屈曲后强度者参见本规范第 4.4.1 条"。

4.1.3　计算腹板计算高度边缘的局部承压强度时，集中荷载的分布长度 l_z，参考国内外其他设计标准的规定，将集中荷载未通过轨道传递时改为 $l_z = a + 5h_y$；通过轨道传递时改为 $l_z = a + 5h_y + 2h_R$。

4.1.4　验算折算应力的公式（4.1.4-1）是根据能量强度理论保证钢材在复杂受力状态下处于弹性状态的条件。考虑到需验算折算应力的部位只是梁的局部区域，故公式中取 β_1 为大于 1 的系数。当 σ 和 σ_c 同号时，其塑性变形能力低于 σ 和 σ_c 异号时的数值，因此对前者取 $\beta_1 = 1.1$，而对后者取 $\beta_1 = 1.2$。

4.2 整　体　稳　定

4.2.1　钢梁整体失去稳定性时，梁将发生较大的侧向弯曲和扭转变形，因此为了提高梁的稳定承载能力，任何钢梁在其端部支承处都应采取构造措施，以防止其端部截面的扭转。当有铺板密铺在梁的受压翼缘上并与其牢固相连、能阻止受压翼缘的侧向位移时，梁就不会丧失整体稳定，因此也不必计算梁的整体稳定性。

对 H 型钢或等截面工字形简支梁不需验算整体稳定时的最大 l_1/b_1 值，影响因素很多，例如荷载类型及其在截面上的作用点高度、截面各部分的尺寸比例等都将对 l_1/b_1 值有影响，为了便于应用，并力求简单，因此表 4.2.1 中所列数值带有一定的近似性。该表中数值系根据双轴对称等截面工字形简支梁当 $\varphi_b = 2.5$（相应于 $\varphi_b' = 0.95$）时导出，认为当 $\varphi_b = 2.5$ 时，梁的截面将由强度条件控制而不是由稳定条件控制。根据工程实际中可能遇到的截面各部分最不利尺寸比值，由附录 B 的有关公式分别导出最大的 l_1/b_1 值。对跨中无侧向支承点的梁，取满跨均布荷载计算；对跨中有侧向支承点的梁，取纯弯曲计算，并将其临界弯矩乘以增大系数 1.2。

4.2.2　对附录 B 中的整体稳定系数 φ_b 和 φ_b' 说明如下：

B.1　H 型钢或等截面工字形简支梁的稳定系数：

梁的整体稳定系数 φ_b 为临界应力与钢材屈服点的比值。影响临界应力的因素极多，主要的因素有：①截面形状及其尺寸比值；②荷载类型及其在截面上的作用点位置；③跨中有无侧向支承和端部支承的约束情况；④初始变形、加载偏心和残余应力等初始缺陷；⑤各截面塑性变形发展情况；⑥钢材性能等。而实际工程中所遇到的情况是多种多样的，规范中不可能全部包括，附录 B 中所列整体稳定系数导自一些典型情况。使用本规范时应按最接近的采用。

本节条文中选用的典型荷载为满跨均布荷载和跨度中点一个集中荷载，分别考虑荷载作用在梁的上翼缘或下翼缘，以及梁端承受不同端弯矩等五种情况。还考虑了跨中无侧向支承和有侧向支承两种支承情况。典型截面形状为双轴对称工字形截面、热轧 H 型钢、加强受压翼缘的单轴对称工字形截面和加强受拉翼缘的单轴对称工字形截面等几种情况。实际梁中存在的初始缺陷将降低梁整体稳定的临界应力，根据数值分析，在弹性阶段时，残余应力影响很小，而初始变形和加载偏心有一定影响，但没有非弹性阶段显著。由于考虑初始缺陷影响将使弹性阶段整体稳定系数计算更加繁冗，不便应用。因此，在按弹性阶段计算的整体稳定系数 φ_b 中未考虑初始缺陷影响，同时也不考虑实际梁端支承必然存在的或多或少的约束作用，一律按简支端考虑来适当补偿初始缺陷的不利影响。

1 弹性阶段整体稳定系数 φ_b。 根据弹性稳定理论，在最大刚度主平面内受弯的单轴对称截面简支梁的临界弯矩和整体稳定系数（图3）为：

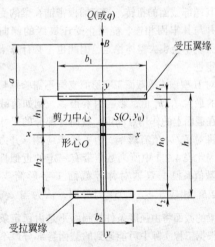

图 3 单轴对称工字形截面

$$M_{cr} = \beta_1 \frac{\pi^2 EI_y}{l^2}\Big[\beta_2 a + \beta_3 B_y$$
$$+ \sqrt{(\beta_2 a + \beta_3 B_y)^2 + \frac{I_\omega}{I_y}\Big(1 + \frac{l^2 GJ}{\pi^2 EI_\omega}\Big)}\Big] \quad (1)$$

$$\varphi_b = \frac{M_{cr}}{W f_y} \quad (2)$$

$$B_y = \frac{1}{2I_x}\int_A y (x^2 + y^2)\, dA - y_0 \quad (3)$$

式中 EI_y、GJ、EI_ω——分别为截面的侧向抗弯刚度、自由扭转刚度和翘曲刚度；

β_1、β_2、β_3——系数，随荷载类型而异，其值见表5；

y_0——剪力中心的纵坐标，$y_0 = -\dfrac{I_1 h_1 - I_2 h_2}{I_y}$；

I_1、I_2——分别为受压翼缘和受拉翼缘对 y 轴的惯性矩；

a——集中荷载 Q 或均布荷载 q 在截面上的作用点 B 的纵坐标和剪力中心 S 纵坐标的差值。

表 5 不同荷载类型的 β_1、β_2、β_3

荷载类型	β_1	β_2	β_3
跨度中点集中荷载	1.35	0.55	0.40
满跨均布荷载	1.13	0.46	0.53
纯弯曲	1.00	0	1.00

公式（1）计算较繁，不便于应用，本条文对此式进行如下简化：

1）选取纯弯曲时的公式（1）作为基本情况，并作了两点简化假定：

a. 在常用截面尺寸时，截面不对称影响系数公式（3）中的积分项与 y_0 相比，数值不大，因此取用：

$$B_y \approx -y_0 \approx \frac{h}{2}\cdot\frac{I_1 - I_2}{I_y} = \frac{h}{2}(2\alpha_b - 1)$$
$$= 0.5\eta_b h \quad (4)$$

式中
$$\alpha_b = \frac{I_1}{I_1 + I_2} = \frac{I_1}{I_y}$$
$$\eta_b = 2\alpha_b - 1 = \frac{I_1 - I_2}{I_y}$$

根据数值分析，对加强受压翼缘的单轴对称工字形截面，$B_y \approx 0.4\eta_b h$，因此在本条文中对这种截面改用了 $\eta_b = 0.8(2\alpha_b - 1)$。

b. 对截面的自由扭转惯性矩作如下简化：

$$J = \frac{1.25}{3}(b_1 t_1^3 + b_2 t_2^3 + h_0 t_w^3)$$
$$\approx \frac{1}{3}(b_1 t_1 + b_2 t_2 + h_0 t_w) t_1^2$$
$$= \frac{1}{3} A t_1^2 \quad (5)$$

式中 A——梁的截面面积；
t_1——受压翼缘的厚度。

上式的简化可看作取 $t_1 = t_2 = t_w$。通常的梁截面中受压翼缘厚度 t_1 常为最大，即 $t_1 \geq t_2 \geq t_w$，今取三者相等将使 J 值加大，于是取消系数 1.25 作为补偿以减小误差。

将公式（4）、公式（5）和 $I_\omega = \dfrac{I_1 I_2}{I_y} h^2 = \alpha_b (1 - \alpha_b) I_y h^2$ 及 Q235 钢的 $f_y = 235\text{N/mm}^2$、$E = 206 \times 10^3 \text{N/mm}^2$ 和 $G = 79 \times 10^3 \text{N/mm}^2$ 代入公式（1），即可求得纯弯曲时的整体稳定系数为：

$$\varphi_b = \frac{4320}{\lambda_y^2} \cdot \frac{Ah}{W_x} \left[\sqrt{1 + \left(\frac{\lambda_y t_1}{4.4h} \right)^2} + \eta_b \right] \quad (6)$$

式中 λ_y——梁对 y 轴的长细比。当采用其他钢材时，可乘以 $\dfrac{235}{f_y}$ 予以修正。

2）当梁上承受横向荷载时，可乘以 β_b 予以修正。β_b 为根据公式（1）求得的横向荷载作用时的 φ_b 值与公式（6）的 φ_b 值的比值。根据较多的常用截面尺寸电算分析和数理统计，发现满跨均布荷载和跨度中点一个集中荷载（分别作用在梁的上翼缘和下翼缘）等四种荷载情况下的加强上翼缘单轴对称工字梁和双轴对称工字梁，比值 β_b 的变化有规律性，在 $\xi = \dfrac{l_1 t_1}{b_1 h} \leqslant 2$ 时，β_b 与 ξ 间有线性关系，在 $\xi > 2$ 时，β_b 值变化不大，可近似地取为常数，如图 4 所示。对不同截面，随着 $\alpha_b = \dfrac{I}{I_1 + I_2}$ 的变化，图 4 中的 β_b 方程也

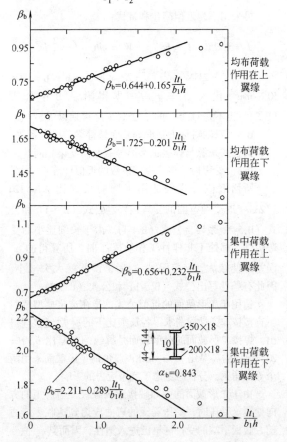

图 4 $\beta_b - \dfrac{l t_1}{b_1 h}$ 拟合直线（$\alpha_b = 0.843$）

将不同。规范附录 B 表 B.1 中项次 1～4 所给出的 β_b 式是通过大量计算分析后所取用的平均值。

通过对 1694 条不同截面尺寸和跨度的梁的整体稳定系数 φ_b 的计算，与理论公式（1）相比，误差均在 ±5% 以内（详细情况可参见卢献荣、夏志斌写的"验算钢梁整体稳定的简化方法"，载于全国钢结构标准技术委员会编写的《钢结构研究论文报告选集》第二册）。

对跨中有侧向支承的梁，其整体稳定系数 φ_b 按跨中有等间距的侧向支承点数目、荷载类型及其在截面上的作用点位置，分别用能量法求出各种情况下梁的 φ_b 和相应情况下承受纯弯曲的 φ_b，前者和后者的比值取为 β_b。不同 α_b 时的 β_b 见表 6，然后选用适当的比值作为表 B.1 中第 5～9 项的 β_b 值，适用于任何单轴对称和双轴对称工字形截面。在推导 β_b 时，假定侧向支承点处梁截面无侧向转动和侧向位移。

表 6 有侧向支承点时 φ_b 的提高系数 β_b

跨间侧向支点数目	荷载形式及作用位置		当 $\alpha_b = I_1 / (I_1 + I_2)$ 等于						采用值
			1.00	0.95	0.80	0.50	0.05	0.00	
一个	集中荷载	上翼缘	1.769	1.785	1.823	1.881	1.932	1.985	1.75
		下翼缘							
	均布荷载	上翼缘	1.136	1.146	1.166	1.173	1.145	1.126	1.15
		下翼缘	1.590	1.476	1.424	1.407	1.464	1.566	1.40
两个	集中荷载	上翼缘	1.182	1.298	1.382	1.553	1.771	1.853	1.20
		下翼缘	1.500	1.542	1.568	1.731	2.016	2.271	1.40
	均布荷载	上翼缘	1.205	1.220	1.251	1.286	1.320	1.327	1.20
		下翼缘	1.414	1.404	1.399	1.405	1.477	1.543	1.40
三个	集中荷载	上翼缘	1.560	1.589	1.660	1.765	1.960	1.970	1.20
		下翼缘							1.40
	均布荷载	上翼缘	1.220	1.236	1.273	1.321	1.384	1.347	1.20
		下翼缘	1.339	1.348	1.571	1.393	1.480	1.440	1.40

当跨中无侧向支承的梁两端承受不等弯矩作用时，可直接应用 Salvadori 建议的修正系数公式（详见 M.G.Salvadori，"Lateral Buckling of Eccentrically Loaded I-Columns"，《Trans.ASCE》，Vol.121，1956），即表 B.1 中第 10 项的 β_b，亦即：

$$\beta_b = 1.75 - 1.05 \left(\frac{M_2}{M_1} \right) + 0.3 \left(\frac{M_2}{M_1} \right)^2 \leqslant 2.3 \quad (7)$$

2 非弹性阶段整体稳定系数 φ_b。所有上述公式的推导都是假定梁处于弹性工作阶段，而大量中等跨度的梁整体失稳时往往处于弹塑性工作阶段。在焊接梁中，由于焊接残余应力很大，一开始加荷，梁实际上也就进入弹塑性工作阶段，因此附录 B 中又规定当按公式（B.1-1）算得的 φ_b 大于 0.6 时，应按公式

B.1-2计算相应的弹塑性阶段的整体稳定系数φ'_b来代替φ_b值，这是因为梁在弹塑性工作阶段的整体稳定临界应力将有明显降低之故。所列出的弹塑性整体稳定系数φ'_b曲线，见图5。

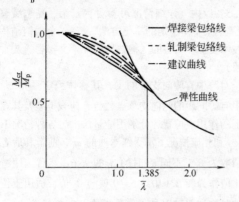

图5是根据双轴对称焊接和轧制工字形截面简支梁承受纯弯曲的理论和试验研究得出的，研究中考虑了包括初弯曲、加载初偏心和残余应力等初始缺陷的等效残余应力的影响，所提曲线可用于规范附录图B.1中所示的几种截面。根据纯弯曲所得的φ'_b，用于跨间有横向荷载的情况，结果将偏于安全方面。$\varphi_b > 0.6$时方需用φ'_b代替，这是因为所得的非弹性φ'_b曲线刚好在$\varphi_b = 0.6$时与弹性的φ_b曲线相交，使$\varphi_b = 0.6$成为弹性与非弹性整体稳定的分界点，不能简单理解为钢材的比例极限等于$0.6f_y$（有关钢梁的非弹性整体稳定问题的研究可参见张显杰、夏志斌编写的"钢梁屈曲试验的计算机模拟"，载于全国钢结构标准技术委员会编的《钢结构研究论文报告选集》第二册和夏志斌、潘有昌、张显杰编写的"焊接工字钢梁的非弹性侧扭屈曲"，载于《浙江大学学报》，1985年增刊）。

还需指出，$\varphi_b > 0.6$时采用的φ'_b原为$\varphi'_b = 1.1 - \dfrac{0.4646}{\varphi_b} + \dfrac{0.1269}{\varphi_b^{1.5}}$，现根据武汉水电学院的建议，与薄钢规范协调，改为$\varphi'_b = 1.07 - 0.282/\varphi_b$，两者计算结果误差在3.5%以下。

用于梁的H型钢多为窄翼缘型（HN型），其翼缘的内外边缘平行。它是成品钢材，比焊接工字钢节省制造工作量且降低残余应力和残余变形；比内翼缘有斜坡的轧制普通工字钢截面抗弯效能高，且易于与其他构件连接，是一种值得大力推广应用的钢材。由其截面形式与双轴对称的焊接工字形截面相同，故可按公式（B.1-1）计算其稳定系数φ_b。

B.2 轧制普通工字钢简支梁的稳定系数：

轧制普通工字钢虽属于双轴对称截面，但其简支梁的φ_b不能按附录B中公式（B.1-1）计算。因轧制工字钢的内翼缘有斜坡，翼缘与腹板交接处有圆角，

其截面特性不能按三块钢板的组合工字形截面同样计算，否则误差较大。附录B中表B.2已直接给出按梁的自由长度、荷载情况和工字钢型号的φ_b，可直接查用。表中数值系按理论公式算出然后适当归并，既使表格不致过分庞大以便于应用，又使因此引起的误差不致过大。

B.3 轧制槽钢简支梁的稳定系数：

槽钢截面是单轴对称截面，若横向荷载不通过槽钢简支梁的剪力中心轴，一受荷载，梁即发生扭转和弯曲，因此其整体稳定系数φ_b较难精确计算。由于槽钢截面不是梁的主要截面形式，因此附录B中对其φ_b的计算采用近似公式。按纯弯曲一种荷载情况来考虑实际上可能遇到的其他荷载情况，同时再将纯弯曲临界应力公式加以简化。

纯弯曲时槽钢简支梁的临界应力理论公式为：

$$f_{cr} = \frac{\pi \sqrt{EI_y GJ}}{lW_x} \cdot \sqrt{1 + \frac{\pi^2 EI_\omega}{l^2 GJ}} \tag{8}$$

上式第二个根号内$\pi^2 EI_\omega / (l^2 GJ)$值与1相比，其值甚小，可略去不计，则得：

$$f_{cr} = \frac{\pi \sqrt{EI_y GJ}}{lW_x}$$

再采用下列近似简化和替代：

$$I_y = \frac{1}{6} tb^3; \quad I_x = bt\frac{h^2}{2}; \quad W_x = bth; \quad J = \frac{2}{3} bt^3$$

并取$f_y = 235 \text{N/mm}^2$；$E = 206 \times 10^3 \text{N/mm}^2$；$G = 79 \times 10^3 \text{N/mm}^2$，代入$\varphi_b = f_{cr}/f_y$，即得附录B中公式（B.3）。当不是Q235钢时，公式末尾再乘以$235/f_y$。

B.4 双轴对称工字形等截面悬臂梁的稳定系数：

其公式来源与焊接工字形等截面简支梁相同。

B.5 受弯构件整体稳定系数的近似计算：

所列近似公式仅适用于侧向长细比$\lambda_y \leqslant 120\sqrt{235/f_y}$时受纯弯曲的受弯构件。公式（B.5-1）和公式（B.5-2）系导自公式（B.1-1）。由于长细比小的受弯构件，都处于非弹性工作阶段屈曲，所算得的φ_b误差即使较大，经换算成φ'_b后，误差就大大减小，因此有条件写出公式（B.5-1）和公式（B.5-2）。

适用于T形截面的近似公式，是在选定典型截面后直接按非弹性屈曲求得各长细比下的φ'_b后经整理得出。焊接T形截面的典型截面是翼缘的宽厚比$b_1/t = 20$，腹板的高厚比$h_w/t_w = 18$；双角钢T形截面采用两个等边角钢。分析时考虑了残余应力的影响。

由于T形截面的中和轴接近翼缘板，当弯矩的方向使翼缘受压时，受压翼缘的弯曲应力到达临界应力前，腹板下端的受拉区早已进入塑性，因而其φ'_b值一般较低。当弯矩方向使翼缘受拉时则相反，φ'_b值一般较大，在保证受压腹板局部稳定的前提下φ'_b值接近

1.0。

由于一般情况下，梁的侧向长细比都大于120 $\sqrt{235/f_y}$，本节所列近似公式主要将用于压弯构件的平面外稳定验算，使压弯构件的验算可以简单些。

4.2.3 在两个主平面内受弯的构件，其整体稳定性计算很复杂，本条所列公式（4.2.3）是一个经验公式。1978年国内曾进行过少数几根双向受弯梁的荷载试验，分三组共7根，包括热轧工字钢Ⅰ18和Ⅰ24a与一组单轴对称加强上翼缘的焊接工字梁。每组梁中1根为单向受弯，其余1根或2根为双向受弯（最大刚度平面内受纯弯和跨度中点上翼缘处受一水平集中力）以资对比。试验结果表明，双向受弯梁的破坏荷载都比单向低，三组梁破坏荷载的比值各为0.91、0.90和0.88。双向受弯梁跨度中点上翼缘的水平位移和跨度中点截面扭转角也都远大于单向受弯梁。

用上述少数试验结果验证本条公式（4.2.3），证明是可行的。公式左边第二项分母中引进绕弱轴的截面塑性发展系数 γ_y，并不意味绕弱轴弯曲出现塑性，而是适当降低第二项的影响，并使公式与本章（4.1.1）式和（4.2.2）式形式上相协调。

4.2.4 对箱形截面简支梁，本条直接给出了其应满足的最大 h/b_0 和 l_1/b_0 比值。满足了这些比值，梁的整体稳定性就得到保证，因此在本规范附录B中就不需要给出求箱形截面梁整体稳定系数 φ_b 的公式。由于箱形截面的抗侧向弯曲刚度和抗扭转刚度远远大于工字形截面，整体稳定性很强，本条规定的 h/b_0 和 l_1/b_0 值很易得到满足（有关箱形截面简支梁整体稳定性问题的研究可参见潘有昌写的"单轴对称箱形简支梁的整体稳定性"，载于全国钢结构标准技术委员会编的《钢结构研究论文报告选集》第二册）。

4.2.5 将对"梁的支座处，应采取构造措施，以防止梁端截面的扭转"的要求由"注"改为独立条文，以表示其重要性。

4.2.6 原规范把减小梁受压翼缘自由长度的侧向支撑力取为将翼缘视为压杆的偶然剪力，在概念上欠妥。现改为"其支撑力应将梁的受压翼缘视为轴心压杆按5.1.7条计算"。具体计算公式及来源见5.1.7条及其说明。

4.3 局 部 稳 定

本节对梁腹板局部稳定计算有较大变动，主要是：

1 对原来按无限弹性计算的腹板各项临界应力作了弹塑性修正；

2 修改了设置横向加劲肋的区格在几种应力共同作用下的临界条件；

3 无局部压应力且承受静力荷载的工字形截面梁推荐按新增的4.4节利用腹板屈曲后强度。

4 对轻、中级工作制吊车梁，为了适当考虑腹板局部屈曲后强度的有利影响，故吊车轮压设计值可乘以折减系数0.9。

4.3.2 需要配置纵向加劲肋的腹板高厚比，由原来硬性规定的界限值改为根据计算需要配置。但仍然给出高厚比的限值，并按梁受压翼缘扭转受到约束与否分为两档，即：$170\sqrt{235/f_y}$ 和 $150\sqrt{235/f_y}$；还增加了在任何情况下高厚比不应超过250的规定，以免高厚比过大时产生焊接翘曲。

4.3.3 多种应力作用下原用的临界条件公式来源于完全弹性条件。新的公式（4.3.3-1）参考了澳大利亚规范等资料，适合于弹塑性修正后的临界应力。

单项临界应力 σ_{cr}、τ_{cr}、$\sigma_{c,cr}$ 各有三个计算公式，如 σ_{cr} 为（4.3.3-2a、b、c）三个式子（图6）。其中第一个为临界应力等于强度设计值；第三个为完全弹性的临界应力，而第二个则为弹性屈曲到屈服之间的过渡。虽然三个公式在形式上都以钢材强度设计值 f（或 f_v）为准，但第三个式子的 f（或 f_v）乘以1.1后相当于 f_y（或 f_{vy}），亦即不计抗力分项系数。弹性和非弹性范围区别对待的原因，是当板处于弹性范围时存在较大的屈曲后强度，安全系数可以小一些，只保留荷载分项系数就够了。早在编制TJ 17—74规范时，一般安全系数为1.41，而腹板稳定的安全系数为1.25，相当于前者的1/1.13。第三个式子采用系数1.1，才能使本规范的弹性临界应力不低于74和88规范。

公式采用国际上通行的表达方式，即以通用高厚比（正则化宽厚比）：

$$\lambda_b = \sqrt{f_y/\sigma_{cr}}, \quad 或 \quad \lambda_s = \sqrt{f_{vy}/\tau_{cr}}$$

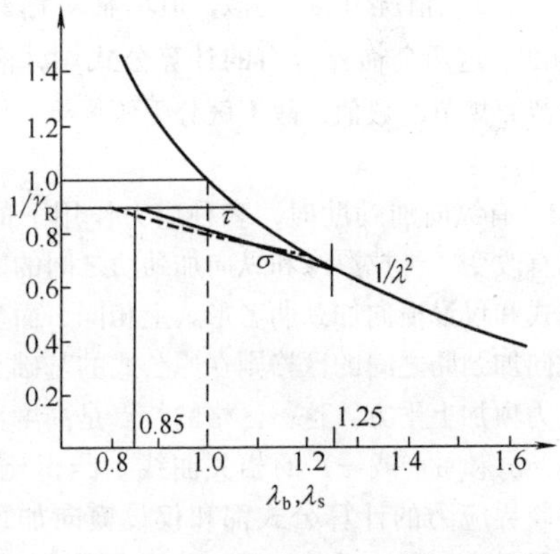

图6 临界应力与通用高厚比关系曲线

作为参数使同一公式通用于各个牌号的钢材。它和压杆稳定计算的 $\lambda_n = \dfrac{\lambda}{\pi}\sqrt{f_y/E}$ 具有同样性质。以弯曲正应力为例，在弹性范围临界应力即为 $\sigma_{cr} = f_y/\lambda^2$，用强度设计值表达，可取 $\sigma_{cr} = 1.1f/\lambda^2$。把临界应力

$$\sigma_{cr} = \frac{\chi k \pi^2 E}{12 (1-\nu^2)} \left(\frac{t_w}{h_0}\right)^2$$

代入，并取 $E = 206000 \mathrm{N/mm}^2$，$\nu = 0.3$，则有：

$$\lambda = \frac{h_0/t_w}{28.1 \sqrt{\chi k}} \sqrt{\frac{f_y}{235}} \qquad (9)$$

对于受弯腹板，$k = 23.9$，并取嵌固系数 $\chi = 1.66$ 和 1.23（分别相当于梁翼缘扭转受约束和未受约束），代替原来的单一系数 1.61，得：

$$\lambda_b = \frac{h_0/t_w}{177} \sqrt{\frac{f_y}{235}} \text{ 和 } \lambda_b = \frac{h_0/t_w}{153} \sqrt{\frac{f_y}{235}}$$

对没有缺陷的板，当 $\lambda_b = 1$ 时临界应力等于屈服点。考虑残余应力和几何缺陷影响，取 $\lambda_b = 0.85$ 为弹塑性修正的上起始点，相应的高厚比为：

$$h_0/t_w = 150\sqrt{235/f_y} \text{ 和 } h_0/t_w = 130\sqrt{235/f_y}$$

此高厚比 4.3.2 条是否需要设置纵向加劲肋的高厚比限值小。这是由于需要计算腹板局部稳定的通常是吊车梁（一般梁推荐利用屈曲后强度，可不必设置纵向加劲肋），在横向水平力和竖向荷载共同作用下，腹板上边缘的弯曲压应力仅为强度设计值 f 的 $0.8 \sim 0.85$ 倍，腹板高厚比虽达到上述高厚比，往往也不需要设置纵向加劲肋。$\lambda_b = 0.85$ 也是 4.4.1 条考虑腹板屈曲后强度时截面是否全部有效的分界点。

弹塑性过渡段采用直线式 (4.3.3-2b) 比较简便。其下起始点参照梁整体稳定计算，弹性界限为 $0.6f_y$，相应 $\lambda = \sqrt{1/0.6} = 1.29$。考虑到腹板局部屈曲受残余应力影响不如整体屈曲大，故取 $\lambda_b = 1.25$。

腹板在弯矩作用下屈曲，是压应力引起的。因此，对单轴对称的工字形截面梁，在计算 λ_b 时以 $2h_c$ 代替 h_0。

τ_{cr}、$\sigma_{c,cr}$ 情况和 σ_{cr} 类似，但单轴对称截面仍以 h_0 为准。这两个临界应力的计算公式中，嵌固系数均保留原规范的数值，故不区分受压翼缘扭转是否受到约束。

4.3.4 有纵向加劲肋时，多种应力作用下的临界条件也有改变。受拉翼缘和纵向加劲肋之间的区格，相关公式和仅设横向加劲肋者形式上相同，而受压翼缘和纵向加劲肋之间的区格则在原公式的基础上对局部压应力项加上平方。这一区格的特点是高度比宽度小很多，σ_c 和 σ（或 τ）的相关曲线上凸得比较显著。单项临界应力的计算公式都和仅设横向加劲肋时一样，只是由于屈曲系数不同，通用高厚比的计算公式有些变化。

在公式 (9) 中，代入屈曲系数 $k = 5.13$，并取 $\chi = 1.4$ 和 1.0（分别相当于翼缘扭转受到约束和未受到约束），即得 λ_{b1} 计算式 [规范公式 (4.3.4-2a、b)] 中分母

$$28.1\sqrt{k\chi} = 75 \text{ 和 } 64$$

代入 $k = 47.6$ 和 $\chi = 1.0$，则得 λ_{b2} 表达式 [规范公式 (4.3.4-5)] 中分母

$$28.1\sqrt{47.6} = 194$$

对局部横向压应力作用下，原规范对板段Ⅱ中 $\sigma_{c,cr2}$ 的计算公式（附 2.12）与仅有横向肋时的 $\sigma_{c,cr}$ 计算公式（附 2.3）形式一致，只是区格高度不同。因此，修改后的 $\sigma_{c,cr2}$ 也采用与 $\sigma_{c,cr}$ 相同的计算公式，但把 h_0 改为 h_2。但原规范对板段Ⅰ中 $\sigma_{c,cr1}$ 的计算公式和仅有横向肋时 $\sigma_{c,cr}$ 的计算公式没有联系且比较复杂，算得的结果都大于屈服点，需要另觅计算公式。由于区格Ⅰ宽高比常在 4 以上，宜作为上下两边支承的均匀受压板看待，取腹板有效宽度为 h_1 的 2 倍。当受压翼缘扭转未受到约束时，上下两端均视为铰支，计算长度为 h_1；扭转受到完全约束时，则计算长度取 $0.7h_1$。规范公式 (4.3.4-3a、b) 就是这样得出的。

4.3.5 在受压翼缘与纵向加劲肋之间设置短加劲肋使腹板上部区格宽度减小，对弯曲压应力的临界值并无影响。对剪应力的临界值虽有影响，仍可用仅设横向加劲肋的临界应力公式计算。计算时以区格高度 h_1 和宽度 a_1 代替 h_0 和 a。影响最大的是横向局部压应力的临界值，需要用式 (4.3.5) 代替 (4.3.4-3) 来计算 λ_{c1}，原因是仅设纵向加劲肋时，腹板区格为一窄条，接近两边支承板，而设置短加劲肋后成为四边支承板，压应力临界值得到提高。当 $a_1/h_1 \le 1.2$ 时，式 (9) 中的 k 可取常数 6.8；当 $a_1/h_1 > 1.2$ 时，则 k 呈直线变化。χ 系数按受压翼缘扭转有无约束分别取 1.4 和 1.0。

4.3.6 为使梁的整体受力不致产生人为的侧向偏心，加劲肋最好两侧成对配置。但考虑到有些构件不得不在腹板一侧配置横向加劲肋的情况（见图 7），故本条增加了一侧配置横向加劲肋的规定。其外伸宽度应大于按公式 (4.3.6-1) 算得值的 1.2 倍，厚度应大于其外伸宽度的 1/15。其理由如下：

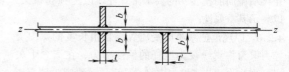

图 7 横向加劲肋的配置方式

钢板横向加劲肋成对配置时，其对腹板水平轴（$z-z$ 轴）的惯性矩 I_z 为：

$$I_z \approx \frac{1}{12}(2b_s)^3 t_s = \frac{2}{3}b_s^3 t_s$$

一侧配置时，其惯性矩为：

$$I_z' \approx \frac{1}{12}(b_s')^3 t_s' + b_s' t_s' \left(\frac{b_s'}{2}\right)^2 = \frac{1}{3}(b_s')^3 t_s'$$

两者的线刚度相等，才能使加劲效果相同。即：

$$\frac{I_z}{h_0} = \frac{I_z'}{h_0}$$

$$(b_s')^3 t_s' = 2b_s^3 t_s$$

取：
$$t'_s = \frac{1}{15} b'_s$$
$$t_s = \frac{1}{15} b_s$$

则：
$$(b'_s)^4 = 2b_s^4$$
$$b'_s = 1.2b_s$$

纵向加劲肋截面对腹板竖直轴线的惯性矩，本规范规定了分界线 $a/h_0 = 0.85$。当 $a/h_0 \leqslant 0.85$ 时，用公式（4.3.6-4a）计算；当 $a/h_0 > 0.85$ 时，用公式（4.3.6-4b）计算。

对短加劲肋外伸宽度及其厚度均提出规定，其根据是要求短加劲肋的线刚度等于横向加劲肋的线刚度。即：

$$\frac{I_z}{h_0} = \frac{I_{zs}}{h_1}$$

$$\frac{2b_s^3 t_s}{3h_0} = \frac{2b_{ss}^3 t_{ss}}{3h_1}$$

取：$t_{ss} = \frac{b_{ss}}{15}$，$t_s = \frac{b_s}{15}$，$\frac{h_1}{h_0} = \frac{1}{4}$

得：$b_{ss} = 0.7b_s$

故规定短加劲肋外伸宽度为横向加劲肋外伸宽度的 $0.7 \sim 1.0$ 倍。

本条还规定了短加劲肋最小间距为 $0.75h_1$，这是根据 $a/h_2 = 1/2$、$h_2 = 3h_1$、$a_1 = a/2$ 等常用边长之比的情况导出的。

4.3.8 明确受压翼缘外伸宽厚比分为两档，以便和 4.1.1 条相配合。

4.4 组合梁腹板考虑屈曲后强度的计算

本节条款暂不适用于吊车梁，原因是多次反复屈曲可能导致腹板边缘出现疲劳裂纹。有关资料还不充分。

利用腹板屈曲后强度，一般不再考虑设置纵向加劲肋。对 Q235 钢来说，受压翼缘扭转受到约束的梁，当腹板高厚比达到 200 时（或受压翼缘扭转未受约束的梁，当腹板高厚比达到 175 时），抗弯承载力与按全截面有效的梁相比，仅下降 5% 以内。

4.4.1 工字形截面梁考虑腹板屈曲后强度，包括单纯受弯、单纯受剪和弯剪共同作用三种情况。就腹板强度而言，当边缘正应力达到屈服点时，还可承受剪力 $0.6V_u$。弯剪联合作用下的屈曲后强度与此有些类似，剪力不超过 $0.5V_u$ 时，腹板抗弯屈曲后强度不下降。相关公式和欧洲规范 EC 3 相同。

梁腹板受弯屈曲后强度的计算是利用有效截面的概念。腹板受压区有效高度系数 ρ 和局部稳定计算一样以通用高厚比作为参数。ρ 值也分为三个区段，分界点和局部稳定计算相同。梁截面模量的折减系数 α_e 的计算公式是按截面塑性发展系数 $\gamma_x = 1$ 得出的偏安全的近似公式，也可用于 $\gamma_x = 1.05$ 的情况。如图 8 所示，忽略腹板受压屈曲后梁中和轴的变动，并把受压区的有效高度 ρh_c 等分在两边，同时在受拉区

也和受压区一样扣去 $(1 - \rho) h_c t_w$，在计算腹板有效截面的惯性矩时不计扣除截面绕自身形心轴的惯性矩。算得梁的有效截面惯性矩为：

$$I_{xe} = \alpha_e I_x$$

$$\alpha_e = 1 - \frac{(1 - \rho) h_c^3 t_w}{2I_x}$$

此式虽由双轴对称工字形截面得出，也可用于单轴对称工字形截面。

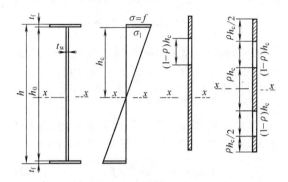

图 8 梁截面模量折减系数简化计算简图

梁腹板受剪屈曲后强度计算是利用拉力场概念。腹板的极限剪力大于屈曲剪力。精确确定拉力场剪力值需要算出拉力场宽度，比较复杂。为简化计算，条文采用相当于下限的近似公式。极限剪力计算也以相应的通用高厚比 λ_s 为参数。计算 λ_s 时保留了原来采用的嵌固系数 1.23。拉力场剪力值参考了欧盟规范的"简单屈曲后方法"。但是，由于拉力带还有弯曲应力，把欧盟的拉力场乘以 0.8。欧盟不计嵌固系数，极限剪应力并不比我们采用的高。

4.4.2 当利用腹板受剪屈曲后强度时，拉力场对横向加劲肋的作用可以分成竖向和水平两个分力。对中间加劲肋来说，可以认为两相邻区格的水平力由翼缘承受。因此，这类加劲肋只按轴心压力计算其在腹板平面外的稳定。

对于支座加劲肋，当和它相邻的区格利用屈曲后强度时，则必须考虑拉力场水平分力的影响，按压弯构件计算其在腹板平面外的稳定。本条除给出此力的计算公式和作用部位外，还给出多加一块封头板时的近似计算公式。

5 轴心受力构件和拉弯、压弯构件的计算

5.1 轴心受力构件

5.1.1 本条为轴心受力构件的强度计算要求。

从轴心受拉构件的承载能力极限状态来看，可分为两种情况：

1 毛截面的平均应力达到材料的屈服强度，构

件将产生很大的变形，即达到不适于继续承载的变形的极限状态，其计算式为：

$$\sigma = \frac{N}{A} \leqslant \frac{f_y}{\gamma_R} = f \tag{10}$$

式中　γ_R——抗力分项系数；对 Q235 钢，$\gamma_R = 1.087$；对 Q345、Q390 和 Q420 钢，$\gamma_R = 1.111$。

2　净截面的平均应力达到材料的抗拉强度 f_u，即达到最大承载能力的极限状态，其计算式为：

$$\sigma = \frac{N}{A_n} \leqslant \frac{f_u}{\gamma_{uR}} = \frac{\gamma_R}{\gamma_{uR}} \cdot \frac{f_u}{f_y} \cdot \frac{f_y}{\gamma_R} \approx 0.8 \frac{f_u}{f_y} \cdot f \tag{11}$$

由于净截面的孔眼附近应力集中较大，容易首先出现裂缝，因此其抗力分项系数 γ_{uR} 应予提高。上式中参考国外资料取 $\gamma_R / \gamma_{uR} = 0.8$，即 γ_{uR} 比 γ_R 增大 25%。

本规范为了简化计算，采用了净截面处应力不超过屈服强度的计算方法 [即规范中公式 (5.1.1-1)]：

$$\sigma = \frac{N}{A_n} \leqslant \frac{f_y}{\gamma_R} = f \tag{12}$$

对本规范推荐的 Q235、Q345、Q390 和 Q420 钢来说，其屈强比均小于或很接近于 0.8，因此一般是偏于安全的。如果今后采用了屈强比更大的钢材，宜用公式 (10) 和公式 (11) 来计算，以确保安全。

摩擦型高强度螺栓连接处，构件的强度计算公式是从连接的传力特点建立的。规范中的公式 (5.1.1-2) 为计算由螺栓孔削弱的截面（最外列螺栓处），在该截面上考虑了内力的一部分已由摩擦力在孔前传走。公式中的系数 0.5 即为孔前传力系数。根据试验，孔前传力系数大多数情况可取为 0.6，少数情况为 0.5。为了安全可靠，本规范取 0.5。

在某些情况下，构件强度可能由毛截面应力控制，所以要求同时按公式 (5.1.1-3) 计算毛截面强度。

5.1.2　本条为轴心受压构件的稳定性计算要求。

1　轴心受压构件的稳定系数 φ，是按柱的最大强度理论用数值方法算出大量 φ-λ 曲线（柱子曲线）归纳确定的。进行理论计算时，考虑了截面的不同形式和尺寸，不同的加工条件及相应的残余应力图式，并考虑了 1/1000 杆长的初弯曲。在制定 GBJ 17—88 规范时，根据大量数据和曲线，选择其中常用的 96 条曲线作为确定 φ 值的依据。由于这 96 条曲线的分布较为离散，若用一条曲线来代表这些曲线，显然不合理，所以进行了分类，把承载能力相近的截面及其弯曲失稳对应轴合为一类，归纳为 a、b、c 三类。每类中柱子曲线的平均值（即 50% 分位值）作为代表曲线。

关于轴心压杆的计算理论和算出的各曲线值，参见李开禧、肖允徽等写的"逆算单元长度法计算单轴失稳时钢压杆的临界力"和"钢压杆的柱子曲线"两篇文章（分别载于《重庆建筑工程学院学报》，1982 年 4 期和 1985 年 1 期）。

由于当时计算的柱子曲线都是针对组成板件厚度 $t < 40\,\text{mm}$ 的截面进行的，规范表 5.1.2-1 的截面分类表就是按上述依据略加调整确定的。

2　组成板件 $t \geqslant 40\,\text{mm}$ 的构件，残余应力不但沿板宽度方向变化，在厚度方向的变化也比较显著。板件外表面往往以残余压应力为主，对构件稳定的影响较大。在制定原规范时对此研究不够，只提出了"板件厚度大于 40mm 的焊接实腹截面属 c 类截面"。后经西安建筑科技大学等单位研究，对组成板件 $t \geqslant 40$ 的工字形、H 形截面和箱形截面的类别作了专门规定，并增加了 d 类截面的 φ 值。在表 5.1.2-2 中提出的组成板件厚度 $t \geqslant 40\,\text{mm}$ 的轧制 H 形截面的截面类别，实际上我国目前尚未生产这种型钢，这是指进口钢材而言。

我国的《高层建筑钢结构设计与施工规程》GJG 99—98 和上海市的同类规程都已经在研究工作的基础上制订了这类稳定系数。前者计算了四种焊接 H 形厚壁截面的稳定系数曲线，并取一条中间偏低的曲线作为 d 类系数。后者计算了三种截面的稳定系数曲线，并取其平均值作为 d 类系数。两者所取截面只有一种是共同的，因而两曲线有些差别，不过在常用的长细比范围内差别不大。基于这一情况，综合两条 d 曲线取一条新的曲线，其 φ 值的比较见表 7。

表 7　d 类 φ 曲线比较

λ_n	0.1	0.2	0.3	0.4	0.5	0.6	0.7	0.8	0.9
本规范曲线	0.987	0.946	0.866	0.789	0.716	0.648	0.584	0.525	0.472
高层曲线	0.978	0.913	0.841	0.774	0.709	0.647	0.588	0.532	0.494
上海曲线	0.990	0.962	0.884	0.804	0.721	0.642	0.572	0.509	0.455
λ_n	1.0	1.2	1.4	1.6	1.8	2.0	2.2	2.5	3.0
本规范曲线	0.424	0.354	0.298	0.251	0.213	0.181	0.156	0.126	0.092
高层曲线	0.456	0.383	0.320	0.268	0.225	0.191	0.153	0.132	0.095
上海曲线	0.406	0.327	0.273	0.231	0.196	0.168	0.145	0.118	0.087

注：λ_n 为正则化长细比（通用长细比），$\lambda_n = \frac{\lambda}{\pi}\sqrt{f_y / E}$；$\lambda$ 为构件长细比。

3　单轴对称截面绕对称轴的稳定性是弯扭失稳问题。原规范认为对等边单角钢截面、双角钢 T 形截面和翼缘宽度不等的工字形截面绕对称轴（y 轴）的弯扭失稳承载力比弯曲失稳承载力低得不多，φ 值未超出所属类别的范围。仅轧制 T 形、两板焊接 T 形以及槽形截面绕对称轴弯扭屈曲承载力较低，降低为 c 类截面而未计及弯扭。以上处理弯扭失稳问题的办法，难免粗糙，尤其是将"无任何对称轴的截面绕任意轴"都按 c 类截面弯曲屈曲对待更缺少依据。故本规范表 5.1.2 的截面类别只根据截面形式和残余应力的影响来划分，将弯扭屈曲用换算长细比的方法换算为弯曲屈曲。虽然换算是按弹性进行，但由于弯曲屈曲的 φ 值考虑了非弹性和初始缺陷，这就相当于弯扭屈曲也间接考虑了非弹性和初始缺陷。

根据弹性稳定理论，单轴对称截面绕对称轴（y

轴）的弯扭屈曲临界力 N_{yz} 和弯曲屈曲临界力 N_{Ey} 及扭转屈曲临界力 N_z 之间的关系由下式表达：

$$(N_{Ey} - N_{yz})(N_z - N_{yz}) - \frac{e_0^2}{i_0^2} N_{yz}^2 = 0 \quad (13)$$

$$N_z = \frac{1}{i_0^2}\left(GI_t + \frac{\pi^2 EI_\omega}{l_\omega^2}\right) \quad (14)$$

式中 e_0——截面剪心在对称轴上的坐标；

I_t、I_ω——构件截面抗扭惯性矩和扇性惯性矩；

i_0——对于剪心的极回转半径；

l_ω——扭转屈曲的计算长度。

令 $N_{Ey} = \dfrac{\pi^2 EA}{\lambda_y^2}$ $N_z = \dfrac{\pi^2 EA}{\lambda_z^2}$ $N_{yz} = \dfrac{\pi^2 EA}{\lambda_{yz}^2}$

代入公式（13）可得：

$$\lambda_{yz}^2 = \frac{1}{2}(\lambda_y^2 + \lambda_z^2)$$
$$+ \frac{1}{2}\sqrt{(\lambda_y^2 + \lambda_z^2)^2 - 4\left(1 - \frac{e_0^2}{i_0^2}\right)\lambda_y^2\lambda_z^2} \quad (15)$$

上式即为规范公式（5.1.2-3）。而式中

$$\lambda_z^2 = \frac{i_0^2 A}{\dfrac{I_t}{25.7} + \dfrac{I_\omega}{l_\omega^2}} \qquad i_0^2 = e_0^2 + i_x^2 + i_y^2$$

对 T 形截面（轧制、双板焊接、双角钢组合）、十字形截面和角形截面可近似取 $I_\omega = 0$，因而这些截面的

$$\lambda_z^2 = 25.7 A\frac{i_0^2}{I_t} \quad (16)$$

为了方便计算，对单角钢和双角钢组合 T 形截面给出简化公式。简化过程中，对截面特性如回转半径和剪心坐标都采用平均近似值。例如等边单角钢对两个主轴的回转半径分别取 $0.385b$ 和 $0.195b$，剪心坐标取 $b/3$；另外取 $I_t = At^2/3$。

双角钢组合 T 形截面连有填板，其抗扭性能有较大提高。图 9 所示的等边角钢组合截面，无填板部分（图 9a）的抗扭惯性矩为：

$$I_{t1} = At^2/3$$

有填板部分（图 9b），设合并肢与填板的总厚度为 $2.75t$，抗扭惯性矩为：

$$I_{t2} = \frac{2(b-t)t^3}{3} + \frac{b(2.75t)^3}{3} \approx 1.95At^2$$

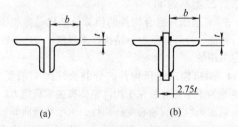

图 9　双角钢组合 T 形截面

设有填板（和节点板）部分占杆件总长度的

15%，则杆件综合抗扭惯性矩可取：

$$I_t = 0.85I_{t1} + 0.15I_{t2} = 0.58At^2$$

不等边双角钢组合 T 形截面也可用类似方法进行计算，推导所得的换算长细比的实用公式均为简单的线性公式。例如等边双角钢截面 λ_{yz} 的实用公式有如下两个：

当 $b/t \leqslant 0.58 l_{0y}/b$ 时：

$$\lambda_{yz} = \lambda_y\left(1 + \frac{0.475b^4}{l_{0y}^2 t^2}\right)$$

当 $b/t > 0.58 l_{0y}/b$ 时：

$$\lambda_{yz} = 3.9\frac{b}{t}\left(1 + \frac{l_{0y}^2 t^2}{18.6b^4}\right)$$

其他的双角钢组合 T 形截面和等边单角钢截面都可按此方法得到简单实用计算式。

4 对双轴对称的十字形截面构件（图 10），其扭转屈曲换算长细比为 λ_z，按公式（16）得：

$$\lambda_z^2 = 25.7\frac{Ai_0^2}{I_t} = 25.7\frac{I_p}{I_t}$$

$$= 25.7\frac{2\times\dfrac{1}{12}t(2b)^3}{\dfrac{1}{3}\times 4bt^3} = 25.7\left(\frac{b}{t}\right)^2$$

$$\lambda_z = 5.07b/t$$

因此规定"λ_x 或 λ_y 取值不得小于 $5.07b/t$"，以避免发生扭转屈曲。

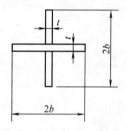

图 10　双轴对称的十字形截面

5 根据构件的类别和长细比 λ（或换算长细比）即可按规范附录 C 的各表查出稳定系数 φ，表中 $\lambda\sqrt{f_y/235}$ 的根号为考虑不同钢种对长细比 λ 的修正。

为了便于使用电算，采用非线性函数的最小二乘法将各类截面的理论 φ 值拟合为 Perry 公式形式的表达式：

当正则化长细比 $\lambda_n = \dfrac{\lambda}{\pi}\sqrt{f_y/E} > 0.215$ 时：

$$\varphi = \frac{1}{2\lambda_n^2}\big[(\alpha_2 + \alpha_3\lambda_n + \lambda_n^2)$$
$$- \sqrt{(\alpha_2 + \alpha_3\lambda_n + \lambda_n^2)^2 - 4\lambda_n^2}\big]$$

式中 α_2、α_3——系数，根据截面类别按附录 C 表 C-5 取用。

当 $\lambda_n \leqslant 0.215$ 时（相当于 $\lambda \leqslant 20\sqrt{235/f_y}$），Perry 公式不再适用，采用一条近似曲线使 $\lambda_n = 0.215$ 与 λ_n

$=0$（$\varphi=1.0$）衔接，即 $\varphi=1-\alpha_1\lambda_n^2$。

对 a、b、c 及 d 类截面，系数 α_1 值分别为 0.41、0.65、0.73 和 1.35。

经可靠度分析，采用多条柱子曲线，在常用的 λ 值范围内，可靠指标基本上保持均匀分布，符合《建筑结构可靠度设计统一标准》GB 50068 的要求。

图 11 为采用的柱子曲线与我国的试验值的比较情况。由于试件的厚度较小，试验值一般偏高，如果试件的厚度较大，有组成板件超过 40mm 的试件，自然就会有接近于 d 曲线的试验点。

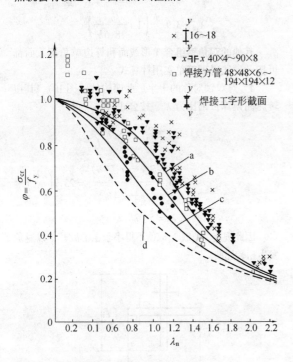

图 11　柱子曲线与试验值

5.1.3　对实腹构件，剪力对弹性屈曲的影响很小，一般不予考虑。但是格构式轴心受压构件，当绕虚轴弯曲时，剪切变形较大，对弯曲屈曲临界力有较大影响，因此计算时应采用换算长细比来考虑此不利影响。

换算长细比的计算公式是按弹性稳定的理论公式，经简化而得：

1　双肢缀板组合构件，对虚轴的临界力可按下式计算：

$$N_{cr}=\frac{\pi^2EA}{\lambda^2}\frac{1}{1+\frac{\pi^2EA}{\lambda^2}\left(\frac{a^2}{24EI_1}+\frac{ca}{12EI_b}\right)}=\frac{\pi^2EA}{\lambda_0^2}\quad(17)$$

即换算长细比为：

$$\lambda_0=\sqrt{\lambda^2+\frac{\pi^2}{12}\frac{0.5Aa^2}{I_1}\left(1+2\frac{cI_1}{I_ba}\right)}$$

$$=\sqrt{\lambda^2+\frac{\pi^2}{12}\lambda_1^2\left(1+2\frac{i_1}{i_b}\right)}\quad(18)$$

式中　a——缀板间的距离；

c——构件两分肢的轴线距离；

I_1——分肢截面对其弱轴的惯性矩；

I_b——两侧缀板截面惯性矩之和；

i_1——分肢的线刚度；

i_b——两侧缀板线刚度之和。

根据本规范第 8.4.1 条的规定，$i_b/i_1\geqslant6$。将 $i_b/i_1=6$ 代入公式（18）中，得：

$$\lambda_0\approx\sqrt{\lambda^2+\lambda_1^2}\quad(19)$$

2　双肢缀条组合构件，对虚轴的临界力可按下式计算：

$$N_{cr}=\frac{\pi^2EA}{\lambda^2}\frac{1}{1+\frac{\pi^2EA}{\lambda^2}\left(\frac{1}{EA_1\sin^2\alpha\cdot\cos\alpha}\right)}=\frac{\pi^2EA}{\lambda_0^2}\quad(20)$$

即换算长细比为：

$$\lambda_0=\sqrt{\lambda^2+\frac{\pi^2}{\sin^2\alpha\cdot\cos\alpha}\cdot\frac{A}{A_1}}\quad(21)$$

式中　α——斜缀条与构件轴线间的夹角；

A_1——一个节间内两侧斜缀条截面积之和。

本规范条文注 2 中规定为：α 角应在 $40°\sim70°$ 范围内。在此范围时，公式（21）中：

$$\frac{\pi^2}{\sin^2\alpha\cdot\cos\alpha}\approx27\quad(22)$$

因此双肢缀条组合构件对虚轴的换算长细比取为：

$$\lambda_0=\sqrt{\lambda^2+27\frac{A}{A_1}}\quad(23)$$

当 α 角不在 $40°\sim70°$ 范围，尤其是小于 $40°$ 时，上式中的系数值将大于 27 的甚多，公式（23）是偏于不安全的，此种情况的换算长细比应改用公式（21）计算。

3　四肢缀板组合构件换算长细比的推导方法与双肢构件类似。一般说来，四肢构件截面总的刚度比双肢的差，构件截面形状保持不变的假定不一定能完全做到，而且分肢的受力也较不均匀，因此换算长细比宜取值偏大一些。根据分析，λ_1 按角钢的截面最小回转半径计算，可以保证安全。

4　对四肢缀条组合构件，考虑构件截面总刚度差、四肢受力不均匀等影响，将双肢缀条组合构件中的系数 27 提高到 40。

5　三肢缀条组合构件的换算长细比是参照国家现行标准《冷弯薄壁型钢结构技术规范》GB 50018 的规定采用的。

5.1.4　对格构式受压构件的分肢长细比 λ_1 的要求，主要是为了不使分肢先于构件整体失去承载能力。

对缀条组合的轴心受压构件，由于初弯曲等缺陷的影响，构件受力时呈弯曲状态，使两分肢的内力不等。条文中规定 $\lambda_1\leqslant0.7\lambda_{max}$ 是在考虑构件几何和力学缺陷（总的等效初弯曲取构件长度 1/500）的条件下，经计算分析而得的。满足此要求时，可不计算分肢的稳定性。

如果缀条组合的轴心受压构件的 $\lambda_1 > 0.7\lambda_{max}$，就需要对分肢进行计算，但计算时应计入上述缺陷的影响。

对缀板组合的轴心受压构件，与缀条组合的构件类似，在一定的等效初弯曲条件下，经计算分析认为，当 $\lambda_1 \leqslant 40$ 和 $0.5\lambda_{max}$ 时，基本上可使分肢不先于整体构件失去承载能力。

5.1.5 双角钢或双槽钢构件的填板间距规定为：对于受压构件是为了保证一个角钢或一个槽钢的稳定；对于受拉构件是为了保证两个角钢和两个槽钢共同工作并受力均匀。由于此种构件两分肢的距离很小，填板的刚度很大，根据我国多年的使用经验，满足本条要求的构件可按实腹构件进行计算，不必对虚轴采用换算长细比。

5.1.6 轴心受压构件的剪力 V，分析时取构件弯曲后为正弦曲线（图 12）。

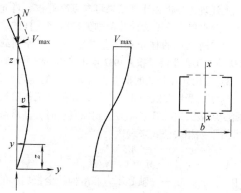

图 12 剪力 V 的计算

设：

$$y = v\sin\frac{\pi z}{l} \qquad (24)$$

则：

$$M = Ny = Nv\sin\frac{\pi z}{l}$$

$$V = \frac{\mathrm{d}M}{\mathrm{d}z} = Nv\frac{\pi}{l}\cos\frac{\pi z}{l}$$

$$V_{max} = \frac{\pi}{l}Nv \qquad (25)$$

按边缘屈服准则：

$$\frac{N}{A} + \frac{Nv}{I_x}\cdot\frac{b}{2} = f_y \qquad (26)$$

令 $I_x = Ai_x^2$、$\dfrac{N}{A} = \varphi f_y$，代入公式 (26) 可得：

$$v = \frac{2(1-\varphi)i_x^2}{b\varphi} \qquad (27)$$

将此 v 值代入公式 (25) 中，并使 $i_x \approx 0.44b$，$l/i_x = \lambda_x$，得：

$$V_{max} = \frac{0.88\pi(1-\varphi)}{\lambda_x}\frac{N}{\varphi} = \frac{N}{\alpha\varphi} \qquad (28)$$

$$\alpha = \frac{\lambda_x}{0.88\pi(1-\varphi)} \qquad (29)$$

对格构柱，稳定系数 φ 应根据边缘屈服准则求出，或近似地按换算长细比由规范 b 类截面的表查得。

计算证明，在常用的长细比范围，α 值的变化不大，可取定值，即取：

Q235 钢	$\alpha = 85$
Q345 钢	$\alpha = 70$
Q390 钢	$\alpha = 65$
Q420 钢	$\alpha = 62$

这些数值恰好与 $\alpha = 85\sqrt{235/f_y}$ 较为吻合，因此建议轴心受压构件剪力的表达式为：

$$V = \frac{N}{85\varphi}\sqrt{\frac{f_y}{235}} \qquad (30)$$

为了便于计算，令公式 (30) 中的 $N/\varphi = Af$，即得规范的公式 (5.1.6)：

$$V = \frac{Af}{85}\sqrt{\frac{f_y}{235}} \qquad (31)$$

对格构式构件，此剪力由两侧缀材面平均分担，其中三肢柱缀材分担的剪力还应除以 $\cos\theta$（θ 角见本规范图 5.1.3）。

实腹式构件中，翼缘与腹板的连接，有必要时可按此剪力进行计算。

5.1.7 重新规定了减小受压构件自由长度的支撑力，不再借用受压构件的偶然剪力。

1 当压杆的长度中点设置一道支撑时（图 13），设压杆有初弯曲 δ_0，受压力后增至 $\delta_0 + \delta$，增加的挠度 δ 应等于支撑杆的轴向变形。根据变形协调关系即可得支撑力（参见陈绍蕃著《钢结构设计原理》第二版，科学出版社）。当压杆长度中点有一道支撑时，支撑力 $F_{b1} \approx \dfrac{N}{60}$，与原规范规定的偶然剪力相比，当压杆长细比 $\lambda > 77$（对 Q235 钢）或 41（对 Q345 钢）时，F_{bl} 小于偶然剪力。

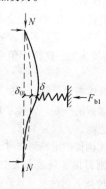

图 13 压杆的支撑力

2 当一道支撑支于距柱端 al 时，则支撑力 F_{bl} $= \dfrac{N}{240\alpha(1-\alpha)}$。当 $\alpha = 0.4$ 时，$F_{bl} = \dfrac{N}{57.6}$ 与 $N/60$ 相比仅相差 4%。因此对不等间距支承，若间距与平均间距相比相差不超过 20% 时，可认为是等间距支承。

3 支承多根柱的支撑力取为 $F_{bn} = \dfrac{\sum N_i}{60} \left(0.6 + \dfrac{0.4}{n}\right)$，式中 n 为被撑柱的根数，$\sum N_i$ 为被撑柱同时存在的轴心压力设计值之和。

支撑多根柱的支撑，往往承受较大的支撑力，因此不能再只按容许长细比选择截面，需要按支撑力进行计算，且一道支撑架在一个方向所撑柱数不宜超过 8 根。

4 本条中还明确提出下列两项：

1) 支撑力可不与其他作用产生的轴力叠加，取两者中的较大值进行计算。

2) 支撑轴线应通过被撑构件截面的剪心〔对双轴对称截面，剪心与形心重合；对单轴对称的 T 形截面（包括双角钢组合 T 形）及角形截面，剪心在两组成板件轴线相交点，其他单轴对称和无对称轴截面剪心位置可参阅有关力学或稳定理论资料〕。

5.2 拉弯构件和压弯构件

5.2.1 在轴心力 N 和弯矩 M 的共同作用下，当截面出现塑性铰时，拉弯或压弯构件达到强度极限，这时 N/N_p 和 M/M_p 的相关曲线是凸曲线（这里的 N_p 是无弯矩作用时全截面屈服的压力，M_p 是无轴心力作用时截面的塑性铰弯矩），其承载力极限值大于按直线公式计算所得的结果。本规范对承受静力荷载或不需计算疲劳的承受动力荷载的拉弯和压弯构件，用塑性发展系数的方式将此有影响的部分计入设计中。对需要计算疲劳的构件则不考虑截面塑性的发展。

截面塑性发展系数 γ 的数值是与截面形式、塑性发展深度和截面高度的比值 μ、腹板面积与一个翼缘面积的比值 α、以及应力状态有关。

塑性发展愈深，则 γ 值愈大。但考虑到：①压应力较大翼缘的自由外伸宽度与其厚度之比按 $13\sqrt{235/f_y}$ 控制；②腹板内有剪应力存在；③有些构件的腹板高厚比可能较大，以致不能全部有效；④构件的挠度不宜过大。因此，截面塑性发展的深度以不超过 0.15 倍的截面高度为宜。这样 γ 值可归纳为下列取值原则：

(1) 对有平翼缘板的一侧，γ 取为 1.05；

(2) 对无翼缘板的一侧，γ 取为 1.20；

(3) 对圆管边缘，γ 取为 1.15；

(4) 对格构式构件的虚轴弯曲时，γ 取为 1.0。

根据上述原则得出了规范条文中表 5.2.1 的 γ_x、γ_y 数值。表中八种截面塑性发展系数的计算公式推导可参见罗邦富写的"受压构件的纵向稳定性"（载于全国钢结构标准技术委员会编的《钢结构研究论文报告选集》第一册）。

本规范与原规范相比，本条内容没有大的改变，只是将"直接承受动力荷载时取 $\gamma_x = \gamma_y = 1.0$"，改为"需要计算疲劳的拉弯、压弯构件，宜取 $\gamma_x = \gamma_y =$

1.0"。理由参见 4.1.1 条的说明。

5.2.2 压弯构件的（整体）稳定，对实腹构件来说，要进行弯矩作用平面内和弯矩作用平面外稳定计算。

1 弯矩作用平面内的稳定。

1) 理论依据。实腹式压弯构件，当弯矩作用在对称轴平面内时（绕 x 轴），其弯矩作用平面内的稳定性应按最大强度理论进行分析。

压弯构件的稳定承载力极限值，不仅与构件的长细比 λ 和偏心率 ε 有关，且与构件的截面形式和尺寸、构件轴线的初弯曲、截面上残余应力的分布和大小、材料的应力-应变特性以及失稳的方向等因素有关。因此，本规范采用了考虑这些因素的数值分析法，对 11 种常用截面形式，以及残余应力、初弯曲等因素，在长细比为 20、40、60、80、100、120、160、200，偏心率为 0.2、0.6、1.0、2.0、4.0、10.0、20.0 等情况时的承载力极限值进行了计算，并将这些理论计算结果作为确定实用计算公式的依据。

上述理论分析和计算结果可参见李开禧、肖允徽写的"逆算单元长度法计算单轴失稳时钢压杆的临界力"和"钢压杆的柱子曲线"两篇文章（分别载于《重庆建筑工程学院学报》1982 年 4 期和 1985 年 1 期）。

2) 实用计算公式的推导。两端铰支的压弯构件，假定构件的变形曲线为正弦曲线，在弹性工作阶段当截面受压最大边缘纤维应力达到屈服点时，其承载能力可按下列相关公式来表达：

$$\frac{N}{N_p} + \frac{M_x + Ne_0}{M_e\left(1 - N/N_{Ex}\right)} = 1 \tag{32}$$

式中 N、M_x——轴心压力和沿构件全长均布的弯矩；

     e_0——各种初始缺陷的等效偏心矩；

     N_p——无弯矩作用时，全截面屈服的承载力极限值，$N_p = Af_y$；

     M_e——无轴心力作用时，弹性阶段的最大弯矩，$M_e = W_{1x}f_y$；

$1/\left(1 - N/N_{Ex}\right)$——压力和弯矩联合作用下弯矩的放大系数；

     N_{Ex}——欧拉临界力。

在公式（32）中，令 $M_x = 0$，则式中的 N 即为有缺陷的轴心受压构件的临界力 N_0，得：

$$e_0 = \frac{M_e\left(N_p - N_0\right)\left(N_{Ex} - N_0\right)}{N_p N_0 N_{Ex}} \tag{33}$$

将此 e_0 代入公式（32），并令 $N_0 = \varphi_x N_p$，经整理后得：

$$\frac{N}{\varphi_x N_p} + \frac{M_x}{M_e\left(1 - \varphi_x \dfrac{N}{N_{Ex}}\right)} = 1 \tag{34}$$

考虑抗力分项系数并引入弯矩非均匀分布时的等效弯矩系数 β_{mx} 后，上式即成为：

$$\frac{N}{\varphi_x A} + \frac{\beta_{mx} M_x}{W_{1x}\left(1 - \varphi_x \dfrac{N}{N_{Ex}}\right)} \leqslant f \tag{35}$$

式中 N'_{Ex}——参数，$N'_{Ex} = N_{Ex}/1.1$；相当于欧拉临界力 N_{Ex} 除以抗力分项系数 γ_R 的平均值 1.1。

此式是由弹性阶段的边缘屈服准则导出的，必然与实腹式压弯构件考虑塑性发展的理论计算结果有差别。经过多种方案比较，发现实腹式压弯构件仍可借用此种形式。不过为了提高其精度，可以根据理论计算值对它进行修正。分析认为，实腹式压弯构件采用下式较为优越：

$$\frac{N}{\varphi_x A} + \frac{\beta_{mx} M_x}{\gamma_x W_{1x}\left(1 - \eta_1 \frac{N}{N'_{Ex}}\right)} \leqslant f \tag{36}$$

式中 γ_x——截面塑性发展系数，其值见规范表 5.2.1；

η_1——修正系数。

对于规范表 5.2.1 第 3、4 项中的单轴对称截面（即 T 形和槽形截面）压弯构件，当弯矩作用在对称轴平面内且使翼缘受压时，无翼缘端有可能由于拉应力较大而首先屈服。为了使其塑性不致深入过大，对此种情况，尚应对无翼缘侧进行计算。计算式可写成为：

$$\left| \frac{N}{A} - \frac{\beta_{mx} M_x}{\gamma_x W_{2x}\left(1 - \eta_2 \frac{N}{N'_{Ex}}\right)} \right| \leqslant f \tag{37}$$

式中 W_{2x}——无翼缘端的毛截面抵抗矩；

η_2——压弯构件受拉侧的修正系数。

3) 实用公式中的修正系数 η_1 和 η_2 值。由实腹式压弯构件承载力极限值的理论计算值 N，可以得到压弯构件稳定系数的理论值 $\varphi_p = N/N_p$；从实用计算公式（36）和公式（37）可以推算相应的稳定系数 φ'_β。修正系数 η_1 和 η_2 值的选择原则，是使各种截面的 φ_p/φ_p 值都尽可能接近于 1.0。经过对 11 种常用截面形式的计算比较，结果认为，修正系数的最优值是：$\eta_1 = 0.8$，$\eta_2 = 1.25$。这样取定 η_1 和 η_2 值后，实用公式的计算值 φ 接近于理论值 φ_p。

4) 关于等效弯矩系数 β_{mx}。对有端弯矩但无横向荷载的两端支承的压弯构件，设端弯矩的比值为 $\alpha = M_2/M_1$，其中 $|M_1| > |M_2|$。当弯矩使构件产生同向曲率时，M_1 与 M_2 取同号；产生反向曲率时，M_1 与 M_2 取异号。

在不同 α 值的情况下，压弯构件的承载力极限值是不同的。采用数值计算方法可以得到不同的 N/N_p-M/M_p 相关曲线。根据对宽翼缘工字钢的 N/N_p-M/M_p 相关曲线图的分析，若以 $\alpha = 1.0$ 的曲线图为标准，取相同 N/N_p 值时的 $(M/M_p)_\alpha$ 与 $(M/M_p)_{\alpha_1}$ 值的比值，可以画出图（14）。图中的 $\alpha = -1$、-0.5、0、0.5、1.0 时的竖直线表示 β_{mx} 值的范围。规范采用的等效弯矩系数（图 14）的斜直线：

$$\beta_{mx} = 0.65 + 0.35\alpha \tag{38}$$

是偏于安全方面的。

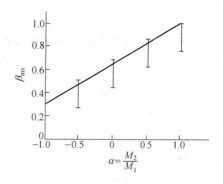

图 14 不等端弯矩时的 β_{mx}

至于其他荷载情况和支承情况的等效弯矩系数 β 值，则采用二阶弹性分析，分别用三角函数收敛求得数值解的方法求得。

对本规范的等效弯矩系数，还需说明下列三点：

① 按本规范 3.2.8 条的规定无支撑多层框架一般用二阶分析，因此不分有侧移和无侧移均取用相同的 β_{mx} 值。但考虑到仍有用一阶分析的情况，所以又提出："分析内力未考虑二阶效应的无支撑纯框架和弱支撑框架柱，$\beta_{mx} = 1.0$"。

② 参考国外最新规范，取消 β_{mx} 和 β_{tx} 原公式中不得小于 0.4 的规定。

③ 无端弯矩但有横向荷载作用，不论荷载为一个或多个均取 $\beta_{mx} = 1.0$（取消跨中有一个集中荷载 $\beta_{mx} = 1 - 0.2N/N_{Ex}$ 的规定）。

2 弯矩作用平面外的稳定性。压弯构件弯矩作用平面外的稳定性计算的相关公式是以屈曲理论为依据导出的。对双轴对称截面的压弯构件在弹性阶段工作时，弯扭屈曲临界力 N 应按下式计算此式：

$$(N_y - N)(N_\omega - N) - (e^2/i_p^2)N^2 = 0 \tag{39}$$

式中 N_y——构件轴心受压时对弱轴（y 轴）的弯曲屈曲临界力；

N_ω——绕构件纵轴的扭转屈曲临界力；

e——偏心距；

i_p——截面对弯心（即形心）的极回转半径。

因受均布弯矩作用的屈曲临界弯矩 $M_0 = i_p \sqrt{N_y N_\omega}$，且 $M = Ne$，代入公式（39），得：

$$\left(1 - \frac{N}{N_y}\right)\left(1 - \frac{N}{N_\omega}\right) - \left(\frac{M}{M_0}\right)^2 = 0 \tag{40}$$

根据 N_ω/N_y 的不同比值，可画出 N/N_y 和 M/M_0 的相关曲线。对常用截面，N_ω/N_y 均大于 1.0，相关曲线是上凸的（图 15）。在弹塑性范围内，难以写出 N/N_y 和 M/M_0 的相关公式，但可通过对典型截面的数值计算求出 N/N_y 和 M/M_0 的相关关系。分析表明，无论在弹性阶段和弹塑性阶段，均可偏安全地采用直线相关公式，即：

$$\frac{N}{N_y} + \frac{M}{M_0} = 1 \qquad (41)$$

对单轴对称截面的压弯构件，无论弹性或弹塑性的弯扭计算均较为复杂。经分析，若近似地按公式 (41) 的直线式来表达其相关关系也是可行的。

考虑抗力分项系数并引入等效弯矩系数 β_{tx} 之后，公式 (41) 即成为规范公式 (5.2.2-3)。

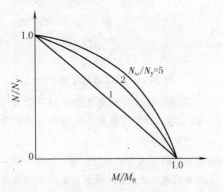

图 15　弯扭屈曲的相关曲线

关于压弯构件弯扭屈曲计算的详细内容可参见陈绍蕃写的"偏心压杆弯扭屈曲的相关公式"（载于全国钢结构标准技术委员会编的《钢结构研究论文报告选集》第一册）。

规范公式 (5.2.2-3) 中，φ_b 为均匀弯曲的受弯构件整体稳定系数，对工字形截面和 T 形截面，φ_b 可按本规范附录 B 第 B.5 节中的近似公式确定。本来这些近似公式仅适用于 $\lambda_y \leqslant 120\sqrt{235/f_y}$ 的受弯构件，但对压弯构件来说，φ_b 值对计算结果相对影响较小，故 λ_y 略大于 $120\sqrt{235/f_y}$ 也可采用。对箱形截面，原规范取 $\varphi_b = 1.4$，这是由于箱形截面的抗扭承载力较大，采用 $\varphi_b = 1.4$ 更接近理论分析结果。当轴心力 N 较小时，箱形截面压弯构件将由强度控制设计。这次修订规范改在 M_x 项的前面加截面影响系数 η（箱形截面 $\eta = 0.7$，其他截面 $\eta = 1.0$），而将箱形截面的 φ_b 取等于 1.0，这样可避免原规范箱形截面取 $\varphi_b = 1.4$，在概念上的不合理现象。

对单轴对称截面公式 (5.2.2-3) 中的 φ_y 值，按理应按考虑扭转效应的 λ_{yz} 查出。

5.2.3　弯矩绕虚轴作用的格构式压弯构件，其弯矩作用平面内稳定性的计算适宜采用边缘屈服准则，因此采用了 (35) 的计算式。此式已在第 5.2.2 条的说明中作了推导，这里从略。

弯矩作用平面外的整体稳定性不必计算，但要求计算分肢的稳定性。这是因为受力最大的分肢平均应力大于整个构件的平均应力，只要分肢在两个方向的稳定性得到保证，整个构件在弯矩作用平面外的稳定也可以得到保证。

5.2.5　双向弯矩的压弯构件，其稳定承载力极限值

的计算，需要考虑几何非线性和物理非线性问题。即使只考虑问题的弹性解，所得到的结果也是非线性的表达式（参见吕烈武、沈士钊、沈祖炎、胡学仁写的《钢结构稳定理论》，中国建筑工业出版社出版，1983 年）。规范采用的线性相关公式是偏于安全的。

采用此种线性相关公式的形式，使双向弯矩压弯构件的稳定计算与轴心受压构件、单向弯曲压弯构件以及双向弯曲构件的稳定计算都能互相衔接。

5.2.6　对于双肢格构式压弯构件，当弯矩作用在两个主平面内时，应分两次计算构件的稳定性。

第一次按整体计算时，把截面视为箱形截面，只按规范公式 (5.2.6-1) 计算。若令式中的 $M_y = 0$，即为弯矩绕虚轴（x 轴）作用的单向压弯构件整体稳定性的计算公式，即规范公式 (5.2.3)。

第二次按分肢计算时，将构件的轴心力 N 和弯矩 M_x 按桁架弦杆那样换算为分肢的轴心力 N_1 和 N_2，即：

$$N_1 = \frac{y_2}{h}N + \frac{M_x}{h} \qquad (42)$$

$$N_2 = \frac{y_1}{h}N + \frac{M_x}{h} \qquad (43)$$

式中　h——两分肢轴线间的距离，$h = y_1 + y_2$，见本规范图 5.2.6。

按上述公式计算分肢轴心力 N_1 和 N_2 时，没有考虑构件整体的附加弯矩的影响。

M_y 在分肢中的分配是按照与分肢对 y 轴的惯性矩 I_1 和 I_2 成正比，与分肢至 x 轴的距离 y_1 和 y_2 成反比的原则确定的，这样可以保持平衡和变形协调。

在实际工程中，M_y 往往不是作用于构件的主平面内，而是正好作用在一个分肢的轴线平面内，此时 M_y 应视为全部由该分肢承受。

分肢的稳定性应按单向弯矩的压弯构件计算（见本规范第 5.2.2 条）。

5.2.7　格构式压弯构件缀材计算时取用的剪力值：按道理，实际剪力与构件有初弯曲时导出的剪力是有可能叠加的，但考虑到这样叠加的机率很小，规范规定取两者中的较大值还是可行的。

5.2.8　压弯构件弯矩作用平面外的支撑，应将压弯构件的受压翼缘（对实腹式构件）或受压分肢（对格构式构件）视为轴心压杆按本规范第 5.1.7 条计算各自的支撑力。第 5.1.7 条的轴心力 N 为受压翼缘或分肢所受应力的合力。应注意到，弯矩较小的压弯构件往往两侧翼缘或两侧分肢均受压；另外，框架柱和墙架柱等压弯构件，弯矩有正反两个方向，两侧翼缘或两侧分肢都有受压的可能性。这些情况的 N 应取为两侧翼缘或两侧分肢压力之和。最好设置双片支撑，每片支撑按各自翼缘或分肢的压力进行计算。

5.3　构件的计算长度和容许长细比

5.3.1　本条明确说明表 **5.3.1** 中规定的计算长度仅适

用于桁架杆件有节点板连接的情况。无节点板时，腹杆计算长度均取等于几何长度。但根据网架设计规程，未采用节点板连接的钢管结构，其腹杆计算长度也需要折减，故注明"钢管结构除外"。

对有节点板的桁架腹杆，在桁架平面内，端部的转动受到约束，相交于节点的拉杆愈多，受到的约束就愈大。经分析，对一般腹杆计算长度 l_{0x} 可取为 $0.8l$（l 为腹杆几何长度）。在斜平面，节点板的刚度不如在桁架平面内，故取 $l_0 = 0.9l$。对支座斜杆和支座竖杆，端部节点板所连拉杆少，受到的杆端约束可忽略不计，故取 $l_{0x} = l$。

在桁架平面外，节点板的刚度很小，不可能对杆件端部有所约束，故取 $l_{0y} = l$。

当桁架弦杆侧向支承点之间相邻两节间的压力不等时，通常按较大压力计算稳定，这比实际受力情况有利。通过理论分析并加以简化，采用了公式（5.3.1）的折减计算长度办法来考虑此有利因素的影响。

关于再分式腹杆体系的主斜杆和 K 形腹杆体系的竖杆在桁架平面内的计算长度，由于此种杆件的上段与受压弦杆相连，端部的约束作用较差，因此规定该段在桁架平面内的计算长度系数采用 1.0 而不采用 0.8。

5.3.2 桁架交叉腹杆的压杆在桁架平面外的计算长度，参考德国规范进行了修改，列出了四种情况的计算公式，适用两杆长度和截面均相同的情况。

现令 N 为所计算杆的压力，N_0 为另一杆的内力，均为绝对值。l 为节点中心间距离（交叉点不作节点考虑）。假设 $|N_0| = |N|$ 时，各种情况的计算长度 l_0 值如下：

另杆 N_0 为压力，不中断：$l_0 = l$（与原规范相同）；

另杆 N_0 为压力，中断搭接：$l_0 = 1.35l$（原规范不允许）；

另杆 N_0 为拉力，不中断：$l_0 = 0.5l$（与原规范相同）；

另杆 N_0 为拉力，中断搭接：$l_0 = 0.5l$（原规范为 $0.7l$）。

5.3.3 本规范附录 D 表 D-1 和 D-2 规定的框架柱计算长度系数，所根据的基本假定为：

1 材料是线弹性的；

2 框架只承受作用在节点上的竖向荷载；

3 框架中的所有柱子是同时丧失稳定的，即各柱同时达到其临界荷载；

4 当柱子开始失稳时，相交于同一节点的横梁对柱子提供的约束弯矩，按柱子的线刚度之比分配给柱子；

5 在无侧移失稳时，横梁两端的转角大小相等方向相反；在有侧移失稳时，横梁两端的转角不但大

小相等而且方向亦相同。

根据以上基本假定，并为简化计算起见，只考虑直接与所研究的柱子相连的横梁约束作用，略去不直接与该柱子连接的横梁约束影响，将框架按其侧向支承情况用位移法进行稳定分析，得出下列公式：

对无侧移框架：

$$[\phi^2 + 2(K_1 + K_2) - 4K_1 K_2]\phi\sin\phi - 2[(K_1 + K_2)\phi^2 + 4K_1 K_2]\cos\phi + 8K_1 K_2 = 0 \qquad (44)$$

式中 ϕ——临界参数，$\phi = h\sqrt{\dfrac{F}{EI}}$；其中 h 为柱的几何高度，F 为柱顶荷载，I 为柱截面对垂直于框架平面轴线的惯性矩；

K_1、K_2——分别为相交于柱上端、柱下端的横梁线刚度之和与柱线刚度之和的比值。

对有侧移框架：

$$(36K_1 K_2 - \phi^2)\sin\phi + 6(K_1 + K_2)\phi\cos\phi = 0 \quad (45)$$

本规范附录 D 表 D-1 和 D-2 的计算长度系数 μ 值（$\mu = \pi/\phi$），就是根据上列公式求得的。

有侧移框架柱和无侧移框架柱的计算长度系数表仍是沿用原规范的，仅有下列局部修改：

1 将相交于柱上端、下端的横梁远端为铰接或为刚性嵌固时，横梁线刚度的修正系数列入表注；

2 对底层框架柱：柱与基础铰接时 $K_2 = 0$，但根据实际情况，平板支座并非完全铰接，故注明"平板支座可取 $K_2 = 0.1$"；柱与基础刚接时，考虑到实际难于做到完全刚接，故取 $K_2 = 10$（原规范取 $K_2 = \infty$）。

3 表 D-1 和 D-2 的表注中还新增了考虑与柱刚接横梁所受轴心压力对其线刚度的影响，这些线刚度的折减系数值可用弹性分析求得。

4 将框架分为无支撑的纯框架和有支撑框架，后者又分为强支撑框架和弱支撑框架。

无支撑的纯框架即原规范所指的有侧移框架。强支撑框架的判定条件改为"支撑结构（支撑桁架、剪力墙、电梯井等）"的侧移刚度 S_b 满足下式的框架：

$$S_b \geq 3(1.2\sum N_{bi} - \sum N_{0i})$$

式中 $\sum N_{bi}$、$\sum N_{0i}$——分别为第 i 层为层间所有框架柱，按表 D-1 的无侧移和表 D-2 的有侧移计算的轴压力承载力之和。

弱支撑框架为支撑结构的 $S_b < 3(1.2\sum N_{bi} - \sum N_{0i})$ 的框架。

对无支撑纯框架的规定为：

1）采用一阶弹性计算内力时，框架柱计算长度系数 μ 按有侧移框架柱的表 D-2 确定。

2）采用二阶弹性分析计算内力时，取 $\mu = 1.0$，但每层柱顶应附加考虑公式（3.2.8-1）的假想水平荷载（概念荷载）。

5.3.4 本条对单层厂房阶形柱计算长度的取值，是

根据以下考虑进行分析对比得来的：

1 考虑单跨厂房框架柱荷载不相等的影响。单层厂房阶形柱主要承受吊车荷载，一个柱达到最大竖直荷载时，相对的另一柱竖直荷载较小。荷载大的柱要丧失稳定，必然受到荷载小的柱的支承作用，从而较按独立柱求得的计算长度要小。对长度较小的单跨厂房，或长度虽较大但系轻型屋盖且沿两侧又未设置通长的屋盖纵向水平支撑的单跨厂房，以及有横梁的露天结构（如落锤车间等），均只考虑两相对柱荷载不等的影响，将柱的计算长度进行折减。

2 考虑厂房的空间工作。对沿两侧设置有通长屋盖纵向水平支撑的长度较大的轻型屋盖单跨厂房，或未设置上述支撑的长度较大的重型屋盖单跨厂房，以及轻型屋盖的多跨（两跨或两跨以上）厂房，除考虑两相对柱荷载不等的影响外，还考虑了结构的空间工作，将柱的计算长度进行折减。

3 对多跨厂房。当设置有刚性盘体的屋盖，或沿两侧有通长的屋盖纵向水平支撑，则按框架柱柱顶为不动铰支承，对柱的计算长度进行折减。

以上阶形柱计算长度的取值，无论单阶柱或双阶柱，当柱上端与横梁铰接时，均按相应的上端为自由的独立柱的计算长度进行折减；当柱上端与横梁刚接时，则按相应的上端可以滑移（只能平移不能转动）的独立柱的计算长度进行折减。数据是根据理论分析计算所得结果进行对比得出的。

5.3.5 由于缀材或腹杆变形的影响，格构式柱和桁架式横梁的变形比具有相同截面惯性矩的实腹式构件大，因此计算框架的格构式柱和桁架式横梁的线刚度时，所用截面惯性矩要根据上述变形增大影响进行折减。对于截面高度变化的横梁或柱，计算线刚度时习惯采用截面高度最大处的截面惯性矩，根据同样理由，也应对其数值进行折减。

5.3.6 本条为新增条文。

1 附有摇摆柱的框（刚）架柱（图16），其计算长度应乘以增大系数 η。多跨框架可以把一部分柱和梁组成框架体系来抵抗侧力，而把其余的柱做成两端铰接。这些不参与承受侧力的柱称为摇摆柱，它们的截面较小，连接构造简单，从而降低造价。不过这种上下均为铰接的摇摆柱承受荷载的倾覆作用必然由支持它的刚（框）架来抵抗，使刚（框）架柱的计算长度增大。公式（5.3.6）表达的增大系数 η 为近似值，

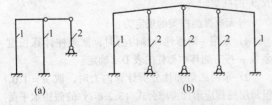

图 16 附有摇摆柱的有侧移框架
1—框架柱 2—摇摆柱

与按弹性稳定导得的值较接近且略偏安全。

2 本款是考虑同层和上下层各柱稳定承载力有富余时对所计算柱的支承作用，使其计算长度减小。这是原则性条文，具体计算方法可参见有关钢结构构件稳定理论的书籍。

3 梁与柱半刚性连接，是指梁与柱连接构造既非铰接又非刚接，而是在二者之间。由于构造比刚性连接简单，用于某些框架可以降低造价。确定柱的计算长度时，应考虑节点特性，问题比较复杂，实用的简化计算方法可参见陈绍蕃著的《钢结构设计原理》第二版（科学出版社出版）。

5.3.7 在确定框架柱沿房屋长度方向的计算长度时，把框架柱平面外的支承点视为框架柱在平面外屈曲时变形曲线的反弯点。

5.3.8 构件容许长细比值的规定，主要是避免构件柔度太大，在本身重力作用下产生过大的挠度和运输、安装过程中造成弯曲，以及在动力荷载作用下发生较大振动。对受压构件来说，由于刚度不足产生的不利影响远比受拉构件严重。

调查证明，主要受压构件的容许长细比值取为150，一般的支撑压杆取为200，能满足正常使用的要求。考虑到国外多数规范对压杆的容许长细比值均较宽，一般不分压杆受力情况均规定为200，经研究并参考国外资料，在注中增加了桁架中内力不大于承载能力50%的受压腹杆，其长细比可放宽到200。

5.3.9 受拉构件的容许长细比值，基本上保留了我国多年使用经验所规定（即原规范的规定）的数值。

在5.3.8和5.3.9条中，增加对跨度等于和大于60m桁架杆件的容许长细比的规定，这是根据近年大跨度桁架的实践经验作的补充规定。

5.4 受压构件的局部稳定

5.4.1 在轴心受压构件中，翼缘板的自由外伸宽度 b 与其厚度 t 之比的限值，是根据三边简支板（板的长度远远大于宽度 b）在均匀压应力作用下，其屈曲应力等于构件的临界应力确定的。板在弹性状态的屈曲应力为：

$$\sigma_{cr} = \frac{0.425\pi^2 E}{12(1-\nu^2)}\left(\frac{t}{b}\right)^2 \qquad (46)$$

板在弹塑性状态失稳时为双向异性板，其屈曲应力为：

$$\sigma_{cr} = \frac{0.425\sqrt{\eta}\pi^2 E}{12(1-\nu^2)}\left(\frac{t}{b}\right)^2 \qquad (47)$$

式中 η——弹性模量折减系数，根据轴心受压构件局部稳定的试验资料，η 可取为：

$$\eta = 0.1013\lambda^2(1-0.0248\lambda^2 f_y/E)f_y/E。$$

由 $\sigma_{cr} = \varphi f_y$，并取本规范附录C中的 φ 值即可得到 λ 与 b/t 的关系曲线。为便于设计，本规范采用了

公式（5.4.1-1）所示直线公式代替。

对压弯构件，b/t 的限值应该由受压最大翼缘板屈曲应力决定，这时弹性模量折减系数 η 不仅与构件的长细比有关，而且还与作用于构件的弯矩和轴心压力值有关，计算比较复杂。为了便于设计，可以采用定值法来确定 η 值。对于长细比较大的压弯构件，可取 $\eta = 0.4$，翼缘的平均应力可取 $0.95f_y$，代入公式（47）中，得：

$$\frac{b}{t} = \pi \sqrt{\frac{0.425 \sqrt{0.4} E}{12 (1-\nu^2) 0.95 f_y}} = 15 \sqrt{\frac{235}{f_y}} \quad (48)$$

对于长细比小的压弯构件，η 值较小，所得到的 b/t 就会小于 $15 \sqrt{235/f_y}$。

为了与受弯构件协调，规范采用公式（5.4.1-2）的值作为压弯构件翼缘板外伸宽度与其厚度之比的限值。但也允许 $13 \sqrt{235/f_y} < b/t \leqslant 15 \sqrt{235/f_y}$，此时，在压弯构件的强度计算和整体稳定计算中，对强轴的塑性系数 γ_x 取为 1.0。

5.4.2 对工字形或 H 形截面的轴心受压构件，腹板的高厚比 h_0/t_w 是根据两边简支另两边弹性嵌固的板在均匀压应力作用下，其屈曲应力等于构件的临界应力得到的。板的嵌固系数取 1.3。在弹塑状态屈曲时，腹板的屈曲应力为：

$$\sigma_{cr} = \frac{1.3 \times 4 \sqrt{\eta} \pi^2 E}{12 (1-\nu^2)} \left(\frac{t_w}{h_0}\right)^2 \quad (49)$$

弹性模量折减系数 η 仍按公式（48）取值。由 $\sigma_{cr} = \varphi f_y$，并用本规范附录 C 中的 φ 值代入，可得到 h_0/t_w 与 λ 的关系曲线。为了便于设计，用本规范公式（5.4.2-1）的直线式代替（可参见何保康写的"轴心压杆局部稳定试验研究"一文，载于《西安冶金建筑学院学报》，1985 年 1 期）。

在压弯构件中，腹板高厚比 h_0/t_w 的限值是根据四边简支板在不均匀压应力 σ 和剪应力 τ 的联合作用下屈曲时的相关公式确定的。压弯构件在弹塑性状态发生弯矩作用平面内失稳时，根据构件尺寸和力的作用情况，腹板可能在弹性状态下屈曲，也可能在弹塑性状态下屈曲。

腹板在弹性状态下屈曲时（图 17），其临界状态的相关公式为：

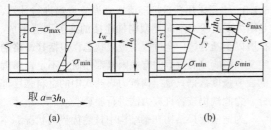

(a)　　　　　　　　(b)

图 17　腹板的应力和应变

$$\left(\frac{\tau}{\tau_0}\right)^2 + \left[1 - \left(\frac{\alpha_0}{2}\right)^5\right]\frac{\sigma}{\sigma_0} + \left(\frac{\alpha_0}{2}\right)^5 \left(\frac{\sigma}{\sigma_0}\right)^2 = 1 \,(50)$$

式中　α_0——应力梯度，$\alpha_0 = \dfrac{\sigma_{max} - \sigma_{min}}{\sigma_{max}}$；

　　τ_0——剪应力 τ 单独作用时的弹性屈曲应力，$\tau_0 = \beta_v \dfrac{\pi^2 E}{12 (1-\nu^2)} \left(\dfrac{t_w}{h_0}\right)^2$，取 $a = 3h_0$，则屈曲系数 $\beta_v = 5.784$；

　　σ_0——不均匀应力 σ 单独作用下的弹性屈曲应力，$\sigma_0 = \beta_c \dfrac{\pi^2 E}{12 (1-\nu^2)} \left(\dfrac{t_w}{h_0}\right)^2$，屈曲系数 β_c 取决于 α_0 和剪应力的影响。

由公式（50）可知，剪应力将降低腹板的屈曲应力。但当 $\alpha_0 \leqslant 1$ 时，τ/σ_m（σ_m 为弯曲压应力）值的变化对腹板的屈曲应力影响很少。根据压弯构件的设计资料，可取 $\tau/\sigma_m = 0.3$ 作为计算腹板屈曲应力的依据。

在正应力与剪应力联合作用下，腹板的弹性屈曲应力，可用下式表达：

$$\sigma_{cr} = \beta_e \frac{\pi^2 E}{12 (1-\nu^2)} \left(\frac{t_w}{h_0}\right)^2 \quad (51)$$

式中　β_e——正应力与剪应力联合作用时的弹性屈曲系数。

现在我们利用公式（51）来求出 h_0/t_w 的最大限值。当 $\alpha_0 = 2$（无轴心力）和 $\tau/\sigma_m = 0.3$ 时，即 $\tau/\sigma = 0.15\alpha_0$ 时，可由相关公式（50）求得弹性屈曲系数 $\beta_e = 15.012$。将此值代入公式（51）中，并取 $\sigma_{cr} = \sigma_{max} = 0.95 f_y$，得 $h_0/t_w = 111.79 \sqrt{235/f_y}$。但是当 $\alpha_0 = 2$ 且 σ_{max} 为最大值时，剪应力 τ 通常较小，可取 $\tau/\sigma_m = 0.2$，得 $\beta_e = 18.434$；仍取 $\sigma_{cr} = 0.95 f_y$，则 $h_0/t_w = 124 \sqrt{235/f_y}$。所以，压弯构件中以 $h_0/t_w \approx 120 \sqrt{235/f_y}$ 作为弹性腹板的最大限值是适宜的。

在很多压弯构件中，腹板是在弹塑性状态屈曲的（图 17b），应根据板的弹塑性屈曲理论进行计算，其屈曲应力 σ_{cr} 可用下式表达：

$$\sigma_{cr} = \beta_p \frac{\pi^2 E}{12 (1-\nu^2)} \left(\frac{t_w}{h_0}\right)^2 \quad (52)$$

式中 β_p 为四边简支板在不均匀压应力与剪应力联合作用下的弹塑性屈曲系数，其值取决于应力比 τ/σ、应变梯度 $\alpha = \dfrac{\varepsilon_{max} - \varepsilon_{min}}{\varepsilon_{max}}$ 和板边缘的最大割线模量 E_s，而割线模量又取决于腹板的塑性发展深度 μh_0。当 $\mu \leqslant (2-\alpha)/\alpha$ 时，由图 17b 中的几何关系，$E_s = (1-\alpha\mu) E$；当 $\mu > (2-\alpha)/\alpha$ 时，$E_s = 0.5 (1-\mu) E$。

E_s 与 β_p 之间的关系见表 8。在计算 τ、σ 和 α_0 时都是按无限弹性板考虑的。

表 8　四边简支板的弹塑性屈曲系数 β_{p}

（当 $\tau/\sigma_{\mathrm{m}} = 0.3$ 时）

α_0 ＼ E_{s}/E	1.0	0.9	0.8	0.7	0.6
0	4.000	3.003	2.683	2.369	2.047
0.2	4.435	3.393	3.036	2.665	2.300
0.4	4.970	3.874	3.465	3.050	2.630
0.6	5.640	4.477	4.006	3.527	3.042
0.8	6.467	5.222	4.681	4.126	3.561
1.0	7.507	6.152	5.536	4.892	4.233
1.2	8.815	7.317	6.629	5.886	5.117
1.4	10.393	8.671	7.944	7.117	6.238
1.6	12.150	10.080	9.391	8.526	7.576
1.8	13.800	11.322	10.812	9.985	8.997
2.0	15.012	11.988	11.651	10.951	10.079

在压弯构件中，μh_0 取决于构件的长细比 λ 和应变梯度 α（或应力梯度 α_0）。显然计算 E_{s}/E 的过程比较复杂。对于工字形截面，可将 μ 取为定值，用 $\mu = 0.25$，即可得到与 α_0 对应的 E_{s}/E 和 β_{p}。由下式可以算得 h_0/t_{w} 的限值：

$$\sigma_{\mathrm{cr}} = \beta_{\mathrm{p}} \frac{\pi^2 E}{12(1-\nu^2)} \left(\frac{t_{\mathrm{w}}}{h_0}\right)^2 = f_{\mathrm{y}} \qquad (53)$$

h_0/t_{w} 与 α_0 的关系是曲线形式。为了便于计算采用两根直线代替：

当 $0 \leqslant \alpha_0 \leqslant 1.6$ 时：

$$\frac{h_0}{t_{\mathrm{w}}} = (16\alpha_0 + 50)\sqrt{\frac{235}{f_{\mathrm{y}}}} \qquad (54)$$

当 $1.6 < \alpha_0 \leqslant 2.0$ 时：

$$\frac{h_0}{t_{\mathrm{w}}} = (48\alpha_0 - 1)\sqrt{\frac{235}{f_{\mathrm{y}}}} \qquad (55)$$

但是此四边简支板是压弯构件的腹板，其受力大小应与构件的长细比 λ 有关，而且当 $\alpha_0 = 0$ 时 h_0/t_{w} 的限值应与轴心受压构件的腹板相同；当 $\alpha_0 = 2$ 时，h_0/t_{w} 应与受弯构件及剪应力影响的腹板高厚比基本一致。因此采用规范公式（5.4.2-2）和公式（5.4.2-3）来确定压弯构件腹板的高厚比（详细推导可参见李从勤写的"对称截面偏心压杆腹板的屈曲"，载于《西安冶金建筑学院学报》，1984 年 1 期）。

5.4.3 箱形截面的轴心压杆，翼缘和腹板都可认为是均匀受压的四边支承板。计算屈曲应力时，认为板件之间没有嵌固作用。计算方法与本规范第 5.4.2 条中的轴心受压构件腹板相同。但为了便于设计，近似地将宽厚比限值取为定值，没有和长细比发生联系。

箱形截面的压弯构件，腹板屈曲应力的计算方法与工字形截面的腹板相同。但是考虑到腹板的嵌固条件不如工字形截面，两块腹板的受力状况也可能不完全一致，为安全计，采用本规范公式（5.4.2-2）或公式（5.4.2-3）的限值乘以 0.8。

5.4.4 T 形截面腹板的悬伸宽厚比通常比翼缘大得多。当为轴心受压构件时，腹板局部屈曲受到翼缘的约束。原规范对此腹板采用与工字形截面翼缘相同的限值，过分保守。经过理论分析（详见陈绍蕃"T 形截面压杆的腹板局部屈曲"，《钢结构》2001 年 2 期）和试验验证，将腹板宽厚比限值适当放宽。考虑到焊接 T 形截面几何缺陷和残余应力都比热轧 T 型钢不利，采用了相对低一些的限值。

对 T 形截面的压弯构件，当弯矩使翼缘受压时，腹板处于比轴心压杆更有利的地位，可以采用与轴压相同的高厚比限值。但当弯矩使腹板自由边受压时，腹板处于较为不利的地位。由于这方面未做新的研究工作，仍保留 GBJ 17—88 规范的规定。

5.4.5 受压圆管管壁在弹性范围局部屈曲临界应力理论值很大。但是管壁局部屈曲与板件不同，对缺陷特别敏感，实际屈曲应力比理论值低得多。参考我国薄壁型钢规范和国外有关规范的规定，不分轴心或压弯构件，统一采用 $d/t \leqslant 100\,(235/f_{\mathrm{y}})$。

5.4.6 对于 H 形、工字形和箱形截面的轴心受压构件和压弯构件，当腹板的高厚比不满足本规范第 5.4.2 条或第 5.4.3 条的要求时，可以根据腹板屈曲后强度的概念，取与翼缘连接处的一部分腹板截面作为有效截面。

6　疲　劳　计　算

6.1　一　般　规　定

6.1.1 本条阐明本章的适用范围为直接承受动力荷载重复作用的钢结构，当其荷载产生应力变化的循环次数 $n \geqslant 5 \times 10^4$ 时的高周疲劳计算。需要进行疲劳计算的循环次数，原规范规定为 $n \geqslant 10^5$ 次，考虑到在某些情况下可能不安全，参考国外规定并结合建筑钢结构的实际情况，改为 $n \geqslant 5 \times 10^4$ 次。

6.1.2 本条说明本章的适用范围为在常温、无强烈腐蚀作用环境中的结构构件和连接。

对于海水腐蚀环境、低周-高应变疲劳等特殊使用条件中疲劳破坏的机理与表达式各有特点，分别另属专门范畴；高温下使用和焊后经回火消除焊接残余应力的结构构件及其连接则有不同于本章的疲劳强度值，均应另行考虑。

6.1.3 本章采用荷载标准值按容许应力幅进行计算，是因为现阶段对不同类型构件连接的疲劳裂缝形成、扩展以至断裂这一全过程的极限状态，包括其严格的定义和影响发展过程的有关因素都还研究不足，掌握的疲劳强度数据只是结构抗力表达式中的材料强度部分，为此现仍按容许应力法进行验算。

为适应焊接结构在钢结构中日趋优势的状况，本章采用目前已为国际上公认的应力幅计算表达式。多年来国内外的试验研究和理论分析证实：焊接及随后的冷却，构成不均匀热循环过程，使焊接结构内部产生自相平衡的内应力，在焊缝附近出现局部的残余拉应力高峰，横截面其余部分则形成残余压应力与之平衡。焊接残余拉应力最高峰值往往可达到钢材的屈服强度。此外，焊接连接部位因截面改变原状，总会产生不同程度的应力集中现象。残余应力和应力集中两个因素的同时存在，使疲劳裂缝发生于焊缝熔合线的表面缺陷处或焊缝内部缺陷处，然后沿垂直于外力作用方向扩展，直到最后断裂。产生裂缝部位的实际应力状态与名义应力有很大差别，在裂缝形成过程中，循环内应力的变化是以高达钢材屈服强度的最大内应力为起点，往下波动应力幅 $\Delta\sigma = \sigma_{max} - \sigma_{min}$ 与该处应力集中系数的乘积。此处 σ_{max} 和 σ_{min} 分别为名义最大应力和最小应力，在裂缝扩展阶段，裂缝扩展速率主要受控于该处的应力幅值。各国试验数据相继证明，多数焊接连接类别的疲劳强度当用 $\Delta\sigma$ 表示式进行统计分析时，几乎是与名义的最大应力比根本无关，因此与过去用最大名义应力 σ_{max} 相比，焊接结构采用应力幅 $\Delta\sigma$ 的计算表达式更为合理。

试验证明，钢材静力强度的不同，对大多数焊接连接类别的疲劳强度并无显著差别，仅在少量连接类别（如轧制钢材的主体金属、经切割加工的钢材和对接焊缝经严密检验和细致的表面加工时）的疲劳强度有随钢材强度提高稍稍增加的趋势，而这些连接类别一般不在构件疲劳计算中起控制作用。因此，为简化表达式，可认为所有类别的容许应力幅都与钢材静力强度无关，即疲劳强度所控制的构件，采用强度较高的钢材是不经济的。

连接类别是影响疲劳强度的主要因素之一，主要是因为它将引起不同的应力集中（包括连接的外形变化和内在缺陷影响）。设计中应注意尽可能不采用应力集中严重的连接构造。

容许应力幅数值的确定，是根据疲劳试验数据统计分析而得，在试验结果中已包括了局部应力集中可能产生屈服区的影响，因而整个构件可按弹性工作进行计算。连接形式本身的应力集中不予考虑，其他因断面突变等构造产生应力集中应另行计算。

按应力幅概念计算，承受压应力循环与承受拉应力循环是完全相同的，而国外试验资料中也有在压应力区发现疲劳开裂的现象，但鉴于裂缝形成后，残余应力即自行释放，在全压应力循环中裂缝不会继续扩展，故可不予验算。

6.2 疲 劳 计 算

6.2.1 本条文提出常幅疲劳验算公式（6.2.1-1）和验算所需的疲劳容许应力幅计算公式（6.2.1-2）。

常幅疲劳系指重复作用的荷载值基本不随时间随机变化，可近似视为常量，因而在所有的应力循环次数内应力幅恒等。验算时只需将应力幅与所需循环次数对应的容许应力幅比较即可。

考虑到非焊接构件和连接与焊接者之间的不同，即前者一般不存在很高的残余应力，其疲劳寿命不仅与应力幅有关，也与名义最大应力有关。因此，在常幅疲劳计算公式内，引入非焊接部位折算应力幅，以考虑 σ_{max} 的影响。折算应力幅计算公式为：

$$\Delta\sigma = \sigma_{max} - 0.7\sigma_{min} \leqslant [\Delta\sigma] \qquad (56)$$

若按 σ_{max} 计算的表达式为：

$$\sigma_{max} \leqslant \frac{[\sigma_0^p]}{1 - k\dfrac{\sigma_{min}}{\sigma_{max}}} \qquad (57)$$

即：

$$\sigma_{max} - k\sigma_{min} \leqslant [\sigma_0^p] \qquad (58)$$

式中　k——系数，按 TJ 17—74 规范规定：对主体金属：3 号钢取 $k = 0.5$，16Mn 钢取 $k = 0.6$；角焊缝：3 号钢取 $k = 0.8$，16Mn 钢取 $k = 0.85$；

$[\sigma_0^p]$——应力比 ρ（$\rho = \sigma_{min}/\sigma_{max}$）$= 0$ 时的疲劳容许拉应力，其值与 $[\Delta\sigma]$ 相当。

在 TJ 17—74 规范中，$[\sigma_0^p]$ 考虑了欠载效应系数 1.15 和动力系数 1.1，故其值较高。但本条仅考虑常幅疲劳，应取消欠载系数，且 $[\Delta\sigma]$ 是试验值，已包含动载效应，所以亦不考虑动力系数。因此 $[\Delta\sigma]$ 的取值相当于 $[\sigma_0^p] / (1.15 \times 1.1) = 0.79 [\sigma_0^p]$。另外，规范 GBJ 17—88 以高强度螺栓摩擦型连接和带孔试件为代表，将试验数据统计分析，取 $k = 0.7$。因此得：

$$\Delta\sigma = \sigma_{max} - 0.7\sigma_{min} \qquad (59)$$

常幅疲劳容许应力幅［本规范公式（6.2.1-2）和表 6.2.1］是基于两方面的工作，一是收集和汇总各种构件和连接形式的疲劳试验资料；二是以几种主要的形式为出发点，把众多的构件和连接形式归纳分类，每种具体连接以其所属类别给出疲劳曲线和有关系数。为进行统计分析工作，汇集了国内现有资料，个别连接形式（如 T 形对接焊等）适当参考国外资料。

根据不同钢号、不同尺寸的同一连接形式的所有试验资料，汇总后按应力幅计算式重新进行统计分析，以 95% 置信度取 2×10^6 次疲劳应力幅下限值。例如，用实腹梁中起控制作用的横向加劲肋予以说明，共收集了九批试验资料，包括 3 号钢、16Mn 钢、15MnV 钢三种钢号，板厚从 12 ~ 50mm 的试件和部分小梁，统计结果得 200 万次平均疲劳强度为 132N/mm²，保证 95% 置信度的下限为 100N/mm²。疲劳曲线在双对数坐标中斜率为 - 3.16 的直线。这几个基本参数是确定连接分类及其特征 $[\Delta\sigma]$-N 曲线的依据和出发点。

按各种连接形式疲劳强度的统计参数[非焊接连接形式考虑了最大应力（应力比）实际存在的影响]，以构件主体金属、高强度螺栓连接、带孔、翼缘焊缝、横向加劲肋、横向角焊缝连接和节点板连接等几种主要形式为出发点，适当照顾[$\Delta\sigma$]-N 曲线族的等间隔设置，把连接方式和受力特点相似、疲劳强度相近的形式归成同一类，最后如本规范附录 E 所示，构件和连接分类有八种。分类后，需要确定疲劳曲线斜率值，根据试验结果，绝大多数焊接连接的斜率在 $-3.0 \sim -3.5$ 之间，部分介于 $-2.5 \sim -3.0$ 之间，构件主体金属和非焊接连接则按斜率小于 -4，为简化计算取用 $\beta=3$ 和 $\beta=4$ 两种，而在 $n=2\times10^6$ 次疲劳强度取值上略予调整，以免在低循环次数出现疲劳强度过高的现象。[$\Delta\sigma$]-N 曲线族确定后（本规范表6.2.1），可据此求出任何循环次数下的容许应力幅 [$\Delta\sigma$]。

这次修订仅将原规范的"构件和连接分类"表中项次 5 梁翼缘连接焊缝附近主体金属的类别作了补充和调正。

6.2.2 实际结构中重复作用的荷载，一般并不是固定值，若能预测或估算结构的设计应力谱，则按本规范第 6.2.3 条对吊车梁的处理手法，也可将变幅疲劳转换为常幅疲劳计算。在缺乏可用资料时，则只能近似地按常幅疲劳验算。

6.2.3 本条文提出适用于重级工作制吊车梁和重级、中级工作制吊车桁架的疲劳计算公式（6.2.3）。

为掌握吊车梁的实际应力情况，我们实测了一些有代表性车间，根据吊车梁应力测定资料，按雨流法进行应力幅频次统计，得到几种主要车间吊车梁的设计应力谱以及用应力循环次数表示的结构预期寿命。

设计应力谱包括应力幅水平 $\Delta\sigma_1$、$\Delta\sigma_2$……$\Delta\sigma_i$……及对应的循环次数 n_1、n_2……n_i……（统计分析时应力幅水平分级一般取为 10，即 $i\rightarrow10$），然后按目前国际上通用的 Miner 线性累积损伤原理进行计算，其原理如下：

连接部位在某应力幅水平 $\Delta\sigma_i$、作用有 n_i 次循环，常幅疲劳对应 $\Delta\sigma_i$ 的疲劳寿命为 N_i，则在 $\Delta\sigma_i$ 力幅所占损伤率为 n_i/N_i，对设计应力谱内所有应力幅均作相同计算，则得：

$$\sum \frac{n_i}{N_i} = \frac{n_1}{N_1} + \frac{n_2}{N_2} + \cdots + \frac{n_i}{N_i} + \cdots$$

从工程应用角度，粗略地可认为当 $\sum \dfrac{n_i}{N_i}=1$ 时产生疲劳破坏。现设想另有一常幅疲劳，应力幅为 $\Delta\sigma_e$，应力循环 $\sum n_i$ 次后也产生疲劳破坏，若连接的疲劳曲线为：

$$N[\Delta\sigma]^\beta = C$$

对每一级应力幅水平均有：

$$N_i[\Delta\sigma_i]^\beta = C$$

同理有：

$$\sum n_i \cdot [\Delta\sigma_e]^\beta = C$$

代入 $\sum \dfrac{n_i}{N_i} = 1$ 计算式，简化得到：

$$\Delta\sigma_e = \left[\frac{\sum n_i (\Delta\sigma_i)^\beta}{\sum n_i} \right]^{1/\beta}$$

此公式即是变幅疲劳的等效应力幅计算式[即本规范公式（6.2.2-2）]。

计算累积损伤时还涉及 [$\Delta\sigma$]-N 曲线形状及截止应力问题。众所周知，各类连接在常幅疲劳情况下存在各自的疲劳极限，参照国外有关标准的建议，可把 $n=5\times10^6$ 次视为各类连接疲劳极限对应的循环次数。但在变幅疲劳计算中，常幅疲劳的疲劳极限并不适用，需另行考虑。其原因是随着疲劳裂缝的扩展，一些低于疲劳极限的低应力幅也将陆续成为扩展应力幅而加速疲劳损伤。与高应力幅不同，低应力幅的扩展作用不是一开始就有的。考虑低应力幅作用的处理手法较多，有取用分段 $\Delta\sigma$-N 曲线，有另行确定低于疲劳极限的截止应力，以及延长 $\Delta\sigma$-N 曲线至截止应力为零等。经对比计算表明（选择 7 种设计寿命和 8 种应力谱型，共计 56 种情况）：考虑低应力幅损伤作用最简便方法是取截止应力为零，即将高低应力幅不加区别地同等对待，这样处理的结果在精度上也是令人满意的，与某些精确方法相比，相对误差小于 5%，且偏于安全。

按上述原理推算各类车间实测吊车梁的等效应力幅 $\alpha_1\Delta\sigma$，此处 $\Delta\sigma$ 为设计应力谱中最大的应力幅；α_1 为变幅荷载的欠载效应系数。因不同车间实测的应力循环次数不同，为便于比较，统一以 $n=2\times10^6$ 次疲劳强度为基准，进一步折算出相对的欠载系数 α_f，结果如表 9 所示：

表 9　不同车间的欠载效应等效系数

车间名称	推算的 50 年内应力循环次数	欠载效应系数 α_1	以 $n=2\times10^6$ 次为基准的欠载效应等效系数 α_f
某钢厂 850 车间（第一次测）	9.68×10^6	0.56	0.94
某钢厂 850 车间（第二次测）	12.4×10^6	0.48	0.88
某钢厂炼钢车间	6.81×10^6	0.42	0.64
某钢厂炼钢厂	4.83×10^6	0.60	0.81
某重机厂水压机车间	9.90×10^6	0.40	0.68

分析测定数据时，都将最大实测值视为吊车满负荷设计应力 $\Delta\sigma$，然后划分应力幅水平级别。事实上，实测应力与设计应力相比，随车间生产工艺不同（吊车吊重物后，实际运行位置与设计采用的最不利位置不完全相符）而有悬殊差异。例如均热炉车间正常的

最大实测应力为设计应力的 80% 以上，炼钢车间吊车为设计应力的 50% 左右，而水压机车间仅为设计应力的 30%。

考虑到实测条件中的应力状态，难以包括长期使用时各种错综复杂的状况，忽略这一部分欠载效应是偏于安全的。

根据实测结果，提出本规范表 6.2.3-1 的 α_f 值：硬钩吊车取用 1.0，重级工作制软钩吊车为 0.8。有关中级工作制吊车桁架需要进行疲劳验算的规定，是由于实际工程中确有使用尚属频繁而满负荷率较低的一些吊车（如机械工厂的金工、锻工等车间），特别是当采用吊车桁架时，有补充疲劳验算的必要，故根据以往分析资料（中级工作制欠载约为重级工作制的 1.3 倍）推算出相应于 $n = 2 \times 10^6$ 次的 α_f 值为 0.5。至于轻级工作制吊车梁和吊车桁架以及大多数中级工作制吊车梁，根据多年来使用的情况和设计经验，可不进行疲劳计算。

7 连接计算

7.1 焊缝连接

7.1.1 本条是为适应实际需要而新增的条款。条文对焊缝质量等级的选用作了较具体的规定，这是多年实践经验的总结。众所周知，焊缝的质量等级是《钢结构工程施工及验收规范》GBJ 205—83 首先规定的。该规范及其修订说明颁布施行以来，很多设计单位即参照该施工规范修订说明第 3.4.11 条中对焊缝质量等级选用的建议和魏明钟教授编著的《钢结构设计新规范应用讲评》（1991 年版）中对焊缝质量等级选用的意见进行设计的，但仍有一些设计人员由于对规范理解不深，在施工图中往往对焊缝质量提出不合理的要求，给施工造成困难。为避免设计中的某些模糊认识，特新增加本条的规定。本条内容实质上是对过去工程实践经验的系统总结，并根据规范修订过程中收集到的意见加以补充修改而成。条文所遵循的原则为：

1 焊缝质量等级主要与其受力情况有关，受拉焊缝的质量等级要高于受压或受剪的焊缝；受动力荷载的焊缝质量等级要高于受静力荷载的焊缝。

2 凡对接焊缝，除非作为角焊缝考虑的部分熔透的焊缝外，一般都要求熔透并与母材等强，故需进行无损探伤。因此，对接焊缝的质量等级不宜低于二级。

3 在建筑钢结构中，角焊缝一般不进行无损探伤检验，但对外观缺陷的等级（见现行国家标准《钢结构工程施工质量验收规范》GB 50205 附录 A）可按实际需要选用二级或三级。

4 根据现行国家标准《焊接术语》GB/T 3375—94，凡 T 形、十字或角接接头的对接焊缝基本上都没有焊脚，这不符合建筑钢结构对这类接头焊缝截面形状的要求。为避免混淆，对上述对接焊缝应一律按《焊接术语》书写为"对接和角接组合焊缝"（下同）。

最后需强调的是本条规定与本规范表 3.4.1-3 的关系问题。本条是供设计人员如何根据焊缝的重要性、受力情况、工作条件和设计要求等对焊缝质量等级的选用作出原则和具体规定，而表 3.4.1-3 则是根据对接焊缝的不同质量等级对各种受力情况下的强度设计值作出规定，这是两种性质不同的规定。在表 3.4.1-3 中，虽然受压和受剪的对接焊缝不论其质量等级如何均具有相同的强度设计值，但不能据此就误认为这种焊缝可以不考虑其重要性和其他条件而一律采用三级焊缝。正如质量等级为一、二级的受拉对接焊缝虽具有相同的强度设计值，但设计时不能据此一律选用二级焊缝的情况相同。

另外，为了在工程质量标准上与国际接轨，对要求熔透的与母材等强的对接焊缝（不论是承受动力荷载或静力荷载，亦不论是受拉或受压），其焊缝质量等级均不宜低于二级，因为在《美国钢结构焊接规范》AWS 中对上述焊缝的质量均要求进行无损探伤，而我国规范对三级焊缝是不进行无损探伤的。

7.1.2 凡要求等强的对接焊缝施焊时均应采用引弧板和引出板，以避免焊缝两端的起、落弧缺陷。在某些特殊情况下无法采用引弧板和引出板时，计算每条焊缝长度时应减去 $2t$（t 为焊件的较小厚度），因为缺陷长度与焊件的厚度有关，这是参照前苏联钢结构设计规范的规定。

7.1.3 角焊缝两焊脚边夹角为直角的称为直角角焊缝，两焊脚边夹角为锐角或钝角的称为斜角角焊缝。本条文规定的计算方法仅适用于直角角焊缝的计算。

角焊缝按它与外力方向的不同可分为侧面焊缝、正面焊缝、斜焊缝以及由它们组合而成的围焊缝。由于角焊缝的应力状态极为复杂，因而建立角焊缝计算公式要靠试验分析。国内外的大量试验结果证明，角焊缝的强度和外力的方向有直接关系。其中，侧面焊缝的强度最低，正面焊缝的强度最高，斜焊缝的强度介于二者之间。

国内对直角角焊缝的大批试验结果表明：正面焊缝的破坏强度是侧面焊缝的 1.35～1.55 倍。并且通过有关的试验数据，通过加权回归分析和偏于安全方面的修正，对任何方向的直角角焊缝的强度条件可用下式表达（图 18）：

$$\sqrt{\sigma_\perp^2 + 3\left(\tau_\perp^2 + \tau_\parallel^2\right)} \leqslant \sqrt{3} f_f^w \qquad (60)$$

式中 $\sigma_\perp$ ——垂直于焊缝有效截面（$h_e l_w$）的正应力；

$\tau_\perp$ ——有效截面上垂直焊缝长度方向的剪应力；

$\tau_\parallel$ ——有效截面上平行于焊缝长度方向的剪应力；

f_f^w ——角焊缝的强度设计值（即侧面焊缝的

强度设计值）。

公式（60）的计算结果与国外的试验和推荐的计算方法是相符的。

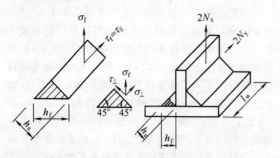

图18 角焊缝的计算

现将公式（60）转换为便于使用的计算式，如图18所示，令 σ_f 为垂直于焊缝长度方向按焊缝有效截面计算的应力：

$$\sigma_f = \frac{N_x}{h_e l_w}$$

它既不是正应力也不是剪应力，但可分解为：

$$\sigma_\perp = \frac{\sigma_f}{\sqrt{2}}, \qquad \tau_\perp = \frac{\sigma_f}{\sqrt{2}}$$

又令 τ_f 为沿焊缝长度方向按焊缝有效截面计算的剪应力，显然：

$$\tau_\parallel = \tau_f = \frac{N_y}{h_e l_w}$$

将上述 $\sigma_\perp$、$\tau_\perp$、$\tau_\parallel$ 代入公式（60）中，得：

$$\sqrt{\left(\frac{\sigma_f}{\beta_f}\right)^2 + \tau_f^2} \leqslant f_f^w \qquad (61)$$

式中 β_f——正面角焊缝强度的增大系数，$\beta_f = 1.22$。

对正面角焊缝，$N_y = 0$，只有垂直于焊缝长度方向的轴心力 N_x 作用：

$$\sigma_f = \frac{N_x}{h_e l_w} \leqslant \beta_f f_f^w \qquad (62)$$

对侧面角焊缝，$N_x = 0$，只有平行于焊缝长度方向的轴心力 N_y 作用：

$$\tau_f = \frac{N_y}{h_e l_w} \leqslant f_f^w \qquad (63)$$

以上就是规范中公式（7.1.3-1）至公式（7.1.3-3）的来源。对承受静力荷载和间接承受动力荷载的结构，采用上述公式，令 $\beta_f = 1.22$，可以保证安全。但对直接承受动力荷载的结构，正面角焊缝强度虽高但刚度较大，应力集中现象也较严重，又缺乏足够的试验依据，故规定取 $\beta_f = 1.0$。

当垂直于焊缝长度方向的应力有分别垂直于焊缝两个直角边的应力 σ_{fx} 和 σ_{fy} 时（图19），可从公式（60）导出下式：

$$\sqrt{\frac{\sigma_{fx}^2 + \sigma_{fy}^2 - \sigma_{fx}\sigma_{fy}}{\beta_f^2} + \tau_f^2} \leqslant f_f^w \qquad (64)$$

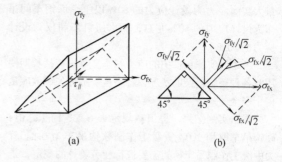

图19 角焊缝 σ_{fx}、σ_{fy} 和 τ_f 共同作用

式中对使用焊缝有效截面受拉的 σ_{fx} 或 σ_{fy} 取为正值，反之取负值。

由于此种受力复杂的角焊缝我们还研究得不够，在工程实践中又极少遇到，所以未将此种情况列入规范。不过我们建议，这种角焊缝宜采用不考虑应力方向的计算式进行计算，即：

$$\sqrt{\sigma_{fx}^2 + \sigma_{fy}^2 + \tau_f^2} \leqslant f_f^w \qquad (65)$$

另外，角焊缝的计算长度在这次修订时改为实际长度减去 $2h_f$（原规范为10mm），这不仅更符合实际且与《冷弯薄壁型钢结构技术规范》GB 50018 相一致。

7.1.4 在T形接头直角和斜角角焊缝的强度计算中，原规范忽略了在接头处根部间隙 $b > 1.5$mm 后对焊缝计算厚度 h_e 带来的影响，另外，对两焊脚边夹角 α 又没有加以限制，不合理。今参照美国焊接规范（AWS）并与我国《建筑钢结构焊接技术规程》JGJ 81 进行协调后，对条文进行了修改。规定锐角焊缝 $\alpha \geqslant 60°$，钝角 $\alpha \leqslant 135°$（见 8.2.6 条），并参照 AWS 1998附录Ⅱ的计算公式，T形接头角焊缝的计算厚度应按图20中的 h_{e1} 或 h_{e2} 取用。

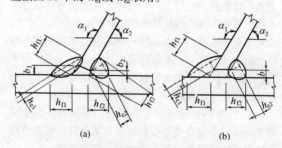

图20 T形接头的根部间隙和焊缝截面

b—根部间隙；h_f—焊脚尺寸；h_e—焊缝计算厚度

由图20中几何关系可知

在锐角 α_2 一侧，$h_{e2} = \left[h_{f2} - \dfrac{b\ （或\ b_2）}{\sin\alpha_2}\right]\dfrac{\cos\alpha_2}{2}$

$$(66a)$$

在钝角 α_1 一侧，$h_{e1} = \left[h_{f1} - \dfrac{b\ （或\ b_1）}{\sin\alpha_1}\right]\dfrac{\cos\alpha_1}{2}$

$$(66b)$$

由此可得斜角角焊缝计算厚度 h_{ei} 的通式：

$$h_{ei} = \left[h_f - \frac{b \ (\text{或} \ b_1 、 b_2)}{\sin\alpha_i} \right] \frac{\cos\alpha_i}{2} \qquad (67)$$

当 $b_i \leqslant 1.5\text{mm}$ 时，可取 $b_i = 0$，代入公式（67）后，即得 $h_{ei} = h_{fi}\cos\alpha_i/2$。

当 $b_i > 5\text{mm}$ 时，焊缝质量不能保证，应采取专门措施解决。一般是图 20（a）中的 b_1 可能大于 5mm，则可将板边切成图 20（b）的形式，并使 $b \leqslant 5\text{mm}$。

对于斜 T 形接头的角焊缝，在设计图中应绘制大样，详细标明两侧角焊缝的焊脚尺寸。

7.1.5 部分焊透的对接焊缝，包括图 7.1.5c 的部分焊透的对接与角接组合焊缝（按《焊接术语》GB/T 3375—94），其工作情况与角焊缝类似，仍按本规范公式（7.1.3-1）至公式（7.1.3-3）计算焊缝强度，但取 $\beta_f = 1.0$，即不考虑应力方向。

考虑到 $\alpha \geqslant 60°$ 的 V 形坡口，焊缝根部可以焊满，故取 $h_e = s$；当 $\alpha < 60°$ 时，取 $h_e = 0.75s$，是考虑焊缝根部不易焊满和在熔合线上强度较低的情况。

这次修订时，参照 AWS 1998，并与《建筑钢结构焊接技术规程》JGJ 81 相协调，将单边 V 形和 K 形坡口（图 7.1.5b、c），从 V 形坡口中分离出来，单独立项，并补充规定了这种焊缝计算厚度的计算方法。

严格说，上述各种焊缝的计算厚度应根据焊接方法、坡口形式及尺寸和焊缝位置的不同分别确定，详见《建筑钢结构焊接技术规程》JGJ 81。由于差别较小，本条采用了简化的表达方式，其计算结果与焊接技术规程基本相同。

另外，由于熔合线上的焊缝强度比有效截面处低约 10%，所以规定为：当熔合线处焊缝截面边长等于或接近于最小距离 s 时，抗剪强度设计值应按角焊缝的强度设计值乘以 0.9。对于垂直于焊缝长度方向受力的不予焊透对接焊缝，因取 $\beta_f = 1.0$，已具有一定的潜力，此种情况不再乘 0.9。

在垂直于焊缝长度方向的压力作用下，由于可以通过焊件直接传递一部分内力，根据试验研究，可将强度设计值乘以 1.22，相当于取 $\beta_f = 1.22$，而且不论熔合线处焊缝截面边长是否等于最小距离 s，均可如此处理。

7.2 紧固件（螺栓、铆钉等）连接

7.2.1 公式（7.2.1-8）和公式（7.2.1-10）的相关公式是保证普通螺栓或铆钉的杆轴不致在剪力和拉力联合作用下破坏；公式（7.2.1-9）和公式（7.2.1-11）是保证连接板件不致因承压强度不足而破坏。

7.2.2 本条为高强度螺栓摩擦型连接的要求。

1 高强度螺栓摩擦型连接是靠被连接板叠间的摩擦阻力传递内力，以摩擦阻力刚被克服作为连接承载能力的极限状态。摩擦阻力值取决于板叠间的法向压力即螺栓预拉力 P、接触表面的抗滑移系数 μ 以及传力摩擦面数目 n_f，故一个摩擦型高强度螺栓的最大受剪承载力为 $n_f\mu P$ 除以抗力分项系数 1.111，即得：

$$N_v^b = 0.9 n_f \mu P \qquad (68)$$

2 关于表 7.2.2-1 的抗滑移系数，这次修订时增加了 Q420 钢的 μ 值，一般来说，钢材强度愈高 μ 值越大。另外，通过近十余年的实践经验证明，原规范规定的当接触面处理为喷砂（丸）或喷砂（丸）后生赤锈时对 Q345 钢、Q390 钢所取的 $\mu = 0.55$ 过高，在实际工程中常达不到，现在改为 $\mu = 0.5$（含 Q420 钢）。

考虑到酸洗除锈在建筑结构上很难做到，即使小型构件能用酸洗，但往往有残存的酸液会继续腐蚀摩擦面，故未列入。

在实际工程中，还可能采用砂轮打磨（打磨方向应与受力方向垂直）等接触面处理方法，其抗滑移系数应根据试验确定。

另外，按规范公式（7.2.2-1）计算时，没有限定板束的总厚度和连接板叠的块数，当总厚度超出螺栓直径的 10 倍时，宜在工程中进行试验以确定施工时的技术参数（如转角法的转角）以及抗剪承载力。

3 关于高强度螺栓预拉力 P 的取值：高强度螺栓的预拉力 P 值原规范是基于螺栓的屈服强度确定的。因 8.8 级螺栓的屈服强度 $f_y = 660\text{N/mm}^2$，所算得的 P 值低于国外规范的相应值，以致 8.8 级螺栓摩擦型连接的承载力有时（$\mu \leqslant 0.4$ 时）甚至低于相同直径普通螺栓的抗剪承载力。考虑到高强度螺栓没有明显的屈服点，这次修订时参照国外经验改为预拉力 P 值以螺栓的抗拉强度为准，再考虑必要的系数，用螺栓的有效截面经计算确定。

拧紧螺栓时，除使螺栓产生拉应力外，还产生剪应力。在正常施工条件下，即螺母的螺纹和下支承面涂黄油润滑剂的条件下，或在供货状态原润滑剂未干的情况下拧紧螺栓时，试验表明可考虑对应力的影响系数为 1.2。

考虑螺栓材质的不均匀性，引进一折减系数 0.9。

施工时为了补偿螺栓预拉力的松弛，一般超张拉 5%～10%，为此采用一个超张拉系数 0.9。

由于以螺栓的抗拉强度为准，为安全起见再引入一个附加安全系数 0.9。

这样高强度螺栓预拉力值应由下式计算：

$$P = \frac{0.9 \times 0.9 \times 0.9}{1.2} f_u A_e \qquad (69)$$

式中 f_u——螺栓经热处理后的最低抗拉强度；对 8.8 级，取 $f_u = 830\text{N/mm}^2$，对 10.9 级取 $f_u = 1040\text{N/mm}^2$；

A_e——螺纹处的有效面积。

规范表 7.2.2-2 中的 P 值就是按公式（69）计算的（取 5kN 的整倍数值），计算结果与现行国家标准

《冷弯薄壁型钢结构技术规范》GB 50018 相协调，但仍小于国外规范的规定值，AISC 1999 和 Eurocode 3 1993 均取预拉力 $P = 0.7A_e f_u^b$，日本的取值亦与此相仿（《钢构造限界状态设计指针》1998）。

扭剪型螺栓虽然不存在超张拉问题，但国标中对 10.9 级螺栓连接副紧固轴力的最小值与本规范表 7.2.2-2 的 P 值基本相等，而此紧固轴力的最小值（即 P 值）却为其公称值的 0.9 倍。

4 关于摩擦型连接的高强度螺栓，其杆轴方向受拉的承载力设计值 $N_t^b = 0.8P$ 问题：试验证明，当外拉力 N_t 过大时，螺栓将发生松弛现象，这样就丧失了摩擦型连接高强度螺栓的优越性。为避免螺栓松弛并保留一定的余量，因此规范规定为：每个高强度螺栓在其杆轴方向的外拉力的设计值 N_t 不得大于 $0.8P$。

5 同时承受剪力 N_v 和栓杆轴向外拉力 N_t 的高强度螺栓摩擦型连接，其承载力可以采用直线相关公式表达如下 [即本规范公式（7.2.2-2）]：

$$\frac{N_v}{N_v^b} + \frac{N_t}{N_t^b} \leq 1$$

式中　N_v^b——一个高强度螺栓抗剪承载力设计值，

$N_v^b = 0.9n_f \mu P$ [即本规范公式（7.2.2-1）]；

N_t^b——一个高强度螺栓抗拉承载力设计值，

$N_t^b = 0.8P$（见本条说明第 4 款）。

将 N_v^b 和 N_t^b 代入本规范公式（7.2.2-2），即可得到与 GBJ 17—88 相同的结果，$N_{v,t}^b = 0.9n_f \mu（P - 1.25N_t）$（GBJ 17—88 规范第 7.2.2 条，1～3 款）。

7.2.3 本条为高强度螺栓承压型连接的计算要求。

1 目前制造厂生产供应的高强度螺栓无用于摩擦型连接和承压型连接之分。当摩擦面处理方法相同且用于使螺栓受剪的连接时，从单个螺栓受剪的工作曲线（图 21）可以看出：当以曲线上的"1"作为连接受剪承载力的极限时，即仅靠板叠间的摩擦阻力传递剪力，这就是摩擦型的计算准则。但实际上此连接尚有较大的承载潜力。承压型高强度螺栓是以曲线的最高点"3"作为连接承载力极限，因此更加充分利用了螺栓的承载能力，按理可以节约 50% 以上的螺栓。这次修订时降低了承压型连接对摩擦面的要求即

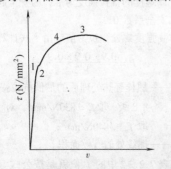

图 21　单个螺栓受剪时的工作曲线

除应清除油污和浮锈外，不再要求做其他处理。其工作性质与原先要求接触面处理与摩擦型连接相同时有所区别。

因高强度螺栓承压型连接的剪切变形比摩擦型的大，所以只适于承受静力荷载或间接承受动力荷载的结构中。另外，高强度螺栓承压型连接在荷载设计值作用下将产生滑移，也不宜用于承受反向内力的连接。

2 由于高强度螺栓承压型连接是以承载力极限值作为设计准则，其最后破坏形式与普通螺栓相同，即栓杆被剪断或连接板被挤压破坏，因此其计算方法也与普通螺栓相同。但要注意：当剪切面在螺纹处时，其受剪承载力设计值应按螺栓螺纹处的有效面积计算（普通螺栓的抗剪强度设计值是根据连接的试验数据统计而定的，试验时不分剪切面是否在螺纹处，故普通螺栓没有这个问题）。

3 当承压型连接高强度螺栓沿杆轴方向受拉时，本规范表 3.4.1-4 给出了螺栓的抗拉强度设计值 $f_t^b \approx 0.48f_u^b$，抗拉承载力的计算公式与普通螺栓相同，本款亦适用于未施加预拉力的高强度螺栓沿杆轴方向受拉连接的计算。

4 同时承受剪力和杆轴方向拉力的高强度螺栓承压型连接：当满足规范公式（7.2.3-1）、（7.2.3-2）的要求时，可保证栓杆不致在剪力和拉力联合作用下破坏。

规范公式（7.2.3-2）是保证连接板件不致因承压强度不足而破坏。由于只承受剪力的连接中，高强度螺栓对板叠有强大的压紧作用，使承压的板件孔前区形成三向压应力场，因而其承压强度设计值比普通螺栓的要高得多。但对受有杆轴方向拉力的高强度螺栓，板叠之间的压紧作用随外拉力的增加而减小，因而承压强度设计值也随之降低。承压型高强度螺栓的承压强度设计值是随外拉力的变化而变化的。为了计算方便，规范规定只要有外拉力作用，就将承压强度设计值除以 1.2 予以降低。所以规范公式（7.2.3-2）中右侧的系数 1.2 实质上是承压强度设计值的降低系数。计算 N_c^b 时，仍应采用本规范表 3.4.1-4 中的承压强度设计值。

5 由于已降低了承压型连接对摩擦面处理的要求，故原规范第 7.2.3 条第五款的要求即可取消。何况，此时在螺栓连接滑移时一般已不会发生响声。

7.2.4 当构件的节点处或拼接接头的一端，螺栓（包括普通螺栓和高强度螺栓）或铆钉的连接长度 l_1 过大时，螺栓或铆钉的受力很不均匀，端部的螺栓或铆钉受力最大，往往首先破坏，并将依次向内逐个破坏。因此规定当 $l_1 > 15d_0$，应将承载力设计值乘以折减系数。

7.2.6 本条提出了为连接薄钢板用的新式连接件（紧固件），如自攻螺钉、拉铆钉和近年来由国外引进

并已广泛应用于我国建筑业构件连接中为剪力连接件等用的射钉等。鉴于这些紧固件的设计计算及构造要求，在现行《冷弯薄壁型钢结构技术规范》GB 50018中均有具体规定，故本条不再赘述。

7.3 组合工字梁翼缘连接

7.3.1 本条所列公式是工程中习用的方法，引入系数 β_f 是为了区分因荷载状态的不同使焊缝连接的承载力有差异。

对直接承受动力荷载的梁（如吊车梁），取 $\beta_f = 1.0$；对承受静力荷载或间接承受动力荷载的梁（当集中荷载处无支承加劲肋时），取 $\beta_f = 1.22$。

7.3.2 在公式（7.3.2）的等号右侧，原规范为 $N_{\min}^r$，漏掉了紧固件的数目 n_1，现改为"$\leq n_1 N_{\min}^r$"，式中 n_1 为计算截面处的紧固件数。

7.4 梁与柱的刚性连接

本节为新增内容。

7.4.1 梁与柱刚性连接时，如不设置柱腹板的横向加劲肋，对柱腹板和翼缘厚度的要求是：

1 在梁受压翼缘处，柱腹板的厚度应满足强度和局部稳定的要求。公式（7.4.1-1）是根据梁受压翼缘与柱腹板在有效宽度 b_e 范围内等强的条件来计算柱腹板所需的厚度。计算时忽略了柱腹板向轴向（竖向）内力的影响，因为在主框架节点内，框架梁的支座反力主要通过柱翼缘传递，而连于柱腹板上的纵向梁的支座反力一般较小，可忽略不计。日本和美国均不考虑柱腹板竖向应力的影响。

公式（7.4.1-2）是根据柱腹板在梁受压翼缘集中力作用下的局部稳定条件，偏安全地采用的柱腹板宽厚比的限值。

2 柱翼缘板按强度计算所需的厚度 t_c 可用规范公式（7.4.1-3）表示，此式源于 AISC，其他各国亦沿用之。现简要推演如下（图22）：

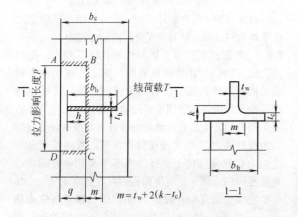

图 22 柱翼缘在拉力下的受力情况

在梁受拉翼缘处，柱翼缘板受到梁翼缘传来的拉力 $T = A_{ft}f_b$（A_{ft} 为梁受拉翼缘截面积，f_b 为梁钢材抗拉强度设计值）。T 由柱翼缘板的三个组成部分承担，中间部分（分布长度为 m）直接传给柱腹板的力为 $f_c t_b m$，其余各由两侧 $ABCD$ 部分的板件承担。根据试验研究，拉力在柱翼板上的影响长度 $p \approx 12t_c$，并可将此受力部分视为三边固定一边自由的板件，在固定边将因受弯而形成塑性铰。因此可用屈服线理论导出此板的承载力设计值为 $P = C_1 f_c t_c^2$，式中 C_1 为系数，与几何尺寸 p、h、q 等有关。对实际工程中常用的宽翼缘梁和柱，$C_1 = 3.5 \sim 5.0$，可偏安全地取 $P = 3.5 f_c t_c^2$。这样，柱翼缘板受拉时的总承载力为：$2 \times 3.5 f_c t_c^2 + f_c t_b m$。考虑到翼板中间和两侧部分的抗拉刚度不同，难以充分发挥共同工作，可乘以0.8的折减系数后再与拉力 T 相平衡：

$$0.8(7f_c t_c^2 + f_c t_b m) \geq A_{ft} f_b$$

$$\therefore \quad t_c \geq \sqrt{\frac{A_{ft} f_b}{7f_c}\left(1.25 - \frac{f_c t_b m}{A_{ft} f_b}\right)}$$

在上式中 $\dfrac{f_c t_b m}{A_{ft} f_b} = \dfrac{f_c t_b m}{b_t t_b f_b} = \dfrac{f_c m}{f_b b_t}$，$m/b_t$ 愈小，t_c 愈大。按统计分析，$f_c m/(f_b b_t)$ 的最小值约为0.15，以此代入，即得

$t_c \geq 0.396\sqrt{\dfrac{A_{ft} f_b}{f_c}}$，即 $t_c \geq 0.4\sqrt{\dfrac{A_{ft} f_b}{f_c}}$。

7.4.2 当梁柱刚性连接处不满足本规范 **7.4.1** 条的要求时，应设置柱腹板的横向加劲肋。在以柱翼缘和横向加劲肋为边界的节点腹板域，所受的剪力为（图23）：

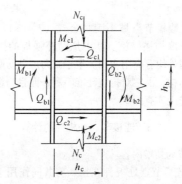

图 23 节点腹板域受力状态

$$V = \frac{M_{b1} + M_{b2}}{h_b} - \frac{Q_{c1} + Q_{c2}}{2}$$

剪应力应满足：

$$\tau = \frac{M_{b1} + M_{b2}}{h_b h_c t_w} - \frac{Q_{c1} + Q_{c2}}{2h_c t_w} \leq f_v$$

实际上节点腹板域的周边有柱翼缘和加劲肋提供的约束，使抗剪承载力大大提高。试验证明可将节点域的抗剪强度提高到 $\frac{4}{3}f_v$。另外，在节点域设计中弯矩的影响最大，当略去式中剪力项的有利影响，则求得的剪应力 τ 偏于安全且使算式简化，因此上式即成

为：

$$\tau = \frac{M_{b1} + M_{b2}}{h_b h_c t_w} \leq \frac{4}{3} f_v$$

式中 t_w 为柱腹板厚度，令 $h_b h_c t_w = V_p$，为节点腹板域的体积；对箱形截面柱，考虑两腹板受力不均的影响，取 $V_p = 1.8 h_b h_c t_w$。

在上述节点板域的抗剪强度计算中同样没有考虑柱腹板轴力的影响，这是因为抗剪强度提高到 $\frac{4}{3} f_v$ 后仍留有较大的余地，而且略去剪力项后使算得的剪应力偏高 20%~30%，而柱腹板的轴压力对抗剪强度的影响系数为 $\sqrt{1 - (N/N_y)^2}$（N 为柱腹板轴压力设计值，N_y 为柱腹板的屈服轴压承载力）。当影响系数为 0.83~0.77（相当于略去剪力项后使剪应力计算值增加 20%~30%）时，$N/N_y = 0.55~0.64$。而框架节点以承受弯矩为主，只要柱截面在 N_c、M_c 作用下产生拉应力，N/N_y 将小于 0.5，$\sqrt{1 - (N/N_y)^2} > 0.87$，可以忽略。

节点腹板域除应按式（7.4.2-1）验算强度外，还应按式（7.4.2-2）验算局部稳定，式（7.4.2-2）与现行国家标准《建筑抗震设计规范》GB 50011 对高层钢结构的规定相同，采用了美国的建议，是在强震作用下不产生弹塑性剪切失稳的条件。但我国的初步研究则认为在轴力与剪力共同作用下保证不失稳的条件应为 $(h_b + h_c)/t_w \leq 70$。考虑到在抗震规范中对高层钢结构因柱截面尺寸较大已采用了公式（7.4.2-2），为与其协调，并将其作为最低限值，故本规范亦采用式（7.4.2-2）。

当柱腹板节点域不满足公式（7.4.2-1）的要求时，应采取加强措施。其中加贴补强板的措施有两种，在国外均有应用实例。至于斜向加劲肋则主要用于轻型结构，因它对抗震耗能不利，而且与纵向梁连接时构造上亦有困难。

7.5 连接节点处板件的计算

本节为新增内容。

7.5.1 连接节点处板件在拉、剪共同作用下的强度计算公式是根据我国对双角钢杆件桁架节点板的试验研究中拟合出来的，它同样适用于连接节点处的其他板件，如规范中图 7.5.1。

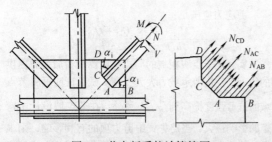

图 24 节点板受拉计算简图

我们试验的桁架节点板大多数是弦杆和腹杆均为双角钢的 K 形节点，仅少数是竖杆为工字钢的 N 形节点。抗拉试验共有 6 种不同形式的 16 个试件。所有试件的破坏特征均为沿最危险的线段撕裂破坏，即图 24 中的 $\overline{BA}$—$\overline{AC}$—$\overline{CD}$ 三折线撕裂，其中 $\overline{AB}$、$\overline{CD}$ 与节点板的边界线基本垂直。

规范公式（7.5.1）的推导过程如下：

在图 24 中，沿 $BACD$ 撕裂线割取自由体，由于板内塑性区的发展引起的应力重分布，假定在破坏时撕裂面上各线段的应力 σ'_i 在线段内均匀分布且平行于腹杆轴力，当各撕裂段上的折算应力同时达到抗拉强度 f_u 时，试件破坏。根据平衡条件并忽略很小的 M 和 V，则：

$$\sum N_i = \sum \sigma'_i \cdot l_i \cdot t = N$$

式中 l_i 为第 i 撕裂段的长度，t 为节点板厚度。设 α_i 为第 i 段撕裂线与腹杆轴线的夹角，则第 i 段撕裂上的平均正应力 σ_i 和平均剪应力 τ_i 为：

$$\sigma_i = \sigma'_i \sin\alpha_i = \frac{N_i}{l_i t} \sin\alpha_i$$

$$\tau_i = \sigma'_i \cos\alpha_i = \frac{N_i}{l_i t} \cos\alpha_i$$

$$\sigma_{red} = \sqrt{\sigma_i^2 + 3\tau_i^2} = \frac{N_i}{l_i t} \sqrt{\sin^2\alpha_i + 3\cos^2\alpha_i}$$

$$= \frac{N_i}{l_i t} \sqrt{1 + 2\cos^2\alpha_i} \leq f_u$$

$$N_i \leq \frac{1}{\sqrt{1 + 2\cos^2\alpha_i}} l_i t f_u$$

令 $\eta_i = 1/\sqrt{1 + 2\cos^2\alpha_i}$，则：

$$N_i \leq \eta_i l_i t f_u \leq \eta_i A_i f_u$$

$$\sum N_i = \sum \eta_i A_i f_u \geq N_u \qquad (70)$$

按极限状态设计法，即：$\sum \eta_i A_i f \geq N$

式中　f——节点板钢材的强度设计值；

　　　N——斜腹杆的轴向内力设计值；

　　　A_i——为第 i 段撕裂面的净截面积。

公式（70）符合破坏机理，其计算值与试验值之比平均为 87.5%，略偏于安全且离散性较小。

7.5.2 考虑到桁架节点板的外形往往不规则，用规范公式（7.5.1）计算比较麻烦，加之一些受动力荷载的桁架需要计算节点板的疲劳时，该公式更不适用，故参照国外多数国家的经验，建议对桁架节点板可采用有效宽度法进行承载力计算。所谓有效宽度即认为腹杆轴力 N 将通过连接件在节点板内按照某一个应力扩散角度传至连接件端部与 N 相垂直的一定宽度范围内，该一定宽度即称为有效宽度 b_e。

在试验研究中，假定 b_e 范围内的节点板应力达到 f_u，并令 $b_e t f_u = N_u$（N_u 为节点板破坏时的腹杆轴力），按此法拟合的结果：当应力扩散角 $\theta = 27°$ 时精确度最高，计算值与试验值的比值平均为 98.9%；当

$\theta = 30°$时此比值为 106.8%。考虑到国外多数国家对应力扩散角均取 30°，为与国际接轨且误差较小，故亦建议取 $\theta = 30°$。

有效宽度法计算简单，概念清楚，适用于腹杆与节点板的多种连接情况，如侧焊、围焊和铆钉、螺栓连接等（当采用铆钉或螺栓连接时，b_e 应取为有效净宽度）。

当桁架弦杆或腹杆为 T 形钢或双板焊接 T 形截面时，节点构造方式有所不同，节点内的应力状态更加复杂，故规范公式（7.5.1）和（7.5.2）均不适用。

用有效宽度法可以制作腹杆内力 N 与节点板厚度 t 的关系表，我们先制作了 $N\text{-}\dfrac{t}{b}$ 表，反映了影响有效宽度的斜腹杆连接肢宽度 b 和侧焊缝焊脚尺寸 h_{f1}、h_{f2} 的作用，因而该表比以往的 $N\text{-}t$ 表更精确。但由于表形较复杂且参数 b 和 h_f 的可变性较大，使用不便。为方便设计，便在 $N\text{-}\dfrac{t}{b}$ 表的基础上按不同参数组合下的最不利情况整理出 $N\text{-}t$ 包络图表（表 10），使该表具有较充分的依据，而且在常用不同参数 b、h_f 下亦是安全的。

表 10 单壁式桁架节点板厚度选用表

桁架腹杆内力或三角形屋架弦杆端节间内力 N (kN)	≤170	171～290	291～510	511～680	681～910	911～1290	1291～1770	1771～3090
中间节点板厚度 t (mm)	6	8	10	12	14	16	18	20

注：1 本表的适用范围为：

1）适用于焊接桁架的节点板强度验算，节点板钢材为 Q235，焊条 E43；

2）节点板边缘与腹杆轴线之间的夹角应不小于 30°；

3）节点板与腹杆用侧焊缝连接，当采用围焊时，节点板的厚度应通过计算确定；

4）对有竖腹杆的节点板，当 $c/t \le 15\sqrt{235/f_y}$ 时，可不验算节点板的稳定；对无竖腹杆的节点板，当 $c/t \le 10\sqrt{235/f_y}$ 时，可将受压腹杆的内力乘以增大系数 1.25 后再查表求节点板厚度，此时亦可不验算节点板的稳定；式中 c 为受压腹杆连接肢端面中点沿腹杆轴线方向至弦杆的净距离。

2 支座节点板的厚度宜较中间节点板增加 2mm。

7.5.3 本条为桁架节点板的稳定计算要求。

1 共作了 8 个节点板在受压斜腹杆作用下的试验，其中有无竖腹杆的各 4 个试件。试验表明：

1）当节点板自由边长度 l_f 与其厚度 t 之比 $l_f/t > 60\sqrt{235/f_y}$ 时，节点板的稳定性很差，将很快失稳，故此时应沿自由边加劲。

2）有竖腹杆的节点板或 $l_f/t \le 60\sqrt{235/f_y}$ 的无竖腹杆节点板在斜腹杆压力作用下，失稳均呈 $\overline{BA}$—$\overline{AC}$—$\overline{CD}$ 三折线屈折破坏，其屈折线的位置和方向，均与受拉时的撕裂线类同。

3）节点板的抗压性能取决于 c/t 的大小（c 为受压斜腹杆连接肢端面中点沿腹杆轴线方向至弦杆的净距，t 为节点板厚度），在一般情况下，c/t 愈大，稳定承载力愈低。

①对有竖腹杆的节点板，当 $c/t \le 15\sqrt{235/f_y}$ 时，节点板的抗压极限承载力 $N_{R.c}$ 与抗拉极限承载力 $N_{R.t}$ 大致相等，破坏的安全度相同，故此时可不进行稳定验算。当 $c/t > 15\sqrt{235/f_y}$ 时，$N_{R.c} < N_{R.t}$，应按本规范附录 F 的近似法验算稳定；当 $c/t > 22\sqrt{235/f_y}$ 时，近似法算出的计算值将大于试验值，不安全，故规定 $c/t \le 22\sqrt{235/f_y}$。

②对无竖腹杆的节点板，$N_{R.c} < N_{R.t}$，故一般都应该验算稳定，当 $c/t > 17.5\sqrt{235/f_y}$ 时，节点板用近似法的计算值将大于试验值，不安全，故规定 $c/t \le 17.5\sqrt{235/f_y}$。

4）$l_f/t > 60\sqrt{235/f_y}$ 的无竖腹杆节点板沿自由边加劲后，在受压斜腹杆作用下，节点板呈 $\overline{BA}$—$\overline{AC}$ 两折线屈折，这是由于 $\overline{CD}$ 区因加劲加强后，稳定承载力有较大提高所致。但此时 $N_{R.c} < N_{R.t}$，故仍需验算稳定，不过，仅需验算 $\overline{BA}$ 区和 $\overline{AC}$ 区而不必验算 $\overline{CD}$ 区而已。

2 本规范附录 F 所列桁架节点板在斜腹杆轴压力作用下的稳定计算公式是根据 8 个试件的试验结果拟合出来的。根据破坏特征，节点板失稳时的屈折线主要是 $\overline{BA}$—$\overline{AC}$—$\overline{CD}$ 三折线形（见本规范附录 F 图 F.0.1）。为计算方便且与实际情况基本相符，假定 $\overline{BA}$ 平行于弦杆，$\overline{CD} \perp \overline{BA}$。

从试验可知，在斜腹杆轴压力 N 作用下，节点板内存在三个受压区，即 $\overline{BA}$ 区（FBGHA 板件）、$\overline{AC}$ 区（AIJC 板件）和 $\overline{CD}$ 区（CKMP 板件）。当其中某一个受压区先失稳后，其他各区立即相继失稳，因此有必要对三个区分别进行验算。其中 $\overline{AC}$ 区往往起控制作用。

计算时要先将腹杆轴压力 N 分解为三个平行分力各自作用于三个受压区屈折线的中点。平行分力的分配比例假定为各屈折线段在有效宽度线（在本规范附录 F 图 F.0.1 中为 $\overline{AC}$ 的延长线）上投影长度 b_i 与 $\sum b_i$ 的比值。然后再将此平行分力分解为垂直于各屈折线的力 N_i，N_i 应小于或等于各受压区板件的稳定承载力。而受压区板件则可假定为宽度等于屈折线长度的钢板，按轴压构件计算其稳定承载力。钢板长度取为板件的中线长度 c_i，计算长度系数经拟合后取为 0.8，长细比 $\lambda_i = \dfrac{l_{0i}}{i} = \dfrac{0.8c_i}{t/\sqrt{12}} = 2.77\dfrac{c_i}{t}$。这样各受压板区稳定验算的表达式为：

$$\overline{BA}区：N_1\ (N_{BA}) = \frac{b_1}{b_1 + b_2 + b_3}N\sin\theta_1 \leqslant l_1 t\varphi_1 f$$

$$\overline{AC}区：N_2\ (N_{AC}) = \frac{b_2}{b_1 + b_2 + b_3}N \leqslant l_2 t\varphi_2 f$$

$$\overline{CD}区：N_3\ (N_{CD}) = \frac{b_3}{b_1 + b_2 + b_3}N\cos\theta_1 \leqslant l_3 t\varphi_3 f$$

其中 l_1、l_2、l_3 分别为各区屈线 $\overline{BA}$、$\overline{AC}$、$\overline{CD}$ 的长度；b_1、b_2、b_3 为各屈线在有效宽度线上的投影长度；t 为板厚；φ_i 为各受压板区的轴压稳定系数，按 λ_i 计算。

对 $l_f/t > 60\sqrt{235/f_y}$ 且沿自由边加劲的无竖腹杆节点板失稳时，一般呈 $\overline{BA}$—$\overline{AC}$ 两屈折线屈曲，显然，在 $\overline{CD}$ 区因加劲后其稳定承载力大为提高，已不起控制作用，故只需用上述方法验算 $\overline{BA}$ 区和 $\overline{AC}$ 区的稳定。

用上述拟合的近似法计算稳定的结果表明，试件的极限承载力计算值 $N_{R.c}^c$ 与试验值 $N_{R.c}^0$ 之比平均为 85%，计算值偏于安全。

3 为了尽量缩小稳定计算的范围，对于无竖腹杆的节点板，我们利用国家标准图梯形钢屋架（G511）和钢托架（G513）中的 16 个节点，用同一根斜腹杆对节点板作稳定和强度计算，并进行对比以达到用强度计算的方法来代替稳定计算的目的。对比结果表明：

当 $c/t \leqslant 10\sqrt{235/f_y}$ 时，大多数节点的 N_c^c 大于 0.9 N_t^c（N_c^c、N_t^c 为节点板的稳定和强度计算承载力），仅少数节点的 $N_c^c = (0.83 \sim 0.9)\ N_t^c$，此时的斜腹杆倾角 θ_1 大多接近 $60°$，这说明 θ_1 的大小对稳定承载力的影响较大。

因为强度计算时的有效宽度 $b_e = \overline{AC} + (l_{f1} + l_{f2})\tan30°$，而稳定计算中假定斜腹杆轴压力 N 分配的有效宽度 $\sum b_i = b_e' = \overline{AC} + (l_{f1} + l_{f2})\sin\theta_1\cos\theta_1$（式中 l_{f1}、l_{f2} 为斜腹杆两侧角焊缝的长度）。当 $\theta_1 = 60°$ 或 $30°$时，$\sin\theta_1\cos\theta_1 = 0.433$，与 $\tan30°\ (=0.577)$ 相差最大，此时的稳定计算承载力亦最低。设 $\overline{AC} = k\ (l_{f1} + l_{f2})$，经统计，$k \approx 0.356$，因此，当 $\theta_1 = 60°$ 或 $30°$ 时的 b_e'、b_e 值分别为：

$$b_e' = (k + 0.433)\ (l_{f1} + l_{f2}) = 0.789\ (l_{f1} + l_{f2})$$

$$b_e = (k + 0.577)\ (l_{f1} + l_{f2}) = 0.933\ (l_{f1} + l_{f2})$$

由本规范附录 F 公式（F.0.2-2），$N_c^c = l_2 t\ \varphi_2 f\ (b_1 + b_2 + b_3)\ /b_2$

$$\because l_2 = b_2, \quad b_1 + b_2 + b_3 = b_e'$$

$$\therefore N_c^c = b_e'\ t\varphi_2 f$$

当 $c/t = 10$ 时，$\lambda_2 = 27.71$，$\varphi_2 = 0.944$（Q235 钢）和 0.910（Q420 钢），这样，稳定承载力计算值 N_c^c 与受拉计算抗力 N_t^c 之比为：

$$\frac{N_c^c}{N_t^c} = \frac{b_e'\ t f\varphi_2}{b_e t f} = \frac{0.789}{0.933} \times 0.944\ (或\ 0.910) \approx 0.798$$

~ 0.770，平均为 0.784。

因此，对无竖腹杆的节点板，当 $c/t \leqslant 10\sqrt{235/f_y}$ 且 $30° \leqslant \theta_1 \leqslant 60°$ 时，可将按强度计算［公式（70）］的节点板抗力乘以折减系数 0.784 作为稳定承载力。考虑到稳定计算公式偏安全近 15%，故可将折减系数取为 0.8（0.8/0.784 = 1.020），以方便计算。

当然，必要时亦可专门进行稳定计算，若 $c/t > 10\sqrt{235/f_y}$ 时，则应按近似公式计算稳定。

7.6 支　座

7.6.1 本条为新增加的内容，对工程中最常用的平板支座的设计作出了具体规定。

7.6.2 弧形支座和辊轴支座中，圆柱形表面与平板的接触表面的承压应力，根据原规范 GBJ 17—88 的计算公式（7.4.2）和（7.4.3）合并为一式为：

$$\sigma = \frac{25R}{ndl} \leqslant f \tag{71}$$

式中 R——支座反力设计值；

l——弧形表面或辊轴与平板的接触长度；

d——辊轴直径（对辊轴支座）或弧形表面半径的 2 倍（对弧形支座）；

n——辊轴数目，对弧形支座 $n = 1$。

本规范参考国内外有关规范的规定，认为从发展趋势来看，这两种支座接触面的承载力应与钢材的 f_y^2 成正比，故建议用下式表达：

$$R \leqslant 40ndl f^2/E \tag{72}$$

上式即本规范公式（7.6.2），可以写成：

$$\frac{R}{40ndl} \cdot \frac{E}{f} \leqslant f$$

对 Q235 钢，$E = 206 \times 10^3 \text{N/mm}^2$，$f = 215\text{N/mm}^2$，则变成为

$$\frac{24R}{ndl} \leqslant f$$

这与原规范的计算式（7.4.2）和（7.4.3）合并后的式（71）基本一致，但对用高强度钢作成的支座，则本规范公式（7.6.2）的承载力有提高，这与国内外的研究成果相吻合。

7.6.3 公式（7.6.3）原为 $\sigma = \frac{1.6R}{dl} \leqslant [\sigma_{cj}]$，$[\sigma_{cj}]$ 为圆柱形枢轴局部紧接承压容许应力，$[\sigma_{cj}] \approx 0.75[\sigma]$，再将其换算为极限状态设计表达式即得公式（7.6.3）。

7.6.4、7.6.5 这两条为新增加的内容。为了适应受力复杂或大跨度结构在支座处有较大位移（包括水平位移和不同方向的角位移）的要求，提出了采用橡胶支座和万向球形支座或双曲形支座。双曲线支座的两个互交方向的曲率不同，如果两曲率相同则为球形支座。

橡胶支座有板式和盆式两种，板式承载力小，盆式承载力大，构造简单，安装方便。盆式橡胶支座除

压力外还可承受剪力，但不能承受较大拔力，不能防震，容许位移值可达150mm。但橡胶易老化，各项指标不易确定且随时间改变。

万向球形钢支座和新型双曲型钢支座可分为固定支座和可移动支座，其计算方法按计算机程序进行。在地震区则可采用相应的抗震、减震支座，其减震效果可由计算得出，最多能降低地震力10倍以上。这种支座可承受压力、拔力和各向剪力，其抗拔力可达20000kN。以上各类新型支座由北京建筑结构研究所开发，衡水宝力工程橡胶有限公司、上海彭浦橡胶制品总厂生产。经鉴定后，已在北京首都四机位飞机库、上海虹桥飞机库、哈尔滨飞机库、乌鲁木齐飞机库、广州体育馆、南京长江二桥等数10处国家重点工程中使用。

8 构 造 要 求

8.1 一 般 规 定

8.1.1 本条着重提出"避免材料三向受拉"，是在构造上防止脆断的措施。

8.1.3 钢材是否需要在焊前预热和焊后热处理，钢材厚度不是惟一的条件，还要根据构件的约束程度、钢材性质、焊接工艺、焊接材料性能和施焊时的气温情况等综合考虑来决定。预热的目的是避免构件在焊接时产生裂纹；而形成冷裂纹的因素是多方面的（如上述的约束程度，钢材的淬硬组织和氢积聚程度等），故设计时可按具体情况综合考虑采取措施，以避免冷裂纹的出现，预热只是其中的一种手段。其中钢材性能亦是一个重要因素，如低合金钢有一定的淬硬性，有冷裂的倾向，板厚宜从严控制。但最近日本新开发一种超低碳素贝氏体的非调质 TS 570MPa 级厚型高强度钢板，在厚度 $t \geqslant 75$mm 的情况下施焊时完全不用预热。焊后热处理的目的是为了改善热影响区的金属晶体组织、消除焊接残余应力，这往往是出于"结构性能要求"，如热风炉壳顶是为了避免晶间应力腐蚀而要求整体退火，以消除焊接残余应力。

这次修订时删去了原规范对焊件厚度的建议，这是因为从防止脆断的角度出发，焊件的厚度限值与结构形式、应力特征、工作温度以及焊接构造等多种因素有关，很难统一提出某个具体数值。

8.1.4 为了保证结构的空间工作，提高结构的整体刚度，承担和传递水平力，防止杆件产生过大的振动，避免压杆的侧向失稳以及保证结构安装时的稳定，本条对钢结构设置支撑提出了原则规定。

8.1.5 根据理论计算及已有建筑物的经验，特别是1974年以来的经验，原规范将采暖房屋和非采暖地区的房屋的纵向温度区段长度由180m增大至220m，将热车间和采暖地区的非采暖房屋的纵向温度区段长度

由150m增大至180m。

横向框架中，在相同温度变形的情况下，横梁与柱铰接时的温度应力比横梁与柱刚接时的温度应力降低较多。根据理论分析，可将铰接时的横向温度区段长度加大25%，并列入规范表8.1.5内。

根据分析，柱间支撑的刚度比单独柱大很多，因此厂房纵向温度变形的不动点必然接近于柱间支撑的中点（两道柱间支撑时，为两支撑距离的中央）。本条表中规定的数值是基于温度区段长度等于2倍不动点到温度区段端部的距离确定的。因此从理论分析和实践经验，规定为：柱间支撑不对称布置时，柱间支撑的中点（两道柱间支撑时为两支撑距离的中央）至温度区段端部的距离不宜大于表 8.1.5 纵向区段长度的60%。实际上我国有较多钢结构厂房未满足此项要求，除少数情况外，一般未发现问题。

此外，在计算纵向温度区段长度时，考虑到吊车梁与柱一般用 C 级螺栓连接，能够产生滑移，因而可减少温度应力和变形，若大部分吊车梁与柱的连接不能产生滑移，则纵向温度区段长度应减少 20% ~ 30%。

另外，当温度区段长度未超过表 8.1.5 中的数值时，在一般情况下，可不考虑温度应力和温度变形对结构内力的影响（即 P-Δ 效应）。

8.2 焊 缝 连 接

8.2.1 根据试验，Q235 钢与 Q345 钢钢材焊接时，若用 E50×× 型焊条，焊缝强度比只用 E43×× 型焊条时提高不多，设计时只能取用 E43×× 型焊条的焊缝强度设计值。此外，从连接的韧性和经济方面考虑，故规定宜采用与低强度钢材相适应的焊接材料。

8.2.2 焊缝在施焊后，由于冷却引起了收缩应力，施焊的焊脚尺寸愈大，则收缩应力愈大，故规定焊脚尺寸不要过分加大。

为防止焊接时钢板产生层状撕裂，参照 ISO 国际标准第8.9.2.7条，补充规定当焊件厚度 $t > 20$mm （ISO 为 $t \geqslant 16$mm，前苏联为 25mm，建议取 $t > 20$mm）的角焊缝应采用收缩时不易引起层状撕裂的构造（图25）。

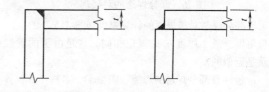

图 25 适宜的角接焊缝

在大面积板材（如实腹梁的腹板）的拼接中，往往会遇到纵横两个方向的拼接焊缝。过去这种焊缝一般采用 T 形交叉，有意避开十字形交叉。但根据国内有关单位的试验研究和使用经验以及两种焊缝形式机

械性能的比较，十字形焊缝可以应用于各种结构的板材拼接中。从焊缝应力的观点看，无论十字形或 T 形，其中只有一条后焊焊缝的内应力起主导作用，先焊好的一条焊缝在焊缝交叉点附近受后焊焊缝的热影响已释放了应力。因此可采用十字形或 T 形交叉。当采用 T 形交叉时，一般将交叉点的距离控制在 200mm 以上。

8.2.3 对接焊缝的坡口形式可按照国家现行标准《建筑钢结构焊接技术规程》JGJ 81 的规定采用。

8.2.4 根据美国 AWS 的多年经验，凡不等厚（宽）焊件对焊连接时，均在较厚（宽）焊件上做成坡度不大于 1:2.5（ISO 第 8.9.6.1 条为不大于 1:1）的斜角。使截面和缓过渡以减小应力集中。为减少加工工作量，对承受静态荷载的结构，将原规范规定的斜角坡度不大于 1:4 改为不大于 1:2.5，而对承受动态荷载的结构仍为不大于 1:4，不作改变。因为根据我国的试验研究，不论改变宽度或厚度，坡度用 1:8~1:4 接头的疲劳强度与等宽、等厚的情况相差不大。

当一侧厚度差不大于 4mm 时，焊缝表面的斜度已足以满足和缓传递的要求，因此规定当板厚一侧相差大于 4mm 时才需做成斜角。

考虑到改变厚度时对钢板的切削很费事，故一般不宜改变厚度。

8.2.5 对受动力荷载的构件，当垂直于焊缝长度方向受力时，未焊透处的应力集中会产生不利的影响，因此规定不宜采用。但当外荷载平行于焊缝长度方向时，例如起重机臂的纵向焊缝（图 26b），吊车梁下翼缘焊缝等，只受剪应力，则可用于受动力荷载的结构。

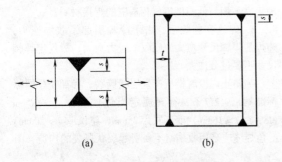

(a)　　　　(b)

图 26　部分焊透的对接焊缝

部分焊透对接焊缝的计算厚度 $h_e \geq 1.5\sqrt{t}$ 的规定与角焊缝最小厚度 h_f 的规定相同，这是由于两者性质是近似的。

板件有部分焊透的焊缝（图 26a），若按 $1.5\sqrt{t}$ 算得的 h_e 值大于板件厚度 t 的 1/2，则此焊缝应按焊透的对接焊缝考虑。

8.2.6 两焊脚边夹角 $\alpha > 135°$（原规范为 120°）时，焊缝表面较难成型，受力状况不良；而 $\alpha < 60°$ 的焊缝施焊条件差，根部将留有空隙和焊渣；已不能用本规范第 7.1.4 条的规定来计算这类斜角角焊缝的承载

力，故规定这种情况只能用于不受力的构造焊缝。但钢管结构有其特殊性，不在此限。

8.2.7 本条为角焊缝的尺寸要求。

1 关于角焊缝的最小厚度。焊缝最小厚度的限值与焊件厚度密切相关，为了避免在焊缝金属中由于冷却速度快而产生淬硬组织，根据调查分析及参考国内外资料，现规定 $h_f \geq 1.5\sqrt{t}$（计算时小数点以后均进为 1mm，t 为较厚板件的厚度）。此式简单便于记忆，与国内外用表格形式的规定出入不大。表 11 为板厚的规定与前苏联规范 СНИП Ⅱ-23-81 相比较的情况。从表中对比可知，对于厚板本规定偏严，但根据我国的实践经验是合适的。与美国的 AWS 相比亦比较接近。

但参照 AWS，当采用低氢型焊条时，角焊缝的最小焊脚尺寸可由较薄焊件的厚度经计算确定，因低氢型焊条焊渣层厚、保温条件较好。

表 11　角焊缝的最小焊脚尺寸

角焊缝最小焊脚尺寸 (mm)	较厚焊件的厚度 t (mm)	
	СНИП Ⅱ-23-81 ($f_y \leq 431.5\text{N/mm}^2$)	本规范
4	4~5	5~7
5	6~10	8~11
6	11~16	12~16
7	17~22	17~21
8	23~32	22~28
9	33~40	29~36
10	41~80	37~45
11		46~54
12		55~64

条文中对自动焊和 T 形连接的规定系参考国外资料确定的。

2 角焊缝的焊脚尺寸过大，易使母材形成"过烧"现象，使构件产生翘曲、变形和较大的焊接应力，按照国内外的经验，规定不宜大于较薄焊件的 1.2 倍（图 27）。

焊件（厚度为 t）的边缘角焊缝若与焊件边缘等厚，在施焊时容易产生"咬边"现象，需要技术熟练的焊工才能焊满，因此规定厚度大于 6mm 的焊件边缘焊缝的最大厚度应比焊件厚度小 1~2mm（图 27b）；当焊件厚度等于或小于 6mm 时，由于一般采用小直径焊条施焊，技术较易掌握，可采用与焊件等厚的角焊缝。

关于圆孔或槽孔内的角焊缝焊脚尺寸系根据施工经验确定的，若焊脚尺寸过大，焊接时产生的焊渣就能把孔槽堵塞，影响焊接质量，故焊脚尺寸与孔径应有一定的比例。

3 关于不等焊脚边的应用问题。这是为了解决

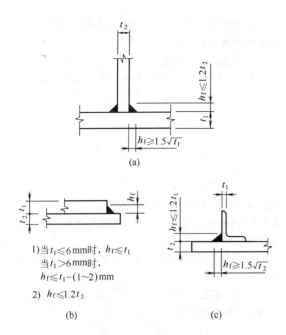

图 27　角焊缝的最大焊脚尺寸

两焊件厚度相差悬殊时（图27c），用等焊脚边无法满足最大、最小焊缝厚度规定的矛盾。

　　4　关于侧面角焊缝最小计算长度的规定。主要针对厚度大而长度小的焊缝，为了避免焊件局部加热严重且起落弧的弧坑相距太近，以及可能产生的缺陷，使焊缝不够可靠。此外，焊缝集中在一很短距离，焊件的应力集中也较大。在实际工程中，一般焊缝的最小计算长度约为（8～10）h_f，故将焊缝最小计算长度规定为8h_f，且不得小于40mm。

　　国外在这方面的规定是：欧美为4h_f和40mm，日本为10h_f和40mm。

　　5　关于侧面角焊缝的最大计算长度。侧面角焊缝沿长度方向受力不均，两端大而中间小，故一般均规定其有效长度（即计算长度）。原规范对此是按承受荷载状态的不同区别对待的，受动力荷载时取40h_f，受静力荷载时取60h_f。后来经我国的试验研究证明可以不加区别，统一取某个规定值。现在国际上亦都不考虑荷载状态的影响，但是，各国对侧面角焊缝最大计算长度的规定值却有所不同。前苏联1981年规范为60h_f，AISC 1999为100h_f，日本1998年为50h_f，美国和日本还规定当长度超过此限值时应予折减。本条根据我国的实践经验，仍规定为不超过60h_f。

8.2.8　在受动力荷载的结构中，为了减少应力集中，提高构件的抗疲劳强度，焊缝形式以凹形为最好，但手工焊成凹形极为费事，因此采用手工焊时，焊缝做成直线形较为合适。当用自动焊时，由于电流较大，金属熔化速度快、熔深大，焊缝金属冷却后的收缩自然形成凹形表面。为此规定在直接承受动力荷载的结构（如吊车梁），角焊缝表面做成凹形或直线形均可。

对端焊缝，因其刚度较大，受动力荷载时应焊成平坡式，习用规定直角边的比例为1:1.5。根据国内外疲劳试验资料，若满足疲劳要求，端焊缝的比值宜为1:3，某些国外规范对此要求亦较为严格。但施工单位反映，焊缝坡度小不易施焊，一般需二次堆焊才能形成，为此本条仍规定端焊缝的直角边比例为1:1.5。

8.2.9　断续焊缝是应力集中的根源，故不宜用于重要结构或重要的焊接连接。这次修订时又补充了断续角焊缝焊段的最小长度以便于操作，亦和本规范第8.2.7条第4款呼应。

8.2.10　当钢板端部仅有侧面角焊缝时，规定其长度$l \geq b$，是为了避免应力传递的过分弯折而使构件中应力不均匀。规定$b \leq 16t$（$t > 12$mm）或190mm（$t \leq 12$mm），是为了避免焊缝横向收缩时引起板件的拱曲太大（图28）。当宽度b超过此规定时，应加正面角焊缝，或加槽焊或电焊钉。

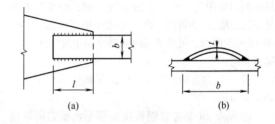

图 28　宽板的焊接变形

8.2.11　围焊中有端焊缝和侧焊缝，端焊缝的刚度较大，弹性模量$E \approx 1.5 \times 10^6$；而侧焊缝的刚度较小，$E \approx (0.7 \sim 1) \times 10^6$，所以在弹性工作阶段，端焊缝的实际负担要高于侧焊缝；但在围焊试验中，在静力荷载作用下，届临塑性阶段时，应力渐趋于平均，其破坏强度与仅有侧焊缝时差不多，但其破坏较为突然且塑性变形较小。此外从国内几个单位所做的动力试验证明，就焊缝本身来说围焊比侧焊的疲劳强度为高，国内某些单位曾在桁架的加固中使用了围焊，效果亦较好。但从"焊接桁架式钢吊车梁下弦及腹杆的疲劳性能"的研究报告中，认为当腹杆端部采用围焊时，对桁架节点板受力不利，节点板有开裂现象，故建议在直接承受动力荷载的桁架腹杆中，节点板应适当加大或加厚。鉴于上述情况，故这次的规定改为：宜采用两面侧焊，也可用三面围焊。

围焊的转角处是连接的重要部位，如在此处熄火或起落弧会加剧应力集中的影响，故规定在转角处必须连续施焊。

8.2.12　使用绕角焊时可避免起落弧的缺陷发生在应力集中较大处，但在施焊时必须在转角处连续焊，不能断弧。

8.2.13　本条目的是为了减少收缩应力以及因偏心在钢板与连接件中产生的次应力。此外，根据实践经验，增加了薄板搭接长度不得小于 25mm 的规定。

8.3 螺栓连接和铆钉连接

8.3.1 根据实践经验，允许在组合构件的缀条中采用 1 个螺栓（或铆钉）。某些塔桅结构的腹杆已有用 1 个螺栓的。

8.3.4 本条是基于铆接结构的规定而统一用之于普通螺栓和高强度螺栓，其中高强度螺栓是经试验研究结果确定的，现将表 8.3.4 的取值说明如下：

  1 紧固件的最小中心距和边距。

  1) 在垂直于作用力方向：

    ① 应使钢材净截面的抗拉强度大于或等于钢材的承压强度；

    ② 尽量使毛截面屈服先于净截面破坏；

    ③ 受力时避免在孔壁周围产生过度的应力集中；

    ④ 施工时的影响，如打铆时不振松邻近的铆钉和便于拧紧螺帽等。过去为了便于拧紧螺帽，螺栓的最小间距习用为 $3.5d$，在编制规范时，征求工人意见，认为用 $3d$ 亦可以，高强度螺栓用套筒扳手，间距 $3d$ 亦无问题，因此将螺栓的最小间距改为 $3d$，与铆钉相同。

  2) 顺内力方向，按母材抗挤压和抗剪切等强度的原则而定：

    ① 端距 $2d$ 是考虑钢板在端部不致被紧固件撕裂；

    ② 紧固件的中心距，其理论值约为 $2.5d$，考虑上述其他因素取为 $3d$。

  2 紧固件最大中心距和边距。

  1) 顺内力方向：取决于钢板的紧密贴合以及紧固件间钢板的稳定。

  2) 垂直内力方向：取决于钢板间的紧密贴合条件。

这次修订时参考了我国《铁路桥涵钢结构设计规范》TB 10002.2 和美国 AISC 1989，对原规范表 8.3.4 进行了局部修改，内容如下：

  1 原规范表中"任意方向"涵义不清，现参照桥规明确为"沿对角线方向"。

  2 原规范表中对中间排的中心间距没有明确"垂直内力方向"的情况，现参照桥规补充了这一项。

  3 原规范表中的边距区分为切割边和轧制边两类，这和前苏联的规定相同（我国桥规亦如此）。但美国 AISC 却始终区分为剪切边（shear cut）和轧制边或气割（gas cut）与锯割（saw cut）两类。意即气割及锯割和轧制是属于同一类的，我们认为从切割方法对钢材边缘质量的影响来看，美国规范是比较合理的，现从我国国情出发，将手工气割归于剪切边一类。

8.3.5 C 级螺栓与孔壁间有较大空隙，故不宜用于重要的连接。例如：

  1 制动梁与吊车梁上翼缘的连接：承受着反复的水平制动力和卡轨力，应优先采用高强度螺栓，其次是低氢型焊条的焊接，不得采用 C 级螺栓。

  2 制动梁或吊车梁上翼缘与柱的连接：由于传递制动梁的水平支承反力，同时受到反复的动力荷载作用，不得采用 C 级螺栓。

  3 在柱间支撑处吊车梁下翼缘与柱的连接，柱间支撑与柱的连接等承受剪力较大的部位，均不得用 C 级螺栓承受剪力。

8.3.6 防止螺栓松动的措施中除用双螺帽外，尚有用弹簧垫圈，或将螺帽和螺杆焊死等方法。

8.3.7 因型钢的抗弯刚度大，用高强度螺栓不易使摩擦面贴紧。

8.3.9 因撬力很难精确计算，故沿杆轴方向受拉的螺栓（铆钉）连接中的端板（法兰板），应采取构造措施（如设置加劲肋等）适当增强其刚度，以免有时撬力过大影响紧固件的安全。

8.4 结构构件

（Ⅰ）柱

8.4.1 缀条柱在缀材平面内的抗剪与抗弯刚度比缀板柱好，故对缀材面剪力较大的格构式柱宜采用缀条柱。但缀板柱构造简单，故常用作轴心受压构件。当用型钢（工字钢、槽钢、钢管等）代替缀板时，型钢横杆的线刚度之和（双肢柱的两侧均有型钢横杆时，为两个横杆线刚度之和，若用一根型钢代替两块缀板时，则为一根横杆的线刚度）不小于柱单肢线刚度的 6 倍。根据分析，这样使缀板柱的换算长细比 λ_0 的计算误差在 5% 以下，使轴心受压构件的稳定系数 φ 的误差在 2% 以下。

8.4.3 在格构式柱和大型实腹柱中设置横隔是为了增加抗扭刚度，根据我国的实践经验，本条对横隔的间距作了具体规定。

（Ⅱ）桁   架

8.4.4 条文规定对焊接结构，以杆件形心线为轴线，但为方便制作，宜取以 5mm 为倍数，即四舍五入是可以的。

对于桁架弦杆截面变化引起形心线偏移问题，过去习惯是不超过截面高度 5% 时，可不考虑偏心影响。原苏联 1981 年规范改为 1.5%，从实际考虑很难做到，因为若改变角钢的截面高度，偏心均超过 1.5%，故只适用于厚度变化，但拼接构造比较困难。经用双角钢组成的重型桁架，分别按轴线偏差 1.5% 和 5% 计算对比，结果是：轴线偏差为 1.5% 时，由偏心所产生的附加应力约占主应力的 5%；而偏心为 5% 时，约占 10%。作为次应力，其数值较小，可忽略不计。因此取 5% 较为合适。对钢管结构，见本规范第 10.1.5 条的规定。

8.4.5 采用双角钢 T 形截面为桁架弦杆的工业与民

用建筑过去均不考虑次应力。随着宽翼缘 H 型钢等截面在桁架杆件中应用，次应力的影响已引起注意。结合理论分析及试验研究以及参照国内外一些有关规定，考虑桁架杆件因节点刚性而产生的次应力时允许将杆件抗拉强度提高等因素，认为将可以忽略不计的次应力影响限制在 20% 左右比较合适，并以此控制截面高跨比的限值。由此得出，对杆件为单角钢、双角钢或 T 形截面的桁架结构且为节点荷载时，可忽略次应力的影响，对杆件的线刚度（或 h/l 值）亦不加限制；对杆件为 H 形或其他组合截面的桁架结构，在桁架平面内的截面高度与杆件几何长度（节点中心间的距离）之比，对弦杆不宜大于 1/10，对腹杆不宜大于 1/15，当超过上述比值时，应考虑节点刚性所引起的次弯矩。对钢管结构，见本规范第 10.1.4 条的规定。

8.4.6 在桁架节点处各相交杆件连接焊缝之间宜留有一定的净距，以利施焊且改善焊缝附近钢材的抗脆断性能。本条根据我国的实践经验对节点处相邻焊缝之间的最小净距作出了具体规定。管结构相贯连接节点处的焊缝连接另有较详细的规定（见本规范第 10.2 节），故不受此限制。

8.4.8 跨度大于 36m 的桁架要考虑由于下弦的弹性伸长、使桁架在水平方向产生较大的位移，对柱或托架产生附加应力。如 42m 桁架的水平位移达 26mm，国外的有关资料中亦提到类似的情况。

考虑到端斜杆为上承式的简支屋架，其下弦杆与柱子的连接是可伸缩的；下弦杆的弹性伸长也就不会对柱子产生推力，而上弦杆的弹性压缩和拱脚的向外推移大致可以抵消，亦可不必考虑。

（Ⅲ） 梁

8.4.9 多层板焊接组成的焊接梁，由于其翼缘板间是通过焊缝连接，在施焊过程中将会产生较大的焊接应力和焊接变形，且受力不均匀，尤其在翼缘变截面处内力线突变，出现应力集中，使梁处于不利的工作状态，因此推荐采用一层翼缘板。当荷载较大，单层翼缘板无法满足强度或可焊性的要求时，可采用双层翼缘板。

当外层翼缘板不通长设置时，理论截断点处的外伸长度 l_1 的取值是根据国内外的试验研究结果确定的。在焊接双层翼缘板梁中，翼缘板内的实测应力与理论计算值在距翼缘板端部一定长度 l_1 范围内是有差别的，在端部差别最大，往里逐渐缩小，直至距端部 l_1 处及以后，两者基本一致。l_1 的大小与有无端焊缝、焊缝厚度与翼缘板厚度的比值等因素有关。

8.4.11 为了避免三向焊缝交叉，加劲肋与翼缘板相接处应切成斜角，但直接受动力荷载的梁（如吊车梁）的中间加劲肋下端不宜与受拉翼缘焊接，一般在距受拉翼缘不少于 50mm 处断开，故对此类梁的中间加劲肋，切角尺寸的规定仅适用于与受压翼缘相连接

处。

8.4.12 从钢材小试件的受压试验中看到，当高厚比不大于 2 时，一般不会产生明显的弯扭现象，应力超过屈服点时，试件虽明显缩短，但压力尚能继续增加。所以突缘支座的伸出长度不大于 2 倍端加劲肋厚度时，可用端面承压的强度设计值 f_{ce} 进行计算。否则，应将伸出部分作为轴心受压构件来验算其强度和稳定性。

（Ⅳ） 柱 脚

8.4.13 按我国习惯，柱脚锚栓不考虑承受剪力，特别是有靴梁的锚栓更不能承受剪力。但对于没有靴梁的锚栓，国外有两种意见，一种认为可以承受剪力，另一种则不考虑（见 G.BALLIO，F.M.MAZZOLANI 著《钢结构理论与设计》，冶金部建筑研究总院译，1985 年 12 月）。另外，在我国亦有资料建议，在抗震设计中可用半经验半理论的方法适当考虑外露式钢柱脚（不管有无靴梁）受压侧锚栓的抗剪作用，因此，将原规范的"不应"改为"不宜"。至于摩擦系数的取值，现在国内外已普遍采用 0.4，故列入。

8.4.15 当钢柱直接插入混凝土杯口基础内用二次浇灌层固定时，即为插入式柱脚（见图 29）。近年来，北京钢铁设计研究总院和重庆钢铁设计研究院等单位均对插入式钢柱脚进行过试验研究，并曾在多项单层工业厂房工程中使用，效果较好，并不影响安装调整。这种柱脚构造简单、节约钢材、安全可靠。本条规定是参照北京钢铁设计研究总院土建三室于 1991 年 6 月编写的"钢柱杯口式柱脚设计规定"（土三结规 2—91）提出来的，同时还参考了有关钢管混凝土结构设计规程，其中钢柱插入杯口的最小深度与我国电力行业标准《钢—混凝土组合结构设计规程》DL/T 5085—1999 的插入深度比较接近，而国家建材局《钢管混凝土结构设计与施工规程》JCJ 01—89 中对插入深度的取值过大，故未予采用。另外，本条规定的数值大于预制混凝土柱插入杯口的深度，这是合适的。

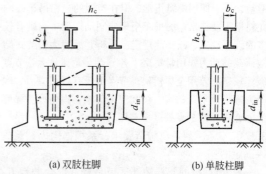

(a) 双肢柱脚   (b) 单肢柱脚

图 29 插入式柱脚

对双肢柱的插入深度，北京钢铁设计研究总院原取为 $(1/3 \sim 1/2) h_c$。而混凝土双肢柱为 $(1/3 \sim 2/3) h_c$，并说明当柱安装采用缆绳固定时才用 $1/3 h_c$。为

安全计，本条将最小插入深度改为 $0.5h_c$。

8.4.16 将钢柱直接埋入混凝土构件（如地下室墙、基础梁等）中的柱脚称为埋入式柱脚；而将钢柱置于混凝土构件上又伸出钢筋，在钢柱四周外包一段钢筋混凝土者为外包式柱脚，亦称为非埋入式柱脚。这两种柱脚（见图30）常用于多、高层钢结构建筑物。本条规定与国家现行标准《高层民用建筑钢结构技术规程》JGJ 99—98 以及《钢骨混凝土结构设计规程》YB 9082—97 中相类似的构造要求相协调。

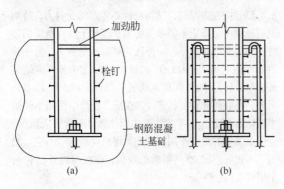

图 30 埋入式柱脚和外包式柱脚

关于对埋入深度或外包高度的要求，高钢规程中规定为柱截面高度的 2～3 倍（大于插入式柱脚的插入深度），是引用日本的经验，对抗震有利。而在钢骨混凝土规程中对此没有提出要求。因此，本条没有对埋深或外包高度提出具体要求。

8.5 对吊车梁和吊车桁架（或类似结构）的要求

8.5.1 双层翼缘板的焊接吊车梁在国内尚缺乏使用经验，虽于 1980 年进行了静力和疲劳性能试验，鉴于试验条件与实际受力情况有一定差别，因此规定外层翼缘板要通长设置及两层翼缘板紧密接触的措施。在中、重级工作制焊接吊车梁中使用，应慎重考虑。

8.5.2 根据调研，在重级工作制吊车桁架或制动桁架中，凡节点连接是铆钉或高强度螺栓，经长期生产考验，一般使用尚属正常，但在类似的夹钳吊车或刚性料耙等硬钩吊车的吊车桁架或制动桁架中，则有较多的破坏现象，故作此规定。分析其原因为桁架式结构荷载的动力作用常集聚于各节点，尤其是上弦节点破坏较多。若用全焊桁架，节点由于有焊接应力、次应力等形成复杂的应力场和应力集中，因而疲劳强度低，亦将导致节点处过早破坏。

8.5.3 本条所列各项构造要求，系根据国内试验成果确定的。

1 节点板的腹杆端部区域是杆件汇合的地方，焊缝多且较集中，应力分布复杂，焊接残余应力的影响也较大，根据试验及有关资料的建议，吊车桁架节点板处、腹杆与弦杆之间的间隙宜保持在 50～60mm 为宜，此时对节点板焊接影响较少。

节点板两侧与弦杆连接处采用圆弧过渡，可以减小应力集中，圆弧半径 r 愈大效果愈好，经试验及查阅有关资料，r 值不小于 60mm 为宜。

节点板与腹杆轴线的夹角 θ 不小于 30°，其目的在于使节点板有足够的传力宽度，受力较均匀，以保证节点板的正常工作能力。

2 焊缝的起落弧点往往有明显咬肉等缺陷，引起较大的应力集中而降低杆件疲劳强度，为此规定起落弧点距节点板（或填板）边缘应至少为 5mm。

根据试验，用小锤敲击焊缝两端可以消除残余应力的影响。

3 图 8.5.3-2 是新增加的桁架杆件采用轧制（或焊接）H 型钢制成的全焊接吊车桁架的节点示意图，北京钢铁设计研究总院采用这种在重级工作制吊车作用下的吊车桁架已有 15～20 年的使用经验。

8.5.4 焊接吊车梁和焊接吊车桁架的工地拼接应采用焊接，当有必要时亦可采用高强度螺栓摩擦型连接（桥梁钢结构的工地拼接亦正在扩大焊接拼接的范围），其中吊车梁的上翼缘更宜采用对接焊缝拼接。但在采用焊接拼接时，必须加强对焊缝质量的检验工作。

8.5.5 吊车梁腹板与上翼缘的连接焊缝，除承受剪应力外，尚承受轮压产生的局部压应力，且轨道偏心也给连接焊缝带来很不利的影响，尤其是重级工作制吊车梁，操作频繁，上翼缘焊缝容易疲劳破坏。对起重量大于或等于 50t 的中级工作制吊车，因轮压很大，且实际上同样有疲劳问题，故亦要求焊透，至于吊车桁架中节点板与上弦的连接焊缝，因其受力情况复杂，同样亦规定应予焊透。

此外，腹板边缘宜机械加工开坡口，其坡口角度应按腹板厚度以焊透要求为前提，由施工单位做焊透试验来确定，但宜满足图 8.5.5 中规定的焊脚尺寸的要求。

8.5.6 关于焊接吊车梁中间横向加劲肋端部是否与受压翼缘焊接的问题，国外有两种不同意见，一种认为焊接后几年就出现开裂，故不主张焊接；另一种认为没有什么问题，可以相焊。根据我国的实践经验，若仅顶紧不焊，则当横向加劲肋与腹板焊接后，由于温度收缩而使加劲肋脱离翼缘，顶不紧了，只好再补充焊接。使用中亦没有发现什么问题，故本条规定中间横向加劲肋可与受压翼缘相焊。

试验研究证明，吊车梁中间横向加劲肋与腹板的连接焊缝，若在受拉区端部留有起落弧，则容易在腹板上引起疲劳裂缝。条文规定不宜在加劲肋端部起落弧，采用绕角焊、围焊或其他方法应与施工单位具体研究确定。总之，在加劲肋端部的焊缝截面不能有突变，亦有因围焊质量不好而出问题的（后改用风铲加工），所以宜由高级焊工施焊。

吊车梁的疲劳破坏一般是从受拉区开裂开始。因此，中、重级工作制吊车梁的受拉翼缘与支撑的连接采用焊接是不合适的，采用 C 级螺栓比采用焊缝方便，故建议采用螺栓连接。

同样理由，规定中间横向加劲肋端部不应与受拉翼缘相焊，也不应另加零件与受拉翼缘焊接，加劲肋宜在距受拉翼缘不少于50～100mm处断开。

本条适用于简支和连续吊车梁。

8.5.7 直接铺设轨道的吊车桁架上弦，其工作性质与连续吊车梁相近，而原规范要求"与吊车梁相同"，不够确切，新规范作了改正。

8.5.8 吊车梁（或吊车桁架）上翼缘与制动结构及柱相互间的连接，一般采用搭接。其中主要是吊车梁上翼缘与制动结构的连接和吊车梁上翼缘与柱的连接。

1 在重级工作制吊车作用下，吊车梁（或吊车桁架）上翼缘与制动桁架的连接，因动力作用常集中于节点，加以桁架节点处有次应力，受力情况十分复杂，很容易发生损坏，故宜采用高强度螺栓连接。而吊车梁上翼缘与制动梁的连接，重庆钢铁设计研究院和重庆大学从 1988 年到 1992 年曾对此进行了专门的研究，通过静力、疲劳试验和理论分析，科学地论证了只要能保证焊接质量和控制焊接变形仅用单面角焊缝连接的可行性，并在攀钢、成都无缝钢管厂和宝钢等工程中应用，效果良好，没有发现什么问题。设计中，制动板与吊车梁上翼缘之间还增加了按构造布置的 C 级普通螺栓连接，以改善安装条件和焊缝受力情况。用焊缝连接不仅可节约大量投资，而且可以提高工效 1～2 倍。故本条规定亦可采用焊缝连接。当然，对特重级工作制吊车来说，仍宜采用高强度螺栓摩擦型连接。

2 关于吊车梁上翼缘与柱的连接，既要传递水平力，又要防止因构造欠妥使吊车梁在垂直平面内弯曲时形成端部的局部嵌固作用而产生较大的负弯矩，导致连接件开裂。故宜采用高强度螺栓连接。国内有些设计单位采用板铰连接的方式，效果较好。因此本条建议设计时应尽量采取措施减少这种附加应力。

8.5.9 吊车梁辅助桁架和水平、垂直支撑系统的设置范围，系根据以往设计经验确定的，但有不同意见，故规定为：宜设置辅助桁架和水平、垂直支撑系统。

为了使吊车梁（或吊车桁架）和辅助桁架（或两吊车梁）之间产生的相对挠度不会导致垂直支撑产生过大的内力，垂直支撑应避免设置在吊车梁的跨度中央，应设在梁跨度的约 1/4 处，并对称设置。

对吊车桁架，为了防止其上弦因轨道偏心而扭转，一般在其高度范围内每隔约 6m 设置空腹或实腹的横隔。

8.5.10 重级工作制吊车梁的受拉翼缘，当用手工气割时，边缘不能平直并有缺陷，在用切割机切割时，边缘有冷加工硬化区，这些缺陷在动力荷载作用下，对疲劳不利，故要求沿全长刨边。

8.5.11 在疲劳试验中，发现试验梁在制作时，在受拉翼缘处打过火，疲劳破坏就从打火处开始，至于焊接夹具就更不恰当了，故本条规定不宜打火。

8.5.12 钢轨的接头有平接、斜接、人字形接头和焊接等。平接简便，采用最多，但有缝隙，冲击很大。斜接、人字形接头，车轮通过较平稳，但加工极费事，采用不多。目前已有不少厂采用焊接长轨，效果良好。焊接长轨要保证轨道在温度作用下能沿纵向伸缩，同时不损伤固定件，日本在钢轨固定件与轨道间留有约 1mm 空隙，西德经验约为 2mm，我国使用的约为 1mm。为此建议压板与钢轨间接触应留有一定的空隙（约 1mm）。

此外，在调研中发现焊接长轨用钩头螺栓固定时，在制动板一侧的钩头螺栓不能沿吊车梁纵向移动而将钩头螺栓拉弯或拉断，故在焊接长轨中不应采用钩头螺栓固定。

8.6 大跨度屋盖结构

本节是新增加的内容，是我国大跨度屋盖结构建设经验的总结，并明确规定跨度 $L \geqslant 60m$ 的屋盖为大跨度屋盖结构。

本节重点介绍了大跨度桁架结构的构造要求，其他结构形式（如空间结构、拱形结构等）见专门的设计规程或有关资料。

8.6.3 关于大跨度屋架的挠度容许值，是根据我国的实践经验，并参照国外资料规定的。

8.7 提高寒冷地区结构抗脆断能力的要求

本节是新增加的内容，是为了使设计人员重视钢结构可能发生脆断（特别是寒冷地区）而提出来的。内容主要来自前苏联的资料（见"钢结构脆性破坏的研究"，清华大学王元清副教授的研究报告），同时亦参考了其他国内外的有关资料。这些资料在定量的规定上差异较大，很难直接引用，但在定性方面即概念设计中都有一些共同规律，可供今后设计中参照：

1 钢结构的抗脆断性能与环境温度、结构形式、钢材厚度、应力特征、钢材性能、加荷速率以及重要性（破坏后果）等多种因素有关。工作温度愈低、钢材愈厚、名义拉应力愈大、应力集中及焊接残余应力愈高（特别是有多向拉应力存在时）、钢材韧性愈差、加荷速率愈快的结构愈容易发生脆断。重要性愈大的结构对抗脆断性能的要求亦愈高。

2 钢材在相应试验温度下的冲击韧性指标，目前仍被视作钢材抗脆断性能的主要指标。

3 对低合金高强度结构钢的要求比碳素结构钢严，如最大使用厚度更小，冲击试验温度更低等，而且钢材强度愈高，要求愈严。

至于钢材厚度与结构抗脆断性能在定量上的关

系，国内外均有研究，有的已在规范中根据结构的不同工作条件，对不同牌号的钢材规定了最大使用厚度（Eurocode 3 1993 表 3.2）。但由于我们对国产建筑钢材在不同工作条件下的脆断问题还缺乏深入研究，故这次修订时尚无法对我国钢材的最大使用厚度作出具体规定，只能参照国外资料，在构造上作出一些规定，以提高结构的抗脆断能力。

8.7.1 根据前苏联对脆断事故调查的结果，格构式桁架结构占事故总数的 48%，而梁结构仅占 18%，板结构占 34%，可见桁架结构容易发生脆断。但从我国的调研结果看，脆断情况并不严重，故规定在工作温度 $T \leqslant -30℃$ 的地区的焊接结构，建议采用较薄的组成板件。

8.7.2、8.7.3 所列内容除引自王元清的研究报告外，还参考了其他有关资料。其中对受拉构件钢材边缘加工要求的厚度限值（$\leqslant 10\text{mm}$），是根据前苏联 1981 年规范表 84 中在空气温度 $T \geqslant -30℃$ 地区，令考虑脆断的应力折减系数 $\beta = 1.0$ 而得出的。

虽然在我国的寒冷地区过去很少发生脆断问题，但当时的建筑物都不大，钢材亦不太厚。根据"我国低温地区钢结构使用情况调查"（《钢结构设计规范》材料二组低温冷脆分组，1973 年 1 月），所调查构件的钢材厚度为：吊车梁不大于 25mm，柱子不大于 20mm，屋架下弦不大于 10mm。随着今后大型建（构）筑物的兴建，钢材厚度的增加以及对结构安全重视程度的提高，钢结构的防脆断问题理应在设计中加以考虑。我们认为若能在构造上采取本节所提出的措施，对提高结构抗脆断的能力肯定是有利的，从我国目前的国情来看，亦是可以做得到的，不会增加多少投资。同时，为了缩小应用范围以节约投资，建议在 $T \leqslant -20℃$ 的地区采用之。在 $T > -20℃$ 的地区，对重要结构亦宜在受拉区采用一些减少应力集中和焊接残余应力的构造措施。

8.8 制作、运输和安装

8.8.1～8.8.3 结构的安装连接构造，除应考虑连接的可靠性外，还必须考虑施工方便，多数施工单位的意见是：

1 根据连接的受力和安装误差情况分别采用 C 级螺栓、焊接或高强度螺栓，其选用原则为：

1）凡沿螺栓杆轴方向受拉的连接或受剪力较小的次要连接，宜用 C 级螺栓；

2）凡安装误差较大的，受静力荷载或间接受动力荷载的连接，可优先选用焊接；

3）凡直接承受动力荷载的连接、或高空施焊困难的重要连接，均宜采用高强度螺栓摩擦型连接。

2 梁与桁架的铰接支承，宜采用平板支座直接支于柱顶或牛腿上。

3 当梁或桁架与柱侧面连接时，应设置承力支托或安装支托。安装时，先将构件放在支托上，再上紧螺栓，比较方便。此外，这类构件的长度不能有正公差，以便于插接，承力支托的焊接，计算时应考虑施工误差造成的偏心影响。

4 除特殊情况外，一般不要采用铆钉连接。

因钢构件安装时有多种定位方法，故第 8.8.3 条仅作原则规定"应考虑定位措施将构件临时固定"，而没有规定具体的定位方法，如设置定位螺栓等等。

8.9 防护和隔热

8.9.1 钢结构防腐的主要关键是制作时将铁锈清除干净，其次应根据不同的情况选用高质量的油漆或涂层以及妥善的维修制度。钢材的除锈等级与所采用的涂料品种有关，详见《工业建筑防腐蚀设计规范》GB 50046 及其他有关资料。

除上述问题外，在构造中应避免难于检查、清刷和油漆之处以及积留湿气、大量灰尘的死角和凹槽，例如尽可能将角钢的肢尖向下以免积留大量灰尘，大型构件应考虑设置维护时通行人孔和走道，露天结构应着重避免构件间未贴紧的缝隙，与砖石砌体或土壤接触部分应采取特殊保护措施。另外，应将管形构件两端封闭不使空气进入等。

在调研中曾发现凡是漏雨、飘雨之处，锈蚀均较严重，应引起重视，在建筑构造处理上应加注意，并应规定坚持定期维修制度，确保安全使用。

考虑到钢结构的建筑物和构筑物所处的环境，在抗腐蚀要求上差别很大，因此规定除特殊需要外，不应因考虑锈蚀而再加大钢材截面的厚度。

8.9.2 不能重新刷油的部位取决于节点构造形式和所处的位置。所谓采取特殊的防锈措施是指：在作防锈考虑时，应改进结构构造形式，减少零部件的数量，选用抗锈能力强的截面，即截面面积与周长之比值较大的形式，如用封闭截面等，避免采用双角钢组成的 T 形截面，此外，亦可选择抗锈能力强的钢材或针对侵蚀性介质的性质选用相应的质量高的油漆或其他有效涂料，必要时亦可适当加厚截面的厚度。

8.9.3 在调研中发现，凡埋入土中的钢柱，其埋入部分的混凝土保护层未伸出地面者或柱脚底面与地面的标高相同时，皆因柱身（或柱脚）与地面（或土壤）接触部位的四周易积聚水分和尘土等杂物，致使该部位锈蚀严重，故本条规定钢柱埋入土中部分的混凝土保护层或柱脚底板均应高出地面一定距离，具体数据是根据国内外的实践经验确定的。

在调研中，有的化工厂埋入土中的钢柱，虽有包裹混凝土，但因电离子极化作用，锈蚀仍很严重，故在土壤中，有侵蚀性介质作用的条件下，柱脚不宜埋入地下。

8.9.5 对一般钢材来说，温度在 200℃ 以内强度基本不变，温度在 250℃ 左右产生蓝脆现象，超过 300℃

以后屈服点及抗拉强度开始显著下降，达到600℃时强度基本消失。另外，钢材长期处于150~200℃时将出现低温回火现象，加剧其时效硬化，若和塑性变形同时作用，将更加快时效硬化速度。所以规定为：结构表面长期受辐射热达150℃以上时应采取防护措施。从国内有些研究院对各种热车间的实测资料来看，高炉出铁场和转炉车间的屋架下弦、吊车梁底部和柱子表面及均热炉车间钢锭车道旁的柱子等，温度都有可能达到150℃以上，有必要用悬吊金属板或隔热层加以保护，甚至在个别温度很高的情况时，需要采用更为有效的防护措施（如用水冷板）。

熔化金属的喷溅在结构表面的聚结和烧灼，将影响结构的正常使用寿命，所以应予保护。另外在出铁口、出钢口或注锭口等附近的结构，当生产发生事故时，很可能受到熔化金属的烧灼，如不加保护就很容易被烧断而造成重大事故，所以要用隔热层加以保护。一般的隔热层使用红砖砌体，四角镶以角钢，以保护其不受机械损伤，使用效果良好。

9 塑 性 设 计

9.1 一 般 规 定

9.1.1 本条明确指出本章的适用范围是超静定梁、单层框架和两层框架。对两层以上的框架，目前我国的理论研究和实践经验较少，故未包括在内。两层以上的无支撑框架，必须按二阶理论进行分析或考虑 P-Δ 效应。两层以上的有支撑框架，则在支撑构件的设计中，必须考虑二阶（轴力）效应。如果设计者掌握了二阶理论的分析和设计方法，并有足够的依据时，也不排除在两层以上的框架设计中采用塑性设计。

9.1.2 简单塑性理论是指假定材料为理想弹塑性体，荷载按比例增加。计算内力时，考虑发生塑性铰而使结构转化成破坏机构体系。

9.1.3 本条系将原规范条文说明中有关钢材力学性能的要求经修正后列为正文，即：

1 强屈比 $f_u/f_y \geqslant 1.2$；

2 伸长率 $\delta_5 \geqslant 15\%$；

3 相应于抗拉强度 f_u 的应变 ε_u 不小于20倍屈服点应变 ε_y。

这些都是为了截面充分发展塑性的必要要求。上述第3项要求与原规范不同，原规范为屈服台阶末端的应变 $\varepsilon_{st} \geqslant 6\varepsilon_p$（$\varepsilon_p$ 指弹性应变），也就是要求钢材有较长的屈服台阶。但有些低合金高强度钢，如15MnV就达不到此项要求，而根据国外规范的有关规定，15MnV可用于塑性设计。现根据欧洲规范 EC3-ENV-1993，将此项要求改为 $\varepsilon_u \geqslant 20\varepsilon_y$（见陈绍蕃编写的《钢结构设计原理》第二版）。

9.1.4 塑性设计要求某些截面形成塑性铰并能产生所需的转动，使结构形成机构，故对构件中的板件宽厚比应严加控制，以避免由于板件局部失稳而降低构件的承载能力。

工字形翼缘板沿纵向均匀受压，可按正交异性板的屈曲问题求解，或用受约束的矩形板的扭转屈曲问题求解。当不考虑腹板对翼缘的约束时（考虑约束提高临界力3%左右），上述两种求解方法有相同的结果：

$$\sigma_{cr} = \left(\frac{t}{b} \right)^2 G_{st}$$

式中 b、t——翼缘板的自由外伸宽度和厚度；

G_{st}——钢材剪切应变硬化模量，其值按非连续屈服理论求得：

$$G_{st} = \frac{2G}{1 + \frac{E}{4(1+\nu)} \frac{E}{E_{st}}}$$

E_{st}——钢材的应变硬化模量。

以 Q235 钢为例，取 $E = 206 \times 10^3 \text{N/mm}^2$；$E_{st} = 5.6 \times 10^3 \text{N/mm}^2$；$G = E/2.6$；令 $\sigma_{cr} = f_y = 235 \text{N/mm}^2$，即可求得 $b/t = 9.13$，因此建议 $b/t \leqslant 9 \sqrt{235/f_y}$。

箱形截面的翼缘板以及压弯构件腹板的宽厚比均可按理论方法求得。本条表9.1.4所建议的宽厚比参考了有关规范或资料的规定。

9.2 构件的计算

9.2.1 构件只承受弯矩 M 时，截面的极限状态应为：$M \leqslant W_{pn}f_y$，考虑抗力分项系数后，即为公式（9.2.1）。W_{pn} 为净截面塑性模量，是按截面全部进入塑性求得的，与本规范第4、5章采用的 γW 不同，γW 的取值仅是考虑部分截面进入塑性。

原规范规定，进行塑性设计时钢材和连接的强度设计值应乘以折减系数0.9。依据是二阶（P-Δ）效应没有考虑，并且假定荷载按比例增加，都使算得的结构承载能力偏高。后来的分析表明，单层和二层框架的二阶效应很小，完全可以由钢材屈服后的强化特性来弥补，加载顺序只影响荷载-位移曲线的中间过程，并不影响框架的极限荷载。因此，这次修订取消了0.9系数。

9.2.2 在受弯构件和压弯构件中，剪力的存在会加速塑性铰的形成。在塑性设计中，一般将最大剪力的界限规定为等于腹板截面的剪切屈服承载力，即 $V \leqslant A_w f_v$（A_w 为腹板截面积）。

在满足公式（9.2.2）要求的前提下，剪力的存在实际上并不降低截面的弯矩极限值，即仍可按本规范公式（9.2.1）计算。因为钢材实际上并非理想弹一塑性体，它的塑性变形发展是不均匀的，一旦有应变硬化阶段，当弯矩和剪力值都很大时，截面的应变硬化很快出现，从而使弯矩极限值并无降低。详细的论述和国内外有关试验分析见梁启智写的"关于钢梁设计中考虑塑性的问题"（载《华南工学院学报》第6卷第4期，1978年）。

9.2.3 同时承受压力和弯矩的构件，弯矩极限值是随压力的增加而减少。图31为弯矩绕强轴的工字形截面的相关曲线。这些曲线与翼缘面积和腹板面积之比 A_f/A_w 有关，常用截面一般为 $A_f/A_w \approx 1.5$，因此我们取 $A_f/A_w = 1.5$。而将此曲线简化为两段直线，即当 $N/(A_n f_y) \leqslant 0.13$ 时，$M = W_{pn} f_y$；当 $N/(A_n f_y) > 0.13$ 时，$M = 1.15 [1 - N/(A_n f_y)] W_{pn} f_y$。

本条的公式（9.2.3-1）和公式（9.2.3-2）即由此得来。箱形截面可看作是由两个工字形截面组成的，因此可按上述近似公式进行计算。

当 $N \leqslant 0.6 A_n f_y$ 时，将相关曲线简化为直线带来的误差一般不超过5%，少数区域误差较大，但偏于安全。

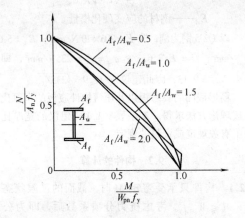

图31 压弯构件 $\dfrac{N}{A_n f_y}$-$\dfrac{M}{W_{pn} f_y}$ 关系曲线

在压弯构件中，N 愈大，产生二阶效应的影响也就愈大，因此限制 $N \leqslant 0.6 A_n f_y$。当 N 超过 $0.6 A_n f_y$ 时，按二阶理论考虑刚架的整体稳定所得到的实际承载能力将比按简单塑性理论算得承载能力降低得较多。

9.2.4 压弯构件的稳定计算采用本规范第5章第5.2.2条类似的方法，不同之处，仅在于用 W_{px} 代替了 $\gamma_x W_{1x}$。

9.3 容许长细比和构造要求

9.3.1 采用塑性设计的框架柱，如果长细比过大也会使二阶效应带来的影响加大，因此本条规定了比本规范第5章稍严的容许长细比值。

9.3.2 已形成塑性铰的截面，在结构尚未达到破坏机构前必须继续变形，为了使塑性铰处在转动过程中能保持承受弯矩极限值的能力，不但要避免板件的局部屈曲，而且必须避免构件的侧向扭转屈曲，要使构件不发生侧向扭转屈曲，应在塑性铰处及其附近适当距离处设置侧向支承。本条文的侧向支承点间的

构件长细比限制，是根据理论和试验研究的结果，再加以简化得出的。

试验结果表明：侧向支承点间的构件长细比 λ_y，主要与 M_1/M_p 的数值有关，且对任一确定的 M_1/M_p 值［加上抗力分项系数后，该比值就变为本规范公式（9.2.3-1）中的 $M_1/W_{px} f$］，均可找到相应的 λ_y，根据国内的部分分析结果并参考国外的规定，加以简化后得到关系式（9.3.2-1）和（9.3.2-2）。

9.3.3 本条文与本规范第4章第4.2.6条的方法相同，详见该条文说明。

9.3.4 本条文规定节点及其连接的设计，应按所传递弯矩的1.1倍和 $0.25 W_{px} f$ 二者中较大者进行计算，是为了使节点强度稍有余量，以减少在连接处产生永久变形的可能性。

所有连接应具有足够的刚度，以保证在达到塑性弯矩之前，所有被连接构件间的夹角不变。为了达到这个目的，采用螺栓的安装接头应避开梁和柱的交接线，或者采用扩大式接头和加腋等。

9.3.5 为了保证在出现塑性铰处有足够的塑性转动能力，该处的构件加工应避免采用剪切。当采用剪切加工时，应刨去边缘硬化区域。另外在此位置制作孔洞时，应采用钻孔或先冲后扩钻孔，避免采用单纯冲孔。这是因为剪切边和冲孔周围带来的金属硬化，将降低钢材的塑性，从而降低塑性铰的转动能力。

10 钢 管 结 构

10.1 一 般 规 定

10.1.1 钢管结构一般包括圆管和方管（或矩形管）两种截面形式，通常采用平面或空间桁架结构体系。管结构节点类型很多，本规范只限于在节点处直接焊接的钢管结构。由于轧制无缝钢管价格较贵，宜采用冷弯成型的高频焊接钢管。方管和矩形管多为冷弯成型的高频焊接钢管。由于此类管材通常存在残余应力和冷作硬化现象，用于低温地区的外露结构时，应进行专门的研究。

本章适用于不直接承受动力荷载的钢管结构。对于承受交变荷载的钢管焊接连接节点的疲劳问题，远较其他型钢杆件节点受力情况复杂，设计时要慎重处理，并需参考专门规范的规定。

10.1.2 限制钢管的径厚比或宽厚比是为了防止钢管发生局部屈曲。其中圆钢管的径厚比与本规范第5.4.5条相同，矩形管翼缘与腹板的宽厚比略偏安全地取与轴压构件的箱形截面相同。本条规定的限值与国外第3类截面（边缘纤维达到屈服，但局部屈曲阻碍全塑性发展）比较接近。

10.1.3 本条规定了本章内容的适用范围，因为目前国内外对钢管节点的试验研究工作中，其钢材的屈服

强度均小于 $355\text{N}/\text{mm}^2$，屈强比均不大于 0.8，而且钢管壁厚大于 25mm 时，将很难采用冷弯成型方法制造。

10.1.4、10.1.5 根据国外的经验（参见欧洲规范 Eurocode 3 1993），当满足这两条的规定时，可忽略节点刚性和偏心的影响，按铰接体系分析桁架杆件的内力。

10.2 构造要求

10.2.1～10.2.3 这三条是有关钢管节点构造的规定，主要是参考国外规范并结合我国施工情况而制定的，用以保证节点连接的质量和强度。在节点处主管应连续，支管端部应精密加工，直接焊于主管外壁上，而不得将支管穿入主管壁。主管和支管、或两支管轴线之间的夹角 θ 不得小于 30° 的规定是为了保证施焊条件，使焊根熔透。

管节点的连接部位，应尽量避免偏心。有关研究表明，当因构造原因在节点处产生的偏心满足本规范公式（10.1.5）的要求时，可不考虑其对节点承载力的影响。

由于断续焊接易产生咬边、夹渣等焊缝缺陷，以及不均匀热影响区的材质缺陷，恶化焊缝的性能，故主管和支管的连接焊缝应沿全周连续焊接。焊缝尺寸应大小适中，形状合理，并和母材平滑过渡，以充分发挥节点强度，并防止产生脆性破坏。

支管端部形状及焊缝坡口形式随支管和主管相交位置、支管壁厚不同以及焊接条件变化而异。根据现有条件，管端切割及坡口加工应尽量使用自动切管机，以充分保证装配和焊接质量。

10.2.4 因为搭接支管要通过被搭接支管传递内力，所以被搭接支管的强度应不低于搭接支管的。

10.2.5 一般支管的壁厚不大，宜采用全周角焊缝与主管连接。当支管壁厚较大时，宜沿焊缝长度方向部分采用角焊缝、部分采用对接焊缝。由于全部对接焊缝在某些部位施焊困难，故不予推荐。

角焊缝的焊脚尺寸，若按本规范第 8.2.7 条的规定不得大于 $1.2t_i$，对钢管结构，当支管受拉时势必产生因焊缝强度不足而加大壁厚的不合理现象，故根据实践经验及参考国外规范，规定 $h_f \leqslant 2t_i$。一般支管壁厚 t_i 较小，不会产生过大的焊接应力和"过烧"现象。

10.2.6 钢管构件承受较大横向集中荷载的部位，工作情况较为不利，因此应采用适当的加强措施。如果横向荷载是通过支管施加于主管的，则只要满足本规范第 10.3.3 和 10.3.4 的规定，就不必对主管进行加强。

10.3 杆件和节点承载力

10.3.2 根据本规范第 10.2.5 条的规定，支管与主管连接焊缝可沿全周采用角焊缝，也可部分采用对接焊缝。由于坡口角度、焊根间隙都是变化的，对接焊缝的焊根又不能清渣及补焊，考虑到这些原因及方便计算，故参考国外规范的规定，连接焊缝计算时可视为全周角焊缝按本规范公式（7.1.3-1）计算，取 $\beta_f = 1$。

焊缝的长度实际上是支管与主管相交线长度，考虑到焊缝传力时的不均匀性，焊缝的计算长度 l_w 均不大于相交线长度。因主、支管均为圆管的节点焊缝传力较为均匀，焊缝的计算长度取为相交线长度，该相交线是一条空间曲线。若将曲线分为 $2n$ 段，微小段 Δl_i 可取空间折线代替空间曲线。则焊缝的计算长度为：

$$l_w = 2\sum_{i=1}^{n}\Delta l_i = K_s d_i \qquad (73)$$

式中 K_s——相交线率，它是 d_i/d 和 θ 的函数，即：

$$K_s = 2\int_0^{\pi} f(d_i/d, \theta)\,\mathrm{d}\theta。$$

经采用回归分析方法，提出了规范中的公式（10.3.2-1）和公式（10.3.2-2）。两式精度较高，计算也较方便。

圆管节点焊缝有效厚度 h_e 沿相交线是变化的。第 Δl_i 区段的焊缝有效厚度为：

$$h_i = h_f\cos\frac{\alpha_{i+1/2}}{2} \qquad (74)$$

式中 $\alpha_{i+1/2}$——第 Δl_i 段中点支管外壁切平面与主管外壁切平面的夹角。

沿焊缝长度有效厚度平均值：

$$h_e = Ch_f$$

$$C = \frac{2\sum\limits_{i=1}^{n}\Delta l_i \cos\dfrac{\alpha_{i+1/2}}{2}}{l_w}$$

C 值与 d_i/d 和 θ 有关，经电算分析，一般 $C > 0.7$，最低为 0.6079。C 值小于 0.7 都发生在 $\theta > 60°$ 的情况，考虑到这时支管与主管的连接焊缝基本上属于端焊缝，它的强度将比侧焊缝强度规定值高 30%，故取 $C = 0.7$ 是安全的。目前国际上对角焊缝的计算考虑外荷载方向，这样经电算分析其有效厚度平均系数 C 均大于 0.7，最高可达 0.8321。故取 $h_e = 0.7h_f$ 还是合适的。

矩形管节点支管与主管的相交线是直线，计算方便，但考虑到主管顶面板件沿相交线周围在支管轴力作用下刚度的差异和传力的不均匀性，相交焊缝的计算长度 l_w 将不等于周长，需由试验研究而得。本条公式（10.3.2-3～10.3.2-5）引自《Design Guide For Rectangular Hollow Section（RHS）Joints Under Predominantly Static Loading》，Verlag Tüv Rheinland，1992，p19~20 和《空心管结构连接设计指南》J.A.Packer，科学出版社，1997 年版，第 246～249 页。该公式是在试验研究基础上归纳出来的，既简单又可靠。

10.3.3 本条为圆管节点的承载力适用范围和要求。

原规范对保证钢管节点处主管强度的支管轴心承载力设计值的公式是比较、分析国外有关规范和国内外有关资料的基础上，根据近 300 个各类型管节点的承载力极限值试验数据，通过回归分析归纳得出承载力极限值经验公式，然后采用校准法换算得到的。

X 形和 T、Y 形节点的承载力极限值与试验值比较见图 32、图 33。图中纵坐标用无量纲系数表达。图 32、图 33 中也给出了美国石油学会 API RP-2A 规范和日本《钢管结构设计施工指南》中所采用的计算

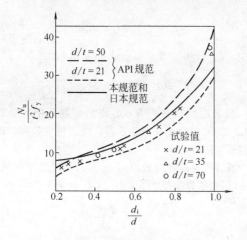

图 32　X 形节点的强度（$\sigma = 0$，$\theta = 90°$）

曲线，以便比较。对于 X 形节点，从图 32 可看出：d/t 对节点强度影响不大，故采用单一曲线公式已有足够的精度。对 T、Y 形节点，本规范采用折线形公

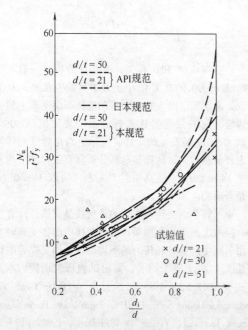

图 33　T、Y 形节点的强度（$\sigma = 0$，$\theta = 90°$）

式，并以 $(d/t)^{0.2}$ 计及径厚比对节点强度的影响。由图 33 可见，其计算值与试验结果吻合较好。

K 形节点强度的几何影响因素较多，情况也较复杂。一般说来由于两支管受力（拉压）性质不同，限制了节点局部变形，提高了节点强度。API 规范和欧洲《钢结构规范》对 K 形节点公式的计算误差较大，一般偏于保守。本规范对 K 形节点公式是采用将 T、Y 形节点强度乘上提高系数 ψ_a 得到的。节点强度的提高值体现在 ψ_a 中三个代数式的乘积，它分别反映了间隙比 a/d、径厚比 d/t 和直径比 $\beta = d_i/d$ 的影响。这三个代数式是通过对有关试验资料的回归分析确定的。图 34 给出了 K 形节点的计算值和试验值的比较。图中也给出了日本规范的曲线。

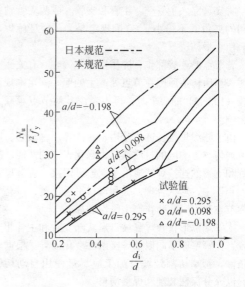

图 34　K 形节点的强度（$\sigma = 0$，$\theta = 60°$，$d/t = 31$）

由于 K 形节点的强度对各种随机因素的敏感性较强，试验值本身的离散性较大，在一般情况下本条公式的取值也略低一些。对于搭接节点，规定仍按 $a = 0$ 计算，稍偏保守。这是考虑到搭接节点相交线几何形状更为复杂，而目前加工、焊接、装配经验不足，另外也是为了进一步简化计算。从与试验值对比的统计计算结果看，这样计算的结果比采用精确而烦琐的公式计算，离散度的增加并不明显，仅 2% 左右。

除了几何因素影响外，管节点强度与节点受力状态关系很大，如支管与主管的夹角 θ、支管受压还是受拉，以及主管轴向应力情况等。

试验表明，支管轴心力垂直于主管方向的分力是造成节点破坏的主要因素。支管倾角 θ 越小，支管轴心力的垂直分力也越小，节点承载力就越高。由于支管倾斜使相交线加长和支管轴心力的水平分力分别会对节点强度产生有利和不利的影响。但由于其影响相对较小，并相互抵消，为计算方便起见，公式中未予

考虑。公式中用 $1/\sin\theta$ 来表达支管倾角 θ 对节点强度的影响，也就是说仅考虑支管轴力垂直分力作用。

圆管节点的破坏多由于节点处过大的局部变形而引起的。当主管受轴向压应力时，将促使节点的局部变形，节点强度随主管压应力增大而降低，而当主管受轴向拉应力时，可减小节点局部变形，此时节点承载力比主管 $\sigma = 0$ 时约提高 $3\% \sim 4\%$，如图 35 所示。本公式中在 $\sigma < 0$ 时，ψ_n 采用二次抛物线；而当 $\sigma > 0$ 时，为简化计算近似取 $\sigma = 0$ 时的值，即 $\psi_n = 1$。这样基本与试验结果符合。

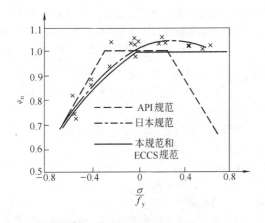

图 35 主管轴向应力 σ 的影响

当支管承受压力时，节点的破坏主要是由于主管壁的局部屈曲引起的，而当支管承受拉力时主要是强度破坏。大量试验得出结论：支管受拉时承载力的数据离散性大，大约比受压时大 $1.4 \sim 1.7$ 倍。对 X 形节点，经分析，用规范公式 (10.3.3-2) 进行计算。对 T、Y 形节点，由图 36 中的试验点可看出：当 β 大于 0.6 时，N_t/N_c 值由 1.4 逐步下降，公式中采用直线下降，当 β 趋近于 1.0 时，节点的破坏已趋近于强度破坏的性质，无论支管受压还是受拉，其强度差别不大。

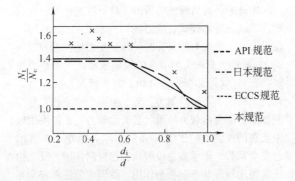

图 36 T、Y 形节点的 N_t/N_c 值

原规范在确定圆钢管节点承载力极限值公式时，以经过筛选的日本和欧美大量的试验数据为依据，对日本、欧洲、美国规范中的公式和本规范采用的公式进行了统计分析比较。由统计离散度看，除 K 形搭接节点外，均较日本、欧洲、美国公式计算精度有所提高或相当，K 形搭接节点也接近于日本公式的结果。

这次对圆管节点承载力设计值计算公式的修订工作，是根据同济大学的研究成果进行的。除对平面管节点承载力的计算公式作局部修正外，还增加了空间管节点承载力的计算方法。

随着钢管结构的发展，应用到结构中的钢管节点的尺寸越来越大；由于试件的尺寸效应对节点试验承载力有影响，因此先前节点尺寸过小的试验数据被删除，新的试验数据得到了补充，一个包含 1546 个圆钢管节点试验结果和 790 个圆钢管节点有限元分析结果的数据库建立了起来。根据不断补充的试验数据，一些国家和组织如日本和国际管结构研究和发展委员会(CIDECT)从 20 世纪 80 年代起，对节点强度计算公式作了不同程度的修改。

对于圆钢管节点强度计算公式的修正是对照新建立的管节点数据库中的试验结果（由于不少试验的破坏模式为支管破坏，分析时只采用属于节点破坏的试验结果），比较了原规范中平面管节点强度公式的计算结果得出的。同时又将 GBJ 17—88 公式、日本建筑学会（AIJ）公式、国际管结构研究和发展委员会（CIDECT）公式和本规范修订后的公式与试验数据进行了比较后得出来的。其对比结果如表 12 所示。

表 12 有关圆管节点承载力设计值公式计算结果
与试验数据的比较

节点类型	试件数	统计量	GBJ 17—88	AIJ	CIDECT	本规范公式
X形 支管受压	156	max	1.0844	1.0835	1.0347	1.0844
		min	0.3442	0.3585	0.3284	0.3442
		m	0.7762	0.8188	0.7378	0.7763
		σ	0.1362	0.1442	0.1291	0.1363
		v	0.1755	0.1761	0.1749	0.1755
		cl	89.89%	84.83%	93.31%	89.88%
X形 支管受拉	76	max	1.3595	1.4057	0.7686	1.2818
		min	0.3204	0.3898	0.2038	0.3555
		m	0.6563	0.7711	0.4162	0.7032
		σ	0.1962	0.2086	0.1206	0.1903
		v	0.2990	0.2706	0.2897	0.2706
		cl	87.48%	80.12%	97.81%	86.37%
T形和 Y形支 管受压	142	max	1.6887	1.0219	1.4182	1.6037
		min	0.5652	0.3380	0.4669	0.4064
		m	0.8971	0.5647	0.7844	0.8401
		σ	0.1674	0.1067	0.1493	0.1560
		v	0.1866	0.1889	0.1903	0.1858
		cl	70.93%	98.94%	87.14%	80.53%
T形和 Y形支 管受拉	47	max	1.7307	1.7276	1.1942	1.6436
		min	0.3473	0.3424	0.2185	0.3298
		m	0.6762	0.7915	0.4642	0.6422
		σ	0.3026	0.3452	0.2278	0.2874
		v	0.4475	0.4362	0.4906	0.4475
		cl	76.53%	68.37%	86.26%	78.80%

续表12

节点类型	试件数	统计量	GBJ 17—88	AIJ	CIDECT	本规范公式
K形	325	max	1.5108	1.3788	1.2097	1.4335
		min	0.3622	0.5236	0.3422	0.3411
		m	0.8351	0.8367	0.7249	0.7916
		σ	0.1754	0.1433	0.1349	0.1666
		v	0.2100	0.1713	0.1861	0.2104
		cl	78.38%	82.98%	93.03%	83.90%
TT形	20	max	—	0.9051	0.8630	0.9464
		min	—	0.3403	0.4455	0.4969
		m	—	0.6296	0.6823	0.7547
		σ	—	0.1499	0.1147	0.1092
		v	—	0.2381	0.1681	0.1447
		cl	—	94.01%	97.06%	95.50%
KK形	58	max		1.3200	1.1700	1.2381
		min		0.3900	0.1800	0.5910
		m		0.8382	0.7398	0.8437
		σ		0.1794	0.1689	0.1366
		v		0.2140	0.2284	0.1619
		cl		77.52%	87.27%	83.28%

注：表中 m 为规范公式计算值与试验值比值的平均值，σ 为方差，v 为离散度，cl 为置信度。

对修改各点说明如下：

1 将 d/t 的取值范围从 $d/t \leqslant 50$ 改为 $d/t \leqslant 100$。由于钢管节点试验的尺寸越来越大，d/t 值也已超过 50，K、T、X形试验节点的 d/t 都达到 100，因此公式适用范围可由原来的 $d/t \leqslant 50$ 扩大到 $d/t \leqslant 100$，日本规范也已扩大到 100。这一扩大也与本规范第 5.4.5 条一致。

2 对于 X形节点，支管受压情形下 GBJ 17—88 的计算结果置信度和均值皆较适中，且介于 AIJ 和 CIDECT 之间，故未作调整；支管受拉情形下 GBJ 17—88 的计算结果均值偏低，改为式（10.3.3-2）后，均值提高为 0.7032，置信度仅微有降低，比修正前更合理。

3 由于 T、Y形节点支管受压情形下 GBJ 17—88 的计算结果置信度偏低，故将承载力设计值降低 5%，即将原规范式中的 12.12 改为本规范公式（10.3.3-3）中的 11.51，修正后的计算结果置信度提高至 80.53%，比修正前更合理；相应地，T、Y形节点支管受拉情形下修正后的计算结果置信度提高至 78.80%。

4 由于 T、Y形节点是 K形节点在间隙 a 为无穷大时的特例，K形节点受压情形下 GBJ 17—88 的计算公式中 12.12 也相应地改为 11.51 [见本规范公式（10.3.3-6）]，修正后的计算结果置信度和均值皆较适中，且介于 AIJ 和 CIDECT 之间，因而是可行的。

5 GBJ 17—88 没有空间管节点强度计算公式，而目前国内的空间管结构中已大量出现 KK形节点和 TT形节点，增加相应的计算公式是必要的。本规范公式（10.3.3-9）、（10.3.3-10）及第 5 款的规定是对试验结果进行数据分析得出的，这些公式比 AIJ 和 CIDECT 的计算公式更为合理。

6 试验数据中 TT形和 KK形管节点支管的横向夹角 ϕ 分布在 $60° \sim 120°$ 之间，故将 ϕ 限定在该范围内，同时 ϕ 确定后支管的横向间距 g 即已相应地确定。

7 由于 XX形管节点的数据较少，AIJ 和 CIDECT 计算公式的计算结果与试验结果吻合情况也不甚理想，而这种节点类型目前在实际应用中较少用到，故在本规范内未予列入。

8 在规范公式（10.3.3-1）中，将主管轴力影响系数 ψ_n 表达式中对主管轴向应力 σ 的定义由原来的"最大轴向应力（拉应力为正，压应力为负）"改为"节点两侧主管轴心压应力的较小绝对值"是为了使用方便，不易混淆，且与国外资料相符。由于采用了绝对值，故将 ψ_n 的公式改为：$\psi_n = 1 - 0.3 \dfrac{\sigma}{f_y} - 0.3 \left(\dfrac{\sigma}{f_y}\right)^2$。

当节点一侧的主管受压另一侧受拉时，可将 σ 取为零，此时 $\psi_n = 1.0$。

10.3.4 矩形管（含方管）平面管节点承载力设计值计算公式，是根据哈尔滨工业大学的研究成果并结合国外资料补充的。

试验研究表明，矩形管节点有 7 种破坏模式：主管平壁因形成塑性铰线而失效；主管平壁因冲切而破坏或主管侧壁因剪切而破坏；主管侧壁因受拉屈服或受压局部失稳而失效；受拉支管被拉坏；受压支管因局部失稳而失效；主管平壁因局部失稳而失效；有间隙的 K、N形节点中，主管在间隙处被剪切或丧失轴向承载力而破坏等。有时几种失效模式同时发生。国外已针对不同破坏模式给出了节点承载力的计算公式，这些公式只有少数是理论推出的，大部分是经验公式。CIDECT 和欧洲规范（Eurocode 3）均采用了这些公式作为节点的承载力设计值公式，没有给出正常使用极限状态的验算公式。

国外的新近研究成果指出，对于以主管平壁形成塑性铰线的破坏模式，应考虑两种极限状态的验算。建议取令主管表面的局部凹（凸）变形达主管宽度 b 的 3% 时的支管内力为节点的极限承载力（承载力极限状态）；取局部变形为 $0.01b$ 的支管内力为节点正常使用极限状态的控制力。至于由哪个极限状态起控制作用，应视承载力极限状态的承载力与正常使用极限状态的控制力的比值 K 而定。若 K 值小于折算的总安全系数，则承载力极限状态起控制作用，反之由正常使用极限状态起控制作用。欧洲规范的总安全系数是 1.5，因此当 $K > 1.5$ 时，应验算正常使用状态。分析表明，当 $\beta < 0.6$、$b/t > 15$ 时，一般由正常使用极限状态局部变形（$\delta = 0.01b$）控制。目前尚没有简单的变形计算公式可供应用。

根据哈尔滨工业大学的管节点试验和考虑几何和

材料非线性的有限元分析结果，以及国内外收集到的其他试验结果，对CIDECT和欧洲规范的公式进行了局部修订，得到了本规范的承载力设计值公式。具体修改如下：

1 考虑到在以主管平壁形成塑性铰线为破坏模式的某些情况下，节点将由正常使用极限状态控制，为避免复杂的变形验算，将相应公式乘以0.9的系数予以降低，作为节点的极限承载力设计值［即得本规范公式（10.3.4-1）和（10.3.4-6）］。经大量有限元分析表明，采取上述处理方法，可不必再验算节点的正常使用极限状态。

2 将主管因受轴心压力使节点承载力降低的参数表达式改为：$\psi_n = 1.0 - \dfrac{0.25}{\beta} \cdot \dfrac{\sigma}{f}$，与国外的相关公式比较，该式没有突变，符合有限元分析和试验结果，并可用于 $\beta = 1.0$ 的节点。

3 对 $\beta = 1.0$，以主管侧壁失稳为破坏模式的国外公式进行了修订。将假想柱的计算长度由与主管侧壁的净高有关改为与净高的1/2有关，也就是将主管侧壁的长细比 λ 由 $3.46\left(\dfrac{h}{t}-2\right)\left(\dfrac{1}{\sin\theta_i}\right)^{0.5}$ 改为 $1.73\left(\dfrac{h}{t}-2\right)\left(\dfrac{1}{\sin\theta_i}\right)^{0.5}$。这一修改符合试验结果的破坏模式，经与收集到的国外27个试验结果和哈尔滨工业大学5个主管截面高宽比 $h/b \geqslant 2$ 的等宽T形节点的有限元分析结果相比，精度远高于国外公式。以屈服应力 f_y 代入修订后的公式所得结果与试验结果的比值作为统计值，27个试验的平均值为0.830，其方差为0.111，而按国外的公式计算，这两个值分别为0.531和0.195。在本规范修订过程中，还考虑了1.25倍的附加安全系数和主管受压时节点承载力降低的参数 ψ_n，使本规范公式（10.3.4-2）的计算值不致较国外公式提高的太多。

4 对 $\beta = 1.0$ 的X形节点侧壁抗剪验算的规范公式（10.3.4-3）补充了限制条件：当 $\theta_i < 90°$ 且 $h \geqslant h_i/\cos\theta_i$ 时，尚应验算主管侧壁的抗剪承载力。该条件排除了支管壁可能帮助抗剪的情况。

5 矩形管节点其他破坏模式的计算公式均与CIDECT和欧洲规范的相同，仅将国外公式中的 f_y 用 f 代替。国外节点承载力设计值的表达式可简写为：

$$\gamma'_s Q_k \leqslant N^* \tag{75}$$

式中　γ'_s——平均荷载系数，其值约为我国平均荷载系数 γ_s 的1.1倍；

　　　　Q_k——荷载效应标准值；

　　　　N^*——以 f_y 表达的节点极限承载力设计值。

若将 N^* 公式中的 f_y 用 f 乘以抗力分项系数 r_R 代替，则

$$N^* = \gamma_R N^{pj}$$

考虑　　　　$\gamma'_s \doteq 1.1\gamma_s \doteq \gamma_R \gamma_s$

将上述二式代入公式（75）后，即得本规范的表达通式：

$$\gamma_s Q_k \leqslant N^{pj}$$

由此可见，除以塑性铰线失效模式控制的承载力公式（10.3.4-1）和（10.3.4-6）以外，国内外管节点的承载力设计值的安全系数大体相当。

11　钢与混凝土组合梁

11.1　一　般　规　定

11.1.1　考虑目前国内对组合梁在动力荷载作用下的试验资料有限，本章的条文是针对不直接承受动力荷载的一般简支组合梁及连续组合梁而确定的。其承载能力可采用塑性分析方法进行计算。对于直接承受动力荷载或钢梁中受压板件的宽厚比不符合塑性设计要求的组合梁，则应采用弹性分析法计算。对于处于高温或露天条件的组合梁，除应满足本章的规定外，尚应符合有关专门规范的要求。

组合梁混凝土翼板可用现浇混凝土板或混凝土叠合板，或压型钢板混凝土组合板。混凝土叠合板翼板由预制板和现浇混凝土层组成，按《混凝土结构设计规范》GB 50010进行设计，在混凝土预制板表面采取拉毛及设置抗剪钢筋等措施，以保证预制板和现浇混凝土层形成整体。

11.1.2　组合梁混凝土翼板可以带板托，也可以不带板托。一般而言，不带板托的组合梁施工方便，带板托的组合梁材料较省，但板托构造复杂。

组合梁混凝土翼板的有效宽度，系按现行国家标准《混凝土结构设计规范》GB 50010的规定采用的。但规范公式（11.1.2）中的 b_2 值，世界各国（地区）的规范取值不一致。如美国 AISC $b_2 \leqslant 0.1l$（一侧有翼板）；英国水泥及混凝土协会 $b_2 \leqslant 0.1\ l_e - 0.5b_0$（集中荷载作用）；日本 AIJ $b_2 = 0.2l$（简支组合梁）；即 b_2 取值与梁跨度间的关系相差较大。同时与板厚有关与否也不尽统一。

在计算混凝土翼板有效宽度时关于板厚的取值问题，原规范的规定是针对现浇混凝土而言的。对预制混凝土叠合板，当按《混凝土结构设计规范》GB 50010的有关规定采取相应的构造措施后，可取为预制板加现浇层的厚度；对压型钢板混凝土组合板，若用薄弱截面的厚度将过于保守，参照试验结果和美国资料，可采用有肋处板的总厚度。

严格说来，楼盖边部无翼板时，其内侧的 b_2 应小于中部两侧有翼板的 b_2，集中荷载作用时的 b_2 值应小于均布荷载作用时的 b_2 值，连续梁的 b_2 值应小于简支梁的该值。

11.1.3　组合梁的变形计算可按弹性理论进行，原因是在荷载的标准组合作用下产生的截面弯矩小于组合

梁在弹性阶段的极限弯矩，即此时的组合梁在正常使用阶段仍处于弹性工作状态。其具体计算方法是假定钢和混凝土都是理想的弹塑性体，而将混凝土翼板的有效截面除以钢与混凝土弹性模量的比值 α_E（当考虑混凝土在荷载长期作用下的徐变影响时，此比值应为 $2\alpha_E$）换算为钢截面（为使混凝土翼板的形心位置不变，将翼板的有效宽度除以 α_E 或 $2\alpha_E$ 即可），再求出整个梁截面的换算截面刚度 EI_{eq} 来计算组合梁的挠度。分析还表明，由混凝土翼板与钢梁间相对滑移引起的附加挠度在 10%～15% 以下，国内的一些试验结果约为 9%，原规范认为可以忽略不计。但近来国内外的试验研究表明，采用栓钉等柔性连接件（特别是部分抗剪连接件时）该滑移效应对挠度的影响不能忽视，否则将偏于不安全。因此，这次修订时就规定要对换算截面刚度进行折减。

对连续组合梁，因负弯矩区混凝土翼板开裂后退出工作，所以实际上是变截面梁。故欧洲规范 ECCS 规定：在中间支座两侧各 $0.15l$（l 为一个跨间的跨度）的范围内确定梁的截面刚度时，不考虑混凝土翼板而只计入在翼板有效宽度 b_e 范围内负弯矩钢筋截面对截面刚度的影响，在其余区段不应取组合梁的换算截面刚度而应取其折减刚度，按变截面梁来计算其变形，计算值与试验结果吻合良好。连续组合梁除需验算变形外，还应验算负弯矩区混凝土翼板的裂缝宽度。因为负弯矩区混凝土翼板的工作性能很接近钢筋混凝土轴心受拉构件，因此可根据《混凝土结构设计规范》GB 50010 按轴心受拉构件来验算混凝土翼板最大裂缝宽度 w_{max}，其值不得大于《混凝土结构设计规范》GB 50010 所规定的限值。在验算混凝土裂缝时，可仅按荷载的标准组合进行计算，因为在荷载标准组合下计算裂缝的公式中已考虑了荷载长期作用的影响。

因为板托对组合梁的强度、变形和裂缝宽度的影响很小，故可不考虑其作用。

11.1.4 组合梁的受力状态与施工条件有关。对于施工时钢梁下无临时支承的组合梁，应分两个阶段进行计算：

第一阶段在混凝土翼板强度达到 75% 以前，组合梁的自重以及作用在其上的全部施工荷载由钢梁单独承受，此时按一般钢梁计算其强度、挠度和稳定性，但按弹性计算的钢梁强度和梁的挠度均应留有余地。梁的跨中挠度除满足本规范附录 A 的要求外，尚不应超过 25mm，以防止梁下凹段增加混凝土的用量和自重。

第二阶段当混凝土翼板的强度达到 75% 以后所增加的荷载全部由组合梁承受。在验算组合梁的挠度以及按弹性分析方法计算组合梁的强度时，应将第一阶段和第二阶段计算所得的挠度或应力相叠加。在第二阶段计算中，可不考虑钢梁的整体稳定性。而组合梁按塑性分析法计算强度时，则不必考虑应力叠加，可不分阶段按照组合梁一次承受全部荷载进行计算。

如果施工阶段梁下设有临时支承，则应按实际支承情况验算钢梁的强度、稳定及变形，并且在计算使用阶段组合梁承受的续加荷载产生的变形时，应把临时支承点的反力反向作为续加荷载。如果组合梁的设计是变形控制时，可考虑使钢梁起拱等措施。不论是弹性分析或塑性分析有无临时支承对组合梁的极限抗弯承载力均无影响，故在计算极限抗弯承载力时，可以不分施工阶段，按组合梁一次承受全部荷载进行计算。

11.1.5 部分抗剪连接组合梁是指配置的抗剪连接件数量少于完全抗剪连接所需要的抗剪连接件数量，如压型钢板混凝土组合梁等，此时应按照部分抗剪连接计算其抗弯承载力。国内外研究成果表明，在承载力和变形都能满足要求时，采用部分抗剪连接组合梁是可行的。由于梁的跨度愈大对连接件柔性性能要求愈高，所以用这种方法设计的组合梁其跨度不宜超过20m。

11.1.6 组合梁按截面进入全塑性计算抗弯强度时，GBJ 17—88 根据原第九章"塑性设计"的规定，将钢梁材料的强度设计值 f 乘以折减系数 0.9。本规范已取消此规定，故本章规定"钢梁钢材的强度设计值 f 应按本规范第 3.4.1 条和 3.4.2 条的规定采用"，即不乘折减系数 0.9。

尽管连续组合梁负弯矩区是混凝土受拉而钢梁受压，但组合梁具有较好的内力重分布性能，故仍然具有较好的经济效益。负弯矩区可以利用负钢筋和钢梁共同抵抗弯矩，通过弯矩调幅后可使连续组合梁的结构高度进一步减小。试验证明，弯矩调幅系数取15% 是可行的。

11.2 组合梁设计

11.2.1 完全抗剪连接组合梁是指混凝土翼板与钢梁之间具有可靠的连接，抗剪连接件按计算需要配置，以充分发挥组合梁截面的抗弯能力。组合梁设计可按简单塑性理论形成塑性铰的假定来计算组合梁的抗弯承载能力。即：

1 位于塑性中和轴一侧的受拉混凝土因为开裂而不参加工作，板托部分亦不予考虑，混凝土受压区假定为均匀受压，并达到轴心抗压强度设计值；

2 根据塑性中和轴的位置，钢梁可能全部受拉或部分受压部分受拉，但都假定为均匀受力，并达到钢材的抗拉或抗压强度设计值。其次，假定梁的剪力全部由钢梁承受并按钢梁的塑性抗剪承载力进行验算，且亦不考虑剪力对组合梁抗弯承载力的影响。当塑性中和轴在钢梁腹板内时，钢梁受压区板件宽厚比应符合本规范第 9 章"塑性设计"的要求。此外，忽略钢筋混凝土翼板受压区中钢筋的作用。用塑性设计法计算组合梁最终承载力时，可不考虑施工过程中有无支承及混凝土的徐变、收缩与温度作用的影响。

11.2.2 当抗剪连接件的设置受构造等原因影响不能全部配置，因而不足以承受组合梁上最大弯矩点和邻近零弯矩点之间的剪跨区段内总的纵向水平剪力时，可采用部分抗剪连接设计法。对于单跨简支梁，是采用简化塑性理论按下列假定确定的：

1 在所计算截面左右两个剪跨内，取连接件抗剪设计承载力设计值之和 $n_r N_v^c$ 中的较小值，作为混凝土翼板中的剪力；

2 抗剪连接件必须具有一定的柔性，即理想的塑性状态（如栓钉直径 $d \leqslant 22mm$，杆长 $l \geqslant 4d$），此外，混凝土强度等级不能高于 C40，栓钉工作时全截面进入塑性状态；

3 钢梁与混凝土翼板间产生相对滑移，以致在截面的应变图中混凝土翼板与钢梁有各自的中和轴。

部分抗剪连接组合梁的抗弯承载力计算公式，实际上是考虑最大弯矩截面到零弯矩截面之间混凝土翼板的平衡条件。混凝土翼板等效矩形应力块合力的大小，取决于最大弯矩截面到零弯矩截面之间抗剪连接件能够提供的总剪力。

为了保证部分抗剪连接的组合梁能有较好的工作性能，在任一剪跨区内，部分抗剪连接时连接件的数量不得少于按完全抗剪连接设计时该剪跨距区内所需抗剪连接件总数 n_f 的 50%，否则，将按单根钢梁计算，不考虑组合作用。

11.2.3 试验研究表明，按照本规范公式（9.2.2）计算组合梁的抗剪承载力是偏于安全的，因为混凝土翼板的抗剪作用亦较大。

11.3 抗剪连接件的计算

11.3.1 连接件的抗剪承载力设计值是通过推导与试验所决定的。

1 圆柱头焊钉（栓钉）连接件：试验表明，栓钉在混凝土中的抗剪工作类似于弹性地基梁，在栓钉根部混凝土受局部承压作用，因而影响抗剪承载力的主要因素有：

1）栓钉的直径 d（或栓钉的截面积 $A_s = \pi d^2 / 4$）；
2）混凝土的弹性模量 E_c；
3）混凝土的强度等级。

当栓钉长度为直径 4 倍以上时，栓钉抗剪承载力为：

$$N_v^c = 0.5 A_s \sqrt{E_c f_c^{实际}} \qquad (76)$$

该公式既可用于普通混凝土，也可用于轻骨料混凝土。

考虑可靠度的因素后，公式（76）中的 $f_c^{实际}$ 除应以混凝土的轴心抗压强度设计值 f_c 代替外，尚应乘以折减系数 0.85，这样就得到条文中的栓钉抗剪承载力设

计公式（11.3.1-1）。

试验研究表明，栓钉的抗剪承载力并非随着混凝土强度的提高而无限地提高，存在一个与栓钉抗拉强度有关的上限值。根据欧洲钢结构协会 1981 年组合结构规范等资料，其承载力的限制条件为 $0.7 A_s f_u$，约相当于栓钉的极限抗剪强度。但在编制 GBJ 17—88 规范时，认为经验不足，将 f_u（抗拉强度）改为 f_y（屈服强度），再引入抗力分项系数成为 f。GBJ 17—88 规范发行以来，设计者发现 N_v^c 均由 $\leqslant 0.7 A_s f$ 控制，导致使用栓钉数量过多。现本规范改为"$\leqslant 0.7 A_s \gamma f$"。

γ 为栓钉材料抗拉强度与屈服强度（均用最小规定值）之比。按国标《圆柱头焊钉》GB/T 10433，当栓钉材料性能等级为 4.6 级时，$\gamma = \dfrac{f_u}{f_y} = \dfrac{400}{240} = 1.67$。

2 槽钢连接件：其工作性能与栓钉相似，混凝土对其影响的因素亦相同，只是槽钢连接件根部的混凝土局部承压区局限于槽钢上翼缘下表面范围内。各国规范中采用的公式基本上是一致的，我国在这方面的试验也极为接近，即：

$$N_v^c = 0.3 (t + 0.5 t_w) l_c \sqrt{E_c f_c^{实际}} \qquad (77)$$

考虑可靠度的因素后，公式（77）中的 $f_c^{实际}$ 除应以混凝土的轴心抗压强度设计值 f_c 代替外，尚应再乘以折减系数 0.85，这样就得到条文中的抗剪承载力设计值公式（11.3.1-2）。

3 弯筋连接件：弯起钢筋的抗剪作用主要是通过与混凝土锚固而获得的，当弯起钢筋的锚固长度在构造上满足要求后，影响抗剪承载力的主要因素便是弯起钢筋的截面面积和弯起钢筋的强度等级。试验与分析表明，当弯起钢筋的弯起角度为 35°～55°时，弯起角度的因素可以忽略不计，其抗剪承载力设计值为：

$$N_v^c = A_{st} f_y \qquad (78)$$

试验表明，实测结果与按公式（78）计算结果之比在 1.2 以上，故其抗剪承载力设计值的计算公式除将弯起钢筋的屈服强度 f_y 改用抗拉强度设计值 f_{st} 外，不再乘折减系数，这样就得到条文中的抗剪承载力设计值计算公式（11.3.1-3）。

11.3.2 用压型钢板混凝土组合板时，其抗剪连接件一般用栓钉。由于栓钉需穿过压型钢板而焊接至钢梁上，且栓钉根部周围没有混凝土的约束，当压型钢板肋垂直于钢梁时，由压型钢板的波纹形成的混凝土肋是不连续的，故对栓钉的抗剪承载力应予折减。本条规定的折减系数是根据试验分析而得出的。

11.3.3 当栓钉位于负弯矩区时，混凝土翼板处于受拉状态，栓钉周围的混凝土对其约束程度不如正弯矩区的栓钉受到周围混凝土约束程度高，故位于负弯矩区的栓钉抗剪承载力亦应予折减。

11.3.4 试验研究表明,栓钉等柔性抗剪连接件具有很好的剪力重分布能力,所以没有必要按照剪力图布置连接件,这给设计和施工带来了极大的方便。对于简支组合梁,可以按照 11.3.4 条所计算的连接件个数均匀布置在最大正弯矩截面至零弯矩截面之间。对于连续组合梁,可以将按照 11.3.4 条所计算的连接件个数分别在 m_1、$(m_2 + m_3)$、$(m_4 + m_5)$ 区段内均匀布置,但应注意在各区段内混凝土翼板隔离体的平衡。

11.4 挠 度 计 算

11.4.1 组合梁的挠度计算与钢筋混凝土梁类似,需要分别计算在荷载标准组合及荷载准永久组合下的截面折减刚度并以此来计算组合梁的挠度,其最大值应符合本规范第 3.5 节的要求。

11.4.2、11.4.3 国内外试验研究表明,采用栓钉、槽钢等柔性抗剪连接件的钢-混凝土组合梁,连接件在传递钢梁与混凝土翼板交界面的剪力时,本身会发生变形,其周围的混凝土亦会发生压缩变形,导致钢梁与混凝土翼板的交界面产生滑移应变,引起附加曲率,从而引起附加挠度。可以通过对组合梁的换算截面抗弯刚度 EI_{eq} 进行折减的方法来考虑滑移效应。规范公式 (11.4.2) 是考虑滑移效应的组合梁折减刚度的计算方法,它既适用于完全抗剪连接组合梁,也适用于部分抗剪连接组合梁和钢梁与压型钢板混凝土组合板构成的组合梁。对于后者,抗剪连接件刚度系数 k 应按本规范 11.3.2 条予以折减。

本条所列的挠度计算方法,详见聂建国"考虑滑移效应的钢-混凝土组合梁变形计算的折减刚度法",《土木工程学报》,1995 年第 5 期。

11.5 构 造 要 求

11.5.1 组合梁的高跨比一般为 $h/l \geqslant 1/15 \sim 1/16$,为使钢梁的抗剪强度与组合梁的抗弯强度相协调,故钢梁截面高度 h_s 宜大于组合梁截面高度 h 的 $1/2.5$,即 $h \leqslant 2.5h_s$。

11.5.4 本条为抗剪连接件的构造要求。

1 圆柱头焊钉钉头下表面或槽钢连接件上翼缘下表面应高出混凝土底部钢筋 30mm 的要求,主要是为了:①保证连接件在混凝土翼板与钢梁之间发挥抗掀起作用;②底部钢筋能作为连接件根部附近混凝土的横向配筋,防止混凝土由于连接件的局部受压作用而开裂。

2 连接件沿梁跨度方向的最大间距规定,主要是为了防止在混凝土翼板与钢梁接触面间产生过大的裂缝,影响组合梁的整体工作性能和耐久性。

11.5.5 本条中关于栓钉最小间距的规定,主要是为了保证栓钉的抗剪承载力能充分发挥作用。

中华人民共和国国家标准

冷弯薄壁型钢结构技术规范

Technical code of cold-formed thin-wall steel structures

GB 50018—2002

主编部门：湖北省发展计划委员会

批准部门：中华人民共和国建设部

施行日期：２００３年１月１日

中华人民共和国建设部
公 告

第 63 号

建设部关于发布国家标准
《冷弯薄壁型钢结构技术规范》的公告

现批准《冷弯薄壁型钢结构技术规范》为国家标准，编号为 GB 50018—2002，自 2003 年 1 月 1 日起实施。其中，第 3.0.6、4.1.3、4.1.7、4.2.1、4.2.3、4.2.4、4.2.5、4.2.7、9.2.2、10.2.3 条为强制性条文，必须严格执行。原《冷弯薄壁型钢结构技术规范》GBJ 18—87 同时废止。

本规范由建设部标准定额研究所组织中国计划出版社出版发行。

中华人民共和国建设部
二〇〇二年九月二十七日

前 言

本规范是根据建设部建标［1998］94 号文的要求，由主编部门湖北省发展计划委员会、主编单位中南建筑设计院会同有关单位对 1987 年国家计划委员会批准颁布的《冷弯薄壁型钢结构技术规范》GBJ 18—87 进行全面修订而成的。

本规范共 11 章 5 个附录，这次修订的主要内容有：

1. 按新修订的国家标准《建筑结构可靠度设计统一标准》的规定，增加了在采用不同安全等级时需结合考虑设计使用年限的内容；

2. 增列了在单层房屋设计中考虑受力蒙皮作用的设计原则；

3. 补充了弯矩作用于非对称平面内的单轴对称开口截面压弯构件稳定性的计算公式；

4. 对三种不同的受压板件的有效宽厚比计算修改成以板组为计算单元，考虑相邻板件的约束影响，并采用统一的计算公式；

5. 新增了自攻（自钻）螺钉、拉铆钉、射钉及喇叭形焊缝等新型连接方式的内容；

6. 对广泛应用的压型钢板增加了用作非组合效应楼板、同时承受弯矩和剪力作用的计算方法；

7. 新增了应用十分广泛的薄壁型钢墙梁的设计规定与构造要求；

8. 补充了多跨门式刚架体系中刚架柱的计算长度计算公式，补充了刚架梁垂直挠度限值、柱顶侧移限值等规定。

本规范将来可能进行局部修订，有关局部修订的信息和条文内容将刊登在《工程建设标准化》杂志上。

本规范以黑体字标志的条文为强制性条文，必须严格执行。

本规范由建设部负责管理和对强制性条文的解释，中南建筑设计院负责具体技术内容的解释。

为了提高规范的质量，请各单位在执行本规范过程中，结合工程实践，认真总结经验，并将意见和建议寄至：湖北省武汉市武昌中南二路十号中南建筑设计院《冷弯薄壁型钢结构技术规范》国家标准管理组（邮编：430071，E-mail：lwssc @ public. wh. hb. cn）。

本规范主编单位、参编单位和主要起草人：

主 编 单 位： 中南建筑设计院

参 编 单 位： 同济大学
深圳大学
西安建筑科技大学
哈尔滨工业大学
福州大学
湖南大学
东风汽车公司基建管理部
武汉大学
上海交通大学
中国建筑标准设计研究所
浙江杭萧钢构股份有限公司
南昌大学
福建长祥建筑钢结构有限公司
喜利得（中国）有限公司

主要起草人： 陈雪庭 陆祖欣 沈祖炎 张中权
何保康 徐厚军 张耀春 魏潮文
周绪红 孔次融 方山峰 周国樑
蔡益燕 陈国津 郭耀杰 高轩能
单银木 熊 皓 王 稚

目　　次

1 总　　则

1.0.1 为使冷弯薄壁型钢结构的设计和施工贯彻执行国家的技术经济政策，做到技术先进、经济合理、安全适用、确保质量，特制定本规范。

1.0.2 本规范适用于建筑工程的冷弯薄壁型钢结构的设计与施工。

1.0.3 本规范未考虑直接承受动力荷载的承重结构和受有强烈侵蚀作用的冷弯薄壁型钢结构的特殊要求。

1.0.4 本规范的设计原则是根据现行国家标准《建筑结构可靠度设计统一标准》GB 50068 制定的。

1.0.5 设计冷弯薄壁型钢结构时，应结合工程实际，合理选用材料、结构方案和构造措施，保证结构在运输、安装和使用过程中满足强度、稳定性和刚度要求，符合防火、防腐要求。

1.0.6 冷弯薄壁型钢结构的设计和施工，除应符合本规范外，尚应符合现行有关国家标准的规定。

2　术语、符号

2.1　术　　语

2.1.1 板件　elements
薄壁型钢杆件中相邻两纵边之间的平板部分。

2.1.2 加劲板件　stiffened elements
两纵边均与其他板件相连接的板件。

2.1.3 部分加劲板件　partially stiffened elements
一纵边与其他板件相连接，另一纵边由符合要求的边缘卷边加劲的板件。

2.1.4 非加劲板件　unstiffened elements
一纵边与其他板件相连接，另一纵边为自由的板件。

2.1.5 均匀受压板件　uniformly compressed elements
承受轴心均匀压力作用的板件。

2.1.6 非均匀受压板件　non-uniformly compressed elements
承受线性非均匀分布应力作用的板件。

2.1.7 子板件　sub-elements
一纵边与其他板件相连接，另一纵边与符合要求的中间加劲肋相连接或两纵边均与符合要求的中间加劲肋相连接的板件。

2.1.8 宽厚比　width-to-thickness ratio
板件的宽度与厚度之比。

2.1.9 有效宽厚比　effective width-to-thickness ratio
考虑受压板件利用屈曲后强度时，为了简化计算，将板件的宽度予以折减，折减后板件的计算宽度与板厚之比。

2.1.10 冷弯效应　effect of cold forming
因冷弯引起钢材性能改变的现象。

2.1.11 受力蒙皮作用　stressed skin action
与支承构件可靠连接的压型钢板体系所具有的抵抗板自身平面内剪切变形的能力。

2.1.12 喇叭形焊缝　flare groove welds
连接圆角与圆角或圆角与平板间隙处的焊缝。

2.2　符　　号

2.2.1 作用及作用效应

B——双力矩；
F——集中荷载；
M——弯矩；
N——轴心力；
N_t——一个连接件所承受的拉力；
N_v——一个连接件所承受的剪力；
P——高强度螺栓的预拉力；
V——剪力。

2.2.2 计算指标

E——钢材的弹性模量；
G——钢材的剪变模量；
N_v^s——电阻点焊每个焊点的抗剪承载力设计值；
N_t^b——一个螺栓的抗拉承载力设计值；
N_v^b——一个螺栓的抗剪承载力设计值；
N_c^b——一个螺栓的承压承载力设计值；
N_t^f——一个自攻螺钉或射钉的抗拉承载力设计值；
N_v^f——一个连接件的抗剪承载力设计值；
f——钢材的抗拉、抗压和抗弯强度设计值；
f_{ce}——钢材的端面承压强度设计值；
f_v——钢材的抗剪强度设计值；
f_y——钢材的屈服强度；
f_c^b, f_t^b, f_v^b——螺栓的承压、抗拉和抗剪强度设计值；
f_c^w, f_t^w, f_v^w——对接焊缝的抗压、抗拉和抗剪强度设计值；
f_f^w——角焊缝的抗压、抗拉和抗剪强度设计值；
σ——正应力；
τ——剪应力。

2.2.3 几何参数

A——毛截面面积；
A_n——净截面面积；
A_e——有效截面面积；
A_{en}——有效净截面面积；
H——柱的高度；
H_0——柱的计算高度；
I——毛截面惯性矩；
I_n——净截面惯性矩；
I_t——毛截面抗扭惯性矩；
I_w——毛截面扇性惯性矩；
I_{es}——压型钢板边加劲肋的惯性矩；
I_{is}——压型钢板中加劲肋的惯性矩；
S——毛截面面积矩；
W——毛截面模量；
W_n——净截面模量；
W_w——毛截面扇性模量；
W_e——有效截面模量；
W_{en}——有效净截面模量；
a——卷边的高度；格构式檩条上弦节间长度；连接件的间距；
a_{max}——连接件的最大容许间距；
b——截面或板件的宽度；
b_0——截面的计算宽度（或高度）；
b_s——压型钢板中子板件的宽度；
b_e——板件的有效宽度；
c——与计算板件邻接的板件的宽度；
d——直径；
d_0——构件中孔洞的直径；
d_e——螺栓螺纹处的有效直径；
e——偏心距；
e_s——荷载作用点到弯心的距离；
e_0——截面弯心在对称轴上的坐标（以形心为原点）；

e_x——等效偏心距；

h——截面或板件的高度；

h_0——腹板的计算高度；

h_f——角焊缝的焊脚尺寸；

i——回转半径；

l——长度或跨度；侧向支承点间的距离；型钢截面中心线长度；

l_w——焊缝的计算长度；

l_0——计算长度；

l_ω——扭转屈曲的计算长度；

r_i——截面第 i 个棱角内表面的弯曲半径；

t——厚度；

θ——夹角；

λ——长细比；

λ_0——换算长细比；

λ_ω——弯扭屈曲的换算长细比。

2.2.4 计算系数

k——受压板件的稳定系数；

k_1——板组约束系数；

n——连接处的螺栓数；两侧向支承点间的节间总数；

n_c——内力为压力的节间数；

n_v——每个螺栓的剪切面数；

n_1——同一截面处的连接件数；

α, β——构件的约束系数；

β_m——等效弯矩系数；

γ——钢材抗拉强度与屈服强度的比值；

γ_R——抗力分项系数；

ξ_1, ξ_2——计算受弯构件整体稳定系数时采用的系数；

η——计算受弯构件整体稳定系数时采用的系数；计算考虑冷弯效应的强度设计值时采用的系数；截面系数；

ζ——计算受弯构件整体稳定系数时采用的系数；

μ——刚架柱的计算长度系数；

μ_b——梁的侧向计算长度系数；

ρ——质量密度；受压板件有效宽厚比计算系数；

φ——轴心受压构件的稳定系数；

φ_b, φ'_b——受弯构件的整体稳定系数；

ψ——应力分布不均匀系数。

3 材 料

3.0.1 用于承重结构的冷弯薄壁型钢的带钢或钢板，应采用符合现行国家标准《碳素结构钢》GB/T 700 规定的 Q235 钢和《低合金高强度结构钢》GB/T 1591 规定的 Q345 钢。当有可靠根据时，可采用其他牌号的钢材，但应符合相应有关国家标准的要求。

3.0.2 用于承重结构的冷弯薄壁型钢的带钢或钢板，应具有抗拉强度、伸长率、屈服强度、冷弯试验和硫、磷含量的合格保证；对焊接结构尚应具有碳含量的合格保证。

3.0.3 在技术经济合理的情况下，可在同一构件中采用不同牌号的钢材。

3.0.4 焊接采用的材料应符合下列要求：

1 手工焊接用的焊条，应符合现行国家标准《碳钢焊条》GB/T 5117或《低合金钢焊条》GB/T 5118 的规定。选择的焊条型号应与主体金属力学性能相适应。

2 自动焊接或半自动焊接用的焊丝，应符合现行国家标准

《熔化焊用钢丝》GB/T 14957 的规定。选择的焊丝和焊剂应与主体金属相适应。

3 二氧化碳气体保护焊接用的焊丝，应符合现行国家标准《气体保护电弧焊用碳钢、低合金钢焊丝》GB/T 8110 的规定。

4 当 Q235 钢和 Q345 钢相焊接时，宜采用与 Q235 钢相适应的焊条或焊丝。

3.0.5 连接件（连接材料）应符合下列要求：

1 普通螺栓应符合现行国家标准《六角头螺栓 C 级》GB/T 5780 的规定，其机械性能应符合现行国家标准《紧固件机械性能、螺栓、螺钉和螺柱》GB/T 3089.1 的规定。

2 高强度螺栓应符合现行国家标准《钢结构用高强度大六角头螺栓、大六角螺母、垫圈与技术条件》GB/T 1228～1231 或《钢结构用扭剪型高强度螺栓连接副》GB/T 3632～3633 的规定。

3 连接薄钢板或其他金属板采用的自攻螺钉应符合现行国家标准《自钻自攻螺钉》GB/T 15856.1～4、GB/T 3098.11 或《自攻螺栓》GB/T 5282～5285 的规定。

3.0.6 在冷弯薄壁型钢结构设计图纸和材料订货文件中，应注明所采用的钢材的牌号和质量等级、供货条件等以及连接材料的型号（或钢材的牌号）。必要时尚应注明对钢材所要求的机械性能和化学成分的附加保证项目。

4 基本设计规定

4.1 设 计 原 则

4.1.1 本规范采用以概率理论为基础的极限状态设计方法，以分项系数设计表达式进行计算。

4.1.2 冷弯薄壁型钢承重结构应按承载能力极限状态和正常使用极限状态进行设计。

4.1.3 设计冷弯薄壁型钢结构时的重要性系数 γ_0 应根据结构的安全等级、设计使用年限确定。

一般工业与民用建筑冷弯薄壁型钢结构的安全等级取为二级，设计使用年限为 50 年时，其重要性系数不应小于 1.0；设计使用年限为 25 年时，其重要性系数不应小于 0.95。特殊建筑冷弯薄壁型钢结构安全等级、设计使用年限另行确定。

4.1.4 按承载能力极限状态设计冷弯薄壁型钢结构，应考虑荷载效应的基本组合，必要时尚应考虑荷载效应的偶然组合，采用荷载设计值和强度设计值进行计算。荷载设计值等于荷载标准值乘以荷载分项系数；强度设计值等于材料强度标准值除以抗力分项系数，冷弯薄壁型钢结构的抗力分项系数 $\gamma_R = 1.165$。

4.1.5 按正常使用极限状态设计冷弯薄壁型钢结构，应考虑荷载效应的标准组合，采用荷载标准值和变形限值进行计算。

4.1.6 计算结构构件和连接时，荷载、荷载分项系数、荷载效应组合和荷载组合值系数的取值，应符合现行国家标准《建筑结构荷载规范》GB 50009 的规定。

> 注：对支承轻屋面的构件或结构（屋架、框架等），当仅承受一个可变荷载，其水平投影面积超过 60m² 时，屋面均布活荷载标准值宜取 0.3kN/m²。

4.1.7 设计刚架、屋架、檩条和墙梁时，应考虑由于风吸力作用引起构件内力变化的不利影响，此时永久荷载的荷载分项系数应取 1.0。

4.1.8 结构构件的受拉强度应按净截面计算；受压强度应按有效净截面计算；稳定性应按有效截面计算。

4.1.9 构件的变形和各种稳定系数可按毛截面计算。

4.1.10 当采用不能滑动的连接件连接压型钢板及其支承构件形成屋面和墙面等围护体系时，可在单层房屋的设计中考虑受力蒙皮作用，但应同时满足下列要求：

1 应由试验或可靠的分析方法获得蒙皮组合体的强度和刚度参数,对结构进行整体分析和设计;

2 屋脊、檐口和山墙等关键部位的檩条、墙梁、立柱及其连接等,除了考虑直接作用的荷载产生的内力外,还必须考虑由整体分析算得的附加内力进行承载力验算;

3 必须在建成的建筑物的显眼位置设立永久性标牌,标明在使用和维护过程中,不得随意拆卸压型钢板,只有设置了临时支撑后方可拆换压型钢板,并在设计文件中加以规定。

4.2 设计指标

4.2.1 钢材的强度设计值应按表4.2.1采用。

表4.2.1 钢材的强度设计值(N/mm²)

钢材牌号	抗拉、抗压和抗弯 f	抗剪 f_v	端面承压(磨平顶紧) f_{ce}
Q235 钢	205	120	310
Q345 钢	300	175	400

4.2.2 计算全截面有效的受拉、受压或受弯构件的强度,可采用按本规范附录C确定的考虑冷弯效应的强度设计值。

4.2.3 经退火、焊接和热镀锌等热处理的冷弯薄壁型钢构件不得采用考虑冷弯效应的强度设计值。

4.2.4 焊缝的强度设计值应按表4.2.4采用。

表4.2.4 焊缝的强度设计值(N/mm²)

构件钢材牌号	对接焊缝			角焊缝
	抗压 f_c^w	抗拉 f_t^w	抗剪 f_v^w	抗压、抗拉和抗剪 f_f^w
Q235 钢	205	175	120	140
Q345 钢	300	255	175	195

注:1 当Q235钢与Q345钢对接焊接时,焊缝的强度设计值应按表4.2.4中Q235钢栏的数值采用;
2 经X射线检查符合一、二级焊缝质量标准的对接焊缝的抗拉强度设计值采用抗压强度设计值。

4.2.5 C级普通螺栓连接的强度设计值应按表4.2.5采用。

表4.2.5 C级普通螺栓连接的强度设计值(N/mm²)

类别	性能等级	构件钢材的牌号	
	4.6级、4.8级	Q235 钢	Q345 钢
抗拉 f_t^b	165	—	—
抗剪 f_v^b	125	—	—
承压 f_c^b	—	290	370

4.2.6 电阻点焊每个焊点的抗剪承载力设计值应按表4.2.6采用。

表4.2.6 电阻点焊的抗剪承载力设计值

相焊板件中外层较薄板件的厚度 t(mm)	每个焊点的抗剪承载力设计值 N_v^s(kN)	相焊板件中外层较薄板件的厚度 t(mm)	每个焊点的抗剪承载力设计值 N_v^s(kN)
0.4	0.6	2.0	5.9
0.6	1.1	2.5	8.0
0.8	1.7	3.0	10.2
1.0	2.3	3.5	12.6
1.5	4.0	—	—

4.2.7 计算下列情况的结构构件和连接时,本规范4.2.1至4.2.6条规定的强度设计值,应乘以下列相应的折减系数。

1 平面格构式檩条的端部主要受压腹杆:0.85;

2 单面连接的单角钢杆件:
1)按轴心受力计算强度和连接:0.85;
2)按轴心受压计算稳定性:0.6+0.0014λ;

注:对中间无联系的单角钢压杆,λ为按最小回转半径计算的杆件长细比。

3 无垫板的单面对接焊缝:0.85;

4 施工条件较差的高空安装焊缝:0.90;

5 两构件的连接采用搭接或其间填有垫板的连接以及单盖板的不对称连接:0.90。

上述几种情况同时存在时,其折减系数应连乘。

4.2.8 钢材的物理性能应符合表4.2.8的规定。

表4.2.8 钢材的物理性能

弹性模量 E (N/mm²)	剪变模量 G (N/mm²)	线膨胀系数 α (以每℃计)	质量密度 ρ (kg/m³)
206×10^3	79×10^3	12×10^{-6}	7850

4.3 构造的一般规定

4.3.1 冷弯薄壁型钢结构构件的壁厚不宜大于6mm,也不宜小于1.5mm(压型钢板除外),主要承重结构构件的壁厚不宜小于2mm。

4.3.2 构件受压部分的壁厚尚应符合下列要求:

1 构件中受压板件的最大宽厚比应符合表4.3.2的规定。

表4.3.2 受压板件的宽厚比限值

板件类别＼钢材牌号	Q235 钢	Q345 钢
非加劲板件	45	35
部分加劲板件	60	50
加劲板件	250	200

2 圆管截面构件的外径与壁厚之比,对于Q235钢,不宜大于100;对于Q345钢,不宜大于68。

4.3.3 构件的长细比应符合下列要求:

1 受压构件的长细比不宜超过表4.3.3中所列数值;

表4.3.3 受压构件的容许长细比

项次	构件类别	容许长细比
1	主要构件(如主要承重柱、刚架柱、桁架和格构式刚架的弦杆及支座压杆等)	150
2	其他构件及支撑	200

2 受拉构件的长细比不宜超过350,但张紧的圆钢拉条的长细比不受此限。当受拉构件在永久荷载和风荷载组合作用下受压时,长细比不宜超过250;在吊车荷载作用下受压时,长细比不宜超过200。

4.3.4 用缀板或缀条连接的格构式柱宜设置横隔,其间距不宜大于2～3m,在每个运输单元的两端均应设置横隔。实腹式受弯及压弯构件的两端和较大集中荷载作用处应设置横向加劲肋,当构件腹板高厚比较大时,构造上宜设置横向加劲肋。

5 构件的计算

5.1 轴心受拉构件

5.1.1 轴心受拉构件的强度应按下式计算:

$$\sigma=\frac{N}{A_n}\leqslant f \qquad (5.1.1-1)$$

式中 σ——正应力;

N——轴心力;

A_n——净截面面积;

f——钢材的抗拉、抗压和抗弯强度设计值。

高强度螺栓摩擦型连接处的强度应按下列公式计算:

$$\sigma=(1-0.5\frac{n_1}{n})\frac{N}{A_n}\leqslant f \qquad (5.1.1-2)$$

$$\sigma=\frac{N}{A}\leqslant f \qquad (5.1.1-3)$$

式中 n_1——所计算截面（最外列螺栓）处的高强度螺栓数；

    n——在节点或拼接处，构件一端连接的高强度螺栓数；

    A——毛截面面积。

5.1.2 计算开口截面的轴心受拉构件的强度时，若轴心力不通过截面弯心（或不通过Z形截面的扇性零点），则应考虑双力矩的影响。

    注：本条规定也适用于轴心受压、拉弯、压弯构件。

5.2 轴心受压构件

5.2.1 轴心受压构件的强度应按下式计算：

$$\sigma = \frac{N}{A_{en}} \leq f \qquad (5.2.1)$$

式中 A_{en}——有效净截面面积。

5.2.2 轴心受压构件的稳定性应按下式计算：

$$\frac{N}{\varphi A_e} \leq f \qquad (5.2.2)$$

式中 φ——轴心受压构件的稳定系数，应按本规范表 A.1.1-1 或表 A.1.1-2 采用；

    A_e——有效截面面积。

5.2.3 计算闭口截面、双轴对称的开口截面和截面全部有效的不卷边的等边单角钢轴心受压构件的稳定系数时，其长细比应取按下列公式算得的较大值：

$$\lambda_x = \frac{l_{0x}}{i_x} \qquad (5.2.3-1)$$

$$\lambda_y = \frac{l_{0y}}{i_y} \qquad (5.2.3-2)$$

式中 λ_x、λ_y——构件对截面主轴 x 轴和 y 轴的长细比；

    l_{0x}、l_{0y}——构件在垂直于截面主轴 x 轴和 y 轴的平面内的计算长度；

    i_x、i_y——构件毛截面对其主轴 x 轴和 y 轴的回转半径。

5.2.4 计算单轴对称开口截面（如图 5.2.4 所示）轴心受压构件的稳定系数时，其长细比应取按公式 5.2.3-2 和下式算得的较大值：

$$\lambda_w = \lambda_x \sqrt{\frac{s^2 + i_0^2}{2s^2} + \sqrt{\left(\frac{s^2 + i_0^2}{2s^2}\right)^2 - \frac{i_0^2 - \alpha e_0^2}{s^2}}} \qquad (5.2.4-1)$$

$$s^2 = \frac{\lambda_x^2}{A}\left(\frac{I_w}{l_w^2} + 0.039 I_t\right) \qquad (5.2.4-2)$$

$$i_0^2 = e_0^2 + i_x^2 + i_y^2 \qquad (5.2.4-3)$$

式中 λ_w——弯扭屈曲的换算长细比；

    I_w——毛截面扇性惯性矩；

    I_t——毛截面抗扭惯性矩；

    e_0——毛截面的弯心在对称轴上的坐标；

    l_w——扭转屈曲的计算长度，$l_w = \beta \cdot l$；

    l——无缀板时，为构件的几何长度；有缀板时，取两相邻缀板中心线的最大间距；

    α、β——约束系数，按表 5.2.4 采用。

表 5.2.4 开口截面轴心受压和压弯构件的约束系数

项次	构件两端的支承情况	无缀板		有缀板	
		α	β	α	β
1	两端铰接，端部截面可以自由翘曲	1.00	1.00	—	—
2	两端嵌固，端部截面的翘曲完全受到约束	1.00	0.50	0.80	1.00
3	两端铰接，端部截面的翘曲完全受到约束	0.72	0.50	0.80	1.00

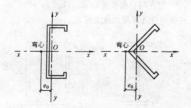

图 5.2.4 单轴对称开口截面示意图

5.2.5 有缀板的单轴对称开口截面轴心受压构件弯扭屈曲的换算长细比 λ_w 可按公式 5.2.4-1 计算，约束系数 α、β 可按表 5.2.4 采用，但扭转屈曲的计算长度 $l_w = \beta \cdot a$，a 为缀板中心线的最大间距。

    构件两支承点间至少应设置 2 块缀板（不包括构件支承点处的缀板或封头板在内）。

5.2.6 格构式轴心受压构件的稳定性应按公式 5.2.2 计算，其长细比应按下列规定取 λ_{0x} 和 λ_{0y} 中的较大值：

  1 缀板连接的双肢格构式构件（如图 5.2.6a 所示）。

$$\lambda_{0x} = \lambda_x \qquad (5.2.6-1)$$

$$\lambda_{0y} = \sqrt{\lambda_y^2 + \lambda_1^2} \qquad (5.2.6-2)$$

  2 缀条连接的双肢格构式构件（如图 5.2.6b 所示）。

$$\lambda_{0x} = \lambda_x$$

$$\lambda_{0y} = \sqrt{\lambda_y^2 + 27\frac{A}{A_1}} \qquad (5.2.6-3)$$

  3 缀条连接的三肢格构式构件（如图 5.2.6c 所示）。

$$\lambda_{0x} = \sqrt{\lambda_x^2 + \frac{42A}{A_1(1.5 - \cos^2\theta)}} \qquad (5.2.6-4)$$

$$\lambda_{0y} = \sqrt{\lambda_y^2 + \frac{42A}{A_1 \cdot \cos^2\theta}} \qquad (5.2.6-5)$$

式中 λ_{0x}、λ_{0y}——格构式构件的换算长细比；

    λ_x——整个构件对 x 轴的长细比；

    λ_y——整个构件对虚轴（y 轴）的长细比；

    λ_1——单肢对其自身主轴（1 轴）的长细比，计算长度取缀板间净距；

    A——所有单肢毛截面的面积之和；

    A_1——构件横截面所截各斜缀条毛截面面积之和。

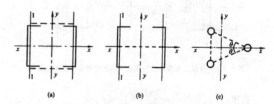

图 5.2.6 格构式构件截面示意图

    格构式轴心受压构件，当缀材为缀条时，其分肢的长细比 λ_1 不应大于构件最大长细比 λ_{max} 的 0.7 倍；当缀材为缀板时，λ_1 不应大于 40，且不应大于 λ_{max} 的 0.5 倍（当 $\lambda_{max} < 50$ 时，取 $\lambda_{max} = 50$），此时可不计算单肢的强度和稳定性。

    斜缀条与构件轴线间的夹角宜不小于 40°，不大于 70°。

5.2.7 格构式轴心受压构件的剪力应按下式计算：

$$V = \frac{fA}{80}\sqrt{\frac{f_y}{235}} \qquad (5.2.7)$$

式中 V——剪力；

    A——构件所有单肢毛截面面积之和；

    f_y——钢材的屈服强度，Q235 钢的 $f_y = 235\text{N/mm}^2$，Q345 钢的 $f_y = 345\text{N/mm}^2$。

    剪力 V 值沿构件全长不变，由承受该剪力的有关缀板或缀条分担。

5.3 受弯构件

5.3.1 荷载通过截面弯心并与主轴平行的受弯构件（如图 5.3.1 所示）的强度和稳定性应按下列公式计算：

    强度：

$$\sigma = \frac{M_{max}}{W_{enx}} \leq f \qquad (5.3.1-1)$$

$$\tau = \frac{V_{max}S}{It} \leq f_v \qquad (5.3.1-2)$$

稳定性：
$$\frac{M_{max}}{\varphi_{bx}W_{ex}} \leqslant f \qquad (5.3.1-3)$$

式中　M_{max}——跨间对主轴 x 轴的最大弯矩；

　　　V_{max}——最大剪力；

　　　W_{enx}——对主轴 x 轴的较小有效净截面模量；

　　　τ——剪应力；

　　　S——计算剪应力处以上截面对中和轴的面积矩；

　　　I——毛截面惯性矩；

　　　t——腹板厚度之和；

　　　φ_{bx}——受弯构件的整体稳定系数，应按本规范附录 A 中 A.2 的规定计算；

　　　W_{ex}——对截面主轴 x 轴的受压边缘的有效截面模量；

　　　f_v——钢材抗剪强度设计值。

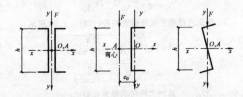

图 5.3.1　荷载通过弯心并与主轴平行的受弯构件截面示意图

5.3.2　荷载偏离截面弯心但与主轴平行的受弯构件（如图 5.3.2 所示）的强度和稳定性应按下列公式计算：

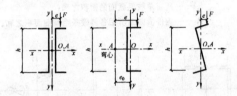

图 5.3.2　荷载偏离弯心但与主轴平行的受弯构件截面示意图

强度：
$$\sigma = \frac{M}{W_{enx}} + \frac{B}{W_\omega} \leqslant f \qquad (5.3.2-1)$$

稳定性：
$$\frac{M_{max}}{\varphi_{bx}W_{ex}} + \frac{B}{W_\omega} \leqslant f \qquad (5.3.2-2)$$

式中　M——计算弯矩；

　　　B——与所取弯矩同一截面的双力矩，当受压构件的受压翼缘上有铺板，且与受压翼缘牢固相连并能阻止受压翼缘侧向位移和扭转时，$B=0$，此时可不验算受弯构件的稳定性。其他情况，B 可按本规范附录 A 中 A.4 的规定计算；

　　　W_ω——与弯矩引起的应力同一验算点处的毛截面扇性模量。

剪应力可按公式 5.3.1-2 验算。

5.3.3　荷载偏离截面弯心且与主轴倾斜的受弯构件（如图 5.3.3 所示），当在构造上能保证整体稳定性时，其强度可按式 5.3.3-1 计算：

$$\sigma = \frac{M_x}{W_{enx}} + \frac{M_y}{W_{eny}} + \frac{B}{W_\omega} \leqslant f \qquad (5.3.3-1)$$

式中　M_x、M_y——对截面主轴 x、y 轴的弯矩（图 5.3.3 所示的截面中，x 为强轴，y 为弱轴）；

　　　W_{eny}——对截面主轴 y 轴的有效净截面模量。

x 轴和 y 轴方向的剪应力可分别按公式 5.3.1-2 算。

上述受弯构件，当不能在构造上保证整体稳定性时，可按公式 5.3.3-2 计算其稳定性：

$$\frac{M_x}{\varphi_{bx}W_{ex}} + \frac{M_y}{W_{ey}} + \frac{B}{W_\omega} \leqslant f \qquad (5.3.3-2)$$

式中　W_{ey}——对截面主轴 y 轴的受压边缘的有效截面模量。

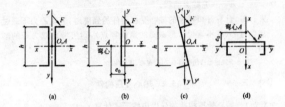

图 5.3.3　荷载偏离弯心且与主轴倾斜的受弯构件截面示意图

5.3.4　受弯构件支座处的腹板，当有加劲肋时应按公式 5.2.2 计算其平面外的稳定性，计算长度取受弯构件截面的高度，截面积取加劲肋截面积及加劲肋两侧各 $15t\sqrt{235/f_y}$ 宽度范围内的腹板截面积之和（t 为腹板厚度）。

支座处无加劲肋时，应按第 7.1.7 条的规定验算局部受压承载力。

5.4　拉 弯 构 件

5.4.1　拉弯构件的强度应按下式计算：

$$\sigma = \frac{N}{A_n} \pm \frac{M_x}{W_{nx}} \pm \frac{M_y}{W_{ny}} \leqslant f \qquad (5.4.1)$$

式中　W_{nx}、W_{ny}——对截面主轴 x、y 轴的净截面模量。

若拉弯构件截面内出现受压区，且受压板件的宽厚比大于第 5.6.1 条规定的有效宽厚比时，则在计算其净截面特性时应按图 5.6.5 所示位置扣除受压板件的超出部分。

5.5　压 弯 构 件

5.5.1　压弯构件的强度应按下式计算：

$$\sigma = \frac{N}{A_{en}} \pm \frac{M_x}{W_{enx}} \pm \frac{M_y}{W_{eny}} \leqslant f \qquad (5.5.1)$$

5.5.2　双轴对称截面的压弯构件，当弯矩作用于对称平面内时，应按公式 5.5.2-1 计算弯矩作用平面内的稳定性：

$$\frac{N}{\varphi A_e} + \frac{\beta_m M}{\left(1 - \dfrac{N}{N'_E}\varphi\right)W_e} \leqslant f \qquad (5.5.2-1)$$

式中　M——计算弯矩，取构件全长范围内的最大弯矩；

　　　β_m——等效弯矩系数；

　　　N'_E——系数，$N'_E = \dfrac{\pi^2 EA}{1.165\lambda^2}$；

　　　E——钢材的弹性模量；

　　　λ——构件在弯矩作用平面内的长细比；

　　　W_e——对最大受压边缘的有效截面模量。

当弯矩作用在最大刚度平面内时（如图 5.5.2 所示），尚应按公式 5.5.2-2 计算弯矩作用平面外的稳定性：

$$\frac{N}{\varphi_y A_e} + \frac{\eta M_x}{\varphi_{bx} W_{ex}} \leqslant f \qquad (5.5.2-2)$$

式中　η——截面系数，对闭口截面 $\eta=0.7$，对其他截面 $\eta=1.0$；

　　　φ_y——对 y 轴的轴心受压构件的稳定系数，其长细比应按公式 5.2.3-2 计算；

　　　φ_{bx}——当弯矩作用于最大刚度平面内时，受弯构件的整体稳定系数，应按本规范附录 A 中 A.2 的规定计算，对于闭口截面可取 $\varphi_{bx}=1.0$。

M_x 应取构件计算段的最大弯矩。

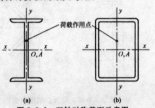

图 5.5.2　双轴对称截面示意图

5.5.3 压弯构件的等效弯矩系数 β_m 应按下列规定采用:

1 构件端部无侧移且无中间横向荷载时:

$$\beta_m = 0.6 + 0.4\frac{M_2}{M_1} \qquad (5.5.3)$$

式中 M_1、M_2——分别为绝对值较大和较小的端弯矩,当构件以单曲率弯曲时 $\frac{M_2}{M_1}$ 取正值,当构件以双曲率弯曲时,$\frac{M_2}{M_1}$ 取负值。

2 构件端部无侧移但有中间横向荷载时:

$$\beta_m = 1.0$$

3 构件端部有侧移时:

$$\beta_m = 1.0$$

5.5.4 单轴对称开口截面(如图 5.2.4 所示)的压弯构件,当弯矩作用于对称平面内时,除应按第 5.5.2 条计算弯矩作用平面内的稳定性外,尚应按公式 5.2.2 计算其弯矩作用平面外的稳定性,此时,公式 5.2.2 中的轴心受压构件稳定系数 φ 应按公式 5.5.4-1 算得的弯扭屈曲的换算长细比 λ_ω 由本规范表 A.1.1-1 或表 A.1.1-2 查得。

$$\lambda_\omega = \lambda_x \sqrt{\frac{s^2 + a^2}{2s^2} + \sqrt{\left(\frac{s^2 + a^2}{2s^2}\right)^2 - \frac{a^2 - \alpha(e_0 - e_x)^2}{s^2}}}$$
$$(5.5.4\text{-}1)$$

$$a^2 = e_0^2 + i_x^2 + i_y^2 + 2e_x\left(\frac{U_y}{2I_y} - e_0 - \xi_2 e_a\right) \quad (5.5.4\text{-}2)$$

$$U_y = \int_A x(x^2 + y^2)\mathrm{d}A \qquad (5.5.4\text{-}3)$$

式中 e_x——等效偏心距,$e_x = \pm\frac{\beta_m M}{N}$,当偏心在截面弯心一侧时 e_x 为负,当偏心在与截面弯心相对的另一侧时 e_x 为正。M 取构件计算段的最大弯矩;

ξ_2——横向荷载作用位置影响系数,查表 A.2.1;

s——计算系数,按公式 5.2.4-2 计算;

e_a——横向荷载作用点到弯心的距离;对于偏心压杆或当横向荷载作用在弯心时 $e_a = 0$;当荷载不作用在弯心且荷载方向指向弯心时 e_a 为负,而离开弯心时 e_a 为正。

若 $l_{0x} \leqslant l_{0y}$,当压弯构件采用本规范表 B.1.1-3 或表 B.1.1-4 中所列型钢或当 $e_x + \frac{e_0}{2} \leqslant 0$ 时,可不计算其弯矩作用平面外的稳定性。

当弯矩作用在对称平面内(如图 5.2.4 所示),且使截面在弯心一侧受压时,尚应按下式计算:

$$\left|\frac{N}{A_e} - \frac{\beta_{my}M_y}{\left(1 - \frac{N}{N'_{Ey}}\varphi_y\right)W'_{ey}}\right| \leqslant f \qquad (5.5.4\text{-}4)$$

式中 β_{my}——对 y 轴的等效弯矩系数,应按第 5.5.3 条的规定采用;

W'_{ey}——截面的较小有效截面模量;

N'_{Ey}——系数,$N'_{Ey} = \dfrac{\pi^2 EA}{1.165\lambda_y^2}$。

5.5.5 单轴对称开口截面压弯构件,当弯矩作用于非对称主平面内时(如图 5.5.5 所示),除应按公式 5.5.5-1 计算其弯矩作用平面内的稳定性外,尚应按公式 5.5.5-2 计算其弯矩作用平面外的稳定性。

图 5.5.5 单轴对称开口截面绕对称轴弯曲示意图

$$\frac{N}{\varphi_x A_e} + \frac{\beta_m M_x}{\left(1 - \frac{N}{N'_{Ex}}\varphi_x\right)W_{ex}} + \frac{B}{W_\omega} \leqslant f \quad (5.5.5\text{-}1)$$

$$\frac{N}{\varphi_y A_e} + \frac{M_x}{\varphi_{bx}W_{ex}} + \frac{B}{W_\omega} \leqslant f \qquad (5.5.5\text{-}2)$$

式中 φ_x——对 x 轴的轴心受压构件的稳定系数,其长细比应按公式 5.2.4-1 计算;

N'_{Ex}——系数,$N'_{Ex} = \dfrac{\pi^2 EA}{1.165\lambda_x^2}$。

5.5.6 双轴对称截面双向压弯构件的稳定性应按下列公式计算:

$$\frac{N}{\varphi_x A_e} + \frac{\beta_{mx}M_x}{\left(1 - \frac{N}{N'_{Ex}}\varphi_x\right)W_{ex}} + \frac{\eta M_y}{\varphi_{by}W_{ey}} \leqslant f \quad (5.5.6\text{-}1)$$

$$\frac{N}{\varphi_y A_e} + \frac{\eta M_x}{\varphi_{bx}W_{ex}} + \frac{\beta_{my}M_y}{\left(1 - \frac{N}{N'_{Ey}}\varphi_y\right)W_{ey}} \leqslant f \quad (5.5.6\text{-}2)$$

式中 φ_{by}——当弯矩作用于最小刚度平面内时,受弯构件的整体稳定系数,应按本规范附录 A 中 A.2 的规定计算;

β_{mx}——对 x 轴的等效弯矩系数,应按第 5.5.3 条的规定采用。

5.5.7 格构式压弯构件,除应计算整个构件的强度和稳定性外,尚应计算单肢的强度和稳定性。

计算缀板或缀条内力用的剪力,应取构件的实际剪力和按第 5.2.7 条算得的剪力中的较大值。

5.5.8 格构式压弯构件,当弯矩绕实轴(x 轴)作用时,其弯矩作用平面内和平面外的整体稳定性计算均与实腹式构件相同,但在计算弯矩作用平面外的整体稳定性时,公式 5.5.2-2 中的 φ_y 应按 5.2.6 条中的换算长细比 λ_{0y} 确定,φ_b 应取 1.0;当弯矩绕虚轴(y 轴)作用时,其弯矩作用平面内的整体稳定性应按下式计算:

$$\frac{N}{\varphi_y A_e} + \frac{\beta_{my}M_y}{\left(1 - \frac{N}{N'_{Ey}}\varphi_y\right)W_{ey}} \leqslant f \quad (5.5.8)$$

式中 φ_y、N'_{Ey} 均应按换算长细比 λ_{0y} 确定,弯矩作用平面外的整体稳定性可不计算,但应计算分肢的稳定性。

5.6 构件中的受压板件

5.6.1 加劲板件、部分加劲板件和非加劲板件的有效宽厚比应按下列公式计算:

当 $\dfrac{b}{t} \leqslant 18\alpha\rho$ 时:

$$\frac{b_e}{t} = \frac{b_c}{t} \qquad (5.6.1\text{-}1)$$

当 $18\alpha\rho < \dfrac{b}{t} < 38\alpha\rho$ 时:

$$\frac{b_e}{t} = \left(\sqrt{\frac{21.8\alpha\rho}{\frac{b}{t}}} - 0.1\right)\frac{b_c}{t} \quad (5.6.1\text{-}2)$$

当 $\dfrac{b}{t} \geqslant 38\alpha\rho$ 时:

$$\frac{b_e}{t} = \frac{25\alpha\rho}{\frac{b}{t}} \cdot \frac{b_c}{t} \qquad (5.6.1\text{-}3)$$

式中 b——板件宽度;

t——板件厚度;

b_e——板件有效宽度;

α——计算系数,$\alpha = 1.15 - 0.15\psi$,当 $\psi < 0$ 时,取 $\alpha = 1.15$;

ψ——压应力分布不均匀系数,$\psi = \dfrac{\sigma_{min}}{\sigma_{max}}$;

σ_{max}——受压板件边缘的最大压应力(N/mm^2),取正值;

σ_{min}——受压板件另一边缘的应力(N/mm^2),以压应力为正,拉应力为负；

b_c——板件受压区宽度，当 $\psi \geq 0$ 时，$b_c = b$；当 $\psi < 0$ 时，$b_c = \dfrac{b}{1-\psi}$；

ρ——计算系数，$\rho = \sqrt{\dfrac{205 k_1 k}{\sigma_1}}$，其中 σ_1 按本规范第 5.6.7 条、5.6.8 条的规定确定；

k——板件受压稳定系数，按第 5.6.2 条的规定确定；

k_1——板组约束系数，按第 5.6.3 条的规定采用；若不计相邻板件的约束作用，可取 $k_1 = 1$。

5.6.2 受压件的稳定系数可按下列公式计算：

1 加劲板件。

当 $1 \geq \psi > 0$ 时：
$$k = 7.8 - 8.15\psi + 4.35\psi^2 \qquad (5.6.2-1)$$

当 $0 \geq \psi \geq -1$ 时：
$$k = 7.8 - 6.29\psi + 9.78\psi^2 \qquad (5.6.2-2)$$

2 部分加劲板件。

1）最大压应力作用于支承边（如图 5.6.2a 所示）。

当 $\psi \geq -1$ 时：
$$k = 5.89 - 11.59\psi + 6.68\psi^2 \qquad (5.6.2-3)$$

2）最大压应力作用于部分加劲边（如图 5.6.2b 所示）。

当 $\psi \geq -1$ 时：
$$k = 1.15 - 0.22\psi + 0.045\psi^2 \qquad (5.6.2-4)$$

3 非加劲板件。

1）最大压应力作用于支承边（如图 5.6.2c 所示）。

当 $1 \geq \psi > 0$ 时：
$$k = 1.70 - 3.025\psi + 1.75\psi^2 \qquad (5.6.2-5)$$

当 $0 \geq \psi > -0.4$ 时：
$$k = 1.70 - 1.75\psi + 55\psi^2 \qquad (5.6.2-6)$$

当 $-0.4 \geq \psi \geq -1$ 时：
$$k = 6.07 - 9.51\psi + 8.33\psi^2 \qquad (5.6.2-7)$$

2）最大压应力作用于自由边（如图 5.6.2d 所示）。

当 $\psi \geq -1$ 时：
$$k = 0.567 - 0.213\psi + 0.071\psi^2 \qquad (5.6.2-8)$$

注：当 $\psi < -1$ 时，以上各式的 k 值按 $\psi = -1$ 的值采用。

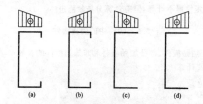

图 5.6.2 部分加劲板件和非加劲板件的应力分布示意图

5.6.3 受压板件的板组约束系数应按下列公式计算：

当 $\xi \leq 1.1$ 时：
$$k_1 = \frac{1}{\sqrt{\xi}} \qquad (5.6.3-1)$$

当 $\xi > 1.1$ 时：
$$k_1 = 0.11 + \frac{0.93}{(\xi - 0.05)^2} \qquad (5.6.3-2)$$

$$\xi = \frac{c}{b}\sqrt{\frac{k}{k_c}} \qquad (5.6.3-3)$$

式中 b——计算板件的宽度；

c——与计算板件邻接的板件的宽度，如果计算板件两边均有邻接板件时，即计算板件为加劲板件时，取压应力较大一边的邻接板件的宽度；

k——计算板件的受压稳定系数，由 5.6.2 条确定；

k_c——邻接板件的受压稳定系数，由 5.6.2 条确定。

当 $k_1 > k'_1$ 时，取 $k_1 = k'_1$，k'_1 为 k_1 的上限值。对于加劲板件 $k'_1 = 1.7$；对于部分加劲板件 $k'_1 = 2.4$；对于非加劲板件 $k'_1 = 3.0$。

当计算板件只有一边有邻接板件，即计算板件为非加劲板件或部分加劲板件，且邻接板件受拉时，取 $k_1 = k'_1$。

5.6.4 部分加劲板件中卷边的高厚比不宜大于 12，卷边的最小高厚比应根据部分加劲板的宽厚比按表 5.6.4 采用。

表 5.6.4　卷边的最小高厚比

$\dfrac{b}{t}$	15	20	25	30	35	40	45	50	55	60
$\dfrac{a}{t}$	5.4	6.3	7.2	8.0	8.5	9.0	9.5	10.0	10.5	11.0

注：a——卷边的高度；

　　b——带卷边件的宽度；

　　t——板厚。

5.6.5 当受压板件的宽厚比大于第 5.6.1 条规定的有效宽厚比时，受压板件的有效截面应自截面的受压部分按图 5.6.5 所示位置扣除其超出部分（即图中不带斜线部分）来确定，截面的受拉部分全部有效。

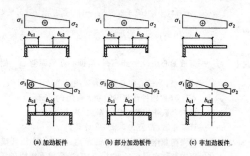

（a）加劲板件　　（b）部分加劲板件　　（c）非加劲板件

图 5.6.5 受压板件的有效截面图

图 5.6.5 中的 b_{e1} 和 b_{e2} 按下列规定计算：

对于加劲板件：

当 $\psi \geq 0$ 时：
$$b_{e1} = \frac{2b_e}{5-\psi}, \quad b_{e2} = b_e - b_{e1} \qquad (5.6.5-1)$$

当 $\psi < 0$ 时：
$$b_{e1} = 0.4b_e, \quad b_{e2} = 0.6b_e \qquad (5.6.5-2)$$

对于部分加劲板件及非加劲板件：
$$b_{e1} = 0.4b_e, \quad b_{e2} = 0.6b_e \qquad (5.6.5-3)$$

式中 b_e 按第 5.6.1 条确定。

5.6.6 圆管截面构件的外径与壁厚之比符合第 4.3.2 条的规定时，在计算中可取其截面全部有效。

5.6.7 在轴心受压构件中板件的有效宽厚比应根据由构件最大长细比所确定的轴心受压构件的稳定系数与钢材强度设计值的乘积（φf）作为 σ_1 按第 5.6.1 条的规定计算。

5.6.8 在拉弯、压弯和受弯构件中板件的有效宽厚比应按下列规定确定：

1 对于压弯构件，截面上各板件的压应力分布不均匀系数 ψ 应由构件毛截面按强度计算，不考虑双力矩的影响。最大压应力板件的 σ_1 取钢材的强度设计值 f，其余板件的最大压应力按 ψ 推算。有效厚比按第 5.6.1 条的规定计算。

2 对于受弯及拉弯构件，截面上各板件的压应力分布不均匀系数 ψ 及最大压应力应由构件毛截面按强度计算，不考虑双力矩的影响。有效宽厚比按第 5.6.1 条的规定计算。

3 板件的受拉部分全部有效。

6 连接的计算与构造

6.1 连接的计算

6.1.1 对接焊缝和角焊缝的强度应按下列公式计算：

1 对接焊缝轴心受拉。

$$\sigma = \frac{N}{l_w t} \leqslant f_t^w \tag{6.1.1-1}$$

2 对接焊缝轴心受压。

$$\sigma = \frac{N}{l_w t} \leqslant f_c^w \tag{6.1.1-2}$$

3 对接焊缝受弯同时受剪。

拉应力：

$$\sigma = \frac{M}{W_f} \leqslant f_t^w \tag{6.1.1-3}$$

剪应力：

$$\tau = \frac{V S_f}{I_f t} \leqslant f_v^w \tag{6.1.1-4}$$

对接焊缝中剪应力 τ 和正应力 σ 均较大处：

$$\sqrt{\sigma^2 + 3\tau^2} \leqslant 1.1 f_t^w \tag{6.1.1-5}$$

4 正面直角角焊缝受剪（作用力垂直于焊缝长度方向）。

$$\sigma_f = \frac{N}{0.7 h_f l_w} \leqslant 1.22 f_f^w \tag{6.1.1-6}$$

5 侧面直角角焊缝受剪（作用力平行于焊缝长度方向）。

$$\tau_f = \frac{N}{0.7 h_f l_w} \leqslant f_f^w \tag{6.1.1-7}$$

6 在垂直于角焊缝长度方向的应力 σ_f 和沿角焊缝长度方向的剪应力 τ_f 共同作用处。

$$\sqrt{\left(\frac{\sigma_f}{1.22}\right)^2 + \tau_f^2} \leqslant f_f^w \tag{6.1.1-8}$$

式中 l_w——焊缝计算长度之和。采用引弧板或引出板施焊的对接焊缝，每条焊缝的计算长度可取其实际长度 l；不符合上述施焊方法的对接焊缝和所有角焊缝，每条焊缝的计算长度均取实际长度 l 减去 $2h_f$；

h_f——角焊缝的焊脚尺寸；

t——连接构件中较薄板件的厚度；

W_f——焊缝截面模量；

S_f——焊缝截面的最大面积矩；

I_f——焊缝截面惯性矩；

σ_f——垂直于焊缝长度方向的应力，按焊缝有效截面（$0.7 h_f l_w$）计算；

τ_f——沿焊缝长度方向的剪应力，按焊缝有效截面（$0.7 h_f l_w$）计算；

f_c^w、f_t^w——对接焊缝的抗压、抗拉强度设计值；

f_v^w——对接焊缝的抗剪强度设计值；

f_f^w——角焊缝的抗压、抗拉和抗剪强度设计值。

6.1.2 喇叭形焊缝的强度应按下列公式计算：

1 当连接板件的最小厚度小于或等于 4mm 时，轴力 N 垂直于焊缝轴线方向作用的焊缝（如图 6.1.2-1 所示）的抗剪强度应按下式计算：

$$\tau = \frac{N}{l_w t} \leqslant 0.8 f \tag{6.1.2-1}$$

轴力 N 平行于焊缝轴线方向作用的焊缝（如图 6.1.2-2 所示）的抗剪强度应按下式计算：

$$\tau = \frac{N}{l_w t} \leqslant 0.7 f \tag{6.1.2-2}$$

式中 t——连接钢板的最小厚度；

l_w——焊缝计算长度之和，每条焊缝的计算长度均取实际长度 l 减去 $2h_f$，h_f 应按图 6.1.2-3 确定；

f——连接钢板的抗拉强度设计值。

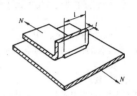

图 6.1.2-1 端缝受剪的单边喇叭形焊缝

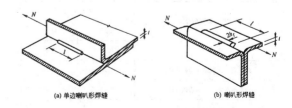

(a) 单边喇叭形焊缝　　　　(b) 喇叭形焊缝

图 6.1.2-2 纵向受剪的喇叭形焊缝

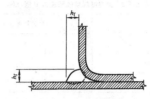

图 6.1.2-3 单边喇叭形焊缝

2 当连接板件的最小厚度大于 4mm 时，纵向受剪的喇叭形焊缝的强度除按公式 6.1.2-2 计算外，尚应按公式 6.1.1-7 做补充验算，但 h_f 应按图 6.1.2-2b 或图 6.1.2-3 确定。

6.1.3 电阻点焊可用于构件的缀合或组合连接，每个焊点所承受的最大剪力不得大于本规范表 4.2.6 中规定的抗剪承载力设计值。

6.1.4 普通螺栓的强度应按下列规定计算：

1 在普通螺栓杆轴方向受拉的连接中，每个螺栓所受的拉力不应大于按下式计算的抗拉承载力设计值 N_t^b。

$$N_t^b = \frac{\pi d_e^2}{4} f_t^b \tag{6.1.4-1}$$

式中 d_e——螺栓螺纹处的有效直径；

f_t^b——螺栓的抗拉强度设计值。

2 在普通螺栓的受剪连接中，每个螺栓所受的剪力不应大于按下列公式计算的抗剪承载力设计值 N_v^b 和承压承载力设计值 N_c^b 的较小者。

抗剪承载力设计值：

$$N_v^b = n_v \frac{\pi d^2}{4} f_v^b \tag{6.1.4-2}$$

承压承载力设计值：

$$N_c^b = d \sum t f_c^b \tag{6.1.4-3}$$

式中 n_v——剪切面数；

d——螺杆直径，对于全螺纹螺栓，取 $d = d_e$；

$\sum t$——同一受力方向的承压构件的较小总厚度；

f_c^b、f_v^b——螺栓的承压、抗剪强度设计值。

3 同时承受剪力和杆轴方向拉力的普通螺栓连接，应符合下列公式要求：

$$\sqrt{\left(\frac{N_v}{N_v^b}\right)^2 + \left(\frac{N_t}{N_t^b}\right)^2} \leqslant 1 \tag{6.1.4-4}$$

$$N_v \leqslant N_c^b \tag{6.1.4-5}$$

式中 N_v、N_t——每个螺栓所承受的剪力和拉力。

6.1.5 高强度螺栓摩擦型连接中,高强度螺栓的强度应按下列公式计算:

1 每个螺栓所受的剪力不应大于按下式计算的抗剪承载力设计值 N_v^b。

$$N_v^b = \alpha \cdot n_f \cdot \mu \cdot P \qquad (6.1.5-1)$$

式中 α——系数,当最小板厚 $t \leqslant 6mm$ 时取 0.8,当最小板厚 $t > 6mm$ 时取 0.9;

n_f——传力摩擦面数;

μ——抗滑移系数,应按表 6.1.5-1 采用;

P——高强度螺栓的预拉力,应按表 6.1.5-2 采用。

表 6.1.5-1 抗滑移系数 μ 值

连接处构件接触面的处理方法	构件的钢材牌号	
	Q235	Q345
喷砂(丸)	0.40	0.45
热轧钢材轧制表面清除浮锈	0.30	0.35
冷轧钢材轧制表面清除浮锈	0.25	—

注:除锈方向应与受力方向相垂直。

表 6.1.5-2 高强度螺栓的预拉力 P 值(kN)

螺栓的性能等级	螺栓公称直径(mm)		
	M12	M14	M16
8.8 级	45	60	80
10.9 级	55	75	100

2 每个螺栓所受的沿螺栓杆轴方向的拉力不应大于按下式计算的抗拉承载力设计值 N_t^b。

$$N_t^b = 0.8P \qquad (6.1.5-2)$$

3 同时承受摩擦面间的剪力 N_v 和沿螺栓杆轴方向的拉力 N_t 作用的高强度螺栓应符合下列公式要求:

$$N_v \leqslant N_v^b = \alpha \cdot n_f \cdot \mu \cdot (P - 1.25N_t) \qquad (6.1.5-3)$$

$$N_t \leqslant 0.8P \qquad (6.1.5-4)$$

6.1.6 在构件的节点处或拼接接头的一端,当螺栓沿受力方向的连接长度 l_0 大于 $15d_0$ 时,应将螺栓的承载力设计值乘以折减系数 $\left(1.1 - \dfrac{l_0}{150d_0}\right)$;当 l_0 大于 $60d_0$ 时,折减系数取 0.7,d_0 为孔径。

6.1.7 用于压型钢板之间和压型钢板与冷弯型钢构件之间紧密连接的抽芯铆钉(拉铆钉)、自攻螺钉和射钉连接的强度可按下列规定计算:

1 在压型钢板与冷弯型钢等支承构件之间的连接件杆轴方向受拉的连接中,每个自攻螺钉或射钉所受的拉力应不大于按下列公式计算的抗拉承载力设计值。

当只受静荷载作用时:

$$N_t^f = 17tf \qquad (6.1.7-1)$$

当受含有风荷载的组合荷载作用时:

$$N_t^f = 8.5tf \qquad (6.1.7-2)$$

式中 N_t^f——一个自攻螺钉或射钉的抗拉承载力设计值(N);

t——紧接钉头侧的压型钢板厚度(mm),应满足 0.5mm $\leqslant t \leqslant$ 1.5mm;

f——被连接钢板的抗拉强度设计值(N/mm²)。

当连接件位于压型钢板波谷的一个四分点时(如图 6.1.7b 所示),其抗拉承载力设计值应乘以折减系数 0.9;当两个四分点均设置连接件时(如图 6.1.7c 所示)则应乘以折减系数 0.7。

自攻螺钉在基材中的钻入深度 t_c 应大于 0.9mm,其所受的拉力应不大于按下式计算的抗拉承载力设计值:

$$N_t^f = 0.75t_c df \qquad (6.1.7-3)$$

式中 d——自攻螺钉的直径(mm);

t_c——钉杆的圆柱状螺纹部分钻入基材中的深度(mm);

f——基材的抗拉强度设计值(N/mm²)。

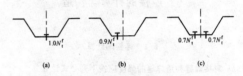

图 6.1.7 压型钢板连接示意图

2 当连接件受剪时,每个连接件所承受的剪力应不大于按下列公式计算的抗剪承载力设计值。

抽芯铆钉和自攻螺钉:

当 $\dfrac{t_1}{t} = 1$ 时:

$$N_v^f = 3.7 \sqrt{t^3 d}f \qquad (6.1.7-4)$$

且

$$N_v^f \leqslant 2.4tdf \qquad (6.1.7-5)$$

当 $\dfrac{t_1}{t} \geqslant 2.5$ 时:

$$N_v^f \leqslant 2.4tdf \qquad (6.1.7-6)$$

当 $\dfrac{t_1}{t}$ 介于 1 和 2.5 之间时,N_v^f 可由公式 6.1.7-4 和 6.1.7-6 插值求得。

式中 N_v^f——一个连接件的抗剪承载力设计值(N);

d——铆钉或螺钉直径(mm);

t——较薄板(钉头接触侧的钢板)的厚度(mm);

t_1——较厚板(在现场形成钉头一侧的板或钉尖侧的板)的厚度(mm);

f——被连接钢板的抗拉强度设计值(N/mm²)。

射钉:

$$N_v^f = 3.7tdf \qquad (6.1.7-7)$$

式中 t——被固定的单层钢板的厚度(mm);

d——射钉直径(mm);

f——被固定钢板的抗拉强度设计值(N/mm²)。

当抽芯铆钉或自攻螺钉用于压型钢板端部与支承构件(如檩条)的连接时,其抗剪承载力设计值应乘以折减系数 0.8。

3 同时承受剪力和拉力作用的自攻螺钉和射钉连接,应符合下式要求:

$$\sqrt{\left(\frac{N_v}{N_v^f}\right)^2 + \left(\frac{N_t}{N_t^f}\right)^2} \leqslant 1 \qquad (6.1.7-8)$$

式中 N_v、N_t——一个连接件所受的剪力和拉力;

N_v^f、N_t^f——一个连接件的抗剪和抗拉承载力设计值。

6.1.8 由两槽钢(或卷边槽钢)连接而成的组合工形截面(如图 6.1.8 所示),其连接件(如焊缝、点焊、螺栓等)的最大纵向间距 a_{max} 应按下列规定采用:

1 对于压弯构件,应取按下列公式算得之较小者。

$$a_{max} = \frac{n_1 N_v^f I_y}{VS_y} \qquad (6.1.8-1)$$

$$a_{max} = \frac{li_1}{2i_y} \qquad (6.1.8-2)$$

式中 n_1——同一截面处的连接件数;

N_v^f——一个连接件的抗剪承载力设计值,对于电阻点焊可取 $N_v^f = N_s^c$;

I_y——组合工形截面对平行于腹板的重心轴 y 的惯性矩;

V——剪力,取实际剪力及按第 5.2.7 条算得的剪力中的较大值;

S_y——单个槽钢对 y 轴的面积矩;

l——构件支承间的长度;

i_1——单个槽钢对其自身平行于腹板的重心轴的回转半径;

i_y——组合工形截面对 y 轴的回转半径。

2 对于受弯构件：

$$a_{\max}=\frac{2N_t^f h_0}{d q_0} \qquad (6.1.8\text{-}3)$$

式中 N_t^f——一个连接件的抗拉承载力设计值,对电阻点焊可取 $N_t^f=0.3N_v^s$;

h_0——最靠近上、下翼缘的两排连接件间的垂直距离;

d——单个槽钢的腹板中面至其弯心的距离;

q_0——等效荷载集度。

受弯构件的等效荷载集度应按下列规定采用:对于分布荷载应取实际荷载集度的 3 倍;对于集中荷载或反力,应将集中力除以荷载分布长度或连接件的纵向间距,取其中的较大值。

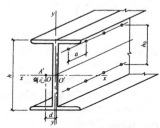

图 6.1.8 组合工形截面示意图

注:A' 系单个槽钢的弯心。

O' 系单个槽钢腹板中心线与对称轴 x 的交点。

6.2 连接的构造

6.2.1 当被连接板件的厚度 $t\leqslant6\mathrm{mm}$ 时,焊缝的计算长度不得小于 30mm;当 $t>6\mathrm{mm}$ 时,不得小于 40mm。角焊缝的焊脚尺寸不宜大于 $1.5t$(t 为相连板件中较薄板件的厚度)。直接相贯的钢管节点的角焊缝焊脚尺寸可放大到 $2.0t$。

6.2.2 当采用喇叭形焊缝时,单边喇叭形焊缝的焊脚尺寸 h_f(如图 6.1.2-3 所示)不得小于被连接板件的最小厚度的 1.4 倍。

6.2.3 电阻点焊的焊点中距不宜小于 $15\sqrt{t}(\mathrm{mm})$,焊点边距不宜小于 $10\sqrt{t}(\mathrm{mm})$(t 系被连接板件中较薄板件的厚度)。

6.2.4 螺栓的中距不得小于螺栓孔径 d_0 的 3 倍,端距不得小于螺栓孔径的 2 倍,边距不得小于螺栓孔径的 1.5 倍(如图 6.2.4 所示)。在靠近弯角边缘处的螺栓孔边距,尚应满足使用紧固工具的要求。

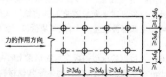

图 6.2.4 螺栓最小间距示意图

6.2.5 抽芯铆钉(拉铆钉)和自攻螺钉的钉头部分应靠在较薄的板件一侧。连接件的中距和端距不得小于连接件直径的 3 倍,边距不得小于连接件直径的 1.5 倍。受力连接中的连接件数不宜少于 2 个。

6.2.6 抽芯铆钉的适用直径为 2.6~6.4mm,在受力蒙皮结构中宜选用直径不小于 4mm 的抽芯铆钉;自攻螺钉的适用直径为 3.0~8.0mm,在受力蒙皮结构中宜选用直径不小于 5mm 的自攻螺钉。

6.2.7 自攻螺钉连接的板件上的预制孔径 d_0 应符合下式要求:

$$d_0=0.7d+0.2t_t \qquad (6.2.7\text{-}1)$$

且

$$d_0\leqslant0.9d \qquad (6.2.7\text{-}2)$$

式中 d——自攻螺钉的公称直径(mm);

t_t——被连接板的总厚度(mm)。

6.2.8 射钉只用于薄板与支承构件(即基材如檩条)的连接。射钉的间距不得小于射钉直径的 4.5 倍,且其中距不得小于 20mm,到基材的端部和边缘的距离不得小于 15mm,射钉的适用直径为 3.7~6.0mm。

射钉的穿透深度(指射钉尖端到基材表面的深度,如图 6.2.8

所示)不小于 10mm。

图 6.2.8 射钉的穿透深度

基材的屈服强度应不小于 150N/mm²,被连钢板的最大屈服强度应不大于 360N/mm²。基材和被连钢板的厚度应满足表 6.2.8-1 和表 6.2.8-2 的要求。

表 6.2.8-1 被连钢板的最大厚度(mm)

射钉直径(mm)	≥3.7	≥4.5	≥5.2
单一方向			
单层被固定钢板最大厚度	1.0	2.0	3.0
多层被固定钢板最大厚度	1.4	2.5	3.5
相反方向			
所有被固定钢板最大厚度	2.8	5.0	7.0

表 6.2.8-2 基材的最小厚度

射钉直径(mm)	≥3.7	≥4.5	≥5.2
最小厚度(mm)	4.0	6.0	8.0

6.2.9 在抗拉连接中,自攻螺钉和射钉的钉头或垫圈直径不得小于 14mm;且应通过试验保证连接件由基材中的拔出强度不小于连接件的抗拉承载力设计值。

7 压型钢板

7.1 压型钢板的计算

7.1.1 本节有关压型钢板计算的规定仅适用于屋面板、墙板和非组合效应的压型钢板楼板。

7.1.2 压型钢板(如图 7.1.2 所示)受压翼缘的有效宽厚比应按下列规定采用:

1 两纵边与腹板相连,或一纵边与腹板相连、另一纵边与符合第 7.1.4 条要求的中间加劲肋相连的受压翼缘,可按加劲板件由本规范第 5.6.1 条确定其有效宽厚比;

2 有一纵边与符合第 7.1.4 条要求的边加劲肋相连的受压翼缘,可按部分加劲板件由本规范第 5.6.1 条确定其有效宽厚比。

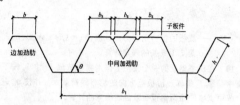

图 7.1.2 压型钢板截面示意图

7.1.3 压型钢板腹板的有效宽厚比应按本规范第 5.6.1 条规定采用。

7.1.4 压型钢板受压翼缘的纵向加劲肋应符合下列规定:

边加劲肋:

$$I_{es}\geqslant1.83t^4\sqrt{\left(\frac{b}{t}\right)^2-\frac{27100}{f_y}} \qquad (7.1.4\text{-}1)$$

且

$$I_{es}\geqslant9t^4$$

中间加劲肋:

$$I_{is} \geqslant 3.66t^4 \sqrt{\left(\frac{b_s}{t}\right)^2 - \frac{27100}{f_y}} \qquad (7.1.4-2)$$

且 $\qquad\qquad\qquad I_{is} \geqslant 18t^4$

式中 I_{es}——边加劲肋截面对平行于被加劲板件截面之重心轴
的惯性矩;

I_{is}——中间加劲肋截面对平行于被加劲板件截面之重心轴
的惯性矩;

b_s——子板件的宽度;

b——边加劲板件的宽度;

t——板件的厚度。

7.1.5 压型钢板的强度可取一个波距或整块压型钢板的有效截面,按受弯构件计算。

7.1.6 压型钢板腹板的剪应力应符合下列公式的要求:

当 $h/t < 100$ 时:

$$\tau \leqslant \tau_{cr} = \frac{8550}{(h/t)} \qquad (7.1.6-1)$$

$$\tau \leqslant f_v \qquad (7.1.6-2)$$

当 $h/t > 100$ 时:

$$\tau \leqslant \tau_{cr} = \frac{855000}{(h/t)^2} \qquad (7.1.6-3)$$

式中 τ——腹板的平均剪应力(N/mm^2);

τ_{cr}——腹板的剪切屈曲临界剪应力;

h/t——腹板的高厚比。

7.1.7 压型钢板支座处的腹板,应按下式验算其局部受压承载力:

$$R \leqslant R_w \qquad (7.1.7-1)$$

$$R_w = \alpha t^2 \sqrt{fE}(0.5 + \sqrt{0.02l_c/t})[2.4 + (\theta/90)^2] \qquad (7.1.7-2)$$

式中 R——支座反力;

R_w——一块腹板的局部受压承载力设计值;

α——系数,中间支座取 $\alpha = 0.12$,端部支座取 $\alpha = 0.06$;

t——腹板厚度(mm);

l_c——支座处的支承长度,$10mm < l_c < 200mm$,端部支座
可取 $l_c = 10mm$;

θ——腹板倾角($45° \leqslant \theta \leqslant 90°$)。

7.1.8 压型钢板同时承受弯矩 M 和支座反力 R 的截面,应满足下列要求:

$$M/M_u \leqslant 1.0 \qquad (7.1.8-1)$$

$$R/R_w \leqslant 1.0 \qquad (7.1.8-2)$$

$$M/M_u + R/R_w \leqslant 1.25 \qquad (7.1.8-3)$$

式中 M_u——截面的弯曲承载力设计值,$M_u = W_e f$。

7.1.9 压型钢板同时承受弯矩 M 和剪力 V 的截面,应满足下列要求:

$$\left(\frac{M}{M_u}\right)^2 + \left(\frac{V}{V_u}\right)^2 \leqslant 1 \qquad (7.1.9)$$

式中 V_u——腹板的抗剪承载力设计值,$V_u = (ht \cdot \sin\theta)\tau_{cr}$,$\tau_{cr}$ 按
第 7.1.6 条的规定计算。

7.1.10 在压型钢板的一个波距上作用集中荷载 F 时,可按下式将集中荷载 F 折算成沿板宽方向的均布线荷载 q_{re},并按 q_{re} 进行单个波距或整块压型钢板有效截面的弯曲计算。

$$q_{re} = \eta \frac{F}{b_1} \qquad (7.1.10)$$

式中 F——集中荷载;

b_1——压型钢板的波距;

η——折减系数,由试验确定;无试验依据时,可取 $\eta = 0.5$。

屋面压型钢板的施工或检修集中荷载按 $1.0kN$ 计算,当施工荷载超过 $1.0kN$ 时,则应按实际情况取用。

7.1.11 压型钢板的挠度与跨度之比不宜超过下列限值:

屋面板:屋面坡度 $< 1/20$ 时 $1/250$,屋面坡度 $\geqslant 1/20$ 时
$1/200$;

墙板:$1/150$;

楼板:$1/200$。

7.1.12 仅作模板使用的压型钢板上的荷载,除自重外,尚应计入湿钢筋混凝土楼板重和可能出现的施工荷载。如施工中采取了必要的措施,可不考虑浇注混凝土的冲击力,挠度计算时可不计施工荷载。

7.2 压型钢板的构造

7.2.1 压型钢板腹板与翼缘水平面之间的夹角 θ 不宜小于 $45°$。

7.2.2 压型钢板宜采用镀锌钢板、镀铝锌钢板或在其基材上涂有彩色有机涂层的钢板辊压成型。

7.2.3 屋面、墙面压型钢板的基材厚度宜取 $0.4 \sim 1.6mm$,用作楼面模板的压型钢板厚度不宜小于 $0.5mm$。压型钢板宜采用长尺板材,以减少板长方向之搭接。

7.2.4 压型钢板长度方向的搭接端必须与支承构件(如檩条、墙梁等)有可靠的连接,搭接部位应设置防水密封胶带,搭接长度不宜小于下列限值:

波高 $\geqslant 70mm$ 的高波屋面压型钢板:$350mm$;

波高 $< 70mm$ 的低波屋面压型钢板:屋面坡度 $\leqslant 1/10$ 时
$250mm$,屋面坡度 $> 1/10$ 时 $200mm$;

墙板压型钢板:$120mm$。

7.2.5 屋面压型钢板侧向可采用搭接式、扣合式或咬合式等连接方式。当侧向采用搭接式连接时,一般搭接一波,特殊要求时可搭接两波。搭接处用连接件紧固,连接件应设置在波峰上,连接件应采用带有防水密封胶垫的自攻螺钉。对于高波压型钢板,连接件间距一般为 $700 \sim 800mm$;对于低波压型钢板,连接件间距一般为 $300 \sim 400mm$。

当侧向采用扣合式或咬合式连接时,应在檩条上设置与压型钢板波形相配套的专门固定支座,固定支座与檩条用自攻螺钉或射钉连接,压型钢板搁置在固定支座上。两片压型钢板的侧边应确保在风吸力等因素作用下的扣合或咬合连接可靠。

7.2.6 墙面压型钢板之间的侧向连接宜采用搭接连接,通常搭接一个波峰,板与板的连接件可设在波峰,亦可设在波谷。连接件宜采用带有防水密封胶垫的自攻螺钉。

7.2.7 辅设高波压型钢板屋面时,应在檩条上设置固定支架,檩条上翼缘宽度应比固定支架宽度大 $10mm$。固定支架用自攻螺钉或射钉与檩条连接,每波设置一个;低波压型钢板可不设固定支架,宜在波峰处采用带有防水密封胶垫的自攻螺钉或射钉与檩条连接,连接件可每波或隔波设置一个,但每块低波压型钢板不得小于 3 个连接件。

7.2.8 用作非组合楼面的压型钢板支承在钢梁上时,其支承长度不得小于 $50mm$;支承在混凝土、砖石砌体等其他材料上时,其支承长度不得小于 $75mm$。在浇注混凝土前,应将压型钢板上的油脂、污垢等有害物质清除干净。

7.2.9 铺设楼面压型钢板时,应避免过大的施工集中荷载,必要时可设置临时支撑。

8 檩条与墙梁

8.1 檩条的计算

8.1.1 屋面能起阻止檩条侧向失稳和扭转作用的实腹式檩条(如图 8.1.1 所示)的强度可按下式计算:

$$\sigma = \frac{M_x}{W_{enx}} + \frac{M_y}{W_{eny}} \leqslant f \qquad (8.1.1-1)$$

屋面不能阻止檩条侧向失稳和扭转的实腹式檩条的稳定性可按下式计算:

$$\frac{M_x}{\varphi_b W_{ex}} + \frac{M_y}{W_{ey}} \leqslant f \qquad (8.1.1-2)$$

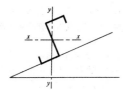

图 8.1.1　实腹式檩条示意图

8.1.2 当风荷载使实腹式檩条下翼缘受压时,其稳定性可按公式 8.1.1-2 计算。

8.1.3 平面格构式檩条上弦的强度按公式 5.5.1 计算,稳定性可按下式计算:

$$\frac{N}{\varphi_{min}A_e}+\frac{M_x}{W_{ex}}+\frac{M_y}{W_{ey}}\leqslant f \qquad (8.1.3-1)$$

式中　φ_{min}——轴心受压构件的稳定系数,根据构件的最大长细比按本规范附录 A 表 A.1.1 采用;

M_x、M_y——对檩条上弦截面主轴 x 和 y 的弯矩,x 轴垂直于屋面。公式中的弯矩 M_x 和 M_y 可按下列规定采用:

1 计算 M_x 时,拉条可作为侧向支承点。计算强度时,支承点处的 M_x 可按下式计算:

$$M_x=\frac{q_y l_1^2}{10} \qquad (8.1.3-2)$$

计算稳定性时,M_x 可取侧向支承点间全长范围内的最大弯矩。

2 节点和跨中处:

$$M_y=\frac{q_x a^2}{10} \qquad (8.1.3-3)$$

式中　l_1——侧向支承点间的距离;

a——上弦的节间长度;

q_x——垂直于屋面方向的均布荷载分量;

q_y——平行于屋面方向的均布荷载分量。

8.1.4 当风荷载作用下平面格构式檩条下弦受压,下弦应采用型钢,其强度和稳定性可按下列公式计算:

强度:

$$\sigma=\frac{N}{A_{en}}\leqslant f \qquad (8.1.4-1)$$

稳定性:

$$\frac{N}{\varphi_{min}A_e}\leqslant f \qquad (8.1.4-2)$$

8.1.5 平面格构式檩条受压弦杆在平面内的计算长度应取节间长度,平面外的计算长度应取侧向支承点间的距离(布置在弦杆处的拉条可作为侧向支承点),腹杆在平面内、外的计算长度均取节点几何长度。

端压腹杆的长细比不得大于 150。

8.1.6 檩条在垂直屋面方向的容许挠度与其跨度之比,可按下列规定采用:

1 瓦楞铁屋面:1/150;

2 压型钢板、钢丝网水泥瓦和其他水泥制品瓦材屋面:1/200。

8.2 檩条的构造

8.2.1 实腹式檩条可采用檩托与屋架、刚架相连接(如图 8.2.1 所示)。

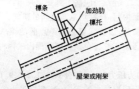

图 8.2.1　实腹式檩条端部连接示意图

8.2.2 平面格构式檩条的高度可取跨度的 1/12~1/20。

平面格构式檩条的端压腹杆应采用型钢。

当风荷载使平面格构式檩条下弦受压时,宜在檩条上、下弦杆处均设置拉条和撑杆。

8.2.3 实腹式檩条跨度大于 4m 时,在受压翼缘应设置拉条或撑杆,拉条和撑杆的截面应按计算确定。圆钢拉条直径不宜小于 10mm,撑杆的长细比不得大于 200。

当檩条上、下翼缘表面均设置压型钢板,并与檩条牢固连接时可不设拉条和撑杆。

8.2.4 利用檩条作为水平支撑压杆时,檩条长细比不得大于 200(拉条和撑杆可作为侧向支承点),并应按压弯构件验算其强度和稳定性。

8.3 墙梁的计算

8.3.1 简支墙梁(如图 5.3.3d 所示)的强度应按公式 5.3.3-1 和下列公式计算:

$$\tau_x=\frac{3V_{xmax}}{4b_0 t}\leqslant f_v \qquad (8.3.1-1)$$

$$\tau_y=\frac{3V_{ymax}}{2h_0 t}\leqslant f_v \qquad (8.3.1-2)$$

式中　V_{xmax}、V_{ymax}——竖向荷载设计值(q_x)和水平风荷载设计值(q_y)所产生的剪力的最大值;

b_0、h_0——墙梁截面沿截面主轴 x、y 方向的计算高度,取相交板件连接处两内弧起点间的距离;

t——墙梁截面的厚度。

两侧挂墙板的墙梁和一侧挂墙板、另一侧设有可阻止其扭转变形的拉杆的墙梁,可不计算扭双力矩的影响(即可取 $B=0$)。

8.3.2 若构造上不能保证墙梁的整体稳定时,尚需按公式 5.3.3-2 计算其稳定性,但公式中的 φ_{bx} 应按仅作用着 M_x(忽略 M_y 及 B 的影响)的情况由附录 A 中 A.2 的规定计算。

8.3.3 墙梁的容许挠度与其跨度之比,可按下列规定采用:

1 压型钢板、瓦楞铁墙面(水平方向):1/150;

2 窗洞顶部的墙梁(水平方向和竖向):1/200。

且其竖向挠度不得大于 10mm。

8.4 墙梁的构造

8.4.1 墙梁主要承受水平风荷载,宜将其刚度较大主平面置于水平方向。

8.4.2 当墙梁跨度大于 4m 时,宜在跨中设置一道拉条;当墙梁跨度大于 6m 时,可在跨间三分点处各设置一道拉条。拉条承担的墙体自重通过斜拉条传至承重柱或墙架柱,一般每隔 5 道拉条设置一对斜拉条(如图 8.4.2 所示),以分段传递墙体自重。

圆钢拉条直径不宜小于 10mm,所需截面面积应通过计算确定。

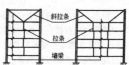

图 8.4.2　拉条布置示意图

9 屋架

9.1 屋架的计算

9.1.1 计算屋架各杆件内力时,假定各节点均为铰接,次应力可不计算,但应考虑在屋面风吸力的作用下,可能导致屋架杆件内力变号的不利影响,并核算屋架支座锚栓的抗拉承载力。

9.1.2 屋架杆件的计算长度(如图 9.1.2 所示)可按下列规定采用:

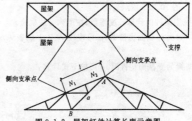

图 9.1.2　屋架杆件计算长度示意图

1 在屋架平面内,各杆件的计算长度可取节点间的距离;

2 在屋架平面外,弦杆应取侧向支承点间的距离;腹杆取节点间的距离(图 9.1.2 中的腹杆 a 应取 AB 间的距离),如等间距的受压弦杆或腹杆之侧向支承点间的距离为节间长度的 2 倍,且内力不等时,其计算长度应按下式确定:

$$l_0 = \left(0.75 + 0.25 \frac{N_2}{N_1}\right) l \qquad (9.1.2\text{-}1)$$

且

$$l_0 \geqslant 0.5l \qquad (9.1.2\text{-}2)$$

式中 l_0——杆件的计算长度;

l——杆件的侧向支承点间的距离;

N_1——较大的压力,计算时取正值;

N_2——较小的压力或拉力,计算时压力取正值,拉力取负值。

侧向不能移动的点(支承点或节点),可作为屋架的侧向支承点。当檩条、系杆或其他杆件未与水平(或垂直)支撑节点或其他不移动点相连接时,不能作为侧向支承点。

9.2 屋架的构造

9.2.1 两端简支的跨度不小于 15m 的三角形屋架和跨度不小于 24m 的梯形或平行弦屋架,当下弦无曲折时,宜起拱,拱度可取跨度的 1/500。

9.2.2 屋盖应设置支撑体系。当支撑采用圆钢时,必须具有拉紧装置。

9.2.3 屋架杆件宜采用薄壁钢管(方管、矩形管、圆管)。

9.2.4 屋架杆件的接长宜采用焊接或螺栓连接,且须与杆件等强。接长连接应设置在杆件内力较小的节间内。屋架拼装接头的数量及位置应按施工及运输条件确定。

9.2.5 屋架节点的构造应符合下列要求:

1 杆件重心轴线宜汇交于节点中心;

2 应在薄弱处增设加强板或采取其他措施增强节点的刚度;

3 应便于施焊、清除污物和涂刷油漆。

10 刚　架

10.1 刚架的计算

10.1.1 刚架梁、柱的强度和稳定性应按下列规定计算:

1 刚架梁在刚架平面内可仅按压弯构件计算其强度;实腹式刚架梁应按压弯构件计算其在刚架平面外的稳定性;

2 实腹式刚架柱应按压弯构件计算其强度和稳定性;

3 格式式刚架柱应按压弯构件计算其强度和弯矩作用平面内的稳定性;

4 格构式刚架梁和柱的弦杆、腹杆以及缀条等应分别按轴心受拉及轴心受压构件计算各单个杆件的强度和稳定性;

5 变截面刚架柱的稳定性可按最大弯矩处的有效截面进行计算,此时,轴心力应取与最大弯矩同一截面处的轴心力。

10.1.2 单跨门式刚架柱,在刚架平面内的计算长度 H_0 应按下式计算:

$$H_0 = \mu H \qquad (10.1.2\text{-}1)$$

式中 H——柱的高度,取基础顶面到柱与梁轴线交点的距离(如图 10.1.2 所示);

μ——刚架柱的计算长度系数,按下列方法确定。

1 刚架梁为等截面构件时,μ 可按表 A.3.1 或表 A.3.2 取用;

2 刚架梁为变截面构件时,μ 可按下式计算:

$$\mu = \sqrt{\frac{24EI_1}{K \cdot H^3}} \qquad (10.1.2\text{-}2)$$

$$K = \frac{1}{\Delta} \qquad (10.1.2\text{-}3)$$

式中 K——刚架在柱顶单位水平荷载作用下的侧移刚度;

Δ——刚架按一阶弹性分析得到的在柱顶单位水平荷载作用下的柱顶侧移;

I_1——刚架柱大头截面的惯性矩。

3 对于板式柱脚上述刚架柱计算长度系数 μ 宜根据柱脚构造情况乘以下列调整系数:

柱脚铰接:0.85

柱脚刚接:1.2

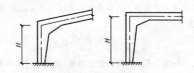

图 10.1.2　刚架柱的高度示意图

10.1.3 多跨门式刚架柱在刚架平面内的计算长度应按公式 10.1.2-1 计算,其计算长度系数可按下列规定确定。

1 当中间柱为两端铰接柱(即摇摆柱)时,边柱的计算长度系数 μ_r 可按下列公式计算:

$$\mu_r = \eta \cdot \mu \qquad (10.1.3\text{-}1)$$

$$\eta = \sqrt{1 + \frac{\sum (N_{li}/H_{li})}{\sum (N_{fj}/H_{fj})}} \qquad (10.1.3\text{-}2)$$

式中 η——放大系数;

μ——按第 10.1.2 条确定的单跨门式刚架柱的计算长度系数;

N_{li}——中间第 i 个摇摆柱的轴向力;

N_{fj}——第 j 个边柱的轴向力;

H_{li}——中间第 i 个摇摆柱的高度;

H_{fj}——第 j 个边柱的高度。

查表 A.3.1 或表 A.3.2 计算 μ 时,刚架梁的长度应取梁的跨度(即边柱到相邻中间柱之间的距离)的 2 倍。

摇摆柱的计算长度系数取 1.0。

2 当中间柱为非摇摆柱时,各刚架柱的计算长度系数可按下式计算:

$$\mu_i = \sqrt{\frac{1.2 N_{Ei}}{K \cdot N_i} \cdot \sum \frac{N_i}{H_i}} \qquad (10.1.3\text{-}3)$$

$$N_{Ei} = \frac{\pi^2 EI_i}{H_i^2} \qquad (10.1.3\text{-}4)$$

式中 μ_i——第 i 根刚架柱的计算长度系数,宜根据柱脚构造情况按第 10.1.2 条第 3 款乘以相应的调整系数;

N_{Ei}——第 i 根刚架柱以大头截面为准的欧拉临界力;

H_i、N_i——第 i 根刚架柱的高度、轴压力;

I_i——第 i 根刚架柱大头截面的惯性矩。

10.1.4 实腹式刚架梁和柱在刚架平面外的计算长度,应取侧向支承点间的距离,侧向支承点间可设置隅撑处及柱间支撑连接点。当梁(或柱)两翼缘的侧向支承点间的距离不等时,应取最大受压翼缘侧向支承点间的距离。

10.1.5 格构式刚架梁和柱的弦杆、腹杆和缀条等单个构件的计算长度 l_0(如图 10.1.5 所示)应按下列规定采用:

1 在刚架平面内,各杆件均取节点间的距离;

2 在刚架平面外,腹杆和缀条取节点间的距离,弦杆取侧向支承点间的距离,若受压弦杆在该长度范围内的内力有变化时,按下列规定计算:

1)当内力均为压力时,可按公式 9.1.2-1、9.1.2-2 计算,此时式中 N_1 应取最大的压力,N_2 应取最小的压力;

2)当内力在侧向支承点间的几个节间内为压力,另几个节间内为拉力时,可按下式计算,但不得小于受压节间的总长。

$$l_0 = \left(1.5 + 0.5 \frac{\overline{N_t}}{N_c}\right) \cdot \frac{n_c}{n} \cdot l \qquad (10.1.5\text{-}1)$$

$$且 \qquad\qquad l_0 \leqslant l \qquad\qquad (10.1.5-2)$$

式中　l——侧向支承点间的距离;

　　　$\bar{N}_t$——所有拉力的平均值,计算时取负值;

　　　$\bar{N}_c$——所有压力的平均值,计算时取正值;

　　　n——两侧向支承点间节间总数;

　　　n_c——内力为压力的节间数。

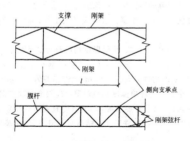

图 10.1.5　格构式刚架弦杆平面外计算长度示意图

10.1.6　刚架梁的竖向挠度与其跨度的比值,不宜大于表 10.1.6-1 所列限值;刚架柱在风荷载标准值作用下的柱顶水平位移与柱高度的比值,不宜大于表 10.1.6-2 所列限值,以保证刚架有足够的刚度及屋面墙面等的正常使用。

表 10.1.6-1　刚架梁的竖向挠度限值

屋 盖 情 况	挠度限值
仅支撑压型钢板屋面和檩条(承受活荷载或雪荷载)	$l/180$
尚有吊顶	$l/240$
有吊顶且抹灰	$l/360$

注:1　对于单跨山形式门式刚架,l 系一侧斜梁的坡面长度;对于多跨山形式门式刚架,l 指相邻两柱之间斜梁一坡的坡面长度。

　　2　对于悬臂梁,l 取其悬伸长度的 2 倍。

表 10.1.6-2　刚架柱顶侧移值

吊车情况	其 他 情 况	柱顶侧移限值
无吊车	采用压型钢板等轻型钢墙板时	$H/75$
	采用砖墙时	$H/100$
有桥式吊车	吊车由驾驶室操作时	$H/400$
	吊车由地面操作时	$H/180$

注:表中 H 为刚架柱高度。

10.2　刚架的构造

10.2.1　用于刚架梁、柱的冷弯薄壁型钢,其壁厚不应小于 2mm。

10.2.2　刚架梁的最小高度与其跨度之比:格构式梁可取 1/15～1/25;实腹式梁可取 1/30～1/45。

10.2.3　门式刚架房屋应设置支撑体系。在每个温度区段或分期建设的区段,应设置横梁上弦横向水平支撑与柱间支撑;刚架转折处(即边柱柱顶和屋脊)及多跨房屋适当位置的中间柱顶,应沿房屋全长设置刚性系杆。

10.2.4　刚架梁及柱的内翼缘(或内肢)需设置侧向支承点时,可利用作为外翼缘(或外肢)侧向支承用的檩条或墙梁设置隔撑(如图 10.2.4 所示),隔撑应按压杆计算。

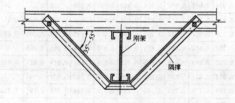

图 10.2.4　刚架梁或柱的隔撑

10.2.5　刚架梁应与檩条或屋盖的其他刚性构件可靠连接。

11　制作、安装和防腐蚀

11.1　制作和安装

11.1.1　构件上应避免刻伤。放样和号料应根据工艺要求预留制作和安装时的焊接收缩余量及切割、刨边和铣平等加工余量。

11.1.2　应保证切割部位准确、切口整齐,切割前应将钢材切割区域表面的铁锈、污物等清除干净,切割后应清除毛刺、熔渣和飞溅物。

11.1.3　钢材和构件的矫正,应符合下列要求:

　　1　钢材的机械矫正,应在常温下用机械设备进行。冷弯薄壁型钢结构的主要受压构件当采用方管时,其局部变形的纵向量测值(如图 11.1.3 所示)应符合下式要求:

$$\delta \leqslant 0.01b \qquad\qquad (11.1.3)$$

式中　δ——局部变形的纵向量测值;

　　　b——局部变形的量测标距,取变形所在面的宽度。

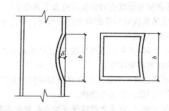

图 11.1.3　局部变形纵向量测示意图

　　2　碳素结构钢在环境温度低于 $-16℃$,低合金结构钢在环境温度低于 $-12℃$ 时,不得进行冷矫正和冷弯曲。

　　3　碳素结构钢和低合金结构钢,加热温度应根据钢材性能选定,但不得超过 $900℃$。低合金结构钢在加热矫正后,应在自然状态下缓慢冷却。

　　4　构件矫正后,挠曲矢高不应超过构件长度的 1/1000,且不得大于 10mm。

11.1.4　构件的制孔应符合下列要求:

　　1　高强度螺栓孔应采用钻成孔;

　　2　螺栓孔周边应无毛刺、破裂、喇叭口和凹凸的痕迹,切屑应清除干净。

11.1.5　构件的组装和工地拼装应符合下列要求:

　　1　构件组装应在合适的工作平台及装配胎模上进行,工作平台及胎模应测平,并加以固定,使构件重心线在同一水平面上,其误差不得大于 3mm。

　　2　应按施工图严格控制几何尺寸,结构的工作线与杆件的重心线应交汇于节点中心,两者误差不得大于 3mm。

　　3　组装焊接构件时,构件的几何尺寸应依据焊接等收缩变形情况,预放收缩余量;对有起拱要求的构件,必须在组装前按规定的起拱量做好起拱,起拱偏差应不大于构件长度的 1/1000,且不大于 6mm。

　　4　杆件应防止焊扭,拼装时其表面中心线的偏差不得大于 3mm。

　　5　杆件搭接和对接时的错缝或错位不得大于 0.5mm。

　　6　构件的定位焊位置应在正式焊缝部位内,不得将钢材烧穿,定位焊采用的焊接材料型号应与正式焊用的相同。

　　7　构件之间连接孔中心线位置的误差不得大于 2mm。

11.1.6　冷弯薄壁型钢结构的焊接应符合下列要求:

　　1　焊接前应熟悉冷弯薄壁型钢的特点和焊接工艺所规定的焊接方法、焊接程序和技术措施,根据试验确定具体焊接参数,保证焊接质量。

2 焊接前应把焊接部位的铁锈、污垢、积水等清除干净，焊条、焊剂应进行烘干处理。

3 型钢对接焊接或沿截面围焊时，不得在同一位置起弧灭弧，而应盖过起弧处一段距离后方能灭弧，不得在母材的非焊接部位和焊缝端部起弧或灭弧。

4 焊接完毕，应清除焊缝表面的熔渣及两侧飞溅物，并检查焊缝外观质量。

5 构件在焊接前应采取减少焊接变形的措施。

6 对接焊缝施焊时，必须根据具体情况采用适宜的焊接措施（如预留空隙、垫衬板单面焊及双面焊等方法），以保证焊透。

7 电阻点焊的各项工艺参数（如通电时间、焊接电流、电极压力等）的选择应保证焊点抗剪强度试验合格，在施焊过程中，各项参数均应保持相对稳定，焊件接触面应紧密贴合。

8 电阻点焊宜采用圆锥形的电极头，其直径不应小于 $5\sqrt{t}$（t 为焊件中外侧较薄板件的厚度），施焊过程中，直径的变动幅度不得大于 1/5。

11.1.7 冷弯薄壁型钢结构构件应在涂层干燥后进行包装，包装应保护构件涂层不受损伤，且应保证构件在运输、装卸、堆放过程中不变形、不损坏、不散失。

11.1.8 冷弯薄壁型钢结构的安装应符合下列要求：

1 结构安装前应对构件的质量进行检查。构件的变形、缺陷超出允许偏差时，应进行处理。

2 结构吊装时，应采取适当措施，防止产生永久性变形，并应垫好绳扣与构件的接触部位。

3 不得利用已安装就位的冷弯薄壁型钢构件起吊其他重物。不得在主要受力部位加焊其他物件。

4 安装屋面板前，应采取措施保证拉条拉紧和檩条的位置正确。

5 安装压型钢板屋面时，应采取有效措施将施工荷载分布至较大面积，防止因施工集中荷载造成构件局部压屈。

11.1.9 冷弯薄壁型钢结构制作和安装质量除应符合本规范规定外，尚应符合现行国家标准《钢结构工程施工质量验收规范》GB 50205 的规定。当喷涂防火涂料时，应符合现行国家标准《钢结构防火涂料通用技术条件》GB 14907 的规定。

11.2 防 腐 蚀

11.2.1 冷弯薄壁型钢结构必须采用有效的防腐蚀措施，构造上应考虑便于检查、清刷、油漆及避免积水，闭口截面构件沿全长和端部均应焊接封闭。

11.2.2 冷弯薄壁型钢结构应根据其使用条件和所处环境，选择相应的表面处理方法和防腐措施。

对冷弯薄壁型钢结构的侵蚀作用分类可参见本规范表 D.0.1。

11.2.3 冷弯薄壁型钢结构应按设计要求进行表面处理，除锈方法和除锈等级应符合现行国家标准《涂装前钢材表面锈蚀等级和除锈等级》GB 8923 的规定。

11.2.4 冷弯薄壁型钢结构采用化学除锈方法时，应选用具备除锈、磷化、钝化两个以上功能的处理液，其质量应符合现行国家标准《多功能钢铁表面处理液通用技术条件》GB/T 12612 的规定。

11.2.5 冷弯薄壁型钢结构应根据具体情况选用下列相适应的防腐措施：

1 金属保护层（表面合金化镀锌、镀铝锌等）。

2 防腐涂料：

1）无侵蚀性或弱侵蚀性条件下，可采用油性漆、酚醛漆或醇酸漆；

2）中等侵蚀性条件下，宜采用环氧漆、环氧酯漆、过氯乙烯漆、氯化橡胶漆或氯醋漆；

3）防腐涂料的底漆和面漆应相互配套。

3 复合保护：

1）用镀锌钢板制作的构件，涂装前应进行除油、磷化、钝化处理（或除油后涂磷化底漆）；

2）表面合金化镀锌钢板、镀锌钢板（如压型钢板、瓦楞铁等）的表面不宜涂红丹防锈漆，宜涂 H06—2 锌黄环氧酯底漆或其他专用涂料进行防护。

11.2.6 冷弯薄壁型钢采用的涂装材料，应具有出厂质量证明书，并应符合设计要求。涂覆方法除设计规定外，可采用手刷或机械喷涂。

11.2.7 涂料、涂装遍数、涂层厚度均应符合设计要求。当设计对涂装无明确规定时，一般宜涂 4～5 遍，干膜总厚度室外构件应大于 $150\mu m$，室内构件应大于 $120\mu m$，允许偏差为 $\pm25\mu m$。

11.2.8 涂装时的环境温度和相对湿度应符合涂料产品说明书的要求，当产品说明书无要求时，环境温度宜在 5～38℃ 之间，相对湿度不应大于 85%，构件表面有结露时不得涂装，涂装后 4h 内不得淋雨。

11.2.9 冷弯薄壁型钢结构目测涂装质量应均匀、细致、无明显色差、无流挂、失光、起皱、针孔、气泡、裂纹、脱落、脏物粘附、漏涂等，必须附着良好（用划痕法或粘力计检查）。漆膜干透后，应用干膜测厚仪测出干膜厚度，做出记录，不合规定的应补涂。涂装质量不合格的应重新处理。

11.2.10 冷弯薄壁型钢结构的防腐处理应符合下列要求：

1 钢材表面处理后 6h 内应及时涂刷防腐涂料，以免再度生锈。

2 施工图中注明不涂装的部位不得涂装，安装焊缝处应留出 30～50mm 暂不涂装。

3 冷弯薄壁型钢结构安装就位后，应对在运输、吊装过程中漆膜脱落部位以及安装焊缝两侧未油漆部位补涂油漆，使之不低于相邻部位的防护等级。

4 冷弯薄壁型钢结构外包、埋入混凝土的部位可不做涂装。

5 易淋雨或积水的构件且不易再次油漆维护的部位，应采取措施密封。

11.2.11 冷弯薄壁型钢结构在使用期间应定期进行检查与维护。维护年限可根据结构的使用条件、表面处理方法、涂料品种及漆膜厚度分别按本规范表 D.0.2 采用。

11.2.12 冷弯薄壁型钢结构重新涂装的质量应符合现行国家标准《钢结构工程施工质量验收规范》GB 50205 的规定。

附录 A 计算系数

A.1 轴心受压构件的稳定系数

A.1.1 轴心受压构件的稳定系数可根据钢材的牌号按下列表格查得。

表 A.1.1-1 Q235 钢轴心受压构件的稳定系数 φ

λ	0	1	2	3	4	5	6	7	8	9
0	1.000	0.997	0.995	0.992	0.989	0.987	0.984	0.981	0.979	0.976
10	0.974	0.971	0.968	0.966	0.963	0.960	0.958	0.955	0.952	0.949
20	0.947	0.944	0.941	0.938	0.936	0.933	0.930	0.927	0.924	0.921
30	0.918	0.915	0.912	0.909	0.906	0.903	0.899	0.896	0.893	0.889
40	0.886	0.882	0.879	0.875	0.872	0.868	0.864	0.861	0.858	0.855
50	0.852	0.849	0.846	0.843	0.839	0.836	0.832	0.829	0.825	0.822
60	0.818	0.814	0.810	0.806	0.802	0.797	0.793	0.789	0.784	0.779
70	0.775	0.770	0.765	0.760	0.755	0.750	0.744	0.739	0.733	0.728
80	0.722	0.716	0.710	0.704	0.698	0.692	0.686	0.680	0.673	0.667
90	0.661	0.654	0.648	0.641	0.634	0.626	0.618	0.611	0.603	0.595
100	0.588	0.580	0.573	0.566	0.558	0.551	0.544	0.537	0.530	0.523

λ	0	1	2	3	4	5	6	7	8	9
110	0.516	0.509	0.502	0.496	0.489	0.483	0.476	0.470	0.464	0.458
120	0.452	0.446	0.440	0.434	0.428	0.423	0.417	0.412	0.406	0.401
130	0.396	0.391	0.386	0.381	0.376	0.371	0.367	0.362	0.357	0.353
140	0.349	0.344	0.340	0.336	0.332	0.328	0.324	0.320	0.316	0.312
150	0.308	0.305	0.301	0.298	0.294	0.291	0.287	0.284	0.281	0.277
160	0.274	0.271	0.268	0.265	0.262	0.259	0.256	0.253	0.251	0.248
170	0.245	0.243	0.240	0.237	0.235	0.232	0.230	0.227	0.225	0.223
180	0.220	0.218	0.216	0.214	0.211	0.209	0.207	0.205	0.203	0.201
190	0.199	0.197	0.195	0.193	0.191	0.189	0.188	0.186	0.184	0.182
200	0.180	0.179	0.177	0.175	0.174	0.172	0.171	0.169	0.167	0.166
210	0.164	0.163	0.161	0.160	0.159	0.157	0.156	0.154	0.153	0.152
220	0.150	0.149	0.148	0.146	0.145	0.144	0.143	0.141	0.140	0.139
230	0.138	0.137	0.136	0.135	0.133	0.132	0.131	0.130	0.129	0.128
240	0.127	0.126	0.125	0.124	0.123	0.122	0.121	0.120	0.119	0.118
250	0.117	—	—	—	—	—	—	—	—	—

表 A.1.1-2 Q345 钢轴心受压构件的稳定系数 φ

λ	0	1	2	3	4	5	6	7	8	9
0	1.000	0.997	0.994	0.991	0.988	0.985	0.982	0.979	0.976	0.973
10	0.971	0.968	0.965	0.962	0.959	0.956	0.952	0.949	0.946	0.943
20	0.940	0.937	0.934	0.930	0.927	0.924	0.920	0.917	0.913	0.909
30	0.906	0.902	0.898	0.894	0.890	0.886	0.882	0.878	0.874	0.870
40	0.867	0.864	0.860	0.857	0.853	0.849	0.845	0.841	0.837	0.833
50	0.829	0.824	0.819	0.815	0.810	0.805	0.800	0.794	0.789	0.783
60	0.777	0.771	0.765	0.759	0.752	0.746	0.739	0.732	0.725	0.718
70	0.710	0.703	0.695	0.688	0.680	0.672	0.664	0.656	0.648	0.640
80	0.632	0.623	0.615	0.607	0.599	0.591	0.583	0.574	0.566	0.558
90	0.550	0.542	0.535	0.527	0.519	0.512	0.504	0.497	0.489	0.482
100	0.475	0.467	0.460	0.452	0.445	0.438	0.431	0.424	0.418	0.411
110	0.405	0.398	0.392	0.386	0.380	0.375	0.369	0.363	0.358	0.352
120	0.347	0.342	0.337	0.332	0.327	0.322	0.318	0.313	0.309	0.304
130	0.300	0.296	0.292	0.288	0.284	0.280	0.276	0.272	0.269	0.265
140	0.261	0.258	0.255	0.251	0.248	0.245	0.242	0.238	0.235	0.232
150	0.229	0.227	0.224	0.221	0.218	0.216	0.213	0.210	0.208	0.205
160	0.203	0.201	0.198	0.196	0.194	0.191	0.189	0.187	0.185	0.183
170	0.181	0.179	0.177	0.175	0.173	0.171	0.169	0.167	0.165	0.163
180	0.162	0.160	0.158	0.157	0.155	0.153	0.152	0.150	0.149	0.147
190	0.146	0.144	0.143	0.141	0.140	0.138	0.137	0.136	0.134	0.133
200	0.132	0.130	0.129	0.128	0.127	0.126	0.124	0.123	0.122	0.121
210	0.120	0.119	0.118	0.116	0.115	0.114	0.113	0.112	0.111	0.110
220	0.109	0.108	0.107	0.106	0.106	0.105	0.104	0.103	0.101	0.101
230	0.100	0.099	0.098	0.098	0.097	0.096	0.095	0.094	0.094	0.093
240	0.092	0.091	0.091	0.090	0.089	0.088	0.088	0.087	0.086	0.086
250	0.085	—	—	—	—	—	—	—	—	—

A.2 受弯构件的整体稳定系数

A.2.1 对于图 5.3.1 所示单轴或双轴对称截面(包括反对称截面)的简支梁,当绕对称轴(x 轴)弯曲时,其整体稳定系数应按下式计算:

$$\varphi_{bx}=\frac{4320Ah}{\lambda_y^2 W_x}\xi_1\left(\sqrt{\eta^2+\zeta}+\eta\right)\cdot\left(\frac{235}{f_y}\right) \quad (A.2.1\text{-}1)$$

$$\eta=2\xi_2 e_a/h \quad (A.2.1\text{-}2)$$

$$\zeta=\frac{4I_\omega}{h^2 I_y}+\frac{0.156I_t}{I_y}\left(\frac{l_0}{h}\right)^2 \quad (A.2.1\text{-}3)$$

式中　λ_y——梁在弯矩作用平面外的长细比;

　　　A——毛截面面积;

　　　h——截面高度;

l_0——梁的侧向计算长度,$l_0=\mu_b l$;

μ_b——梁的侧向计算长度系数,按表 A.2.1 采用;

l——梁的跨度;

ξ_1、ξ_2——系数,按表 A.2.1 采用;

e_a——横向荷载作用点到弯心的距离;对于偏心压杆或当横向荷载作用在弯心时 $e_a=0$;当荷载不作用在弯心且荷载方向指向弯心时 e_a 为负,而离开弯心时 e_a 为正;

W_x——对 x 轴的受压边缘毛截面模量;

I_ω——毛截面扇性惯性矩;

I_y——对 y 轴的毛截面惯性矩;

I_t——扭转惯性矩。

如按上列公式算得的 $\varphi_{bx}>0.7$,则应以 φ'_{bx} 值代替 φ_{bx},φ'_{bx} 值应按下式计算:

$$\varphi'_{bx}=1.091-\frac{0.274}{\varphi_{bx}} \quad (A.2.1\text{-}4)$$

表 A.2.1 两端及跨间侧向均为简支的受弯构件的 ξ_1、ξ_2 和 μ_b 值

序号	弯矩作用平面内的荷载及支承情况	跨间无侧向支承 $\mu_b=1.00$		跨中设一道侧向支承 $\mu_b=0.50$		跨间有不少于两个等距离布置的侧向支承 $\mu_b=0.33$	
		ξ_1	ξ_2	ξ_1	ξ_2	ξ_1	ξ_2
1		1.13	0.46	1.35	0.14	1.37	0.06
2		1.35	0.55	1.83	0	1.68	0.08
3		1.00	0	1.00	0	1.00	0
4		1.32	0	1.31	0	1.31	0
5		1.83	0	1.77	0	1.75	0
6		2.39	0	2.13	0	2.03	0
7		2.24	0	1.89	0	1.77	0

A.2.2 对于图 A.2.2 所示单轴对称截面简支梁,x 轴(强轴)为不对称轴,当绕 x 轴弯曲时,其整体稳定系数仍可按公式 A.2.1-1 计算,但需以下式代替公式 A.2.1-2:

$$\eta=2(\xi_2 e_a+\beta_y)/h \tag{A.2.2-1}$$

$$\beta_y=\frac{U_x}{2I_x}-e_{0y} \tag{A.2.2-2}$$

$$U_x=\int_A y(x^2+y^2)dA \tag{A.2.2-3}$$

式中 I_x——对 x 轴的毛截面惯性矩；

$\quad\quad e_{0y}$——弯心的 y 轴坐标。

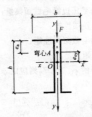

图 A.2.2 单轴对称截面示意图

A.2.3 对于图 5.3.1 所示单轴或双轴对称截面的简支梁，当绕 y 轴（弱轴）弯曲时（如图 A.2.3 所示），如需计算稳定性，其整体稳定系数 φ_{by} 可按下式计算：

$$\varphi_{by}=\frac{4320Ab}{\lambda_x^2 W_y}\xi_1\left(\sqrt{\eta^2+\zeta}+\eta\right)\left(\frac{235}{f_y}\right) \tag{A.2.3-1}$$

$$\eta=2(\xi_2 e_a+\beta_x)/b \tag{A.2.3-2}$$

$$\zeta=\frac{4I_\omega}{b^2 I_x}+\frac{0.156I_t}{I_x}\left(\frac{l_0}{b}\right)^2 \tag{A.2.3-3}$$

当 y 轴为对称轴时：

$$\beta_x=0$$

当 y 轴为非对称轴时：

$$\beta_x=\frac{U_y}{2I_y}-e_{0x} \tag{A.2.3-4}$$

$$U_y=\int_A x(x^2+y^2)dA \tag{A.2.3-5}$$

式中 b——截面宽度；

$\quad\quad \lambda_x$——弯矩作用平面外的长细比（对 x 轴）；

$\quad\quad W_y$——对 y 轴的受压边缘毛截面模量；

$\quad\quad e_{0x}$——弯心的 x 轴坐标。

当 $\varphi_{by}>0.7$ 时，应以 φ'_{by} 代替 φ_{by}，φ'_{by} 按下式计算：

$$\varphi'_{by}=1.091-\frac{0.274}{\varphi_{by}} \tag{A.2.3-6}$$

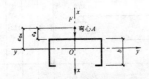

图 A.2.3 单轴对称卷边槽钢

A.3 刚架柱的计算长度系数

A.3.1 等截面刚架柱的计算长度系数 μ 见表 A.3.1。

表 A.3.1 等截面刚架柱的计算长度系数 μ

柱与基础的连接方式 \\ K_2/K_1	0	0.2	0.3	0.5	1.0	2.0	3.0	4.0	7.0	≥10.0
刚 接	2.00	1.50	1.40	1.28	1.16	1.08	1.06	1.04	1.02	1.00
铰 接	∞	3.42	3.00	2.63	2.33	2.17	2.11	2.08	2.05	2.00

注：1　$K_1=I_1/H$，$K_2=I_2/l$；

2　I_1 系柱顶处的截面惯性矩；

I_2 系刚架梁的截面惯性矩；

H 系刚架柱的长度；

l 系刚架梁的长度，在山形门式刚架中为斜梁沿折线的总长度；

当横梁与柱铰接时，取 $K_2=0$。

A.3.2 变截面刚架柱的计算长度系数 μ 见表 A.3.2。

表 A.3.2 变截面刚架柱的计算长度系数 μ

柱与基础的连接方式 \\ I_0/I_1 \\ K_2/K_1	0.1	0.2	0.3	0.5	0.75	1.0	2.0	≥10.0
铰接　0.01	5.03	4.33	4.10	3.89	3.77	3.74	3.70	3.65
铰接　0.05	4.90	3.98	3.65	3.39	3.25	3.19	3.10	3.05
铰接　0.10	4.66	3.82	3.48	3.19	3.04	2.98	2.94	2.75
铰接　0.15	4.61	3.75	3.37	3.09	2.93	2.85	2.72	2.65
铰接　≥0.20	4.59	3.67	3.30	3.00	2.84	2.75	2.63	2.55

注：I_0 系柱脚处的截面惯性矩。

A.4 简支梁的双力矩 B 的计算

A.4.1 简支梁的双力矩 B 可根据荷载情况按表 A.4.1 中所列公式计算。

表 A.4.1 简支梁双力矩 B 的计算公式

序号	Ⅰ	Ⅱ	Ⅲ
荷载简图	（图）	（图）	（图）
B（任意截面处）	$\dfrac{F\cdot e}{2k}\cdot\dfrac{\text{sh}kz}{\text{ch}\frac{kl}{2}}$	当 $z=z_1$ 时，$\dfrac{F\cdot e}{k}\cdot\dfrac{\text{ch}\frac{kl}{6}}{\text{ch}\frac{kl}{2}}\cdot\text{sh}kz_1$ 　当 $z=z_2$ 时，$\dfrac{F\cdot e}{k}\cdot\dfrac{\text{sh}\frac{kl}{3}}{\text{ch}\frac{kl}{2}}\cdot\text{ch}k(\frac{l}{2}-z_2)$	$\dfrac{q\cdot e}{k^2}\left[1-\dfrac{\text{ch}k\left(\frac{l}{2}-z\right)}{\text{ch}\frac{kl}{2}}\right]$
B_{max}（跨中）	$0.02\delta\cdot F\cdot e\cdot l$	$0.02\delta\cdot F\cdot e\cdot l$	$0.01\delta\cdot q\cdot e\cdot l^2$

注：k—弯扭特性系数，$k=\sqrt{GI_t/EI_\omega}$；

$\quad\quad G$—钢材的剪变模量，$G=0.79\times10^5$ N/mm²；

$\quad\quad \delta$—B_{max} 的计算系数，可由下图查得。

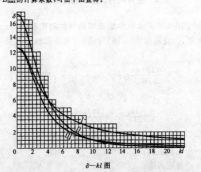

δ—kl 图

A.4.2 由双力矩 B 所产生的正向应力符号按表 A.4.2 采用。

表 A.4.2 由双力矩 B 所引起的正向应力符号

荷载与截面简图				
截面上的点				
1	−	+	+	−
2	+	−	−	+
3	+	−	−	+
4	−	+	+	−

注：1 表中正应力符号"+"代表压应力，"−"代表拉应力；
　2 表中外荷载 F 绕截面弯心 A 顺时针方向旋转；如外荷载 F 绕截面弯心 A 逆时针方向旋转，则表中所有符号均应反号。

附录 B　截面特性

B.1　常用截面特性表

B.1.1　常用截面特性表见表 B.1.1-1～表 B.1.1-8。

表 B.1.1-1　方钢管

尺寸(mm)		截面面积 (cm²)	每米长质量 (kg/m)	I_x (cm⁴)	i_x (cm)	W_x (cm³)
h	t					
25	1.5	1.31	1.03	1.16	0.94	0.92
30	1.5	1.61	1.27	2.11	1.14	1.40
40	1.5	2.21	1.74	5.33	1.55	2.67
40	2.0	2.87	2.25	6.66	1.52	3.33
50	1.5	2.81	2.21	10.82	1.96	4.33

续表 B.1.1-1

尺寸(mm)		截面面积 (cm²)	每米长质量 (kg/m)	I_x (cm⁴)	i_x (cm)	W_x (cm³)
h	t					
50	2.0	3.67	2.88	13.71	1.93	5.48
60	2.0	4.47	3.51	24.51	2.34	8.17
60	2.5	5.48	4.30	29.36	2.31	9.79
80	2.0	6.07	4.76	60.58	3.16	15.15
80	2.5	7.48	5.87	73.40	3.13	18.35
100	2.5	9.48	7.44	147.91	3.95	29.58
100	3.0	11.25	8.83	173.12	3.92	34.62
120	2.5	11.48	9.01	260.88	4.77	43.48
120	3.0	13.65	10.72	306.71	4.74	51.12
140	3.0	16.05	12.60	495.68	5.56	70.81
140	3.5	18.58	14.59	568.22	5.53	81.17
140	4.0	21.07	16.44	637.97	5.50	91.14
160	3.0	18.45	14.49	749.64	6.37	93.71
160	3.5	21.38	16.77	861.34	6.35	107.67
160	4.0	24.27	19.05	969.35	6.32	121.17
160	4.5	27.12	21.05	1073.66	6.29	134.21
160	5.0	29.93	23.35	1174.44	6.26	146.81

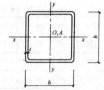

表 B.1.1-2　等边角钢

尺寸 (mm)		截面面积 (cm²)	每米长质量 (kg/m)	y_0 (cm)	x_0-x_0				$x-x$		$y-y$		x_1-x_1	e_0 (cm)	I_t (cm⁴)
b	t				I_{x_0} (cm⁴)	i_{x_0} (cm)	$W_{x_0\,max}$ (cm³)	$W_{x_0\,min}$ (cm³)	I_x (cm⁴)	i_x (cm)	I_y (cm⁴)	i_y (cm)	I_{x1} (cm⁴)		
30	1.5	0.85	0.67	0.828	0.77	0.95	0.93	0.35	1.25	1.21	0.29	0.58	1.35	1.07	0.0064
30	2.0	1.12	0.88	0.855	0.99	0.94	1.16	0.46	1.63	1.21	0.36	0.57	1.81	1.07	0.0149
40	2.0	1.52	1.19	1.105	2.43	1.27	2.20	0.84	3.95	1.61	0.90	0.77	4.28	1.42	0.0203
40	2.5	1.87	1.47	1.132	2.96	1.26	2.62	1.03	4.85	1.61	1.07	0.76	5.36	1.42	0.0390
50	2.5	2.37	1.86	1.381	5.93	1.58	4.29	1.64	9.65	2.02	2.20	0.96	10.44	1.78	0.0494
50	3.0	2.81	2.21	1.408	6.97	1.57	4.95	1.94	11.40	2.01	2.54	0.95	12.55	1.78	0.0843
60	2.5	2.87	2.25	1.630	10.41	1.90	6.38	2.38	16.90	2.43	3.91	1.17	18.03	2.13	0.0598
60	3.0	3.41	2.68	1.657	12.29	1.90	7.42	2.83	20.02	2.42	4.56	1.16	21.66	2.13	0.1023
75	2.5	3.62	2.84	2.005	20.65	2.39	10.30	3.76	33.43	3.04	7.87	1.48	35.20	2.66	0.0755
75	3.0	4.31	3.39	2.031	24.47	2.38	12.05	4.47	39.70	3.03	9.23	1.46	42.26	2.66	0.1293

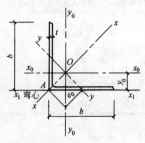

表 B.1.1-3 槽　钢

尺寸 (mm) h	b	t	截面面积 (cm²)	每米长质量 (kg/m)	x_0 (cm)	$x-x$ I_x (cm⁴)	i_x (cm)	W_x (cm³)	$y-y$ I_y (cm⁴)	i_y (cm)	W_{ymax} (cm³)	W_{ymin} (cm³)	y_1-y_1 I_{y1} (cm⁴)	e_0 (cm)	I_t (cm⁴)	I_w (cm⁶)	k (cm⁻¹)	W_{w1} (cm⁴)	W_{w2} (cm⁴)
60	30	2.5	2.74	2.15	0.883	14.38	2.31	4.89	2.40	0.94	2.71	1.13	4.53	1.88	0.0571	12.21	0.0425	4.72	2.51
80	40	2.5	3.74	2.94	1.132	36.70	3.13	9.18	5.92	1.26	5.23	2.06	10.71	2.51	0.0779	57.36	0.0229	11.61	6.37
80	40	3.0	4.43	3.48	1.159	42.66	3.10	10.67	6.93	1.25	5.98	2.44	12.87	2.51	0.1328	64.58	0.0282	13.64	7.34
100	40	2.5	4.24	3.33	1.013	62.07	3.83	12.41	6.37	1.23	6.29	2.13	10.72	2.30	0.0884	99.70	0.0185	17.07	8.44
100	40	3.0	5.03	3.95	1.039	72.941	3.80	14.49	7.47	1.22	7.19	2.52	12.89	2.30	0.1508	113.23	0.0227	20.20	9.79
120	40	2.5	4.74	3.72	0.919	95.92	4.50	15.99	6.72	1.19	7.32	2.18	10.73	2.13	0.0988	156.19	0.0155	23.62	10.59
120	40	3.0	5.63	4.42	0.944	112.28	4.47	18.71	7.90	1.19	8.37	2.58	12.91	2.12	0.1688	178.49	0.0191	28.13	12.33
140	50	3.0	6.83	5.36	1.187	191.53	5.30	27.36	15.52	1.51	13.08	4.07	25.13	2.75	0.2048	487.60	0.0128	48.99	22.93
140	50	3.5	7.89	6.20	1.211	218.88	5.27	31.27	17.54	1.50	14.69	4.70	29.37	2.74	0.3223	546.44	0.0151	56.72	26.09
160	60	3.0	8.03	6.30	1.432	300.87	6.12	37.61	26.90	1.83	18.79	5.89	43.35	3.37	0.2408	1119.78	0.0091	78.25	38.21
160	60	3.5	9.29	7.20	1.456	344.94	6.09	43.12	30.92	1.82	21.23	6.81	50.63	3.37	0.3794	1264.16	0.0108	90.71	43.68

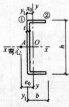

表 B.1.1-4 卷边槽钢

尺寸 (mm) h	b	a	t	截面面积 (cm²)	每米长质量 (kg/m)	x_0 (cm)	$x-x$ I_x (cm⁴)	i_x (cm)	W_x (cm³)	$y-y$ I_y (cm⁴)	i_y (cm)	W_{ymax} (cm³)	W_{ymin} (cm³)	y_1-y_1 I_{y1} (cm⁴)	e_0 (cm)	I_t (cm⁴)	I_w (cm⁶)	k (cm⁻¹)	W_{w1} (cm⁴)	W_{w2} (cm⁴)
80	40	15	2.0	3.47	2.72	1.452	34.16	3.14	8.54	7.79	1.50	5.36	3.06	15.10	3.36	0.0462	112.9	0.0126	16.03	15.74
100	50	15	2.5	5.23	4.11	1.706	81.34	3.94	16.27	17.19	1.81	10.08	5.22	32.41	3.94	0.1090	352.8	0.0109	34.47	29.41
120	50	20	2.5	5.98	4.70	1.706	129.40	4.65	21.57	20.96	1.87	12.28	6.36	38.36	4.03	0.1246	660.9	0.0085	51.04	48.36
120	60	20	3.0	7.65	6.01	2.106	170.68	4.72	28.45	37.36	2.21	17.74	9.59	71.31	4.87	0.2296	1153.2	0.0087	75.68	68.84
140	50	20	2.0	5.27	4.14	1.590	154.03	5.41	22.00	18.56	1.88	11.68	5.44	31.86	3.87	0.0703	794.79	0.0058	51.44	52.22
140	50	20	2.2	5.76	4.52	1.590	167.40	5.39	23.91	20.03	1.87	12.62	5.87	34.53	3.84	0.0929	852.46	0.0065	55.98	56.84
140	50	20	2.5	6.48	5.09	1.580	186.78	5.39	26.68	22.11	1.85	13.96	6.47	38.38	3.80	0.1351	931.89	0.0075	62.56	63.56
140	60	20	3.0	8.25	6.48	1.964	245.42	5.45	35.06	39.49	2.19	20.11	9.79	71.33	4.61	0.2476	1589.8	0.0078	92.69	79.00
160	60	20	2.0	6.07	4.76	1.850	236.59	6.24	29.57	29.99	2.22	16.19	7.23	50.83	4.52	0.0809	1596.28	0.0044	76.92	71.30
160	60	20	2.2	6.64	5.21	1.850	257.57	6.23	32.20	32.45	2.21	17.53	7.82	55.19	4.50	0.1071	1717.82	0.0049	83.82	77.55
160	60	20	2.5	7.48	5.37	1.850	288.13	6.21	36.02	35.96	2.19	19.47	8.66	61.49	4.45	0.1559	1887.71	0.0056	93.87	86.63
160	70	20	3.0	9.45	7.42	2.224	373.64	6.29	46.71	60.42	2.53	27.17	12.65	107.20	5.25	0.2836	3070.5	0.0060	135.49	109.92
180	70	20	2.0	6.87	5.39	2.110	343.93	7.08	38.21	45.18	2.57	21.37	9.25	75.87	5.17	0.0916	2934.34	0.0035	109.50	95.22
180	70	20	2.2	7.52	5.90	2.110	374.90	7.06	41.66	48.97	2.55	23.19	10.02	82.49	5.14	0.1213	3165.62	0.0038	119.44	103.78
180	70	20	2.5	8.48	6.66	2.110	420.20	7.04	46.69	54.42	2.53	25.82	11.12	92.08	5.10	0.1767	3492.15	0.0044	133.99	115.73
200	70	20	2.0	7.27	5.71	2.000	440.04	7.78	44.00	46.71	2.54	23.32	9.35	75.88	4.96	0.0969	3672.33	0.0032	126.74	106.15
200	70	20	2.2	7.96	6.25	2.000	479.87	7.77	47.99	50.64	2.52	25.31	10.10	82.49	4.93	0.1284	3963.82	0.0035	138.26	115.74
200	70	20	2.5	8.98	7.05	2.000	538.21	7.74	53.82	56.27	2.50	28.18	11.25	92.09	4.89	0.1871	4376.18	0.0041	155.14	129.75
220	75	20	2.0	7.87	6.18	2.080	574.45	8.54	52.22	56.88	2.69	27.35	10.50	90.93	5.18	0.1049	5313.52	0.0028	158.43	127.32
220	75	20	2.2	8.62	6.77	2.080	626.85	8.53	56.99	61.71	2.68	29.70	11.38	98.91	5.15	0.1391	5742.07	0.0031	172.92	138.93
220	75	20	2.5	9.73	7.64	2.070	703.76	8.50	63.98	68.66	2.66	33.11	12.65	110.51	5.11	0.2028	6351.05	0.0035	194.18	155.94

表 B.1.1-5　卷边 Z 形钢

尺寸 (mm)				截面面积 (cm²)	每米长质量 (kg/m)	θ (°)	x_1-x_1			y_1-y_1			$x-x$				$y-y$				I_{x1y1} (cm⁴)	I_t (cm⁴)	I_ω (cm⁶)	k (cm⁻¹)	$W_{\omega1}$ (cm⁴)	$W_{\omega2}$ (cm⁴)
h	b	a	t				I_{x1} (cm⁴)	i_{x1} (cm)	W_{x1} (cm³)	I_{y1} (cm⁴)	i_{y1} (cm)	W_{y1} (cm³)	I_x (cm⁴)	i_x (cm)	W_{x1} (cm³)	W_{x2} (cm³)	I_y (cm⁴)	i_y (cm)	W_{y1} (cm³)	W_{y2} (cm³)						
100	40	20	2.0	4.07	3.19	24.017	60.04	3.84	12.01	17.02	2.05	4.36	70.70	4.17	15.93	11.94	6.36	1.25	3.36	4.42	23.93	0.0542	325.0	0.0081	49.97	29.16
100	40	20	2.5	4.98	3.91	23.767	72.10	3.80	14.42	20.02	2.00	5.17	84.63	4.12	19.18	14.47	7.49	1.23	4.07	5.28	28.45	0.1038	381.9	0.0102	62.25	35.03
120	50	20	2.0	4.87	3.82	24.050	106.97	4.69	17.83	30.23	2.49	6.17	126.06	5.09	23.55	17.40	11.14	1.51	4.83	5.74	42.77	0.0649	785.2	0.0057	84.05	43.96
120	50	20	2.5	5.98	4.70	23.833	129.39	4.65	21.57	35.91	2.45	7.37	152.05	5.04	28.55	21.21	13.25	1.49	5.89	6.89	51.30	0.1246	930.9	0.0072	104.68	52.94
120	50	20	3.0	7.05	5.54	23.600	150.14	4.61	25.02	40.88	2.41	8.43	175.92	4.99	33.18	24.80	15.11	1.46	6.89	7.92	58.99	0.2116	1058.9	0.0087	125.37	61.22
140	50	20	2.5	6.48	5.09	19.417	186.77	5.37	26.68	35.91	2.35	7.37	209.19	5.67	32.55	26.34	14.48	1.49	6.69	6.78	60.75	0.1350	1289.0	0.0064	137.04	60.03
140	50	20	3.0	7.65	6.01	19.200	217.26	5.33	31.04	40.83	2.31	8.43	241.62	5.62	37.76	30.70	16.52	1.47	7.84	7.81	69.93	0.2296	1468.2	0.0077	164.94	69.51
160	60	20	2.5	7.48	5.87	19.983	288.12	6.21	36.01	58.15	2.79	9.90	323.13	6.57	44.00	34.95	23.14	1.76	9.00	8.71	96.32	0.1559	2634.3	0.0048	205.98	86.28
160	60	20	3.0	8.85	6.95	19.783	336.66	6.17	42.08	66.66	2.74	11.39	376.76	6.52	51.48	41.08	26.56	1.73	10.58	10.07	111.51	0.2656	3019.4	0.0058	247.41	100.15
160	70	20	2.5	7.98	6.27	23.767	319.13	6.32	39.89	87.74	3.32	12.76	374.76	6.85	52.35	38.23	32.11	2.01	10.53	10.86	126.37	0.1663	3793.3	0.0041	238.87	106.91
160	70	20	3.0	9.45	7.42	23.567	373.64	6.29	46.71	101.10	3.27	14.76	437.72	6.80	61.33	45.01	37.03	1.98	12.39	12.58	146.86	0.2836	4365.0	0.0050	285.78	124.26
180	70	20	2.5	8.48	6.66	20.367	420.18	7.04	46.69	87.74	3.22	12.76	473.34	7.47	57.27	44.88	34.58	2.02	11.66	10.86	143.18	0.1767	4907.9	0.0037	294.53	119.41
180	70	20	3.0	10.05	7.89	20.183	492.61	7.00	54.73	101.11	3.17	14.76	553.83	7.42	67.22	52.89	39.89	1.99	13.72	12.59	166.47	0.3016	5652.2	0.0045	353.32	138.92

表 B.1.1-6 斜卷边 Z 形钢

h	b	a	t	截面面积 (cm²)	每米长质量 (kg/m)	θ (°)	I_{x1} (cm⁴)	i_{x1} (cm)	W_{x1} (cm³)	I_{y1} (cm⁴)	i_{y1} (cm)	W_{y1} (cm³)	I_x (cm⁴)	i_x (cm)	W_{x1} (cm³)	W_{x2} (cm³)	I_y (cm⁴)	i_y (cm)	W_{y1} (cm³)	W_{y2} (cm³)	I_{x1y1} (cm⁴)	I_t (cm⁴)	I_ω (cm⁶)	k (cm⁻¹)	$W_{\omega 1}$ (cm⁴)	$W_{\omega 2}$ (cm⁴)
140	50	20	2.0	5.392	4.233	21.986	162.065	5.482	23.152	39.363	2.702	6.234	185.962	5.872	30.377	22.470	15.466	1.694	6.107	8.067	59.189	0.0719	1298.621	0.0046	118.281	59.185
140	50	20	2.2	5.909	4.638	21.998	176.813	5.470	25.259	42.928	2.695	6.809	202.926	5.860	33.352	24.544	16.814	1.687	6.659	8.823	64.638	0.0953	1407.575	0.0051	130.014	64.382
140	50	20	2.5	6.676	5.240	22.018	198.446	5.452	28.349	48.154	2.686	7.657	227.828	5.842	37.792	27.598	18.771	1.667	7.468	9.941	72.659	0.1391	1563.520	0.0058	147.558	71.926
160	60	20	2.0	6.192	4.861	22.104	246.830	6.313	30.854	60.271	3.120	8.240	283.680	6.768	40.271	29.603	23.422	1.945	8.018	9.554	90.733	0.0826	2559.036	0.0035	175.940	82.223
160	60	20	2.2	6.789	5.329	22.113	269.592	6.302	33.699	65.802	3.113	9.009	309.891	6.756	44.225	32.367	25.503	1.938	8.753	10.450	99.179	0.1095	2779.796	0.0039	193.430	89.569
160	60	20	2.5	7.676	6.025	22.128	303.090	6.284	37.886	73.935	3.104	10.143	348.487	6.738	50.132	36.445	28.537	1.928	9.834	11.775	111.642	0.1599	3098.400	0.0044	219.605	100.26
180	70	20	2.0	6.992	5.489	22.185	356.620	7.141	39.624	87.417	3.536	10.514	410.315	7.660	51.502	37.679	33.722	2.196	10.191	11.289	131.674	0.0932	4643.994	0.0028	249.609	111.10
180	70	20	2.2	7.669	6.020	22.193	389.835	7.130	43.315	95.518	3.529	11.502	448.592	7.648	56.570	41.226	36.761	2.189	11.136	12.351	144.034	0.1237	5052.769	0.0031	274.455	121.13
180	70	20	2.5	8.676	6.810	22.205	438.835	7.112	48.759	107.460	3.519	12.964	505.087	7.630	64.143	46.471	41.208	2.179	12.528	13.923	162.307	0.1807	5654.157	0.0035	311.661	135.81
200	70	20	2.0	7.392	5.803	19.305	455.430	7.849	45.543	87.418	3.439	10.514	506.903	8.281	56.094	43.435	35.944	2.205	11.109	11.339	146.944	0.0986	5882.294	0.0025	302.430	123.44
200	70	20	2.2	8.109	6.365	19.309	498.023	7.837	49.802	95.520	3.432	11.503	554.346	8.268	61.618	47.533	39.197	2.200	12.138	12.419	160.756	0.1308	6403.010	0.0028	332.826	134.66
200	70	20	2.5	9.176	7.203	19.314	560.921	7.819	56.092	107.462	3.422	12.964	624.421	8.249	69.876	53.596	43.962	2.189	13.654	14.021	181.182	0.1912	7160.113	0.0032	378.452	151.08
220	75	20	2.0	7.992	6.274	18.300	592.787	8.612	53.890	103.580	3.600	11.751	652.866	9.038	65.085	51.328	43.500	2.333	12.829	12.343	181.661	0.1066	8483.845	0.0022	383.110	148.38
220	75	20	2.2	8.769	6.884	18.302	648.520	8.600	58.956	113.220	3.593	12.860	714.276	9.025	71.501	56.190	47.465	2.327	14.023	13.524	198.803	0.1415	9242.136	0.0024	421.750	161.95
220	75	20	2.5	9.926	7.792	18.305	730.926	8.581	66.448	127.443	3.583	14.500	805.086	9.006	81.096	63.392	53.283	2.317	15.783	15.278	224.175	0.2068	10347.65	0.0028	479.804	181.87
250	75	20	2.0	8.592	6.745	15.389	799.640	9.647	63.791	103.580	3.472	11.752	856.690	9.985	71.976	61.841	46.532	2.327	14.553	12.090	207.280	0.1146	11298.92	0.0020	485.919	169.98
250	75	20	2.2	9.429	7.402	15.387	875.145	9.634	70.012	113.223	3.465	12.860	937.579	9.972	78.870	67.773	50.789	2.321	15.946	14.211	226.864	0.1521	12314.34	0.0022	535.491	184.53
250	75	20	2.5	10.676	8.380	15.385	986.898	9.615	78.952	127.447	3.455	14.500	1057.30	9.952	89.108	76.584	57.044	2.312	18.014	16.169	255.870	0.2224	13797.02	0.0025	610.188	207.38

表 B.1.1-7　卷边等边角钢

尺寸 (mm) b	a	t	截面面积 (cm²)	每米长质量 (kg/m)	y_0 (cm)	x_0-x_0 I_{x_0} (cm⁴)	i_{x_0} (cm)	W_{x_0max} (cm³)	W_{x_0min} (cm³)	$x-x$ I_x (cm⁴)	i_x (cm)	$y-y$ I_y (cm⁴)	i_y (cm)	x_1-x_1 I_{x1} (cm⁴)	e_0 (cm)	I_t (cm⁴)	I_ω (cm⁶)
40	15	2.0	1.95	1.53	1.404	3.93	1.42	2.80	1.51	5.74	1.72	2.12	1.04	7.78	2.37	0.0260	3.88
60	20	2.0	2.95	2.32	2.026	13.83	2.17	6.83	3.48	20.56	2.64	7.11	1.55	25.94	3.38	0.0394	22.64
75	20	2.0	3.55	2.79	2.396	25.60	2.69	10.68	5.02	39.01	3.31	12.19	1.85	45.99	3.82	0.0473	36.55
75	20	2.5	4.36	3.42	2.401	30.76	2.66	12.81	6.03	46.91	3.28	14.60	11.83	55.90	3.80	0.0909	43.33

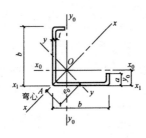

弯心

表 B.1.1-8　焊接薄壁圆钢管

尺寸(mm) d	t	截面面积 (cm²)	每米长质量 (kg/m)	I (cm⁴)	i (cm)	W (cm³)
25	1.5	1.11	0.87	0.77	0.83	0.61
30	1.5	1.34	1.05	1.37	1.01	0.91
30	2.0	1.76	1.38	1.73	0.99	1.16
40	1.5	1.81	1.42	3.37	1.36	1.68
40	2.0	2.39	1.88	4.32	1.35	2.16
51	2.0	3.08	2.42	9.26	1.73	3.63
57	2.0	3.46	2.71	13.08	1.95	4.59
60	2.0	3.64	2.86	15.34	2.05	5.10
70	2.0	4.27	3.35	24.72	2.41	7.06
76	2.0	4.65	3.65	31.85	2.62	8.38
83	2.0	5.09	4.00	41.76	2.87	10.06
83	2.5	6.32	4.96	51.26	2.85	12.35
89	2.0	5.47	4.29	51.73	3.08	11.63
89	2.5	6.79	5.33	63.59	3.06	14.29
95	2.0	5.84	4.59	63.20	3.29	13.31
95	2.5	7.26	5.70	77.76	3.27	16.37
102	2.0	6.28	4.93	78.55	3.54	15.40
102	2.5	7.81	6.14	96.76	3.52	18.97
102	3.0	9.33	7.33	114.40	3.50	22.43
108	2.0	6.66	5.23	93.60	3.75	17.33
108	2.5	8.29	6.51	115.40	3.73	21.37
108	3.0	9.90	7.77	136.50	3.72	25.28
114	2.0	7.04	5.52	110.40	3.96	19.37
114	2.5	8.76	6.87	136.20	3.94	23.89
114	3.0	10.46	8.21	161.30	3.93	28.30
121	2.0	7.48	5.87	132.40	4.21	21.88
121	2.5	9.31	7.31	163.50	4.19	27.02
121	3.0	11.12	8.73	193.70	4.17	32.02
127	2.0	7.85	6.17	153.40	4.42	24.16
127	2.5	9.78	7.68	189.50	4.39	29.84
127	3.0	11.69	9.18	224.70	4.39	35.39
133	2.5	10.25	8.05	218.20	4.62	32.81
133	3.0	12.25	9.62	259.00	4.60	38.95
133	3.5	14.24	11.18	298.70	4.58	44.92
140	2.5	10.80	8.48	255.30	4.86	36.47

续表 B.1.1-8

尺寸(mm) d	t	截面面积 (cm²)	每米长质量 (kg/m)	I (cm⁴)	i (cm)	W (cm³)
140	3.0	12.91	10.13	303.10	4.85	43.29
140	3.5	15.01	11.78	349.80	4.83	49.97
152	3.0	14.04	11.02	389.90	5.27	51.30
152	3.5	16.33	12.81	450.30	5.25	59.25
152	4.0	18.60	14.60	509.60	5.24	67.05
159	3.0	14.70	11.54	447.40	5.52	56.27
159	3.5	17.10	13.42	517.00	5.50	65.02
159	4.0	19.48	15.29	585.30	5.48	73.62
168	3.0	15.55	12.21	529.40	5.84	63.02
168	3.5	18.09	14.20	612.10	5.82	72.87
168	4.0	20.61	16.18	693.30	5.80	82.53
180	3.0	16.68	13.09	653.50	6.26	72.61
180	3.5	19.41	15.24	756.00	6.24	84.00
180	4.0	22.12	17.36	856.80	6.22	95.20
194	3.0	18.00	14.13	821.10	6.75	84.64
194	3.5	20.95	16.45	950.50	6.74	97.99
194	4.0	23.88	18.75	1078.00	6.72	111.10
203	3.0	18.85	15.00	943.00	7.07	92.87
203	3.5	21.94	17.22	1092.00	7.06	107.55
203	4.0	25.01	19.63	1238.00	7.04	122.01
219	3.0	20.36	15.98	1187.00	7.64	108.44
219	3.5	23.70	18.61	1376.00	7.62	125.65
219	4.0	27.02	21.81	1562.00	7.60	142.62
245	3.0	22.81	17.91	1670.00	8.56	136.30
245	3.5	26.55	20.84	1936.00	8.54	158.10
245	4.0	30.28	23.77	2199.00	8.52	179.50

B.2 截面特性的近似计算公式

下列近似计算公式均按截面中心线进行计算。

x 轴向右为正，y 轴向上为正。

B.2.1 半圆钢管。

$A = \pi r t$

$z_0 = 0.363r$

$I_x = 1.571r^3 t$

$I_y = 0.298r^3 t$

$I_t = 1.047rt^3$

$I_\omega = 0.0374r^5 t$

$e_0 = 0.636r$

B.2.2 等边角钢。

$A = 2bt$

$e_0 = \dfrac{b}{2\sqrt{2}}$

$I_x = \dfrac{1}{3}b^3 t$

$I_y = \dfrac{1}{12}b^3 t$

$I_t = \dfrac{2}{3}bt^3$

$I_\omega = 0$

$I_{x_0} = I_{y_0} = \dfrac{5}{24}b^3 t$

$y_0 = \dfrac{b}{4}$

$U_y = \dfrac{b^4 t}{12\sqrt{2}}$

B.2.3 卷边等边角钢。

$A = 2(b+a)t$

$z_0 = \dfrac{b+a}{2\sqrt{2}}$

$I_x = \dfrac{1}{3}(b^3 + a^3)t + ba(b-a)t$

$I_y = \dfrac{1}{12}(b+a)^3 t$

$I_t = \dfrac{2}{3}(b+a)t^3$

$I_\omega = d^2 b^2\left(\dfrac{b}{3}+\dfrac{a}{4}\right)t + \dfrac{2}{3}a\left[\dfrac{d}{\sqrt{2}}\left(\dfrac{3}{2}b-a\right)-ba\right]^2 t$

$d = \dfrac{ba^2(3b-2a)}{3\sqrt{2}\cdot I_x}\cdot t$

$e_0 = d + z_0$

$y_0 = \dfrac{a+b}{4}$

$I_{x_0} = I_{y_0} = \dfrac{5}{24}(a-b)^3 t + \dfrac{a^2 bt}{4} + \dfrac{5}{12}b^3 t$

$U_y = \dfrac{t}{12\sqrt{2}}(b^4 + 4b^3 a - 6b^2 a^2 + a^4)$

B.2.4 槽钢。

$A = (2b+h)t$

$z_0 = \dfrac{b^2}{2b+h}$

$I_x = \dfrac{1}{12}h^3 t + \dfrac{1}{2}bh^2 t$

$I_y = hz_0^2 t + \dfrac{1}{6}b^3 t + 2b\cdot\left(\dfrac{b}{2}-z_0\right)^2 t$

$I_t = \dfrac{1}{3}(2b+h)t^3$

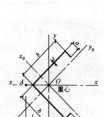

$I_\omega = \dfrac{b^3 h^2}{12}\cdot\dfrac{2h+3b}{6b+h}$

$e_0 = d + z_0$

$d = \dfrac{3b^2}{6b+h}$

$U_y = \dfrac{1}{2}(b-z_0)^4 t - \dfrac{1}{2}z_0^4 t - z_0^3 ht + \dfrac{1}{4}(b-z_0)^2 h^2 t - \dfrac{1}{4}z_0^2 h^2 t -$

$\qquad \dfrac{1}{12}z_0 h^3 t$

B.2.5 向外卷边槽钢。

$A = (h+2b+2a)t$

$z_0 = \dfrac{b(b+2a)}{h+2b+2a}$

$I_x = \dfrac{1}{12}h^3 t + \dfrac{1}{2}bh^2 t +$

$\qquad \dfrac{1}{6}a^3 t + \dfrac{1}{2}a(h+a)^2 t$

$I_y = hz_0^2 t + \dfrac{1}{6}b^3 t + 2b\cdot\left(\dfrac{b}{2}-z_0\right)^2 t + 2a(b-z_0)^2 t$

$I_t = \dfrac{1}{3}(h+2b+2a)t^3$

$I_\omega = \dfrac{d^2 h^3}{12} + \dfrac{h^2}{6}[d^3 + (b-d)^3]t +$

$\qquad \dfrac{a}{6}[3h^2(d-b)^2 + 6ha(d^2-b^2) + 4a^2(d+b)^2]t$

$d = \dfrac{b}{I_x}\left(\dfrac{1}{4}bh^2 + \dfrac{1}{2}ah^2 - \dfrac{2}{3}a^3\right)t$

$e_0 = d + z_0$

$U_y = t\left[\dfrac{(b-z_0)^4}{2} - \dfrac{z_0^4}{2} - z_0^3 h + \dfrac{(b-z_0)^2 h^2}{4} - \dfrac{z_0^2 h^2}{4} - \dfrac{z_0 h^3}{12} +\right.$

$\qquad \left. 2a(b-z_0)^3 + 2(b-z_0)\left(\dfrac{a^3}{3} + \dfrac{a^2 h}{2} + \dfrac{ah^2}{4}\right)\right]$

B.2.6 向内卷边槽钢。

$A = (h+2b+2a)t$

$z_0 = \dfrac{b(b+2a)}{h+2b+2a}$

$I_x = \dfrac{1}{12}h^3 t + \dfrac{1}{2}bh^2 t +$

$\qquad \dfrac{1}{6}a^3 t + \dfrac{1}{2}a(h-a)^2 t$

$I_y = hz_0^2 t + \dfrac{1}{6}b^3 t + 2b\cdot\left(\dfrac{b}{2}-z_0\right)^2 t +$

$\qquad 2a(b-z_0)^2 t$

$I_t = \dfrac{1}{3}(h+2b+2a)t^3$

$I_\omega = \dfrac{d^2 h^3}{12} + \dfrac{h^2}{6}[d^3 + (b-d)^3]t +$

$\qquad \dfrac{a}{6}[3h^2(d-b)^2 - 6ha(d^2-b^2) + 4a^2(d+b)^2]t$

$d = \dfrac{b}{I_x}\left(\dfrac{1}{4}bh^2 + \dfrac{1}{2}ah^2 - \dfrac{2}{3}a^3\right)t$

$e_0 = d + z_0$

$U_y = t\left[\dfrac{(b-z_0)^4}{2} - \dfrac{z_0^4}{2} - z_0^3 h + \dfrac{(b-z_0)^2 h^2}{4} - \dfrac{z_0^2 h^2}{4} - \dfrac{z_0 h^3}{12} +\right.$

$\qquad \left. 2a(b-z_0)^3 + 2(b-z_0)\left(\dfrac{a^3}{3} - \dfrac{a^2 h}{2} + \dfrac{ah^2}{4}\right)\right]$

B.2.7 Z形钢。

$A = (h+2b)t$

$I_{x1} = \dfrac{1}{12}h^3 t + \dfrac{1}{2}bh^2 t$

$I_{y1} = \dfrac{2}{3}b^3 t$

$I_t = \dfrac{1}{3}(h+2b)t^3$

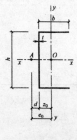

$$I_{x_1y_1} = -\frac{1}{2}b^2ht$$

$$\text{tg}2\theta = \frac{2I_{x_1y_1}}{I_{y_1}-I_{x_1}}$$

$$I_x = I_{x_1}\cos^2\theta + I_{y_1}\sin^2\theta - 2I_{x_1y_1}\sin\theta\cos\theta$$

$$I_y = I_{x_1}\sin^2\theta + I_{y_1}\cos^2\theta + 2I_{x_1y_1}\sin\theta\cos\theta$$

$$I_\omega = \frac{b^3h^2t}{12}\cdot\frac{b+2h}{h+2b}$$

$$m = \frac{b^2}{h+2b}$$

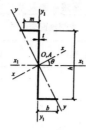

B.2.8 卷边 Z 形钢。

$$A = (h+2b+2a)t$$

$$I_{x_1} = \frac{1}{12}h^3t + \frac{1}{2}bh^2t + \frac{1}{6}a^3t + \frac{1}{2}at(h-a)^2$$

$$I_{y_1} = b^2t(\frac{2}{3}b+2a)$$

$$I_{x_1y_1} = -\frac{1}{2}bt[bh+2a(h-a)]$$

$$\text{tg}2\theta = \frac{2I_{x_1y_1}}{I_{y_1}-I_{x_1}}$$

$$I_x = I_{x_1}\cos^2\theta + I_{y_1}\sin^2\theta - 2I_{x_1y_1}\sin\theta\cos\theta$$

$$I_y = I_{x_1}\sin^2\theta + I_{y_1}\cos^2\theta + 2I_{x_1y_1}\sin\theta\cos\theta$$

$$I_t = \frac{1}{3}(h+2b+2a)t^3$$

$$I_\omega = \frac{b^2t}{12(h+2b+2a)}[h^2b(2h+b)+2ah(3h^2+6ah+4a^2)+4abh(h+3a)+4a^3(4b+a)]$$

$$m = \frac{2ab(h+a)+b^2h}{(h+2b+2a)h}$$

B.2.9 斜卷边 Z 形钢。

$$A = (h+2b+2a)t$$

$$I_{x_1} = \frac{1}{12}h^3t + \frac{1}{2}h^2t(a+b) - a^2ht\sin\theta_1 + \frac{2}{3}a^3t\sin^2\theta_1$$

$$I_{y_1} = \frac{2}{3}b^3t + 2ab^2t + 2a^2bt\cos\theta_1 + \frac{2}{3}a^3t\cos^2\theta_1$$

$$I_{x_1y_1} = -\frac{1}{2}hb^2t - habt + a^2bt\sin\theta_1 - \frac{1}{2}ha^2t\cos\theta_1 + \frac{2}{3}a^3t\sin\theta_1\cos\theta_1$$

$$\text{tg}2\theta = \frac{2I_{x_1y_1}}{I_{y_1}-I_{x_1}}$$

$$I_x = I_{x_1}\cos^2\theta + I_{y_1}\sin^2\theta - 2I_{x_1y_1}\sin\theta\cos\theta$$

$$I_y = I_{x_1}\sin^2\theta + I_{y_1}\cos^2\theta + 2I_{x_1y_1}\sin\theta\cos\theta$$

$$I_t = \frac{1}{3}(h+2b+2a)t^3$$

$$I_\omega = \frac{t}{12}[2h^2m^3+3h^3m^2+2h^2(b-m)^3+6ah^2(b-m)^2+6a^2h(b-m)n+2a^3n^2]$$

$$m = \frac{bh(b+2a)+a^2n}{(h+2b+2a)h}$$

$$n = 2bs\sin\theta_1 + h\cos\theta_1$$

B.2.10 圆钢管。

$$A = \pi dt$$

$$I_x = I_y = \frac{1}{8}\pi td^3$$

$$i_x = \frac{d}{2\sqrt{2}}$$

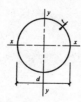

附录 C 考虑冷弯效应的强度设计值的计算方法

C.0.1 考虑冷弯效应的强度设计值 f' 可按下式计算：

$$f' = \left[1 + \frac{\eta(12\gamma-10)t}{l}\sum_{i=1}^{n}\frac{\theta_i}{2\pi}\right]f \qquad (C.0.1-1)$$

式中 η ——成型方式系数，对于冷弯高频焊（圆变）方、矩形管，取 $\eta=1.7$；对于圆管和其他方式成型的方、矩形管及开口型钢，取 $\eta=1.0$；

γ ——钢材的抗拉强度与屈服强度的比值，对于 Q235 钢可取 $\gamma=1.58$，对于 Q345 钢可取 $\gamma=1.48$；

n ——型钢截面所含棱角数目；

θ ——型钢截面上第 i 个棱角所对应的圆周角（如图 C.0.1 所示），以弧度为单位；

l ——型钢截面中心线的长度，可取型钢截面积与其厚度的比值。

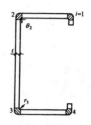

图 C.0.1 冷弯薄壁型钢截面示意图

型钢截面中心线的长度 l，亦可按下式计算：

$$l = l' + \frac{1}{2}\sum_{i=1}^{n}\theta_i(2r_i+t) \qquad (C.0.1-2)$$

式中 l' ——型钢平板部分宽度之和；

r_i ——型钢截面上第 i 个棱角内表面的弯曲半径；

t ——型钢厚度。

附录 D 侵蚀作用分类和防腐涂料底、面漆配套及维护年限

D.0.1 外界条件对冷弯薄壁型钢结构的侵蚀作用分类可按表 D.0.1 采用。

表 D.0.1 外界条件对冷弯薄壁型钢结构的侵蚀作用分类

序号	地区	相对湿度 (%)	对结构的侵蚀作用分类		
			室内(采暖房屋)	室内(非采暖房屋)	露天
1	农村、一般城市的商业区及住宅	干燥，<60	无侵蚀性	无侵蚀性	弱侵蚀性
2		普通，60~75	无侵蚀性	弱侵蚀性	中等侵蚀性
3		潮湿，>75	弱侵蚀性	弱侵蚀性	中等侵蚀性
4	工业区、沿海地区	干燥，<60	弱侵蚀性	中等侵蚀性	中等侵蚀性
5		普通，60~75	弱侵蚀性	中等侵蚀性	中等侵蚀性
6		潮湿，>75	中等侵蚀性	中等侵蚀性	中等侵蚀性

注：1 表中的相对湿度系指当地的年平均相对湿度，对于恒温恒湿或有相对湿度指标的建筑物，则按室内相对湿度采用；
2 一般城市的商业区及住宅区泛指无侵蚀性介质的地区，工业区是包括受侵蚀介质影响及散发轻微侵蚀性介质的地区。

D.0.2 常用防腐涂料底、面漆配套及维护年限可按表 D.0.2 采用。

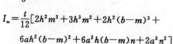

表 D.0.2　常用防腐涂料底、面漆配套及维护年限

侵蚀作用类别		表面处理	涂料类别	底面漆配套涂料						维护年限（年）
				底　漆	道数	膜厚(μ)	面　漆	道数	膜厚(μ)	
室内	无侵蚀性	喷砂（丸）除锈，酸洗除锈，手工或半机械化除锈	第一类	Y53-31 红丹油性防锈漆	2	60	C04-2 各色醇酸磁漆	2	60	15～20
	弱侵蚀性			Y53-32 铁红油性防锈漆	2	60				10～15
				F53-31 红丹酚醛防锈漆	2	60	C04-45 灰醇酸磁漆	2	60	
				F53-33 铁红酚醛防锈漆	2	60				
				C53-31 红丹醇酸防锈漆	2	60	C04-5 灰云铁醇酸磁漆	2	60	
				C06-1 铁红醇酸底漆	2	60				
				F53-40 云铁醇酸防锈漆	2	60				
室外	弱侵蚀性									8～10
室内	中等侵蚀性	酸洗磷化处理、喷砂（丸）除锈	第二类	H06-2 铁红环氧树脂底漆	2	60	灰醇酸改性过氯乙烯磁漆	2	60	10～15
				铁红环氧化改性 M 树脂底漆	2	60	醇酸改性氯化橡胶磁漆	2	60	
				H53-30 云铁环氧树脂底漆	2	60	醇酸改性氯醋磁漆	2	60	
							聚氨酯改性氯醋磁漆	2	60	
室外										5～7
				氯磺化聚乙烯防腐底漆	2	60	氯磺化聚乙烯防腐面漆	2	60	5～7

注：表中所列第一类或第二类中任何一种底漆（氯磺化聚乙烯防腐底漆除外）可和同一类别中的任一种面漆配套使用。

本规范用词说明

1　为便于在执行本规范条文时区别对待，对要求严格程度不同的用词说明如下：

1) 表示很严格，非这样做不可的用词：

正面词采用"必须"；反面词采用"严禁"。

2) 表示严格，在正常情况下均应这样做的用词：

正面词采用"应"；反面词采用"不应"或"不得"。

3) 表示允许稍有选择，在条件许可时首先应这样做的用词：

正面词采用"宜"或"可"；反面词采用"不宜"。

2　规范中指明应按其他有关标准和规范执行的写法为："应符合……要求（或规定）"或"应按……执行"。

中华人民共和国国家标准

冷弯薄壁型钢结构技术规范

GB 50018—2002

条 文 说 明

目　次

1 总 则

1.0.2 本条明确指出本规范仅适用于工业与民用房屋和一般构筑物的经冷弯（或冷压）成型的冷弯薄壁型钢结构的设计与施工，而热轧型钢的钢结构设计应符合现行国家标准《钢结构设计规范》GB 50017 的规定。

1.0.3 本条对原规范"不适用于受有强烈侵蚀作用的冷弯薄壁型钢结构"有所放宽，虽然本次修订仍保持原规范钢材壁厚不宜大于 6mm 的规定，锈蚀后果比较严重，但随着钢材材质及防腐涂料的改进，冷弯型钢的应用范围日益扩大，目前我国已能生产壁厚 12.5mm 或更厚的冷弯型钢，与普通热轧型钢已无多大区别，故适当放宽。但受强烈侵蚀介质作用的薄壁型钢结构，必须综合考虑其防腐蚀的特殊要求。现行国家标准《工业建筑防腐蚀设计规范》GB 50046 中将气态介质、腐蚀性水、酸碱盐溶液、固态介质和污染土对建筑物长期作用下的腐蚀性分为四个等级，在有强烈侵蚀作用的环境中一般不采用冷弯薄壁型钢结构。

3 材 料

3.0.1 本规范仍仅推荐现行国家标准《碳素结构钢》GB/T 700 中规定的 Q235 钢和《低合金高强度结构钢》GB/T 1951 中规定的 Q345 钢，原因是这两种牌号的钢材具有多年生产与使用的经验，材质稳定，性能可靠，经济指标较好，而其他牌号的钢材或因产量有限、性能尚不稳定，或因技术经济效果不佳、使用经验不多，而未获推荐应用。但本条中加列了"当有可靠根据时，可采用其他牌号的钢材"的规定。此外，在现行国家标准《碳素结构钢》中提出："A 级钢的含碳量可以不作交货条件"，由于焊接结构对钢材含碳量要求严格，所以 Q235A 级钢不宜在焊接结构中使用。

3.0.6 本条提出在设计和材料订货中应具体考虑的一些注意事项。

4 基本设计规定

4.1 设计原则

4.1.3 新修订的国家标准《建筑结构可靠度设计统一标准》GB 50068 对结构重要性系数 γ_0 做了两点改变：其一，γ_0 不仅仍考虑结构的安全等级，还考虑了结构的设计使用年限；其二，将原标准 γ_0 取值中的"等于"均改为"不应小于"，给予不同投资者对结构安全度设计要求选择的余地。对于一般工业与民用建筑冷弯薄壁型钢结构，经统计分析其安全等级多为二级，其设计使用年限为 50 年，故其重要性系数不应小于 1；对于设计使用年限为 25 年的易于替换的构件（如作为围护结构的压型钢板等），其重要性系数适当降低，取为不小于 0.95；对于特殊建筑物，其安全等级及设计使用年限应根据具体情况另行确定。

4.1.5 本条系参照现行国家标准《建筑结构荷载规范》GB 50009 规定对于正常使用极限状态，应根据不同的设计要求，采用荷载的标准组合、频遇值组合或准永久组合。对于冷弯薄壁型钢结构来说，只考虑荷载效应的标准组合，采用荷载标准值和容许变形进行计算。

4.1.9 构件的变形和各种稳定系数，按理也应分别按净截面、有效截面或有效净截面计算，但计算比较繁琐，为了简化计算而作此规定，采用毛截面计算其精度在允许范围内。

4.1.10 现场实测表明，具有可靠连接的压型钢板围护体系的建筑物，其承载能力和刚度均大于按裸骨架算得的值。这种因围护墙体在自身平面内的抗剪能力而加强了的结构整体工作性能的效应称为受力蒙皮作用。考虑受力蒙皮作用不仅能节省材料和工程造价，还能反映结构的真实工作性能，提高结构的可靠性。

连接件的类型是发挥受力蒙皮作用的关键。用自攻螺钉、抽芯铆钉（拉铆钉）和射钉等紧固件可靠连接的压型钢板和檩条、墙梁等支承构件组成的蒙皮组合体具有可观的抗剪能力，可发挥受力蒙皮作用。采用挂钩螺栓等可滑移的连接件组成的组合体不具有抗剪能力，不能发挥受力蒙皮作用。

受力蒙皮作用的大小与压型钢板的类型、屋面和墙面是否开洞、支承檩条或墙梁的布置形式以及连接件的种类和布置形式等因素有关，为了对结构进行整体分析，应由试验方法对上述各部件组成的蒙皮组合体（包括开洞的因素在内）开展试验研究，确定相应的强度和刚度等参数。

图 1a 表示有蒙皮围护的平梁门式刚架体系在水平风荷载作用下的变形情况，整个屋面像平放的深梁一样工作，檐口檩条类似上、下弦杆，除受弯外，还承受轴向压、拉作用。

为把风荷载传给基础，山墙处可设置墙梁蒙皮体系，也可设交叉支撑体系。图 1b 表示有蒙皮围护的山形门式刚架体系，在竖向屋面荷载作用下的变形情况。两侧屋面类似于斜放的深梁受弯，屋脊檩条受压，檐口檩条受拉。为保证受力蒙皮作用，山墙柱顶水平处应设置拉杆。当承受水平风荷作用时，也有类似于图 1a 的受力情况。因此脊檩、檐口檩条和山墙部位是关键部位，设计中应予重视。

由于考虑受力蒙皮作用，压型钢板及其连接等就成了整体受力结构体系的重要组成部分，不能随便拆卸。

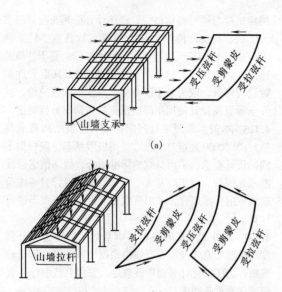

(a)

(b)

图 1 受力蒙皮作用示意图

4.2 设计指标

4.2.1、4.2.4、4.2.5 本规范对钢材的强度设计值、焊缝强度设计值仍按原规范取值，但 4.2.5 条中普通粗制螺栓，改为 C 级普通螺栓并对构件钢材为 Q345 钢中螺栓的承压强度设计值 f_c^b 之值有所降低。

4.2.2 （含附录 C）冷弯薄壁型钢系由钢板或钢带经冷加工成的。由于冷作硬化的影响，冷弯型钢的屈服强度将较母材有较大的提高，提高的幅度与材质、截面形状、尺寸及成型工艺等项因素有关，原规范利用塑性理论导得了此冷弯效应的理论公式，并经试验证实作了简化处理以方便使用。由于 80 年代方、矩形钢管的成型方式均为先将钢板经冷弯高频焊成圆管，然后再冲成方、矩形钢管（即圆变方）形成两次冷加工，故其与屈服强度提高因素有关的成型方式系数 η 取 1.7，对于圆管和其他开口型钢 η 取 1.0。近年来冷弯成型方式不断改进，由圆变方的已不是唯一的成型方式，可以由钢板一次成型成方、矩管，即少了一道冷加工工序，故本规范规定其他方式成型的方矩管 η = 1.0。

4.2.3 经退火、焊接和热镀锌等热处理的冷弯薄壁型钢构件其冷弯硬化的影响已不复存在，故作此规定。

4.3 构造的一般规定

4.3.1 本条仍保持了原规范对壁厚不宜大于 6mm 的限制。由于冷弯型钢结构与普通钢结构的主要区别在于结构材料成型方式的不同以及由此导致截面特性、材性及计算理论等方面的差异，按理不宜对冷弯型钢的壁厚加以限制，且随着冷弯型钢生产状况的改善及

设备生产能力的日益发展，我国已能生产壁厚 12.5mm（部分生产厂的可达 22mm、国外为 25.4mm）的冷弯型钢，但由于实验数据不足及使用经验不多，所以仍保留壁厚的限制，但如有可靠依据，冷弯型钢结构的壁厚可放宽至 12.5mm。

5 构件的计算

5.1 轴心受拉构件

5.1.1 轴心受拉构件中的高强度螺栓摩擦型连接处，应按公式 5.1.l-2 和 5.1.1-3 计算其强度。这是因为高强度螺栓摩擦型连接系藉板间摩擦传力，而在每个螺栓孔中心截面处，该高强度螺栓所传递的力的一部分已在孔前传走，原规范考虑孔前板间的接触面可能存在缺陷，孔前传力系数可能不足一半，为安全起见，取孔前传力系数为 0.4，但根据试验，孔前传力系数大多数情况为 0.6，少数情况为 0.5，同时，为了与现行国家标准《钢结构设计规范》GB 50017 协调一致，故在公式 5.1.1-2 中取孔前传力系数为 0.5。此外由于 $\left(1 - 0.5\dfrac{n_1}{n}\right)N < N$，因此，除应按公式 5.1.1-2 计算螺栓孔处构件的净截面强度外，尚需按公式 5.1.1-3 计算构件的毛截面强度。

5.1.2 当轴心拉力不通过截面弯心（或不通过 Z 形截面的扇性零点）时，受拉构件将处于拉、扭组合的复杂受力状态，其强度应按下式计算：

$$\sigma = \frac{N}{A_n} \pm \frac{B}{W_\omega} \leqslant f \qquad (1)$$

式中　N——轴心拉力；

　　　A_n——净截面面积；

　　　B——双力矩；

　　　W_ω——毛截面的扇性模量。

有时，公式(1)中第 2 项翘曲应力 $\sigma_\omega(= B/W_\omega)$ 可能占总应力的 30% 以上，在这种情况下，不计双力矩 B 的影响是不安全的。

但是，双力矩 B 及截面弯扭特性（除有现成图表可查者外）的计算比较繁冗，为了简化设计计算，对于闭口截面、双轴对称开口截面等的轴心受拉构件，则可不计双力矩的影响，直接按第 5.1.1 条的规定计算其强度。

由于轴心受压构件、拉弯及压弯构件均有类似情况，故亦一并列入本条。

5.2 轴心受压构件

5.2.1 当轴心受压构件截面有所削弱（如开孔或缺口等）时，应按公式 5.2.1 计算其强度，式中 A_{en} 为有效净截面面积，应按下列规定确定：

1 有效截面面积 A_e 按本规范第 5.6.7 条中的规

定算得；

2 若孔洞或缺口位于截面的无效部位，则 $A_{en} = A_e$；若孔洞或缺口位于截面的有效部位，则 $A_{en} = Ae -$ （位于有效部位的孔洞或缺口的面积）。

3 开圆孔的均匀受压加劲板件的有效宽度 b'_e，可按下列公式确定。

当 $d_0/b \leqslant 0.1$ 时：

$$b'_e = b_e$$

当 $0.1 < d_0/b \leqslant 0.5$ 时：

$$b'_e = b_e - \frac{0.91 d_0}{\lambda_c^2}$$

当 $0.5 < d_0/b \leqslant 0.7$ 时：

$$b'_e = b_e - \frac{1.11 d_0}{\lambda_c^2}$$

$$\lambda_c = 0.53 \frac{b}{t} \cdot \sqrt{\frac{f_y}{E}}$$

式中 d_0——孔径；

b_e——相应未开孔均匀受压加劲板件的有效宽度，按第 5.6 节的规定计算；

b、t——板件的实际宽度、厚度；

f_y——钢材的屈服强度；

E——钢材的弹性模量。

若轴心受压构件截面没有削弱，则仅需按公式 5.2.2 计算其稳定性而毋须计算其强度。

5.2.2 轴心受压构件应按公式 5.2.2 计算其稳定性。

通过理论分析和对各类开口、闭口截面冷弯薄壁型钢轴心受压构件的试验研究，证实轴心受压杆件的稳定性可采用单一柱子曲线进行计算。根据对现有试验结果的统计分析和计算比较，柱子曲线可由基于边缘屈服准则的 Perry 公式计算，式中之初始相对偏心率 ε_0 系按试验结果经分析比较确定。

5.2.3 闭口截面、双轴对称开口截面的轴心受压构件多系在刚度较小的主平面内弯曲失稳。不卷边的等边单角钢轴心受压构件系单轴对称截面，由于截面形心和剪心不重合，因此在轴心压力作用下，此类构件有可能发生弯扭屈曲。但若能保证等边单角钢各外伸肢截面全部有效，则在轴心压力作用下此类构件的扭转失稳承载能力比弯曲失稳承载能力降低不多。鉴于在冷弯薄壁型钢结构中，单角钢通常用于支撑等较为次要的构件，为避免计算过于繁琐，故近似将其归入本条。

对于受力较大的不卷边等边单角钢压杆，则宜作为单轴对称开口截面按第 5.2.4 条的规定计算。

5.2.4、5.2.5 近年来，国内有关单位对单轴对称开口截面轴心受压构件弯扭失稳问题所进行的更为深入的理论分析和试验研究表明，采用"换算长细比法"来计算此类构件的整体稳定性是可行的，故本规范仍沿用原规范的规定，但对其中扭转屈曲计算长度和约束系数 β 的取值作了更明确的定义，以使有关规定

的物理意义更为明晰。

5.2.6 实腹式轴心受压直杆的弹性屈曲临界力通常均可不考虑剪切的影响，据计算，因剪切所致附加弯曲仅将使此类构件的欧拉临界力降低约 0.3% 左右。但是，对于格构式轴心受压构件来说，当其绕截面虚轴弯曲时，剪切变形较大，对构件弯曲屈曲临界力有显著影响，故计算此类构件的整体稳定性时，对虚轴应采用换算长细比来考虑剪切的影响。

本条根据理论推导，列出了几种常用的以缀板或缀条连接的双肢或三肢格构式构件换算长细比的计算公式。

本条有关格构式轴心受压构件单肢长细比 λ_1 的要求是为了保证单肢不先于构件整体失稳。

5.2.7 格构式轴心受压构件应能承受按公式 5.2.7 算得的剪力。

格构式轴心受压构件由于在制作、运输及安装过程中会产生初始弯曲（通常假定构件的初始挠曲为一正弦半波，构件中点处的最大初挠曲值不大于构件全长的 1/750），同时，轴心力的作用存在着不可避免的初始偏心（根据实测统计分析，一般可取此初始偏心值为 0.05ρ，ρ 系此构件的截面核心距），在轴心力作用下，此格构式轴心受压构件内将会产生剪力，以受力最大截面边缘屈服作为临界条件，即可求得公式 5.2.7 所示之杆内最大剪力 V。

5.3 受弯构件

5.3.1~5.3.4 内容与原规范第 4.5.1 条～第 4.5.4 条基本相同。为了方便使用，在下述 3 个方面做了修订：

1 在计算梁的整体稳定系数时，一般都是对 x 轴（强轴）进行计算，而且本规范中的 x 轴大都是对称轴，因此对薄壁型钢梁而言，主要是计算 φ_{bx}，故在附录 A 中第 A.2.1 条列出了 x 轴为对称轴的 φ_{bx} 计算公式，而 x 轴为非对称轴的情况，在梁中也可能碰到，在压弯杆件中常用，故在第 A.2.2 条列出了 x 轴为非对称轴时 φ_{bx} 的计算方法。以上本来都是写成一个公式，这次把一个公式分两条，突出了 x 轴是对称轴时的计算，也考虑了 x 轴为非对称轴时的情况，最大的好处是避免了可能出现的误解。

2 有时还要计算截面绕 y 轴（弱轴）弯曲时梁的整体稳定系数 φ_{by}。一般都不写出 φ_{by} 的计算公式，而是由计算者自己按计算 φ_{bx} 的公式采代换其中相应的几何特性，不仅使用不方便，而且可能出错。故在第 A.2.3 条列出了 φ_{by} 的计算公式，不仅解决了上述问题，而且可以提高计算工效。

3 以往在计算梁的整体稳定系数时，还要用到一个计算系数 ξ_3，对于承受横向荷载的梁它小于 1。现在更完善的理论分析和试验证明，它的值可取为 1，它在梁的整体稳定系数计算中不起任何作用，故

取消了这个计算系数，更简化了计算。

5.4 拉弯构件

5.4.1 冷弯薄壁型钢结构构件的设计计算均不考虑截面发展塑性，而以边缘屈服作为其承载能力的极限状态，故本条规定，在轴心拉力和2个主平面内弯矩的作用下，拉弯构件应按公式5.4.1计算强度，式中的截面特性均以净截面为准。考虑到在小拉力、大弯矩情况下截面上可能出现受压区，故在条文中加列了这种情况下净截面算法的规定。

5.5 压弯构件

5.5.1 在轴心压力和2个主平面内弯矩的共同作用下，压弯构件的强度应按公式5.5.1计算，考虑到构件截面削弱的可能性，式中的截面特性均应按有效净截面确定。

5.5.2 双轴对称截面的压弯构件，当弯矩作用于对称平面内时，计算其弯矩作用平面内稳定性的相关公式5.5.2-1是根据边缘屈服准则，假定钢材为理想弹塑性体，构件两端简支，作用着轴心压力和两端等弯矩，并考虑了初弯曲和初偏心的综合影响，构件的变形曲线为半个正弦波，这些理想条件均满足的前提下导得的，在此基础上，引入计算长度系数来考虑其他端部约束条件的影响，以等效弯矩系数 β_m 来表征其他荷载情况（如不等端弯矩，横向荷载等）的影响，此外，公式5.5.2-1还考虑了轴心力所致附加弯矩的影响，因此，该式可用于各类双轴对称截面压弯构件弯矩作用平面内稳定性的计算。

双轴对称截面的压弯构件，当弯矩作用在最大刚度平面内时，应按公式5.5.2-2计算弯矩作用平面外的稳定性，此式系按弹性稳定理论导出的直线相关公式（对双轴对称截面的压弯构件，一般是偏于安全的），与轴心受压构件及受弯构件整体稳定性的计算公式自然衔接，且考虑了不同截面形状（开口或闭口截面）、荷载情况及侧向支承条件的影响，适用范围较为广泛。

5.5.4 对于图2所示的单轴对称开口截面压弯构件，当弯矩作用于对称平面内时，除应按公式5.5.2-1计算其弯矩作用平面内的稳定性外，尚应按公式5.2.2计算其弯矩作用平面外的稳定性，但式中的轴心受压构件稳定系数 φ 应按单轴对称开口截面压弯构件弯扭屈曲理论算得的用公式5.5.4-1表述的换算长细比 λ_{ω} 确定。近年来所进行的大量较为系统的试验结果证实，上述"换算长细比法"是可行的。此外，考虑到横向荷载作用位置对构件平面外稳定性的影响，在公式5.5.4-2中加列了 $\xi_2 e_a$ 项，其中 ξ_2 是横向荷载作用位置的影响系数，e_a 系横向荷载作用点到弯心的距离，规定当横向荷载指向弯心时，e_a 为负值，横向荷载离开弯心时，e_a 为正值。

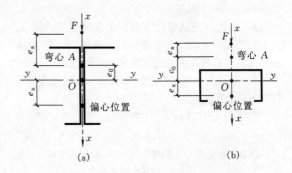

图2 单轴对称开口截面压弯构件示意图

理论计算和试验研究表明，对于常用的单轴对称开口截面压弯构件而言，若作用于对称平面内的弯矩所致等效偏心距位于截面弯心一侧，且其绝对值不小于 $\frac{e_0}{2}$（e_0 为截面形心至弯心距离）时，构件将不会发生弯扭屈曲，故本条规定此时毋需计算其弯矩作用平面外的稳定性，以方便设计计算。

5.5.5 公式5.5.1-1和公式5.5.5-2均系半经验公式，是考虑到与轴心受压构件及受弯构件的整体稳定性计算公式的自然衔接和协调，并与有限试验结果做了分析、比较后确定的。

5.5.6 双轴对称截面的双向压弯构件稳定性的计算公式5.5.6-1和公式5.5.6-2均系半经验式，是考虑到和轴心受压构件、受弯构件及单向压弯构件的稳定性计算公式的衔接和协调，且与有关理论研究成果及少量试验资料作了对比分析后确定的。

5.5.7、5.5.8 格式式压弯构件，除应计算整个构件的强度和稳定性外，尚应计算单肢的强度和稳定性，以保证单肢不致先于整体破坏。

计算缀板和缀条的内力时，不考虑实际剪力和由构件初始缺陷所产生的剪力（由本规范第5.2.7条确定）的叠加作用（因为两者叠加的概率是很小的），而取两者的较大剪力较为合理。

5.6 构件中的受压板件

5.6.1 本条所指的加劲板件即为两纵边均与其他板件相连接的板件；部分加劲板件即为一纵边与其他板件相连接，另一纵边由符合第5.6.4条要求的卷边加劲的板件；非加劲板件即为一纵边与其他板件相连接，另一纵边为自由边的板件。例如箱形截面构件的腹板和翼板都是加劲板件；槽形截面的腹板是加劲板件，翼缘是非加劲板件；卷边槽形截面的腹板是加劲板件，翼缘是部分加劲板件。

根据上海交通大学、湖南大学和南昌大学对箱形截面、卷边槽形截面和槽形截面的轴心受压、偏心受压板件的132个试验所得数据的分析，发现不论是哪一类板件都具有屈曲后强度，都可以采用有效截面的方式进行计算。因此本次修改不再采用原规范第

4.6.4 条关于非加劲板件及非均匀受压的部分加劲板件应全截面有效的规定。

板件按有效宽厚比计算时，有效宽厚比除与板件的宽厚比、所受应力的大小和分布情况、板件纵边的支承类型等因素有关外，还与邻接板件对它的约束程度有关。原规范在确定板件的有效宽厚比时，没有考虑邻接板件的约束影响。本条对此做了修改，增加了邻接板件的约束影响。

以上两点是本次修改时根据试验结果对本条所做的主要修改。

由于考虑相邻板件的约束影响后，确定板件有效宽厚比的参数数目又有增加，如仍采用列表的方式确定板件的有效宽厚比，表格量将大幅增加，于使用不便，因此本条采用公式确定板件的有效宽厚比。

根据对试验数据的分析，对于加劲板件、部分加劲板件和非加劲板件的有效宽厚比的计算，都可以采用一个统一的公式，即公式 5.6.1-1 至公式 5.6.1-3，公式中的计算系数 ρ 考虑了相邻板件的约束影响、板件纵边的支承类型和板件所受应力的大小和分布情况。

$$\rho = \sqrt{\frac{205 k_1 k}{\sigma_1}} \qquad (2)$$

式中 k——板件受压稳定系数，与板件纵边的支承类型和板件所受应力的分布情况有关；

k_1——板组约束系数，与邻接板件的约束程度有关；

σ_1——受压板件边缘的最大控制应力（N/mm²），与板件所受力的各种情况有关。

如计算中不考虑板组约束影响，可取板组约束系数 $k_1 = 1$，此时计算得到的有效宽厚比的值与原规范的基本相符。

目前国际上已有不少国家采用统一的公式计算加劲板件、部分加劲板和非加劲板件的有效宽厚比，而统一公式的表达形式因各国依据的实验数据而有所不同。

本次修改对受压板件有效截面的取法及分布位置也做了修改（见第 5.6.5 条），规定截面的受拉部分全部有效，有效宽度按一定比例分置在受压的两侧。因此，有效宽厚比计算公式 5.6.1-1 至公式 5.6.1-3 的右侧为板件受压区的宽度 b_c，即有效宽厚比用受压区宽厚比的一部分来表示。

有效宽厚比的计算公式由三段组成：第一段为当 $b/t \leqslant 18 \alpha \rho$ 时，板件全部有效；第三段为当 $b/t \geqslant 38 \alpha \rho$ 时，板件的有效宽厚比为一常数 $25 \alpha \rho \frac{b_c}{b}$；第二段即 $18 \alpha \rho < b/t < 38 \alpha \rho$ 时为过渡段，衔接等一段与第三段。对于均匀受压的加劲板件（即 $\alpha = 1$，$\rho = 2$，$b_c = b$），当 $b/t \leqslant 36$ 时，板件全部有效；当 $b/t \geqslant 76$ 时，板件有效宽厚比为常数 50。原规范为当 $b/t \leqslant 30$

时，板件全部有效；当 $b/t \geqslant 60$ 时，板件有效宽厚比为常数 45；但当 $b/t \geqslant 130$ 后，板件有效宽厚比又有增加。原规范的数值是根据当时所做试验结果制订的，当时箱形截面试件是由两槽形截面焊接而成。由于焊接应力较大，使数值有所降低。考虑到目前型材供应的改善，焊接应力会相应降低，这次修改对数值适当提高。美国和欧洲规范的数值为：当 $b/t \leqslant 38$ 时，板件全部有效；当 b/t 很大时，板件有效宽厚比渐近于 56.8；当 $b/t = 76$ 时，有效宽厚比为 47.5，相当于本规范的 95%。因此，本规范的数值与美国和欧洲规范的比较接近。

5.6.2 本条给出了第 5.6.1 条有关公式中需要的板件受压稳定系数 k 的计算公式。这些公式均为根据薄板稳定理论计算的结果经过回归得到的。

5.6.3 本条给出了第 5.6.1 条有关公式中需要的板组约束系数 k_1 的计算公式。板组约束系数与构件截面的形式、截面组成的几何尺寸以及所受的应力大小和分布情况等有关。根据上海交通大学、湖南大学和南昌大学对箱形截面、带卷边槽形截面和槽形截面的轴心受压、偏心受压构件 132 个试验所得数据的分析，发现不同的截面形式和不同的受力状况时，板组约束系数是有区别的，但对于常用的冷弯薄壁型钢构件的截面形式和尺寸其变化幅度不大。考虑到构件的有效截面特性与板组约束系数的关系并不十分敏感，为了使用上的方便，对加劲板件、部分加劲板件和非加劲板件采用了统一的板组约束系数计算公式。

板件的弹性失稳临界应力为：

$$\sigma_{cr} = \frac{\pi^2 E k}{12(1 - \mu^2)} \cdot \left(\frac{t}{b}\right)^2 \qquad (3)$$

式中 k——板件的受压稳定系数；

E——弹性模量；

μ——泊桑系数；

b——板件的宽度；

t——板件的厚度。

式（3）表明板件的临界应力与稳定系数 k 和宽厚比 b/t 有关，为了简便，式（3）可表示为：

$$\sigma_{cr} = A \frac{k}{\left(\frac{b}{t}\right)^2} \qquad (4)$$

图 3 表示一由板件组成的卷边槽形截面，腹板宽度为 ω，翼缘宽度为 f，厚度均为 t。作用于腹板的板组约束系数用 k_{1w} 表示，作用于翼缘的板组约束系数用 k_{1f} 表示，腹板的弹性临界应力 σ_{crw} 和翼缘的弹性临界应力 σ_{crf} 可分别用下式表示：

$$\sigma_{crw} = A \frac{k_w k_{1w}}{\left(\frac{w}{t}\right)^2} \qquad (5)$$

$$\sigma_{crf} = A \frac{k_f k_{1f}}{\left(\frac{f}{t}\right)^2} \qquad (6)$$

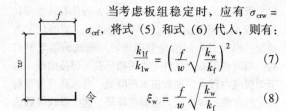

图 3 卷边槽形截面

当考虑板组稳定时，应有 $\sigma_{crw} = \sigma_{crf}$，将式（5）和式（6）代入，则有：

$$\frac{k_{1f}}{k_{1w}} = \left(\frac{f}{w} \sqrt{\frac{k_w}{k_f}} \right)^2 \qquad (7)$$

令

$$\xi_w = \frac{f}{w} \sqrt{\frac{k_w}{k_f}} \qquad (8)$$

得

$$\frac{k_{1f}}{k_{1w}} = \xi_w^2 \qquad (9)$$

式（9）表示按板组弹性失稳时，两块相邻板的板组约束系数之间的应有关系，即翼缘的板组约束系数 k_{1f} 和腹板的板组约束系数 k_{1w} 之间应有的关系。

本条在根据试验数据拟合板组约束系数 k_1 的计算公式（3）至公式（5）时，也考虑了公式（9）所表示的关系。

表 1 至表 6 是试验数据与按第 5.6.1 条至第 5.6.3 条的规定计算得到的理论结果的比较，表中还列出了按原规范和按美国规范的计算结果。比较结果表明，这次修改是比较满意的。

表 1　34 根箱形截面试件的试验结果 N_t 与各种方法计算结果 N_c 的比较 N_t/N_c

方法＼指标	本规范方法考虑板组约束	本规范方法不考虑板组约束（$k_1 = 1$）	原规范方法（GBJ 18—87）	美国规范方法
平均值	1.14	1.14	1.06	1.20
均方差	0.199	0.195	0.240	0.200
最大值	1.72	1.72	1.72	1.72
最小值	0.88	0.85	0.77	0.89

表 2　13 根短柱、22 根长柱卷边槽形截面最大压应力在支承边的试件的试验结果 N_t 与各种方法计算结果 N_c 的比较 N_t/N_c

方法＼指标	本规范方法考虑板组约束		本规范方法不考虑板组约束（$k_1 = 1$）		原规范方法（GBJ 18—87）		美国规范方法	
	短柱	长柱	短柱	长柱	短柱	长柱	短柱	长柱
平均值	1.018	1.113	0.991	1.080	1.024	1.072	0.881	0.907
均方差	0.188	0.102	0.159	0.075	0.156	0.095	0.083	0.068
最大值	1.318	1.361	1.202	1.268	1.211	1.259	1.054	1.031
最小值	0.740	0.910	0.727	0.967	0.754	0.902	0.732	0.749

表 3　8 根短柱、7 根长柱卷边槽形截面最大压应力在卷边边的试件的试验结果 N_t 与各种方法计算结果 N_c 的比较 N_t/N_c

方法＼指标	本规范方法考虑板组约束		本规范方法不考虑板组约束（$k_1 = 1$）		原规范方法（GBJ 18—87）		美国规范方法	
	短柱	长柱	短柱	长柱	短柱	长柱	短柱	长柱
平均值	1.028	1.035	0.985	0.993	0.878	0.940	0.783	0.854
均方差	0.168	0.189	0.147	0.176	0.160	0.184	0.124	0.124
最大值	1.305	1.360	1.215	1.294	1.110	1.247	0.995	1.053
最小值	0.756	0.709	0.743	0.702	0.638	0.786	0.592	0.683

表 4　14 根槽形截面最大压应力在支承边的试件的试验结果 N_t 与各种方法计算结果 N_c 的比较 N_t/N_c

方法＼指标	本规范方法考虑板组约束	本规范方法不考虑板组约束（$k_1 = 1$）	原规范方法（GBJ 18—87）	美国规范方法
平均值	1.138	1.106	1.993	1.480
均方差	0.141	0.143	0.250	0.498
最大值	1.349	1.356	2.480	2.510
最小值	0.879	0.873	1.640	0.900

表 5　24 根槽形截面最大压应力在自由边的试件的试验结果 N_t 与各种方法计算结果 N_c 的比较 N_t/N_c

方法＼指标	本规范方法考虑板组约束	本规范方法不考虑板组约束（$k_1 = 1$）	原规范方法（GBJ 18—87）	美国规范方法
平均值	1.097	1.180	2.227	1.318
均方差	0.199	0.246	0.655	0.471
最大值	1.591	1.763	4.091	2.348
最小值	0.800	0.785	1.276	0.675

表 6　10 根槽形截面腹板非均匀受压试件的试验结果 N_t 与各种方法计算结果 N_c 的比较 N_t/N_c

方法＼指标	本规范方法考虑板组约束	本规范方法不考虑板组约束（$k_1 = 1$）	原规范方法（GBJ 18—87）	美国规范方法
平均值	0.967	0.967	1.261	0.989
均方差	0.136	0.137	0.400	0.150
最大值	1.190	1.194	1.806	1.245
最小值	0.758	0.762	0.762	0.802

表 1 至表 6 表明，与试验结果相比考虑板组约束与不考虑板组约束的计算结果在平均值与均方差方面差别不大，但在某些情况下，两者可以有较大差别，不考虑板组约束有时会偏于不安全，有时则会偏于过分保守，可由下列两例看出。

例 1：箱形截面，轴心受压。

1. 不考虑板组约束。

$k = 4, k_1 = 1, \sigma_1 = 205, \rho = 2$ $b/t = 120$

短边：$b/t = 20 < 18\rho = 36, b_e/t = 20$ $\boxed{}$ $b/t = 20$

长边：$b/t = 120 > 38\rho = 76, b_e/t = 50$

故：$A_e = (2 \times 20 + 2 \times 50) t^2 = 140t^2$

2. 考虑板组约束。

$k = 4$，$k_c = 4$，$\psi = 1$，$b_c = b$，$\alpha = 1$，$\sigma_1 = 205$

k_1 计算：

长边：$\xi = 20/120 = 1/6$，$k_1 = 1/\sqrt{\xi} = 2.5 > 1.7$，取 1.7

短边：$\xi = 120/20 = 6$，$k_1 = 0.11 + 0.93/(\xi - 0.05)^2 = 0.136$

b_e/t 计算：

长边：$\rho = \sqrt{k_1 k} = 2.6$，$b/t = 120 > 38\rho = 99$，$b_e/t = 25\rho = 65$

短边：$\rho = \sqrt{k_1 k} = 0.74$，$18\rho = 13 < b/t = 20 < 38\rho = 28$

$$b_e/t = \left(\sqrt{\frac{21.8\rho}{b/t}} - 0.1\right) \cdot \frac{b_c}{t} = 16$$

故：$A_e = (2 \times 16 + 2 \times 65) t^2 = 162t^2$

结论：不考虑板组约束过于保守。

例 2：箱形截面，轴心受压。

1. 不考虑板组约束。

$k = 4$，$k_1 = 1$，$\sigma_1 = 205$，$\rho = 2$

短边：$b/t = 76 = 38\rho = 76$，$b_e/t = 25\rho = 50$

长边：$b/t = 120 > 38\rho = 76, b_e/t = 50$ $b/t = 180$

故：$A_e = (2 \times 50 + 2 \times 50) t^2 = 200t^2$ $\boxed{}$ $b/t = 76$

2. 考虑板组约束。

$k = 4$，$k_c = 4$，$\psi = 1$，$b_c = b$，$\alpha = 1$，$\sigma_1 = 205$

k_1 计算：

长边：$\xi = 76/180 = 0.422$，$k_1 = 1/\sqrt{\xi} = 1.54$

短边：$\xi = 180/76 = 2.368$，$k_1 = 0.11 + 0.93/(\xi - 0.05)^2 = 0.283$

b_e/t 计算：

长边：$\rho = \sqrt{k_1 k} = 2.48$，$b/t = 180 > 38\rho = 94$，$b_e/t = 25\rho = 62$

短边：$\rho = \sqrt{k_1 k} = 1.06$，$b/t = 76 > 38\rho = 40.28$，$b_e/t = 25\rho = 26.5$

故：$A_e = (2 \times 26.5 + 2 \times 62) t^2 = 177t^2$

结论：不考虑板组约束偏于不安全。

对于其他截面形式及受力状况也都有这种情况，不再列举。从上面例子可以看出，考虑板组约束作用是合理的。

5.6.4 本条规定的卷边高厚比限值是按其作为边加劲的最小刚度要求以及在保证卷边不先于平板局部屈曲的基础上确定的。

5.6.5 本条规定了受压板件有效截面的取法及位置。原规范为了方便设计计算，采用了将有效宽度平均置于板件两侧的方法。但当板件上的应力分布有拉应力时，往往会出现截面中受拉应力作用的部位也不一定全部有效，这不尽合理。本条做了修改，规定截面的受拉部分全部有效，板件的有效宽度则按一定比例分置在受压部分的两侧。

5.6.6 本条规定了轴心受压圆管构件保证局部稳定的圆管外径与壁厚之比的限值，该限值是按理想弹塑性材料推导得到的。

5.6.7 轴心受压构件截面上承受的最大应力是由压杆整体稳定控制的，其值为 φf。因此，在确定截面上板件的有效宽度时，宜将 φf 作为板件的最大控制应力 σ_1。

5.6.8 构件中板件的有效宽厚比与板件所受的压应力分布不均匀系数 ψ 及最大压应力 σ_{max} 有关。本条规定是关于拉弯、压弯和受弯构件中受压板件不均匀系数 ψ 和最大压应力值的计算，并据此按照第 5.6.1 条的规定计算受压板件的有效宽厚比。

压弯构件在受力过程中由于压力的 P—Δ 效应，其受力具有几何非线性性质，使截面上的内力和应力分布的计算比较复杂，为了简化计算，同时考虑到压弯构件一般由稳定控制，计及 P—Δ 效应后截面上的最大应力大多是用足的或相差不大，因此本条规定截面上最大控制应力值可取为钢材的强度设计值 f，同时截面上各板件的压应力分布不均匀系数 ψ 可取按构件毛截面作强度计算时得到的值，不考虑双力矩的影响。各板件中的最大控制应力则由截面上的强度设计值 f 和各板件的应力分布不均匀系数 ψ 推算得到。

受弯及拉弯构件因没有或可以不考虑 P—Δ 效应，截面上各板件的应力分布下不均匀系数 ψ 及最大压应力值均取按构件毛截面作强度计算得到的值，不考虑双力矩的影响。

6 连接的计算与构造

6.1 连接的计算

6.1.2 以美国康奈尔大学为主的 AWS 结构焊接委员会第 11 分委员会，在试验研究的基础上，于 1976 年提出了薄板结构焊接标准的建议，其中给出了喇叭形焊缝的设计方法。试验证明，当被连板件的厚度 $t \le 4.5mm$ 时，沿焊缝的横向和纵向传递剪力的连接的破坏模式均为沿焊缝轮廓线处的薄板撕裂。

美国1986年《冷弯型钢结构构件设计规范》规定，当被连板件的厚度 $t \leqslant 4mm$ 时，单边喇叭形焊缝端缝受剪时，考虑传力有一定的偏心，取标准强度为 $0.833F_u$；喇叭形焊缝纵向受剪时考虑了两种情况：当焊脚高度和被连板厚满足 $t \leqslant 0.7h_f < 2t$，或当卷边高度小于焊缝长度时，卷边部分传力甚少，薄板为单剪破坏，标准强度为 $0.75F_u$；当焊脚高度满足 $0.7h_f \geqslant 2t$，或卷边高度大于焊缝长度时，卷边部分也可传递较大的剪力，能在焊缝的两侧发生薄板的双剪破坏，标准强度成倍增长为 $1.5F_u$。该规范的安全系数取为2.5，则上述各种情况的相应允许强度分别为：$0.333F_u$、$0.3F_u$ 和 $0.6F_u$。该规范还规定，当被连板件的厚度 $t > 4mm$ 时，尚应按一般角焊缝进行验算。

在制定本规范条文时，参考美国86规范，按着相同的安全系数，转化为我国的表达形式。设 $[R]$ 为美国规范所给的允许强度，R_k 为按我国规范设计时的标准强度，则有：

$$\frac{R_k}{\gamma_s \cdot \gamma_R} = [R] \qquad (10)$$

式中 γ_s 和 γ_R 分别为我国的荷载平均分项系数和钢材的抗力分项系数。

将上式写成我国规范的强度设计表达式，有：

$$\frac{R_k}{\gamma_R} = \gamma_s [R]$$

或 $$\frac{R_k}{\gamma_R} = [R] \frac{f}{f_u} \cdot \gamma_s \cdot \gamma_R \cdot \frac{f_u}{f_y} \qquad (11)$$

由（11）式，将美国规范 $[R]$ 中的 F_u 用 f 代换后得到转化为我国设计强度的转化系数为 $\gamma_s \cdot \gamma_R \cdot \frac{f_u}{f_y}$。近似取平均荷载分项系数 $\gamma_s = 1.3$，钢材的抗力分项系数 $\gamma_R = 1.165$。对Q235钢，最小强屈比为1.6，则转化系数为2.423，相应的设计强度分别为 $0.81f$、$0.71f$ 和 $1.42f$，取整数即分别为 $0.8f$、$0.7f$ 和 $1.4f$；对板厚小于4mm的Q345钢，其最小强屈比为1.5，相应的转化系数为2.272，设计强度分别为 $0.76f$、$0.68f$ 和 $1.36f$。考虑到喇叭形焊缝在我国的研究和应用尚不充分，在本条文的编写中，偏于安全的将双剪破坏的设计强度按单剪取值。同时将Q345钢的相应设计强度表达式近似取为Q235钢的相应式子。

6.1.4 为了与其他机械式连接件的承载力设计值表达式相协调，将普通螺栓连接强度的应力表达式改为单个螺栓的承载力设计值表达式。

6.1.7 用于压型钢板之间和压型钢板与冷弯型钢等支承构件之间的紧固件连接的承载力设计值，一般应由生产厂家通过试验确定。欧洲建议（Recommendations for Steel Construction ECCSTC7, The Design and Test-ing of Connections in Steel Sheetingand Sections）对常用的抽芯铆钉、自攻螺钉和射钉等的连接强度做过大量试验研究工作，总结出保证连接不出现脆性破坏的构造要求和偏于安全的计算方法。

大量试验表明，承受拉力的压型钢板与冷弯型钢等支承构件间的紧固件有可能被从基材中拔出而失效；也可能被连接的薄钢板沿连接件头部被剪脱或拉脱而失效。后者在承受风力作用时有可能出现疲劳破坏，因此欧洲建议中规定，遇风组合作用时，连接件的抗剪脱和抗拉脱的抗拉承载力设计值取静荷作用时的一半。建议还采用不同的折减系数，考虑连接件在压型钢板波谷的不同部位设置时，可能产生的杠杆力和两个连接件传力不等时带来的不利影响。

试验表明传递剪力的连接不存在遇风组合的疲劳问题，抗剪连接的破坏模式主要以被连接板件的撕裂和连接件的倾斜拔出为主。单个连接件的抗剪承载力设计值仅与被连板件的厚度和其屈服强度的标准值以及连接件的直径有关。

我国一些单位也对抽芯铆钉和自攻螺钉连接做过试验研究，并证实了欧洲建议所建议的公式是偏于安全保守的。因此本规范采用了这些公式，只做了强度设计值的代换。

欧洲建议规定：永久荷载的荷载分项系数为1.3，活荷载的为1.5，与薄钢板连接的紧固件的抗力分项系数为 $\gamma_m = 1.1$，因此当取平均荷载分项系数为1.4时，欧洲建议在连接的承载力设计值之外的安全系数为 $1.4 \times 1.1 = 1.54$。我国的相应平均荷载分项系数为1.3，取连接的抗力分项系数与钢材的相同，即 $\gamma_R = 1.165$，则相应的安全系数为 $1.3 \times 1.165 = 1.52$。可见中、欧双方在冷弯薄壁型钢结构方面的安全系数基本相当。欧洲建议中所用的屈服强度的设计值 σ_e 相当于我国的钢材标准强度 f_y，因此取 $\gamma_R f = 1.165f = \sigma_e$，对公式进行代换。也就是说对欧洲建议的公式的右侧均乘以1.165，并用 f 取代 σ_e，即得规范中的相应公式。需要说明的是，为了简化公式，将抽芯铆钉的抗剪强度设计值计算表达式取与自攻螺钉相当的表达式。

6.2 连接的构造

6.2.1 本条补充了直接相贯的钢管节点的角焊缝尺寸可放大到 $2.0t$ 的规定。由于这种节点的角焊缝只在钢管壁的外侧施焊，不存在两侧施焊的过烧问题，是可以被接受的。另外，在具体设计中应参考现行国家标准《钢结构设计规范》GB 50017中有关侧面角焊缝最大计算长度的规定。

6.2.5、6.2.6、6.2.8、6.2.9 这四条的规定来源于欧洲建议，这些构造规定是6.1.7条中各公式的适用条件，因此必须满足。

6.2.7 被连板件上安装自攻螺钉（非自钻自攻螺钉）

用的钻孔孔径直接影响连接的强度和柔度。孔径的大小应由螺钉的生产厂家规定。1981 年的欧洲建议曾以表格形式给出了孔径的建议值。本规范采用了由归纳出的公式形式给出的预制孔建议值。

7 压型钢板

7.1 压型钢板的计算

7.1.6 τ_{cr}计算公式 7.1.6-1 和 7.1.6-3 分别为腹板弹塑性和弹性剪切屈曲临界应力设计值。

7.1.7 楼面压型钢板施工期间，可能出现较大的支座反力或集中荷载，由于压型钢板的腹板厚度 t 相对较薄，在局部集中荷载作用下，可能出现一种称之为腹板压跛（Web Crippling）现象。腹板压跛涉及因素较多，很难用理论精确分析，R_w 计算公式 7.1.7-2 是根据大量试验后给出的。该式取自欧洲建议。但公式 7.1.7-2 是取 $r = 5t$ 代入欧洲建议公式得出的。

7.1.8 支座反力处同时作用有弯矩的验算的相关公式 7.1.8，是欧洲各国做了 1500 余个试件试验整理给出的。欧洲规范 EC3—ENV1993—1—3，1996 也取用该相关公式。

7.1.9 弯矩 M 和剪力 V 共同作用截面验算的相关公式 7.1.9 取自欧洲规范 EC3—ENV1993—1—3，1996。

7.1.10 集中荷载 F 作用下的压型钢板计算，根据国内外试验资料分析，集中荷载主要由荷载作用点相邻的槽口协同工作，究竟由几个槽口参与工作，这与板型、尺寸等有关，目前尚无精确的计算方法，一般根据试验结果确定。规范给出的将集中荷载 F 沿板宽方向折算成均布线荷载 q_{re}（公式 7.1.10）是一个近似简化公式，该式取自欧洲建议，式中折算系数 η 由试验确定，若无试验资料，欧洲建议规定取 $\eta = 0.5$。此时，用该式的计算方法，近似假定为集中荷载 F 由两个槽口承受，这对多数压型钢板的板型是偏安全的。

屋面压型钢板上的集中荷载主要是施工或使用期间的检修荷载。按我国荷载规范规定，屋面板施工或检修荷载 $F = 1.0$kN；验算时，荷载 F 不乘荷载分项系数，除自重外，不与其他荷载组合。但当施工期间的施工集中荷载超过 1.0kN，则应按实际情况取用。

7.1.11 屋面和墙面压型钢板挠度控制值是根据近十多年我国实践经验给出的。近几年，压型钢板出现不少新的板型，对特殊异形的压型钢板，建议其承载力、挠度通过试验确定。

7.2 压型钢板的构造

7.2.1~7.2.9 这些条文均是关于屋面、墙面和作为永久性模板的楼面压型钢板的构造要求规定。条文中增加了近几年在实际工程中采用的压型钢板侧向扣合

式和咬合式连接方式，这两种连接方法，连接件隐藏在压型板下面，可避免渗漏现象。此外，近几年勾头螺栓在工程中已很少采用，因此，条文中对于压型钢板连接件主要选用自攻螺栓（或射钉），但这类连接件必须带有较好的防水密封胶垫材料，以防连接点渗漏。

8 檩条与墙梁

8.1 檩条的计算

8.1.1 实腹式檩条在屋面荷载作用下，系双向受弯构件，当采用开口薄壁型钢（如卷边 Z 形钢和槽形钢）时，由于荷载作用点对截面弯心存在偏心，因而必须考虑弯扭双力矩的影响，严格说来，应按规范公式 5.3.3-1 验算截面强度，即：

$$\sigma = \frac{M_x}{W_{enx}} + \frac{M_y}{W_{eny}} + \frac{B}{W_\omega} \leq f$$

但是，在实际工程中，由于屋面板与檩条的连接能阻止或部分阻止檩条的侧向弯曲和扭转，M_y 和 B 的数值相应减少，如按上式计算，则算得的檩条应力过大，偏于保守；如果根据试验数据反算 M_y 和 B 的折减系数，又由于屋面和檩条的形式多样，很难定出恰当的系数，因此，本规范仍采用公式 8.1.1-1 作为强度计算公式，即：

$$\sigma = \frac{M_x}{W_{enx}} + \frac{M_y}{W_{eny}} \leq f$$

采用上式的根据是：

1 利用 M_y / W_{eny} 一项来包络由于侧向弯曲和双力矩引起的应力，按照近年来工程实践的检验，一般是偏于安全的同时也简化了计算，便于设计者使用；

2 根据对收集到的 Z 形薄壁檩条试验数据的统计分析，当活载效应与恒载效应之比为 0.5、1、2、3 时，用一次二阶矩概率方法，算得其可靠度指标 β 均大于 3.2（Q345 钢平均为 3.287，Q235.F 钢平均为 3.378；Q235 钢平均为 4.044），可见该公式是可靠的；

3 只有屋面板材与檩条有牢固的连接，即用自攻螺钉、螺栓、拉铆钉和射钉等与檩条牢固连接，且屋面板材有足够的刚度（例如压型钢板），才可认为能阻止檩条侧向失稳和扭转，可不验算其稳定性。

对塑料瓦材料等刚度较弱的瓦材或屋面板材与檩条未牢固连接的情况，例如卡固在檩条支架上的压型钢板（扣板），板材在使用状态下可自由滑动，即屋面板材与檩条未牢固连接，不能阻止檩条侧向失稳和扭转，应按公式 8.1.1-2 验算檩条的稳定性，即：

$$\frac{M_x}{\varphi_b W_{ex}} + \frac{M_y}{W_{ey}} \leq f$$

8.1.2 实腹式檩条在风荷载作用下，下翼缘受压时受压下翼缘将产生侧向失稳和扭转，虽然与屋面牢固

连接的上翼缘对受压下翼的失稳和扭转有一定的约束作用，但受力较复杂。本规范仍按公式 8.1.1-2 验算其稳定性。

8.1.3 平面格构式檩条（包括桁架式与下撑式）上弦受力情况比较复杂，一般除了轴心力 N 和弯矩 M_x、M_y 以外，还有双力矩 B 的影响，因此，计算比较繁琐。为了简化计算，通过对收集到的已建成工程的调查资料及大量试验数据的研究、分析，规范推荐公式 5.5.1 和 8.1.3-1 来计算其强度和稳定性，但对公式中的 N、M_x、M_y 的计算作了具体规定，使之能包络双力矩 B 的影响。此外，在构造上，则建议平面格构式檩条的上弦节点采用缀板与腹杆连接，以减少上弦杆的弯扭变形，减小双力矩 B 的影响。

通过近 20 根各种平面格构式檩条的试验资料表明，这两个计算公式具有足够的可靠度。

8.1.4 平面格构式檩条，过去主要用于较重屋面，风吸力使下弦内力变号问题不突出，广泛采用压型钢板屋面后，对于跨度大、檩距大等不宜采用实腹檩条的情况，格构式檩条仍具有一定的用途。本条规定平面格构式檩条在风吸力作用下下弦受压时下弦应采用型钢。同时为确保下弦平面外的稳定，应在下弦平面内布置必要的拉条和撑杆。

8.1.5 平面格构式檩条受压弦杆平面外计算长度应取侧向支承点间的距离（拉条可作为侧向支承点）。通常为了减少檩条在使用阶段和施工过程中的侧向变形和扭转，在其两侧都设置了拉条，而拉条又与端部的刚性构件（如钢筋混凝土天沟或有刚性撑杆的桁架）相连，故拉条可作为侧向支承点。

8.1.6 檩条的容许挠度限值属于正常使用极限状态，其值主要根据使用条件而定。为了保证屋面的正常使用，避免因檩条挠度过大致使屋面瓦材断裂而出现漏水现象，必须控制檩条的挠度限值。

本条所列檩条挠度限值与原规范基本相同，通过对实际工程使用情况的调查和檩条的挠度试验，均表明这些限值基本上是合适的。新增加的压型钢板虽属轻屋面，但因这种板材屋面坡度较小，通常均小于 1/10，为了防止由于檩条过大变形导致板面积水，加速钢板的锈蚀，故对其作出了较为严格的规定，将这种屋面檩条的容许挠度值提高为 1/200。

8.2 檩条的构造

8.2.1 实腹式檩条目前常用截面形式为 Z 形钢、槽钢和卷边槽钢，其截面重心较高，在屋面荷载作用下，常产生较大的扭矩，使檩条扭转和倾覆。因此，条文规定在檩条两端与屋架、刚架连接处宜采用檩托，并且上、下用两个螺栓固定，使檩条的端部形成对扭转的约束支座，籍以防止檩条在支座处的扭转变形和倾覆，并保证檩条支座范围内腹板的稳定性。当檩条高度小于 100mm 时，也可只用一排两个螺栓固定。

8.2.2 通常平面格构式檩条的高度与跨度及荷载有关。根据调查，目前工业厂房的檩条跨度 l 大多为 6m，当为中等屋面荷载（檩距为 1.5m 的钢丝网水泥瓦）时，檩条高度 h 一般采用 300mm，即 $h/l = 1/20$；当为重屋面荷载（檩距为 3m 的预应力钢筋混凝土单槽瓦）时，檩条高度一般采用 500mm，即 $h/l = 1/12$，这些檩条的实测挠度在 1/250 ~ 1/500 之间，可以满足正常使用的要求。故本规范仍采用平面格构式檩条的高度可取跨度的 1/12 ~ 1/20 的规定。

此外，平面格构式檩条的试验结果表明，端部受压腹杆如采用型钢，不但其承载能力高，而且也易于保证施工质量，因此，本条明确规定端部受压腹杆应采用型钢，以确保质量。

第 8.1.4 条规定风荷载作用下，平面格构式檩条下弦受压时，下弦应采用型钢，但下弦平面外的稳定应在下弦平面上设置支承点，一般宜用拉条和撑杆组成。支承点的间距以不大于 3m 为宜。

8.2.3 拉条和撑杆的布置，系参照多年来的工程实践经验提出的，它能够起到提高檩条侧向稳定与屋面整体刚度的作用，故仍维持原规范的规定。

实腹檩条下翼缘在风荷载作用下受压时，布置在靠近下翼缘的拉条和撑杆可作为受压下翼缘平面外的侧向支承点。但此时上翼缘应与屋面板材牢固连接。

当前有较多的工程为了保温或隔热或建筑需要，在檩条上下翼缘上均设压型钢板（双层构造）。当上下压型钢板均与檩条牢固连接时，这种构造可保证檩条的整体稳定，可不设拉条和撑杆。但安装压型钢板时，应采取临时措施，以防施工过程中檩条失稳。

8.2.4 利用檩条作屋盖水平支撑压杆时，檩条的最大长细比应满足本规范第 4.3.3 条的规定，即 $\lambda \leqslant 200$，这时檩条的拉条和撑杆可作为平面外的侧向支承点。当风荷载或吊车荷载作用时檩条应按压弯构件验算其强度和稳定性。

8.3 墙梁的计算

8.3.1 墙梁的强度按公式 5.3.3-1 计算，是构造上能保证墙梁整体稳定的情况。例如墙梁两侧均设置墙板或一侧设置墙板另一侧设置可阻止其扭转变形的拉杆和撑杆时，可认为构造上能保证墙梁整体稳定性。且可不计弯扭双力矩的影响，即 $B = 0$。

8.3.2 构造上不能保证墙梁的整体稳定，系指第 8.3.1 以外的情况。例如墙板未与墙梁牢固连接或采用挂板形式；拉条或撑杆在构造上不能阻止墙梁侧向扭转等情况，均应按公式 5.3.3-2 验算其整体稳定性。

8.3.3 窗顶墙梁的挠度规定比其他墙梁的挠度严格，主要保证窗和门的开启，以及墙梁变形时门窗玻璃不致损坏。

9 屋 架

9.1 屋架的计算

9.1.1 由于屋架上弦杆件一般都是连续的，屋架节点并非理想铰接，因此，必然存在着次应力的影响，有时还是相当大的，但通常屋架的计算都忽略了次应力的影响，按节点为铰接考虑，一般都能达到应有的安全度，在实际工程中也未发现因简化计算出现安全事故。为了避免次应力的繁琐计算，采用按屋架各节点均为铰接的简化计算方法，是切实可行的，故本规范仍沿用原规范的规定。至于特别重要的工业与民用建筑中的屋架，则应在计算中考虑次应力的影响。

9.1.2 根据现行国家标准《钢结构设计规范》GB 50017 的规定，桁架腹杆（支座竖杆与支座斜杆除外）的计算长度，在屋架平面内取应 $0.8l$（l 为节点中心间的距离）。这是考虑到一般钢结构腹杆与弦杆的连接，均采用节点板或其他加劲措施，能使腹杆端部在屋架平面内的转动受到弦杆的约束，故应予折减。而冷弯薄壁型钢结构中腹杆与弦杆的连接，大都采用顶接方式，仅能起到一定的约束作用，所以，仍采用节点中心间的距离作为腹杆的计算长度。

在屋架平面外，弦杆的计算长度一般取侧向支承点间的距离。如等节间的受压弦杆或腹杆之侧向支承点为节点长度的 2 倍，且内力不等时，则可根据压弯构件或拉弯构件弹性曲线的一般方程，利用初参数法来确定其临界力及计算长度。

公式 9.1.2-1 系简化公式，其计算结果与精确公式相当接近。

9.2 屋架的构造

9.2.1 冷弯薄壁型钢屋架平面内的刚度还是比较好的，一般均能满足正常使用要求，但为了消除由于视差的错觉所引起之屋架下挠的不安全感，确保屋架下弦与吊车顶部的净空尺寸，15m 以上的屋架均宜起拱。大量试验数据证明，在设计荷载作用下相对挠度的实测值均小于跨度的 1/500，因此，规定屋架的起拱高度可取跨度的 1/500。

9.2.2 为了保证屋盖结构的空间工作，提高其整体刚度，承担或传递水平力，避免压杆的侧向失稳，以及保证屋盖在安装和使用时的稳定，应分别根据屋架跨度及其载荷的不同情况设置横向水平支撑、纵向水平支撑、垂直支撑及系杆等可靠的支撑体系。

9.2.3 为了充分发挥冷弯型钢断面性能和提高冷弯型钢屋架杆件的防腐能力及便于维修，规范推荐冷弯型钢屋架采用封闭断面。

9.2.4 屋架杆件的接长主要指弦杆。屋架拼装接头的数量和位置，应结合施工及运输的具体条件确定。

拼装接头可采用焊接或螺栓连接。

9.2.5 本条主要是指在设计屋架节点时，构造上应注意的有关事项。

10 刚 架

10.1 刚架的计算

10.1.1 刚架梁是以承受弯矩为主、轴力为次的压弯构件，其轴力随坡度的减小而减小（对于山形门式刚架，斜梁轴力沿梁长是逐渐改变的），当屋面坡度不大于 1:2.5 时，由于轴力很小，可仅按压弯构件计算其在刚架平面内的强度（此时轴压力产生的应力一般不超过总应力的 5%），而不必验算其在刚架平面内的稳定性。

刚架在其平面内的整体稳定，可由刚架柱的稳定计算来保证，变截面柱（通常为楔形柱）在刚架平面内的稳定验算可以套用等截面压弯构件的计算公式。

刚架梁、柱在刚架平面外的稳定性可由檩条和墙梁设置隅撑来保证，设置隅撑的间距可参照现行国家标准《钢结构设计规范》GB 50017 中受弯构件不验算整体稳定性的条件来确定。

10.1.2 刚架的失稳有无侧移失稳和有侧移失稳之分，而有侧移失稳一般具有最小的临界力，实际工程中，门式刚架通常在刚架平面内没有侧向支撑，且刚架梁、柱线刚度比并不太小，因此在确定刚架柱在刚架平面内的计算长度时，只考虑有侧移失稳的情况。表 A.3.1 适用于梁、柱均为等截面的单跨刚架，表 A.3.2 适用于等截面梁、楔形柱的单跨刚架。当刚架横梁为变截面时，不能采用上述方法，本条给出的计算公式有相当好的精度。

由于常用的柱脚构造并不能完全做到理想铰接或完全刚接的要求，考虑到柱脚的实际约束情况，对柱的计算长度系数予以修正。

10.1.3 多跨刚架的中间柱多采用摇摆柱，此时，摇摆柱自身的稳定性依赖刚架的抗侧移刚度，作用于摇摆柱中的轴力将起促进刚架失稳的作用，因此，边柱的计算长度系数按第 10.1.2 条的规定计算时，应乘以放大系数。而摇摆柱的计算长度系数应取 1.0。

10.1.4 在刚架平面外，实腹式梁和柱的计算长度，应取侧向支承点间的距离。作为侧向支承点的檩条、墙梁必须与水平支撑、柱间支撑或其他刚性杆件相连，否则，一般不能作为侧向支承点。但当屋面板、墙面板采用压型钢板、夹芯板等板材，而板与檩条、墙梁有可靠连接时，檩条、墙梁可以作为侧向支承点。当梁（或柱）两翼缘的侧向支承点间的距离不等时，为安全起见，应取最大受压翼缘侧向支承点间的距离。

10.1.6 为了保证刚架有足够的刚度以及屋面、墙面以及吊车梁的正常使用，必须限制刚架梁的竖向挠度和柱顶水平位移（侧移）。根据国内的研究结果并参考国外的有关资料，规范给出了表 10.1.6-1 和表 10.1.6-2 的规定。当屋面梁没有悬挂荷载时，刚架梁垂直于屋面的挠度一般均能满足表 10.1.6-1 的要求而不必验算。表 10.1.6-2 是按照平板式铰接柱脚的情况给出的，平板式柱脚按刚接计算时，表 10.1.6-2 中所列限值尚应除以 1.2。

10.2 刚架的构造

10.2.2 刚架梁的最小高度与其跨度之比的建议值，是根据工程经验给出的，但只是建议值，并非硬性规定。

10.2.3 门式刚架基本上是作为平面刚架工作的，其平面外刚度较差，设置适当的支撑体系是极为重要的，因此本规范这次修订对此作了原则规定。

支撑体系的主要作用有：平面刚架与支撑一起组成几何不变的空间稳定体系；提高其整体刚度，保证刚架的平面外稳定性；承担并传递纵向水平力；以及保证安装时的整体性和稳定性。

支撑体系包括屋盖横向水平支撑、柱间支撑及系杆等。

支撑桁架的弦杆为刚架梁（或柱），斜腹杆为交叉支撑，竖腹杆可以是檩条（或墙梁），为了保持檩条（或墙梁）的规格一致，或者当刚架间距较大，为了保证安装时有较大的整体刚度，竖腹杆及刚性系杆亦可用另加的焊接钢管、方管、H 型钢或其他截面形式的杆件。位于温度区段或分期建设区段两端的支撑桁架竖腹杆或刚性系杆按所传递的纵向水平力或所支撑构件轴力的 $1/\left(80\sqrt{\dfrac{235}{f_y}}\right)$ 之较大者设计（当所支撑构件为实腹梁的翼缘时，其轴力为 $A\cdot f$）。

11 制作、安装和防腐蚀

11.1 制作和安装

11.1.3 钢材和构件的矫正：

1 钢材的机械矫正，一般应在常温下用机械设备进行，矫正后的钢材，在表面上不应有凹、凹痕及其他损伤。

2 对冷矫正和冷弯曲的最低环境温度进行限制，是为了保证钢材在低温情况下受到外力时不致产生冷脆断裂。在低温下钢材受到外力脆断要比冲孔和剪切加工时而断裂更敏感，故环境温度应作严格限制。

3 碳素结构钢和低合金结构钢，允许加热矫正，但不得超过正火温度（900℃）。低合金结构钢在加热矫正后，应在自然状态下缓慢冷却，缓慢冷却是为了防止加热区脆化，故低合金结构钢加热后不应强制冷却。

11.1.4 构件用螺栓、高强度螺栓、铆钉等连接的孔，其加工方法有钻孔、冲孔等，应根据技术要求合理选择加工方法。钻孔是一种机械切削加工，孔壁损伤小，加工质量较好。冲孔是在压力下的剪切加工，孔壁周围会产生冷作硬化现象，孔壁质量较差，但其生产效率较高。

11.1.5 焊接构件组装后，经焊接矫正后产生收缩变形，影响构件的几何尺寸的正确性，因此在放样装大样或制作组装胎模时，应根据构件的规格、焊接、组装方法等不同情况，预放不同的收缩余量。对有起拱要求的构件，除在零件加工时做出起拱外，在组装时还应按规定做好起拱。

构件的定位焊是正式缝的一部分，因此定位焊缝不允许存在最终熔入正式焊缝的缺陷，定位焊采用的焊接材料型号，应与焊接材质相同匹配。

11.2 防腐蚀

11.2.3 钢材表面的锈蚀度和清洁度可按现行国家标准《涂装前钢材表面锈蚀等级和除锈等级》GB 8923，目视外观或做样板、照片对比。

11.2.4 化学除锈方法在一般钢结构制造厂已逐步淘汰，因冷弯薄壁型钢结构部分构件尚在应用化学处理方法进行表面处理，如喷（镀）锌、铝等，故本规范仍将其列入。

11.2.6 对涂覆方法，一般不作具体限制要求，可用手刷，也可采用无气或有气喷涂，但从美观看，高压无气喷涂漆面较为均匀。

11.2.8 本条规定涂装时的环境温度以 5～38℃为宜，只适合在室内无阳光直射情况。如在阳光直射情况下，钢材表面温度会比气温高 8～12℃，涂装时漆膜的耐热性只能在 40℃以下，当超过漆膜耐热性温度时，钢材表面上的漆膜就容易产生气泡而局部鼓起，使附着力降低。

低于 0℃时，室外钢材表面涂装容易使漆膜冻结不易固化，湿度超过 85% 时，钢材表面有露点凝结，漆膜附着力变差。

涂装后 4h 内不得淋雨，是因漆膜表面尚未固化，容易被雨水冲坏。

中华人民共和国国家标准

钢结构工程施工质量验收规范

Code for acceptance of construction quality of steel structures

GB 50205—2001

主编部门：中华人民共和国建设部
批准部门：中华人民共和国建设部
实行日期：２００２年３月１日

关于发布国家标准
《钢结构工程施工质量验收规范》的通知

建标〔2002〕11 号

根据我部"关于印发《二○○○至二○○一年度工程建设国家标准制订、修订计划》的通知"(建标〔2001〕87 号)的要求,由冶金工业部建筑研究总院会同有关单位共同修订的《钢结构工程施工质量验收规范》,经有关部门会审,批准为国家标准,编号为 GB 50205—2001,自 2002 年 3 月 1 日起施行。其中,4.2.1、4.3.1、4.4.1、5.2.2、5.2.4、6.3.1、8.3.1、10.3.4、11.3.5、12.3.4、14.2.2、14.3.3 为强制性条文,必须严格执行。原《钢结构工程施工及验收规范》GB 50205—95 和《钢结构工程质量检验评定标准》GB 50221—95 同时废止。

本规范由建设部负责管理和对强制性条文的解释,冶金工业部建筑研究总院负责具体技术内容的解释,建设部标准定额研究所组织中国计划出版社出版发行。

中华人民共和国建设部
二○○一年一月十日

前　　言

本规范是根据中华人民共和国建设部建标〔2001〕87 号文"关于印发《二○○○至二○○一年度工程建设国家标准制定、修订计划》的通知"的要求,由冶金工业部建筑研究总院会同有关单位共同对原《钢结构工程施工及验收规范》GB 50205—95 和《钢结构工程质量检验评定标准》GB 50221—95 修订而成的。

在修订过程中,编制组进行了广泛的调查研究,总结了我国钢结构工程施工质量验收的实践经验,按照"验评分离,强化验收,完善手段,过程控制"的指导方针,以现行国家标准《建筑工程施工质量验收统一标准》GB 50300 为基础,进行全面修改,并以多种方式广泛征求了有关单位和专家的意见,对主要问题进行了反复修改,最后经审查定稿。

本规范共分 15 章,包括总则、术语、符号、基本规定、原材料及成品进场、焊接工程、紧固件连接工程、钢零件及钢部件加工工程、钢构件组装工程、钢构件预拼装工程、单层钢结构安装工程、多层及高层钢结构安装工程、钢网架结构安装工程、压型金属板工程、钢结构涂装工程、钢结构分部工程竣工验收以及 9 个附录。将钢结构工程原则上分成 10 个分项工程,每一个分项工程单独成章。"原材料及成品进场"虽不是分项工程,但将其单独列章是为了强调和强化原材料及成品进场准入,从源头上把好质量关。"钢结构分部工程竣工验收"单独列章是为了更好地便于质量验收工作的操作。

本规范将来可能需要进行局部修订,有关局部修订的信息和条文内容将刊登在《工程建设标准化》杂志上。

本规范以黑体字标志的条文为强制性条文。

为了提高规范质量,请各单位在执行本规范的过程中,注意总结经验,积累资料,随时将有关的意见和建议反馈给冶金工业部建筑研究总院(北京市海淀区西土城路 33 号,邮政编码 100088),以供今后修订时参考。

本规范主编单位、参编单位和主要起草人:

主 编 单 位:冶金工业部建筑研究总院

参 编 单 位:武钢金属结构有限责任公司
北京钢铁设计研究总院
中国京冶建设工程承包公司
北京市远达建设监理有限责任公司
中建三局深圳建升和钢结构建筑安装工程有限公司
北京市机械施工公司
浙江杭萧钢构股份有限公司
中建一局钢结构工程有限公司
山东诸城高强度紧固件股份有限公司
浙江精工钢结构有限公司
喜利得(中国)有限公司

主要起草人:侯兆欣　何奋韬　于之绰　王文涛
何乔生　贺贤娟　路克宽　刘景凤
史　进　鲍广鑑　陈国津　尹敏达
马乃广　李海峰　钱卫军

目　　次

1 总　则

1.0.1 为加强建筑工程质量管理,统一钢结构工程施工质量的验收,保证钢结构工程质量,制定本规范。

1.0.2 本规范适用于建筑工程的单层、多层、高层以及网架、压型金属板等钢结构工程施工质量的验收。

1.0.3 钢结构工程施工中采用的工程技术文件、承包合同文件对施工质量验收的要求不得低于本规范的规定。

1.0.4 本规范应与现行国家标准《建筑工程施工质量验收统一标准》GB 50300 配套使用。

1.0.5 钢结构工程施工质量的验收除应执行本规范的规定外,尚应符合国家现行有关标准的规定。

2　术语、符号

2.1　术　语

2.1.1　零件　part
组成部件或构件的最小单元,如节点板、翼缘板等。

2.1.2　部件　component
由若干零件组成的单元,如焊接 H 型钢、牛腿等。

2.1.3　构件　element
由零件或由零件和部件组成的钢结构基本单元,如梁、柱、支撑等。

2.1.4　小拼单元　the smallest assembled rigid unit
钢网架结构安装工程中,除散件之外的最小安装单元,一般分平面桁架和锥体两种类型。

2.1.5　中拼单元　intermediate assembled structure
钢网架结构安装工程中,由散件和小拼单元组成的安装单元,一般分条状和块状两种类型。

2.1.6　高强度螺栓连接副　set of high strength bolt
高强度螺栓与之配套的螺母、垫圈的总称。

2.1.7　抗滑移系数　slip coefficent of faying surface
高强度螺栓连接中,使连接件摩擦面产生滑动时的外力与垂直于摩擦面的高强度螺栓预拉力之和的比值。

2.1.8　预拼装　test assembling
为检验构件是否满足安装质量要求而进行的拼装。

2.1.9　空间刚度单元　space rigid unit
由构件构成的基本的稳定空间体系。

2.1.10　焊钉(栓钉)焊接　stud welding
将焊钉(栓钉)一端与板件(或管件)表面接触通电引弧,待接触面熔化后,给焊钉(栓钉)一定压力完成焊接的方法。

2.1.11　环境温度　ambient temperature
制作或安装时现场的温度。

2.2　符　号

2.2.1　作用及作用效应
P——高强度螺栓设计预拉力
ΔP——高强度螺栓预拉力的损失值
T——高强度螺栓检查扭矩
T_c——高强度螺栓终拧扭矩
T_0——高强度螺栓初拧扭矩

2.2.2　几何参数

a——间距
b——宽度或板的自由外伸宽度
d——直径
e——偏心距
f——挠度、弯曲矢高
H——柱高度
H_i——各楼层高度
h——截面高度
h_e——角焊缝计算厚度
l——长度、跨度
R_a——轮廓算术平均偏差(表面粗糙度参数)
r——半径
t——板、壁的厚度
Δ——增量

2.2.3　其他
K——系数

3　基本规定

3.0.1 钢结构工程施工单位应具备相应的钢结构工程施工资质,施工现场质量管理应有相应的施工技术标准、质量管理体系、质量控制及检验制度,施工现场应有经项目技术负责人审批的施工组织设计、施工方案等技术文件。

3.0.2 钢结构工程施工质量的验收,必须采用经计量检定、校准合格的计量器具。

3.0.3 钢结构工程应按下列规定进行施工质量控制:
　　1 采用的原材料及成品应进行进场验收。凡涉及安全、功能的原材料及成品应按本规范规定进行复验,并应经监理工程师(建设单位技术负责人)见证取样、送样;
　　2 各工序应按施工技术标准进行质量控制,每道工序完成后,应进行检查;
　　3 相关各专业工种之间,应进行交接检验,并经监理工程师(建设单位技术负责人)检查认可。

3.0.4 钢结构工程施工质量验收应在施工单位自检基础上,按照检验批、分项工程、分部(子分部)工程进行。钢结构分部(子分部)工程中分项工程划分应按照现行国家标准《建筑工程施工质量验收统一标准》GB 50300 的规定执行。钢结构分项工程应由一个或若干检验批组成,各分项工程检验批应按本规范的规定进行划分。

3.0.5 分项工程检验批合格质量标准应符合下列规定:
　　1 主控项目必须符合本规范合格质量标准的要求;
　　2 一般项目其检验结果应有 80% 及以上的检查点(值)符合本规范合格质量标准的要求,且最大值不应超过其允许偏差值的1.2倍。
　　3 质量检查记录、质量证明文件等资料应完整。

3.0.6 分项工程合格质量标准应符合下列规定:
　　1 分项工程所含的各检验批均应符合本规范合格质量标准;
　　2 分项工程所含的各检验批质量验收记录应完整。

3.0.7 当钢结构工程施工质量不符合本规范要求时,应按下列规定进行处理:
　　1 经返工重做或更换构(配)件的检验批,应重新进行验收;
　　2 经有资质的检测单位检测鉴定能够达到设计要求的检验批,应予以验收;
　　3 经有资质的检测单位检测鉴定达不到设计要求,但经原设计单位核算认可能够满足结构安全和使用功能的检验批,可予以验收;
　　4 经返修或加固处理的分项、分部工程,虽然改变外形尺寸但仍能满足安全使用要求,可按处理技术方案和协商文件进行验收。

3.0.8 通过返修或加固处理仍不能满足安全使用要求的钢结构分部工程,严禁验收。

4 原材料及成品进场

4.1 一般规定

4.1.1 本章适用于进入钢结构各分项工程实施现场的主要材料、零(部)件、成品件、标准件等产品的进场验收。

4.1.2 进场验收的检验批原则上应与各分项工程检验批一致,也可以根据工程规模及进料实际情况划分检验批。

4.2 钢 材

Ⅰ 主 控 项 目

4.2.1 钢材、钢铸件的品种、规格、性能等应符合现行国家产品标准和设计要求。进口钢材产品的质量应符合设计和合同规定标准的要求。

检查数量:全数检查。

检验方法:检查质量合格证明文件、中文标志及检验报告等。

4.2.2 对属于下列情况之一的钢材,应进行抽样复验,其复验结果应符合现行国家产品标准和设计要求:

1 国外进口钢材;

2 钢材混批;

3 板厚等于或大于40mm,且设计有Z向性能要求的厚板;

4 建筑结构安全等级为一级,大跨度钢结构中主要受力构件所采用的钢材;

5 设计有复验要求的钢材;

6 对质量有疑义的钢材。

检查数量:全数检查。

检验方法:检查复验报告。

Ⅱ 一 般 项 目

4.2.3 钢板厚度及允许偏差应符合其产品标准的要求。

检查数量:每一品种、规格的钢板抽查5处。

检验方法:用游标卡尺量测。

4.2.4 型钢的规格尺寸及允许偏差应符合其产品标准的要求。

检查数量:每一品种、规格的型钢抽查5处。

检验方法:用钢尺和游标卡尺量测。

4.2.5 钢材的表面外观质量除应符合国家现行有关标准的规定外,尚应符合下列规定:

1 当钢材的表面有锈蚀、麻点或划痕等缺陷时,其深度不得大于该钢材厚度负允许偏差值的1/2;

2 钢材表面的锈蚀等级应符合现行国家标准《涂装前钢材表面锈蚀等级和除锈等级》GB 8923规定的C级及C级以上;

3 钢材端边或断口处不应有分层、夹渣等缺陷。

检查数量:全数检查。

检验方法:观察检查。

4.3 焊接材料

Ⅰ 主 控 项 目

4.3.1 焊接材料的品种、规格、性能等应符合现行国家产品标准和设计要求。

检查数量:全数检查。

检验方法:检查焊接材料的质量合格证明文件、中文标志及检验报告等。

4.3.2 重要钢结构采用的焊接材料应进行抽样复验,复验结果应符合现行国家产品标准和设计要求。

检查数量:全数检查。

检验方法:检查复验报告。

Ⅱ 一 般 项 目

4.3.3 焊钉及焊接瓷环的规格、尺寸及偏差应符合现行国家标准《圆柱头焊钉》GB 10433中的规定。

检查数量:按量抽查1%,且不应少于10套。

检验方法:用钢尺和游标卡尺量测。

4.3.4 焊条外观不应有药皮脱落、焊芯生锈等缺陷;焊剂不应受潮结块。

检查数量:按量抽查1%,且不应少于10包。

检验方法:观察检查。

4.4 连接用紧固标准件

Ⅰ 主 控 项 目

4.4.1 钢结构连接用高强度大六角头螺栓连接副、扭剪型高强度螺栓连接副、钢网架用高强度螺栓、普通螺栓、铆钉、自攻钉、拉铆钉、射钉、锚栓(机械型和化学试剂型)、地脚锚栓等紧固标准件及螺母、垫圈等标准配件,其品种、规格、性能等应符合现行国家产品标准和设计要求。高强度大六角头螺栓连接副和扭剪型高强度螺栓连接副出厂时应分别随箱带有扭矩系数和紧固轴力(预拉力)的检验报告。

检查数量:全数检查。

检验方法:检查产品的质量合格证明文件、中文标志及检验报告等。

4.4.2 高强度大六角头螺栓连接副应按本规范附录B的规定检验其扭矩系数,其检验结果应符合本规范附录B的规定。

检查数量:见本规范附录B。

检验方法:检查复验报告。

4.4.3 扭剪型高强度螺栓连接副应按本规范附录B的规定检验预拉力,其检验结果应符合本规范附录B的规定。

检查数量:见本规范附录B。

检验方法:检查复验报告。

Ⅱ 一 般 项 目

4.4.4 高强度螺栓连接副,应按包装箱配套供货,包装箱上应标明批号、规格、数量及生产日期。螺栓、螺母、垫圈外观表面应涂油保护,不应出现生锈和沾染赃物,螺纹不应损伤。

检查数量:按包装箱数抽查5%,且不应少于3箱。

检验方法:观察检查。

4.4.5 对建筑结构安全等级为一级,跨度40m及以上的螺栓球节点钢网架结构,其连接高强度螺栓应进行表面硬度试验,对8.8级的高强度螺栓其硬度应为HRC21~29;10.9级高强度螺栓其硬度应为HRC32~36,且不得有裂纹或损伤。

检查数量:按规格抽查8只。

检验方法:硬度计、10倍放大镜或磁粉探伤。

4.5 焊 接 球

Ⅰ 主 控 项 目

4.5.1 焊接球及制造焊接球所采用的原材料,其品种、规格、性能等应符合现行国家产品标准和设计要求。

检查数量:全数检查。

检验方法:检查产品的质量合格证明文件、中文标志及检验报告等。

4.5.2 焊接球焊缝应进行无损检验,其质量应符合设计要求,当设计无要求时应符合本规范中规定的二级质量标准。

检查数量:每一规格按数量抽查5%,且不应少于3个。

检验方法:超声波探伤或检查检验报告。

Ⅱ 一 般 项 目

4.5.3 焊接球直径、圆度、壁厚减薄量等尺寸及允许偏差应符合本规范的规定。

检查数量:每一规格按数量抽查5%,且不应少于3个。

检验方法:用卡尺和测厚仪检查。

4.5.4 焊接球表面应无明显波纹及局部凹凸不平不大于 1.5mm。

　　检查数量:每一规格按数量抽查 5%,且不应少于 3 个。

　　检验方法:用弧形套模、卡尺和观察检查。

4.6　螺　栓　球

Ⅰ　主控项目

4.6.1 螺栓球及制造螺栓球节点所采用的原材料,其品种、规格、性能等应符合现行国家产品标准和设计要求。

　　检查数量:全数检查。

　　检验方法:检查产品的质量合格证明文件、中文标志及检验报告等。

4.6.2 螺栓球不得有过烧、裂纹及褶皱。

　　检查数量:每种规格抽查 5%,且不应少于 5 只。

　　检验方法:用 10 倍放大镜观察和表面探伤。

Ⅱ　一般项目

4.6.3 螺栓球螺纹尺寸应符合现行国家标准《普通螺纹基本尺寸》GB 196 中粗牙螺纹的规定,螺纹公差必须符合现行国家标准《普通螺纹公差与配合》GB 197 中 6H 级精度的规定。

　　检查数量:每种规格抽查 5%,且不应少于 5 只。

　　检验方法:用标准螺纹规。

4.6.4 螺栓球直径、圆度、相邻两螺栓孔中心线夹角等尺寸及允许偏差应符合本规范的规定。

　　检查数量:每一规格按数量抽查 5%,且不应少于 3 个。

　　检验方法:用卡尺和分度头仪检查。

4.7　封板、锥头和套筒

Ⅰ　主控项目

4.7.1 封板、锥头和套筒及制造封板、锥头和套筒所采用的原材料,其品种、规格、性能等应符合现行国家产品标准和设计要求。

　　检查数量:全数检查。

　　检验方法:检查产品的质量合格证明文件、中文标志及检验报告等。

4.7.2 封板、锥头、套筒外观不得有裂纹、过烧及氧化皮。

　　检查数量:每种抽查 5%,且不应少于 10 只。

　　检验方法:用放大镜观察检查和表面探伤。

4.8　金属压型板

Ⅰ　主控项目

4.8.1 金属压型板及制造金属压型板所采用的原材料,其品种、规格、性能等应符合现行国家产品标准和设计要求。

　　检查数量:全数检查。

　　检验方法:检查产品的质量合格证明文件、中文标志及检验报告等。

4.8.2 压型金属泛水板、包角板和零配件的品种、规格以及防水密封材料的性能应符合现行国家产品标准和设计要求。

　　检查数量:全数检查。

　　检验方法:检查产品的质量合格证明文件、中文标志及检验报告等。

Ⅱ　一般项目

4.8.3 压型金属板的规格尺寸及允许偏差、表面质量、涂层质量等符合设计要求和本规范的规定。

　　检查数量:每种规格抽查 5%,且不应少于 3 件。

　　检验方法:观察和用 10 倍放大镜检查及尺量。

4.9　涂装材料

Ⅰ　主控项目

4.9.1 钢结构防腐涂料、稀释剂和固化剂等材料的品种、规格、性能等应符合现行国家产品标准和设计要求。

　　检查数量:全数检查。

　　检验方法:检查产品的质量合格证明文件、中文标志及检验报告等。

4.9.2 钢结构防火涂料的品种和技术性能应符合设计要求,并应经过具有资质的检测机构检测符合国家现行有关标准的规定。

　　检查数量:全数检查。

　　检验方法:检查产品的质量合格证明文件、中文标志及检验报告等。

Ⅱ　一般项目

4.9.3 防腐涂料和防火涂料的型号、名称、颜色及有效期应与其质量证明文件相符。开启后,不应存在结皮、结块、凝胶等现象。

　　检查数量:按桶数抽查 5%,且不应少于 3 桶。

　　检验方法:观察检查。

4.10　其　他

Ⅰ　主控项目

4.10.1 钢结构用橡胶垫的品种、规格、性能等应符合现行国家产品标准和设计要求。

　　检查数量:全数检查。

　　检验方法:检查产品的质量合格证明文件、中文标志及检验报告等。

4.10.2 钢结构工程所涉及到的其他特殊材料,其品种、规格、性能等应符合现行国家产品标准和设计要求。

　　检查数量:全数检查。

　　检验方法:检查产品的质量合格证明文件、中文标志及检验报告等。

5　钢结构焊接工程

5.1　一　般　规　定

5.1.1 本章适用于钢结构制作和安装中的钢构件焊接和焊钉焊接的工程质量验收。

5.1.2 钢结构焊接工程可按相应的钢结构制作或安装工程检验批的划分原则划分为一个或若干个检验批。

5.1.3 碳素结构钢应在焊缝冷却到环境温度、低合金结构钢应在完成焊接 24h 以后,进行焊缝探伤检验。

5.1.4 焊缝施焊后应在工艺规定的焊缝及部位打上焊工钢印。

5.2　钢构件焊接工程

Ⅰ　主控项目

5.2.1 焊条、焊丝、焊剂、电渣焊熔嘴等焊接材料与母材的匹配应符合设计要求及国家现行行业标准《建筑钢结构焊接技术规程》JGJ 81 的规定。焊条、焊剂、药芯焊丝、熔嘴等在使用前,应按其产品说明书及焊接工艺文件的规定进行烘焙和存放。

　　检查数量:全数检查。

　　检验方法:检查质量证明书和烘焙记录。

5.2.2 焊工必须经考试合格并取得合格证书。持证焊工必须在其考试合格项目及其认可范围内施焊。

　　检查数量:全数检查。

　　检验方法:检查焊工合格证及其认可范围、有效期。

5.2.3 施工单位对其首次采用的钢材、焊接材料、焊接方法、焊后热处理等,应进行焊接工艺评定,并应根据评定报告确定焊接工艺。

检查数量：全数检查。

检验方法：检查焊接工艺评定报告。

5.2.4 设计要求全焊透的一、二级焊缝应采用超声波探伤进行内部缺陷的检验，超声波探伤不能对缺陷作出判断时，应采用射线探伤，其内部缺陷分级及探伤方法应符合现行国家标准《钢焊缝手工超声波探伤方法和探伤结果分级》GB 11345 或《钢熔化焊对接接头射线照相和质量分级》GB 3323 的规定。

焊接球节点网架焊缝、螺栓球节点网架焊缝及圆管 T、K、Y 形节点相贯线焊缝，其内部缺陷分级及探伤方法应分别符合国家现行标准《焊接球节点钢网架焊缝超声波探伤方法及质量分级法》JG/T 3034.1、《螺栓球节点钢网架焊缝超声波探伤方法及质量分级法》JG/T 3034.2、《建筑钢结构焊接技术规程》JGJ 81 的规定。

一级、二级焊缝的质量等级及缺陷分级应符合表 5.2.4 的规定。

检查数量：全数检查。

检验方法：检查超声波或射线探伤记录。

表 5.2.4 一、二级焊缝质量等级及缺陷分级

焊缝质量等级		一级	二级
内部缺陷 超声波探伤	评定等级	Ⅱ	Ⅲ
	检验等级	B 级	B 级
	探伤比例	100%	20%
内部缺陷 射线探伤	评定等级	Ⅱ	Ⅲ
	检验等级	AB 级	AB 级
	探伤比例	100%	20%

注：探伤比例的计数方法应按以下原则确定：(1)对工厂制作焊缝，应按每条焊缝计算百分比，且探伤长度应不小于 200mm，当焊缝长度不足 200mm 时，应对整条焊缝进行探伤；(2)对现场安装焊缝，应按同一类型、同一施焊条件的焊缝条数计算百分比，探伤长度应不小于 200mm，并应不少于 1 条焊缝。

5.2.5 T 形接头、十字接头、角接接头等要求熔透的对接和角对接组合焊缝，其焊脚尺寸不应小于 $t/4$(图 5.2.5a、b、c)；设计有疲劳验算要求的吊车梁或类似构件的腹板与上翼缘连接焊缝的焊脚尺寸为 $t/2$(图 5.2.5d)，且不应大于 10mm。焊脚尺寸的允许偏差为 0~4mm。

检查数量：资料全数检查。同类焊缝抽查 10%，且不应少于 3 条。

检验方法：观察检查，用焊缝量规抽查测量。

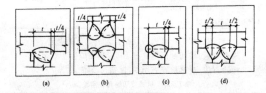

图 5.2.5 焊脚尺寸

5.2.6 焊缝表面不得有裂纹、焊瘤等缺陷。一级、二级焊缝不得有表面气孔、夹渣、弧坑裂纹、电弧擦伤等缺陷。且一级焊缝不得有咬边、未焊满、根部收缩等缺陷。

检查数量：每批同类构件抽查 10%，且不应少于 3 件；被抽查构件中，每一类型焊缝按条数抽查 5%，且不应少于 1 条；每条检查 1 处，总抽查数不应少于 10 处。

检验方法：观察检查或使用放大镜、焊缝量规和钢尺检查，当存在疑义时，采用渗透或磁粉探伤检查。

Ⅱ 一般项目

5.2.7 对于需要进行焊前预热或焊后热处理的焊缝，其预热温度或后热温度应符合国家现行有关标准的规定或通过工艺试验确定。预热区在焊道两侧，每侧宽度均应大于焊件厚度的 1.5 倍以上，且不应小于 100mm；后热处理应在焊后立即进行，保温时间应根据板厚按每 25mm 板厚 1h 确定。

检查数量：全数检查。

检验方法：检查预、后热施工记录和工艺试验报告。

5.2.8 二级、三级焊缝外观质量标准应符合本规范附录 A 中表 A.0.1 的规定。三级对接焊缝应按二级焊缝标准进行外观质量检验。

检查数量：每批同类构件抽查 10%，且不应少于 3 件；被抽查构件中，每一类型焊缝按条数抽查 5%，且不应少于 1 条；每条检查 1 处，总抽查数不应少于 10 处。

检验方法：观察检查或使用放大镜、焊缝量规和钢尺检查。

5.2.9 焊缝尺寸允许偏差应符合本规范附录 A 中表 A.0.2 的规定。

检查数量：每批同类构件抽查 10%，且不应少于 3 件；被抽查构件中，每种焊缝按条数各抽查 5%，但不应少于 1 条；每条检查 1 处，总抽查数不应少于 10 处。

检验方法：用焊缝量规检查。

5.2.10 焊成凹形的角焊缝，焊缝金属与母材间应平缓过渡；加工成凹形的角焊缝，不得在其表面留下切痕。

检查数量：每批同类构件抽查 10%，且不应少于 3 件。

检验方法：观察检查。

5.2.11 焊缝感观应达到：外形均匀、成型较好，焊道与焊道、焊道与基本金属间过渡较平滑，焊渣和飞溅物基本清除干净。

检查数量：每批同类构件抽查 10%，且不应少于 3 件；被抽查构件中，每种焊缝按数量各抽查 5%，总抽查处不应少于 5 处。

检验方法：观察检查。

5.3 焊钉(栓钉)焊接工程

Ⅰ 主控项目

5.3.1 施工单位对其采用的焊钉和钢材焊接应进行焊接工艺评定，其结果应符合设计要求和国家现行有关标准的规定。瓷环应按其产品说明书进行烘焙。

检查数量：全数检查。

检验方法：检查焊接工艺评定报告和烘焙记录。

5.3.2 焊钉焊接后应进行弯曲试验检查，其焊缝和热影响区不应有肉眼可见的裂纹。

检查数量：每批同类构件抽查 10%，且不应少于 10 件；被抽查构件中，每件检查焊钉数量的 1%，但不应少于 1 个。

检验方法：焊钉弯曲 30°后用角尺检查和观察检查。

Ⅱ 一般项目

5.3.3 焊钉根部周围焊脚应均匀，焊脚立面的局部未熔合或不足 360°的焊脚应进行修补。

检查数量：按总焊钉数量抽查 1%，且不应少于 10 个。

检验方法：观察检查。

6 紧固件连接工程

6.1 一般规定

6.1.1 本章适用于钢结构制作和安装中的普通螺栓、扭剪型高强度螺栓、高强度大六角头螺栓、钢网架螺栓球节点用高强度螺栓及射钉、自攻钉、拉铆钉等连接工程的质量验收。

6.1.2 紧固件连接工程可按相应的钢结构制作或安装工程检验批的划分原则划分为一个或若干个检验批。

6.2 普通紧固件连接

Ⅰ 主控项目

6.2.1 普通螺栓作为永久性连接螺栓时，当设计有要求或对其质

量有疑义时,应进行螺栓实物最小拉力载荷复验,试验方法见本规范附录 B,其结果应符合现行国家标准《紧固件机械性能螺栓、螺钉和螺柱》GB 3098 的规定。

检查数量:每一规格螺栓抽查 8 个。

检验方法:检查螺栓实物复验报告。

6.2.2 连接薄钢板采用的自攻钉、拉铆钉、射钉等其规格尺寸应与被连接钢板相匹配,其间距、边距等应符合设计要求。

检查数量:按连接节点数抽查 1%,且不应少于 3 个。

检验方法:观察和尺量检查。

Ⅱ 一般项目

6.2.3 永久性普通螺栓紧固应牢固、可靠,外露丝扣不应少于 2 扣。

检查数量:按连接节点数抽查 10%,且不应少于 3 个。

检验方法:观察和用小锤敲击检查。

6.2.4 自攻螺钉、钢拉铆钉、射钉等与连接钢板应紧固密贴,外观排列整齐。

检查数量:按连接节点数抽查 10%,且不应少于 3 个。

检验方法:观察或用小锤敲击检查。

6.3 高强度螺栓连接

Ⅰ 主控项目

6.3.1 钢结构制作和安装单位应按本规范附录 B 的规定分别进行高强度螺栓连接摩擦面的抗滑移系数试验和复验,现场处理的构件摩擦面应单独进行摩擦面抗滑移系数试验,其结果应符合设计要求。

检查数量:见本规范附录 B。

检验方法:检查摩擦面抗滑移系数试验报告和复验报告。

6.3.2 高强度大六角头螺栓连接副终拧完成 1h 后、48h 内应进行终拧扭矩检查,检查结果应符合本规范附录 B 的规定。

检查数量:按节点数抽查 10%,且不应少于 10 个;每个被抽查节点按螺栓数抽查 10%,且不应少于 2 个。

检验方法:见本规范附录 B。

6.3.3 扭剪型高强度螺栓连接副终拧后,除因构造原因无法使用专用扳手终拧掉梅花头者外,未在终拧中拧掉梅花头的螺栓数不应大于该节点螺栓数的 5%。对所有梅花头未拧掉的扭剪型高强度螺栓连接副应采用扭矩法或转角法进行终拧并作标记,且按本规范第 6.3.2 条的规定进行终拧扭矩检查。

检查数量:按节点数抽查 10%,但不应少于 10 个节点,被抽查节点中梅花头未拧掉的扭剪型高强度螺栓连接副全数进行终拧扭矩检查。

检验方法:观察检查及本规范附录 B。

Ⅱ 一般项目

6.3.4 高强度螺栓连接副的施拧顺序和初拧、复拧扭矩应符合设计要求和国家现行行业标准《钢结构高强度螺栓连接的设计施工及验收规程》JGJ 82 的规定。

检查数量:全数检查资料。

检验方法:检查扭矩扳手标定记录和螺栓施工记录。

6.3.5 高强度螺栓连接副终拧后,螺栓丝扣外露应为 2～3 扣,其中允许有 10% 的螺栓丝扣外露 1 扣或 4 扣。

检查数量:按节点数抽查 5%,且不应少于 10 个。

检验方法:观察检查。

6.3.6 高强度螺栓连接摩擦面应保持干燥、整洁,不应有飞边、毛刺、焊接飞溅物、焊疤、氧化铁皮、污垢等,除设计要求外摩擦面不应涂漆。

检查数量:全数检查。

检验方法:观察检查。

6.3.7 高强度螺栓应自由穿入螺栓孔。高强度螺栓孔不应采用气割扩孔,扩孔数量应征得设计同意,扩孔后的孔径不应超过 1.2

d(d 为螺栓直径)。

检查数量:被扩螺栓孔全数检查。

检验方法:观察检查及用卡尺检查。

6.3.8 螺栓球节点网架总拼完成后,高强度螺栓与球节点应紧固连接,高强度螺栓拧入螺栓球内的螺纹长度不应小于 1.0d(d 为螺栓直径),连接处不应出现有间隙、松动等未拧紧情况。

检查数量:按节点数抽查 5%,且不应少于 10 个。

检验方法:普通扳手和尺量检查。

7 钢零件及钢部件加工工程

7.1 一般规定

7.1.1 本章适用于钢结构制作及安装中钢零件及钢部件加工的质量验收。

7.1.2 钢零件及钢部件加工工程,可按相应的钢结构制作工程或钢结构安装工程检验批的划分原则划分为一个或若干个检验批。

7.2 切割

Ⅰ 主控项目

7.2.1 钢材切割面或剪切面应无裂纹、夹渣、分层和大于 1mm 的缺棱。

检查数量:全数检查。

检验方法:观察或用放大镜和百分尺检查,有疑义时作渗透、磁粉或超声波探伤检查。

Ⅱ 一般项目

7.2.2 气割的允许偏差应符合表 7.2.2 的规定。

检查数量:按切割面数抽查 10%,且不应少于 3 个。

检验方法:观察检查或用钢尺、塞尺检查。

表 7.2.2　气割的允许偏差(mm)

项　目	允许偏差
零件宽度、长度	±3.0
切割面平面度	0.05t,且不应大于 2.0
割纹深度	0.3
局部缺口深度	1.0

注:t 为切割面厚度。

7.2.3 机械剪切的允许偏差应符合表 7.2.3 的规定。

检查数量:按切割面数抽查 10%,且不应少于 3 个。

检验方法:观察检查或用钢尺、塞尺检查。

表 7.2.3　机械剪切的允许偏差(mm)

项　目	允许偏差
零件宽度、长度	±3.0
边缘缺棱	1.0
型钢端部垂直度	2.0

7.3 矫正和成型

Ⅰ 主控项目

7.3.1 碳素结构钢在环境温度低于 −16℃、低合金结构钢在环境温度低于 −12℃ 时,不应进行冷矫正和冷弯曲。碳素结构钢和低合金结构钢在加热矫正时,加热温度不应超过 900℃。低合金结构钢在加热矫正后应自然冷却。

检查数量:全数检查。

检验方法:检查制作工艺报告和施工记录。

7.3.2 当零件采用热加工成型时,加热温度应控制在 900～1000℃;碳素结构钢和低合金结构钢在温度分别下降到 700℃ 和 800℃ 之前,应结束加工;低合金结构钢应自然冷却。

检查数量：全数检查。

检验方法：检查制作工艺报告和施工记录。

Ⅱ 一般项目

7.3.3 矫正后的钢材表面，不应有明显的凹面或损伤，划痕深度不得大于 0.5mm，且不应大于该钢材厚度负允许偏差的 1/2。

检查数量：全数检查。

检验方法：观察检查和实测检查。

7.3.4 冷矫正和冷弯曲的最小曲率半径和最大弯曲矢高应符合表 7.3.4 的规定。

检查数量：按冷矫正和冷弯曲的件数抽查 10%，且不应少于 3 个。

检验方法：观察检查和实测检查。

表 7.3.4 冷矫正和冷弯曲的最小曲率半径和最大弯曲矢高(mm)

钢材类别	图例	对应轴	矫正		弯曲	
			r	f	r	f
钢板扁钢		$x-x$	$50t$	$\dfrac{l^2}{400t}$	$25t$	$\dfrac{l^2}{200t}$
		$y-y$(仅对扁钢轴线)	$100b$	$\dfrac{l^2}{800b}$	$50b$	$\dfrac{l^2}{400b}$
角钢		$x-x$	$90b$	$\dfrac{l^2}{720b}$	$45b$	$\dfrac{l^2}{360b}$
槽钢		$x-x$	$50h$	$\dfrac{l^2}{400h}$	$25h$	$\dfrac{l^2}{200h}$
		$y-y$	$90b$	$\dfrac{l^2}{720b}$	$45b$	$\dfrac{l^2}{360b}$
工字钢		$x-x$	$50h$	$\dfrac{l^2}{400h}$	$25h$	$\dfrac{l^2}{200h}$
		$y-y$	$50b$	$\dfrac{l^2}{400b}$	$25b$	$\dfrac{l^2}{200b}$

注：r 为曲率半径；f 为弯曲矢高；l 为弯曲弦长；t 为钢板厚度。

7.3.5 钢材矫正后的允许偏差，应符合表 7.3.5 的规定。

检查数量：按矫正件数抽查 10%，且不应少于 3 件。

检验方法：观察检查和实测检查。

表 7.3.5 钢材矫正后的允许偏差(mm)

项目		允许偏差	图例
钢板的局部平面度	$t\leqslant 14$	1.5	
	$t>14$	1.0	
型钢弯曲矢高		$l/1000$ 且不应大于 5.0	
角钢肢的垂直度		$b/100$ 双肢栓接角钢的角度不得大于 90°	
槽钢翼缘对腹板的垂直度		$b/80$	
工字钢、H 型钢翼缘对腹板的垂直度		$b/100$ 且不大于 2.0	

7.4 边缘加工

Ⅰ 主控项目

7.4.1 气割或机械剪切的零件，需要进行边缘加工时，其刨削量不应小于 2.0mm。

检查数量：全数检查。

检验方法：检查工艺报告和施工记录。

Ⅱ 一般项目

7.4.2 边缘加工允许偏差应符合表 7.4.2 的规定。

检查数量：按加工面数抽查 10%，且不应少于 3 件。

检验方法：观察检查和实测检查。

表 7.4.2 边缘加工的允许偏差(mm)

项 目	允 许 偏 差
零件宽度、长度	±1.0
加工边直线度	$l/3000$，且不应大于 2.0
相邻两边夹角	±6′
加工面垂直度	$0.025t$，且不应大于 0.5
加工面表面粗糙度	$\sqrt{}$ 50

7.5 管、球加工

Ⅰ 主控项目

7.5.1 螺栓球成型后，不应有裂纹、褶皱、过烧。

检查数量：每种规格抽查 10%，且不应少于 5 个。

检验方法：10 倍放大镜观察检查或表面探伤。

7.5.2 钢板压成半圆球后，表面不应有裂纹、褶皱；焊接球其对接坡口应采用机械加工，对接焊缝表面应打磨平整。

检查数量：每种规格抽查 10%，且不应少于 5 个。

检验方法：10 倍放大镜观察检查或表面探伤。

Ⅱ 一般项目

7.5.3 螺栓球加工的允许偏差应符合表 7.5.3 的规定。

检查数量：每种规格抽查 10%，且不应少于 5 个。

检验方法：见表 7.5.3。

表 7.5.3 螺栓球加工的允许偏差(mm)

项 目		允许偏差	检验方法
圆度	$d\leqslant 120$	1.5	用卡尺和游标卡尺检查
	$d>120$	2.5	
同一轴线上两铣平面平行度	$d\leqslant 120$	0.2	用百分表 V 形块检查
	$d>120$	0.3	
铣平面距球中心距离		±0.2	用游标卡尺检查
相邻两螺栓孔中心线夹角		±30′	用分度头检查
两铣平面与螺栓孔轴线垂直度		$0.005r$	用百分表检查
球毛坯直径	$d\leqslant 120$	$\begin{array}{c}+2.0\\-1.0\end{array}$	用卡尺和游标卡尺检查
	$d>120$	$\begin{array}{c}+3.0\\-1.5\end{array}$	

7.5.4 焊接球加工的允许偏差应符合表 7.5.4 的规定。

检查数量：每种规格抽查 10%，且不应少于 5 个。

检验方法：见表 7.5.4。

表 7.5.4 焊接球加工的允许偏差(mm)

项 目	允许偏差	检验方法
直径	$\begin{array}{c}±0.005d\\±2.5\end{array}$	用卡尺和游标卡尺检查
圆度	2.5	用卡尺和游标卡尺检查
壁厚减薄量	$0.13t$，且不应大于 1.5	用卡尺和测厚仪检查
两半球对口错边	1.0	用套模和游标卡尺检查

7.5.5 钢网架(桁架)用钢管杆件加工的允许偏差应符合表7.5.5的规定。

检查数量:每种规格抽查10%,且不应少于5根。

检验方法:见表7.5.5。

表7.5.5 钢网架(桁架)用钢管杆件加工的允许偏差(mm)

项 目	允许偏差	检验方法
长 度	±1.0	用钢尺和百分表检查
端面对管轴的垂直度	0.005r	用百分表V形块检查
管口曲线	1.0	用套模和游标卡尺检查

7.6 制 孔

Ⅰ 主控项目

7.6.1 A、B级螺栓孔(Ⅰ类孔)应具有H12的精度,孔壁表面粗糙度 R_a 不应大于 $12.5\mu m$。其孔径的允许偏差应符合表7.6.1-1的规定。

C级螺栓孔(Ⅱ类孔),孔壁表面粗糙度 R_a 不应大于 $25\mu m$,其允许偏差应符合表7.6.1-2的规定。

检查数量:按钢构件数量抽查10%,且不应少于3件。

检验方法:用游标卡尺或孔径量规检查。

表7.6.1-1 A、B级螺栓孔径的允许偏差(mm)

序号	螺栓公称直径、螺栓孔直径	螺栓公称直径允许偏差	螺栓孔直径允许偏差
1	10~18	0.00 -0.18	+0.18 0.00
2	18~30	0.00 -0.21	+0.21 0.00
3	30~50	0.00 -0.25	+0.25 0.00

表7.6.1-2 C级螺栓孔的允许偏差(mm)

项 目	允许偏差
直 径	+1.0 0.0
圆 度	2.0
垂直度	0.03t,且不应大于2.0

Ⅱ 一般项目

7.6.2 螺栓孔孔距的允许偏差应符合表7.6.2的规定。

检查数量:按钢构件数量抽查10%,且不应少于3件。

检验方法:用钢尺检查。

表7.6.2 螺栓孔孔距允许偏差(mm)

螺栓孔孔距范围	≤500	501~1200	1201~3000	>3000
同一组内任意两孔间距离	±1.0	±1.5	—	—
相邻两组的端孔间距离	±1.5	±2.0	±2.5	±3.0

注:1 在节点中连接板与一根杆件相连的所有螺栓孔为一组;

2 对接接头在拼接板一侧的螺栓孔为一组;

3 在两相邻节点或接头间的螺栓孔为一组,但不包括上述两款所规定的螺栓孔;

4 受弯构件翼缘上的连接螺栓孔,以每米长度范围内的螺栓孔为一组。

7.6.3 螺栓孔孔距的允许偏差超过本规范表7.6.2规定的允许偏差时,应采用与母材材质相匹配的焊条补焊后重新制孔。

检查数量:全数检查。

检验方法:观察检查。

8 钢构件组装工程

8.1 一般规定

8.1.1 本章适用于钢结构制作中构件组装的质量验收。

8.1.2 钢构件组装工程可按钢结构制作工程检验批的划分原则划分为一个或若干个检验批。

8.2 焊接H型钢

Ⅰ 一般项目

8.2.1 焊接H型钢的翼缘板拼接缝和腹板拼接缝的间距不应小于200mm。翼缘板拼接长度不应小于2倍板宽;腹板拼接宽度不应小于300mm,长度不应小于600mm。

检查数量:全数检查。

检验方法:观察和用钢尺检查。

8.2.2 焊接H型钢的允许偏差应符合本规范附录C中表C.0.1的规定。

检查数量:按钢构件数抽查10%,宜不应少于3件。

检验方法:用钢尺、角尺、塞尺等检查。

8.3 组 装

Ⅰ 主控项目

8.3.1 吊车梁和吊车桁架不应下挠。

检查数量:全数检查。

检验方法:构件直立,在两端支承后,用水准仪和钢尺检查。

Ⅱ 一般项目

8.3.2 焊接连接组装的允许偏差应符合本规范附录C中表C.0.2的规定。

检查数量:按构件数抽查10%,且不应少于3个。

检验方法:用钢尺检验。

8.3.3 顶紧接触面应有75%以上的面积紧贴。

检查数量:按接触面的数量抽查10%,且不应少于10个。

检验方法:用0.3mm塞尺检查,其塞入面积应小于25%,边缘间隙不应大于0.8mm。

8.3.4 桁架结构杆件轴线交点错位的允许偏差不得大于3.0mm。

检查数量:按构件数抽查10%,且不应少于3个,每个抽查构件按节点数抽查10%,且不应少于3个节点。

检验方法:尺量检查。

8.4 端部铣平及安装焊缝坡口

Ⅰ 主控项目

8.4.1 端部铣平的允许偏差应符合表8.4.1的规定。

检查数量:按铣平面数量抽查10%,且不应少于3个。

检验方法:用钢尺、角尺、塞尺等检查。

表8.4.1 端部铣平的允许偏差(mm)

项 目	允许偏差
两端铣平时构件长度	±2.0
两端铣平时零件长度	±0.5
铣平面的平面度	0.3
铣平面对轴线的垂直度	l/1500

Ⅱ 一般项目

8.4.2 安装焊缝坡口的允许偏差应符合表8.4.2的规定。

检查数量:按坡口数量抽查10%,且不应少于3条。

检验方法:用焊缝规检查。

表 8.4.2 安装焊缝坡口的允许偏差

项　目	允许偏差
坡口角度	±5°
钝边	±1.0mm

8.4.3 外露铣平面应防锈保护。

检查数量:全数检查。

检验方法:观察检查。

8.5 钢构件外形尺寸

Ⅰ 主控项目

8.5.1 钢构件外形尺寸主控项目的允许偏差应符合表 8.5.1 的规定。

检查数量:全数检查。

检验方法:用钢尺检查。

表 8.5.1 钢构件外形尺寸主控项目的允许偏差(mm)

项　目	允许偏差
单层柱、梁、桁架受力支托(支承面)表面至第一个安装孔距离	±1.0
多节柱铣平面至第一个安装孔距离	±1.0
实腹梁两端最外侧安装孔距离	±3.0
构件连接处的截面几何尺寸	±3.0
柱、梁连接处的腹板中心线偏移	2.0
受压构件(杆件)弯曲矢高	$l/1000$,且不应大于 10.0

Ⅱ 一般项目

8.5.2 钢构件外形尺寸一般项目的允许偏差应符合本规范附录 C 中表 C.0.3~表 C.0.9 的规定。

检查数量:按构件数量抽查 10%,且不应少于 3 件。

检验方法:见本规范附录 C 中表 C.0.3~表 C.0.9。

9　钢构件预拼装工程

9.1　一般规定

9.1.1 本章适用于钢构件预拼装工程的质量验收。

9.1.2 钢构件预拼装工程可按钢结构制作工程检验批的划分原则划分为一个或若干个检验批。

9.1.3 预拼装所用的支承凳或平台应测量找平,检查时应拆除全部临时固定和拉紧装置。

9.1.4 进行预拼装的钢构件,其质量应符合设计要求和本规范合格质量标准的规定。

9.2　预拼装

Ⅰ 主控项目

9.2.1 高强度螺栓和普通螺栓连接的多层板叠,应采用试孔器进行检查,并应符合下列规定:

1 当采用比孔公称直径小 1.0mm 的试孔器检查时,每组孔的通过率不应小于 85%;

2 当采用比螺栓公称直径大 0.3mm 的试孔器检查时,通过率应为 100%。

检查数量:按预拼装单元全数检查。

检验方法:采用试孔器检查。

Ⅱ 一般项目

9.2.2 预拼装的允许偏差应符合本规范附录 D 表 D 的规定。

检查数量:按预拼装单元全数检查。

检验方法:见本规范附录 D 表 D。

10　单层钢结构安装工程

10.1　一般规定

10.1.1 本章适用于单层钢结构的主体结构、地下钢结构、檩条及墙架等次要构件、钢平台、钢梯、防护栏杆等安装工程的质量验收。

10.1.2 单层钢结构安装工程可按变形缝或空间刚度单元等划分成一个或若干个检验批。地下钢结构可按不同地下层划分检验批。

10.1.3 钢结构安装检验批应在进场验收和焊接连接、紧固件连接、制作等分项工程验收合格的基础上进行验收。

10.1.4 安装的测量校正、高强度螺栓安装、负温度下施工及焊接工艺等,应在安装前进行工艺试验或评定,并应在此基础上制定相应的施工工艺或方案。

10.1.5 安装偏差的检测,应在结构形成空间刚度单元并连接固定后进行。

10.1.6 安装时,必须控制屋面、楼面、平台等的施工荷载,施工荷载和冰雪荷载等严禁超过梁、桁架、楼面板、屋面板、平台铺板等的承载能力。

10.1.7 在形成空间刚度单元后,应及时对柱底板和基础顶面的空隙进行细石混凝土、灌浆料等二次浇灌。

10.1.8 吊车梁或直接承受动力荷载的梁其受拉翼缘、吊车桁架或直接承受动力荷载的桁架其受拉弦杆上不得焊接悬挂物和卡具等。

10.2　基础和支承面

Ⅰ 主控项目

10.2.1 建筑物的定位轴线、基础轴线和标高、地脚螺栓的规格及其紧固应符合设计要求。

检查数量:按柱基数抽查 10%,且不应少于 3 个。

检验方法:用经纬仪、水准仪、全站仪和钢尺现场实测。

10.2.2 基础顶面直接作为柱的支承面和基础顶面预埋钢板或支座作为柱的支承面时,其支承面、地脚螺栓(锚栓)位置的允许偏差应符合表 10.2.2 的规定。

检查数量:按柱基数抽查 10%,且不应少于 3 个。

检验方法:用经纬仪、水准仪、全站仪、水平尺和钢尺实测。

表 10.2.2 支承面、地脚螺栓(锚栓)位置的允许偏差(mm)

项　目		允许偏差
支承面	标高	±3.0
	水平度	$l/1000$
地脚螺栓(锚栓)	螺栓中心偏移	5.0
预留孔中心偏移		10.0

10.2.3 采用座浆垫板时,座浆垫板的允许偏差应符合表 10.2.3 的规定。

检查数量:资料全数检查。按柱基数抽查 10%,且不应少于 3 个。

检验方法:用水准仪、全站仪、水平尺和钢尺现场实测。

表 10.2.3 座浆垫板的允许偏差(mm)

项　目	允许偏差
顶面标高	0.0 −3.0
水平度	$l/1000$
位置	20.0

10.2.4 采用杯口基础时,杯口尺寸的允许偏差应符合表 10.2.4 的规定。

检查数量:按基础数抽查10%,且不应少于4处。

检验方法:观察及尺量检查。

表10.2.4　杯口尺寸的允许偏差(mm)

项　目	允许偏差
底面标高	0.0 -5.0
杯口深度 H	±5.0
杯口垂直度	H/100,且不应大于10.0
位置	10.0

Ⅱ　一般项目

10.2.5　地脚螺栓(锚栓)尺寸的偏差应符合表10.2.5的规定。地脚螺栓(锚栓)的螺纹应受到保护。

检查数量:按柱基数抽查10%,且不应少于3个。

检验方法:用钢尺现场实测。

表10.2.5　地脚螺栓(锚栓)尺寸的允许偏差(mm)

项　目	允许偏差
螺栓(锚栓)露出长度	+30.0 0.0
螺纹长度	+30.0 0.0

10.3　安装和校正

Ⅰ　主控项目

10.3.1　钢构件应符合设计要求和本规范的规定。运输、堆放和吊装等造成的钢构件变形及涂层脱落,应进行矫正和修补。

检查数量:按构件数抽查10%,且不应少于3个。

检验方法:用拉线、钢尺现场实测或观察。

10.3.2　设计要求顶紧的节点,接触面不应少于70%紧贴,且边缘最大间隙不应大于0.8mm。

检查数量:按节点数抽查10%,且不应少于3个。

检验方法:用钢尺及0.3mm和0.8mm厚的塞尺现场实测。

10.3.3　钢屋(托)架、桁架、梁及受压杆件的垂直度和侧向弯曲矢高的允许偏差应符合表10.3.3的规定。

检查数量:按同类构件数抽查10%,且不应少于3件。

检验方法:用吊线、拉线、经纬仪和钢尺现场实测。

表10.3.3　钢屋(托)架、桁架、梁及受压杆件垂直度和
侧向弯曲矢高的允许偏差(mm)

项　目	允许偏差	图　例
跨中的垂直度	h/250,且不应大于15.0	
侧向弯曲矢高 f	l≤30m l/1000,且不应大于10.0 30m<l≤60m l/1000,且不应大于30.0 l>60m l/1000,且不应大于50.0	

10.3.4　单层钢结构主体结构的整体垂直度和整体平面弯曲的允

许偏差应符合表10.3.4的规定。

检查数量:对主要立面全部检查。对每个所检查的立面,除两列角柱外,尚应至少选取一列中间柱。

检验方法:采用经纬仪、全站仪等测量。

表10.3.4　整体垂直度和整体平面弯曲的允许偏差(mm)

项　目	允许偏差	图　例
主体结构的整体垂直度	H/1000,且不应大于25.0	
主体结构的整体平面弯曲	L/1500,且不应大于25.0	

Ⅱ　一般项目

10.3.5　钢柱等主要构件的中心线及标高基准点等标记应齐全。

检查数量:按同类构件数抽查10%,且不应少于3件。

检验方法:观察检查。

10.3.6　当钢桁架(或梁)安装在混凝土柱上时,其支座中心对定位轴线的偏差不应大于10mm;当采用大型混凝土屋面板时,钢桁架(或梁)间距的偏差不应大于10mm。

检查数量:按同类构件数抽查10%,且不应少于3榀。

检验方法:用拉线和钢尺现场实测。

10.3.7　钢柱安装的允许偏差符合本规范附录E中表E.0.1的规定。

检查数量:按钢柱数抽查10%,且不应少于3件。

检验方法:见本规范附录E中表E.0.1。

10.3.8　钢吊车梁或直接承受动力荷载的类似构件,其安装的允许偏差应符合本规范附录E中表E.0.2的规定。

检查数量:按钢吊车梁数抽查10%,且不应少于3榀。

检验方法:见本规范附录E中表E.0.2。

10.3.9　檩条、墙架等次要构件安装的允许偏差应符合本规范附录E中表E.0.3的规定。

检查数量:按同类构件数抽查10%,且不应少于3件。

检验方法:见本规范附录E中表E.0.3。

10.3.10　钢平台、钢梯、栏杆安装应符合现行国家标准《固定式钢直梯》GB 4053.1、《固定式钢斜梯》GB 4053.2、《固定式防护栏杆》GB 4053.3和《固定式钢平台》GB 4053.4的规定。钢平台、钢梯和防护栏杆安装的允许偏差应符合本规范附录E中表E.0.4的规定。

检查数量:按钢平台总数抽查10%,栏杆、钢梯按总长度各抽查10%,但钢平台不应少于1个,栏杆不应少于5m,钢梯不应少于1跑。

检验方法:见本规范附录E中表E.0.4。

10.3.11　现场焊缝组对间隙的允许偏差应符合表10.3.11的规定。

检查数量:按同类节点数抽查10%,且不应少于3个。

检验方法:尺量检查。

表10.3.11　现场焊缝组对间隙的允许偏差(mm)

项　目	允许偏差
无垫板间隙	+3.0 0.0
有垫板间隙	+3.0 -2.0

10.3.12　钢结构表面应干净,结构主要表面不应有疤痕、泥沙等污垢。

检查数量：按同类构件数抽查10%，且不应少于3件。
检验方法：观察检查。

11 多层及高层钢结构安装工程

11.1 一般规定

11.1.1 本章适用于多层及高层钢结构的主体结构、地下钢结构、檩条及墙架等次要构件、钢平台、钢梯、防护栏杆等安装工程的质量验收。

11.1.2 多层及高层钢结构安装工程可按楼层或施工段等划分为一个或若干个检验批。地下钢结构可按不同地下层划分检验批。

11.1.3 柱、梁、支撑等构件的长度尺寸应包括焊接收缩余量等变形值。

11.1.4 安装柱时，每节柱的定位轴线应从地面控制轴线直接引上，不得从下层柱的轴线引上。

11.1.5 结构的楼层标高可按相对标高或设计标高进行控制。

11.1.6 钢结构安装检验批应在进场验收和焊接连接、紧固件连接、制作等分项工程验收合格的基础上进行验收。

11.1.7 多层及高层钢结构安装应遵照本规范第 10.1.4、10.1.5、10.1.6、10.1.7、10.1.8 条的规定。

11.2 基础和支承面

Ⅰ 主控项目

11.2.1 建筑物的定位轴线、基础上柱的定位轴线和标高、地脚螺栓(锚栓)的规格和位置、地脚螺栓(锚栓)紧固应符合设计要求。当设计无要求时，应符合表11.2.1的规定。

检查数量：按柱基数抽查10%，且不应少于3个。
检验方法：采用经纬仪、水准仪、全站仪和钢尺实测。

表 11.2.1 建筑物定位轴线、基础上柱的定位轴线和标高、
地脚螺栓(锚栓)的允许偏差(mm)

项 目	允许偏差	图 例
建筑物定位轴线	L/20000，且不应大于 3.0	
基础上柱的定位轴线	1.0	
基础上柱底标高	±2.0	
地脚螺栓(锚栓)位移	2.0	

11.2.2 多层建筑以基础顶面直接作为柱的支承面，或以基础顶面预埋钢板或支座作为柱的支承面时，其支承面、地脚螺栓(锚栓)位置的允许偏差应符合本规范表10.2.2的规定。

检查数量：按柱基数抽查10%，且不应少于3个。
检验方法：用经纬仪、水准仪、全站仪、水平尺和钢尺实测。

11.2.3 多层建筑采用座浆垫板时，座浆垫板的允许偏差应符合本规范表10.2.3的规定。

检查数量：资料全数检查。按柱基数抽查10%，且不应少于3个。
检验方法：用水准仪、全站仪、水平尺和钢尺实测。

11.2.4 当采用杯口基础时，杯口尺寸的允许偏差应符合本规范表10.2.4的规定。

检查数量：按基础数抽查10%，且不应少于4处。
检验方法：观察及尺量检查。

Ⅱ 一般项目

11.2.5 地脚螺栓(锚栓)尺寸的允许偏差应符合本规范表10.2.5的规定。地脚螺栓(锚栓)的螺纹应受到保护。

检查数量：按柱基数抽查10%，且不应少于3个。
检验方法：用钢尺现场实测。

11.3 安装和校正

Ⅰ 主控项目

11.3.1 钢构件应符合设计要求和本规范的规定。运输、堆放和吊装等造成的钢构件变形及涂层脱落，应进行矫正和修补。

检查数量：按构件数抽查10%，且不应少于3件。
检验方法：用拉线、钢尺现场实测或观察。

11.3.2 柱子安装的允许偏差应符合表11.3.2的规定。

检查数量：标准柱全部检查；非标准柱抽查10%，且不应少于3根。
检验方法：用全站仪或激光经纬仪和钢尺实测。

表 11.3.2 柱子安装的允许偏差(mm)

项 目	允许偏差	图 例
底层柱柱底轴线对定位轴线偏移	3.0	
柱子定位轴线	1.0	
单节柱的垂直度	h/1000，且不应大于 10.0	

11.3.3 设计要求顶紧的节点，接触面不应少于70%紧贴，且边缘最大间隙不应大于0.8mm。

检查数量：按节点数抽查10%，且不应少于3个。
检验方法：用钢尺及0.3mm和0.8mm厚的塞尺现场实测。

11.3.4 钢主梁、次梁及受压杆件的垂直度和侧向弯曲矢高的允许偏差应符合本规范表10.3.3中有关钢屋(托)架允许偏差的规定。

检查数量：按同类构件数抽查10%，且不应少于3件。
检验方法：用吊线、拉线、经纬仪和钢尺现场实测。

11.3.5 多层及高层钢结构主体结构的整体垂直度和整体平面弯

曲的允许偏差应符合表 11.3.5 的规定。

检查数量：对主要立面全部检查。对每个所检查的立面，除两列角柱外，尚应至少选取一列中间柱。

检验方法：对于整体垂直度，可采用激光经纬仪、全站仪测量，也可根据各节柱的垂直度允许偏差累计（代数和）计算。对于整体平面弯曲，可按产生的允许偏差累计（代数和）计算。

表 11.3.5 整体垂直度和整体平面弯曲的允许偏差（mm）

项　目	允许偏差	图　例
主体结构的整体垂直度	$(H/2500+10.0)$，且不应大于 50.0	
主体结构的整体平面弯曲	$L/1500$，且不应大于 25.0	

Ⅱ　一般项目

11.3.6 钢结构表面应干净，结构主要表面不应有疤痕、泥沙等污垢。

检查数量：按同类构件数抽查 10%，且不应少于 3 件。

检验方法：观察检查。

11.3.7 钢柱等主要构件的中心线及标高基准点等标记应齐全。

检查数量：按同类构件数抽查 10%，且不应少于 3 件。

检验方法：观察检查。

11.3.8 钢构件安装的允许偏差应符合本规范附录 E 中表 E.0.5 的规定。

检查数量：按同类构件或节点数抽查 10%。其中柱和梁各不应少于 3 件，主梁与次梁连接节点不应少于 3 个，支承压型金属板的钢梁长度不应少于 5m。

检验方法：见本规范附录 E 中表 E.0.5。

11.3.9 主体结构总高度的允许偏差应符合本规范附录 E 中表 E.0.6 的规定。

检查数量：按标准柱列数抽查 10%，且不应少于 4 列。

检验方法：采用全站仪、水准仪和钢尺实测。

11.3.10 当钢构件安装在混凝土柱上时，其支座中心对定位轴线的偏差不应大于 10mm；当采用大型混凝土屋面板时，钢梁（或桁架）间距的偏差不应大于 10mm。

检查数量：按同类构件数抽查 10%，且不应少于 3 榀。

检验方法：用拉线和钢尺现场实测。

11.3.11 多层及高层钢结构中钢吊车梁或直接承受动力荷载的类似构件，其安装的允许偏差应符合本规范附录 E 中表 E.0.2 的规定。

检查数量：按钢吊车梁数抽查 10%，且不应少于 3 榀。

检验方法：见本规范附录 E 中表 E.0.2。

11.3.12 多层及高层钢结构中檩条、墙架等次要构件安装的允许偏差应符合本规范附录 E 中表 E.0.3 的规定。

检查数量：按同类构件数抽查 10%，且不应少于 3 件。

检验方法：见本规范附录 E 中表 E.0.3。

11.3.13 多层及高层钢结构中钢平台、钢梯、栏杆安装应符合现行国家标准《固定式钢直梯》GB 4053.1、《固定式钢斜梯》GB 4053.2、《固定式防护栏杆》GB 4053.3 和《固定式钢平台》GB 4053.4 的规定。钢平台、钢梯和防护栏杆安装的允许偏差应符合本规范附录 E 中表 E.0.4 的规定。

检查数量：按钢平台总数抽查 10%，栏杆、钢梯按总长度各抽

查 10%，但钢平台不应少于 1 个，栏杆不应少于 5m，钢梯不应少于 1 跑。

检验方法：见本规范附录 E 中表 E.0.4。

11.3.14 多层及高层钢结构中现场焊缝组对间隙的允许偏差应符合本规范表 10.3.11 的规定。

检查数量：按同类节点数抽查 10%，且不应少于 3 个。

检验方法：尺量检查。

12　钢网架结构安装工程

12.1　一般规定

12.1.1 本章适用于建筑工程中的平板型钢网格结构（简称钢网架结构）安装工程的质量验收。

12.1.2 钢网架结构安装工程可按变形缝、施工段或空间刚度单元划分成一个或若干检验批。

12.1.3 钢网架结构安装检验批应在进场验收和焊接连接、紧固件连接、制作等分项工程验收合格的基础上进行验收。

12.1.4 钢网架结构安装应遵照本规范第 10.1.4、10.1.5、10.1.6 条的规定。

12.2　支承面顶板和支承垫块

Ⅰ　主控项目

12.2.1 钢网架结构支座定位轴线的位置、支座锚栓的规格应符合设计要求。

检查数量：按支座数抽查 10%，且不应少于 4 处。

检验方法：用经纬仪和钢尺实测。

12.2.2 支承面顶板的位置、标高、水平度以及支座锚栓位置的允许偏差应符合表 12.2.2 的规定。

表 12.2.2 支承面顶板、支座锚栓位置的允许偏差（mm）

项　目		允许偏差
支承面顶板	位置	15.0
	顶面标高	-3.0
	顶面水平度	$l/1000$
支座锚栓	中心偏移	± 5.0

检查数量：按支座数抽查 10%，且不应少于 4 处。

检验方法：用经纬仪、水准仪、水平尺和钢尺实测。

12.2.3 支承垫块的种类、规格、摆放位置和朝向，必须符合设计要求和国家现行有关标准的规定。橡胶垫块与刚性垫块之间或不同类型刚性垫块之间不得互换使用。

检查数量：按支座数抽查 10%，且不应少于 4 处。

检验方法：观察和用钢尺实测。

12.2.4 网架支座锚栓的紧固应符合设计要求。

检查数量：按支座数抽查 10%，且不应少于 4 处。

检验方法：观察检查。

Ⅱ　一般项目

12.2.5 支座锚栓尺寸的允许偏差应符合本规范表 10.2.5 的规定。支座锚栓的螺纹应受到保护。

检查数量：按支座数抽查 10%，且不应少于 4 处。

检验方法：用钢尺实测。

12.3　总拼与安装

Ⅰ　主控项目

12.3.1 小拼单元的允许偏差应符合表 12.3.1 的规定。

检查数量：按单元数抽查 5%，且不应少于 5 个。

检验方法：用钢尺和拉线等辅助量具实测。

表 12.3.1　小拼单元的允许偏差(mm)

项　　目		允许偏差
节点中心偏移		2.0
焊接球节点与钢管中心的偏移		1.0
杆件轴线的弯曲矢高		$L_1/1000$,且不应大于 5.0
锥体型小拼单元	弦杆长度	±2.0
	锥体高度	±2.0
	上弦杆对角线长度	±3.0
平面桁架型小拼单元	跨长 ≤24m	+3.0 −7.0
	跨长 >24m	+5.0 −10.0
	跨中高度	±3.0
	跨中拱度 设计要求起拱	±L/5000
	跨中拱度 设计未要求起拱	+10.0

注:1　L_1 为杆件长度;
　　2　L 为跨长。

12.3.2　中拼单元的允许偏差应符合表 12.3.2 的规定。

检查数量:全数检查。

检验方法:用钢尺和辅助量具实测。

表 12.3.2　中拼单元的允许偏差(mm)

项　　目		允许偏差
单元长度≤20m, 拼接长度	单跨	±10.0
	多跨连续	±5.0
单元长度>20m, 拼接长度	单跨	±20.0
	多跨连续	±10.0

12.3.3　对建筑结构安全等级为一级,跨度 40m 及以上的公共建筑钢网架结构,且设计有要求时,应按下列项目进行节点承载力试验,其结果应符合以下规定:

　　1　焊接球节点应按设计指定规格的球及其匹配的钢管焊接成试件,进行轴心拉、压承载力试验,其试验破坏荷载值大于或等于 1.6 倍设计承载力为合格。

　　2　螺栓球节点应按设计指定规格的球最大螺栓孔螺纹进行抗拉强度保证荷载试验,当达到螺栓的设计承载力时,螺孔、螺纹及封板仍完好无损为合格。

检查数量:每项试验做 3 个试件。

检验方法:在万能试验机上进行检验,检查试验报告。

12.3.4　钢网架结构总拼完成后及屋面工程完成后应分别测量其挠度值,且所测的挠度值不应超过相应设计值的 1.15 倍。

检查数量:跨度 24m 及以下钢网架结构测量下弦中央一点;跨度 24m 以上钢网架结构测量下弦中央一点及各向下弦跨度的四等分点。

检验方法:用钢尺和水准仪实测。

Ⅱ　一般项目

12.3.5　钢网架结构安装完成后,其节点及杆件表面应干净,不应有明显的疤痕、泥沙和污垢。螺栓球节点应将所有接缝用油腻子填嵌严密,并应将多余螺孔封口。

检查数量:按节点及杆件数抽查 5%,不应少于 10 个节点。

检验方法:观察检查。

12.3.6　钢网架结构安装完成后,其安装的允许偏差应符合表 12.3.6 的规定。

检查数量:全数检查。

检验方法:见表 12.3.6。

表 12.3.6　钢网架结构安装的允许偏差(mm)

项　　目	允许偏差	检验方法
纵向、横向长度	$L/2000$,且不应大于 30.0 −$L/2000$,且不应小于−30.0	用钢尺实测
支座中心偏移	$L/3000$,且不应大于 30.0	用钢尺和经纬仪实测
周边支承网架相邻支座高差	$L/400$,且不应大于 15.0	用钢尺和水准仪实测
支座最大高差	30.0	
多点支承网架相邻支座高差	$L_1/800$,且不应大于 30.0	

注:1　L 为纵向、横向长度;
　　2　L_1 为相邻支座间距。

13　压型金属板工程

13.1　一般规定

13.1.1　本章适用于压型金属板的施工现场制作和安装工程质量验收。

13.1.2　压型金属板的制作和安装工程可按变形缝、楼层、施工段或屋面、墙面、楼面等划分为一个或若干个检验批。

13.1.3　压型金属板安装应在钢结构安装工程检验批质量验收合格后进行。

13.2　压型金属板制作

Ⅰ　主控项目

13.2.1　压型金属板成型后,其基板不应有裂纹。

检查数量:按计件数抽查 5%,且不应少于 10 件。

检验方法:观察和用 10 倍放大镜检查。

13.2.2　有涂层、镀层压型金属板成型后,涂、镀层不应有肉眼可见的裂纹、剥落和擦痕等缺陷。

检查数量:按计件数抽查 5%,且不应少于 10 件。

检验方法:观察检查。

Ⅱ　一般项目

13.2.3　压型金属板的尺寸允许偏差应符合表 13.2.3 的规定。

检查数量:按计件数抽查 5%,且不应少于 10 件。

检验方法:用拉线和钢尺检查。

13.2.4　压型金属板成型后,表面应干净,不应有明显凹凸和皱褶。

检查数量:按计件数抽查 5%,且不应少于 10 件。

检验方法:观察检查。

表 13.2.3　压型金属板的尺寸允许偏差(mm)

项　　目			允许偏差
波距			±2.0
波高	压型钢板	截面高度≤70	±1.5
		截面高度>70	±2.0
侧向弯曲	在测量长度 l_1 的范围内		20.0

注:l_1 为测量长度,指板长扣除两端各 0.5m 后的实际长度(小于 10m)或扣除后任选的 10m 长度。

13.2.5 压型金属板施工现场制作的允许偏差应符合表13.2.5的规定。

检查数量：按计件数抽查5%，且不应少于10件。

检验方法：用钢尺、角尺检查。

表 13.2.5　压型金属板施工现场制作的允许偏差(mm)

项　目		允许偏差
压型金属板的覆盖宽度	截面高度≤70	+10.0,−2.0
	截面高度>70	+6.0,−2.0
板　长		±9.0
横向剪切偏差		6.0
泛水板、包角板尺寸	板　长	±6.0
	折弯面宽度	±3.0
	折弯面夹角	2°

13.3　压型金属板安装

Ⅰ　主控项目

13.3.1 压型金属板、泛水板和包角板等应固定可靠、牢固，防腐涂料涂刷和密封材料敷设应完好，连接件数量、间距应符合设计要求和国家现行有关标准规定。

检查数量：全数检查。

检验方法：观察检查及尺量。

13.3.2 压型金属板应在支承构件上可靠搭接，搭接长度应符合设计要求，且不应小于表13.3.2所规定的数值。

检查数量：按搭接部位总长度抽查10%，且不应少于10m。

检验方法：观察和用钢尺检查。

表 13.3.2　压型金属板在支承构件上的搭接长度(mm)

项　目		搭接长度
截面高度>70		375
截面高度≤70	屋面坡度<1/10	250
	屋面坡度≥1/10	200
墙　面		120

13.3.3 组合楼板中压型钢板与主体结构(梁)的锚固支承长度应符合设计要求，且不应小于50mm，端部锚固件连接应可靠，设置位置应符合设计要求。

检查数量：沿连接纵向长度抽查10%，且不应少于10m。

检验方法：观察和用钢尺检查。

Ⅱ　一般项目

13.3.4 压型金属板安装应平整、顺直，板面不应有施工残留物和污物。檐口和墙面下端应呈直线，不应有未经处理的错钻孔洞。

检查数量：按面积抽查10%，且不应少于10m²。

检验方法：观察检查。

13.3.5 压型金属板安装的允许偏差应符合表13.3.5的规定。

检查数量：檐口与屋脊的平行度：按长度抽查10%，且不应少于10m。其他项目：每20m长度应抽查1处，且不应少于2处。

检验方法：用拉线、吊线和钢尺检查。

表 13.3.5　压型金属板安装的允许偏差(mm)

项　目		允许偏差
屋面	檐口与屋脊的平行度	12.0
	压型金属板波纹线对屋脊的垂直度	L/800,且不应大于25.0
	檐口相邻两块压型金属板端部错位	6.0
	压型金属板卷边板件最大波浪高	4.0

续表 13.3.5

项　目		允许偏差
墙面	墙面波纹线的垂直度	H/800,且不应大于25.0
	墙面包角板的垂直度	H/800,且不应大于25.0
	相邻两块压型金属板的下端错位	6.0

注：1　L为屋面半坡或单坡长度。
　　2　H为墙面高度。

14　钢结构涂装工程

14.1　一般规定

14.1.1 本章适用于钢结构的防腐涂料(油漆类)涂装和防火涂料涂装工程的施工质量验收。

14.1.2 钢结构涂装工程可按钢结构制作或钢结构安装工程检验批的划分原则划分成一个或若干个检验批。

14.1.3 钢结构普通涂料涂装工程应在钢结构构件组装、预拼装或钢结构安装工程检验批的施工质量验收合格后进行。钢结构防火涂料涂装工程应在钢结构安装工程检验批和钢结构普通涂料涂装检验批的施工质量验收合格后进行。

14.1.4 涂装时的环境温度和相对湿度应符合涂料产品说明书的要求，当产品说明书无要求时，环境温度宜在5～38℃之间，相对湿度不应大于85%。涂装时构件表面不应有结露；涂装后4h内应保护免受雨淋。

14.2　钢结构防腐涂料涂装

Ⅰ　主控项目

14.2.1 涂装前钢材表面除锈应符合设计要求和国家现行有关标准的规定。处理后的钢材表面不应有焊渣、焊疤、灰尘、油污、水和毛刺等。当设计无要求时，钢材表面除锈等级应符合表14.2.1的规定。

检查数量：按构件数抽查10%，且同类构件不应少于3件。

检验方法：用铲刀检查和用现行国家标准《涂装前钢材表面锈蚀等级和除锈等级》GB 8923规定的图片对照观察检查。

表 14.2.1　各种底漆或防锈漆要求最低的除锈等级

涂料品种	除锈等级
油性酚醛、醇酸等底漆或防锈漆	St2
高氯化聚乙烯、氯化橡胶、氯磺化聚乙烯、环氧树脂、聚氨酯等底漆或防锈漆	Sa2
无机富锌、有机硅、过氯乙烯等底漆	Sa2 $\frac{1}{2}$

14.2.2 涂料、涂装遍数、涂层厚度均应符合设计要求。当设计对涂层厚度无要求时，涂层干漆膜总厚度：室外应为150μm，室内为125μm，其允许偏差为−25μm。每遍涂层干漆膜厚度的允许偏差为−5μm。

检查数量：按构件数抽查10%，且同类构件不应少于3件。

检验方法：用干漆膜测厚仪检查。每个构件检测5处，每处的数值为3个相距50mm测点涂层干漆膜厚度的平均值。

Ⅱ　一般项目

14.2.3 构件表面不应误涂、漏涂，涂层不应脱皮和返锈等。涂层应均匀、无明显皱皮、流坠、针眼和气泡等。

检查数量：全数检查。

检验方法：观察检查。

14.2.4 当钢结构处在有腐蚀介质环境或外露且设计有要求时，

应进行涂层附着力测试,在检测处范围内,当涂层完整程度达到70%以上时,涂层附着力达到合格质量标准的要求。

检查数量:按构件数抽查1%,且不应少于3件,每件测3处。

检验方法:按照现行国家标准《漆膜附着力测定法》GB 1720或《色漆和清漆、漆膜的划格试验》GB 9286执行。

14.2.5 涂装完成后,构件的标志、标记和编号应清晰完整。

检查数量:全数检查。

检验方法:观察检查。

14.3 钢结构防火涂料涂装

I 主控项目

14.3.1 防火涂料涂装前钢材表面除锈及防锈底漆涂装应符合设计要求和国家现行有关标准的规定。

检查数量:按构件数抽查10%,且同类构件不应少于3件。

检验方法:表面除锈用铲刀检查和用现行国家标准《涂装前钢材表面锈蚀等级和除锈等级》GB 8923规定的图片对照观察检查。底漆涂装用干漆膜测厚仪检查,每个构件检测5处,每处的数值为3个相距50mm测点涂层干漆膜厚度的平均值。

14.3.2 钢结构防火涂料的粘结强度、抗压强度应符合国家现行标准《钢结构防火涂料应用技术规程》CECS 24:90的规定。检验方法应符合现行国家标准《建筑构件防火喷涂材料性能试验方法》GB 9978的规定。

检查数量:每使用100t或不足100t薄涂型防火涂料应抽检一次粘结强度;每使用500t或不足500t厚涂型防火涂料应抽检一次粘结强度和抗压强度。

检验方法:检查复检报告。

14.3.3 薄涂型防火涂料的涂层厚度应符合有关耐火极限的设计要求。厚涂型防火涂料涂层的厚度,80%及以上面积应符合有关耐火极限的设计要求,且最薄处厚度不应低于设计要求的85%。

检查数量:按同类构件数抽查10%,且均不应少于3件。

检验方法:用涂层厚度测量仪、测针和钢尺检查。测量方法应符合国家现行标准《钢结构防火涂料应用技术规程》CECS 24:90的规定及本规范附录F。

14.3.4 薄涂型防火涂料涂层表面裂纹宽度不应大于0.5mm;厚涂型防火涂料涂层表面裂纹宽度不应大于1mm。

检查数量:按同类构件数抽查10%,且均不应少于3件。

检验方法:观察和用尺量检查。

II 一般项目

14.3.5 防火涂料涂装基层不应有油污、灰尘和泥砂等污垢。

检查数量:全数检查。

检验方法:观察检查。

14.3.6 防火涂料不应有误涂、漏涂,涂层应闭合无脱层、空鼓、明显凹陷、粉化松散和浮浆等外观缺陷,乳突已剔除。

检查数量:全数检查。

检验方法:观察检查。

15 钢结构分部工程竣工验收

15.0.1 根据现行国家标准《建筑工程施工质量验收统一标准》GB 50300的规定,钢结构作为主体结构之一应按子分部工程竣工验收;当主体结构均为钢结构时应按分部工程竣工验收。大型钢结构工程可划分成若干个子分部工程进行竣工验收。

15.0.2 钢结构分部工程有关安全及功能的检验和见证检测项目见本规范附录G,检验应在其分项工程验收合格后进行。

15.0.3 钢结构分部工程有关观感质量检验应按本规范附录H执行。

15.0.4 钢结构分部工程合格质量标准应符合下列规定:

1 各分项工程质量均应符合合格质量标准;

2 质量控制资料和文件应完整;

3 有关安全及功能的检验和见证检测结果应符合本规范相应合格质量标准的要求;

4 有关观感质量应符合本规范相应合格质量标准的要求。

15.0.5 钢结构分部工程竣工验收时,应提供下列文件和记录:

1 钢结构工程竣工图纸及相关设计文件;

2 施工现场质量管理检查记录;

3 有关安全及功能的检验和见证检测项目检查记录;

4 有关观感质量检验项目检查记录;

5 分部工程所含各分项工程质量验收记录;

6 分部工程所含各检验批质量验收记录;

7 强制性条文检验项目检查记录及证明文件;

8 隐蔽工程检验项目检查验收记录;

9 原材料、成品质量合格证明文件、中文标志及性能检测报告;

10 不合格项的处理记录及验收记录;

11 重大质量、技术问题实施方案及验收记录;

12 其他有关文件和记录。

15.0.6 钢结构工程质量验收记录应符合下列规定:

1 施工现场质量管理检查记录可按现行国家标准《建筑工程施工质量验收统一标准》GB 50300中附录A进行;

2 分项工程检验批验收记录可按本规范附录J中表J.0.1~表J.0.13进行;

3 分项工程验收记录可按现行国家标准《建筑工程施工质量验收统一标准》GB 50300中附录E进行;

4 分部(子分部)工程验收记录可按现行国家标准《建筑工程施工质量验收统一标准》GB 50300中附录F进行。

附录A 焊缝外观质量标准及尺寸允许偏差

A.0.1 二级、三级焊缝外观质量标准应符合表A.0.1的规定。

表A.0.1 二级、三级焊缝外观质量标准(mm)

项目	允许偏差	
缺陷类型	二级	三级
未焊满(指不足设计要求)	$\leq 0.2+0.02t$,且≤ 1.0	$\leq 0.2+0.04t$,且≤ 2.0
	每100.0焊缝内缺陷总长≤ 25.0	
根部收缩	$\leq 0.2+0.02t$,且≤ 1.0	$\leq 0.2+0.04t$,且≤ 2.0
	长度不限	
咬边	$\leq 0.05t$,且≤ 0.5;连续长度≤ 100.0,且焊缝两侧咬边总长$\leq 10\%$焊缝全长	$\leq 0.1t$且≤ 1.0,长度不限
弧坑裂纹		允许存在个别长度≤ 5.0的弧坑裂纹
电弧擦伤		允许存在个别电弧擦伤
接头不良	缺口深度$0.05t$,且≤ 0.5	缺口深度$0.1t$,且≤ 1.0
	每1000.0焊缝不应超过1处	
表面夹渣		深$\leq 0.2t$ 长$\leq 0.5t$,且≤ 20.0
表面气孔		每50.0焊缝长度内允许直径$\leq 0.4t$,且≤ 3.0的气孔2个,孔距≥ 6倍孔径

注:表内t为连接处较薄的板厚。

A.0.2 对接焊缝及完全熔透组合焊缝尺寸允许偏差应符合表 A.0.2 的规定。

表 A.0.2 对接焊缝及完全熔透组合焊缝尺寸允许偏差(mm)

序号	项目	图例	允许偏差	
			一、二级	三级
1	对接焊缝余高 C		$B<20$：0~3.0 $B\geqslant20$：0~4.0	$B<20$：0~4.0 $B\geqslant20$：0~5.0
2	对接焊缝错边 d		$d<0.15t$，且≤2.0	$d<0.15t$，且≤3.0

A.0.3 部分焊透组合焊缝和角焊缝外形尺寸允许偏差应符合表 A.0.3 的规定。

表 A.0.3 部分焊透组合焊缝和角焊缝外形尺寸允许偏差(mm)

序号	项目	图例	允许偏差
1	焊脚尺寸 h_f		$h_f\leqslant6$：0~1.5 $h_f>6$：0~3.0
2	角焊缝余高 C		$h_f\leqslant6$：0~1.5 $h_f>6$：0~3.0

注：1 $h_f>8.0$mm 的角焊缝其局部焊脚尺寸允许低于设计要求值 1.0mm，但总长度不得超过焊缝长度 10%；
2 焊接 H 形梁腹板与翼缘板的焊缝两端在其两倍翼缘板宽度范围内，焊缝的焊脚尺寸不得低于设计值。

附录 B 紧固件连接工程检验项目

B.0.1 螺栓实物最小载荷检验。

目的：测定螺栓实物的抗拉强度是否满足现行国家标准《紧固件机械性能螺栓、螺钉和螺柱》GB 3098.1 的要求。

检验方法：用专用卡具将螺栓实物置于拉力试验机上进行拉力试验，为避免试件承受横向载荷，试验机的夹具应能自动调正中心，试验时夹头张拉的移动速度不应超过 25mm/min。

螺栓实物的抗拉强度应根据螺纹应力截面积(A_s)计算确定，其取值应按现行国家标准《紧固件机械性能螺栓、螺钉和螺柱》GB 3098.1 的规定取值。

进行试验时，承受拉力载荷的末旋合的螺纹长度应为 6 倍以上螺距；当试验拉力达到现行国家标准《紧固件机械性能螺栓、螺钉和螺柱》GB 3098.1 中规定的最小拉力载荷($A_s \cdot \sigma_b$)时不得断裂。当超过最小拉力载荷直至拉断时，断裂应发生在杆部或螺纹部分，而不应发生在螺头与杆部的交接处。

B.0.2 扭剪型高强度螺栓连接副预拉力复验。

复验用的螺栓应在施工现场待安装的螺栓批中随机抽取，每批应抽取 8 套连接副进行复验。

连接副预拉力可采用经计量检定、校准合格的轴力计进行测试。

试验用的电测轴力计、油压轴力计、电阻应变仪、扭矩扳手等计量器具，应在试验前进行标定，其误差不得超过 2%。

采用轴力计方法复验连接副预拉力时，应将螺栓直接插入轴力计。紧固螺栓分初拧、终拧两次进行，初拧应采用手动扭矩扳手或专用定扭电动扳手；初拧值应为预拉力标准值的 50% 左右。终

拧应采用专用电动扳手，至尾部梅花头拧掉，读出预拉力值。

每套连接副只做一次试验，不得重复使用。在紧固中垫圈发生转动时，应更换连接副，重新试验。

复验螺栓连接副的预拉力平均值和标准偏差应符合表 B.0.2 的规定。

表 B.0.2 扭剪型高强度螺栓紧固预拉力和标准偏差(kN)

螺栓直径(mm)	16	20	(22)	24
紧固预拉力的平均值 $\overline{P}$	99~120	154~186	191~231	222~270
标准偏差 σ_P	10.1	15.7	19.5	22.7

B.0.3 高强度螺栓连接副施工扭矩检验。

高强度螺栓连接副扭矩检验含初拧、复拧、终拧扭矩的现场无损检验。检验所用的扭矩扳手其扭矩精度误差应不大于 3%。

高强度螺栓连接副扭矩检验分扭矩法检验和转角法检验两种，原则上检验法与施工法应相同。扭矩检验应在施拧 1h 后，48h 内完成。

1 扭矩法检验。

检验方法：在螺尾端头和螺母相对位置划线，将螺母退回 60° 左右，用扭矩扳手测定拧回至原来位置的扭矩值。该扭矩值与施工扭矩值的偏差在 10% 以内为合格。

高强度螺栓连接副终拧扭矩按下式计算：

$$T_c = K \cdot P_c \cdot d \qquad (B.0.3-1)$$

式中 T_c——终拧扭矩值(N·m)；
P_c——施工预拉力值标准值(kN)，见表 B.0.3；
d——螺栓公称直径(mm)；
K——扭矩系数，按附录 B.0.4 的规定试验确定。

高强度大六角头螺栓连接副初拧扭矩值 T_0 可按 $0.5T_c$ 取值。

扭剪型高强度螺栓连接副初拧扭矩值 T_0 可按下式计算：

$$T_0 = 0.065P_c \cdot d \qquad (B.0.3-2)$$

式中 T_0——初拧扭矩值(N·m)；
P_c——施工预拉力标准值(kN)，见表 B.0.3；
d——螺栓公称直径(mm)。

2 转角法检验。

检验方法：1)检查初拧后在螺母与相对位置所画的终拧起始线和终止线所夹的角度是否达到规定值。2)在螺尾端头和螺母相对位置画线，然后全部松开螺母，在按规定的初拧扭矩和终拧角度重新拧紧螺栓，观察与原画线是否重合。终拧转角偏差在 10° 以内为合格。

终拧转角与螺栓的直径、长度等因素有关，应由试验确定。

3 扭剪型高强度螺栓施工扭矩检验。

检验方法：观察尾部梅花头拧掉情况。尾部梅花头被拧掉者视同其终拧扭矩达到合格质量标准；尾部梅花头未被拧掉者应按上述扭矩法或转角法检验。

表 B.0.3 高强度螺栓连接副施工预拉力标准值(kN)

螺栓的性能等级	螺栓公称直径(mm)					
	M16	M20	M22	M24	M27	M30
8.8s	75	120	150	170	225	275
10.9s	110	170	210	250	320	390

B.0.4 高强度大六角头螺栓连接副扭矩系数复验。

复验用螺栓应在施工现场待安装的螺栓批中随机抽取，每批应抽取 8 套连接副进行复验。

连接副扭矩系数复验用的计量器具应在试验前进行标定，误差不得超过 2%。

每套连接副只做一次试验，不得重复使用。在紧固中垫圈发生转动时，应更换连接副，重新试验。

连接副扭矩系数的复验应将螺栓穿入轴力计,在测出螺栓预拉力 P 的同时,应测定施于螺母上的施拧扭矩值 T,并应按下式计算扭矩系数 K。

$$K=\frac{T}{P \cdot d} \qquad (B.0.4)$$

式中 T——施拧扭矩 $(N \cdot m)$;

  d——高强度螺栓的公称直径 (mm);

  P——螺栓预拉力 (kN)。

进行连接副扭矩系数试验时,螺栓预拉力值应符合表 B.0.4 的规定。

表 B.0.4　螺栓预拉力值范围(kN)

螺栓规格(mm)		M16	M20	M22	M24	M27	M30
预拉力值 P	10.9s	93~113	142~177	175~215	206~250	265~324	325~390
	8.8s	62~78	100~120	125~150	140~170	185~225	230~275

每组 8 套连接副扭矩系数的平均值为 0.110~0.150,标准偏差小于或等于 0.010。

扭剪型高强度螺栓连接副当采用扭矩法施工时,其扭矩系数亦按本附录的规定确定。

B.0.5 高强度螺栓连接摩擦面的抗滑移系数检验。

1 基本要求。

制造厂和安装单位应分别以钢结构制造批为单位进行抗滑移系数试验。制造批可按分部(子分部)工程划分规定的工程量每 2000t 为一批,不足 2000t 的可视为一批。选用两种及两种以上表面处理工艺时,每种处理工艺应单独检验。每批三组试件。

抗滑移系数试验应采用双摩擦面的二栓拼接的拉力试件(图 B.0.5)。

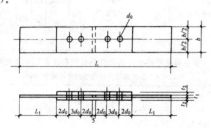

图 B.0.5　抗滑移系数拼接试件的形式和尺寸

抗滑移系数试验用的试件应由制造厂加工,试件与所代表的钢结构构件应为同一材质、同批制作、采用同一摩擦面处理工艺和具有相同的表面状态,并应用同批同一性能等级的高强度螺栓连接副,在同一环境条件下存放。

试件钢板的厚度 t_1、t_2 应根据钢结构工程中有代表性的板材厚度来确定,同时应考虑在摩擦面滑移之前,试件钢板的净截面始终处于弹性状态;宽度 b 可参照表 B.0.5 规定取值。L_1 应根据试验机夹具的要求确定。

表 B.0.5　试件板的宽度(mm)

螺栓直径 d	16	20	22	24	27	30
板宽 b	100	100	105	110	120	120

试件板面应平整,无油污,孔和板的边缘无飞边、毛刺。

2 试验方法。

试验用的试验机误差应在 1% 以内。

试验用的贴有电阻片的高强度螺栓、压力传感器和电阻应变仪应在试验前用试验机进行标定,其误差应在 2% 以内。

试件的组装顺序应符合下列规定:

先将冲钉打入试件孔定位,然后逐个换成装有压力传感器或贴有电阻片的高强度螺栓,或换成同批经预拉力复验的扭剪型高强度螺栓。

紧固高强度螺栓应分初拧、终拧。初拧应达到螺栓预拉力标准值的 50% 左右。终拧后,螺栓预拉力应符合下列规定:

1)对装有压力传感器或贴有电阻片的高强度螺栓,采用电阻应变仪实测控制试件每个螺栓的预拉力值在 0.95P ~1.05P(P 为高强度螺栓设计预拉力值)之间;

2)不进行实测时,扭剪型高强度螺栓的预拉力(紧固轴力)可按同批复验预拉力的平均值取用。

试件应在其侧面画出观察滑移的直线。

将组装好的试件置于拉力试验机上,试件的轴线应与试验机夹具中心严格对中。

加荷时,应先加 10% 的抗滑移设计荷载值,停 1min 后,再平稳加荷,加荷速度为 3~5kN/s。直拉至滑动破坏,测得滑移荷载 N_v。

在试验中当发生以下情况之一时,所对应的荷载可定为试件的滑移荷载:

1)试验机发生回针现象;

2)试件侧面画线发生错动;

3)X—Y 记录仪上变形曲线发生突变;

4)试件突然发生"嘣"的响声。

抗滑移系数,应根据试验所测得的滑移荷载 N_v 和螺栓预拉力 P 的实测值,按下式计算,宜取小数点后二位有效数字。

$$\mu=\frac{N_v}{n_f \cdot \sum\limits_{i=1}^{m} P_i} \qquad (B.0.5)$$

式中 N_v——由试验测得的滑移荷载 (kN);

  n_f——摩擦面面数,取 $n_f=2$;

  $\sum\limits_{i=1}^{m} P_i$——试件滑移一侧高强度螺栓预拉力实测值(或同批螺栓连接副的预拉力平均值)之和(取三位有效数字)(kN);

  m——试件一侧螺栓数量,取 $m=2$。

附录 C　钢构件组装的允许偏差

C.0.1 焊接 H 型钢的允许偏差应符合表 C.0.1 的规定。

表 C.0.1　焊接 H 型钢的允许偏差(mm)

项　目		允许偏差	图　例
截面高度 h	$h<500$	±2.0	
	$500<h<1000$	±3.0	
	$h>1000$	±4.0	
截面宽度 b		±3.0	
腹板中心偏移		2.0	
翼缘板垂直度 Δ		$b/100$ 且不应大于 3.0	
弯曲矢高(受压构件除外)		$l/1000$ 且不应大于 10.0	

项 目		允许偏差	图 例
扭曲		h/250，且不应大于5.0	
腹板局部平面度 f	t<14	3.0	
	t≥14	2.0	

C.0.2 焊接连接制作组装的允许偏差应符合表 C.0.2 的规定。

表 C.0.2 焊接连接制作组装的允许偏差（mm）

项 目		允许偏差	图 例
对口错边 Δ		t/10，且不应大于3.0	
间隙 a		±1.0	
搭接长度 a		±5.0	
缝隙 Δ		1.5	
高度 h		±2.0	
垂直度 Δ		b/100，且不应大于3.0	
中心偏移 e		±2.0	
型钢错位	连接处	1.0	
	其他处	2.0	
箱形截面高度 h		±2.0	
宽度 b		±2.0	
垂直度 Δ		b/200，且不应大于3.0	

C.0.3 单层钢柱外形尺寸的允许偏差应符合表 C.0.3 的规定。

表 C.0.3 单层钢柱外形尺寸的允许偏差（mm）

项 目	允许偏差	检验方法	图 例
柱底面到柱端与桁架连接的最上一个安装孔距离 l	±l/1500 ±15.0	用钢尺检查	
柱底面到牛腿支承面距离 l₁	±l₁/2000 ±8.0		
牛腿面的翘曲 Δ	2.0	用拉线、直角尺和钢尺检查	
柱身弯曲矢高	H/1200，且不应大于12.0		

项 目		允许偏差	检验方法	图 例
柱身扭曲	牛腿处	3.0	用拉线、吊线和钢尺检查	
	其他处	8.0		
柱截面几何尺寸	连接处	±3.0	用钢尺检查	
	非连接处	±4.0		
翼缘对腹板的垂直度	连接处	1.5	用直角尺和钢尺检查	
	其他处	b/100，且不应大于5.0		
柱脚底板平面度		5.0	用1m直尺和塞尺检查	
柱脚螺栓孔中心对柱轴线的距离		3.0	用钢尺检查	

C.0.4 多节钢柱外形尺寸的允许偏差应符合表 C.0.4 的规定。

表 C.0.4 多节钢柱外形尺寸的允许偏差（mm）

项 目		允许偏差	检验方法	图 例
一节柱高度 H		±3.0	用钢尺检查	
两端最外侧安装孔距离 l₃		±2.0		
铣平面到第一个安装孔距离 a		±1.0		
柱身弯曲矢高 f		H/1500，且不应大于5.0	用拉线和钢尺检查	
一节柱的柱身扭曲		h/250，且不应大于5.0	用拉线、吊线和钢尺检查	
牛腿端孔到柱轴线距离 l₂		±3.0	用钢尺检查	
牛腿的翘曲或扭曲 Δ	l₂≤1000	2.0	用拉线、直角尺和钢尺检查	
	l₂>1000	3.0		
柱截面尺寸	连接处	±3.0	用钢尺检查	
	非连接处	±4.0		
柱脚底板平面度		5.0	用直角尺和塞尺检查	

项 目		允许偏差	检验方法	图 例
翼缘板对腹板的垂直度	连接处	1.5	用直角尺和钢尺检查	
	其他处	$b/100$，且不应大于5.0		
柱脚螺栓孔对柱轴线的距离 a		3.0	用钢尺检查	
箱型截面连接处对角线差		3.0		
箱型柱身板垂直度		$h(b)/150$，且不应大于5.0	用直角尺和钢尺检查	

C.0.5 焊接实腹钢梁外形尺寸的允许偏差应符合表 C.0.5 的规定。

表 C.0.5 焊接实腹钢梁外形尺寸的允许偏差(mm)

项 目		允许偏差	检验方法	图 例
梁长度 l	端部有凸缘支座板	0 −5.0	用钢尺检查	
	其他形式	$\pm l/2500$ ±10.0		
端部高度 h	h≤2000	±2.0		
	h>2000	±3.0		
拱度	设计要求起拱	$\pm l/5000$	用拉线和钢尺检查	
	设计未要求起拱	10.0 −5.0		
侧弯矢高		$l/2000$，且不应大于10.0		
扭曲		$h/250$，且不应大于10.0	用拉线、吊线和钢尺检查	
腹板局部平面度	t≤14	5.0	用1m直尺和塞尺检查	
	t>14	4.0		

项 目		允许偏差	检验方法	图 例
翼缘板对腹板的垂直度		$b/100$，且不应大于3.0	用直角尺和钢尺检查	
吊车梁上翼缘与轨道接触面平面度		1.0	用200mm，1m直尺和塞尺检查	
箱型截面对角线差		5.0	用钢尺检查	
箱型截面两腹板至翼缘板中心线距离 a	连接处	1.0		
	其他处	1.5		
梁端板的平面度（只允许凹进）		$h/500$，且不应大于2.0	用直角尺和钢尺检查	
梁端板与腹板的垂直度		$h/500$，且不应大于2.0	用直角尺和钢尺检查	

C.0.6 钢桁架外形尺寸的允许偏差应符合表 C.0.6 的规定。

表 C.0.6 钢桁架外形尺寸的允许偏差(mm)

项 目		允许偏差	检验方法	图 例
桁架最外端两个孔或两端支承面最外侧距离	l≤24m	+3.0 −7.0	用钢尺检查	
	l>24m	+5.0 −10.0		
桁架跨中高度		±10.0		
桁架跨中拱度	设计要求起拱	$\pm l/5000$		
	设计未要求起拱	10.0 −5.0		
相邻节间弦杆弯曲（受压除外）		$l_1/1000$		
支承面到第一个安装孔距离 a		±1.0	用钢尺检查	
檩条连接支座间距		±5.0		

C.0.7 钢管构件外形尺寸的允许偏差应符合表C.0.7的规定。

表 C.0.7　钢管构件外形尺寸的允许偏差(mm)

项　目	允许偏差	检验方法	图　例
直径 d	$\pm d/500$ ± 5.0	用钢尺检查	
构件长度 l	± 3.0	用钢尺检查	
管口圆度	$d/500$, 且不应大于 5.0		
管面对管轴的垂直度	$d/500$, 且不应大于 3.0	用焊缝量 规检查	
弯曲矢高	$l/1500$, 且不应大于 5.0	用拉线、吊线 和钢尺检查	
对口错边	$t/10$, 且不应大于 3.0	用拉线和 钢尺检查	

注：对方矩形管,d 为长边尺寸。

C.0.8 墙架、檩条、支撑系统钢构件外形尺寸的允许偏差应符合表C.0.8的规定。

表 C.0.8　墙架、檩条、支撑系统钢构件外形尺寸的允许偏差(mm)

项　目	允许偏差	检验方法
构件长度 l	± 4.0	用钢尺检查
构件两端最外侧安装孔距离 l_1	± 3.0	
构件弯曲矢高	$l/1000$,且不应大于 10.0	用拉线和钢尺检查
截面尺寸	$+5.0$ -2.0	用钢尺检查

C.0.9 钢平台、钢梯和防护钢栏杆外形尺寸的允许偏差应符合表C.0.9的规定。

表 C.0.9　钢平台、钢梯和防护钢栏杆外形尺寸的允许偏差(mm)

项　目	允许偏差	检验方法	图　例
平台长度和宽度	± 5.0	用钢尺 检查	
平台两对角线差 $\|l_1-l_2\|$	6.0		
平台支柱高度	± 3.0		
平台支柱弯 曲矢高	5.0	用拉线和 钢尺检查	
平台表面平面度 (1m范围内)	6.0	用1m直 尺和塞尺 检查	
梯梁长度 l	± 5.0	用钢尺 检查	
钢梯宽度 b	± 5.0		
钢梯安装孔距离 a	± 3.0		
钢梯纵向挠曲矢高	$l/1000$	用拉线和 钢尺检查	
踏步(棍)间距	± 5.0	用钢尺检 查	
栏杆高度	± 5.0		
栏杆立柱间距	± 10.0		

附录 D　钢构件预拼装的允许偏差

D.0.1 钢构件预拼装的允许偏差应符合表D的规定。

表 D　钢构件预拼装的允许偏差(mm)

构件类型	项　目		允许偏差	检验方法
多节柱	预拼装单元总长		± 5.0	用钢尺检查
	预拼装单元弯曲矢高		$l/1500$,不 应大于 10.0	用拉线和钢尺检查
	接口错边		2.0	用焊缝量规检查
	预拼装单元柱身扭曲		$h/200$,且不 应大于 5.0	用拉线、吊线和钢 尺检查
	顶紧面至任一牛腿距离		± 2.0	
梁、桁架	跨度最外两端安装孔或两端 支承面最外侧距离		$+5.0$ -10.0	用钢尺检查
	接口截面错位		2.0	用焊缝量规检查
	拱度	设计要求起拱	$\pm l/5000$	用拉线和钢尺检查
		设计未要求起拱	$l/2000$ 0	
	节点处杆件轴线错位		4.0	划线后用钢尺检查
管构件	预拼装单元总长		± 5.0	用钢尺检查
	预拼装单元弯曲矢高		$l/1500$,且不 应大于 10.0	用拉线和钢尺检查
	对口错边		$t/10$,且不应 大于 3.0	用焊缝量规检查
	坡口间隙		$+2.0$ -1.0	
构件平面 总体预拼装	各楼层柱距		± 4.0	用钢尺检查
	相邻楼层梁与梁之间距离		± 3.0	
	各层间框架两对角线之差		$H/2000$,且 不应大于 5.0	
	任意两对角线之差		$\Sigma H/2000$, 不应大于 8.0	

附录 E　钢结构安装的允许偏差

E.0.1 单层钢结构中柱子安装的允许偏差应符合表E.0.1的规定。

表 E.0.1　单层钢结构中柱子安装的允许偏差(mm)

项　目		允许偏差	图　例	检验方法
柱脚底座中心 线对定位轴线 的偏移		5.0		用吊线 和钢尺 检查
柱基准 点标高	有吊车 梁的柱	$+3.0$ -5.0		用水准 仪检查
	无吊车 梁的柱	$+5.0$ -8.0		

项目		允许偏差	图例	检验方法
弯曲矢高		H/1200,且不应大于15.0		用经纬仪或拉线和钢尺检查
柱轴线垂直度	单层柱 H≤10m	H/1000		用经纬仪或吊线和钢尺检查
	单层柱 H>10m	H/1000,且不应大于25.0		
	多节柱 单节柱	H/1000,且不应大于10.0		
	柱全高	35.0		

E.0.2 钢吊车梁安装的允许偏差应符合表 E.0.2 的规定。

表 E.0.2 钢吊车梁安装的允许偏差(mm)

项目		允许偏差	图例	检验方法
梁的跨中垂直度 Δ		h/500		用吊线和钢尺检查
侧向弯曲矢高		l/1500,且不应大于10.0		
垂直上拱矢高		10.0		
两端支座中心位移 Δ	安装在钢柱上时,对牛腿中心的偏移	5.0		用拉线和钢尺检查
	安装在混凝土柱上时,对定位轴线的偏移	5.0		
吊车梁支座加劲板中心与柱子承压加劲板中心的偏移 Δ1		t/2		用吊线和钢尺检查
同跨间内同一横截面吊车梁顶高差 Δ	支座处	10.0		用经纬仪、水准仪和钢尺检查
	其他处	15.0		
同跨间内同一横截面下挂式吊车梁底面高差 Δ		10.0		
同列相邻两柱间吊车梁顶面高差 Δ		l/1500,且不应大于10.0		用水准仪和钢尺检查
相邻两吊车梁接头部位 Δ	中心错位	3.0		用钢尺检查
	上承式顶面高差	2.0		
	下承式底面高差	1.0		

项目	允许偏差	图例	检验方法
同跨间任一截面的吊车梁中心跨距 Δ	±10.0		用经纬仪和光电测距仪检查;跨度小时,可用钢尺检查
轨道中心对吊车梁腹板轴线的偏移 Δ	t/2		用吊线和钢尺检查

E.0.3 墙架、檩条等次要构件安装的允许偏差应符合表 E.0.3 的规定。

表 E.0.3 墙架、檩条等次要构件安装的允许偏差(mm)

项目		允许偏差	检验方法
墙架立柱	中心线对定位轴线的偏移	10.0	用钢尺检查
	垂直度	H/1000,且不应大于10.0	用经纬仪或吊线和钢尺检查
	弯曲矢高	H/1000,且不应大于15.0	用经纬仪或吊线和钢尺检查
抗风桁架的垂直度		h/250,且不应大于15.0	用吊线和钢尺检查
檩条、墙梁的间距		±5.0	用钢尺检查
檩条的弯曲矢高		L/750,且不应大于12.0	用拉线和钢尺检查
墙梁的弯曲矢高		L/750,且不应大于10.0	用拉线和钢尺检查

注:1 H 为墙架立柱的高度;
  2 h 为抗风桁架的高度;
  3 L 为檩条或墙梁的长度。

E.0.4 钢平台、钢梯和防护栏杆安装的允许偏差应符合表 E.0.4 的规定。

表 E.0.4 钢平台、钢梯和防护栏杆安装的允许偏差(mm)

项目	允许偏差	检验方法
平台高度	±15.0	用水准仪检查
平台梁水平度	l/1000,且不大于20.0	用水准仪检查
平台支柱垂直度	H/1000,且不应大于15.0	用经纬仪或吊线和钢尺检查
承重平台梁侧向弯曲	l/1000,且不应大于10.0	用拉线和钢尺检查
承重平台垂直度	h/250,且不应大于15.0	用吊线和钢尺检查
直梯垂直度	l/1000,且不应大于15.0	用吊线和钢尺检查
栏杆高度	±15.0	用钢尺检查
栏杆立柱间距	±15.0	用钢尺检查

E.0.5 多层及高层钢结构中构件安装的允许偏差应符合表 E.0.5 的规定。

表 E.0.5 多层及高层钢结构中构件安装的允许偏差(mm)

项目	允许偏差	图例	检验方法
上、下柱连接处的错口 Δ	3.0		用钢尺检查
同一层柱的各柱顶高度差 Δ	5.0		用水准仪检查

续表 E.0.5

项　目	允许偏差	图　例	检验方法
同一根梁两端顶面的高差 Δ	l/1000,且不应大于 10.0		用水准仪检查
主梁与次梁表面的高差 Δ	±2.0		用直尺和钢尺检查
压型金属板在钢梁上相邻列的错位 Δ	15.00		用直尺和钢尺检查

E.0.6 多层及高层钢结构主体结构总高度的允许偏差应符合表 E.0.6 的规定。

表 E.0.6　多层及高层钢结构主体结构总高度的允许偏差(mm)

项　目	允许偏差	图　例
用相对标高控制安装	$\pm\sum(\Delta_h+\Delta_z+\Delta_w)$	
用设计标高控制安装	$H/1000$,且不应大于 30.0 $-H/1000$,且不应小于 -30.0	

注:1　Δ_h 为每节柱子长度的制造允许偏差;
2　Δ_z 为每节柱子长度受荷载后的压缩值;
3　Δ_w 为每节柱子接头焊缝的收缩值。

附录 F　钢结构防火涂料涂层厚度测定方法

F.0.1　测针:

测针(厚度测量仪),由针杆和可滑动的圆盘组成,圆盘始终保持与针杆垂直,并在其上装有固定装置,圆盘直径不大于 30mm,以保证完全接触被测试件的表面。如果厚度测量仪不易插入被插材料中,也可使用其他适宜的方法测试。

测试时,将测厚探针(见图 F.0.1)垂直插入防火涂层直至钢基材表面上,记录标尺读数。

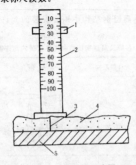

图 F.0.1　测厚度示意图
1--标尺;2--刻度;3--测针;4--防火涂层;5--钢基材

F.0.2　测点选定:

1　楼板和防火墙的防火涂层厚度测定,可选两相邻纵、横轴线相交中的面积为一个单元,在其对角线上,按每米长度选一点进行测试。

2　全钢框架结构的梁和柱的防火涂层厚度测定,在构件长度内每隔 3m 取一截面,按图 F.0.2 所示位置测试。

(a) 工字梁　　(b) 工型柱　　(c) 方形柱

图 F.0.2　测点示意图

3　桁架结构,上弦和下弦按第 2 款的规定每隔 3m 取一截面检测,其他腹杆每根取一截面检测。

F.0.3　测量结果:对于楼板和墙面,在所选择的面积中,至少测出 5 个点;对于梁和柱所选择的位置中,分别测出 6 个和 8 个点。分别计算出它们的平均值,精确到 0.5mm。

附录 G　钢结构工程有关安全及功能的检验和见证检测项目

G.0.1　钢结构分部(子分部)工程有关安全及功能的检验和见证检测项目按表 G 规定进行。

表 G　钢结构分部(子分部)工程有关安全及功能的检验和见证检测项目

项次	项　目	抽检数量及检验方法	合格质量标准	备注
1	见证取样送样试验项目 (1)钢材及焊接材料复验 (2)高强度螺栓预拉力、扭矩系数复验 (3)摩擦面抗滑移系数复验 (4)网架节点承载力试验	见本规范第 4.2.2、4.3.2、4.4.2、4.4.3、6.3.1、12.3.3 条规定	符合设计要求和国家现行有关产品标准的规定	
2	焊缝质量 (1)内部缺陷 (2)外观缺陷 (3)焊缝尺寸	一、二级焊缝按焊缝处数随机抽检 3%,且不应少于 3 处;检验采用超声波或射线探伤及本规范第 5.2.6、5.2.8、5.2.9 方法	本规范第 5.2.4、5.2.6、5.2.8、5.2.9 规定	
3	高强度螺栓施工质量 (1)终拧扭矩 (2)梅花头检查 (3)网架螺栓球节点	按节点数随机抽检3%,检验本规范第 6.3.2、6.3.3、6.3.8条方法执行	本规范第6.3.2、6.3.3、6.3.8条的规定	
4	柱脚及网架支座 (1)锚栓紧固 (2)垫板、垫块 (3)二次灌浆	按柱脚及网架支座数随机抽检10%,且不应少于 3 个;采用观察和尺量方法检查	符合设计要求和本规范的规定	
5	主要构件变形 (1)屋(托)架、桁架、钢梁、吊车梁等直度和侧向弯曲 (2)钢柱垂直度 (3)网架挠度	除网架结构外,其他构件数随机抽检3%,且不应少于 3 个;采用本规范第 10.3.3、11.3.2、11.3.4、12.3.4 条执行	本规范第 10.3.3、11.3.2、11.3.4、12.3.4条的规定	
6	主体结构尺寸 (1)整体垂直度 (2)整体平面弯曲	见本规范第10.3.4、11.3.5条的规定	本规范第10.3.4、11.3.5条的规定	

附录 H　钢结构工程有关观感质量检查项目

H.0.1　钢结构分部(子分部)工程观感质量检查项目按表 H 规定进行。

表 H　钢结构分部(子分部)工程观感质量检查项目

项次	项　目	抽检数量	合格质量标准	备注
1	普通涂层表面	随机抽查 3 个轴线结构构件	本规范第 14.2.3 条的要求	
2	防火涂层表面	随机抽查 3 个轴线结构构件	本规范第 14.3.4、14.3.5、14.3.6 条的要求	
3	压型金属板表面	随机抽查 3 个轴线压型金属板表面	本规范第 13.3.4 条的要求	
4	钢平台、钢梯、钢栏杆	随机抽查 10%	连接牢固,无明显外观缺陷	

附录 J 钢结构分项工程检验批质量验收记录表

J.0.1 钢结构(钢构件焊接)分项工程检验批质量验收应按表J.0.1进行记录。

表 J.0.1 钢结构(钢构件焊接)分项工程检验批质量验收记录

工程名称			检验批部位		
施工单位			项目经理		
监理单位			总监理工程师		
施工依据标准			分包单位负责人		
主控项目	合格质量标准(按本规范)	施工单位检验评定记录或结果	监理(建设)单位验收记录或结果		备注
1 焊接材料进场	第4.3.1条				
2 焊接材料复验	第4.3.2条				
3 材料匹配	第5.2.1条				
4 焊工证书	第5.2.2条				
5 焊接工艺评定	第5.2.3条				
6 内部缺陷	第5.2.4条				
7 组合焊缝尺寸	第5.2.5条				
8 焊缝表面缺陷	第5.2.6条				
一般项目	合格质量标准(按本规范)	施工单位检验评定记录或结果	监理(建设)单位验收记录或结果		备注
1 焊接材料进场	第4.3.4条				
2 预热和后热处理	第5.2.7条				
3 焊缝外观质量	第5.2.8条				
4 焊缝尺寸偏差	第5.2.9条				
5 凹形角焊缝	第5.2.10条				
6 焊缝感观	第5.2.11条				
施工单位检验评定结果	班 组 长：或专业工长： 年 月 日			质 检 员：或项目技术负责人： 年 月 日	
监理(建设)单位验收结论	监理工程师(建设单位项目技术人员)： 年 月 日				

J.0.2 钢结构(焊钉焊接)分项工程检验批质量验收应按表J.0.2进行记录。

表 J.0.2 钢结构(焊钉焊接)分项工程检验批质量验收记录

工程名称			检验批部位		
施工单位			项目经理		
监理单位			总监理工程师		
施工依据标准			分包单位负责人		
主控项目	合格质量标准(按本规范)	施工单位检验评定记录或结果	监理(建设)单位验收记录或结果		备注
1 焊接材料进场	第4.3.1条				
2 焊接材料复验	第4.3.2条				
3 焊接工艺评定	第5.3.1条				
4 焊后弯曲试验	第5.3.2条				
一般项目	合格质量标准(按本规范)	施工单位检验评定记录或结果	监理(建设)单位验收记录或结果		备注
1 焊钉和瓷环尺寸	第4.3.3条				
2 焊缝外观质量	第5.3.3条				
施工单位检验评定结果	班 组 长：或专业工长： 年 月 日			质 检 员：或项目技术负责人： 年 月 日	
监理(建设)单位验收结论	监理工程师(建设单位项目技术人员)： 年 月 日				

J.0.3 钢结构(普通紧固件连接)分项工程检验批质量验收应按表J.0.3进行记录。

表 J.0.3 钢结构(普通紧固件连接)分项工程检验批质量验收记录

工程名称			检验批部位		
施工单位			项目经理		
监理单位			总监理工程师		
施工依据标准			分包单位负责人		
主控项目	合格质量标准(按本规范)	施工单位检验评定记录或结果	监理(建设)单位验收记录或结果		备注
1 成品进场	第4.4.1条				
2 螺栓实物复验	第6.2.1条				
3 匹配及间距	第6.2.2条				
一般项目	合格质量标准(按本规范)	施工单位检验评定记录或结果	监理(建设)单位验收记录或结果		备注
1 螺栓紧固	第6.2.3条				
2 外观质量	第6.2.4条				
施工单位检验评定结果	班 组 长：或专业工长： 年 月 日			质 检 员：或项目技术负责人： 年 月 日	
监理(建设)单位验收结论	监理工程师(建设单位项目技术人员)： 年 月 日				

J.0.4 钢结构(高强度螺栓连接)分项工程检验批质量验收应按表J.0.4进行记录。

表 J.0.4 钢结构(高强度螺栓连接)分项工程检验批质量验收记录

工程名称			检验批部位		
施工单位			项目经理		
监理单位			总监理工程师		
施工依据标准			分包单位负责人		
主控项目	合格质量标准(按本规范)	施工单位检验评定记录或结果	监理(建设)单位验收记录或结果		备注
1 成品进场	第4.4.1条				
2 扭矩系数或预拉力复验	第4.4.2条或第4.4.3条				
3 抗滑移系数试验	第6.3.1条				
4 终拧扭矩	第6.3.2条或第6.3.3条				
一般项目	合格质量标准(按本规范)	施工单位检验评定记录或结果	监理(建设)单位验收记录或结果		备注
1 成品包装	第4.4.4条				
2 表面硬度试验	第4.4.5条				
3 初拧、复拧扭矩	第6.3.4条				
4 连接外观质量	第6.3.5条				
5 摩擦面外观	第6.3.6条				
6 扩 孔	第6.3.7条				
7 网架螺栓紧固	第6.3.8条				
施工单位检验评定结果	班 组 长：或专业工长： 年 月 日			质 检 员：或项目技术负责人： 年 月 日	
监理(建设)单位验收结论	监理工程师(建设单位项目技术人员)： 年 月 日				

J.0.5 钢结构(零件及部件加工)分项工程检验批质量验收应按表J.0.5进行记录。

表 J.0.5 钢结构(零件及部件加工)分项工程检验批质量验收记录

工程名称		检验批部位		
施工单位		项目经理		
监理单位		总监理工程师		
施工依据标准		分包单位负责人		
主控项目	合格质量标准(按本规范)	施工单位检验评定记录或结果	监理(建设)单位验收记录或结果	备注
1 材料进场	第4.2.1条			
2 钢材复验	第4.2.2条			
3 切面质量	第7.2.1条			
4 矫正和成型	第7.3.1条和第7.3.2条			
5 边缘加工	第7.4.1条			
6 螺栓球、焊接球加工	第7.5.1条和第7.5.2条			
7 制孔	第7.6.1条			
一般项目	合格质量标准(按本规范)	施工单位检验评定记录或结果	监理(建设)单位验收记录或结果	备注
1 材料规格尺寸	第4.2.3条和第4.2.4条			
2 钢材表面质量	第4.2.5条			
3 切割精度	第7.2.2条或第7.2.3条			
4 矫正质量	第7.3.3条、第7.3.4条和第7.3.5条			
5 边缘加工精度	第7.4.2条			
6 螺栓球、焊接球加工精度	第7.5.3条和第7.5.4条			
7 管件加工精度	第7.5.5条			
8 制孔精度	第7.6.2条和第7.6.3条			
施工单位检验评定结果	班 组 长： 或专业工长： 年 月 日		质检员： 或项目技术负责人： 年 月 日	
监理(建设)单位验收结论	监理工程师(建设单位项目技术人员)： 年 月 日			

J.0.6 钢结构(构件组装)分项工程检验批质量验收应按表J.0.6进行记录。

表 J.0.6 钢结构(构件组装)分项工程检验批质量验收记录

工程名称		检验批部位		
施工单位		项目经理		
监理单位		总监理工程师		
施工依据标准		分包单位负责人		
主控项目	合格质量标准(按本规范)	施工单位检验评定记录或结果	监理(建设)单位验收记录或结果	备注
1 吊车梁(桁架)	第8.3.1条			
2 端部铣平精度	第8.4.1条			
3 外形尺寸	第8.5.1条			
一般项目	合格质量标准(按本规范)	施工单位检验评定记录或结果	监理(建设)单位验收记录或结果	备注
1 焊接H型钢接缝	第8.2.1条			
2 焊接H型钢精度	第8.2.2条			
3 焊接组装精度	第8.3.2条			
4 顶紧接触面	第8.3.3条			
5 轴线交点错位	第8.3.4条			
6 焊缝坡口精度	第8.4.2条			
7 铣平面保护	第8.4.3条			
8 外形尺寸	第8.5.2条			
施工单位检验评定结果	班 组 长： 或专业工长： 年 月 日		质 检 员： 或项目技术负责人： 年 月 日	
监理(建设)单位验收结论	监理工程师(建设单位项目技术人员)： 年 月 日			

J.0.7 钢结构(预拼装)分项工程检验批质量验收应按表J.0.7进行记录。

表 J.0.7 钢结构(预拼装)分项工程检验批质量验收记录

工程名称		检验批部位		
施工单位		项目经理		
监理单位		总监理工程师		
施工依据标准		分包单位负责人		
主控项目	合格质量标准(按本规范)	施工单位检验评定记录或结果	监理(建设)单位验收记录或结果	备注
1 多层板叠螺栓孔	第9.2.1条			
一般项目	合格质量标准(按本规范)	施工单位检验评定记录或结果	监理(建设)单位验收记录或结果	备注
1 预拼装精度	第9.2.2条			
施工单位检验评定结果	班 组 长： 或专业工长： 年 月 日		质 检 员： 或项目技术负责人： 年 月 日	
监理(建设)单位验收结论	监理工程师(建设单位项目技术人员)： 年 月 日			

J.0.8 钢结构(单层结构安装)分项工程检验批质量验收应按表J.0.8进行记录。

表 J.0.8 钢结构(单层结构安装)分项工程检验批质量验收记录

工程名称		检验批部位		
施工单位		项目经理		
监理单位		总监理工程师		
施工依据标准		分包单位负责人		
主控项目	合格质量标准(按本规范)	施工单位检验评定记录或结果	监理(建设)单位验收记录或结果	备注
1 基础验收	第10.2.1条、第10.2.2条、第10.2.3条、第10.2.4条			
2 构件验收	第10.3.1条			
3 顶紧接触面	第10.3.2条			
4 垂直度和侧向弯曲	第10.3.3条			
5 主体结构尺寸	第10.3.4条			
一般项目	合格质量标准(按本规范)	施工单位检验评定记录或结果	监理(建设)单位验收记录或结果	备注
1 地脚螺栓精度	第10.2.5条			
2 标记	第10.3.5条			
3 桁架、梁安装精度	第10.3.6条			
4 钢柱安装精度	第10.3.7条			
5 吊车梁安装精度	第10.3.8条			
6 檩条等安装精度	第10.3.9条			
7 平台等安装精度	第10.3.10条			
8 现场组对精度	第10.3.11条			
9 结构表面	第10.3.12条			
施工单位检验评定结果	班 组 长： 或专业工长： 年 月 日		质 检 员： 或项目技术负责人： 年 月 日	
监理(建设)单位验收结论	监理工程师(建设单位项目技术人员)： 年 月 日			

J.0.9 钢结构（多层及高层结构安装）分项工程检验批质量验收应按表 J.0.9 进行记录。

表 J.0.9　钢结构（多层及高层结构安装）分项工程检验批质量验收记录

工程名称			检验批部位		
施工单位			项目经理		
监理单位			总监理工程师		
施工依据标准			分包单位负责人		
主控项目		合格质量标准（按本规范）	施工单位检验评定记录或结果	监理（建设）单位验收记录或结果	备注
1	基础验收	第11.2.1条、第11.2.2条、第11.2.3条、第11.2.4条			
2	构件验收	第11.3.1条			
3	钢柱安装精度	第11.3.2条			
4	顶紧接触面	第11.3.3条			
5	垂直度和侧向弯曲	第11.3.4条			
6	主体结构尺寸	第11.3.5条			
一般项目		合格质量标准（按本规范）	施工单位检验评定记录或结果	监理（建设）单位验收记录或结果	备注
1	地脚螺栓精度	第11.2.5条			
2	标记	第11.3.7条			
3	构件安装精度	第11.3.8条、第11.3.10条			
4	主体结构高度	第11.3.9条			
5	吊车梁安装精度	第11.3.11条			
6	檩条等安装精度	第11.3.12条			
7	平台等安装精度	第11.3.13条			
8	现场组对精度	第11.3.14条			
9	结构表面	第11.3.6条			
施工单位检验评定结果		班组长：或专业工长：　　　年　月　日		质检员：或项目技术负责人：　　　年　月　日	
监理（建设）单位验收结论		监理工程师（建设单位项目技术人员）：　　　年　月　日			

J.0.10 钢结构（网架结构安装）分项工程检验批质量验收应按表 J.0.10 进行记录。

表 J.0.10　钢结构（网架结构安装）分项工程检验批质量验收记录

工程名称			检验批部位		
施工单位			项目经理		
监理单位			总监理工程师		
施工依据标准			分包单位负责人		
主控项目		合格质量标准（按本规范）	施工单位检验评定记录或结果	监理（建设）单位验收记录或结果	备注
1	焊接球	第4.5.1条、第4.5.2条			
2	螺栓球	第4.6.1条、第4.6.2条			
3	封板、锥头、套筒	第4.7.1条、第4.7.2条			
4	橡胶垫	第4.10.1条			
5	基础验收	第12.2.1条、第12.2.2条			
6	支座	第12.2.3条、第12.2.4条			
7	拼装精度	第12.3.1条、第12.3.2条			
8	节点承载力试验	第12.3.3条			
9	结构挠度	第12.3.4条			
一般项目		合格质量标准（按本规范）	施工单位检验评定记录或结果	监理（建设）单位验收记录或结果	备注
1	焊接球精度	第4.5.3条、第4.5.4条			
2	螺栓球精度	第4.6.4条			
3	螺栓球螺纹精度	第4.6.3条			
4	锚栓精度	第12.2.5条			
5	结构表面	第12.3.5条			
6	安装精度	第12.3.6条			
施工单位检验评定结果		班组长：或专业工长：　　　年　月　日		质检员：或项目技术负责人：　　　年　月　日	
监理（建设）单位验收结论		监理工程师（建设单位项目技术人员）：　　　年　月　日			

J.0.11 钢结构（压型金属板）分项工程检验批质量验收应按表 J.0.11进行记录。

表 J.0.11　钢结构（压型金属板）分项工程检验批质量验收记录

工程名称			检验批部位		
施工单位			项目经理		
监理单位			总监理工程师		
施工依据标准			分包单位负责人		
主控项目		合格质量标准（按本规范）	施工单位检验评定记录或结果	监理（建设）单位验收记录或结果	备注
1	压型金属板进场	第4.8.1条、第4.8.2条			
2	基板裂纹	第13.2.1条			
3	涂层缺陷	第13.2.2条			
4	现场安装	第13.3.1条			
5	搭接	第13.3.2条			
6	端部锚固	第13.3.3条			
一般项目		合格质量标准（按本规范）	施工单位检验评定记录或结果	监理（建设）单位验收记录或结果	备注
1	压型金属板精度	第4.8.3条			
2	轧制精度	第13.2.3条、第13.2.5条			
3	表面质量	第13.2.4条			
4	安装质量	第13.3.4条			
5	安装精度	第13.3.5条			
施工单位检验评定结果		班组长：或专业工长：　　　年　月　日		质检员：或项目技术负责人：　　　年　月　日	
监理（建设）单位验收结论		监理工程师（建设单位项目技术人员）：　　　年　-月　日			

J.0.12 钢结构（防腐涂料涂装）分项工程检验批质量验收应按表 J.0.12 进行记录。

表 J.0.12　钢结构（防腐涂料涂装）分项工程检验批质量验收记录

工程名称			检验批部位		
施工单位			项目经理		
监理单位			总监理工程师		
施工依据标准			分包单位负责人		
主控项目		合格质量标准（按本规范）	施工单位检验评定记录或结果	监理（建设）单位验收记录或结果	备注
1	产品进场	第4.9.1条			
2	表面处理	第14.2.1条			
3	涂层厚度	第14.2.2条			
一般项目		合格质量标准（按本规范）	施工单位检验评定记录或结果	监理（建设）单位验收记录或结果	备注
1	产品进场	第4.9.3条			
2	表面质量	第14.2.3条			
3	附着力测试	第14.2.4条			
4	标志	第14.2.5条			
施工单位检验评定结果		班组长：或专业工长：　　　年　月　日		质检员：或项目技术负责人：　　　年　月　日	
监理（建设）单位验收结论		监理工程师（建设单位项目技术人员）：　　　年　月　日			

J.0.13 钢结构(防火涂料涂装)分项工程检验批质量验收应按表 J.0.13 进行记录。

表 J.0.13 钢结构(防火涂料涂装)分项工程检验批质量验收记录

工程名称			检验批部位		
施工单位			项目经理		
监理单位			总监理工程师		
施工依据标准			分包单位负责人		
主控项目		合格质量标准 (按本规范)	施工单位检验评 定记录或结果	监理(建设)单位验收 记录或结果	备注
1	产品进场	第4.9.2条			
2	涂装基层验收	第14.3.1条			
3	强度试验	第14.3.2条			
4	涂层厚度	第14.3.3条			
5	表面裂纹	第14.3.4条			
一般项目		合格质量标准 (按本规范)	施工单位检验评 定记录或结果	监理(建设)单位验收 记录或结果	备注
1	产品进场	第4.9.3条			
2	基层表面	第14.3.5条			
3	涂层表面质量	第14.3.6条			
施工单位检验评定 结果		班组长: 或专业工长: 年 月 日		质检员: 或项目技术负责人: 年 月 日	
监理(建设)单位验收 结论		监理工程师(建设单位项目技术人员): 年 月 日			

本规范用词说明

1 为便于在执行本规范条文时区别对待,对要求严格程度不同的用词,说明如下:

1)表示很严格,非这样做不可的用词:

正面词采用"必须",反面词采用"严禁"。

2)表示严格,在正常情况下均应这样做的用词:

正面词采用"应",反面词采用"不应"或"不得"。

3)表示允许稍有选择,在条件许可时,首先应这样做的用词:

正面词采用"宜",反面词采用"不宜"。

表示有选择,在一定条件下可以这样做的用词,采用"可"。

2 本规范中指明应按其他有关标准、规范执行的写法为"应符合……要求或规定"或"应按……执行"。

中华人民共和国国家标准

钢结构工程施工质量验收规范

GB 50205—2001

条 文 说 明

目　　次

1 总　则

1.0.1　本条是依据编制《建筑工程施工质量验收统一标准》GB 50300和建筑工程质量验收规范系列标准的宗旨,贯彻"验评分离、强化验收,完善手段,过程控制"十六字改革方针,将原来的《钢结构工程施工及验收规范》GB 50205—95 与《钢结构工程质量检验评定标准》GB 50221—95 修合合并成新的《钢结构工程施工质量验收规范》,以此统一钢结构工程施工质量的验收方法、程序和指标。

1.0.2　本规范的适用范围含建筑工程中的单层、多层、高层钢结构及钢网架、金属压型板等钢结构工程施工质量验收。组合结构、地下结构中的钢结构可参照本规范进行施工质量验收。对于其他行业标准没有包括的钢结构构筑物,如通廊、照明塔架、管道支架、跨线过桥等也可参照本规范进行施工质量验收。

1.0.3　钢结构图纸是钢结构工程施工的重要文件,是钢结构工程施工质量验收的基本依据;在市场经济中,工程承包合同中有关工程质量的要求具有法律效应,因此合同文件中有关工程质量的约定也是验收的依据之一,但合同文件的规定只能高于本规范的规定,本规范的规定是对施工质量最低和最基本的要求。

1.0.4　现行国家标准《建筑工程施工质量验收统一标准》GB 50300对工程质量验收的划分、验收的方法、验收的程序及组织都提出了原则性的规定,本规范对此不再重复,因此本规范强调在执行时必须与现行国家标准《建筑工程施工质量验收统一标准》GB 50300配套使用。

1.0.5　根据标准编写与标准间关系的有关规定,本规范总则中应反映其他相关标准、规范的作用。

2　术语、符号

2.1　术　语

本规范给出了11个有关钢结构工程施工质量验收方面的特定术语,再加上现行国家标准《建筑工程施工质量验收统一标准》GB 50300中给出了18个术语,以上术语都是从钢结构工程施工质量验收的角度赋予其涵义的,但涵义不一定是术语的定义。本规范给出了相应的推荐性英文术语,该英文术语不一定是国际上的标准术语,仅供参考。

2.2　符　号

本规范给出了20个符号,并对每一个符号给出了定义,这些符号都是本规范各章节中所引用的。

3　基本规定

3.0.1　本条是对从事钢结构工程的施工企业进行资质和质量管理内容进行检查验收,强调市场准入制度,属于新增加的管理方面的要求。

现行国家标准《建筑工程施工质量验收统一标准》GB 50300中表 A.0.1 的检查内容比较细,针对钢结构工程可以进行简化,特别是对已通过 ISO—9000 族论证的企业,检查项目可以减少。对常规钢结构工程来讲,GB 50300 表 A.0.1 中检查内容主要含:质量管理制度和质量检验制度、施工技术企业标准、专业技术管理和专业工种岗位证书、施工资质和分包方资质、施工组织设计(施工方案)、检验仪器设备及计量设备等。

3.0.2　钢结构工程施工质量验收所使用的计量器具必须是根据计量法规定的、定期计量检验意义上的合格,且保证在检定有效期内使用。

不同计量器具有不同的使用要求,同一计量器具在不同使用状况下,测量精度不同,因此,本规范要求严格按有关规定正确操作计量器具。

3.0.4　根据现行国家标准《建筑工程施工质量验收统一标准》GB 50300的规定,钢结构工程施工质量的验收,是在施工单位自检合格的基础上,按照检验批、分项工程、分部(子分部)工程进行。一般来说,钢结构作为主体结构,属于分部工程,对大型钢结构工程可按空间刚度单元划分为若干个子分部工程;当主体结构中同时含钢筋混凝土结构、砌体结构等时,钢结构就属于子分部工程;钢结构分项工程是按照主要工种、材料、施工工艺等进行划分,本规范将钢结构工程划分为 10 个分项工程,每个分项工程单独成章;将分项工程划分成检验批进行验收,有助于及时纠正施工中出现的质量问题,确保工程质量,也符合施工实际需要。钢结构分项工程检验批划分遵循以下原则:

　　1　单层钢结构按变形缝划分;

　　2　多层及高层钢结构按楼层或施工段划分;

　　3　压型金属板工程可按屋面、墙板、楼面等划分;

　　4　对于原材料及成品进场时的验收,可以根据工程规模及进料实际情况合并或分解检验批;

本规范强调检验批的验收是最小的验收单元,也是最重要和基本的验收工作内容,分项工程、(子)分部工程乃至于单位工程的验收,都是建立在检验批验收合格的基础之上的。

3.0.5　检验批的合格质量主要取决于对主控项目和一般项目的检验结果。主控项目是对检验批的基本质量起决定性影响的检验项目,因此必须全部符合本规范的规定,这意味着主控项目不允许有不符合要求的检验结果,即这种项目的检查具有否决权。一般项目是指施工质量不起决定性作用的检验项目。本条中 80% 的规定是参照原验评标准及工程实际情况确定的。考虑到钢结构对缺陷的敏感性,本条对一般偏差项目设定了一个 1.2 倍偏差限值的门槛值。

3.0.6　分项工程的验收在检验批的基础上进行,一般情况下,两者具有相同或相近的性质,只是批量的大小不同而已,因此将有关的检验批汇集便构成分项工程的验收。分项工程合格质量的条件相对简单,只要构成分项工程的各检验批的验收资料文件完整,并且均已验收合格,则分项工程验收合格。

3.0.7　本条给出了当质量不符合要求时的处理办法。一般情况下,不符合要求的现象在最基层的验收单元——检验批时就应发现并及时处理,否则将影响后续检验批和相关的分项工程、(子)分部工程的验收。因此,所有质量隐患必须尽快消灭在萌芽状态,这也是本规范以强化验收促进过程控制原则的体现。非正常情况的处理分以下四种情况:

第一种情况:在检验批验收时,其主控项目或一般项目不能满足本规范的规定时,应及时进行处理。其中,严重的缺陷应返工重做或更换构件;一般的缺陷通过翻修、返工予以解决。应允许施工单位在采取相应的措施后重新验收,如能够符合本规范的规定,则应认为该检验批合格。

第二种情况:当个别检验批发现试件强度、原材料质量等不能满足要求或发生裂纹、变形等问题,且缺陷程度比较严重或验收各方对质量看法有较大分歧而难以通过协商解决时,应请具有资质的法定检测单位检测,并给出检测结论。当检测结果能够达到设计要求时,该检验批可通过验收。

第三种情况:如经检测鉴定达不到设计要求,但经原设计单位核算,仍能满足结构安全和使用功能的情况,该检验批可予验收。

一般情况下，规范标准给出的是满足安全和功能的最低限度要求，而设计一般在此基础上留有一些裕量。不满足设计要求和符合相应规范标准的要求，两者并不矛盾。

第四种情况：更为严重的缺陷或者超过检验批的更大范围内的缺陷，可能影响结构的安全性和使用功能。在经法定检测单位检测鉴定以后，仍达不到规范标准的相应要求，即不能满足最低限度的安全储备和使用功能，则必须按一定的技术方案进行加固处理，使之能保证其满足安全使用的基本要求，但已造成一些永久性的缺陷，如改变了结构外形尺寸，影响了一些次要的使用功能等。为避免更大的损失，在基本上不影响安全和主要使用功能条件下可采取按处理技术方案和协商文件在进行验收，降级使用。但不能作为轻视质量而回避责任的一种出路，这是应该特别注意的。

3.0.8 本条针对的是钢结构分部（子分部）工程的竣工验收。

4 原材料及成品进场

4.1 一般规定

4.1.1 给出本章的适用范围，并首次提出"进入钢结构各分项工程实施现场的"这样的前提，从而明确对主要材料、零件和部件、成品件和标准件等产品进行层层把关的指导思想。

4.1.2 对适用于进场验收的验收批作出统一的划分规定，理论上可行，但实际操作上确有困难，故本条只说"原则上"。这样就为具体实施单位赋予了较大的自由度，他们可以根据不同的实际情况，灵活处理。

4.2 钢 材

4.2.1 近些年，钢铸件在钢结构（特别是大跨度空间钢结构）中的应用逐渐增加，故对其规格和质量提出明确规定是完全必要的。另外，各国进口钢材标准不尽相同，所以规定对进口钢材应按设计和合同规定的标准验收。本条为强制性条文。

4.2.2 在工程实际中，对于哪些钢材需要复验，不是太明确，本条规定了 6 种情况应进行复验，且应是见证取样、送样的试验项目。

1 对国外进口的钢材，应进行抽样复验，当具有国家进出口质量检验部门的复验商检报告时，可以不再进行复验。

2 由于钢材经过转运、调剂等方式供应到用户后容易产生混炉号，而钢材是按炉号和批号发材质合格证，因此对于混批的钢材应进行复验。

3 厚钢板存在各向异性（X、Y、Z 三个方向的屈服点、抗拉强度、伸长率、冷弯、冲击值等各指标，以 Z 向试验最差，尤其是塑料和冲击值值），因此当板厚等于或大于 40mm 且承受沿板厚方向拉力时，应进行复验。

4 对大跨度钢结构来说，弦杆或梁用钢板为主要受力构件，应进行复验。

5 当设计提出对钢材的复验要求时，应进行复验。

6 对质量有疑主要是指：
1）对质量证明文件有疑义时的钢材；
2）质量证明文件不全的钢材；
3）质量证明书中的项目少于设计要求的钢材。

4.2.3、4.2.4 钢板的厚度、型钢的规格尺寸是影响承载力的主要因素，进场验收时重点抽查钢板厚度和型钢规格尺寸是必要的。

4.2.5 由于许多钢材基本上是露天堆放，受风吹雨淋和污染空气的侵蚀，钢材表面会出现麻点和片状锈蚀，严重者不得使用，因此对钢材表面缺陷作了本条的规定。

4.3 焊接材料

4.3.1 焊接材料对焊接质量的影响重大，因此，钢结构工程中所采用的焊接材料应按设计要求选用，同时产品应符合相应的国家现行标准要求。本条为强制性条文。

4.3.2 由于不同的生产批号质量往往存在一定的差异，本条对用于重要的钢结构工程的焊接材料的复验作出了明确规定。该复验应为见证取样、送样检验项目。本条中"重要"是指：

1 建筑结构安全等级为一级的一、二级焊缝。
2 建筑结构安全等级为二级的一级焊缝。
3 大跨度结构中一级焊缝。
4 重级工作制吊车梁结构中一级焊缝。
5 设计要求。

4.3.4 焊条、焊剂保管不当，容易受潮，不仅影响操作的工艺性能，而且会对接头的理化性能造成不利影响。对于外观不符合要求的焊接材料，不应在工程中采用。

4.4 连接用紧固标准件

4.4.1～4.4.3 高强度大六角头螺栓连接副的扭矩系数和扭剪型高强度螺栓连接副的紧固轴力（预拉力）是影响高强度螺栓连接质量最主要的因素，也是施工的重要依据，因此要求生产厂家在出厂前要进行检验，且出具检验报告，施工单位应在使用前及产品质量保证期内及时复验，该复验应为见证取样、送样检验项目。4.4.1条为强制性条文。

4.4.4 高强度螺栓连接副的生产厂家是按出厂批号包装供货和提供产品质量证明书的，在储存、运输、施工过程中，应严格按批号存放、使用。不同批号的螺栓、螺母、垫圈不得混杂使用。高强度螺栓连接副的表面经特殊处理。在使用前尽可能地保持其出厂状态，以免扭矩系数或紧固轴力（预拉力）发生变化。

4.4.5 螺栓球节点钢网架结构中高强度螺栓，其抗拉强度是影响节点承载力的主要因素，表面硬度与其强度存在着一定的内在关系，是通过控制硬度，来保证螺栓的质量。

4.5 焊 接 球

4.5.1～4.5.4 本节是指将焊接空心球作为产品看待，在进场时所进行的验收项目。焊接球焊缝检验应按照国家现行标准《焊接球节点钢网架焊缝超声波探伤方法及质量分级法》JBJ/T 3034.1执行。

4.6 螺 栓 球

4.6.1～4.6.4 本节是指将螺栓球节点作为产品看待，在进场时所进行的验收项目。在实际工程中，螺栓球节点本身的质量问题比较严重，特别是表面裂纹比较普遍，因此检查螺栓球表面裂纹是本节的重点。

4.7 封板、锥头和套筒

4.7.1、4.7.2 本节将螺栓球节点钢网架中的封板、锥头、套筒视为产品，在进场时所进行的验收项目。

4.8 金属压型板

4.8.1～4.8.3 本节将金属压型板系列产品看作成品，金属压型板包括单层压型金属板、保温板、扣板等屋面、墙面围护板材及零配件。这些产品在进场时，均应按本节要求进行验收。

4.9 涂 装 材 料

4.9.1～4.9.3 涂料的进场验收除检查资料文件外，还要开桶抽查。开桶抽查除检查涂料结皮、结块、凝胶等现象外，还要与质量证明文件对照涂料的型号、名称、颜色及有效期等。

4.10 其 他

钢结构工程所涉及到的其他材料原则上都要通过进场验收检验。

5 钢结构焊接工程

5.1 一般规定

5.1.2 钢结构焊接工程检验批的划分应符合钢结构施工检验批的检验要求。考虑不同的钢结构工程验收批其焊缝数量有较大差异，为了便于检验，可将焊接工程划分为一个或几个检验批。

5.1.3 在焊接过程中，焊缝冷却过程及以后的相当长的一段时间可能产生裂纹。普通碳素钢产生延迟裂纹的可能性很小，因此规定在焊缝冷却到环境温度后即可进行外观检查。低合金结构钢钢焊缝的延迟裂纹延迟时间较长，考虑到工厂存放条件、现场安装进度、工序衔接的限制以及随着时间延长，产生延迟裂纹的几率逐渐减小等因素，本规范以焊接完成24h后外观检查的结果作为验收的依据。

5.1.4 本条规定的目的是为了加强焊工施焊质量的动态管理，同时使钢结构工程焊接质量的现场管理更加直观。

5.2 钢构件焊接工程

5.2.1 焊接材料对钢结构焊接工程的质量有重大影响。其选用必须符合设计文件和国家现行标准的要求。对于进场时经验收合格的焊接材料，产品的生产日期、保存状态、使用烘焙等也直接影响焊接质量。本条即规定了焊条的选用和使用要求，尤其强调了烘焙状态，这是保证焊接质量的必要手段。

5.2.2 在国家经济建设中，特殊技能操作人员发挥着重要的作用。在钢结构工程施工焊接中，焊工是特殊工种，焊工的操作技能和资格对工程质量起到保证作用，必须充分予以重视。本条所指的焊工包括手工操作焊工、机械操作焊工。从事钢结构工程焊接施工的焊工，应根据所从事钢结构焊接工程的具体类型，按国家现行行业标准《建筑钢结构焊接技术规程》JGJ 81 等技术规程的要求对施焊焊工进行考试并取得相应证书。

5.2.3 由于钢结构工程中的焊接节点和焊接接头不可能进行现场实物取样检验，而探伤仅能确定焊缝的几何缺陷，无法确定接头的理化性能。为保证工程焊接质量，必须在构件制作和结构安装施工焊接前进行焊接工艺评定，并根据焊接工艺评定的结果制定相应的施工焊接工艺规范。本条规定了施工企业必须进行工艺评定的条件，施工单位应根据所承担钢结构的类型，按国家现行行业标准《建筑钢结构焊接技术规程》JGJ 81 等技术规程中的具体规定进行相应的工艺评定。

5.2.4 根据结构的承载情况不同，现行国家标准《钢结构设计规范》GBJ 17 中将焊缝的质量分为三个质量等级。内部缺陷的检测一般可用超声波探伤和射线探伤。射线探伤具有直观性、一致性好的优点，过去人们觉得射线探伤可靠、客观。但是射线探伤成本高、操作程序复杂、检测周期长，尤其是钢结构中大多为 T 形接头和角接头，射线检测的效果差，且射线探伤对裂纹、未熔合等危害性缺陷的检出率低。超声波探伤则正好相反，操作程序简单、快速，对各种接头形式的适应性好，对裂纹、未熔合的检测灵敏度高，因此世界上很多国家对钢结构内部质量的控制采用超声波探伤，一般已不采用射线探伤。

随着大型空间结构应用的不断增加，对于薄壁大曲率 T、K、Y 型相贯接头焊缝探伤，国家现行行业标准《建筑钢结构焊接技术规程》JGJ 81 中给出了相应的超声波探伤方法和缺陷分级。网架结构焊缝探伤应按现行国家标准《焊接球节点钢网架焊缝超声探伤方法及质量分级法》JBJ/T 3034.1 和《螺栓球节点钢网架焊缝超声波探伤方法及质量分级法》JBJ/T 3034.2 的规定执行。

本规范规定要求全焊透的一级焊缝 100% 检验，二级焊缝的局部检验定为抽样检验。钢结构制作一般较长，对每条焊缝按规定的百分比进行探伤，且每处不小于 200mm 的规定，对保证每条焊缝质量是有利的。但钢结构安装焊缝一般都不长，大部分焊缝为梁一柱连接焊缝，每条焊缝的长度大多在 250～300mm 之间，采用焊缝条数计数抽样检测是可行的。

5.2.5 对 T 型、十字型、角接接头等要求焊透的对接与角接组合焊缝，为减小应力集中，同时避免过大的焊脚尺寸，参照国内外相关规范的规定，确定了对静载结构和动载结构的不同焊脚尺寸的要求。

5.2.6 考虑不同质量等级的焊缝承载要求不同，凡是严重影响焊缝承载能力的缺陷都是严禁的，本条对严重影响焊缝承载能力的外观质量要求列入主控项目，并给出了外观合格质量要求。由于一、二级焊缝的重要性，对表面气孔、夹渣、弧坑裂纹、电弧擦伤应有特定的不允许存在的要求，咬边、未焊满、根部收缩等缺陷对动载影响很大，故一级焊缝不得存在该类缺陷。

5.2.7 焊接预热可降低热影响区冷却速度，对防止焊接延迟裂纹的产生有重要作用，是各国施工焊接规范关注的重点。由于我国有关钢材焊接性试验基础工作不够系统，还没有条件就焊接预热温度的确定方法提出相应的计算公式或图表，目前大多通过工艺试验确定预热温度。必须与预热温度同时规定的是该温度区距离施焊部各方向的范围，该温度范围越大，焊接热影响区冷却速度越小，反之则冷却速度越大。同样的预热温度要求，如果温度范围不确定，其预热的效果相差很大。

焊缝后热处理主要是对焊缝进行脱氢处理，以防止冷裂纹的产生，后热处理的时机和保温时间直接影响后热处理的效果，因此应在焊后立即进行，并按板厚适当增加处理时间。

5.2.8、5.2.9 焊接时容易出现的如未焊满、咬边、电弧擦伤等缺陷对动载结构是严禁的，在二、三级焊缝中应限制在一定范围内。对接焊缝的余高、错边，部分焊透的对接与角接组合焊缝及角焊缝的焊脚尺寸、余高等外型尺寸偏差也会影响钢结构的承载能力，必须加以限制。

5.2.10 为了减少应力集中，提高接头承受疲劳载荷的能力，部分角焊缝将焊缝表面焊接或加工为凹形。这类接头必须注意焊缝与母材之间的圆滑过渡。同时，在确定焊缝计算厚度时，应考虑焊缝外形尺寸的影响。

5.3 焊钉（栓钉）焊接工程

5.3.1 由于钢材的成分和焊钉的焊接质量有直接影响，因此必须按实际施工采用的钢材与焊钉匹配进行焊接工艺评定试验。瓷环在受潮或产品要求烘干时应按要求进行烘干，以保证焊接接头的质量。

5.3.2 焊钉焊后弯曲检验可用打弯的方法进行。焊钉可采用专用的栓钉焊接或其他电弧焊方法进行焊接。不同的焊接方法接头的外观质量要求不同。本条规定是针对采用专用的栓钉焊机所焊接头的外观质量要求。对采用其他电弧焊所焊的焊钉接头，可按角焊缝的外观质量和外型尺寸要求进行检查。

6 紧固件连接工程

6.2 普通紧固件连接

6.2.1 本条是对进场螺栓实物进行复验。其中有疑义是指不满足本规范 4.4.1 条的规定，没有质量证明书（出厂合格证）等质量证明文件。

6.2.5 射钉宜采用观察检查。若用小锤敲击时,应从射钉侧面或正面敲击。

6.3 高强度螺栓连接

6.3.1 抗滑移系数是高强度螺栓连接的主要设计参数之一,直接影响构件的承载力,因此构件摩擦面无论由制造厂处理还是由现场处理,均应对抗滑移系数进行测试,测得的抗滑移系数最小值应符合设计要求。本条是强制性条文。

在安装现场局部采用砂轮打磨摩擦面时,打磨范围不小于螺栓孔径的4倍,打磨方向应与构件受力方向垂直。

除设计上采用摩擦系数小于等于0.3,并明确提出可不进行抗滑移系数试验者外,其余情况在制作时为确定摩擦面的处理方法,必须按本规范附录B要求的批量用3套同材质、同处理方法的试件,进行复验。同时并附有3套同材质、同处理方法的试件,供安装前复验。

6.3.2 高强度螺栓终拧1h时,螺栓预拉力的损失已大部分完成,在随后一天内,损失趋于平缓,当超过一个月后,损失就会停止,但在外界环境影响下,螺栓扭矩系数将会发生变化,影响检查结果的准确性。为了统一和便于操作,本条规定检查时间同一定在1h后48h之内完成。

6.3.3 本条的构造原因是指设计原因造成空间太小无法使用专用扳手进行终拧的情况。在扭剪型高强度螺栓施工中,因安装顺序、安装方向考虑不周,或终拧时因对电动扳手使用掌握不熟练,致使终拧时尾部梅花头上的棱端处滑牙(即打滑),无法拧掉梅花头,造成终拧扭矩是未知数,对此类螺栓应控制一定比例。

6.3.4 高强度螺栓初拧、复拧的目的是为了使摩擦面能密贴,且螺栓受力均匀,对大型节点强调安装顺序是防止节点中螺栓预拉力损失不均,影响连接的刚度。

6.3.7 强行穿入螺栓会损伤丝扣,改变高强度螺栓连接副的扭矩系数,甚至连螺母都拧不上,因此强调自由穿入螺栓孔。气割扩孔很不规则,既削弱了构件的有效截面,减少了压力传力面积,还会使扩孔处钢材造成缺陷,故规定不得气割扩孔。最大扩孔量的限制也是基于构件有效截面和摩擦传力面积的考虑。

6.3.8 对于螺栓球节点网架,其刚度(挠度)往往比设计值要弱,主要原因是因为螺栓球与钢管连接的高强度螺栓紧固不牢,出现间隙、松动等不拧紧情况,当下部支撑系统拆除后,由于连接间隙、松动等原因,挠度明显加大,超过规范规定的限值。

7 钢零件及钢部件加工工程

7.2 切　割

7.2.1 钢材切割面或剪切面上应无裂纹、夹渣、分层和大于1mm的缺棱。这些缺陷在气割后都能较明显地暴露出来,一般观察(用放大镜)检查即可;但有特殊要求的气割面或剪切面时则不然,除观察外,必要时采用渗透、磁粉或超声波探伤检查。

7.2.2 切割中气割偏差值是根据热切割的专业标准,并结合有关截面尺寸及缺口深度的限制,提出了气割允许偏差。

7.3 矫正和成型

7.3.1 对冷矫正和冷弯曲的最低环境温度进行限制,是为了保证钢材在低温情况下受到外力时不致产出冷脆断裂。在低温下钢材受外力而脆断要比冲孔和剪切加工时断裂更敏感,故环境温度限制较严。

7.3.3 钢材和零件在矫正过程中,矫正设备和吊运都有可能对表面产生影响。按照钢材表面缺陷的允许程度规定了划痕深度不得大于0.5mm,且深度不得大于该钢材厚度负偏差值的1/2,以保证表面质量。

7.3.4 冷矫正和冷弯曲的最小曲率半径和最大弯曲矢高的规定是根据钢材的特性,工艺的可行性以及成形后外观质量的限制而作出的。

7.3.5 对钢材矫正成型后偏差值作为了规定,除钢板的局部平面度外,其他指标在合格质量偏差和允许偏差之间有所区别,作了较严格规定。

7.4 边缘加工

7.4.1 为消除切割对主体钢材造成的冷作硬化和热影响的不利影响,使加工边缘加工达到设计规范中关于加工边缘应力取值和压杆曲线的有关要求,规定边缘加工的最小刨削量不应小于2.0mm。

7.4.2 保留了相邻两夹角和加工面垂直度的质量指标,以控制零件外形满足组装、拼装和受力的要求,加工边直线度的偏差不得与尺寸偏差叠加。

7.5 管、球加工

7.5.1 螺栓球是网架杆件互相连接的受力部件,采取热锻成型,质量容易得到保证。对锻造球,应着重检查是否有裂纹、叠痕、过烧。

7.5.2 焊接球体要求表面光滑。光面不得有裂纹、褶皱。焊缝余高在符合焊缝表面质量后,在接管处应打磨平整。

7.5.4 焊球的质量指标,规定了直径、圆度、壁厚减薄和两半球对口错边量。偏差值基本同国家现行行业标准《网架结构设计与施工规程》JGJ 7的规定,但直径一项在φ300mm至φ500mm范围内时稍有提高,而圆度一项有所降低,这是避免控制指标突变和考虑错边量能达到的程度,并相对于大直径焊接球又控制较严,以保证接管间隙和焊接质量。

7.5.5 钢管杆件的长度,端面垂直度和管口曲线,其偏差的规定值是按照组装、焊接和网架杆件受力的要求而提出的,杆件直线度的允许偏差应符合型钢矫正弯曲矢高的规定。管口曲线用样板靠紧检查,其间隙不应大于1.0mm。

7.6 制　孔

7.6.1 为了与现行国家标准《钢结构设计规范》GBJ 17一致,保证加工质量,对A、B级螺栓孔的质量作了规定,根据现行国家标准《紧固件公差螺栓、螺钉和螺母》GB/T 3103.1规定产品等级为A、B、C三级,为了便于操作和严格控制,对螺栓孔直径10~18、18~30和30~50三个级别的偏差值直接作为条文。

条文中R,是根据现行国家标准《表面粗糙度参数及其数值》确定的。

A、B级螺栓孔的精度偏差和孔壁表面粗糙度是指先钻小孔、组装后绞孔或铣孔后达到的质量标准。

C级螺栓孔,包括普通螺栓孔和高强度螺栓孔。

现行国家标准《钢结构设计规范》GBJ 17规定摩擦型高强度螺栓孔径比杆径大1.5~2.0mm,承压型高强度螺栓孔径比杆径大1.0~1.5mm并包括普通螺栓。

7.6.3 本条规定超差孔的处理方法。注意补焊后孔部位应修磨平整。

8 钢构件组装工程

8.2 焊接H型钢

8.2.1 钢板的长度和宽度有限,大多需要进行拼接,由于翼缘板与腹板相连有两条角焊缝,因此翼缘板不应再设纵向拼接缝,只允许长度拼接;而腹板则长度、宽度均可拼接,拼接缝可为"十"字形或"T"字形；翼缘板或腹板接缝应错开200mm以上，以避免焊缝交叉和焊缝缺陷的集中。

8.3　组　装

8.3.1　起拱度或不下挠度均指吊车梁安装就位后的状况，因此吊车梁在工厂制作完后，要检查其起拱度或下挠与否，应与安装就位的支承状况基本相同，即将吊车梁立放并在支承点处将梁垫高一点，以便检测或消除梁自重对拱度或挠度的影响。

8.5　钢构件外形尺寸

8.5.1　根据多年工程实践，综合考虑钢结构工程施工中钢构件部分外形尺寸的质量指标，将对工程质量有决定性影响的指标，如"单层柱、梁、桁架受力支托（支承面）表面至第一个安装孔距离"等6项作为主控项目，其余指标作为一般项目。

9　钢构件预拼装工程

9.1　一般规定

9.1.3　由于受运输、起吊等条件限制，构件为了检验其制作的整体性，由设计规定或合同要求在出厂前进行工厂拼装。预拼装均在工厂支凳（平台）进行，因此对所用的支承凳或平台应测量找平，且预拼装时不应使用大锤锤击，检查时应拆除全部临时固定和拉紧装置。

9.2　预　拼　装

9.2.1　分段构件预拼装或构件与构件的总体预拼装，如为螺栓连接，在预拼装时，所有节点连接板均应装上，除检查各部尺寸外，还应采用试孔器检查板叠孔的通过率。本条规定了预拼装的偏差值和检验方法。

9.2.2　除壳体结构为立体预拼装，并可设卡、夹具外，其他结构一般均为平面预拼装，预拼装的构件应处于自由状态，不得强行固定。预拼装数量可按设计或合同要求执行。

10　单层钢结构安装工程

10.2　基础和支承面

10.2.1　建筑物的定位轴线与基础的标高等直接影响到钢结构的安装质量，故应给予高度重视。

10.2.3　考虑到座浆垫板设置后不可调节的特性，所以规定其顶面标高0～－3.0mm。

10.3　安装和校正

10.3.1　依照全面质量管理中全过程进行质量管理的原则，钢结构安装工程质量应从原材料质量和构件质量抓起，不但要严格控制构件制作质量，而且要控制构件运输、堆放和吊装质量。采取切实可靠措施，防止构件在上述过程中变形或脱漆。如不慎构件产生变形或脱漆，应矫正和补漆后再安装。

10.3.2　顶紧面紧贴与否直接影响节点荷载传递，是非常重要的。

10.3.5　钢构件的定位标记（中心线和标高等标记），对工程竣工后正确地进行定期观测，积累工程档案资料和工程的改、扩建至关重要。

10.3.9　将立柱垂直度和弯曲矢高的允许偏差均加严到H/1000，

以期与现行国家标准《钢结构设计规范》GBJ 17中柱子的计算假定吻合。

10.3.12　在钢结构安装工程中，由于构件堆放和施工现场都是露天，风吹雨淋，构件表面极易粘结泥沙、油污等脏物，不仅影响建筑物美观，而且时间长还会侵蚀涂层，造成结构锈蚀。因此，本条提出要求。

焊疤系在构件上固定工卡具的临时焊缝未清除干净以及焊工在焊缝接头处外引弧所造成的焊疤。构件的焊疤影响美观且易积存灰尘和粘结泥沙。

11　多层及高层钢结构安装工程

11.1　一般规定

11.1.3　多层及高层钢结构的柱与柱、主梁与柱的接头，一般用焊接方法连接，焊缝的收缩值以及荷载对柱的压缩变形，对建筑物的外形尺寸有一定的影响。因此，柱和主梁的制作长度要作如下考虑：柱要考虑荷载对柱的压缩变形值和接头焊缝的收缩变形值；梁要考虑焊缝的收缩变形值。

11.1.4　多层及高层钢结构每节柱的定位轴线，一定要从地面的控制轴线直接引上来。这是因为下面一节柱的柱顶位置有安装偏差，所以不得用下节柱的柱顶位置线作上节柱的定位轴线。

11.1.5　多层及高层钢结构安装中，建筑物的高度可以按相对标高控制，也可按设计标高控制，在安装前要先决定选用哪一种方法。

12　钢网架结构安装工程

12.2　支承面顶板和支承垫块

12.2.3　在对网架结构进行分析时，其杆件内力和节点变形都是根据支座节点在一定约束条件下进行计算的。而支承垫块的种类、规格、摆放位置和朝向的改变，都会对网架支座节点的约束条件产生直接的影响。

12.3　总拼与安装

12.3.4　网架结构理论计算挠度与网架结构安装后的实际挠度有一定的出入，这除了网架结构的计算模型与其实际的情况存在差异之外，还与网架结构的连接节点实际零件的加工精度、安装精度等有着极为密切的联系。对实际工程进行的试验表明，网架安装完毕后实测的数据都比理论计算值大，约5%～11%。所以，本条允许比设计值大15%是适宜的。

13　压型金属板工程

13.2　压型金属板制作

13.2.1　压型金属板的成型过程，实际上也是对基板加工性能的再次评定，必须在成型后，用肉眼和10倍放大镜检查。

13.2.2　压型金属板主要用于建筑物的维护结构，兼结构功能与建筑功能于一体，尤其对于表面有涂层时，涂层的完整与否直接影响压型金属板的使用寿命。

13.2.5　泛水板、包角板等配件，大多数处于建筑物边角部位，比较显眼，其良好的造型将加强建筑物立面效果，检查其折弯面宽度和折弯角度是保证建筑物外观质量的重要指标。

13.3 压型金属板安装

13.3.1 压型金属板与支承构件(主体结构或支架)之间,以及压型金属板相互之间的连接是通过不同类型连接件来实现的,固定可靠与否直接与连接件数量、间距、连接质量有关。需设置防水密封材料处,敷设良好才能保证板间不发生渗漏水现象。

13.3.2 压型金属板在支承构件上的可靠搭接是指压型金属板通过一定的长度与支承构件接触,且在该接触范围内有足够数量的紧固件将压型金属板与支承构件连接成为一体。

13.3.3 组合楼盖中的压型钢板是楼板的基层,在高层钢结构设计与施工规程中明确规定了支承长度和端部锚固连接要求。

14 钢结构涂装工程

14.1 一般规定

14.1.4 本条规定涂装时的温度以 5～38℃为宜,但这个规定只适合在室内无阳光直接照射的情况,一般来说钢材表面温度要比气温高 2～3℃。如果在阳光直接照射下,钢材表面温度能比气温高 8～12℃,涂装时漆膜的耐热性只能在 40℃以下,当超过 43℃

时,钢材表面上涂装的漆膜就容易产生气泡而局部鼓起,使附着力降低。

低于 0℃时,在室外钢材表面涂装容易使漆膜冻结而不易固化;湿度超过 85％时,钢材表面有露点凝结,漆膜附着力差。最佳涂装时间是当日出 3h 之后,这时附在钢材表面的露点基本干燥,日落后 3h 之内停止(室内作业不限),此时空气中的相对湿度尚未回升,钢材表面尚存的温度不会导致露点形成。

涂层在 4h 之内,漆膜表面尚未固化,容易被雨水冲坏,故规定在 4h 之内不得淋雨。

14.2 钢结构防腐涂料涂装

14.2.1 目前国内各大、中型钢结构加工企业一般都具备喷射除锈的能力,所以应将喷射除锈作为首选的除锈方法,而手工和动力工具除锈仅作为喷射除锈的补充手段。

14.2.3 实验证明,在涂装后的钢材表面施焊,焊缝的根部会出现密集气孔,影响焊缝质量。误涂后,用火焰吹烧或用焊条引弧吹烧都不能彻底清除油漆,焊缝根部仍然会有气孔产生。

14.2.4 涂层附着力是反映涂装质量的综合性指标,其测试方法简单易行,故增加该项检查以便综合评价整个涂装工程质量。

14.2.5 对于安装单位来说,构件的标志、标记和编号(对于重大构件应标注重量和起吊位置)是构件安装的重要依据,故要求全数检查。